Fachwörterbuch
industrielle Elektrotechnik, Energie- und Automatisierungstechnik
Teil 1, Deutsch – Englisch

Dictionary of
Electrical Engineering, Power Engineering and Automation
Part 1, German – English

Fachwörterbuch industrielle Elektrotechnik, Energie- und Automatisierungstechnik

Dictionary of Electrical Engineering, Power Engineering and Automation

Teil 1 / Part 1
Deutsch – Englisch / German – English

Herausgegeben von / Edited by
Siemens A&D Translation Services

5., überarbeitete und wesentlich erweiterte Auflage, 2004
5th revised and enlarged edition, 2004

Publicis Corporate Publishing

Bibliografische Information Der Deutschen Bibliothek

Die Deutsche Bibliothek verzeichnet diese Publikation in der Deutschen Nationalbibliografie; detaillierte bibliografische Daten sind im Internet über http://dnb.ddb.de abrufbar.

Bibliographic information published by Die Deutsche Bibliothek

Die Deutsche Bibliothek lists this publication in the Deutsche Nationalbibliografie; detailed bibliographic data is available in the Internet at http://dnb.ddb.de

ISBN 3-89578-192-4

Editor: A&D Translation Services, Siemens Aktiengesellschaft, Berlin and Munich
Publisher: Publicis Corporate Publishing, Erlangen

Printed in Germany

Vorwort

Das Fachwörterbuch, das nunmehr in der 5. Auflage vorliegt, behandelt im Wesentlichen die folgenden Sachgebiete:

Elektrotechnische Grundbegriffe und Normen
Elektrische Maschinen (mit Transformatoren)
Antriebstechnik
Schaltgeräte
Elektrische Netze
Installationstechnik (mit Licht- und Beleuchtungstechnik)
Kabeltechnik
Leistungselektronik
Schutzeinrichtungen und Relais
Elektrische Mess- und Analysentechnik
Fernwirktechnik (einschl. Rundsteueranlagen)
Kraftfahrzeugelektronik
Halbleiterbauelemente, integrierte Schaltungen
Automatisierungstechnik (Regelungstechnik, programmierbare und numerische Steuerungen, Prozessführung)
Bussysteme, Kommunikationsnetze, Datenübertragung und -übermittlung
Prüftechnik
Qualitätssicherung und Zuverlässigkeit

Weitere Gebiete, die im Sachgebietsschlüssel auf den folgenden Seiten aufgeführt sind, wurden ebenfalls berücksichtigt.

Wichtige Quellen für das Erstellen dieses Fachwörterbuchs waren aktuelle Fachliteratur, nationale und internationale Bestimmungen und Regelwerke sowie der Datenbestand des Sprachendienstes der Siemens AG in Erlangen. Für die 5. Auflage wurde der bisherige Datenbestand mit neuer Terminologie verglichen, die bei A&D Translation Services zwischen 1998 und Dezember 2001 gesammelt oder geändert wurde. Insgesamt resultierten daraus ca. 18.000 Neueinträge, so dass der deutsch-englische Teil damit etwa 86.000 Einträge mit ca. 123.000 Übersetzungen enthält. Die Neueinträge stammen inbesondere aus den Bereichen allgemeine Elektrotechnik, Energietechnik, elektrische Installationstechnik, Antriebstechnik, Automatisierungstechnik, Kraftfahrzeugelektronik und Qualitätssicherung.

Bei der Bearbeitung der beiden Bände des Wörterbuchs wurde deutlich, wie Sprache lebt und sich verändert. Insbesondere betrifft das die Schreibweisen von Fachbegriffen mit oder ohne Bindestrich, in einem oder in zwei Wörtern. Sind für einen Begriff unterschiedliche Schreibweisen geläufig, so wurde der Suchbegriff in der Ausgangssprache in der Regel im Wörterbuch nur in einer Schreibweise angegeben, da bei alphabetischer Sortierung die Schreibweise für den Suchprozess und den Zielbegriff keine Rolle spielt. Auch bei der Zielsprache haben wir manchmal nur eine Schreibweise angegeben, wenn sie eindeutig moderner oder sinngemäß die richtigere ist.

Alle Einträge wurden auch im Hinblick auf die neuen deutschen Rechtschreibregeln Korrektur gelesen. Besonders viele Veränderungen ergaben sich dabei insbesondere bei Begriffen, die bisher mit „ß“ und nun mit „ss“ geschrieben werden.

Die Überarbeitung der beiden Bände des Wörterbuchs erforderte eine Vielzahl nicht elektronisch durchführbarer Arbeitsprozesse, und da die Zahl der verwendbaren Neueinträge unsere Erwartungen weit übertroffen hat, war leider der ursprüngliche Zeitplan für die Bearbeitung nicht einzuhalten. Sicher wurde mancher Rechtschreibfehler übersehen und wahrscheinlich sind noch Einträge alphabetisch falsch eingeordnet, die eigentliche Übersetzungsqualität des Wörterbuchs sollte darunter allerdings kaum leiden. Um den vielen Interessenten, die schon seit etlichen Monaten auf das Buch warten, endlich ein fertiges Wörterbuch präsentieren zu können, haben wir auf einen weiteren Überarbeitungsgang verzichtet.

Für Verbesserungs- und Ergänzungsvorschläge, die bei einer Neuauflage des Buches berücksichtigt werden können, sind wir dankbar. Bitte richten Sie Hinweise und Anregungen unter dem Betreff „A&D Dictionary“ per E-Mail an publishing-distribution@publicis-erlangen.de oder per Fax an Publicis Erlangen, CPB, Fax +49 9131 91 92-598.

Erlangen, November 2003 Siemens A&D Translation Services

Foreword

This dictionary, now in its 5th edition, essentially covers the following subjects:

Basic electrotechnical terms and standards
Electrical machines (including transformers)
Drives
Switchgear
Electrical systems and networks
Electrical installation practice (including lighting)
Power cables
Power electronics
Protective devices and relays
Electrical measuring and analysis technology
Telecontrol
Automotive electronics
Semiconductor devices, integrated circuits
Automation technology (control engineering, programmable
and numerical controls, process control)
Bus systems, communication networks, data transmission and communication
Test engineering
Quality assurance and reliability

Further subjects, included in the list of abbreviations on the following pages, have also been taken into account.

Technical literature, national and international regulations and standards and the database of the Translation Department of Siemens AG in Erlangen were an important source for generating this dictionary. For the 5th edition, the database of the 4th edition has been compared with terminology that has been collected or changed by Siemens A&D Translation Services between 1998 and December, 2001. In this way, 18,000 new entries have been added to the German-English Volume of the dictionary. It now contains about 86,000 entries with 123,000 translations. In particular, most of the new entries come from the fields of general electrical engineering, power engineering, electrical installation technology, drives, automation technology, automotive electronics and quality assurance and reliability.

While editing both volumes of the dictionary it became very clear, how language lives and how it permanently changes. This especially concerns the writing of technical terms in one or two words, with or without a hyphen. If different spellings are familiar for a term with only one meaning, the dictionary usually contains only one spelling of this term in the source language. As the entries in the source language are sorted in alphabetical order, different possible spellings have no influence on the way how to look up individual entries. Even in the target language, we often indicated only one spelling, if it is more modern or if it definitely better hits the meaning.

All entries have been proofread according to the new German spelling. A particularly high number of changes arose in the case of terms previously spelt with “ß” which are now correctly written with “ss”.

Both volumes of the book had to be revised individually. For that, a considerable number of work processes were necessary which could only be carried out by hand. As the number of usable new entries was a lot larger than expected, we were not able to keep the originally planned publishing dates of the book. We are sure that we failed to notice quite a number of spelling mistakes, and probably there are still entries in the wrong alphabetical order, but the usability of the book for translations should not be noticeably reduced by that. As many interested persons were waiting for publication, we decided to publish this volume without making another proofreading cycle.

Any corrections or suggestions for improvement will be gratefully received. Please address them to publishing-distribution@publicis-erlangen.de or send a fax to Publicis Erlangen, CPB, Fax +49 9131 91 92-598, referring to the “A&D Dictionary”.

Erlangen, November 2003 Siemens A&D Translation Services

Sachgebietsschlüssel

Subjects and Abbreviations

Abl.	Ableiter	Surge arrester
Akust.	Akustik, Schallmessung	Acoustics, sound measurement
Ausl.	Auslöser	Release tripping device
Batt.	Batterie	Storage battery
BGT	Baugruppenträger	Subrack
Blechp.	Blechpaket elektrischer Maschinen	Laminated core of electrical machines
BSG	Bildschirmgerät, Bildschirmanzeige	Visual display unit, screen display
BT	Beleuchtungstechnik	Illumination engineering, lighting
DL	Druckluft, Druckluftanlage	Compressed air, compressed-air system
DT	Drucktaster	Pushbutton
DÜ	Datenübertragung	Data transmission
DV	Datenverarbeitung	Data processing
el.	elektrisch	Electrical
elST	elektronische Steuerung	Electronic control
EMB	Elektromagnetische Beeinflussung	Electromagnetic interference
EMV	Elektromagnetische Verträglichkeit	Electromagnetic compatibility
ESR	Elektronenstrahlröhre	Electron-beam tube
ET	Einbautechnik, Einbausystem (für elektronische Ausrüstung)	Packaging system (for electronic assemblies)
EZ	Elektrizitätszähler	Electricity meter
FLA	Freiluftanlage	Outdoor installation
Flp.	Flugplatz	Airport
Freiltg.	Freileitung	Overhead line
FWT	Fernwirktechnik	Telecontrol
Gen.	Generator	Generator, alternator
GLAZ	Gleitende Arbeitszeit	Flexible working time
GM	Gleichstrommaschine	D.C. machine
gS	gedruckte Schaltung	Printed circuit
GR	Gleichrichter	Rectifier
Hebez.	Hebezeug	Crane, hoisting gear
HG	Haushaltsgerät	Household appliance
HL	Halbleiter, Halbleiterbauelement	Semiconductor, semiconductor component
HSS	Hilfsstromschalter	Control switch
I	Installationstechnik, -material, Gebäudeinstallation	Electrical installation, wiring practice, Wiring accessories
IK	Installationskanal (einschl. Schienenverteiler)	Trunking and duct system (incl. busways)
IR	Installationsrohr	Electric wiring conduit
IRA	Innenraumanlage	Indoor installation
Isol.	Isolierung, Isolation	Insulation
IV	Installationsverteiler	Distribution board
Kfz	Kraftfahrzeug	Motor vehicle, automobile
KKS	Kathodischer Korrosionsschutz	Cathodic protection
KL	Käfigläufer	Squirrel-cage motor
KN	Kommunikationsnetz	Communication network
Komm.	Kommutator	Commutator
KT	Klimatechnik	Air conditioning
KU	Kurzunterbrechung	Automatic reclosing
Kuppl.	Kupplung (mechanisch)	Coupling (mechanical)
KW	Kraftwerk	Power station

LE	Leistungselektronik	Power electronics
Leitt.	Leittechnik, Prozessleitechnik	Control engineering, process control technology
Lg.	Lager	Bearing
LM	Linearmotor	Linear motor
LS	Leistungsschalter	Circuit-breaker
LSS	Leistungsschutzschalter	Circuit-breaker, miniature circuit-breaker
LT	Lichttechnik	Lighting engineering
LWL	Lichtwellenleiter	Optical fibre
magn.	magnetisch	Magnetic
Masch.	Maschine, rotierende Maschine	Machine, rotating machine
Math.	Mathematik	Mathematics
mech.	mechanisch	Mechanical
MG	Messgerät	Measuring instrument
Mot.	Elektromotor	Electric motor
MSB	Magnetschwebebahn	Magnetic levitation system
NS	Näherungsschalter	Proximity switch
Osz.	Oszilloskop	Oscilloscope
PLT	Prozessleittechnik	Process control and instrumentation
PMG	programmierbares Messgerät	Programmable measuring apparatus
Prüf.	Prüfung	Testing
PS	Positionsschalter, Endschalter	Position switch, limit switch
Reg.	Regelung	Automatic control
Rel.	Relais	Relay
RöA	Röntgenanalyse	X-ray analysis
Rob.	Roboter	Robot
RSA	Rundsteueranlage	Ripple control system
SA	Schaltanlage	Switching station, switchgear
SG	Schaltgerät	Switching device, switchgear
Sich.	Sicherung, Schmelzsicherung	Fuse
SK	Schaltgerätekombination	Switchgear assembly
SL	Schleifringläufer	Slipring motor
SPS	Speicherprogrammierbare Steuerung	Programmable controller
SR	Stromrichter	Static converter
SS	Sammelschiene	Busbar
ST	Schalttafel	Switchboard
StT	Stromtarif	Electricity tariff
StV	Steckvorrichtung	Plug-and-socket device, connector
SuL	Supraleitung, Supraleiter	Superconductivity, superconductor
Thyr.	Thyristor	Thyristor, SCR
Trafo	Transformator	Transformer
TS	Trennschalter	Disconnector
USV	Unterbrechungsfreie Stromversorgung	Uninterruptible power system (UPS)
VS	Vakuumschalter	Vacuum switch or circuit-breaker
Wickl.	Wicklungen elektrischer Maschinen	Windings of electrical machines
WKW	Wasserkraftwerk, Wasserkraftgenerator	Hydroelectric power station, water-wheel generator
WZ	Werkzeug	Tool
WZM	Werkzeugmaschine	Machine tool
ZKS	Zugangskontrollsystem	Access control system
≗	großer Anfangsbuchstabe	Capital letter

Weitere qualifizierende Abkürzungen und Akronyme, die auch in Texten anstelle der sie bezeichnenden Begriffe verwendet werden, sind im Buch mit dem Hinweis auf den vollen Wortlaut des Haupteintrags enthalten.
Die Schreibweise der Abkürzungen entspricht derjenigen in den ausgewerteten Quellen.

Further abbreviations and acronyms that are commonly used are to be found in the dictionary with a cross reference.
The notation of the abbreviations corresponds to that of the respective sources.

Liste der allgemeinen Abkürzungen
Abbreviations used in this dictionary

A.	Abkürzung, Akronym	abbreviation, acronym
a.	auch	also
adj.	Adjektiv	adjective
adv.	Adverb	adverb
f.	Femininum	feminine noun
f.	für	for
GB	britischer Sprachgebrauch	British usage
m.	Maskulinum	masculine noun
m.	mit	with
n.	(Deutsch:) Neutrum	(German:) neuter noun
	(Englisch:) Substantiv	(English:) noun
o.	oder	or
pl.	Plural	plural
plt.	Pluraletantum	plural noun
s.	siehe	see
s.a.	siehe auch	see also, confer
US	US-amerikanischer Sprachgebrauch	American usage
v.	Verb	verb

A

A (Ausgang) / O (output) || ≗ (Ausgangsignal) / O (output signal) || ≗ (Buchstabensymbol für Luft) / A (letter symbol for air)
AA (Analogausgabe, analoger Ausgang, Analogwertausgabe) / AO (analog output), analog output module, analog output point, DAC, analogue output || ≗ (air-air cooling, Luft-Selbstkühlung) / AA (air-air cooling, self-cooling by natural circulation of air) || ≗ (air-air/forced-air cooling, Luft-Selbstkühlung mit zusätzlicher erzwungener Luftkühlung) / AA/FA (air-air/forced-air cooling)
AAB (Ausgabeabbild) / QIM (output image)
A-Abhängigkeit *f* / address dependency, A-dependency *n*
AASS / workstation dependent segment storage (WDSS)
a-Auslöser *m* (Siemens-Typ, stromabhängig o. thermisch verzögerter Überstromauslöser) / a-release *n* (Siemens type, inverse-time (o. thermally delayed) overcurrent release)
AB (Ausgangsbyte) / QB (output byte), QB (output byte) || ≗ / intermittent operation
abarbeiten *v* (Programm) / process *v*, execute *v*, service *v*, scan *v*, edit *v*
Abarbeiten *n* (Programm, Satz) / processing *n*, execution *n*, automatic mode || ≗ **großer CNC-Programme** *n* / execution of large CNC programs || ≗ **von extern** *n* / processing from external source, execution from external source
Abarbeitung *f* / processing *n*, execution *n*
Abarbeitungs·folge *f* (Fabrik) / routing *n* || ≗**reihenfolge** *f* (Fertigung, WZM) / order of processing (o. of machining), processing sequence, order of execution
Abarbeitungsreihenfolge, Elemente-Graphen ≗ / elements-order of processing of diagrams
abätzen *v* / cauterize *v*, remove with caustics, corrode *v*
Abbau *m* (Chem.) / degradation *n*, decomposition *n* || ≗**anforderung** *f* (DÜ) / disconnect request || ≗**beleuchtung** *f* (Bergwerk) / coal-face lighting || ≗**bestätigung** *f* (DÜ) / disconnect confirmation
abbauen *v* / dismantle *v*, disassemble *v*, dismount *v*, detach *v*, remove *v*, clear *v* || ~ *v* (A, V) / suppress *v*, reduce *v*, extinguish *v*, allow to decay || **eine Verbindung** ~ (DÜ) / release (o. clear) a connection *v*, disconnect *v* || **Parallelabfrage** ~ (PMG) DIN IEC 625 / parallel poll unconfigure (PPU)
Abbauzeit *f* (Datenleitung) / release delay, (connection) clearance time
Abbeizmittel *n* (Metall) / pickling agent || ≗ *n* (Farbe) / paint remover, paint stripper, paint and varnish remover
AB-Betrieb *m* (ESR) / class AB operation
Abbiegebock *m* (Spulenfertig.) / former *n*
Abbild *n* / replica *n*, image *n*, indicator *n*, figure *n*, map *n*, I/O image || ≗ *n* (Impulse, Schwingungen) / waveform *n* || ≗ *n* (Ersatzschaltbild) / equivalent circuit || ≗ *n* (SPS) / image *n* IEC 1131-1 || **einzelinformationsbezogenes** ≗ / single-data-oriented image || **Feuchte-**≗ *n* / moisture indicator || **E/A (SPS)-**≗ / I/O image (o. map), moisture indicating strip || **Impuls~** *n* / pulse waveshape || **Prozess~** *n* / process image || **thermisches** ≗ / thermal replica, thermal image || **thermisches** ≗ (Trafo, Anzeigegerät) / winding temperature indicator || **Übergangs~** *n* (Impulsmessung) / transition waveform
abbildbares Zeichen (Bildschirm) / displayable character
Abbildbaustein *m* / image block
abbilden *v* / display *v*, map *v*, image *v*
Abbilden, Betriebsart ≗ (Osz.) / display mode (of operation) || **einen Eingang** ~ / map an input
abbildender Sensor / imaging sensor
Abbild·funkenstrecke *f* / tell-tale spark gap, auxiliary control gap || ≗**register** *n* / image register
Abbildung *f* / display *n*, map *n*, figure *n* || ≗ *f* / image *n*, I/O image || **direkte** ≗ (SPS) / direct mapping
Abbildungs·maßstab *m* (Kamera) / object-to-image ratio || ≗**sensor** *m* / imaging sensor || ≗**zeit** *f* (Osz.) / display time || ≗**verzeichnis** *n* / list of illustrations
Abbildungsgruppe *f* / display group, display attribute group
abbinden *v* (Beton) / set *v*
Abblasdruck *m* / blow-off pressure
Abblasen *n* / blowing off *n*, venting *n*
abblättern *v* / scale *v*, flake *v*, peel off *v*, chip *v* || ≗ *n* (Zahnrad) / spalling *n*
abblenden *v* / dim *v*, fade out, suppress *v*, deactivate *v*, hide *v*
Abblend·kappe *f* (Autolampe) / anti-dazzle device || ≗**licht** *n* (Kfz) / dipped beam (GB), meeting beam (GB), lower beam (US), passing beam (US) || ≗**schalter** *m* / dip switch, dimming switch || ≗**schürze** *f* / shade *n* || ≗**zylinder** *m* / anti-glare cylinder
Abbrand *m* / burn-off *n*, flashing *n*, erosion *n* || ≗ *m* (Kontakte) / contact erosion, arc erosion, erosion *n* || ≗**anzeige** *f* / contact erosion indicator || ≗**anzeiger** *m* (Kontakte) / contact erosion indicator || **~fest** *adj* (Kontakte) / arc-resistant *adj*, resistant to erosion, resistant to burning || ≗**fläche** *f* / erosion area || ≗**lehre für Lichtbogenkontakte** / erosion gauge for arcing contacts || ≗**stelle** *f* / erosion point
abbrechen *v* (Programm) / abort *v* || ~ *v* / cancel *v*, back off, back off and abandon || ≗ *n* (Kürzen einer Zahl, Rechnerprogramm) / truncation *n*
Abbrechfehler *m* / truncation error
Abbremsen *n* / braking *n* || ≗ **auf Stillstand** / brake to rest
abbremsen *v* / brake *v*, decelerate *v*
abbrennen *v* / burn up
Abbrenn·kontakt *m* / arcing contact, moving arcing contact || ≗**prüfung** *f* (Blitzlampen) / flash test || ≗**ring** *m* / arcing ring || ≗**schaltstück** *n* / arcing contact, moving arcing contact || ≗**stück** *n* / erosion piece
Abbruch *m* / cancel *n*, abnormal termination || ≗ *m* / abort *n* (the interruption of a running program by the operator) || ≗ **des Programms** / program abort, discontinuation of program, program stop || ≗ **einer Bewegung** (NC) / discontinuation of a movement (o. motion) || ≗**fehler** *m* / truncation error || ≗**kriterium** *n* (SPS) / abort criterion || ≗**stelle Cu-Bänder** / rupture point, Cu strips || ≗**text** *m* (SPS) / abort message (o. text)
Abclicken *n* / deselection *n*
Abdampf *m* / exhaust steam

Abdeckblech *n* / cover *n*, cover sheet, cover plate, masking plate, blanking plate, sheet-metal cover

abdecken *v* / cover *v*

Abdeck·haube *f* / covering hood || **≗haube** *f* (el. Masch.) / cover *n*, outer casing, jacket *n* || **≗haube** *f* (Reihenklemme) / shrouding cover || **≗haube** *f* (Leuchte) / canopy *n* || **≗kappe** *f* / cover *n*, covering cap, cap *n*, blanking cap || **≗mittel** *n* (gS) / resist *n* || **≗plane** *f* / dropcloth *n* || **≗platte** *f* / cover *n*, cover plate, blanking cover, blanking plate || **≗platte** *f* (I-Schalter) / cover plate, switch plate, fascia panel, faceplate *n* || **≗platte** *f* (Reihenklemme) / cover plate || **≗profil** *n* / cover *n*, cover profile || **≗rahmen** *m* / cover frame || **≗ring** *m* (Sich.) / collar *n* || **≗scheibe** *f* / cover disc || **≗steg** *m* / cover plate, blanking cover, blanking plate || **≗streifen** *m* / cover strip, blanking strip || **≗tuch** *n* (zum Isolieren spannungsführender Metallteile) / flexible cover

Abdeckung *f* / covering *n*, cover *n*, guard *n*, enclosure *n* || ≗ *f* (Teil zum Schutz gegen direktes Berühren) VDE 0100, T.200 / barrier *n* IEC 50(826) || ≗ *f* (Teil der äußeren Kapselung einer metallgekapselten SA) / cover *n* IEC 298 || ≗ *f* (Verbundmaterial) / facing *n* || ≗ *f* (Reihenklemmen) / shrouding *n* || ≗ *f* (abnehmbares Teil des Schutzgehäuses eines Lasergerätes) VDE 0837 / access panel IEC 825 || ≗ *f* (I-Schalter) / cover plate, switch plate, fascia panel, faceplate *n* || ≗ *f* (gS) / resist *n* || ≗ *f* (zum Schutz gegen direktes Berühren) / barrier *n* IEC 50(826), Amend. 1 || ≗ **der Kabeleinführung** / cable gland blanking plate || **isolierende** ≗ (f. Arbeiten unter Spannung) / insulating cover

Abdeck·-Wandgehäuse *n* / covering wall housing || **≗wanne** *f* (Leuchte) / diffuser *n*, enclosing bowl

Abdichtung *f* / sealing *n* || ≗ **der Durchführung** / shaft sealing

Abdrängung *f* / deflection *n*

abdrehen *v* (Drehteile) / turn down *v*, turn off *v*, dress *v* || ~ *v* (Komm., SL) / skim *v*, re-surface *v*, true *v*

Abdreh·festigkeit *f* / resistance to torsion, torsion resistance, torsional strength, torque strength || **≗prüfung** *f* / torsion test, torque test

abdrosseln *v* / throttle *v*

Abdruck *m* / print *n*

abdruckbares Zeichen / printable (o. printing) character

abdrücken *v* (abziehen) / force off *v*, extract *v* || ~ *v* (hydraul. Druckprüf.) / test hydrostatically, pressure-test *v*

Abdrück·schraube *f* / jack screw, forcing-off screw, ejector screw || **≗vorrichtung** *f* / extractor *n*, . forcing-off device, forcing-off tackle, pressing-off device, puller *n*

Abdruckstufe *f* / printing interval

ABD-Technik *f* (ABD = alloy bulk diffusion) / alloy bulk diffusion technique (ABD technique)

ABD-Transistor *m* / alloy bulk diffused-base transistor (ABD transistor)

abdunkeln *v* / darken *v*, black out *v* || ~ *v* (Lampe) / dim *v*

Abdunkelungsblende *f* / darkening diaphragm

abdunsten *v* / evaporate *v*, vaporize *v*

Abel-Test *m* / Abel flash-point test

Abendbeleuchtung *f* / dusk lighting

aberregen *v* / de-energize *v*, to suppress the field

A-Betrieb *m* (ESR) / class A operation

A-bewertet *adj* / A-weighted *adj* || **≗er Schalldruckpegel** / A-weighted mean soundpressure level || **≗er Schallleistungspegel** / A-weighted sound-power level

A-Bewertung *f* / A-weighting *n*

A-Bewertungsnetzwerk *n* / A-weighting network

Abfahrabstand *m* / retract distance

abfahrbare Kapselung (el. Masch.) / end-shift enclosure

Abfahrebene *f* / retraction plane

Abfahren *n* / retraction *n*, return *n* || ~ *v* (Stillsetzen, Prozess) / shut down, retract *v*, execute *v* || **weiches** ≗ / smooth retraction

Abfahr·geschwindigkeit *f* / retraction speed || **≗makro** *n* / retract macro || **≗satz** *m* / retraction block || **≗strategie** *f* / retract strategy || **≗verhalten** *n* / retraction behavior || **≗weg** *m* / retract path

Abfall *m* (mech. Bearbeitung) / chippings *n pl*, scrap *n*, swarf *n*, chips *n pl* || ≗ *m* (DV) / garbage *n* || ≗ *m* (Absenkung, Spannungsabfall) / drop *n*, depression *n*, droop *n*, dip *n*, decay *n* || **Dach~** *m* (Impuls) / pulse droop

abfallen *v* / drop *v*, drop out *v*, release *v* || ≗ *n* (Rel.) / drop-out *n*, release *n*, releasing *n*

Abfall·flanke *f* (Impuls) / falling edge || **≗papier** *n* / paper waste || **≗sicherheitsfaktor** *m* (Rel.) / safety factor for dropout || **≗überwachungszeit** *f* / pressure drop monitoring time || **~verzögertes Relais** / OFF-delay relay, dropout-delay relay, relay with dropout delay, slow-releasing relay (SR relay) || **~verzögertes Schütz** / connector with delayed switch off, delayed dropout contactor || **≗verzögerung** *f* (Rel.) / dropout delay, OFF delay || **≗verzögerungszeit** *f* DIN 41785 / fall delay, dropout delay time || **≗wert** *m* (Rel.) / release value, dropout value || **≗zeit** *f* (Impuls, HL) / fall time, (pulse) decay time || **≗zeit** *f* (Rel.) / dropout time, release time || **≗zeit** *f* (Impulsabbild) / last transition duration || **≗zeit eines Arbeitskontakts** / make contact release time || **≗zeitüberwachung** *f* / pressure drop time monitoring

Abfang·blech *n* / locating plate, terminating plate || **≗diode** *f* / clamping diode

abfangen *v* (unterstützen) / support *v*, prop *v*, underprop *v*

Abfangung *f* / bearing *n* || **Ausdehnungskasten mit** ≗ / expansion section with base support || **Kabel~** *f* (StV) / cable clamp

Abflug·fläche *f* / take-off climb surface || **≗sektor** *m* / take-off climb area

Abfluss *m* (Vorrichtung, durch die Flüssigkeit aus einem Gehäuse abfließen kann, a. FET) / drain *n*, outflow *n*

Abfolge *f* / sequence *n*

abförderndes Band / discharging belt

Abfrage *f* / request *n*, demand *n*, scan *n* (SPS), query *n*, interrogation *n*, inquiry *n* || ≗ **Fehler-/Betriebsmeldung** / scan error/operational message || ≗ **mit Richtungsumkehr** (MPU) / line reversal technique || **Kontakt~** *f* / contact interrogation || **Übertragung auf** ≗ (FWT) / transmission on demand || **Zeittakt~** *f* / clock scan || **≗anweisung** *f* / scan statement || **≗befehl** *m* (FWT) / interrogation command || **gezielter ≗befehl** (FWT) / selective interrogation command || **≗betrieb** *m* (FWT) / transmission on demand || **≗dialog** *m* / interactive query || **≗eingang** *m* / read input || **≗eingang** *m* (Speicher) / query input, interrogation input ||

≗**einrichtung** *f* (a. EZ) / scanner *n* || ≗**ergebnis** *n* / result of scan, result of input/output scan, scan result || ≗**fenster** *n* / enquiry window || ≗**häufigkeit** *f* (Speicherröhre) / read number || ≗**kette** *f* / interrogation sequence || ≗**liste** *f* / scan list

abfragen *v* / request *v*, poll *v* || ~ *v* (abtasten) / scan *v* || ~ *v* (DV) / interrogate *v*

Abfrage·protokoll *n* / inquiry log || ≗**rate** *f* (Eingangskanal, Analog-Digital-Umsetzung) / revisit rate || ≗**speicher** *m* / scanning memory || ≗**system** *n* (FWT) / polling (telecontrol) system, interrogative system || ≗**taste** *f* / interrogation key, interrogation pushbutton || ≗**verriegelung** *f* / logic interlocks || ≗**wiederholungsbaugruppe** *f* (zykl. Abfrage) / scan repetition module || ≗**window** *n* / inquiry window, enquiry window || ≗**zustand** *m* (PMG) / poll state

abführbare Verlustleistung / dissipatable heat loss, thermal rating

Abführen der Verlustwärme / dissipation of heat, heat removal

Abfüll·anlage *f* / filling system || ≗**behälter** *m* / filling tank || ≗**maschine** *f* / filling machine

Abfüllung PG / preinstalled software on programming device

Abgabe *f* / contribution *n* || ≗**leistung** *f* / output *n*, power output || **kleinste** ≗**menge** / minimum totalled load || ≗**preis** *m* / selling price || ≗**währung** *f* / selling currency

Abgang *m* (Stromkreis) / outgoing circuit, outgoing feeder, load circuit, feeder *n* || ≗ *m* / withdrawal *n* || ≗ *m* (FSK, FIV) / outgoing unit, outgoing section || ≗ *m* (IK) / tap-off *n* (facility) || **Motor**~ *m* (Stromkreis) / motor circuit, motor feeder

Abgangs·baugruppe *f* / outgoing unit, outgoing section || ≗**einsatz** *m* (ST) / non-withdrawable outgoing unit, fixed-mounted branch-circuit unit || ≗**feld** *n* (FLA) / outgoing feeder bay, feeder bay, line bay || ≗**feld** *n* (IRA) / feeder panel BS 4727, outgoing feeder panel, outgoing unit || ≗**feld** *n* (Station) / outgoing feeder || ≗**kasten** *m* (IK) / tap-off unit, tap box, plug-in tap-off unit || **steckbarer** ≗**kasten** (IK) / plug-in tap-off unit || ≗**klemme** *f* (SG) / outgoing terminal, output terminal || ≗**klemmleiste** *f* / outgoing terminal rail || ≗**leitung** *f* (v. SS) / outgoing circuit, outgoing feeder, load feeder || ≗**raum** *m* (SA) / outgoing compartment, outgoing-circuit compartment || ≗**richtung** *f* / line direction || ~**seitig** *adj* / in outgoing circuit, outgoing *adj*, on the outgoing side, load circuit || ≗**stromkreis** *m* / outgoing circuit, outgoing branch circuit, outgoing feeder, feeder *n* || ≗**trenner** *m* / outgoing-feeder disconnector, outgoing isolator || ≗**-Trennkontakt** *m* / outgoing isolating contact, isolating load contact || ≗**-Trennschalter** *m* / outgoing-feeder disconnector, outgoing isolator || **Verbraucher-**≗**leitung** *f* / load feeder || ≗**-Verteilerraum** *m* / distribution compartment

Abgas·behandlung *f* / exhaust treatment, exhaust gas after-treatment || ≗**-Bypassventil** *n* (Kfz) / waste gate

Abgase *n pl* / discharged air

Abgas·emission *f* / exhaust emission || ≗**entgiftung** *f* / exhaust emission control || ≗**kanal** *m* / flue gas duct || ≗**messgerät** *n* / exhaust gas analyzer, exhaust gas tester || ≗**messung** *f* / exhaust gas analysis || ≗**nachbehandlung** *f* / exhaust gas after-treatment, exhaust treatment || ≗**reinigung** *f* (Kfz) / exhaust emission control || ≗**rückführung** *f* (EGR Kfz) / exhaust gas recirculation (EGR) || ≗**rückführventil** *n* (Kfz) / exhaust gas recirculation valve || ≗**temperatur** *f* / outlet air temperature

abgearbeitet *adj* / executed *adj*

abgeben, Leistung ~ / supply power || **Wärme** ~ / give off heat, dissipate heat

abgebremstes Drehmoment / stalling torque, breakdown torque

abgebrochene Prüfung (QS) / curtailed inspection

abgedeckt *adj* / masked *adj* || ~**e Fassung** DIN IEC 238 / ordinary lampholder IEC 238 || ~**e Steckvorrichtung** / ordinary accessory (socket outlet), plug || ~**er Druckknopf** VDE 0660,T.201 / covered pushbutton IEC 337-2 || ~**er Transformator** / shrouded transformer || ~**es Gerät** (HG) / ordinary appliance

abgedichtet *adj* / sealed *adj* || ~**e Kunststoffleuchte** / sealed plastic luminaire, plastic luminaire for corrosive atmospheres || ~**e Maschine** / canned machine || ~**e Wicklung** / sealed winding

abgegeben·e Blindleistung / reactive power supplied, reactive power generated || ~**e Leistung** / output power IEC 50(411), output *n*, power output || ~**e Motorleistung** / motor output || ~**e Nachricht** / output message || ~**e Wärme von Personen** / heat loss from man, heat from occupants || ~**es Drehmoment** / torque delivered, shaft torque

abgeglichen *adj* / harmonized *adj*, adjusted *adj* || **nicht** ~ / non-adjusted *adj*

abgeglichen·e Brücke / balanced bridge || ~**e Schaltung** / balanced circuit || ~**e Zuleitungen** (MG) / calibrated instrument leads || ~**er metallischer Stromkreis** / balanced metallic circuit

abgehängte Decke / suspended ceiling

abgehend·e Leitung / outgoing feeder (o. circuit), output lead || ~**er Ruf** DIN 44 302, T.13 / call request || ~**er Stecker** / outgoing connector

abgehörter Zustand der Ruffunktion (PMG) DIN IEC 625 / affirmative poll response state (APRS)

abgekantet *adj* / folded *adj*

abgekündigt *adj* / totally discontinued

abgelaufen *adj* / timeout *n* || ~**e Zeit** / elapsed time

abgelegt *adj* / stored *adj*, filed *adj*

abgelegte Werte (gespeicherte W.) / stored values

abgeleitet·e Einheit / derived unit || ~**e Funktion** / derived function || ~**e Größe** / derived quantity || ~**e SI-Einheit** / SI derived unit || ~**er Befehl** / automatic command, automatically derived command || ~**er Datentyp** / derived data type || ~**er Referenzimpuls** / derived reference pulse waveform

abgelöst *adj* / detached *adj*

abgemantelt *adj* / cable coating removed, cable sheathing removed, stripped back

abgerechnet *adj* / invoiced *adj*

abgerolltes Wicklungsschema / developed winding diagram

abgerufene Leistung / demand set up

abgerundeter Kopf (Bürste) / rounded top, convex top

abgeschaltet *adj* / switched off, disabled *adj*, disconnected *adj*, cut off

abgeschirmt *adj* / shielded *adj*, screened *adj* || **elektrisch** ~ / electrically screened || ~**e Drucktaste**

/ shrouded pushbutton IEC 337-2 || **~e Leuchte** / screened luminaire || **~e Lichtausstrahlung** / screened luminous distribution || **~er Pol** / shielded pole, shaded pole || **~er Steckverbinder** / shielded connector || **~es Messgerät** / screened measuring instrument

abgeschlossen·e elektrische Betriebsstätte VDE 0100, T.200 / closed (o. locked) electrical operating area || **~er Zweig** (Programmablauf) / closed branch

abgeschmolzene Lampe / sealed-off lamp

abgeschnitten·e Blitzstoßspannung / chopped lightning impulse, chopped-wave lightning impulse || **~e Stoßspannung** / chopped impulse, chopped-wave impulse voltage, chopped-wave impulse, tail-of-wave impulse test voltage || **~e Stoßwelle** / chopped impulse wave || **~er Stoß** (Stoßwelle) / chopped impulse, chopped-wave impulse

abgeschrägt *adj* (Kante) / bevelled *adj*, chamfered *adj* || ~ *adj* (konisch) / tapered *adj* || **~er Pol** / skewed pole

abgesenkt *adj* / reduced *adj*, lowered *adj*

abgesenkter Mantel (LWL) / depressed cladding

abgesetzte Ladung / two-step charge, two-rate charge || ~ **Tafel** (ST) / projecting (control) board

abgesichert *adj* (m. Sicherung) / fused *adj*, protected by fuses || ~ *adj* (geschützt) / protected *adj* || **~e Klemme** / terminal fused || **~e Steckdose** s. s. Sicherungssteckdose) abgespannter Stützpunkt (Freiltg. / stayed support, guyed support || **~er Ausgang** / fused output

abgespeichert *adj* / stored *adj*

abgespeichertes Programm / stored program

abgesteuert *adj* (Ausgang) / reset *adj*, with outer conductive coating || **~er Ausgang** / reset output

abgestimmt, aufeinander ~ / tuned to one another, matched to one another || **hoch** ~ (Resonanz) / set to above resonance || **tief** ~ (Resonanz) / set to below resonance || **~e Schutzfunkenstrecke** / coordinating spark gap, standard sphere gap || **Baureihe aufeinander ~er Kombinationen** / series of compatible assemblies || **~er Kreis** / tuned circuit

abgestochen *adj* / parted off

abgestrahlte Störgröße / radiated disturbance

abgestuft *adj* / graduated *adj* || **~e Isolation** (Trafo) / non-uniform insulation IEC 76-3, graded insulation || **~e Toleranz** (QS) DIN 55350, T.12 / stepped tolerance || **~e Wicklung** / graded winding || **~e Zeiteinstellung** / graded time setting || **~er Grenzwert** (Statistik, QS) / stepped limiting value || **~er Höchstwert** (Statistik, QS) / stepped upper limiting value || **~er Mindestwert** (Statistik, QS) / stepped lower limiting value || **~er Toleranzbereich** (QS) DIN 55350, T.12 / stepped tolerance zone || ~ **isolierte Wicklung** / graded-insulated winding

abgetastetes Signal / sampled signal

abgeteilte Phasen / segregated phases

abgewickelte Länge / developed length

abgezogen *adj* / ground off

Abgleich *m* / balancing *n*, adjustment *n*, compensation *n*, balanced condition, calibration *n*, calibrated condition, offset *n* || ≗ *m* (NC) / calibration adjustment *n*, compensation *n* || ≗ *m* (MG) / adjustment *n*, adjusted condition || ≗ *m* (zeitlicher A. in Systemen) / alignment *n* || **90°-≗** / quadrature adjustment, quadrature compensation, quadrature correction, inductive-load adjustment, phase-angle adjustment || **Drift~** *m* / drift compensation || **elektrischer** ≗ (MG) DIN 43782 / electrical balance || **iterativer** ≗ / iterative calibration || **Konvergenz~** *m* / convergence correction || **mechanischer** ≗ (MG) / mechanical balance || **Phasen~** *m* (Leistungsfaktoreinstellung) / power-factor adjustment || **Versetzungs~** *m* (ADU, DAU) / offset adjustment || **werksseitiger** ≗ / factory adjusted || **wiederholender** ≗ / iterative calibration

Abgleicharbeiten *f pl* (QS) / adjusting operations

abgleichbarer ADU / adjustable ADU

Abgleichbrücke *f* / balancing bridge

abgleichen *v* / balance *v*, adjust *v*, trim *v*, compensate *v*, adapt *v*, match *v*, customize *v* || ~ *v* (MG) / adjust *v* || ~ *v* (kalibrieren, Messgeräte-Zuleitungen) / calibrate *v* || ~ *v* (fein einstellen) / trim *v* || ≗ *n* (MG) / adjustment *n*, adjusting *n*

abgleichende Rückkopplung / compensating feedback

Abgleich·indikator *m* (Nullindikator) / null indicator, null detector || ≗**klemme** *f* / compensating terminal || ≗**kondensator** *m* / tuning capacitor, trimming capacitor || ≗**möglichkeit** *f* / possibility of adjusting, possibility of balancing || ≗**motor** *m* / balancing motor || ≗**netzwerk** *n* / balancing network, compensating network || ≗**potentiometer** *n* / balancing potentiometer, trimming potentiometer || ≗**regler** *m* / compensating controller || ≗**schaltung** *f* / balancing circuit, compensating circuit || ≗**schaltung** *f* (NC) / compensating circuit || ≗**schraubenzieher** *m* / calibrating screwdriver || ≗**vorgang** *m* (SPS) / matching procedure || ≗**vorrichtung** *f* DIN 43782 / servomechanism *n* || ≗**wicklung** *f* / equalizing winding || ≗**widerstand** *m* / trimming resistor

abgraten *v* / deburr *v*, trim *v*, deflash *v*

Abgratmaschine *f* / trimming machine

abgreifen *v* (Spannung o. Strom an Abgriff o. Anzapfung) / pick off *v*, pick up *v*, tap *v*

Abgreif·schelle *f* / pick-off *n* || ≗**zange** *f* (f. Batteriepole) / clip *n*

Abgrenzung *f* / delimitation *n*

Abgriff *m* / pick-off *n*, tap *n* || ≗ **der Spannung** / pick-up of the voltage || **Messgerät mit** ≗ / instrument with contacts IEC 51 || **optischer** ≗ / optical scanner

Abgriffspunkt *m* / monitoring point

Abgriffverfahren *n* / pick-off method

abhaken *v* / check off *v*, tick off *v*

abhängig *adj* / dependent *adj*, depending *adj* || ~ **verzögert** / inverse-time delay || ~ **verzögerte Auslösung** / inverse-time tripping, inverse time-lag tripping || ~ **verzögerter Überstromauslöser** VDE 0660, T.101 / inverse time-delay overcurrent release IEC 157-1, inverse-time overcurrent release || ~ **verzögertes Messrelais** / dependent-time measuring relay || ~ **verzögertes Relais** (Messrelais, Relaiszeit von Wirkungsgröße abhängig) / dependent-time-lag relay || ~ **verzögertes Überstromrelais** / inverse-time overcurrent relay || **~e Handbetätigung** (SG) / dependent manual operation IEC 157-1 || **~e Kraftbetätigung** (SG) / dependent power operation || **~e Kühlvorrichtung** / dependent circulating-circuit component || **~e Verzögerung** / inverse-time delay, dependent-time delay || **~er**

Betrieb (v. Stromversorgungsgeräten im Verbundbetrieb) / slave operation || **~er elektrischer Kraftantrieb** / electrical dependent power mechanism || **~er Kraftantrieb** (SG) / dependent power mechanism || **~er Überstrom-Zeit-Schutz** / inverse-time overcurrent protection, inverse-time-lag overcurrent protection || **~er Wartebetrieb** (DÜ) / normal disconnected mode (NDM) || **~es Bussignal** / interlocked bus signal || **~es Messrelais** / dependent-time measuring relay || **~es Schaltglied** / dependent-action contact element || **~es Überstromrelais** / inverse-time overcurrent relay || **~es Zeitrelais** / dependent time-delay relay, dependent time-lag relay, inverse time-delay relay

Abhängigkeit *f* / dependency *n*, dependence *n* || **Frequenz~** *f* (Rel.) / frequency sensitivity, line-frequency sensitivity || **in ≗ verstellen** / control feedforward || **Spannungs~** *f* / voltage influence ANSI C39.1, voltage effect, effect of voltage variation, inaccuracy due to voltage variation || **Temperatur~** *f* / temperature sensitivity, effect of temperature, temperature dependance, variation due to temperature changes

Abhängigkeits·baum *m* / dependency tree || **≗notation** *f* DIN 40700 / dependency notation IEC 117-15

Abhaspel *f* / uncoiler *n*, reel off

Abhebebewegung *f* / retract movement || ≗ *f* (WZM-Werkzeug) / (tool) retracting (o. withdrawal) movement

abheben *v* (Rel.) DIN IEC 255-1-00 / disengage *v*, lift *v*, retract *v*, tool retract || ≗ *n* / retraction *n*, tool recovery, automatic tool recovery || ≗ *n* (Kontakt) / disengaging *n*, repulsion *n* || **die Bürsten** ~ / lift the brushes

Abhebe·vorrichtung *f* (Bürsten) / lifter *n* || **≗weg** *m* / retraction path, retraction distance || **≗wert** *m* (Rel.) / disengaging value || **≗winkel** *m* / retraction angle || **≗zeit** *f* (Rel.) / disengaging time

Abhilfe *f* / remedy *n*, solution *n*, bypass *n*

Abhilfemaßnahme *f* / corrective action

Abhilfemaßnahmen *f pl* / remedial measures, corrective measures, individual measures for eliminating non-conformances

abhörsicher *adj* / tap-proof *adj*

A-Bild *n* (Ultraschallprüfung) / A scan

Abintegrationszeit *f* / down integrating time

Abisolation *f* / stripping *n*

abisolieren *v* / strip (the insulation), bare (a conductor)

Abisolier·gerät *n* / insulation stripper || **≗länge** *f* / stripped length, insulation stripping length || **≗pistole** *f* / wire stripping gun

abisoliert *adj* / bared *adj* || **~es Leiterende** / bared (o.stripped) conductor end

Abisolier·werkzeug *n* / stripping tool || **≗zange** *f* / cable stripper, wire stripping pliers

abkanten *v* / fold *v*

Abkant·maschine *f* / folding machine || **≗presse** *f* / bending press, folding press, press brakes

Abkantung *f* / edge folding, folded edge, folding *n*

Abkappen *n* (Impuls) / clipping *n*

abkippen *v* / pull out of synchronism, fall out of step, pull out *v*, loose synchronism || **≗ des Stroms** / current chopping

Abkippstrom *m* / chopping current, chopped current

abklappbar *adj* / swing-down *adj*

abklemmbar·e Kupplungsdose / rewirable portable socket-outlet, rewirable connector || **~er Schnurschalter** VDE 0630 / rewirable flexible cord switch (CEE 24) || **~er Stecker** / rewirable plug

abklemmen *v* (el. Anschluss) / disconnect *v*

abklingen *v* / decay *v*, die down *v*, die out

abklingendes Feld IEC 50(731) / evanescent field

Abkling·geschwindigkeit *f* / decay rate || **≗koeffizient** *m* / decay coefficient || **≗konstante** *f* / decay factor || **≗strom** *m* / transient decay current || **≗toleranz** *f* (Verstärker) / ripple tolerance

Abklingzeit *f* (Schwingung) / relaxation time, time constant || ≗ *f* (Strom) / decay time, fall time || ≗ *f* (t_{rip}, Verstärker, nach Überschwingen) / ripple time || ≗ *f* (Zeit zwischen einer sprungartigen Änderung einer Regel- o. Störgröße und dem Augenblick, an dem die Ausgangsgröße den Beharrungszustand erreicht) / recovery time

abklopfen *v* / tap *v*

Abklopfer *m* (Filter) / rapping mechanism

abkneifen *v* / pinch off *v*

abknickende Kennlinie / inflected characteristic, knee-point characteristic

abkoppeln *v* / uncouple *v*, decouple *v*

Abkühldauer *f* / cooling time

abkühlen *v* / cool down *v*, cool *v*

Abkühlungsgeschwindigkeit *f* / cooling rate

Abkühlzeitkonstante *f* / thermal time constant

abkündigen *v* / discontinue *v*

Abkündigung *f* / total discontinuation, final cancellation

abkuppeln *v* / uncouple *v*, decouple *v*

Abkürzung *f* / abbreviation *n*, mnemonic *n*

abladen *v* / unload *v*

Ablage *f* (in Datei) / filing *n*, archive *n* || ≗ *f* (Ablagefach f. Papier) / tray *n* || **≗ eines Programms** / storage of a program || **Briefhüllen~** *f* / envelope stacker || **≗fach** *n* / tray *n* || **≗ort** *m* (Pfad) / storage location (path) || **≗pfad** *m* / storage path || **≗platz** *m* (FFS) / buffer *n*

Ablagerung elektrisch aufgeladener Teilchen / electrostatic precipitation || **Staub~** *f* / dust deposit, dust accumulation

Ablängautomat *m* / cutting to length machine

ablängen *v* / cut to length

Ablängzange *f* (f. Kabel) / cable cutter, wire cutter

ablassen *v* (Flüssigk.) / drain *v* || ~ *v* (senken) / lower *v*

Ablass·einrichtung *f* / draining equipment || **≗hahn** *m* / drain cock || **≗schraube** *f* / drain plug || **≗stopfen** *m* / drain plug || **≗stutzen** *m* / disposal flange || **≗ventil** *n* / drain valve, discharge valve || **≗vorrichtung** *f* / draining device, drain plug, drain *n*

ablatchen *v* / pick up *v*, tap *v*

Ablauf *m* (Funktionskette) / run *n*, sequence *n*, functional sequence || ≗ *m* (Rel., Ausl.) / operation *n* || ≗ *m* / execution *n*, evolution *n*, operational sequence || **≗ einer Schrittsteuerung** / sequence control operation || **Arbeits≗** *m* / sequence of work, process *n*, sequence of operations || **≗auswahl** *f* (Reg.) / sequence selection

Ablauf·daten *plt* (elST) / sequence data, run-time data, job data || **≗diagramm** *n* DIN 40719 / sequence chart, sequence diagram || **≗diagramm** *n* (SPS) / flowchart *n* || **≗dokumentation** *f* / job documentation || **≗ebene** *f* / execution level ||

≗**ebenensystem** *n* / execution level system || ≗**eigenschaft** *f* / sequence characteristic, run characteristic

ablaufen *v* (Übergang von Ausgangsstellung in Wirkstellung) DIN IEC 255-1-00 / operate *v* || ~ *v* (Zeit) / elapse *v*, expire *v* || ~ *v* (Programm) / run *v*, be executed

ablaufen *v* (Riemen) / leave *v*, go off line

Ablauf-Ende *n* / end of sequence

ablaufende Kante (Bürste, Pol) / leaving edge, trailing edge, heel *n*

ablauffähig *adj* (Programm) / runnable *adj*, executable *adj*, loadable *adj* || ~ **sein unter** / executable *adj*, run *v* || ~**er Graph** / executable diagram

Ablauf·fähigkeit *f* / executability *n* || ≗**fläche** *f* / running surface || ≗**glied** *n* DIN 19237 / step logic element, sequential control element || ~**invariant** *adj* / reentrant *adj* || ≗**kette** *f* / sequence cascade, sequencer *n*, drum sequencer, sequential control, step sequence || ≗**kettenbaustein** *m* / sequencer block || ≗**kettenorganisation** *f* / sequencer organization || ≗**kettenprogrammierung** *f* / sequencer programming || ≗**kettenschritt** *m* / step *n*, sequence step, sequencer step || ≗**kettensteuerung** *f* / sequential control, sequence cascade control || ≗**kettensystem** *n* / sequential control || ≗**kontrolle** *f* (SPS) / program check, debug (ging) function || ≗**kontrolle** *f* / debug *n*, program test, sequence control || ≗**leitung** *f* / drain pipe || ≗**linie** *f* (NC) / flow line || ≗**logik** *f* / sequencing logic || ≗**nase** *f* / run lug || ~**orientiert** *adj* / sequence-oriented *adj*

Ablaufplan *m* (Flussdiagramm) / flow diagram, flowchart *n* || ≗ *m* (NC) / planning sheet || ≗ *m* (QS) / process plan || **Arbeits**~ *m* / work schedule, work sequence schedule, flow diagram || **Arbeits**~ *m* (NC) DIN 66257 / planning sheet ISO 2806- 1 980 || **Programm**~ *m* / program flowchart || **Prüf**~ *m* DIN 55350, T.11 / inspection and test plan (ITP), inspection and test schedule, test flow chart

Ablauf·planung *f* / scheduling *n* || ≗**programm** *n* / sequential program || ≗**programmierung** *f* / sequential programming || ≗**prozess** *m* / sequential control process || ≗**regel** *f* (SPS) / rule of evolution || ≗**richtung** *f* / direction of evolution || ≗**routine** *f* / executive routine || ≗**schaltwerk** *n* DIN 19237 / sequence processor || ≗**schritt** *m* / step *n* || ≗**schritt** *m* (elST) / sequence step, sequencer step || ≗**sequenz** *f* / flowchart *n* || ≗**sprache** *f* / sequential function chart || ≗**steuerung** *f* (ALS) / sequential control, sequential control system (SCS), sequence control, sequence control system (SCS), logic and sequence control || ≗**steuerung ALS** *f* (SPS) DIN EN 61131-1 / sequence control system (SCS), sequential control, sequencing control, sequential control system IEC 1131.1 || ≗**steuerung, prozessgeführte** / process-dependent sequential control || ≗**steuerung, übergeordnete** / higher-level sequential control || ≗**störung** *f* / sequence failure || ≗**struktur** *f* / sequence structure || ~**strukuriert** *adj* / sequence structured || ≗**system** *n* / execution system, runtime system || ≗**tabelle** *f* DIN 40719 / sequence table || ≗**teil** *m* (Programm) / executive routine || ≗**übersicht** *f* / sequence overview || ≗**überwachung** *f* (Fertigung) / operations monitoring and control || ≗**umgebung** *f* / runtime environment || ≗**unterbrechung** *f* (DÜ) / exception condition || ≗**verfolger** *m* / tracer *n* || ≗**warteschlange** *f* / run queue || ≗**winkel** *m* / trailing angle

Ablaufzeit *f* (Zeitrel., Zeit zwischen dem Anlegen der Ansprecherregung und dem Erreichen der Wirkstellung) DIN IEC 255-1-00 / operating time, functioning time || ≗ *f* (Netzumschaltgerät) / operating time || ≗ *f* (SPS) / run time || ≗ **des Umschaltvorganges** (Netzumschaltgerät) / operating transfer time

ablegen *v* (in Datei) / file *v*, store *v*, save *v*, import *v*, check in *v*

ablehnen *v* / reject *v*, deny *v*

Ablehngrenze *f* (QS) / limiting quality

ablehren *v* / gauge *v*, calmer *v*

AB-Leistung *f* / periodic rating, intermittent rating

Ableitelektrode *f* (pH-Messer, Bezugselektrode) / reference electrode

ableiten *v* / derive *v*, derivate *v* || ~ *v* (Math.) / derive *v*, differentiate *v* || ~ *v* (Wärme) / dissipate *v*, lead off *v* || ~ *v* (Strom) / discharge *v*

Ableiten *n* (Überspannung) / discharging *n*, diverting *n*

Ableiter *m* / arrester *n*, diverter *n*, overvoltage arrester || ≗ **mit nichtlinearen Widerständen** / non-linear resistor-type arrester, valve-type arrester || **Ladungs**~ *m* / charge bleeder || **Teil**~ *m* / arrester section || ≗**-Abtrennvorrichtung** *f* / arrester disconnector || ≗**-Bauglied** *n* / arrester unit, prorated unit (depr.) || ≗**-Dauerspannung** *f* / continuous operating voltage capability of a surge arrester || ≗**-Funkenstrecke** *f* / arrester spark gap || ≗**-Schutzwerte** *m pl* / protective characteristics of arrester || ≗**strom** *m* / discharge current

Ableit-Gleichspannung *f* / d.c. discharge voltage, d.c. component of discharge current

Ableitstoßstrom *m* / discharge current || **Bemessungs-**≗ *m* / rated discharge current

Ableitstrom *m* (einer Anlage) VDE 0100, T.200 / leakage current || ≗ *m* (Entladestrom, Abl.) / discharge current || ≗**-Anzeiger** *m* / earth-leakage detector, leakage current detector || ≗**-Messgerät** *n* / leakage current measurement unit || ≗**-Prüfgerät** *n* (zur Prüfung der Oberfläche von isolierten Werkzeugen) / surface leakage tester

Ableitung *f* (Anschlussleitung) / terminal lead, end lead, automatic derivation of commands || ≗ *f* (Gen.) / generator main leads, generator connections || ≗ *f* (math.) / derivation *n*, derivative *n* || ≗ *f* (Abgangskabel, Stromkreis) / outgoing cable, connecting cable || ≗ *f* (Blitzschutzanl.) / down conductor, down lead || ≗ *f* (Streuung) / leakage *n* || ≗ *f* (Wickl.) / end lead, terminal lead || ≗ *f* (Kabel, Streuung) / leakance *n* || **dielektrische** ≗ / dielectric leakage

Ableitungsbelag *m* / leakance per unit length

Ableit·vermögen *n* / discharge capacity || ≗**werkstoff** *m* (Ableitelektrode) / reference-electrode material

Ableitwiderstand *m* (Streuung) / leakage resistance || ≗ *m* (Gerät) / bleed resistor, bleeder *n*, discharge resistor

Ablenk·defokussierung *f* / deflection defocusing || ≗**elektrode** *f* / deflecting electrode

ablenken *v* / deflect *v*, divert *v*, diffract *v*

Ablenk·frequenz *f* / deflection frequency || ≗**generator** *m* (Osz.) / sweep generator ||

≗**geschwindigkeit** *f* (Osz.) / spot velocity, sweep rate || ≗**koeffizient** *m* / deflection factor, deflection coefficient (oscilloscope), IEC 351 -1 || **relativer** ≗**koeffizient** (Osz., bei Nachbeschleunigung) / post-deflection acceleration factor || ≗**linearität** *f* (Osz.) DIN IEC 151, T.14 / deflection uniformity factor || ≗**periode** *f* (Osz.) / sweep period || ≗**platte** *f* (Osz.) / deflector plate || ≗**platte** *f* / deflecting electrode || ≗**rolle** *f* (Riementrieb) / deflector sheave, diverting sheave || ≗**spannung** *f* / deflection voltage || ≗**sperre** *f* (Osz.) / sweep lockout || ≗**spule** *f* / deflector coil || ≗**strom** *m* / deflection current || ≗**verstärkerröhre** *f* / beam deflection tube
Ablenkung *f* / deflection *n* || ≗ **in der X-Achse** / x-deflection *n*
Ablenkungs·empfindlichkeit *f* / deflection sensitivity || ≗**winkel** *m* / deflection angle
Ablesbarkeit *f* / readability *n*
Ablese·einheit *f* (EZ) / meter unit || **kleinste** ≗**entfernung** / minimum reading distance || ≗**fehler** *m* / reading error, error of observation || ≗**intervall** *n* / demand-assessment period || ≗**lineal** *n* (Schreiber) / reading rule, reference reading rule
ablesen *v* / read *v*, read off *v*, to take a reading
Ableseperiode *f* / demand-assessment period
Ableser *m* (f. EZ) / meter reader
Ablese·schieber *m* / target *n* || ≗**unsicherheit** *f* / uncertainty of reading || ≗**wert** *m* / reading *n*, read *n* || ≗**zeitraum** *m* (EZ) / demand-assessment period
Ablesung *f* / reading *n*, read *n*
Ablieferungs·prüfung *f* / user's inspection, pre-delivery inspection || ≗**zeichnung** *f* / as-made drawing, as-delivered drawing
Ablöse·drehzahl *f* (Anwurfmot.) / starting-motor cut-out speed || ≗**drehzahl** *f* (Anfahr-SR) / starting-converter cut-out speed || ≗**frequenz** *f* / cutout frequency || ≗**modus** (SPS) / override mode
ablösen, Datensignal ~ (DÜ-Schnittstellenleitung) / return to non-data mode data interchange circuit
ablösende Bremsung / substitutional braking || ~ **Regelung** (umschaltend) / change-over control, transfer control || ~ **Regelung** (übersteuernd) / override control
Ablöse·punkt *m* / take-over-point *n* || ≗**regelung** *f* / alternating control, override control || ≗**schaltung** *f* / transfer circuit || ≗**schaltung** *f* (übersteuernd) / override (o. overrule) circuit || ≗**schaltung** *f* (umschaltend) / transfer circuit
ablöten *v* / unsolder *v*
Abluft *f* / exhaust air, air discharged, outlet air || ≗ *f* (KT) / extracted air, vitiated air, exit air || ≗ *f* (eine Gehäuseöffnung, durch die Luft entweichen kann) / discharged air, air outlet (an aperture in the housing through which air can escape) || **erwärmte** ≗ / heated exit air || ≗**dom** *m* / extraction chamber || ≗**krümmer** *m* / exhaust bend, discharge elbow || ≗**leistung** *f* / extracted air flow rate || ≗**seite** *f* / air discharge side || ≗**stutzen** *m* / air discharge duct || ≗-**Ventilator** *m* / air extraction ventilator || ≗**volumenstrom** *m* / extracted-air flow rate
abmagnetisieren *v* / demagnetize *v*, neutralize *v* || ~ *v* / neutralize *v*
abmanteln *v* (Kabel) / to strip the insulation, to remove the sheath
Abmantelungsmesser *n* / sheath stripping knife
Abmaß *n* DIN 7182, T.1 / deviation *n* || **einseitiges** ≗ / unilateral deviation, unilateral tolerance || **Lehren-**≗ *n* / gauge deviation || **Nenn-**≗ *n* / nominal deviation, nominal allowance || **Plus- und Minus-**≗ / plus and minus limits || **zweiseitiges** ≗ / bilateral tolerance || ≗**e nach DIN** / dimensions according to DIN standard
abmelden *v* (Bediener-System, Bediener-Rechneranlage) / sign off, log off || ~ *v* / log off
Abmeldung *f* (einer Person über ein Terminal) / sign-off *n*, clock-out *n*
abmessen *v* / measure *v*
Abmessung *f* / dimension *n*, measurement *n*, footprint *n* || ≗**en des Rohteils** / blank dimensions, blank part dimensions
Abmessungen, geringe ≗ / small dimensions
Abnahme *f* / decrease *n*, acceptance *n*, acceptance inspection, verification *n*, acceptance test || ≗ *f* (Prüf.) / acceptance *n*, acceptance inspection, acceptance tests || ≗**beamter** *m* / inspector *n*, acceptance inspector || ≗**beauftragter** *m* (des Kunden) / inspector *n* || ≗**behörde** *f* (im Sinne der CSA-Vorschriften) / acceptance jurisdiction || ≗**grenzen** *fpl* VDE 0715 / acceptance limits IEC 64 || ≗**institut** *n* / acceptance authority || ≗**lehre** *f* / purchase inspection gauge, acceptance gauge || ≗**menge** *f* VDE 0715 / batch *n*, acceptance batch || ≗**messungen** *fpl* / acceptance measurements, acceptance gauging || ≗**protokoll** *n* / acceptance report, acceptance certificate, official acceptance certificate || ≗**prüfprotokoll** *n* / inspection certificate, certificate of acceptance || ≗**prüfung** *f* / conformance test, acceptance test, acceptance inspection, acceptance *n*, verification *n* || ≗**prüfzeugnis** *n* / inspection report, acceptance test certificate || ≗**punkt** *m* (QS) / witness point || ≗**rate** *f* (Spannung) / droop rate || ≗**tafel** *f* (el.) / tapping board || ≗**test** *m* / acceptance *n*, acceptance inspection, acceptance test, verification *n* || ≗**verfahren** *n* / acceptance procedure || ≗**verhalten** *n* / consumption behaviour || ≗**verweigerung** *f* / rejection *n* || ≗**werkstück** *n* / acceptance-test workpiece || ≗**zeichnung** *f* / acceptance drawing || ≗**zertifikat** *n* / acceptance certificate, acceptance report
abnehmbar *adj* / detachable *adj*, removable *adj*, demountable *adj* || ~**e Abdeckung** (ST) / detachable panel
abnehmen *v* (Spannung an Anzapfung o. Abgriff) / tap *v* (off), pick off *v* || ~ *v* / remove *v* || ~ *v* (prüfen) / accept *v*, acceptance-inspect *v* || ≗ *n* / removing *n* || **Spannung** ~ / tap a voltage, pick off voltage
abnehmend *adj* / descending *adj*, degressive *adj*
abnehmende Steigung (Gewinde) / degressive lead, degressive pitch
Abnehmer *m* (Verbraucher) / consumer *n* || ≗ **mit hoher Benutzungsdauer** / high load factor consumer || ≗ **mit niedriger Benutzungsdauer** / low load factor consumer
abnehmerabhängige Kosten / consumer-related cost
Abnehmeranlage *f* / consumer's installation || ≗**anschluss** *m* / consumer's terminal || **gemeinsame** ≗**leitung** / common trunk (line) || ≗**risiko** *n* DIN 55350, T.31 / consumer's risk || ≗**teil** *m* (im Zählerschrank) / consumer's compartment
abnutzen *v* / wear *v*, wear out *v*
Abnutzung *f* / wear *n*, wear and tear, rate of wear, erosion *n*, corrosion *n*, pitting *n* || ≗ **Anschlagstelle** / wear of contact point || ≗ **Aufnahmebohrung** /

locating hole wear || ≗ **Bohrung** / hole wear || ≗ **Langloch** / wear of longitudinal hole || ≗ **Lagerbohrung Lagerstück** / bearing hole wear for bearing piece || ≗ **Silberring** / silver ring wear

Abnutzungsausfall *m* / wear-out failure, ageing fault, wearout failure, ageing failure

abnutzungsbedingter Fehlzustand / wearout fault, ageing fault

abordnen *v* (z.B. einen Monteur) / assign *v*, send *v*

abpacken *v* (Blechp.) / unstack *v*

abplatzen *v* / scale *v*, flake *v*, peel off *v*, chip *v*

abpressen *v* (Druckölverfahren) / force off *v* || ~ *v* / test hydrostatically, pressure-test *v*

Abprüfen, negiertes ≗ / negated checking

Abprüfen und Rücksetzen / checking and resetting

Abprüfung, widersprechende ≗ / contradicting check

abpumpen *v* / evacuate *v*

Abquetschschutz *m* / anti-sever device, cable grip

Abquetschwalze *f* / squeeze roller

ABR-DE / decoupling module, isolation module

abrechnen *v* / invoice *v*

Abrechnung *f* / invoicing *n* || ≗**smanagement** *n* / billing management || ≗**sverkehr** *m* / invoicing *n* || ≗**speriode** *f* (StT) / billing period

Abregeldrehzahl *f* (Kfz, Diesel) / limit speed

abregen *v* / de-energize *v*, suppress the field

Abreiß·bogen *m* / interruption arc || ≗**diode** *f* / snap-off diode

abreißen *v* (Pumpe) / lose prime || ≗ *n* (Strom) / chopping *n*

Abreiß·funken *m* / break spark, contact-breaking spark, stall range || ≗**gebiet** *n* (Lüfter, Mot.) / stall region || ≗**kante** *f* (Drucker) / tear-off edge || ≗**kontakt** *m* / arcing contact || ≗**kraft** *f* (gS) / pull-off strength || ≗**lichtbogen** *m* / interruption arc || ≗**messer** *n* / arcing blade || ≗**punkt** *m* (Mot., Pumpe) / stall point || ≗**sicherung** *f* (Kondensator) / internal overpressure disconnector || ≗**spannung** *f* (Löschspannung) / extinction voltage || ≗**strom** *m* / chopping current, chopped current

Abricht·betrag *m* / dressing stroke, dressing amount, dressing depth || ≗**diamant** *m* / dressing diamond

abrichten *v* / straighten *v*, true *v*, planish *v*, dress *v* || ≗ *n* (Schleifscheibe) / dressing *n*, wheel dressing, trueing *n* || ≗ *n* (NC, CLDATA-Wort) / dress ISO 3592 || ≗ *n* / dressing *n* || **kontinuierliches** ≗ / continuous dressing

Abrichter *m* / dresser *n*

Abricht·gerät *n* / dressing device, trueing device || ≗**hub** *m* / dressing amount || ≗**hub** *m* (Schleifscheibe) / dressing stroke || ≗**lineal** *n* / straight-edge *n* || ≗**position** *f* / dressing position || ≗**rolle** *f* / dressing roll || ≗**unterbrechung** *f* (NC) / dressing interrupt || ≗**vorgang** *m* / dressing *n* || ≗**zyklus** *m* / dressing cycle

Abrieb *m* / abrasion *n*, metal-to-metal wear || ≗ *m* (abgeriebenes Material) / abraded matter, scuff *n* || **~fest** *adj* / abrasion-resistant *adj*, abrasion-proof *adj* || ≗**festigkeit** *f* / resistance to abrasion, abrasion resistance, scrub resistance, resistance to abrasive wear, metal-to-metal wear resistance || ≗**festigkeitsprobe** *f* / abrasion test || ≗**prüfung** *f* / abrasion test, wear resistance test || ≗**widerstand** *m* / resistance to abrasion, abrasion resistance, scrub resistance, resistance to abrasive wear, metal-to-metal wear resistance

Abriegel·baugruppe *f* / decoupling module, isolation module || **serielle** ≗ / serial isolation module || ≗**matrix** *f* (FWT I) / interposing matrix

abriegeln *v* / isolate *v*

Abriegelrelais *n* / isolating relais, decoupling relais, isolating relay

Abriegelung *f* / isolating module, decoupler module || ≗ **gegen Beeinflussungsspannungen** / isolation from interference voltages

Abriegelungs·baugruppe *f* (Entkoppler) / isolating module, decoupler module || ≗**wandler** *m* / isolating transformer

Abriss *m* (Strom) / chopping *n*

Abroll·bahn *f* (Flp.) / exit taxiway, turn-off taxiway || ≗**bock** *m* (Auswuchtgerät) / gravitational balancing machine || ≗**probe** *f* (SchwT) / button test

abrollen *v* / roll off, unwind *v*

ABR-SK / serial isolation module

Abruf *m* (QS) / requisition *n* || **mechanischer** ≗ / mechanical closing || **Produktion auf** ≗ / just-in-time production (JIT) || ≗**betrieb** *m* / polling mode

abrufen *v* (Daten) / retrieve *v* || ~ *v* / display *v*

abrunden *v* (Zahl, Summe nach unten a.) / bring down to a round figure, round off *v* || ~ *v* / round *v*, chamfer *v*

Abrundung *f* (CAD) / fillet *n* || ≗ *f* (Pulsformung) / rounding *n*

Abrundungs·fehler *m* / round-off error || ≗**radius** *m* (NC) / corner radius || ≗**radius** *m* / corner radius, fillet *n*

abrupter Übergang (HL) / abrupt junction

ABS / external viewing system (VSE) || ≗ / anti-skid system, stop control system (SCS) || ≗ (absolut) / ABS (absolute)

ABS-Modul *n* / ABS submodule

Absatz *m* / shoulder, left || ≗ *m* (mech.) / shoulder *n*, offset *n*, recess *n*, step *n* || ≗**förderungmaßnahmen** *f pl* / promotional activities || ≗**prognose** *f* / sales forecast || ≗**widerstand** *m* / by-pass resistor, shunt resistor

absaugen *v* / clean by suction removal

Absaugen von Oberwellen / filtering of harmonics, harmonics suppression

Absaugung *f* / gas intake

Abschälen *n* / peeling off

Abschälkraft *f* (gS) / peel strength

Abschaltautomatik bei Spannungsausfall / automatic loss-of-voltage tripping equipment IEC 50(448)

abschaltbar·e Last / interruptible load, sheddable load, non-vital load || **~e Steckdose** / switched socket-outlet, switch socket-outlet || **~e Steckdose mit Verriegelung** / interlocked switched socket-outlet || **~er Neutralleiter** / switched neutral, separating neutral || **~er Thyristor** / gate turn-off thyristor (GTO) || **~er Verbraucher** / interruptible load, sheddable load, non-vital load || **~es Moment** (Kuppl.) / dynamic torque

Abschalt·befehl *m* / cut-out command || ≗**dauer** *f* (Sich.) / turn-off time || ≗**diode** *f* / turn-off diode || ≗**drehmoment** *n* / tripping torque || ≗**drehzahl** *f* / cutoff speed, tripping speed, creep velocity, creep speed || ≗**drehzahl** *f* (WZM, NC; auf die vor dem Erreichen des Referenzpunkts reduziert wird) / deceleration speed || ≗**druck** *m* / cut-out pressure, shut-off pressure

Abschalten *n* / shutdown *n*, switching off, tripping *n*

|| ~ *v* (Gerät) / switch off *v*, turn off *v* || ~ *v* (Stromkreis, Netz) / disconnect *v*, interrupt *v* || ~ *v* (el. Masch.) / disconnect *v*, stop *v*, shut down *v* || ~ *v* (Ein- oder Ausgang) / disable *v* || ~ *v* (Thyr) / turn off *v* || ~ *v* (Trafo) / disconnect *v*, take off the line || ~ *v* (mech., Kuppl.) / disengage *v*, declutch *v*, release *v*, uncouple *v*, disconnect *v* || **allpoliges** ≗ / all-pole disconnection IEC 335-1, interruption in all poles || **die Last** ~ / disconnect the load, throw off (o. shed) the load || **die Stromzufuhr** ~ / disconnect the power

Abschalt·energie *f* / breaking energy || ≗**fähigkeit** *f* / cutout ability

abschaltfrei *adj* / trip free || ~**er Betrieb** / operation with trip-free mechanism

Abschaltfrequenz f_aus / switch-off frequency f_off

Abschalt·funktion *f* / trip function || ≗**geschwindigkeit** *f* / cutoff speed, tripping speed, creep velocity, creep speed || ≗**geschwindigkeit** *f* (WZM, NC; auf die vor Erreichen des Referenzpunkts reduziert wird) / deceleration velocity || ≗**grenze** *f* / shutdown limit, trip limit || ≗-**I²t** (Sich.) / operating I^2t, clearing I^2t, total I^2t || ≗**induktionsspannungsspitze** *f* / short-circuit-induced voltage peak || **induktive** ≗**spannung** / voltage induced on circuit interruption || ≗**induktivität** *f* (Kurzschlussinduktivität) / short-circuit inductance || ≗**kommando** *n* / tripping command (o. signal) || ≗**kontakt** *m* / tripping contact

Abschaltkreis *m* / trip circuit, de-energizing circuit (closed-loop) stop control || ≗ *m* (Reg.) / switch-off circuit || **binärer** ≗ DIN 19226 / binary deenergizing circuit

Abschalt·leistung *f* / contact interrupting rating (ASA C37.1) || ≗**merker** *m* (SPS) / shutdown flag || ≗**moment** *n* / tripping torque || ≗**organ** *n* / disconnecting device || ≗**pfad** *m* / shutdown path, stop path, pulse disable path || ≗-**Polaritätsumkehr** *f* DIN 41745 / turn-off polarity reversal || ≗**positionierung** *f* / ON/OFF positioning || ≗**prüfung** *f* (Sich.) / interrupting test, breaking test || ≗**punkt** *m* (WZM, NC, Punkt, an dem die Einfahrgeschwindigkeit zur höheren Genauigkeit der Positionierung des Maschinenschlittens verlangsamt wird) / deceleration point || ≗**punkt** *m* (Bei einigen Punktsteuerungen wird die Einfahrgeschwindigkeit des Maschinenschlittens an einem oder mehreren Punkten vor Erreichung der Sollposition durch ein Signal verlangsamt, um eine höhere Genauigkeit der Positionierung zu erzielen) / limit point (Some point-to-point systems require a signal at one or more points to reduce the traverse rate of the machine slide during positioning before the command point is reached, in order to provide greater accuracy of final positioning) || ≗**punktachse** *f* / limit point axis || ≗**punktsteuerung** *f* (Siehe: Abschaltpunkt) / limit switch control (See: limit point) || ≗**reaktion** *f* / shutdown response || ≗**routine** *f* (SPS) / shutdown routine || ≗**schwimmer** *m* / trip float || ≗**signal** *n* / shut-off signal, cut-off signal || ≗**solldrehzahl** *f* / shutdown set speed || ≗**spannung** *f* / breaking voltage, interrupting voltage, cut-off voltage, transient voltage || ≗**spannung** *f* (Thyr, Mindestabschaltspannung) / gate turn-off voltage || ≗**strom** *m* / interrupting current || ≗**strom** *m* (Temperatursicherung) / interrupting current (thermal link) || ≗**strom** *m* (Thyr, Mindestabschaltstrom) / gate turn-off current || ≗**stromstärke** *f* / breaking current, current on breaking || ≗**temperatur** *f* / cut-out temperature, opening temperature || ≗**temperatur** *f* (el.Masch) / shutdown temperature || ≗**thyristor** *m* / turn-off thyristor, gate turn-off thyristor (GTO) || ≗-**Überschwingweite** *f* DIN 41745 / turn-off overshoot || ≗**überspannung** *f* / opening overvoltage, switching overvoltage, opening surge

Abschaltung *f* / switching off, cutoff *n*, disconnection *n*, interruption *n*, shutdown *n*, tripping *n* || ≗ *f* (Masch.) / stopping *n*, shutdown *n* || ≗ *f* (Kurzschluss) / clearing *n* || ≗ *f* (Schalter) / opening *n*, tripping *n* || ≗ *f* (Stromkreis) / interruption *n*, opening *n* || ≗ **in Schnellzeit** (Distanzschutzrelais) / undelayed tripping, instantaneous tripping, first-zone tripping || ≗ **vom Netz** / disconnection from supply, isolation from supply || ≗ **zur mechanischen Wartung** VDE 0100, T.46 / switching off for mechanical maintenance || **allseitige** ≗ / disconnection from all sources || **Fehler**~ *f* (Netz) / fault clearing (o. clearance), disconnection on faults, short-circuit interruption || **fehlsichere** ≗ / failsafe shutdown || **Gütefaktor der** ≗ (Verstärkerröhre) DIN IEC 235, T.1 / turn-off figure of merit || **Schub**~ *f* (Kfz) / overrun fuel cutoff, fuel cutoff on deceleration (o. on overrun) || **Schutz durch automatische** ≗ / protection by automatic disconnection of supply || **volle** ≗ / full disconnection

Abschalt·verstärkung *f* / turn-off gain || ≗**versuch** *m* (el. Masch.) / test by disconnection of applied low armature voltage || ≗**verzögerung** *f* / time delay || ≗**verzögerung** *f* (SPS) / cutout delay || ≗**verzögerung Reglerfreigabe NOT-HALT** / cutout delay controller enable EMERGENCY STOP || ≗**vorrichtung** *f* (Geräte nach) VDE 0860 / interrupting device || ≗**weg** *m* / disconnection facility

Abschaltzeit *f* (LSS) VDE 0641 / break time || ≗ *f* (Sich.) / operating time IEC 291, clearing time ANSI C37.100, total clearing time ANSI C37.100 || ≗ *f* (Trennen vom Netz) / disconnecting time || ≗ *f* (Thyr) / turn-off time || ≗ *f* (Netzumschaltgerät, E) VDE 0660, T.114 / off time || ≗ *f* (Fehlerabschaltung) / (fault) clearance time || **Ausgangs**~ *f* / output disable time

Abschattung *f* / shadowing *n*, shading *n* || **Bild**~ *f* / image shading

Abschätzung *f* (QS) / estimation *n*

Abscher·bolzen *m* / shear pin, safety bolt, breaker bolt

abscheren *v* / shear *v*, shear off *v*

Abscher·festigkeit *f* / shear strength || ≗**kupplung** *f* / shear-pin coupling || ≗**probe** *f* / shear test || ≗**probe** *f* (an gepunktetem Blech) / button test || ≗**stift** *m* / shear pin, breaker bolt

Abschirm·blech *n* / shielding plate || ≗**effekt** *m* (magn.) / screening effect || ≗**elektrode** *f* / screening electrode || ≗**gehäuse** *n* / screening enclosure || ≗**haube** *f* / screening cover || ≗**kragen** *m* / shielding shroud || ≗**leiter** *m* / screening conductor, screening bus || ≗**schleife** *f* / screening loop

Abschirmung *f* / screening *n*, screen *n*, shield *n*, barrier *n*, shielding *n*, shield *n*, cable shield, cable shielding, braided shield || ≗ *f* (z.B. in VDE 0660, T.500) / screening *n* || ≗ *f* (EB) VDE 0160 / shield *n* || ≗ *f* (Leuchte) / cutoff *n*, shielding *n* || ≗ **gegen Erde** / earth screen || ≗ **gegen Kriechströme** / leakage current screen || **elektrostatische** ≗ / electrostatic shielding || **Röntgenstrahl~** *f* / X-ray shielding

Abschirmungs·kontakt *m* / segregation contact

Abschirm·wicklung *f* / shield winding || ≗**winkel** *m* (Leuchte) / cut-off angle, shielding angle

Abschleifbock *m* / grinding-rig support, grinding-rig pedestal

abschleifen *v* / grind off *v*, grind *v* || ~ *v* (Komm., SL) / resurface by grinding, resurface *v*, grind *v*

Abschleifen, mechanisches ≗ / abrading *v*

Abschleif·vorrichtung *f* / grinding rig, grinding device

abschließbar *adj* / lockable *adj*, locked *adj*, with lock || **~er Drucktaster** / locking-type pushbutton || **~er Griff** (m. Zylinderschloss) / lockable handle, handle with cylinder lock || **~er Griff** (m. Vorhängeschloss) / padlocking handle

abschließen *v* (z.B. ein Archiv) / close *v*

abschließendes Leerzeichen / trailing space

Abschließvorrichtung *f* / locking device

Abschliff *m* / abrasion *n*

Abschluss *m* / termination *n* || **dichter** ≗ / tight shut-off || **vollständiger** ≗ (durch Gehäuse) / complete enclosure || ≗**beschaltung** *f* / terminating device || ≗**blech** *n* / cover plate, blank(ing) plate || ≗**blende** *f* / end cover || ≗**deckel** *m* (Motorgehäuse) / end guard, fender *n* || ≗**element** *n* (el.) / matching device, terminating element || ≗**funktion** *f* / termination function || ≗**funktion** *f* (Programm) / termination function of a subroutine, conclusion *n* (of a subroutine) || ≗**glas** *n* / glass cover || ≗**glied** *n* / matching device, terminating element || ≗**immittanz** *f* / terminating immittance || ≗**impedanz** *f* / terminating impedance, terminating impedance || ≗**kasten** *m* (f. Kabelabschlüsse) / terminal box || ≗**leiste** *f* / cover strip || ≗**-Netzwerk** *n* / termination network || ≗**platte** *f* (Reihenklemme) / end cover plate || ≗**platte** *f* (SK) VDE 0660, T.500 / cover plate IEC 439-1 || ≗**platte** *f* (ET) / blanking plate || ≗**platte** *f* / cover plate, end plate || ≗**stecker** *m* / terminator *n*, terminating resistor connector, connector for terminating resistance || ≗**stecker** *m* (elST-SPS-Geräte) / terminating resistor connector *n* || ≗**wanne** *f* (Leuchte) / diffuser bowl, enclosing bowl || ≗**widerstand** *m* / terminating resistor (o. resistance), matching resistor, terminator *n* (LAN), terminating resistance, terminating resistor || ≗**winkel** *m* / masking angle, angular trim || ≗**zyklus** *m* (SPS) / termination cycle

Abschmelzen *n* (Dichtschmelzen) / sealing off *n*

Abschmelzschweißung *f* / flash welding, flash butt welding

abschmieren *v* / grease *v*, lubricate *v*

Abschneide·fehler *m* / truncation error || ≗**funkenstrecke** *f* / chopping gap

abschneiden *v* / cut off *v*, cut *v* || ~ *v* (Teile von Zeichenfolgen am Anfang o. Ende weglassen) / truncate *v* || ~ *v* (z.B. Kurve) / crop *v* || ~ *v* (stanzen) / shear *v* || ≗ *n* (Impuls, Bildteil) / clipping *n* || ≗ *n* (Entfernen v. Teilen einer Bildschirmdarstellung) / clipping *n*, scissoring *n* || ≗ *n* (Stoßwelle) / chopping *n*

Abschneiden der Nachkommastellen / truncate decimal places

Abschneide·verfahren *n* IEC 50(731) / cutback technique || ≗**zeit** *f* (Stoßwelle) / time to chopping, chopping time, virtual time to chopping || ≗**zeitpunkt** *m* (Stoßwelle) / instant of chopping

Abschnitt *m* / module *n* || ≗ *m* (Netz, LAN) / section *n* || **Parabel~** *m* (NC) / parabolic span || **Programm~** *m* / program section || **Rezept~** *m* / recipe phase

Abschnitts·abschluss *m* (Nachrichtenübertragung) / section termination || ≗**selektivität** *f* (Selektivschutz) IEC 50(448) / section selectivity || ≗**trennung** *f* (DÜ) / alignment function

Abschnürspannung *f* / pinch-off voltage || ≗ *f* (FET) DIN 41858 / cut-off voltage (FET) || **Drain-Source-**≗ *f* (Transistor) / drain-source cut-off voltage

abschotten *v* / partition *v*, compartment *v*

Abschottprofil *n* / partition profile

Abschottung *f* (SA, Unterteilung in Teilräume) / partition(s) *n (pl)*, barrier(s) *n (pl)*

abschrägen *v* / bevel *v*, chamfer *v*

Abschrägung *f* (an Kante) / bevel *n*, chamfer *n* || ≗ *f* (Kegel) / taper *n*

abschranken *v* / safeguard *v*, barrier *v*, provide with barriers, fence *v*

Abschrankung *f* / safeguarding *n*, barrier *n*, fence *n*

abschrauben *v* / screw off *v*, unscrew *v*

abschraubsicher *adj* / pilfer-proof *adj*

Abschreckbiegeversuch *m* / quenched-specimen bend test

Abschreiten *n* / scanning *n*

Abschwächer *m* / damping element, attenuator *n*

Abschwächung *f* (Abnahme der Amplitude eines Signals) / attenuation *n*

Abschwächungsimpedanz *f* / attenuating impedance

Absender *m* (DÜ, Sendeprogramm) / sending program, program identifier || ≗ (einer Meldung) / sender *n*, originator *n*

absenkbar *adj* / lowerable *adj* || **~er Kessel** (Trafo) / drop-down tank

absenken *v* / lower *v* || ≗ **des Öls** / lowering of oil level, oil draining || **Frequenz** ~ / lower the frequency

Absenkmaß *n* / lowering dimension

Absenkung *f* / lowering *n*

Absenkung der Energieversorgung / power supply depression

Absenkvorrichtung *f* / lowering device, lowering mechanism

absetzen *v* (Meldung, Signal) / transmit *v* || ~ *v* / issue *v*, transmit *v* || ~ *v* (Kabelisolierung) / cut back, strip the end insulation, bare the core ends || ~ *v* (Staub) / deposit *v*, settle *v* || ~ *v* (auf eine Unterlage) / place *v*, set down *v* || ~ *v* (Spannung) / buck *v*, reduce *v* || ~ *v* (Gen., außer Betrieb nehmen) / shut down *v*

Absetzen *n* / sedimentation *n*

Absetz·länge *f* (Kabelisol.) / stripping length, bared length || ≗**maschine** *f* / negative booster, sucking transformer, sucking booster, track booster || ≗**regelung** *f* / buck control || ≗**regler** *m* / bucking controller || ≗**schaltung** *f* / bucking connection || ≗**stelle** *f* (Kabelisolierung) / strip-off point, circumferential cut || ≗**stellung** *f* (SK) VDE 0660, T.500 / removed position IEC 439-1 || ≗**stellung** *f* (Trafo) / buck position, negative boost position || ≗**transformator** *m* / bucking transformer || ≗**- und**

Zuschaltung / buck and boost connection, reversing connection
Absetzung *f* (Bürste) / shoulder *n*
Absetzwiderstand *m* (Spannungsregler) / by-pass resistor, shunt resistor
absichern *v* (m. Kurzschlussschutz versehen) / protect against short circuits, fuse *v* || **einpoliges** ≗ / single-pole fusing
Absicherung *f* (Baustelle) / guarding *n*, fencing *n*, provision of safety arrangements || ≗ *f* (Schutz) / protection *n* || ≗ *f* (m. Sicherungen) / protection by fuses, fusing *n* || ≗ *f* / fuse protection || **schweißfreie** ≗ / weld-free protection
Absicherungs·baugruppe *f* / monitoring module with fuses, monitoring and fuse module, protector module, protector fuse module || ≗**leuchte** *f* / warning light
absichtliches Berühren / intentional contact
absolut *adj* / unconditional *adj* || ~ *adj* (ABS) / absolute *adj* (ABS)
Absolut·bereich *m* / absolute area || ≗**bezeichner** *m* / absolute identifier || ≗**bezug** *m* / absolute reference || ≗**dehnung** *f* / absolute expansion || ≗**druckaufnehmer** *m* / absolute-pressure pickup || ≗**druckmesser** *m* / absolute pressure gauge, barometer *n*
absolut·e Abdichtung / leak tight sealing, tight sealing || **~e Abweichung** (Rel.) / absolute error || **~e Adresse** / absolute address, actual address, machine address, physical address || **~e Blendung** / absolute glare || **~e Dichte** / specific gravity || **~e Dichtheit** / tight seal || **~e Dielektrizitätskonstante** / absolute dielectric constant, absolute capacitivity || **~e Dielektrizitätskonstante des leeren Raums** / electrical space constant, absolute permittivity of free space || **~e Durchschlagfestigkeit** / intrinsic dielectric strength || **~e Feuchte** / absolute air humidity, absolute humidity, humidity *n* || **~e Genauigkeit** / absolute accuracy, zero-based accuracy || **~e Häufigkeit** DIN 55350, T.23 / absolute frequency || **~e Häufigkeitssumme** DIN 55350, T.23 / cumulative absolute frequency || **~e Maßangaben** (NC) / absolute dimension data, absolute dimensions (preparatory function) ISO 1056 || **~e Maßstabstransformation** / absolute scale transformation || **~e Messwerterfassung** (Messverfahren, bei dem sich alle Messwerte auf einen festgelegten Nullpunkt beziehen und ohne Bezug auf den vorangegangenen Messwert erfasst werden) / absolute measuring system (a measuring system in which all coordinates are measured from a fixed datum point without reference to a previous coordinate), absolute measuring technique || **~e Permeabilität** / absolute permeability || **~e Spannungsänderung** / inherent regulation || **~e spektrale Empfindlichkeit** / absolute spectral sensitivity || **~e Viskosität** / absolute viscosity || **~e Wahrnehmungsschwelle** (LT) / absolute threshold of luminance || **~e Zeit** / absolute time, standard time || **~er Aufruf** / unconditional call || **~er Fehler** (MG) / absolute error || **~er Fehler** (Rel.) / absolute error || **~er Geber** / absolute value encoder || **~er Genauigkeitsfehler** (a. ADU, DAU) / absolute accuracy error, total error || **~er Grenzwert** DIN 41848 / absolute limiting value || **~er Koordinatenwert** / absolute coordinate (dimension that refers to a defined zero. - Cf.: incremental dimension) || **~er Maschinennullpunkt** (NC) / absolute zero (of machine) || **~er Maschinennullpunkt** / absolute machine zero || **~er Maßstabsfaktor** / absolute scale factor || **~er Nullpunkt** / absolute zero, absolute zero of temperature, machine zero (M) || **~er Parameter** / absolute parameter || **~er Punkt** / absolute point || **~er Sprung** / unconditional jump (o. branch), absolute jump, unconditional branch || **~er Wegmessgeber** / absolute value encoder || **~er Wert** (einer komplexen Zahl) / absolute value, modulus *n* || **~es Bausteinende** / BEU (unconditional block end) || **~es Bausteinende** / unconditional block end (BEU) || **~es Lagemessgerät** (Wegmessgerät, das die tatsächliche Lage eines Maschinenschlittens oder Maschinenelements misst, bezogen auf einen festgelegten Nullpunkt) / absolute value encoder || **~es Messverfahren** / absolute measuring system (a measuring system in which all coordinates are measured from a fixed datum point without reference to a previous coordinate), absolute measuring technique
Absolut·geber *m* (Messgeber) / absolute encoder, absolute position sensor || ≗**geber** *m* / absolute value encoder || ≗**geber SSI** / absolute sensor ssi || **sicher begrenzte** ≗**lage** / safe limit position, safely limited absolute position || ≗**lageerfassung** *f* / absolute position sensing
Absolut·maß *n* (Maßangabe, die sich auf einen festgelegten Nullpunkt bezieht. - Vgl.: Kettenmaß) / absolute dimension || ≗**maßangabe** *f* / absolute dimensioning || ≗**maß-Programmierung** *f* (NC) / absolute programming, absolute data input || ≗**maß-Programmierung** *f* / absolute dimension programming || ≗**messgerät** *n* (RöA, f. Absolutintensität) / absolute-intensity measuring device || ≗**messkopf** *m* / absolute measuring head || ≗**messverfahren** *n* / absolute measuring system (a measuring system in which all coordinates are measured from a fixed datum point without reference to a previous coordinate), absolute measuring technique || ≗**-Messverfahren** *n* (NC) / absolute measuring system, zero-based measuring system || ≗**modul** *n* / absolute encoder submodule || ≗**operand** *m* / absolute address || ≗**parameter** *m* / absolute parameter || ≗**spur** *f* / absolute track || ≗**wert** *m* / amount *n*
Absolutwert *m* / absolute value || **mittlerer** ≗ DIN IEC 469, T.1 / average absolute || ≗**bildner** *m* / absolute-value device (o. generator) || ≗**bildung** *f* / absolute-value generation
Absolut·wertgeber *m* / absolute value encoder || ≗**wertmesssystem** *n* / absolute measuring technique, absolute measuring system || ≗**-Winkelcodierer** *m* / absolute shaft angle encoder || ≗**zeit** *f* / absolute time, standard time
Absolutzeit·erfassung *f* (FWT) / absolute chronology IEC 50(371), time tagging IEC 50(371) || ≗**uhr** *f* / real-time clock (RTC)
Absonderung *f* (QS) / segregation *n*
Absorber *m* / absorber *n*, damper *n* || ≗**halle** *f* / anechoic chamber || ≗**zange** *f* / absorbing clamp
Absorption *f* / absorption *n*
Absorptions·beiwert *m* / absorption coefficient || ≗**grad** *m* (LT) / absorptance *n*, absorption factor || ≗**koeffizient** *m* / linear absorption coefficient ||

~maß *n* (LT) / absorptance *n*, absorption factor || ~rohr *n* (m. Trockenmittel) / desiccant tube || ~strecke *f* / absorption train || ~verfahren *n* / energy absorption method || ~verhältnis *n* / polarization index || ~verluste *f* (LWL) / absorption loss, absorption attenuation || ~vermögen *n* / absorptive capacity, absorptivity *n*
Absorptivität *f* / absorptivity *n*
Abspanart *n* / cut *n*, type of stock removal
Abspanen *n* / remove stock || ~ **aus dem Vollen** / cutting from solid stock
Abspann·abschnitt *m* (Freiltg.) / section *n* || ~**anker** *m* (Freiltg.) / stay *n* (GB), guy *n* (US)
abspannen *v* (heruntertransformieren) / step down *v* || ~ *v* (Maste) / guy *v*, stay *v*
Abspanner *m* / step-down transformer
Abspann·gelenk *n* (Freileitungsmast) / tower swivel clevis || ~**isolator** *m* / tension insulator, strain insulator || ~**-Isolatorkette** *f* / tension insulator set, dead-end (insulator) assembly, tension set, strain insulator string || ~**kette** *f* / tension insulator set, dead-end (insulator) assembly, tension set, strain insulator string || ~**klemme** *f* (Freiltg.) / anchor clamp, tension clamp, dead-end clamp || ~**mast** *m* / terminal tower, dead-end tower, tension tower, strain pole, anchor support, section support || ~**portal** *n* / dead-end portal structure, strain portal structure || ~**seil** *n* / guy cable, guy wire || ~**station** *f* / step-down substation, step-down transformer substation || ~**stützpunkt** *m* (Freiltg.) / tension support, strain support, angle support || ~**transformator** *m* / step-down transformer
Abspannung *f* (Leiter) / straining *n*, dead-ending *n* || ~ *f* (Mast) / stay *n*, guy *n*
Abspannverbinder *m* / dead-end tension joint
Abspan·programme, eigene ~**programme** / user stock removal programs || ~**tiefe** *f* / cutting depth, depth of cut || ~**winkel** *m* / cutting edge side rake || ~**zyklus** *m* / cutting cycle, machining cycle, stock removal cycle, roughing cycle, rough turning cycle || ~**zyklus mit Hinterschnittelementen** / stock removal cycle with relief cut elements || ~**zyklus ohne Hinterschnittelemente** / stock removal cycle without relief cut elements
Abspeichern *n* (Datei) / storing *n*, saving *n*
abspeichern *v* / save *v*, store *v*, import *v*, check in
Abspeicherzyklus *m* / storing cycle
absperrbar *adj* / lockable *adj*
Absperr·hahn *m* / stopcock *n* || ~**mittel** *n* DIN 55945 / sealer *n* || ~**ung** *f* / shut-off valve || ~**ventil** *n* / shut-off valve, stop valve || **elektromagnetisches** ~**ventil** / solenoid on-off valve || ~**vorrichtung** *f* / locking device
Absprengwulst *f* (Lampe) / bulb bead
Abspringen des Scherenstromabnehmers / pantograph bounce
Abspritzeinrichtung *f* (f. Starkstromanlagen) / liveline washing system
Abspritzen unter Spannung / live washing
Absprungadresse *f* / return address
Abstand *m* / distance *n*, clearance *n*, space *n* || ~ *m* (Zwischenraum, Intervall) / spacing *n*, interval *n* || ~ *m* (Strecke) / distance *n* || ~ **der äußeren Kopfkegelkante bis zum Schnittpunkt der Achsen** / crown to crossing point distance || ~ **der Kegelspitze von der Bezugsfläche am Rücken eines Kegelrades** / apex to back distance || ~ **im Verguss** / distance through casting compound || ~ **Leiter-Erde** / phase-to-earth clearance, phase-to-ground clearance || ~ **Leiter-Leiter** / phase-to-phase clearance || ~ **Tellerunterkante bis Leuchtkörpermitte** / flange to light centre length || ~ **vom Teilkegelscheitel bis zur äußeren Kante des Kopfkegels** / pitch-cone apex to crown distance || ~ **vom unteren Rand der Perle bis zum Einschmelzknick** (Perlfußlampen) / bead-to-bend distance || ~ **zwischen Anschlussfahnen** / tag pitch, tag spacing || ~ **zwischen Widerlagern** (Prüf.) / test span || **äquidistanter** ~ / equidistance || **Farb**~ *m* / colour difference || **Schaltstück**~ *m* / contact gap, clearance between open contacts || **Schutz durch** ~ / protection by placing out of reach (HD 384), protection by provision of adequate clearances IEC 439 || **zeitlicher** ~ / interval *n*
Abstände durch die Isolierung VDE 0700, T.1 / distances through insulation IEC 335-1
Abstandhalter *m* (a. Batt.) / spacer *n* || ~ *m* (Lg.) / cage *n*
Abstands·bohrungen Leistungsschalter-Größe / spacing holes, circuit-breaker size || ~**bolzen** *m* / distance bolts, spacing bolt
Abstandschelle *f* / distance saddle, spacing saddle, conduit hanger || ~ *f* (Hängeschelle) / conduit hanger
abstandscodiert *adj* / distance-coded *adj*
Abstandshalter *m* / spacer *n*
abstandskodiert *adj* / distance-coded *adj*
Abstandskontrolle *f* / positional offset
Abstandskurzschluss *m* / short-line fault, kilometric fault, close-up fault || ~**faktor** *m* (AK-Faktor) / short-line fault factor
Abstands·kurzschlussprüfung *f* / short-line fault check || ~**maß** *n* / clearance *n* || ~**maß Bohrungen** / hole clearance || ~**maß zum Maß 1** / clearance to dimension 1 || ~**messung** *f* (Rob.) / ranging *n*, range finding || ~**platte** *f* / spacing plate, spacer *n* || ~**regelung** *f* / clearance control (CLC), CLC (clearance control) || ~**ring** *m* / spacer ring || ~**rohr** *n* / spacing tube, distance tube, spacer tube || ~**sensor** *m* / ranging sensor, range finder || ~**stück** *n* / distance piece, spacer *n*, spacer block || ~**warngerät** *n* (Kfz) / anti-collision device, distance warning device || ~**warnsystem** *n* (Kfz., Radar, Laser) / anti-collision radar, laser-based collision avoidance system
Abstapeln *v* / destack *v*
Abstapler *m* / stacker *n*
Abstechen *n* (WZM) / parting *n* || ~ *n* / cut off
Abstecher *m* / cutoff tool, cutting(-off) tool, parting tool
Abstech·maschine *f* / cutting-off machine || ~**meißel** *m* (WZM) / parting tool || ~**meißel** *m* / cutoff tool, cutting(-off) tool || ~**schleifen** *n* / cut-off grinding || ~**schlitten** *m* / cut-off slide || ~**seite** *f* / cut-off end || ~**stahl** *m* / parting tool, cutting(-off) tool, cutoff tool || ~**teil** *n* / cut-off part
Abstecker *m* / placing device
Absteckung *f* / setting out
absteigender Ast / descending branch
Abstellautomatik *f* / automatic shut-down control, automatic shut-down gear
abstellen *v* (ausschalten) / switch off *v*, stop *v*, cut out *v*, shut down *v* || ~ *v* (Hupe) / silence *v*, cut out *v*
Abstellfläche, gekühlte ~ / refrigerated shelf area

Abstellmagnet *m* / shut-down solenoid
Abstellplatz *m* / storage space || **Luftfahrzeug-≗** *m* / aircraft parking position
Abstellschalter *m* / cutout switch, STOP switch, cutout switch
Absteuerelement *n* / screening element
absteuern *v* (Befehle) / end *v*, terminate *v* || ~ *v* / de-energize *v*, ramp down, shut down || **einen Ausgang** ~ / reset an output
absteuernd *adj* / negative edge
Absteuerung *f* (Fahrschalter) / run-back *n* (of controller), notching down || ≗ *f* (Abschaltung) / shutdown *n*, disconnection *n* || **Befehls~** *f* (FWT) / command release (o. disconnection) || **Befehls~** *f* (elSt) / command ending
Abstich *m* / cut-off *n*
Abstiegphase *f* (Nocken) / return *n*
Abstiegsbegrenzung *f* (SPS) / down rate limit
Abstimm·bereich *m* / tuning range || ≗**diode** *f* / tuning diode, tuning variable-capacitance diode || ≗**einrichtung** *f* / tuner *n* || ≗**empfindlichkeit** *f* / tuning sensitivity
Abstimmen *n* / tuning *n* || ~ *v* / adjust *v* || **auf Resonanz** ~ / tune to resonance || **hoch** ~ (Resonanz) / set to above resonance || **tief** ~ (Resonanz) / set to below resonance
Abstimm·frequenz *f* / centre frequency, mid-frequency *n* || ≗**geschwindigkeit** *f* / tuning rate, tuning speed
Abstimmmittel *n* / tuning device
Abstimmkupplung *f* / timing clutch
Abstimmung *f* / tuning *n*, matching *n*
Abstoßung *f* / repulsion *n*
Abstoßungskraft *f* / force of repulsion, repulsive force
abstrahlen *v* / radiate *v*, emit *v* || ~ *v* (m. Stahlsand) / shot-blast *v*, shot-peen *v*, steel-shot-blast *v* || ~ *v* / emit *v*
Abstrahlung *f* (LWL) / radiant emittance IEC 50(731), radiant excitance, radiated emission
Abstrahlungs·bereich *m* / emission level || ≗**grenze** *f* (Störquelle) / emission limit
Abstrahlwinkel *m* (IR-Gerät) / transmission angle
abstrakter Syntax / abstract syntax
Abstreichtaste *f* / round-down key
Abstreifer, Mantelmoden-≗ *m* (LWL) / cladding-mode stripper || ≗**platte** *f* / stripper plate
Abströmkegel *m* (Lüfter) / diffusor cone
abstufen *v* / step *v*, grade *v*, graduate *v*
Abstufung *f* / stepping *n*, grading *n*, graduation *n* || ≗ *f* (Isol.) / grading *n* || ≗ *f* (Farbtöne) / shading *n*
Absturz *m* / crash *n* || ≗ *m* (Rechneranlage) / crash *n* || ≗**sicherung** *f* / antifall guard, guard rail
Abstütz·blech *n* / backing plate || ≗**bock** *m* (Wickelkopf) / bracket *n* || ≗**- und Presskonstruktion** (Trafo) / constructional framework || ≗**stück** *n* (Wickl.) / overhang packing, supporting and clamping structure, supporting element, bracing element, bracing and clamping frame
Abstützung *f* (Wickl.) / packing (element o. block) *n*, support(ing element), bracing (element), spacing element, spacer
Abszisse *f* / abscissa *n*, horizontal axis || ≗**nskala** *f* / scale of abscissa
Abt. *f* / dept., department *n*
Abtast·befehl *m* / scan command, scan instruction, sampling command || ≗**befehl** *m* (Reg.) / sampling command || ≗**bereich** *m* (Fernkopierer) / scanning field || ≗**code** *m* / scanning code || ≗**darstellung** *f* (Schwingungsabbild) DIN IEC 469, T.2 / sampled format || ≗**einrichtung** *f* / scanner *n*, scanning device || ≗**einrichtung** *f* (a. NC) / scanning device, scanner *n*
abtasten *v* / sample *v* || ~ *v* (lesen von Aufzeichnungsträgern, photoelektrisch, TV, Fernkopierer) / scan *v* || ≗ *n* (Lesen, photoelektrisch) / scanning *n* || ~ *v* (Reg., Abtastsystem) / sample *v* || ≗ *n* / sampling *n*
abtastendes Messverfahren / sampling method of measurement
Abtaster *m* (f. Abtastregelung) DIN 19226 / sampler *n* || **Bild~** *m* / image sensor
Abtast·feld *n* (ESR, Bildschirm) / raster *n* || ≗**frequenz** *f* (Osz.) / scanning frequency || ≗**frequenz** *f* (Reg.) / sampling frequency || ≗**funktion** *f* / sampling function || ≗**geschwindigkeit** *f* / scan rate, sampling frequency, sampling rate || ≗**gitter** *n* / scanning grating || ≗**-Halteschaltung** *f* / sample-and-hold circuit || ≗**-Halte-Verhalten** *n* / sample-and-hold action (S/H action) || ≗**-Halteverstärker** *m* / sample-and-hold amplifier, S/H amplifier || ≗**intervall** *n* / sampling interval, sampling time, scanning interval, scanning time || ≗**kopf** *m* / scanning head, probe *n* || ≗**lupe** *f* / puck *n* || **empfangsseitige ≗markierung** / received character timing
Abtast·maschine *f* / scanning machine || ≗**-Oszilloskop** *n* / sampling oscilloscope || ≗**parameter** *n* (SPS) / sampling parameter || ≗**periode** *f* (Reg.) / sampling period || ≗**periode** *f* / sampling interval, sampling time, scanning interval, scanning time || ≗**punkt** *m* (Fernkopierer) / scanning spot || ≗**rate** *f* (Reg.) / sampling rate || ≗**rate** *f* / scanning frequency
Abtastregelung *f* / sampled-data control, sampling control || ≗ *f* (zeitdiskrete R.) / discrete control || **Zeitmultiplex-≗** *f* / time-shared control
Abtast·regler *m* / sampling controller, sampled-data controller, discrete controller || ≗**regler mit endlicher Ausregelzeit** / dead-beat-response controller || ≗**reihenfolge** *f* / sampling sequence || ≗**richtung** *f* (Fernkopierer) / scanning track direction || ≗**röhre** *f* / scanner tube || ≗**segment** *n* / segment *n* || ≗**signal** *n* / sampled signal || ≗**system** *n* (Reg.) / sampled-data system || ≗**takt** *m* / sampling cycle || ≗**-Theorem** *n* / sampling theorem, Nyquist theorem
Abtastung *f* / scanning *n* || ≗ **mit langsamen Elektronen** / low-velocity scanning || ≗ **mit schnellen Elektronen** / high-velocity scanning || **zyklische** ≗ / cyclic sampling
Abtast·verhalten *n* (Reg.) / sampling action || ≗**vorrichtung** *f* / scanner *n*, scanning device || ≗**zeile** *f* (Weg des Taststifts von einem Ende des Abtastbereichs zum gegenüberliegenden Ende) / scan line || ≗**zeit** *f* (SPS) / scan time IEC 1131.1 || ≗**zeit** *f* (Reg., ADU) / sampling interval (o. time), aperture time || ≗**zeit** *f* / scanning time, scanning interval, sampling time || ≗**zeitpunkt** *m* / sampling instant, sampling time
Abtauen *n* / defrosting *n*
Abteil *n* / compartment *n* || ≗ *n* (SK) VDE 0660, T.500 / compartment *n* IEC 439-1 || ≗ *n*

(Komponente eines Rahmens der Wissensdarstellung) / slot *n*
Abteilung *f* / department *n*, dept.
Abtönmischer *m* / toning mixers
abtragen *v* (Metall) / erode *v*, remove *v* (by cutting) || **Abtragen** *n* DIN 8580 / removing *n* || **elektrochemisches** ≗ / electro-chemical machining (e.c.m.), electro-forming *n*, electro-erosion machining
Abtragung *f* / erosion *n* || **anodische** ≗ / anodic erosion
Abtragungsrate *f* (Korrosion) / corrosion rate
Abtransport *m* / unloading *n*, discharge *n*
abtreibende Welle / output shaft
abtrennen *v* / separate *v*, disconnect *v*, part *v*, isolate *v* || ≗ *n* (StV) / disengagement *n* || ≗ *n* (Spanen, Abtragen) / parting *n* || **eine Verbindung** ~ (DÜ) / clear a connection
Abtrennung *f* (vom Netz) / disconnection *n*
Abtrennvorrichtung, Ableiter-≗ *f* / arrester disconnector
Abtrieb *m* / output *n*, abrasion *n* || ≗**drehzahl** *f* / output speed || ≗**element** *n* / output element || ≗**seite** *f* / output end, drive end
Abtriebs·gehäuse *n* / shaft bearing housing || ≗**gehäuse** *n* (Getriebemot.) / output shaftgland (and bearing) housing || ≗**welle** *f* / output shaft
Abwägung *f* / weighing *n*
Abwahl *f* / deselection *n*, unselecting *n*, unselect *n*
abwählen *v* / deselect *v*, cancel *v*, cancel a selection
Abwälzfräsen *n* / hobbing *n*, gear hobbing, plain milling
Abwälzfräser *m* / hob *n*, hobbing cutter
Abwanderung *f* (Drift) / drift *n* || **Schaltpunkt**~ *f* EN 50047 / drift of operating point EN 50047, repeat accuracy deviation (US)
Abwandlung *f* / conversion *n*
Abwärme *f* / waste heat
abwärts *adv* / down *adv* || ~ **fließender Strom** (Wickl.) / current flowing inwards || ~ **kompatibel** / downwards compatible || **Einschalten durch** ≗**bewegung** (des Betätigungsorgans) / down closing movement || **Abwärts·blitz** *m* / downward flash, stroke to earth || ≗**einstellung** *f* (Trafo) / lowering *n*, voltage reduction || **~förderndes Band** / downhill conveyor || **~gerichtet** *adj* (LAN) / downlink *adj* || **~kompatibel** *adj* / downward compatible || ≗**kompatibilität** *f* / download compatibility || ≗**kompoundierung** *f* / decompounding *n* || ≗**schweißung** *f* / downhand welding || **~steuerbar** *adj* / control to 0 || ≗**steuerung** *f* / downward control, controlled speed reduction, armature control || ≗**transformator** *m* / step-down transformer || ≗**transformieren** *n* / stepping down *n* || ≗**übersetzung** *f* (Trafo) / step-down ratio || ≗**übersetzung** *f* (Getriebe) / reduction ratio || ≗**zählen** *n* / count down || ≗**zähler** *m* / decrementer *n*, down-counter *n*
abwaschbare Leitschicht / wash-off conductive layer
Abwasseranlage *f* / sewage treatment plant
abwechselnd *adj* / alternate *adj*
Abweichung *f* / discrepancy *n*, variation *n*, deviation *n*, error *n*, control deviation || ≗ *f* (Reg.) / deviation *n* || ≗ *f* (Differenz zwischen den Werten eines Parameters, wenn eine Einflussgröße nacheinander zwei bestimmte Werte annimmt) / variation *n* || ≗ *f* (QS) DIN 55350, T.12 / deviation *n*, non-conformance *n* || ≗ **im Beharrungszustand** / steady-state deviation, offset *n* || ≗ **von der Sinusform** / departure from sine-wave, deviation from sinoid, deviation factor || **absolute** ≗ (Rel., E) VDE 0435, T.110 / absolute error || **bleibende** ≗ (Reg.) / offset *n*, steady-state deviation || **Führungs**~ *f* DIN 41745 / control deviation IEC 478-1 || **Kennlinien**~ *f* (MG) / conformity error (absolute value of maximum deviation between the calibration curve and the specified characteristic curve) || **meldepflichtige** ≗ (QS) / reportable nonconformance || **Mittelwert der** ≗ (Rel., E) VDE 0435, T.110 / mean error (relay) || **Stabilitäts**~ *f* / stability error IEC 359 || **Stör**~ *f* (Änderung im Beharrungswert der stabilisierten Ausgangsgröße eines Stromversorgungsgeräts) / output effect || **vorübergehende** ≗ / transient deviation, transient *n* || **zulässige** ≗ (Toleranz) / tolerance *n* || ≗**en der stabilisierten Ausgangsgröße** DIN 41745 / output effect IEC 478-1
Abweichungs·bereich *m* DIN 51745 / deviation band IEC 478-1, effect band IEC 478-1 || **statistische** ≗**grenze** (Rel.) DIN IEC 255, T.100 / limiting error (relay) || ≗**koeffizient** *m* DIN 41745 / variation coefficient IEC 478-1 || **mittlerer** ≗**betrag** (Statistik) DIN 55350, T.23 / mean deviation || ≗**report** *m* / nonconformity report
Abweisen von Einträgen / rejection of entries
Abweiser *m* / diverter *n*
Abweisring *m* (f. Öl) / oil thrower
Abweisung *f* / call not accepted
abwerfen, ein Relais ~ / trigger a relay, operate a relay || **Last** ~ / throw off the load, shed the load
Abwesenheit *f* (GLAZ) / absence *n*
Abwickelgerät *n* (f. Kabel) / dereeler *n*
abwickeln *v* (Vorgang, Programm) / execute *v*, handle *v* || ~ *v* (Kabel, Abwickler) / de-reel || ~ *v* / process *v*, pay off
Abwickel·trommel *f* / pay-out reel || ≗**werkzeug** *n* / unwrapping tool
Abwickler *m* / unwinder *n*, unwinding unit || ≗ *m* (Diensterbringer) / service provider || ≗ *m* (DV) / handler *n*
Abwicklung *f* (geom.) / development *n* || ≗ *f* / handling *n* || ≗ *f* / processing *n* || ≗ *f* / administration *n* || ≗ *f* (Kontakte) / contact arrangement, switching sequence || ≗ **des Datenverkehrs** / handling (o. control) of data traffic || **ohne** ≗ (Nocken) / unshaped *adj* || ≗**saufwand** *m* / administrative costs || ≗**skosten** *f plt* / administrative costs
Abwicklungslänge *f* (geom.) / developed length
abwinkeln *v* / bend *v*, wipe off
Abwurf·spannung *f* / release voltage, reverse operate voltage || ≗**wicklung** *f* / triggering winding, reverse operating winding
abwürgen *v* (Mot.) / stall *v*
abzählbar *adj* / denumerable *adj*
Abzählkette *f* / counting chain, counting decade
abziehbar *adj* / withdrawable *adj* || **~e Kupplung** / pull-off coupling
Abziehbild *n* / decalomania *n*
abziehen *v* (z.B. Kuppl.) / extract *v*, pull off *v*, remove *v* || ~ *v* (m. Abziehstein) / hone *v* || **elektrolytisches** ≗ / electrolytic stripping, electrolytic deplating
Abzieh·kraft *f* (StV) / withdrawal force, withdrawing force || ≗**kraft** *f* (Wickelverb.) / stripping force ||

≗**kraft** *f* (z.B. Kupplung) / extraction force, pulling-off force || ≗**stellung** *f* / withdrawable position || ≗**vorrichtung** *f* (f. Teile auf einer Welle) / pull-off device, puller *n*, draw-off device, extracting device, extractor *n* || ≗**vorrichtung** *f* / draw-off tackle || ≗**werkzeug** *n* / extraction tool, extractor *n* || ≗**werkzeug** *n* (Wickelverb.) / stripping tool

abzuführende Verlustleistung (Wärme) / (amount of) heat to be dissipated

Abzug *m* (Lüftung) / exhaust *n*, vent *n* || ≗ **bei Folgestichprobenprüfung** (QS) / penalty *n* || ≗**saggregat** *n* / collecting unit || ≗**sgeschwindigkeit** *f* / take-up speed || ≗**skraft** *f* / withdrawal force, draw-off-strength || ≗**squader** *m* / cuboid to be removed || ≗**svolumen** *n* / volume to be removed || ≗**swalze** *f* / take-down roller

Abzweig *m* / branch *n*, branch circuit, outgoing branch circuit, network access junction || ≗ *m* (Netz) / feeder *n* || ≗ *m* (I-Leitung) / branch *n* (circuit), spur *n*, final circuit || ≗ *m* (Stichltg.) / tap *n* (line), spur *n*, branch *n*, stub *n* || ≗ *m* (von Hauptleitung) / branch *n*, tap *n*, spur *n* || ≗ *m* (v. SS) / outgoing feeder, feeder *n* || ≗ *m* (Verteilereinheit) / branch-feeder unit || ≗ *m* (Verbindung abzweigender Leiter - Hauptleiter) / tapping *n*, outgoing unit, outgoing-feeder unit, feeder unit, feeder tap unit || ≗**ankopplung** *f* / feeder interface || ≗**anwahl** *f* / feeder selection, circuit selection || ≗**baugruppe** *f* / outgoing (feeder) subassembly, outgoing switchgear assembly, outgoing-feeder unit, feeder assembly || ≗**dämpfung** *f* (LAN) / attenuation into taps || ≗**dose** *f* VDE 0613 / tapping box IEC 23F.3, branching box || ≗**einheit** *f* / outgoing unit, branch-feeder unit, feeder tap unit || ≗**einsatz** *m* / non-withdrawable branch-circuit unit, fixed-mounted outgoing unit || ≗**element** *n* (Gabel) / splitter *n*

Abzweigen *n* / branching off

abzweigender Leiter VDE 0613 / tapping conductor || ~ **Riss** / branch crack

Abzweiger *m* (LAN) / directional tap

Abzweig·feld *n* / branch-circuit panel, feeder panel || ≗**gerät** *n* / bay unit || ≗**ung** *f* / branch *n* (Stellen in einem Netz, an denen sich das Übertragungsmedium verzweigt), tap *n*, network access junction, spur *n*, feeder *n* (a link originating at a main substation and supplying one or more secondary substations or one or more branch-lines or any combination ot these types of installations) || ≗**ung** *f* (Bus, Straße, Flp.) / junction *n* || ≗**kasten** *m* / junction box || ≗**kasten** *m* (IK) / tap box, cable tap box || ≗**klemme** *f* / branch terminal, branch-circuit terminal, tapping block IEC 23F.3 || ≗**koppelgerät** *n* (Nahsteuersystem) / feeder interfacing unit || ≗**leitung** *f* (Netz, Stichleitung) / stub *n* EN 50170-2-2 || ≗**leitung** *f* (Netz) / branch line, branch feeder, branch *n*, spur *n*, subfeeder *n* || ≗**leitung** *f* / spur *n*, branch (circuit) || ≗**modul** *n* / junction module || ≗**muffe** *f* (Kabel, Y-Muffe) / Y joint, breeches joint || ≗**muffe** *f* (Kabel, T-Muffe) / T-coupler *n*, T-adaptor *n* || ≗**muffe** *f* (f. Hausanschluss) / service box || ≗**muffe** *f* (f. Kabel) / tap joint || ≗**nennstrom** *m* / rated feeder current

Abzweig·schalter *m* / branch-circuit switch, branch circuit-breaker, branch switch || ≗**schalter** *m* (Abgangssch.) / outgoing switch, outgoing(-feeder) circuit-breaker || ≗**schaltung von L-Zweitoren** / ladder network || ≗**scheibe** *f* / terminal block, connector block, connector *n* || ≗**schutz** *m* / feeder protection, subtransmission line protection, transmission line protection || ≗**station** *f* / tapped substation, tee-off substation || ≗**stecker** *m* / socket-outlet adaptor || ≗**steuerbild** *n* / mimic diagram || ≗**strom** *m* / feeder current || ≗**stromkreis** *m* / branch circuit, sub-circuit *n*, final circuit || ≗**stromkreis** *m* (f. 1 Gerät) / individual branch circuit, spur *n* || ≗**stromkreis** *m* (f. mehrere Anschlüsse) / general-purpose branch circuit, branch circuit || ≗**stromkreis** *m* (f. Steckdose) / spur *n*, branch (circuit) || ≗**stromkreis** *m* (zwischen Verteiler u. Gerät) / final circuit || ≗**übersicht** *f* / feeder overview || ≗**verbindung** *f* / branch joint || ≗**verbindung** *f* (Kabel) / Tee splice, Tee joint || ≗**verstärker** *m* (LAN) / bridger amplifier || ≗**zusatz** *m* (Schutzrel.) / feeder-dedicated attachment

abzwicken *v* / nip *v*

AC / AC (alternating current), Alterning Current, alternating current (AC)

ACC / adaptive cruise control (ACC) || ≗ (Adaptive Control Constraint) / ACC (adaptive control constraint) || ≗ (Analog Current Control) / ACC (analog current control)

Accupin-Wegmessgerät *n* / Accupin position measuring device

achsabhängig *adj* / axis-dependent *adj*

Achs·abschaltung *f* / switch-off of an axis || ≗**abstand** *m* / distance between application of forces || ≗**abstand** *m* (Radabstand) / wheelbase *n* || ≗**abstand** *m* / shaft-centre distance, distance between axes, distance between pulley centres || ≗**antrieb** *m* / axle drive || ≗**antrieb** *m* (Wickler) / centre drive || **Motor für** ≗**aufhängung** / axle-hung motor || ≗**befehl** *m* / axis command || ≗**belastung** *f* / axle load || ≗**bewegung** *f* / axis motion || ≗**bezeichner** *m* / axis identifier || **~bezogen** *adj* / axis-oriented *adj* || ≗**-Container-Drehung** *f* / axis container rotation || ≗**drehrichtung** *f* / direction of axis rotation || ≗**drucklager** *n* / thrust bearing

Achse *f* / center hole || ≗ *f* (geom.) / axis *n* || ≗ *f* (mech.) / axle *n*, shaft *n* || ≗ *f* (Koordinate) / coordinate *n* || ≗ *f* (EZ) / spindle *n*, staff *n* || ≗ **der Pollücke** / quadrature axis, q-axis *n*, interpolar axis || ≗ **mitziehen** / axis drag || **durchgehende** ≗ / running-off axis || **fahrende** ≗ / traversing axis || **fiktive** ≗ / fictitious axis || **führende** ≗ / leading axis || **geparkte** ≗ / parking axis || **konkurrierende** ≗ / competing axis || **lagegeregelte** ≗ / closed-loop position-controlled axis || **mitgeschleppte** ≗ / coupled-motion axis || **parkende** ≗ / parking axis || **reale** ≗ / real axis || **rotatorische** ≗ / rotary axis, axis of rotation, rotary axis of motion, shaft *n* || **schräge** ≗ / inclined axis || **schräggestellte** ≗ / inclined axis || **senkrechte** ≗ / ordinate *n*, perpendicular axis || **verdoppelte** ≗ / following axis || **vertikale** ≗ / applicate *n*, vertical axis || **waagerechte** ≗ / abscissa *n*, horizontal axis

Achsen fahren mit den Handrädern / traverse axes by means of handwheels || ≗ **fahren über Tastenbestätigung** / traverse axes by pressing a key || **gekoppelte** ≗ / linked axes || **nachzurüstende** ≗ / axes to be retrofitted || ≗**abstand** *m* / wheelbase *n* || ≗**art** *f* (NC, CLDATA) / axis mode || ≗**befehl** *m* (NC) / axis command || ≗**darstellung** *f* (graf. DV) / coordinate representation || ≗**endlage überfahren** / axis overtravel || **Überfahren der** ≗**endlage** (NC) /

axis overtravel || **~fahren** *v* / traverse axes || **~feld** *n* (GKS) / coordinate field || **~feld** *n* (graf. DV) / coordinate system area || **~größe** *f* (el. Masch.) / axis quantity || **~kreuz** *n* / axis intersection || **~kreuz** *n* (Koordinatenursprung) / origin *n*, zero point || **~paralleler Strahl** (LWL) / paraxial ray || **~richtung** *f* (NC, Bewegungsvektor) / axis vector || **~sperre** *f* / axis disable || **~spiegeln** *n* / axis control in mirror image, mirroring *n*, axis control in mirror-image mode, symmetrical inversion, mirror-image machining || **~steuerung** *f* (NC) / axis control || **~stillstand** *m* / axis standstill || **~tausch** *m* / axis exchange || **~tausch** *m* (NC) / axis interchange, axis replacement || **~vorschub** *m* / axis feedrate || **~winkel** *m* (Getr.) / shaft angle || **~ergänzung** *f* / additional axes

Achs·erweiterungseinschub *m* / axis expansion plug-in unit || **~freigabe** *f* / axis release || **~funktion** *f* / axis functions || **~generator** *m* / axle-driven generator, axle generator || **~gerät** *n* / axis unit || **~geschwindigkeit** *f* / axis velocity || **konventionelle ~geschwindigkeit** / JOG axis velocity || **~getriebeprüfstand** *f* / rear-axle final-drive testbed || **~höhe** *f* / shaft height, height to shaft centre || **~kopplung** *f* / coupled axes || **~länge** *f* / length of axis || **~last** *f* / load per axle || **~modul** *n* / axis module || **~motor** *m* / axle-hung motor, direct-drive motor, gearless motor || **~motorantrieb** *m* / direct drive

achsparallel *adj* / axially parallel, paraxial *adj*, parallel to axis || **~e Bearbeitung** / paraxial machining || **~e Korrektur** (NC) / paraxial compensation, paraxial tool compensation || **~e Werkzeugradius-Korrektur** DIN 66257 / tool radius offset ISO 2806-1980 || **~er Längenverschleiß** / paraxial tool wear || **~er Strahl** / paraxial ray || **~es Ausrichten** / paraxial alignment || **~es Positionieren** / paraxial positioning || **~es Schruppen** / paraxial roughing

Achs·parallelität *f* / parallelism of axes || **~schnittstelle** *f* / axis interface || **~spezifisch** *adj* / for specific axes, axis-specific || **~spezifische Feinheit** / axis-specific resolution

Achs/Spindelposition *f* / axis/spindle position

Achs·stempel *m* / centerline stamp || **~steuerung** *f* (NC) / axis control || **~steuerung im Spiegelbild** / axis control in mirror-image mode || **spiegelbildliche ~steuerung** / mirroring *n*, symmetrical inversion, mirror-image machining || **~taste** *f* / axis keys || **generische 5-~transformation** / generic 5-axis transformation || **~überwachung** *f* / axis monitoring || **~umschaltbar** *adj* / axis switching || **~umsetzer** *m* / axis converter || **~verbund** *m* / axis grouping || **~verdopplung** *f* / axis synchronization || **~verfahrgeschwindigkeit** *f* / axis traversing velocity || **~verlängerung** *f* / extension shaft || **~vorschub** *m* / axis feedrate || **~wahlschalter** *m* / axis selector switch || **~zuordnung** *f* / axis assignment || **~zuweisung** *f* / axis assignment || **~zykluslänge** *f* / length of axis

achten *v* / ensuring *v*

Achterspule *f* / octagonal coil

Acht-Stunden-Betrieb *m* / eight-hour duty

Achtung *f* / attention *n*, notice *n*, important *adj*, caution *n*

ACK / positive acknowledgement, ACK

Acknowledgement, negatives ~ (NAK Negative Empfangsbestätigung) / negative acknowledgement (NAK), negative acknowledgement (NACK)

ACN (Absolute Koordinaten für negative Achsdrehrichtung) / ACN (absolute coordinates for negative direction)

ACOP (Advanced Coprocessor) / ACOP (advanced coprocessor)

ACP (Absolute Koordinaten für positive Achsdrehrichtung) / ACP (absolute coordinates for positive direction)

Acrylglas *n* / plexiglass *n*, perspex *n*

ACSR-Seil *n* / steel-reinforced aluminium conductor (ACSR)

Active Output Register *n* (AOR) / active output register (AOR)

AC Vorschubantrieb / AC feed drive system

ADAC / analog-to-digital-to-analog converter (ADAC)

Adapter *m* / adapter *n*, adaptor *n*, adapter block, mounting adapter || **~kabel** *n* / adaptor cable || **~platine** *f* / adaptor board || **~satz** *m* / adaptor set || **~stecker** *m* / adaptor plug || **~steckverbinder** *m* / adaptor connector, straight-through connector (depr.)

Adaption *f* / adaption *n*, adaptation *n*, adaptive control || **~sbereich** *m* / adaption range, adaptation range || **~sdrehzahl** *f* / adaptation speed || **~skapsel** *f* / adapter casing || **~sniveau des Auges** / ocular adaptation (level) || **~swert** *m* / adaptation value

adaptiv·e differentielle Pulscodemodulation / adaptive differential pulse code modulation (ADPCM) || **~e Fahrgeschwindigkeitsregelung** (Kfz) / adaptive cruise control (ACC) || **~e Klopfgrenzregelung** (Kfz) / adaptive knocking limit control || **~e Parametervorgabe** / adaptive parameter entry || **~e Regelung** / adaptive control (control system involving the in-process measurement and automatic adjustment of variable cutting parameters so as to achieve optimum production conditions), AC (adaptive control), ACO (adaptive control optimization) || **~e Regelung mit Zwangsbedingungen** / adaptive control with constraints (ACC) || **~e Steuerung** / adaptive control (control system involving the in-process measurement and automatic adjustment of variable cutting parameters so as to achieve optimum production conditions), ACO (adaptive control optimization), AC (adaptive control) || **~e Vorgabe** (SPS) / adaptive entry, adaptive parameter input || **~e Wertevorgabe** (SPS) / adaptive parameter entry || **~es Regelsystem** / adaptive control (control system involving the in-process measurement and automatic adjustment of variable cutting parameters so as to achieve optimum production conditions), AC (adaptive control), ACO (adaptive control optimization) || **~es Regelsystem mit geregelter Adaption** VDI/VDE 3685 / adaptive control system with closed-loop adaptation || **~es Regelsystem mit gesteuerter Adaption** VDI/VDE 3685 / adaptive control system with open-loop adaptation || **~es Spannungsmodell** (LE) / adaptive voltage model

Adaptive Control Constraint (ACC) / adaptive control constraint (ACC)

ADB / aerodrome beacon (ADB), airport beacon || **~** / address bus (ADB)

ADC·-Anzahl *f* / number of ADCs || **~-Eingangswert**

[V] oder [mA] / act. input of ADC [V] or [mA] || **≗-Glättungszeit** *f* / smooth time ADC || **≗-Typ** *m* / type of ADC || **≗-Wert nach Skalierung [%]** / act. ADC value after scaling [%]

Addier·barkeit *f* / additivity *n* || **≗er** *m* / adder *n*, summer *n* || **≗maschine** *f* / adding machine || **≗stelle** *f* / adder *n* || **≗stufe** *f* / adder *n*

addiert *adj* / summed *adj* || **~e Unklardauer** IEC 50(191) / accumulated down time || **~e Zeit** IEC 50(191) / accumulated time

Addierverstärker *m* / summing amplifier

Additions·befehl *m* / add instruction || **≗punkt** *m* (IS) / summing junction || **≗stelle** *f* (Reg.) / summing point || **≗zähler** *m* / accumulating counter, summating counter

Additiv *n* (a. Isoliermat.) / additive *n* || ~ *adj* / additive *adj* || ~ **ansprechverzögert** / additive ON-delay || **~e Eingabe** (NC) / additive input || **~e Farbmischung** / additive mixture of colour stimuli || **~e Nullpunktverschiebung** (NC) / additive (o. cumulative) zero offset || **~e Nullpunktverschiebung** / additive zero offset || **~e Verschiebung** / additive offset, sum offset, total offset, resulting offset || **~e Werkzeuglängenkorrektur** / additive tool length compensation

Additive, Auflistung der ≗ / list of additives

Additivverfahren *n* (gS) / additive process

Ader *f* / core *n*, wire *n*, lead *n*, conductor *n* || **C-≗** *f* / P-wire *n*, private wire, private line || **≗bandage** *f* / wire binding || **≗bruch** *m* / strand break (age), break of conductor strand(s) || **≗endbezeichnung** *f* / core end designation || **≗endhülse** *f* / wire end ferrule *n*, ferrule *n*, connector sleeve, wire end ferrule, wire end connector sleeve, end sleeve || **≗farbe** *f* / colour of conductor || **≗kennnzeichnung** *f* / core identification, core identification, color coding || **≗kennzeichnung** *f* (durch Farbe) / colour coding || **≗leitung** *f* / single-core non-sheathed cable, non-sheathed cable, general-purpose single-core non-sheathed cable (HD 21) || **≗leitung mit ETFE-Isolierung** / ETFE single-core non-sheathed cable || **PVC-≗leitung** *f* VDE 0281 / PVC-insulated single-core non-sheathed cable || **≗nmarkierung** *f* / wire marking

Adernpaar, verdrilltes ≗ / twisted pair of cable

Ader·paar *n* / core pair || **≗querschnitt** *m* / core cross-section, core cross-sectional area || **≗querschnittsfläche** *f* / core cross-sectional area || **≗schluss** *m* / intercore short-circuit || **≗spreizkopf** *m* / dividing box || **≗überwachung** *f* (Schutz- o. Hilfsader) / pilot supervision, pilot supervisory module, pilot-circuit supervision, pilot-wire supervisory arrangement

Aderumhüllung *f* / core covering, covering *n* || **gemeinsame ≗** (Kabel) / inner covering

Adervierer *m* / quad *n*

Aderzahl *f* / number of cores

Adhäsionsbeiwert *m* / adhesion coefficient

ADI / Analog Drive Interface (ADI), analog devices, ADI (Analog Drive Interface)

ADIS (Überschleifabstand bei G1/G2/G3 mit G641 (genaue Erklärung siehe D-Quelle)) / ADIS

ADISPOS (Überschleifabstand bei Eilgang G0 mit G641) / ADISPOS

Adjunktion *f* / OR function, OR operation

administrative Verzugsdauer (Instandhaltung: Akkumulierte Dauer, während der eine Instandsetzung an einer fehlerhaften Einheit aus administrativen Gründen nicht durchgeführt wird) IEC 50(191) / administrative delay (The accumulated time during which an action of corrective maintenance on a fault item is not performed due to administrative reasons)

Admittanz *f* / admittance *n* || **≗-Anrege-Messrelais** *n* / mho measuring starter || **≗-Anregerelais** *n* / starting relay with mho characteristic, mho starter || **≗diagramm** *n* / pie diagram || **≗matrix** *f* / admittance matrix || **≗-Messschaltung** *f* / measuring circuit with mho characteristic || **≗relais** *n* / admittance relay, mho relay

Adress·abbildung *f* / address mapping || **≗at** *m* / addressee *n* || **≗bearbeitung** *f* / address handling || **≗belegung** *f* / address assignment, address map || **≗berechnung** *f* / address computation || **≗bereich** *m* / address range, address area, address space || **≗bereichslängenfehler** *m* / address area length error || **≗block** *m* / address block || **≗buch** *n* / address book || **≗buchstabe** *m* / address character || **≗bus** *m* (ADB) / address bus (ADB) || **≗bus-Treiber** *m* (SPS) / address bus driver || **≗decoder** *m* / address decoder || **≗distanz** *f* / address displacement

Adresse *f* / address *n*, logical address || **≗ im Speicherbereich** / location in memory area || **effektive ≗** / absolute address, actual address, machine address, physical address

Adresseintrag *m* / address entry

Adressen Baugruppe / addresses module || **≗ der globalen Daten** / global data locations, shared data locations || **≗ mit Wertzuweisung** / setting data active (SEA), SEA (setting data active) || **≗-Abhängigkeit** *f* / address dependency, A-dependency *n* || **≗ansteuerung** *f* / address selection || **≗belegung** *f* / address assignment, address map || **≗bereich** *m* / addressable area, addressing range || **≗block** *m* / address block || **≗decodierer** *m* / address decoder || **≗detail** *n* / address detail || **≗eingang** *m* / addressing input || **≗erweiterung** *f* / address extension || **≗feld** *n* / address field || **≗frei** *adj* / addressless || **≗-Füllstandsanzeiger** *m* / address level indicator

Adressen·generator *m* / address generator || **Stopp bei ≗gleichheit** (SPS) / stop with breakpoints || **≗liste** *f* / address list || **≗raumbelegung** *f* (SPS) / address area allocation || **≗register** *n* (AR) / address register (AR) || **≗schreibweise** *f* (Programmaufbau für NC-Maschinen, bei dem jedes Wort in einem Satz mit einem Adresszeichen beginnt, das die Bedeutung des Wortes kennzeichnet) / address block format (NC) ISO 2806-1980, word address format || **≗schreibweise** *f* (NC) / address code, address notation, block address format || **≗-Signalspeicher** *m* / address latch || **≗speicherfreigabe** *f* / address latch enable (ALE) || **≗vergabe** *f* / address assignment, address allocation || **≗verhandlung** *f* / address negotiation || **≗versatz** *m* / address offset || **≗verweis** *m* (SPS) / address pointer || **≗verzeichnis** *n* / address directory || **≗zähler** *m* / address counter || **≗-/Zehnertastatur** *f* / address/numeric keyboard || **≗zugriffszeit** *f* / address access time || **≗zuordnung** *f* / address assignment

Adress·erweiterung *f* / address extension || **≗feld** *n*

(Teil eines Telegrammes oder Datenpaketes) / address field
adressierbar *adj* / addressable *adj*, accessible *adj* || **kleinste ~e Bewegung** (Plotter) / smallest programmable movement
Adressier·bereich *m* / addressing range || **≗bereich** *m* (im Speicher) / addressable area || **≗buchse** *f* / address jack || **≗feld** *n* / addressing panel || **≗fenster** *n* / addressing window || **≗gerät** *n* / addressing unit || **≗leitung** *f* / addressing cable, addressing line || **≗sockel** *m* (SPS) / addressing socket
adressierter Einstellzustand der Parallelabfrage (PMG) DIN IEC 625 / parallel poll addressed to configure state (PACS) || **~ Zustand der Steuerfunktion** (PMG) DIN IEC 265 / controller addressed state (CADS) || **~ Zustand des Hörers** (PMG) DIN IEC 625 / listener addressed state (LADS) || **~ Zustand des Sprechers** (PMG) DIN IEC 625 / talker addressed state (TADS)
Adressier·ung *f* (die Möglichkeit, den Teilnehmern für einen gezielten Infomationsaustausch Adressen zu geben) / addressing *n* || **≗ungsparameter** *m* / addressing parameter || **≗ungsschema** *n* / addressing parameter || **≗volumen** *n* / address capacity, adressing range, address volume
Adress·kennung *f* / address identifier || **≗komparator** *m* / address comparator || **≗leitung** *f* / address bus || **≗liste** *f* / address list, address table, address map || **≗liste** *f* (f. Briefe) / mailing list || **≗lücke** *f* / address gap || **≗parameter** *m* / address parameter || **≗rangierung** *f* / address decoding || **≗raum** *m* / address space, address range, address area || **≗register** *n* / address register (AR) || **≗schreibweise** *f* / address notation, block address format (program format for NC machines in which each word in a block starts with an address character identifying the meaning of the word), address block format, word address format || **≗teil** *m* / address part, address section || **≗übersicht** *f* / address overview || **freie ≗vergabe** / available address assignment, user-oriented address allocation || **≗verzeichnis** *n* / (address) directory *n* || **≗-Vorbereitungszeit** *f* / address setup time || **≗zählerstand** *m* / address counter status || **≗zeichen** *n* / address character || **≗zuordnung** *f* / address assignment || **≗zuordnungsliste** *f* (SPS) DIN EN 61131-1 / assignment list IEC 1131-1
adrig *adj* / core *adj*, wire *adj*
ADS (allgemeine Datenschnittstelle) / general data interface
Adsorptions·-Chromatogramm *n* / adsorption chromatogram || **≗-Chromatograph** *m* / adsorption chromatograph, liquid-solid chromatograph (LSC), gas-solid chromatograph
adsorptive Schadstoffabscheidung / adsorptive precipitation of harmful substances
ADU / analog-to-digital converter (ADC), A/D converter, ADC (analog-to-digital converter)
A/D-Umsetzer *m* / analog-digital converter (ADC), A/D converter, analog-to-digital converter (ADC)
ADV / automatic data processing (ADP)
Advanced Coprocessor (ACOP) / advanced coprocessor (ACOP)
Advanced Multicard PROFIBUS Analyzer (AMPROLYZER) (AMPROLYZER) / Advanced Multicard PROFIBUS Analyzer (AMPROLYZER)
Advanced Operator Panel / advanced operator panel
A/D-Wandler *m* / analog-digital converter (ADC), A/D converter, ADC (analog-digital converter), analog-to-digital converter (ADC)
AED / automatic single-crystal diffractometer (ASCD)
aerodynamisch·e Bremse (Drehmomentenwaage) / fan dynamometer || **~es Geräusch** / aerodynamic noise, windage noise, air noise, fan noise
aerosol *n* / aerosol *n*
aerostatisches Lager / aerostatic bearing, air-lubricated bearing,
AET-Wandler *m* / AET transformer
AF / audio frequency (AF) || ≗ (forced-air cooling, erzwungene Luftkühlung) / AF (forced-air cooling) || ≗ (Alarmfreigabe) / interrupt enable
AFA (air-forced-air cooling, Kühlung durch erzwungene Luftumwälzung) / AFA (air forced-air cooling)
AFE / Active Front End (AFE)
AFG / analog frequency generator (AFG)
AFM (analoge Fernmessung und Messwertverarbeitung) / ATP (analog telemetring and processing)
AFM-System *n* (analoge Fernmessung und Messwertverarbeitung) / analog telemetering and processing system
AFR / AF reactor (AFR)
AFT / audio-frequency transformer (AFT)
After-Sales-Geschäft *n* / after sales business
AG / programmable controller
AG urlöschen / general PLC reset
AG/AG Verbindung / PLC/PLC connection
AG-Anschaltung *f* (AGAS) / PLC interface module
AGAS / PLC interface module
Agenturwesen *n* / agency *n*
Aggregat *n* / assembly *n*, unit of equipment, unit of process plant || ≗ *n* (Generatorsatz) / unit *n*, set *n*, generating set, engine-generator unit || ≗ *n* (Zuschlagstoff) / aggregate *n* || **≗eansteuerung** *f* / equipment control || **≗eerprobung** *f* / testing of assemblies || **≗nullpunkt** *m* / attachment zero || **≗schutz** *m* (KW) / (mechanical) equipment protection || **≗steuerung** *f* / process control unit (PCU), PCU (process control unit) || **≗störung** *f* / equipment failure || **≗zustandsprotokoll** *n* / (mechanical) equipment status log
aggressive Atmosphäre / corrosive atmosphere
AGP / Accelerated Graphics Port (AGP) || **≗-Steckplatz** *m* / Accelerated Graphics Port (AGP)
Ag-Sintermaterial *n* / silver-sponge material
Ag-Zuschlag / silver surcharge
AH (Achshöhe) / frame size
Ah / ampere-hour *n* (Ah)
AHK / allwheel steering system
Ähnlichkeits·gesetz *n* / similarity law || **≗kennzahl** *f* / similarity criterion, dimensionless group
ähnlichste Farbtemperatur / correlated colour temperature
AH-Schnittstellenfunktion *f* (Handshake-Senkenfunktion) DIN IEC 625 / AH interface function (acceptor handshake function)
AH-Zustandsdiagramm *n* DIN IEC 625 / AH function state diagram
AIL / Manufacturing Guidelines for Industrial and Power Electronics
A-Impulsschalldruckpegel *m* / A-weighted impulse

sound pressure level
Airbag *m* / airbag *n*
ÄK (Äquidistantenkorrektur) / equidistant compensation
AK-Faktor *m* / short-line fault factor
Akkommodation *f* / accommodation *n*, eye accommodation
Akkreditiv-Gebühr *f* / fee for letter of credit
AKKU *m* (Akkumulator) / ACCU (accumulator)
Akkuinhalt *m* / accumulator contents
akkumulatives Register / accumulator *n* (AC)
Akkumulator *m* (Batt.) / battery *n*, electrochemical battery || ≗ *m* (AKKU) / accumulator *n* (ACCU) || ≗ *m* (Register) / accumulator *n* (AC) || ≗ *m* (Druckspeicher) / accumulator *n* || ≗**inhalt** *m* (Register) / accumulator contents
a Kontakt / make contact
Akquisiteure *m pl* / salesmen *n pl*
Akritkante *f* / akrit edge
AKS / generic communications interface
Akten·ablagegerät *n* / filer *n* || ≗**notiz** *f* / memorandum *n*, memorandum for the records
aktinische Wirkungsfunktion / actinic action spectrum
Aktinität *f* / actinity *n*, actinism *n*
Aktion *f* / action *n*
Aktions·bearbeitung *f* / script editing || ≗**bestimmungszeichen** *n* (SPS-Programm) / action qualifier || ≗**block** *m* (SPS-Programm) / action block || ≗**interpreter** *f* / script interpreter || ≗**lupe** *f* (NC) / action zoom || ≗**programmierung** *f* / script programming || ≗**radius** *m* (Fahrzeug) / operating radius, operating range || ≗**satz** *m* / action block || ≗**steuerung** *f* / script control || ≗**turbine** *f* / impulse-type turbine || ≗**überwachung** *f* / monitoring of actions || ≗**verknüpfung** *f* (SPS) / association of actions EN 61131-3 || ≗**zweig** *m* / action branch
aktiv *adj* / active *adj*, effective *adj* || ~ **durchlaufen** / actively executed || ~ **setzen** / activate *v* || **Aktiv·baustein** *m* (Mosaikbaustein) / active tile, live tile
aktiv·e Begrenzung (Verstärker) / active bounding || ~**e Betriebssicherheit** / active operational safety, active operational reliability || ~**e Fläche** (NS) / sensing face, sensing area || ~**e Hinterachskinematik (AHK)** (Kfz) / all-wheel steering system || ~**e Instandhaltungsdauer** / active maintenance time || ~**e Instandsetzungszeit** (Teil der Instandhaltungszeit, während dessen eine Instandhaltungstätigkeit an einer Einheit automatisch oder manuell durchgeführt wird, ohne Berücksichtigung von logistischen Verzugsdauern) / active maintenance time (that part of the maintenance time during which a maintenance action is performed on an item, either automatically or manually, excluding logistic delays) || ~**e Instandsetzungszeit** (Teil der aktiven Instandhaltungszeit, während dessen Instandsetzungstätigkeiten an einer Einheit durchgeführt werden) / active corrective maintenance time (that part of the active maintenance time during which actions of corrective maintenance are performed on an item) || ~**e Masse** (Batt.) / active material || ~**e Masse** (Magnetkörper) / active mass, effective mass || ~**e Redundanz** / active redundancy (that redundancy wherein all means for performing a required function are intended to operate simultaneously), functional redundancy || ~**e Sicherheit** / active safety || ~**e Übertragung** DIN IEC 625 / active transfer || ~**e Zahnbreite** / effective face width
aktiv·er Basisableitwiderstand (TTL-Schaltung) / active pull-down || ~**er Bereitschaftsbetrieb** / active standby operation || ~**er Busabschluss** / active bus terminator || ~**er Fernsteuer-Freigabezustand der Systemsteuerung** (PMG) DIN IEC 625 / system control remote enable active state (SRAS) || ~**er Korrekturschalter** / active override switch || ~**er Massefaktor** / active mass factor || ~**er Pegel** (IS) / active level (IC) || ~**er Rücksetzzustand der Systemsteuerung** (PMG) DIN IEC 625 / system control interface clear active state (SIAS) || ~**er Serienabfragezustand** (des Sprechers, PMG) DIN IEC 625 / serial poll active state (SPAS) || ~**er Teil** (Trafo) / core-and-coil assembly || ~**er Teil** (el. Masch.) / core-and-winding assembly, electrically active part, active part || ~**er Teilnehmer** (PROFIBUS) / active station, master *n* || ~**er wahrer Wert** (PMG) / active true value || ~**er Wartezustand der Steuerfunktion** (PMG) DIN IEC 625 / controller active wait state (CAWS) || ~**er Zustand der Auslösefunktion** (PMG) DIN IEC 625 / device trigger active state (DTAS) || ~**er Zustand der Parallelabfrage** (PMG) DIN IEC 625 / parallel poll active state (PPAS) || ~**er Zustand der Rücksetzfunktion** (PMG) DIN IEC 625 / device clear active state (DCAS) || ~**er Zustand der Steuerfunktion** (PMG) DIN IEC 625 / controller active state (CACS) || ~**er Zustand der Systemsteuerung** (PMG) DIN IEC 625 / system control active state (SACS) || ~**er Zustand des Hörers** (PMG) DIN IEC 625 / listener active state (LACS) || ~**er Zustand des Sprechers** (PMG) DIN IEC 625 / talker active state (TACS)
aktiv·es Aluminium / active alumina || ~**es Ausfallverhalten** / active failure mode || ~**es Endglied** (DÜ) / active end-of-line unit || ~**es Gewicht** (Trafo) / weight of core-and-coil assembly || ~**es Lasermedium** / active laser medium || ~**es Material** / active material, electrically active material || ~**es Stromkreiselement** / active circuit element || ~**es Teil** VDE 0100, T.200 / live part
Aktiv·fläche / sensing face, sensing area || ≗**gewicht** *n* / weight of core-and-coil assembly
aktivieren *v* / activate *v*, enable *v*
Aktivierung *f* / activation *n* || ≗ **Option Profibus** / Profibus activation option || ≗**sbit** *n* (PMG) / sense bit || ≗**senergie** *f* / activation energy || ≗**spolarisation** *f* (Batt.) / activation polarization
Aktiv·itätsüberwachung *f* (LAN) / carrier sense || ≗**kohle** *f* / activated carbon || ≗**kohlebehälter** *m* (Kfz) / activated-carbon canister || ≗**kohlefilter** *n* / activated carbon filter || ≗**kohlefilterventil** *n* (Kfz.) / canister purge solenoid || ≗**material-Mischung** *f* (Batt.) / active material mix || ≗**teil** *n* / core-and-coil assembly || **fertiger** ≗**teil** / assembled coil and core assembly
Aktor *m* / actuator *n*, sensor *n*, servo-drive *n*, positioner *n* || ≗**-Sensor-Ebene** *f* / process *n*, process level
Aktorik *f* / actor technology, actuator *n*, sensor *n*, servo-drive *n*, positioner *n*

Aktual·daten *plt* / current data || **≗daten nicht verfügbar** / current data not present || **≗datenprojekt** *n* / current data project || **≗parameter** *m* / actual parameter, actual operand || **≗-Parameter-Deklaration** *f* / actual parameter declaration || **≗wert** *m* / actual value, instantaneous value
aktualisieren *v* / update *v*, refresh *v*
Aktualisierung *f* / update *n* || **zyklische ≗** / cyclic update
Aktualisierungs·stand *m* (graf. DV) DIN 66252 / deferral state || **≗zeit** *f* (FWT) / updating time, refreshment time || **≗zyklus** *m* / update cycle || **≗zeit** *f* / update time
Aktualoperand *m* / actual operand, actual parameter || ≗ *m* (SPS) / actual parameter
Aktuator *m* / actuator *n*, sensor *n*, servo-drive *n*, positioner *n* || **≗-Sensor-Interface** *n* (AS-Interface, AS-i;) / actuator sensor interface (AS Interface, AS-i)
aktuell *adj* / current *adj*, up to date || **~e Daten** / current data || **~e Logdaten** / current log data || **~e Spantiefe** / current depth of cut || **~er Istwert** / current actual value || **~er Maßwert** (logischer Eingabewert) / current value of measure || **~er Satz** / current block || **~er Wert** / current value || **~er Zustand** (SPS) / current status (o. state) || **~es Programm** / current program, active program
Akustikkoppler *m* / acoustic coupler
akustisch·e Achse / acoustic axis || **~e Dämpfung** / acoustic damping || **~e Durchlässigkeit** / transmission *n*, transmittance || **~e Federung** / acoustic compliance || **~e Grenzkurve** / noise rating curve (n.r.c.) || **~e Impedanz** / acoustic impedance || **~e Leistung** / acoustic energy, sound energy, sound power || **~e Meldung** / audible signal, audible alarm || **~e Störmeldung** / audible alarm, audio-alarm *n* || **~er Digitalisierer** / sonic digitizer || **~er Lärm** / acoustic noise || **~er Koppler** / acoustic coupler || **~er Leitwert** / acoustic admittance || **~er Melder** / audible signal device (IEEE Dict.), audible indicator, sounder *n*, acoustic signal device || **~er Strahler** / noise radiating body || **~es Brechungsverhältnis** / refractive index
akusto-optischer Effekt / acousto-optic effect
AKZ (Auftragskennzeichen) / order ID, order numbers, job reference, project reference number
Akzeptanz *f* / acceptance *n* || **≗winkel** *m* (LWL) / acceptance angle
Akzeptor *m* (HL) / acceptor *n* || **≗-Ionisierungsenergie** *f* / ionizing energy of acceptor || **≗niveau** *n* (HL) / acceptor level
Aladin-Pult *n* / aladin-desk *n*
Alarm *m* / alarm *n*, message *n* || ≗ *m* (ZKS) / alert *n* EN 50133-1 || ≗ *m* (rechnergesteuerte Anlage, SPS) / interrupt *n* || **einen ≗ auslösen** / sound an alarm || **≗ freigeben** (SPS) / enable interrupt || **≗ quittieren** / acknowledge alarm || **≗ sperren** (SPS) / disable interrupt || **≗ verarbeitender Funktionsbaustein** / process interrupt function block || **ausblendbarer ≗** / concealable alarm || **≗abfrage** *f* / alarm scan || **≗abfrage** *f* (SPS) / interrupt scan || **≗auswahl** *f* / interrupt selection || **≗bearbeitung** *f* (SPS) / interrupt processing || **≗bearbeitung** *f* / alarming *n*, interrupt servicing, interrupt handling || **≗bildung** *f* (SPS) / interrupt generation || **≗datenbaustein** *m* / interrupt data block || **≗eingabebaugruppe** *f* (SPS) / interrupt input module || **≗eingang** *m* (SPS) / interrupt input
alarm·fähig *adj* (SPS) / with interrupt capability || **≗flankenbyte** *n* / interrupt edge byte || **≗freigabe** *f* (AF SPS) / interrupt enable || **≗freigabe** *n* / interrupt enable byte || **≗funktion** *f* / interrupt function || **≗geber** *m* / alarm signalling device || **≗generierung** *f* / interrupt generation || **~gesteuert** *adj* (SPS) / interrupt-driven *adj*, interrupt-controlled *adj* || **~gesteuertes Programm** / interrupt service routine, interrupt handler || **≗grenzwert unten** / lower alarm limit || **≗hupe** *f* / alarm horn, alarm sounder
alarmieren *v* (den Bediener) / alert *v*
Alarm·ierung *f* / alert *n* || **≗ierungseinrichtung** *f* (f. Brandmeldungen) / fire alarm device EN 54 || **≗kennung** *f* (PLT, SPS) / alarm identifier || **≗liste** *f* (SPS) / interrupt list || **≗-Meldepuffer** / interrupt message buffer || **≗melder** *m* (Anzeiger) / alarm indicator || **≗meldesystem** *n* / alarm signaling system || **≗meldung** *f* / alarm signal, error message, alarm message, fault message, alarm indication, nuisance alarm, alarm *n*, nuisance call || **≗nummer** *f* / interrupt number || **≗-OB** / interrupt ob
Alarm·programm *n* / interrupt service routine, interrupt handler || **≗programm** *n* (SPS) / interrupt handler, interrupt service routine || **≗protokoll** *n* / alarm log, log *n*, report *n*, printout *n*, listing *n* || **≗reaktion** *f* / alarm response || **≗relais** *n* / alarm relay || **≗schalter** *m* / alarm switch, alarm contacts || **≗schiene** *f* / alarm bus || **≗signal** *n* (rotes Gefahrensignal) / danger signal || **≗sollwert** *m* / interrupt setpoint || **≗sperre** *f* (SPS, Befehl) / disable interrupt || **≗taste** *f* (SPS) / interrupt key (o. button) || **≗unterbrechung** *f* / alarm interrupt (ion) || **≗unterdrückung** *f* / alarm suppression || **≗verarbeitung** *f* (Meldung) / alarm processing || **≗verarbeitung** *f* / alarming *n*, interrupt processing, interrupt handling, interrupt servicing || **≗weiterleitung** *f* / alarm relaying || **≗wortüberlauf** *m* (SPS) / interrupt word overflow || **≗zeile** *f* / alarm line
Aldrey·leiter *m* (AlMgSi-Leiter) / all-aluminium-alloy conductor (AAAC) || **≗-Stahlseil** *n* (E-AlMg-Si-Seil) / steel-reinforced aluminium conductor (AACS)
Algebra der Logik / logical algebra
algebraische Eingabe / algebraic entry
Algenwucherung *f* / algae growth
Algorithmus *m* / algorithm *n*
ALI (Application Layer Interface) / ALI (Application Layer Interface)
Alkali·beständigkeit *f* / resistance to alkalies, alkali resistance || **≗-Metalldampf-Lampe** *f* / alkaline-metal-vapour lamp
alkalisch·e Batterie / alkaline battery || **~e Luft-Zink-Batterie** / alkaline air-zinc battery || **~e Mangandioxid-Zink-Batterie** / alkaline manganese dioxide-zinc battery || **~er Akkumulator** / alkaline (secondary) battery
Alkydharzlack *m* / alkyd-resin varnish
Alleinbetrieb, Generator im ≗ / generator in isolated operation
alleinstehendes System / stand-alone system, autonomous subsystem
Alleinstellungsmerkmal *n* / unique selling

proposition
Alles-oder-Nichts-Regelung *f* / bang-bang control
Allgebrauchs·-Glühlampe *f* / general-service tungsten filament lamp, ordinary tungsten filament lamp || **≗lampe** *f* / general-lighting-service lamp (GLS lamp), lamp for general lighting service
allgemein *adj* / general *adj* || **≗beleuchtung** *f* / general lighting || **≗beleuchtung** *f* (Bahn) / multiple coach lighting || **~e Beleuchtung** / normal lighting (system) || **~e Bestimmungen** VDE / general requirements || **≗beleuchtungsstärke** *f* / general illuminance || **~e Feldtheorie** / unified field theory || **~e Kommunikationsschnittstelle** (AKS) / generic communications interface || **~e Meldung** (Prozessleitsystem) / broadcast message || **~e Prüfbedingungen** DIN 41640 / standard conditions for testing IEC 512-1 || **~e Pulscodemodulation** / generic pulse code modulation || **~e Sicherheitsbestimmungen** / general requirements for safety || **~e technische Belüftung** IEC 50(426) / general artificial ventilation || **~er Datenbaustein** / generic data block || **~er Datentyp** / generic data type (a data type which represents more than one type of data) || **~er Farbwiedergabeindex** / general colour rendering index || **~er Tarif** (SIT) / normal tariff, published tariff || **~er Vierpol** / four-terminal network
Allgemein·es und Weiterarbeit / general comments & prospective plans, general comments and future work || **≗merker** *m* / generic flag || **≗teil** *n* / general part || **≗toleranz** *f* DIN 7182, T.1 / general tolerance || **~es Schaltzeichen** / general symbol
Allglasleuchte *f* / all-glass luminaire
allmählich·e Änderung / gradual change || **~er Übergang** (HL) / progressive junction
Allpass *m* / all-pass network, all-pass filter || **≗filter** *m* / all-pass filter
allpolig·es Abschalten / all-pole disconnection IEC 335-1 || **~ absichern** / all-pole fusing || **~ schalten** / switch (o. operate) all poles || **~ trennen** / disconnect all poles || **~er Netzschalter** VDE 0860 / all-pole mains switch IEC 65 || **~er Netztrennschalter** / all-pole mains disconnect switch || **~es Schalten** / all-pole switching (o. disconnection), three-pole interruption
Allrad·antrieb *m* / four-wheel drive, all-wheel drive || **≗lenkung** *f* (Kfz) / all-wheel steering, four-wheel steering || **≗steuerung** *f* (Kfz) / four-wheel drive control
allseitig *adj* / all-side *adj* || **~ bewegliche Kontakthülse** / floating contact tube || **~ fertigbearbeiten** / to finish all over || **~ geschlossener Einsatzort** / enclosed location || **~ geschlossenes Gehäuse** / enclosure closed on all sides || **~e Abschaltung** / disconnection from all sources
Allstrom *m* / direct current/alternating current (d.c.-a.c), universal current, UC, dual current, AC/DC || **≗ausführung** *m* / AC/DC model || **≗gerät** *n* / a.c.-d.c. apparatus, d.c.-a.c. set || **≗motor** *m* / universal motor, plain series motor, a.c.-d.c. motor || **≗relais** *n* / universal relay, relay for a.c.-d.c. operation, a.c.-d.c. relay, AC/DC sensitive
Allwagensteuerung *f* / multiple-unit control
Allwellensperre *f* / all-pass filter, universal filter
Allzwecktransformator *m* / general-purpose transformer
AlMgSi-Leiter *m* / steel-reinforced aluminium conductor (AACS)
Alniko *n* / alnico *n*
alphanumerisch *adj* (AN) / alphanumeric *adj* (AN) || **~e Nummer** / alphanumerical number || **~e Ortskennzeichnung** DIN 40719, T.2 / alphanumeric location IEC 113-2 || **~es Sichtgerät** / alphanumeric VDU || **~e Tastatur** / alphanumeric keyboard (ANKB) || **~e Umwandlung** / alphanumeric conversion
Alphanummer *f* DIN 6763, T.1 / alphanumber *n*
Alpha-Profil *n* (LWL) / power-law index profile
ALS (Ablaufsteuerung) / sequence control system (SCS), sequential control, sequencing control, sequential control system IEC 1131.1, logic and sequence control
Alt·archiv *n* / historical archive
altern *v* / age *v*, weather *v* || ~ *v* (künstlich) / season *v*, age artificially || ≗ *n* (GR, in der Durchlassrichtung) / forward ageing
alternativ *adj* / alternative *adj* || **≗möglichkeit** *f* / alternative possibility || **≗-Testmethode** *f* (LWL) / alternative test method (ATM) || **≗zweig** *m* / alternative branch
alternierend·er Code / alternate mark inversion code || **~es Flanken-Pulsverfahren** (AFP) / alternate mark inversion code (AMI code) || **~es Signal** / alternate mark inversion signal (AMI signal)
Alterung *f* / ageing *n*, weathering *n*, seasoning *n*, deterioration *n*, aging *n* || ≗ *f* (Öl) / oxidation *n*, ageing *n*
alterungs·bedingter Ausfall / ageing failure (a failure whose probability of occurrence increases with the passage of time, as a result of processes inherent in the item), wearout failure, wear-out failure || **~bedingter Fehlzustand** / wearout fault, ageing fault (a fault resulting from a failure whose probability of occurrence increases with the passage of time as a result of processes inherent in the item) || **~beständig** *adj* / resistant to ageing, non-ageing *adj*
Alterungs·beständigkeit *f* / resistance to ageing, resistance to aging, oxidation stability || **≗erscheinungen** *f pl* / ageing phenomena || **≗faktor** *m* VDE 0302, T.1 / ageing factor IEC 505 || **~frei** *adj* / non-ageing *adj* || **≗produkt** *n* / deterioration product || **≗prüfung** *f* / ageing test || **≗prüfung** *f* (Öl) / oxidation test, ageing test || **≗prüfung nach Baader** / Baader copper test, fatigue crack || **≗riss** *m* / season crack || **≗rissigkeit** *f* / season cracking || **≗schema** *n* / seasoning schedule || **≗schutz** *m* / protection against ageing || **≗überwachung** *f* / timeout monitoring || **≗versuch** *m* / oxidation test, ageing test || **≗zahl** *f* DIN 17405 / ageing coefficient
Alt·öl *n* / used oil || **≗platz** *m* / old location || **≗platzcodierung** *f* / old location coding || **≗seite** *f* (BSG) / old page || **≗technik** *f* / old technology || **≗wert** *m* / old value
ALU / ALU (arithmetic logic unit), arithmetic and logic unit, arithmetic unit
alufarben *adj* / aluminized *adj*
Alu-Gussgehäuse *n* / cast-aluminum housing, cast aluminium housing, cast aluminum housing
alu·-hochglanzeloxiert / polished-anodized aluminium || **≗mantel** *m* / aluminium sheath || **~minieren** *v* / aluminize *v*

Aluminium *n* / aluminium-clad steel-reinforced aluminium conductor (ACSR/AC) || ~ **hochglanzeloxiert** *adj* (alu-hochglanzeloxiert) / polished-anodized aluminium || ≗**ableiter** *m* / aluminium arrester || ≗**-Aldrey-Verbundseil** *n* (E-AlMgSi-Seil) / alloy reinforced aluminium conductor (ACAR) || ≗**band** *n* / aluminium strip || ≗**bandwicklung** *f* / aluminium strip winding, aluminium strap winding || ≗**bronze** *f* / aluminium bronze, aluminium powder || ≗**-Druckguss** *m* / die-cast aluminium || ≗**fett** *n* / aluminium-base grease || ≗**folie** *f* / aluminium foil || ≗**folienwicklung** *f* / aluminium foil winding || ≗**-Hochstrom Trennschalter** *m* / high-current disconnector for aluminium bus systems || ≗**knetlegierung** *f* / wrought aluminium alloy || ≗**legierung** *f* / aluminium alloy || ≗**leiter** *m* / all-aluminium conductor (AAC), aluminium conductor || ≗**mantel** *m* (Alu-Mantel) / aluminium sheath || ≗**mantelkabel** *n* / aluminium-sheathed cable || ≗**oxid** *n* / aluminium oxide, alumina *n* || ≗**oxidkeramik** *f* / high-alumina ceramics || ≗**-Parabolspiegel** *m* / parabolic specular aluminium reflector || ≗**paste** *f* / aluminium paste || ≗**-Sandgusslegierung** *f* / sand-cast aluminium alloy || ≗**seil** *n* / all-aluminium conductor (AAC), aluminium conductor || ≗**spiegel** *m* (Leuchte) / aluminium specular reflector || ≗**-Spritzgusslegierung** *f* / die-cast aluminium alloy || ≗**-Stahlseil** *n* (ACSR-Seil) / steel-reinforced aluminium conductor (ACSR) || ≗**überzug** *m* / aluminium coating, aluminium plating, aluminium deposit || **~ummantelter Stahldraht** (Stalum-Draht) / aluminium-clad steel wire

aluminothermisches Schweißverfahren / aluminothermic welding, thermit welding

AM (Amplitudenmodulation) / amplitude modulation (AM) || ≗ (Asynchronmotor) / IM (induction motor), asynchronous motor || ≗ (Ausgangsmerker) / QF, output flag || ≗ (Aussprungmenü) / XM (exit menu)

amagnetisch *adj* / non-magnetic *adj*, anti-magnetic *adj*

Amalgam·faktor *m* / amalgam factor || ≗**-Leuchtstofflampe** *f* / amalgam fluorescent lamp || ≗**verfahren** *n* / amalgam process || ≗**zersetzer** *m* / amalgam decomposer

A-Mast *m* (Freiltg.) / A frame, A pole

American Standard Code for Information Exchange (ASCII) American Standard Code for Information Exchange (ASCII) / American Standard Code for Information Exchange

amerikanische Drahtlehre / American Wire Gauge (AWG)

AMI (Alternate Mark Inversion) / AMI (alternate mark inversion)

AMI-Code *m* / AMI code (AMI = alternate mark inversion)

Ammoniumchlorid *n* / ammonium chloride

amorpher Halbleiter / amorphous semiconductor

Amortisseur *m* (Maschinenwickl.) / amortisseur *n*, damper *n* (winding)

Ampel *f* / traffic light(s), traffic signal

Ampère *n* / ampere *n* || ≗**draht** *m* / ampere wires || ≗**leiter** *m pl* / ampere-conductors *n pl* || ≗**meter** *n* / ammeter *n* || **~metrischer Erdschlussschutz** / one-hundred-percent earth-fault protection, unrestricted earth-fault protection || ≗**quadrat-Stundenzähler** *m* / ampere-square-hour meter || ≗**sches magnetisches Moment** / magnetic area moment || ≗**stäbe** *m pl* / ampere-conductors *n pl* || ≗**stunde** *f* (Ah) / ampere-hour *n* (Ah) || ≗**stundenzähler** *m* / amperehour meter (AHM), Ah meter || ≗**windungen** *f pl* (AW) / ampere-turns p || ≗**-Windungsbelag** *m* / ampere-turns per metre, ampere-turns per unit length || ≗**windungszahl** *f* / number of ampere turns. ampere turns || ≗**zahl** *f* / amperage *n*

Amplidyne *f* / amplidyne *n*

Amplitude *f* / amplitude *n*, range *n* || ≗ **des Strombelags** / amplitude of m.m.f. wave || ≗ **einer Spannungsänderung** / magnitude of voltage change

amplitudenabhängige Ablaufsteuerung / signalamplitude sequencing control

Amplituden·auslenkung *f* / amplitude excursion || ≗**faktor** *m* / crest factor, amplitude factor || ≗**folgesteuerung** *f* / signal-amplitude sequencing control || ≗**frequenzgang** *m* / amplitude frequency response || ≗**gang** *m* / amplitude response, amplitude characteristics, gain *n* IEC 50(351) || ≗**gang** *m* (Reg.) DIN 19229 / amplitude-log frequency curve || ≗**jitter** *m* / amplitude jitter || **~konstanter Frequenzgang** (Kurve) / flat response curve || **~mäßiges Verhalten** / amplitude-sensitive characteristic || ≗**maßstab** *m* / amplitude scale || ≗**modulation** *f* (AM) / amplitude modulation (AM) || ≗**modulationsgrad** *m* / amplitude modulation factor || ≗**modulationsrauschen** *n* / amplitude modulation noise, AM noise || ≗**modulationsverzerrung** *f* / amplitude modulation distortion || **~moduliert** *adj* / amplitude-modulated *adj* || ≗**permeabilität** *f* / amplitude permeability || ≗**pressung** *f* / amplitude compression || ≗**raster** *m* / amplitude grid || ≗**resonanz** *f* / amplitude resonance, displacement resonance || ≗**tastung** *f* / amplitude change signalling || ≗**umtastung** *f* / amplitude shift keying (ASK), amplitude key shift (AKS) || ≗**vergleichslinie** *f* (Osz.) / amplitude reference line || ≗**verhältnis** *n* (Ausgangssignal-/ Eingangssignalamplitude) / gain *n* IEC 50(351) || ≗**verzerrung** *f* / amplitude distortion || ≗**zittern** *n* / amplitude jitter

AM-Rauschen *n* / AM noise, amplitude modulation noise

Amt *n* / exchange *n*

amtlich anerkannte Norm / officially recognized standard || **~e Ausführung** (MG) / officially approved type || **~er Güteprüfer** / Quality Assurance Representative, QA representative (QAR) || **~e Güteprüfung** / government inspection || **~es Normal** / standard of authenticated accuracy, nationally recognized standard || **~e Qualitätssicherung** / government quality assurance (AQAP) || ~ **registrierte Norm** / registered standard || **~er Sachverständiger** / official referee, officially appointed expert

AMZ / inverse-time overcurrent protection

AMZ-Relais *n* / dependent-time overcurrent relay, IDMTL overcurrent relay, inverse-time overcurrent relay

AN / alphanumeric *adj* (AN) || ≗ (air-natural cooling, natürliche Luftkühlung o. Selbstkühlung durch

Luft) / AN (air-natural cooling)
an Erde legen / connect to earth, connect to ground, earth *v*, ground *v* || **~ Masse legen** / connect to frame, connect to ground || **~ Spannung legen** / energize *v*, connect to the supply
ANA / ANA
analog *adj* / analogue *adj*, analog *adj* || **~-** / semidigital readout || **~-absolutes Messverfahren** (NC) / analog-absolute measuring system
Analog·-Analog-Umsetzer *m* / analog-to-analog converter || **~-Antrieb** *m* / analog drive || **~anzeige** *f* / analog display, continuous indication || **~anzeiger** *m* / analog indicator || **~ausgabe** *f* (AA) / analog output (AO), analog output point, analog output module, analogue output, DAC || **~ausgabebaugruppe** *f* / analog output module, analog output point, analog output (AO), analogue output, AO (analog output), DAC || **~ausgabebaustein** *m* / analog output block || **~ausgang** *m* (AA) / analog output (AO), analogue output, analog output point, analog output module, DAC || **~ausgangskennwert** *m* / DAC-characteristic || **~ausgangswert** *m* / analog output value || **~baugruppe** *f* / analog module
Analog·-Digital-Analog-Umsetzer *m* (ADAC) / analog-to-digital-to-analog converter (ADAC) || **~-Digital-Prozessor** *m* / analog-to-digital processor || **gemischte ~/Digitaltechnik** / analog/digital hybrid technology || **~-Digital-Umsetzer** *m* (ADU) / analog-to-digital converter (ADC), A/D converter (ADC), analog-digital converter (ADC) || **~-Digital-Umsetzung** *f* / analog-to-digital conversion (A/D conversion) || **~-Digital-Wandler** *m* / analog-to-digital converter (ADC), A/D converter, analog-digital converter (ADC)
Analogdruck *m* / continous printing
analoge Fernmessung und Messwertverarbeitung (AFM) / analog telemetring and processing (ATP) || **~ Regelung** / regulatory (closed-loop) control, analog control || **~ Steuerung** / analog control
Analog·-E/A / analogue I/O || **~ein-/ausgabebaugruppe** *f* / analog I/O module || **~-Ein/Ausgabegruppe** *f* / analog I/O module || **~eingabe** *f* / analog input module || **~eingabe** *f* / analog input || **~eingabebaugruppe** *f* / analog input module || **~eingabebaugruppe mit Relais** (AR) / analog input module with relay (ar) || **~eingabebaustein** *m* / analog input block || **~eingaberangierer** *m* / analog input router, analog-input allocation block || **~eingang** *m* / analog input || **~eingangsparameter** *m* / ADC parameter || **~eingangsskalierung** *f* / ADC-characteristic || **~eingangsspannung** *f* / analog input in V || **~eingangsversorgung** *f* / analog input supply || **~eingangswert** *m* / ADC value
analog·er Frequenzgeber (AFG) / analog frequency generator (AFG) || **~er Istwertgeber** (NC) / analog position feedback encoder || **~es Gleichspannungssignal** DIN IEC 381 / analog direct voltage signal
Analog·geberbaugruppe *f* / analog transmitter (o. sensor) module, analog transmitter-signal routing module || **~größe** *f* / analog variable || **~kanal** *m* / analog channel || **~koppelempfangsbaustein** *m* / analog linking and receiver block || **~koppelsendebaustein** *m* / analog linking and transmitter block || **~-Messfehler** *m* / analog input error || **~messgerät** *n* / analog measuring instrument || **~modul** *n* / analog module || **~peripherie** *f* (SPS) / analog peripherals, analog I/O's || **~rangierbaustein** *m* / analog-signal allocation block, analog-signal router || **~-Rechenbaugruppe** *f* / analog calculation module (o. card) || **~recheneinheit** *f* / analog computing unit || **~rechner** *m* / analog computer
Analog·schalter *m* / analog-value selector || **~schreiber** *m* / analog recorder || **~signal** *n* / analog signal || **~skalierungsblock** *m* / analog scaling block || **~skalierungsfunktion** *f* / analog scaling function || **~sollwert** *m* / analog setpoit, analogue setpoint || **~spannung** *f* / analog voltage || **~steuerung** *f* / analog control || **~system** *n* / analog system || **~wert** *m* (Ein Analogwert kann zwischen einem Minimum und Maximum unendlich viele Zwischenwerte annehmen) / analog value || **~wertausgabe** *f* (AA) / analog output (AO), analogue output, analog output module, analog output point, DAC || **~wertgeber** *m* / analogue value generator || **~wertschalter** *m* / analog-value selector || **~wertverarbeitung** *f* / analog value processing || **~zeitbaugruppe** *f* / analog timer module
Analysator *m* / analyzer *n*, analyzer *n*
Analysatorkristall *m* (RöA) / analyzer crystal
Analyseautomat *m* / automatic analyzer
Analysen·container *m* / analytical container || **~gerät** *n* / analyzer *n* || **~geräte** *n pl* / analyzers *n pl* || **~häuser** *n pl* / analytical buildings || **~probe** *f* / analysis sample || **~systeme** *n pl* / analyzing systems
analytische Statistik / analytical statistics
ANAN (air-natural, air-natural cooling, für Trockentransformatoren in unbelüftetem Schutzgehäuse mit natürlicher Luftkühlung) / ANAN, air-natural cooling, for dry-type transformers in a non-ventilated protective enclosure with natural air cooling inside and outside the enclosure)
anätzen *v* / etch *v*
an-Auslöser *m pl* (Siemens-Typ, stromabhängig o. thermisch verzögerte und unverzögerte Überstromauslöser) / an-releases *pl* (Siemens type, inverse-time and definite-time overcurrent releases)
Anbau *m* / installation *n*, mounting *n*, external mounting, fitting *n* || **anbaubar** *adj* / attachable *adj* || **~block** *m* / mounting block || **~erder** *m* / built-on earthing switch, integral grounding switch || **~fall** *m* / mounting case || **~geber** *m* / mounted encoder, externally mounted encoder, external encoder, built-on encoder || **~gerät** *n* / add-on unit, attachment *n* || **~gruppe** *f* / built-on assembly, extension unit
Anbau·lasche *f* / attachment lug || **~leuchte** *f* / surface-mounting luminaire, surface-type luminaire || **~locher** *m* / tape punch attachment || **~lüfter** *m* / mounted fan || **~maße** *n pl* / fixing dimensions || **~motor** *m* / built-on motor || **~satz** *m* / mounting kit, extension kit, add-on assembly (o. kit) || **~schloss** *n* / rim lock || **~seite** *f* (el. Masch.) / mounting end, flange end || **~stutzen** *m* / compression gland || **~teil** *n* / mounting part, built-on part || **~ten** *m pl* (Trafo) / built-on accessories, transformer-mounted accessories || **~winkel** *m* / mounting bracket || **~zeichnung** *f* DIN 199 / attachment drawing

Anbiegung *f* / incline, left
Anbieter *m* / provider *n*, supplier *n* || **zugelassener ≗** / approved bidder
anbindbar *adj* / connectable *adj*
anbinden *v* (anschalten) / interface *v*
Anbindung *f* / link *n*
Anblasekühlung *f* / air-blast cooling, forced-air cooling || **Transformator mit ≗** / air-blast transformer, forced-air-cooled transformer
Anblasung *f* / blowing *n*
Anbohr·en *n* / spot drilling, preboring *n*, center drilling || **≗er** *m* / spotdrill *n* || **≗probe** *f* / drilling test, semi-destructive test || **≗tiefe** *f* / preboring depth || **≗vorschub** *m* / preboring speed
anbrennen *v* / scorch *v*, burn *v*
Anbrennung *f* / burn mark, scorching *n*, burning *n*
anbringen *v* / fit *v*, attach *v*
Anbringungsart X VDE 0700, T.1 / type X attachment IEC 335-1
Anbruch *m* / incipient break
Ancrimpzange *f* / pliers *n*, crimping pliers, crimping tool
änderbares ROM (AROM) / alterable ROM (AROM)
ändern *v* / change *v*, alter *v*, modify *v*, edit *v* || **Daten im Speicher ~** / editing data in storage || **die Schaltstellung ~** (Rel.) VDE 0435, T.110 / change over *v* (relay) || **ein Programm ~** / edit a program || **ein Wort ~** (NC-Funktion) / edit a word || **um 1 ~** / change by 1
Änderung *f* / change *n*, modification *n*, changing *n* || **≗** *f* (QS) / change *n* || **≗ des Spannungseffektivwerts** VDE 0558, T.5 / r.m.s. voltage variation || **≗ des Spannungsscheitelwerts** (USV) VDE 0558, T.5 / peak voltage variation || **≗ widerrufen** / undo *v* || **ohne ≗ Zchg. bildl. und maßl. geändert** / dimensions modified without drawing modifications || **Rauschfaktor~** *f* / noise factor degradation || **Schaltpunkt~** *f* / drift of operating point (EN50047), repeat accuracy deviation (US) || **sprungförmige ≗** / step change in setpoint
Änderungen gegenüber dem Beharrungszustand / incremental variations || **≗ vorbehalten** / subject to change without prior notice
Änderungs·bereich der Spannung / voltage variation range || **≗bild** *n* / modification display || **≗blinken** *n* / blinking on a change of state || **≗datum** *n* / date of change || **≗dienst** *m* / update service, revision service || **Handbuch-≗dienst** *m* / manual update service || **≗geschwindigkeit** *f* / rate of change, response *n* || **≗geschwindigkeit** *f* (Reg., Differentialquotient nach der Zeit) / time derivative || **≗geschwindigkeit der Erregerspannung** / exciter voltage-time response || **≗geschwindigkeit des Frequenzdurchlaufs** / sweep rate || **maximale ≗geschwindigkeit** (der Ausgangsspannung eines Stromreglers) / slewing rate || **≗hauptbuch** *n* / modification logbook, technical data || **≗index** *m* / change index || **≗klasse** *f* / revision class, update class || **≗kosten** *plt* / modification costs || **≗mitteilung** *f* (QS) / change note || **≗mitteilung** *f* / field change notification
Änderungs·nachweis *m* (QS) / record of changes || **≗nummer** *f* / revision number || **≗paket** *n* / update package || **≗signal** *n* / modification signal || **≗speicher** *m* / modification memory || **≗stand** *m* / release *n* || **≗stände** *m pl* / revision levels || **≗uhrzeit** *f* / time of last update || **≗zähler** *m* / modification counter
Andrück·fühler *m* / press-on sensor, direct-contact sensor || **≗kraft** *f* / pressure force
Andruckrolle *f* / press roller
Andrückrolle *f* / pressure roller
Aneinanderkettung *f* / chaining *n*, concatenation *n*
aneinanderreihbar, seitlich ~ / buttable side to side || **stirnseitig ~** / buttable end to end
Aneinander·reihbarkeit *f* / buttability *n*, suitability for butt-mounting || **~reihen** *v* / butt-mount *v*, butt *v*, mount side by side (o. end to end) || **≗reihen** *n* (Klemmen) / ganging *n* || **≗reihung** *f* (Verkettung) / concatenation *n* || **~stoßen** *v* / abut *v* || **~stoßend** *adj* (gefügt) / butt-jointed *adj*, abutting *adj*
anerkannter nationaler Typ / recognized national type || **~ privater Netzbetreiber** / recognized private operating agency
Anerkennung *f* (QS) / acknowledgement *n* || **≗** *f* (Konformitätszertifizierung) / approval *n*
anfachen *v* (Schwingungen) / excite *v*, induce *v*
Anfahr·abstand *m* (WZM) / approach distance || **≗automatik** *f* / automatic starting control, automatic starting-sequence control circuit || **≗bedingungen** *f pl* / starting conditions, starting preconditions || **≗bereich** *m* / start-up range
anfahrbereit *adj* / ready to start
Anfahr·bewegung *f* / approach motion || **≗drehmoment** *m* / starting torque || **≗ebene** *f* / approach plane
anfahren *v* / approach *v*, move *v*, start up || **≗** *n* / start-up *n* || **~** *v* (Kfz.) / drive away || **≗** *n* / start *n*, starting *n* || **≗** *n* (PS) / approach *n*, actuation *n* || **~** *v* (Kfz.) / start *v*
Anfahren, sanftes ≗ der Endlagen / gentle end positon approach || **≗ des Referenzpunkts** (WZM, NC) / approach to reference point (o. to home position) || **≗ mit vollem Gegendruck** (Pumpe) / starting with discharge valve open, starting at full pressure || **weiches ≗ und Verlassen der Kontur** / soft approach to and exit from contour || **ebenes ≗** / planar approach || **räumliches ≗** / spatial approach || **weiches ≗** / smooth approach
Anfahr·Erdschlussschutz *m* / start-up earth-fault protection || **≗frequenz für FCC** / start frequency for FCC || **≗geschwindigkeit** *f* (lineare Bewegung) / approach velocity, actuating velocity || **≗geschwindigkeit** *f* / approach speed, travel-in velocity, creep speed || **≗kosten** *plt* (KW) / start-up cost || **≗kreis** *m* / approach circle || **≗makro** *n* / approach macro || **≗moment** *n* / tightening torque, accelerating torque || **≗punkt** *m* / approach point || **≗radius** *m* / approach radius || **≗regelung** *f* / start control || **≗richtung** *f* (PS) / direction of approach (o. actuation) || **≗richtung** *f* (WZM, NC) / approach direction, direction of approach || **≗satz** *m* (NC) / approach block || **≗schalter** *m* / autotransformer starter || **≗schiene** *f* / starting bus || **≗sollmaß** *n* / set approach dimension || **≗stellung** *f* / starting position || **≗steuerung** *f* VDE 0618,4 / start control || **≗strategie** *f* / approach strategy || **≗strom** *m* / starting current || **≗strombegrenzung** *f* (Baugruppe) / starting current limiter || **≗stufe** *f* (Schalter) / starting notch, starting position || **≗transformator** *m* / starting transformer, autotransformer starter, starting compensator ||

²überbrückung *f* / start override || **²umrichter** *m* / starting converter, start-stop converter || **²verhalten** *n* / approach behavior || **²verriegelung** *f* (Anlauf sperrend) / starting block, starting lock-out, start inhibiting circuit || **²verriegelung** *f* (Anlauffolge regelnd) / (automatic) starting sequence control, sequence interlocking || **²verriegelung** *f* (nach Einschaltbedingungen) / start preconditioning circuit || **²warnung** *f* / starting alarm || **²weg** *m* / approach path, direction of approach || **²widerstand** *m* / starting resistor || **²zeit** *f* / start-up speed || **²zugkraft** *f* / starting tractive power, tractive effort on starting

Anfang *m* / start *n*, beginning *n*, begin *n* || **² einer elektrischen Anlage** / origin of an electrical installation, service entrance (US) || **Wicklungs~** *m* / line end of winding, start of winding, lead of winding

Anfangs·adresse *f* / start(ing) address, restart address, initial address || **²-Anschlussspannung** *f* (GR) DIN 41760 / a.c. starting voltage || **²baustein** *m* (SPS, in der Warteschlange) / first block (in the queue) || **²bedingungen** *f pl* / initial conditions || **²bestand** *m* (QS) DIN 40042 / initials n p || **²-Drehwinkel** *m* (SG-Betätigungselement) / dead angle || **²druck** *m* / initial pressure || **²durchschlag** *m* / initial breakdown || **²einschwingspannung** *f* / initial transient recovery voltage (ITRV) || **²-/Endsteller** *m* (Fernkopierer) / start/end positioner || **²erregung** *f* / initial excitation || **²erregungsgeschwindigkeit** *f* / initial excitation system response || **²fehler** *m* (a. NC) / inherited error, inherent error || **²feldreaktanz** *f* / direct-axis subtransient reactance || **²-Glättungszeit** *f* / initial smoothing time || **²-Ionisierungsereignis** *n* / initial ionizing event || **²kennsatz** *m* / header label, header *n* || **²kraft** *f* / starting power || **²kraft** *f* (DT) / starting force || **²-Kurzschluss-Wechselstrom** *m* / initial symmetrical short-circuit current, r.m.s. value of symmetrical breaking current || **²-Kurzschluss-Wechselstromleistung** *f* / initial symmetrical short-circuit power || **²-Kurzschlusswechselstrom** *m* / initial symmetrical short-circuit current || **²ladung** *f* / initial charge || **²lageneinstellung** *f* (LE, Drehzahlregler) / bias setting || **²lagerluft** *f* / initial slackness, initial slack || **²leistung** *f* (Lampe) / initial watts || **²lichtstrom** *m* / initial luminous flux, initial lumens, lumen maintenance value (o. figure) || **²maß** *n* / initial dimension || **²messungen und Kontrollen** DIN IEC 68 / initial examination and measurements || **²-Messwerte** *m pl* / initial readings || **²moment** *n* (DT) / starting moment

Anfangs·permeabilität *f* / initial permeability || **²pointer** *m* / starting pointer || **²punkt** *m* / initial point (initial point for tool motion) || **²punkt** *m* (NC) / starting position (starting point of the contour to be machined) || **²punkt** *m* (Programmbearbeitung) / start *n* || **²punkt des Gewindes** / thread start position || **²querschnitt** *m* (Zugversuch) / original cross section || **²reaktanz** *f* / subtransient reactance || **²resonanzuntersuchung** *f* / initial resonance search || **²rolle** *f* (EZ) / first drum, first roller || **²spannung** *f* (mech.) / initial stress || **transienter ²-Spannungsabfall** / initial transient reactance drop || **²spiel** *n* / initial slackness, initial slack || **²spule** *f* / leading coil || **²steilheit** *f* / initial steepness, initial rate of rise || **²steilheit der Einschwingspannung** / initial transient recovery voltage (ITRV) IEC 56-4 || **²-Stoßspannungsverteilung** *f* / initial surge voltage distribution || **²strom** *m* (subtransienter Strom) / subtransient current || **²suszeptibilität** *f* / initial susceptibility || **²temperatur** *f* / initial temperature || **²verrundung** *f* / lower transition rounding, initial rounding || **²verrundungszeit Hochlauf** / ramp-up initial rounding time || **²verrundungszeit Rücklauf** / ramp-down initial rounding time || **²verteilung** *f* / initial distribution || **²verzeichnis** *n* (SPS) / start-up directory || **²verzerrungszeit** *f* / initial distortion time || **²verzögerungsmoment** *n* / initial retardation torque || **²vorgang** *m* / subtransient condition, subtransient phenomenon || **²wert** *m* (a. SPS-Programm) / initial value || **²wert** *m* (unterster Wert einer Messgröße, auf den ein Gerät justiert ist) DIN IEC 770 / initial value (the value assigned to a variable at system start-up), lower range value || **Messbereichs-²wert** *m* DIN 43781, T.1 / lower limit of effective range IEC 51, lower measuring-range value, lower range value || **²werte** *m pl* (Lampenprüf.) / initial readings || **lichttechnische ²werte** / initial luminous characteristics || **²windung** *f* / leading turn || **²winkel** *m* (NC) / starting angle || **²winkel** *m* / initial angle, start angle || **²zeiger** *m* / start pointer || **²zeitkonstante** *f* / subtransient time constant || **²zeitpunkt** *m* (Wechselstromsteller) / starting instant || **²zustand** *m* / initial state || **²zustand** *m* (Rel.) VDE 0435, T.110 / initial condition || **²zustand** *m* (SPS) / initial situation

Anfassen, Einrichtungen zum Heben und ² / lifting and handling devices

Anfasser *m* / apostrophe *n*

Anfasung *f* / chamfer *n*, bevel *n*

anfeuchten *v* / moisten *v*, wet *v*, dampen *v*

anflächen *v* / spot-face *v*

anflanschen *v* / flange-mount *v*, flange *v* (to), fixing (o. mounting) by means of a flange

Anfleckung *f* / staining *n*, tarnishing *n*

Anflug·-Befeuerungssystem *n* / approach lighting system || **²-Blitzbefeuerung** *f* / approach flashlighting system (AFLS), approach sequence flashlights (SF) || **²-Blitzfeuer** *n* / approach flashlight || **²feuer** *n* / approach light || **²fläche** *f* / approach surface || **²gleitweg** *m* / approach slope || **²-Grundlinie** *f* / approach base line || **²-Hochleistungsbefeuerung** *f* (APH) / high-intensity approach lighting (APH) || **²Hochleistungsfeuer** *n* / high-intensity approach light || **²-Leuchtfeuer** *n* / approach light beacon || **²-Mittelleistungsbefeuerung** *f* (APM) / medium-intensity approach lighting (APM) || **²-Niederleistungsbefeuerung** *f* (APL) / low-intensity approach lighting (APL) || **²-Seitenreihe-Befeuerung** *f* (APS) / approach side-row lighting (APS) || **²sektor** *m* / approach area || **²weg** *m* / approach path || **²winkelfeuer** *n* / angle-of-approach lights

Anforderer *m* (MPSB) / requester *n*

anfordern *v* / request *v*

Anfordernder *m* (eines Dienstes) / requester *n*

Anforderung *f* / requirement *n*, request *n*, demand *n*, specification *n*, regulation *n* || **² des Roboters** / robot requirements

Anforderungs·alarm *m* (SPS, Anwenderalarm) /

user interrupt || **~-alarmgesteuerte Bearbeitung** (SPS) / user interrupt processing || **~gesteuert** *adj* (Bussystem) / request-controlled *adj*, request-driven *adj* || **≗klasse** *f* DIN 19250 / requirement category, class *n*, quality class, requirement class || **≗profil** *n* / user program (UP synonymous with application program) || **≗spektrum** *n* (Erdbebenprüf.) / required response spectrum (RRS) || **≗stufe** *f* (QS) / quality level, quality program category || **≗telegramm** *n* / request frame || **≗zuverlässigkeit** *f* (QS) / demand reliability (QC)
Anfrage *f* / request *n*, inquiry *n*, demand *n* || **≗datum** *n* / date of inquiry
Anfragender *m* / requester *n*, client *n*
anfressen *v* / corrode *v*, pit *v* || ≗ *n* / erosion *n*
Anfressung *f* / corrosion *n*, pitting *n*, cratering *n*
anfügen *v* / attach *v*, append *v*, add to
Anfügen einer Fase (NC) / addition of a chamfer || ≗ **einer Fase/Radius** / addition of a chamfer/radius
ANG (Winkel) / ANG (angle)
Angabe *f* / message *n* || ≗ **des Betriebes** (el. Masch.) VDE 0530, T.1 / declaration of duty IEC 34-1 || ≗ **für Parameter 77** / value for parameter 77 || **≗n** *f pl* / instructions *n*, data *n*
angebaute Erregermaschine / direct-connected exciter, direct-coupled exciter, shaft-mounted exciter
angeben *v* / specify *v*, indicate *v*
Angebot *n* / range *n*, products, systems and services, products and services
Angebots·abgabe *f* / offer delivery || **≗-/Auftragsüberprüfung** *f* / contract review || **≗bearbeitung** *f* / offer processing || **≗frist** *f* / period for tendering, quotation submission deadline || **≗palette** *f* / range of goods offered || **≗überprüfung** *f* / bid review || **≗- und Kalkulationsgrundlage** / quotation and cost calculation basis, basis for quotation and cost calculation || **≗zeichnung** *f* / quotation drawing
angebracht *adj* / attached *adj*
angedeutet *adj* / indicated *adj*
angefedertes Thermometer / spring-loaded thermometer
angeflacht *adj* / flattened *adj*
angeflanscht *adj* / flange-mounted *adj*
angeflexter Stecker / integral(ly moulded) plug, non-rewirable plug
angeforderte Leistung (Grenzwert der von einem Einzelverbraucher geforderten Leistung) / maximum demand required || **~ Leistung** (Netz) / power demand (from the system), demand *n*
angeformt *adj* / integrally moulded, integral *adj* || **Stecker mit ~er Zuleitung** / cord set
angegeben·er Lichtstromfaktor / declared light output || **~er Wirkungsgrad** / declared efficiency || **~es Übersetzungsverhältnis** / marked ratio
angegossen *adj* / cast-on *adj*
angegossene Leitung / moulded lead
angehängtes Zwischenraumzeichen / trailing space
angehoben·e Breitstrahlung / increased wide-angle radiation (o. distribution) || **~er Nullpunkt** / elevated zero
angekündigte Leistung (Stromlieferung) / indicated demand
angelassen *adj* / tempered *adj*
angelegte Bremse / applied brake || **~ Spannung** / applied voltage
angelernter Arbeiter / job-trained worker, semiskilled worker
Angelpunkt *m* / pivotal point
angemeldet *adj* / logged on
angemessen *adj* / proper *adj*
angemessene Wärmeableitungsbedingungen VDE 0700, T.1 / conditions of adequate heat discharge IEC 335-1
angenähertes I-Verhalten (Reg.) / floating action || **~ Parallelschalten** / random paralleling || **~ Synchronisieren** / random synchronizing
angepasst *adj* / adapted *adj* || **~e Last** / matched load
angepasster Mantel (LWL) / matched cladding
angerostet *adj* / slightly rusted
angeschlagen *adj* / hinged *adj* || **einseitig ~** / on one end
angeschlossen *adj* / connected *adj*
angeschmiedet *adj* / integrally forged, forged on || **~er Kupplungsflansch** / integral coupling, integrally forged coupling flange
angeschmolzenes Warmeschutzgefäß (Lampe) / fixed vacuum jacket
angespritzt *adj* / integrally extruded || **~er Stecker** / integrally extruded plug, integral plug, non-rewirable plug
angestaucht *adj* / upset *adj*
Angestellter *m* / salaried employee *n*
angestelltes Lager / spring-loaded bearing, preloaded bearing, prestressed bearing || **spielfrei ~ Lager** / zero-end-float spring-loaded bearing
angesteuert, maximal ~ / fully open
angestrahltes Gebäude / floodlit building
angetrieben *adj* / driven *adj*, powered *adj* || **motorisch ~** / motor-driven *adj*, motorized *adj*, motor-operated *adj*, motor-actuated *adj*
angewachsener Flansch / integral flange
angewählt *adj* / selected *adj*
angezapft *adj* / tapped *adj* || **~e Wicklung** / tapped winding
angezeigt *adj* / indicated *adj* || **~er Wert** / indicated value
angezogen *adj* / tightened *adj*
angleichen *v* (Kurve) / fit *v*
angreifen *v* (z.B. Abziehvorricht.) / engage with *v*
Angriff *m* (Korrosion) / attack *n* (corrosion)
Angriffs·fläche *f* / working surface || **≗linie** *f* / line of action || **≗tiefe** *f* (Korrosion) / depth of local corrosion attack || **≗winkel** *m* / angle of attack, angle of action
Anguss *m* / casting *n* || **≗rest** *m* / runner metal rest || **≗stelle** *f* / gate mark
Anhaltebremse *f* / stopping brake
anhalten *v* / stop *v*, bring to a stop, halt *v* || ~ *v* (SPS, Funktion) / hold *v* || ≗ **der Anlage** (SPS) / system stop || **zeichengenaues** ≗ / stop with character accuracy
Anhaltepunkt *m* / hold point, holding point, breakpoint *n*, stop *n*
Anhalts·marke *f* / reference mark || **T ≗wert** *m* / guide value, guidance value, recommended value, approximate value
Anhang *m* / appendice *n*
Anhänge·last *f* / trailer load || **≗vorrichtung** *f* (f. Kran) / lifting device, (lifting) eyebolt, lifting pin || **≗zettel** *m* / tag *n*
anhängen *v* (am Kranseil) / attach *v*, add to || ~ *v* (Datei) / append *v*

anhängende Nullen / trailing zeros
Anhebe·bock *m* (hydraul.) / hydraulic jack, jack *n* || **≗haken** *m* / lifting hook || **≗lasche** *f* / jacking strap, lifting strap, jacking lug
anheben *v* / lift *v*, raise *v*, jack up *v*
Anhebe·öse *f* / lifting eye || **≗stelle** *f* / jacking lug, jacking pad, lifting shoulder, lifting boss || **≗vorrichtung** *f* / lifting fitting, lifting gear, jacking device || **≗zapfen** *m* / lifting pin, jacking pin
Anhebung *f* / boost *n* || **Nullpunkt~** *f* / zero elevation || **≗sbetrag** *m* / level of boost || **≗sparameter** *m* / boost parameter || **≗swert** *m* / boost value
Anheizgeschwindigkeit *f* (Kathode) / heating rate
Anheizzeit *f* (BSG, ESR) / warm-up time, starting time
anhysteretisch·e Kurve / anhysteretic curve || **~er Zustand** / anhysteretic state
Anilinpunkt *m* / aniline point
Animation *f* / animation *n*
anisochron *adj* / anisochronous *adj*
anisotrop *adj* / anisotropic *adj* || **~es Magnetmaterial** / magnetically anisotropic material
Anisotropie *f* / anisotropy *n*
Anisotropiefaktor der magnetischen Feldstärke / magnetic field strength anisotropy factor || **≗ der Verluste** / loss anisotropy factor
anisotropischer Körper / anisotrope *n*
Anker *m* (EZ) / pallet *n*, lever *n* || ≗ *m* (Uhr) / lever *n* || ≗ *m* (Mastfundament) / anchor *n* IEC 50(466) || ≗ *m* (el. Masch., Rel.) / armature *n* || ≗ *m* (Befestigungselement) / anchor *n*, holding-down bolt || **≗ mit offener Wicklung** / open-circuit armature || **≗ ohne Eisenkern** / coreless armature || **≗bandage** *f* / armature band || **lineare ≗belastung** / electric loading, average ampere conductors per unit length, average ampere conductors per cm of air-gap periphery, effective kiloampere conductors, specific loading || **≗blech** *n* / armature lamination, armature stamping, armature punching || **≗bohrung** *f* / stator bore, inside diameter of stator core || **≗bolzen** *m* / foundation bolt, holding-down bolt || **≗büchse** *f* / foundation-bolt sleeve, foundation-bolt cone || **≗drahtzahl** *f* / number of armature conductors || **≗drehrichtung** *f* / direction of armature rotation || **≗durchflutung** *f* / armature ampere-turns || **≗eisen** *n* / armature iron, armature core || **≗eisenverlust** *m* / armature core loss || **≗fahne** *f* / armature end connector || **≗feld** *n* / armature field || **≗felderregerkurve** *f* / armature m.m.f. curve || **≗flussdichte** *f* / armature flux density, armature induction || **≗gegenfeld** *n* / opposing magnetic field of armature || **≗gegenwirkung** *f* / armature reaction || **≗hohlwellenantrieb** *m* / hollow-shaft motor drive || **≗hub** *m* (Rel.) / armature stroke || **≗induktion** *f* / armature induction || **≗induktivität** *f* / armature inductance || **≗klaue** *f* (EZ) / pallet pin || **≗kontakt** *m* / armature contact || **≗kraftfluss** *m* / armature flux || **≗kraftlinie** *f* / armature line of force || **≗kreis** *m* / armature circuit || **≗kreisinduktivität** *f* / armature circuit inductance || **≗kreisumschaltung** *f* / armature-circuit reversal, armature reversal || **≗kreiswiderstand** *m* / armature circuit resistance || **≗kurzschlussbremsung** *f* / braking by armature short-circuiting || **≗längsfeld** *n* / armature direct-axis field
Anker·mantel *m* / armature envelope || **≗mantelfeld** *n* / field over armature active surface (with rotor removed), pole-to-pole field || **≗mantelfläche** *f* / lateral surface of armature, armature envelope || **≗nutwellen** *f pl* / armature slot ripple || **≗platte** *f* (f. Fundamentanker) / retaining plate, backing plate || **≗prellen** *n* (Rel.) / armature bounce, armature rebound || **≗prüfgerät** *n* / growler *n* || **≗querfeld** *n* / armature quadrature-axis field || **≗querfeldreaktanz** *f* / quadrature-axis synchronous reactance || **≗rad** *n* (Uhr) / escape wheel || **≗reaktanz** *f* / synchronous reactance || **≗rückwirkung** *f* / armature reaction || **≗schiene** *f* / anchor bar || **≗schiene zur Kabelbefestigung** / cable clamping rail || **≗schraube** *f* (f. Befestigung auf Fundament) / anchor bolt, foundation bolt, holding-down bolt || **≗seil** *n* (Mast) / stay *n* (tower), pole
Ankerspannung *f* / armature voltage || **Nenn-** *f* / rated armature voltage || **Ua - ≗** / Ua - armature voltage || **≗sablösepunkt** *m* / armature voltage point
Anker·spule *f* / armature coil || **≗stab** *m* (Fundament) / anchor rod, guy rod, stay *n* || **≗stern** *m* / armature spider || **≗steuerbereich** *m* / speed range under armature control, armature control range || **≗steuerdrehzahl** *f* / speed obtained by control of armature circuit || **≗streufluss** *m* / armature leakage flux || **≗streuinduktivität** *f* / armature leakage inductance || **≗streureaktanz** *f* / armature leakage reactance || **≗streuung** *f* / armature leakage
Ankerstrom *m* / armature current || **Nenn-≗** *m* / rated armature current || **≗belag** *m* / armature ampere conductors || **effektiver ≗belag** / effective armature (kilo-) ampere conductors || **≗kreis** *m* / armature circuit || **≗regler** *m* / armature current controller || **≗richter** *m* / main converter, armature-circuit converter
Anker·trommel *f* / armature drum || **≗verhältnis** *n* / armature ratio || **≗wickler** *m* / armature winder || **≗wicklung** *f* / armature winding || **≗wicklung ohne Eisenkern** / coreless armature || **≗widerstand** *m* / armature resistance, short-circuit time constant of armature winding, primary short-circuit time constant || **≗zugkraft** *f* / armature pull, tractive effort of armature || **≗zweig** *m* / path of armature winding
Anklammerkonstruktion *f* (f. Freileitungsleiter) / bracket *n*
Anklang *m* / well-received
anklemmen *v* (el. Anschluss) / connect (to the terminals), make the terminal connections
anklicken *v* / click *v*, select *v*
Anklingkonstante *f* / build-up constant
anklopfen *v* / call waiting
anknipsen *v* (Licht) / switch on *v*
Anknüpfung *f* / stub *n* EN 50170-2-2
ankohlen *v* / char *v*
ankommen *v* / well-received *adj*, accepted well
ankommend·e Leitung / supply line, incoming feeder, incoming line, incomer *n* || **~e Welle** / incident wave || **~er Ruf** DIN 44302, T.13 / incoming call
Ankoppel·baugruppe *f* / coupling module, interface module || **≗dämpfung** *f* (LWL) / coupling loss
ankoppeln *v* / couple *v* || ~ *v* (anschalten) / interface *n* || **an einen Stromkreis ~** (s. Ankopplungswiderstand) / couple into a circuit
Ankoppelwirkungsgrad *m* (LWL) / coupling

efficiency
Ankopplung *f* / coupling *n*, link *n* || ≗ *f* (Schnittstelle) / interfacing *n*, interface *n* || ≗ *f* (Prüfkopf-Prüfstück) / probe-to-specimen contact || ≗ *f* (LWL) / induced voltage
Ankopplungs·baugruppe *f* (NC) / adaptor module || ≗**kondensator** *m* / coupling capacitor || ≗**vierpol** *m* / four-terminal coupling circuit || ≗**widerstand** *m* / coupling resistor, adaptor resistor
ankörnen *v* / punch *v*, punch-mark *v*
Ankörnschablone *f* / marking-out template
ankratzen *v* / scratch *v*
Ankratzen *n* (des Werkstücks) / scratching *n*, slight contact (with workpiece), scratching *n* || ≗ **des Werkstücks** / scratching of workpiece
Ankratzmethode *f* (NC) / scratch method, scratching *n*
ankreuzen *v* / indicate *v*
Ankrimpen *n* / crimping *n*
Ankündigung *f* / notice *v*
ankuppeln *v* / couple *v*
Anlage *f* DIN 40042 / equipment *n*, plant *n*, installation *n*, station *n*, remote partner, installation/system || ≗ *f* (System) / system *n* || ≗ *f* (im Kennzeichnungsblock) DIN 40719 / system *n* || ≗ **auf Baustellen** VDE 0100, T.200 / building site installation, construction site installation || ≗ **im Freien** VDE 0100, T.200 / outdoor installation || **elektrische** ≗ **im Freien** DIN IEC 71.5 / electrical installation for outdoor sites IEC 71.5, outdoor electrical installation, outdoor electrical equipment IEC 50(25) || ≗ **mit äußeren Überspannungen** / exposed installation || ≗ **ohne äußere Überspannungen** / non-exposed installation || **elektrische** ≗ (v. Gebäuden) VDE 0100, T.200 / electrical installation || **Kondensator~** *f* VDE 0560, T.4 / capacitor equipment IEC 70 || **technische** ≗ DIN 66201 / plant *n* || **Umspann~** *f* / transforming station, substation *n* || **verfahrenstechnische** ≗ / plant *n* || ≗**abnahme** *f* / system acceptance test || ≗**daten** *plt* DIN 66201 / plant data || ≗**fläche** *f* / seating face, seating surface, joint surface, contact surface, lay-on surface || ≗**kante** *f* / lay-on edge || ≗**kante Frontplatte** / lay-on edge, front plate
Anlagen·abbild *n* / switchgear image || ≗**abschluss** *m* / end wall || ≗**abschluss** *m* / switchgear termination || ≗**archiv** *n* / plant archive || ≗**bau** *m* / process plant engineering, system *n* || **anwendergerechter** ≗**bau** / user-orientated systems || ≗**bauer** *m* / plant engineering company, switchgear components, switchgear engineering || ≗**behälter** *m* (Lastschaltanlage) / (switchgear) container *n* || ≗**betreiber** *m* / plant operator, plant owner, plant operator, system operator || ≗**bezeichnung** *f* / equipment ID, plant code, plant descriptor || **~bezogen** *adj* / process-related *adj* || **~bezogene Sammelschienenschutz-Messschaltung** IEC 50(448) / check zone of (multi-part) busbar protection || ≗**bild** *n* / plant mimic diagram, mimic *n*, plant mimic, display *n* || ≗**bild** *n* (am Bildschirm) / plant display, process display || ≗**bildsteuerung** *f* / mimic-diagram control || ≗**daten** *plt* / switchgear data || ≗**dokumentation** *f* / project documentation, plant documentation || **~externe Hilfsinformation** / external auxiliary information || ≗**fahrer** *m* / plant operator, operator *n* || ≗**fließbild** *n* / plant mimic diagram, plant mimic, plant display, process display, display *n*, mimic *n* || ≗**führer** *m* (FFS) / system supervisor || ≗**geschäft** *n* / systems business || ≗**gliederung** *f* / plant subdivision, plant grouping || ≗**gruppe** *f* / plant group || **~interne Hilfsinformation** / internal auxiliary information
Anlagen·kennlinie *f* (Pumpe) / system-head curve || ≗**kennung** *f* / master index || ≗**kennzeichen** *n* / plant identifier || ≗**kennzeichen** *n* / higher-level assignment IEC 113-2, project reference, process identifier || ≗**kommentar** *m* / plant comment || ≗**konfiguration** *f* (System) / system configuration || ≗**koppelgerät** *n* (Nahsteuerungssystem) / multi-feeder interfacing unit || ≗**leitschiene** *f* / plant control bus || ≗**linie** *f* / lay-on line || ≗**lieferant** *m* / system supplier || ≗**mitte** *f* / system center || ≗**montage** *f* / switchgear installation || ≗**name** *m* (Fabrikanl.) / plant name || ≗**planung** *f* / system planning || ≗**projekt** *n* / system project || ≗**rückmeldung** *f* (SPS) / check-back signal from process, feedback from process || ≗**schutz** *m* / plant protection
anlagen·seitig *adj* / line-side *adj* || **~seitiger Eingangsschalter** / incoming circuit-breaker in the plant distribution board || ≗**service** *m* / installation service || ≗**software** *f* / system software || **höchste** ≗**spannung** / highest voltage for equipment || **~spezifisch** *adj* / system-specific *adj* || ≗**stammdaten** *plt* / system master data || ≗**stichwort** *n* / project keyword || ≗**stillstand** *m* / plant standstill || ≗**störung** *f* / system failure || ≗**struktur** *f* / system structure || ≗**technik** *f* / industrial and building systems || ≗**test** *m* / checkout *n*, final inspection, final inspection and testing, final inspection and test verification || ≗**typ** *m* / switchgear type || **~überlappendes System** / intra-plant system || ≗**übersicht** *f* / plant overview || ≗**umgebung** *f* / plant environment || ≗**verfügbarkeit** *f* / plant availability || ≗**verriegelung** *f* / substation interlock || ≗**verzeichnis** *n* / project schedule
Anlage·punkt *m* / lay-on point || ≗**seite** *f* / lay-on side || ≗**stift** *m* / contact pin
Anlass·arbeit *f* / starting energy || ≗**art** *f* / starting method || ≗**befehl** *m* / starting signal, starting command || ≗**betrieb** *m* / starting *n*, tempering time || ≗**drossel(spule)** *f* / starting reactor
anlassen *v* (Masch.) / start *v* || ~ *v* (Wärmebeh.) / temper *v*, draw *v*, age *v*, age-harden *v*, anneal *v* || ≗ (Stahl) / temper *v* || ≗ **mit verminderter Spannung** / reduced-voltage starting || ≗ **mit voller Spannung** / full-voltage starting || ≗ **mit Widerständen** / rheostatic starting, resistance starting
Anlasser *m* / starter *n*, motor starter || ≗ *m* (HG) VDE 0730 / controller *n* || ≗ **für direktes Einschalten** / direct-on-line starter, full-voltage starter, across-the-line starter, line starter || ≗ **mit n Einschaltstellungen** / n-step starter || ≗ **mit Spartransformator** / autotransformer starter || ≗ **ohne Drehrichtungsumkehr** / non-reversing starter || ≗**feld** *n* / starter panel, starter unit || ≗**kennzahl** *f* / starter duty factor || ≗**motor** *m* / starter motor || ≗**schutzschalter** *m* / motor-circuit protector (MCP), starter circuit-breaker || ≗**stellung** *f* / starter notch, starter position || ≗**stufe** *f* / starter step, starter notch
Anlass·gerät *n* / starter *n*, combination starter || ≗**häufigkeit** *f* / permissible number of starts per

hour, starting frequency || ²-**Heißleiter** *m* / delaying NTC thermistor, restraining NTC thermistor || ²**kondensator** *m* / starting capacitor || ²**kupplung** *f* / centrifugal clutch, dry-fluid coupling, dry-fluid drive || ²**motor** *m* / starting motor || ²**regelschalter** *m* / controller *n*, automatic starter || ²**regelwalze** *f* / drum controller || ²**regler** *m* / controller *n*, automatic starter || ²**schalter** *m* / starter *n*, starting switch, switch-starter *n* || ²**schalter** *m* (m. Anlasstrafo) / autotransformer starter || ²**schaltung** *f* / starting circuit || ²**schleifringläufer** *m* / fixed-speed wound-rotor motor, slipring motor with brush lifter || ²**schütz** *n* / starting contactor, contactor starter || ²**schützensteuerung** *f* / contactor-type starting control, contactor-type starting sequence control || ²**schützkombination** *f* (Schütz m. handbetätigtem Hauptschalter) / combination starter, starter duty rating || ²**schwere** *f* (Mm/Mn) / starting load || ²**schwere** *f* (mittlerer Anlassstrom / Läufernennstrom) / starting load factor || ²**spartransformator** *m* / autotransformer motor starter || ²**spitzenstrom** *m* / inrush peak, peak inrush current, switch-on peak || ²**steller** *m* / controller *n* || ²**steller** *m* (veränderlicher Widerstand) / starting rheostat || ²**stellschalter** *m* / controller *n* || ²**stellwalze** *f* / drum-type controller, drum controller || ²**stromkreis** *m* / starting circuit || ²**stromstoß** *m* / starting-current inrush, inrush current, magnetizing current inrush || ²**stufe** *f* / starting step

Anlass·spartransformatorstarter *m* / autotransformer starter || ²**transformator** *m* / starting transformer, autotransformer starter, starting compensator || ²**transformator-Schalter** *m* / autotransformer starter || ²**umspanner** *m* / starting transformer, autotransformer starter, starting compensator || ²**vorgang** *m* / starting operation, starting cycle || ²**walze** *f* / drum-type starter, drum controller || ²**wicklung** *f* / starting winding, auxiliary winding, high-resistance auxiliary winding, starting amortisseur, auxiliary phase || ²**widerstand** *m* / starting resistor || ²**zahl** *f* / permissible number of starts in succession

Anlauf *m* / start-up *n*, start *n*, starting *n*, booting *n*, cold restart (program restarts from the beginning) || ² *m* (SPS, Erstanlauf) / initial start-up, initialization *n* || ² *m* (Prozess) / start-up *n* || ² *m* (Rechnerprogramm, Prozedur) / initialization procedure || ² **aus dem kalten Zustand** (Mot.) / start with the motor initially at ambient temperature || ² **aus dem warmen Zustand** (Mot.) / start with the motor initially at rated-load operating temperature || ² **durch Hilfsphase** / split-phase starting, capacitor starting || ² **für Fehlermeldungen und Betriebsmeldungen** / initial settings for error messages and operational messages || ² **mit direktem Einschalten** / direct-on-line starting (GB), across-the-line starting (US) || ² **mit verminderter Spannung** / reduced-voltage starting || ² **mit voller Spannung** / full-voltage starting, direct-on-line starting || ² **über Blocktransformator** / main-circuit-transformer starting || ² **über Hilfsmotor in Reihenschaltung** / series-connected starting-motor starting || ² **über Spartransformator** / autotransformer starting || ² **über Spartransformator mit Stromunterbrechung** / open-transition autotransformer starting (GB), open-circuit transition autotransformer starting (US) || ² **über Spartransformator ohne Stromunterbrechung** / closed-transition autotransformer starting (GB), closed-circuit transition autotransformer starting (US) || ² **über Vorschaltdrossel** / reactor starting, reactance starting || ² **über Vorschaltwiderstand im Läufer** / rotor resistance starting || ² **über Vorschaltwiderstand im Ständer** / stator resistance starting || ² **über Widerstände** / resistance starting, rheostatic starting || ² **über Zwischentransformator** / rotor-circuit-transformer starting || ²- **und Sicherheitskupplung** / centrifugal clutch, hydraulic clutch, hydrodynamic clutch, dry-fluid coupling || ² **und Wiederanlauf** / startup and restart || **druckloser** ² / depressurized startup || **System~** *m* / system start-up

Anlauf·anhebung *f* / starting boost || ²**anzeige** *f* / start-up indication || ²**art** *f* (SPS) / start-up mode, restart mode || ²**baustein** *m* / restart block || ²**baustein** *m* (SPS) / start-up block || ²**bedingungen** *f pl* / starting conditions, starting preconditions || ²**bereich** *m* (Schrittmot.) / start-stop region || **~beständig** *adj* (Kontakte) / non-tarnishing *adj* || ²**bild** *n* / system screen || ²**bund** *m* (Welle) / thrust collar *n* || ²**daten** *plt* / start characteristics || ²**dauer** *f* / warm-up time || ²**drehmoment** *n* / starting torque || ²**drehmoment der Abstimmeinrichtung** DIN IEC 235, T.1 / tuner breakaway torque, tuner starting torque || **hohes** ²**drehmoment** / high starting torque || ²**eigenschaften** *f pl* (Lampe) / warm-up characteristics || ²**einstellung** *f* (EZ) / adjustment of starting current, starting-torque adjustment

anlaufen *v* (Masch.) / start *v*, start up *v* || ~ *v* (Metall, blind werden) / tarnish *v*, become tarnished

Anlauf·farbe *f* / tarnishing colour || ²**fläche** *f* (Lg.) / thrust face, abutment (surface) || ²**folge** *f* / starting sequence || ²**frequenz** *f* (Schrittmot.) / start-stop stepping rate || ²**frequenz** *f* / starting frequency, number of starts in succession || **Anlauf·glas** *n* / temperature-coloured glass || ²**grenzfrequenz** *f* (Schrittmot.) / maximum start-stop stepping rate, start-stop curve || ²**grenzmoment** *m* (Schrittmot.) / maximum start-stop torque || ²**güte** *f* / starting performance, locked-rotor-torque/kVA ratio || ²**häufigkeit** *f* / starting frequency, number of starts in succession || ²**hemmung** *f* (EZ) / anti-creep device || ²-**Hilfsmotor** *m* / starting motor IEC 50(411) || ²**hilfswicklung** *f* / auxiliary starting winding || ²**impedanz** *f* / subtransient impedance, negative-sequence impedance || ²**käfig** *m* / starting cage, starting amortisseur || ²**kante** *f* (Bürste) / entering edge, leading edge || ²**kapazität** *f* / starting capacitance || ²**kennung** *f* (SPS) / start-up code, start identifier || ²**kette** *f* (Prozess) / start-up sequence || ²**kette** *f* (SPS) / start-up cascade || ²**kondensator** *m* / starting capacitor || **Einphasenmotor mit** ²**kondensator** / capacitor-start motor || ²**kupplung** *f* / centrifugal clutch, dry-fluid coupling, dry-fluid drive || ²**lampenspannung** *f* / warm-up lamp voltage, warm-up voltage at lamp terminals || ²-**Lastmoment** *n* / load starting torque || ²**leistung** *f* / starting power

Anlauf·merker *m* (SPS) / start-up flag || ²**moment** *n* / starting torque || ²**moment** *n* (Schrittmot.) / start-stop torque || ²**moment** *n* (Mot.,

Läuferstillstandsmoment) / locked-rotor torque || ≗-**OB** / restart OB || ≗**programm** *n* / start-up program (o. routine), restart program, initialization program, restart routine || ≗**prozedur** *f* (Rechnerprogramm o. - system) / initialization procedure, initialization *n* || ≗**prüfung** *f* (EZ) / minimum-running-current test || ≗**prüfung** *f* (Lampe) / warm-up test || ≗**prüfung** *f* (el. Masch.) / starting test IEC 50(411) || ≗**punkt** *m* (el.Masch.) / short-circuit point || ≗**ring** *m* (Welle) / thrust ring || ≗**routine** *f* / startup routine || ≗**schaltung** *f* / starting circuit || ≗**scheibe** *f* / endplay plate || ≗**scheibe** *f* (Welle) / thrust ring, wearing disc || ≗**schicht** *f* / tarnishing film || ≗**schwingung** *f* / beat *n* || ≗**segment** *n* (KL) / segment of starting cage, starting-winding segment || ≗**sequenz** *f* / start-up sequence || ≗**spannungsanhebung** *f* / starting boost || ≗**sperre** *f* / starting lockout, starting inhibiting circuit, safeguard preventing an unintentional start-up || **zentrale** ≗**stelle** / central location, central contact point || ≗**stellung** *f* / starting position || ≗**steuerung** *f* / starting control, starting sequence control || ≗**steuerung** *f* (Logik) / start-up logic || ≗**steuerung** *f* (LE, Baugruppe) / start-up module || ≗**strom** *m* / starting current || ≗**strom** *m* (Lampe) / warm-up lamp current || ≗**strom** / starting current ratio || ≗**stromüberwachung** *f* / starting current monitoring || ≗**test** *m* / startup test || ≗**toleranz** *f* (PS) / pre-travel tolerance

Anlauf·überwachung *f* / starting-cycle monitoring circuit, starting-time monitoring (circuit), starting open-phase protection || ≗**überwachungszeit** *f* / startup monitoring time || ≗**verhalten** *n* (el. Masch.) VDE 0530, T.12 / starting performance IEC 34-12, starting characteristics || ≗**verhalten** *n* / restart characteristics || ≗**verriegelung** *f* / start preconditioning circuit || ≗**versuch** *m* / starting test || ≗**vorgang** *m* / starting operation, starting cycle || ≗**wärme** *f* / starting heat || ≗**wärme** *m* (Reg.) DIN 19226 / reaction value || ≗**wert** *m* (Messtechnik) / minimum operating value *n*, sensitivity *n* || ≗**wicklung** *f* / starting winding, auxiliary winding, high-resistance auxiliary winding, starting amortisseur, auxiliary phase || ≗**wicklung mit Dämpferfunktion** / starting amortisseur || ≗**winkel** *m* (PS) / approach angle || ≗**zeit** *f* (Reg.) / response time, build-up time, rise time || ≗**zeit** *f* (Lampe) / warm-up time || ≗**zeit** *f* (FWT I) / start time || ≗**zeit** *f* (Masch.) / starting time, acceleration time, run-up period || ≗**zeitüberwachung** *f* / starting time supervision

Anlege·skale *f* / feed scale || ≗**stromwandler** *m* / split-core-type current transformer, split-core transformer || ≗**tisch** *m* (f. Papier) / feed table

anlegen *v* / setup *v* || ~ *v* (Bremse) / apply *v* || ~ *v* (Programm) / create *v* || ~ *v* (Zeichn.) / colour *v* || **Spannung ~ an** / apply voltage to, impress a voltage to

Anlegungspunkt *m* / sizing data

Anleitung *f* / manual *n*, guide *n*

Anlenk·element *n* / guide element, force guidance element || ≗**kontakt** *m* (Trafo) / control resistor contact, transition resistor contact || ≗**schalter** *m* (Trafo) / control-resistor switch, transition resistor switch || ≗**ung** *f* / guidance of forces, guiding *n* || ≗**ungswinkel** *m* / angle between crank and connecting rod || ≗**widerstand** *m* (Trafo) / transition resistor, control resistor, link resistor

anliegend *adj* / adjacent *adj*

Anlieger·fahrbahn *f* / service road (GB), frontage road (US) || ≗**straße** *f* / local street, local road

Anmeldeinformationen *f pl* / log-on information

anmelden *v* / connect *v* || ~ *v* (Bediener - System, Bediener - Rechneranlage) / log on *v*, sign on

Anmerkung *f* (NC, f. Sätze in Programmen) / remark *n* || ≗**sbeginn** *m* / start of comment

Anmerkungs·beginn-Zeichen *n* (NC) DIN 66025, T.1 / control-in character ISO/DIS 6983/1 || ≗**ende** *n* / end of comment || ≗**ende-Zeichen** *n* (NC) DIN 66025, T.1 / control-out character ISO/DIS 6983/1 || ≗**text** *m* / comments text

annähern *v* / approach *v*, converge *v*

annähernd stromloses Schalten / switching of negligible currents, making or breaking of negligible currents

Annäherung *f* (NS) / approach *n* || **Annäherung** *f* / approach *n*, approximation *n* || **Schutz gegen** ≗ **an unter Spannung stehende Teile** / protection against approach to live parts || ≗ **einer Bahn durch Polygonzüge** / continuous path approximation

Annäherungs·geschwindigkeit *f* / approach speed, speed of approach || ≗**register** *n* / approximation register, successive approximation register (SAR) || ≗**schalter** *m* / proximity switch || ≗**wert** *m* / approximate value

Annahme *f* (QS) DIN 55350, T.31 / acceptance *n* || ≗**grenzen** *f pl* (QS) / acceptable quality limits (AQL) || ≗**kennlinie** *f* (OC-Kurve) / operating characteristic curve (OC curve) || ≗**prüfung** *f* / conformance test || ≗**prüfung** *f* (Qualitätsprüfung zur Feststellung, ob ein Produkt wie bereitgestellt oder geliefert annehmbar ist) / acceptance test, acceptance inspection, verification *n*, acceptance *n* || ≗**-Stichprobenplan** *m* / acceptance sampling plan || ≗**-Stichprobenprüfung** *f* / acceptance sampling inspection || ≗**stichprobenprüfung** *f* (statistische Qualitätsprüfung anhand einer oder mehrerer Stichproben zur Feststellung der Annehmbarkeit eines Prüfloses nach einer Stichprobenanweisung) / acceptance sampling, acceptance sampling inspection || **~tauglich** *adj* (QS) / acceptable *adj* || ≗**tauglichkeit** *f* / acceptability *n* || ≗**- und Rückweisungskriterien** *n pl* / acceptance and rejection criteria || ≗**verfahren** *n* / acceptance procedure || ≗**wahrscheinlichkeit** *f* / probability of acceptance || ≗**zahl** *f* (QS) DIN 55350, T.31 / acceptance number

annehmbare Herstellergrenzqualität / acceptable quality level (AQL) || **~ Qualitätslage** (AQL) / acceptable quality level (AQL)

Annehmbarkeits·entscheidung *f* / decision of acceptability || ≗**nachweis** *m* / evidence of acceptability (AQAP)

Anode *f* / anode *n*, negative electrode

Anoden·anschluss *m* / anode terminal, plate terminal || ≗**bogen** *m* / anode arc || ≗**bürste** *f* / anodic brush, positive brush || ≗**drossel** *f* / anode reactor || ≗**fall** *m* / anode fall || ≗**fleck** *m* / anode spot || ≗**gebiet** *n* / anode region, anode space || ≗**-Halbbrücke** *f* / anode half-bridge || ≗**polarisation** *f* (Batt.) / anodic polarization || ≗**reaktion** *f* (Batt.) / anodic reaction

anodenseitig steuerbarer Thyristor / N-gate thyristor || **~er Gleichstromanschluss** (LE) / anode-side d.c. terminal

Anoden·spitzenspannung *f* (ESR) / peak forward

anode voltage || ²spitzenspannung in **Sperrrichtung** / peak neagative anode voltage || ²**turm** *m* (RöA) / anode turret || ²**wirkungsgrad** *m* / anode efficiency || ²**zündspannung** *f* / anode ignition voltage

anodisch·e Abtragung / anodic erosion || **~e Bürste** / anodic brush, positive brush || **~e Kontraktion** / contraction at the anode || **~er Teilstrom** / anodic partial current || **~es Beizen** / anodic pickling

Anodisieren *n* / anodizing *n*, anodic treatment, anodic oxidation

anodisiertes Silizium / anodized silicon

anomale Ausführung / special design, non-standard design, custom-made model || **~ Gebrauchsbedingungen** / abnormal conditions of use

anordnen *v* / arrange *v*

Anordnung *f* / arrangement *n* || ² **der Leistungsbaugruppen** / arrangement of the power modules || ² **nach phasengleichen Außenleitern** (Station) / separated phase layout || ² **nach Stromkreisen** (Station) / associated phase layout || **E/A-**² *f* / I/O array || **Isolator~** *f* (Kettenisolatoren) / insulator set || **mehrzeilige** ² / multitier configuration, multi-tier configuration || **Prüf**² *f* / test set-up, test arrangement || **Resonanz**² *f* / resonant structure

Anordnungs·plan *m* DIN 40719 / location diagram, arrangement diagram || ²**tabelle** *f* VDE 0113 / location table

anormal *adj* / non-standard *adj* || **~e Betriebsbedingungen** / abnormal conditions of use

anpassbar *adj* / adaptable *adj*

Anpass·einheit *f* / interface unit || ²**elektronik** *f* / interface electronics || ²**elektronik** *f* (Schnittstellen-E.) / interface electronics

anpassen *v* / adapt *v*, match *v*, fit *v*, adjust *v*, customize *v* || **~ an** / fitted on

Anpasser *m* / adaptor *n*

Anpass·faktor *m* / interface factor || ²**gerät** *n* / interface *n* || ²**glied** *n* / adaptor *n*, coupling device, coupling element || ²**modul** *n* / interface module, interface submodule || ²**schaltung** *f* / interface *n* || ²**-Spannungswandler** *m* / voltage matching transformer || ²**-Spartransformator** *m* / matching autotransformer || ²**steuerung** *f* (NC, Rob.) / interface control, interface controller || **programmierbare** ²**steuerung** (PLC) / programmable logic controller || ²**stufe** *f* / matching unit, adaptor *n* || ²**tabelle** *f* / selection table, matching table || ²**teil** *n* / adapter part || ²**teil** *m* (NC, Schnittstelle) / interface unit (o. module), interface *n* || ²**teile** *n pl* / adapter parts || ²**teilschnittstelle** *f* / interface *n* || ²**teilschnittstelle** *f* (NC) / control interface, NC interface || ²**transformator** *m* / matching transformer, transformer for voltage adaption

Anpassung *f* / adaptation *n*, adjustment *n* || ² *f* (Signale) / conditioning *n* || ² **des Auges** / eye accommodation, accommodation *n*

Anpassungs·drossel *f* / load balancing reactor || **~fähig** *adj* / adaptable *adj* || ²**fähigkeit** *f* / adaptability *n*, matching capability, flexibility *n* || ²**filter** *n* (LT) / visual correction filter || ²**glied** *n* / adapter *n*, adaptor *n*, adapter block, mounting adapter || ²**nullverstärker** *m* / null-balance matching amplifier || ²**protokoll** *n* DIN ISO 8473 / convergence protocol || ²**regelung** *f* / ACO (adaptive control optimization), adaptive control (AC, a control system involving the in-process measurement and automatic adjustment of variable cutting parameters so as to achieve optimum production conditions) || ²**schaltung** *f* (Schnittstellensch.) / interface circuit || ²**schaltung** *f* (NC, Rob.) / interface circuit, interchange circuit || ²**transformator** *m* / matching transformer, coupling transformer || ²**zeit** *f* (Messgerät) / preconditioning time

Anpass·verstärker *m* / matching amplifier, signal conditioner || ²**vorrichtung** *f* (Messgerät) / matching device, adaptor *n* || ²**widerstand** *m* / matching resistor, matching impedance

anpicken *v* / pick *v*

Anpress·bewegung *f* / contact movement || ²**druck** *m* / pressure *n* || ²**fläche** *f* / sliding surface

anquetschen *v* / crimp on *v*, crimp *v*

Anrege·gerät *n* (Schreiber) / trigger unit || ²**glied** *n* (Rel., Schutz) / starting element, starting relay || ²**grenze** *f* / starting threshold

Anregelzeit *f* / rise time || ²**konstante** *f* / rise time constant

Anregemeldung *f* (Rel.) / (relay) starting indication

anregen *v* / excite *v*, induce *v*, activate *v* || ~ *v* (Rel., Schütz) / energize *v*, excite *v*, start *v* || ~ *v* (Schwingungen) / excite *v* || ~ *v* (Schutz) / start *v* || ~ *v* (z.B. Emission) / stimulate *v* || ~ *v* (LWL) / launch *v*

Anrege·relais *n* / starting relay, fault detector || ²**schaltung** *f* (Schutz) / starting circuit, fault detector circuit || ²**sperre** *f* (Rel., Schutz) / restraining feature, starting lockout || ²**strom** *m* (Schutz) / starting current || ²**stufe** *f* (Rel.) / starting relay, fault detector || ²**stufe** *f* (Schutz) / starting element, starting zone, starting relay

Anregung *f* (Schwingungen) / excitation *n* || ² *f* (Schutz) / starting *n* || ² *f* (LWL) / launching *n*

Anregungs·band *n* (HL) / excitation band || ²**bewegung** *f* / input motion || ²**dauer** *f* / period of excitation || ²**kraft** *f* / exciting force || ²**lampe** *f* / exciter lamp || **~-numerische Apertur** (LWL) / launch-numerical aperture || ²**stärke** *f* / excitation intensity || ²**temperatur** *f* / excitation temperature

Anreicherungs·betrieb *m* (HL) DIN 41858 / enhancement mode operation || ²**-Isolierschicht-Feldeffekttransistor** *m* / enhancement-type field-effect transistor || ²**typ-Transistor** *m* / enhancement mode transistor

anreihbar *adj* / modular *adj*

Anreihbuchsenklemme *f* / modular pillar terminal, modular tunnel terminal

Anreihen, zum ² / for side-by-side mounting

Anreih·klemme *f* / modular terminal || ²**klemmenblock** *m* / terminal block, modular terminal block || ²**montage** *f* / butt mounting, mounting side by side (o. end to end) || ²**schellen** *f pl* / line-up saddles || ²**schrank** *m* / modular distribution board

anreißen *v* (markieren) / mark out *v*, set out *v*, mark *v*, scribe *v*

Anreiß·platte *f* / bench plate, surface plate || ²**tisch** *m* / marking table

Anreiz *m* (FWT) / change of state, event signal || ² *m* (elST) / initiation *n*, prompting *n* || ² *m* (Ereignis) / event *n* || **Melde~** *m* (DÜ, SPS) / signal prompting ||

Melde~ *m* (FWT) / change-of-state announcement || ²**puffer** *m* / initiation buffer, prompt buffer
anreizunterlegt *adj* / incentive-based *adj*
Anriss *m* (Markierung) / marking *n*, scribed line (o. mark) || ² *m* (Rissbildung) / incipient crack, initial cracking || ² *m* (Kontakte) / scribing pattern
Anritzen *n* / scribing *n*
Anruf *m* (DÜ) / calling *n* || ²**beantwortung** *f* (FWT) / answering *n*
anrufen *v* / instantiate *v*, poll *v*
Anruf·folge *f* (KN) / call string || ²**versuch** *m* (KN) / call attempt
Ansatz *m* / idea *n* || ²**dissolver** *m* / make-up dissolvers *pl* || ²**mast** *m* / side-mounting mast || ²**mischer** *m* / make-up mixer || ²**punkt** *m* (Lichtbogen) / root point, root *n* || ²**schraube** *f* / shoulder screw || ²**stelle** *f* (f. Hebebock) / pad *n*, lug *n* || ²**stutzen** *m* (Leuchte) / entry socket
Ansaugdruck *m* / intake pressure
ansaugen *v* / draw in *v*, take in *v*, suck *v*
Ansaug·filter *n* / intake filter || ²**höhe** *f* / suction head, suction lift || ²**krümmer** *m* (Kfz) / intake manifold || ²**leitung** *f* / suction pipe, intake line || ²**luft** *f* (a. Kfz) / intake air || ²**rohr** *n* / intake tube || ²**rohr** *n* (Kfz) / intake manifold, inlet manifold || ²**rohrunterdrucksensor** *m* (Kfz) / manifold air pressure sensor || ²**seite** *f* (el. Masch.) / air inlet end, air intake side || ²**seite** *f* (Pumpe) / inlet side, suction side || ²**stutzen** *m* (Pumpe) / intake stub, suction connection || ²**stutzen** *m* (el. Masch.) / inlet-air adapter, intake flange || ²**system** *n* (Kfz) / intake system || ²**ventil** *n* / intake valve, suction valve
Anschallung *f* (Ultraschallprüf.) / scanning *n*, scan *n* || ² **mit Schallstrahlumlenkung** / skip scan
Anschaltbaugruppe *f* / interface module (IM)
anschalten *v* / connect *v*, match *v* || ~ *v* (Schnittstelle) / interface *v*
Anschalter *m* / connector *n*
Anschaltmodul *n* / interface module (IM), IM (interface module)
Anschaltung *f* (rechnergesteuerte Anlage) / interface connection, interfacing *n* || ² (AS SPS, Baugruppe) / interface module (IM) || ² **kNS/DP** / kNS/DP interface || **Bereich** ² (BA SPS, Anschaltungsdatenbereich im Speicher) / interface data area || **Stanzer-**² *f* (NC-Steuergerät) / tape punch connection
Anschaltungs·baugruppe *f* / interface module (IM), IM (interface module) || ²**datenbereich** *m* / interface data area || ²**modul** *n* / interface submodule || ²**prozessor** *m* / communication(s) processor
Anschaltwert *m* (Rel.) / pickup value
Anschauungsbild *n* / visual aid chart
Anschlag *m* / fixed stop || ² *m* / stop *n* || ² *m* (a. DT) VDE 0660, T.201 / end stop IEC 337-2, stop *n* || ² *m* (WZM, NC) / dead stop, limit stop || ² **der Abstimmeinrichtung** DIN IEC 235, T.1 / tuner stop || ² **Kontaktrolle** / contact roller stop || **am** ² / at limit || **mechanischer einstellbarer** ² / mechanical adjustable stop || ²**, verstellbar** / stop, adjustable
Anschlag·bolzen *m* / stop bolt || ²**eisen** *n* (f. Transport) / fixing pad, reaction pad, fixing strap
anschlagen *v* (Hebez.) / attach *v* || ~ *v* (Tür) / hinge *v*
Anschlagen *n* / door hinge
anschlagend *adj* / with angle seat || **~e Stellklappe** / butterfly valve with stop(s)
Anschlag·festigkeit *f* (HSS) / stop strength, mechanical stop resistance || ²**fläche** *f* / stop surface, contact surface || ²**fläche Frontplatte** / stop surface, frontplate || ²**hebel** *m* / stop lever || ²**kante Bock** / bracket contact edge || ²**kuppe** *f* / stop crest || ²**leiste** *f* / stopping strip || ²**mutter** *f* / stop nut || ²**platte** *f* / stop plate || ²**punkt** *m* / blocking point || ²**scheibe** *f* / stop washer || ²**seil** *n* / sling rope || ²**signal, oberes** / high limit signal || ²**signal, unteres** / low limit signal
anschlagspezifisch *adj* / stop-specific
Anschlagwinkel *m* (Transportseil) / rope angle || ² *m* / tri-square *n*
anschließbar *adj* / connectable *adj* || **~e Leiterquerschnitte** / wire range, connectable (conductor) cross-sections || **~e Messsysteme** / connectable measuring systems || **~es Peripheriegerät** / pluggable peripheral
anschließen *v* (el.) / connect *v*, link *v* || ~ *v* (mech.) / join *v* || ~ *v* / connect *v*, attach *v* || ~ *v* (m. Steckverbinder) / plug *v*
Anschluss *m* / connector *n* || ² *m* (allg., an eine Klemme) DIN 44311 / connection *n*, terminal connection || ² *m* (Steckanschluss) / plug-in connection, plug-and-socket connection || ² *m* (permanente Verbindung) DIN 41639 / termination *n* || ² *m* (Ventil) / end connection || ² *m* (el. Masch.) / termination *n* IEC 50(411) || ² *m* (Schnittstelle) / port *n* || ² *m* (Anschlussleiter) / terminal lead || ² *m* (Klemme) / terminal *n* || ² *m* (Sich.) VDE0670,4 / terminal *n* IEC 282 || **anormaler** ² / special connection || **E/A-**² *m* (Datenkanal) / I/O port || **phasengleicher** ² / in-phase connection || **phasenrichtiger** ² / in-phase connection || **Rechner~** *m* / computer link, computer interface || **schraubenloser** ² / screwless-type terminal || **vorderseitiger** ² / front connection || ²**anordnung** *f* (IS) / pin configuration, pinning diagram, pinning *n* || ²**abdeckung** *f* / cover *n*, terminal cover || ²**art** *f* / type of connection, version of connection || ²**art X** VDE 0806 / type X attachment IEC 380 || ²**aufsatz** *m* (IK) / surface (outlet) box || ²**ausführung** *f* / connection design
Anschluss·baugruppe *f* / interface module || ²**bedingungen** *f pl* / supply conditions, terminal conditions, connection conditions || ²**bedingungen** *f pl* (FWT) / electrical operating conditions (telecontrol) || **leistungsseitige** ²**bedingungen** / power-related conditions for the connection || ²**belegung** *f* (Stifte) / connector pin assignment, pin assignment || ²**belegung** *f* (IS) / pin configuration, pinning diagram, pinning *n* || ²**belegung** *f* / terminal assignments, terminal assignment, pin connection, pinout *n* || ²**bereich** *m* / wire range || ²**bezeichnung** *f* (IS) / pin name || ²**bezeichnung** *f* / connection designation, connection designation, terminal marking || ²**bezeichnungen** *f pl* EN 50005 / terminal markings || ²**bild** *n* / wiring diagram, circuit diagram || ²**blech** *n* / connection plate || ²**bohrung** *f* / termination hole || ²**bolzen** *m* / terminal stud, connection bolts || ²**buchse** *f* / connection socket || ²**buchsen** *f pl* / female connectors
Anschluss·deckel *m* / connection cover || ²**diagramm** *n* (Stifle) / pin-out diagram || ²**dose** *f* DIN IEC 23.F

/ junction box, outlet box || ≗**dose** *f* / appliance outlet (US), wall socket, outlet *n*
Anschlüsse in 2,5 mm Rasterteilung (Rel.) / contact-pin arrangement in a 2.5 mm grid || ≗ **pro Pol** / terminations per pole
Anschlussebene zum Prozess / process boundary
Anschluss·einheit *f* DIN IEC 625 / terminal unit IEC 625 || ≗**element** *n* / connection element, connector block, connector element, terminal component, adapter *n* || ≗**ende** *n* (Wickl.) / winding termination, terminal *n*
Anschluss·fahne *f* / terminal lug, terminal *n*, tab *n*, tag *n*, connecting lug || ≗**fahne für Stromschlaufe** (Freiltg.) IEC 50(466) / jumper lug, jumper flag || **Kommutator-**≗**fahne** *f* / commutator riser || ≗**faser** *f* (LWL) / fibre pigtail || ≗**feld** *n* (f. Kabelanschlüsse) / termination panel
anschlussfertig *adj* / ready-to-use, ready for plugging in, Plug 'n Play, prewired *adj* || ~ *adj* (großes Gerät, SA) / ready for connection, factory-assembled *adj* || **~e Gerätezuleitung** / terminated appliance cord || **~e Leuchtstofflampe** / directconnected fluorescent lamp || **~es Ende** (Kabel) / terminated conductor end(s) || **~es Gerät** (I, m. Stecker) / accessory with integral plug, plug-in device
Anschluss·fertigung *f* / factory assembly || ≗**fläche** *f* / terminal face, tag *n*, palm *n* (of a cable lug), termination surface || ≗**fläche** *f* (gS) / land *n* || ≗**fläche für Anschlusswinkel** / termination surface for connecting bracket || ≗**fläche Lichtbogenkontakt** / termination surface, arcing contact || ≗**fläche Magnetventil** / termination surface, solenoid valve || ≗**flansch** *m* / connecting flange, coupling flange, mounting flange, end connection flange, connecting flange || ≗**fleck** *m* (IS) / pad *n* || ≗**gehäuse** *n* / housing *n* || ≗**gehäuse** *n* (f. Ex-Gehäuse) / adapter box || ≗**gerät** *n* / power supply unit (PSU) || ≗**höhe** *f* / connection height || ≗**hülse** *f* (Leiter) / conductor barrel || ≗**impedanz** *f* (a. Diode) / terminal impedance || ≗**kabel** *n* (konfektioniertes Kabel m. Steckverbindern an beiden Enden) / cable set || ≗**kabel** *n* (Hausanschluss) / service cable || ≗**kappe** *f* / cap *n*, junction box || ≗**kasten** *m* (IK) / feed unit || ≗**kasten** *m* / terminal box, terminal housing || ≗**kasten für Kabel** / cable connection box, cable box, terminal box, pothead compartment || ≗**klemme** *f* / connection terminal, clamp *n* || ≗**klemme** *f* / terminal *n* || ≗**klemme** *f* (IV) / terminal *n*, lug *n* (US) || ≗**klemme** *f* (f. äußeren o. Netzanschluss) / supply terminal *n* || ≗**klemme einer Feldwicklung** (el. Masch.) / field winding terminal || ≗**klemme mit Lockerungsschutz** / locked terminal, self-locking terminal || ≗**klemme mit Schraubklemmung** / screw-clamping terminal || ≗**klemmengehäuse** *n* (el. Masch.) / terminal enclosure IEC 50(411), terminal housing IEC 50(411) || ≗**klemmenplatte** *f* / terminal plate || **~kompatibel** *adj* (IS) / pin-compatible *adj* || ≗**kopf** *m* (Widerstandsthermometer, Thermoelement) / terminal housing, connection head || ≗**kostenbeitrag** *m* (StT) / capital contribution to connection costs
Anschluss·lampe *f* (Fotometrie) / working standard of light || ≗**lasche** *f* / terminal saddle, saddle *n* || ≗**lasche** *f* (gekröpft) / fixing bracket, terminal bracket || ≗**lasche** *f* (Fahne) / terminal lug || ≗**lasche** *f* (Klemmenbrücke) / terminal link || ≗**leiste** *f* / terminal block, terminal strip, multi-point termination || ≗**leistung** *f* / connected load, installed load || ≗**leiter** *m pl* VDE 0700, T.1, VDE 0806 / supply leads IEC 335-1 || ≗**leitung** *f* / connecting lead, connecting cable, power lead, terminal lead || ≗**leitung** *f* (Leuchte) DIN IEC 598 / flexible cord, flexible cable || ≗**leitung** *f* (HG) / cord *n*, flexible cord || ≗**leitung** *f* (Verdrahtungsleitung) / wiring cable || ≗**leitung** *f* (Hausanschluss) / service cable || **in die** ≗**leitung eingeschleiftes RS** / in-line cord control || **Geräte**≗**leitung** *f* (m. Wandstecker u.Gerätesteckdose) / cord set (o. device) connecting cable IEC 320 || **wärmebeständige** ≗**leitung** (AVMH) / heat-resistant wiring cable || ≗**leitungen** *f pl* / connection wires || ≗**lieferzeit** *f* / consecutive delivery time || ≗**litze** *f* / brush flexible, brush shunt, pigtail lead, connection slot || ≗**loch** *n* (gS) / component hole || ≗**maß** *n* / connecting dimension, fixing dimension, end connection size || ≗**maße** *n pl* / fixing dimensions || ≗**modul** *n* / connection module || ≗**möglichkeit** *f* / connection facility, typical connections || ≗**muffe** *f* (Hausanschluss) / service box || ≗**mutter** *f* / terminal nut || ≗**nennweite** *f* / diameter of connection end
Anschluss·pfosten *m* / connection post, terminal post || ≗**plan** *m* DIN 40719 / terminal diagram IEC 113-1 || ≗**phasen** *f pl* / connection phases, terminal connection diagram, connection diagram, connection voltage || ≗**platte** *f* / terminal board, connecting terminal plate IEC 23F.3, connecting plate || ≗**platte** *f* (Leitungseinführung) EN 50014 / adapter plate || ≗**punkt** *m* / connecting point, termination point IEC 50(581) || ≗**punkt** *m* (Klemme, Netzwerkpol) / terminal *n* || ≗**punkt** *m* (I) / point *n* || ≗**punkt** *m* / point of connection || **Erdungs~punkt** *m* / earth terminal, ground terminal || **kritischer** ≗**punkt** (EMV) / common coupling || ≗**querschnitt** *m* / wire range, conductor size, cross-sectional area of connecting cable, conductor cross-section, conductor cross section || ≗**querschnitt** *m* (Drahtbereich) / wire range || **Bemessungs-**≗**querschnitt** *m* (Klemme) / rated connecting capacity || **größter** ≗**querschnitt** / maximum conductor cross-section || ≗**raum** *m* (Klemmenraum) / terminal housing, terminal compartment, cable compartment || ≗**raum** *m* (f. Verdrahtung) / wiring space
Anschluss·schaltbild *n* / diagram of connections || ≗**schaltung** *f* (Schutz) / connection circuit || ≗**scheibe** *f* (Klemme) / clamping piece || ≗**scheibe** *f* / terminal washer, wire clamp || ≗**schelle** *f* (f. Rohrleiter) / terminal clamp, connection clamp || ≗**schiene** *f* / connecting bar, connection strip, terminal bar || **gekröpfte** ≗**schiene** / offset connecting bar || ≗**schnur** *f* / cord *n*, flexible cord || ≗**schrank** *m* (BV) EN 60 439-4 / incoming supply and metering ACS || ≗**schraube** *f* / terminal screw, binding screw, connection screw || ≗**schraube für Schutzverbindung** / PE terminal bolt || ≗**schrauben** *f pl* / terminal screws || ≗**schutz** *m* (Batt.) / terminal protector || ≗**seite** *f* (Kabelschuh) / terminal end, palm *n* || ≗**seite** *f* (Stiftseite) / wiring post side || ≗**sicherung** *f* / service fuse, mains fuse || ≗**spannung** *f* / supply voltage, system voltage, mains voltage, line voltage || ≗**spannung** *f* (SR) / a.c.-side voltage || **Anfangs-**≗**spannung** (GR) DIN

41760 / a.c. starting voltage || **Nenn-≗spannung** *f* (SR) / nominal a.c. voltage (converter) || **≗stab** *m* / lead-out conductor bar, terminal conductor bar || **≗stecker** *m* / attachment plug, plug cap, cap *n*, plug *n*, connection plug, plug connector, connector plug || **≗stecker** *m* (Steckverbinder) / cable connector, connector *n* || **≗stelle** *f* / point of connection IEC 477 || **≗stelle** *f* VDE 0411, T.1 / terminal device IEC 348, connecting point, terminal *n* || **≗stelle** *f* (I) / point *n* || **≗stelle** *f* (in Bildschirmdarstellung) / connector *n* || **E/A-≗stelle** *f* (Steckplatz im BGT der Zentraleinheit eines MC-Systems) / I/O interface slot || **zentrale ≗stelle** (ZAS ET) / main connector block || **≗stift** *m* / wiring post, terminal post || **≗strom** *m* (SR) / a.c.-side current || **≗stück** *n* / connection piece || **≗stück** *n* DIN 41639 / terminal *n* || **≗stück** *n* (el.) / connector *n*, terminal fitting || **≗stück** *n* (Stromschienensystem) VDE 0711,3 / connector *n*, link *n* || **≗stutzen** *m* (Rohr) / coupling *n*, connector *n* || **≗stutzen** *m* (Kabel) / cable gland, gland *n*, entry fitting || **≗stutzen** *m* (Druckmesser) / stem *n* || **≗stutzen** *m* (Luftkanal, IPR) / duct adapter || **druckfester ≗stutzen** / packing gland

Anschluss·tabelle *f* / terminal diagram IEC 113-1, terminal connection diagram || **≗technik** *f* / connection system, method of terminal connections, wiring technique (o. method), cables & connections, connection method, wiring method || **≗technik** *f* (Kabel) / termination system || **≗teil** *n* (Wickelverbindung) DIN 41611,Bl.2 / terminal *n* || **≗teile** *n pl* EN 50014 / connection facilities || **≗träger** *m* / adapter *n*, connection panel, terminal bracket || **≗träger** *m* (Rel.) / relay connector, relay base || **≗tülle** *f* / nipple *n* || **≗träger für Überlastrelais** / overload relay connector || **≗- und Abzweigdose** *f* DIN IEC 23F.3 / junction and tapping box IEC 23F.3 || **≗typ** *m* / interface type || **≗- und Netzkostenbeitrag** *m* (StT) / connection charge

Anschluss·Verbindungsleitung / connection to || **≗-Verteilerschrank** *m* / service distribution cabinet || **≗vervielfacher** *m* / heavy-duty connector block || **≗vorschlag** *m* / recommended connection || **≗wert** *m* / connected load, installed load || **bezogener ≗wert** *m* (StT) / effective demand factor || **≗winkel** *m* / elbow coupling, T-coupling *n*, angle connector || **≗zone** *f* VDE 0101 / terminal zone || **≗zubehör** *n* / accessories for connection, connection accessories, terminal accessories

Anschmierung *f* (Lg.) / wiping *n*, smearing *n*

Anschnitt *m* ((WZM)) / first cut || **≗kreis** *m* / approach circle || **≗kreisradius** *m* (NC) / start radius || **≗linie** *f* (NC) / approach line || **≗stelle** *f* / tool entry side || **≗steuerung** *f* (LE) / generalized phase control IEC 555-1, phase control

Anschraub·fläche *f* / screw-on surface || **≗fläche für Lichtbogenkontakt** / screw-on surfaces for arcing contact || **≗-LS-Schalter** *m* / bolt-on circuit-breaker || **≗stutzen** *m* / screw-in gland || **≗typ** *m* (LSS) / bolt-on type

Anschreiben *n* / cover letter

Anschrift *f* / address *n*

Anschwemmlöten *n* DIN 8505 / flood soldering

Anschwingzeit *f* (Reg. Jene Zeit, die am Ausgang zwischen Wegnahme der Betätigung und Signalwechsel liegt) DIN 19229 / build-up time ANSI C85.1, rise time

ansehen *v* / view *v*

Ansenken *n* / countersink *n*

Ansetzstelle *f* (zum Heben) / jacking lug, lifting lug

Ansicht *f* / view *n*, elevation *n* || **≗ in Pfeilrichtung** / view in direction of arrow || **3-Ebenen-≗** *f* / 3-plane view

Ansichtendarstellung *f* / projection *n*

Ansichts·fenster *n* (BSG, CAD) / viewport *n* || **≗leiste** *f* / view bar || **≗punkt** *m* (CAD) / viewing point || **≗richtung** *f* (CAD) / view(ing) direction

ansprechbar *adj* / accessible *adj* || ~ *adj* (adressierbar) / addressable *adj*

Ansprech·barkeit *f* / responsiveness *n* || **≗bereich** *m* (SPS) / operating range || **≗-Blitzstoßspannung** *f* / lightning impulse sparkover voltage, lightning voltage let-through impulse, lightning let-through impulse || **100%-≗-Blitzstoßspannung** *f* / standard lightning impulse sparkover voltage || **50%-≗-Blitzstoßspannung** *f* / average lightning impulse sparkover voltage || **≗dauer** *f* (Sich.) / response time || **≗druck** *f* / error of a weight, pickup pressure, operating pressure, rupturing pressure || **≗eigenzeit** *f* (unverzögerter Ausl.) / operating time, operate time || **≗einstellung** *f* (Rel.) / setting value || **≗empfindlichkeit** *f* / sensitivity *n*, input resolution, responsiveness *n*, responsibility || **≗empfindlichkeit** *f* (Fotometer) / overall response, response *n*

ansprechen *v* / respond *v*, operate *v*, appear *v*, access *v*, pick up *v*, reference *v*, be activated *v* || ~ *v* (Abl.) / spark over *v*, operate *v* || ~ *v* (Rel.) DIN IEC 255, T.100 / operate *v* || ~ *v* (Sich.) / operate *v*, blow *v*, rupture *v* || ~ *v* (adressieren) / address *v*, reference *v*

Ansprech·erregung *f* (Rel.) / specified pickup value || **≗fehler** *m* (Rel.) / pick-up error || **≗fläche** *f* (NS, aktive Fläche) / sensing face || **≗fläche** *f* (Fotometer) / area of response || **≗frequenz** *f* (Rel., Schutz) / operating frequency || **≗genauigkeit** *f* / error in operating value || **≗genauigkeit** *f* (Rel.) / error in operating value || **≗geschwindigkeit** *f* / response rate, response *n* || **≗-Gleichspannung** *f* (Abl.) / d.c. sparkover voltage || **≗grenze** *f* (LS) / operating limit IEC 157-1, responsiveness *n*

Ansprech·kennlinie *f* (NS) / response curve, sensing curve || **≗kennlinie** *f* (Abl.) / sparkover-voltage/time curve, sparkover characteristic || **≗kennlinie der Blitzstoßspannungen** / lightning-impulse voltage sparkover-voltage/time curve || **≗kennlinie der Schaltstoßspannung** / switching-impulse sparkover-voltage/time curve, switching voltage/time curve || **≗klasse** *f* (Brandmelder) / response grade || **≗leistung** *f* (Rel.) / pickup power, pull-in power || **≗-Istwert** *m* (Rel.) / just operate value, measured pickup value (US) || **≗partner** *m* / contact person, contact *n* || **≗pegel** *m* (Abl.) / sparkover level || **≗pegel der Schaltstoßspannung** / switching (-impulse) voltage sparkover level || **≗-Prüfspannung** *f* (Abl.) / sparkover test voltage || **≗-Prüfwert** *m* (Rel.) / must-operate value, pickup value || **≗punkt** *m* (Abl.) / sparkover point

Ansprech·-Schaltstoßspannung *f* (Abl.) / switching impulse sparkover voltage, let-through level || **≗schwelle** *f* / response (o. operating) threshold, threshold *n*, response threshold, discrimination threshold || **Synchronisier-≗schwelle** *f* (Osz.) / synchronization threshold || **≗sicherheitsfaktor** *m* (Rel.) / safety factor for pickup || **≗-Sollwert** *m*

(Rel.) / must-operate value, specified pickup value || ²**spannung** *f* / response voltage, operating voltage, transformer operating voltage || ²**spannung** *f* (Abl.) / sparkover voltage || ²**spannungsprüfung** *f* (Abl.) / voltage impulse sparkover test || ²**-Stoßkennlinie** *f* (Abl.) / impulse sparkover voltage-time curve, impulse sparkover characteristic || ²**-Stoßspannung** *f* / impulse sparkover voltage, let-through level || **Prüfung der** ²**-Stoßspannung** (Umw) / impulse sparkover test, let-through level test (Umw), let-through test || ²**strom** *m* / response current || ²**strom** *m* (Sich.) / threshold current || ²**strom** *m* (Rel.) / operating current || ²**strom** *m* (SG) / operating current, pickup current

Ansprech·temperatur *f* / response temperature, operating temperature || ²**toleranz** *f* (Rel.) / limits of error of operating value || ²**überschuss** *m* (Schutz) / excess operating current, current above operating value || ²**überwachung** *f* (SPS) / threshold monitoring || ²**überwachungszeit** *f* / watchdog timer || ²**unsicherheit** *f* (Rel.) / error in operating value || ²**verhalten** *n* (Abl.) / sparkover characteristics, sparkover performance

ansprechverzögert *adj* / with ON-delay, ON-delay || **~es additives Zeitrelais** VDE 0435, T.110 / cumulative delay-on-operate time-delay relay || **~es Relais** / delay-on-operate relay, ON-delay relay

Ansprech·verzögerung *f* / operate delay, response delay || ²**verzögerung** *f* (elST) / switch-in delay || ²**verzögerung** *f* (Rel.) / operate delay, pickup delay || ²**verzug** *m* (NS) / response time EN 60947-5-2 || ²**-Wechselspannung** *f* (Abl.) / power-frequency sparkover voltage || **Prüfung der** ²**-Wechselspannung** / power-frequency voltage sparkover test || ²**wert** *m* / response threshold, response value || ²**wert** *m* (Rel., E) VDE 0435,T.110 / operate value, pickup value (US), pull-in value (US) || ²**wert** *m* (Messtechnik, kleinste Änderung der Eingangsgröße, die eine wahrnehmbare Änderung der Ausgangsgröße verursacht) / minimum operating value, sensitivity *n* || ²**wert** *m* (SPS) / ON threshold || ²**wert** *m* (automatischer HSS) VDE 0660, T.204 / operating value IEC 337-2B || ²**wert** *m* (Abl.) / sparkover value || ²**wert der Totzone** (SPS) / initial value of dead band || ²**zähler** *m* (Abl.) / surge counter || ²**zeit** *f* (MG, Thermoschalter, Transduktor) / response time || ²**zeit** *f* (Abl.) / time to sparkover || ²**zeit** *f* (Antwortzeit, NS, Reg., Verstärker) / response time || ²**zeit** *f* (SG jene Zeit, die am Ausgang zwischen Betätigung und Signalwechsel liegt) / operating time || ²**zeit** *f* (Sich., Schmelzzeit, jene Zeit, die am Ausgang zwischen Betätigung und Signalwechsel liegt.) / pre-arcing time, melting time || ²**zeit** *f* (Rel.) / operate time IEC 50(446) || ²**zeit** *f* (Rel., für einen bestimmten Kontakt, E) VDE 0435,T.110 / time to stable closed condition || ²**zeit eines Öffners** (monostabiles Relais) DIN IEC 255, T.100 / opening time of a break contact || ²**zeit eines Schließers** (monostabiles Relais) DIN IEC 255, T.100 / closing time of a make contact || **effektive** ²**zeit** (Rel.) / time to stable closed condition || ²**-Zeitkennlinie** *f* (Abl.) / impulse sparkover voltage-time curve, impulse sparkover characteristic

Anspritz·rest *m* / sprue *n* || ²**stelle** *f* / gate mark

Anspruch *m* / demand *n*

Anspruchsniveau *n* (Statistik, QS) / grade *n*

anspruchsvolle Grafik / high-quality X (o. sophisticated) graphics

anstauchen *v* / upset *v*, head *v*

Ansteck-Nebenwiderstand *m* / clip-on (o. plug-in) shunt

anstehen *v* (Spannung, Signal) / to be applied, to be present, to be available

anstehend *adj* / present *adj* || ~ *adj* (z.B. Alarm) / pending *adj*, queued *adj* || **~e Meldung** / non-reset signal (o. alarm), active signal || **~e Spannung** / applied voltage

ansteigende Flanke (Impuls) / positive-going edge, rising edge, leading edge

Anstellbewegung *f* (WZM, NC) / approach motion

anstellen *v* (Lg.) / preload *v*, spring-load *v*, prestress *v* || ~ *v* / approach *v*

Anstell·motor *m* (Walzw.) / screw-down motor || ²**weg** *m* / approach path, direction of approach || ²**winkel** *m* (NC, a. CLDATA-Wort) / setting angle

Ansteuer·baugruppe *f* / switching module || ²**baugruppe** *f* (LE) / trigger module, firing-circuit module, gating assembly || ²**baugruppe/Leistungsteil** / inverter control/power section || **elektronischer** ²**baustein** / electronically triggered module || ²**einrichtung** *f* (LE) / trigger equipment || ²**einrichtungen** *f pl* / control devices, drivers *pl* || ²**elektronik** *f* / driving circuits || ²**Hybrid** / trigger hybrid || ²**impuls** *m* / drive input pulse, control pulse, trigger pulse || ²**kreis** *m* / control circuit || ²**logik** *f* (LE) / control logic, trigger logic

ansteuern *v* / control *v*, drive *v*, trigger *v*, set and reset || ~ (SPS, setzen) / set *v* || ² *n* (LE) / triggering *n*

Ansteuer·signal *n* / trigger signal, drive signal || ²**sperrung** *f* (LE) / valve blocking || ²**teil** *n* / control section

Ansteuerung *f* / control *n*, driving *n*, drive circuit, triggering *n*, activation *n*, trigger pulse, drive control circuit, switching *n*, control circuit || ² *f* (Anwahl) / selection *n*, gating *n* || ² *f* (Thyr, SR) / gate control || ² **der Stromrichtergruppe** / converter unit firing control || ² **der Zwischenkreisspannungsschaltung** / selection of the DC link voltage || ² **mit geräteinterner Spannung** / selection with internal unit voltage || **Adressen~** *f* / address selection || **potenzialfreie bzw. potenzialbehaftete** ² / floating potential or electrically non-isolated control || **Werkzeug~** *f* / tool selection

Ansteuerungs·baugruppe *f* (LE, Leiterplatte) / gating board || **Flugplatz-**²**feuer** *n* / aerodrome location light || ²**kreis** *m* / control circuit, driving circuit, trigger circuit || ²**signal** *n* (LE) / control pulse || ²**verhältnis** *n* (NC) / selection ratio

Ansteuerwinkel *m* / delay angle

Anstieg *m* / increase *n* || ² **der Leuchtdichte** / build-up of luminance

Anstiegs·antwort *f* (Reg.) / ramp response, ramp-forced response || ²**begrenzer** *m* / velocity limiter (produces an input signal as long as the rate of change (velocity) does not exceed a preset limit), rate-of-change limiter || ²**begrenzung** *f* (SPS) / up rate limit || ²**begrenzung** *f* (einer Spannung) / slew rate limiting || ²**faktor der Permeabilität** / permeability rise factor || ²**flanke** *f* / rising signal edge, positive-going edge || ²**flanke** *f* (Impuls) /

rising edge (the change from 0 to 1 of a Boolean variable), leading edge || ²**funktion** *f* / ramp function, ramp *n* || ²**geschwindigkeit** *f* / rate of rise, slew rate IEC 527
Anstiegs·rate *f* (Reg.) / slew rate IEC 527 || ²**steilheit** *f* / steepness *n*, rate of rise || ²**steilheit der Einschwingspannung** / rate of rise of TRV, transient recovery voltage rate || ²**steilheit einer in der Stirn abgeschnittenen Stoßspannung** / virtual steepness of voltage during chopping || ²**unterbrechung** *f* / cut-off *n* || ²**verzögerung** *f* (Reg., f. rampenförmige Änderung der Eingangsgröße) / ramp response time || ²**verzögerungszeit** *f* DIN 41785 / rise delay || **linearer** ²**vorgang** / unit ramp || **tan δ-**²**wert** *m* / tan δ value per voltage increment, tan δ angletime increment, tan δ tip-up value, Δ tan per step of U_n || ²**zeit** *f* (Impuls, HL) / rise time || ²**zeit** *f* (Hochlaufgeber) / ramp time || ²**zeit** *f* (Impulsabbild) / first transition duration || ²**zeit des Leuchtschirms** / screen build-up || ²**zeit eines Impulses** / pulse rise time
anstoßen *v* (Masch.) / start *v* || ~ *v* (mech.) / butt *v*, abut *v* || ~ *v* (eine Funktion, Reg.) / trigger *v*, initiate *v*, drive *v*, activate *v*
anstoßende Bewicklung / edge-to-edge taping, butted taping
Anstoß *m* / triggering *n* || ²**merker** *m* / trigger memory || ²**schalter** *m* / initiator *n* || ²**verfahren** *n* / impulse acceleration process || ²**verteilung** *f* (SPS) / initiation assignment || ²**signal** *n* / initiation signal
anstrahlen *v* (m. Flutlicht) / floodlight *v* || ~ *v* (m. Spitzlicht) / spotlight *v*
Anstrahler *m* / floodlight *n*
Anstrahlleuchte *f* (Engstrahler) / spotlight *n*, spot *n* || ² *f* (Flutlicht) / floodlight *n*
Anstrahlungswinkel *m* / radiation angle, beam spread
Anstrich *m* / coating *n*, coat *n*, paint coat, paint finish, paint *n* || **elektrisch leitender** ² / conductive coating, electroconductive coating || **ohne** ² / unpainted *adj* || ²**system** *n* / paint system
Anströmung gegen den Kegel / flow opens
Antast·punkt *m* / contact point || ²**richtung** *f* / contact direction
Anteil *m* / share *n*, component *n* || ² **an Oberwellen** / harmonic content || ² **der Welligkeit** / ripple content, ripple percentage || ² **fehlerhafter Einheiten** (QS) DIN 55350, T.31 / fraction nonconforming || ² **fehlerhafter Einheiten in der Stichprobe** / sample fraction defective || **Rot**~ *m* (LT) / red ratio || ²**grenze** *f* DIN 55350, T.24 / statistical tolerance limit || **statistischer** ²**sbereich** DIN 55350, T.24 / statistical tolerance interval || ²**steller** *m* / percentage adjuster, ratio adjuster
Antenne *f* / aerial *n*
Antennensteckdose *f* / aerial socket, aerial receptacle
anthropotechnisch *adj* / anthropotechnical *adj*
Anti·abspleißvorrichtung *f* (Klemme) / anti-spread device || ²**-Aliasing-Filter** *m* (zur Verhinderung von Faltungsfrequenzen) / antialiasing filter || ²**-Blockier-System** *n* (ABS Kfz) / anti-skid system, stop control system (SCS) || ~**corodal** *adj* / anticorosion *adj* || ²**dröhnmittel** *n* / anti-vibration compound, sound deadening compound || ~**ferromagnetische Übergangstemperatur** / antiferromagnetic Curie point, Néel temperature || ~**ferromagnetischer Werkstoff** / anti-ferromagnetic material || ²**ferromagnetismus** *m* / anti-ferromagnetism *n* || ²**friktionslager** *n* / rolling-contact bearing, anti-friction bearing, rolling bearing, rolling-element bearing
Anti·kompoundwicklung *f* / differential compound winding || ~**korrosiv** *adj* / anticorrosive *adj* || ~**magnetisch** *adj* / non-magnetic *adj*, antimagnetic *adj* || ²**oxidans** *n* / antioxydant *n*, oxidation inhibitor || ~**parallele LED** / anti-parallel LED || ²**parallelschaltung** *f* / inverse-parallel connection, anti-parallel connection, back-to-back connection
antippen *v* (anfahren eines Elements auf dem Bildschirm) / pick *v* || ~ *v* (Taste) / press *v* (momentarily), touch *v*
Anti·pumpeinrichtung *f* VDE 0660, T.101 / anti-pumping device IEC 157-1, pump-free device || ²**pumpschütz** *n* / anti-pump contactor || ²**reflexionsschicht** *f* (LWL) / antireflection coating || ²**reflexschicht** *f* / anti-reflecting coat || ²**resonanz** *f* / antiresonance *n* || ²**schlupfregelung** *f* (Kfz.) / anti-spin control, ASC || ²**statikmittel** *n* / antistatic agent || ²**statikum** *n* / antistatic agent || ~**statisch** *adj* / antistatic *adj* || ²**-Stokes-Lumineszenz** *f* / anti-Stokes luminescence || ²**valenz** *f* / non-equivalence *n*, exclusive OR || ²**valenz-Element** *n* / exclusive-OR element || ²**vibriermasse** *f* / anti-vibration compound
Antrag *m* / application *n* || ²**formular** *n* / application form
Antransport *m* / loading *n*
antreiben *v* / drive *v*, actuate *v*, operate *v*
antreibendes Rad / driving gear, driving wheel, driver *n*, pinion *n*
Antrieb *m* (Motorantrieb) / drive *n*, motor drive, coil system, drive system || ² *m* (Betätigungsglied) / operating head, handle assembly || ² *m* (Schütz, Magnetsystem) / magnet system || ² *m* (SG) / operating mechanism, mechanism *n*, drive *n* || ² *m* (Betätigungsglied) / actuator *n*, operator *n* || ² *m* (Stellantrieb) / actuator *n* || ² *m* (Trafo-Stufenschalter) VDE 0532, T.30 / driving mechanism IEC 214 || ² *m* (Schiff) / propulsion system || ² **8UC** / mechanism 8UC || ² **des Aufzeichnungsträgers** (Schreiber) / chart driving mechanism || ² **in Blockbauweise** (LS) / unit-construction (operating) mechanism || ² **mit Drehzahleinstellung** / adjustable speed drive || ² **mit Motoraufzug** (SG) / motor-loaded mechanism || ² **mit schwebendem Ring** (Bahn) / floating-ring drive || ² **mit Winkelgetriebe** / right-angle drive || ² **rückdrehfrei stillsetzen** / stop drive without any reverse rotation || **doppelwirkender** ² / double-acting drive || **einfachwirkender** ² / single-acting drive || **Einschalt**~ *m* (LS) / closing mechanism || **Magnet**~ *m* (SG) / electromagnetically operated mechanism, solenoid-operated mechanism || **Magnet**~ *m* (Stellantrieb) / solenoid actuator || **pneumatischer** ² / pneumatic actuator || **Schalt**~ *m* (WZM) / indexing mechanism || **stetiger** ² / continuously operating drive, continuous drive || ²**, Zähler** / operating mechanism for operations counter || **nicht selbsthemmende** ²**e** / non selfblocking actuators
Antriebs·aggregat *n* / hydraulic power unit || ²**anzeige** *f* / drive display || ²**art** *f* / operating mechanism type || ~**autarkes**

Stillsetzen/Rückziehen / independent drive stop/retract || ²**batterie** *f* (für Fahrzeuge) / traction battery || ²**block** *m* (LS-Antrieb) / mechanism assembly || ²**bus** *m* / drive bus || ²**datensatz kopieren** / copy drive data set || ²**drehmoment** *n* / driving torque, input torque, torque to operate || ²**drehmoment der Abstimmeinrichtung** DIN IEC 235, T.1 / tuner running torque || ²**einheit** *f* / drive unit || ²**element** *n* / driving element || ²**energie** *f* (Mot.) / motive power, drive power || ²**energie** *f* (SG, f. Betätigung) / operating energy || ²**freigabe** *f* / drive enable, drive system release, servo release || ²**gerät** *n* / drive unit, driving unit || ²**größe** *f* / drive variable || ²**gruppe** *f* / drive group

Antriebs·hilfsschalter *m* (SG) / mechanism-operated control switch, handle-operated switch || ²**kasten** *m* / operating mechanism box || ²**klemme** *f* / clamp *n*, connection terminal, terminal *n*, supply terminal || ²**komponente** *f* / drive unit || ²**kopf** *m* / operating mechanism, actuator head || ²**kopf** *m* (PS) / actuator *n* || ²**kopf** *m* (SG) / operating head || ²**kopplung** *f* / drive link, driving force, motive force, motive power, operating power || ²**kraft** *f* (LM) / propulsion force || ²**-Krafteinheit** *f* (Ventil) / actuator power unit || ²**kupplung** *f* / actuator clutch || ²**kurbel** *f* / operating crank, crank *n*

Antriebs·leistung *f* / driving power, drive power, motive power || ²**leistung** *f* (Gen.) / input *n*, mechanical power input || ²**leistung** *f* (LM) / propulsion power || **empfohlene** ²**leistung** / recommended drive capacity (r.d.c.) || **mechanische** ²**leistung** / mechanical input || ²**maschine** *f* / driving machine, drive motor, motor *n* || ²**maschine** *f* (Gen.) / prime mover || ²**maschinendaten** *n pl* / drive machine data || ²**merkmale** *n* / drive feature || ²**modul** *n* / drive module || ²**moment** *n* / driving torque, input torque || ²**motor** *m* / drive motor, driving motor || ²**regelgerät** *n* / driving unit, drive unit || ²**regelung** *f* / speed control, automatic speed control, servo drive control || **integrierte** ²**regelung** (IAR) / integrated drive control, IAR || ²**ritzel** *n* / driving pinion, pinion *n*

Antriebs·, Schalt- und Installationstechnik / drives and standard products || ²**scheibe** *f* / driving pulley, driving sheave || ²**schlupfregelung** *f* (Kfz) / traction control || ²**schnittstelle** *f* / drive port || ²**seite** *f* (Masch.) / drive end, driving end, D-end *n*, coupling end, pulley end, back *n* (US) || ²**seite** *f* (AS) / drive end (DE) || **mit Blick auf die** ²**seite** / (viewed when) facing the drive end, when looking at the drive end || **~seitig** *adj* (Mot.) / drive-end *adj*, at the drive end, A-end *adj* || ²**spannung** *f* / drive voltage || ²**spindel** *f* (Walzw.) / jack shaft || ²**spindel** *f* (Ventil) / actuator stem || ²**staffel** *f* / drive sequence, sectional drive, drive group || ²**status** *n* / drive state || ²**stelle** *f* / individual drive || ²**steller** *m* / drive actuator, power control regulator, power control || ²**steuergerät** *n* / traction control unit (TCU), TCU (traction control unit) || ²**steuerung** *f* / drive control, open-loop drive control || ²**steuerung** *f* (Einzelsteuerung) DIN 19237 / individual control || ²**steuerung** *f* (Kfz) / power train control || ²**steuerungsebene** *f* DIN 19237 / drive control level, individual control level || ²**störung** *f* / drive fault || ²**strang** *m* / power train, drive train || ²**stück** *n* / operating mechanism element || ²**system** *n* / drive *n*, drive system, coil system || ²**system** *n* (HSS) / actuating system

Antriebs·technik *f* / drive engineering, drive technology || ²**technik mit System** / system-based drive technology || ²**teil** *n* / operating part || ²**trägheitsmoment** *n* / flywheel mass of drive || ²**traverse** *f* / carriage mechanism || ²**turas** *m* / drive tumbler || ²**umrichter** *m* / drive system converter, drive system PWM || ²**verbund** *m* / drive combination || ²**warnung** *f* / drive warning || ²**welle** *f* (Motorantrieb) / drive shaft, driving shaft || ²**welle** *f* (Kfz., Kardanwelle) / cardan shaft || ²**welle** *f* (SG) / operating shaft, actuating shaft || ²**welle** *f* (Getriebe) / input shaft || ²**zeitkonstante** *f* / response time constant || ²**zustand** *m* / drive state || ²**zylinder** *m* / operating cylinder, cylinder *n*

Antrittszeit *f* (NC) / response time || ² *f* (Reaktionszeit) / response time (the time between fault notifications and arrival of the service specialist at the customer's site (reaction time plus travel time))

Antwort *f* / response *n* || ² **G** (Messeinrichtung) VDE 0432, T.3 / response G IEC 60-3 || ²**adresse** *f* / responding address || ²**bereitschaft** *f* / response accept || ²**daten** *plt* / reply data

Antworten *n* (aufgerufene Station) / answering *n*

Antwortender *m* / responder *n*

antwortender Teilnehmer (a. PROFIBUS) / responder *n*

Antworter *m* / responder *n*

Antwort·gerät *n* / responder *n* || ²**kanal** *m* / reply channel || ²**puffer** *m* / response buffer || ²**spektrum** *n* (Erdbebenprüf.) / response spectrum, test response spectrum (TRS) || ²**srichtung** *f* / response direction || ²**telegramm** *n* / response message || ²**telegramm** *n* (PROFIBUS) / response frame || ²**zeit** *f* (SPS) DIN EN 61131-1 / response time IEC 1131-1 || ²**zeit** *f* (Datennetz) / acknowledge time

An- und Abfahren, weiches ² (WAB) / smooth approach and retraction (SAR)

ANV (air, non-ventilated, drucklose Luft-Selbstkühlung) / ANV, non-ventilated, self-cooling by air at zero gauge pressure

ANW-DB (Anwenderdatenblock) / user data block

anwachsend, langsam ~e Spannung (mech.) / creeping stress, creeping strain

Anwahl *f* / selection *n*, selecting *n*, select *n* || ² **der Programm-Nr.** / selection of the program no. || ² **Drehmomentsollwert** / selection of torque setpoint || ² **Fangen** / flying start || ² **Motordaten-Identifikation** / select motor data identification || ² **über Namen** / select by name || ²**- und Ausführungsbefehl** (FWT I) / select and execute command

anwählbar *adj* / selectable *adj*

Anwahl·bedienung *f* / operator selection input, preselection input || ²**befehl** *m* / selection command || ²**betrieb** *m* / selective mode

anwählen *v* / preselect *v*, select *v* || ~ *v* (DÜ) / dial *v*

Anwahl·führung *f* / selection guide || ²**-Löschtaste** *f* / reset button, resetting button || ²**messung** *f* / measurement by (measuring-point selection), selective measurement || ²**möglichkeit** *f* / selection option || ²**punkt** *m* / selection point || ²**-Querbedienung** *f* (gleichzeitiger Aufruf zusammengehöriger Informationen auf einem oder mehreren Bildschirmen) / display combining mode, linked-display mode (o. selection) || **≗relais** *n* / selector relay || **≗rückmeldung** *f* / selection accept signal, selection indication || **≗schalter** *m* / selector switch, selector *n* || **≗schaltung** *f* / selector circuit, selective control || **≗steuerung** *f* / selective control || **≗tastatur** *f* / selector keyboard || **≗taste** *f* / selector button, selector key || **≗verfahren** *n* / dialling procedure

Anwärm-Einflusseffekt *m* / variation by self-heating

anwärmen *v* / warm up *v* || ≗ *n* (Werkstück) DIN 17014, T.1 / superficial heating treatment

Anwärmzeit *f* / warm-up period, preconditioning time IEC 51, warming-up time

Anweisung *f* DIN 44300 / statement *n*, operation *n* (a defined action, namely, the act of obtaining a result from one or more operands in accordance with a rule that completely specifies the results for any permissible combination of operands), instruction *n* (a programming language element that specifies an operation and the values or location of its operands. [ISO/IEC 2382-7/07.06.01 modified.]) || **vorbereitende** ≗ / preparatory instruction

Anweisungen *f pl* (Anleitungen) / instructions *n pl*

Anweisungs·ablaufverfolgung *f* (SPS) / statement trace || **≗kommentar** *m* / statement comment || **≗liste** *f* (AWL SPS) / statement list (STL) || **≗liste** *f* / statement list (STL), instruction list (IL) || **≗listensprache** *f* (AWL-Sprache) / instruction list language (IL language, a textual programming language using instructions for representing the application program for a PC-system) || **≗nummer** *f* / statement number || **≗nummer im Teileprogramm** (NC) / part program statement number || **≗sequenz** *f* / statement sequence || **≗sprache** *f* / mnemonics

anwendbar *adj* / applicable *adj*

anwenden *v* / apply *v*

Anwender *m* (AW) / user *n* (UR) || **vom ≗ definiert** / user-defined *adj* || **≗adresse** *f* DIN ISO 7498 / transport address || **≗alarm** *m* / user interrupt || **≗baustein** *m* / user block || **≗betreuung** *f* / user support || **≗bild** *n* (vom Anwender projektiertes Bild) / user-configured display, user display || **≗daten** *plt* / user data || **globale ≗daten** / GUD (global user data), global user data (GUD) || **programmglobale ≗daten** / program global user data (PUD) || **≗datenbaustein** *m* / user data block || **≗datenbaustein** *m* (DB-A) / application data block, UDB (user data block) || **≗datenblock** *m* (ANW-DB) / user data block || **≗datenhaltung** *f* / user database management system || **≗datenspeicher** *m* / user data storage, user data memory || **≗dialog** *m* / user dialog || **≗dokumentation** *f* / user documentation || **≗einheit** *f* (Prozessleitsystem) / application unit || **≗einstellung** *f* / user setting

anwenderfreundlich *adj* / user-friendly *adj*, easy to operate, convenient *adj*, easy-to-use *adj*, operator-friendly *adj*, sophisticated *adj*

Anwender·freundlichkeit *f* / user friendliness, ease of use, ease of operation, convenience || **≗funktion** *f* / applications *n* || **≗funktionstaste** *f* / user function key, user-defined function key || **≗konfiguration** *f* / user configuration, user environment || **≗labor** *n* / application laboratory || **≗makro** *n* / user macro || **≗maske** *f* / user form, user screenform || **≗-Meldeblock** *m* / user message record || **≗modul** *n* (SPS) / user data submodule || **≗modul** *n* / application module || **≗nahtstelle** *f* / user interface (UI), UI (user interface), AST/PEI

Anwender·oberfläche *f* / user interface (UI), user environment || **~orientiert** *adj* / user-oriented *adj*, application-oriented *adj* || **≗paket** *n* (Programme) / user package || **≗programm** *n* (vom Anwender geschrieben) / user-written program, user program || **≗programm** *n* / application program || **≗programm** *n* (AP Programm für die PLC, welches die NC-Steuerung an die jeweilige Maschine anpasst. Es wird vom Maschinenhersteller erstellt) / user program (UP synonymous with application program) || **≗programm** *n* (AWP) / user program (UP synonymous with application program) || **~programmierbar** *adj* / user-programmable *adj* || **≗programmspeicher** *m* / user program memory || **≗projekt** *n* / user project || **≗protokoll** *n* / application protocol

Anwender·schnittstelle *f* / user interface *n* (UI) || **≗schnittstelle** *f* (ASS) / AST/PEI, user interface (UI) || **≗schrittnummer** *f* / user step number || **≗software** *f* (vom Gerätehersteller geliefert) / application(s) software || **≗software** *f* (vom Anwender geschriebene Programme) / user software || **≗speicher** *m* (AWS) / main memory, RAM, user RAM, working memory, user memory (UM) || **≗speicherausbau** *m* / user memory configuration || **≗speichermodul** *n* (ASM) / user memory submodule (UMS) || **~spezifisch** *adj* / user-oriented *adj*, customized *adj*, personalized *adj*, application-oriented *adj*, user-specific

Anwender·-Technologie-Baugruppe *f* (ATB) / application module || **≗text** *m* / user text || **≗textblock** *m* / user text block || **freie ≗variable** / user variable || **≗verbindung** *f* DIN ISO 7498 / transport connection || **≗wunsch** *m* / customer wish || **≗zustimmung** *f* / user agreement || **≗zweig-Zuordnung** *f* (SPS) / user branch allocation || **≗zyklus** *m* (AWZ) / user cycle

Anwendung *f* / application *n*, utilization *n* || **in voller Breite ≗ finden** / be widely used || ≗ **in I-DEAS** / task *n* || **Energie~** *f* / energy utilization, electric power utilization

Anwendungs·beispiel *n* / typical application, example for application, application example || **≗bereich** *m* (Vorschrift) / scope *n* || **≗bereich** *m* / field of application, application *n*, area of application || **globaler ≗bereich** / global scope (scope of a declaration applying to all program organization units within a resource or configuration) || **lokaler ≗bereich** / local scope (scope of a declaration or label applying only to the program organization unit in which the declaration or label appears) || **≗berichte** *m pl* / application documentation, field reports || **≗controller mit Prioritätenschaltung** / user controller with a priority circuit || **≗dienst** *m* DIN ISO 7498 / application service || **≗dienstelement** *m* (ADE) EN 50090-2-1 / application service element (ASE) || **≗feld** *n* / area of application, application *n*, field of application || **gebräuchlichste ≗form** / widely used version || **≗gebiet** *n* / field of application, application *n*, area of application || **≗-Grenzkurven** *f pl* / limiting curves for application || **≗instanz** *f* DIN ISO 7498 / application entity || **≗klasse** *f* / utilization category || **≗-Kontroller** *m* (AWK) /

application controller (APC) || ≗**management** *n* DIN ISO 7498 / application management

anwendungsorientiert *adj* / application-oriented *adj*, user oriented *adj*, customized *adj* || **~es Kombinationsglied** DIN 19237 / application-oriented multifunction unit

Anwendungs·programm *n* / application program || ≗**protokoll** *n* DIN ISO 7498 / application protocol || ≗**prozess** *m* EN 50030-2-1 / application process || ≗**prozess im Gerät** EN 50090-2-1 / device application process || ≗**richtlinien** *f pl* / application guide || ≗**schicht** *f* DIN ISO 7498 / application layer || ≗**schnittstelle** *f* (AST zwischen Busankoppler und Anwendungsmodul o. Endgerät) / physical external interface (PEI) || ≗**vielfalt** *f* / flexibility *n* || **geforderte** ≗**zeit** (Zeitintervall, während dessen der Benutzer die Funktionsfähigkeit der Einheit verlangt) / required time (the time interval during which the user requires the item to be in a condition to perform a required function) || **gefordertes** ≗**zeitintervall** / required time (the time interval during which the user requires the item to be in a condition to perform a required function) || ≗**zweck** *m* / application *n*, duty *n*

anwerfen *v* (Mot.) / start *v*, start up *v* || ~ *v* (Rel., Schutz) / start *v*

Anwerfschalter *m* (f. Hilfswickl., drehzahlgesteuert) / centrifugal starting switch

Anwesenheit *f* (GLAZ) / attendance *n*

Anwesenheits·protokoll *n* / attendance printout || ≗**simulation** *f* / presence simulation || ≗**zeit** *f* / attendance time

Anwurfglied *n* / starting element, starting relay

Anwurfmotor *m* (Einphasenmot. ohne Hilfswickl.) / hand-started single-phase motor || ≗ *m* (Hilfsmot.) / starting motor, pony motor

ANZ (Anzeigebit) / CC (condition code) || **ANZ** (Anzeigenbit) / CC (condition code)

Anzahl der Betriebsstellungen (Trafo-Stufenschalter) / number of service tapping positions IEC 214 || ≗ **der erforderlichen Hübe** / required number of strokes || ≗ **der Fehler je Einheit** / defects per unit || ≗ **der Fehlimpulse** / missing-pulse count || ≗ **der Hochläufe hintereinander** / number of starts in succession || ≗ **der möglichen Stellungen** (Trafo-Stufenschalter) VDE 0532, T.30 / number of inherent tapping positions IEC 214 || ≗ **der Pole** / number of poles || ≗ **der Schaltungen** / number of operations || ≗ **der Stufenschalter-Stellungen** (Trafo) / number of tapping positions IEC 214, number of taps || ≗**ung** *f* / down payment

Anzapfdrossel *f* / tapped variable inductor

anzapfen *v* / tap *v*

Anzapf·-Kondensationsturbine *f* / extraction-type condensation turbine || ≗**schütz** *n* / tapping contactor || ≗**transformator** *m* / tapping transformer || ≗**umschalter** *m* / tap changer || ≗**umsteller** *m* / off-voltage tap changer, off-load tap changer

Anzapfung *f* (Trafo, Wickl.) / tapping *n*, tap *n* || ≗ **für Bemessungsspannung** (Trafo) / rated kVA tap || ≗ **für Umstellung im spannungslosen Zustand** (Trafo) / off-circuit tap (ping) || ≗ **für Umstellung unter Last** (Trafo) / on-load tap || ≗ **für verringerte Leistung** (Trafo) / reduced-power tapping || ≗ **für volle Leistung** (Trafo) / full-power tapping || ≗ **mit größtem Strom** (Trafo) / maximum-current tapping || ≗ **mit höchster Spannung** (Trafo) / maximum-voltage tapping || **Übersetzung auf den** ≗**en** / voltage ratio corresponding to tappings

Anzapfungs·bereich *m* (Trafo) VDE 0532, T.1 / tapping range IEC 76-1 || ≗**betrieb** *m* (Trafo) VDE 0532, T.1 / tapping duty IEC 76-1 || ≗**faktor** *m* (Trafo) VDE 0532, T.1 / tapping factor IEC 76-1 || ≗**größe** *f* (Trafo) / tapping quantity || ≗**leistung** *f* / tapping power || ≗**spannung** *f* / tapping voltage || ≗**strom** *m* / tapping current || ≗**stufe** *f* / tapping step || ≗**übersetzung** *f* (Trafo) / tapping voltage ratio || ≗**wert** *m* / tapping quantity || ≗**wicklung** *f* / tapped winding

Anzeige *f* / indication *n*, display *n*, annunciation *n*, readout *n* || ≗ *f* (BSG, CAD) / display *n* || ≗ *f* (Indikatorbit) / indicator bit, message *n* || **Ergebnis~** *f* (SPS, Bit) / result bit || **phasengemeinsame** ≗ / common annunciation for all phases || **Sicht~** *f* / display *n*, read-out *n* || **Zähler~** *f* (EZ) / meter registration, meter reading || ≗**ampel** *f* / indicator light || ≗**baugruppe** *f* (m. Leuchtdioden) / LED module || ≗**baugruppe** *f* (f. BSG) / display module || ≗**baustein** *m* / indicator module || ≗**bereich** *m* (BSG) / display range, display limits || ≗**bereichsanfang** *m* (Bildschirm) / lower (display range limit) || ≗**bereichsende** *n* (Bildschirm) / upper (display range limit) || ≗**beruhigung** *f* / display stabilization || ≗**bild** *n* / message display, display image || ≗**bit** *n* (Indikator) / indicator bit, condition-code bit || ≗**bit** *n* (ANZ) / condition code (CC) || ≗**box** *f* / display box || ≗**byte** *n* / condition code byte

Anzeige·daten *plt* (Display) / display data || ≗**datum** *n* / display data || ≗**dauer** *f* (BSG) / display duration || ≗**einheit** *f* (einzeilig) / display unit, display element || ≗**einheit** *f* (Tafel) / display panel, annunciator panel || ≗**einheit** *f* (BSG) / visual display unit (VDU) || ≗**einheit** *f* / remote display unit || ≗**element** *n* / display element, annunciator element || **spiralförmige** ≗**feder** / spiral dial spring

Anzeige·fehler *m* / indication error || ≗**fehler bei Endausschlag** (EZ) / register error at full-scale deflection || ≗**feinheit** *f* / display resolution || ≗**feld** *n* / annunciator panel, display *n*, indicator panel, display section || ≗**feld** *n* (Mosaiktechnik, Kompaktwarte) / display tile || ≗**feld** *n* (z. B. an einem Programmiergerät) / display panel || ≗**feld** *n* (BSG) / display field || ≗**fenster** *n* / display window || ≗**filter** *m* / display filter || ≗**fläche** *f* (BSG) / display area || ≗**format** *n* / display format || ≗**funkenstrecke** *f* (Abl.) / indicating gap || ≗**gerät** *n* / indicating device, indicator *n*, indicating equipment, display device || ≗**höhe** *f* (Echohöhe) / echo height

Anzeige·instrument *n* / indicating instrument, indicator *n* || ≗**instrumente** *n pl* / indicating instruments || ≗**klasse** *f* / display class || ≗**kopf** *m* / display head || ≗**lampe** *f* / indicator lamp, indicating light, pilot lamp, repeater lamp || ≗**-Maschinendatum** *n* (Anzeige-MD) / display MD || ≗**-MD** *n* (Anzeige-Maschinendatum) / display MD || ≗**modus** *m* / display mode

anzeigen *v* / display *v*

Anzeigen·adresse *f* (SPS, Indikatora.) / indicator address, condition-code (byte address) ||

≗bewertung *f* / evaluation of indication, display evaluation || **≗bildung** *f* (BSG) / display generation || **≗bit** *n* (SPS) / condition-code bit, result bit || **≗bit** *n* (ANZ) / condition code (CC)

anzeigend·er Drehmomentschlüssel / torque indicating spanner || **~er Grenzwertmelder** / indicating limit monitor || **~es Maximumwerk** / indicating maximum-demand mechanism || **~es Messgerät** / indicating instrument, indicator *n* || **~es Thermometer** / dial-type thermometer

Anzeigen·einspiegelung *f* (Kfz) / head-up display || **≗steuerung** *f* / display control || **≗werbung** *f* / advertisements || **≗wort** *n* (Indikator) / condition-code word, indicator word

Anzeige·parameter *m pl* / display of new parameters || **≗pfeil** *m* / arrow *n*, direction arrow || **~pflichtig** *adj* / notifiable *adj* || **≗-/Programmeditor** *m* / display/program editor

Anzeiger *m* / indicator *n* || **≗** *m* (Sich.) / indicating device, indicator *n* || **≗** *m* (anzeigendes Messgerät) / indicating instrument || **≗ einer berührungsgefährlichen Spannung** / live voltage detector IEC 50(302) || **Ableitstrom-≗** *m* / earth-leakage detector, leakage current detector || **elektrischer ≗ für nichtelektrische Größen** / electrically operated measuring indicating instrument

Anzeige·raster *n* / display grid || **≗röhre** *f* / indicator tube, display tube

Anzeigersicherung *f* / indicator fuse

Anzeige·schild *n* / indicator plate || **≗schwelle** *f* / threshold of indication || **≗seite** *f* / display side || **≗sprache** *f* / display language || **≗tableau** *n* / annunciator *n* || **≗tafel** *f* / annunciator board, display panel || **≗treiber** *m* / display driver || **≗- und Bedieneinheit** *f* / display and control unit || **≗- und Bedienfeld** *n* / front panel || **≗volumen** *n* (Datensichtgerät) / display capacity || **≗vorrichtung** *f* (MG, Sich.) / indicating device, indicator *n* || **≗wert** *m* / shown value || **≗wiederholung** *f* (PLT, Sammelstatus) / common-status display || **≗wort** *n* / indicator word || **≗wort** *n* (ANZW) / job status word, condition code word || **≗zyklus** *m* (BSG) / display cycle

Anziehdrehmoment *n* / twist torque, locked-rotor torque, tightening torque

anziehen *v* (Mot.) / break away *v*, start up *v* || ~ *v* (Rel.) / pick up *v* || ~ *v* (Schraube) / tighten *v*

Anzieh·moment *n* / locked-rotor torque, twist torque, tightening torque || **≗schema** *n* (Schrauben) / bolt tightening scheme

Anziehung *f* (magn., elektrostatisch) / attraction *n*

Anziehungskraft *f* / attractive force, force of attraction

Anzugs·drehmoment *n* (Thyr, beim Einschrauben) / stud torque || **≗drehmoment** *n* / twist torque, locked-rotor torque, tightening torque || **≗kraft** *f* (Bahn) / starting tractive effort, starting drawbar pull || **≗leistung** *f* (Rel.) / pickup power, pull-in power || **≗moment** *n* (Mot.) VDE 0530, T.1 / locked-rotor torque IEC 34-1, breakaway torque || **≗moment** *n* (Schraube) / tightening torque || **≗moment für Klemmenanschluss** / terminal torque || **≗spannung** *f* (Mot.) / breakaway starting voltage, locked-rotor voltage || **≗spannung** *f* (Rel.) / relay operate voltage, operate voltage || **≗strom** *m* (Mot.) VDE 0530, T.1 / locked-rotor current IEC 34-1, breakaway starting current || **≗strom** *m* (Rel.) / pickup current || **≗strom** *m* (kurzz. Strom einer Magnetspule beim Einschalten) / inrush current || **≗strom I_A** / starting current I_A || **≗strom mit Anlasser** (el. Masch.) / locked-rotor current of motor and starter || **~verzögert** *adj* / ON-delay *adj*, pickup-delayed *adj*, with ON delay || **≗stromverhältnis** *n* / starting current ratio I_A/I_N || **~verzögertes Relais** / on-delay relay, time-delay-after-energization relay (TDE), slow-operating relay (SO relay), delay-on-operate relay, ON-delay relay || **≗verzögerung** *f* (Rel.) / pickup delay, time delay on pick-up, ON-delay *n* || **≗verzögerungszeit** *f* / pickup delay, pickup delay time || **≗wert** *m* (Rel.) / pickup value || **≗wicklung** *f* (Rel.) / pickup winding || **≗zeit** *f* (Rel.) / pickup time, operate time

Anzugverzögerung *f* / pickup delay time, pickup delay

ANZW (Anzeigewort) / condition code word, job status word

AOP / Advanced Operator Panel (AOP), advanced operator panel, AOP || **≗ Echtzeituhr** / AOP real time clock || **≗-Handbuch** / AOP Manual

AOR (Active Output Register) / AOR (active output register)

APC / workstation computer, desktop computer, personal computer

APD / avalanche photodiode (APD)

aperiodisch *adj* IEC50(101) / aperiodic *adj* || **~ abgetastete Echtzeitdarstellung** (Impulsmessung) DIN IEC 469, T.2 / aperiodically sampled real-time format || **~ gedämpft** (MG) / dead-beat *adj* || **~e Größe** / aperiodic quantity || **~e Komponente** / aperiodic component || **~e Schwingung** / aperiodic motion, aperiodic oscillation || **~e Zeitkonstante** / aperiodic time constant

Aperturunsicherheit *f* / aperture uncertainty, aperture jitter

APH / high-intensity approach lighting (APH)

API / Application Program Interface (API), API (Application Program Interface)

APL / low-intensity approach lighting (APL)

APM / Advanced Power Management (APM) || **≗** / medium-intensity approach lighting (APM), automation protocol monitor (APM), APM (automation protocol monitor Power-saving function integrated into the BIOS), APM (advanced power management)

Apparat *m* / apparatus *n*, device *n*, item of apparatus, item of equipment, appliance *n*

Apparatedose *f* (I) / switch and socket box, device box, switch box, wall box

Apparaten, in den ≗ fest werden / congeal in the equipment

AP-PDU (Automation Protocol Data Unit) / AP PDU (automation protocol data unit)

Applicate *f* / applicate *n*

Application Layer Interface (ALI) / application layer interface (ALI)

Application-controller *m* (An den Bus angeschlossenes Steuergerät für anwendungsspezifische Verknüpfungen und Abläufe. Für einfache Anwendungen nicht erforderlich) / application controller

Applikation *f* / application *n* || **getrennte ≗** / separate application || **≗sschicht** *f* / complex devices, application layers || **≗s- und Simulationssystem** *n*

(Kfz) / calibration and simulation system
Approbation *f* / approval *n*, approvals *n*, certification *n*
Approbationspflicht *f* / approval requirements. certification requirements
Approximations·lauf *m* / approximation run || **≗verfahren** *n* / approximation method
APR / precision approach radar (APR) || ≗ / workstation computer, desktop computer, personal computer
A-Prüfstelle *f* / A-level calibration facility
APS / approach side-row lighting (APS)
APT / Applications Productivity Tool (APT), APT (Applications Productivity Tool)
APT-System *n* (APT = automatically programmed tool) / APT system (automatically programmed tool system)
AQL / acceptable quality level (AQL)
äquatoriales Trägheitsmoment / equatorial moment of inertia, axial moment of inertia
äquidistant *adj* / equidistant *adj*
Äquidistante *f* / equidistant *n*, equidistant path
äquidistant·e Bahnkorrektur (NC) / equidistant path compensation || **Regelung mit ≗en Steuerimpulsen** / equidistant firing control
Äquidistanten·korrektur *f* (ÄK) / equidistant compensation || **≗schnittpunkt** *m* (NC) / equidistant intersection
Äquidistanz *f* / constant bus cycle time
Äquijunktion *f* / equivalence *n*
Äquipotential *n* / equipotential *n* || **≗fläche** *f* / equipotential surface (o. area) || **≗linie** *f* / equipotential line, equipotential curve || **≗verbindung** *f* / equipotential connection, equalizer *n*
äquivalent·e Betriebszeit (KW) / weighted operating hours || **~e Eingangsdrift** / equivalent input voltage/current drift || **~e Eingangs-Rauschspannung** / equivalent input noise voltage || **~e Geräuschleistung** / noise equivalent power || **~e Leistung** (Trafo) / equivalent rating || **~e Leitfähigkeit** / equivalent conductance || **~e Leuchtdichte** / equivalent luminance || **~e Leuchtdichte des Hintergrundes** / equivalent field luminance || **~e Rauschspannung** / equivalent noise voltage || **~e Reaktanz** / equivalent reactance || **~e Salzmenge** (Fremdschichtprüfung) / equivalent salt deposit density (ESDD) IEC 507 || **~e Schleierleuchtdichte** / equivalent veiling luminance || **~e Verschleierung** / equivalent veiling luminance || **~e Zeitdarstellung** (Impulsmessung) / equivalent time format || **~er elektrischer Stromkreis** / equivalent electric circuit || **~er Serienwideristand** (Kondensator) IEC 50(436) / equivalent series resistance || **~es Netzwerk** / equivalent network || **~es Rauschsignal** / noise-equivalent signal || **~es Stufenindexprofil** / equivalent step index profile (ESI-profile)
Äquivalenz *f* / equivalence *n* || **≗element** *n* (binäres Schaltelement) / logic identity element, coincidence gate
AR / address register (AR) || ≗ (Analogeingabebaugruppe mit Relais) / ar (analog input module with relay)
Aräometer *n* / areometer *n*, hydrometer *n*
ArbEG (Arbeitnehmererfindergesetz) / employee invention law

Arbeit *f* / work *n*, energy *n* || **elektrische** ≗ / electrical energy || **mechanische** ≗ / mechanical work
arbeiten *v* / work *v*
Arbeiten an unter Spannung stehenden Teilen / live working, live-line working || ≗ **mit direkter Berührung** / bare-hand method || ≗ **mit isolierender Schutzbekleidung** / insulated gloves method, rubber gloves method || ≗ **mit Schutzabstand** / safe-clearance working, hot-stick working (US) || ≗ **von extern** / execution from external source, processing from external source
Arbeitnehmererfindergesetz *n* (ArbEG) / employee invention law
Arbeits·ablauf *m* / sequence of work, work flow, sequence of operations, process *n*, work plan, operating sequence, machining operation || **≗ablauf** *m* (WZM, NC) / work cycle, machining cycle, cycle *n* || **≗ablauf** *m* (HG) / period of operation, operating period || **≗ablaufplan** *m* / work schedule, work sequence schedule, flow diagram, routing plan, flow chart || **≗ablaufplan** *m* (NC) DIN 66257 / planning sheet ISO 2806-1980 || **≗ablaufstudie** *f* / chronological study || **≗abschnitt** *m* / sequence of operations || **≗abstand** s_a (NS) / actuation distance s_a || **≗anschluss** *m* / working port || **≗anweisung** *f* / work instruction || **≗aufgabe** *f* / machining task || **≗aufstellung** *f* / work schedule, operating plan || **≗auftrag** *m* / work order || **≗ausnutzung** *f* (eines Generatorsatzes) / utilization factor of the maximum capacity (of a set)
Arbeits·baustein *m* / work block, active block || **≗bereich** *m* / operating range, working range, working space, working area, working envelope, work envelope || **≗bereich** *m* (Rel., einer Erregungsgröße) VDE 0435, T. 110 / operative range || **≗bereich** *m* (SR) VDE 0558, T.1 / d.c.-side operating range || **≗bereich der Ausgangsspannung** (Verstärker) / output voltage range || **≗bereich der Eingangsgröße** DIN 44472 / signal input range || **≗bereich der Eingangsspannung** (Verstärker) / input voltage range || **≗bereich des Ausgangsstroms** (Verstärker) / output current range || **≗bereich des Eingangsstroms** (Verstärker) / input current range || **≗bereich des Ventils** / rangeability of the valve || **≗bereichsbegrenzung** *f* (NC) / operating range limit(ing) || **≗bereichsbegrenzung** *f* / working area limitation || **≗bereichstest** *m* (NC) / operating range test || **≗bereichsverriegelung** *f* / operating area interlock || **≗beschreibung** *f* / description of work, work statement || **≗bewegung** *f* (WZM) / machining motion || **≗bühne** *f* / (working) platform || **≗code** *m* / operation code
Arbeits·datei *f* / work file || **≗datenbaustein** *m* / work DB || **≗drehzahlen** *f pl* / operating speeds || **≗druck** *m* (PA) DIN 2401, T.1 / operating pressure, working pressure || **≗ebene** *f* / working plane || **≗einheit** *f* / energy unit, requester *n* || **≗erder** *m* / work-in-progress earthing switch, maintenance earthing switch || **≗erdung** *f* / earthing for work, grounding for work || **≗-Erdungsschalter** *m* / work-in-progress earthing switch, maintenance earthing switch || **≗feld** *n* (BSG) / working field || **≗feld** *n* / field of activity || **≗feldbegrenzung** *f* / working area limitation, operating range limit || **≗fenster** *n* / project window, action window || **≗fläche** *f* (BSG) / viewport *n* || **≗fläche** *f* / workspace *n*, working area

|| ²**fluss** *m* / work flow || ²**folge** *f* / sequence of operations, sequence of work, machining sequence

Arbeits·gang *m* / operation *n*, work operation || ²**gang** *m* (WZM, NC) / machining operation, pass *n* || ²**gangnummer** *f* (NC) / operation number || ²**gemeinschaft HGÜ** / HVDCT Working Group || ²**gerade** *f* (magn.) / load line || ²**geschwindigkeit** *f* / working speed, operating speed || ²**gleichung** *f* / energy equation || ²**gruppe** *f* / working group || ²**hebebühne** *f* / aerial lift device || ²**hub** *m* / range stroke, operating stroke, working stroke || ²**information** *f* (NC) / functional control information || ²**karte** *f* / job card, work ticket || ²**kenndaten pit** / operating characteristics || ²**kenngrößen** *f pl* / performance characteristics || ²**kennlinie** *f* (ESR) / operating line, operating curve || ²**kennlinie** *f* (Rel.) / operating characteristic, characteristic curve || ²**kennlinie** *f* (el. Masch.) / working curve, dynamic characteristic || ²**kennlinie der Ausgangselektrode** / load line (EBT) || ²**kontakt** *m* / make contact, make contact element IEC 337-1, a-contact, normally open contact, NO contact || ²**koordinate** *f* / working coordinate || **auswechselbarer** ²**kopf** (Handstange) / universal tool attachement IEC 50(604) || ²**korrekturen** *f pl* / working offset list || ²**kräfte** *f pl* / manpower *n*, human resources || ²**kreis** *m* / working committee, working party

Arbeits·last *f* / working load || ²**lehre** *f* / workshop gauge, working gauge || ²**leistung** *f* / performance *n* || ²**magazin** *n* / work magazine || ²**maschine** *f* (angetriebene Masch.) / driven machine || ²**maschine** *f* (Produktionsmasch.) / production machine || ²**maske** *f* (IS) / working mask || ²**maßstab** *m* (Zeichnung) / plotting scale || ²**maßstab** *m* (Karte) / compilation scale || ²**matrix** *f* (IS) / function matrix || ²**messung** *f* / energy metering || ²**mittel** *n* / working medium, work tools *pl* || ²**mittel der Hilfsenergie** / working medium of auxiliary power || ²**normal** *n* / working standard

Arbeits·physiologie *f* / human factors engineering || ²**plan** *m* / work schedule, operating plan, routing plan, process plan, flow chart, machining plan, work plan || ²**planung** *f* / work planning, work scheduling || ²**platte** *f* / workbench || ²**platz** *m* (m. Bildschirmgerät) / workstation *n* (WS) || ²**platz** *m* / place of work, workplace *n*, WS (workstation) || **Bildschirm-**²**platz** *m* (BSA) / display workstation, VDU-based workstation || **Büro~platz** *m* / office workplace || **Graphik~platz** *m* / graphic workstation || **~platzabhängiger Segmentspeicher** (AASS GKS) / workstationdependent segment storage (WDSS) || ²**platzbeleuchtung** *f* / local lighting, localized lighting || ²**platzbeschreibung** *f* / job description || ²**platzcomputer** *m* (APC) / workstation computer, desktop computer, personal computer || ²**platz-Konfiguration** *f* / workstation configuration || **maximale** ²**platzkonzentration** (MAK-Wert) / maximum allowable concentration (MAC), threshold limit value at place of work (TLV) || ²**platzleuchte** *f* / work light, close work luminaire (o. fitting), workplace luminaire || **~platzorientierte Allgemeinbeleuchtung** / localized general lighting, orientated general lighting || ²**platz-Pflichtanforderung** *f* / workstation mandatory || ²**platzrechner** *m* (APR) / workstation computer, desktop computer, personal computer || **~platzunabhängiger Segmentspeicher** (AUSS) / workstation-independent segment storage (WISS) || ²**preis** *m* (SIT) / kilowatthour rate || ²**prinzip** *n* / working principle || ²**produkt** *n* / scalar product || ²**prüfung** *f* / operating duty test || ²**punkt** *m* (HL, Dauermagnet) / working point || ²**punkt** *m* (MG) VDI/VDE 2600 / operating point || ²**punkt** *m* (Rob.) / tool centre point (TCP) || **Nenn-**²**punkt** *m* / nominal working point || ²**punkt-Drift** *f* (MG) / point drift

Arbeits·raum *m* / working range, operating range, working envelope || ²**raum** *m* (Rob.) / working space, work volume, work envelope || ²**raum** *m* (WZM) / working area || ²**raumabgrenzung** *f* / working area delimitation || ²**register** *n* / working register || ²**richtlinie** *f* / working guideline || ²**rollenbahn** *f* / main roller conveyor

Arbeits·schritt *m* / operational step, machining step || ²**schutz** *m* / occupational safety and health (US), occupational safety || ²**schutzgesetz** *n* / labour protection act, health and safety at work act (HSW Act US) || ²**schutzwagen** *m* / safety service trolley, safety repair truck || ²**sicherheit** *f* / occupational safety, labour safety, safety at work regulations || ²**sitzung** *f* / session *n* || ²**spalt** *m* / working clearance || ²**spannung** *f* / working voltage, on-load voltage, operating voltage || ²**speicher** *m* (Anwendersp.) / user memory || ²**speicher** *m* (ASP) / main memory, user memory, active store || ²**speicher** *m* (AS) / main memory, RAM, user RAM, working memory, user memory (UM) || ²**speicherbedarf** *m* / work memory requirement || ²**speichererweiterung auf Festplatte** / swap *n* || ²**speicherüberlauf** *m* / working memory overflow || ²**spiel** *n* / working cycle, cycle *n* || ²**spielzeit** *f* / work cycle time, cycle time || ²**spindel** *f* / workspindle *n*, main spindle || **schwenkbare** ²**spindel** / swivel-mounted work spindle || ²**stange** *f* / working pole, working stick || ²**stange mit Universalanschlüssen** / universal hand stick || ²**station** *f* / workplace *n*, requester *n*, energy unit, WS (workstation) || ²**stätte** *f* / workstation *n* (WS) || ²**stätten** *f pl* / working and business premises, production and office areas || ²**stellung** *f* / working position, actuated position || ²**stellung** *f* (Rel.) / operated condition || ²**strom** *m* / working current, load current, operating current || ²**strom-Alarmgerät** *n* / open-circuit alarm device || ²**strom-Auslösekreis** *m* VDE 0169,4 / open-circuit trip circuit || ²**stromauslöser** *m* (f-Auslöser) VDE 0660, T.101 / open-circuit shunt release, shunt release IEC 157-1, release with shunt coil || ²**stromauslöser** *m* / shunt trip || ²**stromauslöser mit Kondensatorgerät** (fc-Auslöser) / shunt release with capacitor unit, capacitor release || ²**strombetrieb** *m* (FWT) / open-circuit working || ²**strombremse** *f* / magnetically operated brake || ²**stromkreis** *m* / open circuit, make circuit || ²**stromschaltung** *f* (EZ) / make circuit, open-circuit-to-reset type || ²**stromschaltung** *f* / open-circuit arrangement, circuit closing connection, make circuit

Arbeits·tabelle *f* (IC) / function table || ²**tag** *m* / workday, working day, working day || ²**tage** *m pl* / workdays || ²**tag-Typ** *m* / working day pattern || ²**takt** *m* (Kfz-Mot.) / power stroke || ²**tarif** *m* (StT)

/ energy tariff || ²temperatur *f* (TA) DIN 2401, T.1 / operating temperature (TA) || ²**trum** *m* / driving strand, tight side || ²**umfang** *m* / scope of work, extent of operations || ²**ventil** *n* (LE) / working valve || ²**verbund** *m* / working group || ²**verluste** *m pl* (Netz) / energy losses || ²**verlustgrad** *m* (Netz) / energy loss factor, loss factor || ²**vermögen** *n* (Batt.) / working capacity, energy *n* || ²**vermögen** *n* (KW) / energy capability || ²**vermögen-Koeffizient** *m* (KW) / energy capability factor || ²**verzeichnis** *n* / working directory || ²**vorbereiter** *m* / methods engineer || ²**vorbereitung** *f* (WZM, NC) / production planning, process planning, work planning || ²**vorbereitung** *f* (Fabrik) / operations planning and scheduling || ²**vorbereitung** *f* (AV) / job planning, production planning || ²**vorgabe** *f* / work assignment || ²**vorgang** *m* / work operation, operation *n*, process *n*, cycle *n* || ²**vorrat** *m* (Pumpspeicherwerk) / electrical energy reserve || ²**vorschrift** *f* / directive *n*, instruction *n* || ²**vorschub** *m* (NC) / machining feed, feedrate *n*, feed *n* || ²**vorschub** *m* / machining feedrate || ²**vorschub mit Eilgang** / rapid feed, rapid traverse

Arbeits·weg *m* / travel *n* || ²**weise** *f* / method of operation, mode of operation, operational mode, working method, principle of operation || **unstetige** ²**weise** / discontinuous mode || ²**welle** *f* / output shaft || ²**welle** *f* (el. Welle) / power synchro-tie, power selsyn || ²**wert** *m* (Rel., E) VDE 0435, T.110 / operate value || ²**wicklung** *f* / power winding, load winding || ²**wicklung** *f* (Rel.) / operating coil || ²**widerstand** *m* / load resistance

Arbeits·zeit *f* / working hours, work hours || ²**zeit** *f* (Anwesenheitszeit) / attendance time || ²**zeitelement** *n* (GLAZ) / attendance element || ²**zeiterfassung** *f* (GLAZ) / attendance recording, time and attendance recording, working day pattern, work schedule, attendance pattern, attendance form || ²**zeitform** *f* (Woche) / weekly program || ²**zeitform** *f* (Tag) / daily program || ²**zeitmodell** *n* / attendance model || ²**zeitregelung** *f* / working-time arrangement || ²**zeitvereinbarung** *f* / working hours agreement || ²**zettel** *m* / worksheet || ²**zustand** *m* (Rel.) / operate condition, operate state (US), operated condition || ²**zyklus** *m* (NC-Wegbedingung) DIN 66025, T.2 / cycle *n* (NC preparatory function) ISO 1056 || ²**zyklus** *m* (WZM, NC) / machining cycle, fixed cycle, operating cycle, canned cycle, production cycle || ²**zyklus** *m* / working cycle, cycle of operation || **fester** ²**zyklus** (NC) / fixed cycle, canned cycle || ²**zylinder** *m* (Stellantrieb) / actuator cylinder

Arbiter *m* / arbiter

Arbitrationsbus *m* / arbitration bus (AB)

Archimedes-Klappe *f* / damper contoured like an Archimedes spiral

Architektur, offene ² (OA) / open architecture (OA)

Archiv *n* / archive *n* || ² **öffnen** / open archive || ²**ar** *m* / archiver *n* || ²**datenträger** *m* / archiving medium || ²**file** *n* / archive file || ²**funktion** *f pl* / archive functions

archivieren *v* (DV) / archive *v*, file *v*

Archiv·ier-Ladespeicher *m* / filing and loading store || ²**ierung** *f* / archiving *n* || ²**ierung** *f* (DV) / archiving *n*, filing *n*, off-line storage || ²**ierungsfile** *n* / archive file || ²**ierungsliste** *f* / archive list || ²**ierungsstand** *m* / archives version || ²**ierungszyklus** *m* / archiving cycle || ²**inhalt anzeigen** / display archive content, display archive contents || ²**liste** *f* / archive list || ²**pflege** *f* / archive maintenance || ²**protokoll** *n* / archiving devices log, historical log || ²**-Server** *m* / archive server || ²**server auswählen** / select archive server || ²**stand** *m* / archives version || ²**verwaltung** *f* / archives management, archives directory || ²**verzeichnis** *n* / archives directory || ²**zugriff** *m* / archive access

Arc-Tangensfunktion *f* / arc tangent function, inverse tangent function

Arcus·-Cosinus *m* / arc cosine || ²**-Sinus** *m* / arc sine || ²**tangens** *m* / arc tangent

Argon·arc-Schweißen *n* / argon-arc welding || ²**-Lichtbogen** *m* / argon arc

A-Ring *m* (Schleifring) / negative ring

Arithmetik·-Anweisung *f* (NC) / arithmetic instruction, compute instruction || ²**prozessor** *m* / numeric data processor (NDP), arithmetic (co)processor

arithmetisch·e Durchschnittsabweichung / arithmetic average deviation || **~e Funktion** / arithmetic function, arithmetic operation, mathematical function || **~e Operation** / math instruction || **~e Verschlüsselung** (der Vorschübe u. Drehzahlen, NC) / magic-three code || **~er Mittelwert** / arithmetic mean (value) || **~es Mittel** / arithmetic mean (value)

arithmetisch-logische Einheit (ALU) / arithmetic logic unit (ALU)

arktisches Klima / arctic climate

Arm *m* (Roboter) / arm *n*

ARM (Asynchron-Rotationsmotor) / ARM (asynchronous rotating motor)

Armatur *f* (Isolator) / metal part || ² *f* (Bürste) / finger clip, hammer clip || **handbetätigte** ² / hand valve

Armaturen *f pl* (f. Rohrleitunaen) / valves and fittings || ² *f pl* (Kabel) / accessories *n pl*, fittings *n pl* || **Installationsrohr-**² *f pl* / conduit fittings, conduit accessories || ²**brett** *n* (Kfz) / dashboard *n*, instrument panel || ²**brettleuchte** *f* / dashboard lamp, panel lamp || ²**gehäuse** *n* / valve body || ²**leuchte** *f* / dashboard lamp, panel lamp

Armauflage *f* / arm rest, armrest *n*

Armdrehen *n* (Manipulator) / azimut rotation

Ärmel, isolierender ² / insulating arm sleeve

armiert·er Isolator / insulator with integral metal parts || **~es Kabel** / armoured cable

Armierung *f* (Beton) / reinforcement *n* || ² *f* (Kabel) / armour *n*, armouring *n* || ² *f* / cable armour, metallic armour, armouring *n*

Armstern *m* (el. Masch., WKW) / spider *n*

Arno-Umformer *m* / phase converter

AROM / alterable ROM (AROM)

aromatischer Kohlenwasserstoff / aromatic hydrocarbon

Aron-Schaltung *f* / two-wattmeter circuit

Aronzähler *m* / Aron meter

ARP (ARP: Address Resolution Protocol: Dieses Protokoll unterstützt die Adressierung und hat die Aufgabe, für jede angegebene logische Internetadresse ihre zugeordnete MAC-Adresse zu ermitteln) / ARP (Address Resolution Protocol)

ARRAY / array

Arretierblech *n* / locking plate

Arretieren *n* / secure *n*

arretieren *v* / arrest *v*, locate in position, block *v*,

clamp *v*, lock *v*, stop *v*
Arretier·haken *m* / retaining latch || **²schraube** *f* / retaining screw
Arretierung *f* / locking (element), arresting device, blocking (element), clamping device, locking mechanism || ² **Bohrsteckbuchse** / drilling receptacle catch
Arretierungs·ring *m* / circlip *n*, snap ring || **²sicherung** *f* / locking *n*
Arrhenius-Diagramm *n* / Arrhenius graph
ARSR / air route surveillance radar (ARSR)
Art *f* / type *n* || **²enbestimmung für Schruppen und Schlichten** (NC) / definition of machining operation for roughing and finishing || ² **der Einstellung** (Trafo) / method of regulation, category of regulation || ² **des Betriebsmittels** DIN 40719, T.2 / kind of item IEC 113-2 || ² **des Fehlzustands** (einer der möglichen Fehlzustände bezüglich einer geforderten Funktion einer fehlerhaften Einheit) IEC 50(191) / fault mode (one of the possible states of a faulty item, for a given required function)
Arzneimittel *n* / medicine *n*
AS / interface module (IM), D-end *n*, driving end, back *n* (US), drive end || ² (Arbeitsspeicher) / user RAM, working memory, main memory, UM (user memory), RAM || ² (Antriebseite) / DE (drive end) || ² (Arbeitsstation) / WS (workstation) || ² (Automatisierungssystem) / AS (automation system)
Asbest *m* / asbestos || **²band** *n* / asbestos tape || **²dichtung** *f* / asbestos seal, asbestos packing || **²gewebe** *n* / asbestos web || **²papier** *n* / asbestos paper || **²pappe** *f* / asbestos board || **²schnur** *f* / asbestos yarn || **²strang** *m* / asbestos roving
A-Schalldruckpegel *m* / A-weighted mean sound-pressure level
A-Schallleistungspegel *m* / A-weighted sound-power level
Aschegehalt *m* (Öl) / ash content
ASCII (American Standard Code for Information Exchange, digitaler 7-Bit Code, allgemein als ASCII Zeichen bekannt) / ASCII (American Standard Code for Information Exchange)
ASCII-Code *m* (amerikanischer Standardcode für Informationsausstausch) / ASCII code (American Standard Code for Information Interchange)
ASCII Mode *m* / ASCII mode
ASCII-Tastatur *f* / ASCII keyboard
ASDA / accelerate-stop distance available (ASDA)
A-Seite *f* (el. Masch.) / drive end, D-end *n*, driving end, back *n* (US)
aselektiver Empfänger (f. optische Strahlung) / non-selective detector || ~ **Strahler** / nonselective raditor
AS·-Faser *f* (AS = all silica) / AS fibre (all-silica fibre) || **²-i** (Aktuator-Sensor-Interface) / AS-i (Actuator-Sensor interface)
a-Sicherungseinsatz *m* (f. Kurzschlussschutz) / a fuse link
AS-Interface (Aktuator-Sensor-Interface) / AS-Interface (Actuator-Sensor interface)
AS-Interface-Leitung / AS-Interface cable, AS-Interface line
Askarel *n* / askarel *n* || **²tranformator** *m* / askarel-filled transformer, askarel transformer
AS-Lager *n* / D-end bearing, drive-end bearing
AS Konfiguration Übertragung / transfer AS configuration, AS configuration transfer
ASM (Anwenderspeichermodul) / UMS (user memory submodule)
ASP / user memory, application service provider (ASP), ASP (Application Service Provider)
ASPC / ASPC
ASPC 2 / ASPC 2
Aspektverhältnis *n* / aspect ratio
Asphalt·-Anstrich *m* / asphalt varnishing || **²farbe** *f* / bituminous paint || **²kitt** *m* / asphaltic cement, asphalt mastic || **²lack** *m* / asphalt varnish, bituminous varnish || **²masse** *f* / asphalt compound, bituminous compound, asphalt paste, bituminous mastic
Asphärencenter *n* / aspherical center
A-Spline *m* (Akima-Spline) / A spline (akima spline)
ASR / automatic send and receive (ASR) || ² / airport surveillance radar (ASR)
AS-Register *n* / PLC register
ASS (Anwenderschnittstelle) / UI (user interface), AST/PEI
AS-Schild *m* / end shield at drive end, drive-end shield, D-end shield
Assemblercode *m* / assembler code
assemblieren *v* / assemble *n*
Assemblierer *m* / assembler *n*
Assertionsfehler *m* / assertion failed
Assistent *m* (Hilfsprogramm) / wizard *n*
Assistentenparametrierung *f* / parameterization wizard
assoziative Bemaßung (CAD) / associative dimensioning
Assoziativspeicher *m* / associative storage
AST / physical external interface (PEI)
Ast *m* (Kurve, Netzwerk) / branch *n*
astabil·e Schaltung / astable circuit || **~es Kippglied** DIN 40700 / astable element IEC 117-15, multivibrator *n*
astatisch·e Regelung / astatic control || **~es Messgerät** / instrument with magnetic screen, astatic instrument
Astigmatismus *m* / astigmatism *n*
AST/PEI / user interface (UI), UI (user interface)
astronomische Sonnenscheindauer / astronomical sunshine duration
ASUP (Asynchrones Unterprogramm) / ASUB (asynchronous subroutine), ASUB (asynchronous subprogram)
AS Verbindungsdaten Übertragung / transfer AS link data, AS link data transfer
Asymmetrie·grad *m* / asymmetry factor, unbalance factor || **²relais** *n* / unbalance relais || **²überwachung** *f* / unbalance monitoring
asymmetrisch gerichtete Ausstrahlung / asymmetrically directed radiation (o. light distribution) || **~ strahlender Spiegel** (Leuchte) / asymmetric specular reflector || **~e Breitstrahlung** / asymmetrical wide-angle radiation, asymmetrical wide-beam radiation || **~e Funkstörspannung** (Delta-Netznachbildung) / asymmetrical terminal interference voltage, asymmetrical terminal voltage || **~e Klemmenspannung** (EMV) / asymmetrical terminal voltage || **~e Nachrichtungübertragung** / asymmetric message transfer || **~e Spannung** (EMV) / asymmetrical voltage, common-mode voltage || **~e Verteilung** / skewed distribution || **~e,**

halbgesteuerte Brückenschaltung / asymmetric half-controlled bridge || **~e, löschbare Brückenschaltung** / asymmetric bridge with forced turn-off commutation || **~er Kurzschlussstrom** / asymmetric short-circuit current || **~er Lichtkegel** (Kfz) / asymmetrical beam || **~es Ausschaltvermögen** / asymmetrical breaking capacity, asymmetrical rupturing capacity || **~es Element** / asymmetric element, asymmetric-characteristic circuit element || **~es Schaltvermögen** / asymmetrical breaking capacity, asymmetrical rupturing capacity

asymptotische mittlere Nichtverfügbarkeit (für Modellzwecke der Grenzwert - falls er existiert - der mittleren Nichtverfügbarkeit für eine gegen Unendlich gehende Dauer) / asymptotic mean unavailability (for modeling purposes, the limit, if this exists, of the mean unavailability over a time interval (t1, t2) when t2 tends to infinity) || **~ mittlere Verfügbarkeit** (für Modellzwecke der Grenzwert - falls er existiert - der mittleren Verfügbarkeit für eine gegen Unendlich gehende Dauer) / asymptotic mean availability (for modeling purposes, the limit, if this exists, of the mean availability over a time interval (t1, t2) when t2 tends to infinity) || **~ Nichtverfügbarkeit** (für Modellzwecke der Grenzwert - falls er existiert - der momentanen Nichtverfügbarkeit für eine gegen Unendlich gehende Dauer) / asymptotic unavailability (for modeling purposes, the limit, if this exists, of the instantaneous unavailability when the time tends to infinity) || **~ Verfügbarkeit** (für Modellzwecke der Grenzwert - falls er existiert - der momentanen Verfügbarkeit für eine gegen Unendlich gehende Dauer) / asymptotic availability (for modeling purposes, the limit, if this exists, of the instantaneous availability when the time tends to infinity)

asynchron *adj* / asynchronous *adj*, non-synchronous *adj*

Asynchron·bedingungen *f pl* (Netz) / out-of-phase conditions || **Einschaltvermögen unter ≗bedingungen** / out-of-phase making capacity || **≗betrieb** *m* (Synchronmasch.) / asynchronous operation || **≗blindleistungsmaschine** *f* / asynchronous condenser, asynchronous compensator, asynchronous capacitor

asynchron·e Datenübertragung / asynchronous data transmission || **~e Fernwirkübertragung** / asynchronous telecontrol transmission || **~e Impedanz** / asynchronous impedance || **~e Meldung** / sporadic message || **~e Schaltspannung** / out-of-phase switching voltage || **~e Steuerung** / non-clocked control || **~e Übertragung** / asynchronous transmission || **~e Verbindung** (Netz) / asynchronous link || **~er Anlauf** / induction start, asynchronous starting, induction starting || **~er Betrieb** / asynchronous operation || **~er Betrieb** (Signalverarbeitung) / asynchronous mode || **~er Binärzähler/Teiler** / ripple-carry binary counter/divider || **~er Lauf** / asynchronous operation || **~er Selbstanlauf** / asynchronous self-starting || **~er Zähler** / asynchronous counter, ripple counter || **~es Drehmoment** / asynchronous torque, damping torque || **~es Drehmoment** (Oberwellendrehm.) / harmonic induction torque || **~es Zusatzdrehmoment** / harmonic induction torque

Asynchron·faktor *m* / out-of-phase factor || **≗fehleralarm** *m* / asynchronous error interrupt || **≗frequenzwandler** *m* / induction frequency changer (converter) || **≗generator** *m* / induction generator, asynchronous generator, non-synchronous generator || **≗impedanz** *f* / asynchronous impedance || **≗-Linearmotor** *m* / linear induction motor (LIM)

Asynchron·maschine *f* / asynchronous machine, induction machine, non-synchronous machine || **≗motor** *m* / asynchronous motor, induction motor, non-synchronous motor || **≗motor** *m* (AM) / asynchronous motor, induction motor (IM) || **≗motor mit Anlauf- und Betriebswicklung** / double-deck induction motor || **≗motor mit Käfigläufer** / squirrel-cage induction motor || **≗motor mit Schleifringläufer** / slipring induction motor, wound-rotor induction motor, phase-wound motor || **phasenkompensierter ≗motor** / all-Watt motor || **synchronisierter ≗motor** / synchronous induction motor, synchronized induction motor, autosynchronous motor, synduct motor || **≗reaktanz** *f* / asynchronous reactance || **≗-Rotationsmotor** *m* (ARM) / asynchronous rotating motor (ARM) || **≗sperre** *f* / out-of-step relay, loss-of-synchronism relay, pull-out protection relay || **≗-Synchron-Umformer** *m* / induction-synchronous motorgenerator set || **≗widerstand** *m* / asynchronous resistance || **binärer ≗zähler** / binary ripple counter

AT (Arbeitstag) / working day

ATB (Anwender-Technologie-Baugruppe) / application module

AT-VASIS / abbreviated T-VASIS *n* (AT-VASIS)

A-Typ-Transistor *m* / depletion mode transistor

Äthylen *n* / ethylene *n*

atmend *adj* / breathing *adj* || **~e Verpackung** / ventilated packing

Atmosphärendruck *m* / barometric pressure, atmospheric pressure

atmosphärisch·e Bedingungen / atmospheric conditions || **~e Korrosion** / atmospheric corrosion || **~e Normalbedingungen** / standard atmospheric conditions || **~e Überspannungen** / surges of atmospheric origin || **~er Durchlassgrad** / atmospheric transmissivity || **~er Korrekturfaktor** / correction factor for atmospheric conditions

atmungsdicht *adj* / hermetically sealed || **≗einrichtung** *f* / breathing device || **≗einrichtung** *f* (explosionsgeschützte Betriebsmittel) / breather *n*

Atom·absorptionsspektrometrie *f* / atom absorption spectrometry || **≗antrieb** *m* / nuclear propulsion system, atomic propulsion

ATS / air traffic services (ATS)

Attribut *n* (QS) / attribute *n* || **≗** *n* / characteristic *n*, feature *n*, quality *n*, property *n* || **≗efeld** *n* / attribute field || **≗-Kennung** *f* / attribute identifier || **≗kennung** *f* / attribute identifier || **≗merkmal** *n* / attribute *n* || **≗prüfung** *f* (Annahmestichprobenprüfung, bei der anhand der Anzahl fehlerhafter Einheiten oder der Anzahl der Fehler in den einzelnen Stichproben die Annehmbarkeit des Prüfloses festgestellt wird) / inspection by attributes || **setze ≗wert** / set attribute value

Ätzbad *n* / etching solution. etch bath

Ätze / etching solution. etch bath
ätzen *v* / etch *v*
ätzend *adj* / caustic *adj*, corrosive *adj* || **~e Dämpfe** / corrosive vapours (o. fumes)
Ätz·faktor *m* / etch factor || **≗lösung** *f* / etching solution || **≗mittel** *n* / etching agent, etchant *n*, etching medium || **≗probe** *f* / etch test
Audiofrequenz *f* (AF) / audio frequency (AF)
Audiovisuelle Medien (AV-Medien) / audio-visual media
Audit *n* (QS) / audit *n* || **≗anweisung** *f* / audit procedure
auditieren *v* (QS) / audit *v*
Auditplan *m* / audit plan
AUF / OPEN
auf den Anfangsbestand bezogene Kenngrößen DIN 40042 / reliability characteristics with regard to initials || **~ den Bestand bezogene Zuverlässigkeitskenngrößen** DIN 40042 / reliability characteristics with regard to survivals || **~ den Bezugswert bezogene Abweichung** (Rel.) VDE 0435, T.110 / conventional error || **~ den neuesten Stand bringen** / update *v* || **~ Drehzahl kommen** / run up to speed, accelerate *v* || **~ Eigensteuerung schalten** (PMG) / go to local || **~ einen Zwischenbestand bezogene Ausfallgrößen** DIN 40042 / failure characteristics with regard to intermediate survivals || **~ Einhaltung der Toleranzen prüfen** / check for specified limits
Auf-Ab-Taste *f* / up / down button, bidirectional counter
Auf-/Ab-Zähler *m* / up-down counter, reversible counter
aufbandagieren *v* / tape *v*, wind *v*
Aufbau *m* / setting up, surface mounting || ≗ *m* (Montage) / erection *n*, installation *n*, mounting *n* || ≗ *m* (Bauart) / construction *n*, design *n* || ≗ *m* (Zubehör einer Röhre) DIN IEC 235, T.1 / mount *n* || ≗ *m* (Gefüge) / structure *n* || ≗ *m* (Konfiguration) / configuration *n* || ≗ **der Selbsterregung** / build-up of self-excited field || ≗ **der Spannung** / build-up of voltage || ≗ **des Programms** / structure of program || ≗ **einer Nachricht** (PMG) / message structure || ≗ **eines Feldes** / setting up of a field, creation of a field || **bedarfsgerechter** ≗ / custom-built design || **dreifach redundanter** ≗ / configuration with triple redundancy || **einseitiger** ≗ / single-sided configuration || **einzeiliger** ≗ / single-tier configuration || **explosionsgeschützter** ≗ / explosion protected design || **freier** ≗ / open design || **für** ≗ / surface-mounting *adj* || **mechanischer** ≗ / mechanical design, mechanical construction || **mehrzeiliger** ≗ / multi-tier configuration, multitier configuration || **potenzialgetrennter** ≗ / galvanically isolated installation || **senkrechter** ≗ / vertical arrangement || **übersichtlicher** ≗ / well-designed components || **waagerechter** ≗ / horizontal mounting, horizontal arrangement || **zentraler** ≗ (PLT, SPS) / centralized configuration || **zweizeiliger** ≗ / two-tier configuration
Aufbau·anschlussdose *f* (IK) / surface-mounting outlet box, floor-mounting outlet box || **≗automat** *m* (Kleinselbstschalter) / surface-type m.c.b., surface-mounting m.c.b. || **≗berufe** *m pl* / advanced trades || **≗deckel** *m* (IK) / adapter cover, cover *n* (of surface-mounting box) || **≗-Deckenleuchte** *f* / surface-type ceiling luminaire, ceiling luminaire || **≗-Empfänger** *m* (RSA) VDE 0420 / consumer's receiver
aufbauen *v* / erect *v*, construct *v*, mount *v*, assemble *v*, set up *v*, build up, establish *v*, integrate in || **ein Magnetfeld ~** / build up a magnetic field, set up a magnetic field || **eine Verbindung ~** (DÜ) / establish a connection
Aufbau·fassung *f* (Lampe) / surface-mounting lampholder || **≗gehäuse** *n* / surface casing || **≗gerät** *n* (zum Kombinieren mit einem Grundgerät) / add-on unit, combination unit || **≗gerät** *n* (Auf-Putz-Gerät) / surfacemounting device || **≗leuchte** *f* (Deckenleuchte) / ceiling luminaire || **≗-LS-Schalter** *m* / surfacetype circuit-breaker || **≗-LS-Schalter** *m* (Kleinselbstschalter) / surface-type m.c.b., surface-mounting m.c.b. || **≗material** *n* / installation accessories, mounting hardware, mounting accessories, mounting and fixing accessories
Aufbau·raste *m* (Halterahmen) / retaining frame || **≗richtlinien** *n* / installation guideline, recommendations for installation || **≗schalter** *m* / surface-type switch, surface switch || **≗sicherung** *f* / surface-type fuse (base), surface-mounting fuse (base) || **≗system** *n* / rack system, packaging system, assembly system, assembly and wiring system || **≗system** *n* (Zusammenfügen von Modulen o. Einheiten) / packaging system || **≗system für Steuertafeln** / modular system for assembling control panels || **≗system in Bausteintechnik** / modular rack-and-panel system, modular packaging system
Aufbau·technik *f* / design *n* || **≗teil** *n* / mounting part, mounting accessory || **≗ten** *m pl* / built-on accessories, machine-mounted accessories || **mechanische ≗ten** (MSR-Geräte) / constructional hardware || **≗tisch** *m* / top-mounted table || **≗typ** *m* (LSS) / surface type || **≗übersicht** *f* / assembly drawing || **≗übersicht** *f* DIN 6789 / components scheme || **≗versuch** *m* / buildup attempt || **≗zeichnung** *f* / location diagram || **≗zeit** *f* (Datenleitung) / (connection) establishment delay || **≗zeit** *f* (Formierzeit) / formation time
aufbereiten *v* (Signale) / condition *v*, preprocess *v* || **~** *v* (Text) / edit *v*
Aufbereitung *f* / preparation *n*, preprocessing *n*, editing *n*, conditioning *n* || ≗ *f* (Isolierflüssigk.) / re-conditioning *n* || ≗ *f* (Wickl.) / treatment *n* || ≗ **von Impulsen** / pulse conditioning || **Text~** *f* / text composing and editing
Aufbeton *m* / top concrete, concrete topping
aufbewahren *v* / keep *v*
Aufbewahrungsfrist *f* (QS) / retention period, filing period
aufblasen *v* (Luftsack) / inflate *v* || ≗ **des Kolbens** (Lampe) / bulb blistering
aufblenden *v* / display *v*
aufblinken *v* / flicker *v*
aufbocken *v* / support *v*, jack *v* (up)
aufbohren *v* / to enlarge a bore, bore *v*, drill *v*, counter-bore *v*
aufbrechbare Verschweißung (Kontakte) / separable welded contacts
Aufdampfen *n* / vapour depositing, evaporation coating, vaporizing metal-coat deposition, vacuum metallizing
aufdaten *v* (aktualisieren) / update *v*

aufdecken *v* (Fehler) / detect *v*, locate *v*
Aufdeckungsvermögen *n* / revealing power
aufdimmen *v* / dim up
Aufdruck *m* / printing *n*
aufdruckbar *adj* / laser-etched *adj*
Aufdrück- und Abziehvorrichtung *f* / fitting and extracting tool, pusher-puller *n*
Aufenthaltszeit *f* (QS) / abode time ‖ ≗ *f* (GLAZ) / attendance time
Auferregung *f* / build-up of excitation, voltage build-up ‖ **kritische Drehzahl für die** ≗ / critical build-up speed
Auferregungs·drehzahl *f* / build-up speed ‖ ≗**hilfe** *f* / field-flashing circuit ‖ ≗**versuch** *m* / voltage build-up test
auffahren *v* (absenken) / to lower into position, lower *v*
Auffahrkontakt *m* / moving isolating contact, isolating contact, stab *n*
Auffälligkeit *f* (Objekt o. Lichtquelle) / conspicuousness *n*
Auffang·-Flipflop *n* / latching flipflop, latch *n* ‖ **D-**≗**-Flipflop** *n* / D latch ‖ ≗**leiter** *m* (Blitzschutz) / lightning conductor, roof conductor, ridge conductor, horizontal conductor ‖ ≗**schirm** *m* (Photometer) / photometer test plate ‖ ≗**speicher** *m* / buffer memory (o. store), overflow store, buffer store ‖ ≗**stoff** *m* / getter *n* ‖ ≗**wanne** *f* / oil sump, oil collecting trough
Aufflackern *n* (Leuchtstofflampe) / blinking *n*
Aufforderung *f* / input prompt ‖ **Aufforderung** *f* / request *n* ‖ **Aufforderung** *f* (an den Bediener) / prompt(ing) *n* ‖ **Aufforderung** *f* (DÜ) / request for response, response solicitation ‖ **DMA-**≗ *f* / DMA request
Aufforderungs·betrieb *m* (DÜ) / normal response mode (NRM) ‖ ≗**phase** *f* (DÜ) / polling phase ‖ ≗**telegramm** *n* / request frame ‖ ≗**text** *m* (SPS) / prompting message ‖ ≗**text** *m* / prompt *n*
auffrischen *v* (Signale) / regenerate *v* ‖ ≗ *n* (Speicher) / refresh mode *n*
Auffrisch·intervall *m* (Speicher) / refresh time interval ‖ ≗**rate** *f* / refresh cycle ‖ ≗**zeit** *f* / refresh time ‖ ≗**zyklus** *m* / refresh cycle
Auffüllung *f* / stock-up
Aufgabe *f* (DV) / task *n* ‖ ≗ *f* (Reg.) / object *n* ‖ ≗**leibung** *f* / loading soffit
Aufgaben·bereich *m* (Reg.) / object range ‖ **~bezogen** *adj* / job-related *adj*, function-related *adj*, dedicated *adj*, problem-related *adj* ‖ ≗**größe** *f* (Reg.) / object variable, desired variable ‖ **~orientiert** *adj* / job-oriented ‖ **~spezifisch** *adj* / job-specific ‖ ≗**stellung** *f* / task definition, problem definition, task *n*, terms of reference ‖ ≗**vektor** *m* (Reg.) / object vector
aufgebaut *adj* / top-mounted *adj*, machine-mounted *adj*, surmounted *adj*, built on *adj*, connected *adj* ‖ **~e Kühlvorrichtung** (el. Masch.) / machine-mounted circulating-circuit component
Aufgeber *m* (Nachrichten) / originator *n*
aufgedampft *adj* / vacuum-metallized *adj*
aufgeführt *adj* / laid down
aufgefüllte Impulskette / interleaved pulse train
aufgehängt, Prüfung mit ~em Läufer / suspended-rotor oscillation test ‖ **~er Schienenverteiler** / overhead busbar trunking (system), overhead busway (system)
aufgehoben *adj* / canceled *adj*
aufgekohlt *adj* / carburized *adj*
aufgelaufene Überstunden / accrued overtime
aufgelöst·e Darstellung (auseinandergezogene D.) / exploded view ‖ **~e Darstellung** (Stromlaufplan) DIN 40719, T.3 / detached representation ‖ **~e Scheibe** / resolved plate ‖ **~e Wicklung** / open-circuit winding, subdivided winding ‖ **~er Arbeitsgang** / single-step operation ‖ **~er Sternpunkt** / open star point, open neutral point, open neutral
aufgenommen·e Blindleistung / reactive power absorbed ‖ **~e Leistung** / power input *n*, input *n* ‖ **~e Leistung** (kWh) / power consumption ‖ **~e Leistung** (Lampe) / wattage dissipated ‖ **~e Leistung** (Sich.) / accepted power, power acceptance ‖ **~e Spannung** / input voltage, voltage input, absorbed voltage ‖ **~er Strom** / input current, current input, entering current
aufgeprägter Strom / injected current
aufgerauht *adj* (Pressglas-Oberfläche) / stippled *adj*
aufgesattelt *adj* / overhung *adj*, mounted overhung ‖ **~e Erregermaschine** / overhung exciter ‖ **~er Generator** (Bauform A 4) / engine-type generator ‖ **~er Motor** (Ringmot.) / wrapped-around motor, ring motor
aufgeschnitten·e Wicklung / open-circuit winding, subdivided winding ‖ **~er Kreis** / open loop ‖ **~er Kurzschlussring** (KL) / end ring with gaps
aufgeschobene Instandhaltung (Instandsetzung, die nicht unmittelbar nach Fehlererkennung eingeleitet, sondern entsprechend gegebenen Instandhaltungsregeln zu einem späteren Zeitpunkt durchgeführt wird) / deferred maintenance (corrective maintenance which is not immediately initiated after a fault recognition but is delayed in accordance with given maintenance rules)
aufgeschobene Ausführung / postponed execution
aufgeschrumpft *adj* / shrunk-on *adj*, shrunk *adj*, fitted by shrinking
aufgesetzt·e Tür / detachable door ‖ **~er Stromkreis** / superposed circuit
aufgespannt *adj* / clamped *adj*
aufgesteckt *adj* / put on, connected *adj*
aufgeteilt·e Gründung / separate-footing foundation ‖ **~es Feld** / split field
aufgewalzt *adj* / rolled-on *adj*
aufgeweitet *adj* / widened *adj*
aufgliedern *v* / break down *v*
Aufhänge·abstand *m* (IK) / hanger spacing ‖ ≗**blech** *n* / attachment plate ‖ ≗**bügel** *m* / hanger *n*, stirrup *n* ‖ ≗**fahne** *f* (Batt.) / suspension lug ‖ ≗**lasche** *f* (Tragklemme) / suspension strap
Aufhänger *m* / hanger *n*
Aufhängevorrichtung *f* / suspension device IEC 238, suspension attachment, hanger *n*
Aufhängung *f* (Stromschienensystem) VDE 07113 / suspension device IEC 570
Aufhängungsarm *m* (Motorlager) / suspension bracket
aufhaspeln *v* / reel on
aufheben *v* / annul *v*, erase *v* ‖ ~ *v* (löschen) / delete *v*, clear *v*, reset *v* ‖ ~ *v* (automatische Funktionen durch Handeingriff) / override *v* ‖ ~ *v* (Meldung) / cancel *v*
Aufheben der Selbsthaltung / de-sealing *n* ‖ ≗ **der Verschiebung** (NC-Wegbedingung) DIN 66025,

T.2 / linear shift cancel ISO 1056, cancellation of linear offset || ≗ **der Werkzeugkorrektur** (NC-Wegbedingung) DIN 66025,T.2 / tool offset cancel ISO 1056, cancellation of tool compensation || ≗ **des Arbeitszyklus** (NC-Wegbedingung) DIN 66025,T.2 / fixed cycle cancel ISO 1056, cancellation of fixed cycle || **das Vakuum** ~ / remove the vacuum || **eine Verriegelung** ~ / defeat an interlock, cancel an interlock
Aufhebung einer Verriegelung (NC-Zusatzfunktion) DIN 66025,T.2 / interlock bypass ISO 1056, interlock release
Aufheiz·spanne *f* / temperature difference between input and output of heated flow || ≗**ung** *f* (des Kühlmittels) / temperature rise
Aufheller *m* / reflecting screen
Aufhell·impuls *m* / unblanking pulse, unblanking waveform || ≗**schirm** *m* / reflecting screen
Aufhellung *f* / brightening *n* || **Strahlen**≗ *f* (Osz.) / trace bright-up
Aufhellverstärker *m* / intensifier *n*
aufholen, Durchhang ~ (Papiermaschine) / take up slack
Aufklären *n* (v. Störungen, Fehlern) / diagnosis n recovery procedure
Aufkleber *m* / sticker *n*, adhesive label
Aufklebeschild *n* / sticker *n*
aufklemmbar *adj* / clip-on *adj*, snap-on *adj*
Aufknöpfversuch *m* / button test
Aufkompoundierung *f* / cumulative compounding
aufladen *v* / charge *v*, re-charge *v*
Aufladezeitkonstante *f* / charge time constant
Aufladung *f* / electricity *n* || **statische** ≗ / static charge
Auflage *f* (Stütze) / support *n*, bracket *n*, seating *n* || ≗ (Schaltstück) / facing *n* || ≗ (Wickl.) / spacer block || ≗**bolzen** *m* / support bolts || ≗**brett** *n* / contact board || ≗**druck** *m* (Bürste) / brush pressure || ≗**druck** *m* / bearing pressure, support pressure || ≗**fläche** *f* / supporting surface, bearing area, seat *n*, contact area, contact surface, bearing surface || ≗**fläche** *f* (Bürste) / face *n* || ≗**kraft** *f* / bearing-strength *n* || ≗**npunkt** *m* / support point || ≗**platte** *f* / support plate || ≗**platte** *f* (Fundament) / seating plate
Auflager *n* / bearing *n*, support *n* || ≗**druck** *m* / bearing pressure, support pressure || ≗**kraft** *f* / supporting force, support reaction || ≗**ung** *f* / support *n*, base *n*
Auflage·schichtstärke *f* (galvan. Überzug) / thickness of plating || ≗**stelle im Prisma** / V-support *n* || ≗**stück** *n* (Bürste) / finger clip, hammer clip
Auflauf·anschlag *m* / stop *n*, end stop || ≗**bremse** *f* / run-up brake
auflaufende Kante (Bürste, Pol) / leading edge, entering edge
Auflauf·fläche *f* (Kontakt) / contact surface || ≗**punkt** *m* / first point of contact || ≗**schräge** *f* / stop bevel
auflegen *v* / place *v*, put on *v*, attach *v*, connect *v* || ~ *v* (Bürsten) / put down *v*, bring into contact
Auflege·schema *n* / terminal diagram IEC 113-1, terminal connection diagram || ≗**station** *f* / layering station, assembly station
aufleuchten *v* / light up *v*, flash *v*, be flashed, illuminate *v*, go bright
Auflicht·(beleuchtung) *n (f)* (Rob.-Erkennungssystem) / front illumination, frontlighting *n* || ≗**beleuchtung** *f* / incident-light illumination, vertical lighting || ≗**maßstab** *m* / reflective grating || ≗**verfahren** *n* / incident light method
aufliegen *v* / rest against, be supported by, rest on
aufliegend *adj* / supported *adj*
auflisten *v* / list *v* || ~ *v* (am Bildschirm) / show *v* || ≗ *n* / listing *n*, list logging (o. printing)
Auflistung *f* / listing *n*
auflösbar *adj* / resolvable *adj*
Auflösefeinheit *f* / resolution *n*
Auflösung *f* / resolution *n*, parameter substitution || ≗ (kleinste Differenz zwischen zwei Ausgangszuständen) / representation unit || ≗ **des Sternpunkts** / opening the star point (o. neutral) || ≗ **in horizontaler Richtung** (Osz.) / horizontal resolution || **Daten**~ *f* / data resolution || **Einstell**~ *f* DIN 41745 / discontinuous control resolution || **Erhöhung der** ≗ / increase of resolution || **zeitliche** ≗ (a. FWT) / time resolution, limit of accuracy of chronology
Auflösungs·faktor *m* / resolution factor || ≗**fehler** *m* DIN 44472 / resolution error, quantization error || ≗**vermögen** *n* / resolution *n* || ≗**vermögen** *n* (Fernkopierer) / system definition || ≗**zeit** *f* DIN IEC 147-1D / resolution time IEC 147-1D
Auflötverfahren *n* (gS) / surface mounting
aufmagnetisieren *v* / remagnetize *v*, magnetize *v*
Aufmagnetisierungsintegriertzeit *f* / magnetization integration time
Aufmaß *n* (Übermaß) / oversize *n* || ≗ *n* (Zugabe) / allowance *n*
Aufmetallisieren *n* (gS) / plating up
Aufnahme *f* / receiver *n*, seat *n* || ≗ *f* (Crimpwerkzeug) / locator *n* (crimping tool) || ≗ **der Kommutierungsgrenzkurven** / black-band test || ≗ **der Kurvenform** / waveform test || ≗ **der Leerlaufkennlinie** / no-load saturation test || ≗ **der Spannungskurve** / waveform test || **Ladungs**~ *f* (Batt.) / charge acceptance || ≗**ausklinkung** *f* (gS) / location hole, location notch || ≗**bohrung** *f* / locating hole || ≗**bohrung AUS-Druckknopf** / locating hole, OFF pushbutton || ≗**bohrung für Haltebolzen** / locating hole for holding bolt || ≗**bohrung Haltebolzen** / locating hole for holding bolt, top || ≗**bolzen** *m* / locating pin || ≗**fähigkeit** *f* (Suszeptibilität) / susceptibility *n* || **magnetische** ≗**fähigkeit** / (magnetic) susceptibility *n*, magnetisability *n* || ≗**gerät** *n* / recording unit, recorder *n* || ≗**loch** *n* (gS) / location hole, location notch || ≗**öffnung** *f* / location hole, seat *n* || ≗**platte** *f* / reception plate || ≗**ring** *m* / locating ring || ≗**vorrichtung** *f* (Hebez.) / pick-up attachment, pick-up *n* || ≗**vorrichtung** *f* (WZM) / workholding fixture, work fixture, fixture *n*
aufnehmen *v* (durch Handhabungsgerät) / pick *v* || ~ *v* / accomodate *v* || **eine Kraft** ~ / take up a force || **Wärme** ~ / absorb heat
Aufnehmer *m* / sensor technology || ≗ *m* (el.) / pick-up *n*, sensor *n*, detector *n*, primary element || **Eintauch**-≗ *m* (Messzelle) / dip cell, immersion measuring cell || ≗**-Anschlusskopf** *m* / sensor head
Aufnehmerpaar, induktives ≗ / inductive pickup couple, pair of inductive sensors
aufprägen *v* (Strom, Spannung) / impress *v*
aufprägender Baustein (SPS) / matrix module
Aufprall *m* / impact *n*
aufprallen *v* / strike *v*, impact *v*, impinge *v*, hit *v*
Aufprall·geschwindigkeit *f* / impact speed ||

≗**prüfung** *f* / impact test
aufpressen *v* / press on *v*
Aufpunkt *m* (graft DV) / reference point, origin *n*
Aufputz *m* / surface-mounting *n*, surface mounting || ≗**installation** *f* / surface wiring, wiring on the surface, exposed wiring || ≗**rahmen** *m* / surface frame, trim frame || ≗**schalter** *m* / surface-type switch, surface switch || ≗**steckdose** *f* / surface-type socket-outlet || ≗**typ** *m* / surface type, surface-mounting type || ≗**verbindungsdose** *f* / surface joint box, surface junction box || ≗**verlegung** *f* / surface mounting, exposed installation || ≗**verteiler** *m* / surface-type distribution board, surface-mounting panelboard
aufquetschen *v* / crimp *v* (on)
Aufrechner *m* / account *n* || ≗**ebene** *f* / account level
Aufrechnung *f* / packet sequencing
Aufreih-Flachklemme *f* / rail-mounting screw terminal || ≗**klemme** *f* / rail-mounting terminal, channel-mounting terminal, bar-mounting terminal, bus-mounting terminal || ≗**-Klemmenleiste** *f* / rail-mounting terminal block, channel-mounted terminal block, track-mounted terminal block, terminal block || ≗**schiene** *f* / mounting rail, mounting channel, supporting rail
Aufreißdorn *m* / rupture pin
aufreißen *v* (zeichnen) / draw *v*, sketch *v* || ≗ *n* (Kurzschluss) / breaking *n*, clearing *n*
Aufrichten *n* (bei Montage, Welle, Läufer) / upending *n*, uprighting *n*
Aufriss *m* / elevation *n*
Aufrollvorrichtung *f* (Sicherheitsgurt) / retractor mechanism
Aufruf *m* (FWT-Telegramm) / request for information || ≗ *m* (Routine) / call routine || ≗ *m* (Anweisung) / call instruction || ≗ *m* (a. FWT) / call *n*, polling *n* || ≗ *m* (SPS-Programm) EN 61131-3 / invocation *n* || ≗ *m* (SPS-Funktion) / invocation *n*, call *n* || ≗ **des Satzes M19** / calling up the M19 block || ≗ **in grafischer Form** / graphical invocation || ≗ **in Textform** / textual invocation || ≗**anweisung** *f* / call statement || ≗**betrieb** *m* (FWT) / transmission on demand (NTG 2001) || ≗**betrieb** *m* (DÜ) DIN 44302 / polling/selecting mode || ≗**ebene** *f* / call level
aufrufen *v* / call *v*, invoke *v*, call in *v*, request *v* || ~ *v* (im Kommunikationssystem) / initiate *v*, invoke *v* || ~ *v* (als Fall) / instantiate *v* || ≗ *n* / call up
Aufruf·folgebit *n* (PROFIBUS) / frame count bit (FCB) || ≗**granularität** *f* / call interval || ≗**länge** *f* / call length, call header length || ≗**parameter** *m* / call parameter || ≗**pfad** *m* / calls *n pl* || ≗**priorität** *f* (SPS-Programm) / scheduling priority || ≗**reihenfolge** *f* (SPS) / call sequence || ≗**richtung** *f* / request direction || ≗**schnittstelle** *f* / call interface || ≗**staffelung** *f* (SPS) / call distribution, call grading || ≗**taste** *f* / call button (o. key) || ≗**telegramm** *n* (PROFIBUS) / request frame
aufrunden *v* / round up || ~ *v* (Zahl, Summe) / bring up to a round figure, round off *v*
Aufrundungsfehler *m* / round-off error
Aufsatz *m* (Schaltschrank) / top unit || ≗ *m* / top *n*, attachment *n* || **Kunststoff~** *m* (Klemme) / plastic top || **Pult~** *m* / raised rear section, instrument panel, vertical desk panel || **Tisch~** *m* (Prüftisch) / bench instrument panel, back upright (test bench) || ≗**block** *m* / attachable contact block
aufschalten *v* (Mot.) / connect to the supply, start *v* || ~ *v* (Strom, Signal) / apply *v*, impress *v*, inject *v* || ≗ *n* (v. Störgrößen) / feedforwarding *n*, feedforward control
Aufschaltung *f* / injection *n* || ≗ *f* (Telef.) / intrusion *n* || **Blindstrom~** *f* (Spannungsreg.) / reactive-current compensating circuit, cross-current compensating circuit || **dv/dt-**≗ / du/dt injection || **Last~** *f* / connection of load, throwing on of load || **Sollwert~** *f* / setpoint feedforward, setpoint injection
Aufschaukeln der Spannung / voltage escalation
aufschiebbar·e Verbindungsmuffe / push-on straight Joint || **~er Endverschluss** / push-on sealing end
Aufschiebefläche *f* / push-on surface
aufschieben *v* / push on
aufschlagen *v* (DV, eine Liste) / open *v* || ~ *v* (SPS, einen Baustein) / select *v*
Aufschlagen, indiziertes ≗ / indexed access
Aufschlagwinkel *m* / angle of impact
aufschließen *v* (Leiter eines Kabels) / separate *v*, single out *v*
Aufschließer *m* (Beschleunigen eines Druckmaschinenantriebs auf eine laufende Maschine) / catch-up *n*
aufschlüsseln *v* / break down *v*
Aufschmelzen *n* (gS, metallischer Überzug) / fusing *n*
Aufschmelz·lötung *f* / reflow-soldering *n* || ≗**tiefungsversuch** *m* / cupping test of surface-deposited bead
aufschnappbar *adj* / snap-on *adj* || **~es Gerät** / snap-on device, snap-fit device, clip-on device
Aufschnappen *n* (Schnappbefestigung) / snapping on *n*, clipping on *n*, snap-mounting *n* || ~ *v* / snap on
Aufschraub·deckel *m* / screw-down cover, screw-on cover || ≗**-Verschraubung** *f* / female coupling
aufschraubbar *adj* / screw-on *adj*
Aufschriften *f pl* / marking *n*, markings *n pl*, nameplates *n pl*
aufschrumpfen *v* / shrink on *v*, fit by shrinking, shrink *v*
Aufschweiß·biegeprobe *f* / bend test of surface-deposited bead, weld ductility test, surfacing weld ductility test || ≗**verfahren** *n* (gS) / surface mounting
Aufseher *m* / supervisor *n*
aufsetzbar *adj* / mountable *adj*, attachable *adj*
Aufsetzblock *m* / built-on block
aufsetzen *v* (Flugzeug) / touch down *v*
Aufsetzer *m* (Chromatograph, Peaktrennung) / shoulder peak
Aufsetz·punkt *m* (Schreibmarke, Lichtgriffel-Bildschirm) / poke point || ≗**vorrichtung** *f* / positioning device || ≗**zone** *f* (TDZ) / touchdown zone (TDZ) || ≗**zonenbefeuerung** *f* / touchdown zone lights, runway touchdown zone lighting || ≗**zonenmarke** *f* / touchdown zone marking
Aufsicht *f* / supervision *n*, surveillance *n* || ≗ *f* (Person) / supervisor *n* || ≗**farbe** *f* / surface colour
Aufsichtsperson *f* / supervisor *n*
aufsitzen *v* / rest against || ~ *v* / come to rest
aufspalten *v* / split *v*
Aufspaltung *f* (Stelle im Programmablaufplan, von der mehrere Zweige ausgehen) DIN 44300 / fork *n* || ≗ *f* (Datennetz) / splitting *n* || ≗ *f* / splitting *n* ||

UND-≗ *f* DIN 19237 / AND branch
aufspannen *v* / clamp *v* || ~ *v* (hinauftransformieren) / step up *v* || ≗ *n* (WZM) / chucking *n*
Aufspann·er *m* / step-up transformer || ≗**fläche** *f* / clamping surface || ≗**höhe** *f* / clamping height || ≗**länge** *f* / clamping length || ≗**platte** *f* / clamping plate, clamping table, backing plate || ≗**seite** *f* / chucking side || ≗**station** *f* / step-up substation || ≗**tisch** *m* / mounting table || ≗**toleranz** *f* / clamping tolerance || ≗**transformator** *m* / step-up transformer || ≗**ung** *f* / clamping *n* || ≗**ung auf Schraubstock** / clamping on vise || ≗**vorrichtung** *f* / gripping fixture
Aufsplittung *f* / splitting *n*
Aufspreizen der Adern / spreading the cores
aufsprühen *v* / spray *v*
Aufstandsfläche *f* / contact surface
Aufstanzschnitt *m* / oversize punching die
aufsteckbar *adj* / plug-on *adj*, clip-on *adj*, detachable *adj*
Aufsteck·flansch *m* / slip-fit flange || ≗**getriebe** *n* / shaft-mounted gearbox, floating-type gearing || ≗**griff** *m* (f. Sicherungen) / fuse puller, fuse grip || ≗**halter** *m* / plug-on holder || ≗**hebel** *m* / slip-on lever || ≗**hülse** *f* / snap-on sleeve || ≗**kamm** *m* (f. Leitungen) / slip-on cable retainer, cable comb, wire comb || ≗**klemme** *f* / snap-on terminal, channel-mounting terminal || ≗**messvorrichtung** *f* / plug-on measuring equipment || ≗**montage** *f* / clip-on fitting, snap-on fitting, push-fitting *n*, slip-on mounting || ≗**montage** *f* (Leuchte) / slip-fit mounting
Aufsteck·rohr *n* / slip-on tube, plug-on tube || ≗**schild** *n* (Klemmen) / snap-on marking tag, clip-on tag || ≗**stromwandler** *m* / bushing-type current transformer, window-type current transformer || **vollisolierter** ≗**stromwandler** / bus-type current transformer IEC 50(321) || ≗**tachogenerator** *m* / hollow-shaft-type tachogenerator || ≗**verbinder** *m* / slip-on connector || ≗**wandler** *m* / slip-over transformer (instrument transformer), window-type transformer (instrument transformer) || ≗**wechselrad** *n* / change gear, change wheel, pick-off gear || ≗**welle** *f* / slip-on shaft
aufsteigen *v* / ascend *v*
aufsteigend *adj* / ascending *adj* || **~er Ast** / ascending branch
aufstellen *v* / install *v*, erect *v*, mount *v*, set up *v*
Aufstell·leistung *f* / site rated power || ≗**höhe** *f* / site altitude, altitude *n*
Aufstellung *f* (Montage) / installation *n*, mounting *n* || ≗ *f* / setup *n* || **Ausführung für** ≗ **auf dem Boden** / floor-standing type || ≗ **im Freien** / outdoor installation, installation outdoors || **freie** ≗ / free-standing installation || **ortsfeste** ≗ / stationary installation || **ortsveränderbare** ≗ / movable installation || **wandbündige** ≗ / flush-mounting with wall
Aufstellungs·arten *f pl* / conditions of installation || ≗**höhe** *f* / altitude *n*, site altitude || ≗**ort** *m* / site of installation, installation site, erection site, place of installation, site *n* || ≗**ort** *m* (Höhe) / site altitude || **Prüfungen am** ≗**ort** / site tests || **Verhältnisse am** ≗**ort** / field service conditions, operating conditions || **Wahl des** ≗**orts** / siting *n* || ≗**zeichnung** *f* / installation drawing, arrangement drawing || ≗**zubehör** *n* / mounting accessories, fixing accessories, installation accessories
Aufsteuerung *f* (Fahrschalter) / progression *n*, notching up
Auftasten mittels Torschaltung / gating *n*
Auftautransformator *m* / defrosting transformer
aufteilbares Kabel (LWL) / fan-out cable
Aufteilen *n* DIN ISO 7498 / segmenting *n*
Aufteilung *f* / splitting *n*, division *n* || ≗ **der Leuchtflächen** / screen area, subdivision of illuminated area, subdivision of illuminated screen || ≗ **der Stromkreise** / circuit-phase distribution, distribution of phase loads, circuit phasing, phase splitting || ≗ **in feste (leistungsabhängige) und bewegliche (arbeitsabhängige) Kosten** (StT) / two-part costing || ≗ **in leistungsabhängige, arbeitsabhängige und abnehmerabhängige Kosten** (StT) / three-part costing || ≗ **in Unterbaugruppen** / splitting-up into subassemblies || **Schnitt~** *f* (NC die Aufteilung des zu zerspanden Bereiches in Einzelschnitte) / cut segmentation, cut sectionalization || **Zuverlässigkeits~** *f* / reliability apportionment || **Dreier-**≗ *m* (f. Kabel) / bifurcating box, trifurcator *n*
Aufteilungs·armatur *f* (f. Kabeladern) / dividing box || ≗**dose** *f* (I) / splitting box || ≗**kasten** *m* (f. Mehrleiterkabel) / dividing box, splitter-box || **Dreier-**≗**muffe** *f* / bifurcating joint || ≗**schelle** *f* / spreader box
Auftrag *m* / order *n*, purchase order || ≗ *m* (PLT, SPS) / job *n* || ≗ *m* (Farbe) / application *n*, coating *n* || ≗ *m* (galvan., elektrophoretisch) / deposit *n* || ≗ *m* (Anforderung) / request *n* || ≗ *m* / job *n*
auftrag·geschweißt *adj* / deposition-welded *adj* || **~gesteuert** *adj* (Datenübertragung) / job-controlled *adj*
Auftrags·abwicklung *f* / order processing, job handling || ≗**abwicklung** *f* (SPS) / job processing || **dv-maschinelle** ≗**abwicklung** / machine data order processing || ≗**abwicklungsgeschwindigkeit** *f* (SPS) / job processing speed || ≗**annahme** *f* (Anforderung) / request acceptance || ≗**bearbeitung** *f* (SPS) / request processing || ≗**bearbeitung** *f* (Produzieren der Teile an der Maschine) / job processing, order processing || ≗**bestätigungsdatum** *n* / date of order confirmation || **~bezogener Werkstattbestand** / work-in-progress *n* (WIP), in-process inventory || ≗**block** *m* / job list || ≗**buch** *n* / order book
Auftragschweißen *n* / building-up (welding), hardfacing *n*, hard-surfacing *n* || ≗ *n* (auf andersartiges Metall) / cladding *n* || **durch** ≗ **instandsetzen** / resurface by welding
Auftrags·datum *n* / date of order || ≗**durchlaufzeit** *f* / order throughput time || ≗**durchsicht** *f* / contract review || ≗**eingangsdatum** *n* / date of incoming order || ≗**eingangskalkulation** *f* / as-sold calculation || ≗**einzelfertigung** *f* / make-to-order *n* (MTO) || ≗**entwicklung** *f* / incoming order development || ≗**ergebnis** *n* / contract gross margin || ≗**erteilung** *f* (SPS) / job allocation || ≗**kennung** *f* (SPS) / job identification || ≗**kennzeichen** *n* (AKZ) / project reference number, job reference, order ID, order numbers || ≗**kosten** *plt* / job order costs || ≗**kostenzuordnung** *f* / job order cost assignment || ≗**liste** *f* / order list || ≗**rückstand** *m* / order backlog, sales order backlog || ≗**schlange** *f* / job queue ||

~spezifisch *adj* / job-specific *adj* || **≗steuerung** *f* / order control || **≗überhang** *m* / order backlog, sales order backlog || **≗überprüfung** *f* / contract review || **Ablauf der ≗prüfung** / contract review process || **≗wiederholung** *f* (Wiedereingabe) / job reentry || **≗wiederholung** *f* / job retry || **≗zentrum** *n* / order processing center
Auftreff·en *n* / impingement *n* || **≗fläche** *f* / target *n* || **≗winkel** *m* / angle of incidence, incidence angle
auftreiben *v* (erweitern) / expand *v*, flare *v* || ~ *v* (montieren) / force on *v*, fit *v*
Auftreib·hülse *f* / flaring sleeve || **≗stift** *m* / drift *n*
auftrennen *v* (mech.) / separate *v*, cut *v* || ~ *v* (Stromkreis) / open *v*, break *v*, open-circuit *v*, interrupt *v* || ~ *v* (Steckverbindung) / unplug *n* || **Sammelschienen ~** / to split the busbars
Auftrennung *f* (Ringnetz) / (ring) opening *n* || ≗ *f* (Netz) / network splitting, islanding *n*
Auftrieb *m* / buoyancy *n*
Auftriebs·kraft *f* / buoyant force, buoyancy *n* || **≗-Standmessgerät** *n* / buoyancy level measuring device
Auf- und Ab-Methode *f* / up-and-down method
Auf- und Abwärtszähler *m* / up- and down-counter
Auf- und Abziehvorrichtung g *f* / fitting and extracting tool, pusher-puller *n*
Aufwand *m* / expense *n*, expenditure *n*, cost *n*, extent of work, extra work, (degree of) complexity, (degree of) sophistication, costs *n pl*, overhead *n* || **nach ≗** / according to costs
aufwändig / complicated *adj*, expensive *adj*
aufwandarm *adj* / low-overhead *adj*
Aufwärmspanne *f* / temperature rise, incremental heating
aufwärts *adj* / upwards *adj* || **~ fließender Strom** (Wickl.) / current flowing outwards || **~ übersetzen** / step up *v*
Aufwärts·bewegung, Einschalten durch ≗bewegung (des Betätigungsorgans) / up closing movement || **≗blitz** *m* / upward flash || **≗einstellung** *f* (Trafo) / raising *n*, voltage increase || **~gerichtet** *adj* (LAN) / uplink *adj* || **~kompatibel** *adj* / upward compatible || **≗kompatibilität** *f* / upward compatibility, upload compatibility || **≗kompoundierung** *f* / cumulative compounding || **≗regler** *m* / step-up controller || **≗steuerung** *f* (el. Masch.) / upward control, controlled speed increase, field weakening control || **≗transformator** *m* / step-up transformer || **≗transformieren** *n* / stepping up *n* || **≗übersetzung** *f* (Getriebe) / step-up gearing, step-up ratio || **≗übersetzung** *f* (Trafo) / step-up ratio || **≗zähler** *m* / incrementer *n*, upcounter *n*, up counter
Aufweitdorn *m* / expanding mandrel, drift *n*
aufweiten *v* / expand *v*, flare *v*, widen *v*, bell out *v*
Aufweitversuch *m* / drift test. expanding test, drift expanding test
aufwendig / s. aufwändig
Aufwickelrolle *f* / take-up reel
Aufwickler *m* / winding unit
Aufzählungsliste *f* / enumeration list *n*
aufzeichnen *v* / record *v*, log *v*, trace *v*
Aufzeichnung *f* (Schreiber, auf Magnetband) / recording *n* || ≗ *f* / record *n* || **magnetische ≗** / magnetic recording
Aufzeichnungs·art *f* (Schreiber) / recording method, kind of marking || **≗dichte** *f* / recording density || **≗dichte** *f* (Bitdichte) / bit density || **≗gerät** *n* / recorder *n* || **≗geschwindigkeit** *f* / recording speed, writing speed || **≗geschwindigkeit** *f* (Fernkopierer) / scanning speed (on reception) || **≗nadel** *f* / recording stylus || **≗träger** *m* (Schreiber) / (recording) chart *n* || **Material des ≗trägers** / recording medium || **≗träger für Referenzmessungen** / reference chart || **≗verfahren** *n* / recording procedure || **≗verfahren** *n* (Schreiber) / method of marking || **≗vorrichtung** *f* (Schreiber) / recording device
aufziehen *v* (heiß) / shrink *v*, shrink on *v* || ~ *v* (kalt) / fit *v*, mount *v* || ~ *v* (Feder) / wind *v*, charge *v*
Aufziehvorrichtung *f* (Kuppl.) / pusher *n*, fitting tool
Aufzug *m* / lift *n*, elevator *n* || **≗einrichtung** *f* (EZ) / clock winding mechanism, winding mechanism || **≗motor** *m* / lift motor (o. machine), elevator motor || **≗motor** *m* (Uhr) / clock winding motor, winding motor || **≗schacht** *m* / lift well, lift shaft, hoistway *n* || **≗steuerleitung** *f* / lift cable, elevator control cable (US) || **≗steuerleitung mit Tragorgan** / lift cable with suspension strand
Aufzugs·korb *m* / lift cage || **≗maschine** *f* / lift machine, lift motor
Auf-Zu-Klappe *f* / on-off butterfly valve, seating butterfly valve
Auf-Zu-Regelung *f* / on-off control, bang-bang control
Auf-Zu-Ventil *n* / two-position valve, open-close valve
Auge *n* / eye *n*, ring *n*, loop *n*
Augen·anstrengung *f* / eye strain || **≗empfindlichkeitskurve** *f* / eye sensitivity curve, visual sensitivity curve || **≗empfindung** *f* / eye response || **≗lager** *n* / eye-type bearing || **≗mutter** *f* / eye nut, ring nut || **≗scheininspektionprüfung** *f* / visual inspection || **≗scheinprüfung** *f* / visual inspection, visual examination || **~schonendes Licht** / eye-saving light || **≗schraube** *f* / closed eyebolt, eyebolt *n* || **≗schutz** *m* / eye shield || **≗taste** *f* / diagnostics and installation key
augenblicklich *adj* / instantaneous *adj*
Augenblicks·frequenz *f* / instantaneous frequency || **≗wert** *m* / instantaneous value || **≗wertregelung** *f* / actual value control || **≗wert der Leistung** / instantaneous power
Augpunkt *m* (CAD) / camera point
AUI-Anschluss *m* / attachment unit interface (AUI), AUI (attachment unit interface)
Auinger, polumschaltbarer Dreiphasenmotor nach ≗ / Auinger three-phase single-winding multispeed motor
AUS / OFF || **≗1-Befehl** *m* / OFF1 command || **≗3 Rücklaufzeit** *f* / OFF3 ramp-down time
Ausarbeitung *f* / elaboration
Ausbau *m* / expansion *n*, expanded configuration, configuration *n*, degree of extension, degree of expansion || **Ausbau** *m* (gerätetechn. Anordnung) / configuration *n* || **ausbrechbar·e Leitungseinführung** / knockout wire entry || **~e Vorprägung** / knockout *n* (k.o.) || **konstruktiver ≗** / design *n* || **voller ≗** / maximum configuration
ausbaubar *adj* / with expansion capability || **≗keit** *f* / expansion capability, expansion option
Ausbauchung *f* / bulge *n*, bulging *n*, bellying *n*, widening *n* || ≗ *f* (Druckprüf.) / lateral buckling || **≗sfaktor** *m* / space factor

ausbauen *v* / delete *v*, extract *v* || ~ *v* (erweitern) / extend *v*, expand *v*, enlarge *v* || ~ *v* (demontieren) / dismantle *v*, disassemble *v*, remove *v*, dismount *v*
ausbau·fähig *adj* / suitable for extension, open-ended *adj*, with expansion capability || ≗**fähigkeit** *f* / expansion capability, expansion option || ≗**grad** *m* / degree of expansion, configuration *n*, degree of extension || ≗**grad** *m* (elST) / degree of expansion (o. extension) || ≗**möglichkeit** *f* / available configurations || ≗**stufe** *f* / expansion *n*, expanded configuration, configuration *n* || ≗**stufe** *f* (Projekt) / stage *n*, project stage || ≗**werkzeug** *n* (StV) / extraction tool, extractor *n*
Aus-Befehl *m* / OFF command, OFF signal, STOP signal || ≗**-Mindestdauer** *f* (E) VDE 0670, T.101 / minimum trip duration
ausbessern *v* / repair *v* || ~ *v* (Farbanstrich) / touch up *v*
Ausbesserungsset *n* / touch-up set, training mode
Ausbeute *f* (LT) / efficiency *n*, efficacy *n* || ≗ *f* (QS) / yield *n*
Ausbildungs·kosten *plt* / training costs *pl* || ≗**platz** *m* / training console || ≗**stätte** *f* / training centre
Ausblasableiter *m* / expulsion arrester
ausblasen *v* (Lichtbogen) / blowout *v*, extinguish *v* || ~ *v* (m. Luft reinigen) / blow out *v*, purge with compressed air
Ausblas·, Lichtbogen-≗raum *m* / arcing space || ≗**seite** *f* (Mot.) / air outlet end, exhaust end || ≗**sicherung** *f* / expulsion fuse
Ausbleiben der Spannung / power failure
Ausblendband *n* / frequency avoid band, skip frequency band
ausblendbar *adj* / skip *adj* || **~er Satz** / skippable block
Ausblend·befehl *m* / extraction command || ≗**ebene** *f* / skip level
Ausblenden *n* (Impuls) DIN IEC 469, T.1 / gating *n* || ≗ *n* (Unterdrücken v. Darstellungselementen auf dem Graphikbildschirm) / shielding *n* || ≗ *n* (graf. DV) / shielding *n*, reverse clipping || ≗ *n* (SPS, eines Wertebereichs) / masking out || ~ *v* (Bildschirmanzeige) / hide *v*, remove *v* || ~ *v* (CAD-Element) / blank *v* || ~ *v* (überspringen) / skip *v* || ~ *v* (Siehe: Satzausblenden) / fade out, hide *v*, deactivate *v*, suppress *v* || ≗ **von Störungen** / blanking out of noise || ≗ **von verdeckten Linien** (GAD) / hidden line removal || **einen Satz ~** / delete (o. skip) a block
Ausblend·filter *m* / suppression filter || ≗**frequenz** *f* / skip frequency, jump frequency || ≗**funktion** *f* / skip function || ≗**maske** *f* / mask *n*, bit mask, suppression mask, delete mask, bit mask || ≗**satz** *m* / deletable block, skip block (See: block skip), skippable block || **Mehrtasten~ung** *f* / n-key lockout || **Sollwert~ung** *f* (Baugruppe) / setpoint suppressor || **Stör~ung** *f* / interference suppression || ≗**wert** *m* / skip value
Ausblühung *f* / efflorescence *n*
ausbohren *v* (m. Bohrstahl) / bore *v*, bore out *v* || ~ *v* (m. Spiralbohrer) / drill *v*, drill out *v* || ~ *v* (Probe) / trepan *v*
Ausbohrzyklus *m* / boring cycle
ausbrechbar *adj* / knockout *adj*
Ausbreitungs·geschwindigkeit *f* / speed of propagation, propagation rate || ≗**verhalten** *n* (Signalübertragung Eignung eines Ausbreitungsmediums, in welchem sich eine Welle ohne künstliche Hilfe ausbreitet, ein Signal im Rahmen festgelegter Toleranzen zu übertragen) IEC 50(191) / propagation performance (the ability of a propagation medium, in which a wave propagates without artificial guide, to transmit a signal within the given tolerances) || ≗**widerstand** *m* (eines Erders, Widerstand zwischen Erder und Bezugserde) VDE 0100, T.200 / earth electrode resistance, ground resistance, dissipation resistance || ≗**zeit** *f* / propagation time
Ausbreitversuch *m* / flattening test
ausbrechen *v* / knock out
ausbrennen *v* (Bleche) / flame-cut *v* || ~ *v* (Lampe) / burn out *v*
Ausbrenner *m* (Lampe) / burn-out *n* || ≗**kurve** *f* (Lampen) / mortality curve
Ausbrennung *f* / deflagration *n*, slow combustion
Ausbringung *f* / output *n*
Ausbringungsgrad *m* (ST) / electrode efficiency, deposition efficiency
Ausbruch *m* / cutout *n*, jaggedness *n*
ausdecodieren *v* / decode
Ausdecodierung *f* / decoding *n* (DEC), DEC (decoding)
Ausdehner *m* / conservator *n*, expansion tank
Ausdehnung *f* (Wärmedehnung) / expansion *n*
Ausdehnungs·bogen *m* / expansion bend || ≗**gefäß** *n* / conservator *n*, expansion tank || ≗**kasten** *m* (IK) / expansion unit, expansion section, expansion-joint unit || ≗**kasten mit Abfangung** / expansion section with base support || ≗**koeffizient** *m* (Wärmeausdehnungsk.) / coefficient of thermal expansion || **Längen-≗koeffizient** *m* / coefficient of linear expansion
ausdrehen *v* / bore *v*
Ausdrehverriegelung *f* / release lock
Ausdruck *m* (Terminus) / term *n* || ≗ *m* (Programmiersprache) / expression *n* || ≗ *m* (Gedrucktes) / printout *n*, hardcopy printout || ≗ *m* / listing *n*
ausdrucken *v* / print out *v*, log *v*, list *v*
Ausdrucken von Listings / printout of listings
AUS-Druckknopf *m* / OFF pushbutton
Ausdrückkraft *f* / press-out strentgh
auseinander·gezogene Darstellung / exploded view, exploded drawing || **~nehmen** *v* / disassemble *v*, take apart, dismantle *v*
Aus-Ein-Schaltung *f* (KU) / trip-close operation
Aus-Einschalteigenzeit *f* / open-close time
Ausfachung mit Einfachdiagonalen (Gittermast) IEC 50(466) / single warren, single lacing || ≗ **mit gekreuzten Diagonalen** (Gittermast) IEC 50(466) / double warren, double lacing || ≗ **mit gekreuzten Diagonalen und Sekundärfachwerk** (Gittermast) IEC 50(466) / double-warren redundant support, double-lacing redundant support || ≗ **zweifach mit gekreuzten Diagonalen** (Gittermast) IEC 50(466) / triple warren, triple lacing
Ausfahranschlag *m* (ST) / drawout stop
ausfahrbar *adj* / withdrawable *adj*, retractable *adj* || **~er Leistungsschalter** / drawout circuit-breaker
Ausfahrbewegung *f* / travel-out movement
ausfahren *v* / travel-out *v*, move out of the material || ~ *v* (Schaltereinheit) / withdraw *v*, draw out *v*
Ausfahr·feld *n* / withdrawable switchgear assembly (o. panel), drawout switchpanel, drawout

switchgear unit || ≗**geschwindigkeit** *f* / travel-out velocity || ≗**verriegelung** *f* / drawout interlock || ≗**weg** *m* / arc-out section, run-out path

Ausfall *m* / failure *n* || ≗ **bei zulässiger Beanspruchung** / permissible stress failure || ≗ **der Hilfsenergie** / power supply failure || ≗ **einer Sicherung** / rupture of a fuse, blowing of a fuse || ≗ **infolge Fehlbehandlung** (Ausfall infolge falscher Bedienung oder fehlender Sorgfalt) / mishandling failure (a failure caused by incorrect handling or lack of care of the item) || ≗ **infolge Fehlnutzung** (Ausfall infolge von Anwendungsbeanspruchungen, welche die festgelegten Leistungsfähigkeiten der Einheit überfordern) / misuse failure (a failure due to the application of stresses during use which exceed the stated capabilities of the item) || ≗ **infolge mangelhafter Konstitution** / inherent weakness failure || ≗ **infolge unzulässiger Beanspruchung** / misuse failure || **entwurfsbedingter** ≗ (Ausfall wegen ungeeigneter Konstruktion einer Einheit) / design failure (a failure due to inadequate design of an item) || **sicher bei** ≗ (Konstruktionseigenschaft einer Einheit, die verhindert, dass deren Ausfälle zu kritischen Fehlzuständen führen) / fail safe (a design property of an item which prevents its failures from resulting in critical faults) || **systematischer** ≗ (Ausfall, bei dem eindeutig auf eine Ursache geschlossen werden kann, die nur durch eine Veränderung des Entwurfs oder des Fertigungsprozesses, der Art und Weise des Betreibens, der Bedienungsanleitung oder anderer Einflußfaktoren beseitigt werden kann) / reproducible failure

Ausfall·abstand *m* (Dauer zwischen zwei aufeinanderfolgenden Ausfällen einer instandzusetzenden Einheit) / time between failures (the time duration between two consecutive failures of a repaired item) || **durchschnittlicher** ≗**abstand** / medium time between failures (MTBF), mean time between failures (MTBF the expectation of the time between failures), mean failure rate (the mean of the instantaneous failure rate over a given time interval (t1, t2)) || **mittlerer** ≗**abstand** (Erwartungswert der Verteilung der Ausfallabstände) / medium time between failures (MTBF), mean failure rate (the mean of the instantaneous failure rate over a given time interval (t1, t2)) || ≗**analyse** *f* (Logische, systematische Untersuchung einer ausgefallenen Einheit zur Feststellung und Analyse des Ausfallmechanismus, der Ausfallursache und der Auswirkungen des Ausfalls) / failure analysis (the logical, systematic examination of a failed item to identify and analyze the failure mechanism, the failure cause and the consequences of failure) || ≗**art** *f* / failure mode || ≗**code** *m* / missing code, skipped code || ≗**dauer** *f* DIN 40042 / down time, non-productive time, idle time, mean time to repair (MTTR), MTTR (mean time to repair) || ≗**dichte** *f* / failure density, failure intensity, instantaneous failure intensity || **mittlere** ≗**dichte** (Mittelwert der momentanen Ausfalldichte während eines gegebenen Zeitintervalls (t1, t2)) IEC 50(191) / mean failure intensity (the mean of the instantaneous failure intensity over a given time interval (t1, t2)) || **momentane** ≗**dichte** / instantaneous failure intensity, failure intensity || ≗**dichte-Raffungsfaktor** *m* / failure intensity acceleration factor (in a time interval of given duration, whose beginning is specified by a fixed age or a repaired item, the ratio of the number of failures obtained under two different sets of stress conditions)

Ausfalleffekt·analyse *f* (FMEA) IEC 50(191) / failure mode and effects analysis (FMEA) || ≗**- und Ausfallkritizitätsanalyse (FMECA)** (FMECA) IEC 50(191) / failure modes, effects and criticality analysis (FMECA)

ausfallen *v* / fail *v*, break down *v*

Ausfall·gliederung nach Ablauf der Änderung DIN 40042 / classification of failures by time function || ≗**gliederung nach Schwere der Auswirkung** DIN 40042 / classification of failures by effects || ≗**gliederung nach technischem Umfang** DIN 40042 / classification of failures by technical gravity || ≗**gliederung nach Verlauf der Ausfallrate** DIN 40042 / classification of failures by failure rate || **auf einen Zwischenbestand bezogene** ≗**größen** DIN 40042 / failure characteristics with regard to intermediate survivals || ≗**häufigkeit** *f* / failure frequency || ≗**häufigkeitsdichte** *f* / failure density || ≗**häufigkeitsverteilung** *f* / failure-frequency distribution

Ausfall·kriterium *n* / failure criterion || ≗**kritizitätsanalyse** *f* / failure criticality analysis || ≗**mechanismus** *m* (physikalischer, chemischer oder sonstiger Prozess, der zu einem Ausfall geführt hat) / failure mechanism (the physical, chemical or other process which has led to a failure) || **zulässige** ≗**menge** VDE 0715 / qualifying limit IEC 64 || ≗**modus** *m* / failure mode || ≗**muster** *n* / type sample (CSA Z 299) || ≗**musterprüfbericht** *m* / type sample inspection and test report || ≗**quote** *f* DIN 40042 / failure quota || ≗**rate** *f* / failure rate, outage rate, instantaneous failure rate || **mittlere** ≗**rate** (Mittelwert der momentanen Ausfallrate während eines gegebenen Zeitintervalls (t1, t2)) / medium time between failures (MTBF), mean time between failures (MTBF the expectation of the time between failures), mean failure rate (the mean of the instantaneous failure rate over a given time interval (t1, t2)) || **momentane** ≗**rate** / instantaneous failure rate, failure rate, outage rate || ≗**ratenfeinanalyse** *f* / parts stress analysis prediction || ≗**ratengewichtung** *f* / weighting of failure rates, failure rate weighting || ≗**ratenniveau** *n* / failure rate level || ≗**raten-Raffungsfaktor** *m* (Verhältnis der Ausfallrate bei einer zeitraffenden Prüfung zur Ausfallrate bei einer Prüfung unter festgelegten Bezugsbedingungen) / failure rate acceleration factor (the ratio of the failure rate under accelerated testing conditions to the failure rate under stated reference test conditions), failure rate accelerator factor || ≗**raten-Vertrauensgrenze** *f* / assessed failure rate || ≗**risiko** *n* / failure risk || ≗**satz** *m* DIN 40042 / cumulative failure frequency

ausfallsicher *adj* / fail-safe *adj*, fault-tolerant *adj*, safe from power-failure || **~e Sicherheitsverriegelung** VDE 0837 / fail-safe interlock IEC 825

Ausfall·sicherheit *f* (Fehlertoleranz) / fault tolerance || ≗**sicherung** *f* / dropout fuse, fuse cut-out || ≗**sicherungstrenner** *m* / dropout fuse cut-out ||

≗**simulationsrechnung** *f* / contingency analysis || ≗**straße** *f* / radial road (GB), radial highway (US) || ≗**suchstrategie** *f* / failure detection strategy, replacement strategy || ≗**summenhäufigkeit** *f* DIN 40042 / cumulative failure frequency || ≗**summenverteilung** *f* DIN 40042 / distribution of cumulative failure frequency || ≗**ursache** *f* (Umstände während der Entwurfs-, der Fertigungs- oder der Nutzungsphase einer Einheit, die zu einem Ausfall geführt haben) / failure cause (circumstances during design, manufacture or use which have led to a failure) || ≗**variantenauswahl** *f* / contingency selection || ≗**variantenrechnung** *f* / outage scheduler || ≗**verhalten** *n* / failure mode || **definiertes** ≗**verhalten** / fail-safe shutdown || **zeitliches** ≗**verhalten** / failure-rate-versus-time curve || ≗**wahrscheinlichkeit** *f* / failure probability || ≗**wahrscheinlichkeitsdichte** *f* DIN 40042 / failure-probability density || ≗**wahrscheinlichkeitsverteilung** *f* / failure probability distribution || ≗**warnlampe** *f* (a. Kfz) / tell-tale lamp || ≗**winkel** *m* (LT, Reflexionswinkel) / reflecting angle, angle of reflection || ≗**zeit** *f* / breakdown time, down-time *n*, outage time, non-productive time, idle time, mean time to repair (MTTR) || ≗**zeit** *f* (mittlere Reparaturdauer, Wartungsintervall) / mean time to repair (MTTR), unplanned outage time || ≗**zeit** *f* (QS) / time to failure || ≗**zeit** *f* (KW) / unplanned unavailability time || ≗**zeitpunkt** *m* DIN 40042 / instant of failure

AUS-Feder *f* / opening spring, tripping spring

Ausfeuerhub *m* / sparking out stroke

Ausfeuern *n* (Schleifmaschine) / sparking out *n*

Ausfeuer·satz *m* / sparking out block || ≗**ung** *f* / sparking out || ≗**ungshub** *m* / sparking out stroke || ≗**zeit** *f* / sparking out time

Ausfließen von Elektrolyt / spillage of electrolyte

ausfluchten *v* / align *v*

ausfördern *v* / eject *v*

Ausfransen *n* (Linien einer graf. Bildschirmdarstellung) / jagging *n*

ausfräsen *v* / solid machining, pocket milling

ausfügen *v* (z. B. Anweisungen, Textverarb.) / delete *v*, extract *v*

ausführbar *adj* / executable *adj* || **~e Anweisung** / executable statement || **~er Code** / executable code

ausführen *v* / execute *v*, process *v*, service *v*, scan *v*, edit *v*

Ausfuhr·genehmigung *f* / export authorization || ≗**liste** *f* / export list || ≗**risiko** *n* / export risk

Ausführung *f* DIN 41650,1 / variant *n* IEC 603-1 || ≗ *f* (Qualität, nach Fachkönnen) / workmanship *n*, quality *n* || ≗ *f* (Bauart) / design *n*, model *n*, type *n*, pattern *n*, style *n*, version *n* || ≗ *f* (Oberflächengüte) / finish *n*, type of finish || ≗ *f* (eines Programms) / execution *n* e.g. in IEC 1131-1 || ≗ **eines Befehls** / execution of a command || **alte** ≗ / older version || **gehobene** ≗ / heavy-duty design || **handwerkliche** ≗ / workmanship *n* || **lagermäßige** ≗ / stock version || **langhalsige** ≗ / long stroke feature || **leichtere** ≗ / light-duty version || **neue** ≗ / new version || **schwerere** ≗ / heavy-duty version

ausführungsabhängig *adj* / depending on variant

Ausführungs·art *f* / type of construction, type *n* || ≗**befehl** *m* (FWT) / execute command || ≗**befehl** *m* (NC) / executive instruction || **Anwahl- und** ≗**befehl** (FWT) / select and execute command || ≗**form** *f* (Gerätetyp) / style *n* || ≗**kontrolle** *f* (Sichtprüfung) / general visual inspection || ≗**merkmal** *n* / design feature || ≗**nummer** *f* / mark number || ≗**qualität** *f* DIN 55350, T.11 / quality of conformance, workmanship *n* || ≗**richtlinien der Industrie- und Leistungselektronik** (AIL) / manufacturing guidelines for industrial and power electronics || ≗**stand** *m* / model mark, revision version || ≗**steuerung** *f* (a. SPS-Programm) / execution control || ≗**taste** *f* / entry key (ENTR key), execute key (EXEC key), enter key, statement enter key || ≗**zeichnung** *f* / working drawing, workshop drawing, as-built drawing || ≗**zeit** *f* / runtime *n* || ≗**zeit** *f* (Fertigung, CIM) / elapsed time || ≗**zeit** *f* (Programm) / execution time || ≗**zyklus** *m* / execution cycle

Ausfuhrvorschriften *f* / export regulations

Ausfunkanzahl *f* / number of spark-out cycles

AUS-Funktion *f* / OFF function

ausfüttern *v* / line *v*, coat *v*, pack *v*

Ausgabe *f* / release *n* || ≗ *f* / indication output || ≗ *f* / command output || ≗ *f* (Ausgangssignal) / output *n* || ≗ *f* (am Bildschirm) / display *n* || ≗ **2002** / 2002 edition, issued 2002 || ≗ **Bestell-Nr. Bemerkungen** / Edition Order No. Remarks || **Daten~** *f* / data output, data-out *n* || **Meldungs~** *f* (zum Bildschirm u. Drucker) / event display and recording || **Programm~** *f* / program output, program listing || **Protokoll~** *f* (Druck) / log printout || **schnelle** ≗ / high-speed output || ≗**abbild** *n* (AAB) / output image (QIM) || ≗**art** *f* / type of output || ≗**baugruppe** *f* / output module || ≗**baustein** *m* (PLT, SPS) / output block || ≗**befehl** *m* / output command (o. statement) || ≗**befehl** *m* (FWT) / execute command || ≗**bereich** *m* / output range || ≗**bild** *n* / output image || ≗**blattschreiber** *m* / output typewriter || ≗**block** *m* / output module || ≗**byte** *n* (AB) / output byte (QB) || ≗**code** *m* DIN 44472 / output code

Ausgabe·datenträger *m* / output medium || ≗**datum** *n* / date of issue || ≗**dauer** *f* / output duration || ≗**einheit** *f* / output unit || ≗**feinheit** *f* / output resolution, output sensitivity || ≗**feld** *n* / output field || ≗**feld** *n* (BSG) / display field || ≗**fenster** *n* / output Window, display window || ≗**format** *n* / output format || ≗**freigabe-Eingang** *m* / output enable input || ≗**gerät** *n* / output device || ≗**glied** *n* (Treiber) / driver *n* || ≗**glied** *n* DIN 19237 / output element || **analoger** ≗**kanal** / analog output channel || ≗**kapazität** *f* / output capacity || ≗**leitung** *f* / output line || ≗**maske** *f* / output mask || ≗**merker** *m* / output flag

Ausgabe·operation *f* (SPS) / output operation || ≗**parameter** *m* / output parameter || ≗**rate** *f* / output transfer rate || ≗**signal** *n* / output signal, command signal || ≗**speicherbereich** *m* / output storage area || ≗**sperre** *f* (elST) / output inhibit || ≗**stand** *m* (SW) / release *n* || ≗**stand** *m* (Hardware - Software) / revision level || ≗**steuerung** *f* / output control || ≗**umfang** *m* / output extent || ≗**verhalten** *n* / output option || ≗**version** *f* / release *n* || ≗**verstärker** *m* / output amplifier || ≗**wert** *m* / output value || ≗**wort** *n* (AW) / output word (QW) || ≗**zeit** *f* / output time interval || ≗**zelle** *f* / output cell

Ausgang *m* (A elST) / output *n* (Q) || ≗ *m* (A) / output *n* (O) || ≗ *m* (Gebäude) / exit *n* || ≗ *m* (EB) VDE 0160 / output terminal (EE) || ≗ **der Rs-Adaption** /

output of Rs-adaptation || ~ **mit 0-Signal** / 0-signal output, low-mode output || ~ **mit 1-Signal** / 1-signal output, high-mode output || ~ **mit Negation** / negating output || ~ **mit Öffner- und Schließerfunktion** / complementary output || ~ **rücksetzen** / reset output || ~ **rücksetzen** (SPS) / unlatch output || ~ **setzen** (SPS) / latch output, set output || **analoger** ~ (AA) / analog output module, DAC, analog output point, analog output (AO), analogue output || **quasi-analoger** ~ / quasi-analog output || **sicherheitsgerichteter** ~ / safety-relevant output

Ausgänge, sicherheitsgerichtete ~ (SGA) / safety-relevant output signal, SGA

Ausgangs·abbild *n* (AAB) / output image (QIM) || ~**abschaltzeit** *f* / output disable time || ~**abschwächer** *m* / output attenuator || ~**adresse** *f* / source address || **digitale** ~**adresse** / digital output address || ~**ansprechzeit** *f* / output transfer time, TQT || ~**baugruppe** *f* / output module || ~**begrenzungsspannung** *f* (IS) / output clamp voltage || ~**belastbarkeit** *f* / output loading capability IEC 147-0D || ~**bemessungsstrom** *m* / flux current control || ~**bereich** *m* / output range || ~**bild** *n* / output image || ~**block** *m* DIN 40700, T.14 / common output block || ~**bohrung** *f* / outgoing hole || ~**bürde** *f* / output load || ~**byte** *n* (AB) / output byte (QB) || ~**drehmoment** *n* (Anfangsdrehm.) / initial torque || ~**drehzahl** *f* / output speed, speed of driven machine || ~**drossel** *f* / output reactor

Ausgangs·ebene *f* / initial plane || ~**endlage** *f* / output limit || ~**fächerung** *f* / fan-out *n*, drive *n* || ~**feld** *n* / parent field || ~**freigabe** *f* / output enable || ~**frequenz** *f* / output frequency || ~**gleichstrom** *m* / DC output || ~**grenzwert** *m* / limit *n* || ~**größe** *f* / output variable, output quantity || ~**größe** *f* (eines Empfängers) / output *n* || ~**größeneinsteller** *m* DIN 41745 / output control element || ~**gültigkeitszeit** *f* / output (data valid time) || ~**handwert** *m* / manually simulated value || ~**impuls** *m* / output pulse || ~**information** *f* DIN 444472 / output information || ~**-Istspannung** *f* / act. output voltage || ~**-Iststrom** *m* / act. output current

Ausgangs·kanal *m* (MPU) / output port (OP) || ~**kapazität** *f* / output capacitance || ~**kennlinie** *f* / output characteristic || ~**klemme** *f* / output terminal, output connector || ~**klemme** *f* (Verteiler) / outgoing terminal || ~**klemmen des Erregersystems** IEC 50(411) / excitation system output terminal || ~**kontrolle** *f* / final inspection and testing, final inspection and test verification, final inspection, checkout *n* || ~**kontrollregister** *n* / output control register || ~**-Koppelglied** *n* / output coupling device || ~**koppelmerker** *m* / IPC output flag (interprocessor communication output flag) || ~**koppelmerker** *m* (SPS) / interprocessor communication output flag || ~**kreis** *m* / output circuit || ~**kreis mit Öffnerfunktion** (Rel.) VDE 0435, T.110 / output break circuit || ~**kreis mit Schließerfunktion** (Rel.) VDE 0436, T.110 / output make circuit || ~**kurzschlussstrom** *m* / short-circuit output current || ~**kurzzeitstrom** *m* (SR) / short-time output current || ~**-kVA** *f* / output KVA || ~**lage** *f* / original position, neutral position, initial position || ~**lage** *f* (PS, Kontakte) / normal contact position || ~**lage** *f* (PS, Betätigungselement) / free position || ~**lage** *f* (Schreibmarke) / home position || ~**-Lastfaktor** *m* / fan-out *n*, drive *n* || ~**leckstrom** *m* / output leakage current || ~**leiste** *f* / output bar || ~**leistung** *f* (elST) / drive capability || ~**leistung** *f* / output power, power output, output *n* || ~**leistung bei Vollaussteuerung** (LE) / zero-delay output || ~**-Leistungssteuerung** *f* / output power control || ~**leitung** *f* / output line || **Buszuteilungs-**~**leitung** *f* / bus grant out line (BGOUT)

Ausgangs·maß *n* / initial dimension || ~**maßstab** *m* / extraction scale || ~**material** *n* / starting material, raw material, base material || ~**menü** *n* / starting menue, home menue || ~**merker** *m* (SPS) / output flag || ~**merker** *m* (AM) / QF, output flag || ~**metall** *n* / parent metal || ~**-Nennbereich** *m* / nominal output range || ~**-Nutzleistung** *f* / useful output power || ~**ort** *m* (im Schaltplan) / source *n*

Ausgangs·parameter *m* / output parameter || ~**pegel** *m* / output level || ~**peripherie** *f* / output peripherals || ~**phase** *f* / output phase || ~**phasenfolge** *f* / output phase sequence || **umgekehrte** ~**-Phasenfolge** / reverse output phase sequence || ~**pol** *m* (Netzwerk) / output terminal || ~**position** *f* / initial position || ~**-Prozessabbild** *n* (PAA) / process output image (POI) || ~**prüfung** *f* (EZ) / as-left test || ~**puffer** *m* / output buffer, initial point (initial point for tool motion), starting point (starting point of the contour to be machined) || ~**punkt** *m* (Schreibmarke) / home position || ~**rauschen** *n* / output noise || ~**rauschspannung** *f* / output noise voltage || ~**-Reflexionskoeffizient** *m* (Transistor) DIN 41854 / output s-parameter || ~**relais** *n* / output relay || ~**-Reststrom** *m* (Leitungstreiber) / output leakage current || ~**rückführung** *f* (Reg.) / output feedback || ~**-Ruhespannung** *f* (linearer Verstärker) / quiescent output voltage || ~**-Ruhestrom** *m* (linearer Verstärker) / quiescent output current

Ausgangs·schaltglied *n* / output switch, output relay, output circuitry || ~**schaltung** *f* / output circuit, output configuration, arrangement of output circuit || ~**schaltung-Daten** *plt* / output circuitry data || ~**seite** *f* / output side, output end || ~**siebdrossel** *f* / output filter reactor || ~**signal** *n* / output signal || ~**signal** *n* (A) / output signal (O) || **maximales** ~**signal** / maximum signal output IEC 147-1E || **sicherheitsgerichtetes** ~**signal** (SGA) / safety-relevant output signal, SGA || ~**sortierung** *f* / starting sort || ~**spanne** *f* (MG, Messumformer) / output span || ~**spannung** *f* / output voltage, secondary voltage (transformer) || ~**spannung an der Nennlast** (Signalgenerator) / matched output voltage || ~**spannung bei Belastung** / on-load output voltage || ~**spannung bei Leerlauf** / no-load output voltage, open-circuit secondary voltage || ~**spannung im H-Bereich** / high-level output voltage || ~**spannung im L-Bereich** / low-level output voltage || ~**spannungsdrift** *f* (IC-Regler) / output voltage drift || ~**speicher** *m* / output latch || ~**sprache** *f* / source language || ~**spule** *f* / output coil || ~**stellung** *f* (NC) DIN 66025,T.1 / reset state ISO/DIS 6983/1 || ~**stellung** *f* (Rel.) / initial condition IEC 255-1-00 || **maximale** ~**strahlung** Lasergerät, VDE 0837 / maximum output IEC 825 || ~**strom** *m* / output current || ~**strom im H-Bereich** / high-level output current || ~**strom im L-Bereich** / low-level output current || ~**stromdrift** *f* (IC-Regler) / output current drift || ~**stromkreis** *m* /

output circuit
Ausgangs·teil *n* / parent part || ²**teil** *n* (mech., vorbearbeitet) / premachined part, premachined blank || ²**teil** *n* (mech., unbearbeitet) / unmachined part, blank *n* || ²**teil** *n* (RSA-Empfänger) / output element || ²**teil** *n* (el.) / output section || ²**telegramm** *n* / output frame || ²**temperatur** *f* / initial temperature || ²**tor** *n* (Netzwerk) / output port (OP) || ²**transformator** *m* / output transformer || ²**trenner** *m* / outgoing-feeder disconnector, outgoing isolator || ²**übertrag** *m* / output carry || **Transformierte der** ²**größe** / output transform, output carry-over || ²**übertrager** *m* (Telefon) / telephone transformer
Ausgangs·vektor *m* / output (state vector) || ²**verstärker** *m* / output amplifier, output channel amplifier || ²**verteiler** *m* / output connector block (o. tag block) || ²**verzögerung** *f* / output delay || **Signal-**²**wandler** *m* VDE 0860 / load transducer IEC 65 || ²**wechselspannung** *f* (SR) / a.c. output voltage || ²**welle** *f* / output shaft || ²**wert** *m* / output value, output *n* || ²**wert** *m* (DV, vorgegebener Wert, der anstelle nichtdefinierter Werte o. Parameter verwendet wird) / default value || ²**werte** *m pl* (Statistik) / bench marks || ²**wicklung** *f* / output winding || ²**wicklung** *f* (Trafo) / secondary winding || ²**wort** *n* (AW) / output word (QW, also OW) || ²**zustand** *m* / initial situation, output state || ²**zustand** *m* (Anfangsz.) / starting state, initial state
Ausgasen *n* (gS) / outgassing *n*
ausgasendes Loch (gS) / blow hole
ausgebaut, Messung bei ~em Läufer / applied-voltage test with rotor removed
ausgeben *v* / output *v*, issue *v* || ~ *v* (am Bildschirm) / display *v* || ~ *v* (auslesen v. Speicher) / read out *v*, fetch out *v*
ausgebrannte Lampe / burnt-out lamp, burn-out *n*
ausgedehnte Quelle (Laserstrahlungsq.) VDE 0837 / extended source IEC 825
ausgefahren *adj* / retracted *adj*
ausgefallen *adj* / failed *adj*
ausgeformt *adj* / drawn-out *adj*
ausgeglichen kompoundiert / level-compounded *adj*, flat-compounded *adj* || **~e Beleuchtung** / well-balanced lighting || **~e Verbunderregung** / level compounding, flat compounding || **~er Fernsprech-Störfaktor** / balanced telephone influence factor || **~es Strahlungsmuster** (LWL) / equilibrium radiation pattern
ausgegossen *adj* / lined *adj*
ausgeklinkt *adj* / notched *adj*
ausgeklügelt *adj* / ingenious *adj*
ausgekreuzte Wicklung / transposed winding, crossover winding, cross-connected winding
ausgelagert *adj* / swapped out, outside *adj*
ausgelenkt *adj* / deflected *adj*
ausgelegt *adj* / designed *adj* || ~ **sein für** / be designed for || **~e Bodensignale** (Flp.) / ground signal panels || **~e Signale** (Flp.) / signal panels
Ausgelöstmeldung *f* / tripped signal
ausgenutzt *adj* / utilized to full advantage
ausgeprägt·er Pol / salient pole || **~es Sattelmoment** / pronounced pull-up torque
ausgereift *adj* / fully-developed *adj*, perfected *adj*
ausgerichtet *adj* / aligned *adj*, true *adj*, in line
ausgerundete Lauffläche (Bürste) / radiused contact surface, concave contact face || **~ Zugprobe** / reduced-section tensile test specimen
ausgerüstet *adj* / fitted *adj*
ausgeschaltet *adj* / switched off *adj*, disconnected *adj*, dead *adj*, shut down *adj*, cut out *adj*, disabled *adj* || **~e Leistung** (unmittelbar vor dem Ausschalten von den Verbrauchern aufgenommene Leistung) / cut-off power || **~er Zustand** (Netz) / supply disconnection
ausgeschäumt *adj* / packed with foamed material
ausgeschnittenes Stanzteil / blank *n*
ausgestrahlte Leistung / radiant power, radiated power, radiant flux, energy flux
ausgezogene Linie / full-line curve, solid line
ausgießen *v* (Lagerschalen) / line *v*, metal *v*, babbit *v* || ~ *v* (dichten) / seal *v*, pack *v*, fill *v* || ~ *v* (m. Beton) / grout *v* || **neu** ~ (Lg.) / re-line *v*, re-metal *v*
Ausgießmasse *f* / sealing compound, filling compound
Ausgleich *m* / compensation *n*, mixing *n* || ² **des Lötauftrags** (gS) / solder levelling || **mit** ² / self regulating || **Regelstrecke mit** ² / self-regulating process || ²**blech** *n* / shim *n*
ausgleichen *v* / compensate *v*, equalize *v*, balance *v* || ~ *v* (nacharbeiten) / level v. dress *v*, even out *v*, adjust *v*, take up *v*
Ausgleicher *m* / compensator *n*, balancer *n*
Ausgleichs·abdeckung *f* / compensator *n* || ²**aggregat** *n* (Gleichstromsystem) / direct-current balancer || ²**becken** *n* (WKW) / tailwater reservoir || ²**bewegung** *f* (WZM, NC) / compensating movement || ²**blech** *n* / shim *n* || ²**blende** *f* / compensating cover || ²**brückenschaltung** *f* / balanced bridge transition || ²**drossel** *f* (Spule) / interphase reactor, balance coil || ²**feder** *f* / compensating spring || **elektrische** ²**welle** / differential selsyn || ²**fläche** *f* (gS) / blind conductor || ²**funktion** *f* / lognat function || ²**futter** *n* / floating tapholder, compensating chuck || ²**futter** *n* (WZM) / compensating chuck || ²**gefäß** *n* (zum Ausgleich von Öl- o. Masseausdehnungen in Kabelendverschlüssen) / compensator *n* || ²**gerade** *f* / mean straight line || ²**getriebe** *n* / differential gearing, differential *n* || ²**gewicht** *n* / balancing weight, compensating weight || **Generator-**²**grad** *m* / generator self-regulation
Ausgleichs·kupplung *f* / flexible coupling, resilient coupling, self-aligning coupling || ²**lademaschine** *f* / battery booster || ²**ladung** *f* / equalizing charge || ²**leistung** *f* / transient power || ²**leiter** *m* / equalizing conductor, equalizer *n*, equalizer bar, equalizer ring || ²**leitung** *f* / equalizing conductor || **Raumtemperatur-**²**streifen** *m* / temperature compensating strip || ²**maschine** *f* (Gleichstromsystem) / direct-current balancer || ²**moment** *n* / synchronizing torque, restoring torque || ²**regelung** *f* / compensatory control || ²**regler** *f* / compensatory controller
Ausgleichs·satz *m* / compensation block || ²**scheibe** *f* (DT) / spacer ring, washer *n* || ²**scheibe** *f* (Lg.) / equalizing ring || ²**scheibe** *f* (auf Welle, f. Spielausgleich) / end-float washer || ²**schwingungen** *f pl* / transient oscillations || ²**schwungrad** *n* / flywheel equalizer || ²**strom** *m* / circulating current, equalizing current || ²**strom** *m* (Trafo) VDE 0532,T.30 / circulating current IEC 214 || ²**strom** *m* (transienter Strom) / transient current || ²**strom** *m* (zwischen zwei Objekten mit

unterschiedlichem Potenzial) / compensating current || ≈**ströme im Erdungsnetz** / currents circulating in earthing system || ≈**transformator** *m* / balancer transformer, a.c. balancer || ≈**ströme** *m pl* / compensation currents || ≈**verbinder** *m* / equalizer *n* || ≈**verbindung** *f* / equalizer *n*, equipotential connection || ≈**verfahren** *n* (Auswuchten) / correction method || ≈**vermögen** *n* (Mot., nach Netzstörung) / recovery stability || ≈**vorgang** *m* / transient phenomenon, transient reaction, transient *n*, Initial response, response *n*

Ausgleichs·welle *f* / differential gear shaft, balancer shaft || ≈**wert** *m* / compensation value, offset value || ≈**wert** *m* (Reg.) / self-regulation value || ≈**wicklung** *f* (Wandler) / equalizing winding || ≈**wicklung** *f* (Trafo) / stabilizing winding, compensating winding || ≈**wicklung** *f* (el. Masch.) / equalizing winding, equipotential winding || ≈**widerstand** *m* / stabilizing resistor || ≈**zeit** *f* / buildup time || ≈**zeit** *f* (MG, Verzugszeit) / delay time || ≈**zeit** *f* (Mot., nach Netzstörung) / recovery time

Ausguss *m* (Lg.) / lining *n*, Babbit lining, liner *n*, bearing metal, white-metal lining

aushalten, eine Prüfung ~ / stand a test

aushängbar *adj* / detachable *adj*

aushärtbar *adj* (Metall) / hardenable *adj* || ~ *adj* (Kunststoff) / hardening *adj*, hardenable *adj*, thermo-hardening *adj*, thermo-setting *adj*

aushärten *v* (Metall) / harden *v* || ~ *v* (Kunststoff) / cure *v*, allow to cure, set *v*

aushärtend, kalt ~ (Kunststoff) / cold-setting *adj*, cold-hardening *adj*, cold-curing *adj* || **warm ~** (Kunststoff) / thermosetting *adj* || **~es Gießharz** / hard-setting resin

Aushärtungsgrad *m* / degree of curing, degree of hardening

Aushebe·balken *m* (f. Isolatorketten) / tool yoke || ≈**maße** *n pl* (Trafo) / untanking dimensions, lifting-out dimensions

ausheben *v* (Trafo-Teil) / lift out *v*, untank *v*

ausheizen *v* / bake out *v* || ~ *v* (Lampe) / bake *v*, evacuate by baking

Aushilfeenergie *f* / standby electricity supply

Aushilfs·kraft *f* / temporary worker, part-time worker, helper *n*, jobber *n* || ≈**station** *f* (transportables Unterwerk) / transportable substation

Aushöhlung *f* (Abtragung eines Isolierstoffs durch Entladungen) / electrical erosion

Aushub *m* (Fundament) / excavation *n* || ≈**bewegung** *f* / excavation movement || ≈**zylinder** *m* / lifting cylinder

AUS-Kette *f* (Ablaufsteuerung) / shutdown cascade

auskitten *v* / fill with cement, cement *v*, seal *v*

Ausklammerfrequenz *f* / skip frequency, suppression frequency

ausklappbar *adj* / hinged *adj* || **~er Bürstenhalter** / hinged brush holder

Auskleidung *f* / lining *n*, liner *n*, coating *n*

Auskleidungsplatte *f* / lining plate

Ausklingzeit *f* / quiet time, TQUI

Ausklinkdrehzahl *f* / cutoff speed, tripping speed

ausklinken *v* / unlatch *v*, release *v*, disengage *v* || ~ *v* (abschalten) / trip *v* || ~ *v* (stanzen) / notch *v*

Ausklinker *m* / notching die

Ausklinkung *f* / notch *n*, notched recess, notching *n*

Ausknicken *n* / buckling *n*

Ausknöpfprobe *f* / spot-weld shear test

auskodiert *adj* / decoded *adj*

Auskolkung *f* / cratering *n*, pitting *n*

Auskoppeldämpfung *f* (LWL) / extraction loss

Auskoppelgrad *m* / decoupling factor

auskoppeln *v* / decouple *v* || **Energie~** *n* (LE, f. Zündimpulse) / tap power (o. energy)

Auskoppelung von Signalen / signal output

Auskoppelverstärker *m* / decoupling amplifier

Auskopplung *f* / heat supply from cogeneration, tap *n*

auskratzen *v* (Komm.) / undercut *v*

auskreuzen *v* (Wickl.) / transpose *v*, cross-connect *v* || ≈ *n* (von Kabeln) / transposition *n* || ≈ *n* (Kabelschirmverbindungen) / cross-bonding *n*

Auskreuzschema *n* (Wickl.) / transposition scheme

Auskreuzung *f* (Wickl.) / transposition *n*, crossover *n*

Auskreuzungskasten *m* (f. Kabel) / link box

Auskristallisation *f* / cristallizing *n*, congealing *n*

auskristallisieren *v* / cristallize *v*

Auskröpfung *f* / offset *n*

Auskunfts·funktion *f* / information function || ≈**platz** *m* (GLAZ-Terminal) / enquiry terminal || ≈**system** *n* / information system, enquiry system || ≈**verfahren** *n* / information procedure

Auskunftterminal *n* / information terminal, enquiry terminal

auskuppeln *v* / disengage *v*, de-clutch *v*, uncouple *v*, disconnect *v*

ausladen *v* / unload *v*

Ausladung *f* / projection *n*, lateral projection, unloading *n* || ≈ *f* (Kran) / radius of action, radius *n*, reach *n* || ≈ *f* (Wickl.) / overhang projection, overhang *n* || ≈ *f* (Ausleger eines Lichtmasts) / bracket projection || **Schirm~** *f* (Isolator) / shed overhang || **seitliche** ≈ / unloading *n*, lateral projection

auslagern *v* / swap *v*, swap out *v*, roll out *v* || ≈ *n* (aus dem Lagerhaus) / withdrawal from warehouse || ≈ *n* (künstl. Altern) / age hardening, artificial ageing

Auslagerungs·bereich *m* / swap area, swap space || ≈**datei** *f* / swap file, swap-out file || ≈**datenbank** *f* / export database || ≈**sperre** *f* / export lock || ≈**verzeichnis** *n* / export directory

Ausland *n* / foreign countries || ≈**sanschrift** *f* / foreign address

Auslass·dose *f* / outlet box || ≈**stutzen** *m* (I-Dose) / spout outlet, spout *n* || ≈**stutzen** *m* (IK) / outlet collar, outlet gland || ≈**ventil** *n* / drain valve, discharge valve

Auslastung *f* / capacity utilization || ≈ *f* (Rechner) / workload *n* || ≈ *f* (WZM, NC) / utilization *n* || **relative** ≈ / utilization factor || ≈**sanzeige** *f* / capacity utilization display || ≈**sglättung** *f* / load smoothing

Auslauf *m* (Masch.) / coasting *n*, slowing down, running down || ≈ *n* (Metallbearb.) / run-out *n* || **gesteuerter** ≈ / controlled deceleration || ≈**becher** *m* (Viskositätsprüf.) / efflux viscosity cup || ≈**becherviskosität** *f* / viscosity by cup, flow cup viscosity, efflux cup consistency || ≈**drehzahl** *f* / deceleration speed, coasting speed

auslaufen *v* (Flüssigk.) / run out *v*, leak *v*, run dry || ~ *v* (Lg.) / wear *v*, wear out *v* || ~ *v* (Masch.) / coast *v* (to rest), slow down *v*, decelerate *v*, run down *v* || ≈ *n* (Vergussmasse) / seepage *n* || ≈ *n* (Batt.) / leakage *n* IEC 50(481) || **~der Typ** (einer Fertigung) / discontinued type, mature product

Ausläufer (Netz) / dead-end feeder, spur *n*
Ausläuferleitung *f* / dead-end feeder, spur *n*
Auslauf·erzeugnis *n* / product to be discontinued || **≗produkte** *n pl* / discontinued products, product to be discontinued || **≗prüfung** *f* (el. Masch.) / retardation test, deceleration test || **≗prüfung im Leerlauf** / no-load retardation test || **≗strecke** *f* / arc-out section || **≗strecke** *f* / run-out path || **≗typ** *m* / obsolescent type || **≗weg** *m* / arc-out section, run-out path || **≗weg** *m* (WZM, NC) / overrun distance || **≗zeit** *f* (Masch.) / deceleration time, coasting time
auslaugen *v* / leach *v*, lixiviate *v*
Ausleger *m* (Freileitungsmast) / cross-arm *n* || ≗ *m* (horizontaler Kabelträger) / cable bracket IEC 50(826), Amend. 1 || ≗ *m* (Stütze, Lichtmast) / bracket || ≗ *m* (f. Leitungsmontage) / beam *n* || **fester** ≗ (f. Leitungsmontage) / davit *n* || **schwenkbarer** ≗ (f. Leitungsmontage) / swivel boom || **≗anschluss** *m* (Lichtmast) / bracket fixing EN 40 || **≗arm** *m* / bracket arm, cantilever *n*, davit arm || **≗mast** *m* (Lichtmast) / column with bracket EN 40, cantilever mast
Auslegung *f* / design *n*, rating *n*, dimensioning *n*, layout *n*, design *n* || ≗ **für den ungünstigsten Betriebsfall** / worst-case design
Auslegungs·bedingungen *f pl* / design basis conditions || **≗bestimmungen** *f pl* / design specifications, design requirements, customer's requirements || **≗daten** *plt* / sizing data || **≗druck** *m* / design pressure || **≗erdbeben** *n* / operating basis earthquake (OBE) || **≗ereignisse** *n pl* / design basis events (DBE) || **≗induktion** *f* / design flux density || **≗lebensdauer** *f* / design life || **≗überlast** *f* / design overload || **≗wert** *m* / sizing data || **im ≗zustand** / at nominal data
Ausleitung *f* (Wickl.-Klemme) / end lead, terminal lead, main lead || ≗ *f* / generator leads, generator bus, generator connections
auslenken *v* / deflect *v*
Auslenkung *f* (vgl. Messtaster) / deflection *n*, displacement *n*, excursion *n*, direction of deflection || ≗ *f* (MSB) / sag *n* || **Amplituden~** *f* / amplitude excursion
Auslese *f* / selection *n*
auslesen *v* (DV) / read out *v*, fetch out *v*
Auslesen *n* / readout *n*
Auslesepassung *f* / selective fit
Auslesezeit *f* / readout time
ausleuchten *v* / to illuminate fully
Ausleuchtung *f* (LT, Funktechnik) / illumination *n* || ≗ *f* (Erfassungsbereich) / coverage *n*
Ausleuchtzone *f* (Satellit) / footprint *n*
Auslieferung *f* / delivery from the plant, delivery ex works
Auslieferzustand *m* / condition at delivery from the plant
Auslöse·anzeiger *m* (Rel., Schutz) / operation indicator || **≗aufforderung** *f* (DÜ) DIN 44302 / DTE clear request (DTE = data terminal equipment) || **≗bereich** *m* (Schutz) / tripping range || **≗bereich** *m* (Einstellbereich) / setting range || **≗bestätigung** *f* (DÜ) DIN 44302 / clear confirmation || **≗charakteristik** *f* / tripping characteristic, release characteristic || **≗differenzstrom** *m* / operating residual current || **≗distanz** *f* (NS, axiale Entfernung zu Auslöseelement) / axial distance to target || **≗einrichtung** *f* / tripping device, release *n*, tripping mechanism || **≗ereignis** *n* / trigger event || **≗faktor** *m* (MG) / tripping factor || **≗fehlerstrom** *m* (FI-Schutzschalter) / residual operating current || **polygonale ≗fläche** / polygonal tripping area, quadrilateral tripping area || **≗-Flipflop** *n* / trigger flipflop, T-flipflop *n*, toggle flipflop || **≗funkenstrecke** *f* / triggering spark gap || **≗funktion** *f* (PMG) DIN IEC 625 / trigger function, device trigger function
Auslöse·gebiet *n* (Schutz) / tripping zone, trip region, operating zone || **≗gerät** *n* / release mechanism || **≗gerät** *n* (f. Thermistorschutz) / control unit, tripping unit || **≗gestänge** *n* / tripping linkage || **≗grenzstrom** *m* / ultimate trip current || **≗grenzwerte** *m pl* (LS) / tripping limits || **≗größe** *f* (FI-Schutzschalter) / energizing quantity || **≗grund** *m* / tripping reason || **≗hebel** *m* / tripping lever, operating lever
Auslöse·kennlinie *f* / tripping characteristic, operating characteristic (e.g.), CBE || **≗kennlinie des Typs H** / type H tripping characteristic || **≗kennlinie des Typs L** / type L tripping characteristic || **≗kennlinie mit Vorlast** (Überlastrelais) DIN IEC 255, T.8 / hot curve || **≗kennlinie ohne Vorlast** (Überlastrelais) DIN IEC 255, T.8 / cold curve || **≗klasse** *f* / release class, trip class || **≗klinke** *f* / release pawl, tripping latch || **≗klinkenüberdeckung** *f* / tripping latch overhang || **≗kombination** *f* / tripping combination || **≗kommando** *n* / tripping command, opening instruction || **≗kontakt** *m* / tripping contact, trip contact || **≗kraft** *f* / release force || **≗kreis** *m* / trip (ping circuit), trigger circuit || **≗kreisüberwachung** *f* / trip circuit supervision || **≗kriterium** *n* (Schutz) / operating (o. tripping) criterion || **≗kupplung** *f* / centrifugal clutch, torque clutch, slip clutch
Auslöse·magnet *m* / trip solenoid || **≗meldeschalter** *m* / release pilot switch || **≗meldung** *f* (DÜ) / DCE clear indication (DCE = data circuit terminating equipment) || **≗motor** *m* / tripping motor
auslösen *v* / trip *v*, open *v*, release *v*, trigger *v*, operate *v*, initiate *v*, activate *v* || ~ *v* (einleiten) / initiate *v* || ~ *v* (Emission) / trigger *v* || ~ *v* (initiieren) / initiate *n* || ≗ *n* / tripping *n*, opening *n*, releasing *n*, triggering *n*, operation *n* || **einen Alarm ~** / sound an alarm
Auslöse·nocken *m* / striker *n*, trip cam || **≗prüfung** *f* (Schutz) / tripping test || **mechanischer ≗punkt** / mechanical tripping point
Auslöser *m* / actuator *n* || ≗ *m* (Trigger, Eingabegerät) / trigger *n* || **Auslöser** *m* (SG) / release *n*, trip element, trip *n*, tripping device || ≗ **mit großem Einstellbereich** / high-range release (o. trip element) || ≗ **mit mechanischem Hemmwerk** / mechanically delayed release || **phasenausfallempfindlicher** ≗ / phase-loss sensitive release || **≗-Betätigungsspannung** *f* (SG) / release operating voltage
Auslöse·regel *f* / tripping rule || **≗relais** *n* / tripping relay, initiating relay || **≗richtung** *f* / operative direction || **≗rolle** *f* / tripping roller
Auslöse·schaltung *f* (elektron.) / trigger circuit, trigger *n* || **≗schwimmer** *m* / trip float || **≗signal** *n* / tripping signal, releasing signal || **≗spannung** *f* / tripping voltage, opening voltage || **≗sperre eines Crimpwerkzeuges** / full-cycle crimp mechanism || **≗spule** *f* / trip coil, release coil, trip solenoid,

operating coil || ≗**stift** *m* / tripping pin || ≗**stößel** *m* / tripping tappet || ≗**strom** *m* / tripping current, operating current || ≗**strom** *m* (Überlastauslöser o. -relais) VDE 0660, T.101 / conventional tripping current IEC 157-1 || **festgelegter** ≗**strom** / conventional fusing current || ≗**stromkreis** *m* / tripping circuit

Auslöse·temperatur *f* / cutout temperature, operating temperature, alarm initiating temperature || ≗**temperaturbereich** *m* / operating temperature range || ≗**verhalten** *n* / tripping characteristics || ≗**vermögen** *n* (f. Fehlerabschaltung) / fault clearing capability || ≗**verzögerung** *f* / tripping delay || ≗**vorgang** *m* / tripping operation || ≗**vorrichtung** *f* / release *n*, trip device, tripping device, tripping mechanism j || ≗**vorrichtung** *f* (Sich.) / fuse indicator and signaller || ≗**welle** *f* / tripping shaft || ≗**zeit** *f* / tripping time || ≗**zeit** *f* (Maschinenschutz) / time to trip || ≗**zeit** *f* (Einstellwert) / time setting || ≗**zeit** *f* (SG, von Befehlsgabe bis zur Aufhebung der Sperrung) / time to disengagement, releasing time || ≗**zeit** *f* (Rel.) / release time

Auslösung *f* / tripping *n*, opening *n*, releasing *n*, triggering *n*, operation *n*, tripping operation || ≗ *f* (DÜ) / clearing *n* || ≗ *f* (PMG) / triggering *n* || ≗ **durch künstlichen Fehler** / fault throwing || **Zeit~** *f* (eingestelltes Intervall, nach dem ein Signal erzeugt wird, wenn bis dahin noch keine Triggerung erfolgt ist) / time-out *n*

Auslötstempel *m* / unsoldering tool

ausmaskieren *v* / mask *v*

Ausmaß einer Störung / level of a disturbance

Ausmessen *n* / measuring *n*, dimensional check || ≗ *n* (m. Lehre) / gauging *n*

Ausnahme *f* / exception *n* || ≗**fehler** *n* / exception error || ≗**regelung** *f* / exception rule || ≗**wörterbuch** *n* (Textverarb., f. Silbentrennung) / exception word dictionary

Ausnehmung *f* / recess *n*, opening *n*, cutout *n*

Ausnutzbarkeit nach Isolationsklasse F / class F capability

Ausnutzung *f* / utilization *n*

Ausnutzungsdauer *f* (eines Generatorsatzes) / utilization period at maximum capacity

Ausnutzungsfaktor *m* (Durchschnittslast/Nennlast) / capacity factor || ≗ *m* (KW) / utilization factor || ≗ *m* (Wickl.) / winding factor || ≗ **des Wicklungsraums** / space factor of winding

Ausnutzungs·grad *m* (el. Masch.) / power/space ratio || ≗**verhältnis** *n* (el. Masch.) / power/size ratio, power-for-size ratio, power/weight ratio, horsepower per machine volume

Ausnutzungsziffer *f* (Esson) / output coefficient, specific torque coefficient, Esson coefficient, output factor || ≗ *f* (Gewicht/Leistung) / weight coefficient, volt-ampere rating per unit volume || ≗ *f* (KW) / utilization factor

Ausprägung *f* / instancing *n*, instance *n* || **Sachmerkmal-**≗ *f* DIN 4000, T.1 / article characteristic value

auspressen *v* / force out *v*, to withdraw under pressure, jack out *v*

Auspuff·rückdruck *m* (Kfz) / exhaust backpressure || ≗**takt** *m* (Kfz-Mot.) / exhaust stroke

auspumpen *v* / evacuate *v*

Ausräumen *n* / remove *n*, remove stock, machining *n*, solid machining || ≗ *n* (Zuckerzentrifuge) / ploughing *n*

Ausräumer *m* / plough *n*

Ausraumlogik *f* / anti-hole storage

Ausräumschalen *f pl* / depths of cut

ausregeln *v* / correct *v*, compensate *v*, adjust *v*

Ausregel·steilheit *f* DIN 41745 / maximum output rate of change || ≗**ung** *f* / smoothing *n* || ≗**vorgang** *m* / settling operation || ≗**zeit** *f* (Gen.) / recovery time || ≗**zeit** *f* (Reg.) DIN 19226 / settling time ANSI C85.1, correction time, transient recovery time IEC 478-1 || **endliche** ≗**zeit** / dead-beat response || **Gesamt~zeit** *f* (USV) VDE 0588, T.5 / recovery time IEC 146-4

Ausreißer *m* (QS) / outlier *n*, maverick *n*

Ausreißkraft *f* / draw-out strength || ≗ *f* (gS) / pull-out strength

Ausrichtabstand *m* / alignment clearance

ausrichten *v* (Masch., CAD) / align *v* || ~ *v* (gerade) / straighten *v*, true *v*

Ausrichten *n* / aligning *n*, orienting *n* || ≗ **nach der Höhe** / aligning to correct elevation, alignment in the vertical plane

Ausrichtung *f* (Masch.) / alignment *n* || ≗ *f* (Kristalle) / orientation *n*

Ausrichtungs ≗**art** *f* / alignment type || ≗**fehler** *m* / misalignment *n*, malalignment *n* || ≗**möglichkeit** *f* / alignment possibility || ≗**winkel** *m* / alignment bracket

ausrückbare Kupplung / clutch *n*, loose coupling

ausrücken *v* (Kuppl.) / disengage *v*, declutch *v*, disconnect *v*, trip *v*

Ausrück·kupplung *f* / clutch *n*, loose coupling || ≗**vorrichtung** *f* (ET) / rack-out device

Ausrufanlage *f* / paging system

Ausrüster *m* / equipment supplier

Ausrüstung *f* / equipment *n* || ≗**spaket** *n* / equipment package

AUSS / workstation-independent segment storage (WISS)

Aussage *f* / definition *n*

aussägen *v* (Komm.) / undercut with a saw

ausschaben *v* (Komm.) / undercut *v*

Ausschalt·abbrand *m* / opening erosion || ≗**bedingungen** *f pl* (SG) / breaking conditions || ≗**bereich** *m* (Sich.) / breaking range, switch-off range || ≗**beschleuniger** *m* / fast-opening device

Ausschaltdauer *f* (Sich.) VDE 0820 / operating time IEC 291, interruption duration, turn-off time, clearing time ANSI C37.100, total clearing time ANSI C37.100 || **mittlere** ≗ / equivalent interruption duration, load-weighted equivalent interruption duration

AUS-Schaltdauer *f* / OFF-time *n*

Ausschalt·druck *m* / cut-out pressure, shut-off pressure || ≗**druckknopf** *m* / OFF pushbutton, OFF button || ≗**eigenschaften** *f pl* (Sich.) / clearing characteristics, circuit interrupting performance || ≗**eigenzeit** *f* (Öffnungszeit) VDE 0670, T.101 / opening time IEC 56-1 || ≗**elektrode** *f* (Kreuzfeldverstärker) / quench electrode || ≗**element** *n* (LS) / breaking unit

Ausschalten *n* / switching off, opening *n* || ≗ *n* (SG, Vorgang) / breaking operation, opening operation, opening *n*, breaking *n* || ≗ *n n* (LS, Schutzsystem) / tripping IEC 50(448) || ~ *v* (Masch.) / stop *v*, shut down *v*, cut out *v*, disconnect *v*, switch off *v* || ~ *v* (Rel., Schütz) / deenergize *v*, open *v* || ≗ **für**

mechanische Wartung IEC 50(826), Amend. 1 / switching off for mechanical maintenance || ≈ **unter Last** / disconnection under load, load breaking || **Einbruchalarm** ~ / deactivate the burglar alarm

Ausschalter *m* / on-off switch, single-pole switch, single-throw switch, one-way switch, off switch || ≈ *m* (Schalter 1/3) VDE 0630 / one-way switch || **einpoliger** ≈ (Schalter 1/1) VDE 0630 / singlepole one-way switch (CEE 24)

Ausschalt·faktor *m* / tripping factor || ≈**feder** *f* / opening spring, tripping spring, tripping tension spring || ≈**federseite** *f* / tripping tension spring side || ≈**folge** *f* (Antriebe) / stopping sequence, shutdown sequence || ≈**geräte** *n pl* VDE 0618,4 / stop controls || ≈**geschwindigkeit** *f* / speed of break, opening speed || ≈**glied** *n* / break contact, break contact element IEC 337-1, b-contact, normally closed contact, NC contact || ≈**grenzwert** *m* / switch off limit || ≈**-Hilfsauslöser** *m* / shunt opening release IEC 694 || ≈**klinke** *f* / tripping latch || ≈**kriterium** *n* / switch-off criteria || ≈**leistung** *f* (Mot.) / cutout power || ≈**leistung** *f* (Rel.) / contact interrupting rating (ASA C37.1) || ≈**lichtbogen** *m* / breaking arc

Ausschalt·modus *m* / shutdown mode || ≈**moment** *n* / cutoff torque, tripping torque || ≈**position** *f* / deactivation position || ≈**potential** *n* (KKS) / off-potential *n* || ≈**prüfung** *f* / breaking test, break test || ≈**prüfung** *f* (Sich.) / interrupting test, breaking test || ≈**punkt** *m* / tripping point, release operating point || ≈**reihenfolge** *f* (Antriebe) / stopping sequence, shutdown sequence || ≈**relais** *n* / tripping relay

Ausschalt·spannung *f* (SG) / opening voltage, interrupting voltage || ≈**spannung** *f* (Steuerelektrode, Thyr) / turn-off voltage || ≈**spannung** *f* (der Ausschaltelektrode) DIN IEC 235, T.1 / quench voltage || ≈**sperre** *f* / lock-in *n* || ≈**sperrkappe** *f* / disconnection protective cover || ≈**spitzenstrom** *m* (Sich.) / cut-off current || ≈**spule** *f* / tripping coil, opening coil || ≈**stellung** *f* (SG) / open position || ≈**steuerkreis** *m* VDE 0618,T.4 / stop control circuit || ≈**steuerung** *f* VDE 0618, T.4 / stop control || ≈**steuerung** *f* (LE) / turn-off phase control, termination phase control || ≈**strom** *m* (SG, Sich.) IEC 50(441) / breaking current, interrupting current || ≈**stromkreis** *m* / breaking circuit, opening circuit || ≈**temperatur** *f* / cut-out temperature, opening temperature

Ausschaltung *f* / breaking operation, opening operation, opening *n*, breaking *n* || **endgültige** ≈ (Netz o. Betriebsmittel, nach einer Anzahl erfolgloser Wiedereinschaltungen) / final tripping || **ideale** ≈ / ideal breaking || **selbsttätige** ≈ (LE-Gerät) / automatic switching off

Aus-Schaltung *f* (I-Schalter) / on-off circuit

Ausschalt·ventil *n* / tripping valve || **Kontrolle des Einschalt- und** ≈**verhaltens** (LE) / turn-on/turn-off check IEC 700 || ≈**verlust** *m* (Diode, Thyr.) / turn-off loss, turn-off dissipation || ≈**-Verlustenergie** *f* (Thyr.) DIN 41786 / energy dissipation during turn-off time || ≈**-Verlustleistung** *f* (Diode, Thyr.) / turn-off loss, turn-off dissipation || ≈**-Verlustleistungsspitze** *f* (Thyr) / peak turn-off dissipation || ≈**vermögen** *n* (SG, Sich.) / breaking capacity IEC 50(441), interrupting capacity (US), rupturing capacity || ≈**vermögen** *n* (Rel.) VDE 0435,T.110 / limiting breaking capacity || ≈**vermögen für ein unbelastetes Kabel** VDE 0670. T.101 / cable charging breaking capacity IEC 56-1, cable off-load breaking capacity || ≈**vermögen für eine unbelastete Freileitung** VDE 0670, T.101 / line-charging breaking capacity IEC 56-1, line off-load breaking capacity || ≈**vermögen für Einzelkondensatorbatterien** VDE 0670, T.101 / single-capacitor-bank breaking capacity IEC 56-1 || ≈**vermögen für Kondensatorbatterien** VDE 0670, T.101 / capacitor-bank breaking capacity IEC 56-1 || **Prüfung des** ≈**vermögens** / breaking capacity test IEC 214 || ≈**verriegelungsschieber** *m* / opening locking slide || ≈**verzögerung** *f* / switch-off delay, output delay || ≈**verzögerung** *f* (elST) DIN 19239 / OFF delay || ≈**verzögerung** *f* (gewollte Verzögerung der Kontaktöffnung) / release delay, tripping delay (rated permissible tripping delay: 1 second) || **speichernde** ≈**verzögerung** / retentive OFF delay, latching OFF delay || ≈**verzug** *m* / aperture time, turn off time || ≈**vorgang** *m* (Masch.) / shutdown cycle || ≈**vorrichtung** *f* (SG) VDE 0670, T.2 / opening device IEC 129 || ≈**wechselstrom** *m* / symmetrical breaking current, symmetrical r.m.s. interrupting current

ausschaltwischend *adj* / breaking pulse contact || **~er Kontakt** / passing break contact

Ausschalt·wischer *m* / passing break contact, fleeting NC contact || ≈**zeit** *f* (Sich., Gesamtausschaltzeit, Summe aus Schmelzzeit u. Löschzeit) VDE 0670,4 / operating time IEC 291, clearing time ANSI C37.100, total clearing time ANSI C37.100 || ≈**zeit** *f* (Schalttransistor, Thyr, optischer NS) / turn-off time || ≈**zeit** *f* (LS Zeitspanne zwischen dem Anfang der Öffnungszeit und dem Ende der Lichtbogenzeit (Ausschaltzeit = Ausschalteigenzeit (Öffnungszeit) + Lichtbogenzeit)) VDE 0660, T.101 / breaktime *n* IEC 157-1 || ≈**zeit** *f* / interrupting time || ≈**zeit-Strom-Kennlinie** *f* / operating time-current characteristic

ausschäumen *v* / foam *v*, to pack with foamed material

Ausschlag *m* (MG) / deflection *n*, pointer deflection, swing *n* || ≈ *m* (Schwingung) / excursion *n*, amplitude *n*

ausschlagen *v* / damage by vibration || ~ *v* (ausfüttern) / line *v*

Ausschlag·gas *n* / calibration gas || **~gebend** *adj* / dependent *adj* || ≈**verfahren** *n* (MG) / deflection method

ausschleusen *v* / feed to the side

Ausschleuser *m* (Lager) / ejector *n*

Ausschleusweiche *f* / ejector baffle

ausschließlich / only

Ausschlussliste *f* / exclusion list

ausschneidbarer Dichtring / pre-cut sealing ring

ausschneiden *v* / cut *v* || ~ *v* (schlitzen) / slot *v* || ~ *v* (m. Locheisen) / clink *v* || ~ *v* (stanzen) / blank *v*

Ausschneidwerkzeug *n* / blanking die

Ausschnitt *m* (CAD, Ansicht) / view *n* || ≈ *m* (Segment) / segment *n* || ≈ *m* (i. Schalttafel) / cutout *n* || ≈ *m* (aus Großbild am Bildschirm, Fenster) / window *n* || ≈ **übernehmen** / accept viewport || ≈**dosierung** *f* (Chromatographie) / heartcutting *n*

Ausschnittsvergrößerung *f* / zoomed segment

Ausschnitttabelle *f* (CAD) / view table

Ausschöpfungstyp-Transistor *m* / depletion mode transistor

Ausschreibung *f* / invitation to tender, invitation for bids, tender invitation
Ausschuss *m* / scrap *n*, rejects *pl*, waste *n* || ²**gewindelehrdorn** *m* / no-go screw gauge || ²**grenze** *f* (QS) / limiting quality || ²**kontrolle** *f* / reject monitoring || ²**risiko** *n* / rejection risk || ²**seite** *f* (Lehre) / no-go side || ²**teil** *n* / rejected item, substandard item, scrap *n*
ausschwenkbar *adj* / swing-out *adj*, hinged *adj*, swivelling *adj* || **~e Tafel** / swing panel, swing-out panel
ausschwenken *v* / swinging out
Ausschwenkung *f* (Schwenkwinkel) / swing *n*, opening angle
Ausschwingen *n* / dying out *n*, decay *n*
Ausschwingverhalten *n* / transient characteristics
Ausschwingversuch *m* / test by free oscillations || ² *m* (Erdbebenprüfung) / snap-back test
ausschwitzen *v* / exude *v*, sweat out *v*
Aussehen *n* (Isolierflüssigk.) / appearance *n*
außen *adj* / external *adj* || **von ~ bedienbar** / externally operated || **~ erzeugte Steuerspeisespannung** / external control supply voltage || **~ fertig** / external finish || **~ fertigdrehen** / external finish || **~ gelagertes Wellenende** / shaft extension with outboard bearing || **~ lackiert** / paint finish on outside || **~ verkettete Zweiphasenschaltung** / externally linked two-phase three-wire connection || **~ vor** / external rough || **~ vordrehen** / external rough
Außen·abmessungen *f pl* / outside dimensions, outline dimensions || ²**abnahme** *f* / source inspection || ²**abnahme beim Zulieferanten** / subcontractor source inspection (CSA Z 299) || ²**abstützung** *f* (der Welle) / outboard support || ²**anlage** *f* / outdoor installation || ²**anlage** *f* (Sportstätte) / outdoor stadium || ²**aufstellung** *f* / outdoor installation || ²**backe** *f* / outside jaw || ²**bearbeitung** *f* (WZM) / external machining || ²**beleuchtung** *f* / exterior lighting || **~belüfteter Motor** / externally ventilated motor
Außenbürde *f* / external burden, external load
aussenden *v* (von Störungen aus Störquellen) / emit *v*
Außen·dienstmitarbeiter *m* / external service staff || ²**druck** *m* / external pressure || ²**druckkabel** *n* / compression cable
Aussendung *f* (von Störquellen, Funkverkehr) / emission *n*
Aussendungs·pegel *m* (Störquelle) / emission level || ²**-Verträglichkeitsverhältnis** *n* IEC 60050(161) / emission margin
Außen·durchmesser *m* / outer diameter, outside diameter, overall diameter, external diameter || ²**durchmesser** *m* (Gewinde) / major diameter || ²**eck** *n* (IK) / rearward elbow, outside angle unit, external angle (unit) || ²**ecke** *f* / outside corner || ²**eck-Winkelstück** *n* / rearward elbow, outside angle unit, external angle (unit) || ²**einstich** *m* / external groove || ²**feld** *n* / external field, extraneous field || ²**fläche** *f* / outside surface || ²**gehäuse** *n* (el.Masch.) / outer frame, outer casing || ²**gehäuse** *n* (B3/D5 ohne Abdeckhaube) / cradle base || **~gekrümmt** *adj* / convex *adj*, crowned *adj* || **~gekühlter Motor** / separately driven fan || ²**geometrie** *f* / external geometry || ²**gewinde** *n* / external thread, male thread, outside thread || ²**gewinde-Schlitzklemme** *f* / tubular screw terminal || ²**glimmschutz** *m* (Wickl.) / coil-side corona shielding
Außen·hautriss *m* / surface crack || ²**höhe** *f* / external height, overall height, protective sheath, protective sheathing, protective envelope, plastic oversheath, extruded oversheath || ²**hülle** *f* (Kabel) / oversheath *n*, outer sheath || ²**interpolator** *m* (NC) / external interpolator || ²**kabel** *n* / outdoor cable, cable for outdoor use || ²**kante** *f* / outside corner || ²**kapselung** *f* (el. Masch.) / enclosure *n*, jacket *n* || ²**kennlinie** *f* / external characteristic || ²**kette** *f* (Flp.) / wing bar || ²**kettenfeuer** *n* (Flp.) / wing-bar lights || ²**kontaktsockel** *m* / base with external contacts || ²**kontur** *f* / outside contour || ²**konus** *m* / outside cone || ²**korrosion** *f* / external corrosion || ²**kranz** *m* (Speichenrad) / rim *n*, spider rim || ²**kühlmittel** *n* (Sekundärkühlmittel) / secondary coolant || ²**kühlung** *f* / surface cooling
Außen·lager *n* / outboard bearing || ²**lamelle** *f* (Kuppl.) / externally splined lamination || ²**lamellenmitnehmer** *m* (Kuppl.) / drive ring and bushing || ²**lamellenträger** *m* (Kuppl.) / drive ring || ²**läufermotor** *m* / external-rotor motor, motorized pulley || ²**laufring** *m* (Lg.) / outer ring, outer race || ²**leiter** *m* (Mehrphasensystem) / phase *n*, outer conductor, main *n* || ²**leiter** *m* (Kabel) / external conductor, outer conductor, concentric conductor || ²**leiter** *m* (Wechselstromsystem) / phase conductor, L-conductor *n* || ²**leiter** *m* (Leiter, die Stromquellen mit Verbrauchsmitteln verbinden, aber nicht vom Mittel- oder Sternpunkt ausgehen) / external line, phase conductor || ²**leiter-Erde-Kapazität** *f* / phase-to-earth capacitance || ²**leiter-Erde-Spannung** *f* / phase-to-earth voltage, line-to-ground voltage (US) || ²**leiter-Erde-Überspannung** *f* / phase-to-earth overvoltage, line-to-ground overvoltage (US) || ²**leiterkontakt** *m* / line contact || ²**leiter-Mindestabstand** *m* / phase-to-phase clearance || ²**leiterselektivität** *f* (Selektivschutz) IEC 50(448) / phase selectivity (of protection) || ²**leiterspannung** *f* / phase-to-phase voltage, line-to-line voltage, voltage between phases || ²**leitertrennung** *f* / phase separation || ²**leuchte** *f* / exterior luminaire, street lighting fixture, street luminaire, street lighting luminaire, exterior lighting fitting
außenliegend *adj* / lying outside || **~er Fehler** / external defect, surface imperfection || **~es Lager** / outboard bearing
Außen·lüfter *m* / external fan || ²**lufttemperatur** *f* / outside air temperature, outside temperature || ²**mantel** *m* / outer shield, outer insulation || ²**mantel** *m* (Kabel) / oversheath *n*, outer sheath || ²**maß** *n* / external dimension, outer dimension || ²**maße** *n pl* / overall dimensions, outline dimensions, external dimensions || **~mattiert** *adj* / outside frosted || ²**mikrometer** *n* / external micrometer || ²**pol** *m* (el. Masch.) / stationary pole || ²**polmaschine** *f* / revolving-armature machine, stationary-field machine, rotating-armature machine || ²**radius** *m* / outside radius || ²**-Reflexionsanteil des Tageslichtquotienten** / externally reflected component of daylight factor || ²**ring** *m* (Timken-Lg.) / cup *n* || ²**ring** *m* (Lg.) / outer ring, outer race || **elektrische** ²**rückspiegelverstellung** (Kfz) / door mirror actuator || ²**rundschleifen** *n* / external cylindrical

grinding, cylindrical grinding, OD grinding (OD = outer diameter) || ≗**rundschleifmaschine** *f* / external cylindrical grinding machine

Außen·schenkel *m* (Trafo-Kern) / outer limb, outer leg || ≗**schirm** *m* (Kabel) / overall shield || ≗**schleifen** *n* / external grinding, surface grinding || ≗**seite** *f* / outside surface, outside *n* || **~seitiges Lager** / outboard bearing || ≗**stellung** *f* (SA, eines herausnehmbaren Teils) VDE 0670, T.6 / removed position IEC 298, fully withdrawn position || ≗**stempel** *m* / outer stamp || ≗**taster** *m* / external callipers, outside callipers || ≗**temperatur** *f* / outside temperature || ≗**toleranz** *f* (NC) / outside tolerance || ≗**überschlag** *m* / external flashover || ≗**umfang** *m* / circumference *n*, periphery *n*, outer surface || **~ventilierter Motor** / externally ventilated motor

Außen·versteifung *f* / external stiffening, outer bracing || **~verzahntes Rad** / external gear || ≗**verzahnung** *f* / external gearing, external teeth || ≗**widerstand** *m* / external resistance, series resistance || ≗**wirtschaftsverordnung** *f* (AWV) / foreign trade regulations || ≗**zündstrich** *m* (Leuchte) / external conducting strip || ≗**zylinder** *m* (Lüfter) / cylindrical shroud

außer Betrieb / shutdown, out of service, out of commission || **~ Betrieb setzen** / shutdown *v*, stop *v* || **~ Eingriff bringen** / disengage *v*, bring out of mesh || **~ Phase** / out of phase || **~ Takt** / out of step, out of time || **~ Tritt fallen** / pull out of synchronism, fall out of step, pull out *v*, loose synchronism

Außer·betriebnahme *f* / withdrawal from service || ≗**betriebsetzen** *n* / shutdown *n*, stopping *n*

äußer·e Bauform (z.B. SK) / external design || **~e Beschaltung** / external (circuit elements) || **~e Einflüsse** / external influences IEC 614-1 || **~e Funkenstrecke** / external spark gap, external gap || **~e Gleichspannungsänderung** / direct voltage regulation due to a.c. system impedance || **~e Hauptanschlüsse** (LE) / external main terminals || **~e Hystereseschleife** (Sättigungshystereseschleife) / saturation hysteresis loop || **~e Isolierung** VDE 0670, T.3 / external insulation IEC 265 || **~e Isolierung für Freiluft-Betriebsmittel** / outdoor external insulation || **~e Isolierung für Innenraum-Betriebsmittel** / indoor external insulation || **~e Kennlinie** / external characteristic || **~e Leitschicht** (Kabel) / insulation screen, core screen || **~e Leitungen** (z.B. f. Leuchten) / external wiring || **~e Mitkopplung** (Transduktor) / separate self-excitation || **~e remanente Restspannung** (Hallgenerator) DIN 41863 / external remanent residual voltage IEC 147-0C || **~e Schutzhülle** (Kabel) / protective covering || **~e Störfestigkeit** (EMV) / external immunity || **~e Überspannung** (transiente Ü. in einem Netz infolge einer Blitzentladung oder eines elektromagnetischen Induktionsvorgangs) / external overvoltage || **~e Umhüllung** (Kabel) / serving *n* || **~e Umhüllung einer Verpackung** / overwrap *n* || **~e Verbindung** (Trafowickl.) / external connection || **~e Verbindung** (Trafowickl.) / back-to-front connection

äußer·er Anschluss (LE, eines Zweigpaares) / outer terminal || **~er Befund** / visual inspection result || **~er Blitzschutz** / external lightning protection || **~er Fehler** (mech.) / external defect, surface imperfection || **~er fotoelektrischer Effekt** / photoemissive effect, photoelectric emission || **~er Kühler** / external cooler || **~er Lagerdeckel** / outer bearing cap, outside cap, bearing cover || **~er Messkreis** / external measuring circuit || **~er Schirm** (Kabel) / overall shield || **~er Schutzleiter** / external protective conductor || **~er Wärmewiderstand** (HL) DIN 41858 / external thermal resistance, thermal resistance case to ambient || **~er Widerstand** / external resistance, series resistance

äußer·es Betrachtungssystem (ABS) / external viewing system (VSE) || **~es Feld** / external field, extraneous field || **~es Schwungmoment** / load flywheel effect, load Wk^2 || **~es Trägheitsmoment** / load moment of inertia, external moment of inertia

außer·gewöhnliche Beanspruchung / abnormal stress || **Widerstandsfähigkeit gegen ~gewöhnliche Wärme** VDE 0711,3 / resistance to ignition IEC 507 || **~halb der Spitzenzeit** / off-peak *adj* || ≗**mittendrehen** *n* / eccentric turning || **~mittig** *adj* / off centre, eccentric *adj*, off-center *adj* || **~mittige Belastung** / excentric loading || ≗**mittigkeit** *f* / eccentricity *n*, centre offset, off-centre condition

äußer·ste Zugfaser / extreme edge of tension side || **~stes Werkstückmaß** / extreme dimension of workpiece

Außertrittfallen *n* / falling out of step, pulling out of synchronism, loss of synchronism, pulling out

Außertrittfall·moment *n* / pull-out torque || ≗**relais** *n* / out-of-step relay, loss-of-synchronism relay, pull-out protection relay || ≗**schutz** *m* / out-of-step protection, loss-of-synchronism protection || ≗**sperre** *f* / out-of-step blocking (o. lockout)

Außertritt·ziehen *n* / rising out of synchronism || ≗**zustand** *m* (Synchronmaschinen im Parallelbetrieb) / out-of-step operation IEC 50(603)

Aussetzbelastung *f* / intermittent loading, periodic loading

Aussetzbetrieb *m* (Spiel regelmäßig wiederholt) / periodic duty || ≗ *m* / intermittent duty, intermittent periodic duty || ≗ *m* (HG) VDE 0730 / intermittent operation || ≗ **mit Anlaufvorgang** (S4) IEC 50(411) / intermittent periodic duty with starting || ≗ **mit elektrischer Bremsung** (S5) IEC 50(411) / intermittent periodic duty with electric braking || ≗ **ohne Einfluß des Anlaufvorgangs** (S3) / intermittent periodic duty-type without starting (S 3) || **Bemessungsleistung bei** ≗ / periodic-rating, intermittent rating, load-factor rating

aussetzen *v* (z.B. Strahlung) / expose *v*

Aussetzen *n* / interruption *n*

aussetzend *adj* (unregelmäßig) / discontinuous *adj* || ~ *adj* (regelmäßig) / intermittent *adj*, periodic *adj* || **~e Durchschläge** / non-sustained disruptive discharges || **~e Pufferung** (Batt.) / intermittent recharging || **~e Teilentladungen** / non-sustained partial discharges || **~e Wirkung** (Reg.) / intermittent action || **~er Betrieb** / intermittent operation || **~er Erdschluss** / intermittent earth fault, intermittent arcing ground, arcing ground || **~er Fehler** / intermittent fault

Aussetzer *m* / misfiring *n*, misfire *n*, disengaging *n*

Aussetz·fehler *m* (Signalausfall) / drop-out *n* || ≗**leistung** *f* / periodic rating, intermittent rating ||

²regelung *f* / start-stop control || ²**schaltbetrieb** *m* / intermittent periodic duty, intermittent multi-cycle duty || ²**spannung** *f* (Teilentladung) VDE 0434 / extinction voltage IEC 270
aussieben *v* (Oberwellen) / filter *v*, suppress *v*
Aussiebprüfung *f* / screening test
aussondern *v* (QS) / segregate *v*
Aussonderung *f* (QS) / segregation *n*
Ausspannen *n* / unclamp *v*
Ausspannzeit *f* / unclamping time || ² *f* (WZM) / unclamping time
Aussparen durch Einzelbefehl (NC) / pocketing *n*
Aussparung *f* / recess *n*, cut-out *n*, opening *n*, recess clearance, port *n*, notch *n*, cutout *n*, depression *n* || ² *f* (ET, f. Kodierung) / receptacle *n* || ² **für Lagerstück** / cutout for bearing piece
Aussprung *m* / exit jump || ² *m* (Programm) / exit *n* || ²**menü** *n* (AM) / exit menu (XM) || ²**stelle** *f* / break-out point
ausstanzen *v* / blank *v*
Ausstanzung *f* / blanking *n*
ausstatten *v* / equip *v*, provide *v*
Ausstattung *f* / equipment *n*
Aussteifung *f* / stiffening *n*, bracing *n*
aussteigen *v* / quit *v*, exit *v* || ~ *v* (aus Programm) / exit *v*, quit *v*
Ausstellungsraum *m* / exhibition room
Ausstellungsräume, Beleuchtung von ²n / exhibition lighting
Aussteuerbereich *m* / control range, firing-angle range || ² *m* (Ausgangsb.) / output range
Aussteuergrenze *f* / modulation depth limit
aussteuern *v* / control *v*, adjust the control setting, drive *v*, modulate *v*, saturate *v* || **voll** ~ / fully control
Aussteuerung *f* / control range || ² *f* (Drossel) / saturation degree || ² *f* (Messtechnik) / modulation *n*, modulation amplitude || ² *f* (SR, auf den Steuerwinkel bezogen) / firing-angle setting || ² *f* (SR, Verhältn. der Leerlauf-Ausgangsspannungen bei verzögertem und unverzögertem Steuerwinkel) / terminal voltage ratio || ² *f* (Methode) / control method || ² **nach dem Pulsverfahren** (LE) / pulse control, chopper control || **zulässige** ² (max. Ausgangsspannung) / maximum continuous output (voltage) || **zulässige** ² (Dauerbelastbarkeit des Eingangs) / maximum continuous input
Aussteuerungs·eingang *m* / control input || ²**grad** *m* (LE) / control factor, pulse control factor || ²**grad** *m* / phase control factor || ²**grad bei Zündeinsatzsteuerung** (LE) / phase control factor
Ausstoß *m* / output *n*
Ausstoßwerkzeug *n* / push-out tool for crimp contacts, ejector *n*
Ausstrahlen *n* / erosion *n*
Ausstrahlung, spezifische ² / radiant excitance, radiant emittance
Ausstrahlungs·richtung *f* / beam direction || ²**winkel** *m* / light emission angle || **Licht²winkel** *m* / light radiation angle, angle of light emission
Ausströmöffnung *f* (f. Gas) / exhaust port, discharge port
Ausströmung von unten / flow opens
AUS-Taster *m* (Drehsch.) / OFF switch, STOP switch || ² *m* (DT) / OFF button, STOP button
Austastsignal *n* / blanking signal
Austastung *f* (Unwirksammachen eines Kanals) / blanking *n*
Austauschanweisung *f* / exchange instructions
austauschbar *adj* (untereinander) / interchangeable *adj*, permutable *adj* || ~ *adj* (auswechselbar) / replaceable *adj*, renewable *adj*, exchangeable *adj* || **mechanisch** ~ / intermountable *adj* || **~e Logik** / compatible logic || **~e Räderpaare** / interchangable wheels || **~er Sicherungseinsatz** / universal fuse-link ANSI C37.100, interchangeable fuse-link || **~es Teil** (SK) VDE 0660, T.500 / removable part IEC 4391 || **~es Zubehör** / interchangeable accessory
Austauschbarkeit *f* / interchangeability *n* || ² **zwischen Sicherungshalter und Sicherungseinsatz** VDE 0820 / compatibility between fuse-holder and fuse-link IEC 257
Austausch·bewertung *f* / interchange transaction evaluation || ²**-Chromatographie** *f* / ion exchange chromatography
austauschen *v* / replace *n*, exchange *n*
Austauscher *m* / exchanger *n* || **Melder~** *m* (Brandmeldeanl.) / exchanger *n*
Austausch·grad *m* (Wärmetauscher) / efficiency *n* || **gegenseitiger ²koeffizient** (BT) / mutual exchange coefficient, configuration factor || ²**leistung** *f* (Netz) / interchange power || ²**leitung** *f* / interchange line || ²**lüfter** *m* / replacement fan || ²**preis** *m* / replacement price
austauschprogrammierbar / ROM-programmed || **~e Steuerung** / programmable controller with interchangeable memory || **~e Steuerung mit unveränderbarem Speicher** / ROM-/PROM-programmed controller || **~e Steuerung mit veränderbarem Speicher** / RPROM-programmed controller
Austauschteil *n* / replacement part, spare part
austesten *v* (Programm) / test *v*, debug *v*
Aus-Timer *m* (Kfz) / stop timer
Austrag *m* / removal *n* || **WS-²** *m* / queue entry removal (o. cancel)
austragen *v* (Fördereinrichtung) / discharge *v* || ~ *v* (aus Datei) / remove *v*, delete || ~ *v* (aus der Warteschlange) / dequeue *v*
Austragsschnecke *f* / delivery worm
Austransfer *m* / roll-out *n*
austreibende Drehzahl / output speed
Austrittnennweite *f* / outlet size
Austritts·aktion *f* / exit action || ²**arbeit** *f* (Elektrodenmaterial einer Elektronenröhre) / work function (electrode material of an electron tube) || ²**bereich** *m* (von Werten einer stabilisierten Ausgangsgröße symmetrisch zu ihrem Anfangswert) DIN 41745 / transient initiation band
Austrittseite *f* / discharge side
Austritts·kante *f* (Bürste, Pol) / trailing edge, leaving edge || ²**öffnung** *f* (Lasergerät) / aperture *n* || **Schall~punkt** *m* (Ultraschall-Prüfkopf) DIN 54119 / probe index || ²**quelle** *f* (v. Stoffen, die die Entstehung einer explosionsfähigen Gasatmosphäre ermöglichen) / source of release || ²**seite** *f* / discharge end, outlet side || ²**stutzen** *m* / outlet connection, outlet pipe connection || **diffusorartige Gestaltung des ²stutzes** / venturi outlet || ²**temperatur** *f* (Kühlwasser) / outlet temperature
austrudeln *v* / coast down || ~ *v* (Mot.) / coast (to a standstill) *v*
ausüben, eine Kraft ~ / exert a force
Ausverzug *m* / OFF delay
Aus-Verzug *m* / OFF delay

Auswägen *n* / weighing *n* || ≗ *n* (Auswuchten) / static balancing, single-phase balancing
Auswahl *f* / selection *n*, select *n*, selecting *n* || ≗ **Alarmnummer** / alarm number selection || ≗ **ändern** / change selection, modify selection || ≗ **Befehls-/Sollwertquelle** / selection of cmd. & freq. setp. || ≗ **Befehlsquelle** / selection of command source || ≗ **der Prüfschärfe** / applicability of normal, tightened or reduced inspection, procedure for normal, tightened and reduced inspection || ≗ **der Zustandsgruppe** / status group select (SOS), status group select (SGS) || ≗ **Frequenzsollwert** / selection of frequency setpoint || ≗ **Motortyp** / select motor type
Auswahleinheit *f* (QS) / sampling unit
auswählen *v* / select *v*
Auswähler *m* (GKS) / choice device
Auswahl·faktor *m* (Kuppl.) / service factor || ≗**fenster** *n* / list box || ≗**hilfe** *f* / selection aids || ≗**-Liste** *f* / selection list || ≗**maske** *f* / selection mask || ≗**menü** *n* / selection menu || ≗**menü** *n* (Programm) / menu *n* || ≗**prüfung** *f* (Kabel) VDE 0281 / sample test (HD 21) || **Phasen~relais** *n* / phase selection relay || ≗**satz** *m* (QS) / sampling fraction || ≗**satz** *m* (CAD) / selection set || ≗**schaltung** *f* (Baugruppe) / selector module || ≗**system** *n* / selection system, voter system || ≗**system** *n* (Passsystem) / selected fit system || ≗**system** *n* (SPS) / voter system || ≗**- und Bestelldaten** / selection and ordering data
Auswanderung *f* / excursion *n*, drift *n*
Auswärmung durch Reibungsarbeit / heating by frictional heat
auswechselbar *adj* / replaceable *adj*, exchangeable *adj*, detachable *adj* || **~er Arbeitskopf** (Handstange) / universal tool attachement IEC 50(604)
Auswechselbarkeit *f* / interchangeability *n*, replaceability *n*, intermountability *n* || **montagetechnische** ≗ / intermountability *n*
auswechseln *v* / replace *v*, exchange *v*, renew *v*, unload *v*
ausweichen *v* / avoidance *v*
Ausweichen des Leiters (in Anschlussklemme) / spreading of conductor (in terminal)
Ausweich·platz *m* / alternative location || ≗**stellung** *f* (Hauptkontakte eines Netzumschaltgerätes) / alternative position || ≗**versorgung** *f* / alternative supply || ≗**werkstoff** *m* / substitute material || ≗**zeichen** *n* (Schaltz.) / reserve symbol
Ausweisinformation *f* (codierter Ausweis) / information coded on the badge
Ausweiskarte *f* / idendity card, ID card || ≗ *f* (auf der Kleidung getragen) / badge *n*
Ausweiskartenleser *m* / badge reader, badge reading terminal
Ausweisleser *m* / magnetic stripe ID card reader || ≗ *m* / badge reader, badge reading terminal
Ausweisleseterminal *n* / badge reader terminal
ausweitend, sich ~er Kurzschluss / developing fault
Auswerfer *m* / ejector *n* || ≗**markierung** *f* / ejector mark
Auswerte·elektronik *f* / decoding electronics || ≗**gerät** *n* / evaluator *n*, analyzing unit
Auswertelektronik *f* / electronic transmitter
auswerten *v* / evaluate *v*, analyze *v*, interpret *v*, evaluate *v*, assess *v*, decode *v*, detect *v* || ≗ *n* / evaluation *n*
Auswerte·platz, zentraler ≗**platz** / central evaluation station || ≗**programm** *n* (Bildauswertung) / analysis program || ≗**system** *n* / evaluation systems || ≗**teil** *m* (RSA-Empfänger, Decodierer) VDE 0420 / decoding element, evaluation section
Auswertlogik *f* / evaluating logic
Auswertschaltung *f* / decoding circuitry
Auswertung *f* / evaluation *n*, analysis *n* || ≗ *f* (ZKS) / processing *n* EN 50133-1 || ≗ **der Fehler** / error detection || ≗ **der Messdaten** / evaluation of the measured data || **zentrale** ≗ **der Statusmeldungen** / central evaluation of status messages || **statistische** ≗ **des Datenbestands** / database attribute processing || **Bild~** *f* / image analysis
Auswertungsglied *n* / evaluation element, evaluator *n*
Auswertungsprogramm *n* / analysis program
Auswirkung *f* / effect *n*
auswittern *v* / weather *v*
Auswucht·dorn *m* / balancing arbour, balancing mandrel || ≗**ebene** *f* / correction plane, balancing plane
auswuchten *v* / balance *v* || ≗ **an Ort und Stelle** / insitu balancing, field balancing || **neu** ~ / re-balance *v*
Auswucht·fehler *m* / unbalance *n* || ≗**güte** *f* / balance quality, grade of balance || ≗ **gütestufe** *f* / balance quality grade
Auswuchtmaschine *f* / balancing machine
Auswucht·nut *f* / balancing groove || ≗**prüfung** *f* / balance test || ≗**ring** *m* / balancing ring
Auswuchtung *f* / balancing *n*, balance *n*
Auswuchtungsgrad *m* / balance quality, grade of balance
Auswucht·waage *f* / direct-reading balancing machine || ≗**zustand** *m* / balance *n*
Auswurftaste *f* / eject key
Ausziehband *n* / withdrawal strip
ausziehbar *adj* / withdrawable *adj* || **~e Schaltgerätekombination** / withdrawable switchgear assembly, drawout(-mounted) switchgear assembly || **~e Sicherungsleiste** / pullout fuse block || **~er Geräteblock** / drawout equipment unit, drawout apparatus assembly || **~er Teil** (SA) VDE 0670, T.6 / withdrawable part IEC 298, drawout part || **~es Gerät** / withdrawable device (o. unit), drawout-mounted device ANSI C37.100
ausziehen *v* (Zeichn.) / ink *v*
Ausziehkraft, Kontakt-≗ *f* / contact extraction force || **Leiter-**≗ *f* / conductor tensile force, conductor pull-out force
Auszubildender *m* / trainee *n*
Auszugs·kraft *f* / extraction force || ≗**schräge** *f* / withdrawal angle
AUS-Zustand *m* (a. HL-Schütz) / OFF state
AUT (AUTOMATIK) / AUTOMATIC mode, AUT (AUTOMATIC)
autark *adj* / autonomous *adj* || **~er Generator** (Dauermagnetmasch.) / permanent-magnet generator, permanent-field generator || **~es Bussystem** (in einer dezentralen Anlage) / autonomous bus subsystem || **~es Haus** / autarkic house
auto / auto
Auto·abgastester *m* / automobile exhaust-gas analyzer || ≗**adressierung** *f* / auto-addressing *n* ||

≗bahn *f* / motorway *n* (GB), freeway *n* (US) || **≗elektronik** *f* / automotive electronics, car electronics

Autogenschweißung *f* / autogenous welding, oxyacetylene welding, acetylene welding

autointeraktive/interaktive Konstruktion (AID) / autointeractive/interactive design (AID)

Auto·kino *n* / drive-in cinema || **≗korrelationsfunktion** *f* / autocorrelation function || **≗kran** *m* / mobile crane || **≗lampe** *f* / automobile lamp, car bulb

Autom. Erf. Vdc-Regler Ein-pegel / auto detect Vdc switch-on levels

Automat *m* / automaton *n* || ≗ *m* (Maschine) / automatic machine, automatically controlled machine || ≗ *m* (Kleinselbstschalter) / miniature circuit-breaker, m.c.b. || ≗ *m* (automatische Einrichtung) / automatic device

Automaten·schiene *f* / siehe Sammelschienensystem || **≗stahl** *m* / free-cutting steel || **≗teilung** *f* (Kleinselbstschalter) / m.c.b. module width || **≗theorie** *f* / automata theory || **≗verteiler** *m* / miniature circuit-breaker board, m.c.b. board BS 5486

Automatik *f* / automatic *n* || **≗befehl** *m* / automatic command, automatically derived command || **≗betrieb** *m* / automatic mode, AUTOMATIC (AUT) || **≗betriebsart** *f* / automatic mode, AUTOMATIC (AUT) || **≗ebene** *f* / automatic control level || **≗getriebe** *n* (Kfz) / automatic transmission || **≗-Hand-Umschaltung** *f* / automatic-to-hand transfer, AUTO-HAND changeover || **≗-Unterbetriebsart** *f* (NC) / automatic submode

Automation Protocol Data Unit (AP-PDU) / automation protocol data unit (AP PDU)

Automation, vollintegrierte ≗ / Totally Integrated Automation (TIA), TIA (Totally Integrated Automation)

automatisch *adj* / automatic || ~ **auslösbare Brandschutzeinrichtung** / automatic fire protection equipment || ~ **betätigte Anlage** / automatically controlled plant || ~ **verzögerte Wiedereinschaltung** (Netz) / delayed automatic reclosing

automatisch·e Beleuchtungssteuerung / automatic control of lighting with timed programs || **~e Bemaßung** (CAD) / automatic dimensioning || **~e Brandmeldeanlage** / automatic fire detection system || **~e Datenverarbeitung** (ADV) / automatic data processing (ADP) || **~e Instandhaltung** (Instandhaltung ohne unmittelbares Eingreifen von Menschen) / automatic maintenance (maintenance accomplished without human intervention) || **~e Konstruktionsforschung** / automatic design engineering (ADE) || **~e Kontrolle** (Schutzsystem) IEC 50(448) / automatic monitor function, self-monitoring function (USA) || **~e Leistungssteuerung** (Kfz) / automatic performance control (APC) || **~e Phasenregelung** / automatic phase control (APC) || **~e Prüfeinrichtung** / automatic test equipment (ATE) || **~e Prüfung** (Schutzsystem) IEC 50(448) / automatic test function, self testing function (USA) || **~e Reglereinstellung** / automatic controller setting || **~e Richtungserkennung** / automatic identification of direction || **~e Schnellwiedereinschaltung** (KU) / high-speed automatic reclosing || **~e Schnittdatenermittlung** / automatic determination of cutting data || **~e Schwellwertanpassung** / automatic threshold setting || **~e Spannungsregelung** (Verstärker) / automatic gain control (AGC) || **~e Steuerung** / automatic control, closed-loop control, feedback control || **~e Überwachung** (Schutzsystem) IEC 50(448) / automatic supervision function, self-checking function (USA) || **~e Verstärkungsregelung** / automatic gain control (AGC) || **~e Wiedereinschaltung** (KU) / automatic reclosing, auto-reclosing || **~e Wiedereinschaltung** (AWE) / automatic restart, automatic warm restart, automatic recloser (ARC), automatic reclosing

automatisch·er Betrieb / automatic operation, automatic mode, AUTOMATIC (AUT) || **~er Brandmelder** / fire detector, flame detector || **~er Driftabgleich** / automatic drift compensation || **~er Fertigungsverbund** / linking of automatic manufacturing || **~er Hilfsstromschalter** / automatic control switch, loop controller, regulator *n*, controlling means, monitor *n*, controller *n* || **~er Hilfsstromschalter mit Pilotfunktion** (PS-Schalter) VDE 0660,T.200 / pilot switch IEC 337-1 || **~er Motorstarter** VDE 0660,T.104 / automatic starter IEC 292-1 || **~er Neustart** / automatic cold restart || **~er Palettenwechsler** (Einrichtung zum automatischen Beschicken von NC-Maschinen, d.h. zum Be- und Entladen von auf Paletten montierten Werkstücken nach im Programm vorgegebenen Steueranweisungen) / automatic pallet changer (a device which automatically loads/unloads pallet-mounted workpieces to/from NC machines according to program commands), pallet changer || **~er Satzsuchlauf** / automatic block search (See: block search) || **~er Spannungsregler** / automatic voltage regulator (AVR) || **~er Werkstückwechsel** / automatic tool changer (ATC) || **~er Werkstückwechsel** (das automatische Be- und Entladen von Werkstücken bei NC-Maschinen mit Hilfe einer Palettenwechseleinrichtung) / workpiece change, automatic workpiece change (the automatic loading/unloading of workpieces to/from NC machines with the aid of a pallet changer) || **~er Wiederanlauf** / automatic recloser (ARC), automatic reclosing || **~er Wiederanlauf** (a. elST) / automatic warm restart, automatic restart || **~er Wiederanlauf** / ARC (automatic recloser)

automatisch·es Bestücken (Leiterplatten) / automatic insertion, auto-insertion *n* || **~es Einkristalldiffraktometer** (AED) / automatic single-crystal diffractometer (ASCD) || **~es Einstellverfahren** (Regler) / automatic tuning method || **~es Entflechten** (CAD, Leiterplatten) / autorouting *n* || **~es Filmbonden** / tape automated bonding (TAB) || **~es Laden** (Speicher) / auto-load *n* || **~es Netzumschaltgerät** / automatic transfer switching device (ATSD) || **~es Plazieren** / autoplacement *n* || **~es Regelsystem** / automatic control system || **~es Regelsystem mit Rückführung** / automatic feedback control system || **~es Senden und Empfangen** (ASR) / automatic send and receive (ASR) || **~es Speichern** (Osz.) / auto-store *n* || **~es Umschalten** VDE 0660,T.301 /

automatic changeover IEC 292-3 || **~es Wiedereinschalten** (Rücksetzen) / self-resetting *n* || **~es Wiedereinschalten** (KU) / automatic reclosing, auto-reclosing *n*, rapid auto-reclosure
automatisieren *v* / automate *v*
automatisiert·e Flurförderung / automated guided vehicle system (AGVS) || **~es Einlagerungs- und Lagerentnahmesystem** / automated storage and retrieval system (ASRS)
Automatisierung, dezentrale ≗ / distributed automation
Automatisierungs·, zukunftsorientierte ≗-Architektur / future-oriented automation architecture || **≗aufgabe** *f* / automation task, control problem, automation problem || **≗ebene** *f* / automation level || **≗einrichtung** *f* / automation equipment || **aktive und passive Fehler einer ≗einrichtung** / active and passive faults in automation equipment || **≗gerät** *n* (AG programmierbares Steuergerät) / programmable controller || **≗grad** *m* / level of automation || **≗insel** *f* / island of automation, automation island || **homogenes ≗konzept** / unified automation concept || **≗landschaft** *f* / automation environment || **≗lösung** *f* / automation solution || **≗mittel** *n pl* / automation resources || **≗plattform** *f* / automation platform || **≗produkt** *n* / automation product || **≗pyramide** *f* / automation hierarchy || **≗rechner** *m* / automation computer
Automatisierungs·schnittstelle *f* / automation system || **≗struktur** *f* / configuration of automation system, automation configuration, automation structure || **≗system** *n* / automation system, automatic control engineering || **≗system** *n* (Teilsystem o. Insel in einer dezentralen Anlage) / automation subsystem || **≗system** *n* (AS) / automation system (AS) || **≗technik** *f* / automation technology, automation engineering, automation *n*, automated manufacturing technology (AMT), control engineering || **≗technik für Gebäude** / building automation, building services automation, building system automation, buildings automation technology, automation of buildings management || **Bereich ≗- und Antriebstechnik** / Automation and Drives Group || **≗verbund** *m* / integrated automation system, automation network, internetworked automation system, computerintegrated automation (system CIA)
Automobil·abgasmesseinrichtung *f* / car exhaust gas measuring equipment || **≗industrie** *f* / automotive industry, motor industry, automotive manufacturers
autonom·e Einheit (MC) / autonomous unit || **~er Rechner** / stand-alone computer
Autopneumatic-SF_6-Leistungsschalter *m* / SF_6 circuit-breaker with electropneumatic mechanism, electropneumatically operated SF_6 circuit-breaker
Autor *m* / author *n*, created by
Autorisierung *f* / authorization *n* || **≗sdiskette** *f* / authorization diskette
AUTO-SCOUT·-System *n* / AUTO-SCOUT system, AUTO-SCOUT traffic guidance system || **≗-Zeitrechner** *m* / AUTO-SCOUT computer
Auto·segmentierung *f* / autosegmentation *n* || **≗transduktor** *m* / autotransductor *n* || **≗Turn** / AutoTurn || **≗-Unterbrechung** *f* / auto-interrupt
Autowaschanlage *f* / car washing plant
Auto Zoom / auto zoom
AV (Arbeitsvorbereitung) / job planning, production planning
Avalprovision *f* / surety commission
AV-Medien *n pl* (Audiovisuelle Medien) / audio-visual media
AW (Amperewindungen) || ≗ / ampere-turns p
AW (Ausgangswort) / OW (output word), QW (output word)
AWE (automatische Wiedereinschaltung) / automatic restart, automatic warm restart, automatic reclosing, ARC (automatic recloser)
AWG / American Wire Gauge (AWG) || **≗-Leitungen** *f pl* / AWG conductor connections
AWK / application controller (APC)
AWL / statement list (STL) || ≗ (Anweisungsliste Neben Funktionsplan (FUP) und Kontaktplan (KOP) eine Darstellungsart der STEP 5-Programmiersprache) / STL (statement list), IL (instruction list) || **≗-Sprache** *f* (Anweisungslistensprache) / IL language (instruction list language)
AWS (Anwenderspeicher) / main memory, working memory, RAM, UM (user memory), user RAM
AW-Software *f* / application software
AWV (Außenwirtschaftsverordnung) / foreign trade regulations
AWZ (Anwenderzyklus) / user cycle
axial *adj* / axial *adj* || **~ fluchtend** / axial aligning
Axial·abstand *m* / axial clearance, axial distance || **≗achse** *f* / axial axis || **≗belastbarkeit** *f* / thrust capacity || **≗belüftung** *f* / axial ventilation || **≗druck** *m* / axial thrust, axial pressure, end thrust, thrust *n* || **≗drucklager** *n* / thrust bearing
axial·e Annäherung (NS) / axial approach, head-on mode || **~e Fortpflanzungsgeschwindigkeit** (LWL) / axial propagation coefficient || **~e Führung** (Welle) / axial location, axial restraint || **~e Interferenzmikroskopie** / axial interference microscopy || **~e Scheibeninterferometrie** / axial slab interferometry || **~e Verschiebekraft** / axial thrust, axial displacement force || **~e Wellenführung** / axial restraint of shaft, axial location of shaft
axial·er Druck / axial thrust, axial compression || **~er Kühlmittelkanal** (el. Masch.) / axial core duct || **~er Versatz** / axial misalignment, axial offset || **~es Läuferspiel** / rotor float, rotor end float || **~es Spiel** / end float, axial play, end play, axial internal clearance || **~es Trägheitsmoment** / axial moment of inertia
Axial·feldkontakt *m* (V-Schalter) / axial-field contact || **≗kegelrollenlager** *n* / tapered-roller thrust bearing || **≗kraft** *f* / axial force || **≗kugellager** *n* / ball thrust bearing || **≗lager** *n* / thrust bearing, locating bearing || **≗lagersegment** *n* / thrust bearing segment, pad *n*, shoe *n* || **≗luft** *f* / end float, axial play, axial internal clearance || **≗lüfter** *m* / axial-flow fan || **≗maß** *n* (Bürste) / axial dimension || **~nachgiebige Kupplung** / axially flexible coupling, axially compliant coupling || **≗pendelrollenlager** *n* / self-aligning roller thrust bearing || **≗rollenlager** *n* / axial roller bearing || **≗schlag** *m* / wobble *n* || **≗schnitt** *m* / axial section || **≗schub** *m* / axial thrust, end thrust, thrust *n* || **≗schubbelastung** *f* / thrust load || **≗spiel** *n* (Lg.) / end float, axial play, end play, axial internal clearance || **~spielbegrenzte Kupplung** / limited end-float coupling ||

≗**tonnenrollenlager** *n* / spherical-roller thrust bearing || ≗**turbine** *f* / axial-flow turbine || ≗**versatz** *m* / axial offset || ≗**wälzlager** *n* / rolling-contact thrust bearing, rolling-element thrust bearing, rolling thrust bearing, antifriction thrust bearing || ≗**zylinderrollenlager** *n* / cylindrical-roller thrust bearing
AXN (Werkzeugachse Parameter) / AXN (tool axis)
az-Auslöser *m pl* (Siemens-Typ, strombahängig verzögerte und stromunabhängig verzögerte Überstromauslöser) / az-releases *n pl* (Siemens type, inverse-time and definite-time overcurrent releases)
Azimutalfeld *n* / azimuthal field
azn-Auslöser *m pl* (Siemens-Typ; stromabhängig verzögerte, stromunabhängig verzögerte und einstellbare unverzögerte Überstromauslöser o. stromabhängig verzögerte, stromunabhängig verzögerte und festeingestellte unverzögerte Überstromauslöser) / azn-releases *n pl* (Siemens type; inverse-time, definite-time and adjustable instantaneous overcurrent releases o. inverse-time, definite-time and non-adjustable instantaneous overcurrent releases)
azyklisch *adj* / acyclical *adj*, acyclic *adj* || **azyklisch·e Bevorzugung** (Schutzauslösung) / acyclic priority (preferential tripping) || **~e Maschine** / acyclic machine || **~er Datenverkehr** *m* / acyclic data communication

B

BA / interface data area || ≗ / control mode || ≗ (Bedienanleitung) / operator's guide || ≗ (Bedienungsanleitung) / operator's guide || ≗ (Betriebsart JOG) / JOG mode || ≗ (Betriebsanleitung) / instruction manual || ≗ (Betriebsart) / mode *n* || ≗ (Bedienart) / mode *n*
Baadertest *m* / Baader copper test
Babbittmetall *n* / Babbitt metal, Babbitt *n*
Babyzelle *f* / R14 cell, C-cell *n* (US)
Backbone·-Bus *m* (übergeordneter Bus, der z.B. zur Verbindung mehrerer Sub-Busse benutzt wird) / backbone bus || ≗**-Netz** *n* / backbone *n*
Backe *f* / jaw *n*
Backen·bremse *f* / block brake, shoe brake || ≗**krümmung** *f* / brake-shoe curvature || ≗**-zylinder** *m* / expanding cylinder
Backlack *m* / baked enamel || ≗**draht** *m* / stoved-enamel wire
Backspace / backspace *n*
Backup *n* / backup *n*
Back-up·-Grenze *f* / back-up limit || ≗**-Regler** *m* / back-up controller, stand-by controller || ≗**-Schutz** *m* / back-up protection || ≗**-Zustand** *m* / stand-by status
Backwarddiode *f* / backward diode, unitunnel diode
badaufgekohlt *adj* / bath-carburized *adj*
Badewannenkurve *f* / bath-tub curve
badnitriert *adj* / bath-nitrided *adj*
Badschmierung *f* / bath lubrication, sump lubrication
BAG (Betriebsartengruppe) / mode group || ≗**-BB** (Bereichs-Anschaltungsgruppe-betriebsbereit) / mode group ready, mode group ready signal || ≗**-betriebsbereit** *adj* (Bereich-Anschaltungsgruppe-betriebsbereit) / mode group ready, mode group ready signal
Baggerantrieb *m* / excavator drive
BAG-spezifisch *adj* / mode group-specific
BA_HAND / MANUAL_MODE
Bahn *f* (CP NC) / continuous path (CP), path *n* || ≗ *f* (Kunststoff-Bahnmaterial) / sheet *n*, sheeting *n* || ≗ *f* (Papierbahn auf der Papiermaschine) / web *n* || ≗ *f* (Rob.) / trajectory *f* || **Kreis~** *f* (WZM, NC) / circular path, circular span, circular element || ≗**abschnitt** *m* / path section || ≗**abweichung** *f* / path deviation || ≗**achse** *f* / path axis || ≗**anwendung** *f pl* / traction applications || ≗**ausführung** *f* / railway type, design for traction applications || ≗**beschleunigung** *f* / path acceleration || ≗**beschreibung** *f* (NC) / path definition || ≗**bewegung** *f* / path motion || ≗**dynamik** *f* / dynamic path response || ≗**ebene** *f* (NC) / path plane
Bahn·fahren *n* / contouring *n* || ≗**fahrverhalten** *n* / path action, path traversing behavior || ≗**fräsen** *n* / path milling || ≗**führung** *f* / path control, contouring control system, continuous-path control, continuous-path control system || ≗**generator** *m* / traction generator || ≗**geschwindigkeit** *f* (NC die auf das Werkstück bezogene Geschwindigkeit des Werkzeugbezugpunktes auf der Werkzeugbahn) / tool path feedrate ISO 2806-1980, rate of contouring travel || ≗**geschwindigkeit** *f* (die auf das Werkstück bezogene Geschwindigkeit des Werkzeugbezugpunktes auf der Werkzeugbahn) / path velocity (the velocity, relative to the workpiece, of the tool reference point along the cutter path), tool path velocity, rate of travel in contouring, vector feedrate || ≗**geschwindigkeitsführung** *f* (NC) / (tool o. cutter) path velocity (o. feedrate) control
bahngesteuert·e Maschine / machine with continuous-path control, contouring machine || **~er Betrieb** / continuous-path operation, continuous-path mode
Bahn·kontur *f* / path contour || ≗**korrektur** *f* / path override || ≗**korrektur** *f* (NC) / path correction, contour compensation || ≗**lichtmaschine** *f* / train lighting generator
Bahn·material *n* (allg., Papier, Textil) / web material, full-width material || ≗**material** *n* (Folie) / sheeting *n*, sheet material || ≗**motor** *m* / traction motor || ≗**netztransformator** *m* / traction transformer || ≗**profil** *n* / railway loading gauge, railway clearances || ≗**rechner** *m* (NC) / path computer || ≗**ruck** *m* / path jerk
Bahn·schütz *n* / railway-type contactor || ≗**schweißen** *n* / continuous welding || ≗**steuerbaugruppe** *f* / path control module || ≗**steuerbetrieb** *m* / continuous-path mode || ≗**steuerung** *f* (NC) / contouring control system, contouring control, continuous-path control (CP control) || ≗**steuerung** *f* (Rob.) / trajectory control, path control || **3D-**≗**steuerung** *f* (Bahnsteuerung, bei der die Maschinenbewegungen in drei Achsen koordiniert und gleichzeitig gesteuert werden) / three-dimensional contouring, three-dimensional continuous-path control || **dreiachsige** ≗**steuerung** / three-axis contouring, three-axis continuous-path control (a contouring control system in which

machine motions are coordinated and controlled simultaneously in three axes) || **numerische ²steuerung** / path control, contouring control system, continuous-path control system (numerical control system in which the cutting path is continuously controlled by the coordinated simultaneous motion of the tool or the workpiece in two or more axes), continuous-path control || **zweiachsige ²steuerung** / two-axis continuous-path control || **zweiphasige ²steuerung** (NC) / contouring system with velocity vector control || **²steuerungsbetrieb** *m* / continuous-path mode || **²stromversorgung** *f* / traction power supply || **²stück** *f* / path tangent, path section || **²transport** *m* / transport by rail, rail(way transport)
Bahn·übergang *m* (NC) / path transition, contour transition || **nichttangentialer ²übergang** (NC) / acute change of contour, atangent path transition || **niveaugleicher ²übergang** (Straße - Bahnlinie) / level crossing, grade crossing || **²umformer** *m* / frequency converter for traction supply || **²unterwerk** *n* / traction substation || **²verhalten** *n* / path action, path traversing behavior || **²versatz** *m* / path offset || **²verschiebung** *f* (NC) / path offset || **²vorschub** *m* / path feed, path feedrate || **²vorschub** *m* (NC) / (tool) feed *n*, feedrate *n* || **²weg** *m* / path *n* || **²widerstand** *m* / bulk resistance || **²zerlegung** *f* (NC) / contour segmentation
Bajonett·fassung *f* / bayonet holder || **²kupplung** *f* / bayonet coupling || **²-Schnellverschluss** *m* / quick-release bayonet joint || **²sockel** *m* / bayonet cap (B.C. lamp cap), bayonet base, B.C. lamp cap || **²sockel für Automobillampen** (BA 15) / bayonet automobile cap || **²stift** *m* / bayonet pin || **²system** *n* (StV) / two-ramp system || **²verschluss** *m* / bayonet lock, bayonet joint, two-ramp lock, bayonet catch
Bake *f* / beacon *n*, traffic beacon
Bakelitpapier *n* / bakelized paper, bakelite paper
bakterientötende Strahlung / bactericidal radiation
Baldachinempfänger *m* (IR-Fernbedienung) / ceiling-rose receiver
Balg *m* / bellows *n pl*
Balgenmembran *f* / bellows *n pl*
Balg·manometer *n* / bellows pressure gauge, bellows gauge || **²-Messglied** *n* / bellows element
Balken *m* / beam *n*, bar graph || **²** *m* (grafisches Anzeigemittel) / bar *n* || **²** *m* (Flp.) / bar *n* || **Aushebe~** *m* (f. Isolatorketten) / tool yoke || **²anzeige** *f* / bar chart, bar diagram || **²anzeiger** *m* / semaphore *n* || **²code** *m* / bar code || **²diagramm** *n* / bar graph, bar chart, bar diagram || **²leiter** *m* / beam lead || **²sprung** *m* (Grafikbild) / bar jump, bar shift || **²wagen** *m* (Bahn) / high-girder wagon
Ballen *m* (Läufer) / rotor forging, rotor body
ballig *adj* / crowned *adj*, convex *adj*, cambered *adj* || **~ drehen** / turn spherically, crown *v* || **~e Riemenscheibe** / crown-face pulley
Balligkeit *f* / camber *n*, convexity *n*, curvature *n*
Balligschleifen *n* / convex grinding, crowning *n*
ballistisches Galvanometer / ballistic galvanometer
Ballon *m* (Lampe) / bulb *n*
Ballungs·gebiet *n* / conurbation *n* || **²zentrum** *n* / built-up area, conurbation *n*
ballwurfsichere Leuchte / unbreakable luminaire, gymnasium-type luminaire
BAM / Federal Institution for Material Testing || **²** (Bundesanstalt für Materialprüfung) / German Institution for Materials Testing
Bananenstecker *m* / banana plug, split plug
Band *n* / belt *n* || **²** *n* (Wickelband, Magnetband, Lochstreifen) / tape *n* || **²** *n* (Bereich) / band *n* || **²** *n* (Metall) / strip *n* || **Elektro~** *n* / magnetic steel strip || **²ablösung** *f* (Wickl.) / tape separation || **²abstand** *m* / band spacing || **²abstand** *m* (HL) / energy gap
Bandage *f* (Wickl.) / binding band IEC 50(411), banding *n* || **²** *f* (Lüfter) / shroud *n*, shrouding *n* || **²** *f* (Zahnrad) / gear rim
Bandagen·draht *m* / binding wire, tie wire || **²isolierung** *f* (Wickelkopf einer el. Masch.) / banding insulation || **²schloss** *n* / banding clip || **²schlussblech** *n* / banding end fixing strap || **²schnalle** *f* / banding clip || **²unterlage** *f* / banding underlay || **²verluste** *m pl* / band losses
bandagieren *v* / band *v*, tie with tape
Bandagiermaschine *f* / armoring machine
Band·antriebsmotor *m* (Magnetband) / capstan motor || **LED-²anzeige** *f* / LED strip display || **²anzeiger** *m* (Leuchtband) / light-strip indicator || **²belastung** *f* / load of the belt || **²bewicklung** *f* / tape serving, tape layer, taping *n* || **²breite** *f* / bandwidth *n* (BLW) || **²breite Ausblendfrequenz** / skip frequency bandwidth
bandbreitenbegrenzter Betrieb (LWL) / bandwidth-limited operation
Band·breite-Verkettungsfaktor *m* (LWL) / bandwidth concatenation factor || **²bremse** *f* / band brake, flexible-band brake, strap brake
Bändchenfühler *m* / strip sensor
Band·diagramm *n* / band chart || **²eisenbewehrung** *f* / steel-tape armour || **²druckpegel** *m* / band pressure level || **²eisen** *n* / steel strip || **²ende** *n* / conveyor end, hoop iron, steel tape
Bänderbildung *f* (Komm.) / banding *n*
Band·erder *m* / earth strip, ground strip, strip-conductor electrode || **²generator** *m* / belt generator, van de Graaff generator || **²geschwindigkeit** *f* / speed of the belt
bandgesteuert *adj* / tape-controlled *adj*
Band·isoliermaschine *f* / taping machine || **²isolierung** *f* / tape insulation, taping *n*, tape serving || **²kabel** *n* / ribbon cable, metal strip, flat cable, metal braiding, flat ribbon cable || **²kantenenergie** *f* / band-edge energy || **²kassette** *f* / tape cassette || **²kern** *m* / strip-wound core, wound strip core, bobbin core, tape-wound core || **²klemme** *f* / strip terminal || **²kupfer** *n* / copper strip, copper strap || **²kupplung** *f* / band coupling, band clutch
Band·lage *f* / tape layer || **²laufrichtung** *f* / direction of belt travel || **²laufwerk** *n* / streamer *n*, magnetic-tape drive || **²leitung** *f* / strip transmission line, stripline *n* || **²marke** *f* (NC, a. CLDATA-Wort) / tape mark || **²maß** *n* / tape measure, measuring tape, tape line || **²material** *n* / tape (material), slit material || **²passfilter** *n* / bandpass filter || **²passrauschen** *n* / bandpass noise || **²plotter** *m* / belt plotter || **²riemen** *m* / flat belt || **²ringkern** *m* / strip-wound toroidal core || **²rücklauf** *m* (Lochstreifen) / tape rewind, backward tape wind
Band·säge *f* / belt saw || **²schlaufe** *f* / conveyor loop || **²schleifmaschine** *f* / belt sander, surface sander || **²schreiber** *m* / strip chart recorder, strip chart recording instrument IEC 258, chart recorder || **²sicherung** *f* / streamer *n*, brake-band tension ||

²sperre *f* / band-stop filter || **²sperre** *f* (BSP) / bandstop filter (BSF), band-stop *n* || **²spule** *f* / strip-wound coil || **²stahl** *m* / steel strip, hoop steel, strip(s) *n* || **²stahlbewehrung** *f* / steel-tape armour || **²stahlfeder** *f* / flat steel spring || **²steuerung** *f* (NC, Lochstreifenst.) / tape control || **²strahlungspyrometer** *n* / bandpass pyrometer || **²straße** *f* (Fabrik) / conveyorized line || **²straßensystem** *n* / conveyor system || **²strömung** *f* / laminar flow

Band·überlappung *f* (Frequenzb.) / band overlap || **²umsetzplatz** *m* / tape transfer unit, tape copying unit || **²vorlauf** *m* (Lochstreifen) / forward tape wind, tape wind || **²vorschub** *m* / tape feed, tape feedrate || **²waage** *f* / belt conveyor scale, belt scale, weigh-feeder *n* || **²ware** *f* / strip *n* || **²wicklung** *f* / strip winding, strap winding, strip-wound coil || **²zug** *m* / front tension

Bank *f* / memory bank || **²** *f* (Kondensatoren) / bank *n* || **²garantie** *f* / bank guarantee || **²hammer** *m* / cross-pane hammer, fitter's hammer || **²spesen** *plt* / bank charges

BAPI / Business Application Interface (BAPI)

Barcode *m* / bar code

Bargraph *m* / bar graph, bar chart, bar diagram

Barium·ferritmagnet *m* / barium-ferrite magnet || **²fett** *n* / barium-base grease || **²sulfat** *n* / barium sulphate, barite *n*

Barkhausen·-Effekt *m* / Barkhausen effect || **²-Sprung** *m* / Barkhausen jump

Barrette *f* / barrette *n*

Barriere mit Schmelzsicherungsschutz / fuse-protected barrier || **² mit Widerstandsschutz** / resistor-protected barrier

Barrierendichtung *f* / barrier seal

Barwert der Verlustkosten / present value of cost of losses (GB), present worth of cost of losses (US)

Barytweiß *n* / barium sulphate, barite *n*

BAS (Bild-Austast-Synchron-Signal) / picture blanking signal, composite video || **²-Ausgang** *m* / picture blanking signal output

Basic Operator Panel (BOP) / basic operator panel (BOP)

BASIC-Schlüsselwort *n* / BASIC command

BA-Signal *n* / picture blanking signal, blanked picture signal

Basis *f* (Transistor, Impulsabbild) / base *n* || **² der Gleitpunktdarstellung** / floating-point radix || **² der Zahlendarstellung** / radix of number representation || **² Nullpunkt** / basic zero point || **aktiver ²ableitwiderstand** (TTL-Schaltung) / active pull-down || **²adresse** *f* / base address || **²adressenregister** *n* (BR) / base address register (BR) || **²anschluss** *m* / base terminal || **²automatisierung** *f* / basic level of automation || **²bahnwiderstand** *m* (Transistor) DIN 41854 / extrinsic base resistance || **²band** *n* / baseband *n* || **²band-Antwort** *f* (LWL) / baseband response (function) IEC 50(731) || **²band-LAN** *n* / baseband LAN || **²bandübertragung** *f* (Signalübertragung ohne Trägerfrequenz, beansprucht die gesamte Breite des Übertragungsmediums) / baseband transmission || **²band-Übertragungsfunktion** *f* (LWL) / baseband transfer function || **²-Bedienfeld** *n* / basic operator panel (BOP) || **~bezogene Zahl** / based number (A number represented in a specified base other than ten)

basisch *adj* / basic *adj*, alkaline *adj*

Basis·daten *plt* (Die Werkmittelverwaltung beinhaltet den Werkzeugkatalog, der einerseits Stammdaten und andererseits Einsatzdaten enthält) / base data, master data || **²dienst** *m* / basic utility || **²diffusion** *f* / base diffusion || **²einheit** *f* / base unit || **²elektrode** *f* (Transistor) / base electrode || **²frame** *m* / basic frame || **²funktion** *f* / base function || **~gekoppelte Logik** (BCL) / base-coupled logic (BCL) || **²gerät** *n* / basic device || **²-Gleichstrom** *m* (Transistor) / continuous base current || **²größe** *f* / base quantity IEC 50(111) || **²größe** *f* (BG) (DIN 30798, T.1) / basic dimension (BG) || **²größenwert** *m* (Impuls) / base magnitude || **²information** *f* / basic information || **²isolierung** *f* / basic insulation || **²komponente** *f* / basic component || **²koordinatensystem** *n* (BKS) / basic coordinate system (BCS) || **²kurve** *f* (CAD) / basis spline, B-spline *n* || **²linie** *f* (Impuls, Diagramm) / base line || **²linienkorrektur** *f* / baseline correction

Basis·maß *n* / tool base dimension || **²material** *n* (gS) / base material || **²-Mittellinie** *f* (Impulse, Zeitreferenzlinie) / base centre line || **²-Mittelpunkt** *m* (Impuls) / base centre point || **²modul** *n* / basic module, basic board || **²nullpunktsystem** *n* (BSN) / basic origin system (BOS), basic zero system (BZS) || **²-Nullpunktsystem** *n* (BNS) / basic zero system (BZS), basic origin system (BOS) || **²paket** *n* / basic package || **²periode** *f* (Impulse) / base period || **²rückwand** *f* (Busrückwand) / primary backplane || **²schaltung** *f* (Transistor) / common base || **²software** *f* / basic software || **nicht uniformer, rationaler ²-Spline** (NURBS) / non-uniform, rational basis spline (NURBS) || **²stecker** *m* (an Baugruppen und Rückwandplatine zur Verbindung mit Rückwand im Baugruppenträger) / backplane connector || **²strom** *m* (Transistor) / base current || **²strom** *m* (Rel.) / basic current || **²transformator** *m* / main transformer || **²verarbeitung** *f* / basic processing || **²wert** *m* (Rel., der charakteristischen Größe) VDE 0435, T.110 / basic value || **²zähler** *m* / supporting meter || **²zone** *f* (Transistor) / base region, base *n*

Baskülschloss *n* / espagnolette lock, vault-type lock

BASP (Befehlsausgabe sperren) / (command) output disable (o. inhibit)

BAS-Signal *n* / composite video (o. picture signal), composite video signal

batchfähig *adj* / with batch capability

Batch·fahrweise *f* / batch operation || **²-File für die Zielhardware** / batch file for the target hardware || **²-Kennung** *f* / batch ID

Batist *m* / cambric *n*

Battenfeldmaschine *f* / Battenfeld machine

Batterie *f* / battery *n*, bank *n*, rechargeable battery, secondary battery IEC 50(486), storage battery (US) || **²** *f* (Kondensatoren) / bank *n* || **² im Erhaltungsladebetrieb** / floating battery, floated battery || **² mit schmelzflüssigen Elektrolyten** / molten salt battery || **²pufferung** / floating operation || **²ausfall** *m* (BAU Meldung) / battery low signal || **²ausfall** *m* (BAU) / battery failure, battery low, battery low signal || **²ausfall-Anzeige** *f* / battery low LED (BATT LOW LED) || **²betrieb** *m* (Lade-Entladebetrieb) / cycle operation || **²betrieb** *m* (Speisung v. Batterie) / operation from battery,

battery supply || **~betriebenes Gerät** / battery-powered appliance
Batterie·einschub *m* / battery box, battery compartment || **≗fach** *n* / battery box || **≗fach** *n* (HG, SPS-Geräte) / battery compartment || **≗fahrzeug** *n* / battery-operated vehicle
batterie·gepuffert *adj* / battery-backed *adj*, battery-maintained *adj* || **~gespeistes Gerät** / battery-powered appliance || **~gestützte Stromversorgung** / battery back-up, battery stand-by supply
Batterie·haube *f* / battery cover || **≗käfig** *m* / battery cradle || **≗kasten** *m* / battery box, battery compartment || **≗-Kleinladegerät** *n* / small battery charger || **≗ladegerät** *n* / battery charger || **≗ladungswarnlicht** *n* / battery charge warning light || **≗lampe** *f* / battery lamp || **~los gepuffertes RAM** / non-volatile RAM || **≗modul** *n* / battery module || **≗pufferung** *f* (Stromversorgung) / battery backup, battery stand-by supply, backup supply, battery backup || **≗stand** *m* / battery base || **≗träger** *m* / battery crate || **≗trog** *m* / battery tray || **≗überwachung** *f* / battery monitoring || **≗warnanzeiger** *m* / battery warning indicator
BAU / battery low signal || ≗ (Batterieausfall) / battery low signal, battery failure, battery low
Bau·anforderungen *f pl* (SG, z.B. in) VDE 0660,T.200 / standard conditions for construction IEC 337, constructional requirements, standard requirements for construction || **≗angaben** *f pl* / constructional data || **≗art** *f* DIN 41640 / type *n* IEC 512-1, design *n*, model *n*, type of design, type of construction || **Steckverbinder-≗art** *f* / connector type || **≗artnorm** *f* DIN 41640 / detail specification IEC 512-1 || **≗artprüfung** *f* / type test, inspection testing, in-service testing, pattern approval testing || **≗artzulassung** *f* / type approval, conformity certificate || **≗bestimmungen** *f pl* (Gebäude) / building construction code, construction code || **≗bestimmungen** *f pl* (Geräte) / constructional requirements || **≗blech** *n* / structural sheet steel, structural steel plate || **≗breite** *f* / construction width, overall width, width *n*
Bauch *m* (Schwingungsb.) / antipode *n* || **≗seite** *f* / convex side || **≗-Transformator** *m* / Bauch transformer, neutral compensator
Baud *n* (Bd Einheit f. Datenübertragungsrate) / baud *n* || **≗rate** *f* / baud rate
Bau·einheit *f* / unit *n*, assembly *n*, sub-assembly n. basic unit, modular unit || **≗einheit** *f* (Hardware) DIN 44300 / physical unit || **≗einheit** *f* (SK) VDE 0660, T.500 / constructional unit IEC 439-1
Bauelement *n* / component *n*, element *n*, unit *n* || ≗ **für Oberflächenbestückung** / surface-mounting device (SMD) || **elektrostatisch gefährdetes** ≗ (EGB) / component sensitive to electrostatic charge || **ladungsgefährdetes** ≗ / component sensitive to electrostatic charge, electrostatic sensitive device(s) (ESD) || **oberflächenmontiertes** ≗ / surface-mounted device (SMD) || **elektrische und elektronische ≗e für Werkzeugmaschinen** / electrical and electronical components for machine tools || **≗enfreigabe** / release of components
Bau·faktor *m* / design factor || **≗farbenhersteller** *m* / paint manufacturers for the building industry
Bauform *f* / type *n*, type of design, style *n* IEC 512-1 || ≗ *f* (el. Masch.) / type of construction || ≗ *f* (SG) / model *n* || ≗ *f* (Trafo) / type *n*, design *n*, type of construction || ≗ **Einbau** / chassis type of construction, chassis type unit || ≗ **Kompakt** / compact type of construction, compact type unit || ≗ **Kompakt PLUS** / compact PLUS type unit, compact PLUS type of construction || **Steckverbinder-≗** *f* / connector style
Bau·gelände *n* / project site, building site || **≗größe** *f* (Trafo, Sich.) / size *n* || **≗größe** *f* (Masch.) / frame size, frame number || **geringe ≗größe** / small physical size
Baugruppe *f* / subassembly *n*, module *n*, hardware module, assembly group, part assembly, unit *n*, assembly *n* || ≗ *f* (BG) / module *n*, submodule *n*, assembly *n*, board *n*, card *n*, PCB || ≗ *f* (elST, Hardware-Modul) / module *n*, hardware module || ≗ *f* (LE, Ventilbauelement-Säule) / stack *n* || ≗ *f* (Hardware-B., Leitt, MC-Systeme, SPS) / module *n*, card *n* || ≗ *f* (Leiterplatte) / printed circuit board (PCB), board *n* || **neue** ≗ **auswählen** / select new module || ≗ **defekt** / module defective, board defective || ≗ **doppelseitig lackiert** / modules varnished on both sides || ≗ **Messeingang für Synchronisierung/Messumformung** / synchronization/signal conversion input || ≗ **Zentrale Steuerung** (Baugruppe ZST) / central control unit, ZST module || ≗ **ZST** (Baugruppe Zentrale Steuerung) / central control unit, ZST module || **doppelbreite** ≗ / double-width module, double-width PCB || **gemischte** ≗ / mixed I/O module || **intelligente** ≗ / technology module, technology board, intelligent I/O module || **signalvorverarbeitende** ≗ / IP
Baugruppen·adresse *f* / module address || **≗anfangsadresse** *f* / module start address || **≗art** *f* / module type || **≗aufnahme** *f* / mounting rack, rack *n* || **≗aufnehmer** *m* / module rack, module cage || **≗beschreibung** *f* / module description || **≗breite** *f* / module width || **≗codierung** *f* / coding of modules || **hohe ≗dichte** / high number of channels || **≗fehler** *m* / module error || **≗-Interrupt** *m* (SPS) / module interrupt || **≗kapsel** *f* / module holder || **≗kennung** *f* / module coding, module ID || **≗lackierung** *f* / board varnish || **≗magazin** *n* / cartridge *n*, cassette *n* || **≗niederhalter** *m* / module holding-down device
Baugruppen·parameter *m* / module parameter || **≗spektrum** *n* / module range || **≗-Störungsanzeigelogik** *f* / module fault indication logic || **≗strukturierung** *f* / module configuration || **≗tausch** *m* / board exchange, module exchange || **≗technik** *f* (Modultechnik) / modular design, modular system || **≗test** *m* / module test || **≗träger** *m* / module carrier, module frame || **≗träger** *m* (SPS-Geräte, Tragschiene) / mounting rack, mounting rail || **≗träger** *m* (offenes Gestell) / mounting rack, rack *n* || **≗träger** *m* (BGT) DIN 43350 / subrack *n*, card rack || **einschiebbarer ≗träger** / insert *n* || **≗trägerzeile** *f* / subrack tier || **≗übersicht** *f* / module overview || **≗zustand** *m* / module status
Bau·höhe *f* / overall height || **≗industrie** *f* / construction industry || **≗jahr** *n* / year of manufacture, year of construction, date of manufacture, date of build || **≗kasse** *f* / site cashier's office || **≗kasten** *m* / modular system || **≗kastenstückliste** *f* / one-level bill of material, quick-stock *n* || **≗kastensystem** *n* / modular system, building-block system, unitized construction (system), modular design || **≗länge** *f* / overall length

|| ²leistung *f* / design rating || ²leistung *f* (SR-Trafo) / nominal power || ²leiter *m* / site manager, superintendent of work, supervisory engineer, resident engineer || ²leitung *f* / site management, project superintendent's office, office of the resident engineer

baulicher Hohlraum IEC 50(826), Amend. 2 / building void

Baum *m* (Netzwerk) / tree *n* || **Kabel~** *m* / cable harness

Bau·markt *m* / DIY supermarket || **²maschine** *f* / construction machine || **²maß** *n* / installation dimension || **²maß** *n* (Lg.) / boundary dimension

Baum·darstellung *f* / tree structure || **²fenster** *n* / tree window || **²struktur** *f* / tree topology || **²struktur** *f* (Datei) / tree structure || **mehrfach verzweigte ²struktur** / root branching tree topology || **²topologie** *f* (LAN) / tree topology

Baumuster *n* / model *n*, mark *n*, prototype *n* || **~geprüft** *adj* / type-tested *adj* || **²-Kennzeichen** *n* / model identification, mark number || **²prüfbescheinigung** *f* / type test certificate || **²prüfung** *f* / prototype test

Baumwoll·band *n* / cotton tape || **²gewebe** *n* / cotton fabric || **²gewebe** *n* (Batist) / cambric *n* || **²papier** *n* / cotton paper

Baureihe *f* / range *n*, type series, line *n* || **² aufeinander abgestimmter Kombinationen** / series of compatible assemblies || **² BB Biegerbalken** / type BB bending beam || **² CC Druckkraft** / type CC can compression cell || **² K Druckkraft** / type K can cell || **² RC Biegering** / type RC ring cell || **² RH Biegesteg** / type RH ring cell || **² RS Biegesteg** / type RS ring cell || **² SB Scherstab** / type SB shear beam || **²SP Single-Point** / type SP single-point cell || **² UC Zug/Druck** / type UC universal cell || **² zusammenpassender Baustromverteiler** EN 60 439-4 / series of compatible assemblies for construction sites

Bausatz *m* / assembly kit, kit *n*, installation kit

Bauschaltplan für Anschlussleisten / terminal diagram IEC 113-1, terminal connection diagram || **² für externe Verbindungen** / interconnection diagram IEC 113-1, external connection diagram || **² für Kabelverbindungen** / interconnection diagram IEC 113-1, external connection diagram

bauseitig beigestellt / provided by civil-engineering contractor, provided by customer, supplied by others

Bau·spannung *f* VDE 0712,102 / design voltage IEC 458 || **²stahl** *m* / structural steel, structural shapes, structural sections

Baustein *m* / module *n*, building block || **²** *m* (PLT, SPS, Programmbaustein Bezeichnet alle Dateien, die für die NC-Programmerstellung und Programmverarbeitung benötigt werden) / block *n*, software block || **²** *m* (Programmbaustein) DIN 19237 / module *n* || **²** *m* (Chip) / chip *n* || **²** *m* (Mosaikbaustein) / tile *n* || **² Auswahl** / block selection || **² mit Gedächtnis** (SPS, Instanzdaten) / instance data block, retentive block || **² öffnen** / open block || **² ohne Gedächtnis** / non-retentive block || **interner ²** / internal module || **Text~** *m* / standard text || **²adresse** *f* / block address || **²-Adressliste** *f* (SPS) / block address list || **²anfang** *m* (SPS) / block start || **²anfangsregister** *n* (SPS) / block starting address register || **²art** *f* / block type || **²attribut** *n* / block attribute || **²aufruf** *m* (SPS) / block call || **²aufruf, bedingt** DIN 19239 / conditional block call || **²aufruf, unbedingt** (SPS) / unconditional block call || **²aufrufoperation** *f* / block call operation, block call instruction || **²ausgabe** *f* / block version || **²-Ausschlussliste** *f* / block exclusion list || **²-Ausschlussliste erstellen** / create block exclusion list || **²auswahl** *f* DIN 44476, T.2 / chip select (CS) || **²auswahl-Eingang** *m* / chip select input

Baustein·bearbeitung *f* / block processing || **²bibliothek** *f* / function block library || **²bibliothek** *f* (PLT, SPS) / program library || **²-Bibliothek** *f* / program library || **²breite** *f* (Modul) / module width || **in ladbare ²e übersetzen** / compile into loadable blocks || **²e vergleichen - Details** / compare blocks - details || **²e vergleichen - Ergebnisse** / block comparison - results || **²eigenschaft** *f* / block property || **²ende** *n* (BE SPS) / block end (BE) || **²ende absolut** (BEA) / unconditional block end (BEU) || **²ende bedingt** (BEB) / conditional block end (BEC) || **²endeoperation** *f* / block end operation || **²feld** *n* / module panel || **²freigabe** *f* (Chip) / chip enable (CE) || **²funktion** *f* / component function || **²grenze** *f* / block boundary || **²hülse** *f* / block shell

Baustein·kette *f* / block sequence || **programmierbare ²kommunikation** (PBK) / programmable block communication (PBC) || **²kopf** *m* (SPS) / block header || **²länge** *f* (SPS) / block length || **²liste** *f* / block overview || **²liste** *f* (PLT, SPS, NC) / block list, list of program blocks || **²name** *m* (SPS) / block name || **²parameter** *m* (SPS) / block parameter || **²prinzip** *n* / modular system, building-block system, unitized construction (system) || **modulares ²prinzip** / modular design prinicple || **²reihe** *f* / modular range || **²rumpf** *m* (SPS) / block body || **²schieben** *n* (SPS) / block shift || **²sperre** *f* / chip inhibit

Bausteinstack *n* (B-Stack SPS) / block stack (B stack) || **²-Inhalt** *m* (SPS) / block stack contents || **²pointer** *m* / block stack pointer || **²-Pointer** *m* (SPS) / block stack pointer || **²-Überlauf** *m* (SPS) / block stack overflow

Baustein·stapelspeicher *m* / block stack || **²struktur** *f* / block structure, block configuration || **²system** *n* / modular system, building-block system, unitized construction (system) || **²technik** *f* / modular construction (o. design) || **²turm** *m* / module tower || **²typ** *m* / block type, type of block || **²übersicht** *f* / block overview || **²version** *f* / block version || **²verteiler** *m* / modular distribution board, unitized distribution board, modular panelboard || **²vorlage** *f* / block template || **²wechsel** *m* (SPS) / block change

Baustelle *f* / worksite *n*, building site, construction site, site *n*, project site

Baustellen·anlage *f* / building site installation, construction site installation || **fabrikfertige Schaltgerätekombination für ²gebrauch** / factory-built assembly of l.v. switchgear and controlgear for use on worksites (FBAC) || **²leiter** *m* / site manager, superintendent of work, supervisory engineer, resident engineer || **²prüfung** *f* / site test, field test || **²verteiler** *m* / distribution board for construction sites, low-voltage switchgear and control gear assembly for construction sites (ACS) EN 60 439-4, worksite switchgear assembly

Bau·stoffmaschine *f* / construction material machine || **≗stromversorgung** *f* / construction site supply, worksite electrical supply || **≗stromverteiler** *m* (BV) / distribution board for construction sites, low-voltage switchgear and control gear assembly for construction sites (ACS) EN 60 439-4, worksite switchgear assembly || **≗stufe** *f* / stage *n*

Bauteil *n* / unit *n*, element *n* || ≗ *n* (Bauelement) / component *n*, part *n*, member *n* || ≗ *n* (Baugruppe) / assembly *n*, subassembly *n* || ≗ *n* (metallgekapselte SA, z.B. Schalter, Sicherung, Wandler, Sammelschiene) VDE 0670, T.6 / component *n* IEC 298 || ≗ *n* (SG) VDE 0660,T.107 / constructional element IEC 408 || **vorgefertigtes** ≗ / preassembled component || **elektrostatisch gefährdete ≗e** (EGB) / component sensitive to electrostatic charge || **≗ehandling** *n* / component handling || **≗esatz** *m* / kit *n*, assembly *n*, mounting set, assembly set, installation kit || **≗eseite** *f* / components side || **≗gruppe** *f* / assembly *n*, sub-assembly *n*, unit *n* || **≗haltbarkeit** *f* / component durability || **≗kontrolle** *f* / component inspection || **≗seite** *f* (gS) / component side || **≗toleranz** *f* / component tolerance

Bau·tiefe *f* / overall depth || **≗volumen** *n* (Gerät) / unit volume || **≗vorschriften** *f pl* (Hochbau) / building regulations || **≗vorschriften** *f pl* (el. Gerät) / design requirements || **≗weise** *f* / construction *n*, design *n* || **≗weise** *f* (ET) / equipment practice || **Bau, unempfindliche ≗weise** / ruggedized construction || **≗werk** *n* DIN 18201 / structure *n* || **≗zeichnung** *f* / building drawing, civil-engineering drawing

BAV (Bestell- und Abrechnungsverkehr) / ordering and invoicing

BAZ (Bearbeitungszentrum) / machining centre, machining center

BB (betriebsbereit) / ready, operational, ready to run, ready for service

B&B (Bedienen und Beobachten) / operator interface || **≗-Station** *f* / HMI station

BBD / bucket-brigade device (BBC)

B-Betrieb *m* (ESR) / class B operation

B+B-Gerät *n* (Bedien- und Beobachtungsgerät) / operator control and monitoring equipment

B-Bild *n* (Ultraschallprüfung) / B scan, HMI device

Bbus / Bati-Bus, Bbus

BC / office computer, business computer (BC)

BCB (Block Conversion Buffer) / BCB (block conversion buffer)

BCD (binär codierter Dezimalcode Binär codierte Dezimalzahlen) / binary decimal code, BCD (binary coded decimal) || **≗-Binär-Wandelung** *f* / BCD/binary conversion || **≗-Code** *m* (binär codierter Dezimalcode) / BCD code (binary-coded decimal code) || **≗-Code in DUAL-Code umwandeln** / transform BCD code into dual code || **≗-codiert** *adj* / BCD coded || **≗-Umsetzbaustein** *m* / BCD converter block || **≗-Zahl** *f* / BCD number

BCF (Block Conversion File) / BCF (block conversion file)

BCI / Bati-Bus Club International (BCI), BCI (Bati-Bus Club International)

BCL / base-coupled logic (BCL)

BCR / byte count register (BCR)

Bd / baud *n*

BDB (Branchen-Development-Board) / sector development board

BDE / production data acquisition (PDA), factory data collection || **≗-Daten** *plt* / production data acquisition (PDA) || **≗-Station** *f* / PDA terminal, shopfloor terminal, remote terminal unit (RTU) || **≗-Terminal** *m* / PDA terminal

BDL / BDL (BackDownLeft)

BDR / BDR (BackDownRight)

BE (Bausteinende) / BE (block end)

BEA (Bausteinende absolut) / BEU (unconditional block end)

Beachten Sie folgendes: / Please observe the following:

Beachtung *f* / compliance

Beanspruchbarkeit *f* / stressability *n*, load capability || **≗sfeststellung** *f* IEC 50(191) / step stress test

beanspruchen *v* (elastisch) / stress *v* || ~ *v* (verformend) / strain *v*

beanspruchendes Moment / torque load

beansprucht, hoch ~ / heavy duty

Beanspruchung *f* (allg., el.) / stress *n*, load *n*, loading *n* || ≗ *f* DIN 41640, Prüfling / conditioning *n* IEC 512-1 || ≗ *f* (verformend) / strain *n* || ≗ *f* (QS) / stress *n* || ≗ *f* (elastisch) / stress *n* || **für normale** ≗ / for normal use || **Isolations~** *f* / insulation stressing || **mechanische** ≗ / mechanical loading, mechanical strength, mechanical stress || **Prüfung mit stufenweiser** ≗ / step stress test || **elektrische** ≗ / electrical stress

Beanspruchungs·analyse *f* / stress analysis || **≗beginn** *m* / beginning of stress || **≗hypothese** *f* / theory of failure || **seismische ≗klasse** / seismic stress class || **≗kombination** *f* (QS) / load combination || **≗modell** *n* IEC 50(191) / stress model || **≗zyklus** *m* DIN 40042 / stress cycle

beanstandet *adj* (QS) / non-conforming *adj*

Beanstandung *f* / complaint *n*, objection *n*, claim *n*, point(s) objected to || ≗ *f* (QS) / objection *n* || **Freigabe ohne** ≗ / unconditional release

Beanstandungscode *m* (QS) / non-conformance code

Beantworter *m* / responder *n* (station transmitting a specific response to a message received over a data highway)

bearbeitbar *adj* (spanend) / machinable *adj*, workable *adj*

Bearbeitbarkeit *f* (spanlos) / workability *n*, machinability *n*

bearbeiten *v* / edit *v*, service *v*, scan *v* || ~ *v* (behandeln) / treat *v* || ~ *v* (Programm) / process *v*, execute *v* || ~ *v* (spanlos) / work *v*, shape *v*, treat *v* || ~ *v* (spanend) / machine *v*

Bearbeiter *m* / processed by, person processing

bearbeitete Fläche / machined (sur)face

Bearbeitung *f* (Programm) / processing *n*, execution *n* || ≗ *f* (WZM) / machining *n* || **2 1/2 D-≗** / 2 1/2 D machining || **mäanderförmige** ≗ / meander-shaped machining || **spanabhebende** ≗ / machining *n*, stock removal || **spiegelbildliche** ≗ / mirroring *n*, symmetrical inversion, axis control in mirror-image mode || **zeitgesteuerte** ≗ / time-controlled program scanning, time-controlled program execution, time-controlled program processing

Bearbeitungs·ablauf *m* / machining sequence || **≗abschnitt** *m* / processing section, machining section || **≗achse** *f* / machining axis || **≗angaben** *f pl* (NC) / machining data || **≗anweisung** *f* (NC) /

machining instruction || ²**aufgabe** *f* / machining task || ²**auswahl** *f* / machining selection || ²**baustein** *m* (PLT, SPS) / processing block || ²**bereichseingabe** *f* / machining range input || ²**bewegung** *f* (WZM) / machining motion || **falsche Reihenfolge im** ²**block** / incorrect sequence in machining block || ²**datum** *n* / editing date || ²**ebene** *f* (SPS) / processing level || ²**ebene** *f* (WZM) / machining plane || ²**einheit** *f* / processing unit || ²**element** *n* / machining element || ²**fläche** *f* / machined surface || ²**folge** *f* (Fabrik) / routing *n* || ²**folge** *f* (WZM, NC) / machining sequence, sequence of operations || ²**folge** *f* (Programm) / processing sequence || ²**funktion** *f* (SPS) / processing function, execute function

Bearbeitungs·genauigkeit *f* / machining accuracy || ²**geometrie** *f* / machining geometries || ²**grenze** *f* / machining limit || ²**güte** *f* / machining quality || ²**güte** *f* (Oberfläche) / surface quality, quality of surface finish || ²**kanal** *m* / machining channel || ²**kennung** *f* / processing ID || ²**kette** *f* / machining sequence || ²**kontrolle** *f* / sequence control, program test (A step-by-step, statement-by-statement checking of the program), debug *n* || ²**kontrolle** *f* (Programmkontrolle) / program check, debug(ging) *n* || ²**kopf** *m* (WZM) / tool head, head *n* || ²**kopf** *m* (NC, CLDATA-Wort) / head *n* ISO 3592

Bearbeitungs·maschine *f* (Werkzeugmaschine) / machine tool || ²**modus** *m* (SPS) / processing mode || ²**muster** *n* (NC) / machining pattern, pattern *n* || ²**operation** *f* / DO operation || ²**programm** *n* (NC) / machining program, part program || **Text~programm** *n* / text editor || ²**richtung** *f* / machining direction, direction of machining || ²**riefen** *f pl* / machining marks, tool marks || ²**satz** *m* (NC) / machining block, block *n*, record *n* || ²**schritt** *f* / machining step, operational step || ²**sperre** *f* / processing inhibit || ²**strategie** *f* / machining strategy

Bearbeitungs·technologie *f* / processing technology || ²**toleranz** *f* (NC, a. CLDATA-Wort) / machining tolerance || ²**unterprogramm** *n* / machining subprogram || ²**verfahren** *n* / machining process || ²**vorgang** *m* (WZM, NC) / machining process || ²**vorschub** *m* / machining feed, machining feedrate || ²**zeichen** *n* (Oberflächengüte) / finish symbol, machining symbol, finish mark || **Oberflächen-**²**zeichen** *n* / surface finish symbol, finish mark || ²**zeit** *f* / runtime *n* || ²**zeit** *f* (WZM) / machining time || ²**zeit** *f* (Programm) / execution time, processing time || ²**zentrum** *n* / machining centre || ²**zentrum** *n* (BAZ) / machining centre, machining center || **numerisch gesteuertes** ²**zentrum** / NC machining centre || ²**zugabe** *f* / machining allowance || ²**zuschlag** *m* / processing surcharge || ²**zyklus** *m* / execution cycle || ²**zyklus** *m* (NC) / machining cycle

beaufschlagen *v* / apply *v* (to), admit *v* (to), pressurize *v*, load *v*, supply *v*

beaufschlagt, einseitig ~ / unilaterally admitted || **mit einem Signal ~ werden** / see a signal, receive a signal || **~ werden** / be admitted

Beaufsichtigung, Betrieb ohne ² (BoB SPS) / unattended operation

beauftragt *adj* (QS, berufen) / appointed to || ~ *adj* (QS, betraut) / entrusted with || ~ *adj* (QS, ermächtigt) / authorized *adj*

BEB / block end, conditional (BEC) || ² (Bausteinende bedingt) / BEC (conditional block end)

bebautes Gebiet / built-up area

Beben *n* (Kontakte) / vibration *n*

Beblasung, magnetische ² / magnetic blow-out

Bebung *f* / vibration *n*

Becher *m* / cup *n* || ² *m* (Batt.) / can IEC 50(481) || ²**durchführung** *f* / cup-type bushing || ²**fließzahl** *f* / cup flow figure, moulding index || ²**schließzeit** *f* / cup flow figure, moulding index || ²**zählrohr** *n* / liquid-sample counter tube

Beck-Bogenlampe *f* (H-I-Lampe) / flame arc lamp

Beckengurt *m* (Kfz) / lap belt

Bedachung *f* / roofing *n*

Bedämpfen *n* / damp *n*

Bedämpfung *f* / damping *n*, attenuation *n*

Bedämpfungsmaterial *n* / damping material

Bedarf, nach ² **gebaute Schaltgerätekombination für Niederspannung** (CSK E) VDE 0660, T.61 / custom-built assembly of l.v. switchgear and controlgear (CBA) IEC 431

Bedarfs·automatik *f* / load-demand control || ²**ermittlung** *f* / requirements planning, demand determination || ²**spitze** *f* / maximum demand || ²**wartung** *f* / remedial maintenance

bedeckter Himmel nach CIE / CIE standard overcast sky

Bedeutung *f* / significance *n*

Bedeutungslehre *f* / semantics *pl*

Bedien·ablauf *m* / operating procedure, sequence of operations || ²**aktion** *f* / operator action || ²**anforderung** *f* / operator prompt, operator input request, operator response request, request for operator input || ²**anleitung** *f* (BA) / operator's guide || ²**anweisung** *f* / operator statement, operator command || ²**art** *f* (BA) / mode *n*

bedienbar *adj* / operator-controllable *adj*, operator-accessible *adj* || ~ *adj* (ST, FWT) / operator-variable *adj*, operator-controllable *adj* || **von außen ~** / externally operated

Bedienbarkeit *f* / operation || **Prüfung der mechanischen** ² / mechanical operating test

Bedien·baum *m* / operating hierarchy, function tree || ²**baustein** *m* / operator control block, control module || ²**baustein** *m* (PLT) / operator communication block || ²**baustein** *m* (SPS) / operator control block || ²**-/Beobachtungsstation** *f* / operator station (OS) || ²**berechtigung** *f* / operator authorization || ²**berechtigung** *f* (ZKS) / authorization *n* || ²**bereich** *m* / control area, operating area || ²**bereichsumschalttaste** *f* / operating area switchover key || ²**bild** *n* / operating screen

Bedien·ebene *f* / operator communication level, operator control level, user interface (UI) || **übergeordnete** ²**ebene** / master operating level || ²**eingabe** *f* / operator input, operator entry || ²**eingaben** *f pl* / control inputs || ²**eingriff** *m* / operator action, operator intervention, operator activity || ²**einheit** *f* / control unit || ²**einheit** *f* (PLT, Monitor, Tastatur, Drucker) / operator's communication unit, operator's station, basic operator station (BOS) || ²**eintrag** *m* / operator entry, operator command input, initialization *n* || ²**element** *n* / operating element, control element, operator controls and displays

Bedienen *n* / operation *n* ‖ ~ *v* / service *v*, operate *v* ‖ ≗ **des Prozesses** / operator control of process ‖ ≗ **& Beobachten** (B&B) / operator interface ‖ ≗ **und Beobachten** (Prozessführung) / operator control (and process monitoring) ‖ ≗ **Programmieren** / operation and programming

Bediener *m* / operator *n*, user *n* ‖ ≗**aufforderung** *f* / operator prompting ‖ ≗**dialog** *m* / operator communication ‖ ≗**eingriff** *m* / operator intervention, operator input

bedienerfreundlich *adj* / operator-friendly *adj*, convenient *adj*, easy-to-use *adj*, user-friendly *adj*, easy-to-operate *adj*, sophisticated *adj*

Bediener·freundlichkeit *f* / convenience *n*, ease of use, user friendliness, ease of operation ‖ ≗**führung** *f* / operator prompting, operator guidance ‖ ≗**führungsmakro** *n* (BFM) / operator guidance macro (OGM)

bedienergeführt *adj* / operator-controlled *adj*, user-prompted *adj*, with operator prompting ‖ **~e Programmierung** / interactive programming ‖ **~e Software** / menu-prompted software, operator programming

Bediener·hilfen *f pl* / operator assistance ‖ ≗**hinweis** *m* / operator prompt ‖ ≗**meldung** *f* / operator message ‖ ≗**oberfläche** *f* / operator interface, operator environment ‖ ≗**oberfläche** *f* (BOF) / user interface (UI) ‖ ≗**peripherie** *f* / human-machine interface ‖ ≗**schnittstelle** *f* / user interface ‖ ≗**unterstützung** *f* / operator support

Bedien·fehler *m* / faulty operation, maloperation *n*, inadvertent wrong operation, operator error, wrong operation ‖ ≗**feld** *n* / operator panel, operator's panel, control panel, front panel, operator control panel ‖ ≗**feld** *n* (Mosaiktechnik, Kompaktwarte) / control tile, operating tile ‖ **eingebautes** ≗**feld** / integrated operator panel ‖ **integriertes** ≗**feld** / integrated operator panel ‖ ≗**feldanschaltung** *f* / operator panel interface (module) ‖ ≗**feld-Montageset** *n* / operator panel mounting kit ‖ ≗**feldtaste** *f* / panel button ‖ ≗**fläche** *f* (MG) / control panel ‖ ≗**folge** *f* / operating sequence, sequence of operations, operator input sequence ‖ ≗**freigabe** *f* / operator enable, operator control enable ‖ ≗**freundlichkeit** *f* / easy operation ‖ ≗**front** *f* / operating front ‖ ≗**funktion** *f* / operator function ‖ ≗**gang** *m* / control aisle ‖ ≗**gerät** *n* (SPS) / operator panel (OP) ‖ **Hand~gerät** *n* / hand-held controller, hand-held terminal ‖ ≗**handgerät** *n* (BHG) / handheld unit (HHU) ‖ ≗**handlung** *f* / operation ‖ ≗**hebel** *m* / operator lever ‖ ≗**hierarchie** *f* (PLT) / operator interface hierarchy ‖ ≗**hinweis** *m* / operator instruction ‖ ≗**hoheit** *f* / control command acceptance

Bedien·kanal *m* (PLT) / operator communication channel ‖ ≗**kanalverlängerung** *f* / operating channel extension ‖ ≗**knopf** *m* / control *n* ‖ ≗**komfort** *m* / ease of operation, convenience, operator (o. user) friendliness, ease of use, user friendliness ‖ ≗**komponente** *f* / operator component ‖ ≗**konsole** *f* / operator console ‖ ≗**konvention** *f* / operating convention ‖ ≗**konzept** *n* / operating concept ‖ **komfortables digitales** ≗**konzept** / convenient digital operating procedure ‖ ≗**kurbel** *f* / hand crank ‖ ≗**mangel** *m* / erroneous operator control ‖ ≗**markierungen** *f pl* (SPS, Eingabebits) / operator input bits ‖ ≗**maske** *f* / screen form ‖ ≗**meldung** *f* / operator input (o. activity) message ‖ ≗**meldung** *f* (Bedienanforderung) / request for operator input, request for service ‖ ≗**modus** *m* / operator control mode

Bedien·oberfläche *f* / operator interface, operator environment ‖ ≗**oberfläche** *f* (BOF) / user interface (UI) ‖ **vollgrafische** ≗**oberfläche** / pixel-graphics user interface ‖ ≗**ort** *m* / operator control modality ‖ ≗**panel** *n* / control board ‖ ≗**-PC** *m* / operator PC ‖ ≗**pendel** *n* (WZM) / pendant control station, operating pendant ‖ ≗**personal** *n* / operating staff ‖ ≗**platz** *m* / operator terminal, operator station ‖ ≗**programm** *n* (f. ein Gerät) / operating program ‖ ≗**programm** *n* (f. den Bediener) / operator control (o. communication) routine, operator routine ‖ ≗**protokoll** *n* / operator activities log, operator input listing, operator input log ‖ ≗**pult der Maschine** / machine control panel (MCP) ‖ ≗**schiene** *f* / operator bus ‖ ≗**schnittstelle** *f* / operator-process interface, operator interface ‖ ≗**schritt** *m* / operator input sequence step ‖ ≗**seite** *f* / operating side ‖ ≗**sicherheit** *f* / security of operation ‖ ≗**sperre** *f* / operator input inhibit, operator communication (o. access) inhibit ‖ ≗**status** *m* / operation status ‖ ≗**system** *n* / operating system, operator control ‖ ≗**system** *n* (PLT) / operator communication system ‖ ≗**system** *n* (PLT, Teilsystem in einer dezentralen Anlage) / operator communication subsystem ‖ ≗**systeminitialisierung** *f* / operator system initialization

Bedien·tableau *n* / operator panel, operator's panel, control panel, front panel, operator control panel ‖ ≗**tafel** *f* / operator panel, control panel, front panel, operator control panel ‖ ≗**tafel** *f* (elST) / operator's panel ‖ ≗**tafel** *f* (BT) / operator panel (OP) ‖ **flexible** ≗**tafel** / flexible operator panel ‖ ≗**tafelanschluss** *m* / operator panel connection ‖ ≗**tafelinitialisierung** *f* / operator panel initialization ‖ ≗**tafelkomponente** *f* / operator panel component ‖ ≗**tafel-Maschinendaten** *f pl* / operator panel machine data ‖ ≗**tafelschnittstelle** *f* (BTSS) / operator panel interface (OPI) ‖ ≗**tafelverteiler** *m* / operator panel distributor ‖ ≗**tastatur** *f* / operator communication keyboard, operator keyboard, keyboard ‖ ≗**taste** *f* / control key ‖ ≗**taste** *f* (elST) / operator button ‖ ≗**taster** *m* / operator button

bediente Wählleitung / attended dial line, manually operated dial line

Bedienteil *n* / operating device ‖ ≗ *n* (HSS) VDE 0660,T.200 / actuator *n* IEC 337- 1

bedienter Sendebetrieb / manual transmission

Bedienterminal *n* / operator terminal

Bedien·- und Anzeigeeinheit *f* / operator controls and display ‖ ≗**- und Anzeigeelemente** *n pl* / controls and displays ‖ ≗**- und Anzeigeperipherie** *f* / peripheral operating and monitoring equipment ‖ ≗**- und Beobachtungsbild** *n* / control and monitoring image ‖ ≗**- und Beobachtungsgeräte** *n pl* (PLT) / operator control and monitoring devices, human machine interface (HMI) ‖ ≗**- und Beobachtungsgeräte** *n pl* (B+B-Gerät PLT, SPS) / operator control and monitoring equipment (o. units) ‖ ≗**- und Beobachtungsstation** *f* (SPS) / operator's station ‖ ≗**- und Beobachtungssystem** *n* / operator system, operator interface, operator control and monitoring system || ≈- **und Beobachtungssystem** *n* (in einer dezentralen Anlage) / operator control and (process monitoring subsystem) || ≈- **und Beobachtungssystem** *n* (PLT) / operator control and (process monitoring system), operator communication and visualisation system || ≈- **und Diagnosestation** *f* / operator control and diagnostic terminal, operator-process communication and diagnostics terminal || ≈- **und Funktionsfähigkeit** *f* (LS) / operational performance capability || ≈- **und Strukturiersystem** *n* (PLT) / operator control and configuration system || ≈- **und Testalgorithmus** *m* / operator control and test algorithm

Bedienung *f* / operation *n*, control *n*, servicing *n*, operation using || ≈ *f* (Eingabe, Anwahl) / operator input (o. entry), selection *n* || ≈ *f* (Prozessführung) / operator-process communication, operator control || ≈ *f* (durch Operator) / operator control, operator communication, operator input || ≈ **+ Beobachtung** (B&B) / operator interface || ≈ **eines Kreises** (PLT) / operator control of a loop, loop control input || ≈ **im Dialog** / interactive operation || ≈ **und Beobachtung** / operator control and monitoring || **allgemeine** ≈ / general operation

bedienungsabhängige Schaltung / dependent manual operation IEC 157-1

Bedienungs·ablauf *m* / sequence of operations || ≈**ablauf** *m* / operating procedure || ≈**achse** *f* (Geräte nach) VDE 0860 / operating shaft || ≈**anforderung** *f* / operator prompt || ≈**anforderung** *f* / service request (SRQ), operator input request, operator response request || ≈**anleitung** *f* / instruction manual, operating instructions, instructions *n pl* || ≈**anleitung** *f* (HG) / instructions for use || ≈**anleitung** *f* (BA) / operator's guide, BA || ≈**anweisung** *f* / instructions for use || ≈**aufruf** *m* (PMG) DIN IEC 625 / service request (SR) || **~aufrufloser Zustand der Steuerfunktion** (PMG) DIN IEC 625 / controller service not requested state (CSNS)

Bedienungs·baustein *m* / servicing module, operator communication module || ≈**blattschreiber** *m* / console typewriter || ≈**deckel** *m* / servicing cover || ≈**dialog** *m* / operator communication, interactive communication || ≈**ebene** *f* ((PC)) / operator level || ≈**eintrag** *m* / initialization *n*, operator entry, operator command input || ≈**element** *n* / actuator *n*, actuating element, control element, operator *n* (US), operating device, operating means, operating element, operator controls and displays || ≈**elemente** *n pl* (Sammelbegriff f. Schalter u. Knöpfe) / operator's controls, controls *pl*

Bedienungs·fehler *m* / wrong operation || ≈**fehler** *m* (Gerät) / faulty operation, maloperation *n*, inadvertent wrong operation || ≈**fehler** *m* (Prozess, NC, SPS) / operator error, operator input (o. communication) error || ≈**feld** *n* / control panel, operator's control panel || ≈**fläche** *f* (Pult) / control panel || **~freie Anlage** / unattended plant || ≈**front** *f* (ST) / operating face || ≈**funktion** *f* (PMG, Ruffunktion) / service request function (SR function), service request interface function || ≈**gang** *m* VDE 0660, T.500 / operating gangway IEC 439-1, operating aisle, control aisle || ≈**gerät** *n* / control unit || ≈**handbuch** *n* / operating manual || ≈**hebel** *m* (Kfz, Winker, Wischer) / stalk *n* || ≈**hilfe** *f* / operating aid || ≈**hilfen** *f pl* / operating aids

Bedienungs·klappe *f* / hinged cover of inspection opening, hinged servicing cover || ≈**komfort** *m* / ease of operation, operator (o. user) friendliness, convenience *n*, ease of use, user friendliness || ≈**kommando** *n* / control signal || ≈**kraft** *f* (StV) / engaging and separating force || ≈**mann** *m* / operator *n*, attendant *n* || ≈**mannschaft** *f* / operating crew || ≈**öffnung** *f* / servicing opening || ≈**operation** *f* (SPS) / operator control operation || ≈**peripherie** *f* / operator communication peripherals, man-machine interface || ≈**personal** *n* / operating staff, operating personnel || ≈**platz** *m* (Pult) / operator's desk, operator console, console *n* || ≈**programm** *n* / operator routine, console routine || ≈**protokoll** *n* / operator activities log, operator input listing || ≈**pult** *n* / operator's console

Bedienungs·ruf-Empfangszustand der Steuerfunktion (PMG) DIN IEC 625 / controller service requested state (CSRS) || ≈**ruffunktion** *f* (PMG) / service request function (SR function), service request interface function || ≈**schalter** *m* / operator's control switch, control switch, operator's control || ≈**schnittstelle** *f* / operator interface || ≈**schrank** *m* / operator's control cubicle (o. panel), control board || ≈**schutz** *m* / protection against maloperation (o. false operation) || ≈**seite** *f* / operating side, service side || ≈**stand** *m* / operator's station || ≈**tableau** *n* / operator's panel || ≈**tafel** *f* / (operator's) control panel || ≈**tafel** *f* (BT) / operator panel (OP) || ≈**tafelkomponente** *f* / operator panel component || ≈**tisch** *m* / operator's desk (o. console) || ≈**tür** *f* / servicing door || **~unabhängige Schaltung** / independent manual operation IEC 157-1 || ≈**verfahren** *n* / operating procedure

Bedienunterstützung *f* / operator support

bedingt *adj* / conditional *adj* || **~ kurzschlussfest** / non-inherently short-circuit-proof, conditionally short-circuit-proof || **~ tropenfest** / conditionally tropic-proof || **~e Alarme** / conditional alarms || **~e Anweisung** / conditional instruction || **~e Ausfallwahrscheinlichkeit** DIN 40042 / conditional probability of failure || **~e Freiauslösung** (SG) / conditional trip-free feature || **~e Freigabe** / conditional release || **~e Netzstabilität** / conditional stability of power system || **~e Programmverzweigung** / conditional branching, conditional program branch || **~e Sprunganweisung** / conditional jump instruction, IF instruction || **~e Stabilität** (Netz) / conditional stability || **~e Verteilung** DIN 55350,T.21 / conditional distribution || **~-gleiche Farbreize** / metameric colour stimuli || **~e Wiederholung** / conditional repetition, metamers *plt*

bedingt·er Aufruf / conditional call || **Leistungsschalter mit ~er Auslösung** VDE 0660,T.101 / fixed-trip circuit-breaker IEC 157-1 || **~er Bausteinaufruf** / conditional block call || **~er Bemessungskurzschlussstrom** (Stromkreis u. SG) / rated conditional short-circuit current || **~er Bemessungs-Kurzschlussstrom bei Schutz durch Sicherungen** VDE 0660, T.107 / rated fused short-circuit current IEC 408 || **Leistungsschalter mit ~er Freiauslösung** / conditionally trip-free c.b. || **~er Halt** / conditional stop || **~er Halt** (NC) / optional stop || **~er Kurzschlussstrom** VDE 0660,T.200 / conditional short-circuit current IEC

337-1 || **~er Kurzschlussstrom bei Schutz durch Sicherungen** VDE 0660,T.200 / conditional fused short-circuit current, fused short-circuit current || **~er Sprung** / conditional jump, conditional branch || **~er Sprung** (SPB siehe Sprung) / conditional branch, conditional jump (JC), relative jump || **~er Sprungschritt** / conditional jump step

Bedingung *f* / condition *n* || ≈ *f* (Math.) / premise *n*, supposition *n* || **schwere ≈en** / arduous conditions || **≈sbaustein** *m* / block *n* || **≈szweig** *m* / condition branch

Bedrohungspotential *n* / threatening potential

bedruckt *adj* / printed *adj* || **~e Abdeckung** / printed cover

Bedruckung *f* / inscription *n*

beeinflussbare Last (Abnehmerlast, die auf Anforderung eines EVU für begrenzte Zeit verringert werden muss) / controllable load IEC 50(603)

beeinflussen *v* / control *v* || **~de Kenngröße** / influencing characteristic

beeinflusster Strom / limited current, controlled current

Beeinflussung *f* / influence *n* || ≈ *f* (el. Störung) / interference *n*, coupling *n* || ≈ *f* (Starkstromanlage - Fernsprechanlage) VDE 0228 / interference *n* || ≈ **der Vorschubgeschwindigkeit** (durch Handeingriff) / feedrate override || ≈ **durch Übersprechen** / crosstalk interference || ≈ **zwischen den Kreisen eines Oszilloskops** / interaction between circuits of an oscilloscope IEC 351-1 || ≈ **zwischen X- und Y-Signalen** / interaction between x and y signals IEC 351-1 || **elektromagnetische** ≈ (EMB) / electromagnetic interference (EMI), electromagnetic influence || **elektrostatische** ≈ / electrostatic induction || **gegenseitige** ≈ (Kopplung) / cross coupling || **induktive** ≈ / inductive interference, inductive coupling || **magnetische** ≈ / magnetic effects || **Netz~** *f* / starting inrush || **ohmsche** ≈ / resistive interference, conductive coupling || **Quer~** *f* (Relaisprüf.) / transversal mode || **Umwelt~** *f* / environmental influence, impact on environment

Beeinflussungs·faktor *m* (Schärfefaktor) / severity factor || **≈faktor der Schwankung** / fluctuation severity factor || **≈schwelle** *f* (EMV) / limit of interference || **≈signal** *n* (EMV) / interfering signal || **≈spannung** *f* VDE 0228 / interference voltage

beeinträchtigen *v* / impair *v*

Beeinträchtigung *f* / impairing *n*

beenden *v* / exit *v* || ~ *v* (Archiv) / close *v* || **hören~** (PMG) DIN IEC 625 / unlisten *v* (UNL) IEC 625

beendet *adj* / ended *adj*, terminated *adj*

Beendigung *f* / completion *n*

Beendigungssatz *m* / termination record || ≈ *m* (NC) DIN 66215 / termination record, find record ISO 3592

Be-/Entladeeinrichtung *f* / loading/unloading device

BEF-REG / IR

befahrbarer Bogenhalbmesser / negotiable curve radius || ~ **Seitenstreifen** (Straße) / hard shoulder

Befehl *m* / statement *n* || ≈ *m* (programmierter Befehl) DIN 44300 / instruction *n* || ≈ *m* / control output, output command || ≈ *m* (B Steuerungsbefehl) DIN 19237, FWT / command *n* (C) || ≈ **mit Selbsthaltung** (FWT) / maintained command || ≈ **ohne Folgenummer** (DÜ) DIN ISO 3309 / unnumbered command (U command) || **Makro~** *m* / macro-instruction *n* || **Rundsteuer~** *m* / ripple-control signal, centralized telecontrol signal || **gesammelte ≈e** / group control, command sequences || **zwei- und dreipolige ≈e** / two and three state device control

Befehls·ablaufdiagramm *n* / instruction flow chart || **≈ablaufverfolgung** *f* / statement trace || **≈ableitung** *f* / terminal lead, automatic derivation of commands || **≈absteuerung** *f* / command termination || **≈absteuerung** *f* (FWT) / command release (o. disconnection) || **≈absteuerung** *f* (elSt) / command ending || **≈adressregister** *n* / instruction address register || **≈art** *f* (DÜ) / type of command || **≈aufbau** *m* / instruction syntax || **≈aufbau** *m* (FWT) / command structure || **≈aufbau** *m* (DV) / instruction format || **≈auftrag** *m* / order *n* || **≈ausführung** *f* / instruction execution || **interne ≈ableitung** / internal command derivation, command execution || **≈ausführungsmodus** *m* / command execution mode || **≈ausführungszeit** *f* (SPS) / command execution time || **≈ausgabe** *f* / command output || **≈ausgabe sperren** (BASP) / output disable, command output disable, BASP || **≈ausgabebaustein** *m* / command output block || **≈ausgabeschritt** *m* / command output step || **≈ausgabesperre** *f* (BASP SPS) / (command) output disable (o. inhibit) || **≈ausgabesperre** *f* (BASP) / output disable, command output disable, BASP || **≈ausgang** *m* (SPS) / command output || **≈auslöser** *m* (RSA, Relais) / load switching relay || **≈auslösung** *f* / command initiation

Befehls·bearbeitung *f* / machining *n* || **≈bearbeitungszeit** *f* / instruction execution time || **≈block** *m* (DÜ) / command frame || **≈code** *m* (SPS) / instruction code, operation code (op code) || **≈datei** *f* / command file, instruction file || **≈datensatz kopieren** / copy command data set || **≈dauer** *f* / command duration, command time, control-pulse duration || **≈decodierer** *m* (MPU) / instruction decoder || **≈diagramm** *n* / instruction flow chart || **≈eingabe** *f* / command input || **≈eingabesperre** *f* / command input disable || **≈eingang** *m* / command input || **≈eingang** *m* DIN 44472 / strobe input || **≈einheit** *f* (m. mehreren Steuerschaltern in einem Gehäuse) / control station

Befehls·feld *n* (Mosaiktechnik, Kompaktwarte) / command tile || **≈folge** *f* / instruction sequence || **≈freigabe** *f* / command enabling (o. release) || **≈freigabe** *f* (BFG FWT, Baugruppe) / command release module || **≈freigabegruppe** *f* (BF) / command enable module || **≈gabe** *f* / command initiation, command output || **≈geber** *m* / control station, operating mechanism || **≈gerät** *n* VDE 0113 / operating device IEC 204, control station, pilot device, control unit, control device, command device || **≈gerät** *n* (kastenförmig, m. mehreren Befehlsstellen) / control station || **≈gruppe** *f* (PMG) / command group || **vorgezogenes ≈holen** / pre-fetching *n* || **≈impuls** *m* / command pulse || **≈inhalt** *m* (DÜ) / meaning of command || **≈initiierung** *f* / command initiation

Befehls·kette *f* / logic command string || **≈liste** *f* (DV) / instruction list || **≈-/Meldebaugruppe** *f* (BM) / operational message (OM) || **≈meldegerät** *n* / signalling device || **≈meldung** *f* / command status signal, command status indication ||

≗**mindestdauer** *f* / minimum command time || ≗**nockenschalter** *m* / cam controller, camshaft controller || ≗**quelle** *f* / command source || ≗**register** *n* / instruction register (IR) || ≗**richtung** *f* / control direction, command direction || ≗**rückmeldung** *f* (Befehlsstatus) / command status signal

Befehls·satz *m* / instruction set, operation set || ≗**satz** *m* (SPS) / operations set || ≗**schalter** *m* / control switch, pilot switch, command switch || ≗**schaltfläche** *f* / command button || ≗**schritt** *m* / step *n*, sequence step, sequencer step, command output step || ≗**speicherung im Durchlaufbetrieb** / command storage during persistent-command mode || ≗**stelle** *f* / command point || ≗**stelle** *f* (Druckknopftafel) / actuator *n*, pushbutton *n*, control *n* || ≗**stromkreis** *m* / control circuit

befehlssynchron *adj* / instruction-synchronized *adj*

Befehls·syntax *m* (SPS) / command syntax || ≗**test** *m* / instruction test, command status check, command text || ≗**trennlinie** *f* / command separator || ≗**umfang** *m* / instruction set || ≗**umsetzung** *f* / command conversion || ≗**verknüpfung** *f* / command logic || ≗**vorrat** *m* DIN 44300 / instruction set || ≗**vorrat** *m* (SPS, Operationsvorrat) / operation set || ≗**wort** *n* / instruction word || ≗**zähler** *m* DIN 44300 / instruction counter || ≗**zyklus** *m* (MPU) / instruction cycle

befestigen *v* / fix *v*, secure *v*, attach *v*, fasten *v*, mount *v*

befestigt·e Gestellreihe / fixed rack structure || **~e Piste** (Flp.) / paved runway, hard-surfaced runway, surfaced runway || **~es Gerät** VDE 0700, T.1 / fixed appliance IEC 335-1

Befestigung *f* / fixing *n*, attachment *n*, mount *n*, fastening *n* || ≗ **mittels Flansch** / flange-mounting *n* || ≗ **mittels Füßen** / foot-mounting *n* || **seitliche** ≗ / lateral mounting

Befestigungs·abstand *m* / fixing centres || ≗**abstände** *m pl* / attachment pitches || ≗**bausatz** *m* / fastening kit, mounting kit || ≗**bereich** *m* / mounting area || ≗**bohrung** *f* / fastening hole || ≗**bohrung Abdeckung** / mounting hole, cover || ≗**bohrung Antrieb Zähler** / mounting hole for operating mechanism of operations counter || ≗**bohrung Auslösekombination** / mounting hole, tripping combination || ≗**bohrung für Anschlusswinkel** / mounting hole for connecting bracket || ≗**bohrung für Blasspule** / mounting hole for blow-out coil || ≗**bohrung für Druckluftantrieb** / mounting hole for pneumatic operating mechanism || ≗**bohrung für Isolierwinkel** / mounting hole for insulating shield || ≗**bohrung für Lichtbogenkontakt** / mounting hole for arcing contact || ≗**bohrung Hilfsschalter** / fixing hole, auxiliary switch || ≗**bohrung Klemmleiste** / terminal strip fixing hole || ≗**bohrung Kontaktfeder** / mounting hole, contact spring || ≗**bohrung Leistungsschalter** / mounting hole, circuit-breaker || ≗**bohrung Magnetventil** / mounting hole, solenoid valve || ≗**bohrung Prüflehre** / mounting hole, test gauge || ≗**bohrung Seiten- und Zwischenwand** / mounting hole, side and intermediate wall || ≗**bohrung Stromband** / mounting hole, flexible connector || ≗**bohrung Zähler** / mounting hole for operations counter || ≗**bohrungen für Schilder** / mounting hole for labels || ≗**bolzen** *m* (f. Fundament) / foundation bolt, holding-down bolt || ≗**bolzen Druckluftantrieb** / fixing bolt, pneumatic operating mechanism || ≗**bügel** *m* / fixing bracket

Befestigungs·clips *m pl* / fixing clip || ≗**dübel** *m* / plug *n* || ≗**ebene** *f* / mounting surface || ≗**element** *n* / fixing element, fastening element || ≗**flansch** *m* / mounting flange, attachment flange || ≗**halter** *m* / fixing bracket || ≗**klammer** *f* / clip *n*, clamp *n* || ≗**lasche** *f* / clip *n*, fixing strap, fixing lug || ≗**laschen** *f pl* / fixing lugs || ≗**loch** *n* / fixing hole, mounting hole

Befestigungs·maße *n pl* / fixing dimensions, fixing centres || ≗**material** *n* / fixing material, fixing accessories || ≗**mutter** *f* / fastening nut || ≗**nase** *f* / fixing tongue || ≗**platte** *f* / fixing plate, mounting plate || ≗**punkt** *m* / fixing point || ≗**punkte** *m pl* / fixing point geometry || ≗**rand** *m* (MG) / flange *n*, rim *n* || ≗**raster** *n* / fixing grid

Befestigungs·satz *m* / set of fixing parts || ≗**schelle** *f* / clamp *n*, mounting clip, fixing clamp || ≗**schiene** *f* / fixing rail || ≗**schraube** *f* / fixing screw, fixing bolt, fastening screw, hold-down screw || ≗**spieß** *m* / fixing spike, spike *n* || ≗**stopfen** *m* / fixing plug || ≗**stück** *n* / fixing element || ≗**teil** *n* / mounting part || ≗**teile** *n pl* / fixing accessories, fixing parts || ≗**winkel** *m* / mounting bracket || ≗**winkel** *m* (Reihenklemme) / fixing bracket

befeuchten *v* / wet *v*, moisten *v*, dampen *v*

Befeuchter *m* / humidifier *n* || ≗**pumpe** *f* / humidifying pump

Befeuchtung *f* / humidification *n*

befeuern *v* (Flp.) / light *v*

Befeuerung *f* (Flp.) / lighting *n*, lighting system || ≗ *f* (Schiffahrt) / navigation lights

Befeuerungs·anlage *n* (Flp.) / (airport) lighting system || ≗**einheit** *f* / light unit || ≗**hilfe** *f* / lighting aid || ≗**system** *n* / (airport) lighting system

beflechten *v* / braid *v*

Beflechtung *f* (Kabel) VDE 0281 / textile braid, braid *n*

befüllen *v* / filling *v*

Befund *m* / findings *n pl* || ≗**bericht** *m* / report of findings, damage report || ≗**prüfung** *f* / as-found test || ≗**ung** *f* / findings *n pl*

begehbare Fläche / accessible area || **~ Netzstation** / packaged substation with control aisle || **~ Netzstation mit Beton-Fertiggehäuse** / concrete-type packaged substation with control aisle || **~ Netzstation mit Kunststoffgehäuse** / plastics-type packaged substation with control aisle || **~ Zweifrontschalttafel** / duplex switchboard, corridor-type switchboard || **~ Zweifront-Schalttafel mit Pult** / duplex benchboard, corridor-type benchboard || **~, doppelseitige Schalttafel** / duplex switchboard, corridor-type switchboard || **~, doppelseitige Schalttafel mit Pultvorsatz** / duplex benchboard, corridor-type benchboard

Begehungsbeleuchtung *f* / pilot lighting

Beginn O_1 einer Stoßspannung / virtual origin O_1 of an impulse

beglaubigte Ausführung (EZ) / certified type

Beglaubigung *f* / certification *n*, certificate *n*

beglaubigungsfähig *adj* / certifiable *adj*

Beglaubigungs·fehlergrenze *f* (MG) / legalized limit of error || ≗**schein** *m* / certificate of approval || ≗**zeichen** *n* / certification mark, conformity symbol, certification reference

Begleiter *m* (Kennzeichner, Hilfssignal) / qualifier *n*,

auxiliary signal
Begleit·heizung *f* / steam tracing || **≈papiere** *n pl* / accompanying documents || **≈strahlung** *f* VDE 0837 / collateral radiation IEC 825 || **≈wert** *m* / associated value || **≈wert x** / value x
begrenzend·e Kupplung / limited-end-float coupling || **~es Lager** / locating bearing
Begrenzer *m* / limiter *n* || **≈ für Integralanteil** / integral-action limiter || **Temperatur~** *m* / thermal cut-out, thermal relay, thermal release || **≈-Baustein** *m* (SPS) / limiter block || **≈diode** *f* / limiter diode, breakdown diode || **≈feld** *n* (Prozessdatenübertragung) / delimiter field
begrenzt abhängiges Zeitrelais / inverse time-lag relay with definite minimum (IDMTL), inverse time-delay relay with definite minimum || **~ austauschbares Zubehör** / accessory of limited interchangeability || **Eingang ~ setzen** / set input conditionally || **~e Einwirkung** (HSS, über eine Verbindung zwischen Bedienteil und Schaltglied) / limited drive || **~e Lebensdauer** (im Lager) / limited shelf-life || **~e Nichtauslösezeit** (FI-Schalter) / limiting non-actuating time || **~e wahrscheinliche Lebensdauer** / limited probable life
Begrenzung *f* / limitation *n*, restriction *n* || **≈** *f* (Impulse, Abkappverfahren) / limiting *n* || **≈** *f* (Leiterplatte) / bound *n* || **aktive ≈** (Verstärker) / active bounding || **Blendungs~** *f* / glare restriction || **generatorische ≈** / regenerative limiting, restriction of glare intensity
Begrenzungs·bund *m* (Lg.) / locating collar, thrust collar || **≈drossel** *f* / limiting reactor || **≈feld** *n* / loading area || **≈feuer** *n* / edge light || **≈kante** *f* / limiting edge || **≈leuchte** *f* / side lamp (GB), side marker lamp (US) || **≈licht** *n* (Kfz) / side lamp (GB), side marker lamp (US) || **≈linie** *f* / demarcation line
Begrenzungs·regelung *f* / limiting control || **≈regelung für die Änderungsgeschwindigkeit** / rate-of-change limiting control || **≈regelung nach oben** / high limiting control || **≈regelung nach unten** / low limiting control || **≈regler** *m* (Erregung) / excitation limiter || **≈schaltung** *f* / limiting circuit, protective circuit || **Eingangs~spannung** *f* (IS) / input clamp voltage || **≈symbol** *n* / delimiter *n* (A character or combination of characters used to separate program language elements), separator *n* || **≈vorrichtung** *f* (Anschlussklemme) / anti-spread device || **oberer ≈wert** (BGOG) / upper limiting value || **unterer ≈wert** / lower limiting value || **≈widerstand** *m* / limiting impedance || **≈zeichen** *n* (SPS-Programm) / delimiter *n* EN 61131-3
Begriff *m* / term *n* || **zusammenfassender ≈** / acronym
Begriffs·definition *f* / definition *n* || **≈vorrat** *m* DIN ISO 7498 / presentation image
begutachten *v* (einen Lieferanten) / evaluate *v*
Behälter *m* / container *n*, vessel *n*, tank *n*, reservoir *n*, receptacle *n* || **≈** *m* (f. Lastschaltanlage) / container *n* || **Sammelschienen~** *m* (SF_6-isolierte Anlage) / bus (bar chamber) || **≈dom** *m* / container dome || **≈hülle** *f* / container enclosure || **≈wand** *f* / container wall
behandeln *v* / handle *v*
behandelte Isolierflüssigkeit / treated insulating liquid
Behandlung fehlerhafter Einheiten / control of non-conforming items || **≈ mit festen Absorptionsmitteln** (Isolierflüssigk.) / solid absorbent treatment || **unsachgemäße ≈** / improper handling
Beharrungs·bremse *f* / holding brake || **≈dauer** *f* (Datennetz) / persistence time || **≈geschwindigkeit** *f* (Bahn) / balancing speed || **≈strom** *m* / steady-state current IEC 50(826), Amend. 2 || **≈temperatur** *f* / stagnation temperature, equilibrium temperature, steady-state temperature || **≈-Übertemperatur** *f* / final temperature rise || **≈verhalten** *n* (Reg., MG) / steady-state behaviour || **≈wert** *m* (Reg.) / final value || **≈zustand** *m* / steady-state condition, steady state, equilibrium *n* || **≈zustand** *m* (Reg.) / steady state || **thermischer ≈zustand** / thermal equilibrium
Behebung *f* / elimination *n* || **≈ der Dauerbelegung** (LAN) / jabber control
Behelfs·antrieb *m* (SG) / auxiliary operating mechanism, emergency operating mechanism || **≈beleuchtung** *f* / stand-by lighting || **≈betätigung** *f* (SG) / manual operation, emergency operation, operation for maintenance purposes || **≈handantrieb** *m* / auxiliary manual operating mechanism || **≈lösung** *f* / workaround *n* || **≈schalthebel** *m* / emergency operating lever, manual operating lever
beherrschen *v* / have control over
beherrscht·e Fertigung / process under control, controlled process || **~er Prozess** DIN 55350, T.11 / process under control, controlled process || **technisch ~es Fertigungsverfahren** / technically controlled production process
beibehalten *v* / keep *v*
Beibuchstabe *m* / index letter
beiderseitig steuerbarer Thyristor / tetrode thyristor || **~e Belüftung** / double-ended ventilation, symmetrical ventilation || **~es Zahnradgetriebe** / bilateral gear unit
beiderseits beaufschlagt / mutually admitted || **~ beaufschlagter Stellantrieb** / mutually admitted actuator || **~ gelagerter Rotor** / inboard rotor
Beidraht *m* (Kabel) / sheath wire
beidseitig *adj* / on both sides *adj* || **~ gerichtet** (KN) / both-way *adj*, two-way *adj* || **~e Datenübermittlung** / two-way simultaneous communication, both-way communication || **~ Endenbearbeitung** / machining both ends || **~er Antrieb** / double-ended drive, bilateral drive
Beifahrer-Luftsack *m* / passenger airbag
Beilage *f* (Ausgleichselement) / packing *n*, shim *n*, pad *n* || **≈** *f* (zum Schutz einer Oberfläche) / pad *n*, packing *n* || **≈blech** *n* / shim *n*, packing plate || **≈scheibe** *f* (Unterlegscheibe) / washer *n*, plain washer
Beilagscheibe *f* / washer *n*
Beilauf *m* (Kabel) / filler *n*
Beilegscheibe *f* / washer *n*, plain washer
Beimengung *f* / impurity *n* || **flüssige ≈** / liquid impurity || **tropfenförmige ≈** / impurity by drips
beinhalten *v* / include *v*
Beipack *m* / extra enclosure, accessories pack || **als ≈** / delivered with the control as a separate item || **≈zettel** *m* / accompanying note
Beipassfeder *f* / packing key
Beisatz *m* (NC) / trailer label || **≈adresse** *f* / trailer address
Beispiel *n* / example *n* || **≈baustein** *m* / sample block ||

≗**programm** *n* / sample program || ≗**projekt** *n* / sample project
beistellen *v* / provide *v*
Beistellung, kundenseitige ≗ / be provided by the customer
Beiwert / coefficient *n*
Beizahl *f* / coefficient *n*
Beizeichen *n* / additional sign
beizen *v* (Metall) / pickle *v* || **elektrochemisches** ≗ / electrolytic pickling
Beizsprödigkeit *f* / acid brittleness, hydrogen embrittlement
Bekanntheitsgrad *m* / publicity *n*
Belade·art *f* / type of loading || ≗**bild** *n* / loading display || ≗**dialog** *m* / loading dialog || ≗**einheit** *f* / load unit || ≗**einrichtung** *f* / loading means || ≗**liste** *f* / loading list
beladen *v* (WZM) / load *v*
Beladen *n* / load *n* || **freies** ≗ / free loading || **manuelles** ≗ / manual loading
Belade·paket *n* / loading package || ≗**platz** *m* / loading point, loading station, load location, load point || ≗**platz** *m* (Befindet sich außerhalb des Magazins und hat meist eine eigene Beladeeinrichtung. Vgl. Beladestelle) / load station || ≗**position** *f* / load position || ≗**roboter** *m* / manipulator *n* || ≗**speicher** *m* / loading buffer || ≗**station** *f* / load point, loading point, load location, loading station || ≗**station** *f* (Befindet sich außerhalb des Magazins und hat meist eine eigene Beladeeinrichtung. Vgl. Beladestelle) / load station || ≗**stelle** *f* / loading point, load location, loading station, load point || ≗**stelle** *f* (Befindet sich außerhalb des Magazins und hat meist eine eigene Beladeeinrichtung. Vgl. Beladestelle) / load station || ≗**werkzeug** *n* / load tool || ≗**zeile** *f* / loading line
Belag *m* / layer *n* || ≗ *m* (Bremse) / lining *n* || ≗ *m* (Überzug) / coating *n*, film *n*, coat *n*, lining *n* || ≗ *m* (Komm.) / segment assembly, commutator surface || ≗ *m* (Kontakte) / tarnish layer || ≗ *m* (Kondensator, Folie) / foil *n* || ≗ *m* (Phys.) / quantity per unit length || **halbleitender** ≗ / semiconducting layer
belastbar *adj* / load rating *adj*, loadable *adj* || **~er Sternpunkt** (Trafo) / loadable neutral
Belastbarkeit *f* / loadability *n*, load capability, loading capacity, load rating, load carrying capacity, carrying capacity || ≗ *f* (Kabel, Strombelastbarkeit) VDE 0298,2 / current carrying capacity, ampacity *n* (US), load capability || ≗ *f* (SR) VDE 0558, T.1 / load current carrying capability || ≗ **bei zyklischem Betrieb** (Kabel) / cyclic current rating || **elektrische ≗-Bemessungswerte** / electrical ratings || ≗ **im Notbetrieb** (Kabel) / emergency current rating || **Kontakt~** *f* / contact rating || **Kurzschlussstrom~** *f* / short-circuit current carrying capacity || **thermische** ≗ / thermal loading capacity, thermal rating || **Überstrom~** *f* / overcurrent capability, overload capability || **volle** ≗ / full load rating
belasten *v* / load *v*, charge *v* || ~ *v* (beanspruchen) / stress *v*, strain *v* || ~ *v* (Gen.) / load *v*, bring onto load
Belastung *f* / load *n* || ≗ **außerhalb der Spitzenlastzeit** / off-peak load || **bei** ≗ **mit ...** / when loaded with || ≗ **nach dem Rückarbeitsverfahren** / back-to-back loading || **Ausgangsspannung bei** ≗ / on-load output voltage || **dreipolige** ≗ / three-pole loading || **kurz gemittelte** ≗ / demand *n* || **Lärm~** *f* / noise pollution || **nachträgliche** ≗ / charging afterwards || **Spannung bei** ≗ / on-load voltage || **spezifische** ≗ / unit load || **thermische** ≗ / thermal load || **Umwelt~** *f* / environmental pollution || **Wärme~** *f* / thermal load || **Zeit geringer** ≗ / light-load period
Belastungen, zugelassene ≗ (el. Gerät) / approved ratings
Belastungs·art *f* / type of load || ≗**ausgleich** *m* / load compensation || ≗**bedingung** *f* / load condition || ≗**becken** *n* / activated sludge tank || ≗**bereich** *m* / loading range || ≗**charakteristik** *f* / load characteristic || ≗**dauer** *f* / load period || ≗**dauer** *f* (SG) VDE 0660,109 / in-service period || ≗**dauer, die nicht zum Auslösen führt** (LS) / non-tripping duration || ≗**faktor** *m* / load factor || ≗**faktor** *m* (SK, FSK) / diversity factor || ≗**faktor für Notbetrieb** (Kabel) / emergency rating factor || ≗**faktor für zyklischen Betrieb** (Kabel) / cyclic rating factor || ≗**feld** *n* / loading area || ≗**folge** *f* / loading sequence, load spectrum
Belastungs·gebirge *n* / three-dimensional load diagram || ≗**generator** *m* / dynamometer *n*, dynamometric generator || ≗**geschwindigkeit** *f* (mech.) / rate of stress increase, rate of stressing || ≗**gewicht** *n* (Tragkette) / suspension-set weight, counterweight *n* || ≗**grad** *m* / load factor || ≗**grenze** *f* / loading limit, maximum permissible load || ≗**immittanz** *f* / load immittance || ≗**impedanz** *f* / load impedance
Belastungs·kapazität *f* / load capacitance, load-side capacitance || ≗**kennlinie** *f* / load curve, load characteristic || ≗**kennlinie** *f* (äußere, Spannung über Laststrom) / voltage regulation characteristic || ≗**kennlinie** *f* (Dauermagnetmaterial) / load line IEC 50(221) || ≗**kennlinie** *f* (Spannung über Erregerstrom) / load characteristic, load saturation curve || ≗**klasse** *f* / rating class || ≗**klasse** *f* (SR) / duty class EN 60146-1-1 || ≗**kondensator** *m* / loading capacitor, front capacitor || ≗**kurve** *f* / load profile (versus time) || **geordnete** ≗**kurve** / ranged load curve, load duration curve || ≗**maschine** *f* / loading machine, load machine, dynamometer *n*
Belastungs·probe *f* / load test, on-load test || ≗**probe** *f* (bis zum Bruch) / proving test || ≗**prüfung** *f* (el. Masch.) / load test || ≗**reduzierung** *f* / derating *n* || ≗**regler** *m* / load rheostat, loading resistor || ≗**richtlinien** *f pl* (f. Transformatoren) / loading guide || ≗**schwankung** *f* / load fluctuation, load variation || ≗**spannung** *f* / on-load voltage, load voltage || ≗**spiel** *n* / load(ing) cycle, cyclic duty || ≗**spitze** *f* / peak load, maximum demand || ≗**spule** *f* / loading coil || ≗**strom** *m* / current load
Belastungs·unsymmetrie *f* / load unbalance || ≗**unterschied** *m* / load diversity || ≗**verfahren** *n* (el. Masch.) / dynamometer test, input-output test || ≗**verfahren** *n* (Trafo) / loading method || ≗**verlauf** *m* / load cycle || ≗**vermögen** *n* / load capacity, carrying capacity, loadability *n* || ≗**wechsel** *m* / load change, load variation || ≗**widerstand** *m* / loading resistor, load resistor, load rheostat || ≗**zeit** *f* / load period, on-load time, running time
beledert *adj* / covered with leather
belegbar *adj* / assignable *adj* || ~ *adj* (Klemme, Merker) / assignable *adj*, free *adj*
belegen *v* / occupy *v* || ~ *v* (Klemmen, Steckplätze) /

assign *v* || **neu** ~ (Komm.) / replace the segment assembly
beleglos *adj* / paperless *adj*
belegt *adj* (nach Anwahl, Bus) / busy *adj* || ~ *adj* / reserved *adj* || ~ *adj* (zugeordnet) / assigned *adj* || ~ *adj* (voll) / full *adj* || ~ *adj* (Speicherbereich) / occupied *adj* || ~ **im linken/rechten/oberen/unteren Halbplatz** / occupied in left/right/top/bottom half-location || **nicht** ~ (NB) / not occupied, not assigned, free *adj*, enabled *adj*, unassigned *adj*
Belegtmeldung *f* / busy signal
Belegung *f* / assignment *n*, pin assignment, pinout *n*, connector pin assignment || ≗ *f* (Reservierung) / reservation *n* || ≗ *f* (Füllfaktor) / filling factor || ≗ *f* (KN) / seizure IEC 50(715) || **Anschluss~** *f* (IS) / pin configuration (IC), pinning diagram (IC), pinning *n* (IC) || **Bus~** *f* / bus load, bus usage || **Bus~** *f* (Vorgang) / bus acquisition || **Speicher~** *f* / memory allocation || **Klemmen~** *f* / terminal assignment, storage (o. memory) area allocation || **Stecker~** *f* / connector pin assignment
Belegungs·dauer *f* (KN) / holding time IEC 50(715) || ≗**konfiguration** *f* (SPS, Zuordnung Schnittstellenleitungen - Anschlusspunkte) / interface/connector assignments, interface/terminal allocation || **Speicher~liste** *f* (SPS) / memory map, IQF reference list (IQF = input/output/flag) || ≗**maske** *f* (SPS, BSG) / assignment form || ≗**plan** *m* / terminal diagram, I/Q/F reference list (input/output flag reference list) || ≗**plan** *m* (SPS) / input/output flag reference list (I/Q/F reference list) || **E/A-**≗**tabelle** *f* / input/output flag reference list (I/Q/F reference list) || ≗**versuch** *m* (KN) / bid *n* IEC 50(715) || ≗**warteschlange** *f* / reservation queue || **Schnittstellen~zeit** *f* / interface runtime, interface operating time
belegweiß *adj* / paper-white *adj*
beleuchten *v* / illuminate *v*, light *v*
Beleuchterbrücke *f* / footlight bridge
beleuchtet *adj* / illuminated *adj*
beleuchteter Druckknopf / illuminated pushbutton IEC 337-2, luminous pushbutton IEC 117-7, lighted pushbutton switch
Beleuchtung *f* / lighting *n*, illumination *n* || ≗ *f* (in einem Punkt einer Oberfläche) / luminous exposure, light exposure || ≗ **durch gerichtetes Licht** / directional lighting || ≗ **durch gestreutes** (o. diffuses Licht) / diffused lighting || ≗ **von Ausstellungsräumen** / exhibition lighting || ≗ **von Geschäftsräumen** / commercial lighting
Beleuchtungs·abgang *m* / lighting feeder (unit) || ≗**abzweig** *m* / lighting branch feeder, lighting branch circuit, lighting sub-circuit || ≗**abzweig** *m* (Geräteeinheit) / lighting feeder unit || ≗**anlage** *f* / lighting system, lighting installation || ≗**anschlussstelle** *f* / lighting point || ≗**betonung** *f* / emphasis lighting, highlighting *n* || ≗**einheit** *f* EN 61000-3-2 / lighting unit || ≗**elektronik** *f* / lighting electronics || ≗**ingenieur** *m* / lighting engineer || ≗**körper** *m* / luminaire *n*, lighting fitting, light fixture (US), fitting
Beleuchtungs·messer *m* / illumination photometer, illumination meter || ≗**niveau** *n* / lighting level, illumination level || **hohes** ≗**niveau** / high-level illumination || ≗**programm** *n* / lighting program, lighting plot || ≗**qualität** *f* / lighting quality || ≗**regler** *m* / dimmer *n*, fader *n* || ≗**stärke** *f* / illuminance *n*, luminance level || **Kurve gleicher** ≗**stärke** / isoilluminance curve (GB), isoilluminance line (US), isolux curve (o. line) || ≗**stärkemesser** *m* / illuminance meter || ≗**stärkemessgerät** *n* / lighting level measurement unit || ≗**station** *f* (f. Steuerung) / lighting control station || ≗**steuerung** *f* / lighting control system, light management system || ≗**stromkreis** *m* / lighting circuit, lighting subcircuit || ≗**technik** *f* / lighting engineering, illumination engineering, lighting technology || ≗**transformator** *m* / lighting transformer || ≗**verhältnisse** *n pl* / lighting conditions || ≗**-Versuchsstraße** *f* / experimental lighting road || **spezifischer** ≗**wert** / specific lighting index || ≗**wirkungsgrad** *m* / utilization factor (lighting), coefficient of utilization (lighting) || **spezifischer** ≗**wirkungsgrad** / reduced utilization factor (lighting installation) || ≗**-Zeitschalter** *m* / illuminated timer
Belichtung *f* / light exposure, exposure *n* || **Kontakt~** *f* / contact printing
Belichtungsmesser *m* / exposure meter
beliebig *adj* / any *adj* || **~e Brennstellung** (Lampe) / any burning position || **~e Reihenfolge der Leiter** / random sequence of conductors
beliefern *v* / supply *v*
belüften *v* (Raum) / ventilate *v*, aerate *v*
belüftet *adj* / ventilated *adj* || **drehzahlunabhängig ~** / separately ventilated || **~e Maschine** / ventilated machine || **~es abgedecktes Gehäuse** / double casing || **~es Rippengehäuse** / ventilated ribbed frame
Belüftung *f* / ventilation *n* || **beiderseitige** ≗ / double-ended ventilation, symmetrical ventilation || **einseitige** ≗ (el. Masch.) / single-ended ventilation
Belüftungs·anlage *f* / ventilation system || ≗**art** *f* / ventilation method, method of air cooling || ≗**flügel** *m* / ventilating vane || ≗**öffnung** *f* / ventilation opening, vent hole || ≗**schlitz** *m* (Blechp.) / ventilation duct || ≗**verschraubung** *f* / ventilation screwed gland || ≗**wand** *f* / air guide wall
bemaßen *v* / dimension *v*
Bemaßung *f* / dimensions *n pl*, dimensioning *n*
Bemaßungs·system *n* / dimensioning system || ≗**text** *m* / dimension text || ≗**variable** *f* / dimension variable
Bemerkbarkeits·grenze *f* / perception limit, threshold of visibility || **Flicker-**≗**schwelle** *f* VDE 0838, T.1 / threshold of flicker perceptibility
Bemerkung *f* / remark *n*
bemessen *v* / dimension *v*, rate *v*, design *v*
Bemessung *f* / sizing *n* || ≗ *f* (el. Masch.) VDE 0530, T.1 / rating *n* IEC 34-1 || ≗ *f* (Entwurf, Ausführung) / design *n*, rating *n*, design and ratings || ≗ *f* (Maße) / dimensioning *n*
Bemessungs·- *adj* / rated || ≗**anschlussspannung** *f* (SR) VDE 0558, T.1 / rated a.c.-side voltage, rated line-side voltage || ≗**anschlussspannung** *f* / rated supply voltage || ≗**anschlussstrom** *m* (SR) VDE 0558, T.1 / rated a.c.-side current, rated current on line side || ≗**ansprechtemperatur** *f* / rated operating temperature, rated response temperature, nominal tripping temperature || ≗**ansprechtemperatur des Fühlers** (TNF) / rated detector operating temperature (TNF) || ≗**ansprechtemperatur des Systems** (TFS) / rated

system operating temperature (TFS) || ≈**aufnahme** *f* / rated input (a.) IEC 335-1, rated input power, rated watts input (US), (electric range) ...rated input VA (o. kVA), rated power consumption || ≈**ausgangsdauerstrom** *m* (SR) / rated continuous output current || ≈**ausgangskurzzeitstrom** *m* (SR) / rated short-time output current || ≈**ausgangs-Leerlaufspannung** *f* (Leistungstrafo) / rated no-load secondary voltage || ≈**ausgangsleistung** *f* (Leistungstrafo) / rated output power || ≈**ausgangsspannung** *f* (Leistungstrafo) / rated output voltage, rated secondary voltage || ≈**ausschaltstrom** *m* / rated breaking current, rated interrupting current, interrupting rating (US) || ≈**ausschaltstrom für Kondensatorbatterien** / rated capacitor breaking current || ≈**ausschaltstrom unter Asynchronbedingungen** / rated out-of-phase breaking current || ≈**ausschaltvermögen** *n* / rated breaking capacity, interrupting rating (US), rated rupturing capacity || ≈**ausschaltwert für kleine induktive Ströme** / small inductive breaking current || ≈**aussetzbetrieb** *m* / intermittent rating

Bemessungs·belastbarkeit *f* / load rating || ≈**belastungsfaktor** *m* / rated load factor, rated diversity factor IEC 439-1 || ≈**betätigungsfrequenz** *f* / rated control frequency || ≈**betätigungsspannung** *f* (SG) / rated control voltage, rated coil voltage || ≈**betrieb für nichtperiodisch veränderliche Belastung** (el. Masch.) VDE 0530, T.1 / non-periodic duty-type rating IEC 34-1 || ≈**betrieb für periodisch veränderliche Belastung** (el. Masch.) VDE 0530, T.1 / periodic duty-type rating IEC 34-1 || ≈**betriebsart** *f* / rated duty || ≈**betriebsart** *f* (el. Masch.) / duty-type rating (d.t.r.), duty-cycle rating || ≈**betriebsarten** *f pl* / rated duties || ≈**betriebsdauer** *f* (GR) DIN 41760 / rated service time || ≈**betriebskurzschlussausschaltvermögen** / rated service short-circuit breaking capacity || ≈**betriebs-Kurzschlussausschaltvermögen** *n* / rated service short-circuit breaking capacity || ≈**betriebsleistung** *f* / ratings *n pl* || ≈**betriebsspannung** *f* / rated operating voltage || ≈**betriebsspannung** *f* (SG) / rated operational voltage IEC 157-1 || ≈**betriebsstrom** *m* / rated normal current || ≈**betriebsstrom** *m* (HS) / rated operational current || ≈**betriebsstrom** *m* (Trennschalter, Lastschalter) / rated normal current || ≈**bürde** *f* (Wandler) / rated burden, rated load impedance

Bemessungs·daten *plt* DIN 40200, Okt.81 / rating *n* || ≈**daten für Aussetzbetrieb** / intermittent rating || ≈**daten für Dauerbetrieb** / (maximum) continuous rating || ≈**daten für Kurzzeitbetrieb** / short-time rating (s.t.r) || ≈**daten für Nennbetrieb** / nominal rating || ≈**daten für Stundenbetrieb** / one-hour rating || ≈**dauerbetrieb** *m* / continuous rating || ≈**dauerbetrieb** *m* (el. Masch.) VDE 0530, T.1 / maximum continuous rating (m.c.r.) IEC 34- 1 || ≈**dauerstrom** *m* / rated continuous current, continuous current rating || ≈**dauerstrom** *m* (LS) / rated uninterrupted current || ≈**-Dauerstrom** *m* / continuous rated current || **thermische ≈-Dauerstromstärke** / rated continuous thermal current || ≈**drehmoment** *n* (Mot.) / rated-load torque (r.l.t.), full-load torque (f.l.t.), rated torque || ≈**drehzahl** *f* (el. Masch.) / rated speed, rated-load speed, full-load speed || ≈**durchmesser** *m* / rated diameter

Bemessungs·-Ein- und -Ausschaltvermögen *n* / rated making and breaking capacity || ≈**einschalt- und -ausschaltvermögen** *m* / rated making and breaking capacity || ≈**einschaltvermögen** *n* / rated making capacity || ≈**einschwingfrequenz** *f* / frequency at rated transient recovery voltage || ≈**einschwingspannung** *f* / rated transient recovery voltage || ≈**erregerleistung** *f* / rated-load excitation power || ≈**erregerspannung** *f* / rated field voltage, rated collector-ring voltage, rated-load field voltage || ≈**erregerstrom** *m* / rated field current, rated-load field current, full-load excitation current

Bemessungs·-Fehlergrenzstromstärke *f* / accuracy limit primary current || ≈**fehlerstrom** *m* / rated fault current || ≈**fehlerstrom** *m* (FI-Schutzschalter) / rated residual current || ≈-**Freileitungsausschaltstrom** *m* VDE 0670,T.3 / rated line-charging breaking current IEC 265 || ≈**frequenz** *f* / rated frequency || ≈**gleichspannung** *f* (SR) / rated direct voltage || ≈**gleichstrom** *m* (SR) / rated direct current || ≈**gleichstromfaktor** *m* (für den Ankerkreis eines aus einem Stromrichter gespeisten Gleichstrommotors) VDE 0530, T.1 / rated form factor of direct current IEC 34-1 || ≈**grenzabweichung** *f* (Rel.) VDE 0435, T.110 / assigned error || ≈**grenzkurzschlussausschaltvermögen** *n* / rated ultimate short-circuit breaking capacity || ≈**-Grenz-Kurzschluss-Auschaltvermögen** *n* / rated ultimate short-circuit breaking capacity || ≈-**Grenzkurzschlussausschaltvermögen** *n* / rated ultimate short-circuit breaking capacity || ≈**grenzlast** *f* (Freiltg.) / ultimate design load || ≈**grenzlast** *f* (Umbruchlast, Isolator) / rated cantilever strength || ≈**größe** *f* / rated quantity || ≈**größe** *f* (zum Kennzeichnen des Bemessungsbetriebes einer el. Masch.) VDE 0530,T.1 / rated value IEC 34-1 || ≈**-Hilfsspannung** *f* / rated auxiliary voltage || ≈**index** *m* / rating index || ≈**isolationspegel** *m* VDE 0111, T.1 A1 / rated insulation level IEC 129 || ≈**isolationspegel** *m* (Trafo-Stufenschalter) HD 367 / insulation level IEC 214 || ≈**isolationsspannung** *f* / rated insulation voltage

Bemessungs·-Kabelausschaltstrom *m* VDE 0670,T2 / rated cable-charging breaking current IEC 265 || ≈**kapazität** *f* (Batt.) / rated capacity || ≈-**Kondensatorausschaltstrom** *m* / rated single capacitor bank breaking current IEC 265 || ≈-**Kondensatoreinschaltstrom** *m* / rated capacitor bank inrush current || ≈-**Kondensatorparallelausschaltstrom** *m* / rated back-to-back capacitor bank breaking current || ≈**kurzschluss** *m* / rated short-circuit || ≈-**Kurzschlussausschaltstrom** *m* / rated short-circuit breaking current || ≈-**Kurzschlussausschaltvermögen** *n* / rated short-circuit breaking capacity, short-circuit interrupting rating, fault interrupting rating || ≈-**Kurzschlusseinschaltstrom** *m* / rated short-circuit making current || ≈-**Kurzschlusseinschaltvermögen** *n* / rated short-circuit making capacity || ≈**kurzschlussspannung** *f* (Trafo) / impedance voltage at rated current ||

²**kurzschlussstrom** *m* / rated short-circuit current, short-circuit current rating || ²**kurzzeitbetrieb** *m* (el. Masch.) VDE 0530, T.1 / short-time rating (s.t.r.) IEC 34-1 || ²**-Kurzzeit-Stehwechselspannung** *f* / rated short-duration power-frequency withstand voltage || ²**kurzzeitstrom** *m* / rated short-time current, rated short-time withstand current, short-time current rating || ²**kurzzeitstromfestigkeit** *m* / rated short-time withstand current || ²**-Kurzzeitstrom** *m* / rated short-time current || ²**-Kurzzeitstromstärke** *f* / rated short-time thermal current || ²**kurzzeit-Wechselspannung** *f* VDE 0111, T.1 A1 / rated short-duration power-frequency withstand voltage

Bemessungs·last *f* / rated load, full-load rating, one-hundred-percent-load rating || ²**last** *f* (Leiterseil) / design load || ²**lastbetrieb** *m* / rated-load operation, operation at rating, operation under rated conditions || ²**lasterregung** *f* / rated-load excitation, full-load excitation || ²**last-Kurzschlussverhältnis** *n* / rated-load short-circuit ratio, full-load short-circuit ratio || ²**leistung** *f* / rated power || ²**leistung** *f* (el. Masch.) VDE 0530, T.1 / rated output IEC 34-1, rated power output || ²**leistung** *f* (Rel., eines Erregungskreises) VDE 0435, T.110 / rated power, rated burden || ²**leistung** *f* (Lampe) / rated wattage || ²**leistung bei Aussetzbetrieb** / periodic rating, intermittent rating, load-factor rating || ²**leistung in kVA** / rated kVA, kVA rating || **thermische** ²**leistung** / rated thermal power || ²**leistungen** *f pl* / rating

Bemessungs·messbereich *m* (Rel.) VDE 0435,T.110 / effective range IEC 50(446) || ²**moment** *n* / rated torque || ²**-Nichtauslösefehlerstrom** *m* (FI-Schutzschalter) / rated residual non-operating current || ²**oberspannung** *f* (Trafo) / high-voltage rating || ²**-Ringausschaltstrom** *m* VDE 0670,T.3 / rated closed-loop breaking current IEC 265

Bemessungs·schaltabstand *m* / rated operating distance, nominal operating distance || ²**-Schaltleistungsprüfung** *f* (Trafo) / service duty test IEC 214 || ²**-Schaltspannung** *f* (RSA) / rated breaking voltage || ²**-Schaltstoßspannung** *f* VDE 0111, T.1 A1 / rated switching (impulse withstand voltage) || ²**schaltstrom** *m* (RSA) / rated breaking current || ²**schalttemperatur** *f* (Temperatursicherung) / rated functioning temperature || ²**schaltvermögen** *n* / rated switching capacity, rated making and breaking capacity || ²**schaltvermögen** *n* (LSS, Kurzschlussleistung) / rated short-circuit capacity || ²**schaltvermögen** *n* (Sich.) / rated breaking capacity || ²**schlupf** *m* / rated-load slip || ²**sekundärspannung** *f* / rated secondary voltage || ²**sicherheitsstromstärke** *f* (MG) / rated instrument limit primary current (IPL) IEC 50(321) || ²**spannung** *f* / rated voltage || ²**spannung einer Wicklung** / rated voltage of a winding

Bemessungs·-Stehblitzstoßspannung *f* / rated lightning impulse withstand voltage || ²**-Steh-Blitzstoßspannung, nass** *f* (o. unter Regen) / rated wet lightning impulse withstand voltage || ²**-Steh-Blitzstoßspannung, trocken** *f* / rated dry lightning impulse withstand voltage IEC 168, specified dry lightning impulse withstand voltage IEC 383 || ²**-Steh-Gleichspannung** *f* / rated d.c. withstand voltage || ²**-Steh-Schaltstoßspannung** *f* / rated switching impulse withstand voltage || ²**-Steh-Schaltstoßspannung unter Regen** / rated wet switching impulse withstand voltage IEC 168, specified wet switching impulse withstand voltage IEC 168 || ²**-Steh-Schaltstoßspannung, trocken** *f* / rated dry switching impulse withstand voltage, specified dry switching impulse withstand voltage || ²**-Stehspannung** *f* / rated withstand voltage || ²**-Steh-Wechselspannung** *f* / rated short-duration power-frequency withstand voltage IEC 76-3, rated short-duration power-frequency withstand voltage, rated power-frequency withstand voltage || ²**-Steh-Wechselspannung unter Regen** / rated wet power-frequency withstand voltage, specified wet power-frequency withstand voltage IEC 168 || ²**-Steh-Wechselspannung, trocken** *f* / rated dry power-frequency withstand voltage, specified dry power-frequency withstand voltage || ²**steuerspannung** *f* / rated control voltage || ²**steuerspeisespannung** *f* / rated control supply voltage || ²**-Stoßspannung** *f* (el. Masch.) VDE 0530, T.15 / impulse voltage withstand level IEC 34-15, impulse withstand level || ²**stoßspannungsfestigkeit** *f* / rated impulse withstand voltage || ²**-Strom der Sammelschiene** / rated busbar current || ²**stoßspannungsfestigkeit** U_{imp} / rated impulse withstand voltage || ²**stoßstrom** *m* (2,5 x Bemessungs-Kurzzeitstrom) / rated peak withstand current IEC 265 || ²**stoßstromfestigkeit** I_{pk} *m* / rated peak withstand current, rated impulse withstand capacity || ²**stoßstromstärke** *f* / rated dynamic current || **dynamische** ²**stoßstromstärke** / rated dynamic current || ²**strom** *m* / rated current || ²**strom der Abzweige** / rated current of feeders || ²**stromanpassung** *f* / rated current setting || **erweiterte** ²**stromstärke** / extended rating current || **sekundäre** ²**stromstärke** / rated secondary current

Bemessungs·-Transformatorausschaltstrom *m* / rated no-load transformer breaking current, rated transformer off-load breaking current || ²**übersetzung** *f* (Leistungstrafo) / rated voltage ratio, rated transformation ratio || ²**überstromfaktor** *m* / rated overcurrent factor || ²**-und Grenzwerte** *m pl* / rated and limiting values || ²**unterspannung** *f* (Trafo) / low-voltage rating, rated secondary voltage || ²**vorschriften** *f pl* VDI/VDE 2600 / rating rules

Bemessungs·-Wechselstromstellerstrom *m* / rated controller current || ²**-Wechselstromstellerstrom bei Dauerbetrieb** / rated continuous controller current || ²**wert** *m* DIN 40200, Okt. 81 / rated value || ²**wert der Erregerleistung** (el. Masch) / rated-load excitation power || ²**wert der Erregerspannung** (el. Masch.) / rated field voltage, rated collector-ring voltage, rated-load field voltage || ²**wert der periodischen Spitzenspannung** / rated recurring peak voltage || ²**wert der zeitweiligen Überspannung** / rated temporary overvoltage || ²**wert des Erregerstroms** (el. Masch.) / rated field current, rated-load field current, full-load excitation current

Bemustern *n* / sampling *n*

benachbarte Metallteile / adjacent metal parts

Benachrichtigungsdienst *m* / information service

Benennung und Verwendung / designation and application

Benetzbarkeit *f* / wettability *n*
benetzen *v* / wet *v* || ≗ *n* / wetting *n*
benetztes Filter / wetted filter, viscous filter || ~ **Thermometer** / wet-bulb thermometer
Benetzungs·fähigkeit *f* / wetting power, spreading power || ≗**mittel** *n* / wetting agent, spreading agent || ≗**winkel** *m* (Lötung) / contact angle
benötigen *v* / require *v*
benötigt *adj* / required *adj*
benummern *v* / to allocate numbers
benutzen *v* / use *v*
Benutzer / user *n* (UR) || ≗**anleitung** *f* (BN) / user guide, user's guide, BN || ≗**berechtigung** *f* / operator authorization || ≗**bereich** *m* VDE 0806 / operator access area IEC 380 || ≗**daten** *plt* / user data || ≗**dienstprotokoll** *n* / user service protocol || ≗**element** *n* EN 50090-2-1 / user element
benutzerfreundlich *adj* / convenient *adj*, user-friendly *adj*, operator-friendly *adj*, easy-to-use *adj*, easy-to-operate *adj*, sophisticated *adj*
Benutzer·freundlichkeit *f* / user friendliness || ≗**führung** *f* / user prompting, operator prompting, operator guidance || ≗**handbuch** *n* (BN) / user guide, user's guide || ≗**klasse** *f* (a. DÜ) / user class of service || ≗ **Kommentar** / user comment || ≗ **Manager aufrufen** / call user manager || ≗**name** *m* / user name || ≗**oberfläche** *f* (BOF) / user interface (UI), user environment || ≗**profil** *n* / user profile || ≗**prozess** *m* EN 50090-2-1 / user process || ≗**schnittstelle** *f* / user interface (UI) || ≗**-Server** *m* / user server || ≗**station** *f* / user terminal, user station || ≗**verwaltung deaktivieren** / deactivate user management || ≗**zugriff** *m* / user access || ≗**zugriffslevel** *m* / read access level
Benutzungsdauer *f* (Stromversorgung) / utilization period || ≗ *f* (Betriebszeit) / operation period, service period || ≗ *f* (EZ) / utilization time || ≗ *f* (QS) / operating time || ≗ *f* (Durchschnittslast/Spitzenlast) / load factor
Benzin·-Direkteinspritzung *f* / gasoline direct injection || ≗**pumpe** *f* / petrol pump || ≗**sicherheitslampe** *f* (zum Nachweis von Grubengasen) / mine safety lamp
Benzingscheibe *f* / snap ring, circlip *n*, spring ring
Benzol *n* / benzene *n*
Benzoylperoxyd *n* / benzoyl peroxide, dibenzoyl peroxide
beobachtbares System (Reg.) DIN 19229 / observable system
Beobachtbarkeit *f* / observability *n*
Beobachten *n* (PLT) / monitoring *n*
beobachten *v* / monitor *v*
Beobachter *m* / observer *n* || ≗**rückführung** *f* / observer feedback
beobachtete Ausfallrate / observed failure rate
Beobachtung *f* / observation *n*, monitoring *n*, visualization *n* || **Prozess~** *f* / process visualization
Beobachtungs·daten *plt* (Anhand einer unmittelbaren Beobachtung festgestellte Merkmalswerte einer Einheit oder einer Tätigkeit) IEC 50(191) / observed data (Values related to an item or a process obtained by direct observation) || ≗**funktion** *f* / monitoring function || ≗**-matrix** *f* (Reg.) / observer matrix || ≗**mikroskop** *n* / viewing microscope || ≗**modell** *n* (Reg.) / observer model || ≗**öffnung** *f* / inspection hole, observation hole || ≗**oszilloskop** *n* / observation oscilloscope || ≗**parameter** *m* / viewing parameter, visualization parameter || ≗**punkt** *m* / monitoring point || ≗**richtung** *f* / direction of view || ≗**schnittstelle** *f* / monitoring interface || ≗**system** *n* / monitoring system, monitoring subsystem (in a distributed system) || ≗**wert** *m* DIN 55350,T.12 / observed value || ≗**winkel** *m* / viewing angle, observation angle || ≗**zeit** *f* / observation time
BER (Bitfehlerrate) / BER (bit error rate)
Berandungselement *n* (CAD) / boundary item
beratende Ingenieure / consulting engineers
Berater *m* / consultant *n*
Beratungs-Service *m* / advisory service
berechnet *adj* / calculated *adj* || **~e Ausfallrate** / assessed failure rate
Berechnung *f* / calculation *n* || ≗ **der Maschine** / machine design calculation, machine design analysis || ≗ **der Motorparameter** / calculation of motor parameters
Berechnungs·büro *n* / design office || ≗**daten** *plt* / calculation figures || ≗**druck** *m* (PR DIN 2401,T.1) / design pressure || ≗**spannung** *f* (mech.) / design stress || ≗**temperatur** *f* (TR DIN 2401,T.1) / design temperature
berechtigt *adj* / authorized *adj*
Berechtigung *f* / authorization *n*
Berechtigungs·marke *f* / token *n* || ≗**profil** *n* / authorization profile || ≗**stufe** *f* / authorization level || ≗**zeitraum** *m* (GLAZ, Arbeitsantritt) / period of authorized entry || ≗**zeitraum** *m* (ZKS) / authorized working hours, authorization period
beregnen *v* / wet *v*
Beregnungs·einrichtung *f* / spray apparatus || ≗**prüfung** *f* / wet test || ≗**prüfung mit hoher Wechselspannung** / high-voltage power-frequency wet withstand test
Bereich *m* / range *n*, span *n*, band *n*, region *n*, scope *n*, zone *n*, group *n*, level *n* || ≗ *m* (Menge der Werte zwischen der oberen und unteren Grenze einer Größe) / range *n* || ≗ *m* (Fabrikanlange) VDI/VDE 3695 / area *n* || ≗ *m* (magn.) / domain *n* || ≗ *m* (Bussystem) / zone *n* || ≗ **Anschaltung** (BA SPS, Anschaltungsdatenbereich im Speicher) / interface data area || ≗ **der Abweichung infolge thermischen Ausgleichs** DIN 41745 / settling effect band IEC 478-1 || **im** ≗ **der Handhabe** / near the handle || ≗ **der kombinierten Störabweichung** DIN 41745 / combined effect band || ≗ **mit angehobenem Nullpunkt** / elevated-zero range || ≗ **mit unterdrücktem Nullpunkt** / suppressed-zero range || **erweiterter** ≗ / extended I/O memory area, extended I/O area || **explosionsgefährdeter** ≗ EN 50014 / hazardous area, potentially explosive atmosphere EN 50014, area (o. location) subject to explosion hazards, area with danger of explosion, zone subject to explosion hazard, ex area, potentially explosive areas || **industrieller** ≗ / industrial field || **Laser~** *m* VDE 0837 / nominal ocular hazard area (NOHA) IEC 825 || **roter** ≗ / red sector || **sicherer** ≗ / safe area || **Spannungs~** *m* (DAU) / voltage compliance || **Speicher~** *m* / memory area || **verbotener** ≗ / prohibited area || ≗**-Anschaltung** *f* (SPS) / interface data area
Bereich-Anschaltungsgruppe-betriebsbereit (BAG-betriebsbereit BAG-BB) / mode group ready signal, mode group ready
Bereichs·anfangszeiger *m* / start-of-area pointer ||

≗**aufspaltung** *f* (Reg.) / range splitting, split-ranging *n* || ≗**bild** *n* (PLT, Fabrikbereich) / area display || ≗**ebene** *f* (Fertigungssteuerung, CAM-System) / cell level || ≗**endschalter** *m* / selection limit switch, range limit switch || ≗**endwert** *m* / range limit value || ≗**etikett** *n* (Archivbereich) / section label || ≗**feld** *n* (Prozessmonitor) / area field || ≗**grenze** *f* / range limit || **obere** ≗**grenze** (Signal) DIN IEC 381 / upper limit IEC 381 || **untere** ≗**grenze** (Signal) DIN IEC 381 / lower limit IEC 381 || ≗**kennung** *f* / area identifier || ≗**kontrolle** *f* / area control || ≗**koppler** *m* (Backbone-Bus-System) / backbone coupler

Bereichs·längenzeiger *m* / length-of-area pointer || ≗**linie** *f* (Backbone-Bus-System) / backbone line || ≗**meldefeld** *n* (Prozessmonitor) / area alarm display field || ≗**melder** *m* (Grenzwertglied) / Schmitt trigger, limit monitor || ≗**meldung** *f* (PLT, Alarm) / area alarm || ≗**name** *m* (Fabrikanlage) / area name || ≗**protokoll** *n* (Archiv) / section log || **sichere** ≗**erkennung** / safe zone sensing || ≗**schalter** *m* (LS) / section circuit-breaker, main section switch || ≗**schalter** *m* (SPS) / range switch, range selector || ≗**-Signet** *n* / group colophon || ≗**spreizung** *f* (MG) / range spreading || ≗**störung** *f* (Meldung) / area alarm

Bereich System *n* (BS SPS) / system data area

bereichsübergreifend *adj* / cross-area *adj*

Bereichs·überlauf *m* / over-range *n*, range violation || ≗**überschreitung** *f* (MG) / over-range *n* || ≗**übersicht** *f* (PLT) / area overview || ≗**übersichtsbild** *n* (PLT) / area overview display || ≗**übersteuerung** *f* / overrange *n* || ≗**umschalttaste** *f* / area switchover key || ≗**umschaltung** *f* / area switchover || ≗**unterlauf** *m* / underrange *n*, range violation || ≗**unterschreitung** *f* / underrange *n*, underrange *n* || ≗**verhältnis** *n* (Verhältnis der maximalen zur minimalen Spanne, für die ein Gerät abgeglichen werden kann) / rangeability *n*

Bereichs·zahl *f* / clock-hour figure || ≗**zeiger** *m* / range pointer

Bereichunterschreitung *f* / (range) underflow *n*

Bereifung *f* / hoar frost

bereinigen *v* (CAD) / purge *v*

Bereiniger *m* / garbage collector

bereinigt *adj* / reduced *adj* || **~er Wert** / corrected value

bereit *adj* / ready *adj*, operational *adj*, ready to run *adj*, ready for service *adj* || ~ *adj* (a. DÜ) / ready *adj* || **~gestellte Leistung** / authorized maximum demand

BEREIT-Meldung *f* / READY signal

Bereitschaft *f* / standby *n* || **in** ≗ IEC 50(191) / standby state (A non-operating up state during required time) || **in** ≗ **stehen** / stand by *v*, be ready

Bereitschafts·aggregat *n* / stand-by generating set || ≗**anzeige** *f* / ready indication || ≗**betrieb** *m* (USV) / active standby operation || ≗**dauer** *f* / standby duration || ≗**dienst** *m* / standby service || ≗**generator** *m* / stand-by generator, emergency generator || ≗**parallelbetrieb** *m* DIN40729 / continuous battery power supply || ≗**parallelbetrieb mit Gleichrichter** / maintained rectifier-battery operation || ≗**parallelbetrieb mit Pufferung** / maintained floating operation || **~redundante USV** / standby redundant UPS

Bereitschafts·schaltung *f* VDE 0108 / non-maintained operation BS 5266 || ≗**schaltung** *f* / stand-by circuit || ≗**schutz** *m* IEC 50(448) / standby protection || ≗**-Service** *m* / stand-by service || ≗**signal** *n* (a. NC) / ready signal || ≗**stellung** *f* (vor der Inbetriebsetzung eines Geräts) / stand-by position || ≗**tasche** *f* (f. MG) / carrying case, instrument case || ≗**verzögerung** *f* / recovery delay || ≗**verzug** *m* / recovery delay || ≗**verzug** *m* (NS) / time delay before availability || ≗**verzug tv** / time delay before availability || ≗**zeit** *f* (KW) / stand-by availability time, stand-by time, reserve shutdown time || ≗**zustand** *m* (PMG Betriebsfähiger Zustand während des geforderten Anwendungszeitintervalls, in dem die Einheit nicht in Betrieb ist) / standby state (A non-operating up state during required time) || ≗**zustand der Parallelabfrage** (PMG) DIN IEC 625 / parallel poll standby state (PPSS) || ≗**zustand der Steuerfunktion** (PMG) DIN IEC 625 / controller standby state (CSBS) || **in** ≗**zustand gehen** (PMG) / go to standby

Bereit-Signal *n* / ready signal

bereit stehen *v* / stand by *v*, be ready || ≗**stellen** *n* (Merker, Datenbaustein) / loading *n*, initialization *n*

Bereitstellung *f* / supply *n*

Bereitstellungsprovision *f* / staging commission

Bereitzustand der Senke (PMG) DIN IEC 625 / acceptor ready state (ACRS)

Bergamt *n* / mining office, mining authority

Bergbaukabel *n* / mine-type cable, mine cable

bergbaulicher Betrieb / underground mine

Bergbau·motor *m* / mine-type motor, flameproof motor || ≗**transformator** *m* / mining type transformer, flameproof transformer, explosion-proof transformer

Berggewerkschaftliche Versuchsstrecke / Mines Testing Station

Bergmannsleuchte *f* / miner's lamp

Bergwerkbeleuchtung *f* / mine lighting

Bericht *m* (Prüfbericht) / report *n* || ≗**erstattung** *f* / reporting *n* || ≗**erstattungsverfahren** *n* / reporting procedure || ≗**swesen** *n* / reporting *n* || ≗**szeitraum** *m* / report period || ≗**wesen** *n* / reporting *n*

BERO (Firmenname für einen Näherungsschalter) / BERO (tradename for a type of proximity limit switch) || ≗ / proximity switch || ≗**-Aufnehmer** *m* / BERO pickup || ≗**-Geber** *m* / BERO pickup, BERO sensor, BERO proximity switch || ≗ **Luftpolster** / air-lift bero || ≗**-Schalter** *m* / BERO proximity switch

Berst·druck *m* / burst pressure, bursting pressure, rupturing pressure || ≗**druckprüfung** *f* / bursting pressure test || ≗**einrichtung** *f* / bursting device

bersten *v* / burst *v*

Berst·festigkeit *f* / burst strength, crushing strength || ≗**probe** *f* / burst test || ≗**scheibe** *f* / bursting disc, rupture diaphragm || ≗**sicherung** *f* / bursting protection device

Berücksichtigung *f* / consideration *n*

Berufsgenossenschaft *f* (BG) / German Statutory Industrial Accident Insurance Institution, statutory industrial accident insurance institution || ≗ **der Feinmechanik und Elektrotechnik** / Federal German Employers' Liability Insurance Association for Precision Mechanics and Electrical Engineering || ≗**liches Institut für Arbeitssicherheit** (BIA) / German Institute for

Occupational Safety, institute for work safety of the statutory industrial accident institutions
Beruhigung *f* (Anzeige) / (display) stabilization *n*
Beruhigungs·strecke *f* / steadying zone || **≗wand** *f* (f. Öl) / oil distributor || **≗widerstand** *m* / smoothing resistor
Beruhigungszeit *f* / steadying time || ≗ *f* (MG) / damping time || ≗ *f* (integrierte Schaltung) / settling time || ≗ *f* (Osz.) / recovery time
berührbar·e Oberfläche VDE 0700,T.1 / accessible surface IEC 335-1 || **~es inaktives leitfähiges Teil** / exposed conductive part || **~es inaktives Metallteil** / exposed conductive part || **~es leitfähiges Teil** / accessible (o. exposed) conductive part, exposed conductive part || **~es Teil** VDE 0700, T.1 / accessible part IEC 335-1
Berührbarkeit *f* / accessibility *n*
Berühren, absichtliches ≗ / intentional contact || **zufälliges** ≗ / accidental contact, inadvertent contact (with live parts)
berührende Messung / contacting measurement, measurement by contact
Berührung *f* / contact *n*, touch *n* || **gegen ≗ geschützte Maschine** / screen-protected machine
Berührungs·dimmer *m* / touch dimmer || **~empfindlicher Bildschirm** / touch-sensitive screen, touch-sensitive CRT, touch screen || **~empfindlicher Digitalisierer** / touch-sensitive digitizer || **~empfindlicher Schalter** / touch-sensitive switch || **~empfindlicher Sensor** / tactile sensor || **taktile ≗erkennung** / tactile perception || **≗fläche** *f* / contact surface, contact area || **≗gefahr** *f* / risk of shock, shock hazard || **~gefährliche Spannung** / dangerous contact voltage || **~gefährliches Teil** VDE 0411,T.1 / live part IEC 348 || **~geschützt** *adj* / shock-hazard-protected *adj*, protected against accidental contact, guarded *adj*, barriered *adj*, shock-protected *adj* || **≗korrosion** *f* / contact corrosion || **≗linie** *f* (Lg.) / line of action, line of load || **≗linie der Flanken über die Zahnbreite** / line of contact
berührungslos *adj* / contact-free *adj*, magnetically operated || **~ gekoppelt** / non-contact connected || **~ wirkende Schutzeinrichtung** (BWS) / proximity-type protective equipment || **~e Messung** / non-contact measurement, contactless measurement || **~e Messung** (optisch) / measurement by optical transmission || **~e Temperaturüberwachung** (optisch) / temperature monitoring by optical transmission || **~e Wegmesseinrichtung** / contact-free displacement (o. position) measuring device || **~er Endschalter** / proximity limit switch || **~er Geber** / proximity-type transmitter, non-contact transmitter || **~er Grenztaster** / magnetically operated position switch, proximity position switch || **~er Leser** / non-contact scanner, optical (o. magnetic scanner) || **~er Positionsschalter** / magnetically operated position switch, proximity position switch || **~er Schalter** / proximity switch || **~es optisches Messen** / optical measurement
Berührungsschutz *m* / shock-hazard protection, protection so that equipment cannot be touched || ≗ *m* (gegen el. Schlag) / protection against electric shock, shock hazard protection, shock protection || ≗ *m* (Vorrichtung) / guard *n* (preventing accidental contact), touch guard, barrier *n*, cover *n* || ≗ *m* (Schirm) / shock protection screen || **Maschine mit** ≗ / screen-protected machine || **selbsttätiger** ≗ (Klappenverschluss einer Schaltwageneinheit) / automatic shutter || **≗abdeckung** *f* / shock hazard protection cover, protective cover, cover for shock protection || **≗gerät** *n* VDE 0660, T.1 / shock-hazard protective device || **≗gitter** *n* / guard screen, screen *n* (preventing accidental contact)
Berührungssensor *m* / tactile sensor
berührungssicher *adj* / shockproof *adj*, safe to touch, safe from touch
Berührungsspannung *f* VDE 0101 / touch voltage, touch potential || **Schutz gegen zu hohe ≗ im Fehlerfall** / protection against shock in case of a fault IEC 439 || **Sperrschicht-≗** *f* / punch-through voltage, reach-through voltage, penetration voltage || **vereinbarte Grenze der** ≗ VDE 0100, T.200 / conventional touch voltage limit
Berührungs·taste *f* / touch control, sensor control || **≗winkel** *m* (Lg.) / angle of contact, contact angle
besäumen *v* / edge *v*
beschädigt *adj* / damaged *adj*
Beschaffenheits·merkmal *n* DIN 4000,T.1 / characteristic of state || **≗prüfung** *f* / quality test
Beschaffung *f* / procurement *n*, purchasing *n*, internal procurement
beschäftigt *adj* / busy *adj*
Beschallung *f* (Ultraschallprüf.) / ultrasonic inspection, ultrasonic testing
Beschallungsanlage *f* / loudspeaker system, public-address system
beschaltbar *adj* / connectable *adj*
beschalten *v* / allocate *v*, equip *v* || ~ *v* (verdrahten) / wire *v*, interconnect *v* || ~ *v* (anschließen) / connect *v*
beschaltet *adj* / connected *adj* || **nicht** ~ / not used
Beschaltung *f* / wiring *n*, configuration *n*, allocation *n*, connection *n*, protective network || ≗ *f* (Schutzschaltung) / protective circuit, protective element, RC circuit || ≗ **vereinfachen** / simplify circuitry || **äußere** ≗ / external (circuit elements) || **Schutz~** *f* (LE, TSE-Beschaltung) / suppressor circuit (o. network), RC circuit, suppressor *n*, snubber (circuit) || **Trägerspeichereffekt-≗** *f* (TSE-Beschaltung) / surge suppressor (circuit o. network), anti-hole storage circuit, RC circuit, snubber *n* || **Ventil-≗** *f* (zur Dämpfung hochfrequenter transienter Spannungen, die während des Stromrichterbetriebs auftreten) / valve damping circuit (EC 633), valve voltage damper || **Wendepol~** *f* (m. Nebenwiderstand) / auxiliary pole shunting
Beschaltungs·änderung / circuit modification || **≗baugruppe** / wiring module, anti-hole storage module || **≗baugruppe** (LE Oberspannungsschutz) / surge suppression module, RC network, snubber *n* (circuit), wiring board, blank wiring board || **≗baugruppe** *f* (Leiterplatte) / wiring p.c.b. || **≗diode** *f* / snubber diode || **≗einheit** *f* / snubber circuit unit || **≗kondensator** *m* / suppressor capacitor, snubber circuit capacitor || **≗platte** *f* / wiring board, snubber board || **≗widerstand** *m* / snubber resistor
bescheinigter Wert DIN 43783,T.1 / certified value IEC 477
Bescheinigung *f* / certificate of conformity *n*, certificate *n*, certification *n*
Bescheinigungshinweis *m* / certification symbol, certification reference

beschichten *v* / coat *v*
beschichtet *adj* / coated *adj* || **kunststoff~** *adj* / plastic-coated add || **~er Gewebeschlauch** / coated textile-fibre sleeving
Beschichtung *f* / coating *n*, lining *n*, facing *n* || ≗ *f* (LWL) / primary coating || **dielektrische** ≗ / dielectric coating
Beschichtungs·material *n* / coating material || ≗**pulver** *n* / coating powder
beschicken *v* / load *v* || ~ *n* (WZM) / loading *n*
Beschickung *f* / loading *n*
Beschickungsroboter *m* / loading robot
Beschilderung *f* / plates and labels, labelling *n*
Beschlagmontageautomat *m* / fittings mounting machine
Beschlämmen *n* / flushing *n*
beschleunigen *v* / accelerate *v* || ≗ *n* / accelerating *n*, acceleration *n* || **gesteuertes** ≗ / controlled acceleration || **ruckartiges** ≗ / sudden acceleration
Beschleuniger *m* / accelerator *n*, promoter *n*
beschleunigt·e Alterung / accelerated ageing || **~e Kommutierung** / forced commutation, over-commutation *n* || **~e Prüfung** / accelerated test (A test in which the applied stress level is chosen to exceed that stated in the reference conditions in order to shorten the time duration required to observe the stress response of the item, or to magnify the response in a given time duration) || **~es Altern** / accelerated ageing, accelerated deterioration, artificial ageing
Beschleunigung *f* / acceleration *n* || ≗ **und Bremswert** / acceleration and deceleration
Beschleunigungs·anhebung *f* / acceleration boost || ≗**anpassung** *f* / inertia compensation, current-limit acceleration || ≗**antrieb** *m* / drive for accelerating duty, high-inertia drive || ≗**arbeit** *f* / acceleration work || ≗**ausgleich** *m* / inertia compensation, current-limit acceleration || ≗**begrenzer** *m* / acceleration-rate limiter, acceleration relay, ramp-function generator, rate limiter, speed ramp || ≗**begrenzung** *f* / acceleration limitation || ≗**begrenzungsrelais** *n* / acceleration relay || ≗**bereich** *m* (Schrittmot.) / slew region || ≗**betrieb** *m* / acceleration duty || ≗**elektrode** *f* / accelerating electrode, accelerator *n* || ≗**fehler** *m* (Messumformer) / acceleration error || ≗**geschwindigkeit** *f* / rate of acceleration || ≗**grenze** *f* / acceleration limit || ≗**kennlinie** *f* / acceleration curve, acceleration characteristic || ≗**kennlinie** *f* (a. NC) / acceleration characteristic || **geknickte** ≗**kennlinie** / knee-shaped acceleration characteristic || ≗**konstante** *f* / acceleration ramp || ≗**kraft** *f* / force of acceleration, force due to acceleration
Beschleunigungs·moment *n* / accelerating torque || ≗**oszillogram** *n* (Erdbeben) / accelogram *n* || ≗**profil** *n* / acceleration profile || ≗**rampe** *f* / acceleration ramp || ≗**regler** *m* / acceleration rate controller || ≗**relais** *n* / accelerating relay, notching relay || ≗**reserve** *f* / acceleration margin || ≗**spannung** *f* / accelerating voltage || ≗**-Spannungsanhebung** *f* / acceleration boost || ≗**überschwinger** *m* / acceleration overshoot || ≗**- und Bremswege** *m pl* / acceleration and deceleration distances || ≗**verhalten** *n* / acceleration pattern || ≗**verlauf** *m* / acceleration characteristic, acceleration curve || ≗**warnschwelle** *f* / acceleration warning threshold || ≗**weg** *m* (WZM, NC) / acceleration distance || ≗**winkel** *m* / acceleration angle || ≗**zeit** *f* / accelerating time, run-up time, accelerating time || ≗**zeitkonstante** *f* / acceleration time constant
Beschneide·format *n* / trim size || ≗**marke** *f* / trim mark
beschneiden *v* (stanzen, Leiterplatten) / trim *v*
Beschneidwerkzeug *n* / trimming die
Beschnittformat *n* / trim size
beschränkte Quantifizierung / bounded quantification
beschreibbar·e Fläche / printable area || **~er Steuerspeicher** / writable control store (WCS)
beschreiben, Zelle ~ (SPS) / to write into location
beschreibende Statistik / descriptive statistics
Beschreibung *f* / reference manual || **technische** ≗ / technical description, reference manual
Beschreibungs·datei *f* / description file || ≗**funktion** *f* / describing function || ≗**mittel** *n* / description tool
beschriften *v* / letter *v*, label *v*, inscribe *v*
beschriftet *adj* / labeled *adj*
Beschriftung *f* / marking *n* (s), lettering *n*, labelling *n*, inscription *n*, label *n*, labeling *n* || ≗ *f* (gS) / legend *n* || **frei verschiebbare** ≗ / freely movable label
Beschriftungs·anlage, Laser-≗**anlage** *f* / laser-based labelling system || ≗**blatt** *n* / inscription sheet || ≗**bogen** *m* / shield of labels, labeling sheet || ≗**feld** *n* / labelling area, labelling strip, labelling space || ≗**feld** *n* (Mosaiktechnik, Kompaktwarte) / designation tile, labelling tile || ≗**feld** *n* (BSG) / labelling field || ≗**platte** *f* / marker plate, label *n*, inscription plate || ≗**schablone** *f* / labelling template, labelling mask || ≗**streifen** *m* / labeling strip
beseitigen *v* / eliminate *v*, clear *v*, correct *v*
besetzt *adj* (KN, nach Anwahl) / busy || **~e Station** / manned substation || **ständig ~e Station** / permanently manned substation || **zeitweise ~e Station** / attended substation || **~es Band** (HL) / filled band
Besetzt·kennung *f* / BUSY identifier || ≗**meldung** *f* / lost message || ≗**signal** *n* (a. PMG) / busy signal || ≗**status** *m* (Datenkommunikationsstation) / busy state || ≗**zustand** *m* (Zustand einer Einheit, die für einen Benutzer eine geforderte Funktion ausführt und dabei für andere Benutzer nicht zugänglich ist) IEC 50(191) / busy state (The state of an item in which it performs a required function for a user and for that reason is not accessible by other users) || ≗**zustand** *m* (PMG) / busy function
Besetzung *f* (m. Geräten) / complement *n*, apparatus provided (o. installed), arrangement *n* (of devices o. equipment)
Besetzungs·zahl *f* (absolute Häufigkeit, Statistik, QS) / absolute frequency, frequency *n* || ≗**zeichnung** *f* / location diagram
Besichtigung *f* (Sichtprüfung) / inspection *n*, visual inspection
besondere Ausführung / special design (o. model), custom-built model
Bespinnung *f* / braiding *n*
Bestand *m* (Vorrat an Material u. Erzeugnissen in Werkstätten u. Lägern) / inventory *n* || ≗ *m* (QS) DIN 40042 / survivals *n pl* || ≗ **an Fertigerzeugnissen** / finished-product inventory || **Material**≗ *m* / material inventory, stock *n* (of

materials) ǁ **relativer** ≗ (QS) DIN 40042 / relative survivals
beständig *adj* (widerstandsfähig) / resistant *adj*, proof *adj*, durable *adj*, stable *adj* ǁ **chemisch ~** / chemically resistant, non-corroding *adj*, resistant to chemical attack ǁ **~e Versorgung** (USV) VDE 0558, T.5 / continuity of load power ǁ **~er Fehler** / permanent fault, persistent fault, sustained fault
Beständigkeit *f* / stability *n*, resistance *n*, durability *n* ǁ ≗ **gegen Gammastrahlen** / gamma-ray resistance ǁ ≗ **gegen oberflächliche Beschädigungen** / mar resistance ǁ ≗ **gegen Verschmutzung** (Wickl.) / dirt collection resistance ǁ **Kennlinien~** *f* / consistency *n*
Beständigkeits·eigenschaften, thermische ≗**eigenschaften** / thermal endurance properties ǁ **thermisches** ≗**profil** VDE0304,T.21 / thermal endurance profile IEC 216-1 ǁ ≗**wahrscheinlichkeit bestehender Verbindungen** (Wahrscheinlichkeit, dass eine einmal hergestellte Verbindung unter gegebenen Bedingungen für eine gegebene Dauer für die Kommunikation bestehen bleibt) / connection retainability (The probability that a connection, once obtained, will continued to be provided for a communication under given conditions for a given time duration)
Bestands·abbau *m* / less stocking ǁ ≗**aufnahme** *f* / inventory *n*, survey *n* ǁ ≗**auskunftsverfahren** *n* / stock information procedure ǁ ≗**daten** *plt* / inventory data ǁ ≗**führung** *f* / inventory control, stock control ǁ ≗**funktion** *f* DIN 40042 / survival function ǁ ≗**menge** *f* / stock quantity ǁ ≗**perzentile** *f* (QS) / percentile life ǁ ≗**satz** *m* / inventory record ǁ ≗**unterschied** *m* / inventory difference ǁ ≗**veränderung** *f* / inventory change ǁ ≗**verwaltung** *f* (Fabrik, CIM) / inventory management ǁ ≗**wahrscheinlichkeit bestehender Verbindungen** IEC 50(191) / connection retainability ǁ ≗**wert** *m* / inventory value ǁ ≗**zeichnung** *f* / as-built drawing
bestätigen *v* / confirm *v*
Bestätigung *f* (DÜ) / confirmation *n* ISO 8878, acknowledgement *n* ISO 3309 ǁ ≗ *f* (QS) / verification *n*, certification *n* ǁ ≗ **ohne Folgenummer** DIN ISO 3309 / unnumbered acknowledgement (UA)
Bestätigungs·prüfung *f* / confirmatory test, verification *n* ǁ ≗**prüfung** *f* (RSA) VDE 0420 / conformity test ǁ ≗**prüfung mit Stichproben** / sampling verification ǁ ≗**ton** *m* (DÜ) / backword tone
beste Gerade / best straight line
bestehen *v* / insist *v*
bestehend *adj* / consisting *adj*
Bestell·abwicklungsverfahren, regionales ≗**abwicklungsverfahren** / regional order processing procedure ǁ ≗**angabe** *f* / identification code ǁ ≗**-Auftragskosten** *plt* / purchase order costs ǁ ≗**bearbeitung** *f* / purchase order processing ǁ ≗**bedarf** *m* / quantity to be ordered ǁ ≗**bedarfsübersicht** *f* / summary of quantities to be ordered ǁ ≗**daten** *plt* / ordering data ǁ ≗**daten-Ergänzung** *f* / ordering data option ǁ ≗**datenkennzeichen** *n* / order data code ǁ ≗**eingang** *n* / order entry ǁ ≗**folge** *f* / ordering sequence ǁ ≗**hinweis** *m* / ordering information, ordering note ǁ ≗**kennzeichen** *n* / order code ǁ ≗**liste** *f* / order list ǁ ≗**menge** *f* / order quantity ǁ ≗**-Nr.-Ergänzung** *f* / order no. supplement ǁ ≗**nummer** *f* / order no. ǁ ≗**nummer-Erfassungsblatt** *n* / order number data sheet
Bestell·ort *m* / place order at, ordering ǁ ≗**position** *f* / order item ǁ ≗**satz** *m* / order record ǁ ≗**- und Abrechnungsverkehr** *m* (BAV) / ordering and invoicing
bestellt *adj* / ordered *adj* ǁ **~e Leistung** / subscribed demand
Bestellung *f* / purchase order ǁ ≗ **ab Lager** / stock orders
Bestell·unterlage *f* / ordering documentation, ordering information ǁ ≗**verfahren** *n* / ordering procedure ǁ ≗**verfahrenskennzeichen** *n* / ordering procedure code ǁ ≗**verkehr** *m* / ordering *n* ǁ ≗**verkehrsfreigabe** *f* / order release ǁ ≗**weg** *m* / ordering procedure, ordering route ǁ ≗**zeichnung** *f* / order drawing ǁ ≗**zettel** *m* / order form
bestimmbare Ursache (QS) / assignable cause
bestimmen *v* / determine *v*
bestimmt *adj* / certain *adj*
bestimmtes Integral / definite integral
Bestimmung *f* / regulation *n*, specification *n*, requirement *n*, request *n* ǁ ≗ *f* (im Sinn von Prüfung) / test *n* ǁ ≗ **der Polarisationszahl** / polarization index test ǁ ≗ **der Wellenform** / waveform test ǁ ≗ **des Entladungseinsatzes** / discharge inception test ǁ ≗ **des Trüb- und Erstarrungspunkts** / cloud and pour test ǁ ≗ **von Wahrscheinlichkeitsgrenzen** (Statistik, QS) / statistical tolerancing ǁ **Leitweg~** *f* / routing *n*
Bestimmungen *f pl* (z.B.) VDE / specifications *n pl* ǁ ≗ **für elektrische Maschinen** / specifications for electrical machines, rules for electrical machines ǁ **allgemeine** ≗ VDE / general requirements ǁ **gesetzliche** ≗ / statutory regulations
Bestimmungs·hafen *m* / port of destination ǁ ≗**land** *n* / country of destination ǁ ≗**ort** *m* / point of destination ǁ ≗**prüfung** *f* (Prüfung zur Feststellung des Wertes eines Merkmals oder einer Eigenschaft einer Einheit) / determination test (A test used to establish the value of a characteristic or a property of an item)
bestimmungsgemäß *adj* / intended purpose ǁ **~ richtiger Wert** (Messgröße) / conventional true value ǁ **~er Betrieb** / normal use IEC 380, normal operation, usage to the intended purpose ǁ **~er Gebrauch** / use as prescribed, proper usage, intended purpose
Bestimmungszeichen *n* / qualifier *n*
Bestlast *f* (Generatorsatz) / economical load
Bestleistung *f* (KW) / optimum capacity, maximum economical rating (m.e.r.)
Bestpunkt *m* / optimum capacity, maximum economical rating (m.e.r.)
bestrahlen *v* / irradiate *v*
Bestrahlung *f* / irradiation *n* ǁ ≗ *f* (an einem Punkt einer Fläche) / radiant exposure ǁ **maximal zulässige** ≗ (MZB) / maximum permissible exposure (MPE) ǁ **zylindrische** ≗ / radiant cylindrical exposure
Bestrahlungs·lampe *f* / erythemal lamp ǁ ≗**messer** *m* / radiant exposure meter ǁ ≗**stärke** *f* / irradiance *n*
beströmte Vergleichskammer (MG) / flow-type reference cell
Bestromungsausgang *m* / current-sourcing output
Bestückautomat *m* / placement system

bestücken *v* / equip *v*, assemble *v*, fit *v*, implement *v* || ~ *v* (Leiterplatte) / insert *v* (components of a p.c.b.)
bestückt *adj* / equipped *adj*, implemented *adj*, with components fitted, populated *adj*, with module complement || **~e Leiterplatte** / printed board assembly
Bestückung *f* / assembly *n* || ≗ *f* (Bestücken, Einbau, Zusammenbau) / assembling *n*, fitting *n* || ≗ *f* (vorgesehener Bauteil o. Gerätesatz) / components provided, component set, complement *n*, equipment installed, apparatus provided || **richtige ≗ von Bauelementen** / correct selection of components || **≗ von Elektronikflachbaugruppen** / insertion of components on electronic printed circuit boards || **normierte ≗** / standardized complement || **Werkzeug~** *f* (WZM) / tooling *n*
Bestückungs·ausbau *m* / degree of expansion, degree of extension, configuration *n* || **≗automat** *m* / pick-and-place system, automatic placement machine || **≗automat** *m* (gS) / printed-circuit-board assembly machine (PCB assembly machine), pick-and-place machine || **≗einheit** *f* (BE Relaiskontakte) / contact unit (BE) || **≗faktor** *m* (BT) / lamping factor || **≗liste** *f* / list of components, list of materials || **≗maschine** *f* (f. Leiterplatten) / component insertion machine || **≗möglichkeit** *f* / possible configuration, possible complements || **≗plan** *m* / assembly plan, component mounting diagram || **≗platz** *m* / rack position || **≗seite** *f* / assembled side || **≗seite** *f* (gS) / component side || **≗variante** *f* / alternative equipment
BESY (Betriebssystem) / OS (operating system)
Beta-Batterie *f* / beta battery, sodium-sulphur battery
Betätigen *n* (SG) / operation *n*, actuation *n*, control *n*
betätigen *v* / operate *v*, actuate *v*, control *v* || ~ *v* (ein Relais ansprechen oder rückfallen lessen, oder es rückwerfen) / change over *v* (relay) IEC 255-1-00
Betätiger *m* / actuator *n*, actuating element, control element, operator *n* (US), operating device, operating means, sensor *n*, servo-drive *n*, positioner *n*
Betätigung *f* (SG) / operation *n*, actuation *n*, control *n* || **≗ des Bedienteils** VDE 0660,T.200 / actuating operation IEC 337-1 || **≗ des Schaltgliedes** VDE 0660, T.200 / switching operation (of a contact element), IEC 337-1 || **≗ durch abhängigen Kraftantrieb** VDE 0660, T.101 / dependent power operation IEC 157-1 || **≗ durch Speicherantrieb** VDE 0660,T.107 / stored-energy operation IEC 408 || **≗ mit AC/DC** / AC/DC operation || **≗ mit Kraftantrieb** / power operation || **Grenzwerte für die ≗** VDE 0660,T.104 / limits of operation IEC 292-1, operating limits || **nichtlineare ≗** / nonlinear operating || **seitliche ≗** / side operation || **stirnseitige ≗** / end operation, axial operation
Betätigungs·art *f* / method of operation || **≗-Differenzdruck** *m* / operating pressure differential || **≗-Drehmoment** *n* / operating torque || **≗druck** *m* / operating pressure || **≗ebene** *f* / control level, control tier || **≗einheit** *f* (Schaltfehlerschutz) / control module (o. unit) || **≗element** *n* / actuator *n*, actuating element, control element, operator *n* (US), operating device, operating means, object *n* || **End-≗kraft** *f* DIN 42111 / total overtravel force IEC 163 || **≗element** *n* (NS) / target *n* || **≗element beleuchteter Knebel** / illuminated toggle element || **≗fläche** *f* / control surface || **≗folge** *f* / operating sequence IEC 3371, IEC 56-1 || **≗geschwindigkeit** *f* / speed of actuation, actuating velocity, operating speed || **≗gestänge** *n* / operating linkage, operating mechanism linkage, linkage *n*
Betätigungs·hebel *m* / handle *n*, operating lever, extracting lever, extraction grip || **≗hebel** *m* (PS) / actuating lever, lever actuator || **≗hebel** *m* (Kippschalter) / actuating lever || **≗isolator** *m* / actuating insulator || **≗klappe** *f* / removable cover, operating flap || **≗knopf** *m* / knob *n* || **≗kraft** *f* / force to operate || **≗kraft** *f* (SG) VDE 0660, T.200 / actuating force IEC 3371, operating force IEC 512 || **≗kreis** *m* / control circuit, operating circuit || **≗luft** *f* / operating air (supply)
Betätigungs·magnet *m* / control electro-magnet IEC 292-1, solenoid *n*, operating coil || **≗membrane** *f* / actuator diaphragm || **≗moment** *n* (SG) VDE 0660, T.200 / actuating moment IEC 337- 1, operating torque || **≗motor** *m* / actuating motor, servomotor *n*, compensating motor || **≗nocken** *m* / operating cam, control cam, actuating cam || **≗öffnungen** *f pl* / actuating openings || **≗organ** *n* / actuator *n*, actuating element, control element, operator *n* (US), operating device, operating means || **≗platte** *f* (NS) / target *n*
Betätigungs·reihe *f* VDE 0660, T.202 / actuating series IEC 337-2A || **≗richtung** *f* (a. PS) / actuating direction, direction of actuation, direction of motion of operating device || **≗sinn** *m* / actuating direction, direction of actuation, direction of motion of operating device || **≗spannung** *f* / control voltage, operating voltage, coil voltage || **Auslöser-≗spannung** *f* (SG) / release operating voltage || **≗sperre** *f* / lockout mechanism || **≗sperrkappe** *f* / operating protective cover || **≗spiel** *n* (eines Bedienteils) VDE 0660,T.200 / actuating cycle IEC 337 || **≗spule** *f* / operating coil || **≗stange** *f* / operating rod || **≗strom** *m* / operating current || **≗stromkreis** *m* / control circuit, operating circuit || **≗stufe** *f* (Kommando-Baugruppe) / command module *n* || **≗system** *n* (HSS) / actuating system
Betätigungs·temperatur *f* / operating temperature || **~unabhängiges Schaltglied** / independent contact element || **≗ventil** *n* / control valve || **≗-Vorlaufweg** *m* / operating pretravel || **≗vorsatz** *m* (HSS) / (detachable) actuator element || **≗weg** *m* (des Betätigungselements) / actuator travel || **≗welle** *f* / drive shaft, actuating shaft, breaker shaft, operating shaft || **≗welle** *f* (Vielfachsch.) / spindle *n* || **≗werkzeug** *n* / operating tool || **≗winkel** *m* (Schaltnocken) / dwell angle, cam angle, dwell *n* (cam) || **≗wippe** *f* / rocker *n* || **≗zeit** *f* / actuating time, operating time || **≗zeit** *f* (bistabiles Rel.) / changeover time
Betauung *f* / dew *n*, moisture condensation, condensation *n* || **≗ nicht zulässig** / non-condensing || **keine ≗** / no condensation, non-condensing || **ohne ≗** / no condensation, non-condensing || **wechselnde ≗** / varying conditions of condensation
Betauungs·festigkeit *f* / resistance to moisture condensation || **≗schutz** *m* / bedewing protection || **≗zyklus** *m* / condensation cycle
Betaverteilung *f* DIN 55350,T.22 / beta distribution
Beton *m* / concrete *n* || **mit ≗ vergießen** / grout with concrete, pack with concrete || **≗ausguss** *m* / concrete packing, concrete filling || **≗auskleidung** *f* / concrete lining || **≗dose** *f* (I) / box for use in

concrete, concrete wall box || ²**fundament** *n* / concrete foundation || ²**gründung** *f* / concrete foundation, concrete footing || ²**-Kleinstation** *f* / concrete-type packaged substation || ²**mantel** *m* / concrete shell || ²**mast** *m* (Lichtmast) / concrete column || ²**platte** *f* / concrete slab || ²**träger** *m* (Unterzug) / concrete girder

Betonung *f* (LT) / highlighting *n*, emphasis lighting

Betonunterzug *m* / concrete girder

Betrachtungs·ebene *f* (BT) / inspection table || ²**einheit** *f* (Teil, Bauelement, Gerät, Teilsystem, Funktionseinheit, Betriebsmittel oder System, das für sich allein betrachtet werden kann) / unit *n* || ²**system** *n* / viewing system || ²**zeit** *f* (Bildschirm) / viewing time

Betrag *m* / absolute value || **Betrag** *m* (bestimmte Menge) / amount *n* || ² *m* (Absolutwert) / absolute value || ² *m* (absoluter Wert einer komplexen Zahl, Modul) / modulus *n* || ² **der Impedanz** / modulus of impedance || ² **einer Spannungsänderung** VDE 0838, T.1 / magnitude of voltage change

betragsabhängig *adj* / dependent on the absolute value

Betrags·anzeige *f* / absolute value display || ²**bildner** *m* / absolute-value generator || ²**bildung** *f* / absolute-value generation || ²**optimum** *n* / absolute value optimum || ²**regelfläche** *f* / integral of absolute error || ²**reserve** *m* (Reg., E) DIN 19266, T.4 / gain margin || ²**vergleich** *m* / magnitude comparison || ²**zahl** *f* / absolute number, unsigned integer (An integer literal not containing a leading plus (+) or minus (-) sign), absolute value || ²**zahl** *f* (Zahl ohne Vorzeichen) / unsigned number

betreiben *v* / operate *v*, run *v*, use *v*, operate *v*

Betreiber *m* / user *n* (UR), owner *n*

Betreuung *f* / support *n*

Betrieb *m* / operation *n* (The combination of all technical and administrative actions intended to enable an item to perform a required function, recognizing necessary adaptation to changes in external conditions), service *n* || ² *m* / RUN mode, RUN || ² *m* (Fabrik) / factory *n*, plant *n* || ² *m* (el. Masch., Betriebszustände m. Leerlauf u. Pausen) VDE 0530, T.1 / duty *n* IEC 34-2 || ² *m* (SPS) / run *n* || ² *m* (elektrisch) VDE 0168,T.1 / operations *n pl* IEC 71.4 || ² *m* (Betriebsart) / duty type || ² **als Generator** / generator operation, generating *n* || ² **als Motor** / motor operation, motoring *n* || **im** ² **befindlich** / operating || ² **eines Blocks mit Mindestleistung** / minimum safe running of a unit || ² **elektrischer Anlagen** / operation of electrical installations || ² **im Bereich mechanischer Resonanzen** / operation at mechanical resonance points || ² **mit abgesenktem Kollektor** / depressed-collector operation || ² **mit abgetrenntem Netz** / isolated-network operation || ² **mit einzelnen konstanten Belastungen** S 10, VDE 0530, T.1 / duty with discrete contant loads IEC 34-1 || ² **mit erzwungener Erregung** (Transduktor) / constrained-current operation, forced excitation || ² **mit erzwungener Stromform** (Transduktor) / constrained-current operation, forced excitation || ² **mit freier Stromform** (Transduktor) / free current operation, natural excitation || ² **mit Gegentakteingang und Eintaktausgang** / push-push operation || ² **mit Mindestlast** (KW) / minimum stable operation || ² **mit natürlicher Erregung** (Transduktor) / free current operation, natural excitation || ² **mit nichtperiodischen Last- und Drehzahländerungen** S9, VDE 0530, T.1 / duty with non-periodic load and speed variations IEC 34-1 || ² **mit veränderlicher Belastung** / intermittent duty || ² **mit verzögerter Zeitablenkung** (Osz.) / delayed sweep operation || ² **mit wechselnder Belastung** / varying duty

Betrieb ohne Beaufsichtigung (BoB) / unattended operation || ² **ohne Last** / noload operation || **in** ² **sein** / be in operation, operate *v*, run *v* || **außer** ² **setzen** / shut down *v*, stop *v* || **in** ² **setzen** / commission *v*, put into operation, put into service, start *v* || **asynchroner** ² / asynchronous operation || **außer** ² / shut down, out of service, out of commission || **automatischer** ² / automatic operation, automatic mode || **bestimmungsgemäßer** ² / normal use IEC 380, normal operation, usage to the intended purpose || **einphasiger** ² / single-phasing *n* || **fehlerfreier** ² / correct operation || **generatorischer** ² / generator operation, generator-mode operation, regenerating || **gepulster** ² / pulse-width modulation || **geschützter** ² / protected operation || **gesicherter** ² / safety mode || **gesteuerter** ² / controlled running

Betrieb, in ² IEC 50(191) / operating state, in the RUN state, status || **interner** ² / local control || **leichter** ² / light duty || **nicht in** ² IEC 50(191) / non-operating state (The state when an item is not performing a required function) || **nichtsynchroner** ² / non-synchronous operation || **periodisch aussetzender** ² (mit gleichbleibender Belastung) / intermittent periodic duty || **reduzierter** ² / reduced service || **schwerer** ² / heavy-duty operation, rough service, onerous operating conditions || **sicherer** ² / safe operation || **Spannung-Frequenz-gesteuerter** ² / V/Hz-controlled operation || **synchroner** ² / synchronous operation || **unbemannter** ² / unmanned operation, unattended operation, run-only || **ungepulster** ² / without pulse-width modulation || **zeitweiliger** ² / temporary duty

betrieblich *adj* / operating *adj* || ~ *adj* (Bezeichnet einen Wert, der unter gegebenen Betriebsbedingungen ermittelt wurde) / operational *adj* (Qualifies a value determined under given operational conditions) || **~e Aufgabenstellungen** / commercial terms of reference || **~e Grenzen** / operating limits || **~e Überlast** / operating overload || **~e unmittelbare Fernauslösung** (Schutzsystem) IEC 50(448) / operational intertripping || **~es Ausschalten** (LS) / operational tripping

BETRIEB-Meldung *f* / RUN signal

Betriebs·aggregat *n* / duty set, duty unit || ²**analyse** *f* / system analysis, production data analysis || ²**analysen-Messgerät** *n* / industrial analytical instrument || ²**anforderungen** *f pl* / service requirements || ²**anleitung** *f* / operating instructions, instruction manual || ²**anleitung** *f* (BA) / instruction manual || ²**anleitungshandbuch** *n* / instruction manual || ²**anweisung** *f* / operating instructions, instruction manual || ²**anweisung** *f* (Anweisung in der Betriebssprache) DIN 44300 / job control statement || ²**anzeige** *f* / status display, status indicator, operational display, drive display, status indication, indication of operational status || **Wahl der** ²**anzeige** / display selection || ²**anzeiger** *m* / operation indicator

Betriebsart *f* / operating mode, duty type, service duty, mode *n*, duty *n*, regime *n* || ≗ *f* (BA elST) / operating mode, control mode || ≗ *f* (el. Masch.) VDE 0530, T.1 / duty type IEC 34-1 || ≗ *f* (FWT, Übertragungsart) / transmission method || ≗ *f* (Steuerung, Prozessregelung) / control mode || ≗ *f* (BA Zustand der NC-Steuerung, der eine bestimmte Bedienung ermöglicht) / mode *n* || ≗ **Abbilden** (Osz.) / display mode || ≗ **Anlauf** / restart mode || ≗ **Automatik** / automatic mode || ≗ **Einrichten** (WZM, NC) / setting-up mode, initial setting mode || ≗ **Halt** (SPS) / HOLD mode || ≗ **Hand** / manual mode || ≗ **JOG** (BA JOG) / JOG mode || ≗ **Modulator** / modulator mode || ≗ **Schrittsetzen** / step setting mode || ≗ **Teilautomatik** / semi-automatic mode || ≗ **Tippen** / jog mode, inching mode || **Bemessungs-**≗ *f* (SG) / rated duty || **konventionelle** ≗ / jog mode

Betriebsarten·anwahl *f* / operating mode selection || ≗**befehlsformat** *n* / mode instruction code || ≗**block** *m* / operation mode block || ≗**fehler** *m* / operating mode error || ≗**freigabe** *f* / operating mode enable || ≗**gruppe** *f* (BAG) / mode group || ≗**kontrolle** *f* / mode control || ≗**parameter** *m* / operating mode parameter || ≗**programm** *n* (SPS) / operating mode program || ≗**schalter** *m* / mode selector, mode selector switch, RUN/STOP/COPY switch, run mode switch || ≗**speicher** *m* (SPS) / operating mode memory || ≗**steuerung** *f* (DV, SPS) / mode control (MC) || ≗**steuerung** *f* (FWT) / transmission mode control || ≗**teil** *m* / mode section || ≗**umschalter** *m* (f. Stromarten) / system changeover switch || ≗**verwaltung** *f* / operating mode management || ≗**wahl** *f* / mode selection, operating mode selection || ≗**wähler** *m* (Steuerung) DIN 19237 / mode selector || ≗**wahlschalter** *m* / mode selector switch, mode selector, RUN/STOP/COPY switch || ≗**wechsel** *m* (NC, SPS) / mode change, change of operating mode

Betriebsart·rückmeldung *f* / mode feedback || ≗**wechselschalter** *m* / mode selector

Betriebs·-Ausschaltstrom *m* / normal breaking current || ≗**beanspruchung** *f* / operating stress

betriebsbedingt *adj* / depending on operating mode

Betriebsbedingung *f* / service condition || ≗**en** *f pl* / service conditions, operating conditions, operational conditions, conditions of use || **schwere** ≗**en** *pl* / onerous operating conditions, rough service

Betriebs·beleuchtungsstärke *f* / service illuminance || ≗**bereich** *m* DIN IEC 71.4, VDE 0168, T.1 / operating area

betriebsbereit *adj* / ready for operation, ready to run, available *adj*, ready *adj*, operational *adj*, ready for service || **~e Leistung** (KW) / net dependable capability || ≗ **machen** *n* / preparing for service

Betriebsbereitschaft *f* / readiness for service, availability *n*, service readiness, plant availability, data set ready (DSR), DSR (Data Set Ready) || ≗ *f* (DÜE) DIN 66020, T.1 / data set ready || ≗**sanzeige** *f* / service readiness indicator

Betriebs·bitleiste *f* (FWT, Systemfehlerbits) / system error message || ≗**code** *m* (NC) / operation code || ≗**dämpfung** *f* / composite loss || ≗**dämpfung** *f* (Verstärkerröhre) DIN IEC 235, T.1 / operating loss

Betriebsdaten *plt* / operating data, production data, working data, process data || ≗**erfassung** *f* (BDE) / production data acquisition (PDA), factory data collection, production data acquisition (PDA)

Betriebsdauer *f* IEC 50(191) / operating time, service period, running time || ≗ *f* / operating duration || ≗ *f* (Lebensdauer) / service life || ≗ *f* (Batt.) / service life IEC 50(481) || ≗ **zwischen Ausfällen** (Akkumulierte Dauer der Betriebszeiten zwischen zwei aufeinanderfolgenden Ausfällen einer instandzusetzenden Einheit) / operating time between failures (Total time duration of operating time between two consecutive failures of a repaired item)

Betriebs·dichte *f* (Gas) / operating density || ≗**drehzahl** *f* / operating speed, working speed || ≗**druck** *m* / operating pressure, service pressure, working pressure || ≗**druck** *m* (Lampe) / hot pressure (lamp) || ≗**druckanlagen** *f pl* / service air systems || ≗**ebene** *f* / corporate management level, plant management, factory *n*, ERP level || ≗**eigenschaften** *f pl* / operating characteristics, performance characteristics || ≗**eigenschaften** *f pl* (Batt.) / service output IEC 50(481) || ≗**einflussgröße** *f* / operating parameter || ≗**seite** *f* (B-Seite) / reference manual || ≗**elektronik** *f* / control electronics, distributed electronic equipment, non-standard electronics, customized electronics || ≗**erdanschluss** *m* VDE 0411,T.1, VDE 0860 / functional earth terminal IEC 65 || ≗**erde** *f* / functional earth, operational earth, station ground (US), system ground || ≗**erde** *f* (DÜ-Systeme) DIN 66020, T.1 / signal ground (CCITT V.25) || ≗**erdung** *f* VDE 0100, T.200 / operational earthing, system grounding || ≗**ereignis** *n* / operational event || ≗**ereignis** *n* (Prozess) / process event || ≗**erfahrungen** *f pl* / field experience, practical experience, operational experience || ≗**erregung** *f* (Rel.) / operate excitation

betriebsfähig, in ~em Zustand / in operating condition, in service condition, in working order || **~er Zustand** / working order, availability *n* || **~er Zustand** (Zustand, in dem die Einheit funktionsfähig ist, sofern erforderliche externe Mittel verfügbar sind) / up state (A state of an item characterized by the fact that it can perform a required function, assuming that the external resources, if required, are provided)

Betriebs·fähigkeit *f* / serviceability *n*, readiness for operation, working order || ≗**fehler** *m* (MG, Osz.) / operating error || ≗**feld** *n* / ignition map, three-dimensional ignition map, engine characteristics map || ≗**festigkeit** *f* / endurance strength, fatigue limit || ≗**flüssigkeit** *f* (Pumpe) / sealing liquid || **~freier ~fähiger Zustand** (Betriebsfähiger Zustand während der Betriebspause) / free state, idle state (A non-operating up state during non-required time) || **~freier Klarzustand** IEC 50(191) / free state, idle state (A non-operating up state during non-required time) || ≗**freigabe** *f* / operation enable

betriebsfrequent *adj* / power-frequency *adj* || **~e Spannung** / power-frequency voltage || **~e Spannungsfestigkeit** / power-frequency withstand voltage, power-frequency recovery voltage || **~e Stehspannung** / power-frequency withstand voltage || **~e wiederkehrende Spannung** / power-frequency recovery voltage, normal-frequency recovery voltage, power-frequency withstand voltage || **~er Kurzschlussstrom** / power-frequency short-circuit current || **~er Strom** / power-frequency current

Betriebs·frequenz *f* / operating frequency, power frequency, system frequency, industrial frequency || **≗frequenz** *f* (Schrittmot.) / slew rate, operating slew rate || **≗führung** *f* (Netz) / system management || **≗führung** *f* (Produktion) / production management, management *n* || **technische ≗führung** / engineering management || **≗führungssystem** *n* / management system || **≗funktion** *f* (SPS, Start-Funktion) / restart function || **≗gas** *n* (Prozessgas) / process gas || **≗gerade** *f* (Schutzrel.) / operating line || **≗geräusch** *n* (Drucker) / noise level || **≗gewicht** *n* / service mass || **≗gleichspannung** *f* / normal d.c. voltage || **≗grenzfrequenz** *f* (Schrittmot.) / maximum slew stepping rate, maximum operating slew rate || **≗grenzfrequenz/Betriebsgrenzmoment-Kennlinie** *f* (Schrittmot.) / slew curve || **≗grenzleistung** *f* (Schrittmot.) / power output at maximum torque at slew stepping rate || **≗grenzmoment** *m* (Schrittmot.) / maximum torque at maximum slew stepping rate || **≗größe** *f* / performance quantity || **≗größen** *f pl* DIN 41745 / performance quantities IEC 478-1, operating variables || **≗güte** *f* / efficiency/power-factor value || **≗güte** *f* (MG) DIN 43745 / performance *n* IEC 359 || **sicherer ≗halt** (SBH) / safe operation stop, safe operational stop, safety operation lockout, SBH || **≗handbuch** *n* / instruction manual || **≗höhe** *f* / operating altitude, site altitude || **≗induktivität** *f* (Kabel) / working inductance || **≗ingenieur** *m* / plant engineer || **≗isolierung** *f* VDE 0711, T.101 / basic insulation IEC 598-1, basic safety insulation, operational insulation EN 60950/A2, functional insulation || **Geräte-≗jahre** *n pl* / unit-years *n pl*

Betriebs·kalender *m* / factory calendar, shop calendar, manufacturing day calendar || **≗kapazität** *f* (Kabel) / effective capacitance, working capacitance || **≗kapazität** *f* (GR) DIN 41760 / service capacitance || **≗kennfeld** *n* / engine operating map, engine characteristic map || **≗kenngrößen** *f pl* / performance characteristics || **≗klasse** *f* / duty class, operation class, class *n* || **≗klasse** *f* (Sich.) / utilization category || **≗kondensator** *m* (Mot.) / running capacitor || **Kondensatormotor mit Anlauf- und ≗kondensator** / two-value capacitor motor || **≗kontrolle** *f* (elST) / operation check || **≗kurzschluss-Ausschaltvermögen** *n* (LS) / service short-circuit breaking capacity || **≗lage** *f* / service position, ultimate position || **≗last** *f* / working load || **≗last** *f* (Mot.) / running load || **≗leistung** *f* (KW) / operating capacity, power produced, utilized capacity || **≗leistung** *f* (Batt.) / service output IEC 50(481) || **≗leistungsfaktor** *m* / operating power factor || **≗leistungsverstärkung** *f* / transducer gain || **≗leitebene** *f* / plant control level || **≗leitrechner** *m* / plant operations control computer, production management computer || **≗leitung** *f* (Kabel) / function cable, function cord || **≗liste** *f* (Rundsteueranlage) / system overview list

betriebsmäßig *adj* / operational *adj*, in-service *adj*, under field conditions || **~e Prüfung** / maintenance test || **~e Überlast** / operating overload, running overload || **~es Schalten** VDE 0100, T.46 / functional switching, normal switching duty || **~es Schalten einzelner Motoren** / in-service switching of single motors || **~es Steuern** VDE 0100, T.46 / functional control

Betriebs·maßnahme *f* / operation procedure || **≗meldung** *f* (NC) / operational message, status message || **≗meldung** *f* (BM) / operational message (OM) || **≗meldung** *f* (Prozess) / process signal, process event signal, process alarm || **≗messgerät** *n* / industrial measuring instrument || **≗messgerät** *f* (Gerät mit leicht lösbaren Verbindungen zur Montage auf einem Labortisch) / shelf-mounted instrument || **≗messpunkt** *m* / reference test jack || **≗messung** *f* / industrial measurement || **≗messwert** *m* / status measured value, status analog, status analog value

Betriebsmittel *plt* DIN 66200 / resources p, operational equipment (telecontrol), apparatus, device *n*, installation unit, item of apparatus, equipment *n*, components, resources *n pl*, logical device group || **≗** *plt* (Fabrik) / production facilities, resources p || **≗** *n* (Bezeichnungssystem) DIN 40719,T.2 / item *n* IEC 113-2 || **≗ der Klasse 0** DIN IEC 536 / class 0 equipment || **≗ der Leistungselektronik** (BLE VDE 0160) / power electronic equipment (PEE) || **≗ der Schutzklasse II** / class II equipment IEC REPORT 536, BS 2754 || **≗ für Sicherheitszwecke** VDE 0100, 313.2 / safety services equipment || **≗ in Dreieckschaltung** / delta-connected device || **≗ in Ringschaltung** / mesh-connected device || **≗ in Sternschaltung** / star-connected device || **≗ industrieller Mess-, Regel- und Steuereinrichtungen** DIN IEC 381 / elements of process control systems IEC 381 || **≗ mit begrenzter Energie** (Geräte in Zündschutzart) / energy-limited apparatus || **≗ mit Halbleitern** / semiconductor device, solid-state device, static device || **≗ mit zwei Betriebszuständen** / two-state operational equipment || **elektronische ≗ zur Informationsverarbeitung** (EBI) VDE 0160 / electronic equipment for signal processing (EES) || **Breitband≗** *n* / broadband device || **eigensicheres elektrisches ≗** EN 50020 / intrinsically safe electrical apparatus || **elektrische ≗** VDE 0100, T.200 / electrical equipment, electronic equipment || **explosionsgeschützte ≗** / explosion-protected equipment, hazardous-duty equipment || **fotoelektrisches ≗** / photoelectric device IEC 50(151) || **offenes ≗** / open component || **OSI-≗** *n pl* / OSI resources || **Schmalband-≗** *n* / narrow-band device || **≗gruppe** *f* (Geräte in Zündschutzart) / apparatus group || **≗-Kennzeichen** *n* DIN 40719 / equipment identifier, item code || **≗-Kennzeichnung** *f* / item designation IEC 113-2 || **≗plan** *m* / schematic diagram || **≗planung** *f* (CAP) / resources planning (o. scheduling) || **Art des ≗s** DIN 40719,T.2 / kind of item IEC 113-2 || **≗steuerung** *f* / equipment control || **≗steuerung** *f* (BMS) / production facility controller (PFC) || **≗stückliste** *f* / list of equipment || **≗verwaltung** *f* (Fabrik, CIM) / resources management || **≗vorschrift** *f* (BMV) / equipment specification

Betriebs·modus *m* / operating mode || **≗moment** *n* / running torque || **≗-Netzschema** *n* / system operational diagram || **≗ordnung** *f* / factory regulations, shop rules || **≗parameter** *m* / operating parameters || **≗pause** *f* / plant shutdown, stoppage *n*

|| ≗**pausenzeit** *f* (Zuverlässigkeit Zeitintervall, während dessen der Benutzer die Funktionsfähigkeit der Einheit nicht verlangt) IEC 50(191) / non-required time (The time interval during which the user does not require the item to be in a condition to perform a required function) || ≗**phase** *f* (On-line-Betrieb) / on-line phase || ≗**programm** *n* / operating program || ≗**protokoll** *n* / operations log || ≗**prüfung** *f* / in-service test, functional test || ≗**prüfung** *f* (Trafo) / service duty test IEC 214 || ≗**punkt** *m* / working point, operating point || ≗**quadrant** *m* / operational quadrant || ≗**raum mit beschränktem Zutritt** EN 60950 / restricted access location || **elektrische** ≗**räume** VDE 0168, T.1 / electrical operating areas || ≗**rauschtemperatur am Eingang** / operating input noise temperature || ≗**rechner** *m* / host computer || ≗**rechner** *m* (Hauptrechner) / plant computer

Betriebs·schaltgerät *n* VDE 0100, T.46 / functional switching device || ≗**schaltung** *f* / operating connection || ≗**schaltung** *f* (Mot.) / running connection || ≗**schlosser** *m* / workshop fitter

betriebssicher *adj* / reliable *adj*, dependable *adj*, safe to operate

Betriebs·sicherheit *f* / safety of operation, operational reliability, dependability *n*, safe working conditions, operational safety || ≗**sicherung** *f* (SPS) / operations monitoring and securing || ≗**sicherung** *f* (FWT) / transmission securing || ≗**software** *f* / operating software || ≗**sollwert** *m* / operating setpoint

Betriebsspannung *f* / operating voltage, working voltage, service voltage, on-load voltage, running voltage, voltage rating || ≗ *f* (SG) VDE 0660 / operational voltage (e.g. in) IEC 439 || **höchste** ≗ **eines Netzes** / highest voltage of a system, system highest voltage, system maximum continuous operating voltage || **maximal zulässige** ≗ (Messkreis) / nominal circuit voltage || **maximal zulässige** ≗ (Messwiderstand, Kondensator) / temperature-rise voltage || **Nenn-**≗ *f* VDE 0660, T.101 / rated operational voltage IEC 157-1 || ≗**sbereich** *m* (a. Rel.) / operating voltage range || ≗**sunterdrückung** *f* / supply voltage rejection ratio

betriebsspezifisch *adj* / application-oriented *adj*, user-oriented *adj* || **~e Anwendung** / factory application, shop application

Betriebs·spiel *n* (Zyklus) / duty cycle, operating cycle, cycle *n* || ≗**sprache** *f* DIN 44300 / job control language || ≗**stätte** *f* / operating area || **elektrische** ≗**stätte** VDE 0100, T.200 / electrical operating area, plant tax, operating status display || ≗**stellung** *f* / normal service position, operating position || ≗**stellung** *f* (SA, eines herausnehmbaren Teils) VDE 0660, T.500, VDE 0670, T.6 / connected position IEC 439-1, service position IEC 298 || ≗**stellung** *f* (Trafo-Stufenschalter) / service tapping position || ≗**steuerung** *f* (Fertigsteuerung, Prozessrechnersystem) / production control || ≗**störung** *f* / failure message, stoppage *n*, failure *n*, malfunctioning *n*

Betriebsstrom *m* / service current, operating current, load current || ≗ *m* (Mot.) / load current, running current || ≗ *m* (eines Stromkreises) VDE 0110, T.200 / design current || ≗ *m* (SG) VDE 0670,T.101 / normal current || ≗ *m* (Mot.) / on-load current || **Bemessungs-**≗ *m* (Trennschalter, Lastschalter) / rated normal current || **Nenn-**≗ *m* (HSS) VDE 0660, T.200 / rated operational current IEC 337-1 || ≗**kreis** *m* (Hauptkreis) / main circuit, active circuit || ≗**kreis** *m* (MG) / auxiliary circuit IEC 258 || ≗**versorgung** *f* / auxiliary power supply

Betriebs·stufe *f* (Flugplatzbefeuerung) / category *n* || ≗**stufe** *f* (Anlasser) / running notch || ≗**stunden** *f pl* / hours run, operating hours, number of operating hours || ≗**stundenzähler** *m* / elapsed-hour meter, hours-run meter, elapsed time meter, elapsed time counter, time-meter *n*, hours-meter *n*, hours counter, operating hours counter

Betriebssystem *n* (BS) / operating system (OS manufacturer's provided functions intended to manage internal PC-systems' interdependent functions) || ≗ *n* (BS DIN 44300 u. Kfz) / operating system (OS) || ≗ *n* (BESY) / operating system (OS manufacturer's provided functions intended to manage internal PC-systems' interdependent functions) || ≗ **für Datenfernübertragung** / communication operating system || **interruptbetriebenes und prioritätsorientiertes Multitasking-**≗ **mit präemptiven Taskswitching-Möglichkeiten** / interrupt-driven and priority-orientated multitasking operating system with preemptive task switching facilities || ≗**datum** *n* / operating system data word || ≗**kern** *m* / operating system nucleus, kernel *n* || ≗**modul** *n* (SPS) / operating system submodule

Betriebs·taktfrequenz *f* / operating clock frequency || ≗**taktsignal** *n* / operating clock signal || ≗**tätigkeit** *f* / operating activities || **~technische Anlage** (BTA Gebäude) / building services system || ≗**temperatur** *f* / operating temperature, working temperature || ≗**temperatur bei Nennlast** / rated-load operating temperature || **zulässige** ≗**temperatur** (TB) DIN 2401,T.1 / maximum allowable working temperature || ≗**temperaturbegrenzer** *m* VDE 0806 / temperature limiter IEC 380 || ≗**temperaturbereich** *m* (a. Thyr) DIN 41786 / working temperature range, operating temperature range

betriebstüchtig *adj* / reliable *adj*, dependable *adj*, serviceable *adj* || ≗**keit** *f* / operational reliability, dependability *n*, serviceability *n*

Betriebs·überdruck *m* / working pressure, working gauge pressure || **zulässiger** ≗**überdruck der Kapselung** (gasisolierte SA) / design pressure of enclosure || **zulässiger** ≗**überdruck** (PB DIN 2401,T.1) / maximum allowable working pressure || ≗**überlast** *f* / operating overload, running overload || ≗**überstromfaktor** *m* / overcurrent factor || ≗**überstromkennziffer** *f* / actual accuracy limiting factor || ≗**überwachungssystem** *n* / status monitoring system (SMS) || ≗**überwachungssystem** *n* (LAN) / status monitoring system || ≗**umgebungsbedingung** *f* / ambient operating condition || ≗**umgebungstemperatur** *f* / ambient operating temperature, service ambient temperature, operating ambient air temperature || ≗**umrichter** *m* / service converter, master converter || ≗**umrichter** *m* (Hauptumrichter) / main converter || ≗**- und Zustandsmeldungen** *f pl* / operational and status messages || **~unfähig** *adj* / out of order, not in working order || ≗**unterbrechung** *f* / working interuption due to failure

Betriebs·vereinbarung *f* (GLAZ) / company-employee agreement, working hours agreement, internal company agreement, company agreement || **≗verhalten** *n* / operational performance, performance *n*, performance characteristic, operation in service IEC 337-1, running characteristics || **≗verhältnisse** *n pl* / service conditions, operating conditions || **≗wahlschalter** *m* / mode selector || **~warm** *adj* / at operating temperature, at rated-load operating temperature || **in ~warmem Zustand** (bei Nennlast) / at rated-load operating temperature, at normal running temperature || **≗-Wechselspannung** *f* / power-frequency operating voltage || **≗weise** *f* (a. FWT) / operating method, mode *n* || **≗wert** *m* / operating characteristic, performance characteristic || **≗wert** *m* (Rel.) / operate value || **≗wert der Beleuchtungsstärke** / service illuminance || **≗werte** *m pl* (Prozess) / process values, process variables || **≗wicklung** *f* (Mot.) / running winding || **Käfigläufermotor mit Anlauf und ≗wicklung** / double-deck squirrel-cage motor || **≗winkel** *m* (Schaltnocken) / dwell angle, cam angle, dwell *n* (cam) || **≗wirkungsgrad** *m* (Leuchte) / light output ratio || **≗wirkungsgrad** *m* (Leuchte) / luminaire efficiency || **unterer ≗wirkungsgrad** (Leuchte) / downward light output ratio

Betriebs·zählung *f* / statistical metering, metering for internal purposes, internal metering || **≗zeit** *f* / hours run, running period, working hours || **≗zeit** *f* / operating time (The time interval during which an item is in an operating state) || **≗zeit** *f* (Rechner) / up time || **äquivalente ≗zeit** (KW) / weighted operating hours || **fehlerfreie ≗zeit** / medium time between failures (MTBF), mean failure rate (The mean of the instantaneous failure rate over a given time interval (t1, t2)), MTBF (medium time between failures) || **mittlere fehlerfreie ≗zeit** / mean time between failures (MTBF) || **≗zeitfaktor** *m* IEC 50(25) / operating time ratio IEC 50(25) || **≗zeitintervall** *n* / operating time (The time interval during which an item is in an operating state), working hours || **≗zustand** *m* / operating state, operating cycle, operating condition, service condition, working condition || **≗zustand** *m* (Status) / operational status || **≗zustand** *m* (ESR) / operating conditions, hot conditions || **≗zustand** *m* (die Belastung kennzeichnend) / load *n* || **≗zustand** *m* (BZ Zustand, in dem eine Einheit eine geforderte Funktion ausführt) / status *n* || **≗zustandsanzeige** *f* / operating conditions display || **≗zustandsmeldung** *f* / (operational) status message, circuit status message || **≗zustandsnachregelung** *f* / operating state adjustment || **≗zustandsübergang** *m* (BZÜ) / operating mode transition (OMT) || **≗zuverlässigkeit** *f* / operational reliability, reliability *n*, operational safety, dependability *n* || **Erdanschluss zu ≗zwecken** / connection to earth for functional purposes || **≗zyklus** *m* / cycle of operation

betroffen *adj* / affected *adj*

Bett *n* / bed *n*

Beugung *f* / diffraction *n*

Beugungs·analyse *f* / diffraction analysis, diffractometry *n* || **≗aufnahme** *f* / diffraction photograph, diffraction pattern || **≗bild** *n* / diffraction image || **≗diagramm** *n* / diffraction pattern || **≗gitter** *n* / diffraction grating || **≗muster** *n* (LWL) / diffraction pattern || **≗ordnung** *f* / order of diffraction || **≗streifen** *m pl* / diffraction fringes

Beul·festigkeit *f* / buckling strength, resistance to local buckling || **≗spannung** *f* / buckling stress

Beulung *f* / buckling *n*, local buckling

Be- und Verarbeitung *f* / machining and processing

Beurteilung *f* / assessment *n*

Beurteilungs·fehler *m* (QS) / error *n* || **Geräusch~kurve** *f* / noise rating curve (n.r.c.)

bevollmächtigt *adj* / authorized *adj* || **~er gesetzlicher Vertreter** / authorized jurisdictional inspector (QA) || **~er Vertreter** / authorized representative

Bevorratungstheorie *f* / inventory theory

bevorzugt bestellen / give order priority || **~e abgeschnittene Blitzstoßspannung** / standard chopped lightning impulse || **~e Annahmegrenzen** / preferred acceptable quality levels || **~e AQL-Werte** / preferred acceptable quality levels || **~e Orientierung** (magn.) / preferred orientation, high-preferred orientation

Bevorzugung, zyklische ≗ (Schutzauslösung) / cyclic priority || **azyklische** ≗ (Schutzauslösung) / acyclic priority (preferential tripping)

bewahren *v* / preserve *v*

bewährt *adj* / field-proven *adj*, field-tested *adj*, proven *adj*, successful *adj*

bewegbar·er BV / mobile ACS || **~es Schaltstück** / movable contact element, moving contact

Bewegbarkeit *f* / mobility *n*

bewegen *v* / move *v*

bewegende Kraft / motive power, motive force, driving force

beweglich *adj* / moving *adj* || **~ genietet** / loosely riveted || **~e Anschlussleitung** / flexible wiring cable (o. cord) || **~e Anzapfstelle** / movable tap || **~e Installation** / mobile installation || **~e Kontakthülse** / floating contact tube || **~e Kosten** (StT) / energy cost || **~e Leitung** / flexible cable, flexible cord || **~e Masse** / dynamic mass || **~er Kontakt** / movable contact element, moving contact || **~er Steckverbinder** / free connector || **~er Teil** (ST) / withdrawable part, drawout part, truck *n* || **~es Kontaktsystem** / movable contact system || **~es Lager** / free bearing || **~es Lichtbogenhorn** / moving arcing horn || **~es Organ** (MG) / moving element || **~es Relaisschaltstück** / movable relay contact, relay armature contact || **~es Schaltstück** / movable contact element, moving contact || **~es Teil** (Messwerk) / moving element

Beweglichkeit *f* (HL) / mobility *n* || ≗ **einer Waage** / discrimination || **≗sschwelle** *f* / discrimination threshold

bewegter Primärteil (LM) / moving primary || **~ Sekundärteil** (LM) / moving secondary

Bewegung *f* / movement *n*, motion *n* || ≗ *f* (WZM) / motion *n*, travel *n*, movement *n*, traversing *n* || ≗ *f* (Kühlmittel) / circulation *n* || ≗ **aus dem Ruhestand** / motion from state of rest || ≗ **im Raum** / three-dimensional movement || ≗ **in Minusrichtung** (NC-Zusatzfunktion) DIN 66025,T.2 / motion - ISO 1056 || ≗ **in Plusrichtung** (NC-Zusatzfunktion) DIN 66025,T.2 / motion + ISO 1056 || ≗ **in Richtung der X-Achse** (NC-Adresse) DIN 66025,T.1 / primary X dimension (NC) ISO/DIS 6983/1 || **in** ≗ **setzen** / set in motion,

start *v*, actuate *v* || **überlagernde** ≗ / overlaying movement, composite mechanical movement
Bewegungs·ablauf *m* / motional sequence || ≗**ablauf** *m* (WZM) / sequence of motions || ≗**achse** *f* / motion axis || ≗**achse** *f* (WZM) / axis of motion || **rotatorische** ≗**achse** / rotary axis of motion, axis of rotation, rotary axis, shaft *n* || ≗**anweisung** *f* / motion instruction || ≗**anweisung** *f* (NC) / motion instruction, GO TO instruction (o. statement) || ≗**bahn** *f* (Rob.) / trajectory *n* || ≗**bild** *n* / movement display || ≗**daten** *plt* / dynamic data || ≗**energie** *f* / motive energy, kinetic energy || ≗**fläche** *f* (Flp.) / movement area || ≗**folge** *f* / motional sequence || ≗**folge** *f* (WZM) / sequence of motions || ≗**führung** *f* / motion control || ≗**gleichung** *f* / equation of motion, ponderomotive law
Bewegungs·kraft *f* / motive power, motive force, driving force || ≗**melder** *m* / motion detector || ≗**messung** *f* / motion measurement || ≗**raum** *m* / motion space || ≗**reibung** *f* / dynamic friction || ≗**richtung** *f* / direction of movement, direction of motion, direction of tool travel || ≗**richtung des Werkzeugs** / direction of tool travel || ≗**rückführung** *f* / motional feedback (MFB)
Bewegungs·satz *m* / motion block, motion record || ≗**satz** *m* / positioning record, traversing block || ≗**sensor** *m* / movement detector || ≗**sitz** *m* / clearance fit || ≗**spannung** *f* / rotational e.m.f. || ≗**steuerung** *f* (NC, Rob.) / motion control || ≗**steuerung** *f* (Rob., in dauerndem Kontakt mit umliegenden Teilen) / resolved motion || ≗**synchronaktion** *f* / motion-synchronous action || ≗**überlagerung** *f* / motion overlay, transmission of motion || ≗**umkehr** *f* / reversal of motion, reversing *n* || ≗**umsetzer** *m* / motion converter || **~unfähiges Luftfahrzeug** / disabled aircraft || ≗**verzug** *m* (SG, von Befehlsbeginn bis zum Beginn der Schaltstückbewegung) / time to contact movement || ≗**zustand** *m* / condition of motion || ≗**zyklus** *m* / motion cycle
Bewehrung *f* / cable armour, metallic armour || ≗ *f* (Kabel) / armour *n*, armouring *n* || ≗ *f* (Beton) / reinforcement *n* || ≗**stäbe** *m pl* (Beton) / reinforcing rods
beweisen *v* (eine Qualität) / verify *v*
bewerten *v* / evaluate *v*, assess *v*, detect *v*, decode *v*, analyze *v*
bewerteter Schalldruckpegel / weighted sound pressure level || **~ Schwingungsgehalt** (Telefonformfaktor) / telephone harmonic factor (t.h.f.)
Bewertung *f* / appraisal *n*, weighting *n*, evaluation *n*, valuation *n*, rating *n*, analysis *n*, assessment *n* || ≗ *f* (Bewichtung) / weighting *n* || **Anzeigen~** *f* / evaluation of indication, display evaluation || **freie** ≗ / user assignment || **ohne** ≗ (Bedingung, unter der das Eingangssignal auf einen Kanal für einen bestimmten Zweck nicht berücksichtigt wird) / don't care (DC) || **Puls~** *m* / pulse value, pulse significance, pulse weight (The pulse weight of a system (i.e. its resolution) is the smallest increment of the machine slide motion caused by one single command pulse. (pulse-count system)), increment per pulse || **QSS-**≗ *f* / quality system review || **Zuverlässigkeits~** *f* / reliability assessment, reliability analysis
Bewertungs·charakteristik *f* / weighting characteristic || ≗**faktor** *m* / weighting factor || ≗**kurve** *f* / weighting curve || ≗**programm** *n* / benchmark program || ≗**schaltung** *f* / weighting network, weighting circuit
Bewichtung *f* / weighting *n*
Bewichtungsnetzwerk *n* / weighting network, weighting circuit
bewickeln *v* (m. Band) / tape *v*, provide with a tape serving, cover with tape || ~ *v* (m. Wickl. Versehen) / wind *v*
bewickelt *adj* / wound *adj*, provided with a winding
Bewicklung *f* / taping *n*, tape serving, tape layer || ≗ *f* (Kabel) / wrapping *n* (cable)
Bewicklungsart *f* / method of taping
bewirken *v* / effect *v*, cause *v*, lead to *v*
Bewitterung *f* / weathering *n*
Bewitterungs·kurzprüfung *f* / accelerated weathering test || ≗**prüfung** *f* / weathering test, exposure test
bezeichnen *v* / designate *v*, mark *v*, earmark *v*, designate *v*, identify *v*
Bezeichner *m* / descriptor *n*, declaration *n* (The mechanism for establishing the definition of a language element. A declaration normally involves attaching an identifier to the language element, and allocating attributes such as data types and algorithms to it.) || ≗ *m* (Daten) / identifier *n* || **fehlender** ≗ (FB) / missing identifier || **interner** ≗ / internal identifier || ≗**liste** *f* / list of formal operands
bezeichnetes Element (SPS-Programm) / named element (An element of a structure which is named by its associated identifier)
Bezeichnung *f* / designation *n*, marking *n*, identification *n*, labelling *n*, destination *n*, name *n* || ≗ *f* DIN ISO 7498 / title *n*
Bezeichnungs·code *m* / designation code || ≗**feld** *n* / labelling field, labelling area, labelling strip, labelling space, labeling field || ≗**folie** *f* / labelling foil || ≗**hülse** *f* (Reihenklemme) / marking sleeve || ≗**hülse** *f* (Kabel) / identification sleeve || ≗**material** *n* / marking material (o. accessories) || ≗**schablone** *f* / labelling template, labelling mask || ≗**schema** *n* / labelling scheme || ≗**schild** *n* / label *n*, legend plate, nameplate *n*, identification plate || ≗**schild** *n* (DT) / legend plate || ≗**schild** *n* (Reihenklemme) / marking tag || ≗**schild 3SB** / inscription plate || ≗**streifen** *n* / legend strip
Beziehung *f* / relationship *n*
Beziehungsmerkmal *n* / relation characteristic
Beziehungswissen *n* / relation knowledge
Bézier·fläche *f* / Bézier surface || ≗**kurve** *f* / Bézier curve || ≗**-Spline** *n* / Bézier spline, B spline
Bezirk *m* / district *n*
bezogen *adj* (p.u.-System) / per-unit *adj* || ~ *adj* (spezifisch) / specific *adj* || **~e Energie** (Fremdbezug) / imported energy || **~e Farbe** / related colour, related perceived colour || **~e Formänderung** / degree of deformation || **~e Größe** / reference quantity, reference variable || **~e Größe** (p.u.-System) / per-unit quantity, base value || **~e Leistung** / power demand, power consumption || **~e Leistung** (Fremdbezug) / imported energy || **~e Leiter-Erde-Überspannung** / phase-to-ground per-unit overvoltage || **~e Reaktanz** / per unit reactance || **~e Spannung** (mech.) / unit stress || **~e Unwucht** / specific unbalance || **System der ~en Größen** (el. Masch.) / per-unit system || **~er**

Anschlusswert *m* (StT) / effective demand factor || **~er Halbkugelradius** (Akust.) / reference radius || **~er Nennschlupf** / referred rated slip || **~er Strom** / per unit current || **~er Wert** (p.u.-Wert) / per-unit value, p.u. value || **~er Wert** (%-Wert) / percentage value, per-cent value || **~er Wert** (spezifischer Wert) / specific value || **~es Drehmoment** (el. Masch.) / per-unit torque || **~es Drehmoment** (EZ) / torque/weight ratio || **~es Haftmaß** / specific adhesion allowance || **~es synchronisierendes Drehmoment** / per-unit synchronizing torque || **~es Übermaß** / specific interference

Bezug *m* / reference *n*, procurement *n*, purchasing *n*, internal procurement || ≗ *m* (Energie) / import *n*, incoming supply, imported supply || **≗nahme** *f* / reference *n*

Bezugs·achse *f* (a. NS) / reference axis || **≗-Anlaufdauer** *f* (el. Masch.) / unit acceleration time || **≗anschluss** *m* (IS) / common reference terminal || **≗anschluss** *m* (Erde) / earth *n* (terminal), ground *n* (terminal) || **≗ausmaß einer Störung** / reference level of a disturbance || **≗band** *n* (Magnetband) DIN 66010 / reference tape || **≗bedingungen** *f pl* / reference conditions || **≗beleuchtung** *f* / reference lighting || **≗bereich** *m* / reference range || **≗-Betriebsbedingungen** *f pl* / reference operating conditions || **≗daten** *plt* (Aufgrund einer allgemeinen Übereinkunft als Bezugsnorm oder Grundlage für eine Vorhersage und/oder für einen Vergleich mit ermittelten Daten verwendete Daten) / reference data (Data which, by general agreement, may be used as a standard or as a basis for prediction and/or comparison with observed data) || **≗drehmoment** *n* / reference torque || **≗druck** *m* / reference pressure

Bezugs·ebene *f* / reference plane, datum plane || **≗ebene** *f* (gS) / datum reference || **≗elektrode** *f* / reference electrode, comparison electrode || **≗element** *n* / reference element || **≗erde** *f* / ground reference plane IEC 50(161), remote earth (o. ground) || **≗fehler** *f* (MG) / fiducial error || **≗fläche** *f* / reference surface, datum surface || **≗flächeninhalt** *m* (Akust.) / reference surface area || **≗frequenz** *f* / reference frequency || **≗gesamtheit** *f* / standard population || **≗größe** *f* / reference quantity, basic size, reference variable || **≗größe** *f* (p.u.-System) / per-unit quantity, base value

Bezugs·kantenbemaßung *f* (CAD) / baseline dimensioning || **≗klemme** *f* (Masseanschluss) / ground terminal || **≗knoten** *m* (Netz) / reference node || **≗kontur** *f* / reference contour || **≗koordinatensystem** *n* (NC) / reference coordinate system || **≗leistung** *f* / reference power, imported energy || **mittlere ≗leistung** / mean power demand || **≗leiter** *m* / reference conductor, reference common, common *n* || **≗leitung** *f* / reference bus || **≗lichtart** *f* / reference illuminant || **≗linie** *f* (Hinweislinie) / leader *n* || **≗linie** *f* (Ausgangslinie) / datum line, reference line || **≗linie** *f* (gS) / datum reference || **≗loch** *n* (Leiterplatte, Montageteile) / indexing hole

Bezugs·maß *n* / basic dimension || **≗maß** *n* (NC) / absolute dimension, absolute coordinates || **≗maß** *n* (Lehre) / gauge *n* || **≗masse** *f* / reference ground, earth (o. ground) reference, ground reference || **≗maßeingabe** *f* (NC) / absolute position data input, input of absolute dimensions, absolute input || **≗maßkoordinaten** *f pl* (NC) / absolute coordinates || **≗maßprogrammierung** *f* (NC) / absolute dimension programming (o. input), absolute programming, absolute date input || **≗maßstab** *m* / principal scale || **≗maßsteuerungssystem** *n* (NC) / absolute control system || **≗maßsystem** *n* (NC) / absolute dimensioning system, fixed-zero system, coordinate dimensioning, base-line dimensioning || **≗menge** *f* (QS) / basic size || **≗messbereich** *m* / reference range || **≗mittelpunkt** *m* / reference centre || **≗normal** *n* / reference standard || **≗-Normalklima** *n* DIN IEC 68 / standard atmospheric conditions for reference

Bezugs·oberfläche *f* (LWL) / reference surface || **≗oberflächen-Kreisabweichung** *f* (LWL) / non-circularity of reference surface || **≗oberflächenmitte** *f* (LWL) / reference surface centre || **≗ordnung für Flugplatzmerkmale** / reference code for aerodrome characteristics || **≗parameter** *n* / reference parameter || **≗pegel** *m* / reference level || **≗periode** *f* (Energie) / demand period || **≗potential** *n* / reference potential || **≗potential** *n* (Erde) / earth *n*, ground *n* || **gemeinsames ≗potential** DIN IEC 381 / signal common || **≗preis** *m* / job order cost || **≗preisbegriff** *m* / job order cost type || **≗profil** *n* / reference profile || **≗programmierung** *f* / absolute programming, absolute date input || **≗programmierung (o. input)** *f* / absolute dimension programming || **≗punkt** *m* / reference point *n* (RP), datum *n*, origin *n* || **≗punkt** *m* (f. Messungen) / benchmark *n* || **≗punkt** *m* (WZM-Werkzeug) / reference point, control point || **≗punkt** *m* (WZM) / home position || **≗punkt** *m* (gS) / datum reference || **≗punkt zur Spindel** / reference point to the spindle || **≗punktverschiebung** *f* / reference point shift || **≗punktverschiebung** *f* (NC) / reference point shift, zero offset || **≗punktquellen-Hinweis** *m* / details of stockists

Bezugs·rauschleistung *f* / reference noise power || **≗schalldruck** *m* / reference sound pressure || **≗schallleistung** *f* / reference sound power, reference acoustic power || **≗spannung** *f* / reference voltage, reference potential || **≗schaltung** *f* (Gleichrichtersäule) DIN 41760 / reference rectifier stack || **≗stellung** *f* / reference position || **≗stift** *f* / reference pin || **≗stoff** *m* DIN 1871 / reference substance || **≗strom** *m* / reference current || **≗stück** *n* / reference piece || **≗system** *n* DIN 30798,T.1 / reference system || **≗system** *n* (Math.) / reference frame, reference system || **≗system** *n* (p.u.-System) / per-unit system || **läuferfestes ≗system** / fixed rotor reference system

Bezugs·takt *m* / reference clock || **≗temperatur** *f* / reference temperature || **≗temperatur** *f* (f. Prüfung) / standard temperature (for testing) || **≗umgebung** *f* DIN IEC 68 / reference ambient conditions || **≗währungskennzeichnen** *n* / job order currency code || **≗wert** *m* / reference value || **≗wert** *m* (Rel., einer Einflussgröße o. einer Einflussfaktors) / reference value || **auf den ≗wert bezogene Abweichung** (Rel.) VDE 0435, T.110 / conventional error || **≗wert des Schalldruckpegels** / reference sound pressure level

BF (Befehlsfreigabebaugruppe) / command enable module

BFG / command release module

BFM (Bedienerführungsmakro) / OGM (operator

guidance macro)
BFOC / bayonet fiber optic connector (BFOC) || ² / BFOC (bayonet fiber optic connector)
BG (Baugruppe) / module *n* (Device such as an I/O board assembly which plugs into back plane or base), submodule *n*, assembly *n*, card *n*, board *n*, PCB
BG (Berufsgenossenschaft) / German Statutory Industrial Accident Insurance Institution, statutory industrial accident insurance institution, BG
BGOG (oberer Begrenzungswert) / upper limiting value || ² (obere Reglerbegrenzung) / upper limiting value
BGR / module *n* (Device such as an I/O board assembly which plugs into back plane or base), submodule *n*, assembly *n*, board *n*, card *n*, PCB
BGT / mounting rack, rack *n*
BGUG / lower limiting value
BHG (Bedienhandgerät) / HHU (handheld unit)
B(H)-Kurve *f* / B(H) curve
BH-Produkt *n* / BH product
B(H)-Schleife *f* / B(H) loop
B x H x T (Breite x Höhe x Tiefe) / W x H x D
BIA (Berufsgenossenschaftliches Institut für Arbeitssicherheit) / German Institute for Occupational Safety, institute for work safety of the statutory industrial accident institutions
BI: Antriebsdatensatz (DDS) Bit0 / BI: DDS bit 0
Bias (QS) / bias *n*
BI: Ausw. Zusatzsollwert-Sperre / BI: Disable additional setpoint
BI: Auswahl für MOP-Erhöhung / BI: Enable MOP (UP-command) || ² **Auswahl für MOP-Verringerung** / BI: Enable MOP (DOWN-command) || ² **Auswahl JOG Hochlaufzeiten** / BI: Enable JOG ramp times || ² **Auswahl JOG links** / BI: Enable JOG left || ² **Auswahl JOG rechts** / BI: Enable JOG right || ² **Auswahl Reversieren** / BI: Reverse
Bibby-Kupplung *f* / Bibby coupling, steel-grid coupling, grid-spring coupling
Bibliothek *f* / library *n* || ²**beschreibung** *f* / library description || ²**nummer** *f* (BIB-Nr.) / library number || ²**programm** *n* / library program
BIB-Nr. (Bibliotheknummer) / library number
BI: CDS Bit0 (local / remote) / BI: CDS bit 0 (local / remote) || ² **CDS Bit1** / BI: CDS bit 1
BICO / Binary Connector (BICO), Binector-Connector (BiCo) || ²**-Parametrierung** *f* / BICO parameterization || ²**-Quelle** *f* / BICO source || ²**-Stecker** *m* / BICO connector || ²**-Technik** *f* (Als BICO-Technik wird die Technik bezeichnet, mit deren Hilfe Verbindungen zwischen Funktionsbausteinen hergestellt werden. Dies geschieht mit Hilfe von Binektoren und Konnektoren. Aus diesen Begriffen leitet sich der Name BICO-Technik ab) / BICO technique (BICO technique is the term used to describe the method of creating connections between function blocks. This is performed with the aid of binectors and connectors. The name is derived from these terms)
bidirektional *adj* / bidirectional *adj* || **~er Bus** DIN IEC 625 / bidirectional bus || **~er Thyristor** / bidirectional thyristor, triac *n* || **~er Transistor** / bidirectional transistor
BIE (Binärergebnis) / BR (binary result)
Biege·balken *m* / bending beam || ²**bank** *f* / bending machine || ²**beanspruchung** *f* / flexural stress, bending stress || ²**dauerfestigkeit im Schwellbereich** / fatigue strength under repeated bending stresses, pulsating bending strength || ²**dehnung** *f* / bending strain || ²**drillknickung** *f* / buckling in combined bending and torsion || ²**druckrand** *m* / extreme compressive fiber || ²**eigenfrequenz** *f* / natural bending frequency || **~elastisch** *adj* / flexible *adj* || **gewundene ²feder** / coiled torsion spring, tangentially loaded helical spring || ²**festigkeit** *f* / flexural strength, flexural rigidity, bending strength, resistance to bending, stiffness *n* || **Rohr~gerät** *n* (IR) / conduit bender, hickey *n* || ²**grenze** *f* / yield point under bending stress || ²**kante** *f* / bending line, bending edge, bending edge || ²**kopf** *m* / bending head || ²**kraft** *f* (Isolator, Durchführung) / cantilever load || **~kritische Drehzahl** / critical whirling speed, first critical speed
Biege·last *f* / bending load || ²**linie** *f* / pre-bending line, elastic line, elastic axis, elastic curve || ²**linie** *f* (Welle) / deflection line, alignment curve || ²**maschine** *f* / bending machine || ²**moment** *n* / bending moment, flexural torque
biegen *v* / bend *v*
Biege·presse *f* / bending press || ²**prüfung** *f* / bending test || ²**prüfung** *f* (Kabel) / flexing test || ²**radius** *m* / radius of curvature || ²**radius** *m* / bend (o. bending) radius, bend radius || ²**richtung, vom Nocken der Seitenwand wegführend** / direction of bending, away from cam of side wall, direction of bending, towards cam of side wall || ²**ring** *m* / flexural ring, bending ring, ring cell, flex-ring || ²**riss** *m* / bending crack, flexural crack || ²**rissbildung** *f* / flex cracking
Biege·schlagversuch *m* / bending impact test || ²**schutztülle** *f* (f. Anschlussschnur) / cord guard || ²**schwellfestigkeit** *f* / fatigue strength under repeated bending in one direction, fatigue strength under repeated bending stresses, pulsating bending strength, fatigue strength under reversed bending || ²**schwingung** *f* / flexural vibration, bending vibration, lateral vibration, flexural mode || ²**spannung** *f* / bending stress || ²**stanze** *f* / bending die || ²**steg** *m* / ring cell || **~steif** *adj* / rigid *adj*, flexurally stiff || ²**steifigkeit** *f* / stiffness under flexure, bending stiffness, flexural strength || ²**stempel** *m* / folding punch
Biege·verhalten *n* / flexural properties || **~verlappt** *adj* / bend lap joined || ²**verlust** *m* (LWL) / bend loss || ²**versuch** *m* / bending test || ²**versuch an T-Stoß** / T-bend test || ²**versuch mit vorgekerbter Probe** / nick-break test, notch break test || ²**versuch mit Wurzel auf der Zugseite** / root bend test || ²**vorrichtung** *f* / bending jig || ²**vorrichtung** *f* (Prüf.) / bend test jig || ²**wandler** *m* / bending actuator || ²**wandlersystem zur Nadelansteuerung** / piezo actuator, piezoceramic actuator, piezoceramic pending element || ²**wange** *f* / bending beam, bending cheek || ²**welle** *f* / flexural wave || ²**winkel** *m* / angle of bend || ²**zahl** *f* / number of bends, bend number || ²**zugfestigkeit** *f* / flexural tensile strength || ²**zugrand** *m* / extreme tensile fiber
biegsam *adj* / flexible *adj*, pliable *adj* || ~ *adj* (elastisch) / flexible *adj* || ~ *adj* (geschmeidig) / pliable *adj* || **~e Dichtung** / dynamic seal || **~e Welle**

/ flexible shaft ‖ **~es Rohr** (IR) / pliable conduit
Biegung *f* / bend *n*
BI: EIN/AUS1 / BI: ON/OFF1 ‖ **≗ EIN/AUS1 mit reversieren** / BI: ON/OFF1 reverse
BI: Festfrequenz-Auswahl Bit 0 / BI: Fixed freq. selection Bit 0
bifilar gewickelt / double-wound *adj*, non-inductively wound ‖ **~e Wicklung** / bifilar winding, double-wound winding, double-spiral winding
BI: Freigabe Gleichstrom-Bremse / BI: Enable DC braking ‖ **≗ Freigabe PID-Regler** / BI: Enable PID controller
BI: Funktion Digitalausgang 1 / BI: Function of digital output 1
BI: Impulsfreigabe / BI: Pulse enable
BI: Integrator Drehz.reg. Setzen / BI: Set integrator of n-ctrl.
Bilanzierung *f* / balance calculation
Bilanz·kennziffer *f* / balance ID ‖ **≗knoten** *m* (Netz) / balancing bus, slack node
Bild *n* / picture *n*, image *n*, figure *n*, map *n*, screen *n*, I/O image (A portion of memory where I/O status (the image) is maintained) ‖ ≗ *n* (BSG) / display *n*, picture *n* ‖ ≗ *n* (Grafikgerät, aus Darstellungselementen) / picture *n*, display image ‖ ≗ *n* (Osz.) / trace *n* (oscilloscope), display *n* ‖ ≗ *n* (gS) / pattern *n* ‖ **≗ löschen** / delete screen ‖ **≗ neu** / new screen ‖ **A-≗** *n* (Ultraschallprüfung) / A scan ‖ **codiertes ≗** / coded image ‖ **Fräs~** *n* / milling pattern, milling routine ‖ **grafisches ≗** / graph *n*, graphical representation
Bild·abschattung *f* / image shading ‖ **≗abtaster** *m* / image sensor ‖ **≗abwahl** *f* / close picture ‖ **≗aktualisierung** *f* (BSG) / display updating, image updating ‖ **≗anwahl** *f* / display selection, open picture ‖ **≗anwahlbedienung** *f* / display selection (input) ‖ **≗attribut** *n* / screen attribute ‖ **≗aufbau** *m* / display generation, picture construction, image format ‖ **≗aufbau** *m* (Bildkonstruktion am Bildschirm) / display building ‖ **≗aufbau** *m* (Format) / picture (o. image format) *n* ‖ **≗aufbaufrequenz** *f* / display construction frequency ‖ **≗aufbauoperation** *f* / display construction statement, program display instruction ‖ **≗aufbautastatur** *f* / display building keyboard ‖ **≗aufbauzeit** *f* (graf. DV) / picture formatting time, display building time ‖ **≗aufnahmeröhre** *f* / camera tube, image pick-up tube ‖ **≗aufnahmeröhre mit Bildwandlerteil** / image camera tube ‖ **≗aufnahmeröhre mit langsamen Elektronen** / low-velocity camera tube, cathode-ray-stabilized camera tube ‖ **≗aufnahmeröhre mit Photoemission** / photoemission camera tube ‖ **≗aufnahmeröhre mit Photoleitung** / photoconductive camera tube ‖ **≗aufnahmeröhre mit schnellen Elektronen** / high-velocity camera tube, anode-potential-stabilized camera tube ‖ **≗ausgabe** *f* (BSG) / video output ‖ **≗austastsignal** *n* (BA-Signal) / picture blanking signal, blanked picture signal ‖ **≗-Austast-Synchron-Signal** *n* (BAS) / composite video, picture blanking signal ‖ **≗austast-Synchronsignal** *n* (BAS-Signal) / composite video (o. picture signal) ‖ **≗auswahl** *f* / picture browser ‖ **≗auswertesystem** *n* / image processing system, image analysis system ‖ **≗auswertung** *f* / image analysis
Bild·baustein *m* / picture block, variable block (VB), VB (variable block) ‖ **≗baustein** *m* (f. Bildschirmanzeige) / display driver block, CRT driver ‖ **≗befehl** *m* / program display instruction, display construction statement ‖ **≗begrenzung** *f* / screen boundary ‖ **≗blende** *f* (Monitorrahmen) / screen frame ‖ **≗darstellung** *f* / pictorial representation, graphical representation, graphic display, tailored graphic display (Cf.: configured graphic display) ‖ **≗datei** *f* / display file, image file ‖ **≗datei** *f* (GKS) / metafile *n* ‖ **≗datei** *f* (CAD) / view file ‖ **≗datei** *f* (Plotter) / plotfile *n* ‖ **≗datenbank** *f* / picture database ‖ **≗datenspeicher** *m* / image data store, picture data store ‖ **≗design** *n* / display layout ‖ **≗diagonale** *f* / screen diagonal ‖ **≗durchlauf** *m* / scroll(ing) *n*
Bild·element *n* / pixel *n*, output primitive, display element, graphic primitive ‖ **grafisches ≗element** / graphic display element ‖ **≗elementmatrix** *f* / pixel matrix
bilden *v* / generate *v*
Bild·erkennungssystem *n* / imaging system ‖ **≗erstellung** *f* / display building ‖ **≗fang** *m* / picture hold ‖ **≗feld** *n* (BSG) / display field ‖ **≗fenster** *n* / screen window, window *n* ‖ **≗fokussierungsspannung** *f* / image focus voltage ‖ **≗format** *n* / image format ‖ **≗frequenz** *f* / (image) refresh frequency, frame frequency, picture frequency, image frequency
Bild·geometrie *f* (BSG) / image geometry, display geometry ‖ **Pegel~gerät** *n* / level tracer ‖ **≗gestaltung** *f* (am Bildschirm) / display formatting, display building ‖ **≗grenze** *f* / image boundary ‖ **≗größe** *f* / screen size ‖ **≗güte** *f* (Durchstrahlungsprüf.) / image quality, radiograph quality ‖ **≗güte-Prüfsteg** *m* / penetrameter *n* ‖ **≗helligkeit** *f* (BSG) / screen brightness, display brightness ‖ **≗hierarchie** *f* (BSG) / visual display hierarchy, display hierarchy ‖ **≗inhalt** *m* (Bildschirm) / contents of display, screen content
Bild·kanal *m* / video channel, VDU channel ‖ **≗konstruktion** *f* (am Bildschirm) / display building ‖ **≗kraft** *f* / image force ‖ **≗lauf** *m* / scroll(ing) *n* ‖ **≗laufleiste** *f* / scroll bar
bildliche Darstellung (Impulsmessung) DIN IEC 469, T.2 / pictorial format, pictorial (o. graphical) representation, graphic representation
Bild·masken *f pl* / image masks ‖ **≗menü** *n* / icon menue ‖ **≗mittelpunkt** *m* / display centre ‖ **≗muster** *n* / pattern *n* ‖ **≗neuaufbau** *m* / (screen) refresh ‖ **≗nummer** *f* / image number ‖ **≗nummernleiste** *f* / image number selection bar ‖ **≗organisation** *f* / video display organization ‖ **≗platte** *f* / video disk ‖ **≗projektierung** *f* / display configuration ‖ **≗punkt** *m* / pixel *n* ‖ **≗punktgenerator** *m* / dot rate generator (DRG) ‖ **≗punktgrafik** *f* / pixel graphics ‖ **≗punktkoordinate** *f* / pixel coordinate ‖ **≗rahmen** *m* (BSG) / window *n* ‖ **≗rand** *m* / screen edge ‖ **≗reinigung** *f* / image enhancement ‖ **≗röhre** *f* / picture tube, cathode-ray tube (CRT) ‖ **≗rollen** *n* (Betriebsart) / rolling-map mode ‖ **≗rollen** *n* / display rolling ‖ **≗rücklauf** *m* (BSG) / frame flyback
bildsame Formänderung / plastic deformation, permanent set ‖ **~ Verformung** / plastic deformation, permanent set
Bildscanner *m* / scanner *n*

Bildschirm *m* / screen *n*, display screen, cathoderay tube (CRT), display device (GKS) || ≗ **mit Direktablenkung** / directed-beam CRT || ≗**abzug** *m* / screen shot || ≗**anzeige** *f* / screen display, CRT display || ≗**-Anzeigetext** *m* / CRT display text, display text || ≗**arbeitsplatz** *m* / display workstation || ≗**-Arbeitsplatz** *m* (BSA) / display workstation, VDU-based workstation || ≗**aufteilung** *f* / screen layout, display assignment || ≗**ausgabe** *f* / screen display, CRT display || ≗**befehl** *m* / screen statement || ≗**bereich** *m* / screen field || ≗**computer** *m* / video computer || ≗**darstellung** *f* / screen display, soft copy || ≗**diagonale** *f* / screen diagonal || ≗**dialog** *m* / interactive screen dialog, conversational mode at the screen, interactive session || ≗**dunkelschaltung** *f* / screen blanking, blanking *n* || ≗**dunkelsteuern** *n* / screen darkening (A bit can be set to keep the screen dark while a complex (graphics) display is being composed point for point, line for line. When complete, the display appears on the screen), blanking *n*, screen blanking || ≗**dunkelsteuerung** *f* / screen darkening

Bildschirm·editor *m* / display editor || **direkte** ≗**eingabe** / visual mode || ≗**einheit** *f* / visual display unit (VDU), video terminal, video display terminal (VDT) || **Zeichen-**≗**einheit** *f* / alphanumeric display unit || ≗**einteilung** *f* / screen layout || ≗**fenster** *n* / screen window, window *n* || ≗**fläche** *f* / screen area || ≗**formatierung** *f* / on-screen formatting || ≗**foto** *n* / screen shot || ≗**gerät** *n* / visual display unit (VDU), video terminal, CRT unit, VDU || **~gestütztes Bediensystem** (PLT) / VDU-based operator communication system || ≗**größe** *f* / screen diagonal || ≗**inhalt** *m* / screen contents, screenful of information, frame *n* || ≗**konsole** *f* / display console || ≗**leitsystem** *n* / VDU-based (o. CRT-based) control system || ≗**leittechnik** *f* / VDU-based (o. CRT-based) process control || ≗**maske** *f* / screen form, screen *n*, screen display || ≗**menü** *n* / screen menue

Bildschirm·programmiergerät *n* / CRT-based programmer. video programmer, VDU-based programmer || ≗**protokoll** *n* / screen listing || ≗**rand** *m* / screen edge || ≗**schreibmaschine** *f* / display typewriter || ≗**station** *f* / display terminal, data display terminal || ≗**tastatur** *f* / display keyboard, soft keyboard || ≗**text** *m* (Btx) / interactive videotex, display text, CRT display text || ≗**treiber** *m* / display driver || ≗**warte** *f* (Pult) / VDU-based console, VDU-based workstation, CRT workstation || ≗**wechselsperre** *f* / display change disable

Bild·sichtgerät *n* / visual display unit (VDU), video terminal, CRT unit || ≗**signal** *n* (Videos.) / video signal || ≗**speicher** *m* / image memory || ≗**speicher** *m* / picture memory, picture store || ≗**speicher** *m* (RAM) / video RAM || ≗**sprache** *f* / pictographic language, ideographic language (a written language in which each character (ideogram) represents a thing or an idea (but not necessarily a particular word or phrase). An example of such a language is written Chinese. Contrast with alphabetic language) || ≗**stillstand** *m* (Osz.) / display stabilization || ≗**symbol** *n* (Ikon) / icon *n* || ≗**tafel** *f* / illustration *n* || ≗**tiefensimulation** *f* / depth cueing || ≗**umlauf** *m* / wraparound *n*

Bildung *f* / generation *n*

Bild·unterschrift *f* / caption *n* || ≗**verarbeitung** *f* / image processing || ≗**verbesserung** *f* / image enhancement || ≗**vergrößerungslampe** *f* / enlarger lamp || ≗**verschiebung** *f* (BSG, vertikal) / scrolling *n* || ≗**verschiebung** *f* (Osz.) / display shift, display positioning || ≗**verschiebung** *f* (BSG, horizontal) / panning *n* || ≗**verschiebung** *f* (BSG, vertikal) / rolling *n* || ≗**verstärkerröhre** *f* / image intensifier tube

Bild·wandbeleuchtung *f* / screen illumination || **CCD-**≗**wandler** *m* / CCD image sensor, charge-coupled imager (CCI) || **Fotodioden-**≗**wandler** *m* / photodiode sensor || **ladungsgekoppelter** ≗**wandler** / charge-coupled device (CCD), CCD (charge-coupled device) || ≗**wandlerröhre** *f* / image converter tube || ≗**wechsel** *m* / picture exchange || ≗**wechsel** *m* (BSG) / display refreshing, display change || ≗**wechselspeicher** *m* / picture memory, image memory, picture store || ≗**wechselzeit** *f* / display refresh time || ≗**wiederherstellung** *f* / display regeneration || ≗**wiederholfrequenz** *f* / (image) refresh rate, image refresh frequency || ≗**wiederholschirm** *m* / refreshed-display screen || ≗**wiederholspeicher** *m* / refresh memory, refresh buffer

Bild·zeichen *n* DIN 55402 / pictorial marking, symbol *n*, ideograph *n*, ideographic character (A character of Chinese origin representing a word or a syllable that is generally used in more than one Asian language. Somes referred to as a Chinese character) || ≗**zeile** *f* / picture line || ≗**zusammenstellung** *f* / picture composition

Bilux·-As-Lampe *f* / shielded double-filament headlamp with asymmetrical beam || ≗**-Lampe** *f* / shielded double-filament headlamp

BIM (Bus Interface Module) / BIM (bus interface module)

Bimetall *n* / bimetal *n* || ≗**draht** *m* / bimetal wire || ≗**element** *n* / bimetallic element || ≗**instrument** *n* / bimetallic instrument || ≗**kontakt** *m* / bimetal contact || ≗**maximalwert** *m* / maximum bimetal value || ≗**-Messgerät** *n* / bimetallic instrument || ≗**relais** *n* / bimetal(lic) relay || ≗**relais für Schweranlauf** / bimetal(lic) relay for heavy starting || ≗**schalter** *m* DIN 41639 / thermal time-delay switch, bimetallic-element switch || ≗**-Sekundärrelais** *n* / secondary bimetal relay || ≗**streifen** *m pl* / bimetal strips || ≗**-Temperaturwächter** *m* / bimetal thermostat, bimetal(lic) relay || ≗**thermometer** *n* / bimetallic thermometer || ≗**wert** *m* / bimetal value, calculated demand value || ≗**wippe** *f* / bimetal rocker

bimodale Wahrscheinlichkeitsverteilung / bimodal probability distribution

BImSchV (Bundesimissionsschutzverordnung) / German Federal Emission Protection Regulations

binär *adj* / binary *adj* || **~ codierter Dezimalcode** (BCD) / binary coded decimal code (BCD) || **~ codierter Maßstab** / binary-coded scale || **~ dargestellte Zustandsinformation** / binary state information || **~ exponentiell** / binary exponential

Binär·anweisung *f* / binary statement || ≗**ausgabebaugruppe** *f* / binary output module || ≗**ausgabebaustein** *m* / binary output block || ≗**ausgang** *m* / binary output || ≗**/BDC-Umsetzung** *f* (o. -Wandlung) / binary/BCD conversion || ≗**bild** *n* / binary image || ≗**code** *m* / binary code || ≗**code für Dezimalziffern** / binary coded decimal code

(BCD) || ≗**-Dezimalcode** *m* / binary coded decimal code (BCD) || ≗**-Dezimalumsetzung** *f* / binary-to-decimal conversion
binäre Funktion / binary function (o. operation), binary logic function (o. operation), binary logic operation, logic function || ~ **Steuerung** / binary control || ~ **Variable** / binary variable || ~ **Verknüpfung** / binary logic operation, binary logic, binary function, binary logic function, logic function || ~ **Verzögerungsschaltung** / binary delay circuit || ~ **Zustandsinformation** / binary state information
Binär·eingabebaugruppe *f* / binary input module || ≗**eingabebaustein** *m* / binary input block || ≗**eingang** *m* / digital input
binärer Abschaltkreis DIN 19226 / binary de-energizing circuit || ~ **Asynchronzähler** / binary ripple counter || ~ **Fehlererkennungscode** / binary error detecting code || ~ **Fehlerkorrekturcode** / binary error correcting code || ~ **Untersetzer** / binary scaler
Binärergebnis *n* (BIE) / binary result (BR)
binäres Schaltelement / binary-logic element || ~ **Schaltsystem** / binary-logic system || ~ **Verknüpfungsglied** / binary-logic element || ~ **Zeitglied** / (binary) timing element || ~ **Zeitglied** (Monoflop) / binary monoflop
binär-exponentiell *adj* / binary exponential || ~ **ermittelte Verzichtsdauer** (LAN) / binary exponential backoff
Binär·geberüberwachungsbaustein *m* / binary transmitter (o. encoder) monitoring block || ≗**koppelempfangsbaustein** *m* / binary linking and receiver block || ≗**koppelsendebaustein** *m* / binary linking and transmitter block || ≗**kopplung** *f* / binary interface || ≗**muster** *n* (BM) / bit pattern, binary pattern || ≗**operation** *f* / binary operation
Binär·rangierer *m* / binary(-signal) allocation module, binary-signal router || ≗**schaltung** *f* DIN 40700 / logic element || ≗**schreibweise** *f* / binary notation || ≗**signal** *n* / binary signal || ≗**stelle** *f* / binary digit || ≗**stufe** *f* (Zähler) / binary counter stage || **~synchrone Übertragung** (BSC) / binary synchronous communication (BSC) || ≗**system** *n* / binary (number system), dual system, binary number system || ≗**teiler** *m* / binary divider, T bistable element, complementing element || ≗**untersetzer** *m* / binary scaler || ≗**wert** *m* (Ein Wert, der nur zwei Größen annehmen kann) / binary value || ≗**wort** *n* / binary word
Binary Coded Decimal (Binär codierte Dezimalzahlen) / binary coded decimal (BCD), binary decimal code, BCD (binary coded decimal)
Binär·zahl *f* / binary number || ≗**zähler** *m* / binary counter || ≗**zeichen** *n* / binary character || ≗**ziffer** *f* / binary digit
Binde·draht *m* / lacing wire, binding wire, bracing wire || ≗**frist** *f* / validity || ≗**lader** *m* / linkage loader || ≗**liste** *f* / link list || ≗**mittel** *n* / bonding agent, binder *n*, cement *n*
binden *v* (DV) / link *v* || ≗ *n* / bonding *n*
Binder *m* (Baukonstruktion) / truss *n*, frame *n* (work) || ≗ *m* (Kunststoff) / binder *n* || ≗ *m* (Programm) / linker *n*, linkage editor || ≗**bauweise** *f* / frame construction, steel-framed construction, truss construction || ≗**programm** *n* / linker program, linker *n*
Bindevorgang *m* / binding process
Bindungsenergie *f* / binding energy
BI: Negative Sollwertsperre / BI: Inhibit neg. freq. setpoint
Binektor *m* (Freiverschaltbares binäres Signal in MASTERDRIVES, z.B. Digitaleingang, Ausgang eines Zeitgliedes, Steuerbit vom Profibus usw) / binector *n* || ≗**wandler** *m* / binector converter
binominal·e Grundgesamtheit / binominal population || ≗**koeffizient** *m* / binominal coefficient || ≗**verteilung** *f* DIN 55350,T.22 / binominal distribution || ≗**wahrscheinlichkeit** *f* / binominal probability
Bio-Chip *m* / big-chip *n*
Biohm *n* / two-range ohmmeter
Bio·lumineszenz *f* / bioluminescence *n* || ≗**masse** *f* / bioconversion *n* || ≗**metrie** *f* (ZKS) / biometry *n*
BIOS *n* (Befehlssatz, der die CPU beim Datenaustausch mit Peripheriegeräten unterstützt (Software)) / BIOS (Basic Input/Output System (booting instructions to communicate CPU with peripherals))
BI: Parametersatz 0 laden / BI: Download parameter set 0
BI: PID-Festsollwert Anwahl Bit0 / BI: Fixed PID setp. select Bit 0
bipolar *adj* / bipolar *adj* || **~e Betriebsart** (A-D-Umsetzer) / bipolar mode || **~e Leitung** / bipolar line || **~er Binärcode** / sign-magnitude binary code || **~er Operationsverstärker** (BOP) / bipolar operational amplifier (BOP) || **~er Sperrschichttransistor** / bipolar junction transistor || **~er Transistor** / bipolar transistor || **~es HGÜ-System** / bipolar HVDC system
Bipolar·schaltung *f* / bipolar circuit || ≗**transistor** *m* / bipolar transistor || ≗**transistor mit isolierter Steuerelektrode** (Gateelektrode) / Insulated Gate Bipolar Transistor (IGBT), IGBT (Insulated Gate Bipolar Transistor), Insulated Gate Bipolar Transistor (IGBT), IGBT (Insulated Gate Bipolar Transistor)
BI: Quelle 1. Fehlerquittung / BI: 1. Faults acknowledgement || ≗ **Quelle Externer Fehler** / BI: External fault || ≗ **Quelle PID-MOP höher** / BI: Enable PID-MOP (UP-cmd) || ≗ **Quelle PID-MOP tiefer** / BI: Enable PID-MOP (DOWN-cmd)
Biquinärzähler *m* / biquinary counter
Birne *f* (Lampe) / bulb *n*, lamp *n*, incandescent lamp
Birnenlampe *f* / pear-shaped lamp
bis / up to
bistabil·e Kippstufe / bistable element, flip-flop *n* || **~e Speicherröhre** / bistable storage tube || **~es Kippglied** / bistable circuit, bistable element IEC 117-15, flipflop || **~es Relais** / bistable relay || **~es Strömungselement** / bistable fluidic device || **~es System** / bistable system, two-state system || **~es Verhalten** / bistable characteristic
Bisubjunktion *f* / equivalence *n*
Bit *n* / bit *n* || **niedrigstwertiges** ≗ / least significant bit (LSB) || ≗**adresse** *f* / bit address || ≗**anzeige** *f* (SPS) / bit condition code || ≗**-Anzeige** *f* / bit display || ≗**-Anzeigefeld** *n* (Indikatorfeld) / bit condition-code field, bit indicator field || ≗**befehl** *m* / bit operation || **~-breite Verknüpfung** / bit-wide operation || ≗**bündel-Übertragung** *f* / burst transmission || ≗**dichte** *f* / bit density
Bit·fehlermessplatz *m* / bit error measuring set ||

²**fehlerquote** *f* / bit error rate (BER) ‖ ²**fehlerrate** *f* (BER) Verhältnis von fehlerhaften Bits zu der Gesamtzahl der Bits bei einer Übertragung) / bit error rate (BER) ‖ ²**fehlerwahrscheinlichkeit** *f* / bit error probability ‖ ²**feld** *n* / bit array, bit field ‖ ²**felderliste** *f* / list of bit arrays ‖ ²**feldtyp** *m* / bit array type ‖ ²**folge** *f* / bit string (A data element consisting of one or more bits) ‖ ²**folgefrequenz** *f* / bit rate ‖ ²**-Format** *n* / bit format ‖ ²**geschwindigkeit** *f* / bit rate ‖ ²**größe** *f* / bit size
Bit·information *f* / bit information ‖ ²**kette** *f* / bit string (A data element consisting of one or more bits) ‖ ²**-Kombinationsanalyse** *f* (zur Identifizierung von Logikfehlern bei Bauelementen durch Umwandlung von Bit-Folgen) / signature analysis ‖ ²**leiste** *f* / bit bar, bit string ‖ ²**maske** *f* / mask *n*, bit mask, suppression mask ‖ ²**muster** *n* / bit pattern ‖ ²**-Nr.** *f* / bit no. ‖ **~orientierte Organisation** / bit-oriented organization ‖ ²**platz** *m* / bit position ‖ ²**position** *f* / bit position ‖ ²**prozessor** *m* / bit processor ‖ ²**prozessorbus** *m* (BP-Bus) / bit P bus
Bit·-Raster *m* (Wort) / bit word ‖ ²**rate** *f* / bit rate ‖ ²**reihung** *f* / bit string ‖ ²**rücksetzkommando** *n* / bit reset command ‖ ²**/s** / bit/s, bps ‖ ²**s pro Sekunde** (BPS) / bits per second (BPS) ‖ **allgemeine** ²**s** / general bits ‖ ²**scheiben-Prozessor** *m* / bit-slice processor
bitseriell *adj* / bit-serial, bit by bit ‖ **~es Prozessbus-Schnittstellensystem** / bit-serial process data highway interface system
Bit·setzkommando *n* / bit set command ‖ ²**-slice-Prozessor** *m* / bit-slice processor ‖ ²**stelle** *f* / bit position ‖ ²**stelleteiler** *m* / bit scaler ‖ ²**testoperation** *f* / bit test operation ‖ ²**übertragungsdienst** *m* DIN ISO 7498 / physical service ‖ ²**übertragungsprotokoll** *n* DIN ISO 7498 / physical protocol ‖ ²**übertragungsschicht** *f* DIN ISO 7498 / physical layer
Bitumen-Anstrich *m* / bituminous coating
Bit·verknüpfung *f* / bit combination ‖ ²**versatz** *m* / bit skew
bitweise *adv* / bit by bit, in bit mode, in bits, bit-serial *adv*
Bit·wertigkeit *f* / bit significance ‖ ²**zeit** *f* / bit time
bivalentes Heizsystem / fuel/electric heating system
bivariate Normalverteilung DIN 55350,T.22 / bivariate normal distribution ‖ **~ Wahrscheinlichkeitsverteilung** DIN 55350,T.21 / bivariate probability distribution
BI: Wechs. z. Drehmomentregelung / BI: Change to torque control
BK / gateway *n*
BKG / bkg
b Kontakt / NC contact (normally closed contact)
BKS (Basiskoordinatensystem) / BCS (Basic Coordinate System)
BK-Schalter / puffer circuit-breaker, single-pressure circuit-breaker
BKS-Schloss / BKS lock
bl *adj* / blue *adj*, blu *adj*
Black-band-Versuch *m* / black-band test
Blackout *m* / blackout *n*, complete failure ‖ ² *m* / system collapse, blackout *n*
Blank *n* / blank *n*, blank space, space *n* ‖ **~** *adj* (metallisch) / bright *adj* ‖ **~** *adj* (unisoliert) / bare *adj*, uninsulated *adj* ‖ **~** *adj* (Leiter) / plain *adj*, uninsulated *adj*, bare *adj* ‖ ²**abmessung des Leiters** / dimensions of uninsulated conductor, bare conductor dimensions ‖ **~beizen** *v* / pickle *v* ‖ ²**draht** *m* / bare wire ‖ ²**drahtbrücke** *f* / strap with bare wire
Blankett *n* / blank form, form *n*
blank·gewalzt *adj* / bright-rolled *adj* ‖ **~gezogen** *adj* / bright-drawn *adj*
Blanko·-Prüfmarke *f* / blank test label ‖ ²**·skale** *f* / blank scale
Blankpolspule *f* / copper-strip field coil
Blasblech *n* / blow-out plate
Blase *f* (a. gS) / blister *n* ‖ ² *f* (Flüssigk.) / bubble *n*
Blaseinrichtung *f* (f. Lichtbogenbeblasung) / blowout arrangement (o. feature)
Blasenbildung *f* / blistering *n*, pimpling *n*, bubbling *n*
blasenfrei *adj* / bubble-free *adj*, without bubbles, free of blow holes *adj*
Blasen·kammer *f* / bubble chamber ‖ ²**packung** *f* / blister packing ‖ ²**speicher** *m* / bubble memory, magnetic bubble memory
Blasfeld *n* / blow field, blowout field
blasformen *v* / blow molding
Blas·formmaschine *f* / blow molding machine ‖ ²**kolben** *m* / blast piston, puffer *n* ‖ ²**kolben-Druckgas-Schnellschalter** *m* / high-speed puffer circuit-breaker, high-speed single-pressure circuit-breaker ‖ ²**kolbenschalter** *m* / puffer circuit-breaker, single-pressure circuit-breaker
Blas·magnet *m* / blowout magnet, blowing magnet, blowout coil ‖ ²**magnetfeld** *n* / magnetic blow(out) field ‖ ²**mantel** *m* / blow-out jacket ‖ ²**schieber** *m* / blast valve ‖ ²**sicherung** *f* / blowout fuse ‖ ²**spule** *f* / blowout coil ‖ ²**ung** *f* (magn.) / blowout *n* ‖ ²**wirkung** *f* (magn.) / magnetic arc blow ‖ ²**zylinder** *m* / blast cylinder, puffer cylinder, compression cylinder
Blatt *n* (Kunststoff) / sheet *n*, sheeting *n* ‖ ²**einzug** *m* (Drucker) / sheet feeder
Blätterfunktion *f* / scrolling *n*
Blättern *n* / paging *n* ‖ ~ *v* / page *v*, turn the pages, page through ‖ ~ *v* (zwischen Speicherbereichen) / swap *v*
Blätter·taste *f* / page key ‖ ²**ung** *f* (Blechp.) / laminated construction
Blatt·feder *f* / flat spring, plate spring, leaf spring, laminated spring ‖ ²**federkontakt** *m* / reed contact, dry-reed contact ‖ ²**federn** *f pl* / leaf springs ‖ ²**federschalter** *m* / leaf switch ‖ ²**fortschaltung** *f* / sheet advance, paper feed ‖ ²**schreiber** *m* / typewriter *n*, keyboard printer, console typewriter, pageprinter *n*, console typewriter ‖ ²**verweis** *m* / sheet reference ‖ ²**zapfen** *m* (Kuppl.) / wobbler *n*
blau *adj* / blue *adj*, blu *adj*
Blau·linie *f* (LT) / blue boundary ‖ ²**pause** *f* / blueprint *n* ‖ ²**pausen** *n* / blueprinting *n*
BLE / power electronic equipment (PEE)
Blech *n* (click) / plate *n*, steel plate ‖ ² *n* (dünn) / sheet *n*, sheet steel, sheet metal ‖ ² *n* (Blechp.) / lamination *n*, punching *n*, stamping *n* ‖ ² **erster Wahl** / first-grade sheet (o. plate) ‖ ² **ohne Kornorientierung** / non-oriented (sheet steel) ‖ ² **zweiter Wahl** / second-grade sheet (o. plate)
Blech·abschirmung *f* / screening plate ‖ ²**alterung** *f* / magnetic fatigue ‖ ²**armatur** *f* (Bürste) / finger clip, hammer clip ‖ ²**bearbeitung** *f* / sheet metal working ‖ ²**bearbeitungsmaschine** *f* / sheet metal

working machine || ²**behandlung** *f* / metal treatment || ²**biegevorrichtung** *f* / plate bending device || ²**blende** *f* / sheet-steel shutter, shutter *n*, blanking plate || ²**dicke** *f* / gauge *n*, sheet thickness, plate thickness || ²**ebene** *f* / panel *n*

blechen *v* (laminieren) / laminate *v*

blech·gekapselt *adj* / sheet-metal-enclosed *adj*, metal-clad *adj* || ²**halter** *m* / shim *n* || ²**harfe** *f* / pressed cooling section || ²**isolierung** *f* (Blechp.) / inter-laminar insulation, insulation of laminations || ²**jalousie** *f* / sheetmetal shutter, sheet-metal louvre

Blech·kanal *m* / metal duct, sheet-metal busway, metal bunking, metal raceway || ²**kapselung** *f* / sheet-metal enclosure, metal enclosure || ²**kette** *f* (WKW-Gen.) / segmental ring, laminated rim, free rim, floating-type rim || ²**kettenläufer** *m* / segmental-rim rotor, laminated-rim rotor, rotor with floating-type rim, free-rim rotor, chain-rim rotor || ²**kurzschluss** *m* (Blechp.) / inter-lamination fault, short circuit between laminations || ²**lamelle** *f* / lamination *n*, core lamination, stamping *n*, punching *n* || ²**lasern** *n* / sheet laser machining || ²**lehre** *f* / sheet-metal gauge || ²**locher** *m* / blanking tool || ²**mantel** *m* / sheeting *n*

Blech·paket *n* (el. Masch.) / laminated core, core stack, core assembly || ²**paket** *n* / sheet stack || ²**paketaufhängung** *f* / core attachment || ²**paketbohrung** *f* / stator bore, inside diameter of core || ²**paketläufer** *m* / laminated rotor || ²**paketrücken** *m* / outside diameter of core, core back || ²**paketzahn** *m* / core tooth || ²**ring** *m* (Blechp.) / circular lamination, ring punching, integral lamination || ²**ringpaket** *n* (segmentiert) / segmental-ring core || ²**rohrharfenkessel** *m* / boiler plate tubular tank, plate tubular tank || ²**ronde** *f* / circular lamination, ring punching, integral lamination

Blech·schichtplan *m* / lamination scheme, building scheme || ²**schnitt** *m* (WZ) / punch and die set, blanking tool, die set || ²**schraube** *f* / self-tapping screw, sheet-metal screw || ²**schrauben** *f pl* / tapping screws || ²**segment** *n* / segmental lamination, segmental stamping || ²**sorte** *f* / sheet grade, grade of magnetic sheet steel || ²**spule** *f* / laminated-sheet coil || ²**stapel** *m* / stack of laminations || ²**station** *f* (Kiosk) / kiosk substation || ²**teil** *n* / metal part || ²**umformwerkzeug** *n* / sheet metal stamping die || ²**wand** *f* / metal plate

Blei·akkumodul *n* / lead-acid battery module || ²**akkumulator** *m* / lead-acid battery

bleibend *adj* / permanent *adj* || **~e Abweichung** (Reg.) / offset *n*, steady-state deviation || **~e Bahnverschiebung** (NC) / permanent path offset || **~e Dehnung** / permanent elongation, elongation *n*, extension *n* || **~e Drehzahlabweichung** / speed droop, load regulation || **~e Eindringtiefe** / depth of impression || **~e Formänderung** / plastic deformation, permanent set || **~e Kalibrierung** / permanent calibration || **~e Nullpunktabweichung** (MG) DIN 43782 / residual deflection IEC 484 || **~e Regelabweichung** / steady-state deviation, offset *n* || **~e Sollwertabweichung** DIN 19226 / steady-state deviation from desired value, offset *n* || **~e Verformung** / plastic deformation, permanent set || **~er Fehler** / permanent fault, persistent fault, sustained fault || **~er Fehlzustand** IEC 50(191) / persistent (o. permanent o. solid) fault

Blei·mantelkabel *n* / lead-sheathed cable, lead-covered cable || ²**mantelleitung** *f* / lead-sheathed cable, lead-covered cable || ²**sicherung** *f* / fusible lead cutout

Blendbegrenzungszahl *f* / glare control mark

Blende *f* (Abdeckung) / mask *n*, cover *n* || ² *f* (LT) / diaphragm *n*, mask *n*, stop *n* || ² *f* (Frontplatte v. SPS-Baugruppen) / frontplate *n* || ² *f* (Optik, Photo, Spektrometer) / aperture *n* || ² *f* (Drossel) / restrictor *n* || ² *f* (Leuchtenschirm) / shield *n* || ² *f* (Messöffnung) / orifice *n* || ² *f* (ESR, im Entladungsweg) / baffle *n* || ² *f* (metallgekapselte SA) VDE 0670, T.6 / shutter *n* IEC 439-1 || ² *f* (rahmenförmig) / bezel *n*, masking frame || **Abdunkelungs~** *f* / darkening diaphragm || **getrennt zu öffnende** ² / shutters that can be opened separately || **Grenz~** *f* / limiting aperture || **Lampen~** *f* / lamp shield, protective screen

blenden *v* / dazzle *v*, blind *v*

Blenden·betätigung *f* / shutter operation || ²**brücke** *f* (Durchflussmessung) / orifice bridge

blendend *adj* / glaring *adj*, dazzling *adj*

Blenden·öffnung *f* (Messblende) / aperture *n*, orifice *n* || ²**schieber** *m* / aperture slide || ²**seite** *f* / front plate || ²**system** *n* (Chromatograph, Kollimator) / collimator system

Blend·lichtquelle *f* / glare source || ²**rahmen** *m* (IV) / trim frame, masking frame || ²**rahmen** *m* (Leuchte) / masking frame || ²**schiene** *f* / trim rail, moulding *n* || ²**schutz** *m* / anti-glare device, anti-dazzle device || ²**schutzscheibe** *f* / anti-glare screen, anti-dazzling screen

Blendung *f* / glare *n*

Blendungs·begrenzung *f* / glare restriction, restriction of glare intensity || ²**begrenzungszahl** *f* / glare control mark

blendungsfrei *adj* / glare-free *adj*, glareless *adj*, non-dazzling *adj*

Blendungsschirm *m* / anti-glare screen, anti-dazzling screen

Blick, mit ² **auf die Antriebsseite** / (viewed when) facing the drive end, when looking at the drive end || ²**feld** *n* (a. CAD) / field of vision || ²**richtung** *f* / viewing direction || ²**winkel** *m* / viewing angle

Blind·abdeckblech *n* / blanking plate || ²**abdeckkappe** *f* / blanking cap || ²**abdeckrahmen** *m* / blanking cover frame, blanking frame || ²**abdeckstreifen** *m* / blanking strip || ²**abdeckung** *f* / cover plate || ²**abdeckung** *f* (BGT) / filler panel || ²**abdeckung** *f* (a. Leuchte) / blanking cover, blanking plate || ²**ader** *f* / dummy core || ²**anteil** *m* / reactive component, quadrature component, wattless component || ²**anzapfung** *f* / dead-coil connection, dummy tapping || ²**arbeit** *f* / reactive energy || ²**arbeit** *f* (Varh) / reactive power demand, kVArh || ²**arbeitszählwerk** *n* / reactive volt-ampere-hour register, kVArh register

Blind·baugruppe *f* / dummy assembly || ²**bürste** *f* / dummy brush || ²**deckel** *m* (Software-Version:) / cover plate, blanking plate, blanking cover || ²**diode** *f* / free-wheel diode || ²**element** *n* / dummy element || ²**energie** *f* / reactive energy || ²**faktor** *m* / reactive factor || ²**feld** *n* (Schaltfeld) / unequipped panel, reserve panel, spare panel || ²**flansch** *m* / blank flange, cover plate || ²**frontplatte** *f* (Steckbaugruppe) / dummy front plate

Blind·kappe *f* / blank keytop || ²**komponente** *f* /

reactive component, quadrature component, wattless component || **≗last** *f* / reactive load, wattless load || **≗last-Magnetisierungskurve** *f* / zero-power-factor saturation curve

Blindleistung *f* / reactive power, wattless power, VAr, kVAr, MVAr || **Magnetisierungs-≗** *f* / magnetizing reactive power, magnetizing VA (o. kVA)

Blindleistungs·abgabe *f* / reactive-power generation, reactive-power supply || **≗anteil** *m* / reactive(-power) component, wattless component, idle component || **≗anzeiger** *m* / varmeter *n* || **≗aufnahme** *f* / reactive-power absorption || **≗aufnahmevermögen** *n* / reactive-power absorbing capacity || **≗aufteilung** *f* / reactive-power allocation || **≗ausgleich** *m* / reactive-power compensation, power factor correction || **≗bedarf** *m* / reactive-power demand || **≗fähigkeit** *f* / reactive-power capability, MVAr capability || **≗faktor** *m* / reactive power factor, reactive factor || **≗fluss** *m* / reactive-power flow || **≗kompensation** *f* / reactive-power compensation, power factor correction || **≗kompensation** *f* (BLK) / reactive power compensation, power factor correction (PFC), p.f. correction || **≗kompensationsanlage** *f* / power factor correction system || **≗-Kompensationskondensator** *m* / power-factor correction capacitor || **statischer ≗kompensator** / static reactive-power compensator, static compensator

Blindleistungs·maschine *f* (asynchron) / asynchronous condenser, asynchronous compensator, asynchronous capacitor, phase advancer || **≗maschine** *f* (synchron) / synchronous condenser, synchronous compensator, synchronous capacitor || **≗messer** *m* / varmeter *n* || **≗messumformer** *m* / reactive power transducer, VAr transducer || **≗-Regeleinheit** *f* / VAr control unit, power-factor correction unit, p.f. correction unit || **≗regelung** *f* / VAr control, power-factor correction || **≗regler** *m* / VAr controller, power factor controller || **≗relais** *n* / reactive-power relay || **≗schreiber** *m* / recording varmeter || **≗-Stromrichter** *m* (Stromrichter zur Blindleistungskompensation, der Blindleistung erzeugt oder verbraucht, ohne dass Wirkleistung fliesst außer zur Deckung der Verlustleistung) / reactive power convertor (A convertor for reactive power compensation that generates or consumes reactive power without the flow of active power for the power losses in the convertor) || **≗verhältnis** *n* (VAr/Amplitude der komplexen Leistung) / phasor reactive factor || **≗zähler** *m* / varhour meter

Blind·leitwert *m* / susceptance *n* || **≗loch** *n* / blind hole || **≗mutter** *f* / box nut || **≗permeabilität** *f* / reactive permeability || **≗platte** *f* / blanking plate, blanking cover, cover plate || **≗probe** *f* / dummy test specimen || **≗probe** *f* (Lösung) / blank solution

Blind·schaltbild *n* / mimic diagram, mimic bus diagram, mimic system diagram || **≗schaltsymbol** *n* / mimic-diagram symbol || **≗scheibe** *f* / blank flange || **≗sicherung** *f* / dummy fuse || **≗spannung** *f* / reactive voltage, wattless voltage || **≗spannungsabfall** *m* / reactance drop || **≗spule** *f* / idle coil, dummy coil, dead coil || **≗stab** *m* (Stabwickl.) / idle bar || **≗stecker** *m* / dummy plug, blanking plug, filler plug || **≗stift** *m* (Anschlussstift) / dummy post || **≗stopfen** *m* / filler plug, blanking plug, dummy plug || **mit ≗stopfen verschlossen** / blanked off

Blindstrom *m* / reactive current, wattless current, idle current, imaginary current || **≗aufschaltung** *f* (Spannungsreg.) / reactive-current compensating circuit, crosscurrent compensating circuit || **~freie Last** / non-inductive load, non-reactive load || **≗klausel** *f* (StT) / power-factor clause || **≗kompensation** *f* / reactive-current compensation, power-factor correction

Blind·verbrauch *m* / reactive volt-ampere consumption, VAr consumption || **≗verbrauch-Dreileiterzähler** / three-wire kVArh meter || **≗verbrauchszähler** *m* / reactive volt-ampere-hour meter, reactive energy meter, varhour meter, VArh meter || **~verflanschen** *v* / blank-flange *v*, blank off *v* || **≗verschluss** / blanking plug || **≗verschlussstopfen** *m* / blank plug, dummy plug || **≗versuch** *m* (Kerbschlagprüf.) / dummy test || **≗versuch** *m* (Kunststoff) / blank test || **≗wagen** *m* (ST) / dummy truck || **≗watt** *n* / reactive power, wattless power, VAr, kVAr, MVAr || **≗widerstand des Mitsystems** / positive phase sequence reactance, positive-sequence reactance || **≗widerstandsbelag** *m* / reactance per unit length || **≗zone** *f* / close range || **≗zone** *f* (NS) / blind zone

Blink·anzeige *f* / flashing indicator || **≗attribut** *n* / flash attribute

blinken *v* / flash *v*, blink *v*

blinkend *adj* / flashing *adj* || **~e Anzeige** / flashing indication (o. alarm) || **~e Schreibmarke** / blinking cursor

Blinker *m* (Kfz) / flashing indicator, flasher *n*, blinker *n*

Blink·feuer *n* / blinking light || **≗frequenz** *f* / flashing frequency, flash rate, flashing-light frequency, blinking frequency (VDU), flashing rate || **≗geber** *m* (Rel.) / flasher relay

Blinklicht *n* / flashing light, blinking light, winking light || **≗** *n* (Kfz) / flashing indicator, flashing direction indicator, flasher *n*, blinker *n* || **≗** *n* (Verkehrsampel) / coloured flashing light, flashing signal, flashing beacon || **Wechsel≗** *n* / reciprocating lights || **≗anzeige** *f* / flashing-light indication || **≗frequenz** *f* / flashing rate, flash sequence, rate of flash || **≗meldung** *f* / flashing-light indication || **≗schalter** *m* (Kfz) / flasher switch, flasher *n*

Blink·-Pausenverhältnis *n* / flash/interval ratio || **≗relais** *n* / flasher relay || **≗signal** *n* / blinking signal || **≗spannung** *f* / flasher voltage || **≗takt** *m* / flashing frequency, flashing rate || **≗takterzeugung** *f* / flashing-frequency generation, flashing-rate generation || **≗taktsynchronisierung** *f* / flashing pulse synchronization || **≗-Zeitschalter** *m* / flashing timer

Blisterpackung *f* / blister packing

Blitz *m* / flash *n*, lightning *n*, lightning flash || **≗** *m* (SFL Flp.) / sequenced flashlight (SFL) || **≗ableiter** *m* / lightning conductor, lightning protection system || **≗ableiter** *m* (Überspannungsableiter) / lightning arrester || **≗ausbildung** *f* / flash incidence || **≗duktor** *m* / lightning protection unit || **≗einrichtung** *f* (Osz., f. Zeitordinate) / flash-light (time-ordinate marker), lightning incidence || **≗einschlag** *m* / lightning strike

blitzen *v* / flash *v*

Blitz·-Erdseil *n* / overhead earth wire, overhead protection cable, ground wire || **≗feuer** *n* / flashing light, flash signal || **Sperrungs~feuer** *n* (Flp.) / flashing unserviceability light || **≗folge** *f* / flashing rate, flash sequence, rate of flash || **≗gerät** *n* / flash gun || **≗-Hindernisbefeuerung** *f* (FOL) / flashing obstruction light (FOL)

Blitz·kanal *m* / air channel, lightning channel || **≗lampe** *f* / photoflash lamp, flash lamp, flasher lamp || **≗leuchte** *f* / photoflash lamp, flash lamp, flasher lamp, flash *n* || **≗licht** *n* / stroboscopic light, flashlight *n* || **≗parameter** *m* / parameter of incidence || **≗pfeil** *m* (Hochspannungswarnzeichen) / high-voltage flash, lightning flash || **≗presse** *f* (zum Crimpen) / crimping gun || **≗röhre** *f* / electronic-flash lamp, flash tube

Blitzschlag *m* / lightning stroke, stroke *n*

Blitzschutz *m* / lightning protection || **innerer ≗** / internal lightning protection || **≗anlage** *f* / lightning protection system || **≗-Duktor** *m* / lightning protection unit || **≗element** *n* / lightning protection element || **≗erdung** *f* / earth termination(s), earth termination network || **≗kabel** *n* / lightning conductor, overhead ground wire || **Gleichspannungs-≗kondensator** *m* / d.c. surge capacitor || **≗maßnahme** *f* / lightning protection measure || **≗pegel** *m* / lightning protective level || **≗seil** *n* / lightning protection cable, overhead earth wire, shield wire || **≗stange** *f* / lightning rod || **≗- und Überspannungsschutzkonzept** / lightning protection and overvoltage protection concept || **≗zone** *f* / lightning protection zone || **≗zonen-Konzept** *n* / lightning protection zone concept

Blitz·spannung *f* / lightning stroke voltage || **≗stehstoßspannung** *f* / lightning impulse withstand voltage || **≗stoßprüfspannung** *f* / lightning impulse test voltage || **≗stoßprüfung** *f* / lightning impulse test

Blitzstoßspannung *f* / lightning impulse voltage, lightning impulse || **≗ unter Regen** / wet lightning impulse voltage || **≗, trocken** *f* / dry lightning impulse voltage

Blitzstoßspannungs·festigkeit *f* / lightning impulse strength || **≗prüfung** *f* / lightning impulse withstand voltage test, lightning impulse voltage test, lightning impulse test || **≗prüfung mit abgeschnittener Welle** / chopped-wave lightning impulse test || **≗prüfung unter Regen** / wet lightning impulse voltage test || **≗prüfung, trocken** *f* / dry lightning impulse withstand voltage test IEC 168, lightning impulse voltage dry test IEC 466 || **≗schutzpegel** *m* / lightning impulse protection level || **≗welle** *f* / lightning surge wave

Blitz·strom *m* / lightning stroke current || **≗stromableiter** *m* / lightning conductor, lightning arrestor, lightning arrester || **≗spannung** *f* / lightning overvoltage || **≗-Überspannung** *f* / lightning overvoltage || **≗-Überspannungsschutzfaktor** *m* / protection ratio against lightning impulses IEC 50(604), lightning impulse protection ratio || **≗-Überspannungsschutzpegel** *m* / lightning impulse protective level || **≗zählgerät** *n* / lightning flash counter

BLK (Blindleistungskompensation) / reactive power compensation, PFC (power factor correction)

BL-Maschine *f* / brushless machine, commutatorless machine, statically excited machine

Bloch·-Band *n* (HL, Energieband) / Bloch band || **≗-Wand** *f* / Bloch wall

Block *m* (KW) / unit *n*, generating unit, generator-transformer unit || **≗** *m* / parallelepiped *adj* || **≗** *m* (LAN, Übertragungsb.) / frame *n* || **≗** *m* (zusammenhängender Bereich von Speicheradressen) / block *n* || **≗** *m* (Folge von Sätzen, Worten o. Zeichen, FWT) / block *n* || **≗** *m* (Daten) / data block || **≗** *m* (NC, Satz) / block *n* || **≗** *m* (vergossene Baugruppe) / potted block || **≗** *m* (Daten) / block *n* || **≗** *m* (Reg.) / functional block || **≗ Conversion Buffer** (BCB) / block conversion buffer (BCB) || **≗ Conversion File** (BCF) / block conversion file (BCF) || **≗ für freie Lötung** (elektron. Baugruppe) / potted block for point-to-point soldered wiring || **im ≗ geschaltet** / in unit connection, unitized *adj* || **≗ mitgeöffnet** / block created || **Schalt~** *m* (HSS) / contact unit, contact element || **Text~** *m* / block of text || **USV-≗** *m* / UPS unit

Block·abbruch *m* (DÜ) / abort *n* || **≗adresse** *f* / block address || **≗anfang** *m* / block start || **≗anfangsbegrenzer** *m* (LAN) / starting frame delimiter || **≗anfangssignal** *n* (NC) / block start signal, start-of-block signal || **≗ausgabe** *f* (DÜ, SPS) / block output || **≗batterie** *f* / monobloc battery || **≗bauform** *f* (SPS-Geräte) / block design || **≗bauform** *f* (el. Masch.) / box-frame type, box-type construction || **≗bauweise** *f* / block-type construction, box-type construction, block design || **Antrieb in ≗bauweise** (LS) / unit-construction (operating) mechanism || **≗betrieb** *m* / block mode || **≗bild** *n* / block diagram || **≗bürste** *f* / solid brush

Block·deckel *m* (Batt.) / one-piece-cover || **≗diagramm** *n* / block diagram || **≗-Differentialschutz** *m* (Generator-Trafo) / generator-transformer differential protection || **≗eigenbedarfsanlage** *f* / unit auxiliaries system || **≗eigenbedarfstransformator** *m* / unit auxiliary transformer

Blocken *n* (Kommunikationsnetz) DIN ISO 7498 / blocking *n*

Block·endebegrenzer *m* (LAN) / ending frame delimiter || **≗endezeichen** *n* (PMG) / block delimiter || **≗fahrstand** *m* (KW) / unit (control console) || **≗fehlerwahrscheinlichkeit** *f* (FWT) / block error probability || **≗fett** *n* / block grease || **≗format** *n* / block format, record format || **≗formatkennung** *f* / record format identifier || **≗gehäuse** *n* / box frame || **≗glimmer** *m* / block mica || **≗größe** *f* / frame size || **≗größe** *f* (Daten) / block size

Block·heizkraftwerk *n* / engine-based cogeneration plants || **≗heizkraftwerk** *n* (BHKW) / unit-type district-heating power station, unit-type cogenerating station || **≗heizkraftwerk** *n* (m. Verbrennungsmot., f. Kraft-Wärme-Kopplung) / engine-based cogenerating station || **≗-Heizkraftwerk** *n* / packaged cogeneration unit || **≗-Hilfsaggregate** *n pl* (KW) / unit auxiliaries || **≗höhe** *f* (Feder) / height of spring when completely compressed

Blockier·eingang *m* / blocking input || **≗einrichtung** *f* / locking device || **≗prüfung** *f* (Prüfung bei festgebremstem Läufer) / locked-rotor test

blockiert *adj* / blocked *adj*

Blockierung *f* / blocking *n*, block *n*, locking *n*, locking device, rotor locking || ≗ *f* (eines Schalters) / immobilization *n* || ≗ *f* (Rechneranlage) / deadlock *n* || ≗**sfehler** *m* / passive fault

Blockierzeit *f* (ESR) / blocking time

Block·kasten *m* (Batt.) / monoblock container *n* || ≗**kraftwerk** *n* / unit-type power station || ≗**lager** *n* / block of stock || ≗**länge** *f* (Anzahl von Sätzen, Worten o. Zeichen in einem Block) / block length || ≗**längenüberschreitung** *f* / block length exceeded || ≗**leistung** *f* (KW) / unit capacity || ≗-**Leistungsschalter** *m* / unit circuit-breaker, circuit breaker of generator-transformer unit || ≗**leitebene** *f* (PLT, KW) / unit control level, unit coordination level || ≗**motor** *m* / box-frame motor, box-type motor || ≗**nummernanzeige** *f* / block number display, block count readout, sequence number display || **~orientierte Organisation** / block-oriented organization

Block·parität *f* / horizontal parity, longitudinal parity, block parity || ≗**peripherie** *f* / block I/O || ≗**prüfung** *f* (DÜ) DIN 44302 / block check || **zyklische** ≗**prüfung** / CRC (cyclic redundancy check) || ≗**prüfungszeichen** *n* / block check character (BCC) || ≗**prüfzeichen** *n* / block check character (BCC) || ≗**prüfzeichenfolge** *f* / block check sequence, frame check sequence (FCS packet switching) || ≗**relais** *n* / block relay || ≗**satz** *m* (Textverarb.) / justified block, right-justified format || ≗**schaltbild** *n* / block diagram || ≗**schaltplan** *m* / block diagram || ≗**schaltung** *f* (KW, Generator-Transformator) / unit connection || ≗**schaltung** *f* (Schaltplan, IS) / block diagram || ≗**schutz** *m* / unit protection || ≗**schütz** *n* / block contactor || ≗**sicherung** *f* (FWT) / block securing || ≗**span** *m* / laminated pressboard

Block·strom *m* (rechteckförmiger Strom) / square-wave current || ≗**stromwandler** *m* / block current transformer, block-type current transformer || ≗**summenprüfung** *f* / cyclic redundancy check (CRC) || ≗**synchronisierung** *f* (FWT) / block synchronisation || ≗**tarif** *m* / block tariff || ≗**transfer** *m* / block transfer || ≗**transformator** *m* / unit-connected transformer, unit transformer, generator transformer || **Anlauf über** ≗**transformator** / main-circuit-transformer starting || ≗**trennung** *f* (KW) / disconnection of generating unit

Blockung *f* / blocking *n*

Blockwartezeit *f* / block wait time

blockweise *adj* / block by block || **~ Eingabe** / block-serial input || **~ Verarbeitung** / block-by-block processing, block-serial processing || **~s Nachladen** (BTR) / block transfer (BTR)

Blondelsche Streuziffer / Blondel leakage coefficient || ≗ **Zweiachsentheorie** / Blondel two-reaction theory

Blowby-Messung *f* (Kfz) / blowby measurement

BM / bit pattern || ≗ (Binärmuster) / binary pattern

BMA / fire alarm system, fire detection system

BMV (Betriebsmittelvorschrift) / equipment specification

BN (Benutzeranleitung, Benutzerhandbuch) / user guide, user's guide, BN

BNC / bayonet nut connector (BNC)

BNS (Basis-Nullpunktsystem) / BOS (basic origin system), BZS (basic zero system)

BO / binector output

BoB / unattended operation

Bock *m* (Lg.) / pedestal *n*, pillow block, plummer *n* || ≗ *m* (Auflage f. Montage) / support *n*, horse *n*, stand *n*, bracket *n*

Bode-Diagramm *n* / Bode diagram

Boden *m* / ground *n*, soil *n*, base *n* || ≗**abdeckung** *f* / base plate, baseplate, bottom panel, ground end plate || ≗**abschlussplatte** *f* / ground end plate || ≗**abstand** *m* (Freiltg.) / ground clearance || ≗**aggregat** *n* / ground power unit || ≗**anschlussdose** *f* / floor service box, outlet box || ≗**anschlusssystem** *n* / ground connection system, order || ≗**ausbreitungswiderstand** *m* / earth-electrode resistance, resistance to ground, dissipation resistance || ≗**ausbruch** *m* / floor cutout || ≗**auslassdose** *f* / floor outlet box, floor service box || **Dauerbetrieb mit** ≗**austrocknung** (Kabel) / continuous operation with soil desiccation

Boden·befestigung *f* (DT, Leuchtmelder) / base mounting || ≗**belag** *m* / floor covering, floor finish || ≗**belastbarkeit** *f* / bearing capacity of soil || ≗**beleuchtungskurve** *f* / ground illuminance curve, roadway illuminance curve || ≗**blech** *n* / base plate, baseplate, bottom panel, ground end plate || ≗**dose** *f* / floor outlet box, floor service box || ≗**durchbruch** *m* / floor cutout || **~eben** *adj* / flush *adj* (with the floor) || ≗**feuer** *n* (Flp.) / ground light || ≗**flansch** *m* (Abl.) / bottom flange || ≗**freiheit** *f* / ground clearance, bulk clearance || ≗**freiheit** *f* (Fußboden) / floor clearance || ≗**freiheit** *f* (unter dem Getriebe) / clearance underneath gear case || ≗-**Fußbodeninstallationskanal, bündiger** ≗ / flushfloor trunking

Boden·geometrie *f* (Bohrungen) / hole-bottom geometry || ≗**kanal** *m* / underfloor trunking, underfloor duct(ing), underfloor raceway || ≗**kontakt** *m* (Lampenfassung) / contact plate, eyelet *n* || ≗**öffnung** *f* / floor opening || ≗**platte** *f* (Gebäude) / floor slab || ≗**platte** *f* / base plate, baseplate *n*, ground end plate, bottom panel || ≗**satz** *m* (Öl) / sediment *n* || **ausgelegte** ≗**signale** (Flp.) / ground signal panels || ≗**verschluss** *m* / bottom flap || ≗**wandeinbau** *m* / base plate installation || ≗**wanne** *f* / bottom pan || **spezifischer** ≗**widerstand** / soil resistivity, earth resistivity || ≗**zeit** *f* (Werkstücke) / floor-to-floor time

Bogen *m* / circle arc, circular arc || ≗ *m* (Blatt) / sheet *n* || ≗ *m* (Isoliermaterial, Folie) / sheet *n*, sheet material || ≗ *m* (Wölbung) / arch *n* || ≗ *m* (Kreisbogen) / arc *n* || ≗ **in der Kontur** (NC) / arc in contour || ≗ **mit Klemmmuffe** (IR) / clamp-type coupling bend || ≗**ablenker** *m* / arc deflector || ≗**ausschnitt** *m* / arc cutout || ≗**brenndauer** *f* / arc duration || ≗**dämpfung** *f* DIN IEC 235, T.1 / arc loss || ≗**element** *n* / element of arc || ≗**entladung** *f* / arc discharge, electric arc || **intermittierende** ≗**entladung** (Schauerentladung) / showering arc || ≗**entladungsröhre** *f* / arc discharge tube

bogenförmig *adj* / arched *adj* || **~e Ordinate** / curvilinear ordinate

Bogen·-Glimmentladungs-Übergang *m* / glow-to-arc transition || ≗**grad** *m* / degree of arc || **befahrbarer** ≗**halbmesser** / negotiable curve radius || ≗**lampe** *f* / arc lamp || ≗**länge** *f* / arc length || ≗**läufigkeit** *f* / curve negotiability || ≗**löschung** *f* / arc extinction, arc quenching

Bogen·maß *n* / radian measure, circular measure || ≗**maß** *n* (CAD) / radiant *n* || ≗**mauer** *f* (WKW) /

arch dam || ≈**minute** *f* / minute of arc || ≈**offsetmaschine** *f* / sheet offset machine || ≈**plasma** *n* / arc plasma
Bogen·sekunde *f* / second of arc || ≈**spannung** *f* (Lichtbogen) / arc-drop voltage, arc voltage, arc drop || ≈**strecke** *f* / arc gap || ≈**strom** *m* / arc current, arcing current, current in arc || ≈**verluste** *m pl* / arc-drop losses || ≈**winkel** *m* / angle *n* || ≈**zahnkegelrad** *n* / conical gear with curved teeth, spiral bevel gear, hypoid gear || ≈**zahnkupplung** *f* / curved-tooth coupling, curved-tooth bevel gear || ≈**zahnwälzkegelrad** *n* / spiral bevel gear
Bogigkeit *f* / camber *n*, bowing *n*
Bohr·achse *f* / drilling axis, boring axis || ≈**achse** *f* (WZM) / drilling (o. boring) axis || ≈**aggregat** *n* / boring attachment || ≈**automat** *m* / drilling machine, drill *n* || ≈**balken** *m* / boring beam || ≈**bearbeitung** *f* / hole machining || ≈**bild** *n* / drilling pattern, drill pattern, hole pattern, circle of holes, hole circle, bolt hole circle (A point pattern with equally spaced holes on a circle), hole box || ≈**durchmesser** *m* / hole diameter, diameter drilled
bohren *v* / drilling *v* || ~ *v* (Bohrstange oder Drehstahl) / bore *v* || ~ *v* (ins Volle) / drill *v* || ~ *v* (Gewinde) / tap *v* || ≈ **auf Maß** / drill to size || ≈ **Reiben** / drill ream || **stirnig** ~ / horizontal boring
Bohrer *m* / drilling machine, drill *n* || ≈**schaft** *f* / drill shank || ≈**spitze** *f* / drill tip
Bohr·futter *n* / drill head, drill chuck || ≈**gewindefräser** *m* / drill and thread milling cutter || ≈**hub** *m* (WZM) / drilling stoke, boring stoke || ≈**insel** *f* / drilling platform || ≈**kern** *m* / plug *n* || ≈**kopf** *m* / drill head || ≈**kopfwechsler** *m* / drill-head changer || ≈**kreis** *m* / drilling pattern, drill pattern, hole pattern, hole circle, bolt hole circle (A point pattern with equally spaced holes on a circle), circle of holes || ≈**lehre** *f* / drilling jig, boring jig || ≈**lochtiefe** *f* (Sauerstoffbohren) / lancing depth, flame-boring depth, flame-drilling depth
Bohr·maschine *f* / drill *n* || ≈**maschine** *f* (Aufbohren) / boring machine || ≈**maschine** *f* (Vollbohren) / drilling machine || ≈**modul** *n* / boring module || ≈**modultechnik** *f* / drill module technology || ≈**muster** *n* / drilling pattern, drill pattern, hole pattern, hole circle, bolt hole circle (A point pattern with equally spaced holes on a circle), circle of holes || ≈**öl** *n* / cutting oil || ≈**pfahl** *m* / augered pile, bored pile || ≈**platte** *f* / jig *n* || ≈**position** *f* / drill position || ≈**reihe** *f* / row of holes, line of holes || ≈**schablone** *f* / drilling jig, hole drilling template, boring jig
Bohrsches Magnetron / Bohr magnetron
Bohr·schieber *m* / drilling slide || ≈**späne** *m pl* / drillings *n pl*, borings *n pl* || ≈**spindelgruppe** *f* / boring beam || ≈**hülse** *f* / sleeve *n*, quill *n* || ≈**spindelkombination** *f* / boring spindle combination || ≈**stange** *f* / boring bar || ≈**steckbuchse** *f* / drilling receptacle || ≈**tiefe** *f* / drilling depth || ≈**- und Fräsbilder** *n pl* / drilling and milling patterns
Bohrung *f* / drilling *n*, hole *n*, boring *n*, cylindrical hole || ≈ *f* (m. Bohrmeißel) / bore hole, bore *n* || ≈ *f* (m. Spiralbohrer) / drill hole, drilled hole || ≈ **für Anschlagstiftschraube** / hole for stop stud bolt || ≈ **für Ausschaltfeder** / hole for tripping tension spring || ≈ **für Außennase** / hole for external tap || ≈ **für Gestänge** / hole for linkage || ≈ **für Knotenkette** / hole for knot chain || ≈ **für Spannbolzen** / hole for clamping bolt || ≈ **für Splint** / hole for split pin || ≈ **für Verriegelungsbolzen** / hole for interlock bolt || ≈ **Kerbzahn** / notch hole || ≈ **Nietung** / riveting hole || ≈ **ohne Gewinde** / plain hole || **flachseitige** ≈ / vertical boring || **stirnseitige** ≈ / horizontal boring || ≈**en** *f pl* / holes *pl* || **Oliven-**≈**en** / olive holes
Bohrungs·durchmesser *m* / hole diameter, bore diameter, diameter drilled || ≈**durchmesser** *m* (el. Masch., Ständer) / inside diameter of stator || ≈**feld** *n* (el. Masch.) / field over armature active surface (with rotor removed), pole-to-pole field || **Reaktanz des** ≈**felds** / reactance due to flux over armature active surface (with rotor removed) || ≈**mantelfläche** *f* / hole jacket surface
Bohr·werk *n* / boring mill, boring machine || ≈**werkzeug** *n* / drilling tool || ≈**zustellung** *f* / drill infeed || ≈**zyklus** *m* / drilling cycle
Boje *f* / buoy *n*
Bolometer *n* / bolometer *n*
Bolzen *m* / bolt *n*, pin *n*, stud *n* || ≈ **mit Kopf** / clevis pin with head || ≈**abstand** *m* / bolt spacing || ≈**gelenk** *n* / pin joint, hinged joint, knuckle joint || ≈**käfig** *m* / pin-type cage || ≈**klemme** *f* / stud terminal || ≈**klemme** *f* (Schraubklemme für Kabelschuhe oder Schienen) / bolt-type screw terminal || ≈**kupplung** *f* / pin coupling, pin-and-bushing coupling, stud coupling || ≈**-Leitungsdurchführung** *f* / concentric-stud bushing, stud-type bushing || ≈**lenker** *m* / bolt guide, pin-type guidance arm
Bolzen·scheibe *f* (Kuppl.) / pinned coupling half, pin half, stud half || ≈**schraube** *f* / stud bolt, stud *n*, threaded stud || ≈**schweißen** *n* / stud welding || ≈**schweißgerät** *n* / stud welding device, stud welding control || ≈**teilung** *f* / bolt spacing || ≈**verbinder** *m* / bolt connector
bombiert *adj* / embossed *adj*
Bombierung *f* / camber *n*
Bonden *n* / contacting *n*
bondern *v* / bonderize *v*
boolesch *adj* / boolean *adj* || **~e Algebra** / boolean algebra, boolean lattice || **~e Verknüpfung** / boolean operation || **~e Verknüpfungstafel** / boolean operation table, truth table || **~er Verband** / Boolean lattice
Bootdatei *f* / boot file
booten *v* / boot *v*
Bootfile *n* / boot file
BOP / bipolar operational amplifier (BOP) || ≈ (Basic Operator Panel) / basic operator panel, BOP || ≈**-Leitung** / BOP-link || ≈**-Steuerung** / BOP control
BOR (Buffer Output Register) / BOR (buffer output register)
Bord *m* (Flansch, Lg.) / flange *n* || ≈**computer** *m* / on-board computer, trip computer, car computer
Bördelrand *m* (Lampensockel) / flare *n*
bordfrei *adj* (Lg.) / flangeless *adj*
Bordgenerator *m* (Bahn) / traction generator || ≈ *m* (Flugzeug) / aircraft generator
Bordnetz *n* (Schiff) / ship electrical system, ship system || ≈ *n* (Kfz) / vehicle electrical distribution system, vehicle electrical system, vehicle network, vehicle wiring system || ≈**generator** *m* (Schiff) / marine alternator, auxiliary generator
Bordoni-Transformator *m* / Bordoni transformer

Bordrechner *m* (Kfz) / on-board computer, trip computer, car computer
Bordscheibe *f* (Lg.) / flange ring, retaining ring
boriert *adj* / boron treated
BO: Steuerwort 1 von CB / BO: Control word 1 from CB ‖ ≈ **Steuerwort 1 v. BOP-Link** (USS) / BO: CtrlWrd1 from BOP link (USS) ‖ ≈ **Steuerwort 1 v. COM-Link** (USS) / BO: CtrlWrd1 from COM link (USS)
Boucherot-Transformator *m* / Boucherot transformer
Bourdon·-Feder *f* / Bourdon spring, Bourdon tube ‖ ≈**-Rohr** *n* / Bourdon tube, Bourdon spring
Bowdenzug *m* / Bowden cable (o. wire)
Box *f* / enclosure *n*
BP / OMP
BP-Bus / bit P bus
B-Prüfstelle *f* / B-level calibration facility
BPS / bits per second (BPS)
BR (Basisadressenregister) / BR (base address register)
br *adj* / brown *adj*, brn *adj*
Brachzeit *f* / down time, non-productive time, downtime *n*, idle time
Braggsche Reflexionsbedingungen / Bragg's reflection conditions, Bragg's law
Branche *f* / industry *n*, sector *n*, segment *n*, fields *n pl*
Branchen·-Development-Board *n* (BDB) / sector development board ‖ ≈**management** *n* / sector management ‖ ≈**schwerpunkte** *m pl* / special emphasis is placed on ‖ ≈**-SW** *n* / sector-specific software
branchenübergreifend *adj* / cross-sector
Brand *m* / fire *n* ‖ ≈ *m* (Brennen im Ofen) / firing *n* ‖ ≈**bekämpfung** *f* / fire fighting ‖ ≈**gas** *n* / combustion gas ‖ ≈**gefahr** *f* / fire hazard, fire risk ‖ ≈**gefahrenprüfung** *f* / fire-hazard test(ing) ‖ ≈**last** *f* / fire load ‖ ≈**marke** *f* / burn mark ‖ ≈**meldeanlage** *f* (BMA) / fire alarm system, fire detection system ‖ ≈**melder** *m* / fire-alarm call point, fire-alarm call box, call point ‖ **automatischer** ≈**melder** / fire detector, flame detector ‖ ≈**melderzentrale** *f* / control and indicating equipment EN 54 ‖ ≈**meldung** *f* / fire alarm
Brand·punkt *m* / ignition temperature, ignition point ‖ ≈**rasterdecke** *f* / fire-resistive louvered ceiling ‖ ≈**schottung** *f* / fireproof bulkhead ‖ ≈**schutz** *m* / fire protection ‖ ≈**schutzanstrich** *m* / fireproofing coat, fire coat ‖ ≈**schutzbeschichtung** *f* / flame-resistant coating ‖ ≈**schutzeinrichtungen** *f pl* / fire protection equipment ‖ ≈**schutzisolierung** *f* / fireproofing *n* ‖ ≈**schutzüberzug** *m* / fireproofing coat, fire coat ‖ ≈**schutzumhüllung** *f* / fire enclosure ‖ ≈**schutzwand** *f* / fire protection wall, fire wall ‖ ≈**sicherheit** *f* / resistance to fire ‖ ≈**stelle** *f* / burn mark, burn *n* ‖ ≈**verhalten** *n* / behavior in fire
Brauchbarkeits·dauer *f* DIN 400042 / life utility, useful life ‖ ≈**dauer** *f* (a. Batt.) / service life ‖ ≈**zeit** *f* / useful life ‖ ≈**zeitintervall** *n* / useful life
Brauchwasser *n* / service water ‖ ≈**pumpensteuerung** *f* / service water pump controls
braun *adj* / brown *adj*, brn *adj*
Braunschweig / Brunswick
Break-over-Diode *f* / break-over diode (BOD)
Brechbarkeit von Leuchten / frangibility of light fixtures (US)
Brech·bolzen *m* / shear pin ‖ ≈**einrichtung** *f* / snapping equipment
brechen *v* / break *v* ‖ **Kanten** ~ / chamfer edges, bevel edges ‖ **Späne** ~ (WZM) / chip breaking
Brech·muster *n* / breaking pattern ‖ ≈**platte** *f* (Sollbruchstelle) / rupture diaphragm ‖ ≈**station** *f* / break station ‖ ≈**tisch** *m* / breaking table ‖ ≈**ung** *f* (Opt., Akust.) / refraction *n*
Brechungs·gesetz *n* / law of refraction, refraction law, Snell's law ‖ ≈**index** *m* / refractive index, index of refraction ‖ ≈**spektrum** *n* / dispersion spectrum, prismatic spectrum ‖ ≈**verhältnis** *n* / refractive index ‖ **akustisches** ≈**verhältnis** / refractive index ‖ ≈**vermögen** *n* / refractivity *n* ‖ ≈**winkel** *m* / angle of refraction ‖ ≈**zahl** *f* / refractive index
Brech·walze *f* / snapping roll ‖ ≈**zahl** *f* / refractive index ‖ ≈**zahldifferenz** *f* / refractive index contrast IEC 50(731) ‖ ≈**zahlprofil** *n* / refractive index profile IEC 50(731), index profile
breit *adj* / wide *adj*, range *adj*
Breit·bahn-Feinglimmerisoliermaterial *n* / mica paper, mica wrapper material ‖ ≈**bahn-Isolationsmaterial** *n* / insulation sheeting, wrapper material ‖ ≈**band** *n* / broadband *n* ‖ ≈**bandantibiotikum** *n* / broad-spectrum antibiotic ‖ ≈**band-Betriebsmittel** *n* / broadband device ‖ ≈**bandfilter** *n* / wide-band pass filter ‖ ≈**band-Hintergrund-Netz** *n* / backbone wideband network (BWN)
breitbandig *adj* / wide-band *adj*, broad-band *adj* ‖ **~e Aussendung** (v. Störsignalen) / broadband emission
Breitband·kabel *n* / broad-band cable, wide-band cable, HF carrier cable ‖ ≈**kommunikationsnetz** *n* / broadband LAN ‖ ≈**schleifmaschine** *f* / broadband grinding machine ‖ ≈**sperre** *f* / wide-band filter ‖ ≈**übertragung** *f* / broadband transmission, wideband transmission ‖ ≈**verstärker** *m* / wide-band amplifier ‖ ≈**verteilernetz** *n* / broadband distribution network, broadband LAN for distributed services
Breite *f* / width *n*, wide *n* ‖ ≈ **der ADC-Totzone [V/mA]** / width of ADC deadband [V/mA] ‖ ≈ **der DAC-Totzone** / width of DAC deadband ‖ ≈ **vereinheitlichen** / unify width
Breiten·faktor *m* / width factor ‖ ≈**geschäft** *n* / general business ‖ ≈**vermarktung** *f* / marketing spread
Breit·feld *n* (ST) / wide section, full-width section ‖ **~flächiger Kontakt** / large-surface contact ‖ ≈**flachstahl** *m* / wide flats ‖ ≈**schrift** *f* / expanded print, expanded text, double-width print ‖ **~strahlend** *adj* / wide-angle *adj* ‖ ≈**strahler** *m* / wide-angle luminaire, high-bay reflector, broad-beam reflector (o. spotlight) ‖ ≈**strahler** *m* (Reflektorlampe) / reflector flood lamp ‖ ≈**strahler großer Lichtkegelbreite** / wide floodlight, wide flood ‖ ≈**strahlreflektor** *m* / wideangle reflector ‖ ≈**strahlung** *f* / wide-angle distribution
Brems·arbeit *f* / braking energy ‖ ≈**backe** *f* / brake shoe ‖ ≈**backenbelag** *m* / brake-shoe lining ‖ ≈**backenkrümmung** *f* / brake-shoe curvature ‖ ≈**backenspiel** *n* / brake-shoe clearance ‖ ≈**band** *n* / brake band ‖ ≈**belag** *m* / brake lining, brake liner ‖ ≈**belagverschleißanzeige** *f* (BVA) / brake-pad wear indicator-system, brake lining meat indicator, brake

wear warning || **im ~betrieb** / during braking || **~bock** *m* / brake box || **~drossel** *f* / braking reactor || **~druckregler** *m* / brake-pressure regulator || **~dynamo** *m* / dynamometric generator || **~dynamometer** *n* / brake dynamometer, absorption dynamometer

Bremse *f* / brake *n* || **federbelastete ~** / spring-loaded brake || **gleichstromerregte ~** / DC brake

Brems·einheit *f* / braking unit || **~einrichtung** *f* / braking system || **~einrichtung** *f* (EZ) / braking element

bremsen *v* / brake *v*, decelerate *v*, braking *v* || **generatorisches ~** / regenerative braking || **~anschluss** *m* / connection for the brake || **sicheres ~management** (SBM) / safe brake management (SBM)

Brems·erregermaschine *f* / dynamic brake exciter || **~feld** *n* / retarding field || **~fläche** *f* / brake friction surface, braking area || **~flusssystem** *n* (MSB) / brake-flux system || **~funktion** *f* / braking funktion || **~futter** *n* / brake lining || **~generator** *m* (Wickler) / braking generator, unwind motor || **~generator** *m* (Dynamometer) / dynamometric generator || **Motor-~gerät** *n* / motor braking unit || **~gestänge** *n* / brake-rod linkage || **~gewicht** *n* / braked weight || **~gitter** *n* / suppressor grid

Brems·häufigkeit *f* / braking frequency, number of braking cycles per hour || **~klotz** *m* / brake shoe, brake pad || **~kolben** *m* / brake piston || **~kontakt** *m* / brake contact || **~kraft** *f* / braking force, braking effort, brake force, brake power || **~kraftregelung** *f* / braking force control (system) || **~kraftverstärker** *m* (Kfz) / brake booster || **~kraftverstärkung** *f* (Kfz) / power-assisted braking || **~leistung** *f* / braking power, brake horsepower || **~leuchte** *f* (Kfz) / brake light, stop light || **~licht** *n* / brake light, stop light || **~lüfter** *m* / brake lifting magnet || **~lüfter** *m* (hydraulisch) / centrifugal thrustor, thrustor *n* || **~lüfter** *m* (elektro-mechanisch) / centrifugal brake operator || **~lüftmagnet** *m* / brake releasing magnet, brake magnet

Brems·magnet *m* (a. EZ) / braking magnet, isotropic braking magnet || **~moment** *n* / braking torque, retarding torque || **~moment bei elektrischer Bremsung** / electrical braking torque || **~moment bei mechanischer Bremsung** / mechanical braking torque || **~motor** *m* / brake motor || **~öffnung** *f* / brake port, brake release || **~öffnungszeit** *f* / brake release time || **~parabel** *f* / braking parabola || **~prüfung mit Pendelmaschine** / dynamometer test || **~-PS** *f* / brake h.p. || **~rampe** *f* / braking ramp, deceleration ramp || **sichere ~rampe** (SBR) / safe braking ramp (SBR) || **~regelmodul** *n* / brake control module || **~regler** *m* / braking controller, decelerator *n*, brake regulator || **~regler** *m* (Gleichstromsteller) / d.c. brake chopper || **~relais** *n* / brake relay || **~ring** *m* (WKW) / brake track

Brems·schalter *m* / brake switch, brake control switch || **~schalter** *m* (Bahn) / brake switchgroup || **~schaltwerk** *n* (Bahn) / braking switchgroup, braking controller || **~scheibe** *f* (a. EZ) / brake disc || **~schlussleuchte** *f* / stop tail lamp || **~schuh** *m* / brake shoe, brake pad || **~schütz** *n* / braking contactor || **~stand** *m* / brake testing bench || **~steller** *m* / braking controller || **~stellung** *f* / braking position, braking notch || **~steuermodul** *n* / brake control module || **~strom** *m* / braking current || **~strom** *m* (Schutzrel., Stabilisierungsstrom) / biasing current || **~stromkreis** *m* / braking circuit || **~stufe** *f* / braking step, braking notch

Brems·trommel *f* / brake drum || **~umrichter** *m* (BRU) / braking converter, regenerating converter || **~- und Hebebock** *m* (WKW) / combined brake and jack unit, braking and jacking unit || **~- und Hubanlage** *f* (WKW) / braking and jacking system

Bremsung durch Gegendrehfeld / plug braking, plugging *n* || **~ mittels Netzrückspeisung** (SR-Antrieb) / regenerative braking || **~ mittels Pulswiderstand** / pulsed resistance braking || **dynamische ~** / dynamic braking, d.c. braking, rheostatic braking || **elektrische ~** / electric braking, dynamic braking

Brems, Prüfung nach dem ~verfahren / braking test || **~verschleißanzeige** *f* / brake-pad wear indicator-system, brake lining meat indicator, brake wear warning || **~verschleißsensor** *m* / brake wear sensor || **~versuch** *m* (el. Masch.) VDE 0530, T.2 / braking test IEC 34-2 || **~verzögerung** *f* / braking rate, deceleration rate

Brems·wächter *m* / zero-speed plugging switch, plugging relay, zero-speed switch || **~weg** *m* / stopping distance, braking distance, deceleration distance (machine tool) || **~widerstand** *m* / braking resistor, load rheostat, brake resistance, brake resistor || **~widerstandsregler** *m* / rheostatic braking controller || **~winkel** *m* / deceleration angle || **~wirkung** *f* / braking effect || **~wirkung** *f* (Flüssigk.) / viscous drag || **~zaum** *m* (Prony) / Prony brake, Prony absorption dynamometer || **~zeit** *f* / braking time, deceleration time || **~zylinder** *m* / brake cylinder || **~zylinder** *m* (Dämpfungszylinder) / dashpot *n*

brennbar *adj* / inflammable *adj* || ~ *adj* (Gas) / flammable *adj* || ~ *adj* (Feststoffe) / combustible *adj* || **nicht ~** / fireproof *adj*

Brenn·barkeit *f* / combustibility *n*, flammability *n* || **~barkeitsprobe** *f* / flammability test, burning test, fire test || **~bohren** *n* / thermal lancing || **~dauer** *f* (Lampe, Lebensdauer) / burning life || **~dauerprüfung** *f* (Lampe) / life test

brennen *v* (Lampe) / be alight || **~** *n* (Kabelfehlerortung) / burning out, burn-out *n* || **~** *n* (im Ofen) / firing *n*

brennend *adj* (Lampe) / alight *adj* || **frei ~e Lampe** / general-diffuse lamp

Brenn·befeuerung *f* / boiler burner || **~fleck** *m* (BT) / focussed spot || **~fleck** *m* (Lichtbogen) / arc spot || **~gas** *n* / combustion gas || **Kabel-~gerät** *n* / cable burn-out unit || **~geschnitten** *adj* / flame-cut *adj* || **~geschwindigkeit** *f* / burning rate, rate of flame travel || **~gestell** *n* (Lampe) / rack *n* || **~kammer** *f* / combustion chamber || **~lage** *f* (Lampe) / position of burning, mounting position (of lamp), operating position || **~lageneinstellung** *f* (Lampe) / lamp position adjustment || **~luft** *f* / combustion air || **~nadel** *f* (Aufzeichnungsnadel) / recording stylus || **~punkt** *m* (Optik) / focus *n*, focal point || **~punkt** *m* (Öl, Isolierflüssigkeit) / fire point || **~rahmen** *m* (Lampenprüf.) / life-test rack || **~raum** *m* (Kfz) / combustion chamber || **~raumgeometrien** *f pl* / combustion chamber geometries || **~raumtemperatur** *f* / combustion chamber temperature

Brenn·schneiden *n* / flame cutting, gas cutting,

oxygen cutting, oxy-acetylene cutting || ≗**schneider** *m* / flame cutter, cutting torch, oxygen cutter || ≗**schneidemaschine** *f* / flame cutter || ≗**schnitt** *m* / flame cut, gas cut || ≗**spannung** *f* (Lampe) / lamp voltage, operating voltage, running voltage, arc voltage || ≗**spannung** *f* / peak arc voltage || ≗**spannung** *f* (Gasentladungsröhre) / maintaining voltage (electron tube)

Brenn·stellung *f* (Lampe) / burning position || ≗**stoffstange** *f* / fuel rack || ≗**stoffzelle** *f* / fuel cell, fuel primary cell || ≗**strecke** *f* (Flammenprüf.) / length burned || ≗**stunde** *f* / burning hour || ≗**stunden pro Start** / hours per start (HPS) || ≗**verhalten** *n* / burning behaviour || ≗**weite** *f* / focal distance || ≗**werttechnik** *f* / fuel value technology

Brett *n* / plank *n* || ≗**schaltung** *f* / breadboard (circuit)

Brief·hüllenablage *f* / envelope stacker || ≗**verteilanlage** *f* / mail sorting centre

Brinell-Härtezahl *f* / Brinell hardness number

B-Ring *m* (Schleifring) / positive ring

Bringprinzip *n* (Fertigung) / push principle

britische Drahtlehre (NBS) / New British Standard (NBS) || ~ **Drahtlehre** (SWG) / Standard Wire Gauge (SWG)

British Standard Fine (BSF) / British Standard Fine (BFS)

Broadcast / (LAN) broadcast *n* || ≗**befehl** *m* / broadcast command

Brom·lampe *f* / bromine lamp, tungsten-bromine lamp || ≗**silber-Registrierpapier** *n* / silver-bromide (chart paper)

Bronze *f* / bronze *n*, bell metal, admiralty metal, gun metal

Broschüre *f* / technical overview

Browser *m* / browser *n*

BRU / braking converter, regenerating converter

Bruch *m* / break *n*, rupture *n*, fracture *n*, breakage *n*, fissure *n*, tool breakage || ≗**ausbeulung** *f* / lateral buckling at failure || ≗**dehnung** *f* / elongation at break, elongation *n*, elongation at failure || ≗**festigkeit** *f* / ultimate strength, ultimate tensile strength, breaking strength || ≗**fläche** *f* / fractured surface, fracture *n*, broken surface || ≗**flächenlänge** *f* / fracture length || ≗**flächenprüfung** *f* / nick-break test || ≗**grenze** *f* / ultimate strength, modulus of rupture

brüchig *adj* / brittle *adj*, friable *adj*

Bruch·kraft *f* / breaking force, force at rupture || ≗**kraft** *f* (Isolator, Durchführung) / failing load || ≗**last** *f* / (mechanical) failing load, load at break, ultimate load, breaking load || ≗**lastspielzahl** *f* / fatigue life, number of cycles to failure, life to fracture || ≗**lastwechsel** *m pl* / cycles to failure || ≗**lochwicklung** *f* / fractional-slot winding || ≗**mechanik** *f* / fracture mechanics || ≗**melder** *m* (f. Leitungs- u. Messfühlerbruch) / open-circuit monitor || ≗**membran** *f* / relief diaphragm, pressure relief diaphragm, rupture diaphragm || ≗**scheibe** / breakage plate || **~sicher** *adj* / unbreakable *adj*, shatter-proof *adj* || ≗**sicherung** *f* / pressure relief device, rupturing diaphragm || ≗**spannung** *f* / ultimate stress, fracture stress || ≗**stauchung** *f* / upset at failure || ≗**stelle** *f* / breakage location || ≗**zähigkeit** *f* / fracture toughness || ≗**zahl** *f* / fractional number

Brücke *f* (SR, Messbrücke, Schaltung) / bridge *n*, bridge circuit || ≗ *f* / bridging *n*, platform *n* || ≗ *f* (Schaltbügel) / link *n*, jumper *n*, strap *n*, bond *n* || ≗ *f* (f. Anschlüsse, Strombrücke) / jumper *n*, strap *n*, link *n* || ≗ **für den Steuerstromkreis** / control circuit jumper || ≗ **zum Einstellen der Rampenzeit** / ramp time jumper || **Kontakt~** *f* (Rel.) / contact bridge, contact cross-bar || **lösbare** ≗ / removable jumper

Brücken·ableiter *m* / bridge arrester || ≗**baustein** *m* (DIL-Form) / DIL jumper plug || ≗**baustein** *m* (elST) / jumper (o. strapping) module || ≗**belegung** *f* / jumper settings, jumper assignments || ≗**bezeichnung** *f* / jumper designation, jumper header || ≗**einstellung** *f* / jumper setting || ≗**einstellung** *f* (elST) / jumper position, jumper selection || ≗**gleichrichter** *m* / rectifier bridge || **ungesteuerter** ≗**gleichrichter** / uncontrolled bridge rectifier || ≗**hälfte** *f* (LE-Schaltung) / bridge half, half-bridge *n* || ≗**igel** *m* / jumper header, jumper comb

Brücken·kamm *m* / jumper header, jumper comb || ≗**kontakt** *m* / bridge contact || ≗**laufkran** *m* / overhead traveling crane || ≗**messgerät** *n* / bridge instrument || ≗**mittelstück** *n* (Bahntransportwagen) / girder structure (between bogies) || ≗**mittelstückkessel** *m* (Trafo) / girder structure tank, Schnabel-car tank || ≗**modul** *n* / jumper header || ≗**schaltung** *f* (Messtechnik) / bridge circuit || ≗**schaltung** *f* (Übergangsschaltung) / bridge transition || ≗**schaltung** *f* (LE) / bridge connection || ≗**schaltung** *f* (Fahrmotoren) / bridge transition || **in** ≗**schaltung** / bridge-connected *adj* || ≗**scheinwerfer** *m* (Bühnen-BT) / portable proscenium bridge spotlight || ≗**stecker** *m* / jumper || ≗**stecker** *m* (ET, SPS) / jumper plug || ≗**umschaltung** *f* (Fahrmotoren) / bridge transition || ≗**umschaltung im abgeglichenen Zustand** (Fahrmotoren) / balanced bridge transition

Brücker *m* / link *n*

Brückungskanal *m* / link *n*

Brummen *n* / humming *n*, hum *n* || ~ *v* / hum *v*, make a humming noise || ≗ **des Vorschaltgerätes** / ballast hum

brummfrei *adj* / hum-free *adj*

Brumm·frequenz *f* / hum frequency || ≗**geräusch** *n* / hum *n*, humming noise, mains hum || ≗**spannung** *f* / ripple voltage || ≗**störung** *f* / hum *n* || ≗**unterdrückung** *f* (Verhältnis der Brummspannungs-Schwingungsbreiten am Eingang und Ausgang) / ripple rejection ratio

brüniert *adj* / browned *adj*

Brüstungskanal *m* (IK) / sill-type bunking, dado bunking, cornice bunking || ≗**konzept** *n* / ducting design

Brutmaschine, elektrische ≗ / electric incubator

Brutto·datenrate *f* (Baud) / gross baud rate || ≗**erzeugung** *f* (KW) / gross generation, electricity generated || ≗**fallhöhe** *f* (WKW) / gross head || ≗**gewicht** *n* / gross weight || ≗**höchstlast** *f* / gross maximum capacity || ≗**inhalt** *m* / gross volume || ≗**intensität** *f* (RöA) / gross intensity || ≗**leistung** *f* (Generatorsatz) / gross output || ≗**/Netto-Waage** *f* / gross/net weighing machine || **thermischer** ≗**-Wirkungsgrad** / gross thermal efficiency (of a set)

BS / non-drive end, non-driving end, N-end *n*, dead end, commutator end, front *n* (US) || ≗ / operating system (OS) || ≗ (Betriebssystem) / OS (operating system)

BSA / display workstation, VDU-based workstation
B-Seite *f* (BS el. Masch.) / non-drive end, non-driving end, N-end *n*, dead end, commutator end, front *n* (US)
B-seitig *adj* / B end
BSF (British Standard Fine) / BSF (British Standard Fine)
BS-Lager *n* / N-end bearing, non-drive-end bearing
BSN (Basisnullpunktsystem) / BOS (basic origin system), BZS (basic zero system)
BSP (Bandsperre) / band-stop *n*, BSF (bandstop filter)
B-Spline *m* (NURBS) / B spline
BS-Schild *n* / N-end shield, non-drive end shield, commutator-end shield
BS-Speicherbereich *m* / system data memory area
BST / bus arbiter
B-Stack *m* / block stack (B stack), b stack, BSTACK (block stack)
BT-Bereich *m* / extended system data area, RT area
BTA / building services system
BTR (blockweises Nachladen) / BTR (block transfer) || **≗-Schnittstelle** *f* (BTR = behind tape reader) / behind tape reader system (BTR system) ISO 2806-1980
BTSS (Bedientafelschnittstelle) / OPI (operator panel interface)
BU (Büro) / office *n*
BuB (Bedienen und Beobachten) / operator interface
Bubblespeicher *m* / bubble memory
Buch·führung *f* / directory *n* || **≗halter** *m* (SPS) / directory *n*
Buchholzrelais *n* / Buchholz relay, Buchholz protector
Buchse *f* / bush *n*, bushing *n*, sleeve *n*, shell *n*, female connector, socket connector, liner *n* || ≗ *f* (Kontaktbuchse, Steckverbinderb., Steckdosenb.) / socket *n*, jack *n*, tube *n* || ≗ *f* (Leitungseinführung) EN 50014 / cable entry body || **fliegende** ≗ / floating gland
Buchsen·bohrung *f* (Buchsenklemme) / pillar hole || **≗feld** *n* / jack panel, patchboard *n* || **≗gewinde** *n* (Buchsenklemme) / pillar thread || **≗klemme** *f* / tunnel terminal, pillar terminal || **≗klemme** *f* (Schraubklemme ohne Druckstück) / tunnel-type screw terminal with direct screw pressure || **≗klemme mit Druckstück** / tunnel terminal with indirect screw pressure, indirect-pressure tunnel terminal || **≗klemmenleiste** *f* / pillar terminal block || **≗kontakt** *m* / (contact) tube *n*, jack *n*, socket contact
Büchsenlager *n* / sleeve bearing
Buchsen·leiste *f* / socket connector, socket *n*, sleeve *n*, shell *n*, liner *n*, female connector || **≗stecker** *m* / female connector, connector female || **≗verteiler** *m* / socket distributor, jack distributor
Buchstaben und Zahlen / alphanumeric characters || ≗ **und Ziffern** / alphanumeric characters
Buchung *f* (GLAZ) / terminal entry, clocking *n*
Buchungs·daten *plt* / booking data || **≗datenerfassung** *f* (GLAZ) / registration of terminal entry data || **≗einheit** *f* (GLAZ) / accounting unit || **≗ereignis** *n* (GLAZ) / entry event || **≗nachweis** *m* (GLAZ) / data entry filing (o. account) || **≗nachweisprotokoll** *n* (GLAZ) / terminal entry printout || **≗verkehr** *m* (GLAZ) / entry and exit recording || **≗versuch** *m* (GLAZ) / attempted terminal entry || **≗vorgang** *m* (GLAZ) / terminal entry, clocking *n*
Buckel *m* / projection *n*, hump *n*, boss *n*
buckelgeschweißt *adj* / projection-welded
Buckelschweißen *n* / projection welding
Buffer Output Register (BOR) / buffer output register (BOR)
Bügel *m* / clip *n*, clevis *n*, U-bolt *n*, bracket *n*, link *n*, shackle *n* || **≗durchmesser** *m* / shackle diameter || **≗griff** *m* / stirrup grip || **≗klemme** *f* (U-förmig) / U-clamp terminal, clamp-type terminal || **≗kontakt** *m* / bow contact || **≗messschraube** *f* / external screw type micrometer, micrometer, external screw type micrometer || **≗presse** *f* (zum Aufbügeln von Isoliermat) / ironing press || **≗schelle** *f* / cleat *n* || **≗stromabnehmer** *m* / bow-type collector, bow *n* || **≗verschluss** *m* / clip closure
Bühne *f* (Arbeitsbühne) / platform *n*
Bühnen·beleuchtungsanlage *f* (Theater) / stage lighting system || **≗-Lichtstellanlage** *f* / stage lighting control system || **≗scheinwerfer** *m* / stage projector, stage flood, theatre lantern || **≗stellwerk** *n* / stage lighting console, lighting console
BUL / BUL (BackUpLeft)
Bums *m* / bump *n*
Bund *m* / lap *n*, collar *n*, shoulder *n* || ≗ **am Druckstück** / collar of adapter washer || **Draht~** *m* / wire binding || **≗bohrbuchse** *f* / guide liner
Bündel *n* / conductor bundle, conductor assembly, bunch *n* || ≗ *n* (LWL) / bundle *n* IEC 50(731) || **≗ader** *f* (LWL) / buffered fibre || **≗index** *m* (GKS) / bundle index || **≗knoten** *m* (Elektronenstrahl) / crossover point || **≗leiter** *m* / conductor bundle, multiple conductor || **≗leitung** *f* / bundle-conductor line
bündeln *v* / combine *v*, sum up *v*
Bündel·schelle *f* / bundling saddle, multiple saddle || **≗störung** *f* / burst *n* (of disturbing pulses) || **≗tabelle** *f* (GKS) / bundle table
Bündelung *f* / bundling *n* || ≗ *f* (Strahlen) / concentration *n*, focussing *n* || ≗· *f* (Kollimation) / collimation *n*
Bündelverseilung *f* / bundling *n*
Bundesanstalt für Materialprüfung (BAM) / German Institution for Materials Testing, Federal Institution for Material Testing || **Physikalisch-Technische** ≗ (PTB) / German Federal Testing Laboratory, PTB
Bundesimissionsschutzverordnung *f* (BImSchV) / German Federal Emission Protection Regulations
Bundes-Immissions-Schutz-Gesetz *n* / German Federal Emission Protection Regulations
bündig *adj* / flush *adj*, even *adj* || **~ abschließen mit** / be flush with || **~ einbaubarer Näherungsschalter** / embeddable proximity switch || **in Metall ~ einbaubarer Näherungsschalter** / metal-embeddable proximity switch || **~ machen** / flush *v* || **~e Isolation** (Komm.) / flush mica, flush insulation || **~e Taste** / flush button IEC 337-2, flush-head button || **~er Druckknopf** VDE 0660,T.201 / flush button IEC 337-2, flush-head button || **~er Einbau** / flush-mounting || **~er Fußboden-Installationskanal** / flushfloor trunking
Bündig·fahren *n* (Fahrstuhl) / levelling *n*, decking *n* || **Hilfsantrieb zum ≗fahren** / micro-drive *n* || **≗fräsen** *n* / flush-milling *n* || **≗schalter** *m*

(Fahrstuhl) / levelling switch
Bund·lager *n* / locating bearing, thrust bearing || **≗metall** *n* / non-ferrous metal || **≗schraube** *f* / flange bolt
Bunker *m* / bunker *n*, hopper *n*, bin *n* || **≗waage** *f* / bin weighing equipment
Buntdraht *m* / non-ferrous wire
bunt·e Farbe / (perceived) chromatic colour || **~e Farbvalenz** / psychophysical chromatic colour, chromatic colour || **~er Farbreiz** / chromatic stimulus
Bunt·heit *f* / chrome *n* || **≗metall** *n* / non-ferrous metal || **≗ton** *m* / hue *n* || **~tongleiche Wellenlänge** / dominant wavelength
BUR / BUR (BackUpRight)
Bürde *f* / burden *n*, load *n* || ≗ *f* (Lastwiderstand) / load impedance || ≗ *f* (Ausgangsbelastung) / output load
Bürden·einfluss *m* (Regler) / effect of load impedance || **≗leistungsfaktor** *m* / burden power factor, load power factor || **≗spannung** *f* (der festgelegten Anforderungen entsprechende Spannungsbereich von Messumformern mit veränderlicher Ausgangsbürde) / compliance voltage IEC 85(CO)4 || **≗widerstand** *m* (Gerät) / load(ing) resistor || **≗widerstand** *m* DIN 19230 / load impedance
Bürdewiderstand *m* / load resistor, burden resistor
Bürgersteigstation *f* / sidewalk substation
burnen *v* / burn *v*
Büro *n* (BU) / office *n* || **≗arbeitsplatz** *m* / office workplace || **≗computer** *m* (BC) / office computer, business computer (BC) || **≗fernschreiben** *n* (Teletex) / teletex *n* || **≗leuchte** *f* / office luminaire, office lighting fitting || **≗maschine** *f* / office machine IEC 380, business machine (CEE 10, IIP) || **≗maschine der Schutzklasse II** / class II (office) machine || **≗maschinenkombination** *f* / office machine set IEC 380, office appliance set (CEE 10, IIP) || **≗maschinensatz** *m* / office machine set IEC 380, office appliance set (CEE 10, IIP) || **≗rechner** *m* / business computer (BC)
Burrus-Diode *f* / surface emititing LED, Burrus diode
Burst / burst *n*
Bürste *f* (el. Masch.) / brush *n* || **≗ aus zwei Qualitäten** / dual-grade brush || **≗ mit Dochten** / cored brush || **≗ mit Kopfstück** / headed brush || **≗ mit Metallgewebeeinlage** / metal-gauze-insert brush || **≗ mit überstehendem Metallwinkel** / cantilever brush
Bürsten, zwei ≗ in Reihe / brush pair || **≗ mit 90° Phasenverschiebung** / quadrature brushes || **≗abhebe- und Kurzschließvorrichtung** / brush lifter with short-circuiter, brush lifting and short-circuiting device || **≗abhebevorrichtung** *f* / brush lifter, brush lifting gear, brush lifting mechanism || **≗-Andruckeinrichtung** *f* / brush pressure device || **≗apparat** *m* / brush rigging, brushgear *n* || **≗armatur** *f* / finger clip, hammer clip || **≗auflagedruck** *m* / brush pressure || **≗auflagefläche** *f* / brush contact face, brush face || **≗aufsetzvorrichtung** *f* / brush-arm actuator, brush actuator
Bürsten·bedeckungsfaktor *m* / brush-arc-to-pole-pitch ratio || **~behaftete Maschine** / machine with brushgear, commutator machine, slipring machine || **≗besetzung** *f* / brush complement, type and number of brushes || **≗block** *m* / brushgear unit || **≗bogen** *m* / brush arc || **≗bolzen** *m* / brush-holder stud, brush-holder arm, brush stud, brush spindle || **≗brille** *f* / brush rocker, brush-rocker ring, brush-holder yoke, brush yoke || **≗brücke** *f* / brush rocker, brush-rocker ring, brush-holder yoke, brush yoke
Bürsten·einheit *f* / brushgear unit || **≗fahne** *f* / brush riser, brush terminal, spade terminal || **≗feder** *f* / brush spring || **≗feuer** *n* / brush sparking || **≗führung** *f* / brush box || **≗gestell** *n* / brushgear *n*, brush rocker || **≗halter** *m* / brush holder || **≗halterbolzen** *m* / brush-holder stud, brush spindle, brush-holder arm || **≗halterdruckgeber** *m* / brush-holder finger, brush hammer || **≗halterfassung** *f* / brush box || **≗halterfeder** *f* / brush-holder spring || **≗haltergelenk** *n* / brush-holder hinge || **≗halterkasten** *m* / brush box || **≗halterklemmstück** *n* / brush-holder clamp || **≗halterschiene** *f* / brush-holder stud, brush spindle || **≗halter-Schraubkappe** *f* / screwtype brush cap || **≗halterspindel** *f* / brush-holder stud, brush spindle, brush-holder arm || **≗halterstaffelung** *f* / brush-holder staggering || **≗halterteilung** *f* / brush-holder spacing || **≗halterträger** *m* / brush-holder support, brush rocker
Bürsten·joch *n* / brush-holder yoke || **≗kante** *f* / brush edge, brush corner || **≗kasten** *m* / brush box || **≗kennlinie** *f* / brush potential characteristic || **≗kopf** *m* / brush top || **≗kopfschräge** *f* / brush top bevel || **≗lagerbock** *m* / brush-holder support || **≗lagerstuhl** *m* / brush-holder support || **≗laufbahn** *f* / brush track || **≗lauffläche** *f* / brush contact face, commutator end || **≗lineal** *n* / brush-holder stud, brush spindle, brush-holder arm || **≗litze** *f* / brush flexible, brush shunt, pigtail lead
bürstenlos *adj* / brushless *adj* || **~e Erfassung** / brushless detection || **~e Erregung** / brushless excitation || **~e Maschine** (BL-Maschine) / brushless machine, commutatorless machine, statically excited machine || **~er Erreger** / brushless exciter, a.c. exciter with rotating rectifiers || **~er Induktionsmotor mit gewickeltem Läufer** / brushless wound-rotor induction motor
Bürsten·marke *f* / brush type, brush grade || **≗potentialkurve** *f* / brush potential curve || **≗qualität** *f* / brush grade || **≗rattern** *n* / brush chatter || **≗reibung** *f* / brush friction || **≗reibungsverluste** *m pl* / brush friction loss || **≗rückschub** *m* / backward brush shift || **≗rückschubwinkel** *m* / angle of brush lag || **≗schiene** *f* / brush-holder stud, brush spindle || **≗schleiffläche** *f* / brush contact face, brush face || **≗sichel** *f* / sickle-shaped brush-holder support, brush-stud carrier || **≗spannungsabfall** *m* / total single brush drop || **≗staffelung** *f* / brush circumferential stagger, brush staggering || **≗standzeit** *f* / brush life || **≗staub** *m* / carbon dust, brush dust || **≗stern** *m* / brushgear *n*, brush rocker || **≗streustrom** *m* / brush leakage current, parasitic brush current
Bürsten·tasche *f* / brush box || **≗teilung** *f* / brush pitch, brush spacing || **≗träger** *m* / brush-holder fixing device, brush-holder support || **≗träger-Verstelleinrichtung** *f* / brush-rocker gear || **≗trägerhaltevorrichtung** *f* / brush yoke || **≗trägerring** *m* / brush ring, brushrocker ring ||

²trägersichel *f* / sickle-shaped brush-holder support || ²träger-Stromführung *f* / brushgear conductor assembly, brushgear leads || ²übergangsspannung *f* / brush contact voltage || ²übergangsspannung vernachlässigt / not counting brush contact voltage || ²übergangsverluste *m pl* / brush contact loss || ²übergangswiderstand *m* / brush contact resistance
Bürsten·verschiebung *f* / brush shifting || **²verschiebung entgegen der Drehrichtung** / backward brush shift || **²verschiebung in Drehrichtung** / forward brush shift || **²verschiebungswinkel** *m* / angle of brush shift, brush displacement angle || **²verschleiß** *m* / brush wear || **²verstellantrieb** *m* (BVA) / brush shifting pilot motor, brush shifting motor || **²verstelleinrichtung** *f* / brush shifting device, brush shifting mechanism || **²verstellmotor** *m* / brush shifting pilot motor, brush shifting motor || **²verstellung** *f* / brush shifting, brush displacement || **²verstellwinkel** *m* / angle of brush shift, brush displacement angle || **²voreilung** *f* / brush lead || **²vorsatzgerät** *n* (Staubsauger) / power nozzle || **²vorschub** *m* / forward brush shift || **²vorschubwinkel** *m* / angle of brush lead, brush-lead angle || **²walze** *f* / brush roll || **²wechsel** *m* / brush replacement || **²zwitschern** *n* / brush chatter
Burstübertragung *f* / burst transmission
Bus *m* / bus *n*, process data highway (PROWAY), bus-type network, bus-type local area network, multidrop network, local area network (LAN), multipoint LAN || **² belegt** / bus busy (BBSY) || **² frei** / bus clear (BCLR) || **² Interface Module** (BIM) / bus interface module (BIM) || **selbstaufbauender ²** / build-as-you-go bus || **universeller serieller ²** / Universal Serial Bus (USB)
Bus·abschluss *m* / bus terminator (o. termination), bus termination || **²abschlusswiderstand** *m* / bus terminating resistor || **²abschnitt** *m* / bus section, bus segment, segment *n* || **²adresse** *f* / bus address || **²anforderung** *f* / bus request (BRQ) || **²ankoppler** *m* (BK) / bus coupling unit (BCU) || **integrierter ²ankoppler** / integral bus coupler || **²ankopplung** *f* / bus coupling || **²anpassung** *f* (Baugruppe) / bus adapter || **²anschaltbaugruppe** *f* / bus interface module || **²anschaltung** *f* / bus interface, bus interfacing, LAN interface || **²anschluss** *m* / bus port, bus connection || **²anschlussstecker** *m* / bus connector || **²anschluss-Stück** *n* / clamp *n*, tapping mechanism || **²anwahl** *f* / bus dialling || **²arbiter** / bus arbiter || **²arbitration** *f* / bus arbitration || **²auslastung** *f* / bus utilization || **²auslastung** *f* (Ein Maß für die zeitliche Belegung der Bus-Leitung mit Telegrammen) / bus traffic load
Bus·-Baugruppenträger *m* / bus subrack, bus card rack, basic rack || **²belegung** *f* (Vorgang) / bus acquisition || **²belegung** *f* / bus load, bus usage || **²belegungszeit** *f* / bus usage time || **²bewilligung** *f* / bus grant (BG)
busbezogen *adj* / LAN-specific
Busbreite *f* / bus size, bus width
Büschelstecker *m* / multiple-spring wire plug
Bus·datei *f* / LAN file || **²datenübertragungsrate** *f* / bus data rate, bus data transfer rate || **²empfänger** *m* / bus receiver || **²-Empfänger-Sender** *m* / bus transceiver || **²erweiterung** *f* / bus extender, bus expansion
busfähig *adj* / busable *adj*, with bus capability || **~e Schnittstelle** / interface with bus capability, busable interface, multi-drop interface
Bus·fähigkeit *f* / bus capability || **²fehler** *m* / bus error (BERR) || **~förmige Kommunikation** / multi-drop communication || **~förmiges Netz** (LAN) / bus network, tree network || **²freigabe** *f* / bus enable (BUSEN), bus grant (by arbitration)
busgekoppelt *adj* / bus-coupled *adj* || **~es System** / bus-coupled system, bused subsystem
Bus·-Hauptstrang *m* / backbone *n* || **²kabel** *n* / bus cable || **²klemme** *f* / bus terminal (BT), transceiver *n*, bus connection block, BT (bus terminal) || **²koordinator** *m* / bus coordinator || **²koppeleinheit** *f* / gateway *n* || **²koppelmodule** *n pl* / bus coupling modules || **²koppler** *m* / bus connector, bus link, transceiver || **²koppler** *m* (zur Verbindung gleichartiger Systeme) / bridge *n*, bridge unit || **²koppler** *m* (Transceiver) / (bus) transceiver || **²koppler** *m* (BK) / bus coupler (BK) || **²koppler** *m* (zur Verbindung verschiedenartiger Systeme) / gateway *n* || **²kopplereinschub** *m* / plug-in transceiver module, transceiver plug-in module || **²kopplung** *f* / bus link || **²kopplung** *f* (Schnittstelle) / bus interface || **²kopplungsbaugruppe** *f* / bus interface module (o. card), bus coupler module
Bus·last *f* / network load, network loading || **²leiterplatte** *f* / bus board, wiring backplane, bus PCB || **²leitung** *f* / bus cable, bus line, LAN cable || **²linie** *f* / bus line || **²modul** *n* / bus module || **²modul** *n* (SPS) / bus unit
Busnetz *n* (LAN) / bus network, tree network || **²** *n* (Netz) / bus network || **² mit Sendeberechtigungsmarkierung** / tokenpassing bus, token bus, token bus-type LAN, token-passing bus-type LAN
Bus·-Organisation *f* (Dezentrales System, Zentrales System) / bus organisation || **²parameter** *m* / bus parameter || **²parameter** *m* (Parameterwerte für Layer 2 Protokoll) / bus parameters || **²physik** *f* / physical bus characteristics, LAN characteristics || **²platine** *f* / bus p.c.b., wiring backplane, bus board, bus PCB || **²protokoll** *n* / bus protocol || **²raster** *m* (Einbauplätze je Baugruppe) / bus SPM (SPM = slots per module) || **²rückwand** *f* / bus backplane || **²-Ruhezustand** *m* / bus idle (BI)
Bus·schiene *f* / bus rail || **²schiene** *f* (Hutschiene nach DIN EN 50022, einschließlich Datenschiene) / bus bar || **²schnittstelle** *f* / bus interface || **²segment** *n* / bus segment, segment *n* || **²signalvergleicher** *m* / bus signal comparator || **²stecker** *m* / bus connector, bus link, transceiver *n* || **²steuerstation** *f* (BST zur Steuerung der Buszuteilung) / bus arbiter || **²steuerung** *f* / master transfer, bus controller, bus controlled device || **dezentrale ²steuerung** / flying master || **²strang** *m* / bus line || **²struktur** *f* / bus topology, linear bus topology, linear topology, linear bus structure || **²-Subsystem** *n* / bus subsystem || **²system** *n* / network *n*, bus system, bus-type network, local area network || **²system** *n* (in einer dezentralen Anlage) / bus subsystem || **intelligentes ²-System** / intelligent bus system
Bus·taster *m* / bus button || **²technologie zur Automatisierung der elektrischen**

Gebäudetechnik / bus technology for the automation of electrical buildings technology || **˜teilnehmer** *m* / station *n*, node *n*, bus node, user *n*, station *n*, partner (in the link) || **˜teilnehmer** *m* (Gerät) / bus device (BD) || **aktiver ˜teilnehmer** / active bus node, master *n*, active node (In each case, one active node (master) is granted access to the bus with the right to send (token). After a given time, this node passes on the token to the next active node on the bus system) || **˜-Teilsystem** *n* / bus subsystem || **˜telegramm-Generator** *m* / bus telegram generator || **˜terminal** *n* / bus terminal || **˜-Topologie** *f* (Topologie) / bus topology || **˜treiber** *m* / bus driver

Bus·überwachungsbaugruppe *f* / bus monitoring module || **˜umlaufliste** *f* / bus circulating list, bus polling list || **˜umlaufzeit** *f* / bus cycle time || **˜umsetzer** *m* / bus converter || **˜verbinder** *f* / bus link, bus connector, transceiver || **˜vergabe** *f* / bus grant, bus arbitration || **˜verkehr** *m* / bus traffic || **˜verstärker** *m* / repeater *n* || **˜verwalter** *m* / bus arbiter || **˜voter** *m* / bus voter || **˜weiche** *f* / bus switch

Bus·-Zeitüberschreitung *f* / bus time-out (BTO) || **˜-Zeitüberwachung** *f* / bus time-out (BTO) || **˜zugriff** *m* / channel access || **˜zugriff** *m* (Verfahren, nach dem jeder einzelne Teilnehmer auf den Bus für den Informationsaustausch (nicht physikalisch, nur organisatorisch) zugreift) / bus access || **zufälliger ˜zugriff** / random access, random network access || **˜zugriffsprotokoll** *n* / bus access protocol || **˜zugriffsrecht** *n* / bus access right || **˜zugriffsverfahren** *n* / bus access procedure || **˜zugriffsverfahren** *n* (CSMA/CA, CSMA/CD) / bus access control || **˜zuteiler** *m* / bus arbiter || **˜zuteilung** *f* (Freigabe, Sendeerlaubnis) / bus grant (BG) || **˜zuteilung** *f* (Verfahren) / bus arbitration || **zentrale ˜zuteilung** (Master-Slave-Verfahren) / fixed-master method, master-slave method || **˜zuteilungs-Ausgangsleitung** *f* / bus grant out line (BGOUT) || **˜zuteilungs-Eingangsleitung** *f* / bus grant in line (BGIN) || **˜zuteilungs-Untersystem** *n* / bus arbitration subsystem || **˜zuteilungsverfahren** *n* / bus arbitration

Butylgummi *n* / butyl rubber

butzenfrei *adj* / free of protruding materials

BV / distribution board for construction sites, low-voltage switchgear and control gear assembly for construction sites (ACS) EN 60 439-4, worksite switchgear assembly || **˜ in geschlossener Bauform** / enclosed ACS || **˜ in Kastenbauform** / box-type ACS

BVA / brush shifting pilot motor, brush shifting motor || ˜ / brake-pad wear indicator-system, brake lining meat indicator, brake wear warning

B-Verstärker *m* / Class B amplifier

BWS (berührungslos wirkende Schutzeinrichtung) / proximity-type protective equipment

BY / byte address (BY)

Bypass·-Schalter *m* / bypass switch || **˜ventil** *n* / by-pass valve || **Abgas-˜ventil** *n* (Kfz) / waste gate

Byte *n* (Einheit, bestehend aus 8 Bit. Andere Bezeichnung ist Octet) / byte *n*, n-bit byte || **höherwertiges** ˜ / left-hand byte, high-order byte || **linkes** ˜ / high-order byte, left-hand byte || **niederwertiges** ˜ / low-order byte, right-hand byte

Byte·adresse *f* (BY) / byte address (BY) || **byte·-granular** *adv* / in units of 1 byte || **˜hälfte** *f* / nibble *n* || **˜prozessor** *m* / byte processor || **˜register** *n* / byte register || **˜strom** *m* / string of bytes || **˜takt** *m* / byte timing || **~weise** *adv* / byte by byte, in byte mode, in bytes, byte-oriented *adj* || **~weise organisiert** / byte-oriented || **˜zähler-Register** *n* (BCR) / byte count register (BCR)

BZ (Bestellzettel) / order form || **BZ** (Betriebszustand) / status *n* || **˜-Daten** *plt* / purchase order data || **˜-Datenkennzeichen** *n* / purchase order data code || **˜-Empfänger** *m* / order form receiver || **˜-Feld** *n* / order form field || **˜-Position** *f* / order item

BZÜ (Betriebszustandsübergang) / OMT (operating mode transition)

B-Zustand, Harz im ˜ / B-stage resin

C

C, Faktor ˜ (Maximumwerk) / reading factor C

CA / cellulose acetate (CA)

C-Abhängigkeit *f* / control dependency, C-dependency *n*

Cache / cache *n*

C-Achsbetrieb *m* (Eine Spindelbetriebsart, bei der die Spindel lagegeregelt als Rundachse arbeitet) / C axis mode (A spindle mode in which the spindle is used as a rotary axis under position control)

CAD / computer-aided design (CAD) || **˜-Arbeitsplatz** *m* / CAD workstation

C-Ader *f* / P-wire *n*, private wire, private line

cadmiert *adj* / cadmium-plated

CAD-Zeichnungsprogramm *n* / CAD plotting program

Cage-Clamp·-Anschluss *m* / cage clamp connection || **˜-Anschlusstechnik** *f* / cage clamps

CAM / computer aided manufacturing (CAM), contents-addressable memory (CAM)

Camping-Verteiler *m* / camping-site distribution board

CAN / CAN (controller area network)

Candela *f* / candela *n*

Cannon-Stecker *m* / Cannon connector

CAP / CAP (Computer Aided Planning)

CAPE / CAPE (Computer Aided Production Engineering)

CAQ / CAQ (computer aided quality assurance)

Carbowax-Speicher *m* (Gas-Chromatograph) / Carbowax (trapping column)

Carterscher Faktor / Carter's coefficient

CASE / CASE (Computer Aided Software Engineering)

CAT / CAT (Computer Aided Testing)

CB / communication module, CB (communication board)

CBA (Component based Automation) / CBA (Component based Automation)

CB·-Adresse *f* / CB address || **˜-Anwenderhandbuch** *n* / CB user manual || ˜ **Diagnose** *f* / CB diagnosis

CBE / circuit-breaker for equipment (CBE), appliance circuit-breaker

C-Betrieb *m* (ESR) / class C operation

CB·-Handbuch *n* / CB manual || **˜-Hardware** *f* / CB

hardware || ² **Identifikation** *f* / CB identification
C-Bild *n* (Ultraschallprüfung) / C scan
CB-Kommunikationsfehler *m* / CB communication error
CBP (Kommunikationsbaugruppe PROFIBUS) / CBP (communication board PROFIBUS)
CB·-Parameter *m* / CB parameter || **²-Warnung** *f* / CB warning
CC (Compile-Cycle) / compile cycle
CCD-Bildwandler *m* / CCD image sensor, chargecoupled imager (CCI)
CCFL / CCFL (cold cathode fluorescent lamp)
CCL / collector-coupled logic (CCL)
CCTL / collector-coupled transistor logic (CCTL)
CCTV (Closed Circuit TV, Fernsehüberwachungsanlage, bei der die Kameras mit den Monitoren direkt verbunden sind) / CCTV
CCU / CCU (Compact Control Unit) || **²-Baugruppe** *f* / CCU module || **²-Box** *f* / CCU box || **²-Systemsoftware** *f* / CCU system software
CCW / CCW (counterclockwise)
CD-Speicher *m* / compact-disk memory (CD memory), CD RAM
CD-Spur *f* / CD track
CD-Telegramm *n* / CD message (CD = common data)
CEC / circle error compensation
CEE-Anbausteckdose *f* / CEE-mounting socket outlet
C-Eingang *m* / C input
CE-Kennzeichen *n* / CE marking, CE mark of conformity
CENELEC/TC (Europäisches Komitee für Elektrotechnische Normung) / CENELEC/TC (European Committee for Electrotechnical Standardisation)
centerless-Schleifen / centerless grinding
Centiradiant *m* / centiradiant *n*
Central Service Board (CSB) / Central Service Board (CSB)
CERDIP / ceramic DIP (CERDIP)
CERMET / ceramic-metal material (CERMET)
Cert Tool / cert tool
CE-Zeichen *n* / CE mark
CFC / CFC (Continuous Function Chart)
CF-Einstellung *f* (Trafo, Einstellung bei konstantem Fluss) / CFW (constant-flux voltage variation)
C-Feld *n* / capacitor panel
CFG-File / CFG file
CFR (Kosten und Fracht) / cost and freight
Changierantrieb *m* / traversing drive
Charakteristik *f* / characteristic *n*, characteristic curve
charakteristisch·e Größe (Messrel.) / characteristic quantity || **~er Anschluss** (LE) / characteristic terminal || **~er Winkel** (Rel.) / characteristic angle
Charge *f* (Fertigungslos) / lot *n*, batch *n*
chargenbezogen *adj* / batch-related
Chargen·datenerfassung *f* / batch acquisition || **²kennzeichnung** *f* / charge identification || **²planung** *f* / batch planning || **²protokoll** *n* / batch log || **²protokollieren** *n* / batch logging || **²protokollierung** *f* / batch logging || **²prozess** *m* / batch process || **²rezept** *n* / batch recipe || **²steuerung** *f* / batch control, batch flexible batch control || **Batch-flexible²steuerung** / batch control, batch flexible batch control || **²streuung** *f* / batch variation || **²umfang** *m* / batch size || **²verarbeitung** *f* / batch processing
Charles-Strahlerzeuger *m* / Charles gun
Charpy-Probe *f* / keyhole-notch specimen
Chassis *n* / chassis *n*, frame *n*
Check *m* / check *n* || **elektrische ²liste** / electrical checklist || **mechanische ²liste** / mechanical checklist || **²sum** (Zusätzliche Daten innerhalb eines Telegramms, um eventuelle Übertragungsfehler erkennen zu können) / checksum *n* || **²summe** *f* / checksum *n* || **²summenfehler** *m* / checksum error
Chemie·anlage *f* / chemical plant || **komplexe ²anlage** / complex chemical plant || **²faserindustrie** *f* / industry of man-made fibers, man-made fibre industry
chemikalien·fest *adj* / chemicals-resistant *adj*, resistant to chemicals || **²festigkeit** *f* / resistance to chemicals, chemical resistance
Chemilumineszenz *f* / chemiluminescence *n*
chemisch agressive Atmosphäre / corrosive atmosphere || **~ beständig** / chemically resistant, non-corroding *adj*, resistant to chemical attack || **~ träge** / chemically inert || **~er Angriff** / chemical attack, corrosion *n*
Chip-Freigabe *f* / chip enable (CE)
Chipkarte *f* / chip card
Chi-Quadrat-Verteilung *f* (X^2-Verteilung) DIN 55350,T.22 / chi-squared distribution, X^2 distribution
chlorfrei *adj* / chlorine-free *adj*
Chlor·gas *n* / chlorine *n*, chloric gas || **²kautschuk** *m* / chlorinated rubber || **²opren-Kautschuk** *m* / polychloroprene *n* || **großtechnische ²produktion** / large-scale chlorine production
Chopper / chopper *n*, buck convertor (A convertor providing an output voltage which is lower than the input voltage), voltage reduction unit || **²-Regler** / chopper controller || **²-Übertrager** *m* / chopper converter || **²-Verstärker** *m* / chopper amplifier || **²-Wandler** *m* (Gleichspannungs-Messgeber) / chopper-type voltage transducer
CHR (Fase) / CHR (chamfer)
Chroma *n* / chroma *n*
chromatiert *adj* / chromated *adj*
chromatische Aberration / chromatic aberration || **~ Dispersion** / chromatic distorsion || **~ Verzerrung** / chromatic distorsion
chromatisieren *v* / passivate *v* (in chromic acid)
Chromato·gramm *n* / chromatogram *n* || **²graph** *m* / chromatograph *n*
chromatographisches Trennen / chromatographic separation
chromiert *adj* / chromized *adj*
Chrominanz *f* / chrominance *n*
Chrom·maske *f* / chrome mask || **²-Nickel-Stahl** *m* / nickel-chromium-steel *n* || **²oxid-Lithium-Batterie** *f* / chromium oxide-lithium battery || **²säure** *f* / chromic acid
CI (Connector Input) / connector input, source *n*
CI: Auswahl Hauptsollwert / CI: Main setpoint || **² Auswahl HSW-Skalierung** / CI: Main setpoint scaling || **² Auswahl PZD-Signale** / CI: Display PZD signals || **² Auswahl ZSW-Skalierung** / CI: Additional setpoint scaling || **² Auswahl Zusatzsollwert** / CI: Additional setpoint || **² DAC** / CI: DAC || **² Drehmoment-Zusatzsollwert** / CI:

Additional torque setpoint || ≗ **Drehmomentsollwert** / CI: Torque setpoint || ≗ **Drehzahlsollwert für Meldung** / CI: Monitoring speed setpoint

CIE·-Norm des bedeckten Himmels / CIE standard overcast sky || ≗**-Normlichtart** *f* / CIE standard illuminant || ≗**-Normlichtquelle** *f* / CIE standard source

CIF / CIF (cost, insurance and freight)

CI: Integrator Drehz.reg. Setzen / CI: Set integrator value n-ctrl. || ≗ **Ist-Drehzahl für Meldung** / CI: Act. monitoring speed

CIM (Computer Integrated Manufacturing) / CIM (Computer Integrated Manufacturing) || ≗**-Verbund** *m* / CIM network, integrated system

CI: Oberer Drehmoment-Grenzwert / CI: Upper torque limit

CIP / carriage and insurance paid to (CIP), CIP (circular interpolation) || ≗**-Anlage** *f* (Clean-In-Place-Anlage) / CIP system (clean in place system)

CI: PID-Sollwert / CI: PID setpoint || ≗ **PZD an BOP-Link** (USS) / CI: PZD to BOP link (USS) || ≗ **PZD an CB** / CI: PZD to CB || ≗ **PZD an COM-Link** (USS) / CI: PZD to COM link (USS) || ≗ **Quelle PID-Istwert** / CI: PID feedback || ≗ **Quelle PID-Zusatzsollwert** / CI: PID trim source

City-Ruf *f* / city call

CI: Unterer Drehmoment-Grenzwert / CI: Lower torque limit || ≗ **V** (Sollwert) / CI: Voltage setpoint

CL / CL (cycle language)

Clark-Transformation *f* / Clark transformation, a-b component transformation, equivalent two-phase transformation

CLB / clearance bar (CLB)

Clean-In-Place-Anlage *f* (CIP-Anlage) / clean in place system (CIP system)

CLF / CLF (clear file)

Client / client *n* || ≗**rechner** *m* / client *n*

clinchen *v* / clinching *n*

Clinchgerät *n* / clinching unit

Clipping / crop *v*

Clock / flashing frequency, flashing rate

Clophen *n* (Chlordiphenyl) / Clophen *n* (chlorinated diphenyl) || ≗**kondensator** *m* / Clophenimpregnated capacitor || ≗**standsglas** *n* / Clophen level gauge glass || ≗**transformator** *m* / Clophen-immersed transformer, Clophen-filled transformer

Cloudpoint *m* IEC 50(212) / cloud point

Cluster Controller / cluster controller

CM / CM (capacitor module)

CMIP / CMIP

CMIS / CMIS

CML / current-mode logic (CML)

CMOS / complementary metaloxide semiconductor circuit (CMOS), complementary metal-oxide semiconductor (CMOS)

CMOS-Mikrocontroller *m* / CMOS microcontroller

CMOS·-RAM *n* / CMOS RAM || ≗**-Speicher** *m* / CMOS memory || ≗**-Speicherbaustein** *m* / CMOS memory chip

CNC (Computerized Numerical Control) / CNC (computerized numerical control) || ≗**-Bahnsteuerung** *f* / CNC continuous-path control, CNC contouring control || ≗**-gefertigt** / CNC-produced || ≗**-gekoppelt** / CNC-linked || ≗**-gesteuert** / CNC || ≗**-gesteuerte Bearbeitungsmaschine** / CNC machine tool || ≗**-Handeingabe-Bahnsteuerung** *f* / CNC continuous-path control with manual input || ≗ **ISO** / CNC ISO || ≗**-Kern** *m* / CNC kernel || ≗**-Komponenten-System** *n* / CNC modular system || ≗**-Steuerung** *f* / CNC (Computerized Numerical Control) || ≗**-Steuerungseinheit** *f* / CNC unit, CNC (Computerized numerical control) || ≗**-Systemprogramm** *n* / CNC executive program, CNC system program || ≗**-Technik** *f* / CNC technology

COA / COA (coordinate rotation and scale factor)

CO_2-Analysegerät *n* / CO_2 analyzer

CO: ADC-Wert nach Skal. [4000h] / CO: Act. ADC after scal. [4000h] || ≗ **Akt. gefilterter PID-Sollw.** / CO: Act. PID filtered setpoint || ≗ **Aktiver Antriebsdatensatz** / CO: Active drive data set || ≗ **Aktiver Befehlsdatensatz** / CO: Active command data set || ≗ **Aktiver PID-Sollwert** / CO: Act. PID setpoint || ≗ **Aktuelle Pulsfrequenz** / CO: Act. switching frequency || ≗ **Aktueller PID-Ausgang** / CO: Act. PID output || ≗ **Aktueller PID-Festsollwert** / CO: Act. fixed PID setpoint || ≗ **Aktueller Sollwert PID-MOP** / CO: Output setpoint of PID-MOP || ≗ **Anzeige Gesamtsollwert** / CO: Total frequency setpoint || ≗ **Ausgangsfrequenz** / CO: Act. output frequency, CO: Act. frequency || ≗ **Ausgangsspannung** / CO: Act. output voltage || ≗ **Ausgangsstrom** / CO: Act. output current

CO: Begrenzter Ausgangsstrom / CO: Act. output current limit || ≗ **Beschleunigungsdrehmoment** / CO: Acceleration torque

CO/BO: BOP Steuerwort / CO/BO: BOP control word || ≗ **Meldungen 1** / CO/BO: Monitoring word 1 || ≗ **Status 2 Motorregelung** / CO/BO: Status 2 of motor control || ≗ **Status Digitaleingänge** / CO/BO: Binary input values || ≗ **Steuerwort 1** / CO/BO: Act. control word 1 || ≗ **Zusatz Steuerwort** / CO/BO: Add. act. control word || ≗ **Zustand Digitalausgänge** / CO/BO: State of digital outputs || ≗ **Zustandswort 1** / CO/BO: Act. status word 1 || ≗ **ZUW-Motorregelung** / CO/BO: Status of motor control

CoC / CoC (Center of Competence)

Coconisierungsverfahren *n* / cocooning *n*, cocoonization *n*, cobwebbing *n*, spray webbing

Code *m* / code *n* || ≗**art** *f* / type of code || ≗**baustein** *m* / logic block

Codec *m* (Codierer-Decodierer) / codec *n* (coder/decoder)

Code·drucker *m* / code printer || ≗**element** *n* / code element || ≗**erkennung** *f* / code recognition || ≗**geber** *m* / encoder *n*, absolute value encoder || **~gebundene Darstellung** / standard-code (o. specified-code) representation || ≗**locher** *m* / code tape punch || ≗**multiplex** (CDM) / code division multiplex (CDM) || ≗**operation** *f* / code operation || ≗**-Referenz** *f* / code reference || ≗**rückmeldung** *f* / code feedback || ≗**scheibe** *f* / rotary encoder || ≗**steuerzeichen** *n* / code extension character || ≗**träger** *f* (Befindet sich am Werkzeug, enthält Werkzeugdaten und wird vom Codeträgersystem der Maschine gelesen (automatisches Werkzeugidentifikationssystem)) / code carrier || ≗**trägervariable** *f* / code carrier variable || **~transparente Datenübermittlung** / code-transparent data communication || ≗**umfang** *m* /

code space || ²**umsetzer** *m* / code converter || ²**umsetzer mit Priorität des höheren Wertes** / highest-priority encoder || ²**umsetzung** *f* / code conversion || **~unabhängige Datenübermittlung** / code-independent data communication || ²**verfälschung** *f* / code error || ²**verletzung** *f* / code violation || ²**wandeln** *n* / code conversion || ²**wandler** *m* / code converter || ²**wandlung** *f* / code conversion || ²**wechsel** *m* / code change || ²**wort** *n* / code word

Codier·bolzen *m* (ET, StV) / polarizing pin || ²**bolzen** *m* (Leiterplatte) / coding pin || ²**brücke** *f* / coding jumper || ²**einheit** *f* / coding unit

codieren *v* / code *v*, encode *v* || ² *n* / coding *n* || ² **dezimal** DIN 19239 / code decimal/binary, decimal-binary (code conversion) || ² **dual** DIN 19239 / code binary/decimal, binary-decimal (code conversion)

Codierer *m* / coder *n*, encoder *n* || ² **mit photoelektrischer Abtastung** / optical encoder

Codier·-Führungsleiste *f* / polarizing guide || ²**nase** *f* / code notch || ²**platzrechner** *m* / coding workstation || ²**reiter** *m* / coding slider, profiled coding key || ²**schalter** *m* / encoding switch, encoder *n*, coding switch, coding element, DIL switch (dual-in-line switch), DIP switch || ²**station** *f* (zum Codieren v. Magnetkarten) / coding terminal || ²**station** *f* (Terminal) / encoding terminal, coding terminal || ²**stecker** *m* / coding plug || ²**stecker** *m* / polarization plug || ²**stift** *m* / coding pin

codiert *adj* / coded *adj* || **~er Drehgeber** / encoder *n*, quantizer *n* || **~er Einbauplatz** / polarized slot, keyed slot || **~es Bild** / coded image

Codierung *f* (Kodierung) / coding *n*, code *n* || ² *f* (StV, Steckbaugruppe) / polarization *n*, orientation *n*, polarization code || ² *f* / numbering *n* || ²**sregel** *f* / encoding rule

Codier·zapfen *m* / coding key, polarization key || ²**zubehör** *n* (ET) / polarization keys

CO: Drehmoment / CO: Act. torque || ² **Drehmoment-Zusatzsollwert** / CO: Additional torque setpoint || ² **Drehmomentbildender Strom Isq** / CO: Torque gen. current || ² **Drehmomentsollwert** / CO: Torque setpoint, CO: Torque setpoint (total) || ² **Drehzahl** / CO: Act. frequency || ² **Drehzahlsollwert** / CO: Freq. setpoint || ² **Einschaltpegel Vdc-max Regl.** / CO: Switch-on level of Vdc-max || ² **Energieverbrauchszähler [kWh]** / CO: Energy consumpt. meter [kWh] || ² **Festsollwert Motorfluss** / CO: Fixed value flux setpoint || ² **Fluss-Sollwert** (gesamt) / CO: Flux setpoint (total) || ² **Flussbildender Strom** (Isd) / CO: Flux gen. current || ² **Frequenzsollwert** / CO: Act. frequency setpoint || ² **Frequenzsollwert zum Regler** / CO: Freq. setpoint to controller || ² **gefilterte Ist-Frequenz** / CO: Act. filtered frequency

COG-Keramikkondensator *m* / COG ceramic capacitor

Coilanlage *f* / coil system

CO: Imax Regler Frequenzausgang / CO: Imax controller freq. output || ² **Imax Regler Spannungsausgang** / CO: Imax controller volt. output || ² **Int.-Ausgang n-Adaption** / CO: Int. output of n-adaption || ² **Integ.anteil Drehz.reg.ausg.** / CO: Integral output of n-ctrl. || ² **Ist-Festfrequenz** / CO: Act. fixed frequency || ² **Läuferwiderstand** / CO: Act. rotor resistance

Colorimetrie *f* / colorimetry *n*

COM (Component Object Model Komponente der NC-Steuerung zur Durchführung und Koordination von Kommunikation) / COM (component object model Numerical control component for the implementation and coordination of communication)

CO: Max. Ausgangsspannung / CO: Max. output voltage

Combimaster / combimaster

COMCLS / COMCLS (command class), COMCOD (command code)

Comm-Leitung *f* / comm-link

Common-mode-Ausfall / common-mode failure

Communication Processor (CP) / communication processor (CP), communications processor (CP)

CO: MOP - Ausgangsfrequenz / CO: Act. Output freq. of the MOP

COM-Optionen / COM options

CO: Motortemperatur / CO: Act. motor temperature

Compile-Cycle (CC) / compile cycle

Compilersprache *f* / compiler language

Compilezyklus *m* / compile cycle

Component Based Automation (CBA) / component based automation (CBA)

Component Object Model (COM) / component object model (COM)

Computer Integrated Manufacturing (CIM) / computer integrated manufacturing (CIM)

Computerized Numerical Control (CNC) / computerized numerical control (CNC)

computerunterstützte Problemlösungspakete / computer-aided solution packages || **~ Schutzstaffelung** (CUSS) / computer-aided protective grading || **~s Zeichnen und Konstruieren** / CAD (computer aided design)

COM-Schnittstelle *f* / COM interface

CON / CON (contour definition)

Concentra-Lampe *f* / reflector lamp

Connector Input *f* (CI) / connector input, source *n*

Controller *m* / controller *n*

Controllingübersicht *f* / controlling summary

CO: Oberer Drehmoment-Grenzwert / CO: Upper torque limitation || ² **Oberer Drehmoment-Grenzwert** (gesamt) / CO: Upper torque limit (total)

COP (Coprozessor) / COP (coprocessor)

CO: PID-Istwert gefiltert / CO: PID filtered feedback || ² **PID-Reglerabweichung** / CO: PID error || ² **Prop.-Ausgang n-Adaption** / CO: Prop. output of n-adaption

Coprozessor *m* (COP) / coprocessor *n* (COP)

CO: PZD von BOP-Link (USS) / CO: PZD from BOP link (USS) || ² **PZD von CB** / CO: PZD from CB || ² **PZD von COM-Link** (USS) / CO: PZD from COM link (USS)

Corbino-Scheibe *f* / Corbino disc

CO: Regeldifferenz n-Regler / CO: Dev. frequency controller

Coriolis-Kraft *f* / Coriolis force, compound centrifugal force

Corotron *n* / corona device

CO: Schlupffrequenz / CO: Slip frequency

Cosinusfunktion *f* / cosine function

CO: skalierter PID-Istwert / CO: PID scaled

feedback
cos phi / power factor, p. f.
cosϕ ϕ·-Messer *m* / power-factor meter, p. f. meter || **~-Regelung** *f* / power-factor correction, reactive-power control
CO: Ständerwiderstand gesamt [%] / CO: Total stator resistance [%] || ² **Statik Frequenz** / CO: Droop frequency || ² **Strom Isd** / CO: Act. current Isd || ² **Strom Isq** / CO: Act. current Isq || ² **Stromsollwert Isd** / CO: Current setpoint Isd || ² **Stromsollwert Isq** / CO: Current setpoint Isq || ² **U/f Schlupffreq.** / CO: V/f slip frequency
Coulomb·-Lorentz-Kraft *f* (F) / Coulomb-Lorentz force (F) || ²**sches magnetisches Moment** / magnetic dipole moment
CO: Ungefilterter Ausgangsstrom / CO: Output current || ² **Unt. Drehmom. Grenzwert** (gesamt) / CO: Lower torque limit (total)
COUNTER / counter *n*
CO: Unterer Drehmoment-Grenzwert / CO: Lower torque limit, CO: Lower torque limitation
Counterwert *m* / counter value, count *n*
CO: Sollwert nach HLG / CO: Frequency setpoint after RFG || ² **Sollwert nach Reversiereinh.** / CO: Freq. setp. after dir. ctrl. || ² **Sollwert vor Hochlaufgeber** / CO: Freq. setpoint before RFG || ² **Sollwert-Auswahl** / CO: Selected frequency setpoint
CO-Vor- und Hauptalarm *m* / CO pre-alarm and main alarm
CO: Wechselrichter Temp. [°C] / CO: Inverter temperature [°C] || ² **Wechselrichter-Ausgangsfreq.** / CO: Act. output frequency || ² **Wirkleistung** / CO: Act. power || ² **Wirkleistungsfaktor** / CO: Act. power factor || ² **Wirkstrom** / CO: Act. active current || ² **Zwischenkreisspannung** / CO: Act. DC-link voltage
Cox-Ring *m* / Cox sealing ring
CP / web *n* || ² / central processing unit (CPU), central processor (CP) || ² (Mikrocomputer-Steuerprogramm o. - Betriebssystem) / CP/M (control program/microcomputer) || ² (Copy Program) / CP (copy program) || ² (Communication Processor) / CP (communications processor)
CPA (Projektierdaten des Compilers) / CPA (Compiler Projecting Data)
CPE / central processing element (CPE)
CP·-Quittung *f* / CP acknowledgement || ² **Redundanz** / cp redundancy
C-Profil *n* / C profile || ²**-schiene** *f* / C-section rail, C-rail *n*
CPS / CPS (control and protective switching equipment), control and protective switching equipment (CPS) || ² **für die Steuerung und den Schutz von Motoren** EN 60947-6-2 / CPS for motor control and protection || ² **mit Trennfunktion** EN 60947-6-2 / CPS suitable for isolation || ² **zum direkten Einschalten** / direct-on-line CPS || ² **zum Reversieren** EN 60947-6-2 / reversing CPS
CPT frachtfrei / carriage paid to
CPU / central processing unit (CPU), central processor || ² **auswählen** / select cpu || ²**-Ausfall** *m* / CPU failure || ²**-Baugruppe** *f* / CPU module || ²**-Zuordnung** *f* / CPU assignment
CR / carriage return (CR), conditional reset (CR)
Crash-Sensor *m* (Kfz) / crash sensor, collision sensor
CRC (CRC) / cyclic redundancy check
Crimp·amboss *m* / crimp anvil || ²**anschluss** *m* / crimp termination IEC 603-1, crimp snap-on connection, crimp connection, crimp snap-in connection || ²**anschluss** *m* (Verbinder) / crimp snap-on connector
Crimpen *n* / crimping *n*
Crimp·hülse *f* / crimp barrel || ²**kammer** *f* / retainer chamber || ²**kontakt** *m* / crimp contact, crimp snap-in contact || ²**-Prüfbohrung** *f* / crimp inspection hole, contact inspection hole (depr.) || ²**-Prüfloch** *n* / crimp inspection hole, contact inspection hole (depr.) || ²**-snap-in** / crimp snap-in contact, crimp contact || ²**-snap-in-Anschluss** *m* / crimp snap-in connection || ²**-snap-in-Verdrahtungstechnik** *f* / crimp snap-in wiring method || ²**stecker** *m* / crimp connector || ²**-Stecksockel** *m* / crimp plug-in socket || ²**stempel** *m* / crimp indentor || ²**technik** *f* / crimping method || ²**verbindung** *f* / crimped connection, crimp connection, crimp *n* || ²**werkzeug** *n* / crimping tool || ²**werkzeug-Mechanismus** *m* / crimping-tool mechanism || ²**zange** *f* / crimping tool, pliers *n*, crimping pliers
CR LF / CR LF
CROM / control ROM (CROM)
CS / configuration system, conditional set (CS)
CSA / CSA (Canadian Standards Association)
CSB (Central Service Board) / CSB (Control Service Board) || ²**-Board** / CSB board
C-Schiene *f* EN 50024 / C profile, C-rail
CSMA (carrier sense multiple-access) / collision detection - Steuerungsverfahren für Vielfachzugriff mit Aktivitätsüberwachung und Kollisionserkennung)
CSMA/CA (Carrier Sense Multiple Access with Collision Avoiding) / CSMA/CA (carrier sense multiple access with collision avoiding)
CSMA/CD (Carrier Sense Multiple Access/Collision Detect) / CSMA/CD (carrier sense multiple access /collision detect), carrier sense multiple access with collision detection
C-Spline *m* (kubischer Spline) / C spline (cubic spline)
CSRD / CSRD
CTA / cellulose triacetate (CTA)
C -tan-δ-Messbrücke *f* / capacitance-loss-factor measuring bridge, C-tan-δ measuring bridge
CTI / CTI (comparative tracking index)
CTS / clear to send, CTS
C.T.S.-Versuch *m* / controlled thermal severity test, C.T.S. test
CU / connection unit (CU), compact device, compact unit (CU), telecontrol compact unit
Cu·-Band *n* / Cu strip || ²**-Ko-Thermoelement** *n* / copper-constantan thermocouple || ²**-Leiter** *m* / copper conductor || ²**-Notierung** *f* / copper quotation
CUPAL-Blech *n* / copper-plated aluminium sheet
Cu·-Schiene *f* / cu bar || ²**-Zuschlag** *m* / copper surcharge
Curie·-Punkt *m* / Curie point, Curie temperature || ²**-Temperatur** *f* / Curie point, Curie temperature
Cursor *m* / cursor *n* || ²**position** *f* / cursor position || ² **setzen** / set cursor || ²**speicher** *m* / cursor memory || ²**steuertaste** *f* / cursor control key || ²**taste** *f* / cursor key || ²**zeiger** *m* / cursor pointer

CUSP (Customer's Programming Language) / CUSP (customer's programming language)
Customer's Programming Language (CUSP) / customer's programming language (CUSP)
CW (Clockwise) / CW (clockwise)
Cyanursäure *f* / cyanuric acid, tricyanic acid
Cyclic redundancy check (CRC) / cyclic redundancy check (CRC)
cycloaliphatisch *adj* / cycloalyphatic *adj*
C-Glied *n* / capacitor (element)
C-Zustandsdiagramm *n* (PMG) / C state diagram, controller function state diagram

D

D / data (D)
DA / design automation (DA) || ≗ / digital output || ≗ / two-core conductor
DAC·-Anzahl *f* / number of DACs || **≗-Glättungszeit** *f* / smooth time DAC
Dach *n* (Impuls) / top *n* || ≗ (Leuchte, Schutzdach) / canopy *n* || **≗abfall** *m* (Impuls) / pulse droop || **≗blech** *n* (ST) / top plate, top cover || **≗-Bodenwand** *f* / top-bottom panel || **≗größenwert** *m* (Impuls) / top magnitude (pulse) || **≗linie** *f* (Impuls) / top line (pulse) || **≗marke** *f* / parent trademark || **≗mittellinie** *f* (Impuls) / top centre line (pulse) || **≗mittelpunkt** *m* (Impuls) / top centre point (pulse) || **≗platte** *f* / top panel || **≗rahmen** *m* / roof frame || **≗schräge** *f* (Impuls) / pulse tilt || **≗ständer** *m* (Hausanschluss) / service entry mast || **≗wand** *f* / top plate
dachziegelartig überlappend / imbricated *adj*, interleaved *adj* || **Wicklung mit ~ überlappendem Wickelkopf** / imbricated winding
DAC-Werte [V] oder [mA] / act. DAC value [V] or [mA]
DAF geliefert Grenze / delivered at frontier
dahinterliegend *adj* / series-connected
Dahlander·betrieb *m* / dahlander mode || **≗-Schalter** *m* / Dahlander pole-changing switch, pole changer for Dahlander winding || **≗schaltung** *f* / Dahlander circuit || **≗-Schaltung** *f* / Dahlander pole-changing circuit, delta-parallel-star circuit, Dahlander circuit || **≗-Wicklung** *f* / Dahlander change-pole winding, Dahlander winding
DAM (Degressionsfaktor (Parameter)) / DAM (degression factor)
Dämmer·beleuchtung *f* / low-level lighting || **≗licht** *n* / dimmed light, subdued light
Dämmerungs·beleuchtung *f* / dusk lighting || **≗schalter** *m* / photo-electric lighting controller, sun relay, photo-electric switch || **≗schalter** *m* / twilight detector || **≗sehen** *n* / mesopic vision
Dämm·stoff *m* / insulating material || **≗wand** *f* (f. Schall) / sound absorbing wall
Dampf·begleitheizung *f* / steam tracing || **≗diffusion** *f* / steam diffusion || **≗druck** *m* / saturation pressure || **≗druckminderventil** *n* / steam reducing valve || **≗druckschwankung** *f* / fluctuation of steam pressure || **≗druckthermometer** *n* / vapour-pressure thermometer
dämpfen *v* (akust.) / dampen *v*, damp *v*, deaden *v*, absorb sound || ~ *v* (mech.) / dampen *v*, damp *v*, cushion *v*
Dämpfer *m* (Wickl.) / damper *n*, damper winding, amortisseur *n* || **≗käfig** *m* / squirrel-cage damper winding, damper cage, amortisseur cage || **Synchronmotor mit** ≗ / cage synchronous motor || **≗segment** *n* (Dämpferwickl.) / segment of damper winding, damper segment, amortisseur segment || **≗stab** *m* (Dämpferwickl.) / bar of damper winding, damper bar, amortisseur bar || **≗wicklung** *f* / damper winding, amortisseur winding, damper *n*, amortisseur *n* || **Teilkäfig-≗wicklung** *f* / discontinuous damper winding, discontinuous amortisseur winding || **≗wicklungs-Kurzschlusszeitkonstante der Längsachse** / direct-axis short-circuit damper-winding time constant || **≗wicklungs-Kurzschlusszeitkonstante der Querachse** / quadrature-axis short-circuit damper-winding time constant || **≗wicklungslasche** *f* / damper-winding link, amortisseur strap || **≗wicklungs-Leerlaufzeitkonstante der Längsachse** / direct-axis open-circuit damper-circuit time constant
Dampf·erzeuger *f* / boiler *n* || **~geschützte Maschine** / vapour-proof machine, gas-proof machine || **~haltige Luft** / steam-laden atmosphere || **≗krafttechnik** *f* / power station engineering || **≗-Luftgemisch** *n* / vapour-air mixture || **≗mengenmessung** *f* / steam measurement || **≗messungen** *f* / vapor measurement || **≗phasenlötung** *f* / vapour-phase soldering, condensation soldering || **≗schirm** *m* (a. VS) / vapour shield, vapour blanket || **≗strömung** *f* / flow of steam || **≗temperatur nach der Entspannung** / downstream vapour temperature || **≗temperaturregelung** *f* / temperature control of steam || **≗turbinenkraftwerk** *n* / steam-turbine power plant || **≗-Turbo-Satz** *m* / turbo-alternator set, steam turbine set || **≗umformstation** *f* / steam reducing and cooling station
Dämpfung *f* / damping *n*, attenuation *n* || ≗ **durch Abstand der Faserstirnflächen** (LWL) IEC 50(731) / longitudinal offset loss || ≗ **durch radialen Versatz** (LWL) IEC 50(731) / gap loss, lateral offset loss || ≗ **durch seitlichen Versatz** (LWL) IEC 50(731) / transverse offset loss || **Betriebs~** *f* (Verstärkerröhre) DIN IEC 235, T.1 / operating loss || **Kalt~** *f* (Mikrowellenröhre) / cold loss || **relative** ≗ / damping ratio
Dämpfungs·ausgleicher *m* / attenuation equalizer || **~begrenzter Betrieb** (LWL) IEC 50(731) / attenuation-limited operation || **≗belag** *m* / attenuation per unit length || **≗drossel** *f* / damping reactor || **≗element** *n* / damping element || **≗element** *n* (Bürste) / finger clip, hammer clip || **≗faktor** *m* (el. Masch., Reg.) / damping factor, damping coefficient || **≗faktor** *m* (in Neper pro Längeneinheit) / attenuation constant || **≗feder** *f* / damping spring || **~frei** *adj* / undamped *adj* || **≗glied** *n* / attenuator *n*, damper *n*, damping element || **≗grad** *m* / damping ratio || **≗induktivität** *f* / damping inductor || **≗koeffizient** *m* (LWL) / attenuation coefficient || **≗konstante** *f* (Akust.) / acoustical absorption coefficient, sound absorptivity || **≗konstante** *f* (in Neper o. dB) / attenuation constant || **≗konstante** *f* (Synchronmasch.) / damping torque coefficient ||

≗**körper** *m* / damping element || ≗**kreis** *m* / damping circuit, anti-hunt circuit
Dämpfungs·legierung *f* / high-damping alloy || ≗**leistung** *f* / damping power || ≗**luft** *f* / damping air || ≗**maß** *n* / damping factor || ≗**material** *n* / damping material || ≗**moment** *n* / damping torque || ≗**ring** *m* / damping ring || ≗**röhre** *f* / attenuator tube || ≗**spule** *f* / damping coil, (damping) inductor || ≗**stück** *n* (Bürste) / finger clip, hammer clip || ≗**unterschied** *m* (LWL) / mode attenuation || ≗**ventil** *n* / damping valve || ≗**verzerrung** *f* / attenuation distortion || ≗**wicklung** *f* / damper winding, amortisseur winding, damper *n*, amortisseur *n*, damping winding || ≗**widerstand** *m* / damping resistor || ≗**widerstand** *m* (gegen Ferroresonanz) / anti-resonance resistor || ≗**widerstand** *m* (Gerät) DIN 41640 / shunt resistance IEC 512 || ≗**ziffer** *f* (el. Masch.) / damping factor, damping coefficient || **relative** ≗**ziffer** (el. Masch.) / per-unit damping-torque coefficient
Dänemark-Kleinstation *f* / Denmark-type packaged substation
D-Anteil *m* (Reg.) / D component, derivative component, differential component
dargestelltes Bild / display image
Darstellung *f* / representation *n* || ≗ *f* (am Bildschirm) / display *n* || **graphische** ≗ **am Bildschirm** / display image, message display || ≗ **der Häufigkeitsverteilung der prozentualen Merkmale** / percentile plot || ≗ **eines Maschinenlayouts** / representation of a machine layout || ≗ **in 3 Ebenen** / representation in 3 planes || ≗ **mit explizitem Radixpunkt** / explicit radix point representation || ≗ **mit impliziertem Radixpunkt** / implicit radix point representation, implicit-point representation || ≗ **mit Vorzeichen** / signed representation || ≗ **nach Ablaufsprache** (SPS) DIN EN 61131-1 / sequential function chart (SFC) || ≗ **ohne Vorzeichen** / unsigned representation || ≗ **von Schwingungsabbildern** / waveform format || **3D-**≗ *f* / 3D representation || **bildliche** ≗ (Impulsmessung) DIN IEC 469, T.2 / pictorial format || **direkte** ≗ / direct representation (A means of representing a variable in a programmable controller program from which a manufacturer-specified correspondence to a physical or logical location may be determined directly) || **expandierte** ≗ / expanded representation || **Informations~** *f* / representation of information, data representation || **schematische** ≗ / schematic diagram, character-graphic representation
Darstellungs·art *f* / method of representation, type of representation, screen mode, language *n* || ≗**art** *f* (Formatsteuerfunktion) / graphic rendition || ≗**attribut** *n* (Darstellungselemente) / primitive attribute || ≗**attribut** *n* / display attribute || ≗**bereich** *m* (Bildschirm) / display space || ≗**dienst** *m* DIN ISO 7498 / presentation service || ≗**element** *n* (Grafik) / graphic primitive, output primitive, display element || **verallgemeinertes** ≗**element** VDE / generalized drawing primitive (GDP) || ≗**feld** *n* (Grafikgerät) / viewport *n* || ≗**fenster** *n* / display window || ≗**fläche** *f* (BSG) / display surface || ≗**größe** *f* / display size || ≗**kommando** *n* (graft DV) / display command, display instruction || ≗**kontext** *m* / presentation context || ≗**oberfläche** *f* / display interface || ≗**protokoll** *n* DIN ISO 7498 / presentation protocol || ≗**schicht** *f* DIN ISO 7498 / presentation layer
DAS / dual attachment station (DAS)
Data· Block Byte (DBB) / data block byte (DBB) || ≗ **Block Length Register** (DBL-Register) / data block length register (DBL) || ≗ **Carrier Detected** (DCD) / data carrier detected (DCD)
datalen / datalen (data length)
Datei *f* / dataset *n*, data file, file *n* || **letzte** ≗ / last file || ≗**abschnitt** *m* / file section || ≗**anzahl** *f* / number of files || ≗**austausch** *m* / file transfer || ≗**auswahldialog** *m* / file selection dialog || ≗**buchführung** *f* / file journal
Dateien·/Bausteine anzeigen / display files/blocks || ≗ **der Komponente** / component files || **Alle** ≗ / all files || **berücksichtigte** ≗ / files considered || **schreibgeschützte** ≗ / write-protected files || **versteckte** ≗ / hidden files
Datei·ende *n* / end of file (EOF) || ≗**-Handling** *n* / file handling || ≗**länge** *f* / file length || ≗**menge** *f* / file set || ≗**name** *m* / file name || ≗**pfad** *m* / file path || ≗**sperre** *f* / file locking || ≗**struktur** *f* / data file structure || ≗**transfer** *m* / file transfer || ≗**typ** *m* (DTY) / data type (DTY) || ≗**übertragung** *f* / file transfer || ≗**verwaltungssystem** *n* / file management system || ≗**verzeichnis** *n* / directory
Daten *plt* / data *plt* || ≗**-Bits** / data bits || ≗ **ermitteln** / determine data, collect data || ≗ **ohne Folgenummer** DIN ISO 3309 / unnumbered information (UI) || **elektrische** ≗ / electrical data || **globale** ≗ / basic data (BD), GD (global data), BD (basic data) || **herstellerspezifische** ≗ / data for specific manufacturer || **Daten, technische** ≗ / technical specifications
Daten·abgleich *m* / synchronization of data, match data || ≗**ablage** *f* / data storage || ≗**adresse** *f* / data address || ≗**anforderung** *f* / data request || ≗**antenne** *f* / data aerial || ≗**archiv** *n* / data archives || ≗**art** *f* / data type (DTY), DTY (data type) || ≗**aufbau** *m* / data structure || ≗**auflösung** *f* / data resolution || ≗**aufzeichnung** *f* / data recording || ≗**ausgabe** *f* / data output, data-out *n* || ≗**ausgang** *m* (Digitalausgang) DIN 44472 / digital output, data-out *n* || ≗**austausch** *m* / data exchange, data interchange, data communication, data communications, data traffic, data transfer || **dynamischer** ≗**austausch** (DDE) / dynamic data exchange (DDE) || **Register mit** ≗**auswahlschaltung** DIN 40700, T.14 / register with an array of gated D bistable elements IEC 117-15
Daten·bank *f* / data bank, database *n* || **integrierter** ≗**bank-Beschleuniger** / integral database accelerator || ≗**bestimmung** *f* / data carrier detect (DCD) || ≗**banksystem** *n* / database system || ≗**bankverwaltung** *f* / database management || ≗**bankverwaltung und -änderung** *f* / database administration || ≗**bankverwaltungssystem** *n* / database management system (DBMS) || ≗**basis** *f* / database *n*, data bank || ≗**basis-Datei** *f* / database file || ≗**baustein** *m* (DB) / data block (DB), data module, software data block || ≗**baustein hinzufügen** / add data block || ≗**bausteinlänge** *f* / data block length || ≗**bearbeitung** *f* / data editing || ≗**bereich** *m* / data area, data storage area, field *n* || ≗**bereich** *m* (des Speichers) / data storage area || ≗**beschreibung** *f* / data description ||

≗beschreibungsbaustein *m* / data description block ‖ **≗bestand** *m* / database *n* ‖ **≗betrieb ablösen** (DÜ-Schnittstellenleitung) / return to non-data mode ‖ **≗betrieb ablösen** (DÜE) DIN 66020, T.1 / return to non-data mode ‖ **≗bezeichner** *m* / data identifier ‖ **≗bezugserde** *f* / data ground ‖ **≗bezugspotential** *n* / data ground

Daten·bit *n* / data bit, data bits ‖ **≗blatt** *n* / data sheet, form *n* ISO/DIS 6548 ‖ **≗block** *m* / data block, data field, field *n*, message frame, frame *n* (A complete set of bits conforming to the frame specification at the interface above this protocol layer. Frames are defined in terms of fields (bit positions) allocated to specific functions. (ISO/DIS 6548, 1982)), telegram *n* ‖ **≗block** *m* (DÜ) DIN ISO 3309 / information format frame ‖ **≗blocknummer** *f* / data block number ‖ **≗box** *f* / memory area, sub-section, mailbox, bus-type local area networks ‖ **≗bus** *m* (DB) / data bus (DB), data highway ‖ **≗busbreite** *f* / data bus width ‖ **≗bussystem** *n* / data bus system ‖ **≗bustreiber** *m* / data bus driver ‖ **≗byte** *n* / data byte ‖ **≗byte links** (DL) / left-hand data byte (DL), data byte left (DL) ‖ **≗byte rechts** (DR) / right-hand data byte (DR), data byte right (DR)

Daten·darstellung *f* / data representation ‖ **≗doppelwort** *n* (DD) / data double word (DD), double data word (DD) ‖ **≗dose** *f* / data box ‖ **≗durchgängigkeit** *f* / data consistency ‖ **≗durchsatz** *m* / data throughput, data processing capacity

Daten·-Ein-/Ausgabe *f* / data input/output, data in/out ‖ **≗-Ein-/Ausgang** *m* / data input/output, data in/out ‖ **≗eingabe** *f* / data input, data-in *n* ‖ **≗eingabe in einen Speicher** / writing data into a store ‖ **≗eingabe von Hand** / manual data input (MDI) ‖ **manuelle ≗eingabe** (MDI) / manual data input (MDI), manual input ‖ **≗eingabebus** *m* / data input bus (DIB) ‖ **≗eingabegerät** *n* / data input device ‖ **≗eingang** *m* / data input, data-in *n* ‖ **≗einheit** *f* DIN ISO 7498 / data unit ‖ **≗element** *n* DIN 44300 / data element ‖ **≗empfang** *m* / data volume ‖ **≗einrichtung** *f* (DEE) / data terminal equipment (DTE), data terminal ‖ **≗endeinrichtung** *f* (DEE) / data terminal equipment (DTE) ‖ **≗endgerät** *n* / data terminal, data terminal equipment (DTE), DTE (data terminal equipment) ‖ **≗entkopplung** *f* / data decoupling circuit ‖ **≗erfasser** *m* / data acquisition terminal, remote terminal unit (RTU)

Datenerfassung *f* / data acquisition, data collection, data capture, supervisory control and data acquisition (SCADA) ‖ **≗ mit dezentraler Datenvorverarbeitung** / data acquisition with distributed front-end preprocessing ‖ **dv-mäßige ≗** / computerized evaluation ‖ **dezentralisierte ≗** / source collection of data ‖ **≗sschiene** *f* / data acquisition (o. collection) bus ‖ **≗sstation** *f* / data acquisition terminal, remote terminal unit (RTU)

Daten·erzeugung *f* / data production, data source ‖ **≗fach** *n* / mailbox, memory area, sub-section ‖ **≗feld** *n* / data field ‖ **≗feld** *n* (DÜ) DIN ISO 3309 / information field ‖ **≗-Fernübertragung** *f* (DFÜ) / long-distance data transmission, data communications ‖ **≗-Fernübertragungsstrecke** *f* (DFÜ-Strecke) / long-distance data transmission link ‖ **≗fernverarbeitung** *f* / data teleprocessing ‖ **≗fluss** *m* / data flow ‖ **≗flussplan** *m* / data flowchart, data flow diagram ‖ **≗format** *n* / data format ‖ **≗funk** *m* / radio data transmission, radio data communication ‖ **≗funksystem** *n* / radio data communication system

Daten·gerät *n* / data storage device ‖ **≗gerüst** *n* / data volume ‖ **≗haltung** *f* / data management, data administration, database organization, data storage ‖ **≗hantierungsbaustein** *m* (SPS) / data handling block ‖ **≗instanz** *f* / data instance ‖ **≗integrität** *f* / data integrity, data consistency

Daten·kabel *n* / data cable, data bus, data line ‖ **≗kanal** *m* / data channel, information channel ‖ **≗kanal** *m* (MPU) / data port ‖ **≗karte** *f* (f. Ausweis) / badge data card ‖ **≗kette** *f* / data string, data identifier ‖ **≗kommunikationsrechner** *m* / communication computer ‖ **≗konsistenz** *f* / data consistency, data integrity ‖ **≗konzentrator** *m* / data concentrator ‖ **≗koppler** *m* / data coupler ‖ **≗kopplung** *f* (Verbindung) / data link ‖ **≗kreis** *m* / data circuit

Daten·länge *f* (DATLG) / data length (DATLG) ‖ **≗leitung** *f* / data line, data transfer line, data transmission line, data bus, data cable ‖ **≗leitungssteuerung** *f* / data link control (DLC) ‖ **≗manager** *m* / data manager ‖ **≗menge** *f* / data volume, volume of data, quantity of data, aggregate (A structured collection of data objects, forming a data type. (ISO))

Daten·nachführung *f* / data updating ‖ **≗nahtstelle** *f* / data interface ‖ **≗netz** *n* / data network ‖ **≗oberfläche** *f* (Diskette) / recording side ‖ **≗objekt** *n* / data object ‖ **≗organisation** *f* / data management, data storage ‖ **≗paket** *n* (Ebenfalls gebräuchliche Bezeichnung für Telegramm) / data packet, data frame, packet *n*, frame *n* ‖ **≗paketvermittlung** *f* / packet switching ‖ **≗puffer** *m* / data buffer

Daten·quelle *f* / data source ‖ **≗quittung** *f* / data acknowledge (DTACK) ‖ **relationale ≗bank** / relational database ‖ **≗rate** *f* / data rate, data signalling rate ‖ **≗reduktion** *f* / data reduction ‖ **≗referenz** *f* / data reference ‖ **≗rettung** *f* / data saving ‖ **≗richtung** *f* / data direction ‖ **≗richtungsregister** *n* / data direction register (DDR) ‖ **≗rückmeldung** *f* / data feedback

Daten·sammelschiene *f* / data bus, data highway ‖ **≗sammler** *m* / data collector ‖ **≗satz** *m* / data record, record *n*, data set ‖ **≗satzaufbau** *m* / data record structure ‖ **≗satzschlüssel** *m* / (data) record key ‖ **≗schiene** *f* / data bus ‖ **≗schiene** *f* (zum Einlegen in die Hutprofilschiene) / data rail ‖ **≗schnittstelle** *f* / data interface ‖ **allgemeine ≗schnittstelle** (ADS) / general data interface ‖ **≗schutz** *m* / privacy protection, data protection ‖ **≗selektor** *m* / data selector ‖ **≗senke** *f* / data sink, receiving terminal, data output

Daten·sicherheit *f* / data security, data integrity ‖ **≗sicherung** *f* / data security, data save, data backup ‖ **≗sicherungsmodul** *n* (SPS) / data backup submodule ‖ **≗sicherungsprogramm** *n* / data save program ‖ **≗sicht** *f* / data view ‖ **≗sichtgerät** *n* / visual display unit (VDU), video terminal, CRT unit (o. monitor), display unit, monitor *n*, data display terminal, display terminal ‖ **≗sichtstation** *f* (DSS) / display terminal, data display terminal (VDT) ‖ **≗signal** *n* / data signal ‖ **≗signalkonzentrator** *m* / data signal concentrator ‖

≈**signalrate** *f* / data signalling rate

Datenspeicher *m* / data memory, data storage, memory *n*, transponder *n*, DR (data register) || ≈ *m* (Register, SPS) / data register (DR) || **mobiler** ≈ (MDS) / mobile data storage (MDS), mobile data memory, mobile transponder

Daten·standverbindung *f* DIN ISO 3309 / non-switched data circuit || ≈**station** *f* / data terminal, terminal installation for data transmission, data station || **programmierbare** ≈**station** / intelligent station || ≈**stelle** *f* DIN 6763, Bl.1 / data position || ≈**steuerung** *f* / supervisory control and data acquisition (SCADA), data collection, data capture, data acquisition, SCADA (supervisory control and data acquisition) || ≈**strom** *m* / data stream || ≈**struktur** *f* / data structure || ≈**suchlauf** *m* / data search

Daten·telefon *n* / data phone || ≈**träger** *m* / data medium, data carrier, volume *n*, storage medium || **externer** ≈**träger** / external storage medium, data carrier label || ≈**transfer** *m* / data transfer, data transmission, data communication || ≈**transferbus** *m* (DTB) / data transfer bus (DTB) || ≈**transparenz** *f* / data transparency || ≈**typ** *m* DIN 44300, T.1 / data type || ≈**typ** *m* (DTY) / data type (DTY) || **elementarer** ≈**typ** / elementary data type || ≈**typentabelle** *f* / data type table

Daten·übergabe *f* / data transfer, data transmission || ≈**überlauf** *m* / data overflow, data overrun || ≈**übermittlung** *f* / data communication || ≈**übermittlungsabschnitt** *m* / data communication link, data link || ≈**übermittlungssystem** *n* / data communication system || ≈**übernahme** *f* / data acceptance || ≈**übernahmezustand** *m* (der Senke PMG) DIN IEC 625 / accept data state (ACDS)

Datenübertragung *f* / data transmission || ≈ *f* (zwischen Zentraleinheit und Peripherie, a. MPSB) / data transfer || ≈ *f* (DÜ) / data transmission, data communication, data transfer

Datenübertragungs·anzeige *f* / data input/output (DIO) || ≈**aufforderung** *f* / data transfer request (DTR) || ≈**baugruppe** *f* / data transfer module, communications module (o. card) || ≈**bestätigung** *f* / data transfer acknowledge (DTACK) || ≈**block** *m* (DÜ-Block) DIN 44302 / data transmission block, frame || ≈**bus** *m* / data transfer bus (DTB) || ≈**dienst** *m* / data transfer (o. transmission) service || ≈**einrichtung** *f* (DÜE) / data communication equipment (DCE) || ≈**geschwindigkeit** *f* / data rate, data signalling rate || ≈**leitung** *f* / data transmission line || ≈**protokoll** *n* / data transmission protocol || ≈**quittung** *f* / data transfer acknowledge (DTACK) || ≈**rate** *f* / data transfer rate || ≈**steuerung** *f* / communications controller || ≈**steuerung** *f* (Gerät) / data transmission controller, communication controller || ≈**strecke** *f* / data transmission circuit || **serielle** ≈**strecke** / serial data transmission line || ≈**umschaltung** *f* / data link escape (DLE) || ≈**weg** *m* / data transmission path

Daten·überwachung *f* / supervisory control and data acquisition (SCADA), data acquisition, data capture, data collection, SCADA (supervisory control and data acquisition) || ≈**umfang** *m* / data volume || ≈**umlauf** *m* / data circulation || ≈**umschaltverfahren** *n* / data shift technique || ≈**umsetzer** *m* / data converter || ≈**umwandlung** *f* / data conversion

Daten·verarbeitung *f* (DV) / data processing (DP), information processing || **grafische** ≈**verarbeitung** / computer graphics || ≈**verarbeitungsanlage** *f* / data processing equipment, computer *n* || ≈**verarbeitungs-Stromkreis** *m* VDE 0660, T.50 / data processing circuit IEC 439 || ≈**verbindung** *f* / data circuit || ≈**verbindungsschiene** *f* / data rail, data bus || ≈**verbund** *m* / open communications network, internetworking *n*, data sharing, communications network, communications system || **durchgängiger** ≈**verbund** / enterprise-wide communications system, factory-wide communications system, company-wide communications system || ≈**verdichtung** *f* / data compaction, data reduction || **kreuzweiser** ≈**vergleich** (KDV) / cross-checking *n* || ≈**verkehr** *m* / data traffic, data interchange, data exchange, data communication, data communications, data transfer || **gesicherter** ≈**verkehr** / secured transmission, safe data exchange, transmission with error detection and correction || **quittungsgesteuerter** ≈**verkehr** / handshake procedure, handshaking *n* || **strukturierter** ≈**verkehr** / structured data traffic || ≈**verlust** *m* / loss of data, overrun *n* || ≈**verteiler** *m* / data distributor || ≈**verwaltung** *f* / data management, data storage || ≈**verwaltungssystem** *f* (DVS) / data management system (DMS) || ≈**vollständigkeit** *f* / data integrity || ≈**vorverarbeitung** *f* / data preprocessing

Daten·wahlverbindung *f* DIN ISO 3309 / switched data circuit || ≈**wandler** *m* / data converter || ≈**weg** *m* / data path || ≈**wort** *n* (DW) / data word (DW), data word (DW) || ≈**wortadresse** *f* / data word address || ≈**wortbereich** *m* / data word area || ≈**zeiger** *m* / data pointer || ≈**ziel** *n* / data destination || ≈**zugriffssicherung auf die Kabel** / media access security || ≈**zugriffssicherung der Schichten** / layer security || ≈**zugriffssicherung des Systems** / system security || ≈**zyklus** *m* / data cycle || ≈**zykluszeit** *f* / data cycle time

Datex *n* / datex *n* || ≈**-L** *n* / Datex-L *n* || ≈**-L-Netz** *n* (Datenübertragungsnetz mit Leitungsvermittlung, das ins integrierte Netz- und Datennetz (IDN) eingebettet ist) / Datex-L *n* || ≈**-P** *n* / Datex-P *n* || ≈**-P-Netz** *n* / Datex-P *n*

DATLG (Datenlänge) / DATLG (data length)

Datum *n* (D SPS) / data (D) || ≈ **letzte Änderung** / date of last change || ≈ **links** (DL) / data byte left (DL) || ≈ **rechts** (DR) / data byte right (DR) || ≈**-Doppelwort** *n* / data double word || ≈ **und Uhrzeit** / date and time || ≈**schlüssel** *m* / date code || ≈**- und Uhrzeitgeber** *m* / real-time clock || ≈**/Uhrzeit** / date/time || ≈**zelle** *f* / data location

DAU (Digital-Analog-Umwandler) / digital-analog converter (DAC), digital-to-analog converter (DAC) || ≈**-Begrenzung** *f* / DAC limitation

Dauer *f* (Differenz zwischen Anfangs- und Endpunkte eines Zeitintervalls) / time duration (The difference between the end points of a time interval), throughput time, processing time, cycle time, flow time, machining time || ≈ **bis zum Abschneiden** (Stoßwelle) / time to chopping || ≈ **bis zum Ausfall** (Akkumulierte Dauer der Betriebszeiten einer Einheit ab Anwendungsbeginn bis zum Ausfall oder ab dem Zeitpunkt der Wiederherstellung bis zum nächsten Ausfall) / time to failure (Total time duration of operating time of an item, from the instant it is first put in an up state, until failure or, from the instant of restoration until next failure) || ~ **bis zum ersten Ausfall** (Akkumulierte Dauer der Betriebszeiten einer Einheit ab Anwendungsbeginn bis zum Ausfall) / time to first failure (Total time duration of operating time of an item, from the instant it is first put in an up state, until failure) || **mittlere ~ bis zum ersten Ausfall** (Erwartungswert der Verteilung der Dauern bis zum ersten Ausfall) / mean time to first failure (MTTFF The expectation of the time to first failure) || ~ **bis zum Scheitel** (Stoßspannung) / time to crest || ~ **der aktiven Instandsetzung** IEC 50(191) / active corrective maintenance time || ~ **der aktiven Wartung** IEC 50(191) / active preventive maintenance time || ~ **der Fehlerbehebung** IEC 50(191) / fault correction time || ~ **der Fehlerlokalisierung** IEC 50(191) / fault localization time || ~ **der Funktionsprüfung** IEC 50(191) / check-out time || ~ **der Gleichstrom-Bremsung** / duration of DC braking || ~ **der Impulskoinzidenz** / pulse coincidence duration || ~ **der Impulsnichtkoinzidenz** / pulse non-coincidence duration || ~ **der Reparaturtätigkeit** / active repair time || ~ **der Spannungsbeanspruchung** / time under voltage stress || ~ **des Bereitschaftszustands** IEC 50(191) / standby time || ~ **des betriebsfreien Klarzustands** IEC 50(191) / free time, idle time || ~ **des unentdeckten Fehlzustands** IEC 50(191) / undetected fault time || **akkumulierte** ~ (Summe der durch gegebene Bedingungen charakterisierten Dauern während eines gegebenen Zeitintervalls) / accumulated time (The sum of time durations characterized by given conditions over a given time interval)

Dauer·, für ~anregung (z.B. Spule) / continously rated || **~anriss** *m* / fatigue incipient crack, fatigue crack || **~ausgangsleistung** *f* VDE 0860 / temperature-limited output power IEC 65 || **~ausgangsstrom** *m* / continuous output current || **~aussetzbetrieb** *m* (DAB) / continuous operation with intermittent loading

Dauer·beanspruchung *f* / continuous stress, continuous load || **~beanspruchungsgrenze** *f* / endurance limit || **~beaufschlagung** *f* / constantly under pressure || **~befehl** *m* / continuous command || **~befehl** *m* (FWT) / persistent command || **~belastbarkeit** *f* / continuous loading capability, continuous rating || **~belastung** *f* / continuous load, constant load, continuously rated load, permanent load || **~belastung** *f* (el. Masch.) VDE 0530, T.1 / full load IEC 34-2 || **~beleger** *m* (LAN) / jabber *n* || **~belegung** *f* / jabber *n* || **Behebung der ~belegung** (LAN) / jabber control || **~beleuchtung** *f* / maintained lighting || **~beständigkeit** *f* / endurance *n*, durability *n*, life *n*

Dauerbetrieb *m* VDE 0730 / continuous operation, continuous running, continuous operation, continuous operation duty || ~ *m* (DB Trafo) / continuous duty, continuous operation, uninterrupted continuous operation || ~ *m* (DB S1, el. Masch.) EN 60034-1 / continuous running duty (S1) IEC 34-1, continuous duty || ~ *m* (Anlage) / continuous operation, non-stop operation || ~ *m* (SG) VDE 0660, T.101 / uninterrupted duty IEC 157-1 || ~ *m* (Rel.) VDE 0435, T.110 / continuous duty || ~ **mit Bodenaustrocknung** (Kabel) / continuous operation with soil desiccation || **gleichwertiger** ~ (el. Masch.) VDE 0530, T.1 / equivalent continuous rating (e.c.r.) IEC 34-1 || **Leistung im** ~ / continuous rating, continuous output || **~sstrom** *m* / continuous load current || **~stemperatur** *f* (Temperatursicherung) / holding temperature

Dauer·biegekraft *f* (Isolator, Durchführung) / permanent cantilever load || **~biegewechselfestigkeit** *f* / bending fatigue strength || **~biegung** *f* / fatigue bending || **~brandbogenlampe** *f* / enclosed arc lamp || **~bruch** *m* / fatigue failure, fatigue fracture || **~bruchsicherheit** *f* / resistance to fatigue, endurance strength || **~bruchversuch** *m* / fatigue-fracture test

Dauer·dehngrenze *f* / ultimate creep, creep limit, fatigue-yield limit || **~drehwechselfestigkeit** *f* / torsional fatigue strength || **~durchlassstrom** *m* / continuous forward current

Dauer·einschaltung, für unbegrenzte ~einschaltung / continuously rated || **~einstellbefehl** *m* (FWT) / persistent regulating command || **~elastizität** *f* / permanent elasticity || **~entladeprüfung** *f* (Batt.) / continuous service test || **~erdschluss** *m* / sustained earth fault (GB), continuous earth fault (GB), sustained ground fault (US) || **~erdschlussmeldung** *f* / continuous earth fault signalling || **~erdschlussstrom** *m* / sustained earth-fault current (GB), sustained ground-fault current (US) || **~ermüdungsfestigkeit** *f* / long-time fatigue strength || **~erregung** *f* / permanent excitation

Dauerfehler *m* / permanent fault, persistent fault, sustained fault || **~sicher** *adj* / permanently fail-safe

dauerfest *adj* / high-endurance *adj*, endurant *adj*, of high endurance strength, durable *adj*

Dauerfestigkeit ~ *f* / endurance strength, fatigue strength || ~ **im Druckschwellbereich** / fatigue strength under pulsating compressive stress || **mechanische** ~ / mechanical endurance, time-load withstand strength || **Spannungs-~** *f* / voltage endurance, voltage life || **~sversuch** *m* / endurance test, fatigue test

Dauer·funktion *f* (SPS) / auto-repeat *n* || **~gleichspannung** *f* / d.c. steady-state voltage || **wiederkehrende ~gleichspannung** / d.c. steady-state recovery voltage || **~gleichstrom** *m* (Thyr) DIN 41786 / continuous on-state current, continuous direct on-state current || **~gleichstrom** *m* (Diode) DIN 41781 / continuous d.c. forward current, continuous forward current || **~grenz-Gleichstrom** *m* / maximum continuous direct current || **~grenzleistung** *f* / max. continuous power || **~grenzstrom** *m* / maximum continuous current || **~grenzstrom** *m* (Diode) DIN 41781 / maximum rated mean forward current || **~grenzstrom** *m* (Thyr) DIN 41786 / limiting value of mean on-state current

Dauer·haftigkeit *f* (Geräte nach) VDE 0700,0730 / endurance *n* IEC 335-1; CEE 10 || **Mess~haftigkeit** *f* / long-term measuring (o. metering) accuracy, long term accuracy || **~höchstleistung** *f* / maximum continuous rating (m.c.r.) || **~hub** *m* / continuous stroke || **~kontakt** *m* / maintained contact || **~kontaktgabe** *f* / maintained-contact control, maintained-contact operation || °~**kontaktgeber** *m* / maintained-contact switch || °~**kontaktsignal** *n* / continuous-contact signal || °~**kurzschluss** *m* / continued short circuit EN 50020, sustained short circuit, persisting fault || °~**kurzschlussstrom** *m* / sustained short-circuit current, steady short-circuit current || °~**kurzschlussversuch** *m* (el. Masch.) VDE 0530, T.2 / sustained short-circuit test IEC 34-2

Dauer·ladung *f* (Batt.) / trickle charge || °~**last** *f* / full load IEC 34-2 || °~**lastprüfung** *f* / time-load test, steady-load test || °~**lauf** *m* / continuous running, continuous operation || °~**laufprogramm** *n* (Kfz-Mot.-Prüf.) / endurance program || °~**laufprüfstand** *m* / endurance test bed || °~**laufprüfung** *f* / run-in test || °~**leistung** *f* / continuous rating, continuous output, continuous power, permanent rating || °~**leistung** *f* (el. Masch.) VDE 0530, T.1 / full-load power IEC 34-1 || °~**licht** *n* / maintained lighting || °~**licht** *n* / steady light, maintained light, steady burning light, continuous light, permanent light || °~**lichtsignal** *n* / steady-light signal

Dauermagnet *m* / permanent magnet (PM) || °~**erregung** *f* / permanent-magnet excitation, permanent-field excitation || °~**maschine** *f* / permanent-magnet machine || °~**schrittmotor** *m* / permanent-magnet stepper || °~**stahl** *m* / permanent-magnet steel || °~**synchronmotor** *m* / permanent-magnet synchronous motor, permanent-field synchronous motor || °~**werkstoff** *m* / permanent-magnet material, magnetically hard material

Dauermeldung *f* / persisting (o. sustained) indication, long-term indication || °~ *f* (FWT) / persistent information

dauernd abführbare Leistung / continuous heat dissipating capacity, continuous rating || ~ **aufliegende Bürsten** / brushes in permanent contact || ~ **besetzt** (m. Personal) / permanently manned || **~e Pufferung** (Batt.) / trickle charging || **~e Wirkung** (Reg.) / permanent action || **~es Rauschen** / continuous noise

Dauer·packung *f* (Schmierfett) / prelubricating grease charge || °~**prüfmaschine** *f* / endurance testing machine, fatigue testing machine, fatigue test || °~**prüfung** *f* (el. Masch.) / heat run, temperature-rise test || °~**prüfung** *f* / endurance test || °~**prüfung bei gleitender Frequenz** / endurance test by sweeping || °~**prüfung mit Erwärmungsmessung** / heat run, temperature-rise test || °~**prüfverfahren** *n* / endurance test method || °~**rauschen** *n* / continuous noise

Dauer·schaltprüfung *f* / life test, endurance test || °~**schaltung** *f* (m. Batterie) / floated battery circuit || **Sicherheitsbeleuchtung in** °~**schaltung** / maintained emergency lighting || °~**schlagfestigkeit** *f* / impact fatigue limit, repeated-blow impact strength, impact endurance || °~**schlagversuch** *m* / repeated-impact test, repeated-blow impact test || °~**schlagzahl** *f* / impact fatigue in number of blows || °~**schluss-Widerstand** *m* (Schlupfwiderstand) / permanent slip resistor || °~**schmierung** *f* / prelubrication *n*, permanent lubrication || **Lager mit** °~**schmierung** / prelubricated bearing, greased-for-life bearing || °~**schock** *m* / repetitive shock || °~**schocken** *n* DIN IEC 68 / bumping *n*, bump *n* IEC 68 || °~**schockprüfung** *f* / bump test || °~**schwingbeanspruchung** *f* / alternating cyclic stress || °~**schwingbruch** *m* / fatigue failure, vibration failure, fatigue fracture, vibration fracture || °~**schwingfestigkeit** *f* / endurance strength, fatigue limit || °~**schwingung** *f* / sustained oscillation, undamped oscillation || °~**schwingversuch** *m* / vibration test

Dauer·sender *m* (LAN) / jabber *n* || **~sicher** *adj* / permanently fail-safe || °~**signal** *n* / continuous signal, maintained signal, permanent signal || °~**spannung** *f* / continuous voltage, constant voltage || °~**spannung** *f* (Abl.) / continuous operating voltage || °~**spannungsanzeiger** *m* / continuous voltage indicator || °~**spannungsfestigkeit** *f* / voltage endurance || °~**spannungsprüfung** *f* / voltage endurance test, voltage life test

Dauer·standfestigkeit *f* (mech.) / creep strength, fatigue strength, fatigue limit, creep rupture strength, endurance limit, endurance strength || °~**standfestigkeit** *f* (el.) / voltage endurance || **Spannungs-**°~**standprüfung** *f* / voltage endurance test, voltage life test || °~**standversuch** *m* / creep test, fatigue test || °~**störer** *m* / continuous noise source || °~**störmeldung** *f* / persistent alarm || °~**störung** *f* (Funkstörung) / continuous disturbance, continuous noise || °~**strich-Laser** *m* VDE 0837 / continuous wave laser (CWL IEC 825) || °~**strich-Magnetron** *n* / continuous-wave magnetron (c.w. magnetron) || °~**strom** *m* / continuous current (rating), permanent current, uninterrupted current || °~**strom** *m* (Relais-Kontaktkreis) DIN IEC 255 / limiting continuous current (of a contact circuit) IEC 255-0-20 || °~**strom** $\mathbf{I_a}$ *m* EN 50032 / permanent current I_a || °~**strom** $\mathbf{I_{th}}$ *m* / conventional thermal current || °~**strom** $\mathbf{I_u}$ *m* / rated uninterrupted current || °~**strom von Geräten im Gehäuse** $\mathbf{I_{the}}$ / conventional enclosed thermal current || °~**strombelastbarkeit** *f* / continuous current-carrying capacity || °~**-Strombelastbarkeit** *f* (eines Leiters) VDE 0100, T.200 / continuous current-carrying capacity || °~**stromtragfähigkeit** *f* / continuous current carrying capacity, continuous current rating

Dauer·temperatur *f* / steady-state temperature, stagnation temperature || **zulässiger** °~**temperaturbereich** VDE 0605, T.1 / permanent application temperature range IEC 614-1 || °~**test** *m* / continuous test || °~**ton** *m* / continuous tone || °~**torsionsversuch** *m* / fatigue torsion test, torsion endurance test

Dauer·überlastbarkeit *f* / continuous overload capacity || °~**überlastgrenze** *f* / continuous overload limit (o. rating) || °~**überlastung** *f* / continuous overload, sustained overload || °~**umschaltung** *f* DIN 66003 / shift-out *n* || °~**unverfügbarkeit** *f* / constant non-availability

Dauer·verfügbarkeit *f* / constant availability || °~**versuch** *m* / endurance test || °~**versuchsanlage** *f* / endurance test setup || °~**wärmefestigkeit** *f* / thermal endurance || °~**wechselfestigkeit** *f* / endurance strength under alternating stress || °~**welle** *f* / continuous wave (c.w.) || °~**zugkraft** *f* (Bahn) / continuous tractive effort || °~**zustand** *m* / steady-state condition, steady state

D-Auffang-Flipflop *n* / D latch

D-Aufschaltung *f* (Reg.) / injection of derivative-action component

Daumen·rad *n* / thumb wheel || °~**regel** *f* / thumb rule

~ || ²**schraube** *f* / thumb screw, knurled screw
D/A-Umsetzer *m* (Digital-Analog-Umsetzer) / DAC (digital-to-analog converter), DAC (digital-analog converter)
Davysche Sicherheitslampe / Davy lamp
D-A-Wandler *m* (Digital-Analog-Wandler) / DAC (digital-to-analog converter), DAC (digital-analog converter)
DB / data bus (DB), data block (DB), data highway, continuous duty || ² (Datenbaustein) / software data block, data module, DB (data block), block of data and/or signals || ² (Doppelbefehl) / DC (double command)
dB / decibel *n* (dB)
D2B (Alternative Abkürzung von DDB) / D2B
DB-A (Anwenderdatenbaustein) / application data block, UDB (user data block)
DB-Anzeige *f* / display DBs
DBA-Register *n* / data block starting address register (DBS)
DBB (Data Block Byte) / DBB (Data Block Byte)
DBC / binary-coded decimal code (BCD code), binary decimal code, BCD (binary coded decimal)
D-Beiwert *m* (Reg.) DIN 19226 / differential-action, coefficient (o. factor)
DB/FB manuell hinzufügen / add DB/FB manually
DBH (Abstand zwischen den Bohrungen) / DBH (distance between the holes)
D-Bild *n* (Ultraschallprüfung) / D scan
DBL / decode single block (DBL), DBL (decode single block) || ²**-Register** *n* (Data Block Length Register) / DBL (data block length register)
DB-Register *n* / DB register
DB-Schaltung, vollgesteuerte ² / fully controlled three-phase bridge connection
DBSP (DB Zwischenspeicher) / DB buffer
DB Tauschliste (DBTL) / DB exchange list
DBTL (DB Tauschliste) / DB exchange list
DBVD (DB Vorspanndaten) / DB leader data
DB Vorspanndaten (DBVD) / DB leader data
DBW / data block word (DBW)
DBX / data block bit, DBX
DB Zeiger / DB Pointer
DB Zustandswort / DBZW || ² (DBZW) / DB status word
DBZW (DB Zustandswort) / DB status word
DB Zwischenspeicher (DBSP) / DB buffer
DC / direct current (DC) || ²**-Bremsung** *f* / DC current braking, DC braking (direct current braking)
DCC / direct computer control (DCC)
DCD (Data Carrier Detected Datenträgerbestimmung) / DCD (data carrier detected)
DC·-Flipflop *n* / pulse-triggered flipflop, DC flipflop || ²**-Konverter** *m* / voltage transformer
DCTL / direct-coupled transistor logic (DCTL)
DD (Datendoppelwort) / DD (data double word), DD (double data word)
DDA / digital differential analyzer (DDA)
DDB (Domestic Digital Bus) / DDB (Domestic digital bus)
DDC / direct digital control (DDC) || ² / digital dynamic control (DDC)
DDC-Regler *m* / DDC controller
DDE (dynamischer Datenaustausch) / DDE (dynamic data exchange)
DDL / DDL (Direct Data Link)
DDLM / DDLM (Direct Data Link Mapper)
DDP geliefert verzollt / delivered duty paid
d/dt *n* / rate-of-change relay
DDU geliefert unverzollt / delivered duty unpaid
DE / digital input
DE-Abgleich *m* / adjustment for earth-fault protection, zero-current adjustment
Deaktivator *m* (zur Erhöhung der Alterungsbeständigkeit) / deactivator *n*
deaktivieren *v* / deactivate *v*, disable *v*
dearchivieren *v* / dearchive *v*, retrieve *v*
dearchiviert *adj* / dearchived *adj*
Debye-Scherrer·-Kammer *f* / Debye-Scherrer camera, X-ray powder camera || ²**-Verfahren** *n* / Debye-Scherrer method, powder diffraction method, powder method
DEC (Decodierung) / DEC (decoding)
Deck·anstrich *m* / top coat, finishing coat || ²**band** *n* / cover band, shroud *n* || ²**blech** *n* / cover sheet, sheet-metal cover, blanking plate, masking plate, cover *n* || ²**einbau** *m* / top installation
Deckel *m* / cover *n*, lid *n*, operating flap || ² *m* (Steckdose) / lid *n*, cover *n* || ² *m* (SK) VDE 0660, T.500 / removable cover IEC 439-1 || ²**abstreifer** *m* / cover remover || ²**anschluss** *m* (IK) / flush covered outlet || ²**lager** *n* / pillow-block bearing, plummer-block bearing || ²**schalter** *m* / lid (o. cover) interlock switch || ²**schnellverschluss** *m* / quick-release cover lock || ²**verriegelungsschalter** *m* / lid (o. cover) interlock switch || ²**wanne** *f* (IK) / busway trough || ²**zentrierung** *f* / centring of bonnet
Decken·-Abzweig- und Auslassdose *f* / combined ceiling tapping and outlet box || ²**-Abzweigdose** *f* / ceiling tapping box || ²**aufbaufluter** *m* / surface-type ceiling floodlight, ceiling floodlight || ²**aufbaustrahler** *m* / surface-type ceiling spotlight, ceiling spotlight || ²**aufhellung** *f* / ceiling brightening || ²**-Auslassdose** *f* / ceiling outlet box || ²**blech** *n* / roof plate || ²**durchbruch** *m* / floor cutout || ²**durchführung** *f* / floor penetration, ceiling bushing || ²**einbauleuchte** *f* / recessed ceiling luminaire, troffer luminaire || ²**einbaustrahler** *m* / recessed ceiling spotlight || ²**fluter** *m* / ceiling floodlight || ²**haken** *m* (f. Leuchte) / ceiling hook || ²**haken mit Platte** / hook plate || ²**hohlraum** *m* / ceiling plenum
Decken·kanalsystem *n* / ceiling-mounted ducting, ceiling-mounted trunking || ²**kappe** *f* / ceiling cap, ceiling rose || ²**leuchtdichte** *f* / ceiling luminance || ²**leuchte** *f* / ceiling fitting (GB), surface-mounted luminaire (US), ceiling luminaire || ²**licht** *n* (Oberlicht) / overhead light, skylight *n* || ²**rastermaß** *n* / ceiling grid dimension || ²**reflexionsgrad** *m* / ceiling reflectance || ²**spannung** *f* (Erregersystem, el. Masch.) / ceiling voltage || ²**spannung der Erregerstromquelle** / nominal excitation-system ceiling voltage || ²**strahler** *m* / ceiling spotlight || ²**strom** *f* (Erregersystem, el. Masch.) / ceiling current || ²**zugschalter** *m* / cord-operated ceiling switch, ceiling-suspended pull switch
Deck·fläche *f* / top surface || ²**flansch** *f* / bonnet *n* || ²**lack** *m* / enamel *n* || ²**lage** *f* (Anstrich) / finishing coat, top coat || ²**lage** *f* (Isol.) / facing *n* || ²**lage** *f* (Leiterplatte) / coverlayer *n* || ²**lagen-Zugbeanspruchungsprüfung** *f* / face bend test,

normal bend test || ²platte *f* (Trafo-Kern) / end plate, clamping plate || ²scheibe *f* (Lg.) / side plate || ²scheibe *f* (Klemme) / clamping piece (terminal), wire clamp || ²scheibe *f* (Kuppl.) / cap *n* || ²schicht *f* / protective coating, outer layer || ²schieber *m* (Wickl.) / drive strip, chafing strip, cap *n* || ²stern *m* (WK) / top bracket || ²tafel *f* / cover panel || ²beitragsanteil *m* / contribution margin

deckungsgleich *adj* / in coincidence, coincident *adj*

Deckungsgleichheit *f* (Druckregister) / in-register condition

deckwassergeschützter Motor / deckwater-proof motor

decluttern *v* / decluttering *v*

Decodier·einheit *f* / decoding module, decoder *n* || ²**einzelsatz** *m* / decoding single block (DSB)

decodieren *v* / decode *v*

Decodierer *m* / decoder *n*

Decodier·raster *m* / decoder matrix || ²**spitze** *f* / decoding spike || ²**ung** *f* (DEC) / decoding *n* (DEC) || ²**ungseinzelsatz** *m* / DSB (Decoding Single Block), decoding single block (DSB)

DEE (Datenendeinrichtung Grafik aus DIN 44302) / data terminal, DTE (Data Terminal Equipment), data terminal equipment (DTE) || ² **betriebsbereit** / data terminal ready (DTR), DTR (Data Terminal Ready) || ² **nicht betriebsbereit** (E) DIN 44302 / DTE controlled not ready || ² **nicht betriebsfähig** DIN 44302 / DTE uncontrolled not ready

Deemphasis *f* / de-emphasis *n*

DEE·-Rückleiter *m* / DTE common return || ²**-Schnittstelle** *f* (LAN) / attachment unit interface (AUI)

DEF / defective

Defaultwert *m* / default value

defekt *adj* / defective *adj*

Defekt·elektron *n* (HL) / hole *n* || ²**leitfähigkeit** *f* (HL) / hole-type conductivity, P-type conductivity || ²**leitung** *f* (HL) / hole conduction, P-type conduction || ²**teil** *n* / defective part

definieren *v* / define *v*

definiert *adj* / defined *adj* || ~ **abschließen** / terminate in a defined state || **frei ~** / custom definition || **~e Leitungsführung** / positive routing || **~e Nachbildung der Belastungen** / defined simulation of the stresses || **~e Stellung** / defined position, definite position (rotary switch) || **~er Zustand** (Meldung) / determined state || **~es Ausfallverhalten** / fail-safe shutdown

Definition *f* / definition *n* || ²**en und allgemeine Hinweise** / definitions and general

Definitions·bereich *m* / definition range || ²**bereich** *m* (Merge) / domain of definition || ²**valenzen** *f pl* / cardinal stimuli

Definitivauslösung *f* / final tripping

Defokussierung *f* / defocusing *n* || **Phasen~** *f* / debunching *n*

Degression *f* / degression *n*

Degressionsbetrag *m* / amount of degression

degressiv *adj* / degressive *adj*, descending *adj* || **quadratisch ~e Zustellung** (NC) / squared degressive infeed

dehnbar *adj* / extendible *adj*, elastic *adj*, flexible *adj*, extensible *adj* || ~ *adj* (Metall) / ductile *adj*

Dehnbarkeit *f* / elasticity *n* || ² **der Lackschicht** (Draht) / elasticity of varnish coating

dehnen *v* (spannen) / tension *v*, stretch *v*, elongate *v*, strain *v* || ~ *v* (Volumen) / expand *v* || ~ *v* (CAD) / extend *v*

Dehner *m* (Vergrößerungselement) / magnifier *n*

Dehn·fähigkeit *f* / expansibility *n* || ²**fuge** *f* / expansion joint || ²**geschwindigkeit** *f* / strain rate || ²**grenze** *f* / yield point || ²**rate** *f* / strain rate || ²**schraube** *f* / anti-fatigue bolt || ²**steifigkeit** *f* / longitudinal rigidity, resistance to expansion

Dehnung *f* / elongation *n* || ² **der Zeitablenkung** / sweep expansion || ² **eines Kurbelarmes** / lever rotation || ² **im Augenblick des Zerreißens** / elongation at break

Dehnungs·anteil *m* / percentage elongation || ²**ausgleicher** *m* / expansion joint || ²**balg** *m* / expansion bellows || ²**band** *n* / expansion strap, expansion loop || ²**beanspruchung** *f* / tensile stress || ²**bogen** *m* / expansion loop, expansion bend || ²**diagramm** *n* / strain variation diagram, stress-strain diagram || ²**element** *n* (IK) / expansion unit, expansion section, building expansion section, expansion-joint unit || ²**festigkeit** *f* / tensile strength, elasticity *n* || ²**grenze** *f* / yield point || ²**kupplung** *f* / expansion coupling

Dehnungs·messer *m* / extensometer *n*, strainometer *n* || ²**messspirale** *f* / strain gauge, expansion measuring spiral, EMSp || ²**messstreifen** *m* (DMS) / strain gauge, foil strain gauge, expansion measuring strip (EMS) || ²**messung** *f* / extension (o. expansion o. elongation) measurement || ²**modul** *m* / modulus of elasticity, Young's modulus || ²**prüfung** *f* VDE 0281 / elongation test || ²**riss** *m* / expansion crack || ²**-Spannungs-Beziehung** *f* / strain-stress relation || ²**streifen** *m* / strain gauge, foil strain gauge || ²**stück** *n* / expansion piece || ²**tensor** *m* / strain tensor || ²**verhältnis** *n* / ratio of expansion || ²**wärme** *f* / heat of expansion, expansion heat || ²**zahl** *f* / modulus of elasticity, Young's modulus

Dehn·welle *f* / dilational wave || ²**wert** *m* / coefficient of linear expansion, creep *n*

deinstallieren *v* / uninstall *v*

deionisieren *v* / de-ionize *v*

De-Iteration *f* / de-iteration *n*

Dekade *f* (MG) / decade device

Dekaden·schalter *m* / decade switch, thumb-wheel switch || ²**schaltung** *f* / decade switching, decade circuit || ²**teiler** *m* / decade scaler || ²**zähler** *m* / decade counter || ²**zählrohr** *n* / decade counter tube

dekadisch·e Extinktion / internal transmission density || **~e Zählröhre** / decade counter tube || **~er Logarithmus** / common logarithm || **~er Zähler** / decade counter, divide-by-ten counter || **~es Absorptionsmaß** / internal transmission density

Deklaration *f* EN 61131-3 / declaration *n*

Deklarations·liste *f* / declaration list || ²**name** *m* / declaration name || ²**sicht** *f* / declaration view || ²**tabelle** *f* / declaration table || ²**zeile** *f* / declaration line

deklarieren *v* / declare *v*

Deklarierung *f* / declaration *n*

Dekodierer *m* / decoder *n* || ²**einzelsatz** *m* / decoding single block (DSB)

Dekodierung *f* / decoding *n* (DEC)

Dekodierungseinzelsatz *m* / decoding single block (DSB)

dekontaminierbar *adj* / decontaminable *adj*

Dekor·teil *n* / trimming *n* (section), moulding *n*,

decoration foil || ²wanne *f* (Leuchte) / figured trough, decorative bowl diffuser
Dekrement *n* / decrement *n*
dekrementieren *v* / decrement *v*
Delaminierung *f* / delamination *n*, cleavage *n*
Delle *f* / dent *n*
Delta·-Anordnung *f* (der Leiter einer Freiltg.) / delta configuration || **²-F-Indikator** *m* / delta-F indicator || **²-Lichtimpuls** *m* / delta light pulse || **²Liste** *f* / delta list || **²modulation** *f* (DM) / delta modulation (DM) || **²-Netznachbildung** *f* / delta network || **²-p-Q-Diagramm** *n* / pressure drop-flow-diagram
DELTA Profil / DELTA profile
Delta·-Röhre *f* / delta tube || **²-Schattenmaske** *f* / delta planar mask || **²-Studio** *n* / delta studio || **²-Stufe** *f* / delta step
Demodulator *m* / demodulator *n*
Demonstrationsbetrieb *m* / demonstration mode
Demontage- und Montagevorrichtung Druckluftantrieb / disassembly and assembly fixture for pneumatic operating mechanism
demontieren *v* / dismantle *v*, disassemble *v*, tear down *v*, remove *v*
Demultiplexer *m* / demultiplexer *n*
Dendrit *n* / dendrite *n*
Densitometer *n* / densitometer *n* || ² *n* / opacimeter *n*, densitometer *n*
Depalettieren *n* / depalletizing *n*
Depolarisationsstrom *m* / depolarization current
Deponiekapazitäten *f pl* / disposal sites
deponierbar *adj* / disposable *adj*
DEQ geliefert ab Kai / delivered ex quay
Deregulierung *f* / deregulation *n*
Déri-Motor *m* / Déri motor, repulsion motor with double set of brushes
DERM (Diagnosis and Energy Reserve Module) / DERM (diagnosis and energy reserve module)
Deroziers Zickzackwicklung / Derozier's zig-zag winding
Derrickausleger *m* / swivel boom
DES geliefert ab Schiff / delivered ex ship
Desakkommodation *f* / disaccommodation *n*
Desakkommodations·faktor *m* / disaccommodation factor || **²koeffizient** *m* / disaccommodation coefficient
Desensibilisierung *f* (Empfänger, EMV) / desensitization *n*
Design·ergebnis *n* (QS-Begriff) / design output || **²prüfung** *f* (Dokumentierte, umfassende und systematische Untersuchung eines Designs, um seine Fähigkeit zu beurteilen, die Qualitätsforderung zu erfüllen, um Probleme festzustellen, falls vorhanden, und um das Erarbeiten von Lösungen zu veranlassen) / design review || **²-Review** *f* / design review
DESINA (Dezentrale und standardisierte Installationstechnik) / DESINA (decentralized standardizing installation technology for machine tools)
Desinfektionslösung *f* / disinfectant *n*
Desorption *f* / desorption *n*
Desorptionskühlung *f* / desorption method of cooling
desoxydiertes Kupfer / deoxidized copper, oxygenfree copper
Detail *n* / detail *n* || **²analyse** *f* / detailed analysis || **²ansicht** *f* / detail view, detailed view, details view || **²anzeige** *f* / detail view, detailed view, details view || **²bild** *n* / detail display, detailed display || **²bilddarstellung** *f* (BSG) / detail display || **²information** *f* / detail information || **²zeichnung** *f* / detail drawing, detailed drawing
Detektivität *f* (Strahlungsempfänger) / detectivity *n*
Detektordiode *f* / detector diode
deterministisches adaptives Regelsystem / deterministic adaptive control system
deuten *v* / interpret *v*
Deuteronenstrahl *m* / deuteron beam
Deutsche Elektrotechnische Kommission / German Electrotechnical Commission, DKE
Deutsche Kommission für Elektrotechnik (DKE) / German Electrotechnical Commission (DKE), DKE (DKE)
Deutsches Institut für Angewandte Lichttechnik (DIAL) / German Institute for Applied Lighting Technology, DIAL
Deutsches Institut für Normung (DIN) / DIN
Deviationsmoment *n* / product of inertia
Devolteur *m* / negative booster, sucking transformer, sucking booster, track booster
Dewar-Gefäß *n* / Dewar vessel, vacuum flask
dezentral *adj* / decentralized *adj*, distributed *adj* || **~e Buszuteilung** (Flying-Master-Verfahren) / flying-master method || **~e Datenerfassung** / distributed (o. decentralized) data acquisition || **~e Datenverarbeitung** / distributed data processing (DDP) || **~e Ein-/Ausgabestation** / remote input/output station (RIOS) || **~e Eingabe-/Ausgabeeinheit** (SPS) / remote input/output station (RIOS) || **~e Maschinenperipherie** (DMP) / distributed machine I/O devices || **~e Peripherie** (DP) / decentralized periphery (DP), distributed I/Os || **~e Steuerung** / distributed control, decentralized control || **~er Aufbau** (Leitt.-, SPS-Geräte) / distributed configuration || **~es Echtzeit-Multiprozessor-System** / distributed real-time multiprocessor system (DRMS) || **~es Prozessrechnersystem** / distributed process-computer control system || **~es System** (ein System, das ohne eine übergeordnete Zentrale auskommt. In einem solchen System regeln die Teilnehmer z.B. den Ablauf des Informationsaustausches, den Bus-Zugriff, selbst.) / decentralized system
Dezentralisierung *f* / distribution *n*
Dezibel *n* (dB) / decibel *n* (dB) || **²-Messgerät** *n* / decibel meter
dezimal *adj* / decimal *adj*
Dezimal·-Binärcode *m* (DBC) / binary-coded decimal code (BCD code), binary coded decimal (BCD), binary decimal code || **²-Binär-Umsetzer** *m* / decimal-to-binary converter || **²bruch** *m* / decimal fraction || **binär codierter ²code** (BCD) / binary coded decimal (BCD), binary decimal code
Dezimalen, im Binärcode verschlüsselte ² / binary decimal code, binary coded decimal (BCD)
dezimaler Teiler / decimal scaler
dezimal·gebrochener Anteil / decimal-fraction component || **²punkt** *m* (DP) / decimal point (DP) || **²punkteingabe** *f* / decimal-point notation || **²punktschreibweise** *f* / decimal-point notation || **²schreibweise** *f* / decimal notation || **²schreibweise** *f* (NC) / decimal format || **²stelle** *f* / decimal place || **²system** *n* / decimal number system, decimal numeration system || **²zahl** *f* / decimal number ||

²**zähler** *m* / decimal counter || ²**ziffer** *f* / decimal digit
df/dt-Relais *n* (Frequenzanstiegsrelais) / rise-of-frequency relay
D-Flipflop *n* / delay flipflop, latch flipflop, D-type flipflop
DFR / DRF (Differential Resolver Function)
DFÜ (Datenfernübertragung) / long-distance data transmission / data communications || ² **Netzwerk** *n* / dial up network
D-Funktion *f* / D function
D-Glied *n* / derivative-action element
DHÜ / three-phase high-voltage transmission
Dia *n* / slide *n* || ²**bibliothek** *f* (CAD) / slide library
Diac *m* / Diac *n*, bidirectional diode thyristor
Diagnose *f* / diagnostics, diagnosis || **anwenderdefinierte** ² / user-defined diagnostics || **HiGraph-**² *f* / HiGraph diagnosis || **kanalbezogene** ² / channel-specific diagnostics || **kennungsbezogene** ² / identifier-related diagnostic data || ²**adresse** *f* / diagnostic address, diagnostics address || ²**alarm** *m* / diagnostic alarm, diagnostic interrupt || ²**anforderung** *f* / diagnostics requirement || ²**anleitung** *f* / diagnostics guide || ²**anzeige** *f* / diagnostics indication || ²**aussage** *f* / status indication
Diagnose·baugruppe *f* / diagnosis module, diagnostic module, diagnostics module || ²**-Baustein** *m* / diagnostic block || ²**daten** *plt* / diagnostic data || ²**datenablage** *f* / diagnostics data store || ²**-Datenbaustein** *m* / diagnostic data block || ²**ereignis** *n* / diagnostic event
diagnosefähig *adj* / diagnostics capability
Diagnose·fähigkeit *f* / diagnostics capability || ²**funktion** *f* / diagnostics function, diagnostic function || ²**gerät** *n* / diagnostic unit || ²**hilfe** *f* / diagnostic aid, diagnostic tool || ²**hilfsmittel** *n* / diagnostic tool, diagnostic aid || ²**koffer** *m* / diagnostic parts case || ²**meldung** *f* / error message (EM), diagnostic message, diagnostics message, fault message, fault code || ²**möglichkeit** *f* / diagnostic capability
Diagnose·programm *n* / diagnostic program, diagnostic routine || ²**prozessor** *m* / diagnostics processor || ²**puffer** *m* / diagnostic buffer, diagnostics buffer || ²**schreiber** *m* / diagnostic recorder || ²**software** *f* / diagnostic software || ²**station** *f* / diagnostic terminal || ²**stecker** *m* (Kfz-Motorprüfung) / diagnostic connector || ²**system** *n* / diagnostic system, diagnostic subsystem
Diagnose·teil *n* / diagnostic part || ²**teilsatz** *m* / diagnostic part set || ²**- und Meldesystem** *n* / diagnostics and messaging system || ²**unterstützung** *f* / diagnostic support || ²**zähler** *m* / diagnosis counter || ²**zentrum** *n* (Kfz) / diagnostic panel || ²**zweck** *m* / diagnostic purpose
diagnostische Beanspruchung (Isolationsprüf.) VDE 0302, T.1 / diagnostic factor IEC 505
diagnostizieren *v* / diagnose *v*
diagonal gegenüberliegend / diametrically opposite
Diagonal·ausfachung *f* (Gittermast) / bracing system, lacing system || ²**bauweise** *f* (SS) / diagonal arrangement || ²**e** *f* / diagonal *n*, screen diagonal || ²**e** *f* (Gittermast) / main bracing || ²**koppel** *f* / diagonal coupler || ²**passfeder** *f* / Kennedy key || ²**profil am Mastfuß** IEC 50(466) / diagonal leg profile || ²**schnittgewebe** *f* / bias-cut fabric || ²**schnittgewebe in Tafelform** / panel-form bias-cut fabric || **einfacher** ²**zug** (Gittermast) / single warren, single lacing
Diagramm *n* DIN 40719,T.2 / chart *n* IEC 113-1, graph *n* (US) || ² **gleicher Lichtstärke** / isointensity chart || ²**achse** *f* / axis of chart || ²**antrieb** *m* (Schreiber) / chart driving mechanism || ²**blatt** *n* / chart *n* || ²**buchführung** *f* / journaling *n*, diagram records
DIAL (Deutsches Institut für Angewandte Lichttechnik) / German Institute for Applied Lighting Technology, DIAL
Dialog *m* / chat *n*, dialog box || ² *m* (DV) / dialog *n*, conversational mode, interactive mode || ² **gestützte Programmeingabe** / interactive program input || **im** ² / in conversational mode, in interactive mode, interactive *adj* || ²**auswahl** *f* / select dialog || ²**betrieb** *m* / interactive mode, conversational mode || ²**bild** *n* / dialog display || ²**box** *f* / dialog box, interactive box || ²**daten** *plt* / dialog data
dialog·fähig *adj* (Terminal) / interactive *adj* || **voll ~fähig** / capable of full interactive communication || ²**fähigkeit** *f* / interactive capability || ²**feld** *n* / dialog box, chat *n* || ²**feld** *n* (BSG) / interactive area, dialog field || ²**fenster** *n* / dialog window, dialog box, chat *n* || ²**folge** *f* / dialog sequence || ²**formular** *n* / dialog form || ²**führung** *f* (maskengesteuert) / mask-based user guidance
dialoggeführt *adj* / in interactive mode, in conversational mode, interactive *adj*
Dialog·komponente *f* / interactive component || ²**maske** *f* / interactive form, interactive screen, interactive screenform || ²**programmierung** *f* / interactive program input, interactive programming || ²**schritt** *m* / interactive step || ²**software** *f* / interactive software || ²**sprache** *f* / conversational language || ²**station** *f* / interactive terminal || ²**steuerung** *f* (Prozess) / interactive operator-process communication || ²**-Übernahme** *f* / accept dialog || ²**variable** *f* / dialog variable || ²**verarbeitung** *f* / interactive processing || ²**verkehr** *m* / interactive mode, conversational mode || ²**zeile** *f* / dialog line, user response line
Diamagnetismus *m* / diamagnetism *n*
Diamantpyramidenhärte *f* (DPH) / diamond pyramid hardness (DPH)
Dia·phragmapumpe *f* / diaphragm pump || ²**positiv** *n* / slide *n* || ²**projektor** *m* / slide projector, still projector || ²**synchronmaschine** *f* / a.c. commutator machine
DIAZED·-Einbausatz *m* / DIAZED fuse assembly || ²**-Sicherungseinsatz** *m* / DIAZED fuse-link || ²**-Sicherungsockel** *m* / DIAZED fuse base
dicht *adj* / dense *adj* || ~ *adj* (undurchlässig) / tight *adj*, impervious *adj* || ~ *adj* (gedrängt) / compact *adj* || ~ **bebautes Gebiet** / built-up area || ~ **gekapselte Maschine** / sealed machine
Dicht-an-dicht-Montage *f* / butt-mounting *n*, mounting side by side (o. end to end), side-by-side mounting
Dicht·backendepot *n* / ink sealing jaws-depot || ²**brand** *m* (Isolator) / absence of porosity
Dichte *f* / density *n*, sealing of element || ² **der Ausfallwahrscheinlichkeit** / failure probability density || **absolute** ² / specific gravity || ²**modulation** *f* / density modulation, charge-density modulation

dichten *v* / seal *v*
dichter Stoff (keramischer Isolierstoff) VDE 0335, T.1 / impervious material
Dichteumfang *m* / tonal range
Dicht·fett *n* / sealing grease || **≗fläche** *f* / sealing surface, sealing face, sealing plane || **≗hammer** *m* / caulking hammer || **≗heit** *f* / tightness *n* || **≗heitsprüfung** *f* (Kondensator) / sealing test
Dichtigkeit *f* / leakproofness *n*
Dichtigkeits·prüfsystem *n* / leakage detection system || **≗prüfung** *f* / check for leaks, leak test, seal test, seal-tight test || **≗prüfung** *f* (durch Abdrücken) / hydrostatic test, high-pressure test, proof test
Dicht·kante *f* / seat face, sealing band || **≗konus** *m* / sealing cone || **≗lager** *n* / sealed bearing || **≗leiste** *f* (IK) / sealing strip, equalizing strip || **≗naht** *f* / seal weld || **≗öl** *n* / seal oil, sealing oil || **~passend** *adj* / tight-fitting *adj* || **≗profil** *n* / shaped gasket, sealing strip, sealing profile || **≗prüfung** *f* / hydrostatic test, high-pressure test, proof test
Dicht·rahmen *m* / sealing frame || **≗ring** *m* / sealing ring, sealing washer, washer *n* || **kammprofilierter ≗ring** / gasket profile similar to comb || **~schließen** *adj* / close tight || **~schließend** *adj* / sealed *adj*, hermetically sealed || **≗schneide** *f* / sealing lip || **~schweißen** *v* / caulk-weld *v* || **≗schweißung** *f* / sealing weld || **≗schweißverbindung** *f* / sealing weld connection || **≗spalt** *m* / packed sealing gap || **≗stoff** *m* / sealant *n* || **≗streifen** *m* / sealing strip
Dichtung *f* (ruhende Teile) / seal *n*, gasket *n*, static seal || **≗** *f* (rotierende Teile) / packing *n*, dynamic seal, seal *n* || **≗ am Montageausschnitt** (ET, ST) / panel seal || **≗ mit Flüssigkeitssperre** / hydraulic packing, hydraulic seal || **leuchtende ≗** / illuminating seal
Dichtungs·band *n* / sealing strip || **≗binde** *f* / packing bandage || **≗draht** *m* (Lampe) / seal wire, press lead || **≗druckhülse** *f* / grommet follower, grommet ferrule || **≗fläche** *f* / sealing area, faying surface || **~frei** *adj* / without seals || **≗kappe** *f* / sealing cap || **≗masse** *f* / sealing compound, sealer *n*, caulking compound, lute *n* || **≗masse** *f* (f. Zellendeckel einer Batt.) / lid sealing compound || **≗material** *n* / packing material, sealing material, caulking material || **≗mittel** *n* / sealant *n* || **≗mutter** *f* / grommet nut
Dichtungs·profil *n* / sealing section || **≗rahmen** *m* / sealing frame || **≗ring** *m* / sealing ring, seal ring, packing ring, gasket *n*, joint ring, washer *n* || **≗ring** *m* (IR) / sealing washer || **≗satz** *m* / sealing set || **≗scheibe** *f* / sealing disc, sealing washer, sealer plate, gasket *n* || **≗schneide** *f* / sealing lip || **≗schnur** *f* / packing cord || **≗schweißen** *n* / caulk welding || **≗schwierigkeit** *f* / troubles for sealing || **≗set** *n* / set of seals || **≗stoff** *m* / sealant *n* || **≗streifen** *m* / sealing strip || **≗stufe** *f* / sealing step || **≗weichstoff** *m* / compressible packing material || **≗werkstoff** *m* / material of gasket
Dicht·verpackung *f* / sealed packing, blister packing || **≗wickel** *m* / sealing wrapper
Dicke *f* (Schicht) / thickness *n* || **≗** *f* (Blech) / gauge *n*, thickness *n* || **≗ der Isolierung** / insulation thickness, distance through insulation || **durchstrahlte ≗** / depth of penetration, penetration *n*
Dicken·lehre *f* / thickness gauge || **≗lehre** *f* (f. Papier o. Kunststofffolien) / calmer profiler || **≗schwinger** *m* / thickness-mode transducer
Dickfilm-Bauteil *n* / thick-film component
dickflüssig *adj* / viscous *adj*, of high viscosity, thick *adj*
Dick·kernfaser *f* / fat fibre || **≗öl** *n* / bodied oil || **≗schichtschaltung** *f* / thick-film (integrated circuit) || **≗ungsmittel** *n* / sealant *n*
di/dt-Drossel *f* / di/dt reactor
Diebstahl *m* / unauthorized power tapping, energy theft || **≗sicherung** *f* / anti-theft *n* || **≗-Warnanlage** *f* (Kfz) / anti-theft alarm system
Dielektrikum *n* / dielectric *n*, cable insulation
dielektrisch·e Ableitung / dielectric leakage || **~e Aufnahmefähigkeit** / dielectric susceptibility || **~e Beschichtung** / dielectric coating || **~e Durchschlagsfestigkeit** / dielectric breakdown strength, dielectric strength || **~e Erregung** / dielectric displacement density || **~e Erwärmung** / dielectric heating || **~e Festigkeit** / dielectric strength, electric strength || **~e Ladecharakteristik** / dielectric absorption characteristic || **~e Leitfähigkeit** / permittivity *n*, inductivity *n* || **~e Nachwirkung** / dielectric fatigue, dielectric absorption, dielectric remanence || **~e Phasenverschiebung** / dielectric phase angle || **~e Prüfung** / dielectric test || **~e Regenprüfung** / dielectric wet test || **~e Trockenprüfung** / dielectric dry test || **~e Verlustzahl** / dielectric loss index || **~e Verschiebung** / dielectric displacement, electrostatic induction || **~e Verschiebungsdichte** / dielectric displacement density, dielectric flux density || **~e Verschiebungskonstante** / permittivity of free space, capacitivity of free space, electric space constant, electric constant || **~e Verschiebungspolarisation** / dielectric displacement, electrostatic induction || **~er Durchschlag** / dielectric breakdown || **~er Ladestrom** / dielectric absorption current || **~er Leistungsfaktor** / dielectric power factor, insulation power factor || **~er Nachwirkungsverlust** / dielectric residual loss || **~er Verlust** / dielectric loss || **~er Verlustfaktor** / dielectric power factor || **~er Verlustfaktor** (tan δ) / dielectric dissipation factor, loss tangent || **~er Verlustwinkel** / dielectric loss angle || **~er Verschiebungsstrom** / displacement current || **~er Widerstand** / dielectric resistance || **~es Schweißen** / high-frequency pressure welding, HF welding, radio-frequency welding
Dielektrizitätskonstante *f* / dielectric constant, dielectric coefficient, permittivity *n*, capacitivity *n*, permittance *n*, inductive capacitance, specific inductive capacity || **≗ des leeren Raumes** / permittivity of free space, capacitivity of free space, electric space constant, electric constant || **≗ des Vakuums** / permittivity of free space, capacitivity of free space, electric space constant, electric constant
Dielektrizitätszahl *f* / dielectric constant, dielectric coefficient, permittivity *n*, capacitivity *n*, permittance *n*, inductive capacitance, specific inductive capacity
Dienst *m* DIN ISO 7498 / service *n* (A set of functions offered to a user by an organization), business service, utility *n* || **≗anforderer** *m* / service requester, client *n*, requester *n* || **≗anwendbarkeit** *f* (Eignung eines Dienstes, vom Benutzer erfolgreich

und in einfacher Weise in Anspruch genommen zu werden) IEC 50(191) / service operability performance (The ability of a service to be successfully and easily operated by a user) || ≗**benutzer** *m* DIN ISO 7498 / service user || ≗**bereitschaft** *f* (Eignung einer Organisation, einen Dienst zu erbringen und seine Anwendung zu unterstützen) IEC 50(191) / service support performance (The ability of an organization to provide a service and assist in its utilization) || ≗**beständigkeit** *f* (Eignung eines Dienstes, nach seiner erstmaligen Inanspruchnahme im Rahmen gegebener Bedingungen während der gewünschten Dauer weiter zur Verfügung zu stehen) IEC 50(191) / service retainability performance (The ability of a service, once obtained, to continue to be provided under given conditions for a requested duration) || ≗**beständigkeitswahrscheinlichkeit** *f* (Wahrscheinlichkeit, dass ein einmal erhaltener Dienst unter gegebenen Bedingungen für eine gegebene Dauer weiter zur Verfügung steht) / service retainability (The probability that a service, once obtained, will continue to be provided under given conditions for a given time duration) || ≗**bestandswahrscheinlichkeit** *f* IEC 50(191) / service retainability || ≗**dateneinheit** *f* / service data unit

Dienste *m pl* (CAD) / utility *n* || **~-integrierendes digitales Netz** (ISDN) / integrated services digital network (ISDN)

Dienst·element *n* DIN ISO 7498 / service primitive || ≗**erbringer** *m* DIN ISO 7498 / service provider || ≗**funktionen** *f pl* (MC-System) / service functions, utilities *n pl* || ≗**gang** *m* (ZKS) / authorized absence || ≗**gangbuchung** *f* (ZKS) / authorized-absence entry, on-duty entry || ≗**güte** *f* (Gesamtheit der Merkmale einer einem Benutzer geboten Dienstleistung, die dessen Zufriedenheit mit dieser Dienstleistung kennzeichnet) IEC 50(191) / quality of service (The collective effect of service performance which determines the degree of satisfaction of a user of the service) || ≗**integrität** *f* (Eignung eines bereits in Anspruch genommenen Dienstes, ohne übermäßige Beeinträchtigung weiter zur Verfügung zu stehen) IEC 50(191) / service integrity (The ability of a service, once obtained, to be provided without excessive impairments) || ≗**leister** *m* / service provider || ≗**leistung** *f* / service *n*, business service || ≗**leistungskapazität** *f* / service infrastructure || ≗**programm** *n* / service program, utility routine, utilities *n pl*, utility program, utility *n* || ≗**programmfunktion** *f* / utility function || ≗**qualität** *f* / quality of service

Dienst·signal *n* (DU) DIN 44302 / call progress signal || ≗**stelle** *f* / department *n*, dept. *n* || ≗**verfügbarkeit** *f* (Eignung eines Dienstes, für einen Benutzer auf dessen Veranlassung im Rahmen festgelegter Toleranzen und gegebener Bedingungen erbracht zu werden und während der gewünschten Dauer weiter zur Verfügung zu stehen) IEC 50(191) / serviceability performance, serveability performance (The ability of a service to be obtained within specified tolerances and other given conditions when requested by the user and continue to be provided for a requested duration) || ≗**verzichtswahrscheinlichkeit** *f* (Wahrscheinlichkeit, dass ein Benutzer auf den Versuch verzichtet, einen Dienst zu benutzen) / service user abandonment probability (The probability that a user abandons the attempt to use a service) || ≗**zugänglichkeit** *f* (Eignung eines Dienstes, für einen Benutzer auf dessen Veranlassung im Rahmen festgelegter Toleranzen und gegebener Bedingungen erbracht zu werden) IEC 50(191) / service accessibility performance (The ability of a service to be obtained, within specified tolerances and other given conditions, when requested by the user) || ≗**zugangspunkt** *m* DIN ISO 7498 / service access point (SAP) || ≗**zugangspunkt des Managements** (PROFIBUS) / mamagement service access point (MSAP) || ≗**zugangsverzug** *m* / service access delay || **mittlerer** ≗**zugangsverzug** / mean service access delay || ≗**zugangswahrscheinlichkeit** *f* / service access probability, service accessibility (The probability that a service can be obtained within specified tolerances and other given operating conditions when requested by the user)

Diesel·-Aggregat *n* / diesel-generator set || **~-elektrischer Antrieb** *m* / diesel-electric drive, thermo-electric drive, oil-electric drive || ≗**-Generator** *m* / diesel-driven generator, diesel generator

Dieselhorst-Martin-Vierer *m* / multiple-twin quad, DM quad

Diesel·-Kraftanlage *f* / diesel power plant || ≗**motor** *m* / diesel engine || ≗**-Schwungradgenerator** *m* / diesel-driven flywheel generator || ≗**station** *f* / diesel substation

Differential *n* (Getriebe) / differential *n* || **~ gewickelt** / differentially wound || ≗ **Resolver Function** (DRF) / differential resolver function (DRF) || **elektrisches** ≗ / electric differential, differential selsyn || ≗**abgleich** *m* / differential balance || ≗**ader** *f* / differential pilot, operating pilot || ≗**anteil** *m* / derivative action || ≗**anteil** *m* (Reg.) / derivative-action component, differential component || ≗**diskriminator** *m* / differential discriminator || ≗**-Drehmelder** *m* / differential resolver || ≗**-Endschalter** *m* / differential limit switch || ≗**-Erdschlussabgleich** *m* (DE-Abgleich) / adjustment for earth-fault protection, zero-current adjustment || ≗**erregung** *f* / differential excitation, differential compounding

Differential·kolben *m* / stepped piston, double-diameter piston || ≗**-Linearitätsfehler** *m* / differential non-linearity || ≗**melder** *m* (Brandmelder) / rate-of-rise detector || ≗**messbrücke** *f* / differential measuring bridge || ≗**operator** *m* / differential operator || ≗**-Punktmelder** *m* / rate-of-rise point detector || ≗**quotient nach der Zeit** / time derivative (dx/dt) || ≗**-Refraktometer** *n* / differential refractometer || ≗**regelung** *f* / derivative-action control, differential-action control, differential control, rate-action control || ≗**regelwerk** *n* (Lampe) / differential arc regulator || ≗**regler** *m* / derivative-action controller, differential-action controller, rate-action controller, derivative controller || ≗**relais** *n* / differential relay, balanced current relay || ≗**relais mit Haltewirkung** / biased differential relay, percentage differential relay, percentage-bias differential relay

Differential·schutz *m* / differential protection,

balanced protection, differential resolver || ≈**schutz mit Hilfsader** / pilot-wire differential protection || ≈**schutzrelais** *n* / differential protection relay, balanced protection relay || ≈**schutzwandler** *m* (Zwischenwandler) / matching transformer (for differential protection) || ≈**schutzwandler** *m* / biasing transformer, differential protection transformer || ≈**sperre** *f* (Kfz) / differential lock || ≈**strom** *m* / spill current || ≈**strom** *m* (Differentialschutz) / differential current

Differential·-Thermoanalysegerät *n* / differential thermo-analyzer || ≈**transformator** *m* / differential transformer || ≈**transformator** *m* (Messumformer) / differential-transformer transducer || ≈**übertrager** *m* / differential transformer || ≈**verhalten** *n* / D-action with delayed decay (derievative action with delayed decay) || ≈**verhalten** *n* (Reg.) / derivative action, differential action, D-action *n* || ≈**verhalten** *n* / direvative action with delayed decay (D action with delayed decay) || ≈**verstärker** *m* / differential amplifier || ≈**wicklung** *f* / differential compound winding, differential winding || ≈**wirkung** *f* (Reg.) / derivative action, differential action, D-action *n* || ≈**zeit** *f* / derivative-action time constant, derivative time constant, differential-action time constant || ≈**zeitkonstante** *f* / derivative-action time constant, derivative time constant, differential-action time constant || ≈**zylinder** *m* / differential cylinder

Differentiation *f* (Impulsformungsverfahren) / differentiation *n* || **laufende** ≈ **des Weges über die Zeit** / continuous differentiation of travel over time

differentiell *adj* / differential *adj* || **~e Induktivität** / incremental inductance || **~e Leistungsverstärkung** / incremental power gain || **~e Messung** / differential measurement || **~e Permeabilität** / differential permeability || **~e Phasenverschiebung** / differential phase shift || **~e Pulscodemodulation** (DPCM) / differential pulse code modulation (DPCM) || **~e Quantenausbeute** / differential quantum efficiency || **~er Durchlasswiderstand** DIN 41760 / differential forward resistance || **~er Linearitätsfehler** DIN 44472 / differential linearity error || **~er Widerstand** (a. Diode) DIN 41853 / differential resistance

Differenz der Abweichungs-Mittelwerte (Rel.) VDE 0435, T.110 / variation of the mean error

Differenz·abstand *m* / interval *n* || ≈**anzeigegerät** *n* / differential indicator || ≈**ätzung** *f* / differential etching || ≈**ausgang** *m* (Verstärker) / differential output || ≈**-Ausgangsimpedanz** *f* / differential-mode output impedance || ≈**-Auslösestrom** *m* / residual operating current

Differenz·beschreibung *f* / description of differences || ≈**diskriminator** *m* / differential discriminator || ≈**dokumentation** *f* / difference documentation || ≈**druck** *m* / differential pressure, pressure differential, pressure drop, pressure difference || ≈**druck-Durchflussmesser** *m* / head flowmeter, differential-pressure flowmeter || ≈**druckgeber** *m* / differential-pressure transmitter

differenzdruckgeführt *adj* / differential-pressure operated

Differenzdruck·manometer *n* / differential-pressure manometer, manometer *n* || ≈**-Messumformer** *m* / differential-pressure transducer

Differenz·eingang *m* (Verstärker, MG) / differential input || ≈**-Eingangsschwellenspannung** *f* / differential input threshold voltage || ≈**flussprinzip** *n* / difference-flux principle || ≈**größe** *f* / differential quantity

Differenzialrelais *n* / differential relay

Differenzierbeiwert *m* (Reg.) DIN 19226 / derivative-action coefficient (o. factor)

differenzieren *v* / differentiate *v*

Differenzierer *m* / differentiator *n*, derivative-action element || ≈ *m* (Glied, dessen Ausgangsgröße proportional zur Änderungsgeschwindigkeit der Eingangsgröße ist) / derivative unit

Differenzier·schaltung *f* / differentiating circuit || ≈**ungskriterium** *m pl* / differentiation criteria || ≈**verstärkung** *f* (Reg.) / derivative action gain, derivative gain || ≈**zeit** *f* / derivative time || ≈**zeit** *f* (Reg.) / derivative-action time constant

Differenz·-Impulsratenmeter *n* / differential impulse rate meter || ≈**kraft** *f* (a. PS) DIN 41635 / force differential, differential force || ≈**-Kurzschlussstrom** *m* (bei Verwendung einer Kurzschlussschutzeinrichtung) / conditional residual short-circuit current || ≈**lage** *f* / difference in position || ≈**-Leerlaufspannungsverstärkung** *f* / open-loop gain || ≈**maß** *n* / differential dimension || ≈**melder** *m* (Brandmelder) / differential detector || ≈**messgerät** *n* / differential measuring instrument || ≈**messung** *f* / differential measurement || ≈**messverfahren** *n* / differential method of measurement, differential measurement || ≈**moment** *n* (PS) / torque differential || ≈**motor** *m* / differential motor || ≈**-Nichtauslösestrom** *m* / residual non-operating current || ≈**schaltung** *f* / differential connection || ≈**signal** *n* / difference signal || ≈**-Signal-Eingangsspannung** *f* / differential input voltage || ≈**spannung** *f* (U_{ist}-U_{soll}) / error voltage, error signal || ≈**spannung** *f* (SPS) DIN EN 61131-1 / transverse mode voltage, differential mode voltage || ≈**-Spannungsverstärkung** *f* (Verstärker m. Differenzeingang) / differential-mode voltage amplification

Differenzstrom *m* VDE 0100, T.200 / residual current || ≈ *m* / differential current || ≈ *m* (Schutz, Strom infolge Fehlanpassung der Wandler) / spill current || ≈**anregung** *f* / residual current starting (element) || ≈**auslöser** *m* / residual-current release, differential-current trip || ≈**-Ein- und -Ausschaltvermögen** *n* / residual making and breaking capacity || ≈**-Kurzschlussfestigkeit** *f* / residual short-circuit withstand current || ≈**schutz** *m* / differential current protection || ≈**-Schutzeinrichtung** *f* (DI-Schutzeinrichtung RCD mit Hilfsspannung, spannungsabhängig) / residual current protective device (RCD) || ≈**-Schutzeinrichtung mit eingebautem Überstromauslöser** / residual current operated device (RCBO), RCBO (residual current operated device) || **ortsveränderliche** ≈**-Schutzeinrichtung** / portable residual current protective device (PRCD), PRCD (portable residual current protective device) || ≈**-Schutzschalter** *m* (netzspannungsabhängig) / residual-current(-operated) circuit breaker (dependent on line voltage) || ≈**-Überwachungsgerät für Hausinstallationen** / residual-current monitors for household use (RCM)

Differenz·tonbildung *f* / intermodulation *n* || ²**tondämpfung** *f* / intermodulation rejection || ²**vektor** *m* / incremental vector || ²**verstärker** *m* / difference amplifier, instrumentation amplifier || ²**verstärkung** *f* / differential amplification || ²**wägung** *f* / difference test || ²**weg** *m* / differential travel (o. movement), movement differential || ²**wert** *m* / differential value || ²**zeitkonstante** *f* / difference time constant
Diffraktion *f* / diffraction *n*
Diffraktometer *n* / diffraction analyzer, diffractometer *n*
Diffraktometrie *f* / diffractometry *n*
diffundieren *v* / diffuse *v*
diffundierter Transistor / diffused transistor || ~ **Übergang** (HL) / diffused junction
diffus·e Beleuchtung / diffuse lighting, directionless lighting || **~e Bezugsbeleuchtung** / reference lighting || **~e Himmelsstrahlung** / diffuse sky radiation, skylight *n* || **~e Reflexion** / diffuse reflection, spread reflection || **~e Transmission** / diffuse transmission || **~er Metalldampfbogen** / diffuse metal-vapour arc || **~er Schalleinfall** / random incidence || **~er Vakuumlichtbogen** / diffuse vacuum arc
Diffusions·glühen *n* / diffusion annealing, homogenizing *n* || ²**-Halbwertzeit** *f* / half-value diffusion time || ²**-Halbwertzeitprüfung** *f* / diffusion half-time test || ²**koeffizient** *m* (HL) / diffusion constant || ²**konstante** *f* (HL) / diffusion constant || ²**länge** *f* (HL) / diffusion length || ²**pumpe** *f* / diffusion pump, vacuum diffusion pump || ² **spannung** *f* (HL) / diffusion potential || ²**sperre** *f* / diffusion barrier || ²**technik** *f* (HL) / diffusion technique, impurity diffusion technique || ²**verzinken** *n* / diffusion zinc plating, sherardizing *n*
Diffusor *m* (Lüfter) / diffuser *n* || **Schall~** *m* (Schallpegelmesser) / random-incidence corrector
digital *adj* / digital *adj* || ~ **anzeigendes Messgerät** / digital meter
Digitalabdruck *m* / discontinuous printing, discontinuous indication
Digital-/Analog·ausgabe *f* (Baugruppe) / digital/analog output module || ²**eingabe** *f* (Baugruppe) / digital/analog input module
Digital-Analog·-Umsetzer *m* (DAU) / digital-analog converter (DAC), digital-to-analog converter (DAC) || ²**-Umsetzung** *f* / digital-to-analog conversion (D/A conversion) || ²**-Umwandler** *m* (DAU) / digital-analog converter (DAC), digital-to-analog converter (DAC) || ²**-Wandler** *m* (D/A-Wandler) / digital-analog converter (DAC), digital-to-analog converter (DAC)
Digital·anweisung *f* / digital statement || ²**anzeige** *f* / digital display, digital readout, discontinuous indication, discontinuous printing || **~anzeigendes Messgerät** / digital indicating instrument || ²**anzeiger** *m* / digital indicator
Digitalausgabe *f* / digital output || ² *f* (Baugruppe) / digital output module || ²**baugruppe** *f* / digital output module
Digital·ausgang *m* (DA) / digital output || ²**ausgänge invertieren** / invert digital outputs || **Anzahl** ²**ausgänge** / number of digital outputs
digital·e Daten / digital data, discrete data || **~e dynamische Regelung** (DDC) / digital dynamic control (DDC) || **~e elektrische Größe** / digital electrical quantity || **~e Funktion** / digital function, digital operation, discrete function, discrete operation || **~e Impulsdauermodulation** (DPDM) / digital pulse duration modulation (DPDM) || **~e Präzisionsschaltuhr** / precision-type digital time switch || **~e Rechenanlage** DIN 44300 / digital computer || **~e Schrittdauermodulation** / digital pulse duration modulation (DPDM) || **~e Steuerung** / digital control || **~e Übertragungsgeschwindigkeit** / digit rate || **~e Verknüpfungsfunktion** / digital logic function || **~e Wegerfassung** (Dekodierer) / digital position decoder, digital displacement decoder
Digital-E/A / digital I/O
Digitalein-/ausgabe *f* / digital I/O, discrete I/O
Digital·eingabe *f* / digital input || ²**eingabebaugruppe** *f* / digital input module || ²**eingabe-Zeitbaugruppe** *f* (SPS) / digital input/timer module || ²**eingang** *m* (DE) / digital input || **Anzahl** ²**eingänge** / number of digital inputs || ²**eingangsparameter** *m* / digital input parameter || ²**eingangssteuerung** *f* / digital input control
digital·er Ausgang / digital output || **~er Differenzensummator** (DDA) / digital differential analyzer (DDA) || **~er Eingang** / digital input || **~er Heimbus** / domestic digital bus (DDB) || **~er Signalgenerator** (Synthesizer) / frequency synthesizer || **~er Zeitschlitz** *m* / digit time slot || **~es Datenverarbeitungssystem** / digital data processing system || **~es Messverfahren** / digital method of measurement || **~es Rechensystem** DIN 44300 / digital computer system || **~es Signal** / digital signal, discrete signal
Digital·funktion *f* / digital function || **~gesteuerter Regler** / digital controller (DDC controller) || **~-inkrementales Messsystem** / digital-incremental measuring system
digitalisieren *v* (Erfassung und Abspeichern von Messwerten, die die Oberfläche eines beliebig geformten Werkstücks beschreiben) / digitize *v*, digitizing *v*
Digitalisierer *m* / digitizer *n*
Digitalisier·gerät *n* / digitizer *n* || ²**lupe** *f* / puck *n* || ²**modul** *n* / digitizer module || ²**steuerung** *f* (Erfassung und Abspeichern von Messwerten, die die Oberfläche eines beliebig geformten Werkstücks beschreiben) / digitizing control || ²**tableau** *n* / digitizer tablet, data tablet, digitizer *n* || ²**tablett** *n* / digitizing tablet, digitizer tablet, data tablet, digitizer *n*
digitalisiertes Bild / binary image
Digitalisierung *f* / digitizing *n*, digitize *n*
Digital·lichtsteller *m* / digital dimmer, digital fader || ²**multimeter** *n* (DMM) / digital multimeter (DMM) || ²**plotter** *m* / data plotter, digital incremental plotter || ²**rate** *f* / digit rate || ²**rechner** *m* / digital computer || ²**regler** *m* (DDC-Regler) / digital controller (DDC controller) || ²**spannungsmesser** *m* / digital voltmeter (DVM) || ²**system** *n* / digital system || ²**tachometer** *n* / digital tachometer, pulse tachometer || ²**verbindung** *f* / digital link || ²**verknüpfung** *f* / digital logic operation, digital combination (o. gating) || ²**-Voltmeter** *n* (DVM) / digital voltmeter (DVM) || ²**zähler** *m* / digital counter || ²**zähler** *m*

(integrierend) / digital meter || ≗-**Zeit-Zählerbaugruppe** *f* / digital timer-counter module
DIL-Schalter *m* (Dual-in-line-Schalter) / encoding switch, coding switch, coding element, DIP switch, DIL switch (dual-in-line switch)
DI/LS-Schalter *f* (Differenzstrom-/Leitungsschutzschalter) / RCBO (residual current operated device)
Dimension *f* / dimension *n*, measure *n* || ≗**ierung** *f* / design *n*
Dimensions·analyse *f* / dimensional analysis || ≗**stabilität** *f* / dimensional stability, thermostability *n* || ≗**zeichen** *n* (f. die Größe der analogen Auflösung eines ADU) / unit symbol
Dimethyl·imidazol *n* / dimethyl imidazole || ≗**phtalat** *n* / dimethyl phtalate
DIMM (Speichermodul mit zwei Kontaktreihen) / dual in-line memory module (DIMM)
dimmen *v* / dim *v*
Dimmer *m* / dimmer *n*, dimmer switch, mood setter
DIN (Deutsches Institut für Normung, Deutsche Industrie Norm) / DIN || ≗-**Isometrie** *f* / DIN isometry || ≗-**Programmierkenntnisse** *f* / knowledge of G codes || ≗-**Schiene** *f* / DIN rail
DINT / dint
DIO / data input/output (DIO)
Diode *f* / diode *n*
Dioden·baugruppe *f* (Säule) / diode stack || ≗**beschaltung** *f* / diode circuit || ≗**gleichrichter** *m* / diode rectifier || ≗**grenzfrequenz** *f* / diode limit frequency || ≗**kennlinie** *f* (ESR, Emissionskennlinie) / diode characteristic, emission characteristic || ≗**kombination** *f* / diode assembly || ≗-**Leuchtmelder** *m* / LED indicator || ≗**logik** *f* (DL) / diode logic (DL) || ≗**perveanz** *f* / diode perveance || ≗-**Transistor-Logik** *f* (DTL) / diode transistor logic (DTL) || ≗**ventil** *n* / diode valve
Dioxin *n* / dioxin *n*
Dip / index dip
DIP·-Fix-Brücke *f* / DIP-Fix jumper || ≗-**Fix-Schalter** *m* / DIP switch
Dipol *m* / dipole *n*, doublet *n* || ≗**antenne** *f* / dipole aerial, dipole *n* || **elektrisches** ≗**moment** / electric dipole moment
DIP-Schalter *m* / DIP switch (dual-in-line-package switch)
Dirac-Funktion *f* / Dirac function, unit pulse, unit impulse (US)
Directoryebene, übergeordnete ≗ / further directory level
direkt *adv* / direct *adj* || ~ **beeinflusste Regelstrecke (o. Steuerstrecke)** / directly controlled system || ~ **einschalten** (Mot.) / start direct on line, start at full voltage, start across the line || ~ **gekoppelte Rechnersteuerung** / on-line computer control || ~ **gekühlter Leiter** / inner-cooled conductor, direct-cooled conductor || ~ **wirkender Auslöser** / direct release, direct acting release, direct trip, series release, series trip || ~ **wirkender Regler** / direct-acting controller || ~ **wirkender Schreiber** / direct-acting recording instrument || ~ **wirkendes anzeigendes Messgerät** / direct-acting indicating measuring instrument IEC 51 || ~ **wirkendes Messgerät** / direct-acting measuring instrument
Direkt·ablenkung, Bildschirm mit ≗**ablenkung** / directed-beam CRT || ≗**ablesung** *f* / direct reading, local reading || ≗**anbau** *m* / direct mounting || ≗**anlasser** *m* / direct-on-line starter, full-voltage starter, across-the-line starter, fine starter || ≗**anschallung** *f* DIN 54119 / direct scan || ≗**ansteuerung** *f* (z.B. Ventil) / direct control, local control || ≗**anteil** *m* (BT, Verhältnis direkter Lichtstrom/unterer halbräumlicher Lichtstrom) / direct ratio || ≗**antrieb** *m* / direct drive, gearless drive || ≗**auslöser** *m* / direct release, direct acting release, direct trip, series release, series trip
Direkt·bedienung *f* / local operator control, local operator communication || ≗**blendung** *f* / direct glare || ≗**durchverbindungspunkt** *m* / direct through connection point
direkt·e Abbildung (SPS) / direct mapping || ~**e Angabe des Vorschubs** (NC-Wegbedingung) DIN 66025,T.2 / direct programming of feedrate, feed per minute ISO1056, feed per revolution || ~**e Auslösung** / direct tripping || ~**e Belastung** / direct loading || ~**e Beleuchtung** / direct lighting || ~**e Bestimmung des Wirkungsgrades** / direct calculation of efficiency o. (determination of) efficiency by direct calculation (o. by input-output test) || ~**e Betriebserdung** / direct functional (o. operational) earthing || ~**e Bildschirmeingabe** / visual mode || ~**e Diagnose** (on line) / on-line diagnosis || ~**e digitale Regelung** (DDC) / direct digital control (DDC) || ~**e Eigenerregung** (Gen.) / excitation from prime-mover-driven exciter || ~**e Einwirkung** (HSS über eine Verbindung zwischen Bedienteil und Schaltglied) / direct drive || ~**e Erdung** / direct connection to earth direct earthing solid connection to earth || ~**e Gaskühlung** (Wicklungsleiter) / inner gas cooling, direct gas cooling || ~**e Kühlung** (Wicklungsleiter) / inner cooling, direct cooling || ~**e Kupplung** / direct coupling || ~**e Leiterkühlung** (el. Masch.) / inner conductor cooling, direct conductor cooling || ~**e Messung** / direct measuring || ~**e Messung** (NC) / direct measurement, linear measurement || ~**e numerische Steuerung** (DNC) / direct numerical control (DNC) || ~**e Prozessankopplung** / on-line process interface || ~**e Prüfung** / direct test || ~**e Rechnersteuerung** (DCC) / direct computer control (DCC) || ~**e Schaltermitnahme** / intertripping *n* || ~**e Selbsterregung** (Transduktor) / auto-self-excitation *n*, self-saturation *n* || ~**e Wirkungsgradbestimmung** / direct calculation of efficiency o. (determination of) efficiency by direct calculation (o. by input-output test) || ~**e Wirkungsrichtung** (Reg.) / direct action
Direkt·eingabe *f* / direct entry || ≗**einspritzung** *f* (Kfz) / direct injection || ≗**eintrag** *m* (durch den Bediener) / direct input (o. entry) of commands
direkt·er aktinischer Effekt / direct actinic effect || ~**er Antrieb** / direct drive || ~**er Blitzeinschlag** / direct lightning strike || ~**er Blitzschlag** / direct stroke || ~**er Druckluftantrieb** / direct-acting pneumatic operating mechanism || ~**er Frequenzumrichter** / cycloconverter *n* || ~**er Lichtstrom** / direct flux || ~**er Spannungsregler** / direct-acting voltage regulator || ~**er Speicherzugriff** (DMA) / direct memory access (DMA) || ~**er Steckverbinder** (Leiterplatte) / edge socket connector || ~**er Überstromauslöser** VDE 0660, T.101 / direct overcurrent release IEC 157-1
direkt·es adaptives Regelsystem / direct adaptive

control system || **~es Berühren** VDE 0100, T.200 / direct contact || **~es Einführen** (zu Anschlussstellen innerhalb eines Gehäuses) / direct entry || **~es Einschalten** (Mot.) / direct-on-line starting (d.o.l. starting full-voltage starting), across-the-line starting || **~es Kommutieren** (LE) / direct commutation || **~es Schalten** / direct operation, direct control, across-the-line starting, direct-on-line starting (d.o.l. starting), full-voltage starting || **~es Verhalten** (Reg.) / direct action

direkt·gekoppelte Transistorlogik (DCTL) / direct-coupled transistor logic (DCTL) || **~gekuppelt** *adj* / direct-coupled *adj*, close-coupled *adj*

Direkt·geschäft *n* / direct order || **≗gleichrichter** *m* (Gleichrichter ohne Gleichstrom- oder Wechselstrom-Zwischenkreis) / direct rectifier (A rectifier without an intermediate d.c. or a.c. link) || **~-leitergekühlte Wicklung** (el. Masch.) VDE 0530, T.1 / direct-cooled winding IEC 34-1) inner-cooled winding || **≗lüftung** *f* (Schrank) / direct ventilation direct air cooling || **≗melden** *n* (PLT) / local event (o. alarm) indication || **≗meldung** *f* / local indication local event (o. alarm) display || **≗-Normal** / direct normal

Direktor *m* (zentrale Steuereinheit in einem Prozessleitsystem) / director *n*

Direkt·programmierung *f* / shopfloor programmig || **≗programmierung an der Maschine** / shopfloor programming, workshop-oriented programming (WOP) || **≗ruf** *m* (DÜ) / direct call || **≗rufnetz** *n* / leased-circuit data network, public data network || **≗schalten** *n* / direct-on-line starting (d.o.l. starting), full-voltage starting, across-the-line starting || **≗-Schwer** / direct heavy || **≗speicherzugriff** *m* / direct memory access || **≗starter** *m* / direct-on-line starter, full-voltage starter, across-the-line starter, line starter || **≗startlampe** *f* / instant-start lamp || **≗startschaltung** *f* (Lampe) / instant-start circuit || **≗steckverbinder** *m* / edge-socket connector, edge-board connector, edge connector || **≗steuerung** *f* / direct control, direct-wire control || **≗steuerung** *f* (Bahn, Fahrschaltersteuerung) / directly controlled equipment || **≗steuerung** *f* (Vor-Ort-Steuerung) / local control

Direkt·taste *f* / direct key || **≗tastenbit** *n* / direct control key bit || **≗tastenmodul** *n* / direct control key module || **≗umrichter** *m* / direct converter || **≗umrichter** *m* (Frequenzumrichter) / cycloconverter *n* || **Wechselstrom-≗umrichter** *m* / direct a.c. (power converter) || **≗umrichterantrieb** *m* / cycloconverter drive || **~umrichtergespeister Antrieb** / cycloconverter drive || **≗verschaltung** *f* / direct interconnection || **≗wahl** *f* / direct selection || **≗wechselrichter** *m* (Wechselrichter ohne Gleichstrom-Zwischenkreis) / direct inverter (A inverter without an intermediate d.c. link) || **≗werbung** *f* / direct advertising || **≗zugriff** *m* / random access, direct access || **≗zugriffslogik** *f* / random logic || **≗zugriffspeicher** *m* / random-access memory (RAM) || **≗zugriffspeicher** *m* DIN 44300 / direct-access storage random-access memory (RAM), RAM (random-access memory), read-write memory (R/W memory)

DIS1 (Abstand der Spalten) (Parameter)) / DIS1 (distance between columns)

Disassembler *m* / disassembler *n*

DI-Schalter *m* / r.c.c.b. functionally dependent on line voltage

DI-Schutzeinrichtung *f* (Differenzstrom-Schutzeinrichtung) / RCD (residual current protective device) || **ortsfeste ≗ in Steckdosenausführung** / fixed socket-outlet residual current protective device (SRCD) || **≗ mit eingebautem Überstromauslöser** / residual current operated device (RCBO) || **ortsveränderliche ≗ mit erweitertem Schutzumfang und Sicherstellung der bestimmungsgemäßen Nutzbarkeit des Schutzleiters** / portable residual current protective device-safety (PRCD-S) || **≗ ohne eingebauten Überstromschutz** / residual current operated circuit-breaker without integral overcurrent protection (RCCB) || **ortsveränderliche ≗** / portable residual current protective device (PRCD)

Disjunktion *f* / disjunction *n*, OR operation

Diskette *f* / diskette *n*, disk *n*, floppy disk (FD), FD (floppy disk), flexible disk cartridge

Disketten·anschaltung *f* / diskette controller || **≗einheit** *f* DIN 66010 / diskette unit || **≗etikett** *n* / diskette label, floppy-disk label || **≗feld** *n* (BSG) / diskette field, floppy-disk field || **≗gerät** *n* / diskette drive, floppy disk drive (FD), disk drive unit, diskette station, FD (floppy disk drive), DSG disk drive || **≗gerätetreiber** *m* / diskette device driver || **≗inhaltsverzeichnis** *n* / diskette directory || **≗laufwerk** *n* / diskette drive, floppy-disk drive, floppy disk drive (FD), disk drive unit, diskette station, DSG disk drive || **≗speichergerät** *n* (DSG) / diskette drive, floppy disk drive (FD), disk drive unit, diskette station, DSG disk drive || **≗station** *f* / diskette drive, floppy disk drive (FD), diskette station, disk drive unit, DSG disk drive || **≗steuerung** *f* / diskette controller || **≗-übergreifendes Archiv** / archive that goes across diskettes

diskontinuierlich *adj* / intermittent *adj*, discontinuous *adj*, discrete *adj*, batch *adj*, batch-oriented *adj* || **~e Beeinflussung** / discontinuous interference || **~er Betrieb** / batch operation || **~er Prozess** / batch process || **~es Signal** / discretely timed signal

Diskrepanzzeit *f* / discrepancy time

diskret·e Schaltung / discrete circuit || **~e Verdrahtung** / discrete wiring, discretionary wiring || **~e Zufallsgröße** DIN 55350,T.21 / discrete variate || **~e Zufallsvariable** / discrete random variable || **~es Merkmal** (QS) DIN 55350,T.12 / discrete characteristic

Diskretisierungsfehler *m* / discretization error

Dispersion *f* / dispersion material

dispersions·begrenzter Betrieb (LWL) / dispersion-limited operation || **≗farbe** *f* / emulsion paint || **≗-Infrarot-Analysator** *m* / dispersive-type infrared analyzer || **≗parameter** *m* / parameter of dispersion || **≗spektrum** *n* / dispersion spectrum, prismatic spectrum || **~verschobene Einmodenfaser** (LWL) / dispersion-shifted single-mode fibre

dispersive Spektrometrie / dispersive spectrometry

Display *n* / display *n* || **≗-Hintergrundbeleuchtung** *f* / backlight delay (time)

Disposition *f* / scheduling *n*, job scheduling, scheduling/organizing || **≗** *f* (Plan) / location diagram || **≗** *f* (Planung) / planning *n* || **≗** *f* (Produktion) / planning and scheduling

Dispositions·- und Prozessleitebene *f* / coordinating and process control level, plant management level, production management level, plant and process supervision level || ²**system** *n* / scheduling system || ²**zeichnung** *f* / location diagram
Dispostelle *f* / planning and scheduling dept.
distaler Bereich DIN IEC 469, T.1 / distal region
Distallinie *f* / distal line
Distanz zum Ziel / distance to destination || **Adress~** *f* / address displacement || **Sprung~** *f* / jump displacement || ²**bolzen** *m* / distance bolt || ²**buchse** *f* / spacing bush, spacer sleeve, distance sleeve, bearing spacer, spacer *n* || ²**büchse** *f* / distance sleeve
Distanz·geber *m* (Distanzschutz) / distance detector, distance element || ²**hülse** *f* (a. Reihenklemme) / distance sleeve, spacer sleeve
distanzieren *v* / space *v*, separate by spacers
Distanz·leiste *f* / spacing strip || ²**messrelais** *n* / distance measuring relay, distance-to-fault locating relay || ²**messung** *f* / distance measurement || ²**mutter** *f* / spacing nut || ²**relais** *n* / distance relay, distance measuring relay || ²**ring** *m* / spacer ring, distance ring || ²**rohr** *n* / spacer tube || ²**säule** *f* (Reihenklemme) / distance sleeve || ²**scheibe** *f* / spacer (o. spacing) disc
Distanzschutz *m* / distance protection, impedance protection || ² **mit Auswahlschaltung** IEC 50(448) / switched distance protection || ² **mit Blockierschaltung ohne Übergreifen** / blocking underreach distance protection system || ² **mit MHO-Charakteristik** / mho distance protection || ² **mit stetiger Auslösekennlinie** / continuous-curve distance-time protection || ² **mit Stufenkennlinie** / distance protection with stepped distance-time curve, stepped-curve distance-time protection || ²**relais** *n* / distance protection relay
Distanzschutzsystem *n* / distance protection system || ² **mit Signalverbindungen** / communication-aided distance protection system, distance protection system with communication link || ² **mit Staffelzeitverkürzung** / accelerated distance protection system IEC 50(448) || ² **mit Übergreifen (o. Überreichweite)** / overreach distance protection system || ² **ohne Übergreifen** / underreach distance protection system
Distanz·sensor *m* / ranging sensor, distance sensor, range finder || ²**steg** *m* (Blechp.) / duct spacer, vent finger || ²**stück** *n* / spacer *n*, distance piece || ²**stück** *n* (Wickelkopf) / overhang packing, bracing element || ²**stück** *n* (f. Luftschlitze im Blechp.) / duct spacer, vent finger || **~unabhängige Endzeit** / distance-independent back-up time || **~- und richtungsabhängige Stufe** / distance-dependent and directional element, distance-dependent and directional grade
Distanz·verhältnis *n* / distance ratio || ²**verhältnis** *n* (Pyrometrie) / target distance/diameter ratio, ratio of target distance to target diameter || ²**zone** *f* / distance zone
DITE (Gewinde-Auslaufweg) / DITE (displacement thread end)
DITS (Gewinde-Einlaufweg) / DITS (displacement thread start)
Divergenz *f* / divergence *n* || ² **des Schallbündels** / sound beam spread
diversitäre Redundanz / diversity *n*
Diversität *f* (Zvlk.) / diversity *n*
Dividend *m* / dividend *n*
dividieren *v* / divide *v*
Dividierer *m* / divider *n*
Divisor *m* / divisor *n*
DKB (Durchlaufbetrieb mit Kurzzeitbelastung) / continuous operation with short-time loading
DKE (Deutsche Kommission für Elektronik) / German Electrotechnical Commission, DKE
D-Kippglied *n* / D bistable element, D-type flipflop
DL / diode logic (DL) || ² (Datenbyte links, DL) / DL (data byte left), left-hand data byte || ² (Datum Links) / DL (data byte left)
D-Lampe *f* / coiled-coil lamp
DLC-Baugruppe *f* / DC link controller module
DLE / DLE (data link escape)
DLL / DLL (dynamic link library)
DM (Doppelmeldung) / double-point indication, DI (double indication)
DMA / DMA (direct memory access) || ²**-Aufforderung** *f* / DMA request
DMAC / DMA controller (DMAC)
DMA·-fähige Baugruppe *f* / (module) location with DMA capability || ²**-Schnittstelle** *f* / DMA interface || ²**-Steuerung** *f* (DMAC) / DMA controller (DMAC)
DME / distance measuring equipment (DME)
DML / distance marker light (DML)
DMP (dezentrale Maschinenperipherie) / distributed machine I/O devices, distributed I/O devices, distributed I/O, distributed I/Os, dp, DMP || ²**-Kompaktträgerbaugruppe** *f* / DMP compact terminal block || ²**-Modul** *n* / DMP module || ²**-TB** (DMP-Trägerbaugruppe) / subrack module, DMP TB (DMP terminal block) || ²**-TB** (DMP-Terminalblock) / subrack module, DMP TB (DMP terminal block) || ²**-Terminalblock** *m* (DMP-TB) / subrack module, DMP terminal block (DMP TB) || ²**-Trägerbaugruppe** *m* (DMP-TB) / subrack module, DMP terminal block (DMP TB)
DMS / strain gauge, foil strain gauge || ² (Dokumenten-Management-System) / DMS (Document Management System) || ² (direktes Messsystem) / direct measuring system, direct measuring || ² (Dehnungsmessstreifen) / EMS (expansion measuring strip) || ²**-Drehmomentaufnehmer** *m* / strain-gauge torque transducer
DMSp / expansion measuring spiral, strain gauge, EMSp
DM-Vierer *m* / DM quad
DNC (Direct Numerical Control) / DNC (direct numerical control)
dn/dt / speed/time difference
DNS / domain name service (DNS) || **DNS** (Domain Name Service) / DNS
Docht·effekt *m* / wicking *n* || ²**elektrode** *f* / cored electrode
Dochten, Bürste mit ² / cored brush
Docht·kohle *f* / cored carbon || ²**öler** *m* / wick lubricator, wick oiler, felt-wick lubricator, wick-feed oil cup, oil syphon lubricator || ²**schmierung** *f* / wick lubrication, wick oiling || **Lager mit** ²**schmierung** / wick-lubricated bearing
Docking·bahnhof *m* / docking station || ²**system** *n* / docking system
Dokdatei *f* / documentation file

Dokumentation *f* / documentation *n* || ≗ **des QS-Systems** / quality program documents (CSA Z 299) || **allgemeine** ≗ / general documentation

Dokumentations·arbeitsplatz *m* / documentation workstation || ≗**betrieb** *m* / documentation mode || ≗**kennzeichen** *n* / documentation identifier || ≗**mangel** *m* / documentation problem || ≗**teil** *n* / part of documentation

Dokumenten·art *f* / type of document || **elektronischer** ≗**austausch** / electronic document exchange (EDI)

dokumentenecht *adj* / indelible *adj*

Dokumenten·-Management-System *n* (DMS) / document management system (DMS)

dokumentieren *v* / document *v*

Dokumentiersatz *m* / documentation package

Dom *m* / dome *n*

Domaindienst *m* / domain service

Domäne *f* / domain *f*

Domänenwand *f* (magn.) / domain wall

Domestic Digital Bus (DDB Ein Bus, der vorzugsweise für die Verbindung von Audio-/Videogeräten benutzt wird) / domestic digital bus (DDB)

dominierend·e Streckenzeitkonstante (SPS) / dominating system time constant || **~e Wellenlänge** / dominant wavelength || **~er R-Eingang** / dominating R input

Donator *m* (HL) / donor *n* || ≗**-Ionisierungsenergie** *f* / ionizing energy of donor || ≗**niveau** *n* (HL) / donor level, impurity donor level

Doppel·abtastung *f* / double scanning || ≗**abzweigmuffe** *f* / bifurcating box || ≗**aderleiter** *m* (DA) / two-core conductor

doppeladrig·e Leitung / twin cord, twin tinsel cord || **~es Kabel** / two-core cable, two-conductor cable, twin cable

Doppel·ankermotor *m* / double-armature motor || ≗**anlasser** *m* / twin starter, duplex starter || ≗**anschlag** *m* (Schreibmasch., Textautomat) / double striking || ≗**anschlussklemme** *f* / double terminal || ≗**anschlussstift** *m* / double wiring post || ≗**antrieb** *m* / twin drive, dual drive, duplex drive || ≗**armgreifer** *m* / dual gripper

Doppel·backenbremse *f* / double-jaw brake || ≗**bartschlüssel** *m* / double-bit key || ≗**bartverschluss** *m* / double-bit key || ≗**baustein** *m* / double-thyristor module || **Thyristor-**≗**baustein** *m* / two-thyristor module, twin (o. double) thyristor module || ≗**befehl** *m* (DB) / double command (DC) || ≗**begrenzer** *m* (Eingangsbegrenzer f. zwei Amplitudengrenzwerte) / slicer *n*, clipper-limiter *n* || ≗**begrenzung** *f* (Impulse, Abkappverfahren) / slicing *n* || ≗**belegung** *f* / double assignment || **Mechanik mit** ≗**betätigungsauslösung** (DT) / double-pressure locking mechanical system || ≗**betätigungssperre** *f* / double-command lockout || ≗**bettkatalysator** *m* (Kfz) / dual-bed catalytic converter || ≗**bezeichnung** *f* / double designation || ≗**bitausgabe** *f* / double-bit output || ≗**bitinformation** *f* / double-bit information || ≗**blinklicht** *n* / two-frequency flashing light, two-mode flashing light, double flashing frequency, indication with double flashing frequency || **~brechend** *adj* / birefractive *adj*, birefringent (optical fibre) || ≗**brechung** *f* / double refraction, birefringence *n* (optical fibre) || ≗**bürstensatz** *m* / double set of brushes || ≗**bürstenhalter** *m* / two-arm brush holder, scissors-type brush holder

Doppel·drehregler *m* (Trafo) / double-rotor induction regulator, double induction regulator, double regulator || ≗**drehtransformator** *m* / double-rotor induction regulator, double induction regulator, double regulator || ≗**drehzahlmotor** *m* / two-speed (o. dual-speed) motor || ≗**dreieckschaltung** *f* / double delta connection || ≗**-Dreipuls-Mittelpunktschaltung** *f* / double three-pulse star connection || ≗**drucktaster** *m* / two-button station, two-unit pushbutton station

Doppel·einspeisung *f* DIN 19237 / two-source mains infeed || ≗**endschalter** *m* / duplex limit switch || ≗**erdschluss** *m* / double fault, phase earth-phase fault, double-line-to-ground fault || ≗**europaformat** *n* / double-height Eurocard format || ≗**-Europaformat** *n* / double-height Eurocard format || ≗**europakarte** *f* / double-height Eurocard || ≗**-Europakarte** *f* / double-height Eurocard format, sandwich-type Eurocard

Doppel·fadenwicklung *f* / bifilar winding, double-spiral winding, non-inductive winding || ≗**fahnenschuh** *m* (Bürste) / double-shoe terminal || ≗**falzversuch** *m* / reverse-folding endurance test || ≗**fassung** *f* (Lampe) / twin lampholder || ≗**fehler** *m* (elST) / double fault || ≗**feld** *n* (ST) / double panel section, double section || ≗**feld-Frequenzumformer** *m* / double-field frequency changer || ≗**feld-Induktionsmotor** *m* / split-field induction motor || ≗**feldmagnet** *m* / double-sided field system || ≗**feldmaschine** *f* / double-field machine, split-field machine, doubly-fed induction machine || ≗**feldumformer** *m* / double-field converter || ≗**feldwicklung** *f* / double-field winding, split-field winding || ≗**flachbaugruppe** *f* / dual board (p.c.b.) || ≗**flanke** *f* (Impuls) / double edge || ≗**flanschwelle** *f* / double-flanged shaft || **~flutiges Gebläse** / double-entry blower || ≗**frequenzmesser** *m* / two-range frequency meter, double frequency meter || ≗**frontausführung** *f* (ST) / dual switchboard design, back-to-back design, double-fronted design || ≗**front-Schalttafel** *f* / dual switchboard, back-to-back switchboard, double-fronted switchboard || ≗**funktionstaste** *f* / double-function key

doppel·gängiges Gewinde / two-start thread || ≗**gelenk-Bürstenhalter** *m* / two-pivot brush holder || **~gerichtet** *adj* (a. KN) / bidirectional *adj* || ≗**gitterstab** *m* / double transposed bar || ≗**greifer** *m* / dual gripper || ≗**grenztaster** *m* / duplex limit switch || ≗**griff** *m* / twin handle

Doppel·hammerkopfpol *m* / double-T-head pole || ≗**hindernisfeuer** *n* / twin obstruction light || ≗**hochkomma** *n* / quotation marks || ≗**hubmagnet mit induktivem Wegaufnehmer** / double-stroke solenoid with inductive position encoder

Doppel·impuls *m* / double pulse || ≗**induktor** *m* / dual magneto || ≗**integral** *n* / double integral || ≗**isolator** *m* / duplex insulator || ≗**isolierung** *f* / double insulation IEC 335-1

Doppel·kabelanschluss *m* / double cable connection || ≗**käfiganker** *m* / double squirrel-cage rotor, double-cage rotor || ≗**käfigläufer** *m* / double squirrel-cage rotor, double-cage rotor || ≗**käfigläufermotor** *m* / double squirrel-cage motor, double-cage motor, Boucherot squirrel-cage motor

|| ≗**kegelscheibe** *f* / double-cone pulley || ≗**kehlnaht** *f* / double fillet weld || ≗**kernwandler** *m* / two-core transformer || ≗**-Klemmbürstenhalter** *m* / two-arm clamp-type brush holder || ≗**klemme** *f* / double terminal || ≗**klemme** *f* (EZ) / linked terminal || ≗**klemmenanschluss** *m* / double terminal connection || ≗**klick** *m* / double-click || ≗**kolben** *m* / double piston, double-ended piston || ≗**kolben-Druckluftantrieb** *m* / double-acting compressed-air operating mechanism || ≗**kolben-Membranpumpe** *f* / double-piston diaphragm pump || ≗**kommutator** *m* / double commutator || ≗**kommutatormotor** *m* / double-commutator motor || ≗**kontakt** *m* / twin contact, three-terminal contact || ≗**kontaktunterbrechung** *f* / double-break (feature) || ≗**konuskupplung** *f* / twin-cone friction clutch || **~konzentrisch** *adj* / doubly concentric || ≗**kristall-Röntgentopographie** *f* / double-crystal X-ray topography || ≗**kugelring** *m* (Lg.) / double-row ball race ring

Doppel·lackdraht *m* / double enamelled wire || ≗**lagenschaltung** *f* (Trafo) / top-to-top, bottom-to-bottom interlayer connection || **Lagenwicklung in ≗lagenschaltung** (Trafo) / front-to-front, back-to-back-connected multi-layer winding, externally connected multi-layer winding || ≗**lager** *n* / duplex bearing || ≗**lagerung** *f* / duplex bearing || ≗**lappen-Gleitmutter** *f* / double-lobe sliding nut || ≗**leiterplatte** *f* / dual board (p.c.b.) || ≗**leitung** *f* / double-circuit line || **verdrillte ≗leitung** / twisted pair of cable || ≗**leitungskurzschluss** *m* IEC 50(448) / double-circuit fault || ≗**leuchtmelder** *m* / twin indicator light, double pilot light, ON-OFF indicator light || ≗**linie** *f* (BT) / doublet *n*

Doppel·maulschlüssel, isoliert, Satz, Schlüsselweite 4 bis 11 mm / engineer's wrenches, double head, insulated, set, A/F 4 to 11 mm || ≗**maulschlüssel, Satz** / engineer wrenches, double head, set || ≗**maulschlüssel, Schlüsselweite 20 und 22mm** / engineer wrench, double head, A/F 20 and 22mm || ≗**meisterschalter** *m* / duplex master controller || ≗**meldung** *f* (FWT) / double-point information, two-state indication || ≗**meldung** *f* (DM) / double-point indication, double indication (DI) || ≗**messbrücke** *f* / double measuring bridge || ≗**messwerk** *n* / double (measuring) element || ≗**motor** *m* (2 Mot.) / twin motor, double motor || ≗**motor** *m* (Doppelanker) / double-armature motor, two-armature motor || ≗**motor** *m* (KL) / double squirrel-cage motor, double-cage motor, Boucherot squirrel-cage motor

Doppel·netz-Fehlzustand *m* IEC 50(448) / intersystem fault || ≗**nut** *f* / double groove || ≗**nutläufer** *m* / double squirrel-cage rotor, double-cage rotor || ≗**nutmotor** *m* / double squirrel-cage motor, double-cage motor, Boucherot squirrel-cage motor

Doppel·ofenkonzept *n* / double-oven concept || ≗**ovalnut** *f* (el. Masch.) / dumb-bell slot || ≗**passfeder** *f* / double parallel key || **~passive Vorwahl** / dual passive preselection || ≗**platine** *f* / dual board (p.c.b.) || ≗**-PLC** / dual PLC

Doppel·radius-Filmzylinder *m* / two-radian camera, Straumanis two-radian camera || ≗**rahmen** *m* / double subrack || ≗**rechneranlage** *f* / doublecomputer configuration, dual-computer system || ≗**rechnerbetrieb** *m* / dual computer operation || ≗**rechnersystem** *n* / dual-computer service || ≗**ring** *m* / double ring || ≗**ritzelantrieb** *m* / twin pinion drive

Doppelsammelschiene *f* / duplicate busbar(s), double busbar, duplicate bus || ≗ **mit Längstrennung** / sectionalized duplicate busbars || ≗ **mit Umgehungstrennern** / duplicate busbars with by-pass disconnectors

Doppelsammelschienen·-Schaltanlage *f* / switching station with duplicate bus, duplicate-bus switchgear || ≗**-Station** *f* / double-busbar (o. duplicate-bus) substation

Doppel·schaltbrücke *f* / double-break contact || ≗**schaltfeld** *n* / double *n* (switch panel) || ≗**schaltkopf** *m* / double interrupter head, double-break interrupter head || ≗**schaltstück** *n* / double moving contact, double-break contact || ≗**scheinwerfer** *m* (Kfz) / dual headlamp || ≗**schelle** *f* / twin saddle || ≗**schenkel** *m* / double shank || ≗**schenkelbürstenhalter** *m* / double-leg brush holder || ≗**schienen** *f pl* / twin bars || ≗**schlitten** *m* / double slide || ≗**schlittenausführung** *f* / double slide version || ≗**schlittenblock** *m* / double-slide key group || ≗**schlittendrehmaschine** *f* / double-slide turning machine || ≗**schlittensimulation** *f* / double-slide simulation || ≗**schlussmaschine** *f* / compound-wound machine, compound machine || ≗**schlusswicklung** *f* / compound winding || ≗**schneckengetriebe** *n* / double-lead worm gearing || ≗**schneidkopf** *m* / dual-cutting head || ≗**schrägzahnrad** *n* / double helical gear || ≗**schwellwert** *m* / dual-mode threshold || ≗**seitenband** *n* (DSB) / double sideband (DSB)

doppelseitig isoliert / insulated on both sides || **~e Schalttafel** / dual switchboard, back-to-back switchboard, double-fronted switchboard || **~er Antrieb** / bilateral drive, double-ended drive || **~er Griff** / double-wing handle

Doppel·signalmethode *f* IEC 50(161) / two-signal method || ≗**sitzventil** *n* / double-seat(ed) valve || ≗**skala** *f* / double scale || ≗**spaltoszillator** *m* (Klystron) / floating-drift-tube klystron || ≗**spannungsmesser** *m* / two-range voltmeter, double voltmeter || ≗**spindelausführung** *f* / double-spindle version || ≗**spule** *f* / double coil, compound coil || ≗**spulenschaltung** *f* (Trafo) / top-to-top, bottom-to-bottom intercoil connection || ≗**spulenwicklung** *f* / double-coil winding, double-disc winding || ≗**spurgeber** *m* / double-track encoder

Doppel·stabläufer *m* / double-cage rotor || ≗**stabmotor** *m* / double squirrel-cage motor, double-cage motor, Boucherot squirrel-cage motor || ≗**ständerfräsmaschine** *f* / double-unit miller || ≗**ständermaschine** *f* / double-unit machine || ≗**starter** *m* (Lampe) / twin starter, duplex starter || ≗**starterfassung** *f* (Lampe) / twin starter socket || ≗**stator** *m* (LM) / doublesided stator, double stator || ≗**steckanschluss** *m* (Verbinder) / dual-pin connector || ≗**steckdose** *f* / double socket outlet, double outlet, duplex receptacle || ≗**steckeranschluss** *m* / dual-pin connector || ≗**steckschlüssel** *m* / double socket wrench || ≗**steinlager** *n* (EZ) / double-jewel bearing || ≗**stern-Saugdrosselschaltung** *f* / double star connection with interphase transformer, double three-phase star with interphase transformer IEC 119 ||

≗**sternschaltung** *f* / double-star connection, double three-phase star connection, duplex star connection || ≗**sternschaltung mit Saugdrossel** (DSS) / double star connection with interphase transformer, double three-phase star with interphase transformer IEC 119 || ≗**stichprobenentnahme** *f* / double sampling || ≗**stichprobenprüfplan** *m* / double sampling plan || ≗**stichprobenprüfung** *f* / double sampling inspection || ≗**stockklemme** *f* / two-tier terminal, double level terminal || ≗**stocktransformator** *m* / double-tier transformer || ≗**strahlröhre** *f* / double-beam CRT, split-beam CRT *n* || ≗**strahl-UV-Monitor** *m* / double-beam UV monitor || ≗**strich** *m* (Staubsauger) / double stroke

Doppelstrom *m* / double current, polar current || ≗**betrieb** *m* (FWT) / double-current transmission, polar d.c. system || ≗**generator** *m* / double-current generator, rotary converter || ≗**-Gleichstromsignal** *n* / bipolar d.c. signal || ≗**impuls** *m* / bidirectional current pulse, bipolar pulse || ≗**leitung** *f* / double-current line, polar-current line, polar line || ≗**richter** *m* / double converter || ≗**richtergerät** *n* / double converter equipment, double converter || ≗**-Schnittstellenleitung** *f* / double-current interchange circuit || ≗**tastung** *f* / double-current keying, polar current signalling, polar signalling || ≗**zeichen** *n* / double-current signal

Doppel·stützer *m* / double support || ≗**summenschaltung** *f* / double summation circuit, summation by two sets of transformers

doppelt durchflutete Kupplung / doubly permeated coupling || **~gefädelte Liste** / double-chained list || **~ gekröpfte Spule** / cranked coil || **~ gelagert** / top-and-bottom guided || **~ gespeister Motor** / doubly fed motor, double-fed motor || **~hohe Bauruppe** / double-height module, double-height PCB || **~hohe Europaformatbaugruppe** / double-height Eurocard-format module || **~ polarisiertes Relais** / dual-polarized relay || **~hohe Flachbaugruppe** / double-height p.c.b. || **~ überlappt** / double-lapped *adj*, with double overlap || **~ überlappte Ecke** (Blechp.) / double-lap joint || **~ überlappte Stoßfuge** / double-lapped joint || **~ wirkendes Ventil** / double-acting valve

Doppel-T-Anker *m* / shuttle armature, H-armature *n*, two-pole armature

Doppel·tarif *m* (StT) / two-rate time-of-day tariff, day-night tariff || ≗**tarifzähler** *m* / two-rate meter || ≗**taster** *m* / siehe Doppeldrucktaster || ≗**-Tatzenabzweigklemme** *f* / double-branch claw terminal

doppelt belüfteter Motor / double-air-circuit motor, double-casing motor || **~breite Flachbaugruppe** / sandwich module || **~e Amplitude** / double amplitude, peak-to-peak amplitude || **~e Isolierung** VDE 0700, T.1 / double insulation IEC 335-1 || **~e maximale Laufzeit** (LAN) / round trip propagation time || **~e Polarisierung** / dual polarization || **~e Überschneidung** (Kontakte) / double overlapping || **~er Erdschluss** / double fault, phase earth-phase fault, double-line-to-ground fault || **~er Nebenschluss** / double shunt || **~fokussierendes Spektrometer** / double-focussing spectrometer || **~genaue Arithmetik** / double-precision arithmetic || **~gerichtete Leitung** (DÜ) / two-way line

Doppelthermoelement *n* / twin thermocouple, duplex thermocouple, dual-element thermocouple

doppelthohe Europakarte / double-height Eurocard format || **~ Steckplatte** / double-height p.c.b.

Doppeltiegel-Methode *f* (LWL-Herstellung) / double crucible technique

doppelt·-logarithmisches Diagramm / log-log diagram || ≗**traverse** *f* / twin cross-arm, double cross-arm || ≗**schaltstück** *n* / double-break contact

Doppeltür *n* / double door

doppelt·ventilierter Motor / double-air-circuit motor, double-casing motor || **~wirkende Bremse** / double-acting brake || **~wirkender Zylinder** *m* / double-acting cylinder

Doppel-T-Zweitor *n* / twin-T network

Doppel·umrichter *m* / double converter || ≗**unterbrechung** *f* (Kontakte) / double-break (feature) || **Schaltglied mit ≗unterbrechung** VDE 0660,T.200 / double-gap contact element, double-break contact element || ≗**ventil** *n* / double-acting valve

doppel·wandig *adj* / double-walled *adj* || ≗**wegthyristor** *m* / bidirectional thyristor, triac *n* || ≗**wegübertragung** *f* / two-way transmission || ≗**wendel** *f* / coiled-coil filament || ≗**wendellampe** *f* / coiled-coil lamp || ≗**wickler** *m* / double winder, double reeler || ≗**wicklung** *f* / duplex winding || **~wirkend** *adj* / double-acting *adj* || ≗**wort** *n* (Ein Doppelwort ist eine 32-Bit-Größe, die aus vier aufeinanderfolgenden Bytes besteht) DIN 19239 / double word, doubleword *n* || ≗**wortadresse** *f* / double word address || ≗**wortanweisung** *f* / doubleword statement || ≗**wortbearbeitung** *f* / doubleword execution || ≗**wortwandlung** *f* / doubleword conversion || **Festpunkt-≗wortzahl** *f* / double-precision fixed-point number || **Doppel·-Y-Naht** *f* / double-V butt joint with wide root faces || **~zeilig** *adj* (BGT, IV) / two-tier *adj* || ≗**zeitfunktionsbaugruppe** *f* (Zweikanalb.) / two-channel time-function module || ≗**zündung** *f* (Kfz) / twin-spark ignition

DOR / DOR (direction of spindle rotation)

Dorn *m* / rod *n* || ≗ *m* (zum Schichten v. Blechp.) / building bar, stacking mandrel || ≗**biegeprüfung** *f* / mandrel bending test, bending test over a rod, mandrel test

DOS Warmstart / DOS warm restart

Dose *f* (I) / box *n* || ≗ **mit abnehmbarem Deckel** / inspection box || ≗ **mit Auslass im Boden** / back-outlet box

Dosen·deckel *m* / box cover, box lid || ≗**spion** *m* / inspection cover

Dosier·automat *m* / automatic dosing unit || ≗**automat** *m* (f. Flüssigkeiten u. Mineralöle) / automatic batchmeter || ≗**bandwange** *f* / weigh-feeder *n* || ≗**baugruppe** *f* / proportioning module

dosieren *v* / proportion *v*, dose *v* || ≗ *n* / proportioning *n*, dosing *n*, metering *n*

Dosier·maschine *f* / dosing machine || ≗**schnecke** *f* / proportioning feed screw, feed screw || ≗**spritze** *f* (Chromatograph) / injection syringe || ≗**system** *n* (Chromatograph) / sample injection system, injection system, sample introduction system

Dosierung *f* (Durchstrahlungsprüf.) / intensity *n*, dosage rate || ≗**sbaugruppe** *f* (SPS) / proportioning module

Dosier·ventil *n* / dosing valve || ≗**volumen** *n* (Chromatograph) / injected volume || ≗**waage** *f* / weighing scale, proportioning scale, dosing

weigher || ²zähler *m* / proportioning counter || ²zählerbaustein *m* / proportioning counter block
Dosisrate *f* / dose rate
dotieren *v* (HL) / dope *v* || ² *n* (HL) / doping *n*
Dotierungsstoff *m* (HL u. zur Änderung des Brechungsindex in einem LWL) / dopant *n*
Downloadquelle wählen / select download source
Dozenten-Ordner *m* / trainer's folder
DP (dezentrale Peripherie) / distributed machine I/O devices, distributed I/O devices, distributed I/O, distributed I/Os, DMP, dp || ² (Delete Program) / DP (Delete Program)
DPCM / differential pulse code modulation (DPCM)
DP-Diagnose *f* / DP diagnostics
DPDM / digital pulse duration modulation (DPDM)
DPH / diamond pyramid hardness (DPH)
DP·-Kapsel *f* / DP module holder || ²**-Kennung** *f* / dp ID
DPM (Doppelschnittstellen-Speicher) / DPM (dual-port memory)
DP·-Master *m* / DP master || ²**-Mastersystem** *n* / dp master system || ² **Norm-Slave** / DP standard slave
DPR (Endbohrtiefe, relativ) / DPR (final drilling depth, relative) || ² (Dualport-RAM) / DPR (dual-port RAM)
DPRAM (Dual Port Random Access Memory) / DPRAM (Dual Port Random Access Memory)
D-Prozess, 3-² *m* / triple diffusion process
D-Prüfung *f* / feasibility check, feasibility review || **Aktivieren** ² / activate D check
DP·-Slave-Typ *m* / dp slave type || ²**-Subnetz** *n* (Subnetz, an dem nur DP betrieben wird) / subnet
DR / right-hand data byte (DR) || ² (Datenbyte rechts) / DR (data byte right)
Draht *m* / wire *n*, lead *n*, core *n*, sub-conductor *n* || ² *m* (einer Leitung) / conductor *n* || ² *m* (Leuchtdraht) / filament *n* || ²**anschluss** *m* / wire termination || ²**anschluss** *m* (IS) / lead *n* || ²**auslöser** *m* / cable release || ²**barren** *m* / wire bar || ²**bereich** *m* / wire range || ²**bereich des Kontaktes** / contact wire range || ²**bewehrung** *f* / wire armour || ²**bewehrung in Doppellage** / double wire armour (DWA) || ²**bewehrung in einer Lage** / single wire armour (SWA) || ²**bruch** *m* / wire breakage, open circuit, wire break || ²**bruch-Kontrollwiderstand** *m* / line continuity supervisory resistor || ²**bruchmeldung** *f* / broken wire signal, wire break message, electric break alarm || ²**bruchprüfung** *f* / wirebreak diagnostics || **~bruchsichere Schaltung** / fail-safe circuit || ²**bruchsicherung** *f* (elST) / broken-wire interlock || ²**bruchüberwachung** *f* / open-circuit monitoring || ²**brücke** *f* / wire jumper, jumper *n* || ²**bund** *m* / wire binding || ²**bürste** *f* / steel brush, wire brush || ²**-DMS** *m* / wire-type strain gauge || ²**-Durchverbindung** *f* (gS) / wire-through connection || ²**einführung** *f* (Anschlusselement) / wire entry funnel (o. bush) || ²**erodieren** *n* / wire erosion, wire spark-erosion || ²**farbencode** *m* / wiring colour code || ²**feder** *f* / wire spring
draht·gebunden *adj* / wire-bound || ²**geflecht** *n* / wire mesh, wire netting, wire fabric, wire cloth || ²**geometrie** *f* / wireframe || ²**gewebe** *n* / wire fabric || **~gewickelt** *adj* / wire-wound *adj* || ²**glas** *n* / wire glass || ²**haspel** *f* / wire reel || ²**kern** *m* / wire core || ²**lack** *m* / (wire) enamel || **wirksame** ²**länge** (Lampenwendel) / exposed filament length || ²**lehre** *f* / wire gauge || ²**lehrenumrechner** *m* / wire gauge converter || ²**litzenleiter** *m* / stranded wire || ²**modell** *n* / wire model || ²**modell** *n* (CAD) / wire-frame model || ²**modelldarstellung** *f* / wire-frame representation || ²**potentiometer** *n* / wire-wound potentiometer
Draht·schirm *m* / wire screen || ²**schutz** *m* (Klemme) / wire protection || ²**schutzbügel** *m* / wire guard || ²**schutzkorb** *m* / wire guard, basket guard || ²**seil** *n* / wire rope || ²**spion** *m* / wire feeler gauge || ²**spule** *f* / wire-wound coil || ²**stärke** *f* / wire size || **Schutz mit** ²**verbindung** / pilot-wire protection, pilot protection || ²**vorschub** *m* / wire feed || ²**vorschubgerät** *n* / wire feed device || ²**wendel** *m* / wire filament || ²**wickelanschluss** *m* / wire-wrap connection (o. terminal), solderless wrapped connection, wrapped terminal || ²**wickelmaschine** *f* / wire wrapping machine || ²**wicklung** *f* / wire winding || ²**widerstand** *m* / wire-wound resistor || ²**ziehen** *n* / wire drawing || ²**ziehmaschine** *f* / wire-drawing machine
Drain *m* (FET) / drain *n* (FET) || ²**-Anschluss** *m* (Transistor) DIN 41858 / drain terminal || ²**-Elektrode** *f* (Transistor) DIN 41858 / drain electrode || ²**-Reststrom** *m* (Transistor) DIN 41858 / drain cut-off current || ²**-Schaltung** *f* (Transistor) DIN 41858 / common drain || ²**-Source-Abschnürspannung** *f* (Transistor) / drain-source cut-off voltage || ²**-Source-Spannung** *f* (Transistor) DIN 41858 / drain-source voltage || ²**strom** *m* (Transistor) DIN 41858 / drain current || ²**-Zone** *f* DIN 41858 / drain region
Drall *m* / circular flow || ² *m* (Letter) / twist *n*, lay *n* || ² *m* (WZM, NC, elastischer Verdrehungswinkel) / windup *n* || ² *m* (Drehimpuls) / angular momentum
drallfrei *adj* / free of twists || **~e Nut** / twist-free slot, unskewed slot || **~e Strömung** / swirl-free flow, steady flow
Drall·schleifen *n* / twist grinding || ²**winkel** *m* / angle of twist
DRAM *n* / dynamic RAM (DRAM) || ²**-Daten** *plt* / DRAM data
Draufschalten *n* / making operation, circuit making, fault-making operation
Draufschalter *m* / making switch, make-proof switch, fault-making switch
Draufschaltung, Kurzschluss-² *f* / fault throwing, making on a short circuit
Draufsicht *f* / plan view, plan *n*, top view
D-Regler *m* / D-action controller, differential-action controller, derivative-action controller
Dreh·achse *f* / rotary axis, axis of rotation, spin axis, axis of gyration, rotary axis of motion, shaft *n* || ²**achse** *f* (Koordinate) / rotation coordinate || ²**anker** *m* (Rel.) / rotating armature || ²**anode** *f* (RöA) / rotary anode || ²**antrieb** *m* / rotary drive, rotary actuator, linear actuator || ²**antrieb** *m* (SG) / torsional mechanism, rotary operating mechanism || ²**antrieb** *m* (Stellantrieb) / rotary actuator || **ausgekuppelter** ²**antrieb** / detached rotary operating mechanism, decoupled rotary operating mechanism || ²**arbeit** *f* / turning *n* || ²**arbeit** *f* (Drehbank) / turning operation, lathing *n* || ²**automat** *m* / automatic lathe || ²**bank** *f* / lathe *n*, turning machine
drehbar *adj* / rotatable *adj*, swivelling *adj* || **~ gelagert** / rotatable *adj*, pivoted *adj* || **~e Dichtung** / rotary seal || **~er Synchronisierwandarm** /

swivelling synchronizer bracket || **~es Gehäuse** (el. Masch.) / rotatable frame || **~es Werkzeug** / rotatable tool

Dreh·beanspruchung *f* / torsional stress || **≗bearbeitung** *f* / turning operation, lathing *n*, turning *n* || **≗beschleunigung** *f* / angular acceleration || **≗bewegung** *f* / rotary motion, rotation *n* || **gegenläufige ≗bewegung** / counterrotational operation || **ungleichförmige ≗bewegung** / rotational irregularity || **gleichsinnige ≗bewegungen** / unirotational operation || **≗durchflutung** *f* / rotating m.m.f. || **≗durchmesser** *m* (WZM, NC) / turning diameter, swing *n*

Dreh·eigenschwingung *f* / natural torsional vibration || **≗einrichtung** *f* (Turbosatz) / turndrive *n* || **≗einsatz** *m* / hinged bay, swing frame || **≗eiseninstrument** *n* / moving-iron instrument || **≗eisenmessgerät** *n* / moving-iron instrument || **≗eisenmesswerk** *n* / moving-iron measuring element || **≗eisen-Quotientenmesswerk** *n* / moving-iron quotientmeter || **~elastische Kupplung** / torsionally flexible coupling, flexible coupling || **≗elastizität** *f* / torsional compliance, torsional flexibility

drehen *v* / revolve *v* || ~ *v* (rotieren) / rotate *v*, turn *v* || ~ *v* (umdrehen) / turn *v*, reverse *v* || ~ *v* (zerspanen) / lathe *v*, turn *v* || ≗ *n* / turning *n*, turning operation, lathing *n* || **elektrisches** ≗ (el. Masch.) / inching *n* IEC 50(411), jogging *n* || **~de elektrische Maschine** VDE 0530, T.1 / rotating electrical machine IEC 34-1

Dreh·entriegelung *f* (HSS) / turn-to-reset (feature) || **≗feder** *f* / torsion spring || **≗feder** *f* (Befestigungselement) / twist spring clip || **~federnde Kupplung** / torsionally flexible coupling, flexible coupling || **≗federung** *f* / torsional resilience, torsional flexibility

Drehfeld *n* / rotating field, rotary field, revolving field, spin box || ≗ **bildend auf Wicklung durchschalten** / switch through so as to produce rotating field in winding || **~abhängig** *adj* / phase-sequence-dependent (o. -controlled) *adj* || **≗abhängigkeit** *f* / effect of phase sequence, phase-sequence effect || **≗admittanz** *f* / cyclic admittance || **≗anzeiger** *m* / phase-sequence indicator, phase-rotation indicator || **≗empfänger** *m* (el. Welle) / synchro-receiver *n*, synchro-motor *n* || **≗flügel** *m* (EZ) / phase-sequence error compensating vane

Drehfeld·geber *m* / phase-sequence indicator, phase-rotation indicator || **≗geber** *m* (el. Welle) / synchro-transmitter *n*, synchro-generator *n* || **≗hysteresis** *f* / rotary hysteresis || **≗impedanz** *f* / cyclic impedance || **≗kontrolle** *f* / phase-sequence test || **≗leistung** *f* / rotor power input, secondary power input, air-gap power || **≗magnet** *m* / torque motor || **≗maschine** *f* / polyphase machine || **≗-Motor** *m* / polyphase motor

Drehfeld·reaktanz *f* / cyclic reactance || **~richtiger Anschluss** / connections in correct phase sequence, correct phase-terminal connections || **≗richtung** *f* / direction of rotating field, phase sequence || **≗richtungsanzeiger** *m* / phase-sequence indicator, phase-rotation indicator || **≗scheider** *m* / revolving-field discriminator || **≗schwingung** *f* / rotating-field oscillation || **≗sinn** *m* / direction of rotating field, phase sequence || **≗steller** *m* (el. Welle) / synchro motor

Drehfeld·transformator *m* / rotating-field transformer || **≗überwachung** *f* / phase sequence monitoring || **≗überwachungsrelais** *n* / phase sequence relay || **≗umformer** *m* / induction frequency converter || **≗umkehr** *f* / field reversal, phase-sequence reversal || **≗umschaltung** *f* / field reversal, phase-sequence reversal || **≗zeiger** *m* / phase-sequence indicator, phase-rotation indicator

Dreh·festigkeit *f* / torsional strength, resistance to torsion || **≗feuer** *n* / rotating beacon, revolving beacon || **≗fläche** *f* / surface of revolution, revolved surface || **≗flügel** *m* (EZ) / (rotating) vane || **~frequent** *adj* / at rotational frequency || **~frequenter Anteil** / basic-frequency component || **≗frequenz** *f* / rotational frequency, speed frequency

Dreh·geber *m* / rotary transducer, rotary position transducer, rotary position inducer, shaft encoder, rotary inducer (See: encoder), rotary transmitter || **codierter ≗geber** / encoder *n*, quantizer *n* || **≗geschwindigkeit** *f* / speed of rotation || **≗gestell** *n* / bogie *n* || **am ≗gestell befestigter Motor** / bogie-mounted motor || **≗greifersystem** *n* / rotary gripper system || **≗griff** *m* / rotary handle || **≗griff** *m* (Hebel) / knob lever, wing lever || **≗griff** *m* (Knopf) / knob *n*

Dreh·hebel *m* / rotary lever || **≗hebel** *m* (Schaltergriff) / rotary handle, twist handle, handle *n* || **≗hebelantrieb** *m* (SG) / rotary-handle-operated mechanism || **≗hilfsstromschalter** *m* (E) VDE 0660, T.200/7.86 / rotary control switch || **≗impuls** *m* / angular momentum, moment of momentum, rotary pulse || **≗impulsgeber** *m* / rotary pulse encoder, rotary pulse generator

Dreh·kegelventil *n* / plug valve || **≗keilkupplung** *f* / rolling-key clutch || **≗klemme** *f* / twist-on connecting device (t.o.c.d.) || **≗knebel** *m* / finger-grip knob || **≗knopfschalter** *m* / key-operated rotary switch, selector switch || **≗knopfschalter** *m* (E) VDE 0660, T.200/7.86 / rotary button || **≗kodierschalter** *m* / rotary coding switch || **≗kolben-Durchflussmesser** *m* / lobed-impeller flowmeter || **≗kolbenverdichter** *m* / rotary piston compressor || **≗kondensator** *m* / variable capacitor || **≗kontakt** *m* / rotary contact, rotating contact || **≗kontur** *f* / contour of rotation || **≗kraft** *f* / torsional force, torque force || **≗kraftwelle** *f* / torsional force wave || **≗kranz** *m* (Lg.) / slewing ring || **≗kreuz** *n* (Zugangssperre) / turnstile *n* || **≗kreuzwaschmaschine** *f* / agitatortype washing machine || **~kritische Drehzahl** / critical torsional speed || **Steckverbinder mit ≗kupplung** / twist-on connector || **≗leistung** *f* / rotational position || **≗leistung** *f* (WZM, NC) / turning capacity || **≗linsenfeuer** *n* / rotating-lens beacon || **≗magazin** *n* / rotary-type magazine

Drehmagnet *m* / solenoid *n*, moving iron || **≗instrument** *n* / moving-magnet instrument, moving permanent-magnet instrument || **≗-Messgerät** *n* / moving-magnet instrument, moving permanent-magnet instrument || **≗-Quotientenmessgerät** *n* / moving-magnet ratiometer (o. quotientmeter) || **≗-Quotientenmesswerk** *n* / moving permanentmagnet ratiometer (o. quotientmeter) element

Dreh·makro *n* / turning macro || **≗maschine** *f* / lathe *n*, turning machine || **≗meißel** *m* / turning tool, lathe tool

Drehmelder *m* / synchro *n*, synchro-generator *n*,

rotary resolver, selsyn *n*, resolver *n* || **Differential-**≗ *m* / differential resolver || **differentialer** ≗ / differential resolver || **eigengelagerter** ≗ / integral resolver || ≗**anbau** *m* / resolver mounting || ≗**-Empfänger** *m* / synchro-receiver *n*, synchro-motor *n* || ≗**-Geber** *m* / synchro-transmitter *n*, synchro-generator *n* || ≗**messgetriebe** *n* / resolver gearing, resolver gearbox || ≗**-Messgetriebe** *n* / resolver gearbox

Dreh·mitte *f* / turning center || ≗**mitte** *f* (WZM, NC) / turning centre || ≗**mittellinie** *f* / rotational centre line

Drehmoment *n* / torque *n*, angular momentum, moment of force, moment of torsion || ≗ **bei festgebremstem Läufer** / locked-rotor torque, blocked-rotor torque, static torque || ≗ **der Ruhe** / static torque, stall torque || ≗ **der Torsion** / torsion torque || ≗ **für das Eindrehen** / insertion torque || ≗ **für das Herausdrehen** / remover torque || ≗ **wird aufgebracht** / there is no torque || **bezogenes** ≗ / per-unit torque || **bezogenes** ≗ (EZ) / torque/weight ratio || **motorisches** ≗ / driving torque, motor-mode torque

Drehmoment·abgleich *m* / torque adjustment, torque compensation || **~abhängig** *adj* / torque-dependent *adj*, torque-controlled *adj*, dependent upon torque, as a function of torque || **~abhängiger Schalter** / torque-controlled switch, torque switch || ≗**anheb. b. Beschleunig.** / acc. torque boost (SLVC) || **konst.** ≗**anhebung** (SLVC) / continuous torque boost (SLVC) || ≗**ausgleich** *m* / torque balancing || ≗**begrenzer** *m* / torque limiter || ≗**begrenzung** *f* / torque limiting, torque control || **~bezogene Synchronisierziffer** / synchronizing torque coefficient, per-unit synchronizing torque coefficient || **~bildend** *adj* / torque-generating || ≗**-Drehzahlkurve** *f* / speed-torque characteristic, speed-torque curve || ≗**einbruch** *m* / torque dip

Drehmomentendiagramm *n* / speed-torque curve

Drehmomentendschalter *m* / torque limit switch

Drehmomenten·grenzwert *m* / torque limit || ≗**kurve** *f* / torque characteristic || ≗**schlüssel** *m* / torque wrench || ≗**vorsteuerung** *f* / torque feedforward control

drehmoment·frei *adj* / torque-free || **~frei schalten** / cut off the drive torque || **~freie Pause** / zero-torque interval || **~freie Pause** (SR-Antrieb) / dead interval, idle interval || ≗**gefälle** *n* / torque gradient || **~gesteuert** / operate on torque control || **eine mit der Funktion 1/n abfallende** ≗**grenzkurve** / torque limit which drops in proportion to 1/n || **Skal. unt.** ≗**-Grenzwert** / scaling lower torque limit || ≗**grenzwerte** *m pl* / torque limit values || ≗**-Istwertrechner** *m* / actual torque computing network

Drehmoment·kompensator *m* / torque-balance system || ≗**konstante** *f* / torque constant || ≗**kupplung** *f* / torque clutch || ≗**messeinrichtung** *f* / measuring device for torque || ≗**-Messnabe** *f* / torsion dynamometer, transmission dynamometer || ≗**-Messwandler** *m* / torque transducer || ≗**motor** *m* / torque motor || ≗**prüfung** *f* VDE 0820 / torque test IEC 257 || **Skal. Beschl.** ≗**regelung** / scaling accel. torque control || ≗**reserve** *f* / torque margin, torque reserve

Drehmoment·sattel *m* / dip on torque curve || ≗**schalter** *m* / torque switch || ≗**schlüssel** *m* / torque spanner, torque limiting spanner, dynamometric wrench || ≗**-Schraubendreher** *m* / torque screwdriver || ≗**-Schwellenwert** *m* / torque threshold || **oberer** ≗**-Schwellwert 1** / torque threshold T_thresh || **ob.** ≗**schwellwert M_ob1** / upper torque threshold 1 || **unt.** ≗**schwellwert M_unt1** / lower torque threshold 1 || ≗**schwingungen** *f pl* / torque oscillations, torque pulsation || ≗**sollwert** *m* / torque setpoint, torque speed value || ≗**spitze** *f* / torque peak, peak torque || ≗**-Stellmotor** *m* / variable-torque motor || ≗**stoß** *m* / torque impulse, sudden torque change, torsional impact, sudden torque application || ≗**-Strom-Kennlinie** *f* / torque-current characteristic || ≗**stütze** *f* / torque counteracting support || ≗**stütze** *f* (Winkelschrittgeber) / torque arm, torque bracket

Drehmoment·überlastbarkeit *f* / excess-torque capacity || ≗**überlastschutz** *m* / torque overload protection || ≗**umformer** *m* / torque converter || ≗**verhältnis** *n* / torque ratio || ≗**verlauf** *m* / torque characteristic, speed-torque characteristic, torque curve, torque speed diagram || ≗**waage** *f* / dynamometer *n* || ≗**wandler** *m* / torque converter, torque variator || ≗**welligkeit** *f* / torque ripple

dreh·nachgiebige Kupplung / torsionally flexible coupling || ≗**-/Neigefuß** *m* (BSG) / swivel/tilt base || ≗**oberfläche** *f* (Oberfläche nach Drehbearbeitung) / surface finish (obtained by lathing) || ≗**pfannenlager** *n* / bogie swivel bearing || ≗**phasenschieber** *m* / rotary phase shifter || ≗**pol** *m* / centre of rotation

Drehpunkt *m* / pivot point || ≗ *m* (Hebelunterlage) / fulcrum *n* || ≗ *m* (der Rotation) / centre of rotation || ≗ *m* (Zapfen) / pivot *n*, pivotal centre, centre of gyration || ≗ **des Schalthebels** / pivot of operating lever

Dreh·rastfassung *f* / twist-lock lampholder || ≗**rastung** *f* (HSS) / turn-to-lock feature || ≗**reaktanz** *f* / reactance due to rotating field || ≗**regler** *m* / induction regulator, rotary regulator, variable transformer || ≗**resonanz** *f* / torsion oscillation resonance, torsional resonance || ≗**richter** *m* (Dreiphasen-Wechselrichter) / three-phase inverter

Drehrichtung *f* / direction of rotation, sense of rotation, rotational direction || ≗ **gegen den Uhrzeigersinn** / anti-clockwise (o. counter-clockwise) rotation || ≗ **im Uhrzeigersinn** / clockwise rotation || ≗ **links** / counterclockwise *adj* (CCW), CCW (counterclockwise) || ≗ **rechts** / clockwise *adj* (CW), CW (clockwise) || **Drehschalter mit einer** ≗ VDE 0660,T.202 / unidirectional-movement rotary switch IEC 337-2A || **je** ≗ / per direction of rotation || **Motor für eine** ≗ / non-reversing motor || **Motor für zwei** ≗**en** / reversing motor, reversible motor

drehrichtungs·abhängiger Lüfter / unidirectional fan || ≗**anwahl** *f* / selection of rotation direction || ≗**anzeiger** *m* / rotation indicator || ≗**-Hinweisschild** *n* / rotation plate || ≗**pfeil** *m* / rotation arrow || ≗**prüfung** *f* / rotation test || ≗**schalter** *m* (Bremswächter) / zero-speed plugging switch || ≗**schutz** *m* / direction of rotation protection IEC 214, reversal protection || ≗**umkehr** *f* / reversal *n*, reversing *n* || **Nachweis des Schaltvermögens bei** ≗**umkehr** VDE 0660,T.104 / verification of reversibility IEC 2921 || **~umkehrbarer Motor** / reversible motor, reversing motor ||

≗**umkehrschalter** *m* / reversing switch, reversing controller, reverser *n* || **~umschaltbarer Motor** / reversible motor, reversing motor || ≗**umschalter** *m* / reversing switch || **~unabhängig** *adj* / independent rotation direction || **~unabhängiger Lüfter** / bi-directional fan || ≗**wechsel** *m* / rotation reversal || ≗**wendeschalter** / reversing switch, reversing controller, reverser *n*

Drehriegel *m* / rotary lock || ≗ *m* / twist lock *n*, turn-lock fastener || ≗ *m* (Drehstangen- o. Baskülverschluss) / espagnolette *n* || ≗**verschluss** *m* / espagnolette lock

Drehschalter *m* VDE 0660,T.201 / rotary switch IEC 337-2, rotary control switch, turn switch, rotary selector switch, twist button, rotary knob || ≗ **mit begrenztem Drehweg** VDE 0660,T.202 / limited-movement rotary switch IEC 337-2A || ≗ **mit einer Drehrichtung** VDE 0660,T.202 / unidirectional-movement rotary switch IEC 337-2A

Dreh·scheibe *f* / rotary disk || ≗**scheibenfassung** *f* (Lampe) / rotary-lock lampholder || ≗**scheinwerfer** *m* / rotating beacon, revolving beacon || ≗**schleifer** *m* (f. Komm.) / rotary grinding rig, commutator grinder || ≗**schub** *m* (tangentiale Schubkraft) / tangential force || ≗**schwingung** *f* / torsional vibration, rotary oscillation || ≗**schwingungsbeanspruchung** *f* / stress due to torsional vibration, torsional stress || ≗**schwingungsberechnung** *f* / torsional vibration analysis || ≗**schwingungstyp** *m* / torsional mode

Dreh·sinn *m* / direction of rotation, sense of rotation, rotational direction || **entgegengesetzter** ≗**sinn** / counterrotational operation || ≗**spannung** *f* (mech.) / torsional stress || ≗**spannung** *f* (el.) / three-phase voltage || ≗**sperre** *f* / turnstile *n* || ≗**spindel** *f* / main spindle, workspindle *n*

Drehspul·-Galvanometer *n* / moving-coil galvanometer || ≗**instrument** *n* / permanent-magnet moving-coil instrument, moving-coil instrument, moving coil voltmeter || ≗**-Messgerät** *n* / permanent-magnet moving-coil instrument, moving-coil instrument || ≗**-Messwerk** *n* / permanent-magnet moving-coil element, moving-coil element || ≗**-Quotientenmesswerk mit Dauermagnet** / permanent-magnet moving-coil ratiometer element || ≗**relais** *n* / moving-coil relay, magneto-electric relay

Dreh·stabilität *f* / rotational stability, steadiness of rotation || ≗**stahl** *m* / turning tool, lathe tool || **~starr** *adj* / torsionally stiff, torsionally rigid || **~steif** *adj* / torsionally stiff, torsionally rigid || **~steife Kupplung** / torsionally rigid coupling || ≗**steifigkeit** *f* / torsional stiffness, torsional rigidity || ≗**stellantrieb** *m* / rotary actuator || ≗**stopfbuchse** *f* / rotary stem stuffing box || ≗**strecker** *m* / tensor *n*

Drehstrom *m* / three-phase current, three-phase alternating current, three-phase a.c., polyphase current, rotary current || ≗ **mit unsymmetrischer Belastung** / three-phase alternating current circuit with unbalanced load || ≗**-antrieb** *m* / three-phase drive || ≗**-Asynchronmotor** *m* / three-phase induction motor, three-phase asynchronous motor || ≗**-Asynchron-Pendelmaschine** *f* / three-phase asynchronous cradle dynamometer

Drehstrom·bank *f* / three-phase bank || ≗**-Bohrantrieb** *m* / three-phase rotary-table drive || ≗**-Brückenschaltung** *f* (LE) / three-phase bridge connection, six-pulse bridge connection || ≗**-Erregermaschine** *f* / three-phase a.c. exciter || ≗**filter** *m* / a.c. filter IEC 633 || ≗**generator** *m* / three-phase generator, three-phase alternator, alternator *n* || ≗**-Gleichstrom-Kaskade** *f* / cascaded induction motor and d.c. machine || ≗**-Gleichstrom-Umformer** *m* / three-phase-d.c. converter, a.c.-d.c. converter, a.c.-d.c. motor-generator set || ≗**hilfsnetz** *n* / three-phase auxiliary system || ≗**-Hochspannungsübertragung** *f* (DHÜ) / three-phase high-voltage transmission || ≗**-Käfigläufermotor** *m* / three-phase squirrel-cage motor, three-phase cage motor || ≗**-Kombinationssystem** *n* / AC combination system || ≗**-Kommutator-Kaskade** *f* / cascaded induction motor and commutator machine, Scherbius system, Scherbius motor control system || ≗**-Kommutatormotor** *m* / polyphase commutator motor, three-phase commutator motor, ac. commutator motor || **induktivitätsarmer** ≗**kondensator** / low inductance three-phase capacitor || ≗**kreis** *m* / three-phase circuit || ≗**leistungsteil** *n* / three-phase AC power || ≗**leitung** *f* (Freiltg.) / a.c. line IEC 50(466) || ≗**maschine** *f* / three-phase machine, polyphase machine || ≗**motor** *m* / three-phase motor, three-phase cage motor, three-phase squirrel-cage motor, three-phase a.c. motor, three-phase induction motor, polyphase induction motor, AC motor || **Schwebe-**≗**motor** *m* / amplitude-modulated three-phase synchronous induction motor || ≗**-Nebenschlussmotor** *m* / polyphase commutator shunt motor, three-phase commutator motor with shunt characteristic, Schrage motor || ≗**netz** *n* / three-phase system, three-phase mains, three-phase supply || ≗**-Pendelmaschine** *f* / three-phase cradle dynamometer, three-phase swinging-frame dynamometer || ≗**-Reihenschlussmotor** *m* / polyphase commutator series motor, three-phase commutator motor with series characteristic || ≗**-Reihenschlussmotor mit Begrenzung der Leerlaufdrehzahl** / three-phase compound commutator motor || ≗**-Reihenschlussmotor mit Zwischentransformator** / three-phase series commutator motor with rotor transformer || ≗**satz** *m* / three-phase set || ≗**-Schleifringläufermotor** *m* / three-phase slipring motor, three-phase wound-rotor motor

drehstromseitig *adj* / in three-phase circuit, three-phase *adj*, in a.c. line, a.c.-line *adj*

Drehstrom·servomotor *m* / three-phase servo motor || **selbstgekühlter** ≗**servomotor** / self-cooled AC servomotor || ≗**siebdrossel** *f* / three-phase filter reactor || ≗**steller** *m* / three-phase a.c. power controller || ≗**-Stellerschaltung** *f* (LE) / three-phase (a.c.) controller connection || ≗**-Synchrongenerator** *m* / three-phase synchronous generator, three-phase alternator, alternator *n* || ≗**-Synchronmotor** *m* / three-phase synchronous motor || ≗**system** *n* / three-phase system

Drehstrom·transformator *m* / three-phase transformer || ≗**umrichter** *m* / AC converter || ≗**verbraucher** *m* / three-phase load, AC load || ≗**-Vorschubantrieb** *m* / AC feed drive || ≗**-Wechselstrom-Universalmaschine** *f* / single-phase/three-phase universal machine || ≗**-Wendermotor** *m* / polyphase commutator motor, three-phase commutator motor, ac. commutator motor || ≈**wicklung** *f* / three-phase winding, primary winding || ≈**zähler** *m* / three-phase meter, polyphase meter, three-phase meter || ≈-**Zugförderung** *f* / three-phase a.c. traction

Dreh·stützer *m* / rotary post insulator || ~**symmetrisch** *adj* / rotationally symmetric || ≈**taster** *m* VDE 0660,T.201 / rotary switch IEC 337-2, momentary-contact rotary switch, (momentary-contact) rotary control switch || ≈**teil** *n* / turned (o. lathed part), turned part, lathed part || ≈**tisch** *m* / circular table || ≈**tisch** *m* (WZM) / rotary table || ≈**tisch-Palettenwechsler** *m* / rotary-table pallet changer || ≈**transformator** *m* / rotary transformer, induction regulator, rotatable transformer || ≈**trennschalter** *m* / centre-break disconnector, rotary disconnector, side-break disconnector || ≈**trommel** *f* / rotary drum || ≈**überwachung** *f* / rotation monitoring, torque monitoring || ≈**umsteller** *m* / drum-type tap changer || ≈**umsteller** *m* (Trafo) / drum-type ratio adjuster, drum-type off-circuit tapping switch || ≈- **und Schleifvorrichtung** *f* (f. Komm.) / skimming and grinding rig

Drehung *f* / rotation *n*, torsion *n* || ≈ *f* (Vektor) / circulation *n*, circuitation *n* || ≈ **des Bezugssystems** / rotation of reference system || ≈ **im Gegenuhrzeigersinn** / CCW rotation (counter-clockwise rotation), anticlockwise rotation, minus rotation || ≈ **im Uhrzeigersinn** / clockwise rotation (CW rotation), plus rotation, run right

Dreh·vektor *m* / rotational vector || ~**verklappt** *adj* / rotary lap joint || **Steckverbinder mit** ≈**verriegelung** / twist-on connector || ≈**verschluss** *m* / rotary lock, turn-lock fastener || ≈**verschluss** *m* (a. Leuchte) / twist lock || ≈**verstärker** *m* / rotary amplifier || ≈**vorrichtung** *f* (f. Maschinenläufer) / barring gear, turning gear || ≈**wächter** *m* / tachometric relay, tacho-switch *n*, speed monitor || ≈**wähler** *m* / uniselector *n*, rotary selector switch, twist button, rotary switch, rotary knob || **Edelmetall-Motor-**≈**wähler** *m* / noble-metal uniselector (switch) || ≈**wahlschalter** *m* / rotary selector switch || ≈**wartezeit** *f* (Plattenspeicher) / rotational delay, rotational latency || ≈**weg** *m* / rotation angle, angle of rotation || ≈**welle** *f* / torque shaft || ≈**werkzeug** *n* / turning tool, lathe tool || ≈**widerstand** *m* / rotary rheostat, potentiometer *n*, variable resistors || **Schicht-**≈**widerstand** *m* / non-wire-wound potentiometer

Drehwinkel *m* / angle of rotation, angle of revolution || ≈ *m* (Rob.) / rotation angle || ≈**aufnehmer** *m* / sensor (o. resolver) for angles of rotation, angular resolver || ≈-**Messumformer** *m* / angle resolver, angle-of-rotation transducer, shaft encoder, position sensing transducer || ≈**synchro** *n* / torque-synchro *n*

Drehwucht *f* / rotational inertia

Drehzahl *f* / speed *n*, rotational speed, revolutions per unit time, speed of rotation || ≈ **bei Belastung** / on-load speed, full-load speed || ≈ **bei Dauerleistung** / speed at continuous rating || ≈ **bei Leerlauf** / no-load speed, idling speed || ≈ **bei Stundenleistung** / one-hour speed, speed at one-hour rating || **auf** ≈ **kommen** / run up to speed, accelerate *v* || ≈ **pro Minute** (Upm) / revolutions per minute (r.p.m.) || **Produkt aus** ≈ **und Polpaarzahl** / speedfrequency *n* || ≈-**/Momentensollwert** *m* / speed/torque setpoint || ≈-**0-Erkennung** *f* / zero-speed sensor || ≈**abfall** *m* / speed drop, drop in speed, falling-off in speed || ≈**abgleich** *m* / speed adjustment, balancing *n*

drehzahl·abhängig *adj* / speed-dependent *adj* || ~**abhängige Strombegrenzung** / speed-dependent current limitation || **bleibende** ≈**abweichung** / speed droop, load regulation || ≈**änderung** *f* (bei Lastwechsel) / regulation *n* || ≈**änderung** *f* (allg.) / speed variation, speed changing || ≈**änderung** *f* (bei gleichbleibender Spannung und Frequenz) / inherent regulation || ≈**änderung** *f* (Motor) / inherent regulation IEC 50(411) || **statische** ≈**änderung** / steady-state speed regulation || ≈**anregelzeit** *f* / speed rise time || ≈**anstieg** *m* (Vollast-Leerlauf) / speed regulation, regulation *n* || ≈**anstieg** *m* (allg.) / speed rise, speed increase || ≈**ausgabe** *f* / speed output

Drehzahl·begrenzer *m* / speed limiter, overspeed limiter || ≈**begrenzung** *f* / spindle speed limitation || ≈**bereich** *m* / speed range || ≈-**Drehmoment-Kennlinie** *f* / speed-torque characteristic, speed-torque curve || ≈-**Drehmomentverhalten** *n* / speed-torque characteristic || ≈**einsatzpunkt der Md-Reduzierung** / speed at which Md reduction function becomes operative || ≈**einstellung** *f* / speed adjustment || **Motor mit** ≈**einstellung** / adjustable-speed motor, variable-speed motor || **Motor mit** ≈**einstellung** (n veränderlich) / multi-varying-speed motor || **Motor mit** ≈**einstellung** (n etwa konstant) / adjustable-constant-speed motor || ≈**erfassung** *f* / speed measurement || ~**fest** *adj* / burst-proof *adj* || ≈**fortschaltung** *f* / speed stepping || ≈**frequenz** *f* / rotational frequency, speed frequency || ~**freudig** *adj* (Kfz-Mot.) / responsive *adj*

Drehzahl·geber *m* / speed sensor || ≈**geber** *m* (Tacho-Generator) / tachometer generator, tacho-generator *n*, tacho *n* || **digitaler** ≈**geber** / digital tacho-generator || ~**geregelt betreiben** / operate on speed || ~**geregelter Antrieb** / variable-speed drive || ~**gesteuert** *adj* / speed-controlled *adj* || ≈**gleichlauf** *m* / speed synchronism || ≈**grenze** *f* / speed limit, speed limitation || ≈**grenzwert** *m* / speed limit || ≈-**Grenzwertgerät** *n* / target-speed responder || ≈**haltung** *f* / speed holding, speed locking || ≈**hub** *m* / speed range, speed control range || ≈**istwert** *m* / actual (o. instantaneous) value of speed, actual speed value || ≈**istwertanpassung** *f* / (actual-)speed signal adapter, actual value matching circuit || ≈**istwertbildung** *f* (Rechenbaustein) / speed actual value calculator || ≈**istwertrückführung** *f* / feedback of actual value || ≈**kennlinie** *f* (Drehzahl-Last) / speed regulation characteristic || ≈**kennlinie** *f* (Drehzahl-Moment) / speed-torque characteristic || ≈**konstanz** *f* / speed stability || ≈**korrektur** *f* (NC, Spindeldrehzahl) / spindle override

Drehzahl·maschine *f* / tachometer generator, tacho-generator *n*, pilot generator || ≈**messer** *m* / tachometer *n*, revolutions counter, r.p.m. counter, rev counter || ≈**messung** *f* / rotational speed measurement || ≈**messwerterfassungssystem** *n* / system for speed value detection || ≈**niveau** *n* / speed level, working speed || ~**regelbarer Motor** / variable-speed motor, adjustable-speed motor || ≈**regelbereich** *m* / speed control range, speed range || ≈**regelbereich** *m* (Turb.-Reg.) / governing speed band || ≈**regelbereich im stationären Betrieb** /

steady-state governing speed band || **≗regelkreis** *m* / speed control loop

Drehzahl·regelung *f* / closed-loop speed control, automatic speed control, speed variation, speed regulation, speed governing, speed control || **≗regelung mit unterlagerter Stromregelung** / current-controlled speed limiting system, closed-loop speed control with inner current control loop || **Motor mit ≗regelung** / variable-speed motor, adjustable-speed motor || **≗regler** *m* (el.) / speed controller, speed regulator || **≗regler** *m* (mech.) / speed governor, governor *n* || **≗regler am Anschlag** / speed controller at integration limits || **≗reglerausgang** *m* / speed controller output || **≗reglerfreigabe** *f* / servo release || **≗reglertakt** *m* / speed controller cycle || **≗reglertastzeit** *f* / speed controller sampling time || **≗relais** *n* / tachometric relay

Drehzahl·schwankung *f* / speed fluctuation || **≗schwankungen** *f pl* (Pendeln) / hunting *n* || **≗sensor** *m* / tacho *n* || **≗sollwert** *m* / setpoint value of speed, set speed, desired speed || **≗sollwert** *m* (Lageregelung) / speed value, speed setpoint || **≗sollwertauflösung** *f* / set speed resolution || **≗sollwertglättung** *f* / special value smoothing || **≗sollwertkanal** *m* / speed value channel || **≗sollwertübergabe** *f* / speed value transfer || **≗sollwertvorgabe** *f* / speed value input || **~stabil** *adj* / constant-speed *adj* || **~stabilisierende Schwungradkupplung** / speed-stabilizing flywheel coupling || **≗stabilisierung** *f* / constant-speed control, speed stabilization || **≗stabilität** *f* / speed stability, speed steadiness || **≗starrheit** *f* / speed stability || **≗statik** *f* / speed droop, speed offset, load regulation || **≗steifigkeit** *f* / speed stability || **~stellbarer Motor** / variable-speed drive, adjustable-speed drive || **≗stellbereich** *m* / speed control range, speed range || **≗steller** *m* / speed regulating rheostat, field rheostat || **elektronischer ≗steller** / solid-state speed controller || **≗steuerung** *f* / open-loop speed control, speed control || **≗stufe** *f* / speed step || **Motor mit mehreren ≗stufen** / change-speed motor, multi-speed motor

Drehzahl·überschreitungsschutz *m* / overspeed protection || **≗überwachung** *f* / speed monitoring || **~umschaltbarer Motor** / multi-speed motor || **~umschaltbarer Motor mit einer Wicklung** / single-winding multi-speed motor || **~unabhängig belüftet** / separately ventilated || **≗-Unendlichkeitspunkt** *m* / point of infinite speed || **~variabel** *adj* / variable-speed *adj* || **~veränderbarer Antrieb** (DVA) / variable-speed drive || **~veränderlicher Antrieb** (DVA) / variable-speed drive || **~veränderlicher Motor** / variable-speed motor, adjustable-speed motor || **≗veränderung durch Polumschaltung** / pole-changing control || **≗verhältnis** *n* / speed ratio || **≗verminderung** *f* / speed reduction, slowdown *n*, deceleration *n* || **≗verminderung durch dynamisches Bremsen** / dynamic slowdown || **≗-Verstelleinrichtung** *f* / speed changer, governor speed changer, speeder gear || **≗verstellgeschwindigkeit** *f* / speed variation range || **≗-Verstellmotor** *m* / variable-speed motor, adjustable-speed motor || **≗-Verstellmotor** *m* (f. Drehzahl-Verstelleinrichtung) / speed-changer motor, speeder motor || **≗verstellung** *f* / speed adjustment, speed variation, speed control || **≗vorsteuerung** *f* / speed feedforward control

Drehzahl·wächter *m* (mech., Turbine) / overspeed trip, overspeed governor, emergency governor || **≗wächter** *m* (el.) / tachometric relay, speed monitor, tacho-switch *n* || **≗wächter** *m* (f. n etwa O) / zero-speed switch, zero-speed relay || **≗wandler** *m* / speed variator || **~wechselbarer Antrieb** (DVA) / variable-speed drive || **≗welligkeit** *f* / speed ripple || **≗-Zeitsteuerung** *f* / speed-time program control

Dreh·zapfen *m* / pivot *n*, pivot pin || **≗zapfen** *m* (Lagerstelle einer Welle) / journal *n* || **≗zapfen** *m* (Zapfenlg., Tragklemme m. Gelenk) / trunnion *n* || **≗zentrum** *n* / centre of rotation, turning center || **≗zyklus** *m* / turning cycle

Drei·achsen-Bahnsteuerung *f* (NC) / three-axis contouring control, three-axis continuous-path control || **~achsige Prüfung** (Erdbebenprüf.) / triaxial testing || **~achsiger Spannungszustand** / volume stress || **≗ader-Differentialschutz** *m* / three-pilot differential protection || **~adriges Kabel** / three-core cable || **≗ankermotor** *m* / triple-armature motor || **≗-Balken-VASIS** *n* / three-bar VASIS || **≗beinleitung** *f* / three-end pilot-wire || **≗beinmarker** *m* / tripod marker || **≗beinschaltung** *f* (Leitungsschutz) / three-end pilot-wire scheme || **≗bereichs-Farbmessgerät** *n* / three-colour colorimeter, tristimulus colorimeter || **≗bleimantelkabel** *n* / (three-core) separately lead-sheathed cable (S.L. cable || **≗bolzen-Bürstenhalter** *m* / three-stud brush holder || **≗bürstengenerator** *m* / third-brush generator, Sayer generator

dreidekadische Digitalanzeige / three-decade digital display

dreidimensional *adj* / three-dimensional *adj* || **~** *adj* / 3D || **~e Bahnsteuerung** / 3D contouring control, 3D continuous-path control, contouring (control), three-dimensional (o. three-axis) contouring (o. continuous-path) control || **~e Bewegung** / three-dimensional movement || **~e Interpolation** / three-dimensional interpolation, 3D interpolation || **~e Orientierung** / three-dimensional orientation || **~e Spannung** / volume stress

Dreidimensional-Linearinterpolation *f* / three-dimensional linear interpolation

Dreiebenenwicklung *f* / three-plane winding

Dreieck, in ≗ geschaltet / connected in delta, delta-connected *adj*

Dreieck·anordnung *f* (der Leiter einer Freiltg.) / triangular configuration || **≗-Feldwicklung** *f* / winding producing a triangular field, delta winding || **~förmig** *adj* / triangular *adj* || **~förmiger Ausleger** (f. Leitungsmontage) / triangular beam || **≗gewinde** *n* / triangular thread, V-thread *n*, Vee-thread || **≗kerbschlagprobe** *f* / triangular-notch impact test || **≗konfiguration** *f* / delta configuration || **≗linearität** *f* (Funktionsgenerator) / triangle linearity

Dreiecks·anordnung *f* (Freiltg.) / triangular configuration || **≗anordnung** *f* (Kabel) / trefoil formation || **≗ausgleichswicklung** *f* / delta stabilizing winding, delta tertiary winding

Dreieck·schaltung *f* / delta connection || **≗schaltungs-Klemmenanschluss** *m* / delta terminal connection || **≗schütz** *n* / delta contactor

Dreiecksmitte *f* / midpoint *n*
Dreieck·spannung *f* / delta voltage, line-to-line voltage, phase-to-phase voltage || **≗-Sternschaltung** *f* / delta-star connection, delta-wye connection || **≗-Stern-Umwandlung** *f* (Netz) / delta-star conversion, delta-wye conversion || **≗verstärker** *m* / triangle amplifier || **≗welle** *f* / triangular wave || **≗wicklung** *f* / delta winding
Dreieinhalbleiter-Kabel *n* / three-and-a-half core cable
Dreiendenschutz *m* / three-end protection
Dreier·-Aufteilungskasten *m* (f. Kabel) / trifurcating box, trifurcator *n* || **≗-Aufteilungsmuffe** *f* / bifurcating joint || **≗block** *m* / block of three, triple-unit assembly || **≗block** *m* (StV) / three-connector block || **≗bündel** *n* (Bündelleiter) / triple bundle, three-conductor bundle, triple conductor || **≗satz** *m* (Dreiphasen-Trafogruppe) / three-phase bank
Dreietagenwicklung *f* / three-plane winding, three-tier winding
Drei-Exzess·-Code *m* / excess-three code || **≗-Gray-Code** *m* / Gray excess three code, Gray code, Gray unit distance code, Gray-coded excess-3 BCD
dreifach diffundierte MOS / triple-diffused MOS (TMOS) || **~ geschirmtes Kabel** / triple-shield cable || **~ geschlossene Wicklung** / trebly re-entrant winding || **~ parallelgeschaltete Wicklung** / triplex winding || **~ wiedereintretende Wicklung** / trebly re-entrant winding || **≗anzeiger** *m* / three-scale indicator, triple indicator || **≗-Befehlsgerät** *n* / three-unit control station || **≗-Bürstenschaltung mit einfachem Bürstensatz** / three-phase connection with single set of brushes || **≗-Diffusionsverfahren** *n* / triple diffusion process
dreifach·er Tarif / three-rate tariff, three-rate time-of-day tariff || **~er Wickelkopf** / three-plane overhang, three-tier overhang || **~es Untersetzungsgetriebe** / triple-reduction gear unit || **≗fassung** *f* (Lampe) / triple lampholder || **~hohe Europakarte** / triple-height Eurocard || **≗käfigläufer** *m* / triple-cage motor || **≗klemme** *f* / triple terminal || **≗motor** *m* / triple motor || **≗motor** *m* (3 Anker) / triple-armature motor
Dreifach·-Sammelschienen-Station *f* / triple-busbar (o. triplicate-bus) substation || **≗-Sammelschienen-System** *n* / triple-busbar system, triplicate bus system || **≗schreiber** *m* / three-channel recorder || **~seriell** *adj* / triple-serial *adj* || **≗steckdose** *f* / triple socket-outlet, triple receptacle outlet || **≗-T-Anker** *m* / three-T-tooth armature || **≗tarif** *m* / three-rate tariff, three-rate time-of-day tariff || **≗tarifzähler** *m* / three-rate meter || **≗untersetzung** *f* / triple reduction
Drei·feld-Erregermaschine *f* / three-field exciter || **≗feldgenerator** *m* (Krämer) / three-winding constant-current generator, Kraemer three-winding generator || **~feldrige Schalttafel** / three-panel switchboard || **≗finger-Griff** *m* / three keys depressed || **≗finger-Regel** *f* / three-finger rule || **≗fingerregel der linken Hand** / left-hand rule, Fleming's first rule || **≗fingerregel der rechten Hand** / right-hand rule, Fleming's second rule || **≗flankenwandler** *m* / triple-slope converter || **~gliedriger Tarif** / three-part tariff || **≗kammer-Geräteanschlussdose** *f* / three-compartment joint and wall box || **≗kant** *m* / triangular *n* || **≗kesselschalter** *m* / three-tank circuit-breaker, three-tank bulk-oil circuit-breaker || **≗klanggong** *m* / three-tone door chime || **≗komponentenregler** *m* / three-component controller || **≗lagermaschine** *f* / three-bearing machine
Dreileiter·anlage *f* / three-wire system || **≗-Betrieb** *m* / three-wire operation || **≗-Blindverbrauchszähler** *m* / three-wire kVArh meter || **≗-Drehstrom-Wirkverbrauchszähler** *m* / three-wire three-phase watt-hour meter || **≗-Drehstrom** *m* / three-wire three-phase current || **≗-Drehstrom-Blindverbrauchszähler** *m* / three-wire three-phase reactive volt-ampere-hour meter, three-wire polyphase VArh meter || **≗kabel** *n* / three-conductor cable, three-core cable || **≗ölkabel** *n* / three-conductor oil-filled cable || **≗-Steuerkreis** *m* / three-wire control circuit || **≗wandler** *m* / three-wire transformer
Drei·lochwicklung *f* / three-slots-per-phase winding, three-slot winding || **≗mantelkabel** *n* / three-core separately sheathed cable, three-core separately leaded cable || **≗maschinensatz** *m* / three-machine set || **≗nutläufer** *m* / triple-cage rotor, trislot rotor || **≗perioden-Unterbrechung** *f* / three-cycle interruption
Dreiphasen / three-phase || **≗abgangsklemme** *f* / three-phase feeder terminal || **≗-Dreileiter-Stromkreis** *m* / three-phase three-wire circuit || **≗generator** *m* / three-phase generator, three-phase alternator, alternator *n* || **≗kabel mit konzentrischem Neutralleiter** / three-phase concentric-neutral cable || **≗-Lichtschienensystem** *n* / three-phase luminaire track system, three-phase lighting trunking (system) || **≗maschine** *f* / three-phase machine, polyphase machine || **≗motor** *m* / three-phase motor || **≗-Netzschema** *n* / three-phase system diagram || **≗-Pulswechselrichter** *m* / pulse-controlled three-phase inverter || **≗-Spannungsquelle** *f* / three-phase voltage source || **≗strom** *m* / three-phase current, three-phase alternating current, three-phase a.c., polyphase current, rotary current || **≗-Stromschienensystem für Leuchten** / three-phase luminaire track system, three-phase lighting trunking (system) || **≗transformator** *m* / three-phase transformer || **≗-Vierleiter-Stromkreis** *m* / three-phase four-wire circuit || **≗wicklung** *f* / three-phase winding
dreiphasig *adj* / three-phase *adj*, triple-phase *adj*, polyphase *adj* || **~ geschaltet** / connected in delta, delta-connected *adj*, three-phase ungrounded fault (US) || **~er Fehler** / three-phase fault || **~er Kurzschluss** / three-phase short circuit, three-phase fault, symmetrical fault || **~er Kurzschluss mit Erdberührung** / three-phase-to-earth fault, three-phase fault with earth, three-phase grounded fault (US) || **~er Kurzschluss ohne Erdberührung** / three-phase fault without earth, three-phase ungrounded fault (US) || **~er Stoßkurzschlussstrom** / maximum asymmetric three-phase short-circuit current
dreipolig *adj* / three-pole *adj*, triple-pole *adj* || **~ gekapselte Schaltanlage** / three-phase encapsulated (o. enclosed) switchgear || **~ schaltbar** / for three-pole operation || **~e Abschaltung** / disconnection in three poles, three-phase interruption || **~e Kapselung** / phase-segregated enclosure || **~e Kurzunterbrechung** / triple-pole autoreclosure, three-phase autoreclosing

|| **~e Wiedereinschaltung mit Wiedereinschaltsperre** IEC 50(448) / three-pole reclosing equipment with synchrocheck || **~er Ausschalter** (Schalter 1/3) VDE 0630 / three-pole one-way switch (CEE 24) || **~er Ausschalter mit abschaltbarem Mittelleiter** VDE 0632 / three-pole one-way switch with switched neutral (CEE 24) || **~er Fehler** / three-phase fault || **~er Kurzschluss** / three-phase short circuit, three-phase fault, symmetrical fault || **~er Lastschalter** / three-pole switch, triple-pole switch || **~er Leistungsschalter** / three-pole circuit-breaker, triple-pole circuit-breaker, three-phase circuit-breaker || **~er Leitungsschutzschalter** / three-pole circuit-breaker, triple-pole m.c.b. || **~er Schalter** / three-pole switch, triple-pole switch || **~er Schalter mit abschaltbarem Mittelleiter** / three-pole plus switched neutral switch || **~er Stufenschalter** (Trafo) / three-pole tap changer || **~es Wechselstromschütz** / triple-pole contactor

Dreipuls-Mittelpunktschaltung *f* (LE) / three-pulse star connection

Dreipunktbefestigung *f* / three-point fixing

Dreipunkte·gurt *m* (Kfz) / three-point seatbelt || **≗-Zug** *m* (NC) / three-point cycle (o. definition)

Dreipunkt·glied *n* / three-step (action) element || **≗-Pendelkontakt** *m* / three-point spring-loaded contact || **≗regelung** *f* / three-step control, three-position control || **≗regler** *m* / three-step controller, three-position controller || **≗signal** *n* DIN 19226 / three-level signal || **≗verhalten** *n* / three-step action, three-level action || **≗verriegelung** *f* / 3-point locking mechanism

Drei·rampenumsetzer *m* / triple-slope converter || **≗raumschottung** *f* (SA) / three-compartment design || **~reihige Verteilung** / three-tier distribution board || **≗säulen-Trennschalter** *m* VDE 0670,T.2 / three-column disconnector IEC 129 || **≗schaltermethode** *f* / Korndorfer starting method, three-breaker method || **≗-Schalter-Ringsammelschienen-Station mit Umgehung** / three-switch mesh substation with by-pass || **≗schenkeldrossel** *f* / three-limb reactor, three-leg choke (o. coil) || **≗schenkelkern** *m* / three-limb core, three-leg core || **~schenkliger Kern** / three-limb core, three-leg core || **≗schichtmaterial** *n* / triplex material || **≗schleifenwicklung** *f* / triplex lap winding, triplex winding || **≗spur-Inductosyn** *n* / three-speed inductosyn || **≗-Status-Schaltkreis** *m* / tristate circuit || **≗stellungslastrennschalter** *m* / three-position switch-disconnector || **≗stellungsschalter** *m* / three-position switch || **≗stellungsschalter** *m* (TS) / three-position disconnector || **≗stellungs-Trenner** *m* / three-position disconnector || **≗stellungs-Trennschalter** *m* / three-position disconnector || **≗stiftsockel** *m* / three-pin cap || **≗stiftstecker** *m* / three-pin plug || **≗stockklemme** *f* / three-tier terminal || **≗stofflager** *n* / three-metal bearing || **≗stofflegierung** *f* / three-component alloy

dreisträngig *adj* (dreiphasig) / three-phase *adj*, triple-phase *adj*, polyphase *adj* || **~e Kurzunterbrechung** / triple-pole autoreclosure, three-phase autoreclosing || **~e Wicklung** / three-phase winding || **~er Kurzschluss** / three-phase short circuit, three-phase fault, symmetrical fault

Dreistufen·-Distanzschutz *m* / three-step distance protection (system o. scheme) || **≗kennlinie** *f* (Schutz) / three-step characteristic || **≗kern** *m* / three-stepped core || **≗motor** *m* / three-speed motor || **≗wicklung** *f* / three-range winding, three-tier winding

drei·stufiges Distanzrelais / three-step (o. three-stage) distance relay || **~stufiges Untersetzungsgetriebe** / triple-reduction gear unit || **~systemiger Distanzschutz** / three-system distance protection (system o. relay) || **~systemiges Relais** / three-element relay || **≗-T-Anker** *m* / three-T-tooth armature

Drei-Überschuss·-Code *m* / excess-three code || **≗-Gray-Code** *m* / Gray excess three code

Drei·wegehahn *m* / three-way tap || **≗wegekatalysator** *m* (Kfz) / three-way catalytic converter || **≗wegeventil** *n* / three-way valve || **≗weghahn** *m* / three-way tap || **≗wegschalter** *m* / three-way switch, three-position switch || **≗wickler** *m* / three-winding transformer || **≗wicklungstransformator** *m* / three-winding transformer || **~zeiliger Aufbau** (ET, elST) / three-tier configuration

dreizügiger Kabelzugstein / three-compartment duct block, three-duct block || **~ Kanal** / three-duct raceway (o. conduit), triple-compartment trunking

Drei-Zustands·-Ausgang *m* / three-state output || **≗-Trennstufe** *f* / tri-state buffer

DRF (Data Report Full) / DRF (data report full) || **≗** (Differentialdrehmelderfunktion, Differentialresolverfunktion) / DRF (Differential Resolver Function) || **≗-elektronische Handradfreigabe** / DRF electronic handwheel enable || **≗-Verschiebung** / DRF offset

Drift *f* / drift *n*, droop *n* || **≗ bei Skalenmitte** / midscale drift || **≗abgleich** *m* / drift compensation || **≗ausfall** *m* (Ausfall aufgrund einer langsamen Änderung von Merkmalswerten) / drift failure, gradual failure (A failure due to a gradual change with time of given characteristics of an item), degradation failure || **≗ausgleich** *m* / drift compensation || **≗beweglichkeit** *f* / drift mobility || **≗feld** *n* (HL) / drift field || **~frei** *adj* (IS) / droopless *adj* || **≗geschwindigkeit** *f* (HL) / drift velocity || **≗kompensation** *f* / drift compensation || **≗rate** *f* (IS) / droop rate (IC) || **≗rate bei Halte-Betrieb** / hold-mode droop rate || **≗raum** *m* (ESR) / drift space || **≗strom** *m* (IS) / droop current (IC) || **≗teilausfall** *m* (IEC 50(191) Teilausfall, der gleichzeitig ein Driftausfall ist) / degradation failure (A failure which is both a gradual failure and a partial failure) || **≗transistor** *m* / graded-base transistor

Drill·leiter *f* / transposed conductor || **≗leiterbündel** *n* / transposed-conductor bundle

Drillings·bürste *f* / triple split brush || **≗bürste aus zwei Qualitäten mit Kopfstück** / dual-grade triple split brush with separate top-piece || **≗bürste mit Kopfstück** / triple split brush with separate top-piece || **≗leitung** *f* / three-core cord

Drill·moment *n* / torsional moment, moment of torsion, torsion torque, torque moment || **≗resonanz** *f* / resonance with torsional vibration || **≗schwingung** *f* / torsional vibration, rotary oscillation || **≗schwingungstyp** *m* / torsional mode || **≗stab** *m* (Wickl.) / transposed bar, twisted conductor || **≗steifigkeit** *f* / torsional stiffness, torsional rigidity

Drillung *f* (Drillstab) / transposition *n* || ≗ *f* (Drall) / angular twist
dritte Bewegung parallel zur X-Achse (NC-Adresse) DIN 66025,T.1 / tertiary dimension parallel to X (NC) ISO/DIS 6983/1 || ~ **Harmonische** / third harmonic || ~ **Wicklung** / tertiary winding, tertiary *n*
Drittelspannungsmotor *m* / third-voltage motor
dritter Schall / third sound
Drossel *f* (el.) / reactor *n*, reactance coil, inductor *n*, choke *n* || ≗ *f* (mech.) / throttle *n*, restrictor *n* || ≗ *f* (klein, im Vorschaltgerät) / choke *n* || ≗ **mit veränderlichem Luftspalt** / adjustable-gap inductor || **thyristorgesteuerte** ≗ / thyristor controlled reactor, TCR || **Transduktor~** *f* / half-cycle transductor || ≗**anlasser** *m* / reactor-type starter || **Motor mit** ≗**anlasser** / reactor-start motor || ≗**anlauf** *m* / reactor starting, reactance starting || ≗**aufbau** *m* / reactor array
Drossel·beschaltung *f* / choke circuits || ≗**einsatz** *m* / throttling element || ≗**entspannung** *f* / throttling *n* || **freie** ≗**fläche** / net orifice || ≗**flansch** *m* / reducing flange, reducer *n* || ≗**gerät** *n* (Durchflussmesser) / restrictor *n*
Drossel·klappe *f* (Stellklappe) / butterfly control valve, butterfly valve || ≗**klappe** *f* (Ventil) / throttle valve *n*, throttle *n* || **dichtschließende** ≗**klappe** / butterfly valve with tight closing || **elektronisch gesteuerte** ≗**klappe** / electronic throttle || ≗**klappenpotentiometer** *n* (Kfz) / throttle potentiometer || ≗**kopplung** *f* / choke coupling, inductance-capacitance coupling, L-C coupling || ≗**körper** *m* (Ventil) / closure member, restrictor *n* || ≗**körper und Sitzgarnitur** / trim *n* || **geteilter** ≗**körper** / split plug || **parabolischer** ≗**körper** / lathe turned plug || **profilierter** ≗**körper** / contoured plug
drosseln *v* / throttle *v*, reduce *v*, restrict *v*
Drossel·öffnung *f* / orifice *n*, throat *n* || ≗**querschnitt** *m* / throttle cross section, flow area, net ortifice || ≗**regelung** *f* (Verdichter) / throttle control || ≗**scheibe** *f* / restrictor plate, restrictor *n*, ortifice *n* || ≗**schraube** *f* / throttle screw || ≗**spule** *f* / reactor *n*, reactance coil, inductor *n*, choke *n* || ≗**spule mit Anzapfungen** / tapped reactor, tapped inductor || ≗**spule mit Eisenkern** / iron-core reactor || ≗**spule mit Mittelanzapfung** / centre-tapped reactor || ≗**spule mit verstellbarem Kern** / movingcore reactor || ≗**spulenausschaltvermögen** *n* (E) VDE 0670, T.302 / shunt reactor breaking capacity IEC 265-2 || ≗**transformator** *m* / constant-current transformer || ≗**ung** *f* / throttling *n* || ≗**ventil** *n* / throttle valve, throttling valve, throttle *n*, reducing valve || ≗**vorgang** *m* / throttling *n*
DRS / destination reached and stationary (DRS), DRS (destination reached and stationary)
Druck *m* / pressure *n*, compression *n*, thrust *n* || ≗ *m* / compressive stress, unit compressive stress, pressure *n* || ≗ *m* (nach unten, Fundamentbelastung) / downward force, compression *n* || ≗ *m* (Druckhöhe) / head *n* || **statischer** ≗ **des Mediums** / static pressure, shut in pressure || ≗ **im Druckluftsystem** / pressure of pneumatic system || ≗ **in Datei** / print to file || **unter** ≗ **setzen** / to put under pressure, pressurize *v* || **einem** ≗ **standhalten** / withstand pressure || **axialer** ≗ / axial thrust || **hydraulischer** ≗ / hydraulic thrust || **spindelseitiger** ≗ / flow tends to close
Druck·abfall *m* / pressure drop || ≗**ablassventil** *n* / pressure release valve || ≗**änderung** / change in pressure depending on flow || **mengenunabhängige** ≗**änderung** / change of pressure independent of flow || ≗**änderungs-Halbwertszeit** *f* / half-value pressure change time || ≗**anforderung** *f* / printing request || ≗**anschluss** *m* / pressure port || ≗**anschluss** *m* (Pumpe) / pressure (o. delivery o. discharge) connection, delivery stub || ≗**anstieg** *m* / pressure rise, pressure increase || ≗**anzeiger** *m* / pressure indicator, indicating pressure gauge || ≗**aufnehmer** *m* / pressure pick-up, pressure sensor, pressure transducer || ≗**auftrag** *m* / print job, print request || ≗**ausfall** *m* / air supply failure || ≗**ausgabe** *f* / printout *n* || ≗**ausgleich** *m* / pressure compensation || **Klemmenkasten mit** ≗**ausgleich** / pressure-relief terminal box || ≗**ausgleichsgefäß** *n* (f. Ölkabel) / expansion tank (o. vessel) || ≗**ausgleichskammer** *f* / pressure equalizing chamber || ≗**ausgleichsventil** *n* / pressure compensating valve
Druck·beanspruchung *f* / compressive stress, unit compressive stress, pressure *n* || ≗**beanspruchung** *f* (IR) VDE 0605,1 / mechanical stresses (conduit) IEC 614-1 || ≗**begrenzer** *m* / pressure limiter, pressure reducer || ≗**behälter** *m* / pressure vessel, receiver *n* || ≗**behälterprüfbuch und Druckbehälterverzeichnis** / receiver register || ≗**belastung** *f* / compressive load, compression load || ≗**belastung** *f* (axial) / thrust load || ≗**bereich** *m* / pressure range, page range || **zulässiger** ≗**bereich** / allowable pressure limits || ≗**berg** *m* / pressure envelope || ≗**-Biegebeanspruchung** *f* / combined compressive and bending stress || ≗**bilanz** *f* / pressure balance || ≗**bild** *n* / printout *n* || ≗**bild des Manuskripts** (am Bildschirm) / display of manuscript || ≗**bolzen** *m* / thrust bolt, clamping bolt || ≗**bügel** *m* (Klemme) / pressure clamp
druckdicht *adj* / pressure-proof *adj*, pressure-tight *adj* || ~ **verschweißt** / pressuretight welded || **~e Kabeldurchführung** / pressure-tight bulkhead cable gland IEC 117-5, A.1
Druck·dichtung *f* / pressure seal || ≗**differenz** *f* / pressure drop || ≗**differenzmelder** *m* (empfängt und vergleicht zwei pneumatische Eingangssignale und gibt ein Signal, wenn der vorgegebene Wert überschritten wird) / pneumatic limit operator || ≗**-Dreh-Schlosszylinder** *m* / press-and-twist barrel lock || ≗**einheit** *f* / pressure unit, unit of pressure || **~empfindlich** *adj* / pressure-sensitive *adj* || **~empfindlicher Steuerknüppel** / force-operated joystick
drucken *v* / print *v* || ~ *v* (protokollieren) / log *v*, list *v* || ≗ *n* / printing *n* || ≗ *n* (Ausdrucken) / hardcopy listing, logging *n*, listing *n*
Drücken *n* / pressing *n*
Druck·energie *f* / pressure energy || ≗**entlastung** *f* / pressure relief, stress relief, force balance || ≗**entlastungskanal** *m* / pressure release duct, pressure relief duct || ≗**entlastungsklappe** *f* / pressure relief flap || ≗**entlastungsöffnung** *f* (metallgekapselte SA) / vent outlet || ≗**entlastungsprüfung** *f* / pressure relief test || ≗**entlastungsventil** *n* / pressure relief valve || ≗**entlastungsvorrichtung** *f* / pressure relief device || ≗**entnahme** *f* (Messblende) / pressure tapping

Drucker *m* / printer *n*

Drücker *m* (Motordrücker) / thrustor *n* || ≗ *m* / button *n* IEC 337-2, pushbutton *n*, press button

Drucker einrichten / print setup || ≗ **mit Nadeldruckwerk** / wire matrix printer || ≗ **mit Tintendruckwerk** / ink jet printer

Drucker·anschluss *m* / printer port || ≗**ausgabebaugruppe** *f* / printer/ASCII communications module || ≗**datei** *f* / printer file || ≗**einstellung** *f* / printer settings

Druck·erfassung *f* / pressure sensor || ≗**erhöhungspumpe** *f* / booster pump

Drucker·kopie *f* / hard copy || ≗**modus** *m* / print mode || ≗**parameter** *m* / printer parameter || ≗**protokoll** *n* / printout *n* || ≗**schnittstelle** *f* / printer interface, printer port || ≗**-Spooling** *n* / printer spooling || ≗**-Spulbetrieb** *m* / printer spooling || ≗**-Treiber** *m* / printer driver

Druck·feder *f* / compression spring, pressure spring || ≗**feder** *f* (Lg.) / preloading spring || ≗**federsatz** *m* / compression spring assembly || ≗**fehler** *m* / printing error || ≗**feinregler** *m* / precision pressure regulator

druckfest *adj* / pressure-resistant *adj*, pressure-containing *adj*, pressure-proof *adj* || ~ *adj* (Ex, Sch) / flameproof *adj* (GB), explosion-proof *adj* (US) || **~gekapselt** / flameproof *adj*, explosion-proof *adj*, pressure-containing *adj* || ~ **gekapselte Maschine** / flameproof machine (GB), explosion-proof machine (US) || ~ **gekapseltes Bauelement** / explosion-containing component IEC 50(581) || ~ **kapseln** / flameproof *v* || **~e Durchführung** / flameproof bushing || **~e Kapselung** (Ex d) EN 50018 / flameproof enclosure EN 50018, explosion-proof enclosure || **~er Anschlussstutzen** / packing gland || **~er Klemmenkasten** / pressure-containing terminal box || **~es Gehäuse** / flame-proof enclosure, explosion-proof enclosure

Druckfestigkeit *f* / compressive strength, pressure resistance || ≗ *f* (Druckgefäß) / pressure retaining strength || ≗ *f* (Ventil) / pressure integrity || **Prüfung der** ≗ **des Gehäuses** / test of ability of enclosure to withstand pressure

Druck·finger *m* (Blechp.) / pressure finger, end finger || ≗**finger** *m* (Bürste) / pressure finger, brush hammer *n*, spring finger || ≗**fingerplatte** *f* (Blechp.) / tooth support || ≗**fläche** *f* / area under pressure, thrust face, contact surface, pressure surface || ≗**format** *n* / print format || ≗**fühler** *m* / pressure transducer

Druckgas·antrieb *m* / pneumatic operating mechanism, compressed-gas operating mechanism || ≗**-Leistungsschalter** *m* / gas-blast circuit-breaker, compressed gas-blast circuit-breaker || ≗**-Löschsystem** *n* / compressed-gas arc quenching system || ≗**schalter** *m* / gas-blast circuit-breaker, compressed gas-blast circuit-breaker || ≗**versorgung** *f* / compressed-gas supply || **Nenndruck der** ≗**versorgung für die Betätigung** / rated pressure of compressed-gas supply for operation, rated operating air pressure

Druck·geber *m* / pressure transmitter, pressure sensor || ≗**gefälle** *n* / pressure gradient || **überkritisches** ≗**gefälle** / pressure drop higher than critical || **~gegossen** *adj* / die-cast || ≗**gelierverfahren** *n* / pressure-gel procedure || ≗**geschwindigkeit** *f* / printing speed, print speed, print rate || **~gespeistes Lager** / externally pressurized bearing || ≗**gewinn** *m* / pressure recovery || ≗**gießen** *n* / pressure die-casting, die-casting *n* || ≗**gießharz** *n* / pressure-cast resin || ≗**glas-Kabeldurchführung** *f* / prestressed-glass cable penetration || ≗**glasverschmelzung** *f* / prestressed-glass seal || ≗**gussgehäuse** *n* / die-cast housing || ≗**gusskäfig** *m* (KL) / die-cast cage || ≗**gussspiegel** *m* / die-cast reflector

Druck·hebel *m* / pressure finger, end finger, pressure lever || ≗**höhe** *f* / pressure head, head *n*, static head || ≗**hülse** *f* / thrust sleeve, clamping sleeve, pressure sleeve || ≗**hülse** *f* (Kabel) / ferrule *n* || ≗**inhalt** *m* / print contents || ≗**kabel** *n* / pressure cable || ≗**kappe** *f* (DT) / pressure cap, actuator cap || ≗**karte** *f* (Belegkarte) / ticket *n* || ≗**kessel** *m* / autoclave *n*

Druckknopf *m* VDE 0660,T.201 / button *n* IEC 337-2, pushbutton *n*, press button, key *n* || ≗ **mit verlängertem Hub** / pushbutton with extended stroke || ≗**antrieb** *m* / pushbutton actuator, pushbutton operator || ≗**betätigung** *f* / pushbutton operation, pushbutton control || ≗**kasten** *m* / pushbutton box || ≗**melder** *m* (Brandmelder) / pushbutton call point || ≗**schalter** *m* / pushbutton switch, maintained-contact pushbutton switch || ≗**schalter-Mechanik** *f* / mechanical system of a pushbutton switch || ≗**steuerung** *f* / pushbutton control || ≗**tafel** *f* (eingebaut) / pushbutton plate || ≗**tafel** *f* (Einzelgerät) / pushbutton station || ≗**taster** *m* / pushbutton station

Druck·kolben *m* (trennt die Prozessflüssigkeit vom Messumformergehäuse) / pressure seal || ≗**kompensator** *m* / pressure compensator || ≗**komponente** *f* / component of compressive force, thrust couple || ≗**kontakt** *m* / butt contact, pressure contact || ≗**kopf** *m* (Drucker) / print head || ≗**körper-Durchführung** *f* / pressure-hull penetration || ≗**kraft** *f* / compressive force, pressure force, thrust *n*, can compression cell, can cell || ≗**kraft** *f* (Drucker) / impact *n* || ≗**krümmer** *m* (Pumpe) / delivery elbow || ≗**kugellager** *n* / thrust ball bearing || ≗**kupplung** *f* (Rohr) / compression coupling

Druck·lager *n* / thrust bearing || ≗**lagerkamm** *m* / thrust-bearing collar || ≗**lasche** *f* / clamping strap, thrust lug || ≗**leitung** *f* / pressure pipe, pressure tubing || **getrennte** ≗**leitung** / separated pressure line || ≗**leuchte** *f* / air-turbo lamp (GB), pneumatic luminaire (USA)

drucklos fließen / flow by gravity || **~gekühlter Transformator** (Kühlungsart ANV) / non-ventilated transformer || **~e Dichtigkeitsprüfung** / unpressurized test for leaks

Druckluft *f* / compressed air || ≗**anschlussbohrung** *f* / compressed air connection hole || ≗**antrieb** *m* (SG) / pneumatic operating mechanism, pneumatic mechanism, pneumatic drive, compressed-air operating mechanism, compressed-air drive, pneumatic actuator || **mit** ≗**antrieb** / compressed-air-operated *adj*, pneumatically operated || **Schütz mit** ≗**antrieb** VDE 0660,T.10c / pneumatic contactor IEC 158-1 || ≗**behälter** *m* / compressed-air receiver, receiver *n* || **~luftbetätigt** *adj* / compressed-air-operated *adj*, pneumatically operated

Drucklüfter *m* / forced-draft fan

Druckluft·erzeuger *m* / air compressor, compressor *n* || ≗**kanal** *m* / compressed-air duct, air duct || ≗**kühlung** *f* / forced-air cooling || ≗**-Leistungsschalter** *m* / air-blast circuit-breaker, compressed-air circuit-breaker || ~**material** *n* / accessories for compressed-air systems || ~**netz** *n* / compressed-air (pipe) system || ~**-Regelschrank** *m* / compressed-air control cabinet || ~**schalter** *m* (LS) / air-blast circuit-breaker, compressed-air circuit-breaker || ~**-Schmierapparat** *m* / pneumatic lubricating device || ~**-Schnellschalter** *m* / high-speed compressed-air circuit-breaker, high-speed air-blast breaker || ~**schrank** *m* / compressed-air control cabinet || ~**speicherantrieb** *m* / pneumatic stored-energy mechanism, pneumatically charged mechanism || ~**speicherung** *f* / compressed-air storage || ~**-Sprungantrieb** *m* / pneumatic snap-action mechanism || ~**-Steuergerät** *n* / pneumatic control unit || ~**steuerung** *f* / pneumatic control

Druckluftungssystem *n* (Klimaanl.) / plenum system

Druckluft·-Versorgungsnetz *n* / compressed-air supply system || ~**-Verteilungsnetz** *n* / compressed-air distribution system || ~**-Widerstandsschalter** *m* / air-blast resistor interrupter || ~**zuleitung** *f* / air supply diaphragm || ~**-Zwischenbehälter** *m* / air distribution receiver || ~**zylinder** *m* / pneumatic cylinder, compressed air cylinder

Druck·marke *f* / notch *n* || ~**markensteuerung** *f* / print-mark control || ~**maschine** *f* / printing machine, printing press || **wellenlose** ~**maschine** / shaftless printing press || ~**messdose** *f* / pressure measuring box || ~**messer** *m* / pressure gauge || ~**messer** *m* (f. Vakuum o. Teilvakuum) / vacuum gauge || **Pirani-**~**messer** *m* / Pirani vacuum gauge || **mechanisches** ~**messgerät** / mechanical pressure meter || ~**messumformer** *m* / pressure transducer, pressure transmitter || ~**minderer** *m* / pressure reducer, pressure reducing valve || ~**minderung** *f* / pressure reduction || ~**minderungsventil** *n* / pressure reducing valve, pressure reducer

Druckmittel *n* / power fluid (air) || **einseitige** ~**anfuhr** / directional supply || ~**antrieb** *m* / pneumatic operating mechanism || ~**punkt** *m* / pressure centre || ~**speicherantrieb** *m* / pneumatic stored-energy mechanism, pneumatically charged mechanism || ~**-Sprungantrieb** *m* / pneumatic snap-action mechanism

Druck·motor *m* (EZ) / printing register motor || ~**niveaumessgerät** *n* / pressure level measuring device

Drucköl *n* / pressure oil, oil under pressure || **digitalgesteuertes** ~ / leak-oil *n* || ~**entlastung** *f* / oil-lift system, high-pressure oil lift, hydrostatic oil lift, jacking-oil system || **Lager mit** ~**entlastung** / oil-lift bearing, oil-jacked . bearing || ~**-Entlastungspumpe** *f* / oil-lift pump, jacking pump, jacking-oil pump || ~**kupplung** *f* / coupling fitted by oil-injection expansion method || ~**leitung** *f* / forced-oil line, pressure-oil piping || ~**schmierung** *f* / pressure lubrication, forced-oil lubrication, forced lubrication, force-feed lubrication || **Lager mit** ~**schmierung** / pressure-lubricated bearing, forced-lubricated bearing || ~**speicher** *m* / pressure oil accumulation || ~**teller** *m* / jacking-oil distributor || ~**überwachung** *f* / pressure-oil monitoring (facility), oil pressure switch || ~**verband** *m* / assembly completed by oil-injection expansion method || ~**verfahren** *n* / oil-injection expansion method, oil hydraulic fitting method

Druck·original *n* (gS) / original production master || ~**pegelanschluss** *m* / pressure level connection || ~**platte** *f* / clamping plate, end plate, thrust plate, thrust pad || ~**platte** *f* (Anschlussklemme) / pressure plate || ~**probe** *f* / pressure test, hydrostatic test || ~**prüfung** *f* (mech.) / compressive test || ~**prüfung** *f* (IR) DIN IEC 23A.16 / compression test || ~**prüfung** *f* (hydraul.) / hydrostatic test, hydraulic test, pressure test, high-pressure test || ~**punkt** *m* / tactile touch, positive click-action || ~**punkt** *m* (Taste) / tactile touch, tactile feedback || ~**punkttastatur** *f* / tactile-touch keyboard

Druck·qualität *f* / print quality || ~**rahmen** *m* (Pol) / clamping frame || ~**regelventil** *n* / pressure regulating valve || ~**regler** *m* / pressure regulator || ~**richtung** *f* / pressure direction || ~**ring** *m* / thrust ring, clamping ring, end ring || ~**ring** *m* (Trafo-Blechpaket) / clamping ring, stress ring, flange *n* || ~**ring** *m* (Leitungseinführung) EN 50014 / clamping ring || ~**ring** *m* (Axiallg.) / thrust collar || ~**rohr** *n* / pressure pipe || ~**rohr** *n* (WKW) / penstock *n* || ~**rolle** *f* (Bürstenhalter) / finger roll, hammer roll || ~**rückgewinnung** *f* / pressure recovery

Druck·schalter *m* / pressure-operated switch, pressure switch, pushbutton switch, pressure sensor, maintained-contact pushbutton switch || ~**schalteraggregat** *n* / pressure switch unit || ~**schelle** *f* / pressure saddle || ~**schlitz** *m* / discharge port || ~**schmierkopf** *m* / pressure lubricator, pressure oiler || ~**schmierung** *f* / pressure lubrication, forced lubrication, forced lubrication system, force-feed lubrication, pressure-feed lubrication || ~**schraube** *f* / clamping bolt, clamping screw, through-bolt *n*, pressing screw, set screw, pressure screw, thrust screw || ~**schrift** *f* / brochure *n* || ~**schriftenverzeichnis** *n* / directory of publications, document/brochure list || ~**schubfeder** *f* / compression-shear spring || ~**schutz** *m* (Kabel) / reinforcement *n*, reinforcing tape (o. strip o. wire) || **Dauerfestigkeit im** ~**schwellbereich** / fatigue strength under pulsating compressive stress || ~**schwingung** *f* / compressive oscillation

Druck·segment *n* (Blechp.) / clamping segment, edgeblock packing || ~**seite** *f* (Beanspruchung) / side under compression, pressure side, side under pressure || ~**seite** *f* (Pumpe) / discharge end, discharge *n* || ~**senkung** *f* / decrease of pressure || **dynamisch bedingte** ~**senkung** / decrease of pressure due to increase of velocity || ~**sensor** *m* / pressure sensor, pressure pickup || ~**signalgeber** *m* / pressure transducer || ~**spannung** *f* / compressive stress, unit compressive stress, pressure *n* || ~**speicher** *m* / accumulator *n*

Druck·stange *f* / push rod || **verstellbare** ~**stange** / adjustable push rod || ~**steigerung** *f* / increase of pressure || ~**stelle** *f* / pressure mark || ~**stern** *m* (Schreiber) / printwheel *n*, recording head || ~**stock-Zeichnung** *f* / block drawing || ~**stoß** *m* / pressure surge, pressure impulse, sudden pressure change || ~**stößel** *m* / plunger *n* || ~**stoßminderer** *m* / pulsation snubber || ~**stoßrelais** *n* / pressure surge relay || ~**streifen** *m* (Wickl.) / packing strip, preloading strip || ~**-/Strom-Signalumformer** *m* / pressure-current signal converter || ~**stück** *n* DIN 6311 / thrust pad, pressure piece, thrust piece, thrust element, carrying piece || ~**stück** *n* (Klemme) / clamping member, pressure plate, washer *n* ||

≈**stück** *n* (Bürste) / guide clip, finger clip, hammer clip || **Buchsenklemme mit** ≈**stück** / tunnel terminal with indirect screw pressure, indirect-pressure tunnel terminal || ≈**stufe** *f* / pressure stage || ≈**stutzen** *m* (Pumpe) / discharge stub, delivery end

Druck·tank *m* (Ölkabelsystem) / pressure tank, pressure reservoir || ≈**taste** *f* / button *n*, key *n*, momentary-contact key || ≈**tastenschloss** *n* / pushbutton lock

Drucktaster *m* VDE 0660, T.201 / pushbutton *n* IEC 337-2, momentary-contact pushbutton, press button, pushbutton unit || ≈ *m* (m. mehreren Befehlsstellen) / pushbutton station || ≈ **mit Entklinkungstaste** / maintained-contact pushbutton || ≈ **mit Rastung** / latching pushbutton || ≈ **mit Schloss** / locking-type pushbutton || ≈ **mit Schutzrohrkontakt** / sealed-contact pushbutton || ≈ **mit verzögerter Befehlsgabe** VDE 0660, T.201 / delayed-action pushbutton IEC 337-2 || ≈ **mit verzögerter Rückstellung** VDE 0660, T.201 / time-delay pushbutton IEC 337-2 || **verrastende und verrastbare** ≈ / latching pushbuttons

Druck·typenregistrierung *f* (Schreiber) / printing-head recording || ≈**überhöhung** *f* / pressure piling || ≈**übertragungsteil** *n* (Klemme) / pressure exerting part, clamping member || ≈**überwachungsgerät für zu hohen Druck** (SG) / high-pressure interlocking device || ≈**überwachungsgerät für zu niedrigen Druck** (SG) / low-pressure interlocking device || ≈**umformer** *m* / pressure transducer || ≈**umlaufschmierung** *f* / circulating forced-oil lubrication || ≈**umleitung** *m* / print to || ≈**- und Führungslager** *n* / combined thrust and guide bearing || ≈**unterschied** *m* / pressure difference, differential pressure || ≈**unterschied zwischen Eintritt und Austritt** / pressure drop from inlet to outlet || ≈**unterschreitung** *f* / pressure lower than outlet pressure

Druck·ventil *n* / discharge valve || **mechanisches** ≈**verfahren** (Fernkopierer) / impact recording || ≈**verhältnis** *n* / pressure ratio || **überkritisches** ≈**verhältnis** / pressure ratio higher than critical || ≈**verlauf** *m* / pressure characteristic, pressure gradients || ≈**verlust** *m* / pressure loss, pressure drop, pressure lost || **dynamischer** ≈**verlust** / dynamic pressure drop || ≈**versorgung** *f* / pressure supply || ≈**verstärkung** *f* / pressure intensification || ≈**versuch** *m* (mech.) / compression test || ≈**-Volumen-Kennlinie** *f* / pressure-volume curve || ≈**vorgang** *m* / printing process || ≈**vorlage** *f* (gS) / artwork master, photographic master, photomaster *n* || ≈**vorrichtung** *f* (Schreiber) / printing device

Drückvorrichtung Spannstift / pressure device for spring-type straight pin

Druck·vorschau *f* / print preview || ≈**waage** *f* / dead-weight tester, manometric balance || ≈**wächter** *m* / pressure-operated switch, pressure switch, pressure sensor || **elektronischer** ≈**wächter** / solid-state pressure switch || ≈**wandler** *m* / pressure repeater, pressure transducer

druckwasser·dicht *adj* / pressure-water-tight *adj*, proof against water under pressure, pressurized-water-tight *adj* || **~dichte Maschine** (überflutbare M.) / submersible machine || ≈**kühlung** *f* / pressurized-water cooling || ≈**turbine** *f* / pressurized-water turbine

Druck·wechselabsorptionsverfahren *n* (DWA) / pressure-change absorption || ≈**wegoptimierung** *f* (Drucker) / printhead movement optimization || ≈**wellenlader** *m* (Kfz) / pressure-wave supercharger || ≈**wellenschutz** *m* / pulsation snubber, pressure surge protection || ≈**werk** *n* (Datendrucker) / printing element || ≈**werk** *n* (Druckmasch.) / printing unit, printing mechanism, printer *n* || ≈**werkmotor** *m* (EZ) / printing register motor || ≈**werkzeug** *n* (gS) / production master || **Mehrfachnutzen~werkzeug** *n* / multiple image production master

Druck·zählwerk *n* / printing register || ≈**zählwerkmotor** *m* / printing register motor || ≈**zeichen** *n* / print character, character *n* || ≈**zug** *m* / forced draft || ≈**-Zug-Schalter** *m* / push-pull button IEC 337-2 || ≈**-Zug-Taster** *m* / push-pull pushbutton unit

DRY / dry run feed, dry run feedrate, DRY

DS / setting data || ≈ (Datensatz) / record *n*, data set || ≈ (Directoryservice) / DS (directory services) || ≈ (Draufsicht) / plan *n*

DSB / double sideband (DSB), decoding single block (DSB) || ≈ (Durchlaufschaltbetrieb) / periodical operation type duty

DSC (Dynamic Servo Control) / DSC (Dynamic Servo Control)

DSG (Diskettenspeichergerät) / diskette drive, disk drive unit, diskette station, DSG disk drive, FD (floppy disk drive)

D-Sicherungshalter *m* / type D fuse-carrier

DSP (Digitaler Signalprozessor) / DSP (digital signal processor)

D-Speicherglied *n* / D flipflop, delay flipflop

DSR (Dynamische Steifigkeitsregelung) / DSC (Dynamic Stiffness Control) || ≈ (Data Set Ready) / plant availability, service readiness, DSR (Data Set Ready)

DSS / double star connection with interphase transformer, double three-phase star with interphase transformer IEC 119 || ≈ (Datensichtstation) / data display terminal, display terminal

DST / DST (Dynamic Swivel Tripod)

D-Sub·-Buchsenleiste *f* / sub D socket connector || ≈**-Stecker** *m* / subminiature D connector (sub D connector), sub D plug, male sub D connector

D-SUB-Stecker *m* / (subminiature) cannon connector

DT-Zustandsdiagramm *n* (PMG) / DT state diagram, device trigger function diagram

DTB / data transfer bus (DTB) || ≈ (Verweilzeit) / DTB (dwell time) || ≈**-Verwalter** *m* / DTB arbiter

DTD (Verweilzeit auf Endbohrtiefe) / DTD (dwell time at final drilling depth)

DTL / diode transistor logic (DTL)

DTP (Dispatcher Training Simulator) / DTP (dispatcher training simulator)

DTR / DTR (Data Terminal Ready)

DTR/DTS / DTR/DTS

DTY (Dateityp) / DTY (data type)

DÜ (Datenübertragung) / data transmission, data transfer, data communication

dual *adj* / binary *adj*

Dual·addierer *m* / binary adder || ≈**-ASCII-Ausgabe** *f* / binary/ASCII display || ≈**bruch** *m* / binary fraction || ≈**code** *m* / binary code || **~codiert** *adj* / binary coded || ≈**dividierer** *m* / binary divider || ≈**-in-line-Gehäuse** *n* / dual-in-line package (DIP) ||

≗**itätstheorie** *f* / duality theory || ≗**multiplizierer** *m* / binary multiplier || ≗**-Port-RAM** *n* (Dual Port Random Access Memory) / dual-port RAM (Dual Port Random Access Memory) || ≗**port-RAM** *n* (DPR) / dual-port RAM (DPR) || ≗**radizierer** *m* / binary root extractor || ≗**-Scan-Farbdisplay** *n* / dual-scan color display || ≗**-Slope-ADU** / dual-slope ADC || ≗**subtrahierer** *m* / binary subtractor || ≗**system** *n* / binary (number) system, pure (o. straight) binary numeration system || ≗**zahl** *f* / binary number, pure binary number || ≗**zähler** *m* / binary counter || ≗**ziffer** *f* / binary digit

Dübel *m pl* / plugs *n pl* || ≗ *m* (Befestigungsd.) / plug *n* || ≗**lochbohrmaschine** *f* / dowel hole drilling machine || ≗**maße** *n pl* (Befestigungsabstände) / plug spacings

DÜ-Block *m* / data transmission block, frame

DUBOX-Stecker, vorbereiteter 12p ≗ / prepared 12-pole DUBOX connector

DU Buchse / DU liner

DUE (Datenübergabe) / data transmission, data transfer

DÜE (Datenübertragungseinrichtung) / DCE (data communication equipment) || ≗ **nicht bereit** / DCE not ready (DCE = data circuit terminating equipment) || ≗**-Information** *f* / DCE-provided information || ≗**-Rückleiter** *m* / DCE common return

dunkel *adj* (Körperfarbe) / dark *adj* || ~ *adj* (Selbstleuchter) / dim *adj*

Dunkel·adaptation *f* / dark adaptation || ≗**anpassung** *f* / dark adaptation || ≗**aussteuerung** *f* / blanking *n*, ripple blanking || ≗**kammerlampe** *f* / darkroom lamp || **~-schaltend** *adj* / dark-ON *adj* || ≗**schaltung** *f* / screen blanking || **Synchronisier-**≗**schaltung** *f* / synchronizing-dark method, dark-lamp synchronizing || ≗**steuerung** *f* / blanking *n*, ripple blanking, screen darkening (A bit can be set to keep the screen dark while a complex (graphics) display is being composed point for point, line for line. When complete, the display appears on the screen), screen blanking || ≗**steuerungssignal** *n* / blanking signal || **Ultraviolett-**≗ **strahler** *m* / black light lamp, black light non-illuminant lamp || ≗**strom** *m* / dark current (DC) || **~stromäquivalente Strahlung** / equivalent dark-current irradiation || **~tasten** *v* / blank *v*

Dünn·film-FET / thin-film field-effect transistor (TF- FET), insulated-gate thin-film field-effect transistor || ≗**filmschaltung** *f* / thin-film (integrated) circuit, thin-film circuit || ≗**film-Wellenleiter** *m* / thin-film waveguide

dünnflüssig *adj* / low-viscosity *adj*, thin *adj*, low-bodied *adj*

Dünnschicht·chromatographie *f* / thin-layer chromatography (TLC) || ≗**-Dehnmessstreifen** *m* / thin-layer strain gauge || ≗**-Feldeffekttransistor** *m* (TF-FET) / thin-film field-effect transistor (TF-FET), insulated-gate thin-film field-effect transistor || ≗**schaltung** *f* / thin-film (integrated) circuit, thin-film circuit || ≗**transistor** *m* / thin-film transistor (TFT) || ≗**-Widerstandsnetzwerk** *n* / thin-film resistance network

dünnwandig *adj* / thin-walled *adj*, thin-section *adj*

Dünnwandzählrohr *n* / thin-wall counter tube

Duo·dezimalziffer *f* / duodecimal digit || ≗**-Dosenplatte** *f* (IK) / twin outlet plate || ≗**-PLC** / dual PLC || ≗**schaltung** *f* (Lampen) / twin-lamp circuit, lead-lag circuit || ≗**-Schaltung** *f* / lead-lag circuit, lead-lag *n* || ≗**-Vorschaltgerät** *n* / lead-lag ballast

Duplex / duplex || ≗**betrieb** *m* / duplex operation, duplex mode, full-duplex mode || ≗**rechnersystem** *n* / duplexed computer system || ≗**übertragung** *f* / duplex transmission

duplizieren *v* / duplicate *v*

Duplizierfunktion *f* (NC) / duplicating function

Duraluminium *n* / duralumin *n*, hard aluminium

Durchbiegung *f* (Nachgeben unter Last) / compliance *n* || ≗ *f* (Durchhang) / sag *n* || ≗ *f* (Isolator) VDE 0674,2 / camber *n* || ≗**sfestigkeit** *f* / transverse bending strength

Durchblättern *n* (BSG) / browsing *n* || ~ *v* / swap *v*

Durchbohren *n* / through-boring *n*

Durchbohr·maß *n* / through-boring dimension || ≗**vorschub** *m* / through-boring feedrate, through-boring feed

Durchbrechöffnung *f* / knock-out *n*

durchbrennen *v* (Sich.) / blow *v*, fuse *v* || ~ *v* (Lampe) / burn out *v*

Durchbrenn·schutz *m* / blowing resistance || ≗**speicher** *m* / fusible-resistor memory

Durchbruch *m* (Isol., HL) / breakdown *n* || ≗ *m* / copy *n* || ≗ *m* (Öffnung) / opening *n*, cutout *n* || ≗**festigkeit** *f* / electric strength IEC 50(212), disruptive strength, puncture strength, breakdown strength

Durchbruchs·bereich *m* (HL) / breakdown region || ≗**feldstärke** *f* / disruptive field strength, breakdown field strength, disruptive strength, electric strength

Durchbruch·spannung *f* / break-through voltage || ≗**spannung** *f* (HL) / breakdown voltage || ≗**spannung in Rückwärtsrichtung** (rückwärtssperrender Thyristor) DIN 41786 / reverse breakdown voltage

durchdrehen *v* (m. Durchdrehvorrichtung) / bar *v*, turn *v* || ≗ *n* (Fahrzeugräder) / spinning *n*

Durchdreh·motor *m* / barring motor || ≗**vorrichtung** *f* / barring gear, turning gear

durchdringen *v* / penetrate *v*, enter *v*

Durchdringtechnik *f* / penetration technique

Durchdringung *f* (Passung) / interference *n*

Durchdringungs·klemme *f* / penetration terminal || ≗**technik** *f* / insulation piercing method, insulation displacement method, push-through technique

Durchdruck, Schaltstück-≗ *m* / contact spring action, contact resilience

durchfahren *v* / traverse *v*

Durchfahrgasse *f* / through lane

Durchfederung *f* (Federweg) / spring deflection, deflection *n*, resilience *n* || ≗ **der Kontakte** / contact follow-through travel

Durchfluss *m* / flow *n*, flow rate || **induktiver** ≗**aufnehmer** / magnetic flow transmitter || ≗**begrenzung** *f* (Ventil) / choked flow || ≗**beiwert** *m* (kv-Wert) / flow coefficient (Cv), orifice coefficient || ≗**formel** *f* / flow equation || ≗**geber** *m* / flow transducer, flow sensor, flow transmitter || ≗**geschwindigkeit** *f* / flow velocity || ≗**gleichung** *f* / flow equation || ≗**kammer** *f* / flow chamber || ≗**kennlinie** *f* / flow characteristic || ≗**kennwert** *m* / Cv coefficient || ≗**koeffizient** *m* / flow coefficient || ≗**kolonne** *f* / flow column || ≗**-Korrekturrechner** *m* / flow correction calculator

Durchfluss·medium *n* / contained fluid ‖ **stagnierendes ≗medium** / stagnant fluid ‖ **≗menge** *f* / flow rate ‖ **≗mengenmesser** *m* / flowrate meter, rate meter, flow indicator ‖ **≗messer** *m* / flow meter, flow-rate meter, rate meter ‖ **≗messgerät** *n* / flowmeter *n*, flow measurement equipment ‖ **≗messregel** *f* / standard of flow measurement ‖ **≗messsystem** *n* / flow measurement system ‖ **≗-Messumformer** *m* / flow transducer ‖ **≗messung** *f* / flow measurement, flow-rate measurement ‖ **≗probe** *f* / flow test ‖ **≗querschnitt** *m* / flow area, net orifice ‖ **≗rate** *f* / flow rate ‖ **≗regler** *m* / rate regulator ‖ **≗reglung** *f* / volumetric flow control ‖ **≗schalter** *m* / flow switch ‖ **≗stellglied** *n* / control valve ‖ **≗wandler** *m* (Schaltnetzteil) / forward converter ‖ **≗zahl** *f* / flow coefficient (Cv), orifice coefficient, discharge coefficient ‖ **≗-Zählrohr** *n* / flow counter tube, gas-flow counter-tube ‖ **≗zelle** *f* / flow cell, flow chamber

durchfluten *v* (magn.) / magnetize *v*, permeate *v*

Durchflutung *f* / ampere-turns *pl*, electric loading, current linkage, magnetomotive force ‖ ≗ *f* (Prüf.) / magnetic-particle test, magnetic inspection ‖ ≗ *f* (verteilte Wicklung) / current linkage IEC 50(411) ‖ ≗ **pro Längeneinheit** / electric loading, ampere turns per unit length ‖ **elektrische** ≗ (eines geschlossenen Pfades) / current linkage IEC 50(121) ‖ **magnetische** ≗ / ampere turns, magnetomotive force, magnetic potential ‖ **Wendepol~** *f* / commutating-pole ampere turns

Durchflutungs·empfindlichkeit *f* (Hallmultiplikator) DIN 41863 / magnetomotive force sensitivity ‖ **≗gerät** *n* / magnetic inspection set-up, magnetic particle tester ‖ **≗gesetz** *n* / Ampere's law, first circuital law ‖ **≗kurve** *f* / m.m.f. curve ‖ **≗prüfung** *f* / magnetic-particle test, magnetic-particle inspection, magnetic testing, magnetic inspection, electromagnetic testing ‖ **≗welle** *f* / m.m.f. wave ‖ **Raumharmonische der ≗welle** / m.m.f. space harmonic

Durchführbarkeit *f* / feasibility *n*

Durchführbarkeits·prüfung *f* / feasibility check, feasibility review ‖ **≗studie** *f* / feasability study ‖ **≗überprüfung** *f* / feasibility check, feasibility review

Durchführung *f* / leadthrough, bushing tube ‖ ≗ *f* (f. el. Leiter, Trafo) / bushing *n*, insulating bushing ‖ ≗ *f* (f. Kabel) / penetration *n* ‖ ≗ *f* (Gumminippel) / grommet *n* ‖ ≗ *f* (Isolator f. Wanddurchführung) / lead-in insulator ‖ ≗ **aus harzimprägniertem Papier** / resin-impregnated paper bushing ‖ ≗ **aus laminiertem Hartpapier** / resin-bonded paper bushing ‖ ≗ **aus Nebelporzellan** / bushing with anti-fog sheds ‖ ≗ **aus ölimprägniertem Papier** / oil-impregnated paper bushing ‖ ≗ **Blockiereinrichtung** / locking device bushing ‖ ≗ **Bolzen** / bolt bushing ‖ ≗ **der Prüfung** / conduct of test ‖ ≗ **Druckstange Antrieb** / bushing for mechanism push rod ‖ ≗ **für Spannbolzen** / bushing for clamping bolt ‖ ≗ **Leitung Magnetventil** / bushing for solenoid valve lead ‖ ≗ **mit Gießharzisolation** / cast-resin bushing, cast insulation bushing ‖ ≗ **Schaltwelle** / breaker shaft bushing ‖ **≗en für Hilfsschalterachsen** / bushings for axes of auxiliary switch

Durchführungs·bolzen *m* / bushing conductor stud, bushing stem EN 50014, terminal stud ‖ **≗-Bolzenklemme** *f* / bushing-type stud terminal ‖ **≗buchse** *f* / bushing pocket ‖ **≗dichtung** *f* / grommet *n* ‖ **≗dom** *m* / bushing dome, turret *n* ‖ **≗funkenstrecke** *f* / bushing gap ‖ **≗hülse** *f* / fairlead *n* ‖ **≗isolator** *m* (in Wand) / lead-in insulator ‖ **≗isolator** *m* (z.B. einer Trafo-Durchführung) / bushing insulator ‖ **≗klemme** *f* / bushing terminal, lead-out terminal ‖ **≗klemme** *f* (im Chassis) / through-chassis terminal ‖ **≗kondensator** *m* / bushing capacitor ‖ **≗kupplung** *f* (LWL) / barrel coupler ‖ **≗loch** *n* (f. Kabel) / cable window ‖ **≗öffnung** *f* / inlet opening ‖ **≗platte** *f* / bushing plate ‖ **≗stromwandler** *m* / bar primary bushing-type current transformer IEC 50(321), bushing-type current transformer ‖ **≗stützer** *f* / bushing-type post insulator ‖ **≗tülle** *f* / grommet *n*, bush *n*

Durchgang *m* / passage opening ‖ ≗ *m* (Stromdurchgang) / continuity *n* ‖ ≗ *m* (WZM, NC, Arbeitsgang) / operation *n*, pass *n*, machining operation ‖ ≗ **der Erdverbindung** / earthing continuity ‖ ≗ **des Schutzleiterkreises** / continuity of protective circuit ‖ **magnetischer** ≗ / magnetic continuity

durchgängig *adj* / uniform *adj*, system-wide *adj*, integrated *adj*, factory-wide *adj*, company-wide *adj* ‖ **~e Datenhaltung** / integrated data management ‖ **~e Automatisierung** / integrated automation system ‖ **~er Datenverbund** / company-wide communication system, factory-wide communication system

Durchgängigkeit *f* / continuity *n*, uniformity *n*, integration *n*

Durchgangs·bohrung *f* / through-hole *n*, clearance hole ‖ **≗dämpfung** *f* / trunk signal attenuation ‖ **≗dämpfung** *f* (LAN) / throughput attenuation, throughput loss, trunk signal attenuation ‖ **≗dose** *f* / throughway box, through-box *n* ‖ **≗drehzahl** *f* / runaway speed ‖ **≗drehzahl bei bestehendem Leitrad-Laufrad-Zusammenhang** / on-cam runaway speed ‖ **≗höhe** *f* / passage height, headroom *n*

Durchgangs·klemme *f* / feed-through terminal ‖ **≗klemme mit Längstrennung** / sliding-link feed-through terminal ‖ **≗leistung** *f* / throughput rating, load *n*, load kVA, output *n* ‖ **≗loch** *n* / through-hole *n*, clearance hole ‖ **≗modul** *n* / through-connection card ‖ **≗muffe** *f* / coupler *n*, transition sleeve, coupling *n*, bushing *n*, transition joint ‖ **≗öffnung** *f* (f. Leiter) / conductor entry (diameter), feed-through opening ‖ **≗parameter** *m* / in/out parameter ‖ **≗prüfer** *m* / continuity tester ‖ **≗prüfung** *f* / continuity test ‖ **≗punkt** *m* / direct through connection point

Durchgangs·straße *f* / radial road (GB), radial highway (US) ‖ **≗strom** *m* (Trafo) / through-current *n* IEC 76-3 ‖ **≗ventil** *n* / straight-way valve, straight-through valve, globe valve ‖ **≗verbindung** *f* / through connection ‖ **≗verdrahtung** *f* / through-wiring *n*, looped-in wiring ‖ **≗verkehr** *m* / transit traffic

Durchgangswiderstand *m* / transfer resistor ‖ ≗ *m* / volume resistance ‖ ≗ **bei Gleichstrom** / volume d.c. resistance ‖ **spezifischer** ≗ / volume resistivity, mass resistivity, specific internal insulation resistance ‖ **≗sprüfung** *f* DIN 41640 / contact resistance test

durchgebrannte Lampe / burnt-out lamp, burn-out *n*

durchgehen *v* (Masch.) / overspeed *v*, run away *v*
durchgehend·e elektrische Verbindung / electrical continuity, continuity *n*, electrical bonding || **~e Erdverbindung** / earth continuity || **~e Leitung** (zur Verbindung v. Kupplungspunkten eines Zuges) / bus line || **~e Tür** / full-length door || **~e Verbindung** (el.) / continuity *n*, electrical continuity || **~e Verfahrenskette** / computer-integrated system, computer-integrated manufacturing system (CIM) || **~e Welle** / through-shaft *n* || **~er Betrieb** / uninterrupted operation (o. service), 24-hour operation || **~es Blechpaket** / non-sectionalized core || **~es Gewindeloch** / tapped throughhole || **~es Schutzleitersystem** / continuity of protective circuit
Durchgehschutz *m* (rotierende Masch.) / overspeed protection
durchgeschaltet *adj* / signal flow || ~ *adj* (HL, leitend) / conductive *adj* || ~ *adj* (Strompfad im Kontaktplan) / with signal flow || **galvanisch ~** (Standleitung) / d.c.-coupled *adj* || **nicht ~** / no signal flow || **fest ~e Leitung** / dedicated line, permanent line || **~er Ausgangskreis** (Rel.) / effectively conducting output circuit
durchgeschlagener Isolator / punctured insulator
Durchgreifspannung *f* (HL) DIN 41854 / punch-through voltage, reach-through voltage, penetration voltage
Durchgriff *m* (HL, Leitfähigkeit zwischen den Raumladungszonen von zwei PN-Übergängen) / punch-through *n* || ≗ *m* (in einem Stromkreis nach Aufhebung der Wirkung eines Filters) / by-pass *n* || ≗ *m* (reziproker Wert des Verstärkungsfaktors) / inverse amplification factor, reciprocal of amplification || ≗ *m* (IS, Betrag der Eingangsspannung, der über parasitäre Kapazitäten auf den Ausgang einwirkt) / feedthrough *n*, feedover *n* || ≗ *m* (Elektronenröhre) / control ratio || ≗ *m* (durch Strompfad zur Umgehung eines Zwischenglieds) / bypass
Durchgriffs·fehler *m* (ADU, DAU) / feedthrough error || **≗kapazität** *f* (ADU, DAU) / feedthrough capacitance
Durchhang *m* / sag *n* || ≗ *m* (Riementrieb) / slack *n* || ≗ **aufholen** (Papiermaschine) / take up slack || **≗kompensation** *f* (WZM) / sag compensation
Durchhärtung *f* (Kunststoff) / complete curing || ≗ *f* (Metall) / full hardening
Durchklingeln *n* (Verdrahtungsprüf.) / continuity test, wiring test
durchkontaktiert *adj* / plated-through *adj*, plated *adj* || **~es Loch** / plated-through hole, plated hole
Durchladeträger *m* / high girder || **≗wagen** *m* / high-girder wagon
Durchlass·band *n* / pass band || **≗belastungsgrenze** *f* (Thyr.) / on-state loading limit || **≗bereich** *m* (LT) / transmission range || **≗bereich** *m* (HL) / conducting state region, on-state region || **≗bereich** *m* (el. Filter) / passband *n* || **≗breite** *f* (Durchlassband) / pass-band width || **≗grad** *m* (LT) / transmission factor
durchlässig *adj* / permeable *adj*, pervious *adj*
Durchlässigkeit *f* (el.) / permeability *n*, permittivity *n* || ≗ *f* (HL) / conductivity *n*, conductive properties || ≗ *f* (LT) / transmission *n* || ≗ *f* (Flüssigkeiten) / perviousness *n* || **akustische ≗** / transmission *n*, transmittance *n* || **magnetische ≗** / permeability *n*
Durchlässigkeits·faktor *m* (Akust.) / transmission factor || **≗grad** *m* (Akust.) / transmittance factor
Durchlasskennlinie *f* (Diode) DIN 41781 / conducting-state voltage-current characteristic, forward characteristic || ≗ *f* (Thyr) / on-state characteristic, conducting-state characteristic, forward characteristic || ≗ *f* (Sich.) / cut-off current characteristic, current limiting characteristic || ≗ **für die Rückwärtsrichtung** (Thyr) / reverse conducting-state characteristic || ≗ **für die Vorwärtsrichtung** (Thyr.) / forward on-state characteristic
Durchlass·kennwerte *m pl* DIN 41760 / characteristic forward values || **≗querschnitt** *m* / net ortifice || **≗richtung** *f* (HL, LE) / conducting direction || **≗spannung** *f* (Diode) DIN 41781 / conducting-state voltage || **≗spannung** *f* (Thyr) DIN 41786 / on-state voltage || **≗spannung in Rückwärtsrichtung** / reverse conducting voltage || **Identifizierte ≗spannung** / identified on-state voltage || **≗-Spitzenstrom** *m* / peak forward current
Durchlassstrom *m* (SG, Sich.) / cut-off current, let-through current (US), instantaneous peak let-through current || ≗ *m* (Thyr) DIN 41786 / on-state current || ≗ *m* (Diode) DIN 41781 / conducting-state current || ≗ **in Rückwärtsrichtung** / reverse conducting current || ≗ **in Vorwärtsrichtung** / forward on-state current || **≗dichte** *f* (GR) DIN 41760 / forward current density || **≗-Effektivwert** *m* (Thyr) DIN 41786 / r.m.s. on-state current || **≗kennlinie** *f* / cut-off current characteristic, let-through current characteristic || **≗-Kennlinie** *f* (SG, Sich.) / cut-off current characteristic, let-through current characteristic || **≗-Mittelwert** *m* (Thyr) DIN 41786 / mean on-state current
Durchlassung *f* (LT) / perviousness *n*
Durchlass·verlust *m* (SR) DIN 41760 / forward power loss || **≗verlust** *m* (Diode) / on-state power loss || **≗verlust** *m* (Thyr) / on-state power loss || **≗verlustleistung** *f* (Diode) DIN 41781 / conducting-state power loss || **≗verlustleistung** *f* (Thyr) DIN 41786 / on-state power loss || **≗verzögerungszeit** *f* (HL) DIN 41781 / forward recovery time || **≗verzug** *m* (Diode) / forward recovery time || **≗wert** *m* / let-through value || **≗widerstand** *m* (Diode) DIN 41853 / forward d.c. resistance || **≗widerstand** *m* (Thyr) DIN 41786 / on-state resistance || **≗widerstand** *m* (SR) DIN 41760 / forward resistance || **≗widerstand in Rückwärtsrichtung** (Thyr) / reverse conducting resistance || **≗zeit** *f* (Elektronenröhre) / conducting period, on period || **≗zustand** *m* (Thyr, Diode) / on-state *n*, conducting state || **≗zustand in Rückwärtsrichtung** (Thyr) / reverse conducting state || **≗zustand in Vorwärtsrichtung** (Thyr) / forward conducting state, on-state *n*
Durchlauf *m* / cycle *n*, execution *n* || ≗ *m* (WZM) / pass *n*, repetition *n* || ≗ *m* (Rob.) / loop *n* || ≗ *m* (aller Umstellerstufen) / continuous cycle || ≗ **des Einstellbereichs** (Trafo) / cycle of operation || **Frequenz~** *m* / frequency sweep || **Programm~** *m* / program execution, program run, computer run || **≗armatur** *f* (Leitfähigkeitsmesser) / flow-type conductivity cell, flow cell assembly || **pH-≗armatur** *f* / flow-type pH electrode assembly || **≗aufnehmer** *m* / flow cell, flow sensor, flow chamber

Durchlauf·bearbeitung *f* / continuous machining || ²**betrieb** *m* / continuous duty, continuous running, uninterrupted duty || ²**betrieb** *m* (Betrieb m. Dauerbefehl) / persistent-command mode, latched mode || ²**betrieb mit Aussetzbelastung** / continous-operation periodic duty || ²**betrieb mit Aussetzbelastung** (DAB) / continuous duty with intermittent loading || ²**betrieb mit Kurzzeitbelastung** (DKB) / continuous operation with short-time loading

durchlaufen *v* / pass *v*

durchlaufend *adj* (Dauerbetrieb) / operating continuously || ~ *adj* (Mot., nicht reversierbar) / non-reversing *adj* || **~e Kehlnaht** / continuous fillet weld || **~e Welle** / transmitted wave || **~e Wicklung** / continuous winding || **~er Betrieb** / uninterrupted duty

Durchlauf·erhitzer *m* / flow-type heater, through-flow heater, continuous-flow heater, through-flow water heater || ²**gefäß** *n* (Leitfähigkeitsmesser) / flow cell, flow chamber || ²**geschwindigkeit** *f* (Frequenzen) / sweep rate || ²**-Glühofen** *m* / continuous annealing furnace || ²**kammer** *f* / flow chamber || ²**kühlung** *f* / once-through cooling || ²**nummer** *f* / cycle number || ²**protokoll** *n* (WZM, NC) / pass log

Durchlauf·regal *n* / flow rack, flow shelf || ²**säge** *f* / continuous saw || ²**schaltbetrieb** *m* / continuous periodic duty, continuous multi-cycle duty || ²**schaltbetrieb** *m* (DSB) / periodical operation type duty || **~sichere Schaltung** (Trafo-Stufenschalter) / intertap interlocked operation, tap-to-tap interlock || ²**steuerung** *f* (Fertigung) / operations monitoring and control || ²**tränkung** *f* / continuous impregnating || ²**verzögerung** *f* / signal delay, transit delay || ²**zahl** *f* (WZM, NC) / number of passes, (number of) repetitions *n pl*

Durchlaufzeit *f* / cycle time, flow time, processing time, time duration, machining time || ² *f* (zwischen Anlieferung eines Teils, Bearbeitung und Liegezeit) / floor-to-floor time || ² *f* (Produktion) / throughput time || ² *f* (Zeit zwischen Auftragserteilung an eine Instanz und dem Vorliegen des Auftragsergebnisses) DIN 44300 / turnaround time || ² *f* (Programm) / run time || **Schleifen-**² *f* / iteration time

Durchlaufzelle *f* / flow cell, flow chamber

durchlegieren *v* (HL) / fail *v*, break clown *v*

Durchlegierung *f* / fused junction

durchleiten *v* / transmit *v*, transfer *v* || **~, beim Nachbar-EVU** / take from neighbouring utlity

Durchleitung *f* / transit *n* || ² **für Endkunden** (Stromverbraucher) / retail wheeling

Durchleitungs·gebühr *f* / transit charge || ²**recht** *n* / wayleave right || ²**verluste** *m pl* / wheeling loss

Durchleuchtbarkeit *f* / radiosity *n*

Durchleuchtung *f* (RöA) / fluoroscopy *n*, roentgenoscopy *n*, fluoroscopic examination

Durchlicht·(beleuchtung) *n (f)* (Rob.-Erkennungssystem) / rear illumination, backlighting *n* || ²**beleuchtung** *f* / transparent lighting || ²**melder** *m* / transmitted-light detector || ²**verfahren** *n* / transmitted-light method

Durchmesser *m* / diameter *n*, dia. || **in Richtung abnehmender** ² / in direction of decrease of diameter || ²**abnutzung** *f* / diameter wear || ²**bürste** *f* / diametral brush || ²**erweiterung** *f* / extension of diameter || ²**korrektur** *f* (NC, Korrekturwert) / diameter offset || ²**korrektur** *f* (NC) / diameter compensation || ²**maßeingabe** *f* (NC) / diameter input || ²**schaltung** *f* / diametral connection, double bridge connection || ²**spannung** *f* / diametral voltage, diametric voltage || ²**spiel** *n* / diametral clearance, radial clearance || **in** ²**stellung** / diametrically opposed || ²**teilung** *f* / diametral pitch || ²**wicklung** *f* / full-pitch winding, diametral winding

durchmetallisiert *adj* / through-metallized *adj*

durchnummerieren *v* / number consecutively

durchpausen *v* / trace *v*, transfer *v*

durchprüfen *v* / check *v*, inspect *v*, test *v*, examine *v*

Durchprüfung *f* / complete check, inspection *n*, test *n*, examination *n*

Durchreißen *n* (Stanzen) / lancing *n* || ² **des Schalters** / whipping through the switch handle

Durchrieb *m* / abrasive action

durchsacken *v* / sag *v*

Durchsatz *m* / throughput *n*, flow rate (fluids), output per unit time || ² *m* (Produktion) / production rate, quantity per unit time || ²**menge** *f* / flow rate || ²**menge** *f* (Flüssigkeit je Zeiteinheit) / mass rate of flow || **kleine** ²**menge** / small flow || ²**rate** *f* / throughput rate || ²**steuerung** *f* (Fabrik) / throughput control

Durchschallung *f* / sound testing, ultrasonic testing, stethoscopic testing, acoustic testing || **V-**² *f* / V transmission

Durchschallungs·technik *f* DIN 54119 / through-transmission technique || ²**tiefe** *f* / ultrasonic penetration

Durchschaltabhängigkeit *f* (binäres Schaltelement) / transmission dependency

durchschalten *v* / switch through *v*, connect *v*, to complete the circuit, enable *v* || **schrittweises** ² (SPS-Funktionen) / stepping through (the functions)

Durchschaltfilter *n* / bandpass *n*

Durchschaltung *f* (Multiplexing) / multiplexing *n* || ² *f* (v. Kanälen) / switching *n* || ² **von Schutzleitern** / interconnection of protective conductors || **Messkreis~** *f* / measuring-circuit multiplexing

Durchschaltzeit *f* (Thyr) DIN 41786 / gate-controlled rise time

durchscheinend *adj* / translucent *adj* || **~es Medium** / translucent medium

Durchschlag *m* (Lichtbogendurchschlag bei Isolationsfehler) / disruptive discharge IEC 60-1, breakdown *n* || ² *m* (Durchschrift) / copy *n* || ² *m* (LE, eines Ventils o. Zweigs) / breakdownn || ² *m* (in gasförmigen o. flüssigen Dielektrika) / sparkover *n* || ² *m* (an der Oberfläche eines Dielektrikums in gasförmigen o. flüssigen Medien) / flashover *n* || ² *m* (festes Dielektrikum) / puncture *n* || ² **in Rückwartsrichtung** (HL) / reverse breakdown || ² **in Vorwärtsrichtung** (HL) / forward breakdown || **elektrischer** ² IEC 50(212) / electric breakdown || ²**-Blitzstoßspannung** *f* / disruptive lightning impulse

durchschlagen *v* (Isol.) / puncture *v*, break down *v*

durchschlagend *adj* / swinging through || **~e Stellklappe** / swing-through butterfly valve

Durchschlag·feldstärke *f* / disruptive field strength, breakdown field strength, disruptive strength, electric strength || **~fest** *adj* / puncture-proof *adj*

Durchschlagfestigkeit *f* / electric strength IEC 50(212), disruptive strength, puncture strength, breakdown strength || **absolute** ≈ / intrinsic dielectric strength
Durchschlag·kanal *m* IEC 50(212) / puncture *n* || ≈**prüfung** *f* / breakdown test, time-to-puncture test, puncture test || ≈**prüfung mit Wechselspannung** VDE 0674,1 / power-frequency puncture voltage test || ≈**punkt** *m* (Kugelfunkenstrecke) / sparkover point || ≈**sfestigkeit** *f* / disruptive strength || **~sicher** *adj* / puncture-proof *adj* || ≈**sicherung** *f* / overvoltage protector || ≈**spannung** *f* VDE 0432, T.1 / disruptive discharge voltage IEC 60-1, breakdown voltage || ≈**spannung** *f* (festes Dielektrikum) VDE 0674,1 / puncture voltage IEC 168 || ≈**spannung** *f* (HL) / breakdown voltage, punch-through voltage
Durchschlag·versuch *m* / breakdown test, time-to-puncture test, puncture test || ≈**wahrscheinlichkeit** *f* / disruptive discharge probability || ≈**weg** *m* / puncture path || ≈**widerstand** *m* (Innenisolationswiderstand) / internal insulation resistance, volume resistance || ≈**zeit** *f* / time to puncture, time to breakdown
Durchschleif·betrieb *m* / loop-through operation || ≈**betrieb** *m* (Monitore) / loop-through arrangement (o. connection), cascaded arrangement || ≈**dose** *f* / looping-in box
durchschleifen *v* (Leiter) / loop through *v*, loop in *v*, connect through *v*
Durchschlupf, maximaler ≈ DIN 55350, T.31 / average outgoing quality limit (AOQL)
durchschmelzen *v* (Sich.) / blow *v*, melt *v*
Durchschmelzverbindung *f* (Speicherbaustein) / fusible link
Durchschnitt *m* (arithmetischer Mittelwert) / arithmetic mean || ≈ *m* (CAD) / intersection *n*
durchschnittlich *adj* / avarage *adj* || **~e Abweichung** (vom Mittelwert) / average deviation (from the mean) || **~e Anzahl der geprüften Einheiten je Los** / average total inspection (ATI) || **~e Fertigungsqualität** / process average || **~e Nutzungsdauer** / average life || **~e Regenmenge** / average precipitation rate || **~er Fehleranteil** (QS) / process average defective || **~er Gesamtprüfumfang** / average total inspection (ATI) || **~er Stichprobenumfang** / average sample number (ASN)
Durchschnitts·abweichung, arithmetische ≈**abweichung** / arithmetic average deviation || ≈**ergebnis** *n* / average result, average outcome || ≈**erlös pro kWh** / average price per kWh || ≈**preis pro kWh** / average price per kWh || ≈**probe** *f* DIN 51750 / average sample || ≈**wert** *m* / average value, mean value || **geometrischer** ≈**wert** / root-mean-square value, r.m.s. value
Durchschrift *f* / copy *n*
Durchschubkraft *f* (Durchzugleser) / push-through force
Durchschwingen *n* (Impuls) / back swing
Durchsenkung *f* / sag *n*
durchsetzen *v* (magn.) / permeate *v*
Durchsicht *f* (Prüf.) / visual inspection
durchsichtig *adj* / transparent *adj*
durchsichtiges Medium / transparent medium
Durchsichtigkeitsgrad *m* / internal transmission factor (GB), internal transmittance (US)
Durchsickern *n* / seepage *n*
Durchsprache *f* / conference *n*
durchspülen *v* (m. Flüssigk.) / flush *v*, rinse *v* || ~ *v* (m. Luft, Gas) / purge *v*, scavenge *v*
Durchspülung, Überdruckkapselung mit dauernder ≈ / open-circuit pressurized enclosure || **Überdruckkapselung mit ständiger** ≈ **von Zündschutzgas** / pressurization with continuous circulation of the protective gas
Durchstartfläche *f* (Flp.) / balked landing surface
durchstechen *v* (lochen) / pierce *v*
durchsteckbar *adj* / can be passed through
Durchsteck·durchführung *f* / draw lead bushing || ≈**fassung** *f* (Lampe) / push-through lampholder || ≈**schraube** *f* / through-bolt *n* || ≈**stromwandler** *m* / bar-type current transformer, straight-through current transformer || ≈**träger** *m* / high girder || ≈**wandler ohne Primärleiter** / winding-type transformer
Durchsteuern *n* (Schutz, erzwungene Auslösebefehle) / forced tripping
durchstimmbar *adj* / tunable *adj*
Durchstimmbereich *m* (Oszillator, Verstärker) / tuning range
Durchstimmen *n* / tuning *n*
Durchstrahlaufnahme *f* (RöA) / transmission exposure
durchstrahlen *v* (Prüf.) / examine radiographically, radiograph *v*, X-ray *v*
Durchstrahl-Probenträger *m* / transmission specimen holder
durchstrahlte Dicke / depth of penetration, penetration *n*
Durchstrahlung *f* / radiographic inspection (o. examination), radiography *n*, X-ray testing, gamma-ray testing
Durchstrahlungs·bild *n* / radiograph *n*, radiographic image || ≈**dicke** *f* / depth of penetration, penetration *n* || ≈**mikroskop** *n* / transmission microscope, transmission electron microscope || ≈**prüfung** *f* (m. Röntgenstrahlen) / radiographic inspection (o. examination), radiography *n*, X-ray testing, gamma-ray testing || ≈**tiefenmesser** *m* / penetrameter *n*
durchstreichen *v* / strike out
Durchströmung *f* / flow *n*
Durchsuchen *n* (BSG) / browsing *n*, search *n*
durchsuchen *v* / search *v*, scan *v*, find *v*, browse *v*
Durchtränkung *f* / impregnation *n*, degree of impregnation
Durchtritts·frequenz *f* / gain crossover frequency || ≈**kreisfrequenz** *f* / gain crossover frequency
durchverbinden *v* / interconnect *v*
Durchverbindung *f* (gS) / through-connection *n* || ≈ **des Schutzleiters** / earthing continuity || **Schirm~** *f* (StV.) / screen continuity
durchverbundener Schirm (StV.) / continuous screen
durchwärmen *v* / heat-soak *v*, soak *v*
Durchwärmungsdauer *f* / soaking period
durchzeichnen *v* / trace *v*
Durchzieh·-Ausweiskarte *f* / push-through badge, push-through identity card || ≈**draht** *m* (f. Leiter) / fishing wire, fish tape, snake *n*
durchziehen *v* (Ausweiskarte) / push through *v*, pass *v*
Durchziehwicklung *f* / pull-through winding

Durchzug *m* (Schraubbefestigung) / plunging *n* || ²**belüftung** *f* / open-circuit ventilation, open-circuit cooling || ²**leser** *m* / push-through reader || ²**probe** *f* / running sample
durchzugsbelüftet *adj* / open-circuit ventilated || **~e Maschine** / open-circuit air-cooled machine, enclosed-ventilated machine || **~e Maschine mit Eigenlüfter** / enclosed self-ventilated machine || **~e Maschine mit Fremdlüfter** / enclosed separately ventilated machine
Durchzugsbelüftung *f* (el. Masch.) / open-circuit cooling, end-to-end cooling, axial ventilation, mixed ventilation || ² *f* (Schrank) / through-ventilation *n*, open-circuit ventilation || ² **durch Eigenkonvektion** (Schrank) / through-ventilation by natural convection
Durchzugs·kühlung *f* (Ex p) / open-circuit cooling by pressurizing medium || **Maschine mit** ²**kühlung** (Ex p) / pressurized machine || ²**leser** *m* / push-through reader, push-through terminal || ²**spannung** *f* (Schütz, Ausl.) / seal-in voltage
Durchzünden *n* / conduction-through *n* || **schlagartiges** ² (LE) / crowbar firing
Durchzündung *f* (ESR) / arc-through *n*, shoot-through *n* || ² *f* (LE) / conduction-through *n* || ² *f* / restart *n*, restriking *n*
Duromer / thermoset *n*, thermosetting plastic
Duroplast *m* / thermoset *n*, thermosetting plastic
Düse *f* / nozzle *n* || ² *f* (Staubsauger) / cleaning head || ² *f* (Drossel f. Durchflussmessung) / flow nozzle, nozzle *n* || **nicht erweiterte** ² / no venturi outlet nozzle || ²**-Prallplatte-Prinzip** *n* / nozzle/baffle principle
Düsen·öffnung *f* (Messdüse) / throat *n* || **~ziehen** *v* / burr *v* || ²**ziehwerkzeug** *n* / burring die
DV / data processing (DP), information processing
DVA (drehzahlveränderbarer Antrieb) / variable-speed drive
D-Verhalten *n* (Reg.) / D-action *n*, derivative action, differential action
D_2-Verhalten *n* (Reg.) / D_2 action, second derivative action
D-Verstärkung *f* / D gain (differential gain)
DV-Landschaft *f* / data processing environment
DVM / digital voltmeter (DVM)
DVS (Datenverwaltungssystem) / DMS (data management system)
DW (Datenwort) / data word (DW)
DWA (Druckwechselabsorptionverfahren) / pressure-change absorption
Dynamic Servo Control (DSC) / Dynamic Servo Control (DSC)
Dynamik *f* / dynamics *n*, dynamic response, dynamic performance, response *n* || **zeitliche** ² / time dynamics || ²**anpassung** *f* / dynamic response adaptation || ²**bereich** *m* / dynamic range || ²**faktor kinet. Pufferung** / dynamic factor of kinetic buffering || ²**-Faktor Vdc-max Regler** / dynamic factor of Vdc-max || ²**verhalten** *n* / dynamic response || ²**vorsatz** *m* (elST) / differentiating filter stage, capacitor-diode input gate
dynamisch *adj* / dynamic *adj*, transient *adj* || **~ abmagnetisierter Zustand** / dynamically neutralized state || **~ neutralisierter Zustand** / dynamically neutralized state || **~e Zähigkeit** / dynamic viscosity || **~e Abweichungen** / transients *n pl* || **~e Ansteuerung** / dynamic control || **~e Auswuchtmaschine** / dynamic balancing machine, two-plane balancing machine || **~e B(H)-Schleife** / dynamic B(H) loop || **~e Belastung** / dynamic load, impulse load || **~e Bemessungsstromstärke** (Wandler) / rated dynamic current || **~e Dichtung** / dynamic seal, packing *n* || **~e Eigenschaften** / dynamic properties || **~e Empfindlichkeit** / dynamic sensitivity || **~e Festigkeit** / dynamic strength, short-circuit strength || **~e Fundamentbelastung** / dynamic load on foundation || **~e Genauigkeit** / dynamic accuracy || **~e Hystereseschleife** / dynamic hysteresis loop, dynamic B-H (J-H M-H loop) || **~e Kennlinie** / dynamic characteristics, transient characteristic, constant saturation curve || **~e Kippleistung** / transient power limit || **~e Konvergenz** / dynamic convergence || **~e Kurzschlussfestigkeit** / short-circuit strength, dynamic strength, mechanical short-circuit rating || **~e Magnetisierungskurve** / dynamic magnetization curve || **~e Prüfung** / dynamic test || **~e Reaktanz** / transient reactance || **~e Stabilitätsgrenze** / transient stability limit || **~e Stabilität** / transient stability, dynamic stability || **~e Tragfähigkeit** / dynamic carrying capacity || **~e Tragzahl** (Lg.) / basic dynamic load rating, dynamic load rating || **~e Unwucht** / dynamic unbalance || **~e Viskosität** / dynamic viscosity || **Stabilität bei ~en Vorgängen** / transient stability, dynamic stability || **~er Ausgang** / dynamic output || **~er Bemessungsstrom** / rated dynamic current, dynamic rating, mechanical rating, mechanical short-circuit rating || **~er Biegeradius** (Kabel) EN 60966-1 / dynamic bending radius || **~er Eingang** DIN 40700, T.14 / dynamic input IEC 117-15 || **~er Eingang mit Negation** / negated dynamic input || **~er Grenzstrom** EN 50019 / dynamic current limit, instantaneous short-circuit current || **~er Grenzwert** (Rel., einer Erregungsgröße) VDE 0435, T.110 / limiting dynamic value || **~er Grenzwert des Kurzzeitstroms** / limiting dynamic (value of) short-time current) || **~er Kurzschluss-Ausgangsstrom** (SR) / dynamic short-circuit output current || **~er Lastwinkel** (Schrittmot.) / dynamic lag angle || **~er Schwingungsaufnehmer** / electrodynamic vibration pick-up || **~er Spannungsregler** / dynamic voltage regulator || **~er Störabstand** / dynamic noise immunity || **~er Vorgang** / dynamic process, transient condition, transient *n* || **~es Auswuchten** / dynamic balancing, running balancing, two-plane balancing || **~es Bremsen** / dynamic braking, d.c. braking, rheostatic braking || **~es Grundgesetz** / fundamental law of dynamics || **~es Netzmodell** / transient network analyzer (TNA), transient analyzer || **~es RAM** (DRAM) / dynamic RAM (DRAM) || **~es Skalieren** (graft DV) / zooming *n* || **~es Verhalten** / dynamic response, dynamic performance, transient response, behaviour under transient conditions, dynamic behaviour || **~-mechanische Beanspruchung** DIN 41640 / dynamic stress IEC 512
Dynamisierungsausdruck *m* / dynamic expression
Dynamo *m* / dynamo *n*, d.c.generator || ²**blech** *n* / electrical sheet steel, electrical sheet, magnetic sheet steel || ²**draht** *m* / magnet wire || **~elektrisches Prinzip** / dynamoelectric principle || ²**maschine** *f* / dynamo *n* || ²**meter** *n* / dynamometer

n || **~metrisch** *adj* / dynamometric *adj*, dynamometrical *adj* || **²regel** *f* / right-hand rule, Fleming's right-hand rule
Dynamotor *m* / dynamotor *n*, rotary transformer
Dynode *f* / dynode *n*

E

E (Eingang) / input *n* (I), I (inputs), input point || ² (Eingangsparameter) / I (input parameter) || ² (Eingangssignal) / I (input signal)
E/A / input/output *n* (I/O), I/O || **²-Abbild** *n* / I/O image (o. map) || **²-Adresse** *f* / I/O address || **²-Anordnung** *f* / I/O array || **²-Anschluss** *m* / port *n*, I/O port || **²-Anschlussstelle** *f* (Steckplatz im BGT der Zentraleinheit eines MC-Systems) / I/O interface slot
EAB (Eingangsabbild) / IIM (input image)
E/A·-Baugruppe *f* / input/output module, I/O module || **²-Belegungstabelle** *f* / input/output flag reference list (I/Q/F reference list), I/Q reference list || **²-Bus-Anschaltbaugruppe** *f* / I/O bus interface module || **²-Bus-Protokoll** *n* / I/O bus protocol || **²-Busvoter** *m* / I/O bus voter || **²·-Direktzugriff** *m* / direct I/O access
E-Adresse / i address
EAG (Ein-/Ausgabegerät) / input/output unit
E/A·-intensiv *adj* / I/O-bound *adj* || **²-Konfiguration** *f* / I/O configuration
EAL (Erdausgleichsleitung) / earth equalizing cable, equipotential bonding conductor
E/A/M (Eingänge/Ausgänge/Merker) / inputs/outputs/flags
E/A·, dezentrales ²-Modul / distributed I/O module || **²-Modul** *n* / input/output module, I/O module || **²-Operation** *f* / I/O operation || **²-Peripherie** *f* / I/O peripherals || **²-Prozessor** *m* (EAP) / I/O processor (IOP)
EAS (Endanwenderschnittstelle) / UI (user interface)
E/As, schnelle ² / high-speed inputs/outputs, high-speed I/Os
E/A·-Schnittstelle *f* / I/O interface, input/output interface || **²-Steuerprogramm** *n* / I/O handler || **²-Steuersystem** *n* / I/O control system (IOCS) || ² **Typ** *m* / I/O type
E·-Aufteilung *f* / E-segmentation || **²-Ausgang** *m* (NS m. eingebautem Kippverstärker, antivalent, npn) / E output
E_2-Ausgang *m* (NS m. eingebautem Kippverstärker, antivalent, pnp) / E_2 output
EAusnV (Eichpflicht-Ausnahmeverordnung) / obligation-of-verification-exception-decree
E/A-Zuweisungsliste *f* / I/O allocation table (controls input and output data relative to channel number and address index position), traffic cop
EB / tapping range || ² / reference point (for mounting location), location reference point || ² (Eingangbyte) / IB (input byte)
EB1 (Erweiterungsbaugruppe 1) / EB1 (expansion board 1)
eben *adj* / level *adj*, even *adj*, plane *adj*, flat *adj*
Ebene *f* / level *n*, layer *n* || ² *f* (Wickl.) / plane *n*, tier *n*, range *n* || ² / layer
ebene Anordnung (Kabel) / flat formation
Ebene in 2D / layer *n*
ebene Welle / plane wave
Ebene, geneigte ² / oblique plane || **transportorientierte** ² / transport-oriented layer || **übergeordnete** ² / parent level
Ebenen, alle ² ausblenden / hide all levels || **alle ² einblenden** / show all levels || **²anwahl** *f* / plane selection || **flexible ²anwahl** / flexible plane selection || **²auswahl** *f* (a. NC-Wegbedingung) DIN 66025,T.2 / plane selection ISO 1056 || **²bezeichnung** *f* / plane designation || **²einstellung** *f* (Auswuchtmasch.) / plane separation || **²größe** *f* / bivector *n* || **²nummer** *f* / level number || **²struktur des Softwaresystems** / software level structure || **²technik** *f* (CAD) / layer technique, layering *n* || **²trennung** *f* / plane separation || **²vorschub** *m* / plane feed, plane feedrate || **²vorwahl** *f* / plane preselection || **²zustellung** *f* / plane infeed
ebener Graph / planar graph || **~ Spalt** (Ex-Geräte) EN 50018 / flanged joint || **~ Spiegel** / plane mirror || **~ Vektor** / two-dimensional vector
ebenerdiger Zugang / grade-level access
ebenes Spannfeld (Freiltg.) / level span
Ebenheit *f* / evenness *n*, planeness *n*, levelness *n*, flatness *n*, coplanarity *n*
Ebenheits·abweichung *f* / deviation from plane || **²toleranz** *f* / flatness tolerance, surface roughness tolerance
ebenso / in like manner
EBF (Einheitenbedienfeld) / UOP (unit operator panel)
EBGT / expansion rack (ER) || ² (Erweiterungsbaugruppenträger) / ER (expansion rack), I/O rack
EBI / electronic equipment for signal processing (EES)
EBIT / earnings before interest and taxes
E-bus 2 / E-bus 2
EC-Aluminium *n* / electrical conductor grade aluminium (EC aluminium), high-conductivity aluminium
ECC / EIBA coordination committee (ECC)
ECD / electron capture detector (ECD)
Echo·anzeige *f* / echo indication || **²betrieb** *m* (FWT) / transmission with information feed-back (echo principle) || **²breite** *f* / echo duration || **²dynamik** *f* / echo dynamics || **²funktion mit schwacher Einspeisung am Ende** (Schutzsystem) IEC 50(448) / echo function with weak infeed end || **²höhe** *f* / echo height || **²impuls-Einflusszone** *f* (tote Zone nach einem Echo) DIN 54119 / dead zone after echo || **²loten** *n* / echo-sounding || **²regulierung** *f* / echo control || **²schaltung** *f* / echo circuit || **²schar** *f* / cluster echo || **²schleife** *f* / echo loop || **²signal** *n* / echo signal, reflected signal || **²unterdrücker** *m* / echo suppressor || **²verfahren** *n* (Impulsechov.) / (pulse) reflection method, (pulse) echo technique
Echt-Effektivwertmessung *f* / true r.m.s. measurement
Echtheitsnachweis *m* (DU) DIN ISO 8348 / authentication *n*
Echtzeit *f* / real time || **²anforderung** *f* / real-time requirement || **²bearbeitung** *f* / real-time processing || **²betrieb** *m* / real-time mode || **²betriebssystem** *n* / RTOS || **²darstellung** *f*

(Impulsmessung) / real-time format || ≗**durchlauf** *m* / real-time run || ≗**meldung** *f* / SOE point || ≗**system** *n* / real-time system (RTS) || ≗**-Taktgeber** *m* / realtime clock (RTC) || ≗**telegramm** *n* / dated message || ≗**uhr** *f* / RTC (real-time clock) || **integrierte** ≗**uhr** / integral real-time clock || ≗**verarbeitung** *f* / real-time processing

Eck·beleuchtung *f* / cornice lighting || ≗**blech** *n* / corner plate || ≗**daten** *plt* / key data || ≗**drehzahl** *f* / transition speed

Ecke *f* / edge *n* || ≗ *f* (a. CAD) / corner *n* || ≗ **berechnen** / calculate corner || **Polyeder~** *f* / polyhedral angle || **scharfe** ≗ / sharp corner || **tote** ≗**n im Strömungsweg** / stagnant areas

Ecken·entnahme *f* (Messblende) / corner tap || ≗**fase** *f* / corner chamfer || ≗**prüfung** *f* / eccentricity test || ≗**radius** *m* / fillet *n*, corner radius || ≗**rundung** *f* / corner radius, fillet *n* || ≗**verhalten** *n* / corner behavior || ≗**verrundung** *f* (CAD) / fillet *n* || ≗**verzögerung** *f* / corner deceleration || ≗**verzögerung** *f* (WZM, NC Steuerungsfunktion bei NC-Systemen mit Regelkreisen, die Nachlauffehler des Servosystems minimiert, um unerwünschtes Eckenrunden bei der Bearbeitung von scharfen Kanten zu vermeiden) / deceleration at corners (A control function in closed-loop NC systems which minimizes following errors of the servo system to avoid unwanted corner roundoff when machining sharp corners) || ≗**verzögerungsgeschwindigkeit** *f* / corner deceleration velocity || ≗**winkel** *m* / corner angle || ≗**zahl** *f* / no. of corners

Eck·feld *n* / corner panel || ≗**fräser** *m* / right-angle cutter || ≗**frequenz** *f* / frequency limit, base frequency, cut-off frequency || ≗**frequenz** *f* (SR-Antrieb) / transition frequency || ≗**frequenz** *f* (Bode-Diagramm) / corner frequency || ≗**höhe** *f* / corner height || ≗**kasten** *m* (IK) / angle unit || ≗**last** *f* / cut-off load || ≗**leuchte** *f* / cornice luminaire || ≗**profil** *n* / edge profile || ≗**punkt** *m* / corner point || ≗**punkt** *m* (CAD) / corner *n* || ≗**punkt** *m* (Kurve) / vertex *n* || **3D-**≗**punkt** *m* / vertex *n* || ≗**-Rückschlagventil** *n* / angle-type non-return valve || ≗**schrank** *m* / corner distribution board || ≗**stellventil** *n* / angle control valve || ≗**stempel** *m* / corner stamp || ≗**stiel** *m* (Gittermast) / main leg || ≗**stielneigung** *f* (Freileitungsmast) / leg slope || ≗**stoß** *m* / corner joint || ≗**ventil** *n* / angle-type valve, angle valve || ≗**ventil** *n* (Rückschlagventil) / angle-type non-return valve || ≗**verbinder** *m* / corner connector || ≗**verbindung** *f* (a. IK) / corner coupling, angle unit, corner joint

ECL / emitter-coupled logic (ECL), current-mode logic (CML)

ECMA (European Computer Manufacturers Association) / ECMA (European Computer Manufacturers Association)

ED / ED (end delimiter) || ≗ (relative Einschaltdauer) / duty cycle

ED-Prozent *n* / cyclic duration factor (c.d.f.), load factor

Eddingstift *m* / felt-tip pen

Edel·festsitz *m* / finest force fit || ≗**fuge** *f* / high-quality joint || ≗**gas** *n* / inert gas, rare gas || ≗**gleichrichter** *m* / ideal rectifier || ≗**gleitsitz** *m* / slide fit, snug fit || ≗**haftsitz** *m* / finest keying fit || ≗**metall** *n* / noble metal || ≗**metall-Motor-Drehwähler** *m* / noble-metal uniselector (switch) || ≗**passung** *f* / close fit || ≗**schubsitz** *m* / push fit || ≗**stahl** *m* / high-grade steel, high-quality steel, special stainless steel || ≗**treibsitz** *m* / heavy drive fit, tight fit

Edison·-Fassung *f* / Edison screw holder || ≗**-Gewinde** *n* / Edison thread, Edison screw (E.S.) || ≗**-Sockel** *m* / Edison screw cap, Edison cap, medium cap

editieren *v* / edit *v* || ≗ *n* / editing *n*

Editier·feld *n* / editing box || ≗**feld Beschreibung** / Description editor field || ≗**fenster** *n* / editing window || ≗**hilfe** *f* / editing aid || ≗**lücke** *f* / editing gap || ≗**programm** *n* / editor program

Editor *m* / editor *n* || ≗**fehler** *m* / editor error || ≗**funktionen** *f pl* / editor functions

EDr / neutral earthing reactor, single-phase neutral earthing reactor IEC 289, neutral grounding reactor (US)

EDS / magnetic levitation system, EDS (Electronics System Division)

EdT / earthing transformer, grounding transformer

EDV / electronic data processing (EDP)

EEPROM (elektrisch löschbarer programmierbarer Festwertspeicher) / EEPROM (electrically erasable programmable read-only memory)

eff *adj* / rms *adj*

effektiv *adj* / rms *adj*

Effektivbereich *m* / specified measuring range IEC 1036

effektiv·e Abmessungen (magn. Kreis) / effective dimensions || **~e Ansprechzeit** (Rel.) / time to stable closed condition || **~e Last** / effective load, r.m.s. load || **~e Lichtstärke** / effective intensity || **~e Luftspaltlänge** / effective length of air gap, effective gap length || **~e Masse** (Magnetkörper) / effective mass, active mass || **~e Permeabilität** IEC 50(221) / effective permeability || **~e Rückfallzeit** / time to stable open condition || **~e skalare Permeabilität** / effective scalar permeability || **~e Strahlungsleistung** (EMV) / effective radiated power || **~e Trennschärfe** / effective selectivity || **~e Welligkeit** / r.m.s. ripple factor, ripple content || **~e Windungszahl je Phase** / effective turns per phase || **~er Ankerstrombelag** / effective armature (kilo-ampere conductors) || **~er Eisenquerschnitt** / effective core cross section || **~er Erregergrad** *m* (el. Masch.) / effective field ratio || **~er Luftspalt** / effective air gap || **~es Modenvolumen** *n* (LWL) / effective mode volume

Effektiv·leistung *f* (el. Masch.) / effective output, useful power, brake horsepower || ≗**strom** *m* (Wechselstrom) / r.m.s. current || ≗**strom** *m* (Gleichstrom) / effective current, root-mean-square current

Effektivwert *m* (quadratischer Mittelwert) / root-mean-square value, r.m.s. value || ≗ **der Wechselspannung** / r.m.s. power-frequency voltage || ≗**-Amplitudenpermeabilität** *f* / r.m.s. amplitude permeability || **Prüfung der** ≗**bildung** / r.m.s. accuracy test || ≗**-Detektor** *m* / r.m.s. detector, root-mean-square detector || ≗**instrument** *n* / r.m.s.-responding instrument, r.m.s. instrument || ≗**-Messgerät** *n* / r.m.s.-responding instrument, r.m.s. instrument || ≗**-Spannungsabweichung** *f* / r.m.s. voltage variation

Effektor *m* / effector *n*, actuating element || **Echt-**

²messung *f* / true r.m.s. measurement
Effekt·projektor *m* / effects projector || ²**rahmen** *m* (Leuchte) / contrast frame, effects frame || ²**scheinwerfer** *m* / profile spotlight, effect spotlight || ²**steuerung** *f* (BT) / effects control
Effizienz *f* / efficiency *n*
EFG (Erfüllungsgrad) / degree of fulfillment
EFL / emitter follower logic (EFL)
EFM / status discrepancy alarm (SDA)
EFTL / emitter-follower transistor logic (EFTL)
EG (elektronisches Getriebe) / EG (electronic gear) || ² (Erweiterungsgerät) / expansion rack, EU (expansion unit)
EG-Anschaltung *f* (Erweiterungsgerätanschaltung) / EU interface module (expansion unit interface module)
EGB (elektrostatisch gefährdetes Bauelement) / electrostatic sensitive devices (ESD), component sensitive to electrostatic charge || ²**-Richtlinien** *f* (Richtlinien für elektrostatisch gefährdete Bauelemente) / ESD guidelines || ²**-Vorschriften** *f* / safety measures for ESD
EGH / siehe Elektrogroßhandel
EG-Maschinenrichtlinie *f* / EC machinery directive
EGR / exhaust gas recirculation (EGR)
EH / electronic-hybride mode of tripping (EH)
E/H-Aufteilung *f* / E/H segmentation
EHS / EHS (European Home Systems)
EHSA / EHSA (European Home Systems Association)
E/H-Streckenaufteilung *f* / E/H segmentation
EIA (Electronic Industries Association) / EIA (Electronic Industries Association)
EIARS / EIARS
EIB (European Installation Bus) / EIB (European installation bus) || ²**-Bussystem** *n* / EIB bus system || ²**-Datenschnittstelle** *f* / EIB data interface || ² **Informations- und Entwicklungs-Set** / EIB Information and Development Set || ²**-Standard-Busankoppler** *m* / standard BCU, standard EIB bus coupler || ²**-Zeitsignalgeber** *m* / EIB time signal generator
EIBA-Rechnungsprüfer *m* / EIBA Auditor
Eich·anweisung *f* / verification instruction || ²**beglaubigung** *f* / certificate of calibration || ²**behörden** *f* / weights and measures office || ²**bescheinigung** *f* / verification certificate || ²**diagramm** *n* / calibration plot
Eichen *n* / adjustment *n*, calibration *n* || ~ *v* / calibrate *v*, gauge *v*, verify *v*
eichfähig *adj* / with calibration capability
Eich·fähigkeit *f* / admissibility for verification, calibration capability || ²**fahrzeug** *n* / standard test vehicle || ²**fehler** *m* / calibration error || ²**fehlergrenze** *f* / limits of error on verification || ²**fehlergrenzen** *f pl* / limits of error in legal metrology, calibration error limits || ²**frequenz** *f* / standard frequency
Eich·gas *n* / calibration gas || ²**geber** *m* / calibrator *n* || ²**generator** *m* / calibration pulse generator || ²**gerade** *f* / straight calibration line, calibration line || ²**gerät** *n* / calibrator *n*, standard *n* (instrument) || ²**gesetz** *n* / weights and measures act || ²**gültigkeitsdauer** *f* / period of validity of verification || ²**impuls** *m* / calibrating pulse, standard pulse || ²**kabel** *n* / calibration cable, matched calibrator cable || ²**kurve** *f* / calibration curve, calibrating plot || ²**maß** *n* / standard measure, standard *n* || ²**normale** *f* / standard measure, working standard ..standard *n*, etalon *n* || ²**normale nach Labormaßstäben** / laboratory working standard
Eich·ordnung *f* / calibration regulations || ²**ordnung** *f* (EO) / weight and measures regulation, CR || ²**pflicht** *f* / obligation of verification || ²**pflicht-Ausnahmeverordnung** *f* (EAusnV) / obligation-of-verification-exception-decree
eichpflichtig *adj* / requiring official calibration
Eich·plakette *f* / calibration label, calibration sticker || ²**protokoll** *n* / calibration report || ²**raum** *m* / calibration room || ²**reihe** *f* / calibration series || ²**schein** *m* / verification cerificate || ²**spannung** *f* / calibration voltage, reference voltage || ²**stelle** *f* / calibration facility
Eichung *f* / adjustment *n*, calibration *n*, gauging *n*
Eich·wert *m* / calibration value, standard value, verification interval || ²**wertgeber** *m* / calibrator *n*
eichwürdig *adj* / accurate enough to be used for calibration
Eich·zähler *m* / standard watthour meter, standard meter, portable standard (watthour meter) || ²**zähler** *m* (f. Umdrehungsmessung) / rotating standard (meter), rotating substandard (r.s.s.) || ²**zeichen** *n* / verification mark
Eigen·abweichung *f* (Messumformer) / intrinsic error || ²**anregung** *f* / self-excitation *n* || ²**austauschkoeffizient** *m* (BT) / self-exchange coefficient
Eigenbedarf *m* / station service, auxiliaries service, control and station auxiliaries, own requirements || **gesicherter** ² / essential auxiliary circuits || **ungesicherter** ² / non-essential auxiliary circuits || ²**-Sammelschiene** *f* / station-service bus, station auxiliaries bus
Eigenbedarfs·anlage *f* / auxiliaries system, station auxiliaries, auxiliaries *n pl*, station-service system || **Block~anlage** *f* / unit auxiliaries system || ²**ausrüstung** *f* / auxiliaries *n pl*, station-service equipment || ²**generator** *m* / auxiliary generator || ²**leistung** *f* / station service load, power station internal load, auxiliaries load || ²**leistung** *f* (KW) / generating-station auxiliary power, station auxiliaries power || ²**schaltanlage** *f* / auxiliary switchgear, station-service switchgear, station-auxiliaries switchgear || ²**schalttafel** *f* / auxiliary switchboard, station-service switchboard, auxiliary supplies board || ²**transformator** *m* / station-service transformer, auxiliaries transformer || ²**transformator eines Blockes** / unit auxiliary transformer || ²**verteilung** *f* / auxiliary switchboard, station-service distribution board, station-auxiliaries distribution board
eigenbelüftet *adj* / self-ventilated *adj*, self-cooled *adj*, naturally cooled
Eigen·belüftung *f* / self-ventilation *n*, self-cooling *n* || **völlig geschlossene Maschine mit äußerer** ²**belüftung** / totally enclosed fan-cooled machine, t.e.f.c. machine, ventilated-frame machine || ²**-Bestätigung** *f* / self-certification *n* || ²**bürde** *f* / inherent burden, burden *n*
Eigen·dämpfung *f* / intrinsic damping || ²**diagnose** *f* / self-diagnosis *n*, self-diagnostics *plt* || ²**diagnose** *f* (Kfz) / on-board diagnosis
eigene Höreradresse (PMG) DIN IEC 625 / my

listen address (MLA) IEC 625 || ~ **Speicheradresse** (PMG) DIN IEC 625 / my talk address (MTA) IEC 625 || ~ **Zweitadresse** (PMG) DIN IEC 625 / my secondary address (MSA) IEC 625

Eigenelektronik *f* / proprietary electronics

eigen·er Prozessor (SPS) / dedicated processor || **~erfasst** *adj* / self-collected *adj* || **~erregte Maschine** / machine with direct-coupled exciter, self-excited machine

Eigen·erregung *f* (el. Masch.) / excitation from direct-coupled exciter, self-excitation *n* || **direkte ≗erregung** (Gen.) / excitation from prime-mover-driven exciter || **indirekte ≗erregung** / excitation from separately driven exciter || **Maschine mit ≗erregung** / machine with direct-coupled exciter, self-excited machine || **≗erwärmung** *f* / self-heating *n* || **≗erzeugung** *f* / in-plant generation || **≗fehler** *m* / intrinsic error, inherent error (a. ADC, DAC) || **≗fehler** *m* (Schutzrel., Bereichsfehler) / inherent reach error || **≗feld** *n* / self-field *n* || **~fest** *adj* / intrinsically safe || **≗frequenz** *f* / natural frequency || **≗frequenz des gedämpften Systems** / damped frequency || **≗frequenzmodulation** *f* DIN IEC 235, T.1 / incidental (or self-generated frequency modulation)

eigengekühlt *adj* / self-ventilated *adj*, self-cooled *adj*, naturally cooled || **~e Leuchte** / self-cooled luminaire || **~e Maschine** / self-ventilated machine, self-cooled machine

Eigengeschäft *n* / home business

eigen·gesteuert hören beenden (PMG) DIN IEC 625 / local unlisten (lun) || **~getakteter Stromrichter** / self-clocked converter

Eigen·gewicht *n* (Fahrzeug) / tare mass || **≗halbleiter** *m* / intrinsic semiconductor || **≗harmonische** *f* / inherent harmonic || **≗impedanz** *f* / self-impedance *n* || **≗induktivität** *f* / self-inductance *n* || **≗kapazität** *f* / self-capacitance *n*, inherent capacitance, internal capacitance || **≗- und Fremdbelüftung** *f* (el. Masch.) / combined ventilation || **≗konvektion** *f* / natural convection, convection *n* || **≗kopie** *f* / local copy || **≗kraftwerk** *n* / captive power station, in-plant power station || **≗-Kreisfrequenz** *f* / natural angular frequency || **≗kühlung** *f* (z.B. mittels des an der Motorwelle angebrachten Lüfters) / self-ventilation *n*, self-cooling *n* || **Maschine mit ≗kühlung durch Luft in geschlossenem Kreislauf** / closed air-circuit fan-ventilated air-cooled machine || **völlig geschlossene Maschine mit ≗kühlung durch Luft** / totally-enclosed fan-ventilated air-cooled machine

Eigen·leistung *f* (Trafo) / equivalent kVA, equivalent rating || **≗leitfähigkeit** *f* (Eigenhalbleiter) / intrinsic conductivity || **≗leitung** *f* (HL) DIN 41852 / intrinsic conduction || **≗leitungsdichte** *f* (HL) DIN 41852 / inversion density || **~leitungslose Übertragung** / mains signalling || **≗lüfter** *m* / self-ventilator *n* || **≗lüfter** *m* (el. Masch.) / integral fan, mainshaft-mounted fan, shaft-mounted fan || **völlig geschlossene Maschine mit ≗lüftung** / totally-enclosed fan-ventilated machine

Eigen·magnetfeld *n* / self-magnetic field || **~magnetisch** *adj* / self-magnetic *adj* || **~magnetische Beblasung** / self-generated magnetic blow-out || **≗masse** *f* / mass *n* || **≗merkmal** *n* DIN 4000,T.1 / natural characteristic || **magnetisches ≗moment** / intrinsic magnetic moment || **≗polarität** *f* / autopolarity *n* || **≗prüfung** *f* / operator control, self-test *n*, workshop inspection || **≗-Quantisierungsfehler** *m* / inherent quantization error || **≗rauschen** *n* / background noise || **≗rauschleistungsdichte** *f* / noise-equivalent power (NEP) || **≗reaktanz** *f* / self-reactance *n* || **≗reflexionsgrad** *m* / reflectivity *n* || **≗resonanz** *f* / natural resonance, self-resonant frequency || **≗resonanzfrequenz** *f* / self-resonant frequency

Eigenschaft *f* / property *n*, characteristic *n*, quality *n*, feature *n* || **dynamische** ≗ / dynamic behaviour

Eigenschaften *f pl* / properties *n pl* || ≗ **der Komponente** / properties of the component || ≗ **der Pfadkomponente** / properties of the path component || ≗ **der seriellen Komponente** / properties of the serial component || ≗ **des Ursprungsdatenträgers** / properties of the original data carrier || ≗ **im Beharrungszustand** (MG) / properties in steady state, static properties || ≗ **vererben** / pass properties on || **chemische** ≗ / chemical property, corrosive property

Eigenschaftsschlüssel *m* / compliance level

Eigen·schmierung, Gleitlager mit ≗schmierung / oil-ring lubricated bearing, ring-lubricated bearing, oilring bearing || **≗schwingung** *f* / natural oscillation, natural vibration || **Periode der ≗schwingung** / natural period of oscillation || **≗schwingungsfrequenz** *f* / natural frequency || **≗schwingungszahl** *f* / natural frequency || **≗schwungmoment** *n* (Mot.) / motor flywheel effect

eigensicher *adj* / intrinsically safe, inherently safe || **~er Stromkreis** (Ex i) / intrinsically safe circuit || **~er Transformator** / flameproof transformer, explosion-proof transformer || **~es elektrisches Betriebsmittel** EN 50020 / intrinsically safe electrical apparatus

Eigen·sicherheit *f* EN 50020 / intrinsic safety || **≗sicherheit EExi** / intrinsic safety EExi || **≗spannung** *f* (el.) / natural voltage || **≗spannung** *f* (mech.) / internal stress || **≗spannung** *f* (nach dem Schweißen) / residual stress, locked-up stress || **≗stabilisierung** *f* / intrinsic stabilization || **≗stabilität** *f* (el. Masch.) / inherent stability

eigenständiges Einplatzsystem / independent single-user system || ~ **Gerät** / stand-alone unit, self-contained unit

Eigen·steuerung *f* DIN IEC 625 / local control || **≗steuerung hören beenden** (PMG) DIN IEC 625 / local unlisten (lun) || **auf ≗steuerung schalten** (PMG) / go to local || **≗steuerung verriegeln** (PMG) DIN IEC 625 / local lockout (LLO) IEC 65 || **≗steuerzustand** *m* (PMG) DIN IEC 625 / local state (LOCS) || **≗steuerzustand mit Verriegelung** (PMG) DIN IEC 625 / local with lockout state (LWLS) || **≗strahlung** *f* / self-radiation *n*, natural radiation, characteristic radiation || **≗strom** *m* / induced current, natural current || **≗strukturierung** *f* (Konfiguration) / self-configuration *n*

Eigen·temperatur *f* / characteristic temperature || **≗testroutine** *f* / self test routine || **≗thermik** *f* / natural thermal convection || **≗trägheitsmoment** *n* (Mot.) / motor moment of inertia || **≗tümer** *m* / owner *n* || **≗überwachung** *f* / self-monitoring *n*, self-supervision *n*

Eigenverbrauch *m* / power consumption, consumption *n*, burden *n*, intrinsic consumption || ≗ *m* (Messgerät) VDI/VDE 2600 / intrinsic

consumption || **Kraftwerks-**≗ *m* / station-service consumption, power station internal consumption
eigen·versorgt *adj* / internal power supply || ≗**versorgung** *f* / internal power supply || ≗**verzögerung** *f* / self delay || ≗**wärme** *f* / specific heat, heat capacity per unit mass, specific heat capacity
Eigenzeit *f* (SG) / mechanical delay, time to contact separation || ≗ *f* (Schutz, Ventil) / operating time || ≗ *f* (Verlustzeit infolge Trägheit der mechanischen Glieder oder der Steuerung) / inherent delay || **Ansprech~** *f* (unverzögerter Ausl.) / operating time, operate time || **Ausschalt~** *f* (Öffnungszeit) VDE 0670, T.101 / opening time IEC 56-1 || **Ein-Ausschalt-~** *f* / close-open time || **Einschalt~** *f* (Die Einschalteigenzeit (Schließzeit) ist die Zeitspanne zwischen dem Einleiten der Einschaltbewegung und dem Augenblick der Kontaktberührung in allen Polen) VDE 0670, T.101 / closing time IEC 56-1 || **Rückfall~** *f* / release time || ≗**konstante** *f* (Transduktor) / residual time constant IEC 50(12)
Eigen·zertifizierung *f* / self-certification || ≗**ziel** *n* / station address/stored data
Eignungsprüfung *f* / performance test, proficiency testing
Eiisolator *m* / strain insulator
Eil·ablauf *m* (SPS) / rush sequence || ≗**bewegung** *f* / rapid traverse || ≗**datenübertragung** *f* / expedited-data transmission || ≗**dienst** *m* / express service || ≗**-/Schleichgang-Positionierung** *f* / rapid/creep-feed positioning || ≗**stromautomat** *m* / leading m.b.c.
Eilgang *m* (WZM) / rapid traverse, rapid feed || ≗ *m* (NC, CLDATA-Wort) / rapid ISO 3592 || ≗**bewegung** *f* / rapid traverse movement (o. motion) || ≗**geschwindigkeit** *f* / rapid traverse rate, rapid traverse || **konventioneller** ≗ / rapid traverse in jog mode || ≗**korrektur** *f* / ROV (rapid override), rapid traverse override || ≗**korrektur** *f* (von Hand) / rapid traverse override || ≗**korrektur** *f* (automatisch) / rapid traverse compensation || ≗**korrekturschalter** *m* / rapid traverse override switch || ≗**override** *m* / ROV (rapid override), rapid traverse override || ≗**überlagerung** *f* / ROV (rapid override), rapid traverse override
Eilgangs·taste *f* / rapid traverse key || ≗**überlagerung** *f* / ROV (rapid override), rapid traverse override || ≗**überlagerungstaste** *f* / rapid traverse override key
Eimerkettenschaltung *f* (BBD) / bucket-brigade device (BBC)
Ein / On
Einachspositionierung *f* / single-axis positioning
Einanker·motor *m* / single-armature motor || ≗**umformer** *m* / rotary converter
Einanoden-Ventilbauelement *n* / single-anode valve device
Einarbeitung *f* / familiarization *n*
Einarbeitungs·presse *f* / training press || ≗**zeit** *f* / familiarization time, training period, breaking-in period
Ein-Aus·-Anzeiger *m* / ON-OFF indicator || ≗**-Automatik** *f* (LE) / automatic start-stop control, automatic on-off control || ≗**-Automatik** *f* (Logik) / start-stop logic || ≗**-Befehl** *m* / closing and opening command, ON-OFF signal
Ein-/Ausgabe, digitale ≗ / discrete I/O, digital I/O || **Digital-**≗ *f* / digital input/output module || ≗**abbild** *n* (SPS) / I/O image || ≗**baugruppe** *f* / input/output module, I/O module || **binäre** ≗**baugruppe** / discrete I/O module || **serielle** ≗**baugruppe** / serial I/O module
Ein-/Ausgabe·-Ebene *f* / input-output level || ≗**feinheit** *f* (NC) / input/output resolution || ≗**gerät** *n* (EAG) / input/output unit || **kompaktes** ≗**gerät** (KEAG) / compact input/output unit || ≗**modul** *n* / input/output module, I/O module || ≗**schnittstelle** *f* / I/O interface || ≗**-Verkehr** *m* / input/output operation, I/O operation || ≗**zähler** *m* / input/output counter
Ein-/Ausgang *m* (E/A) / input/output *n* (I/O)
Ein/Ausgänge, schnelle ≗ / high-speed inputs/outputs, high-speed I/Os
Ein-/Ausgangs-Peripherie *f* / I/O peripherals
Ein-Ausgangs-Signal Ein-Ausgangssignal, sicheres ≗ / safety input/output signal, safety-relevant I/O signal
ein-/ausgeblendet *adj* / toggled on/off
Ein-Aus·-Kontaktzeit *f* (E) VDE 0670, T.101 / close-open time || ≗**-Regelung** *f* / on-off control, start-stop control, bang-bang control || ≗**-Regler** *m* / on-off controller
Ein-Ausschalt-Eigenzeit *f* / close-open time
Ein-Aus-Schalter *f* / power switch, on-off switch, On/Off switch, one-way switch, make-break switch
Ein-Ausschaltlogik *f* / start-stop logic (module)
Ein-Aus-Schaltsteuerung *f* / on-off switching control
Ein-Ausschaltung *f* / make-break operation
Ein-Ausschaltvermögen *n* / make-break capacity || **kombiniertes** ≗ (Rel.) DIN IEC 255 / limiting cycling capacity
Ein-Ausschaltzeit *f* VDE 0660,T.101 / make-break time IEC 157-1
Ein-Aus·-Steuerung *f* / on-off control || ≗**-Steuerung-Stromflussdauer** *f* (LS, E) VDE 0670,T.101 / make-break time || ≗**-Steuerung-Verhalten** *n* (Reg.) / on-off action
Ein-/Aus-Verhältnis *adj n* / on/off ratio || ≗ / pulse duty factor
Einbahnkommutator *m* / single-track commutator
Einbau *m* / installation *n*, fitting *n*, mounting *n*, built-in… *n* || ≗ *m* (in Schränke eines Einbausystems) / packaging *n* || ≗ **in Metall** (NS) / embedding in metal || **für** ≗ (Wandeinbau, unter Putz) / flush-mounting *adj*, flush type, for sunk installation, sunk *adj*, concealed *adj*, recessed *adj*, panel-mounting *adj*, cavity-mounting *adj* || **teilversenkter** ≗ / partly-recessed mounting || **versenkter** ≗ / sunk installation, recess (ed mounting), cavity mounting
Einbau·abmessungen *f pl* / installation dimensions || ≗**anleitung** *f* / installation instructions, mounting instructions, assembly instructions || ≗**-Ansprechwert** *m* (einer Regeleinrichtung in einem HG) / response value || ≗**automat** *m* (Kleinselbstschalter) / flush-mounting m.c.b., panel-mounting m.c.b.
einbaubar, vertieft/erhöht ~ / installable to provide extra depth or height
Einbau·beispiel *n* / installation example || ≗**bezugspunkt** *m* (EB) / reference point for (mounting location), location reference point || ≗**breite** *f* (Standard-Einbauplatz) / module width, modular width, module *n*, width of one standard plug-in station || ≗**-Deckenleuchte** *f* / recessed ceiling luminaire, troffer luminaire || **Einteilung in**

~**räume** / compartmentalization *n* || ~**dose** *f* / installation box || ~**dose** *f* (Wanddose) / mounting box, accessory box, device box || ~-**Drehrastfassung** *f* / built-in twist-lock lampholder
einbauen *v* / insert ISO 3592, install *v*, fit *v*, mount *v*, embed *v*, integrate in
Einbau·fassung *f* (Lampe) / built-in lampholder, recessed lampholder || ~**feld** *n* DIN 43350 / mounting station
einbaufertig *adj* / ready for installation, preassembled *adj*
Einbau·geber *m* (Lagegeber, der in den Motor eingebaut ist, z.B. Resolver, Encoder oder Impulsgeber. Gegensatz: externer Geber, Anbaugeber. Vergleiche Abschaltpositionierung) / built-in encoder || ~**gehäuse** *n* / bay housing || ~**gehäuse** *n* (SK, FSK) / bay *n* IEC 439
Einbaugerät *n* / built-in unit || ~ *n* EN 50017 / built-in device (o. unit), rack-mounting unit || ~ *n* (LE, Chassis) / chassis unit || ~ *n* (HG) VDE 0700,T.1 / appliance for building in IEC 335-1 || ~ *n* (IV) / built-in device, panel-mounting device || ~ *n* (I, f. Dosen) / box-mounting accessory, flush-mounting accessory, fitted appliance, in-built appliance || ~ *n* (bündig, unter Putz) / flush-type device || ~ *n* (HG) VDE 0700,T.1 / built-in appliance || ~**e** *n pl* (in Kapselung) / enclosed apparatus, built-in equipment || ~**e** *n pl* (FSK) / built-in apparatus
Einbau·gerüst *n* / mounting rack || ~**gruppe** *f* (NS-Schaltanlage) / fixed part || ~-**Haubenverteiler** *m* / flush-mounting hood-type distribution board || ~-**Hindernisfeuer** *n* / recessed obstruction light || ~**höhe** *f* / mounting height || ~-**Kippschalter** *m* / flush-type tumbler switch || ~-**Kleinselbstschalter** *m* / flush-type m.c.b., panel-mounting m.c.b. || ~-**Kugelstrahler** *m* / recessed spherical spotlight || ~**lage** *f* / mounting position, post-assembly position, position *n* || ~**lampe** *f* (Natriumlampe mit angeschmolzenem Wärmeschutzgefäß) / integral sodium lamp || ~**länge** *f* / mounting length || ~**länge** *f* (Thermometer) / positioned length, immersed length || ~**lebensdauer** *f* / installed life || ~**lehre** *f* / fitting gauge, template *n* || ~**leuchte** *f* / recessed luminaire, built-in luminaire, built-in fitting || ~-**Leuchtmelder** *m* / built-in indicator light || ~-**Lichtsignal** *n* / flush-mounting indicator light || ~**maße** *n pl* / mounting dimensions || ~-**Messgerät** *n* / fixed instrument IEC 51, flush-mounting instrument, switchboard instrument || ~**möglichkeit** *f* / installation facility || ~**motor** *m* / integrated motor, built-in motor || ~**motor** *m* (ohne Welle und Lager) / shell-type motor || ~**öffnung** *f* / port *n* || ~**öffnung** *f* (in Schalttafel) / (panel) cutout || ~**ort** *m* / place of installation, installation location || ~**platte** *f* / mounting panel || ~**platte** *f* (ET, SK, senkrecht) VDE 0660, T.500 / mounting panel IEC 439-1 || ~**platte** *f* (waagrecht) / mounting plate
Einbauplatz *m* / bay *n*, plug-in station, mounting frame || ~ *m* (BGT, ET) / slot *n*, mounting station, plug-in station, rack position, module location, slot module location, module slot, module position || ~ *m* (Mosaiktechnik, Kompaktwarte) / location *n* || ~ **Baugruppe** / mounting location of the module || ~ **des Steckers** / location *n* || **Standard-**~ *f* (SEP) / standard plug-in station (SPS), standard mounting station, tile location
Einbauplätze je Baugruppe / slots per module (SPM)
Einbau·rahmen *m* / bay *n*, slot *n*, rack position, plug-in station, location *n*, module location || ~**rahmen** *m* (ET, SK) VDE 0660, T.500 / mounting frame IEC 439-1 || ~**raum** *m* / installation space || ~**richtung** *f* / mounting direction
Einbau·satz *m* / installation kit, assembly set, kit *n*, mounting set, assembly *n* || ~**satz** *m* (Sich.) / fuse assembly || ~**schalter** *m* / flush-type switch, flush-type circuit-breaker, flush-mounting switch || ~**schalter** *m* (LS) / flush-mounting c.b., panel-mounting circuit-breaker || ~**schalter** *m* (bündig) / flush-type switch, flush-mounting switch || ~**schiene** *f* / mounting channel, fixing rail || ~-**Sicherungssockel** *m* / flush mounting fuse base || ~-**Steckdose** *f* / flush-type socket-outlet, semi-flush socket-outlet || ~-**Steckfassung** *f* / built-in plugin lampholder || ~**stelle** *f* / installation point || **Kurzschlussstrom an der** ~**stelle** / prospective short-circuit (o. fault) current || ~**system** *n* / modular packaging system, modular enclosure system, packaging system || ~**system** *n* (ES)) / packaging system, assembly system || ~**system ES 902** / ES 902 modular packaging system
Einbau·technik *f* / modular packaging system, modular enclosure system, packaging system || ~**teil** *n* / built-in part || **Zähler~teil** *m* (EZ) / meter mounting unit, meter support, meter wrapper || ~**teile** *n pl* / built-in components, enclosed apparatus, enclosed components, mounting parts
Einbau und Verdrahtung / installation and wiring || ~- **und Schranksystem** *n* / packaging system, modular packaging system
Einbauten *plt* / built-in components, apparatus installed, equipment and devices accommodated, interior components, enclosed components, internal equipment
Einbau·tiefe *f* / mounting depth, depth of (wall recess) || ~**tiefe** *f* (Nutztiefe f. Geräte) / useful depth || **lichte** ~**tiefe** (in Wand) / depth of wall recess || ~**toleranz** *f* / fitting tolerance || ~**transformator** *m* EN 00742 / incorporated transformer, transformer for built-in applications, unshrouded transformer || ~-**Trenntransformator** *m* / incoporated isolating transformer
Einbautyp *m* (f. Tafeleinbau) / panel-mounting type, switchboard mounting type || ~ *m* (versenkt, in Nische) / recessed type, cavity-mounting type || ~ *m* (in Gehäuse o. Schrank) / built-in type, enclosed type || ~ *m* (LSS) VDE 0641 / flush type || ~ *m* (bündig, unter Putz) / flush type, flush-mounting type, concealed type
Einbau·version *f* / flush-mounting version, panel-mounting version || ~-**Verteiler** *m* / flush-mounting distribution board || ~**vorrichtung** *f* / fitting device, fitting tackle, mounting device || ~-**Vorschaltgerät** *n* / built-in ballast IEC 598 || ~-**Wannenleuchte** *f* / troffer luminaire
Ein-Befehl *m* / ON command, closing signal
Einbereich *m* / single-range *n*
Einbereichs-Messgerät *n* / single-range instrument
einbetonieren *v* / to embed in concrete
einbetten *v* / embed *v* || ~ *n* / embedding *n*
Einbettisolierstoff *m* / embedding compound
Einbettkatalysator *m* (Kfz) / single-box catalytic converter
Einbettungsfähigkeit *f* / embedability *n*

Einbeulversuch *m* / indentation test, Erichsen test, Erichsen indentation test, Erichsen distensibility test
Einbeziehungserklärung *f* / declaration of incorporation
Einbildschirmsystem *n* / single-screen configuration
einbinden *v* / integrate in *v* || ~ *v* (el.) / interconnect *v* || ~ *v* (Textteil) / merge *v* || ~ *v* (Programm) / link *v* || ≗ *n* (Steuerfunktionen) / linking *n*
Einbindung *f* / incorporation *n*, integration *n*
Ein-Bit-Volladdierer *m* / single-bit full-adder
einblenden *v* / fade in *v*, show *v*, reveal *v*, insertion *v*, superimpose *v* || ~ *v* (BSG) / unhide *v* || ~ *v* (BSG, Feld) / overlay *v* || ~ *v* (BSG, Teilbilder) / insert *v*
Einblendung *f* / fade in
Einblicktubus *m* / viewing hood
Einblockgründung *f* IEC 50(466) / block foundation
Einbolzen-Bürstenhalter *m* / single-stud brush holder
einbördeln *v* / clinch *v*
Einbrandstelle *f* / erosion point
einbrennen *v* / blow *v* || ~ *v* (Lack) / stove *v*, bake *v* || ~ *v* (IS, Lampe) / burn in *v*
Einbrennen *n* / burn in || ≗ **der Trägerplatte** (o. Speicherschicht, Osz.) / target burn || ≗ **des Leuchtschirmes** (Osz.) / screen burn || ≗ **eines Abtastfelds** (ESR) / raster burn
Einbrenn·fleck *m* (BSG) / screen burn || ≗**lackdraht** *m* / stoved-ehamel wire
einbrennlackieren *v* / stove-enamel *v*, stove *v*, bake *v*
Einbrenn·lackierung *f* / stoved enamel coating, baked enameling || ≗**prüfung** *f* (IS) / burn-in test || ≗**zeit** *f* (IS) / burn-in time
Einbruch *m* / setback *n* || ≗**alarm** *m* / burglar alarm || ≗**meldeanlage** *f* / burglar alarm system, intruder detection system || ≗**sicherung** *f* / burglar alarm system
Einbuchtung *f* (Kurve) / notch *n*
Einbügelung *f* (Wickl.) / ironed-in trough
Ein-Bus-System *n* / one-bus system
Ein-Chip-Mikrocomputer *m* / single-chip microcomputer
eindeutig *adj* / definite *adj*, unique *adj*, clear *adj*
Eindeutigkeit *f* / uniqueness *n*
eindiffundieren *v* / diffuse *v*
eindrähtig *adj* / single-wire *adj*, unifilar *adj*, solid *adj* || **~er Leiter** / solid conductor || **~es Kabel** *adj* / single-core (o. singleconductor) cable
Eindrahtnachricht *f* DIN IEC 625 / uniline message
Eindrehen, Drehmoment für das ≗ / insertion torque
Eindrehung *f* / recess *n*, neck *n*, undercut *n*
Eindringen *n* (von Fremdkörpern, Wasser) / ingress *n* || ~ *v* / penetrate *v*
Eindring·rate *f* (Korrosion) / penetration rate || ≗**tiefe** *f* (Fühlerlehre) / engaged depth || ≗**tiefe** *f* (Fett) / penetration *n* || ≗**tiefe** *f* (magnet. Fluss) / penetration depth, skin depth || **bleibende** ≗**tiefe** / depth of impression || ≗**verfahren** *n* / liquid penetrant test, penetrant inspection
Eindruck *m* (z.B. bei Kugeldruckprüf.) / impression *n* || ≗**fläche** *f* / impression area || ≗**größe** *f* (Härteprüf.) / hardness number
EIN-Druckknopf *m* / ON pushbutton
Ein-Druck·-Schalter *m* / single-pressure breaker, puffer circuit-breaker || ≗**-Schmierung** *f* / one-shot lubrication, one-shot oiling || ≗**-Schnellschalter** *m* / high-speed single-pressure circuit-breaker, high-speed puffer circuit-breaker || ≗**-System** *n* / single-pressure system
Eindrucktiefe *f* / depth of indentation
Eindrückung *f* / indentation *n*, impression *n*
Eindruckzylinder *m* / press cylinder
Ein-Ebenen·-Auswuchten *n* / single-plane-balancing *n*, static balancing || ≗**-Wicklung** *f* / single-plane winding
Eineinhalb-Leistungsschalter-Anordnung *f* / one-and-one-half breaker arrangement
Ein-Energierichtung-Stromrichter *m* / non-reversible converter, one-way converter
Einer-Komplement *n* / one's complement
Einer-Stecker *m* / single connector
Einetagen·-Presse *f* / single storey press || ≗**wicklung** *f* / single-plane winding
einfach *adj* / simple *adj* || ~ **gefädelte Liste** / single-chained list || ~ **geschlossene Wicklung** / simplex winding, singly reentrant winding, single winding || ~ **gespeister Repulsionsmotor** / singly fed repulsion motor, single-phase commutator motor || ~ **gewickelt** / single-wound *adj* || ~ **offene Steuerung** / open-loop control (system) || ~ **überlappt** / single-lapped *adj* || ~ **wiedereintretende Wicklung** / singly re-entrant winding
Einfach·antrieb *m* / individual drive, single drive, one-motor drive || ≗**auswahlknopf** *m* / single-option button || ≗**baugruppe** *f* / pluggable printed-board assembly, plug-in p.c.b. || ≗**baustein** *m* / single-thyristor module || ≗**-Befehlsgerät** *n* / single(-unit) control station || ≗**-Betätigungsventil** *n* / single-acting control valve || ≗**blinklicht** *n* / single-frequency flashing light, single-mode flashing light, single flashing frequency, indication with single flashing frequency || **~breite Baugruppe** / single-width module || ≗**-Bürstenhalter** *m* / single-box brush holder, lever-type brush holder || ≗**-Bürstensatz** *m* / single set of brushes || ≗**-Drucktaster** *m* / single pushbutton, single-station pushbutton
einfache Einspeisung / single infeed || ~ **Fehlerbehebungsklasse** (Datennetz) / basic error recovery class || ~ **Hypothese** DIN 55350,T.24 / simple hypothesis || ~ **Schleifenwicklung** / simplex lap winding, single-lap winding || ~ **Viererverdrillung** / twist system || ~ **Wellenwicklung** / simplex wave winding
Einfach-Einspeisung *f* / single infeed
einfach·er Aussetzbetrieb (S3) IEC 50(411) / intermittent periodic duty || **~er Nebenschluss** / single shunt || **~er Tachogenerator** / non-compensated tacho-generator || **~es Untersetzungsgetriebe** / single-reduction gear unit
Einfach·-Europaformat *n* / standard European size || ≗**fehler** *m* (NC, SPS) / single fault, single-chance fault, single-channel fault || ≗**fehlersicherheit** *f* / fail-safe function on single faults, single-fault fail-safe condition || ≗**-Feldmagnet** *m* / single-sided field system || **~fokussierendes Spektrometer** / single-focussing spectrometer || **~genaue Arithmetik** / single-precision arithmetic || **~gerichtet** *adj* (KN) / unidirectional
Einfachheit *f* / simplicity *n*
Einfach·-Hochlaufgeber *m* / simple ramp-function generator || ≗**kabelanschluss** *m* / single cable termination || ≗**käfigwicklung** *f* / single squirrel-

cage winding || ²**kette** *f* (Isolatoren) / single string || ²**klasse** *f* (Datennetz) / simple class || ²**kolbenantrieb** *m* / single-piston mechanism || ²**kontakt** *m* / single contact || **~konzentrisch** *adj* / singly concentric || ²**leiter** *m* / single conductor || ²**leitung** *f* / single-circuit line || ²**-logarithmisches Diagramm** / logarithmic diagram || ²**messgerät** *n* / single-element measuring instrument, single instrument || ²**messwerk** *n* / single element (type) || ²**motor** *m* (1 Anker) / single-armature motor || ²**peripheriemodul** *n* / single I/O module || ²**positionierer** *m* / basic positioner || ²**presse** *f* / single press || ²**protokoll** *n* / dedicated protocol || ²**quittierung** *f* / single-mode acknowledgement || ²**rahmen** *m* / single subrack || ²**rechneranlage** *f* / single-computer configuration || ²**ring** *m* / single ring

Einfach·sammelschiene *f* / single busbar, single bus || ²**sammelschiene mit Längstrennung** / sectionalized single busbar || ²**sammelschienen-Schaltanlage** *f* / switching station with single bus, single-bus switchgear || ²**sammelschienen-Station** *f* / single-busbar substation || ²**schalter** *m* (I-Schalter) / single-gang switch, one-gang switch || ²**schlittensimulation** *f* / single-slide simulation || ²**schnittstelle** *f* / simple interface (SI) || ²**schreiber** *m* / single channel recorder || ²**speisung** *f* / single infeed || ²**spule** *f* / single coil || ²**spule** *f* (nicht verschachtelt) / non-interleaved coil || ²**stator** *m* (LM) / single-sided stator, single stator || ²**steckdose** *f* / single socket-outlet, single receptacle || ²**stichprobe** *f* / single sample || ²**stichprobenentnahme** *f* / single sampling || ²**stichprobenprüfplan** *m* / single sampling plan || ²**stichprobenprüfung** *f* DIN 55350, T.31 / single sampling inspection || ²**stößel** *m* / plain plunger, pin plunger, plunger *n*

Einfachstpositionierung *f* / very simple positioning

Einfach·strom *m* / single current, neutral current, make-break current || ²**strombetrieb** *m* (FWT) / single-current transmission || ²**stromleitung** *f* / neutral-current line || ²**-Stromrichter** *m* / non-reversible converter, one-way converter || ²**stromtastung** *f* / single-current keying, neutral-current signalling || ²**stromzeichen** *n* / single-current signal || ²**stützer** *m* / single support || ²**summenschaltung** *f* / single summation circuit

Einfach·tarif *m* (StT) / flat-rate tariff || ²**tarifzähler** *m* / single-rate meter || ²**traverse** *f* / single cross-arm || ²**tür** *f* / single door || ²**übermittlungsverfahren** *n* (DU) DIN ISO 7776 / single-link procedure (SLP) || **Schaltglied mit** ²**unterbrechung** VDE 0660,T.200 / single-break contact element IEC 337-1 || ²**übertragung** *f* / simplex transmission || ²**verbindung** *f* (Verbundnetz) / single transmission link, single link || ²**verschluss** *m* / plain lock || ²**versorgung** *f* (Einspeisung über 1 Verbindung) / single supply || ²**wendel** *f* / single-coil filament || ²**wendel für Vakuumlampen** / vacuum coil (VC) || ²**wendellampe** *f* / single-coil lamp || ²**wippe** *f* / single rocker

einfachwirkendes Betätigungsventil / single-acting control valve

Einfach·zeile *f* (ET) / single tier || **~zeilig** *adj* / single-tier *adj*

einfädeln *v* / thread *v*

Einfadenlampe *f* / single-filament lamp

Einfahr·bewegung *f* / travel-in movement

einfahren *v* / travel in, travel-in *v* || ~ *v* (Läufer) / insert *v*, thread *v*, install *v* || ~ *v* (Masch.) / break in *v*, run in *v* || ~ *v* (WZM) / position *v*, move into the material || ² **aus beiden Richtungen** (WZM, NC) / bidirectional approach || ² **aus einer Richtung** (WZM, NC) / unidirectional approach || ² **des Läufers** / rotor insertion, threading rotor into stator || ² **des Spindels** / positioning the spindle

Einfahr·genauigkeit *f* (NC) / positioning accuracy || ²**geschwindigkeit** *f* / travel-in velocity || ²**geschwindigkeit** *f* (WZM, NC) / approach speed, creep speed || ²**kennlinie** *f* / positioning characteristic || ²**kontakt** *m* / moving contact || ²**kontakte** *m pl* / isolating contacts, self-coupling separable contacts, disconnecting contacts, primary disconnecting device(s) ANSI C37.100 || ²**öl** *n* / running-in oil || ²**schalter** *m* (Aufzug) / slowing switch || ²**schaltstücke** *n pl* / isolating contacts, self-coupling separable contacts, disconnecting contacts, primary disconnecting device (s) ANSI C37.100 || ²**spindel** *f* / racking spindle || ²**spindel** *f* (SA, f. Kontakte) / (contact) engagement spindle || ²**steilheit** *f* (WZM) / positioning gradient

Einfahrt *f* / approach *n*

Einfahr·toleranz *f* (NC) / positioning tolerance, positioning accuracy || ²**verhalten** *n* / approach behaviour, starting conditions || ²**weg** *m* / positioning path || ²**zeit** *f* / breaking-in period, running-in period || ²**zeit** *f* (WZM, NC) / approach time

einfallen *v* (Bremse) / to be applied

einfallende Strahlung / incident radiation || ~ **Welle** / incident wave

Einfall·richtung *f* / direction of incidence || ²**strahl** *m* / beam of incidence || ²**straße** *f* / radial road (GB), radial highway (US) || ²**winkel** *m* / angle of incidence || ²**winkel** *m* (BT) / angle of illumination || ²**zeit** *f* (Bremse) / application time

einfangen *v* (v. Bildpunkten, CAD) / snap *v*

einfarbig *adj* / monochrome *adj*

Einfassprofil *n* / edge section

EIN-Feder *f* / closing spring

Einfehlersicherheit *f* / single fault security

einfeldriger Kommutator / single-track commutator, non-sectionalized commutator

einfetten *v* / to coat with grease, grease *v*

Einflächen·bremse *f* / single-disc brake || ²**kupplung** *f* / single-disc clutch

Einfluss *m* / influence *n*, variation *n* (of the mean error) || ² **der Eigenerwärmung** / influence of self-heating || ² **der Rohrrauhheit** / roughness criterion || ² **der Wellenform** / influence of waveform || ²**- und Störgrößen** *f pl* / influence factors and restraints || ² **vertauschter Phasenfolge** / influence of reversed phase sequence || **Echoimpuls-**²**zone** *f* (tote Zone nach einem Echo) DIN 54119 / dead zone after echo || **magnetischer** ² / magnetic influence, magnetic interference || ²**bereich** *m* VDE 0228 / zone of exposure

Einflusseffekt *m* (MG) DIN 43745, DIN 43780 / influence error IEC 359, variation due to influence quantity IEC 51, 688, variation || ² *m* (auf die mittlere Abweichung, Rel.) DIN IEC 255, T.100 / variation *n* (of the mean error) || ² **der Signalspanne** / variation due to signal span, influence of signal span || ² **der Umgebungstemperatur** / variation with ambient temperature || ² **durch die Frequenz** / variation due to frequency || ² **durch gegenseitige Beeinflussung** / variation due to interaction || ² **durch Spannung, Strom und Leistungsfaktor** / variation due to the simultaneous influence of voltage current and power factor || ² **in Prozent des Bezugswerts** (MG) / percentage of the fiducial value IEC 51 || **Anwärm-**² *m* / variation by self-heating || **zulässige Grenzen der** ²**e** / permissible limits of variations || **Größe des** ²**s** / degree of variation

Einfluss·faktor *m* / factor of influence (e.g. in IEC 505), influencing factor || ²**fehler** *m* (MG, Osz.) / influence error IEC 351-1 || ²**größe** *f* / influencing variable, influence, influencing quantity (o. variable) || ²**größe** *f* (Betriebs- o. Umwelteinflussgröße) / parameter *n* || ²**größe** *f* (EZ) VDE 0418 / influence quantity IEC 1036 || ²**koeffizient** *m* (MG) / influence coefficient || **Maxwellsche** ²**zahl** / influence coefficient

einfördern *v* / feed *v*

einfrequente Spannung / single-frequency voltage

Einfrier-Bearbeiter *m* / freezed by

einfrieren *v* (z.B. Funktion) / freeze *v*, hold *v*

Einfront·anordnung *f* (ST) / front-of-board layout || **Schalttafel für** ²**bedienung** / single-fronted switchboard, front-of-board design, vertical switchboard || ²**feld** *n* / single-front cubicle

Einfüge·marke *f* / insertion point || ²**modus** *m* / insert mode || ²**modus** *m* (Textverarb.) / insertion mode

Einfügen *n* / insertion *n*, paste *n* || ² *n* (NC, CLDATA-Wort) / insert ISO 3592 || ~ *v* (z.B. Anweisungen, Textverarb.) / insert *v* || **eine Fase** ~ (NC) / insert a chamfer || ²**-Taste** *f* / insert key

Einfügesatz *m* / insertion block, insert block

Einfügsatz *m* / insertion block, insert block

Einfügungs·dämpfung *f* DIN 41640 / insertion loss || ²**dämpfung bei Verbindung identischer LWL** VDE 0888, T.1 / extrinsic junction loss || ²**dämpfung bei Verbindung unterschiedlicher LWL** / intrinsic junction loss || ²**dämpfung ohne Vorionisierung** DIN IEC 235, T.1 / cold (or unprimed insertion loss) || ²**-Leistungsverstärkung** *f* / insertion power gain || ²**verlust** *m* / insertion loss || ²**verlust bei Verbindung gleicher LWL** / extrinsic junction loss || ²**verstärkung** *f* / insertion gain

Einfuhrabgaben *f pl* / import fees

einführen *v* / insert *v*

Einführung *f* (f. Leitungen) / entry *n*, inlet *n*, entry fitting || ² **mit Panzerrohrgewinde** / screwed conduit entry

Einführungs·buchse *f* (zum Abdichten einer Kabeleinführung) / cable gland, stuffing box || ²**isolator** *m* / lead-in insulator, bushing insulator, bushing *n* || ²**kopf** *m* (Dachständer) / service entrance head || ²**lager** *n* / input bearing, entry bearing || ²**öffnung** *f* (f. Kabel) / cable entry, cable entry hole, entry *n* || ²**stutzen** *m* / entry gland, entry fitting || **druckfester** ²**stutzen** / packing gland || ²**tülle** *f* / entry bush

Einfüll·rohr *n* / filler tube || ²**stutzen** *m* / filler stub, filler *n* || ²**verschraubung** *f* / filler plug

Eingabe *f* / input *n*, entry *n*, entering *n*, input module || ² **beenden** / terminate input || ² **der Gruppeneigenschaften** / entering the group properties || ² **fortlaufender Werte** (NC) / sequential input || ² **in die Lupen** / entries in the zooms || **Daten~ in einen Speicher** / writing data into a store || ² **löschen** / clear entry (CE) || ² **Maske** / parameter input || **freie** ² / free input || **Lichtgriffel~** *f* / light-pen hit, light-pen detection || **Programm~** *f* / program input

Eingabe·abbild *n* / input image || ²**aufforderung** *f* / input request, input prompting, request *n*, prompt *n* || ²**aufruf** *m* / input prompt

Eingabe-/Ausgabe *f* / input/output module || ²**baugruppe** *f* (E/A-Baugruppe) / input/output module (I/O module) || **gemischte** ²**baugruppe** / mixed I/O module || ²**-Schnittstelle** *f* / input/output interface, I/O interface

Eingabe·baugruppe *f* / input module, entry *n*, entering *n* || ²**befehl** *m* / input command (o. statement) || ²**bereich** *m* / input area || ²**bild** *n* / input display || ²**code** *m* / input code || ²**daten** *plt* / input data

Eingabe·einheit *f* DIN 44300 / input unit || ²**einheit** *f* (zur Signalaufbereitung) / signal conditioning unit || ²**element** *n* (graft DV) / input primitive || ²**fehler** *m* / input error, incorrect input || ²**fehler beheben** / clear and correct entry || ²**feinheit** *f* / input resolution, input sensitivity || ²**feld** *n* / input panel || ²**feld** *n* (BSG) / input field || ²**feld** *n* (SPS, am Programmiergerät) / entry field || ²**fenster** *n* / input window || ²**folge** *f* / input sequence || ²**format** *n* / input format || ²**format in Adress-Schreibweise** (NC) / (input in) address block format || ²**format in fester Wortfolgeschreibweise** (NC) / (input in) fixed sequential format || ²**format in Satzadressschreibweise** / (input in) fixed block format || ²**format mit fester Satzlänge** (NC) / fixed block format ISO 2806-1980 || ²**funktion** *f* / input function

Eingabe·geometrie *f* (NC) / input geometry || ²**gerät** *n* DIN 44300 / input device || ²**gerät** *n* (zur Signalaufbereitung) / signal conditioning device || ²**glied** *n* DIN 19237 / signal conditioning element, signal conditioner, input element || **obere** ²**grenze** / upper input limit || **untere** ²**grenze** / lower input limit || ²**gruppe** *f* / input module || **analoger** ²**kanal** / analog input channel || ²**kettung** *f* / sequential input, multiple input || ²**key** *m* / input key, enter key || ²**klasse** *f* (GKS) / input class || ²**maske** *f* / input screenform || ²**maske** *f* (BSG) / screen form, input screen form, interactive screenform || ²**medium** *n* / input medium || ²**modul** *n* / input module || ²**oberfläche** *f* / input interface || ²**protokoll** *n* / input printout || ²**puffer** *m* / input buffer

Eingabe·rate *f* / input transfer rate || ²**relais** *n* / input relay || ²**signal** *n* / input signal, primary input signal || ²**speicherbereich** *m* / input storage area || ²**sperre** *f* / input disable || ²**sprache** *f* / input language || ²**stelle** *f* / input point || ²**system** *n* / IS (input system) || ²**taste** *f* / input key, enter key, operator's key || ²**teil** *m* / input section

Eingabe·überprüfung *f* / input check || ²**überwachung** *f* / input monitoring, input check || ²**verstärker** *m* / input amplifier || ²**verzug** *m* / input time-out || ²**weiche** *f* (NC) / input switch, input gate || ²**wert** *m* / entry value || ²**wunsch** *m* / input request || ²**zähler** *m* / input counter || ²**zeichen** *n* / input character, character entered || ²**zeile** *f* (BSG) / input line || ²**zeit** *f* / input time interval ||

≗**zwischenspeicher** *m* / input buffer || ≗**zwischenspeicher** *m* (EZS) / machine input buffer (MIB), input buffer
Eingang *m* (E) / input point, input *n* (I), inputs *n pl* (I) || ≗ *m* (E elST) / input *n* (I) || ≗ **begrenzt setzen** / set input conditionally || ≗ **mit Negation** / negating input || ≗ **mit zwei Schwellwerten** / bi-threshold input || ≗ **setzen** / set input || **schneller** ≗ / high-speed input || **sicherheitsgerichteter** ≗ / safety-relevant input || ≗**byte** *n* (EB) / input byte (IB)
Eingänge, sicherheitsgerichtete ≗ (SGE) / safety-relevant input signal, SGE
Eingänge/Ausgänge/Merker (E/A/M) / inputs/outputs/flags
eingängig *adj* / single-start *adj* || **~e Labyrinthdichtung** / single labyrinth seal || **~e Parallelwicklung** / simplex parallel winding, simple lap winding || **~e Schleifenwicklung** / simplex lap winding, singlelap winding || **~e Spule** / single-turn coil || **~e Wellenwicklung** / simplex wave winding, simplex two-circuit winding, simplex spiral winding || **~e Wicklung** / single-conductor winding, simplex winding || **~es Gewinde** / single-start thread
Eingangs·abbild *n* / input image, process input image (PII) || ≗**abbild** *n* (EAB) / input image (IIM) || ≗**abfrage** *f* / input scan || ≗**admittanz** *f* / input admittance, driving-point admittance || ≗**adresse** *f* / input address || ≗**anpassung** *f* (Baugruppe) / input adaptor, input signal matching module || ≗**-/Ausgangsgrößenpaar** *n* / input-output pair || ≗**-Auslösegröße** *f* (FI-Schutzschalter) / energizing input quantity
Eingangs·befundung *f* / incoming findings || ≗**begrenzungsspannung** *f* (IS) / input clamp voltage || ≗**belastbarkeit** *f* / input loading capability IEC 147-0D || ≗**bereich** *m* / input range || **voller** ≗**bereich** (IS, D-A-Umsetzer) / full-scale range (FSR), span *n* || ≗**byte** *n* (EB) / input byte (IB) || ≗**dauerleistung** *f* / continuous input rating, continuous input || ≗**dauerstrom** *m* / continuous input current || ≗**drehzahl** *f* / input speed || ≗**drift** *f* / input drift, input voltage/current drift || ≗**einschwingzeit** *f* (IC-Regler) / input transient recovery time || ≗**element** *n* (Anpasselement) / input adaptor || ≗**element** *n* (Prozesssignalformer, empfängt und wandelt Signalinformationen) / receiver element || ≗**-Erregungsgröße** *f* (Rel.) / input energizing quantity || ≗**fächerung** *f* / fan-in *n* || ≗**-Fehlspannung** *f* DIN IEC 147,T.1E / input offset voltage || ≗**-Fehlstrom** *m* / input offset current || ≗**filter** *n* / input filter || ≗**frequenz** *f* / input frequency
Eingangs·gleichrichter *m* / input rectifier || ≗**gleichspannung** *f* (SR) / d.c. supply voltage IEC 411-3 || ≗**größe** *f* / input variable, input quantity, input parameter, input *n*, input energizing quantity || **Arbeitsbereich der** ≗**größe** DIN 44472 / signal input range || **rauschäquivalente** ≗**größe** / noise-equivalent input || **Transformierte der** ≗**größe** / input transform || ≗**gruppe** *f* / input module || ≗**höchstleistung** *f* / maximum input power, maximum input kVA || ≗**höchststrom** *m* / maximum input current || ≗**immittanz** *f* (eines Zweitors) / input immittance || ≗**immittanz** *f* (eines Mehrtors) / driving-point immittance || ≗**impedanz** *f* / input impedance || ≗**impedanz** *f* (Netzwerk) / driving-point impedance || ≗**impedanz bei Sollabschluss** / loaded impedance
Eingangs·kanal *m* (MPU, SPS) / input port || ≗**kapazität** *f* / input capacitance || ≗**klemme** *f* / input terminal || ≗**kontrolle** *f* / as-found test || ≗**kontrollregister** *n* / input control register || ≗**koppelbaugruppe** *f* / input coupling board, input coupling module || ≗**-Koppelglied** *n* / input coupling device || ≗**koppelmerker** *m* / input interprocessor communication flag || ≗**-Kopplungskapazität** *f* / capacitance to source terminals || ≗**kurzschlussleistung** *f* / short-circuit input power, short-circuit input kVA || ≗**-Lastfaktor** *m* / fan-in *n* || ≗**leiste** *f* / list of inputs || ≗**leistung** *f* / input power, power input, input *n*, input kVA || ≗**-Leistungssteuerung** *f* / input power control || ≗**leitung** *f* / input line, input wire link || **Buszuteilungs-**≗**leitung** *f* / bus grant in line (BGIN) || ≗**leitwert** *m* / input admittance || ≗**leuchte** *f* / entrance luminaire
Eingangs·maske *f* / initial mask || ≗**-Nennstrom** *m* / nominal input current || ≗**-Offsetspannung** *f* / input offset voltage || ≗**-Offsetstrom** *m* / input offset current || ≗**parameter** *m* (E) / input parameter (I A parameter which is used to supply an argument to a program organization unit) || ≗**phase** *f* / input phase || ≗**pol** *m* / input terminal || ≗**-Prozessabbild** *n* (PAE SPS) / input process image (PII) || ≗**prüfung** *f* DIN 55350,T.11 / user's inspection, on-receipt inspection || ≗**prüfung** *f* (Annahmeprüfung an einem zugelieferten Produkt) DIN 55350,T.11 / receiving inspection and testing, receiving inspection, incoming inspection, goods-in inspection, goods-inwards inspection, incoming goods inspection || ≗**prüfung** *f* (EZ) / as-found test || ≗**rauschen** *n* / input noise || ≗**-Rauschspannung** *f* / input noise voltage || ≗**-Reflexionskoeffizient** *m* (Transistor) DIN 41854,T.10 / input s-parameter || ≗**regelbereich** *m* (IC-Regler) / input regulation range || ≗**regelfaktor** *m* (IC-Regler) / input regulation coefficient || ≗**register** *n* / input register, channel register || ≗**-Reststrom** *m* (Treiber) / input leakage current || ≗**-Ruhespannung** *f* (Verstärker, Eingangs-Gleichspannung im Ruhepunkt) / quiescent input voltage || ≗**-Ruhestrom** *m* (HL, IS) / input bias current || ≗**-Ruhestrom** *m* (Verstärker, Eingangs-Gleichstrom im Ruhepunkt) / quiescent input current
Eingangs·schalter *m* (LS) / incoming circuit-breaker, incoming-feeder circuit-breaker || ≗**schalter** *m* (TS) / incoming disconnector, incoming-feeder isolator || ≗**schalter mit Sicherungen** (TS) / incoming disconnector-fuse, incoming-line fusible isolating switch (US) || ≗**-Schaltspannung** *f* (IS) / input threshold voltage || ≗**schaltung** *f* / input configuration, input circuit || ≗**schaltung Takt** / clock for input circuitry || ≗**schutz** *m* / input protection (device) || ≗**seite** *f* / input side, input end || ≗**seite** *f* (SA, IV) / supply side, incoming side (o. circuit)
eingangsseitig *adj* / line-side *adj*
Eingangs·sicherung *f* / mains fuse, line-side fuse || ≗**sichtprüfung** *f* / visual incoming inspection || ≗**signal** *n* / input signal || ≗**signal** *n* (Reg., der Führungsgröße) / actuating signal || ≗**signal** *n* (E) / input signal (I) || **sicherheitsgerichtetes** ≗**signal** (SGE) / safety-relevant input signal, SGE ||

≗**spannung** *f* / input voltage ‖ ≗**spannung im H-Bereich** / high-level input voltage ‖ ≗**spannung im L-Bereich** / low-level input voltage ‖ **Gitter-≗spannung** *f* / grid input voltage, grid driving voltage ‖ ≗**spannungsbereich** *m* / input voltage range ‖ ≗**spitzenspannung** *f* (SR) / supply transient overvoltage IEC 411-3 ‖ ≗**sprung** *m* / input step ‖ ≗**spule** *f* / line coil, line-end coil, leading coil, first coil

Eingangs·stabilisierungsfaktor *m* (IC-Regler) / input stabilization coefficient ‖ ≗**steuerkreis** *m* / control input circuit ‖ ≗**strom** *m* / input current, current input, entering current ‖ ≗**strom im H-Bereich** / high-level input current ‖ ≗**strom im L-Bereich** / low-level input current ‖ ≗**stromkreis** *m* / supply circuit, primary circuit, input circuit, incoming feeder, feeder *n* ‖ ≗**stromkreis** *m* (Reg., Rel.) / input circuit ‖ ≗**stufe** *f* (Verstärker) / input stage ‖ ≗**stufe** *f* (Baugruppe) / input module

Eingangs·teil *m* / input section (power converter), input element (ripple control receiver) ‖ ≗**telegramm** *n* / input frame ‖ ≗**transformator** *m* / input transformer ‖ ≗**-Trennschalter** *m* / incoming disconnector, incoming-feeder isolator ‖ ≗**überspannungsenergie** *f* (SR) / supply transient energy IEC 411-3 ‖ ≗**übertrag** *m* / input carry, input carry-over ‖ ≗**übertrager** *m* / input transformer ‖ ≗**umformer** *m* / input converter ‖ ≗**umschaltspannung** *f* / input triggering voltage ‖ ≗**vektor** *m* / input (state vector) ‖ ≗**verstärker** *m* / input amplifier ‖ ≗**verzögerung** *f* / input delay ‖ ≗**verzögerungszeit** *f* / input delay ‖ ≗**verzweigung** *f* / fan-in *n* ‖ **Signal-≗wandler** *m* VDE 0860 / source transducer IEC 65 ‖ ≗**wechselspannung** *f* / a.c. input voltage ‖ ≗**wicklung** *f* (Trafo) / input winding ‖ ≗**widerstand** *m* / input resistance, input impedance ‖ ≗**wort** *n* (EW) / input word (IW) ‖ ≗**zeichen** *n* / input character ‖ ≗**zeitkonstante** *f* / input time constant ‖ ≗**zweig** *m* / input signal line

eingebaut *adj* / built-in *adj*, integral *adj*, incorporated *adj* ‖ **fest** ~ / stationary-mounted *adj*, permanently installed ‖ **~e Kühlvorrichtung** (el. Masch.) / integral circulating-circuit component ‖ **im Kondensator ~e Sicherung** / internal fuse ‖ **~er Heizkörper** (HG) / incorporated heating element ‖ **~er Temperaturfühler** (ETF in. Wickl.) / embedded temperature detector (e.t.d.) ‖ **~er Transformator** VDE 0713, T.6 / built-in transformer ‖ **~er Wärmeschutz** (el. Masch.) / built-in thermal protection ‖ **~es RS** / incorporated control ‖ **~es Schaltgerät** (Schaltersteckdose) / integral switching device ‖ **~es Thermoelement** (in Wickl.) / embedded thermocouple

eingeben *v* / input *v*, enter *v*, feed *v* ‖ **neu** ~ / re-enter *v*

Eingebersystem *n* / single-encoder system, 1-encoder system

eingebrannt *adj* / burned-in *adj*

eingedrückt *adj* / impressed *adj*

eingefahren *adj* / inserted *adj*

eingefärbt *adj* / dyed *adj*

eingefasst mit / fitted with

eingegossen *adj* / cast-in *adj*

eingehängt *adj* / hung-in *adj*

Eingehäuse·-Bauart *f* / single-housing type, single frame type ‖ ≗**-Schwungradumformer** *m* / single frame flywheel motor-generator set ‖ ≗**umformer** *m* / single-frame motor-generator set

eingehend *adj* / in-depth *adj*

eingeklebt *adj* / stuck in

eingeklinkt *adj* / latched *adj*

eingeknöpfte Dichtung / pressbutton gasket (o. seal)

eingekoppelt·e Störsignale / strays *plt*, parasitic signals ‖ **~er Strom** / induced current

eingeleitet *adj* / initiated *adj*

eingepasst *adj* / fitted *adj*

eingeprägt *adj* / impressed *adj*, load-independent *adj* ‖ **~e EMK** / impressed e.m.f., injected e.m.f., open-circuit e.m.f. ‖ **~e Spannung** (Spannung, die auch bei stärkster Belastung der Quelle ihren Wert beibehält) / load-independent voltage ‖ **~er Strom** / load-independent current, test current ‖ **~er Strom** (Prüfstrom) / injected current

eingepresst *adj* / pressed-in *adj*

eingerastet *adj* / latched *adj*, engaged *adj*

eingeschaltet *adj* / active *adj*, effective *adj*

eingeschlagen *adj* / stamped *adj*

eingeschleift, in die Anschlussleitung ≗es RS / in line cord control

eingeschliffen *adj* / ground-in *adj*

eingeschlossener Fluss / trapped flux ‖ ~ **Lichtbogen** / enclosed arc

eingeschmolzen *adj* / fused-in *adj* ‖ **~er Kontakt** / sealed contact

eingeschnürt·e Entladung / constricted discharge ‖ **~er Lichtbogen** / squeezed arc

eingeschobene Wicklung / push-through winding

eingeschränkt *adj* / restricted *adj*

eingeschraubt *adj* / screwed *adj*

eingeschweißt *adj* / enclosed *adj*

eingespritzt *adj* / injected *adj*

eingestellt *adj* / adjusted *adj*

eingestellter Wert der Führungsgröße / setpoint *n*

eingestrahlte Leistung / radiant energy received

eingetragen *adj* / registered *adj*

eingetrübtes Kunststoffglas / opal acrylic-plastics diffuser

eingewalzt *adj* / rolled-in *adj* ‖ ~ *adj* (in Rohrböden) / expanded into

eingezogen *adj* / drawn-in *adj*, cancelled *adj*

eingießen *v* (in Harz) / cast in, pot *v* ‖ ~ *v* (Lg.) / re metal *v*, re-line *v*

eingipflige Verteilung / unimodal distribution

eingliedriger Tarif / one-part tariff

eingrabbarer Transformator / buried transformer

Eingrabtiefe *f* (Lichtmast) / planting depth EN 40

eingreifen *v* (in) / engage *v* (with), mesh *v* (with), gear *v* (into), mate *v* (with)

eingrenzen *v* (Fehlerstelle) / locate *v*, localize *v*

Eingriff *m* / intervention *n*, control action ‖ ≗ *m* (durch den Bediener) / operator action, operator intervention, operator activity ‖ ≗ *m* (mech.) / engagement *n*, gear tooth engagement, gear mesh, mesh of teeth, mesh *n* ‖ **außer ≗ bringen** / disengage *v*, bring out of mesh ‖ **in ≗ bringen** / engage *v*, bring into engagement, mesh *v* ‖ ≗ **der Störgrößenaufschaltung** (Strompfad) / feedforward path ‖ ≗**-Stirnfläche** *f* (Stecker) / engagement face ‖ ≗ **durch Handsteuerung** / intervention by manual control, manual interference ‖ ≗ **durch Unbefugte** / illicit interference, tampering *n* ‖ **im ≗ sein** (el.) / be operative, be in circuit ‖ **in ≗ stehen** / be engaged, mesh *v* (with), be in mesh ‖ ≗ **von Hand** / manual interference, manual intervention, manually

initiated function, human intervention || ≗ **von Hand** (NC) / manual override || **sofortiger** ≗ / prompt action || **Stell~** *m* / control action || **gegen unbefugte ≗e gesichert** / tamper-proof *adj*
Eingriffs·funktion *f* / intervention function, operator control function || ≗**grenzen** *f pl* (QS) / action limits
eingriffsicher *adj* / tamper-resistant *adj*
Eingriffs·länge *f* / line of contact, length of arc, line of action || ≗**lehre** *f* / engagement gauge || ≗**linie** *f* / line of contact, path of contact, line of action || ≗**ort** *m* / point of gearing || ≗**strecke** *f* / path of action, active portion of path of contact, path of contact || ≗**tiefe** *f* (Zahnrad, Summe der Kopfhöhen) / working depth || ≗**zeit** *f* / operation time
Eingrößenregler *m* / single-variable controller
Eingusskasten *m* / wall box for grouting, wall box for embedding in concrete
einhalten *v* (Vorschriften) / comply with *v*, conform to *v*, meet *v*, satisfy *v*
Einhaltung *f* / compliance *n*, check for specified limits
Einhaltungstabelle *f* / compliance table
EIN-Handhebel *m* / ON hand lever
einhängen *v* / include *v*
Einhänger·motor *m* / unit-construction motor, cradle motor, fully accessible motor, FA motor || ≗**teil** *m* (B 3/D 5, ohne Läufer) / inner frame || ≗**teil** *m* (B 3/D 5, mit Läufer) / removable stator-rotor assembly, drop-in stator pack
Einhebelsteuerung *f* / single-lever control, one-hand control
Einheit *f* (Maßeinheit, Maschinensatz, materieller oder immaterieller Gegenstand der Betrachtung) / unit *n* || ≗ *f* (QS) IEC 50(191) / item *n*, entity *n* || ≗ **mit einem oder mehreren Hauptfehlern** / major defective || ≗ **mit einem oder mehreren Nebenfehlern** / minor defective || **arithmetisch-logische** ≗ / arithmetic and logic unit, arithmetic unit, ALU (arithmetic logic unit) || **der Instandhaltung unterzogene** ≗ (Untereinheit einer gegebenen Einheit, die einen Fehlzustand haben und durch Alarm oder anderweitig eindeutig für Austausch oder Reparatur kenntlich gemacht werden kann) IEC 50(191) / maintenance entity (Any sub-item of a given item which can have a fault and which, by alarm or any other means, can be unambiguously identified for replacement or repair) || **in sich abgeschlossene** ≗ / self-contained unit || **instandzusetzende** ≗ (Instandsetzbare Einheit, die nach einem Ausfall tatsächlich instandgesetzt wird) / repaired item (A repairable item which is in fact repaired after a failure) || **nicht instandzusetzende** ≗ (Einheit, die nach einem Ausfall nicht instandgesetzt wird) / non-repaired item (An item which is not repaired after a failure) || **operative** ≗ / operating unit
Einheiten·bedienfeld *n* (EBF) / unit operator panel (UOP), law of units of measurement || ≗**gleichung** *f* / unit equation || ≗**leistung** *f* / unit rating || ≗**system** *n* / system of units, system of measures || ≗**zeichen** *n* / symbol of units of measurement
einheitlich *adj* / uniform *adj* || **~e Brücke** (SR) / uniform bridge || **~e Feldtheorie** / unified field theory || **~e NC-Sprache** / unified (o. standard) NC language || **~e Schaltung** (LE) / uniform connection
Einheits·bauweise *f* / unit construction, modular construction || ≗**bohrung** *f* / basic hole, unit bore, standard hole || ≗**fluss** *m* / unit magnetic flux || ≗**form** *f* / unit shape || ≗**gehäuse** *n* / standard case || ≗**gewicht** *n* / unit weight || ≗**last** *f* (a. PMG) / equivalent standard load, standard load || ≗**leistung** *f* (el. Masch.) / specific output, unit rating || ≗**-Messumformer** *m* / transmitter *n* || ≗**-Messumformer für Konsistenz** / consistency transmitter || ≗**-Messumformer für Mischungsabweichungen** / composition deviation transmitter || ≗**-Netzstation** *f* / unit substation || ≗**pol** *m* / unit pole || ≗**röhre** *f* (magn.) / unit tube, Maxwell tube
Einheits·schaltfeld *n* / standard switchpanel, standard switchgear assembly || ≗**schraubengewinde** *n* / unified screw thread || ≗**signal** *n* / standardized signal || **Gleichstrom-**≗**signal** *n* DIN 19230 / upper limit of d.c. current signal || ≗**sprung** *m* / unit step || ≗**-Sprungantwort** *f* / unit step response, indicial response || ≗**-Sprungfunktion** *f* / unit step, Heaviside unit step || ≗**stoß** *m* (Dirac-Funktion) / unit pulse, unit impulse (US) || ≗**strom** *m* / unit current || ≗**system** *n* / unified system || ≗**system von Steckern und Steckdosen** / unified system of plugs and socket-outlets || ≗**tarif** *m* / all-in tariff || ≗**vektor** *m* / unit vector || ≗**vektor in Achsenrichtung** (NC) / axis unit vector || ≗**verteiler** *m* (S~) / standard distribution board, unitized distribution board || ≗**vordruck** *m* / standard form || ≗**-Wechselstoß** *m* / unit doublet || ≗**welle** *f* (ISO-Passsystem) / basic shaft, standard shaft || ≗**wert** *m* / standard value
Einhüllende *f* / envelope *n*, envelope curve || ≗ **der Basen eines Pulsbursts** / pulse burst base envelope || ≗ **der Basen eines Pulses** / pulse train base envelope || ≗ **der Dächer eines Impulses** / pulse train top envelope || ≗ **der Dächer eines Pulsbursts** / pulse burst top envelope
einhüllende Kurve / envelope curve
Einkanal·betrieb *m* / single-channel mode (o. operation) || ≗**einschub** *m* (SPS) / one-port slide-in module || ≗**einschub OPM** / OPM one-port slide-in module
einkanalig *adj* / single-channel *adj*
Einkanal·-Oszilloskop *n* / single-trace oscilloscope || ≗**regler** / single-channel controller || ≗**-Y-Verstärker** *m* / one-channel vertical amplifier
Einkauf *m* / purchasing *n*
einkeilen *v* / key *v*, wedge *v*, chock *v*
einkerben *v* / notch *v*, indent *v*, nick *v*
Einkerbungen *f pl* (in einem Leiter) / nicks *n pl* (in conductor)
Einkern-Stromwandler *m* / single-core(-type) current transformer
Einkessel-Ölschalter *m* / single-tank bulk-oil circuit-breaker
EIN-Kette *f* (Ablaufsteuerung) / start-up sequence
einketten *v* / link *v*
einkitten *v* (befestigen) / cement *v* || ~ *v* (dichten) / lute *v* || ~ *v* (Wickl.) / to embed in cement, cement into *v*
einklinken *v* (einrasten) / latch *v*, lock home
Einknopf-Messbrücke *f* / single-knob measuring bridge
Einkommensteuer *f* / income tax
Einkomponenten·-Dosierwaage *f* / single component proportioning scale || ≗**-Festwertregelung** *f* / single-component fixed-

setpoint control || ≗**gerät** *n* / single-element device
Einkoppelfaser *f* (LWL) / launching fibre
einkoppeln *v* / connect *v* (Make a logical link (such as between a MMI and a MPU, eventually through communication devices). See Plug for physical connection) || ~ *v* (Signale) / inject *v*, couple *v*, link *v*, interface *v* || ~ *v* (LWL, Signale) / launch *v*
Einkoppelung *f* / coupled-in noise || ≗ **von Signalen** / signal input
Einkoppel·wirkungsgrad *m* (LWL) / launch efficiency
Einkopplung *f* / coupling *n*, interference *n* || ≗ *f* (LWL) / launching *n* || ≗ *f* (induzierte Spannung) / induced voltage || ≗ **von Rundsteuersignalen** / injection of ripple-control (o. centralized telecontrol) signals || **numerische Apertur der** ≗ (LWL) / launch numerical aperture || **Öffnungswinkel der** ≗ (LWL) / launch numerical angle || **kapazitive** ≗**en** / capacitive coupling, capacitive interference
Einkopplungswinkel *m* (LWL) / launch angle
Ein-Körper-Abbild *n* / homogenous-body replica
Einkörpermodell *n* / homogeneous-body model
Einkreisfilter *n* / single-tuned filter
Einkristall *m* / single crystal, monocrystal *n* || ≗-**Diffraktometer** *m* / single-crystal diffractometer || ≗**untersuchung** *f* / single-crystal investigation || ≗**ziehen** *n* / single-crystal growing
einkugeln *v* (Lagerschale) / turn in *v*, to lock home
einkuppeln *v* / clutch *v*, engage *v*
Einladung *f* / invitation *n*
Einlage *f* (IR) / liner *n*
Einlagenwicklung *f* / single-layer winding
Einlagermaschine *f* / single-bearing machine
einlagern *v* / store *v*, check in, swap in, save *v*, import *v*
Einlagerungs·kanal *m* / intraband channel || ≗- **und Lagerentnahmesystem** *n* / storage and retrieval system
einlagig *adj* / single-layer *adj*, one-layer *adj* || **~e Wicklung** / single-layer winding || **~er Treibriemen** / single belt
einlampige Leuchte / single-lamp luminaire
einlappige Rohrschelle / conduit clip, clip *n*
Einlassdämpfung *f* / insertion loss
Einlassventil *n* / inlet valve || ≗ *n* (Kfz) / intake valve
einlaufen *v* (Masch.) / break in *v*, run in *v* || ~ *v* (Bürsten) / run in *v*, become properly seated
einlaufende Welle / incoming wave
Einlauf·-Frequenzdrift *f* (Mikrowellenröhre) / warm-up frequency drift || ≗**rillen** *f pl* / run-in grooves || ≗**stand** *m* / run-in stand || ≗**stollen** *m* (WKW) / inlet tunnel || ≗**strecke** *f* (Gewindebearbeitung) / arc-in section || ≗**verhalten der Ausgangsleistung** (Verstärkerröhre) DIN IEC 235, T.1 / power stability || ≗**weg** *m* / arc-in section || ≗**weg** *m* (NC, Beschleunigungsweg beim Gewindeschneiden) / acceleration distance || ≗**weg** *m* (WZM) / run-in path || ≗**zeit** *f* / run-up time || ≗**zeit** *f* (Masch.) / run-in period || ≗**zeit** *f* (Kontakte) / wear-in period || ≗**zeit** *f* (ESR) / warm-up time (CRT. microwave tube), starting time
Einlege·brücke *f* / insertable jumper, jumper plug || ≗**gerät** *n* (Automat) / pick-and-place robot, loading robot || ≗**kappe** *f* / cap *n*, insert cap || ≗**kappe** *f* (DT) / insertable cap, insertable lens cap || ≗**keil** *m* / sunk key || ≗**maschine** *f* / loading machine || ≗**mutter** *f* / insertable nut
einlegen *v* / put in || ~ *v* (Wickl.) / insert *v* || ≗ *n* DIN 8580 / laying in *n*, inserting *n* || ~ *v* (SG, schließen) / close *v* || ~ *v* (Diskette) / load *v*
Einlege·passfeder *f* / sunk key || ≗**position** *f* / load position || ≗**schild** *n* / insertable plate, indicator label, inscription label || ≗**schild** *n* (DT) / insertable legend || ≗**vorrichtung** *f* (Wickl.) / fitting device
einleiten *v* / initiate *v*, start *v*, lead into
Einleiter·kabel *n* / single-conductor cable, single-core cable || ≗-**Ölkabel** *n* / single-conductor oil-filled cable || ≗**spule** *f* / single-conductor (continuous coil) || ≗-**Stabstromwandler** *m* / single-wire bar-type current transformer || ≗**transduktor** *m* / single-conductor transductor || ≗**wandler** *m* / bar-type current transformer, single-turn transformer
Einleitungssteuerung *f* (Logik) / initialization logic
Einlernen *n* (Rob.) / teach-in *n*, teaching *n*
Einlesefreigabe *f* / read-in enable || ≗ **fehlt** (NC) / read-in enable missing, read-in inhibited
einlesen *v* (Programm) / read *v*, read in *v*, write *v* (in), input *v*
Einlese·sperre *f* (ESP) / read-in disable || ≗**vorgang** *m* / read in, read *n*
Einloch·befestigung *f* / single-hole mounting || ≗**wicklung** *f* / single-coil winding, one-slot-per-phase winding
Einlöt·stift *m* / solder(ing) pin || ≗**typ** *m* (GSS, LSS) / solder-in type
einlöten *v* / solder *v*
Einmal·-Drucktaste *f* / single-shot pushbutton || ≗**fertigung** *f* / non-repetitive production
einmalig·e Kurzunterbrechung / single-shot reclosing, open-close operation || **~e Wiedereinschaltung** / single-shot reclosing, open-close operation || **~e Zeitablenkung** (Osz.) / single sweep, one shot || **~er Anschlusskostenbeitrag** (StT) / capital contribution to connection costs || **~er Netzkostenbeitrag** (StT) / capital contribution to network costs
Einmalkosten *plt* / non-recurring costs
Ein-Mann·-Bedienung *f* / one-man operation || ≗-**Montage** *f* / one-man installation
Einmantelkabel *n* / single-layer-sheath cable
einmessen *v* / calibrate *v*
Einmetall-Leiter *m* / plain conductor
Ein-Minuten·-Prüfwechselspannung *f* / one-minute power-frequency test voltage || ≗-**Stehwechselspannung** *f* / one-minute power-frequency withstand voltage
Einmitten *n* / centering || ~ *v* / centre *v* || **halbautomatisches** ≗ (HAE) / semi-automatic centering (SAC)
Einmitt·flanke *f* / centering flank || ≗**zyklus** *m* (WZM) / centering cycle
Einmodenfaser *f* / monomode fibre, single-mode fibre
Einmotorenantrieb *m* / single-motor drive, individual drive
Einnietmutter *f* / rivet-down nut
Ein- oder Ausschaltvermögen unter Asynchronbedingungen / out-of-phase making or breaking capacity
ein- oder mehrdrähtig *adj* / solid or stranded
einordnen *v* / classify *v*, organize *v*
einpassen *v* / fit *v* (a. CAD), adapt *v*

einpegeln *v* / to adjust itself
Einpegelung *f* / level alignment
einpendeln, sich ~ / adjust itself
Einphasen·-Brückenschaltung *f* / single-phase bridge connection, two-pulse bridge connection || ≗**gerät** *n* (HG) VDE 0730 / single-phase appliance || ≗**kabel mit konzentrischem Neutralleiter** / single-phase concentric-neutral cable || ≗**lauf** *m* / single-phasing *n* || ≗**-Mittelpunktschaltung** *f* / single-phase midpoint connection, single-phase centre-tap connection, single-phase full-wave connection
Einphasenmotor *m* / single-phase motor, single-phase a.c. motor || ≗ **mit abschaltbarem Kondensator in der Hilfsphase** / capacitor-start motor || ≗ **mit abschaltbarer Drosselspule in der Hilfsphase** / reactor-start motor || ≗ **mit Anlaufkondensator** / capacitor-start motor || ≗ **mit Anlauf- und Betriebskondensator** / two-value capacitor motor || ≗ **mit einem Kondensator für Anlauf und Betrieb** / capacitor-start-and-run motor, permanent-split capacitor motor || ≗ **mit Hilfswicklung** / split-phase motor || ≗ **mit Hilfswicklung und Drosselspule** / reactor-start split-phase motor || ≗ **mit Hilfswicklung und Widerstand** / resistance-start split-phase motor || ≗ **mit Widerstands-Hilfsphase** / resistance-start motor
Einphasen·-Netzschema *n* / single-line system diagram || ≗**-Reihenschlussmotor mit Kompensationswicklung** / single-phase commutator motor with series compensating winding || ≗**-Reihenschlussmotor mit kurzgeschlossener Kompensationswicklung** / single-phase series commutator motor with short-circuited compensating winding || ≗**schaltung** *f* (LE) / single-phase connection || ≗**-Spartransformator** *m* / singlephase autotransformer || ≗**strom** *m* / single-phase current || ≗**-Stromkreis** *m* / single-phase circuit || ≗**-Trafo** *m* / single-phase transformer || ≗**transformator** *m* / single-phase transformer
Einphasen-Wechselstrom *m* / single-phase a.c. current, single-phase current, single-phase alternating current || ≗**kreis** *m* / single phase a.c. circuit || ≗**motor** *m* / single-phase a.c. motor || ≗**zähler** *m* / single-phase kWh meter || ≗**-Zugförderung** *f* / single-phase a.c. traction
Einphasen-Zweileiter-Stromkreis *m* / single-phase two-wire circuit
einphasig *adj* / single-phase *adj*, one-phase *adj*, monophase *adj* || ~ **gekapselte Generatorableitung** / phase-segregated generator-lead bunking || ~ **gekapselte Sammelschiene** / isolated-phase bus (duct), phase-segregated bus || **~e Einwegschaltung** (LE) / single-phase half-wave connection, two-pulse centre-tap connection || **~e Erregung** (Trafo) / single-phase supply || **~e Flüssigkeit** / Newtonian liquid || **~er Betrieb** / single-phasing *n* || **~er Erdschluss** / phase-to-earth fault, phase-to-ground fault, single-phase-to-earth fault, one-line-to-ground fault || **~er Fehler** / phase-to-earth fault, phase-to-ground fault, single-phase-to-earth fault, one-line-to-ground fault || **~er Stoßkurzschlussstrom** / maximum asymmetric single-phase short-circuit current
Einplatinen·-Mikrocomputer *m* / single-board microcomputer (SBµC) || ≗**-Rechner** *m* (SBC) / single-board computer (SBC)
Einplatz·-Multitasking-Echtzeit-Betriebssystem *n* / single-user multi-tasking real-time operating system || ≗**system** *n* / single-user system, standalone system || ≗**-Textautomat** *m* / single-user text processor, stand-alone word processor
einpolig *adj* / single-pole *adj*, one-pole *adj*, monopole *adj*, single phase || ~ **gekapselte Schaltanlage** / single-pole metal-enclosed switchgear || ~ **gesteuerte Brückenschaltung** (LE) / single-pole controllable bridge connection || ~ **isolierter Spannungswandler** / earthed (o. grounded voltage transformer), single-bushing potential transformer || ~ **steuerbare Brückenschaltung** (LE) / single-pole controllable bridge connection || **~e Darstellung** / single-line representation, one-line representation || **~e HGÜ** / monopolar HVDC system || **~e HGÜ-Verbindung** / monopolar HVDC link, monopolar d.c. link || **~e Kapselung** (SF_6-Anl.) / phase-unit encapsulation, isolated-phase construction || **~e Kurzunterbrechung** / single-pole auto-reclosing, single-phase auto-reclosing || **~e Leitung** / monopolar line || **~er Ausschalter** (Schalter 1/1) VDE 0630 / single-pole one-way switch || **~er Ein-Aus-Schalter** / single-pole single-throw switch (SPST) || **~er Erdkurzschluss** / phase-to-earth fault, phase-to-ground fault, single-phase-to-earth fault, one-line-to-ground fault || **~er Erdschluss** / phase-to-earth fault, phase-to-ground fault, single-phase-to-earth fault, one-line-to-ground fault || **~er Fehler** / phase-to-earth fault, phase-to-ground fault, single-phase-to-earth fault, one-line-to-ground fault || **~er Kurzschluss** / single-pole-to-earth fault (GB), one-line-to-ground short circuit (US) || **~er Lastschalter** / single-pole switch || **~er Leistungsschalter** / single-pole circuit-breaker || **~er Leitungsschussschalter** / single pole circuit-breaker, one-pole m.c.b. || **~er Netzschalter** VDE 0860 / single-pole mains switch IEC 65 || **~er Schalter** / single-pole switch || **~er Schaltplan** / single-line diagram || **~er Umschalter** / single-pole double-throw switch (SPDT) || **~er Wechselschalter** (Schalter 6/1) VDE 0630 / two-way switch || **~er Wechselstromzähler** / single-phase kWh meter || **~es HGÜ-System** / monopolar (o. unipolar) HVDC system || **~es Relais** / single-pole relay, single-contact relay || **~es Schaltbild** / single-line diagram || **~es Schütz** / single-pole contactor
einprägen *v* (Signal) / inject *v* || ~ *v* (Strom) / impress *v*, apply *v*, inject *v*
Einprägung *f* (Markierung) / embossing *n*, debossing *n*, debossed marking || **Strom~** *f* (Prüf.) / current injection
Einpressdiode *f* / press-fit diode
einpressen *v* / press-fit *v*, press in *v*, force in *v*
Einpress·kraft *f* DIN 7182,T.3 / assembling force || ≗**mutter** *f* / press-in nut, insert nut || ≗**technik** *f* / press-fit technology || ≗**verbindung** *f* DIN 41611,T.5 / press-in connection || ≗**verbindung** *f* / press-fit connection
Einprozessor·betrieb *m* / single-processor mode || ≗**steuerung** *f* / single-processor control
Einpuls·-Verdopplerschaltung *f* VDE 0556 / one-pulse voltage doubler connection IEC 119 || ≗**-Vervielfacherschaltung** *f* VDE 0556 / one-pulse

voltage multiplier connection IEC 119
Einpunkt·messung *f* / single-point measurement || **≗verbindung** *f* (Kabelschirme) / single-point bonding
einputzen *v* / to mount flush with plaster surface, flush-mount *v*, to embed in plaster
Einputz·gehäuse *n* / recessed housing || **≗rahmen** *m* / recessed mounting frame
Ein-Quadrant·-Antrieb *m* / one-quadrant drive, single-quadrant drive, non-reversing, non-regenerative drive || **≗-Stromrichter** *m* / one-quadrant converter, semi-converter *n*
Einrampenumsetzer *m* / single-slope converter
einrasten *v* / lock home, latch tight, snap into place, latch *v*
Einrasten in die Vorzugsrichtung des Rotors / initial line-up jerking of the rotor
einrastend *adj* / latching *adj*
Einrast·feder *f* / latch *n* || **≗kupplung** *f* / latching coupling, engagement coupling || **≗strom** *m* (Thyr) / latching current
einreihig·e Anordnung (ET) / single-tier arrangement || **~er Steckverbinder** / single-row connector || **~es Kugellager** / single-row ball bearing, single-race ball bearing
einreißen *v* (schlitzen) / slit *v* || ~ *v* (stechen) / lance *v* || ~ *v* (zerreißen) / tear *v*
Einreißfestigkeit *f* / tear resistance
Einrenken *n* / engaging *n*
Einricht·betrieb *m* / setup mode || **≗betriebsart** *f* / setup mode || **≗bewegung** *f* / setup motion, setup movement || **≗blatt** *n* / setup sheet || **≗dialog** *m* / setup dialog
Einrichte·betrieb *m* / setup mode || **Einrichte·betrieb** *m* (WZM) / setting-up operation || **≗betriebsart** *f* (WZM, NC) / setting-up mode || **≗bewegung** *f* / setup movement, setup motion || **≗blatt** *n* / setup sheet
Einrichten *n* (WZM, NC, SPS) / setting up *n*, setting-up mode || ~ *v* (Kachelbereich) / initialize *v* || ~ *v* / set up, feed *v*, set up manually, supply *v*, write data into mailbox || ≗ *n* / setup *n*
Einrichter *m* (WZM) / tool setter, machine setter, setter *n*
Einrichte·schalter *m* (NC) / setting-up mode selector switch || **≗teil** *n* / interchangeable part || **≗vorschub einstellen** / set setup feedrate || **≗wert** *m* / setup value || **≗zeit** *f* / setup time, setting-up time
Einrichtschalter *m* / setting-up mode selector switch
Einrichtung *f* / unit *n*, equipment *n*, machine *n*, station *n*, stand *n* || ≗ *f* (Gerät) / device *n*, facility *n*, apparatus *n*, fixture *n* || ≗ *f* (Vorrichtung) / device *n* || ≗ **für dreipolige Wiedereinschaltung** / three-pole reclosing equipment, three-phase reclosing equipment || ≗ **für einpolige Wiedereinschaltung** IEC 50(448) / single-pole reclosing equipment, single-phase reclosing equipment || ≗ **zur automatischen Wiederherstellung der Lastbedingungen** / automatic load restoration equipment || ≗ **zur automatischen Wiederherstellung von Netzvervbindungen** IEC 50(448) / automatic restoration equipment || **dichtverschlossene** ≗ (f. Geräte in Zündschutzart) / sealed device
Einrichtungen *f pl* / organizations *n pl* || ≗ **der Informationstechnik** / information technology equipment (ITE)
Ein-Richtung-HGÜ *f* / unidirectional HVDC
Ein-Richtungs·-Antrieb *m* / non-reversible drive, non-reversing drive || **≗-Bus** *m* / unidirectional bus || **≗-HGÜ-System** *n* / unidirectional HVDC system
Ein-Richtung-Stromrichter *m* / non-reversible converter, one-way converter
Ein-Richtungs·-Ventil *n* / unidirectional valve || **≗-Verkehr** *m* / unidirectional traffic || **≗-Zweig** *m* (LE) / unidirectional arm
Einrichtzeit *f* / setup time || ≗ *f* (WZM) / setting-up time, setting time
einrücken *v* (Kuppl.) / engage *v*, clutch *v*, throw in *v*, couple *v*, connect *v* || ~ *v* (Getriebe) / engage *v* || ≗ *n* / engaging *n* || ≗ *n* (v. Textzeilen) / indentation *n*
Einrück·sperre *f* / engagement lockout || **≗vorrichtung** *f* (ET) / rack-in device
Eins, Leistungsfaktor ≗ / unity power factor, unity p.f. || **Übersetzungsverhältnis** ≗ (Trafo) / one-to-one ratio
Einsattelung *f* (Kurve) / dip *n*, depression *n* || ≗ *f* (Impulsabbild) / valley *n*
Einsatz *m* / assignment *n* || ≗ *m* (SK) VDE 0660, T.500 / fixed part (IEC 439-1), non-drawout assembly || ≗ *m* (StV) / insert *n* || ≗ *m* (mech.Teil) / insert *n* || ≗ *m* (Sich.) / fuse link || ≗ *m* (Schaltereinsatz, LS) / basic breaker || ≗ *m* (Verwendung) / duty type || ≗ *m* (Schaltereinsatz, HSS) / basic switch, contact unit || ≗ *m* (Verwendung) / application *n*, duty *n* || ≗ *m* (Chassis) / chassis *n* || ≗ **eines Leistungsteiles** / use of a power module, using of a power module || ≗ **in Schiffen** / use in marine engineering || **Abgangs~** *m* (ST) / non-withdrawable outgoing unit, fixed-mounted branch-circuit unit || **Geräte~** *m* (I-Schalter) / contact block (with mounting plate) || **Steckverbinder-≗** *m* / connector insert || **Steuerfunktion im** ≗ (PMG, die jeweils aktive Steuerfunktion) / controller in charge || **≗, Stiftschlüssel** / insert, pin spanner || **überregionaler** ≗ / supraregional assignment
Einsatz·ablauf *m* / service call procedure, servicing sequence || **≗art** *f* / field of application || **≗baugruppe** *f* / plug-in package, sub-unit *n* || **≗bedingung** *f* / condition of operation || **≗bedingungen** *f pl* / field service conditions, operating conditions, conditions of application || **≗bereich** *m* / field of application, area of application, application *n*
einsatzbereit *adj* / ready-to-use *adj*
Einsatz·bericht *m* / service report, action report, maintenance report, assignment report || **≗block** *m* / plug-in package, sub-unit *n* || **≗breite 3 mm** / insert width 3 mm || **≗daten** *plt* (QS Während des Betriebs festgestellte Daten) / field data (Observed data obtained during field operation) || **≗daten** *plt* (Während des Betriebs festgestellte Daten) / operational data, operating data, particular tool data || **≗dichtring** *m* / replaceable sealing ring || **≗dokumentation** *f* / service call documentation || **≗drehzahl** *f* / threshold speed || **≗drehzahl für die Feldschwächung** / threshold speed for the field weakening
Einsätze *m* / inserts *n pl*
Einsatz·entfernung *f* (Scheinwerfer) / working distance || **≗fall** *m* / case of application || **≗fälle** *m pl* / cases of application || **Festlegung der ≗forderungen** / statement of operational

requirements (AQAP) || ²**gebiet** *n* / area of application, field of application, application *n* || ²**grenzbedingungen** *f pl* / limiting operational conditions || ²**grenze** *f* / limit of application || ²**höhe** *f* / operational altitude || ²**jitter** *m* / starting jitter || ²**klasse** *f* VDE 0109 / installation category || ²**länge** *f* / insert length || ²**leitstelle** *f* / field service dispatch center || ²**ort** *m* / location *n*, site *n*, location of use || **allseitig geschlossener** ²**ort** / enclosed location || **wechselnder** ²**ort** / changeable site || **Kraftwerks-**²**plan** *m* / generation schedule

Einsatz·planung *f* / operation planning, assignment planning || ²**prüfung** *f* / field test || **Teilentladungs-**²**prüfung** *f* / partial-discharge inception test || ²**punkt** *m* / activation point, starting point || ²**punkt Wiederzuschalten des I-Anteils des n-Reglers** / n controller I-action comp. reactivation point || ²**spannung** *f* / inception voltage, threshold voltage || ²**spannung** *f* (ESR) / cut-off voltage IEC 151-14 || ²**spiegel** *m* (Leuchte) / detachable specular reflector || ²**steuerung** *f* / assignment control || ²**stoffe** *f* / quantity of materials used in the manufacturing process of pharmaceuticals

Einsatz·technik *f* (ST) / fixed-assembly design, non-withdrawable unit design, non-drawout design || ²**werkzeug** *n* / selected tool || ²**wert der Strombegrenzung** DIN 41745 / current limiting threshold || ²**zeit** *f* / service period || ²**zittern** *n* / starting jitter || ²**zweck** *m* / application use

einsaugen *v* / take in *v*, draw in

Einsäulen·-Scherentrenner *m* / single-support pantograph disconnector, pantograph disconnector || ²**trenner** *m* / single-support disconnector (o. isolator), single-column disconnector (o. isolator), single-stack disconnector || ²**-Trennschalter** *m* / single-support disconnector (o. isolator), single-column disconnector (o. isolator), single-stack disconnector

Eins-aus-Zehn-Code *m* / one out of ten code

Einschachteln *n* (Blechp.) / interleaved (o. overlapped) stacking || ² *n* / nesting *n*

Einschall·richtung *f* / direction of incidence || ²**ung** *f* / intromission of sound || ²**winkel** *m* / angle of incidence, incidence angle

Einschalt·abbrand *m* / (contact) erosion on closing, (contact) burning on making || ²**antrieb** *m* (LS) / closing mechanism || ²**augenblick** *m* / instant of closing || ²**auslöser** *m* / closing release || ²**bedingungen** *f pl* (SG) / making conditions || **Prüfung der** ²**bedingungen** (Mot.) / preconditional check || ²**befehl** *m* (Mot.) / starting signal, starting command

einschaltbereit *adj* / ready-to-close *adj* || ~ *adj* (SG) / ready for closing || ~ *adj* (Mot.) / ready to start

Einschaltbereitschaft *f* (Zustand eines Anlagenteils, der sofort unter Spannung gesetzt werden kann) / availability *n* || ²**sanzeige** *f* / service readiness indication || ²**smeldekontakt** *m* / ready-to-close signaling contact, ready-to-close signalling contact || ²**smeldung** *f* / ready indication

Einschaltdauer *f* / temporary duty, duration of lead application || ² *f* (Stromkreis) / ON period, ON duration, duration of current || ² *f* (eines Stromes) / time of application || ² *f* (Mot.) / operating time *n*, running time, ON-time *n*

EIN-Schaltdauer *f* / ON-time *n*

Einschaltdauer, relative ² / pulse duty factor, mark-space ratio, duty factor || **relative** ² (Schütz) VDE 0660, T.102 / on-load factor (OLF contactor) IEC 158-1 || **relative** ² (Trafo) / duty ratio IEC 50(15) || **relative** ² (Rel.) / operating factor (relay) || **relative** ² (ED el. Masch.) VDE 0530, T.1 / cyclic duration factor (c.d.f.), load factor || **relative** ² (ED) / duty cycle

Einschalt·druck *m* / cut-in pressure || ²**druck** *m* (LS m. Druckluftantrieb) / closing pressure, operating pressure || ²**eigenzeit** *f* (Schließzeit) VDE 0670, T.101 / closing time IEC 56-1 || ²**element** *n* (LS) / making unit

Einschalten *n* / enable *n* || ² *n* (SG, Einschaltvorgang) / closing operation, making operation || ~ *v* / power up, ramp up || ~ *v* (Schalter, durch Betätiger) / close *v*, switch on *v* || ~ *v* (Ein Gerät, z.B. einen Widerstand, in einen Stromkreis) / switch in *v*, cut in *v*, bring into circuit, insert *v* || ~ *v* (Mot.) / start *v*, switch on *v* || ~ *v* (Schütz) / energize *v*, close *n* || ~ *v* (Diode, Thyr.) / turn on *v* || ~ *v* (Trafo) / energize *v*, connect to the supply (o. system) || ~ *v* (Gerät, Licht) / switch on *v*, turn on *v* || ² **auf einen Kurzschluss** / fault throwing, making on a short circuit || ² **durch Abwärtsbewegung** (des Betätigungsorgans) / down closing movement || ² **durch Aufwärtsbewegung** (des Betätigungsorgans) / up closing movement || ² **mit Druckluft** / closing with compressed air || ² **mit EIN-Handhebel** / closing with ON hand lever || ² **und Referenzpunktfahren** / power ON and reference point approach

einschalten, direkt ~ (Mot.) / start direct on line, start at full voltage, start across the line || **direktes** ² (Mot.) / direct-on-line starting (d.o.l. starting), full-voltage starting, across-the-line starting || **einen Strom** ~ / make a current, establish a current || **unbeabsichtigtes** ² VDE 0100, T.46 / unintentional energizing

Einschalter *m* / on-off switch, one-way switch, make-break switch

Einschalt·faktor *m* (el. Masch.) / duty-cycle factor || ²**feder** *f* / closing spring || ²**fehlimpuls** *m* / spurious switch-on pulse, spurious signal, switch-on transient

einschaltfest *adj* / make-proof *adj*, suitable for closing onto a short circuit || ~ *adj* (Mot.) / suitable for direct-on-line (o. full-voltage) starting || ~ *adj* (Erdungsschalter) / make-proof *adj*

Einschalt·flanke *f* / leading edge, rising edge (The change from 0 to 1 of a Boolean variable), rising signal edge, positive-going edge || ²**folge** *f* (Mot.) / starting sequence, operating sequence on starting || ²**funktionalität** *f* / power-up functionality || ²**geschwindigkeit** *f* (SG) / speed of make, closing speed || ²**glied** *n* / make contact, make contact element IEC 337-1, a-contact, normally open contact, NO contact

Einschalt·häufigkeit *f* (Mot.) / starting frequency || ²**hebel** *m* / operating lever, closing lever || ²**hilfe** *f* / closing aid || ²**-Hilfsauslöser** *m* / shunt closing release IEC 694 || ²**leistung** *f* / making capacity IEC 157-1 || ²**leistung** *f* / rating at closing operation || ²**leistung** *f* (Rel.) / contact current closing rating (ASA C37.1) || ²**logik** *f* (Mot.) / preconditioning logic, starting logic || ²**magnet** *m* / closing solenoid, closing coil || ²**moment** *n* / start-stop torque || ²**motor** *m* / starting motor || ²**pegel kinet.**

Pufferung / switch on level kin. buffering || **≗phasenlage** *f* (Rel.) / connection angle IEC 255-12 || **≗-Polaritätsumkehr** *f* DIN 41745 / turn-on polarity reversal || **≗position** *f* / activation position || **≗prüfung** *f* / making test || **≗prüfung** *f* (Prüf. von Systemfunktionen beim Einschalten der Stromversorgung) / power-up test

Einschalt·relais *n* / closing relay || **≗rush** *m* / inrush *n* || **≗rush** *m* (Trafo) / magnetizing inrush, inrush current || **≗signal** *n* / switch on signal || **≗spannung** *f* / switch-on voltage || **≗spannungsspitze** *f* (Schaltdiode) / forward transient voltage IEC 147-1 || **≗sperre** *f* / power-on disable || **≗sperre** *f* (SG) / closing lock-out, lock-out preventing closing || **≗sperre** *f* (Mot.) / starting lockout, starting inhibiting circuit, safeguard preventing an unintentional start-up || **≗spitze** *f* / inrush peak, peak inrush current, switch-on peak || **≗spule** *f* / closing coil || **≗stabilisierung** *f* / inrush stabilization || **≗stabilisierung** *f* (Schutz, Oberwellenstabilisierung) / harmonic restraint (feature) || **≗stellung** *f* / closed position || **≗steuerung** *f* (SR-Mot.) / start-up control, starting sequence control || **≗stoßstrom** *m* (Mot., Trafo) / (starting) inrush current, (transformer) magnetizing inrush current || **≗stoßstrom** *m* (LS) / peak making current

Einschaltstrom *m* / switch-on current, current inrush, current at make || ≗ *m* (Mot.) / starting current || ≗ *m* (Trafo u.) DIN 41745 / inrush current || ≗ *m* (SG) VDE 0670, T.2 / making current IEC 129, peak making current || ≗ *m* (Kondensatoren) / inrush making current || ≗ *m* (Stromstoß beim Einschalten von Trafos, Drosseln) / inrush current IEC 50(448) || **Faden~** *m* (Lampe) / filament starting current || **≗auslöser** *m* VDE 0660, T.1 / making-current release IEC 157-1, closing release || **≗begrenzung** *f* / switch-on current limitation || **≗kreis** *m* / making circuit, make circuit, closing circuit || **≗spitze** *f* / inrush peak, peak inrush current, switch-on peak || **≗stabilisierung** *f* (Rel.) / harmonic restraint (function), current restraint (function) || **≗stoß** *m* (el. Masch.) / starting current inrush, magnetizing current inrush

Einschalt·synthetik *f* (Prüfschaltung) / synthetic circuit for closing operations || **≗temperatur** *f* / cut-in temperature, closing temperature || **≗-Überschwingweite** *f* DIN 41745 / turn-on overshoot || **≗überspannung** *f* / closing overvoltage, closing surge || **≗überstrom** *m* (Kondensator) / inrush transient current || **Kontrolle des ≗- und Ausschaltverhaltens** (LE) / turn-on/turn-off check IEC 700

Einschaltung *f* (SG, Einschaltvorgang) / closing operation, making operation

Einschalt·ventil *n* / turn-on valve, closing valve || **≗verhältnis** *n* / cycle duration || **≗verhältnis bei Pulsbreitensteuerung** (LE) / pulse control factor || **≗verhältnis bei Vielperiodensteuerung** (LE) / multicycle control factor || **≗verklinkung** *f* / closing latch || **≗verluste** *m pl* (Diode. Thyr.) / turn-on loss, turn-on dissipation || **≗-Verlustenergie** *f* (Thyr) / energy dissipation during turn-on time || **≗-Verlustleistung** *f* (Diode, Thyr.) / turn-on loss, turn-on dissipation || **≗-Verlustleistungsspitze** *f* (Thyr) / peak turn-on dissipation || **≗vermögen** *n* VDE 0660,T.101 / making capacity IEC 157-1 || **≗vermögen** *n* (Rel.) VDE0435,T.110 / limiting making capacity || **≗vermögen unter Asynchronbedingungen** / out-of-phase making capacity

Einschaltverriegelung *f* / closing lockout, switch-on interlocking || ≗ *f* (Mot.) / start preconditioning circuit, circuit preventing unintentional starting || ≗ *f* (SG) / closing lock-out, lock-out preventing closing || ≗ **für Phasenausfall** (Mot.) / starting open-phase protection

Einschaltverzögerer *m* / closing delay device (o. element), on-delay device, on-delay *n*

einschaltverzögert *adj* / delayed switching-on

Einschaltverzögerung *f* / switch-on delay || ≗ *f* (Rel.) / pickup delay, ON delay, time delay in pickup || ≗ *f* (elST) / ON delay || ≗ *f* (SG) / closing delay || **speichernde** ≗ / retentive ON delay

Einschalt·verzug *m* / turn-on time, pickup delay, ON delay, time delay in pickup || **≗verzug** *m* (NS) EN 60947-5-2 / turn-on time || **≗vorgang** *m* (Mot.) / starting operation, starting cycle || **≗vorgang** *m* (SG) / closing operation, making operation || **≗vorrichtung** *f* VDE 0670,T.2 / closing device IEC 129

Einschaltwicklung *f* (Mot.) / starting winding, high-resistance auxiliary winding, starting amortisseur, auxiliary phase || ≗ *f* (SG, Rel.) / closing winding, pick-up coil || ≗ *f* (Spule) / closing coil, auxiliary winding

Einschalt·widerstand *m* (SG) / closing resistor || **≗winkel** *m* / making angle || **~wischend** *adj* / making pulse contact || **≗wischer** *m* / passing make contact IEC 117-3, fleeting NO contact

Einschaltzeit *f* / make time || ≗ *f* (im Schaltbetrieb eines Wechselstromstellers) / operating interval || ≗ *f* (Mot., Laufzeit) / running time, on-time *n*, operating time, load period || ≗ *f* (LS) VDE 0660, T.101 / make-time *n* IEC 157-1 || ≗ *f* (Schalttransistor, Thyr, fotoelektr. NS) / turn-on time || ≗ **des Stellers** (Ts) / on-state interval of controller (Ts)

Einschätzung *f* / estimation *n*

Einscheiben·bremse *f* / single-disc brake || **≗kupplung** *f* / single-disc clutch

einschenkelig *adj* (Trafo-Kern) / single-leg *adj*, one-leg *adj*, single-limb *adj*

Einschichtwicklung *f* / single-layer winding

einschiebbar·e Baueinheit / insert *n* || **≗er Baugruppenträger** / insert *n*

Einschieben *n* (z.B. Wörter) / insertion *n* || ~ *v* / push in

Einschlag *m* (Blitz) / strike *n* || **≗-Brandmelder** *m* / break-glass call point

einschlagen *v* (Blitz) / strike *v*

einschlägig *adj* / applicable *adj*, valid *adj*

Einschlagisolierung *f* / folded insulation

Einschlag·maschine *f* / wrapping machine || **≗mechanismus** *m* (Blitz) / strike mechanism || **≗stelle** *f* (Blitz) / point of strike

einschleifen *v* (Leiter) / loop in *v* || ~ *v* (Bürsten) / bed in *v*, seat *v*

Einschleifenwicklung *f* / simplex winding

Einschleus·wagen *m* / feeder carriage || **≗weiche** *f* / feeder baffle

Einschlitten·drehmaschine *f* / single-slide turning machine || **≗-Einspindel-Drehmaschine** *f* / single-slide, single-spindle turning machine

Einschluss *m* / inclusion *n* || ≗ *m* (Plasma) / confinement
Einschmelzautomat *m* / sealing machine
einschmelzen *v* (abdichten) / seal in *v*
Einschmelzglas *n* / sealing glass
Einschmelzung, vakuumdichte ≗ / vacuum-tight seal
einschnappen *v* / snap into place, latch tight, lock home, engage with
einschneiden *v* (stanzen) / slit *v* || **~ und ziehen** (stanzen) / lance *v*
Einschneider *m* / single cutter
einschneidig *adj* / one-edged *adj*, single-cutting *adj*
Einschnüreffekt, magnetischer ≗ / pinch effect
einschnüren *v* / constrict *v*
Einschnürung *f* / restriction *n* || ≗ *f* (magnet.) / pinch *n*, contraction *n* || ≗ *f* (mech.) / constriction *n*, constrictive action
Einschnürungsdurchmesser *m* (Messblende) / vena contracta
Einschränkung *f* / constraint *n*
Einschraub·-Automat *m* / screw-in miniature circuit-breaker, screw-in m.c.b. || ≗**gewinde** *n* / internal thread || ≗**länge** *f* / length of engaged thread, length of thread engagement, length of engagement || ≗**-LS-Schalter** *m* / screw-in type circuit-breaker || ≗**-Schutzschalter** *m* / screw-in miniature circuit-breaker, screw-in m.c.b. || ≗**sicherung** *f* / screw-in fuse || ≗**-Sicherungsautomat** *m* / screw-in miniature circuit-breaker, screw-in m.c.b. || ≗**-Stabsicherung** *f* / screw-in fuse pin || ≗**stutzen** *m* / screw-in gland, tapped boss || ≗**stutzen** *m* (Widerstandsthermometer) / mounting fitting, union *n*, mounting threads || ≗**thermometer** *n* / screw-stem thermometer, screw-in thermometer || ≗**tiefe** *f* / depth of engagement || ≗**typ** *m* (LSS) / screw-in type || ≗**-Verschraubung** *f* / male coupling
Einschreibfreigabe *f* / write enable (WE)
einschrittig *adj* / single-stepped *adj*
Einschub *m* / plug-in unit, drawer unit, withdrawable part || ≗ *m* (ET) DIN 43350 / drawer *n*, drawer unit, withdrawable part || ≗ *m* (steckbare Einheit) / plug-in unit || ≗ *m* (SK) VDE 0660, T.500 / withdrawable part || ≗ *m* (Zeichn.) / insert *n* || ≗ *m* (Elektronikmodul) / plug-in (o. withdrawable) module || **auf** ≗ / withdrawable type || **breiter** ≗ (ET) / full-width withdrawable unit || **MCC-**≗ *m* / MCC withdrawable unit, MCC drawout unit || **Programm~** *f* / program patch || **Zweikanal~** *m* (LAN-Komponente) / two-channel module
Einschub·anlage *f* / withdrawable switchgear || ≗**ausführung** *f* / withdrawable type (o. model), drawout type, plug-in type, draw-out version
Einschübe *m pl* / slide-in modules
Einschub·fach *n* (ST) / subsection *n*, bay *n* || ≗**feld** *n* / withdrawable panel || ≗**führung** *f* (LS) / guide frame || ≗**führung mit Spindelantrieb** (LS, ST) / guide frame with contact engagement spindle || ≗**gerät** *n* / withdrawable unit, rack-mounting unit || ≗**leiste** *f* / guide rail || ≗**-Leistungsschalter** *m* / withdrawable circuit-breaker
Einschub·rahmen *m* / plug-in frame, guide frame || ≗**raum** *m* / withdrawable compartment || ≗**-Schaltanlage** *f* / withdrawable switchgear, withdrawable switchgear assembly || ≗**schalter** *m* (LS) / withdrawable circuit-breaker || ≗**-Steckverbinder** *m* / rack-and-panel connector, unitor connector (depr.) || ≗**streifen** *m* / insertable strip, slide-in label || ≗**system ES 902** / ES 902 packaging system || ≗**technik** *f* / withdrawable-unit design, drawout-unit design, draw-out design || ≗**typ** *m* / withdrawable type || **~verriegelter Antrieb** / operating mechanism with insertion interlock || ≗**verriegelung** *f* / insertion interlock || ≗**verteiler** *m* (MCC) / motor control centre (with withdrawable units) || ≗**wechsel** *m* / exchange of withdrawable section || ≗**zeile** *f* (MCC) / row of withdrawable units, tier *n* || ≗**zeile** *f* (ST) / withdrawable tier
einschwallen *v* / flow-solder *v*
Einschweiß·ausführung *f* / welded version, butt welding ends || ≗**thermometer** *n* / weldable thermometer, welded-stem thermometer
einschwenken *v* / swinging in
Einschwimmer-Relais *n* / single-float relay
Einschwingen *n* / transient condition
Einschwing·frequenz *f* / natural frequency, frequency of restriking voltage || ≗**spannung** *f* / TRV (transient recovery voltage) || ≗**spannung** *f* (Wiederzündspannung) / restriking voltage || ≗**spannung nach Abstandskurzschlussabschaltung** / short-line-fault transient recovery voltage || ≗**-Spitzenstrom** *m* / peak transient current || ≗**strom** *m* / transient current || **kurzzeitiger** ≗**ungsvorgang** / transient *adj* || ≗**verhalten** *n* / transient response, response *n* || ≗**vorgang** *m* / transient phenomenon, transient reaction, transient *n*, initial response, response *n* || ≗**zeit** *f* / settling time, transient recovery time || ≗**zeit bei Haltebetrieb** / hold-mode settling time || **Eingangs**≗**zeit** *f* (IC-Regler) / input transient recovery time || **Last~zeit** *f* (IC-Regler) / load transient recovery time || ≗**zeitfehler** *m* / settling time error || ≗**zustand** *m* / transient condition
Einseitenband *n* / single sideband (SSB) || ≗**übertragung** *f* (ESB) / single sideband transmission
einseitig *adj* / single-sided *adj* || **~ eingestelltes Relais** / biased relay || **~ geführtes Ventil** / single-guide valve || **~ gerichtet** (KN) / one-way *adj* || **~ gerichtet** / unidirectional *adj* || **~ gespeister Fehler** / fault fed from one end || **~ wirkendes Axiallager** / one-direction thrust bearing, single thrust bearing || **~ wirkendes Axial-Rillenkugellager mit ebener Gehäusescheibe** / one-direction thrust ball bearing with flat seat, one-direction flat seat thrust bearing || **~e Belüftung** (el. Masch.) / single-ended ventilation || **~e Datenübermittlung** / one-way communication || **~e Kehlnaht** / single fillet weld || **~e Speisung** / single-end infeed, single infeed || **~e Steuerung** / unilateral control || **~e Verzerrung** / bias distortion || **~e Wimpelschaltung** / asymmetrical pennant cycle IEC 214 || **~er Antrieb** / unilateral drive, unilateral transmission, single-ended drive || **~er Betrieb** (SPS) / one-sided mode || **~er Linear-Induktionsmotor** / single-sided linear induction motor (SLIM) || **~er Linearmotor** / one-sided (o. single-sided) linear motor || **~er magnetischer Zug** / unbalanced magnetic pull || **~es Abmaß** / unilateral deviation, unilateral tolerance || **~es Getriebe** / unilateral gear(ing)
Einsenkung *f* / counterbored hole
Einsetz-/Aussetzbetrieb *m* / start/stop operation

einsetzen *v* / insert *v*
Einsetzer *m* / engaging *n*
Einsetz·feldstärke *f* / inception field strength || **≗spannung** *f* / inception voltage || **≗werkzeug** *n* (f. Kontakte) / insertion tool
Einsfrequenz *f* (Verstärker) / unity-gain frequency, frequency for unity gain, frequency of unity current transfer ratio
EIN-Signal *f* / ON signal
Einsignalmessgerät *n* / single-channel instrument
Ein-Sitz-Ventil *n* / single-seat(ed) valve
Einsitzventil mit Entlastungskolben / self-balanced valve
einspannen *v* / clamp
Einspann·stelle *f* / clamping *n* || **≗toleranz** *f* / clamping tolerance
Einspannung *f* / initial voltage || ≗ *f* (NC, CLDATA-Wort) / clamp ISO 3592 || ≗ *f* (Stützpunkt eines Leiters) VDE 0103 / fixed support IEC 865-1 || **Werkstück~** *f* / workpiece clamping
Einspannvorrichtung *f* (WZM, f. Werkstücke) / work holding device
einspeichern *v* / store *v*, roll in *v* (secondary storage - primary storage)
Einspeise·anschluss *m* / supply lead, supply cable, supply *n*, incoming cable, protective earth, neutral *n*, phase *n* || **≗block** *m* / feed-in block, feed-in blocks || **≗druck** *m* / initial pressure || **≗einheit** *f* / incoming unit IEC 439-1, infeed unit, rectifier unit
Einspeise·feld *n* (Schrank) / incoming cubicle, incoming feeder unit, incoming-feeder cubicle || **≗feld** *n* (IRA) / incoming panel BS 4727,G.06, incoming-feeder panel, incoming section || **≗feld** *n* (FLA) / incoming-line bay, incoming-feeder bay, incoming-supply bay || **≗kabel** *n* / incoming-feeder cable, incoming cable, supply cable, feeder cable || **≗klemme** *f* / supply terminal, feed-in terminal, infeed terminal, line-side terminal
Einspeise·leiste *f* / incoming block || **≗leitung** *f* / supply line, incoming feeder, incoming line, incomer *n* || **ungeregeltes ≗modul** (UE) / open-loop control infeed module (OI), OI module
einspeisen *v* / supply *v*, feed *v*, apply *v*
Einspeisen eines betriebsfrequenten Stroms / power-frequency current injection || ≗ **eines kapazitiven Stroms** / capacitance current injection
Einspeise·pegel *m* (RSA) / injection level || **≗punkt** *m* / feeding point || **≗richtung** *f* / direction of incoming supply || **≗-/Rückspeise-Einheit** *f* (E/R-Einheit) / rectifier/regenerative feedback unit, infeed/regenerative-feedback unit (I/RF unit) || **≗-Rückspeisemodul** *n* (LE) / infeed/regenerative feedback module, infeed/regenerative feedback module (I/RF module) || **≗schalter** *m* (TS) / incoming-feeder disconnector, incoming disconnector || **≗schalter** *m* (LS) / incoming-feeder circuit-breaker, feeder circuit-breaker, incoming circuit-breaker || **≗schutz** *m* / incoming-feeder protection || **≗spannung** *f* (elST) DIN 19237 / input terminal voltage || **≗stelle** *f* / infeed point, feeding point, distributing point, supply terminal (s) || **≗transformator** *m* / infeed transformer || **≗versuch** *m* (KKS) / drainage test || **≗wandler** *m* (RSA) / injection transformer
Einspeisung *f* / infeed *n*, feed-in *n* || ≗ *f* (Vgl.: Rückspeisung) / supply *n* (Cf.: feedback), incoming supply, power supply, feeding *n* || ≗ *f* (Leitung) / incoming feeder, line entry || ≗ *f* (Rundsteuersignale, Blindleistung) / injection *n* || ≗ *f* (SK-, IV-Einheit Vgl.: Rückspeisung) VDE 0660, T.500 / incoming unit IEC 439-1 || ≗ *f* (Feld, Schrank) / incoming panel || **externe ≗ 380 V für Hilfsbetriebe** / external 380 V supply for auxiliaries || ≗ **Drehstrom von oben** / incoming three-phase AC supply from top || ≗ **Gleichstrom von oben** / incoming DC supply from top || ≗ **von oben** / incoming from above || ≗ **von unten** / incoming from below || **geerdete ≗** / grounded incoming supply || ≗ **einer Steuerungseinrichtung** DIN 19237 / mains infeed of controller
Einspeisungs·kanal *m* / feeder busway, feeder bus duct, incoming-feeder duct, entry duct, feeder duct || **≗kasten** *m* (IK) / feeder unit, feed unit
einsperren *v* (QS) / quarantine *v*
einspielen *v* / load *v* || **sich ~** / adjust itself
Einspielzeit *f* / time before rest
Einspindel - / single-spindle *n* || **≗maschine** *f* / single-spindle machine
Einspindler *m* / single-spindle machine
einspindlig *adj* / single-spindle *adj*
Einspritzdüse *f* (Otto-Motor) / injection valve, injection nozzle || ≗ *f* (Diesel) / injection nozzle
Einspritzen *n* / injection *n*, water spray
Einspritz·ende-Kennfeld *n* (Kfz) / fuel injection cut-off characteristic || **≗kühler** *m* / injection cooler || **≗pumpe** *f* / injection pump || **≗steuerung** *f* (Kfz) / fuel injection control || **≗technik** *f* / fuel-injection systems || **≗ung** *f* / injection *n*, water spray || **≗ventil** *n* / injection valve, fuel injector, injector *n*, water injection valve, multipoint injector, DEKA fuel injector || **≗wasser** *n* / spray water, cooling water || **≗wasser-Stellventil** *n* / spray water valve
Einsprung·menü *n* (EM) / entry menu (EM) || **≗punkt** *m* / entry point || **≗-VKE** / RLO at jump
Einspulentransformator *m* / autotransformer *n*, compensator transformer, compensator *n*, variac *n*
Einstabmesskette *f* (pH-Messung) / combined electrode, combined measuring and reference electrode
Einständermaschine *f* / single-column machine
Einstech·arbeit *f* / recessing *n*, plunge-cutting *n*, necking *n*, grooving *n* || **≗breite** *f* / recess width
einstechen *v* (drehen) / recess-turn *v*, recess *v*, neck *v*, groove *v* || ~ *v* (stanzen) / lance *v* || ~ *v* (Nuten) / groove *v*
Einstechen *n* / grooving *n*, recessing *n*
Einstecher *m* / grooving tool, plunge-cutter, recessing tool
Einstech·meißel *m* / grooving tool, plunge-cutter, recessing tool || **≗schleifen** *n* / plunge-cut grinding, plunging *n*, plunge grinding || **≗spitze** *f* (Widerstandsthermometer) / knife-edge (probe tip) || **≗stahl** *m* / grooving tool, plunge-cutter, recessing tool || **≗werkzeug** *n* / recessing tool, plunging tool || **≗zyklus** *m* / grooving cycle
einsteckbare Einheit / plug-in unit
Einsteck·fassung *f* (Lampe) / push-in lampholder || **≗fehler** *m* (Elektronikbaugruppen) / insertion fault, plug-in fault || **≗fühler** *m* / penetration sensor, knife-edge sensor (o. probe) || **≗klemme** *f* / plug-in terminal, clamp-type terminal || **≗kontrolle** *f* / (board o. card) insertion check, plug-in check || **≗lasche** *f* / plug-in clip, push-in lug || **≗laschen** *f pl* / push-in lugs || **≗-LS-Schalter** *m* / plug-in circuit-

breaker, plug-in m.c.b. || ≗**montage** *f* (Leuchte) / slip-fit mounting || ≗**-Schutzfassung** *f* / push-in protected lampholder || ≗**-Schutzschalter** *m* / plug-in circuit-breaker, plug-in m.c.b. || ≗**sockel** *m* / plug-in cap || ≗**tiefe** *f* / engaged length || ≗**typ** *m* (LSS) / plug-in type (circuit-breaker) || ≗**verriegelung** *f* / plug-in interlock (element o. facility)

Einsteiger·-Anleitung *f* / beginner's manual || ≗**paket** *n* / starter kit, starter package

Einsteinlager *n* (EZ) / single-jewel bearing

Einstell·abstand *m* / setting interval || ≗**achse** *f* (EZ) / adjustment spindle || ≗**anleitung** *f* / adjustment instructions || ≗**auflösung** *f* DIN 41745 / discontinuous control resolution

einstellbar *adj* / adjustable *adj*, gettable *adj*, variable *adj* || **~e Drehzahl** / adjustable speed, variable speed || **~e Verzögerung** (Schaltglied) VDE 0660, T.203 / adjustable delay || **Messung mit ~em Läufer** / applied-voltage test with rotor in adjustable position || **Messung mit nicht ~em Läufer** / applied-voltage test with rotor locked || **~er Auslöser** / adjustable release, adjustable trip || **~er Bimetallschalter** DIN 41639 / variable thermal time-delay switch || **~er Kondensator** / variable capacitor || **~er Messanfang** / adjustable lower measuring-range limit, adjustable lower-range limit || **~er Überstromauslöser** / adjustable overcurrent release || **~er Widerstand** / adjustable resistor, rheostat *n*, trimming resistor || **~es Messende** / adjustable higher measuring-range limit, adjustable higher-range limit

Einstell·barkeit *f* / adjustability *n*, variability *n* || ≗**barkeit** *f* (Trafo) / variability *n* || ≗**barkeit** *f* (des Ausgangs) DIN 41745 / output controllability || ≗**baugruppe** *f* / setting module, adjustment module, setting board || ≗**befehl** *m* (FWT) / regulating command || ≗**beilage** *f* (Lg.) / float limiting shim || ≗**bereich** *m* / adjustment range || ≗**bereich** *m* (EB a Rel.) / setting range || ≗**bereich** *m* (Trafo) / tapping range || ≗**bereich** *m* (mech.) / adjustment range || **gespreizter** ≗**bereich** / spread setting range || **Durchlauf des** ≗**bereichs** (Trafo) / cycle of operation || ≗**blech** *n* (Ausgleichsblech) / shim *n*

Einstell·daten *plt* / setting data || ≗**drehwiderstand** *m* / rotary trimming resistor, variable resistor || ≗**druck** *m* / set pressure || ≗**lehre** *f* / adjusting gauge, setting gauge, set-up gauge || ≗**element** *n* / setting element || ≗**empfindlichkeit** *f* (Verhältnis Änderung der stabilisierten Ausgangsgröße/Änderung der Führungsgröße) DIN 41745 / incremental control coefficient

einstellen *v* / adjust *v*, set *v*, calibrate *v*, bring into position || ~ *v* (Regler) / tune *v*

Einstellen *n* / adjusting *n*, setting *n*, calibration *n*, adjustment *n*, setup *n* || ≗ **der Betriebsart** / operating mode selection || ≗ **nach einer Skale** / scaling *n* || ≗ **zur Parallelabfrage** (PMG) / parallel poll configure

Ein-Stellen-Messung *f* / single-terminal measurement

Einsteller *m* (MG) DIN 19226, NS / adjuster *n* || ≗ **für den elektrischen Nullpunkt** (MG) / electrical zero adjuster || ≗ **für den mechanischen Nullpunkt** (MG) / mechanical zero adjuster || ≗ **zur gegenseitigen Anpassung von Anzeige- und Registriervorrichtung** / indicating device to recording device adjuster

Einstell·fehler *m* / setting (o. adjusting) error, permissible setting error || ≗**genauigkeit** *f* / tolerance of setting, setting tolerance, setting accuracy || ≗**getriebe** *n* (EZ) / adjusting gear, setting device || ≗**hilfe Axialspiel Antriebswelle** / setting aid, operating shaft axial play

einstellig *adj* (Zahl) / one-digit *adj*, one-figure *adj* || **~e Zahl** / digit *n*

Einstell·lager *n* / self-aligning bearing || ≗**lampe** *f* / prefocus lamp || ≗**marke** *f* / adjustment mark, setting mark, reference mark || ≗**maß** *n* / alignment dimension, reference dimension || ≗**maß** *n* (Lehre) / reference gauge, standard gauge || ≗**maß** *n* (gS) / photographic reduction dimension || ≗**möglichkeit** *f* / setting option || ≗**moment** *n* / controlling torque || ≗**organ** *n* VDE 0860 / preset control IEC 65 || ≗**prüfung** *f* / calibration test || ≗**regeln** *f pl* / rules for adjustment of controller || ≗**ring** *m* / ring gauge

Einstell·schablone *f* / adjustment template || ≗**schlitz** *m* / actuating slot || ≗**schraube** *f* / setting screw, adjusting screw, setting knob, adjusting bolt || ≗**skala** *f* / setting scale || ≗**sockel** *m* (Lampe) / prefocus cap, prefocus base || ≗**stoß** *m* / calibrating shot || ≗**strom** *m* VDE 0660,T.101 / current setting IEC 157-1, setting current, set current, operational current || **Einstellung des** ≗**stroms** / operational current setting

Einstell·transformator *m* (m. Stufenschalter) / tap-changing transformer, regulating transformer || ≗**trommel** *f* / (setting) knob *n*, setting drum || **Ausschnitt** ≗**trommel** / setting drum cutout || ≗**trommel, Stromwert** / setting drum, current value || ≗**trommel, Zeitwert** / setting drum, time value

Einstell·- und Bohrvorrichtung *f* / adjusting and drilling fixture || ≗**- und Bohrvorrichtung Druckstange Druckluftantrieb** / adjusting and drilling fixture for push rod of pneumatic operating mechanism || ≗**- und Bohrvorrichtung Rasthebel** / adjusting and drilling fixture for detent lever

Einstellung *f* / setting *n*, adjustment *n* || ≗ **bei konstantem Fluss** (Trafo, CF-Einstellung) / constant-flux voltage variation (CFVV) || ≗ **bei veränderlichem Fluss** (Trafo, VF-Einstellung) / variable-flux voltage variation (VFVV) || ≗ **der Phasenverschiebung** (Relaisabgleichung) / phase angle adjustment || **Art der** ≗ (Trafo) / method of regulation, category of regulation || **gemischte** ≗ (M-Einstellung Trafo) / mixed regulation (m.r.)

Einstellungen *f pl* / settings *n pl*, adjustments *n pl*

Einstellungsprüfung *f* / adjustment test

Einstell·unsicherheit *f* / setting tolerance || ≗**verhältnis** *n* (Rel.) / setting ratio || ≗**vorrichtung** *f* (Spannungsregler) / adjuster *n* || ≗**vorrichtung** *f* (Trafo-Umsteller) / operating mechanism || ≗**vorrichtung** *f* (Bürstenträgerring) / brush-rocker gear, brush-yoke gear || ≗**vorrichtung und Bohrvorrichtung** / adjusting and drilling fixture

Einstellwert *m* / set value, setting value, setting *n* || **auf den** ≗ **bezogene Abweichung** (Rel.) DIN IEC 255, T.100 / relative error || ≗ **der Zeitverzögerung** / setting value of the specified time || **Strom-**≗ *m* / current setting

Einstell·wicklung *f* (Trafo) / tapping winding, tapped winding || ≗**widerstand** *m* / rheostat *n*, variable resistor

Einstellzeit *f* / setup time, setting-up time, setting time, settling time, transient recovery time || ² *f* (WZM, Werkzeug) / (tool) setting time, adjustment time || ² *f* (MG, Beruhigungszeit) VDI/VDE 2600, VDE 0410, T.3 / damping time, step repsonse time, response lag || ² *f* (MG, Messumformer) / response time || ² *f* (Messbrücke) / balancing time || ² **bei Vollausschlag** / full-scale response time
Einstellzustand *m* (PMG) / configure state
Einstich *m* / groove *n* || ² **in der Schrägen** / inclined groove || ²**breite** *f* / groove width || ²**durchmesser** *m* / groove diameter || ²**grund** *m* / groove base || ²**lage** *f* / groove position || ²**rand** *m* / groove edge || ²**tiefe** *f* / groove depth || ²**zyklus** *m* / grooving cycle
Einstieg *m* / entry point, entry level
Einstiegsmaske *f* / entry screen
einstieliger Mast / pole *n*
Einstiftsockel *m* / single-pin cap, single-contact-pin cap
Ein-Strahler *f* / single-beam oscilloscope, single-trace oscilloscope
Einstrahl-Oszilloskop *n* / single-beam oscilloscope, single-trace oscilloscope
Einstrahlung *f* / irradiation *n*
Einstrahlwinkel *m* / angle of incidence
einsträngig *adj* (einphasig) / single-phase *adj*, one-phase *adj*, monophase *adj* || **~e Kurzunterbrechung** / single-pole auto-reclosing, single-phase auto-reclosing || **~er Fehler** / phase-to-earth fault, phase-to-ground fault, single-phase-to-earth fault, one-line-to-ground fault
Einstrangspeisung *f* / single infeed
Einstreichharz *n* / facing resin, coating resin
Einstreuungen *f pl* / parasitics *plt*, interference *n* || **induktive** ² / inductive interference
Einström·düse *f* / inlet cone, inlet nozzle || ²**leitung** *f* / supply tube, inlet line
Einstückläufer *m* / solid rotor, solid flywheel
Einstufen·anlasser *m* / single-step starter || ²**wicklung** *f* / one-range winding, single-tier winding
einstufig *adj* / single-stage *adj* || **~e Kurzunterbrechung** / single-shot reclosing, open-close operation || **~e Wicklung** / single-stage winding, single-step winding || **~er Schutz** / single-stage protection || **~er Verdichter** / single-stage compressor || **~er Wähler** / single-step selector, one-step selector || **~er Wandler** / single-stage transformer
Einstufung *f* (SG, nach Nennwerten) VDE 0100 / rating *n*
Ein-Stunden-Leistung *f* / one-hour rating
Einsturzbeben *n* / subsidence earthquake
Eins·-Verstärker *m* / unity-gain amplifier || ²**-Verstärkungsfrequenz** *f* / unity-gain frequency, frequency for unity gain, frequency of unity current transfer ratio || ²**-von-Zwei-Aufbau** *m* (redundante Geräte) / one-of-two configuration, hot standby design
einsystemig·er Messumformer / single-element transducer || **~es Relais** / single-element relay
Einsystemleitung *f* (Freiltg.) / single-circuit line
Eintakt·ausgang *m* / single-ended output || **Betrieb mit Gegentakteingang und** ²**ausgang** / push-push operation || ²**-Ausgangsimpedanz** *f* / single-ended output impedance || ²**-Durchflusswandler** *m* (Schaltnetzteil) / single-ended forward converter || ²**eingang** *m* / single-ended input || ²**-Eingangsimpedanz** *f* (Verstärker) / single-ended input impedance
Eintarif·-Summenzählwerk *n* / single-rate summator || ²**zähler** *m* / single-rate meter
Eintauch·armatur *f* (MG) / immersion fitting (o. probe), dip cell || ²**-Aufnehmer** *m* (Messzelle) / dip cell, immersion measuring cell
eintauchbar *adj* / immersible *adj*, submersible *adj*
eintauchen *v* / immerse *v*, submerge *v*, dip *v*, insertion *n* || **schräges** ² / inclined tool movement || **Schutz beim** ² / protection against the effects of immersion || **Eintauchen, die schräge Bahn des** ²**s** / the inclined insertion path
Eintauch·fühler *m* / immersion sensor (o. probe) || ²**helix** *f* / insertion helix || ²**motor** *m* / submersible motor, wet-rotor motor || ²**punkt** *m* / insertion point || ²**tiefe** *f* / depth of immersion, engaged length, insertion depth || ²**winkel** *m* / plunge angle
einteilig *adj* / single-part *adj*, unsplit *adj*, one-part *adj*, made in one part || **~er Blechring** (Blechp.) / integral lamination, circular stamping, ring punching || **~er Kommutator** / non-sectionalized commutator, single-track commutator || **~er Läufer** / solid rotor
Einteilung *f* (Klassifizierung) / classification *n* || ² *f* / subdivision *n* || ² **in Einbauräume** / compartmentalization *n* || ² **in Gruppen** / grouping *n*
eintippen *v* / type in, enter *v*, key in
Eintor *n* / one-port network
eintouriger Motor / single-speed motor, constant-speed motor
Eintrag *m* / record *n* || ² *m* (durch den Bediener) / input *n*, entry *n*
eintragen *v* / enter *v* || ~ *v* (in Warteschlange) / queue *v*
Eintragung *f* / registration *n*
Eintragversuch *m* (des Bedieners) / attempted entry
eintreffen *v* (Meldung) / to be received
eintreibende Welle / input shaft
Eintritts·aktion *f* / entry action || ²**bereich** *m* DIN 41745 / transient recovery band || ²**echo** *n* / entry echo || ²**häufigkeit** *f* / probability of occurrence || **~invariant** *adj* (Programm) / reentrant *adj* || ²**kante** *f* (Bürsten, Pole) / leading edge || ²**nennweite** *f* / inlet size || **Schall~punkt** *m* DIN 54119 / beam index || ²**temperatur** *f* / upstream temperature || **Kühlwasser-**²**temperatur** *f* / cooling-water inlet temperature || ²**wahrscheinlichkeit** *f* (einer Beschädigung o. eines Fehlers) / risk of occurrence || ²**winkel** *m* (Lüfter) / intake angle
Ein·- und Ausbauvorrichtung *f* / fitting and dismantling device || ²**- und Ausbauwerkzeug** *n* / mounting & extraction tools || ²**- und Ausschaltprüfungen** *f pl* / making and breaking tests
ein- und mehrwandige *adj* / single or multiple ply (bellows)
Einverzug *f* / mass *n*, ON delay
EIN-Verzug *m* / ON-delay *n*, starting delay
einwalzen *v* / roll in *v*, expand into *v*
einwandfrei *adj* / faultless *adj*, correct *adj*, proper *adj*, perfect *adj*
Einwechseln *n* / load *n* || ² **ausführen** / execute tool loading || ² **vorbereiten** / prepare for loading
Einweg·artikel *m* / disposable *n* || ²**dämpfer** *m* / one-

way attenuator, isolator *n* || ≗**-Dynamikbereich** *m* / single-way dynamic range (SWDR) || ≗**gleichrichter** *m* / half-wave rectifier, one-way (o. single-way) rectifier || ≗**kommunikation** *f* / one-way communication || ≗**leitung** *f* / one-way attenuator, isolator *n* || ≗**-Lichtschranke** *f* / thru-beam sensor || ≗**schalter** *m* / one-way switch || ≗**schaltung** *f* (SR) / single-way connection, one-way connection || ≗**schaltung eines Stromrichters** / single-way connection of a convertor || ≗**spritze 25 ml, Kanüle 1mm** / disposable syringe 25 ml, nozzle diameter 1mm || ≗**stromrichter** *m* / semi-converter *n* || ≗**übertragung** *f* (DÜ) / simplex transmission || ≗**verbindung** *f* (Informationsverkehr in einer Richtung) / simplex communication || ≗**verpackung** *f* / non-reusable packing || ≗**zelle** *f* (Diode) / diode *n*

Einwellen-Doppelgenerator *m* / single-shaft twin generator

einwelliger Strom / simple harmonic current, single-frequency current

Einwicklungstransformator *m* / single-winding transformer, autotransformer *n*

Einwirkdauer *f* / exposure time, application time || ≗ *f* (Rissprüf.) / penetration time

Einwirkung von elektrischen Feldern / effect of (o. exposure to) electric fields || ≗ **von Kleintieren** / attack by small creatures || ≗ **von Pilzen** / attack by fungi || **direkte** ≗ (HSS, über eine Verbindung zwischen Bedienteil und Schaltglied) / direct drive || **nichtbegrenzte** ≗ (HSS, über eine Verbindung zwischen Bedienteil und Schaltglied) / positive drive

Einwortanweisung *f* / single-word statement

Einzeiler *m* / single subrack

einzeilig *adj* / one-line *adj*, single-line *adj*, 1-line *adj* || ~ *adj* (Baugruppenträger) / single-tier *adj*

Einzel·-Abdeckplatte *f* (f. I-Schalter) / one-gang plate || ≗**abdeckung** *f* / single cover || ≗**abnahme** *f* / individual acceptance test || ≗**absicherung** *f* / individual protection || ≗**abtastung** *f* / selective sampling || ≗**abzweig** *m* / individual branch circuit || ≗**achsantrieb** *m* (Bahn) / individual drive, independent axle drive || ≗**anschluss** *m* / point-to-point connection || ≗**anschluss** *m* (Klemme) / single terminal, individual terminal || ≗**anschluss** *m* (Punkt-zu-Punkt-Anschluss) / point-to-point (wire connection) || ≗**antrieb** *m* / individual drive, single drive, independent drive, single-motor drive || ≗**anwendung** *f* / stand-alone application || ≗**anzeige** *f* / single indication || ≗**aufstellung** *f* / individual mounting, installation as a single unit, for installation as a single unit || ≗**auftrag** *m* / single order || ≗**ausfuhrgenehmigung** *f* / individual export authorization || ≗**-Ausgangsimpedanz** *f* / single-ended output impedance

Einzel·bearbeitung *f* / individual machining || ≗**befehl** *m* / single command || **Aussparen durch** ≗**befehl** (NC) / pocketing *n* || **invertierter** ≗**befehl** / inverted single command || ≗**bestimmung** *f* / detail specification IEC 512-1 || ≗**betrieb** *m* / single mode, stand-alone operation || ≗**bild** *n* (Prozessmonitor) / loop display, object display, detail display, point display || ≗**bitrangierer** *m* / single-bit router (o. allocation) block || ≗**blatteinzug** *m* (Drucker) / sheet feeder || ≗**blattzuführung** *f* (Drucker) / single-sheet feed || **Kern in** ≗**blechschichtung** / (stacked) single-lamination core || ≗**-Blitzentladung** *f* / single-stroke flash || ≗**bohrung** *f* / single hole || ≗**block aus** / single block off

Einzel·crimpkontakte *m pl* / single crimp contacts || ≗**daten** *plt* / unit data (UD) || ≗**datenelement** *n* / single-data element (A data element consisting of a single value) || ≗**diagnose** *f* / individual diagnostics || ≗**einbau** *m* / individual mounting || ≗**-Eingangsimpedanz** *f* / single-ended input impedance || ≗**einspeisung** *f* (elST) DIN 19237 / single-source mains infeed || ≗**elementleiter** *m* / single-element conductor || ≗**-Erregeranordnung** *f* / unit-exciter scheme || ≗**fehler** *m* (MG) / individual error || ≗**feld** *n* / individual panel || ≗**fertigung** *f* / one-off production, job production, unit production, single-part manufacture, special manufacture, product made to order, single-part production || ≗**funke** *m* / separate spark || ≗**funkenstrecke** *f* / series-gap unit, quenching-gap unit || ≗**funktion** *f* / individual function

einzelgekapselt *adj* / individually enclosed

Einzel·gerät *n* / special equipment || ≗**geräte** *n pl* (Elektronik) / discrete equipment || ≗**heit** *f* / detail *n* || ≗**heit** *f* (Schwingungsabbild) / feature *n* || ≗**hub** *m* / single stroke || ≗**impulsgeber** *m* / single-track shaft encoder || ≗**isolierung** *f* / seperate insulation || ≗**klemme** *f* / single terminal || ≗**kompensation** *f* / individual p.f. correction || ≗**kondensator** *m* / single capacitor || ≗**kondensatorbatterie** *f* VDE 0670,T.3 / single capacitor bank IEC 265 || ≗**kondensatorbatterie-Ausschaltvermögen** *n* / capacitor bank breaking capacity || ≗**kontakte** *m pl* / single contacts || ≗**kosten** *plt* / single costs

Einzel·lagenschaltung *f* (Trafo) / back-to-front connection || **Lagenwicklung in** ≗**lagenschaltung** (Trafo) / back-to-front-connected multi-layer winding, internally connected multi-layer winding || ≗**last** *f* / individual load, segregated load || ≗**lastbetrieb** *m* / segregated-load operation || ≗**leitebene** *f* (KW) / plant component control level || ≗**leiter** *m* / strand *n*, component conductor || ≗**leitung** *f* (Nachrichtenübertragungsl.) / discrete circuit || ≗**lizenz** *f* / single license, single-user licence || ≗**loch** *n* / single hole || ≗**los** *n* / isolated lot

Einzel·maschine *f* / single machine || ≗**meldung** *f* / single message, individual message || ≗**meldung** *f* (FWT) / single-point information || ≗**meldung** *f* (EM) / single indication (SI), single-point indication || ≗**merker** *m* / single flag

einzeln *adj* / single *adj*, individual *adj*

Einzel·nadelauswahl *f* / single needle selection || ≗**-Ort-Fern-Umschaltung** *f* / individual-local-remote selection || ≗**platz** *m* / single-user station || ≗**platzbeleuchtung** *f* / localized lighting || ≗**plätze** *m pl* / individual systems || ≗**platzsystem** *n* / stand-alone system, single node system || ≗**pol** *m* (SG) / independent pole, individual pole || ≗**pol** *m* (el. Masch., Schenkelpol) / salient pole || **mit** ≗**polantrieb** / with one mechanism per pole || ≗**polkapselung** *f* / individual-pole enclosure || ≗**polmaschine** *f* / salient-pole machine || ≗**polprüfung** *f* (SG) / single-pole test(ing) || ≗**pol-Stufenschalter** *m* (Trafo) / one-pole on-load tap changer || ≗**position** *f* / single item || ≗**probe** *f* / spot sample, increment *n* (QA method) || ≗**prüfung** *f* / individual test, routine test || ≗**punkt** *m* (NC) /

single point || **~quittierpflichtig** *adj* / single acknowledgement only || **²quittierung** *f* / single acknowledgement || **²rahmen** *m* / single subrack || **²raumregelung** *f* / individual room control || **²regelung** *f* (PLT) / individual closed-loop control, single-loop controller || **²regler** *m* / individual controller

Einzel·sammelschiene *f* / single busbar, single bus || **²satz** *m* (SPS, NC) / single block, single record || **²satzbetrieb** *m* (SBL) / single block mode (SBL) || **²satzdekodierung** *f* / decode single block (DBL), DBL (decode single block) || **²satzunterdrückung** *f* / single block suppression || **²schrank** *m* / single distribution board || **²schritt** *m* / single step, sequence step, sequencer step, step *n*, single-step mode || **²schrittbetrieb** *m* / single step operation, single-step mode || **²schrittsteuern** *n* (SPS) / single-step control, single-step mode || **²schrittverarbeitung** *f* / single-step mode, single-stepping *n*, single step || **²schütz** *m* / individual contactor || **²schützsteuerung** *f* (Gerät) / individual contactor equipment (GB), unit switch equipment (US) || **²schwinger-Prüfkopf** *m* / single probe || **²schwingung** *f* / cycle *n*

Einzel·segment *n* / vane *n* || **²signal** *n* / single signal || **²signalleitung** *f* / signal lead, signal cable, signal line || **²signalmethode** *f* IEC 50(161) / single-signal method || **²spule** *f* / individual coil || **²spule** *f* (Wickl. m. Komm.) / section *n* || **²spule** *f* (Wickl. ohne Komm.) / coil *n* || **²spule** *f* (Trafo, f. Reihenschaltung) / crossover coil || **²spulenschaltung** *f* (Trafo) / back-to-front intercoil connection || **Wicklung in ²spulenschaltung** / winding with crossover coils || **²spulenwicklung** *f* / single-coil winding, single-disc winding (transformer) || **²steckdose** *f* / single socket-outlet, single receptacle || **²steckkontakte** *m pl* / single plug contacts || **²steuerung** *f* / unit control, individual control || **²steuerungsbaugruppe** *f* (SPS) / individual control module (ICM) || **²steuerungsbaustein** *m* (f. Ventil) / valve control block || **²steuerungsebene** *f* / control-loop level, individual control level (SPS) || **²steuerungsebene** *f* (maschinenorientierte Prozesssteuerung) / machine-oriented control (level) || **²steuerungsglied** *n* / ICM (individual control module) || **²störabweichungsbereich** *m* DIN 41745 / individual effect band || **²störmeldung** *f* / individual alarm indication || **logisch verknüpfte ²störmeldungen** / separate alarms linked by Boolean logic || **²-Stromrichter** *m* / single converter

Einzel·teil *n* / single part, piece part, part *n* || **²teilfertigung** *f* / single-part production, single piece production, one-off production || **²teilzeichnung** *f* / single-part drawing, part drawing, component drawing || **²transporteinheit** *f* / individual transport unit || **²übergang** *m* (Impulse) / single transition || **²-USV** *f* / single UPS

Einzel·ventil *n* (LE) / single valve unit IEC 633 || **²verfahren** *n* (QS) / detailed procedure || **²verluste** *m pl* / separate loss(es), individual loss(es) || **²verluste** *m pl* (Leerlauf bzw. Kurzschlussverluste) / component losses || **²verlustverfahren** *n* (el. Masch.) VDE 0530, T.2 / summation-of-losses method, segregated-loss method, loss-summation method, efficiency from summation of losses || **²waage** *f* / single weighing machine, individual scale || **²wagenbeleuchtung** *f* (Bahn) / individual coach lighting || **²werkzeug** *n* (EWZ) / single tool || **²widerstand** *m* / single resistor IEC 477 || **²ziehkraft mit Lehre** DIN 41650, T.1 / gauge retaining force IEC 6031 || **²-Zufallsausfall** *m* / single random failure || **²zyklus** *m* / single cycle || **²zyklus** *m* (SPS, Abfragez.) / single scan

Einziehautomat *m* / automatic pull-in machine

einziehen *v* (Kabel) / draw in *v*, pull *v* (in)

Einzieh·kasten *m* (f. Kabel) / pull box || **²mutter** *f* / pulling nut || **²verfahren** *n* (Wickl.) / pull-in method || **²wicklung** *f* / pull-in winding

Einzugleser *m* / pull-in reader

Einzugsvorrichtung *f* (Drucker) / feeder *n*

einzusetzen *v* / be inserted

EIN-Zustand *m* (HL-Schütz) / ON state

Einzweck·lastschalter *m* / definite-purpose switch || **²maschine** *f* / single-purpose machine

Einzweigschaltung *f* (LE) / individual principal valve arm (connection)

EIS / EIB interworking standard (EIS), EIS (EIB interworking standard)

Eisbildung *f* / ice formation, icing *n*

Eisen *n* (Blechp.) / core *n*, iron *n* || **²bahnwagenbeleuchtung** *f* / coach lighting || **²bandkern** *m* / iron ribbon core || **²blech** *n* / iron sheet, sheet steel || **²brand** *m* (Kern) / core burning || **²drossel** *f* / iron-cored reactor, iron-core reactor, iron core reactor

eisen·fertig *adj* (Blechp.) / with the core in place, with the completed core || **~freier Abstand** / ironless clearance, magnetic clearance || **~freier Raum** / ironless zone

Eisen·füllfaktor *m* / building factor, lamination factor, stacking factor || **~geschirmt** *adj* / magnetically screened, with magnetic screening

eisengeschlossen·er Wandler / closed-core transformer || **~es elektrodynamisches Messgerät** / iron-cored electrodynamic instrument, ferrodynamic instrument || **~es elektrodynamisches Messwerk** / iron-cored electrodynamic measuring element || **~es ferrodynamisches Quotientenmesswerk** / iron-cored ferrodynamic ratiometer (o. quotientmeter) element || **~es Messgerät** / iron-cored instrument

Eisen·höhe *f* (Blechp.) / core depth || **²kern** *m* / iron core || **mit ²kern** / iron-cored *adj* || **²kernspule** *f* / iron-core coil || **²kerntransformator** *m* / ironcore(d) transformer || **²-Konstantan-Thermopaar** *n* (o. Thermoelement FeCo-Thermopaar) / iron-constantan thermocouple || **²körper** *m* (Trafo-Kern) / core assembly || **²kreisdurchmesser** *m* (Eisenkern) / core diameter || **²-Kupfer-Nickel-Thermopaar** *n* (o. Thermoelement Fe-CuNi-Thermopaar) / iron-copper-nickel thermocouple || **²länge** *f* (Kern) / length of core || **²lichtbogen** *m* / iron arc

eisenlos ~ *adj* / ironless *adj*, coreless *adj*, air-cored *adj* || **~e Drosselspule** / air-core(d) reactor, air-core inductor || **~er elektrodynamischer Zähler** / ironless dynamometer-type meter || **~es elektrodynamisches Messgerät** / ironless electrodynamic instrument || **~es elektrodynamisches Quotientenmesswerk** / ironless electrodynamic ratiometer (o. quotientmeter) element

Eisen·nadelinstrument *n* / polarized moving-iron instrument || **²nadel-Messgerät** *n* / polarized moving-iron instrument || **²nadel-Messwerk** *n* / polarized moving-iron measuring element || **²probe** *f* (Blechp. einer el. Masch.) / core test || **²pulver** *n* / magnetic powder, ferromagnetic powder, ferrous powder || **²querschnitt** *m* (Blechp.) / core cross section, iron cross section || **²rückschluss** *m* / magnetic yoke, back-iron *n*, keeper *n* || **elektrodynamisches Relais mit ²schluss** / ferrodynamic relay || **²schlussprobe** *f* / core test, flux test || **²transformator** *m* / iron-core(d) transformer || **²transformator mit Luftspalt** / open-core transformer || **²verluste** *m pl* / core loss, iron loss, no-load loss || **²verluste im Leerlauf** / open-circuit core loss || **spezifische ²verluste** / iron loss in W/kg, total losses in W/kg, W/kg loss figure || **²wandler** *m* / iron-cored transformer || **²-Wasserstoff-Widerstand** *m* / barretter *n* || **²weg** *m* (magn. Kreis) / magnetic circuit || **²zahn** *m* (Blechp.) / core tooth

Eis·falle *f* / ice trap || **~geschützt** *adj* / sleetproof *adj* || **²last** *f* / ice load || **²punkt** *m* / ice point, covered with ice || **²schicht** *f* (auf Leitern) / ice coating

EITT (EIB Interoperability Test Tool) / EITT (EIB Interoperability Test Tool)

EK (Elektro-Korund) / fused corundum

EKS / cathodic protection system

EKS-Relais *n* (Edelmetall-Schnell-Kontakt-Relais) / relay with noble-metal contacts, highspeed noble-metal-contact relay

EKZ (Ersatzkanalzahl) / allocated channel number

Elastanz *f* / elastance *n*

elastisch *adj* / elastic *adj*, soft *adj* || **~ gekuppelt** / flexibly coupled || **~e Deformation** / elastic deformation || **~e Dehnung** / elastic elongation, stretch *n* || **~e Durchbiegung** / elastic deflection || **~e Erholung** / elastic recovery || **~e Hohlwelle** / quill shaft, quill *n* || **~e Hysteresis** / dynamic hysteresis || **~e Konstante** / elastic constant || **~e Kupplung** / torsionally flexible coupling, flexible coupling || **~e Montage** / resilient mounting, antivibration mounting || **~e Nachwirkung** / creep recovery, elastic hysteresis || **~e Verformung** / elastic deformation || **~e Welle** / flexible shaft || **~er Druckring** / pressure sleeve || **~er Frequenzumformer** / variable-frequency converter || **~er Netzkupplungsumformer** / variable-ratio system-tie frequency changer || **~es Messglied** (Druckmesser) / elastic element || **~es Moment** (el. Masch.) / synchronizing torque, pull-in torque

Elastizität *f* (Datennetz) / resilience *n* || **²** *f* (Kuppl., Nm/rad) / elastic constant, angular flexibility

Elastizitäts·grenze *f* / elastic limit, yield point || **²modul** *m* (E-Modul) / modulus of elasticity, elastic modulus, Young's modulus

Elastomer *n* / elastomer *n* || **~** *adj* / elastomeric *adj*

ELCB (Earth Leakage Circuit-Breaker) / RCBO (residual current operated device)

Electrical Link Module (ELM) / electrical link module (ELM)

Electronic Industries Association (EIA) / Electronic Industries Association (EIA)

Elekrolysesaal *m* / electrolysis room

Elektret *n* / electret *n*

Elektrifizierung *f* / electrification *n*

Elektriker *m* / electrician *n*, electrical fitter

elektrisch *adj* / electric *adj*, electrical *adj* || **~ abgeschirmt** / electrically screened || **~ änderbarer Festwertspeicher** (EAROM) / electrically alterable read-only memory (EAROM) || **~ erregt** / electrically excited, d.c. excited *adj* || **~ gegeneinander isolierte Schaltglieder** / electrically separated contact elements || **~ gesteuerte Vakuumbremse** / electro-vacuum brake || **~ getrennte Schaltglieder** / electrically separated contact elements || **~ leitende Verbindung** / electrically conductive connection, bond *n*, bonding *n* || **~ leitender Anstrich** / conductive coating, electroconductive coating || **~ neutral** / electrically neutral || **~ unabhängiger Erder** VDE 0100, T.200 / electrically independent earth electrode || **~ versorgte Büromaschine** VDE 0806 / electrically energized office machine IEC 380

elektrisch·e Anlage (v. Gebäude) VDE 0100, T.200 / electrical installation || **~e Anlage im Freien** DIN IEC 71.5 / electrical installation for outdoor sites IEC 71.5, outdoor electrical installation, outdoor electrical equipment IEC 50(25) || **~e Anlage von Gebäuden** VDE 0100, T.200 A1 / electrical installation of buildings || **~e Anziehung** / electrical attraction || **~e Arbeit** / electrical energy || **~e Arbeitswelle** / power synchro-tie, power selsyn || **~e Ausgleichswelle** / differential selsyn || **~e Ausrüstung** / electrical equipment || **~e Außenrückspiegelverstellung** (Kfz) / door mirror actuator || **~e Beanspruchung** / electrical stress || **~e Belastbarkeit** (Bemessungswerte) / electrical ratings || **~e Belastung** / electrical load || **~e Betriebsmittel** VDE 0100, T.200 / electrical equipment || **~e Betriebsmittel für explosionsgefährdete Bereiche** IEC 50(426) / electrical apparatus for explosive atmospheres, explosion-protected electrical apparatus, hazardous location equipment || **~e Betriebsräume** VDE 0168, T.1 / electrical operating areas || **~e Betriebsstätte** VDE 0100, T.200 / electrical operating area || **~e Bremsung** / electric braking || **~e Bürde** / electrical burden || **~e Durchflutung** (eines geschlossenen Pfades) / current linkage IEC 50(121) || **~e Durchschlagfeldstärke** (eines Isolierstoffes) / disruptive electric field strength || **~e Energie** / electrical energy, electrical power || **~e Entladung** / electric discharge || **~e Fahrzeugausrüstung** (Bahn) / electrical traction equipment || **~e Federspeicherbremse** / electrically released spring brake || **~e Feldkonstante** / electric constant, permittivity *n*, capacitivity of free space, permittivity of the vacuum || **~e Feldkraft** / electrical force acting in a field || **~e Feldstärke** / electric field strength, electric force, electric field intensity || **~e Feldstärke** (Isol.) / electric field intensity, voltage gradient || **~e Festigkeit** / electric strength, dielectric strength || **~e Flächendichte** / surface density of electric charge || **~e Flussdichte** / electrical flux density || **~e Freiauslösung** / electrically release-free mechanism, electrically trip-free mechanism || **~e Freiluftanlage** / electrical installation for outdoor sites IEC 71.5, outdoor electrical installation, outdoor electrical equipment IEC 50(25) || **~e Größe** / electrical quantity || **~e Induktion** / electric induction || **~e Influenz** /

electrostatic induction, electric influence, electric induction phenomenon || **~e Installation** DIN IEC 71.4 / electrical installation || **~e Isolierung** / electric insulation || **~e Kopplung** / electric coupling || **~e Korrosionsschutzanlage** (EKS) / cathodic protection system || **~e Kraftdichte** / electric force density || **~e Kraftlinienzahl** / electric flux density || **~e Kraftübertragung** / electric power transmission, electric transmission || **~e Kraftverteilung** / electric power distribution || **~e Kupplung** / electric coupling || **~e Kupplung** (die Stromkreise von mechanisch gekuppelten Fahrzeugen verbindend) / electric coupler || **~e Kurvenscheibe** / electric cam || **~e Ladung** / electric charge || **~e Ladungsdichte** / electrical charge-density || **~e Länge** (Phasenverschiebung) / electrical length || **~e Längendifferenz** (Kabelsätze) EN 60966-1 / electrical length difference || **~e Lebensdauer** / electrical endurance, electrical durability, voltage life, voltage endurance || **~e Lebensdauer** (Kontakte) / contact life || **~e Lebensdauerprüfung** / voltage endurance test, voltage life test || **~e Leistung** / electric power, electric power output || **~e Leistung** (Arbeit je Zeiteinheit) / electrical energy || **~e Leitfähigkeit** / electric conductivity || **~e Leitung** / electric line || **~e Linearmaschine** / linear-motion electrical machine (LEM) || **~e Maschine** / electrical machine, electric machine || **~e Messeinrichtung für nichtelektrische Größen** / electrically operated measuring equipment IEC 51 || **~e Nutzbremsung** / regenerative braking || **~e Rückwirkungsfreiheit** / absence of electrical interaction (or of feedback) || **~e Scheinarbeit** / apparent amount of electric energy || **~e Schwingung** / electric oscillation || **~e Spannung** / voltage *n*, electromotive force, e.m.f. A, tension *n*, potential *n*, potential difference || **~e Standfestigkeit** / electrical endurance, voltage life, voltage endurance || **~e Störgröße** (äußere Störung) / electrical transient || **~e Systemtechnik für Heim und Gebäude (ESHG)** / home and building electronic systems (HBES) || **~e Trennung** (Schutztrennung) VDE 0100 / electrical separation || **~e Verbrauchsmittel** VDE 0100, T.200 / current-using equipment IEC 50(826), electrical utilization equipment, current consuming apparatus || **~e Verbrennung** / electric burn || **~e Verriegelung** / electrical interlock || **~e Welle** / synchro system, synchro-tie *n*, self-synchronous system, selsyn system, selsyn *n* || **~e Widerstandsbremsung** / rheostatic electric braking, rheostatic braking || **~e Zugförderung** / electric traction

elektrisch·er Abgleich (MG) DIN 43782 / electrical balance || **~er Antrieb** / electric drive || **~er Anzeiger für nichtelektrische Größen** / electrically operated measuring indicating instrument || **~er Dipol** / electric dipole, electric doublet || **~er Durchgang** / electrical continuity, circuit continuity || **~er Durchschlag** IEC 50(212) / electric breakdown || **~er Ersatzstromkreis** / equivalent electric circuit || **~er Fluss** / electric flux || **~er Grad** / electrical degree || **~er Ladungsbelag** / surface charge density || **~er Lärm** / man-made noise || **~er Leiter** / electric conductor || **~er Nullpunkt** (MG) / electrical zero || **~er Schlag** / electric shock || **~er Schock** / electric shock || **~er Schreiber für nichtelektrische Größen** DIN 43781 / recording electrically measuring instrument IEC 258 || **~er Strom** / electric current || **~er Stromkreis** / electrical circuit || **~er Widerstand** / electrical resistance, resistance *n*, impedance *n* || **~es Differential** / electric differential, differential selsyn || **~es Dipolmoment** / electric dipole moment || **~es Drehen** (el. Masch.) / inching *n* IEC 50(411), jogging *n* || **~es Feld** / electric field || **~es Fremdfeld** / external electric field || **~es Handwerkzeug** / electric hand tool || **~es Messgerät** / electrical measuring instrument IEC 51 || **~es Moment** / electrical moment || **~es Potenial** / electric potential || **~es PS** / electrical horsepower (e.h.p.) || **~es Relais** / electrical relay || **~es Rückarbeitsverfahren** / electrical back-to-back test || **~es System** (Stromkreis einer Freileitung) / circuit *n*

Elektrisiermaschine *f* (Influenzmaschine) / influence machine, continuous electrophorous, Wimshust machine, electrostatic generator

Elektrisierung *f* / electrification *n*

Elektrisierungsstrom *m* / electrification current

Elektrizität, statische ≗ / electrostatic discharge test

Elektrizitäts·konstante *f* / dielectric constant, dielectric coefficient, permittivity *n*, capacitivity *n*, permittance *n*, inductive capacitance, specific inductive capacity || **≗menge** *f* / quantity of electricity, electric charge || **≗tarif** *m* / tariff for electricity, electricity tariff || **≗versorgung** *f* / supply of electrical energy || **≗versorgungsnetz** *n* / electrical power system, electricity supply network, power supply system || **≗versorgungssystem** *n* / electrical power system, electricity supply system || **≗versorgungsunternehmen** *n* (EVU) / supply undertaking, distribution undertaking, utility company, power supply company, power supply utility || **≗werk** *n* / power station, electrical generating station, power plant || **≗wirtschaft** *f* / power economy || **≗zähler** *m* / electricity meter, integrating meter, meter *n*, supply meter || **≗zähler für Messwandleranschluss** / transformer-operated electricity meter || **≗zähler für unmittelbaren Anschluss** / whole-current meter, meter for direct connection, transformeter *n*

Elektro·- / electrical IEC 50(151) || **≗aggregat** *n* (Generatorsatz) / generating set || **≗anlageninstallateur** *m* / general electrician, electrical fitter || **≗ausrüstung** *f* / electrical equipment || **≗ausrüstung** *f* (HG) VDE 0730 / electrical set (CEE 10) || **≗band** *n* / magnetic steel strip || **≗berufe** *m pl* / electrical trades || **≗blech** *n* / magnetic sheet steel, electric sheet steel || **≗block** *m* (Geräteb.) / electrical assembly || **≗chemie** *f* / electrochemistry *n*

elektrochemisch·e Korrosion / electrochemical corrosion, electrolytic corrosion || **~er Separator** (Batt.) / electrochemical separator || **~es Abtragen** / electro-chemical machining (e.c.m.), electro-forming *n*, electro-erosion machining || **~es Beizen** / electrolytic pickling || **~es Senken** / electro-chemical machining (e.c.m.), electro-forming *n*, electro-erosion machining

Elektro-Coating *n* / electrophoretic coating, electro-coating *n*, electrophoretic deposition, electro-painting *n*, anodic hydrocoating

Elektrode *f* / electrode || ≗ *f* (Glühlampe) / inner lead

(lamp) || ≗ **mit schwebendem Potential** / floating gate || **Speicher~** *f* (Osz.) / storage target
Elektroden·abstand *m* / electrode spacing, anode-to-cathode distance, electrode clearance || **pH-≗baugruppe** *f* / pH electrode assembly || **≗eindruck** *m* / electrode impression || **≗-Ersatzwiderstand** *m* / dummy cathode resistor || **innerer ≗-Gleichstromwiderstand** / electrode d.c. resistance || **≗halter** *m* / electrode holder || **≗-Innenwiderstand** *m* / electrode a.c. resistance || **≗kapazität** *f* / inter-electrode capacitance, electrode capacitance || **~los** *adj* / electrodeless *adj* || **≗-Nachsetz- und Regulierbühne** / electrode slipping and regulating floor || **≗schluss** *m* / electrode short circuit || **≗strom in Sperrrichtung** / reverse electrode current, inverse electrode current (US) || **≗überschlag** *m* / arcing between electrodes || **≗verlustleistung** *f* / electrode dissipation || **≗wagen** *m* / electrode carriage, electrode truck || **innerer ≗wirkleitwert** / electrode conductance
elektrodynamisch *adj* / electrodynamic *adj*, electrodynamical *adj* || **~e Aufhängung** / electrodynamic suspension, magnetic levitation || **~e Kontakttrennung** / electrodynamic contact separation || **~e Kraft** / electrodynamic force, Lorentz force, electromechanical force || **~e Nutzbremsung** / regenerative braking || **~e Schwebung** / magnetic levitation, electrodynamic suspension || **~e Widerstandsbremsung** / rheostatic braking || **~er Wandler** / electrodynamic transducer || **~er Zähler** / electrodynamic meter, dynamometer-type meter, Thomson meter || **~es Instrument** / electrodynamic instrument || **~es Messgerät** / electrodynamic instrument || **~es Relais** / electrodynamic relay || **~es Relais mit Eisenschluss** / ferrodynamic relay || **~es Schwebesystem** (EDS) / magnetic levitation system
elektroerosive Bearbeitung / electrochemical machining (e.c.m.)
Elektro·fachkraft *f* / skilled person IEC 50(826), Amend. 2 || **≗fahrzeug** *n* / electric truck, electrical vehicle || **≗filter** *n* / electrostatic precipitator || **≗-Förderbandtrommel** *f* / motorized conveyor pulley || **≗formung** *f* / electroforming *n*, galvanoplasty *n*, galvanoplastics *plt*, electrotyping *n* || **~fotographisches Aufzeichnen** / electrophotographic recording || **~fotographisches Papier** / electrophotographic paper || **≗funkenmethode** *f* / sparking method || **≗gerätemechaniker** *m* / electrical fitter || **≗gewinde** *n* / Edison thread, Edison screw (E.S.) || **≗graphit** *m* / electrographite *n* || **≗graphitbürste** *f* / electrographitic brush
elektrograviert / electrically engraved
Elektro·großhandel *m* / electrical whole saler || **≗handwerk** *n* / professional electrician, electrical trade || **≗handwerk und Elektroindustrie** / electrical trades and the electrical industry || **≗hängebahn** *f* / electric monorail overhead conveyor, monorail overhead conveyor, electric monorail system || **≗-Hausgerät** *n* / electrical appliance, household electrical appliance, (electrical) domestic appliance || **≗-Haushaltgerät** *n* / electrical appliance, household electrical appliance, (electrical) domestic appliance
elektrohydraulisch·er Drücker / electrohydraulic thrustor || **~es Anpassteil** (NC) / electrohydraulic interface
Elektro·industrie, deutsche ≗industrie / German electrical industry, German Electrical and Electronic Manufacturers Association, ZVEI || **≗installateur** *m* / electrician *n*, electrical fitter, electrical installation engineer || **≗installateurbetrieb** *m* / electrical installation company || **≗installation** *f* / electrical installation
Elektroinstallations·betrieb *m* / electrical installation company || **≗geräte und -Systeme** / electrical installation equipment and systems || **≗kanal** *m* / ducting for electrical installations, trunking *n*, ducting *n*, raceway *n* || **≗plan** *m* / architectural diagram || **≗rohr** *n* / electric wiring conduit, conduit for electrical purposes || **≗rohr** *n* / conduit *n* IEC 50(826), Amend. 2 || **≗technik** *f* / electrical installation technology, electric installation technology
Elektro·-Kettenzug *m* / electric chain pulley block || **≗-Korund** *m* (EK) / fused corundum || **≗kupplung** *f* / electromagnetic clutch || **≗-Lamellenkupplung** *f* / electromagnetic multiple-disc clutch || **≗lötung** *f* / electric soldering || **≗lumineszenz** *f* / electroluminescence *n* || **≗lumineszenzplatte** *f* / electroluminescent panel
Elektrolysezellen *f pl* / electrolytic cells
Elektrolyt *m* / electrolyte *n* || **≗ableiter** *m* / electrolytic arrester || **≗anlasser** *m* / electrolytic starter, liquid starter, liquid-resistor starter || **≗anlasser mit schneller Elektrodenbewegung** / electrolytic starter with rapid electrode positioning || **≗dichtheit** *f* (Batt.) / electrolyte retention
elektrolytisch·e Bearbeitung / electrochemical machining (e.c.m.) || **~e Entrostung** / electrolytic derusting, electrolytic rust removal || **~e Reinigung mit periodischer Umpolung** / periodic reverse-current cleaning || **~e Reinigung mit Umpolung** / reverse-current cleaning || **~er Niederschlag** / electrodeposit *n*, electroplated coating, plated coating || **~er Trog** / electrolytic tank || **~er Überspannungsableiter** / electrolytic arrester || **~es Abziehen** / electrolytic stripping, electrolytic depleting || **~es Aufzeichnen** / electrolytic recording || **~es Entzundern** / electrolytic descaling || **~es Senken** / electrochemical machining (e.c.m.)
Elektrolyt·kondensator *m* (ELKO) / electrolytic capacitor || **≗kondensatorpapier** *n* / electrolytic capacitor paper || **≗kupfer** *n* / electrolytic copper, standard copper || **zähgepoltes ≗kupfer** / electrolytic tough-pitch copper (e.t.p. copper) || **≗stahl** *m* / electrolytic steel || **≗standsanzeiger** *m* / electrolyte level indicator || **≗widerstand** *m* / electrolyte resistance || **≗zähler** *m* / electrolytic meter
Elektro·magnet *m* / electromagnet *n* || **getrennte ≗magnete** / separated solenoids || **≗magnetfilter** *n* / electromagnetic filter
elektromagnetisch *adj* / electromagnetic *adj*, electro-magnetic (EMI) || **~ betätigter Hilfsstromschalter** VDE 0660,T.200 / electromagnetically operated control switch IEC 337-1 || **~e Aussendung** / electromagnetic emission || **~e Beeinflussung** (EMB) / electromagnetic interference (EMI), electromagnetic disturbance || **~e Dämpfung** / electromagnetic damping || **~e Einheit** (EME) / electromagnetic unit (e.m.u.) || **~e Energie** /

electromagnetic energy || **~e Funktionsstörung** (EMI) IEC 60050(161) / electromagnetic interference || **~e Induktion** / electromagnetic induction || **~e Kompatibilität** / electromagnetic compatibility (EMC) || **~e Kraft** / electromagnetic force || **~e Kupplung** / electromagnetic clutch || **~e Masse** / electromagnetic mass || **~e Polstärkeeinheit** / unit magnetic mass in electromagnetic system || **~e Schwebetechnik** (EMS) / magnetic levitation technique || **~e Störempfindlichkeit** / electromagnetic susceptibility || **~e Störung** / electromagnetic interference (EMI), electromagnetic disturbance || **~e Strahlung** / electromagnetic radiation || **~e Stromeinheit** / electromagnetic unit (e.m.u.) || **~e Umgebung** (EMV) / electromagnetic environment || **~e Verkettung** / magnetic linkage || **~e Verträglichkeit** (EMV) / electromagnetic compatibility (EMC) || **~e Welle** / electromagnetic wave || **~er Auslöser** / electromagnetic release (o. trip) || **~er Impuls des Blitzes** / lightning electromagnetic impulse (LEMP) || **~er Schirm** / electromagnetic screen || **~er Smog** / electromagnetic smog || **~er Überstrom-Schnellauslöser** / instantaneous electromagnetic overcurrent release || **~er Verträglichkeitsbereich** / electromagnetic compatibility margin || **~er Verträglichkeitspegel** / electromagnetic compatibility level || **~es Feld** / electromagnetic field || **~es Rauschen** / electromagnetic noise || **~es Schütz** / electromagnetic contactor

Elektro·magnetismus *m* / electromagnetism *n* || **≗maschine** *f* / electrical machine || **≗maschinenbau** *m* / manufacture of electrical machines, electrical machine construction || **≗maschinenlabor** *n* / electrical machine laboratory || **≗maschinenwickler** *m* / electrical machine winder, coil winder and installer

elektromechanisch *adj* / electromechanical *adj* || **~e Bruchkraft** VDE 0446, T.1 / electromechanical failing load || **~e Schaltvorrichtung** / electromechanically operated contact mechanism || **~e Schütze und Motorstarter** / electromechanical contactors and motor starters || **~er Verstärker** / mechanical amplifier || **~es Bauelement** / electro-mechanical component || **~es Relais** / electromechanical relay, electromagnetic relay || **~es Zeitrelais** / electromechanical time-delay relay, motor-driven time-delay relay

Elektro·meter *n* / electrometer *n* || **≗meterröhre** *f* / electrometer tube || **≗motor** *m* / electric motor, electro-motor *n*

elektromotorisch *adj* / electromotive *adj* || **~ angetriebenes Gerät** / electric motor-driven appliance, electric motor-operated appliance, motor-driven appliance || **~e Kraft** (EMK) / electromotive force (e.m.f.)

Elektron *n* / electron *n*

elektronegativ·e Anziehung / electronegative attraction || **~es Gas** / electronegative gas

Elektronen·beugungsdiagramm *n* / electron diffraction pattern || **≗einfangdetektor** *m* (ECD) / electron capture detector (ECD) || **≗emission** *f* / electron emission || **thermische ≗emission** / thermionic emission || **≗halbleiter** *m* / electron semiconductor, N-type semiconductor || **≗kanone** *f* / electron gun || **≗lawine** *f* / electron avalanche || **≗leitfähigkeit** *f* / electron conductivity, N-type conductivity || **≗leitung** *f* / electron conduction, N-type conduction || **≗linse** *f* / electron lens || **≗röhre** *f* / electron tube, electronic tube || **≗stoßprozess** *m* / electron collision process || **≗strahlbündel** *n* / electron beam || **≗strahlerzeuger** *m* / electron gun || **≗strahl-Oszilloskop** *n* / cathode-ray oscilloscope || **≗strahlröhre** *f* (ESR) / electron-beam tube (EBT), cathode-ray tube (CRT) || **≗strahl-Schaltröhre** *f* / beam deflection tube || **≗strahl-System** *n* (Osz.) / electron gun || **≗strahltransmission** *f* / electron-beam transmission || **≗strom** *m* / electron emission current || **≗übergang** *m* / electron transition, jump of electrons || **≗vervielfacher** *m* / electron multiplier || **≗volt** *n* (eV) / electron volt (eV)

Elektronik *f* / electronics *n*, electronic engineering || **≗-Baugruppe** *f* / electronic module (o. assembly) || **≗block** *m* / electronic block, electronics block || **≗-Einschub** *m* / plug-in module || **≗erdung** *f* (TE) VDE 0160 / electronic ground (TE), functional earthing (TE) || **~gerecht** *adj* / solid-state compatible || **≗-M** / M potential of power supply, M || **≗modul** *n* / electronic module, electronics module || **≗motor** *m* / electronic motor, electronically commutated motor || **≗punkt** *m* (EP) / electronic point (EP) || **≗stromversorgung** *f* / electronic power supply || **≗versorgung** *f* / electronic supply || **≗zylinder** *m* / electronic cylinder

elektronisch *adj* / electronic *adj*, solid-state *adj* || **~e Ausrüstung** (z.B.) VDE 0113 / electronic equipment (EE) || **~e Betriebsmittel** (EB) VDE 0160 / electronic equipment (EE) || **~e Betriebsmittel zur Informationsverarbeitung (EBI)** VDE 0160 / electronic equipment for signal processing (EES) || **~e Datenverarbeitung** (EDV) / electronic data processing (EDP) || **~e Datenverarbeitungsanlage** / electronic data processing equipment (EDP equipment) || **~e Klemmenleiste** / electronic terminator || **~e Motorleistungsregelung** (Kfz) / electronic engine management, electronic engine power control || **~e Nebenstelle** (zur Fernbedienung eines elektron. Schalters) / electronic extension unit || **~e Sicherung** / electronic fuse || **~e Störunterdrückung** (ESU) / electronic noise suppression || **~er Dokumentenaustausch** / electronic document exchange (EDI) || **~er Drehzahlsteller** / solid-state speed controller || **~er Gleichstromschalter** / electronic d.c. switch, electronic d.c. power switch || **~er Leistungsschalter** / electronic power switch || **~er Schalter** / electronic power switch IEC 146-4, electronic switch, solid-state switch || **~er Taster** / electronic momentary-contact switch || **~er USV-Schalter** / electronic UPS power switch (EPS), solid-state relay (SSR) || **~er Vergaser** / electronically controlled carburettor || **~er Wechselstromschalter** / electronic a.c. switch, electronic a.c. power switch || **~er Zähler** / solid-state meter, static meter || **~er Zeichenstift** / light pen, stylus input device || **~es Gaspedal** (Kfz) / accelerator-controlled electronic system || **~es Getriebe** (Kfz) / electronically controlled automatic gearbox || **~es Handrad** (NC) / electronic handwheel, hand (o. manual) pulse generator || **~es Heimsystem** / home electronic system (HES) || **~es Messgerät** / electronic instrument || **~es Relais** / static relay || **~es Schaltkreissystem** / electronic switching system, solid-state switching system, static switching system || **~es Temperaturregelsystem** (ETC) / electronic temperature control system (ETC) || **~es Ventil** / electronic valve || **~es Ventilbauelement** / electronic valve device || **~es Vorschaltgerät** (EVG) / electronic control gear, electronic ballast || **~es Zeitrelais** / solid-state time relay, electronic timer || **~-hybride Auslöseart** (EH) / electronic-hybride mode of tripping (EH)

Elektroofen *m* / electric furnace, arc furnace

elektro-optisch *adj* / electro-optic *adj* (al)

Elektro·palettenbahn *f* (EPB) / electric pallet rail conveyor (EPB) || **≗paste** *f* / electro-lubricant, electrolube *n* || **≗phorese** *f* / electrophoresis *n*

elektrophoretische Beschichtung / electrophoretic coating, electro-coating *n*, electrophoretic deposition, electro-painting *n*, anodic hydrocoating || **~ Verglimmerung** / electrophoretic mica deposition

Elektro·planer *m* / electrical planer || **≗plattierung** *f* / electrodeposition *n*

elektropneumatisch *adj* / electropneumatic *adj* || **~er Regler** / electropneumatic controller || **~er Stellungsregler** / electropneumatic positioner || **~er Umformer** / electropneumatic converter || **~es Schütz** / electropneumatic contactor (EP contactor)

Elektro·reparaturwerkstatt *f* / electrical repair shop || **≗rohr** *n* / electric wiring conduit, conduit for electrical purposes || **≗satz** *m* / generating set, engine-generator set || **≗schaltwarte** *f* (Raum) / electrical control room || **≗schaltwarte** *f* (Tafel) / control board || **≗-Schlacke-Umschmelzverfahren** *n* / electroslag refining, electroslag remelting (e.s.r.) || **≗schrauber** *m* / power screwdriver, electric screwdriver, electrical screwdriver

elektrosensitiv·e Aufzeichnung / electrosensitive recording || **~es Papier** / electrosensitive paper

Elektro·skop *n* / electroscope *n* || **≗smog** *m* / electric smog, electromagnetic smog, low-level electromagnetic fields and radiation || **≗stahl** *m* / electric furnace steel, electric steel

elektrostatisch *adj* / electrostatic *adj* || **~ gefährdete Bauteile** (EGB) / electrostatic sensitive devices (ESD) || **~e Ablenkung** / electrostatic deflection || **~e Abschirmung** / electrostatic shielding || **~e Anziehung** / electrostatic attraction || **~e Beeinflussung** / electrostatic induction || **~e Einheit** / electrostatic unit (ESU) || **~e Entladung** / electrostastic discharge (e.s.d.) || **~e Schirmung** / electrostatic screening (o. shielding) || **~e Schreibeinheit** / electrostatic recording unit || **~e Überspannung** / static overvoltage || **~er Abscheider** / electrostatic precipitator || **~er Bandgenerator** / electrostatic belt generator || **~er Generator** / electrostatic generator, electrostatic accelerator || **~er Spannungsmesser** / electrostatic voltmeter || **~es Aufzeichnen** / electrostatic recording || **~es Instrument** / electrostatic instrument || **~es Relais** / electrostatic relay

Elektro·striktion *f* / electrostriction *n* || **≗tauchlack** *m* / electrolytic dip || **≗technik** *f* / electrical engineering, electrotechnology *n*

elektrotechnisch unterwiesene Person / instructed person IEC 50(826), Amend. 2 || **~es Erzeugnis** / electrotechnical product

elektrothermisch·er Auslöser / electrothermal release (o. trip) || **~es Messgerät** / thermal instrument, electrothermal instrument (US) || **~es Relais** / electrothermal relay

Elektro·trommel *f* / motorized pulley || **≗wärme** *f* / electroheat *n* || **≗wärmegerät** *n* / electric heating appliance

elektroweiß *adj* / electric white

Elektro·werkzeug *n* / electric tool, portable motor-operated tool, electrical hand tool || **≗zaun** *m* / electric fence || **≗zaungerät** *n* / electric fence controller || **≗zaungerät mit Batteriebetrieb** / battery-operated electric fence controller || **≗zaungerät mit Netzanschluss** / mains-operated electric fence controller || **≗zug** *m* / electric hoist, electric pulley block

Element *n* / element *n*, term *n* || **≗** *n* (QS) DIN 40042 / component *n*, element *n* || **≗** *n* (f. Verbindungen in einem Kommunikationssystem) / primitive *n* || **≗** *n* (Bauelement) / component *n* || **≗** *n* (CAD) / entity *n* || **≗** *n* (einer Sprache) / element *n* IEC 1131-1 || **≗ in gleichem Abstand zur Basis** / offset *n* || **≗ löschen** / delete element || **≗ zur Ausführungssteuerung** (SPS) / execution control element || **Darstellungs~** *n* (Grafik) / graphic primitive, output primitive, display element || **Dienst~** *n* DIN ISO 7498 / service primitive || **Korrosions~** *n* / corrosion cell || **selbstklemmendes ≗** / automatic locking element || **Speicher~** *n* / memory cell, memory element || **Weg~** *n* (NC) / path increment

Elementar·kontur *f* / elementary contour || **≗ladung** *f* / elementary charge, electronic charge || **≗probe** *f* / spot sample, increment *n* (QA method)

Elemente, elastische ≗ / soft materials

Elementen·analyse *f* / element analysis || **≗koordinatensystem** *n* (CAD) / entity coordinate system || **≗liste** *f* (CAD) / entity list || **≗prüfung** *f* / unit test

Element·prüfung *f* (LS, Einschalt- o. Auschaltelement) / unit test || **≗-Schranksystem** *n* / modular packaging system, unitized cubicle (o. cabinet system)

ELG (elektronisches Getriebe) / ELG (electronic gear)

ELG/GI (elektronisches Getriebe/Getriebeinterpolation) / electronic gear/gear interpolation

ELG·-Modul *n* / ELG module || **≗-Steuersignal** *n* / ELG control signals || **≗-Verbund** *m* / ELG grouping

ELI (Ersatzteilliste) / spare parts list

ELKO / electrolytic capacitor

Ellipse *f* / ellipse *n*, elliptical curve

Ellipsen·bogen *m* / ellipse arc, spline *n* || **≗getriebe** *n* / elliptical gear train

Ellipsoidreflektor *m* / ellipsoidal reflector

elliptisch·e Schwingung / elliptical vibration, four-node mode || **elliptisch·es Drehfeld** / elliptical field

ELM (Electrical Link Module) / ELM (Electrical Link Module)

eloxieren *v* / anodize *v* || **≗** *n* / anodizing *n*, anodic treatment, anodic oxidation

eloxiert *adj* / anodized *adj*

ELT (Nenn-Stehwechselspannung des leitungsseitigen Endes der Transformatorwicklung) / ELT (test voltage of line end of transformer winding)

Eltern *plt* / parents *n pl*
Eluens *n* / eluent *n*, eluting agent
Elutions·chromatographie *f* / elusion chromatography || ²**mittel** *n* / eluting agent, eluent *n*
ELV-Stromkreis *m* (ELV = extra-low-voltage - Kleinspannung) / ELV circuit
EM (Erweiterungsmodul) / expansion module, extendable module, add-on housing, EM (extension module) || ² (Einzelmeldung) / single-point indication, SI (single indication) || ² (Entwurfsmuster) / development sample || ² (Entwicklungsmuster) / development sample || ² (Einsprungmenü) / EM (entry menu)
Email *n* (auf Metall) / vitreous enamel || ²**-Differenzsonde** *f* / enameled differential sensor
emailliert *adj* / enamelled || **~e Leuchte** / enamel-coated luminaire || **~er Draht** / enamelled wire
Emailschirm *m* / enamelled reflector
EMB / electromagnetic interference (EMI), electromagnetic disturbance || ² (Empfangsmailbox) / RMB (receiving mailbox)
EMD-Schalter *m* / noble-metal uniselector (switch)
EME / electromagnetic unit (e.m.u.)
EMI / electromagnetic interference (EMI)
Emission *f* / emission *n*
Emissions·dauer *f* / emission duration || ²**grad** *m* (Emittanz) / emittance *n* || ²**grad** *m* DIN IEC 68,3-1 / emissivity coefficient || **gerichteter** ²**grad** / directional emissivity || ²**grenzwert** *m* / emission limit || ²**kennlinie** *f* / emission characteristic, diode characteristic || ²**messtechnik** *f* / emission analyzers || ²**messung** *f* / emission measurement || ²**minderung** *f* / emission control || ²**quelle** *f* / emittent *n*, emission point, point source || ²**spektrometer** *n* / emission spectrometer || ²**spektrometrie** *f* / emission spectrometry || ²**spektrum** *n* / emission spectrum || ²**stabilität** *f* / emission stability || ²**vermögen** *n* (LT) / emissivity *n* || ²**wertrechner** *m* / emission value computer
Emittanz *f* / emittance *n*
Emittent *m* / pollution source, pollution emitter
Emitter *m* (Transistor) / emitter *n* || ² *m* (Lampe) / emissive material || ²**anschluss** *m* / emitter terminal || ²**bahnwiderstand** *m* / emitter series resistance || ²**-Basis-Reststrom** *m* / emitter-base cut-off current, cut-off current (transistor) || ²**-Basis-Zonenübergang** *m* / emitter junction || ²**elektrode** *f* / emitter electrode || ²**-Emitter-gekoppelte Logik** *f* (EECL) / emitter-emitter-coupled logic (EECL) || ²**folger** *m* / emitter follower || ²**folgerlogik** *f* (EFL) / emitter follower logic (EFL) || ²**folger-Transistorlogik** *f* (EFTL) / emitter-follower transistor logic (EFTL) || **~gekoppelte Logik** (ECL) / emitter-coupled logic (ECL), current-mode logic (CML) || ²**-Reststrom** *m* / emitter-base cut-off current, cutoff current (transistor) || ²**schaltung** *f* (Transistor) / common emitter || ²**-Sperrschicht** *f* / emitter depletion layer, emitter junction || ²**-Sperrschichtkapazität** *f* / emitter depletion layer capacitance || ²**strom** *m* / emitter current || ²**übergang** *m* / emitter junction || ²**zone** *f* (Transistor) / emitter region, emitter *n*
emittierende Sohle (ESR) / emitting sole
EMK (elektromotorische Kraft) / e.m.f. (electromotive force), EMF || ² **der Bewegung** / rotational e.m.f. || ² **der Kommutierung** / e.m.f. of commutation, reactance voltage of commutation || ² **der Rotation** / rotational e.m.f. || ² **der Ruhe** / transformer e.m.f. || ² **der Selbstinduktion** (Stromwendespannung) / reactance voltage of commutation || ² **der Transformation** / transformer e.m.f. || ² **des Luftspaltfelds** / Potier e.m.f. || ² **des Polradfeldes** / synchronous e.m.f. || ²**-Regler** *m* / e.m.f. controller
Empfang *m* / reception *n*
empfangen, Schall ~ / receive sound, receive an ultrasonic signal
Empfänger *m* (Teilnehmer des Systems, der Informationen erhält) / receiver *n* || ² *m* / noise receiver || ² *m* (Senke) / sink *n* || **Drehmelder-**² *m* / synchro-receiver *n*, synchromotor *n* || **lichtelektrischer** ² / photoreceiver *n*, photo-detector *n*, photoelectric detector || **physikalischer** ² / physical receptor || **selektiver** ² (f. optische Strahlung) / selective detector || **thermischer** ² / thermal detector, thermal receptor || ²**baustein** *m* / receive(r) block || ²**empfindlichkeit** *f* / receiver sensitivity || ²**prüfgerät** *n* / receiver test unit || ²**puffer** *m* / receive buffer || ²**schwelle** *f* / squelch control || ²**sperrröhre** *f* / transmit/receive tube (T/R tube)
Empfangs·antenne *f* / receiving aerial || ²**aufruf** *m* (DÜ) DIN 44302 / selecting (call) || ²**auslöser** *m* (EZ) / receiver trip, receiver relay || ²**bearbeitung** *f* / receive handler || ²**bestätigung** *f* (DÜ) / receipt confirmation || ²**bestätigung** *f* (Bussystem) / acknowledgement *n* || ²**bestätigung** *f* (Rückinformation über fehlerfrei oder fehlerhaft empfangene Information ACK, NAK, Rückmeldung.) / acknowledgement || ²**bestätigungsanzeige** *f* (Fernkopierer) / message confirmation indicator || ²**daten** *plt* / received data (RxD), RxD (Received Data A data transmission control signal) || ²**einrichtung** *f* (EZ) / receiving device, receiver *n*, receiver assembly || ²**einrichtung** *f* (LWL) / receiving terminal device || ²**erlaubnis** *f* / receive enable || ²**fach** *n* / receive mailbox || ²**freigabe** *f* / receive enable (RE) || ²**frequenz** *f* / receive frequency || ²**frequenzlage** *f* (DÜ) DIN 66020 / receive frequency || ²**gerät** *n* / receiver *n* || ²**güte** *f* (DÜ) / data signal quality || ²**-IM** / receive IM
Empfangs·kabel *n* / receive cable || ²**kopie** *f* / received copy || ²**mailbox** *f* (EMB) / receiving mailbox (RMB) || ²**motor** *m* (EZ) / booster motor || ²**pegel** *m* / receiving level || ²**puffer** *m* (Eingangsp.) / input buffer || **zyklisches** ²**raster** / receipt cycle time || ²**schritttakt** *m* / receiver clock (RC), receiver signal element timing || ²**schwinger** *m* / receiver transducer || ²**seite** *f* / receiving end || **~seitige Abtastmarkierung** / received character timing || ²**signalpegel** *m* / data carrier detect (DCD) || ²**speicher** *m* (Bussystem) / receive memory, LIFO (last-in/first-out memory) || ²**station** *f* (DÜ) / slave station || ²**steuerwerk** *n* (Anschaltbaugruppe) / receive controller || ²**stromschleife** *f* / current loop receive || **Übertragung mit** ²**bestätigung** (FWT) / transmission with decision feedback || ²**telegramm** *n* / receive message, message received || ²**überwachung** *f* / receipt monitoring || ²**zentrale für Brandmeldungen** / fire alarm receiving station || ²**zentrale für Störungsmeldungen** EN 54 / fault warning receiving station

empfehlen *v* / recommend *v*
Empfehlung *f* / recommendation *n*
empfindlich *adj* / sensitive *adj* || ~ *adj* (schadensanfällig) / fragile *adj*, delicate *adj* || **~es Relais** / sensitive relay
Empfindlichkeit *f* / sensitivity *n*, susceptibility *n* || ≗ *f* (Verhältnis Ausgangswert/eingestrahlte optische Leistung eines Empfangselements) / responsivity *n* || ≗ **der Phase gegen Spannungsänderungen** / phase sensitivity to voltage || ≗ **einer Feldplatte** / magnetoresistive sensitivity || ≗ **einer Waage** / sensitivity of a balance || ≗ **im Kniepunkt** / knee sensitivity, knee luminous flux || **Einstell~** *f* (Verhältnis Änderung der stabilisierten Ausgangsgröße/Änderung der Führungsgröße) DIN 41745 / incremental control coefficient || **relative** ≗ (Strahlungsempfänger) / relative responsivity || **spektrale** ≗ / spectral responsivity, spectral sensitivity
Empfindlichkeits·bereich *m* / sensitivity range, range of sensitivity || ≗**faktor** *m* (Fernmeldeleitung) VDE 0228 / sensitivity factor || ≗**kurve** *f* (Fotometer) / sensitivity curve || **spektrale** ≗**kurve** / spectral response curve, spectral sensitivity curve || ≗**schwelle** *f* (LWL) / detection threshold, sensitivity *n* || ≗**stufe** *f* / sensitivity grade
Empfindung *f* / sensation *n*
Empfindungsgeschwindigkeit des Lichtreizes / speed of sensation of light stimulus
empfohlene Antriebsleistung / recommended drive capacity (r.d.c.)
EMR·-Klemme *f* / EMR terminal || ≗**-Stelle** *f* / EMR location
EMS / magnetic levitation technique || ≗ (Energiemanagementsystem) / EMS (energy management system)
Emulation *f* (Ein Programm, mit dem z.B. ein Terminal oder ein Computer sich wie ein anderes System verhalten kann) / emulation *n*, emulator *n*
Emulations- und Testadapter *m* (ETA) / in-circuit emulator (ICE)
Emulator *m* / emulation *n*, emulator *n*
emulieren *v* / emulate *v*
Emulsionsmaske *f* / emulsion mask
EMV / electromagnetic compatibility (EMC) || ≗ (elektromagnetische Verträglichkeit) / electromagnetic compatibility (EMC) || ≗**-Festigkeit** *f* / immunity to noise || ≗**-Filter** *m* / EMC filter || ≗**-Kenndaten** *plt* / EMC characteristic || ≗**-Phänomen** *n* / EMC phenomenon || ≗**-Richtlinie** *f* / EMC directive || ≗**-Verhalten** *n* / EMC performance || ≗**-Verhaltenskenndaten** *plt* / EMC performance characteristic
EN (Europäische Norm) / european standard (EN) || ≗ (Europäische Vornorm) / EN V (European preliminary standard)
EN-Abhängigkeit *f* / enable dependency *n*, EN-dependency *n*
ENC (Gewindebohren Parameter) / ENC (tapping)
Encoder *m* / position encoder, position measuring device, displacement measuring device
End·abdeckung *f* (IK) / end closure, end cap, sealing end || ≗**ableitung** *f* (Batt.) / terminal connector || ≗**abnahme** *f* / final acceptance || ≗**abnehmer** *m* / end customer, final customer || ≗**abschaltung** *f* / switch-off at limit || ≗**abspannverbinder** *m* / dead-end tension joint || ≗**adapter** *m* / end adapter || ≗**adresse** *f* / end address, right-hand end address || ≗**anflug** *m* / final approach || ≗**anschlag** *m* / end stop, stop *n*, fixed stop, dead stop, limit stop || ≗**anschlagbolzen** *m* / end stop pin, stop pin || ≗**antriebsritzel** *m* / final drive pinion || ≗**anwender** *m* / end user || ≗**anwenderschnittstelle** *f* (EAS) / user interface (UI)
EnDat·-Protokoll *n* / EnDat protocol || ≗**-Schnittstelle** *f* / EnDat interface
End·ausbau *m* / ultimate layout || ≗**ausschalter** *m* / limit switch, position switch || ≗**ausschlag** *m* (MG) / full-scale deflection (f.s.d.) || ≗**bearbeitung** *f* / finishing *n*, finish-machining *n*, finish cutting, finishing cut, finish cut, finish *n* || ≗**bearbeitungsautomat** *m* / finishing machine || ≗**begrenzung** *f* / travel limit || **mechanische** ≗**begrenzung** (Trafo-Stufenschalter) / mechanical end stop IEC 214 || ≗**begrenzungsgetriebe** *n* / travel limiting mechanism || ≗**-Betätigungskraft** *f* DIN 42111 / total overtravel force IEC 163 || ≗**bohrtiefe** *f* / final drilling depth, final depth of bore || ≗**bügel** *m* (Reihenklemme) / retaining clip
End·dose *f* / terminal box || ≗**dose mit Auslass im Boden** / terminal box with back-outlet || ≗**druck** *m* / discharge pressure
Ende *n* / end character || ≗ **Schnellinbetriebnahme** (IBN) / end of quick commissioning || ≗**-Anweisung** *f* / END statement, END instruction
End·ebene *f* / end plane || ≗**effekt** *m* (LM) / end effect || ≗**effekt der einlaufenden Kante** / entry-end effect || ≗**einrichtung** *f* / data terminal equipment (DTE) || ≗**einspeisungseinheit** *f* (IK) / end-feed unit
Endekennsatz *m* / end-of-file label
Endenabschluss *m* / cable sealing end, cable entrance fitting, cable sealing box, pothead *n* (US), cable box || ≗ *m* (Kabel) / (cable) termination || ≗ **mit Wickelkeule** / stress-cone termination
End-End·-Konfiguration *f* (FWT) / point-to-point configuration || ≗**-Verkehr** *m* (FWT) / point-to-point traffic
Endenglimmschutz *m* (el. Masch.) / overhang corona shielding, resistance grading
End·erwärmung *f* / final temperature rise, stagnation temperature, limit temperature || ≗**erzeugnis** *n* / finished product
Ende·zeichen *n* / end character || ≗**zeichen** *n* (Nachrichten, Text) / end-of-text character (ETX) || ≗**zeichen** *n* (PMG-Nachricht) / delimiter *n* || ≗**zeichen der Zeichenkette** (PMG) / string delimiter || ≗**-zu-Ende-Synchronisation** *f* / end-to-end synchronization
End·fassung *f* (Lampe) / end-holder *n* || ≗**feld** *n* (FLA) / end bay || ≗**feld** *n* (IRA) / end panel, end cubicle || ≗**feuer** *n* (Flp.) / end light || ≗**form** *f* (nach der Bearbeitung) / finished form, finishing form || ≗**frequenz Spannungsanhebung** / boost end frequency || ≗**gerät** *n* / data terminal equipment (DTE), terminal unit, data terminal || ≗**gerät** *n* (KN) / terminal *n* || ≗**gerät betriebsbereit** / data terminal ready (DTR) || ≗**geräte für Textkommunikation** / text communication terminals || ≗**geräteschnittstelle** *f* (KN) / terminal point IEC 50(715) || ≗**glied** *n* / terminal element, terminal unit || ≗**glied** *n* (DÜ) / end-of-line unit
endgültige Ausschaltung (Netz o. Betriebsmittel, nach einer Anzahl erfolgloser

Wiedereinschaltungen) / final tripping, lock-out *n* || ~ **Überprüfung** (einer Anlage) / precommissioning checks

End·holm *m* / top fixed stay, base or top-fixed stay || ²**hub** *m* / residual stroke || ²**hülse** *f* (Kabel) / ferrule *n*, end sleeve, connector sleeve || ²**induktivität** *f* (Komm.) / short-circuit inductance || ²**inspektion der Aufstellung** / final installation inspection || ²**kabel** *n* (Batt.) / output cable, end bell || ²**kappe** *f* (Sich., Kontakt des Sicherungseinsatzes) / end cap, fuse-link contact || ²**kappe** *f* (Läufer) / end plate IEC 50(411) || ²**kontakt** *m* (Rel., Hauptkontakt) / main contact || ²**kontaktdruck** *m* / final contact pressure || ²**kontrolle** *f* / final inspection and testing, final inspection and test verification, final inspection, checkout *n* || ²**kontur** *f* (NC) / finished contour, final contour || ²**konturbearbeitung** *f* / finishing contouring cycle, contour finishing, final contour machining || ²**konturbeschreibung** *f* / finished-contour description || ²**konturzyklus** *m* (NC) / contour finishing cycle || ²**kraft** *f* / ultimate power || ²**kunde** *m* / end customer, end user

Endladeschlussspannung *f* / final discharge voltage

Endlage, ganz geöffnete gefahrlose ² / position on air failure || **gefahrlose** ² / position on air failure || **sichere** ² (SE) / safe limit position, SE || **sichere elektronische** ² / safe electronic limit position

Endlagen·abschaltung *f* / switch-off at limit || ² *m* (Meldung von einem Ventil) / OPEN/CLOSED discrepancy signal (o. alarm) || ² *m* (Zwischenstellungsmeldung eines Schaltgerätes) / intermediate state signal (o. alarm) || ² *m* (Statusabweichung) / status discrepancy || ²**fehlermeldung** *f* (EFM) / status discrepancy alarm (SDA) || ²**meldung** *f* / limit signal || ²**schalter** *m* / limit switch || ²**speicher** *m* (f. Notbetätigung eines Stellantriebs) / stored-energy emergency positioner, accumulator-type emergency actuator || ²**stellung** *f* / end position, limit position || ²**überwachung** *f* / limit monitoring || ²**überwachung** *f* (Leitt.) / status discrepancy monitoring || ²**überwachung** *f* (spricht bei Lageänderung eines Schaltgerätes an) / change-of-position monitoring

Endlasche *f* / end lug

endlich *adj* / finite *adj* || **~e Ausregelzeit** / dead-beat response || **~e Eisenlänge** / finite core length || **~e Schwingung** / dead-beat oscillation || **Abtastregler mit ~er Ausregelzeit** / dead-beat-response controller || **~er Automat** / finite automaton

Endlos·achse *f* / endless axis || ²**archiv** *n* / continuous archive || ~ **drehend** *adj* / turning endlessly || ²**formular** *n* / continuous form || ²**papier** *n* (Schreiber) / continuous stationary, fan-fold paper || ²**vordruck** *m* / continuous form

End·maß *n* / finishing dimension || ²**maß** *n* (Lehre) / gauge block || ²**maßvorgabe** *f* / final dimension specification || ²**mast** *m* / terminal tower, dead-end tower, terminal support || ²**messungen und Kontrollen** DIN IEC 68 / final examination and measurements || ²**montage** *f* / final assembly || ²**montage/Endprüfung** *f* / final assembly/final inspection || ²**muffe** *f* / end sleeve

End·paket *n* (Blechp.) / end packet, end section of core || ²**platte** *f* (Blechp.) / core end plate, clamping plate || ²**platte** *f* (Reihenklemme) / end plate (modular terminal block), end barrier (modular terminal block) || ²**platten-Bausatz** *m* / end plate set || ²**pole** *m pl* (Batt.) / terminals *n pl* || ²**produkt** *n* / finished product, final product || ²**produktbestand** *m* / finished-product inventory || ²**prüfung** *f* (Letzte der Qualitätsprüfungen vor Übergabe der Einheit an den Kunden bzw. an den Auftraggeber) / final inspection and test verification, final inspection, checkout *n* || ²**prüfung** *f* (E Letzte der Qualitätsprüfungen vor Übergabe der Einheit an den Kunden bzw. an den Auftraggeber) DIN 55350, T.16 / final inspection and testing

Endpunkt *m* (NC) / terminal point, end position, end point, extreme point || ² **des Gewindes** / thread end position || ²**kennung einer Mehrpunktverbindung** DIN ISO 7498 / multi-connection end-point identifier || ²**koordinate** *f* (NC) / end position coordinate || ²**kriterium** *n* (Isolationsprüfung) VDE 0302, T.1 / end-point criterion IEC 505 || ²**-Linearitätsfehler** *m* (ADU, DAU) / end-point linearity error

End·regelgröße *f* / final controlled variable || ²**ring** *m* (Käfigläufer) / end ring, cage ring, short-circuiting ring || ²**satz** *m* (NC) / termination record, last block

Endschalter *m* / position switch IEC 337-1, maintained-contact limit switch, position switch, reset switch || ² *m* (Siehe Software-Endschalter, Hardware-Endschalter, Linearachse) / limit switch, end position switch || **sicherer** ² / safe limit switch || ²**liste** *f* / limit switch list || ²**überwachung** *f* / limit switch monitoring, monitoring limit switch

End·scheibe *f* (Lg.) / locking plate || ²**schild** *m* (Reihenklemme) / retaining clip || ²**schliff** *m* / finish grinding || ²**-Sicherungseinrichtung** *f* (Trafo-Stufenschalter) / anti-overrun device || ²**spiel-Platte** *f* / endplay plate || ²**stellenmessplatz** *m* / terminal test set || ²**stellung** *f* / final position || ²**stellung** *f* (Betätigungselement, Schnappschalter) DIN 42111 / total travelled position || ²**stellung** *f* (ES) / end position (EP) || **obere** ²**stellung** / upper extreme position || ²**stromkreis** *m* (eines Gebäudes) VDE 0100, T.200 / final circuit, branch circuit (US) || ²**stück** *n* (IK) VDE 0711,3 / end cover IEC 570, sealing end, terminal stop end || ²**stück** *n* (Wickelverb.) / end tail || ²**stück** *n* (Roboter) / end effector

Endstufe *f* (elST) / output stage (o. element o. module), output *n* || ² *f* (Trafo-Stufenschalter) / extreme tapping || **taktende** ² **mit Pulslängenmodulation** / timing output stage with pulse length modulation || ²**ntransistor** *m* / power transistor

Endstützpunkt *m* (Freiltg.) / terminal support

Endsystem *n* DIN ISO 7498 / end system || ²**adresse** *f* DIN ISO 7498 / network address || ²**verbindung** *f* DIN ISO 7498 / network connection || ²**verbindungsabbau** *m* / network connection release (NC release) || ²**verbindungsaufbau** *m* / network connection establishment (NC establishment)

End·taster *m* / momentary-contact limit switch, momentary-contact position switch, position switch, position sensor || ²**taststellung** *f* (HSS) EN 60947-5-1 / biased position || ²**temperatur** *f* / final temperature || ²**verbleibsmeldung** *f* (EVM) / final destination memo, ultimate temperature, stagnation temperature, equilibrium temperature, steady-state temperature || ²**transistor** *m* / power transistor, output stage || ²**übertemperatur** *f* / temperature-rise limit, limit of temperature rise, limiting temperature rise || ²**umschalter** *m* / travel-reversing switch, reversing position switch || ²**verbleib** *m* / final destination, end use || ²**verbleibserklärung** *f* / end use certificate || ²**verbraucher** *m* / ultimate consumer, end user || ²**verrundung** *m* / final rounding, upper transition rounding || ²**verrundungszeit Hochlauf** / ramp-up final rounding time || ²**verrundungszeit Rücklauf** / ramp-down final rounding time

Endverschluss *m* (Kabel) / sealing end, (cable) entrance fitting, pothead *n* || **Schaltanlagen-**² *m* / switchgear termination || **steckbarer** ² (Kabel) / plug-in termination, separable termination

End·verstärker *m* / output amplifier, output channel amplifier || ²**verteilerschrank** *m* (BV) / final distribution ACS || ²**verteilung** *f* / ultimate distribution || ²**wand** *f* / end wall, end panel, switchgear termination || ²**welle** *f* / output shaft

Endwert *m* (höchster Wert einer Messgröße, auf den ein Gerät eingestellt ist) DIN IEC 770 / upper range value || ² *m* (QS) / target *n* || ² **der Ausgangsgröße** / final value of output quantity || **größter Messbereichs-**°² / upper range limit || **Messbereichs-**² *m* DIN 43781, T.1 / upper limit of effective range IEC 51,258, higher-measuring-range value, upper range value || **Messbereichs-**² *m* (in Einheiten der Messgröße) DIN 43782 / rating *n* IEC 484 || ²**fehler** *m* (Regler) / full-scale error

End·windung *f* / end turn || ²**winkel** *m* / end angle || ²**winkel** *m* (Reihenklemmen) / retaining clip, end bracket || ²**zählerwert** *m* / final counter value || ²**zählerwertvorgabe** *f* / final counter value setting

Endzeichen *n* / EOT (end-of-text character), EOM (end-of-message character) || ² *n* (Nachricht, Text) / end-of-message character (EOM), end-of-text character (EOT)

Endzeit *f* VDE 0435, längste Kommandozeit / maximum operating time, back-up time || **ungerichtete distanzunabhängige** ² / non-directional distance-independent back-up time || ²**stufe** *f* (Schütz) / back-up time stage, stage for maximum operating time

Endzustand *m* / final condition || ² *m* (Rel.) VDE 0435,T.110 / final condition, final state (US) || ² *m* (nach einem Bearbeitungsvorgang) / finished state, finishing state

EN-Eingang *m* / strobe input

Energie *f* / energy *n*, work *n*, power *n* || ² **auskoppeln** (LE, f. Zündimpulse) / tap power (o. energy) || ² **freisetzen** / release energy || ² **vernichten** / dissipate energy || **elektrische** ² / electrical energy, electrical power

Energie·abgabe *f* (Batt.) / energy output || ²**abgabe** *f* (an Kunden) / energy export || ²**abrechnung** *f* / energy accounting || ²**abstand** *m* / energy gap || ²**abtrennung** *f* / power disconnection || ²**anlage** *f* / energy supply || ²**anlagenelektroniker** *m* / power electronics installer || ²**anwendung** *f* / energy utilization, electric power utilization || ²**aufnahme** *f* / energy absorption, energy dissipation || ²**aufnahme** *f* (Verbrauch) / energy consumption || ²**aufnahmevermögen** *n* / energy absorption capacity, energy dissipating capacity || ²**ausfall** *m* / power failure || ²**ausgleich** *m* / energy exchange || ²**auskopplung** *f* / isolation from power circuit || ²**auskopplung** *f* (LE, f. Zündimpulse) / power (o. energy) tapping || ²**austausch** *m* / energy exchange, exchange of electricity || ²**austauschbewertung** *f* / interchange transaction evaluation || ²**autobahn** *f* / energy highway

Energie·band *n* / energy band || ²**bedarf** *m* / energy demand, power demand, power required, power needs || ²**bedarfsvorausschau** *f* / energy demand anticipation || ²**bereitstellung** *f* / supply side management (SSM) || ²**betrag** *m* / amount of energy || **~bewusst** *adj* / energy-conscious *adj* || ²**bezug** *m* / energy import, imported energy || ²**börse** *f* / energy exchange || ²**bus** *m* / power bus

Energie·dichte *f* / energy density, density of electromagnetic energy || ²**dichte** *f* (Batt.) / energy density, volumic density IEC 50(481) || **~dispersive Diffraktometrie** / energy-dispersive diffractometry || ² **der Lage** / potential energy || **~dispersive Röntgen-Fluoreszenzanalyse** / energy-dispersive X-ray fluorescence analysis || ²**durchlassgrad** *m* / energy transmittance

Energie·einsatzplanung *f* / energy scheduling || ²**einsparung** *f* / energy saving || ²**erhaltungssatz** *m* / energy conservation law || ²**erzeuger** *m* / electricity generating company || ²**erzeugung** *f* / generation of electrical energy, generation of electricity, power generation

Energie·fluenz *f* / radiant fluence || ²**fluss** *m* / energy flow, power flow || ²**flussrichtung** *f* / energy flow direction, direction of power flow || ²**fortleitung** *f* / power transmission || ²**freisetzung** *f* / energy release || ²**führungssystem** *n* / energy management system

Energie·gefahr *f* VDE 0806 / energy hazard IEC 380 || ²**geräteelektroniker** *m* / power electronics fitter || ²**-Hauptverteiler** *m* / main power distribution board || ²**inhalt** *m* / energy level, energy content || ²**inhalt des magnetischen Felds** / magnetic energy || ²**kabel** *n* / power cable || ²**kabelmantel** *m* / sheath *n* (A uniform and continuous tubular covering, enclosing the insulated conductor and used to protect the cable against influences from the surroundings), jacket *n* || ²**-Kapazität** *f* / energy capacity || ²**kosten** *plt* / energy costs, power costs

Energie·leiste *f* / power strip || ²**leistung** *f* / energy output || ²**leitsystem** *n* / energy management system || ²**leittechnik** *f* / energy management || ²**lücke** *f* / energy gap || **Supraleiter ohne** ²**lücke** / gapless superconductor || ²**management** *n* / energy management, power management || ²**managementsystem** *n* (EMS) / energy management system (EMS) || ²**mangel** *m* / energy shortfall, energy shortage || ²**markt** *m* / energy market || ²**menge** *f* / quantity of energy, amount of energy, demand *n* || ²**mix** *m* / energy mix

Energie·niveau *n* / energy level, energy term || ²**niveauschema** *n* (HL) / energy level diagram || ²**park** *m* / energy park || ²**preis** *m* / kWh price || ²**produkt BH** *n* / BH product || ²**quantelung** *f* / energy quantization || ²**quelle** *f* / power source

Energie·reserve *f* / energy reserve || ²**richtung** *f* / energy flow direction, direction of power flow || **Wirkverbrauchszähler für eine** ²**richtung** / kWh meter for one direction of power flow || ²**richtungsrelais** *n* / directional power relay, power reversal relay || ²**rückgewinnung** *f* / power

recovery, energy recovery, power reclamation || ²**rückspeisung** *f* / energy recovery, power recovery, regenerating *n*
Energie·sparbetrieb *m* / energy saving mode || **~sparend** *adj* / energy-saving *adj* || ²**sparlampe** *f* / energy-saving lamp || ²**spar-Zeitschalter** *m* / energy saving timer || ²**speicher** *m* / energy store, energy storage mechanism || ²**speicherkondensator** *m* / energy storage capacitor || ²**stromdichte** *f* / energy flow per unit area, Poynting vector || ²**system** *n* / power system
Energie·technik *f* / power engineering, heavy electrical engineering || ²**term** *m* / energy term || ²**träger** *m* / source of energy, fuel *n* || ²**transaktion** *f* / energy transactions || ²**transport** *m* / energy transport, power transmission
Energie·übertragung *f* / power transmission || ²**übertragungsleitung** *f* / power line, power transmission line, electric line || ²**umformung** *f* / energy conversion || ²**umwandlung** *f* / energy conversion
Energie·verbrauch *m* / energy consumption, power consumption || **Schaltanlagen für** ²**verbrauch** IEC 50(441) / controlgear *n* || ²**verbrauchszähler** *m* / power consumption meter || ²**verbundnetz** *n* / power grid || ²**verlust** *m* / energy loss, power loss || ²**verrechnung** *f* / energy billing, demand billing, energy accounting || ²**versorgung** *f* / electricity supply, power supply, energy supply || **Laser-**²**versorgung** *f* / laser energy source || ²**versorgungsnetz** *n* / electricity supply system (o. network), power supply system, electrical power system (o. network power system) || ²**versorgungsunternehmen** *n* / utility *n*, power supply utility, power supply company || ²**verteiler** *m* / power distribution board, power distribution system || ²**verteilung** *f* / power distribution || **Schaltanlagen für** ²**verteilung** IEC 50(441) / switchgear *n*
Energie·wandler *m* (Messwertumformer) / energy transducer || ²**widerstand** *m* / constriction resistance || ²**wirkungsgrad** *m* (Batt.) / energy efficiency, watt-hour efficiency || ²**wirtschaft** *f* / power economics, energy management, energy industry, energy sector || ²**wirtschaftsgesetz** *n* / Energy Resources Policy Act, The German Energy Resources Policy Act || ²**zähler P0039 rücksetzen** / reset energy consumption meter || ²**zustrom** *m* / heating flow
eng gebündelt (fokussiert) / sharply focused || **~bündelnder Scheinwerfer** / narrow-beam spotlight || **~e Toleranz** / close tolerance || **~er Gleitsitz** / snug fit || **~er Laufsitz** / snug clearance fit, snug fit || **~er Schiebesitz** / close sliding fit, wringing fit || **~er Sitz** / tight fit
Engineeringstation *f* / engineering station
Engler-Grad *m* / Engler degree, degree Engler
Eng·pass *m* / bottleneck *n* || ²**passleistung** *f* (KW) / maximum capacity (power station), maximum electric capacity || ²**passplanung** *f* (Produktion) / optimized production technology (OPT) || ²**passteil** *n* / bottleneck component || ²**stellenkorrektur** *f* (WZM, NC) / bottleneck offset || ²**stellenkorrektur** *f* / narrow offset || ²**strahler** *m* / spotlight *n*
Engstspalt *m* / minimum gap
engtoleriert *adj* / close-tolerance *adj*
ENQ / ENQ (enquiry)
ENR (Nenn-Stehwechselspannung des Sternpunkts des einstellbaren Transformators) / ENR (test voltage of neutral point of regulating transformer)
ENS (einstellbares Nullpunktsystem) / SZS (settable zero system)
entadressieren *v* (a. PMG) / unaddress *v*
entarteter Halbleiter / degenerate semiconductor
Entblendung *f* / glare suppression
Entblocken *n* (Kommunikationsnetz) DIN ISO 7498 / deblocking *n*
entdämpft·e Maschine / machine with a laminated magnetic circuit, machine designed for quick-response flux change || **~er magnetischer Kreis** (el. Masch.) / laminated magnetic circuit, magnetic circuit designed for high-speed flux change
Entdämpfungsfrequenz *f* (Diode) / resistive cut-off frequency
entdröhnen *v* / silence *v*
Entdröhnungsmittel *n* / anti-vibration compound, sound deadening compound
Enteisung *f* / de-icing *n*
ENTER-Taste *f* / Enter key
entfallen *v* / omitted, be omitted
entfernen *v* / remove *v*
entfernt *adj* / remote *adj*
Entfernung zum Ziel (Kfz) / distance to destination
Entfernungs·bezeichnungstafel *f* (DML Flp.) / distance marker light (DML) || ²**feuer** *n* (Flp.) / distance marking light || ²**messgerät** *n* (DME) / distance measuring equipment (DME) || ²**messung** *f* / distance measurement
Entfestigung *f* / strength reduction || ² *f* (Kontakte) / softening *n*
Entfestigungs·spannung *f* / softening voltage || ²**temperatur** *f* / softening temperature
entfetten *v* / degrease *v*, remove grease
Entfettungsmittel *n* / degreasing agent, degreaser *n*
Entfeuchter *m* / dehydrator *n*, dehydrating breather
Entfeuchtung *f* (KT) / dehumidification *n*
Entfeuchtungsgerät *n* / dehumidifier *n*
entflammbar *adj* / flammable *adj*
Entflammbarkeit *f* / flammability *n*
Entflammungspunkt *m* / flash point
Entflechten *n* / autorouting *n*
entflechten *v* / route *v*, draft *v*
Entflechter *m* (Leiterplatten, CAD) / router *n*
Entflechtung *f* / drafting *n*, artwork *n* || ² *f* (Leiterplatten, CAD) / routing *n*
Entflechtungs·maske *f* / artwork master, routing master || ²**raster** *m* (CAD) / routing grid
Entfroster *m* / defroster *n*
Entf-Taste *f* / Del key
entgasen *v* / degass *v*, evacuate *v*
Entgasung *f* / degassing *n*, gas release
Entgasungs·kessel *m* / degassing tank || ²**stopfen** *m* (Batt.) / vent plug
entgegen dem Uhrzeigersinn / anti-clockwise *adj*, counter-clockwise *adj*
entgegengesetzt *adj* (Bewegung) / reverse *adj* || ~ *adj* (örtlich) / opposite *adj* || ~ **gepolt** / oppositely poled, of opposite polarity || ~ **magnetisiert** / inversely magnetized || ~ **parallel geschaltet** / anti-parallel-connected *adj*, connected in inverse parallel || **~e Phasenlage** / phase opposition || **~e Polarität** / opposite polarity || **~es Vorzeichen** / opposite sign

entgegenwirken *v* / counteract *v*
Entgelt für Messeinrichtungen / meter rent
Entglasung *f* / devitrification *n*
entgraten *v* / deburr *v*, burr *v*, deflash *v*, remove fins || ≗ *n* / deburring *n*
Enthalpierechner *m* / enthalpy calculator
Enthärten *n* (Wasser) / softening *n*
entionisieren *v* / de-ionize *v*
entionisiertes Wasser / de-ionized water
Entionisierungs·elektrode *f* / de-ionizing grid || ≗**zeit der Lichtbogenstrecke** / de-ionizing time of arc
Entkeimungslampe *f* / bactericidal lamp, germicidal lamp
entklinken *v* / unlatch *v*, release *v*
Entklinkung *f* / latch release
Entklinkungs·druck *m* / unlatching pressure, release pressure || ≗**magnet** *m* / latch release solenoid, unlatching solenoid || ≗**magnetspule** *f* / latch release coil || ≗**spule** *f* / latch release coil || **Drucktaster mit** ≗**taste** / maintained-contact pushbutton
entkoppeln *v* (el.) / decouple *v*, isolate *v* || ~ *v* (schwingungsmechanisch) / isolate *v*
entkoppelt·e Mehrgrößenregelung / non-interacting control || **~er Ausgang** / decoupled output, isolated output
Entkoppelungsdrossel *f* / interaction-limiting reactor
Entkoppler *m* (Trennstufe) / buffer *n*, isolator *n*, isolating amplifier
Entkopplung *f* / decoupling *n*, isolation *n*, buffer *n*, decoupling circuit || ≗ **der Steuerkreise** / control-to-load isolation || **ADB-**≗ *f* / ADB buffer || **induktive** ≗ / inductance decoupling, reactor decoupling || **magnetische** ≗ / magnetic decoupling || **schwingungsmechanische** ≗ / vibration isolation || **Signal~** *f* / signal isolation
Entkopplungs·dämpfung *f* / decoupling between outputs || ≗**diode** *f* / decoupling diode, isolating diode || ≗**drossel** *f* / interaction limiting (phase reactor) || ≗**faktor** *m* / decoupling factor || ≗**kondensator** *m* / decoupling capacitor || ≗**maß** *n* / decoupling factor || ≗**schaltung** *f* / decoupling network || ≗**verstärker** *m* / isolation amplifier, buffer amplifier || ≗**widerstand** *m* / decoupling resistor
entkupfert *adj* / decopperized *adj*
entkuppeln *v* (abkuppeln) / uncouple *v*, disconnect *v* || ~ *v* (EZ, rückstellen) / reset *v* || ~ *v* (mech. Kupplung) / disengage *v*, declutch *v*
Entkupplungs·einrichtung *f* (EZ) / disconnecting element, tripping element, detent element || ≗**zeit** *f* (EZ) / detent time || ≗**zeit** *f* (Schaltuhr) / resetting interval
Entlade·-Anfangsspannung *f* (Batt.) / initial closed-circuit voltage || ≗**bild** *n* / unloading display || ≗**einheit** *f* / unload unit || ≗**geschwindigkeit** *f* / rate of discharge || ≗**liste** *f* / unloading list
Entladen *n* (Kondensator) / discharging *n* || ≗ *n* (NC, CLDATA-Wort) / unload ISO 3592
entladen *v* / unload *v* || ~ *v* (el.) / discharge *v*
Entlade·nennstrom *m* / nominal discharge current-rate || ≗**platz** *m* / unload location || ≗**prüfung** *f* (Batt.) / service output test, discharge test || ≗**rate** *f* (Batt.) / discharge rate || ≗**schlussspannung** *f* (Batt.) / end-point voltage || ≗**spannung** *f* / discharging voltage || ≗**strom** *m* / discharging current, current drain || ≗**test** *m* / discharge test || ≗**verlauf** *m* / progress of discharge || ≗**verzug** *m* (Transistor) / carrier storage time || ≗**vorrichtung** *f* (Kondensator) / discharge device || ≗**wandler** *m* / discharge voltage transformer || ≗**werkzeug** *n* / unloading tool || ≗**widerstand** *m* / discharge resistor, discharge resistance || ≗**zeitkonstante** *f* / discharge time constant
Entladung *f* (el., Batt.) / discharge *n*, discharging *n* || **elektrostatische** ≗ / electrostatic discharge || **kurzzeitige** ≗ / snap-over *n*
Entladungs·-Aussetzspannung *f* / discharge extinction voltage ~ || ≗**einsatz** *m* / discharge inception || ≗**einsatzbeanspruchung** *f* / discharge inception stress || **Bestimmung des** ≗**einsatzes** / discharge inception test || ≗**-Einsatzprüfung** *f* / discharge inception test || ≗**einsetzfeldstärke** *f* / discharge inception field strength || ≗**einsetzspannung** *f* / discharge inception voltage || ≗**erscheinung** *f* / discharge phenomenon, partial discharge, corona *n* || ≗**lampe** *f* / discharge lamp || ≗**leistung** *f* / discharge power || ≗**schalter** *m* / dumping switch || ≗**schaltung** *f* (A-D-Wandler) / charge dispenser || ≗**spannung** *f* / discharging voltage || ≗**spur** *f* / discharge tracking || ≗**stärke** *f* / discharge intensity || ≗**stoß** *m* / burst *n* || ≗**strecke** *f* / gap *n*, discharge path || ≗**weg** *m* / discharge path
entlasten *v* / unload *v*, off-load *v* || ~ *v* (mech.) / unload *v*, relieve *v*, remove pressure || ~ *v* (Last abwerfen) / shed the load, throw off (o. reject) the load || **teilweise ~** / reduce the load
entlasteter Anlauf / reduced-load starting, no-load starting
Entlastung *f* / unloading *n*, taking off load, disconnection *n*, off-loading *n*, relief *n*, balance *n* || ≗ *f* (mech.) / unloading *n*, relieving *n* || **magnetische** ≗ (Lg.) / magnetic flotation
Entlastungs·faktor *m* / relief factor || ≗**kanal** *m* / pressure release duct || ≗**leitung** *f* / relieving line || **Drucköl-**≗**pumpe** *f* / oil-lift pump, jacking pump, jacking-oil pump || ≗**ventil** *n* / relief valve, by-pass valve
entleeren *v* / drain *v*, evacuate *v*
entleerte, entladene Batterie / discharged drained (secondary) battery IEC 50(486) || **~, geladene Batterie** / charged drained (secondary) battery IEC 50(486), conserved-charge battery
Entleerungs·druck *m* (Druckluftbehälter) / minimum receiver pressure || ≗**hahn** *m* / drain cock || ≗**leitung** *f* / drain tube || ≗**pumpe** *f* / emptying pump, evacuating pump || ≗**ventil** *n* / drain valve, discharge valve
entlegen *v* / remote *v*
Entleihbestand *m* / leasing inventory
entlüften *v* (Trafo) / vent *v*
Entlüfter *m* / vent valve, open-air breather, air bleeder, breather *n*
Entlüftung *f* / ventilation *n*, venting *n*, deaeration *n*, air vent, breathing *n*
Entlüftungs·armatur *f* / vent fitting, venting device || ≗**bohrung** *f* / vent hole, vent *n* || ≗**hahn** *m* / vent valve, petcock *n*, draw cock || ≗**öffnung** *f* / air discharge opening, ventilation opening, vent port, breather *n*, vent *n*, air vent || ≗**schraube** *f* / vent plug || ≗**stutzen** *m* / venting stub, vent pipe, vent *n* || ≗**ventil** *n* / vent valve, air relief valve
entmagnetisieren *v* / demagnetize *v* || ~ *v* (BSG, Schiff) / de-gauss *v*, deperm *v*

entmagnetisiert *adj* / demagnetized *adj*
Entmagnetisierung *f* / demagnetization *n*
Entmagnetisierungs·faktor *m* / demagnetizing factor || **≗feld** *n* / demagnetizing field, self-demagnetizing field || **≗kurve** *f* / demagnetization curve || **≗taster** *m* (BSG) / degaussing key || **≗zeit** *f* / demagnetization time
Entmischungskryostat *m* / dilution cryostat
Entnahme *f* / removal *n*, withdrawal *n* || ≗ *f* (Probe) / sampling *n* || ≗ *f* (aus einem Lager) / retrieval *n*, disbursement *n* || **Druck~** *f* (Messblende) / pressure tapping || **≗abstand** *m* (Prober) / sampling interval || **≗-Kondensationsturbine** *f* / bleeder/condensing turbine || **≗stelle** *f* (Messblende, Drosselgerät) / tapping *n*, tap *n* || **≗stutzen** *m* (Messblende) / pipe tap, tapping *n* || **≗wägung** *f* / discharge weighing
entnehmen *v* (Strom aus dem Netz) / draw *v* (current from the system) || **eine Probe ~** / take a sample
Entnetzen *n* / de-wetting *n*
entölt *adj* / deoiled *adj*
entprellen *v* (Kontakte) / debounce *v* || ≗ *n* / debouncing *n*
Entprell·timer *m* / debounce timer || **≗ung** *f* / debouncing *n* || **≗zeit für Digitaleingänge** / debounce time for digital inputs || **≗zeit** *f* / debounce time
entrasten *v* / unlatch *v*, release *v*
Entregung *f* (el. Masch.) / de-excitation *n*, field suppression, field discharge || ≗ *f* (Rel., Schütz) / de-excitation *n*
Entregungs·einrichtung *f* (el. Masch.) / field suppressor, de-excitation equipment, field discharge equipment || **≗schalter** *m* / field discharge switch, field circuit-breaker || **≗widerstand** *m* / field discharge resistor
entrelativieren *v* / derelativize *v*
entriegelbar, rückseitig ~er Kontakt / rear-release contact || **von vorn ~er Kontakt** / front-release contact
Entriegelbefehl *m* / interlock cancellation command
Entriegeln *n* (SG) / interlock deactivation, defeating *n*, interlock cancelling, interlock bypass, releasing *n* || ≗ *n* (Ausl., Rückstellen) / resetting *n*
entriegeln *v* / unlatch *v*, enable *v* || ~ *v* (SG) / deactivate an interlock, cancel an interlock || ~ *v* (z.B. Druckknopf) / release *v* || ~ *v* (rückstellen) / reset *v* || ~ *v* (Schloss) / unlock *v*
Entriegelung *f* / interlock deactivation, defeating *n*, interlock cancelling, interlock bypass, releasing *n*, unlatching *n*, unlocking *n* || ≗ *f* (Vorrichtung) / interlock deactivating means, defeater *n*, interlock cancelling means, interlock bypass
Entriegelungs·bügel *m* / unlocking yoke || **≗dorn** *m* (Steckverbinder) / pin extracting tool || **≗druckknopf** *m* / interlock cancelling pushbutton || **≗druckknopf** *m* (Rückstellknopf) / reset button, resetting button || **Ausschnitt ≗druckknopf** / interlock cancelling pushbutton cutout || **≗einrichtung** *f* / interlock deactivating means, defeater *n*, interlock cancelling means, interlock bypass || **≗gerät** *n* / unlocking device || **≗gerät** *n* (Ortssteuerschalter) / local control switch || **≗hebel** *m* / release lever || **≗knopf** *m* (Rückstellknopf) / reset button, resetting button || **≗kolben** *m* / release piston || **≗öffnung** *f* / release opening || **≗schalter** *m* / interlock bypass switch || **≗schlüssel** *m* / interlock deactivating key, defeater key || **≗taste** *f* (Rückstelltaste) / resetting button, resetting key || **≗vorrichtung** *f* / interlock deactivating means, defeater *n*, interlock cancelling means, interlock bypass || **≗welle** *f* (f. Überstromauslöser) / resetting shaft || **≗werkzeug** *n* / unlocking device, extraction tool || **≗werkzeug** *n* (f. Federkontakte) / extracting tool
entrosten *v* / derust *v*, remove rust, descale *v*
entrostet *adj* / derusted *adj*
Entrostungsmittel *n* / rust remover
Entschäumungszusatz *m* / defoamant *n*
Entscheidbarkeit *f* / decidability *n*
Entscheiderschaltung *f* / decision circuit
Entscheidungs·funktion *f* / decision function || **obere ≗grenze** (QS) / upper control limit || **≗hilfe** *f* / ordering help || **≗prozess** *m* (a. adaptive Reg.) / decision process || **≗tabelle** *f* / decision table || **≗träger** *m* / decision-maker *n* || **≗verfahren** *n* / decision procedure
entschlüsseln *v* / decode *v*
Entschlüssler *m* / decoder *n*, resolver *n*
Entserialisierer *m* / deserializer *n*, serial-to-parallel converter
entsorgen *v* / read data from mailbox
Entsorgung *f* / waste disposal, disposal *n*
Entsorgungslogistik *f* / disposal logistics
Entspanen *n* / stock removal, swarf removal
entspannen *v* (Feder) / release *v*, unload *v* || ~ *v* (Metall) / stress-relieve *v*, anneal *v*, normalize *v* || ~ *v* (Gras) / anneal *v*
entspannt·e Luft / expanded air || **~es Wasser** / low-surface-tension water, water containing a wetting agent
Entspannung *f* / throttling *n*
entspannungsglühen *v* / stress-relieve *v*, anneal *v*, normalize *v*
Entspannungs·mittel *n* (f. Wasser) / wetting agent || **höchste ≗temperatur** (Gras) / annealing temperature, annealing point || **niedrigste ≗temperatur** (Gras) / strain temperature
Entsperrdruckknopf *m* (Rückstellknopf) / reset (o. resetting) button
entsperren *v* (Rel.) / reset *v* || ≗ *n* (SG) / unlatching *n*, deblocking *n*, resetting *n* || ~ *v* / unlock *v*, enable *v*, unlatch *v* || ≗ **der Stromrichtergruppe** / converter deblocking || ≗ **des Ventils** (LE) / valve deblocking
Entsperrungstaste *f* (Rückstellt.) / reset (o. resetting) button, resetting button
entspiegelt *adj* / anti-glare *adj*
entspiegelter Bildschirm / anti-glare screen, non-reflecting screen
Entspiegelung *f* (BSG) / glare suppression
entsprechen *v* / correspond to
entsprechende Anschlüsse (Trafo) VDE 0532, T.1 / corresponding terminals IEC 76-1
entspröden *v* / anneal *v*, malleableize *v*
Entstaubungsgrad *m* / filtration efficiency
Entstehungsgeschichte des Fehlers *f* / fault history
Entstickung *f* / nitrogen oxide control, NOx control
Entstör·diode *f* / interference suppression diode, suppression diode || **≗drossel** *f* / interference suppression coil
entstören *v* / to suppress interference, clear *v*
Entstörer *m* / suppressor *n*
Entstör·filter *n* / interference suppressor filter || **≗glied** *n* / suppressor || **Funk-≗grad** *m* / radio interference (suppression level) || **≗kondensator** *m*

/ radio interference suppression capacitor IEC 161, suppression capacitor, anti-noise capacitor, capacitive suppressor, interference-suppression capacitor || ≗**maßnahme** *f* / RI suppression measure || ≗**mittel** *n* / interference suppressor || ≗**modul** *n* / interference suppression module
entstört *adj* / radio-interference-suppressed *adj*, interference-suppressed *adj* || **~e Zündkerze** / suppressed spark plug
Entstörung *f* / radio and television interference suppression || ≗ *f* / debugging *n*, radio interference suppression, interference suppression || ≗**saufwand** *m* / costs of RI supression measures
Entstörwiderstand *m* / resistive suppressor, interference-suppression resistor || **stetig verteilter** ≗ / distributed resistance
Entwärmung *f* / heat dissipation, cooling *n*, heat dissipation || **externe** ≗ / segregated heat removal
Entwässern *n* (a. Waschmaschine) / water extraction
Entwässerungs·einrichtung *f* (in Gehäuse) / draining device || ≗**öffnung** *f* / drain opening, drain hole, drain *n*
Entwicklung *f* (v. Leiterplatten) / (board) design *n*
Entwicklungs·abteilung *f* / development department || ≗**auftrag** *m* / development order || ≗**gemeinkosten** *plt* / development overheads || ≗**muster** *n* / development sample || ≗**muster** *n* (EM Muster zur Prüfung des Entwicklungsstandes der Einheit) / development sample (The development sample is an operational sample of the developed product. Its operational capability has been verified by means of suitable tests conducted in the development laboratory. cf prototype) || ≗**prüfstand** *m* / development test bed, experimental test bed || ≗**rechner** *m* / development computer || ≗**richtung** *f* / trend *n* || **Mikroprozessor-**≗**system** *n* (MES) / microprocessor development system (MDS) || ≗**terminplan** *m* / development schedule || ≗**überprüfung** *f* / design review || ≗**werkzeug** *n* / development tool || ≗**zeit der Bremse** / build-up time of brake
Entwirrungstaste *f* / anti-clash key
Entwurf *m* / draft *n*, design *n*, design study, plan *n*, sketch *n* || ≗ *m* (einer Vorschrift) / draft *n*
Entwurfs·leistung *f* / design rating, dimensional output || ≗**muster** *n* (EM) / development sample (The development sample is an operational sample of the developed product. Its operational capability has been verified by means of suitable tests conducted in the development laboratory. cf prototype) || ≗**prüfung** *f* (QS Qualitätsprüfung an einem Design) E DIN 55350, T.16 / design review || ≗**qualität** *f* / quality of design || ≗**review** *f* / design review || ≗**überlast** *f* / design overload || ≗**zeichnung** *f* / draft drawing, design drawing, preliminary drawing, sketch *n*, draft *n* || ≗**zuverlässigkeit** *f* DIN 40042 / inherent reliability
Entwurfüberprüfung *f* / design review
entzerren *v* / equalize *v*, correct *v*, to eliminate distortion
Entzerrer *m* / equalizer *n*
Entzerrung *f* / equalization *n*
Entzerrungsschaltung *f* / equalizing circuit || ≗ *f* (Signalformer) / signal shaping network
entzündbar *adj* / inflammable *adj*, flammable *adj*
Entzündbarkeit *f* / inflammability *n*, flammability *n*
entzündend *adj* / igniting *adj*
entzundert *adj* / descaled *adj*, pickled *adj*
entzündlich·e Atmosphäre / flammable atmosphere || **leicht ~es Material** / readily flammable material
Entzündungstemperatur *f* / ignition temperature EN 50014
EO (Eichordnung) / weight and measures regulation, CR
EOB / end of block (EOB), block end
EOF (Dateiende) / EOF (end of file)
EOR / exclusive OR (EOR), non-equivalence *n* || ≗ (Programmnummer) / EOR (program number)
EOT / EOT (end of transmission)
EP / EP (exists program) || ≗ (Elektronikpunkt) / EP (electronic point)
EP-Diagramm *n* / equivalent position diagram (EP diagram)
Epi-Schicht *f* / epitactical layer
epitaktisch *adj* / epitactical *adj* || **~e Schicht** (Epi-Schicht) / epitactical layer || **~er Silizium-Planar-Transistor** / silicon planar epitactical transistor || **~er Transistor** / epitactical transistor
Epitaxie *f* / epitaxy *n*
epitaxisch *adj* / epitactical *adj*
Epoche *f* (Schwingungsabbild) / waveform epoch
Epochen·-Expansion *f* (Impulsmessung) / waveform epoch expansion, epoch expansion || ≗**-Kompression** *f* (Impulsmessung) / waveform epoch contraction, epoch contraction
EPOS / design-supporting, process-oriented specification
Epoxid·esterharz *n* / epoxy ester resin || ≗**-Gießharz** *n* / epoxy casting resin || ≗**-Hartpapier** *n* / epoxy laminated paper || ≗**harz** *n* / epoxy resin, epoxide resin, araldite *n*, ethoxylene resin || ≗**harz-Bindemittel** *n* / epoxy resin binder || ≗**harzkitt** *m* / epoxy-resin cement || ≗**harz-Pulverbeschichtung** *f* / epoxy resin powder coating || ≗**harzverklebung** *f* / expoxy-resin bonding
Epoxydharz *n* / epoxy resin
EPR / ethylene propylene rubber (EPR)
EPROM *n* (Erasable Programmable Read Only Memory) / EPROM (Erasable Programmable Read Only Memory) || ≗**-Löscheinrichtung** *f* / EPROM erasing facility || ≗**-Satz** *m* / EPROM set || ≗**-Speichermodul** *n* / EPROM memory module, EPROM cartridge, EPROM submodule
E^{2}PROM *n* / EEPROM || ≗**-Speichermodul** *n* / EEPROM submodule
Epstein·-Apparat *m* / Epstein hysteresis tester, Epstein tester || ≗**-Prüfung** *f* / Epstein test || ≗**-Rahmen** *m* / Epstein test frame, Epstein square || ≗**-Wert** *m* / Epstein value, W/kg loss figure
EP-Zusatz *m* / extreme-pressure additive (e.p. additive)
EQN-Geber *m* / EQN encoder
equivalent·er Rauschwiderstand / equivalent noise resistance || ≗**-Positions-Diagramm** *n* (EP-Diagramm) / equivalent position diagram (EP diagram)
ER (Erweiterungsrack) / I/O rack, ER (expansion rack)
ERAB (Erstabfrage) / first scan, first input bit scan
Erasable Programmable Read Only Memory (EPROM) / erasable programmable read-only memory
Erd·ableitstrom *m* / earth leakage current || ≗**ableitwiderstand** *m* / earth leakage resistance ||

≗**anschluss** *m* / earth connection (GB), earth terminal, ground connection (US), grounding terminal, ground terminal || ≗**anschluss zu Betriebszwecken** / connection to earth for functional purposes || ≗**anschluss zu Schutzzwecken** / connection to earth for protective purposes || **Steckverbinder mit** ≗**anschluss** / earthing connector, grounding connector || ≗**anschlussbolzen** *m* / ground stud || ≗**ausbreitungswiderstand** *m* / earth-electrode resistance, resistance to ground, dissipation resistance || ≗**ausgleichsleitung** *f* (EAL) / earth equalizing cable, equipotential bonding conductor

Erdbeben *n* / earthquake *n*, earth tremor || ≗**alterung** *f* / seismic ageing || **~fest** *adj* / aseismic *adj* || ≗**festigkeit** *f* / seismic withstand capability, aseismic capacity || **~gefährdete Umgebung** / seismic environment || ≗**prüfung** *f* / seismic test

erdbebensicher *adj* / resistant to earthquakes, aseismic *adj* || **~e Ausführung** / aseismic design || **~er Einbau** / installation resisting earthquakes, aseismic installation || ≗**heit** *f* / seismic safety

Erdberührung, zweiphasiger Kurzschluss mit ≗ / two-phase-to-earth fault, line-to-line-grounded fault, phase-to-phase fault with earth, double-phase fault with earth || **zweiphasiger Kurzschluss ohne** ≗ / phase-to-phase fault clear of earth, line-to-line ungrounded fault

Erd·beschleunigung *f* / acceleration due to gravity, gravitational acceleration || ≗**blitz** *m* / ground flash || ≗**blitzdichte** *f* (Zahl der Erdblitze je km^2 und Jahr) / ground flash density

Erdboden *m* / ground *n*, soil *n* || ≗**beschleunigung** *f* / ground acceleration || ≗**wärmewiderstand** *m* / thermal resistance of soil || **spezifischer** ≗**wärmewiderstand** / thermal resistivity of soil || ≗**widerstand** *m* / earth resistance, ground resistance || **spezifischer** ≗**widerstand** / soil resistivity, earth resistivity || ≗**widerstands-Messdose** *f* / soil-box *n*

Erddamm *m* / earth dam

Erde *f* VDE 0100, T.200 / earth *n*, ground *n* || **an** ≗ **legen** / connect to earth, connect to ground, earth *v*, ground *v* || **künstliche** ≗ / counterpoise *n* || **Verlegung in** ≗ / underground laying, direct burial, burying in the ground

Erdelektrode *f* / earth electrode, ground electrode, grounding electrode

Erden *n* / earthing *n*, grounding *n* (US), connection to earth || ~ *v* / earth *v* (GB), ground *v* (US)

Erder *m* VDE 0100, T.200 / earth electrode, ground electrode, grounding electrode || ≗**spannung** *f* / earth-electrode potential, counterpoise potential || ≗**widerstand** *m* / earth-electrode resistance || ≗**wirkung** *f* / earth-electrode effect

Erde-Wolke-Blitz *m* / upward flash

Erdfehler *m* / earth fault, ground fault (GF), fault to earth, fault to ground, short-circuit to earth, earth leakage || ≗ *m* / earth-fault factor || ≗**reserveschutz** *m* / ground fault back-up protection, back-up earth-fault protection || ≗**-Schleifenmessung nach Varley** / Varley loop test || ≗**strom** *m* / earth fault current

Erdfeld *n* / terrestrial field || **magnetisches** ≗ / geomagnetic field

erdfrei *adj* / earth-free *adj*, non-earthed *adj*, ungrounded *adj*, floating *adj* || ~ **betriebene Steuerung** / floating control system || **~e Stromquelle** / isolated supply source || **~e Umgebung** / earth-free environment || **~er Ausgang** / floating output || **~er Betrieb** / earth-free operation || **~er Eingang** (MG) / floating input || **~er örtlicher Potentialausgleich** / non-earthed (o. earth-free) local equipotential bonding || **~er Potentialausgleich** / earth-free (o. non-earthed) equipotential bonding || **~es Netz** / floating network

Erd·freiheit *f* / isolation from earth || **~gekoppelte Störung** / earth-coupled (o. ground-coupled) interference || ≗**gleiche** *f* / ground-level line, grade line || ≗**impedanzanpassung** *f* / earth impedance matching || ≗**induktivität** *f* / earthing inductor, grounding inductor || ≗**kabel** *n* / underground cable, buried cable || ≗**kapazität** *f* / earth capacitance, distributed capacitance, capacitance to earth, capacitance to ground, stray capacitance || ≗**klemme** *f* / earth terminal, ground terminal || ≗**klemme** *f* (Schweißgerät) / earth (o. ground) clamp || ≗**kopplung** *f* / earth coupling, ground coupling || ≗**kurzschluss** *m* / short-circuit to earth, earth fault, ground fault, ground fault in grounded-neutral system || ≗**kurzschlussschutz** *m* / earth-fault protection || ≗**kurzschlussstrom** *m* / earth-fault current, ground-fault current

Erd·leiter *m* / earth wire, ground wire, earth conductor, counterpoise *n* || ≗**leitung** *f* / ground wire, ground connection || ≗**leitungsinduktivität** *f* / inductance of earth conductor || ≗**leitungsschalter** *m* (HGÜ) / metallic return transfer circuit-breaker || ≗**leitungsstrom** *m* / earth current, earth leakage current || ≗**oberflächenpotential** *n* / ground-to-electrode potential || ≗**-Phantom-Stromkreis** *m* / earth phantom circuit, earth-return phantom circuit || ≗**potential** *n* / earth potential, potential to ground || ≗**punkt** *m* / neutral point || ≗**potentialanhebung** *f* / ground potential rise

Erd·reich *n* / mass of earth, mass of soil, earth *n*, soil *n* || **im** ≗**reich verlegte Leitung** / underground line || ≗**rückleiter** *m* / earth return conductor, ground return conductor, ground return system || ≗**rückleitung** *f* / earth return, ground return, earth return path || ≗**-Sammelleiter** *m* / earth continuity conductor || ≗**sammelleitung** *f* / earthing busbar || ≗**schiene** *f* / ground bar, grounding rail || ≗**schleife** *f* / earth loop, ground loop

Erdschluss *m* / earth fault, ground fault (GE), fault to earth, fault to ground, short-circuit to earth, earth leakage || ≗ **einer Phase** / phase-to-earth fault, phase-to-ground fault, single-phase-to-earth fault, one-line-to-ground fault || ≗ **mit Übergangswiderstand** / high-resistance fault to earth, high-impedance fault to ground || **einphasiger** ≗ / phase-to-earth fault, phase-to-ground fault, single-phase-to-earth fault, one-line-to-ground fault || **innerer** ≗ (Maschine, Gestellschluss) / winding-to-frame fault, short circuit to frame, frame leakage || **innerer** ≗ (Fehler innerhalb einer Schutzzone) / internal earth fault, in-zone ground fault || **Lichtbogen-**≗ *m* / arc-over earth fault, arcing ground || **Mehrfach~** *m* / multiple fault, cross-country fault || **schleichender** ≗ / earth leakage, ground leakage || **zweipoliger** ≗ / double-phase-to-earth fault, two-line-to-ground fault, double-line-to-earth fault, phase-earth-phase fault, double fault

Erdschluss·abschaltung *f* / earth-fault (o.

groundfault clearing) || ²anzeiger *m* / earth-fault indicator, earth-leakage indicator, ground indicator || ²-**Auslöser** *m* / earth-fault release || ²**ausschaltvermögen** *n* / earth-fault breaking capacity || ~**schlussbehaftet** *adj* / earth-faulted *adj* || ²**beseitigung** *f* / clearing of earth fault, ground-fault quenching || ²**bestimmung** *f* / earth-fault location || **Prüfung bei** ²**betrieb** / testing under ground-fault conditions || ²-**Brandschutz** *m* / earth-fault fire protection || ²**drossel** *f* / neutral earthing reactor || ²**erfassung** *f* / earth-fault detection, ground-leakage detection, earth fault detection in ungrounded power systems and insulation monitoring || **Hilfswicklung für** ²**erfassung** / auxiliary winding for earth-fault detection, ground-leakage winding

Erdschlusserfassungs-Wicklung *f* / earth-fault detection winding, ground-leakage winding

Erdschluss·fehler *m* / earth fault || ~**fest** *adj* / earth-fault-proof *adj*, earth-fault-resistant *adj*, ground-fault-resistant *adj* || ²**freiheit** *f* / absence of earth (o. ground) faults || ²**kompensation** *f* / earth-fault neutralization, ground-fault compensation || **Netz mit** ²**kompensation** / arc-suppression-coil-earthed system, ground-fault-neutralizer-grounded system, resonant-earthed system, system with arc-extinction coil

Erdschluss·lichtbogen *m* / earth-fault (o. ground-fault) arc || ²**löschspule** *f* (ESP) VDE 0532, T.20 / arc suppression coil IEC 289, earth-fault neutralizer, ground-fault neutralizer (US), arc extinction coil || ²**löschung** *f* / earth-fault neutralizing, ground-fault neutralizing, extinction of earth faults || ²**meldeeinheit** *f* / earth-fault indicator module || ²**meldelampe** *f* / ground detector lamp || ²**melder** *m* / earth-fault indicator, earth-leakage indicator, ground indicator || ²**melderelais** *n* / earth-fault alarm relay, ground indicator relay || ²**messer** *m* / earth-leakage meter, ground-leakage indicator || ²**modul** *n* / ground fault detector module

Erdschluss·ortung *f* / earth-fault (o. ground-fault) locating || ²**prüfer** *m* / earth detector, ground detector, leakage detector || ²**prüfung** *f* / earth-fault test, ground-leakage test || ²**relais** *n* / earth-fault relay, earth-leakage relay, ground-fault relay || ²**reststrom** *m* / unbalanced residual current || ²**richtungsbaugruppe** *f* / directional earth-fault detection (o. protection) module || ²**richtungsbestimmung** *f* / ground (o. earth) fault direction detection, determination of earth-fault direction || **wattmetrische** ²**richtungsbestimmung** / wattmetric directional earth fault relay || ²**richtungsmeldung** *f* / directional earth-fault signalling || ²**richtungsrelais** *n* / directional earth-fault relay

Erdschluss·schutz *m* / earth-fault protection, ground-fault protection (GFP), ground-fault circuit protection, earth-leakage protection || ²-**Schutz** *m* / ground fault protection || ²**schutz mit 100% Schutzumfang** / one-hundred-percent earth-fault protection, unrestricted earth-fault protection || **zusätzlicher** ²**schutz** / stand-by earth-fault protection, back-up earth-fault protection || ²**schutzgerät** *n* / earth-fault protection unit, ground-fault protector || ²**schutzrelais** *n* / earth-fault protection relay, ground-fault relay, earth-leakage relay || ~**sicher** *adj* VDE 0100, T.200 / inherently earth-fault-proof, inherently ground-fault-resistant || ²**sperre** *f* / earth-fault lock-out || ²**strom** *m* VDE 0100, T.200 / earth-fault current, ground-fault current || ²**stromanregung** *f* / earth-fault starting, relay starting by ground fault || ²**suchgerät** *n* / earth-fault locator, ground-fault detector || ²**suchschalter** *m* / fault initiating switch, high-speed grounding switch, fault throwing switch

Erdschluss·überwachung *f* / earth-fault monitoring, earth-leakage detection, ground-fault detection || ²**überwachungsgerät** *n* / earth-leakage monitor, ground-fault detector, earth-fault monitor, earth-fault alarm relay || ²**wächter** *m* / earth-leakage monitor, earth-leakage relay, earth fault monitor || ²**wicklung** *f* / earth-fault winding || ²**wischer** *m* / transient earth fault, transient ground || ²**wischerrelais** *n* / transient earth-fault relay

Erd·schutzleiter *m* / earth-continuity conductor, ground-continuity conductor || ²**seil** *n* (Freiltg., zum Schutz gegen Blitzeinschläge) / overhead earth wire, shield wire, overhead ground wire || ²**seilschutzwinkel** *m* / angle of shade, shielding angle || ²**seilspitze** *f* (Freileitungsmast) / earth-wire peak, overhead ground wire peak || ²**sohle** *f* / ground plane || ²**spannung** *f* / earth voltage || ²**spannung** *f* (Phase-Erde) / phase-to-earth voltage || ²**spannungsrelais** *n* / phase-to-earth voltage relay, ground relay || ²**spieß** *m* / earth spike, ground spike

Erdstrom *m* / earth current IEC 50(151), ground current || ² *m* (Fehlerstrom) / earth-fault current, earth (o. ground) leakage current || ² *m* (Phase-Erde) / phase-to-earth current || ²**anregung** *f* / earth-fault starting (element), ground-fault starter || ²**ausgleicher** *m* / earth-current equalizer || ²-**Messschaltung** *f* / earth-current measuring circuit || ²**pfad** *m* / earth-current circuit || ²**relais** *n* / earth-fault relay || ²-**Reserveschutz** *m* / earth-fault back-up protection (o. relay) || ²-**Richtungsschutz** *m* / directional earth-fault protection || ²-**Richtungsvergleich** *m* / directional earth-fault comparison || ²-**Richtungs-Vergleichsschutz** *m* / directional comparison earth-fault protection, directional balanced ground-fault protection || ²**schaltung** *f* / earth-current measuring circuit || ²-**Schutzdrossel** *f* / earthing reactor || ²-**Schutztransformator** *m* / earthing transformer || ²**waage** *f* / earth-fault differential relay || ²**wandler** *m* / earth-leakage current transformer || ²**wischerrelais** *n* / earth-current wipe relay

Erd·stück *n* (Lichtmast) / planted section || ~**symmetrisch** *adj* / balanced to earth, balanced to ground || ~**symmetrische Leitung** / balanced line || ~**symmetrische Spannung** / balanced-to-earth voltage || ~**symmetrischer Strom** / balanced-to-earth current || ~**symmetrischer Vierpol** / balanced two-terminal-pair network || ²**übergangswiderstand** *m* / earth contact resistance IEC 364-4-41, earth-leakage resistance

Erdung *f* / grounding *n*, connecting to ground, ground *n*, earth *n* (The conducting mass of the earth, whose electrical potential at any point is conventionally taken as zero. [IEV 151-01-07]) || **Erdung** *f* (Gesamtheit der Mittel u. Maßnahmen zum Erden) VDE 0100, T.200 / earthing arrangement(s), grounding system (US), earthing ||

≗ **mit Potentialausgleich** / equipotential earthing (o. grounding) || ≗ **mit Schutzfunktion** (PE) / protective earth (PE), protective ground (US), safety earth || **durchgängige** ≗ / continuous earthing || **unmittelbare** ≗ / direct connection to earth, direct earthing, solid connection to earth

Erdungs·anlage *f* VDE 0100, T.200 / earthing system, grounding system, earth-electrode system || **gemeinsame** ≗**anlage** / common earthing system, interconnected grounding system || ≗**anschluss** *m* / earthing terminal || ≗**anschluss** *m* (Verbindung) / earth connection, ground connection || ≗**anschluss** *m* (Klemme) / earth terminal, ground terminal || ≗**anschlusspunkt** *m* / earth terminal, ground terminal || ≗**art** *f* / method of earthing, method of grounding

Erdungs·band *n* / earthing band || ≗**bandschelle** *f* / earthing clip, earthing clamp || ≗**belag** *m* / earthing layer || ≗**blech** *n* / earthing clamp, ground clamp || ≗**bolzen** *m* / earthing stud, ground stud || ≗**brücke** *f* / earthing jumper, grounding strap || ≗**bügel** *m* / earthing clip

Erdungs·draufschalter *m* / fault initiating switch, fault making switch, make-proof earthing switch || ≗**drossel** *f* / earthing reactor, grounding reactor, discharge coil, drainage coil || ≗**elektrode** *f* / earth electrode, ground electrode, grounding electrode || ≗**fahne** *f* / earthing lead || ≗**faktor** *m* VDE 0670, T.101 / factor of earthing IEC 56-1, earthing factor

Erdungs·garnitur *f* / earthing (o. grounding) accessories || ≗**impedanz** *f* / impedance of earth-electrode system || ≗**kabel** *n* / earthing cable, grounding cable || ≗**klemme** *f* / earth terminal, ground terminal, grounding terminal || ≗**klemmenplatte** *f* / earthing pad || ≗**kontakt** *m* (Klemme) / earth terminal, ground terminal || ≗**kreis** *m* / earthing circuit, earth return circuit, ground loop

Erdungs·lasche *f* / earthing jumper, ground strap || ≗**leiter** *m* / earth (o. earthing) conductor, ground conductor, grounding electrode conductor || ≗**leiter** *m* (Erderanschlussl.) / earth electrode conductor, grounding electrode conductor || ≗**leiter** *m* (mit der Gründung eines Freileitungsmasts verbunden) IEC 40(466) / counterpoise *n* || **kontinuierlicher paralleler** ≗**leiter** / parallel earthcontinuity conductor || ≗**leitung** *f* / counterpoise *n*, grounding cable || ≗**messer** *m* / earth resistance meter, earth tester || ≗**messer** *n* (am SG) / earthing blade, grounding blade || ≗**-Messgerät** *n* / earth resistance meter, earth tester || ≗**muffe** *f* (IR) / earthing coupling, ground coupling

Erdungs·netz *n* / earthing network, grounding network || ≗**platte** *f* / earthing pad, grounding pad || ≗**prüfer** *m* / earth tester || ≗**punkt** *m* / earthing point, grounding point || **möglicher** ≗**punkt** VDE 0168, T.1 / earthable point IEC 71.4 || **Netz~punkt** *m* / source earth, power system earthable point || ≗**ring** *m* / earthing ring bus || ≗**rohr** *n* / tubular earth electrode, grounding pipe || ≗**rohrschelle** *f* / earthing clamp, ground clamp, earthing clip, earth electrode clamp

Erdungs·sammelleitung *f* VDE 0100, T.200 / earth bus, ground bus, main earth (o. ground) bus || ≗**sammelschiene** *f* / earth bus, ground bus, main earth (o. ground) bus, earthing busbar || ≗**schalter** *m* VDE 0670,T.2 / earthing switch IEC 129, grounding switch || **geteilter** ≗**schalter** VDE 0670,T.2 / divided-support earthing switch IEC 129 || ≗**schalterfunktion** *f* / earthing switch function || ≗**schalterwagen** *m* / earthing-switch truck, grounding-switch truck || ≗**schalthebel** *m* / earthing switch handle || ≗**schelle** *f* / earthing clamp, ground clamp, earthing clip, earth electrode clamp || ≗**schellenleiste** *f* / earthing (o. grounding clamp assembly) || ≗**schiene** *f* / earth bus, ground bus, main earth (o. ground) bus, grounding rail, ground bar || ≗**schiene** *f* (Anschlussschiene) / earthing bar, grounding bar, earth bar, bonding bar || ≗**schraube** *f* / earthing screw, earth-terminal screw, bonding screw

Erdungs·seil *n* / earthing cable, grounding cable || ≗**spannung** *f* (Anstieg) / rise of earth potential, ground potential rise || ≗**stab** *m* / rod-type earth electrode, earth rod, ground rod || ≗**stange** *f* / earthing stick, grounding pole, temporary earth || ≗**steckverbinder** *m* / earthing connector, grounding connector || ≗**stellung** *f* (SA, eines herausnehmbaren Teils) VDE 0670, T.6 / earthing position IEC 298, earthing location, grounding position || ≗**stichleitung** *f* / earth tap conductor, ground tap (o. stub) || ≗**strom** *m* / earth current

Erdungs·transformator *m* (EdT) / earthing transformer, grounding transformer || ≗**transformatorfeld** *n* / earthing transformer panel || ≗**trenner** *m* / earthing disconnector || ≗**trennschalter** *m* / earthing disconnector || ≗**- und Kurzschließvorrichtung** *f* / earthing and short-circuiting facility || ≗**verbinder** *m* / earthing jumper, ground connector || ≗**verhältnisse** *n pl* / earthing conditions

Erdungs·wagen *m* / earthing switch truck, earthing truck || ≗**widerstand** *m* / earth-electrode resistance || ≗**widerstand** *m* (Summe von Ausbreitungswiderstand des Erders und Widerstand der Erdungsleitung) / earthing resistance, grounding resistance || ≗**winkel** *f* / earthing angle || ≗**zahl** *f* / coefficient of earthing (o. grounding) || ≗**zeichen** *n* / earth symbol, ground symbol

Erd·verbindung, durchgehende ≗**verbindung** / earth continuity || ≗**verlegung** *f* / underground laying, imbedding of cables || **Kabel für** ≗**verlegung** / direct-buried cable, cable for burial in the ground, buried cable || ≗**verlegungskabel** *n* / underground cable, buried cable || ≗**widerstand** *m* / earth resistance, ground resistance || **spezifischer** ≗**widerstand** VDE 0100, T.200 / soil resistivity, earth resistivity

E/R-Einheit *f* (Einspeise-/Rückspeiseeinheit) / rectifier/regenerative feedback unit, I/RF unit (infeed/regenerativ-feedback unit)

Ereignis *n* / event *n* || **Zufalls~** *n* / random phenomenon || **~abhängig** *adj* / event-related *adj* || ≗**auftrag** *m* / event job || ≗**baustein** *m* / event module || ≗**dichteverteilung** *f* (Statistik) / occurrence density distribution || ≗**folgen** *f pl* (QS) / runs *n pl* || **~gesteuert** *adj* / event-driven *adj*, event-controlled *adj* || ≗**-ID** *f* / event ID || ≗**liste** *f* / event list || ≗**markierer** *m* (Schreiber, Osz.) / event marker || ≗**markier-Startselektor** *m* / event marking start selector || ≗**meldung** *f* (FWT) / event information || ≗**meldung** *f* / event-message || ≗**-Nachgeschichte** *f* / postevent history || ≗**protokoll**

n / event log || ²**schreiber** *m* / event recorder || **~synchron** *adj* / event synchronous || ²**variable** / event tag || ²**-Vorgeschichte** *f* / pre-event history || ²**zählung** *f* / event counting
Erfahrungs·bericht *m* / field report || ²**träger** *m* / people with experience || ²**wert** *m* (EW) / empirical value || ²**wertspeicher** *m* (EW-SP) / empirical value memory
erfassen *v* / detect *v*, acquire *v*, measure *v*, meter *v*, sense *v*, record *v*, register *v*, cover *v*, collect *v*
Erfassung *f* / acquisition *n*, alarm acquisition, indication acquisition, metered value acquisition || ² *f* (z.B. Rest- o. Differentialstrom) / detection *n* || ² **der Anzahl** / detection of number || ² **und Verarbeitung** / capturing and processing
Erfassungs·bereich *m* / coverage *n* || ²**bereich** *m* (NS) / sensing range || ²**blatt** *n* / data sheet || ²**daten** *plt* / sense data || ²**formular** *n* (Fertigungssteuerung) / data capture form || ²**maske** *f* (BSG) / screen form || ²**zeit** *f* (DV) / acquisition time || ²**zyklus** *m* / acquisition cycle, data collection cycle
Erfolgs·kontrolle *f* (QS) / check on results || ²**quotient** *m* / success ratio || **Vertrauensgrenze der** ²**wahrscheinlichkeit** / assessed reliability
erforderlich·e Anregungsbewegung / required input motion (RIM) || **~es Antwortspektrum** / required response spectrum (RRS) || **~es Anzugsmoment** / specified breakaway torque
Erfragefunktion *f* (GKS) / inquiry function
erfragen *v* / interrogate *v*
erfüllen *v* / comply with
Erfüllung *f* / compliance *n*
Erfüllungs·grad *m* (EFG) / degree of fulfillment || ²**ort** *m* / place of fulfillment
ergänzend·e Kennzeichnung / supplementary designation || **~e Operation** (SPS) / supplementary operation || **~er Kurzschlussschutz** / back-up protection || **~er Schutz** / protection against shock in case of a fault IEC 439
ergänzte Nr. / additional number
Ergänzung *f* / extension *n*, option *n* || ² *f* (berichtigende E.) / amendment *n*
Ergänzungs·bausatz *m* / extension (o. expansion) kit, add-on kit || **Tageslicht-**²**beleuchtung** *f* / permanent supplementary artificial lighting (PSAL) || ²**funktion** *f* / optional function || ²**paket** *n* (NC-Geräte) / option package || ²**produkt** *n* / supplementary product || ²**speicher** *m* / auxiliary storage || ²**stand** *m* / update status || ²**teile** *n pl* / supplementary components || ²**zeichnung** *f* / supplementary drawing
ergeben *v* / yield *v*, amount to
Ergebnis *n* (a. Statistik, QS) / result *n* || ²**abweichung** *f* (QS) / error of result || ²**anzahl** *f* / number of results || ²**anzeige** *f* (SPS, Bit) / result bit || ²**parameter** *n* / result parameter || ²**stückliste** *f* / list of results || ²**vergleich** *m* / result cross-check
Ergograu *n* / ergo grey *n*
ergo-grau *adj* / ergo-grey *adj*
Ergonomie *f* / ergonomics *n*
erhaben *adj* / raised *adj*
erhalten *v* / receive *v*
Erhaltung *f* / maintenance *n* || ² **der Betriebsleistung** (Batt.) / service output retention || ² **der Isolierung** / preservation of insulation || ² **der Reihenfolge** (Kommunikationsnetz) DIN ISO 7498 / sequencing *n*
Erhaltungs·ladebetrieb *m* (Batt.) / floating operation || ²**ladespannung** *f* / trickle-charging voltage
erheblich *adj* / substantial *adj*
Erhebung *f* (a. CAD) / elevation *n* || ² *f* (gS) / bump *n* || ² *f* (QS) / survey *n*
Erhebungs·einstellung *f* (Flp.) / elevation setting || ²**winkel** *m* (Flp.) / angle of elevation, elevation angle || ²**winkel** *m* (Rob.) / lift angle
erhellen *v* / light *v* (up), shed light upon, illuminate *v*
erhöhen *v* / raise *v* || **Spannung ~** / raise (o. increase the voltage), boost the voltage, boost *v*
erhöht *adj* / raised *adj* || **~e Feuergefahr** / increased fire risk || **~e Schreibgeschwindigkeit** / enhanced (o. fast) writing speed || **~e Sicherheit** (Ex e) EN 50019 / increased safety EN 50019
Erhöhungs·getriebe *n* / step-up gearing, speed-increasing gear unit || ²**stufe** *f* / increment *n*
Erholung *f* / recovery *n*
Erholungs·geschwindigkeit *f* / recovery rate || ²**strom** *m* / recovery current || ²**verhältnis** *n* / recovery ratio || ²**zeit** *f* / recovery period
Erholzeit *f* / recovery time || ² *f* (Einschwingzeit nach einer sprunghaften Änderung der zu messenden Größe) / restoration time || ² *f* (Speicher-Oszilloskop) / recycle time || ² *f* (Sperrröhre) / recovery period
Erichsen-Prüfung *f* / Erichsen test, indentation test, distensibility test
erkannt *adj* / identified *adj*
erkennbarer Fehleranteil IEC 50(191) / fault coverage
Erkennbarkeit *f* / perceptibility *n*, detectability *n* || **Grad der** ² / visibility factor
erkennen *v* / identify *v*, detect *v* || ~ *v* (DV, SPS) / recognize *v* || **einen Fehler ~** / detect (o. identify) a fault
Erkennung *f* / detection *n* || ² *f* (z.B. eines Codes) / recognition *n* || **Zustands~** *f* (Netz) / state estimation
Erkennungs·feuer *n* / recognition light || ²**gegenstand** *m* (ZKS) / token *n* EN 50133-1 || ²**kode** *m* / detecting code || ²**system** *n* / recognition system || ²**system mit Sichtsensoren** / vision system || **Flugplatz-**²**zeichen** *n* / aerodrome identification sign || ²**zeit** *f* / recognition time || ²**zeit** *f* (DÜ) / input-signal delay
Erklärung *f* / explanation *n*, design *n*
Erlangmeter *n* / Erlang meter
Erlaubnis *f* / permission *n*
erlaubt *adj* / legal *adj* || **~es Band** (HL) / permitted band
erläuternd·er Schaltplan / explanatory diagram || **~es Diagramm** / explanatory chart
Erläuterung *f* / explanation *n*, design *n*
erledigt *adj* / done *adj*
erleuchtet *adj* / illuminated *adj*, alight *adj*
Erlöschen des Lichtbogens / extinction of the arc
Ermeto-Verschraubung *f* / Ermeto self-sealing coupling, Ermeto coupling
ermitteln *v* / determinate *v*, establish *v*
ermittelte Verzichtszeit (LAN) / backoff *n*
Ermittlung *f* / determination *n*, calculation *n* || ² **des Oberschwingungsgehalts** / harmonic test || ² **des Wirkungsgrades** s. Wirkungsgradbestimmung / calculation of efficiency || ² **des Wirkungsgrades aus den Einzelverlusten** / calculation of efficiency

from summation of losses || ≗ **des Wirkungsgrades aus den Gesamtverlusten** / calculation of efficiency from total loss
Ermittlungsergebnis *n* (QS) / result of determination
E-/R-Modul *n* (Einspeise/Rückspeisemodul) / I/RF module (infeed/regenerative feedback module)
Ermüdung *f* / fatigue *n*, fatigue phenomenon
Ermüdungs·bruch *m* / fatigue failure || ≗**erscheinungen** *f pl* / fatigue phenomena, precracking *n* || ≗**festigkeit** *f* / fatigue strength || ≗**grenze** *f* / fatigue limit, endurance limit || ≗**prüfung** *f* / fatigue test || ≗**riss** *m* / fatigue crack || ≗**zuschlag** *m* / fatigue allowance
erneuerbare Energie / renewable energy
erneuern *v* / renew *v*, replace *v*
Erneuerung *f* / update *n* || ≗ *f* (Aktualisierung, z.B. v. Telegrammen) / updating *n*
ERN-Geber *m* / ERN encoder
erodieren *v* / spark erosion
erodiert *adj* / spark-eroded *adj*
Eröffnungs·menü *n* / top menu || ≗**zeichen** *n* (Nachrichten, Text) / start-of-text character
Erosionskorrosion *f* / corrosion-erosion *n*
ERP / ERP
erproben *v* / trials *v*
Erprobung *f* / trial *n*, test *n*, testing *n*
Erprobungsträger *m* (MSB) / test track
ERR (Erregereinrichtung) / SEE (statistic excitation equipment)
ERRCLS / ERRCLS (error class)
ERRCOD / ERRCOD (error code)
errechnen *v* / compute *v*
erregen *v* (Masch.) / excite *v* || ~ *v* (Rel., Schütz) / energize *v*
erregende Drehfrequenz / rotational exciting frequency || ~ **Wicklung** / exciting winding
Erreger *m* / exciter *n* || **Schwingungs~** *m* (el.) / exciter of oscillations, oscillator *n* || **Schwingungs~** *m* (mech.) / vibration generator, vibration exciter || ≗**abstand** *m* (MSB) / magnet-to-winding clearance || ≗**anordnung** *f* (el. Masch.) / excitation system || ≗**ausfallschutz** *m* / field failure protection, loss-of-field protection
Erreger·deckenspannung *f* / nominal exciter ceiling voltage, exciter ceiling voltage || ≗**durchflutung** *f* / field ampere turns, ampere turns of exciting magnet, excitation strength || ≗**einrichtung** *f* / excitation equipment, excitation system || ≗**einrichtung** *f* (ERR) / static excitation equipment (SEE) || ≗**energie** *f* / excitation power, exciter rating, exciter output
Erreger·feld *n* (GM u. Synchronmasch.) / field system, exciting field, field *n* || ≗**feld** *n* (Erregermasch.) / exciter field || ≗**feld-Zeitkonstante** *f* / field time constant || ≗**fluss** *m* / excitation flux || ≗**geschwindigkeit** *f* / exciter response || ≗**gleichrichter** *m* / field-circuit rectifier, field rectifier, static exciter || ≗**grad** *m* (el. Masch.) / field ratio, effective field ratio || ≗**gruppe** *f* / motor-exciter set, exciter set
Erreger·kreis *m* / field circuit, excitation circuit, exciter circuit, exciting circuit || ≗**kreisunterbrechung** *f* / field failure || ≗**kurve** *f* / m.m.f. curve || ≗**laterne** *f* / exciter dome || ≗**leistung** *f* / excitation power, exciter rating, exciter output || ≗**leitung** *f* / exciter leads, field leads || ≗**magnet** *m* / exciting magnet, field magnet || ≗**maschine** *f* / exciter *n* || ≗**maschinenkapsel** *f* / exciter enclosure, exciter housing || ≗**maschinensatz** *m* / exciter set || ≗**-Motor-Generator** *m* / exciter motor-generator set, exciter set || ≗**pol** *m* / exciter pole, field pole
Erreger·satz *m* / motor-exciter set, exciter set || ≗**schutz** *m* / (motor) field protection || ≗**seite** *f* (Rel.) / energizing side (o. circuit), coil circuit || ≗**seite** *f* (ES el. Masch.) / exciter end || ≗**sockel** *m* / exciter platform || ≗**spannung** *f* / field voltage, excitation voltage, collector-ring voltage, exciting voltage || **Änderungsgeschwindigkeit der** ≗**spannung** / exciter voltage-time response || **höchste** ≗**spannung** / exciter ceiling voltage || ≗**spannungsdynamik** *f* / exciter voltage-time response || ≗**spannungsgrad** *m* / field voltage ratio || ≗**spannungstransformator** *m* / excitation voltage transformer || ≗**-Spannungs-Zeitverhalten** *n* / exciter voltage-time response || ≗**spule** *f* (el.Masch.) / field coil || ≗**spule** *f* (Rel.) / operating coil, coil *n* || ≗**spulenkasten** *m* / field spool || ≗**stoß** *m* / exciting inrush
Erregerstrom *m* (el.Masch.) / field current, excitation current, exciting current || ≗ *m* (Trafo) / exciting current, secondary exciting current || **sekundärer** ≗ (Wandler) / exciting current IEC 50(321) || ≗**begrenzer** *m* / excitation limiter || ≗**belag** *m* / field ampere turns || ≗**grad** *m* / field current ratio || ≗**klemme** *f* / field terminal || ≗**kompoundierung** *f* / current-compounded self-excitation || ≗**kreis** *m* (Fernschalter, Zeitschalter) / control circuit || ≗**kreis** *m* (el. Masch.) / field circuit, exitation field circuit, exciter circuit || ≗**leitung** *f* / field lead, slipring lead || ≗**quelle** *f* / excitation system || ≗**reduzierung** *f* / field current reduction || ≗**regler** *m* / field-current regulator, field current controller || ≗**richter** *m* / static exciter, field rectifier || ≗**steller** *m* / field rheostat || ≗**transformator** *m* / excitation current transformer || ≗**überwachung** *f* / field current monitoring
Erregersystem *f* (el. Masch.) / excitation system || ≗**-Bemessungsspannung** *f* / excitation system rated voltage || ≗**-Bemessungsstrom** *m* / excitation system rated current || ≗**-Deckenspannung** *f* / excitation system ceiling voltage
Erreger·transformator *m* / field-circuit transformer || ≗**umformer** *m* (rotierend) / motor-exciter set, exciter set || ≗**umformer** *m* (statisch) / static exciter, field-circuit converter || ≗**untersatz** *m* / exciter platform, exciter base || ≗**verhalten** *n* / exciter response || ≗**-Verstärkermaschine** *f* / amplifying exciter, control exciter
Erregerwicklung *f* (Erregermasch.) / exciter winding || ≗ *f* (Trafo) / energizing winding || ≗ *f* (Rel.) / excitation winding, excitation coil || ≗ *f* (Hauptmasch.) / field winding, excitation winding || **Streureaktanz der** ≗ / field leakage reactance || **Widerstand der** ≗ / field resistance
Erreger·widerstand *m* / exciter resistance, field resistance || ≗**widerstand** *m* (Gerät) / excitation resistor || ≗**widerstand** *m* (Steller) / field rheostat || ≗**windung** *f* / field turn || ≗**zeitkonstante** *f* / field time constant, exciter time constant || ≗**zusatzspannung** *f* / field boosting voltage, field forcing voltage || ≗**zusatzstrom** *m* / field boosting current, field forcing current
erregt für Haltung / energized for holding || **elektrisch** ~ / electrically excited, d.c.-excited *adj* ||

~er Zustand (Rel.) / energized condition
Erregung *f* (Masch.) / excitation *n*, field excitation || ≗ *f* (Rel., Schütz) / energization *n*, excitation *n* || **dielektrische** ≗ / dielectric displacement density || **einphasige** ≗ (Trafo) / single-phase supply || **maximale** ≗ (el. Masch.) / maximum field
Erregungs·art *f* / method (o. type) of excitation || ≗**ausfall** *m* / field failure, loss of field, excitation failure || ≗**ausfallrelais** *n* / field failure relay, loss of excitation relay, field loss relay || ≗**ausfallschutz** *m* / field-failure protection || ≗**begrenzung** *f* / field limitation, excitation limiting || ≗**fähigkeit** *f* / excitation capacity, excitation capability || ≗**funktion** *f* / excitation function || ≗**geschwindigkeit** *f* / exciter response, excitation response || **mittlere** ≗**geschwindigkeit** / excitation response ratio || ≗**größe** *f* (Rel.) / energizing quantity, input energizing quantity || ≗**koeffizient** *m* / exciter response || ≗**kondensator** *m* / excitation capacitor || ≗**kreis** *m* (Rel.) / input circuit
erregungsloser Synchronmotor / reluctance motor
Erregungs·stoßspannung *f* / shock excitation voltage, field forcing voltage || ≗**strom** *m* / excitation current, field current || ≗**tafel** *f* / excitation table, excitation matrix || ≗**variable** *f* / excitation variable || ≗**verluste** *m pl* / exciting-circuit loss, excitation loss, field loss || ≗**ziffer** *f* / nominal exciter response
Erreichbarkeit *f* / availability *n* (The ability of an item to be in a state to perform a required function under given conditions at a given instant of time or over a given time interval, assuming that the required external resources are provided), availability performance
erreichen *v* / reach *v*
errichten *v* / install *v*, erect *v*, construct *v* || ≗ **elektrischer Anlagen** / installation of electrical systems and equipment, construction (or erection of electrical installations)
Errichtungsbestimmungen *f pl* / regulations for installation, regulations for electrical installations, installation rules, code of practice || ≗ *f pl* (Hausinstallation) / wiring regulations, wiring rules || ≗ **für elektrische Anlagen** / regulations for electrical installations
Ersatz *m* / substitute *n*, substitution *n*, replacement *n* || ≗**ausrüstung** *f* / spare equipment || ≗**ausschaltzeit** *f* VDE 0670, T.4 / virtual operating time
Ersatz·batterie *f* / replacement battery || ≗**beleuchtung** *f* / stand-by lighting || ≗**bezugsnachweis** *m* / proof of procurement of a replacement || ≗**bild** *n* / equivalent circuit diagram, equivalent network || ≗**bürde** *f* / equivalent burden || ≗**gerät** *n* (SPS) / back-up device || ≗**größe** *f* (DÜ) DIN ISO 8208 / default size || ≗**größe ohne Vereinbarung** (DÜ) DIN ISO 8208 / standard default size || **Reihen-**≗**induktivität** *f* / equivalent series inductance
Ersatz·kanal *m* / stand-by channel, backup channel || ≗**kanalzahl** *f* (EKZ) / allocated channel number || ≗**kapazität** *f* / equivalent capacitance || ≗**kreis** *m* / equivalent circuit || ≗**länge** *f* (DÜ) DIN ISO 8208 / default length || ≗**länge ohne Vereinbarung** (DÜ) DIN ISO 8208 / standard default length || ≗**last** *f* / dummy load, circuit cheater, substitution load || ≗**lieferung** *f* / substitute delivery || ≗**mantel** *m* (LWL) / recladding *n* || ≗**netz** *n* / equivalent network IEC 50(603), artificial network (EN5006)
Ersatz·probe *f* / retest specimen || ≗**prüfkreis** *m* / simulated test circuit || ≗**prüfung** *f* / special test || ≗**quellenmethode** *f* / charge simulation method (CSM) || ≗**reaktanz** *f* / equivalent reactance || ≗**-Reihenwiderstand** *m* (Kondensator) / equivalent series resistance
Ersatz·schaltbild *n* / equivalent circuit diagram, equivalent network || ≗**schalter** *m* (LS) / substitute breaker || ≗**schalterabzweig** *m* / substitute breaker circuit || ≗**schaltplan** *m* / equivalent circuit diagram || ≗**schaltstück** *n* / spare contact || ≗**schaltung** *f* / equivalent circuit, equivalent network || **thermische** ≗**schaltung** (HL) DIN 41862 / equivalent thermal network || ≗**schiene** *f* (Sammelschiene) / substitute bus, by-pass bus || ≗**schlüssel** *m* / spare key || ≗**schmelzzeit** *f* VDE 0670, T.4 / virtual prearcing time || ≗**schütz** *m* / replacement contactor || ≗**-Sperrschichttemperatur** *f* (HL) DIN 41853, DIN 41862 / equivalent junction temperature, virtual junction temperature || ≗**sternschaltung einer Dreieckschaltung** / star connection equivalent to delta connection
Ersatzstrom·anlage *f* / stand-by generating plant, emergency generating set || ≗**erzeuger** *m* / standby generator, emergency generator || ≗**erzeugungsanlage** *f* / stand-by power generating plant || ≗**kreis** *m* / equivalent circuit || ≗**schiene** *f* / stand-by bus || **wichtiger** ≗**verbraucher** / non-interruptible load, essential load, vital load, critical load || ≗**versorgung** *f* / stand-by supply, stand-by power IEC 146-4 || ≗**versorgungsanlage** *f* / stand-by supply system IEC 50(826), Amend. 1
Ersatzsystem *n* / back-up system, stand-by system
Ersatzteil *n* / spare part, spare *n*, replacement part, renewal part || ≗ *n* (ET) / spare part || ≗**abwicklung** *f* / spare parts handling || ≗**ausrüstung** *f* / spare equipment || ≗**ausstattung** *f* / spare part equipment || ≗**bearbeitung** *f* / spare part editing || ≗**bestand** *m* / spare-parts inventory, stocking of spare parts || ≗**bevorratung** *f* / spare parts stock, spare parts warehouse || ≗**dienst** *m* / spare parts service || **zentraler** ≗**dienst** / central spare parts service || **zugelassene** ≗**e** / authorized spare parts || ≗**entnahme** *f* / spare part withdrawal || ≗**geschäft** *n* / spare parts business || ≗**haltung** *f* / spare-parts service, spare-parts inventory, stocking of spare parts
Ersatzteil·katalog *m* / illustrated spare parts catalog || ≗**kennzeichen** *n* / spare part code || ≗**kreislauf** *m* / spare parts loop || ≗**lager** *n* / spare-parts store, stock of spare parts, spare parts warehouse || ≗**lagerbestand** *m* / spare-parts inventory, spare parts inventory, stocking of spare parts || ≗**lieferung** *f* / spare parts supply, supply of spare parts || ≗**liste** *f* (ELI) / spare parts list || ≗**logistik** *f* / spare parts logistic infrastructure || ≗**menge** *f* / spare part quantity || ≗**-Neupreis** *m* / new spare part price || ≗**notdienst** *m* / emergency spare parts service
Ersatzteil·preis *m* / spare parts price || ≗**-Service** *m* / spare parts service || ≗**stammdaten** *plt* / spare parts master data || ≗**-Stückliste** *f* / spare parts list || ≗**überbestand** *m* / overstocked spare parts || ≗**verbrauch** *m* / spare parts usage || ≗**verbrauchsmeldung** *f* / spare parts usage note || ≗**verpflichtung** *f* / spare-parts obligation ||

²versorgung *f* / supply of spare parts, spare parts supply || **²vorhaltung** *f* / stocking of spare parts, spare parts inventory
Ersatz·temperatur *f* (Thyr) DIN 41786 / virtual temperature || **innere ²temperatur** (HL) DIN 41853, DIN 41786 / internal equivalent temperature, virtual temperature || **²versorgung** *f* / standby supply || **²weg** *m* (FWT) / stand-by transmission route || **²werkstoff** *m* / substitute material || **²werkzeug** *n* / replacement tool, spare tool, sister tool || **²wert** *m* (DV, SPS) / substitute value || **²wert** *m* (für eine außer Betrieb genommene Messstelle vorgegebener Wert als Ersatz f. den Istwert) / default value || **²-Wicklungsprüfung** *f* / equivalent separate-source voltage withstand test, equivalent applied-voltage test, special applied-voltage test || **²widerstand** *m* / equivalent resistance || **²widerstand** *m* (Thyr) DIN 41786 / on-state slope resistance, forward slope resistance || **Elektroden-²widerstand** *m* / dummy cathode resistor || **Vorwärts-²widerstand** *m* (Diode) DIN 41781 / forward slope resistance || **²zeitkonstante** *f* / equivalent time constant
Erschließung *f* / development *n*
erschöpfte Batterie / exhausted battery
Erschütterung *f* / vibration *n*, shaking *n*, shock *n*
Erschütterungs·aufnehmer *m* / vibration pick-up || **~empfindlich** *adj* / sensitive to vibration || **~fest** *adj* / vibration-proof *adj*, immune to vibration, vibration-resistant *adj* || **²festigkeit** *f* / resistance to vibration, vibration strength, vibration resistance, vibrostability *n*, immunity to vibration
erschütterungsfrei *adj* / free from vibrations, non-vibrating *adj*, non-oscillating *adj* || **~e Befestigung** / anti-vibration mounting, vibration-proof mounting
erschütterungs·unempfindlich *adj* / insensitive (o. immune to vibration)
erschwert *adj* / severe *adj* || **~e Bedingungen** / onerous (operating) conditions, severe (operating) conditions || **~e Prüfung** / tightened inspection || **~er Betrieb** / heavy duty
ersetzen *v* / replace *v*
ersetzt *adj* / replaced *adj*
Erstabfrage *f* (zyklische A.) / first scan || **²** *f* (ERAB SPS) / first input bit scan || **² eines Bit** / first bit scanned || **²kennung** *f* / first scan identifier
Erstabsperrventil *n* / primary shut-off valve, main shut-off valve
erstadressierter Zustand des Hörers (PMG) DIN IEC 625 / listener primary addressed state (LPAS) || **~ Zustand des Sprechers** (PMG) DIN IEC 625 / talker primary addressed state (TPAS)
Erstanlauf *m* / cold (o. initial start)
erstarren *v* / set *v*, solidify *v*
Erstarrungspunkt *m* / setting point, congealing point, solidification point, shell freezing point
Erst·ausführung *f* / prototype *n*, first unit of each type and design || **²ausrüstung** *f* / initial equipment (o. installation) || **²ausrüstungs-Batterie** *f* / original equipment battery || **²durchlauf** *m* (WZM) / initial run (o. pass) || **~e biegekritische Drehzahl** / first critical speed
Erste Hilfe / first aid
Erst·eichung *f* / initial verification || **²einsatz** *m* / first use || **~einschalten** *v* / initial power on
Erstelldatum *n* / date of creation || **² Archiv** / date archive created
erstellen *v* / develop *v*, generate *v*, write *v*, make *v* || **~** *v* (Bilder am Bildschirm) / build *v*, create *v*
Ersteller *m* / author *n*, created by || **²** *m* (Nachrichtenquelle) / originator *n* || **²-Firma** *f* / originator company
Erstell·software *f* / generation software || **²system** *n* / development system || **²typ** *m* / creation type
Erstellung *f* / development *n*, generation *n*, creation *n* || **² des Programms** / generation (o. development o. preparation of program)
Erstellungs·datum *n* / creation date || **²modus** *m* / edit mode || **²-Oberfläche** *f* / generation interface || **²werkzeug** *n* / programming tool
erster Basispunkt (Impulsepoche) / first base point
Erst·impuls *m* / first pulse || **²inbetriebnahme** *f* / first start-up || **²kreis** *m* / primary circuit || **²ladung** *f* (Batt.) / initial charge || **²lauf** *m* (SPS) / cold start (o. restart) || **²laufflanke** *f* / evaluation in the first scanning cycle || **²laufflanke** *f* (SPS) / pulse edge in first scanning cycle || **²laufzweig** *m* (SPS) / initialization branch || **²lizenz** *f* (Software) / initial licence || **²magnetisierung** *f* / initial magnetization || **~malig** *adj* / 1st time || **²meldung** *f* / first-out alarm
erstöffnender Pol / first pole to clear
Erstprüfung *f* / original inspection || **²** *f* (Erste in einer Folge von vorgesehenen oder zugelassenen Qualitätsprüfungen) / initial inspection
erstschließender Pol / first pole to close
Erst·teilprüfung *f* / specimen inspection, specimen first-sample, cold-start test || **²-Übergabe** *f* / first transfer || **²übergangsdauer** *f* (Impulsabbild) DIN IEC 469, T.1 / first transition duration || **²wert** *m* / first-up value, first-up signal, initial value || **²wertmeldung** *f* / first-up signal (o. message), initial value acquisition || **²wertquittieren** *n* / first-up signal acknowledgement || **²wicklung** *f* / primary winding
Erteilung *f* / issuing *n*
Ertragskraft *f* / profitability *n*
ertüchtigen *v* / improve *v*, upgrade *v*, enhance *v*
Ertüchtigung *f* / upgrading *n*
E/R-Verbund *m* / infeed/regenerative-feedback unit (I/RF unit), rectifier/regenerative feedback unit
Erwärmung *f* / heating *n* || **²** *f* (Übertemperatur) / temperature rise || **² durch Thermometer gemessen** / temperature rise by thermometer || **² durch Widerstandserhöhung gemessen** / temperature rise by resistance || **ungleichmäßige ²** / unsymmetrical heating
Erwärmungs·fehler *m* (Widerstandsthermometer) / self-heating error || **²grenze** *f* / temperature-rise limit, limit of temperature rise, limiting temperature rise || **²kennlinie** *f* / temperature-rise characteristic || **²lauf** *m* / temperature-rise test, heat run || **²messung** *f* / measurement of temperature rise, temperature-rise test || **Dauerprüfung mit ²messung** / heat run, temperature-rise test || **²prüfung** *f* / temperature-rise test, heat run (el. machine) || **²prüfung im Leerlauf** (Trafo) / open-circuit temperature-rise test || **²prüfung mit Nachbildung durch Widerstände** / temperature-rise test using heating resistors with an equivalent power loss || **²prüfung mit Strombelastung aller Bauteile** / temperature-rise test using current on all apparatus || **²spiel** *n* / thermal cycle || **²zeit** *f* (t_E-

Zeit) / safe locked-rotor time, locked-rotor time, t_E time || ≗**zyklus** *m* / thermal cycle

erwartend, zu ~e Berührungsspannung VDE 0100, T.200 / prospective touch voltage || **zu ~er Strom** / prospective current, available current (US)

Erwartung *f* (QS) / expectation *n*

Erwartungswert *m* / expected value, expectation *n* || ≗ **einer Zufallsgröße** DIN 55350,T.21 / expectation value of a variate

Erweichungs·punkt *m* / softening point, fusion point || ≗**temperatur** *f* / softening temperature, fusing temperature

erweiterbar *adj* / expandable *adj*, with expansion capability

Erweiterbarkeit *f* / expansion capability

erweitern *v* / extend *v*, expand *v*

erweitert *adj* / extended *adj*, expanded *adj*, enhanced *adj* || **~e Hörerfunktion** (PMG) / extended listener function || **~e Peripherie** (SPS) / extended I/O memory area || **~e Sprecherfunktion** (PMG) / extended talker function || **~er Bereich** (a. Ausl.) / extended range || **~er Datenverkehr** / extended data communication || **~er Hörer** DIN IEC 625 / extended listener || **~er Leiter** / expanded conductor || **~er Pfahl** (Bohrpfahl) / expanded pile, bulb pile, reamed pile || **~er Sprecher** DIN IEC 625 / extended talker || **~er Systembereich** (SPS) / expanded system data area || **~es NAND-Glied** DIN 40700 / extended NAND IEC 117-15

Erweitertes Stillsetzen und Rückziehen (ESR) / extended stop and retract (ESR)

Erweiterung *f* / extension *n*, expansion *n*, expanded configuration, configuration *n*, outdoor substation, switchyard *n* || ≗**en übertragen** / transfer extensions || **mit** ≗**en** / with extensions

Erweiterungs·baugruppe *f* (Leiterplatte) / expansion board, expansion card || ≗**baugruppe 1** (EB1 Mit dem EB1 lassen sich die digitalen und analogen Ein- und Ausgänge erweitern) / expansion board 1 (EB1) || ≗**baugruppenträger** *m* (EBGT) / expansion rack (ER), I/O rack || ≗**bausatz** *m* / extension kit || ≗**eingang** *m* / extension input, expander input || ≗**einheit** *f* / extension (o. expansion) unit

erweiterungsfähig *adj* / extendable *adj*, extensible *adj*, expandable *adj*, open-ended *adj* (e.g. program)

Erweiterungsfunktion *f* / extension function

Erweiterungsgerät *n* (EG SPS) / expansion unit (EU), extension unit || ≗ *n* (EG SPS, Baugruppenträger) / expansion rack (ER) || ≗**eanschaltung** *f* (EG-Anschaltung) / expansion unit interface module (EU interface module)

Erweiterungs·karte *f* / expansion card, expansion costs || ≗**modul** *n* (EM) / extension module (EM), expansion module, extendable module, add-on housing || ≗**möglichkeit** *f* / expansion capability, expansion option || ≗**muffe** *f* (IR) / adaptor *n* || ≗**rack** *n* (ER) / expansion rack (ER), I/O rack || ≗**satz** *m* / expansion set || ≗**schaltung** *f* (IS) / expander *n*, extender *n* || ≗**stück** *n* (IR) / adaptor *n*, expansion fitting || ≗**system** *n* / extension (o. expansion) system || ≗**teil** *n* / expansion component

erzeugen *v* / develop *v*, make *v*, write *v* || ~ *v* (Strom) / generate *v* || ~ *v* (a. CAD) / create *v*

Erzeuger von Spannungsoberschwingungen / source of harmonic voltages || ≗**druck** *m* (Druckluftanlage) / main-receiver pressure || ≗**einheit** *f* / generating unit || ≗**speicher** *m* / generating-unit storage || ≗**-Zählpfeilsystem** *n* / generator reference-arrow system

Erzeugnis *n* / product *n* || **elektrotechnisches** ≗ / electrotechnical product || **technisches** ≗ / technical product || ≗**bearbeitung** *f* / product editing || ≗**beschreibung** *f* / product description || ≗**daten** *plt* / product data || ≗**-Nr.** *f* / product number, product no. || ≗**nummer** *f* / product number, product no. || ≗**qualität** *f* / product quality || ≗**stand** *m* / product version || ≗**text** *m* / product text

Erzeugung eines Kraftwerks / energy production of a power station, generation of a power station || ≗ **elektrischer Energie** / generation of electrical energy, generation of electricity, power generation

Erzeugungs·ausfall *m* / loss of generating capacity || ≗**kosten** *f* / cost of generation || ≗**kostenberechnung** *f* / production costing || ≗**management** *n* / production management || ≗**prognose** *f* / generation mix forecast || ≗**zentrum** *n* / generating centre || ≗**zustand der Quelle** (PMG) DIN IEC 625 / source generate state (SONS)

Erz.Std. / product version

erzwingen *v* / enforce *v*

erzwungen·e Ausbildung der Ströme (Transduktor) / constrained-current operation, forced excitation || **~e Ausfallrate** / forced outage rate || **~e Bewegung** (Kühlmittel) / forced circulation || **~e Erregung** (el. Masch.) / forced excitation || **~e Erregung** (Transduktor) / constrained-current operation || **~e gerichtete Ölströmung** / forced-directed oil circulation || **~e Kennlinie** (LE) / forced characteristic || **~e Kommutierung** / forced commutation, self-commutation *n* || **~e Luftkühlung** / forced-air cooling, air-blast cooling || **~e Luftkühlung und Ölumlauf** / natural-oil/forced-air cooling || **~e Luftumwälzung** / forced-air circulation || **~e Magnetisierung** (Transduktor) / constrained-current operation, forced excitation || **~e Ölkühlung** / forced-oil cooling || **~e Schwingung** / forced oscillation || **~e Stillsetzung** / forced outage || **~e Strömung** / forced flow || **~er Ölumlauf** / forced-oil circulation || **~er Strom** / forced current

ES / energizing side (o. circuit), coil circuit || ≗ (Endstellung) / EP (end position) || ≗ (Einbausystem) / assembly system, packaging system

ES902 Aufbausystem / ES902 packaging system

ESB / single sideband transmission

E-Schnittkern *m* / cut E core

ESHG·-Anwendungsobjekt *n* EN 50090-2-1 / HBES application object || ≗**-Objekt** *n* / HBES object || ≗**-Referenzmodell** *n* / HBES reference model

Eskalations·parameter *m* / escalation parameter || ≗**strategie** *f* / escalation strategy || ≗**stufe** *f* / escalation stage

ESP (Einlesesperre) / read-in disable

ESR / electron-beam tube (EBT), cathode-ray tube (CRT) || ~ (Erweitertes Stillsetzen und Rückziehen) / ESR (extended stop and retract)

Esson-Ziffer *f* / Esson coefficient, output coefficient

E-Stand *m* / product version

Esterimid *n* / esterimide *n*

Estrich *m* / screed *n*, floor fill, topping *n*, floor finish, concrete *n*

estrich·bündig *adj* / flush with screed, flushfloor *adj* || **~überdeckbarer Kanal** / under-screed bunking (o. duct), under-screed raceway || **~überdeckt** *adj* / under-screed *adj*
ESU / electronic noise suppression
ET (Ersatzteil) / spare part
ETA (Emulations- und Testadapter) / ICE (in-circuit emulator)
Etage *f* (Wickl.) / tier *n* || ≗ *f* (ET) DIN 40719 / tier *n* || ≗ *f* (BGT) / mounting rack, rack *n*
Etagen·aufbau *m* / tier frame || ≗**bogen** *m* (Wickl.) / swan-neck bend || ≗**heizer** *m* / apartment heater, flat heater || ≗**kabel** *n* VDE 0819-2 / horizontal floor wiring cable || ≗**lüfter** *m* (ET, elST) / fan assembly || ≗**verteilung** *f* / storey distribution board, floor panelboard
Etat *m* / error budget
ET-Band *n* / ET data tape
ETC / electronic temperature control system (ETC) || ≗**Taste** *f* / ETC key
ETF / embedded temperature detector (e.t.d.)
ETFE / ethylene tetrafluoride ethylene (ETFE) || ≗ **Aderleitung** *f* / ETFE single-core non-sheathed cable
Ethernet *n* / Ethernet *n* || ≗ **Adresse** (hexadezimal) / Ethernet address (hexadecimal)
Ethylen *n* / ethylene *n* || ≗**-Propylen-Kautschuk** *m* (EPR) / ethylene propylene rubber (EPR) || ≗**-Tetra-Fluor-Ethylen** *n* (ETFE) / ethylene tetrafluoride ethylene (ETFE) || ≗**-Vinylacetat** *n* (EVA) / ethylene vinyl acetate (EVA)
Etikett *n* (zur maschinellen Interpretation von Daten) / tag *n*
Etikettiermaschine *f* / labeling machine
ETS (EIB Tool Software) / ETS (EIB Tool Software)
ETX / end of text (ETX)
Eulerwinkel *m* / Euler angle
EUNA / EUNA (End User Notification Administration)
EUREKA (European Research Cooperation Agency) / EUREKA
Euronorm *f* / European Standard (EN) || ≗**-Kasten** *m* / Euro-crate *n*
Europa·-Flachstecker *m* / Euro flat plug || ≗**format** *n* / Euroformat *n*, European standard size, Eurocard format || ≗**formatbaugruppe** *f* / Eurocard-format module
Europäische· Maschinenrichtlinie / European Machinery Directive || ≗ **Norm** (EN) / European Standard (EN) || ≗ **Vornorm** (EN V) / European preliminary standard (EN V)
Europäisches Komitee für Elektrotechnische Normung (CENELEC/TC) / European Committee for Electrotechnical Standardisation (CENELEC/TC)
Europa·karte *f* / Euro-card *n*, European standard size PC board || ≗**karte in Doppelformat** / double-size Eurocard, double-height Eurocard || ≗ **/ Nordamerika** / Europe / North America || ≗**norm** *f* (EN) / European standard, EN || ≗**platte** *f* / European standard-size p.c.b. || ≗**stecker** *m* / Europlug *n*
European Computer Manufacturers Association (ECMA) / European Computer Manufacturers Association (ECMA), European Computer Manufacturers' Association
Eutektikum *n* / eutectic *n*
eutektisches Kontaktieren / eutectic bonding
EUU (Zentrum für die Entwicklung der Elektroindustrie und Weiterbildung) / EUU (Electrical Industry Development and Training Center)
euzentrisch *adj* / eucentric *adj*
eV / electron volt (eV)
EV (Echtzeitvariable) / RV (real-time variable)
EVA / ethylene vinyl acetate (EVA)
evakuieren *v* / discharging *v* || ≗ *n* / evacuation *n*
evakuiert *adj* / evacuated *adj*
Evakuierungsanlage *f* / evacuating system, evacuating equipment
eventuell *adj* / possible *adj*
EVG / electronic ballast || ≗ (elektronisches Vorschaltgerät) / ECG (electronic control gear), electronic ballast
EVM (Endverbleibsmeldung) / final destination memo
Evolvente *f* / involute *n*
Evolventen·interpolation *f* / involute interpolation || ≗**-Keilverzahnung** *f* / involute splines || ≗**-Kerbverzahnung** *f* / involute serrations || ≗**rad** *n* / involute gear || ≗**schnecke** *f* / involute worm || ≗**verbindung** *f* (Wickl.) / evolute connection, involute connection
EVU / supply undertaking, distribution undertaking, utility company || ≗ (Energieversorgungsunternehmen, Elektrizitätsversorgungsunternehmen) / power supply utility, power supply company
EVUs / utilities *n*
EW (Erfahrungswert) / empirical value
E-Welle *f* / E-wave *n*, transverse magnetic wave
EWG·-Ersteichung *f* / EEC initial verification || ≗**-Richtlinien für Messgeräte** / EEC directives for measuring instruments
EW-SP (Erfahrungswertspeicher) / empirical value memory
EWZ (Einzelwerkzeug) / single tool
Ex-Bereich *m* / hazardous area, potentially explosive atmosphere EN 50014, area (o. location) subject to explosion hazards, zone subject to explosion hazard, potentially explosive areas, ex area, area with danger of explosion
Excenterstanze *f* / eccentric stamping press
Excess-Gray-Code, 3-≗ *m* / 3-excess Gray code
Excitron *n* / excitron *n*
EXE / integrated pulse shaper electronics, pulse shaper electronics, EXE
Exemplar *n* / copy *n* || ≗**streuung** *f* / manufacturing tolerance
Exhaustor *m* / exhaustor *n*, extraction fan
Exi-Trennkomponente *f* / Exi isolating components
exklusives ODER (EOR) / exclusive OR (EOR), non-equivalence *n*
Exklusiv-ODER·-Aufspaltung *f* / exclusive-OR branch || ≗**-Element** *n* / exclusive-OR element
Ex-Leuchte *f* (druckfest) / flameproof lighting fitting, explosion-proof luminaire
EXOR-Glied *n* / EXOR element (= EXCLUSIVE OR)
expandierter Leiter / expanded conductor
Expansions·schalter *m* / expansion circuit-breaker || ≗**trenner** *m* / expansion disconnector, expansion interrupter || ≗**unterbrecher** *m* / expansion interrupter || ≗**zahl** *f* (Durchflussmessung) /

expansibility factor, expansion factor
experimentell ermittelte Grenzspaltweite (MESG) / maximum experimental safe gap (MESG) || **~e Antwortzeit T_n** / experimental response time T_n
Experten·modus *m* / expert mode || **wissensbasiertes ≗system** / knowledge-based expert system
explizit·e Daten / explicit data || **~er Dezimalpunkt** / explicit decimal sign || **~er Radixpunkt** / explicit radix point
explodierte Darstellung / exploded view
Explosionsdruck *m* / explosion pressure || **auf den ≗ ansprechender Schalter** / explosion pressure switch
explosionsfähig *adj* / explosive *adj*, flammable *adj* || **~e Atmosphäre** / explosive atmosphere || **~e Gasatmosphäre** / explosive gas atmosphere || **~e Staubatmosphäre** / explosive dust atmosphere || **~es Gemisch** / explosive mixture
Explosionsgefahr *f* / explosion hazard
explosionsgefährdet *adj* / subject to explosion hazard, exposed to explosion hazard, potentially explosive || **~er Bereich** EN 50014 / hazardous area || **~e Betriebsstätte** / hazardous location, potentially explosive atmosphere EN 50014, explosive situation, area (o. location) subject to explosion hazards
explosionsgeschützt·e Ausführung / explosion-protected design, hazardous-duty design || **~e Ausführung** (druckfest) / flameproof design (o. type), explosion-proof design (o. type) || **~e Ausführung** (erhöhte Sicherheit) / increased-safety design (o. type) || **~e Betriebsmittel** / explosion-protected equipment, hazardous-duty equipment || **~e Maschine** (druckfest) / flameproof machine (GB), explosion-proof machine (US) || **~e Maschine** (erhöhte Sicherheit) / increased-safety machine || **~er Klemmenkasten** (Teil einer druckfesten Kapselung) / flameproof terminal box || **~es Bauelement** / explosion-proof component IEC 50(581)
Explosions·grenze *f* (E) VDE 0165, T.102 / explosive limit || **≗klasse** *f* / class of inflammable gases and vapours, danger class || **≗schutz** *m* / explosion protection, explosion-proof || **≗schutz** *m* (Sammelbegriff für (Sch)- u. (Ex)-Ausführungen) / explosion-protected type, hazardous-duty type || **≗schutzbedingungen** *f pl* / explosion proof required || **≗schutzvorrichtung** *f* (Trafo) / explosion vent || **≗zeichnung** *f* / exploded view
Explosivformung *f* / explosive forming
explosivstoffgefährdeter Bereich VDE 0166 / area potentially endangered by explosive materials
Exponent *m* / exponent *n*
Exponentenprofil *n* (f. eine Gruppe von Brechzahlprofilen) / power-law index profile
Exponential·baustein *m* / exponential-function block || **≗verteilung** *f* DIN 55350,T.22 / exponential distribution
Export·-Datei *f* / export file || **~freundlich** *adj* / export-oriented *adj* || **≗geschäft** *n* / export business
exportieren *v* / export *v*
Export·kennzeichen *n* / export identification code, export ID (export identification), export designation (export ID) || **≗kennzeichnung** *f* / export designation || **≗umbaubeauftragter** *m* / personnel responsible for export changes
Expositionsdauer *f* (Lasergerät) VDE 0837 / exposure time IEC 825
Expressdienst *m* / express service
Exsikkator *m* / desiccator *n*
Extender *m* (Füllstoff) / extender *n*
extern bedingte Unbrauchbarkeitsdauer IEC 50(191) / external disabled time, external loss time || **~e Hilfsinformation** / external auxiliary information || **~e Nachricht** DIN IEC 625 / remote message IEC 625 || **~e Stromversorgung** / external power supply || **~e Synchronisierung** (Osz.) / external synchronization || **~e Systembeeinflussung** (EMV) / inter-system interference || **~e Triggerung** (Osz.) / external triggering || **~er Messpfad** / external measuring circuit || **~er Netzfehlzustand** / external fault IEC 50(448)
Externspeicher *m* / external storage, peripheral memory, secondary memory, external memory || **≗anschaltung** *f* (SPS-Baugruppe) / peripheral memory interface module
Extinktion *f* (Infrarotstahlung) / absorbance *n*
Extinktionsmodul *m* / linear absorption coefficient
Extrafeingewinde *n* / extra-fine thread
extrahieren *v* / extract *v*
extrapoliert *adj* / extrapolated *adj* || **~e Ausfallrate** / extrapolated failure rate || **~e Erfolgswahrscheinlichkeit** (Statistik, QS) / extrapolated reliability
Extras / tools *n pl*
Extrasatz *m* / extra block
Extrembereich *m* (Rel., einer Einflussgröße) VDE 0435, T.110 / extreme range
Extremwert *m* / extreme value, extremum *n* || **≗auswahl** *f* (Reg., SPS) / high-low value selection, maximum/minimum value selection, extreme-value selection || **≗auswahl** *f* / high-low selection, maximum/minimum selection || **≗auswahlbaustein** *m* (SPS) / high-low signal selector block, minimum/maximum selection block || **≗auswähler** *m* / extremal-value selector, minimum/maximum selector, high/low selector || **≗regelung** *f* / high-low-responsive control, extremal control, peak-holding control || **≗regler** *m* / high-low-responsive controller, peak-holding controller || **≗speicher** *m* / minima/maxima memory || **≗verteilung** *f* DIN 55350,T.22 / extreme value distribution
Extruder *m* / extruder *n*
extrudieren *v* / extrude *v*
extrudierte gemeinsame Aderumhüllung VDE 0281 / extruded inner covering (HD 21) || **~ Isolierung** (Kabel) / extruded insulation
Extrusion *f* / extrusion *n*
Extrusionsmaschine *f* / extrusion machine
EXW (ab Werk) / ex works
Exzenter *m* / eccentric *n* || **≗** *m* (EZ) / eccentric movement || **≗hebel** *m* / control lever || **≗hubtisch** *m* / eccentric elevating platform || **≗presse** *f* / eccentric press || **≗ringbefestigung** *f* (Y-Lg.) / eccentric locking collar || **≗stanze** *f* / eccentric stamping press || **≗steuerung** *f* / eccentric gear control || **≗welle** *f* / eccentric shaft
Exzentrizität *f* / eccentricity *n*
Exzess *m* DIN 55350,T.21 / excess *n*
Ex-Zone 0 / category zone 0
Ex-Zulassungen *f pl* / approval certificates
EZS (Eingabezwischenspeicher) / input buffer, MIB (machine input buffer)

F

F (Buchstabensymbol für erzwungene - forced - Kühlmittelbewegung) / F (letter symbol for forced coolant circulation)
FA / factory automation (FA) || ≗ (Fertigungsauftrag) / PO (production order) || ≗ (Folgeachse) / slave axis, FA (following axis)
FAB / manufacturing and design guidelines
F-Abhängigkeit *f* / F dependency, free-state dependency
Fabrikat *n* / make *n* || ≗ **Nr.** / part number || ≗**bezeichnung** *f* / product designation, type designation
Fabrikate·-Datenbank *f* (FDB) / factory database (FDB), product database || ≗**gruppe** *f* (FaGr) / factory group, product group || ≗**technik** *f* / product engineering
Fabrikations·nummer *f* / serial number || ≗**risiko** *n* / production risk || ≗**- und Konstruktionsrichtlinien** *f pl* (FAB) / manufacturing and design guidelines
Fabrik·automatisierung *f* (FA) / factory automation (FA) || ≗**ebene** *f* / factory level
fabrikfertig *adj* / factory-built *adj*, factory-assembled *adj* || **~e Schaltanlagen** VDE 0670,T.6 / factory-assembled switchgear and controlgear IEC 298 || **~e Schaltgerätekombination** (SFK) / factory-built assembly (of l.v. switchgear and controlgear FBA) || **~e Schaltgerätekombination für Baustellengebrauch** / factory-built assembly of l.v. switchgear and controlgear for use on worksites (FBAC) || **~er Baustromverteiler** (FBV) / factory-built worksite distribution board || **~er Installationsverteiler** (FIV) / factory-built distribution board, factory-built consumer unit, factory-assembled panelboard || **~er Motorenschaltschrank** *m* / motor control centre (MCC)
Fabrik·garantie *f* / maker's warranty || ≗**leuchte** *f* / factory luminaire (o. fitting) || ≗**-Nr.** *f* / works serial number, works serial no., serial no. || ≗**nummer** *f* / works serial number, serial number, works serial no., serial no. || ≗**preis** *m* / factory price || ≗**prüfung** *f* / factory test, works test || ≗**schild** *n* / nameplate *n*
Facettenspiegel *m* / facet reflector (o. mirror)
Fach *n* / mailbox *n*, memory area || ≗ *n* (SK, ET) VDE 0660, T.500 u. DIN 43350 / sub-section *n* IEC 439-1, compartment *n* (E IEV 443) || ≗ *n* / compartment *n* || **2-fach** *adj* / double *adj*, 2-fold *adj* || **3-fach** *adj* / triple *adj* || **5-fach** *adj* / quintuple *adj* || **Batterie~** *n* (HG) / battery compartment || ≗**abschluss** *m* / compartment endcompartment door || ≗**abteilung** *f* / product specialists department || ≗**abteilung Sekundärtechnik** / substation secondary equipment department || ≗**anzeige** *f* / technical advertisement || ≗**arbeiter** *m* / skilled worker, skilled operator || **~arbeitergerecht** *adj* / shopfloor-oriented *adj* || ≗**ausbau** *m* / compartment expansion || ≗**ausdruck** *m* / technical term || ≗**beratung** *f* / specialist support || ≗**bodenlager** *m* / bay storage || ≗**bodenregal** *n* / fixed-rack system || ≗**buch** *n* (FB) / technical book
Fächerscheibe *f* / fan-type lock washer, serrated lock washer
Fächerung *f* / fan-out *n*, drive *n* || ≗ *f* / fan-in *n*
fachgerecht *adj* / correct *adj*
Fach·grundnorm *f* DIN 41640 / basic specification IEC 512-1 || ≗**können** *n* / proficiency *n*, workmanship *n* || ≗**kraft** *f* / skilled person || ≗**kraft-Level** *n* / expert mode || ≗**leitstelle** *f* / specialist service department || ≗**leute** *plt* / experts *n pl*, authorized personnel || ≗**literatur** *f* / technical literature || ≗**mann** *m* / expert *n* || ≗**personal** *n* / qualified staff, qualified personnel || ≗**tür** *f* / compartment door || ≗**unterstützung** *f* / technical support || ≗**werk** *n* (Gittermast) / bracing *n*, panel *n* || **doppeltes** ≗**werk mit Stützstäben** (Gittermast) / double-warren redundant support, double-lacing redundant support || ≗**werkknoten** *m* (Gittermast) IEC 50(466) / node *n*, panel point
Fädel·liste *f* / chained list || ≗**schalter** *m* (DIP-Schalter) / DIP-FIX switch *n* || ≗**speicher** *m* / braided ROM, woven ROM || ≗**ung** *f* (Wickelanschluss) / wire-up *n*, manual wrapping || ≗**wandler** *m* / pin-wound transformer || ≗**wicklung** *f* / threaded-in winding, pin winding, tunnel winding
Faden·aufnahmevermögen *n* (Staubsauger) / thread removal ability || ≗**einschaltstrom** *m* (Lampe) / filament starting current || ≗**kreuz** *n* / crosshair(s) *n pl*, reticle *n*, cross-hair *n* || ≗**kreuz-Cursor** *m* / cross-hair pointer || ≗**kreuzlupe** *f* (CAD) / puck *n* || ≗**lunker** *m* / pinhole *n* || ≗**lunkerbildung** *f* / pinholing *n* || ≗**maß** *n* / thread measure || ≗**thermometer** *n* / filament thermometer || ≗**transistor** *m* / filament transistor
FaGr (Fabrikatgruppe) / product group, factory group
Fahne *f* (Anschlussstück) / lug *n*
Fahnen·schaltung *f* (Trafo) / flag cycle IEC 214 || ≗**schild** *n* / marking tag || ≗**schuh** *m* (Bürste) / flag terminal || ≗**verbinder** *m* (Komm.) / commutator riser
Fahr·achse *f* / axle *n*, wheel axle || ≗**anforderung** *f* / travel request || ≗**anlage** *f* (Schiff) / propulsion system || ≗**auftrag** *m* / traversing task
Fahr·bahn *f* / carriageway *n*, roadway *n*, road surface || ≗**bahnleuchtdichte** *f* / road-surface luminance || **mittlere** ≗**bahnleuchtdichte** / average maintained road-surface luminance
fahrbar *adj* / mobile *adj*, transportable *adj* || **~e Unterstation** / mobile substation || **~er Koffer** / transport case with castors || **~er Transformator** / mobile transformer
Fahr·befehl *m* / travel command, motion command || ≗**belag** *m* / travel surface || **~bereit** *adj* / ready for traverse || **~bereit** *adj* (WZM) / ready to traverse (o. to travel) || ≗**betrieb** *m* (Kran) / travel operation, travelling *n* || ≗**bremse** *f* / service brake || ≗**-Bremsschalter** *m* / power/brake changeover switch
Fahr·dieselmotor *m* / traction diesel engine || ≗**draht** *m* / contact wire, trolley wire || **~drahtabhängige Bremsung** / braking dependent on line supply || **~drahtunabhängige Bremsung** / braking independent of line supply
Fahren *n* (Kran) / travelling motion, travelling *n* || ~ *v* / drive *v*, traverse *v*, draw *v* || ≗ **auf Festanschlag** / travel to fixed stop || ≗ **gegen Festanschlag** / travel to fixed stop || ≗ **von Achsen im interpolarischen Zusammenhang** / moving axes with interpolation || **eine Maschine ~** / run a machine, operate a machine || **einen Versuch ~** / conduct a test, carry out a test || **Frequenz ~** / hold frequency || **konventionelles** ≗ / jog mode || **konventionelles** ≗

(NC) / manually controlled traversing, traversing in jog mode || **Satz ~** (NC) / block mode

Fahrer *m* / front *n* || **≗-Informationssystem** *n* (Kfz) / driver information system || **≗-Leitsystem** *n* (Kfz) / navigation and travel control system, guidance system || **≗-Luftsack** *m* / driver airbag || **≗pult** *n* / driver's console || **≗raum-Bedienteile** *n* / cab equipment || **≗tisch** *m* / driver's console

Fahr·freigabe *f* / travel enabling || **≗gastraum** *m* (Kfz) / passenger compartment

Fahrgeschwindigkeit *f* (Kran) / travelling speed || ≗ *f* (Kfz) / driving speed, road speed || **≗sregelung** *f* (Kfz) / cruise control, vehicle speed control, road speed governing

Fahr·gestell *n* (Kfz) / chassis *n* || **≗gestell** *n* (Trafo, Schaltwagen) / truck *n* || **≗grenze** *f* / motion limit || **≗größenrechner** *m* / running variable computer || **≗informationssystem** *n* (Kfz) / driver information system || **≗inkrement** *n* / travel increment || **≗kilometer** *m pl* / kilometres travelled || **≗komfort** *m* (Kfz) / ride quality, ride comfort, driver comfort || **≗korb** *m* / car *n*, cabin *n* || **≗leitung** *f* / contact line, overhead traction (o. trolley) wire || **Speisefreileitung für ≗leitungen** VDE 0168, T.1 / overhead traction distribution line (IEC 71.4) || **≗licht** *n* (Kfz) / headlight *n* || **≗motor** *m* (Bahn) / traction motor || **≗motor** *m* (Kran) / travelling motor || **≗motoren-Gruppenschaltung** *f* (Bahn) / motor combination || **≗motoren-Trennschalter** *m* / traction motor disconnector (o. isolating switch) || **≗pedal** *n* (Kfz) / accelerator pedal, accelerator *n* || **≗pedalgeber** *m* (Kfz) / accelerator pedal sensor || **≗planerstellung** *f* / scheduling *n* || **≗platte** *f* (Schalterwagen) / track plate || **≗portalbauweise** *f* / mobile gantry design || **≗programm** *n* / shift program, operating program || **≗programm** *n* (Kfz) / driving program || **≗pult** *n* / driver's desk

Fahr·radlampe *f* / bicycle lamp || **≗radlichtmaschine** *f* / bicycle dynamo || **≗radscheinwerferlampe** *f* / bicycle headlight lamp || **≗richtung** *f* (Kran, Trafo) / direction of travel, direction of motion || **≗rohr** *n* (Rohrpost) / conveyor tube (o. tubing) || **≗rolle** *f* / castor *n*, wheel *n*

Fahr·satz *m* / travel block || **≗schacht** *m* (Aufzug) / lift well, lift shaft, hoistway *n* || **≗schalter** *m* / controller *n*, operating switch || **≗schalteranlage** *f* / controller station || **≗schaltereingang** *m* / operating switch input || **≗schalterstellung** *f* / controller notch (o. position) || **≗scheinwerfer** *m* / headlight *n* || **≗schiene** *f* / rail *n* || **≗schreiber** *m* / trip recorder, tachograph *n* || **≗sicherheit** *f* (Kfz) / driving safety || **≗situation** *f* (Kfz) / road situation, driving situation || **≗sperre** *f* (Schalterwagen) / truck lock

Fahr·stabilität *f* (Kfz) / directional stability, driving stability || **≗stellung** *f* (Steuerschalter) / running notch || **≗stellung in Parallelschaltung** / full parallel notch || **≗stellung in Reihenschaltung** / full series notch || **≗-Steuerschalter** *m* / master controller || **≗stromgenerator** *m* / traction generator || **≗stromkreis** *m* (Bahn) / traction circuit, power circuit || **≗stromregler** *m* / traction current controller, traction current control unit (TCCU) || **≗stufe** *f* / gear step, transmission step || **≗stufe** *f* (Fahrschalter) / (running) notch

Fahrstuhl *m* / lift *n*, elevator *n* || **≗ mit automatischer Druckknopfsteuerung** / automatic pushbutton lift, automatic pushbutton elevator (US) || **≗ mit Selbststeuerung** / automatic self-service lift (o. elevator) || **≗antriebsmaschine** *f* / lift machine (GB), elevator machine (US) || **≗motor** *m* / lift motor (o. machine), elevator motor

Fahrtaste *f* / travel key

Fahrten·schreiber *m* / trip recorder, tachograph *n*, action log

Fahrt·rechner *m* (Kfz) / trip computer || **≗regler** *m* (Fördermasch.) / winder controller

Fahrtreppe *f* / escalator *n*, electric stairway

Fahrtrichtung *f* / direction of travel (o. motion), driving direction, direction of motion || **≗sanzeiger** *m* (Kfz) / direction indicator, turn-signal light (US) || **≗sblinker** *m* (Kfz) / direction indicator flasher, flashing indicator || **≗sschalter** *m* / reverser *n*

Fahrtwende- und Motortrennschalter *m* / reverser-disconnector *n*, disconnecting switch reverser

Fahr·- und Hubwerk *n* / travelling and hoisting gear || **≗- und Sicherheitsbremse** *f* / service and safety brake || **≗- und Verriegelungseinrichtung** *f* (SA) / handling and interlocking facility

Fahr·verriegelung *f* (Schalterwagen) / truck interlock || **≗wagenanlage** *f* / truck-type switchgear, truck-type switchboard || **≗wasserfeuer** *n* / channel light || **≗weise von Hand** / manual operating

Fahrwerk *n* / traversing gear, moving device || ≗ *n* (Kfz) / chassis *n*, chassis frame || **≗dämpfungsregelung** *f* (Kfz) / ride control, electronically controlled suspension (ECS), variable-ride device

Fahrwiderstand, spezifischer ≗ (Bahn) / specific train resistance

Fahrzeug·aufbauten *m pl* / vehicle attachments || **elektrische ≗zeugausrüstung** (Bahn) / electrical traction equipment || **≗beleuchtung** *f* / vehicle lighting, motorcar lighting, automobile lighting || **≗beleuchtungeigengewicht** *n* / tare mass (of vehicle) || **≗beleuchtunginformationssystem** *n* / vehicle information system || **≗beleuchtungprüfstand** *m* / chassis dynamometer || **≗beleuchtungscheinwerfer** *m* / headlight *n*, headlamp *n* || **≗beleuchtungsteuerungseinrichtung** *f* (Bahn) / automatic traction control equipment || **≗beleuchtungtechnik** *f* / vehicular technology || **≗beleuchtungtransformator** *m* (Bahn) / traction transformer (mounted on rolling stock) || **≗beleuchtungzustandsinformationssystem** *n* (Kfz) / vehicle information system, vehicle condition monitoring (VCM) || **≗steuerung** *f* / on-board vehicle control || **≗waage** *f* / vehicle scale

Fail-safe-Transformator *m* EN 60742 / fail-safe transformer

Faksimile *n* / facsimile (FAX)

Faktor *m* / factor *n* || **≗ C** (Maximumwerk) / reading factor C || **≗ der aktiven Masse** IEC 50(221) / active mass factor || **≗ der effektiven Masse** IEC 50(221) / effective mass factor || **≗ der Strahlungsleistung** (fotoelektr. NS) EN 60947-5-2 / excess gain || **≗ K_v** / servo gain factor (Kv), multgain factor

Faktorenaddition *f* / factor totalizing

faktorieller Versuch / factorial experiment

Fakturierung *f* / invoicing *n*

fakultativ *adj* / optional *adj*

Fall·beispiel *n* / case study || **≗beschleunigung** *f* / acceleration of free fall, acceleration due to gravity

|| **Normal-²beschleunigung** *f* / gravity constant || **²bügelrelais** *n* / chopper-bar relay, loop drop relay || **²gewichtsbremse** *f* / gravity brake || **²gewichtsprüfung** *f* / falling weight test || **²höhe** *f* (WKW) / head *n* || **²höhe** *f* / height of fall

Fall·klappe *f* / drop indicator || **²klappenrelais** *n* / drop indicator relay, annunciator relay || **²name** *m* / instance name (an identifier associated with a specific instance) || **²prüfung** *f* / drop test (EN50014), bump test, falling-weight test || **²prüfung** *f* (Kabel) VDE 0281 / snatch test HD 21

Fall·register *n* / first-in/first-out memory (FIFO memory), buffer register, first-in/first-out register, FIFO register, FIFO, stack *n* || **²register mit variabler Tiefe** / variable-depth FIFO register || **²schacht** *m* / tape tumble box || **Lochstreifen-²schacht** *m* / tape tumble box || **²-Seilzugkraft** *f* (eines Hauptleiters beim Herabfallen) VDE 0103 / drop force IEC 865-1 || **²studie** *f* / case study || **²trommel** *f* / tumbling barrel || **²versuch** *m* / drop test

falsch senden (PMG) / send false

Falsch-Akzeptanz *f* (ZKS) / false acceptance

falsch·e Ausrichtung / misalignment *n* || **~e Lagerentnahme** / mispick *n* || **~e Triggerung** / false trigger || **~er Wert** (a.) DIN IEC 625 / false value

Falsch·lieferung *f* / incorrect delivery || **²luft** *f* / recirculated air, vacuum breaking air, leakage air || **²meldung** *f* (FWT) / erroneous information, erroneous monitored binary information || **²strom** *m* / error current, current due to transformer error || **²wahlwahrscheinlichkeit** *f* (Wahrscheinlichkeit, dass der Benutzer eines Telekommunikationsnetzes während seiner Anrufversuche falsch wählt) IEC 50(191) / dialling mistake probability (The probability that the user of a telecommunication network will make dialing mistakes during his call attempts) || **²zündung** *f* (LE) / false firing || **²-Zurückweisung** *f* (ZKS) / false rejection

Falt·band *n* / folded tape || **²bandplatte** *f* (Batt.) / folded-strip electrode || **²blatt** *n* / leaflet *n*

Falten·balg *m* / bellows *plt* || **²balganzeiger** *m* / bellows-type indicator || **²balgdurchführung** *f* / bellows seal || **²balgmanometer** *n* / bellows pressure gauge, bellows gauge || **²balgmesswerk** *n* / bellows (type element) || **²band-Registrierpapier** *n* / folded-pack chart paper || **²bildung** *f* / wrinkling *n*, rippling *n*, curling *n* || **²filter** *n* / plaited filter, prefolded filter

Falt·kasten *m* / folding box || **²papier** *n* (Schreiber) / fan-fold paper

Faltungs·algorithmus *m* / convolution algorithm || **²frequenz** *f* / alias frequency || **²integral** *n* / convolution integral || **²satz** *m* / convolution theorem

Falt·versuch *m* / bend test || **²versuch** *m* (mit Wurzel auf der Zugseite) / root bend test || **²versuch** *m* (in umgekehrter Richtung wie beim Normalfaltversuch) / reverse bend test || **²wellenkessel** *m* (Trafo) / corrugated tank

Falz *m* / flange *n*, bead *n* || **²anschlag** *m* / rabbet *n* || **obere ²bekleidung** / top rebate trim

falzen *v* / rebating *v* || ~ *v* (stanzen) / seam *v* || ~ *v* (umlegen) / fold *v*, bead *v*, seam *v*

Falz·festigkeit *f* / folding endurance, resistance to folding || **²versuch** *m* / folding endurance test || **²zahlprüfgerät** *n* / folding tester

Familie *f* DIN 41640 / family *n*

FAMOS-Speicher *m* (Metall-Oxid-Halbleiterspeicher mit schwebendem Gate und Lawineninjektion) / FAMOS memory (floating-gate avalanche-injection metal-oxide semiconductor memory)

Fan in (Normierter Wert des Eingangsstromes, der zunächst beliebig definiert wird) / fan in || **² out** (Gibt an, wieviel Eingänge von einem Ausgang angesteuert werden können) / fan out

Fang·anordnung / air terminations, air terminal(s) || **²arm** *m* (EZ) / detent lever || **²düse** *f* / two opposed nozzles || **²einrichtung** *f* (Blitzschutz) / air terminations, air terminal(s)

Fangen *n* / flying restart (This function offers the possibility of connecting the converter to a motor which is still rotating)

fangen *v* / restart on the fly

Fang·entladung *f* (Blitz) / upward leader || **²haken** *m* / arresting hook, catch hook || **²leiter** *m* (Blitzschutz) / lightning conductor, roof conductor, ridge conductor, horizontal conductor || **²leitungs-Maschennetz** *n* (Blitzschutz) / air termination network || **²loch** *n* (Leiterplatte, Montageteile) / indexing hole || **²modus** *m* (CAD) / snap mode || **²radius** *m* / capture radius || **²raster** *m* (CAD) / snap setting || **²schaltung** *f* (SPS Schaltet den Umrichter auf einen drehenden Motor zu) / trap *n* || **²schaltung** *f* (zur Zuschaltung eines Stromrichters auf eine laufende Maschine) / flying restart circuit || **²schaltung** *f* (Schaltet den Umrichter auf einen drehenden Motor zu) / restart on the fly || **²stange** *f* (Blitzschutz) / lightning rod, lightning spike, air-termination rod || **²stelle** *f* (eine einen Sprung auslösende Adresse festhaltend) / trap *n* || **²stoff** *m* / getter *n* || **²strahl** *m* (Blitz) / upward leader

Faraday·-Drehung *f* / Faraday rotation || **²-Effekt** *m* / Faraday effect, Faraday rotation || **²-Richtungsleitung** *f* / wave rotation isolator, rotation isolator || **²-Rotator** *m* / polarization rotator, wave rotator || **²sche Scheibe** / Faraday's disc || **²-Zirkulator** *m* / wave rotation circulator, rotation circulator

Farb·abgleich *m* / colour matching || **²abmusterung** *f* / colour matching || **²abstand** *m* / colour difference || **²anpassung** *f* / colour adaptation || **²anstrich** *m* / paint finish, coat of paint, paint coating || **²art** *f* / chromaticity *n* || **²art** *f* (Lampe) / colour appearance || **²atlas** *m* / colour atlas || **²aufbau** *m* (Anstrich) / paint structure

Farb·band *n* / inking ribbon, ink ribbon || **²bandbehälter** *m* / ribbon container || **²bandkassette** *f* / ribbon cartridge || **²bandspule** *f* / ribbon reel || **²bandtransporteinrichtung** *f* / ribbon feed mechanism || **²bandtransporthebel** *m* / ribbon advancing lever || **²bereich** *m* / colour gamut || **²beständigkeit** *f* / colour fastness || **²bildgenerator** *m* / colour image (o. display generator) || **²bildröhre** *f* / colour picture tube || **²bildschirm** *m* / color screen, color monitor || **²bildschirmgerät** *n* / color monitor || **²codierer** *m* (graf. DV) / video look-up table (VLUT) || **²datensichtgerät** *n* / color CRT unit || **spektrale ²dichte** / colorimetric purity || **²dreieck** *n* / colour triangle, chromaticity diagram (o. chart)

Farbe *f* / colour *n*, perceived colour || **² eines**

Nichtselbstleuchters / non-self-luminous colour, surface colour, non-luminous colour
Farb·eigenschaften *f pl* (Lampe) / colour characteristics || ~**eindringverfahren** *n* / dye penetration test || ~**eindruck** *m* / colour perception
Färbemaschine *f* / dyeing machine
Farbempfindung *f* / perceived colour, colour *n*
Farben·entferner *m* / paint remover, paint stripper, paint and varnish remover || ~**fehlsichtigkeit** *f* / anomalous colour vision || ~**gleichheit** *f* / equality of colours || ~**karte** *f* / colour atlas || ~**lehre** *f* / colour theory || ~**raum** *m* / colour space || ~**sehen** *n* / colour vision || ~**zusammenstellung** *f* / colour scheme
Farb·festlegungen *f pl* / colour specifications || ~**filter** *n* / colour filter || ~**folie** *f* / coloured foil sheet, color film || ~**frei** *adj* / free of paint || ~**fülle** *f* / colourfulness *n*, chromaticness *n* || ~**gebung** *f* / coloration *n* || ~**gleichheit** *f* / colour balance, colorimetric equivalent || ~**gleichung** *f* / colour equation || ~**grafik** *f* / colour graphics, color graphics || ~**grafikdrucker** *m* / colour graphics printer || ~**grafikspeicher** *m* / color graphics memory
farbig *adj* / in color || ~ **hinterlegt** / silhouetted in colour, silhouetted in color
Farb·kennzeichen *n* / colour mark || ~**kennzeichnung** *f* / colour coding, colour marking || ~**kissenbehälter** *m* / ink-pad container || ~**klima** *n* / luminous environment || ~**kodierschild** *n* / color-coding plate || ~**kodierung** *f* / colour coding || ~**körper** *m* / colour solid || ~**-Korrekturfaktor** *m* / colour correction factor || ~**korrigierender Leuchtstoff** / colour-improving phosphor || ~**korrigierte Beleuchtung** / colour-corrected illumination || ~**los** *adj* / colourless *adj* || ~**markiert** *adj* / marked with colour
Farb·maßsystem *n* / colorimetric system || ~**messgerät** *n* / colorimeter *n* || ~**messtechnischer Normalbeobachter** / standard colorimetric observer || ~**messtechnisches Umfeld** / surround of a comparison field || ~**messung** *f* / colorimetry *n* || ~**metrische Verzerrung** / illuminant colorimetric shift, colorimetric shift || ~**mischung** *f* / mixture of colours, mixture of colour stimuli || ~**monitor** *m* / colour monitor, color monitor
Farb·palette *f* / colour palette || ~**patrone** *f* (f. Grafikdrucker) / ink cartridge || ~**protokollierung** *f* / color printout || ~**prüfgerät** *n* / colour tester || ~**prüfleuchte** *f* / colour matching unit || ~**pyrometer** *n* / two-colour pyrometer, colour radiation pyrometer, ratio pyrometer, two-band pyrometer, colorimetric pyrometer || ~**rahmen** *m* / coloured frame || ~**reiz** *m* / colour stimulus || ~**reizfunktion** *f* / colour stimulus function
Farb·scheibe *f* / colored lense || ~**scheibe** *f* (Filter) / colour filter || ~**scheiben** *f pl* / colored lenses || ~**sehen** *n* / colour vision || ~**-Sichtgerät** *n* / colour monitor, colour CRT unit || ~**stofflaser** *m* / dye laser, organic dye laser || ~**stoffverträglichkeit** *f* / pigment compatibility, pigment affinity
Farb·tabelle *f* / color table || ~**tabelle** *f* (CAD) / colour map || ~**tafel** *f* / chromaticity diagram, colour chart, chromaticity scale diagram, colour triangle, UCS diagram || **empfindungsgemäß gleichabständige** ~**tafel** / uniform-chromaticity-scale diagram (UCS diagram) || ~**temperatur** *f* / colour temperature || ~**temperaturskala** *f* / temperature colour scale || ~**tiefe** *f* / depth of color, color strength || ~**ton** *m* / hue *n*, colour *n* || ~**tonunterschied** *m* / difference of hue || ~**träger** *m* (Drucker) / ink(ing) medium || ~**treue** *f* / colour fidelity || ~**tripel** *n* (Farbbildröhre) / colour triad || ~**tripelabstand** *m* / colour triad spacing, color triad spacing
Farb·überzug *m* (Lampe) / coloured coating || ~**umschlag** *m* / change in colour, change in color || ~**umstimmungstransformation** *f* / adaptive colorimetric shift || ~**unterscheidung** *f* / colour discrimination, chromaticity discrimination
Farb·valenz *f* / psychophysical colour || ~**valenzeinheit** *f* / trichromatic unit || ~**valenz-System** *n* / colorimetric system, trichromatic system || ~**verbesserte Beleuchtung** / colour-corrected illumination || ~**verschiebung** *f* / resultant colour shift || ~**verzerrung** *f* / illuminant colour shift || ~**wandlung** *f* / adaptive colour shift || ~**wechsel** *m* / colour change || ~**wechselvorsatz** *m* / colour changer || ~**wertanteile** *m pl* / chromaticity coordinates || ~**werte** *m pl* / tristimulus values || ~**wiedergabe** *f* / colour rendering || ~**wiedergabe** *f* (BSG) / colour reproduction || ~**wiedergabeeigenschaften** *f pl* / colour rendering properties || ~**wiedergabe-Index** *m* / colour rendering index || ~**wiedergabestufe** *f* / colour rendering grade || ~**wiedergabezahl** *f* / figure of merit (colour) || ~**zuordnungsliste** *f* / color assignment list
FAS (frei Längsseite Seeschiff) / free alongside ship
Fase *f* / chamfer *n*, bevel *n* || ~ **bei Konturzug** (NC) / chamfer between two contour elements || ~ **einfügen** / insert chamfer
fasen *v* / chamfer *v*, bevel *v*
Fasen·durchmesser *m* / chamfer diameter || ~**übergang** *m* / chamfer transition || ~**wert** *m* / chamfer value || ~**winkel** *m* / chamfer angle, angle of the bevel
Faser *f* (optische F.) / fibre, optical fibre || ~**achse** *f* (LWL) / fibre axis || ~**aufnahmevermögen** *n* (Staubsauger) / fibre removal ability
Faser·bündel *n* / fibre bundle || ~**dämmstoff** *m* / fibrous insulating material || ~**fett** *n* / fibre grease || ~**frei** *adj* (Tuch) / non-liming *adj* || ~**hülle** *f* (LWL) / fibre buffer || ~**isolation** *f* / fibre insulation, fibrous insulation, fibre-material insulation || ~**kern** *m* / fiber core || ~**koppler** *m* (LWL) / fibre coupler
Faser·lichtleiter *m* / fiber-optic conductor || **Gerät für** ~**lichtleiter** / sensor for fiber-optic conductors || ~**litze** *f* / fibre bundle || ~**optik** *f* / fibre optics || ~**mantel** *m* / fiber sheath, cladding || ~**parameter** *m* (LWL) / intrinsic parameter || ~**richtung** *f* / direction of fibre
Faser·schichtfilter *n* / laminated fibrous filter || ~**schicht-Luftfilterzelle** *f* / fibrous laminated air-filter element || ~**schreibeinsatz** *m* (Schreiber) / fibre pen element || ~**-Spinnanlage** *f* / fiber spinning plants || ~**stift** *m* / fibre pen, felt-tip pen || ~**stoff** *m* / fibrous material, fibre material || ~**stoffindustrie** *f* / textile and paper industries || **geflochtene** ~**stoff-Schnur** / braided fiber yarn || ~**streuung** *f* (LWL) / fibre scattering
Faser·taper *m* (LWL) IEC 50(731) / tapered fibre || ~**umhüllung** *f* (LWL) / fibre jacket || ~**verbinder** *m* (LWL) / fibre joint || ~**verlauf** *m* / fibre course ||

≗**vliesstoff** *f* / non-woven fabric
Fassadenbeleuchtung *f* / frontal lighting, front lighting
Fass·gitterstabwicklung *f* / transposed-bar barrel winding, transposed-bar drum-type winding || ≗**pumpe** *f* / vessel pump || ≗**schraube** *f* / grip screw || ≗**spule** *f* / diamond coil, drum coil || ≗**spulenwicklung** *f* / barrel winding, drum winding
Fassung *f* (Lampe) / lampholder *n*, holder *n*, socket *n* (US), depr. || ≗ *f* (Sich.) / base *n* || ≗ *f* (Steckverbinder, el. Röhre) / socket *n* || ≗ *f* (Bürste) / box *n* || ≗ **mit Schalter** / switched lampholder
Fassungs·ader *f* / flexible wire for luminaires (o. lighting fittings) || ≗**dom** *m* (Lampe) / lampholder dome || ≗**gewinde** *n* (Lampe) / holder thread || ≗**oberteil** *n* (Lampe) / holder top || ≗**ring** *m* (Lampe) / lampholder ring, holder ring, lampholder *n* || ≗**ring** *m* (Messblende) / carrier ring || ≗**stecker** *m* (Lampe) / lampholder plug || ≗**teller** *m* (Lampe) / lampholder plate, holder plate || ≗**träger** *m* (Lampe) / lampholder carrier || ≗**vermögen** *n* / capacity *n*, content *n*, load *n* (washing machine)
Fass·wechselzeit *f* / vessel change-over time || ≗**wicklung** *f* / barrel winding, drum winding
Fast Fourier Transformation (FFT) / Fast Fourier Transformation (FFT)
FASTON·-Anschluss *m* / FASTON terminal, FASTON quick-connect terminal || ≗**-Steckklemme** *f* / FASTON plug terminal || ≗**-Steckzunge** *f* / FASTON tab || ≗**-Zunge** *f* / FASTON tab
FA-Überbau *m* / folder upper
FA-Überlagerung *f* / FA overlay || **teilungsbezogene** ≗ / division-related FA overlay
Faulschlamm *m* / digested sludge
Fauré-Platte *f* (Batt.) / Fauré plate
f-Auslöser *m* (Siemens-Typ, Arbeitsstromauslöser) / f-release *n* (Siemens type, shunt release o. open-circuit shunt release)
Faust·formel *f* / rule of thumb, rule-of-thumb formula, rough formula || ≗**regel** *f* / rule of thumb, rough calculation
FA-Zylinderteil *n* / folder *n*
FB / function block (FB) || ≗ (Fachbuch) / technical book, FB || ≗ (fehlender Bezeichner) / missing identifier || ≗ (Funktionsbaustein) / functional element, software function block, FB (function block) || **integrierter** ≗ (integrierter Funktionsbaustein) / integrated function block, integral FB (integral function block) || ≗**-Aufruf** *m* / FB call
FBG (Flachbaugruppe) / board *n*, card *n*, PCB (printed circuit board)
FB-Nummer *f* / FB number
FBS (Funktionsbausteinsprache) / FBD language (function block diagram language), function block diagram language
FBV / factory-built worksite distribution board
FC / function *n*, FC
fc-Auslöser *m* (Siemens-Typ, Arbeitsstromauslöser mit Kondensatorgerät o. Maschennetzauslöser) / fc-release *n* (Siemens type, shunt release with capacitor unit or capacitor-delayed shunt release for network c.b.)
FCA (frei Frachtführer) / free carrier
FCC / Flux Current Control (FCC)
FCKW-frei *adj* / CFC-free *adj*
FCL / Fast Current Limitation (FCL)
FD / floppy disk drive (FD), disk drive unit, diskette drive, diskette station, DSG disk drive, photodiode *n*
FDB (Fabrikate-Datenbank) / product database || ≗**-Auskunft** *f* / product database information
FDDI / fiber distributed data interface (FDDI)
FDIS (Abstand der ersten Bohrung vom Bezugspunkt (Parameter)) / FDIS (distance between the first hole and the reference point)
FDL (Fieldbus Data Link) / Fieldbus Data Link (FDL), FDL (ForwardDownLeft) || ≗**-Verbindung** *f* / fdl connection
FDM / frequency-division multiplexing (FDM)
FDPR (Endbohrtiefe (Parameter)) / FDPR (final drilling depth)
FDR / FDR (ForwardDownRight)
Feder / spring *n* || ≗ **und Nut** (Holz) / tongue and groove || ≗ **und Nut** (Metall) / featherkey and keyway || ≗**anlagefläche** *f* / spring contact surface || ≗**anstellung** *f* (Lg.) / spring loading || **mit** ≗**anstellung** (Lg.) / spring-loaded *adj* || ≗**antrieb** *m* / spring drive, spring mechanism || ≗**arbeit** *f* / spring energy || ≗**balg** *m* / bellows *plt* || ≗**batterie** *f* / spring assembly, multi-spring mechanism || **~belastet** *adj* / spring-loaded *adj* || ≗**blech** *n* / spring steel sheet || ≗**bogen** *m* / spring bend || ≗**bolzen** *m* / spring bolt || ≗**bremse** *f* / spring-operated brake, spring-loaded brake, fail-to-safety brake
Feder·deckel *m* (I-Dose) / snap-on cover, snap lid || ≗**draht** *m* / spring wire || ≗**drahtrelais** *n* / wire-spring relay || ≗**druckbremse** *f* / spring-operated brake, spring-loaded brake, fail-to-safety brake || ≗**druckklemme** *f* / spring-loaded terminal || ≗**drucklager** *n* / spring-loaded thrust bearing || ≗**druckthermometer** *n* / pressure-spring thermometer || ≗**dynamometer** *n* / spring dynamometer || ≗**ende** *n* / spring end || ≗**-Fernthermometer** *n* / distant-reading pressure-spring thermometer || ≗**gehäuse** *n* / spring cage, spring barrel || ≗**gehäuse** *n* (Bürstenhalter) / spring barrel, spring box || **~gelagert** *adj* / spring-mounted *adj* || ≗**hammer** *m* / spring-operated impact-test apparatus || ≗**haus** *n* / spring barrel, spring cage, spring casing || ≗**hebel** *m* / spring lever
Feder·käfig *m* / spring cage, spring barrel || ≗**kammer** *f* / spring chamber || ≗**kegelbremse** *f* / spring-loaded cone brake || ≗**keil** *m* / featherkey *n*, parallel key, untapered key || ≗**kennlinie** *f* / characteristic curve of spring || ≗**klappdübel** *m* / hinged spring toggle || ≗**klemmanschluss** *m* / spring-loaded connection || ≗**klemme** *f* / spring-loaded terminal, spring-type terminal || ≗**konstante** *f* (Walzwerk) / elastic constant || ≗**konstante** *f* (Feder) / spring constant, spring rate, spring rigidity, force constant || ≗**konstante** *f* (MSB) / suspension stiffness, stiffness *n* || ≗**kontakt** *m* / spring contact, spring-mounted contact, clip *n*, spring-finger connector || ≗**kontakt** *m* (Crimptechnik) / (crimp) snap-in contact || ≗**kraftspeicher** *m* / spring energy store || **~kraftverriegelt** *adj* / spring-locked, locked by spring force || ≗**kraftverriegelung** *f* / locking with spring force || ≗**kugellager** *n* / spring-loaded bearing, preloaded bearing, prestressed bearing || ≗**kupplung** *f* / spring clutch
Feder·lager *n* / spring bearing || **ungespannte** ≗**länge** / unloaded spring length || ≗**leiste** *f* / socket

connector, female multi-point connector, edge connector, jack strip, female connector, multiple contact strip || ≗**leiste für Drahtwickeltechnik** / socket connector for wire-wrap connections || ≗**leiste für Lötverdrahtung** / socket connector for soldered connections || ≗**manometer** *n* / spring manometer, spring pressure gauge || ≗**-Masse-Dämpfungssystem** *n* / spring-mass damper system || ≗**-Masse-System** *n* / spring-mass system || ≗**messwerk** *n* / elastic element, spring-type element || ≗**motor** *m* / spring motor, spring drive

federnd·e Aufhängung / spring suspension, resilient suspension || **~e Formänderung** / elastic deformation || **~e Kontakthülse** / self-adjusting contact tube, self-aligning contact tube || **~e Taste** / spring-loaded key || **~e Unterlage** / elastic foundation, anti-vibration mountings || **~er Kontakt** / resilient contact, spring contact (depr.) || **~er Kontakt** (Lampenfassung) / spring-loaded plunger || **~es Getriebe** / resilient gearing

Feder·paket *n* / set of springs, bank of springs, assembly of strings, laminated spring || ≗**paketkupplung** *f* / laminated spring coupling || ≗**platte** *f* (Lg.) / preloading disc || ≗**plattenpumpe** *f* / diaphragm pump || ≗**rate** *f* / spring rate, spring constant || ≗**reserve** *f* / spring reserve || ≗**ring** *m* / resilient preloading disc, spring lock washer, lock washer, spring washer || ≗**ring für Zylinderschraube** / single-coil square-section spring washer for screws with cylindrical heads || ≗**ring, gewölbt oder gewellt** / curved or wave spring lock washer || ≗**ringkommutator** *m* / springring commutator, commutator with spring-loaded fixing bolts || ≗**rückstelleinrichtung** *f* / spring return device || **einseitige** ≗**rückstellung** / spring return at one end || ≗**rückzug** *m* / spring return

Feder·scheibe *f* / spring lock washer, spring washer, lock washer || ≗**scheibe** *f* (Lg.) / resilient preloading disc || ≗**scheibenkupplung** *f* / spring disk coupling || ≗**schlitz** *m* / spring slot || ≗**spanner** *m* / spring tensor || ≗**spannzeit** *f* / spring charging time, spring winding time || ≗**speicher** *m* / spring energy store || ≗**speicher spannen** / charging the storage spring || ≗**speicherantrieb** *m* / stored-energy spring mechanism, spring mechanism || ≗**speicherbremse** *f* / spring-operated brake, spring-loaded brake, fail-to-safety brake || ≗**spitze** *f* / spring point || ≗**stab** *m* / spring rod || ≗**stab** *m* (PS) / wobble stick || ≗**stange** *f* / spring rod || ≗**steifigkeit** *f* / spring stiffness, spring constant || ≗**steifigkeit** *f* (MSB) / levitation stiffness, system stiffness, guidance stiffness

Feder·teller *m* / spring cup, spring retainer, spring disk || ≗**thermometer** *n* / pressure-spring thermometer, filled-system thermometer || ≗**topf** *m* / spring cup, spring barrel || ≗**uhrwerk** *n* / spring-driven clockwork || ≗**uhrwerk mit elektrischem Aufzug** / spring-driven electrically wound clockwork || ≗**uhrwerk mit Handaufzug** / spring-driven hand-wound clockwork

Feder·vorspannung *f* / spring bias, initial stress or tension in the string || **unter** ≗**vorspannung** / spring-biased *adj* || ≗**waage** *f* / spring dynamometer, spring balance, spring scale || ≗**weg** *m* / spring excursion || ≗**werkuhr** *f* / spring-driven clock || ≗**zentrierung** *f* / spring force || ≗**zugklemme** *f* / springloaded terminal, spring-type terminal, cage strain terminal, cage clamp terminal || **4-Leiter-**≗**zugklemme** *f* / 4-wire spring-loaded terminal

FEE / front-plate element, panel-mounted element

Federung *f* (Akust.) / compliance *n* || ≗ *f* (mech.) / resilience *n* || ≗ *f* (Nachgiebigkeit der Feder) / compliance *n*

Fehl·anpassung *f* / mismatch *n* || ≗**anpassungsunsicherheit** *f* / mismatch uncertainty || ≗**ansprechen** *n* / spurious operation, spurious tripping, malfunction *n* || ≗**anwendungsausfall** *m* / misuse failure || ≗**auslösung** *f* / false tripping, spurious tripping, nuisance tripping || ≗**auslösung der Abschaltung** (Stillsetzung) / spurious shutdown || ≗**ausrichtung** *f* / misalignment *n* || ≗**aussage** *f* (Nichtübereinstimmung zwischen Rechenergebnissen, beobachteten oder gemessenen Werten oder Beschaffenheiten und den betreffenden wahren, spezifizierten oder theoretischen Werten oder Beschaffenheiten) IEC 50(191) / error *n* (A discrepancy between a computed, observed or measured value or condition and the true, specified or theoretically correct value or condition)

Fehl·barkeit *f* / fallibility *n* || ≗**bedienung** *f* / maloperation *n*, inadvertent wrong operation, wrong operation, faulty operation, operator error || ≗**bedienungsschutz** *m* / protection against maloperation (o. false operation) || ≗**bedienungswahrscheinlichkeit** *f* (Wahrscheinlichkeit, dass ein Benutzer bei dem Versuch, einen Dienst anzuwenden, ein Fehlverhalten aufweist) IEC 50(191) / service user mistake probability (Probability of a mistake made by a user in his attempt to utilize a service) || ≗**behandlung** *f* / mishandling *n* || ≗**bemessung** *f* / oversizing and undersizing || ≗**buchung** *f* / missing/incorrect order entries

Fehl·chargen *f pl* / wasted batches of ingredients || ≗**code** *m* / missing code, skipped code || ≗**echo** *n* / flaw echo || ≗**eingabe** *f* / invalid input

fehlend *adj* / missing *adj* || **~e Buchung** (ZKS) / forgotten (terminal entry) || **~er Code** / missing code, skipped code

Fehlentnahme *f* (falsche Lagerentnahme) / mispick *n*

Fehler *m* / fault *n*, error *n*, defect *n*, disturbance *n* || ≗ *m* / dimensional deviation, deviation *n*, measured error IEC 770 || ≗ *m* (Schaden) / defect *n*, fault *n*, trouble *n*, disturbance *n* || ≗ *m* (Messfehler, a. in) DIN 44300 / error *n* || ≗ *m* (Kurzschluss) / fault *n* || ≗ *m* (Störung) / disturbance *n*, fault *n* || ≗ *m* (Steuerung) DIN 19237 / fault *n* || ≗ *m* (QS, Nichterfüllung einer Forderung) DIN 55350, T.11 / non-conformity *n* || ≗ **bei Skalennull** / zero scale error || ≗ **dritter Art** (Statistik, QS) / error of the third kind || ≗ **durch Polaritätswechsel** (ADU) / roll-over error || ≗ **durch Umgebungseinflüsse** / environmental error || ≗ **erster Art** DIN 55350,T.24 / error of the first kind || ≗ **gegen Erde** / fault to earth (GB), short-circuit to earth, fault to ground (US) || ≗ **im Ansatz** (Statistik, QS) / error of the third kind || ≗ **in Prozent des Bezugswerts** (MG) / error expressed as a percentage of the fiducial value IEC 51 || ≗ **innerhalb der Schutzzone** / in-zone fault, internal fault || ≗ **mit Schadenfolge** / damage fault || ≗ **ohne Schadenfolge** / non-damage fault || ≗ **ohne Selbstmeldung** / non-self-revealing fault || ≗ **unter der Oberfläche** / subsurface defect || ≗

zweiter Art DIN 55350,T.24 / error of the second kind || **1 aus n-≈** / 1-out-of-n error || **Bedienungs~** *m* / faulty operation, maloperation *n*, inadvertent wrong operation || **Fehler, gefährlicher** ≈ / dangerous fault, fatal fault, fatal failure || **mitgeschleppter** ≈ / inherited error, inherent error || **nicht näher beschriebener** ≈ / undefined error || **nicht selbstmeldender** ≈ / fault not self-signalling || **Oberflächen~** *m* / surface imperfection || **passiver** ≈ / passive fault || **Fehler, schlafender** ≈ / dormant error || **ungefährlicher** ≈ / harmless fault, non-fatal failure

Fehler·abschaltung *f* (Netz) / fault clearing (o. clearance), disconnection on faults, short-circuit interruption || **≈abschaltzeit** *f* / fault clearance time || **≈adressregister** *n* / error address register || **≈alarm** *m* / error interrupt || **≈anteil** *m* (QS) / fraction defective || **≈anzahl pro Einheit** / defects per unit || **≈anzeige** *f* (Prozessmonitor, Eingabefehler) / error display || **≈anzeigeeinrichtung** *f* / check indicator || **≈anzeigen** *f pl* / error LED || **≈aufbereitung** *f* (SPS) / error processing || **≈aufdeckung** *f* / fault detection || **≈ausbreitung** *f* / error spread || **≈ausweitung** *f* / error extension || **≈auswertung** *f* / error analysis, troubleshooting

Fehler·baum *m* / fault tree || **≈baumanalyse** *f* / fault tree analysis (FTA) || **≈baummethode** *f* / fault-tree method || **≈bearbeitung** *f* (SPS) / error processing || **≈bearbeitungsprogramm** *n* / error recovery routine, error handling routine

fehlerbehaftet *adj* (el.) / faulty *adj*, faulted *adj*, defective *adj*

Fehler·behandlung *f* / debugging *n*, fault clearance, fault correction, error handling, troubleshooting, error control || **≈behebung** *f* (Kommunikationsnetz) / error recovery || **≈bericht** *m* / defect note, defect report || **≈berichterstattung** *f* (QS) / non-conformance reporting || **≈beschreibung** *f* / fault description, description of fault

Fehlerbeseitigung *f* / fault correction, fault clearing, fault recovery, remedying of faults, trouble shooting || ≈ *f* (Abschaltung eines fehlerhaften Geräts zur Aufrechterhaltung der el. Versorgung) / fault clearance || ≈ *f* (Software, Hardware) / debugging *n* || **≈sdauer** *f* / fault clearance time || **≈skosten** *plt* / troubleshooting costs

Fehler·bild *n* / fault profile || **≈bildbeschreibung** *f* / fault profile description || **≈bit** *n* (SPS) / error bit || **≈block** *m* / error record || **≈box** *f* / error box || **≈byte** *n* / error byte || **≈code** *m* / error code (ERRCOD), ERRCOD (error code) || **≈code** *m* (Fehlfunktionen, a. Kfz) / malfunction code || **≈codefeld** *n* / error-code field

Fehler·dämpfung *f* (Reflexionsdämpfung) / return loss || **≈datei** *f* / error file || **≈-DB** / error DB || **≈diagnose** *f* / fault diagnosis, error diagnostics || **≈dokumentation** *f* / fault documentation, defect documentation || **≈dreieck** *n* / error triangle

Fehler·ebene *f* / error level || **≈echo** *n* / flaw echo || **≈effektanalyse** *f* / failure mode and effect analysis (FMEA) || **≈einfluss** *m* / influence of inaccuracy || **≈eingrenzung** *f* / locating of faults || **≈ereignis** *n* / error event || **Schutzsystem-≈ereignis** *n* / protection system failure event || **≈ereigniszähler** *n* / error event counter || **≈erfassung** *f* / fault detection, error detection, error log || **≈erkennbarkeit** *f* (Durchstrahlung, Durchschallung) / sensitivity ability to reveal defects, image quality || **≈erkennung** *f* / fault recognition IEC 50(191), error detection, error log || **≈erkennung** *f* (Verfahren zum Erkennen von Übertragungsfehlern, CRC, Parity, Checksum) / error detection || **≈erkennungscode** *m* / error detecting code || **≈etat** *m* (zur Bestimmung des ungünstigsten Fehlers) / error budget

Fehler·fall *m* / fault scenario, in case of error || **≈fangschaltung** *f* / diagnostic circuit || **≈feincodierung** *f* / fine coding of errors || **≈fenster** *n* / tolerance window || **≈fenstergrenze** *f* / tolerance window limit || **≈fortpflanzung** *f* / error propagation

fehlerfrei *adj* / faultless *adj*, healthy *adj*, sound *adj*, free from defects, satisfsactory *adj*, perfect *adj*, correct *adj*, proper *adj* || ~ *adj* (Durchschallung, Durchstrahlung) / indication-free *adj* || **~e Betriebszeit** (mittlere Zeit zwischen Ausfällen) / mean time between failures (MTBF; the expectation of the time between failures) || **≈-Funktion des Selektivschutzes** IEC 50(448) / correct operation of protection, correct operation of relay system (USA) || **≈schaltung** *f* / fault isolation, fault clearance

Fehlergrenz·e *f* / error limit || **≈en** *f pl* (MG, Rel.) / limits of error || **≈enfortpflanzung** *f* / propagation of errors || **≈klasse** *f* / class of error limits || **≈faktor** *m* (Wandler) / accuracy limit factor || **≈grenzstrom** *m* / accuracy limit current

fehlerhaft *adj* (Bezeichnung für eine Einheit, die einen Fehlzustand aufweist) / faulty *adj* (pertaining to an item which has a fault), defective *adj* || ~ *adj* (QS) / defective *adj*, non-conforming *adj* || **~e Einheit** (QS) DIN 55350, T.31 / non-conforming item || **~e Funktion des Selektivschutzes** IEC 50(448) / incorrect operation of protection, incorrect operation of relay system (USA) || **~e Unterreichweite** (Schutzsystem) IEC 50(448) / erroneous underreaching || **~er Betrieb** / faulty operation || **~es Fernwirktelegramm** / erroneous telecontrol message || **~haftes Material** / defective material

Fehler·häufigkeit *f* / error frequency, fault frequency || **≈häufigkeit** *f* (DÜ, Rate) / failure rate || **≈häufung** *f* / error burst || **≈impedanz** *f* / fault impedance || **≈kennung** *f* / error identifier || **≈klasse** *f* / error class (ERRCLS) || **≈klassifizierung** *f* (QS) DIN 55350, T.31 / classification of non-conformance || **≈klassifizierung** *f* DIN 41640 / classification of defects IEC 512 || **≈knoten** *m* / fault node || **≈kompensation** *f* / error compensation || **≈korrektur** *f* / error compensation || **≈korrekturcode** *m* / error correcting code (ECC) || **≈korrekturmaßnahme** *f* / measure to correct errors

Fehlerkurve *f* (Messgerät) / error characteristic, error curve, error characteristic curve || ≈ *f* (FK siehe SSFK) / error curve (See: leadscrew error compensation) || ≈ **bei Waagen** / deviation curve of a balance || **≈nanzeige** *f* / error curve pointer

Fehler·lichtbogen *m* / accidental arc, arcing fault, internal fault || **≈liste** *f* / error list || **≈lokalisierung** *f* / fault localization, error locating || **≈maske** *f* / fault mask || **≈maskierung** *f* IEC 50(191) / fault masking || **≈meldebuch** *n* / fault log || **≈meldebus** *m* / fault signalling bus, alarm bus || **≈meldeschalter** *m* VDE

0660, T.101 / alarm switch || ≗**-Meldeschalter** *m* / alarm switch

Fehlermeldung *f* (Signal) / fault signal || ≗ *f* (QS) / defect note, defect report || ≗ *f* (FWT) / error alarm IEC 50(371), defect information (NTG 2001) || ≗ *f* (Anzeige) / fault indication, fault display || ≗ *f* (SPS, NC) / error message, fault message || ≗ *f* (FM) / error message (EM), fault message, diagnostic message, diagnostics message, fault code || **letzte** ≗ / last fault code || ≗**sringpuffer** *m* / error message ring buffer

Fehler·merker *m* (Register) / error flag register || ≗**-Merker** *m* / error flag || ≗**nachbildung** *f* / fault simulation || ≗**nummer** *f* / error number, error code || ≗**offenbarung** *f* / fault announcement || ≗**offenbarungszeit** *f* / fault announcement time, fault announcement || ≗**orter** *m* / fault locator, distance-to-fault locator || ≗**ort-Messgerät** *n* / fault locator || ≗**ortung** *f* / fault locating, locating of fault, fault localization || ≗**ortungsgerät** *n* / fault locator || ≗**potential** *n* / fault potential || ≗**prognose** *f* / error forecasting || ≗**protokoll** *n* / error log || **Quelle-zu-Senke-**≗**prüfung** *f* / source-to-sink error check || ≗**quelle** *f* / source of error || ≗**quittierung** *f* / fault acknowledgement || ≗**quote** *f* / error rate

Fehler·rate *f* / error rate || ≗**rate** *f* (QS) / failure rate || ≗**reaktions-OB** / error handling OB || ≗**schleife** *f* / fault loop, earth-fault (o. ground-fault) loop || **Impedanz der** ≗**schleife** / earth-fault loop impedance, ground-fault loop impedance || ≗**sekunde** *f* / error second (ES)

fehlersicher *adj* / fail-safe *adj*, immune *adj*, fault-tolerant *adj*, troubleproof *adj*, reliable *adj* || **~e Abschaltung** (SPS) / fail-safe shutdown || ≗**heit** *f* / failsafety *n*

Fehler·signal *n* / error signal || ≗**signalschalter** *m* (FS) / fault-signal contact (FC), remote control switch, SX || ≗**spannung** *f* / fault voltage, error voltage || ≗**spannungs-Schutzschalter** *m* / voltage-operated earth-leakage circuit-breaker, fault-voltage-operated circuit-breaker || ≗**spannungs-Schutzschaltung** *f* / voltage-operated e.l.c.b. system, voltage-operated g.f.c.i. system || ≗**spannungs-Schutzvorrichtung** *f* / fault-voltage-operated protective device || ≗**speicher** *m* / error memory || ≗**stelle** *f* / point of fault, fault location

Fehlerstrom *m* / fault current, leakage current || ≗ *m* (Differenzstrom, FI-Schutzschalter) / residual current || ≗**begrenzer** *m* (f. Erdschlussstrom) / ground current limiter || ≗**erfassung** *f* / fault-current detection || ≗**kompensation** *f* / fault-current compensation || ≗**kompensation** *f* (lastabhängige Kompensation der Wandlerfehler beim Erdschlussschutz) / error current compensation, load biasing || ≗**/Leitungsschutzschalter** *m* (FI/LS) / residual current operated device (RCBO) || ≗**relais** *n* / fault-current relay, leakage-current relay || ≗**schutz** *m* / residual-current protection || ≗**schutzeinrichtung** *f* / residual-current-operated protective device || ≗**-Schutzeinrichtung** *f* / residual-current(-operated) protective device, residual current protective device (RCD) || ≗**-Schutzeinrichtung mit beabsichtigter Zeitverzögerung** / residual-current device with intentional time delay || ≗**-Schutzeinrichtung mit eingebautem Überstromauslöser** / residual current operated device (RCBO) || ≗**-Schutzeinrichtung mit Hilfsspannungsquelle** / residual-current device with auxiliary source || ≗**-Schutzeinrichtung mit integriertem Überstromschutz** / residual-current device with integral overcurrent protection || ≗**-Schutzeinrichtung mit Rückstelleinrichtung** / reset residual current device || ≗**-Schutzeinrichtung ohne Hilfspannungsquelle** / residual-current device without auxiliary source || ≗**-Schutzeinrichtung ohne integrierten Überstromschutz** / residual-current device without integral overcurrent protection || ≗**-Schutzeinrichtung ohne Überstromschutz** / residual-current device without integral overcurrent protection (SRCD) || **ortsveränderliche** ≗**-Schutzeinrichtung** / portable residual current protective device (PRCD) || ≗**-Schutzschalter** *m* / residual current operated device (RCBO) || ≗**-Schutzschalter** *m* (netzspannungsunabhängig) / residual-current(-operated) circuit breaker (independent of line voltage) || ≗**-Schutzschalter** *m* (FI-Schutzschalter) / residual-current(-operated) circuit-breaker (RCCB), earth-leakage circuit-breaker (e.l.c.b.), ground-fault circuit interrupter (g.f.c.i. US), current-operated e.l.c.b. || ≗**-Schutzschalter mit Überstromauslöser** (FI/LS-Schalter) VDE 0664, T.2 / current-operated earth-leakage circuit breaker with overcurrent release, residual-current-operated circuit breaker with integral overcurrent protection (RCBO) || ≗**-Schutzschaltung** *f* / current-operated e.l.c.b. system, r.c.d. protection, current-operated g.f.c.i. system, g.f.c.i. protection || ≗**überwachung** *f* / fault current monitoring || ≗**-Überwachungsgerät** *n* (FI-Überwachungsgerät) / residual current monitor for household and similar users, RCB

Fehler·suche *f* / fault locating, trouble shooting, locating faults, debugging *n*, diagnostic program, troubleshooting, fault finding || ≗**suchprogramm** *n* / diagnostic program, diagnostic routine || ≗**suchtabelle** *f* / fault diagnosis chart || ≗**suchzeit** *f* / troubleshooting time || ≗**text** *m* / error message (EM), fault message, fault code, diagnostics message, diagnostic message || **~tolerant** *adj* / fault-tolerant *adj* || ≗**toleranz** *f* / fault tolerance

Fehler·überwachung *f* (DÜ) DIN 44302 / error control procedure || ≗**überwachungseinheit** *f* (DÜ) DIN 44302 / error control unit || ≗**untersuchung** *f* / fault analysis || ≗**verhütung** *f* (QS) / prevention of (further non-conformance) || ≗**verteilung** *f* / distribution of failure occurences || ≗**verwaltung** *f* / fault management || ≗**-Vorortung** *f* / approximate fault locating || ≗**wahrscheinlichkeit** *f* / error probability || ≗**wahrscheinlichkeit beim Abbau** (DÜ-Verbindung) / release failure probability || ≗**wahrscheinlichkeit beim Aufbau** (DÜ-Verbindung) / establishment failure probability || ≗**wert** *m* / error value || ≗**widerstand** *m* / fault impedance, fault resistance || ≗**winkel** *m* / fault angle || ≗**zeit** *f* / fault time || ≗**zustand** *m* / fault condition

Fehl·funktion *f* / maloperation *n*, misoperation *n*, malfunction *n*, errors *n pl*, mistake *n* (A human action that produces an unintended result), human failure, human error || ≗**funktionsprüfung** *f* (Rel.) / malfunction test, high-frequency disturbance test, disturbance test || ≗**impuls** *m* / slipped pulse, missing pulse || ²impulse *m pl* (NC, Verlust oder unerwünschter Gewinn von Schrittimpulsen) / slipped cycle || ²impulsfaktor *m* / missing-pulse factor || ²investition *f* / bad investment || ²nutzung *f* / misuse *n* || **Ausfall infolge ²nutzung** / misuse failure || ²ordnung *f* (HL) / imperfection *n*

Fehlschaltung *f* / maloperation *n*, inadvertent wrong operation, wrong operation, fault *n*

fehlschlagen *adj* / fail *adj*

Fehl·schließsicherung *f* / device to prevent incorrect closing, fail-safe principle || **²schüttelbunker** *m* / waste hopper || **~sicher** *adj* / fail-safe *adj* || **²signal** *n* / spurious signal, false signal || **²spannung** *f* / offset voltage || **²stelle** *f* / defect *n* || **²stelle** *f* (in der Umhüllung, Beschädigung o. Pore in el. Isolation) / holiday *n* || **²stelle** *f* (Kontakt) / vacancy *n* || **²stelle** *f* (gS) / void *n* || **²steuerung** *f* / maloperation *n* || **²synchronisation** *f* / incorrect synchronization, synchronizing failure || **²teile** *n pl* / shortages *n pl* || **²verbindung** *f* (DÜ) / misconnection *n*

Fehlverhalten *n* / human failure, malfunction *n*, errors *n pl* || ² *n* (menschliches Versagen) / mistake *n* (a human action that produces an unintended result), human error || **menschliches ²** / malfunction *n*, errors *n pl*, mistake *n* (a human action that produces an unintended result), human failure, human error

Fehl·winkel *m* / dielectric loss angle || **²winkel** *m* (Phasenverschiebung, Wandler) / phase displacement, phase displacement angle || **²winkelgrenze der Genauigkeitsklasse** / rated phase angle || **²winkel-Korrekturfaktor** *m* / phase angle correction factor || **²zeit** *f* / non-productive time

Fehlzustand *m* / fault *n* IEC 50(191) || **² infolge Fehlbehandlung** (Fehlzustand infolge falscher Bedienung oder mangelnder Sorgfalt) / mishandling fault (A fault caused by incorrect handling or lack of care of the item) || **² infolge Fehlnutzung** (Fehlzustand infolge von Anwendungsbeanspruchungen, welche die festgelegten Leistungsfähigkeiten der Einheit überfordern) / misuse fault (A fault due to the application of stresses during use which exceed the stated capabilities of the item) || **bleibender ²** (Fehlzustand einer Einheit, der solange besteht, bis eine Instandsetzung ausgeführt ist) / permanent fault, persistent fault (A fault of an item that persists until an action of corrective maintenance is performed), solid fault || **datenbedingter ²** (Fehlzustand, der als Folge der Verarbeitung eines besonderen Datenmusters auftritt) IEC 50(191) / data-sensitive fault (A fault that is revealed as a result of the processing of a particular pattern of data) || **eindeutiger ²** (IEC 50(191): Fehlzustand, in dem die Einheit bei jeder Inanspruchnahme mit gleichem Ergebnis versagt) / determinate fault (For an item which produces a response as a result of an action, a fault for which the response is the same for all actions) || **entwurfsbedingter ²** (Fehlzustand wegen ungeeigneter Konstruktion einer Einheit) / design fault (A fault due to inadequate design of an item) || **intermittierender ²** (Fehlzustand einer Einheit, der eine beschränkte Dauer besteht und von dem ausgehend die Einheit ihre Funktionsfähigkeit wiedererlangt, ohne dass an ihr irgendeine Instandsetzungsmaßnahme vorgenommen wurde)) / transient fault || **nicht eindeutiger ²** (Fehlzustand, in dem die Einheit in Abhängigkeit von der Art der Inanspruchnahme mit unterschiedlichem Ergebnis versagt) / indeterminate fault (For an item which produces a response as a result of an action, a fault such that the error affecting the response depends on the action applied) || **permanenter ²** / permanent fault, persistent fault (A fault of an item that persists until an action of corrective maintenance is performed), solid fault || **programmbedingter ²** (Fehlzustand, der bei der Ausführung einer besonderen Folge von Anweisungen zum Versagen führt) / programme-sensitive fault (A fault that is revealed as a result of the execution of some particular sequence of instructions) || **systematischer ²** (Fehlzustand infolge eines systematischen Ausfalls) / systematic fault (A fault resulting in systematic failure)

Fehlzustands·analyse *f* (Logische, systematische Untersuchung einer Einheit zur Feststellung und Analyse von Wahrscheinlichkeit, Ursachen und Auswirkungen möglicher Fehlzustände) / fault analysis (The logical, systematic examination of an item to identify and analyze the probability, causes and consequences of potential faults) || **²art** *f* / fault mode (One of the possible states of a faulty item, for a given required function) || **²art- und -auswirkungsanalyse** *f* / fault modes and effects analysis (FMEA), failure modes and effects analysis (FMEA) || **²art-, -auswirkungs- und -kritizitätsanalyse** *f* / failure modes, effects and critically analysis (FMECA), fault modes, effects and criticality analysis, FMECA (failure modes, effects and critically analysis) || **²baum** *m* / fault tree || **²baumanalyse** *f* / fault tree analysis (FTA), FTA (fault tree analysis) || **²behebung** *f* / fault correction || **²behebungszeit** *f* (Teil der aktiven Instandsetzungszeit, während dessen die Fehlzustandsbehebung durchgeführt wird) / fault correction time (That part of active corrective maintenance time during which fault correction is performed) || **²diagnose** *f* (Tätigkeiten zu Fehlzustandserkennung, Fehlzustandslokalisierung und Ursachenfeststellung) / fault diagnosis (Actions taken for fault recognition, fault localization and cause identification) || **²diagnosezeit** *f* (Dauer, während der die Fehlzustandsdiagnose durchgeführt wird) / fault diagnosis time (The time during which fault diagnosis is performed) || **²erkennung** *f* (Ereignis, bei dem ein Fehlzustand erkannt wird) / fault recognition (The event of a fault being recognized) || **²erkennungsgrad** *m* (Anteil der Fehlzustände einer Einheit, die unter gegebenen Bedingungen erkannt werden können) / fault coverage (The proportion of faults of an item that can be recognized under given conditions) || **²lokalisierung** *f* (Identifizierung der fehlerhaften Einheiten in der entsprechenden Gliederungsebene) / fault location (Actions taken to identify the fault sub-item or sub-items at the appropriate indenture level), fault localization (Actions taken to identify the fault sub-item or sub-items at the appropriate indenture level) || **²lokalisierungszeit** *f* (Teil der aktiven Instandsetzungszeit, während dessen die Fehlzustandslokalisierung durchgeführt wird) / fault location time (That part of active corrective maintenance time during which fault localization is performed), fault localization time (That part of active corrective maintenance time during which fault localization is performed) || ²**maskierung** *f* / fault masking || ²**toleranz** *f* / fault tolerance

Feil·spanbild *n* / magnetic figure || ²**späne** *m pl* / filings *n pl*

fein *adj* / fine *adj* || ²**abgleich** *m* / fine adjustment, fine tuning || ²**abschwächer** *m* / fine attenuator || **~adrig** *adj* / fine-core *adj* || ²**anteil** *m* / fines content || ²**antrieb** *m* / slow-motion drive, micro-drive *n* || ²**ausrichten** *n* / precision aligning, final alignment || ²**auswuchtung** *f* / precision balancing

fein·bearbeiten *v* / finish-machine *v*, finish *v* || ²**bearbeitung** *f* / finish-machining *n*, finishing *n*, finishing cut, finish cutting, finish cut, finish *n* || ²**bereich** *m* (MG) / incremental range || ²**blech** *n* (bis 5 mm) / sheet *n* || ²**blech** *n* (bis 3 mm) / thin sheet, light-gauge sheet || ²**bohrzyklus** *m* / fine drill cycle || ²**chemieprodukte** *n pl* / fine-chemical products || ²**dehnungsmesser** *m* / precision strain gauge

feindrähtig *adj* / finely stranded, fine-strand *adj*, flexible *adj* || **~ mit Aderendhülse** / finely stranded with end sleeve || **~er Leiter** / flexible conductor, finely stranded conductor

Fein·drehen *n* / high-precision cutting || ²**drehzahl** *f* (Hebez.) / spotting speed || ²**einsteller** *m* / fine adjuster, vernier adjuster || ²**einstellskala** *f* / vernier scale || ²**einstellung** *f* / fine adjustment, precision adjustment, fine control, precision positioning || ²**einstellung** *f* (WZM, NC) / micrometer adjustment || ²**einstellung** *f* (nach Noniusskala) / vernier adjustment || ²**endtaster** *m* / sensitive limit switch, precision micro-switch, microswitch *n*

Fein·fahrantrieb *m* / micro-drive *n* || ²**fehlerkennung** *f* / detailed error identifier || ²**filter** *n* / micro-filter *n* || ²**folie** *f* / film *n* || **~fühliges Einstellen** / precision adjustment

Feingang *m* / fine speed, fine traverse || ² *m* (WZM) / fine feed || ²**drehzahl** *f* / micro-speed *n*, fine-feed speed || ²**geschwindigkeit** *f* (WZM) / fine feed rate || ²**getriebemotor** *m* / micro-speed geared motor, micro-speed unit

Fein·geräteelektroniker *m* / electronic devices fitter || **~geschnitten** *adj* / precision cut || ²**gewinde** *n* / fine thread || ²**glimmer** *m* (gemahlen) / ground mica || ²**glimmer-Glasgewebeband** *n* / integrated-mica glass-fibre tape || ²**glimmer-Isoliermaterial** *n* / integrated-mica insulating material, reconstituted-mica insulating material

Fein·heit *f* (Auflösung, F. der Messung, Regelung) / resolution *n* || ²**honen** *n* / superfinishing *n* || ²**interpolation** *f* / fine interpolation || ²**interpolator** *m* (FIPO) / fine interpolator (FIPO) || **~kristallin** *adj* / fine-crystalline *adj* || ²**lage** *f* / fine position || ²**leck** *n* / micro-leak *n*, fine leak

Fein·mechaniker *m* / precision fitter || ²**mess- und Prüfmittel** *n* / precision measuring and testing equipment || ²**messdiagramm** *n* / stress-strain diagram || ²**messlehre** *f* / micrometer gauge || ²**messmanometer** *n* / precision pressure gauge || ²**messschraube** *f* / micrometer screw || ²**messuhr** *f* / micrometer dial, micrometer gauge || **~modular** *adj* / highly modular, bit modular || ²**normierung** *f* / fine standardization || ²**optimierung** *f* / fine optimization

Fein·parallelschalten *n* / ideal paralleling || ²**passung** *f* / close fit || ²**planung** *f* / finite planning || ²**planungswerkzeug** *n pl* / detail planning tools || ²**polieren** *n* / fine polishing, mirror polishing || ²**positionieren** *n* (NC) / fine positioning || ²**relais** *n* / sensitive relay

Fein·schaltung *f* / fine-step connection, fine-step operation || ²**schleichgang** *m* / precision-controlled slow-speed step, fine inching step || ²**schleifen** *n* / finish-grinding *n*, polishing *n*, honing *n* || ²**schlichten** *n* / smooth-finishing *n* || ²**schutzelement** *n* / low-voltage protection element, fine-wire fuse, pico fuse || ²**sicherung** *f* / miniature fuse || ²**stanzen** *n* / precision blanking

Feinst·auswuchtung *f* / high-precision balancing || **~bearbeiten** *v* / precision-machine *v*, micro-finish *v*, super-finish *v* || ²**bearbeitung** *f* / microfinish *n* || ²**blech** *n* / backplate *n* || **~drähtiger Leiter** / extra finely stranded conductor, highly flexible conductor

Feinsteller *m* / fine adjuster, vernier adjuster

Feinst·filter *n* / micro-filter *n* || ²**gewinde** *n* / extra-fine thread

Fein·stopmotor *m* / precision-type brake motor || ²**strom** *m* / fine feed, dribble feed || ²**struktur** *f* (Mikrostruktur) / microstructure *n* || ²**struktur** *f* (Spektrallinie) / fine structure (spectral line) || ²**struktur** *f* (Kristallstruktur) / crystal structure || ²**strukturuntersuchung** *f* (Kristallstrukturanalyse) / crystal structure analysis (o. determination)

Feinstschlichten *n* / extra-fine finishing, superfinishing *n*

Fein·stufe *f* (Trafo) / fine step, fine-step tapping || ²**stufenlage** *f* / fine-step layer || ²**stufenwicklung** *f* / fine-step winding || **~stufig regelbar** / variable in fine steps, finely adjustable || ²**stufigkeit** *f* (Steuerschalter) / notching ratio

Feinstwuchtung *f* / high-precision balancing

Fein·synchronisieren *n* / ideal synchronizing || ²**taster** *m* (Messwerkzeug) / comparator *n* || ²**teilung** *f* (Skale) / fine graduation || ²**trübungsmessung** *f* / low-concentration turbidity measurement || ²**vermahlautomat** *m* / automatic pulverizer || ²**verstellung** *f* / fine control, fine adjustment, precision adjustment, precision positioning || ²**wähler** *m* (Trafo) / tap selector || ²**wasser** *n* / de-ionized water || ²**werktechnik** *f* / precision mechanics

Feld *n* / span *n*, switchgear panel || ² *n* (Schalttafel) / panel *n*, switchboard section, cubicle *n* || ² *n* (Rechnerprogramm, Anordnung von Zeichen in geometrischer Form) / array *n* || ² *n* (SA, Einzelfeld) / panel *n*, section *n*, vertical section, unit *n* || ² *n* (Schrank, Schrankbreite) / cubicle *n*, cubicle width || ² *n* (Freileitung, Teil zwischen zwei Leiterbefestigungspunkten) / span *n* || ² *n* (ET, SK) DIN 43350, VDE 0660, T.500 / section *n* (a.) IEC 439-1 || ² *n* (el., magn.) / field *n*, field system || ² *n* (MCC) / vertical section, section *n* || ² *n* (FLA) / bay *n* || ² *n* (Bildschirm) / field *n*, display field || ² *n* (Mosaiktechnik, Kompaktwarte, Steuerfeld, Meldefeld) / tile *n* || ² *n* (Einsatzort) / field *n* || **Daten~** *n* / data field || **elektromagnetisches** ² / electromagnetic field || **Prüf~** *n* / test bay, testing station, test floor, testing laboratory, test berth || **selektiertes** ² / selected box || **Spann~** *n* (Freileitung) / span *n* || **Steuer~** *n* (Steuerbitstellen in einem Rahmen) / control field || **Verstärkungs~** *n* (Verstärkerröhre) / gain box || **vorgedrucktes ≗** / predefined field

Feld·abbau *m* / field decay || **≗abbauversuch** *m* / field-current decay test, field extinguishing test || **≗abdeckung** *f* / front cover || **≗abdeckung** *f* (ST) / panel cover, section cover || **≗abfall** *m* / field decay || **≗ablösepunkt** *m* / field weakening point || **≗änderungsgeschwindigkeit** *f* / field response || **≗anordnung** *f* / panel arrangement || **≗anschluss** *m* / panel connection || **≗anschlussklemme** *f* / field wiring terminal || **≗art** *f* / panel type || **≗aufbau** *m* / setting up, configuration *n*, construction *n*, installation *n*, design *n*, structure *n*, surface mounting, cubicle expansion || **≗ausfallrelais** *n* / field failure relay, loss of excitation relay, field loss relay || **≗ausfallschutz** *m* / field failure protection || **≗ausführung** *f* / panel version || **≗auswahl** *f* / panel selection

Feld·belüftung *f* / cubicle ventilation || **≗bereich** *m* / field level || **≗beschleunigung** *f* / field acceleration || **≗besetzung** *f* (MCC) / section complement, apparatus arrangement of section || **≗bestand** *m* / field inventory, installed base of equipment/products, inventory of equipment in the field || **≗bezeichnungsschild** *n* / panel designation label || **~bezogen** *adj* / panel-related || **~bezogener Komponent** / bay component || **≗bild** *n* / field form, field pattern, field distribution, magnetomotive force pattern || **≗bildaufnahme** *f* / field distribution measurement || **≗breite** *f* / cubicle width || **≗bündelabstandhalter** *m* (Freiltg.) / spacer *n* IEC 50(466) || **dämpfender ≗bündelabstandhalter** (Freiltg.) / spacer damper IEC 50(466) || **≗bus** *m* / field bus, process fieldbus (PROFIBUS), profibus *n* || **≗bus-Datensicherungsschicht** *f* / field bus data link layer (FDL) || **≗bus-Datenübermittlungsabschnitt** *m* / field bus data link (FDL) || **≗bus-Nachrichtenspezifikation** *f* / filed bus message specification (FMS) || **≗bus-Sicherungsschicht** *f* / field bus data link layer (FDL) || **≗bussystem** *n* / fieldbus system, field bus system

Feld·definition *f* / field definition || **≗dichte** *f* / field density, density of lines of force || **≗drossel** *f* / field kicking coil || **≗durchflutung** *f* / field ampere turns, ampere turns of exciting magnet, excitation strength || **≗durchmesser** *m* (LWL) IEC 50(731) / mode field diameter || **≗durchschlag** *m* / field breakdown || **≗ebene** *f* / field level, process measurement and control level || **≗ebene** *f* (PROFIBUS) / field level

Feldeffekttransistor *m* (FET) / field-effect transistor (FET) || **≗ mit isolierter Steuerelektrode** / insulated-gate field-effect transistor (IG FET) || **≗ mit Metall-Nitrid-Halbleiter-Aufbau** (MNS-FET) / metal-nitride semiconductor field-effect transistor (MNS FET) || **≗ mit Metall-Oxid-Halbleiter-Aufbau** (MOS-FET) / metal-oxide semiconductor field-effect transistor (MOS FET) || **≗ mit PN-Übergang** (PN-FET) / junction-gate field-effect transistor (PN FET) || **≗tetrode** *f* / tetrode field-effect transistor || **≗triode** *f* / triode field-effect transistor

Feld·elektronenemission *f* / autoelectronic emission, cold emission || **≗emission** *f* / field emission || **≗energie** *f* / magnetic energy

Felder, freie ≗ / available fields

Feld·erfahrung *f* / field experience || **≗erhöhung** *f* / field forcing || **≗erregerkurve** *f* / m.m.f. curve || **≗erregung** *f* / field excitation || **≗faktor** *m* / field factor || **≗formfaktor** *m* / field form factor || **~frei** *adj* / field-free *adj*, fieldless *adj*

Feld·gerät *n* / field device || **≗gerätanschluss** *m* / I/O unit || **≗gerätespeisung** *f* / field device supply || **≗gerüst** *n* (MCC) / vertical section || **≗gleichrichter** *m* / field-circuit rectifier, field rectifier, static exciter || **≗größe** *f* / panel size, field quantity, field variable || **≗größe** *f* (BSG) / field size || **≗größenrechner** *m* (analog) / field-variable converter

Feld·höhe *f* / cubicle height || **≗index** *m* / array index || **≗indizierung** *f* / subscripting *n* (A mechanism for referencing an array element by means of an array reference and one or more expressions that, when evaluated, denote the position of the element) || **≗instrumentierung** *f* / field instrumentation || **≗intensität** *f* / field intensity || **≗kennlinienaufnahme durchführen** / initialize field characteristic || **≗kennlinienaufnahme neu bestimmen** / redetermine field characteristic || **≗kennzeichnung** *f* / panel identification || **≗kern** *m* / pole core || **≗kondensator** *m* / excitation capacitor || **elektrische ≗konstante** / electric constant, permittivity *n*, capacitivity of free space, permittivity of the vacuum || **magnetische ≗konstante** / magnetic constant || **≗kraft** *f* / force acting in a field, magnetic force || **magnetische ≗kraft** / magnetic force acting in a field || **≗kreis** *m* / field circuit || **≗kreisumschaltung** *f* / field-circuit reversal, field reversal || **≗kurve** *f* / field distribution curve, field form, gap-flux distribution curve

Feld·länge *f* (Freiltg.) / span length || **≗leitebene** *f* / bay control level || **≗leitgerät** *n* / bay controller || **≗leittechnik** *f* / feeder control system || **≗linie** *f* / field line, magnetic line of force, line of force, line of induction, line of flux || **≗linienbild** *n* / field pattern || **≗liniendichte** *f* / density of lines of force, field density || **≗linienverlauf** *m* / flux distribution characteristic. field form, field pattern || **≗linse** *f* / field lens

Feld·magnet *m* / field magnet || **≗** *m* (gewickeltes Bauteil zur Erzeugung des Erregerflusses) / field system || **Einfach-≗magnet** *m* / single-sided field system || **≗marke** *f* (Positioniermarke) / cursor *n* || **≗montage** *f* (Montage am Einbauort) / field mounting || **≗multiplexer** *m* / remote multiplexer terminal, field multiplexer

Feld·nachführung *f* / field forcing, field control || **≗name** *m* / panel designation || **≗netz** *n* (Netzelektrode) / field mesh, mesh electrode

Feld·oberwelle *f* / field harmonic || **~orientierte Regelung** / field-oriented control || **≗orientierung** *f* / field orientation || **≗orientierungsregelung** *f* / field-orientation control, field-vector control

Feld·platte *f* (magnetischer Widerstand) / magnetoresistor *n* || **≗plattengeber** *m* / magnetoresistive transducer || **≗plattenpotentiometer** *n* / magnetoresistive potentiometer || **≗plattenwandler** *m* (Messwertumformer) / magnetoresistive transducer || **≗pol** *m* / field pole || **~programmierbar** *adj* / field-programmable *adj*

Feld·raster *n* / panel dimensions || **≗rechnung** *f* / field computation || ≗**regelung** *f* / field control, field regulation || ≗**regler** *m* / field rheostat, exciter field rheostat, field regulator, speed regulating rheostat || ≗**röhre** *f* / tube of force || ≗**rückgangsrelais** *n* / field failure relay, loss-of-field relay

Feld·schalter *m* / field circuit-breaker, field switch || ≗**schiene** *f* / cubicle busbar || ≗**schiene** *f* (MCC) / vertical bus(bar) || ≗**schienenkanal** *m* / cubicle busbar duct || ≗**schnitt** *m* / panel section || ≗**schritt** *m* / field pitch || ≗**schütz** *n* / field-circuit contactor || ≗**schwächbereich** *m* / field weakening range || ≗**schwächdrehzahl** *f* / field-weakening speed || ≗**schwäch-Drosselspule** *f* / inductive shunt || ≗**schwächebetrieb** *m* / weak field range || ≗**schwächedrehzahl** *f* / field-weakening speed || ≗**schwächegerät** *n* / field weakening switchgroup || **~schwächend kompoundiert** / differential compounded || **~schwächende Verbunderregung** / differential compounding || **Maschine mit ~schwächender Verbunderregung** / differential-compounded machine || ≗**schwächeregelung** *f* / field-shunting control, speed variation by field control, field weakening control, shunted-field control, field weakening control range || ≗**schwächung** *f* / field weakening, field suppression, field control || ≗**schwächung durch Anzapfung** / field weakening by tapping || ≗**schwächung durch Nebenschluss** / field shunting || ≗**schwächung durch Parallelwiderstand** / field shunting || ≗**schwächungsautomat** *m* / field suppressor || ≗**schwächungsbereich** *m* / speed range under field control, field weakening range, field shunting range || ≗**schwächungseinrichtung** *f* / field weakening device, field suppressor || ≗**schwächungsgrad** *n* / field weakening ratio || ≗**schwächungsschalter** *m* (Bahnmotoren) / field weakening switchgroup || ≗**schwächungsverhältnis** *n* / field weakening ratio

Feld·sonde *f* (Suchspule) / magnetic test coil, search coil, exploring coil || ≗**sonde** *f* (Hall) / Hall flux-density probe || ≗**spannung** *f* / field voltage, excitation voltage, inductor voltage || ≗**spannungsteiler** *m* / potentiometer-type field rheostat || ≗**sperre** *f* / bay disable || ≗**spule** *f* / field coil

Feldstärke *f* / field strength, magnetic force, field intensity || ≗ *f* (in dB) / signal strength, power level || **elektrische** ≗ (Isol.) / electric field intensity, voltage gradient || **magnetische** ≗ / magnetic field strength, magnetic field intensity, magnetic force, magnetic intensity, magnetizing force, H-vector *n* || ≗**-Messgerät** *n* (Störfeld) / interference-field measuring set || ≗**-Messplatz** *m* (EMV) IEC 50(161) / radiation test site || ≗**verlauf** *m* / field strength distribution

Feld·steller *m* / field rheostat, field regulator, speed regulating rheostat || ≗**steuerdrehzahl** *f* / speed obtained by field control || ≗**steuerelektrode** *f* / field-control electrode || **~steuernde Elektrode** / field-control electrode, potential-grading electrode || ≗**steuersatz** *m* / field gating unit || ≗**steuerung** *f* / field control || ≗**steuerung** *f* (Maßnahmen zur Steuerung des el. Feldes im Bereich einer Kabelgarnitur) / stress control || ≗**steuerungsbaustein** *m* / feeder control unit

Feldstrom *m* / field current || ≗**empfindlichkeit** *f* (Elektroakustik) / free-field current sensitivity || ≗**kreis** *m* / field circuit, excitation circuit || ≗**überwachung** *f* / field failure protection, field reversal || ≗**umschaltung** *f* / field current reversal

Feld·system *n* / field system || **~tauglich** *adj* / field-capable *adj* || ≗**teilung** *f* / panel spacing || ≗**teilung** *f* (IRA) / panel width, cubicle width || ≗**teilung** *f* (FLA) / bay width || ≗**transistor** *m* / field-effect transistor (FET) || ≗**tür** *f* / panel door, section door, unit door || ≗**typ** *m* / panel type || ≗**übertragungsfaktor** *m* / free-field voltage response || ≗**umkehr** *f* / field reversal || ≗**umschaltung** *f* / field reversal || ≗**- und Geräteabbild** *n* / bay and equipment image

Feld·variable *f* / array variable || ≗**variante** *f* / panel version || ≗**verbinder** *m* (Freiltg.) / mid-span tension joint || ≗**verbindung** *f* / panel link || ≗**verbindungsschraube** *f* / panel connecting bolt || ≗**verbund** *m* / panel group || ≗**verbundleiste** *f* / panel connection link || ≗**verbundstelle** *f* / panel joint || ≗**verdrahtung** *f* (Unterstationsverdrahtung v. Sekundärgeräten, die bestimmten Primärkreisen zugeodnet sind) / dedicated l.v. wiring IEC 50(605) || ≗**vereinbarung** *f* (Programm) / array declaration || ≗**verkabelung** *f* / field level wiring || ≗**verkettung** *f* / field chaining || ≗**verlauf** *m* / field-strength distribution, field pattern, bay interlocking || ≗**verschiebung** *f* / field displacement || ≗**versorgung** *f* / field supply || **~verstärkende Verbunderregung** / cumulative compounding || ≗**verstärkung** *f* / field forcing, forced field, field strengthening, field boosting || ≗**verteiler** *m* (PROFIBUS) / field distributor || ≗**verteilung** *f* / field distribution || ≗**verzerrung** *f* / field displacement, field distortion || ≗**verzerrungs-Richtungsleitung** *m* IEC 50(221) / field-displacement isolator || ≗**verzögerung** *f* / field deceleration

Feld·weite der Strahldivergenz / beam divergence || ≗**welle** *f* / harmonic force wave || ≗**wicklung** *f* / field winding, excitation winding || ≗**widerstand** *m* / field resistance || ≗**widerstand** *m* (Stellwiderstand) / field rheostat || ≗**widerstand** *m* (Gerät) / field resistor, exitation resistor || ≗**windungszahl** *f* / number of field-winding turns || ≗**winkel** *m* / field angle, field-vector angle

Feld·zerfall *m* / field decay || ≗**zuordnung** *f* / panel assignment

FEM (Finite-Element-Methode) / FEM (finite element method)

Fenster *n* (Chromatograph) / window *n*, peak window || ≗ *n* (Trafo, EZ, BSG) / window *n* || ≗ **vergrößern** / enlarge window || ≗**ansicht** *f* / window view || ≗**ausschnitt** *m* / pane *n* || ≗**bankkanal** *m* / sill-type trunking, dado trunking, cornice trunking || ≗**füllfaktor** *m* / window space factor || ≗**heber** *m* (FH) / window drive, window lift, electric window lift, window-lift motor, power windows || ≗**hebermotor** *m* / window actuator motor, window lift motor || ≗**maschine** *f* / window machine || ≗**öffnung** *f* / window size || ≗**rahmen** *m* / window frame || ≗**technik** *f* / window-oriented || ≗**transformation** *f* (GKS) / window-to-viewport transformation || ≗**überschrift** *f* / window title || ≗**zählrohr** *n* / end-window counter tube

FEP / fluorine ethylene propylene

Ferienprogramm, integriertes ≗ / built-in holiday program

fern *adj* / remote *adj* || **~abgeleitetes Synchronisationssignal** / remotely derived synchronization signal || **≗antrieb** *m* / remote-controlled mechanism, remote control operation || **≗anwahl** *f* / remote selection || **≗anweisen** *n* / teleinstructing *n*, teleinstruction *n* || **≗anweisung** *f* / teleinstruction *n* || **≗anzeige** *f* / remote indication, remote annunciation || **≗anzeigen** *n* / teleindication *n*, telesignalization *n* (depr.) || **≗anzeiger** *m* / remote indicator, distant-reading instrument || **≗aufnehmer** *m* / remote pickup, remote sensor || **≗auslöser** *m* / remote release, remote trip || **≗auslösung** *f* (Ausschalten) / remote tripping, distance tripping || **≗auslösung** *f* (MG) / remote triggering, external triggering || **~bediente Station** / remotely controlled substation

Fern·bedienung *f* / remote control, supervisory control || **≗bedienungspotentiometer** *n* / remote control potentiometer || **≗bedienungspoti** *n* / remote control potentiometer || **≗bedienungsschalter** *m* / remote control switch (r.c.s.) || **≗bedienungstafel** *f* / remote control board (o. panel) || **≗befehl** *m* / remote control command || **≗bereich** *m* (Anlage, System, Netz) / plant-wide area, field environment, system-wide area, network-wide area || **~betätigter Schalter** / remote-controlled switch, remotely actuated switch || **~betätigter Sollwerteinsteller** / remote set-point adjuster || **~betätigtes Gerät** / remotely operated apparatus || **≗betätigung** *f* / remote control || **≗betätigungskreis** *m* / remote control circuit || **≗betriebseinheit** *f* (FBE) DIN 443029 / communication control unit (FBE)

Fernbus *m* / data highway (DH), long-distance bus, long-distance network (LDN) || **≗** *m* (busförmiges LAN) / bus network, bus-type LAN, tree network || **≗anschaltbaugruppe** *f* (Fernbus - Nahbus) / bridge module, gateway *n* || **≗kabel** *n* / DH cable, multi-drop cable || **≗schnittstelle** *f* / DH interface

Fern-Busverstärker(paar) *m* / remote repeater

Fern·diagnose *f* / remote diagnosis, remote diagnostics, telediagnostics *n pl* || **≗dimmer** *m* / remote control dimmer || **≗dreher** *m* / synchro *n*, selyn *n* || **≗dreher-Empfänger** *m* / synchro receiver || **≗dreher-Geber** *m* / synchro transmitter || **≗drehwelle** *f* / synchro system, synchro-tie *n* || **~e Prüfschleife** (DÜE) DIN 66020, T.1 / remote loopback || **≗/Eigen-Umschaltfunktion** *f* DIN IEC 625 / remote/local function IEC 625

Fern·einschlag *m* (Blitz) / remote strike || **≗einstellen** *n* / teleadjusting *n* || **≗entriegelung der Heckklappe** (Kfz) / internal tailgate release, remote-controlled tailgate release || **≗entriegelung der Tankklappe** (Kfz) / remote-controlled (o. internal) filler-flap release || **≗-Entstörung** *f* / long-distance interference suppression || **Istwert-≗erfassen** *n* / remote sensing

Fern·feld *n* / distant field, far field || **≗feldbeugungsmuster** *n* IEC 50(731) / far-field diffraction pattern || **≗fühlen** *n* / remote sensing || **≗führung** *f* DIN 41745 / remote control

Fern·gas *n* / grid gas || **≗geber** *m* / remote pickup, remote sensor || **~gesteuerte Instandhaltung** (Instandhaltung einer Einheit, zu der das Personal keinen unmittelbaren Zugang hat) / remote maintenance (Maintenance of an item performed without physical access of the personnel to the item) || **≗greifer** *m* / remote handling tongs (o. gripper)

Fern·heizkraftwerk *n* / district heating power station || **≗heizung** *f* / district heating

Fern·kabel *n* / trunk cable, long-haul cable || **≗kopie** *f* / facsimile copy, facsimile *n* || **≗kopieren** *n* / facsimile transmission, facsimile communication

Fernkopierer *m* / facsimile communication unit, facsimile unit, facsimile communication equipment || **≗-Empfänger** *m* / facsimile receiver || **≗-Sender** *m* / facsimile transmitter || **≗-Sender/Empfänger** *m* / facsimile transceiver || **≗-Trommelgerät** *n* / drum-type facsimile unit

Fern·kopplung *f* / remote link, remote interfacing || **≗kopplung** *f* (rechnergesteuerte Anlage) / remote interfacing || **≗kurzschluss** *m* / remote short-circuit || **~laden** *v* (Rechner - Rechner, Rechner - Endgerät) / download *v* || **≗leitung** *f* / trunk line, long-distance line || **≗leitung** *f* (zum Anschluss eines Feldmultiplexers) / remote-multiplexer link

Fernlicht *n* (Kfz) / main beam (GB), upper beam (US), main light, driving light || **≗kontrolllampe** *f* / main beam warning lamp || **≗scheinwerfer** *m* / main-beam headlight (GB), high-beam headlight (US)

Fernmanipulation *f* / remote manipulation

Fernmelde·abteil *n* (IK) / telephone service duct (o. compartment) || **≗ader** *f* / telephone-type pilot || **≗anlage** *f* / telecommunications system || **≗-Außenkabel** *n* / outdoor cable for telecommunication systems || **≗einrichtungen** *f pl* / telecommunication facilities, communication means || **≗elektroniker** *m* / communication electronics installer || **≗installateur** *m* / telephone and telegraph installer || **≗kabel** *n* / telecommunications cable || **≗kanal** *m* / communication channel, telephone channel || **≗leitung** *f* / telecommunication line || **≗-Luftkabel** *n* / telecommunications aerial cable || **≗schnur** *f* / telecommunication cord

Fernmeldung *f* / remote indication, remote annunciation, remote signaling

Fernmess·einrichtung *f* / telemeasuring equipment IEC 50(301), telemetering equipment || **≗en** *n* / telemetering *n*, telemetry *n*, remote metering || **≗geber** *m* / remote sensor (o. pickup), transmitter *n* || **≗gerät** *n* / telemeter *n* || **≗ung** *f* / telemetry *n*, telemeasuring *n*, telemetering *n*, telemetered value || **Temperatur≗ung** *f* / remote temperature sensing

Fern·-Ort-Umschalter *m* / remote-local selector || **≗parametierung** *f* / remote parameterizing, remote calibration || **≗potentiometer** *n* / remote control potentiometer || **≗poti-Ausgang** *m* / remote potentiometer output || **~programmierbar** *adj* / remotely programmable || **≗programmierung** *f* / teleprogramming *n*, remote programming

Fern·quittierung *f* / remote acknowledgement || **≗regeln** *n* / teleregulation *n* || **≗-Reserveschutz** *m* / remote back-up protection || **≗reset** *n* / remote reset || **~rückstellbarer Melder** EN 54 / remotely resettable detector || **≗rückstellung** *f* / remote reset(ting)

Fern·schalten *n* / teleswitching *n* (NTG 2001), remote-controlling *n* || **~schalten** *v* / remote-control *v* || **≗schalter** *m* / remote control switch, magnetic remote control switch, remote-controlled switch, remotely actuated switch || **≗schalter** *m*

(Handsteuergerät) / hand-held controller *n* || **≗schalter für Zentral und Gruppe EIN/AUS** / remote-control switch for central and group ON/OFF || **Infrarot-≗schalter** *m* / infrared controller || **≗schaltsystem** *n* / infra-red remote-control system || **~schreiben** *v* / teletype *v* || **≗schreiber** *m* (FS) / teletypewriter *n*, teletyper *n*, teletype *n*, teleprinter *n* || **≗schreiberanlage** *f* / telex system || **≗schreiberanschlussdose** *f* / telex connector box || **≗sehbildröhre** *f* / television tube || **≗sehkamera** *f* / telecamera *n*, T.V. camera || **≗sehnorm** *f* / TV standard || **≗seh-Störspannung** *f* / television interference voltage (TIV) || **≗sehüberwachungsanlage** *f* / closed-circuit TV monitoring system || **~speisetauglich** *adj* / capable of carrying power current || **≗speisung** *f* / remote powering || **≗sprechanlage** *f* / telephone system || **≗sprech-Formfaktor** *m* VDE 0228 / telephone harmonic (form) factor (t.h.f.) || **≗sprechnetzspannung** *f* / telecommunication network voltage (TNV) || **≗sprech-Störfaktor** *m* / telephone influence factor (t.i.f.), telephone interference factor || **≗sprechstörung** *f* / telephone interference || **≗stapelverarbeitung** *f* / remote batch processing, remote job entry (RJE)

Fernsteuer·befehl *m* / remote control command || **≗freigabe-Ruhezustand** *m* (PMG) DIN IEC 625 / remote enable idle state || **≗freigabe-Ruhezustand der Systemsteuerung** (PMG) DIN IEC 625 / system control remote enable idle state (SRIS) || **~-Freigabezustand** *m* (PMG) DIN IEC 625 / remote enable state || **≗kreis** *m* / remote control circuit

fernsteuern *v* / remote-control *v* || ~ *v* (FWT) / telecommand *v*

Fernsteuer·schalter *m* / remote control switch (r.c.s.) || **≗-Sperrzustand der Systemsteuerung** (PMG) DIN IEC 625 / system control remote enable not active state (SRNS)

Fernsteuerung *f* / remote control, supervisory control || **≗ freigeben** (PMG) DIN IEC 625 / remote enable (REN) IEC 625 || **≗ mit drahtloser Übertragung** / radio control || **≗ über das Netz** / mains signalling

Fernsteuerungs·freigabe *f* / remote enable (REN) || **≗steuerungsfreigabe senden** (PMG) DIN IEC 625 / send remote enable (sre) || **≗steuerungszustand mit Verriegelung** (PMG) DIN IEC 625 / remote with lockout state (RWLS)

Fernsteuer·zentrale *f* / remote control centre || **≗zustand** *m* (PMG) DIN IEC 625 / remote state (REMS) IEC 625

Fern·tastdimmer *m* / remote-controlled dimmer || **≗thermometer** *n* / distant-reading thermometer, telethermometer *n* || **≗tongeber** *m* / remote alarm initiator

Fernübertragung *f* / teletransmission *n*, long-distance transmission, high-voltage DC transmission, HVDC transmission, HVDCT (long range transmission) || **Daten-≗** *f* (DFÜ) / long-distance data transmission, data communications || **HGÜ-≗** *f* / HVDC transmission system

Fern·überwachen *n* / telemonitoring *n* || **≗unterstützung** *f* / remote support || **≗verarbeitung** *f* / teleprocessing *n* (TP) || **≗verstärker** *m* (Bus) / remote repeater || **≗wärme** *f* / district heating || **≗wärmesystem** *n* / district heating (system) || **≗wartung** *f* / teleservice *n* (TS)

Fernwirk·anlage *f* / telecontrol installation (o. system) || **≗anschaltung** *f* (f. Messgeräte) / telecontrol interface, remote control interface || **≗anschluss** *m* / remote terminal interface (RTI) || **≗empfänger** *m* / telecontrol receiver

Fernwirken *n* (FW) / telecontrol *n*, supervisory remote control, supervisory control, selective supervisory control, remote control, telecontrol systems

Fernwirk·-Funktionseinheit *f* / telecontrol functional unit || **≗gerät** *n* / telecontrol unit, telecontrol equipment, remote terminal unit (RTU) || **≗information** *f* / telecontrol information

Fernwirk·-Kompaktgerät *m* / compact unit (CU), compact device, telecontrol compact unit || **≗kopf** *m* / telecontrol interface (TCI) || **≗kopf** *m* (Schnittstellenbaugruppe) / telecontrol interface module || **≗leitstelle** *f* / telecontrol centre || **≗leitsystem** *n* / telecontrol system || **≗netz** *n* / telecontrol network, telecontrol configuration || **≗protokoll** *n* / telecontrol protocol || **≗-Prozessorbaugruppe** *f* (FP) / telecontrol processor module || **≗raum einer Station** / substation telecontrol room

Fernwirk·satz *m* / telecontrol sentence || **≗schnittstelle** *f* / telecontrol interface || **≗sender** *m* / telecontrol transmitter || **≗sperre** *f* / telecontrol disable || **≗station** *f* / telecontrol station || **≗stelle** *f* / location with telecontrol station(s) || **≗steuerung** *f* (Gerät) / telecontrol unit || **≗störung** *f* / malfunction *n* (of telecontrol equipment) || **≗strecke** *f* / telecontrol route || **≗strecke** *f* (Verbindung) / telecontrol link || **≗strecke** *f* (Kanal) / telecontrol channel || **≗system** *n* / telecontrol system, supervisory remote control system, supervisory control system, selective supervisory control system || **≗system mit Spontanbetrieb** / quiescent telecontrol system

Fernwirk·technik *f* / telecontrol engineering, telecontrol *n*, supervisory remote control || **≗technik** *f* (FWT) / remote control, telecontrol *n*, telecontrol systems || **≗telegramm** *n* / telecontrol telegram, telecontrol message, telecontrol frame

Fernwirk·-Übermittlungszeit *f* / telecontrol transfer time || **≗übertragung** *f* / telecontrol transmission || **synchrone ≗übertragung** / synchronous telecontrol transmission || **≗-Übertragungstechnik** *f* / telecontrol transmission techniques || **≗-Unterstation** *f* / outstation *n*, controlled station, remote station || **≗verbindung** *f* / telecontrol link || **≗warte** *f* / telecontrol centre, telecontrol room || **≗-Zentralstation** *f* / (telecontrol) master station

Fern·zählausgang *m* / telecounting output, duplicating output || **≗zählen** *n* (Übermittlung integrierter Messwerte) / telecounting *n*, remote metering, transmission of integrated totals || **≗zähler** *m* / duplicating meter, duplicating register, telecounter *n* || **≗zählgerät** *n* / duplicating meter, duplicating register, telecounter *n* || **≗zählrelais** *n* / duplicating meter relay || **≗zählung** *f* / telecounting *n* || **≗zählverstärker** *m* / telecounting pulse amplifier, duplicating amplifier || **≗zählwerk** *n* / duplicating register, repeating register

Ferraris·-Motor *m* / Ferraris motor, shaded-pole motor || **≗-Relais** *n* / Ferraris relay, induction relay || **≗-Zähler** *m* / Ferraris meter

ferrimagnetischer Werkstoff / ferrimagnetic material

Ferrimagnetismus *m* / ferrimagnetism *n*
Ferrit *n* / ferrite *n* || **≗-Dauermagnet** *m* / ferrite permanent magnet || **≗drossel** *f* / ferrite core reactor || **≗magnet** *m* / ferrite magnet || **≗motoren** *m pl* / motors with ferrite magnetic material || **≗stab** *m* / ferrite rod
Ferroaluminium *n* / ferroaluminium *n*
ferrodynamisches Instrument / ferrodynamic instrument, iron-cored electrodynamic instrument || **~ Messgerät** / ferrodynamic instrument, iron-cored electrodynamic instrument || **~ Relais** / ferrodynamic relay
Ferroelektrikum *n* / ferroelectric *n*
ferroelektrisch *adj* / ferroelectric *adj* || **~e Curie-Temperatur** / ferroelectric Curie temperature || **~e Domäne** / ferroelectric domain
Ferroelektrizität *f* / ferroelectricity *n*
ferromagnetisch *adj* / ferromagnetic *adj* || **~e Resonanz** / ferromagnetic resonance || **~er Werkstoff** / ferromagnetic material
Ferro·magnetismus *m* / ferromagnetism *n* || **≗resonanz** *f* / ferroresonance *n*
fertig *adj* / done *adj* || **~konfektioniert** / pre-assembled || **~ montiert** / factory-assembled *adj*, preassembled *adj* || **≗anstrich** *m* / last coating of paint || **≗bauinstallation** *f* / wiring (system) of prefabricated buildings
Fertig·bearbeiten *n* / finish-machining *n*, finishing *n*, finish-cutting *n*, finish-turning *n* || **~bearbeitet** *adj* / finish-worked *adj* || **≗bearbeitung** *f* / finishing *n*, finish *n*, finishing cut, finish cutting, finish cut || **≗bearbeitungszyklus** *m* / finishing cycle
Fertigdrehen *n* / finish-turning *n*
fertige Lösung / off-the-shelf solution
Fertig·erzeugnis *n* / finished product || **≗form** *f* / finished form || **≗kontur** *f* / final contour, finished contour || **≗leitung** *f* / ready-made cable || **≗maß** *n* / finished dimension, finished size, final dimension || **≗meldung** *f* / completion report, completed message || **Fertig·packung** *f* / prepack *n* || **≗silo** *m* / cullet silo || **≗stechen** *n* (WZM) / finish grooving
Fertigteil *n* / finished part, machined part || **≗ausschnitt vergrößern** / zoom a finished part viewport || **≗beschreibung** *f* (NC) / finished-part description || **≗darstellung** *f* / machined part display || **≗kontur** *f* / finished-part contour || **linke ≗seite** / left-hand side of part || **rechte ≗seite** / right-hand side of part || **≗-Vorbereitungssatz** *m* (NC) / finished-part preparation record
Fertigung *f* / manufacture *n*, production *n*, manufacturing *n* || **kommissionsweise ≗** / manufacturing against orders || **rechnergestützte ≗** / computer-aided production || **rechnerunterstützte ≗** / computer aided manufacturing (CAM)
Fertigungs·ablauf *m* / production procedure, job routing, operations path, machining sequence, production flow || **≗ablauf** *m* (WZM, NC) / machining procedure || **≗abschnitt** *m* / production section || **≗angaben** *f pl* / manufacturing specifications, machining details || **≗anlage** *f* / production plant || **≗auftrag** *m* / production order, manufacturing order || **≗auftrag** *m* (FA) / production order (PO) || **≗auftragsrückmeldung** *f* / production order acknowledgement || **≗automation** *f* / production automation || **≗automatisierung** *f* / production automation, automated manufacturing technology (AMT), manufacturing automation, factory automation, factory automation systems
fertigungsbedingter Ausfall (Ausfall aufgrund von Fertigungsfehlern in Bezug auf die Konstruktion oder die vorgeschriebenen Fertigungsprozesse) / manufacturing failure (A failure due to non-conformity during manufacture to the design of an item or to specified manufacturing processes) || **~ Fehlzustand** (Fehlzustand aufgrund von Fertigungsfehlern in Bezug auf den Entwurf oder die vorgeschriebenen Fertigungsprozesse) / manufacturing fault (A fault due to non-conformity during manufacture to the design of an item or to specified manufacturing processes)
Fertigungs·beobachtung *f* / production surveillance, production monitoring || **≗bereich** *m* / production area || **≗disposition** *f* / production planning and scheduling || **≗durchlaufzeit** *f* / production throughput time || **≗einrichtung** *f* / manufacturing equipment, plant floor devices
Fertigungs·fehler *m* / manufacturing defect, deficient workmanship || **≗feinplanung** *f* / detail scheduling (of manufacture), finite production planning || **≗fluss** *m* / production flow || **≗fortschritt** *m* / production progress, manufacturing progress || **≗freigabe** *f* / production release || **Verfahren zum Rückruf bei bedingter ≗freigabe** / positive recall system
Fertigungs·gemeinkosten *plt* / production overheads || **erreichbare ≗genauigkeit** / process capability || **≗grobplanung** *f* / master scheduling || **≗halle** *f* / shop floor || **≗identifikations-Nr.** *f* / product identification no. || **≗industrie und Logistik** / Manufacturing Industry and Logistics || **≗insel** *f* / island of production, production island || **≗jahr** *n* / year of manufacture || **≗kapazität** *f* / production capacity || **≗kontrolle** *f* / production control, manufacturing inspection, in-process inspection, in-process inspection and testing, process inspection, line inspection, intermediate inspection and testing, interim review
Fertigungs·leitebene *f* / production management level, plant management level, operations management level, plant and process supervision level, coordinating and process control level || **≗leiter** *m* / production manager || **≗leiter** *m* (FFS) / system supervisor || **≗leitrechner** *m* / production control computer, host computer || **≗leitrechner** *m* (FLR) / host computer, host computers, factory computer, central production computer, factory host computer || **≗leitsteuerung** *f* / coordinating production control || **≗leittechnik** *f* / production control system, production management, production control systems, factory automation || **≗leittechnik** *f* (CAM) / computer-aided manufacturing (CAM) || **≗linie** *f* / production line || **≗löhne** *m pl* / production wages || **≗los** *n* / lot *n*, batch *n*
Fertigungs·maschine *f* / production machine || **≗mittel** *n pl* / production facilities || **~nah** *adj* / manufacture-related *adj* || **≗-Nr.** *f* / serial number || **≗nummer** *f* / serial number || **≗ort** *m* / place of manufacture || **≗plan** *m* / production schedule, production plan || **≗planung** *f* / production planning, process planning || **≗präzision** *f* / manufacturing accuracy || **≗präzision** *f* (QS) DIN 55350,T.11 / process capability || **≗protokoll** *n* /

production report || ²**prüfer** *m* / in-process inspector || ²**prüfplan** *m* / in-process inspection plan || ²**prüfung** *f* DIN 55350,T.11 / process inspection || ²**prüfung** *f* (Zwischenprüfung an einem in der Fertigung befindlichen materiellen Produkt) DIN 55350,T.11 / in-process inspection, in-process inspection and testing, intermediate inspection and testing, line inspection, manufacturing inspection, interim review || **fliegende** ²**prüfung** / patrol inspection || ²**qualität** *f* / quality of manufacture

Fertigungs·rationalisierung *f* / standardization *n* || ²**regelkreis** *m* / logistic control loop of production || ²**revision** *f* / process inspection, in-process inspection, in-process inspection and testing, intermediate inspection and testing, line inspection, manufacturing inspection, interim review || ²**revision** *f* (Abteilung) / inspection department || ²**rückstand** *m* / production (o. work) backlog

Fertigungs·spannweite *f* (QS) / process range || ²**stätte** *f* / manufacturing location || ²**stelle** *f* / production plant, manufacturing plant || ²**steuerung** *f* / production control, product control, computer aided manufacturing (CAM), CAM (computer aided manufacturing) || ²**steuerung im Datenverbund** (CIM) / computer-integrated manufacturing (CIM) || ²**straße** *f* / production line || **flexibles** ²**system** (FFS) / flexible manufacturing system (FMS)

Fertigungs·technik *f* / production engineering, manufacturing engineering, production technology, manufacturing technology || **~technisch** *adj* / from production point of view || ²**technologie** *f* / production technology, manufacturing technology || ²**tiefe** *f* / manufacturing depth || ²**toleranz** *f* DIN 55350,T.11 / manufacturing tolerance, process tolerance

Fertigungs·überwachung *f* / process inspection || ²**umgebung** *f* / manufacturing environment || ²**umstellung** *f* / production changeover || ²**vorbereitung** *f* / production engineering, process planning, operations scheduling || ²**zeichnung** *f* / manufacturing drawing, production drawing || ²**zelle** *f* / production cell || **flexible** ²**zelle** (FFZ) / flexible manufacturing cell (FMC) || ²**zentrum** *n* / machining centre

Fertigwert *m* / conditioned value, resultant value

fest *adj* / fixed *adj* || ~ **abgespeichertes Unterprogramm** / permanently stored subroutine || ~ **durchgeschaltete Leitung** / dedicated line, permanent line || ~ **eingebaut** / stationary-mounted *adj*, permanently installed || ~ **installiertes Peripheriegerät** (SPS) / permanent peripheral || ~ **vorgegeben** / predefined *adj*

Fest·abstandfeuer *n* (Flp.) / fixed distance lights || ²**abstandmarke** *f* (Flp.) / fixed distance marking

fest·angebrachte Betriebsmittel VDE 0100, T.200 / fixed equipment IEC 50(826) || **~angeschlossene flexible Leitung** / non-detachable flexible cord (o. cable) || **~angeschlossene Leitung** / non-detachable cable (o. cord) || **~angeschlossener Selbstschalter** / fixed circuit-breaker (CEE 19)

Fest·anschlag *m* / limit stop, fixed stop, dead stop, stop *n* || ²**anschlagserkennung** *f* / fixed stop detection || ²**anschlagsüberwachungsfenster** *n* / fixed stop monitoring window || ²**anschluss** *m* / non-detachable connection, permanent connection, permanent terminal connection, fixed connection

Fest·beleuchtung *f* / festoon lighting, gala illumination || ²**bremsmoment** *n* / locked-rotor torque, stalled torque || ²**brennstoff** *m* / solid fuel || ²**drehzahlantrieb** *m* / fixed speed drive, constant-speed drive

fest·e Anschlussleitung VDE 0806 / power supply cord IEC 380 || **~e Anschlussleitung** DIN IEC 598, VDE 0730,1 / non-detachable flexible cable (o. cord) (CEE 10) IEC 598 || **~e Arbeitszeit** / fixed working hours, normal working hours || **~e Fremdstoffe** / foreign solids || **~e Installation** (a. SPS) / permanent installation IEC 1131-1 || **~e Kosten** (StT) / fixed costs || **~e Kupplung** (Antrieb) / permanent coupling, fast coupling || **~e Installation** / fixed installation, fixed wiring || **~e Satzlänge** (NC) / fixed block length || **~e Satzschreibweise** / fixed-block format ISO 2806-1980 || **~e Schirmverbindung** (Kabel) / solid bond || **~e Taktgebung** (LE, SR-Antrieb) / fixed-frequency clocking || **~e Triggerquelle** / fixed trigger source || **~e Verbindung** (SK) / fixed connection || **~e Verdrahtung** / fixed wiring || **~e Verlegung** (Kabel, Verdrahtung) / fixed installation, permanent installation, fixed wiring (o. cabling)

Feste-Betriebsart-Eingang *m* / fixed-mode input

Festeinbau *m* / fixed mounting, permanent installation || **für** ² / for permanent mounting, fixed *adj*, stationary *adj* || ²**anlage** *f* / non-withdrawable switchgear, non-withdrawable switchgear assembly, stationary-mounted switchgear || **Leistungsschalter-**²**anlage** *f* (Gerätekombination, Einzelfeld) / non-withdrawable circuit-breaker assembly, non-withdrawable circuit-breaker panel, stationary-mounted circuit-breaker assembly || **Leistungsschalter-**²**anlage** *f* (Übergriff, Anlage) / non-withdrawable circuit-breaker switchgear, switchboard with non-withdrawable circuit-breakers, stationary-mounted circuit-breaker switchboard || ²**-Lasttrennschalter** *m* / fixed-mounted circuit-breaker, fixed-mounted switch-disconnector || ²**-Schaltanlage** *f* / non-withdrawable switchgear, non-withdrawable switchgear assembly, stationary-mounted switchgear || ²**technik** *f* / fixed-mounted design

festeingebaut·e Einheit (Schalteinheit) / stationary-mounted unit, non-withdrawable unit, non-drawout unit, fixed-mounted unit || **~er Leistungsschalter** / fixed circuit-breaker, non-drawout circuit-breaker || **~es Gerät** / stationary-mounted device ANSI C37.100, non-withdrawable unit

festeingestellt *adj* / non-adjustable *adj*, with a fixed setting, fixed-setting *adj*, fixed *adj*, permanently set, permanently fixed || **~er Auslöser** / non-adjustable release || **~er Thermoschalter** / non-adjustable thermostatic switch || **~er Überstromauslöser** / non-adjustable overcurrent release

Fest·einstellung *f* / fixed setting || **~elektrolytisches Sauerstoffanalysegerät** / solid-electrolyte oxygen analyzer

fest, Lager mit ~em Sitz / straight-seated bearing || **~er Anschluss** VDE 0100, T.200 / fixed termination, non-detachable connection || **~er Arbeitszyklus** (NC) / fixed cycle, canned cycle || **~er Ausleger** (f. Leitungsmontage) / davit *n* || **~er**

Isolierstoff / solid insulating material || **~er Schiebesitz** / tight push fit || **~er Schmierring** / disc-and-wiper lubricator, collar oiler || **~er Steckverbinder** / fixed connector || **~er Zyklus** / fixed cycle, canned cycle

Fester-Zustand-Ausgang *m* / fixed-state output

fest·es Bauelement / fixed component || **~es Bild** (BSG) / permanent display || **~es Dielektrikum** / solid dielectric || **~es Eingabeformat** / fixed input format || **~es H-Signal** / fixed H-signal || **~es L-Signal** / fixed L-signal || **~es Satzformat** (NC) / fixed block format ISO 2806-1980 || **~es Schaltstück** / stationary contact member, fixed contact

Fest·feld *n* / non withdrawable switchgear cubicle || **≗feuer** *n* / fixed light

Festfrequenz *f* / fixed frequency || **≗betrieb** *m* / fixed frequency operation || **≗-Modus - Bit 0** / fixed frequency mode - Bit 0 || **≗wahl** *f* / fixed frequency selection

festfressen *v* / seize *v*, jam *v* || **sich ~fressen** / seize *v*, jam *v*

festgebremst *adj* / stalled *adj* || **Drehmoment bei ~em Läufer** / locked-rotor torque, blocked-rotor torque, static torque || **~er Läufer** / locked rotor, stalled rotor, blocked rotor || **~er Motor** / stalled motor || **~er Zustand** (Mot.) / locked-rotor condition, stalled rotor condition, blocked-rotor condition

festgelegt·e Werte (konventionelle Größen) / conventional quantities || **~e Zeit** (konventionelle Zeit) / conventional time || **~er Auslösestrom** (LS, LSS) / conventional tripping current || **~er Betriebsbereich** *m* (EZ) VDE 0418 / specified operating range || **~er Nichtauslösestrom** (LS, LSS) / conventional non-tripping current || **~er Parameter** / fixed parameter || **~es Verfahren** (QS) / routine *n* || **~es Zeitverhalten** (Rel.) / specified time

festgeschaltete Leitung / dedicated line, permanent line

Fest·haltevorrichtung *f* / retaining device, restraining device || **Stecker mit ≗haltevorrichtung** / restrained plug || **≗haltung** *f* / retaining device, restraining device

festigen *v* (Passung, Sitz) / tighten *v*

Festigkeit *f* / strength *n*, resistance *n* || ≗ *f* (Zähigkeit) / tenacity *n* || ≗ **bei Querbeanspruchung** / transverse strength || ≗ **bei Verdrehungsbeanspruchung** / torsional strength || ≗ **der Schaltstrecke** / dielectric strength of break || **elektrische** ≗ / electric strength, dielectric strength || **Langzeit~** *f* / endurance strength || **mechanische** ≗ (Material) / mechanical strength || **mechanische** ≗ (Gerät) / mechanical stability

Festigkeits·berechnung *f* / stress analysis || **≗eigenschaft** *f* / strength *n* || **≗klasse** *f* / property class, strength class || **~mäßig** *adj* / as regards to stress

fest·installiert *adj* / permanently installed || **~keilen** *v* / chock *v*, key *v* || **~klemmen** *v* (blockiert werden) / jam *v*, jam tight, seize *v* || **~klemmen** *v* (befestigen) / clamp *v*

Fest·komma *m* / fixed support || **≗kondensator** *m* / fixed capacitor || **≗kontakt** *m* / stationary contact member, fixed contact

Festkörper *m* / solid *n* || **≗-Bildwandler** *m* / monolithic image sensor || **≗elektronik** *f* / solid-state electronics || **≗laser** *m* / solid-state laser || **≗physik** *f* / solid-state physics || **≗reibung** *f* / solid friction, dry friction || **≗schaltung** *f* / solid-state circuit || **≗schaltung** *f* (FKS) / solid-state circuitry, integrated solid-state circuitry || **≗strahler** *m* / solid-state radiator, solid-state lamp

Fest·lager *n* / fixed bearing, locating bearing || **~legen** *v* / fix *v*, locate in position, locate *v*, define *v*

Festlegung *f* / definition *n* || ≗ **Bestückung mit Regelungsbaugruppen** / determine assembly with control modules || ≗ **der Einsatzforderungen** / statement of operational requirements (AQAP) || ≗ **der Vorschubmotoren** / determine feed motors || ≗ **des Referenzpunktes** (NC) / definition of reference point, definition of home position

Fest·maß *n* / solid measure || **≗mengenimpuls** *m* / fixed-weightage pulse || **≗netz** *n* / wired network, land-line network

Festplatte *f* / hard disk drive, fixed disk, hard-disk storage, rigid disk || ≗ *f* (Speicher) / hard disk, Winchester disk

Festplatten·anschaltung *f* / Winchester drive controller || **mit ≗auswahl** / with hard disk selection || **≗laufwerk** *n* / fixed-disk (o. hard-disk drive), Winchester drive || **≗speicher** *m* / hard disk drive, hard disk, hard-disk storage, fixed disk, rigid disk || **≗steuerung** *f* / Winchester drive controller || **≗wechseleinsatz** *m* / removable hard disk unit

festplatz·codiert *adj* / fixed-location-coded || **≗codierung** *f* / fixed-location coding || **≗werkzeug** *n* / fixed-location tool

Festpreis *m* / fixed price || **pauschalierter** ≗ / flat rate price || **≗zuschlag** *m* / fixed-price surcharge

festprogrammiert·e Steuerung / fixed-programmed controller || **~er Festwertspeicher** / fixed-programmed read-only memory

Festpunkt *m* / anchor *n* || ≗ *m* (f. Vermessung) / reference point, bench mark || ≗ *m* (FP Radixschreibweise) / fixed point (FP) || ≗ *m* (Auflager) / fixed support || **≗addition** *f* / fixed-point addition || **≗-Anfahren** *n* / fixed-point approach || **≗darstellung** *f* / fixed-point notation || **≗-Doppelwort** *n* / fixed-point double word || **≗-Doppelwortzahl** *f* / double-precision fixed-point number || **≗dualzahl** *f* / fixed-point binary number || **≗-Dualzahl** *f* / fixed-point binary number || **≗fahren** *n* / fixed-point approach || **≗konstante** *f* / fixed-point constant || **≗rechnung** *f* / fixed-point calculation, fixed-point computation, fixed-point arithmetic || **≗schreibweise** *f* / fixed-point representation, fixed-point notation || **≗wandlung** *f* / fixed-point conversion || **≗zahl** *f* / fixed-point number || **≗zahl** *f* (FPZ) / fixed point value, fixed-point number (FPN) || **≗zahl mit Vorzeichen** / fixed-point number with sign

Fest·ring *m* (Lg.) / locating ring || **≗ringschmierung** *f* / disc-and-wiper lubrication || **Lager mit ≗ringschmierung** / disc-and-wiper-lubricated bearing || **≗sitz** *m* / medium-force fit, interference fit || **≗sitzsollwert** *m* / fixed setpoint || **≗sitzspannungswicklung** *f* / fixed-voltage winding || **≗sollwert** *m* / fixed setpoint || **≗speicher** *m* DIN 44300 / read-only storage || **≗speicherbaustein** *m* (Chip) / read-only memory chip, ROM chip

feststehend *adj* / fixed *adj*, stationary *adj* || **~e Anzapfstelle** / fixed tap || **~er Anker** / stationary armature || **~er Einfahrkontakt** / fixed contact, stab *n* || **~er Kontakt** / stationary contact member, fixed contact || **~er Teil** (ST) / stationary part, stationary structure, cubicle *n* || **~es Schaltstück** / stationary contact member, fixed contact

Feststell·bremse *f* / parking brake || **≗einrichtung** *f* / arresting device

feststellen *v* / determine *v* || ~ *v* (arretieren) / arrest *v*, fix in position, locate *v*

Feststell·mutter *f* / lock nut, locking nut, check nut || **≗ring** *m* / locating ring, locking ring || **≗schraube** *f* / lock screw, locking screw, setscrew *n* || **≗vorrichtung** *f* / arresting device, locking device

Feststoff·e *m pl* / solid particles, solid matter, foreign solids, solids *n pl* || **≗elektrolyt-Batterie** *f* / solid electrolyte battery || **≗-Gasprinzip** *n* / hard-gas method || **≗gehalt** *m* / solids content || **≗isolierung** *f* / solid insulation || **≗laser** *m* / solid-state laser, solid laser || **≗-Luft-Isolierung** *f* / solid-insulant-air insulation || **≗-Schmiermittel** *n* / solid lubricant || **≗schmierung** *f* / solid-film lubrication || **≗teilchen** *n pl* / particles of solids

Fest·transformator *m* / fixed-ratio transformer, untapped transformer || **≗treibstoff** *m* / solid fuel || **~verdrahtet** *adj* / permanently-wired *adj* || **≗vorschub** *m* / fixed feedrate, fixed feed

Festwert·kondensator *m* / fixed-value capacitor || **≗regelung** *f* / fixed setpoint control, set value control, fixed-command control, fixed setpoint controller, control with constant desired value || **≗regler** *m* / fixed setpoint controller, set value controller, fixed-command controller || **≗speicher** *m* / read-only storage, read-only memory (ROM) || **elektrisch löschbarer programmierbarer ≗speicher** (EEPROM) / electrically erasable programmable read-only memory (EEPROM) || **UV-löschbarer programmierbarer ≗speicher** / erasable programmable read only memory (EPROM)

Festwicklung *f* / fixed-voltage winding

Festwiderstand *m* / fixed resistor, invariable resistor, fixed-value resistor, (fixed) resistance not depending on stroke of value || **negativer ≗** / negative virtual flow resistance, negative fixed virtual flow resistance

Fest·winkelinterpolation *f* (NC) / fixed-angle interpolation || **≗wort** *n* (F-Wort) / fixed-length word

FET / field-effect transistor (FET)

Fett *n* / grease *n*, lubricating grease

fett *adj* / bold *adj*

Fett·begrenzer *m* / grease slinger, grease valve || **~beständig** *adj* / resistant to grease, grease-resistant *adj* || **~dichtes Papier** / greaseproof paper || **≗büchse** *f* / grease cup || **~frei** *adj* / free of grease || **≗füllung** *f* / grease packing, grease charge, grease filling || **~gedruckt** *adj* / in bold-face type || **~geschmiert** *adj* / grease-lubricated *adj* || **≗lösungsmittel** *n* / grease solvent || **≗mengenregler** *m* (Lg.) / grease slinger, grease valve || **≗presse** *f* / grease gun || **≗schmiernippel** *m* / greasing nipple, grease nipple || **≗schmierung** *f* / grease lubrication || **Lager mit ≗schmierung** / grease-lubricated bearing || **≗spritze** *f* / grease gun || **≗standzeit** *f* / grease stability time || **≗vorkammer** *f* / sealing grease compartment

Feuchte *f* / humidity *n*, moisture content

feuchte und nasse Räume VDE 0100, T.200 / damp and wet locations || **~ Wärme** DIN IEC 68 / damp heat || **~ Wärme, konstant** DIN IEC 68 / damp heat, steady state || **~ Wärme, zyklisch** DIN IEC 68 / damp heat, cyclic

Feuchte·abbild *n* / moisture indicator, moisture indicating strip || **≗aufnehmer** *m* / humidity sensor || **≗beanspruchung** *f* / humidity rating, humidity class || **≗-Durchlaufzelle** *f* / humidity flow cell || **Isolationsfestigkeit nach ≗einwirkung** / insulation resistance under humidity conditions || **≗geber** *m* / humidity detector || **≗gehalt** *m* / moisture content || **≗grad** *m* / degree of humidity, relative humidity || **≗-Hitze-Prüfung** *f* / damp heat test || **≗indikator** *m* / moisture indicator || **≗istwert** *m* / humidity actual value || **≗klasse** *f* / humidity rating, humidity class || **≗klassifizierung** *f* / humidity rating, humidity class || **≗-Korrekturfaktor** *m* / humidity correction factor || **≗messer** *m* / moisture meter *n*, hygrometer *n*

feuchter Raum / damp location, damp situation

Feuchteregelung *f* / humidity control

feuchtes Thermometer / wet-bulb thermometer

Feuchteschutz *m* / protection against ingress of moisture

feuchtesicher / moisture-resistant *adj*, damp-proof *adj*, proof against humid conditions

Feuchtesollwert *m* / humidity setpoint

Feuchtfestigkeit *f* / moisture resistance, resistance to moisture (o. humidity), dampproofness

Feuchtigkeit *f* / humidity *n*, moisture *n*, dampness *n*

Feuchtigkeits·aufnahme *f* / moisture absorption, absorbing of moisture || **~beständig** *adj* / moisture-resistant *adj*, damp-proof *adj*, proof against humid conditions || **≗beständigkeit** *f* / moisture resistance, resistance to moisture (o. humidity), dampproofness || **≗gehalt** *m* / moisture content || **≗grad** *m* / degree of humidity, relative humidity || **≗klasse** *f* / humidity rating, humidity class || **≗-Korrekturfaktor** *m* / humidity correction factor || **≗messer** *m* / moisture meter, hygrometer *n* || **≗prüfung** *f* / humidity test || **≗regler** *m* / humidistat *n* || **≗schutz** *m* / protection against moisture || **≗schutzart** *f* / degree of protection against moisture (o. humid conditions)

Feucht·raum *m* / damp location, damp situation || **≗raum** *m* (Prüfraum) / humidity cabinet || **≗raumfassung** *f* / damp-proof lampholder, moisture-proof socket || **≗raumkabel** *n* / damp-proof cable || **≗raumleuchte** *f* (FR-Leuchte) / damp-proof luminaire, luminaire for damp interiors || **≗raumtransformator** *m* (FR-Transformator) / damp-proof transformer || **≗sensor** *m* / moisture sensor

feuchtwarm·es Klima / damp tropical climate || **≗festigkeit** *f* / resistance to heat and humidity, suitability for tropical conditions

Feuer *n* (Leuchtfeuer) / light signal, light *n*, beacon *n* || **einstrahliges ≗** / unidirectional light || **offenes ≗** / open fire, open flame || **≗abschnitt** *m* (Flp.) / section of lights || **≗alarm** *m* / fire alarm || **≗ausfall** *m* (Flp.) / light failure || **≗bake** *f* / beacon *n* || **≗bekämpfung** *f* / fire fighting || **≗beständigkeit** *f* / resistance to fire, resistance to burning IEC 614-1, flame resistance || **≗einheit** *f* (Flp.) / light unit

Feuer·festigkeit *f* / fireproofness *n*, resistance to fire || **≗gefahr** *f* / fire hazard, fire risk

feuer·gefährdete Betriebsstätte / location exposed to fire hazards, operating area (o. location) presenting a fire risk, operating area subject to fire hazards || **~gefährlich** *adj* / inflammable *adj*, presenting a fire risk || **~hemmend** *adj* / fire-retardant *adj*, flame-retardant *adj*
Feuer·löscher *m* / fire extinguisher || **≗meldeanlage** *f* / fire alarm system, fire detection system || **≗melder** *m* / fire-alarm call point, fire-alarm call box, call point || **≗meldung** *f* / fire alarm
feuern *v* (Bürsten) / spark *v*
feuerraffiniertes, zähgepoltes Kupfer / fire-refined tough-pitched copper (f.r.t.p. copper)
Feuer·raum *m* / combustion chamber || **≗schiff** *n* / light vessel, light ship || **≗schutzabschluss** *m* / fire barrier || **≗schutzanstrich** *m* / fireproofing coat, fire coat || **≗schutzisolierung** *f* / fireproofing *n* || **≗schutzwand** *f* / fire protection wall, fire wall || **≗schweißung** *f* / forge welding, fire welding, pressure welding
feuersicherheitliche Prüfung / fire-risk testing, fire hazard test
Feuerung *f* / furnace *n*, firebox *n*
Feuerungs·anlage *f* / furnace *n* || **≗technik** *f* / burner management system
feuer·verzinken *v* / hot-galvanize *v*, to hot-dip galvanize || **~verzinkt** *adj* / hot-galvanized, hot-dip galvanized || **~verzinnen** *v* / hot-tin *v*, tin-coat *v*
Feuerwiderstandsklasse *f* / fire resistance rating
FF / flipflop *n* (FF)
FFE (Funktionsfehlererkennbarkeit) / function failure recognizability
FFR (Vorschub Parameter) / FFR (feedrate)
FFS / Flash File System (FFS), flexible manufacturing system (FMS) || ≗ (Funktionsfehlersicherheit) / FFS (function failure safety) || ≗ (flexibles Fertigungssystem) / FMS (flexible manufacturing system)
FFT (Fast Fourier Transformation) / FFT (Fast Fourier Transformation) || **≗-Verfahren** *n* (Verfahren der schnellen Fourier-Transformation) / FFT method
F-Funktion *f* / F function (feed function), F word
FFZ (Flexible Fertigungszelle) / FMC (flexible manufacturing cell)
FG / waveshape generator, FG (function generator)
FH (Fensterheber) / electric window lift, window-lift motor, window lift, window drive, power windows || ≗ (Funktionshandbuch) / function manual, FH
FI-Block *m* / r.c.c.b. block
FID / flame ionization detector (FID) || **≗-Verstärker** *m* / FID amplifier
Field Programmable Gate Array (FPGA) / field programmable gate array (FPGA)
FIFO (Erster-Rein-Erster-Raus Prioritätssteuerung) / first-in-first-out memory (FIFO), FIFO buffer || **≗-Buffer** *m* / first-in-first-out memory (FIFO), FIFO buffer || **≗-Speicher** *m* / first-in-first-out memory (FIFO), FIFO buffer
Figur *f* / shape || **≗bearbeitung** *f* / figure editing
fiktiv·e Spannung / fictitious voltage || **~er Wert** / fictitious value
Filamentleiter *m* / filamentary conductor, multifilament conductor
Filetransfer *m* / file transfer
Film *m* / film *n* || ≗ *m* (Komm.) / skin *n*, film *n*, oxide film, tan film || **automatisches ≗bonden** / tape automated bonding (TAB) || **≗festigkeit** *f* (Schmierst.) / film strength || **≗kammer** *f* / film chamber || **≗studiolampe** *f* / studio spotlight || **≗träger** *m* (IS) / film carrier || **Doppelradius-≗zylinder** *m* / two-radian camera, Straumanis two-radian camera
FI/LS (Fehlerstrom-/Leitungsschutzschalter) / RCBO (residual current operated device) || **≗-Schalter** *m* (Fehlerstrom-/Leitungsschutzschalter) / RCBO (residual current operated device)
Filter *n* / filter *n* || **wechselstromseitiger** ≗ (Filter auf der Wechselstromseite eines Gleichrichters, der zur Verringerung der Oberschwingungen in dem angeschlossenen System dient) / a.c. filter (A filter in the a.c. side of a convertor designed to reduce the harmonics in the associated system) || **≗baugruppe** *f* / filter module, capacitor module || **≗bereich** *m* / filter area || **≗eingang** *m* / filter input, filtered input || **≗einsatz** *m* / filter cartridge || **≗funktion** *f* / filter function || **≗kondensator** *m* / filter capacitor, smoothing capacitor || **≗kreis** *m* / filter circuit, filter network || **≗kreisdrossel** *f* / filter reactor || **≗kreiskondensator** *m* / filter capacitor, smoothing capacitor || **≗kühler** *m* / combined filter and cooler || **≗-Liste** *f* / filter list || **≗lüfter** *m* / filter fan || **≗matte** *f* / filter mat, filter blanket || **≗modul** *n* / filter module
filtern *v* / filter *v*
Filter·name *m* / filter name || **≗presse** *f* / filter press || **≗tuch** *n* / filter cloth
Filterung *f* / filtering *n*, filter *n*, smoothing *n*
Filterzeit für Ist-Drehzahl (SLVC) / filter time for actual speed (SLVC)
Filz·dichtung *f* / felt gasket, felt seal, felt packing || **≗docht** *m* (Schmierung) / wick lubricator || **≗ring** *m* / felt ring, felt washer, felt seal
Finanzierung *f* / financing *n*
Finanzpublizität *f* / financial reporting
Finger·druck *m* / finger pressure || **≗mutter** *f* / thumb nut, finger nut || **≗schieber** *m* / finger slide || **≗schraube** *f* / thumb screw, finger screw || **≗schutz** *m* / safe against finger touch, hand guard
fingersicher *adj* / safe from finger-touch, safe against finger touch, safe from touch
Fingerspitzentablett *n* / touch panel
Finitelementmethode *f* (FEM) / finite-element method (FEM)
FIPO (Feininterpolator) / FIPO (fine interpolator)
FI-Prüfer *m* / fault-current tester
Firmenausweiskarte *f* / company identification card, company badge
firmenintern *adj* / corporate *adj*
Firmen·marke *f* / manufacturer's symbol, nameplate *n* || **≗name** *m* / company name || **≗schild** *n* / maker's nameplate, nameplate *n* || **≗zeichen** *n* / company sign
Firmware *f* (FW) / firmware *n* || ≗ **Pfad** / firmware path || ≗ **übertragen** / transfer firmware || ≗ **Versionsdaten** / firmware version data || **mit** ≗ / with firmware || **≗stand** *m* / firmware revision level || **≗-Version** *f* / firmware version
Firstleiter *m* / ridge conductor, roof conductor
FI-Schalter *m* / residual-current(-operated) circuit breaker (independent of line voltage)
FI-Schutzeinrichtung *f* (Fehlerstrom-Schutzeinrichtung) / RCD (residual current protective device) || **ortsfeste** ≗ **in**

Steckdosenausführung / fixed socket-outlet residual current protective device (SRCD) || ≈ **mit eingebautem Überstromauslöser** / residual current operated device (RCBO) || **ortsveränderliche ≈ mit erweitertem Schutzumfang und Sicherstellung der bestimmungsgemäßen Nutzbarkeit des Schutzleiters** / portable residual current protective device-safety (PRCD-S) || ≈ **ohne eingebauten Überstromschutz** / residual current operated circuit-breaker without integral overcurrent protection (RCCB) || **Netz mit** ≈ / system with ELCBs || **ortsveränderliche** ≈ / portable residual current protective device (PRCD)

FI-Schutz-Prüfer *m* / e.l.c.b. tester

FI-Schutzschalter *m* / Earth Leakage Circuit-Breaker (ELCB), RCBO (residual current operated device) || ≈**-Schutzschalter mit Freiauslösung** / trip-free r.c.c.b. || ≈**-Schutzschalter mit integriertem Überstromschutz** / r.c.c.b. with integral overcurrent protection || ≈**-Schutzschalter ohne integrierten Überstromschutz** / r.c.c.b. without integral overcurrent protection

FI-Schutzschaltung *f* / current-operated e.l.c.b. system, r.c.d. protection, current-operated g.f.c.i. system, g.f.c.i. protection

FI-Sicherheitssteckdose *f* / residual-current circuit-breaker safety socket, r.c.c.b. safety socket

FI-Überwachungsgerät *n* (Fehlerstrom-Überwachungsgerät) / residual current monitor for household and similar users, RCB

FIV (fabrikfertiger Installationsverteiler) / factory-built distribution board, factory-built consumer unit, factory-assembled panelboard || ≈ **für Wandaufbau** / surface-mounting distribution board || ≈ **für Wandeinbau** / recess-mounting distribution board

Fixator *m* / erection mount

fixieren *v* / fix *v*, locate *v*, to fix in position

Fixierung / hold-down *n*

Fixierstift *m* / locating pin, alignment pin, dowel *n*

FK (Fehlerkurve) / error curve

FKS (Festkörperschaltung) / solid-state circuitry, integrated solid-state circuitry

FL / floppy module

flach *adj* / flat *adj*, even *adj*, level *adj*, plane *adj* || ~ **gewickelt** / wound on the flat, wound flat, flat-wound *adj*

Flach·ankerrelais *n* / flat-type armature relay, flat-armature relay || ≈**anschluss** *m* / flat termination, tag termination, terminal pad, flat-type screw terminal without pressure exerting part, flat-type terminal || ≈**anschlussgröße** *f* / size of flat termination || ≈**anschlussklemme** *f* (Anschlussfahne) / tab terminal || ≈**automat** *m* / slim-line m.c.b.

Flachbahn·anlasser *m* / face-plate starter, faceplate rheostat || ≈**-Anlasssteller** *m* / face-plate controller || ≈**steller** *m* (LT) / wafer dimmer, wafer fader || ≈**-Stufenschalter** *m* / face-plate step switch

Flachband *m* / flat cable, flat ribbon cable, ribbon cable, metal braiding, metal strip || ≈**anschluss** *m* / ribbon cable connection || ≈**kabel** *n* / flat cable, flat ribbon cable, ribbon cable, metal strip, metal braiding || **verdrilltes** ≈**kabel** / flat round cable, round-sheath ribbon cable, twisted ribbon cable || ≈**leitung** *f* / flat ribbon cable, flat cable, ribbon cable, metal braiding, metal strip || ≈**rundleitung** *f* / flat round cable, round-sheath ribbon cable, twisted ribbon cable

flachbauend *adj* / slim *adj*, shallow *adj*

Flachbaugruppe *f* / printed circuit board (PC board), substation processor module, pluggable printed-board assembly, plug-in p.c.b., PC board (printed circuit board), pcb (printed circuit board) || ≈ *f* (FBG) / printed-circuit board (p.c.b.), card *n*, board *n* || **einfachhohe** ≈ / single-height p.c.b.

Flach·bedientafel *f* / slimline operator panel || **Fernkopierer-**≈**bettgerät** *n* / flatbed facsimile unit || ≈**bettmaschine** *f* / flat-bed machine || ≈**bettplotter** *m* / flatbed plotter || ≈**beutelmaschine** *f* / flat-bag machine || ≈**biege-Wechselprüfung** *f* / rectangular bending fatigue test || ≈**buchse** *f* / ribbon cable connector, female ribbon cable connector || ≈**dichtung** *f* / flat gasket, flat packing || ≈**display** *n* / flatpanel display || ≈**draht** *m* / flat wire, strip *n* || ≈**drahtkupfer** *n* / copper strip, rectangular-section copper || ≈**drahtwicklung** *f* / strip winding, edge winding

Fläche *f* / surface *n*, area *n* || ≈ **der mechanischen Abnutzung** / area of mechanical wear || **schraffierte** ≈ / hatched area

Flächen·abdeckung *f* / area coverage || ≈**anpassung** *f* / area adaptation || ≈**auflockerung** *f* (gS) / cross-hatching *n* || ≈**belastung** *f* (W/m^2) / connected load (per unit area), maximum demand (per unit area) || **spezifische** ≈**belastung** / load per unit area

flächenbezogene Masse / weight per unit area, grammage *n*, substance *n* || ~ **Schallleistung** / surface-related sound power, surface-related acoustic power

Flächen·darstellung *f* (CAD) / surface display || **~deckend** *adj* / providing ample area coverage || ≈**deckung** *f* (LAN) / area coverage || ≈**dichte** *f* / surface density || ≈**dichte** *f* (Masse) / mass per unit area || ≈**dichte des Stroms** / surface current density || ≈**diode** *f* (FD) / junction diode || ≈**druck** *m* / unit pressure, bearing pressure || ≈**durchgangswiderstand** *m* / volume resistance per unit area

Flächen·einheit *f* / unit area, unit surface || ≈**element** *n* (CAD) / surface entity || **~emittierende LED** / surface emitiing LED, Burrus diode || ≈**entladung** *f* / sheet discharge || **~förmiger Leuchtkörper** / uniplanar filament, monoplane filament || ≈**galvanisieren** *n* / panel plating || ≈**gewicht** *n* / mass per unit area || ≈**gewicht** *n* (Papier) / basis weight || ≈**grafik** *f* / plane graphics || **dynamische** ≈**grafik** / dynamic plane graphics || ≈**integral** *n* / surface integral || ≈**isolierstoff** *m* / insulating sheet(ing), wrapper material, insulating plate

Flächen·kurve *f* / filled curve, filled-in curve || ≈**ladungsdichte** *f* / surface charge density || ≈**leuchte** *f* / surface lighting luminaire || ≈**leuchtstofflampe** *f* / panel-type fluorescent lamp || ≈**magazin** *n* (WZM) / box magazine, box-type magazine || ≈**masse** *f* / mass per unit area, surface density || ≈**messung** *f* / planimetering *n* || ≈**modell** *n* (CAD) / surface model || ≈**modul** *n* DIN 30798, T.1 / surface-area module || ≈**moment** *n* / moment of plane area || ≈**multimodul** *n* DIN 30798, T.1 / surface-area multimodule || ≈**-Näherungsschalter** *m* / flat proximity switch

Flächen·pressung *f* / surface pressure, compressive

load per unit area || **modularer** ≗**raster** DIN 30798, T.1 / modular surface-area grid || ≗**schleifer** *m* / surface grinder || ≗**schnitt** *m* / surface cut || ≗**schnitt** *m* (WZM) / surface cutting || ≗**schwerpunkt** *m* / area centre of gravity || ≗**schwund** *m* / shrinkage per unit area || ≗**segment** *n* / patch *n* || ≗**spannung** *f* / plane stress || ≗**strahler** *m* / large-area radiator || ≗**strahler** *m* (IR-Gerät) / wide-angle transmitter || ≗**strom** *m* / surface current

Flächen·trägheitsmoment *n* / planar moment of inertia || ≗**transistor** *m* / junction transistor || **~treue Darstellung** / equal-area diagram || ≗**verfahren** *n* (Chromatographie) / peak area method, area method, planimeter method || ≗**verrundung** *f* (CAD) / surface fillet || **~zentriert** *adj* / face-centered *adj*

flacher Druckknopf / flat button

Flach·feder *f* / flat spring, leaf spring || **~gängig** *adj* (Gewinde) / square-threaded *adj* || ≗**gehäuse** *n* (IS) / flat package || **~geprägt** *adj* / flat-stamped *adj* || ≗**gewinde** *n* / square thread || ≗**glas** *n* / flat glass, float glass || ≗**glasanlage** *f* / float glass plant || ≗**glasindustrie** *f* / float glass industry, flat glass industry

flächig *adj* / two-dimensional *adj*

Flach·kabel *n* / ribbon cable, flat cable, flat multicore cable, flat flexible cable || ≗**kammer** *f* (RöA, Laue-Kammer) / flat camera, Laue camera || ≗**kapsel** *f* / flat module holder || ≗**keil** *m* / flat key || ≗**kern** *m* / flat core

Flachklemme *f* / strip terminal, blade terminal || ≗ *f* (Schraubklemme ohne Druckübertragungsteil) / flat-type screw terminal without pressure exerting part, flat-type screw terminal with clamping piece || ≗ *f* (Anschlussklemme) / flat-type screw terminal, screw terminal || ≗ *f* (Anschlussfahne) / tab terminal || ≗ **für Kabelschuh** / cable-lug-type screw terminal || ≗ **für Schienenanschluss** / busbar-type screw terminal || ≗ **mit Druckstück** (Schraubklemme) / saddle terminal with indirect pressure, indirect-pressure saddle terminal || ≗ **ohne Druckstück** (Schraubklemme) / screw terminal with direct pressure through screw head

Flach·klemmenleiste *f* / screw terminal block || ≗**kompoundierung** *f* / flat compounding, level compounding || ≗**kopfschraube mit Schlitz** / slotted pan head screw || ≗**kupfer** *n* / flat copper (bar), copper flats || ≗**kupferschiene** *f* / flat copper bar || ≗**lager** *n* (Gebäude) / low-rise warehouse || ≗**lehre** *f* / calmer gauge || ≗**leiter** *m* / flat conductor

Flachleitung *f* / flat cable, ribbon cable, flat ribbon cable, metal strip, metal braiding || **PVC-**≗ *f* VDE 0281 / flat PVC-sheathed flexible cable || ≗**sstecker** *m* / ribbon cable connector

Flach·leuchte *f* / shallow luminaire, flat luminaire || ≗**meißel** *m* / flat chisel, chipping chisel || ≗**motor** *m* / pancake motor, face-mounting motor, flat-frame motor || ≗**passung** *f* / flat fit || ≗**plotter** *m* / flatbed plotter || ≗**probe** *f* / rectangular test specimen

Flach·relais *n* / flat-type relay, flat relay || ≗**riemen** *m* / flat belt || ≗**riemenscheibe** *f* / flat belt pulley || ≗**rundkabel** *n* / flat round cable, round-sheath ribbon cable, twisted ribbon cable || ≗**rundschraube** *f* / saucer-head bolt || ≗**rundzange** *f* / snipe nose plier, snipe nose pliers || ≗**rundzange, gewinkelt** / snipe nose pliers, bent

Flach·schieber *m* / flat slide valve, plain slide valve, gate-type slide valve, plate valve || ≗**schiene** *f* / flat bar || ≗**schienenanschluss** *m* / flat-bar terminal || ≗**schleifen** *n* / surface grinding || ≗**schleifmaschine** *f* / surface grinding machine || ≗**schutzschalter** *m* / slim-line m.c.b. || ≗**senker** *m* / counterbore *n* || ≗**sicherung** *f* / blade-type fuse || ≗**spul-Messgerät** *n* / flat-coil measuring instrument || ≗**stab** *m* / flat bar || ≗**stahl** *m* / flat steel bar(s), flats *n pl*, flat steel || ≗**steckanschluss** *m* / push-on connection, slip-on terminal || ≗**steckanschluss** *m* (Faston-Anschluss) / Faston quick-connect terminal

Flachstecker *m* (an Bauelement) / tab *n* || ≗ *m* (Bürste) / flat-pin terminal, spade terminal || ≗ *m* (Verbinder m. Flachstiften) / tab connector, flat-pin plug, flat connector || ≗ *m* (Klemme) / push-on blade || **gewinkelter** ≗ / angled flat-tab connector || ≗**anschluss** *m* / plug-type terminal(s), tab connector

Flachsteckhülse *f* / push-on receptacle, tab receptacle, receptacle *n*, quick-connect terminal || ≗ *f* (Faston-Anschluss) / Faston connector

Flach-Steckleitung *f* / flat connecting cable, ribbon cable

Flachsteck·verbinder *m* / blade connector, flat push-on connector || ≗**verbindung** *f* / tab-and-receptacle connection, tab connector || **lösbare** ≗**verbindung** / flat quick-connect termination

Flach·stelle *f* / flat spot, flat *n* || ≗**stellenbildung** *f* / forming of flats || ≗**stellentiefe** *f* / depth of flat || ≗**stift** *m* (Steckerstift) / flat-sided pin, flat pin || ≗**stift** *m* (an Bauelement) / tab *n* || ≗**stift-Steckdose** *f* / flat-pin socket || ≗**strahlreflektor** *m* / flat-beam reflector

Flach·tastatur *f* / low-profile keyboard, flat-panel keyboard || ≗**verbunderregung** *f* / flat-compound excitation, level-compound excitation || ≗**wickel** *m* (Kondensator) / flat section (capacitor) || ≗**winkel** *m* (IK) / flat right-angle (unit), horizontal angle (unit)

Flach·zange *f* / flat nose pliers || ≗**zange, lang** / flat nose pliers, long || ≗**zelle** *f* (Batt.) / flat cell || ≗**zeug** *n* / flat product, flats *pl* || ≗**zugprobe** *f* / rectangular tensile specimen, flat plate specimen

Flackern *n* / flicker *n*, unsteadiness *n*

Flagge *f* / flag *n* (F), marker *n*, bit memory, F (flag)

Flammen·absorptionsspektrometrie *f* / flame absorption spectroscopy || ≗**beständigkeit** *f* / flame resistance || ≗**bogenlampe** *f* / flame arc lamp || ≗**detektor** *m* / flame detector || ≗**ionisation** *f* / flame ionization || ≗**ionisationsdetektor** *m* (FID) / flame ionization detector (FID) || ≗**leuchte** *f* / mine safety lamp || ≗**melder** *m* / flame detector || ≗**photometrie** *f* / flame photometry || **~photometrischer Detektor** (FPD) / flame-photometric detector (FPD) || ≗**wächter** *m* / flame detector

Flamm·löten *n* / flame soldering, flame brazing, flash point, ignition point || ≗**punkt nach Abel** / Abel closed-cup flash point || ≗**punktprüfgerät mit geschlossenem Tiegel** / closed flash tester || ≗**punktprüfgerät nach Pensky-Martens** (geschlossener Tiegel) / Pensky-Martens closed flash tester || ≗**rohr** *n* / torch *n* || ≗**schutzstopfen** *m* (Batt.) / flame arrester vent plug

flammwidrig *adj* / flame-retardant *adj*, fire-inhibiting *adj*, non-flame-propagating *adj*, slow-burning *adj* || **~es Rohr** (IR) / non-flame-propagating conduit

Flammwidrigkeitsprüfung *f* (Kabel) / flame retardance test

Flanke *f* / pulse edge || ≗ *f* (Impuls) / edge *n*, transition *n* || ≗ *f* (Kurve) / edge *n*, slope *n* || ≗ *f* (Zahnrad) / flank *n*, tooth surface || ≗ *f* (IS, Umsetzer, Rampe) / slope *n* || **abfallende** ≗ / falling signal edge, trailing signal edge, falling edge, trailing edge, negative-going signal edge, negative-going edge, negativ edge || **ansteigende** ≗ / rising signal edge, rising edge || **bei steigender** ≗ / in the case of a rising edge || **fallende** ≗ (Impuls, Signal) / falling edge, trailing edge

Flanken·abfallzeit *f* (HL) DIN 41855 / fall time || ≗**abstand** *m* (Impuls) / edge spacing || ≗**anstiegszeit** *f* (HL) DIN 41855 / rise time || ≗**auswerter** *m* / edge evaluator || ≗**auswertung** *f* / (pulse-)edge evaluation, edge evaluation || ≗**byte** *n* / interrupt edge byte || ≗**empfindlichkeit** *f* / edge sensitivity || ≗**erkennung** *f* / edge detection (function) || ≗**fräsen** *n* / edge milling

flanken·gesteuert *adj* / edge-triggered *adj* || **~gesteuerter Eingang** / edge-triggered input, transition-operated input || **~gesteuertes Flipflop** / edge-triggered flipflop || **~getriggert** *adj* / edge-triggered *adj*

Flanken·linie *f* (Zahnrad) / tooth trace || ≗**merker** *m* (SPS) / edge trigger flag || ≗**merkerbyte** *n* / edge-triggered flag byte || ≗**merkeroperation** *f* (SPS) / edge-triggered instruction || ≗**mittellinie** *f* / pitch line || ≗**modulation** *f* / (pulse) edge modulation || ≗**scherversuch** *m* / longitudinal shear test || ≗**signal** *n* / edge signal || ≗**spiel** *n* / backlash *n*, flank clearance || ≗**steilheit** *f* (DAU, Verstärker) / slew rate || ≗**steilheit** *f* (Änderungsgeschwindigkeit) / rate of change || ≗**steilheit** *f* (Impuls, Signal) / edge steepness || **größte** ≗**steilheit der Ausgangsspannung** (Verstärker) / maximum rate of change of output voltage || ≗**steuerung** *f* / edge triggering, transition control || **Takteingang mit** ≗**steuerung** / edge-triggered clock input || ≗**-Stromkreis** *m* / side circuit || ≗**übersteuerungsverzerrung** *f* (bei Pulscodemodulation) / slope overload distortion || ≗**wechsel** *m* / signal transition || ≗**wechsel** *m* (Impuls) / edge change || **positiver** ≗**wechsel** / positive-going edge (of signal) || ≗**winkel** *m* / flank angle || ≗**winkel** *m* (Gewinde) / angle of thread, thread angle || ≗**zeit** *f* DIN IEC 147,T.1E / slope time || ≗**zustellung** *f* (Gewindefräsen) / flank infeed

Flansch *m* / flange *n* || ≗ **am Gehäuseboden** / bottom flange || **angegossener** ≗ / cast body with flange end || **loser** ≗ / loose flange || ≗**abdichtung** *f* / gasket and sealing case || ≗**-Anbausteckdose** *f* / flangemounting socket-outlet, flanged receptacle || ≗**anschluss** *m* / flanged end || ≗**ausschnitt** *m* / flange cutout

Flansch·bauform *f* / flange-mounting type || ≗**bürstenhalter** *m* / flange-mounting brush holder, lug-mounting brush holder || ≗**dichtung** *f* / flange gasket, rim gasket, flange seal || ≗**dose** *f* / flange socket, flange outlet || ≗**-Einbausteckdose** *f* / flange-mounting recessed socket-outlet

Flansch·fläche *f* / flange face, flange surface || ≗**führung** *f* / flange guide || ≗**genauigkeit** *f* / flange accuracy || ≗**kupplung** *f* / flange coupling, flanged-face coupling, compression coupling || ≗**lager** *n* / flange-mounted bearing, flanged bearing || ≗**lagerschild** *m* (el. Masch) / flanged endshield, endshield flange, flange endshield

flanschloser Anschluss (Ventil) / flangeless end

Flansch·motor *m* / flange-mounting motor, flange motor || ≗**platte** *f* / flange plate, (flange) blanking plate || ≗**rohr** *n* / flanged pipe || ≗**schraube** *f* / flange bolt || ≗**steckdose** *f* / flange-mounting socket-outlet (o. receptacle), flanged socket-outlet || ≗**transformator** *m* / flange-mounting transformer || ≗**verbindung** *f* / flanged joint, flange connection || ≗**verschraubung** *f* / bolted flange joint || ≗**welle** *f* / stub shaft, flanged shaft || ≗**wellenende** *n* / flanged shaft extension

Flasche *f* (Zylinder) / cylinder *n*

Flaschen·halserkennung *f* / bottleneck detection

Flaschenzug *m* / rope block, block and tackle, differential pulley block

Flash-EPROM *n* / Flash EPROM

Flat-pack·-Gehäuse *n* / flat package || ≗**-Thyristor** *m* / flat-pack thyristor, disc-type thyristor

Flattern *n* (Rel.) / chatter *n* || **~** *v* / flutter *v*, pulsate *v* || **~** *v* (Welle) / wobble *v*

Flatter·satz *m* (Textverarb.) / ragged-right format, unjustified matter || ≗**sperre** *f* / flutter inhibit, chatter disable || ≗**zeilen** *f pl* (Textverarb.) / ragged lines

Fleck *m* (Osz., Leuchtfleck) / spot *n* || ≗ *m* (Bildpunkte) / blob *n* || **Kontakt~** *m* (IS) / bonding pad, bonding island || **Stör~** *m* (ESR) / picture blemish, blemish *n*

Fleckenrauschen *n* / speckle noise

fleckig *adj* / stained *adj*, spotty *adj*, patchy *adj*

Fleck·korrosion *f* / patchy corrosion || ≗**verschiebung** *f* (Osz.) / spot displacement

Flexband *n* / flexible lead

flexibel *adj* / flexible *adj*, pliable *adj*, adaptable *adj*

Flexibelmikanit *n* / flexible mica material

Flexibilität *f* / flexibility *n*

flexible Fertigungszelle (FFZ) / flexible manufacturing cell (FMC), flexible production cell || **~ Kupplung** / flexible coupling, self-aligning coupling || **~ Leiterplatte** / flexible printed board || **~ Leiterplatte mit Leiterbild auf einer Seite** / flexible single-sided printed board || **~ Leiterplatte mit Leiterbildern auf beiden Seiten** / flexible double-sided printed board || **~ Leitung** / cord *n* || **~ Mehrlagenleiterplatte** / flexible multi-layer printed board || **~ PVC-Schlauchleitung** / PVC-sheathed flexible cord || **~r Isolierschlauch** DIN IEC 684 / flexible insulating sleeving || **~r Leiter** / flexible conductor || **~r Mehrschicht-Isolierstoff** / combined flexible insulating material || **~s Bearbeitungszentrum** (FBZ) / flexible machining centre (FMC) || **~s Fertigungssystem** (FFS) / flexible manufacturing system (FMS) || **~s Installationsrohr** / flexible conduit || **~s Kabel** / flexible cable || **~s Rohr** (IR) / flexible conduit || **~s Schutzrohr** / flexible metal tubing || **~s Stahlrohr** (IR) / flexible steel conduit

Flexodruckmaschine *f* / flexo printing press

Flexo-Stecker *m* / plug made of resilient material, rubber plug

Flexscheibe *f* / polishing wheel (with hard-paper facing)

Flickbüchse *f* / temporary bush

flicken *v* (Sich.) / rewire *v*

Flicker *n* / light flicker, flicker *n* || **~äquivalente Spannungsschwankung** / equivalent voltage fluctuation (flicker range) || ≗**-Bemerkbarkeitsschwelle** *f* VDE 0838,T.1 /

threshold of flicker perceptibility || ≗**dosis** *f* / flicker dose || **~freie Beleuchtung** / flickerless lighting, flicker-free lighting || **~freier Lichtbetrieb** / flicker-free lighting service || ≗**meter** *n* / flickermeter *n*

flickern *v* / flicker *v*

Flicker·-Nachwirkungszeit *f* / flicker impression time || ≗**-Reizbarkeitsschwelle** *f* / threshold of flicker irritability || ≗**spannung** *f* / flicker voltage || ≗**-Störschwelle** *f* / threshold of flicker irritability

fliegend angeordnet / overhung *adj*, mounted overhung || **~ gelagerter Rotor** / overhung rotor, outboard rotor || **~e Buchse** / floating gland || **~e Fertigungsprüfung** / patrol inspection || **~e Gebäude** / temporary buildings || **~e Riemenscheibe** / overhung pulley || **~er Werkzeugwechsel** / on-the-fly tool change || **~es Istwertsetzen** / actual-value setting on the fly || **~es Messen** / in-process measurement || **~es Schwungrad** / overhung flywheel

Fliegenschutzgitter *n* / insect screen

Fliehkraft *f* / centrifugal force || ≗**anlasser** *m* / centrifugal starter || ≗**beschleunigung** *f* / centrifugal acceleration || ≗**bremse** *f* / centrifugal brake || ≗**gewicht** *n* / centrifugal weight || ≗**kupplung** *f* / centrifugal clutch, dry-fluid coupling, dry-fluid drive || ≗**lüfter** *m* / centrifugal fan || ≗**regler** *m* / centrifugal governor || ≗**schalter** *m* / centrifugal switch, centrifugal controller, tachometric relay || ≗**schmierung** *f* / centrifugal lubrication || ≗**versteller** *m* (Kfz-Zündsystem) / centrifugal advance mechanism

Fließ·band *n* / assembly line || ≗**bandbearbeitung** *f* (DV) / pipelining *n* || ≗**beschichtung** *f* / flow-coating *n* || ≗**bild** *n* / flow diagram, mimic diagram || ≗**druck** *m* / flow pressure

Fließen *n* (Metall) / yield *n*, creeping *n*

fließend, Verfahren mit ~er Fremdschicht / saline fog test method, salt-fog method || **~er Verkehr** / driving continuity

Fließ·fertigung *f* / assembly line production, flow-line production || ≗**festigkeit** *f* / yield strength || ≗**fett** *n* / low-viscosity grease || **~gepresst** *adj* / extruded *adj* || ≗**geschwindigkeit** *f* / flow velocity || ≗**grenze** *f* / yield point, yield strength, proof stress || ≗**härte** *f* / yield hardness || ≗**komma** *n* / floating point (FP), floating decimal point || ≗**punkt** *m* / floating point (FP), floating decimal point || ≗**punkt** *m* (Fett) / pour point || ≗**schaubild** *n* / (mimic) flow diagram || ≗**vermögen** *n* (U-Rohr-Methode) / U-tube viscosity || ≗**vermögen in der Kälte** / cold flow || **~ziehen** *v* (stanzen) / iron *v*

Flimmerfotometer *n* / flicker photometer

flimmerfrei *adj* / flicker-free *adj* || **~e Beleuchtung** / flickerless lighting, flicker-free lighting

Flimmer·frequenz *f* / flicker frequency || ≗**kurve** *f* (Stromschwingungen) / current oscillation diagram || ≗**licht** *n* / flicker(ing) light

flimmern *v* / flicker *v*

Flimmer·schwelle *f* / threshold of non-fibrillation || ≗**signal** *n* / flickering signal || ≗**strom** *m* (die Herztätigkeit beeinflussend) / fibrillating current

flink *adj* / quick *adj* || **~e Sicherung** / fast fuse, quick-acting fuse, quick-blow fuse || **~er Sicherungseinsatz** / fast fuse link, quick-acting fuse link, quick-blow fuse link, type K fuse link

Flintglas *n* / flint glass

Flipflop *m* (FF) / flipflop *n* (FF) || ≗ **mit einem Eingang** / single-control flipflop, single-control bistable trigger circuit || ≗ **mit zwei Eingängen** / dual-control flipflop, dual-control bistable trigger circuit

F-Liste *f* / error list

FLN (Flexibles Nachgeben) / FLR (flexible response)

Floating Cells / floating cells

Flocktest *m* / flocculation test

Floppy-Anschaltbaugruppe *f* / floppy-disk connection module

Floppy-Disk *f* / floppy disk (FD), disk *n*, diskette *n*, FD (floppy disk) || ≗**-Anschaltbaugruppe** / floppy interface module || ≗**-Laufwerk** *n* / floppy-disk drive || ≗**-Steuerung** *f* / floppy-disk controller (FDC)

Floppylaufwerk *n* / floppy disk drive (FD), disk drive unit, diskette drive, diskette station, DSG disk drive, FD (floppy disk drive)

Floß *n* (schiffsförmige Boje) / float *n*

Flotationsprodukt *n* / flotation product

FLR (Fertigungsleitrechner) / central production computer, factory computer, host computer, factory host computer, host computers

Fluchtabweichung *f* / misalignment *n*

fluchten *v* / be in alignment, be in line

fluchtend *adj* / aligned *adj*, in alignment, in line, aligning *adj*, colinear *adj*

Flucht·fehler *m* / misalignment *n*, alignment error || ≗**funktion** *f* (GKS) / escape *n* (function)

fluchtgerecht *adj* / truly aligned

flüchtig *adj* / volatile *adj* || **~er Befehl** / fleeting command || **~er Fehler** / transient fault, non-persisting fault, temporary fault || **~er Speicher** / volatile memory

Fluchtung *f* / alignment *n*

Fluchtungs·fehler *m* / misalignment *n*, alignment error || ≗**prüfung** *f* / alignment test

Fluchtweg *m* / escape route || ≗**beleuchtung** *f* / escape lighting

Flug·asche *f* / fly ash, flue ash || ≗**betrieb** *m* / aircraft operations

Flügel, hydrometrischer ≗ / hydrometric vane || ≗**barren** *m* (Flp.) / wing-bar *n*, inset wing-bar || ≗**dorn** *m* / wing pin || ≗**griff** *m* / wing handle || ≗**kreuz** *n* / hydrometric vane || ≗**mutter** *f* / wing nut, butterfly nut, winged nut, thumb nut || ≗**radanemometer** *n* / windmill-type anemometer, vane anemometer || ≗**tür** *f* (zweiflügelig) / double-wing door

Flugfeld *n* / airfield *n*

Flughafen·-Befeuerungsanlage *f* / airport lighting system, aerodrome lighting system, aviation ground lighting || ≗**-Drehfeuer** *n* (ROB) / aerodrome rotation beacon (ROB) || ≗**-Leuchtfeuer** *n* / aerodrome beacon (ADB), airport beacon || ≗**-Rundsichtradar** *m* (ASR) / airport surveillance radar (ASR)

Flugplatz *m* / airport *n*, aerodrome *n*, airfield *n* || ≗**-Ansteuerungsfeuer** *n* / aerodrome location light || ≗**-Befeuerungsanlage** *f* / aerodrome lighting system, airfield lighting system, aviation ground lighting || ≗**-Bezugspunkt** *m* / aerodrome reference point || ≗**-Erkennungszeichen** *n* / aerodrome identification sign || ≗**höhe** *f* / aerodrome elevation || ≗**-Leuchtfeuer** *n* (ADB) / aerodrome beacon (ADB), airport beacon || ≗**sicherheit** *f* / aerodrome

security
Flug·rost *m* / film rust || **≗sand** *m* / air-borne sand || **≗sicherungsanlage** *f* / air navigation system || **≗staub** *m* / air-borne dust, entrained dust || **≗strecke** *f* / air route, flight route || **≗streckenfeuer** *n* / air-route beacon, airway beacon || **≗strecken-Rundsichtradar** *m* (ARSR) / air route surveillance radar (ARSR)

Flug·verkehr *m* / air traffic || **≗verkehrsdienste** *m pl* (ATS) / air traffic services (ATS) || **≗warnbefeuerung** *f* / obstruction and hazard lighting || **≗warnmarker** *m* (Freiltg.) / aircraft warning marker || **≗zeugpositionslicht** *n* / aircraft navigation light

Fluidik *f* / fluidics *plt*, fluidic logic

fluidischer Melder / fluidic indicator

Fluidverstärker *m* / fluid amplifier

Fluktuation *f* (unerwünschte nicht-periodische Abweichung von einem gemessenen Mittelwert) / fluctuations *n pl* || ≗ *f* (Instabilität der Impulsamplitude) / fluctuation *n*

Fluorchlorkohlenwasserstoff *m* (FCKW) / chlorofluorhydrocarbon (CFC)

Fluoreszenz *f* / fluorescence *n* || **≗analyse** *f* / fluorescence analysis || **Röntgen-≗analysegerät** *n* / X-ray fluorescence analyzer || **Leuchtstofflampe für ≗anregung** / indium-amalgam fluorescent lamp || **≗anzeige** *f* / fluorescent display || **≗lampe** *f* / fluorescent lamp (FL) || **≗licht** *n* / fluorescent light || **≗linie** *f* / fluorescence line, fluorescent line || **≗prüfung** *f* / fluorescent inspection, fluorescent penetrant inspection || **≗spektroskopie** *f* / fluorescence spectroscopy || **≗strahlung** *f* / fluorescent radiation, characteristic X-ray radiation

Fluor·ethylenpropylen *n* (FEP) / fluorine ethylene propylene || **≗kohlenstoff** *m* / fluor carbon, carbon tetrachloride || **≗kohlenwasserstoffmischung** *f* / fluorenated hydrocarbon compound

Flur·förderung, automatisierte ≗förderung / automated guided vehicle system (AGVS) || **≗förderzeuge** *n pl* / industrial trucks, ground conveyors || **≗verteilung** *f* / storey distribution board, floor panelboard

Flusen *f pl* / flyings *plt*

Fluss *m* / flow *n* || ≗ *m* (magn.) / flux *n* || **≗bannung** *f* / flux retention || ≗ **des Bohrungsfelds** / flux over armature active surface (with rotor removed) || **≗bild** *n* / flux plot || **eingefrorener** ≗ / frozen flux || **≗bügel** *m* / flux plate || **geometrischer** ≗ / geometric extent

Fluss·diagramm *n* / flowchart *n*, flow diagram, flow diagram || **≗diagramm zur Schnellinbetriebnahme** / flow chart quick commissioning || **≗dichte** *f* / flux density || **≗eisen** *n* / ingot iron, ingot steel, mild steel || **≗empfindlichkeit** *f* (Hallgenerator) DIN 41863 / flux sensitivity || **≗erfassung** *f* / flux sensing || **≗faden** *m* / flux thread, fluxon *n*, flux line, quantitized superconducting electron current vortex

Flüssig-Flüssig-Chromatographie *f* / liquid-liquid chromatography

Flüssigkeit, verdampfende ≗ / flashing liquids

Flüssigkeits·absorption *f* / liquid absorption || **≗analysator** *m* / liquid analyzer || **≗analyse** *f* / liquid analysis || **≗analytik** *f* / liquid analyzer || **≗anlasser** *m* / liquid starter, liquid-resistor starter || **≗anlassregler** *m* / liquid controller

Flüssigkeits·becher *m* / liquid materials hopper || **≗bremse** *f* / fluid-friction dynamometer, Froude brake, water brake, hydraulic dynamometer || **≗chromatograph** *m* / liquid chromatograph, stream chromatograph || **≗dämpfung** *f* / viscous damping || **~dicht** *adj* / liquid-tight *adj*, impervious to fluids || **≗dichtung** *f* / liquid seal || **≗druckmesser** *m* (U-Rohr) / U-tube pressure gauge

flüssigkeitsgefüllt·e Durchführung / liquid-filled bushing || **~e Maschine** / liquid-filled machine || **~er Schalter** / liquid-filled switch || **~er Transformator** / liquid-immersed transformer

flüssigkeitsgekühlt *adj* / liquid-cooled *adj*

Flüssigkeits·getriebe *n* / hydraulic transmission, fluid power transmission, fluid drive, hydraulic drive || **~isolierte Durchführung** / liquid-insulated bushing || **≗isolierung** *f* / liquid insulation || **≗kontakt** *m* / liquid-metal contact, liquid-metal collector || **≗kühlung** *f* / liquid cooling || **≗kupplung** *f* / fluid clutch, fluid coupling, hydraulic coupling, hydrokinetic coupling

Flüssigkeits·mengenmessgerät *n* / liquid volume meter, volumetric liquid meter || **≗motor** *m* / fluid motor, hydraulic motor || **≗reibung** *f* / fluid friction, liquid friction, hydrodynamic friction, viscous friction || **≗reibungsverlust** *m* / liquid-friction loss, fluid loss

Flüssigkeits·schalter *m* / liquid-level switch || **≗speicher** *m* / pressure oil accumulator || **Dichtung mit ≗sperre** / hydraulic packing, hydraulic seal || **≗spiegel** *m* / liquid level || **≗stand** *m* / liquid level || **≗standanzeiger** *m* / liquid level indicator (o. gauge), liquid level monitor || **≗standregler** *m* / liquid-level controller || **≗stopfbuchse** *f* / liquid seal || **≗strahl-Oszillograph** *m* / liquid-jet oscillograph || **≗sumpf** *m* / liquid sump

Flüssigkeits·thermometer *n* / liquid-in-glass thermometer || **≗wächter** *m* / liquid-level switch, liquid monitor || **≗widerstand** *m* / liquid resistor

Flüssigkristallanzeige *f* / liquid-crystal display (LCD), liquid XTAL display, LCD display, LC display

Flüssigmetall·kontakt *m* / liquid-metal contact, liquid-metal collector || **Maschine mit ≗kontakten** / liquid-metal machine

Fluss·konzentratormotor *m* / flux-concentrating motor || **≗leitstück** *n* / flux concentrating piece || **≗linie** *f* (magn.) / flux line || **≗linie** *f* (NC) / flow line || **≗linienverankerung** *f* / vortex pinning, pinning *n* || **≗messer** *m* / fluxmeter *n*

Flussmittel *n* (Schweißen) / welding flux, flux *n* || ≗ *n* (Löten) / soldering flux, flux *n* || **≗einschluss** *m* / flux inclusion || **~frei** *adj* / fluxless *adj* || **≗stift** *m* / flux pen || **≗umhüllung** *f* / flux envelopment

Fluss·plan *m* / flowchart *n*, flow diagram || **≗pumpe** *f* / flux pump || **≗quant** *n* / fluxon *n* || **≗regelung** *f* (Kommunikationsnetz) DIN ISO 7498 / flow control || **≗regler** *m* / flux controller || **≗röhre** *f* / tube of flux || **≗rückhaltung** *f* / flux retention || **≗sollwert** *m* / flux setpoint || **≗spannung** *f* / forward voltage || **≗sprung** *m* / flux jump || **≗stahl** *m* / ingot steel, mild steel, plain carbon steel || **≗-Steuerung** *f* / flow control || **≗streuung** *f* / flux leakage || **≗stromregelung** *f* / flux current control, FCC (Flux Current Control)

Fluss·vektor, umlaufender ≗vektor / rotating flux vector || **≗verdrängung** *f* / magnetic skin effect, flux displacement, flux expulsion || ≗**verkettung** *f* / flux linkage || ≗**verkettung** *f* (Summengröße) / flux linkages, total flux linkages, total interlinkages || ≗**verlauf** *m* / flux distribution, flux direction, flux path || ≗**verteilung** *f* / flux distribution || ≗**wechsel** *m* / flux transition || ≗**winkel** *m* (Wechselspannungsperiode - ausgedrückt als Winkel - in der Strom fließt) / angle of flow || ≗**zusammendrängung** *f* / flux crowding

Flutelektrodensystem *n* (Osz.) / flood gun

Fluten des Filters / flooding a filter

Flutlicht *n* / floodlight *n* || ≗**anstrahlung** *f* / floodlighting *n* || ≗**beleuchtung** *f* / floodlighting *n* || ≗**lampe** *f* / floodlight lamp, floodlighting lamp || ≗**mast** *m* / floodlight tower || ≗**scheinwerfer** *m* / floodlight *n*

Flutsystem *n* (Osz.) / flood gun

Fluxen *n* (Magnetpulverprüf.) / magnetic-particle testing

Flying-Master-Funktion *f* (dezentrale Buszuteilung) / flying-master principle

FM / periodic frequency modulation IEC 411-3 || ≗ (Funktionsmodul) / FM (function module) || ≗ (Fehlermeldung) / fault message, diagnostic message, diagnostics message, fault code, EM (error message) || ≗**-Lage** *f* / FM Servo || ≗**-Rauschen** *n* / FM noise, frequency modulation noise || ≗**-Rauschzahl** *f* / FM noise figure, frequency modulation noise figure

FMS / fieldbus message specification (FMS)

FM·-Schritt *m* / FM Step || ≗**-Verbindung** *f* / FDM link

FO (freier Operand) / free operand

FOA (forced-oil/air cooling, Kühlung durch erzwungenen Ölumlauf mit äußerem Öl-Luft-Kühler) / FOA (forced-oil/air cooling, forced-oil circulation through external oil-to-air heat exchanger)

FOB (frei an Bord) / free on board

FOC (Kraftregelung) / FOC (force control)

Focus / focus *n*

FOIRL / fiber optic interrepeater link (FOIRL)

Fokalkreis *m* / focal circle

Fokus / focus *n* || ≗**prüfkopf** *m* / focusing probe || ≗**punkt** / focal point

fokussierbar *adj* / focusable *adj*

Fokussierpotential *n* / focusing potential

Fokussierung *f* / focusing *n* || **Phasen~** *f* / bunching *n*

Fokussierungs·elektrode *f* / focusing electrode || ≗**güte** *f* / focus quality || ≗**magnet** *m* / focusing magnet

FOL / flashing obstruction light (FOL)

Folge, monotone ≗ / monotonic sequence || ≗**achse** *f* (WZM) / following axis || ≗**achse** *f* (FA) / following axis (FA), slave axis || ≗**anläufe** *m pl* / starts in succession || ≗**antrieb** *m* / follower drive, slave drive || ≗**arbeitsgang** *m* / follow-up operation || ≗**archiv** *n* / sequence archive || ≗**ausfall** *m* DIN 40042 / secondary failure

Folge·bewegung *f* / following motion || ≗**blitz** *m* / subsequent stroke, successive stroke || ≗**fach** *n* / recipe sequence buffer, next FACH || ≗**fehler** *m* / secondary fault, sequential fault || ≗**fehlzustand** *m* IEC 50(448) / consequential fault || ≗**feld** *n* / following field || ≗**frequenz** *f* / repetition rate

Folge·kontakt *m* / sequence-controlled contact || ≗**kosten** *plt* / consequential cost || ≗**lichtbogen** *m* / secondary arc || ≗**lichtvorhang** *m* / slave light curtain || ≗**magnet** *m* / sequential magnet || ≗**maske** *f* (SPS) / auxiliary mask || ≗**motor** *m* / follower motor, slave motor

Folgen bilden (Impulse) / sequencing *n*

Folge·polmaschine *f* / consequent-pole machine || ≗**potentiometer** *n* / slave potentiometer || ≗**prüfung** *f* / sequential test, sequence checking || ≗**reaktion** *f* (SPS) / continuation response || ≗**regelsystem** *n* / follow-up control system, servo-system *n* || ≗**regelung** *f* / slave control, follow-up control, servo control || ≗**regelung** *f* (Kaskade) / cascade control || ≗**regler** *m* / slave controller, follower controller, servo follower

folgern *v* / conclude *v*

Folge·rückzündung *f* / consequential arc-back || ≗**satz** *m* / following block || ≗**satz** *m* (NC) / subsequent block || ≗**schäden** *m pl* / consequential damage || ≗**schaltung** *f* DIN 44300 / sequential circuit || ≗**schaltung** *f* (Steuerstromkreis, Anlaufsteuerung) / sequence control (circuit), sequencing circuit, sequence starting control || ≗**schneide** *f* / next cutting edge || ≗**schnitt** *m* / progressive die, tandem die || ≗**signalbildung** *f* (Baugruppe) / sequencing module || **Injektions~spannung** *f* (Diode) DIN 41781 / post-injection voltage || ≗**spindel** *f* (FS) / following spindle (FS) || ≗**start** *m* / subsequent start || ≗**station** *f* (DÜ) / secondary station || ≗**steuerkolben** *m* / pilot valve

Folgesteuerung *f* / sequence control, sequencing control, logic and sequence control, sequential control, sequential control system (SCS) IEC 1131.1, sequence control system (SCS), SCS (sequence control system) || ≗ *f* (DÜ) / secondary control || ≗ *f* (LE) / sequential phase control || ≗ *f* (Servo) / servo-control *n*

Folge·stichprobenentnahme *f* / sequential sampling || ≗**stichprobenplan** *m* / sequential sampling plan || ≗**strom** *m* / follow current || ≗**telegramm** *n* / continuation message, response message || ≗**verbundwerkzeug** *n* / sequential compound die || ≗**wechsler** *m* / changeover make-before-break contact, make-before-break changeover contact, bridging contact (depr.) || ≗**werkzeug** *n* / follow-on tool || ≗**wert** *m* / slave value || ≗**zeichen** *n* / subsequent character || ≗**zündung** *f* (Lampen) / sequence starting || ≗**zweig** *m* (LE) / subsequent arm || ≗**zylinder** *m* / oncoming cylinder

Folie *f* / transparency *n*, slide *n*, overhead *n* || ≗ *f* (Kunststoff) / film *n*, foil *n* || ≗ *f* (Metall) / foil *n* || **Abrollen der** ≗ / unwinding the film

Folien·abzug *m* / foil extractor, film take-off unit || ≗**blasmaschine** *f* / film blowing machine || ≗**-DMS** *m* / foil-type strain gauge || ≗**extrusionsanlage** *f* / flat-sheet extrusion system || ≗**isolierung** *f* / foil insulation, film insulation, sheet insulation || ≗**material** *n* / sheeting *n*, film material, foil *n*

Folien·schalter *m* E DIN 42115 / membrane switch || ≗**schutzschirm** *m* / foil screen || ≗**tastatur** *f* / membrane keyboard, sealed keypad, membrane switch keyboard, sealed membrane keyboard, membrane keypad || ≗**taste** *f* / foil button || ≗**tastelement** *n* E DIN 42115 / membrane switch element || ≗**tastfeld** *n* E DIN 42115 / membrane switch array || ≗**verzug** *m* / film transport || ≗**wicklung** *f* / foil winding, sheet winding

folieren *v* / film packaging
Fond *m* / rear *n*
forcen *v* / force *v* || ² *n* / forcing *n*
forcierte Kühlung / forced cooling
Förder·anlage *f* / conveyor system, conveyer system || ²**band** *n* / conveyor *n* || ²**einrichtung** *f* / conveyor *n*, conveyor system, conveyer system || ²**er** *m* / conveyor *n* || ²**höhe** *f* / delivery head || **Differenz der** ²**höhe** / difference of head || ²**leistung** *f* (Fördereinrichtung) / conveyor capacity || ²**leistung** *f* (Pumpe, Lüfter) / delivery rate, volumetric capacity || ²**maschine** *f* (Förderhaspel) / winding machine, winder *n* || ²**menge** *f* / delivery rate, volumetric capacity || ²**motor** *m* (Förderhaspel) / winder motor || ²**motor** *m* (f. Förderer) / conveyor motor || ²**motor** *m* (Kran) / crane-type motor, hoist-duty motor, hoisting-gear motor
fordern *v* / request *v*
fördern *v* / transport *v*
Förder·richtung *f* / conveying direction || ²**richtung** *f* (Lüfter) / discharge direction || ²**stärke** *f* / flowrate *n* || ²**strecke** *f* / conveyor section || ²**technik** *f* / conveying and handling systems, material handling, conveyor system, conveyor systems || ²**topf** *m* / vibrator pot || ²**- und Lagertechnik** *f* / handling and warehousing systems || ²**weg** *m* / conveying route
Form *f* / waveform *n*, waveshape *n* || ² **der Spannungsschwankung** / voltage fluctuation waveform || ²**abweichung** *f* / geometrical error, form variation || **zulässige** ²**abweichung** / form tolerance
Formal·operand *m* (SPS) / assignable parameter, formal operand || ²**parameter** *m* / dummy parameter, formal parameter
Formänderung *f* / deformation *n* || **bleibende** ² / plastic deformation, permanent set
Formänderungs·arbeit *f* / energy of deformation, strain energy of distortion || **spezifische** ²**arbeit** / resilience per unit volume || ²**energie** *f* / strain energy || ²**festigkeit** *f* / yield strength || ²**geschwindigkeit** *f* / rate of deformation, strain rate || ²**verhältnis** *n* / deformation ratio
Formangaben *f pl* (NC, Teilebeschreibung) / part description, workpiece description
Format *n* / format *n* || ² **mit variabler Satzlänge** (NC) / variable-block format || **Zeilen~** *n* (Drucker) / characters per line || ²**anfang** *m* / format start || ²**anfangkennzeichen** *n* / format start identifier || ²**anfangsadresse** *f* / format starting address || ²**anweisung** *f* / format statement || ²**bearbeitung** *f* / format processing
Formatekupfer *n* / copper shapes
Format·endekennzeichen *n* / format end identifier || ²**fehler** *m* / format error
formatfrei *adj* / unformatted *adj*
formatieren *v* / format *v* || ² *n* / formatting *n*
Formatierer *m* / formatter *n*
Formatierung *f* / formatting *n*
Formationsfeuer *n* / formation light
Format·kennung *f* / record format identifier || ²**prüfung** *f* / format check || ²**steuerzeichen** *n* DIN 44300 / format effector, layout character || ²**vorlage** *f* / format template || ²**wandlungsfehler** *m* / format conversion error
Form·ätzen *n* / contour-etching *n*, chemical milling, photo-etching *n* || ²**bauzyklus** *m* / shaping cycle
formbeständig *adj* / dimensionally stable, stable under heat, thermostable *adj* || ²**keit** *f* / dimensional stability, thermostability *n* || ²**keit unter Wärme** / thermal stability, thermostability *n*
Form·blatt *n* / form *n*, standard form || ²**blech** *n* / profiled sheet || ²**brief** *m* / form letter || ²**dehngrenze** *f* / yield strength under distortional strain energy, modified yield point || ²**echo** *n* / form echo
Formel *f* / formula *n* || ²**bearbeitung** *f* / formula processing || ²**element** *n* / form element
Form·elementenmodell *n* / form feature model
formen *v* / form *v*, shape *v* || ~ *v* (in Gießform) / mould *v* || ~ *v* (stanzen) / stamp *v*
Formen·bau *m* / mould making, mold making || ²**enbauzyklus** *m* / shaping cycle || ²**wahrnehmungsgeschwindigkeit** *f* / speed of perception of form
Form·erkennung *f* / shape recognition || ²**exponent** *m* / shape exponent
Formfaktor *m* IEC 50(101) / form factor, electrical form factor || ² *m* (mech.) / stress concentration factor, shape factor, form factor || ² *m* (Wellenform) / harmonic factor
Form·fehler *m* (Werkstück) / profile defect || ²**fehler** *m* (DÜ) / framing error || **~gebend** *adj* / profiling *adj* || **plastische** ²**gebung** / plastic shaping, reforming *n* || ²**gebungs-Zeichnung** *f* / form-design drawing || ²**genauigkeit** *f* / geometrical accuracy, accuracy to shape || ²**gestaltung** *f* (CAD) / form design || ²**grat** *m* / ridge *n*
Formierdrehzahl *f* (Komm.) / seasoning speed
formieren *v* (Widerstand, Kommutator) / season *v* || ² *n* (Batt., Gleichrichterplatte) / forming *n*, formation *n*
Formiergas *n* / forming gas, anti-slag gas
Formierung *f* / forming *n*, cable assembly
Form·kabel *n* / cable harness || ²**lehre** *f* / form gauge || ²**leiter** *m* / shaped conductor || ²**litze** *f* / compressed strand || ²**maschine** *f* / forming machine || ²**masse** *f* / moulding material, moulding compound || ²**mikanit** *n* / moulding mica material IEC 50(212), heat-formable rigid mica material || ²**platte** *f* / pattern plate || ²**presse** *f* / forming press, moulding press || ²**schluss** *m* / closing shape
formschlüssig befestigt (auf der Welle) / keyed *adj* || **~e Bauart** / form-fit design || **~e Verbindung** / keyed connection, keyed joint || **~er Antrieb** / positive drive, non-slip drive, positive no-slip drive, geared drive || ²**keit der Dichtringe** / shape for spreading the V-ring, shape for sealing
formschön *adj* / attractive *adj*
Form·schräge *f* / mould incline || ²**schwindmaß** *n* / mould shrinkage || ²**spule** *f* / former-wound (o. form-wound coil), preformed coil || ²**spulen-Motorette** *f* / former-wound motorette, formette *n* || ²**spulenwicklung** *f* / former winding, preformed winding, diamond winding || ²**stabilität** *f* / dimensional stability, thermostability *n* || ²**stahl** *m* / sectional steel, steel sections, steel shapes, structural steel, structural shapes || **~stanzen** *v* / stamp *v* || ²**stanzteil** *n* / stamping *n* || ²**stanzwerkzeug** *n* / stamping die || **Kabelkanal**²**stein** *m* / cable duct block, duct block || ²**stempel** *m* / punching dye
Formstoff *m* / moulded plastic, moulded material, plastic material, moulding *n* || **kriechstromfester** ²

/ non-tracking moulded plastic || ≗**-Frontring** *m* / moulded-plastic front ring || **~gekapselt** *adj* / moulded-plastic-clad *adj*, plastic-clad *adj* || ≗**rolle** *f* / moulded-plastic roller, molded-plastic roller || ≗**teil** *n* / moulded part, plastic part || ≗**verschraubung** *f* / moulded-plastic screw gland, molded-plastic screw gland, screwed joint

Form·stück *n* / shaping *n* || ≗**stück** *n* (IK) / fitting *n*, adaptor unit || ≗**teil** *n* / molded-plastic component || **Isolierstoff-**≗**teil** *n* / insulating moulding, moulded-plastic component || ≗**teile** *n pl* / mouldings *n pl* || ≗**teile** *n pl* (aus Glimmer) / shaped pieces || ≗**teilung** *f* / mould parting line || ≗**text** *m* / matrix document, matrix *n*, invoking document || ≗**toleranz** *f* / tolerance of form || ≗**trenngrat** *m* / form releasing burr || ≗**typ** *m* / form type

Formular *n* / form *n*, standard form || ≗ *n* (graft DV) / form *n*, form overlay || ≗**editor** *m* / form editor || ≗**einblendung** *f* (graf. DV) / form overlay, form flash || ≗**vorschub** *m* / form feed

Formulierungsprozess *m* / formulation process

Formung *f* (Impulse) / shaping *n*

Form·verzerrung *f* (Wellenform) / waveshape distortion || ≗**welle** *f* / profiled shaft, stepped shaft, taper shaft, shouldered shaft || ≗**zylinderwagen** *m* / formcylinder car

Forschungsstätte *f* / research centre

Förster-Sonde *f* / Förster probe

Fortescue·-Komponenten *f pl* / Fortescue components, symmetrical components || ≗**-Schaltung** *f* / Fortescue connection || ≗**-Transformation** *f* / Fortescue transformation, symmetrical-component transformation, sequence-component transformation, phase-sequence transformation

fortlaufend *adj* / continuous *adj* || **~ gewickelte Spule** / continuously wound coil, continuous coil || **~ numerieren** / number consecutively || **~e Nummer** / serial number || **~e Verarbeitung** / consecutive processing || **~e Wicklung** / continuous winding

Fortleitung elektrischer Energie / transmission of electrical energy, transmission of electricity

Fortluft *f* / outgoing air

Fortpflanzungs·geschwindigkeit *f* / speed of propagation, propagation rate || ≗**koeffizient** *m* (elektromagn. Feld) / propagation coefficient

Fortschalt·bedingung *f* / step enabling condition, stepping condition, progression condition || ≗**impuls** *m* (Taktimpuls) / clock pulse || ≗**kontakt** *m* / step enable contact || ≗**kriterien** *n pl* (SPS) / stepping conditions || ≗**relais** *n* / notching relay, accelerating relay || ≗**taste** *f* / stepping key (o. button), incrementing button (o. key)

Fortschaltung *f* (Zähler) / incrementing *n* || ≗ *f* (Drehzahl) / (speed) stepping *n* || ≗ *f* (elST) / step enabling, stepping *n*, sequence control function || ≗ *f* (WZM) / indexing *n* || **eine** ≗ **durchführen** (SPS, PMG) / execute a sequence control function, execute sequences || **Blatt~** *f* / sheet advance, paper feed || **Kurzschluss-**≗ (Abschaltung) / short-circuit clearing, fault clearing || **Kurzschluss-**≗ (Kurzunterbrechung) / automatic reclosing (under short-circuit conditions) || **Schritt~** *f* (SPS) / step sequencing, progression to next step || **Zähler~** *f* / counter advance, meter advance

Fortschaltwinkel *m* (WZM, NC) / incremental angle (840C), indexing angle

fortschreiben *v* / update *v*

Fortschreibung *f* / update *n* || ≗ *f* (Aktualisierung) / updating *n*

fortschreitende Bemaßung / progressive dimensioning || **~ Welle** / travelling wave, progressive wave || **~ Wellenwicklung** / progressive wave winding

fortsetzen *v* / resume *v*

Fortsetzung *f* / continuation *n* || ≗ **siehe Blatt** / continued on sheet

Fortsetzungsstart *m* / restart *n*, warm restart

Fortzündschaltung *f* / re-ignition circuit, multi-loop re-ignition circuit

Foto *n* / photograph *n* || ≗**aufnahmelampe** *f* / photoflood lamp || ≗**desensibilisierung** *f* / photodesensitization *n* || ≗**detektor** *m* / photodetector *n*, diode photodetector || ≗**diode** *f* (FD) / photodiode *n* || ≗**dioden-Bildwandler** *m* / photodiode sensor

Foto·effekt *m* / photoeffect *n*, photoelectric effect || **Sperrschicht-**≗**effekt** *m* / photovoltaic effect || ≗**elastizität** *f* / photoelasticity *n*

fotoelektrisch·er Effekt / photoelectric effect || **~er Empfänger** / photoreceiver *n*, photodetector *n*, photoelectric detector || **~er Leser** / photoelectric reader || **~er Näherungsschalter** / photoelectric proximity switch || **~es Betriebsmittel** / photoelectric device IEC 50(151) || **~es Relais** / photoelectric relay || **~es Strichgitter** / optical grating

Foto·elektronenstrom *m* / photoelectric current, photocurrent *n* || **~elektronische Röhre** / photosensitive tube, photoelectric tube || ≗**element** *n* / photoelement *n*, photovoltaic cell || ≗**elementeffekt** *m* / photovoltaic effect || ≗**emission** *f* / photoemissive effect, photoelectric emission || ≗**-EMK** *f* / photo-EMF *n*, photovoltage *n* || ≗**empfänger** *m* / photoreceiver *n*, photodetector *n*, photoelectric detector

Foto·kathode *f* / photocathode *n* || ≗**kopie** *f* / photocopy *n* || ≗**kopiergerät** *n* / photocopier *n* || ≗**lack** *m* (gS) / photo-resist *n* || ≗**leiter** *m* / photoconductor *n*, photoconductive cell || ≗**leitfähigkeit** *f* / photo-conductivity *n* || ≗**leitung** *f* / photoconduction *n*, photoconductive effect || ≗**leitungseffekt** *m* / photoconductive effect || ≗**leitwert** *m* / photoconductance *n* || ≗**lumineszenz** *f* / photoluminescence *n* || ≗**lumineszenz-Strahlungsausbeute** *f* / photoluminescence radiant yield

fotomagnetischer Effekt / photomagnetoelectric effect

Foto·meter *n* / photometer *n* || ≗**meterbank** *f* / photometer bench || ≗**meterkopf** *m* / photometer head || ≗**metrie** *f* / photometry *n*

fotometrisch·er Normalbeobachter / standard photometric observer || **~es Arbeitsnormal** / working photometric standard || **~es Primärnormal** / primary photometric standard || **~es Sekundärnormal** / secondary photometric standard || **~es Strahlungsäquivalent** / luminous efficacy of radiation || **~es Umfeld** / surround of a comparison field

Fotonenrauschen *n* / photon noise

Foto·periode *f* / photoperiod *n* || ≗**plotter** *m* / photoplotter *n*, (graphic) film recorder ||

≗**sensibilisierung** *f* / photosensitization *n* || ≗**spannung** *f* / photovoltage *n* || ≗**strom** *m* / photoelectric current, photocurrent *n*
Foto·transistor *m* / phototransistor *n* || ≗**vervielfacher** *m* / photomultiplier *n*, multiplier phototube || **~voltaischer Effekt** / photovoltaic effect || ≗**widerstand** *m* / photoresistor *n*, lightsensitive resistor, photoconductive cell || ≗**zelle** *f* / photocell *n*, phototube *n*, photoemissive cell
FO-Übertragungstechnik *f* / fiber-optics technology
Fourier·-Analyse *f* / Fourier analysis, harmonic analysis || ≗**-Integral** *n* / Fourier integral, inverse Fourier transform || ≗**-Phasenspektrum** *n* / Fourier phase spectrum || ≗**-Reihe** *f* / Fourier series || ≗**-Spektrum** *n* / Fourier spectrum, harmonic spectrum || ≗**-Transformation** *f* / Fourier transform
FOW (forced-oil-water cooling, Kühlung durch erzwungenen Ölumlauf mit Öl-Wasser-Kühler) / FOW (forced-oil-water cooling, forced-oil cooling with oil-to-water heat exchanger)
FP / fixed support || **FP** (Fernwirk-Prozessorbaugruppe) / telecontrol processor module || **FP** (Funktionspaket) / FP (function package)
FPD / flame-photometric detector (FPD)
FPGA (Field Programmable Gate Array) / FPGA
FPS / user-programmable controller, programmable controller, RAM-programmed controller
FPU (Gleitpunkteinheit) / floating-point unit (FPU)
FPZ (Festpunktzahl) / fixed point value, FPN (fixed-point number)
frachtfrei versichert / carriage and insurance paid to (CIP)
Frachtführer *m* / common carrier
Fraktil einer Verteilung DIN 55350,T.2 1 / fractile of a probability distribution
Fraktionssammler *m* / fraction collector
Framingfehler *m* / framing error
Francisturbine *f* / Francis turbine
Fräs·aggregat *n* / routing unit || ≗**arbeit** *f* / milling work || ≗**automat** *m* / automatic miller || ≗**automat** *m* (f. Probenvorbereitung) / automatic (specimen miller) || ≗**bahnenüberdeckung** *f* (WZM) / milling path overlap || ≗**bearbeitung** *f* / milling *n* || ≗**betrieb** *m* / milling *n* || ≗**bild** *n* / milling pattern, cutting pattern || ≗**bild Langloch** / oblong-hole milling pattern || ≗**bild Nut** / groove milling pattern || ≗**-/Bohrzentrum** *n* / machining center
Fräs·dorn *m* / loose molding spindle, cutter spindle, cutter arbor || ≗**einheit** *f* / milling unit
fräsen *v* / mill *v* || ≗ *n* / milling *n* || **manuelles** ≗ / manual milling
Fräser *m* / milling tool, milling cutter, cutter *n* || ≗ **mit runder Wendeschneidplatte** / mill with round tool insert || ≗**drehachse** *f* / cutter axis of rotation || ≗**durchmesserkorrektur** *f* / cutter diameter compensation || ≗**mittelpunktbahn** *f* / cutter centre path, path of cutting centre, cutter center path
Fräserradius·bahnkorrektur *f* (FRK) / cutter radius compensation (CRC) || ≗**-Bahnkorrektur** *f* (NC) / cutter compensation ISO 2806-1980, cutter radius compensation on contour || ≗**kompensation** *f* (FRK) / cutter radius compensation (CRC) || ≗**korrektur** *f* (NC) / cutter compensation, cutter radius compensation || ≗**korrektur** *f* (FRK) / cutter radius compensation (CRC) || ≗**mittelpunktsbahn** *f* / cutter center-line
Fräs·grund *m* / cutting base || ≗**kopf** *m* / milling head, millhead *n* || **kardanischer** ≗**kopf** / universal milling head || ≗**marke** *f* / milling mark || ≗**maschine** *f* / miller *n*, milling machine || ≗**maschinen** *f pl* / milling machines || ≗**motor** *m* / milling motor || ≗**richtung** *f* / mill direction
Fräs·spindel *f* / milling spindle, cutter spindle || ≗**spindelhülse** *f* / sleeve *n*, quill *n* || ≗**teil** *n* / milled part || ≗**vorschub** *m* / milling feed || ≗**werkzeug** *n* / milling tool, milling cutter, cutter *n* || ≗**zyklus** *m* / milling cycle
FRC (satzweiser Vorschub für Fase/Verrundung) / FRC (non-modal feedrate for chamfer/rounding)
FRCM (modaler Vorschub für Fase/Verrundung) / FRCM (modal feedrate for chamfer/rounding)
Fréchet-Verteilung, Typ II DIN 55350,T.22 / Fréchet distribution, type II, extreme value distribution
frei *adj* (SG-Antrieb, unverklinkt) / unlatched *n* || ~ **adressierbar** / freely adressable || ~ **belegbar** / user-assignable || ~ **belegbare Taste** / softkey *n* || ~ **belegbarer Merker** / freely assignable flag || ~ **brennende Lampe** / general-diffuse lamp || ~ **in Luft verlegtes Kabel** / cable laid in free air || ~ **programmierbar** / user-programmable *adj*, field-programmable *adj*, programmable *adj* || ~ **programmierbare Taste** / softkey *n* || ~ **projektierbar** (SPS) / user configurable || ~ **serielle Übertragung** / free serial transfer || ~ **strukturierbar** (PLT) / user-configurable *adj*, field-configurable *adj* || ~ **verfügbar** (Anschlussklemmen, Kontakte) / unassigned *adj* || ~ **wählbar** / freely selectable, optional *adj* || **Bus** ~ / bus clear (BCLR)
Frei·ätzung *f* (gS) / clearance hole || ≗**aufstellung** *f* / free-standing installation, free-standing arrangement || ≗**auslösung** *f* / trip-free *n* || ≗**auslösung** *f* (Vorrichtung) / trip-free mechanism, release-free mechanism || **Leistungsschalter mit** ≗**auslösung** VDE 0660, T.101 / trip-free circuit-breaker IEC 157-1, release-free circuit-breaker || ≗**bewitterungsprüfung** *f* / field weathering test, field test, natural weathering test, natural exposure test || ≗**biegeversuch** *m* / free bend test
Freidrehen *n* / free rotation of driven machine || ~ *v* (Lg.) / machine to an oval clearance, machine to a larger diameter
Freidrehzylinder *m* / releasing cylinder, retracting cylinder
frei·e Anzeigen (am Bildschirm) / optional (o. free) displays || **~e Farbe** / aperture colour, non-object colour || **~e Kommutierung** (SR) / natural commutation, phase commutation || **~e Konvektion** / free convection || **~e Ladung** / free charge || **~e Lötung** (Verdrahtung) / point-to-point soldered wiring || **~e Luftzirkulation** (Prüf.) DIN IEC 68 / free air conditions || **~e Magnetisierung** (Transduktor) / free current operation, natural excitation || **~e Pendelung** / free oscillation || **~e Schwingung** / free oscillation || **~e Spannung** / transient voltage || **~e Stromausbildung** / free current operation, natural excitation || **~e Wicklungsenden** / loose leads
frei·er Baustein (SPS) / unassigned block || **~er Fall** / free fall || **~er Kontakt** / unassigned contact || **~er Kupplungssteckverbinder** / free coupler connector, receptacle *n* (depr.) || **~er Parameter** /

arbitrary parameter, unassigned parameter || **~er Parameter** (vom Anwender benutzbarer Parameter) / user parameter || **~er Steckplatz** / unassigned slot || **~er Steckverbinder** / free connector, plug connector (depr.) || **~er Sternpunkt** / isolated neutral, floating neutral, unearthed neutral (o. star point) || **~er Strom** / transient current || **~er Ventilquerschnitt** / effective cross-sectional area of valve || **~er Vorgang** (Übergangszustand, nichtstationärer Zustand) / transient condition

frei·es Bauelement / free component || **~es Leitungsende** / lead tail, free lead end || **~es Schallfeld** / free sound field || **~es Wellenende** / (free) shaft extension

Freifahrabstand *m* / safety clearance (SC), safety distance, SC (safety clearance) || ≗ *m* (WZM, NC) / clearance distance

Freifahren *n* / retraction *n* || ≗ *n* (WZM) / retracting *n*, tool recovery || ~ *v* / tool retract *v*, retract *v*, automatic tool recovery, lift *v* || ≗ **des Fräsers** / retraction of mill

Frei·fahrlogik *f* / retraction logic || ≗**fallstellung** *f* (Kran) / free position for gravity lowering, free position

Freifeld *n* / free field || ≗ *n* (Versuchsgelände) / (open-area) test site || ≗**raum** *m* / free-field room, anechoic room || ≗**übertragungsmaß** *n* / free-field frequency response

Freifläche *f* / tool flank, free surface || ≗ *f* (Flp.) / clearway *n*

Frei·flächenbeleuchtung *f* / outdoor area lighting (o. illumination) || ≗**flugkolbenverdichter** *m* / free-piston compressor || ≗**form** *f* / free-form *n* || ≗**formfläche** *f* / free-form surface || ≗**formfläche** *f* (CAD) / freeform surface, sculptured surface

Freigabe *f* (FRG) / release *n*, enable *v*, enabling *n* || ≗ *f* (elST) DIN 19237 / enabling *n* || ≗ *f* (KN) / release *n* || ≗ *f* (ZKS) / release EN 50133-1 || ≗ *f* (Schutz, Programm, QS) / release *n* || ≗ **auf Anforderung** / release on request (ROR) || ≗ **des Ventils** / valve deblocking || ≗ **mit Beanstandung** / conditional release || ≗ **Motorhaltebremse** / holding brake enable || ≗ **nach Ausführung** / release when done (ROOD) || ≗ **ohne Beanstandung** / unconditional release || ≗ **PID Autotuning** / PID autotune enable || ≗ **Statik** / enable droop || ≗ **verweigern** / refuse *v* || **schriftliche** ≗ (zur Ausführung v. Arbeiten) / permit to work || ≗**-Abhängigkeit** *f* / enable dependency *n*, EN-dependency *n* || ≗**balken** *m* (Flp.) / clearance bar || ≗**balkenfeuer** *n* (Flp.) / clearance bar light || ≗**barren** *m* (CLB Flp.) / clearance bar (CLB) || ≗**baugruppe** *f* / enabling module || ≗**baustein** *m* / enable chip, enabling module || ≗**-Betrieb** *m* / operation enabled || ≗**byte** *n* / interrupt enable byte

Freigabe·eingang *m* (Strobe) / strobe input || ≗**eingang** *m* (EN-Eingang) / enable input, EN input || ≗**fehler** *m* / enable fault || ≗**kennung** *f* / release identifier (release-ID), release-ID (release identifier) || ≗**kontakt** *m* / enabling contact, enable circuit || ≗**kraft** *f* (Schaltstück) / releasing force || ≗**kreis** *m* / release circuit, enabling circuit || ≗**kriterium** *n* / enable criterion || ≗**liste** *f* / approval list || ≗**merker** *m* / enable flag || **Schutzsystem mit** ≗**schaltung** / permissive protection system || ≗**signal** *n* (Schutz) / release signal || ≗**signal** *n* (elST) / enable signal, enabling signal || ≗**spannung** *f* / enabling voltage, enabling supply, enable voltage || ≗**taste** *f* / enabling button, enabling key || ≗**verzögerung Haltebremse** / holding brake release delay || ≗**zeit** *f* / enable time

freigeben *v* / activate *v* || ~ *v* (genehmigen) / approve *v*, release *v* || ~ *v* (mech.) / clear *v*, release *v* || ~ *v* (Stromkreis) / enable *v* || ~ *v* (Bussteuerung) / relinquish *v* (bus control) || ~ *v* (Signal) / release *v*

frei·geschaltet *adj* / disconnected *adj* || **~gesetzte Wärme** / heat released || **~gestellte Anwesenheit** (GLAZ) / optional attendance || **~gestellte Prüfung** / optional test

Frei·haltezeit *f* / hold-off time || ≗**haltezeit** *f* (LE) / hold-off interval || ≗**haltezeit** *f* (SPS) / keep-free time || ≗**handlinie** *f* (CAD) / free-hand line || ≗**handzeichnen** *n* / free-hand drawing || ≗**heitsgrad** *m* / degree of freedom || **System mit einem** ≗**heitsgrad** / single-degree-of-freedom system || ≗**lagerversuch** *m* / weathering test, exposure test || ≗**landversuch** *m* / field test || ≗**lastwert** *m* / off-load value

Freilauf *m* / trip-free mechanism, release-free mechanism, freewheel *n* || ≗**diode** *f* / free-wheeling diode (FD) || ≗**-Diode** *f* / flywheel diode

freilaufend *adj* / cyclic *adj* || **~e Abfrage** (SPS) / asynchronous scan || **~e Ausgabe** (DÜ) / unsolicited output || **~e Meldung** (DÜ) / unsolicited message || **~e Zeitablenkeinrichtung** / free-running time base || **~er Auftrag** / decoupled job || **~er Betrieb** (Osz.) / free-running mode || **~er Taktgenerator** / free-running clock

Freilauf·getriebe *n* / free-wheeling mechanism || ≗**hebel** *m* (SG) / trip-free lever || ≗**kupplung** *f* / free-wheeling clutch, overrunning clutch, free-wheel clutch || ≗**schutzdiode** *f* / overvoltage protection diode || ≗**strom** *m* (LE) / free-wheeling current || ≗**ventil** *n* (LE) / free-wheeling valve, free-wheeling diode || ≗**-Zahnkupplung** *f* / freewheeling gear coupling || ≗**zweig** *m* (LE) / freewheeling arm

freilegen *v* / expose *v*, uncover *v*

Freileitung *f* / overhead line, overhead power transmission line, open-wire line, open line, overhead power line || **Starkstrom-**≗ *f* / overhead power line || **Übertragungs-**≗ *f* / overhead power transmission line

Freileitungs·abzweig *m* / overhead line feeder || ≗**-Ausschaltprüfung** *f* / line-charging current breaking test || ≗**-Ausschaltstrom** *m* VDE 0670, T.3 / line-charging breaking current IEC 265 || ≗**-Ausschaltvermögen** *n* VDE 0670, T.3 / line-charging breaking capacity IEC 265, line off-load breaking capacity || ≗**feld** *n* / overhead power line || ≗**-Hausanschluss** *m* / overhead service || ≗**-Hausanschlusskasten** *m* / house service box for overhead line connection || ≗**kreuzung** *f* / overhead power-line crossing || ≗**-Ladestrom** *m* / line charging current || **isolierter** ≗**leiter** IEC 50(461) / bundle-assembled aerial cable || ≗**monteur** *m* / lineman *n* || ≗**netz** *n* / overhead system || ≗**-Schaltprüfung** *f* / line switching test || ≗**seil** *n* / conductor for overhead transmission lines, overhead-line conductor || ≗**seil mit Aluminiumleiter** / aluminium conductor for overhead transmission lines || ≗**stützer** *m* (Isolator) / line post insulator

Freiluftanlage *f* VDE 0101 / outdoor installation || ≗ *f*

(SA) / outdoor switchgear || **elektrische** ≈ / electrical installation for outdoor sites IEC 71.5, outdoor electrical installation, outdoor electrical equipment IEC 50(25)

Freiluft·aufstellung *f* / outdoor installation, installation outdoors || ≈**ausführung** *f* / outdoor type || ≈**durchführung** *f* / outdoor bushing || **~eingetauchte Durchführung** / outdoor-immersed bushing || ≈**-Erdungsschalter** *m* VDE 0670,T.2 / outdoor earthing switch IEC 129, outdoor grounding switch || ≈**-Innenraum-Durchführung** *f* / outdoor-indoor bushing || ≈**-Kessel-Durchführung** *f* / outdoor-immersed bushing || ≈**klima** *n* / open-air climate || ≈**-Lastschalter** *m* VDE 0670,T.3 / outdoor switch IEC 265 || ≈**-Leistungsschalter** *m* / outdoor circuit-breaker, outdoor power circuit-breaker (US)

Freiluft-Schaltanlage *f* (Geräte) / outdoor switchgear || ≈ *f* (Station) / outdoor switching station, switchyard *n*, outdoor switchplant, (outdoor) substation, outdoor switchgear

Freiluft-Schaltgeräte *n pl* / outdoor switchgear and controlgear IEC 694, outdoor switchgear

Freiluft·station *f* / outdoor substation, outdoor switching station || ≈**-Stützisolator** *m* / outdoor post insulator || ≈**transformator** *m* / outdoor transformer || ≈**trenner** *m* / outdoor disconnector, outdoor isolator || ≈**-Trennschalter** *m* / outdoor disconnector, outdoor isolator

Freimaß *n* / size without tolerance, free size, untoleranced dimension, free size tolerance, tolerance *n* || ≈**toleranz** *f* DIN 7182 / free size tolerance, free size, tolerance *n*

Frei·meldung bei Arbeitsende / notice of completion of work || ≈**parameter** *m* / user parameter || ≈**platz** *m* / empty location

freiprogrammierbar *adj* / programmable *adj* || **~e Schnittstelle** / free-port mode || **~e Steuerung** (FPS) / user-programmable controller, programmable controller, RAM-programmed controller || **~es Automatisierungsgerät** / programmable controller, user-programmable controller

freiprojektierbar *adj* / user-configurable

Frei·raum *m* (f. Montage) / clearance *n* || ≈**räume erleben** / live the liberty of action

Freischalten *n* VDE 0100, T.200 / safety isolation, isolation *n*, safety disconnection || ~ *v* / isolate *v* || ~ *v* / with a safety disconnection function

Freischalt·möglichkeit *f* / isolating facility || ≈**ung** *f* / activation *n* || ≈**vorrichtung** *f* / isolating facility

Frei·schneidemarke *f* / undercut *n* || ≈**schneidemarkierung** *f* / undercut *n*

Freischneiden *n* / relief cut, backing off || ~ *v* (WZM) / back off || ~ *v* (stanzen) / punch *v*

Frei·schneidewinkel *m* / tool clearance angle, clearance angle || ≈**schneidewinkelüberwachung** *f* / clearance angle monitoring || ≈**schneidezeit** *f* / tool clearance time || ≈**schneidwinkel** *m* (WZM) / tool clearance angle || ≈**schnitt** *m* / free punch

freisetzen, Energie ~ / release energy

freistehend *adj* / free-standing *adj*, unsupported *adj* || **~e Aufstellung** / free-standing installation, installation as a free-standing unit

Freistich *m* / undercut *n*, recess *n* || ≈**zyklus** *m* / undercut cycle

freistrahlend·e Leuchte / general-diffuse luminaire, non-cutoff luminaire || **~es Lichtband** / general-diffuse luminaire row

Freistrahlturbine *f* / Pelton turbine

freitragende Wicklung / coreless winding, moving-coil winding

freiwerden *v* (Stromkr.) / become enabled

freiwerdende Wärme / heat released

Freiwerdezeit (Gasentladungsröhre) / recovery time || ≈ *f* (Thyr) DIN 41786 / critical hold-off interval, circuit-commutated recovery time

Frei·winkel *m* / tool clearance angle, clearance angle || ≈**winkel** *m* (WZM) / clearance angle || ≈**zone** *f* (NS) / free zone, metal-free zone

freizügige Verdrahtung / point-to-point wiring

Frei-Zustand *m* (PMG) / ready condition

fremd *adj* / external *adj*

fremdangetrieben *adj* / separately driven, independently driven

Fremd·anlage *f* / third-party system || ≈**antrieb** *m* / auxiliary drive, drive from external source || ≈**atom** *n* / impurity atom, impurity *n* || **Rastmechanismus mit** ≈**auslösung** (DT) / accumulative latching mechanical system || **feste** ≈**stoffe** / foreign solids

fremdbelüftet *adj* / separetely ventilated, separate ventilation, forced-ventilated, forced ventilation || **~ von AS nach BS** / seperately ventilated from drive end A to drive end B) || **~e Maschine** / forced-ventilated machine || **~e Maschine** (m. angebautem Lüfter) / externally ventilated machine || **~e Maschine** (Lüfter getrennt) / separately ventilated machine, separately air-cooled machine || **~e Maschine** (m. Rohranschluss) / pipe-ventilated machine, duct-ventilated machine || **~e Maschine** (m. Überdruck) / pressurized machine || **~er Transformator** / forced-air-cooled transformer, air-blast transformer

Fremdbelüftung *f* / forced ventilation || ≈ *f* (Trafo) / forced-air cooling, air-blast cooling || ≈ *f* (m. Überdruck, Explosionsschutz) / pressurization *n* || ≈ *f* (el. Masch.) / separate ventilation, forced air-cooling || **völlig geschlossene Maschine mit** ≈**belüftung** / totally-enclosed separately fan-ventilated machine

Fremd·bereich *m* / extraneous area || **~bewegtes Kühlmittel** / forced coolant, forced-circulated coolant || ≈**bezug** *m* / external supply || ≈**bezug** *m* (Energie) / imported energy, energy import

fremde Sprecheradresse (PMG) DIN IEC 625 / other talk address (OTA) IEC 625 || **~ Zweitadresse** (PMG) DIN IEC 625 / other secondary address (OSA) IEC 625

Fremdeinspeisung *f* / external power supply, separate feed, supply from a separate source, supply from an external system || **Sekundärprüfung durch** ≈ / secondary injection test

fremderregte Maschine / separately excited machine

Fremderregung *f* / separate excitation, external excitation || **Maschine mit** ≈ **und Selbststeuerung** / compensated self-regulating machine, compensated regulated machine || **Maschine mit** ≈ / separately excited machine

Fremderschütterung *f* / externally excited vibration

fremdes leitfähiges Teil VDE 0100, T.200 / extraneous conductive part

Fremdfeld *n* / external field, interfering field, disturbance field, stray field || **induziertes** ≈ /

induction field || **magnetisches** ≗ / external magnetic field, magnetic field of external origin, external magnetic induction || ≗**einfluss** *m* / influence of magnetic induction of external origin || ≗**test** *m* / stray field test

Fremd·firma *f* / external company || ≗**führung** *f* (LE) / external commutation || **~geführter Stromrichter** / externally commutated converter || **~gekühlt** *adj* / separately cooled, separately ventilated || **~gelöschtes Zählrohr** / externally quenched counter tube || ≗**gerät** *n* / external device || ≗**geräusch** *n* / background noise || ≗**geräuschpegel** *m* / background noise level || **~geschaltete Kupplung** / clutch *n* || **~getakteter Stromrichter** / externally clocked converter || ≗**kathode** *f* (Korrosionselement) / external cathode || ≗**kontakt** *m* (unbeabsichtigte metallene Berührung) / unintentional bond

Fremdkörper *m* / foreign matter, foreign particle, foreign body || **Schutz gegen große** ≗ / protection against solid bodies greater than 50 mm || **Schutz gegen kornförmige** ≗ / protection against solid bodies greater than 1 mm || **Schutz gegen mittelgroße** ≗ / protection against solid bodies greater than 12 mm || ≗**schutz** *m* / protection against ingress of solid foreign bodies, protection against solid foreign bodies

Fremd·kühlung *f* / separate cooling, forced-air cooling, separate ventilation || ≗**leuchter** *m* / secondary light source, secondary source || ≗**licht** *n* / light from external sources || ≗**licht** *n* (künstliches L.) / artificial light || ≗**licht** *n* (Strahlung, die vom Empfänger eines fotoelektrischen Näherungsschalters empfangen wird, jedoch nicht von seinem Sender kommt) EN 60947-5-2 / ambient light || ≗**löschen** *n* / external quenching || ≗**lüfter** *m* / separately driven fan || ≗**magnetische Beblasung** / permanentmagnet blow-out || ≗**motor** *m* / non-Siemens motor

Fremd·netz *n* / external system, public supply system || ≗**-Prozessrechner** *m* / external (o. non-system) process computer || ≗**rechner** *m* / non-system computer, computer of other manufacture, third-party computer, non-Siemens computer || ≗**rechner** *m* (Rechner einer Fremdfirma) / non-company computer

Fremdschicht *f* (Kontakt) / tarnishing film || ≗ *f* (Isol.) / pollution layer, contamination layer || ≗ *f* (künstliche) / artificial pollution layer || **Verfahren mit fließender** ≗ / saline fog test method, salt-fog method || ≗**bildung** *f* / formation of pollution layers, surface contamination || ≗**grad** *m* (Isolator) / pollution severity || ≗**klasse** *f* (Isolator) / pollution severity level, pollution level || ≗**prüfung** *f* / artificial pollution test || ≗**-Stehspannung** *f* / layer withstand voltage, artificial pollution withstand voltage || ≗**strom** *m* / surface current || ≗**überschlag** *m* / pollution flashover

Fremd·schluss *m* / separate excitation, external excitation || ≗**schlussmaschine** *f* / separately excited machine || ≗**sollwert** *m* / external setpoint

Fremdspannung *f* VDE 0228 / disturbing voltage, voltage liable to cause malfunction, external voltage || ≗ *f* (Störsp.) / interference voltage, noise voltage || **Prüfung mit** ≗ / separate-source voltage-withstand test, applied-voltage test, applied-potential test, applied-overvoltage withstand test

fremdspannungs·arme Erde / low-noise earth || **~behaftetes Netz** / noisy system, dirty mains || ≗**einfluss** *m* / noise effect, interference *n* || **~freie Erde** / noiseless earth, clean earth || ≗**-Messgerät** *n* / noise-level meter, noise measuring set || ≗**prüfung** *f* / separate-source voltage-withstand test, applied-voltage test, applied-potential test, applied-overvoltage withstand test

Fremdstoffe *m pl* / foreign matter

Fremdstrom *m* / interference current, parasitic current || ≗**anode** *f* (Korrosionsschutz) / impressed-current anode || ≗**-Kathodenschutz** *m* / power-impressed cathodic protection || ≗**korrosion** *f* / stray-current corrosion || ≗**schutzanlage** *f* (Korrosionsschutz) / impressed-current installation

Fremd·system *n* / third-party system, non-Siemens system || ≗**trägheitsmoment** *n* / external moment of inertia, external inertia, load moment of inertia || ≗**- und Eigenbelüftung** *f* / combined ventilation || ≗**ventil** *n* / unlisted valve || ≗**vergabe** *f* / outsourcing *n* || ≗**verlöschen** *n* (LE) / external quenching || ≗**-Zertifizierungssystem** *n* / third-party certification system

Freon *n* / Freon *n* || ≗**schalter** *m* / Freon-filled circuit-breaker

Frequenz *f* / frequency *n*, stepping rate || ≗ **bei Stromverstärkung 1** / frequency of unity current transfer ratio || ≗ **der Versorgungsspannung** / power supply frequency || ≗ **der Vielperiodensteuerung** / cyclic operating frequency || ≗ **der Welligkeit** / ripple frequency || ≗ **fahren** / hold frequency || **Maximal~** *f* / max. frequency || **Pulsburst~** *f* / pulse burst repetition frequency

Frequenz·abgleich *m* / frequency adjustment, frequency balancing || ≗**abgleicher** *m* / frequency balancer, frequency adjuster

frequenzabhängig *adj* / frequency-dependent *adj*, varying with frequency, frequency-sensitive *adj*, as a function of frequency || **~er Drehzahlwächter** / frequency-sensitive speed monitor

Frequenzabhängigkeit *f* (Rel.) / frequency sensitivity, line-frequency sensitivity || ≗ *f* (MG) / frequency influence ANSI C39.1, variation due to frequency, effect of frequency variations

Frequenz·abhängigkeitscharakteristik *f* / frequency response characteristic, Bode diagram || ≗**absenkung** *f* / frequency reduction || ≗**abstand** *m* / frequency spacing || ≗**abwanderung** *f* / frequency drift || ≗**abweichung** *f* / frequency deviation || ≗**abweichung** *f* (zul. Normenwert) / variation from nominal frequency || **zulässige** ≗**abweichung** / entry freq. for perm. deviation || ≗**analyse** *f* / harmonic analysis || **Geschwindigkeit der** ≗**änderung** / sweep rate || ≗**anlauf** *m* / synchronous starting || ≗**anstiegsrelais** *n* / rise-of-frequency relay, rate-of-frequency-change relay || ≗**anzeiger** *m* / frequency indicator || ≗**ausblendband** *n* / skip frequency band, jump frequency band, critical speed rejection band || ≗**ausklammerungsband** *n* / skip frequency band, jump frequency band, critical speed rejection band || ≗**auswertungsbaugruppe** *f* / frequency evaluation module

Frequenz·band *f* / frequency band || ≗**bandzerlegung** *f* / frequency band analysis || ≗**bereich** *m* / frequency range, frequency band || ≗**bereich** *m* (Messgerät, Empfindlichkeitsbereich) / frequency response range || **Verstärkungsdifferenz in einem ≗bereich** / gain flatness || **≗bewertung** *f* / frequency weighting || **≗-Bezugsbereich** *m* / reference range of frequency || **≗codemodulation** *f* / frequency-code modulation || **≗drift** *f* / frequency drift || **≗drift bei Impulsbetrieb** / frequency drift under pulse operation || **≗durchlauf** *m* / frequency sweep

Frequenz·einfluss *m* (MG) / frequency influence ANSI C39.1, variation due to frequency, effect of frequency variations || **≗einteilung** *f* / frequency banding || **~empfindlich** *adj* / frequency-sensitive *adj* || **≗erfassung** *f* / frequency sensor || **≗erhöher** *m* / frequency raiser, frequency changer || **≗erniedriger** *m* / frequency reducer, frequency changer

Frequenzgang *m* / frequency response, harmonic response, frequency response characteristic || **≗ der Amplitude** / amplitude frequency response || **≗ der Phase** / phase-frequency response || **Ortskurve des ≗es** / frequency response locus, polar plot || **≗ des aufgeschnittenen (o. offenen) Kreises** / open-loop frequency response || **≗kennlinie** *f* / frequency response characteristic || **Diagramm des ≗s in der komplexen Ebene** / phase-plane diagram, Bode diagram, state-phase diagram

Frequenz·geber *m* / frequency generator || **≗gemisch** *n* / frequency spectrum, harmonic spectrum, Fourier spectrum || **≗generator** *m* / frequency generator, standard-frequency generator || **~gestellter Antrieb** / variable-frequency drive || **~getakteter Drehzahlregler** / frequency-based speed regulator || **≗gleiten** *n* / frequency variation || **≗gruppe** *f* (DÜ) / frequency group

Frequenz·haltung *f* / frequency stability || **≗hochlauf** *m* / frequency ramp || **≗hochlauf** *m* (SR-Antrieb) / synchronous acceleration, synchronous starting, converter-controlled start-up || **≗hub** *m* (bei Frequenzmodulation) / frequency deviation || **≗-Index** *m* / frequency index || **≗jitter** *m* / frequency jitter || **niederpriorer ≗kanal** (NPFK) / low-priority frequency channel (LPFC)

Frequenz·kennlinien *f pl* / frequency response characteristic, frequency characteristic || **≗konstanthaltung** *f* / frequency stabilization || **≗konstanz** *f* / frequency stability, constancy of frequency || **≗lage** *f* / frequency position || **≗-Leistungs-Regelung** *f* / power/frequency control, load-frequency control || **≗messer** *m* / frequency meter || **≗messumformer** *m* / frequency transducer

Frequenzmodulation *f* (FM, Modulation einer Trägerfrequenz durch Variieren der Frequenz) / frequency modulation (FM) || **≗** *f* (SR, periodische Abweichung der Ausgangsfrequenz von der Nennfrequenz) VDE 0558, T.2 / periodic frequency modulation IEC 411-3

Frequenzmodulations·-Rauschen *n* / frequency-modulation noise, FM noise || **≗-Rauschzahl** *f* / frequency-modulation noise figure, FM noise figure || **≗-Verzerrung** *f* / frequency-modulation distortion

Frequenz·multiplex *n* (Gleichzeitige Übertragungsmöglichkeit unterschiedlicher Informationen auf einem Übertragungsmedium mit Hilfe verschiedener Trägerfrequenzen) / frequency multiplex || **≗multiplexen** *n* (FDM) / frequency-division multiplexing (FDM) || **≗multiplexverfahren** *n* / frequency-division multiplexing || **≗nachführung** *f* / frequency adjustment, frequency correction || **≗pendelung** *f* / frequency swing || **≗plan** *m* / frequency plan || **≗planung** *f* / frequency planning

Frequenz·regelung *f* / frequency control, frequency regulation || **≗regler** *m* / frequency regulator, frequency controller || **≗relais** *n* / frequency relay || **≗relay** *n* / frequency relay || **≗rückgang** *m* / frequency reduction || **≗rückgangsrelais** *n* / underfrequency relay

Frequenz·schreiber *m* / recording frequency meter || **≗schutz** *m* / frequency protection, underfrequency protection, overfrequency protection || **≗schwankung** *f* / frequency variation, frequency fluctuation || **≗schwellenwert** / threshold frequency || **≗sollwert** *m* / frequency setpoint || **maximaler ≗sollwert** / max. frequency setpoint || **≗-Spannungs-Umsetzer** *m* (f/U-Umsetzer) / frequency-voltage converter, frequency-to-voltage converter || **≗-Spannungs-Wandler** *m* / frequency-voltage converter, frequency-to-voltage converter || **≗spektrum** *n* / frequency spectrum, harmonic spectrum || **≗sprung** *m* / sudden frequency change || **≗stabilisierung** *f* DIN 41745 / frequency stabilization || **~starr** *adj* / frequency-locked *adj*, fixed-frequency *adj* || **≗stellbereich** *m* / frequency range || **≗-Steuerkennlinie** *f* / frequency control characteristic || **≗steuerung** *f* / frequency control || **≗-Streubereich** *m* / frequency spread || **≗stufe** *f* / frequency generator, standard-frequency generator || **≗stützung** *f* / frequency back-up control

Frequenz·teiler *m* / frequency divider, frequency scaler || **≗teilerdiode** *f* / subharmonic generator diode || **≗teilungsverhältnis** *n* / ratio of frequency division, frequency division ratio || **≗transformator** *m* / frequency transformer || **≗überwachungsgerät** *n* / frequency monitor, frequency supervisory unit, frequency relay

Frequenzumformer *m* / frequency converter, frequency changer, frequency changer set || **≗ mit Kommutator** / commutator-type frequency converter, commutator-type frequency changer || **≗-Maschinensatz** *m* / frequency changer set || **≗station** *f* / frequency converter substation

Frequenz·umformung *f* / frequency conversion || **≗umrichter** *m* / frequency convertor || **≗umrichter** *m* (Direktumrichter, Hüllkurvenumrichter) / cycloconverter *n* || **≗umrichter** *m* / frequency converter || **direkter ≗umrichter** / cycloconverter *n* || **≗umschaltung** *f* (50-60 Hz) / frequency selector || **≗umsetzer** *m* / frequency converter, frequency changer, frequency changer set, remodulator || **≗umtastung** *f* (Spezielle FM-Modulationsart durch Umtastung von zwei oder mehreren Frequenzen. Wird unter anderem in Modems benutzt) / FSK (frequency shift keying) || **≗umtastung** *f* (Spezielle FM-Modulationsart durch Umtastung von zwei oder mehreren Frequenzen. Wird unter anderem in Modems benutzt) / frequency shift keying (FSK) || **~unempfindlich** *adj* / non-frequency-sensitive *adj*

Frequenz·verdoppler *m* / frequency doubler || **≗verdopplerschaltung** *f* / frequency doubler connection || **≗verdreifacher** *m* / frequency tripling transformer, frequency tripler || **≗verdreifachung** *f* / frequency tripling, harmonic response, frequency response characteristic || **≗verhalten** *n* / frequency response || **≗verhältnis** *n* / frequency-response ratio

|| ²versatz *m* / frequency shift || ²vervielfacher *m* / frequency multiplier || ²vervielfacherdiode *f* / frequency multiplication diode, harmonic generator diode || ²verwerfung *f* / shift in frequency || ²verzerrung *f* / frequency distortion || ²vielfach *n* / frequency multiplex || ²vielfach *n* / frequency division multiplex (FDM) || ²voreinstellung *f* / frequency default

Frequenz·wächter *m* / frequency monitor || ²**wanderung** *f* / frequency drift || ²**wandler** *m* / frequency converter, frequency changer, frequency changer set || ²**wandlung** *f* / frequency conversion || ²**zerlegung** *f* / harmonic analysis, Fourier analysis || ²**ziehen** *n* / frequency pulling || ²**ziehwert** *m* (Lastverstimmungsmaß) / pulling figure || ²**zittern** *n* / frequency jitter || ²**zusammensetzung** *f* / frequency spectrum || ²**zyklus** *m* (Erdbebenprüf., Durchlauf im vorgegebenen Frequenzbereich einmal in jeder Richtung) / sweep cycle

Fresnel·-Linsenscheinwerfer *m* / Fresnel spotlight, Fresnel spot || ²**-Verluste** *m pl* / Fresnel reflection loss

Fressen *n* (Kontakt) / corrosion *n* || ² *n* (Zahnrad) / welding *n*, seizing *n*, galling *n* || ² *n* (Lg.) / fretting *n*, seizing *n* || ~ *v* (Gleitführung) / seize *v*, seize up *v*, bind *v*

Fresslaststufe *f* / seizing load

FRF (Vorschubfaktor) / FRF (feedrate factor)

FRG (Freigabe) / enable *v*, enabling *n*, release *n*

Friktionskupplung *f* / friction clutch

Frischluft *f* / fresh air

Frischlüfter *m* / forced-draft fan

Frischluft·kühlung *f* / open-circuit ventilation, fresh-air cooling || ²**stutzen** *m* / ventilating inlet, fresh-air inlet

Fritten *n* / fritting *n*

Frittspannung *f* / fritting voltage

FRK (Fräserradiuskorrektur) / CRC (cutter radius compensation)

FR-Leuchte *f* / damp-proof luminaire, luminaire for damp interiors

FRNC / flame-retardant non-corrosive (FRNC)

Front *f* / front *n* || ²**abdeckung** *f* / front cover

Frontal·beleuchtung *f* / frontal lighting, front lighting || ²**schnitt** *m* / frontal section

Front·anschlussklemme *f* / front connection terminal || ²**anschlussstecker** *m* / front connection plug || ²**ansicht** *f* / front view || ²**antrieb** *m* (SG) / front-mounted operating mechanism, front-operated mechanism, panel-mounted mechanism, cover-mounted mechanism || **für** ²**befestigung** / front-mounted *adj* || ²**blech** *n* / front plate, frontplate, front panel || ²**blende** *f* / bezel *n* || ²**drehantrieb** *m* / front-operated rotary handle mechanism || ²**drehantrieb** *m* (SG) / front-operated rotary-handle mechanism, front-operated lateral-throw handle mechanism || ²**einbau** *m* / front mounting || **für** ²**einbau** (ET, elST) / for front-panel mounting || **Kontakt für** ²**entriegelung** / front-release contact || ²**feld** *n* / front cubicle || ²**glas** *n* (Leuchtschirm) / face-plate *n* || ²**kappe** *f* / front panel || ²**mitnehmer** *m* / face driver

Frontplatte *f* (ST) / front cover, front panel, fascia *n*, front *n* || ² *f* (ET, BGT) / front panel || ² *f* (Gerät) / front panel, front plate, faceplate *n*

Front·plattenantrieb *m* (SG) / front-panel-mounted mechanism || ²**platten-Einbauelement** *n* (FEE) / front-plate element, panel-mounted element || ²**rahmen** *m* (HSS, DT) / collar *n*, bezel *n* || ²**ring** *m* (DT) / mounting ring, bezel *n*

Front·scheibe *f* (Leuchtschirm) / face-plate *n* (luminescent screen) || ²**schild** *n* / front label || ²**seite** *f* / front *n*, face *n* || **~seitig** *adj* / on the front || ²**steckelement** *n* / front connector element || ²**stecker** *m* / front(-panel) connector, front *n* || ²**steckerbelegung** *f* / front connector pin assignment || ²**stecker-Messerleiste** *f* / front (panel plug connector) || ²**steckmodul** *n* / front connector module || ²**steckverbinder** *m* / front-panel connector || ²**system** *n* (Einbausystem) / front panel system

Frosch·beinverbindung *f* / butterfly connection || ²**beinwicklung** *f* / frog-leg winding || ²**klemme** *f* (f. Leiterseil) / automatic come-along clamp, wire grip

Frostalarm *m* / freeze alarm

frostbeständig *adj* / resistant to frost, frost-proof *adj*

Frostschutz *m* / anti-freeze protection || ²**einrichtung** *f* / antifreezing mechanism || ²**fett** *n* / non-freezing grease, antifreeze lubricant || ²**transformator** *m* / anti-freezing transformer

FR-Transformator *m* / damp-proof transformer

Frühausfall *m* DIN 40042 / early failure || ²**periode** *f* / infant mortality period || ²**phase** *f* / early failure period, infant mortality period

Früh·auslösung *f* / premature tripping || ²**erkennung von Fehlern** / detection of incipient faults, early fault diagnosis

Frühstückspause *f* / morning break

Früh·warnsignal *n* / early warning alarm || ²**wendung** *f* / over-commutation *n* || ²**zündung** *f* (Leuchtstofflampe) / pre-ignition *n*

FS / teletypewriter *n*, teletyper *n*, teletype *n*, teleprinter *n*, file system (FS) || ² (Folgespindel) / FS (following spindle) || ² (Fehlersignalschalter) / remote control switch, FC (fault-signal contact), SX

FSK / frequency shift keying (FSK) || ² (fabrikfertige Schaltgerätekombination) / FBA (factory-built assembly) || ² **in Pultbauform** / desk-type FBA || ² **in Schrankbauform** / cubicle-type FBA, cabinet-type FBA

$\mathbf{f}^{soll}$ / f^{cmd}

Fsoll-Glätt. / F setpoint smoothing

FST (Vorschub Stop) / FST (feed stop)

F-Technik *f* (Fehlersichere Technik) / F technology (fail-safe technology)

FT Kabeltrageisen / FT cable bracket

FTP / FTP (file transfer program)

FT PE/N·-Klemme / FT PE/N terminal || ²**-Schraube** / FT PE/N screw

FTR (File Transfer) / FTR (file transfer)

FTZ-Nr . *f* (Zulassungsnummer des Fernmeldetechnischen Zentralamts) / Post Office Approval Number, PO approval number

Fuge *f* / join *n*, joint *n*

Fügefläche *f* / joint surface, seating area

fügen *v* / join *v*, assemble *v*, joining *v*

Fugendicke *f* / gap *n*

fugenverleimt *adj* / juncture glued

Fügetemperatur *f* (beim Schrumpfen) / shrinking temperature, jointing temperature

fühlbare Kühllast / sensible heat load

Fühler *m* (el.) / sensor *n*, detector *n*, pick-up *n*, detecting device || ² *m* / sensor probe, sensing probe, touch probe, detecting element || ≗ *m* (mech., Taster) / feeler *n*, probe *n* || ≗ *m* (NC, Kopierfühler) / tracer *n* || ≗ *m* (schaltender Messfühler f. Drehmaschinen) / touch trigger probe || ≗**ansprechtemperatur** *f* / detector operating temperature || ≗**direkteingang** *m* / direct sensor input || ≗**lehre** *f* / feeler gauge || ≗**lehrensatz** *m* / feeler gauge set || ≗**schenkel** *m* / straight feeler x mm || ≗**steuerung** *f* (NC) / tracer control || ≗**winkel** *m* / angle feeler

Fühl·hebelmesslehre *f* / dead-weight micrometer || ≗**schwelle** *f* / threshold of feeling, threshold of tickle || **Rückkopplungs-≗spannung** *f* (IC-Regler) / feedback sense voltage

führen *v* / manage *v*, control *v* || **einen Leiter zur Klemme ~** / take (o. run) a lead to a terminal || **einen Strom ~** / carry a current

führend *adj* / leading *adj* || **~e Null** / leading zero, high-order zero, left-hand zero || **~e Nullen** / leading zeros

Führerschalter *m* / master controller

Führung *f* / guide mechanism || ≗ *f* (Kommutierung, SR) / commutation *n*, method of commutation || ≗ *f* (mech.) / guide *n*, guideway *n*, track *n* || ≗ *f* (Steuerung) / control *n* || ≗ *f* (Bussystem, Masterfunktion) / master function || ≗ *f* (WZM) / slideway *n*, guideway *n* || ≗ **des Zeitkontos** / updating of time account || **zwangsweise ≗ einer Leitung** / forced guidance of cable || **axiale ≗** (Welle) / axial location, axial restraint || **Bediener~** *f* / operator prompting || **Netz~** *f* / power system management, network control || **Sollwert~** *f* / setpoint control (SPC) || **visuelle ≗** / visual guidance

Führungs·abweichung *f* DIN 41745 / control deviation IEC 478- 1 || ≗**abweichungsbereich** *m* DIN 41745 / control deviation band IEC 478-1 || ≗**achse** *f* / leading axis || ≗**ansatz** *m* / guide point || ≗**bahn** *f* / guideway *n*, slideway *n* || ≗**bereich** *m* (Reg.) DIN 19226, Bereich der Führungsgröße / range of reference variables || ≗**betrieb** *m* / command variable control, pilot control || ≗**bolzen** *m* / guide pin, guide bolt || ≗**bord** *n* (Lg.) / locating flange, guiding flange || ≗**buchse** *f* / guide bush

Führungs·dynamik *f* / dynamic response || ≗**ebene** *f* / control level, management level, area control level || ≗**ebene** *f* (Unternehmen) / corporate management level || ≗**element** *n* / guide element || ≗**fläche** *f* / guide surface || ≗**frequenzgang** *m* / reference frequency response || ≗**generator** *m* / reference generator || ≗**geschwindigkeit** *f* DIN 41745 / control rate, correction rate || ≗**größe** *f* / reference input variable IEC 27-2A, reference variable IEC 50(351), command variable, desired value || **eingestellter Wert der ≗größe** / setpoint *n* || ≗**größensprung** *m* / step change of reference variable

Führungs·halter *m* (ET) DIN 43350 / guide *n*, retainer *n* || ≗**hilfe** *f* / management aid || ≗**hülse** *f* / sleeve *n* || ≗**koeffizient** *m* DIN 41745 / control coefficient IEC 478-1 || ≗**kraft** *f* (MSB) / guidance force || ≗**kraft** *f* (Lg.) / design thrust || ≗**lager** *n* (radial) / guide bearing || ≗**lager** *n* (axial) / locating bearing, radial bearing || ≗**leiste** *f* / guide link || ≗**leiste** *f* (ET) / guide rail, guide *n*, guide support || ≗**linie** *f* (CAD) / leader *n* || ≗**motor** *m* / master motor

Führungs·nase *f* (ESR) / key *n* || ≗**nase** *f* (Klemme) / anti-spread device || ≗**nut** *f* / guiding groove, guide groove || ≗**regelung** *f* / pilot control, setpoint control || ≗**regler** *m* / master controller || ≗**regler** *m* / master regulator || ≗**ring** *m* / guide ring || ≗**rippe** *f* (Lampensockel) / base orienting lug || ≗**rolle** *f* / guide roller, guide pulley

Führungs·schacht *m* / guide duct || ≗**schiene** *f* / guide track || ≗**schiene** *f* (ET) DIN 43350 / guide rail, guide *n*, guide support || ≗**schlitz** *m* / guide slot || ≗**signal** *n* / reference signal || ≗**sollwert** *m* / reference setpoint, master setpoint || ≗**spannung** *f* (LE, Kommutierungssp.) / commutation voltage || ≗**sprung** *m* / setpoint step change || ≗**spule** *f* / guider coil, guidance loop || ≗**stange** *f* / guide rod || ≗**stern** *m* (WKW) / guide bracket || ≗**steuerung** *f* DIN 19226 / command variable control, pilot control || ≗**stift** *m* / guide pin, register pin || ≗**transformator** *m* / master transformer || ≗**- und Dispositionsebene** *f* / corporate management level, management and scheduling level

Führungs·vektor *m* (Reg.) / reference vector || ≗**verhalten** *n* / response to setpoint changes, command behavior || ≗**walze** *f* (EZ) / guide drum, tape guide drum || ≗**wand** *f* / baffle *n*, guide wall, guide partition || ≗**wert** *m* / master value, command value || ≗**wicklung** *f* / guidance winding, guider winding || ≗**zapfen** *m* (ESR) / spigot *n* || ≗**zeitkonstante** *f* DIN 41745 / control time constant

FUL / FUL (ForwardUpLeft)

Füll·bereich *m* (DV) / fill area || ≗**byte** *n* / filler byte || ≗**dichte** *f* / bulk density, apparent density, loose bulk density || ≗**druck** *m* (Druckluftanlage) / filling pressure

füllen *v* / fill *v* || ≗ *n* / charging *n*

Füller *m* / filler *n*

Füllfaktor *m* (bezogen auf Flussdichte o. Polarisation) / fullness factor IEC 50(221) || ≗ *m* (eines geblechten o. gewickelten Kerns) IEC 50(221) / lamination factor || ≗ *m* (Wickl.) / space factor

Füll·gebiet *n* (Darstellungselement) / fill area || ≗**gebietsbündeltabelle** *f* (GKS) / fill-area bundle table || ≗**geschwindigkeit** *f* / filling rate || ≗**gewicht** *n* / charge speed || ≗**maschine** *f* / filling machine || ≗**masse** *f* / filling compound, filter *n*, sealing compound || ≗**menge** *f* / mass of filling || ≗**modus** *m* (CAD) / fill mode || ≗**muster** *n* / infill pattern, infill *n*, curve infill

Füllstand *m* / level *n*, liquid level, oil level, fill level || ≗**messung** *f* / level measurement

Füllstands·anzeige *f* / level indicator, liquid level indicator || ≗**anzeige** *m* (f. Öl) / oil level gauge || **Adressen-≗anzeiger** *m* / address level indicator

Füllstandschalter *m* / level switch

Füllstands·kontrolle *f* / level monitoring system || ≗**messung** *f* / level measurement || ≗**regelung** *f* / level control || ≗**schauglas** *n* / liquid-level indicator, level gauge, level sight-glass || ≗**überwachung** *f* / tank level monitoring || ≗**waage** *f* / filling level scale, fill-weight scale

Füll·stoff *m* / filler *n* || ≗**stoff** *m* (Extender) / extender *n* || ≗**stopfen** *m* / filler plug || ≗**streifen** *m* (Nut) / packing strip, filler strip, filler *n*, slot packing || ≗**stück** *n* (Wickl.) / packing block || ≗**überdruck** *m* (Gas) / gauge pressure of gas filling || ≗**- und Wartungsventil** *n* / filling and maintenance valve

Füllung *f* / filling *n*

Füllungsrate *f* (Impulsfüllung) / stuffing rate
Füll·vorrichtung *f* / filling equipment ‖ **~zeichen** *n* (DÜ-Block) / filler *n* ‖ **~zeit** *f* / filling time ‖ **~ziffer** *f* (Impulsfüllung) / stuffing digit
F-Umrichter *m* / F converter
Functiongenerator *m* / waveshape generator
Functionmeter *n* (Effektivwert- u. Wirkleistungsmesser) / function meter (RMS ammeter/voltmeter and wattmeter)
Fundament *n* / foundation *n*, base *n*, bed *n* ‖ **Tisch~** *n* (f. Masch.) / machine platform, steel platform
Fundamentale *f* / fundamental *n*
Fundament·anker *m* / foundation bolt, holding-down bolt, anchor bolt ‖ **~balken** *m* / foundation transom, base beam ‖ **~belastung** *f* / foundation load ‖ **~berechnung** *f* / foundation stress analysis ‖ **~bolzen** *m* / foundation bolt, holding-down bolt, anchor bolt ‖ **~erder** *m* VDE 0100, T.200 / foundation earth, concrete-encased electrode, concrete-footing ground electrode (the steel reinforcement of the foundation is often used as an electrode) ‖ **~grube** *f* / foundation pit ‖ **~kappe** *f* (Freileitungsmast) / muff *n* IEC 50(466), reveal *n* ‖ **~klotz** *m* / foundation block ‖ **~planum** *n* / foundation subgrade ‖ **~platte** *f* (Beton) / foundation slab ‖ **~platte** *f* (Grundplatte) / baseplate *n*, bedplate *n* ‖ **~rahmen** *m* / baseframe *n*, subframe *n* ‖ **~schale** *f* / foundation shell ‖ **~schiene** *f* / foundation rail, base rail ‖ **~schraube** *f* / foundation bolt, holding-down bolt, anchor bolt ‖ **~sohle** *f* / foundation subgrade ‖ **~tisch** *m* / foundation platform, mounting platform ‖ **~zelle** *f* / foundation cubicle, cubicle in generator pit
Fundus-Symbolsatz *m* / library symbol set
Fünfeck *n* / pentagon *n*
Fünfer *m* (Kabel) / quintuple *n*
Fünf·fach-Sammelschiene *f* / quintuple bus ‖ **~leiter-Sammelschiene** *f* / quintuple bus ‖ **~leitersystem** *n* / five-wire system ‖ **~schenkelkern** *m* / five-limb core, five-leg core ‖ **~schenkeltransformator** *m* / five-limb transformer, five-leg transformer ‖ **~takt-Stufenschalter** *m* VDE 0630 / five-position regulating switch (CEE 24)
Funkabschnitt *m* / radio section
Funke *m* / spark *n*
Funkel·effekt *m* (ESR) / flicker noise (CRT) ‖ **~feuer** *n* / quick flashing light
Funken, einen ~ ziehen / strike a spark
Funken·ableiter *m* / gap arrester ‖ **~abtragung** *f* / spark erosion, spark machining ‖ **~bildung** *f* / sparking *n* ‖ **~entladung** *f* / spark discharge, sparking *n* ‖ **~erosion** *f* / spark erosion, spark machining ‖ **~erosionsbearbeitung** *f* / electrical discharge machining (EDM) ‖ **~form** *f* / spark pattern
funkenfrei *adj* / non-sparking *adj*, sparkfree *adj*, sparkless *adj* ‖ **~e Abschaltung** / clean break, sparkfree break ‖ **~e Kommutierung** / black commutation, sparkless commutation
funkengebendes Betriebsmittel (Ex nC) / sparking apparatus
Funken·generator *m* / spark generator ‖ **~generator** *m* (Störgenerator) / noise generator ‖ **Prüfung mit ~generator** / showering arc test ‖ **~grenze** *f* (Komm.) / limit of sparkless commutation ‖ **~grenzkurve** *f* / spark limit curve ‖ **~horn** *n* / arcing horn ‖ **~induktor** *m* / induction coil, Ruhmkorff coil ‖ **~kammer** *f* / spark chamber ‖ **~kontinuum** *n* / spark-discharge continuum ‖ **~löscheinrichtung** *f* / spark suppressor, spark-quenching device, spark extinguisher, spark blowout ‖ **~löscheinrichtung** *f* (Ex-Masch.) / spark trap ‖ **~löschkondensator** *m* / spark-quenching capacitor ‖ **~löschung** *f* / spark quenching, spark suppression ‖ **~probe** *f* / spark test ‖ **~prüfgerät** *n* / spark test apparatus
Funken·spannung *f* / sparking voltage, sparking potential ‖ **~sperre** *f* / spark barrier ‖ **~sprühen** *n* / scintillation *n* ‖ **~strecke** *f* / spark gap, bushing gap ‖ **~strecke** *f* (Abl.) / series gap ‖ **Stab-Platte-~strecke** *f* / rod-plane gap ‖ **~streckenlehre** *f* / gap gauge ‖ **~entstörbaugruppe** *f* / radio interference suppression module
Funk-Entstör·baugruppe *f* / radio interference suppression module ‖ **~drossel** *f* / radio interference suppression reactor, RFI reactor, interference suppression choke, interference suppressor ‖ **~element** *n* / interference suppressor
Funkentstörfilter *m* / radio interference suppression filter, RFI suppression filter
Funk-Entstör·grad *m* / radio interference (suppression level), radio interference level, degree of noise suppression ‖ **~kondensator** *m* / radio interference suppression capacitor IEC 161, RFI capacitor, suppression capacitor, anti-noise capacitor, capacitive suppressor, interference-suppression capacitor ‖ **~mittel** *n* / radio interference suppressor, radio interference suppression device, interference suppressor
funk-entstört *adj* / radio-interference-suppressed *adj*, interference-suppressed *adj*
Funk-Entstörung *f* / radio interference suppression (RI suppression), RFI suppression, RI specification, interference suppression, radio and television interference suppression
Funken·überschlag *m* / spark-over *n*, arc-over *n* ‖ **~ziehen** *n* / spark striking, spark drawing, sparking *n* ‖ **~zündung** *f* / spark ignition
Funk·fernmeldetechnik *f* / radio communication transmitting apparatus ‖ **~fernsteuerung** *f* / radio control, radio remote control ‖ **~feuer** *n* / beacon *n* ‖ **~gesteuert** *adj* / radio-controlled *adj* ‖ **~rauschen** *n* / radio noise ‖ **gesteuerte ~schaltröhre** / trigatron *n*
Funk·-Schließsystem *n* (Kfz) / radio-controlled locking system ‖ **~schutzzeichen** *n* / interference suppression symbol ‖ **~signal** *n* / radio signal ‖ **~signalaufschaltung** *f* / radio signal input ‖ **~sprechgerätetest** *m* / walkie-talkie test ‖ **~steuerung** *f* / radio control ‖ **~störende Anlage** / radio frequency disturbance source
Funkstör·feld *n* / radio noise field ‖ **~feldstärke** *f* / interference field strength, disturbance field strength ‖ **~festigkeit** *f* / immunity to interference ‖ **~grad** *m* / radio interference level, radio interference suppression level ‖ **~grenzwert** *m* / limit of interference ‖ **~leistung** *f* / radio interference power, disturbance power ‖ **~messgerät** *n* / radio interference meter, radio noise meter ‖ **~pegel** *m* / radio interference level
Funkstörspannung *f* / radio interference voltage (RIV), radio noise voltage ‖ **~** *f* (an den Klemmen der Netznachbildung) / terminal interference voltage, terminal voltage ‖ **asymmetrische ~** (Delta-Netznachbildung) / asymmetrical terminal

interference voltage, asymmetrical terminal voltage || **symmetrische** ≈ / symmetrical terminal interference voltage

Funkstörstrahlung *f* / interference radiation

Funkstörung *f* / radio interference, radio disturbance, radio frequency disturbance (RFD) || **naturgegebene** ≈ / natural noise || **technische** ≈ / man-made noise

Funkterminal *n* / radio communication terminal

Funktion *f* / function *n*, FC || ≈ **Digitaleingang 1** / function of digital input 1 || **einschwingende** ≈ / transient function || **erweiterte** ≈ / extended function || **haustechnische** ≈ / technical facility in the home || **integrierte** ≈ / integrated function || **sichere** ≈ / safety function || **speichernde** ≈ / S/R function (set/reset function), L/U function (latching/unlatching function) || **technologische** ≈ / technology function (TF) || **wählbare** ≈ / user-assignable function

Funktionalität *f* / functionality *n*

funktioneller Aufbau (NC-Programm, logischer A.) / logical structure

Funktionen, elektronische ≈ / electronic functions || **vorwählbare** ≈ / preselectable functions

funktionieren *v* / function *v*, work *v*

Funktions·abbild *n* / mimic diagram, wall diagram || ≈**abgang Dahlender** / function feeder Dahlander || ≈**ablauf** *m* / functional sequence, sequence of functions, operational sequence || ≈**anstoß** *m* / activation of function || ≈**anzeiger** *m* / function indicator || ≈**art** *f* (Untermenge aller möglichen Funktionen einer Einheit) / functional mode (A subset of the whole set of possible functions of an item) || ≈**aufruf** *m* / function call || ≈**ausfall** *m* / malfunction, operational fault || ≈**baugruppe** *f* / functional module

Funktionsbaustein *m* (FB; PLT, SPS) / function block (FB) || ≈ *m* (FB) / functional element, function block (FB An instance of a function block type), software function block || ≈ **aus dem erweiterten Bereich** (FX) / extended function block (FX) || **integrierter** ≈ (integrierter FB) / integrated function block, integral function block (integral FB) || ≈**aufruf** *m* / function block call || ≈-**Instance** *f* EN 61131-3 / function block instance || ≈**paket** *n* (SPS) / function block package || ≈**plan** *m* / function chart, function diagram || ≈**plan** *m* (SPS) / function block diagram (one or more networks of graphically represented functions, function blocks, data elements, labels, and connective elements), control system function chart || ≈**plan** *m* / control system flowchart (CSF), fbd (function block diagram), CSF (control system flowchart; with ladder diagram (LAD) and statement list (STL), one of the methods of representation of the STEP 5/7 programming language) || ≈**sprache** *f* (SPS) / function block diagram language || ≈**sprache** *f* (FBS-Sprache) / function block diagram language (FBD language) || ≈-**Sprache** *f* (grafisch dargestellte Funktionen, Datenelemente) EN 61131-3 / function block diagram

funktionsbedingte Beanspruchung DIN 40042 / functional stress

funktionsbeeinträchtigende Instandhaltung / function-affecting maintenance

Funktions·bereich *m* / function area || **~bereit** *adj* / ready for operation, ready to run, available *adj* || ≈**bereitschaft** *f* / operational readiness || ≈**beschreibung** *f* / description of functions, functional description || **~beteiligte Redundanz** (Redundanz, bei der alle Mittel gleichzeitig an der Erfüllung der geforderten Funktion beteiligt sind) DIN 40042 / functional redundancy, active redundancy (That redundancy wherein all means for performing a required function are intended to operate simultaneously) || ≈**bild** *n* / function chart, function diagram || ≈**bild** *n* (einer elektron. Baugruppe) / block diagram || ≈**bildner** *m* (Ausgangsgröße, durch eine vorgegebene Funktion mit der Eingangsgröße verknüpft) / signal characterizer || ≈**bildner für Lastaufschaltung** / load compensator || ≈**bildner für Sollwertaufschaltung** / set-point compensator || ≈**bit** *n* / function bit || ≈**block** *m* (MC-System) / function block

Funktions·code *m* / function code, action code, COMCOD (command code) || ≈**code** *m* (NC) / command code (COMCOD) || ≈**datensatz** *m* / function data set || ≈**diagramm** *n* (NC) / action chart, flow chart, function chart || ≈**dichte** *f* / functional density || **linearer** ≈**drehmelder** (induktiver Steller) / inductive potentiometer (IPOT) || ≈**einheit** *f* E DIN 19266, T.5/1.86,DIN 44300,T.1/10.85, a. SK VDE 0660,T.500 / functional unit || **~einschränkende Instandhaltung** IEC 50(191) / function-degrading maintenance || ≈**element** *n* / function element || ≈**erde** *f* / functional earth (A low impedance path between electrical circuits and earth for non-safety purposes such as noise immunity improvement), functional ground || ≈**erdung** *f* VDE 0100, T.540 / functional earthing, operational earthing || ≈**erhalt** *m* / functional endurance || ≈**erweiterung** *f* / functional expansion, function extension

funktionsfähig *adj* / operational *adj*, available *adj*, functional *adj*

Funktionsfähigkeit *f* IEC 50(191) / reliability performance, ability to operate, operating capability, reliability *n* || **Verbesserung der** ≈ (Erzielung von Wachstum der Funktionsfähigkeit durch Maßnahmen zur Verhütung systematischer Ausfälle und/oder Verringerung der Wahrscheinlichkeit sonstiger Ausfälle) / reliability improvement (A process undertaken with the deliberate intention of improving the reliability performance by eliminating causes of systematic failures and/or by reducing the probability of occurrence of other failures) || **Wachstum der** ≈ (Im Zeitverlauf fortschreitende Verbesserung einer Maßgröße der Funktionsfähigkeit einer Einheit) / reliability growth (A condition characterized by a progressive improvement of a reliability performance measure of an item with time)

Funktionsfähigkeits·audit *n* / reliability and maintainability audit || ≈**lenkung** *f* / reliability and maintainability control || ≈**management** *n* / reliability and maintainability management || ≈**modell** *n* (Mathematisches Modell zur Vorhersage oder Schätzung von Maßgrößen der Funktionsfähigkeit einer Einheit) / reliability model (A mathematical model used for prediction or estimation of reliability performance measures of an item) || ≈**sprogramm** *n* / reliability and maintainability program || ≈**sicherung** *f* / reliability and maintainability assurance || ²**sicherungsplan** *m* / reliability and maintainability plan || ²**überwachung** *f* / reliability and maintainability surveillance

Funktionsfehler *m* / malfunction *n*, operational fault || ²**erkennbarkeit** *f* (FFE) / function failure recognizability || ²**sicherheit** *f* (FFS) / function failure safety (FFS) || ²**signallogik** *f* / malfunction signal logic

Funktions·feld *n* / function field || ²**geber** *m* / function generator || ²**geber** *m* / waveshape generator || ²**geber** *m* (Resolver) / resolver *n* || ²**generator** *m* (f. Wellenformen) / waveshape generator || ²**generator** *m* (FG) / function generator, signal characterizer, function generator (FG) || **~gleich** *adj* / with identical functions || ²**glied** *n* / function element || ²**gliederung** *f* / functional grouping || ²**gruppe** *f* / function group || ²**gruppe** *f* (SK) VDE 0660, T.500 / functional group IEC 439-1, function group number || ²**gruppensteuerung** *f* / function group control || ²**güte** *f* / functional quality

Funktions·handbuch *n* (FH) / function manual, FH || ²**isolierung** *f* HD 625.1 S1 / functional insulation IEC 664-1 || ²**kennzeichen** *n* DIN 40700, T.14 / qualifying symbol for function IEC 117-15, function identifier, function symbol || ²**klasse** *f* / command class || ²**klasse** *f* (NC) / command class (COMCLS) || ²**kleinspannung** *f* / extra low voltage || ²**kleinspannung** *f* VDE 0100, T.200 / functional extra-low voltage (FELV), e.l.v. || ²**kleinspannung mit sicherer Trennung** / protective extra-low voltage (PELV) || ²**kontrolle** *f* / functional test, performance test, test for correct functioning, checking of operation || ²**kontrolle** *f* (EZ) VDE 0418 / operation indicator IEC 1036

Funktions·leiste *f* / toolbar *n* || ²**linie** *f* (NC) / action line || ²**mangel** *m* / function defect || ²**minderung** *f* / degradation *n*, degradation of performance, function derating || ²**modul** *n* (FM) / function module (FM) || ²**muster** *n* / function specimen || ²**nachweis** *m* / proof of serviceability || ²**name** *m* / function name || ²**paket** *n* (FP) / function package (FP) || ²**pfad** *m* / function path || ²**pfeil** *m* (Bildzeichen) / function (o. functional) arrow

Funktionsplan *m* (FUP) / sequential function chart (SFC), control system flowchart (CSF), control system function chart || ² *m* (Logikfunktionen) / logic diagram || ² *m* (FUP: Neben Kontaktplan (KOP) und Anweisungsliste (AWL) eine Darstellungsart der STEP 5/7-Programmiersprache) / function chart, function diagram, function block diagram (fbd) (one or more networks of graphically represented functions, function blocks, data elements, labels, and connective elements), control system function chart, control system flowchart (CSF) || ² **einer Steuerung** / control system function diagram (Rev.) IEC 113-1 || **sequentieller** ² / sequential function chart (SFC) || ²**darstellung** *f* / FBD representation || ²**generator** *m* / CSF generator

Funktions·probe *f* / general operating test || ²**prüfgerät** *n* / function tester

Funktionsprüfung *f* / function testing, functional test, operating test IEC 337, test for correct functioning || ² *f* (Lampenstarter) / starting test || ² *f* (Tätigkeiten nach der Fehlzustandsbehebung zur Bestätigung, dass die Einheit ihre Eignung zur Durchführung der geforderten Funktion wiedererlangt hat) / function checkout (Actions taken after fault correction to verify that the item has recovered its ability to perform the required function) IEC 50(191) || ² *f* (Schutz) / general operating test || **mechanische** ² / mechanical operation test verification of mechanical operation

Funktions·prüfungszeit *f* (Teil der aktiven Instandsetzungszeit, während dessen die Funktionsprüfung durchgeführt wird) / check-out time (That part of active corrective maintenance time during which function check-out is performed) || ²**-Rahmenbedingungen** *f pl* / general operating conditions || ²**reserve** *f* / excess gain, surplus light emission

Funktions·schalter *m* VDE 0860 / functional switch IEC 65 || ²**schema** *n* / function chart, flow chart, function diagram, function block diagram (fbd) (one or more networks of graphically represented functions, function blocks, data elements, labels, and connective elements), control system flowchart (CSF), control system function chart, fbd (function block diagram) || ²**sicherheit des Selektivschutzes** IEC 50(448) / reliability of protection || ²**spannung** *f* (RSA-Empfänger) VDE 0420 / operate voltage || ²**stand** *m* / release number || ²**störung** *f* / malfunction *n*, operational fault

Funktions·tabelle *f* / function table || ²**tabelle** *f* (Wahrheitstafel) / truth table || ²**tafel** *f* / function table || ²**tastatur** *f* / function keyboard, control keyboard || ²**taste** *f* / function key, control key || **frei belegbare** ²**taste** / softkey *n* (SK) || ²**test** *m* DIN 66216 / validity check ISO/DIS 6548

funktionstüchtig *adj* / reliable *adj*, in proper service condition, serviceable *adj* || ²**keit** *f* / ability of working

Funktions·übersicht *f* / overview of functions || ²**überspannung** *f* VDE 0109 / functional overvoltage IEC 664A || ²**überwachung** *f* / function monitoring, watchdog monitor, watchdog *n* || ²**umfang** *m* / functional scope, range of functions, scope of available functions, functionality || **~verhindernde Instandhaltung** (Funktionsbeeinträchtigende Instandhaltung, die infolge des völligen Verlusts aller Funktionen die in Instandhaltung befindliche Einheit hindert, eine geforderte Funktion auszuführen) IEC 50(191) / function-preventing maintenance (Function-affection maintenance that prevents a maintained item from performing a required function by causing complete loss of all the function) || **~verhindernder Fehlzustand** IEC 50(191) / function-preventing fault, complete fault (A fault characterized by the complete inability of an item to perform all required functions) || ²**versagen** *n* / failure to operate || ²**weise** *f* / mode of operation, method of functioning, principle of operation

Funktions·zeichen *n* / layout character, functional character || ²**zeit** *f* (NC) / processing time, action period || ²**ziffer** *f* EN 50005 / function number, function digit || ²**zuordnung** *f* / assignment of function || ²**zusammenhang** *m* / functional relationship, logic *n* || ²**zustandsdiagramm** *n* (PMG) / function state diagram

Funk·uhr *f* / radio clock || ²**umwelt** *f* (EMV) / radio environment || ²**verbindung** *f* / wireless link, radio link

FUP / logic diagram || ≗ (Funktionsplan) / function diagram, function chart, control system function chart, fbd (function block diagram), CSF (control system flowchart; with ladder diagram (LAD) and statement list (STL), one of the methods of representation of the STEP 5/7 programming language)

FUR / FUR (ForwardUpRight)

Furane / furans *n*

furniert *adj* / veneered *adj*

FU-Schutzschaltung *f* / voltage-operated e.l.c.b. system, voltage-operated g.f.c.i. system

Fuß *m* / title block || ≗ *m* (el. Masch.) / mounting foot, frame foot, foot *n* || ≗ *m* (Holzmast) / stub *n* || **Röhren~** *m* / tube base || ≗**antrieb** *m* / foot-operated mechanism || ≗**aufstellung** *f* (el. Masch) / foot mounting, mounting by feet || ≗**bauform** *f* (el. Masch.) / foot-mounted type || ≗**befestigung** *f* / mounting foot, mounting feet, foot mounting

Fußboden·anschlussdose *f* / floor service box, outlet box || **für** ≗**befestigung** / floor-mounting *adj*, floor-fixing *adj* || ≗**belag** *m* / floor covering, floor finish

fußbodeneben *adj* / flush *adj* (with the floor) || **~e Steckdose** / floor-recessed socket outlet, flush-floor receptacle

Fußbodensteckdose *f* / floor-mounted socket-outlet, floor receptacle

Fuß·druckknopf *m* / foot-operated button || ≗**drucktaster** *m* / foot-operated button || ≗**elektrode** *f* (Entladungslampe) / pinch wire

Fusseln *f pl* / lint *n*, fluff *n*

Fußfläche *f* / footing *n*

Fußgänger·überweg *m* / pedestrian crossing || ≗**zone** *f* / pedestrian precinct

fußgesteuerte Einspritzung (Kfz) / bottom-fed injection

Fuß·hebel *m* (Schalter) / pedal || ≗**höhe** *f* (Zahnrad) / dedendum *n* || ≗**höhe** *f* (Lampe) / stem height || ≗**kegel** *m* (Zahnrad) / root cone || ≗**kegellinie** *f* (Zahnrad) / root line || ≗**kegelscheitel** *m* (Zahnrad) / root apex || ≗**kegelwinkel** *m* (Zahnrad) / root angle || ≗**kontakt** *m* / foot contact, pedal *n* || ≗**kontakt** *m* (Sich.) / base contact || ≗**kontaktzapfen** *m* / base contact stud || ≗**kreis** *m* / root circle || ≗**kreisdurchmesser** *m* / root diameter || ≗**lager** *n* / foot bearing, footstep bearing, block bearing

Fußleiste *f* / skirting FWT, skirting duct || ≗ *f* (Schaltschrank) / kickplate *n*, plinth *n* || ≗ *f* (Versteifungselement) / bottom (bracing) rail, bottom brace || ≗ *f* (Bau) / baseboard *n*, skirting board || ≗ *f* (Text) / foot block

Fußleistenkanal *m* / skirting FWT, skirting duct

Fuß·licht *n* / footlight *n* || ≗**loch** *n* (el. Masch.) / mounting-foot hole || ≗**lochabstand** *m* (el. Masch.) / distance between mounting-hole centres || ≗**motor** *m* / conventional motor || ≗**note** *f* / footnote *n* || ≗**platte** *f* (Schrank) / plinth *n* || ≗**platte** *f* (el. Masch.) / foot plate || ≗**punkt** *m* / base point, root *n* || ≗**punkt** *m* (Leuchte) / nadir *n* || ≗**punktelektronik** *f* (LE) / valve-base electronics

Fuß·raste *f* / foot rest || ≗**schalter** *m* VDE 0660,T.201 / foot switch IEC 337-2, pedal switch BS 4727,G.06, pedal || ≗**schraube** *f* / holding-down bolt || ≗**taster** *m* / (momentary-contact) foot switch, foot-operated button || ≗**tiefe** *f* (Zahnrad) / dedendum *n* || ≗**ventil** *n* / foot valve || ≗**winkel** *m* / angle bracket || ≗**winkel** *m* (Zahnrad) / dedendum angle || ≗**zeile** *f* / footer *n* || ≗**zylinder** *m* (Zahnrad) / root cylinder

Futter·blechpaket *n* / lining plate package || ≗**maß** *n* / chuck dimension

f/U-Umsetzer *m* / frequency-voltage converter, frequency-to-voltage converter

F-Verteilung *f* DIN 55350,T.22 / F-distribution *n*

FW (Fernwirken) / telecontrol *n*, telecontrol systems, remote control, firmware *n*

F-Wort *n* / fixed-length word, F function, F word, feed function

FWT (Fernwirktechnik) / telecontrol *n*, telecontrol systems, remote control

FXS (Festanschlag) / FXS (fixed stop)

FZ (freier Zyklus) / user assignable cycle, FC (free cycle)

G

G (Buchstabensymbol für Gas) / G (letter symbol for gas)

GA / graphics workstation || ≗ (Grundausführung) / basic version || ≗ (gas or air cooling, Selbstkühlung durch Gas oder Luft in einem abgedichteten Kessel) / GA (gas or air cooling, self-cooling by gas or air in a hermetically sealed tank) || ≗ (Generalabfrage) / basic version

GaAs-Diode *f* / gallium-arsenide diode

GAB / base-load duty with temporarily reduced load

Gabel *m* (LAN) / splitter *n* || ≗ *f* (Mastkopf) / fork *n* IEC 50(466), K frame || ≗ *f* (Wickl.) / end loop, butterfly *n* || ≗**bolzen** *m* / forked bolt || ≗**hebel** *m* (PS) / fork lever || ≗**kabelschuh** *m* / fork-type cable lug, fork-type socket || ≗**kontakt** *m* / tuning-fork contact || ≗**muffe** *f* (f. Kabel) / breeches joint, Y-joint *n* || ≗**-Rohrkabelschuh** *m* / tubular fork-type socket (o. cable lug) || ≗**schlüssel** *m* / open-ended spanner, open-end spanner || ≗**schranke** *f* / motor position detector || ≗**schuh** *m* (Bürste) / spade terminal || ≗**stapler** *m* / fork-lift truck, lifting truck || ≗**stößel** *m* / fork plunger || ≗**stück** *n* / fork *n* || ≗**verbindung** *f* (Wickl.) / butterfly connection

G-Abhängigkeit *f* / G-dependency, AND dependency *n*

Galeriebeleuchtung *f* / gallery lighting

Galette *f* / galette *n*, godet *n*

Galetten·motor *m* / godet motor, feed-wheel motor || ≗**umrichter** *m* / godet converter

Gallium-Arsenid-Diode *f* (GaAs-Diode) / gallium-arsenide diode

Galvanik·bad *n* / plating tank || ≗**dynamo** *m* / plating dynamo || ≗**steg** *m* (gS) / plating bar || ≗**stromrichter** *m* / converter for electroplating plants

galvanisch durchgeschaltet (Standleitung) / d.c.-coupled *adj* || **~ getrennt** / metallically separated, isolated *adj* || **~ getrennte Übertragung** / galavanically isolated transmission || **~ verbunden** / galvanically connected || **~ verzinken** / galvanize *v* || **~e Beeinflussung** (Kopplung) / galvanic coupling || **~e Kopplung** / conductive coupling, direct coupling, galvanic coupling || **~e**

Spannungsreihe / electrochemical series of metals, electromotive series || **~e Trennung** / galvanic isolation || **~e Trennung** / metallic isolation, isolation *n*, electrical isolation || **~e Trennung** (Kontakte) / contact separation || **~e Unterbrechung** / galavanic interruption || **~e Verbindung** / electrical connection, common electrical connection, conductive connection, metallic connection || **~er Überzug** / plating *n*, (electro-)plated coating, electrodeposit *n* || **~es Sekundärelement** / electric storage battery || **~es Überziehen** / electroplating *n*, plating *n*
Galvanispannung *f* / galvanic voltage
Galvano·meter *n* / galvanometer *n* || **≗meterschreiber** *m* / galvanometer recorder || **~metrischer Abtaster** / galvanometric pick-off || **≗plastik** *f* / galvanoplasty *n*, electroforming *n*
Gamma·-Durchstrahlung *f* / gamma-ray testing, gamma-ray radiography, gamma-ray examination || **≗-Filmaufnahme** *f* / gammagraph *n*, radiograph *n*, gamma-ray radiograph || **≗verteilung** *f* DIN 55350,T.22 / gamma distribution || **Beständigkeit gegen ≗strahlen** / gamma-ray resistance
GAMP / Good Automation Manufacturing Practice (GAMP)
Gang *m* / start *n* || ≗ *m* (Bedienungs- oder Wartungsgang) / gangway *n*, aisle *n* || ≗ *m* (Betrieb) / running *n*, operation *n* || ≗ *m* (Spule) / section *n*, turn *n*, convolution *n* || ≗ *m* (Gewinde) / thread *n*, pitch *n* || ≗ *m* (Getriebestufe) / speed *n* || **in ≗ setzen** / start *v*, start up *v* || **Werkzeug~** *m* (Abnutzung) / tool wear || **≗abweichung** *f* (Uhr) / clock error, time error || **≗art** *f* / kind of operation
Gang·dauer *f* (Uhrwerk) / running time (clockwork) || **≗dichte** *f* / number of threads per unit length || **≗feder** *f* (Uhr) / driving spring || **≗fehler** *m* (Uhr) / clock error, time error || **≗genauigkeit** *f* (Uhr) / accuracy *n* || **≗gewicht** *n* (Uhr) / time weight
Ganghöhe *f* (Steigung) / lead *n*, pitch *n*
gängig *adj* / start *adj* (e.g. 4-start thread)
Gängigkeit *f* / well running, direction of spiral
Gang·linie *f* (graph. Darstellung des zeitlichen Verlaufs der Belastung) / load curve, output curve || **≗rad** *n* (Uhr) / escapement wheel, ratchet wheel, balance wheel || **≗regler** *m* (Uhr) / regulator *n* || **≗reserve** *f* (Uhr) / reserve power, running reserve, power reserve, spring reserve || **≗reserve-Grenze** *f* / reserve power limit
Gang·schalthebel *m* (Kfz) / shift lever || **≗schaltung** *f* (Getriebe) / gear change || **≗wechsel** *f* (Kfz) / gear change || **≗wechselgeschwindigkeit** *f* (Kfz) / gear change rate || **≗wechseltiefe** *f* / gear change depth || **≗zahl** *f* (Gewinde) / number of threads per unit length, number of starts || **≗zeit** *f* / cycle duration, scan time, cycle time
Gantry·-Abschaltgrenze *f* / gantry trip limit || **≗-Achse** *f* / gantry axis || **≗-Einheit** *f* / gantry unit || **≗-Führungsachse** *f* / gantry master axis || **≗-Verbund** *m* / gantry grouping
Ganz·bereichsicherung *f* / all-range fuse || **≗bereichs-Kabelschutz** *m* / general-purpose cable protection || **≗formspule** *f* / integral coil || **≗lochwicklung** *f* / integral-slot winding, integer-slot winding || **≗metall...** / all-metal *adj* || **≗metallrohrverbindung** *f* / metal-to-metal joint || **≗rissprüfung** *f* / leak test || **≗seitendarstellung** *f* (Bildschirm) / full-screen display || **≗seiten-Textverwaltungsprogramm** *n* / full-screen editor || **~tägige feste Arbeitszeit** / full day with normal working hours
ganztränken *v* (Wickl.) / post-impregnate *v*, to impregnate by total immersion
Ganztränkung *f* / impregnation by total immersion, post-impregnation *n*
Ganzzahl *f* / integer *n* || **≗ mit Vorzeichen** / integer *n* || **≗darstellung** *f* / integer number representation
ganzzahlig·e Komponente / integer component || **~e Oberwelle** / integer-frequency harmonic || **~er Anteil** / integer component
Ganzzeichendrucker *m* / fully formed character printer
Gap·-Aktualisierungsfaktor *m* / gap update factor || **≗-Faktor** *m* / gap factor
GA-Preis *m* (Geschäftsstellenauslandspreis) / GA price
Garagen, Messeinrichtungen für ≗- und Tunnelüberwachung / monitoring equipment for garages and tunnels
Garantie *f* / guarantee *n* || **≗fehlergrenzen** *f pl* (MG) / guaranteed limits of error || **≗werte** *m pl* / guaranteed values, warranted values, guaranteed characteristics
Garn *n* / yarn *n*
Garnitur *f* (Ventil) / trim *n* || ≗ *f* (Bausatz, Ausrüstung) / kit *n* || **≗ für Schutzart P 54** / hoseproofing kit
Garnrollenwicklung *f* / moving-coil winding
Garten·fluter *m* / garden floodlight || **Installation in ≗baubetrieb en** / horticultural installation || **≗leuchte** *f* / garden luminaire
Gas *n* / gas *n* || **indifferentes ≗** / neutral gas || **≗abscheider** *m* / gas separator || **≗abschluss** *m* / gas seal, inert-gas seal
gasabspaltende Flüssigkeit / gas-evolving liquid
Gas·analysator *m* / gas analyzer || **≗analyse** *f* / gas analysis || **≗analysegerät** *n* / gas analyzer || **≗aufbereitung** *f* / gas conditioning || **≗aufbereitung** *f* (f. Messzwecke) / gas preparation, gas preconditioning || **≗außendruckkabel** *n* / external gas pressure cable || **≗außendruckkabel im Stahlrohr** / pipeline compression cable || **Lichtbogenlöschung durch ≗beblasung** / gas-blast arc extinction
gas·beständig *adj* / gas-resisting *adj*, gas-proof *adj*, gas-resistant *adj* || **≗beständigkeit** *f* / resistance to gases, gas resistance || **~betätigt** *adj* / gas-operated *adj* || **≗bildung** *f* / gas formation || **geschlossene ≗brennwert-Kesselreihe** / sealed gas burner boiler || **≗chromatograph** *m* (GC) / gas chromatograph (GC)
gasdicht *adj* / gas-tight || **~e Leuchte** / gas-tight luminaire, gas-tight fitting || **~e Zelle** (Batt.) / valve-regulated sealed cell IEC 50(486), sealed cell || **~er Steckverbinder** / sealed connector, pressurized connector (depr.)
Gas·dichtheitsprüfung *f* / gas leakage test, air leakage test IEC 512, gas-tightness test || **≗dichtung** *f* / gas seal || **≗druck** *m* / gas pressure || **≗durchflussrechner** *m* / gas-flow computer || **~durchlässig** *adj* / pervious to gas
Gase, gegen ≗ und Dämpfe dichte Maschine / gas- and vapour-proof machine
Gaseinschluss *m* / gas inclusion, gaseous inclusion, gas pocket

Gasen *n* / gassing *n*
Gasentladung *f* / gas discharge, gaseous discharge || ≗ *f* (elektr. Entladung in einem Gas) / electric discharge (in a gas)
Gasentladungs·ableiter *m* / expulsion-type arrester, expulsion-tube arrester || ≗**lampe** *f* / gas discharge lamp, gaseous discharge lamp || ≗**röhre** *f* / gaseous discharge tube, gas-filled tube || ≗**röhre mit ausgedehnter Wechselwirkung** / extended interaction plasma tube || ≗**spannung** *f* (Batt.) / gassing voltage, voltage at commencement of gassing
Gasentnahme *f* / gas extraction || ≗**gerät** *n* / gas sampler, gas sampling device || ≗**sonde** *f* / gas sampling probe || ≗**ventil** *n* / gas outlet valve || ≗**vorrichtung** *f* / gas release mechanism
Gasentwicklung *f* / gas formation, gassing *n*
gasexplosionsgefährdet·er Bereich / location with explosive gas atmosphere
Gas·fabrik *f* / gasworks *n* || ≗**fernleitung** *f* / gas pipeline, gas transmission line
gasfest *adj* / gas-resisting *adj*, gas-proof *adj*, gas-resistant *adj*
Gas·-Festkörper-Chromatographie *f* / gas-solid chromatography, adsorption chromatography || ≗**flasche** *f* / gas cylinder || ≗**-Flüssig-Chromatographie** *f* (GLC) / gas-liquid chromatography (GLC) || ≗**-Folien-Isolierung** *f* / gas-foil insulation || ≗**förderung** *f* / transfer of the gas || **~förmige Isolierung** / gaseous insulation || ≗**gebläse** *n* / gas blower, gas circulator
gasgefüllte Lampe / gas-filled lamp || **~ Maschine** / gas-filled machine || **~ Rauschröhre** / noise generator plasma tube || **~ Röhre** / gas-filled tube
Gas·gehalt *m* (a. Isolierflüssigk.) / gas content || **~geschützte Maschine** / gas-proof machine, vapour-proof machine || ≗**innendruckkabel** *n* / internal gas-pressure cable, gas-filled internal-pressure cable
gasisoliert *adj* / gas-insulated *adj* || **~e Durchführung** / gas-insulated bushing || **~e Leitung** / gas-insulated line (o. link), gas-insulated circuit (GIC) || **~e Schaltanlage** (GIS) / gas-insulated switchgear (GIS), gas-filled switchgear || **~e, metallgekapselte Schaltanlage** / gas-insulated metal-enclosed switchgear || **~er Transformator** / gas-insulated transformer
Gas·kissen *n* / gas cushion, inert-gas cushion, gas blanket || ≗**konstante** *f* / gas constant || ≗**kreislauf** *m* / gas circuit || ≗**lager** *n* / gas-lubricated bearing || ≗**-Lastschalter** *m* / gas-interrupter switch || ≗**leitung** *f* / gas pipe || ≗**-Luftgemisch** *n* / gas-air mixture || ≗**maschine** *f* / gas engine || ≗**melder** *m* / gas detector || ≗**meldung** *f* / gassing alarm || ≗**mitschleppung** *f* / gas entrainment
Gas·phasen-Abscheidetechnik *f* / vapour-phase deposition technique || **Niobium-Zinn-**≗**phasenband** *n* / vapour-deposited niobium-tin tape || ≗**phasenepitaxie** *f* / vapour-phase epitaxy (VPE) || ≗**polster** *n* / gas cushion, inert-gas cushion, gas blanket || ≗**probenzählrohr** *n* / gas-sample counter tube || ≗**prüfgerät** *n* / gas analyzer || ≗**pumpe** *f* / gas pump || ≗**raum** *m* (Trafo) / gas-filled space || ≗**raum** *m* (SF_6-Sch.) / gas compartment || ≗**rauminhalt** *m* / content of gas compartment || ≗**raumschema** *n* / gas compartment diagram || ≗**raumüberwachung** *f* / gas compartment monitoring || ≗**rohr** *n* / gas tube, gas pipe, wrought-iron tube || ≗**ruß** *m* / carbon black
Gas·schmierung *f* / gas-film lubrication || ≗**schweißung** *f* / gas welding
Gasse *f* (Lager) / aisle *n*
Gas·-Spezialheizkessel *m* / gas-special heating system || ≗**spurenanalysator** *m* / high-sensitivity gas analyzer || ≗**spürgerät** *n* (f. Kabel) / cable sniffer || ≗**trennanlage** *f* / gas separation plant || ≗**turbinenanlage** *f* / gas-turbine plant || ≗**turbinensatz** *m* / gas-turbine set || ≗**überwachung** *f* / gas monitoring || ≗**umlenker** *m* / gas diverter || ≗**-und Dampfturbinen-Kraftwerk** *n* / combined cycle power plant
Gasung *f* / gassing *n*
Gasungsspannung *f* / gassing voltage, voltage at commencement of gassing
Gas·verflüssiger *m* / cryoliquefier *n* || ≗**verlust** *m* (SF_6-Sch., pro Zeiteinheit) / gas leakage, gas leakage rate || ≗**verstärkungsfaktor** *m* / gas multiplication factor || ≗**warneinrichtung** *f* / gas alarm device || ≗**wartung** *f* / gas servicing || ≗**waschflasche** *f* / gas wash bottle || ≗**zähler** *m* / gas meter
Gate *n* (FET) DIN 41858 / gate *n* || ≗**-Anschluss** *m* (FET) DIN 417858 / gate terminal || ≗**-Drain-Spannung** *f* (FET) DIN 41858 / gate-drain voltage, gate-collector voltage || ≗**-Elektrode** *f* (FET) DIN 41858 / gate electrode || ≗**-Isolierschicht** *f* (FET) DIN 41858 / insulating layer || ≗**-Leckstrom** *m* (FET) DIN 41858 / gate leakage current || ≗**-Reststrom** *m* (FET) DIN 41858 / gate cut-off current || ≗**-Schaltung** *f* (Transistor) DIN 41858 / common gate || ≗**-Source-Spannung** *f* (Transistor) DIN 41858 / gate-source voltage || ≗**-Steuerung** *f* / gate control || ≗**-Strom** *m* (Transistor) DIN 41858 / gate current (transistor) || ≗**-Übertrager** *m* (f. Zündimpulse) / (firing-) pulse transformer
Gateway *n* (GWY) / gateway *n* (GWY), network coupler || ≗ *n* / bridge module
Gate·-Widerstand *m* (Transistor) DIN 41858 / gate resistance || ≗**zone** *f* (FET) DIN 41858 / gate region (FET)
Gatter *n* / gate *n* || ≗**anschluss** *m* / gate terminal || ≗**feld** *n* (Gate Array) / gate array
Gattierwaage *f* / blending weighing machine
Gattungsadresse *f* / generic address
gaußisch *adj* / gaussian *adj*
Gauß·sche Verteilung / Gaussian distribution, Gaussian process IEC 50(101) || ≗**scher Strahl** / Gaussian beam || ≗**sches Strahlenbündel** / gaussian beam
GBK (Geschäftsbereichskennzahl) / GBK, group code
GBS / basic operating system (BOS)
GC / gas chromatograph (GC)
G-Code-Kenntnisse *f* / knowledge of G codes
GD (Grunddaten) / BD (basic data), GD (global data) || ≗ (Globaldaten) / BD (basic data), GD (global data) || ≗**-Kreis** *m* (Globaldaten-Kreis) / GD circle (global data circle)
GDMO / guideline for the definition of managed objects (GDMO)
GD-Paket *n* (Globaldaten-Paket) / GD package, GD packet (global data packet)
GDU Ansteuerbaugruppe / GTO-Drive-Unit module

ge *adj* / yellow *adj*, yel *adj*
geändert durch / changed by
geätzt *adj* / etched *adj* ‖ **~er Bildschirm** / etched screen
Gebäude·automatisierung *f* / building automation, building services automation, building system automation, buildings automation technology, automation of buildings management ‖ **≗-Automatisierungstechnik** *f* / building automation, building services automation, building system automation, buildings automation technology, automation of buildings management
Gebäude·betriebstechnik *f* / building services management system ‖ **≗front** *f* / frontage of buildings ‖ **Leitsystem für ≗heizung** / fuel cost management system (FMS) ‖ **≗installation** *f* / building installation, building services ‖ **elektrische ≗installation** / electrical installations in buildings ‖ **≗leitsystem** *n* / building services control system ‖ **≗leittechnik** *f* / building services management system, building system control ‖ **≗management** *n* / building services management ‖ **≗managementsystem** *n* / building management system ‖ **intelligentes ≗system** / intelligent building system ‖ **≗systemtechnik** *f* / building management system ‖ **≗systemtechnik** *f* (GST) / building system engineering (GST) ‖ **elektrische ≗systemtechnik** / electrical building management System ‖ **≗technik** *f* / building services, building technologies, building engineering ‖ **elektrotechnische ≗verwaltung** / building management system ‖ **≗wand** *f* / building wall
gebeizt *adj* / pickled *adj*
Geber *m* / sensor *n*, detector *n*, transmitter *n*, transducer *n*, primary element, pickup *n*, pick-up *n*, encoder *n*, field device, signal contact, position measuring device, position encoder, displacement measuring device ‖ **Code~** *m* / encoder *n* ‖ **Differenzdruck~** *m* / differential pressure transmitter ‖ **Drehmelder-≗** *m* / synchro-transmitter *n*, synchro-generator *n* ‖ **Durchfluss~** *m* / flow sensor, flow transmitter ‖ **Eichwert~** *m* / calibrator *n* ‖ **externer ≗** / external encoder, mounted encoder, externally mounted encoder, built-on encoder ‖ **Feldplatten~** *m* / magnetoresistive transducer ‖ **Funktions~** *m* / waveshape generator ‖ **Impuls~** *m* / pulse generator, purser *n*, pulse initiator ‖ **induktiv arbeitender ≗** / inductively operating encoder ‖ **Kommando~** *m* / command initiator, command output module ‖ **Konstantspannungs~** *m* / constant-voltage source ‖ **Kontakt~** *m* / contact maker, contact mechanism, contactor *n* ‖ **Kontakt~** *m* (Sensor mit Kontaktausgang) / sensor with contact(s) ‖ **Mess~** *m* (NC, Codierer) / encoder *n* ‖ **Messwert~** *m* / sensor *n*, detector *n*, pick-up *n*, measured-value transmitter, transducer *n*, scanner *n*, feedback device (A generic term for any device which measures a physical quantity and converts the measured values into electrical signals usable for transmission and evaluation) ‖ **Programm~** *m* (Zeitplangeber) / program set station (PSS) ‖ **Programm~** *m* (f. Analysengeräte) / programmer *n* ‖ **Signal~** *m* (Messumformer) DIN 19237 / transducer *n* ‖ **Strom~** *m* / current sensor, current detector, current comparator ‖ **Synchro-≗** *m* / synchrotransmitter *n*, synchro-generator *n* ‖ **Takt~** *m* / clock generator (CG), clock-pulse generator (CPG), clock ‖ **Text~** *m* (GSK-Eingabegerät) / string device ‖ **Wert~** *m* (Eingabegerät für reelle Zahlen) / valuator device ‖ **Zeit~** *m* (T) / timer *n*, timing element, timing module, clock *n* ‖ **Zeitbasis~** *m* / time-base generator ‖ **Zeitintervall~** *m* / interval timer
Geber·anbau *m* / encoder mount ‖ **≗anpassmodul** *n* / sensor (o. encoder) matching module, detector adaption module ‖ **≗anpassung** *f* / encoder matching ‖ **≗auswertung** *f* / encoder evaluation ‖ **≗-Datenbaustein** *m* (SPS) / sensor (o. encoder) data block ‖ **≗dynamo** *m* / tachometer generator, tacho-generator *n* ‖ **≗eingang** *m* / sensor input ‖ **≗fehlimpuls** *m* / encoder slipped cycle ‖ **≗grenzfrequenz** *f* / encoder limit frequency
Geber·hebel *m* / primary lever ‖ **≗impulse pro Motorumdrehung** / shaft encoder pulses per motor revolution ‖ **≗lagerschild** *n* / encoder end shield ‖ **≗leitungsbruch** *m* / encoder open circuit ‖ **≗nachbildung** *f* / encoder simulation ‖ **≗nullmarke** *f* / encoder zero mark ‖ **≗parametrierung** *f* / encoder parameterization ‖ **≗phasenfehlerkorrektur** *f* / encoder phase error compensation ‖ **≗pulszahl** *f* / encoder pulse rate
Geber·signal *n* / encoder signal ‖ **≗strichzahl** *f* (GSTR) / bar number, encoder lines, increments *n*, resolution *m*, pulses per revolution, no. of encoder pulses, no. of encoder marks ‖ **≗stromversorgung** *f* (elST) / sensor power supply ‖ **≗stufe** *f* (elST) / sensor module ‖ **≗system** *n* / encoder system ‖ **≗typ** *m* / transducer type ‖ **≗versorgung** *f* / encoder supply ‖ **≗welle** *f* / transmission shaft
Gebiet *n* / area *n*
Gebilde *n* (Leitung, Netz) / (line o. network) configuration *n*
gebildet werden / evolve *v*
Gebinde *n* (z.B. f. Kunststoffmassen) / container *n*
Gebläse *n* / blower *n*
geblasen *adj* / blown *adj*
geblätterter Eisenkern / laminated iron core
geblecht *adj* / laminated *adj* ‖ **isoliert ~** / made of insulated laminations ‖ **Motor mit ~em Gehäuse** / laminated-frame motor ‖ **~er Kern mit 45°-Schnitt** / laminated core with 45° corner cut, 45° mitre laminated core, D-core *n* ‖ **~es Gehäuse** / laminated frame
gebogen *adj* / bent *adj*
gebohrt *adj* / drilled *adj*
gebondet *adj* / bonded *adj*
gebördelt *adj* / edge-raised *adj*
Gebots·schild *n* / mandatory sign ‖ **≗- und Verbotszeichen** *n* (Flp.) / category II or III holding position sign ‖ **≗zeichen** *n* / mandatory sign
Gebrauch *m* / use *m*
gebräuchlich *adj* / common *adj* ‖ **~e Nennspannungen** (EZ) / standard reference voltages ‖ **~e Nennströme** (EZ) / standard basic currents
Gebrauchs·anleitung *f* / instructions for use, directions for use ‖ **≗anweisung** *f* / instructions for use ‖ **≗bedingungen** *f pl* / conditions of use, specified conditions ‖ **unzulässige ≗bedingungen** DIN 41745 / non-permissible conditions of operation ‖ **≗bereich** *m* / range of use ‖ **≗dauer** *f* / service life ‖ **≗dauer** *f* (Kunstst.) / working life, pot life, spreadable life
Gebrauchsenergie *f* (Energie, die dem Verbraucher

nach der letzten Umwandlung zur Verfügung steht) / energy supplied, energy available
gebrauchsfähig *adj* / in (full service condition), in working order, usable *adj*
Gebrauchs·fähigkeit *f* / service ability, usability *n* || **≗fehler** *m* (MG) / operating error || **≗fehlergrenze** *f* / operational limit || **≗fehlergrenzen** *f pl* / operational limits || **≗kategorie** *f* / utilization category || **≗lage** *f* / position of normal use, normal position, service position || **zulässige ≗lage** / permissible mounting position || **≗last** *f* / used load || **≗muster** *n* / utility model
Gebrauchsnormal *n* / working standard || **≗lampe** *f* / working standard lamp (WS-lamp) || **≗zähler** *m* / working standard meter, standard meter, reference meter, portable standard watthour meter
Gebrauchs·ort *m* / place of use || **≗prüfung** *f* / normal operation test || **≗spannung** *f* / utilization voltage || **≗tauglichkeit** *f* DIN 55350,T.11 / fitness for use
Gebrauchstemperatur *f* (Kunststoff) / spreading temperature, application temperature || **≗** *f* (Gerät) / service temperature, operating temperature, working temperature || **≗** *f* (Schmierstoff) / service temperature
Gebrauchs·wert *m* / service value, serviceability *n*, present value || **≗wert** *m* (BT) / maintained value || **≗zone** *f* / zone of use
gebrochen·e Lamellenkante (Komm.) / chamfered segment edge, beveled bar edge || **~e Welle** / refracted wave || **~er Anteil** / fractional component || **~er Strahl** (a. LWL) / refracted ray
gebrückt *adj* / linked together || **~** *adj* (durch Strombrücke) / jumpered *adj*, short-circuited *adj*, shunted out *adj*
Gebührenabrechnung, Wahrscheinlichkeit für falsche ≗ (Wahrscheinlichkeit eines Irrtums bei der Abrechnung eines geleisteten Dienstes für einen Benutzer) / billing error probability (The probability of an error when billing a user of a service)
gebündelt *adj* / bunched *adj* || **~e Anordnung** (Kabel, Verlegung berührend im Dreieck) VDE 0298 / trefoil arrangement IEC 287 || **~er Strahl** VDE 0837 / collimated beam IEC 825 || **~es Licht** / focussed light, concentrated light || **~es Rastergleichlaufsignal** IEC 50(704) / bunched frame alignment signal
gebundene Farbe / object colour || **~ Verbindung** / bound connection || **~ Zwillingsstift-Verbindung** / bound twin-post connection
geburnt *adj* / burned *adj*
gebürstet *adj* / brushed *adj*
Gedächtnis *n* (Speicherglied) / memory *n* (element) || **≗funktion** *f* (Rel.) / memory function || **Relais mit ≗funktion** / memory-action relay || **vollständige ≗funktion** (Rel.) / total memory function
gedämpft *adj* / damped *adj* || **~ schwingendes Gerät** (MG) / damped periodic instrument || **~e Schwingung** / damped oscillation || **~er kapazitiver Spannungsteiler** / damped capacitive voltage divider || **~er Kurzschluss** / limited short circuit || **~es Licht** / dimmed light, subdued light
gedengelt *adj* / whetted *adj*
gedichtet *adj* / sealed *adj*
gedrängte Skale (MG) / contracting scale IEC 51
gedreht *adj* / turned *adj*
gedruckt *adj* / printed *adj*
gedrückt *adj* / press-formed *adj*
gedruckt·e Randkontakte / edge board contacts || **~e Schaltung** / printed circuit || **~e Verdrahtung** / printed wiring || **~er Leiter** / printed conductor || **~es Bauteil** / printed component || **~es Kontaktteil** / printed contact
gedrungene Bauweise / compact construction
geeicht, Verfahren mit ~er Hilfsmaschine VDE 0530, T.2 / calibrated driving machine test IEC 34-2
geeignet *adj* / suitable *adj*
geerdet *adj* / earthed *adj*, grounded *adj* || **~er Eingang** / earthed (o. grounded) input, single-ended input || **~er Nullpunkt** / earthed neutral, grounded neutral || **~er Sternpunkt** / earthed star point, earthed (o. grounded) neutral || **~es Netz** / earthed-neutral system, grounded-neutral system || **~es Schutzkleinspannungssystem** / separated extra low voltage system, earthed (SELV-E)
gefachtes Glasseidengarn / doubled glass-filament yarn
gefädelter Anker / tunnel-wound armature || **~ Leiter** / wound-through conductor, threaded conductor
gefährdet, elektrostatisch ~e Bauteile (EGB) / electrostatic sensitive devices (ESD)
Gefährdungsspannung *f* VDE 0228 / voltage liable to cause danger
gefahren *adj* / run *adj*
Gefahrenbereich *m* / danger zone
gefahrene Polspule / wound field coil
Gefahren·feuer *n* / hazard beacon, danger light || **obere ≗grenze** (Leitt.) / upper alarm limit || **≗hinweis** *m pl* / danger notices || **≗klassifizierung** *f* / danger classification || **≗potenzial** *n* / hazard potential || **≗schalter** *m* / emergency switch || **≗schalter** *m* (Aufzug) / emergency stop switch || **≗schild** *n* / danger notice || **≗signal** *n* / alarm signal, alarm indication, alarm *n* || **≗stelle** *f* / critical point
gefährlich·e Spannung / hazardous voltage || **~er Fehler** / dangerous fault, fatal fault || **~er Körperstrom** VDE 0100, T.200 / shock current IEC 50(826) || **~er Zustand** (Zustand einer Einheit, der als Gefahr eingestuft wird, Personenschäden, beträchtlichen Sachschäden oder andere unvertretbare Folgen zu verursachen) IEC 50(191) / critical state (A state of an item assessed as likely to result in injury to persons, significant material damage or other unacceptable consequences) || **~es aktives Teil** IEC 50(826), Amend. 2 / hazardous live part
gefahrlos bei Ausfall IEC 50(191) / fail safe
Gefahr·meldeeinrichtung *f* / alarm unit, alarm signalling system || **≗meldeeinrichtung** *f* (m. Lautsprechern) / emergency announcing system || **≗meldetableau** *m* / alarm annunciation panel
Gefahrmeldung *f* / alarm indication, danger alarm, alarm signal, alarm annunciation || **≗ bei Grenzwertüberschreitung** / absolute alarm || **≗ bei unzulässiger Regelabweichung** / deviation alarm
Gefahrübergang *m* / risk transfer
Gefälle *n* (Potenzialg.) / (potential) gradient *n* || **≗bremse** *f* / holding brake || **≗bremskraft** *f* / holding brake effort
Gefällskraft *f* / gradient force
gefalzt *adj* / seamed *adj*, folded *adj*, welted *adj* || **~es Rohr** / lock-joint tube
Gefäß *n* (Trafo-Stufensch.) / tank *n*, vessel *n*

gefedert·er Antrieb / flexible drive || **~es Vorgelege** / resilient gearing
gefertigt *adj* / produced *adj*, finished *adj*, filtered *adj*, greased *adj*
gefirnist *adj* / varnished *adj*
Geflecht·bewehrung *f* (Kabel) / braid armour || **≗schirm** *m* (Kabel) / braided shield
geflickte Sicherung / rewired fuse
geflochten *adj* / plaited *adj* || **~e Litze** / braided lead, litz wire
geforderte Anwendungsdauer IEC 50(191) / required time || **~ Funktion** (QS, Eine oder mehrere Funktionen einer Einheit, die für die Erbringung einer Dienstleistung als notwendig erachtet werden) / required function (A function or a combination of functions of an item which is considered necessary to provide a given service) IEC 50(191) || **~ Genauigkeit** / required accuracy || **~ Lebensdauer** (Isoliersystem) VDE 0302, T.1 / intended life IEC 50s
geförderte Luftmenge / air delivery rate, air rate discharged, rate of air delivered
geforderte Verfügbarkeitszeit (QS) / required time
gefräst *adj* / milled *adj*
Gefriergerät *n* / food freezer, household food freezer
Gefüge *n* / structure *n*, texture *n* || **≗** *n* (Mikrostruktur) / micro-structure *n* || **≗spannung** *f* / textural stress
geführt *adj* / prompted *adj* || **~ anhalten** (WZM) / controlled stopping, bring to a standstill under control || **~e Drucktaste** / guided pushbutton IEC 337-2 || **~e Mode** (LWL) / bound mode || **~e Verbindung** / withdrawable connection IEC 439-1, Amend.1 || **~e Verhältnisregelung** / variable ratio control || **~e Welle** / guided wave || **~er Betrieb** (SPC) / SPC mode || **~er Druckknopf** VDE 0660,T.201 / guided pushbutton IEC 337-2 || **~er Sollwert** / controlled setpoint || **~es Beladen** (WZM) / prompted loading || **~es Stillsetzen** (SR-Antrieb) / controlled (o. synchronous) deceleration, ramp-down braking, stopping by set-point zeroing
gefüllt *adj* / filled *adj* || **~e, entladene Batterie** / filled and discharged (secondary) battery IEC 50(486) || **~e, geladene Batterie** / filled and charged (secondary) battery IEC 50(486)
gefunden *adj* / found *adj*
gegen Berührung geschützte Maschine / screen-protected machine || **~ Gase und Dämpfe dichte Maschine** / gas- and vapour-proof machine || **~ Tropfwasser und Berührung geschützte Maschine** / drip-proof, screen-protected machine || **~ unbefugte Eingriffe gesichert** / tamper-proof *adj* || **~ unbefugtes Verstellen gesichert** / tamper-proof *adj* || **~ Ungeziefer geschützte Maschine** / vermin-proof machine || **~ Verdrehen gesichert** / locked against rotation || **~ Wiedereinschalten sichern** / to immobilize in the open position, to provide a safeguard to prevent unintentional reclosing || **~ zufällige Berührung geschützt** / protected against accidental contact, screened *adj*
Gegen·amperewindungen *f pl* / demagnetizing turns, back ampere-turns || **≗antriebsseite** *f* (el. Masch.) / non-drive end, front *n* (US), B-end *n* || **≗betrieb** *m* (DÜ, FWT) / duplex transmission || **≗drehfeld** *n* / reverse field, backward rotating field || **Bremsung durch ≗drehfeld** / plug braking, plugging *n* || **≗drehmoment** *n* / counter-torque *n*, retrotorque *n*, reaction torque || **≗drehrichtung** *f* / reverse direction of rotation || **Lauf in der ≗-Drehrichtung** / reverse operation || **≗drehungsprüfung** *f* / reverse-rotation test
Gegendruck *m* / back-pressure *n*, downstream pressure || **Anfahren mit vollem ≗** (Pumpe) / starting with discharge valve open, starting at full pressure || **≗satz** *m* / backpressure set
Gegen·durchflutung *f* / back ampere-turns || **~einander schalten** / to connect back to back || **≗elektrode** *f* / counter-electrode || **≗-EMK** *f* / back-e.m.f. *n*, counter-e.m.f. *n* || **≗erregung** *f* / negative excitation, counter-excitation *n* || **≗erregungsversuch** *m* / negative excitation test
Gegen·feld *n* / demagnetizing field, opposing field || **≗feldimpedanz** *f* / negative-sequence field impedance, negative phase-sequence impedance || **≗feldspule** *f* / field killing coil || **≗feldwiderstand** *m* / negative-sequence resistance || **≗flansch** *m* / mating flange, companion flange, butt flange
Gegen·geschäft *n* / contra-transaction *n* || **≗gewicht** *n* / counter-weight *n*, balance weight, counterbalance *n* || **≗halter Bohrbuchse** / drilling receptacle holder || **≗halterzylinder** *m* / steady cylinder || **≗hauptstromwicklung** *f* / differential series winding, differential compound winding || **≗impedanz** *f* (Kopplungsimpedanz) / mutual impedance || **≗impedanz** *f* (I. des Gegensystems) / negative-sequence impedance, negative-sequence field impedance || **≗induktion** *f* / mutual induction || **≗induktivität** *f* / mutual inductance, magnetizing inductance, useful inductance, mutual inductivity
Gegen·komponente *f* (Mehrphasenstromkreis) / negative component || **≗komponente** *f* (eines Dreiphasensystems) / negative phase-sequence component, negative-sequence component || **≗kompoundierung** *f* / differential compounding, differential excitation, counter-compounding *n* || **≗kompoundmaschine** *f* / differential compound machine, differentially-wound machine, counter-compound machine, reverse-compound machine || **≗kompoundwicklung** *f* / differential compound winding, counter-compound winding, reverse-compound winding || **≗kontakt** *m* / mating contact, counter-contact || **≗kontakt** *m* (f. Einfahrkontakt, festes Trennschaltstück) / fixed contact, fixed isolating contact || **≗kontaktfeder** *f* / mating spring || **≗koordinate** *f* / negative-sequence co-ordinate || **≗koppelspannung** *f* / degenerative voltage || **≗kopplung** *f* / negative feedback, degenerative feedback || **≗kopplungsverstärker** *m* / negative-feedback amplifier
Gegen·lager *n* / thrust bearing, locating bearing, tailstock *n* || **≗lager** *n* (WZM) / outboard support, steady *n* || **≗lager klemmen** / clamp tailstock || **≗lager lösen** / release tailstock || **≗lauf** *m* / reverse rotation || **≗lauf** *m* (der kinetischen Wellenbahn) / backward whirl || **≗lauffräsen** *n* / up-cut milling
gegenläufig *adj* / in opposite directions, contrarotating *adj*, countercurrent *adj*, oppositely directed, working in opposite direction || **~e Balken** (Balkenanzeige) / inverse bars || **~e Bürstenverstellung** / contra-rotating brush shifting, backward brush shift || **~e Reaktanz** / negative-sequence reactance || **~e Zeitstaffelung** / time grading in opposite directions, bidirectional time grading || **Messung bei ~em Drehfeld** / negative phase-sequence test || **~er Drehfeldsinn** /

reversed phase sequence || **~es Drehfeld** / negative-sequence field, contra-rotating field || **~es Spannungssystem** / negative phase-sequence voltage system || **~es System** / negative phase-sequence system, negative-sequence system

Gegen·laufkolben *m* (BK-Schalterantrieb) / counter-acting piston || **≈licht** *n* / counter light, back light || **≈lichtbeleuchtung** *f* / back lighting

gegenmagnetisierende Wicklung / anti-polarizing winding || **~ Windung** / demagnetizing turn

Gegen·magnetisierung *f* / reverse magnetization || **≈moment** *n* / retrotorque, counter-torque *n*, reaction torque || **≈moment** *n* (Lastmoment) / load torque || **≈momentverlauf** *m* / load-torque characteristic || **≈mutter** *f* / lock nut, check nut, jam nut, prevailing-torque-type lock nut || **Motor mit ≈nebenschlusserregung** / differential-shunt motor || **≈nebenschlusswicklung** *f* / differential shunt winding || **≈nebensprechen** *n* / far-end crosstalk || **≈nippel** *m* / lock nipple

Gegenparallelschaltung *f* / anti-parallel circuit || ≈ *f* (LE) / inverse-parallel connection, anti-parallel connection, back-to-back connection || **kreisstromfreie** ≈ / circulating-current-free inverse-parallel connection

Gegenphase *f* / opposite phase || ≈ *f* / phase opposition || **in** ≈ / in phase opposition, 180 degrees out of phase, opposite in phase

gegenphasig *adj* / in phase opposition, 180 degrees out of phase, in opposition

Gegen·platte *f* (Wickelkopf) / heel plate || **≈prüfung** *f* / counter-check *n*, double check || **≈rad** *n* / mating gear, mate *n* || **≈reaktanz** *f* / negative-sequence reactance, inverse reactance, demagnetizing reactance

Gegenreihenschluss Kompensationswicklung *f* / differential series compensating winding || **≈maschine** *f* / differential series-wound machine || **≈wicklung** *f* / differential series winding, series stability winding, decompounding winding

Gegen·richtung *f* / reverse direction, opposite direction || **≈schaltseite** *f* (el. Masch.) / back *n*

Gegenschaltstück *n* / mating contact, fixed contact || ≈ *n* (Greifertrenner) / line contact || ≈ *n* (festes Trennschaltstück) / fixed isolating contact, suspended contact bar, fixed contact

Gegenschaltung *f* (el. Masch.) / back-to-back connection || ≈ *f* (BT) / duplex connection || ≈ *f* (Absetzschaltung) / bucking connection || **Prüfung durch** ≈ **zweier gleichartiger Maschinen** / mechanical back-to-back test IEC 34-2 || **Zu- und** ≈ *f* / boost and buck connection, reversing connection

Gegen·scheibe *f* / opposite pulley || **≈scheibe** *f* (angetriebene Riemenscheibe) / driven pulley || **≈scheinleitwert** *m* / transadmittance *n* || **≈schlag** *m* (Kabel) / cross lay || **~induzierte Seite** / conductor with counter-e.m.f.

gegenseitig *adj* / mutual *adj* || **~e Beeinflussung** / mutual influence, interaction *n*, mutual effect || **~e Beeinflussung** (Kopplung) / cross coupling || **~e Impedanz** / mutual impedance || **~e Induktion** / mutual induction || **~e Induktivität** / mutual inductance, magnetizing inductance, useful inductance, mutual inductivity || **~e Reaktanz** / mutual reactance || **~e Verriegelung** / safety interlock || **~er Austauschkoeffizient** (BT) / mutual exchange coefficient, configuration factor || **~es Verspannen** (Lg.) / cross-location *n*

gegensinnig *adj* / in the opposite direction, inverse to || **~ geschaltet** / connected in opposition || **~e Erregung** / inverse excitation, negative excitation || **~e Kompoundierung** / differential compounding, counter-compounding *n*

Gegen·sollwert *m* / current set value || **~spannen** *v* / counterclamp *v* || **≈spannung** *f* / back-e.m.f. *n*, counter-e.m.f. *n* || **≈spannung** *f* (Erregung) / negative field voltage || **≈spindel** *f* (WZM) / counter-spindle *n* || **≈sprechsystem** *n* / two-way intercom system

Gegenstand *m* DIN 4000,T.1 / article *n* || **Mess~** *m* / measuring object || **Prüf~** *m* / test item

Gegenstandsgruppe *f* DIN 4000, T.1 / group of articles, category *n*

Gegen·station *f* / remote station, opposite station || **≈stecker** *m* / mating connector, straight female connector, complementary connector || **≈stecker mit Buchsenkontakten** / mating connector with female contacts || **≈stelle** *f* (DÜ, SPS) / partner *n* || **≈strahlfluter** *m* / reflection floodlight

Gegenstrom *m* / reverse current, counter-current *n*, current of negative phase-sequence system || ≈ *m* (Erregung) / negative field current || **≈bremse** *f* / plugging *n* || **≈bremsen** *f pl* / reverse current braking, reversing *n* || **≈bremsen** *n* (durch Umpolen) / braking by plugging, plugging *n*, plug braking, braking by reversal || **≈bremsschaltung** *f* / plugging circuit || **≈bremsung** *f* (Gleichstrommasch.) / regenerative braking || **≈bremsung** *f* (Asynchronmasch.) / braking by plugging, plugging *n*, plug braking, braking by reversal || **≈erregung** *f* / negative excitation, counter-excitation *n* || **≈kühler** *m* / counter-current heat exchanger || **≈kühlung** *f* / counter-flow cooling, counter-flow ventilation || **≈übertragung** *f* / differential current mode transmission || **≈wärmetauscher** *m* / counter-current heat exchanger

Gegenstück *n* / counterpart *n*, complementary unit || ≈ *n* (StV) / complementary accessory, mating component

Gegensystem *n* / negative phase-sequence system, negative-sequence network || **≈-Leistung** *f* / negative-phase-sequence power, negative-sequence power

Gegentakt·ausgang *m* / push-pull output || **≈betrieb** *m* / push-pull operation || **≈-B-Verstärker** *m* / push-pull Class B amplifier || **≈eingang** *m* / push-pull input || **Betrieb mit ≈eingang und Eintaktausgang** / push-push operation || **≈spannung** *f* / normal-mode voltage, series-mode (o. differential-mode) voltage || **≈-Störspannung** *f* / normal-mode interference voltage, series-mode (o. differential-mode) interference voltage || **≈störung** *f* / series-mode interference, normal-mode (o. differential-mode) interference, series-mode noise || **≈transformator** *m* / push-pull transformer || **≈überspannung** *f* / normal-mode overvoltage || **≈-Überspannung** *f* / normal-mode overvoltage, series-mode (o. differential-mode) overvoltage || **≈unterdrückung** *f* / normal-mode rejection, series-mode rejection || **≈unterdrückungsverhältnis** *n* / normal-mode rejection ratio (NMRR) || **≈verstärker** *m* / push-pull amplifier || **≈zerhacker** *m* / push-pull chopper

Gegenüberaufstellung *f* / face-to-face arrangement
Gegenuhrzeigersinn *m* / anti-clockwise direction, counter-clockwise direction, counterclockwise *adj* (CCW) || **im** ≗ / counter-clockwise *adj* (CCW), anticlockwise *adj*, in the counterclockwise direction of rotation
Gegenunwucht *f* / counter-weight *n*
Gegenverbund·erregung *f* / differential excitation || ≗**maschine** *f* / differential compound machine, differentially-wound machine, counter-compound machine, reverse-compound machine || ≗**wicklung** *f* / differential compound winding, counter-compound winding, reverse-compound winding
gegenwärtig, der ~e Stand der Technik / the present state of the art
Gegenwartswert der Verlustkosten / present value of cost of losses (GB), present worth of cost of losses (US)
Gegen·wicklung *f* / differential compound winding, counter-compound winding, reverse-compound winding || ≗**windung** *f* / back-turn *n* || ≗**wirkleitwert** *m* / transconductance *n* || ≗**zelle** *f* (Batt.) / counter-cell *n*, counter-e.m.f. cell || ≗**zellen** *f pl* / counter cells
geglättet *adj* / smoothed *adj* || **~er Ausgangswert** / filtered (o. smoothed) output
gegliedert *adj* / structured *adj*
gegossen *adj* / cast *adj*
gegurtet *adj* / belt linked || **~e Bauteile** (gS) / taped components
GEH (GEHEN) / cleared *adj*, CLE (CLEARED)
geh. / hardened *adj*
Gehalt an aromatisch gebundenem Kohlenstoff (Isolierflüssigk.) / aromatic carbon content || ≗ **an aromatisch gebundenem Kohlenwasserstoff** (Isolierflüssigk.) / aromatic hydrocarbon content
gehämmert *adj* / hammered *adj*
Gehängeförderer *m* / telpher line
gehärtet *adj* / hardened *adj*
Gehäuse *n* (Teil, das eine festgelegte Schutzart für die Einbauten gegen bestimmte äußere Einwirkungen und eine festgelegte Schutzart gegen Annäherung oder Berührung von aktiven und sich bewegenden Teilen bietet) / housing *n*, enclosure *n*, case *n*, casing *n*, box *n*, body *n* || ≗ *n* (SPS-Geräte, Baugruppenträger) / subrack *n* || ≗ *n* (IS) / package *n*, case *n* || ≗ *n* (f. Halbleiterbauelemente u. IC's) DIN 41870 / outline *n* || ≗ *n* (el. Masch.) / housing *n*, enclosure *n*, frame *n*, carcase *n* || ≗ *n* (Schrank) / cabinet *n*, cubicle *n* || ≗ *n* (Kasten) / box *n* || ≗ *n* (elST-Geräte) / housing *n* || ≗ *n* (Kondensator) VDE 0560,4 / container *n* IEC 70 || ≗ *n* (f. WZ-Maschinensteuerung) VDE 0113 / enclosure *n* IEC 204, control enclosure || ≗ *n* (Fassung) / shell *n* || ≗ *n* (MG) / case *n* || ≗ *n* (SK, IV) VDE 0660, T.500 / enclosure *n* IEC 439-1 || ≗ *n* (Durchführung) / envelope *n* || **integriertes** ≗ (Gehäuse, das Konstruktionselement eines Gerätes ist) / integral enclosure
Gehäuse·abstrahlung *f* (EMV) IEC 50(161) / cabinet radiation || ≗**anschluss** *m* (Kondensator) / container connection || ≗**bauform** *f* (SK) / enclosed assembly IEC 439-1 || ≗**betriebstemperatur** *f* (HL) / case operating temperature || ≗**deckel** *m* / housing lid || ≗**deckel** *m* (EZ) VDE 0418 / cover *n* IEC 1036 || ≗**form** *f* / body type || ≗**fuß** *m* (el. Masch.) / frame foot, mounting foot || **strömungstechnische** ≗**gestaltung** / body design concerning flow || ≗**gestell** *n* (el. Masch.) / skeleton frame || ≗**größe** *f* / housing size, case size || ≗**größen** *f pl* / casing sizes
Gehäuse·kapazität *f* DIN 41745 / capacitance to frame || ≗**kappe** *f* (EZ) / case front || ≗**-Koppelung** *f* / enclosure *n* || ≗**oberteil** *n* / bonnet *n* || ≗**rücken** *m* (el. Masch.) / stator back, frame back || ≗**schild** *n* (el. Masch., ohne Lager) / fender *n*, end guard || ≗**schild** *n* (el. Masch.) / end shield, end plate || ≗**-Schirm-Durchgangswiderstand** *m* DIN 41640 / housing-shell contact resistance || ≗**schraube** *f* / casing screw || **absolute** ≗**schwingungen** (Turbine) / absolute casing vibration || ≗**stirnwand** *f* / end wall || ≗**teilfuge** *f* (el. Masch.) / frame joint, frame split, frame parting line || ≗**- und Drosselkörperkonstruktion** *f* / body and plug design || ≗**unterteil** *n* (EZ) VDE 0418 / base *n* IEC 1036 || ≗**wanddicke** *f* / wall thickness of body || ≗**wandung** *f* / wall of body
Gehe zu / go to
geheftet *adj* / tacked *adj*
GEHEN (GEH) / cleared *adj*, CLEARED (CLE)
gehobelt *adj* / planed *adj*
gehont *adj* / honed *adj*
gehren *v* / bevel *v*, chamfer *v*
Gehrung *f* / mitre *n*, bevel *n*
Gehrungsschweißen *n* / angle welding
geht *v* / cleared *adj*, CLEARED (CLE), CLE (CLEARED)
Gehweg *m* / footway *n* (GB), pavement *n* (GB), sidewalk *n* (US)
Geiger-Müller·-Bereich *m* / Geiger region || ≗ **Schwelle** *f* / Geiger threshold
Geisterschicht *f* / ghost shift
Gek Bedientaster / Gek operating key
gekapselt *adj* / encapsulated *adj* || ~ *adj* (SG) / enclosed *adj*, clad *adj* || ~ *adj* (Blech) / metal-enclosed *adj* || ~ *adj* (Guss) / iron-clad *adj* || ~ *adj* (Isolierstoff) / insulation-enclosed *adj*, plastic-clad *adj* || ~ *adj* (Kunststoff) / plastic-enclosed *adj*, plastic-clad *adj* || ~ *adj* (vergossen) / encapsulated *adj* || **~e Lasereinrichtung** VDE 0837 / embedded laser product IEC 825 || **~e Maschine** / sealed machine IEC 50(411) || **~e Sammelschiene** / enclosed busbar(s), metal-enclosed bus || **~e Sammelschiene mit abgeteilten Phasen** / segregated-phase bus || **~e Schaltgerätekombination** / enclosed assembly (of switchgear and controlgear) || **~e Wicklung** (el. Masch.) VDE 0530, T.1 / encapsulated winding IEC 34-1 || **~er Positionsschalter** / enclosed position switch || **~er Schalter** / enclosed switch || **~er Schmelzeinsatz** / closed-fuse link || **~er Sicherungseinsatz** / closed-fuse link || **~es Modul** DIN IEC 44.43 / encapsulated module
gekennzeichnet *adj* / marked *adj*
gekerbt *adj* / notched *adj*
geketteter Betrieb (MMC) / chained mode
gekippt *adj* / stalled *adj*
gekittet *adj* / puttied *adj*
geklammertes Blechpaket / clamped laminated core
geklebt *adj* / bonded *adj* || **~es Diagonalschnittgewebe** / stuck bias-cut fabric
geklemmt *adj* / jammed *adj* || **~e Spannung** / clamped voltage
gekonterte Zeichnung / reversed drawing
gekoppelt, induktiv ~ / inductively coupled || **~e**

Bewegung / coupled motion || **~e Mode** (LWL) / coupled mode || **~e Schwingung** / coupled mode || **~er Betrieb** (SPS-Einheiten) / linked operation
gekörnt *adj* / centre punched
gekreuzt·e Wicklung / retrogressive winding || **~es Tragbild** (Lg.) / cross bearing surface
gekröpft·e Anschlussklemme / offset terminal || **~e Ladebrücke** / depressed platform || **~e Spule** / cranked coil || **~er Leiter** (Maschinenwickl.) / cranked strand
gekühlte Abstellfläche / refrigerated shelf area
gekuppelt, elastisch ~ / flexibly coupled || **mechanisch ~** (SG) / ganged *adj*, linked *adj* || **starr ~** / solidly coupled, solid-coupled *adj* || **~er Schalter** / ganged switch, linked switch
gekürzt *adj* / shortened *adj*
Gel *n* / gel *n*
geladen *adj* / charged *adj*
Gelände·oberfläche *f* / ground surface, grade *n* || **≗plan** *m* / plot plan || **Netz-≗plan** *m* / network map
Geländer *n* / railing *n*, handrail *n* || **≗leuchte** *f* / parapet luminaire
geläppt *adj* / lapped *adj*
gelb *adj* / yellow *adj*, yel *adj* || **~chromatisieren** *v* / yellow-passivize *v* || **~e Doppellinie** (LT) / yellow doublet
Gelb·filter *n* / yellow filter || **≗linie** *f* / yellow boundary
Gelchromatographie *f* / gel chromatography, gel permeation chromatography
Geldsaldo *n* / balance of money
gelegentliche Adaption (adaptive Reg.) / occasional adaptation
geleimt *adj* / glued *adj*
Gelenk *n* / linkage joint, link *n* || **≗** *n* (Welle) / articulated joint, articulation *n* || **≗arm** *m* / articulated arm || **≗armroboter** *m* / jointed-arm robot, articulated-arm robot
Gelenk·band *n* / joint hinge || **≗bolzen** *m* / joint pin, link pin, hinge pin, knuckle pin || **≗getriebe** *n* / link mechanism, linkage *n*, linkage system
Gelenk·kette *f* / link mechanism, linkage *n* || **≗kupplung** *f* / articulated coupling, universal coupling || **≗lenker** *m* / jointed guidance arm, hinged guide rod || **Werkplatz-≗leuchte** *f* / bench-type adjustable luminaire || **≗punkt** *m* / hinge point, pivot *n*, (articulated) joint || **≗roboter** *m* / jointed-arm robot
Gelenk·schere *f* (Greifertrenner) / pantograph *n* (system), lazy-tongs system || **≗stabaufhängung** *f* / joint rod suspension || **≗stange** *f* / joint rod || **≗viereck** *n* / four-bar linkage, link quadrangle, rocker mechanism || **≗welle** *f* / cardan shaft, articulated shaft
gelernter Arbeiter / skilled worker
Gelfett *n* / grease containing inorganic thickeners
gelieren *v* / gel *v*, gelatinize *v*
Gelier·punkt *m* / gel point || **≗zeit** *f* / gel time
gelistet *adj* / listed *adj*
gelocht *adj* / perforated *adj*, punched *adj*
gelöschtes Netz / resonant-earthed system, compensated system, ground-fault-neutralizer-grounded system, arc-suppression-coil-earthed system, system with arc-extinction coil
gelötet *adj* / soldered *adj* || **~e Polspule** / fabricated field coil
Gel-Permeations-Chromatographie *f* / gel permeation chromatography
gelten *v* / apply *v*
Geltungs·bereich *m* / validity *n* || **≗bereich** *m* (Norm) / scope *n* || **≗dauer** *f* / validity time
gemäß / as || **~ den Standards der Sicherheitstechnik** / in accordance with established safety procedures || **~ DIN** / to DIN || **~ DIN EN** / to EN || **~ DIN EN ISO** / to EN ISO, to ISO || **~ DIN VDE** / to DIN VDE
gemäßigt·e Zone / temperate region || **~es Klima** / temperate climate
gemauert *adj* / masonry-enclosed *adj*
Gemeinkosten *plt* / overheads *n pl*
gemeinsam *adj* / common *adj*, shared *adj* || **~ geschirmtes Kabel** / collectively shielded cable || **~ schalten** / operate in unison || **~ vereinbarte Kennzeichnung** (Kabel) VDE 0281 / common marking || **~e Abnehmerleitung** / common trunk (line) || **~e Aderumhüllung** (Kabel) / inner covering || **~e Datenleitung** / shared data channel || **~e Erdungsanlage** / common earthing system, interconnected grounding system || **~e Grundplatte** / common baseplate || **~e Wicklung** / common winding, shunt winding || **mehrpoliger Schalter in ~em Gehäuse** / multipole single-enclosure switch || **~er Betrieb von Stromversorgungsgeräten** DIN 41745 / combined operation of power supplies || **~er Bleimantel** / common lead sheath || **~er Gleichstromanschluss** (LE) / common d.c. terminal || **~er Rückleiter** / common return || **~er Zweig** (Netzwerk) / common branch, mutual branch || **~es Bezugspotential** DIN IEC 381 / signal common || **~es Kommunikationsmedium** / shared communication medium
Gemeinschafts·leitung *f* / party line || **≗verkehr** *m* (FWT) / multi-point traffic
Gemenge *n* / mechanical mixture, glass batch || **≗anlage** *f* / mechanical mixture system, mixing plant, batch plant || **≗haus** *n* / mechanical mixture system, mixing plant, batch plant
gemessen·e Größe / measured quantity, measured variable || **~er Überdruck** / gauge pressure || **~er Wert** / measured value
gemietete Leitung / leased line
Gemisch, explosionsfähigstes ≗ / most easily ignitable mixture || **≗aufbereitung** *f* (Kfz) / fuel/air mixing, fuel induction || **≗bildung** *f* / fuel/air mixing, fuel induction
gemischt *adj* / mixed *adj* || **~e Anordnung** (Station) / mixed-phase layout || **~e Axial- und Radialbelüftung** / mixed ventilation || **~e Brücke** (SR) / non-uniform bridge || **~e Einstellung** (M-Einstellung Trafo) / mixed regulation (m.r.) || **~e Feldschwächung** / combined field weakening || **~e Reflexion** / mixed reflection || **~e Schaltung** (LE) / non-uniform connection || **~e Transmission** / mixed transmission || **~e Wellen- und Schleifenwicklung** / mixed wave and lap winding, retrogressive wave winding || **~e Wicklung** / mixed winding, partly interleaved winding, composite winding || **~e Zirkulation** (Kühlung) / mixed circulation || **~er Halbleiter** / mixed semiconductor || **~er Schaltplan** / mixed diagram || **~er Schwellwert** / mixed-mode threshold || **~er Verkehr** / mixed traffic || **~er Wellentyp** / hybrid wave mode || **~es Bremssystem** (Bahn) / combined braking system

gemittelt *adj* / averaged *adj*
gemustert *adj* / patterned *adj*
genähtes Diagonalschnittgewebe / sewn bias-cut fabric
genarbt *adj* / shagreened *adj*
genau *adj* / exact *adj*
Genau-Halt *m* / exact stop || ≗ *m* (NC) / exact positioning ISO 1056 || ≗**, Stufung 1** (fein, NC-Wegbedingung) DIN 66025, T.2 / positioning exact 1 (fine ISO 1056) || ≗**, Stufung 2** (mittel, NC-Wegbedingung) DIN 66025, T.2 / positioning exact 2 (medium ISO 1056)
Genauhalt·fenster *n* / exact stop window || **feines** ≗**fenster** / fine exact stop window || ≗**grenze** *f* / exact stop limit || ≗**grenze** *f* (NC, Toleranzbereich) / (exact) stop tolerance range || **feine** ≗**grenze** / fine exact stop limit || **grobe** ≗**grenze** / coarse exact stop limit
Genauigkeit *f* / accuracy *n*, exactness *n*, precision *n*, trueness *n* || ≗ *f* (MG) / accuracy *n* || ≗ *f* (Zahl, Präzision) / precision *n* || ≗ *f* (QS) DIN 55350,T.13 / accuracy *n* || ≗ **der Ausgangsspannung** / accuracy of output voltage || ≗ **im Beharrungszustand** (Reg.) / steady-state accuracy || **Regel~** *f* / control precision
Genauigkeits·bohrung *f* / high-accuracy bore, precision bore || ≗**grad** *m* / degree of accuracy || ≗**grad** *m* (MG) / accuracy grade, accuracy rating || ≗**grenze** *f* (MG) / accuracy rating || ≗**grenzfaktor** *m* / accuracy limit factor || ≗**grenzstrom** *m* / accuracy limit current || ≗**klasse** *f* (EZ) VDE 0418 / class index IEC 1036 || ≗**klasse** *f* (MG, Rel., Wandler) / accuracy class || ≗**klasse der Messgrößenaufzeichnung** / accuracy class related to the measured quantity || ≗**klasse für die Zeitaufzeichnung** (Schreiber) / time-keeping accuracy class, accuracy class related to time-keeping || ≗**prüfung** *f* / accuracy test, test for accuracy || ≗**verlust** *m* / loss of accuracy, lost significance
genehmigt *adj* / appointed *adj*
Genehmigung *f* / approval *n*
Genehmigungs·behörde *f* / licensing authority || ≗**verfahren** *n* / approval procedure || ≗**zeichnung** *f* / approval drawing
geneigt·e Spannweite (Freiltg.) / sloping span length || **~es Spannfeld** (Freiltg.) / sloping span, inclined span
General·abfrage *f* / general scan, general interrogation, general check || ≗**abfrage** *f* (GA) / basic version || ≗**abfragebefehl** *m* (FWT) / general interrogation command || ≗**adresse** *f* (DÜ) DIN ISO 3309 / all-station address || ≗**hauptschlüsselanlage** *f* / passkey system || ≗**schalter** *m* / master switch || ≗**schließanlage** *f* / passkey system, master key system || ≗**sperre** *f* / general lockout || ≗**überholung** *f* / general overhaul || ≗**unternehmer** *m* / general contractor
Generator *m* / unit *n* || ≗ *m* / generator *n*, electric generator || ≗ *m* (zur Generierung von Programmen o. Anweisungsfolgen) DIN 44300 / generator *n* || ≗ **am starren Netz** / generator on infinite bus || ≗ **im Alleinbetrieb** / generator in isolated operation || ≗ **im Inselbetrieb** / generator in isolated operation || ≗ **mit ausgeglichener Verbunderregung** / level-compounded generator, flat-compounded generator || ≗ **mit supraleitender Wicklung** / generator with superconducting winding, cryo-alternator *n*, cryogenic generator || ≗ **mit Überverbunderregung** / overcompounded generator || ≗ **mit Unterverbunderregung** / undercompounded generator || **aufgesattelter** ≗ (Bauform A 4) / engine-type generator || **Betrieb als** ≗ / generator operation, generating *n* || **digitaler Signal~** (Synthesizer) / frequency synthesizer || **steuerbarer** ≗ / controllable unit || ≗**ableitung** *f* / generator leads, generator bus, generator connections || ≗**aggregat** *n* / generating set, engine-generator set, motor-generator set || ≗**-Ausgleichsgrad** *m* / generator self-regulation || ≗**ausleitung** *f* / generator leads, generator bus, generator connections
Generator·betrieb *m* / generator operation, generating *n* || ≗**betrieb** *m* (LE, Energierückgewinnung) / regeneration *n* || ≗**blech** *n* / electrical sheet steel, electric sheet, magnetic sheet steel || ≗**bremsung** *f* / rheostatic braking, dynamic braking
Generator·feld *n* / generator control panel || ≗**feld** *n* (Schrank) / generator (control) cubicle || ≗**grube** *f* / generator pit, foundation pit || ≗**gruppe** *f* / generating set, engine-generator unit || **Hochspannungsmesser nach dem** ≗**prinzip** / generating voltmeter
generatorische Bremsung (ins Netz) / regenerative braking || **~ Bremsung** (mit Widerstand) / rheostatic braking, dynamic braking
Generator·klemme *f* / generator terminal || ≗**leistung** *f* / generator output, generator rating || ≗**luftspaltspannung** *f* / rated voltage on generator air-gap line || ≗**-Metadyne** *n* / metadyne generator || ≗**nachbildung** *f* / equivalent generator
Generator·satz *m* / generating set, generator set || ≗**schalter** *m* (LS) / generator circuit-breaker || ≗**schutzschalter** *m* / generator (protection) circuit-breaker || ≗**seite** *f* (Netz) / sending end || ≗**tafel** *f* / generator control panel, generator panel || **Prüfung nach dem** ≗**verfahren** / dynamometric test
generieren *v* / generate *v*
generiert *adj* / generated *adj*
Generierung *f* / generation *n*
Generika *n pl* / generic drugs
genibbelt *adj* / nibbled *adj*
genietet *adj* / riveted *adj*
genormt *adj* / standardized *adj*, standard *adj*, normalized *adj* || **~e Bemessungswerte** / standard ratings || **~e Bezugsspannungen** / standard reference voltages || **~er Isolationspegel Leiter gegen Erde** / standard phase-to-earth insulation level || **~er Isolationspegel Leiter gegen Leiter** / standard phase-to-phase insulation level || **~er Stoßstrom** / standard impulse current IEC 60-2
genulltes Netz / TN system, multiple-earthed system (GB), multiple-grounded sytem (US)
genutet *adj* (Blechp.) / slotted *adj* || **~e Welle** / shaft with keyway, splined shaft || **~er Anker** / slotted armature
GEO (Geometrie) / GEO (geometry)
Geoachse *f* / geometry axis, geo axis
geodert *adj* / combined for logic OR, OR-gated *adj*, ORed *adj*
geöffnet, maximal ~ / in open position, at full stroke || **voll ~** / in open position, at full stroke
geölt *adj* / oiled *adj*

Geometrie *f* (GEO) / geometry *n* (GEO) || **gerichtete** ≗ / oriented geometry || **globale** ≗ / global geometry || **variable** ≗ / variable geometry || ≗**achse** *f* / geometry axis, geo axis || **umschaltbare** ≗**achsen** / switchable geometry axes || ≗**daten** *plt* / geometry data || ≗**definition** *f* / geometry definition || ≗**element** *n* / geometry element || ≗**fehler** *m* (BSG) / geometric distortion, picture geometric fault || ≗**feinheit** *f* / geometry resolution || ≗**hilfe** *f* / geometry help || ≗**sprache** *f* / geometry language || ≗**verarbeitung** *f* / processing of geometric data || ≗**verschiebung** *f* / geometry offset || ≗**verzerrung** *f* (Osz.) / geometry distortion, geometry error || ≗**werte** *m pl* (NC) / geometrical data
geometrisch unbestimmt / geometrically indeterminate || ~ **unvollständig orientierter Gegenstand** / incompletely oriented object, geometrically speaking ISO 1503 || **~e Addition** / vector addition || **~e Angaben** (NC) / geometrical data || **~e Definition** / geometric definition || **~e Lageinformation** (NC) / geometric positioning data || **~e Orientierung** / geometrical orientation || **~e Summe** / root sum of squares || **~e Verteilung** / geometric distribution || **~er Durchschnittswert** / root-mean-square value, r.m.s. value || **~er Fehler** / geometrical error || **~er Fluss** / geometric extent || **~er Leitwert** (eines Strahlenbündels) / geometric extent || **~er Mittelwert** / geometric mean || **~er Ort** / geometrical locus || **~es Mittel** / geometric mean || **~es Modellieren** / geometric (o. solid) modeling || **~vollständig orientierter Gegenstand** / fully oriented object, geometrically speaking ISO 1503
geopotentieller Normmeter / standard geopotential metre
geordnete Belastungskurve / ranged load curve, load duration curve
geothermisch·e Energie / geothermal energy || **~es Kraftwerk** / geothermal power station
gepaart *adj* / paired *adj*
Gepäckraumbeleuchtung *f* (Kfz) / luggage booth light
gepackt *adj* / packed *adj* || **~e binär-codierte Dezimalzahl** / packed binary coded decimal figure || **~e Säule** (Chromatograph) / packed column
geplante Leistung / design power, design rating || ~ **Nichtverfügbarkeit** / scheduled outage, planned outage || ~ **Nichtverfügbarkeitsdauer** / scheduled outage time, planned outage time, planned unavailability time || ~ **Unterbrechung** / scheduled interruption || ~ **Wartung** / scheduled maintenance
gepolt·er Kondensator / polarized capacitor || **~es Relais** / polarized relay, polar relay (US) || **~es Relais mit doppelseitiger Ruhelage** / side-stable relay || **~es Relais mit einseitiger Ruhelage** / magnetically biased polarized relay
geprägt *adj* / stamped *adj*
gepresst *adj* / pressed *adj* || **~e gemeinsame Aderumhüllung** / extruded inner covering || **~er Aluminiummantel** / extruded aluminium sheath
geprüfte Anschlusszone VDE 0101 / verified terminal (o. connection) zone
gepuffert *adj* / buffered *adj* || ~ *adj* (durch Batterie) / battery-backed *adj*, with battery back-up || **~e Daten** EN 61131-3 / retentive data (Data stored in a way that its value remains unchanged after a power down/power up sequence) || **~e Variable** / retentive variable || **~es Feld** (a. SPS-Programm) / retentive array
gepulster Stromrichter / impulse-commutated converter
gepunktet *adj* / dotted *adj*
geputzt *adj* / fettled *adj*
gequetscht *adj* / pinched *adj*
Gerade *f* / straight line, line *n*
gerade *adj* / straight *adj*, even *adj* || ~ **(noch) zulässig** / just admissible || ~ **abfahren** / exit in straight line
Gerade anfahren / approach in straight line
gerade Nut / straight slot, unskewed slot, unspiraled slot
Gerade Polar / line polar
gerade Spule / straight coil || ~ **Strecke** (NC) / linear path, linear span || ~ **Verschraubung** / straight coupling || ~ **Zeichenzahl** / even number of characters || ~ **ziehen** / straighten *v* || **schräge** ≗ / oblique straight line
Geradeaus·antrieb *m* / non-reversing drive, unidirectional drive || ≗**ausschaltung** *f* (Trafo) / linear connection, linear cycle || ≗**ausstecker** *m* / straight plug || ≗**ausziehmaschine** *f* / straight-lined wire drawing machine
Gerade·-Glied *n* DIN 40700, T.14 / even element IEC 117-15, parity element, even *n* IEC 117-15 || ≗**kreisbogen** *f* / straight line-arc || ≗**-Kreisbogen** *m* (NC-Funktion) / straight-line-circle *n*, straight-circle *n*
Geraden·gleichung *f* / line equation, equation of a straight line || ≗**interpolation** *f* (NC) / linear interpolation (The computation of intermediate points of a straight line by the interpolator of the NC system) || ≗**interpolator** *m* (NC) / linear interpolator (The computation of intermediate points of a straight line by the interpolator of the NC system) || ≗**kennlinie** *f* / straight-line characteristic
gerader Mast (Lichtmast) / post-top column || ~ **Schienenkasten** / straight busway section, straight length (of busbar trunking)
geraderichten *v* / straighten *v*, align *v*
gerades Thermoelement / straight-stem thermocouple
Gerad·heit *f* / straightness *n* || ≗**heit der Längskante** (Blech) / edge camber || ≗**kantenbearbeitung** *f* / straight-edge machining
geradlinig·e Bewegung / straight motion, linear motion, rectilinear motion || **~e Kommutierung** / linear commutation || **~e Ordinate** / rectilinear ordinate || **~er Leuchtdraht** / straight filament
geradstirniger Flachkeil / flat plain taper key || ~ **Keil** / plain taper key || ~ **Vierkantkeil** / square plain taper key
Geradstirnrad *n* / spur wheel
geradverzahntes Stirnrad / spur gear
Geradverzahnung *f* / spur toothing
gerahmte Flachbaugruppe / framed printed-board unit, framed p.c.b. || ~ **Steckplatte** / framed printed-board unit, framed p.c.b. || ~ **Steckplatte mit Blöcken** / framed printed-board unit with potted blocks
gerändelt *adj* / knurled *adj*, straight knurled || **~e Sicherungsmutter** (o. Kontermutter) / milled-edge lock nut
gerastet·e Stellung / latched position IEC 3372A || **~er Druckknopf** / latched pushbutton IEC 337-2

Gerät *n* / terminal *n* || ≗ *n* (Einzelgerät) / item of equipment (o. of apparatus) || ≗ *n* (Installationsgerät) / accessory *n*, device *n* || ≗ *n* (Haushaltgerät) / appliance *n* || ≗ *n* (Ausrüstung) / equipment *n* || ≗ *n* (Teil einer Einheit eines Rechnersystems, kleinste von Programmen ansprechbare Komponente) / device *n*, apparatus *n*, gear *n* || **logisches ≗ - Unterstation** / logical device - substation || **logisches ≗ - Zentrale** (LGZ) / logical device - master station || ≗ **der Schutzklasse I** / class I appliance || ≗ **mit elektromotorischem Antrieb** / electric motor-driven appliance, electric motor-operated appliance, motor-driven appliance || ≗ **mit veränderlicher Leistungsaufnahme** VDE 0860 / variable consumption apparatus IEC 65 || ≗ **rücksetzen** (PMG) / device clear(ing)

Gerät, dienstanforderndes ≗ (Bussystem) / client *n* || **eigenständiges** ≗ / stand-alone unit *n*, self-contained unit || **elektrisches** ≗ / electrical installation device || **fremdes** ≗ / third-party device, device of other manufacture, non-Siemens device || **Gerät, Laser~** *n* VDE 0837 / laser system IEC 825 || **logisches** ≗ (LG) / logical device || **selbstständiges** ≗ / standalone peripheral

Geräte *n pl* (Ausrüstung) / equipment *n*, apparatus *n*, gear *n* || ≗ *n pl* VDE 0660,T.101 / devices *pl* IEC 1571 || **komplexe** ≗ / complex devices || **Geräte, periphere** ≗ / I/O devices || ≗**abgleich** *m* / recalibration of the device || ≗**ankopplung** *f* (SPS) / device interfacing *n*, unit interfacing || ≗**anschaltung** *f* (SPS) / device interfacing *n*, unit interfacing

Geräteanschluss PE / unit connection PE, unit terminal PE || ≗**dose** *f* / outlet box, wall box with terminals || ≗**leitung** *f* / unit, power cable, appliance cord || ≗**leitung** *f* (HG) VDE 0700, T.1 / detachable flexible cable (o. cord) IEC 335-1 || ≗**leitung** *f* (Leuchte) / appliance coupler IEC 598 || ≗**leitung** *f* (m. Wandstecker u. Gerätesteckdose) / cord set IEC 320 || ≗**leitung** *f* (Büromaschine) VDE 0806 / detachable cord IEC 380 || ≗**schnur** *f* / appliance coupler IEC 598 || ≗**teil** *n* (am Gerät angebrachtes Teil eines steckbaren Kabelanschlusses) / bushing *n*, female connector

Geräte·ansicht *f* / view of unit || ≗**anzeige** *f* (SPS) / device condition code || **zweizeiliger** ≗**aufbau** / two-tier configuration || ≗**ausführung** *f* / unit version, device version || ≗**auswahl** *f* / equipment selection || ≗**bereich** *m* (GKS) / device space || ≗**bestückung** *f* / terminal equipment || ≗**-Betriebsjahre** *n pl* / unit-years *n pl* || ≗**bezeichnung** *f* / equipment designation

gerätebezogen *adj* / device relative || **~e Diagnose** / device-specific diagnostics

Geräte·block *m* / device block || ≗**bus** *m* / drive bus || ≗**bus** *m* (SPS) / unit bus || ≗**darstellungsfeld** *n* (Bildschirm-Arbeitsplatz) / workstation viewport || ≗**disposition** *f* / equipment layout || ≗**disposition** *f* (auf Schalttafel) / panel layout || ≗**dispositionsplan** *m* / location diagram || ≗**dose** *f* (I) / switch and socket box, device box, switch box, wall box

Geräte·einbau *m* / device installation || ≗**einbaukanal** *m* (I) / wiring and accessory duct(ing), multi-outlet assembly || ≗**eingabepuffer** *m* (SPS) / PLC input buffer || ≗**einsatz** *m* (IK) / accessory frame || ≗**einsatz** *m* (I-Schalter) / contact block (with mounting plate) || ≗**einschub** *m* / withdrawable unit || ≗**einstellungen** *f pl* / device settings || ≗**erde** *f* / unit ground || ≗**entzerrung** *f* / equipment equalization || ≗**fach** *n* / device compartment, switching device compartment

Gerätefehler *m* / device error, controller error, processor malfunction, CPU malfunction, PLC malfunction || ≗ *m* (a. Schutzsystem) IEC 50(448) / hardware failure || ≗**meldung** *f* / device error message || ≗**meldung** *f* (FWT) / equipment failure information

Geräte·fenster *n* (Bildschirm-Arbeitsplatz) / workstation window || ≗**funktion** *f* / device function || ≗**gehäuse** *n* (MG) / instrument case || ≗**gestell** *n* / apparatus rack || ≗**grenzstrom** *m* / maximum converter current, maximum current || ≗**gruppen auslösen** (PMG) DIN IEC 625 / group execute trigger (GET)

Gerätehandbuch *n* (a. SPS) / instruction manual || ≗ *n* (GH, GHB) / manual *n*, product manual, equipment manual

Geräte·impedanz *f* VDE 0838, T. 1 / appliance impedance || ≗**kanal** *m* / wiring and accessory duct(ing), multi-outlet assembly || ≗**kasten** *m* (Leuchte, f. Vorschaltgeräte) / ballast enclosure, control gear enclosure (luminaire) || ≗**kennung** *f* / device code, device identifier, device ID || ≗**kennzeichen** *f* (SPS) / device identifier || ≗**kennzeichnung** *f* (vorwiegend kleine Geräte, I-Material) / device designation || ≗**kennzeichnung** *f* / item designation IEC 113-2 || ≗**klemme** *f* / appliance terminal || ≗**kombination** *f* / device combination, unit combination, equipment combination || ≗**konfiguration** *f* / unit configuration || ≗**koordinate** *f* (GK GKS) / device coordinate || ≗**kopplung** *f* / unit interface || ≗**kopplung** *f* (SPS) / device interfacing *n*, unit interfacing || ≗**nachricht** *f* (PMG) DIN IEC 625 / device-dependent message || ≗**name** *m* / equipment name

Geräte·programm *n* / versions available || ≗**projektierung** *f* / device configuration || ≗**reihe** *f* / device type || ≗**rückwand** *f* / rear panel || ≗**schalter** *m* VDE 0630 / appliance switch (CEE 24) || ≗**schaltplan** *m* / unit wiring diagram, unit terminal connection diagram, internal circuit diagram || ≗**schirm** *m* / device shield || ≗**schirmplatte** *f* / shield plate || ≗**schnittstelle** *f* (SPS) / device interface || ≗**schutz- und Betätigungsschalter** *m* (GSB-Schalter) / appliance protective and control switch || **elektronischer** ≗**schutz** / solid-state unit protection || ≗**schutzschalter** *m* (GS) / circuit-breaker for equipment (CBE), appliance circuit-breaker || ≗**schutzsicherung** *f* VDE 0820 / miniature fuse, fuse *n*

geräteseitig *adj* / on the unit, in the unit, modular side

Geräte·sicherung *f* / miniature fuse, fuse *n* || **Nenn-**≗**spannung** *f* / rated unit voltage || ≗**stammdatei** *f* (GSD) / device master file, device data || ≗**stammdaten** *plt* / device master file, device data || ≗**stammdatendatei** *f* (GSD) / device data base file (DDBF) || ≗**-Stammdatendatei** *f* / device master file, GSD file || ≗**stapelung** *f* DIN 41494 / stacking of sets

Geräte·steckdose *f* / connector *n* || ≗**stecker** *m* / appliance inlet, connector socket || ≗**steckverbinder** *m* / appliance connector || ≗**steckvorrichtung** *f* / appliance coupler ||

≗**steuerung** *f* (DV) / device control (DC) || ≗**steuerzeichen** *n* DIN 44300 / device control character || ≗**störung** *f* / unit malfunction, unit breakdown || ≗**stromlaufplan** *m* / unit circuit diagram || ≗**stückliste** *f* / list of equipment, list of components, list of devices || ≗**tragblech** *n* / unit mounting plate, equipment mounting plate || **modulares** ≗**tragblech** / modular equipment mounting plate

Geräteträger *m* / switching device panel || ≗ *m* (Chassis) / chassis *n* || ≗ **für Verbraucherabzweige** / support for switching devices for load feeders || **4er** ≗ **für Verbraucherabzweige** / quadruple support for switching devices for load feeders || ≗**träger** *m* (Leuchte) / ballast frame (o. support), controlgear support || ≗**träger** *m* (IV) / apparatus rack || ≗**transformation** *f* (Bildschirm-Arbeitsplatz) / workstation transformation || ≗**transformator** *m* EN 60742 / associated transformer || ≗**treiber** *m* / device driver || ≗-**Verbindungsdose** *f* (I) / combined wall and joint box || ≗**verdrahtungsplan** *m* / unit wiring diagram, internal connection diagram || ≗**verdrahtungstabelle** *f* / unit wiring table || ≗**zuleitung** *f* / appliance cord || ≗**zuordnungsliste** *f* (SPS) / device assignment list || ≗**zustand-Nachricht** *f* (PMG) DIN IEC 625 / individual status message (ist)

Geräte·treiber *m* / device driver, software driver, driver *n* || ≗**übersicht** *f* / equipment overview || ≗**umbau** *m* / unit modification, unit conversion || ≗**verwaltung** *f* (GV) / device management || ≗**zuordnung** *f* / device assignment

gerauht *adj* / roughened *adj*

geräumt *adj* / broached *adj*

Geräusch *n* (Akust.) / audible noise, acoustic noise, noise *n* || ≗ *n* (unerwünschtes Signal, Rauschen) / noise *n* || ≗**abstrahlung** *f* / noise radiation, noise emission

geräuscharm *adj* / low-noise *adj* || **~e Erde** / low-noise earth || **~e Maschine** / quiet-running machine, low-noise machine

Geräusch·art *f* / noise quality || ≗**bekämpfung** *f* / noise control || ≗**beurteilungskurve** *f* / noise rating curve (n.r.c.) || ≗**bewertungszahl** *f* / noise rating number || ≗**bildung** *f* / generating of noise || ≗**dämmung** *f* / noise deadening (o. muffling), noise absorption

geräuschdämpfend *adj* / noise-damping *adj*, noise-deadening *adj*, noise-absorbing *adj*, silencing *n*

Geräusch·dämpfer *m* / silencer *n*, noise suppressor || ≗**dämpfung** *f* / noise damping, noise deadening, noise absorption, silencing *n* || ≗**emission** *f* / noise emission || ≗-**EMK** *f* VDE 0228 / psophometric e.m.f. || ≗**entwicklung** *f* / noise generation

geräuschfrei *adj* / noise-free *adj*, noiseless *adj* || **~e Erde** / noiseless earth, clean earth

geräuschgedämpfter Schalter (LS) / silenced breaker

Geräusch·grenzwerte *m pl* / noise limits || ≗**kennwert** *m* / characteristic noise value || ≗**leistung** *f* / noise power

geräuschlos *adj* / noiseless *adj*

Geräusch·melder *m* / noise detector || ≗**messer** *m* / noise-level meter || ≗**messung** *f* / noise measurement, noise test || ≗**minderung** *f* / noise reduction, noise dampening, noise abatement, noise muffling, silencing *n* || ≗**pegel** *m* / noise level || ≗**probe** *f* / noise test

Geräusch·schlucker *m* / silencer *n*, noise suppressor || ≗**senkung** *f* / noise reduction, noise abatement || ≗**spannung** *f* VDE 0228 / psophometric voltage, noise voltage, equivalent disturbing voltage || ≗**spannungsmesser** *m* / psophometer *n* || ≗**spektrum** *n* / noise spectrum || ≗**stärke** *f* / noise level, noise intensity || ≗**unterdrückung** *f* / noise suppression, noise abatement

Gerbsäure *f* / tannic acid

gerecht *adj* / orientated *adj*

geregelt·e Adaption (adaptive Reg.) / closed-loop adaptation || **~e Maschine** / automatically regulated machine, closed-loop-controlled machine || **~er Antrieb** / variable-speed drive, closed-loop-controlled drive, servo-controlled drive || **~er Betrieb** / automatic operation, operation under automatic control, automatic mode || **~er Leitungsabschnitt** / regulated line section || **~es Netzgerät** / stabilized power supply unit

gereinigt *adj* / cleaned *adj*

gerichtet *adj* / oriented *adj*, straightened *adj* || **~e Beleuchtung** / direct illumination, directional lighting || **~e distanzunabhängige Endzeit** / directional distance-independent back-up time || **~e Gerade** / oriented line || **~e Probe** / directional sample, geometric sample || **~e Reflexion** / specular reflection || **~e Spannung** (mech.) / unidirectional stress || **~e Transmission** / regular transmission, direct transmission || **~e Unterbrechung** / vectored interrupt || **~e Verbindung** / directed link || **~e zweistufige Distanzzone** / directional two-grade distance zone || **~er Anteil** (LT) / specular component, regular component || **~er Emissionsgrad** / directional emissivity || **~er Erdschlussschutz** / directional earth-fault protection || **~er Ölumlauf** / forced-directed oil circulation || **~er Schutz** / directional protection || **~er Überstromschutz** / directional overcurrent protection || **~es Leistungsrelais** / directional power relay, power direction relay || **~es Relais** / directional relay, directionalized relay

gerieben *adj* / reamed *adj*

geriffelt *adj* / checkered *adj*, fluted *adj* || ~ *adj* (Stromform) / rippled *adj*, having a ripple

gerillt *adj* / grooved *adj* || **~er Schleifring** / grooved slipring || **~es Rohr** (IR) / corrugated conduit

gering *adj* / low *adj*

geringfügiger Fehlzustand (Fehlzustand, der keine als sehr wichtig angesehene Funktion betrifft) IEC 50(191) / minor fault (A fault which does not affect any function considered to be of major importance)

geringstgewichtetes Bit / least significant bit (LSB)

gerippt *adj* / ribbed *adj*, finned *adj* || **~es Gehäuse** (el.Masch.) / ribbed frame, ribbed housing

geritzt *adj* / scratched *adj*

Germanat-Leuchtstoff *m* / germanat phosphor

gerollt *adj* / rolled *adj*

gerundet *adj* / rounded *adj*

Gerüst *n* / framework *n*, rack *n*, frame *n*, supporting structure, volume *n* || ≗ *n* (f. Montage) / scaffold *n* || ≗ *n* (ET) DIN 43350 u. SK, VDE 0660, T.500 / supporting structure IEC 439-1, skeleton *n*, temporary framework || **19-Zoll-**≗ *n* / 19 inch rack || **Stations~** *n* / substation structure || ≗**schluss** *m* / short-circuit to frame || ≗**tiefe** *f* / frame depth

gesägt *adj* / sawn *adj*

Gesamt·-Ablauf *m* / overall sequence || **≗ablaufzeit des Umschaltvorganges** (Netzumschaltgerät) / total operating time || **≗anlage** *f* / complete substation, whole plant system || **≗anordnung** *f* / general layout, schematic arrangement, schematic *n*, overall arrangement || **≗anschlusswert** *m* / total connected load || **≗ansicht** *f* / overall view || **≗anzahl** *f* / total number || **≗archiv** *n* / entire archive || **≗armatur** *f* / valve *n* || **≗auflösung** *f* / resolution *n* || **≗ausfall** *m* DIN 40042 / blackout *n*, complete failure || **≗auslösung** *f* (DÜ) DIN ISO 8208 / restart *n* || **≗ausregelzeit** *f* / total transient recovery time || **≗ausregelzeit** *f* (USV) VDE 0588, T.5 / recovery time IEC 146-4 || **≗ausschaltzeit** *f* (LS) VDE 0670 / total break time IEC 50(15), ANSI C37.100, interrupting time ANSI C37.100, clearing time || **≗ausschaltzeit** *f* (Sich.) / total clearing time IEC 50(441), operating time

Gesamt·baudrate *f* / aggregate baud rate || **≗bearbeitung** *f* / complete machining || **≗bedarf** *m* / total demand || **boolsche ≗bedingung** / overall Boolean condition || **≗belastbarkeit** *f* (SPS-Geräte) / total load capability, aggregate output rating || **≗belastbarkeit** *f* (nach Abzug durch Verminderungsfaktor) / derated loading || **≗belastung** *f* / total load, aggregate load || **≗belastung** *f* (Neutronen/cm^2) / total neutrons absorbed || **mögliche ≗belastung** (KW) / total capability for load || **≗bewölkungsgrad** *m* / total cloud amount || **≗bild** *n* / network overview map, system overview display || **≗bürde** *f* (Eigenbürde der Sekundärwicklung u. Bürde des äußeren Sekundärkreises) / total burden || **≗compilierung** *f* / overall compiling

Gesamt·dauer *f* (Rechteckstrom) / virtual total duration || **≗drift** *m* / total drift || **≗durchflutung** *f* / ampere-conductors *n pl*, ampere-turns *n pl* || **≗durchmesser** *m* / overall diameter

gesamte Gleichspannungsänderung (LE) / total direct voltage regulation || **~ Produktion** (Lampentypen) VDE 0715, T.2 / whole product (lamp types) IEC 64 || **~ Wickelstiftlänge** / total post length

Gesamt·-Ein-Ausschaltzeit *f* VDE 0670 / total make-break time, make-break time || **≗einfügungsdämpfung** *f* / total (or primed) insertion loss || **≗einlaufzeit** *f* (ESR) / total starting time || **≗einstellzeit** *f* (Messgerät) / total response time || **≗emissionsvermögen** *n* / total emissivity || **≗-Energiedurchlassgrad** *m* / total energy transmittance

gesamter systematischer Fehler / total systematic error

Gesamt·erdungswiderstand *m* VDE 0100, T.200 / total earthing resistance IEC 3644-41, combined ground resistance || **≗ergebnis** *n* / overall result, total result || **≗faktor** *n* / total factor || **≗fehler** *m* / composite error (instrument transformer), total error || **≗fehler** *m* (NC, kumulierter Fehler, Kettenmaßfehler) / cumulative error || **≗fehlergrenzen** *f pl* / limits of total error || **≗freigabe** *f* / global release || **≗gewicht** *n* / total weight, total mass || **≗gleichmäßigkeit** *f* (BT) / overall uniformity ratio, total uniformity

Gesamtheit *f* (Statistik, QS) / population *n*, universe *n*

Gesamt·holm *m* / full-length vertical stay || **≗kapazität** *f* (HL) / total capacitance || **≗kohlenwasserstoff-Messgerät** *n* / total hydrocarbon monitor || **≗-Ladungsverschiebe-Wirkungsgrad** *m* / overall charge-transfer efficiency || **≗länge** *f* / overall length || **≗laufzeit** *f* (Masch.) / total running time || **≗laufzeit** *f* (SPS, Ausführungszeit) / total execution time || **≗leistung** *f* (Antrieb, Bruttoleistung) / gross output || **≗leistungsfaktor** *m* / total power factor || **≗lichtstrom** *m* / total (luminous) flux || **≗löschtaste** *f* / clear-all key || **≗-Luft-Durchsatz** *m* / total rate of air flow

Gesamt·markt *m* / total market || **≗messunsicherheit** *f* / total error || **≗nachlaufweg** *m* / total overtravel || **≗plattendicke** *f* (gS) / total board thickness || **≗polradwinkel zwischen zwei Spannungsquellen** / angle of deviation between two e.m.f.'s IEC 50(603) || **≗rauschzahl** *f* / overall average noise figure || **≗reaktionszeit** *f* (Verstärker) / total response time

Gesamt·schaltplan *m* / overall circuit diagram || **≗schaltstrecke** *f* / length of break || **≗schaltweg** *m* / total travel || **≗schaltzeit** *f* / total operating time || **≗schätzabweichung** *f* DIN 55350,T.24 / total estimation error || **≗schließzeit** *f* VDE 0660 / total make-time, total closing time || **≗schnitt** *m* (Stanze) / compound die || **≗schritt** *m* (Wickl.) / resultant pitch, total pitch || **≗schwingweg** *m* / double amplitude, peak-to-peak value || **≗sicherung** *f* / complete backup || **≗spannungshub** *m* / total voltage excursion || **≗störabweichungsbereich** *m* DIN 41745 / total combined effect band || **≗strahlung** *f* / total radiation || **≗strahlungspyrometer** *n* / total-radiation pyrometer || **≗strahlungstemperatur** *f* / full radiator temperature || **≗streuziffer** *f* / Heyland factor || **≗strom** *m* / total current || **≗stromdichte** *f* / total current density || **≗stromlaufplan** *m* / overall schematic diagram || **≗stromregler** *m* / total-current regulator || **≗stückzahl** *f* / total amount of pieces || **≗summe** *f* / sum total

Gesamt·überblick *m* / overall view || **≗überdeckungsgrad** *m* / total contact ratio || **≗übergangsfaktor** *m* / overall gain || **≗übermittlungszeit** *f* (FWT) / overall transfer time || **≗überprüfung** *f* (letzte Prüf.) / check-out *n* || **≗übersicht** *f* / general view || **≗ummagnetisierungsverlust** *m* (bezogen auf Volumen) / total-loss/volume density, total-loss/mass density || **≗- und Überverbrauchszähler** *m* / excess and total meter

Gesamt·verlust *m* / total loss || **≗verluste** *m pl* / total losses || **≗verlustleistung** *f* (a. HL) / total power loss || **≗verlustverfahren** *n* (Wirkungsgradbestimmung) / total-loss method, (determination of) efficiency from total loss || **≗verstärkung des Regelkreises** / overall gain of whole control loop || **≗verzögerungszeit** *f* (Datenerfassung) / acquisition time

Gesamt·weg *m* / total travel || **≗-Wertschöpfung** *f* / overall net added value || **≗widerstand** *m* (a. Batt.) / total resistance || **≗windungen** *f pl* / total number of ampere-turns, total ampere-turns || **≗windungszahl** *f* / total number of ampere-turns, total ampere-turns || **≗wirkung** *f* (Gewinde) / cumulative effect || **≗wirkungsgrad** *m* / overall efficiency

Gesamt·zahl Warnungen / total number of warnings || ²**zeichnung** *f* / general drawing || ²**zeit** *f* (Produktion, Herstellungszeit) / manufacturing time || ²**zeitkonstante** *f* / total time constant || ²**zustandsdaten** *plt* (PMG) / summary status data
gesättigt *adj* / saturated *adj*, saturable *adj* || **~e Logik** / saturated logic || **~er Stromwandler** / saturable current transformer
gesäumt *adj* / seamed *adj*
geschabt *adj* / scraped *adj*
geschachtelt *adj* (DV, SPS, NC) / nested *adj* || **~e Wicklung** / imbricated winding, interleaved winding || **~er Aufbau** (DV) / nested configuration || **~er Kern** (Trafo) / nested core || **~es Makro** / nested macro
Geschäft, abflauendes ² / slackening business
Geschäfts·bereich *m* / division *n*, group *n* || ²**bereichkennzahl** *f* / division code || ²**bereichskennzahl** *f* (GBK) / group code, GBK || ²**bereichskennzeichen** *n* / group identification number || ²**bereichskennziffer** *f* (GBK) / group code, GBK || ²**ergebnis** *n* / business result || ²**feld** *n* (GF) / business unit (BU), business field, business sector || ²**gebiet** *n* (GG) / division *n*, group *n* || **Kennzeichen für das** ²**gebiet** / division symbol || ²**gebiet-Kennzeichen** *n* / division symbol || ²**jahr** *n* / BE: business year, AE: fiscal year || ²**jahreszeitraum** *m* / business year
Geschäfts·partner *m* / business partner || ²**partner Nr.** *f* / business partner no., G Part No. || ²**partnernummer** *f* (G-Part Nr.) / business partner no., G Part No. || ²**partner-Nummer** *f* / business partner number || ²**prozess** *m* / business process || **Beleuchtung von** ²**räumen** / commercial lighting || ²**segment** *n* / business segment || ²**stellenauslandspreis** *m* (GA-Preis) / GA price || ²**stellenpreis** *m* (G-Preis) / subsidiary price, G price || ²**stellenpreis Ausland** / international subsidiary price || ²**stellenverzeichnis** *n* / list of Siemens companies and representatives || ²**straße** *f* / shopping street || ²**volumen** *n* / business volume || ²**vorfall** *m* / business activity || ²**wert** *m* / economic value, company value || ²**wertbeitrag** *m* (GWB) / economic value added (EVA) || ²**zahlen** *f pl* / business volumes || ²**zweig** *m* / subdivision *n* || ²**zweig Netzplanung** / Power System Planning Division || ²**zweig Schutz- und Leittechnik** / Protection, Power System Control Division
geschält *adj* / peeled *adj*
geschaltet *adj* / switched *adj*, enabled *adj* || **~er Betrieb** (SPS, Betrieb mit Peripheriebaugruppen) / switched-periphery mode || **~er Mittelleiter** / switched neutral, separating neutral || **~er Reluktanzmotor** / switched reluctance motor
geschärft *adj* / sharpened *adj*
geschätzt *adj* / estimated *adj* || **~e durchschnittliche Herstellqualität** / estimated process average || **~er Fertigungsmittelwert** / process average || **~er mittlerer Fehleranteil der Fertigung** / estimated process average
gescherter Kern / gapped core
geschichtet *adj* / layered *adj*, stacked *adj*, laminated *adj* || **~e Isolierung** (gewickelte I.) / lapped insulation, tape insulation || **~e Stichprobe** / stratified sample
geschirmt *adj* / shielded *adj* || **magnetisch ~** / screened against magnetic effects, astatic *adj* || **~e Leitung** / shielded cable, screened cable || **~e Zündkerze** / shielded (o. screened) spark plug || **~er Druckknopf** VDE 0660, T.201 / shrouded pushbutton IEC 337-2 || **~er Eingang** (Verstärker, MG) / guarded input || **~er Steckverbinder** / shielded connector || **~es Kabel** / shielded cable || **~es Messgerät** / screened instrument, shielded instrument
Geschirrspülmaschine *f* / dish washing machine
geschlagen *adj* / impacted *adj*
geschlämmt *adj* / buddled *adj*
geschliffen *adj* / ground *adj*
geschlitzt *adj* / slotted *adj*, split *adj* || **~** *adj* (genutet) / slotted *adj*, slit *adj* || **~er Kontakt** / bifurcated contact
geschlossen *adj* / closed *adj* || **~e Bauform** / enclosed type || **~e Bauform** (SK) VDE 0660, T.500 / enclosed assembly IEC 439- 1 || **~e Bewehrung** (Kabel) / armouring with a closed lay || **~e Bremse** / applied brake || **~e Dämpferwicklung** / damper cage, interconnected damper winding, amortisseur cage || **~e elektrische Betriebsstätte** / closed electrical operating area || **~e Heizungsanlage** / closed-type heating system || **~e Nut** (Blechp.) / closed slot || **~e Regelschleife** / closed control loop, closed loop || **~e Schaltanlage** (Schalttafel) / enclosed switchboard || **~e Schaltgerätekombination** / enclosed assembly (of switchgear and controlgear) || **~e Schleife** / closed control loop, closed loop || **~e Schleife** (Lochstreifen) / looped tape || **~e Sicherung** / enclosed fuse, fuse with enclosed fuse element || **~e Stellung** (SG) / closed position || **~e Türen und abgedichtete Seitenwände** / doors without cooling mesh and with sealed side panels || **~e Verzögerungsleitung** DIN IEC 235, T.1 / re-entrant slow-wave structure || **~e Wicklung** / closed-circuit winding, closed-coil winding, re-entrant winding || **~e Zelle** (Batt., Zelle m. Entgasungsöffnung) / vented cell
geschlossen·er Gaskreislauf / closed gas circuit || **~er Kreislauf** / closed circuit, closed cycle || **~er Kühlkreislauf** / closed-circuit cooling system, closed cooling circuit || **~er Rahmen** (Trafo) / closed frame || **~er Raum** / closed area, closed operating area || **~er Schmelzeinsatz** / enclosed fuse-link || **~er Sicherungseinsatz** / enclosed fuse-link || **~er Tiegel** (Flammpunkt-Prüfgerät) / closed flash tester, closed cup || **~er Transformator** / sealed transformer || **~er Trockentransformator** / sealed dry-type transformer || **~er Wirkungsweg** (Regelschleife) / closed loop
geschlossen·es Band / looped tape || **~es Kühlsystem** / closed-circuit cooling system || **~es Regelsystem** / closed-loop system, feedback system || **~es Verfahren** / integrated method
geschlossen·porig *adj* / closed-cell *adj* || **~zelliger Schaumgummi** / expanded rubber || **~zelliger Schaumstoff** / closed-cell plastic, expanded plastic
Geschmeidigkeit *f* / flexibility *n*, pliability *n*, ductility *n*
geschmiedet *adj* / forged *adj*
geschnitten *adj* / cut *adj* || **~es Gewebe** / slit fabric || **~es Gewinde** / cut thread || **~es Material** (Iso-Mat.) / slit material, tape *n*
Geschoss·-Antwortspektrum *n* / floor response spectrum || ²**beschleunigung** *f* / floor acceleration

geschottete Sammelschiene / segregated-phase bus || **~ Schaltanlage** VDE 0670, T.6 / compartmented switchgear IEC 298, compartment-type switchgear (o. switchboard), compartmentalized switchgear (o. switchboard) || **~ Schaltanlage** / metal-clad switchgear and controlgear IEC 298
geschrägt *adj* / chamfered *adj* || **um eine Nutenteilung ~** / skewed by a slot pitch || **~e Ecke** (Bürste) / bevelled corner || **~e Kopffläche** (Bürste) / bevelled top || **~e Kopfkante** (Bürste) / chamfered top, bevelled edge || **~e Nut** / skewed slot
geschränkt *adj* / set *adj*
geschraubt *adj* (mit Mutter) / bolted *adj* || ~ *adj* (ohne Mutter) / screwed *adj*
geschrumpft *adj* / shrunk *adj*
geschult *adj* / trained *adj*
geschützt *adj* / protected *adj* || **~e Anlage im Freien** VDE 0100, T.200 / sheltered installation || **~e Leuchte** / dustproof luminaire || **~e Maschine** / protected machine, screen-protected machine || **~e Zone** / protected zone || **~er Abschnitt** (Schutzsystem) IEC 50(448) / protected section || **~er Kriechweg** / protected creepage distance || **~er Pol** (SG) / protected pole || **~er Speicherbereich** DIN 44300 / protected storage area || **~es Fach** (SK) / barriered sub-section || **~es Feld** (SK) / barriered section
geschwabbelt *adj* / buffed *adj*
geschweißt *adj* / welded *adj* || **~e Ausführung** / welded construction, fabricated construction || **~es Gehäuse** (el. Masch.) / fabricated housing, welded frame
geschwenkt, um 30° elektrisch ~ / with a 30° phase displacement
Geschwindigkeit *f* / speed *n* || ≗ *f* (Drehzahl) / speed *n* || ≗ *f* (Rate) / rate *n* || ≗ *f* (linear) / velocity *n* || ≗ **am Ende einer Widerstandsfahrt** (Bahn) / speed at end of notching || ≗ **der Frequenzänderung** / sweep rate || **konventionelle** ≗ / jog feedrate || **sicher reduzierte** ≗ / safely reduced speed, safe speed, safe velocity || **sichere** ≗ (SG) / safe speed, safe velocity || **zulässige** ≗ / allowable speed
Geschwindigkeits·abnahme *f* (NC-Wegbedingung) DIN 66025,T.2 / deceleration *n* ISO 1056 || ≗**abnahme** *f* (Vorschub) / feedrate reduction, deceleration *n* || ≗**abnahme** *f* (Drehzahl) / speed reduction || ≗**abstufung** *f* / velocity graduation || ≗**algorithmus** *m* / velocity algorithm || ≗**amplitude** *f* / amplitude of velocity || ≗**anzeiger** *m* / speedometer || ≗**aufnehmer** *m* / velocity pickup
Geschwindigkeits·begrenzer *m* (Mot.) / speed limiter, overspeed limiter || ≗**begrenzung** *f* / speed limitation, speed limit || ≗**bereich** *m* (Mot.) / speed range || ≗**durchflussmesser** *m* / velocity-type flowmeter || ≗**einbruch** *f* / drop in velocity || ≗**energie** *f* / (specific) kinetic energy, velocity energy, speed energy
Geschwindigkeits·feld *n* / field of velocity || ≗**führung** *f* (NC, Rob.) / velocity control, rate control || **vorausschauende** ≗**führung** / predictive velocity control || ≗**-Leistungs-Produkt** *n* / speed-power product || ≗**messer** *m* / tachometer *n*, revolutions counter, r.p.m. counter, rev counter || ≗**modulation** *f* / velocity modulation || ≗**-Override** *m* (siehe Override) / speed override || ≗**profil** *n* / velocity profile
Geschwindigkeits·regelbereich *m* / governing speed band || ≗**regelung** *f* / velocity control, rate control || ≗**regelung** *f* (Kfz) / automatic cruise control (ACC) || ≗**regler** *m* / speed governor, governor *n*, velocity controller || ≗**regler** *m* (Kfz) / cruise controller || ≗**rückführung** *f* (NC) / velocity feedback
Geschwindigkeits·stoß *m* / velocity shock || ≗**überhöhung** *f* / velocity overshoot, excessive velocity || ≗**überlagerung** *f* / velocity override, velocity monitoring || ≗**umstellung** *f* / speed switchover
Geschwindigkeits·verhalten *n* / velocity behavior || ≗**verstärkungsfaktor** *m* (Faktor Kv) / servo gain factor (Kv), multgain factor || ≗**warnschwelle** *f* / velocity warning threshold || ≗**zunahme** *f* (NC-Wegbedingung) DIN 66025,T.2 / acceleration *n* ISO 1056
gesenkfräsen *v* / die milling
Gesenkfräsmaschine *f* / die milling machine
gesenkt *adj* / countersunk
Gesetz über das Mess- und Eichwesen / law of Metrology and Verification || ≗ **über Einheiten im Messwesen** / law of units of measurement
gesetzlich·e Auflagen / statutory requirements || **~e Bestimmungen** / statutory regulations || **~e Last** (Freiltg.) / legislative load IEC 50(466) || **~es Ohm** / legal ohm, Board-of-Trade ohm (GB)
gesetzt *adj* / set *adj*
gesichert *adj* / secured *adj*, protected *adj* || ~ *adj* (durch Sicherungen) / fused *adj* || ~ *adj* (gegen Verdrehen) / locked *adj* || **~ durch Körnerschlag** / secured by center punching || **~e entladungsfreie Spannung** / assured discharge-free voltage || **~e Leistung** / firm power, firm capacity || **~e Steuerspannung** / secure control power supply, independent control-power supply || **~e Systemverbindung** DIN ISO 7498 / data link connection || **~er Ausgang** / fused output, protected output || **~er Eigenbedarf** / essential auxiliary circuits || **~er Schaltabstand** (NS) / assured operating distance
Gesichts·empfindung *f* / visual sensation, retinal image || ≗**feld** *n* / visual field || ≗**punkt** *m* / aspect *n* || **wärmewirtschaftlicher** ≗**punkt** / demand of efficiency || ≗**schutz** *m* / face protection
gesickt *adj* / beaded *adj*
gesiebt *adj* / filtered *adj*
gesintert *adj* / sintered *adj*
gespachtelt *adj* / primed *adj*
Gespann *n* / team *n*
gespeicherte Energie / stored energy
Gesperre *n* / locking mechanism
gesperrt *adj* / blocked *adj*, locked *adj*, interlocked *adj*, disabled *adj* || **~e Einheit** (QS) / quarantined item || **~e Flächen** (Flp.) / unserviceable areas || **~er Ausgangskreis** (Rel.) VDE 0435,T.110 / effectively non-conducting output circuit || **~er Eingang** / inhibited input, blocked input
gespleißt *adj* / spliced *adj*
Gesprächsleitfaden *m* / interview guide
gespritzter Läuferkäfig / die-cast rotor cage
gespult *adj* / winded *adj*
gestaffelt *adj* (mech.) / staggered *adj* || ~ *adj* (zeitlich) / graded *adj*, graded-time *adj* || **~e Anordnung** / staggered arrangement || **~e Wiedereinschaltung** (Motoren) / sequence(d) starting
Gestalt *f* / shape *n* || ≗**änderungsarbeit** *f* / energy of deformation, strain energy of distortion ||

²**parameter** *m pl* / parameters of shape
Gestaltsänderung *f* / distortion *n*, deformation *n*
Gestaltung *f* / design *n*
Gestänge *f* / lever system, linkage *n*, rodding *n* || **nichtlineare** ²**anordnung** / nonlinear lever system || ²**anschlussstück** *n* / guiding rod connector || ²**antrieb** *m* (SG) / linkage mechanism || ²**betätigung** *f* / operation by lever system || ²**gelenk** *n* / connecting rod joint || ²**hebelanbieb** *m* (SG) / lever-operated linkage mechanism
gestaucht *adj* / upset *adj*
gesteckt *adj* / connected *adj*
Gesteinfaser *f* / rock wool
Gestell *n* (ET) DIN 43350 / rack *n* || ² *n* (Rahmen) / frame *n*, framework *n*, rack *n* || **Gleichrichter~** *n* / rectifier frame || **Lampen~** *n* / lamp foot, lamp mount || ²**drossel** *f* / earth-fault reactor (GB), ground-fault reactor (US) || ²**erde** *f* / frame ground, chassis ground, frame *n*, chassis *n*, ground *n*, mass *n* (M), 0V reference potential, M (mass) || ²**erdschluss** *m* / frame earth fault, case ground fault || ²**erdschlussschutz** *m* / frame leakage protection, frame ground protection, case ground protection || ²**höhe** *f* / height of support frame || ²**motor** *m* / frame-mounted motor, frame-suspended motor || ²**oberrahmen** *m* (Trafo) / top clamping frame, top frame || ²**rahmen** *m* (Trafo) / structural framework, clamping frame (work) || ²**rahmen** *m* (f. Geräteträger) / rack *n* || ²**reihe** *f* DIN 43350 / rack row || ²**reihenteilung** *f* / pitch of rack structure || ²**schluss** *m* / short-circuit to frame, fault to frame, frame leakage || ²**transformator** *m* (Erdungstrafo) / earthing transformer, ground-fault transformer || ²**unterrahmen** *m* (Trafo) / bottom clamping frame, bottom frame
gesteuert *adj* / controlled *adj* || ~ **adaptiver Regler** / externally tuned adaptive controller || **~e Abschneidefunkenstrecke** / controlled chopping gap || **~e Adaption** (adaptive Reg.) / open-loop adaptation || **~e Brückenschaltung** (LE) / controlled bridge || **~e Durchführung** / capacitor bushing, condenser bushing (depr.) || **~e Funkenstrecke** / graded spark gap, graded gap || **~e Funkschaltröhre** / trigatron *n* || **~e konventionelle Leerlaufgleichspannung** (LE) / controlled conventional no-load direct voltage || **~e Leerlaufgleichspannung** (LE) / controlled no-load direct voltage || **~e Spannungsquelle** / controlled voltage source || **~e Station** (FWT) / controlled station || **~e Taktgebung** (SR) / open-loop timing-pulse control, open-loop-controlled clocking || **~er Wiederanlauf** (SPS) / controlled restart || **~er Zweig** (LE) / controllable arm || **~es Abschneiden** (Stoßwelle) / controlled chopping
gestört, Prüfung bei ~em Betrieb / test under fault conditions || **~er Betrieb** / operation under fault conditions || **~es Netz** / faulted system
gestoßen *adj* / slotted *adj*
gestrahlt *adj* / blasted *adj* || **~e Leistung** / radiated power || **~e Störgröße** / radiated disturbance
gestreckt·e Länge / developed length || **~er Kurvenverlauf** / flat curve, flat characteristic || **~er Leuchtdraht** / straight filament
gestrehlt *adj* / threaded with rack tool
gestreute Beleuchtung / diffuse lighting, directionless lighting || ~ **Durchlassung** / diffuse transmission || ~ **Organisation** (v. Dateien) / random organisation || ~ **Reflexion** / diffuse reflection, spread reflection || ~ **Speicherung** / random organisation || ~ **Transmission** / diffuse transmission || ~ **Welle** / scattered wave
gestrichelt *adj* / dashed *adj* || **~e Linie** / broken line, dashed line
gestufte Isolation / graded insulation || ~ **Luftspaltdrossel** / tapped air-gap reactor
Gesundheitsanforderung *f* / health requirement
getaktet *adj* / clocked *adj* || **~e Schaltung** / clocked circuit || **~es Netzgerät** / switched-mode power supply unit || **~es Netzteil** / switched-mode power supply unit
getastet·e Linie (ESR) / pulsed line IEC 151-14 || **~er Zweikanalbetrieb** (Osz.) / chopped two-channel mode || **~es Signal** / sample signal
getauchte Elektrode / dipped electrode
geteilt *adj* / split *adj* || **~e Bandage** (Wickl.) / split banding, split bandage || **~e Gegenverbundwicklung** / split differential compound winding || **~e konzentrische Wicklung** / split concentric winding || **~e Nockenscheibe** / split cam || **~e Wicklung** / split winding, split concentric winding, bifurcated winding || **~er Bildschirm** / split screen || **~er Erdungsschalter** VDE 0670,T.2 / divided support earthing switch IEC 129 || **~er Schirm** (Osz.) / split screen || **~er Ständer** (2 Teile) / split stator, split frame || **~er Ständer** (mehrere Teile) / sectionalized stator, sectionalized frame || **~er Trennschalter** VDE 0670,T.2 / divided-support disconnector IEC129 || **~es Feld** / split field || **~es Gehäuse** / split housing || **~es Ringlager** / split sleeve bearing || **~-konzentrisches Kabel** / split concentric cable
Getränke·abfüllmaschine *f* / bottling machine || ²**automat** *m* / drink vending machine
getränkt *adj* / soaked *adj* || ~ *adj* (m. Lack) / varnish-impregnated *adj*, varnished *adj* || **~e Isolation** / impregnated insulation, mass-impregnated insulation || **~es Isolierschlauchmaterial** / saturated sleeving || **~es Papier** / impregnated paper
getrennt *adj* / parted *adj* || ~ **aufbewahren** (von zurückgewiesenen Einheiten) / quarantine *v* || ~ **aufgestellte Kühlvorrichtung** / separately mounted circulating-circuit component || ~ **zu betätigen** / separately operated || **~e Aufbewahrung** (von zurückgewiesenen Einheiten) / quarantine *n* || **~e Erdung** / independent earthing (GB), independent grounding (US) || **~e Erdungsanlage** / subdivided earthing system, separate grounding system || **~e Phasen- und Käfigwicklung** / independent phase and cage winding || **~e Selbsterregung** / separate self-excitation || **~e Wicklungen** / separate windings
Getriebe *n* / gear *n*, gearing *n*, gear unit, gearbox *n*, gear train, gears *n pl* || **einstellbares** ² / adjustable gear || **elektronisches** ² / electronic gear || **elektronisches** ² (Kfz) / electronically controlled automatic gearbox || **Getriebe, mechanisches** ² / linkage system, cam gear || **nachgeschaltetes** ² / follow-up gear || **stellbares** ² / torque variator, speed variator || **elektronisches** ²/²**interpolation** (ELG/GI) / electronic gear/gear interpolation
Getriebe·abtrieb *m* / gear drive output shaft, gear output || ²**anbau** *m* / mounted gearing || ²**ausgang** *m* / gear output || ²**baukasten** *m* / modular gearbox || ²**drehzahl** *f* / gear speed || ²**einrücken** *n* / gear

meshing, gear engagement || **unelastisches ²element** / inelastic gear element || **²-Erregermaschine** *f* / geared exciter || **²faktor** *m* / gear ratio, transformation ratio, speed ratio
Getriebe·gang *m* / gear step || **²gehäuse** *n* / gearbox *n*, gear case || **²generator** *m* / geared generator || **²geräusche** *n pl* / gear noise || **²gleichlauf** *m* / gearbox synchronism || **²kasten** *m* / gearbox *n*, gear case || **²kopf** *m* (TS) / operating head || **²kopplung** *f* / gearbox link
getriebelos *adj* / gearless *adj* || **~er Motor** / gearless motor, direct-drive motor || **~er Motor** (Ringmotor) / ring motor, gearless motor, wrapped-around motor
Getriebemotor *m* / geared motor, gearmotor *n*, motor reduction unit
getrieben *adj* / embossed *adj*
Getriebe·pendelmaschine *f* / geared dynamometer, gear dynamometer || **²platte** *f* / gear plate || **²schaltung** *f* / gear speed change, gear change || **²schaltung** *f* (NC-Zusatzfunktion) DIN 66025,T.2 / gear change ISO 1056 || **²schutzkasten** *m* / gear case || **²sperre** *f* (EZ) / gear ratchet || **²spiel** *n* / gear backlash || **²steuerung** *f* (Kfz) / (automatic) transmission control || **²stufe** *f* / speed *n*, reduction stage || **²stufe** *f* (GS) / gear step (GS), gear stage (GS) || **²stufen** *f pl* / gear range || **²stufendrehzahl** *f* / gear stage speed || **²stufenschalten** *n* / gear stage change (GSC), gear change || **²stufenumschaltung** *f* / gear step change || **²stufenwechsel** *m* (GSW) / gear change, gear stage change (GSC)
Getriebe·turbine *f* / geared turbine || **²-Turbogenerator** *m* / geared turbo-generator || **²übersetzung** *f* / gear ratio, transformation ratio, speed ratio || **²umfangsspiel** *n* / back lash || **²umschalten** *n* / gear change || **²umschaltung** *f* / gear speed change, gear change || **²-Umschaltung** *f* / gear-speed change || **²verdrehzahl** *f* / gear play || **²verspannung** *f* / torque bias || **²zug** *m* / gear train
getriggerte Abschneidfunkenstrecke / triggered-type chopping gap || **~ Zeitablenkeinrichtung** (Osz.) / triggered time base || **~ Zeitablenkung** (Osz.) / triggered sweep
getrimmt *adj* / trimmed *adj*
getrocknet *adj* / dried *adj*
Getter *n* / getter *n* || **²gefäß** *n* / getter pot
geundet *adj* / ANDed *adj*, AND-gated *adj*, combined for logic AND
gewachst *adj* / waxed *adj*
Gewähr *f* / guarantee *n* || **²frist** *f* / warranty period
gewährleisten *v* / ensure *v*
gewährleistet *adj* / case of warranty
Gewährleistung *f* (GW, GWL) / warranty *n*, warranty conditions
Gewährleistungs·abwicklung *f* / warranty administration, processing of warranty claims || **²änderungsdienst** *m* / warranty update service || **²anspruch** *m* / warranty claim || **²beauftragter** *m* / person responsible for warranty issues || **²bedingung** *f* / warranty condition || **²daten** *plt* / warranty data || **²dienst** *m* / warranty service || **²ende** *n* / end of warranty || **²entscheidung** *f* / warranty decision || **²fall** *m* / warranty case, case of warranty || **²frist** *f* / warranty period || **²grenzen** *f pl* (Messtechnik) / guaranteed limits of error || **²nebenkosten** *plt* / secondary warranty costs || **²regelung** *f* (GWL, GW) / warranty conditions, warranty *n* || **²zeit** *f* / warranty period || **²zeitraum** *m* / warranty period
gewalkt *adj* / flex-levelled *adj*
Gewaltbruch *m* / forced rupture
gewalzt *adj* / rolled *adj*
gewaschen *adj* / washed *adj*
Gewässersystem *n* / water system
Gewebe *n* (Iso-Mat.) / fabric *n* || **²abtrennung** *f* (Leiterplatte) / crazing *n* || **²band** *n* (f. Kabel) / textile tape || **²riemen** *m* / fabric belt || **²schlauch** *m* / textile-fibre sleeving, flexible plastic-insulated tube
gewebt *adj* / woven *adj*
geweitet *adj* / widened *adj*
gewellt *adj* (Stromform) / rippled *adj*, having a ripple || **~es Kunststoffrohr** (IR) / corrugated plastic conduit || **~es Rohr** (IR) / corrugated conduit || **~es Stahlpanzerrohr** / corrugated steel conduit || **~es Steckrohr** / non-threadable corrugated conduit || **~es, gewindeloses Rohr** (IR) / non-threadable corrugated conduit
gewendelt *adj* / spiralled *adj*
Gewerbe *n* / trade *n* || **²einlage** *f* / insert of web || **²ordnung** *f* / trade and industrial code || **²tarif** *m* (StT) / commercial tariff
gewerblich genutzte Anlage / commercial installation || **~ genutztes Gebäude** / commercial building
Gewicht des aktiven Teils (Trafo) / weight of core-and-coil assembly || **² des heraushebbaren Teils** (Trafo) / untanking mass || **ins ² fallen** / be mentionable || **spezifisches ²** / specific gravity, density *n*, relative density
gewichtet *adj* / weighted *adj* || **~er Durchschnitt** / weighted average || **~er Mittelwert** / weighted average
gewichtigste Binärstelle / most significant bit (MSB)
Gewichts·antrieb *m* (SG) / weight-operated mechanism || **²ausgleich** *m* / counter weight, counterweight *n*, weight counterbalance || **elektrischer ²ausgleich** / electrical weight compensation || **²durchfluss** *m* / mass flow (rate) || **²folge** *f* / pulse response || **²funktion** *f* / weighting function || **²klasse** *f* / weight class || **²kraft** *f* / weight force, force due to weight, weight *n* || **²messung zur elektronischen Regelung des Anfahrmoments und der Bremskraft für Nahverkehrszüge** / monitoring all-up weight as input data for electronic control of starting traction and braking force on board light rail vehicles || **²notbremse** *f* / weight-operated emergency brake || **²ordinate** *f* / weighted ordinate || **²prozent** *n* / percent by weight, mass fraction || **²spannweite** *f* (Freiltg.) / weight span || **Abweichung eines ²stücks** / entry of a weight || **²teil** *m* / part by mass || **²verlagerung** *f* / weight displacement, change in centre of gravity
Gewichtung *f* / weighting *n*
Gewichtungsfunktion *f* / weighting function
gewickelt *adj* / wound *adj*, provided with a winding || **~e gemeinsame Aderumhüllung** VDE 0281 / taped inner covering || **~e Isolierung** (Kabel) / lapped insulation || **~e Spule** / wound coil || **~er Kern** / wound core || **~er Läufer** / wound rotor
Gewinde *n* / thread *n* || **² mit feiner Steigung** / fine thread || **² mit grober Steigung** / coarse thread || **durchgängiges ²** / tapped through-hole || **zweigängiges ²** / two-start thread || **²abspanzyklus**

m / threading cycle || ²**anschluss** *m* (Ventil) / threaded end || ²**auslauf** *m* / run-out of thread, thread run-out || **radial verschiedliche** ²**backen** / radial displacable screw plates

Gewinde·bearbeitung *f* / threading *n*, thread cutting || ²**bohren** *n* (a. NC-Wegbedingung) DIN 66025,T.2 / tapping *n* ISO 1056, tapping with compensating chuck || ²**bohren ohne Ausgleichsfutter** / rigid tapping || ²**bohrer** *m* / tap *n* || ²**bohrung** *f* / tapped hole, tapped bore, threaded hole, tap hole || ²**bohrung für Zylinderschraube** / threaded hole for pan head screw || ²**bolzen** *m* / stud bolt, threaded bolt, threaded pin || ²**buchse** *f* / threaded bushing, threaded bush

Gewinde·drehen *n* / thread cutting || ²**durchgangsbohrung** *f* / tapped through-hole || ²**durchmesser** *m* / thread diameter || ²**durchzug** *m* / extruded hole || ²**einlauf** *m* / thread run-in || ²**einsatz** *m* / threaded insert || ²**einsatzpunkt** *m* / thread commencement point

Gewinde·festigkeit *f* / thread strength || ²**flanke** *f* / flank of thread || ²**formende Schrauben** / thread-forming tapping screws || ²**fräsen** *n* / thread milling, cut thread || ²**fräser** *m* / thread cutter || ²**freistich** *m* / thread undercut

gewindefurchend *adj* / thread ridging

Gewinde·gang *m* / thread start, thread groove, thread *n* || ²**grund** *m* / root *n* || ²**grundbohrung** *f* / tapped blind hole, closed tapped bore || ²**hülse** *f* / threaded sleeve, screw bush, screwed shell || ²**kernloch** *n* / tapped hole || ²**kette** *f* / thread chain, thread chaining || ²**lehrdorn** *m* / thread plug gauge || ²**lehre** *f* / thread gauge || ²**lehrring** *m* / thread ring gauge || ²**loch** *n* / tapped hole, tapped bore, threaded hole

Gewinde·mittelpunkt *m* / thread center point, cutting die || ²**muffe** *f* (IR) / screwed coupler, threaded coupling || ²**nachschneiden** *n* / thread recutting || ²**nippel** *m* (IR) / externally screwed coupler, screwed nipple || ²**ring** *m* / threaded ring || ²**rohr** *n* (IR) / threadable conduit IEC 614-1, screwed conduit, threaded conduit || ²**rohr** *n* / threaded tube, threaded pipe || ²**rollen** *n* / thread rolling || ²**sackloch** *n* / tapped blind hole, closed tapped bore || ²**schaft** *f* / threaded shank || ²**schleifen** *n* / thread grinding

Gewindeschneiden *n* / thread cutting, screw cutting, threading *n*, screwing *n* || ² *n* (NC, CLDATA-Wort) / thread ISO 3592 || ² **mit abnehmender Steigung** / thread cutting with decreasing lead || ² **mit gleichbleibender Steigung** / constant-lead (o. -pitch) thread cutting || ² **mit konstant abnehmender Steigung** / thread cutting with decreasing lead (o. degressive) lead || ² **mit konstant zunehmender Steigung** / thread cutting with increasing lead (o. progressive) lead || ² **mit veränderlicher Steigung** / variable-lead thread cutting, variable-pitch screwing || ² **mit zunehmender Steigung** / thread cutting with increasing lead || **mehrgängiges** ² / multiple-start thread cutting, multiple thread cutting

Gewinde·schneider *m* / thread cutter || ²**schneidesatz** *m* / thread cutting block || ²**schneidezyklus** *m* / thread cutting cycle || ²**-Schneidschraube** *f* / thread cutting screw || ²**sockel** *m* / screw cap, screw base || ²**spalt** *m* EN 50018 / threaded joint || ²**spindel** *f* / screw *n* || ²**stahl** *m* / threading tool || ²**stange** *f* / thread rod

Gewindesteigung *f* / lead *n* || ² *f* (mehrgängiges Gewinde) / thread pitch || ² *f* (NC, CLDATA-Wort) / pitch ISO 3592 || ² *f* (eingängiges Gewinde) / thread lead

Gewindesteigungs·abnahme *f* / thread lead decrease, screw pitch decrease || ²**zunahme** *f* / thread lead increase, screw pitch increase

Gewindestift *m* / grub screw, setscrew *n*, threaded pin || ² **mit Schlitz und Kegelkuppe** / slotted set screw with flat point || ² **mit Zapfen** / grub screw with full dog point

Gewinde·stopfen *m* / screw plug, plug screw || ²**strehlen** *n* / thread chasing || ²**tiefe** *f* / depth of thread, thread depth || **wirksame Länge der** ²**verbindung** / effective length of screw engagement || ²**vorlauf** *m* / thread run-in || ²**zapfen** *m* / threaded stem || ²**zyklus** *m* / threading cycle

Gewinn *m* / profit *n*

gewirbelt *adj* / whirled *adj*

Gewitter·häufigkeit *f* / isokeraunic level || ²**überspannung** *f* / overvoltage due to lightning, lightning surge, atmospheric overvoltage

gewogenes Mittel / weighted average

gewöhnlich·e Kraft / conventional force || **~e Leuchte** / ordinary luminaire || **~er Schalter** (I-Schalter) VDE 0632 / ordinary switch (CEE 14)

Gewölbe·kommutator *m* / arch-bound commutator || ²**wicklung** *f* / barrel winding

gewölbt *adj* / cambered *adj*, dished *adj*, concave *adj* || **~e Schraubkappe** / spherical screw cap, cambered screw cap || **~er Deckel** / domed cover

gewundene Biegefeder / coiled torsion spring, tangentially loaded helical spring

gewünscht *adj* / desired *adj*

gewurzelt *adj* / connected to common potential, grouped *adj*

gezahnte Federscheibe / tooth lock washer

Gezeiten·energie *f* / tidal energy || ²**kraftwerk** *n* / tidal power station

gezielt *adj* / specific *adj* || **~e Ölführung** / forced-directed oil circulation || **~er Abfragebefehl** (FWT) / selective interrogation command

gezogen *adj* / drawn *adj* || **~es Kupfer** / drawn copper || **~er Übergang** (HL) / grown junction || **~er Zonenübergang** (HL) / grown junction

GF (Geschäftsfeld) / business sector, business field, BU (business unit)

GFK / glass-reinforced plastic (GRP), fibre-glass-reinforced plastic (FRP), glass-fibre laminate, glass-laminate || ² / glass-fibre cable, fibre-optic cable, optical fibre cable

G-Funktion *f* (NC-Wegbedingung) / preparatory function

GG (Geschäftsgebiet) / division *n*, group *n*

G-Gruppe *f* (Zusammenfassung von G-Funktionen, von denen immer nur eine gültig sein kann) / G group (Group of G functions of which only one can ever be valid)

GH (Gerätehandbuch) / product manual, equipment manual, manual *n*

GHB (Gerätehandbuch) / product manual, equipment manual, manual *n*

GIA (Getriebsinterpolationsdaten) / GIA (gear interpolation data)

Giaever-Tunneleffekt *m* / Giaever tunneling, Giaever normal electron tunneling

Gieren *n* (Rob., Kfz) / yawing *n*, yaw *n*
Gießen *n* (a. Kunststoff) / casting *n*
Gießharz *n* / cast resin, casting resin, moulding resin || ²**blockstromwandler** *m* / resin-encapsulated block-type current transformer, cast-resin block-type current transformer || ²**drosselspule** *f* / encapsulated-winding dry-type reactor || ²**durchführung** *f* / cast-resin bushing, cast insulation bushing || ²**-Füllstoff-Gemisch** *n* / cast-resin-filler mixture
gießharzisoliert *adj* (a. Trafo) / resin-encapsulated *adj*, resin-insulated *adj*, cast-resin-insulated *adj* || **~e Schaltwagenanlage** / resin-insulated truck-type switchboard
Gießharz·-Isolierung *f* / cast-resin inuslation || ²**masse** *f* / casting resin, casting plastic || ²**mischung** *f* / resin compound || ²**pol** *m* / resin-encapsulated (o. -insulated) pole || ²**spule** *f* / resin-encapsulated coil, moulded-resin coil || ²**stützer** *m* / cast-resin post insulator, synthetic-resin post insulator, resin insulator || ²**transformator** *m* / encapsulated-winding dry-type transformer IEC 50(421), resin-encapsulated transformer || **Transformator mit** ²**-Vollverguss** / resin-encapsulated transformer, (resin-)potted transformer
Gießling *m* / casting *n*, cast moulding
giftig *adj* / toxic *adj*
Giftigkeit *f* / toxicity *n*
GI-Konfiguration *f* / GI configuration
Gipfel·punkt *m* (a. Diode) DIN 41856 / peak point || ²**spannung** *f* / peak voltage || ²**spannung** *f* (Diode) DIN 41856 / peak-point voltage || ²**strom** *m* (Diode) DIN 41856 / peak-point current || ²**-Tal-Stromverhältnis** *n* (Diode) DIN 41856 / peak-to-valley point current ratio || ²**wert** *m* / peak value, crest value, maximum value
Gipsmantel *m* / jacket of gypsum
Girlande *f* / festoon *n* || **Leitungs~** *f* / festooned cable
Girlandenleitung *f* / festooned cable
GIS / gas-insulated switchgear (GIS), gas-filled switchgear
Gitter *n* / grid pattern || ² *n* (HG-Ventil, ESR) / grid *n* || ² *n* (Schutzgitter) / screen *n* || **Beugungs~** *n* / diffraction grating || **Kristall~** *n* / crystal lattice, crystal grating || **Mess~** *n* (DMS) / rosette *n* || **optisches** ² / optical grating, diffraction grid || **Röhre mit** ²**abschaltung** / aligned-grid tube || ²**eingangsleistung** *f* / grid input power || ²**eingangsspannung** *f* / grid input voltage, grid driving voltage || ²**fehlstelle** *f* (Kristall) / lattice defect
gittergesteuerte Bogenentladungsröhre / grid-controlled arc discharge tube
Gitter·impuls *m* (Hg-Ventil) / grid pulse || ²**konstante** *f* (Kristall) / lattice constant, lattice parameter || ²**lücke** *f* (HL) / vacancy *n* || ²**mast** *m* / lattice tower || ²**parameter** *m* (Kristall) / lattice parameter, lattice constant || ²**platte** *f* (Batt.) / grid-type plate, pasted plate || ²**punkt** *m* (NC, BSG, Raster) / grid point (cf. leadscrew error compensation) || ²**schnitt** *m* / grid cut || ²**schnittprüfung** *f* / cross hatch test, chipping test, cross-cut adhesion test || ²**stab** *m* (Wickl.) / transposed bar, Roebel bar, transposed conductor || ²**stabwicklung** *f* / transposed-bar winding, Roebel-bar winding || ²**steuerleistung** *f* / grid driving power || ²**steuerung** *f* / grid control || ²**störung** *f* (Kristall) / lattice distortion || ²**strom** *m* (ESR) / grid current || ²**tür** *f* / screen door, wire-mesh door, trellised door || ²**übertrager** *m* / grid transformer || ²**übertrager** *m* (f. Zündimpulse) / (firing-) pulse transformer || ²**vorspannung** *f* / grid bias (voltage)
GK / device coordinate
GKB / base-load duty with additional short-time loading
GKS / graphical kernel system (GKS) || ²**-Bilddatei** *f* / GKS metafile || ²**-Leistungsstufe** *f* / GKS level
Glanz *m* (einer Fläche) / gloss *n* || ²**brenne** *f* / bright dip
glänzend·e Oberfläche / glossy surface || **~es Arbeitsgut** / shiny material
Glanzmessgerät *n* / glossmeter *n*
glanzverzinken *v* / bright-galvanize *v*, bright-zinc-coat *v*, electrogalvanize in a cyanide bath
Glas *n* / glass *n* || **innovative** ²**aufbereitung** / innovative glass processing plant || ²**band** *n* / glass-fibre tape, fibre-glass tape, glass tape || ²**bearbeitung** *f* / glass processing || ²**durchführung** *f* / glass bushing
Glasfaser *f* / glass fibre, all-glass fibre, glass fabric, spun glass || ²**band** *n* / glass-fibre tape, fibre-glass tape, glass tape || ²**beflechtung** *f* / glass-filament braid || ²**gespinst** *n* / spun fibreglass || ²**kabel** *n* (GFK) / glass-fibre cable, fibre-optic cable, optical fibre cable || ²**kunststoff** *m* (GFK) / glass-reinforced plastic (GRP), fibre-glass-reinforced plastic (FRP), glass-fibre laminate, glass-laminate || ²**lichtleiter** *m* / glass fiber-optic conductor || ²**matte** *f* / glass-fibre mat || ²**-Schichtstoff** *m* / glass-fibre laminate, glass laminate
Glas·fritte *f* / fritted glass filter || ²**garn** *n* / glass-fibre yarn, glass fiber || ²**gewebe** *n* / glass fabric, woven glass, glass cloth || ²**gewebeband** *n* / woven glass tape, glass-fabric tape || ²**glocke** *f* (Leuchte) / glass dome || ²**halbleiter** *m* / amorphous semiconductor
glasiert *adj* / glazed *adj* || **~er Drahtwiderstand** / vitreous enamel wirewound resistor
Glaskeramik *f* / ceramic glass
glasklar *adj* / clear *adj*
Glas·kolben *m* (Leuchtstofflampe) / glass tube || ²**kolbenleuchte** *f* / well-glass fitting || ²**kordel** *f* / glass-fibre cord, fibre-glass cord || ²**-LWL** / glass fiber optic cable || ²**matte** *f* / glass-fibre mat || ²**membranwiderstand** *m* / glass diaphragm resistor || ²**perle** *f* / glass bead *n*
Glas·schichtstoff *m* / glass-fibre laminate, glass laminate || ²**schleifmaschine** *f* / glass grinding machine || ²**schneiden** *n* / glass cutting || ²**schneidmaschine** *f* / glass cutting machine || ²**seide** *f* / glass filament, glass silk
Glasseiden·beflechtung *f* / glass-filament braiding || ²**bespinnung** *f* / glass-filament braiding || ²**garn** *n* / glass-filament yarn || ²**-Spinnfaden** *m* / glass-filament strand || ²**strang** *m* / glass-fibre roving
Glas·sockellampe *f* / glass-base lamp, capless lamp || ²**thermometer** *n* / liquid-in-glass thermometer, mercury-in-glass thermometer || ²**übergangstemperatur** *f* / glass transition temperature
Glasur *f* (auf Keramik) / glaze *n* || ²**fehler** *m* / glaze fault, glaze defect
Glaswanne *f* / glass trough
Glattblechkessel *m* (Trafo) / plain steel-plate tank,

plain tank
Glätte *f* / slickness *n*, smoothness *n*
glatte Oberfläche / plain surface, smooth surface || ~ **Rolle** / plain wheel || ~ **Welle** / plain shaft
Glättegrad *m* / degree of smoothness
Glatteiswarner *m* (Kfz) / black ice alarm (device)
glätten *v* (Strom) / smooth *v*, filter *v* || ~ *v* (schlichten) / smooth *v*, flatten *v*, planish *v*, dress *v*
Glätter *m* (f. Dichtungsbänder) / trueing device, trueing wheel
glatt·er Anker / cylindrical armature, drum-type rotor || **~er Deckel** / plain cover || **~er Leiter** / segmental coil conductor, locked-coil conductor || **~es Gewinderohr** (IR) / threadable plain conduit || **~es Isolierstoffrohr** (IR) / plain insulating conduit || **~es Kunststoffrohr** / plain plastic conduit, plain conduit of insulating material, plain non-metallic conduit || **~es Rohr** (IR) / plain conduit || **~es Stahlrohr** (IR) / plain steel conduit || **~es Steckrohr** (IR) / non-threadable plain conduit || **~es, gewindeloses Rohr** (IR) / non-threadable plain conduit
Glättmaschine *f* / smoothing machine, flattening machine
Glättung *f* / smoothing *n*, filter *n*, filtering *n*
Glättungs·baugruppe *f* / smoothing module, filter module || **≗drossel** *f* / smoothing reactor, filter choke || **≗funktion** *f* / smoothing function, filter(ing) function || **≗glied** *n* / smoothing element, filter element || **≗kapazität** *f* / smoothing capacitance, smoothing capacitor, filter capacitor || **≗kondensator** *m* / smoothing capacitor, filter capacitor || **≗konstante** *f* / smoothing constant || **≗kreis** *m* / smoothing circuit, filter circuit, ripple filter || **≗tiefe** *f* DIN 4762,T.1 / depth of surface smoothness || **≗zeit** *f* / smoothing time || **≗zeit Fluss-Sollwert** / smooth time for flux setpoint || **≗zeitkonstante** *f* / time constant of smoothing capacitor, filter-element time constant, filter time constant
GLAZ / flexible working time, flexitime *n*, flextime *n*
GLC / gas-liquid chromatography (GLC)
gleich DIN 19239 / equal to
Gleich·anteil *m* / direct component, zero-frequency quantity || **~artig** *adj* / of the same kind || **~belastet** *adj* / symmetrically loaded
gleichberechtigt *adj* / with equality of access || **~er Spontanbetrieb** (DÜ) / asynchronous balanced mode (ABM) || **~es System** (Zugriffsberechtigung) / democratic system || **~es Übermittlungsverfahren** DIN ISO 7776 / balanced link access procedure
Gleichbetätigungsspannung *f* / d.c. operating (o. coil) voltage
gleichbleibend *adj* / constant *adj* || **~e Drehzahl** / constant speed || **~e Steigung** (NC, Gewindeschneiden) / constant lead
Gleichdrehzahlgetriebe *n* / constant-speed drive (CSD)
gleiche Polarität / same polarity
gleichfarbige Farbreize / isochromatic stimuli
Gleichfehlerstrom, pulsierender ≗ VDE 0664, T.1 / pulsating d.c. fault current, a.c. fault current with (pulsating d.c. component)
Gleichfeld, magnetische Eigenschaften im ≗ / d.c. magnetic properties || **magnetisches** ≗ / direct-current magnetic field, constant magnetic field
Gleichfluss *m* / unidirectional flux
gleichförmig·e Belastung / uniform load, balanced loading || **~e Beleuchtung** / general diffused lighting, direct-indirect lighting || **~e Eislast** (Freiltg.) / uniform ice load(ing) || **~e Farbtafel** / uniform-chromaticity-scale diagram (UCS diagram) || **~e Lichtverteilung** / general-diffused light distribution || **~e punktartige Strahlungsquelle** / uniform point source || **~er Farbenraum** / uniform colour space || **~es Beschleunigen** DIN IEC 68 / steady-state acceleration
Gleichförmigkeit der Leuchtdichte / luminance uniformity ratio
Gleichförmigkeitsgrad der Leuchtdichte der Strahlspur (Osz.) / stored luminance uniformity ratio
Gleichgangszylinder *m* / through-rod cylinder
Gleichgewicht *n* / equilibrium *n*, balance *n*
gleichgewichtiger Code / constant-weight code
Gleichgewichts·karte *f* / equilibrium chart || **≗lage** *f* / equilibrium position || **≗punkt** *m* / equilibrium centre
Gleichgröße *f* / zero-frequency quantity, DC value
Gleichheits·-Eingang *m* / equal input || **≗fotometer** *n* / equality of brightness photometer || **≗zähler** *m* / comparator-counter *n* || **≗zeichen** *n* / equal-to sign, equality sign
Gleichinduktion *f* / aperiodic component of flux
Gleichlast *f* / steady load, balanced load || **≗-Eichverfahren** *n* / uniload calibration method || **≗-Eichzähler** *m* / rotating uniload substandard (meter)
Gleichlauf *m* / synchronism *n*, synchronous operation || ≗ *m* (der kinetischen Wellenbahn) / forward whirl || **aus dem** ≗ **fallen** / pull out of synchronism, fall out of step, lose synchronism, pull out *v* || ≗ **herstellen** / synchronize *v*, bring into synchronism || **exakter** ≗ / exact synchronism || **im** ≗ / synchronous *adj*, synchronized *adj*, in step || **winkelgetreuer** ≗ / phase-locked synchronism
Gleichlauf·achse *f* / synchronized axis || **≗-Achsenpaar** *n* / pair of synchronized axes || **≗baugruppe** *f* / synchronizing module, synchronous-action module || **≗betrieb** *m* / synchronous operation, operation in synchronism, operation at a defined speed ratio || **≗bewegung** *f* / synchronous movement || **≗einrichtung** *f* / synchronizer *n*, synchronizing device || **≗empfänger** *m* / synchro receiver
gleichlaufend *adj* / running in synchronism, synchronous *adj*, synchronized *adj*, in time
Gleichlauf·fehler des Registrierpapiers / chart speed accuracy || **≗fräsen** *n* / climb milling, down-cut milling || **≗geber** *m* / synchro transmitter
gleichläufig *adj* / synchronous *adj*
Gleichlauf·information *f* (FWT) / synchronizing information || **≗paar** *n* (WZM) / pair of synchronized axes || **≗regelung** *f* / synchro control, speed ratio control, multi-motor speed control || **≗schaltung** *f* / synchronizing circuit || **≗steuerung** *f* / synchro control, speed ratio control || **≗steuerung** *f* (LS, KU) / in-step control || **Kapazitäts-≗toleranz** *f* / capacitance tracking error || **≗- und Winkelregelung mit Digitalregler** / speed and shaft angle synchronism control || **≗verfahren** *n* (DÜ) / synchronous mode

gleichmäßig isolierte Wicklung / uniformly insulated winding || ~ **streuendes Medium** (Lambert-Fläche) / Lambertian surface || ~ **verteilte Leitungskonstante** / distributed constant || ~ **verteilte Wicklung** / uniformly distributed winding || **~e Ausleuchtung** / uniform illumination, even illumination || **~e Isolation** (Trafo) / uniform insulation IEC 76-3, non-graded insulation || **~e Streuung** / uniform diffusion || **~er Hauptabschnitt** (Kabelsystem) / uniform major section
Gleichmäßigkeit *f* (BT) / uniformity *n*, uniformity ratio
Gleichmäßigkeitsgrad *m* (BT) / uniformity ratio (of illuminance)
gleichphasig *adj* / in phase, co-phasal *adj*
Gleichpol-Feldmagnet *m* / homopolar field magnet
gleichpolig *adj* / homopolar *adj*, unipolar *adj*
Gleichpol·induktion *f* / homopolar induction || **≗maschine** *f* / homopolar machine, unipolar machine
gleichprozentig *adj* / equal percentage || **~e Kennlinie** / equal-percentage characteristic || **~e Öffnungskennlinie** / (equal) percentage flow (area)
Gleichrichten *n* / rectifying *n*, rectification *n*
Gleichrichter *m* (GR) / rectifier *n*, power rectifier || ≗ *m* (Strömungsg.) / straightener *n* || ≗ *m* (Schallpegelmesser) / detector *n*, flow straightener || ≗ **in Brückenschaltung** / bridge-connected rectifier || **eingesetzter** ≗ / applied rectifier || **≗anlage** *f* / rectifier station || **≗-Baustein** *m* / rectifier assembly || **≗betrieb** *m* / rectifier operation, rectifying *n*, rectification *n* || **≗diode** *f* / rectifier diode || **≗erregung** *f* / rectifier excitation, brushless excitation
Gleichrichter·gerät *n* / rectifier assembly, rectifier equipment, rectifier unit, rectifier *n* || **≗gestell** *n* / rectifier frame || **≗gruppe** *f* (Gleichreichter u. Trafo) / rectifier-transformer unit, rectiformer *n* || **≗instrument** *n* / rectifier instrument || **≗kippgrenze** *f* / rectifier stability limit || **≗klemme** *f* / rectifier terminal || **≗-Messgerät** *n* / rectifier instrument || **≗-Messverfahren** *n* / rectifier measuring method || **≗modul** *n* / rectifier module || **≗platte** *f* / rectifier plate
Gleichrichter·rad *n* / rotating rectifier assembly, rectifier hub || **≗röhre** *f* / rectifier tube || **≗röhre mit Quecksilberkathode** / pool rectifier tube || **≗satz** *m* / rectifier assembly || **≗säule** *f* / rectifier stack || **≗schrank** *m* / rectifier cabinet || **≗-Steuersatz** *m* (GRS) / rectifier trigger set, rectifier gate control set || **effektiver ≗strom** / effective rectifier current
Gleichrichter·-Tachogenerator *m* / brushless a.c. tachogenerator || **≗transformator** *m* / rectifier transformer || **≗-Transformatorgruppe** *f* / rectifier-transformer unit, rectiformer *n* || **≗trittgrenze** *f* / rectifier stability limit || **≗vorschaltgerät** *n* / rectifier ballast, rectifier control gear (luminaire) || **≗werk** *n* / rectifier substation || **≗zelle** *f* / rectifier cell, rectifier valve
Gleichrichtgrad *m* / rectification factor
Gleichrichtung *f* / rectification *n*, power rectification
Gleichrichtungs - und Anzeigeteil *m* (Schallpegelmesser) / detector-indicator system
Gleichrichtwert *m* / rectified value, rectified mean value
Gleichschlag *m* (Kabel) / Lang lay, Lang's lay
gleichseitige Belastung / balanced load, symmetrical load
gleichsinnig *adj* / equidirectional *adj*, non-inverse to || **~e Bearbeitung** (WZM) / equidirectional machining || **~e Kompoundierung** / cumulative compounding || **Messung durch ~e Speisung der Wicklungsstränge** / test by single-phase voltage applications to the three phases
Gleichspannung *f* / DC (direct current) || ≗ *f* (GS) / direct voltage || **gesteuerte ideelle** ≗ / controlled ideal no-load direct voltage, ideal no-load direct voltage || **gesteuerte konventionelle Leerlauf-≗** / controlled conventional no-load direct voltage, conventional no-load direct voltage || **ungeregelte** ≗ / non-stabilized DC voltage
Gleichspannungs·abfall *m* / direct voltage drop || **≗änderung** *f* (LE) / direct voltage regulation, direct voltage drop || **äußere ≗änderung** / direct voltage regulation due to a.c. system impedance || **≗anschluss** *m* / DC line || **≗beständigkeit** *f* VDE 0281 / resistance to direct current (HD 21) || **≗-Blitzschutzkondensator** *m* / d.c. surge capacitor || **≗-Dämpfungsglied** *n* / d.c. damping circuit IEC 633
Gleichspannungs·fall *m* / direct voltage drop || **≗festigkeit** *f* / electric strength in d.c. test, direct-current voltage endurance || **≗hub** *m* / d.c. voltage range || **≗klemme** *f* / DC terminal || **≗messgeber** *m* (Chopper-Wandler) / chopper-type voltage transducer || **≗prüfung** *f* / d.c. voltage test || **≗schutz** *m* / direct voltage protection || **≗signal** *n* DIN IEC 381 / direct voltage signal || **≗steller für 2 Energierichtungen** / bidirectional chopper
Gleichspannungs·tachosignal *n* / DC tacho signal || **≗teiler** *m* / d.c. resistive volt ratio box (v.r.b.), d.c. measurement voltage divider, d.c. volt box || **≗trenner** *m* (Trennverstärker) / buffer amplifier, isolation amplifier || **≗übersprechen** *n* / d.c. crosstalk || **≗umformer** *m* / d.c.-d.c. voltage converter || **≗umrichter** *m* / d.c.-d.c. voltage converter || **≗vorsatz** *m* / DC voltage element || **≗wächter** *m* / DC voltage monitor || **≗wandler** *m* / d.c.-d.c converter || **≗-Widerstandsteiler** *m* / d.c. resistive volt ratio box || **≗-Zwischenkreis** *m* / d.c. link
Gleich·sperrspannung *f* (Thyr) DIN 41786 / continuous direct off-state voltage, continuous off-state voltage || **≗sperrspannung** *f* (GR) / d.c. reverse voltage || **≗spulwicklung** *f* / diamond winding || **≗stellen von Uhren** (elektrisch) / resetting clocks electrically
Gleichstrom *m* / direct current, d.c. || ≗ *m* (GS) / direct current (DC) || **≗anlage** *f* / d.c. system || **≗anlasser** *m* / d.c. starter || **≗anschluss** *m* / DC input terminal || **≗anschluss** *m* (LE) / d.c. terminal || **≗anschluss-Erde-Ableiter** *m* / d.c. bus arrester IEC 633 || **≗anteil** *m* / d.c. component, aperiodic component || **≗anteil des Stoßkurzschlussstroms** / initial aperiodic component of short-circuit current || **≗antrieb** *m* / DC drive || **≗-Ausgleichsmaschinensatz** *m* / d.c. balancer || **≗-Außenpolmschine** *f* / d.c. stationary-field machine || **≗beeinflussung** *f* / influence by d.c.
gleichstrombetätigt *adj* / d.c.-operated *adj*, d.c. controlled *adj*, with d.c. coil || **~es Schütz** / DC-actuated contactor

Gleichstrom·betätigung *f* / d.c. control, d.c. operation, built-in dc injection brake || **überlagerte ≗bremse** / compound braking current || **≗bremssignal** *n* / DC braking signal || **≗bremsung** *f* / d.c. injection braking, d.c. braking || **≗bremsung** *f* (GS-Bremsung) / DC current braking, DC braking (direct current braking)

Gleichstrom·diode *f* / DC diode || **≗direktumrichter** *m* (Gleichstromummrichter ohne Wechselstromzwischenkreis) / indirect current link a.c. convertor (An d.c. convertor without an intermediate a.c. link), direct d.c. convertor, d.c. chopper || **≗-Doppelschlussmaschine** *f* / d.c. compound-wound machine || **≗drossel** *f* / d.c. reactor || **≗-Einheitssignal** *n* DIN 19230 / upper limit of d.c. current signal || **≗erreger** *m* / d.c. exciter

gleichstromerregt *adj* / d.c.-excited *adj*, with d.c. coil, d.c.-operated *adj*

Gleichstrom·-Fernübertragung *f* / DC long-distance transmission || **≗filter** *n* / d.c. filter || **≗-Formfaktor** *m* / d.c. form factor || **≗erregung** *f* (Schütz) / d.c. operation || **≗generator** *m* / direct-current generator, d.c. generator, dynamo *n* || **≗-Gleichspannungswandler** *m* / direct current-voltage converter

Gleichstrom-Gleichstrom·-Einankerumformer *m* / dynamotor *n*, rotary transformer || **≗-Kaskade** *f* (Verstärkermaschine) / Rapidyne *n* || **≗-Umformer** *m* / rotary transformer, dynamotor *n*

Gleichstrom·glied *n* / d.c. component, aperiodic component || **≗größe** *f* / d.c. electrical quantity, aperiodic quantity || **≗-Hauptschlussmaschine** *f* / d.c. series-wound-machine, d.c. series machine || **≗-Kollektormotor** *m* / d.c. commutator motor || **≗-Kommutatormaschine** *f* / d.c. commutator machine || **≗komponente** *f* / d.c. component, aperiodic component || **≗kreis** *m* / d.c. circuit || **≗leistung** *f* / d.c. power || **≗-Leistungsschalter** *m* / d.c. circuit-breaker, d.c. breaker || **≗leitung** *f* / d.c. line || **≗leitungsableiter** *m* / d.c. line arrester IEC 633 || **≗-Linearmotor** *m* / d.c. linear motor (DCLM)

Gleichstrom·-Magnetspule *f* / d.c. coil, d.c. solenoid || **≗-Magnetsystem** *n* / d.c. magnetic system || **≗maschine** *f* (GM) / d.c. machine || **≗messgeber** *m* / d.c. transducer || **≗messgeber mit Feldplatten** / magnetoresistor current transformer || **≗messgenerator** *m* / d.c. measuring generator || **≗motor** *m* / d.c. motor || **proportionalgesteuerter ≗motor** / d.c. servomotor || **≗-Motorzähler** *m* / d.c. motor meter

Gleichstrom·-Nebenschlussmaschine *f* / d.c. shunt-wound machine || **≗-Nebenschlussmotor** *m* / direct-current shunt-wound motor || **≗netz** *n* / d.c. system || **≗-Pendelmaschine** *f* / d.c. dynamometer || **≗pfad** *m* / d.c. circuit || **≗prüfung** *f* / d.c. test, direct-current test, linkage voltage test || **≗regelung** *f* / DC control || **≗-Reihenschlussmaschine** *f* / d.c. series-wound-machine, d.c. series machine

Gleichstromschalter *m* (LS) / d.c. circuit-breaker, d.c. breaker || **elektronischer ≗** / electronic d.c. switch, electronic d.c. power switch || **leistungselektronischer ≗** / electronic d.c. power switch

Gleichstrom·schiene *f* / DC link busbar || **≗-Schnellschalter** *m* / high-speed d.c. circuit-breaker, high-speed (low-voltage) d.c. power circuit-breaker (US), ANSI C37.100 || **≗schütz** *n* / d.c. contactor || **≗seite des Gerätes** / DC part of the unit

gleichstromseitig *adj* / on d.c. side, in d.c. circuit, d.c.-side *adj* || **~es Filter** (LE) / d.c. filter

Gleichstrom·-Serienmaschine *f* / d.c. series-wound-machine, d.c. series machine || **≗signal** *n* DIN 19230 / d.c. current signal IEC 381, analog d.c. current signal || **≗-Sparschaltung** *f* / d.c. economy circuit || **≗spule** *f* / d.c. coil, d.c. solenoid || **≗steller** *m* / d.c. chopper controller, d.c. chopper, d.c. chopper converter, direct d.c. converter, indirect current link a.c. convertor (An d.c. convertor without an intermediate a.c. link) || **≗-Stellschalter** *m* / d.c. power controller

Gleichstrom·tachodynamo *m* / DC tacho-generator || **≗technik** *f* / DC drives || **≗transformator** *m* / d.c. transformer || **≗trenner** *m* / d.c. disconnector || **≗-Trennschalter** *m* / d.c. disconnector || **≗-Überlagerungssteuerung** *f* / d.c. bias control || **Hochspannungs-≗übertragung** *f* (HGÜ) / h.v. d.c. transmission (HVDCT) || **≗-Überwachungsstufe** *f* (elST, f. Stromversorgung) / d.c. power supply monitor || **≗umrichten** *n* / d.c. conversion, d.c. power conversion

Gleichstromumrichter *m* / d.c. converter || **≗** *m* (m. Zwischenkreis) / indirect d.c. converter, a.c.-link d.c. converter || **≗** *m* (ohne Zwischenkreis) / direct d.c. converter, d.c. chopper converter || **≗ mit Wechselstrom-Zwischenkreis** / a.c.-link d.c. converter

Gleichstrom·-Umrichtergerät *n* / d.c. converter equipment, d.c. converter || **≗-Umrichtgrad** *m* / d.c. conversion factor || **≗verhältnis** *n* (Transistor) DIN 41854 / static value of forward current transfer ratio || **inhärentes ≗verhältnis** / inherent forward current transfer ratio || **≗verluste** *m pl* (el. Masch.) / I^2R loss, copper loss with direct current || **≗versorgung** *f* / DC power supply || **≗-Vormagnetisierung** *f* / d.c. biasing, d.c. premagnetization || **≗wandler** *m* / d.c. converter, d.c. transformer || **≗wandler** *m* (Transduktor) / d.c. measuring transductor || **≗-Wattstundenzähler** *m* / d.c. watthour meter || **≗-Wechselstrom-Einankerumformer** *m* / rotary inverter, d.c.-a.c. rotary converter, synchronous inverter || **≗wert** *m* / d.c. value

Gleichstromwiderstand *m* / d.c. resistance, ohmic resistance, resistance *n* || **≗ der Drehstromwicklung** / d.c. primary-winding resistance || **≗ der Erregerwicklung** / d.c. fieldwinding resistance

Gleichstromzähler *m* / d.c. electricity meter, d.c. meter, d.c. watthour meter

Gleichstrom-Zeitkonstante *f* / aperiodic time constant || **≗** *f* (Anker) / armature time constant, short-circuit time constant of armature winding, primary short-circuit time constant || **≗ der Wechselstromwicklung** / short-circuit time constant of primary winding

Gleichstrom·-Zugförderung *f* / d.c. traction || **≗zwischenkreis** *m* / DC || **≗-Zwischenkreis** *m* (LE) / d.c. link || **≗-Zwischenkreis mit konstanter Spannung** (LE) / constant-voltage d.c. link || **≗-Zwischenkreis mit variabler Spannung** (LE) / variable-voltage d.c. link || **≗zwischenkreis-Vorladen** *n* / precharging DC link

Gleichtakt·bereich *m* / common-mode range || **≗-**

Eingangsimpedanz *f* / common-mode input impedance || ²**eingangsspannung** *f* / common-mode input voltage || ²-**Eingangsspannungsbereich** *m* / common-mode input voltage range || ²-**Eingangsumschaltspannung** *f* / common-mode input triggering voltage || ²**energie** *f* / common-mode output || ²**fehler** *m* / common mode error || ²**feuer** *n* / isophase light || ²**signal** *n* / common-mode signal, in-phase signal || ²**signal-Eingangsspannung** *f* / common-mode input voltage || ²**spannung** *f* / common-mode voltage (CMV), in-phase voltage || ²**spannung des Ausgangskreises** / output common-mode interference voltage || ²-**Spannungsverstärkung** *f* / common-mode voltage amplification || ²-**Störspannung** *f* / common-mode parasitic voltage, common-mode interference voltage || ²-**Störspannungseinfluss** *m* / common-mode interference || ²**störung** *f* / common-mode interference, common-mode noise || ²**strom** *m* / in-phase current

Gleichtakt·überspannung *f* / common-mode overvoltage || ²**übersprechen** *n* / common-mode crosstalk || ²**unterdrückung** *f* / common-mode rejection (CMR), in-phase rejection || ²**unterdrückungsfaktor** *m* / common-mode rejection factor (CMRF) || ²**unterdrückungsmaß** *m* / common-mode rejection ratio (CMRR), in-phase rejection ratio || ²**unterdrückungsverhältnis** *n* / common-mode rejection ratio (CMRR), in-phase rejection ratio || ²**verstärkung** *f* / common-mode gain

Gleichumrichter *m* / voltage transformer

Gleichung *f* / equation *n*

Gleichungsdarstellung *f* (Impulsmessung) / equational format

Gleich·verteilung *f* DIN 55350,T.22 / uniform distribution || ²**wert** *m* / direct component, d.c. value, zero-frequency quantity || ²**wertachse** *f* (einer Kurve) / axis for mean value equal zero

gleichwertig *adj* / equivalent *adj* || ~**e Fläche** / ground plane || ~**e Synchronreaktanz** / effective synchronous reactance || ~**er Dauerbetrieb** (el. Masch.) VDE 0530, T.1 / equivalent continuous rating (e.c.r.) IEC 34-1 || ~**es Wicklungsschema** / equivalent winding diagram

Gleichwertigkeit *f* / equivalence *n*, equality *n* || ² *f* / equiangularity *n*

gleichzeitig *adj* / simultaneous *adj*, concurrent *adj* || ~ **anstehen** / simultaneously active || ~ **berührbare Teile** VDE 0100, T.200 / simultaneously accessible parts || ~**e Bewegung** (WZM) / simultaneous movement (o. motion), concurrent motion || ~**e Spannungs- und Frequenzabweichung** / combined variation in voltage and frequency || ~**e Zweiwegkommunikation** / two-way simultaneous communication

Gleichzeitigkeit *f* / simultaneity *n* || ² *f* (NC) / concurrence *n* || ² *f* / collision *n* || ² **der Pole** / simultaneity of poles

Gleichzeitigkeitsfaktor *m* / simultaneity factor, coincidence factor (US) || ² *m* (GZF) / simultaneity factor, simultaneous factor, diversity factor, coincidence factor || ² *m* (Bedarfsfaktor, Verhältnis des Leistungsbedarfs zur installierten Leistung) / demand factor

Gleis *n* / track *n* || ²**plattformwaage** *f* / track platform weighing machine || ²**waage** *f* / track scale

Gleit·bahn *f* (Führung) / bedway *n* || ²**bahn** *f* (WZM-Support) / guideway *n*, slideways *n* || ²**bahn** *f* (Schalter) / sliding track, track *n* || ²**bruch** *m* / shear fracture || ²**druck** *m* / variable pressure || ²**druckfahrweise** *f* / variable pressure operation || ²**eigenschaften** *f pl* (Lg.) / anti-friction properties, frictional properties

gleitend·e Arbeitszeit (GLAZ) / flexible working time, flexitime *n*, flextime *n* || ~**e Arbeitszeit mit Zeitsaldierung** / flexible working hours with carry-over of debits and credits || ~**e Dichtung** / sliding seal || ~**e Frequenz** / varying frequency, variable frequency || ~**e Reibung** / sliding friction, slipping friction || ~**e Verladung** / roll-on loading || ~**er Netzkupplungsumformer** / variable-frequency system-tie converter || ~**er Schutzkontakt** (StV) / scraping earth

Gleitentladung *f* / creeping discharge, surface discharge

Gleiter *m* / slide *n*

Gleit·fläche *f* / sliding surface, friction surface, bearing surface, friction surface || **Fressen der** ²**fläche** / biting of the sliding surface, seizing of the sliding surface || ²**frequenz** *f* / varying frequency, variable frequency || ²**führung** *f* / sliding guide || ²**führung** *f* (WZM) / (plain) slideway

Gleitfunken *m* / creeping spark, creepage spark || **Kriechwegbildung durch** ² / spark tracking || ²**durchschlag** *m* / creep-flashover *n* || ²**einsatzspannung** *f* / creeping-spark inception voltage || ²**entladung** *f* / creeping discharge, surface discharge || ²**oberfläche** *f* / creepage surface

Gleitgeschwindigkeit *f* / sliding speed || ² *f* (Flüssigk.) / slip velocity || ² **der Welle** / journal peripheral speed, surface speed

Gleit·komma *n* / floating point (FP), floating decimal point || ²**kommarechenfehler** *m* / floating point arithmetic error || ²**kommazahl 32-Bit** / floating-point number 32-bit || ²**kontakt** *m* / sliding contact, slide contact, transfer contact || ²**kufe** *f* / skid *n* || ²**lack** *m* / lubricating varnish, lubricant *n*

Gleitlager *n* / journal bearing, plain bearing, friction bearing || ² **mit Eigenschmierung** / oil-ringlubricated bearing, ring-lubricated bearing, oilring bearing || ² **mit Festringschmierung** / disc-and-wiper-lubricated bearing || ² **mit Losringschmierung** / oil-ring-lubricated bearing || ² **mit Ringschmierung** / oil-ring-lubricated bearing, ring-lubricated bearing, oil-ring bearing || ²**maschine** *f* / sleeve-bearing machine || ²**schale** *f* / sleeve-bearing shell, bearing bush || ²**sitz** *m* IEC 50(411) / journal *n* (of a shaft)

Gleit·mittel *n* / lubricant *n*, anti-seize *n* || ²**modul** *m* / shear modulus, modulus of rigidity || ²**mutter** *f* / sliding nut, push-nut *n* || ²**passung** *f* / slide fit, sliding fit || ²**preis** *m* / escalating price

Gleitpunkt *m* (GP) / floating point (FP), floating decimal point || ²**addition** *f* / floating-point addition || ²**arithmetik** *f* / floating-point arithmetic || ²**darstellung** *f* / floating-point notation || **Basis der** ²**darstellung** / floating-point radix || ²**division** *f* / floating-point division || ²**punktformat** *n* / floating point format || ²**multiplication** *f* / floating-point multiplication || ²**prozessor** *m* / floating-point processor (FPP) || ≗**radizierer** *m* / floating-point root extractor || ≗**rechnung** *f* / floating-point calculation, floating-point computation (o. arithmetic) || ≗**schreibweise** *f* / floating-point representation || ≗**subtraktion** *f* / floating-point subtraction || ≗**syntax** *f* / floating point syntax || ≗**variable** *f* / floating-point tag || ≗**wert** *m* / floating-point value || ≗**zahl** *f* / floating-point number

Gleit·reibung *f* / sliding friction, slipping friction || ≗**reibungszahl** *f* / coefficient of sliding friction || ≗**ring** *m* / sliding ring || ≗**ringdichtung** *f* / mechanical seal, bearing ring seal

Gleit·schaltstück *n* / sliding contact, slide contact, transfer contact || ≗**schicht** *f* (Lg.) / liner *n*, lining *n* || **eingespritzte** ≗**schicht** (Lg.) / injection moulded liner || ≗**schiene** *f* / slide rail, sliding rail || ≗**schuh** *m* / sliding pad, skid *n* || ≗**schuh** *m* (Lg.) / shoe *n*, pad *n*, segment *n* || ≗**schutzeinrichtung** *f* (Bahn) / wheel slide protection device || ≗**sitz** *m* / slide fit || **enger** ≗**sitz** / snug fit || **leichter** ≗**sitz** / free fit || ≗**spannung** *f* / variable voltage || ≗**stehlager** *n* / pedestal-type sleeve bearing || ≗**stein** *m* / slide block || ≗**stück** *n* / sliding block || ≗**transformator** *m* / moving-coil regulator || ≗**- und Festpunktrechenmöglichkeit** *f* / floating and fixed-point arithmetic capability, floating and integer maths ability

Gleitung *f* (Kristallfehler) / slip *n*

Gleit·verbindung *f* (Roboter) / prismatic joint || **optische** ≗**weganzeige** (VASIS) / visual approach slope indicator system (VASIS) || ≗**wegsender** *m* (GPT) / glidepath transmitter (GPT)

Gleitwinkelbefeuerung *f* / visual approach slope indicator system (VASIS) || **Standardsystem der** ≗ / standard visual approach slope indicator system

Gleit·winkelfeuer *n* (VAS) / visual approach slope indicator (VAS) || ≗**winkelführung** *f* / visual approach slope guidance, approach slope guidance || ≗**zapfen** *m* (Welle) / journal *n*, bearing journal

Gleitzeit *f* / flextime *n*, flexible working time || ≗**erfassung** *f* / flextime recording || ≗**saldo** *m* / time balance, current time balance

Glied *n* / gate *n* || ≗ *n* (Stromkreisg., Rel., Ausl.) / element *n* || ≗ *n* (Math.) / term *n* || **komplexes** ≗ / complex element || **ODER-**≗ *n* / OR gate, OR *n* || **UND-**≗ *n* / AND gate, AND *n*

Glieder im Rückführzweig / feedback elements || ≗**druckbalken** *m* / sectional pressure bar || ≗**heizkörper** *m* / section radiator || ≗**kette** *f* / link chain

gliedern *v* / structure *v*, segment *v*

Glieder·riemen *m* / link belt || ≗**stützer** *m* / pedestal insulator

Gliederung *f* (Programm) / organization *n*, structure *n* || ≗ **der Steuerung** / structure of control system (o. of controls)

Gliederungs·ebene *f* (Instandhaltung Unterteilungsniveau einer Einheit nach Gesichtspunkten der Instandhaltung) IEC 50(191) / indenture level (A level of subdivision of an item from the point of view of a maintenance action) || ≗**mittel** *n* DIN 6763,T.1 / grouping mark || ≗**stelle** *f* DIN 6763,T.1 / grouping position || ≗**zeichen** *n* DIN 40719 / grouping mark

Gliederwelle *f* / articulated shaft

Glimm·einsatzprüfung *f* / partial-discharge inception test, corona inception test || ≗**einsetzfeldstärke** *f* / partial-discharge inception field strength, corona inception field strength || ≗**einsetzspannung** *f* / partial-discharge inception voltage

Glimmen *n* / ionization *n*, partial discharge, corona discharge, corona *n* || ~ *v* (schwelen) / smolder

Glimmentladung *f* (LT) / glow discharge, glow *n* || ≗ *f* (Teilentladung) / partial discharge, corona discharge

Glimmentladungsröhre *f* / glow discharge tube

Glimmer *m* / mica *n* || ≗**band** *n* / mica tape, integrated-mica tape || ≗**bandbewicklung** *f* / mica-tape serving || ≗**batist** *m* / mica cambric || ≗**blättchen** *n pl* (gr. als 1 cm^2) / mica splittings || ≗**blättchen** *n pl* (kl. als 1 cm^2) / mica flake || ≗**breitbahnhülse** *f* / mica wrapper || ≗**breitbahnmaterial** *n* / mica paper, integrated mica, mica-folium *n* || ≗**elektrophorese** *f* / electrophoretic mica deposition || ≗**erzeugnis** *n* / built-up mica || ≗**feingewebe** *n* / fine mica fabric || ≗**flitter** *m* / mica flake, mica splittings || ≗**folie** *f* / micafolium *n*, mica film, mica paper || ≗**fräsapparat** *m* / mica undercutting machine, mica undercutter || ≗**gewebeband** *n* / mica tape || ≗**glasgewebeband** *n* / mica glass-fabric tape

Glimmer·isolation *f* / mica insulation || ≗**nut** *f* / mica-segment undercut || ≗**nutfräse** *f* / mica undercutting machine, mica undercutter || ≗**papier** *n* / mica paper || **bindemittelhaltiges** ≗**papier** / treated mica paper || ≗**platte** *f* / mica board, mica slab, mica laminate || ≗**pressmasse** *f* / mica moulding material || ≗**säge** *f* / mica undercutting saw || ≗**schaber** *m* / mica undercutting tool || ≗**scheibe** *f* (Lampe) / deflector *n* || ≗**schichtstoff** *m* / mica laminate || ≗**streichmasse** *f* / pasted mica || ≗**zwischenlage** *f* (Komm.) / mica segment, mica separator

glimmfrei *adj* (Korona) / corona-free *adj*

Glimm·lampe *f* / negative-glow lamp, glow lamp, neon lamp || ≗**lampen-Spannungsprüfer** *m* / glow-lamp voltage tester || ≗**relaisröhre** *f* / trigger tube || ≗**schutz** *m* (Koronasch.) / corona shielding, corona grading || ≗**schutz mit hohem Widerstand** / resistance grading (of corona shielding) || ≗**sicherung** *f* / telephone-type arrester, glow fuse || ≗**starter** *m* / glow starter, glow switch starter || ≗**temperatur** *f* / smouldering temperature || ≗**zählröhre** *f* / cold-cathode counting tube

Glitch / glitch *n* || ≗**erkennung** *f* / glitch recognition

Globalbus *m* (G-Bus) / global bus

Globaldaten *plt* (GD) / global data (GD), basic data (BD) || ≗**bank** *f* / global data base || ≗**baustein** *m* / global data block, non-local data block || ≗**kreis** *m* / global data circle || ≗**Kreis** *m* (GD-Kreis) / global data circle (GD circle) || ≗**Paket** *n* (GD-Paket) / global data packet (GD packet), GD package

global·e Bezeichnung DIN ISO 7498 / global title || **~e Daten** / global data (GD), non-local data || **~e Peripherie** / global I/O || **~er Datenbaustein** / shared data block || **~er Geltungsbereich** / global scope

Global·meldung *f* / global message || ≗**speicher** *m* / global memory || ≗**strahlung** *f* / global solar radiation

Globoidschnecke *f* / globoid worm

Glocken·anker *m* / bell-type armature || ≗**bronze** *f* / bell metal || ≗**kessel** *m* / dome-type tank, domed tank || ≗**läufer** *m* (Außenläufer) / bell-shaped rotor ||

²läufer *m* (Innenläufer) / hollow rotor || ²taster *m* / bell pushbutton, bell button || ²zählrohr *n* / bell counter tube
Glossar *n* / glossary *n*
Glüh·behandlung *f* / annealing *n* || ²**birne** *f* / incandescent bulb, bulb *n*
Glühdornprobe *f* / hot-needle test, hot-mandrel test || **Wärmefestigkeit bei der** ² / hot-needle thermostability
Glühdraht·prüfung *f* / glow-wire test || ²**zünder** *m* (Lampe) / thermal starter, hot starter
Glühe *f* / annealer *n*
Glühemission *f* / thermionic emission
Glühen *n* (Wärmebeh.) / annealing *n*, normalizing *n*, age-hardening *n* || ² *n* (thermische Emission optischer Strahlung) / incandescence *n*
Glüh·faden *m* / incandescent filament, filament *n* || ²**fadenpyrometer** *n* / disappearing-filament pyrometer || ²**kathode** *f* / hot cathode, incandescent cathode, thermionic cathode || ²**kathodenlampe** *f* / hot-cathode lamp || ²**kontaktprüfung** *f* VDE 0632 / bad contact test (CEE 14) || ²**lampe** *f* / incandescent lamp, filament lamp || ²**lampe 48 V** / glow lamp 48 V || ²**lampenleuchte** *f* / incandescent lamp luminaire, incandescent lamp fitting, incandescent luminaire || ²**licht** *n* / incandescent light || ²**stabprüfung** *f* / glow-bar test || ²**starter** *m* / thermal starter, thermal switch || ²**startlampe** *f* / preheat lamp, hot-start lamp || ²**zeitautomatik** *f* (Kfz) / (automatic) preheat control || ²**zeitregelung** *f* (Kfz) / preheating control || ²**zündung** *f* / ignition by incandescence
Glut *f* / glowing fire, glow *n*, glow heat || ²**festigkeit** *f* / resistance to glow heat || ²**hitze** *f* / glow heat
GM / d.c. machine
GMP-Richtlinien *f pl* / Good Manufacturing Practice directives (GMP directives)
gn *adj* (grün) / grn *adj* (green)
GND / GND (ground signal)
gn/ge *adj* (grün/gelb) / gn/ye *adj* (green/yellow)
Goldplattierung *f* / gold plate
Goliathsockel *m* (E 40) / Goliath cap, mogul cap
Gong *m* (Türgong) / door chime
Gonio·meter *n* / goniometer *n* || ²**photometer** *n* / goniophotometer *n* || ²**radiometer** *n* / gonioradiometer *n*
Goß-Textur *f* / Goß texture, cubic orientation, cubex orientation
GP / floating point (FP), floating decimal point || ² (Grundprogramm) / BP (basic program)
G-Part Nr. *f* (Geschäftspartnernummer) / business partner no., G Part No.
G-Preis *m* (Geschäftsstellenpreis) / subsidiary price, G price
GPT / glidepath transmitter (GPT)
GR / straightener *n*, flow straightener
gr *adj* (grau) / grey *adj*, gry *adj*
Grad / degrees *n pl* || ² **der diffusen Durchlässigkeit** / diffuse transmittance, diffuse transmission factor || ² **der Erkennbarkeit** / visibility factor || ² **der gerichteten Durchlässigkeit** / regular transmittance || ² **der gerichteten Reflexion** / regular reflectance || ² **der gerichteten Transmission** / regular transmittance || ² **der gestreuten Reflexion** / diffuse reflectance, diffuse reflection factor || ² **der gestreuten Transmission** / diffuse transmittance, diffuse transmission factor || ² **der Hysterese** / degree of hysteresis || ² **der Nichtverfügbarkeit** / non-availability rate || ² **der Sichtbarkeit** / visibility factor || ² **der Verfügbarkeit** / availability rate
Gradient *m* / gradient *n*
Gradienten·elution *f* / gradient elusion || ²**faser** *f* / graded-index fiber || ²**faser** *f* (LWL) / graded-index optical waveguide || ²**grenze** *f* (GRDG max. zulässige Gradiente eines Messwertes) VDI/VDE 3695 / rate of change limit || ²**indexfaser** *f* (LWL) / graded index fibre || ²**indexprofil** *n* (LWL) / graded-index profile || ²**methode** *f* (Optimierung) / hill-climbing method || ²**profil** *n* (LWL) / graded-index profile || ²**regler** *m* / hill-climbing controller || ²**relais** *n* / rate-of-change relay, d/dt Relais || ²**verfahren** *n* / gradient methods
grädig, n-~er Kühler / heat exchanger for a temperature difference of n
Grädigkeit *f* (Kühler) / temperature difference rating
Graduieren *n* (Teilen einer Skala) / graduation *n*
Grad·wechsel *m* / degree change || ²**zahl** *f* / number of degrees
Grafik *f* / graphic *n* || ² *f* / graphics *n pl* || ² *f* (Darstellung) / graph *n*, graphic representation, chart *n* || ²**anschaltung** *f* / graphics controller || ²**anzeige** *f* / graphic display, tailored graphic display (Cf.: configured graphic display) || ²**arbeitsplatz** *m* (GA) / graphics workstation
Grafik·baugruppe *f* / graphics board (o. module), graphics card || ²**-Benutzeroberfläche** *f* / graphical user interface || ²**bereich** *m* / graphic area || ²**betrieb** *m* / graphics mode || ²**bild** *n* (Vgl.: projektiertes Grafikbild und zugeschnittenes Grafikbild) / graphic display, tailored graphic display (Cf.: configured graphic display) || **projektiertes** ²**bild** / configured graphic display || **zugeschnittenes** ²**bild** / tailored graphic display || ²**editor** *m* / graphic editor || ²**-Eingabe-/Ausgabesystem** *n* / graphics input/output system (GIOS)
grafikfähig *adj* (BSG) / with graphics capabilities
Grafik·-Fotoplotter *m* / graphic film recorder, graphic photoplotter || ²**gerät-Betriebssystem** *n* / graphics device operating system (GDOS) || ²**grundmuster** *n* (Schablone) / template *n* || ²**makro** *n* / graphics macro || ²**maske** *f* / graphics mask || ²**oberfläche** *f* / graphics interface || **~orientiertes Bediengerät** / graphics-based operator panel || ²**plotter** *m* / printer-plotter *n* || ²**prozessor** *m* / graphics processor, pixel processor
Grafik·sichtgerät *n* / graphics display unit, graphics monitor, graphics terminal || ²**tablett** *n* / graphics tablet (o. panel) || ²**terminal** *n* / graphics terminal
grafikunterstützt *adj* / graphics-supported *adj*
grafisch *adj* / graphic *adj* || **~ interaktiver Arbeitsplatzrechner** / interactive graphics workstation || **~e Darstellung** / graphical representation, graph *n* || **~e Darstellung** (Grafikgerät) / display image || **~e Darstellung der Summenhäufigkeit** DIN IEC 319 / probability paper plot || **~e Darstellung der Verteilung des prozentualen Merkmalanteils** DIN IEC 319 / percentile plot || **~e Datenverarbeitung** / computer graphics || **~er Arbeitsplatz** / graphics workstation || **~er Bildschirmarbeitsplatz** / display console || **~es Bild** / graph *n*, graphical representation || **~es Bildelement** / graphic display element || **~es**

Darstellungselement / graphic primitive || **~es Grundelement** / graphic display element || **~es Kernsystem** (GKS) / graphical kernel system (GKS) || **~es Standardmodell** / standard graphic drawing primitive || **~es Symbol** / graphical symbol, graphic symbol (US)
Gramme·sche Wicklung / Gramme winding, ring winding || **≗scher Ring** / Gramme ring
Granat *m* (Silikat) / garnet *n*
Granularität *f* / selectivity *n* || ≗ *f* (Zähler) / selectivity *n* || ≗ **von Zeiten** / granularity of timers
Graph, steuernder ≗ / controlling diagram || **≗bearbeitung** *f* / graph group, diagram processing
Graphen, Begriffe der ≗gruppenebene / diagram group-level terms || **≗theorie** *f* / theory of graphs
Graphik, projektierbare ≗ / configurable graphics || **≗-Anschaltung** *f* / graphics controller || **≗arbeitsplatz** *m* / graphics-based workstation || **≗attribut** *n* / graphics attribute || **≗baugruppe** *f* / graphics module || **≗betrieb** *m* / graphic mode || **≗-Editor** *m* / graphics editor || **≗-Prozessor** *m* / graphics processor
Graphit *n* / graphite *n* || **≗bürste** *f* / graphite brush || **≗-Interkalationsverbindung** *f* / graphite intercalated compound || **≗papier** *n* / graphitized paper, graphite-treated paper
graphitschwarz *adj* / graphite-black *adj*
Grat *m* (Metallbearbeitung) / burr *n* || **~frei** *adj* / free of burrs || **≗seite** *f* / flash face
Graubild *n* / grey-scale picture, gray-scale image
grau *adj* (gr) / grey *adj*, gry *adj* || **~ absorbierender Körper** / neutral absorber, non-selective absorber, neutral filter
grauer Strahler / grey body
Grau·filter *n* / neutral filter || **≗guss** *m* / iron *n* || **≗keil** *m* / neutral wedge || **≗stufe** *f* / grey tone, gray level || **≗stufenkeil** *m* / neutral step wedge || **≗treppe** *f* / neutral step wedge || **≗- und Farbbildauswertung** *f* / gray-scale and color evaluation || **≗wert** *m* / grey-scale value || **≗wertbild** *n* / grey-scale picture
Gravieren *n* / engraving *n*
Graviermaschine *f* / engraving machine
graviert *adj* / engraved *adj*
gravimetrisches Verfahren / gravimetric method
Gray-Code *m* / Gray code, Gray unit distance code, Gray-coded excess-3 BCD, cyclic binary code || **≗-A-D-Umsetzer** *m* / Gray-code A/D converter, stage-by-stage converter
GRDG / rate of change limit
Greifbehälter *m* / grab container
Greifer *m* (Kran) / grab *n*, grab bucket || ≗ *m* (Greifertrenner) / pantograph *n* || ≗ *m* (Rob.) / gripper *n* || **≗achse** *f* / gripper axis || **≗-Differential-Endschalter** *m* / grab differential limit switch || **≗platz** *m* / gripper location || **≗trenner** *m* / pantograph disconnector, pantograph isolator, vertical-reach isolator || **≗trennschalter** *m* / pantograph disconnector, pantograph isolator, vertical-reach isolator || **≗winde** *f* / grab winch
Greif·position *f* / gripper position || **≗schale** *f* / grab tray || **≗schelle** *f* / grip saddle || **≗werkzeug** *n* / gripper *n*
Greinacher·-Kaskade / Greinach cascade || **≗-Schaltung** / half-wave voltage doubler
grell *adj* / glaring *adj* || **~ leuchten** / glare *v*
Grelle *f* / glare *n*
grelle Farbe / violent colour, crude colour
Grellheit *f* / garishness *n*, crudeness *n*
Grenz·abmaße *n pl* / limit deviations || **≗abstand** *m* (Näherung) VDE 0228 / limit of the zone of exposure || **≗abweichung** *f* (QS) DIN 55350,T.12 / limiting deviation, limiting error || **≗abweichung unter Bezugsbedingungen** (Rel.) VDE 0435, T.110 / reference limiting error || **≗anteil** *m* / limiting proportion || **≗apertur** *f* (Lasergerät) / limiting aperture || **≗auslösezeit** *f* (Mindestauslösezeit) / minimum tripping time
Grenz·beanspruchung *f* DIN 40042 / maximum limit stress, tolerated stress || **≗bedingung** *f* / boundary condition || **≗belastung** *f* / critical load || **≗belastungsdiagramm** *n* (el. Masch.) / operating chart || **≗bereich** *m* / extreme range || **≗bereich für den Betrieb** (EZ) VDE 0418 / limit range of operation IEC 1036 || **≗betrag** *m* (QS) DIN 55350, T.12 / upper limiting amount || **≗betriebsbedingungen** *f pl* / limit conditions of operation || **≗betriebsbereich** *m* / limit range of operation || **≗blende** *f* / limiting aperture
Grenz·daten *plt* / key data || **≗dauerstrom** *m* (Rel., eines Ausgangskreises) / limiting continuous current || **≗drehzahl** *f* / limit speed, critical speed, speed limit
Grenze *f* / limit *n* || **obere** ≗ / upper limit, upper limit value, high limit || **untere** ≗ (UGR) / lower limit, low limit
Grenz·-EMK *f* (Wandler) / limiting e.m.f. || **≗erwärmung** *f* / temperature-rise limit, limit of temperature rise, limiting temperature rise || **≗erwärmungszeit** *f* / time to maximum permissible temperature, time to limit temperature || **≗fall** *m* / limit case
Grenzfläche *f* / boundary layer, interface *n* || ≗ *f* (NC) / check surface || **PN-≗** *f* (HL) / PN boundary
Grenzflächen·kapazität *f* / interface capacitance || **≗spannung** *f* / interfacial tension || **thermischer ≗widerstand** / thermal boundary resistance
Grenz-Folgestrom *m* / maximum follow current
Grenzfrequenz *f* / cut-off frequency IEC 50(151), limit frequency, limiting frequency || ≗ *f* (kritische F.) DIN 19237 / critical frequency || ≗ *f* (höchste Betriebsfrequenz) / maximum operating frequency || ≗ *f* (Strahlungsenergie) / threshold frequency || **Anlauf~** *f* (Schrittmot.) / maximum start-stop stepping rate || **Betriebs~** *f* (Schrittmot.) / maximum slew stepping rate, maximum operating slew rate || **Dioden~** *f* / diode limit frequency
Grenz·gebrauchsbedingungen *f pl* / limit conditions of operation || **≗gebrauchsbereich** *m* / limit range of use || **≗genauigkeitsfaktor** *m* (Wandler) / accuracy limit factor || **≗geschwindigkeit** *f* / limit speed, critical speed || **≗geschwindigkeit der Selbsterregung** / critical build-up speed || **≗gleichstrom** *m* (LE) / maximum d.c. current, maximum continuous direct forward current
Grenz·kontakt *m* / limit contact || **≗kosten** *plt* (StT) / marginal cost || **≗kostenverfahren** *n* (StP) / marginal cost method || **≗kupplung** *f* / slip clutch, torque clutch || **≗kurve** *f* / limit curve, limiting curve || **akustische ≗kurve** / noise rating curve (n.r.c.) || **≗kurzschluss-Ausschaltvermögen** *n* / ultimate short-circuit breaking capacity || **≗kurzzeitstrom** *m* (Rel., eines Ausgangskreises) / limiting short-time current || **untere ≗lage** / no stroke position || **≗lagenschalter** *m* / limit switch

Grenzlast *f* (EZ) / maximum rating, full load || **Bemessungs-~** *f* (Freiltg.) / ultimate design load || **~-Antwortspektrum** *n* / fragility response spectrum (FRS) || **~einstellung** *f* / full-load adjustment || **~integral** *n* / I^2t value || **~pegel** *m* / fragility level || **~spielzahl** *f* / cycles of limit-load stressing

Grenz·lehrdorn *m* / limit plug gauge, tolerance plug gauge || **~lehre** *f* / limit gauge

Grenzleistung *f* (Masch.) / limit rating || **thermische ~** / thermal burden rating, thermal limit rating

Grenzleistungs·erzeugung *f* / marginal generation || **~maschine** *f* / limit-rating machine, limit machine || **~transformator** *m* / limit-rating transformer, high-power transformer

Grenz·linie der Oberspannung (mech.) / maximum stress limit || **~linie der Unterspannung** (mech.) / minimum stress limit || **~magnetisierung** *f* / limits of induction, magnetic limit || **~maß** *n* / limit of size || **~moment** *m* / torque limit || **Anlauf~moment** *m* (Schrittmot.) / maximum start-stop torque || **~nichtbetätigungszeit** *f* (SG) / limiting non-actuating time || **~passung** *f* / limit fit || **~-Plattentemperatur** *f* (GR) DIN 41760 / limiting plate temperature || **~potential** *n* (Korrosion) / threshold potential || **~punkt** *m* (Rel.) / cut-off point || **~qualität** *f* / limiting quality || **~quantil** *n* (Statistik, QS) DIN 55350, T.12 / limiting quartile || **~reibung** *f* / boundary friction

Grenz·schalter *m* / limit switch, maintained-contact limit switch, position switch, reset switch || **~schaltschlupf** *m* (Parallelschaltgerät) / limiting operating slip || **~schicht** *f* / boundary layer, interface *n* || **~schicht** *f* (LWL) / barrier layer || **~schichteffekt** *m* / interface effect || **~schleife** *f* / saturation hysteresis loop

Grenzsignal *n* / limit signal, threshold signal || **~geber** *m* DIN 19237 / limit transducer, maximum-minimum transmitter, limit (-value) transmitter || **~glied** *n* DIN 19237 / limit monitor, threshold detector IEC 117-15, threshold value comparator, limit-value monitor, limit comparator, Schmitt trigger || **~glied** *n* (SPS-Funktionsbaustein) / limit signal generator

Grenz·spaltweite *f* (zünddurchschlagsicherer Spalt) / maximum permitted gap || **experimentell ermittelte ~spaltweite** (MESG) / maximum experimental safe gap (MESG) || **~spannung** *f* (Korrosionsterm) / threshold stress || **~stelle** *f* (NC) / terminal *n*, interrupt *n*

Grenzstrom *m* / limit current, maximum permissible current, maximum current || **~** *m* (EZ) / maximum current || **~ bei Selektivität** / selectivity limit current || **~ der Selbstlöschung** (größter Fehlerstrom, bei dem eine Selbstlöschung des Lichtbogens noch möglich ist) / limiting self-extinguishing current || **dynamischer ~** EN 50019 / dynamic current limit, instantaneous short-circuit current || **thermischer ~** / thermal current limit EN 50019, limiting thermal burden current, thermal short-time current rating || **~anpassung** *f* / limit current adaption || **~belastbarkeit** *f* / permissible continuous current || **~kennlinie** *f* (Thyr, Diode) DIN 41786, DIN 41781 / limiting overload characteristic || **~-Schnellauslösung** *f* / instantaneous overcurrent tripping || **Schweiß~stärke** *f* / critical welding current || **sekundäre thermische ~stärke** / secondary limiting thermal current

Grenz·taster *m* / position switch IEC 337-1, position sensor, limit switch, end position switch, momentary-contact limit switch, momentary-contact position switch || **~temperatur** *f* / limiting temperature, temperature limit || **~übertemperatur** *f* / temperature-rise limit, limit of temperature rise, limiting temperature rise || **~-Unterschreitungsanteil** *m* (Statistik, QS) DIN 55350, T.12 / limiting proportion

Grenz·viskositätszahl *f* / limiting viscosity index, intrinsic viscosity, internal viscosity, limiting viscosity number || **~vorschub** *m* / limit feedrate, limit feed || **~wellenlänge** *f* / cut-off wavelength

Grenzwert *m* / limit value, limit *n* || **~** *m* (QS) DIN 55350,T.12 / limiting value, limiting value || **~ der Umwelteinflussgröße** DIN IEC 721, T.1 / severity of environmental parameter || **~ für Knackstörungen** / click limit || **~ generatorische Leistung** / regenerative power limitation || **~ motorische Leistung** / motoring power limitation || **~, absolut** / absolute limit value || **oberer ~** (OGR) / upper limit value, upper limit, high limit || **Gefahrmeldung bei ~überschreitung** / absolute alarm || **unterer ~** / lower limit value, lower limit, low limit || **~baugruppe** *f* (Vergleicher) / comparator module

Grenzwerte bei Lagerung / limiting values for storage || **~ beim Transport** / limiting values for transport || **~ der zugänglichen Strahlung** (GZS) / accessible emission limit (AEL) || **~ einer Einflussgröße** (MG) / limiting values of an influencing quantity IEC 51 || **~ für die Betätigung** VDE 0660,T.104 / limits of operation IEC 292-1, operating limits || **~ im Betrieb** (MG) / limiting values for operation

Grenz-Wertepaare *n pl* / boundary data

Grenzwert·erfassung *f* / limit acquisition || **~geber** *m* / limit-value monitor, limit monitor, comparator *n*, (Schmitt) trigger

Grenzwertglied *n* / limit monitor || **~** *n* / limit-value monitor, limit comparator || **~** *n* (Schmitt-Trigger, Analog-Binär-Umsetzer) / Schmitt trigger, analog-to-binary converter || **~** *n* (Vergleicher) / comparator *n*

Grenzwert·indikator *m* (Vergleicher) / comparator *n* || **~kontrolle** *f* / limit-value check || **~meldebaugruppe** *f* / limit-value signalling module, out-of-limit alarm module

Grenzwertmelder *m* / limit monitor || **~** *m* (Anzeigegerät m. Grenzwertmeldungseinrichtung) / limit monitor || **~** *m* (GW-Melder Grenzsignalglied) / limit monitor || **~** *m* (GW-Melder Komparator) / limit comparator || **~** *m* (Komparator) / comparator *n* || **~** *m* (GW-Melder, Schmitt-Trigger) / Schmitt trigger || **~** *m* (Anzeigegerät m. Grenzwertmeldungseinrichtung) / limit monitoring indicator (o. instrument) || **~** *m* (GW-Melder) / limit-value monitor || **Relais-~** *m* / comparator with relay output

Grenzwert·meldung *f* / limit value signal, limit signal, comparator signal || **~messumformer** *m* / limit transducer || **~prüfung** *f* / marginal check (MC) || **~prüfung** *f* (Isoliersystem) VDE 0302, T.1 / proof test IEC 505

Grenzwertregelung *f* / limit control, high-low

control, on-off control, bang-bang control, two-step control, two-level control || ≗ *f* (adaptive Regelung mit Zwangsbedingungen) / adaptive control with constraints (ACC)

Grenzwert·schalter *m* / limit monitor || ≗**schalter** *m* (Schmitt-Trigger) / Schmitt trigger || ≗**stufe** *f* / limit comparator || ≗**überschreitung** *f* / off-limit condition, limit violation || ≗**überwachung** *f* / limit-value monitoring, limit monitoring, marginal check || ≗**unterschreitung** *f* / limit value underflow || ≗**verletzung** *f* (Meldung) / out-of-limit alarm, absolute alarm || ≗**verletzung** *f* / limit violation, out-of-limit condition || ≗**-Vorkontrolle** *f* / preliminary limit check

Grenz·widerstand *m* / critical resistance || ≗**winkel** *m* (Distanzschutz) / threshold angle || ≗**winkel** *m* (Sehwinkel zu einer Laserquelle) VDE 0837 / limiting angle subtense || ≗**winkel** *m* (der Reflexion) / critical angle || ≗**zeit** *f* (Distanzschutz, Zeit der letzten Stufe o. Zone) / time limit IEC 50(16)

Griff *m* / handle *n*, grip *n* || ≗**bereich** *m* / arm's reach || ≗**einsatz** *m* / fuse carrier || ≗**einsatz** *m* (Sicherungstrennleiste) / handle unit || ≗**fläche** *f* / grip *n* || ≗**gelenk** *n* (Roboter) / wrist *n* || ≗**heizung** *f* (Motorrad) / handlebar heating || **gerändeltes** ≗**stück** / knurled thumb screw || ≗**lasche** *f* (Sich.) / puller lug, grip lug || **spannungsfreie** ≗**lasche** / insulated grip lug || **spannungsführende** ≗**lasche** / non-insulated grip lug || ≗**rahmen** *m* / handle *n* || ≗**schraube** *f* / handle screw || ≗**seite** *f* / handle side || ≗**stück** *n* / grip end

GRK (Geschwindigkeitsregelkreis) / VCL (velocity control loop)

Grob·abgleich *m* / coarse balance, coarse adjustment || ≗**ausrichten** *n* / rough aligning, initial alignment || ≗**bearbeiten** *n* / rough cutting, roughing *n* || ≗**bearbeitung** *f* / rough machining, roughing *n*, rough cutting || ≗**blech** *n* / plate *n*, heavy plate

grobe Stufen (Trafo) / coarse taps

Grob·einstellung *f* / coarse adjustment, rough adjustment || ≗**einstellwert** *m* / rough setting value

grob, Gewinde mit ~er Steigung / coarse thread

Grob·-Feinschaltung *f* (Trafo) / coarse-fine connection, coarse-fine tapping arrangement || ≗**filter** *n* / coarse filter || ≗**folie** *f* / sheet *n*, sheeting *n* || ≗**funkenstrecke** *f* / large-clearance spark gap || **~körnig** *adj* / coarse-grained *adj* || ≗**lage** *f* / coarse position || ≗**leck** *n* / major leak, serious leak || ≗**messzeug** *n* / non-precision measuring and testing equipment || ≗**passfehler** *m* / coarse form error || ≗**passung** *f* / coarse fit, loose fit || ≗**positionieren** *n* / coarse positioning || ≗**positionieren** *n* (NC) / coarse positioning

Grob·schaltung *f* (Trafo) / coarse-step connection || ≗**schlichten** *n* / rough-finish *n* || ≗**schnitt** *m* (WZM) / roughing cut || ≗**staubfilter** *n* / coarse dust filter || ≗**störgrad** *m* / coarse interference level || ≗**strom** *m* / coarse feed || ≗**struktur** *f* / macrostructure *n*, basic structure || ≗**strukturuntersuchung** *f* / macro-structure test || ≗**stufe** *f* (Trafo) / coarse step, coarse-step tapping || ≗**stufenwicklung** *f* (Trafo) / coarse-step winding || ≗**synchronisation** *f* / coarse synchronization || ≗**synchronisieren** *n* / coarse synchronizing || ≗**wähler** *m* (Trafo) / selector switch, change-over selector

Groß·anlage *f* / large plant || ≗**ansicht** *f* / big view || ≗**antrieb** *m* / high-rating (o. high-power) drive, large drive

Großbereichs·stromwandler *m* / extended-rating-type current transformer || ≗**zähler** *m* / long-range meter, extended-range meter

Großbild *n* / rolling map || ≗ *n* (Prozessmonitor) / plant display, rolling-map display || ≗**ausführung** *f* (BSG) / large-screen version || ≗**schirmgerät** *n* / large-screen VDU

Groß·block *m* (elST) / maxiblock *n* || ≗**buchstabe** *m* / capital letter, upper case letter (UC) || ≗**chemie** *f* / large-scale chemical industry

Größe *f* (Math.) / magnitude *n*, quantity *n* || ≗ *f* (Reg.) / variable *n* || ≗ **der Nullpunktverschiebung** (MG) / zero displacement value || ≗ **des Einflusseffekts** / degree of variation || ≗ **des Leuchtflecks** / spot size

große letzte Stromschwingung / major final loop || ~ **Schalthäufigkeit** VDE 0630 / frequent operation (CEE 24)

Größe, entpackte ≗ / unpacked size || **messbare** ≗ / measurable quantity || **Test~** *f* DIN 55350,T.24 / test statistic || **vektorielle** ≗ / vectorial value || **Wert einer** ≗ / value of a quantity || **zusammengesetzte** ≗ / multivariable *n*

Größen·angabe *f* / dimensional information || ≗**faktor der Schwankung** (Netzspannung) / fluctuation severity factor || ≗**ordnung** *f* / order of magnitude || ≗**referenzlinie** *f* / magnitude reference(d) line || ≗**referenzpunkt** *m* / magnitude reference(d) point || ≗**ursprungslinie** *f* / magnitude origin line || ≗**vergleicher** *m* / magnitude comparator || ≗**verhältnis** *n* / proportion in size, ratio of dimensions || ≗**wandler** *m* / quantizer *n*

größer *adj* / greater *adj* || ~ **als** DIN 19239 / greater than || ~ **gleich** DIN 19239 / greater than or equal to || ~ **oder gleich** / greater than or equal

großer Pilzdruckknopf / palm-type pushbutton, jumbo mushroom button || ~ **Prüfstrom** (Sich.) / conventional fusing current || ~ **Prüfstrom** (LSS) VDE 0641 / conventional tripping current (CEE 19)

Größer-Kleiner-Vergleicher *m* / larger-smaller comparator

Groß·fabrikation *f* / large-scale production || ≗**feld-Normvalenzsystem** *n* / supplementary standard colorimetric system || ≗**feuerungsanlageverordnung** *f* / rules for operation of large boiler installations

Großflächen·beleuchtung *f* / large-area lighting, public lighting of large areas || ≗**leuchte** *f* / large-area luminaire, large-surface luminaire || ≗**-Spiegelleuchte** *f* / large-area specular-reflector luminaire || ≗**strahler** *m* / large-area radiator

großflächig *adj* / large-surface *adj* || **~e Leiterplatte** / large-size p.c.b., large-format p.c.b.

Groß·handel *m* / wholesaling *n* || ≗**industrie** *f* / large-scale industry || **~integrierter Schaltkreis** / large-scale-integrated circuit, LSI circuit || ≗**-/Kleinschreibung** *f* / match case || ≗**leiterplatte** *f* / large-size p.c.b., large-format p.c.b. || ≗**monitor** *m* / large CRT display || ≗**oberflächenplatte** *f* (Batt.) / Planté-plate *n* || ≗**presse** *f* / large press || ≗**rad** *n* (Getriebe) / wheel *n*

Großraster·-Einbauleuchte *f* / large-grid recessed luminaire, louvered recessed luminaire || ≗**leuchte** *f* / large-grid luminaire, louvered luminaire

Groß·raumbüro *n* / open-plan office || ≗**rechner** *m* /

mainframe *n* || ²**rechner** *m* / main frame computer || ²**schaltkreis** *m* / large-scale-integrated circuit, LSI circuit || ²**scheibe** *f* / large washer || ²**serienfertigung** *f* / mass production, large batch production || ²**signal** *n* / large signal, high-level signal || ²**signal-Bandbreite** *f* / full-power bandwidth || ²**signalbetrieb** *m* / large-signal operation || ²**signalverhalten** *n* / large signal range || ²**spannungsmesser** *m* / large-scale voltmeter || ²**stellung** *f* (max. Einstellwert) / high setting || ²**stückzahlanwendung** *f* / large batch applications || ²**system** *n* / major system

größt·e dynamische Winkelabweichung (Schrittmot.) / maximum stepping error || **~e Flankensteilheit der Ausgangsspannung** (Verstärker) / maximum rate of change of output voltage || **~e verkettete Spannung** / diametric voltage || **~er Augenblickswert** / peak value || **~er denkbarer Zeitfehler** / largest possible time error || **~er Durchhang** (Freiltg.) / sag *n* || **~er Durchschlupf** / average outgoing quality limit (AOQL) || **~er Haltestrom** / limiting no-damage current IEC 50(15) || **~er Kreis am Kegelrand** / crown circle || **~er Messbereichs-Endwert** / upper range limit || **~er negativer Wert** / most negative value || **~er positiver Wert** / most positive value || **~er Schaltabstand** (NS) / maximum operating distance || **~es Montagegewicht** / heaviest part to be lifted, heaviest part to be assembled || **~es Versandgewicht** / heaviest part to be shipped, heaviest part shipped

Größt·maß *n* DIN 7182, T.1 / maximum limit of size, maximum size || ²**passung** *f* DIN 7182,T.1 / maximum fit

Großtransformator *m* / high-rating transformer, large transformer

Größt·spiel *n* DIN 7182,T.1 / maximum clearance || ²**transformator** *m* / very large transformer, limit-rating-transformer || ²**übermaß** *n* DIN 7182,T.1 / maximum interference || ²**wert** *m* (Spitzenwert) / peak value

Groß·verbrennungsanlage *f* / large-scale incineration plants || ²**winkelgrenze** *f* (Kristall) / large-angle grain boundary

GRS / rectifier trigger set, rectifier gate control set

Grübchen·bildung *f* / pitting *n* || ²**korrosion** *f* / pitting corrosion, pitting *n*

Gruben·baue, schlagwettergefährdete ²**baue** EN 50014 / mines susceptible to firedamp || **Gruben·beleuchtung** *f* / mine lighting || ²**leuchte** *f* / mine luminaire || ²**signalkabel** *n* / mine signal cable || ²**wasser** *n* / mine water

grün *adj* (gn) / green *adj* (grn) || **~/gelb** *adj* (gn/ge) / green/yellow *adj* (gn/ye)

Grund·ablass *m* (WKW) / scour outlet || ²**abmaß** *n* DIN 7182,T.1 / fundamental deviation || ²**abmessungen** *f pl* / main dimensions, principal dimensions, overall dimensions || ²**abschnitt** *m* (Kabelsystem) / elementary section || **mittlere** ²**abweichung** (Rel.) DIN IEC 255, T.1-00 / reference mean error (relay) || ²**adresse** *f* / base address || ²**anteil** *m* (Grundschwingungsanteil) / fundamental component || ²**ausbau** *m* / basic expansion || ²**ausbau** *m* (elST) / basic configuration || ²**ausführung** *f* / basic design, basic model || ²**ausführung** *f* (GA) / basic version || ²**ausrüstung** *f* / basic equipment || ²**ausstattung** *f* / basic configuration, basic complement, basic expansion

Grund·baugruppe *f* / basic assembly, basic module || ²**baugruppe** *f* (Leiterplatte) / basic board || ²**baustein** *m* / basic module || ²**bedienung** *f* / basic operation || ²**befehl** *m* / basic instruction || ²**begriff** *m* / fundamental term, basic term || ²**belastung** *f* / base load || ²**beleuchtung** *f* / basic lighting, base lighting || ²**beschleunigung** *f* (Erdbebenprüf.) / zero-period acceleration (ZPA) || ²**bestückung** *f* (elST-Geräte) / basic complement || ²**betriebssystem** *n* (GBS) / basic operating system (BOS) || ²**bewegung** *f* / basic motion || ²**bild** *n* / main screen, basic display || ²**bildzeichen** *n* / basic symbol || ²**block** *m* / basic key group, register *n* || ²**darstellung** *f* / basic display || ²**datei** *f* / primary file

Grunddaten *plt* / key data || ² *plt* / basic data, primary data || ² *plt* (GD) / basic data (BD), global data (GD) || ²**verarbeitung** *f* / basic data processing

Grund·drehzahl *f* / base speed || ²**druck** *m* / priming pressure || ²**ebene** *f* / basic plane || ²**einheit** *f* / basic unit, basic module || ²**einheit** *f* (MG) / unscaled unit || ²**einheit** *f* (Geräteschrank) / basic unit || ²**einstellung** *f* / basic setting, initial setting, preliminary setting, preference *n*, default setting || **grafisches** ²**element** / graphic display element || ²**erregermaschine** *f* / pilot exciter || ²**erregung** *f* / basic excitation

Grund·farbe *f* / primary colour || ²**fehler** *m* / basic error || ²**fehler** *m* (MG) / intrinsic error || ²**fehlergrenze** *f* / basic error limit || ²**fehlergrenze** *f* (ADU, DAU) / basic error || ²**fläche** *f* / base *n* || ²**fläche** *f* (Bedarf f. Geräte) / floor area (required), ground area || ²**form** *f* / basic shape || ²**frequenz** *f* / fundamental frequency || ²**funktion** *f* DIN 19237 / basic logic function, basic function || ²**funktionseinheit** *f* / basic function module || ²**funktionsglied** *n* (Logik) / basic logic element

Grund·gas *n* / carrier gas || ²**gerät** *n* / basic unit, basic set || ²**gerät** *n* (MC-System) / system unit || ²**geräteschnittstelle** *f* / control processor interface || ²**gesamtheit** *f* (Statistik, Menge der in Betracht gezogenen Einheiten) DIN 55350, T.23 / population *n*, universe *n* || **dynamisches** ²**gesetz** / fundamental law of dynamics || **magnetische** ²**gesetze** / circuital laws || ²**gestell** *n* (f. el. Masch., Grundrahmen) / baseframe *n*, underbase *n* || ²**gestell** *n* (f. el. Masch., m. Lagerhalterung) / cradle base || ²**gestell** *n* (Rahmenwerk) / skeleton *n* || ²**helligkeit** *f* / background brightness

grundieren *adj* / prime *adj*

grundiert *adj* / primed *adj*

Grund·instandsetzung *f* / general overhaul || ²**kabelabschnitt** *m* / elementary cable section || ²**kasten** *m* / base box || ²**kennzeichnung** *f* (SR-Anschlüsse) / basic terminal marking || ²**körper** *m* (CAD) / primitive *n* || ²**kreis** *m* / base circle || ²**ladung** *f* (Ladungsverschiebeschaltung) / bias charge, background charge || ²**lage** *f* / basis *n*, base *n*, fundamentals *n* || ²**lagenforschung** *f* / basic research

Grundlast *f* / base load || ²**betrieb** *m* / base-load duty || ²**betrieb mit zeitweise abgesenkter Belastung** (GAB) VDE 0160 / base-load duty with temporarily reduced load || ²**betrieb mit zusätzlicher Kurzzeitbelastung** (GKB) VDE 0160 / base-load duty with additional short-time loading || ²generatorsatz *m* / base-load set || ²kraftwerk *n* / base-load power station || ²leistung PG / base-load rating PB || ²maschine *f* / base-load machine

Grund·leiterplatte *f* / master board, mother board, backplane *n* || ²**linie** *f* / base line, ground line || **Anflug-²linie** *f* / approach base line || ²**loch** *n* / blind hole, closed bore || ²**loch mit Gewinde** / tapped blind hole, closed tapped bore || ²**magnetisierung** *f* / bias *n* || ²**maschine** *f* / basic machine, base-load machine || ²**maske** *f* / basic screen || ²**maß** *n* / basic size, basic dimension || ²**material** *n* / base material, base *n* || ²**menü** *n* / main menu || ²**merker** *m* / basic flag || ²**modell einer Leuchte** / basic luminaire || ²**modul** *n* / basic submodule

Grund·nase *f* (StV) / key *n* || ²**nasennut** *f* (StV) / keyway *n* || ²**norm** *f* / basic specification IEC 512-1 || ²**operation** *f* / basic operation || ²**operationsvorrat** *m* / basic operation set || ²**option** *f* / basic option || ²**parameter** *m* / basic parameter || ²**periode** *f* / primitive period || ²**platine** *f* / mother board, master board, baseplate *n*, foundation plate, backplane *n*

Grundplatte *f* / baseplate *n*, bedplate *n*, foundation plate || ² *f* (Leiterplatte) / mother board || ² *f* (Pilzgründung) / pad *n* || ² *f* (Zählergehäuse) / case back || ² *f* (Leuchte) / backplate *n* || **Zähler~** *f* / meter base

Grund·preis *m* / unit price || ²**preis** *m* (StT) / standing charge || ²**preistarif** *m* / standing charge tariff || ²**profil** *n* (Gewinde) / basic profile || ²**programm** *n* (GP) / basic program (BP) || ²**programmpaket** *n* / basic program package || ²**prüfung** *f* DIN 51554 / basic test || ²**rahmen** *m* (Gerät) / supporting frame *n* || ²**rahmen** *m* (Masch.) / baseframe *n*, underbase *n* || ²**rastermaß** *n* / basic grid dimension || ²**rauschen** *n* / background noise || ²**rechnungsart** *f* / fundamental operation of arithmetic || ²**reparaturservice** *m* / basic repair service || ²**ring** *m* (W-Bauformen) / supporting ring || ²**ring** *m* (Schleifring) / hub ring || ²**riss** *m* / plan *n* || ²**risskarte** *f* / planimetric map || ²**risszeichnung** *f* / plan drawing, plan view

Grund·satz *m* / principle *n* || ²**schalter** *m* (LS) / basic breaker, basic unit || ²**schalter** *m* (HSS) / basic switch, basic cell, contact block || ²**schaltplan** *m* / schematics *n pl*, basic circuit || ²**schaltung** *f* / basic circuit, basic connection || **Stromrichter-²schaltung** *f* / basic converter connection || ²**schaltzeichen** *n* / general symbol || ²**-Scheinwiderstand** *m* / basic impedance || ²**schicht** *f* (Anstrich) / priming coat

Grundschwingung *f* / fundamental component, fundamental, fundamental mode, dominant mode

Grundschwingungs·amplitude *f* / fundamental-wave amplitude || ²**anteil** *m* / fundamental component || ²**effektivwert** *m* / fundamental wave r.m.s. value || ²**gehalt** *m* VDE 0838, T.1 / fundamental factor IEC 555-1, relative fundamental content || ²**leistung** *f* / fundamental power || ²**-Leistungsfaktor** *m* / power factor of the fundamental || ²**scheinleistung** *f* / apparent power of the fundamental wave || ²**strom** *m* / fundamental component of current, fundamental-frequency current || ²**wirkleistung** *f* / active power of the fundamental wave

Grund·signal *n* / basic signal || ²**sollwert** *m* / basic setpoint, reference setpoint || ²**spanne** *f* / basic range

Grundstellung *f* DIN 19237, Kippglied / initial state, preferred state || ² *f* (Rel., Schutz) / normal position || ² *f* (Mittelstellung eines Stufenschalters) / centre position || ² *f* (Regelung) / control zero || ² *f* (GST SPS) / initial state || ² *f* (Grundeinstellung) / basic setting || ² *f* (Status) / basic status || ² *f* (NC, CLDATA-Wort) / go home ISO 3592 || ² *f* (GST) / initial position, initial setting, standard position, basic position

Grundstellungs·fahrt *f* / referencing *n* || ²**routine** *f* / initial setting routine

Grund·steuerung *f* (LE) / basic control (equipment), primary control || ²**steuerung** *f* (G-Steuerung) / basic controller || ²**stoffchemie-Produkte** / basic chemical products || ²**stoffindustrie** *f* / basic industries || ²**störpegel** *m* / background noise level, background level || ²**stückliste** *f* / master parts list (MPL) || ²**symbol** *n* / general symbol

Grund·takt *m* / basic pulse rate, basic clock rate, elementary timing signal || **System-²takt** *m* (SPS) / basic system clock frequency || ²**teilung** *f* / pitch *n* || ²**toleranz** *f* DIN 7182,T.1 / fundamental tolerance || ²**toleranzreihe** *f* / fundamental tolerance series || ²**typ** *m* / basic type || ²**typ** *m* (Schwingung) / fundamental mode || ²**überholung** *f* / main overhaul, reconstruction *n* || ²**umfang** *m* / basic configuration, basic expansion

Gründung *f* (Fundament) / foundation *n*, footing *n* || **Bohr~** *f* / augered pile, bored pile

Grund·variante *f* / basic version || ²**verarbeitung** *f* / basic processing, initial processing || ²**verdrahtung** *f* / basic wiring || ²**verknüpfung** *f* / fundamental combination, fundamental connective || ²**viskosität** *f* / limiting viscosity, intrinsic viscosity, internal viscosity || ²**vorrat** *m* (v. Befehlen, Zeichen) / basic repertoire || ²**welle** *f* / fundamental wave

Grundwellen·-Ausgangsleistung *f* / fundamental output power || ²**-EMK** *f* / fundamental e.m.f., e.m.f. of fundamental frequency || ²**frequenz** *f* / fundamental frequency || ²**komponente** *f* / fundamental component || ²**leistung** *f* / fundamental power || ²**-Scheitelwert** *m* / peak value of fundamental wave || ²**strom** *m* / fundamental current

Grund·wicklung *f* (Mot.) / base-speed winding || **statistische ²wiederholbarkeit** (Rel.) DIN IEC 255, T.100 / reference consistency (relay) || ²**zahl** *f* / base *n*, radix *n* || ²**zeilenabstand** *m* (BSG) / line spacing || ²**zeit** *f* (kürzeste Kommandozeit des Distanzschutzes) / basic time, first-zone time || ²**zeit** *f* (Werkstückbearbeitung, Bodenzeit) / floor-to-floor time || ²**zelle** *f* / basic cell || ²**zustand** *m* / initial position, initial setting, basic position, standard position || ²**zustand** *m* (Elektronik-Bauelemente) / initial state || ²**zyklusliste** *f* / basic cycle list

Gruppe *f* / group *n* || **Ausrichten einer** ² / group alignment

Gruppen·abfragebefehl *m* / group interrogation command || ²**absicherung** *f* / group fusing || ²**adresse** *f* (a. Bussystem) / group address || ²**adressierung** *f* / group addressing || ²**antrieb** *m* / group drive, sectional drive, multimotor drive || ²**anwahlsteuerung** *f* / common diagram control ||

²**aufruf** *m* / multicast *n* || ²**aufruf** *m* (LAN) / (LAN) multicast *n* || ²**auswahl** *f* (Statistik) / stratified sampling || ²**auswechslung** *f* (Lampen) / group replacement

Gruppen·befehl *m* (FWT) / group command || ²**bezeichnung** *f* / group name || ²**bild** *n* (Leitt.) / group display || ²**bildung** *f* / grouping *n* || ²**ebene** *f* (PLT) / group level || ²**eigenschaft** *f* / group property || ²**fertigung** *f* / group production, team production || ²**führungsebene** *f* / group control level, cell level, cell *n*

Gruppen·geschwindigkeit *f* (Signalgeschwindigkeit) / group velocity, envelope velocity || ²**index** *m* (Lichtgeschwindigkeit/Gruppengeschwindigkeit einer homogenen Welle) / group index || ²**kompensation** *f* / group p.f. correction || ²**laufzeit** *f* / envelope delay, group delay time || ²**laufzeitverzerrung** *f* / group delay distortion || ²**leitebene** *f* / group control level, group level || ²**meldung** *f* / group signal, group alarm IEC 50(371) || ²**name** *m* (GRP) VDI/VDE 3695 / group title (GRP) || ²**protokoll** *n* (PLT) / group log || ²**regelung** *f* (SR) / converter unit control

Gruppen·schalter *m* / group switch, changeover switch, gang switch || ²**schalter** *m* (Schalter 4) VDE 0632 / two-way switch with two off positions (CEE 24), two-circuit double-interruption switch || ²**schalter** *m* (Fernkopierer) / group selector || ²**schalter** *m* (f. Motorgruppe) / (motor) group control switch || ²**schaltung** *f* / multiple series connection || **Fahrmotoren-**²**schaltung** *f* (Bahn) / motor combination || ²**schmierung** *f* / central lubrication || ²**schutz** *m* / gang protection || ²**signalrahmen** *m* / group alarm (signalling) frame || ²**steuergerät** *n* / group control unit

Gruppen·steuerung *f* / group control || ²**steuerung** *f* (in einem Mehrbenutzersystem) / cluster controller || ²**steuerungsbaustein** *m* / group (open-loop) control block || ²**steuerungsebene** *f* / group control level || ²**strahler** *m* (Prüfkopf mit mehreren Wandlerelementen) DIN 54119 / array-type probe || ²**technologie** *f* (Fabrik) / group technology (GT) || ²**übersicht** *f* (PLT) / group overview || ²**warnmeldung** *f* (FWT) / group alarm IEC 50(371)

gruppenweises Anlassen / group starting

Gruppen·zeichnung *f* / group drawing || ²**zuordnung** *f* / group assignment

gruppieren *v* / group *v*

Gruppierschieber *m* / grouping element

GS / direct voltage || ² / circuit-breaker for equipment (CBE), appliance circuit-breaker || ² (Gurtstraffer, Gurtstrammer) / seat-belt tightening system, automatic seat belt tightening, seat belt tensioner, automatic belt tensioner, automatic locking retractor, emergency locking retractor, seat belt emergency tensioning system || ² (Getriebestufe) / GS (gear step), GS (gear stage) || ² (Gleichstrom) / direct current, DC (direct current) || ² **mit pendelnder Freiauslösung** EN 60934 / cycling trip-free CBE || ²**-Bremsung** *f* (Gleichstrombremsung) / DC current braking, DC braking (direct current braking)

GSB-Schalter *m* / appliance protective and control switch

G-Schiene *f* EN 50035 / G-profile rail, G rail

GSD (Gerätestammdatei) / device master file, device data || ² (Gerätestammdaten) / device master file, device data, GSD || ²**-Datei** *f* / device master file, GSD file

G-Sicherungseinsatz *m* VDE 0820 / cartridge fuse link, fuse link

GSP / ground signal panel (GSP)

GSS / circuit-breaker for equipment (CBE), appliance circuit-breaker || ² **mit Freiauslösung** / trip-free CBE

GST (Grundstellung) / initial position, initial state, initial setting, basic position, standard position

G-Steuerung *f* / basic control (equipment), primary control

GSTR (Geberstrichzahl) / bar number, encoder lines, no. of encoder pulses, no. of encoder marks, pulses per revolution, resolution *n*, increments *n pl*

GSW (Getriebestufenwechsel) / gear change, GSC (gear stage change)

GS-Zwischenkreis *m* / DC link

GUD (GUD) / global user data, GUD

Guinier-Pulverkammer *f* / Guinier powder camera

gültig *adj* / valid *adj*, applicable *adj*

Gültigkeit *f* / validity *n* || **globale** ² / global validity

Gültigkeits·bereich *m* / range of validity || ²**bereich einer Bezeichnung** DIN ISO 7498 / title domain || ²**dauer** *f* / validity period || ²**kennung** *f* (SPS) / validity identifier

Gumbel-Verteilung, Typ I DIN 55350,T.22 / Gumbel distribution, type I, extreme value distribution

Gummi·aderleitung *f* / rubber-insulated wire (o. cable) || ²**aderschnur** *f* / braided flexible cord || ²**bandtechnik** *f* (CAD) / rubberbanding *n* || ²**bolzenkupplung** *f* / rubber-bushed pin coupling, rubber-bushed coupling || ²**dichtung** *f* / rubber gasket, rubber seal

gummiertes Band / rubberized tape || **~ Gewebeband** / proofed textile tape

Gummi·faltenbalg *m* / rubber expansion bellows || ²**flachleitung** *f* / flat rubber-insulated (flexible) cable || **~isolierte Aufzugsteuerleitung** / rubber-insulated lift cable || ²**leiste** *f* / rubber strip || ²**-Leitungseinführung** *f* / rubber grommet, rubber gland || ²**maschine** *f* / rubber machine || ²**matte** *f* / rubber mat, rubber pad || ²**membran** *f* / rubber diaphragm

Gummischlauch·kabel *n* / rubber-insulated flexible cable, tough-rubber-sheathed cable (t.r.s. cable) || ²**kabel** *n* (m. Polychloroprenmantel) / polychloroprene-insulated cable || **leichtes** ²**kabel** / ordinary tough-rubber-sheathed flexible cable || ²**leitung** *f* / rubber-insulated flexible cable, tough-rubber-sheathed flexible cable (t.r.s. flexible cable) || ²**leitung** *f* (m. Polychloroprenmantel) / polychloroprene-sheathed flexible cable || ²**leitung für leichte mechanische Beanspruchungen** / ordinary tough-rubber-sheathed flexible cord || ²**leitung für mittlere mechanische Beanspruchungen** / ordinary tough-rubber-sheathed cable || ²**leitung für schwere mechanische Beanspruchungen** / heavy tough-rubber sheathed flexible cable

Gummi·spritzmaschine *f* / rubber injection machine || ²**stecker** *m* / rubber plug || ²**stopfen** *m* / rubber plug || ²**taschenventil** *n* / pinch valve || ²**tülle** *f* / rubber grommet

Gurt·antrieb *m* / belt drive || ²**bandverpackung** *f* /

tape packaging || ²**bringer** *m* (Kfz) / seatbelt presenter
Gürtel·isolierung *f* / belt insulation || ²**kabel** *n* / belted cable || ²**linse** *f* / belt lens
Gurt·förderer *m* / belt conveyer || ²**geber** *m* / seatbelt presenter
Gurt-Schlüssel-Licht-Warnung *f* (Kfz) / seatbelt, ignition lock and lights warning, seatbelt, key and light reminder
Gurtstraffer *m* (GS) / automatic seat belt tightening, automatic belt tensioner, seat-belt tightening system, automatic locking retractor, seat belt tensioner, emergency locking retractor, seat belt emergency tensioning system
Gurtstrammer *m* (GS Kfz) / seat-belt tightening system || ² *m* (GS) / automatic seat belt tightening, automatic belt tensioner, seat belt tensioner, seat belt emergency tensioning system, automatic locking retractor, emergency locking retractor
Gurtung von Bauteilen / packaging of components on continuous tapes
Gurtwarngong *m* (Kfz) / audible seat-belt warning
Guss *m* / casting *n*, cast *n* || ²**-Abzweigdose** *f* / cast-iron junction box || ²**bett** *n* / cast-iron bed || ²**eisen** *n* / cast iron || ²**eisenwiderstand** *m* / cast-iron resistor (unit) || ²**form** *f* / casting mold || ²**frontplatte** *f* / cast-metal front plate || ²**gehäuse** *n* / cast housing || ²**gehäuse** *n* (HSS) / cast-iron housing, cast-metal housing || ²**gehäuse** *n* (FSK) / cast-iron box
gussgekapselt *adj* / iron-clad *adj*, cast-metal-clad *adj*, cast-metal enclosed || **~e Schaltanlage** / iron-clad switchgear, cast-iron multi-box switchgear || **~er Verteiler** / cast-iron multi-box distribution board, cast-iron box-type distribution board, cast-iron box-type FBA || **~es Verteilersystem** / cast-iron multi-box distribution board system
Guss·putzen *n* / cleaning of castings, finishing of castings || ²**stahl** *m* / crucible cast steel || ²**stahlwerk** *n* / crucible steel works
gussstaubbeständig *adj* / immune to foundry dust
Guss·stück *n* / casting *n* || ²**teil** *n* / casting *n* || ²**verteiler** *m* / cast-iron multi-box distribution board, cast-iron box-type distribution board, cast-iron box-type FBA || ²**verteilersystem** *n* / cast-iron multi-box distribution board system || ²**verteilung** *f* / cast-iron multi-box distribution board, cast-iron box-type distribution board, cast-iron box-type FBA
Gut *n* (QS) / commodity *n*
GUT (Gutschrift) / credit *n*
Gutachten *n* / expert's report, expertise *n*, expert's opinion || ²**bedingung** *f* / condition of inspection || ²**zeichnung** *f* / appraisal drawing
Gutachter *m* / expert *n*
Güte *f* / quality *n* || ² *f* (QS, Ausführungsqualität) / quality of conformance || ²**bestätigungsstufe** *f* / assessment level || ²**bestätigungssystem** *n* / system of quality assessment || ²**bestätigungsverfahren** *n* / quality assessment system || ²**bewertung** *f* / quality appraisal
Gütefaktor *m* (Q) / quality factor, Q factor || ² *m* (Schutz) / performance factor || ² *m* (LM) / goodness factor || ² **der Abschaltung** (Verstärkerröhre) DIN IEC 235, T.1 / turn-off figure of merit || ² **der Steuerelektrode** / control electrode figure of merit || **magnetischer** ² / magnetic quality factor
Güte·funktion *f* (Statistik, QS) DIN 55350, T.24 / power function || ²**gradverhältnis** *n* / utilization factor, coefficient of utilization || ²**index** *m* (Reg.) / performance index (PI) || **Güte·klasse** *f* / quality class || ²**klasse** *f* (Passung) / class of fit || ²**kontrolle** *f* / quality inspection || ²**kriterium** *n* (Reg.) / weighting criterion, performance index (PI)
Güte·merkmal *n* / quality criterion || ²**minderung** *f* (QS) / deterioration *n*, degradation of quality || ²**produkt** *n* (BH_{max}) / maximum energy product, B-H product || **amtlicher** ²**prüfer** / Quality Assurance Representative, QA representative (QAR) || ²**prüfung** *f* / quality inspection, soundness test || ²**prüfung** *f* (durch den öffentlichen Auftraggeber) / government quality assurance
Güter·abfertigung *f* / forwarding department || ²**annahme** *f* / receiving office
Güte·sicherung *f* / contractor's quality control (o. inspection) || ²**stufenmotor** *m* / motor classified by a mechanical quality grade, precision-balanced motor || ²**verhältnis** *n* / utilization factor, coefficient of utilization || ²**zahl** *f* / figure of merit || ²**zeichen** *n* / quality mark, quality symbol || ²**ziffer** *f* / figure of merit
Gut·fall *m* / normal case || ²**lehre** *f* / GO gauge || ²**lehrring** *m* / GO-gauge ring || ²**schrift** *f* (GUT) / credit *n*, GUT || ²**schriftsbeträge** *m pl* / credit amounts || ²**schriftswert** *m* / credit value || ²**seite** *f* (Lehre) / GO side, GO end || ²**zahl** *f* / acceptance number || ²**ziel** *n* / pass address, pass *n*
Guy-Maschine *f* / Guy heteropolar machine, Guy machine
GV (Geräteverwaltung) / device management
GW (Gewährleistung) / warranty *n*, warranty conditions || ² (Gewährleistungsregelung) / warranty *n*, warranty conditions
GWB (Geschäftswertbeitrag) / EVA (economic value added)
GWE-Sach-Nr. *f* / material number
GWE-Sachnummer *f* / material number
GWL (Gewährleistung) / warranty *n*, warranty conditions
GW-Melder *m* (Grenzwertmelder) / limit-value monitor, limit monitor, limit comparator, Schmitt trigger
GWY (Gateway) / gateway *n*, network coupler, GWY (Gateway)
Gyrator *m* / gyrator *n*
gyromagnetisch *adj* / gyromagnetic *adj* || **~e Resonanz** / gyromagnetic resonance || **~er Leistungsbegrenzer** / gyromagnetic power limiter || **~er Resonator** / gyromagnetic resonator || **~er Werkstoff** / gyromagnetic material, gyromagnetic medium || **~es Filter** / gyromagnetic filter || **~es Medium** / gyromagnetic medium, gyromagnetic material
GZF (Gleichzeitigkeitsfaktor) / simultaneity factor, simultaneous factor, diversity factor, coincidence factor
GZS / accessible emission limit (AEL)

H

Haar·kristall *n* / whisker *n* || ≗**lineal** *n* / hairline gauge || ≗**linie** *f* / hairline *n* || ≗**nadelspule** *f* / hairpin coil || ≗**riss** *m* / micro crack, hairline crack || ≗**röhrchen** *n* / capillary tube || ≗**schneidemaschine** *f* / hair clipper || ≗**winkel** *m* / hairline set square, hairline square || ≗**zirkel** *m* / hair compasses
Hackmoment *n* (el. Masch.) / pulsating torque, cogging torque
hae / hardened *adj*
HAE (halbautomatisches Einmitten) / SAC (semi-automatic centering)
Hafenglas *n* / pot glass
Haftbild *n* / sticker *n*, adhesive label, preprinted self-adhesive transparency
haften *v* / adhere to, stick to
haftend, Verfahren mit ~er Fremdschicht / solid-pollutant method
Haft·fähigkeit *f* / adhesion *n*, adherence, adhesivity *n* || ≗**festigkeit** *f* / adhesive strength, bond strength || ≗**kleber** *m* / pressure-sensitive mass || ≗**kraft** *f* / adhesive force || ≗**lack** *m* / metal primer || ≗**magnet** *m* / magnetic clamp || ≗**maß** *n* / adhesion allowance || ≗**masse** *f* (f. Kabel) / non-draining compound (nd compound) || ≗**masseisolierung** *f* / mass-impregnated non-draining insulation || ≗**massekabel** *n* / non-draining cable (nd cable) || ≗**merker** *m* / retentive flag || ≗**moment** *n* / holding torque
Haft·reibung *f* / friction of rest, static friction, stiction *n* || ≗**reibung** *f* (Riementrieb) / frictional grip || ≗**reibungsantrieb** *m* / adhesion drive || ≗**reibungsbeiwert** *m* / adhesion coefficient || ≗**relais** *n* / latching relay, magnetically latched relay, latching-type relay || ≗**-Scherfestigkeit** *f* / adhesive shear strength || ≗**sitz** *m* / wringing fit || ≗**speicher** *m* / retentive memory || ≗**stelle** *f* (HL) / trap *n*, deathnium centre || ≗**tabulator** *m* / latch-out tabulator
Haftung, magnetische ≗ / magnetic cohesion, magnetocohesion *n* || **magnetische** ≗ (SG) / magnetic latching || **Riemen~** *f* / belt grip
Haftungsausschluss *m* / disclaimer of liability, exclusion of liability
Haft·verhalten *n* (el. Schaltelement) / latching properties || **Speicherung mit** ≗**verhalten** DIN 19237 / permanent storage, non-volatile storage || ≗**vermögen** *n* (Riemen) / grip *n* || ≗**vermögen** *n* (Klebvermögen) / adhesive power, adhesiveness *n*, adherence *n*, adhesivity *n* || ≗**-Zugfestigkeit** *f* / adhesive strength under tension
Hahn *m* / plug valve || ≗**fassung** *f* (Lampe) / switch lamp-holder, switch lamp-socket
Häkchenfunktion *f* / checkmark function
Haken *m* / hook, top || ≗**elektrode** *f* (Glühlampe) / hook lead || ≗**magnet** *m* / bracket-type magnet || ≗**nut** *f* / hook groove || ≗**schlüssel** *m* / pin wrench || ≗**kopfschraube** *f* / hook-head screw || ≗**teil** *n* / hook part
hakfreier Lauf (Mot.) / non-cogging operation
Hakmoment *n* / cogging torque
halb überlappt / with a lap of one half, half-lapped *adj*
Halbaddierer *m* / half-adder *n*
halbautomatisch *adj* / semi-automatic *adj* || **~es Umschalten** VDE 0660,T.301 / semi-automatic changeover IEC 292-3
Halb·axialventilator *m* / semi-axial-flow fan || ≗**bild** *n* / half frame, field *n* || ≗**bild** *n* (Grafikbildschirm, CAD) / interlaced display || ≗**brücke** *f* / half-bridge *n* || ≗**-Byte** *n* (4 Bit) / one-half byte, nibble *n*
Halbduplex *n* / half duplex (HDX) || ≗**betrieb** *m* / half duplex operation || ≗**nahtstelle** *f* / half-duplex interface, HDX interface || ≗**übertragung** *f* / half-duplex transmission
halbdurchlässiger Spiegel / semi-transparent mirror
Halbdurchmesser *m* / semidiameter *n*
halbe Gegenparallelschaltung / half-bridge inverse-parallel connection, half-bridge connection of anti-parallel thyristors || **~ relative Schwingweite** (Gleichstrom-Formfaktor) / d.c. form factor IEC 50(551)
Halb·einbau *m* / recessed mounting || ≗**einschub** *m* / half-width drawout-unit, half-width plug-in chassis || **~elastisch** *adj* / semi-elastic *adj*
halber Schaltzyklus / half a cycle of operation
Halb·fabrikat *n* / semi-finished product, semi-product *n*, product in process || ≗**feld** *n* (ST) / panel half, half-section *n* || **~fest** *adj* / semisolid *adj* || ≗**filter** *n* / colour filter
halbflüssige Reibung / semi-fluid friction, boundary friction, mixed friction
Halbformspule *f* / open-ended coil IEC 50(411)
halbgeschlossene Maschine / semi-enclosed machine || **~ Nut** / half-closed slot, semi-closed slot || **~ Sicherung** / semi-enclosed fuse
Halbgrafik *f* / character graphics, semi-graphics
halbieren *v* / halve *v*, bisect *v*
Halbierungs·linie *f* / bisecting line, bisector *n* || ≗**punkt** *m* (einer Strecke) / bisecting point, midpoint *n*
Halb·jahresbericht *m* / semiannual report || **bezogener** ≗**kegelradius** (Akust.) / reference radius || ≗**keil** *m* / half-key *n*
Halbkreis *m* / semicircle *n* || ≗**-Innenkontur-Bearbeitung** *f* / machining of internal semicircle, semi-circle inner contour machining
Halbkugel *f* / half sphere || **~förmig** *adj* / hemispherical *adj*, semi-spherical *adj*
halbkundenspezifische IS / semi-custom IC
Halblast *f* / half load, one-half load, 50 % load || ≗**anlauf** *m* / half-load starting
halbleitend *adj* / semi-conductive *adj*, semi-conducting *adj* || **~e Verbindung** / compound semiconductor || **~er Anstrich** / semiconducting coating || **~er Belag** / semiconducting layer
Halbleiter *m* / semiconductor *n*, semiconductor component (o. element), solid-state component || ≗**ausgang** *m* / semiconductor output || ≗**bauelement** *n* / semiconductor device, semiconductor component || ≗**diode** *f* / semiconductor diode || ≗**element** *n* / semiconductor element || **PTC-**≗**fühler** *m* / PTC thermistor detector || ≗**gerät** *n* / semiconductor device, solid-state device, static device || ≗**gleichrichter** *m* / semiconductor rectifier || ≗**gleichrichterdiode** *f* / semiconductor rectifier diode
Halbleiter·kamera *f* / solid-state camera || ≗**laser** *m* / solid-state laser, semiconductor laser, injection laser diode (ILD), diode laser IEC 50(731) || ≗**lichtquelle** *f* / solid-state lamp || ≗**motorstarter** *m* / semiconductor motor starter, solid-state motor

starter (US) || ≗**motorsteuergerät** *n* / semiconductor motor controller || ≗**-Motor-Steuergerät** *n* EN 60947-4-2 / semiconductor motor controller || ≗**motorsteuergerät für direktes Einschalten** / semiconductor direct-on-line motor controller (semiconductor DOL motor controller) || ≗**-Motor-Steuergerät für direktes Einschalten** / semiconductor direct-on-line motor controller || ≗**-Motorsteuergeräte und -starter für Wechselspannung** / A.C. semiconductor motor controllers and starters

Halbleiter·plättchen *n* / chip *n* || ≗**-Sanftanlauf-Motor-Steuergerät** *n* EN 60947-4-2 / semiconductor soft-start motor controller || ≗**-Sanftstart-Motor-Steuergerät** *n* / semiconductor soft-start motor controller || ≗**schaltelement** *n* / semiconductor switching element || ≗**schaltgerät** *n* / semiconductor switching device, solid-state switching device (US) || ≗**schütz** *n* / semiconductor contactor, solid-state contactor (US) || ≗**sicherung** *f* / semiconductor fuse || ≗**sicherungseinsatz** *m* / semiconductor fuse-link || ≗**speicher** *m* / semiconductor memory (SC memory) || ≗**speicherelement** *n* / semiconductor memory chip || ≗**stromrichter** *m* / semiconductor converter || ≗**-Teilstromrichter** *m* / semiconductor converter section

Halbleiter·thermoelement *n* / semiconductor thermoelement || ≗**ventilbauelement** *n* / semiconductor valve device || ≗**wechselrichter** *m* / semiconductor inverter || ≗**wechselstromsteller** *m* / semiconductor a.c. power controller || ≗**-Werk** *n* / semiconductor factory || ≗**zone** *f* / semiconductor region

Halbleitkitt *m* / semi-conductive cement

halblogarithmisch *adj* / semilogarithmic *adj* || **~e Schreibweise** / variable-point notation, floating-point notation

halb·maschinelles Programmieren / semiautomatic programming || **~offene Nut** / half-closed slot, semi-closed slot || ≗**periode** *f* / half-period *n*, half-cycle *n* || ≗**platz** *m* / half location || ≗**profilzylinder** *m* / siehe Profilhalbzylinder || ≗**radiallüfter** *m* / mixed-flow fan || **~räumlicher Emissionsgrad** / hemispherical emissivity || ≗**ringlampe** *f* / circlarc lamp || ≗**rundsteg** *m* / half round piece

Halb·schale *f* / half-shell *n*, shell *n* || ≗**schatten** *m* / shadowy light || ≗**schritttaste** *f* / half-space key || ≗**schwingung** *f* / half-wave *n*, half-cycle *n*, loop *n* || ≗**schwingungsstrom** *m* / half-wave current

halbselbständige Entladung / semi-self-maintained discharge

Halb·spannungsmotor *m* / half-voltage motor || ≗**spule** *f* / half-coil *n*, bar *n* || ≗**spurbeschriftung** *f* / half-track recording

halbstarre Erdung / impedance earthing, impedance grounding, low-resistance earthing, low-resistance grounding, resonant earthing, resonance grounding, dead earth

Halb·streuwinkel *m* / one-half-peak divergence (GB), one-half-peak spread (US) || ≗**stundenleistung** *f* (StT) / half-hourly demand || **~synchroner Zähler** / semi-synchronous counter

Halbtags·arbeit *f* / half-day work, part-time work || ≗**kraft** *f* / part-time employee (o. worker)

Halbton-Speicherröhre *f* / half-tone storage CRT, half-tone tube

halbüberlappt bewickeln / to tape with a lap of one half, to tape half-lapped || **~e Bewicklung** / half-lapped taping, taping with a lap of one half, half-overlap taping

halbverdeckt *adj* / semi-exposed *adj*

Halbwelle *f* / half-wave *n*

Halbwellen·dauer *f* / loop duration || ≗**-Differentialschutz** *m* / half-cycle differential protection, half-wavelength differential protection

Halbwert·ausdehnung *f* / half-value extension || ≗**wertbreite** *f* (HWB) / full width of half maximum (FWHM), half-value width, half width of peak

Halbwerts·länge *f* / half-value length || ≗**tiefe** *f* / half-value depth || ≗**winkel** *m* / half-value angle

Halbwertzeit *f* / halftime *n*, half-value period (of decaying material), full-duration half maximum (pulse)

Halb·wicklung *f* / half-winding *n* || ≗**zeitintervall** *n* (HIC) IEC 50(212) / halving interval (HIC) || ≗**zeug** *n* / semi-finished products, semi-finishes *n pl*, semi-finished part

halbzusammenhängende Darstellung (Stromlaufplan) DIN 407 19,T.3 / semi-assembled representation

Halfduplex (HDX) / half duplex (HDX)

Hall / reverberation *n* || ≗**-Anschluss** *m* (Hallgenerator) / Hall terminal (Hall generator) || ≗**-Beweglichkeit** *f* / Hall mobility || ≗**-Effekt** *m* / Hall effect || ≗**-Effekt-Bauelement** *n* / Hall-effect device || ≗**-Effekt-Magnetometer** *m* / Hall-effect magnetometer || ≗**-Element** *n* / Hall-effect element

hallend *adj* / reverberant *adj*

Hallen·kran *m* / gantry crane || ≗**spiegelleuchte** *f* / high-bay reflector luminaire || ≗**vorfeld** *n* (Flp.) / hangar apron

Hallfeld *n* / reverberant field, diffuse field

hallfreier Raum / free-field room, anechoic room

Hall-Geber *m* / Hall-effect sensor, Hall-effect pickup, Hall probe || ≗ *m* (Näherungsschalter) / Hall-effect proximity switch

Hall-Generator *m* / Hall generator

halliger Raum / live room

Hall·-Koeffizient *m* / Hall coefficient || ≗**-Modulator** *m* / Hall modulator || ≗**-Multiplikator** *m* / Hall multiplier || ≗**-Plättchen** *n* / Hall plate || ≗**raum** *m* / reverberation room, reverberation chamber, reverberant field, diffuse field || ≗**-Schalter** *m* / Hall-effect switch || ≗**sensorbox** *f* / Hall sensor box || ≗**-Sonde** *f* / Hall probe || ≗**-Spannung** *f* / Hall voltage, Hall e.m.f. || ≗**-Wandler** *m* / Hall generator || ≗**-Winkel** *m* / Hall angle

Halo *m* / halo *n*, halation *n*

halogen·frei *adj* / halogen-free *adj* || ≗**freiheit** *f* / free of halogen || ≗**glühlampe** *f* / tungsten-halogen lamp || ≗**-Glühlampe in Quarzglasausführung** / quartz-tungsten-halogen lamp || ≗**lampe** *f* / halogen lamp, tungsten-halogen lamp || ≗**-Metalldampflampe** *f* / metal-halide lamp, halide lamp || ≗**strahler** *m* / halogen emitter || ≗**zählrohr** *n* / halogen-quenched counter tube

Hals *m* (Lampe, ESR) / neck *n* || ≗**abschattung** *f* (ESR) / neck shadow || ≗**lager** *n* / neck bearing, locating bearing || ≗**rohr** *n* (Thermometer) / neck well, neck tube

Halt *m* / halt *n*, stop *n*, hold *n* || ≗ *m* (NC, CLDATA-Wort) / stop (CLDATA word) ISO 3592 || ≗ **Einlesefreigabe** / read-in enable hold || ≗

Verweilzeit / dwell hold || **Betriebsart** ≗ (SPS) / HOLD mode || **programmierter** ≗ (NC) / programmed stop, program stop ISO 1056 || **sicherer** ≗ (SH) / safe standstill, SH, safe stop || **Vorschub** ≗ (NC) / feed hold IEC 550

Haltbarkeit *f* / durability *n* || ≗ *f* (Lagerfähigkeit) / storage life, shelf life, tin stability, package stability || ≗ *f* (Batt. Fähigkeit einer Einheit, eine geforderte Funktion unter gegebenen Anwendungs- und Instandhaltungsbedingungen zu erfüllen, bevor ein Grenzzustand erreicht wird) / endurance *n*

Haltbarkeitsdauer *f* / expiration date, limiting period

Halte·abbild *n* (FWT) / retention image || ≗**arm** *m* / holding arm || ≗**blech** *n* / holding plate || ≗**block** *m* / support *n* || ≗**bolzen** *m pl* / holding bolt || ≗**bolzen für Strombahn** / holding bolt for contact assembly || ≗**bremse** *f* / holding brake || ≗**bremsfunktion** *f* / holding brake function || ≗**bremskraft** *f* / holding brake effort || ≗**bucht** *f* (Flp.) / holding bay || ≗**bügel** *m* / fixing bracket || ≗**bügel** *m* (IK) / clip *n* || ≗**bügel** *m* (Kleinrel.) / retainer *n*

Halte·eingang *m* / holding input || ≗**-Eingangssignal** *n* / hold input signal (stopping the activity of a CPU) || ≗**erregung** *f* (Rel.) / specified non-drop-out value || **mit** ≗**erregung** (Schütz) / with hold-in coil || ≗**fahne** *f* (EZ) / anti-creep yoke || ≗**feder** *f* / retaining spring || ≗**fläche** *f* / holding surface || ≗**frequenz** *f* / holding frequency || ≗**futter** *n* (Sich.) / liner *n* || ≗**glied** *n* DIN 19226 / holding element || ≗**glied-Steuerung** *f* DIN 19226 / holding element control || ≗**griff** *m* / grip *n*, handle *n*

Halte·haken *m* / retaining hook || ≗**-Istwert** *m* (Rel.) / just non-release value, measured non-release value (US) || ≗**klammer** *f* / retaining clamp || ≗**kondensator** *m* / hold capacitor || ≗**kontakt** *m* / locking contact || ≗**kraft** *f* (Kontakte) / retention force (contacts) || ≗**kraft des Einsatzes** (StV) / insert retention (in housing) || ≗**kraft des Erdkontaktes** (StV) / earthing contact ring holding force IEC 512-1 || ≗**last** *f* / holding load || ≗**leistung** *f* / holding power, retaining strip || ≗**moment** *n* / holding torque || ≗**nase** *f* (StV) / lug *n* || ≗**platte** *f* / holding plate, holding point, stop *n*

Haltepunkt *m* (NC) / stop point || ≗ *m* (QS) / hold point || ≗ *m* (Programmunterbrechungspunkt) / breakpoint *n* || ≗**leiste** *f* / breakpoint bar

Halter *m* / holder *n* || ≗ *m* (Lampe, Leuchtdraht) / support *n* || ≗ **Druckschraube** / holder, thrust screw || ≗**, verstellbar** / holder, adjustable

Halterahmen *m* (ET) / retaining frame

Halterbremse *f* / MHB

Haltering *m* (Lg.) / retaining ring || ≗ *m* / supporting ring

Halterkasten *m* / brush box

Halterung *f* / support *n*, carrier *n*, clamp *n*, mount *n*, bracket *n* || ≗ *f* (StV-Kontakte) / retention system || **Isolations~** *f* / insulation grip || **Kontakt~** *f* / contact retention system, contact retainer

Halterungswinkel *m* / mounting bracket

Halte·scheibe *f* / retaining washer || ≗**schraube** *f* / retaining screw, fastening screw, fixing screw || ≗**sicherheitsfaktor** *m* (Rel.) / safety factor for holding || ≗**signal** *n* / hold signal (stopping the activity of a CPU) || ≗**spannung** *f* (Stehspannung) / withstand voltage || **Kollektor-Emitter-**≗**spannung** *f* / collector-emitter sustaining voltage || ≗**speicher** *m* / latch *n*, retention buffer || ≗**spule** *f* (z.B. Auslöser) / holding coil, hold-on coil || ≗**spule** *f* (Differentialschutzrelais) / bias coil, restraining coil || ≗**stange** *f* (zum Halten u. Bewegen von Leitern u. anderen Bauteilen) / support pole || ≗**stangensattel** *m* (f. Leitungsmontage) / support-pole saddle

Halte·stelle *f* / station *n*, docking position || ≗**stelle** *f* (FFS, Palette) / docking point || ≗**stift** *m* / locating pin || ≗**-Stoßspannung** *f* / impulse withstand voltage, impulse test voltage, dowel *n*, alignment pin, retention pin, locking pin || ≗**strahlerzeuger** *m* (ESR) / holding gun || ≗**strom** *m* (Stehstrom) / withstand current, no-damage current || ≗**strom** *m* (Thyr) / holding current || ≗**-Verhalten** *n* (Reg.) / holding action || ≗**verstärker** *m* / sample-and-hold amplifier

Haltevorrichtung *f* / holding fixture, arresting mechanism, retaining device || ≗ *f* (f. Bürstenträgerring) / rocker yoke || ≗ *f* (Wickelverb.) / holding device

Halte·-Wechselspannung *f* / power-frequency withstand voltage, power-frequency test voltage || ≗**wert** *m* (Rel.) / non-release-value, hold value, relay hold || ≗**wert** *m* (Stehwert) / withstand value

Haltewicklung *f* / holding winding, holding-on coil || ≗ *f* (Differentialschutzrelais) / bias winding, restraining winding, bias coil || ≗ *f* (el. Masch., Nebenschluss-Stabilisierungswicklung) / shunt stabilizing winding

Halte·winkel *m* / retaining angle, fixing bracket, holding bracket || ≗**wirkung** *f* (Rel.) / bias *n* (relay) || **Relais mit** ≗**wirkung** / biased relay || ≗**zapfen** *m* / holding stud

Haltezeit *f* / dwell time (A time delay between moves or programmed or established duration) || ≗ *f* (Osz.) / retention time, save time || ≗ *f* (Zeitdifferenz, die zwischen Signalpegeln gemessen wird) DIN IEC 147-1 E / hold time

Halte·zone *f* (a. RSA) / lock-in zone || ≗**zunge** *f* (EZ) / creep stop, anti-creep tongue

Halt-Signal *n* / hold signal (stopping the activity of a CPU)

Haltzustand *m* / stop state

Hammer *m* / hammer *n* || ≗ *m* (EZ) / striker *n* || ≗**kopfnut** *f* / T-slot *n*, T-head slot || ≗**kopfpol** *m* / T-head pole || ≗**kopfschraube** *f* / T-head screw || ≗**maschine** *f* / hammering machine || ≗**mutter** *f* / vee nut || ≗**schlag** *m* (Zunder) / iron hammer scale, scale *n*

hammerschlaglackiert *adj* / hammertone-enamelled

Hammer·schlaglackierung *f* / hammer finish || ≗**schlagprägung** *f* / hammer finish || ≗**schraube** *f* / hammer-head bolt || ≗**zeichen** *n* / hammer symbol

Hamming·-Abstand *m* / Hamming distance, signal distance || ≗**-Distanz** *f* / Hamming distance

Hand im Eingriff / hand inserted || **Eingriff von** ≗ / manual interference, manual intervention, manually initiated function, human intervention || **von** ≗ / by hand, manual *adj*

Hand·achse *f* / hand axis || ≗**antrieb** *m* (SG) / manually operated mechanism, hand-operated mechanism, hand drive || ≗**antrieb** *m* (Trafo-Stufenschalter) / manual drive of motor-drive mechanism IEC 50(421) || ≗**aufzug** *m* (Lift) / hand-driven lift, hand-driven elevator || ≗**aufzug** *m* / manual charging || ≗**aufzug** *m* (Bauelement f. Kraftspeicherfeder) / hand-wound mechanism || **Uhrwerk mit** ≗**aufzug** / hand-wound clockwork ||

²**auslösevorrichtung** *f* / manual trip device, manual release || ²**-Automatik-Umschalter** *m* / manual-automatic selector switch || ²**-Automatik-Umschaltung** *f* / manual-automatic transfer, HAND-AUTO changeover

Hand·band *m* / manual line || ²**bedienbild** *n* / manual faceplate || ²**bediengerät** *n* / hand-held controller, hand-held terminal, handheld operator panel || ²**bedienung** *f* / manual operation, manual control || ²**beladeplatz** *m* / manual loading point || ²**bereich** *m* VDE 0100,T.200 / arm's reach, normal arm's reach || **im** ²**bereich** / within normal arm's reach

handbetätigt *adj* / manually operated (o. controlled), hand-operated *adj* || **~er Brandmelder** / manual call point, manual alarm box || **~er Hilfssteuerschalter** (zur Betätigung eines normalerweise motorbetätigten Schaltwerks) / standby hand control || **~er Hilfsstromschalter** VDE 0660, T.200 / manual control switch IEC 337-1, manually operated control switch || **~es Schaltwerk** (Bahn) / manual switchgroup

Handbetätigung *f* / manual control, hand control, hand operation, operation by hand, manual operation || **quasi-unabhängige** ² / semi-independent manual operation

Handbetrieb *m* / manual control, manual mode, manual operation, JOG mode || ² **und Einstellungen für den manuellen Betrieb** / manual mode and settings for manual mode

Handbuch *n* / manual *n*, instruction manual || ² *n* (HB) / manual *n*, guide *n* || ² **für Entwickler** / handbook for developers || ² **Gebäudesystemtechnik** / manual on building management system || ²**-Änderungsdienst** *m* / manual updating service

Hand·computer *m* (HC) / hand computer (HC), hand-held computer (HHC), pocket computer, briefcase computer || ²**crimpzange** *f* / hand crimping tool || ²**dosierung** *f* (Chromatograph) / manual injection || ²**drehantrieb** *m* / manual rotary operating mechanism || ²**drehzahl** *f* / manual speed

Handeingabe *f* / manual input, manual data input (MDI), manual entry || ²**betrieb** *m* (NC) / manual data input ISO 2806-1980 || ²**gerät** *n* / hand-held input unit || ²**satz** *m* / manual input block (o. record) || **Daten-**²**schalter** *m* (NC) / manual data input switch

Hand·eingriff *m* / manual interference, manual intervention, manually initiated function, human intervention, manual control || ²**eingriff** *m* (NC) / manual override || ²**einschaltsperre** *f* / manual lockout device || ²**einschaltung** *f* / manual closing || ²**einschub** *m* / manual withdrawable section

Handels·bilanz *f* / balance of trade || ²**marke** *f* / trade mark

handelsüblich *adj* / commercial *adj*, standard *adj*, customary *adj* || **~e Größe** / trade size

Handfahren *n* / manual travel

hand·fest anziehen / tighten by hand || ²**feuerlöscher** *m* / portable fire extinguisher || ²**fläche** *f* / palm *n* || ²**flügelpumpe** *f* / semi-rotary hand pump || **~geführtes Elektrowerkzeug** / hand-held electric tool, hand-held motor-operated tool || **~gehaltenes Peripheriegerät** (SPS) / hand-held portable peripheral || ²**gerät** *n* VDE 0700,T.1 / hand-held appliance IEC 335-1 || ²**gerät** *n* (Büromaschine) / hand-held machine || ²**geräte** *n pl* / hand-held equipment || **~geschaltetes Getriebe** / manually shifted transmission (o. gearbox) || **~gestarteter Wiederanlauf** / manual restart

handgesteuert·e NC (HNC) / hand numerical control (HNC) || **~es Programm** / manually controlled program, manual program

Handgriff *m* / handle *n*

handhabbar *adj* / manipulable *adj*

Handhabe *f* / handle *n* || ² *f* / actuator *n* IEC 337- 1, grip *n*, operating lever, actuating lever, extracting lever, extraction grip || **im Bereich der** ² / near the handle

Handhabung *f* / handling *n* || ² *f* (Bedienung) / operation *n* || ² **und Lagerung** / handling and storing || **lötkolbenfreie** ² / handling without soldering iron

Handhabungs·aufgabe *f* / handling operation || ²**automat** *m* / manipulator *n*, robot system, manipulating device || ²**gerät** *n* / manipulator *n*, robot system, manipulating device || ²**system** *n* (HHS Robotersystem) / robot system, industrial handling || ²**technik** *f* / handling technology, handling devices, handling equipment || ²**technik** *f* (Robotersysteme) / robotics *plt* || ²**vorschrift** *f* / precaution for handling

Hand·hebel *m* / hand lever || ²**hebel** *m* / lever for handwheel coupling || ²**presse** *f* / manual lever press || ²**hebelstanze** *f* / hand punch, handlever punch

Handheld-Gerät *n* / hand-held device

Hand·knebel *m* / handle *n*, knob handle || ²**kolbenpumpe** *f* / manual piston pump || ²**-Konfiguriergerät** *n* / hand-held configuration controller || ²**kreisschneider** *m* / hand-held circle cutter || ²**kurbel** *f* / hand crank, crank handle || ²**kurbelkopplung** *f* / hand crank coupling || ²**lampe** *f* / hand lamp || ²**lauf** *m* / hand rail || **OCR-**²**leser** *m* / hand-held OCR scanner || ²**leuchte** *f* / hand lamp, trouble lamp || ²**leuchtentransformator** *m* / hand-lamp transformer

Handling *n* / operation *n*

Handlingsmaschine *f* / pick-and-place system, pick-and-place machine, pick and place machine, automatic placement machine

Handlung *f* / action *n*

Hand·melder *m* / manual call point, manual alarm box || ²**nachbildung** *f* (simuliert Impedanz des menschlichen Körpers zwischen einem Elektrohandgerät u. Erde) / artificial hand || ²**pendel** *n* / mini HHU || ²**presse** *f* / hand press || ²**probe** *f* / manual test

Handprogrammiergerät *n* / hand-held programmer, handheld programming unit (HPU), handheld *n*

Handprogrammierung *f* / manual programming

Handpumpe *f* / hand pump, hand primer

Handrad *n* / handwheel *n*, hand (o. manual) pulse generator, electronic handwheel || ² *n* (HR) / handwheel *n*, hand wheel, hand pulse generator, manual pulse generator (MPG), manual pulse encoder || **elektronisches** ² / handwheel *n*, manual pulse generator (MPG), hand wheel, manual pulse encoder || ²**schaltung** *f* / handwheel interface || ²**antrieb** *m* / handwheel mechanism || ²**anwahl** *f* / handwheel selection || ²**fahren** *n* / handwheel travel || ²**kästchen** *n* / handwheel box || ²**routine** *f* (NC) / handwheel routine || ²**überlappung** *f* / handwheel

override || ²vorschub *m* / handwheel feedrate, handwheel feed
Hand·rechner *m* / hand computer (HC), hand-held computer (HHC), pocket computer, briefcase computer || **²regel** *f* / hand rule, Fleming's rule || **²regelung** *f* / manual regulation || **²-Regler-Schalter** *m* / manual-automatic selector switch
handrückensicher *adj* / safe from touch by the back of the hand
Handrückstellung *f* / handreset (device), manual reset(ting)
Hand·schiebeventil *n* / manual slide valve || **²schriften-Übertragungsgerät** *n* / telewriter *n*
Handschweißbetrieb *m* (HSB) / hand welding, non-automatic (o. intermittent) welding || **Nenn-~** *m* / nominal intermittent duty
handschweißen *v* / manual welding
Handschweiß·station *f* / manual welding station || **²zangen** *f pl* / manual welding tongs
Handsender *m* (IR-Fernbedienungsgerät) / hand-held transmitter, hand-held controller
Handshake·quelle *f* (PMG) DIN IEC 625 / source handshake (SH) || **²-Quellenfunktion** *f* (PMG) DIN IEC 625 / source handshake (function) || **²-Senkenfunktion** *f* (PMG) DIN IEC 625 / acceptor handshake function || **²-Zyklus** *m* DIN IEC 625 / handshake cycle
Hand·skizzentechnik *f* (CAD) / sketching *n* || **²spannkurbel** *f* / (spring) charging hand-crank, spring-winding hand-crank || **²speicherantrieb** *m* / manually operated stored-energy mechanism, manual operating mechanism with stored-energy feature || **²sperre** *f* / manual lockout device || **²sprungantrieb** *m* / manually operated snap-action mechanism || **²stange** *f* / hand pole, hand stick || **²stellgröße** *f* / manual controller output || **²steuergerät** *n* / hand-held controller, hand-held terminal || **²steuerhahn** *m* / remote control cock || **²steuerung** *f* / manual control, hand control || **²-Strukturiergerät** *n* / hand-held configuration controller
Hand·teller *m* / palm *n* || **²terminal** *n* / hand-held terminal, remote control set || **²transformator** *m* / hand-held transformer
Hand·ventil *n* / manually actuated valve || **²verfahrsatz** *m* / manual data input (MDI), manual input, MDI (manual data input) || **²verstellung** *f* / manually operated || **²-vor-Ort** / operator terminal || **²vorschub** *m* (Manipulator) / wrist extension, manual feedrate, feed in jog mode, manual feed || **²wechsel** *m* / manual change
Handwerk *n* / handicraft *n*
handwerkliche Ausführung / workmanship *n*
Handwerkzeug *n* / manual tool || **elektrisches ²** / electric hand tool
Handwickel *m* / hand-wound tape serving, hand-wound banding
Handy *n* / mobile phone
Hand·zähler *m* (Zapfpistole) / pistol-grip meter || **²zange** *f* / crimping pliers, pliers *n pl* || **²zange** *f* (Crimpwerkzeug) / crimping tool || **²zeichen** *n* / hand signal || **²zugaben** *f pl* / manual additives
Hänge·bahn *f* / telpher line || **²bügel** *m* (IK) / hanger *n*, stirrup *n* || **²druckknopftafel** *f* / pendant station, pendant pushbutton station || **²drucktaster** *m* / pendant station, pendant pushbutton station || **²fassung** *f* / suspension lampholder || **²förderer** *m* / monorail conveyor || **²gleiter** *m* / suspended slider || **²isolator** *m* / suspension insulator || **²kette** *f* (Isolatorkette m. Armaturen) VDE 0446, T.1 / suspension (insulator) set, suspension assembly || **²lager** *n* / shaft hanger, hanging bearing || **²leuchte** *f* / pendant luminaire, pendant *n*, pendant fitting, suspension luminaire, suspension fitting, catenary-suspended luminaire
hängen *v* / hang *v*
hängend·e Brennstellung (Lampe) / base up position || **~er Schwimmer** / suspended float
Hänge·schelle *f* (IR) / suspension saddle, conduit hanger || **²stromschiene** *f* / overhead conductor rail
Hangkompensation *f* / sag compensation
Hantelnutung *f* (el. Masch.) / dumb-bell slotting
Hantierungsbaustein *m* (SPS) / data handling block || **²** *m* (HTB) / organization block, data handling block (DHB)
Hard- und Softwareendschalter *m* / hardware and software limit switches
HARDPRO / HARDPRO
Hardware *f* (HW) / hardware *n* || **² nach PC** (Sichern) / hardware to PC (Backup) || **²aufbau** *m* / hardware configuration || **²-Ausgabestand** / hardware release || **²-Baugruppe** *f* / hardware module || **²-Endschalter** *m* / hardware limit switch || **²fehler** *m* / hardware fault || **²komponente** *f* / hardware component || **²konfiguration** *f* / hardware configuration || **²quittierung** *f* / hardware acknowledgement || **²signal** *n* / hardware signal || **²-Übersicht** *f* / hardware overview || **²-Voraussetzungen** *f pl* / hardware requirements
Harmonische *f* / harmonic *n*
harmonisch·e Reihe / harmonic series, harmonic progression || **~e Resonanz** / harmonic resonance || **~e Synthese** / Fourier series || **~e Teilschwingung** / harmonic component || **~e Unterwelle** / subharmonic *n* || **~es Spektrum** / harmonic spectrum, Fourier spectrum
Harnstoff-Formaldehyd-Harz *n* / urea-formaldehyde resin
hart *adj* / hard *adj* || **~ gezogen** / hard-drawn
härtbar *adj* (Kunststoff) / hardening *adj*, hardenable *adj*, thermo-hardening *adj*, thermo-setting *adj* || ~ (Metall) / hardenable *adj* || **~e flexible Glimmererzeugnisse** / curable flexible mica material
Härtbarkeit *f* / hardening ability, hardenability *n*, thermo-setting ability
Hartblei *n* / hard lead, antimonial lead, pure antimonial lead
Hartdrehen *n* / hard turning
Härte *f* / hardness *n* || **² einer Prüfung** / severity of test || **²eindruck** *m* / indentation *n* || **²grad** *m* / degree of hardness, grade of hardness || **²mittel** *n* / hardener *n*, hardening agent
härten *v* (Kunststoff) / cure *v*, set *v*, stove *v*, bake *v* || ~ *v* (Metall) / temper *v*, harden *v*
Härteprofil *n* (Härteprüf.) / depth of indentation, indentation *n*
Härteprüfung *f* / hardness test || **² nach Brinell** / Brinell hardness test || **² nach Rockwell** / Rockwell hardness test, direct-reading hardness test || **² nach Vickers** / Vickers hardness test, diamond pyramid hardness test
Härter *m* / hardener *n*, hardening agent
harter Motor / motor with stiff speed characteristic,

shunt-characteristic motor || ~ **Stoppzustand** *m* (SPS) / hard stop mode (user program interrupted) || ~ **Supraleiter** / hard superconductor, type 2 superconductor

Härteriss *m* / hardening crack, heat-treatment crack, quenching crack

hartes Drehzahlverhalten / stiff speed characteristic, shunt characteristic || ~ **Stillsetzen** / abrupt stopping, hard stopping (o. shutdown)

Härte·sack *m* / local hardness drop || ≗**spitze** *f* / hardness peak

Hartferrit *m* / hard ferrite

Hartfräsen *n* / hard milling

Hartgas *n* / hard gas || ≗**-Lastschalter** *m* / gas-evolving switch, hard-gas switch, auto-blast interrupter switch (US) || ≗**-Leistungsschalter** *m* / gas-evolving circuit-breaker, hard-gas circuit-breaker, autoblast interrupter (US) || ≗**schalter** *m* / gas-evolving switch, hard-gas switch, auto-blast interrupter switch (US) || ≗**schalter** *m* (LS) / gas-evolving circuit-breaker, hard-gas circuit-breaker, autoblast interrupter (US)

hartgelagerte Auswuchtmaschine / hard-bearing balancing machine

hartgelötet *adj* / brazed *adj*

hartgesintert *adj* / vitrified *adj*

Hart·gewebe *n* (Hgw) / fabric-base laminate || ≗**glas** *n* / hard glass || ≗**glasgewebe** *n* / laminated glass fabric, glass-fibre laminate, laminated glass cloth || ≗**gummi** *n* / hard rubber, vulcanized rubber, ebonite *n*, vulcanite *n* || ≗**guss** *m* / chilled cast iron

Harting-Steckverbindung *f* / Harting connector

Hart·kohle *f* / hard carbon || ≗**kupfer** *n* / hard-drawn copper || ≗**lot** *n* / hard solder, brazing solder, brazing speller, brazing alloy

hartlöten *v* / hard-solder *v*, braze *v*

hartmagnetisches Material / magnetically hard material

Hartmatte *f* (Hm) / glass-mat base laminate

Hartmetall *n* / carbide metal, cemented carbide, carbide *n* || ≗**-Drehmeißel** *m* / carbide-tipped cutting tool || ≗**-Gewindebohrer** *m* / carbide tap || ≗**schneide** *f* / carbide-tipped cutting edge || ≗**spitzen-Werkzeug** *n* / carbide-tipped tool

Hartmikanit *n* / rigid mica material

Hartpapier *n* (H-Papier) / paper-base laminate, laminated paper, bakelized paper, synthetic-resin-bonded paper (s.r.b.p.) || ≗**zylinder** *m* / cylinder of paper-base laminate, s.r.b.p. cylinder

Hart·-PVC *n* / hard PVC || ≗**schaben** *n* / shaving *n* || ≗**schaummaterial** *n* / rigid foam plastic

Härtung *f* / hardening *n*, curing *n*

Härtungs·mittel *n* / hardener *n*, hardening agent || ≗**temperatur** *f* (Isolierstoff) / curing temperature || ≗**zeit** *f* / curing time, setting time, hardening time

hartverchromt *adj* / hard chrome-plated

Hartverchromung *f* / hard chromium plating, hard chrome plating

hart·vergoldet *adj* / hard gold-plated || ~**vernickelt** *adj* / hard nickel-plated || ~**versilbert** *adj* / hard silver-plated

Harz *n* / resin *n* || ≗ **im B-Zustand** / B-stage resin || ≗**bildnerprobe** *f* / oxidation stability test

harzend *adj* / resinating *adj*

harz·gefüllt *adj* / resin-filled *adj*, resin-packed *adj* || ~**imprägniertes Papier** / resin-impregnated paper

Harz·masse zum Umgießen / encapsulating resin || ≗**rauch** *m* / resin smoke || ≗**verschmierung** *f* / resin smear

Haspel *f* / coiler *n* || ≗**antrieb** *m* / coiler drive || ≗**pult** *n* / coiler unit

Haube *f* (el. Masch.) / jacket *n*, cover *n* || ≗ *f* (f. senkrechte Maschinen) / canopy *n* || ≗ *f* (Lüfter) / cowl *n*, shroud *n* || ≗ *f* (Batt.) / (battery) cover || **Schutz~** *f* / protective cover, protective hood, protective shell, cover *n*

Hauben·anschluss *m* (IK) / outlet cone, hood-type outlet || ≗**auslass** *m* (IK) / hood outlet || ≗**deckel** *m* / hood-type cover, roof-type cover, domed cover || ≗**transformator** *m* / hood-type transformer, hooded transformer || ≗**verteiler** *m* / hood-type distribution board || ≗**verteilung** *f* / hood-type distribution board

hauch·artiger Überzug / very thin film || ~**vergoldet** *adj* / gold-flashed *adj*

Häufigkeit von Spannungsänderungen / rate of occurrence of voltage changes

Häufigkeits·dichte *f* DIN 55350,T.23 / frequency density || ≗**dichtefunktion** *f* DIN 55350,T.23 / frequency density function || ≗**faktor** *m* / frequency factor || ≗**gruppenverteilung** *f* / grouped frequency distribution || ≗**kurve** *f* / frequency distribution curve || ≗**schalter** *m* (LS) / increased-frequency circuit-breaker || ≗**summe** *f* DIN 55350,T.23 / cumulative frequency || ≗**summenkurve** *f* DIN 55350,T.23 / cumulative frequency curve || ≗**summenpolygon** *n* DIN 55350,T.23 / cumulative frequency polygon || ≗**summentreppe** *f* DIN 55350,T.23 / stepped cumulative frequency plot || ≗**summenverteilung** *f* DIN 55350,T.23 / cumulative frequency distribution || ≗**verteilung** *f* DIN 55350,T.23 / frequency distribution || **zweidimensionale** ≗**verteilung** / scatter *n*, bi-variate point distribution || ≗**zähler** *m* (f. Meldungen) / (event) frequency counter

H-Aufteilung *f* / H segmentation

Häufung *f* / bundling *n* || ≗ **von Kabeln** / bundling of cables, grouping of cables || **Fehler~** *f* / error burst || **Leitungs~** *f* / cable bundling, cable grouping

Haupt·ablauf *m* (WZM) / primary sequence || ≗**abmessungen** *f pl* / main dimensions, principal dimensions, overall dimensions || ≗**abschnitt** *m* (Kabelsystem) / major section || ≗**achse** *f* / principal axis || ≗**achse** *f* (Bürste) / centre line || ≗**alarm** *m* / master alarm || ≗**anschlüsse** *m pl* (LE) / main terminals, principal terminals

Hauptanschluss·kasten *m* / main terminal box, master terminal box || ≗**klemme** *f* (IV, MCC) / main incoming line terminal, line terminal, main lug, bushing terminal, mains *n* || ≗**leiter** *m* / main incoming line conductor

Haupt·ansteuerungsfeuer *n* (Flp.) / landfall light || ≗**antrieb** *m* (motorischer A.) / main drive, master drive || ≗**antrieb** *m* (SG) / main mechanism || ≗**antrieb** *m* (Führungsmotor) / master drive || ≗**anzapfung** *f* (Trafo) / principal tapping IEC 76-1 || ≗**anzeige** *f* / main indication || ≗**arbeitsbereich** *m* / main working area || ≗**aufgabe** *f* / main task || ≗**ausdehnungsgefäß** *n* / main conservator (tank o. vessel), transformer conservator || ≗**ausfall** *m* / major failure

Haupt·baugruppe *f* / top-assembly *n* || ≗**bedienfeld** *n* / main operator panel, main control panel || ≗**bedienpult** *m* / main operator panel, main control panel || ≗**belastungszeit** *f* / peak period ||

≈betriebsart *f* / main mode, main mode of operation || **≈bild** *n* / main image || **≈blindwiderstand** *m* / magnetizing reactance, armature-reaction reactance, air-gap reactance || **≈bürste** *f* / main brush || **≈-Busstrang** *m* / backbone *n*

Haupt·diagonale *f* (Gittermast) / main bracing || **≈ebene** *f* (WZM) / main plane || **≈eigenschaft** *f* / main characteristic || **≈einflugzeichen** *n* (MMK) / middle marker (MMK) || **≈einspeiseklemme** *f* / main incoming line terminal, line terminal, main lug, bushing terminal, mains *n* || **≈einspeisung** *f* / main incoming supply || **≈elektrode** *f* / main electrode || **≈entladungsstrecke** *f* (zwischen Elektroden) / main gap (between electrodes) || **≈erdungsklemme** *f* VDE 0100, T.200 / main earthing terminal, main ground terminal (US) || **≈erdungsleiter** *m* / main earth continuity conductor, main earthing conductor || **≈erdungsschiene** *f* VDE 0100, T.200 / main earthing bar, ground bus (US), earth bus || **≈erregermaschine** *f* / main exciter || **≈erregersatz** *m* / main exciter set || **≈fahrbahn** *f* / main carriageway || **≈fehler** *m* (QS) DIN 55350, T.31 / major non-conformance || **Einheit mit einem oder mehreren ≈fehlern** / major defective

Hauptfeld *n* / magnetizing field, main field, series field || ≈ *n* (FSK) / main section, master section || **≈induktivität** *f* / magnetizing inductance || **≈-Längsreaktanz** *f* / direct-axis magnetizing reactance, direct-axis armature reactance || **≈-Längsspannung** *f* / direct-axis component of synchronous generated voltage || **≈-Querreaktanz** *f* / quadrature-axis magnetizing reactance, quadrature-axis armature reactance || **≈-Querspannung** *f* / quadrature-axis component of synchronous generated voltage || **≈reaktanz** *f* / magnetizing reactance, armature-reaction reactance, air-gap reactance || **≈spannung** *f* / steady-state internal voltage, internal e.m.f., synchronous internal voltage, excitation voltage || **≈wicklung** *f* / main field winding, torque field winding || **≈-Zeitkonstante** *f* / open-circuit field time constant

Haupt·festkontakt *m* / main fixed contact || **≈fluss** *m* / useful flux, working flux || **≈frequenz** *f* / dominant frequency || **≈generator** *m* / main generator || **≈gruppe** *f* / main group || **≈gruppenbezeichnung** *f* / main group designation

Haupt·impedanz *f* / magnetizing impedance, mutual impedance || **≈induktivität** *f* / magnetizing inductance, mutual inductance, useful inductance || **≈isolation** *f* / major insulation, main insulation || **≈isolation** *f* (rotierende el. Masch.) / ground insulation, slot armour, main insulation || **≈isolierung** *f* / ground insulation, slot armour, main insulation

Haupt·kabel *n* (LAN) / trunk cable || **≈kabel** *m* (DÜ) DIN 44302 / forward channel || **≈kennlinie** *f* (HL) / principal characteristic || **≈kette** *f* (SPS) / primary sequencer, main sequencer || **≈klemme** *f* (el. Masch.) / main terminal, phase terminal || **≈klemmenkasten** *m* / main terminal box, master terminal box || **≈klemmenkasten** *m* (el. Masch.) / primary terminal box || **≈klemmensatz** *m* / main terminal kit || **≈kontakt** *m* / main contact

Haupt·lager *n* / main bearing || **≈längsreaktanz** *f* / direct-axis magnetizing reactance || **≈lauf** *m* / main run || **≈laufsatz** *m* / main run block || **≈laufvariable** *f* / main run variable || **≈leistungsschalter** *m* / main circuit-breaker, line breaker || **≈leistungsschalter** *m* (Bahn, Streckenschalter) / line circuit-breaker || **≈leiter** *m* / phase conductor, outer conductor, main conductor, supply-cable conductor, external line || **≈leiteranschluss** *m* / main conductor connection || **≈leitstand** *m* (Pult) / supervisory console, main control console

Hauptleitung *f* / main line, mains *n*, trunk line || ≈ *f* (I-Ltg.) / mains *n* || ≈ *f* (Telefonltg.) / trunk line

Hauptleitungs·abzweig *m* / main branch circuit, lateral line, lateral *n*, sub-circuit *n* || **≈satz** *m* (Kfz) / main wiring harness || **≈schacht** *m* / main riser duct

Haupt·leuchtkörper *m* (Kfz-Lampe) / driving filament, driving beam filament || **≈leuchtkörper** *m* (Lampe) / major filament, main filament || **≈linie** *f* (Komponente eines Installationsbussystems) / main line || **≈luftspalt** *m* (el. Masch.) / main air gap

Haupt·maschine *f* (antreibende M.) / driving machine, primary machine || **≈melder** *m* (Brandmelder) / fire alarm routing equipment EN 54 || **≈meldezentrale** *f* (f. Brandmeldungen) / fire alarm receiving station || **≈menü** *n* / main menu || **≈netz** *n* / main network || **≈normal** *n* / primary standard, master standard || **≈normalzähler** *m* / reference standard watthour meter || **≈notausschalter** *m* / emergency main control switch || **≈piste** *f* (Flp.) / main runway, primary runway || **≈platine** *f* (Leiterplatte) / main board

Hauptpol *m* / main pole, field pole || **≈feld** *n* / main field || **≈wicklung** *f* / field winding, main-pole winding

Haupt·-Potentialausgleichsleiter *m* / main equipotential bonding conductor || **≈produktionsplan** *m* (Fabrik, CIM) / master production schedule (MPS)

Hauptprogramm *n* / main program, background program || ≈ *n* (HP) / master routine, main program (MP) || **≈aufruf** *m* / main program call

Haupt·pult *n* / main console || **≈-Querreaktanz** *f* / quadrature-axis magnetizing reactance || **≈reaktanz** *f* / magnetizing reactance, armature-reaction reactance, air-gap reactance || **≈regelgröße** *f* / final controlled variable

Hauptreihe *f* / main series, basic range, basic line || **Lampen der ≈** / standard lamps

Haupt·resonanzfrequenz *f* / dominant resonant frequency || **≈rückführpfad** *m* / main feedback path || **≈rückführung** *f* / monitoring feedback

Hauptsammelschiene *f* / main busbar, power bus, main bus || ≈ *f* (MCC) / main bus (bar), common power bus, horizontal bus

Hauptsammelschienenverschraubung *f* / main busbar bolting

Hauptsatz *m* (NC, SPS) / reference block, main block || **≈suche** *f* (NC) / program alignment search, search for program alignment function || **≈suchfunktion** *f* (NC) / alignment function || **≈zeichen** *n* (NC) DIN 66025,T.1 / alignment character (NC) ISO/DIS 6983/1, alignment function character ISO 2806-1980

Hauptschale *f* (IK) / channel *n*, body *n*

Hauptschalter *m* / master switch, line switch, mains switch, isolating switch, disconnect switch, disconnecting means || ≈ *m* (LS) / main circuit-breaker, line circuit-breaker || ≗ *m* (Steuerschalter) / main control switch, master controller || ≗ *m* (elST, SPS) / power switch, on/off switch || ≗ *m* (TS) / mains switch (GB), incoming disconnector, mains isolating switch || ≗ **mit Sicherungen** / incoming disconnector-fuse, incoming-line fusible isolating switch (US)

Hauptschalt·gerät *n* / main switching device BS 4727, G 06 || ≗**glied** *n* / main contact element, main contact || ≗**strecke** *f* / main interrupter || ≗**stück** *n* / main contact || ≗**tafel** *f* / main switchboard

Haupt·scheinwerfer *m* (Kfz.) / headlight *n* || ≗**schenkel** *m* (Trafo-Kern) / main leg, main limb || ≗**schleife** *f* / major loop || ≗**schließanlage** *f* / master key system, pass key system || ≗**schlüssel** *m* / master key || ≗**schlüsselanlage** *f* / master-key system, pass-key system

Hauptschluss·erregung *f* / series excitation || ≗**feld** *n* / series field || ≗**lampe** *f* / series lamp || ≗**maschine** *f* / series-wound machine, series machine || ≗**wicklung** *f* / series winding, series field winding

Haupt·schneidenwinkel *m* / plan approach angle (turning tool), main cutting edge angle, peripheral cutting edge angle (milling tool) || ≗**schutz** *m* / main protection, primary protection || ≗**schütz** *m* / main contactor || ≗**schutzleiter** *m* / main protective conductor || ≗**schützsteuerung** *f* / main contactor control circuit || ≗**schwingung** *f* / fundamental oscillation, dominant mode || ≗**segment** *n* (LAN) / master segment || ≗**sicherung** *f* / line fuse, main service fuse, main fuse || ≗**sollwert** *m* / main setpoint || ≗**spannung** *f* (HL) / principal voltage || ≗**spannung** *f* (Primärspannung) / primary voltage || ≗**spannung** *f* (mech.) / principal component of stress, principal stress || ≗**speicher** *m* / main storage, primary storage, main memory, RAM

Hauptspindel *f* / main spindle, workspindle *n* || ≗**antrieb** *m* / main spindle drive || ≗**antrieb** *m* (HSA) / main spindle drive (MSD) || **permanent erregter** ≗**antrieb** (PE-HSA) / permanently excited main spindle drive (PE-MSD) || ≗**geber** *m* / main spindle encoder || ≗**-Getriebemotoreinheit** *f* / main spindle geared motor units || ≗**kanal** *m* / main drive chanel || ≗**motor** *m* (HSM) / main spindle motor (MSM)

Haupt·stand *m* / primary status || ≗**startbahn** *f* / main take-off runway || ≗**station** *f* / master station || ≗**-Steigleitung** *f* / rising mains || ≗**-Steigleitungssammelschiene** *f* / busbar rising main, rising main busbars || ≗**-Steigleitungsschacht** *m* / main riser duct

Hauptsteller *m* (Bühnen-BT) / main dimmer, main fader || ≗ *m* (LT) / master dimmer, master fader

Haupt·steuerschalter *m* / master controller || ≗**steuerventil** *n* / main control valve || ≗**strahl** *m* (Schallstrahl) / beam axis || ≗**strahl** *m* (Blitz) / return stroke || ≗**strang** *m* / backbone *n* || ≗**streukanal** *m* / high-low space

Hauptstrom *m* / primary current, current in series circuit, current in main circuit || ≗ *m* (HL) / principal current || ≗**bahn** *f* / main circuit, main conducting path || **~erregte Erregermaschine** / cascaded exciter || ≗**feld** *n* / series field, main conducting path || ≗**kreis** *m* (a. SG) VDE 0660,T.101 / main circuit IEC 157-1 || ≗**kreis** *m* (Leistungskreis) / power circuit, main circuit || ≗**kreis** *m* (el. Masch., Reihenschlusskreis) / primary series circuit, series circuit || ≗**motor** *m* / series-wound motor, series motor || ≗**-Regelanlasser** *m* / series controller || ≗**relais** *n* / primary relay, power relay, series relay

Haupt-Strom/Spannungs-Kennlinie *f* (HL) / principal voltage-current characteristic

Hauptstrom·steller *m* / series field rheostat, primary resistance starter, series controller || ≗**-Steuerschalter** *m* (Bahn) / power switchgroup

Hauptströmungsrichtung *f* / main direction of flow

Hauptstrom·verbindungen, Kontrolle der ≗**verbindungen** (LE) / connection check IEC 700 || ≗**wandler** *m* / series transformer, main current transformer

Haupt·stück *n* / master part || ≗**stückliste** *f* / master parts list (MPL) || ≗**stufe** *f* / main stage || ≗**system** *n* (a. FWT) / main system || ≗**takt** *m* / master clock || ≗**taktgeber** *m* / master clock (MCLK)

Hauptteil *m* (CLDATA-Satz, Hauptelement) / major element, major word || ≗ *m* (Leuchte) DIN IEC 598, Steckdose / main part || ≗ **einer Nachricht** (PMG) / body of a message

Haupt·text *m* (Formtext, Textschablone) / matrix document, invoking document, matrix *n* || ≗**thyristor** *m* (LE) / principal thyristor, main thyristor || ≗**trägheitsachse** *f* / principal inertia axis, mass axis, balance axis || ≗**trägheitsmoment** *n* / principal moment of inertia || ≗**tragseil** *n* (Fahrleitung) / main catenary || ≗**transformator** *m* / main transformer || ≗**-Trennkontakt** *m* / main isolating contact

Haupt·uhr *f* / master clock, central clock, master transmitter || ≗**unterbrecher** *m* / main interrupter || ≗**ventil** *n* (LE) / main valve || ≗**verarbeitungseinheit** *f* (SPS) / main processing unit || ≗**verbindung** *f* / main connection

Hauptverkehrsstraße *f* / trunk road (GB), major road (GB), major highway (US), arterial highway (US), major arterial || **innerstädtische** ≗ / urban major arterial

Hauptverschienung *f* / main conductor bars

Hauptverteiler *m* / main distribution switchboard, main distribution board, main switchboard || ≗**kanal** *m* / distributor main || ≗**schrank** *m* (BV) / main distribution ACS || ≗**tafel** *f* / main distribution switchboard, main distribution board, main switchboard

Hauptverteilung *f* / distribution centre, main distribution board || ≗ *f* (Tafel) / main distribution switchboard, main distribution board, main switchboard

Hauptverteilungsleitung *f* / distribution mains, distribution trunk line, primary distribution line

Haupt·welle *f* / main shaft || ≗**wendel** *f* (Kfz-Lampe) / driving filament, driving beam filament || ≗**wendel** *f* (Lampe) / major filament, main filament || ≗**wicklung** *f* (Einphasenmot., Trafo) / main winding || ≗**wicklung** *f* (Primärwickl.) / primary winding || ≗**wort** *n* (NC- Programm) / major word || ≗**zeichen** *n* (Schaltz.) / chief symbol || ≗**zeit** *f* (WZM, NC) / machining time, productive time, cutting time || ≗**zeit** *f* (Ausnutzungszeit) / utilization time || ≗**zweig** *m* (LE: Zweig, der in die hauptsächliche Leistungsübertragung von einer Seite des Stromrichters oder elektronischen Schalters zu anderen einbezogen ist) / principal arm (An arm involved in the major transfer of power

from one side of the convertor, or electronic switch, to the other)
Hausaggregat *n* / house set
Hausanschluss, Freileitungs-≗ *m* / overhead service || **Kabel-**≗ *m* / underground service || ≗**geräte** *n pl* / service equipment || ≗**impedanz** *f* VDE 0838, T.1 / service connection impedance || ≗**kabel** *n* / service cable, service lateral, incoming service cable || ≗**kasten** *m* / service entrance box, service panel (US), incoming main feeder box, service box || ≗**leitung** *f* / service line, service lateral, service tap, service *n* || ≗**leitung** *f* (Erdkabel) / service cable, incoming service cable, lateral service (US) || ≗**leitung** *f* (Freileitung) / incoming-service aerial cable, service drop (US) || ≗**muffe** *f* / service junction box, service box || ≗**raum** *m* / service entrance equipment room || ≗**sicherung** *f* / service fuse
Hausausstellung *f* / Siemens show
Hauseinführung *f* / service entrance, supply intake, house entry || ≗ *f* (Kabel) / cable entry into building
Hauseinführungsleitung *f* (von Kabelnetzen) / service entrance conductors, service entrance cable, service cable || ≗ *f* (von Freileitung) / service entrance conductors (NEC), service conductors
Haus·eingangsleuchte *f* / entrance luminaire || ≗-**Elektronik-System** *n* (HES) EN 50090 / home electronic system (HES)
Häuserfront *f* / frontage of buildings
Hausgenerator *m* / house generator, stationservice generator
Hausgerät *n* / household appliance, domestic appliance || **Elektro-**≗ *n* / electrical appliance, household electrical appliance, (electrical) domestic appliance
Haushalt·-Automat *m* / miniature circuit-breaker for domestic purposes, miniature circuit-breaker for household use, household-type m.c.b. || ≗**gerät** *n* / household appliance, domestic appliance, electrical appliance || **Elektro-**≗**gerät** *n* / electrical appliance, household electrical appliance, (electrical) domestic appliance || ≗-**Leitungsschutzschalter** *m* (HLS-Schalter) / miniature circuit-breaker for domestic purposes, miniature circuit-breaker for household use, household-type m.c.b. || ≗**sicherung** *f* / fuse for domestic purposes, fuse for household use || ≗**tarif** *m* / domestic tariff || ≗**verbraucher** *m* / domestic consumer
Haus·installation *f* VDE 0100, T.200 / domestic electrical installation, house wiring, house installation, building wiring system || ≗**leitsystem** *n* / building services control (system), remote control of building services, building energy management system || ≗**leittechnik** *f* / building services management system, building services management systems || ≗**leitung** *f* (Telefon) / in-house line || ≗**leitzentrale** *f* / central building-services control station, building automation control centre, energy management centre
Haus·netz *n* / in-house network || ≗**netzwerk** *n* / home network || ≗**nummernleuchte** *f* / house number luminaire, illuminated house number || ≗**postanschrift** *f* / internal mail address || ≗**steuersystem** *n* EN 50090 / home control system || ≗**technik** *f* / building installation practice, domestic electrical installation practice || ≗**transformator** *m* / house transformer, station-service transformer
Haut·riss *m* / surface crack || ≗**schutz** *m* / skin protection || ≗**schutzsalbe** *f* / skin protective ointment || ≗**tiefe** *f* / skin depth, penetration depth || ≗**widerstand** *m* / film resistance || ≗**wirkung** *f* / skin effect, Heaviside effect, Kelvin effect
Havariekommissar *m* / claims agent, accident commission
HB (Handbuch) / manual *n*, guide *n*
H-Bahn *f* / cabin taxi system, overhead cabin system
HBES / Home and Building Electronic Systems (HBES)
HC / hand computer (HC), hand-held computer (HHC), pocket computer, briefcase computer
HD (hard disk) / HD (hard disk) || ≗-**Dampfreduzierventil** *n* / high-pressure steam reducing and cooling station || ≗-**Komponente laden/sichern** / load/backup HD component
HD-Lampe *f* / high-pressure lamp
HDLC / High-level data link control (HDLC)
HDX (Halfduplex) / HDX (Half duplex)
HE / height module, vertical module || ≗ (Höheneinheit) / HM (height module)
Heaviside-Funktion *f* / Heaviside unit step
HEB (Home Electronic Bus) / HEB (home electronic bus)
Hebdrehwähler *m* / two-motion selector
Hebeachse *f* / lifting axis
Hebel *m* / lever *n* || ≗**, Rastseite** / lever, detent side || ≗**anordnung** *f* / shaft arm with stem linkage || ≗**antrieb** *m* (SG) / lever-operated mechanism, operating lever || ≗**antrieb** *m* (Stellantrieb) / lever-operating actuator || ≗**arm** *m* / lever arm, lever bar || **wirksamer** ≗**arm** / effective lever arm || ≗**armverhältnis** *n* / leverage ratio || ≗**blech** *n* / lever plate || ≗**bohrung** *f* / lever hole || ≗**bürstenhalter** *m* / lever-type brush holder, cantilever-type brush holder || ≗**drehung** *f* / lever rotory motion || ≗**dynamometer** *n* / lever dynamometer || ≗**einschalter** *m* / lever switch, single-throw knife switch || ≗**endpunkt** *m* / lever end point || ≗**endschalter** *m* / lever-operated limit switch || ≗**fehler** *m* / lever error || ≗**gestänge** *n* / lever system || ≗**getriebe** *n* / lever mechanism, lever system || ≗**grenzschalter** *m* / lever-operated limit switch || ≗**griff** *m* / lever handle || ≗**lasche** *f* / linkage lever || ≗**moment** *n* / leverage *n*
Hebel·schalter *m* / single-throw knife switch || ≗**schalter** *m* (Messerschalter) / knife switch || ≗**schalter** *m* (Kipphebelschalter) / lever switch IEC 131, toggle switch || ≗**spiel** *n* / lever play || ≗**stein** *m* (EZ) / lever block, lever jewel || ≗**trenner** *m* / vertical-break disconnector, knife disconnector, knife isolator || ≗**trennschalter** *m* / vertical-break disconnector, knife disconnector, knife isolator || ≗**übersetzung** *f* / linkage for translating motions, leverage *n* || ≗**überwachung** *f* / lever monitoring || ≗**umschalter** *m* / double-throw lever switch, knife switch || ≗**verschluss** *m* / latch fastener || ≗**waage** *f* / beam weighing machine || ≗**werk** *n* / compound lever arrangement || ≗**wirkung** *f* / leverage *n* || ≗-**Zugriff** *m* / ejector/extracting lever
Hebemittel *n* / hoisting gear, hoisting tackle
heben *v* / lift *v* || **Einrichtungen zum** ≗ **und Anfassen** / lifting and handling devices
Hebeöse *f* / eyebolt *n*, lifting lug, eyebolt *n*
Heber *m* / lifting device

Hebe·traverse *f* / lifting beam || **²vorrichtung** *f* / lifting means, lifting fitting, lifting lug, jacking pad, eyebolt *n*
Hebezeug *n* / hoisting gear, lifting tackle, hoisting tackle, crane *n*, hoist *n* || **flurbedientes** ² / floor-controlled crane || **²motor** *m* / crane-type motor, hoist-duty motor, hoisting-gear motor
Heck·klappe *f* (Kfz.) / tail gate || **²licht** *n* (Positionslicht) / stern light || **²scheibenwischer** *m* (Kfz) / rear-window wiper
Heft·naht *f* / tack weld || **²schweißen** *n* / tack-welding *n* || **²schweißnaht** *f* / tack weld
Heim·beleuchtung *f* / home lighting, domestic lighting || **²elektronik-System** *n* (HES) / home electronic system (HES) || **²leuchte** *f* / domestic luminaire, domestic lighting fitting || **²- und Gebäudeelektronik** *f* / home and building electronics
heiß zu vergießende Masse / hot-pouring compound
Heiß·dampf *m* / superheated system || **²dampfzylinderöl** *n* / superheated-steam cylinder oil || **²leitung** *f* / superheated steam line
heiße Lötstelle (Thermoelement) / hot junction || **~ Redundanz** / hot stand-by || **~ Reserve** (KW) / hot reserve || **~ Reserve** (Automatisierungsgeräte) / hot stand-by || **~ Verbindungsstelle** (Thermoelement) / hot junction
Heißfilm-Luftmassenmesser *m* / hot-film air-mass meter
heißgehende Elektrode / high-temperature electrode
heißgepresster Tafelpressspan / precompressed pressboard
heißhärtend *adj* / heat-hardening *adj*, hot-setting *adj*, heat-curing *adj*, thermo-setting *adj*
Heiß·isolation *f* / high-temperature insulation || **²kanal-Temperaturregelung** *f* / hot runner temperature control || **²lagerfett** *n* / high-temperature grease || **²laufen** *v* / run hot, overheat *v*
Heißleiter *m* / negative temperature coefficient thermistor, NTC thermistor || **²-Temperaturfühler** *m* / NTC thermistor detector || **²widerstand** *m* / NTC thermistor (resistor)
heißluft·gelötet *adj* / soldered with hot air || **²verzinnung** *f* (gS) / hot-air levelling
Heißpunkt *m* / hot spot, hottest spot, heat concentration || **²temperatur** *f* / hot-spot temperature, hottest-spot temperature || **²-Übertemperatur** *f* / hot-spot temperature rise, temperature rise at winding hot spot
Heiß·reserve *f* (KW) / hot reserve || **²start** *m* (SPS) / hot restart || **²stelle** *f* / hot spot, heat concentration || **²vergussmasse** *f* / hot-pouring compound || **²wassererzeuger** *m* / high-temperature water heating appliance || **²heizungsanlage** *f* / high-temperature water heating system
Heizband *n* / strip-type heater
heizbare Heckscheibe (Kfz) / heated rear window
Heiz·dampfdruck *m* / heating steam pressure || **²dampfversorgung** *f* / heating steam supply || **²decke** *f* / electric blanket || **²deckenschalter** *m* / blanket switch
Heizer *m* (ESR) / heater *n* || **²-Anheizzeit** *f* (ESR) / heater warm-up time || **²-Einschaltstrom** *m* (ESR) / heater starting current, filament starting current || **²gebläse** *n* / heater fan || **²-Kathoden-Isolationsstrom** *m* / heater-cathode insulation current, heater-cathode current
Heiz·faden *m* / heating filament || **²feld** *n* / heat emitter array || **²fläche** *f* / heating surface || **²generator** *m* (Bahn) / heating generator || **²gerät** *n* / heater *n* || **²kabel** *n* / heating cable || **²kammer** *f* (Zuckerkochapparat) / calandria *n* || **²katalysator** *m* (Kfz) / heated catalyst || **²kissen** *n* / heating pad || **²kondensationsturbosatz** *m* / condensing cogenerating turbo-generator set
Heizkörper *m* / space heater, heater *n*, radiator *n* || ² *m* (HG, Büromaschine) / heating element IEC 380 || **eingebauter** ² (HG) / incorporated heating element
Heiz·kraftwerk *n* / district heating power station || **²kupplung** *f* (Bahn) / heating jumper || **²leistung** *f* / heat output, heater rating || **²leiter** *m* / heating conductor || **²leitung** *f* / heating cable || **²lüfter** *m* / fan heater || **²mikanit** *n* / heater plate mica IEC 50(212), rigid mica material for heating equipment
Heiz·platte *f* / hot plate, heating plate || **²rohr** *n* / heater tube, tubular heater || **²spannung** *f* (indirekt geheizte Kathode) / heater voltage || **²spannung** *f* (ESR-Kathode) / filament voltage || **²spirale** *f* / heater coil, heating coil || **²spule** *f* / heater coil, heating coil || **²strahler** *m* / heat emitter || **²strahlerfeld** *n* / heat emitter array || **²strom** *m* / heating current, heating power || **²strom** *m* (Lampe) / filament current || **²strom** *m* (indirekt beheizte Kathode) / heater current || **²stromkreis** *m* / heating circuit || **²technik** *f* / heating technology || **²transformator** *m* / heater transformer || **²transformator** *m* (Lampe) / filament transformer
Heizung, Klima, Lüftung (HKL) / heating, ventilation and air-conditioning (HVAC)
Heizungs·-Fernschalter *m* / contactor for heating systems || **²-, Lüftungs- und Klimatechnik** *f* (HLK-Technik) / heating || **²-Fernschalter** *m* / heating remote switch, ventilation and air conditioning (technology) || **²matrix** *f* / heat emitter array || **²-Reduktionsschema** *n* DIN IEC 235, T.1 / heater schedule || **²regler** *m* (Programmschalter) / heating programmer || **²schütz** *n* / heating system contactor || **²steuerung** *f* / heater control
Heiz·wechselprüfung *f* / heat cycling test || **²wendel** *m* / heater coil || **²widerstand** *m* / heating resistor || **²-Wiederzündung** *f* (Lampe) / instantaneous restart, instant restart
Heldenhain-Geber *m* / Heldenhain encoder
Helfer *m* / mate *n*, helper *n*
Helikal / helical *n* || **²interpolation** *f* / helical interpolation || **²kompensation** *f* / helical compensation
Helium·-Detektor *m* / helium leakage detector || **²-Lecksucher** *m* / helium leakage detector || **²-Spüleinrichtung** *f* (RöA) / helium flushing device
Helix *f* / helix *n* || **²bahn** *f* / helical path || **²-Interpolation** *f* / helical interpolation
hell *adj* (Körperfarbe) / light *adj* || **~** *adj* (Selbstleuchter) / bright *adj* || **~blank** *adj* / light bright
Hellbronze *f* / light bronze
Hellempfindlichkeits·grad, spektraler ²grad / spectral luminous efficiency || **spektrale ²kurve** / spectral luminous efficiency curve
Helligkeit *f* (BSG) / brightness *n* || ² *f* / luminosity *n* || ² *f* (einer Körperfarbe) / lightness *n*
Helligkeitsabfall *m* / decrease in brightness
helligkeitsabhängig *adj* / brightness dependent || **~e Beleuchtungssteuerung** / daylight-sensitive

lighting control
Helligkeits·änderung *f* / brightness variation || **²einsteller** *m* (BSG) / brightness control || **²flimmern** *n* / brightness flicker || **²-Kennwerte** *m pl* (ESR) DIN IEC 151, T.14 / luminance characteristics
Helligkeitsregler *m* / dimmer *n*, dimmer switch, mood setter || **² mit Schieberegler** / slide-type dimmer, sliding-dolly dimmer || **² mit Zeitvorwahl** / timable dimmer, timed mood setter
Helligkeits·sensor *m* / brightness controller || **²-Steuerelektrode** *f* (Osz.) / intensity modulation electrode
Helligkeitssteuerung *f* (BT) / brightness control, dimmer control || **²** *f* (Osz.) / intensity modulation, Z-modulation *n*
Helligkeits·stufe *f* / brightness level, intensity level || **²verstärkung** *f* / brightness amplification
Hell·schaltung, Synchronisier-²schaltung *f* / synchronizing-bright method || **²steuersignal** *n* / unblanking signal || **²steuerspannung** *f* (ESR) / grid/cathode driving voltage, modulation voltage || **²strahler** *m* / halogen emitter || **²tastsignal** *n* / unblanking signal || **²tastung** *f* (Osz.) / spot unblanking, trace unblanking, spot bright-up || **~weiß** *adj* / bright white || **²widerstand** *m* / resistance under illumination
Helpmaske *f* / help form
Hemeralopie *f* / hemeralopia, night blindness
Hemm·fahne *f* (EZ) / braking vane || **²rad** *n* / escapement wheel, ratchet wheel, balance wheel || **²stoff** *m* / inhibitor *n*
Hemmung *f* / retardation *n*
Hemmungsrad *n* / escapement wheel, ratchet wheel, balance wheel
Hemmwerk *n* / escapement mechanism, inertia mechanism || **mechanisches ²** (Ausl.) / mechanical time-delay element
Heptode *f* / heptode *n*
herabbremsen *v* / brake *v*, slow down *v*
herabgesetzt *adj* / reduced *adj* || **~e Arbeitsweise** (einen Systemausfall bei einem fehlerhaften Gerät verhindernd) / graceful degradation
herabgesteuerter Betrieb (LE) / operation at high delay angle
Herab·nahme *f* / reduction *n* || **²schaltung** *f* (Schutz, Übergreifschaltung) / zone reduction (method)
herabsetzen *v* / decrease *v*
Heraufschalten *n* (Kfz.) / gearing up
Herausdrehen, Drehmoment für das ² / remover torque
herausfahren *v* / retract *v*, retraction *v*, tool retract, lift *v*, tool recovery, automatic tool recovery || **~** *v* (des Schaltwagens) / withdraw *v*
herausgeführt *adj* (Leiter) / brought out *adj*
herausgehen *v* / quit *v*, exit *v*
herausgelöst *adj* / separated *adj*
heraushebbarer Teil (Trafo) / untanking part, core-and-coil assembly
herausheben *v* / lift out *v*, untank *v* (transformer)
herausnehmbar *adj* / removable *adj*, detachable *adj*, withdrawable *adj* || **~er Teil** (Trafo) / untanking part, core-and-coil assembly || **~er Teil** (SA) VDE 0670, T.6 / removable part IEC 298 || **~es Teil** (SK) / withdrawable part IEC 439-1, Amend.1
Herausnehmen *n* (v. Programmteilen) / removal *n*, extracting *n*
Heraustrennen *n* (m. SG) / (selective) isolation *n*, disconnection *n*
herausziehbar *adj* / withdrawable *adj*, retractable *adj*
Herdanschluss·dose *f* / cooker connector box (GB), range connection box || **²gerät** *n* / cooker control unit (GB), electric range control unit
Herkonrelais *n* / reed relay
Herkunft *f* / origin *n*
Herkunfts·adresse *f* (DÜ) / source address ISO 348, calling address ISO 8208 || **²bezeichnung** *f* (Meldung) / origin (o. source) tag
Hermetik·-Drosselspule *f* / sealed reactor || **²-Kessel** *m* / hermetically sealed tank || **²-Transformator** *m* IEC 50(421) / sealed transformer
hermetisch *adj* / hermetical *adj* || **~ abgedichtet** / hermetically sealed, air-tight *adj* || **~ abgeschlossen** / hermetically sealed, air-tight *adj* || **~ abgeschlossenes Relais** / hermetically sealed relay || **~ dicht** / hermetically sealed || **~ geschlossener Transformator** / hermetically sealed transformer || **~ geschlossener Trockentransformator** / sealed dry-type transformer || **~e Dichtung** / hermetic seal || **~e Kapselung** (Ex h) / hermetically sealed enclosure || **~er Steckverbinder** / hermetic connector
Herrichten der Leiter / preparation of conductors
herstellen *v* / make *v* || **² einer Zufallsordnung** / randomization *n*
Hersteller *m* / manufacturer *n*, vendor *n*, producer *n*, maker *n* || **²angabe** *f* / manufacturer's identification mark, information to be provided by the manufacturer || **²angaben** *f pl* / manufacturer documentation || **²betreuung** *f* / OEM support || **²betrieb** *m* / manufacturer *n* || **²code** *m* / manufacturer's code || **²dokumentation** *f* / manufacturer documentation || **²erklärung** *f* / manufacturer's declaration || **²kennung** *f* / manufacturer's ID || **²kennzeichen** *n* / manufacturer's identification mark
hersteller·tolerant *adj* / vendor-tolerant *adj* || **~übergreifend** *adj* / cross-vendor *adj* || **~unabhängig** *adj* / multi-vendor *adj*
Hersteller·-VReg/LG / OEM VReg/LG || **²werk** *n* / manufacturing plant
Herstell·grenzqualität *f* / manufacturing quality limit || **²kosten** *plt* / production costs || **²ort** *m* / place of manufacture || **wahre durchschnittliche ²qualität** / true process average
Herstellungs·breite *f* / production width || **²datum** *n* / date of manufacture || **²prozess** *m* / production process, manufacturing process || **²toleranz** *f* / manufacturing tolerance || **²wert** *m* (QS) / objective value
herunter·drücken *v* / press down || **~fahren** *v* (Mot.) / decelerate *v*, bring to a stop, ramp down *v*, shut down, de-energize *v* || **~klappbare Leiterplatte** / swing-down p.c.b. || **²schalten** *n* (Kfz.) / gearing down || **~transformieren** *v* / step down *v*
Hervorheben *n* (a. BT) / highlighting *n*, emphasizing *n* || **~** *v* / highlight *v*, mark *v*
Hervorhebung *f* / highlight *n* || **optische ²** / visual emphasizing
Hervorhebungsbeleuchtung *f* / emphasis lighting, highlighting *n*
hervorragend *adj* / excellent *adj*
hervorstehen *v* / protrude *v*
Herzkammerflimmer·schwelle *f* / threshold of non-

fibrillation || ≈**strom** *m* / fibrillating current
HES (Heimelektronik-System) / HES (home electronic system) || ≈**-Anwendungsprotokoll** *n* / HES application protocol || ≈**-Hausnetzwerk** *n* / HES home network
heterochrome Farbreize / heterochromatic stimuli || ~ **Photometrie** / heterochromatic photometry
Heteropolarmaschine *f* / heteropolar machine
Heuristik *f* / heuristics *plt*
heuristischer Ansatz / heuristic approach
Heuslersche Legierung / Heusler alloy
Hex *n* / hex
Hexa-Code *m* / hexadecimal code
hexadezimal *adj* / hexadecimal || ≈**code** *m* / hexadecimal code || ≈**-Dual-Umwandlung** *f* / hexadecimal-to-binary conversion || ≈**konstante** *f* / hexadecimal constant || ≈**muster** *n* / hexadecimal pattern || ≈**zahl** *f* / hexadecimal number (o. figure) || ≈**ziffer** *f* / hexadecimal digit
hexagonales Ferrit / hexagonally centered ferrite
Hexakonstante *f* / hexadecimal constant
Hex·code *m* / hexadecimal code || ≈**-Darstellung** *f* / hex format
Hexode *f* / hexode *n*
Hex·-Parameter *m* / hex parameter || ≈**-Parametrierung** *f* / hexadecimal parameter assignment || ≈**zahl** *f* / hexadecimal number
Heyland·-Generator *m* / Heyland generator || ≈**-Kreis** *m* / Heyland diagram
HF / high frequency (HF), radio frequency (RF) || ≈**-Anschluss** *m* / HF connection || ≈**-Dämpfungswiderstand** *m* / RF shunt resistance || ≈**-Eingangsleistung** *f* / RF input power || ≈**-Entstörfilter** *n* / RFI suppression || ≈**-Feld** *n* / HF-field || ≈**-Gabel** *f* / HF hybrid || **Prüfung der** ≈**-Güte** / RF resistance test || ≈**-Impuls** *m* / RF pulse || ≈**-Last** *f* / RF load
H-förmiger Mast (Freiltg.) / H support, H frame, portal support
HF·-Pegel *m* / HF level || ≈**-Rauschen** *n* / parasitic RF noise
H-Frequenz *f* / horizontal frequency, line frequency
HF-Störung *f* / RF interference, radio-frequency interference
HG (Hintergrundmagazin) / background magazine
HGK / HVDCT back-to-back link
HGL (hochaufgelöste Lage) / HGL || ≈**-Modul** *n* / HGL module
HG-Speicher *m* (Hintergrundspeicher) / background memory, backup memory
HGÜ (Hochspannungsgleichstromübertragung) / high-voltage DC transmission, HVDC transmission, teletransmission *n*, HVDCT (long range transmission) || ≈**-Fernübertragung** *f* / HVDC transmission system || ≈**-Kurzkupplung** *f* / HVDC back-to-back link, HVDC back-to-back station, HVDC coupling system || ≈**-Leitung** *f* / HVDC transmission line || ≈**-Leitungspol** *m* / HVDC transmission line pole || ≈**-Mehrpunkt-Fernübertragung** *f* / multi-terminal HVDC transmission system || ≈**-Pol** *m* / HVDC system pole, HVDC pole || ≈**-Station** *f* / HVDC substation || ≈**-Stationsregelung** *f* / HVDC substation control || ≈**-Stromrichtertransformator** *m* / HVDC converter transformer || ≈**-System** *n* / HVDC system || ≈**-Systemregelung** *f* / HVDC system control || ≈**-Transformator** *m* / HVDC transformer || ≈**-Übertragungsregelung** *f* / HVDC transmission control || ≈**-Verbindung** *f* / HVDC link || ≈**-Zweipunkt-Fernübertragung** *f* / two-terminal HVDC transmission system
Hgw / fabric-base laminate
HH-Sicherung *f* / HV HRC fuse || ≈ *f* (Hochspannungs-Hochleistungssicherung) / h.v. h.b.c. fuse (high-voltage high-breaking-capacity fuse), h.v. h.r.c. fuse (high-voltage high-rupturing-capacity fuse)
HH-Sicherungseinsatz *m* / h.v. h.r.c. fuse link
Hi-B-Blech *n* / Hi-B sheet, high-induction magnetic sheet steel
HID-Lampe *f* (HID = high-intensity discharge) / HID lamp, high-intensity discharge lamp
Hierarchie *f* / hierarchy *n* || ≈**daten** *plt* / hierarchy data || ≈**ebene** *f* / hierarchical level || ≈ **einer Regelung** (o. Steuerung) / control hierarchy
hierarchisch·e Adressierung (BSG) / hierarchical addressing || **~e Bildnummer** (BSG) / hierarchical display number || **~e Ordnung** / hierarchical order || **~e Regelung** / hierarchical control || **~es Netz** / hierarchical network
HIFU (Hilfsfunktion) / AuxF (auxiliary function)
HIGHSTEP (Zusammenfassung der Programmiermöglichkeiten für die PLC des Systems AS300/AS400) / HIGHSTEP
H-I-Lampe *f* / flame arc lamp
Hilfe / help *n*, assistance *n* || ≈ **beenden** / exit help || ≈**bild** *n* / help display, help screen || ≈**bild zum Parametereingabefenster** / help display for parameter input window || ≈**stellung** *f* / support *n* || ≈**text** *m* / help text || ≈**thema** *n* / help topics || ≈**themen** *n pl* / help topics || ≈**zeile** *f* / help line
Hilfs·achse *f* (Eine externe Achse (z.B. ein Lade-/Entladeroboter), die vom NC-System gesteuert werden kann) / auxiliary axis (An external axis (e.g. a loading/unloading robot) which can be controlled by the NC system) || ≈**achsenmodul** *n* / auxiliary axis group || ≈**achsenprogramm** *n* / auxiliary axis program || ≈**ader** *f* (Schutz, Prüfader) / pilot wire || ≈**aderdreier** *m* / triple pilot || ≈**adernüberwachung** *f* / pilot-wire monitoring || ≈**aderüberwachung** *f* / pilot supervision, pilot supervisory module, pilot-circuit supervision, pilot-wire supervisory arrangement || ≈**aggregat** *n* / auxiliary generating set, stand-by generator set || ≈**aggregate** *n pl* (KW) / common auxiliaries
Hilfsantrieb *m* (SG, f. Wartung) / maintenance operating mechanism, maintenance closing device || ≈ *m* (Motorantrieb) / auxiliary drive || ≈ *m* (SG) / auxiliary operating mechanism, emergency operating mechanism || ≈ **zum Bündigfahren** / micro-drive *n*
Hilfs·attribut *n* / help attribute || ≈**auslöser** *m* / shunt release, shunt trip, auxiliary release, remote trip || ≈**baugruppe** *f* / auxiliary assembly || ≈**baustein** *m* (SPS, Programmbaustein) / auxiliary block || ≈**befehl** *m* / auxiliary command || ≈**betriebe** *m pl* / auxiliaries *n pl* || ≈**betriebsart** *f* (DÜ) DIN ISO 3309 / non-operational mode || ≈**betriebsumformer** *m* (Generatorsatz) / auxiliary generator set || ≈**bezugsposition** *f* / sub-reference position || ≈**-Bezugsposition** *f* (NC) / sub-reference position || ≈**bürste** *f* / auxiliary brush, pilot brush || ≈**bürste** *f* (Rosenberg-Masch.) / quadrature brush, cross brush

Hilfs·einrichtung *f* / auxiliary equipment || **≗einrichtungen** *f pl* / auxiliaries *n pl* || **≗einrichtungen** *f pl* (SG) VDE 0670,2 / auxiliary equipment IEC 129 || **≗einschaltvorrichtung** *f* / maintenance closing device || **≗energie** *f* / auxiliary power || **≗entladung** *f* (Lampe) / keep-alive arc || **≗entriegelung** *f* / auxiliary release || **≗erder** *m* / auxiliary earth electrode || **≗erdungsklemme** *f* / auxiliary earth terminal, auxiliary ground terminal || **≗erregermaschine** *f* / pilot exciter, auxiliary exciter || **≗erregungsgröße** *f* / auxiliary energizing quantity

Hilfs·funktion *f* (HIFU a. NC) / auxiliary function (AuxF) || **schnelle ≗funktion** / high-speed auxiliary function || **≗funktionen** *f pl* (Bussystem) / auxiliary functions, utilities *n pl* (MPSB) || **≗funktionsausgabe** *f* / auxiliary function output || **≗funktionssatz** *m* / auxiliary function block || **≗generator** *m* / auxiliary generator, stand-by generator || **≗geometrie** *f* / construction geometry || **~geometrisches Element** (BSG) / construction element

Hilfsgeräte *n pl* / auxiliary apparatus, auxiliary equipment, accessory hardware, auxiliary devices || **≗einbau** *m* / auxiliary equipment installation || **≗träger** *m* (ET) / auxiliary apparatus rack, auxiliary mounting frame || **≗verdrahtung** *f* / auxiliary equipment wiring

Hilfs·geschwindigkeit *f* / inching speed, low speed || **≗größe** *f* (Rel., Erregungsgröße) VDE 0435, T.110 / auxiliary energizing quantity || **≗information** *f* (FWT) / auxiliary information || **≗kabel** *n* (Steuerkabel) / control cable || **≗kabel** *n* (f. Schutz) / pilot cable

Hilfskanal *m* (DÜ) DIN 44302 / backward channel || **≗-Empfangsdaten** *plt* DIN 66020, T.1 / received backward channel data || **≗-Empfangsgüte** *f* DIN 66020, T.1 / backward channel signal quality (detector) || **≗-Sendedaten** *plt* DIN 66020, T.1 / transmitted backward channel data

Hilfs·kathode *f* (Thyr) / auxiliary cathode || **≗klemme** *f* / auxiliary terminal, control-circuit terminal || **≗klemmenkasten** *m* / auxiliary terminal box || **≗kontakt** *m* / auxiliary contact || **voreilender ≗kontakt** / leading auxiliary contact || **≗kraft** *f* / mate *n*, helper *n* || **≗kreis** *m* (Rel.) VDE 0435, T.110 / auxiliary circuit

Hilfs·leiter *m* / auxiliary conductor, pilot wire, control-circuit conductor || **≗leitgerät** *n* / auxiliary control unit || **≗leitungsanschlüsse** *m pl* / control wire connections || **≗lineal** *n* / auxiliary ruler || **≗linie** *f* (a. CAD) / extension line || **Maß~linie** *f* / projection line, witness line || **≗magnet** *m* / auxiliary magnet, auxiliary coil || **≗maschine** *f* / auxiliary machine, stand-by machine || **Prüfung mit geeichter ≗maschine** / calibrated driving machine test || **≗maske** *f* (BSG) / help form || **≗maß** *n* DIN 7182, T.1 / temporary size || **≗merker** *m* (SPS) / auxiliary flag || **≗merker** *m* (HM) / auxiliary flag || **≗merkerwort** *n* / scratch flag word || **≗monogramm** *n* / auxiliary alignment chart || **≗motor** *m* / auxiliary motor, starting motor || **≗nase** *f* (StV) / auxiliary key

Hilfs·öffner *m* / normally closed auxiliary contact, auxiliary NC contact || **≗-Öffnungskontakt** *m* / normally closed auxiliary contact, auxiliary NC contact

Hilfsphase *f* / auxiliary phase, auxiliary winding, split phase || **Anlauf durch ≗** / split-phase starting, capacitor starting

Hilfsphasen·generator *m* / monocyclic generator || **≗phasenwicklung** *f* / auxiliary winding, teaser winding

Hilfspol *m* / auxiliary pole, commutating pole || **≗motor** *m* / split-pole motor, shaded-pole motor

Hilfs·programm *n* / auxiliary program, utility program || **≗punkt** *m* / construction point || **≗rechner** *m* / host computer || **≗-Regelgröße** *f* / secondary controlled variable, corrective variable || **≗register** *n* / auxiliary register || **≗-Reihenschlusswicklung** *f* / stabilizing series winding || **Nebenschlussgenerator mit ≗-Reihenschlusswicklung** / stabilized shunt-wound generator || **≗relais** *n* / auxiliary relay ANSI C37.100, slave relay || **≗relaisbaugruppe** *f* / auxiliary relay module || **≗-Ruhekontakt** *m* / normally closed auxiliary contact, auxiliary NC contact || **≗sammelschiene** *f* / reserve busbar, auxiliary busbar, stand-by bus || **≗satz** *m* / auxiliary block || **≗schaltblock** *m* / auxiliary contact block

Hilfsschalter *m* / auxiliary switch, control switch || **≗-Anbausatz** *m* / auxiliary switch mounting kit || **≗block** *m* / auxiliary switch block (o. unit), auxiliary contact block || **elektronisch verzögerter ≗block** / solid-state time-delay auxilary switch block || **elektronischer ≗block** / solid-state auxiliary contact block || **zeitverzögerter ≗block** / time-delayed auxiliary contact block || **≗gestänge** *n* / linkage of auxiliary switch

Hilfs·schaltglied *n* / auxiliary contact || **≗schaltstift** *m* / auxiliary contact pin, moving secondary contact || **≗schaltstrecke** *f* (m. Einschaltwiderstand) / resistor interrupter || **≗schaltstück** *n* / auxiliary contact || **≗schiene** *f* / reserve busbar, auxiliary busbar, stand-by bus || **≗schiene** *f* (Umgehungsschiene) / transfer bars || **≗-Schließkontakt** *m* / auxiliary make contact, normally open auxiliary contact, auxiliary NO contact || **≗schütz** *n* / auxiliary contactor, contactor relay IEC 337-1, control relay (depr.) || **≗sollwert** *m* / correcting setpoint || **≗spannung** *f* / auxiliary voltage, auxiliary supply || **≗spannungsquelle** *f* / auxiliary source, auxiliary power source || **≗spannungstransformator** *m* / auxiliary transformer, control-power transformer || **≗speicher** *m* / auxiliary memory, auxiliary storage, secondary storage, temporary storage, intermediate storage || **≗spindel** *f* / auxiliary spindle || **≗steuerbus** *m* / auxiliary controller bus (ACB) || **≗steuerschalter** *m* / control switch || **handbetätigter ≗steuerschalter** (zur Betätigung eines normalerweise motorbetätigten Schaltwerks) / standby hand control || **≗stoffe** *m pl* / auxiliary additives

Hilfsstrom·bahn *f* VDE 0660,T.101 / auxiliary circuit, auxiliary conducting path || **≗kreis** *m* / auxiliary circuit || **≗kreishöhe** *f* / auxiliary circuit height || **≗kreisstecker** *m* / auxiliary supply connector, auxiliary circuit plug || **≗leitersteckvorrichtung** *f* / plug-in connector for auxiliary circuits

Hilfsstromschalter *m* VDE 0660 T.200 / control switch IEC 337-1, auxiliary circuit switch (depr.) || **≗** *m* (nicht handbetätigter H. als Begrenzer, Regler, Wächter) / pilot switch || **≗** *m* (HS) / auxiliary switch, control switch, pilot switch, SX || **≗ als**

Begrenzer / automatic control switch, loop controller, controller *n*, controlling means, regulator *n*, pilot switch, monitor *n* || **automatischer ≈ mit Pilotfunktion** (PS-Schalter VDE 0660,T.200) / pilot switch IEC 337-1
Hilfsstrom·schaltglied *n* / auxiliary contact || **≈stecker** *m* / auxiliary supply connector, auxiliary circuit plug || **≈steckverbinder** *m* / auxiliary current plug-in connector || **≈trenner** *m* VDE 0660,T.200 / isolating control switch IEC 337-1 || **≈trennschalter** *m* EN 60947-5-1 / control switch suitable for isolation || **≈versorgung** *f* / auxiliary supply
Hilfs·taktgeber *m* / auxiliary clock || **≈tangente** *f* / auxiliary tangent || **≈text** *m* / help text || **≈tragseil** *n* (Fahrleitung) / auxiliary catenary || **≈trenner** *m* / auxiliary disconnector || **≈trennkontakt** *m* / auxiliary isolating contact || **≈trennschalter** *m* / auxiliary disconnector || **≈übertrag** *m* / auxiliary carry
Hilfs·variable *f* / auxiliary variable || **≈ventil** *n* / servo-valve *n* || **≈verdichter** *m* / auxiliary compressor || **≈wandler** *m* (Schutz, Anpassungswandler) / matching transformer || **≈werkzeug** *n* / tool *n*
Hilfswicklung *f* / auxiliary winding, (Mot. auch:) starting winding || ≈ *f* (Scott-Trafo) / teaser winding || ≈ **für Erdschlusserfassung** / auxiliary winding for earth-fault detection, ground-leakage winding || **Einphasenmotor mit** ≈ / split-phase motor
Hilfs·wort *n* / auxiliary word || **≈zweig** *m* (LE) / auxiliary arm
Himmel, bedeckter ≈ / overcast sky
Himmelslicht *n* / skylight *n* || **≈anteil des Tageslichtquotienten** / sky component of daylight factor || **≈quotient** *m* / sky factor, configuration factor
Himmelsstrahlung *f* / sky radiation
Hinaufschaltung *f* (Schutz, Übergreifschaltung) / zone extension (method), zone reach extension
hinauftransformieren *v* / step up *v*
Hinauskriechen *n* (Batterieelektrolyt) / creepage *n* IEC 50(481)
Hindernis *n* VDE 0100, T.200 / obstacle *n* || **≈befeuerung** *f* / obstruction lighting || **≈begrenzung** *f* / obstacle limitation || **≈begrenzungsfläche** *f* / obstacle limitation surface || **≈beschränkung** *f* / obstruction restriction || **≈beseitigung** *f* (Flugsicherung) / clearing of obstructions || **≈feuer** *n* / obstruction light, obstacle light || **≈-Freigrenze** *f* (OCL) / obstacle clearance limit (OCL)
hineinfahren *v* / move in
Hineinlehre *f* / GO gauge
hineinschieben *v* / push in
Hinkanal *m* (LAN) / forward (LAN channel)
hinten *adv* / rear *adv* || ~ *adv* (im Betrachtungssystem) / behind *adv* (viewing system) || **nach ~** (Bewegung) / backwards *adv*
Hinterachs·differential *n* (Kfz) / rear-axle differential || **≈getriebeprüfstand** *m* / rear-axle final-drive testbed || **aktive ≈kinematik** (AHK Kfz) / allwheel steering system
Hinterdrehen *n* / relief turning || ~ *v* / relief-turn *v*, back off *v*
hintere Außenkette (Flp.) / upwind wing bar || ~ **Stirnfläche** (Bürste) / back face, back *n*
hintereinander schalten (in Reihe) / connect in series, cascade *v*
Hintereinanderschaltung *f* / arrangement in series, in series || ≈ *f* (Reihenschaltung) / series connection, series circuit || ≈ *f* (Kaskade) / cascade connection, cascading *n*
hinterer Standort (Flp.) / upwind position
Hintergrund *m* / background *n* || **≈ausblendung** *f* / background blanking, background suppression || **~beleuchtet** *adj* / backlit *adj* || **≈bild** *n* (BSG) / background image || **≈farbe** *f* / background colour, background color || **≈geräusch** *n* / background noise || **≈helligkeit** *f* / background brightness || **≈ladung** *f* / background charge, bias charge || **≈leuchtdichte** *f* / background luminance || **≈licht** *n* / ambient light || **≈magazin** *n* (HG) / background magazine || **≈rauschen** *n* / background noise || **≈schleier** *m* / background fog || **≈speicher** *m* / backup memory || **≈speicher** *m* (HG-Speicher) / backup memory, background memory
Hinterkante *f* / rear edge || ≈ *f* (Bürste, Pol) / trailing edge, leaving edge
hinterlegen *v* (Daten in einer Datei) / store *v* || ~ *v* / deposit *v*, push onto || **Signale ~** / deposit signals
hinterleuchtet *adj* / backlit *adj*
Hinterleuchtung *f* / backlighting *n*
Hinterlicht(beleuchtung) *n (f)* (Rob.-Erkennungssystem) / rear illumination, backlighting *n*
Hintermaschine *f* (Kaskade) / regulating machine, secondary machine, Scherbius machine || **Scherbius-≈** *f* / Scherbius phase advancer
Hintermotor *m* (Walzw.) / rear motor
hinterschleifen *v* / relief-grind *v*
hinterschneiden *v* / undercut *v*, relief cutting
Hinterschnitt *m* / relief cut || **≈element** *n* / relief cut element || **≈vorschub** *m* / relief cut feed, relief cut feedrate
hintertreten *v* / step behind
Hin- und Herbiegeversuch *m* / reverse bend test, flexure test
Hin- und Rücklaufzeit *f* (LAN) / round trip propagation time
Hinweis *m* / note *n* || **≈adresse** *f* (DV, NC) / pointer
Hinweise *m pl* / instructions || **allgemeine** ≈ / general *n* || **technische** ≈ / technical comments
Hinweis·leuchte *f* / illuminated sign || **≈linie** *f* / leader *n* || **≈liste** *f* / information list || **≈pfeil** *m* (Richtung) / direction arrow || **≈schilder** *n pl* / reference plates || **≈zeile** *f* / reference line
hinzufügen *v* / add *v*
hinzugefügte Ausgangsleistung (Diode) / added output power
Hirth-Verzahnung *f* / Hirth tooth system
Histogramm *n* / histogram *n*
Hitliste *f* / hit list
Hitzdraht·-Durchflussmesser *m* / hot-wire flowmeter || **≈instrument** *n* / hot-wire instrument
hitzebeständig *adj* / resistant to heat, heat-resistant *adj*, stable under heat || **~e Aderleitung** / heat-resistant non-sheathed cable, heat-resistant insulated wire || **~e Aderleitung mit zusätzlichem mechanischem Schutz** (m. Glasfaserbeflechtung) / glass-filament-braided heat-resistant (non-sheathed) cable || **~e Schlauchleitung** / heat-resistant sheathed flexible cable (o. cord)
Hitzedraht *m* / hot wire

hitzehärtbar *adj* / heat-setting *adj*, thermo-setting *adj*, hot-setting *adj*, heat-curing *adj* || **~er Kunststoff** / thermoplast *n*, thermosetting plastic
H-Kabel *n* / H-type cable, Höchstädter cable
HKL (Heizung, Klima, Lüftung) / HVAC (heating, ventilation and air-conditioning)
HLA / HLA
HLG (Hochlaufgeber) / ramp function generator, ramp generator, RFG (ramp-function generator) || **≗ mit Verrundung** / RFG with smooth transitions || **≗ ohne Verrundung** / RFG with sharp transitions
HLGSS / RFG IS
HLI / heliport lighting (HLI)
HLL / high-level language (HLL)
HLS-Schalter *m* / miniature circuit-breaker for domestic purposes, miniature circuit-breaker for household use, household-type m.c.b.
Hm / glass-mat base laminate
HM / hydraulic-magnetic tripping (HM) || **HM** (Hilfsmerker) / auxiliary flag
HMI / human machine interface (HMI) || **≗ DOS** / HMI DOS
H/min / str/min
HMI Pfad / HMI path
HMS (hochauflösendes Messsystem) / HMS (high-resolution measuring system)
HNC / hand numerical control (HNC)
H-Netz *n* / in-house network
hoch *adv* / high *adv* || **~ abgestimmt** (Resonanz) / set to above resonance || **ein Signal ~ setzen** / initialize a signal to high
hochabgestimmte Auswuchtmaschine / above-resonance balancing machine
hochauflösend *adj* (BSG) / high-definition *adj* || ~ *adj* / high-resolution *adj*
hochbocken *v* / jack up *v*, support *v*
Hochdruck·aufnehmer *m* / high-pressure pickup || **≗behälter** *m* / high-pressure receiver || **≗dampf** *m* / superheated steam, high pressure steam || **≗dampferzeuger** *m* / high pressure boiler || **≗-Einschraub-Widerstandsthermometer** *n* / high-pressure screw-in resistance thermometer || **≗-Einschweiß-Widerstandsthermometer** *n* / high-pressure weldable resistance thermometer || **≗-Entladungslampe** *f* / high-pressure discharge lamp || **≗-Flüssigkeitschromatograph** *m* (HPLC) / high-pressure liquid chromatograph (HPLC) || **≗-Kesselspeisepumpe** *f* / high pressure boiler feed pump || **≗lampe** *f* (HD-Lampe) / high-pressure lamp || **≗maschine** *f* / letterpress printing machine || **≗öl** *n* / extreme-pressure oil (e.p. oil) || **≗-Ölkabel im Stahlrohr** / high-pressure oil-filled pipe-type cable, oilostatic cable || **≗pumpe** *f* / high-pressure pump || **≗schmiermittel** *n* / extreme-pressure lubricant (e.p. lubricant) || **≗-Synthese-Anlage** *f* / high pressure synthesis plant || **≗vorwärmer** *m* / high pressure feed water || **≗-Wasserkraftwerk** *n* / high-head hydroelectric power station || **≗wirkstoff** *m* (EP-Zusatz) / extreme-pressure additive (e.p. additive)
hochempfindlich *adj* / high-sensitivity *adj*
hochfahren *v* / turn on, power up, switch on, run up *v*, accelerate *v*, run up to speed, ramp up || **Spannungs~** *n* / gradual increase of voltage
Hochfahrintegrator *m* / ramp-up integrator || ≗ *m* / starting converter
Hochfeld-Supraleiter *m* / high-field superconductor
hochfest *adj* / high-strength *adj*, high-tensile *adj*, ultra-high-strength *adj*
hochflexibler Leiter / highly flexible conductor
Hochformat *m* / vertical format || **Einstellung ≗** / portrait setting || **≗-Skale** *f* / straight vertical scale
hochfrequent *adj* / high-frequency *adj*, of high frequency || **~e Beeinflussung** IEC 50(161) / radio-frequency interference (RFI), RF interference || **~e Störung** / radio frequency disturbance, RF disturbance, radio disturbance || **~es Rauschen** / RF noise, radio noise
Hochfrequenz *f* (HF) / high frequency (HF), radio frequency (RF) || **≗-EMK** *f* / radio e.m.f. || **≗festigkeit** *f* / RFI immunity || **≗kabel** *n* (HF-Kabel) / radio-frequency cable (RF cable) || **≗kapazität** *f* (Kondensator) / high-frequency capacitance || **≗leistung** *f* (HF-Leistung) / radio-frequency power (RF power) || **≗prüfung** *f* (elektron. Rel.) / high-frequency disturbance test, disturbance test IEC 255 || **≗schweißen** *n* / high-frequency pressure welding, HF welding, radio-frequency welding || **≗-Steckverbinder** *m* / radio-frequency connector || **≗-Störprüfung** *f* (Rel.) / high-frequency disturbance test, disturbance test IEC 255 || **≗störung** *f* / radio-frequency interference (RFI), radio-frequency emission, radio interference disturbance (RFD), RF interference || **≗umformer** *m* / high-frequency changer set || **≗verstärkerverteiler** *m* / high-frequency repeater distribution frame (HFRDF)
Hochführung *f* / riser *n* || **Sammelschienen-≗** *f* / busbar riser
Hoch·führungsfeld *n* / riser panel || **~gefedert** *adj* / upwardly sprung || **~genaue Nocke** *f* / high-precision cam
hochgerüstete Geräte / retrofitted units, revised units
Hochgeschwindigkeits·bearbeitung *f* / high speed machining (HSM), high speed operation, HSM (high speed machining) || **≗bearbeitungsmaschine** *f* / high speed cutting machine || **≗fräsen** *n* (HSC) / high speed cutting (HSC) || **≗-IS** *f* / very-high-speed IC (VHSIC) || **≗kamera** *f* / high-speed camera || **≗-Umformverfahren** *n* / high-energy-rate forming
hoch·gestelltes Zeichen / superscript character || **~gezogene Füße** (el. Masch.) / raised feet
Hochglanz *m* / full gloss, mirror brightness, mirror finish || **~eloxiert** *adj* / high-gloss-anodized *adj* || **~poliert** *adj* / high-gloss polished
Hochhaus *n* / high-rise building
hochintegriert *adj* / LSI (large-scale integrated)
hochkant *adj* / on edge, edgewise *adj*, vertical *adj* || **~ biegen** / bend edgewise || **~ gewickelt** / wound on edge, edge-wound *adj*, wound edgewise || **~ gewickelte Wicklung** / strip-on-edge winding, edge-wound winding
hochkoerziv *adj* / high-coercivity *adj*
Hochkomma *n* / inverted comma
hochkorrosionfest *adj* / stainless *adj*
hochladen *v* / upload *v*
Hochlauf *m* / acceleration *n*, running up, booting *n* || **≗ an der Strombegrenzung** / current-limit acceleration || **≗ beendet** / run up to rated speed || **≗bild** *n* / boot screen, start-up screen, power-up display || **≗charakteristik** *f* / acceleration curve, ramp characteristic
Hochläufe, Anzahl der ≗ hintereinander / number of starts in succession
hochlaufen *v* / ramp up, run up || ≗ *n* (Magnetron) DIN IEC 235, T.1 / runaway *n*

Hochlauffunktion *f* / ramp function

Hochlaufgeber *m* / ramp-function generator, speed ramp, acceleration rate limiter || ≗ *m* (HLG) / ramp-function generator (RFG), ramp generator || ≗ **mit Speicherverhalten** / latching-type ramp-function generator, latching ramp || ≗**-Nachführung** *f* / ramp correction module (o. circuit) || ≗**freigabe** *f* / ramp-function generator follow-up, ramp-function generator release

Hochlauf·geschwindigkeit *f* / rate of acceleration, ramp-up rate || ≗**geschwindigkeit** *f* (Hochlaufgeber) / ramp-up rate || ≗**integrator** *m* / ramp-function generator || ≗**kennlinie** *f* / ramp-up characteristic || ≗**regler** *m* / acceleration control unit, ramp-function generator || ≗**schaltung** *f* / ramp-up circuit, ramp-function circuit || ≗**sicherheit** *f* (nach Netzstörung) / recovery stability || ≗**sperre** *f* / acceleration lockout || ≗**steilheit** *f* / ramp steepness || ≗**steller** *m* (Erregung) / excitation build-up setter || ≗**überbrückung** *f* / acceleration-time suppression || ≗**umrichter** *m* (HU) / starting converter || ≗**versuch** *m* / running-up test, acceleration test, starting test || ≗**vorgang** *m* / ramp-up function || ≗**zeit** *f* / power-up time, acceleration time, ramp time, ramp-up time || ≗**zeit für PID-Sollwert** / ramp-up time for PID setpoint || ≗**zeitkonstante** *f* / speed ramp constant

hochlegiertes Elektroblech / high-alloy magnetic sheet steel

Hochleistungs·befeuerung *f* / high-intensity lighting || ≗**feuer** *n* / high-intensity beacon || ≗**fräsmaschine** *f* / heavy-duty milling machine || ≗**leuchte** *f* / high-intensity luminaire || ≗**-Leuchtstofflampe** *f* / high-intensity fluorescent lamp, high-efficiency fluorescent lamp, high-output fluorescent lamp || ≗**-Lichtfluter** *m* / high-capacity floodlight || ≗**maschine** *f* / high-power machine, high-capacity machine, heavy-duty machine || ≗**motor** *m* / high-output motor, high-power motor, heavy-duty motor || ≗**öl** *n* / heavy-duty oil

Hochleistungs·schalter *m* (LS) / heavy-duty circuit-breaker || **Transistor-**≗**schalter** *m* / high-power transistor switch || ≗**scheinwerfer** *m* / high-capacity floodlight || ≗**sicherung** *f* / high-breaking-capacity fuse (HBC fuse), high-rupturing-capacity fuse (HRC fuse), high-interrupting-capacity fuse || ≗**synthetik** *f* / high-power synthetic circuit || ≗**technik** *f* / high-voltage switchgear || ≗**verstärker** *m* / high-power amplifier (HPA)

Hochmast *m* / high mast, tall column || ≗**beleuchtung** *f* / high-mast lighting

hochohmig *adj* / high-resistance *adj* || **~er Differentialschutz** IEC 50(448) / high-impedance differential protection || **~er Kurzschluss** IEC 50(448) / high-resistance fault

hochohmisch *adj* / high-resistance *adj*

Hoch·pass *m* (HP) / high pass (HP), high-pass filter || ≗**pass-Filterkondensator** *m* / high-pass filter capacitor || ≗**pegellogik** *f* / high-level logic (HLL) || ≗**pegelsignal** *n* / high-level signal || **~permeabel** *adj* / high-permeability *adj*

hochpolig *adj* / multi-pin *adj* || **~e Wicklung** (polumschaltbarer Mot.) / low-speed winding

Hoch·präzisionszähler *m* / high-precision meter || **~rechnen** *v* / calculate *v* || ≗**regal** *n* / high-bay racking || ≗**regallager** *n* / high-bay warehouse, stacker store, high-bay racking || **~rein** *adj* / high-purity *adj* || **~reine Produktionszelle** / highly sterile production cell || ≗**reißen** *n* (Masch., Schwungradanlauf) / flywheel starting

Hoch-/Rücklauf / ramping *n* || ≗**zeit des PID-Grenzwerts** / ramp-up/-down time of PID limit

Hochrüst·anleitung *f* / upgrade instructions || **~bar** *adj* / upgradable *adj* || ≗**en** *n* / upgrade *n* (UG) || **~en** *v* / upgrade *v*, revise *v*, retrofit *v* || ≗**satz** *m* / upgrade kit, upgrading kit || ≗**ung** *f* / upgrade *n* (UG)

Hoch·schaltspannung *f* / flashing voltage || **~schleppen** *v* (Hochfahren über Anfahrstromrichter) / accelerate synchronously, pull up to speed || **~schmelzend** *adj* / high-melting *adj* || ≗**schulter-Kugellager** *n* / deep-groove ball bearing, Conrad bearing || ≗**setzsteller** *m* / boost convertor || ≗**setzsteller** *m* (LE) / step-up converter || **~siedend** *adj* / high-boiling *adj* || **~siliziertes Dynamoblech** / high-silicon electrical sheet steel, high-silicon magnetic sheet || ≗**skale** *f* / straight vertical scale || ≗**spannring** *m* / spring washer

Hochspannung *f* (HS) / high voltage (h.v.), high tension (h.t.), high potential

Hochspannungs·abnehmer *m* / h.v. consumer || ≗**anlage** *f* / h.v. switching station, h.v. compound, h.v. switchgear || ≗**anlage** *f* (HS-Anlage) / h.v. installation, h.v. system || ≗**anschluss** *m* (a. Wandler) / high-voltage terminal || ≗**aufnehmer** *m* / h.v. pickup || ≗**festigkeit** *f* / h.v. strength, h.v. endurance || ≗**freiluftschaltfeld** *n* / outdoor HV switchpanel || ≗**gleichstromübertragung** *f* (HGÜ) / high-voltage DC transmission, long range transmission (HVDCT), teletransmission, HVDC transmission || ≗**-Gleichstromübertragung** *f* (HGÜ) / h.v. d.c. transmission (HVDCT) || ≗**-Gleichstrom-Übertragungs-Kurzkupplung** *f* (HGK) / HVDCT back-to-back link || ≗**-Gleichstrom-Übertragungstransformator** *m* (HGÜ-Transformator) / h.v. d.c. transmission transformer (HVDCT transformer) || ≗**-Hochleistungs-Sicherung** *f* (HH-Sicherung) / h.v. high-breaking-capacity fuse (h.v. h.b.c. fuse), h.v. high-rupturing-capacity fuse (h.v. h.r.c. fuse) || ≗**-Hochleistungs-Sicherungseinsatz** *m* (HH-Sicherungseinsatz) / h.v. high-breaking-capacity fuse-link (h.v. h.b.c. fuse link), h.v. h.r.c. fuse-link

Hochspannungs·kreis *m* / h.v. circuit || ≗**-Lastschalter** *m* / h.v. switch || ≗**-Leistungsschalter** *m* / h.v. circuit-breaker, h.v. power circuit-breaker || ≗**messer nach dem Generatorprinzip** / generating voltmeter || ≗**-Messimpedanz** *f* / h.v. measuring impedance || ≗**motor** *m* / h.v. motor || ≗**motor mittlerer Leistung** / h.v. motor of medium-high rating || ≗**netz** *n* / h.v. system, primary network || ≗**pfeil** *m* / danger arrow || ≗**prüfer** *m* / h.v. detector || ≗**-Prüffeld** *n* / h.v. testing station || ≗**prüfgerät** *n* / high voltage test device || ≗**-Prüftechnik** *f* / h.v. test techniques || ≗**prüfung** *f* / h.v. test, high-potential test, dielectric test, high voltage test || ≗**prüfung** *f* (Rel.) / dielectric test (relay), IEC 255 || ≗**raum** *m* (Schrank) / h.v. compartment, h.t. motor

Hochspannungs-Schaltanlage *f* / h.v. switching station, h.v. compound, h.v. switchgear || **isolierstoffgekapselte** ≗ VDE 0670, T.7 / h.v. insulation-enclosed switchgear IEC 466 || **metallgekapselte** ≗ VDE 0670, T.8 / h.v. metal-enclosed switchgear IEC 517

Hochspannungs·-Schalteinheit *f* / h.v. switchgear

assembly || ≗-**Schalteinheit** *f* (LS) / h.v. circuit-breaker unit || ≗**schalter** *m* (Lastsch.) / h.v. switch || ≗**schalter** *m* (LS) / h.v. circuit-breaker, h.v. power circuit-breaker || ≗**schalter** *m* (TS) / h.v. disconnector || ≗-**Schaltgeräte** *n pl* / h.v. switchgear and controlgear || ≗-**Schaltgerätekombination** *f* / h.v. switchgear assembly || ≗**schalttechnik** *f* / high-voltage switchgear and controlgear || ≗**seite** *f* / h.v. side, high side, h.v. circuit

hochspannungs·seitig *adj* / on h.v. side, in h.v. circuit, high-voltage *adj* || ~**sicher** *adj* / surge-proof *adj*

Hochspannungs·steuerung, Regeltransformator für ≗**steuerung** / h.v. regulating transformer || ≗**tarif** *m* / h.v. tariff || ≗**teil** *m* (SA) / h.v. section, h.v. cubicle || ≗**transformator für Leuchtröhren** / luminous-tube sign transformer || ≗-**Transformator-Zündgerät** *n* / h.v. igniter || ≗**tür** *f* / high-voltage door || ≗-**Vakuumschütz** *n* / h.v. vacuum contactor || ≗**verteilung** *f* / h.v. distribution, primary distribution || ≗**verzögerungszeit** *f* (ESR) / h.v. delay time || ≗**wicklung** *f* / h.v. winding, higher-voltage winding || ≗**zuleitung** *f* (f. Gerät) / h.v. lead

hochsperrender Thyristor / high-blocking capability thyristor

Hochsprache *f* / high-level language (HLL)

Hochsprachenerweiterung *f* / high-level language extension

Hochstabläufer *m* / deep-bar rotor, deep-bar squirrel-cage motor

Höchstädter-Kabel *n* / Höchstädter cable, H-type cable

Höchst·anteil *m* / upper limiting proportion || ≗**bedarf** *m* / maximum demand || ≗**belastung** *f* / maximum load || ≗**drehzahl** *f* / maximum speed, top speed, maximum speed || ≗**druck** *m* / maximum pressure, extra-high pressure || ≗**drucklampe** *f* / extra-high-pressure lamp, super-pressure lamp

höchst·e Anlagenspannung / highest voltage for equipment || ~**e anwendbare Temperatur** (TMAX) DIN 2401,T.1 / maximum allowable temperature || ~**e Arbeitstemperatur** (TAMAX) DIN 2401,T.1 / maximum operating temperature || ~**e Bemessungs-Stufenspannung** (Trafo) IEC 50(421) / maximum rated step voltage || ~**e Betriebsspannung eines Netzes** / highest voltage of a system, system highest voltage, system maximum continuous operating voltage || ~**e Dauerleistung** / maximum continuous rating (m.c.r.) || ~**e Entspannungstemperatur** (Glas) / annealing temperature, annealing point || ~**e Erregerspannung** / exciter ceiling voltage || ~**e lokale Schichttemperatur** DIN 41848 / hot-spot temperature || ~**e nichtzündende Steuerspannung** (Thyr) DIN 41786 / gate non-trigger voltage || ~**e Segmentspannung** (Kommutatormasch.) / maximum voltage between segments || ~**e Spannung eines Netzes** VDE 0100, T.200 / highest system voltage, maximum system voltage, maximum voltage of network || ~**e Spannung für Betriebsmittel** VDE 0111 / highest voltage for equipment IEC 71, IEC 76 || ~**e Teilnehmeradresse** (PROFIBUS) / highest station address (HSA) || ~**e Versorgungsspannung** / maximum power supply voltage || ~**e zulässige netzfrequente Spannung** / maximum power-frequency voltage || ~**e zulässige Schwingungsbreite für die Ausgangsspannung** (Verstärker) / maximum output voltage swing || ~**e zulässige Überspannung** VDE 0670,T.3 / maximum permissible overvoltage IEC 265, assigned maximum overvoltage

Hochstellen *n* (Formatsteuerfunktion) / partial line up || ≗ *n* (Text) / superscribing *n*

Hochsteller *m* / step-up converter || ≗ *m* (mech.) / raising gear

höchster Arbeitsdruck (PAMAX) DIN 2401, T.1 / maximum operating pressure || ~ **Bemessungs-Durchgangsstrom** (Trafo) IEC 50(421) / maximum rated through-current IEC 214 || ~ **nichtzündender Steuerstrom** (Thyr) DIN 41786 / gate non-trigger current || ~ **Scheitelwert des unbeeinflussten Stroms** VDE 0660,T.101 / maximum prospective peak current IEC 157-1

Höchstfrequenz *f* / extra-high frequency (e.h.f.), maximum frequency || ≗**technik** *f* / microwave engineering || ≗**welle** *f* / microwave *n*

Höchst·geschwindigkeit *f* / maximum velocity || ≗**integrationsgrad** *m* (IS) / extra-large-scale integration (ELSI)

Höchstlast *f* / maximum load, maximum capacity || **kurzzeitig gemittelte** ≗ / maximum demand || ≗**anteil** *m* (StT) / effective demand || ≗**anteilfaktor** *m* / peak responsibility factor || ≗**anteilverfahren** *n* / peak responsibility method || ≗-**Optimierungsrechner** *m* / peak-load optimizing computer, peak-load optimizer

Höchstleistung *f* / maximum output, maximum power, peak output, maximum capacity || ≗ *f* (StT) / maximum demand

Hoch-Stoßstrom *m* / high-current impulse, high current

Höchst·pegel *m* / maximum level || ≗**quantil** *n* (Statistik, QS) DIN 55350, T.12 / upper limiting quartile

Hochstraße *f* / elevated road

Hochstrom *m* / high current, heavy current, extra-high current || ≗-**Kohlebogenlampe** *f* / high-intensity carbon arc lamp || ≗**kontakt** *m* / high-current contact || ≗**kreis** *m* / high-current circuit, heavy-current circuit || ≗**sammelschiene** *f* / high-current busbar, heavy-current bus || ≗**schalter** *m* (TS) / heavy-current disconnector, heavy-duty disconnector || ≗**schiene** *f* (SS) / high-current busbar, heavy-current bus || ≗**trennschalter** *m* / heavy-current disconnector, heavy-duty disconnector

Höchstspannung *f* / extra-high voltage (e.h.v.), very high voltage (v.h.v.), ultra-high voltage (u.h.v) || ≗ *f* (f. Gerät, Mot.) / maximum voltage || ≗ *f* (Deckenspannung) / ceiling voltage

Höchstspannungs·netz *n* / e.h.v. system, supergrid *n* || ≗**prüfhalle** *f* / extra-high-voltage testing station, e.h.v. laboratory || ≗**schaltanlage** *f* / extra-high-voltage switchgear (e.h.v. switchgear) || ≗**transformator** *m* / extra-high-voltage transformer (e.h.v. transformer) || ≗**übertragung** *f* / e.h.v. transmission

Höchst-Unterschreitungsanteil *m* (Statistik, QS) DIN 55350,T.12 / upper limiting proportion

Höchstwert *m* / maximum value, peak value, crest value || ≗ *m* (QS) DIN 55350, T.12 / upper limiting value || ≗ **des begrenzten Stroms** DIN 41745 / maximum limited current IEC 478-1

höchstwertig *adj* / most significant || **~e Ziffer** / most significant digit (MSD) || **~es Bit** / most significant bit (MSB)
höchstzulässig *adj* / maximum permissible, maximum allowed || **~e Formänderung** / maximum deformation || **~e Spaltweite** *f* (zünddurchschlagsicherer Spalt) / maximum permitted gap || **~e Überspannung einer Kondensatorbatterie** VDE 0670,T.3 / assigned maximum capacitor bank overvoltage IEC 265 A, maximum permissible capacitor bank overvoltage || **~er Kurzschlussstrom** / maximum permissible short-circuit current, upper limit of overcurrent
Hochtarif *m* (HAT) / high tariff, normal rate, on-peak tariff || **≈zählwerk** *n* / normal-rate register || **≈zeit** *f* / high-load hours, normal-rate period
Hochtemperatur·-Druckaufnehmer *m* / high-temperature pressure pickup || **≈isolierung** *f* / high-temperature insulation || **≈kammer** *f* (Diffraktometer) / high-temperature cell || **≈-Röntgenbeugung** *f* / high-temperature X-ray diffration
Hoch-Tief-Regelung *f* / high-low control || ≈ *n* (Reg.) / high-low action
hochtourig *adj* / high-speed *adj*
Hochvakuum *n* / high vacuum, microvacuum *n* || **≈-Ventilbauelement** *n* / high-vacuum valve device || **≈pumpe** *f* / high-vacuum pump
hochverfügbar *adj* / high-availability *adj*, redundant *adj*, fault-tolerant *adj*, high-MTBF *adj* || **~ und fehlersicher** (Automatisierungssystem) / fault-tolerant and fail-safe, redundant and fail-safe || **~es Automatisierungsgerät** / fault-tolerant (o. redundant) programmable controller || **~es Steuergerät** (m. einem 1-von-2-Aufbau) / hot standby controller
hoch·verknüpfte Funktionsgruppe / highly complex functional group || **~viskos** *adj* / high-viscosity *adj*, of high viscosity || **≈voltschaltung** *f* (IS) / high-threshold circuit (IC) || **~warmfest** *adj* / high-temperature-resistant *adj*, heat-proof *adj*
hoch·zählen *v* / increment *v* || **~ziehen** *v* (Mot., beschleunigen) / pull up to speed, accelerate *v*, run up *v* || **~zugfest** *adj* / high-tensile *adj* || **≈zugrichtung** *f* (CAD) / extrusion direction || **≈-Zustand** *m* (Signalpegel) / high state
Höcker·punkt *m* (Diode) / peak point || **≈spannung** *f* (Diode) / peak-point voltage || **≈strom** *m* (Diode) / peak-point current
Hofbildung *f* (a. Leiterplatte) / haloing *n*
hohe Aussteuerung (LE) / low delay angle setting, high control setting
Höhe *f* / height *n* || ≈ *f* (geograf.) / altitude *n* || ≈ **des Überdrucks** / level of overpressure || ≈ **in nicht zusammengedrücktem Zustand** (Feder) / uncompressed height (spring) || ≈ **vereinheitlichen** / unify height || **Ausrichten nach der** ≈ / aligning to correct elevation, alignment in the vertical plane
Höhen·ausgleich *m* / height compensation || **≈ausgleichsrahmen** *m* (IK) / height adjustment frame, adaptor frame || **≈ausrichtung** *f* / vertical alignment, alignment in vertical plane || **≈beanspruchung** *f* DIN 40040 / altitude rating || **≈bewegung** *f* / vertical movement || **≈einheit** *f* (HE ET) / height module, vertical module || **≈einheit** *f* (HE) / height module (HM) || **≈kote** *f* (über Bezugslinie) / elevation *n* || **≈kote** *f* (Höhe über d. Meeresspiegel) / altitude *n* (above sea level)
Höhen·lage *f* / altitude *n* || **≈linie** *f* / contour line, contour *n* || **≈linienkarte** *f* / contour map || **≈marke** *f* / bench mark || **≈messer-Kontrollpunkt** *m* / pre-flight altimeter checkpoint || **≈modul** *n* / height module, vertical module || **≈reißer** *m* / height gauge, marking gauge, surface gauge || **≈schnitt** *m* / vertical section || **≈sonne** *f* / erythemal lamp || **≈spiel** *n* (Lg.) / radial clearance || **≈stand** *m* / level *n* || **≈standsmessung** *f* / level measurement || **≈transformator** *m* / teaser transformer || **≈unterschied** *m* / altitude difference, difference of level || **≈unterschied** *m* (Freiltg., senkrechter Abstand zwischen zwei horizontalen Ebenen durch die Leiterbefestigungspunkte) / difference in levels || **≈verfahren** *n* (Chromatographie) / (peak) amplitude method
höhenverstellbar *adj* / adjustable for height, adjustable *adj*
höhere Messbedingungen / tightened test conditions || **~ Programmiersprache** / high-level language (HLL)
höher·frequent *adj* / higher-frequency *adj* || **~integrierte Schaltung** (MSI) / medium-scale integrated circuit (MSI) || **~rangiger Fehler** / major fault
Höhersieder *m* / higher-boiling component (o. substance)
Höher-tiefer-Befehle *m pl* / incremental jogging control
Höher-/Tiefer-Steuern *n* / up/down control
höherwertige Dekade / more significant decade, higher-order decade
Hohl·ader-Aufbau *m* / loose cable structure || **≈ader-Kabel** *n* / loose tube cable || **≈blockstein** *m* / hollow block, cavity block || **≈boden** *m* / cellular floor, rib-and-tile floor(ing system), hollow filler-block floor || **≈boden-Installationssystem** *n* / cellular-floor raceway (system)
hohl·bohren *v* (Probe) / trepan *v* || **≈bohrprobe** *f* / core specimen || **≈decke** *f* / cellular floor, rib-and-tile floor(ing system), hollow fillerblock floor
Höhleneffekt *m* / dungeon effect
hohl·gebohrte Welle / hollow shaft, tubular shaft || **≈glas** *n* / hollow glass || **≈glashersteller** *m* / hollow-glass manufacturer || **≈glasindustrie** *f* / glass container ware industry || **≈isolator** *m* / hollow insulator || **≈kastenbauweise** *f* / box-type construction || **≈kathodenlampe** *f* / hollow-cathode lamp || **≈keil** *m* / saddle key || **≈körper** *m* / hollow body || **≈kugel** *f* / hollow sphere || **~kugelige Laufbahn** / sphered raceway
Hohl·leiter *m* / hollow conductor, hollow-cored conductor, hollow-stranded conductor || **≈leiter** *m* (Wellenleiter) / waveguide *n* || **≈profil** *n* / hollow section
Hohlraum *m* / hollow space, hollow *n*, void *n*, cavity *n* || **Decken~** *m* / ceiling plenum || **~frei** *adj* / void-free *adj* || **≈-Frequenzmesser** *m* / cavity frequency meter || **≈montage** *f* / cavity mounting
Hohl·schiene *f* / hollow rail, (mounting) channel || **≈seil** *n* / waveguide *n* || **≈sog** *m* / cavitation *n* || **≈stab** *m* / hollow bar, hollow rod || **≈teilleiter** *m* / hollow strand
Höhlung *f* / cavity *n*, hollow *n*
Hohl·wand *f* / hollow wall, cavity wall || **≈wandinstallation** *f* / wiring (o. installation) in

hollow wall(s) || ²**wandverteiler** *m* / hollow-wall disrtibution board || ²**welle** *f* / hollow shaft, tubular shaft || **elastische** ²**welle** / quill shaft, quill *n* || ²**wellenantrieb** *m* / hollow-shaft motor drive, quill drive || ²**wellenapplikation** *f* / hollow shaft application || ²**wellengeber** *m* / hollow-shaft encoder || ²**wellenmotor** *m* / hollow-shaft motor || ²**zapfen** *m* (der Hohlwelle) / hollow shaft extension, hollow shaft

Holauftrag *m* / fetch request, fetch job

holen *v* / retrieve *v*, pop off the stack || ~ *v* (aus einem Speicher) / fetch *v* || ~ *v* (z.B. Bildschirmanzeige) / get *v*

Holm / stay *n* || ² *m* (waagrecht) / bar *n*, (top) rail, transom *n*, brace *n* || ² *m* (senkrecht) / upright *n*, vertical *n*, side-piece *n* || **gelochter** ² / perforated stay, perforated bar || ²**anbaulasche** *f* / stay attachment lug || **bei** ²**anordnung,** / when arranging the stays

Hol·prinzip *n* (Fertigung) / pull principle || ²**telegramm** *n* / fetching message

Holz·bearbeitung *f* / woodworking *n* || ²**bearbeitungsmaschine** *f* / woodworking machine || ²**bearbeitungszentrum** *n* / woodworking center || ²**faser** *f* / wood fibre || ²**hammer** *m* / mallet *n* || ²**kufe** *f* / wooden skid || ²**mast** *m* / wood pole, (wood) column *n* || ²**oberfräsen** *n* / surface wood milling || ²**spanplatte** *f* / coreboard *n* || ²**wasserwaage** *f* / wooden spirit level || ²**werkstoffpresse** *f* / wood material press || ²**wolle** *f* / excelsior *n*

Home Electronic Bus (Bus eines HES) / home electronic bus (HEB)

homogen·e Baureihe / homogeneous series || **~e Reihe** (Sich.) / homogeneous series || **~e Zeit-Strom-Kennlinie** / homogenous time-current characteristic curve || **~es Feld** / homogenous field, uniform field

Homogen-Verbindung *f* (PN-Halbleiterübergang) / homojunction *n*

homopolar *adj* / homopolar *adj*, unipolar *adj*, non-polar *adj* || ²**komponente** *f* / homopolar component, zero component || ²**maschine** *f* / homopolar machine || ²**maschine mit Flüssigkeitskontakten** / liquid-metal homopolar machine

Honmaschine *f* / honing machine

Hookescher Schlüssel / Hooke's coupling, Hooke's joint, cardan joint, universe joint

Hopkinsonscher Streufaktor / Hopkinson leakage coefficient

hörbar *adj* / audible *adj*

Hörbarkeit *f* / audibility *n*

hören *v* (PMG) / listen *v* (ltn) IEC 625 || **~ beenden** (PMG) DIN IEC 625 / unlisten *v* (UNL) IEC 625

Hörer *m* / handset *n*, hand piece || ² *m* (PMG) / listener *n* || ²**adresse** *f* (PMG) / listen address || ²**funktion** *f* (PMG) / listener function (L function)

Hör·frequenz *f* / audio frequency (AF) || ²**frequenzspektrum** *n* / audible frequency spectrum || ²**grenze** *f* / limit of audibility

horizontal *adj* / horizontal *adj*

Horizontal·ablenkung *f* (Osz.) / horizontal deflection || ²**auflösung** *f* (Osz.) / horizontal resolution || ²**beleuchtungsstärke** *f* / horizontal-plane illuminance

Horizontale *f* / horizontal *n*, horizontal position

horizontal·e Anordnung (der Leiter einer Freiltg.) / horizontal configuration || **~e Bauform** (el. Masch.) / horizontal type, horizontal-shaft type || **~e Lichtverteilung** / horizontal light distribution || **~e Verzerrung** (BSG) / horizontal distortion || **~er Bilddurchlauf** / panning *n*

Horizontal·feldstärke *f* / horizontal field strength || ²**frequenz** *f* (BSG) / horizontal frequency, line frequency || ²**krümmer** *m* (a. IK) / horizontal bend || ²**maßstab** *m* / horizontal scale || ²**rücklauf** *m* (BSG) / horizontal flyback || ²**tabulator** *m* (HAT) / horizontal tabulator (HT), horizontal tab || ²**verstärker** *m* (Osz.) / horizontal amplifier, z amplifier

Horizont·-Flutleuchte *f* / cyclorama floodlight || ²**leuchte** *f* / cyclorama luminaire

Hör·melder *m* / audible signal device (IEEE Dict.), audible indicator, sounder *n* || ²**meldung** *f* / audible signal, audible alarm

Horn *n* (Signalh.) / horn *n*

Hörner·funkenstrecke *f* / horn spark gap, horn gap || ²**schalter** *m* / horn-gap switch, horn-break switch

Hör·pegel *m* / sensation level || ²**schall** *m* / audible sound || ²**schwelle** *f* / threshold of audibility, threshold of hearing, threshold of detectability

Hosenrohr *n* / Y-pipe *n*, wye *n*, breeches piece

Hostrechner *m* / host computer

Hp / paper-base laminate, laminated paper, bakelized paper, synthetic-resin-bonded paper (s.r.b.p.)

HP / high pass (HP), high-pass filter || ² (Hauptprogramm) / master routine, MP (main program)

H-PAPI / heliport PAPI (H-PAPI)

H·-Papier *n* / paper-base laminate, laminated paper, bakelized paper, synthetic-resin-bonded paper (s.r.b.p.) || ²**-Parameter** *m* / H parameter

HPC / HPC

H-Pegel *m* (Signal) / high level, high state

HPLC / high-pressure liquid chromatograph (HPLC)

H·-Potential *n* / high potential || ²**-Produkte** *n pl* / UHT products || ²**-Profil** *n* / H section, wide-flange section

HQE (Hubquereinheit) / lift crossing unit, lift transverse unit

HR (Handrad) / hand wheel, handwheel *n*, electronic handwheel, hand pulse generator, manual pulse encoder, MPG (manual pulse generator)

HRV / High Response Valve (HRV) || ²**-Regelventil** / HRV valve || ²**-Ventil** / high response valve, HRV valve

HS / high voltage (h.v.), high tension (h.t.), high potential || ² (Hilfsstromschalter) / auxiliary switch, control switch, pilot switch, SX

HSA (Hauptspindelantrieb) / main spindle drive, MSD (Main Spindle Drive)

HSB / hand welding, non-automatic (o. intermittent) welding

HSC (Hochgeschwindigkeitsfräsen) / HSC (high speed cutting)

H-Signalpegel *m* / high signal level

HSK (horizontaler Softkey) / HSK (horizontal softkey)

HSM (Hauptspindelmotor) / MSM (main spindle motor)

H-Spannungsbereich *m* / high-state voltage range

HSS / SUC

HSSM / hub status supervisor module (HSSM)

H-Steg *m* / H section, wide-flange section
HT / high tariff, normal rate, on-peak tariff || ≗ / horizontal tabulator (HT), horizontal tab
HTB (Hantierungsbaustein) / organization block, DHB (data handling block)
HU / starting converter
Hub / plunger travel || ≗ (PS) / travel *n* || ≗ *m* (Abweichung) / deviation *n*, total travel || ≗ (MSB) / levitation height, lift *n* || ≗ (Ventil) / travel *n* || ≗ (Kolben) / stroke *n* || ≗ (Exzenter) / throw *n* || ≗ (Bereich) / range *n* || **Frequenz~** *m* (bei Frequenzmodulation) / frequency deviation || **Spannungs~** *m* (Prüf., Abweichung) / voltage excursion || **voller** ≗ / full stroke
hub·abhängig *adj* / depending on stroke || ≗**achse** *f* / lifting axis || ≗**anzahl** *f* / stroke rate || ≗**arbeitsbühne** *f* / aerial lift device || ≗**begrenzung** *f* / stroke limiting, travel limitation, mechanical stop || ≗**bereich** *m* / range of stroke || ≗**bewegung** *f* / stroke *n* || ≗**-Bremskraft-Verhältnis** *n* / lift-to-drag ratio || ≗**-Dreheinheit** *f* / lift-rotate unit || ≗**gerät** *n* / lifting device || ≗**hebel** *m* / stroke lever || ≗**kolben** *m* (hydraul. Presse) / jacking piston, lifting cylinder || ≗**kolben-Durchflussmesser** *m* / ball-prover flowmeter || ≗**kolbenverdichter** *m* / piston compressor, reciprocating compressor || ≗**kraft** *f* / hoisting force, lifting force || ≗**kraft** *f* (MSB) / levitation force, lift force || ≗**magnet** *m* / solenoid *n*, solenoid actuator || ≗**quereinheit** *f* (HQE) / lift crossing unit, lift transverse unit || ≗**raum** *m* (Kfz) / swept volume, displacement *n* || ≗**richtung** *f* / plunger axis
Hubschrauber·lande-PAPI (H-PAPI) / heliport PAPI (H-PAPI) || ≗**landeplatz** *m* / heliport *n* || ≗**landeplatzbeleuchtung** *f* (HLI) / heliport lighting (HLI)
Hub·spindel *f* / jackscrew *n* || ≗**tastatur** *f* / keyboard *n*, conventional keyboard || ≗**tastentastatur** *f* (konventionelle Tastatur, vgl. Kurzhubtaste) / conventional keyboard || ≗**tisch** *m* / lift table || ≗**überwachung** *f* / stroke monitoring || ≗**- und Positioniereinheit** *f* / lift-position unit || ≗**- und Senkantrieb des Scherenstromabnehmers** / pantograph cylinder || ≗**ventil** *n* / globe valve || ≗**wagen** *m* / fork-lift truck, lifting truck || ≗**werk** *n* / lifting gear, hoisting gear || ≗**zahl** *f* (Presse) / stroke rate, strokes per minute || ≗**zahlüberwachung** *f* / stroke number monitoring || ≗**zylinder** *m* / lift cylinder
Huckepack·-Anordnung *f* / piggyback module, piggyback arrangement || ≗**-Platine** *f* / piggyback board, piggyback module
Hufeisenmagnet *m* / horseshoe magnet
Hüll·bedingung *f* DIN 7182,T.1 / envelope condition || ≗**dichtung** *f* / envelope sealing
Hülle *f* (ESR) / envelope *n* || ≗ *f* (Diskette) E DIN 66010 / jacket *n*
Hüll·flächenverfahren *n* (Akust.) / enveloping surface method, hemispherical surface method || ≗**kolben** *m* (Lampe) / glass envelope, jacket *n* || ≗**kreis** *m* / envelope circle, outer circle || ≗**kurve** *f* / envelope curve, envelope *n* || ≗**kurve des Pulsspektrums** / pulse spectrum envelope || ≗**kurvenumformer** *m* (Messwertumformer) / envelope-curve transducer || ≗**kurvenumrichter** *m* / envelope converter, cycloconverter *n* || ≗**maße** *n pl* / overall dimensions || ≗**trieb** *m* / flexible drive || ≗**zyklus** *m* / shell cycle
Hülse *f* / sleeve *n*, bush *n*, shell *n*, bushing *n*, coupler *n*, joint *n* || ≗ *f* (Wicklungsisol.) / cell *n*, armour *n*, trough *n*, wrapper *n* || ≗ *f* (Reihenklemme) / sleeve *n* || ≗ *f* (lötfreie Verbindung) / barrel *n* || ≗ *f* (Lampensockel) / shell *n* || **Anschluss~** *f* (Letter) / conductor barrel
Hülsen·fassung *f* (Starterfassung) / sleeve socket || ≗**klemme** *f* / sleeve terminal || ≗**passeinsatz** *m* (Sich.) / adaptor sleeve || ≗**passeinsatzschlüssel** *m* / adapter sleeve fitter, key for adapter sleeve || ≗**sockel** *m* (Lampe) / shell cap
Human- und Tiermedizin *f* / human and veterinary medicine
Hundertprozentprüfung *f* / one-hundred-percent inspection, 100% inspection
hundertprozentiger Erdschlussschutz / one-hundred-percent earth-fault protection, unrestricted ground-fault protection
Hupe *f* / hooter *n*, horn *n*, alarm horn
Hupen·abstellung *f* / hooter silencing || ≗**anregung** *f* / hooter sounding, hooter operation || ≗**signal** *n* / hooter alarm
Hut·mutter *f* / cap nut || ≗**profilschiene** *f* / top-hat rail, DIN rail || ≗**schiene** *f* / top-hat rail, DIN rail || ≗**schienenadapter** *m* / adapter for rail mounting || ≗**schienenkontaktierung** *f* / track contact || ≗**schienenmontage** *f* / mounting onto standard rails, attachment to DIN rail, snapping onto DIN rail
Hütten *f pl* / iron and steel works || **Geräte für** ≗ / mill-rating equipment (MR equipment) || ≗**technik** *f* / iron and steel industry
Hutze *f* (Kfz) / shroud *n*
HW (Hardware) / hardware *n*
H·-Welle *f* / TE wave, transverse electric wave || ≗**-Wort** *n* / high-order word
HW-Upload *m* / hw upload
HWX-Baum *m* / hwx tree
Hybridantrieb *m* / hybrid drive
hybrid·er USV-Schalter / hybrid UPS power switch || **~es Datenerfassungssystem** / hybrid data acquisition system (HDAS)
Hybrid·motorstarter *m* / hybrid motor starter || ≗**motorsteuergerät** *n* / hybrid motor controller || ≗**-Multimeter** *n* / hybrid multimeter || ≗**relais** *n* / hybrid relay || ≗**schütz** *n* / hybrid semiconductor contactor || ≗**station** *f* DIN 44302 / combined station, balanced station || ≗**system** *n* (m. analogen u. digitalen Teilsystemen) / hybrid system || ≗**waage** *f* / hybrid scale, hybrid weighing machine
Hydraulik *f* / hydraulics *n pl*, hydraulic system || ≗**aggregat** *n* / hydraulic unit || ≗**antrieb** *m* / hydraulic operating mechanism, hydraulic mechanism, electrohydraulic operating mechanism || ≗**flüssigkeit** *f* / hydraulic fluid, working fluid || ≗**-Hub** *m* / hydraulic jack || ≗**hubtisch** *m* / hydraulic lift table || ≗**-Linearantrieb** *m* / hydraulic linear drive || ≗**modul** *n* / hydraulics module || ≗**öl** *n* / hydraulic oil || ≗**pumpe** *f* / hydraulic pump || ≗**schaltplan** *m* / hydraulic circuit diagram || ≗**speicher** *m* / hydraulic storage cylinder, hydraulic accumulator || ≗**ventil** *n* / hydraulic valve
hydraulisch *adj* / hydraulic *adj* || **~ verzögerter Schutzschalter** / miniature circuit-breaker with hydraulic dashpot, m.c.b. with hydraulic delay feature || **~e Bürde** / hydraulic burden || **~e**

Kupplung / fluid clutch, fluid coupling, hydraulic clutch, hydraulic coupling || **~e Presse** (Hebevorr.) / hydraulic jack || **~e Reserve** (WKW) / hydraulic reserve || **~er Antrieb** (SG) / hydraulic operating mechanism, hydraulic mechanism, electrohydraulic operating mechanism || **~er Druck** / hydraulic thrust || **~er Kolbenantrieb** / hydraulic piston actuator || **~er Speicher** / hydraulic accumulator || **~es Getriebe** / fluid power transmission, fluid drive, hydraulic transmission, hydraulic drive || **~-magnetische Auslösung** (HM) / hydraulic-magnetic tripping (HM)

Hydrierung *f* (a. Isolieröl) / hydrogen treatment

hydro·dynamische Schmierung / hydrodynamic lubrication || **~lisierbares Chlor** (Askarel) / hydrolyzable chlorine || **~lytische Stabilität** / hydrolytic stability

Hydro·meter *n* / hydrometer *n*, areometer *n* || **≗motor** *m* / fluid motor, hydraulic motor || **≗-Optimierung** *f* / hydro optimization || **≗speicher** *m* / hydraulic accumulator || **≗statik** *f* / hydrostatics *n pl*

hydrostatisch *adj* / hydrostatic *adj* || **~ angetriebenes Straßenfahrzeug** / hydraulically driven road vehicle, fluid-power road vehicle, hydromotor road vehicle || **~ Führung** (WZM) / hydrostatic slideway

Hydrotherm, modulierende ≗-Mehrkesselanlage / modular Hydrotherm multiple boiler system

Hyperbelrad *n* / hyperbolic gear, crossed-axis gear, skew-axes gear

hyperbolische Auslösekennlinie / hyperbolic tripping characteristic || **~ Skale** / non-linear contracting scale

Hypoidrad *n* / hypoid gear

Hypozentrum *n* (Erdbeben) / hypocentre *n*

Hysterese *f* / hysteresis *n*, differential gap, differential travel || **≗** *f* (NS, Schaltumkehrspanne) / differential travel || **≗abweichung** *f* DIN IEC 770 / hysteresis error || **≗-Ansprechwert** / differential gap || **≗fehler** *m* / hysteresis error || **≗-Frequenz** *f* / hysteresis frequency || **≗-frequenz bei Überdrehzahl** / hysteresis frequency for overspeed || **≗-Frequenzabweichung** *f* / hysteresis frequency deviation || **≗kernkonstante** *f* / hysteresis core constant || **≗konstante** *f* / hysteretic constant, hysteresis material constant || **≗kupplung** *f* / hysteresis coupling || **≗-Materialkonstante** *f* / hysteresis material constant || **≗moment** *n* / hysteretic drag || **≗motor** *m* / hysteresis motor || **≗schleife** *f* / hysteresis loop, magnetization loop || **≗schleife bei überlagertem Gleichfeld** / incremental hysteresis loop || **≗-Synchronmotor** *m* / synchronous hysteresis motor || **≗verhalten** *n* / hysteresis characteristic, hysteresis behavior || **≗verluste** *m pl* / hysteresis loss || **≗verlustzahl** *f* / hysteresis coefficient || **≗wärme** *f* / hysteretic heat

Hysteresis *f* / differential travel || **≗verhalten** *n* / hysteresis behavior

Hz / Hz

H-Zustand *m* / h state

I

IA (Inbetriebnahme-Anleitung) / installation & start-up guide, start-up guide (Type of documentation. Inbetriebnahme-Anleitung is translated by Installation Guide when it deals with hardware, by Start-up Guide when it deals with software and by Installation and Start-up Guide when it deals with both hardware and software), IA

I-Anteil *m* / integral-action component, amount of integral action || **≗** *m* (Integralanteil) / I term, I component (integral component)

IAR (integrierte Antriebsregelung) / integrated drive control, IAR

I-Beiwert *m* / integral-action factor ANSI C85.1, integral-action coefficient IEC 546

IBF (Istwertbewertungsfaktor) / actual value weighting factor, position-feedback scaling factor

IBN (Inbetriebnahme) / installation and startup, start-up *n*, installation *n*, activation *n*, commissioning *n*

IBS / internal viewing system (VSI) || **≗** (Inbetriebsetzung) / installation and startup, start-up *n*, installation *n*, activation *n*, commissioning *n* || **≗ Kurs** *m* / commissioning training || **≗-Mode** *m* (Inbetriebsetzungsmode) / start-up mode, installation mode, commissioning mode, start up

IC / integrated circuit (IC)

ICM-Baugruppe *f* / inverter control module

ICMP / Internet Control Message Protocol (ICMP)

Icon / icon *n*

Iconisierung / iconizing *n*

ICS-Baugruppe *f* / inverter control system module

ICU / ICU (icu) || **≗-Baugruppe** *f* / inverter control unit module

ID (Identifikation) / identifier *n* (A combination of letters, numbers, and underline characters, which begins with a letter or underline and which names a language element), ID (identification)

Id / ID

IDB / idb

ID·-Code *m* / ID code || **≗-Codetext** *m* / ID code text

ideal·e Ausschaltung / ideal breaking || **~e elastische Verformung** / ideal elastic deformation, instantaneous deformation, Hookean deformation || **~e Magnetisierungskurve** / anhysteretic curve, magnetization characteristic || **~e Maschine** / ideal machine, idealized machine || **~e Spule** / ideal inductor || **~er Kondensator** / ideal capacitor || **~er Transformator** / ideal transformer || **~er Widerstand** / ideal resistor

Ideal·kristall *m* / ideal crystal || **≗linie** *f* (a. linearer ADU o. DAU) / ideal straight line

ideell·e Ankerlänge / ideal length of armature, equivalent length of armature || **~e Eisenlänge** / ideal length of core || **~e Gleichspannung** / controlled ideal no-load direct voltage || **~e Gleichspannung** (Wechselrichter, GR) / ideal no-load direct voltage EN 60146-1-1 || **~e Gleichspannung bei Vollaussteuerung** (LE) / ideal no-load direct voltage || **~e Kernlänge** / ideal length of core || **~e Leerlauf-Gleichspannung** (LE) / ideal no-load direct voltage || **~e Spannweite** (Freiltg.) / ruling span, equivalent span || **~e Synchronreaktanz** / effective synchronous reactance || **~er Kurzschluss** / virtual short circuit || **~er Polbogen** / ideal pole arc, equivalent pole arc

Ident.-Nr. / identification number

Identblatt *n* / ID sheet || **≗vorlage** *f* / ID sheet template

Identifikation *f* (ID) / identification *n* (ID) || **≗** *f* (a.

adaptive Reg.) / identification *n*, identifier *n* (A combination of letters, numbers, and underline characters, which begins with a letter or underline and which names a language element)
Identifizierung *f* (DÜ) / identifier *n*
Identifizierungsnummer *f* DIN 6763,T.1 / identification number
identisch *adj* / identical *adj*
Identitätszeichen *n* / identification mark
Identkarte *f* (QS) / identity card
Identnummer *f* / ID number ‖ ≗ *f* (QS) / identity number ‖ **Werkzeug-**≗ *f* (NC, CLDATA-Wort) / tool number (NC, CLDATA word) ISO 3592
Identograph *m* / identograph *n*
Ident. Totzeit IGBT-Ansteuerung / Ident. gating unit dead time
IDL / interface definition language
IDN / integrated data network (IDN)
ID-Regler *m* / ID controller, integral-derivative controller
IEC (Internationale Elektrotechnische Kommission) / International Electrotechnical Commission, IEC ‖ ≗**-Bus** *m* / IEC bus ‖ ≗**-Schnittstellensystem** *n* / IEC interface system, IEC bus
IEEE / Institution of Electrical and Electronic Engineers (IEEE) ‖ ≗**-kompatible Interworking Standards** / IEEE compatible interworking standards
I-Element *n* (ET) / interface connector
IF (Industrial Framework) / IF (Industrial Framework), PE (pulse enable for drive module) ‖ ≗**Anweisung** *f* / IF instruction, conditional jump instruction
I-Formstahl *m* / I-sections *n pl*
IGBT / insulated gate bipolar transistor, IGBT ‖ ≗**-Technologie** *f* / Insulated Gate Bipolar Transistor technology ‖ ≗**-Thyristor** / isolated gate bipolar thyristor ‖ ≗**-Transistor** *m* / insulated gate bipolar transistor
I-Gehäuse *n* / enclosure of insulating material
I-Glied *n* / I element ‖ ≗ *n* (Reg.) / integral-action element, integral-action element ‖ **nachgeschaltetes** ≗ / series-connected I element
Ignitron *n* / ignitron *n*
ignorieren *n* / ignore *n*
IGW (interaktive grafische Werkstattprogrammierung) / IGSP (Interactive Graphic Shopfloor Programming)
I-Halbleiter *m* / I-type semiconductor, intrinsic semiconductor
IK (implizite Kommunikation (globale Daten)) / IC (implicit communication (global data))
IKA (interpolarische Kompensation mit Absolutwerten) / interpolatory compensation with absolute values, IKA ‖ ≗**-Beziehung** *f* / IKA relation ‖ ≗**-Tabelle** *f* / IKA table
Ikon *n* (Bildsymbol) / icon *n* ‖ ≗**menü** *n* / icon menue
Ikonoskop *n* / iconoscope *n*
Ilgner·-Maschine *f* / Ilgner machine, buffer machine ‖ ≗**-Maschinensatz** *m* / Ilgner generator set, Ilgner system, Ilgner flywheel equalizing set, Ward-Leonard Ilgner set, equalized Ward-Leonard set
Illuminations·kette *f* / decorative chain, decorative string ‖ ≗**lampe** *f* / illumination lamp, decorative lamp
illustriert *adj* / illustrated *adj*
ILM / ILM
ILS / instrument landing system (ILS)
IM (Interface Module) / IM (interface module)
im Gegenuhrzeigersinn / counter-clockwise *adj* (CCW), anti-clockwise *adj* ‖ ~ **Kreis geschaltete Verbindung** / circuit-switched connection ‖ ~ **Uhrzeigersinn** / clockwise *adv* (CW) ‖ ~ **Winkel** / square *adj*, at correct angles, in true angularity
Imagekampagne *f* / image campaign
Imaginärteil des spezifischen Standwerts / specific acoustic reactance, unit-area acoustic reactance
Imax Regler·Integrationszeit / Imax controller integral time, Imax controller prop. gain
I-max.-Regler *m* / I-max controller
Im-Beton-Dose *f* / semi-flush box, box embedded in concrete
IMC / instrument meteorological conditions (IMC)
Imidpolyester *m* / imide polyester
immanent *adj* / intrinsic *adj*
Immersions·material *n* (f. LWL) / index matching material IEC 50(731) ‖ ≗**-Strahlerzeuger** *m* / immersed gun
Immission *f* / immission *n*, ground level concentration (of pollutants)
Immissions·grenzwert *m* / immission standard, ambient air quality standard ‖ ≗**schutz-Messgeräte** *n pl* / pollution instrumentation, measuring (o. monitoring) equipment for environmental protection
Immittanz *f* / immittance *n* ‖ ≗**matrix** *f* / immittance matrix
IMOS / ion-implanted MOS circuit (IMOS)
Imp / pulse *n*
Impaktdrucker *m* / impact printer
Imparitäts-Element *n* / imparity element, odd element
IMPATT-Diode *f* (Lawinenlaufzeitdiode) / IMPATT diode (IMPATT = impact avalanche transit time)
Impedanz *f* / impedance *n* ‖ ≗ **der Fehlerschleife** / earth-fault loop impedance, ground-fault loop impedance ‖ ≗ **der Hausinstallation** VDE 0838, T.1 / house wiring impedance ‖ ≗ **der internen Installation** IEC 50(161) / installation wiring impedance ‖ ≗ **der Wechselstromversorgung** (USV) VDE 0558, T.5 / supply impedance IEC 146-4 ‖ ≗ **des Gegensystems** / negative-sequence impedance, negative-sequence field impedance ‖ ≗ **des Versorgungsnetzes** VDE 0838, T.1 / supply-system impedance
Impedanz·anregerelais *n* / impedance starting relay, impedance starter, underimpedance starter ‖ ≗**anregung** *f* / impedance starting ‖ ≗**belag** *m* / impedance per unit length ‖ ≗**erdung** *f* / impedance earthing, I-scheme *n* ‖ ≗**kopplung** *f* / impedance coupling, common-impedance coupling ‖ ≗**kreis** *m* / impedance circle ‖ ≗**matrix** *f* / impedance matrix ‖ ≗**relais** *n* / impedance relay ‖ ≗**schutz** *m* / impedance protection ‖ ≗**relay** *n* / impedance relay ‖ ≗**verhältnis** *n* / impedance ratio, system impedance ratio
Impedanz·waage *f* / impedance balance relay, impedance differential relay ‖ ≗**wandler** *m* / impedance transformer, impedance converter ‖ ≗**wandler** *m* (Emitterfolger) / emitter follower ‖ ≗**wandler** *m* (Kathodenfolger) / cathode follower
Implikation *f* (IF-THEN-Verknüpfung) / implication *n*, IF-THEN operation
implizit·e Daten / implicit data ‖ **~er Dezimalpunkt**

(NC) DIN 66025,T.1 / implicit decimal sign (NC) ISO/DIS 6983/1

Import *m* / import *n* || ²-**Datei** *f* / import file || **konfigurierbare** ²-**/Export-Schnittstelle** / configurable import/export interface

importieren *v* / import *v*

imprägnieren *v* / impregnate *v*, saturate *v*

Imprägnier·harz *n* / impregnating resin || ²**mittel** *n* / impregnant *n*, impregnating compound, impregnating agent, impregnating medium

imprägniert *adj* / impregnated *adj* || **~e Kohle** / impregnated carbon || **~e Papierisolierung** (Kabel) / impregnated paper insulation

Imprägnierung *f* / impregnation *n*

Imprinter·-Antrieb *m* / drive *n* || ²**-SPS** / PLC

Impuls *m* / impuls *n* IEC 50(101), pulse *n* IEC 235, pulsed quantity || ² **mit einer Richtung** / unidirectional impulse || ² **mit zwei Richtungen** / bi-directional impulse || **verlängerter** ² / extended pulse timer

Impuls·abbild *n* / pulse waveshape || ²**abfallzeit** *f* / pulse fall time || ²**abfrage** *f* / pulse scanning, pulse scanner || ²**amplitude** *f* / pulse amplitude || ²**amplitudenmodulation** *f* (PAM) / pulse-amplitude modulation (PAM) || ²**anfang** *m* / pulse start, initial pulse portion || **Steilheit des** ²**anstieges** / pulse rate of rise || ²**anstiegszeit** *f* / pulse rise time || ²**antwort** *f* DIN 19226 / impulse response, impulse-forced response, pulse response || ²**aufbereitung** *f* / pulse conditioning, pulse shaping || ²**ausgabe** *f* / pulse output || ²**ausgang** *f* / pulse output || ²**auswertung** *f* / pulse evaluation, pulse evaluator

Impuls·befehl *m* / pulse command || **~belastet** *adj* / pulse-loaded *adj* || ²**betrieb** *m* / pulse operation, pulsing *n* || ²**bewertung** *f* / pulse weight (The pulse weight of a system (i.e. its resolution) is the smallest increment of the machine slide motion caused by one single command pulse. (pulse-count system)), pulse weighting || ²**bildung** *f* (LE-Baugruppe für Zündimpulse) / firing pulse generator || ²**bildung** *f* (Baugruppe, Impulsgenerator) / pulse generator, pulse generating module || ²**breite** *f* / pulse width, pulse duration || ²**breitensteuerung** *f* / pulse duration control, pulse width control (depr.) || ²**codemodulation** *f* (PCM) / pulse-code modulation (PCM) || ²**dach** *n* / pulse top || ²**daten** *plt* / pulse characteristics || ²**dauer** *f* / pulse duration || ²**dauer** *f* (Lasergerät) VDE 0837 / pulse radiation IEC 825 || ²**dauermodulation** *f* (PDM) / pulse-duration modulation (PDM), pulse-width modulation (depr.) || ²**dehner** *m* / pulse expander, pulse stretcher || ²**dehnung** *f* / pulse stretching, pulse expansion || ²**diagramm** *n* / pulse timing diagram, timing diagram || ²**drahtsensor** *m* / pulse-wire sensor, pulse wire sensor

Impuls·echo-Verfahren *n* / pulse echo method (o. technique), pulse reflection method || ²**ecke** *f* / pulse corner || ²**-Ein-/Ausverhältnis** *n* / pulse duty factor || ²**eingang** *m* / pulse input || ²**einzelheit** *f* / pulse waveform feature || ²**ende** *n* / pulse finish || ²**energie** *f* / pulse energy || ²**epoche** *f* / pulse epoch || ²**erregung** *f* (Schwingkreis) / impulse excitation, shock excitation || ²**-Fernzähler** *m* / impulse-type telemeter || ²**flanke** *f* / pulse edge

Impulsfolge *f* / pulse train, pulsed quantity IEC 50(101), pulse string || ² *f* (RSA) / message *n* || **Ton~** *f* / tone burst || ²**frequenz** *f* / pulse repetition rate, pulse repetition frequency (PRF) || ²**periode** *f* / pulse repetition period, pulse interval

Impulsform *f* / pulse shape, pulse waveshape, pulse envelope

Impulsformen *n* / pulse shaping

Impulsformer *m* / pulse shaper, pulse generator, pulse encoder, shaft-angle encoder, shaft encoder || ²**elektronik** *f* / integrated pulse shaper electronics, pulse shaper electronics, EXE

Impuls·formung *f* / pulse shaping || ²**formungsverfahren** *n* / pulse shaping process || ²**freigabe** *f* / pulse enable || **integrierte** ²**formerelektronik** / integrated pulse shaper electronics, pulse shaper electronics, EXE

Impulsfrequenz *f* / pulse frequency, pulse rate, pulse repetition frequency, switching frequency || ²**modulation** *f* / pulse-frequency modulation (PFM) || ²**teiler** *m* / scaler *n* || ²**wandler** *m* / pulse frequency changer

Impulsfüllung *f* / pulse stuffing

Impulsgeber *m* / pulse generator, purser *m*, pulse initiator, pulse encoder (NC) || ² *m* (EZ) / impulse device, impulsing transmitter, pulse transmitter, pulse initiator || **konventioneller** ² / manual pulse generator (MPG), manual pulse encoder, hand pulse generator, handwheel *n*, hand wheel || ²**ausgang** *m* / pulse generator output || ²**baugruppe** *f* / sensor board pulse (SBP) || ²**nachbildung** *f* / pulse encoder simulation || ²**zähler** *m* / impulsing meter, impulse meter

Impuls·generator *m* / pulse generator, pulse initiator, pulse encoder, shaft encoder, pulse shaper, shaft-angle encoder || ²**geräusch** *n* / impulse noise || **~geschweißt** *adj* / impulse welded || ²**gruppe** *f* / pulse run || ²**gruppenanzahl** *f* / pulse run count || ²**höhe** *f* / pulse height, pulse amplitude || ²**höhenanalysator** *m* / amplitude analyzer || ²**höhenanalyse** *f* (PHA) / pulse height analysis (PHA), (pulse) amplitude analysis || ²**höhendiskriminator** *m* / pulse height discriminator, pulse amplitude discriminator, amplitude discriminator || ²**intervallverfahren** *n* / pulse interval method || ²**kette** *f* / message *n* || ²**koinzidenz** *f* / pulse coincidence || ²**konstante** *f* / pulse constant || ²**kontakt** *m* / pulse contact, passing contact || ²**kontakt** *m* (I-Kontakt) / impulse contact

Impuls·lagenmodulation *f* (PLM) / pulse position modulation (PPM) || ²**lampe** *f* / pulsed lamp || ²**länge** *f* / pulse length, pulse duration || ²**längenmodulation** *f* (PLM) / pulse length modulation (PLM) || ²**laser** *m* / pulsed laser || ²**leitung** *f* (LE) / firing-circuit cable, control cable || ²**leitung** *f* / pulse cable || ²**löschung** *f* / disabling of pulses, pulse suppression, pulse interlocking || ²**löschung** *f* (LE, Steuerimpulse) / trigger pulse suppression, firing-pulse turn-off (o. blocking) || ²**lücke** *f* / pulse gap, interpulse period || ²**magnetron** *n* / pulsed magnetron || ²**maßstab** *m* / pulse scale, pulse scale || ²**merker** *m* / pulse flag || ²**messmethode** *f* DIN IEC 469, T.2 / method of pulse measurement || ²**messung** *f* / pulse measurement || ²**messverfahren** *n* DIN IEC 469, T.2 / pulse measurement process || ²**modulation** *f* / pulse modulation (PM) || **~moduliert** *adj* / pulse

modulated || ≗-**Nichtkoinzidenz** *f* / pulse non-coincidence
Impulspaket *n* / pulse burst, pulse string, pulse train || ≗**prüfung** *f* / transient burst test, fast transient burst test || ≗**steuerung** *f* / burst firing control
Impulspause *f* / interpulse period
Impuls-Pause Ausgang / pulse duration modulation output (PDM output)
Impuls-/Pausenverhältnis *n* (Rechtecksignal) / mark-to-space ratio
Impuls-Pause· Signal / pulse duration modulation signal (PDM signal) || ≗ **Verhältnis** / pulse/pause ratio, pulse-duty factor, mark-to-space ratio (pulse encoder), mark-space ratio
Impuls·pegelanpassung *f* / pulse level adaptor || ≗**periodendauer** *f* / pulse repetition period, pulse interval || ≗**permeabilität** *f* / pulse permeability || ≗**phasenmodulation** *f* / pulse phase modulation (PPM), pulse position modulation || ≗**plan** *m* / pulse diagram || ≗**platz** *m* / pulse position || ≗**quadrant** *m* / pulse quadrant || **PCM-**≗**rahmen** *m* / PCM frame || ≗**raster** *m* (RSA) / code *n* IEC 1037, ripple control code || ≗**rate** *f* / pulse rate || ≗**ratenmeter** *n* / impulse rate meter || ≗**rauschen** *n* / impulsive noise || ≗**reflektometer** *m* / pulse reflectometer || **optisches** ≗**reflektometer** / optical time-domain reflectometer || ≗**regler** *m* / pulse controller || ≗**reihe** *f* / pulse string, pulse train || ≗**relais** *n* / repeat time-delay relay, impulse relay || ≗**sammelschiene** *f* / pulse bus, pulse highway || ≗**schalldruckpegel** *m* / impulse sound-power level || ≗**schallpegel** *m* / impulse sound level || ≗**schalter** *m* / momentary action switch || ≗**schalter** *m* (LS, Ölströmungssch.) / impulse circuit-breaker, impulse breaker || ≗**schaltung** *f* / pulse circuit || ≗**scheibe** *f* / impulse disk || ≗**schreiber** *m* / pulse recorder || ≗**schritt** *m* / pulse interval || ≗**schwingung** *f* / pulse oscillation || ≗**signal** *n* / pulse signal, sampled signal || ≗**spannungsfestigkeit** *f* / impulse withstand voltage || ≗**spektroskop** *n* / pulse spectroscope || ≗**sperre** *f* / pulse blocking || ≗**sperre** *f* / pulse inhibitor, pulse interlocking || **sichere** ≗**sperre** / safe pulse disabling || ≗**sperrhebel** *m* (EZ) / pulse blocking rocker || ≗**spitze** *f* / pulse overshoot || ≗**spur** *f* / pulse track || ≗**stabilität** *f* / pulse stability || ≗**stabilität bei Fehlanpassung** / pulse mismatch stability || ≗**stabilität bei Inbetriebnahme** / pulse starting stability || ≗**startlinie** *f* / pulse start line || ≗**startzeit** *f* / pulse start time || ≗**stoplinie** *f* / pulse stop line || ≗**stoppzeit** *f* / pulse stop time || ≗**störung** *f* / impulse noise, impulsive disturbance || ≗**strom** *m* / power pulse current || ≗**stromunterbrechung** *f* / interruption of power pulse current || ≗**summierrelais** *n* / totalizing pulse relay
Impuls·tacho *m* / digital tacho || ≗**technik** *f* DIN IEC 469, T.1 / pulse techniques || ≗**telegramm** *n* (FWT) / pulse message || ≗**transformator** *m* / pulse transformer, gate pulse transformer || ≗**übersetzung** *f* / pulse ratio || ≗**übertrager** *m* / pulse transformer, gate pulse transformer || ≗**übertragerbaugruppe** *f* / pulse transformer module (o. subassembly) || ≗**übertragungssystem** *n* (LE) / pulse transmission system || ≗**umwerter** *m* / pulse weight converter, pulse scaler || ≗**unterdrückung** *f* / pulse suppression || ≗**untersetzer** *m* / pulse scaler || ≗**verarbeitung** *f* / pulse processing || ≗**verbreiterung** *f* / pulse spreading || ≗**verhalten** *n* / pulse response || ≗**verhältnis** *n* / pulse ratio || ≗**verkürzung** *f* / pulse shortening, pulse contraction || ≗**verlängerung** *f* / pulse stretching, pulse expansion || ≗**verschleifen** *n* / pulse rounding || ≗**verschleppung** *f* / pulse distortion || ≗**verstärker** *m* / pulse amplifier || ≗**verstärker** *m* (LE, Steuerimpulse) / (trigger o. gate) pulse amplifier, firing pulse amplifier || ≗**verstärkerstufe** *f* / pulse amplifier stage || ≗**verteiler** *m* / pulse distributor || ≗**verteilerbaugruppe** *f* (LE) / pulse distribution module, pulse distributor || ≗**verteillogik** *f* / pulse distribution logic || ≗**vervielfachung** *f* / pulse multiplication factor, pulse edge evaluation, pulse multiplication || ≗**verzerrung** *f* / pulse waveform distortion, pulse distortion || ≗**verzögerungsdauer** *f* / pulse delay interval || ≗**voreildauer** *f* / pulse advance interval || ≗**vorlaufzeit** *f* / set-up time IEC 147
Impuls·wahlverfahren *n* (IWV) / pulse dialing, pulse dialling || ≗**wärmewiderstand** *m* (HL) DIN 41862 / thermal impedance for one single pulse, thermal impedance under pulse conditions || ≗**weiche** *f* / pulse separating filter, pulse distributor, pulse gate, pulse gating circuit || ≗**welligkeit** *f* / pulse ripple, pulse significance, pulse value, pulse weighting, increment per pulse, pulse weight (The pulse weight of a system (i.e. its resolution) is the smallest increment of the machine slide motion caused by one single command pulse) || ≗**zahl** *f* / pulse rate, number of pulses || ≗**zähler** *m* / impulse counter, pulse counter, impulse meter, impulsing meter, scaler *n* || **schreibender** ≗**zähler** / pulse recorder || ≗**zahlprüfung** *f* / pulse number check || ≗**zählspeicher** *m* / pulse count store || ≗**zeit** *f* / pulse time || ≗**zeit** *f* (Impulsrelais) / operate time, pulse duration || ≗**zeitberechnung** *f* / pulse time calculation, pulse time calculator || ≗**zeitmodulation** *f* / pulse time modulation (PTM)
Imputz·-Installation *f* / semi-flush installation, semi-recessed installation || ≗**-Steckdose** *f* / semi-flush-type socket-outlet, semi-recessed receptacle || ≗**-Verbindungsdose** *f* / semi-flush joint box, semi-recessed junction box
IMR (Anschaltbaugruppe für Empfangsbetrieb) / IMR (interface module receive)
IMS (Anschaltbaugruppe für Sendebetrieb) / IMS (interface module send), IMS (Information Management System)
in beiden Richtungen zeitverzögerter Wechsler / changeover contact delayed in both directions || ~ **Bereitschaft** IEC 50(191) / standby state || ~ **Betrieb** IEC 50(191) / operating state || ~ **Brückenschaltung** / bridge-connected *adj* || ~ **Luft schaltend** / air-break *adj* || ~ **Metall bündig einbaubarer Näherungsschalter** / metal-embeddable proximity switch || ~ **Öl schaltend** / oil-break *adj*, oil-immersed break || ~ **Quadratur** / in quadrature || ~ **Sternschaltung** / star-connected *adj*, ...wye connected *adj*, Y-connected *adj*
INA / international standard atmosphere (ISA)
iNA / Intel Network Architecture (iNA), iNA (Intel Network Architecture)
I-Naht *f* / square weld, square butt weld
inaktiv *adj* / inactive *adj* || **~er Zutand der Systemsteuerung** (PMG) DIN IEC 625 / system control not active state (SNAS) || **~es leitfähiges Teil** / exposed conductive part || **~es Teil** / inactive

part
inaktiv setzen / deactivate *v*
Inaktivitätsüberwachung *f* (Datennetz) / inactivity control
Inbetriebnahme *f* / startup *n*, commissioning *n*, setup *n* || ≗ *f* (Automatisierungssystem, Rechneranlage) / system start-up, start-up procedure || ≗ *f* (IBN) / installation and startup, start-up *n*, installation *n*, activation *n*, commissioning *n*, comissioning *n* || **zweite** ≗ / second installation || ≗**adaption** *f* (adaptive Reg.) / start-up adaptation || ≗**anleitung** *f* / installation & start-up guide, start-up manual, commissioning instructions, start-up guide (Type of documentation. Inbetriebnahme-Anleitung is translated by installation guide when it deals with hardware, by start-up guide when it deals with software and by installation and start-up guide when it deals with both hardware and software), installation guide, IA || ≗**-Anweisungen** *f pl* / Installation Instructions || ≗**-Anwenderspeichermodul** *n* / installation user memory submodule || ≗**assistent** *m* / parameterization wizard || ≗**fenster** *n* / startup window || ≗**hilfe** *f* / setting-up aid || ≗**hilfe** *f* (SPS) / start-up aid || ≗**-Listen** *f pl* / installation lists || ≗**-Menü** *n* / commissioning menu || ≗**modus** *m* / start-up mode, installation mode, commissioning mode, start up || ≗**parameterfilter** *n* / commissioning parameter filter || ≗**protokoll** *n* / start-up record || ≗**protokoll** *n* (el. Masch.) / commissioning report || ≗**prüfung** *f pl* / commissioning test || ≗**schritte** *m pl* / start-up flowchart || ≗**unterstützung** *f* / installation and startup support || ≗**zeit** *f* / start-up time || ≗**zeiten** *f pl* / installation time
Inbetriebnehmen *n* / installation and startup, start-up *n*, installation *n*, activation *n*, commissioning *n*, comissioning *n*
Inbetriebnehmer *m* / system startup engineer, service engineers
Inbetriebsetzer *m* / startup engineer, commissioning engineer
Inbetriebsetzung *f* / setup *n*, commissioning *n*, putting into service, putting into operation || ≗ *f* (IBS) / installation and startup, start-up *n*, installation *n*, activation *n*, commissioning *n*, comissioning *n*
Inbetriebsetzungs·ingenieur *m* / commissioning engineer, start-up engineer || ≗**ladung** *f* (Batt.) / initial charge || ≗**leistung** *f* / start-up service || ≗**mode** *m* (IBS-Mode) / start-up mode, installation mode, commissioning mode, start up || ≗**modus** *m* / start-up mode, installation mode, commissioning mode, start up || ≗**personal** *n* / commissioning personnel, commissioning engineers
Inc / Inc
INC / incremental dimension (INC)
Inc Var / Inc Var
inch / inch *n*
inchromiert *adj* / chromized *adj*
In-circuit-Emulator *m* / in-circuit emulator (ICE)
INDA (Fortschaltwinkel Parameter) / INDA (indexing angle)
Indentsystem, induktives ≗ / inductive identification system
Index *m* (Inhaltsverzeichnis u. DV) DIN 44300 / index *n* || ≗**register** *n* / index register || ≗ (Math.) / subscript *n* || ≗ **[']** / prime *n* (subscript) || ≗**bolzen** *m* / index bolt || ≗**datei** *f* / index file || ≗**einbruch** *m* (LWL) / index dip
Indexiertisch *m* / indexing table
Indexierung *f* / indexing *n*
Indexnut *f* / polarizing slot
indexsequentieller Zugriff / index-sequential access
Indextabelle *f* DIN 44300 / index *n*
Indikator *m* (Datenelement, das abgefragt werden kann, um festzustellen, ob eine bestimmte Bedingung während der Programmausführung erfüllt worden ist) / indicator *n* ISO 2382 || **Tor~** *m* / gate monitor || ≗**lösung** *f* / indicator solution || ≗**-Messgerät** *n* (zur annähernden Messung einer Größe und/oder des Vorzeichens der Größe) / detecting instrument || ≗**register** *n* / indicator register, condition-code register (contains the indicators resulting from operation of the ALU) || ≗**schaltung** *f* / indicator circuit || ≗**wort** *n* / indicator word, condition-code word
indirekt *adj* / indirect *adj* || ~ **angetriebenes Steuerschaltwerk** / motor-driven controller || ~ **beeinflusste Regelstrecke** (o. Steuerstrecke) / indirectly controlled system || ~ **beheizter Heissleiter** (NTC-I-Thermistor) / indirectly heated NTC thermistor (NTC-I) || ~ **beleuchtet** / backlit *adj* || ~ **gekoppelte Rechnersteuerung** / off-line computer control || ~ **gekühlte Wicklung** (el. Masch.) VDE 0530, T.1 / indirect cooled winding IEC 34-1 || ~ **geschalteter Kontakt** / snapaction contact (element) IEC 337-1, quick-make quick-break contact || ~ **wirkender Schreiber** / indirect recording instrument || ~ **wirkender Überstromauslöser** / indirect overcurrent release || **~e Aufzeichnung** / indirect recording || **~e Auslösung** / indirect tripping, transformer-operated tripping || **~e Beheizung** / indirect heating || **~e Beleuchtung** / indirect lighting || **~e Blendung** / indirect glare || **~e Diagnose** (Off-line-Diagnose) / off-line diagnosis || **~e Eigenerregung** / excitation from separately driven exciter || **~e Erdung** / indirect earthing || **~e Lichtzündung** (Thyr) / indirect light-pulse firing || **~e Parallelschaltung** (LE, von Kommutierungsgruppen) / multiple connection (of commutating groups) || **~e Prozesskopplung** / off-line process interface || **~e Prüfung** / indirect inspection and testing || **~e Wirkungsgradbestimmung** / indirect calculation of efficiency || **~er Antrieb** / indirect drive || **~er Auslöser** / indirect release, indirect trip, indirect overcurrent release || **~er Blitzeinschlag** / indirect lightning strike || **~er Blitzschlag** / indirect stroke || **~er Gleichstromumrichter** / indirect d.c. converter, a.c.-link d.c. converter || **~er Lichtstrom** / indirect (luminous flux) || **~er Spannungsregler** / indirect-acting voltage regulator || **~er Steckverbinder** / two-part connector || **~er Überstromauslöser** VDE 0660,T.101 / indirect overcurrent release IEC 157-1 || **~er Wechselstromumrichter** / indirect a.c. (power) converter, d.c. link converter || **~es adaptives Regelsystem** / indirect adaptive control system || **~es Berühren** VDE 0100, T.200 / indirect contact || **~es Einführen** (zu Anschlussstellen innerhalb eines Gehäuses) / indirect entry || **~es Kommutieren** (LE) / indirect commutation
Indirektleuchte *f* / indirect lighting luminaire
indirektluftgekühlte Maschine / indirectly air-

cooled machine, machine indirectly cooled by air
Individualverkehr / private motor traffic
indiziert·e Leistung / declared power, indicated horsepower (i.h.p.) || **~e Operation** (SPS) / indexed operation || **~er Wert** / subscribed value || **~er Zugriff** / indexed access
Indizierung *f* / subscribing *n* (A mechanism for referencing an array element by means of an array reference and one or more expressions that, when evaluated, denote the position of the element) || ≗ **von Befehlen** / command indexing
Inductosyn *n* / Inductosyn *n* || ≗**-Adapter** *m* / Inductosyn adapter || ≗**-Maßstab** *m* / Inductosyn scale || ≗**-Reiter** *m* / Inductosyn cursor || ≗**-Umsetzer** *m* / Inductosyn converter || ≗**-Vorverstärker** *m* / Inductosyn preamplifier
Induktanz *f* / inductance *n*, inductive reactance
Induktion *f* / induction *n*, magnetic induction, flux density || ≗ **aus der Kommutierungskurve** / normal induction || **elektromagnetische** ≗ / flux density
Induktionsapparat *m* / inductor *n*
induktionsarm *adj* / low-inductance *adj*
Induktions·belag *m* / inductance per unit length || ≗**brücke** *f* (NC) / variable-inductance transducer || ≗**empfindlichkeit** *f* (Hallplättchen) DIN 41863 / induction sensitivity || ≗**fluss** *m* / magnetic flux, flux of magnetic induction
induktionsfrei *adj* / non-inductive *adj* || **~e Belastung** / non-inductive load, non-reactive load
Induktions·-Frequenzumformer *m* / induction frequency converter || ≗**geber** *m* (a. Kfz-Zündschaltgerät) / induction-type pulse generator || **~gehärtet** *adj* / induction-hardened *adj* || **~gelötet** *adj* / induction-brazed *adj* || ≗**generator** *m* / induction generator || ≗**gesetz** *n* / Faraday's law, second circuital law || ≗**härteanlage** *f* / induction hardening plant
induktionshärten *v* / induction-harden *v*
Induktions·heizung *f* / induction heating || ≗**instrument** *n* / induction instrument || ≗**koeffizient** *m* / coefficient of self-induction || ≗**konstante** *f* / permeability of free space, space permeability, permeability of the vacuum || ≗**kupplung** *f* / induction coupling, electromagnetic clutch || ≗**leuchte** *f* / induction luminaire || ≗**linearmotor** *m* / linear induction motor (LIM) || ≗**maschine** *f* / induction machine, asynchronous machine || ≗**messgerät** *n* / induction instrument || ≗**messverfahren** *n* (Leitfähigkeitsmessung) / induction (measuring) method, electrodeless measuring method || ≗**messwerk** *n* / induction measuring element
Induktionsmotor *m* / induction motor, asynchronous motor || ≗ **mit gewickeltem Läufer** / wound-rotor induction motor || ≗ **mit Repulsionsanlauf** / repulsion-start induction motor || ≗**-Wattstundenzähler** *m* / inductionmotor watthour meter, induction watthour meter || ≗**zähler** *m* / induction-motor meter, induction meter
Induktions·ofen *m* / induction furnace || ≗**periode** *f* (Isolierflüssigk.) / induction period || ≗**-Quotienten-Messgerät** *n* / induction quotientmeter || ≗**regler** *m* / induction regulator || ≗**relais** *n* / induction relay || ≗**schutz** *m* / induction protection, inductive interference protection || ≗**spannung** *f* / induced voltage
Induktionsspule *f* / induction coil, inductor *n*, Ruhmkorff coil || ≗ *f* (Flussmessung) / magnetic test coil, exploring coil, search coil || ≗ **mit Trennfunktion** / isolating inductor
Induktions·strom *m* / induced current, induction current, induction current || ≗**tachogenerator** *m* / induction tacho-generator || ≗**triebsystem** *n* (EZ) / induction driving element || ≗**verlagerungsfaktor** *m* / induction transient factor || ≗**vermögen** *n* / inductivity *n* || ≗**verteilung** *f* / flux distribution || ≗**welle** *f* / flux-density wave, m.m.f. wave || ≗**zähler** *m* / induction meter, induction motor meter || ≗**zündung** *f* / induced ignition
induktiv *adj* / inductive *adj*, reactive *adj*, lagging *adj* || **~ geerdet** / impedance-earthed *adj* (GB), reactance-grounded *adj* (US), resonant-grounded *adj*, resonant-grounded with Petersen coil || **~ gekoppelt** / inductively coupled || **~ geschaltete Leuchte** / luminaire with inductive circuit
induktiv·e Abschaltspannung / voltage induced on circuit interruption || **~e Beeinflussung** / inductive interference, inductive coupling || **~e Belastung** / inductive load, reactive load, lagging load || **~e Blindarbeit** / lagging reactive energy || **~e Blindleistung** / lagging reactive power || **~e Blindspannung** / lagging reactive voltage, reactive voltage || **~e Einstreuungen** / inductive interference || **~e Entkopplung** / inductance decoupling, reactor decoupling || **~e Erdung** / impedance earthing (GB), reactance grounding (US), resonance grounding || **~e Erwärmung** / induction heating || **~e Gleichspannungsänderung** (LE) / inductive direct voltage regulation || **~e Komponente** / reactive component || **~e Kopplung** / inductive coupling, inductance coupling, electromagnetic coupling, inductive exposure || **~e Last** / inductive load, reactive load || **~e Mitkopplung** / inductive coupling, inductance coupling, electromagnetic coupling, inductive exposure || **~e Restfläche** (Hallstromkreis) / effective induction area || **~e Schaltung** (L-Lampe) / lagging p.f. correction || **~e Störbeeinflussung** / inductive interference, inductive coupling || **~e Störspannung** / inductive interference voltage
induktiv·er Aufnehmer / inductive pickup || **~er Ausschaltstrom** / inductive breaking current || **~er Blindleitwert** / inductive susceptance || **~er Blindstrom** / reactive current || **~er Blindwiderstand** / inductive reactance, reactance *n*, inductance *n*, magnetic reactance || **~er Durchflussaufnehmer** / magnetic flow transmitter || **~er Koppler** / inductive coupler || **~er Kopplungsgrad** / inductive coupling factor || **~er Leistungsfaktor** / lagging power factor, lagging p.f. || **~er Näherungsschalter** / inductive proximity switch, inductive proximity sensor || **~er Nebenschluss** / inductive shunt || **~er Nebenschlusssteller** / induction regulator for shunt-field circuits || **~er Nebenwiderstand** / inductive shunt || **~er Scheinwiderstand** / inductive impedance || **~er Spannungsabfall** / reactance drop, reactive voltage drop || **~er Spannungsregler** / induction voltage regulator, transformer-type voltage regulator || **~er Spannungswandler** / inductive voltage transformer, cascade potential transformer, electromagnetic voltage transformer || **~er Steller** /

induction regulator, rotary regulator, variable transformer || **~er Stromkreis** / inductive circuit || **~er Teil** (kapazitiver Spannungswandler) / electromagnetic unit (e.m.v.) || **~er Wandler** / inductive transformer, cascade transformer, electromagnetic transformer || **~er Wegabgriff** / inductive displacement pick-off, inductive position sensor || **~er Widerstand** / inductive reactance, reactance *n* || **~er Zweig** (Leuchtenschaltung) / lag circuit

induktiv·es Aufnehmerpaar / inductive pickup couple, pair of inductive sensors || **~es Potentiometer** / inductive potentiometer || **~es Schaltvermögen** / inductive breaking capacity || **~es Vorschaltgerät** / inductive ballast || **~es Wegmessgerät** / inductive displacement (o. position) sensing device, inductosyn *n*

Induktivimpuls-Umsetzung *f* / pulse conversion by inductance

Induktivität *f* / inductance *n*, inductivity *n*, inductive reactance || ≗ *f* (Stromkreiselement) / inductor *n* || ≗ **des Versorgungsnetzes** (bezogen auf einen SR) / supply inductance

induktivitätsarm *adj* / low-inductance *adj*

Induktivitäts·dekade *f* / decade inductor || ≗**faktor** *m* IEC 50(221) / inductance factor || ≗**messer** *m* / inductance meter, inductance bridge || ≗**wert** *m* / inductance factor

Induktivkoppler *m* / inductive coupler

Induktor *m* / inductor *n*, induction coil || ≗ *m* (Gen., Läufer) / generator rotor *n*, rotor *n* || ≗**ballen** *m* (el. Masch.) / rotor body, inductor core || ≗**-Dynamotor** *m* / inductor dynamotor || ≗**-Frequenzumformer** *m* / inductor frequency converter || ≗**generator** *m* / inductor generator || ≗**kappe** *f* (el. Masch.) / rotor end-winding retaining ring, rotor end-bell || ≗**kreis** *m* / rotor circuit, inductor circuit || ≗**maschine** *f* / inductor machine || ≗**pol** *m* / field pole || ≗**-Synchronmotor** *m* / inductor-type synchronous motor

Induktosyn / Inductosyn *n* || ≗**-Maßstab** *m* / Inductosyn scale

Industrial Ethernet / industrial ethernet || ≗ **Manufacturing Automation Protocol** (Industrial Ethernet MAP) / Industrial Ethernet Manufacturing Automation Protocol (Industrial Ethernet MAP) || ≗ **MAP** (Industrial Ethernet Manufacturing Automation Protocol) / Industrial Ethernet MAP (Industrial Ethernet Manufacturing Automation Protocol)

Industrial Framework (IF) / Industrial Framework (IF)

Industrie, leichte ≗ / light industry || **verfahrenstechnische** ≗ / process engineering industry || ≗**anlage** *f* / industrial plant || ≗**atmosphäre** *f* / industrial atmosphere, industrial environment || ≗**ausführung** *f* / industrial-type *adj*, industry standard || ≗**einsatz** *m* / industrial *adj* || ≗**elektronik** *f* / industrial electronics || ≗**gelände** *n* / industrial premises

industriegerecht *adj* / industry-standard *adj*, industry-compatible *adj*, industrialized *adj*, industrial-strength *adj*

Industrie·kraftwerk *n* / industrial power station, captive power plant || ≗**leuchte** *f* / industrial luminaire, industrial-type luminaire, industry-type lighting fitting, factory fitting

industriell *adj* / industrial *adj*

industrieluftbeständig *adj* / resistant to industrial atmospheres

Industrie·netz *n* / industrial system, industrial network || ≗**-PC** *m* / industrial PC || ≗**relais** *n* / industry-type relay, industrial relay || ≗**roboter** *m* / IR (industrial robot) || ≗**roboter** *m* (IR) / industrial robot (IR) || ≗**-Steckvorrichtungen** *f pl* / plugs, socket-outlets and couplers for industrial purposes, industrial socket-outlets and plugs, industrial plugs and sockets || ≗**steuerungen** *f pl* / industrial control systems || ≗**strahler** *m* / industrial radiator, factory lamp || ≗**straße** *f* / commercial street || ≗**tarif** *m* / industrial tariff

industrietauglich *adj* / industry-standard *adj*, industry-compatible *adj*, industrialized *adj*, industrial-strength *adj*

Industrie·umgebung *m* / industrial environment || ≗**verteiler** *m* / industry-type distribution board, distribution board for industrial purposes || ≗**zange** *f* / industrial design crimping tool

induzieren *v* / induce *v*

induziert·e magnetische Anisotropie / induced magnetic anisotropy || **~e Masse** / effective mass || **~e Restspannung** (Halleffekt-Bauelement) DIN 41863 / inductive residual voltage IEC 147-0C || **~e Seite des Leiters** / active part of conductor || **~e Spannung** / induced voltage, e.m.f. || **~e Ständerspannung** / stator e.m.f. || **~e Steuerspannung** (Halleffekt-Bauelement) DIN 41863 / induced control voltage IEC 147-0C || **~er Blitzschlag** / indirect stroke || **~es Fremdfeld** / induction field

ineinander·gewickelte Doppelspule / interleaved double coil, interwound coils, imbricated double coil || **~gewickelte Stränge** / interleaved phase windings || **~gleiten** *v* / interleave *v* || **~greifen** *v* / mesh *v*, engage *v*, intermesh *v* || **~greifende Getriebeelemente** / geering wheels || **~passen** *v* / fit together, nest *v* || **~schieben** *n* / telescoping *n* || **~stecken** *v* / fit into each other

Infeldblendung *f* / direct glare

Inferenzen, erwartungsgesteuerte ≗ / expectation-driven reasoning

Inferenzmechanismus *m* / inference mechanism

Influenz, elektrische ≗ *f* / electrostatic induction, electric influence, electric induction phenomenon || ≗**konstante** *f* / absolute permittivity, specific inductive capacity || ≗**maschine** *f* / influence machine, continuous electrophorous, Wimshust machine, electrostatic generator, Pidgeon machine || **sektorlose** ≗**maschine** / Bonetti machine || ≗**spannung** *f* / influence voltage

Info *f* / about || ≗**-board** *n* / infoboard *n* || ≗**-Management** *n* / information management system

Informatik *f* / computer science

Information *f* / information *n* || **allgemeine** ≗ / general information || **gemerkte** ≗ (ZKS) / memorized information || **geometrische** ≗ / geometrical data || **positionierte** ≗ / positioned information || **technische** ≗ / technical information sheet || **technologische** ≗ / technological information (All data specifying the technological functions required for machining a workpiece on an NC machine too, e.g.feeds, spindle speeds, cutting speeds, tool selection, tool change, etc.), technological data, process information

Informationsadresse *f* / information address
Informationsaustausch *m* / information exchange, exchange of information || ² **Maschine-Maschine** / machine-to-machine information exchange || ² **Mensch-Maschine** / man-to-machine information exchange
Informations·beschaffung *f* / information supply || ²**block** *m* / information block, data block || ²**byte** *n* / information byte, data byte || ²**darbietung** *f* / presentation of information || ²**darstellung** *f* / representation of information, data representation || ²**elektroniker** *m* / data and control electronics fitter || ²**feld** *n* / information field || ²**feldlänge** *f* / length of information field
Informationsfluss *m* / information flow || **nahtloser** ² / seamless information flow || ²**überwachung** *f* / communication control
Informations·geheimhaltung *f* / information secrecy, nondisclosure of information || ²**kanal** *m* / information channel || ²**kapazität** *f* / information capacity || ²**knoten** *m* / information node || ²**kreis** *m* (f. Überwachungsaufgaben) / monitoring circuit || ²**menge** *f* / quantity of information, amount of information, information set || ²**parameter** *m* / signal parameter || ²**sicherung** *f* / information securing || ²**technik** *f* / information technology (IT), information technology || ²**träger** *m* / information medium, information carrier || ²**trennzeichen** *n* / information separator || ²**übermittlung** *f* (FWT) / information transfer || ²**übermittlungsrate** *f* (FWT) / information transfer rate
Informationsübertragung *f* / information transmission, information transfer || **Schutzsystem mit** ² / protection system associated with signalling system, pilot protection system
Informationsübertragungsrate *f* / information transfer rate
Informations- und Trainingscenter *n* (ITC) / Information and Training Center (ITC)
Informationsverarbeitung *f* / information processing, data processing
Informations·verbund *m* / information networks, distributed information system || ²**verlustrate** *f* (FWT) / rate of information loss || ²**verteiler** *m* (Multiplexer) / information multiplexer || ²**verwaltungssystem** *n* (IMS) / information management system (IMS) || ²**vorbereitung** *f* (NC) / data preparation || ²**wort** *n* / information word
Info·-Schild *n* / info label || ²**tafel** *f* / information board || ²**text** *m* / info text
Infrarot *n* / infra-red *n* || ²**absorption** *f* / infrared absorption || ²**-Analysator** *m* / infra-red analyzer || ²**detektor** *m* / infrared detector || ²**extinktion** *f* / infrared absorbance || ²**-Fernbedienung am Punktschreiber** / infrared control on the dotted-line recorder || ²**-Fernbedienungssystem** *n* / infra-red remote-control system || ²**-Fernschalter** *m* / infrared controller || ²**lampe** *f* (IR-Lampe) / infrared lamp || ²**licht** *n* / infrared light || ²**monochromator** *m* / infra-red monochromator (IR monochromator), monochromator for infrared radiation || ²**-Schnittstelle** *f* / infrared interface || ²**spektroskopie** *f* / infrared spectroscopy || ²**strahler** *m* / infrared radiator, infrared lamp, heat lamp || ²**thermometer** *n* / infrared thermometer (IR thermometer) || ²**übertragung** *f* (IR-Übertragung) / infrared transmission
infrarotweichgelötet *adj* / induction-soldered *adj*
Infrarot-Zentralverriegelung *f* (Kfz) / central locking system with IR remote control
Infraschallfrequenz *f* / infrasonic frequency, ultralow frequency
Inhalt *m* / contents *n pl*, capacity *n* || **Befehls~** *m* (DÜ) / meaning of command || ² **der messflächengleichen Halbkugelfläche** / area of equivalent hemisphere || ² **der Zustandsverknüpfung** (PMG) / state linkage content || ² **des Datenfeldes** / data field content || **Merker~** *m* (SPS) / flag contents
Inhalts·fenster *n* / contents window || ²**verzeichnis** *n* (Datenträger) / directory *n*
inhärent *adj* (Bezeichnet einen Wert, der unter der Annahme idealer Instandhaltungs- und Betriebsbedingungen ermittelt wurde) IEC 50(191) / intrinsic *adj* (Qualifies a value determined when maintenance and operational conditions are assumed to be ideal), inherent *adj* (Qualifies a value determined when maintenance and operational conditions are assumed to be ideal) || **~er Ausfall** / inherent weakness failure || **~es Gleichstromverhältnis** / inherent forward current transfer ratio
Inhibition *f* DIN 44300 / exclusion *n*
inhomogenes Feld / inhomogenous field, non-uniform field, irregular field
Init-Befehl *m* / Init command
initialisieren *v* / initialize *v*
Initialisierung *f* / initialization *n*
Initialisierungs·baustein *m* / initialization block || ²**-Befehlswort** *n* / initialization command word (ICW) || ²**konflikt** *m* / initialization conflict || ²**kontrolle** *f* / initialization control || ²**wert** *m* / initial value
Initialzustand, definierter ² / defined initial state
Initiator *m* / initiator *n* || **Näherungs~** *m* / proximity switch, proximity sensor
Initiierungskonflikt *m* (SPS) / initiation conflict
Injektions·folgespannung *f* (Diode) DIN 41781 / post-injection voltage || ²**strahlerzeuger** *m* / injection gun
Inkassoprovision *f* / collection commission expenses
inklusives ODER / inclusive OR, disjunction *n*
Inkraftsetzungsdatum *n* / effective date
Inkreisradius *m* / inradius *n*
Inkrement *n* / increment *n*, path increment
inkremental *adj* / incremental *adj*, relative *adj*
Inkremental·befehl *m* (FWT) / incremental command || ²**drehgeber** *m* / incremental rotary transducer
inkremental·e Ausfallwahrscheinlichkeit DIN 40042 / incremental probability of failure || **~e Maßangaben** (NC, Bildzeichen) / incremental program (symbol) || **~er rotatorischer Wegmessgeber** / incremental rotary position encoder || **~er Vorschub** / incremental feed || **~er Wegmessgeber** / incremental position encoder (o. displacement) resolver, incremental encoder
Inkrementalgeber *m* / incremental encoder, incremental transmitter
Inkrementalmaß *n* / incremental dimension (INC) || ²**programmierung** *f* / incremental programming || ²**programmierung** *f* (NC) DIN 66257 / incremental programming ISO 2806-1980, incremental data input

Inkremental·messsystem *m* / incremental measuring system || ≗**-Messsystem** *n* (NC) / incremental measuring system || ≗**spur** *f* / incremental signal || ≗**steuerung** *f* / incremental control || ≗**wegmessgerät** *n* / incremental position measuring device || ≗**-Wegmessgerät** *n* / incremental position measuring device, pulse-type transducer
Inkrementbewertung *f* / increment weighting || **variable** ≗ / variable increment weighting
inkrementell *adj* / incremental || **~e Permeabilität** IEC 50(221) / incremental permeability || **~er Übersetzer** / incremental compiler
Inkrementgröße *f* / increment size, incremental dimension (Dimension that refers to the preceding dimension. - Cf.: absolute dimension)
inkrementieren *v* / increment *v*
Inkrementmeldung *f* (FWT) / incremental information
Inland *n* / domestic *n*
Inlandsgeschäft *n* / domestic business
innen / inside *n*, internal *adj* || **~ glattes Rohr** (IR) / internally plain conduit || **~ verkettete Zweiphasenschaltung** / internally linked two-phase four-wire connection || **~ verripptes Gehäuse** / internally ribbed housing
Innen·abmessungen *f pl* / internal dimensions || ≗**anlage** *f* / indoor switchgear || ≗**backe** *f* / inside jaws || ≗**bearbeitung** *f* (WZM) / internal machining
Innenbeleuchtung *f* / interior lighting, lighting of interiors, indoor lighting || ≗ *f* (Kfz) / courtesy light(s)
Innen·drehmeißel *m* / boring tool, inside tool || ≗**druck** *m* / inner pressure, pressure *n* || ≗**durchmesser** *m* / inside diameter (i.d.), internal diameter
Innen·ecke *f* / inside corner || ≗**eckwinkelstück** *n* (IK) / inside angle (unit), internal angle (unit), forward elbow || ≗**einstich** *f* / internal groove || ≗**faser** *f* / inner surface, inner layer || ≗**feinmessgerät** *n* / inside calipers || ≗**fläche** *f* / inside area
Innen·garnitur *f* / inner valve || **Ventil-**≗**garnitur** *f* / valve trim || ≗**gefüge** *n* / subsurface structure
innengekrümmt *adj* / concave *adj*
innengekühlte Maschine / machine with open-circuit cooling, enclosed ventilated machine || **~, eigenbelüftete Maschine** / enclosed self-ventilated machine
Innengeometrie *f* / internal geometry
Innengewinde *n* / inside thread, internal thread || ≗ *n* / internal thread || ≗**-Schlitzklemme** *f* / female screw terminal, female thread
Innengummierung *f* / inside rubberizing
Innen·impedanz *f* / internal impedance || ≗**interpolator** *m* (NC) / internal interpolator
Innen-Isolationswiderstand *m* / volume resistance, internal insulation resistance || **spezifischer** ≗ / volume resistivity
Innen·kabel *n* (Innenraumk.) / indoor cable, cable for indoor use || ≗**kante** *f* / inside edge, inner edge
Innenkontur *f* (NC) / inside contour || ≗**bearbeitung** *f* / inner contour machining || **Halbkreis-**≗**-Bearbeitung** *f* / machining of internal semicircle, inner contour machining of a semicircle
Innenkonus *m* / inside cone
Innen·krümmung *f* / concave curve || ≗**kühlmittel** *n* (Primärkühlmittel) / primary coolant || ≗**kühlung** *f* / inner cooling, internal cooling || ≗**kühlung** *f* (rotierende el. Masch.) / open-circuit cooling, open-circuit ventilation, mixed ventilation, axial ventilation
Innen·läufer *m* / internal rotor, internal-rotor motor || ≗**laufring** *m* (Lg.) / inner bearing ring, inner ring, inner raceway, inner race || ≗**leiter** *m* / inner conductor || ≗**leiter** *m* (Koaxialkabel) / central carrier wire || ≗**leuchtensystem** *n* / interior lighting system
innenliegend *adj* / in the side || **~er Fehler** / subsurface defect || **~es Lager** / inboard bearing
Innen·lüfter *m* / internal fan || ≗**mantel** *m* (Kabel) / inner sheath || ≗**mantel und Füller** / inner coating and fuller || ≗**maß** *n* / inside dimension, internal dimension || ≗**mikrometer** *n* / inside micrometer || ≗**muffe** *f* (Kabelmuffe) / inner sleeve || ≗**polmaschine** *f* / revolving-field machine, stationary-armature machine, internal-field machine || ≗**profil** *n* / internal profile || ≗**rad** *n* / internal gear
Innenradius *m* / inside radius || ≗**toleranz** *f* / tolerance of inside radius (t.i.r.)
Innenraumanlage *f* VDE 0101 / indoor installation || ≗ *f* (Station) / indoor station || ≗ *f* / indoor switching station, indoor switchgear, indoor switchboard
Innenraum·aufstellung *f* / indoor installation, installation indoors || ≗**beleuchtung** *f* / interior lighting, lighting of interiors || ≗**durchführung** *f* / indoor bushing || ≗**eingetauchte Durchführung** / indoor-immersed bushing || ≗**-Erdungsschalter** *m* VDE 0670,T.2 / indoor earthing switch IEC 129 || ≗**-Kessel-Durchführung** *f* / indoor-immersed bushing || ≗**klima** *n* / indoor environment || ≗**-Lastschalter** *m* VDE 0670,T.3 / indoor switch IEC 265 || ≗**-Leistungsschalter** *m* / indoor circuit-breaker, indoor power circuit-breaker || ≗**-Schaltanlage** *f* / indoor switching station, indoor switchgear, indoor switchboard || ≗**-Schaltanlagen nach dem Bausteinsystem** / modular indoor switchgear, modular indoor switchboards || ≗**-Schaltgeräte** *n pl* / indoor switchgear and controlgear IEC 694, indoor switchgear || ≗**station** *f* / indoor substation || ≗**transformator** *m* / indoor transformer || ≗**-Trennschalter** *m* VDE 0670,T.2 / indoor disconnector IEC 129, indoor isolator
Innen·reflektor *m* / internal reflector || ≗**reflexionsanteil des Tageslichtquotienten** / internally reflected component of daylight factor || ≗**ring** *m* (Lg.) / inner ring, inner raceway || ≗**rohrgenerator** *m* / bulb-type generator || ≗**rundschleifen** *n* / internal cylindrical grinding || ≗**schaltanlage** *f* / indoor switching station, indoor switchgear, indoor switchboard || ≗**schaltbild** *n* / internal circuit diagram || ≗**schleifen** *n* / internal cylindrical grinding, internal grinding || ≗**sechskantschlüssel** *m* / hexagon socket spanner || ≗**sechskantschraube** *f* / hexagon socket-head bolt
innensiliziert *adj* / inside silica-coated, internally siliconized
Innen·spule *f* / inner coil || ≗**taster** *m* / inside calipers || ≗**teile der Ventile** / valve trim || ≗**toleranz** *f* / inside tolerance || ≗**verdrahtung** *f* / internal wiring || ≗**verpackung** *f* / primary container || ≗**viskosität** *f* / intrinsic viscosity, internal viscosity, limiting viscosity index
Innenwiderstand *m* / inner flow resistance || ≗ *m*

(Verhältnis Ausgangsspannungsänderung/ Ausgangsstromänderung bei Belastungsänderung) DIN 41785 / output resistance IEC 478-1, output impedance || ≗ *m* / internal resistance, internal impedance || ≗ **der Pumpe** / inner (flow) resistance of the pump || **Elektroden-** ≗ *m* / electrode a.c. resistance || **scheinbarer** ≗ (Batt.) / apparent internal resistance

Innenzahnrad *n* / internal gear

inner·e Anflugfläche / inner approach surface || **~e Elektrodenadmittanz** / electrode admittance || **~e Elektrodenimpedanz** / electrode impedance || **~e EMK** (el. Masch.) / voltage behind stator leakage reactance || **~e Energie** / internal energy || **~e Entladung** / internal discharge || **~e Ersatztemperatur** (HL) DIN 41853, DIN 41786 / internal equivalent temperature, virtual temperature || **~e Gleichspannungsänderung** (LE) / inherent direct voltage regulation || **~e Horizontalfläche** (Flp.) / inner horizontal surface || **~e Hystereseschleife** / minor hysteresis loop || **~e Induktivität** / inner self-inductance || **~e Isolation** (Trafo-Wickl.) / minor insulation || **~e Isolierung** / internal insulation IEC 265 || **~e Kapselung** (el. Masch.) / inner frame || **~e Kennlinie** / internal characteristic || **~e Leitschicht** (Kabel) / conductor screen || **~e Mitkopplung** (Transduktor) / auto-self-excitation *n* (transductor), self-saturation *n* || **~e Reaktanz** / internal reactance || **~e Reflexion** / interflection *n*, inter-reflection *n*, multiple reflection || **~e Reibung** / viscosity *n*, internal friction || **~e remanente Restspannung** (Halleffekt-Bauelement) DIN 41863 / internal remanent residual voltage IEC 147-0C || **~e Rückführung** / inherent feedback || **~e Schwärzung** / internal optical density || **~e Selbstinduktion** / inner self-inductance || **~e Spannung** / internal voltage || **~e Störfestigkeit** / internal immunity || **~e Synchronspannung** / synchronous internal voltage || **~e Temperatur** (HL) / internal equivalent temperature, virtual temperature || **~e Transientspannung** / transient internal voltage || **~e Übergangsfläche** (Flp.) / inner transitional surface || **~e Überspannung** (transiente Ü. in einem Netz, die von einer Schalthandlung oder einem Fehler herrührt) / internal overvoltage || **~e Verdrahtung** / internal wiring || **~e Zwischenabschirmung** / internal interposing screen

inner·er Elektrodenblindwiderstand / electrode reactance || **~er Elektroden-Gleichstromwiderstand** / electrode d.c. resistance || **~er Elektrodenwirkleitwert** / electrode conductance || **~er Erdschluss** (Fehler innerhalb einer Schutzzone) / internal earth fault, in-zone ground fault || **~er Erdschluss** (Maschine, Gestellschluss) / winding-to-frame fault, short circuit to frame, frame leakage || **~er Fehler** (Fehler innerhalb der Schutzzone) / internal fault, in-zone fault || **~er Fehler** (mech.) / subsurface defect || **~er Fotoeffekt** / internal photoelectric effect, internal photoeffect || **~er Kurzschluss** / internal short circuit, short circuit to frame || **~er Lagerdeckel** / inside bearing cap, inner cap || **~er Polradwinkel** (Gen.) / internal angle || **~er Reibungskoeffizient** / dynamic viscosity, coefficient of viscosity || **~er Spannungsabfall** / impedance drop, internal impedance drop || **~er Störlichtbogen** / internal arcing fault || **~er Stromverzögerungswinkel** (LE) / inherent delay angle || **~er Überdruck** / pressurization level || **~er Wärmewiderstand** (HL) DIN 41858 / internal thermal resistance || **~er Widerstand** / internal resistance, internal impedance, source resistance

inner·es Betrachtungssystem (IBS) / internal viewing system (VSI) || **~es Bremsmoment** / inherent braking torque || **~es Driftfeld** (HL) / internal drift-field || **~es elektrisches Feld** (H L) / internal electric field || **~es Moment** / intrinsic moment || **~es Produkt** / scalar product || **~es Spannungsverhältnis** (Transistor) / intrinsic stand-off ratio || **~es Verbindungsloch** (gS) / buried via

innerstädtische Hauptverkehrsstraße / urban major arterial

inniger Kontakt / intimate contact

innovativ *adj* / innovative *adj*

Inox-Crossal-Heizfläche *f* / Inox-Crossal heaters

Inputtaste *f* / input key, enter key

Inrushstabilisierung *f* / inrush stabilizing

Insassen-Rückhaltesystem *n* (Kfz) / passenger inertial restraint system, vehicle occupant restraint system

Insel *f* (dezentrales Automatisierungssystem) / island *n*, satellite *n* || ≗**baum** *m* / isolated menu tree

Inselbetrieb *m* / isolated operation, solitary operation || **Generator im** ≗ / generator in isolated operation || **Übergang eines Blockes in** ≗ / isolation of a unit

Insel·bildung *f* (Netz) / network splitting, islanding *n* || ≗**kontur** *f* / isolated contour || ≗**lösungen** *f pl* / isolated solutions || ≗**menü** *n* / isolated menue || ≗**menübaum** *m* / isolated menu tree || ≗**netz** *n* / separate network

Inset / inset *n*

Inspektions·klappe *f* / hinged servicing cover || ≗**öffnung** *f* / inspection window, gauge glass, glass *n* || ≗**tür** *f* / servicing door

instabil *adj* / instable *adj* || **~er Bereich** / unstable region, instable zone

Instabilität *f* / instability *n* || ≗ DIN 43745 / stability error IEC 359 || ≗ **der Leuchtflecklage** (Osz.) / instability of spot position || **thermische** ≗ (Batt.) / thermal runaway

Instabilitätsfaktor *m* (der Permeabilität) IEC 50(221) / instability factor

Instabus·-Gemeinschaft *f* / Instabus consortium || ≗**-Tastsensor** *m* / instabus sensor || ≗**-Tele-Control-Einrichtung** *f* / Instabus telecontrol device

Insta-Klemme *f* / Insta terminal

Installation *f* / installation *n*, wiring system, wiring *n*, electrical wiring system || ≗ *f* (System, in Gebäuden) / wiring system || ≗ **in Gartenbaubetrieben** / horticultural installation || **mechanische** ≗ / mechanical installation

Installations·anlage *f* / wiring system || ≗**arbeit** *f* / installation work

Installationsbus *m* (IB) / installation bus (IB) || ≗ **EIB** / EIB (installation bus) || **europäischer** ≗ (EIB) / European installation bus (EIB) || ≗**anlage** *f* / EIB installation || ≗**-System EIB** / EIB installation bus system

Installations·einbaugeräte *n pl* / installation equipment || ≗**gerät** *n* (Schalter, Steckdose, Sicherung u.ä.) / accessory *n*, device *n* || ≗**geräte** *n pl* / installation equipment, wiring accessories ||

²kabel *n* / wiring cable ‖ ²kanal *m* / (prefabricated) trunking, (prefabricated) ducting, busway *n*, wireway *n* (US), raceway *n* ‖ ²kit *n* / installation kit ‖ ²-**Kleinverteiler** *m* / small distribution board, consumer unit ‖ ²**leitungen** *f pl* / building wires and cables, cables for interior wiring ‖ ²**maßnahme** *f* / installation procedure ‖ ²**material** *n* / wiring accessories, installation material ‖ ²**netz** *n* / wiring system, distribution system ‖ ²**paket** *n* / screen kit ‖ ²**plan** *m* VDE 0113 / installation drawing IEC 204 ‖ ²**plan** *m* DIN 40719 / architectural diagram IEC 113-1 ‖ ²-**Reiheneinbaugerät** *n* / installation device for DIN rail mounting

Installationsrohr *n* / wiring conduit, conduit *n* ‖ ² **für leichte Druckbeanspruchung** / conduit for light mechanical stresses IEC 614-1, conduit with light protection (CEE 23) ‖ ² **für mittlere Druckbeanspruchung** / conduit for medium mechanical stresses IEC 614-1, conduit with medium protection (CEE 23) ‖ ² **für schwere Druckbeanspruchung** / conduit for heavy mechanical stresses IEC 614-1, conduit with heavy protection (CEE 23) ‖ ² **für sehr leichte Druckbeanspruchung** (IR) / conduit for very light mechanical stressing ‖ ² **für sehr schwere Druckbeanspruchung** (IR) / conduit for very heavy mechanical stresses ‖ ² **mit hohem Schutz** (IR) / conduit with high protection ‖ ²-**Armaturen** *f pl* / conduit fittings, conduit accessories ‖ ²-**Zubehör** *n* / conduit fittings, conduit accessories

Installations·schacht *m* / (vertical) wiring duct, (vertical) raceway ‖ ²**schalter** *m* (I-Schalter) / switch *n*, installation switch ‖ ²**system** *n* / installation system ‖ ²**technik** *f* / wiring practice, installation practice, installation engineering, installation systems, installation technique ‖ **dezentrale und standardisierte** ²**technik** (DESINA) / decentralized standardizing installation technology for machine tools (DESINA)

Installationsverteiler *m* (IV) / distribution board, consumer unit (GB), distribution board for domestic purposes, panelboard *n* (US) ‖ ² **mit Kleinselbstschaltern** / miniature circuit-breaker board, m.c.b. board BS 5486 ‖ **fabrikfertiger** ² (FIV) / factory-built distribution board

Installations·vorschrift *f* / installation regulation ‖ ²**vorschriften** *f pl* / wiring regulations

installieren *adj* / install *adj*

installiert·e Leistung / installed load, installed capacity, installed power ‖ **~e Leistung** (KW) / generating capacity ‖ **~e Lichtleistung** / installed lighting load, installed lamp watts (o. kW) ‖ **~er Lichtstrom** / installed luminous flux

Instance *f* (SPS-Programm) EN 61131-3 / instance *n*

Instandhaltbarkeit *f* / maintainability *n*, maintainability performance

Instandhaltbarkeits·aufteilung *f* (Während der Entwurfsphase einer Einheit angewendetes Verfahren zur Aufteilung der Forderungen an die Maßgrößen der Instandhaltbarkeit der Einheit auf die Untereinheiten entsprechend gegebenen Kriterien) IEC 50(191) / maintainability apportionment, maintainability allocation (A procedure applied during the design of an item intended to apportion the requirements for maintainability performance measures for an item to its subitems according to given criteria) ‖ ²**konzept** *n* / maintainability concept ‖ ²**maß** *m* / maintainability *n* ‖ ²**nachweis** *m* (Verfahren zur Ermittlung, ob die Forderungen an die Instandhaltbarkeitsmerkmale einer Einheit erfüllt sind oder nicht) / maintainability verification (A procedure applied for the purpose of determining whether the requirements for maintainability performance measures for an item have been achieved or not) ‖ ²**nachweisprüfung** *f* (Verifizierung der Instandhaltbarkeit, die in Form einer Nachweisprüfung ausgeführt wird) / maintainability demonstration (A maintainability verification performed as a compliance test) ‖ ²**vorhersage** *f* / maintainability prediction ‖ ²**zuordnung** *f* IEC 50(191) / maintainability allocation

Instandhaltebereich *m* EN 60950 / service access area

instandhalten *v* / maintain *v*, service *v*

Instandhalter *m* / maintenance staff

Instandhaltung *f* / maintenance *n* IEC 50(191), servicing *n*, upkeep *n*, preventative maintenance ‖ ² **am Einsatzort** / on-site (o. in-situ) maintenance ‖ ² **am Einsatzort** (Instandhaltung einer Einheit an dem Ort, an dem sie benutzt wird) / on-site maintenance (Maintenance performed at the location where the item is used), in situ maintenance, field maintenance ‖ ² **außerhalb des Einsatzorts** (Instandhaltung einer Einheit außerhalb des Orts, an dem sie benutzt wird) / off-site maintenance (Maintenance performed at a location different from where the item is used) ‖ ² **im Einbauzustand** / field maintenance, in situ maintenance, on-site maintenance (Maintenance performed at the location where the item is used) ‖ ² **ohne Funktionseinschränkung** (Instandhaltung, während der keine der geforderten Funktionen der in Instandhaltung befindlichen Einheit unterbrochen oder eingeschränkt ist) IEC 50(191) / function-permitting maintenance (Maintenance action during which none of the required functions of the item under maintenance are interrupted or degraded) ‖ **der** ² **unterzogene Einheit** IEC 50(191) / maintenance entity ‖ ² **vor Ort** / on-site maintenance (Maintenance performed at the location where the item is used), in situ maintenance, field maintenance ‖ **gelenkte** ² (Verfahren zur Stützung der Qualität des Instandhaltungsdienstes durch die systematische Anwendung von Analysetechniken mittels zentraler Überwachungseinrichtungen und/oder Probenahme, um die Wartung zu minimieren und die Instandsetzung zu reduzieren) / controlled maintenance (A method to sustain a desired quality of service by the systematic application of analysis techniques using centralized supervisory facilities and/or sampling to minimize preventive maintenance and to reduce corrective maintenance) ‖ **vorbeugende** ² / maintenance *n* (The combination of all technical and administrative actions, including supervision actions, intended to retain an item in, or restore it to, a state in which it can perform a required function), servicing *n*

Instandhaltungs·abteilung *f* / service department, service location ‖ ²**aufgabe** *f* / maintenance action (A sequence of elementary maintenance activities carried out for a given purpose), maintenance task || ²**baum** *m* (Diagramm, das logisch die sachdienlichen Möglichkeiten der Aufeinanderfolge von grundlegenden Instandhaltungsarbeiten an einer Einheit sowie die Bedingungen für deren Auswahl zeigt) / maintenance tree (A logic diagram showing the pertinent alternative sequences of elementary maintenance activities to be performed on an item and the conditions for their choice) || ²**bereitschaft** *f* (Fähigkeit einer Instandhaltungsorganisation, unter gegebenen Bedingungen bei Bedarf die Mittel bereitzustellen, die für die Instandhaltung einer Einheit unter Beachtung der festgelegten Instandhaltungsgrundsätze erforderlich sind) IEC 50(191) / maintenance support performance (The ability of a maintenance organization, under given conditions, to provide upon demand, the resources required to maintain an item, under a given maintenance policy) || ²**dauer** *f* IEC 50(191) / maintenance time, repair time, active maintenance time || ²**ebene** *f* (Instandhaltungstätigkeiten, die in einer festgelegten Gliederungsebene auszuführen sind) / level of maintenance (The set of maintenance actions to be carried out at a specified indenture level) || ²**element** *n* (Arbeitsschritt, bis zu dem eine Instandhaltungstätigkeit auf einer gegebenen Gliederungsebene unterteilt werden kann) IEC 50(191) / elementary maintenance activity (A unit of work into which a maintenance activity may be broken down at a given indenture level) || ²**grundsätze** *m pl* (Beschreibung der Wechselbeziehungen zwischen den Instandhaltungsstufen, den Gliederungsebenen und den Instandhaltungsebenen, die für die Instandhaltung einer Einheit anzuwenden sind) IEC 50(191) / maintenance policy (A description of the interrelationship between the maintenance echelons, the indenture levels and the levels of maintenance to be applied for the maintenance of an item) || ²**konzept** *n* / maintenance concept || ²**kosten** *plt* / service/maintenance costs

Instandhaltungsmanagement *n* / maintenance management || ²**-System** *n* / maintenance management system (MMS), manufacturing message specification (MMS)

Instandhaltungs·-Mannstunden *f pl* / maintenance man-hours (MMH), MMH (maintenance man-hours) || ²**maßnahme** *f* / maintenance procedure || ²**-Service** *m* / maintenance service || ²**stufe** *f* (Stelle der Organisation, wo festgelegte Instandhaltungsebenen einer Einheit auszuführen sind) / line of maintenance, maintenance echelon (A position in an organization where specified levels of maintenance are to be carried out on an item) || ²**systematik** *f* (Prinzipien für die Organisation und Durchführung der Instandhaltung) IEC 50(191) / maintenance philosophy (A system of principles for the organization and execution of the maintenance) || ²**vertrag** *m* / service contract (SC) || ²**vorgang** *m* (Zweckbestimmte Aufeinanderfolge von Instandhaltungselementen) / maintenance action (A sequence of elementary maintenance activities carried out for a given purpose), maintenance task || ²**zeit** *f* (Zeitintervall, während dessen eine Instandhaltungstätigkeit an einer Einheit manuell oder automatisch durchgeführt wird, einschließlich der technischen Verzugsdauer und der logistischen Verzugsdauer) / maintenance time (The time interval during which a maintenance action is performed on an item either manually or automatically, including technical delays and logistic delays)

Instandsetzbarkeit *f* DIN 40042 / restorability *n* || ²**sgrad** *m* (Anteil der Fehlzustände einer Einheit, die erfolgreich behoben werden können) / repair coverage (The proportion of faults of an item that can be successfully corrected)

instandsetzen *v* / repair *v*, restore *v*, recondition *v*

Instandsetzerkennzeichen *n* / repair mark

Instandsetzung *f* (Instandhaltung nach Fehlzustandserkennung mit der Absicht, eine Einheit in den funktionsfähigen Zustand zu versetzen) / repair *n* || ² *f* IEC 50(191) / corrective maintenance, service *n*, maintenance *n*

Instandsetzungs·arbeiten *f pl* / maintenance/service work, repair *n* || ²**dauer** *f* IEC 50(191) / corrective maintenance time || **mittlere aktive** ²**dauer** (Erwartungswert der Verteilung der Dauern der aktiven Instandsetzungszeiten) / mean active corrective maintenance time (The expectation of the active corrective maintenance time) || ²**freiheit** *f* DIN 40042 / freedom from repairs, hardware reliability || ²**kosten** *plt* / repair costs

Instandsetzungsrate *f* / repair rate, instantaneous repair rate || **momentane** ² / instantaneous repair rate, repair rate

Instandsetzungszeit *f* (Teil der Instandhaltungszeit, während dessen eine Instandsetzung an einer Einheit durchgeführt wird, eingeschlossen zugehörige technische Verzugsdauern und logistischen Verzugsdauern) / corrective maintenance time (That part of the maintenance time, during which corrective maintenance is performed on an item, including technical delays and logistic delays inherent in corrective maintenance)

Instandshaltbarkeitsmodell *n* (Mathematisches Modell zur Vorhersage oder Schätzung von Maßgrößen der Instandhaltbarkeit einer Einheit) / maintainability model (A mathematical model used for prediction or estimation of maintainability performance measures of an item)

Instanz *f* / instance *n* (An individual, named copy of the data structure associated with a function block type or program type, which persists from one invocation of the associated operations to the next) || ² *f* (Kommunikationssystem, Vermittlungsinstanz) / entity *n*

Instanzdaten *plt* / instance data || ²**baustein** *m* (Instanz-DB) / instance DB, instdb || ²**baustein** *m* (InstDB) / instance DB, instdb

Instanz·-Datenbaustein *m* / instance data block, instance data area || ²**-DB** (Instanzdatenbaustein) / instance DB, instdb || ²**dienst** *m* / program invocation service

Instanziierung *f* / instantiation *n*

Instanzname *m* / instance name

instationär *adj* / non-steady *adj*, unsteady *adj*, non-stationary *adj*, transient *adj* || **~e Strömung** / unsteady flow, non-stationary flow

InstDB (Instanzdatenbaustein) / instance DB, instdb

Institutionen zur Förderung von Handel und

Industrie / Institutions for Promotion of Trade and Industrie
Instrument *n* / instrument *n* || ² *n* / measuring instrument, meter *n*
Instrumenten·anflugfläche *f* / instrument approach surface || ²**anflugpiste** *f* / instrument approach runway || ²**brett** *n* (Kfz) / dashboard *n*, instrument panel || ²**front** *f* / instrument front || ²**gehäuse** *n* / instrument case || ²**koffer** *m* / instrument case || ²**landesystem** *n* (ILS) / instrument landing system (ILS) || ²**stelle** *f* / instrument department || ²**tafel** *f* / instrument panel || ²**träger** *m* (MCC) / instrument panel || ²**wetterbedingungen** *f pl* (IMC) / instrument meteorological conditions (IMC)
Instrumentierung *f* / instrumentation
Instrument-Nenn-Sicherheitsstrom *m* / rated instrument security current (I_{ps})
INT / integer || ²**-Referenzpunkt anfahren** / INT approach reference point, REFPO
Intaktzeit, mittlere ² (MTBF) / mean time between failures (MTBF)
Integer·-Konstante *f* / integer constant || ²**zahl** *f* / integer *n*
integral wirkender Regler (I-Regler) / integral-action controller (I controller)
Integral·anteil *m* (Reg.) / integral-action component, amount of integral action || ²**anteil** *m* (I-Anteil) / integral component (I component), I term || ²**-Differential-Regler** *m* / integral-and-derivative-action controller, integral-derivative controller, ID controller
integraler Linearitätsfehler / integral linearity error, integral non-linearity
Integral·regelung *f* / integral-action control || ²**regler** *m* / integral-action controller, I-controller *n* || ²**verhalten** *m* (Reg.) / integral action, floating action, continuous floating action || ²**wert** *m* (Messwert) / integrated measurand || ²**wirkung** *f* (Reg.) / integral action, floating action, continuous floating action || ²**zeit** *f* / integral-action time || ²**zweig** *m* / integral component
Integrated Services Digital Network (ISDN) / integrated services digital network (ISDN)
Integration *f* / integration
Integrations·dichte *f* (IS) / integration level || ²**grad** *m* (IS) / integration level || **extrem hoher** ²**grad** (IS) / super-LSI (SLSI) || ²**stufe** *f* (IS) / integration level || ²**z. Feldschw. Regler** / Int. time field weak. controller
Integrationszeit *f* / integration time || ² *f* (Zeit über die eine veränderl. Größe gemittelt wird) / averaging time || ² **Drehz.r.** (SLVC) / integral time n-ctrl. (SLVC) || ²**konstante** *f* / integration time constant
Integrator *m* / integrator *n* || ²**rückführung** *f* / integrator feedback || ²**sperre** *f* / integrator disable, integrator blocking
Integrierbeiwert *m* (Reg.) / integral-action factor ANSI C85.1, integral-action coefficient IEC 546
integrierend·er Schreiber / integrating recorder, integrating recording instrument IEC 258 || **~er Zähler** / integrating meter, meter *n* || **~es Messgerät** / integrating instrument || **~es Verhalten** (Reg.) / integral action, floating action, continuous floating action
Integrierer *m* / integrator *n*
Integriermotor *m* / integrating motor
integriert *adj* / integrated *adj*, on-board *adj* || **~e Anpasssteuerung** (NC) / integral interface control || **~e Anpassungsschaltung** (Schnittstellensch.) / interface integrated circuit || **~e Dickschichtschaltung** / thick-film integrated circuit || **~e Digitalschaltung** / digital integrated circuit || **~e Dünnschichtschaltung** (o. Dünnfilmschaltung) / thin-film integrated circuit || **~e Fassung** (Lampe) / integral lampholder || **~e Halbleiterschaltung** / semiconductor integrated circuit || **~e Hybridschaltung** / hybrid integrated circuit || **~e Mikroschaltung** / integrated microcircuit || **~e Mikrowellenschaltung** / microwave integrated circuit (MIC) || **~e Peripherie** / on-board I/O || **~e Reglerschaltung** / integrated-circuit regulator, IC regulator || **~e Schaltung** (IS) / integrated circuit (IC) || **~e Schichtschaltung** / film integrated circuit, integrated film circuit || **~e Schnittstellenschaltung** / interface integrated circuit (IIC) || **~e Speicherschaltung** / memory integrated circuit, integrated-circuit memory, IC memory
integriert·er Multichip / multichip integrated circuit || **~er Operationsverstärker** / IC operational amplifier || **~er optischer Schaltkreis** / integrated optical circuit (IOC) || **~es Bauteil** (auf Leiterplatte, Chip) / on-board component (o. device), on-chip component (o. device) || **~es Datennetz** (IDN) / integrated data network (IDN) || **~es Fahrer-Informationssystem** (Kfz) / integrated driver information system (IDIS) || **~es Licht-Klima-System** / integrated light-air system || **~es Luft-/Kraftstoffsystem** (Kfz) / integrated air/fuel system (IAFS) || **~es rechnergestütztes Fertigungssystem** / integrated computer-aided manufacturing system (ICAM) || **~es RS** / integrated control || **~es Steuerungs- und Überwachungssystem (ISU)** / integrated control and monitoring system
Integrier·verstärkung *f* (Reg.) / integral gain, integral action gain || ²**zeit** *f* / integrating time || ²**zeit** *f* (Reg.) / integral-action time ANSI C85.1, integral-action time constant IEC 50(351)
intelligent·e Baugruppe (SPS, E/A-Baugruppe) / intelligent I/O module || **~e Klemme** (SPS) / smart terminator || **~e Peripheriebaugruppe** (IP) / intelligent I/O module, smart I/O card || **~er Roboter** / intelligent robot, smart arm || **~es Feldgerät** / intelligent field device
Intensitätspyrometer *n* / intensity pyrometer
intensiver Lichtfleck / hot spot
interaktiv *adj* / interactive *adj* || **~e grafische Datenverarbeitung** / interactive graphics || **~e Verarbeitung** / interactive mode, conversational mode
Interface·Definition Language (IDL) / interface definition language (IDL) || ² **Module** (IM) / interface module (IM) || **synchron serielles** ² / synchronous serial interface (SSI)
Interferenz *f* / interference *n* || ²**mikroskopie** *f* / interference microscopy || ²**motor** *m* / subsynchronous reluctance motor || ²**schwebung** *f* / interference beat || ²**schwund** *m* / interference fading
Interferometer *n* / interferometer *n*
Interflexion *f* / interflection *n*, inter-reflection *n*, multiple reflection

Interflexions·wirkungsgrad *m* / inter-reflection ratio || **≗verbindung** *f* / intercalated compound
interkristalline Korrosion / intercrystalline corrosion || **~ Rissbildung** / intercrystalline cracking || **~ Verschiebung** / intercrystalline slip
intermittierend·e Bogenentladung (Schauerentladung) / showering arc || **~e Entladeprüfung** (Batt.) / intermittent service test || **~er Ausfall** / intermittent failure || **~er Betrieb** / intermittent operation || **~er Erdschluss** / intermittent earth fault, intermittent arcing ground, arcing ground || **~er Fehler** / intermittent fault || **~er Fehlzustand** (Fehlzustand einer Einheit, der eine beschränkte Dauer besteht und von dem ausgehend die Einheit ihre Funktionsfähigkeit wiedererlangt, ohne dass an ihr irgendeine Instandsetzungsmaßnahme vorgenommen wurde) IEC 50(191) / intermittent (o. volatile o. transient) fault (A fault of an item which persists for a limited time duration following which the item recovers the ability to perform a required function without being subjected to any action of corrective maintenance) || **~er Zyklus** / intermittent cycle
Intermodendispersion *f* (LWL) / multimode dispersion
Intermodulation *f* / intermodulation *n*
intern *adj* / internal *adj*
International Standardization Organization (ISO) / International Standardization Organization (ISO)
Internationale Elektrotechnik- und Elektronikmesse (VIET) / International Electrical Engineering and Electronics Exhibition (VIET) || **≗ Elektrotechnische Kommission** (IEC) / International Electrotechnical Commission
internationale Normalatmosphäre (INA) / international standard atmosphere (ISA)
Internationale Organisation für Gesetzliches Messwesen (OIML) / International Organization of Legal Metrology (OIML) || **≗ Temperaturskala** / International Practical Temperature Scale
Internationales Einheitensystem (SI) / International System of Units (SI)
internationales Normal / international standard || **≗ Zertifizierungssystem** / international certification system
intern·e Hilfsinformation / internal auxiliary information || **~e Masse** (elST) / internal earth terminal, internal ground terminal, chassis terminal || **~e Nachricht** DIN IEC 625 / local message IEC 625 || **~e Stromversorgung** VDE 0618,4 / self-contained power system || **~e Synchronisierung** (Osz.) / internal synchronization || **~e Systembeeinflussung** (EMV) IEC 50(161) / intra-system interference || **~e Triggerung** (Osz.) / internal triggering || **~er Fehler** (SPS) / internal failure || **~er Netzfehlzustand** (Netz) / internal fault IEC 50(448)
Interoperabilität *f* / interoperability *n*
Interpolation *f* (IPO Die Berechnung von Stützpunkten (=Zwischenpunkten) aus den im Programm vorgegebenen Anfangspunkten und Endpunkten zur Erzeugung von Geraden oder Kurven mit kontinuierlichen Übergängen. Siehe auch: Startpunkt) / interpolation *n* (IPO The computation of intemediate points between programmed end points to produce straight lines or smooth curves) || **dreidimensionale ≗** / 3D interpolation || **lineare ≗** (Die Berechnung von Zwischenpunkten einer Geraden durch den Interpolator der Steuerung) / linear interpolation (The computation of intermediate points of a straight line by the interpolator of the NC system)
Interpolations·bereich *m* / interpolation range || **≗ebene** *f* / interpolation plane || **≗feinheit** *f* / interpolation resolution, interpolation sensitivity || **≗parameter** *m* (NC) / interpolation parameter || **≗takt** *m* (IPO-Takt) / interpolation cycle, interpolation time || **≗verband** *m* / interpolation group || **≗zeit** *f* / interpolation cycle, interpolation time
Interpolator *m* / interpolator *n*, director *n* || **≗** *m* (IPO) / interpolator *n* (IPO)
Interpreter *m* / interpreter *n*
interpretierbar *adj* / interpretable *adj* || **nicht ~er Befehl** (SPS) / illegal operation
interpretieren *v* DIN 44300 / interpret *v*
interpretierende Sprache / interpretive language
Interpretierer *m* / interpreter *n*
interpretiert *adj* / interpreted *adj*
Interrupt *m* / interrupt *n*, system interrupt || **≗controller** / interrupt controller
interruptauslösend / interrupt triggering || **~e Flanke** / interrupt triggering edge
Interrupt·bearbeitung *f* / interrupt processing, interrupt handling || **≗handler** *m* / interrupt handler || **≗programm** *n* / interrupt service routine, interrupt handler || **≗routine** *f* / interrupt routine || **≗verarbeitung** *f* / interrupt processing, interrupt handling
Intervall *n* / interval *n* || **≗-Laden** *n* (Batt.) / charging in intervals || **≗uhr** *f* / interval timer || **programmierbare ≗uhr** / programmable interval timer (PLT)
intramodale Dispersion / intramodal dispersion
Intrinsicdichte *f* / inversion density
Intritt·fallen *n* / pulling into step, locking into step, falling into step, pulling into synchronism, pulling in || **≗fallmoment** *n* / pull-in torque || **≗fallprüfung** *m* / pull-in test || **≗ziehen** *n* / pulling into synchronism
Intrusionsschutzanlage *f* / intruder alarm system
INTV (interne Vervielfachung) / INTM (internal multiplication)
Inventur *f* / inventory *n* || **≗gruppe** *f* / inventory group || **≗wert** *m* / inventory value || **≗zählliste** *f* / inventory list
invers·e Darstellung / display in reverse video || **~e Darstellung** (BSG) / inverse video, reverse video || **~e Fourier-Transformation** / inverse Fourier transform, Fourier integral || **~e Funktion** / inverse function || **~e Laplace-Transformation** / inverse Laplace transform || **~er Betrieb** (Sperrschichttransistor) / inverse direction of operation || **~es Drehfeld** / negative phase-sequence field, negative-sequence system
Inversimpedanz *f* / negative phase-sequence impedance, negative-sequence impedance
Inversionsbremsung *f* / regenerative braking
Invers·komponentenrelais *n* / inverse-characteristic relay || **≗reaktanz** *f* / negative phase-sequence reactance, negative-sequence reactance || **≗strom** *m* / negative phase-sequence current, negative-sequence current, inverse current || **≗stromrelais** *n* / negative-sequence relay || **≗widerstand** *m* /

negative phase-sequence resistance, negative-sequence resistance
Inverter *m* / inverter *n*, inverter unit, converter *n*, static frequency changer
invertieren *v* / invert *v*
invertierender Verstärker / inverting amplifier
Invertiermaske *f* / inversion form
invertiert *adj* / inverted *adj* || **~er Ausgang** / negated output
Invertierungsglied *n* / reversing device
Investitions·güterindustrie *f* / capital-goods industry || **²klima** *n* / climate for investment || **²sicherheit** *f* / security of investment
Involution *f* / involution *n*
Inzidenzmatrix *f* / incidence matrix
Ion *n* / ion *n*
Ionen·austausch-Chromatographie *f* / ion exchange chromatography || **²falle** *f* / ion trap || **²halbleiter** *m* / ionic semiconductor || **²implantation** *f* / ion implantation || **²leitung** *f* / ionic conduction
ionensensitiver FET (ISFET) / ion-sensitive FET (ISFET)
Ionen·trennungselektrode *f* / ion-selective electrode || **²-Ventilbauelement** *n* / ionic valve device, gas-filled valve device || **²vervielfachung** *f* (in einem Gas) / gas multiplication || **²wolke** *f* / corona cloud
Ionisation *f* / ionization *n*
Ionisations·detektor *m* / ionization detector || **²einsetzspannung** *f* / ionization inception voltage || **²erscheinung** *f* / ionization phenomenon || **²feuermelder** *m* / ionization fire detector || **²geschwindigkeit** *f* / ionization rate || **²grad** *m* / ionization rate || **²knick** *m* / ionization threshold, break of ionization curve || **²löschspannung** *f* / ionization extinction voltage || **²messröhre** *f* / ionization tube || **²rauchmelder** *m* / ionization smoke detector || **²schwelle** *f* / ionization threshold || **²wahrscheinlichkeit** *f* / ionization probability
ionisierende Strahlung / ionizing radiation || **~ Verunreinigung** / ionizing impurity
Ionisierungsereignis *n* / ionizing event
IP / intelligent I/O module, smart I/O card, IP || **²-Adresse** *f* / ip address
IPD-Baugruppe *f* / inverter pulse distributer module
IPO (Interpolator) / IPO (interpolator A special-purpose computing device (usually a digital differential analyzer) which defines, according to a mathematical description, the path to be followed and the rate of travel of the cutting tool or the machine slide), IPO (interpolation) || **²-Takt** *m* (Interpolationstakt) / interpolation cycle, interpolation time || **²-Taktzeit** *f* / interpolation cycle, interpolation time
I-Profil *n* / I section, I beam
IPS-Baugruppe *f* / interface power supply module
IR / industrial robot
IRDATA-Schnittstelle *f* / IRDATA interface (IRDATA = industrial robot data)
I-Regelung *f* / integral-action control
I-Regler *m* (integral wirkender Regler) / I controller (integral-action controller)
Irisblende *f* / iris diaphragm
IR-Kompensation *f* / line drop compensation
IR-Lampe *f* / infrared lamp
Irrstrom *m* / stray current, parasitic current, tracking current
Irrtum *m* (Eine Fehlaussage kann durch eine fehlerhafte Einheit verursacht sein, z. B. falsches Rechenergebnis durch ein fehlerhaftes Rechengerät) / error *n* (A discrepancy between a computed, observed or measured value or condition and the true, specified or theoretically correct value or condition)
irrtümlich *adj* / mistaken *adj*
Irrung *f* / clear entry (CE)
IR·-Schließsystem *n* / central locking system with IR remote control || **²-Trockner** *m* / infrared dryer || **²-Übertragung** *f* (Infrarotübertragung) / infrared transmission
I^2R-Verluste *m pl* / I^2R loss, copper loss, load loss
IR -Wandsender *m* / IR tarnsmitter
IS / integrated circuit (IC) || **²-Begrenzer** *m* (Stoßstrombegrenzer) / impulse-current limiter
I-Schalter *m* / switch *n*, installation switch
i-s-Diagramm *n* / enthalpy-entropy chart
ISDN / integrated services digital network (ISDN), ISDN (Integrated services digital network)
Isentropenexponent *m* / isentropic exponent
ISFET / ion-sensitive FET (ISFET)
I-SFT / Industrial Siemens Flatpanel Technology (I-SFT), I-SFT (Industrial Siemens Flatpanel Technology)
ISO (International Standardization Organization) / ISO (International Standardization Organization) || **² Satz** / ISO block
Isoabdeckung *f* / insulating cover
ISO-Abdeckung *f* / insulating cover, plastic cover
Isoakuste *f* / isoacoustic curve
Isocandela-Diagramm *n* / isocandela diagram, isointensity diagram
isochrome Farbreize / isochromatic stimuli
Iso·chronregler *m* / isochronous governor || **²dromregler** *m* / isodromic governor || **²dynregler** *m* / isodynamic governor
ISO·-Genauigkeitsgrad *m* DIN 7182,T.1 / ISO tolerance grade || **²-Grundtoleranzreihe** *f* DIN 7182,T.1 / ISO fundamental tolerance series
Isolation *f* / insulation *n* || **² gegen geerdete Teile** / system voltage insulation || **² Phase-Erde** (Trafo) / phase-to-earth insulation || **² zwischen den Windungen** / interturn insulation
Isolations·abstufung *f* / insulation coordination || **²anzeige und -warnungseinrichtung** *f* VDE 0168, T.1 / insulation monitoring and warning device IEC 71.4 || **²anzeiger** *m* / insulation resistance indicator || **²aufbau** *m* / insulation system, insulation structure || **²beanspruchung** *f* / insulation stressing || **²behälter** *m* / isolation vessel || **²bemessung** *f* / insulation rating, design of insulation || **²diffusion** *f* / isolation diffusion || **²durchbruch** *m* / insulation breakdown, insulation puncture, insulation failure || **²eigenschaft** *f* / dielectric property || **²eigenschaften** *f pl* / dielectric properties
Isolationsfehler *m* / insulation fault, insulation failure, insulation breakdown || **²-Messgerät** *n* / insulation-fault detecting instrument
Isolationsfestigkeit *f* / insulation resistance, dielectric strength, electric strength, disruptive strength, puncture strength, dielectric rigidity || **² nach Feuchteeinwirkung** / insulation resistance under humidity conditions || **Prüfung der ²** / dielectric test, insulation test, voltage withstand insulation test, high-voltage test
Isolations·gruppe *f* / insulation group || **²halterung** *f*

/ insulation grip || ²**klasse** *f* / insulation class, class of insulation system, class rating || ²**koordination** *f* / coordination of insulation, insulation coordination

Isolations·material *n* / insulating material, insulation material, insulant *n* || ²**messer** *n* / insulation resistance meter, insulation (resistance) tester, megger || ²**messgerät** *n* / insulation resistance meter, insulation (resistance) tester, megger || ²**minderung** *f* / reduction of dielectric strength || ²**niveau** *n* / insulation level || ²**pegel** *m* / insulation level || ²**prüfer** *m* / insulation tester, megohmmeter *n*, megger *n* || ²**prüfer** *m* (Kurbelinduktor) / megger *n*, megohmmeter *n* || ²**prüfgerät** *n* / x kV insulation tester || ²**prüfpegel** *m* / dielectric test level || ²**prüfung** *f* / dielectric test, insulation test(ing), high-voltage test || ²**prüfung** *f* (Rel.) / dielectric test (relay) IEC 255

Isolations·reihe *f* / insulation rating, insulation level || ²**spannung** *f* / insulation voltage, isolation voltage || ²**spannung** *f* (Spannung zwischen Messgerätekreis und Gehäuse, für welche der Stromkreis ausgelegt ist) / circuit insulation voltage || ²**stop** *m* / insulation stop || ²**strecke** *f* / isolating distance, insulating clearance, clearance *n* (in air) || ²**strom** *m* / leakage current || ²**system** *n* / insulation system, dielectric circuit || ²-**Überwachungseinrichtung** *f* VDE 0615, T.4 / insulation monitoring device || ²**unterstützung** *f* / insulation support, insulation barrel (depr.) || ²**verkohlung** *f* / insulation charring || ²**verstärker** *m* / isolation amplifier, buffer amplifier || ²**wächter** *m* / earth-leakage monitor, line isolation monitor

Isolationswiderstand *m* / insulation resistance, dielectric resistance, insurance *n*, leakage resistance || **spezifischer** ² / insulativity *n*, dielectric resistivity || **Kehrwert des** ²**es** / stray conductance, leakance *n*, leakage conductance, leakage permeance

Isolations·widerstandsanzeiger *m* / insulation resistance indicator || ²**widerstandsbelag** *m* / insulation resistance per unit length || ²**zuordnung** *f* / insulation coordination || ²**zustand** *m* / condition of insulation

Isolator *m* / insulator *n* || ² *m* (LWL) / isolator *n* || **optischer** ² / optical isolator, opto-isolator *n*, opto-coupler *n*

Isolator·abspannkette *f* / tension insulator set, dead-end (insulator) assembly, tension set, strain insulator string || ²**anordnung** *f* (Kettenisolatoren) / insulator set

Isolatorengabel *f* / insulator fork

Isolator·kette *f* / insulator set IEC 50(466), insulator string || ²**scheibe** *f* / insulator shed, insulator disc || ²**stütze** *f* / insulator spindle, insulator support || ²**tragkette** *f* / suspension (insulator) set, suspension assembly

Isolier·abdeckung *f* / insulating cover || ²**abstand** *m* / insulating clearance, clearance in air || ²**anstrich** *m* / insulating coating || ²**auskleidung** *f* / insulating lining || ²**band** *n* / insulating tape, friction tape || ²**barriere** *f* / insulating barrier || ²**eigenschaft** *f* / insulating property

isolieren *v* / insulate *v*

isolierend·e Abdeckung (f. Arbeiten unter Spannung) / insulating cover || **~e Arbeitshebebühne** / aerial lift device with insulating arm || **~er Ärmel** / insulating arm sleeve

Isolier·fähigkeit *f* / insulating ability, insulating power, insulating property || ²**festigkeit** *f* / insulation resistance, dielectric strength, electric strength, disruptive strength, puncture strength, dielectric rigidity || ²**flüssigkeit** *f* / insulating liquid, liquid insulant, dielectric liquid, liquid dielectric || **eingefüllte** ²**flüssigkeit** / filled insulating liquid || **gebrauchte** ²**flüssigkeit** / used insulating liquid || ²**folie** *f* / insulating foil, insulating film, insulating sheet

Isolier·gas *n* / insulating gas, gaseous insulant || ²**gefäß** *n* (Trafo) / insulating tank || ²**gehäuse** *n* (Durchführung) / insulating envelope || ²**gewebe** *n* / insulating fabric || ²**glaslinie** *f* / insulation glass line || ²**hülle** *f* / insulating covering || **Wanddicke der** ²**hülle** (Kabel) / thickness of insulation, insulation thickness || ²**hülse** *f* / insulating sleeve || ²**hülse** *f* (Wickl.) / slot cell, slot liner, armour *n* || ²**kappe** *f* / insulating cover || ²**kasten** *m* (Batt.) / insulation box || ²**kitt** *m* / insulating cement, insulating compound || ²**koppel** *f* (SG) / insulating connecting rod, insulated coupler

Isolierkörper *m* / insulator *n*, insulating (o. insulator) body || ² *m* (Stützisolator) / solid insulating material || ² *m* (Klemme) / insulating base || ² **des Steckverbinders** / connector insert || ² **einer Fassung** / socket body

Isolier·kupplung *f* / insulated coupling || ²**lack** *m* / insulating enamel, insulating varnish || ²**manschette** *f* / insulating collar, insulating sleeve || ²**mantel** *m* / insulating wrapper || ²**masse** *f* / insulating compound, insulating paste || ²**material** *n* / insulating material, insulation material, insulant *n* || ²**matraze** *f* / insulation mat || ²**matte** *f* / insulating mat || ²**mischung für Kabel** / insulating compound for cables || ²**mittel** *n* / insulant *n*, insulating material, insulating agent || ²**muffe** *f* (f. Kabel) / sectionalizing joint

Isolieröl *n* / insulating oil || ² **auf Mineralölbasis** / mineral insulating oil || **inhibiertes** ² / inhibited insulating oil

Isolier·papier *n* / insulating paper || ²**passfeder** *f* / insulating parallel key || ²**perle** *f* / insulating bead || ²**platte** *f* / insulating plate || ²**pressstoff** *m* / moulded insulating material || **Polspulen-**²**rahmen** *m* / field-coil flange || ²**ring** *m* / insulating ring || ²**rohr** *n* (IR) / insulating conduit IEC 614-1, plastic conduit, non-metallic conduit || ²**rohrwelle** *f* / insulating tubular shaft || ²**schemel** *m* / insulating stool

Isolierschicht *f* / insulating layer || ²-**Feldeffekttransistor** *m* (IG-FET) / insulated-gate field-effect transistor (IG FET) || ²**innenwand** *f* / inside wall of insulation

Isolier·schlauch *m* / insulation sleeving IEC 684, insulating tube, insulation sleeve || **getränktes** ²**schlauchmaterial** / saturated sleeving || ²**schwinge** *f* / insulated rocker (arm) || ²**spannung** *f* DIN 41745 / isolation voltage || ²**stange** *f* / insulating pole, insulating stick || ²**stange mit Laufkatze** (f. Leitungsmontage) / trolley-pole assembly, trolley stick assembly || ²**stift** *m* / insulating pin

Isolierstoff *m* / insulating material, insulant *n*, insulator *n*, insulating compound, moulded plastic, moulded-plastic *n* || **glasfaserverstärker** ² / glass fibre re-inforced insulating material || ²**abdeckung**

f / insulating cover, plastic cover || ≗**blende** *f* / plastic blanking plate, moulded-plastic cover, moulded-plastic masking frame
isolierstoff-eingebettetes Bauteil / insulation-embedded component
Isolierstoff·-Fassung *f* / lampholder of insulating material IEC 238 || ≗**-Formteil** *n* / insulating moulding, moulded-plastic component
Isolierstoffgehäuse *n* / moulded-plastic housing, insulating case, moulded case, enclosure made of insulating material || ≗ *n* (Leuchte) DIN IEC 598 / enclosure of insulating material || ≗ *n* (Sich.) / moulded-plastic shell
isolierstoffgekapselt *adj* / insulation-enclosed *adj* || **~e Hochspannungs-Schaltanlage** VDE 0670, T.7 / h.v. insulation-enclosed switchgear IEC 466 || **~e Schaltanlagen** VDE 0670, T.7 / insulation-enclosed switchgear and controlgear IEC 466 || **~er Drucktaster** / insulation-enclosed pushbutton, plastic-clad pushbutton, thermoplastic enclosed pushbutton || **~er Selbstschalter** / insulation-enclosed circuit-breaker, moulded-plastic-clad circuit-breaker || **~er Verteiler** / insulation-enclosed distribution board || **~es Verteilersystem** / insulation-enclosed modular distribution board system
Isolierstoff·kappe *f* / moulded plastic cap || ≗**kapselung** *f* VDE 0670,T.7 / insulation enclosure IEC 466, insulating enclosure || ≗**klasse** *f* / insulation class, class of insulation system, class rating, class of insulation || ≗**rohr** *n* (IR) / insulating conduit IEC 614-1, plastic conduit, non-metallic conduit || ≗**-Rückwand** *f* / moulded-plastic rear plate || ≗**schlauch** *m* / plastic tube || ≗**-Sicherungskasten** *m* / moulded-plastic fuse box || ≗**umhüllung** *f* / insulation enclosure IEC 466, insulating enclosure
isolierstoffumschlossenes Gerät der Schutzklasse II VDE 0730,1 / insulation-encased Class II appliance CEE 10,1
Isolierstoff·-Verteiler *m* / insulation-enclosed distribution board || ≗**stopfen** *m* / insulating stopper || ≗**strecke** *f* / isolating distance, insulating clearance, clearance *n* (in air) || ≗**stützen** *f* / insulating supports || ≗**system** *n* / insulation system, dielectric circuit
isoliert *adj* / isolated *adj* (Devices, circuits are said to be isolated where there is no galvanic connection between them), insulated *adj* || **~ aufgestellt** / installed on insulating mountings, insulated from the base || **~ geblecht** / made of insulated laminations || **einpolig ~** / single-bushing insulated || **zweipolig ~** / two bushings insulated, two-bushing insulated || **~e Steuerelektrode** / floating gate || **~e Stromrückleitung** / insulated return system
Isolierteppich *m* / insulating mat
isoliert·er Freileitungsleiter IEC 50(461) / bundle-assembled aerial cable || **~er Kopfeinsatz** (Bürste) / insulated top || **~er Lagerbock** / insulated bearing pedestal || **~er Leiter** / insulated conductor, insulated wire || **~er Mittelleiter** / isolated neutral, insulated neutral, insulated mid-wire || **~er Sternpunkt** / isolated neutral, insulated neutral || **~es Freileitungsseil** / insulated conductor for overhead transmission lines || **~es Lagergehäuse** / insulated bearing housing || **~es Netz** / isolated-neutral system || **~es Thermoumformer-Messgerät** / insulated thermocouple instrument || **~es Werkzeug** / insulated tool
Isolier·träger *m* / insulation block || ≗**transformator** *m* / insulating transformer, isolating transformer, safety isolating transformer, one-to-one transformer || ≗**trennwand** *f* / insulating barrier || ≗**-Trennwand** *f* (Phasentrennwand) / phase barrier
isolierumhülltes Gerät / insulation-encased apparatus
Isolierumhüllung *f* / insulation enclosure IEC 466, insulating enclosure
Isolierung *f* / cable insulation, dielectric *n* || ≗ **Leitschiene** / insulation conducting rail || ≗ **zwischen Windungen** / interturn insulation
Isolier- und Tragzylinder *m* (Trafo) / insulating and supporting cylinder, winding barrel
Isolier·unterlage *f* / insulating pad, insulating base, insulating layer, plastic base, insulating plate || ≗**verfahren** *n* / insulation method
Isoliervermögen *n* / insulating property, dielectric strength, insulation resistance, insulation capacity || **Prüfung des** ≗**s** / dielectric test, insulation test, voltage withstand insulation test, high-voltage test
Isolier·verstärker *m* / isolation amplifier, buffer amplifier || ≗**wand** *f* / insulate wall || ≗**welle** *f* / insulating shaft, rotary insulator || ≗**wickel** *m* / insulating serving, insulating shield || ≗**zange** *f* / insulated tongs, insulated fuse puller || ≗**zwischenlage** *f* / insulating layer, insulating spacer || ≗**zylinder** *m* (weites Isolierrohr) / insulation cylinder
Isolux-Linie *f* / isolux curve, isoilluminance curve, isophot curve
Isometrie *f* / isometry *n*
isometrisch *adj* / isometric *adj*
Iso-NH·-Sicherung *f* / plastic-enclosed l.v. h.b.c. fuse || ≗**-Sicherungseinsatz** *m* / moulded-plastic l.v. h.r.c. fuse-link
ISO/OSI-Schichtenmodell / ISO/OSI-reference model
ISO·-Passsystem *n* / ISO system of fits || ≗**-Referenzmodell** *n* (f. Kommunikation offener Systeme) / ISO reference model
Isotherm-Regler *m* / isothermal controller
ISO·-Toleranzfaktor *m* DIN 7182,T.1 / ISO standard tolerance unit || ≗**-Toleranzfeld** *n* DIN 7182,T.1 / ISO tolerance class || ≗**-Toleranzkurzzeichen** *n* / ISO tolerance symbol || ≗**-Tragblock** / plastic supporting block
isotropes Magnetmaterial / magnetically isotropic material
ISP / ISP (Internet Service Provider)
Ist als Soll / actual = setpoint
ist verwertbar / is allowable, can be tolerated
ist zu verzeichnen / there is
Ist, voraussichtliches ≗ / prospective actual value
Istabmaß *n* / actual deviation
I-Stahl *m* / I-sections *n pl*
Ist·anzeige *f* / true indication || ≗**arbeit** *f* / actual energy || ≗**arbeitszeit** *f* / actual working hours
IST-Baugruppe / interface and signal transducer module
Istdaten *plt* / actual data || ≗**-Rückmeldung** *f* / actual data feedback
Ist·drehzahl *f* / actual speed || ≗**frequenz** *f* / actual frequency || ≗**getriebestufe** *f* / actual gear stage ||

≈**gleichzeichen** *n* / equals sign || ≈**kontur** *f* (WZM, NC) / actual generated contour || ≈**kosten** *plt* / actual costs || ≈**lage** *f* / actual position || ≈**leistung** *f* / actual power || ≈**-Leistungsteil Codenummer** / act. power stack code number || ≈**maß** *n* / actual size, actual dimension || ≈**oberfläche** *f* / actual surface
ISTP-Baugruppe *f* / interface and signal transducer plus module
Istposition *f* / actual position
ISTS-Baugruppe *f* / interface and signal transducer slave module
Ist/Soll-Analyse / performance / target analysis
Ist-Sollwert-Vergleich *m* / comparison of actual and setpoint values, actual/setpoint comparison || ≈ **der Wegmessung** (NC) / comparison of actual and commanded position
Ist·spannung *f* / actual voltage || ≈**spiel** *n* / actual clearance || ≈**spielübermaß** *n* / actual interference || ≈**strom** *m* / actual current || ≈**termin** *m* / confirmed date || ≈**übermaß** *n* / actual interference
Istwert *m* / actual value IEC 50(351), instantaneous value, measured value, real value || ≈ *m* (Prozessvariable) / process variable || ≈ *m* (Wert der Größe einer angezeigten MSR-Stelle in einer Prozessführungsanlage) / process variable || ≈ *m* (QS) DIN 55350,T.12 / actual value || ≈ *m* (Relaisprüf.) / just value || ≈ *m* (Rückführwert) / feedback value || ≈ **der Ausfallrate** / observed failure rate || ≈ **der Zeitverzögerung** (Rel.) VDE 0435, T.110 / actual value of specified time || ≈ **setzen** / preset actual value memory, PRESET || **Rückfall-**≈ *m* (Rel.) / just release value, measured dropout value (US) || **Weg-**≈ *m* (NC) / actual position
Istwert·abgleich *m* / actual value adjustment || ≈**anpassung** *f* / actual-value conditioner, actual value matching circuit || ≈**anzeige** *f* / actual-value indication, actual-value display (o. readout) || ≈**anzeige** *f* (NC, Lage- o. Wegstellungsanzeige) / actual-position display (o. readout)
Istwert·bewertungsfaktor *m* (IBF) / actual value weighting factor, position-feedback scaling factor || ≈**bildner** *m* / actual-value calculator (o. generator), feedback signal generator, speed signal generator || ≈**bildung** *f* (Baugruppe) / actual-value calculator (o. generator), feedback signal generator, speed signal generator || ≈**erfassung** *f* / actual-value acquisition, actual-value sensing || ≈**führung** *f* / actual-value based master axis || ≈**geber** *m* / actual-value sensor, primary detector, pick-up *n*, detector *n* || **analoger** ≈**geber** (NC) / analog position feedback encoder
istwertgekoppelt *adj* / actual-value-linked
Istwert·glättung *f* / smoothing (o. filtering) of actual-value signal || ≈**gleichrichter** *m* (LE) / actual-value signal rectifier, speed signal rectifier || ≈**koppelung** *f* / actual-value linkage || ≈**leitung** *f* / actual value cable
Istwertsetzen rückgängig / undo set actual value || **fliegendes** ≈ / set actual value on the fly, on-the-fly actual value setting, position-feedback setting on the fly
Istwertspeicher *m* / actual-value memory || ≈ **setzen** / preset actual value memory, PRESET
Istwert·system *n* / actual value system || ≈**toleranz** *f* / actual value tolerance || ≈**verteiler** *m* / actual value distributor, encoder multiplexer unit || ≈**zähler** *m* / actual value counter
Istzeit *f* / real time || ≈ *f* (Arbeitszeit) / clock hours
ITAE-Kriterium *n* / integral of time multiplied absolute error
I^2t-Bereich *m* (eines Leistungsschalters) VDE 0660, T. 101 / I^2t zone (of a circuit breaker) IEC 157-1
ITC (Informations- und Trainingscenter) / ITC (Information and Training Center)
I^2t-Charakteristik *f* / I^2t characteristic
Iteration *f* / iteration *n*
Iterationen *f pl* (QS) / runs *n pl*
iterativ *adj* / in several steps
I^2t-Kennlinie *f* / I^2t characteristic
It-Material *n* / asbestos-base material
IT-Netz *n* VDE 0100, T.300 A1 / IT system, IT protective system, IT supply
It-Platten *f pl* / fibrous asbestos sheet, asbestos sealing material in plates
I^2t-Überwachungsvorwarnung *f* / I^2t alert
I^2t-Wert *m* / I^2t value, Joule integral
I-Übergabeelement *f* (ET) / interface connector
I/U-Hybrid (Strom-/Spannungswandlerhybrid) / I/V hybrid (current/voltage converter hybrid)
IU-Kennlinie *f* DIN 41745 / constant voltage/constant current curve (CVCC curve)
I-Umrichter *m* / current-source inverter, current-source d.c.-link converter
IV / distribution board, consumer unit (GB), distribution board for domestic purposes, panelboard *n* (US)
i.V. / available soon (A note indicating that a feature is not available at the time of printing)
I-Verhalten *n* / I-action *n*, integral action, integrating action, floating action || ≈**- mit einer festen Stellgeschwindigkeit** / single-speed floating action || ≈**- mit mehreren festen Stellgeschwindigkeiten** / multi-speed floating action
I-Verstärkung *f* / I gain (integral gain)
IWV (Impulswahlverfahren) / pulse dialing, pulse dialling
I-Zeit *f* / integral-action time

J

Jacquard-Weben *n* / Jacquard weaving
Jagdprozess *m* / hunter process
Jahres·betriebsdauer *f* / operating time per year || ≈**höchstleistung** *f* (StT) / annual maximum demand || ≈**maximum** *n* (StT) / annual maximum demand || ≈**schalter** *m* / twelve-month switch || ≈**schaltuhr** *f* / twelve-month time switch, year time switch || ≈**tarifumschaltung** *f* / annual price changing || **mittlere** ≈**temperatur** / mean temperature of the year, yearly mean temperature || ≈**zeichen** *n* / year mark || ≈**zeitschaltuhr** *f* / twelve-month time switch || ≈**zeittarif** *m* / seasonal tariff
Jalousie *f* / louvre *n*, shutter *n* || ≈**drosselklappe** *f* / louver *n* || ≈**gruppenverteiler** *m* / shutter drive junction box || ≈**klappe** *f* / venetial damper, louver *n* || ≈**motor** *m* / shutter drive || ≈**schalter** *m* / shutter switch
ja/nein / yes/no
Jansenschalter *m* / Jansen on-load tap changer

Japan·papier *n* / japanese tissue paper || **~seidenpapier** *n* / japanese tissue paper
jaulen *v* / whine *v*
JCPDS-Kartei *f* / JCPDS index (JCPDS = Joint Committee on Powder Diffraction Standards)
J(H)-Kurve *f* / J(H) curve || **~-Schleife** / incremental J(H) loop
Jitter *m* / jitter *n* || **~ der Zeitablenkung** (Osz.) / time-base jitter
JK-bistabiles Element, einflankengesteuertes ~ / edge-triggered JK-bistable element
JK-Kippglied *n* (mit Einflankensteuerung) / JK bistable element || **~ mit Zweiflankensteuerung** / bistable element of master-slave type, master-slave bistable element
Job *m* (vom DV-Benutzer erteilter Auftrag) DIN 44300 / job *n* || **~liste** *f* / job list || **~nummer** *f* / job number
Joch *n* / yoke *n* || **~balken** *m* / yoke section, side yoke || **~blech** *n* / yoke lamination, yoke punching || **~bürstenträger** *m* / yoke-type brushgear || **~gestell** *n* / yoke frame || **~ringläufer** *m* / floating-type solid-rim rotor
Jodglühlampe *f* / tungsten iodine lamp, iodine lamp, quartz iodine lamp
JOG / jog mode || **~ Frequenz links** / JOG frequency left || **~ Frequenz rechts** / JOG frequency right || **~ Hochlaufzeit** / JOG ramp-up time || **~ Rampenzeit** / jog ramp time || **~ Rücklaufzeit** / JOG ramp-down time || **~ Taste** / jog button
Johanssonmaß *n* / Johansson gauge, gauge block
Joker *m* / wildcard *n*
Jordan·-Diagramm *n* / Jordan diagram || **~sche Nachwirkung** / Jordan lag, Jordan magnetic after-effect
Joule·-Effekt *m* / Joule effect || **~-Integral** *n* / Joule integral, I^2t value || **~sche Wärme** / Joule heat, Joulean heat, resistance loss
Jumper *m* / jumper *n* || **~ für den Steuerstromkreis** / control circuit jumper || **~ zum Einstellen der Rampenzeit** / ramp time jumper
jungfräulich·e Kurve / initial magnetization curve, normal magnetization curve, virgin curve, neutral curve || **~er Zustand** (Magnetismus) / virgin state, thermally neutralized state
Jupiterlampe *f* / Klieg lamp
Jurismappe *f* / loose-leaf folder
Justier·bereich *m* (Ultraschall-Prüfgerät) DIN 54119 / time-base range || **~bild** *n* / adjustment menu
justieren *v* / adjust *v*, re-adjust *v*, align *v*, trim *v* || **~** *n* (MG) / adjustment *n*, adjusting *n* || **~** *n* (IS) / alignment *n*
Justier·gerät *n* / adjusting unit, aligning unit || **~getriebe** *n* (Volumenzähler) / calibrating gear, gear-type calibrator, calibrator *n* || **~körper** *m* / adjusting block || **~lampe** *f* / adjustment lamp, adjustable lamp || **~mikroskop** *n* / adjusting microscope || **~potentiometer** *n* / trimming potentiometer || **~reflektor** *m* / calibration reflector || **~schraube** *f* / adjusting screw, setting screw
Justierung *f* / adjustment *n* || **~ der Nulllage** (MG) / readjustment of zero || **~ des Auslösers** (LS) / calibration of release
Justier·vorrichtung *f* / aligning unit || **~widerstand** *m* / trimming resistor

K

K / kernel sequence
K, Faktor ~ (Läuferlänge/Durchmesser) / output factor
K, Maximumkonstante ~ / constant K of maximum-demand indicator
K1 / channel 1
Kabel *n* / insulated cable, cable *n*, electric cable, line *n*, conductor *n* || **~** *n* (Kabelleitung im Erdreich) / underground cable || **~ an Anschlussstelle** / cable connected || **~ für Erdverlegung** / direct-buried cable, cable for burial in the ground, buried cable || **~ mit Erderwirkung** / cable acting as an earth electrode || **~ mit konzentrischem Neutralleiter** / concentric-neutral cable || **angeschlagenes ~** / cable with connectors || **bewehrtes ~** / armoured cable || **einadriges ~** / single-conductor cable, single-core cable || **einzelgeschirmtes ~** / individually screened cable, radial-field cable || **flammwidrige ~** / flame-retardant cables
Kabel·abdeckstein *m* / cable tile || **~abfangschelle** *f* / cable clamp, cable grip || **~abfangschiene** *f* / cable propping bar || **~abfangung** *f* (StV) / cable clamp
Kabelabgang *m* / outgoing (feeder) cable, cable outlet, cable feeder || **~** *m* (Einheit) / outgoing cable unit || **gerader ~** / vertical outgoing cable || **schräger ~** / angular outgoing cable
Kabel·abschirmung *f* / cable shield || **~abschlussgarnituren** *f pl* / cable terminal fittings || **~abstand** *m* / cable spacing || **~abwickelgerät** *n* / cable dereeler
Kabelabzweig *m* / cable branch line, outgoing cable feeder, cable feeder || **~** *m* (SA-Einheit) / outgoing cable unit || **~klemme** *f* / cable tapping block, branch terminal
Kabel·ader *f* / strand *n*, wire *n*, cable core || **~anlage** *f* / cable storage || **~anpassung** *f* (Gerät f. Signalanpassung) / cable signal conditioner
Kabelanschluss *m* / cable connection || **nicht verwendeter ~** / redundant cable port || **~einheit** *f* / incoming cable unit, cable end unit, cable terminal unit || **~feld** *n* / cable terminal panel (o. unit), incoming-cable panel, cable connection panel || **~kasten** *m* / cable terminal box, cable connection box, cable box, terminal box, pothead compartment || **~platte** *f* / gland plate || **~raum** *m* / cable terminal compartment, cable compartment, main lug compartment || **~schiene** *f* / cable connection bus || **~stutzen** *m* / cable gland, cable sealing end, pothead *n* (US)
Kabel·armierung *f* / cable armour || **~aufsteckwandler** *m* / cable-type transformer || **~aufteilungsarmatur** *f* / spreader box || **~ausgang** *m* (StV) / cable outlet, cable adaptor || **~ausgangs-Überwurfmutter** *f* (StV) / outlet nut || **~auslesegerät** *n* / cable identifying unit || **~ausschaltstrom** *m* VDE 0670,T.3 / cable-charging breaking current IEC 265 || **~ausschaltvermögen** *n* VDE 0670, T.3 / cable-charging breaking capacity IEC 265, cable off-load breaking capacity
Kabel·bahn *f* / cable raceway, cable rack, cable tray || **~baum** *m* / wiring harness, cable harness, wiring loom, vehicle loom, cable assembly || **~befestigung** *f* / cable fixing || **~bett** *n* / cable bedding || **~bewehrung** *f* / cable armour, cable armor ||

≗**biegevorrichtung** *f* / cable bending facility || ≗**binder** *m* / cable tie, cable truss || ≗**blindstecker** *m* / dummy cable plug || ≗**boden** *m* / cable basement, cable gallery || ≗**-Brenngerät** *n* / cable burn-out unit || ≗**bruch** *m* / cable break

Kabel·dichtung *f* / cable seal || ≗**dose** *f* / cable plug, cable with connector

Kabeldurchführung *f* / bulkhead cable gland IEC 117-5, cable penetration, cable bushing, cable gland || ≗ *f* (Stutzen) / cable gland

Kabeldurchschleifung *f* / looping through of cables

Kabeleinführung *f* / cable entry, cable entry fitting, cable inlet, cable lead-in, cable entry port

Kabeleinführungs·armatur *f* / cable entrance fitting || ≗**kasten** *m* / cable entry box || ≗**platte** *f* / cable entry plate, gland fixing plate || ≗**stutzen** *m* / cable entry gland

Kabel·einheit *f* / incoming cable unit, cable end unit, cable terminal unit || ≗**einspeisekasten** *m* / supply cable terminal box, service box || ≗**einziehkasten** *m* / pull box || ≗**endverschluss** *m* / cable sealing end, cable entrance fitting, cable sealing box, pothead *n* (US), cable box || ≗**endverschraubung** *f* / cable gland || ≗**entzerrer** *m* / cable equalizer

Kabel·fehlerortung *f* / cable fault locating || ≗**fernsehanlage** *f* / cabled distribution TV system || ≗**fernsehen** *n* / cable television (CATV) || ≗**formstein** *m* / cable duct block, duct block || ≗**führung** *f* / cable routing || ≗**garnitur** *f* / cable set || ≗**garnituren** *f pl* / cable fittings, cable accessories

kabelgebundenes Fernsehen / closed-circuit TV (CCTV)

Kabel·gerüst *n* / cable rack || ≗**graben** *m* / cable trench || ≗**häufung** *f* / cable bundling, cable grouping

Kabel-Hausanschluss *m* / underground service || ≗**-kasten** *m* / cable service box, service cable entrance box

Kabel·installationskanal *m* / cable conduit, cable trunking || ≗**isolierung** *f* / cable insulation, dielectric *n*

Kabelkanal *m* IEC 50(826), Amend. 2 / cable channel || ≗ *m* (offen) / cable trough, cable channel, troughing *n* || ≗ *m* (Rohr) / cable conduit || ≗ *m* (groß, begehbar) / cable gallery, cable tunnel || ≗ *m* (geschlossen) / cable duct, cable trunking, wiring duct || ≗**-Formstein** *m* / cable duct block, duct block

Kabel·kasten *m* / cable terminal box || ≗**keller** *m* / cable basement || ≗**kennzeichen** *n* / cable identification || ≗**kern** *m* / cable core || ≗**kerze** *f* / cable cone || ≗**klemme** *f* (f. Zugentlastung) / cable clamp, cord grip, flex grip, strain relief clamp || ≗**klemmung** *f* / cable clamping || ≗**kupplung** *f* / cable coupler

Kabel·ladestrom *m* / cable charging current || **max.** ≗**länge** / max. cable length || ≗**legung** *f* / laying of cables, cable installation || ≗**leitung** *f* / underground line || ≗**mantel** *m* / cable sheath, cable jacket (US), jacket *n*, sheath *n*, ferrules *n* || ≗**merkstein** *m* / cable marker || ≗**messer** *n* / cable stripping knife, cable knife || ≗**messwagen** *m* / cable test van, cable testing vehicle || ≗**muffe** *f* / cable joint, cable junction box, cable box, splice box || ≗**muffe** *f* (Maschinenanschluss) / cable coupler || ≗**netz** *n* / cable system, underground network, cable network

Kabel·plan *m* / interconnection diagram IEC 113-1, external connection diagram || ≗**pritsche** *f* / cable ladder IEC 50(826), Amend. 2, cable rack || ≗**prüfung** *f* / cable testing || ≗**querschnitt** *m* / cable cross-sectional area, conductor area || ≗**raum** *m* / cable compartment, cable terminal housing, cable compartment cover || ≗**raumverkleidung** *f* / cable space cover || ≗**rohr** *n* / cable conduit, cable duct, conduit *n* || ≗**rolle** *f* / cable reel

Kabel·salat *m* / spaghetti of cables, cable clutter, tangle of cables, mess of cables || ≗**satz** *m* / cable assembly, cable set, cable harness || ≗**schacht** *m* / cable pit, cable vault, cable jointing manhole || ≗**-Schaltprüfung** *f* / cable switching test || ≗**schelle** *f* / cable clamp, cable clip (o. cleat) || ≗**schirm** *m* / cable shield, cable shielding, braided shield, shield *n*, shielding, screen *n*, screening || ≗**schlag** *m* / cable lay || ≗**schlaufe** *f* / cable loop || ≗**schlepp** *m* / cable trailing device || ≗**schlinge** *f* / cable loop

Kabelschuh *m* / cable lug, terminal end, cable eye, lug *n* || **vorisolierter** ≗ / pre-insulated terminal end || ≗**anschluss** *m* / cable lug connection, lug connection || ≗**klemme** *f* / lug terminal

kabelschuhloser Anschluss / (terminal) connection without cable lug

Kabel·schutzrohr *n* / cable conduit, conduit *n* || ≗**schwanz** *m* / cable end || ≗**seele** *f* / cable core assembly || ≗**spleißstelle** *f* / cable splice || ≗**spleißung** *f* / cable splice || ≗**stecker** *m* / cable with coupler connector || ≗**steckteil** *n* / male cable connector || ≗**steckverbindung** *m* / cable connector || ≗**stollen** *m* / cable tunnel || ≗**strecke** *f* / cable run || ≗**stutzen** *m* / cable gland || ≗**suchgerät** *n* / cable detecting device (o. unit), cable locator || ≗**system mit isoliertem Schirm** / insulated-shield cable system || **festverbundenes einadriges** ≗**system** / solidly bonded single-core cable system || ≗**text** *m* (KT) / cabletex *n* || ≗**trageisen** *n* / cable bracket || ≗**trägersystem** *n* (IK) / cable tray system || ≗**tragschiene** *f* / cable support rail || ≗**transformator** *m* / cable transformer || ≗**trasse** *f* / cable route || ≗**trenner** *m* / cable disconnector (o. isolator), cable-circuit disconnector (o. isolator), cable-feeder disconnector || ≗**trennschalter** *m* / cable disconnector (o. isolator), cable-circuit disconnector (o. isolator), cable-feeder disconnector || ≗**trennwand** *f* / cable separator || ≗**trommel** *f* / cable drum || ≗**typ** *m* / cable type || ≗**umbauwandler** *m* / cable-type current transformer, window-type current transformer, zero sequence c.t. || ≗**- und Freileitungsausschaltvermögen unter Erdschlussbedingungen** / cable and line charging breaking capacity under earth-fault conditions || ≗**- und Leitungseinführung** / cable entry || ≗**- und Leitungssystem** *n (f)* (VDE 0100, T.200) / wiring system (o. -anlage) || ≗**verbinder** *m* / cable coupler, cable coupling, cable connector

Kabelverbindung *f* / cable joint, cable splice, splice *n*, cable connection || **Schutzsystem mit** ≗ / pilot-wire protection system

Kabel·verbindungsmuffe *f* / cable junction box, cable box, splice box || ≗**verlegung** *f* / cable laying, cable installation (o. mounting), laying of cables || ≗**verschraubung** *f* / screwed cable glands || ≗**verschraubung** *f* (Stutzen) / cable gland || ≗**verseilmaschine** *f* / cable stranding machine || ≗**verteiler** *m* / cable distributor || ≗**verteiler** *m* (Schrank) / cable distribution cabinet ||

²verteilerraum *m* / cable spreading room || ²verteilerschrank *m* (KVS) / cable distribution cabinet || ²-Verteilungsanlage *f* / cabled distribution system || ²-Vorratsschleife *f* / (cable) compensating loop
Kabel·wanne *f* / cable tray, troughing *n*, cable gutter || ²weg *m* / cable route || ²widerstand *m* / cable resistance || ²wirrwarr *m* / cable clutter, tangle of cables || ²ziehstrumpf *m* / cable grip || ²zubehörteile *n pl* / cable accessories
Kabelzugentriegelung, Steckverbinder mit ² / lanyard disconnect connector
Kabelzugstein *m* / cable duct block, duct block
Kabine *f* (Aufzug) / cabin *n*, car *n* || **Prüf~** *f* / test cell
Kachel *f* / page *n* || ² *f* (Speicherbereich für eine Seite) / page frame || ²adresse *f* / page address || ²befehl *m* (NC, SPS) / page command || ²bereich *m* / page area
Kachelung *f* / dual-port RAM addressing || ² *f* (DV) / page addressing
kadmiumhaltig *adj* / cadmium-bearing
Käfer *m* (DIL-Baugruppe) / dual-in-line package (DIL, DIP)
Käfig *m* (Lg.) / cage *n* || ² *m* (Wickl.) / squirrel-cage, cage *n* || **Batterie~** *m* / battery cradle
Käfigläufer *m* / squirrel-cage motor, cage motor, squirrel-cage induction motor || ² *m* (KL) / squirrel-cage rotor, cage rotor || ²motor *m* (KL) / squirrel-cage motor, cage motor || **²motor mit Anlauf- und Betriebswicklung** / double-deck squirrel-cage motor || **²motor mit getrennter Anlaufwicklung** / double-deck squirrel-cage motor
Käfig·motor *m* / squirrel-cage motor, cage motor || ²mutter *f* / captive nut, caged nut || ²wicklung *f* / squirrel-cage winding, cage winding || ²zugklemme *f* / cage clamp terminal, cage strain terminal
kalendartäglich *adj* / daily *adj*
Kalender·uhr *f* / calender clock || ²werk *n* / calendar unit || ²woche *f* (KW) / calendar week (CW)
Kaliber *n* (Nenndurchmesser von Schlauchmaterial) / bore *n*
Kalibrator *m* / calibrator *n*, calibration device
Kalibrier·anweisungen *f pl* / calibration instructions || ²dienst *m* / calibration service || **²einrichtung für Durchflussmessgerät** / prover flow measuring device
kalibrieren *v* / calibrate *v*, calibration *v*, verify *v*, adjustment *v* || ~ *v* (durch mech. Bearbeitung) / size *v*
Kalibrier·größe *f* / calibrating quantity || ²intervall *n* / calibration interval || ²körper *m* / gauging block || ²lizenz *f* / calibration licence || ²markierung *f* / calibration mark || ²matrix *f* / calibrating matrix || ²nachweis *m* / documented verification of calibration || ²normal *n* / calibration standard || ²nut *f* / calibration groove || ²plakette *f* / calibration label, calibration sticker || ²protokoll *n* / calibration report || ²raum *m* / calibration room || ²rotor *m* / calibration rotor || ²stelle *f* / calibration facility (US) || ²strom *m* / calibration current || ²system *n* / calibration system
kalibriert *adj* / calibrated *adj*
Kalibrierung *f* / calibration *n* || **² des Auslösers** / calibration of overcurrent release || **² des Überstromauslösers** / calibration of overcurrent release || **Nach~** *f* (MG) / readjustments *n pl* || **werkseitige** ² / factory-calibrated *adj*
Kalibrierungs·gas *n* / calibration gas || ²kurve *f* / calibration curve, calibrating plot || ²tabelle *f* / calibration table || ²zyklus *m* / calibration cycle
Kalibrier·vorschrift *f* / calibration specifications || ²werkzeug *n* / sizing die || ²werkzeug *n* / calibration tool || ²zustand *m* / calibration status || ²zyklus *m* / calibration cycle
Kalilauge *f* / potassium hydroxide
Kalk·milch *f* / lime-milk *n* || ²milchprobe *f* / liquid penetrant inspection, Zyglo test || ²seifenfett *n* / calcium-base grease
Kalkulation *f* / costing *n*
Kalkulations·faktoren *m pl* / calculation factors || ²grundlage *f* / basis for calculation || ²kurs *m* / calculated exchange rate || ²tabelle *f* (Programm) / spreadsheet *n*
Kalk- und Aktivkohlefilter *m* / calcium carbonate (lime) and activated charcoal (carbon) filter
kalorimetrische Verlustmessung VDE 0530, T.2 / calorimetric test IEC 34-2 || **~ Wirkungsgradbestimmung** / determination of efficiency by calorimetric method
Kalotte *f* / bearing *n* || ² *f* (DT) / collar *n* || ² *f* (Thyristor-Kühlkörper, Leuchtmelder) / spherical cap
kalt anfahren (Mot.) / to start with the motor at ambient temperature, to start up cold || **~ aushärtend** (Kunststoff) / cold-setting *adj*, cold-hardening *adj*, cold-curing *adj*
Kalt·aufbau *m* / cold model || ²auslagern *n* / natural age hardening || ²band *n* / cold rolled strip || ²bearbeitung *f* / cold working
kaltbiegen *v* / cold bending
Kalt·brüchigkeit *f* / low-temperature brittleness || ²dämpfung *f* (Mikrowellenröhre) / cold loss || **²dämpfung ohne Vorionisierung** (Mikrowellenröhre) / cold (or unprimed insertion loss) || ²druck *m* / cold pressure || ²druckfestigkeit *f* / cold-crushing strength
Kälte *f* (Prüf.) DIN IEC 68 / cold (testing) IEC 68
kalte Lötstelle / dry joint || **~ Lötstelle** (Thermoelement) / cold junction || **~ Reserve** (KW) / cold reserve || **~ Verbindungsstelle** (Thermoelement) / cold junction
Kälte·anlage *f* / refrigerating plant || ²bad *n* / cryogenic bath || **~beständig** *adj* / non-freezing *adj*, cold-resisting *adj* || ²beständigkeit *f* / cold resistance, cold check resistance || **²-Dehnungsprüfung** *f* VDE 0281 / cold elongation test || **~feste Leuchtstofflampe** / low-temperature fluorescent lamp || ²kompressor *m* / refrigerating compressor
Kaltemission *f* / cold emission, autoelectronic emission
Kälte·mittel *n* / cryogen *n*, cryogenic fluid || ²öl *n* / low-temperature oil || ²prüfstrom *m* / low-temperature test current || ²rissbeständigkeit *f* / resistance to low-temperature brittleness || ²risseprüfung *f* / cold check test
kaltes Licht / cold light
Kälte·-Schlagprüfung *f* (Kabel) / cold impact test || ²technik *f* / cryogenics *plt*, cryo-engineering *n* || ²verhalten *n* / low-temperature characteristics || **²-Wickelprüfung** *f* (Kabel) / cold bending test || ²zentrale *f* / refrigeration control centre
Kalt·festigkeit *f* / strength at low temperatures ||

²**fluss** *m* / cold flow, plastic flow || ²**füllmasse** *f* / cold filling compound, cold pouring compound || **~gehärtet** *adj* / cold-hardened *adj*, cold-strained *adj* || **~gehende Elektrode** / low-temperature electrode || ²**gerätestecker** *m* / inlet connector for non-heating apparatus (o. appliances) || ²**gerätesteckvorrichtung** *f* / appliance coupler for non-heating apparatus (o. appliances) || **~gestaucht** *adj* / cold-upset *adj*

kaltgewalzt *adj* / cold-rolled *adj* || **~, kornorientiertes Blech** / cold-rolled, grain-oriented sheet (steel)

kalt·gezogen *adj* / cold-drawn *adj*, cold-reduced *adj* || **~härtend** *adj* / cold-setting *adj*, cold-hardening *adj*, cold-curing *adj* || ²**härtung** *f* (Isolierstoff) / cold curing, cold setting

Kaltkathode *f* / cold cathode

Kaltkathoden·entladung *f* / cold-cathode discharge || ²**lampe** *f* / cold-cathode lamp || ²**-Messgerät** *n* / cold-cathode gauge, magnetron gauge || ²**röhre** *f* / cold-cathode tube || ²**-Zählröhre** *f* / cold-cathode counting tube

Kaltleiter *m* / positive temperature coefficient (PTC), PTC thermistor (PTC = positive temperature coefficient) || ²**-Auslöser** *m* / PTC thermistor-control unit || ²**auswertegerät** *n* / PTC thermistor evaluator || ²**fühler** *m* / PTC thermistor detector || ²**kette** *f* / chain of PTC thermistors || ²**-Motor** / thermistor *n* || ²**temperaturfühler** *m* / PTC thermistor detector

Kalt·lichtspiegel *m* / cold-light mirror, cold mirror, dichroic mirror || ²**löten** *n* / cold soldering || ²**luftraum** *m* (el. Masch.) / cold-air space || ²**pressen** *n* (Kunststoff) / cold moulding || ²**pressstück** *n* (Metall) / cold pressing || ²**-Reflexionskoeffizient** *m* DIN IEC 235, T.1 / cold reflection coefficient || ²**reserve** *f* (KW) / cold reserve || ²**riss** *m* / cold crack || ²**schlagen** *n* (Metall) / cold forging || ²**schlagen** *n* (Kunststoff) / impact moulding || ²**start** *m* / cold start || ²**start** *m* (SPS) / cold restart (program restarts from the beginning) || ²**startlampe** *f* / cold-start lamp, instant-start lamp

Kalt·verfestigen *n* (Kunststoff) / cold-setting *n* || ²**verfestigen** *n* (Metall) / strain-hardening *n*, work-hardening *n* || ²**verformen** *n* / cold working || ²**vergussmasse** *f* / cold filling compound, cold pouring compound || ²**verschweißen** *n* / cold welding || ²**walzen** *n* / cold rolling, cold reduction || ²**-Welligkeitsfaktor** *m* DIN IEC 235,T.1 / cold reflection coefficient || ²**widerstand** *m* / cold resistance || ²**ziehen** *n* / cold drawing

Kalziumwolframat *n* / calcium tungstate

Kamera *f* / camera *n* || ²**multiplexer** *m* / camera multiplexer || ²**röhre** *f* / camera tube, image pick-up tube

Kamm *m* (CAD) / ridge *n* || ² *m* (Codiereinr.) / polarization comb assembly || **Drucklager~** *m* / thrust-bearing collar || **Zungen~** *m* (Zungenfrequenzmesser) / row of reeds || **~artig ineinandergreifend** / interleaved *adj* || ²**aufhängung** *f* (Pol) / interlocked-comb attachment

kämmen *v* (Zahnräder) / mesh *v*, engage *v*, be in mesh, gear *v* (into)

Kammer *f* / station *n* || ² *f* (RöA, Kamera) / camera *n* || **Kontakt~** *f* (StV) / contact cavity || **Transformator~** *f* / transformer cell, transformer compartment || ²**kabel** *n* / grooved cable, slotted-core cable || ²**rohr** *n* (LS) / tubular chamber || ²**schaltstück** *n* / female contact || ²**turbine** *f* / diaphragm-type turbine

Kamm·pol *m* / comb-shaped pole, comb-type pole || ²**relais** *n* / cradle relay || ²**ring** *m* / multi-lip sealing ring

Kanal *m* / channel *n* || ² *m* (Leitungskanal) / duct *n*, raceway *n*, trunking *n* || ² *m* (IK) / trunking *n*, duct(ing) *n*, wireway *n*, busway *n*, raceway *n* || ² *m* (Kühlsystem einer el. Masch.) / duct *n* || ² *m* (Datenkanal, E/A-Anschlüsse einer MPU) / port *n* || ² *m* (Übertragungsk., SPS, FET) / channel *n* || ² **n** / channel n || ² **Nr.** / channel no. || **einzügiger** ² / single-duct raceway, single-way duct, single-compartment duct || ²**abstand** *m* / channel spacing, channel separation || ²**anschaltgerät** *n* / channel adapter || ²**anschlussstück** *n* (IK) / flanged connector, duct entry flange || ²**art** *f* (FWT) / type of channel || ²**bereich** *m* (SPS) / channel area || ²**eigenschaften** *f pl* (FWT) / channel characteristics || ²**eintrag** *m* (SPS) / channel entry || **~geführter Kühlkreis** (el. Masch.) / ducted circuit of cooling system || ²**gerät** *n* (FWT) / line control unit || ²**hülle** *f* (IK) / raceway enclosure, duct enclosure, duct shell || ²**kapazität** *f* (FWT) / channel capacity || ²**kopf** *m* (SPS) / channel header || ²**kupplung** *f* (IK) / duct connector || ²**lücke** *f* / channel gap || ²**prozessor** *m* / channel processor || **rechteckiger** ²**querschnitt** / rectangular cross section of duct || ²**sperrung** *f* / channel block

kanalspezifisch *adj* / channel-specific *adj* || **~er Wert** / channel-specific value || **~es Signal** / channel-specific signal

Kanal·stoßstelle *f* / duct joints || ²**struktur** *f* / channel structure || ²**synchronisation** *f* / channel synchronization || ²**tor** *n* / channel gate || ²**überwachung** *f* (FWT) / channel monitoring || ²**umschaltung** *f* / channel switchover || ²**umsetzer** *m* / channel translator || ²**umsetzung** *f* (FWT) / channel translating || ²**verfahren** *n* (Akust.) / in-duct method || ²**verteiler** *m* (IK) / distribution duct (system), trunking *n* || ²**wähler (o. -wähleinrichtung)** *m* / channel selector (CS) || ²**wählersystem** *n* (FWT) / channel selecting (telecontrol) system, common diagram (telecontrol) system || ²**widerstand** *m* (Transistor) DIN 41858 / channel resistance || ²**zeitschlitz** *m* / channel time slot || ²**zustand** *m* / channel status

Kandidat *m* (eine Funktionsausführung wünschende Station) / candidate *n*

Kannlast *f* / load capability

Kann-Parameter *m* / optional parameter

kanonische Form der Eingabegeometrie (NC, CLDATA) / canonical form of input geometry

Kante *f* (a. CAD) / edge *n* || ² *f* (Wickelverbindung) / corner *n*

Kanten *f pl* / cant *n*, turn on edge || ²**abschrägmaschine** *f* / edge-beveling machine || ²**absicherung** *f* / edge protection || ²**anleimen** *n* / edge-gluing *adj* || ²**anleimmaschine** *f* / edge-glue machine || ²**bearbeitung** *f* / edge working, edge machining, edge trimming || ²**bearbeitungsmaschine** *f* / edge trimming machine

kantenbrechen / chamfer edges, bevel edges, edge

breaking
Kanten·bruch *m* (Bürste) / chamfer *n*, bevel *n* || **²echo** *n* / edge echo || **²effekt** *m* / edge effect || **²einreißfestigkeit** *f* / edge tearing resistance || **~emittierende LED** / edge-emitting LED (ELED) || **²festigkeit** *f* / edge strength || **²form** *f* / edge contour
Kanten·länge *f* / edge length || **²modell** *n* / wire-frame representation || **²pressung** *f* / edge loading || **²pressung** *f* / bearing end pressure || **²profil** *n* / edge profile || **²radius** *m* / edge radius || **²schutz** *m* / edge protector, edge protecting moulding, fairlead *n* || **²schutz** *m* / edge protector || **²schutzprofil** *n* / edge protection section (o. moulding), edge protector || **²spannung** *f* / edge loading
Kanten·taster *m* / edge probe || **~überlappt** *adj* / edge-lapped *adj*, with overlapping edges || **²verfolgung** *f* (Rob.) / edge following || **²zuführung** *f* / edge approach
Kantholz *n* / square timber, beam *n*
kantig *adj* / cornered *adj*
Kantmaschine *f* / edge machine
Kanüle *f* / tube *n*
Kaolin *m* / kaolin *n*
Kapazitanz *f* / capacitance *n*, capacitive reactance
Kapazität *f* (Kapazitanz, Kondensator) / capacitance *n* || **²** *f* (Stromkreiselement, Kondensator) / capacitor *n* || **²** *f* (Leistungsvermögen, Fabrik) / capacity *n* || **²** *f* (Fabrik, Betriebsmittel u. Arbeitskräfte) / manufacturing and human resources || **²** *f* (Batt.) / (battery) capacity, ampere-hour capacity || **² bei hoher Frequenz** (Kondensator) / high-frequency capacitance || **² einer Gleichrichterplatte** / rectifier plate capacitance || **² gegen Erde** / capacitance to earth (GB), capacitance to ground (US) || **² in Ah** / ampere-hour capacity, Ah capacity || **² je Flächeneinheit** / unit-area capacitance || **logische ²** / logical capacity || **Kehrwert der ²** / elastance *n* || **Prüfung der ²en** / capacitance test, capacity test (battery)
kapazitäts·arm *adj* / low-capacitance *adj*, anti-capacitance *adj*, low-capacity *adj* || **²auslastung** *f* (Fabrik) / capacity (o. resources) utilization, capacity load || **²bedarf** *m* (Fabrik, CIM) / manufacturing resources requirements || **²bedarfsplanung** *f* (Fabrik) / capacity requirements planning (CRP) || **²belag** *m* / capacitance per unit length || **²dekade** *f* / decade capacitor || **²dichte** *f* (Batt.) / capacity density, volumic capacity IEC 50(481) || **²diode** *f* / variable capacitance diode || **²erweiterung** *f* / expanding of capacity || **²-Gleichlauftoleranz** *f* / capacitance tracking error || **²messbrücke** *f* / capacitance bridge || **²messer** *m* / capacitance meter, capacitance bridge || **²messung** *f* / capacitance measurement || **²planung** *f* (Fabrik) / capacity planning, manufacturing resources planning || **²prüfung** *f* / capacitance test, capacity test (battery) || **²steuerung** *f* / capacitive control || **²terminierung** *f* (Fabrik) / capacity (o. resources) scheduling || **²toleranz** *f* (Kondensator) / capacitance tolerance || **²variationsdiode** *f* / variable capacitance diode
kapazitiv *adj* / capacitive *adj*, leading *adj* || **~ gepuffert** / with capacitor back-up || **~ geschaltete Leuchte** / luminaire with capacitive circuit || **~ gesteuerte Durchführung** / capacitance-graded bushing || **~e Belastung** / capacitive load, leading reactive load || **~e Blindleistung** / leading reactive power || **~e Einkopplungen** / capacitive coupling, capacitive interference || **~e Erdschlusserfassung** / capacitive earth-fault sensing (o. measurement), earth-fault detection using line capacitance variation || **~e Erdung** / capacitance earth (GB), capacitance ground (US) || **~e Erwärmung** / dielectric heating || **~e Kopplung** / capacitive coupling, capacitance coupling || **~e Last** / capacitive load, leading reactive load || **~e Mitkopplung** / capacitive coupling, capacitance coupling || **~e Pufferung** / capacitor back-up (unit o. module) || **~e Ruftaste** / capacitive call button, (capacitive) touch control || **~e Schaltung** (L-Lamp) / leading p.f. correction || **~e Verzögerung erster Ordnung** / first-order capacitive lag
kapazitiv·er Ausschaltstrom / capacitive breaking current, capacitor breaking current || **~er Blindwiderstand** / capacitive reactance, capacitance *n* || **~er Ladesprung** / capacitive charging step || **~er Leistungsfaktor** / leading power factor, leading p.f. || **~er Näherungsschalter** / capacitive proximity switch || **~er Prüfling** / capacitive test object || **~er Reststrom** / capacitive residual current || **~er Spannungsteiler** / capacitor voltage divider || **~er Spannungswandler** / capacitor voltage transformer, resonance capacitor transformer || **~er Strom** / capacitive current, capacitance current || **~er Stromkreis** / capacitive circuit || **~er Teil** (Wandler) / capacitor unit, capacitor divider unit || **~er Teiler** / capacitor voltage divider, capacitor divider || **~er Vorhalt 1. Ordnung** / first-order capacitive lead || **~er Wandler** / capacitor transformer, resonance capacitor transformer || **~er Widerstand** / capacitive reactance || **~er Zweig** (Leuchtenschaltung) / lead circuit || **~es Leitungsverhältnis** / capacitive line condition || **~es Schalten** / capacitive breaking, capacitor switching || **~es Schaltvermögen** / capacitive breaking capacity, capacitor switching capacity || **~es Vorschaltgerät** / capacitive ballast, leading-p.f. ballast, capacitive control gear || **~es Wegmessgerät** / capacitive position sensing device, capacitive position transducer
Kapillar·riss *m* / hairline crack || **²rohr** *n* / capillary tube, restrictor tube, capillary *n* || **²säule** *f* (Chromatograph) / capillary column || **²trennsäule** *f* / capillary separating column
Kapitaldienst der Anlagekosten / capacity cost || **² der Anlagekosten für Spitzendeckung** / peak capacity cost
Kapitelende *n* / end of section
Kaplanturbine *f* / Kaplan turbine
Kappe *f* / cap *n*, cover *n*, end bell, hood *n* || **²** *f* (Läufer) / end bell || **²** *f* (Rel., EZ, Sty) / cover *n* || **²** *f* (Zählergehäuse) / case front || **²** *f* (Komm.) / collar *n*, V-ring *n*
Kappen *n* / undercutting *n* || **²** *n* (Abschneiden von Teilen einer Bildschirmdarstellung) / clipping *n*, scissoring *n*
Kappen·-Endplatte *f* (Läufer) / end plate || **²fräser** *m* / cap mill || **²isolator** *m* / cap-and-pin insulator || **²mutter** *f* / cap nut || **²ring** *m* (Läuferwickl.) / endwinding cover, retaining ring, supporting ring || **²rückseite** *f* / cap rear || **²seite** *f* / cap side

Kappsäge *f* / clamp saw, undercut swinging saw
Kappscher Vibrator / Kapp vibrator (o. Phasenschieber)
Kappspannung *f* / clamp(ing) voltage
Kapsel *f* / module holder, module casing || ²**baugruppe** *f* / encapsulated subassembly, encapsulated module || ²**baugruppenträger** *m* / subrack with protective module casings || ²**federmesswerk** *n* / capsule-type element, diaphragm element
kapseln *v* / encapsulate *v*, enclose *v* || ~ *v* (vergießen) / pot *v*, encapsulate *v*
Kapselung *f* (el. Masch.) / enclosure *n*, housing *n*, casing *n* || ² *f* (SA) VDE 0670, T.6 / enclosure *n* IEC 298 || ² *f* (Vergusskapselung, SF_6-isolierte SG) / encapsulation *n*
Karabinerhaken *m* / snap hook
karbonitriert *adj* / carbonitrided *adj*
Kardan / cardan *n* || ²**antrieb** *m* / cardan-shaft drive || ²**gelenk** *n* / cardan joint, universal joint || ²**welle** *f* / cardan shaft, articulated shaft
kardinales Feuer / cardinal light || ~ **Zeichen** / cardinal mark
kariert *adj* / checkered *adj*
Karosserie·elektronik *f* (Kfz) / vehicle body electronics, body electronics || ²**rohbau** *m* / body-in-white *n*
Karte *f* / module *n* (Device such as an I/O board assembly which plugs into back plane or base), submodule *n*, assembly *n*, PCB || ² *f* (gS, Schaltungskarte) / card *n*, (printed) board *n* || ² *f* (Lochk.) / card *n*
Kartei *f* / card file || **JCPDS-**² *f* / JCPDS index (JCPDS = Joint Committee on Powder Diffraction Standards) || ²**kasten** *m* / card box
Karten·darstellung *f* (Matrixformat zur Darstellung von Logikzuständen) / map *n* || ²**druckwerk** *n* (Belegdrucker f. abgemessene Menge) / ticket printer || ²**führung** *f* (Leiterplatte) / board (o. card) guide edge || ²**leser** *m* (Lochkartenl.) / card reader (CR) || ²**lesesystem** *n* / badge reader system || ²**locher** *m* / card punch || ²**magazin** *n* / mounting rack, rack *n* || ²**prüfer** *m* (Lochkartenp.) / (card) verifier || ²**relais** *n* / printed-board relay, p.b.c. relay || ²**träger** *m* (BGT) / mounting rack, rack *n* || ²**-Ziehvorrichtung** *f* / card (o. board) extractor
kartesisch·e Koordinate / cartesian coordinate, Cartesian coordinates, rectangular coordinates || **~er Schutzraum** / cartesian protected zone
Kartonierer *m* / cartoning system
Karusselldrehmaschine *f* / vertical boring and turning mill
kaschiert *adj* / foil-clad *adj*
Kaschierungskasten *m* (Leuchte) / box cover
Kaskade *f* / cascade *n* || ² *f* (Maschinensatz) / cascaded machine set, cascade drive, cascade set || **Drehstrom-Gleichstrom-**² *f* / cascaded induction motor and d.c. machine || **Drehstrom-Kommutator-**² *f* / cascaded induction motor and commutator machine, Scherbius system, Scherbius motor control system || **Gleichstrom-Gleichstrom-**² *f* (Verstärkermaschine) / Rapidyne *n* || **Krämer-**² *f* / Kraemer system, Kraemer drive || **Krämer-Stromrichter-**² *f* / static Kraemer drive || **Scherbius-**² *f* / Scherbius system, Scherbius drive, Scherbius motor control system || **über- und untersynchrone Scherbius-**² / double-range Scherbius system
Kaskaden·anlasser *m* / cascade starter || ²**brückenschaltung** *f* / bridges in cascade, cascaded bridges || ²**hintermaschine** *f* / regulating machine, secondary machine, Scherbius machine || ²**motor** *m* / cascade motor, concatenated motor || ²**regelung** *f* / cascade control, cascade control system
Kaskadenschaltung *f* / cascade connection, concatenation *n*, cascade arrangement || ² *f* (von SR-Schaltungen) / series connection || **Maschinen in** ² / machines in cascade, machines in tandem, machines in concatenation
Kaskaden·spannungswandler *m* / cascade voltage transformer || ²**stromrichter** *m* / cascade converter || ²**-Synchrondrehzahl** *f* / cascade synchronism || ²**umformer** *m* / motor-converter *n*, cascade converter, La Cour converter || ²**umsetzer** *m* / cascade-type converter, propagation-type converter, stage-by-stage converter
Kaskadier·barkeit *f* / cascadability *n* || ²**schnittstelle** *f* / cascade interface
kaskadierter Übertrag / cascaded carry
Kaskadierung *f* / cascading *n*, concatenation *n*, cascade arrangement
Kaskode-Verstärker *m* / cascode amplifier
Kassette *f* (ET) DIN 43350 / sub-drawer *n* || ² *f* (Einschub) DIN IEC 547 / plug-in unit IEC 547 || ² *f* (Magnetbandk.) / cartridge *n*, cassette *n*
Kassetten *f pl* / cassettes *n pl* || ²**decke** *f* / coffered ceiling, cassette ceiling, rectangular-grid ceiling || ²**gerät** *n* / cassette recorder || ²**laufwerk** *n* / cartridge-tape drive, magnetic tape cassette drive, cassette drive || ²**leser** *m* / cassette reader || ²**magazin** *n* (WZM) / cartridge magazine
Kassiergerät *n* (EZ) / rent collector
Kasten *m* / box *n*, case *n*, enclosure *n* || ² *m* (Spule) / spool *n*, insulating frame || ²**bauform** *f* (SK) VDE 0660, T.500 / box-type assembly IEC 439-1 || ²**bauform** *f* (el. Masch.) / box-frame type || ²**bauweise** *f* / box-type construction || ²**bürstenhalter** *m* / box-type brush holder || ²**feder** *f* (Klemme) / quick-connect terminal || ²**form** *f* (Bauform) / box-type assembly IEC 439-1 || ²**gehäuse** *n* (el. Masch.) / box frame || ²**heizkörper** *m* / box-type heater || ²**klemme** *f* / box terminal || ²**konstruktion** *f* / box-frame construction, box-type construction || ²**platte** *f* (Batt.) / box plate, box negative plate || ²**reflektor** *m* / box-type reflector || ²**schloss** *n* / rim lock || ²**träger** *m* / box girder || ²**verteiler** *m* / box-type distribution board || ²**wicklung** *f* / spool winding
Katalog *m* (KG) / catalog *n*, KG
katalogmäßig *adj* / standard *adj*
Katalog·profil *n* / catalog profile || ²**versender** *m* / catalog mailing agents || ²**rahmen** *m* / box-type frame
Katalysator *m* (Kfz) / catalytic converter (CC), catalyst *n*, converter *n*
katalytisch·e Verbrennung / catalytic combustion, surface combustion || **~es Gasanalysegerät** / catalytic gas analyzer
Kategorie *f* / category *n*
Kathode *f* / cathode *n*, positive electrode
Kathoden·anheizgeschwindigkeit *f* / cathode heating rate || ²**anheizzeit** *f* / cathode heating time || ²**anschluss** *m* (HL) / cathode terminal || ²**bogen** *m* /

cathode arc || ≗-**Elektrolytkupfer** *n* / electrolytic cathode copper || ≗**emission** *f* / cathode emission || ≗**fall** *m* / cathode fall, cathode drop || ≗**fallableiter** *m* / valve-type arrester, valve-type surge diverter || ≗**folger** *m* / cathode follower || ≗**gebiet** *n* / cathode region || ≗**glimmlicht** *n* / cathodic glow, negative glow || ≗**glimmschicht** *f* / cathode sheath || ≗**halbbrücke** *f* / cathode half-bridge || ≗**lumineszenz** *f* / cathodoluminescence *n* || ≗**nähe** *f* / near-cathode region || ≗**oszilloskop** *n* (KO) / cathode-ray oscilloscope (CRO), cathode oscilloscope || ≗**polarisation** *f* (Batt.) / cathodic polarization

kathodenseitig steuerbarer Thyristor / P-gate thyristor || **~er Gleichstromanschluss** (LE) / cathode-side d.c. terminal

Kathodenstrahl·-Ladungsspeicherröhre *f* / cathode-ray charge-storage tube || ≗-**Oszillograph** *m* / cathode-ray oscillograph (CRO) || ≗-**Oszilloskop** *n* / cathode-ray oscilloscope || ≗**röhre** *f* / cathode-ray tube (CRT) || ≗-**Speicherröhre** *f* / cathode-ray storage tube

Kathoden·verstärker *m* / cathode follower || ≗**vorheizung** *f* / cathode preheating || ≗**vorheizzeit** *f* / cathode preheating time || ≗**zerstäubung** *f* / cathode sputtering || ≗**zwischenschicht** *f* / cathode interface layer

kathodisch·e Bürste / cathodic brush, negative brush || **~e Reinigung** / cathodic cleaning || **~er Korrosionsschutz** (KKS) / cathodic protection (CP) || **~er Teilstrom** / cathodic partial current

Kathodolumineszenz *f* / cathodoluminescence *n*

Katze *f* / crab *n*, trolley *n*

Katzenauge *n* / rear red reflex reflector, reflex reflector

Käufermarkt *m* / purchaser market

Kaufmann *m* / commercial staff

kaufmännisch *adj* / business administration || **~er Bearbeiter** / commercial user

Kauf·preis *m* / price-to-pay *n* || ≗**vertrag** *m* / purchase contract

kautschuklackiert / lacquered with latex

Kavitation *f* / cavitation *n*

Kavitations·angriff *m* / cavitation erosion || ≗**schutz** *m* / cavitation protection

KB / short-time operation (CEE 10) || ≗ (Kurzbeschreibung) / product brief

K-Bus *m* (Kommunikationsbus) / C bus (communications bus)

KBZ / notched impact strength, impact strength, impact value

KD (Koordinatendrehung) / COR (coordinate rotation)

KDV (Kreuzweiser Datenvergleich) / cross-checking *n*

KEAG (kompaktes Ein-/Ausgabegerät) / compact input/output unit

Kederprofilgummi *m* / strip-section rubber

Kegel *m* / cone *n*, taper *n* || ≗**bearbeitung** *f* / taper machining || ≗**bremse** *f* / cone brake || ≗**drehen** *n* / taper turning || ≗**fallpunkt** *m* (nach Seger) VDE 0335, T.1 / pyrometric cone equivalent

kegelförmig *adj* / tapered *adj* || **~e Stirnfläche** / conical end face

Kegel·fräser *m* / taper cutter || ≗**getriebe** *n* / bevel gearing || ≗**gewinde** *n* / taper thread, tapered thread || ≗**kupplung** *f* / conical clutch, cone clutch || ≗**lehre** *f* / taper gauge || ≗**mantel** *m* / outside of the taper || ≗**mehrfacheinstechschleifen** *n* / taper multiple plunge-cut grinding || ≗**mutter** *f* / conical nut || ≗**pendelschleifen** *n* / taper reciprocating grinding, taper traverse grinding || ≗**pfanne** *f* / conical socket, conical seat

Kegelrad *n* / bevel gear || ≗ **mit Achsversetzung** / hypoid gear || **geradzahniges** ≗ / straight bevel gear || ≗**getriebe** *n* / bevel gearing, mitre gears

Kegelrand, größter Kreis am ≗ / crown circle

Kegel·reibungskupplung *f* / cone friction clutch || ≗**rollenlager** *n* / tapered-roller bearing || ≗**rutschkupplung** *f* / conical safety coupling, safety slip clutch || ≗**scheitel** *m* / cone centre || ≗**scheitel bis Spindelnase** / apex to spindle nose || ≗**scheitel bis zur äußeren Kante des Kopfkegels** / cone apex to crown || ≗**schnitt** *m* / conic *n* || ≗**senker** *m* / countersink *n* || ≗**stift** *m* / tapered pin || ≗**strahl** *m* (Kfz-Einspritzventil) / cone spray || ≗**strahler** *m* (IR-Gerät) / narrow-angle transmitter || ≗**stumpf** *m* / frustrum of cone || ≗**stumpffräser** *m* / bevel cutter || ≗**ventil** *n* / plug valve || ≗**wicklung** *f* / tapered-overhang winding || ≗**winkel** *m* / taper angle

Kehlnaht *f* / fillet weld, fillet joint || ≗-**Güteprüfung** *f* / fillet soundness test

Kehrrichtverbrennungsanlage *f* (KVA) / refuse incineration plant

Kehrverstärker *m* / inverting amplifier, sign-reversing amplifier

Kehrwert *m* / inverse value || ≗ **der Kapazität** / elastance *n* || ≗ **der Permeabilität** / reluctivity *n* || ≗ **der Steifigkeit** / compliance *n*, mobility *n* || ≗ **des Isolationswiderstandes** / stray conductance, leakance *n*, leakage conductance, leakage permeance || ≗ **des Verminderungsfaktors** (BT) / depreciation factor

Keil *m* / wedge *n*, key *n*, spline *n* || ≗**isolation** *f* (Trafo) / insulating key sector, insulating cone || ≗**kupplung** *f* / wedge coupling || ≗**lager** *n* / fluidfilm bearing || ≗**messebene** *f* / wedge measurement plane || ≗**nabe** *f* / splined hub, keyed hub || ≗**nut** *f* / keyway *n*, keyseat *n* || ≗**nut** *f* (Keilverzahnung) / spline *n* || ≗**nutfräsen** *m* / keyway milling machine || ≗**relais** *n* (Wechselstrom-Gleichstromrelais) / a.c.-d.c. relay

Keilriemen *m* / V-belt *n* || ≗**rolle** *f* / V-belt pulley, V-belt sheave, V-groove pulley || ≗**scheibe** *f* / V-belt pulley, V-belt sheave, V-groove pulley

Keilseite *f* / wedge side

Keilstabläufer *m* / tapered deep-bar cage rotor, tapered deep-bar squirrel-cage rotor, keyed-bar cage rotor, deep-bar tapered-shoulder cage rotor

Keilstift *m* / tapered pin

Keilstoßspannung *f* / linearly rising front chopped impulse

Keil·stück *n* / wedge *n* || **Steilheit der** ≗ / steepness of ramp || ≗**stück** *n* (am Nutausgang) / tapered packing block || ≗**treiber** *m* / key drift, key driver || ≗**verbinder** *m* / wedge-type connector || ≗**verbindung** *f* / keyed connection, keyed joint || ≗**verbindung** *f* / keying *n*, wedging *n*

Keilverzahnung *f* / splining *n* || **quadratische** ≗ / square splines

Keil·welle *f* / spline shaft, integral-key shaft, splined shaft || ≗**winkel** *m* / wedge angle

Keller *m* / basement *n* || ≗**speicher** *m* / push-down

storage, stack *n* || ≗**station** *f* / vault substation, basement substation || ≗**stationstransformator** *m* / vault transformer
Kelvin-Brücke *f* / Kelvin bridge
Kenn·bit *n* / identifier bit, flag bit, condition code, status bit || ≗**buchstabe** *m* / letter symbol IEC 27, distinctive letter, classification letter, code letter, identification letter || **Sachmerkmal-**≗**buchstabe** *m* DIN 4000,T.1 / code letter of article characteristic || ≗**daten** *plt* / rating *n* || ≗**datensatz** *m* / data set || ≗**drehzahl** *f* / characteristic speed || ≗**faden** *m* (Kabel) / tracer thread, identification thread, marker thread || ≗**farbe** *f* / identification colour
Kennfeld *n* / family of characteristics, characteristic(s) *n pl*, performance data || ≗ *n* (der elektron. Kennfeldzündung) / ignition map, three-dimensional ignition map, engine characteristics map || **Motor~** *n* (Kfz) / engine operating map, engine characteristic map || ≗**zündung** *f* (Kfz) / ignition-map(-based control), electronic ignition control with map
Kenn·feuer *n* / identification beacon (o. light), code beacon (o. light), character light || ≗**frequenz** *f* / characteristic frequency, undamped resonant frequency
Kenngröße *f* / parameter *n*, characteristic quantity, index quantity, characteristic *n* || ≗ *f* (elektron. Messeinrichtungen nach) DIN 43745 / performance characteristic || ≗ *f* (Statistik) DIN 55350, T.23 / statistic *n* || **beeinflussende** ≗ / influencing characteristic || **spezifische** ≗ (a. Batt.) / specific characteristics || **Stichproben-**≗ *f* DIN 55350,T.23 / sample statistic, statistic *n*
Kenngrößen, effektive ≗ **eines magnetischen Kreises** / effective dimensions of a magnetic circuit || **auf den Anfangsbestand bezogene** ≗ DIN 40042 / reliability characteristics with regard to initials || **streckenspezifische** ≗ / loop-specific values || **Zuverlässigkeits~** *f pl* DIN 40042 / reliability characteristics
Kenn·impedanz *f* / characteristic impedance || ≗**leuchte** *f* (Kfz) / outline marker light, marker light
Kennlinie *f* / characteristic curve, characteristic *n*, flow characteristic, characteristic curve of a converter || ≗ *f* / characteristic curve of a convertor (A curve showing the relationship between the values of the output voltage and the values of the output current) || ≗ **bei Blindlast** (el. Masch.) / zero power-factor characteristic || ≗ **der absoluten spektralen Empfindlichkeit** / absolute-spectral-sensitivity characteristic || ≗ **der relativen spektralen Empfindlichkeit** / relative-spectral-sensitivity characteristic || ≗ **der spektralen Empfindlichkeit** / spectral-sensitivity characteristic || ≗ **einer Wägezelle** / calibration value || ≗ **eines Regelungssystems** / control characteristic (of a controlled system) || ≗ **eines Systems** / inherent characteristic of a system || ≗ **für die stabilisierte Ausgangsgröße** (LE) / stabilized output characteristic || ≗ **mit Kennliniensprung** (LE) / jumping characteristic || ≗ **nach Maß** / special adapted characteristic || **fallende** ≗ / falling characteristic || **geknickte** ≗ / knee-shaped characteristic || **linearer Bereich der** ≗ / linear rate of characteristic || **quasi-stetige** ≗ / semi-continuous characteristic || **statische** ≗ / flow characteristic
Kennlinien·abweichung *f* (MG) / non-conformity *n*, conformity error || ≗**anhebung** *f* / voltage boost || ≗**auswahl** *f* / characteristic selection
Kennlinien-Baugruppe *m* (elST) / characteristic module || ≗ *f* (LE) / curve generating module, curve generator, characteristic generator
Kennlinien·baustein *m* / characteristic block || ≗**bereich** *m* (SG) EN 60934 / operating zone || **Zeit-Strom-**≗**bereich** *m* / time-current zone || ≗**beständigkeit** *f* / consistency *n* || ≗**betrachtung** *f* / consideration of valve characteristic
Kennlinienfeld *n* / family of characteristics || ≗ *n* (BSG) / characteristics (display field)
Kennlinien·fläche *f* / characteristic surface || ≗**geber** *m* / function generator, signal characterizer || ≗**korrektur** *f* / characteristic correction || ≗**maschine** *f* / booster *n*, droop exciter || ≗**-Oszilloskop** *n* / characteristic-curve tracer || ≗**regelung** *f* / function-generator control, predetermined control || ≗**schar** *f* / family of characteristics || ≗**steigung** *f* (Reg., P-Grad) / offset coefficient || ≗**steigung gleich Null** (Reg.) / absence of offset, zero offset || ≗**toleranz** *f* / tolerance of characteristic
Kennlinienübereinstimmung *f* (Messumformer) DIN IEC 770 / conformity *n* || ≗ **bei Anfangspunkteinstellung** DIN IEC 770 / zero-based conformity || ≗ **bei Grenzpunkteinstellung** DIN IEC 770 / terminal-based conformity || ≗ **bei Kleinstwerteinstellung** DIN IEC 770 / independent conformity
Kennlinien·-Umschaltpunkt *m* / crossover point || ≗**umschaltung** *f* / characteristics switchover || ≗**zone** *f* / operating zone
Kenn·loch im Papierstreifen / tape aligning hole || ≗**marke** *f* (Rel.) / target *n* || ≗**melder** *m* (Sich.) / indicator *n* || ≗**melderdraht** *m* (Sich.) / indicator wire || ≗**-Nummer** *f* / identification number, ident number || ≗**satz** *m* (Datenträger, Datei) / label *n* || ≗**satzfamilie** *f* / label set || ≗**schild** *n* / nameplate *n* || ≗**schild** *n* (Rel.) / target *n* || ≗**nummer** *f* / identification number
Kennung *f* / identification *n* (ID) || ≗ *f* (DV, Kommunikationssystem) / identifier *n* (A combination of letters, numbers, and underline characters, which begins with a letter or underline and which names a language element) || ≗ *f* (eines Leuchtfeuers o. Signals) / character *n* (of a beacon or light signal), characteristic *n* || ≗ *f* (EZ) / subindex *n* || ≗ **der Netzzugangsverbindung** DIN ISO 8208 / logical channel identifier || ≗ **des Adressierungsbereichs** DIN ISO 8348 / initial domain identifier (IDI) || **erneuerte** ≗ (FWT) / updated identification
Kennungs·feuer *n* / identification beacon (o. light), code beacon (o. light), character light || ≗**geber** *m* (Stationskennung) / station identification device
Kennwert *m* / characteristic value, characteristic *n*, coefficient *n* || ≗ *m* (Lebensdauer eines Relais) / final endurance value || **statistischer** ≗ / statistic *n* || **Helligkeits-**≗**e** *m pl* (ESR) DIN IEC 151,T.14 / luminance characteristics
Kennwort *n* / key word, codeword *n*, reference *n*, project code (o. name), password *n*
kennwortgeschützt / password-protected || **Zeit~** *f* / time code
Kennzahl *f* EN 50005 / distinctive number EN

50005, identification number, characteristic number, characteristics code, ident. no || ≗ *f* DIN 6763,T.1 / classification figure || ≗ *f* (Trafo) VDE 0532, T.1 / phase angle IEC 76-1 || ≗ *f* (Stundenzahl) / clock-hour figure || ≗ **der Phasenwinkeldifferenz** (Trafo) / phase displacement index || **Ähnlichkeits~** *f* / similarity criterion, dimensionless group

Kennzeichen *n* (Schaltplanzeichen) / qualifying symbol || ≗ *n* (QS) / identification *n* || ≗ *n* (SPS-Geräte) / identifier *n* || **Leistungs~** *n* (SR) / rating code designation || **Operanden~** *n* / operand identifier || **Takt~** *n* / clock qualifier || ≗**beleuchtung** *f* (Kfz.) / number-plate lighting, licence-plate lighting || ≗**leuchte** *f* (Kfz) / number-plate light, licence-plate lamp, rear registration-plate light (US) || ≗**satz** *m* (binäre Schaltelemente) / label *n* || ≗**schema** *n* / classification code || ≗**system** *n* (KS) / classification system

kennzeichnen *v* / mark *v*, designate *v*, characterize *v*, qualify *v*

kennzeichnend·e Werte / characterizing values || **~es Merkmal** / characteristic feature, characteristic *n*

Kennzeichner *m* / qualifier *n*

Kennzeichnung *f* / identifying marking, identification *n*, marking *n*, designation *n*, identifying markings || ≗ *f* DIN 40719,T.2 / designation *n* IEC 113-2 || ≗ *f* (m. Schildern) / labelling *n* || ≗ **der Anlaufart** (SPS, m. Merkern) / flagging the start-up mode || ≗ **von Konturabschnitten für Gewindebearbeitung und Oberflächengüte** / identification of contour sections for thread cutting and surface quality || **Betriebsmittel-**≗ *f* / item designation IEC 113-2 || **dauerhafte** ≗ / durable marking || **identifizierende** ≗ / identifying designation || **keine** ≗ / no marking || **MSR-**≗ *f* (MKZ Prozessführung) VDI/VDE 3695 / tag number || **Null~** *f* (Rechenoperation) / zero flag || **T-**≗ *f* VDE 0700, T.1 / T-marking *n* IEC 335-1

Kennzeichnungs·block *m* DIN 40719,T.2 / block of designation IEC 113-2, designation block || ≗**buchstabe** *m* / identification letter || ≗**druck** *m* / identification legend || ≗**gruppe** *f* / designation group IEC 113-2 || ≗**schild** *n* / labelling plate || ≗**system für Stromrichterschaltungen** / identification code for converter connections

Kennzeit *f* (Kernzeit) / core time

Kennziffer *f* / clock-hour figure || ≗ *f* / characteristics code, characteristic numeral, characteristic number, identification number, distinctive number, ident. no || ≗ *f* (Code) / code number

Kennzustand *m* / significant state

Keramik *f* / ceramic *n*, ceramics *n* || ≗**bearbeitung** *f* / ceramics processing || ≗**-DIP-Gehäuse** *n* (CERDIP) / ceramic DIP (CERDIP) || ≗**durchführung** *f* / ceramic bushing || ≗**gehäuse** *n* (IS) / ceramic case, ceramic package

Keramikisolation, Motor mit ≗ / ceramic motor

Keramik·klemmenträger *m* / ceramic terminal support, ceramic terminal base || ≗**kondensator** *m* / ceramic capacitor (CERAPAC) || ≗**körper** *m* (Sich.) / ceramic cartridge (fuse) || ≗**-Metall-Werkstoff** *m* (CERMET) / ceramic-metal material (CERMET) || ≗**sockel** *m* (Sich.) / ceramic fuse base, ceramic base, ceramic body || ≗**stützer** *m* / ceramic pin insulator

keramisch·e Glasur / ceramic glazing || **~er Isolierstoff** / ceramic insulating material || **~er Stützisolator** / ceramic post insulator

Kerbe *f* / notch *n*, dent *n*, score *n*

Kerb·einflusszahl *f* / notch factor || ≗**empfindlichkeit** *f* / notch sensitivity

kerbgepresst *adj* / notch-pressed *adj*

Kerb·grund *m* / notch base, base of notch, root of notch, bottom of notch || ≗**kabelschuh** *m* / crimping cable lug || ≗**kraft** *f* / notching force, indentation strength

kerbschlag·genietet *adj* / upset-riveted *adj* || **~gesichert** *adj* / secured by upsetting || ≗**prüfung** *f* / notched-bar impact test. impact notch test, Izod test, Charpy test || ≗**zähigkeit** *f* / notched bar impact strength, notched impact strength, impact strength, impact value || ≗**zähigkeits-Temperaturkurve** *f* / notch toughness-temperature curve

kerbspröde *adj* / notch-brittle *adj*

Kerb·sprödigkeit *f* / notch brittleness, notch-brittle behaviour, susceptibility to notch-brittle fracture || ≗**stelle** *f* / indentation *n*, notch *n* || ≗**stift** *m* / grooved dowel, grooved pin, dowel pin || ≗**verbinder** *m* / crimped connector, indented connector, notched connector, compression connector || ≗**verzahnung** *f* / serration *n* || ≗**zähigkeit** *f* / notch toughness || ≗**zähigkeitsprüfung** *f* / notched-bar impact test. impact notch test, Izod test, Charpy test || ≗**zahnwelle** *f* / serrated shaft, splined shaft || ≗**zange** *f* (Crimpwerkzeug) / crimping tool || ≗**zugfestigkeit** *f* / notched-bar tensile strength || ≗**zugprüfung** *f* / notched-bar tensile test

Kern *m* (Magnet, Trafo) / core *n*, iron core || ≗ *m* / NC kernel || ≗ *m* (LWL) / core *n* || ≗ *m* (Kabel) / centre *n* || ≗ *m* (Betriebssystem, Programm) / kernel *n* || ≗ **in Einzelblechschichtung** / (stacked) single-lamination core || ≗ **in Paketschichtung** / pack-stacked core || **bolzenloser** ≗ / boltless core || **fertiger** ≗ / assembled core

Kern·anlenkung *f* (Trafo, Erdungsverbindung) / core grounding connection(s), core earthing || ≗**arbeitszeit** *f* / core time || ≗**argument** *n* / core argument || ≗**argumentation** *f* / core argumentation || ≗**balken** *m* / yoke *n* || ≗**bandage** *f* / core bandage || ≗**bauform** *f* (Trafo) / core form, core type || ≗**-Bauhöhe** *f* / overall core height || ≗**bereich** *m* (LWL) / core area || ≗**blech** *n* / core lamination, core punching, core stamping || ≗**blech** *n* (Rohmaterial, ungestanzt) / core sheet, magnetic sheet steel || ≗**drosselspule** *f* / core-type reactor, iron-core reactor

Kerndurchmesser *m* / core diameter || **Nenn- oder** ≗ **falsch programmiert** / nominal or core diameter incorrectly programmed

Kerneinlauf, zugentlasteter ≗ (Kabel) / strain-bearing centre (HD 360)

Kern·eisen *n* / core iron, core sheets, core laminations || ≗**energie** *f* / nuclear energy

Kernfaktor C_1 / core factor C_1, cored inductance parameter || ≗ **C_2** / core factor C_2, core hysteresis parameter

Kern·fenster *n* / core window || ≗**festlegung** *f* / core definition || ≗**fluss** *m* / core flux || ≗**flussdichte** *f* / core flux density, core induction || ≗**füllfaktor** *m* / core lamination factor, stacking factor || ≗**-Gesamtbauhöhe** *f* / total core height || ≗**größe** *f* / core size || ≗**-Hystereseparameter** *m* / core hysteresis parameter, core factor C_2 || ≗**induktion** *f*

(Trafo) / core induction, core flux density || ²**induktion** *f* (Gen., Mot.) / armature induction || ²-**Induktivitätsparameter** *m* / core inductance parameter, core factor C_1

Kernkraft *f* / nuclear energy || ²**antrieb** *m* / nuclear drive, nuclear propulsion system || ²**werk** *n* / nuclear power station

Kern·kreis *m* / core circle || ²-**Kreisabweichung** *f* (LWL) / non-circularity of core || ²**kreis-Füllfaktor** *m* / core-circle space factor || ²**ladungszahl** *f* / atomic charge

Kernloch *n* / tap-drill hole, tap hole || ²**bohrer** *m* / tap drill, tap hole drill || ²-**Durchmesser** *m* / tap-drill size, minor diameter of thread

Kern·magnet *m* / core magnet, core-type magnet || ²/**Mantel-Konzentrizitätsfehler** *m* (LWL) / core/cladding concentricity error || ²**mitte** *f* (LWL) / core centre || ²**mittelpunkt** *m* (LWL) / core centre || ²**montage** *f* / core assembly || ²**paket** *n* / core stack, core package || ²**presselemente** *n pl* (Trafo) / core clamps || ²**pressung** *f* / core clamping, degree of core compression || ²**prüfung** *f* (el. Masch.) / core test || ²**querschnitt** *m* / cross-sectional area of core, core cross section || ²**radius** *m* / core radius

Kernresonanz·spektrograph *m* / nuclear magnetic resonance spectrograph || ²**spektrometer** *n* / nuclear magnetic resonance spectrometer (NMRS) || ²**spektrometrie** *f* / nuclear magnetic resonance spectrometry

Kern·sättigung *f* / core saturation || ²**schnitt** *m* / core sheet, magnetic sheet steel || ²**schnitt** *m* (Werkzeug) / blanking tool for core laminations || ²**sequenz** *f* / K || ²**sequenz** *f* (NC) / kernel sequence || ²**strahlung** *f* / nuclear radiation || ²**stück** *n* / core piece, essential item || **grafisches** ²**system** (GKS) / graphical kernel system (GKS) || ²**transformator** *m* / core-type transformer, core-form transformer || ²**zahl** *f* / number of cores || ²**zeit** *f* / core time || ²**zeitmeldung** *f* / illegal (terminal) entry during core time

Kerr-Effekt *m* / Kerr effect

Kerze *f* (Trafo-Durchführung) / bushing *n*

Kerzen·filter *n* / cartridge filter || ²**lampe** *f* / candle lamp || ²**schaftfassung** *f* / candle lampholder

Kessel *m* / boiler *n* || ² *m* (Trafo) / tank *n* || ² **mit Eigenkondensatanlage** / boiler with patented system to get spray water by condensing steam || ²**abschirmung** *f* / tank shielding || ²**boden** *m* (Trafo) / tank bottom (plate), tank floor || ²**bord** *m* (Trafo) / tank flange || ²-**Erdschlussschutz** *m* / frame leakage protection, frame ground protection, case ground protection || ²**haus** *n* / boiler room || ²-**Kessel-Durchführung** *f* / completely immersed bushing

Kesselkühlfläche, wirksame ² / effective tank cooling surface

Kessel·-Leistungsschalter *m* / dead-tank circuit-breaker || ²-**Ölschalter** *m* / dead-tank oil circuit-breaker, bulk-oil circuit-breaker || ²**schalter** *m* / dead-tank circuit-breaker || ²**speisewasser** *n* / boiler feedwater || ²**verluste** *m pl* / tank losses || ²**wand** *f* / tank wall

Kettbaum *m* / beam *n*

Kette *f* / chain *n*, cascade *n*, sequencer *n* || ² *f* / cascaded machine set, cascade drive, cascade set || ² *f* (Folge) / sequence *n* || **Ablauf~** *f* / sequence cascade, sequencer *n* || **einfache** ² / single step || **Illuminations~** *f* / decorative chain, decorative string || **Impuls~** *f* / pulse train || **Isolator~** *f* / insulator string || **Licht~** *m* / lighting chain || **programmierbare logische** ² (PLA) / programmable logic array (PLA) || **Prüf~** *f* / test chain || **Steuer~** *f* / open-loop control (system) || **Thermo~** *f* / thermocouple pile, thermopile *n*, series-connected thermocouples || **Wirkungs~** *f* (Reg.) / functional chain || **Zähl~** *f* / counting chain, counting decade || **Zeichen~** *f* (PMG) / string of digits, string *n*

ketten *v* / concatenate *v*

Ketten von Gewinden / chaining of threads

Ketten·ablauf *m* / sequence evolution || ²**ablauf** *m* (Ablaufkette) / sequence *n*, step sequence || ²**baustein** *m* / sequence block || ²**abschieber** *m* / chain pusher || ²**anfang** *m* (Ablaufkette) / sequence start || ²**anfangsbaustein** *m* / sequence start block || ²**anwahl** *f* (SPS) / sequencer selection || ²**aufhänger** *m* / chain hanger || ²**aufhängung** *f* / chain suspension || ²**aufzug** *m* / chain-driven lift (o. elevator) || ²**auswahl** *m* / sequence selection || ²**beleuchtung** *f* / catenary lighting || ²**bemaßung** *f* (CAD) / incremental dimensioning || ²**druck** *m* / chain printing || ²**element** *n* (SPS) / sequencer element, (sequence) cascade element || ²**endbaustein** *m* / sequence end block || ²**ende** *n* (Ablaufkette) / sequence end

Ketten·flaschenzug *m* / chain tackle, chain pulley block || ²**förderer** *m* / chain conveyor || ²**getriebe** *n* / chain drive, chain transmission || ²**impedanz** *f* / iterative impedance || ²**impulse** *m pl* / pulse trains || ²**isolator** *m* / string insulator || ²**kasten** *m* / chain locker || ²**leiter** *m* / iterative network, recurrent network, lattice network || ²**leiter** *m* (Ableiterprüfung) / distributed-constant impulse generator || ²**linie** *f* (Freileitungsseil) / catenary *n*, catenary curve || ²**linienparameter** *m* (Freiltg.) / catenary constant IEC 50(466) || ²**magazin** *n* / chain magazine (cf. THYER 1988, pp 39)

Kettenmaß *n* / INC (incremental dimension) || ² *n* (NC) / incremental dimension, incremental coordinate || ²**angabe** *f* / incremental dimension, incremental dimensioning || ²**eingabe** *f* / incremental dimension, incremental dimensioning || ²**eingabe** *f* (NC) / incremental dimension data input, incremental data input || ²**fehler** *m* (NC) / incremental error, cumulative error || ²**programmierung** *f* / incremental programming ISO 2806-1980, incremental data input || ²**steuerung** *f* / incremental control || ²**system** *n* / incremental dimensioning system || ²**system** *n* (NC) / incremental dimensioning (system), floating-zero system, delta dimensioning

Ketten·oberleitung *f* / overhead contact line with catenary, catenary-type overhead traction wire || ²**pendel** *n* / chain pendant || ²**prioritierung** *f* / daisy chain || ²**rad** *n* / sprocket wheel, sprocket *n* || ²**rolle** *f* / chain pulley || ²**schaltung** *f* / ladder network, lattice network, iterative network, recurrent network

Kettenschritt *m* (Ablaufkette) / sequence step || ²**baustein** *m* / sequence step block

Ketten·schutz *m* / chain guard || ²**stichprobenplan** *m* / chain sampling plan || ²**trieb** *m* / chain drive, chain transmission || ²**verstärker** *m* / distributed amplifier || ²**verwaltung** *f* (SPS) / cascade organization || ≗**verzweigung** *f* / sequence branch || ≗**verzweigungsbaustein** *m* / sequence branch block || ≗**wicklung** *f* / chain winding, basket winding, lattice winding || ≗**widerstand** *m* / iterative impedance || ≗**zeiger** *m* (SPS) / sequencer pointer

Kettenzug *m* / chain pulley block, chain hoist (block), chain tackle || **Elektro-**≗ *m* / electric chain pulley block || ≗**schalter** *m* / chain-operated switch

Kettung *f* / link *n*, chaining *n*, sequential input, multiple input || ≗ *f* (von Parametern) / chaining *n*, concatenation *n*

Kettungsprotokoll *n* / concatenated protocol

Key Request Unit (KYRU) / key request unit (KYRU)

KF / creepage factor (c.f.) || ≗ (Koppelfaktor) / fixed-point format, coupling factor, KF

K-Fachwerk *n* (Gittermast) / K bracing, K panel

KF-Einstellung *f* (Einstellung bei konstantem Fluss) / c.f.r. (constant-flux regulation)

KG (Katalog) / catalog *n*, KG

KI / artificial intelligence (AI)

Kiellinienbauweise *f* (Station) / in-line arrangement

Kiemen *f pl* / gills *n pl* || ≗**werkzeug** *n* / gill tool

Kieselgel *n* / silica gel

Kieselgur *m* / infusorial earth, diatomaceous earth, kieselgur *n*

Kilowattstundenzähler *m* / kilowatt-hour meter, kWh meter

Kimme *f* / backsight *n*

Kinderschutzsicherung, Gerät mit ≗ / child-proof device, tamper-proof device

Kindersitzbelegungserkennung *f* (Kfz) / child seat / occupant detection

Kinematik *f* / kinematics *n pl*

kinematisch·e Kette / train *n* || **~e Kopplung** / kinematic link, kinematic linkage || **~e Verknüpfung** / kinematic link, kinematic linkage || **~e Viskosität** / kinematic viscosity, viscosity/density ratio || **~e Zähigkeit** / kinematic viscosity || **~er Zwang** / constraint *n* || **~s Getriebe** / kinematic gear

kinetisch·e Energie / kinetic energy || **~e Pufferung** / kinetic buffering || **~e Pufferung** (SR) / back-up by kinetic energy, flywheel back-up, kinetic back-up || **~e Wellenbahn** / shaft orbit || **~es Moment** / kinetic momentum

Kino·lampe *f* / cinema lamp || ≗**leinwand** *f* / cinema screen

Kiosk *m* / kiosk *n* || ≗**station** *f* / kiosk substation, packaged substation, integrated substation

Kipp·blech *n* / tilting plate || ≗**diode** *f* / break-over diode (BOD) || ≗**drehzahl** *f* / breakdown-torque speed, pull-out speed, stall torque speed || ≗**dübel** *m* / gravity toggle

kippen *v* / stall *v*, toggle *v* || ~ *v* (durch Kopflastigkeit) / topple *v* || ~ *v* (el. Masch.) / pull out of step, fall out of synchronism, pull out *v*, become unstable || ≗ *n* (Synchronmasch.) / pulling out of step, pull-out *n* || ~ *v* (mech.) / tilt *v*, topple *v* || ≗ *n* (LE) / commutation failure || **ein Bit** ~ / invert a bit || **Wechselrichter**~ *n* / conduction-through *n*, shoot-through *n*

Kippfall und Umstürzen / drop and topple

Kippfrequenz *f* (Osz.) / sweep repetition rate || ≗**generator** *m* / sweep frequency generator, sweep generator, swept-frequency signal generator

Kipp·fuß *m* / tilting footplate, tilting foot || ≗**generator** *m* / relaxation oscillator, sweep generator, sweep oscillator || ≗**geschwindigkeit** *f* / sweep rate

Kippglied *n* / flip-flop *n*, trigger circuit || ≗ **mit Zweizustandssteuerung** / masterslave bistable element || **astabiles** ≗ DIN 40700 / astable element IEC 117-15, multivibrator *n* || **bistabiles** ≗ / bistable circuit, bistable element IEC 117-15, flipflop || **monostabiles** ≗ DIN 40700 / monostable element IEC 117, monoflop *n*, single shot || **monostabiles** ≗ (Multivibrator) / monostable multivibrator || **T-**≗ *n* / binary scaler

Kippgrenze *f* (el. Masch.) / stability limit || **Wechselrichter-**≗ *f* / limit of inverter stability, inverter stability limit

Kipphebel *m* / handle *n*, operating lever, actuating lever, extracting lever, extraction grip || ≗ *m* (Schalterantrieb, Diesel) / rocker *n* (arm) || ≗ *m* (Kippschalter) / toggle *n*, tumbler *n* || ≗**antrieb** *m* / toggle actuator, toggle mechanism || ≗**schalter** *m* / lever switch IEC 131, toggle switch || ≗**umlegung** *f* / converting the toggle motion into a rotary motion || ≗**verlängerung** *f* / toggle lever extension, toggle handle extension || ≗**verriegelung** *f* / toggle interlock

Kipp·impedanz *f* / balance point impedance || ≗**leistung** *f* / stall power || ≗**leistung** *f* (Synchronmasch.) / pull-out power || ≗**magnetverstärker** *m* / snap-action magnetic amplifier

Kippmoment *n* / stall torque || ≗ *n* (Asynchronmot.) VDE 0530, T.1 / breakdown torque IEC 34-1, stalling torque || ≗ *n* (Synchronmot.) VDE 0530, T.1 / pull-out torque IEC 34-1 || ≗ *n* (Schrittmot.) / run-stall torque, pull-over torque || ≗ *n* (Lg.) / tilting moment || **relatives** ≗ (el. Masch.) / breakdown factor

Kipppunkt *m* (Kennlinie) / step-change point || ≗ *m* (Synchronmasch.) / pull-out point, stability limit || ≗ *m* (Rel.) / trigger point || ≗ *m* (HL) / breakover point || **Spannung im** ≗ / upper response threshold voltage

Kipp·relais *n* / balanced-beam relay, throw-over relay, all-or-nothing relay || **Quecksilber-**≗**röhre** *f* / mercury tilt(ing) switch || ≗**rücklauf** *m* (Osz.) / flyback *n*, retrace *n* || ≗**schalensortierer** *m* / tipping-tray sorter

Kipp·schalter *m* / tumbler switch, toggle switch || ≗**schaltung** *f* / flipflop *n*, toggle circuit, multivibrator *n* || ≗**schlupf** *m* / pullout slip, breakdown slip || ≗**schlupffrequenz** *f* / pull-out slip frequency || ≗**schutz** *m* (el. Masch.) / pull-out protection, stall protection || ≗**schutzbereich** *m* / commutation failure range || ≗**schwingungen** *f pl* / relaxation oscillations || ≗**segment-Gleitlager** *n* / tilting-pad bearing, pivoted-pad bearing, pivoted segmental thrust bearing, Michell thrust bearing, Kingsburg thrust bearing

kippsicher *adj* (Reg., LE) / stable *adj* || ≗**heit** *f* / stability *n*, stall stability

Kippspannung *f* / sweep voltage || ≗ *f* (HL) / breakover voltage || ≗ *f* (Spannung an der oberen Ansprechschwelle) / upper response threshold voltage || **Unsymmetrie der** ≗ (HL) / breakover voltage asymmetry

Kipp-Steuerknüppel *m* / displacement joystick

Kippstrom *m* (HL) / breakover current || ≗ *m* (Mot.) /

stalling current, stalled current || ≗ *m* (Gen.) / pullout current
Kipp·stufe *f* / trigger circuit || ≗**stufe** *f* (Flipflop) / flip-flop *n* || ≗**taster** *m* / momentary-contact tumbler switch
kippbar *adj* / tiltable *adj*
Kipp·verhalten *n* / triggering characteristic, bistable characteristic || ≗**verhalten** *n* (NS) / snap action || ≗**verstärker** *m* / bistable amplifier || ≗**versuch** *m* (el. Masch.) / pull-out test, breakdown test || ≗**vorlauf** *m* / sweep advance || ≗**winkel** *m* / pullout rotor angle || ≗**zeit** *f* (Monoflop, Zeitstufe) / delay time, operating time
Kirchhoffsches Gesetz, erstes ≗ / first Kirchhoff law, Kirchhoff's current law
Kissenverzeichnung *f* (ESR) / pin-cushion distortion
Kiste *f* / wooden case, box *n*
Kitt *m* (Bindemittel) / cement *n* || ≗ *m* (Spachtelmasse) / filling compound, filler *n*, lute *n*, mastic *n*, putty *n*, paste filler
kittloser Isolator / cementless insulator || ~ **Lampensockel** / mechanical lamp base
KJ (Kalendarjahr) / CY (calendar year)
KK (Kommandokanal) / command channel
K-Kanal *m* / plastic duct, plastic bunking
K-Kasten *m* / cross unit, cross *n*, crossover piece, double-T-member *n*
KKS / cathodic protection (CP)
KL (Klemme) / connection terminal, supply terminal, terminal *n*, clamp *n*
klaffen *v* / gape open, be forced apart
Klaffen *n* / gaping *n*
Klaffsicherheit *f* / parting strength
Klammer *f* (rund) / parenthesis *n*, round bracket || ≗ *f* / clip *n* || ≗ *f* (eckig) / bracket *n* || ≗ **auf** / left bracket, left parethesis || ≗ **zu** / right bracket, right parenthesis || **eckige** ≗ / square bracket, bracket *n* || **runde** ≗ / bracket *n* || **schließende** ≗ / closing brackets || ≗**anschluss** *m* / clamp-type terminal || ≗**anweisung** *f* / parenthesized instruction || ≗**-Auf-Anweisung** *f* / left-parenthesized instruction || ≗**ausdruck** *m* / bracketed term (o. expression), parenthesized term, parenthesized expression
Klammer·befehl *m* (SPS) / bracketed operation || ≗**bildung** *f* (NC) / bracketing *n* || ≗**diode** *f* / clamping diode || ≗**ebene** *f* / bracket level || ≗**ebene** *f* (SPS, NC) / nesting level, level of nesting, bracketing level || ≗**entfernwerkzeug** *n* / unclipping tool
klammern *v* / clamp *n*
Klammer·speicher *m* / nesting stack || ≗**stack** *m* / nesting stack || ≗**stackpointer** *m* / nesting stack pointer || ≗**stackzeiger** *m* / nesting stack pointer || ≗**stift** *m* / clip post || ≗**tiefe** *f* (Schachtelungstiefe) / nesting depth
Klammerung *f* / bracketing *n*
Klammerungstiefe *f* / nesting depth
Klammer·verbinder *m* / terminal with connection by clip, clip-connected terminal || ≗**verbindung** *f* / spring-loaded connection || ≗**-Zu-Anweisung** *f* / right-parenthesized instruction
Klang *m* / sound *n*, tone *n* || ≗**probe** *f* / sounding test, stethoscopic test
Klappanker *m* / clapper-type armature, hinged armature || ≗**-Magnetsystem** *n* / clapper armature system, hinged-armature magnet system || ≗**relais** *n* / clapper-type relay, attracted-armature relay || ≗**schütz** *n* / clapper-type contactor
klappbar *adj* / hinged *adj* || **~er Baugruppenträger** / hinged subrack
Klappdeckel *m* / hinged cover, spring flap || ≗ *m* (Steckdose) / hinged lid, spring flap cover
Klappe *f* / flap *n*, hinged cover, damper *n*, gate *n*, lid *n*, vane *n* || ≗ *f* (Stellklappe) / butterfly valve || ≗ *f* (einfache Klappe zur Zugregelung) / damper *n* || ≗ *f* (Blende) / shutter *n* || ≗ *f* (Buchholzrelais) / flap *n* || **Auf-Zu-**≗ *f* / on-off butterfly valve, seating butterfly valve || **profilierte** ≗ / contoured damper || **Rückschlag~** *f* / non-return valve, swing valve, clapper valve || **Stell~** *f* / butterfly control valve, wafer butterfly valve, butterfly valve
klappen *v* / swing *v*, fold *v*, tilt *v*
Klappen·bauart *f* / type of louver || ≗**blatt** *n* (Stellklappe) / (butterfly) disc *n* || ≗**gestänge** *n* / butterfly (actuating) linkage || ≗**steuerung** *f* / valve controls || ≗**ventil** *n* / flap valve || ≗**verschluss** *m* (Schaltwageneinheit) / automatic shutter
Klapp·fenster *n* / hinged window, trap window, swing-up transparent cover || ≗**ferrit** *m* / split toroidal core || ≗**griff** *m* / handle *n* || ≗**hebel** *m* / flap lever || ≗**kennmelder** *m* / end indicator || ≗**muffe** *f* (Kabel) / hinged junction box || ≗**rolle** *f* / snatch block || ≗**scheinwerfersteuerung** *f* (Kfz) / headlamp raise-lower control || ≗**schiene** *f* / hinged extension rail || ≗**schraube** *f* / hinged bolt, latch screw, plain eyebolt
klar *adj* (Aussehen von Öl) / limpid *adj*
Kläranlage *f* / water treatment plant
Klarbrennen *n* (luftleerer Lampen) / flashing out
Klardauer *f* IEC 50(191) / up time || **mittlere** ≗ (Erwartungswert der Verteilung der Dauern der Klarzeitintervalle) / MUT (mean up time)
klar·e Linse / clear lens || **~er Himmel nach CIE** / CIE standard clear sky
Klarglas *n* (Abdeckung) / clear glass (cover) || ≗**kolben** *m* / clear bulb, clear glass bulb || ≗**lampe** *f* / clear lamp
Klärschlamm *m* / sewage sludge
Klarschrift·kodierer *m* / character encoder || ≗**lesen** *n* / optical character recognition (OCR)
Klarsicht·abdeckung *f* / transparent plate || ≗**kappe** *f* / transparent cover || ≗**-Kunstfolie** *f* / transparent plastic foil || ≗**scheibe** *f* / clear glass pane
Klartext *m* / plain text, plain language, clear text || ≗**anzeige** *f* / clear text display || **mehrsprachige** ≗**anzeige** / multilingual clear text display || ≗**ausgabe** *f* / plain text output, clear text output || ≗**kommando** *n* / plaintext command || ≗**meldung** *f* / plain-text message, alphanumeric text message || ≗**meldung** *f* (Anzeige) / plain-text display, alphanumeric text display || ≗**protokoll** *n* / plain text log, plain text and alphanumeric printout || ≗**telegramm** *n* / plain-text message, alphanumeric text message
Klarvergussmodell *n* / transparent encapsulated model
Klärwerk *n* / purification plant
Klar·zeit *f* (fehlerfreie Zeit, Zeitintervall, während dessen eine Einheit im betriebsfähigen Zustand ist) / up time (UT, the time interval during which an item is in an up state) || ≗**zeitintervall** *n* / up time (The time interval during which an item is in an up state) || ≗**zustand** *m* IEC 50(191) / up state (A state of an item characterized by the fact that it can

perform a required function, assuming that the external resources, if required, are provided)
Klasse *f* (Genauigkeitsklasse) / accuracy class || ² *f* (Statistik) DIN 55350, T.23 / class *n* (statistics), interval *n* || ² *f* (nach Belastbarkeit) / overcurrent class || ² **des Nennbetriebes** (el. Masch.) / class of rating || **Ansprech~** *f* (Brandmelder) / response grade || **Fremdschicht~** *f* (Isolator) / pollution severity level, pollution level
Klassen·bildung *f* DIN 55350, T.23 / classification *n* (statistics), QA || ²**breite** *f* DIN 55350,T.23 / class interval, setting interval || ²**einteilung** *f* / classification *n* || ²**genauigkeit** *f* / accuracy class rating || ²**grenze** *f* DIN 55350,T.23 / class limit, class boundary || **echte** ²**grenzen** (Statistik, QS) / true class limits, class boundaries || ²**kennzeichen** *n* / event class tag || ²**leistung** *f* / class rating || ²**mitte** *f* DIN 55350,T.23 / midpoint of class
Klassenzeichen *n* (MG, EZ, Rel.) / class index, accuracy class index || ² **der Messgröße** / measuring class index || ² **der Zeitaufzeichnung** / time-keeping class index
Klassieren *n* / classifying *n* || ² **nach Gewicht** / grading according to mass
Klassierfolge *f* / grading rate
Klassierung *f* DIN 55350, T.23 / grouping *n* (statistics), categorization *n*
Klassifikations·gesellschaft *f* / classification society || ²**vorschrift** *f* / specifications of classification society, classification rules
klassifizieren *v* / classify *v*
Klassifizierungs·nummer *f* DIN 6763,T.1 / classification number || ²**system** *n* DIN 6763,T.1 / classification system
Klauen·konstruktion *f* (el. Masch.) / claw-type construction, claw-field type || ²**kupplung** *f* (ausrückbar) / jaw clutch, dog clutch, square-tooth clutch || ²**öl** *n* / neat's-foot oil || ²**polgenerator** *m* / claw-field generator, claw-pole generator
Klavier·saitendraht *m* / piano wire || ²**taste** *f* / piano key
Klebe·band *n* / adhesive tape || ²**blech** *n* (Rel.) / antifreeze plate, residual plate || ²**folie** *f* / adhesive film || ²**folie** *f* (gS) / bonding sheet || ²**fühler** *m* / stick-on sensor || ²**kitt** *m* / bonding cement, cement *n*
Klebekraft, magnetische ² / magnetic adhesion
Klebelack *m* / sizing varnish, sizing *n*
kleben *v* / cement *v*, bond *v* || ² *n* (Mot., Hängenbleiben beim Hochlauf) / cogging *n* || ² *n* (Kontakte) / sticking *n* || ² *n* (Relaisanker) / freezing *n* (relay) || **Stillstands~** *n* (Mot.) / standstill locking
Klebepunkt *m* / adhesive dot
Kleber *m* / adhesive *n*, glue *n*, bonding agent || **Kontakt~** *m* / contact adhesive || ²**auftrag** *m* / glue application || ²**problem** *n* / bonding problem
Klebe·schicht *f* / adhesive coating (o. film) || ²**schild** *n* / adhesive label, sticker *n* || ²**spleiß** *m* (LWL) / glue splice || ²**stelle** *f* / cemented joint, join *n* || ²**steuerung** *f* / adhesive control || ²**stift** *m* (Rel.) / anti-freeze pin, residual stud || ²**symbol** *n* / adhesive symbol
Kleb·freiheit *f* (Kontakte) / absence of sticking || ²**fugenfläche** *f* / joint area
Klebstelle *f* / bonding surface
Klebstoff *m* / adhesive *n* || **~gesichert** *adj* / secured by adhesive
Kleb·streifen *m* / adhesive tape || ²**vermögen** *n* / adhesiveness *n*
Kleeblattzapfen *m* / wobbler *n*
Klein·anstrahler *m* / miniature spotlight, minispot *n*, baby spot || ²**block** *m* (elST) / miniblock *n*, miniature potted block || ²**buchstabe** *m* / lower-case letter || ²**drucktaster** *m* / mini-pushbutton *n*
kleine Kontaktöffnungsweite VDE 0630 / micro-gap construction (CEE 24) || ~ **letzte Stromschwingung** / minor final loop
Klein·-Einschraub-Widerstandsthermometer *n* / small screw-in resistance thermometer || ²**einschub** *m* / miniature withdrawable unit, withdrawable mini-unit || ²**endschalter** *m* / miniature position switch, miniature momentary-contact limit switch
kleiner *adj* / smaller *adj* || ~ **als** DIN 19239 / less than || ~ **gleich** DIN 19239 / less than or equal to
kleiner Leistungsbereich (SPS-Geräte) / low-end performance level || ~ **Prüfstrom** (Sich.) / conventional non-fusing current || ~ **Prüfstrom** (LSS) VDE 0641 / conventional non-tripping current (CEE 19)
Klein·-Gerätesteckdose *f* / miniature connector || ²**industrie** *f* / small industry || ²**klima** *n* / micro-climate *n* || ²**lampe** *f* / miniature lamp || ²**lasteinstellung** *f* (EZ) / low-load adjustment || ²**lastenaufzug** *m* / dumbwaiter *n*, goods lift || ²**leistungs-Signaldiode** *f* / low-power signal diode || ²**leiterplatte** *f* / miniature p.c.b. || ²**leuchtmelder** *m* / miniature indicator light, miniature signal lamp || ²**leuchtstofflampe** *f* / miniature fluorescent lamp || ²**material** *n* / small accessories || ²**motor** *m* / small-power motor, fractional-horsepower motor, f.h.p. motor, light-power motor, low-power motor || ²**-Positionsschalter** *m* / miniature position switch, miniature momentary-contact limit switch || ²**rad** *n* (Ritzel) / pinion *n* || ²**relais** *n* / miniature relay || ²**rundstecker** *m* / miniature round plug (o. connector)
Kleinschalt·anlage *f* (Tafel) / compact switchboard || ²**anlage** *f* (f. Netzstationen) / (compact) switchgear assembly, switchgear assembly for unit substations || ²**feld** *n* / compact switchpanel || ²**relais** *n* / miniature all-or-nothing relay || ²**uhr** *f* / miniature time switch
Klein·schütz *n* / miniature contactor || ²**selbstschalter** *m* / miniature circuit-breaker, miniature overcurrent circuit-breaker, m.c.b., A. || ²**serienfertigung** *f* / small batch production, small-sized production, job lot production, low-volume production
Kleinsignal *n* / small signal, low-level signal, low signal || ²**-Amplitudenfehler** *m* / small-signal amplitude error || ²**gerät** / low-power device || ²**kapazität** *f* (Diode) DIN 41853 / small-signal capacitance || ²**-Kenngrößen** *f pl* / small-signal characteristics || ²**-Kurzschlussstromverstärkung** *f* (Transistor) / small-signal short-circuit forward current transfer ratio || ²**schaltung** *f* (Niederpegelsch.) / low-level circuit || ²**-Spannungsteiler** *m* / low-power voltage transducer || ²**-Stromwandler** *m* / low-power current transducer || ²**technik** *f* / low-power instrument technology || ²**verhalten** *n* / small signal range || ²**verstärkung** *f* / small-signal gain || ²**wandler** *m* / low-power instrument transformer || ²**widerstand**

m (Diode) DIN 41853 / small-signal resistance
Kleinspannung *f* / extra-low voltage (e.l.v.)
Kleinspannungs·beleuchtung *f* / extra-low-voltage lighting ‖ ≗**transformator** *m* / extra-low-voltage transformer ‖ ≗**wandler** *m* / extra-low-voltage transformer
Kleinstation *f* (Unterstation) / packaged substation
Kleinstbild *n* (BSG) / thumbnail *n*
kleinste adressierbare Bewegung (Plotter) / smallest programmable movement ‖ ~ **Leerlaufdrehzahl** / minimum idling speed ‖ ~ **Lötbandbreite** (gS) / minimum annular width ‖ ≗ **Station Delay** / minimum station delay remote (min. TSDR), min. TSDR ‖ ~ **verkettete Spannung** / mesh voltage
Klein·stecker *m* / subminiature connector ‖ ≗**stellung** *f* / low setting
kleinster Augenblickswert (Schwingung) / valley value ‖ ~ **Ausschaltstrom** I_{min} / minimum breaking current ‖ ~ **negativer Wert** / least negative value ‖ ~ **positiver Wert** / least positive value ‖ ~ **Schmelzstrom** / minimum fusing current
Kleinsteuer·gerät *n* (SPS) / mini programmable controller (mini PLC), mini-PC *n* ‖ ≗**schalter** *m* / miniature control switch, control switch
Kleinsteuerung *f* / small control system, mini programmable controller (mini PLC)
Kleinst·lampe *f* / subminiature lamp ‖ ≗**lampenfassung** *f* / subminiature lampholder ‖ ≗**maß** *n* DIN 7182,T.1 / minimum limit of size ‖ ≗**motor** *m* / sub-fractional-horsepower motor, sub-f.h.p. motor, miniature motor
Kleinstörgrad *m* / small interference level
Kleinst·passung *f* / minimum fit ‖ ≗**programmiergerät** *n* / micro programmer ‖ ≗**relais** *n* / subminiature relay
Kleinstromschalter *m* / light-duty switch
Kleinst·-Sicherungseinsatz *m* / subminiature fuselink ‖ ≗**spiel** *n* / minimum clearance ‖ ≗**steuerung** *f* / micro-controller *n* ‖ ≗**transformator** *m* / miniature transformer ‖ ≗**übermaß** *n* / minimum interference
Kleinstufenverfahren *n* (LT) / step-by-step method of heterochromatic comparison, cascade method of heterochromatic comparison
Kleinstwert *m* (Schwingung) / valley value
Klein·teile *n pl* / small accessories, small components, sundries *n pl* ‖ ≗**tier** *n* / small animal
Kleintieren, Einwirkung von ≗ / attack by small creatures
Klein·transformator *m* / small transformer, miniature transformer ‖ ≗**verbraucher** *m* / lowrating load, small load ‖ ≗**verteiler** *m* / small distribution board, consumer unit, consumer unit ‖ ≗**wandler für Niederspannung** / low-voltage potential transformer ‖ ≗**winkelgrenze** *f* (Kristall) / low-angle grain boundary
Klemm·anschluss *m* / clamp connection ‖ ≗**backe** *f* / clamping jaw ‖ ≗**bereich** *m* / clamping range ‖ ≗**bereich der Anschlüsse** / capacity of terminals ‖ ≗**block** *m* / terminal block, terminal strip ‖ ≗**bolzen** *m* (Stromanschluss) / stud terminal, terminal stud, binding post ‖ ≗**brille** *f* / bearing retainer ‖ ≗**brücke** *f* / terminal link ‖ ≗**bügel** *m* (Anschlussklemme) / wire clamp, terminal clamp ‖ ≗**bürstenhalter** *m* / clamp-type brush holder ‖ ≗**diode** *f* / d.c. clamp diode, d.c. restorer diode
Klemme *f* (KL) / clamp *n*, terminal *n*, connection terminal, supply terminal ‖ ≗ *f* (el. Anschluss) / terminal *n* ‖ ≗ *f* (Freileitungsseil) / clamp *n* ‖ **isolationsdurchdringende** ≗ / insulation piercing connecting device (i.p.c.d.) ‖ **passive** ≗ / passive terminal
klemmen *v* (klammern) / clamp *v* ‖ ~ *v* (verklemmen, fressen) / jam *v*, become stuck, bind *v* ‖ ≗ *n* (NC-Zusatzfunktion) DIN 66025,T.2 / clamp (NC miscellaneous function) ISO 1056 ‖ ≗ **eines Schutzgitters** / jamming of a protective grille
Klemmen·abdeckhaube *f* / shrouding cover, siehe auch Klemmenabdeckung ‖ ≗**abdeckung** *f* / terminal shrouding, terminal cover ‖ ≗**abstand** *m* / clearance between terminals ‖ ≗**anbau** *m* / terminal fitting ‖ ≗**anordnung** *f* / terminal layout ‖ ≗**anschluss** *m* / terminal connection ‖ ≗**anschlussplan** *m* / terminal diagram, terminal connection diagram
Klemmen·befestigung *f* / terminal fixing ‖ ≗**belegung** *f* / terminal assignment ‖ ≗**belegungsplan** *m* / terminal diagram IEC 113-1, terminal connection diagram ‖ ≗**beschreibung** *f* / terminal marking ‖ ≗**bezeichnung** *f* / terminal marking, terminal designation
Klemmenbezeichnungen *f pl* / terminal markings ‖ **Prüfung der** ≗ / verification of terminal markings
Klemmen·block *m* / terminal block, connection block, terminal strip ‖ ≗**bolzen** *m* / stud terminal, terminal stud, binding post ‖ ≗**brett** *n* / terminal board, connecting terminal plate IEC 23F.3, terminal block, terminal strip ‖ ≗**brücke** *f* / terminal link ‖ ≗**bügel** *m* (U-Scheibe) / terminal clip, U-shaped terminal washer ‖ ≗**bügel** *m* (Brücke) / terminal link, link *n*, terminal clip
Klemmen·deckel *m* / terminal cover, terminal shroud, terminal socket ‖ ≗**dom** *m* / terminal dome ‖ ≗**durchführung** *f* / terminal bushing, terminal gland ‖ ≗**eingang** *m* / terminal input ‖ ≗**einsatz** *m* / terminal insert ‖ ≗**-Endhalter** *m* / terminal end holder ‖ ≗**erdschluss** *m* / terminal-to-earth fault, terminal-to-ground fault ‖ ≗**feld** *n* / terminal panel, terminal board ‖ ≗**folge** *f* / terminal sequence, phase sequence, terminal-phase association ‖ ≗**form** *f* / terminal shape ‖ ≗**halter** *m* / terminal holder, terminal base ‖ ≗**isolator** *m* / terminal insulator ‖ ≗**kapazität** *f* / terminal capacitance
Klemmenkasten *m* / terminal box, connection box, terminal housing ‖ ≗ **mit Außenleiterisolierung** / phase-insulated terminal box ‖ ≗ **mit Außenleitertrennung** / phase-separated terminal box ‖ ≗ **mit Druckausgleich** / pressure-relief terminal box ‖ ≗ **mit getrennten Klemmenzellen** / phase-segregated terminal box ‖ ≗ **mit Luftisolierung** / air-insulated terminal box ‖ ≗ **mit Phasenisolation** / phase-insulated terminal box ‖ **drucksicherer** ≗ / pressure-containing terminal box ‖ ≗**-Oberteil** *n* / top section of terminal box, terminal box cover ‖ ≗**-Unterteil** *n* / bottom section of terminal box, terminal-box base
Klemmen·kopf *m* / terminal top, terminal head ‖ ≗**körper** *m* / terminal carrier, terminal insulator ‖ ≗**kugel** *f* / spherical terminal
Klemmenkurzschluss *m* / terminal fault, terminal short circuit, short-circuit between terminals ‖ ≗**leistung** *f* / terminal short-circuit power
Klemmenleiste *f* / terminal strip, terminal box, terminal block ‖ **elektronische** ≗ / electronic

terminator || **Ausschnitt** ≗ / terminal strip cutout
Klemmenleisten·plan *m* / terminal diagram IEC 113-1, terminal connection diagram || ≗**umsetzer** *m* (KLU) / terminal strip converter
Klemmen·leistung *f* / terminal power, output *n* || ≗**nische** *f* / terminal compartment || ≗**paar** *n* / pair of terminals, terminal pair || ≗**plan** *m* / terminal diagram IEC 113-1, terminal connection diagram || ≗**platte** *f* / terminal board, connecting terminal plate IEC 23F.3 || ≗**raum** *m* / terminal compartment || ≗**rohrschelle** *f* / conduit clip || ≗**schiene** *f* / terminal rail || ≗**schraube** *f* / terminal screw, binding screw, connection screw || ≗**sockel** *m* / terminal mounting
Klemmenspannung *f* / terminal voltage, voltage across terminals || **unsymmetrische** ≗ (V-Netznachbildung) / V-terminal voltage
Klemmen·-Stecksockel *m* / terminal plug-in socket || ≗**stein** *m* / terminal block, connector block, connector *n* || ≗**stützer** *m* / terminal post insulator || ≗**träger** *m* (Batt.) / terminal strip || ≗**träger** *m* (Isolator) / terminal insulator || ≗**träger** *m* (Brett) / terminal board || ≗**vorsetzer** *m* / terminal block || ≗**zelle** *f* / terminal enclosure || ≗**zug** *m* VDE 0670, T.2 / mechanical terminal load IEC 129 || ≗**zugriff** *m* / terminal access || ≗**zuleitung** *f* / terminal lead
Klemm·feder *f* / clamping spring || ≗**kabelschuh** *m* / clamp-type cable lug || ≗**kasten** *m* / terminal box || ≗**körper** *m* (Anschlussklemme) / clamping part || ≗**körper** *m* (Tragklemme) / body *n* || ≗**lasche** *f* (Anschlussklemme) / clamping lug, saddle *n*
Klemmleiste *f* / terminal strip, terminal block || **elektronische** ≗ / electronic terminator
Klemm·leistenumsetzer *m* (KLU) / terminal strip converter || ≗**moment** *n* / clamping torque || ≗**montage** *f* / clip-on fixing, installation by retaining clips || ≗**muffe** *f* (IR) / clamp-type coupler || ≗**mutter** *f* (Anschlussklemme) / clamping nut || ≗**mutter** *f* / lock nut || ≗**platte** *f* (Anschlussklemme) / clamping plate, pressure plate || ≗**prüfspitze** *f* / clamp-type test prod || ≗**ring** *m* / clamping ring, clamp ring || ≗**rollenkupplung** *f* / grip-roller clutch, clamp-roller clutch
Klemm·schale *f* / clamping shell || ≗**schalenkupplung** *f* / clamp coupling, muff coupling || ≗**schaltung** *f* / clamp circuit, clamp *n* || ≗**schelle** *f* / clamp *n* || ≗**schelle** *f* (IR) / clip *n* || ≗**schraube** *f* / clamping screw, clamping nut, pinching screw, binding screw, setscrew *n*, terminal screw || ≗**stein** *m* / terminal block, connector block, connector *n* || ≗**stein von Sensoren** / terminal block of sensors
Klemm·stelle *f* / connector *n*, terminal connection, clamping point, clamping unit IEC 685-2-1 || ≗**stück** *n* / clamp *n*, clamping piece, clamping unit || ≗**stück** *n* (Bürstenhalter) / clamp *n* || ≗**überwachung** *f* / terminal monitoring
Klemmung *f* (Impulse) / clamping *n* (pulses)
Klemmungstoleranz *f* / clamping tolerance
Klemmwirkung, Prüfung der ≗ (Leitungseinführung) / test of clamping
Kletterschutz *m* (Freileitungsmast) / anti-climbing guard
Klettverschluss *m* / Velco fastener
klicken *v* / click *v*, probe *v*
Klima für die Nachbehandlung DIN IEC 68 / recovery conditions || **eingeengtes** ≗ **für die Nachbehandlung** DIN IEC 68 / controlled recovery conditions || ≗**aggregat** *n* / air conditioner || ≗**anlage** *f* / air conditioning system || ≗**bereich** *m* / climatic range
klima·beständig *adj* / climate-proof *adj*, all-climate-proof *adj*, resistant to extreme climates || ≗**beständigkeit** *f* / climate-proofness *n*, resistance to climatic changes, resistance to extreme climates, climatic withstand capability || ≗**decke** *f* / air-handling ceiling, ventilated ceiling || **~fest** *adj* / climate-proof *adj*, all-climate-proof *adj*, resistant to extreme climates, suitable for use in any climate || ≗**festigkeit** *f* / climate-proofness *n*, resistance to climatic changes, resistance to extreme climates, climatic withstand capability || **erhöhte** ≗**festigkeit** / increased climate resistance || ≗**folge** *f* / climatic sequence || ≗**gerät** *n* / air conditioner || ≗**klasse** *f* / climatic category || ≗**laboratorium** *n* / environmental laboratory, climate testing laboratory || ≗**leuchte** *f* / air-handling luminaire, ventilated lighting fitting || ≗**prüfung** *f* / climatic test, climatic robustness test || ≗**regelung** *f* / air conditioning || ≗**schutz** *m* / weatherproofing *n*, tropicalization *n* || ≗**schutzverpackung** *f* / sealed weatherproofing packing || ≗**stutzen** *m* / breather *n*
klimatische Beanspruchung / climatic stress || ~ **Prüfklasse** / climatic category || ~ **Prüfung** / climatic test, climatic robustness test
klimatisieren *v* / air-condition *v*
Klimatisierung *f* / air conditioning
Klimaunabhängigkeit *f* / climatic independence, climate-proofness *n*, resistance to climatic changes, resistance to extreme climates, climatic withstand capability
Klinge *f* / blade *n*
Klingel·anlage *f* / bell system || ≗**draht** *m* / bell wire, ringing wire
klingeln *v* (an der Tür) / ring the bell, ring at someones door || ~ *v* (Kfz-Mot.) / knock *v*
Klingel·signal *n* (Kfz) / knocking signal || ≗**stegleitung** *f* / flat webbed bell wire(s) || ≗**taster** *m* / bell pushbutton, bell button || ≗**transformator** *m* / doorbell transformer, bell-ringing transformer, bell transformer || ≗**zeichen** *n* / bell signal
Klingerit *n* / Klingerit *n*, asbestos-base material
Klinke *f* / latch *n* || ≗ *f* (Buchsenkontakt) / jack *n* || ≗ **für Zwangsöffnung** / lever for positive opening
Klinken·hebel *m* / latch *n* || ≗**rad** *n* / ratchet wheel || ≗**rolle** *f* / latch roller, pawl roller || ≗**sperre** *f* / pawl-type lock || ≗**überdeckung** *f* / latch overhang
Klinkung *f* / cut square
Klinkwerk *n* / barring gear, ratchet gear
Klip-Menü *n* / pop-up menu
Klippen *n* (Entfernen von Teilen von Darstellungselementen) / clipping *n*
Klipper *m* / clipper *n*
klirrarm *adj* / low-distortion *adj*, of low harmonic factor
Klirren *n* (nichtlineare Verzerrung) / non-linear distortion
Klirr·faktor *m* / total harmonic distortion (THD), distortion factor, harmonic distortion, harmonic content, relative harmonic content || ≗**faktor-Messbrücke** *f* / harmonic detector || ≗**verzerrung** *f* / amplitude distortion
Klopfen *n* (Kfz-Mot.) / knocking *n*
Klopf·grenze *f* (Kfz-Mot.) / knock limit || ≗**grenzregelung** *f* (Kfz) / knocking limit control ||

²grenzsensor *m* (Kfz.) / knocking limit sensor, knock sensor || ²regelung *f* (Kfz) / knock control || ²regler *m* (Kfz) / knock controller, anti-knock regulator || ²sensor *m* (Kfz) / knock sensor
Klöppel *m* (Isolator) / pin *n* || **²isolator** *m* / pin insulator
Klöppelung *f* (Kabel) / braid *n*, braiding *n*
Klotz·bremse *f* / shoe brake, block brake || **²lager** *n* / pad-type bearing, segmental thrust bearing
KLU (Klemmenleistenumsetzer) / terminal strip converter
Klystron *n* / klystron *n* || **² mit ausgedehnter Wechselwirkung** / extended-interaction klystron
KMA (Kompensation mit Absolutwerten) / CWA (compensation with absolute values)
Kn / channel n
Knacken *n* / click *n*
Knack·rate *f* (EMV) / click rate || **²störung** *f* / click *n*
Knagge *f* (Mastfundament) / cleat *n* IEC 50(466)
knallartiges Geräusch / report-like noise, rip-rap noise
knattern *v* / rattle *n*
Knebel *m* / tommy bar, tommy *n*, crossbar *n*, cudgel *n*, knob *n*, twist switch || **²** *m* (Schaltergriff) / twist knob, knob *n*, grip *n* || **² rastend** (KR) / twist switch latched || **²antrieb** *m* / knob-operated mechanism, operating grip || **²griff** *m* / locking handle || **²griff** *m* (Knopfform) / knob *n* (handle), grip *n* || **²kerbstift** *m* / grooved pin || **²knopf** *m* / knob *n* || **²mutter** *f* / tommy nut, grip nut || **²schalter** *m* / knob-operated (control) switch, knob-operated rotary switch, twist switch, control switch, knob switch, knob-operated switch || **²taster** *m* / knob-operated momentary-contact control switch
Kneter *m* / mixer *n*
Knet·legierung *f* / wrought alloy || **²maschine** *f* / kneading machine || **²masse** *f* (zum Abdichten) / sealing compound
Knick *m* / kink *n*, knee *n*, break *n*, bend *n*, breakpoint *n* || **²armroboter** *m* / buckling arm robot || **²beanspruchung** *f* / buckling stress || **Kommutierungs-²drehzahl** *f* / speed at safe commutation limit
knicken *v* / buckle *v*, kink *v* || **²** *v* (Kabel) / kink *v*
Knickfestigkeit *f* / buckling strength, resistance to buckling
knickförmig *adj* / knee-shaped *adj*, angular *adj*
Knick·kompensation *f* / knee-point compensation || **²kompensation Volumenstrom** / knee compensation flow rate || **²last** *f* / buckling load || **²punkt** *m* (Kurve) / break point, knee *n* || **²punkt-EMK** *f* / knee-point e.m.f. || **²punktspannung** *f* / knee-point voltage || **²schutztülle** *f* / anti-kink sleeve, reinforcing sleeve || **²schwingung** *f* / bending vibration || **²spannung** *f* / buckling stress, buckling strain || **²steifigkeit** *f* / buckling strength, resistance to buckling || **²stelle** *f* / break point || **²verrundung** *f* / knee-point smoothing || **²versuch** *m* / buckling test, crippling test || **²zahl** *f* / buckling factor
Knie *n* / knee bend || **²gelenk** *n* / knuckle joint, hinged joint
Kniehebel *m* / toggle lever || **²presse** *f* / toggle press || **²system** *n* / toggle system || **²verschluss** *m* / toggle fastener, toggle clamp
Knie·kasten *m* (IK) / vertical bend, knee *n*, vertical elbow || **²punkt** *m* (Kurve) / knee point || **²punktspannung** *f* / knee-point voltage || **²rohr** *n* / pipe bend || **²spannung** *f* / knee-point voltage
Knipskastenprogramm *n* / simulation program
Knopf *m* (Drehknopf) / knob *n* || **²** *m* (Taste) / button *n* || **²** *m* / rotary button || **Markierungs~** *m* (Straße) / road stud (GB), raised pavement marker || **²dreher** *m* / button key || **²kasten** *m* / pushbutton box || **²menü** *n* / button menue || **²zelle** *f* / button cell
Knoten *m* / bus || **²** *m* (Schwingung, Netz) / node *n* || **passiver ²** (Netz) / passive bus || **starrer ²** (Netz) / infinite bus || **²admittanzmatrix** *f* / admittance matrix, Y bus matrix || **²blech** *n* / gusset plate, junction plate, joining sheet || **²funktion** *f* / node function || **²impedanzmatrix** *f* / bus impedance matrix, Z bus matrix || **²kette** *f* / bead chain, beaded chain, knot chain || **²lastanpassung und -zuweisung** *f* / bus scheduler || **²name** *m* / node name || **²punkt** *m* / nodal point, node *n*, junction *n* || **²punktregel von Kirchhoff** / first Kirchhoff law, Kirchhoff's current law || **²station** *f* (FWT) / submaster station || **²vermittlung** *f* / node routing || **²verteilung** *f* / node routing || **²-Zugfestigkeit** *f* / knotted tensile strength
Know-how, Branchen ² / specialized know-how || **² Schutz** *m* / know-how protection
Knüllpapier *n* / crumpled paper
KO (Kathodenoszillokop) / cathode oscilloscope, CRO (cathode-ray oscilloscope)
Koaxial·buchse *f* / coaxial jack || **²-Doppelkupplung** *f* / barrel connector
Koaxialität *f* / concentricity *n*
Koaxial·kabel *n* / coaxial cable || **²leitung** *f* / coaxial cable || **²paar** *n* / coaxial pair || **²stecker** *m* / coaxial connector, coaxial-entry plug
Kobalt·chlorür *n* / cobalt dichloride, cobalt (II chloride) || **²eisen** *n* / cobalt steel
Ko-Baum *m* / co-tree *n*
Köcher-Bürstenhalter *m* / cartridge-type brush holder, tubular brush holder
Kochsalzsole *f* / salt solution, brine *n*
Kode *m* / code *n*
Kodier·element *n* / coding key || **²reiter** *m* / coding slider, profiled coding key || **²schalter** *m* / coding switch, encoding switch, coding element, DIP switch, DIL switch (dual-in-line switch) || **²stecker** *m* / coding plug, polarization plug || **²stift** *m* / coding pin
Kodierung *f* / coding *n*
Koerzitiv·feldstärke *f* / coercive field strength, coercivity *n* IEC 50(221) || **²feldstärke bei Sättigung** / coercivity *n* || **²kraft** *f* / coercive force
Koffer *m* (f. Messgeräte, Werkzeuge) / carrying case || **fahrbarer ²** / transport case with castors || **²bauweise** *f* / compact portable construction || **²stammdaten** *plt* / case master data || **²verzeichnis** *n* / case listing
kohärent·e Strahlung / coherent radiation || **~es Einheitensystem** / coherent system of units || **~es Faserbündel** / coherent (fibre) bundle
Kohärenz *f* / coherence *n* || **²bereich** *m* (optische Strahlung) / coherent area
Kohle·bogenlampe *f* / carbon arc lamp || **²bürste** *f* / carbon brush || **²bürstenabrieb** *m* / carbon dust || **²druckregler** *m* / carbon-pile regulator || **²fadenlampe** *f* / carbon filament lamp, carbon lamp || **²faserbürste** *f* / carbon-fibre brush || **²graphitbürste** *f* / carbon-graphite brush ||

²kraftwerk *n* / coal-fired power station
Kohlen·klausel *f* (StT) / fuel cost adjustment clause || **²monoxid** *n* / carbon monoxide || **²säure** *f* / carbonic acid || **²säurelampe** *f* / carbon dioxide lamp
Kohlenstoff *m* / carbon *n* || **²analyse** *f* (Isolieröl) / carbon-type analysis || **²monofluorid-Lithium-Batterie** *f* / carbon monofluoride-lithium battery || **²-Zink-Batterie** *f* / carbon-zinc battery
Kohlenteer *m* / coal tar
Kohlenwasserstoffe, flüchtige ² / volatile carbon-dioxide
Kohle·rolle *f* (Kontakt) / carbon contact roller || **²säulenregler** *m* / carbon-pile regulator || **²schichtwiderstand** *m* / carbon film resistor || **²staub** *m* (Bürste) / carbon dust || **²staub** *m* (Bergwerk) / coal dust
Koinzidenz·-Gatter *n* / coincidence gate || **²gerät** *n* (NC, Vergleicher) / comparator *n* || **²prüfung** *f* (NC) / coincidence check || **²punkt** *m* / intersection *n* || **²punkt** *m* (NC) / point of intersection
Kokonisierung *f* / cocooning *n*, cocoonization *n*, cobwebbing *n*
Koksofenunterfeuerungen *f pl* / coke furnace undergrate firing
Kolben *m* (Pumpe) / piston *n*, plunger *n* || ² *m* (Lampe, Gefäß) / bulb *n* || ² *m* (Lötk.) / bit *n* || ² *f* (ESR) / envelope *n* || ² **mit konischen Kerben** / spline plug || **Mess~** *m* / metering piston, metering plug
Kolbenantrieb *m* (SG) / cylinder-operated mechanism || ² *m* (Stellantrieb) / piston actuator || **federbelasteter** ² / spring-opposed piston actuator || **federloser** ² / springless piston actuator
Kolben·bewegung *f* / piston-stroke || **²bolzen** *m* / piston pin || **²dichtung** *f* / piston ring || **²durchmesser** *m* / piston diameter || **²fläche** *f* / piston area || **wirksame ²fläche** / effective area of piston || **²hals** *m* (Lampe) / bulb neck, lamp neck || **²hub** *m* / piston stroke
Kolben·käfig *m* (Schrittmot.) / cylinder box || **²kammer** *f* (trennt Prozessflüssigkeit vom Messumformergehäuse ohne die Druckmessung zu beeinflussen) / seal chamber || **²konstruktion** *f* / piston feature || **²kraft** *f* / force of piston || **²kraftmaschine** *f* / internal-combustion engine, diesel engine, petrol engine || **²kuppe** *f* (Lampe) / bulb bowl || **²manometer** *n* / dead-weight tester || **²mantelfläche** *f* / piston skirt surface || **²maschinenfaktor** *m* / engine factor, compressor factor || **²membranpumpe** *f* / reciprocating diaphragm pump
Kolben·ring *m* / piston ring, snap piston ring || **²ringnut** *f* / piston ring groove || **²schieber** *m* / piston valve || **²stange** *f* / connecting rod, piston rod, stem *n*, plug *n* || **²stange** *f* (Pumpe) / pump rod || **einseitige ²stange** / single-ended piston rod || **²steg** *m* / piston land || **²stellantrieb** *m* / cylinder actuator || **²überzug** *m* (Lampe) / bulb coating || **²verdichter** *m* / displacement compressor, reciprocating compressor
Kollapsprüfung *f* (IR) VDE 0615,1 / collapse test
Kollektor *m* (Transistor) / collector *n* || **²anschluss** *m* / collector terminal || **²bahnwiderstand** *m* / collector series resistance || **²-Basis-Gleichstromverhältnis** *n* / common-emitter forward current transfer ratio || **²-Basis-Reststrom** *m* / collector-base cut-off current || **²-Basis-Spannung** *f* / collector-base voltage || **²-Basis-Zonenübergang** *m* / collector junction || **²elektrode** *f* / collector electrode || **²-Emitter-Haltespannung** *f* / collector-emitter sustaining voltage || **²-Emitter-Reststrom** *m* / collector-emitter cut-off current || **²-Emitter-Spannung** *f* / collector-emitter voltage
kollektorgekoppelte Logik (CCL) / collector-coupled logic (CCL) || **~ Transistorlogik** (CCTL) / collector-coupled transistor logic (CCTL)
Kollektor·gleichstrom *m* / continuous collector current || **²leitschicht** *f* (Transistor) / buried layer
kollektorloser Gleichstrommotor / brushless d.c. motor, commutatorless d.c. motor
Kollektor·-Netz-Elektrode *f* (Osz.) / collector mesh electrode || **²-Reststrom** *m* / collector-base cut-off current || **²schaltung** *f* (Transistor) / common collector || **²sperrschicht** *f* / collector depletion layer, collector junction || **²sperrschichtkapazität** *f* / collector depletion layer capacitance || **²strom** *m* / collector current || **²tiefdiffusion** *f* / collector sink diffusion || **²übergang** *m* / collector junction || **²zone** *f* / collector region, collector *n*
Kollimation *f* / collimation *n*
Kollimator *m* / collimator *n*, collimating lens || **²linse** *f* / collimator (o. collimating) lens
Kollision *f* / concurrence *n*, simultaneity *n* || ² *f* (LAN) / collision *n*
Kollisions·ausweitung *f* (LAN) / collision enforcement || **²bekräftigung** *f* (LAN) / collision enforcement || **²domäne** *f* / collision domain || **²erkennung** *f* (Rob.) / hit detection || **²erkennung** *f* (LAN) / collision detect (CD) || **²erkennungsbaugruppe** *f* / collision detection module || **²prüfung** *f* (CAD/CAM) / collision check || **²überwachung** *f* / collision detection || **²verhinderung** *f* (LAN) / collision avoidance (CA) || **²vermeidung** *f* / collision avoidance || **²schutz** *m* / collision protection
Kolonne *f* (Schriftzeilen untereinander in einer Spalte) / column *n*
Kolonnenübersprung *m* / column skip
Kolophonium *n* / colophony *n*, rosin *n*
KOM (KOMMEN) / RAI (RAISED)
Koma *n* (Leuchtfleckverzerrung) / coma *n*
Kombi·-Anschaltung *f* (MC-System, zwei Flachbaugruppen zum Anschluss von Speicherlaufwerken) / combined interface module || **²kennmelder** *m* / combined indicator || **²leuchte** *f* / combination luminaire, unitized luminaire || **²master** *m* / combimaster *n* || **²mutter** *f* / combined nut
Kombination *f* / assembly *n* || ² **elektronischer Betriebsmittel für Niederspannung** VDE 0660, T.50 / assembly of l.v. electronic switchgear and controlgear IEC 439
Kombinations·abdeckplatte *f* (f. I-Schalter) / multi-gang plate || **²feld** *n* / combobox *n* (A combobox is an entry with a drop-down listbox with alternative values from a fixed set) || **²gerät** *n* / combination unit || **²glied** *n* DIN 19237 / multi-function unit || **²leuchte** *f* / combination luminaire, unitized luminaire || **²möglichkeit** *f pl* / possible combinations || **²schwingung** *f* / combination oscillation || **²system** *n* / combination system, modular system || **²vorwahl** *f* / combinative

preselection || ²**zange** *f* / engineers pliers
Kombinator, LWL-² *m* / optical combiner
Kombinierer *m* (LWL) / combiner *n*
kombiniert *adj* / combined *adj* || **~e Analog-/Digitalanzeige** / semidigital readout || **~e Bremsung** (Bahn) / composite braking || **~e Prüfungen** DIN 41640 / combined tests IEC 512 || **~e Sicherheits- und Funktionserdung** / combined protective and functional earthing || **~e Wicklung** / mixed winding || **~e Zug- und Scherfestigkeit** / combined tensile and shear strength || **~e zweidimensionale Bewegung** / combined two-dimensional movement || **~er Fehlzustand** IEC 50(448) / combination fault || **~er Mess- und Schutzspannungswandler** / dual-purpose voltage transformer || **~er Messwandler** / combined instrument transformer, combined transformer || **~er Nebenwiderstand** / universal shunt || **~er Schutz- und Neutralleiter** / combined protective and neutral conductor || **~er Strom- und Spannungswandler** / combined instrument transformer || **~er Überstrom-Rückleistungsschutz** / combined overcurrent and reverse-power protection (unit o. equipment) || **~er Zahnrad- und Haftreibungsantrieb** / combined rack and adhesion drive || **~es Ein-Ausschaltvermögen** (Rel.) DIN IEC 255 / limiting cycling capacity || **~es Metall-Nichtmetall-Rohr** (IR) / composite conduit || **~es Prüfbild** (Leiterplatte) / composite test pattern || **~es Trag- und Führungslager** / combined thrust and guide bearing, Jordan bearing
Kombi·schraube *f* / screw with washer assembly || ²**schutz** *m* / combined protection || ²**-Wandler** *m* / combined instrument transformer || ²**zange** *f* / combination pliers
Komfort *m* / convenience *n*, ease of operation
komfortabel *adj* / convenient *adj*, easy-to-use *adj*, easy-to-operate *adj*, operator-friendly *adj*, sophisticated *adj* || ~ *adj* (bediener-, anwenderfreundlich) / operator-friendly *adj*, user-friendly
Komfort·ausführung *f* / convenience version, convenience model, convenience design || ²**ausführung** *f* (MCC) / enhanced version || ²**baugruppe** *f* / convenience board || ²**bedienfeld** *n* / advanced operator panel || ²**elektronik** *f* (Kfz) / convenience electronics || ²**-Hochlaufgeber** *m* / comfort ramp-function generator || ²**schalter** *m* / convenience switch, easy-to-use switch
Kommando *n* (Befehl) / command *n*, instruction *n*, output command, control output || ²**ausführung** *f* / command execution || ²**auslöser** *m* (RSA, Relais) / load switching relay || ²**baustein** *m* / command block || ²**bereich** *m* / command area || ²**dauer** *f* / command duration, signal duration, pulse duration || ²**eingang** *m* / command input || ²**feld** *n* / command field || ²**format** *n* (MPU) / command instruction format || ²**geber** *m* / command initiator, command output module || ²**geber-Baugruppe** *f* / command (output) module || ²**gerät** *n* / command unit || ²**kanal** *m* (KK) / command channel || ²**karte** *f* / command p.c.b. || ²**liste** *f* / command list || ²**modus** *m* DIN 44300 / command mode || ²**raum** *m* (Schaltwarte) / control room || ²**register** *n* / command register || ²**relais** *n* / command relay || ²**relaisbaugruppe** *f* / command relay module || ²**sprache** *f* DIN 44300 / command language || ²**stelle** *f* (Netz) / switching centre, remote control centre || ²**stufe** *f* (elST) / operating module || ²**stufe** *f* (f. Schaltungsabläufe) / sequential logic module (o. stage) || ²**stufe** *f* (f. Umkehrschaltungen) / auto-reversing module || ²**übersicht** *f* / keystroke overview || ²**vollstreckung** *f* / command execution || ²**zeit** *f* (Schutzrelais) VDE 0435, Zeit vom Auftreten der Störung bis zur Alarmauslösung oder Abschaltung / operating time, time to operate
KOMMEN (KOM) / RAI (RAISED)
kommen, auf Drehzahl ~ / run up to speed, accelerate *v*
kommend *adj* / first-up *adj*
Kommentar *m* / comment *n* (A language construct for the inclusion of text in a program and having no impact on the execution of the program. (ISO)) || **nach** ² / by comment || ²**baustein** *m* (SPS) / comment block || ²**zeile** *f* / comment line
Kommen-und-Gehen-Verhalten *n* (der Mitarbeiter) / arrival and leaving habits
kommerziell *adj* / commercial *adj*
Kommissionier·einrichtung *f* / order picking system || ²**stufe** *f* / picking stage
Kommissionierung *f* (v. Aufträgen in der Fertigungssteuerung) / order picking
Kommunikation *f* / communication *n* || ² **offener Systeme** / open systems interconnection (OSI) || ² **über globale Daten** / global data communication || **durchgängige** ² / integrated communication
Kommunikationsalarm *m* / communication interrupt
Kommunikationsbaugruppe *f* / communication module, communication board (CB) || ² **PROFIBUS** (CBP) / communication board PROFIBUS (CBP) || ²**-CAN-Bus** / communication board CAN (CBC)
Kommunikations·baustein *m* / communication module, communications chip || ²**beziehung** *f* / association *n* || ²**beziehungsliste** *f* (KBL) / communication relationship list (CRL) || ²**bus** *m* (C-Bus) / communications bus (C bus) || ²**bus** *m* (K-Bus) / communications bus (C bus)
kommunikationsfähig *adj* / communication-capable, with communications capability
Kommunikations·fähigkeit *f* / communication capability, intercommunication capability (OSI) || ²**fähigkeit** *f* (von Rechnern u. DV-Geräten unterschiedlichen Fabrikats) / connectivity *n* || ²**fehler** *m* / communication error || ²**gerät** *n* / communication unit || ²**kontrolle** *f* / communication control || ²**maßnahmen** *f pl* / marketing communications activities || ²**-NC** / communication NC || ²**netz** *n* / communications network, communication link, open system ISO 7498 || ²**plan** *n* / marketing communications plan || ²**platte** *f* / communication board || ²**prozessor** *m* / communications processor (CP), communication processor (CP) || ²**rechner** *m* / communication computer || ²**ressource** *f* / communication resource || ²**richtung** *f* / communication direction || ²**schnittstelle** *f* / communication port, communication interface, comms port || ²**-Schnittstelle** *f* / communication interface || ²**schnittstelle OLE** / OLE communications interface (object linking and embedding communications interface), object linking and

embedding (OLE) || ≗-**Schnittstellendienst** *m* / communication interface service || ≗**speicher** *m* / communication memory

Kommunikationssteuerungs·dienst *m* DIN ISO 7498 / session service || ≗**protokoll** *n* / session protocol || ≗**schicht** *f* DIN ISO 7498 / session layer

Kommunikations·system, hausinternes ≗**system** / in-home communications system || ≗**technik** *f* / communications technology || ≗**treiber** *m* / communications driver || ≗**überwachung** *f* / communication control || ≗**verbindung** *f* / communications link, communication link || ≗**verbund** *m* / open communications network, internetworking *n*

Kommutation *f* / commutation *n*

Kommutator *m* / commutator *n*, collector *n*, pole changer || ≗ **schleifen** / grind a commutator, resurface a commutator (by grinding) || ≗-**Abdrehvorrichtung** *f* / commutator skimming rig, commutator resurfacing device || ≗-**Abschleifvorrichtung** *f* / commutator grinding rig || ≗-**Anschlussfahne** *f* / commutator riser || ≗**belag** *m* / commutator segment assembly || ≗**buchse** *f* / commutator shell, commutator sleeve, commutator hub || ≗**bürste** *f* / commutator brush || ≗**bürstenhalter** *m* / commutator brush holder || ≗-**Bürstenpotential** *n* / commutator-brush potential || ≗-**Drehschleifer** *m* / rotary commutator grinder || ≗-**Drehstromerregermaschine** *f* / commutatortype phase advancer || ≗-**Dreh- und Schleifvorrichtung** *f* / commutator skimming and grinding rig || ≗-**Druckring** *m* / commutator V-ring

Kommutator·fahne *f* / commutator lug, commutator riser || ≗**fahnenverbinder** *m* / commutator riser || ≗-**Festschleifer** *m* / fixed-stone commutator grinder || ≗**feuer** *n* / commutator sparking, commutator flashing || ≗-**Fräsapparat** *m* / mica undercutting machine, mica undercutter || ≗-**Frequenzwandler** *m* / commutator-type frequency converter || ≗**haube** *f* / commutator cover, commutator enclosure || ≗-**Hintermaschine** *f* / cascaded commutator machine, Scherbius machine || ≗**hülse** *f* / commutator sleeve, commutator shell, commutator tube, commutator bush || ≗-**Isolierlamelle** *f* / commutator insulating segment, mica segment || ≗**kappe** *f* / commutator collar, tracked commutator surface, V-ring *n* || ≗**kennziffer** *f* (KZ) / length of commutator || ≗**körper** *m* / commutator shell, commutator hub, commutator spider || ≗**lamelle** *f* / commutator segment, commutator bar || ≗**laufbahn** *f* / commutator brush-track diameter, tracked commutator surface, commutator contact surface || ≗**lauffläche** *f* / commutator brush-track diameter, commutator contact surface

kommutatorlose Maschine / commutatorless machine, brushless machine

Kommutator·-Lufthaube *f* / ventilated commutator enclosure || ≗**manschette** *f* / commutator collar || ≗**maschine** *f* / commutator machine || ≗**mikanit** *n* / commutator mica material IEC 50(212), rigid mica material for commutator separators || ≗**motor** *m* / commutator motor

Kommutator·nabe *f* / commutator shell, commutator hub, commutator spider || ≗-**Nebenschlussmotor** *m* / a.c. commutator shunt motor || ≗**patina** *f* / commutator oxide film, commutator skin, tan film || ≗-**Phasenschieber** *m* / commutatortype phase advancer || ≗**pressring** *m* / commutator V-ring || ≗**raum** *m* / commutator compartment || ≗-**Reihenschlussmotor** *m* / a.c. commutator series motor || ≗**ring** *m* / commutator ring || ≗**rundfeuer** *n* / commutator flashing

Kommutator·schalter *m* (Anlasser) / commutator-type starter || ≗**schleifer** *m* / commutator grinder, commutator grinding rig || ≗**schleiffläche** *f* / commutator brush-track diameter, tracked commutator surface, commutator contact surface || ≗-**Schmiermittel** *n* / commutator dressing || ≗**schritt** *m* / commutator pitch || ≗-**Schrumpfring** *m* / commutator shrink ring || ≗**segment** *n* / commutator segment, commutator bar || ≗**seite** *f* / commutator end || ≗-**Spannbolzen** *m* / commutator clamping bolt || ≗-**Spannring** *m* / commutator vee-ring, V-ring *n*, commutator shrink ring || ≗**stab** *m* / commutator bar, commutator segment || ≗**steg** *m* / commutator segment, commutator bar || **Prüfung zwischen** ≗**stegen** / bar-to-bar test, segment-to-segment test || ≗**teilung** *f* / commutator pitch || ≗**töne** *m pl* / commutator ripple || ≗**tragkörper** *m* / commutator shell, commutator core || ≗**verschleißtiefe** *f* / wearing depth of commutator

kommutieren *v* / commutate *v*

Kommutierung *f* / commutation *n* || ≗ *f* (SR) / guide *n*, guideway *n*, track *n* || ≗ **durch direkt angeschlossenen Kondensator** (SR) / directly coupled capacitor commutation EN 60146-1-1 || ≗ **durch induktiv angeschlossenen Kondensator** (SR) / inductively coupled capacitor commutation || ≗ **in einem elektronischen Leistungsstromrichter** (Übergang des Stromes von einem leitenden Zweig zu demjenigen, der in der Reihenfolge als nächster leiten wird, ohne Unterbrechung des Stroms auf der Gleichstromseite. Während eines begrenzten Zeitintervalls sind beide Zweige gleichzeitig leitend) / commutation in an electric power convertor (The transfer of current from one conducting arm to the next to conduct in sequence, without interruption of the current. During a finite time interval both arms are conducting simultaneously), commutation *n* || **direkte** ≗ / direct commutation || **fremdgeführte** ≗ / external commutation || **lastgeführte** ≗ / load commutation || **netzgeführte** ≗ (Fremdgeführte kommutierung, bei der die Kommutierungsspannung vom Netz geliefert wird) / line commutation (An external commutation where the commutating voltage is supplied by a line) || **selbstgeführte** ≗ (Kommutierung, bei der die Kommutierungsspannung von Bauelementen innerhalb des Stromrichters oder elektronischen Schalters geliefert wird) / self-commutation, self commutation (A commutation where the commutating voltage is supplied by components within the convertor or electronic switch)

Kommutierungs·achse *f* / axis of commutation || ≗-**Beschleunigungsfeld** *n* / reversing field || ≗**blindleistung** *f* (LE) / commutation reactive power || ≗**drossel** *f* / commutating choke, commutation reactor || ≗**drossel** *f* (LE) / commutating reactor, commutation inductor || ≗**einbruch** *m* (LE) / commutation notch || ≗**fähigkeit** *f* / commutation capability || ≗**fehler** *m* (LE) / commutation failure || ≗**feld** *n* / commutating field

Kommutierungsgrenzkurvenbereich *m* (el. Masch.) / black band || **Aufnahme des** ≗**s** / black-band test
Kommutierungs·gruppe *f* (LE) / commutating group || ≗**induktivität** *f* (LE) / commutation inductance || ≗**intervall** *n* (Zeitintervall, innerhalb dessen zwei kommutierende Zweige gleichzeitig den Hauptstrom führen) / commutation interval (The time interval in which two commutating arms are carrying principal current simultaneously) || ≗**kennwert** *m* / commutation coefficient || ≗**-Knickdrehzahl** *f* / speed at safe commutation limit || ≗**kondensator** *m* (Kondensator im Kommutierungskreis, der die Kommutierungsspannung liefert) / commutation capacitor (A capacitor included in the commutation circuit to supply commutating voltage) || ≗**kreis** *m* / commutation circuit
Kommutierungskurve *f* (Hystereseschleifen) / commutation curve, normal magnetization curve || **Induktion aus der** ≗ / normal induction
Kommutierungs·pol *m* / commutating pole, interpole *n*, compole *n*, auxiliary pole || ≗**prüfung** *f* / commutation test || ≗**reaktanz** *f* / commutating reactance || ≗**schwingung** *f* (LE, SR) / commutation repetitive transient EN 60146-1-1 || ≗**spannung** *f* / commutation voltage || ≗**versager** *m* (LE) / commutation failure || ≗**winkel** *m* (LE) / commutation angle, angle of overlap || ≗**winkeloffset** *m* / commutation angle offset || ≗**zahl** *f* (LE) / commutation number || ≗**zeit** *f* (LE) / commutation interval IEC 146 || ≗**zeit** *f* (el. Masch.) / commutating period, commutator short-circuit period || ≗**zone** *f* / commutating zone, zone of commutation, reversing zone
Kompakt Plus Gerät / compact plus unit
Kompakt·antrieb *m* / packaged drive || ≗**ausführung** *f* / compact version, compact model, compact design || ≗**bauform** *f* / compact design || ≗**bauform** *f* (LS) / moulded-case type || ≗**bauform** *f* (elST, SPS) / compact version || ≗**baugruppe** *f* / pluggable printed-board assembly, compact subassembly, plug-in p.c.b. || ≗**bedienfeld** *n* / compact operator panel || ≗**block** *m* (Schaltgeräteeinheit) / compact switchgear unit (o. assembly)
kompakt·e Bauform (LS) / moulded-case type || **~er Leistungsschalter** / moulded-case circuit-breaker (M.c.c.b.)
Kompakt·gehäuse *n* (elST, SPS) / compact housing || ≗**gerät** *n* / compact device, compact unit (CU), telecontrol compact unit, CU (compact unit) || ≗**heit** *f* / compactness || ≗**leistungsschalter** *m* / moulded-case circuit-breaker (M.c.c.b.) || **Kratky-**≗**kammer** *f* / Kratky compact camera || ≗**-Leistungsschalter** *m* / moulded-case circuit-breaker || ≗**leuchte** *f* / compact luminaire || ≗**peripherie** *f* / compact I/O devices || ≗**plattenspeicher** *m* / compact-disk memory (CD memory), CD RAM
Kompaktregler *m* / compact controllers, compact (o. miniaturized) controller || **digitaler** ≗ / compact digital controller
Kompakt·reihe *f* / compact range || ≗**relais** *n* / miniature relay || ≗**relais** *n* (f. gedruckte Schaltungen) / p.c.b.-type relay
Kompakt·schaltanlage, metallgekapselte SF_6-≗**schaltanlage** / integrated SF_6 metal-clad switchgear || ≗**schaltanlagen** *f pl* / compact switchgear assemblies, compact switch panels || ≗**schaltfeld** *n* / compact switchpanel || ≗**starter** *m* / compact starter
Kompaktstation *f* / kiosk substation, packaged substation, integrated substation || **Transformator-**≗ *f* / kiosk (transformer substation), packaged transformer substation, unit substation, integrated substation
Kompakt·warte *f* (Tafel) / miniaturized control board || ≗**warte** *f* (Tafel m. Pultvorbau) / miniaturized benchboard || ≗**warte** *f* (Pult) / miniaturized (controle) console, miniaturized control desk || ≗**wartenfeld** *n* / control board (o. console) tile || ≗**wartenpult** *n* / miniaturized control desk || ≗**wartensystem** *n* / miniaturized control-room system || ≗**wendeschütz** *m* / compact-type reversing contactor || ≗**ziehmaschine** *f* / compact drawing machine
kompakt *adj* / compact *adj*
kompandierender DAU / companding DAC
Komparator *m* / comparator *n* || ≗ *m* (Schmitt-Trigger) / Schmitt trigger
Kompartmentbauweise *f* (MCC) / compartment design
kompatibel *adj* / compatible *adj*
Kompatibilität *f* / compatibility *n*
Kompatibilitätsregel *f* / compatibility rule
Kompensation *f* / compensation *n*, mixing *n* || ≗ *f* (von Blindleistung, Leistungsfaktorverbesserung) / reactive-power compensation || ≗ **mit Absolutwerten** (KMA) / compensation with absolute values (CWA), p.f. correction || **interpolarische** ≗ **mit Absolutwerten** (IKA) / interpolatory compensation with absolute values, IKA || **Blindleistungs~** *f* / reactive-power compensation, power factor correction || **Erdschluss~** *f* / earth-fault neutralization, ground-fault compensation || **mit** ≗ / with correction
Kompensations·-Amperewindungen *f pl* / compensating ampere-turns || ≗**anlage** *f* (f. Blindleistung) / reactive-power compensation equipment, p.f. correction equipment || ≗**anzeiger** *m* / potentiometric indicator, servo-indicator *n* || ≗**aufschaltung** *f* (Schutz) / compensating current injection
Kompensations·baugruppe *f* / p.f. correction module || ≗**bügel** *m* (Wickl.) / compensating connector || ≗**dose** *f* (MG) / compensating box, compensation unit || ≗**drosselspule** *f* (KpDr) VDE 0532,T.20 / shunt reactor (KpDr) IEC 289, shunt inductor (KpDr) || ≗**element** *n* / compensating element || ≗**element** *n* (Messvorrichtung) / indirect-acting measuring element || ≗**farbe** *f* / complementary colour, additive complementary colour || ≗**feld** *n* / p.f. correction panel || ≗**flag** *n* / compensation flag
Kompensations·gewinde *f* / compensation thread || ≗**glied** *n* / equalizer *n* IEC 50(351) || ≗**halbleiter** *m* / compensated semiconductor || ≗**kondensator** *m* / p.f. correction capacitor || ≗**leitung** *f* / compensating lead || ≗**magnet** *m* / compensating magnet || ≗**messbrücke** *f* / self-balancing bridge
Kompensationsmessgerät *n* / indirect-acting measuring instrument || ≗ **mit elektrischem Nullabgleich** / indirect-acting electrical balance instrument
Kompensations·-Messgerät mit mechanischem Nullabgleich / indirect-acting mechanical balance

instrument || ≗**methode** *f* (MG) / potentiometer method, servo-method *n* || ≗**prinzip nach Poggendorf** (Schreiber) / Poggendorf servo-principle || ≗**punktschreiber** *m* / servo-type dotted-line recorder || ≗**schrank** *m* / compensation cubicle || ≗**schreiber** *m* / indirect recording instrument, potentiometric recorder, servo-type recorder, servo-operated recorder || ≗**spule** *f* / compensating coil, neutralizing coil || ≗**transformator** *m* / neutralizing transformer || ≗**verfahren** *n* (LS) / two-part test

Kompensationswicklung *f* / compensating-field winding, compensating winding, neutralizing winding || **Einphasen-Reihenschlussmotor mit** ≗ / single-phase commutator motor with series compensating winding || **Motor mit** ≗ / compensated motor

Kompensationswiderstand *m* / offset resistance

kompensative Farbe / complementary colour, additive complementary colour || ~ **Wellenlänge** / complementary wavelength

Kompensator *m* (Spannungsmessgerät, in dem die zu messende Spannung mit einer bekannten Spannung gleicher Wellenform, Frequenz und Größe verglichen wird) / measuring potentiometer || ≗ *m* (Schwingungsisolierung) / compensator *n* || ≗ *m* (kompensiertes Mehrfach-Messgerät) / compensated multimeter || ≗ *m* (f. Ausdehnung) / expansion fitting

kompensiert *adj* / balanced *adj* || ~ **geregelt** (el. Masch.) / compensated regulated || ~**e Leuchte** / corrected luminaire, p.f.-corrected luminaire || ~**e Verstärkermaschine** / amplidyne *n* || ~**er Halbleiter** / compensated semiconductor || ~**er Induktionsmotor** / compensated induction motor || ~**er Motor** / compensated motor || ~**er Reihenschlussmotor** / compensated series-wound motor || ~**er Repulsionsmotor mit feststehendem Doppelbürstensatz** / compensated repulsion motor with fixed double set of brushes, Latour motor || ~**er Repulsionsmotor mit feststehendem Einfachbürstensatz** / compensated repulsion motor with fixed single set of brushes, Eichberg motor || ~**es Netz** / compensated network

Kompensograph *m* (Schreiber) / potentiometric recorder, indirect recorder, servo-operated recorder

kompetent *adj* / competent *adj*

Kompilation *f* / compilation *n*

Kompilator *f* / compiler *n*

kompilieren *v* / compile *v* (To translate a program or data type specification into its machine language equivalent or an intermediate form)

Kompilierer *m* / compiler *n*

komplementär·e Farbreize / complementary colour stimuli || ~**e Wellenlänge** / complementary wavelength || ~**er Ausgang** / complementary output || ~**er Baum** / co-tree *n* || ~**er Metalloxid-Schaltkreis** (CMOS) / complementary metaloxide semiconductor circuit (CMOS) || ~**er Zustand** DIN 40700, T.14 / complementary state IEC 117-15

Komplementär·farbe *f* / complementary colour, additive complementary colour || ≗**messverfahren** *n* / complementary method of measurement, complementary measurement || ≗**-MOS** *m* (CMOS) / complementary MOS (CMOS)

Komplement·bildung *f* / complementation *n* || ≗**bildungsoperation** *f* / instruction for forming the complement

komplett *adj* / complete *adj* || ~ **versandte Maschine** / machine shipped completely assembled

Komplett·bearbeitung *f* / complete machining || ≗**-Einbausatz** *m* / complete assembly || ≗**gerät** *n* / complete unit, compact unit, control system

komplettieren *v* / complete *v*

Komplettierung, Überprüfung der ≗ / check for completeness

Komplett·lösung *f* / integrated package solution, all-in package solution || ≗**lötung** *f* / mass soldering

Komplex *m* / complex *n*

komplex·e Admittanz / complex admittance || ~**e binäre Verknüpfung** / complex binary logic || ~**e Brechungszahl** / complex refractive index || ~**e Dielektrizitätskonstante** / relative complex dielectric constant, complex permittivity, complex capacitivity || ~**e Größe** / complex quantity || ~**e Kreisfrequenz** / complex angular frequency || ~**e Leistung** / complex power, phasor power || ~**e Permeabilität** / complex permeability || ~**e Permittivität** / complex permittivity || ~**e Synchronisierziffer** / complex synchronizing torque coefficient || ~**er Koeffizient** / complexor *n* || ~**er Leitwert** / vector admittance, complex admittance || ~**er Scheinleitwert** / complex admittance || ~**er Scheinwiderstand** / complex impedance || ~**er Widerstand** / vector impedance, complex impedance || ~**es Amplitudenspektrum** / Fourier amplitude spectrum || ~**es Glied** / complex element || ~**es Sachmerkmal** DIN 4000, T.1 / complex article characteristic || ~**es Schwingungsabbild** / complex waveform

Komplexfunktion *f* / complex function

Komplexität *f* / complexity *n*

Komplexitätsgrad *m* / degree of complexity

Komponente *f* / component *n*, unit *n* (e.g. of an installation bus), element *n* || ≗ **der Lastspannung mit Frequenz der Vielperiodensteuerung** / cyclic operating frequency load voltage || ≗ **des Netzstroms mit Frequenz der Vielperiodensteuerung** / cyclic operating frequency line current || **ergänzende** ≗ / supplementary component

Komponenten des Transistorgeräts / components of the transistor unit

Komponenten·bauweise *f* / modular design (o. construction), unitized construction || ≗**datei** *f* / component file || ≗**-Konfigurator** *m* / station configuration editor || ≗**lieferung** *f* / component supply || **nach** ≗**namen** / by component name || ≗**netzwerk** *n* / network in terms of components || **nach** ≗**typ** / by component type

Kompounderregung *f* / compound excitation

kompoundieren *v* / compound *v*

kompoundiert gespeister statischer Erreger / compound-source static exciter || ~**e Maschine** / compound-wound machine, compound machine || ~**e Nebenschlussmaschine** / stabilized shunt-wound machine || ~**er Stromwandler** / compound-wound current transformer || ~**er Stromwandler in Sparschaltung** / auto-compound current transformer

Kompoundierung *f* / compounding *n*

Kompoundierungs·einsteller *m* / compounding setter || ≗**kennlinien** *f pl* / compounding characteristics

Kompound·maschine *f* / compound-wound machine,

compound machine || ≗**wicklung** *f* / compound winding

Kompressibilitätszahl *f* / compressibility factor

Kompression *f* (Kfz) / compression *n*, compression ratio || **magnetische** ≗ / pinch effect

Kompressions·kraft *f* / compressional force || ≗**welle** *f* / compressional wave

Kompressor *m* / compressor *n* || ≗**faktor** *m* / compressor factor || ≗**funktion** *f* / compressor function

komprimieren *adj* / compress *adj*

Kondensat *n* / condensate *n*, condensation water || ≗**abteilung** *f* / return type steam traping || ≗**film** *m* / film of condensate

Kondensation *f* / condensation *n* (collapse of steam cavities)

Kondensations·druck *m* / condensation pressure || ≗**lötung** *f* / vapour-phase soldering, condensation soldering || ≗**satz** *m* / condensing set || ≗**satz mit Zwischenüberhitzung** / condensing set with reheat

Kondensator *m* / cap *n* || ≗ *m* (el.) / capacitor *n*, condenser *n* (depr.) || ≗ *m* (Dampf) / condenser *n* || ≗ **der Klasse X** VDE 0565, T.1 / capacitor of Class X IEC 161 || **im** ≗ **eingebaute Sicherung** / internal fuse || ≗ **mit gemischtem Dielektrikum** IEC 50(436) / mixed dielectric capacitor || ≗ **mit metallisiertem Dielektrikum** / metallized capacitor || **luftgekühlter** ≗ / air-cooled condensator || **thyristorgeschalteter** ≗ / thyristor switched capacitor (TSC)

Kondensator·ankopplung *f* / capacitor coupling, coupling by means of capacitors || ≗**anlage** *f* / capacitor installation || ≗**anlage** *f* VDE 0560, T.4 / capacitor equipment IEC 70 || **Motor mit** ≗**anlauf** / capacitor-start motor || ≗**anpassung** *f* / capacitor adaption || ≗**auslöser** *m* / capacitor release || ≗**-Ausschaltstrom** *m* VDE 0670, T.3 / single-capacitor-bank breaking current IEC 265 || ≗**-Ausschaltvermögen** *n* VDE 0670,T.3 / single-capacitor-bank breaking capacity IEC 265, capacitor-bank breaking capacity, capacitance switching rating || ≗**bank** *f* / capacitor bank

Kondensatorbatterie *f* / capacitor bank, bank of capacitors || **auftragsgebundene** ≗ / order-specific capacitor bank

Kondensatorbaugruppe *f* / capacitor unit, capacitor module || **unverdrossselte** ≗ / inductorless capacitor module || **verdrossselte** ≗ / inductor capacitor module

Kondensator·belag *m* / capacitor foil || ≗**belastung** *f* / capacitive load || ≗**bremsung** *f* / capacitor braking || ≗**durchführung** *f* / capacitor bushing, condenser bushing (depr.) || ≗**einheit** *f* VDE 0560, T.4 / capacitor unit || ≗**einschaltstrom** *m* / capacitor bank inrush making current || ≗**element** *n* / capacitor element, element *n* || ≗**energiespeicher** *m* / capacitor energy store || ≗**entladungsfeuer** *n* / condenser discharge light || ≗**erregung** *f* / capacitor excitation || ≗**feld** *n* / capacitor panel

Kondensatorgerät, Arbeitsstromauslöser mit ≗ (fc-Auslöser) / shunt release with capacitor unit, capacitor release

Kondensator·-Hilfsphase *f* / capacitor auxiliary winding, capacitor starting winding || ≗**kette** *f* / capacitor chain || ≗**-Kommutierung** *f* (Verfahren der selbstgeführten Kommutierung, bei dem die Kommutierungsspannung durch Kondensatoren geliefert wird, die in den Kommutierungskreis eingeführt sind) / capacitor commutation

Kondensator-Lastschalter *m* (Lastschalter für Einzel-Kondensatorbatterien) VDE 0670,T.3 / single-capacitor-bank switch IEC 265 || ≗ **für eingeschränkte Verwendung** VDE 0670, T.3 / (single-capacitor-bank) switch for restricted application IEC 265 A || ≗ **für uneingeschränkte Verwendung** VDE 0670,T.3 / (single-capacitor-bank) switch for universal application IEC 265 A

Kondensator·-Leistungspuffer *m* / capacitor energy storage unit, capacitor power back-up unit || ≗**leistungspufferung** *f* / capacitor back-up unit || ≗**-Leistungsschalter** *m* / capacitor circuit-breaker, definite-purpose circuit-breaker || ≗**linse** *f* / condenser lens || ≗**modul** *m* / capacitor module (CM)

Kondensatormotor *m* / capacitor motor || ≗ **mit abschaltbarem Kondensator in der Hilfsphase** / capacitor-start motor || ≗ **mit Anlauf- und Betriebskondensator** / two-value capacitor motor || ≗ **mit Kondensator für Anlauf und Betrieb** / capacitor-start-and-run motor (GB), permanent-split capacitor motor (US)

Kondensator·-Notausschaltgerät *n* / capacitor-operated emergency tripping device (o. mechanism) || ≗**parallelausschaltstrom** *m* / back-to-back capacitor bank breaking current || ≗**-Parallelausschaltvermögen** *n* / back-to-back capacitor bank breaking capacity || ≗**paralleleinschaltstrom** *m* / capacitor bank inrush making current || ≗**puffer** *m* / capacitor energy store, capacitor back-up unit || ≗**-Regeleinheit** *f* / capacitor control unit, VAr control unit, automatic p.f. correction unit || ≗**-Rückladeprinzip** *n* / capacitor recharging principle || ≗**säule** *f* / capacitor stack, capacitor column || ≗**schalter** *m* (LS) / capacitor circuit-breaker, definite-purpose circuit-breaker || ≗**schütz** *m* / capacitor switching contactor || ≗**schütz mit Vorladungswiderständen** / capacitor switching contactor with precharging resistors (o. contacts) || ≗**speicher** *m* (Rechner) / capacitor store || ≗**speicher-Auslösegerät** *n* / capacitor release || ≗**-Speichergerät** *n* / capacitor store || ≗**stapel** *m* / capacitor stack, capacitor column || ≗**stromauslöser** *m* / capacitor release

Kondensator·teilkapazität *f* / capacitor element || ≗**verluste** *m pl* / capacitor losses || ≗**verzögerung** *f* / capacitor-introduced delay || ≗**-Verzögerungsgerät** *n* (f. Auslöser) / capacitor (tripping) delay unit || ≗**wickel** *m* / capacitor element || ≗**wickel** *m* (Wickelkeule) / stress cone

Kondensatvorabscheider *m* / condensate remover

Kondensor *m* / capacitor *n*, cap *n*

Kondenswasser *n* / condensed water, condensate *n* || ≗**ablauf** *m* / condensate drain || ≗**heizung** *f* / space heater, anti-condensation heater || ≗**korrosion** *f* / corrosion by condensed water || ≗**loch** *n* / condensate drain hole

Konditionieren *n* (Impulse) DIN IEC 469, T.1 / conditioning *n* IEC 469-1

Konditionierung *f* (Prüfling) IEC 50(212) / conditioning *n* || ≗ *f* (Prüfling) / preconditioning *n*, burn-in *n*

Konduktanz *f* / conductance *n*, equivalent conductance || ≗**kreis** *m* / conductance circle, mho circle || ≗**relais** *n* / conductance relay || ≗**schutz** *m* /

mho protection, conductance protection
Konduktions·motor *m* / conduction motor, single-phase series motor || ≗**-Repulsionsmotor** *m* / series repulsion motor, doubly fed motor
Konf. / configuration *n*
konfektionieren *v* (Kabel) / prepare *v*, to cut to length and terminate
konfektioniert *adj* / preassembled *adj*, prefabricated *adj* || **~er Kabelsatz** / preassembled cable assembly, cable harness || **~er Stecker** (angeformter S.) / (integrally) moulded plug || **~es Kabel** / cable assembly, cable set, cable with integral connectors (o. fittings), precut cable with connectors (o. plugs), cable with connectors || **~es Koaxial-Hochfrequenzkabel** *n* / r.f. coaxial cable assembly || **~es LWL-Kabel** / optical cable assembly
Konfektionsware *f* / pre-manufactured *n*, prepared for connectors
Konferenzverkehr *m* (FWT) / conference traffic
Konfidenz·bereich *m* / confidence interval || ≗**intervall** *n* / confidence interval
Konfiguration *f* / configuration *n* || ≗ **des Vdc-Reglers** / configuration of Vdc controller || ≗ **Drehzahlregelung** / configuration of speed control || **gerätetechnische** ≗ (Hardware) / hardware configuration
Konfigurationsbild *n* / configuration display
Konfigurationschnittstelle *f* / configuration interface
Konfigurations·fehler *m* / configuration error || ≗**-Konsole** *f* / configuration console || ≗**telegramm** *n* / configuration frame
Konfigurator *m* / configurator *n*, configuration tool || ≗ *m* (Schema) / configuration scheme
Konfigurieren *n* / configuration *n*, configuring *n* || ~ *v* / configure *v*
Konfiguriertastatur *f* / configuration keyboard
Konfigurierung *f* / configuration *n*, configuring *n*
Konfigurierungswerkzeuge *n pl* / configuration tools
Konflikt *m* / contention *n* || ≗**auflösung** *f* (LAN) / contention control || ≗**buchung** *f* (GLAZ) / conflicting (terminal) entry
konform *adj* / conforming to
Konformitäts·bescheinigung *f* / certificates of conformity || ≗**bewertungsverfahren** *n* / conformity assessment procedure || ≗**zeichen** *n* / mark of conformity, listing mark || ≗**zertifikat** *n* / certificate of conformity
Königs·welle *f* / line shaft || ≗**zapfen** *m* / king pin
konischer Läufer / conical rotor
konjugierte Pole / conjugate poles
Konjunktion *f* (UND-Verknüpfung) / AND operation
konkav *adj* / concave *adj*
konkret *adj* / concretized *adj*
konkrete Syntax / concrete syntax
Konkurrenz·betrieb *m* (DÜ) DIN 44302 / contention mode || ≗**situation** *f* / contention *n* || ≗**situation** *f* (LAN) / contention situation || ≗**spiegel** *m* / table of competitors
konkurrierend *adj* (gleichzeitig) / concurrent *adj*, simultaneous *adj*
Konnektor *m* (dient dem Signalaustausch zwischen den einzelnen FBs) / connector *n* || ≗**attribut** *n* / connector attribute || ≗**verlauf** *m* / connector route || ≗**wandler** *m* / connector converter
konserviert *adj* / preserved *adj*
konsistent *adj* (Schmierst.) / thick *adj*, viscous *adj*, of high viscosity
Konsistenz *f* / consistency
Konsole *f* (Tragelemene) / bracket *n*, support *n* || ≗ *f* (Steuerpult) / console *n* || ≗ *f* (BSG) / stand *n*
Konsolfräsmaschine *f* / knee-and-column milling machine, knee-type milling machine
konstant *adj* / constant *adj* || **~ abnehmende Steigung** (NC, Gewindeschneiden) DIN 66025,T.2 / decreasing lead ISO 1056 || **~ zunehmende Steigung** (NC, Gewindeschneiden) DIN 66025,T.2 / increasing lead ISO 1056
Konstant·bereich *m* / constant range || ≗**drehzahlantrieb** *m* / constant-speed drive
Konstante *f* / constant *n* || ≗ *f* (Parameter) / parameter *n* || ≗ **der inneren Reibung** / coefficient of viscosity, dynamic viscosity
konstante Satzfolge (NC) / fixed sequential, constant block sequence || **~ Spannungsabweichung** EN 61000-3-3 / steady-state voltage change || **~ Verluste** / fixed losses, constant losses
Konstanter *m* / voltage stabilizer, v stabilizer
konstanter Degressionsbetrag (NC) / linear degression
Konstant·fahrphase *f* / constant velocity phase || ≗**haltelast** *f* / holding load
Konstanthalter *m* (Konstantspannungsregler) / stabilizer *n*, constant-voltage transformer || **Spannungs-**≗ *m* (Netz) / voltage regulator, IR drop compensator || **Spannungs-**≗ *m* (f. elektron. Geräte) / voltage stabilizer
Konstant·haltung *f* / stabilization *n* || ≗**kennlinie** *f* / stabilized output characteristic (A forced characteristic with an output quantity which is stabilized with respect to changes of influence quantities), stabilized current characteristic || ≗**ladungsgenerator** *m* / constant-charge generator || ≗**lichtregelung** *f* / constant-light control || ≗**pumpe** *f* / constant flow pump
Konstantspannungs·geber *m* / constant-voltage source || ≗**generator** *m* / constant-voltage generator || ≗**gerät** *n* (Gen.) / constant-voltage unit, (constant-voltage) excitation and control unit || ≗**kennlinie** *f* (LE) / stabilized voltage characteristic || ≗**kennlinie** *f* (Erzwungene Kennlinie, bei der eine Ausgangsgröße in Bezug auf Änderungen bestimmter Einzelgrößen stabilisiert ist) / stabilized output characteristic (A forced characteristic with an output quantity which is stabilized with respect to changes of influence quantities) || ≗**-Konstantstrom-Kennlinienumschaltung** *f* / constant voltage/constant current crossover (With stabilized power supplies the range of values of the output quantities within which a change of mode of operation occurs, e.g. from constant voltage to constant current) || ≗**-Konstantstrom-Stromversorgungsgerät** *n* / constant voltage/constant current power supply, constant voltage/constant power supply (A stabilized power supply that operates as a constant voltage power supply or constant current power supply depending on load conditions) || ≗**ladung** *f* / constant-voltage charge || ≗**netz** *n* (Parallelschaltsystem) / shunt (o. parallel) system of distribution || ≗**quelle** *f* / stabilized-voltage source, constant-voltage source || ≗**regler** *m* / voltage stabilizer, constant-voltage transformer || ≗**-Stromversorgungsgerät** *n* / constant voltage power supply (A power supply

that stabilizes output voltage with respect to changes of influence quantities) || ~**transformator** *m* / constant-voltage transformer (CVT) || ~-**Verstärkermaschine** *f* / amplidyne *n* || ~-**Zwischenkreis** *m* (LE) / constant-voltage link

Konstantstrom·generator *m* / constant-current generator || ~**kennlinie** *f* / stabilized output characteristic (A forced characteristic with an output quantity which is stabilized with respect to changes of influence quantities) || ~**kennlinie** *f* (LE) / stabilized current characteristic || ~**ladung** *f* / constant-current charge || **unkompensierte** ~**maschine** / metadyne *n* || ~**netz** *n* (Reihenschaltsystem) / series system of distribution || ~**quelle** *f* / constant-current source (CCS), stabilized power supply || ~**regler** *m* / current stabilizer, constant-current regulator || ~-**Stromversorgungsgerät** *n* (Stromversorgungsgerät, das die Ausgangsstromstärke in Bezug auf Änderungen der Einflussgrößen stabilisiert) / constant current power supply (A power supply that stabilizes output current with respect to changes of influence quantities) || ~**system** *n* / constant-current system, Austin system || ~-**Thyristorregler** *m* / thyristor current stabilizer, thyristor constant-current controller || ~**transformator** *m* / constant-current transformer, Boucherot transformer || ~-**Verstärkermaschine** *f* / metadyne *n*

Konstruieren, rechnerunterstütztes ~ / computer-aided design (CAD)

Konstrukt *n* / construct *n*

Konstrukteur *m* / design engineer, designer *n*

Konstruktion *f* / design *n*, (display) building *n* || ~ *f* (Sprache) / construct *n* || **klassische** ~ / orthodox design || **rechnerunterstützte** ~ / computer-aided design (CAD) || **Überprüfung der** ~ / design review

Konstruktions·abteilung *f* / design department || ~**akte** *f* / construction file || ~**automatisierung** *f* (DA) / design automation (DA)

konstruktionsbedingter Ausfall / design failure || ~ **Fehlzustand** / design fault

Konstruktions·büro *n* / design office || ~**druck** *m* / design pressure || ~**durchsicht** *f* / design review || ~**element** *n* / structural element, component *n* || ~**entwurf** *m* / design draft || **automatische** ~**forschung** / automatic design engineering (ADE) || ~**nullpunkt** *m* / design zero || ~**qualität** *f* / quality of design || ~**richtlinie** *f* / design guide, design code || ~**teil** *n* / structural parts || ~**teile** *n pl* (z.B. SK) / structural parts || ~**temperatur** *f* / design temperature || ~**überprüfung** *f* / design review || ~**überwachung** *f* / design control (AQAP) || ~- **und Schnittholz** *n* / structural/sawn timber || ~**variante** *f* / alternative of design || ~**zeichnung** *f* / design drawing, construction drawing

konstruktiv·e Ausführung / type *n* || ~**e Ausführung** (el. Gerät) / mechanical construction, mechanical details || ~**e Spaltweite** (Ex-, Sch-Geräte) / constructional gap || ~**er Aufbau** / construction, mechanical construction, constructional details

Konsument *m* / consumer *n*

Konsumenten·anschluss *m* / consumer's terminal || ~**raum** *m* (im Zählerschrank) / consumer's compartment

Kontakt *m* (Zustand des gegenseitigen Berührens) / contact *n* || ~ **für Frontentriegelung** / front-release contact || ~ **für mittlere Belastung** / medium-load contact || ~ **machen** / make contact || ~ **mit (elektromagnetisch) beschleunigter Abhebung** / repulsion-type contact || ~ **öffnet** / contact opens, contact parts || ~ **schließt** / contact closes, contacts make || **einschaltwischender** ~ / passing make contact || **guter** ~ / good contact, intimate contact || **impulsformender** ~ / pulse shaping contact || **kommandofähiger** ~ / command-compatible contact || **überlappender** ~ / overlapping contact || **überschneidender** ~ / overlapping contact || **voreilender** ~ / leading contact || **weiblicher** ~ / jack *n* || **zwangsgeführter** ~ / positive-action contact

Kontaktabbrand *m* / contact erosion, contact pitting, contact wear

Kontaktabfrage *f* / contact interrogation

kontaktabhebende Kraft / contact repulsion

Kontakt·ablauf *m* (Kontakttrennung) / contact separation (movement) || ~**abnutzung** *f* / contact wear || ~**abstand** *m* / contact gap, clearance between open contacts || ~**abwicklung** *f* / contact arrangement, operating sequence, contact configuration || ~**achse** *f* / contact axis || ~**anbahnung** *f* / making initial contacts || ~**anfressung** *f* / contact pitting, contact corrosion, crevice corrosion || ~**anordnung** *f* (a. Sty) / contact arrangement, contact configuration, insert arrangement (connector depr.) || ~**anordnung** *f* (Steckdose) / arrangement of contact tubes || ~**anschrift** *f* / contact address || ~**apparat** *m* / contact system || ~**arm** *m* / wiper *n* || ~**art** *f* / contact type || ~**auflage** *f* / contact facing || ~**auflauf** *m* / contact making (movement) || ~**ausgang** *m* / contact output, relay output || ~-**Ausziehkraft** *f* / contact extraction force

Kontakt·bahn *f* / contact deck || ~**bank** *f* / group of contacts, contact level, contact bank || ~**beben** *n* / contact vibration

kontaktbehaftet *adj* (im Gegensatz zu einem statischen Gerät) / non-solid-state *adj*, conventional *adj*, with contacts

Kontakt·belastbarkeit *f* / contact rating || ~**belastung** *f* / contact load(ing), contact rating || ~**belegung** *f* / contact assignment(s) || ~**belegungsplan** *m* (Rel.) / terminal layout || ~**belichtung** *f* (GS) / contact printing || ~-**Bemessungsspannung** *f* (Rel.) VDE 0435, T.110 / rated contact voltage || ~**bereich** *m* / contact zone IEC 129, virtual contact width IEC 50(581) || ~**berührung** *f* / contact touch || ~**bestückung** *f* / contact complement, number of contacts (provided) || ~**blank** *adj* / bright area for contacts || ~**block** *m* / contact block, contact unit || ~**bolzen** *m* / contact stud || ~**brücke** *f* (Rel.) / contact bridge, contact cross-bar || ~**buchse** *f* / (contact) tube *n*, jack *n* || ~**bügel** *m* (Rel.) / contact bridge, contact cross-bar || ~**codierer** *m* / contacting-type encoder, commutator-type encoder

Kontaktdichte, Steckverbinder hoher ~ / high-density connector

Kontakt·diffusion *f* (IS) / contact diffusion (IC) || ~**draht** *m* / contact wire || ~**druck** *m* / contact pressure || ~**druckfeder** *f* / contact pressure spring || ~**druckmesser** *m* / contact pressure gauge || ~**durchfederung** *f* / contact follow-through travel

Kontakte mit Überschneidung / make-before-break

contacts
Kontakt·ebene *f* / contact plane, contact level || **²einführung** *f* / contact lead-in || **²eingang** *m* (StV) / entry *n* || **²einsatz** *m* (StV) / contact insert || **²einsetzkraft** *f* (StV) / contact insertion force || **²einstellung** *f* / contact gauging || **²elektrizität** *f* / voltaic electricity || **²element** *n* / contact *n* || **²-EMK** *f* / contact e.m.f. || **²entfestigung** *f* / contact softening || **²feder** *f* / contact spring
Kontaktfehler *m* / contact fault || **²häufigkeit** *f* / frequency of contact faults || **²-Suchgerät** *n* / contact fault locator
Kontakt·festigkeit *f* (gS) / bond strength || **²finger** *m* / contact finger || **²fingerkopf** *m* / contact finger tip || **²fläche** *f* / contact surface, contact area || **²fleck** *m* (IS) / bonding pad, bonding island || **²folge** *f* / succession of contacts || **²folie** *f* / contact film || **²freigabekraft** *f* / contact releasing force || **²fürst** *m* / duke of contacts
Kontaktgabe *f* / contact making, contact closure, contacting *n* || **überlappende ²** / overlapping contacting, make-before-break contacting || **überschneidende ²** / overlapping contacting || **²werk** *n* (EZ) / contact mechanism, retransmitting mechanism, contact making clock
kontaktgebend *adj* / contacting *adj* || **~es Messgerät** / instrument with contacts IEC 51
Kontaktgeber *m* / contact maker, contact mechanism, contactor *n*, contacts *n* || **²** *m* (Sensor mit Kontaktausgang) / sensor with contact(s) || **²** *m* (EZ) / contact mechanism, retransmitting mechanism, contact making clock || **²zähler** *m* / impulsing meter, impulse meter
Kontaktgeometrie *f* / contact geometry
Kontaktgerät *n* / contact device, contact-making device
Kontaktglied *n* (SG, HHS) / contact member, contact element (relay) || **²größe** *f* / contact size || **²haltekraft** *f* / contact retention force || **²halter** *m* / contact carrier, contact holder || **²halterung** *f* / contact retention system, contact retainer || **²hammer** *m* / trembler *n*, contact finger, hammer-type contact || **²hub** *m* / contact travel || **²hülse** *f* / contact tube || **²hülse des Schutzkontakts** / earth contact tube, ground contact tube
Kontakt·hammer *m* / contact area || **²hülse** *f* / contact sleeve
Kontaktieren *n* / bonding *n* || **²** *n* (Kontaktgabe) / contacting *n*
Kontaktierung *f* / contacting *n*
Kontaktierungsschicht *f* / contact layer
Kontakt·instrument *n* / instrument with contacts || **²kammer** *f* (StV) / contact cavity || **²kleben** *n* / contact sticking || **²klebstoff** *m* / pressure-sensitive adhesive || **²klemme** *f* / contact clip || **²korb** *m* / contact cage || **²körper** *m* / contact body || **²kraft** *f* / contact force || **²kreis** *m* (Rel.) / contact circuit || **²lage nach Betätigung** / operated contact position || **²lamelle** *f* / contact lamination || **²last** *f* / contact load(ing), contact rating || **²leiste** *f* / contact strip || **²loch** *n* (IS) / contact hole (IC)
kontaktlos *adj* / contactless *adj*, non-contacting *adj*, static *adj*, solid-state *adj*, open-loop *adj* || **~e Baugruppe** / static module || **~e Steuerung** / solid-state control, static control, contactless control || **~e Zeit** / no-contact interval, dead time
Kontaktlösekraft *f* (StV) / contact extraction force
kontaktlos·er Kommutator / electronic commutator || **~er Schnappschalter** / solid-state sensitive switch || **~es Schaltgerät** / solidstate switching device, static switching device, semiconductor switching device || **~es Servosystem** (Schreiber) / contactless servosystem
Kontakt·macher *m* / contact making device, contacting device || **²manometer** *n* / contact manometer, pressure gauge with contacts || **²material** *n* / contact material || **²messer** *n* / penetration blade || **²messer** *n* (Steckverbinder) / contact pin, pin *n* || **²messer** *n* (SG) / contact blade || **²mitgang** *m* / contact follow, contact follow-through travel || **²mittel** *n* / electro-lubricant *n*, electrolube *n* || **²modul** *n* / contact module
Kontakt·-Nennspannung *f* (Rel.) VDE 0435, T.110 / nominal contact voltage || **²niet** *m* / contact rivet || **²oberfläche** *f* / contact surface || **²öffnung** *f* / contact gap, clearance between open contacts || **²öffnung** *f* (IS) / contact hole (IC) || **kleine ²öffnungsweite** VDE 0630 / micro-gap construction (CEE 24) || **normale ²öffnungsweite** VDE 0630 / normal-gap construction (CEE 24) || **²öffnungszeit** *f* / contact parting time || **²papst** *m* / pope of contacts || **²pflegemittel** *n* / contact cleaner
Kontaktplan *m* (SPS) / ladder diagram, relay ladder diagram || **²** *m* (KOP: Neben Funktionsplan (FUP) und Anweisungsliste (AWL) eine Darstellungsart der STEP 5/7-Programmiersprache) / ladder diagram (LAD) || **²programmierung** *f* / ladder-diagram programming, ladder programming
Kontaktplättchen *n* (Lampenfassung) / contact plate, base eyelet
Kontaktpotenzial *n* / contact potential, contact potential difference || **²differenz** *f* / contact potential difference
Kontakt·prellen *n* / contact bounce, contact chatter || **²prellzeit** *f* / contact bounce time || **²punkt** *m* / point of contact || **²rahmen** *m* (Klemme) DIN IEC 23F.3 / contact frame || **²rauschen** *n* / contact noise || **²reiben** *n* / contact wipe || **²reibweg** *m* (StV) / electrical engagement length || **²reiniger** *m* / contact cleaner || **²reinigungsblech** *n* / contact burnisher || **²röhre** *f* (Quecksilberröhre) / mercury contact tube, mercury switch || **²rolle** *f* / contact roller || **Stangenstromabnehmer-²rolle** *f* / trolley wheel || **²rollen** *n* / contact roll || **²rolleneinheit** *f* / contact roller unit
Kontakt·satz *m* (Rel.) VDE 0435,T.110 / contact assembly || **²satz** *m* (Trafo-Stufenschalter) VDE 0532,T.30 / set of contacts IEC 214 || **²schale** *f* / contact shell || **²schalter** *m* (berührungsempfindlicher Sch.) / touch-sensitive switch || **²scheibe** *f* / contact disc, contact washer, locking edge washer || **²schieber** *m* / contact slide || **²schiene** *f* / contact bar || **²schleifbügel** *m* / sliding contact arm || **²schraube** *f* (Anschlussklemme) / (wire) clamping screw, terminal screw
Kontaktschutz *m* / contact protection, protection against arcing, arc suppression || **mechanischer ²** / shroud *n* IEC 50(581) || **²fett** *n* / contact protective grease, jam nut || **²modul** *n* / arc suppression module, RC element
Kontaktseite *f* (Rel.) / contact side, contact circuit
kontaktsicher *adj* / with high contact stability
Kontakt·sicherheit *f* / contact stability IEC 257, safe current transfer, good contact making || **²spalt** *m* /

contact gap, clearance between open contacts ‖ ²**spannung** *f* (zwischen zwei Materialien) / contact potential difference ‖ ²**spiel** *n* / contact float ‖ ²**spitze** *f* / contact tip ‖ ²**stab** *m* / contact rod ‖ ²**stelle** *f* / point of contact, contact point ‖ ²**stift** *m* / pin *n*, contact pin, connector pin ‖ ²**stiftdiagramm** *n* / pinout diagram ‖ ²**störung** *f* DIN 41640 / contact disturbance IEC 512, contact defect

Kontaktstück *n* / contact piece, contact *n* ‖ ² **eines Sicherungseinsatzes** / fuse-link contact

Kontakt·symbol *n* / contact symbol ‖ ²**system** *n* / contact system ‖ ²·**technik** *f* (Prüf.) / contact technique ‖ **gedrucktes** ²**teil** / printed contact ‖ ²**thermometer** *n* / contact-making thermometer, contact thermometer ‖ ²**träger** *m* / contact carrier ‖ ²**trennung** *f* / contact separation, contact parting ‖ ²**trennzeit** *f* / contact parting time ‖ ²**überbrückung** *f* / contact shunt ‖ ²**überdeckung** *f* (Überlappung) / contact overlap ‖ ²**übergangswiderstand** *m* / contact resistance, transfer resistance ‖ ²**überhub** *m* (Abbrandzugabe) / extra way of contact ‖ ²**überlappung** *f* / contact overlap, make-before-break feature, break-before-make feature ‖ ²**umschaltzeit** *f* (Netzumschaltgerät) / contact transfer time ‖ ²**unterbrechung** *f* / contact separation, contact parting ‖ ²**unterbrechung** *f* (Kontaktstörung) / contact disturbance IEC 512, contact defect

Kontakt·verhalten *n* / contact performance, contact behaviour ‖ ²**verknüpfung** *f* (SPS) / relay logic ‖ ²**verschweißen** *n* / contact welding ‖ ²**vervielfacher** *m* / contact multiplier ‖ ²**vervielfachung** *f* / contact multiplication ‖ ²**vorrichtung** *f* / contacting device, contact assembly ‖ ²**walze** *f* / contact roller ‖ ²**weg** *m* / contact travel ‖ ²**weg** *m* (StV) / electrical engagement length ‖ ²**werkstoff** *m* / contact material ‖ ²**widerstand** *m* / contact resistance ‖ ²**zapfen** *m* / contact stud, contact pin ‖ ²**zeigerthermometer** *n* / contact-making dial thermometer ‖ ²-**Zeigerthermometer** *n* / contact-making dial-type thermometer ‖ ²**zeit** *f* (Rel.) / contact time ‖ ²**zeitdifferenz** *f* (Rel.) VDE 0435,T.110 / contact time difference ‖ ²**zuverlässigkeit** *f* / contact reliability

Kontamination *f* / contamination *n*

Konter·fahrschaltung *f* / counter-torque travelling control ‖ ²**hubschaltung** *f* / counter-torque hoisting control ‖ ²**mutter** *f* / lock nut, check nut, prevailing-torque-type lock nut

Kontern *n* (Mot.) / plugging *n*, counter-torque control, counter-torque duty ‖ ~ *v* (Mot.) / plug *v*, reverse *v* ‖ ~ *v* (Schraube) / lock *v*, lock with a lock nut, check *v* ‖ ~ *v* (Zeichnung) / reverse *v*

Konter·schaltung *f* / plugging circuit, counter-torque control circuit ‖ ²**schutz** *m* / anti-plugging protection

kontersicher *adj* / suitable for plugging, suitable for straight reversing

Kontersperrgewicht *n* / counter locking weight

Kontext *m* / context *n*

kontextsensitiv *adj* / context-sensitive *adj*

Kontierung *f* / reference *n*

Kontingenztafel *f* DIN 55350,T.23 / contingency table

kontinuierlich *adj* / continuous *adj*, uninterrupted *adj*, stepless *adj* ‖ ~**e Drehzahlverstellung** / stepless speed variation, continuous speed control ‖ ~**e Regelung** / continuous control ‖ ~**e Steuerung** / continuous control, notchless control ‖ ~**e Welle** / continuous wave (c.w.) ‖ ~**e Zufallsvariable** / continuous random variable ‖ ~**er Fehler** / progressive error ‖ ~**er paralleler Erdungsleiter** / parallel earth-continuity conductor ‖ ~**er Regler** (K-Regler) / continuous controller, continuous-action controller ‖ ~**es Auskreuzen** (Kabelschirmverbindungen) / continuous cross-bonding ‖ ~**es Gasanalysegerät** / continuous gas analyzer ‖ ~**es Merkmal** (QS) DIN 55350, T.12 / continuous characteristic ‖ ~**es Spektrum** *n* / continuous spectrum ‖ ~**es Verhalten** (Reg.) / continuous action IEC 50(351)

Kontinuitätskriterium *n* (Versorgungsnetz) / continuity criterion, supply continuity criterion

Kontinuum *n* (Math.) / continuum *n* ‖ ² *n* (Spektrum) / continuous spectrum

kontrahierter Vakuumlichtbogen / constricted vacuum arc

Kontraktionsziffer *f* / contraction coefficient, Carter's coefficient

Kontrast *m* / contrast *n* ‖ ² *m* / (character) contrast to background ‖ ² **des Speicherbildes** (Osz.) / storage contrast ratio

kontrastarm *adj* / poor in contrast

Kontrast·einsteller *m* (BSG) / contrast control ‖ ²**empfindlichkeit** *f* / contrast sensitivity ‖ ²**empfindungsgeschwindigkeit** *f* / speed of contrast perception ‖ ²**fotometer** *n* / equality of contrast photometer ‖ ²**glas** *n* / tinted contrast glass, dark glass ‖ ²**minderung durch Reflexe** / veiling reflections ‖ ~**reich** *adj* / high-contrast *adj* ‖ ²**sehen** *n* / visual contrast ‖ ²**übertragung** *f* (Strahlungsmodulationsgrad) / beam modulation percentage ‖ ²**verhältnis** *n* (Osz.) / (stored) contrast ratio

Kontrastwiedergabe *f* / contrast rendering ‖ ²**gabefaktor** *m* / contrast rendering factor (CRF)

Kontroll- / control *n*, check *n*

Kontrollanlage, Wächter-² *f* / watchman's reporting system

Kontroll·befehl *m* / check command ‖ ²**bereich** *m* / controlled area ‖ ²**bohrung** *f* / reference hole, inspection hole ‖ ²**dorn** *m* / mandrel gauge, control pin ‖ ²**dorn** *m* (Blechp.) / stacking gauge

Kontrolle *f* / check *n*, inspection *n*, verification *n*, watchdog *n* ‖ ² *f* (Überwachung) IEC 50(191) / supervision *n*, monitoring *n* ‖ ² **der Hauptstromverbindungen** (LE) / connection check IEC 700 ‖ ² **der Stoßstromfestigkeit** (LE) / fault current capability check IEC 700 ‖ ² **des Einschalt- und Ausschaltverhaltens** (LE) / turn-on/turn-off check IEC 700 ‖ **1 aus n-**² / 1-out-of-n check ‖ **rechnerische** ² / computational check

Kontroll·eingangsadresse *f* / control input address ‖ ²**empfänger** *m* (RSA) / checkback receiver ‖ ²**feld** *n* (Teil eines Telegramms) / control field ‖ ²**folge** *f* / checkweighing rate ‖ ²**frequenz** *f* / check-back frequency ‖ ²**funkenstrecke** *f* / tell-tale spark gap, auxiliary control gap ‖ **untere** ²**grenze** (QS) / lower control limit

kontrollieren *v* / control *v*, check *v*, verify *v*

Kontroll·karte für kumulierte Werte (QS) / consum chart ‖ ²**kästchen** *n* / checkbox *n* ‖ ²**körper** *m* / calibration block

Kontrolllampe *f* / repeater lamp, pilot lamp, pilot light, indicator light, signaling light || **Fernlicht~** *f* / main beam warning lamp

Kontroll·lasche *f* / indicator strip || **≗lehre** *f* / standard gauge || **≗linie** *f* / checking line || **≗maß** *n* / reference dimension || **≗messung** *f* / check measurement, gauging check, dimensional check || **≗normalgerät** *n* (EZ) / substandard *n*

Kontroll·polygon *n* / check polygon || **≗programm** *n* / supervisory routine, monitoring program, tracing program || **≗prüfung** *f* / check test || **≗punkt** *m* / checkpoint *n* || **≗punktmarke** *f* (Flp.) / checkpoint marking || **≗punktzeichen** *n* (Flp.) / checkpoint sign || **≗riss** *m* / reference marking, reference line || **≗rückführung** *f* / monitoring feedback

Kontroll·schalter *m* (I-Schalter m. Meldeleuchte) / switch with pilot lamp, switch with target-light indicator || **Wechsel-≗schalter** *m* / two-way switch with pilot lamp || **≗schaltung** *f* / test circuit || **≗signal** *n* / check-back signal || **≗spur** *f* / checklist *n* || **≗stromkreis** *m* / calibration circuit || **≗summe** *f* / total for control || **≗uhr** *f* / time recorder || **≗versuch** *m* / check test || **≗winkel** *m* / checking angle || **≗zählung** *f* (Stromlieferung) / check metering || **≗zählwerk** *n* / check register || **≗zeichen** *n* / test mark || **≗zentrum** *n* / control centre, control center || **≗zentrum** *n* (Lastverteiler) / load dispatch centre

Kontur *f* / contour *n*, outline *n*, contour line, design *n*, profile *n* || **≗ der Eingriff-Stirnfläche** (Stecker) / outline of engagement face || **≗ eines Parabolkegels** / shape of a lathe turned plug || **≗ fräsen** / mill a contour || **≗ schließen** / close contour || **≗ verwerfen** / reject contour || **≗ wiederanfahren** (NC) / repositioning *n*, reposition *v* || **abfallende ≗** / falling contour || **freie ≗** / free contour || **gerichtete ≗** / directed contour || **neue ≗** / new contour || **programmierte ≗** / programmed contour || **verdeckte ≗** / concealed contours

Kontur·abschluss *m* / finish contour || **≗abschnitt** *m* / section of the contour || **≗abweichung** *f* / contour deviation || **≗abweichung** *f* (NC) / deviation from contour || **≗anfang** *m* (NC) / contour start || **≗bearbeitung** *f* / contour machining || **≗bereich** *m* / contour range || **≗beschreibung** *f* / contour definition || **≗bild** *n* / outline figure || **≗definition** *f* / contour definition || **≗drehen** *n* (NC) / contour turning, contouring *n* || **≗ebene** *f* / contour plane || **≗ecke** *f* / contour corner || **≗element** *n* (NC) / contour element, span *n*, segment *n* || **≗element** *n* (graft DV) / outline element

konturenscharf *adj* (BSG) / high-definition *adj*

Konturen·stecker *m* / two-pole plug for Class II apparatus || **≗treue** *f* (gS) / definition *n* || **≗übergang** *m* / contour transition

Kontur·erfassung *f* / recording the contour || **≗erstellung** *f* / contour generation || **≗erzeugung** *f* / contour generation || **≗fehler** *m* / contour violation || **≗fräsen** *n* / profiling *n*, contour milling || **≗fräsmaschine** *f* / contour milling machine

Kontur·genauigkeit *f* / contour precision, contour accuracy || **≗handrad** *m* / contour handwheel || **≗kante** *f* / contour edge || **≗kantenanleimmaschine** *f* / contour edge-glue machine || **≗kantenbearbeitung** *f* / contour-edge machining || **≗kette** *f* / contour chain || **≗krümmung** *f* / contour curvature || **≗kurzbeschreibung** *f* / contour definition programming (A facility which enables the part contour to be programmed directly from the workpiece drawing) || **≗-Kurzbeschreibung** *f* (NC) / contour format shorthand, blueprint programming || **≗kurzprogrammierung** *f* / blueprint programming || **≗makro** *m* / contour macro || **≗name** *m* (NC, CLDATA-Satz) / contour identifier || **≗normale** *f* / contour normal

konturparallel *adj* / parallel to contour

Kontur·radius *m* / contour radius || **≗rechner** *m* / contour calculator || **≗rechner für NC-Geometrieprogramme** / contour calculator for NC geometry programs || **≗richtung** *f* / contour direction || **≗schleifen** *n* / profile grinding || **≗schruppen** *n* / contour roughing || **≗simulation** *f* / contour simulation || **≗stück** *n* / contour piece

Kontur·tangente *f* / contour tangent || **≗tasche** *f* / contour pocket || **≗taschenzyklus** *m* / contour pocket cycle || **≗teilstück** *n* / contour piece || **≗treue** *f* / contour precision, contour accuracy || **≗tunnelüberwachung** *f* / contour tunnel monitoring || **≗übergangselement** *n* / contour transition || **≗überwachung** *f* / contour monitoring || **≗verletzung** *f* / contour violation || **≗verschiebung** *f* (NC) / contour shift, contour transfer

Konturzug *m* / CON (contour definition) || **≗** *m* (NC) / contour definition (CON), train of contour elements || **≗** *m* (graft DV) / outline *n* || **Fase bei ≗** (NC) / chamfer between two contour elements || **≗kurzbeschreibung** *f* / contour definition programming (A facility which enables the part contour to be programmed directly from the workpiece drawing) || **≗programmierung** *f* (NC: Die Möglichkeit, die Kontur eines Werkstücks direkt nach der Werkstückzeichnung zu programmieren) / contour definition programming, geometric contour programming, blueprint programming || **≗programmierung** *f* (Die Möglichkeit, die Kontur eines Werkstücks direkt nach der Werkstückzeichnung zu programmieren) / blueprint programming || **≗winkel** *m* / contour angle

Konus *m* / cone *n* || **≗klemme** *f* / conical terminal || **≗kupplung** *f* / cone clutch

Konvektion *f* / convection *n* || **freie ≗** / natural convection

Konvektions·strom *m* / convection current || **≗zahl** *f* / coefficient of convection

konventionell *adj* / conventional *adj* || **≗** / jog mode || **~ mit elektronischem Handrad** / jog with electronic handwheel || **~ mit NC** / jog via NC || **≗ ohne NC** / jog independent of NC || **~ richtiger Wert** / conventional true value || **~e Größen** / conventional quantities || **~e Leerlauf-Gleichspannung** (Gleichrichter o. Wechselrichter) / conventional no-load direct voltage || **~e maximale Blitzüberspannung** / conventional maximum lightning overvoltage || **~e maximale Schaltüberspannung** / conventional maximum switching overvoltage || **~e Meldeanlage** (festverdrahtete M.) / hard-wired annunciation (o. alarm) system || **~e Pegelsicherheit** / conventional safety factor || **~e Spannungsgrenze** / conventional touch voltage limit || **~e Steh-Blitzstoßspannung** / conventional lightning impulse withstand voltage || **~e Steh-Schaltstoßspannung** / conventional switching impulse withstand voltage || **~e Steh-Stoßspannung** / conventional impulse withstand voltage || **~e Zeit** (GSS, LSS) / conventional time ||

auf den ~en Wert bezogene Abweichung (Rel.) DIN IEC 255, T. 1-00 / conventional error (relay) || **~er Betrieb** (NC) / manual mode of operation (NC) ISO 2806-1980, jog mode || **~er Pegelfaktor** VDE 0111,T.1 A1 / conventional safety factor || **~er Prüfstrom** / conventional test current || **~er richtiger Wert** / convential true value || **~er thermischer Bemessungsstrom** VDE 0660,T.101, 107 / rated thermal current || **~er thermischer Strom in freier Luft** / conventional free-air thermal current || **~er thermischer Strom von Geräten in Gehäusen** / conventional enclosed thermal current || **~er Vorschub** (WZM, NC) / feed in jog mode || **~es Fahren** (NC) / manually controlled traversing, traversing in jog mode || **~es thermisches Kraftwerk** / conventional thermal power station

Konvergenz *f* / convergence *n* || **≗abgleich** *m* / convergence correction || **≗elektrode** *f* / convergence electrode || **≗fläche** *f* / convergence surface || **≗korrektur** *f* (Bildröhre) / convergence correction || **≗magnet** *m* / convergence magnet

Konversionsrate *f* / conversion rate

Konvertierungs·datei *f* / conversion file || **≗raten** *f pl* / conversion rates || **≗vorschrift** *f* (Ist in Beschreibungsdatei enthalten und ermöglicht es der Werkzeugverwaltung den Datenstrom vom Codeträger zu lesen) / conversion specification

konvex *adj* / convex *adj*, crowned *adj*

Konzentration pro Volumeneinheit / concentration per volume unit

Konzentrations·parameter *m* / parameter of concentration || **≗polarisation** *f* (Batt.) / concentration polarization, mass-transfer polarization

Konzentrator *m* (DÜ) / concentrator *n*, data concentrator || **≗-Station** *f* (FWT) / concentrator station

konzentriert *adj* / focussed *adj* || **~e Impedanz** / lumped impedance || **~e Kapazitäten** / lumped capacitances || **~e Konstante** / lumped constant || **~e Wicklung** / concentrated winding || **aus ~en Elementen aufgebauter Stromkreis** / lumped circuit || **~er Entstörwiderstand** / concentrated resistive suppressor || **~es Licht** / concentrated light

konzentrisch·e Spule / concentric coil, cylindrical coil || **~e Spulenwicklung** / concentric coil winding, concentric winding || **~e Wicklung** / concentric winding, unbifurcated winding || **~e Wicklungsanordnung** (Trafo) / concentric windings IEC 50(421) || **~er Außenleiter** / concentric outer conductor, concentric conductor || **~er Kontakt** / concentric contact || **~er Leiter** / concentric conductor || **~er Neutralleiter** (Kabel) / concentric neutral (conductor) || **~er Schutzleiter** / concentric PE conductor, concentric neutral conductor

Konzentrizitätsfehler zwischen Kern und Mantel (LWL) / core/cladding concentricity error

Konzept *n* / design *n* || **≗phase** *f* / concept phase

Konzessionsdruck *m* / design pressure

Koordinate *f* / coordinate *n* || **≗ einer vektoriellen Größe** / component of a vector quantity

Koordinaten, rechtwinklige ≗ / rectangular coordinates, Cartesian coordinates

Koordinaten·achse *f* / coordinate axis, axis of coordinate || **≗anfangspunkt** *m* / coordinate origin, coordinate datum || **≗bemaßung** *f* (CAD) / coordinate dimensioning, ordinate dimensioning || **≗bezugspunkt** *m* / coordinate reference point

Koordinatendrehung *f* (KD) / coordinate rotation (COR) || **≗ und Maßstabfaktor** / coordinate rotation and scale factor (COA), COA (coordinate rotation and scale factor)

Koordinaten·gitter *n* / coordinate grid || **≗grafik** *f* / coordinate graphics || **≗maß** *n* / coordinate dimension || **≗maß-Befehl** *m* (NC, Wort) / coordinate dimension word || **≗maße** *n pl* / coordinate dimensions || **≗-Messmaschine** *f* (NC) / coordinate inspection machine, coordinate gauging device, numerically controlled inspection machine || **≗netz** *n* / coordinate grid || **≗nullpunkt** *m* / zero point, point of origin, zero *n*, origin *n* || **≗-Nullpunkt** *m* (NC) / coordinate basic origin || **≗schreiber** *m* / plotter *n*

Koordinatensystem *n* (KS) / coordinate system || **rechtsdrehendes ≗** / right-handed Cartesian coordinate system || **rechtwinkliges ≗** / rectangular coordinate system, rectangular Cartesian coordinate system || **≗drehung** *f* / coordinate system rotation

Koordinaten·tisch *m* (WZM, NC) / coordinate table, positioning table || **≗transformation** *f* (Die Umwandlung eines Koordinatensystems in ein anderes. Meist kartesische Koordinaten in Polarkoordinaten und umgekehrt) / coordinate transformation (The conversion of one coordinate system into another. Mostly Cartesian coordinates to polar coordinates and vice versa) || **≗ursprung** *m* / zero point, point of origin, zero *n*, origin *n* || **≗ursprung** *m* (KU) / coordinate origin, coordinate datum || **≗wandler** *m* / coordinate converter || **≗wandler** *m* (Resolver) / resolver *n* || **≗werte** *m pl* (NC) / coordinate values, coordinate dimensions || **≗wort** *n* / dimension word

Koordinations·ebene *f* DIN 30798, T.1 / coordination plane || **≗gerade** *f* DIN 30798, T.1 / coordination line || **≗punkt** *m* DIN 30798, T.1 / coordination point

Koordinator *m* (elST) / coordinator *n*, allocator *n*

koordinierende Stehspannung des Isolationspegels / coordinating withstand voltage of insulation level

Koordinierung *f* / coordination *n*

Koordinierungs·byte *n* / coordination byte || **≗merker** *m* (SPS) / coordination flag || **≗prozessor** *m* / coordination processor || **≗wort** *n* (SPS) / coordination word

KOP (Kontaktplan) / ladder diagram, relay ladder diagram, LAD (ladder diagram) || **≗-AKTIV** (Kopplung aktiv) / ACTIVE LINK || **≗-AUS** / OFF LINK || **≗-EIN** / ON LINK

Kopf *m* / head *n* || **≗** *m* (Bürste) / top *n* || **≗** *m* (PMG-Nachricht, SPS-Baustein) / header *n* || **≗** *m* (DÜ) / heading *n* || **über ≗ zündender Thyristor** / break-over thyristor || **≗aktivierungsmechanismus** *m* (Speicherlaufwerk) / head activating mechanism || **≗ankerrelais** *n* / front-armature relay, end-on armature relay || **≗ansatz** *m* (Bürste) / head *n* || **≗armatur** *f* (Bürste, führend) / guide clip || **≗armatur** *f* (Bürste, Verschleiß verhindernd) / finger clip, hammer clip

Kopf·balken *m* / top girder || **≗bauweise** *f* / MPC head module || **≗bauweise** *f* (Strom- und Spannungswandler) / top-assembly type, top-

winding type || ≗**beruhigungszeit** *f* (Speicherlaufwerk) / head settling time
Kopffläche *f* (Bürste) / top end, holder end || **teilweise geschrägte** ≗ (Bürste) / partly bevelled top
kopfgesteuerte Einspritzung (Kfz) / top-fed injection
Kopf·information *f* (PROFIBUS) / header *n* || ≗**information** *f* (SPS) / header information || ≗**kennung** *f* / top *n*, header *n*, head *n* || ≗**kennung** *f* (SPS) / header identifier || ≗**kontaktklemme** *f* / screw terminal || ≗**kreis** *m* (Zahnrad) / tip circle, addendum circle, crown circle || ≗**kreisdurchmesser** *m* / outside diameter
Kopf·lager *n* / top bearing, upper pivot || ≗**lampe** *f* / cap lamp || ≗**länge** *f* / head length || ≗**lastigkeit** *f* / top-heaviness *n*, top heavy || ≗**leiste** *f* / top rail, top bezel plate || ≗**leiste** *f* (Schrank) / top (bracing) rail, top brace || ≗**leuchte** *f* / cap lamp || ≗**messumformer** *m* / head transmitter || ≗**mulde** *f* (Bürste) / top groove || ≗**niet** *m* / round-head rivet || ≗**nut** *f* (Bürste) / top slot || ≗**platte** *f* / too plate || ≗**raumausbau** *m* / top space expansion
Kopf·satz *m* / header *n*, head *n*, top *n* || ≗**schräge** *f* (Bürste) / top bevel || ≗**schraube** *f* / machine screw, head screw, cap screw || ≗**schraubenklemme** *f* / screw terminal || ≗**schwenkung** *f* (NC, CLDATA-Wort) / rotate head (CLDATA word) ISO 3592 || ≗**schwenkung** *f* (WZM) / head rotation || ≗**spiel** *n* / crest clearance, tip clearance || ≗**station** *f* (LAN) / head-end *n* || ≗**stecker** *m* / jumper header, jumper comb || ≗**stecker** *m* (elST) / jumper header || ≗**steuerung** *f* (SPS) / master control, master controller, master PLC, process master unit || ≗**steuerung** *f* (KST) / master control, process master unit (PMU) || ≗**-Stromwandler** *m* / top-assembly current transformer, top-winding current transformer
Kopfstück *n* (Kopfleuchte) / head piece || ≗ *n* (Bürste) / head *n*, top *n* || **Bürste mit** ≗ / headed brush || **Spreizbürste mit** ≗ / split brush with wedge top
Kopf·stütze *f* (Kfz) / head restraint || ≗**teil** *n* / header section || ≗**winkel** *m* / addendum angle || ≗**zeile** *f* / header *n*, headline *n*, title *n* || ≗**zeile/Fußzeile** / header/footer || ≗**zugversuch** *m* / U-tensile test, spot weld tensile test
Kopie *f* / copy *n* || ≗ *f* (Nachahmung eines Fabrikats) / clone *n* || ≗**n sortieren** / collate *n*
Kopier·datenerfassung *f* / photocopier data recording || ≗**drehbank** *f* / copying lathe || ≗**drehmaschine** *f* / copying lathe || ≗**drehmeißel** *m* / copying tool
kopieren *v* (a. DV) DIN 44300 / copy *v*
Kopierfehler *m* (Verstärker) / bounding error
Kopierfräsen *n* / copy milling || ~ *adj* (Starre Verbindung von Abtast- und Frästechnologie im Gegensatz zum Digitalisieren) / profile *adj*
Kopier·fräsmaschine *f* / profile milling machine || ≗**fühler** *m* (WZM) / copying tracer, tracer *n* || ≗**gerät** *n* / photocopier *n* || ≗**lizenz** *f* / copy license (CL), multi-user licence || ≗**schutzstecker** *m* / coding plug, polarization plug || ≗**schutzteil** *n* / dongle *n* || ≗**steuerung** *f* (WZM, NC) / copying control, tracer control, copying system || ≗**support** *m* / duplicating slide || ≗**system** *n* / copying system || ≗**verstärker** *m* / unity-gain amplifier || ≗**werkschalter** *m* (Nockenschaltwerk) / cam controller

Koppel *f* (Verbindungsstab) / connecting rod || ≗ *f* (Getriebe) / link *n*, linkage *n*, coupler *n*
Koppelbaugruppe *f* / gateway *n*, link module || ≗ *f* (Bussystem - Rechner) / interface module, interface card
Koppel·befehl *m* / coupling instruction || ≗**bereich** *m* / communication area || ≗**-Boards** / routing control panels || ≗**bolzen** *m* / coupling bolt || ≗**dämpfung** *f* (a. LWL) / coupling loss, coupler loss || ≗**diode** *f* / coupling diode || ≗**ebene** *f* (Schnittstelle) / interface level, process interface level || ≗**elektrode** *f* / coupling electrode
Koppelelement *n* / bridge *n* (layer 2), router *n* (layer 3), gateway *n* (layer 7) || **optoelektronisches** ≗ / optocoupler *n*, optical coupler, optical isolator
Koppel·faktor *m* / coupling factor || ≗ *m* (KF) / coupling factor, fixed-point format, KF || ≗**feld** *n* (Schaltmatrix) / switching matrix || **Relais-**≗**feld** *n* (Platine) / relay connector board
Koppel·gelenk *n* / linkage *n*, coupler *n* || ≗**glied** *n* / coupling device, coupling element, coupling link, interface *n* || ≗**impedanz** *f* / coupling impedance || ≗**kapazität** *f* / coupling capacitance || ≗**leitebene** *f* / interface (o. coupling) control level || ≗**merker** *m* (SPS) / communication flag, inter-processor communication flag || ≗**merkereingang** *m* / communications input flag || ≗**modul** *n* (Dient zum Beispiel der Verbindung des DC-Schienensystems der Geräte der Bauform Kompakt PLUS (MC) mit der Gleichspannungsversorgung der Kompakt- oder Einbaugeräte) / interface module, coupling module (base section of an AS-Interface application module), DC link module || ≗**modus** *m* (SPS) / communications mode
Koppeln *n* (CLDATA-Wort) / couple ISO 3592 || ~ *v* / connect *v* (Make a logical link (such as between a MMI and a MPU, eventually through communication devices). See Plug for physical connection), link *v*, couple *v*, interface *v*
Koppel·navigation *f* (Kfz-Navigationsgerät) / dead reckoning || ≗**netzwerk** *n* / switching network || ≗**netzwerk** *n* (Rechner-Messelektronik) / interface *n* || ≗**operation** *f* (SPS) / interface operation || ≗**partner** *m* / peer *n*, node *n* || **verbundene** ≗**produkte** / chlorine and associated products || ≗**prozessor** *m* / interface (o. coupling) processor || ≗**rahmen** *m* (Prozessleitsystem) / coupler frame || ≗**-RAM** *n* / communications RAM, link RAM || ≗**relais** *n* / coupling relay, crosspoint relay, interposing relay
Koppel·-Schubgelenk *n* / thrust linkage mechanism, prismatic-joint linkage || ≗**-Schubgelenk-Schaltsystem** *n* (Trafo) / thrust linkage tap changing system || ≗**schütz** *n* / coupling relay || ≗**schütz** *n* (Hilfsschütz) / contactor relay, control relay || ≗**schwingung** *f* / coupled mode || ≗**software** *f* / communication software, interfacing software (e.g. bus - computer), linking software
Koppelspeicher *m* / communications buffer, memory area, mailbox *n*, sub-section *n* || ≗**modul** *n* (RAM) / communications RAM
Koppel·strecke *f* / data link || ≗**strecke** *f* (Datennetze) / (data) link *n* || ≗**teil** *n* / coupling section || ≗**treiber** *m* / communications driver || ≗**trieb** *m* (Wickler) / double drag-link gearing || ≗**verluste** *m pl* / coupling loss || ≗**welle** *f* / coupling shaft || ≗**wirkungsgrad** *m* / coupling efficiency || ≗**zange** *f*

/ clip-on coupling device, clamp *n*
Koppler *m* / coupler *n* || ≗ *m* / gateway *n* || **LWL-**≗ *m* / optical-fibre coupler, optical coupler
Kopplung *f* (von zwei unter normalen Bedingungen getrennten Stromkreisen mit der Möglichkeit der Energie- o. Signalübertragung) / coupling *n*, interface *n* || ≗ *f* (NC, WZM) / link *n*, linking *n* || ≗ *f* (durch Schnittstelle) / interfacing *n* || ≗ *f* (Datenverbindung) / data link || ≗ *f* (Anschaltung, Prozess) / interfacing *n*, interface connection || ≗ *f* (Rechner - Zentralgerät o. - Entwicklungssystem) / link-up *n* || ≗ *f* (v. Datennetzen) / internetworking *n* || ≗ **aktiv** (KOP-AKTIV) / ACTIVE LINK || ≗ **aus** / OFF LINK || ≗ **ein** / ON LINK || ≗ **zum PROFIBUS-DP** / gateway to PROFIBUS-DP || ≗ **zwischen Stufen** / interstage coupling || **digitale** ≗ / digital link || **magnetische** ≗ / magnetic coupling, inductive coupling || **Moden~** *f* / mode locking || **Prozess~** *f* / process interfacing || **Punkt-zu-Punkt-**≗ *f* / point-to-point link(-up), peer-to-peer link, point-to-point connection || **sternförmige** ≗ (Anschlüsse) / point-to-point connection
kopplungsarm *adj* / with low coupling inductance
Kopplungs·art *f* / type of connection || ≗**baugruppe** *f* (Tischrechner-Automatisierungsgerät) / communications module (o. card), communicator *n* || ≗**dämpfung** *f* (Diode) DIN 41853 / isolation *n* (diode) || ≗**faktor** *m* / mode of coupling, coupling factor, coefficient of inductive coupling || ≗**grad** *m* / coupling factor, coefficient of inductive coupling
Kopplungsimpedanz *f* / mutual impedance || ≗ **für Stoßwellen** / mutual surge impedance
Kopplungskapazität, Eingangs-≗ *f* / capacitance to source terminals
Kopplungs·kondensator *m* / coupling capacitor || ≗**kondensator** *m* (RSA) / injection capacitor || ≗**kontakt** *m* / coupling contact
kopplungskritische Drehzahl / combined critical speed
Kopplungs·messer *m* / unbalance test set || ≗**partner** *m* (Kommunikationsnetz) / peer *n* || ≗**pfad** *m* (EMV) / coupling path || ≗**programm** *n* / communication(s) program, communications software, interfacing program || ≗**programmpaket** *n* / communications software package || ≗**protokoll** *n* (SPS) / communications protocol || ≗**schnittstelle** *f* (SPS) / network interface || **~symmetrisches Zweitor** / reciprocal two-port network
Kopplungs·transformator *m* / coupling transformer || ≗**treiber** *m* (DÜ, SPS) / link driver || ≗**verluste** *m pl* / coupling loss || ≗**vorrichtung** *f* / coupling device || ≗**vorrichtung für Trägerfrequenz** / carrier-frequency coupling device || ≗**widerstand** *m* / transfer impedance, surface transfer resistance (coaxial cable) || ≗**wirkungsgrad** *m* / coupling efficiency
Koprozessor *m* / coprocessor *n* (COP)
KOP-Sprache *f* / LAD language
Korb *m* (einer Arbeitsbühne) / bucket *n* || ≗**leuchte** *f* / guarded luminaire, luminaire with basket guard || ≗**wicklung** *f* / chain winding, basket winding, lattice winding, diamond winding
Kordel·mutter *f* / knurled nut, milled nut || ≗**schraube** *f* / knurled thumb screw
Kordelung *f* / knurling *n*, diamond knurling
Korkenzieherregel *f* / corkscrew rule
Korkschrot *m* / powdered cork
Körner *n pl* / prick punch, center punch
körnergesichert *adj* / secured by punched centres
Körnerschlag, durch markieren / prick-punch *v* || **durch** ≗ **sichern** / lock by a punch mark
kornförmig *adj* / granular *adj* || **Schutz gegen ~e Fremdkörper** / protection against solid bodies greater than 1 mm
Korn·grenze *f* / grain boundary || ≗**grenzenausscheidung** *f* / separation at grain boundaries || ≗**größe** *f* / particle size, grain size, size of granules || ≗**größeneffekt** *m* / particle size effect, composition effect || ≗**größenverteilung** *f* / particle distribution, grain size distribution || ≗**gruppe** *f* / particle size group || ≗**klasse** *f* / particle category || ≗**korrosion** *f* / intercrystalline corrosion || ≗**korrosionsprüfung** *f* / intercrystalline corrosion test, weld decay test
kornorientiert *adj* / grain-oriented *adj*
Kornorientierung *f* / grain orientation || **Blech ohne** ≗ / non-oriented (sheet steel)
Körnung *f* / particle distribution, grain size distribution, graining *n*
Kornverteilung *f* / particle distribution
Korona·-Aussetzspannung *f* / partial-discharge extinction voltage, corona extinction voltage || ≗**dämpfung** *f* / corona attenuation, corona damping || ≗**-Einsetzfeldstärke** *f* / partial-discharge inception field strength, corona inception field strength || ≗**-Einsetzspannung** *f* / partial-discharge inception voltage, corona inception voltage || ≗**entladung** *f* / corona discharge, corona conduction, corona *n* || ≗**entladungsröhre** *f* / corona discharge tube || ≗**erscheinung** *f* / corona effect, corona *n* || ≗**leistung** *f* / corona discharge power || ≗**oberwellen** *f pl* / corona harmonics || ≗**störspannung** *f* / corona interference voltage || ≗**verlust** *m* / corona loss || ≗**zündimpuls** *m* / initial corona pulse
Körper *m* (eines el. Betriebsmittels) VDE 0100, T.200 / exposed conductive part IEC 50(826) || ≗ *m* (eines Leuchtmelders) / body *n* || ≗ *m* (Festkörper) / solid *n* || ≗ *m* (Rob.) / base *n* || **Dämpfungs~** *m* / damping element || **farbiger** ≗ / coloured body || **graustreuender** ≗ / neutral diffuser, non-selective diffuser || **Kontroll~** *m* / calibration block || **Prüf~** *m* / test block, test piece || **Vergleichs~** *m* / reference block || ≗**erdung** *f* / frame earth (GB), frame ground (US) || ≗**farbe** *f* / non-self-luminous colour, surface colour, non-luminous colour || ≗**klemme** *f* / frame terminal || ≗**lage des Beobachters** / posture of observer || ≗**modell** *n* (CAD) / solid model || ≗**schaft** *f* / body *n*
Körperschall *m* / structure-borne noise || ≗**abtaster** *m* / direct-contact vibration pickup || **~isoliert** *adj* / insulated to prevent transmission of structure-borne noise || ≗**übertragung** *f* / transmission of structure-borne noise
Körperschluss *m* VDE 0100, T.200 / short circuit to exposed conductive part, short circuit to frame, fault to frame || ≗ **mit Übergangswiderstand** / high-resistance fault to exposed conductive part, high-impedance fault to exposed conductive part
Körperstrom *m* / shock current, current flowing through the human body || ≗ *m* (Strom zu Masse) / fault current to frame, leakage current || **gefährlicher** ≗ VDE 0100, T.200 / shock current IEC 50(826)

Körperströme, Schutz gegen gefährliche ≗ DIN IEC 536 / protection against electric shock
korrekt *adj* / correct *adj*
Korrektion *f* (Impulsmessung) / correction *n*
korrektive Instandhaltung IEC 50(191) / corrective maintenance
Korrektur *f* / override *n*, overstore *n*, offset *n*, message collision, collision *n* ‖ ≗ *f* (NC, automatisch) / compensation *n*, correction *n* ‖ ≗ *f* (NC, durch Handeingriff) / manual override, manual correction ‖ **Programm~** *f* / program patching, program debugging, program correction, program editing ‖ ≗**betrag** *m* (NC) / amount of offset, offset *n* ‖ ≗**block** *m* (NC) / compensation (data) block ‖ ≗**buchung** *f* / correction cost transfer ‖ ≗**daten** *plt* (NC) / compensation data, correction data ‖ ≗**-DAU** *m* / correction DAC (C-DAC) ‖ ≗**eingabe** *f* (NC) / compensating input ‖ ≗**eingriff** *m* / override *n*
Korrekturen *f pl* (NC) / compensations and overrides
Korrektur·faktor *m* / correction factor, rating factor ‖ ≗**größe** *f* / correcting quantity ‖ ≗**maßnahmen** *f pl* (a. QS) / corrective action ‖ ≗**möglichkeit von Hand** / manual override feature ‖ ≗**möglichkeit von Hand** (NC) / manual override (o. correction) feature ‖ ≗**parameter** *m* (NC) / compensation parameter ‖ ≗**position** *f* (NC) / compensation position, correction point ‖ ≗**rechner** *m* (f. Messumformer) / correction-values calculator ‖ ≗**rechnung** *f* / corrective calculation ‖ ≗**richtung** *f* (NC) / direction of compensation
Korrektur·satz *m* / compensation block ‖ ≗**satz** *m* (NC) / compensation (data) block ‖ ≗**schalter** *m* (NC) / offset switch, override switch ‖ ≗**schalter-Eckwerte bei Lookahead** / prepared override velocity characteristics with Look Ahead ‖ ≗**speicher** *m* / offset memory ‖ ≗**speicher** *m* (NC) / compensation memory, tool compensation storage ‖ ≗**stand** *m* / correction status ‖ ≗**steuerung** *f* (NC) / compensating control, override control ‖ ≗**verfahren** *n* (Relaxationsmethode) / relaxation method ‖ ≗**version** *f* / update version ‖ ≗**wert** *m* / correction value ‖ ≗**wert** *m* (NC) / compensation value, offset value, offset *n* ‖ ≗**zeiger** *m* (Cursor) / cursor *n* ‖ ≗**zeigertaste** *f* / cursor key
Korrelations·diagramm *n* (Statistik, QS) / scatter diagram ‖ ≗**funktion** *f* / correlation function ‖ ≗**koeffizient** *m* DIN 55350, T.23 / coefficient of correlation
Korrespondenzdrucker *m* / letter quality printer
korrespondenzfähiges Schriftbild / near-letter-quality print (NLQ)
korrespondiert mit / related to
korrigierbarer Fehler / recoverable error
korrigieren *v* / revise *v*
korrosionsbeständig *adj* / non-corroding *adj*, corrosion-resistant *adj*, stainless *adj* ‖ **~er Stahl** / stainless steel
Korrosionsbeständigkeit *f* / corrosion resistance, stain resistance
Korrosions·element *n* / corrosion cell ‖ ≗**ermüdung** *f* / corrosion fatigue ‖ **~hemmend** *adj* / corrosion-inhibiting *adj* ‖ ≗**produkt** *n* / corrosion product
Korrosionsschutz *m* / corrosion protection, corrosion control, anti-corrosion serving, corrosion-resistant covering (A layer of insulating material applied outside the metallic sheath, screen or armouring to protect against corrosion) ‖ **kathodischer** ≗ (KKS) / cathodic protection (CP) ‖ **elektrische** ≗**anlage** (EKS) / cathodic protection system ‖ ≗**anstrich** *m* / anti-corrosion coating
korrosionsschützende Überzüge / corrosion resistant cover, corrosion resistant protecting cover
Korrosionsschutz·farbe *f* / anticorrosion paint, anti-rust paint ‖ ≗**mittel** *n* / anticorrosion agent, corrosion preventive ‖ ≗**wirkstoff** *m* / corrosion inhibitor
Korrosions·strom *m* / corrosion current ‖ ≗**-Zeitfestigkeit** *f* / fatigue strength under corrosion for finite life, resistance to corrosion fatigue
korrosiv *adj* / corrosive *adj*
Korrosivität *f* / corrosivity *n*
Korund *n* / corundum *n* ‖ **Sinter~** *m* / sintered alumina
korundgestrahlt *adj* / corundum blasted
Kosten der nicht gelieferten Energie / cost of kWh lost ‖ ≗ **für Reservevorhaltung** (StT) / standby charge ‖ **arbeitsabhängige** ≗ (StT) / energy cost ‖ ≗**, Versicherung und Fracht** / cost, insurance and freight (CIF) ‖ ≗**erstattung** *f* / reimbursement *n* ‖ ≗**formel** *f* (StT) / cost formula ‖ ≗**führerschaft** *f* / price leadership ‖ ≗**funktion** *f* (QS) / cost function
kostengünstig *adj* / cost-effective *adj*, low-cost *adj*
Kostenklärung *f* / cost clarification
kostenlos *adj* / free of charge
Kosten·matrix *f* / cost array ‖ **~orientiert** *adj* / cost-directed *adj* ‖ ≗**position** *f* / cost position ‖ ≗**rechnung** *f* / cost accounting ‖ ≗**regelung** *f* / cost regulation, costing arrangement ‖ ≗**regelungen** *f pl* / accounting *n* ‖ ≗**sammlung** *f* / summary clarification of costs ‖ ≗**stelle** *f* / cost center ‖ ≗**träger** *m* / cost unit, invoiced partner ‖ ≗**trägerkennung** *f* / invoiced partner ID ‖ ≗**verteilung** *f* (StT) / cost allocation ‖ ≗**weitergabe** *f* / cost invoicing ‖ ≗**zuordnung** *f* / cost allocation
Kote *f* (Höhenk.) / altitude *n*, elevation *n*
Kovarianz *f* DIN 55350, T.23 / covariance *n*
K-Preisbildung *f* / generating customer prices
KR (Knebel rastend) / twist switch latched
Krachen *n* (Elektronenstrom) / crackling *n*
Krachstörung *f* / buzz *n*
Kraft *f* / force *n* ‖ ≗ **zum losbrechen** / initial break away force ‖ **elektromotorische** ≗ (EMK) / electromotive force (EMF) ‖ **federgespeicherte** ≗ / spring-stored energy ‖ **gegenelektromotorische** ≗ / back electromotive force, counter-e.m.f. *n* ‖ **rückwirkende** ≗ / reaction force
kraftangetrieben *adj* / power-operated *adj*
Kraftantrieb *m* (SG) / power operated mechanism, power operating mechanism, powered mechanism ‖ **Betätigung mit** ≗ / power operation ‖ **Schließen durch abhängigen** ≗ / dependent power closing
Kraft·bedarf *m* / force demand ‖ **~begrenzter Antrieb** (HSS) / limited drive IEC 337-2 ‖ ≗**begrenzung** *f* / force limitation ‖ ≗**begrenzungswelle** *f* / force limitation threshold ‖ ≗**begrenzungswert** *m* / force limitation value ‖ ≗**belag** *m* / force density per unit length ‖ ≗**belagsverteilung** *f* / force-density distribution ‖ **~betätigt** *adj* / power-operated *adj* ‖ ≗**betätigung** *f* / power operation ‖ ≗**dichte im elektrischen Feld** / electric force density ‖ ≗**dichteverteilung** *f* / force-density distribution ‖ ≗**einleitung** *f* / force introduction ‖ ≗**einleitungsrohr** *n* / force

introduction pipe || ≗**einleitungszapfen** *m* / force introduction neck

Kräftepaar *n* / couple *n*

Krafterzeugung *f* / force generation, power generation

Kraftfahrzeug *n* / motor vehicle, automobile *n*, motorcar *n*

Kraftfahrzeugausrüstung, elektrische und elektronische ≗ / electrical and electronic automotive euipement

Kraftfahrzeug·beleuchtung *f* / motorcar lighting (o. illumination), automobile lighting, vehicle lighting || ≗**elektronik** *f* / automotive electronics, car electronics || ≗**prüfstand** *m* / chassis dynamometer, automobile performance tester, road-test simulator

Kraftfahrzeugverkehr *m* / motorized traffic

Kraftfeld *n* / field of force || ≗**röhre** *f* / tube of force

Kraftfluss *m* (magn.) / magnetic flux, induction flux || ≗**dichte** *f* / magnetic flux density, magnetic induction || ≗**-Messgerät** *n* / flux meter

Kraft·gewinn *m* / mechanical advantage || ≗**haus** *n* / powerhouse *n* || ≗**installation** *f* / power circuit wiring, heavy-power wiring, motive-power wiring || ≗**-Kondensatorpapier** *n* / kraft capacitor paper || ≗**konstante** *f* / force constant || ≗**-Längenänderungs-Kurve** *f* / stress-strain curve || ≗**leitung** *f* / power cable || ≗**leitung** *f* (I) / power circuit, motive-power circuit || ≗**leitung** *f* (Übertragungsleitung) / power line || ≗**-Licht-Steckdose** *f* / combined power and lighting socket-outlets

Kraftlinie *f* / magnetic line of force, line of force, line of induction || ≗ *f* (im Eisen) / line of induction

Kraftlinien, Anzahl der verketteten ≗ / number of line linkages || ≗**bild** *n* / magnetomotive force pattern, field pattern || ≗**dichte** *f* / density of lines of force, flux density || ≗**divergenz** *f* / fringing flux || ≗**feld** *n* / field of force || **mittlere** ≗**länge** / mean length of magnetic path || ≗**röhre** *f* / tube of force || ≗**streuung** *f* / flux leakage || ≗**weg** *m* / flux path, path of magnetic force || ≗**zahl** *f* / number of lines of force

Kraft·maschine *f* / power engine, motor engine || ≗**maschine** *f* (antreibende M.) / prime mover || ≗**messdose** *f* / load cell, force transducer || ≗**messer** *m* (Dynamometer) / dynamometer *n* || ≗**messsystem** *n* / pressure gauge || ≗**messwaage** *f* (Dynamometer) / dynamometer *n* || ≗**moment** *n* / moment of force || ≗**-Momenten-Sensor** *m* / force-moment sensor

Kraft·nebenschluss *m* / force bypass || ≗**netz** *n* / power system || ≗**-Papier** *n* / kraft paper || ≗**regelung** *f* (Rob.) / force control || ≗**regler** *m* / force controller || ≗**röhre** *f* / tube of force || ≗**schaltgerät** *n* / reversing contactor-type controller

Kraftschluss *m* (Rad-Fahrbahn) / adhesion *n* || ≗**beiwert** *m* (Kfz) / adhesion coefficient

kraftschlüssig befestigt / shrunk *adj*, mounted with an interference fit, friction-locked *adj* || ~ **werden** / become solid

Kraftsensor *m* / force sensor

Kraftspeicher *m* / energy store, energy storage mechanism || ≗**antrieb** *m* / spring drive, spring mechanism || ≗**antrieb** *m* (SG) / stored-energy mechanism || ≗**betätigung** *f* (SG) VDE 0670, T.3 / stored-energy operation IEC 265 || ≗**-Federbatterie** *f* / energy-storing spring assembly, operating spring assembly || ≗**rückstellung** *f* (Feder) / spring return

Kraftspeicherung *f* / energy storage

Kraftspeicher-Zustandsanzeiger *m* / stored-energy indicator

Kraft·steckvorrichtung *f* / power socket outlet and plug, motive-power socket outlet and plug || ≗**stellglied** *n* / power actuator || ≗**steuerung** *f* / force control || ≗**steuerung** *f* (Rob., in dauerndem Kontakt mit umliegenden Teilen) / compliance motion

Kraftstoff·dosierung *f* (Kfz) / fuel metering || ≗**-Luftgemisch** *n* (Kfz) / fuel/air mixture || ≗**pumpenrelais** *n* (Kfz) / fuel pump relay || ≗**steuerung** *f* (Kfz) / fuel management || ≗**verteilerleiste** *f* (Kfz) / fuel rail || ≗**zumessung** *f* / fuel metering

Kraftstrom *m* / electric power, motive power || ≗**anlage** *f* / electrical power installation, power installation, power system || ≗**kreis** *m* / power circuit, motive-power circuit || ≗**kreis für motorische Verbraucher** / motive-power circuit || ≗**verbraucher** *m* / power load, motive-power load || ≗**verteiler** *m* / power distribution board, power panelboard

Kraft·tarif *m* / motive-power tariff || ≗**übertragung** *f* / power transmission || ≗**- und Steuerleitung** *f* / power and control cable || ≗**unwucht** *f* / static unbalance || ≗**verbraucher** *m* / power load, motive-power load || ≗**vergleichsverfahren** *n* / force-balance method || ≗**verstärkermotor** *m* / amplifier motor || ≗**verstärkung** *f* / mechanical advantage

Kraftverteilung, elektrische ≗ / electric power distribution

Kraftwaage *f* / force balance

Kraft-Wärme-Kopplung *f* / combined heat and power generation (CHP), combined heat and power (c.h.p.), cogeneration *n* (of power and heat)

Kraftwelle *f* / force wave, electromagnetic force wave

Kraftwerk *n* / power station, electrical generating station, power plant || **betriebseigenes** ≗ / captive power plant || **einspeisendes** ≗ / feeding power station || ≗**leittechnik** *f* / power station control, power station management

Kraftwerks·anlage *f* / power plant || ≗**block** *m* / power unit, power-station unit || ≗**-Eigenverbrauch** *m* / station-service consumption, power station internal consumption || **hydraulische** ≗**einsatzoptimierung** / hydro optimization || ≗**-Einsatzplan** *m* / generation schedule || **hydraulische** ≗**einsatzplanung** / hydro scheduling || ≗**fahrplan** *m* / generation schedule || ≗**führung** *f* / generation control and scheduling (GCS), power plant management, generation control and scheduling (GCS), automatic generation control (AGC) || ≗**führungsfunktion** *f* / power application and monitoring function || ≗**-Hilfsbetriebe** *m pl* / generating-station auxiliaries || ≗**leittechnik** *f* / power-plant control system || ≗**park** *m* / generation system (power plant) || ≗**park-Prognose** *f* / generation mix forecast

Kraftzentrale *f* / power station, electrical generating station, power plant

Kragen *m* / collar *n*, edge *n* || ≗ *m* (StV) / shroud *n* || ≗ *m* (StV-Fassung) / skirt *n*, lower shield || ≗**bildung** *f* / collar formation || ≗**schutzsteg** *m* / protective shroud bar || ≗**steckdose** *f* / shrouded socket-outlet, shrouded receptacle || ≗**steckvorrichtung** *f* /

shrouded plug and socket-outlet, plug and socket outlet with shrouded contacts
K-Rahmen *m* (Mastkopf) / K frame, fork *n*
Krallen·befestigung *f* / claw fixing || **≗schraube** *f* / claw screw
Krämer·-Kaskade *f* / Kraemer system, Kraemer drive || **geänderte ≗-Kaskade** / modified Kraemer system || **≗-Maschine** *f* (Dreifeldmasch.) / three-winding constant-current generator, Kraemer three-winding generator || **≗-Stromrichter-Kaskade** *f* / static Kraemer drive
Krampe *f* / cramp *n* || ≗ *f* (Schloss) / staple *n*, catch *n* || **≗ und Überwurf** / staple and hasp
Krampfschwelle *f* (Stromunfall) / freezing current
Kran *m* / crane *n* || **schienengeführter ≗** / rail-mounted crane
kranbar *adj* / lift by crane
Kran·haken *m* (am Kran) / crane hook || **≗haken** *m* (am zu hebenden Gerät) / lifting eye, eyebolt *n* || **≗hakenhöhe** *f* / crane-hook clearance, minimum crane-hook lift for untanking (transformer), untanking height (transformer), headroom || **≗kreuz** *n* / crane cross || **≗traverse** *f* / lifting beam || **≗waage** *f* / crane scale
Kranz *m* (Läufer eines Wasserkraftgen.) / rim *n*, spider rim
Krater *m* / crater *n* || ≗ *m* (Narbe) / pinhole *n*, pock mark || **≗bildung** *f* / pinholing *n*, pitting *n* || **≗bildung** *f* (Lagerdefekt) / crater formation, pitting *n*
Kratky-Kompaktkammer *f* / Kratky compact camera
Kratzer *m* / scratch *n*
kratzfest *adj* / mar-resistant *adj*, scratch-resistant *adj*, non-marring *adj*
Kratz·festigkeit *f* / mar resistance, scratch resistance || **≗härte** *f* / scratch hardness, scoring hardness || **≗maschine** *f* / carding machine || **≗probe** *f* / scratch test
Kräusel·-EMK *f* / ripple e.m.f. || **≗spannung** *f* / ripple voltage
Kreditkartenformat *n* / credit-card format
K-Regler *m* / continuous controller, continuous-action controller
Kreis *m* / circle *n* || ≗ *m* (Stromkreis, Kühlkreislauf) / circuit *n* || **im ≗ geschaltete Verbindung** / circuit-switched connection || **≗ Polar** / circle polar || **≗ Radius** / circle radius || **dämpfungsarmer magnetischer ≗** (el. Masch.) / laminated magnetic circuit, magnetic circuit designed for high-speed flux response || **offener ≗** (Steuerkreis ohne Rückführung) / open loop || **Qualitäts~** *m* DIN 55350, T.11 / quality loop
Kreis·abschnitt *m* / circle segment, pie segment || **≗abweichung** *f* (Durchmesserunterschied) / non-circularity *n* || **≗anfangspunkt** *m* (NC, Bahn) / starting point of circular path || **≗ausschnitt** *m* / sector *n*, sector of a circle
Kreisbahn *f* (WZM, NC) / circular path, circular span, circular element || **≗anfangspunkt** *m* (NC) / starting point of circular path || **≗programmierung** *f* / circular-path programming
Kreis·bewegung *f* / circular movement || **≗bild** *n* (eines Regelkreises) / loop display
Kreisblatt *n* (Schreiber) / disc chart, disc *n* || **≗schreiber** *m* / disc recorder, disc-chart recorder
Kreisbogen *m* / circular arc, arc *n* (CAD), circular element, circle arc || **≗ im Gegenuhrzeigersinn** (NC) / counter-clockwise arc (ccw) ISO 2806-1980 || **≗ im Uhrzeigersinn** (NC) / clockwise arc (cw) ISO 2806- 1980 || **≗gerade** *f* / arc-straight line || **≗-Gerade** *f* (NC-Funktion) / circle-straight *n* || **≗-Gerade-Kombination** *f* (NC) / circular arc-straight combination || **≗-Kreisbogen** *m* / arc-arc *n* || **≗-Kreisbogen** *m* (NC-Funktion) / circular arc-circular arc, circle-circle *n* || **≗winkel** *m* / angle on circular arc
kreischen *v* (Bürsten) / screech *v*, shriek *v*
Kreis·daten *plt* / circle data || **≗diagramm** *n* / circle diagram || **≗diagramm** *n* (Graphikdarstellung) / pie diagram || **≗ebene** *f* / circular plane
Kreisel *m* / gyroscope *n* || **≗anlasser** *m* / centrifugal starter || **≗brecher** *m* / gyratory crusher || **≗moment** *n* / gyrostatic moment || **≗pumpe** *f* / centrifugal pump, rotary pump
Kreisendpunkt *m* (NC) / circle end position || **≗fehler** *m* / error in end point of circle || **≗koordinate** *f* (NC) / end-position coordinate of circle
kreisförmig *adj* / circular *adj* || **~e Leitfläche** (NC) / circular drive surface || **~e Schwingung** / circular vibration
Kreis·frequenz *f* / angular frequency, radian frequency, pulsatance *n* || **≗gleichung** *f* / circle equation, equation of a circle || **≗grafik** *f* / pie graphics || **≗güte** *f* / circuit quality (factor) || **≗impedanz** *f* / circuit impedance
Kreisinterpolation *f* (NC) / circular interpolation || **≗ im Gegenuhrzeigersinn** (NC-Wegbedingung) DIN 66025,T.2 / circular interpolation arc CWW ISO 1056 || **≗ im Uhrzeigersinn** (NC-Wegbedingung) DIN 66025,T.2 / circular interpolation arc CW ISO 1056
Kreisinterpolator *m* (NC) / circular interpolator
Kreislauf *m* / circuit *n*, circulation *n* || **geschlossener ≗** / closed circuit, closed cycle || **≗belüftung** *f* / closed-circuit ventilation || **~gekühlte Maschine** / closed-circuit-cooled machine || **≗kühlung** *f* / closed-circuit cooling, closed-circuit ventilation
Kreismessung *f* / cyclometry *n*
Kreismittelpunkt *m* / circle centre, centre of circle || **tangentieller ≗** / tangential circle centre
Kreis·nut *f* / circumferential slot (o. groove) || **≗öffnungswinkel** *m* / angle of aperture for programmed circle || **≗parameter** *m* (NC) / circle parameter || **≗programmierung** *f* (NC, Bahn) / circular-path programming || **≗punkt** *m* / point of a circle || **≗querschnitt** *m* / circular area of crosscut
Kreisradius *m* / circle radius || **≗programmierung** *f* / circle radius programming, arc radius programming (A facility to simplify arc programming. Instead of using the interpolation parameters I, J and K, the arc is programmed directly by its radius and endpoints), radius programming
Kreis·rauschen *n* / circuit noise, line noise || **≗ring** *m* / annulus *n* || **≗säge** *f* / circular saw || **≗satz** *m* / circular block || **≗schaltung** *f* (Prüf., el. Masch.) / loading-back method || **≗schaltung** *f* (Datenkreis) / circuit switching || **≗scheibe** *f* / rotary grating, circular disk || **≗schneider** *m* / circular cutter, hole cutter || **≗segment** *n* / circle segment, pie segment || **≗sektor** *m* / sector *n* || **≗sektorschaubild** *n* / sector chart || **≗skale** *f* / circular scale
Kreisstrom *m* / circulating current, ring current || **~behaftet** *adj* / carrying circulating current ||

²drossel *f* / circulating-current reactor || **~freie Schaltung** (LE) / circulating-current-free connection, suppressed-half connection, connection without circulating-current control || **~führende Schaltung** (LE) / connection carrying circulating current
Kreis·tasche *f* / circular pocket || ²**umfang** *m* / circumference *n*, periphery *n*, scope *n*, extent *n* || ²**verstärkung** *f* / loop gain, closed-loop gain, operational gain, servo gain || ²**verstärkungsfaktor** *m* (KV-Faktor) / servo gain factor, KV factor || ²**vorschub** *m* / circular feedrate, circular feed || ²**zapfen** *m* / circular spigot || ²**zylinder** *m* / regular cylinder
Kreppen *n* / creping *n*
Krepp·isoliermaterial *n* / creped insulating material || ²**papier** *n* / crepe paper
Kreuz, Schrauben über ² anziehen / tighten bolts in diagonally opposite sequence || **Zähler~** *n* / cross bar for meter mounting, meter cross support || ²**adapter** *m* / cross adapter || ²**dose** *f* (I) / four-way box, double-tee box, intersection box || ²**eisen** *n* / cross iron
kreuzen *v* / cross *v*, transpose *v*
Kreuzfeld·röhre *f* / crossed-field tube, M-type tube || ²**-Verstärkerröhre** *f* / crossed-field amplifier tube || ²**-Verstärkerröhre mit in sich geschlossenem Strahl** / re-entrant beam crossed-field amplifier tube
kreuzförmig·e Ausstrahlung / cross-shaped radiation || **~er Kern** / cruciform core
Kreuz·gelenk *n* / universal joint, Hooke's joint, cardan joint || ²**griff** *m* / star handle || ²**kasten** *m* (K-Kasten IK) / cross unit, cross *n*, crossover piece, double-T-member *n* || ²**kern** *m* / cross core, X core || ²**kompilierung** *f* / cross compiling || ²**kopf** *m* / cross-head *n*, star head, universal joint, cardan joint, Hooke's joint || ²**kopplung** *f* / cross coupling || ²**korrelationsfunktion** *f* / crosscorrelation function || ²**kulissen-Fahrschalter** *m* / x-y joystick || ²**lochschraube** *f* / capstan screw
Kreuzprofil·schließung *f* / cross-profile tumbler arrangement || ²**stab** *m* / cross-section bar || ²**zylinder** *m* / cross-profile cylinder
Kreuz·ringwandler *m* / crossed-ring-core transformer || ²**schalter** *m* (Schalter 7) VDE 0632 / intermediate switch (CEE 24), two-way double-pole reversing switch || ²**schalthebel** *m* / control stick
Kreuzschaltung *f* / cross connection || ² *f* (m. Kreuzschalter) / intermediate switch circuit || **Zweitor in ²** / lattice network
Kreuzschienen·feld *n* / pin-board matrix || ²**raster** *n* / cross-bar grid || ²**verteiler** *m* / crossbar distributor
Kreuz·schlag *m* (Kabel) / ordinary lay, regular lay || **~schraffieren** *v* / cross-hatch *v* || ²**schraffur** *f* / cross-hatching *n* || ²**spulinstrument** *n* / crossed-coil instrument || ²**stab** *m* (Stabwickl.) / crossed bar, transposed bar || ²**stabstahl** *m* / cross-section bar || ²**strom-Wärmetauscher** *m* / cross-flow heat exchanger || ²**stück** *n* / cross piece, cross unit, cross *n*, crossover piece, double-T-member *n*
Kreuzung *f* (Starkstromleitung/Fernmeldeleitung) / crossing *n* || ² *f* (von Leitern mit elektrischer Verbindung) / double junction || ² *f* (von Leitern ohne elektrische Verbindung) / crossing *n* || ² *f* (Straßen) / crossroads *plt*
kreuzungsfreie Schienenführung (SS) / non-crossing bars
Kreuzungs·punkt *m* / crossover *n* (point), intersection *n*, intersection point || ²**winkel** *m* / right angle
Kreuzverbindung *f* / cross coupling
kreuzweise, Schrauben ~ anziehen / tighten bolts in diagonally opposite sequence || **~ schraffieren** / cross-hatch *v*
Kriech·anlasser *m* / slow-speed starter || ²**drehzahl** *f* / creep speed
kriechen *v* (Masch.) / run at crawl speed || ² *n* (Metall) / creep *n* || ² **der Abstimmeinrichtung** / tuner creep
kriechende Hysteresis / viscous hysteresis, magnetic creeping
Kriech·erholung *f* / recovery creep || ²**fehler** *m* / creep error, error due to drift || ²**festigkeit** *f* (Material) / creep strength || ²**gang** *m* (WZM) / creep feed, creep feedrate, creep speed || ²**geschwindigkeit** *f* (Material) / creep rate || ²**geschwindigkeit** *f* (Drehzahl) / creep speed, crawl speed || ²**grenze** *f* / creep limit
Kriech·schutz *m* / anti-creep device || ²**spur** *f* / track *n*, creepage path || ²**spurbildung** *f* / tracking *n* || ²**spuren** *f pl* / tracks *n pl* || ²**spur-Ziehversuch** *m* / tracking test
Kriechstrecke *f* / creepage distance (The shortest path between two conductive parts, or between a conductive part and a bounding conducting surface of the equipment, measured along the surface of the isolation), leakage path, creep section || ² **unter der Schutzschicht** / creepage distance under the coating
Kriechstreckenverlängerung *f* / insulation barrier
Kriechstrom *m* (Kriechstrom ist der Strom, der zwischen gegeneinander unter Spannung stehenden Metallteilen über die Oberfläche eines Isolierstoffes fließt) / leakage current, creepage current || ² **gegen Erde** / earth leakage current
kriechstrombeständig *adj* / non-tracking *adj*, anti-tracking *adj*, creepage-proof *adj*
Kriechstrom·beständigkeit *f* / resistance to tracking, tracking resistance, resistance to creepage || ²**beständigkeitsprüfung** *f* / tracking test
Kriechströme gegen Erde / earth leakage currents
kriechstromfest *adj* / non-tracking *adj*, anti-tracking *adj*, creepage-proof *adj*
Kriechstrom·festigkeit *f* / resistance to tracking, tracking resistance, resistance to creepage, creepage resistance || ²**schutz** *m* / leakage current screen || ²**zahl** *f* (KZ) / comparative tracking index (CTI) || ²**zeit** *f* / time-to-track *n*
Kriech- und Luftstrecken / creepage distances and clearances
Kriechweg *m* / creepage path, tracking path
Kriechwegbildung *f* / tracking *n* || ² **durch Gleitfunken** / spark tracking || ² **durch Lichtbogen** / arc tracking || **Prüfzahl der** ² VDE 0303, T.1 / proof tracking index (PTI) || **Vergleichszahl der** ² / comparative tracking index (CTI)
Kriechweg·faktor *m* (KE) / creepage factor (c.f.) || ²**länge** *f* / creepage distance || ²**verlängerung** *f* E DIN 41639, T.3 / insulation barrier
Kriechwert *m* / creep value
Krisen·management *n* / crisis management ||

²meldung *f* / crisis report
Kristall·gitter *n* / crystal lattice, crystal grating || **²glas** *n* / crystal glass || **²orientierung** *f* / crystal orientation, grain orientation || **²spektrometer** *n* / crystal spectrometer
Kriterien·analyse *f* / criteria analysis || **²analyse** *f* (SPS) / condition analysis || **²ausgang** *m* (SPS) / condition output || **²banktabelle** *f* / criteria base table || **²textausgabe** *f* (SPS) / criteria text display
Kriterium *n* / criterion *n*
kritisch *adj* / critical *adj* || **~ fehlerhafte Einheit** / critical defective || **~ gedämpft** / critically damped || **~e Anodenzündspannung** / critical anode voltage || **~e Drehzahl** / critical speed, resonant speed, stalling speed || **~e Drehzahl für die Auferregung** / critical build-up speed || **~e Mitkopplung** (Transduktor) / critical self-excitation || **~e Selbsterregung** (el. Masch.) / critical self-excitation || **~e Selbsterregung** (Transduktor) / critical self-excitation (transductor) || **~e Selbsterregungsdrehzahl** / critical build-up speed || **~e Spannungssteilheit** / critical rate of rise of voltage || **~e Spannungssteilheit** (Thyr) DIN 41786 / critical rate of rise of off-state voltage || **~e Stromsteilheit** / critical rate of rise of current || **~e Stromsteilheit** (Thyr) DIN 41786 / critical rate of rise of on-state current || **~er Anschlusspunkt** (EMV) / common coupling || **~er Ausfall** (Ausfall, der als Gefahr eingestuft wird, Personenschäden, beträchtliche Sachschäden oder andere unvertretbare Folgen zu verursachen) / critical failure (A failure which is assessed as likely to result in injury to persons, significant material damage or other unacceptable consequences) || **~er Ausschaltstrom** VDE 0660,T.101 / critical breaking current IEC 157-1 || **~er Bereich** (a. Statistik) DIN 55350, T.24 / critical region || **~er Druck** / critical pressure || **~er Fehler** / critical fault || **~er Fehler** (QS) DIN 55350, T.31 / critical defect, critical non-conformance || **~er Fehlzustand** (Fehlzustand, der als Gefahr eingestuft wird, Personenschäden, beträchtliche Sachschäden oder andere unvertretbare Folgen zu verursachen) IEC 50(191) / critical fault (A fault which is assessed as likely to result in injury to persons, significant material damage, or other unacceptable consequences) || **~er Kurzschlussstrom** / critical short-circuit current || **~er Laststrom** / critical load current || **~er Schlupf** / maximum controllable slip || **~er Selbsterregungswiderstand** / critical build-up resistance || **~er Strom** (SR-Schaltung) / transition current (converter connection) || **~er Vergleichsdifferenzbetrag** (Statistik, QS) DIN 55350, T.13 / reproducibility critical difference || **~er Wert** / critical value || **~er Widerstand für die Auferregung** / critical build-up resistance || **~er Wiederholdifferenzbetrag** (Statistik, QS) DIN 55350, T.13 / repeatability critical difference || **Verfahren des ~en Wegs** (Netzplantechnik) / critical-path method (CPM)
Krokodilklemme *f* / alligator clip
Kronleuchter *m* / chandelier *n*, electrolier *n*
kröpfen *v* / offset *v*
Kröpfstelle *f* (Gitterstab) / crossover *n*
Kröpfung *f* / offset *n*, crank *n*
krümmen *v* / bend *v*, curve *v*
Krümmer *m* / elbow *n*, bend *n*, knee *n*
Krümmung *f* (a. NC) / curvature *n*, curve *n*, bend *n*
Krümmungs·halbmesser *m* / radius of curvature, bending radius || **²mittelpunkt** *m* / center of curvature || **²radius** *m* / radius of curvature, bending radius, bend radius || **²steifigkeit** *f* / continuous curvature
krümmungsstetig *adj* / with constant curvature
Kryo·bearbeitung *f* / cryomachining *n* || **²chemie** *f* / cryochemistry *n* || **²flüssigkeit** *f* / cryogen *n* || **²kabel** *n* / cryocable *n* || **²leiter** *m* / cryoconductor *n*, hyperconductor *n* || **²magnetspule** *f* / cryosolenoid *n*, cryocoil *n* || **²maschine** *f* / cryomachine *n* || **²motor** *m* / cryomotor *n* || **²schutzmittel** *n* / cryoprotective agent || **²sonde** *f* / cryoprobe *n* || **²spule** *f* / cryocoil *n* || **²technik** *f* / cryoengineering *n* || **²treibstoff** *m* / cryogenic propellant || **²-Turbogenerator** *m* / cryoturbogenerator *n*
Kryptobox *f* / cryptobox *n*
Kryptonlampe *f* / krypton-filled lamp, krypton lamp
KS (Koordinatensystem) / coordinate system
KSE (Kurzschlusserkennung) / short-circuit identification, short-circuit detection
KSS (Kühlschmierstoff) / coolant *n*
KS-System *n* / thrust linkage mechanism, prismatic-joint linkage
KST (Kopfsteuerung) / master control, PMU (process master unit)
KT / cabletex *n* || ² (Kundentastatur) / customer keyboard
KU / coordinate origin, coordinate datum || ² (Kurzunterbrechung) / auto-reclosure *n* || ² / automatic reclosing, auto-reclosing *n*, rapid auto-reclosure, RAR
KU-Auswahleinheit *f* / auto-reclosing selection module
Kubik *f* / cubic curve
kubisch *adj* / cubic *adj* || **~e natürliche Spline** / cubic natural spline || **~e Spline** / cubic spline
Kuchendiagramm *n* / pie diagram
Kufe *f* / skid *n*
Kufentransformator *m* / skid-mounted transformer
Kugel *f* / ball *n*, thrust ball || ² *f* (a. CAD) / sphere *n* || **²abschnitt** *m* / spherical segment || **²abstand** *m* (Funkenstrecke) / sphere spacing || **²anschlussbolzen** *m* / connection bolt || **²ausschnitt** *m* / spherical sector || **²bolzenlenker** *m* / ball-pin-type guidance arm, round-head bolt guide
Kugeldruck·härte *f* / ball indentation hardness || **²-Prüfgerät** *n* / ball-pressure apparatus || **²prüfung** *f* / ball thrust test, ball impression test || **²prüfung nach Brinell** / Brinell hardness test
Kugel·eindruck *m* / ball indentation || **²endmaß** *n* / spherical-end gauge, spherical gauge block || **²fallprobe** *f* / falling ball test || **²fallviskosimeter** *n* / falling-ball viscometer, falling-sphere viscometer || **²fläche** *f* (Lg.) / spherical seat
kugelförmig *adj* / spherical *adj*
Kugel·fotometer *n* / globe photometer || **²fräser** *m* / ball mill || **²funkenstrecke** *f* / sphere gap || **²gelenk** *n* / spherical joint, S-joint *n*, ball-and-socket joint, ball joint
kugelgestrahlt *adj* / shot-blasted *adj*
Kugel·gewinde *n* / ball groove thread || **²gewindetrieb** *m* / ball-and-screw spindle drive, ball screw, ball screw drives || **²glas** *n* (Leuchte) / glass globe || **²gleitverbindung** *f* / spherical sliding

joint || ²**graphitguss** *m* / ductile cast iron, nodular graphite cast iron, spheroidal graphite cast iron || ²**griff** *m* / ball handle, ball-lever handle, ball grip || ²**griffantrieb** *m* / ball handle mechanism || ²**hahn** *m* / ball valve

kugelig gelagertes Lager / spherically seated bearing || **~e Lagerhalterung** / spherical support seat || **~e Muffe** / coned sleeve || **Lager mit ~em Sitz** / spherically seated bearing || **~er Sitz** / spherical seat || **~es Auflager** / spherical support seat

Kugel·käfig *m* / ball cage || ²**kalotte** *f* / spherical cup, calotte *n* || **Lampe mit** ²**kolben** / round bulb lamp || ²**koordinate** *f* / spherical coordinate || ²**kopf** *m* / spherical head || ²**kopffräser** *m* / ballhead cutter, ball end mill || ²**kopfkabelschuh** *m* / spherical-head cable connector, spherical-receptable connector

Kugel·lager *n* / ball bearing || ²**laufbahn** *f* (Lg.) / ball race || ²**leuchte** *f* / sphere luminaire, globe luminaire, bubble luminaire || ²**öler** *m* / ball-valve oiler, Winkley oiler || ²**passfeder** *f* / ball key, spherical key || ²**pfanne** *f* / ball cup || ²**rollspindel** *f* / feed screw || ²**rollspindel** *f* / ball screw || ²**rollspindelsteigung** *f* / leadscrew pitch || ²**scheibe** *f* / spherical disk

kugelschleifen *v n* / ball grinding

Kugel·schmierkopf *m* / ball oiler || ²**segment** *n* / spherical segment || ²**sektor** *m* / spherical sector || ²**sitz** *m* / spherical seat || ²**spiegel** *m* (Leuchte) / spherical specular reflector || ²**spurzapfen** *m* / spherical spindle end || ²**steckgriff** *m* / detachable ball-lever handle || ²**steckverbinder** *m* / spherical connector || ²**stehlager** *n* / pedestal-type ball bearing, ball-bearing pillow block || ²**strahler** *m* / globe spotlight, spherical spotlight || ²**-Trübglas** *n* / opal glass globe || ²**umlaufspindel** *f* / feed screw || ²**umlaufspindel** *f* (WZM) / recirculating ball screw, ball screw || ²**ventil** *n* / ball valve, globe valve

Kühl·aggregat *n* / heat-exchanger unit, cooler *n*, radiator bank || ²**anlage** *f* / cooling system || ²**art** *f* / cooling method, method of ventilation || ²**dose** *f* / cooling chamber

Kühl·einrichtung *f* / cooling system || ²**element** *n* / heat-exchanger element, cooler element, radiator *n* || ²**emulsion** *f* / cooling emulsion

Kühler *m* / cooler *n*, heat exchanger, radiator *n* || ² **mit mehrfachem Wasserfluss** / multi-pass heat exchanger, multi-pass cooler || ²**anbau** *m* (el. Masch.) / machine-mounted heat exchanger, integral cooler || ²**aufbau** *m* (el. Masch.) / top-mounted heat exchanger, machine-mounted cooler || ²**element** *n* / heat-exchanger element, cooler element, radiator *n* || ²**entlüftung** *f* / heat-exchanger vent, cooler venting device || ²**ventilator** *m* (Kfz) / radiator fan

Kühl·fahne *f* / cooling fin, ventilating vane || ²**falle** *f* / cold trap, cryotrap *n* || ²**flüssigkeit** *f* / cooling liquid, liquid coolant || **Versuch mit veränderlicher** ²**gasdichte** / variable cooling gas density test || ²**gebläse** *n* / cooling fan || ²**gerät** *n* / refrigerator *n*, air-conditioner *n* || ²**kanal** *m* (Trafo) / cooling duct, oil duct || ²**kanal** *m* (el. Masch.) / ventilating duct, cooling-air duct

Kühlkörper *m* (HL) / heat sink || ² *m* / heat sink element || ²**temperatur** *f* / heat-sink temperature || ²**wärmewiderstand** *m* / thermal resistance of heat sink

Kühlkreis *m* / cooling circuit

Kühlkreislauf *m* / cooling circuit, cooling system, ventilation circuit || **geschlossener** ² / closed-circuit cooling system, closed cooling circuit || **zweiseitig symmetrischer** ² / double-ended symmetrical cooling circuit

Kühllast *f* / cooling load, heat load, heat gain

Kühlleistung *f* (Kühler) / heat-exchanger capacity, cooler efficiency, temperature difference rating || ²**l** *f* (KT) / heat removal capacity || ² *f* (Lüfter) / cooling capacity, fan capacity

Kühlluft *f* / cooling air, air coolant || ²**bedarf** *m* / rate of cooling air required, cooling air requirement || ²**führung** *f* / independent air cooling || ²**kreislauf** *f* / air-ducting *n*, cooling air circulation || ²**menge** *f* / rate of cooling-air flow, cooling-air rate || ²**strom** *m* / cooling air flow, cooling air flow rate || ²**weg** *m* / cooling-air passage, ventilating passage

Kühlmantel *m* / coolant jacket, cooling jacket

Kühlmittel *n* / coolant *n*, cooling medium, cooling agent || ²**bewegung** *f* / coolant circulation, method of coolant circulation || ²**-Durchflussmenge** *f* / rate of coolant flow, coolant rate || ²**eintrittstemperatur** *f* / coolant supply temperature || ²**führung** *f* (el. Masch.) / coolant guide || ²**kanal** *m* (el. Masch.) / core duct || ²**menge** *f* / rate of coolant flow, coolant rate || ²**pumpe** *f* / coolant pump, pumps and compressors, pumps and fans || ²**strom** *m* / coolant flow, coolant (flow) rate || ²**temperatur** *f* / coolant temperature, temperature of cooling medium || ²**umlauf** *m* / coolant circulation || ²**umwälzung** *f* / coolant circulation || ²**zufuhr** *f* / coolant supply

Kühl·raum *m* / cold-storage room || ²**reserve** *f* (Trafo) / reserve cooling capacity || ²**rippe** *f* (Gehäuse) / cooling rib, cooling fin || ²**rippe** *f* (Rohr) / fin *n* || ²**rippen** *f pl* / cooling fins || ²**schlange** *f* / cooling coil || ²**schlitz** *m* (el. Masch.) / ventilating duct, cooling duct, core duct, (Trafo auch:) oil duct || ²**schmiermittel** *n* / coolant *n* || ²**schmierstoff** *m* (KSS) / coolant *n* || ²**schrank** *m* / refrigerator *n* || ²**strom** *m* / coolant flow, coolant flow rate

Kühlsystem *n* / cooling system || **Verluste im** ² / ventilating and cooling loss

Kühlung *f* / cooling *n*, heat dissipation || ² *f* (a. el. Masch.) VDE 0530, T.1 / cooling *n*

Kühlungsart *f* / cooling method, method of ventilation, cooling system

Kühlvorrichtung *f* (el. Masch.) / circulating-circuit component, heat exchanger || **aufgebaute** ² (el. Masch.) / machine-mounted circulating-circuit component || **eingebaute** ² (el. Masch.) / integral circulating-circuit component

Kühlwasser *n* / cooling water || ²**abfluss** *m* / cooling-water outlet, cooling-water discharge || ²**anschluss** *m* / cooling-water connection || ²**-Austrittstemperatur** *f* / cooling-water outlet temperature || ²**durchflussmenge** *f* / cooling-water rate, flow rate of cooling water || ²**-Eintrittstemperatur** *f* / cooling-water inlet temperature || ²**leitung vom Wärmekraftwerk** / cooling water pipe systems in thermal power station || ²**mantel** *m* / cooling-water jacket || ²**menge** *f* / cooling-water rate, flow rate of cooling water || ²**strom** *m* / cooling-water flow, cooling-

water flow rate || ≗**umwälzpumpe** *f* / cooling-water circulating pump || ≗**zufluss** *m* / cooling-water inlet
Kühl·wertigkeit *f* / heat-transfer index, heat-transfer coefficient || ≗**wirkung** *f* / cooling effect || ≗**zahl** *f* / heat-transfer coefficient
Kulisse *f* (Steuerschalter) / gate *n* || ≗ *f* (Verbindungselement) / link *n* || ≗ *f* (Schalldämpfer) / silencer *n*
Kulissenscheinwerfer *m* / wing reflector
kumulative Wahrscheinlichkeit / cumulative probability
Kumulativzählwerk *n* (EZ) / cumulative demand register || **Maximumzähler mit** ≗ / cumulative demand meter
kumulierte Beobachtungszeit / cumulated observation time
Kunde *m* (Anwender gelieferter el. Energie) / consumer *n*
Kunden·anschlussseite *f* / sides for customer to connect his wires || ≗**bedientafel** *f* / customer operator panel || ≗**begleitschein** *m* / customer note || ≗**beratung** *f* / customer advisory service || ≗**besuch** *m* / call on customers || ≗**betreuung** *f* / after sales service || ≗**block** *m* / customer assembly || ≗**buchblatt** *n* / customer report sheet || ≗**dienst** *m* / customer service || ≗**display** *n* / customer display || ≗**informationssystem** *n* / trouble call management || ≗**kennung** *f* / customer ID || ≗**kennzeichen** *n* / customer code || ≗**klemmen** *f pl* / customer terminals || **verstärkte** ≗**klemmleiste für IST** / reinforced customer terminal strip for IST || ≗**konstruktion** *f* / customer-specific design || ≗**lieferschein** *m* / customer delivery note || ≗**maschinensteuertafel** *f* / customer machine control panel || ≗**nähe** *f* / proximity to the customer || ≗**nutzen** *m* / customer benefit || ≗**parametrierung** *f* / factory setting of customer-specific parameters || ≗**preis** *m* / customer price || ≗**-Rückwaren-Begleitschein** *m* / customer returned goods note
kundenspeziell *adj* / customized *adj*, custom made, for a specific customer
kundenspezifisch *adj* / customized *adj*, custom made, for a specific customer || **~e IS** / full-custom IC, dedicated IC || **~e Software** / custom software || **~s Engineering** (CAE) / customer application engineering (CAE)
Kunden·stamm *m* / stock of customers || ≗**storno** *n* / cancellation by customer || ≗**tastatur** *f* (KT) / customer keyboard || ≗**taste** *f* / user key || ≗**tastenmodul** *n* / customer key module || ≗**tastenstreifen** *m* / customer key strip || ≗**vorgabe** *f* / customer specification || ≗**zeichen** *n* / customer reference
Kunst·faser *f* / man-made fibre, synthetic fibre || ≗**gewebeband** *n* / synthetic-fabric tape
Kunstharz *n* / synthetic resin || ≗**bindemittel** *n* / synthetic-resin binder || ≗**bindung** *f* / synthetic-resin bond || **~gebundener Graphit** / resin-bonded graphite || **~getränkt** *adj* / synthetic-resin-impregnated *adj*, resin-impregnated *adj* || ≗**lack** *m* / synthetic-resin varnish, synthetic resin lacquer || ≗**tränkmittel** *n* / synthetic-resin impregnant
künstlich bewegte Luft / forced air || **~ erzeugter aktinischer Effekt** / artificially induced actinic effect || **~e Alterung** / artificial ageing, accelerated ageing, seasoning *n* || **~e Beleuchtung** / artificial lighting || **~e Erde** / counterpoise *n* || **~e Innenraumbeleuchtung** / artificial lighting of interiors || **~e Intelligenz** (KI) / artificial intelligence (AI) || **~e Kühlung** / forced cooling, artificial cooling, forced-air cooling, forced oil cooling || **~e Netzstabilität** / conditional stability of power system || **~e Verschmutzung** / artificial pollution || **~er Magnet** / artificial magnet || **~er Nullpunkt** / artificial neutral point || **~er Sternpunkt** / artificial neutral || **~es Dielektrikum** / artificial dielectric || **~es Licht** / artificial light || **~es Rauschen** IEC 50(161) / man-made noise
Kunst·licht *n* / artificial light || ≗**phase** *f* (el. Masch., Hilfsphase) / auxiliary phase || ≗**stab** *m* (Wickl.) / transposed bar, Roebel bar, composite conductor
Kunststoff *m* / plastic *n*, plastics material || **mit** ≗ **ausgekleidet** / with plastic lining || **glasfaserverstärkter** ≗ / glass-fibre-reinforced plastic, glass-reinforced plastic || ≗**abdeckung** *f* / plastic cover || ≗**-Aderleitung** *f* (HO7V) / thermoplastic single-core non-sheathed cable, PVC single-core non-sheathed cable || ≗**aufsatz** *m* (Klemme) / plastic top || ≗**außenhülle** *f* / protective sheath, protective sheathing, plastic oversheath, extruded oversheath, oversheath *n*, protective envelope
Kunststoff·bearbeitung *f* / plastics processing || **~beschichtet** *adj* / plastic-coated *adj* || ≗**-Blende** *f* / moulded-plastic masking frame || ≗**drehriegel** *m* / plastic espagnolette
Kunststoff·fabrik *f* / plastics processing factory || ≗**faserlichtleiter** *m* / plastic fiber-optic conductor || ≗**faservorprodukte** *n pl* / intermediate plastic-fiber products || ≗**folie** *f* / plastic film, plastic sheet
Kunststoff·gehäuse *n* / enclosure of plastics material, plastic enclosure, plastic case, plastic casing, moulded case || ≗**gehäuse** *n* (IS) / plastic package || ≗**gitterrahmen** *m* / plastic grid frame || ≗**glas** *n* (Leuchte) / plastic diffuser || ≗**glaswanne** *f* (Leuchte) / synthetic glass diffuser, plexiglass diffuser
Kunststoffindustrie, Faserstoff- und ≗ *f* / paper, rubber and plastics industries (PRP industries)
Kunststoff·isolierung *f* / thermoplastic insulation, plastic insulation || ≗**kabel** *n* / thermoplastic-insulated cable, plastic-insulated cable || ≗**kanal** *m* (K-Kanal) / plastic duct, plastic bunking || ≗**kappe** *f* / plastic cap || ≗**kondensator** *m* IEC 50(436) / film capacitor
kunststofflamellierter Werkstoff / laminated plastic material
Kunststoff·leitung *f* / thermoplastic-insulated cable, plastic-insulated cable, plastic-covered wire || ≗**-Lichtwellenleiter** *m* (KWL) / all-plastic optical fibre || **wetterfeste** ≗**leitung** / thermoplastic-insulated weather-resistant cable || ≗**leuchte** *f* / plastic luminaire, all-plastic luminaire, sealed plastic luminaire || ≗**manschette** *f* / sealing V-ring of synthetics || ≗**maschine** *f* / plastics machine || ≗**-Panzerrohr** *n* (IR) / heavy-gauge plastic conduit, high-strength plastic conduit
Kunststoff·rohr *n* / plastic conduits || ≗**rohr** *n* (IR) / plastic conduit, non-metallic conduit, PVC conduit || ≗**schild** *n* / plastic label || ≗**schlauch** *m* / plastic tube || ≗**-Schlauchleitung** *f* / plastic-sheathed flexible cord, PVC-sheathed flexible cord || **mittlere** ≗**-Schlauchleitung** / ordinary plastic-sheathed flexible cord (o. cable) || ≗**stift** *m* / plastic

dowel || ≈**technik** *f* / plastics technology

kunststoffüberzogener Leiter / plastic-covered conductor

Kunststoff·umhüllung *f* / plastic sheath || ≈**umspritzung** *f* / applying plastic coating || ≈-**Verdrahtungsleitung** *f* (HO5V) / thermoplastic non-sheathed cable for internal wiring, PVC (single-core non-sheathed cables for internal wiring)

Kupfer für Leitzwecke / high-conductivity copper || **halbhartes** ≈ / one-half-hard copper || **hart-blankgezogenes** ≈ / hard bright-drawn copper || **hartgezogenes** ≈ / hard-drawn copper || ≈**aufnahme** *f* (Komm.) / copper picking || ≈**beilage** *f* / copper shim, copper pad || ≈**boden** *m* (Thyr) / copper base || ≈**brücke** *f* / copper link || ≈**chlorid-Magnesium-Batterie** *f* / couprous chloride-magnesium battery || ≈**dochtkohle** *f* / copper-cored carbon

Kupferdraht·seil *n* / stranded copper conductor, copper cable, copper wire rope || ≈**umflechtung** *f* / copper wire braiding

Kupfer·füllfaktor *m* / copper space factor || ≈**geflecht** *n* (Kabel, Beflechtung) / copper braid(ing)

kupferkaschiert *adj* / copper-clad *adj* || **~er Schichtpressstoff** / copper-laminated plastic

Kupfer·kaschierung *f* / copper cladding, copper grid || ≈**knetlegierung** *f* / wrought copper-base alloy || ≈-**Konstantan-Thermoelement** *n* (Cu-Ko-Thermoelement) / copper-constantan thermocouple || ≈**lackdraht** *m* / enamelled copper wire, varnished copper wire || ≈**lasche** *f* / copper lug || ≈**legierung** *f* / copper-base alloy, copper alloy

Kupfer·manteldraht *m* / copper-clad wire, bimetallic wire || ≈**notierung** *f* (CU-Notierung) / copper quotation || ≈**oxid-Lithium-Batterie** *f* / copper oxide-lithium battery || ≈**oxid-Zink-Batterie** *f* / copper oxide-zinc battery || ≈**platte** *f* / copper plate || ≈-**Sandgusslegierung** *f* / sand-cast copper-base alloy || ≈**schaltstück** *n* / copper contact piece || ≈**schieben** *n* (Komm.) / copper dragging || ≈**schiene** *f* / copper bar || ≈**schiene für Anschlussschrauben M12** / copper terminal bars suitable for M12 terminal bolts || ≈**schwamm** *m* / copper sponge || ≈**seil** *n* / stranded copper conductor, copper cable || ≈-**Spritzgusslegierung** *f* / die-cast copper-base alloy || ≈-**Stahl-Kabel** *n* / steel-reinforced copper cable (SRCC), copper cable, steel-reinforced (CCSR) || ≈**streifenprüfung** *f* / copper strip test || ≈**sulfat** *n* / copper sulphate

Kupfer·umspinnung *f* / copper braiding || ≈**verluste** *m pl* / copper loss, load loss(es), I^2R loss || ≈-**Wolfram-Sintermaterial** *n* / sintered tungsten-copper (material) || ≈**zuschlag** *m* / copper surcharge

Kuppe *f* / round end || ≈ *f* (Kurve) / crest *n* || ≈ *f* (Lampe) / dome *n* || **Kolben~** *f* (Lampe) / bulb bowl || **Straßen~** *f* / hump *n*

Kuppelbolzen *m* / coupling bolt, coupling pin

Kuppelfeld *n* (IRA) / coupler panel, bus coupler panel, bus-tie cubicle || ≈ *n* (FLA) / coupler bay, bus coupler bay, bus-tie bay || ≈ *n* / bus-type breaker panel

Kuppel·flansch *m* / coupling flange || ≈**gestänge** *n* / linkage *n* || ≈**kontakt** *m* / coupling contact || ≈**leitung** *f* (Netz) / tie line

kuppeln *v* / couple *v* || ~ (mech. Kupplung) / engage *v*

Kuppelschalter *m* / bus coupler || ≈ *m* (USV) / tie switch || ≈ *m* (LS) / tie circuit-breaker, tie breaker, (bus) coupler circuit-breaker

Kuppel·schiene *f* (SS) / tie bus || ≈**stück** *n* / coupling unit || ≈**transformator** *m* / interconnecting transformer, coupling transformer, tie transformer, line transformer, network transformer, coupler *n* || ≈**trenner** *m* / bus-coupler disconnector || ≈**zapfen** *m* (Walzwerk) / wobbler *n*

Kuppenstößel *m* (PS) EN 50047 / rounded plunger || ≈ *m* / overtravel plunger

kuppenverspiegelte Lampe / silver-bowl lamp, lamp with mirror-finished dome

Kupplung *f* (nicht schaltbar) / coupling *n* || ≈ *f* (schaltbar) / clutch *n* || ≈ *f* (Verteiler) / coupler unit || ≈ *f* (StV) / coupling *n* || ≈ *f* (Netz) / tie *n*, connection *n*, interconnection *n*, interlinking *n* || ≈ **mit axialer Spielbegrenzung** / limited-end-float coupling, limited-end-play coupling || ≈ **mit Rücklaufsperre** / backstopping clutch || **elektrische** ≈ (die Stromkreise von mechanisch gekuppelten Fahrzeugen verbindend) / electric coupler || **gelenkige** ≈ / flexible coupling

Kupplungs·antrieb *m* / coupling drive || ≈**automatik** *f* (Kfz) / automatic clutch control, clutch management || ≈**belag** *m* / clutch lining, clutch facing || ≈**bolzen** *m* / coupling pin, coupling bolt || ≈**buchse** *f* / coupling socket || ≈**dose** *f* / connector *n*, portable socket-outlet, coupling plug || **nichtwiederanschließbare** ≈**dose** / non-rewirable portable socket-outlet || ≈**drehmoment** *n* / coupling torque || ≈**kraft** *f* (Steckverbinder) / engaging force

Kupplungs·einsatz *m* / coupling insert || ≈**feld** *n* / coupler bay, bus coupler bay, bus-tie bay || ≈**flansch** *m* / coupling flange || ≈**flansch** *m* (angeschmiedet) / integral coupling, integrally forged coupling Flange || ≈**glied** *n* / coupling element, link *n* || ≈**hälfte** *f* / half-coupling *n*, coupling half, clutch half || ≈**hülse** *f* / coupling bush, coupling sleeve, connector mating and unmating force, separating force

Kupplungs·leistung *f* / power at coupling, shaft horsepower || ≈**leitung** *f* (zur el. Verbindung zwischen mechanisch gekuppelten Fahrzeugen) / jumper cable || ≈**mantelfläche** *f* / lateral coupling surface || ≈**mitnehmer** *m* / coupling driver, drive coupling || ≈**muffe** *f* / coupling bush || ≈**planfläche** *f* / coupling face || ≈**ring** *m* (a. Sty) / coupling ring || ≈**schale** *f* / coupling box, coupling half || ≈**scheibe** *f* / clutch disk || ≈**seite** *f* (el. Masch.) / coupling end || ≈**stange** *f* / coupling rod, connecting rod (o. bar)

Kupplungs·steckdose *f* / portable socket-outlet, connector *n* || ≈**stecker** *m* / coupler plug, plug *n*, connector *n*, free coupler connector || ≈**steckverbinder** *m* / coupler connector || ≈**steckvorrichtung** *f* / cable coupler || ≈**stelle** *f* / coupling point || ≈**stück** *n* / coupling *n* || ≈**treffer** *m* / coupling driver, wobbler *n* || ≈**verschalung** *f* / coupling guard, clutch guard || ≈**vorrichtung für Endstück** (Roboter) / end effector device || ≈**zapfen** *m* (Bolzen) / coupling pin || ≈**zapfen** *m* (Treffer) / wobbler *n* || ≈**zeit** *f* / coupling time

KU-Prüfeinheit *f* / auto-reclosing check module

Kurbel *f* / crank *n*, handcrank *n*, crank handle || ≈ **für Einfahrspindel** / crank handle || ≈**antrieb** *m* / crank-operated mechanism, crank drive, crank mechanism || ≈**arm** *m* / lever *n*, shaft arm || ≈**drehung** *f* / rotation of shaft arm, motion of shaft arm || ≈**gehäuse** *n* / crankcase *n* || ≈**getriebe** *n* /

crank mechanism || ²**halbmesser** *m* / crank radius || ²**induktor** *m* / insulation tester with hand-drive generator || ²**induktor** *m* (f. Isolationsmessung) / megger *n*, hand-driven generator, ductor *n* || ²**induktor** *m* (f. Zündung) / magneto generator, magneto *n*, magneto inductor || ²**kette** *f* / crank mechanism

kurbeln *v* / crank *v*, turn the crank *v*

Kurbel·schwinge *f* / rocker arm || ²**stange** *f* / connecting rod, pitman *n* || ²**stellung** *f* / crank position, crank angle || ²**trieb** *m* / crank mechanism, crank drive || ²**viereck** *n* / four-bar linkage, link quadrangle || ²**wangenatmung** *f* / crank-web deflection || ²**welle** *f* / crankshaft *n* || ²**wellengeber** *m* (Kfz) / crankshaft sensor || ²**winkel** *m* / crank angle || **pneumatischer** ²**zylinder** / pneumatic crank shaft type operator

Kurs *m* / exchange rate

Kursbüro, zentrales ² / central training office

kursiv *adj* / italics *adj*

Kursivschrift *f* / italic type, italics *n pl*

Kurs·klausel *f* / rate clause || ²**sicherung** *f* / rate security

Kurtosis *f* DIN 55350,T.21 / kurtosis *n* (statistical distribution)

Kurve *f* / curve *n*, courbe *n*, characteristic *n* || ² **der rückläufigen Schleife** / recoil curve, recoil line (o. loop) || ² **für den mittleren Stichprobenumfang** / average sample number curve (ASNC) || ² **gleicher Beleuchtungsstärke** / isoilluminance curve (GB), isoilluminance line (US), isolux curve (o. line) || ² **gleicher Bestrahlungsstärke** / iso-irradiance curve || ² **gleicher Lautstärke** / loudness contour, isoacoustic curve || ² **gleicher Leuchtdichte** / isoluminance curve || ² **gleicher Lichtstärke** / isointensity curve, isocandela curve || ² **löschen** (CAD) / decurve *v*

Kurven·anzeige *f* / curve display, trend display || ²**archiv** *n* / curve file, curve archive || ²**bild** *n* / graph *n*, plot *n* || ²**bild** *n* (am Bildschirm) / curve display, trend display || ²**-Bildschirmeinheit** *f* / curve display unit || ²**blatt** *n* / graph *n*, diagram *n* || ²**darstellung** *f* / curve display, trend display || ²**element** *n* (CAD) / curve entity || ²**fahrt** *f* / travel along contours || ²**feld** *n* (BSG) / curve display field || ²**fenster** *n* / curve window

Kurvenform *f* (Wellenform) / waveform *n*, waveshape *n* || ² **der Netz-Wechselspannung** / waveform of a.c. supply voltage || ² **der Referenzschwingung** DIN IEC 351, T.1 / reference waveform || ² **der Spannung** / voltage waveform || ² **der Spannungsschwankung** VDE 0838, T.1 / voltage fluctuation waveform || **Aufnahme der** ² / waveform test || ²**änderung einer Spannung** VDE 0558, T.5 / subtransient voltage waveform deviation || ²**stabilisierung** *f* DIN 41745 / waveform stabilization

Kurven·fräsen *n* / curve milling || ²**fräsmaschine** *f* / cam forming machine || ²**gängigkeit** *f* / curve negotiability || ²**generator** *m* / curve generator || ²**gestaltparameter** *m pl* / parameters of shape

kurvengetreu *adj* / true-to-contour *adj*

Kurvengetriebe *n* / cam mechanism, cam gear || **nichtlineares** ² / nonlinear cam gear

Kurven·gruppe *f* / curve group || ²**knick** *m* / curve bend, break in curve, curve inflection || ²**lineal** *n* / spline *n*, curve *n* || ²**linie** *f* (CAD) / spline curve

Kurven·schar *f* / family of curves, set of curves || ²**scheibe** *f* / cam disc, cam plate, cam *n* || ²**scheibenfunktion** *f* / cam function || ²**scheitelpunkt** *m* / peak of curve || ²**schreiber** *m* / graphic plotter, plotter *n*, curve plotter || ²**sichtgerät** *n* / curve display unit || ²**speicher** *m* / curve memory || ²**speicherbaugruppe** *f* / curve memory module || ²**strecke** *f* / chord *n*, link *n* || ²**stück** *n* / cam *n*, cam segment || ²**tabelle** *f* / curve table || ²**tabelleninterpolation** *f* / curve table interpolation || ²**tabellenpolynome** *n pl* / curve table polynomials || ²**trommel** *f* / cam drum

Kurvenverlauf *m* / curve shape, curve characteristic, characteristic *n*, curve *n* || ² *m* (Wellenform) / waveshape *n*, waveform *n* || **verschliffener** ² / smooth characteristic || **wirklicher** ² / real flow characteristic || ²**recorder** *m* / waveform recorder

Kurven·walze *f* / cam drum || **spezifischer** ²**widerstand** (Bahn) / specific train resistance due to curves

Kurvenzug *m* (Osz.) / curve trace || **Planckscher** ² / Planckian locus

kurz gemittelte Belastung / demand *n*

Kurz·adresse *f* / short address || ²**angabe** *f* (Bestell-Nr.) / order code || ²**anleitung** *f* / product brief || ²**anweisung** *f* / short instruction || ²**ausfall** *m* / transient failure || ²**ausschaltglied** *n* / passing break contact, fleeting NC contact || ²**balken** *m* (Flp.) / barrette *n* || ²**bauweise** *f* / short design

Kurz·beschreibung *f* (NC) / shorthand notation || ²**beschreibung** *f* (KB) / product brief || ²**betrieb** *m* / short-time operation (CEE 10) || ²**bezeichnung** *f* / short description, order code || ²**bogenlampe** *f* / short-arc lamp, compressed-arc lamp, compact-source lamp

kurze Taste / short button IEC 337-2

Kurz·einschaltglied *n* DIN 40713 / passing make contact IEC 117-3, fleeting NO contact || ²**einweisung** *f* / brief instructions

Kürzel *n* / abbreviation *n*

kurzer Druckknopf VDE 0660,T.201 / short button IEC 337-2 || ~ **Impuls** / short pulse

Kurz·erläuterung *f* (Dokumentationsart.) / product brief || ²**form** *f* / short form

kurzfristige Grenzkosten (StT) / short-run marginal cost || ~ **Lastprognose** / short-term load forecast

kurzgeschlossen *adj* / short-circuited *adj*, shorted *adj*, shunted out, jumpered *adj*, linked together

Kurz·holzplatz *m* / short timber station || ²**hubtastatur** *f* / short-stroke keyboard || ²**hubtaste** *f* / short-stroke key || ²**impuls** *m* / short pulse, short-duration pulse || ²**impulsbildung** *f* / short pulse generatingcircuit

Kurzkupplung *f* / back-to-back link || **HGÜ-**² *f* / HVDC back-to-back link, HVDC back-to-back station, HVDC coupling system

Kurz·motor *m* / short frame motor, news in brief || ²**prüfung** *f* / accelerated test

Kurzschließen *n* / short-circuiting *n*, shorting *n*, shunting out || ~ *v* / short-circuit *v*, short *v*, shunt out *v*

Kurz·schließer *m* / high-speed grounding switch, make-proof earthing switch, short-circuiter *n*, fault initiating switch || ²**schließschaltung** *f* / shorting circuit || ²**schließstecker** *m* / short-circuiting plug, shorting plug || ²**schließung** *f* / short-circuiting *n*, shorting *n*, shunting out

Kurzschluss *m* / short-circuit (s.c.), short *n* || ≈ *m* (Netz) IEC 50(448) / shunt fault, short-circuit fault (USA) || ≈ *m* (Netzfehler) / fault *n*, short circuit, shunt fault || ≈ **mit Lichtbogenbildung** / arcing short circuit || ≈ **mit Übergangswiderstand** / high-resistance fault, high-impedance fault || ≈ **zwischen Phasen** / phase-to-phase short circuit || **Einschalten auf einen** ≈ / fault throwing, making on a short circuit || **generatorferner** ≈ / remote short circuit, short circuit remote from generator terminals || **generatornaher** ≈ / short circuit close to generator terminals, close-up fault || **magnetischer** ≈ / magnetic short-circuit || **satter 3-poliger** ≈ / dead three-phase fault || **zweipoliger** ≈ / phase-to-phase fault, line-to-line fault, double-phase fault || ≈**abschaltung** *f* / short-circuit disconnection || ≈**anzeiger** *m* / short-circuit indicator, fault indicator

Kurzschlussausgangsadmittanz *f* / short-circuit output admittance || ≈ **bei kleiner Aussteuerung** / small-signal short-circuit output admittance || ≈ **in Emitterschaltung** / common-emitter short-circuit output admittance

Kurzschlussauslöser *m* / short-circuit release, short-circuit trip || **kurzzeitverzögerter** ≈ / short-time-delay short-circuit release || **unverzögerter** ≈ / instantaneous short-circuit release

Kurzschluss·-Ausschaltleistung *f* / short-circuit breaking capacity IEC 157-1, short-circuit interrupting rating, fault interrupting rating (US) || ≈**-Ausschaltprüfung** *f* / short-circuit breaking test, short-circuit interrupting test || ≈**ausschaltstrom** *m* / short-circuit breaking current || ≈**-Ausschaltstrom** *m* / short-circuit breaking current, short-circuit interrupting current || ≈**ausschaltung** *f* / short-circuit breaking (o. clearing), fault clearing || ≈**ausschaltvermögen** *n* / short-circuit breaking capacity || ≈**-Ausschaltvermögen** *n* VDE 0660,T.101 / short-circuit breaking capacity IEC 157-1, short-circuit interrupting rating, fault interrupting rating (US) || ≈**beanspruchung** *f* / short-circuit stress

kurzschlussbehaftet *adj* / short-circuited *adj*, faulted *adj*

Kurzschluss·belastung *f* / short-circuit load, short-circuit stress || ≈**berechnung** *f* / short-circuit calculation, fault-level analysis || ≈**betrieb** *m* / short-circuit operation || ≈**-Brandschutz** *m* / short-circuit fire protection || ≈**bremse** *f* (Bremsen durch Umpolen) / plug brake || ≈**bremsung** *f* (Bremsen durch Umpolen) / plug braking, braking by plugging || ≈**brücke** *f* / short-circuiting link, shorting jumper || ≈**buchse** *f* / shorting jack || ≈**bügel** *m* / short-circuiting link, shorting jumper

Kurzschluss·charakteristik *f* / short-circuit characteristic || ≈**dauer** *f* / short-circuit time, short-circuit duration, overcurrent time, duration of the first short-circuit current flow || ≈**-Dauerprüfung** *f* / sustained short-circuit test, heat run || ≈**dorn** *m* (Magnet) / keeper bar || ≈**-Draufschaltung** *f* / fault throwing, making on a short circuit || ≈**dreieck** *n* (Potier-Dreieck) / Potier reactance triangle || ≈**-Drosselspule** *f* / current limiting reactor

Kurzschlusseingangsadmittanz *f* / short-circuit input admittance || ≈ **bei kleiner Aussteuerung** / small-signal short-circuit input admittance || ≈ **in Emitterschaltung** / common-emitter short-circuit input admittance

Kurzschluss·eingangsimpedanz *f* / short-circuit input impedance || ≈**eingangsimpedanz bei kleiner Aussteuerung** / small-signal short-circuit input impedance || ≈**-Eingangskapazität** *f* / short-circuit input capacitance || ≈**-Einschaltstrom** *m* / short-circuit making current || ≈**einschaltvermögen** *n* VDE 0670,T.3 / short-circuit making capacity IEC 265 || ≈**erkennung** *f* (KSE) / short-circuit identification, short-circuit detection || ≈**erregerstrom** *m* (zum Ankerstrom) / excitation current corresponding to rated armature sustained short-circuit current, field current to produce rated armature current

kurzschlussfest *adj* VDE 0100, T.200 / short-circuit proof, short-circuit current resistant, mechanically short-circuit proof, resistant to short circuits, capable of withstanding short-circuits, fused *adj*, surge-proof *adj*, current-limited *adj* || **~er Ausgang** / short-circuit-proof output, surge-proof output || **~er Transformator** / short-circuit-proof transformer

Kurzschlussfestigkeit *f* (f. ein Bauelement für eine bestimmte Dauer zulässiger Teilkurzschlussstrom) / short-circuit capability || ≈ *f* (allg., SG) / short-circuit strength, fault withstand capability, short-circuit rating, fault withstandability (IEE Dict.) || ≈ *f* (Trafo) / short-circuit withstand capability, ability to withstand short circuits || ≈ *f* (Netz) / short-circuit current capability IEC 50(603) || **maximale** ≈ (Sicherungshalter) / peak withstand current || **Nachweis der** ≈ / verification of short-circuit strength || **Prüfung der** ≈ / short-circuit test || **thermische** ≈ / thermal short-circuit rating

Kurzschlussfortschaltung *f* (Abschaltung) / short-circuit clearing, fault clearing || ≈ *f* (Kurzunterbrechung) / automatic reclosing (under short-circuit conditions), open-close operation

kurzschlussfremde Spannung (Schutz, Auslösespannung) / externally generated short-circuit tripping current

Kurzschluss·generator *m* / short-circuit generator, lightning generator || **~getreue Spannung** (Schutz, Auslösespannung) / actual short-circuit (tripping) current || ≈**impedanz** *f* / short-circuit impedance || ≈**induktivität** *f* / short-circuit inductance || ≈**käfig** *m* / squirrel-cage winding, cage winding || ≈**kennlinie** *f* (Asynchronmasch.) / locked-rotor impedance characteristic || ≈**kennlinie** *f* (Synchronmasch.) / short-circuit characteristic (s.c.c.) || ≈**kraft** *f* / short-circuit force, electrodynamic short-circuit force, electromechanical short-circuit force || ≈**kreis** *m* / shorted circuit

Kurzschluss·lauf *m* (el. Masch.) / run with winding(s) short-circuited, heat run || ≈**läufermotor** *m* / squirrel-cage motor, cage motor || ≈**leistung** *f* (Schalter) / short-circuit capacity || ≈**leistung** *f* (Netz) / short-circuit power, fault power, fault level || ≈**leistung** *f* (el. Masch.) / short-circuit power || ≈**leistungsfaktor** *m* / short-circuit power factor, X-R ratio || ≈**leistungskategorie** *f* (LS) VDE 0660,T.101 / short-circuit performance category IEC 157-1 || ≈**leistungsverhältnis** *n* (SR) / relative short-circuit power || ≈**lichtbogen** *m* / short-circuit arc || ≈**lichtbogenstrom** *m* / short-circuit arcing current || ≈**meldeschalter** *m* / short-circuit signaling contact, short-circuit signalling contact || ≗**moment** *n* / short-circuit torque, peak transient torque || ≗**motor** *m* / squirrel-cage motor, cage motor || ≗**-Prüfleistung** *f* / short-circuit testing power || ≗**prüftransformator** *m* / short-circuit testing transformer || ≗**prüfung** *f* / short-circuit test || ≗**punkt** *m* / short-circuit point || ≗**reaktanz** *f* / short-circuit reactance

Kurzschlussring *m* (KL) / end ring, short-circuiting ring, cage ring || ≗ *m* (SG) / short-circuiting ring || ≗ *m* (Spaltpolmot.) / shading ring, shading coil || ≗ *m* (Magnetschlussstück) / keeper ring || **aufgeschnittener** ≗ (KL) / end ring with gaps

Kurzschluss·rückwirkungskapazität *f* / short-circuit feedback capacitance (FET) || ≗**-Sanftanlaufschaltung** *f* / stator-resistance starting circuit || ≗**-Schaltvermögen** *n* / short-circuit capacity, short-circuit breaking (o. interrupting) capacity

Kurzschlussscheinleistung *f* / short-circuit apparent power, apparent short-circuit power || ≗ *f* (Drehstrom-Käfigläufermot.) / locked-rotor apparent power

Kurzschluss·schieber, verstellbarer ≗**schieber** / piston *n* || ≗**schnellauslöser** *m* / instantaneous short-circuit release (o. trip) || ≗**-Schnellauslöserelais** *n* / instantaneous short-circuit relay || ≗**schnellauslösung** *f* / instantaneous short-circuit release || ≗**schutz** *m* / short-circuit protection, back-up protection || ≗**schutz für mehrpolige Fehler** IEC 50(448) / phase-fault protection || ≗**schutzeinrichtung** *f* / short-circuit protective device (SCPD) || ≗**-Schutzorgan** *n* (KSO) / short-circuit protective device (SCPD) || ≗**seil** *n* / short-circuiting cable || ≗**-Seilzugkraft** *f* VDE 0103 / short-circuit tensile force IEC 865-1

kurzschlusssicher *adj* / short-circuit proof, inherently short-circuit-proof, short-circuit current resistant, current limited, fused *adj* || **unbedingt ~** / inherently short-circuit proof || **~er Klemmenkasten** (Klemmenkasten m. Druckentlastung) / pressure-relief terminal box

Kurzschlusssicherung *f* / back-up fuse

Kurzschlussspannung *f* (Leistungstrafo) / impedance voltage, impedance drop, percent impedance, p.u. impedance || ≗ *f* (Trenntrafo, Sicherheitstrafo, Wandler) / short-circuit voltage EN 60742 || **Bemessungs-**≗ *f* (Trafo) / impedance voltage at rated current || **relative** ≗ / relative short-circuit voltage

Kurzschluss·sperre *f* / reclosing lockout, short-circuit lock-out || ≗**stabilität** *f* / short-circuit stability || ≗**stecker** *m* / shorting plug || ≗**stelle** *f* / short-circuit point || ≗**stellung** *f* (Bürsten) / live neutral position

Kurzschlussstrom *m* / short-circuit current, fault current || ≗ *m* (Batt.) / short-circuit current, flash current || ≗ **an der Einbaustelle** / prospective short-circuit (o. fault) current || ≗ **bei festgebremstem Läufer** / locked-rotor current || ≗ **bei Verwendung eines Kurzschlussschutzes** / conditional short-circuit current || **unbeeinflusster** ≗ **ICP** / prospective short-circuit current || ≗**anregung** *f* / short-circuit current starting || ≗**-Ausschaltdauer** *f* IEC 50(448) / fault current interruption time || ≗**belastbarkeit** *f* / short-circuit current carrying capacity || ≗**dichte** *f* / short-circuit current density || ≗**empfindlichkeit** *f* (Diode) DIN 41853 / short-circuit current sensitivity || ≗**festigkeit** *f* / short-circuit capability || ≗**festigkeit** *f* / short-circuit current strength || ≗**kraft** *f* / short-circuit current force || ≗**leistung** *f* / short-circuit current capacity || ≗**sicherheit** *f* / protection against short-circuits || ≗**tragfähigkeit** *f* / short-circuit current carrying capacity || ≗**verstärkung** *f* (bei kurzgeschlossenem Ausgang) / current amplification with output short-circuited || ≗**verstärkung** *f* (Transistor) DIN 41854 / short-circuit forward current transfer ratio || ≗**verstärkung bei kleiner Aussteuerung** (Transistor) DIN 41854 / small-signal short-circuit forward current transfer ratio

Kurzschlusstransformator *m* / short-circuit-proof transformer

Kurzschlussübertragungsadmittanz *f* / short-circuit transfer admittance || ≗ **in Emitterschaltung** / common-emitter short-circuit transfer admittance || ≗**, rückwärts** / short-circuit reverse transfer admittance || ≗**, rückwärts bei kleiner Aussteuerung** / small-signal short-circuit reverse transfer admittance || ≗**, vorwärts** / short-circuit forward transfer admittance || ≗**, vorwärts bei kleiner Aussteuerung** / small-signal short-circuit forward transfer admittance

Kurzschluss·unterbrechung *f* / short-circuit interruption, short-circuit breaking, fault clearing || ≗**ventil** *n* / short-circuit valve || ≗**verfahren** *n* / short-circuit method || ≗**verhältnis** *n* / short-circuit ratio (s.c.r.) || **Bemessungslast-**≗**verhältnis** *n* / rated-load short-circuit ratio, full-load short-circuit ratio

Kurzschlussverluste *m pl* (el. Masch.) / short-circuit loss, copper loss, load loss || ≗ *m pl* (Trafo) VDE 0532, T.1 / load loss IEC 76-1, impedance loss, copper loss

Kurzschluss·vermögen *n* / short-circuit capacity || ≗**verstärkung** *f* / closed-loop gain, operational gain || ≗**vorrichtung** *f* / short-circuiter *n*

Kurzschluss·wechselstrom *m* / short-circuit current, symmetrical short-circuit current, prospective symmetrical r.m.s. short-circuit current || **subtransienter** ≗**-Wechselstrom** / initial symmetrical short-circuit current || **Anfangs-**≗**-wechselstromleistung** *f* / initial symmetrical short-circuit power

Kurzschluss·wicklung *f* (KL) / squirrel-cage winding, cage winding || ≗**wicklung** *f* (Spaltpolmot.) / shading coil || ≗**widerstand** *m* / short-circuit impedance || ≗**widerstand** *m* (eines abgeschirmten Kabels) IEC 50(161) / transfer impedance || ≗**windung** *f* / short-circuited turn || ≗**winkel** *m* / short-circuit angle, fault angle, line impedance angle || ≗**wischer** *m* / self-extinguishing fault

Kurzschlusszeit *f* / short-circuit time, short-circuit duration, overcurrent time

Kurzschlusszeitkonstante *f* / short-circuit time constant || ≗ **der Ankerwicklung** / short-circuit time constant of armature winding, primary short-circuit time constant || ≗ **der Dämpferwicklung in der Längsachse** / direct-axis short-circuit damper-winding time constant || ≗ **der Dämpferwicklung in der Querachse** / quadrature-axis short-circuit damper-winding time constant || ≗ **der Erregerwicklung** / direct-axis short-circuit excitation-winding time constant, direct-axis transient short-circuit time constant || ≗ **der Längsdämpferwicklung** / direct-axis short-circuit damper-winding time constant || ≗ **der Querdämpferwicklung** / quadrature-axis short-circuit damper-winding time constant

Kurz·schreibweise *f* (Programm) / shorthand notation, shorthand form || ≗**schritt** *m* (Signalelement) / short-duration signal element || ≗**spulenwicklung** *f* / short-coil winding || ≗**stab-Leuchtstofflampe** *f* / miniature fluorescent lamp || ≗**statortyp** *m* (LM) / short-stator type, short-primary type, long-secondary type || ≗**telegramm** *n* (FWT) / short message || ≗**telegrammliste** *f* (SPS) / key message list

Kurzunterbrecher *m* / auto-recloser *n*, recloser *n* || ≗-**Auswahleinheit** *f* (KU-Auswahleinheit) / auto-reclosing selection module || ≗-**Prüfeinheit** *f* (KU-Prüfeinheit) / auto-reclosing check module || ≗**relais** *n* / auto-reclose relay, auto-reclosing relay || ≗**sperre** *f* (KU-Sperre) / auto-reclose lockout

Kurz·unterbrechung *f* (KU) / automatic reclosing, auto-reclosing *n*, rapid auto-reclosure || ≗**unterbrechungseinrichtung** *f* IEC 50(448) / automatic reclosing equipment, automatic reclosing relay (USA) || ≗**unterbrechungsfunktion** *f* / automatic reclosing function || ≗**unterbrechungsprüfung** *f* / auto-reclosing test || ≗**versuch** *m* / accelerated test

kurzverzögert *adj* / short-time delayed || **~e und einstellbare unverzögerte Überstromauslöser** (zn-Auslöser f) / short-time-delay and adjustable instantaneous overcurrent releases || **~er Auslöser** / short-time-delay release, short-time-delay trip element ANSI C37.17 || **~er elektromagnetischer Überstromauslöser** (z-Auslöser) / short-time-delay electromagnetic release, short-delay electromagnetic release || **~er elektromagnetischer Überstromauslöser mit Verzögerung durch Zeitrelais** / relay-timed short-time delay overcurrent release, relay-triggered short-time delay overcurrent trip || **~er Überstromauslöser** (z-Auslöser) / short-time-delay overcurrent release, definite-time-delay overcurrent release || **~er Überstromauslöser mit Verzögerung durch mechanisches Hemmwerk** / mechanically short-time-delayed overcurrent release

kurzwellig *adj* / short-wave *adj*

Kurzzeichen *n* / identification symbol, symbol *n*, composite symbol, short code, initialing *n* || **Toleranz~** *n* / tolerance symbol

Kurzzeit·archiv *n* / short-term archive || ≗**beeinflussung** *f* VDE 0228 / short-time interference || ≗**belastbarkeit** *f* / short-time current (o. load) carrying capacity, short-time load rating || ≗**belastbarkeit** *f* (Rel.) / short-time withstand capability (o. value) || **thermische** ≗**belastbarkeit durch eine Erregungsgröße** (Rel.) / limiting short-time thermal withstand value of an energizing quantity || ≗**belastung** *f* / short-time loading

Kurzzeitbetrieb *m* VDE 0730 / short-time operation (CEE 10) || ≗ *m* / short-time operation duty || ≗ *m* (KB S 2, el. Masch.) VDE 0530, T.1 / short-time duty (S 2) IEC 34-2 || ≗ *m* (Schütz, Rel.) / temporary duty IEC 158-1, IEC 255-4 || ≗ **S 2** VDE 0530, T.1 / short-time duty-type (S 2)

Kurzzeit·drift *f* / short-term drift || ≗**einbruch** *m* / short-time dip, notch *n* || ≗**ermüdung** *f* / low cycle fatigue || ≗**faktor** *m* / short-time factor (s.t.f.) || ≗-**Flicker** *n* / short-term flicker || ≗**funktion** *f* (Ausl.) / short-time function (release)

kurzzeitig *adj* / short-time *adj*, for short periods, transient *adj* || **~ gemittelte Höchstlast** / maximum demand || **~ gemittelte Leistung** / demand *n* IEC 50(25) || **~e Entladung** / snap-over *n* || **~e Kontaktgabe** / momentary contact making || **~e Störung** / transient disturbance || **~e Überlast** / short-time overload, momentary overload, transient overload || **~e Überspannungen** / transient overvoltages

Kurzzeit·leistung *f* / short-time rating || ≗**leistung in kVA** / short-time kVA rating || ≗**meldung** *f* (FWT) / fleeting information, fleeting indication, transient information || ≗**prüfung** *f* / short-time test, accelerated test || ≗**rückführung** *f* / short-time feedback || ≗**schalter** *m* (f. Lampen-Zündgeräte) / time limiting switch || ≗**stabilität** *f* / short-term (o. short-time) stability || ≗**stabilität des Nullpunktes** / short-time stability of zero || ≗-**Stabilitätsfehler** *m* (MG) / short-term stability error || ≗-**Steh-Wechselspannung** *f* / short-duration power-frequency withstand voltage

Kurzzeitstrom *m* (Relais-Kontaktkreis) DIN IEC 255 / limiting short-time current (of a contact circuit) IEC 255-0-20 || ≗ *m* VDE 0660,T.101 / short-time current, short-time withstand current IEC 157-1 || **maximaler** ≗ **für eine Halbwelle** (HL-Schütz) VDE 0660, T. 109 / maximum on-state current for one half cycle || **Prüfung mit** ≗ (Trafo) VDE 0532,T.20 / short-circuit current test IEC 214 || **thermisch gleichwertiger** ≗ / thermal equivalent short-time current || ≗**belastbarkeit** *f* / short-time current-carrying capacity || ≗**festigkeit** *f* / short-time withstand current

Kurzzeit-Stromfestigkeit *f* / short-time current carrying capacity

Kurzzeitstromprüfung *f* / short-time current test, thermal short-time current test

Kurzzeit·stufe *f* (Schutz, im Diagramm) / first-zone step, short-time step || ≗**stufe** *f* (Multivibrator) / short-delay monostable multivibrator || ≗**stufe** *f* (Auslöser) / instantaneous trip || ≗-**Überlastbarkeit** *f* / short-time overload capacity || ≗-**Überlaststrom** *m* (a. Temperatursicherung) / transient overload current || ≗**uhr** *f* / timer *n* || **Stromversorgung mit** ≗**unterbrechung** / short-break power supply

kurzzeitverzögert *adj* / short-time delayed

Kurzzeit·verzögerung / short-time delay || ≗-**Wechselspannungsprüfung** *f* / short-duration power-frequency test

KUSA-Schaltung *f* / stator-resistance starting circuit

KU-Sperre *f* / auto-reclose lockout

Küstenscheinwerfer *m* / coastal searchlight

KVA (Kehrrichtverbrennungsanlage) / refuse incineration plant

kVArh-Zählwerk *n* / kVArh register

KV-Faktor *m* (Kreisverstärkungsfaktor) / servo gain factor, KV factor

Kv-Gerade *f* / straight line characterizing a Cv-coefficient

KVS / cable distribution cabinet

KV-Umschalter *m* / servo gain changeover switch

KW (Kalenderwoche) / CW (calender week)

kWh-Verbrauch *m* / kWh consumption

KWK / combined heat and power (c.h.p.), cogeneration *n* (of power and heat)
KWL / all-plastic optical fibre
Kybernetik *f* / cybernetics *plt*
KYRU (Key Request Unit) / KYRU (key request unit)
KZ / length of commutator ‖ ≈ / comparative tracking index (CTI)

L

L (Buchstabensymbol für Askarel) / L (letter symbol for askarel)
L 0 (Länge ohne Last) / L 0 (length without load)
LA / logic analyzer (LA) ‖ ≈ (Leitachse) / master axis, LA (leading axis)
Label *n* / label *n*, jump label, branch label, jump mark ‖ ≈**schritt** *m* / labelling step ‖ ≈**tabelle** *f* / label table
Laboratorium-Bezugsnormal *n* / laboratory reference standard
Labor·-Oszilloskop *n* / laboratory oscilloscope, lab scope ‖ ≈**prüfung** *f* (Unter vorgegebenen und überwachten Bedingungen durchgeführte Nachweisprüfung oder Bestimmungsprüfung, die gegebenenfalls Anwendungsbedingungen simuliert) / laboratory test (A compliance test or a determination test made under prescribed and controlled conditions which may or may not simulate field conditions)
Labyrinth·dichtung *f* / labyrinth seal, labyrinth gland, labyrinth packing ‖ ≈**filter** *n* / labyrinth filter ‖ ≈**packung** *f* / labyrinth packing ‖ ≈**ring** *m* / labyrinth ring, labyrinth gland ‖ ≈**spalt** *m* / labyrinth joint
Lack *m* (Emaille, Drahtlack) / enamel *n* ‖ ≈ *m* / painting *n*, lake *n* ‖ ≈ *m* (Schellack) / shellac *n* ‖ ≈ *m* (Ölbasis) / varnish *n* ‖ ≈ *m* (Zellulosebasis) / lacquer *n* ‖ ≈**anstrich** *m* / paint of lake ‖ ≈**aufbau** *m* / paint system ‖ ≈**band** *n* / varnished-cambric tape, varnish-impregnated tape ‖ ≈**draht** *m* / enamel-insulated wire, enamelled wire ‖ ≈**einschluss** *f* / enclosed paint ‖ ≈**flachdraht** *m* / enamelled flat wire
lack·frei *adj* / paint-free *adj*, free of lacquer ‖ ~**gesichert** *adj* / secured by lacquer
Lack·gewebe *n* / varnished fabric, varnish-impregnated cloth ‖ ≈**gewebeband** *n* / varnish-impregnated tape, varnished tape, impregnated tape ‖ ≈**glasband** *n* / varnished glass tape ‖ ≈**glasgewebe** *n* / varnished glass fabric ‖ ≈**harz** *n* / resin *n*
Lackiereréien *f pl* / paint shops
lackiert *adj* / painted *adj* ‖ ~**e Glasseidenbespinnung** / varnish-impregnated glass-filament braiding
Lackierung *f* / painting *n*
Lackisolation *f* / varnish insulation, enamel insulation
lackisoliert *adj* / insulated with lacquer ‖ ~**er Draht** / enamel-insulated wire, enamelled wire
Lack·leinen *n* / varnished cambric ‖ ≈**leinenband** *n* / varnished cambric tape ‖ ≈**papier** *n* / varnished paper ‖ ≈**-Profildraht** *m* / enamelled section wire ‖ ≈**-Runddrahtwicklung** *f* / enamelled round-wire winding ‖ ≈**schaden** *m* / paint damage ‖ ≈**set** *n* / paint set ‖ ≈**stift** *m* / paint pen ‖ ≈**überzug** *m* / varnish coating, enamel coat ‖ **Foto~** *m* (gS) / photo-resist *n*
ladbar *adj* (programmierbar) / programmable *adj* ‖ ~ *adj* (Programm) / loadable *adj*
Lade·achse *f* / loader axis ‖ ≈**aggregat** *n* / charging set ‖ ≈**anweisung** *f* / load instruction ‖ ≈**art** *f* (Batt.) / charging method, method of charging ‖ ≈**automatisierung** *f* / loading automation ‖ ≈**befehl** *m* / load instruction ‖ ≈**-Blindleistung** *f* / reactive charging power, charging kVAr ‖ **gekröpfte** ≈**brücke** / depressed platform ‖ ≈**bühnenpult** *n* / load platform console ‖ **dielektrische** ≈**charakteristik** / dielectric absorption characteristic ‖ ≈**druck** *m* (Turbo-Lader) / boost pressure ‖ ≈**-Entladebetrieb** *m* (Batt.) / cycle operation
ladefähig *adj* (Programm) / loadable *adj*
Lade·faktor *m* (Batt.) / charge factor ‖ ≈**funktion** *f* / load function, load instruction ‖ ≈**funktion** *f* (DV) / load operation, loading function ‖ ≈**gerät** *n* / charger *n* ‖ ≈**grenze** *f* / charging limit ‖ ≈**grenzkennlinie** *f* / limiting charging characteristic
Lade·kennlinie *f* / charging characteristic ‖ ≈**kontrollampe** *f* (f. Batterieladung) / battery-charge warning lamp ‖ ≈**leistung** *f* / charging power, charging capacity ‖ ≈**liste** *f* / loading list ‖ ≈**maschine** *f* / charging generator ‖ ≈**maschine** *f* (mech.) / loader *n* ‖ ≈**maß** *n* / loading gauge
Laden *n* (Batt.) / charging *n* ‖ ~ *v* (el.) / charge *v* ‖ ~ *v* (Programm) / downloading *n* IEC 1131-4 ‖ ~ *v* (m. einem Programm) / load *v* ‖ **neu** ~ (Programm) / bootstrap *v*
Ladentischbeleuchtung *f* / counter lighting
Lade·operation *f* / load operation, load instruction, load function, loading function ‖ ≈**operation** *f* (DV) / loading operation ‖ ≈**platz** *m* / loading station, loading point, load station (Befindet sich außerhalb des Magazins und hat meist eine eigene Beladeeinrichtung. Vgl. Beladestelle), load location, load point ‖ ≈**portal** *n* / gantry loader ‖ ≈**portal** *n* (WZM) / loading gantry ‖ ≈**profil** *n* / loading gauge
Lader *m* (WZM) / loader *n* ‖ ≈**achse** *f* / loader axis
Lade·rampe *f* / loading ramp, loading platform ‖ ≈**rate** *f* (Batt.) / charge rate ‖ ≈**schlitten** *m* / loading skid ‖ ≈**schlussspannung** *f* (Batt.) / end-of-charge voltage, finishing rate ‖ ≈**schlussstrom** *m* (Batt.) / end-of-charge rate ‖ ≈**schwingungen** *f pl* / relaxation oscillations ‖ ≈**spannung** *f* / charging voltage ‖ ≈**speicher** *m* / loading memory, load memory ‖ ≈**speicher** *m* (NC) / loading buffer ‖ ≈**speicherbedarf** *m* / load memory requirement ‖ ≈**sprung** *m* / charging step ‖ ≈**steckdose** *f* / charging socket-outlet ‖ ≈**stecker** *m* / charging plug ‖ ≈**stelle** *f* / loading station, loading point, load point, load station (Befindet sich außerhalb des Magazins und hat meist eine eigene Beladeeinrichtung.), load location ‖ ≈**steuergerät** *n* / charge controller
Ladestrom *m* / charging current ‖ ≈ *m* (Isolation) / absorption current, charging current ‖ **dielektrischer** ≈ / dielectric absorption current ‖ ≈**drossel** *f* / shunt reactor
Lade·traverse *f* / loading beam ‖ ≈**verlauf** *m* / progress of charge ‖ ≈**widerstand** *m* / charging resistor ‖ ≈**-Wirkungsgrad** *m* (Batt.) / charge efficiency, ampere-hour efficiency

Ladezeit *f* (Feder, Speicherantrieb) / charging time, winding time || ≗**-Konstante** *f* / charge time constant || **nach** ≗**punkten** / by time of loading

Ladezustand *m* / charging condition || ≗ **der Batterie** / discharge degree of battery, charge of battery || ≗ **der Pufferbatterie** / charging condition of backup battery

L2-Adresse *f* / L2 station address || **höchste** ≗ / highest station address (HSA), main spindle drive (MSD)

Ladung *f* (el., Batt.) / charge *n* || ≗ *f* (mech.) / load *n*, loading *n* || **längenbezogene** ≗ / linear electric charge density || **volumenbezogene** ≗ / volume charge density

Ladungs·ableiter *m* / charge bleeder || ≗**auffrischstufe** *f* / charge regeneration stage || ≗**aufnahme** *f* (Batt.) / charge acceptance || ≗**ausgleichsumsetzer** *m* / charge balancing converter, quantized-feedback converter || ≗**ausgleichsverfahren** *n* / charge balancing (method) || ≗**austauschumsetzung** *f* / charge-replacement conversion || **elektrischer** ≗**belag** / surface charge density || ≗**bild** *n* (Osz.) / display (to be observed), recorded display

Ladungsdichte, elektrische ≗ / electrical charge-density || ≗**modulation** *f* / charge-density modulation

Ladungs·erhaltung *f* (Batt.) / charge retention, capacity retention || ≗**flusstransistor** *m* (CFT) / charge-flow transistor (CFT)

ladungsgekoppeltes Bauelement (CCD) / charge-coupled device (CCD)

Ladungs·kompensationsverfahren *n* / charge compensation method || ≗**menge** *f* / charge *n* || ≗**menge** *f* (Elektrizitätsmenge) / quantity of electricity || ≗**-Messgerät** *n* / coulometer *n* || ≗**paket** *n* / charge packet || ≗**speicherröhre** *f* / charge-storage tube, electrostatic memory tube || ≗**speicherröhre mit Schreibstrahl** / cathode-ray charge-storage tube || ≗**strom** *m* / charging current || ≗**strom** *m* (Elektrisierungsstrom) / electrification current

Ladungsträger *m* / charge carrier, carrier *n* || ≗**beweglichkeit** *f* / charge carrier mobility || ≗**diffusion** *f* / charge carrier diffusion || ≗**injektion** *f* / charge carrier injection || ≗**laufzeit** *f* / charge transit time || ≗**speicherung** *f* / charge carrier storage, carrier storage

Ladungs·transport *m* / charge transfer || ≗**transportelement** *n* / charge transfer device (CTD) || ≗**übertragung** *f* / charge transfer || ≗**verschiebe-Bildabtaster** *m* / charge-transfer image sensor || ≗**verschiebeverlust** *m* / charge transfer loss || ≗**verschiebe-Wirkungsgrad** *m* / charge transfer efficiency (CTE) || ≗**verschiebung** *f* / charge transfer || ≗**verschiebungsschaltung** *f* (CTD) / charge transfer device (CTD) || ≗**verstärker** *m* / charge amplifier || ≗**zentrum** *n* / charge centre

Lage *f* / position *n* || ≗ *f* (Wickl., gS, verseilter Leiter) / layer *n* || ≗ *f* (Position) / position *f* || ≗ *f* (Überzug) / coat *n*, layer *n* || ≗ *f* (der Elemente in integrierten Schaltungen) / topology *n* || ≗ **hinten** / rear system || ≗ **Power Center** / power center system || **hochaufgelöste** ≗ (HGL) / HGL || **räumliche** ≗ / orientation *n*

Lageabweichung *f* / positional variation, misalignment *n*, positional deviation, position deviation || **zulässige** ≗ / positional tolerance

Lage·beziehung *f* / relation *n*, topology *n* || ≗**-Bezugspunkt** *m* (NC) / position reference point || ≗**differenz** *f* / positional deviation, misalignment *n*, position deviation || ≗**einflusseffekt** *m* (MG) / variation due to position IEC 51 || ≗**energie** *f* / potential energy

Lageerfassung *f* / position detection, position sensing, detection of the position, position measuring || **direkte** ≗ / direct position sensing || **indirekte** ≗ / indirect position sensing

Lage·fehler *m* / position error, position deviation || ≗**fehler** *m* (Regler) / attitude *n* (controller) || ≗**geber** *m* / actual position sensor, positional actual-value encoder || ≗**geber** *m* (NC, statisch) / position sensor, position encoder || ≗**genauigkeit** *f* (NC) / positional accuracy, accuracy of position || ≗**genauigkeit** *f* (gS) / registration *n*

lagegeregelt *adj* / position-controlled *adj*

Lageinformation *f* / position data || **Aufbereitung der** ≗ / processing of position data || **geometrische** ≗ (NC) / geometric positioning data

Lage-Istwert *m* / actual position, actual position value

Lageistwert·bildung *f* / actual position generation || ≗**geber** *m* / actual position encoder, positional actual-value encoder || ≗**geber** *m* / actual position sensor || ≗**schnittstelle** *f* / interface for the actual value

Lage·karte *f* / situation map || ≗**messgeber** *m* / position transducer, displacement transducer, position encoder, displacement measuring device, position measuring device || ≗**messgerät** *n* / position transducer, position (o. displacement) measuring device, displacement transducer, position (o. displacement) transducer, position sensor, position encoder || ≗**messsystem** *n* (LMS) / position measuring system (PMS) || ≗**messsystem** *n* (NC) / position measuring system || ≗**messumformer** *m* / position transducer, displacement transducer || ≗**messung** *f* / position measurement, displacement measurement

Lagen·abstand *m* (Leiterplatte) / layer-to-layer spacing || ≗**auskreuzung** *f* (Wickl.) / layer transposition, crossover connection between layers, cross-connection of layers || ≗**bindungsfestigkeit** *f* / bonding strength || ≗**-Erdkapazität** *f* / layer-to-earth capacitance || ≗**fenster** *n* / position box || ≗**isolation** *f* (Wickl.) / layer insulation, interlayer insulation, intercoil insulation) || ≗**spannung** *f* (Wickl.) / voltage between layers, voltage per layer, interlayer voltage || ≗**spule** *f* / layered coil, wound coil || ≗**verbindung** *f* (a. gS) / interlayer connection

Lagenwicklung *f* / multi-layer winding, layer winding || ≗ **in Doppellagenschaltung** (Trafo) / front-to-front, back-to-back-connected multi-layer winding, externally connected multi-layer winding || ≗ **in Einzellagenschaltung** (Trafo) / back-to-front-connected multi-layer winding, internally connected multi-layer winding

Lagenzahl *f* / number of layers

Lage·parameter *n* / parameter of position || ≗**plan** *m* / site plan

Lager *n* (Masch.) / bearing *n* || ≗ *n* (Materiall.) / warehouse *n*, store *n* || **auf** ≗ **halten** / stock *n* || ≗ **mit Dauerschmierung** / prelubricated bearing, greased-for-life bearing || ≈ **mit Dochtschmierung** / wick-lubricated bearing || ≈ **mit Druckölentlastung** / oil-lift bearing, oil-jacked bearing || ≈ **mit Druckölschmierung** / pressure-lubricated bearing || ≈ **mit Federanstellung** / spring-loaded bearing || ≈ **mit festem Sitz** / straight-seated bearing || ≈ **mit Festringschmierung** / disc-and-wiper-lubricated bearing || ≈ **mit Fettschmierung** / grease-lubricated bearing || ≈ **mit kugeligem Sitz** / spherically seated bearing || ≈ **mit Nachschmiereinrichtung** / regreasable bearing || ≈ **mit Ölringschmierung** / oil-ring-lubricated bearing, ring-lubricated bearing || ≈ **mit Selbstölung** / self-oiling bearing, ring-lubricated bearing || ≈ **mit Selbstschmierung** / self-lubricated bearing, ring-lubricated bearing || ≈ **mit Spülölschmierung** / flood-lubricated bearing || ≈ **mit verstärkter Spülölschmierung** / forced-lubricated bearing || ≈ **mit Zwangsschmierung** / forced lubricated bearing || **federverspanntes** ≈ / spring-loaded bearing || ≈ **ohne Nachschmiereinrichtung** / prelubricated bearing, preloaded bearing, greased-for-life bearing, prestressed bearing || **kippbewegliches** ≈ / self-aligning bearing, spherically seated bearing

Lager·abnutzung *f* / bearing wear || ≈**abstand** *m* / distance between bearings, bearing span || ≈-**Abziehwerkzeug** *n* / bearing extractor, bearing puller || ≈**armstern** *m* / bearing bracket

Lagerausguss *m* / bearing lining, white-metal lining, Babbit lining || ≈**metall** *n* / lining metal, lining alloy, lining white-metal, Babbit metal

Lager·auskleidung *f* / bearing lining, white-metal lining, Babbit lining || ≈**bereinigung** *f* / inventory rationalization || ≈**belastung** *f* / bearing load, bearing pressure

Lagerbestand *m* / stock *n*, inventory *n*, stores inventory

Lager·beständigkeit *f* / storage stability, shelf life || ≈**beständigkeit** *f* (in Dosen) / tin stability, can stability || ≈**blech** *n* / supporting plate

Lagerbock *m* / bearing pedestal, bearing block, pillow block, plummer *n*, bearing bracket || ≈ *m* (LS) / bearing block

Lagerbohrung *f* / bearing hole || ≈ **für Träger Lichtbogenkammer** / bearing hole for arc chute carrier || ≈ **Lagerstück** / bearing hole for bearing piece

Lager·bolzen *m* / bearing bolt || ≈**bronze** *f* / bearing bronze, gun metal || ≈**brücke** *f* / end bracket, bearing bracket || ≈**brücke** *f* (f. Zwischenwelle) / bridge support, A-frame *n* || ≈**buchse** *f* / bearing shell, bearing bush, bearing lining, bearing socket || ≈**bund** *m* / bearing collar, thrust collar

Lagerdauer *f* / storage life

Lager·deckel *m* (Stehlg.) / bearing cover, pedestal cap || ≈**deckel** *m* (EZ) / end plate || ≈**deckel** *m* (Wälzlg.) / bearing cap || ≈**dichtung** *f* / bearing seal, bearing gland || ≈**druck** *m* (Flächendruck) / bearing pressure, unit pressure

Lageregel·abtastzeit *f* / position control sampling time || ≈**baugruppe** *f* / positioning module || ≈**ebene** *f* / position control level || ≈**feinheit** *f* / position control resolution, positioning resolution, feedback resolution (In a position feedback loop, the smallest increment of distance that is distinctly recognizable by the position transducer of a numerical control system)

Lageregelkreis *m* (NC) / position control loop, position servo loop || ≈ *m* (LR) / position feedback loop, position feedback control, position control loop, position control || **überlagerter** ≈ / primary position control circuit

Lageregel·parameter *m* / position control parameter || ≈**sinn** *m* / position control direction || ≈**takt** *m* / position control cycle

Lageregelung *f* (NC) / closed-loop position control, position servo control, position control || ≈ *f* (LR) / position control, position control loop, position feedback control, position feedback loop

Lageregler *m* (NC) / position controller || ≈**abtastrate** *f* / position controller sampling rate || ≈**abtastzeit** *f* / position controller sampling time || ≈**ausgang** *m* / position controller output || ≈**feinheit** *f* (In einem Lageregelkreis das kleinste Weginkrement, das vom Messkreis der numerischen Steuerung klar erkennbar ist) / positioning resolution, feedback resolution (In a position feedback loop, the smallest increment of distance that is distinctly recognizable by the position transducer of a numerical control system), position control resolution || ≈**takt** *m* / position controller cycle || ≈**taktzeit** *f* / position controller cycle

Lager·einsatz *m* / bearing cartridge, active part of bearing, bearing *n* || ≈**einsatzring** *m* / bearing adapter ring || ≈**entlastung** *f* (dch. Drucköl) / oil-lift system || ≈**entlastung** *f* / magnetic bearing flotation, high-pressure oil lift, hydrostatic oil lift, jacking-oil system || ≈**entlastungspumpe** *f* / oil-lift pump, jacking-oil pump

lagerfähig *adj* / storable *adj*

Lagerfähigkeit *f* / storage stability, storage life || ≈ *f* (in Dosen) / tin stability, can stability, package stability || ≈ *f* (Batt.) / storage life, shelf life

Lagerfähigkeitsprüfung *f* (Batt.) / storage test, shelf test, delayed test IEC 50(481)

Lager·flächenpressung *f* / unit pressure, bearing pressure || ≈**fuß** *m* / pedestal foot, bearing pedestal || ≈**futter** *n* / bearing lining || ≈**gehäuse** *n* / bearing housing, bearing cartridge || ≈**gleitfläche** *f* / bearing lining, bearing surface || **obere** ≈**hälfte** / top half-bearing || **untere** ≈**hälfte** / bottom half-bearing || ≈**hals** *m* / bearing neck

Lager·haltung *f* / stock keeping, stocks of spare parts || ≈**haltung** *f* (f. Ersatzteile) / spare-parts service, stocking of spare parts || ≈**haltungstheorie** *f* / inventory theory || ≈**hinweisschild** *n* (f. Schmierung) / lubrication instruction plate

lagerichtige Anzeige / display in correct order || ~ **Darstellung** / topographical representation

Lager·isolierung *f* / bearing insulation || ≈**konzept** *n* / bearing design || ≈**kopf** *m* / bearing head || ≈**korb** *m* / bearing carrier || ≈**körper** *m* (Schale + Lagermetall) / bearing liner, bearing box || ≈**körper** *m* (Lagergehäuse) / bearing housing, bearing cartridge || ≈**körper** *m* (Lagerbock) / bearing block, pedestal body || ≈**kosten** *plt* / stock costs || ≈**kranz** *m* / bearing ring

Lagerlauf·bahn *f* / bearing race || ≈**fläche** *f* / bearing surface, bearing lining

lagerlose Fertigung / stockless (o. bufferless) production

Lagerluft *f* (radial) / radial clearance, crest clearance

|| ≈ *m* (axial) / end float, end play, axial clearance || ≈ *f* (innere) / bearing clearance
lagermäßig *adj* / on stock
Lagermetall *n* / bearing metal, white metal, bearing brass, Babbit metal || ≈**ausguss** *m* / bearing lining, white-metal lining, Babbit lining
lagern *v* (speichern) / store *v* || ~ *v* (unterstützen) / support *v* || ~ *v* (altern) / season *v*
Lager·nabe *f* / bearing hub || ≈**nachschub** *m* / restocking *n* || ≈**nietbolzen** *m* / bearing rivet pin || ≈**ölkühler** *m* / bearing-oil cooler || ≈**ölpumpe** *f* / bearing-oil pump || ≈**ölversorgungsanlage** *f* / bearing oil system || ≈**ort** *m* / storage location || ≈**platte** *f* (EZ) / bearing plate || ≈**platz** *m* / storage space || ≈**platzoptimierung** *f* / optimization of stock locations
Lager·raum *m* / storage room || ≈**reibung** *f* / bearing friction, friction in bearings || ≈**reibungsverluste** *m pl* / bearing friction loss || ≈**ring** *m* / bearing ring || ≈**rumpf** *m* / bearing block, pedestal body || ≈**schale** *f* / bearing shell, bearing sleeve, liner backing
Lagerschalenhälfte, obere ≈ / top half-shell || **untere** ≈**schalenhälfte** / bottom half-shell
Lagerschalen·körper *m* / bearing shell, lining carrier, bearing bush || ≈**-Oberteil** *n* / top half-shell || ≈**-Übermaß** *n* / crush *n*, crush height || ≈**-Unterteil** *n* / bottom half-shell
Lagerschild *m* / bearing shield || ≈ *m* (Strebe) / bearing bracket, end bracket || ≈ *m* (geschlossen) / end shield, end housing || ≈**zentrierung** *f* / endshield spigot
Lager·schulter *f* / bearing collar, bearing thrust face || ≈**sitz** *m* / bearing seat || ≈**sitz Federseite** / bearing seat, spring side || ≈**sitz Schlossseite** / bearing seat, lock side || ≈**sockel** *m* / bearing pedestal || ≈**sohlplatte** *f* / bearing rail, end rail || ≈**spiel** *n* / bearing clearance, bearing play || ≈**spiel** *n* (axial) / end float, end play, axial clearance || ≈**spiel** *n* (radial) / radial clearance, crest clearance || ≈**stein** *m* / bearing pad, bearing shoe || ≈**stein** *m* (EZ) / bearing jewel, jewel *n* || ≈**stelle** *f* (Welle) / journal *n* || ≈**stelle** *f* (Lg.) / bearing *n* || ≈**stern** *m* / bearing bracket || ≈**strom** *m* / shaft current, bearing current, circulating current || ≈**stück** *m* / bearing piece
Lager·temperatur *f* / storage temperature, non-operating temperature || ≈**träger** *m* / bearing bracket || ≈**-Transportverspannung** *f* / bearing shipping brace, bearing block || ≈**typen** *m pl* / stock *n*
Lagerückführung *f* (NC) / position feedback
Lagerumschlag *m* / stock turnover, inventory turnover
Lager- und Transportbedingungen / conditions of storage and transport
Lagerung *f* / storage *n* || ≈ *f* (Masch.) / bearing(s) *n pl*, bearing arrangement, bearing assembly || ≈ **der Welle** / shaft bearing
Lagerungs·dauer *f* / shelf life || ≈**prüfung** *f* / storage test || ≈**temperatur** *f* / storage temperature || ≈**temperaturbereich** *m* / storage temperature range || ≈**umschlag** *m* / stock turnover, inventory turnover || ≈**- und Transportbedingungen** *f pl* / storage and transportation conditions
Lager·verwaltung *f* / stores management, warehouse management, inventory management || ≈**verwaltungsrechner** *m* (LVR) / warehouse management computer || ≈**weißmetall** *n* / bearing metal, white metal, bearing brass, Babbit metal
Lagerzapfen *m* / journal *n*, trunnion *n* || ≈ *m* (EZ) / spindle end || ≈**achse** *f* / journal axis
Lagesollwert *m* / setpoint position || ≈ *m* (NC) / position setpoint || ≈**glättung** *f* (NC) / position setpoint signal smoothing (o. filtering)
lagesynchron *adj* (WZM, NC) / in positional synchronism
Lage·toleranz *f* / positional tolerance, tolerance of position || ≈**unabhängigkeit** *f* / position insensitivity
Lageverschiebung *f* / positional shift || **überlagerte** ≈ / overlaid positional offset
Lagezusatzbetrag *m* (NC) / position allowance
Lagrange-Algorithmus *m* / Lagrangian decomposition algorithm
Lahn *m* (flacher Metalldraht) / tinsel *n* || ≈**leiter** *m* / tinsel conductor || ≈**litzenleitung** *f* / tinsel conductor
Laibung, obere ≈ / top suffit
Laie *m* IEC 50(826), Amend. 2 / ordinary person
Lambda-Regelung *f* / lambda controller
Lambdasonde *f* / lambda probe
Lambert·fläche *f* (LT) / uniform diffuser || ≈**sches Kosinusgesetz** / Lambert's cosine law || ≈**-Strahler** *m* / Lambertian source
Lamb-Welle *f* / Lamb wave
Lamelle *f* / lamella *n*, louvre element, louvre *n*, plate *n* || ≈ *f* (Bremse, Kuppl.) / disc *n* || ≈ *f* (Komm.) / segment *n*, bar *n*
Lamellen·blenden *f pl* (Leuchte) / cross-louvre shielding || ≈**bremse** *f* / multiple-disc brake, multi-plate brake || ≈**dichtung** *f* / lamellar labyrinth seal, multi-disc labyrinth || ≈**-Federdruckbremse** *f* / multi-disc spring-loaded brake, multi-disc fail-to-safety brake || ≈**kontakt** *m* / laminated contact || ≈**kupplung** *f* / multiple-disc clutch, multi-plate clutch || ≈**spannung** *f* (Komm.) / voltage between segments || ≈**teilung** *f* (Komm.) / segment pitch, commutator bar pitch, commutator pitch, unit interval at the commutator || ≈**träger** *m* / hub *n* || ≈**verschluss** *m* / louvered shutter, bladed shutter || ≈**wand** *f* / lamellar plate || ≈**zeichnung** *f* (Komm.) / segment marking, bar marking
lamellieren *v* / laminate *v*
lamelliert·e Bürste / laminated brush || **~er Kern** / laminated core, core stack
laminare Strömung / laminar flow
laminiertes Hartpapier / paper-base laminate, resin-bonded paper
Lampe *f* / lamp *n* || ≈ **für Starterbetrieb** / switch-start lamp, lamp operated with starter || ≈ **mit eingebautem Vorschaltgerät** / self-ballasted lamp || ≈ **mit Kugelkolben** / round bulb lamp || **deaktivierte** ≈ / deactivated lamp || **foliengefüllte** ≈ / foil-filled lamp || **innenmattierte** ≈ / inside-frosted lamp, internally frosted lamp, pearl lamp || **innenopalisierte** ≈ / lamp with internal diffusing coating || **innenverspiegelte** ≈ / internal-mirror lamp, interior-reflected lamp || **innenweiße** ≈ / inside white lamp, internally coated lamp
Lampen der Hauptreihe / standard lamps || ≈**anschlüsse** *m pl* / lamp terminations, lamp connections || ≈**ansteuerung** *f* / lamp control || ≈**anzeige** *f* / indicator lamp || ≈**blende** *f* / lamp shield, protective screen
Lampenfassung *f* / lampholder *n*, lamp socket, lamp

socket || ≗ **mit Edisongewinde** / Edison-screw lampholder || ≗ **mit Schalter** / switch lampholder
Lampen·füllgas *n* / lamp filling gas || ≗**fuß** *m* / lamp stand, stem *n* || ≗**gestell** *n* / lamp foot, lamp mount || ≗**greifer** *m* / lamp extractor, lamp grip(per), lamp installer || ≗**leistung** *f* / lamp wattage || ≗**leitsystem** *n* / lamp guidance system || ≗**lichtstrom** *m* / lumens per lamp || ≗**nachbildung** *f* (f. Messzwecke) / dummy lamp
Lampenprüftaste *f* (DT) / push-to-test button (for lamp) || **Leuchtmelder mit** ≗ / push-to-test indicator light, push-to-test pilot light
Lampen·prüfung *f* / push-to-test facility || ≗**rückleitung** *f* / lamp return || ≗**schirm** *m* / lamp shade, shade *n* || ≗**sockel** *m* / lamp cap, cap *n*, lamp base || ≗**stabilität** *f* / lamp stability || ≗**tableau** *n* / window annunciator, back-lighted window annunciator || ≗**test** *m* / lamp test || ≗**träger** *m* (Leuchtstoffl.) / spine *n* || ≗**transformator** *m* / lamp transformer, handlamp transformer || ≗**treiber** *m* / lamp driver || ≗**- und Leuchtentechnik** *f* / lamp and lighting technology
Lampion *m* / Chinese lantern
LAN (Local Area Network) / bus *n*, bus-type network, bus-type local area network, multipoint LAN, multidrop network, LAN (local area network)
Landebahn *f* / runway *n*, landing runway || ≗**verlängerung-Randbefeuerung** *f* (ORE) / overrun edge lighting (ORE)
Landekurssender *m* (LOC) / localizer *n* (LOC)
Länder·gruppe *f* / country group || ≗**gruppeneinteilung** *f* / country grouping
Landerichtungs·anzeiger *m* (LDI) / landing direction indicator (LDI) || ≗**feuer** *n* / range lights
Länder·kennzeichen *n* / country code || ≗**pass** *m* / country profile
Landescheinwerfer *m* / landing light, board landing light
Landesgesellschaft *f* / (Siemens) national company
Landestrecke *f* / landing distance
Land·flucht *f* / emigration to the cities || ≗**kartendarstellung** *f* (Kfz-Navigationssystem) / road-map display || ≗**nummer** *f* / country number
Landtransport, Verpackung für ≗ / packing for land transport, packing for shipment by road or rail
Landwirtschaftstarif *m* / farm tariff
Lang·bettanlage *f* / long-bed installation || ≗**bild** *n* / roll display, roll-down display || ≗**bogenlampe** *f* / long-arc lamp || ≗**drehen** *n* / cylindrical turning, plain turning
Länge *f* / length *n* || ≗ **Auto** / length auto || ≗ **berechnen** / calculate length || ≗ **der Verklebung** (Spalt) EN 50018 / width of cemented joint || ≗ **der Zeitachse** / length of time axes || ≗ **des zünddurchschlagsicheren Spalts** IEC 50(426) / length of flameproof joint, length of flame path, width of flameproof joint || ≗ **eines Konturenelements** (NC) / length of contour element (o. segment), span length || ≗ **Manuell** / length manual || ≗ **messen** / measure length || ≗ **ohne Last** (L 0) / length without load (L 0)
lange Realzahl / long real
Länge, auf ≗ **schneiden** / cut to length
lange Taste / extended button, long button IEC 337-2
Länge, belegte ≗ / assigned length || **elektrische** ≗ (Phasenverschiebung) / electrical length || **nutzbare** ≗ / available length
Längen·abnützung *f* / length wear || ≗**-Ausdehnungskoeffizient** *m* / coefficient of linear expansion || ≗**ausgleich** *m* / length compensation || ≗**bemaßung** *f* (CAD) / linear dimensioning || **~bezogene Ladung** / linear electric charge density || ≗**dehnung** *f* / linear expansion || ≗**gewicht** *n* / weight per unit of length || ≗**inkrement** *n* (NC) / length increment, increment of length || ≗**korrektur** *f* (Werkzeugverschiebung in der Z-Achse, um Längenabweichungen zwischen dem programmierten und dem tatsächlich verwendeten Werkzeug auszugleichen) / tool length compensation (TLC), tool length offset (A displacement of the tool in the Z axis to compensate for differences between programmed and actual tool lengths) || ≗**korrektur** *f* (NC) / length compensation
Längenmaß *n* / length dimension, linear size || ≗**stab** *m* / linear scale, measuring scale, horizontal scale || ≗**system** *n* / linear measuring system, linear measurement system, digital linear measuring system
Längen·messsystem *n* / length measuring system, linear measuring system, linear measurement system, digital linear measuring system || ≗**profil** *n* (Freiltg.) / longitudinal profile || ≗**schlüssel** *m* / length code || ≗**verformung** *f* / longitudinal deformation
längenverstellbar *adj* / adjustable for length
Längenwort *n* / length word
langer Druckknopf VDE 0660,T.201 / extended button, long button IEC 337-2
langfristig *adj* / long-term *adj* || **~e Arbeitszeitvereinbarung** / long-term working hours agreement || **~e Disposition** / long-term planning || **~e Grenzkosten** (StT) / long-run marginal cost
Lang·holzplatz *m* / long timber station || ≗**hubtaste** *f* / long-stroke key || ≗**impuls** *m* / long pulse, long-duration pulse || ≗**läufer** *m* / long-delivery equipment || ≗**lebigkeit** *f* / longevity *n*
Langloch *n* / oblong hole, elongated hole, slot *n*, longitudinal hole || ≗**bohrmaschine** *f* / longitudinal boring machine || ≗**fräser** *m* / slotting end mill || ≗**schiene** *f* / slotted busbar || ≗**tiefe** *f* / elongated hole final drilling depth
Langpol *m* / oblong pole
Längs·abstand *m* / longitudinal distance || ≗**achse** *f* (el.) / direct axis, d-axis *n* || ≗**achse** *f* (mech.) / longitudinal axis
langsam anwachsende Spannung (mech.) / creeping stress, creeping strain || **~ fließende Elektrode** / slow-consuming electrode || **~ laufende Maschine** / low-speed machine
Langsamanlasser *m* / slow-motion starter
langsame Dynamik / slow response, slow characteristic || **~ störsichere Logik** (LSL) / slow noise-proof logic, high-level logic (HLL) || **~ Strecke** (Regelstrecke) / slow-response system || **~ Tonfolge** / slow-rate intermittent tone, slow-tone repetition rate
Langsame, Trieb ins ≗ / speed reducing transmission, gear-down drive || **Übersetzung ins** ≗ / speed reduction, gearing down
langsames Ansprechen / sluggish response, slow response || **~ Blinken** / slow flashing, low-

frequency flashing || ~ **Relais** / slow relay || ~ **Rinnen** / seepage *n*

Langsam·läufer *m* / low-speed machine || ≗**umschaltung** *f* / slow changeover

Längs·anteil *m* (el. Masch., Längsachsenwert) / direct-axis component || ≗**antrieb** *m* (Bahn) / longitudinally arranged drive || ≗**-Außen-Bearbeitung** *f* / longitudinal external machining || ≗**bearbeitung** *f* / longitudinal machining || ≗**beeinflussung** *f* (Relaisprüf.) / longitudinal mode || ≗**beeinflussung** *f* (Induktion) / longitudinal induction || ≗**beschleunigung** *f* (Kfz) / longitudinal acceleration || ≗**beschriftung** *f* / vertical inscription || ≗**bewegung** *f* (WZM) / longitudinal motion, longitudinal travel || ≗**-Blindwiderstand** *m* (Netz) / series reactance || ≗**bruch** *m* / longitudinal crack || ≗**bürste** *f* / direct-axis brush

Langschritt *m* (DÜ, FWT) / long-duration signal element

Längsdämpferwicklung, Kurzschluss-Zeitkonstante der ≗ / direct-axis short-circuit damper-winding time constant || **Leerlauf-Zeitkonstante der** ≗ / direct-axis open-circuit damper-circuit time constant || **Streufeld-Zeitkonstante der** ≗ / direct-axis damper leakage time constant || **Streureaktanz der** ≗ / direct-axis damper leakage reactance || **Widerstand der** ≗ / direct-axis damper resistance

Längs·differentialschutz *m* / longitudinal differential protection, differential protection system || ≗**drehen** *n* (WZM) / longitudinal turning || ≗**drosselspule** *f* / paralleling reactor, bus-section reactor || ≗**durchflutung** *f* / direct-axis component of m.m.f. || ≗**durchschallen** *n* / longitudinal sound testing || ≗**ebene** *f* / longitudinal plane || ≗**-EMK** *f* VDE 0228 / longitudinal e.m.f. || ≗**-EMK** *f* (el. Masch.) / direct-axis component of e.m.f.

Längsfeld *n* (LT) / paraxial field || ≗ *n* (el. Masch.) / direct-axis field || ≗**-Amperewindungen** *f pl* / direct-axis ampere turns || ≗**dämpfung** *f* / direct-axis field damping || ≗**durchflutung** *f* / direct-axis m.m.f. || ≗**induktivität** *f* / direct-axis inductance || ≗**komponente** *f* / direct-axis component || ≗**reaktanz** *f* / direct-axis reactance

Längs·fluss *m* / direct-axis magnetic flux, direct-axis flux || ≗**födereinheit** *f* / longitudinal conveyor || ≗**führung** *f* / longitudinal guide || ≗**gewinde** *n* / longitudinal thread || ≗**gleichmäßigkeit** *f* (BT) / lengthwise uniformity ratio, longitudinal uniformity || ≗**größe** *f* / direct-axis quantity || ≗**hub** *m* / longitudinal travel || ≗**impedanz** *f* (Netz) / series impedance, longitudinal impedance || ≗**induktion** *f* / longitudinal induction || ≗**-Innen-Bearbeitung** *f* / longitudinal internal machining

Längskante, Geradheit der ≗ (Blech) / edge camber

Längs·kapazität *f* / series capacitance || ≗**keil** *m* / key *n*, taper key || ≗**kompensation** *f* / series compensation || ≗**komponente** *f* / direct-axis component, longitudinal component || ≗**kondensator** *m* / series capacitor

Längskuppel·feld *n* (FLA) / bus sectionalizer bay, bus-tie bay || ≗**feld** *n* (IRA) / bus section panel BS 4727, G.06, sectionalizer panel, bus-tie cubicle, bus sectionalizer cubicle || ≗**schalter** *m* (LS) / sectionalizing circuit-breaker, bus-tie circuit-breaker || ≗**-Schaltfeld** *n* / bus sectionalizer panel

Längskupplung *f* / longitudinal coupling || ≗ *f* (SA, Einheit) / bus section panel, bus sectionalizer unit, bus-tie cubicle || ≗ *f* (SS) / (bus) sectionalizing point, bus-tie *n* || **Sammelschiene mit** ≗ / switchable busbar

Längskupplungsfeld *n* / bus sectionalizer panel

Längs·last *f* / straight load || ≗**leitwert** *m* / series admittance || ≗**magazin** *n* / longitudinal magazine || ≗**magnetisierung** *f* (Blech) / solenoidal magnetization, circuital magnetization || ≗**magnetisierung** *f* (el. Masch.) / direct-axis magnetization || ≗**motor** *m* (Bahnmot., Welle parallel zum Gleis) / longitudinally mounted motor || ≗**naht** *f* / longitudinal weld || ≗**naht-Siegelstation** *f* / length sealing station || ≗**nut** *f* / longitudinal groove || ≗**parität** *f* / longitudinal parity || ≗**pendel** *n* / extensionally oscillating pendulum || ≗**reaktanz** *f* (el. Masch.) / direct-axis reactance || ≗**reaktanz** *f* (Netz) / series reactance || ≗**-Redundanzprüfung** *f* / longitudinal redundancy check (LRC) || ≗**regelung** *f* (Spannungsregelung mittels einer zusätzlichen, variablen und phasengleichen Spannungskomponente) / in-phase control, in-phase voltage control || ≗**regler** *m* / in-phase booster, in-phase regulator, transformer with in-phase regulation || ≗**rollenlager** *n* / axial roller bearing || ≗**schallen** *n* / longitudinal sound testing

Längsschalter, Sammelschienen-≗ *m* / switched busbar circuit-breaker

Längs·schieber *m* / sliding spool || ≗**schleifen** *n* / longitudinal grinding || ≗**schlupf** *m* (Kfz) / longitudinal slip || ≗**schneidanlage** *f* / longitudinal cutting line || ≗**schneidbrücke** *f* / longitudinal cutter gantry || ≗**schneider** *m* / length cutter, longitudinal cutter || ≗**schnitt** *m* / longitudinal section

Längsschottung *f* / longitudinal partition || **Sammelschienen-**≗ *f* / busbar (phase barriers), busbar phase separators

Längs·schrumpfung *f* / longitudinal shrinkage, axial contraction || ≗**schruppen** *n* / longitudinal roughing || ≗**schwingung** *f* / extensional vibration, longitudinal oscillation || ≗**seite** *f* / longitudinal side || ≗**seite** *f* / long side

Längsspannung *f* / direct voltage || ≗ *f* (Stromkreis) / longitudinal voltage || ≗ *f* (el. Masch.) / direct-axis component of voltage, direct-axis voltage

Längs·spule *f* / longitudinal coil || ≗**stabilisierungskreis** *m* / series stabilizing circuit || ≗**steifigkeit** *f* / longitudinal rigidity, resistance to expansion || ≗**streufeld** *n* / direct-axis stray field, direct-axis leakage field || ≗**strom** *m* (el. Masch.) / direct-axis component of current, direct-axis current || ≗**summencheck** *m* / longitudinal redundancy check

Langstabisolator *m* / long-rod insulator

Längstaktmaschine *f* / longitudinal indexing machine

Langstatortyp *m* (LM) / long-stator type, long-primary type, short-secondary type

Längs·thyristor *m* / series-arm thyristor, series thyristor || ≗**tragseil** *n* (Fahrleitung) / longitudinal catenary || ≗**transformator** *m* / in-phase booster, in-phase regulator, transformer with in-phase regulation || ≗**transmission** *f* / line-shaft transmission, line shafting || ≗**trenner** *m* (Lasttrenner) / sectionalizing switch-disconnector, bus-tie switch-disconnector || ≗**trennklemme** *f* /

sliding-link terminal
Längstrennschalter, Sammelschienen-≈ *m* / busbar section disconnector, bus sectionalizer, bus sectionalizing switch, bus-tie disconnector, bus section switch
Längstrennung *f* / sectionalizing feature || **Durchgangsklemme mit** ≈ / sliding-link through-terminal || **Sammelschiene mit** ≈ / disconnectable busbar, sectionalized busbar || **Sammelschienen-**≈ *f* (Einheit) / bus-section panel, bus sectionalizing unit (o. cubicle), bus-tie unit
Längs·verbindung *f* / longitudinal connection || ≈**vergleichsschutz** *m* / longitudinal differential protection, differential protection system || ≈**vorschub** *m* / longitudinal feedrate || ≈**vorschub** *m* (WZM) / longitudinal feed || ≈**wälzlager** *m* / rolling-contact thrust bearing, rolling-element thrust bearing, rolling thrust bearing, antifriction thrust bearing || ≈**wasserdichtigkeit** *f* (Kabel) / longitudinal water tightness || ≈**welle** *f* / longitudinal wave || ≈**welle** *f* (mech.) / line shaft || ≈**widerstand** *m* (Netz) / series resistance || ≈**widerstand** *m* (el. Masch.) / direct-axis resistance || ≈**-Wirkwiderstand** *m* / series resistance || ≈**zapfen** *m* (mech. Welle) / locating journal, thrust journal || ≈**zweig** *m* / series arm
Längung *f* / elongation *n*, expansion *n*
Langunterbrechung *f* / delayed auto-reclosure (DAR)
langverzögerter Auslöser (thermischer Auslöser) / thermally delayed release, long-delay release || ~ **Überstromauslöser** (thermisch o. stromabhängig verzögert) / thermally delayed overcurrent release, inverse-time overcurrent relase
Langwelle *f* / long wave, low-frequency wave
Langwellen·-Ableitstoßstrom *m* / long-duration discharge current, rectangular-wave discharge current || ≈**-Ableitstoßstromprüfung** *f* / long-duration current impulse test || ≈**-Stoßstrom** *m* / long-duration discharge current, rectangular-wave discharge current
langwelliges Licht / long-wave light
Langwort *n* / long word (LWORD)
Langzeit- / long-term *n*
Langzeit·alterung *f* / ageing after long-time service || ≈**archiv im Endlosbetrieb** / long-term archive in continuous operation || ≈**archivierung** *f* / long-term archiving || ≈**aufgabe** *f* / long-term task || ≈**beeinflussung** *f* VDE 0228 / long-time interference, prolonged interference || **thermisches** ≈**diagramm** / thermal endurance graph, Arrhenius graph || ≈**drift** *f* / long-term drift || ≈**eigenschaft** *f* / endurance property || ≈**fehler** *m* (Drift) / drift *n* || ≈**festigkeit** *f* / endurance strength || ≈**-Flicker** *n* / long-term flicker || ≈**funktion** *f* (Ausl.) / long time function (release) || ≈**instabilität der Genauigkeit** / accuracy long-term instability || ≈**konstanz** *f* / long-term stability || ≈**-Korrosionsschutz** *m* / durable anti-corrosion coating || ≈**nachführung** *f* / long-delay feedback
Langzeitprüfung *f* / long-duration test, long-duration creep rupture test, life test, long-run test, long-time creep test
Langzeit·-Prüfwechselspannung *f* / long-duration power-frequency test voltage || ≈**rückführung** *f* / long-time feedback, delayed feedback || ≈**schwund** *m* / long-term shrinkage || ≈**-Speichermodul** *n* / memory cartridge, memory module, memory submodule || ≈**stabilität** *f* / long-term stability || ≈**-Stabilitätsfehler** *m* (MG) / long-term stability error || ≈**überlast** *f* / sustained overload
Langzeitverhalten *n* / service life, endurance properties, long-time behaviour, endurance characteristic, behaviour under long-time test conditions
Langzeit·-Warmfestigkeit *f* / long-time thermal stability, thermal endurance || ≈**-Wechselspannung** *f* / long-duration power-frequency voltage, sustained power-frequency voltage || ≈**-Wechselspannungsprüfung** *f* / long-duration power-frequency test || ≈**wirkung** *f* / long-time effect
LAN·-Hinkanal *m* / forward LAN channel || ≈**-Netzübergangseinheit** *f* / LAN gateway || ≈**-Rückkanal** *m* / reverse LAN channel || ≈**-Sammelaufruf** *m* / LAN broadcast || ≈**-Übergangseinheit** *f* / LAN bridge
Laplace·scher Operator / Laplacian *n* || ≈**-Transformation** *f* / Laplace transform
Lappen *m* (Textil) / rag *n*, piece of cloth || ≈ *m* (mech.) / lug *n*, tab *n*, tongue *n*
läppen *v* / lap *v*
Lappenschraube *f* / thumb screw
Läpp·maschine *f* / lapping machine || ≈**scheibe** *f* / lapping wheel
LARAM / line-addressable random-access memory (LARAM)
Lärm *m* / noise *n* || **strömungstechnisch verursachter** ≈ / noise caused by flow || ≈**bekämpfung** *f* / noise control, noise abatement || ≈**belästigung** *f* / offending noise || ≈**belastung** *f* / noise pollution || ≈**bewertungskurve** *f* / noise rating curve (n.r.c.) || ≈**bewertungszahl** *f* / noise rating number || ≈**emission** *f* / noise emission, noise radiation || ≈**minderung** *f* / noise reduction, noise muffling, silencing *n* || ≈**pegel** *m* / noise level || ≈**schutz** *m* / noise control || ≈**schutzhülle** *f* / acoustic enclosure || ≈**schutzwall** *m* / noise protection embankment || ≈**schutzwand** *f* / noise protection wall
Lasche *f* / clip *n*, lug *n*, strap *n*, link *n*, bond *n*, fish-plate *n*, tongue *n*, shackle *n* || ≈ *f* (Umschaltlasche, Klemmenlasche) / link *n* || ≈ *f* (Anschlussklemme) / saddle *n*
Laschen·klemme *f* / saddle terminal || ≈**nietung** *f* / butt-joint riveting || ≈**probe** *f* / strapped butt joint specimen || ≈**verbindung** *f* / strap(ped) joint, butt joint
Laser *m* / laser *n* (light amplification by stimulated emission of radiation) || **injektionsgesteuerter** ≈ / injection-locked laser || ≈**-Abstandswarnsystem** *n* (Kfz.) / laser-based anti-collision system || ≈**bearbeitung** *f* / laser machining || ≈**bereich** *m* VDE 0837 / nominal ocular hazard area (NOHA) IEC 825 || ≈**bearbeitungsmaschine** *f* / laser machine
laserbeschriftet *adj* / laser-inscribed *adj*
Laser·beschriftung *f* / laser-based labeling || ≈**-Beschriftungsanlage** *f* / laser-based labelling system || ≈**-Diode** *f* (LD) / injection laser diode || ≈**drucker** *m* / laser printer || ≈**-Einrichtung** *f* VDE 0837 / laser product IEC 825 || ≈**-Einrichtung der Klasse I** VDE 0837 / Class I laser product || ≈**-Energieversorgung** *f* / laser energy source

lasergefährlicher Bereich VDE 0837 / laser hazard area IEC 825
Laser·gerät *n* VDE 0837 / laser system IEC 825 || **≗gravur** *f* (Beschriftung) / laser labelling || **≗leistung** *f* / laser power || **≗leistungssteuerung** *f* / laser power control || **≗-Lesegerät** *n* / laser scanner
lasern *v* / laser machining
Laser·radiusbahnkorrektur *f* / laser radius path compensation || **≗rückmeldung** *f* / laser checkback || **≗schneideinrichtung** *f* / laser cutting unit || **≗schneiden** *n* / laser beam cutting, laser cutting || **≗schneidgerät** *n* / laser cutting unit || **≗schneidmaschine** *f* / laser cutting unit || **≗schnittbreite** *f* / laser cutting width || **≗schutzbeauftragter** *m* / laser protection officer
laserschweißen *v* / laser welding
Laser·schweißgerät *n* / laser welding device || **≗schwelle** *f* / lasing threshold || **≗status** *m* / laser status || **≗strahlbrennschneiden** *n* / laser beam cutting with oxygen || **≗strahlmaschine** *f* / laser beam machine || **≗strahlung** *f* / laser radiation || **≗strahlungsquelle** *f* / laser radiation source || **≗-Überwachungsbereich** *m* / laser controlled area || **≗-Triangulation** *f* / laser-based triangulation || **≗-Vermessungssystem** *n* (Rob.) / laser-based scanning and ranging system || **≗werkzeugmaschine** *f* / laser machine tool || **≗zirpen** *n* / laser chirping || **≗zyklus** *m* / laser cycle
Lässigkeit *f* / leakage *n*
Last *f* / load *n* || **≗ abschalten** / disconnect the load || ≗ *f* (Wandler) / burden *n*, throw off the load, shed the load || **≗ abwerfen** / throw off the load, shed the load || **≗ zuschalten** / throw on the load, connect the load || **durchziehende ≗** / overhauling load || **fehlangepasste ≗** / mismatched load || **unter ≗** / on load, under load
lastabhängig *adj* / load-dependent *adj*, load-variant *adj*, as a function of load, load-controlled *adj* || **~e Verluste** / load losses IEC 34-2, direct load loss || **~e Zusatzverluste** / additional load losses IEC 34-2, stray load loss
Lastabhängigkeit *f* / load impact effect, effect (o. influence) of load variations, flow rate, dependence on load || ≗ *f* (EZ) / influence of load variation, effect of load variation
Last·abnahme *f* / load decrease, load decrement || **≗abschaltung** *f* (SG) / load interruption, load breaking, disconnection under load || **≗abschaltung** *f* (Gen.) / load rejection, disconnection of load, load shedding || **≗abschaltvermögen** *n* / load-breaking capacity, load-break rating, interrupting rating || **≗abschaltversuch** *m* (Gen.) / load rejection test, load shedding test || **≗absenkung** *f* / load reduction
Lastabwurf *m* / load shedding, load rejection, throwing off load || **≗automatik** *f* / automatic load-shedding control equipment || **≗einrichtung** *f* / load shedding equipment || **≗relais** *n* / load disconnecting relay, load shedding relay, loss-of-load relay || **≗schutz** *m* IEC 50(448) / load-shedding protection
Last·änderung *f* / load variation, load change, load fluctuation || **≗anforderungsautomatik** *f* / automatic demand matching unit || **≗anlauf** *m* / start under full load || **≗annahmen** *f pl* / loading assumptions, design loads || **≗anschluss** *m* / load terminal, load terminals, load circuit terminal || **≗anstieg** *m* / load increase, load growth, load increment || **≗aufnahmemittel** *f* / load carrying device || **≗aufnehmer** *m* / sensor *n* || **≗aufschaltung** *f* / connection of load, throwing on of load || **Funktionsbildner für ≗aufschaltung** / load compensator || **≗aufschaltungsglied** *n* / load compensator
Lastaufteilung *f* / load sharing, load division, load distribution, dispatch || **optimale ≗ mit Netzeinfluss** / emergency-constrained dispatch, emergency-constrained load flow || **wirtschaftlich optimale ≗** / economical dispatch
Last·ausgleich *m* / load equalization, load balancing, load compensation || **≗ausgleichsgerät** *n* / load equalizer || **≗ausgleichsregelung** *f* / load sharing control || **≗-Ausschaltstrom** *m* VDE 0670,T.3 / load breaking current IEC 265 || **≗-Ausschaltvermögen** *n* VDE 0670,T.3 / mainly active load breaking capacity IEC 265
Lastbedämpfungskondensator *m* / load damping capacitor
Last·beeinflussung *f* / demand side management (DSM) || **≗begrenzung** *f* / load limitation, load limiting || **≗begrenzungsregler** *m* / load-limit changer || **≗berührungslinie** *f* (Lg.) / line of action || **≗dauerlinie** *f* (Netz) / load duration curve || **≗-Deckenspannung des Erregersystems** (el. Masch.) / excitation system on-load ceiling voltage || **≗diagramm** *n* / load diagram || **≗dichte** *f* / load density || **≗drehmoment** *n* / load torque || **≗drehzahl** *f* / speed under load, load speed || **≗einfluss** *m* (EZ) / influence of load variation, effect of load variation || **≗einschwingzeit** *f* (IC-Regler) / load transient recovery time
Lasten·aufteilung *f* / load dispatch || **≗aufzug** *m* / goods lift, freight elevator || **≗heft** *n* / specifications of work and services, tender specifications, specifications *n pl*
Lastentkopplung *f* / load separation
Lasten- und Pflichtenheft *n* / set of specifications
Last·erfassungsgerät *n* / load sensing facility || **≗erregerstrom** *m* / on-load excitation current, rated-load field current || **≗ersatzprüfung** *f* / equivalent load test, equivalent heat-run test
Lastfaktor *m* / load factor || **Ausgangs-≗** *m* / fan-out *n*, drive *n* || **Eingangs-≗** *m* / fan-in *n*
Last·fall *m* (Kombination v. Lasten, die auf einen Bauteil einwirken) / loading case || **≗fernschalter** *m* / contactor *n*
Lastfluss *m* / load flow, power flow || **≗rechnung** *f* / load flow calculation, load-flow controller
Lastführung *f* / load management, load control || **≗führung** *f* (LE) / load commutation || **≗führung mit Resonanzkreis** (SR) / resonant load commutation
Lastganglinie *f* (Netz) / load curve
lastgeführter Stromrichter / load-commutated converter
lastgemäße Energie / in-demand energy
lastgesteuerter Stromrichter / load-clocked converter, load-commutated converter
lastgetakteter Stromrichter / load-clocked converter, load-commutated converter
Last·getriebe *n* / load gearbox || **≗grenzkurve** *f* (Rel.) / limit curve || **≗impedanz** *f* / load impedance || **≗induktivität** *f* / load inductance, load-circuit inductance || **≗kennlinie** *f* / load characteristic || **≗klemme** *f* / load terminal || **≗klemmenanschluss**

m / power terminal connection
lastkompensierte Dioden-Transistor-Logik (LCDTL) / load-compensated diode-transistor logic (LCDTL)
Last·kontrollrechner *m* / load control computer || **≗kreis** *m* / load circuit || **≗kurve** *f* / load curve || **≗laufschalter** *m* (Trafo) / reactor-type on-load tap changer, rotary load transfer switch || **≗leistung** *f* / load power || **≗management** *n* / load management, demand side management (DSM) || **≗management mit Maximumüberwachung** / load management with monitoring of maximum values || **≗maximum** *n* / peak load, maximum load || **≗messdose** *f* / load cell, load measurement
Lastmoment *n* / load torque, load moment || ≗ *n* (Trägheitsmoment) / load inertia || ≗ **bei voller Last** / full-load torque || **≗kompensation** / load torque compensation || **≗überw. Freq.schwelle 1** / belt threshold frequency 1 || **≗überwachung** *f* / belt failure detection mode
Lastnachbildung *f* (Lastkreis) / equivalent load circuit, load circuit
Lastnetzgerät *n* / power pack, power supply, power supply unit (PSU) || ≗ *n* (elST) / external power supply, load power supply unit
Last·probelauf *m* / trial run under load || **≗prognose** *f* / load forecast || **≗punktschalter** *m* / load level (selector) switch || **≗rechner** *m* / load calculator || **≗regelfaktor** *m* (IC-Regler) / load regulation coefficient || **≗regelung** *f* / load control || **≗relais** *n* / load relay || **≗relais** *n* (Lastabwurfrelais) / load disconnecting relay, load shedding relay || **≗richtungswechsel** *m* / load reversal, reversal of stress || **≗rückwirkung** *f* / load reaction
Lastschalt·anlage *f* (m. Lasttrenner) / switch-disconnector unit (o. assembly), load-break switchgear || **≗anlage** *f* (Einheit f. Ringkabelnetze) / ring-main unit || **≗einheit** *f* (Hartgasschalter) / hard-gas interrupter unit || **≗element** *n* / power switch
Lastschalter *m* VDE 0660, T.107 / switch *n* IEC 408, mechanical switch, load interrupter switch ANSI C37-100, circuit-breaker *n* || ≗ *m* (Trafo) / regulating switch (CEE 24), load transfer switch, diverter switch || ≗ **für begrenzte Anwendung** / limited-purpose switch || ≗ **für Drosselspulen** / shunt reactor switch IEC 265-2 || ≗ **für Mehrfach-Kondensatorbatterien** / back-to-back capacitor bank switch IEC 265-2 || ≗ **für spezielle Anwendung** / special-purpose switch IEC 265-2 || ≗ **für uneingeschränkte Verwendung** / switch for universal application || ≗ **mit Sicherung** / switch-fuse *n* || ≗ **mit Sicherungen** VDE 0660,T.107 / switch-fuse *n* IEC 408 || **Transformator-≗** *m* (Lastschalter für unbelastete Transformatoren) VDE 0670,T.3 / transformer off-load switch IEC 265 || **USV-≗** *m* / UPS interrupter || **Vakuum-≗** *m* / vacuum switch, vacuum interrupter
Lastschalter·anlagen *f pl* / secondary distribution switchgear || **≗einheit** *f* / switch assembly, switch unit || **≗kessel** *m* (Trafo, f. Lastumschalter) / diverter-switch tank, diverter-switch container
Last·schaltrelais *n* / load switching relay || **≗schwankung** *f* / load fluctuation, load variation || **≗schwerpunkt** *m* / load centre, centre of distribution || **≗seite** *f* / load side
lastseitig *adj* / load-side *adj*, in load circuit || **~er Leistungsfaktor** / load power factor, burden power factor || **~er Phasenwinkel** / load power-factor angle || **~er Stromrichter** / load-side converter, motor converter, output converter || **~er Verschiebungsfaktor** (SR) / output displacement factor, load displacement factor
Lastspannung *f* / load voltage, on-load voltage || ≗ *f* (Batt.) / on-load voltage, closed-circuit voltage
Lastspannungs·ebene *f* / load voltage level || **≗kreis** *m* / load voltage circuit || **≗versorgung** *f* / load power supply, load power supply unit, external power supply
Lastspiel *n* / load cycle, stress cycle || ≗ *n* VDE 0160 / duty cycle || ≗ *n* (QS, Arbeitsspiel) / operational cycle || ≗ *n* VDE 0536 / load(ing) cycle, cyclic duty || **Tages~** *n* (Kabel) / 24-hour load cycle, 24-hour cyclic load (o. load-current cycle) || **≗frequenz** *f* / frequency of load cycles, frequency of stress cycles, frequency of loading || **≗zahl** *f* (mech.) / number of stress cycles || **≗zahl-Verhältnis** *n* / cycle ratio
Last·spitze *f* (Höchstwert während einer angegebenen Zeit) / peak load, maximum demand || **≗sprung** *m* / step change in load, sudden load variation, load step || **≗stabilisierungsfaktor** *m* (IC-Regler) / load stabilization coefficient || **≗stabilität** *f* / load stability || **≗stecksicherungseinheit** *f* / plug-and-socket fused interrupter || **≗steckvorrichtung** *f* / plug-and-socket load interrupter
Laststeuerung *f* / load control || ≗ *f* (Netzführung) / system demand control || **zentrale** ≗ / centralized telecontrol of loads
Last·steuerzentrale *f* / load control centre (LCC) || **≗störung** *f* / load disturbance || **≗stoß** *m* / load impulse, shock load, load surge, sudden load change, suddenly applied load
Laststrom *m* / load current, on-load current, load power || ≗ *m* (NS) / operational current || ≗ *m* / heated flow || **≗kreis** *m* / load circuit || **≗versorgung** *f* / load power supply, load power supply unit, external power supply || **externe ≗versorgung** / external load power supply || **≗versorgungsbaugruppe** *f* (SPS) / load power supply module
Last·stufenschalter *m* (Trafo) / on-load tap changer, load tap changer (LTC), under-load tap changer || **≗tal** *n* / load trough || **≗träger** *m* / load bearing implement
Lasttrenner *m* / switch-disconnector *n* IEC 265, BS 4727, switch-isolator *n*, load-break switch (depr.), load interrupter, interrupter, interrupter switch || ≗ **in Luft** / air-break switch-disconnector || ≗ **mit Sicherungen** / switch-disconnector-fuse *n* || **≗abgang** *m* / outgoing switch-disconnector unit, switch-disconnector (feeder) unit || **≗abzweig** *m* / outgoing switch-disconnector unit, switch-disconnector (feeder) unit || **≗-Einschubanlage** *f* (Gerätekombination, Einzelfeld) / withdrawable switch-disconnector assembly (o. unit o. panel) || **≗-Einschubanlage** *f* (Tafel) / withdrawable switch-disconnector board || **≗-Festeinbauanlage** *f* (nicht ausziehbare Gerätekombination, Einzelfeld) / non-withdrawable switch-disconnector assembly (o. unit o. panel) || **≗-Festeinbauanlage** *f* (Tafel) / non-withdrawable switch-disconnector board || **≗wagen** *m* / switch-disconnector truck
Lasttrennleiste *f* / load isolating unit
Lasttrennschalter *m* VDE 0670,T.3 / switch-

disconnector *n* IEC 265, BS 4727, switch-isolator *n*, load-break switch (depr.), load interrupter, interrupter, interrupter switch, quick-break switch || ≗**anlage** *f* / load-break switchgear || ≗**anlage 8DJ** / ring-main unit 8DJ || ≗**feld** *n* / switch-disconnector panel, switch-disconnector cubicle || ≗**festeinbau** *m* / fixed-mounted switch-disconnector
Last·trennumschalter *m* / reversing switch-disconnector, transfer switch-disconnector || ≗**trennverbinder** *m* / load-break connector || ≗**übernahme** *f* / connection of load, load transfer || ≗**umkehrung** *f* / load reversal
Lastumschalter *m* / load transfer switch, transfer circuit-breaker || ≗ *m* (Trafo) / diverter switch, load transfer switch || ≗**-Ausdehnungsgefäß** *n* (Trafo) / diverter-switch oil conservator (compartment) || ≗**gefäß** *n* (Trafo) / diverter switch tank, diverter switch container
Lastumschaltung *f* / load transfer, power transfer || ≗ *f* (Trafo) / on-load tap changing, power transfer
lastunabhängig *adj* / load-independent *adj*, load-insensitive *adj* || **~e Verluste** / fixed losses, fundamental losses
Last·unabhängigkeitsbereich *m* / load insensitivity range || ≗**unsymmetrie** *f* / unbalanced load, load unbalance || ≗**verfolgung** *f* / load follow-up || ≗**verlagerung** *f* / load transfer || ≗**verluste** *m pl* / load losses || **Koeffizient der** ≗**verschiebung** / distribution factor || ≗**verstimmung** *f* (Änderung der Schwingfrequenz durch Änderung der Lastimpedanz, Frequenzziehen) / frequency pulling || ≗**verstimmungsmaß** *n* / pulling figure
Lastverteiler *m* / load dispatch center, load-dispatching centre || ≗ *m* / load control centre, control center || ≗ *m* (Energieverteilertafel) / power distribution board || ≗ *m* (Person) / load control engineer || ≗**warte** *f* / load control centre, load-dispatching centre
Lastverteilung *f* / load distribution, load sharing, load dispatch || ≗ *f* (durch Lastverteiler) / load dispatching || ≗ *f* (Netzführung) / system capacity management, load control || **wirtschaftliche** ≗ (Netz) / economic load schedule
Last·wächter *m* / load monitor || ≗**wähler** *m* (Trafo) / selector switch || ≗**wechsel** *m* (mech. Prüf.) / stress reversal, stress cycle || ≗**wechsel** *m* (el. Masch.) / load change, load variation, alternating load || ≗**wechseleinrichtung** *f* (f. Zugbremse) / load compensator || ≗**wegfall** *m* / loss of load
Lastwiderstand *m* (Gerät) / load resistor || ≗ *m* (Impedanz) / load impedance || **unplausibler** ≗ / implausible load resistance
Lastwiederkehr *f* / load recovery
Lastwinkel *m* / load angle, power angle, torque angle || **dynamischer** ≗ (Schrittmot.) / dynamic lag angle || **statischer** ≗**winkel** (Schrittmot.) / angular displacement under static load || ≗**begrenzer** *m* / load-angle limiter
Last·zunahme *f* / load increase || ≗**zuschaltung** *f* / connecting the load, throwing on the load, load application || ≗**zustand** *m* / load(ing) condition
latent·e Kühllast / latent heat load || **~er Fehlzustand** (Fehlzustand, der noch nicht erkannt worden ist) / latent fault (An existing fault that has not yet been recognized) IEC 50(191)
Latenzzeit *f* DIN 44300 / latency *n*
laterales Zeichen (Seitenkennzeichnung eines Fahrwassers) / lateral mark
Laterne *f* / lantern *n* || ≗ *f* (Anbauteil, Pumpe) / skirt *n*, intermediate bracket || **Erreger~** *f* / exciter dome
Latex *m* / latex *n*
Lattenverschlag *m* / crate *n*
Laue-Diagramm *n* / Laue pattern
Lauf *m* / run *n*, running *n*, operation *n*, motion *n* || **ruhiger rückfreier** ≗ / smooth rotation without undue torque pulsations || ≗**anzeige** *f* / running indicator || ≗**anzeige** *f* (Trafo-Umsteller) / tap-change-in-progress indication
Laufbahn *f* (Komm.) / commutator brush-track diameter, tracked commutator surface, commutator contact surface || ≗ *f* (Lg.) / raceway *n*
Lauf·brücke *f* / gangway *n*, footbridge *n* || ≗**buchse** *f* / bush *n*, liner *n* || ≗**eigenschaft** *f* / quality of motion || ≗**eigenschaft** *f* (Schleifringe) / contact property, current-transfer performance || ≗**eigenschaften** *f pl* (Lg.) / performance *n*, running properties, antifriction performance || ≗**eigenschaften** *f pl* (Fahrzeug) / riding quality
laufen *v* / run *v*, operate *v*, be in operation, be in motion, turn *v*
laufend·e Fertigung / standard production || **~e Nr.** (LNR) / serial number (SER) || **~e Nummer** / serial number || **~e Prüfung** / routine test, routine inspection || **~e Qualitätsprüfung** / continuous quality inspection || **~e Satznummer** (NC, CLDATA-Wort) / sequence number (NC, CLDATA word) ISO 3592 || **~e Satznummer** (NC) / block (o. record) sequence number, current block number || **~e Wartung** / routine maintenance || **~e Welle** (Wanderwelle) / travelling wave || **~er Anschluss- und Netzkostenbeitrag** (StT) / connection charge
Läufer *m* (el. Masch.) / rotor *n*, inductor *n* || ≗ *m* (Gleichstromanker) / armature *n* || ≗**abstützung** *f* / shipping brace, shaft block, rotor locking arrangement, bearing block || ≗**anlasser** *m* / rotor starter, rotor resistance starter || ≗**ballen** *m* / rotor body, rotor forging || ≗**bandage** *f* / rotor banding, armature end-turn banding || ≗**bemessungsbetriebsspannung** U_{er} / rated rotor operational voltage || ≗**bemessungsbetriebsstrom** I_{er} / rated rotor operational current || ≗**bemessungsisolationsspannung** U_{ir} / rated rotor insulation voltage || ≗**blech** *n* / rotor lamination || ≗**blechpaket** *n* / laminated rotor core, rotor core, armature core
Läufer·drehvorrichtung *f* / rotor turning gear, barring gear || ≗**drehzahl** *f* / act. rotor speed || ≗**druckring** *m* / rotor clamping ring, rotor end ring || ≗**eisen** *n* / rotor core, armature core || ≗**-Erdschlussschutz** *m* / rotor earth-fault protection, rotor ground-fault protection
läufererregte Kommutatormaschine / commutator machine with inherent self-excitation || **~ Maschine** / rotor-excited machine, revolving-field machine
Läuferfelderregerkurve *f* / rotor m.m.f. curve
Läuferfluss *m* / rotor flux || ≗**sollwert** *m* / rotor flux setpoint
läufergespeist·e Maschine / inverted machine, rotor-fed machine || **~er Drehstrom-Nebenschlussmotor** / rotor-fed three-phase commutator shunt motor, Schrage motor || **~er kompensierter Induktionsmotor** / self-compensated induction motor, rotor-fed self-compensated motor || **~er Nebenschluss-**

Kommutatormotor / rotor-fed shunt-characteristic motor, a.c. commutator shunt motor with double set of brushes, Schrage motor
Läufer·haltevorrichtung *f* (Transportverspannung) / rotor shipping brace, shaft block || ≗**joch** *n* / rotor yoke || ≗**käfig** *m* / rotor cage, squirrel-cage winding || ≗**kaltwiderstand** *m* / rotor cold resistance || ≗**kappe** *f* / rotor end-bell || ≗**kappenring** *m* / rotor end-winding retaining ring, rotor end-bell || ≗**keil** *m* (Nutverschlusskeil) / rotor slot wedge || ≗**kennzahl** *f* / rotor resistance coefficient || ≗**kennzahl k** *f* / characteristic rotor resistance || ≗**klasse** *f* (KL) / torque class || ≗**klemmenkasten** *m* / secondary terminal box, rotor terminal box
Läufer·kranz *m* / rotor rim || ≗**kranzblech** *n* / rotor rim punching, rotor rim segment || ≗**kreis** *m* / rotor circuit, secondary circuit || ≗**kreisüberwachung** *f* / rotor overload protection || ≗**lagegeber** *m* / rotor position encoder, rotor position sensor (o. transducer) || ≗**marke** *f* (EZ) / rotor mark, disc spot || ≗**nabe** *f* / rotor spider, rotor hub || ≗**paket** *n* / laminated rotor core, rotor core, armature core || ≗**querwiderstand** *m* (KL) / rotor interbar resistance, rotor cross resistance
Läufer·scheibe *f* / rotor disc || ≗**schütz** *n* / rotor contactor, rotor-circuit contactor || ≗**spannung** *f* / rotor voltage, secondary voltage || ≗**spindel** *f* / rotor shaft || ≗**stab** *m* (KL) / cage bar || ≗**starter** *m* / rotor starter, rotor resistance starter || ≗**steg** *m* / spider web || ≗**steller** *m* / rotor controller || ≗**stellungsgeber** *m* / rotor position encoder, rotor position sensor (o. transducer) || ≗**stern** *m* / rotor spider, field spider
Läufer-Stillstands·erwärmung *f* / locked-rotor temperature rise || ≗**-prüfung** *f* / locked-rotor test || ≗**-spannung** *f* / maximum rotor standstill voltage, max. rotor standstill voltage || ≗**-spannung** *f* (SL) / secondary open-circuit voltage, wound-rotor open-circuit voltage, secondary voltage, rotor standstill voltage || ≗**-spannung** *f* (KL) / locked-rotor voltage
Läufer·stirn *f* / rotor (end) face || ≗**-Streublindwiderstand** *m* / rotor leakage reactance, secondary leakage reactance || ≗**streureaktanz** *f* / rotor leakage reactance || ≗**strom** *m* / rotor current || **konventioneller thermischer** ≗**strom** $\mathbf{I_{thr}}$ / conventional rotor thermal current || ≗**stromkreis** *m* / rotor circuit || ≗**verfahren** *n* (EZ) / rotating substandard method (r.s.s. method) || ≗**-Vorwiderstand** *m* / rotor-circuit resistor, starting resistor || ≗**welle** *f* / rotor shaft || ≗**wicklung** *f* / rotor winding, secondary winding, inductor winding || ≗**widerstand** *m* / rotor resistance || **Identifizierte** ≗**zeitkonst.** / identified rotor time constant || ≗**zeitkonstante** *f* / rotor time constant
lauffähig machen (Rechner, Prozessor) / cold booting
Lauffläche *f* (Komm.) / commutator brush-track diameter, tracked commutator surface, commutator contact surface, contact face, commutator end || ≗ *f* (Riemenscheibe) / face *n* || ≗ *f* (Lg.) / bearing surface || ≗ *f* (Bürste) / contact surface || ≗ **Gesperrerollen** / running surface of locking mechanism rollers
Laufgenauigkeit *f* / running smoothness, freedom from unbalance, freedom from vibration
Laufgüte *f* / balance quality, running smoothness, freedom from vibration || ≗**faktor** *m* / vibrational quality factor, vibrational Q || ≗**messung** *f* / vibration test, balance test || ≗**prüfung** *f* / vibration test, balance test
Lauf·karte *f* / routing card || ≗**katze** *f* / crab *n*, trolley *n* || ≗**kontakt** *m* / moving contact, movable contact || ≗**kraftwerk** *m* / run-of-river power station || ≗**lager** *n* / rotor bearing || ≗**länge** *f* (Fernkopierer) / run length || ≗**lastschalter** *m* (Trafo) / reactor-type on-load tap changer, rotary load transfer switch || ≗**-LED** *f* / running-LED || ≗**licht** *n* / running light || ≗**modell** *n* / operating model || ≗**moment** *n* / running torque || ≗**moment** *n* (Stellantrieb) / positioning torque
Lauf·parameter *m* / run-time parameter || ≗**probe** *f* / trial ran, running test, routine test || ≗**prüfung** *f* / running test || ≗**rad** *n* (Pumpe) / runner *n*, impeller *n* || ≗**radspalt** *m* / runner clearance
Laufrichtung *f* / direction of travel, direction of motion || ≗ *f* (Drehr.) / direction of rotation, sense of rotation
Laufrillen *f pl* (Komm., einzelne Rillen) / threads *n pl*, threading *n* || ≗ *f pl* (Komm., über Bürstenbreite) / brush-track grooving
Laufring *m* (am VS-Kontaktstück) / arcing ring || ≗ *m* (Kugellg.) / raceway *n*, race *n*, track *n* || ≗ *m* (Traglg.) / runner ring, runner *n*, runner race
Lauf·rolle *f* / castor *n*, roller *n* || ≗**rolle** *f* (Hebez.) / running block || ≗**ruhe** *f* / smooth running || ≗**ruhe** *f* (umlaufende Masch.) / balance quality, running smoothness || ≗**ruheprüfung** *f* / balance test, vibration test || ≗**schaufel** *f* / rotor blade || ≗**schleife** *f* / serial loop || ≗**schuh** *m* (EZ) / follower *n* || ≗**sitz** *m* / running fit, clearance fit || ≗**steg** *m* / footbridge *n*
läuft *v* / busy *v*
Lauf·toleranz *f* / runout tolerance || ≗**unruhe** *f* / unsteady running, irregular running, unbalance *n* || ≗**wasserkraftwerk** *n* / run-of-river power station || ≗**weg** *m* (Schall) / sound path
Laufwerk *n* (Datenträger) / drive *n* || ≗ *n* (Antrieb) / drive *n*, propulsion gear || ≗ *n* (EZ) / timing gear, timing element || ≗ *n* (Uhrwerk) / clockwork *n* || ≗**anschaltung** *f* / drive controller || ≗**chassis** *n* / drive chassis || ≗**sbaugruppe** *f* / floppy module || ≗**steuerung** *f* / drive controller
Laufwinkel *m* (Ladungsträger) / transit angle
Laufzeit *f* (Masch.) / run(ning) time, operating time || ≗ *f* (Signal) / propagation delay time, propagation time, propagation delay, transport delay || ≗ *f* (FWT) / delay *n*, transfer time (telecontrol) || ≗ *f* (Reg.) / distance-velocity lag || ≗ *f* (seit Start einer Steuerung) / operation time || ≗ *f* (Elektron) / transit time || ≗ *f* (Trafo-Umsteller) / operating time || ≗ *f* (Welle) / propagation time || ≗ *f* (Rel.) / operating time || ≗ *f* (Ultraschall-Prüf.) / echo time || ≗ *f* (SPS, Ausführungszeit) / execution time || ≗ *f* (Chromatograph) / development time || ≗ *f* (Hochlaufintegrator) / ramp time || ≗ **des Papierantriebs** (Schreiber) / running time of chart driving mechanism, group delay time || **Gruppen~** *f* (Verstärker) / envelope delay || **Ladungsträger~** *f* / charge transit time || **Paar~** *f* (IS) / pair delay (IC) || **Phasen~** *f* / phase delay time || **Schritt~** *f* (PLT) / step running time || **Signal~** *f* / signal propagation delay, propagation delay, signal propagation time || **Stellglied~** *f* / actuating time, actuator operating time || **variable** ≗ (Signal) / adjustable signal duration

Laufzeit·änderung *f* (Signal, z.B. durch Temperatureinfluss) / signal duration drift || ≗**einstellung** *f* / operating time adjustment || ≗**einstellung** *f* (Rel.) / operating time setting
Laufzeitfehler *m* / timeout *n* (TO), scan time exceeded
Laufzeit·glied *n* / monostable multivibrator || ≗**kette** *f* (Verzögerungsleitung) / delay line || ≗**kontrolle** *f* / runtime monitoring || ≗**normal** *n* (Ultraschallprüf.) / transit time standard || ≗**parameter** *m* (DV) / run-time parameter || ≗**-Reflexionsmessung** *f* (LWL) / time domain reflectrometry || ≗**relais** *n* (f. Trafo-Stufenschalter) / operating time monitoring relay || ≗**röhre** *f* / space-charge-wave tube || ≗**system** *n* / runtime system || ≗**überschreitung** *f* / time-out *n*
Laufzeitüberwachung *f* / execution time monitoring || ≗ *f* (Ausführungszeit) / execution time check
Laufzeit·unterschied *m* (Zeitdifferenz zwischen Eingangskanälen) / skew *n* || ≗**verschiebung** *f* / skew *n* || ≗**-Zähler** *m* / run time counter
Lauge *f* / alkali *n* || ≗ *f* (Anlasser) / electrolyte *n*, soda solution
Lautheit *f* / loudness *n*, loudness level
Lautsprecher·anlage *f* / loudspeaker system, public-address system || ≗**stromkreis** *m* (f. Ansagen) / audio communication circuit
Lautstärke *f* / loudness level, sound level, loudness *n* || ≗ *f* (Lautsprecher) / volume *n* || **Kurve gleicher** ≗ / loudness contour, isoacoustic curve || ≗**messer** *m* / sound-level meter, phonometer *n* || ≗**pegel** *m* / loudness level
Lautstift *m* / audio pen, sonic pen
Laval-Druck *m* / critical pressure
Lawinen·durchbruch *m* (HL) / avalanche breakdown || ≗**durchbruchspannung** *f* / avalanche voltage || **durch** ≗**effekt ausgelöste Materialwanderung** / avalanche-induced migration (AIM) || ≗**fotodiode** *f* (APD) / avalanche photodiode (APD) || ≗**-Gleichrichterdiode** *f* / avalanche rectifier diode || ≗**-Gleichrichterdiode mit eingegrenztem Durchbruchsbereich** / controlled-avalanche rectifier diode || ≗**laufzeitdiode** *f* (IMPATT-Diode) / impact avalanche transit time diode (IMPATT diode)
LBG-Schweißen *n* / arc welding
LBS / read-write station
L-Bus *m* / local bus
LC-Anzeige *f* / liquid crystal display (LCD), LCD display, LC display, LCD
LCD *f* / Liquid Crystal Display, LC display, LCD display, LCD (liquid crystal display) || ≗**-Anzeige** *f* / Liquid Crystal Display (LCD), LC display, LCD display, LCD || ≗**-Display** *n* / Liquid Crystal Display (LCD), LC display, LCD display, LCD
LC-Display *n* / liquid crystal display (LCD), LC display, LCD display, LCD
LCDTL / load-compensated diode-transistor logic (LCDTL)
LCL / light centre length (LCL)
LCN / load classification number (LCN)
LD / light-emitting diode (LED) || ≗ / injection laser diode
LDA / landing distance available (LDA)
LDI / landing direction indicator (LDI)
L-DM-Preis *m* / L-DM price
Lebensbit *n* / lifebeat bit
Lebensdauer *f* / lifetime *n*, longevity *n*, life *n*, service life || ≗ *f* (Standfestigkeit) / endurance *n* || ≗ *f* (Zeit bis zum Ausfall) / time to failure (TTF) || ≗ *f* (Lg.) / rating life (bearings) || **begrenzte** ≗ (im Lager) / limited shelf-life || **elektrische** ≗ / electrical endurance, voltage life, voltage endurance || **geforderte** ≗ (Isoliersystem) VDE 0302, T.1 / intended life IEC 505 || **mechanische** ≗ / mechanical endurance, mechanical life || **mittlere** ≗ / mean time between failures (MTBF) || **Nachweis der elektrischen** ≗ / electrical endurance test || **Nachweis der mechanischen** ≗ / mechanical endurance test || **praktische** ≗ / useful life || **Prüfung der** ≗ (SG) / test of mechanical and electrical endurance, endurance test || **voraussichtliche** ≗ (Isoliersystem) VDE 0302, T.1 / estimated performance IEC 505 || ≗**erwartung** *f* / life expectancy || ≗**gleichung** *f* / life formula || ≗**perzentil Q** / Q-percentile life || ≗**-Prüfmenge** *f* (LPM) / life test quantity (LTQ) || ≗**prüfung** *f* / life test || ≗**prüfung** *f* (HSS) / durability test || ≗**-Richtwert** *m* DIN IEC 434 / objective life, design life || ≗**verbrauch** *m* / use of life, rate of using life || **relativer** ≗**verbrauch** / relative rate of using life || **spezifischer** ≗**verbrauch** / specific use of life || ≗**verhalten** *n* VDE 0715 / life performance IEC 64
Lebens·erwartung *f* / life expectancy || ≗**merker** *m* (SPS) / ready flag || ≗**mittelindustrie** *f* / food processing industry || ≗**zeichen** *n* / sign of life || ≗**zeichensignal** *n* / sign-of-life signal || ≗**zeichenüberwachung** *f* / sign-of-life monitoring || ≗**zeit** *f* / lifetime *n* || ≗**zykluskosten** *plt* / life-cycle costs
Leblanc·sche Schaltung / Leblanc connection || ≗**scher Phasenschieber** / Leblanc phase advancer, Leblanc exciter, recuperator *n*
Leck *n* / leak *n*, seepage *n* || ~ **sein** / leak *v*
lecken *v* / leak *v*
Leck·erkennung *f* / leak detection || ≗**leistung** *f* / leakage power || ≗**leistung bei einem Zündelektrodenvorimpuls** / prepulsed leakage power || ≗**luftfilter** *n* / make-up air filter || ≗**luftstrom** *m* / leakage air rate || ≗**moden** *f pl* (LWL) / leakage modes || ≗**ölleitung** *f* / leakage oil tube || ≗**ölstrom** *m* / oil leakage current || ≗**rate** *f* / leakage rate || ≗**ratenprüfung** *f* / leak rate test || ≗**strom** *m* / leakage current, residual current || ≗**strom im AUS-Zustand** (HL-Schütz) VDE 0660, T.109 / OFF-state leakage current || ≗**strom im AUS-Zustand IL** / OFF-state leakage current || ≗**stromdichte** *f* / leakage current density || ≗**suchgerät** *n* / leakage detector || ≗**stromspitze** *f* / leakage current spike, leak detector || ≗**verlust** *m* / leakage loss || ≗**wasser-Überwachungsgerät** *n* / leakage-water detector || ≗**welle** *f* (LWL) / leaky wave || ≗**widerstand des Vorionisators** / primer (or ignitor) leakage resistance
Leclanché-Batterie *f* / Leclanché battery
LED·-Anzeige *f* / LED display || ≗**-Bandanzeige** *f* / LED strip display || ≗**-Bargraph** *m* / LED bar chart || ≗**-Feld** *n* / LED panel || ≗**-Nummer** *f* / LED number || ≗**-Zustandsanzeige** *f* / states of the LED
leer *adj* / empty *adj* || ~ **abschalten** / disconnection at no load || ~ **anlaufen** / start softly || ~ **fahren** / no incoming pallets || ~ **mitlaufende Reserve** / spinning reserve
Leeranlauf *m* / no-load starting, light start, starting at no load || ≗**zeit** *f* / no-load acceleration time, no-

load starting time
Leer·baustein *m* (Mosaikbaustein) / blank tile, module wrapper, module receptacle || ≗**box** *f* / empty box || ≗**diskette** *f* / virgin diskette || ≗**durchlauf** *m* (WZM) / idle pass, non-cutting pass || ≗**durchlauf** *m* (Programm) / idle run || ≗**einschub** *m* / withdrawable blanking section
leeren *v* / empty *v* || ~ *v* (Speicher) / clear *v*
leer·er Platz (eines SK-Feldes) / empty space (of a section) || **~es Band** (HL) / empty band
Leer·fach *n* / blank compartment || ≗**fahren** *n* / no-load traversing
Leerfeld *n* / blank cubicle || ≗ *n* (ST) / reserve panel, unequipped panel, reserve section || ≗ *n* (IK) / reserve section (o. unit), unequipped section (o. unit) || ≗**-Abdeckung** *f* / reserve section cover, blank cubicle cover
Leer·folie *f* (Tastatur) / blank overlay || ≗**ganggetriebe** *n* / lost-motion gear || ≗**gehäuse** *n* / empty enclosure, empty case (o. housing) || ≗**kasten** *m* / reserve box, unequipped box, empty box || ≗**kontakt** *m* / unwired contact || ≗**kontrolle** *f* / control when empty
Leerlast *f* / no-load *n* || ≗**anlauf** *m* / starting at no load, light start, no-load starting
Leerlauf *m* (Mot.) / running at no load, no-load operation, light run, idling *n* || ≗ *m* IEC 50(191) / idle state, free state || ≗ *m* (Gen.) / operation in open circuit, idling *n* || ≗ *m* (el. Masch.) VDE 0530, T.1 / no load IEC 34-1 || ≗ *m* (Trafo, Gerät) / no-load operation, operation in open circuit || ≗ *m* (EZ) / running with no load, creep(ing) *n* || ≗ *m* (elST) / idling *n* || **Ausgangsspannung bei** ≗ / no-load output voltage, open-circuit secondary voltage || **Erwärmungsprüfung im** ≗ (Trafo) / open-circuit temperature-rise test || **im** ≗ / at no-load, idling *adj*, in open circuit || **Spannung bei** ≗ (Gen.) / open-circuit voltage, no-load voltage || **Spannung bei** ≗ (Mot.) / no-load voltage || ≗**-Anlaufhäufigkeit** *f* / no-load starting frequency || ≗**-Ausgangsadmittanz** *f* / open-circuit output admittance || ≗**-Ausgangsadmittanz bei kleiner Aussteuerung** / small-signal open circuit output admittance || ≗**-Ausgangsimpedanz** *f* / open-circuit output impedance || ≗**-Ausgangsimpedanz bei kleiner Aussteuerung** / small-signal open-circuit output impedance || ≗**-Ausgangsspannung** *f* (Trafo) / no-load output voltage
Leerlaufbetrieb *m* (Netz) / open-line operation, operation with open line end || ≗ *m* (el. Masch.) VDE 0530, T.1 / no-load operation IEC 34-1
Leerlauf·charakteristik *f* / open-circuit characteristic (o.c.c.), no-load characteristic || ≗**dauer** *f* (Dauer des betriebsfreien Klarzustands) IEC 50(191) / idle time, free time || ≗**-Deckenspannung des Erregersystems** (el. Masch.) / excitation-system no-load ceiling voltage || ≗**drehzahl** *f* / no-load speed, idling speed || ≗**-Eingangsimpedanz** *f* / open-circuit input impedance || ≗**-Eingangsimpedanz bei kleiner Aussteuerung** / small-signal open-circuit input impedance || ≗**-Eisenverluste** *m pl* / open-circuit core loss || ≗**-EMK** *f* / open-circuit e.m.f., open-circuit voltage
leerlaufen *v* / operate at no load, run light, run in open circuit, idle *v* || ~ *v* (EZ) / creep *v*
leerlaufend *adj* / no-load *adj*, operating at no load, running light, idling *adj*, open-circuited *adj* || **~e Leitung** / unloaded line, open-ended line || **~e Maschine** / machine operating at no load, machine running idle, idling machine
Leerlauf·-Erregerspannung *f* / no-load field voltage, open-circuit field voltage || ≗**-Erregerstrom** *m* (el. Masch.) / no-load field current || ≗**erregung** *f* / open-circuit excitation, no-load excitation
leerlauffest *adj* / idling-proof *adj* || ~ *adj* (LE) / stable at no load
Leerlauf·festigkeit *f* / open-circuit protection || **konventionelle** ≗**-Gleichschaltung** / controlled conventional no-load direct voltage || ≗**-Gleichspannung** *f* (LE) / no-load direct voltage || ≗**-Gleichspannung** *f* (Transistor, Schwebespannung) / floating voltage || ≗**güte** *f* (Elektronenröhre) DIN IEC 235, T.1 / unloaded Q || ≗**-Hauptfeldzeitkonstante** *f* / open-circuit field time constant || ≗**impedanz** *f* / open-circuit impedance || ≗**kennlinie** *f* (el. Masch.) / open-circuit characteristic (o.c.c.), no-load characteristic || ≗**-Kurzschlussverhältnis** *n* / short-circuit ratio (s.c.r.) || ≗**leistung** *f* / open-circuit power, no-load power || ≗**leistung** *f* (Trenntrafo, Sicherheitstrafo, Wandler) / no-load input EN 60742 || ≗**-Magnetisierungsstrom** *m* / no-load magnetizing current || ≗**messung** *f* / open-circuit test || ≗**-Mittelspannung** *f* (Spannungsteiler) / open-circuit intermediate voltage || ≗**-Nullimpedanz** *f* / no-load zero-sequence impedance
Leerlaufprüfung *f* (Gen.) / open-circuit test || ≗ *f* (Mot.) / no-load test || ≗ *f* (EZ) / no-load test, creep test
Leerlauf·reaktanz *f* / synchronous reactance || ≗**regelung** *f* (Kfz) / idle speed control || ≗**rolle** *f* / idler pulley *n*, idler *n* || ≗**schutz** *m* / open-circuit protection || ≗**-Sekundärspannung** *f* (Wandler) / no-load output voltage (CEE 15)
Leerlaufspannung *f* (Batt.) / open circuit voltage, off-load voltage || ≗ *f* (Mot.) / no-load voltage || ≗ *f* (Gen.) / open-circuit voltage, no-load voltage || **mittlere** ≗ (kapazitiver Spannungsteiler) IEC 50(436) / open-circuit intermediate voltage
Leerlaufspannungsrückwirkung *f* (Transistor) DIN 41854 / open-circuit reverse voltage transfer ratio || ≗ **bei kleiner Aussteuerung** / small-signal value of the open-circuit reverse voltage
Leerlaufspannungsverstärkung *f* / voltage amplification with output short-circuited || **Differenz-**≗ *f* / open-loop gain
Leerlaufsteller *m* (Kfz) / idle speed actuator, idle speed control, idling control || ≗**öffnungsgrad** *m* (Kfz) / idle-speed actuator opening angle
Leerlauf·stellung *f* (Kfz-Getriebe) / neutral *n* || ≗**steuerung** *f* (Kfz) / idling control
Leerlaufstrom *m* / no-load current, idle current, open-circuit current || ≗ *m* (Versorgungsstrom, den ein IC-Regler ohne Ausgangslast aufnimmt) / standby current || ≗ *m* (Trafo) VDE 0532, T.1 / no-load current IEC 76-1, excitation current || ≗ *m* (NS) / no-load supply current || ≗ $\mathbf{I_0}$ / no-load supply current || ≗**aufnahme** *f* / open-circuit power consumption
Leerlauf·-Übersetzungsverhältnis *n* / no-load ratio || ≗**-Umschalthäufigkeit** *f* / no-load reversing frequency || ≗**verfahren** *n* / no-load method || ≗**verluste** *m pl* (Trafo) VDE 0532, T.1 / no-load

loss IEC 76-1, excitation losses, core loss, iron loss, constant losses || ²**verluste** *m pl* (Gen., Mot.) / no-load loss, open-circuit loss || ²**verstärkung** *f* / open-loop gain, open-circuit gain || ²**verstärkung** *f* (ESR) / amplification factor || ²**versuch** *m* / open-circuit test || ²**weg** *m* (PS) / pre-travel *n*, release travel || ²**widerstand** *m* / open-circuit impedance || ²**zeit** *f* / open-circuit time || ²**zeit** *f* (WZM, NC) / idle time, down time, non-cutting time

Leerlauf-Zeitkonstante *f* / open-circuit time constant, open-circuit transient time constant || ² **der Dämpferwicklung in der Längsachse** / direct-axis open-circuit damper-circuit time constant || ² **der Dämpferwicklung in der Querachse** / quadrature-axis open-circuit damper-winding time constant || ² **der Erregerwicklung** / direct-axis open-circuit excitation-winding time constant, direct-axis transient open-circuit time constant || ² **der Längsdämpferwicklung** / direct-axis open-circuit damper-circuit time constant || ² **der Querdämpferwicklung** / quadrature-axis open-circuit damper-winding time constant

Leerlauf-Zwischenspannung *f* / open-circuit intermediate voltage

Leerleistungs-Steckverbinder *m* / dead-break disconnector

Leerplatz *m* / empty location || ² *m* (SK) / free space IEC 439-1, Amend. 1 || ²**abdeckung** *f* / blank location cover || ²**suche** *f* / location search, searching for empty location

Leer·pult *n* / unequipped desk (o. console), steel structure (of desk) || ²**raum** *m* / void *n* || ²**rohranlage** *f* (IR) / reserve conduit system || ²**rücklauf** *m* (WZM) / idle return travel || ²**schalter** *m* / off-load switch, low-capacity switch || ²**schalthäufigkeit** *f* / no-load operating frequency, no-load operation frequency || ²**schaltung** *f* / no-load switching || ²**scheibe** *f* / idler pulley || ²**schild** *n* (unbeschriftetes Bezeichnungsschild) / blank legend plate || ²**schnitt** *m* / idle run, idle pass, noncut *n* || ²**schrank** *m* / reserve cubicle, empty cabinet, unequipped cubicle, unequipped board || ²**schraube** *f* / vacant screw || ²**schritt** *m* / blank step || ²**schritt** *m* (Schreibschritt) / space *n*

Leerspannung *f* (a.) DIN IEC 81 / open-circuit voltage (o.c.v.) || ² *f* (Trafo) / no-load output voltage || **Nenn-**² *f* (Trafo) / no-load rated output voltage

Leerstelle *f* / blank *n*, blank space, space *n*

Leerstellen·taste *f* / spacer bar, spacer key || ²**unterdrückung** *f* / blank suppression, space suppression

Leer·tafel *f* / unequipped board, steel structure (of board) || ²**taste** *f* / spacer bar, spacer key || ²**trenner** *m* / off-load disconnector, off-load isolator, off-circuit disconnector, low-capacity disconnector || ²**trennschalter** *m* / off-load disconnector, off-load isolator, off-circuit disconnector, low-capacity disconnector

Leertrum *n* (Riementrieb) / slack side, slack strand

Leer·verluste *m pl* / no-load loss IEC 76-1, excitation losses, core loss, iron loss, constant losses || ²**weg** *m* / lost motion, idle motion || ²**weg des Werkzeugs** / non-cutting tool path || ²**wegregister** *n* / compensating register || ²**wegvorrichtung** *f* / idle-motion mechanism || ²**zeichen** *n* / blank *n* || ²**zeichenoptimierung** *f* / blanks optimization || ²**zeichentaste** *f* / spacer bar, spacer key || ²**zeile** *f* / space line || ²**zeit** *f* / non-productive time, standstill period

Legeform *f* / laying form

Legende *f* / legend *n*

legiert·er Schmierstoff / doped (o. inhibited) lubricant || **~er Stahl** / alloyed steel || **~er Transistor** / alloyed transistor || **~er Zonenübergang** (HL) / alloyed junction || **~es Öl** / inhibited oil, doped oil

Legierungstechnik *f* (HL) / alloy technique

Legris-Steckverbinder *m* / Legris connector

Lehnenverstellung *f* (Kfz) / seat-back tilt adjustment

Lehr·baukasten *m* / instruction kit || ²**dorn** *m* / gauge plug *n*, plug gauge, mandrel *n*

Lehre *f* (Messlehre) / gauge *n* || **mit** ² **prüfen** / gauge *v*

Lehren·abmaß *n* / gauge deviation || ²**bohrmaschine** *f* / jig boring machine || ²**bohrwerk** *n* / jig boring machine || ²**-Dickennummer** *f* / gauge number

lehrenhaltig *adj* / true to gauge

Lehren·maß *n* / gauge dimension || ²**sollmaß** *n* / nominal gauge size || ²**werkzeug** *n* (StV) / sizing tool

Lehr·programm *n* / tutorial *n* || ²**ring** *m* / gauge ring || ²**werkstatt** *f* / craft training centre

Leibungsdruck *m* / bearing pressure, bearing stress

leicht angezogen (Schraube) / finger-tight *adj* || **~ bearbeitbar** / easy to machine || **~ entflammbares Material** / readily flammable material || **~ entzündliches Material** / readily flammable material || **~ lösbar** / easy-to-release *adj* || **~ trübes Glas** / translucent glass || **~ zugänglich** / easily accessible, easy of access

Leichtbenzin *n* / low-boiling petrol

leicht·e Gummischlauchleitung / ordinary tough-rubber-sheated flexible cord || **~e Kunststoff-Schlauchleitung** / light plastic-sheathed cord (o. cable) || **~e PVC-Mantelleitung** / light PVC-sheathed cable || **~e PVC-Schlauchleitung** (flach, HO3VVH2-F) VDE 0281 / light PVC-sheathed flexible cord (flat) || **~e PVC-Schlauchleitung** (rund, HO3VV-F) VDE 0281 / light PVC-sheathed flexible cord (round) || **~e Zwillingsleitung** (HO3VH-Y) VDE 0281 / flat twin tinsel cord || **~e Zwillingsleitung mit Lahnlitzenleiter** / flat twin tinsel cord || **~er Betrieb** / light duty || **~er Gleitsitz** / free fit || **~er Lauf** / smooth running || **~er Laufsitz** / free clearance fit, free fit || **~es Gummischlauchkabel** / ordinary tough-rubber-sheathed flexible cable

leichtgängige Taste / soft-touch button (o. control)

Leichtgängigkeit *f* / smooth running, easy movement, good moving property || **auf** ² **prüfen** / check for easy movement

Leichtindustrieumgebung *f* / light industrial environment

Leichtmetall *n* / light metal || ²**-Druckguss** *m* / diecast light alloy || ²**gehäuse** *n* / light-alloy enclosure || ²**guss** *m* / cast light alloy, light-metal casting

leichtsiedend *adj* / low-boiling *adj*

Leihwerkzeuge *n pl* / tools on loan, tool rentals

Leimangabe *f* / apply glue

Leimholz *n* / gluelam timber

Leinen *n* (Batist) / cambric *n*

Leiste *f* (Lasche) / strap *n* || ² *f* (Streifen) / strip *n* || ² *f* (Vorsprung) / ledge *n* || **Sachmerkmal-**² *f* DIN

4000,T.1 / line of subject characteristic, tabular layout of article characteristics || **Schutz~** *f* / barrier rail

leisten *v* (Mot.) / be rated at, perform *v*

Leisten·ausbau *m* / strip expansion || **≗technik** *f* / in-line type

Leistung *f* (allg.) / performance *n*, capacity *n*, achievement *n* || ≗ *f* (el., allg.) / power *n*, energy *n*, output *n*, rating *n* || ≗ *f* (Arbeit) / work *n*, work done || ≗ *f* (abgegebene) / output power, power output, output *n* || ≗ *f* (aufgenommene) / input *n*, power input || ≗ *f* (Betriebsverhalten, Leistungsfähigkeit) / performance *n* || ≗ *f* (Ingenieursleistung, Dienstleistung) / service *n* || ≗ *f* (EZ, StT) / demand *n* || ≗ *f* (Lampe) / wattage *n*, lamp wattage || ≗ *f* (Wirkungsgrad) / efficiency *n* || ≗ *f* (Produktion) / output *n*, production *n*, production rate || ≗ *f* (Lieferung) / delivery *n*, supplies *pl* || ≗ *f* (Ausgabebaugruppe) / drive capability || ≗ **abgeben** / supply power || ≗ **am Radumfang** / output at the wheel rim || ≗ **am Zughaken** / output at the draw-bar || ≗ **bei Aussetzbetrieb** (AB-Leistung) / periodic rating, intermittent rating || ≗ **bei erzwungener Luftkühlung** / forced-air-cooled rating || ≗ **bei erzwungener Ölkühlung** / forced-oil-cooled rating || ≗ **bei Selbstkühlung** (Trafo) / self-cooled rating || ≗ **bei Wasserkühlung** / water-cooled rating || ≗ **im Dauerbetrieb** / continuous rating, continuous output || **tatsächliche** ≗ **in Prozent der Sollleistung** / efficiency rate || ≗ **in Watt** / wattage *n* || ≗ **PKB/kW** / PST rating/kW || **abgerufene** ≗ / demand set up || **angeforderte** ≗ (Netz) / power demand (from the system), demand *n* || **angeforderte** ≗ (Grenzwert der von einem Einzelverbraucher geforderten Leistung) / maximum demand required || **angekündigte** ≗ (Stromlieferung) / indicated demand || **Arbeits~** *f* / performance *n* || **aufgenommene** ≗ / power input *n*, input *n* || **aufgenommene** ≗ (kWh) / power consumption || **aufgenommene** ≗ (Lampe) / wattage dissipated || **aufgenommene** ≗ (Sich.) / accepted power, power acceptance || **Augenblickswert der** ≗ / instantaneous power || **bereitgestellte** ≗ / authorized maximum demand || **bestellte** ≗ / subscribed demand || **betriebsbereite** ≗ (KW) / net dependable capability || **Brutto~** *f* (Generatorsatz) / gross output || **Brutto~** *f* (KW) / gross installed capacity || **dauernd abführbare** ≗ / continuous heat dissipating capacity, continuous rating || **eingespeiste** ≗ (Netz) / input to network || **elektrische** ≗ (Arbeit je Zeiteinheit) / electrical energy || **erzeugte** ≗ (KW) / power produced || **geplante** ≗ / design power, design rating || **Gesamt~** *f* (Antrieb, Bruttoleistung) / gross output || **gesicherte** ≗ / firm power, firm capacity || **Heiz~** *f* / heat output, heater rating || **in Anspruch genommene** ≗ / demand set up || **indizierte** ≗ / declared power, indicated horsepower (i.h.p.) || **installierte** ≗ / installed load, installed capacity, installed power || **installierte** ≗ (KW) / generating capacity || **korrigierte nutzbare** ≗ (Verbrennungsmot.) / corrected effective output || **kurzzeitig gemittelte** ≗ / demand *n* IEC 50(25) || **natürliche** ≗ (Netz) / natural load (of a line) || **Netto~** *f* (KW, Netz, bei durchschnittlichen Betriebsbedingungen) / net dependable capability || **Netto~** *f* (KW, Netz, bei optimalen Betriebsbedingungen) / net capability, net output capacity || **Netto~** *f* (Generatorsatz) / net output || **nicht-vertragliche** ≗ / non-contract service work, non-contract services || **n-Minuten-≗** *f* (StT) / n-minute demand || **Rechen~** *f* / computing power, computing capacity || **Schein~** *f* / apparent power, complex power || **Seh~** *f* / visual performance, visual power || **Soll-≗** *f* / setpoint power, desired power, design power, required power || **Strahlungs~** *f* / radiant power, radiant flux, energy flux || **Stunden~** *f* / one-hour rating || **Stunden~** *f* (StT) / hourly demand || **Typen~** *f* / unit rating, kVA rating || **übertragbare** ≗ / transmittable power, power capacity || **umgesetzte** ≗ (Trafo) / through-rating *n* || **verbrauchte** ≗ / power consumed || **Verdichter~** *f* / compressor rating, delivery rate of compressor || **verfügbare** ≗ (KW) / available capacity, available power || **verfügte** ≗ / power produced, ultilized capacity, operating capacity || **Verlust~** *f* / power loss, power dissipation, watts loss || **Vertrags~** *f* (Stromlieferung) / subscribed demand || **Wirk~** *f* / active power, real power, true power, effective power, watt output || **zugeführte** ≗ / input power

Leistung-Geschwindigkeit-Produkt *n* (IS) / power-speed product, power-delay product

Leistung-Gewicht-Verhältnis *n* / power/weight ratio

Leistungklemmen *f pl* / power terminals

Leistung-Polradwinkelverhältnis *n* (Synchronmasch.) / synchronizing coefficient

Leistungs·abfall *m* / decrease in performance || **≗abgabe** *f* / power output *n*, output *n* || **≗abgabe** *f* (Sicherungseinsatz) / power dissipation (fuse-link) || **≗abhängige Kosten** (StT) / demand-related cost || **≗abschluss** *m* / terminator *n*, terminating resistor || **≗abschluss** *m* (Abschlusswiderstand) / line termination || **≗absenkung** *f* / power reduction || **≗absenkung** *f* (DV, SPS) / power down || **≗abzug** *m* / output reduction, derating *n* || **≗angabe** *f* / HP rating || **≗angaben** *f pl* / performance data || **≗anschluss** *m* / power terminal || **≗anschlüsse** *m pl* (LE) / power terminals || **≗anschlüsse** *m pl* / power circuit terminals || **≗anschlussklemmen** *f pl* / power connection terminals || **≗ansteuerung** *f* / power control unit, power activation || **≗anzeige** *f* / power rating display || **~arm** *adj* / low-power *adj*

Leistungsaufnahme *f* / power consumption, power input, input power, power absorbed, watts drawn || ≗ *f* (Sich.) / accepted power, power acceptance || ≗ *f* (Wattzahl) / wattage *n* || ≗ *f* (kWh) / power consumption || ≗ **in kVA bei festgebremstem Läufer** / locked-rotor kVA || **≗bereich** *m* / range input

Leistungs·ausgabe *f* / power output module || **≗ausgang** *m* / power output, actuator output, driver output || **≗ausgang** *m* (BLE) VDE 0160 / power output terminal || **≗ausnutzung** *f* (eines Generatorsatzes) / load factor (of a set) || **≗baugruppe** *f* / power module || **≗baugruppe** *f* (LE) / power electronics assembly, power thyristor assembly

Leistungsbedarf *m* / power requirement(s), required power, power demand, maximum demand IEC 64-311 || ≗ *m* (angetriebene Masch.) / drive power required, required drive power

Leistungs·bedarfszahl *f* / power coefficient || **≗begrenzer** *m* / power limiter ||

≗begrenzungsschutz nach oben / over-power protection || **≗begrenzungsschutz nach unten** / under-power protection

Leistungsbereich *m* / power range, range of ratings, performance range || **mittlerer** ≗ / medium performance range || **mittlerer** ≗ (elST-Geräte) / medium performance level || **oberer** ≗ / upper performance range, upper performance level || **unterer** ≗ / lower performance range, lower-end performance range, low-end performance range

Leistungsbetrieb *m* (Gen.) / power operation, power regime, on-load running, on-load operation

leistungsbezogene Synchronisierziffer / synchronizing power coefficient, per-unit synchronizing power coefficient

Leistungs·bremse *f* / dynamometric brake, dynamometer *n* || **≗charakteristik** *f* / performance *n* || **≗daten** *plt* / performance data || **≗diagramm** *n* / capability curve(s) || **≗dichte** *f* / power density, power/weight ratio || **≗dichtespektrum** *n* / power spectral density (PSD) || **≗differentialschutz** *m* / pilot-wire differential relay || **≗dimmer** *m* / power dimmer || **≗-Drehzahl-Diagramm** *n* / power-speed-diagram || **≗eingang** *m* / power input || **≗einheit** *f* (StT) / unit of demand, energy unit || **≗einstellung** *f* / power setting

Leistungselektronik *f* / power electronics || **≗kondensator** *m* / power electronics capacitor

leistungselektronisch·er Gleichstromschalter / electronic d.c. power switch || **~er Schalter** / electronic power switch || **~er Wechselstromschalter** / electronic a.c. power switch || **~es Schalten** / electronic power switching

Leistungs·element, NAND-≗element *n* / NAND buffer || **≗endschalter** *m* / power-circuit position switch || **≗erbringer** *m* / service provider || **≗erbringung** *f* / service provision || **≗erfassung** *f* / rendered service recording || **≗erfassungs- und Steuerungssystem** *n* / power acquisition and control system || **≗ergebnis** *n* / output *n* || **≗erstellung** *f* / scope of services

leistungsfähig *adj* / powerful *adj*, high-capacity, high-performance *adj*, efficient *adj*

Leistungsfähigkeit *f* DIN IEC 351, T.1 / performance *n* || ≗ *f* (Fähigkeit einer Einheit, eine in quantitativen Kenngrößen formulierte Forderung an eine Dienstleitstung zu erfüllen, und zwar unter gegebenen inneren Bedingungen) / performance capability || ≗ *f* (Vermögen, Zuverlässigkeit, Fähigkeit einer Einheit, eine in quantitativen Kenngrößen formulierte Forderung an eine Dienstleitstung zu erfüllen, und zwar unter gegebenen inneren Bedingungen) IEC 50191 / capability *n* (The ability of an item to meet a service demand of given quantitative characteristics under given internal conditions), load capacity, working capacity || ≗ *f* (Masch. Fähigkeit einer Einheit, eine in quantitativen Kenngrößen formulierte Forderung an eine Dienstleistung zu erfüllen, und zwar unter gegebenen inneren Bedingungen) / performance *n*, capacity *n*

Leistungsfähigkeitsprüfung *f* / performance verification test

Leistungsfaktor *m* (cos phi) / power factor, p.f. A || ≗ *m* (Isol.) / dielectric power factor || ≗ **bei der Kurzschlussunterbrechung** / short-circuit breaking power factor || ≗ **der Grundwelle** / power factor of the fundamental || ≗ **der Last** / load power factor, burden power factor || ≗ **Eins** / unity power factor, unity p.f. || ≗ **im Kurzschlusskreis** / short-circuit power factor, X-R ratio || ≗ **Null** / zero power factor || **≗anzeiger** *m* / power factor meter || **≗messer** *m* / power-factor meter, p.f. meter || **≗-Messgerät** *n* / power-factor meter, p.f. meter || **≗regler** *m* / power-factor controller (p.f.c.) || **≗schreiber** *m* / recording power-factor meter || **≗verbesserung** *f* / power factor correction, power factor improvement

Leistungsfilter, elektronischer ≗ (Stromrichter zum Filtern) / electronic power filter (A convertor for filtering)

Leistungsfluss *m* / energy flow, power flow || **≗dichte** *f* / power flux density || **≗richtung** *f* / direction of energy flow

Leistungs·freigabesperrzeit *f* / power enabling delay || **≗-Frequenz-Charakterisitik** *f* / power/frequency characteristic || **≗-Frequenz-Regelung** *f* / load frequency control || **≗ganglinie** *f* / demand curve, load curve || **≗garantie** *f* / performance guarantee || **≗gatter** *n* / power gate

leistungsgepufferter Umrichter (Umr. m. Kondensatorspeicher) / converter with capacitor energy store

Leistungs·gewicht *n* / power/weight ratio, power-for-size ratio || **≗-Gewichts-Verhältnis** *n* / power-to-weight ratio, capacity-to-weight ratio

Leistungsgleichrichten *n* / electronic power switching (Switching an electric power circuit by means of electronic valve devices), electronic power rectification (Electronic conversion from a.c. to d.c.), power switching, power rectification || **elektronisches** ≗ (Elektronisches Umrichten von Wechselstrom in Gleichstrom) / electronic power switching (Switching an electric power circuit by means of electronic valve devices), electronic power rectification (Electronic conversion from a.c. to d.c.), power rectification, power switching

Leistungsgleichrichter *m* / power rectifier

Leistungs·glied für Gleichspannung (elST, Treiber) / d.c. driver || **≗glied für Wechselspannung** (elST, Treiber) / a.c. driver || **≗grad** *m* (Refa) / level of performance || **≗gradabweichung** *f* / off-standard performance || **≗gradschätzung** *f* (Refa) / performance rating || **≗grenzschalter** *m* / power-circuit position switch || **≗grenzwert** *m* / power limit

Leistungs·halbleiter *m* / power semiconductor (device) || **≗herabsetzung** *f* / derating *n* || **≗kabel** *n* / power cable || **≗kategorie** *f* / performance category || **Kurzschluss-≗kategorie** *f* (LS) VDE 0660,T.101 / short-circuit performance category IEC 157-1 || **≗kennlinie** *f* / performance characteristic || **≗kennzeichen** *n* (SR) / rating code designation || **≗klasse** *f* / performance class || **≗klemme** *f* / power terminal || **≗klemmenschraube** *f* / power terminal screw || **≗klystron** *n* / high-power klystron || **≗koeffizient eines Netzes** / regulation energy of a system, power/frequency characteristic || **≗kondensator** *m* / power capacitor, shunt capacitor (for a.c. power systems) || **≗konverter** *m* / power converter || **≗kreis** *m* / power circuit || **≗leitung** *f* / power cable || **≗linie** *f* (el. Masch.) / output line || **≗mangel** *m* / power shortfall

leistungsmäßiger Mittelwert / power-rated average

value

Leistungsmerkmal *n* / performance feature || ≈ *n* (DÜ, Datennetz; Funktionen, die auf Anforderung des Benutzers bereitgestellt werden) DIN ISO 7498 u. DIN 44302 / user facility, facility *n* || ≈**anforderung** *f* DIN 44302 / (user) facility request || ≈**e** *n pl* / performance characteristics, performance criteria

Leistungs·messer *m* / wattmeter *n*, active-power meter || ≈**messkoffer** *m* / portable power-circuit analyzer || ≈**messrelais** *n* / power measuring relay || ≈**minderung** *f* (durch Reduktionsfaktor) / derating *n* || **Zeit für** ≈**mittelung** / demand integration period || ≈**mittelwert** *m* (StT) / average power demand, average demand (value) || ≈**-NAND-Glied** *n* / NAND buffer || ≈**-NOR-Stufe** *f* / NOR driver || ≈**öffner** *m* / power NC contact || ≈**-Parallelkondensator** *m* / shunt power capacitor || ≈**pendeln** *n* / power swing || ≈**-Plattenspeichersteuerung** *f* / high-performance disk storage unit controller || ≈**positionsschalter** *m* / power-circuit position switch

Leistungspreis *m* / demand rate, price per kilowatt, price per kilovoltampere || ≈**summe** *f* / demand charge, fixed charge || ≈**tarif** *m* / demand tariff

Leistungs·produkt *n* (B-H) / energy product, B-H product || ≈**profil** *n* (MCC-Geräte) / performance profile || ≈**prüfung** *f* / performance test || ≈**prüfung am Aufstellungsort** / site performance test, field performance test || **Kondensator-**≈**puffer** *m* / capacitor energy storage unit, capacitor power back-up unit || ≈**rauschen** *n* / power noise || ≈**reduktion** *f* / derating *n* || ≈**reduzierung** *f* / derating *n* || ≈**regelung** *f* (Antrieb) / (automatic) load regulation || ≈**regelungskoeffizient** *m* (einer Last) / power-regulation coefficient || ≈**regler** *m* / output regulator || ≈**relais** *n* / power relay || ≈**reserve** *f* / power reserve, power margin, reserve capacity || ≈**richtungsrelais** *n* / directional power relay, power direction relay || ≈**richtungsschutz** *m* / directional protection || ≈**-Richtwirkungsgrad** *m* (Diode) / detector power efficiency IEC 147-1 || ≈**rückgang** *m* / decrease in performance || ≈**rückgewinnung** *f* / power recovery, regeneration *n*, power reclamation

Leistungsschalten *n* / electronic power switching (Switching an electric power circuit by means of electronic valve devices), electronic power rectification (Electronic conversion from a.c. to d.c.), power switching, power rectification || **elektronisches** ≈ (Schalten eines elektrischen Leistungs-Stromkreises mit Hilfe elektronischer Ventilbauelemente) / electronic power switching (Switching an electric power circuit by means of electronic valve devices), electronic power rectification (Electronic conversion from a.c. to d.c.), power switching, power rectification

Leistungsschalter *m* VDE 0660,T.101 / circuit-breaker *n* (c.b.) IEC 157-1, power circuit-breaker (US), power breaker || ≈ *m* (LS) / circuit-breaker *n* (CB), m.c.b. || ≈ **für Kurzunterbrechung** / auto-reclosing circuit-breaker || ≈ **mit angebauten Sicherungen** / integrally fused circuit-breaker IEC 157-1 || ≈ **mit bedingter Auslösung** VDE 0660,T.101 / fixed-trip circuit-breaker IEC 1571 || ≈ **mit bedingter Freiauslösung** / conditionally trip-free c.b. || ≈ **mit Einschaltverriegelung** VDE 0660,T.101 / circuit-breaker with lock-out device preventing closing IEC 157-1 || ≈ **mit elektrischer Freiauslösung** / electrically release-free circuit-breaker, electrically trip-free circuit-breaker || ≈ **mit Freiauslösung** VDE 0660, T.101 / trip-free circuit-breaker IEC 157-1, release-free circuit-breaker || ≈ **mit integrierten Sicherungen** VDE 0660,T.101 / integrally fused circuit-breaker IEC 157-1 || ≈ **mit Kessel an Erdpotential** / dead-tank circuit-breaker || ≈ **mit Kessel an Hochspannungspotential** / live-tank circuit-breaker || ≈ **mit magnetischer Blasung** / magnetic blow-out circuit-breaker || ≈ **mit mechanischer Freiauslösung** / mechanically release-free circuit-breaker, mechanically trip-free circuit-breaker || ≈ **mit Mehrfachunterbrechung** / multiple-break circuit-breaker || ≈ **mit selbsttätiger Wiedereinschaltung** / automatic reclosing circuit-breaker || ≈ **mit Sicherungen** / fused circuit-breaker || ≈ **mit stromabhängig verzögertem Auslöser** / inverse-time circuit-breaker || ≈ **mit Wiedereinschaltvorrichtung** / automatic reclosing circuit-breaker || ≈ **mit zwei magnetischen Auslösern** / dual magnetic circuit-breaker || ≈ **nach dem Bausteinprinzip** / modular circuit-breaker || ≈ **ohne Sicherungen** / unfused circuit-breaker || **ausfahrbarer** ≈ / withdrawable circuit-breaker || **elektronischer** ≈ / electronic power switch || **isolierstoffgekapselter** ≈ / moulded-case circuit-breaker, MCCB || **steckbarer** ≈ / plug-in circuit-breaker || **USV-**≈ *m* / UPS interrupter

Leistungsschalter·abgang *m* / outgoing circuit-breaker unit || ≈**antrieb** *m* / circuit-breaker operating mechanism || ≈**ausfallschutz** *m* / circuit-breaker failure protection || ≈**-Einschubanlage** *f* / withdrawable circuit-breaker switchgear || ≈**fall** *m* / circuit-breaker tripping || ≈**feld** *n* / circuit-breaker panel

Leistungsschalter-Festeinbauanlage *f* / fixed-mounted circuit-breaker switchgear || ≈ *f* (Übergriff, Anlage) / non-withdrawable circuit-breaker switchgear, switchboard with non-withdrawable circuit-breakers, stationary-mounted circuit-breaker switchboard || ≈ *f* (Gerätekombination, Einzelfeld) / non-withdrawable circuit-breaker assembly, non-withdrawable circuit-breaker panel, stationary-mounted circuit-breaker assembly

Leistungsschalter·-Gehäuse *n* / circuit-breaker housing || ≈**kombination** *f* (Bahn, zur Herstellung von Verbindungen des Hauptstromkreises) / power switchgroup || ≈**-Kompaktstation** *f* / compact circuit-breaker station (o. assembly) || ≈**modul** *n* / module *n* (of a pole of a circuit-breaker), circuit-breaker module || ≈**modulfeld** *n* / circuit-breaker module panel || ≈**prüfstand** *m* / circuit-breaker testing facility || ≈**raum** *m* / circuit-breaker compartment || ≈**-Schütz-Kombination** *f* / circuit-breaker contactor combination || ≈**träger** *m* / circuit-breaker frame || ≈**versagerschutz** *m* / circuit-breaker failure protection || ≈**-Wagenanlage** *f* (Überbegriff, Anlage) / truck-type circuit-breaker switchgear, switchgear with truck-mounted breakers || ≈**-Wagenanlage** *f* (Gerätekombination, Einzelfeld) / truck-type circuit-breaker assembly (o. cubicle o. unit)

Leistungs·-Schaltgeräte *n pl* / power switchgear, (mechanical) switching devices for power circuits || ≈**schalttechnik** *f* / primary distribution switchgear ||

≗**schiene** *f* (Kontaktplan) / power rail
Leistungsschild *n* / rating plate, nameplate *n* || ≗**angabe** *f* / rating plate data, nameplate specification || ≗**angaben** *f pl* / rating plate markings, nameplate marking, rating-plate data
Leistungs·schutz *m* / power protection || ≗**schütz** *n* / power contactor || ≗**schutzschalter** *m* / miniature circuit-breaker || ≗**schwankung** *f* / power fluctuation || ≗**schwerpunkt** *m* / focus *n* || ≗**selbstschalter** *m* / circuit-breaker (c.b.), automatic circuit-breaker || ≗**spektrum** *n* / power spectrum, output ratings range || ≗**sperre** *f* / disabled power || ≗**spitze** *f* / power peak || ≗**sprung** *m* / sudden power variation || ≗**sprungrelais** *n* / sudden-power-change relay
leistungsstark *adj* / powerful *adj*, high-capacity *adj*, high-performance *adj*, efficient *adj*
Leistungs·stecker *m* / power socket connector || ≗**steckeranschluss** *m* / power connector (NOT power plug connection) || ≗**steigerung** *f* / increase of performance, increase of output || ≗**steller** *m* / power controller, power controller unit, drive actuator, power control, power control regulator || ≗**stellglied** *n* / power controlling element || ≗**steuerung** *f* / power control || **automatische** ≗**steuerung** (Kfz) / automatic performance control (APC) || ≗**stromkreis** *m* (SK) VDE 0660, T.50 / power circuit IEC 439
Leistungsstufe *f* / rating class, power range || ≗ *f* (elST, Treiber) / driver *n* || ≗ *f* (Ausgangsglied einer Steuerung) / power output element || **GKS-**≗ *f* / GKS level
Leistungs·-Synchro *n* / torque-synchro *n* || ≗**tarif** *m* / demand tariff
Leistungsteil *n* (LT) / power module, power section (PS), power stack (PS), power handling section || ≗ *m* (Stromkreis) / power circuit, power circuitry || ≗ *m* (SR, BLE) / power section || ≗**baugruppe** *f* / submodule on a power module || ≗**definition** *f* / power section definition || ≗**-Merkmale** / power stack features
Leistungs·transduktor *m* / power transductor, power amplifier || ≗**transformator** *m* (LT) / power transformer || ≗**transistor** *m* (LTR) / power transistor || ≗**trenner** *m* / non-automatic circuit-breaker, load interrupter, circuit interrupter, load interrupter switch, isolating circuit-breaker || ≗**trenner mit Sicherungen** / power circuit protector || ≗**trennschalter** *m* / non-automatic circuit-breaker, load interrupter, circuit interrupter, load interrupter switch, isolating circuit-breaker || ≗**tunneldiode** *f* / tunnel power diode || ≗**turm** *m* / power circuit assembly
Leistungs·umfang *m* / performance range, range of services || ≗**umformer** *m* / power converter || ≗**umformer** *m* (Messumformer) / power transducer || ≗**umkehr** *f* / power reversal || ≗**-Umkehrsteller** *m* / reversing power controller
Leistungsumrichten *n* / direct power conversion (Electronic conversion without an intermediate d.c. or a.c. link) || ≗ *n* / power conversion || **direktes** ≗ (Elektronisches Umrichten ohne Gleichstrom- oder Wechselstrom-Zwischenkreis) / direct power conversion (Electronic conversion without an intermediate d.c. or a.c. link), power conversion
Leistungs- und Frequenzregelung *f* / power and frequency control
Leistungs·vektor *m* / power vector || ≗**verbrauch** *m* / power consumption || ≗**vergleich** *m* (Kfz-Motortester) / power comparison || ≗**vergleichsschutz** *m* / power differential protection || ≗**verhältnis** *n* (SR) / power ratio || ≗**verhältnis im Abstimmbereich** (Oszillatorröhre) DIN IEC 235, T.1 / tuning-range power ratio || ≗**verlauf** *m* / power characteristic, power variation curve || ≗**verlust** *m* / power loss, energy loss, heat loss, power losses, heat dissipation, power dissipation || ≗**verluste** *m pl* (Netz) / power losses || ≗**verlustkurve** *f* / derating curve || ≗**verminderung** *f* (durch Reduktionsfaktor) / derating *n* || ≗**verminderungskurve** *f* / derating curve || ≗**vermögen** *n* / capacity *n*, power capability
Leistungsverstärker *m* / power amplifier, power converter, booster relay || ≗ *m* (LAN) / repeater *n* || ≗**teil** *n* (LV-Teil) / power amplifier section (PA section)
Leistungs·verstärkung *f* / power gain || ≗**verzeichnis** *n* / specifications of work and services, tender specifications, specifications *n pl* || ≗**-Verzögerungs-Produkt** *n* (IS) / power delay product (IC) || ≗**vorausschau** *f* / energy demand anticipation || ≗**wächter** *m* (Maximumwächter) / maximum-demand monitor
Leistungswechselrichten *n* / electronic power inversion (Electronic conversion from d.c. to a.c.) || ≗ *n* / power inversion || **elektronisches** ≗ (Elektronisches Umrichten von Gleichstrom in Wechselstrom) / electronic power inversion (Electronic conversion from d.c. to a.c.), power inversion
Leistungs·wicklung *f* / power winding || ≗**zahl** *f* / rating number || ≗**zähler** *m* / demand meter, energy meter || ≗**zusatz** *m* / booster *n* || ≗**zweig** *m* (LE) / power arm, principal arm
Leitachse *f* (WZM) / leading axis || ≗ *f* / leading axis (LA), master axis || **fiktive** ≗ / fictitious leading axis || **reale** ≗ / real leading axis || **virtuelle** ≗ / virtual master axis
Leit·aluminium *n* (EC-Aluminium) / electrical conductor grade aluminium (EC aluminium), high-conductivity aluminium || ≗**anlage** *f* / guidance system, process control and instrumentation system, process control system || ≗**anlage** *f* (PLT) / control system, instrumentation and control system || ≗**apparat** *m* (WKW) / guide-vane system || ≗**bake** *f* (Verkehrsleitsystem) / guide beacon || ≗**band** *n* / conductive tape, semi-conductive tape || ≗**bewegung** *f* / leading motion
Leitblech *n* (f. Luft) / air guide, baffle *n* || **Lichtbogen-**≗ *n* / arc runner, arc splitter
Leitdaten *plt* / control data || ≗**verarbeitung** *f* / control data processing
Leitebene *f* / management level, coordinating level, command level, control level, MES level || ≗ *f* (PROFIBUS) / factory level || ≗ *f* / process control level, process management level || ≗ *f* / plant and process supervision level, plant management level || **Fertigungs~** *f* / production (o. plant) management level, operations management level || **Unternehmens~** *f* / corporate management level
Leit·eingriff *m* (PLT) / control action, operator's input || ≗**einrichtung** *f* (System) / controlling system
Leiten *n* (z.B. Prozess) / control *n* || ~ *v* (el.) / conduct *v* || **Wärme ~** / conduct heat
leitend *adj* / conductive *adj*, conducting *adj* || **~ mit**

dem Netz verbundenes Teil / part conductively connected to supply mains || **~e Folie** / conductive foil || **~er Belag** / conductive layer, conductive facing || **~es Band** (Kabel) / conductive tape, semi-conductive tape || **~es Erdreich** / conductive mass of soil

Leiter *m* (el.) / conductor *n* || ≗ *m* (Station, die einen Daten-Highway leiten kann) / manager *n* || ≗ **des Nomogrammes** / scale of chart || ≗ **mit direkter Kühlung** / inner-cooled conductor, direct-cooled conductor || ≗ **mit glatter Oberfläche** / segmental coil conductor, locked-coil conductor || **blanker** ≗ / plain conductor || **massiver** ≗ / solid conductor

Leiter·abstand *m* / interspace between conductors || ≗**abstand** *m* (a. gS) / conductor spacing || ≗**abstand** *m* (Freiltg.) / phase-to-phase spacing IEC 50(466) || ≗**anordnung** *f* (Freiltg.) / conductor configuration || ≗**anschluss** *m* / conductor connection(s), conductor terminal(s), conductor cross-section || ≗**anschluss** *m* (Klemme) / terminal *n* || ≗**anschluss** *m* (Netz, Trafo) VDE 0532, T.1 / line terminal IEC 76-1 || ≗**-Ausziehkraft** *f* / conductor tensile force, conductor pull-out force

Leiterbahn *f* (Induktosyn) / bar *n* || ≗ *f* (gedruckte Schaltung) EN 50020 / circuit-board conductor, printed conductor || **entflochtene** ≗ / printed conductor, circuit board conductor

Leiter·bereich *m* / wire range || ≗**bereich der Dichtung** / grommet wire range || **Prüfung auf** ≗**berührung** / test for the absence of short circuits || ≗**bett** *n* / matrix *n* || ≗**bild** *n* (Leiterplatte, CAD) / conductor layout || ≗**bild** *n* (gS) / conductive pattern || ≗**bildgalvanisieren** *n* / pattern plating || ≗**breite** *f* / width of conductor || ≗**breite** *f* (a. gS) / conductor width || ≗**bruch** *m* (Schutzsystem) / series fault IEC 50(448) || ≗**bruchschutz** *m* / phase-failure protection, open-phase protection || ≗**bruchsicherung** *f* / broken-wire interlock || ≗**bruchüberwachung** *f* / open-circuit monitoring || ≗**bündel** *n* / conductor bundle, conductor assembly || ≗**durchhang** *m* / conductor sag

Leiter-Erde, Abstand ≗ / phase-to-earth clearance, phase-to-ground clearance || ≗**-Impedanz** *f* / phase-to-earth impedance || ≗**-Isolierung** *f* / phase-to-earth insulation || ≗**-Isolierung** *f* (el. Masch) / main insulation || ≗**-Kapazität** *f* / capacitance between conductor and earth, phase-to-earth capacitance || ≗**-Spannung** *f* / phase-to-earth voltage, line-to-ground voltage (US) || ≗**-Überspannung** *f* / phase-to-earth overvoltage, line-to-ground overvoltage (US) || **relative** ≗**-Überspannung** / phase-to-earth overvoltage per unit, phase-to-earth per-unit overvoltage

Leiter·folge *f* / phase sequence, polarity *n* || ≗**funktion** *f* (aktive Leitstation) / manager function || ≗**isolierung** *f* / conductor insulation || ≗**kapazität gegen Erde** / phase-to-earth capacitance || ≗**lehre** *f* / conductor gauge

Leiter-Leiter, Abstand ≗ / phase-to-phase clearance, interspace between conductors || ≗**-Isolationskoordination** *f* / phase-to-phase insulation coordination || ≗**-Isolierung** *f* / phase-to-phase insulation || ≗**-Kapazität** *f* / capacitance between conductors, phase-to-phase capacitance || ≗**-Netzspannung** *f* / phase-to-phase system voltage, line-to-line system voltage

Leitermittenabstand *m* / centre-line distance between conductors

Leiternetzwerk *n* / ladder network

Leiterpaar, verdrilltes ≗ / twisted-pair wires

Leiterplatte *f* / printed board, printed-circuit board (PCB), board *n*, card *n* || ≗ *f* (LP) / printed circuit board (PC board), printed circuit board (pcb), board *n*, substation processor module || ≗ **mit Leiterbild auf einer Seite** / single-sided printed board || ≗ **mit Leiterbildern auf beiden Seiten** / double-sided printed board || **bestückte** ≗ / printed board assembly

Leiterplatten·entflechtung *f* / artwork design, artworking || ≗**entflechtung** *f* (CAD) / routing *n* || ≗**entwicklung** *f* / board design || ≗**-Entwicklung** *f* / pcb development || ≗**halter** *m* / PCB holder || ≗**lage** *f* / (printed-board) layer *n* || ≗**rahmen** *m* / pcb frame || ≗**steckverbinder** *m* / printed-board connector

Leiterquerschnitt *m* / conductor cross-section, cross-sectional area of conductor, conductor area || **anschließbare** ≗**e** / wire range, connectable (conductor) cross-sections

Leiter·raum *m* (Anschlussklemme) / conductor space || ≗**rohr** *n* / conductor tube, tubular conductor || ≗**schleife** *f* / conductor loop, conductor fault, conductor-to-conductor short circuit || ≗**schwingung** *f* (Freiltg.) / conductor vibration

Leiterseil *n* / cable *n*, stranded conductor, (bare) copper cable || ≗ *n* (Freiltg.) / overhead conductor || ≗ **mit Tragseil** / messenger-supported cable || ≗**lehre** *f* / conductor gauge

Leiterspannung *f* (Phasensp.) / phase voltage || ≗ *f* (Spannung Phase-Phase) / phase-to-phase voltage, line-to-line voltage || ≗ **gegen Erde** / line-to-earth voltage, line-to-ground voltage (US), phase-to-earth voltage

Leiter·-Sternpunktspannung *f* / line-to-neutral voltage, phase-to-neutral voltage, voltage to neutral || ≗**strom** *m* / phase current || ≗**tanzen** *n* / conductor galloping || ≗**teilung** *f* / conductor splitting || ≗**verband** *m* / conductor assembly, strand group || ≗**verbindung** *f* / conductor connection || ≗**verbindungsmaterial** *n* / cable connection material || ≗**zahl** *f* / number of conductors, number of conductor strands || ≗**zug** *m* / bar *n* || ≗**-Zugfestigkeitskraft** *f* DIN 41639 / conductor tensile force, conductor pull-out force

Leitfabrikat *n* / leading product

leitfähig *adj* / conductive *adj*, electroconductive *adj*, electrically conductive || **~e Schutzkleidung** / conductive clothing || **~es Teil** / conductive part

Leitfähigkeit *f* / conductivity *n*, specific conductance, conductance *n* || **dielektrische** ≗ / permittivity *n*, inductivity *n* || **elektrische** ≗ / electrical conductivity || **magnetische** ≗ / permeability *n*

Leitfähigkeits·-Aufnehmer *m* / conductivity sensor || ≗**kupfer** *n* / high-conductivity copper || ≗**-Messeinrichtung für hohe Konzentrationen** / conductivity measuring system for high concentrations || ≗**-Messeinrichtung für niedrige Konzentrationen** / conductivity measuring system for low concentrations || ≗**-Messgerät** *n* / conductivity meter || ≗**messung** *f* / electric conductivity measurement, conductivity measurement || ≗**messverfahren** *n* / conductivity measurement methods || ≗**modulation** *f* (HL) / conductivity modulation

leitfähigkeitsmoduliert·e Schaltung / conductivity-modulated device (CMD) || **~er Feldeffekttransistor** / conductivity-modulated field-effect transistor (COMFET)

Leitfeld *n* (Steuerfeld einer Tafel) / control panel || ≗ *n* (BSG, zur Bildkonstruktion) / control field || ≗ *n* (Kompaktwarte) / control tile

Leit·feuer *n* / leading light || **≗feuer** *n* (f. eine Richtung) / direction light || **≗fläche** *f* (NC) DIN 66215, T.1 / drive surface ISO 3592 || **≗-Folge-Antrieb** *m* / master-slave drive

Leitfrequenz *f* / primary frequency, pilot frequency || **≗geber** *m* (LFG) / pilot frequency generator || **≗steuerung** *f* / primary frequency control

Leit·gabel *f* (f. Riementrieb) / belt guide, belt fork || **≗geber** *m* / master sensor || **≗gedanke** *m* / basic idea, motto *n*

Leitgerät *n* DIN 19226 / control station, station control unit || ≗ *n* (Automatik- Handbetrieb) / AUTOMATIC/MANUAL station (A/M station), manual/automatic control-station || ≗ *n* (PLT) / manual/automatic control station, M/A control station, control station || ≗ *n* (Rechner- Automatik- /Handbetrieb) / computer auto-manual station

Leit·größe *f* (Reg.) / reference value, control value || **≗gruppe** *f* (Mehrmotorenantrieb) / master group || **≗impulsgeber** *m* / master pulse encoder || **≗kitt** *m* / conductive cement, semi-conductive cement || **≗lack** *m* / conducting varnish || **≗lack** *m* (Äußere Leitschicht auf der Oberfläche von Kunststoff-Isolierhüllen aus Graphit oder Rußdispersion) / semi-conducting varnish || **≗lackgrat** *m* / gurr of semi-conductive varnish || **≗linie** *f* / guideline *n*, directive *n*

Leit·maschine *f* / master synchro, master selsyn || **≗motor** *m* / master motor, master drive || **≗- oder Laufschaufelverstellung** *f* / adjusting of guide vanes or blades of the rotor || **≗plastikpotentiometer** *n* / conductive plastic potentiometer || **≗plastikpoti** *n* (LPP) / conductive plastic track poti || **≗platz** *m* / operator station, station control centre, man-machine-interface || **≗-PLC** / master PLC || **≗programm** *n* / executive routine, coordinating program, control program

Leitrad *n* / guide wheel || **≗-Servomotor** *m* / guide-vane servomotor

Leitrechner *m* / master computer, supervisory computer, mainframe *n*, host computer, host *n*

Leitrichtung *f* / reference direction

leitrig, 2-~ *adj* / two-core *adj*, 2-wire *adj*

Leit·rolle *f* (Riementrieb) / idler pulley, jockey pulley || **≗sätze** *m pl* VDE / directives *n pl* || **≗schaufel** *f* / guide vane || **≗schaufelträger** *m* / vane support

Leitschicht *f* (Kabel, zur Steuerung der elektrischen Felder in der Isolierung) / screen *n*, semi-conducting layer || **äußere** ≗ (Kabel) / outer semi-conductive layer, screen *n*

Leit·schiene *f* / conducting bar || **≗schiene** *f* (Bus) / control bus || **≗sollwert** *m* / reference input variable IEC 272A, reference variable IEC 50(351), command variable || **≗spannung** *f* / master reference voltage

Leitspindel *f* (LS) / master spindle, leading spindle (LS), screw spindle || ≗ *f* (WZM) / leadscrew *n* || **≗steigung** *f* / leadscrew pitch

Leitstand *m* (Raum) / control room || ≗ *m* / control post || ≗ *m* (Pult) / control desk, console *n* || ≗ *m* (FFS) / control centre || ≗ *m* (Tafel) / control board || ≗ **und Dispatcher** (in der Fabrik, Fertigungssteuerung) / shopfloor control office || **Prozess~** *m* / process engineer's console || **≗fahrer** *m* / control-room attendant, control-room engineer, shift engineer, operator *n*

Leitstation *f* / master terminal, supervisory terminal || ≗ *f* (Unterwerk) / master substation || ≗ *f* (DÜ) DIN 44302 / control station || ≗ *f* (zur Steuerung eines Datennetzes) / director *n*

Leitstelle *f* / system control centre, technical coordination center || ≗ *f* (Kompaktwartenbaustein) / control tile || ≗ *f* (FWT) / control centre || **Netz~** *f* / system (o. network) control centre, load dispatching centre || **regionale** ≗ / district control centre

Leitstellen·-Koppelbaugruppe *f* / control centre coupling module || **≗kopplung** *f* (LK) / network control centre coupling module, control centre coupling, CM || **≗kopplungsbaugruppe** *f* / network control centre coupling module, control centre coupling, CM || **≗system** *n* (Netzautomatisierung, FWT) / centralized control system, supervisory control system

Leitsteuerung *f* DIN 19237 / coordinating control || ≗ *f* (DÜ) / primary control

Leitstrahl *m* (Blitz) / leader stroke, pilot leader

Leitsubstanzen *f pl* / main substances

Leitsystem *n* / control system, power-system control system, I&C system || ≗ *n* (z.B. Hausleittechnik) / management system || ≗ *n* (Flp.) / guidance system || ≗ **für Gebäudeheizung** / fuel cost management system (FMS) || **Fahrer-≗** *n* (Kfz) / navigation and travel control system, guidance system || **Gebäude~** *n* / building services control system || **Park~** *n* / car-park routing system || **Prozess~** *n* / process control system || **Verkehrs-≗** *n* / traffic guidance system

Leittechnik *f* / control and protection system, hosting *n*, I&C (instrumentation and control) || ≗ *f* (Prozess) / control and instrumentation technology, instrumentation and control (I&C) || ≗ **für Schaltanlagen** (LSA) / substation control and protection system, substation control and protection, substation automation || **Gebäude~** *f* / building services management system || **mikroprozessorgeführte** ≗ (f. Schaltanlagen) / microprocessor-based (integrated) protection and control || **Netz~** *f* / power system management, power system control || **Produktions~** *f* / production management || **Sicherheits~** *f* (KW) / (reactor) safety instrumentation and control, safety I&C

Leittechnikfehler *m* / control system fault, I&C fault || **≗meldung** *f* / control system fault message, I&C fault message, control system alarm, I&C alarm || **≗protokoll** *n* / control system fault log, I&C fault log || **≗zustandsprotokoll** *n* / control system fault status log, I&C fault status log

Leittechnikfunktionsfehler *m* / control system malfunction, I&C malfunction, control system malfunction alarm, I&C malfunction alarm

Leittechnik·meldetelegramm *n* / control system message, I&C message || **≗-Prozessorbaugruppe** *f* / microcomputer-module || **≗-Sammelstörungsanzeige** *f* / control system group alarm display, I&C centralized alarm display || **≗-Signalverarbeitung** *f* / signal processing

Leittechnikstörung *f* / control system malfunction, control system fault, control system malfunction alarm, I&C malfunction, I&C fault, I&C malfunction alarm

Leittechniksystem, prozessübergreifendes ≗ / cross process control system

Leittechnik-Zentralgerät *n* (LZG) / central controller (CC)

leittechnische Anlage / control system, instrumentation and control system

Leitterminal *n* / director *n*

Leit- und Datenerfassungsebene *f* (Fertigungssteuerung) / production management and data acquisition level

Leitung *f* (Energieübertragungsleitung) / electric line, line *n* || ≗ *f* (Speiseltg.) / feeder *n*, supply line || ≗ *f* (Fortleitung) / conduction *n*, transmission *n* || ≗ *f* (isoliert, Kabel) / cable *n*, lead *n* || ≗ *f* (Leiter) / conductor *n*, lead *n*, wire *n* || ≗ *f* (isolierter Leiter) / insulated wire || ≗ *f* (flexibel, z.B. PVC-Schlauchleitung) / cord *n* || ≗ *f* (Stromkreis) / circuit *n*, line *n* || ≗ **in Gas** / gas conduction || ≗ **Magnetventil** / solenoid valve lead || **einadrige** ≗ **mit Mantel** VDE 0281 / single-core sheathed cable || **einadrige** ≗ / single-core cable (o. cord) || **Einziehen der** ≗ / reduction of pipe size to connections of valve || **elektrische** ≗ / electric line || **grenzüberschreitende** ≗ / international interconnection line || **HGÜ-**≗ *f* / HVDC transmission line || **zugehende** ≗ / input lead

Leitungen auf Putz / surface wiring, wiring on the surface, exposed wiring || ≗ **unter Putz** / concealed wiring, underplaster wiring, embedded wiring, wiring under the surface || **äußere** ≗ (a. f. Leuchten) / external wiring IEC 598

Leitungs·abbauzeit *f* (DÜ) / release delay, connection clearance time || ≗**abfrage** *f* (LAN) / carrier sense || ≗**abgang** *m* / outgoing feeder || ≗**abgleich** *m* (MG) / line compensation || ≗**abschluss** *m* / line termination, terminator, terminating resistance, terminating resistor || ≗**abschnitt** *m* / line section || ≗**abstandshalter** *m* / line spacer || ≗**abzweigschutz** *m* / line protection || ≗**anfang** *m* (Übertragungsleitung) / sending end || ≗**anschluss** *m* (Ausgang) / outgoing line terminal, output terminal, load terminal || ≗**anschluss** *m* / line terminal *n* || ≗**anschluss** *m* (Eingang) / incoming line terminal, input terminal, supply terminal || ≗**antwortzeit** *f* (Messeinrichtung) / lead response time || ≗**aufbauzeit** *f* / (connection) establishment delay, brought-out lead || ≗**ausführung** *f* (Wickl.) / end lead (arrangement), terminal lead

Leitungs·band *n* (HL) / conduction band || ≗**bruch** *m* / open circuit || ≗**bruchüberwachung** *f* / open-circuit monitoring (o. detection) || ≗**brücke** *f* / cable link || ≗**dämpfung** *f* / line attenuation || ≗**differentialschutz** *m* / line differential protection (system o. relay), feeder differential protection, pilot-wire differential protection || ≗**durchmesser** *m* / pipe/hose diameter || ≗**durchführung** *f* / bulkhead cable gland IEC 117-5, cable penetration, cable bushing, cable gland, cable duct

Leitungseinführung *f* / cable entry, entry fitting, cable gland (o. bushing), wiring entry || **Gummi-**≗ *f* / rubber grommet, rubber gland

Leitungs·elektron *n* / conduction electron || ≗**empfänger** *m* / line receiver || ≗**empfänger** *m* (PMG) DIN IEC 625 / receiver *n*

Leitungsende *n* / dine end, cable end, lead end, conductor end, cable termination || ≗ *n* (Empfangsseite) / receiving end || ≗ *n* (einer Stichleitung) / tail *n* || ≗ *n* / end of the cable || ≗ **mit Spannungsüberwachung** / voltage-monitored line end || ≗ **mit Synchronüberwachung** / synchro-checked line end || **freies** ≗ / lead tail, free lead end

Leitungs·entladungsklasse *f* / line discharge class || ≗**entladungsprüfung** *f* / line discharge test || ≗**erdschluss** *m* / line-to-earth fault, line-to-ground fault || ≗**-Erdungsschalter** *m* / line earthing switch, line grounding switch || ≗**fehler** *m* / line fault || ≗**filter** *n* / line filter || ≗**flanschplatte** *f* / wiring flange plate

Leitungsführung *f* (I) / wiring arrangement, wiring and cabling, conductor arrangement || ≗ *f* (Weg) / conductor routing, cable routing || ≗ **außerhalb von Gebäuden** / cabling outside buildings || **in der** ≗ **eingebaut** (Wandler) / fitted in the conductor (run), fitted on the busbar || ≗ **innerhalb von Gebäuden** / cabling inside buildings || **zwangsweise** ≗ / forced guidance of cable

Leitungsgebilde *n* / line configuration

leitungsgebunden *adj* / conducted *adj*

Leitungsgeräusch *n* / line noise

leitungsgesteuert *adj* / line-controlled *adj*

Leitungs·girlande *f* / festooned cable || ≗**gut** *n* / cables and wiring || ≗**halter** *m* / cable holder, cable bracket, cable clip, cable grip, cable stay, wiring clips || ≗**haltesteg** *m* / wire locator || ≗**häufung** *f* / cable bundling, cable grouping || ≗**kammer** *f* / cable guide || ≗**kanal** *m* / cable channel, cable duct || ≗**kanal** *m* (elST-Geräte) / wiring duct || ≗**klemme** *f* / line terminal, circuit terminal || ≗**knoten** *m* / line node || ≗**konfiguration** *f* / line configuration

Leitungskonstante *f* / circuit constant || **gleichmäßig verteilte** ≗ / distributed constant || **punktförmig verteilte** ≗ / lumped constant

Leitungs·kupplung *f* / cable coupler || ≗**kurzschluss** *m* / short-line fault, kilometric fault, close-up fault || ≗**länge** *f* / pipe length, lead length || ≗**material** *n* / cable and pipework materials || ≗**monteur** *m* / lineman *n* || ≗**nachbildung** *f* / equivalent line || ≗**netz** *n* / network *n* IEC 50(25), conductor system, supply system || ≗**netz** *n* (Installationsnetz) / wiring system || ≗**pol** *m* / transmission line pole, line pole || ≗**protokoll** *n* / line protocol || ≗**rahmen** *m* / line frame || ≗**richtung eines elektronischen Ventilbauelements oder eines Zweiges** (Richtung, in der das Ventilbauelement oder der Zweig Strom leiten kann) / conducting direction of an electronic valve device or an arm (The direction in which an electronic valve device or an arm is capable of conducting current) || ≗**rohr** *n* / conduit *n* || ≗**roller** *m* / cable reel, cord reel(er)

Leitungs·satz *m* / cable set, cable harness, wiring harness, set of links, appliance coupler IEC 598 || ≗**schalter** *m* / wire circuit breaker, line protection circuit-breaker || ≗**schalter** *m* (LS) / feeder circuit-breaker, line circuit-breaker || ≗**schaltung** *f* (Kommunikationssystem, LAN) / circuit switching || ≗**schnittstelle** *f* / line interface || ≗**schnur** *f* / cord *n*, flexible cord || ≗**schuss** *m* (IK) / trunking section, busway section || ≗**schutz** *m* / line protection, conductor protection || ≗**schutzrohr** *n* / conduit *n*

Leitungsschutzschalter *m* / circuit-breaker *n*,

miniature circuit-breaker, m.c.b. || ≈ **mit Differenzstromauslöser** (LS/DI-Schalter) / r.c.d.-operated circuit-breaker, residual-current-operated circuit-breaker || ≈ **mit Freiauslösung** / trip-free circuit-breaker IEC 157-1, release-free circuit-breaker

Leitungs·schutzsicherung *f* / fuse *n* || ≈**schwingung** *f* / line oscillation, line transient || ≈**seil** *n* / stranded conductor

leitungsseitiges Ende / line end

Leitungsstecker *m* / cable connector, connector *n*, cord connector, cable-attached connector, cable connection, plug connector || ≈ *m* (an Leiterplatte) / front plug

Leitungs·strecke *f* / line section, line run || ≈**strom** *m* / conduction current || **elementarer ≈strom** / elementary conduction current || ≈**stromdichte** *f* / conduction current density || ≈**stutzen** *m* / conductor gland || ≈**sucher** *m* / line detector, cable locator

Leitungssystem *n* (I) / wiring system || ≈ *n* / pipe line, pipe system || ≈ **mit geerdetem konzentrischem Außenleiter** / earthed concentric wiring system, grounded concentric wiring system || **elektrisches ≈** / electrical power system || **Kabel- und ≈** *n (f)* VDE 0100, T.200 / wiring system (o. -anlage)

Leitungs·träger *m* (I) / cable cleat, cable hanger || ≈**träger** *m* (Freil.) / conductor support || ≈**trasse** *f* / transmission route, right of way || ≈**treiber** *m* / line driver, line transmitter, output driver || ≈**trenner** *m* / feeder disconnector, line disconnector || ≈**trennschalter** *m* / feeder disconnector, line disconnector || ≈**trosse** *f* / trailing cable || ≈**tülle** *f* / cable grommet, wire grommet || ≈**-Überlastschutzsystem** *f* / feeder overload protection system || ≈**umkehrung** *f* (Informationsübertragung) / line turnaround

Leitungs·unterbrechung *f* / line interruption, open circuit, wire breakage || ≈**unterstützung** *f* / pipe support || ≈**verbindung** *f* IEC 50(794) / line link || ≈**verbindung in Crimptechnik ausgeführt** / crimped cable connection || ≈**verlust** *m* (Stromdurchleitung) / conduction loss || ≈**verluste** *m pl* (Übertragungsleitung) / line losses, transmission losses || **~vermittelnde Verbindung** (DÜ) / circuit-switched connection || **~vermittelte Übertragung** / circuit-switching transmission || ≈**vermittlung** *f* (KN) / circuit switching || ≈**vermittlung** *f* (DÜ) DIN 44302 / circuit switching || ≈**verstärker** *m* / repeater *n* || ≈**verzweigung** *f* DIN 40717 / junction of conductors IEC 117-1 || ≈**vorsatz** *m* / line adaptor || ≈**wächter** *m* / earth-leakage monitor || ≈**wanne** *f* / cable gutter, wiring gutter, cable trough || ≈**wasser** *n* / tap water, water from the main || ≈**widerstand** *m* / line resistance || ≈**winkel** *m* (auf Leitungsimpedanz bezogen) / line impedance angle || ≈**winkel** *m* (Winkeländerung in der Richtung einer Freileitung) / line angle || ≈**zug** *m* / wiring run, cable run || ≈**zug** *m* (SS) / busbar run || ≈**zugriffsteuerung** *f* / line access control

Leitvermögen *n* / conductivity *n*, specific conductance, conductance *n*

Leitvorschub *m* / leading feedrate, leading feed

Leitwarte *f* / control desk, control post || ≈ *f* (Raum) / control room || ≈ *f* (Pult) / supervisory console || **zentrale ≈** / central control room

Leitweg *m* (DÜ) / route *n* || ≈**bestimmung** *f* / routing *n*

Leitwerk *n* DIN 44300 / control unit (part of a CPU) ISO 2382, instruction control unit

Leitwert *m* / master value, command value || ≈ *m* (Scheinleitwert) / admittance *n* || ≈ *m* (Wirkleitwert) / conductance *n* || ≈ *m* (spezifischer) / conductivity *n* || **externer ≈** / external master value || **geometrischer ≈** (eines Strahlenbündels) / geometric extent || **Luftspalt~** *m* / air-gap permeance || **magnetischer ≈** / permeance *n* || ≈**achse** *f* / master value axis || ≈**belag** *m* / per-unit admittance || ≈**kopplung** *f* / master/slave coupling, master value coupling

Leitzahl *f* (Stadtplan) / digital reference || ≈ *f* / clock-hour figure || **Temperatur~ des Bodens** (thermische Diffusivität) / soil thermal diffusivity

Leitzentrale *f* / supervisory control room, control room

Leitzwecke, Kupfer für ≈ / high-conductivity copper

LEM-Stromwandler *m* / electronic CTs

Lenkeinschlag *m* (Kfz) / steering angle

lenken *v* (Licht) / concentrate *v*, focus *v* || ≈ *n* (Kfz) / steering *n*

Lenker *m* / guidance arm, guide rod

Lenk·hilfe *f* (Kfz) / steering aid || ≈**radschloss** *n* (Kfz) / steering-wheel lock || ≈**säule** *f* (Kfz) / steering column || ≈**stockhebel** *m* (Kfz) / drop arm

Lenkung *f* (Kfz, Bauteile) / steering assembly || ≈ *f* / steering *n* || ≈ **der Dokumentation** (QS-Begriff) / document control || ≈ **fehlerhafter Einheiten** (QS) / control of non-conforming items

Lenkungsausschuss *m* (CENELEC) / council *n*

Lenkwinkelsensor *m* (Kfz) / steer angle sensor

Leonard·antrieb *m* / Ward-Leonard drive, Ward-Leonard system || ≈**schaltung** *f* / Ward-Leonard control system || ≈**-Schwungradumformer** *m* / Ward-Leonard-Ilgner set || ≈**umformer** *m* / Ward-Leonard set, Ward-Leonard converter

Lern·programm *n* / tutorial program, tutorial *n* || ≈**prozess** *m* (Erfahrungszuwachs des Personals, der zur Verbesserung der Funktionsfähigkeit einer Einheit führt) / learning process (Growth in experience by personnel which improves the reliability performance of an item)

lesbare und dauerhafte Kennzeichnung / legible and durable marking

Lesbarkeit *n* / readability *n*

Lese·aufforderung *f* / read request || ≈**auftrag** *m* / read request || ≈**berechtigung** *f* / read authorization || ≈**dauer** *f* (Osz., durch den Speicher) / persistence *n* || ≈**erholzeit** *f* / sense recovery time || ≈**fehler** *m* / read(ing) error, read parity error || ≈**gerät** *n* / reader unit, reader *n* || **Laser-≈gerät** *n* / laser scanner || ≈**geschwindigkeit** *f* / reading speed, reading rate, characters per second *v* (cps) || ≈**kopf** *m* / reader head || ≈**lampe** *f* / reading lamp

Lesen *n* / reading *n*, read mode || ~ *v* (a. DV) / read *v* || ≈ **mit modifiziertem Rückschreiben** / read-modify-write mode || ≈**/Schreiben** (L/S) / read/write (R/W) || ≈**-Schreiben** *n* / read-write mode

Leser *m* / reader *n*, reading device || ≈ *m* (OCR-Handleser) / scanner *n* || **Strichcode~** *m* / bar-code scanner, bar-code reader

Leserechte *n pl* / read access

leserlich *adj* / legible *adj*

Leser·schnittstelle *f* / reader interface || ≈**spule** *f* /

reader coil || ≗**-Stanzer-Einheit** *f* / reader-punch unit

Lese-/Schreib·-Speicher *m* / read/write memory (RWM) || ≗**zyklus** *m* / read/write cycle

Lese·signal *n* / read signal, memory read (signal) || ≗**speicher** *m* / read-only memory (ROM), ROM (read-only memory) || ≗**station** *f* / reader station || ≗**stift** *m* (f. Strichcode) / reading wand || ≗**strahlerzeuger** *m* (Osz.) / reading gun || ≗**strom** *m* / read current || ≗**telegramm** *n* / read message, sense amplifier, memory sense amplifier || ≗**vorgang** *m* / read action || ≗**zeichen** *n* / bookmark *n* || ≗**zeiger** *m* / cursor *n*, cursor fine || ≗**zeit** *f* / persistence *n* || ≗**zeit** *f* (Osz.) / reading time, display time || ≗**zugriffszeit** *f* / read access time || ≗**zyklus** *m* / read cycle

Lesung *f* / read *n*

letzt·er Basispunkt (Impulsepoche) / last base point || **~er Satz** (NC) / termination record, last block || **~es Kühlmittel** (el. Masch.) / final coolant IEC 50(411) || **~öffnender Pol** / last pole to clear || **~schließender Pol** / last pole to close

Letzt·übergangsdauer *f* (Impulsabbild) DIN IEC 469, T.1 / last transition duration || ≗**verbraucher** *m* / ultimate consumer || ≗**wertmeldung** *f* / last-up message

Leucht·anzeige *f* (durch Leuchtdioden) / LED display || ≗**bake** *f* / ground light || ≗**balken** *m* / luminous bar || ≗**balken-Messgerät** *n* / shadow-column instrument || ≗**band** *n* / continuous row of luminaires, line of fluorescent luminaires, long row of luminaires, lighting trunking || ≗**bandanzeiger** *m* / light-strip indicator || ≗**baustein** *m* (Mosaikbaustein) / illuminated tile || ≗**boje** *f* / lighted buoy || ≗**decke** *f* / luminous ceiling, over-all luminous ceiling

Leuchtdichte *f* / luminance *n*, radiant excitance, radiant emittance || ≗ *f* (durch Flicker erzeugt) / fluctuating luminance || ≗ *f* (LWL) / radiant luminance || ≗ **der gespeicherten Strahlspur** (Osz.) / stored luminance || ≗ **des Leuchtschirm-Hintergrundes** (Osz.) / background luminance || **Kurve gleicher** ≗ / isoluminance curve || **spektraler** ≗**anteil** / colorimetric purity || ≗**faktor** *m* / luminance factor || ≗**gleichmäßigkeit** *f* / luminance uniformity || ≗**grenzkurve** *f* / luminance limiting curve || ≗**koeffizient** *m* / luminance coefficient || ≗**koeffizient bei Retroreflexion** / coefficient of retroreflective luminance || ≗**kontrast** *m* / illuminance contrast || ≗**messgerät** *n* / luminance meter, photometer *n* || ≗**messgerät nach IEC** DIN IEC 351, T.2 / CIE standard photometric observer || ≗**niveau** *n* / luminance level || ≗**verfahren** *n* / luminance method || ≗**verhältnis** *n* / illuminance contrast || ≗**verteilung** *f* / luminance distribution || ≗**verteilungsfaktor** *m* (LVF) / obscuring power factor (OPF)

Leuchtdiode *f* (LD) / light-emitting diode (LED)

Leuchtdioden·anzeige *f* / LED display || ≗**band** *n* / LED strip || ≗**kette** *f* / LED array

Leucht·draht *m* (Lampe) / (lamp) filament *n* || ≗**druckknopf** *m* / illuminated pushbutton IEC 337-2, luminous pushbutton IEC 117-7, lighted pushbutton switch || ≗**drucktaste** *f* / illuminated key || ≗**drucktaster** *m* / illuminated pushbutton IEC 337-2, luminous pushbutton IEC 117-7, lighted pushbutton switch, illuminated pushbutton unit

Leuchte *f* / light *n*, luminaire *n*, lighting fitting, light fixture (US), fitting || ≗ *f* (an Lichtmast) / lantern *n* EN 40 || ≗ *f* (Pyrometermessflächenl.) / (target) illuminator *n* || ≗ **der Schutzklasse O** / class O luminaire || ≗ **für Allgemeinbeleuchtung** / general-purpose luminaire || ≗ **für Hochleistungslampen** / high-intensity luminaire || ≗ **für hohe mechanische Beanspruchungen** / rough-service luminaire || ≗ **für rauhen Betrieb** / rough-service luminaire || ≗ **mit Vorschaltgerät** / ballasted luminaire, luminaire with control gear || ≗ **ohne Vorschaltgerät** / uncorrected luminaire, gearless luminaire || **Signal~** *f* / signal light, signal lamp

leuchten *v* / illuminate *v*, light up, go bright

Leuchten·anordnung *f* / luminaire arrangement, luminaire configuration || ≗**anschluss** *m* (Lichtmast) / lantern fixing EN 40 || ≗**anschlussdose** *f* / luminaire outlet box with terminals, luminaire outlet box || ≗**aufhänger** *m* / luminaire hanger || ≗**band** *n* / continuous row of luminaires, line of fluorescent luminaires, long row of luminaires, lighting trunking || ≗**befestigungsgerät** *n* / hickey *n* || ≗**bestückung** *f* / lamp complement (of luminaire), number of lamps per luminaire || ≗**betriebswirkungsgrad** *m* / (luminaire) light output ratio, luminaire efficiency

leuchtende Fläche (Elektronenröhre) / luminous area IEC 151-14

Leuchten·einsatz *m* (Lichtleiste) / basic batten, base unit || ≗**gehäuse** *n* / luminaire housing || ≗**glocke** *f* / globe *n* || ≗**höhe** *f* / luminaire mounting height, mounting height || ≗**klemme** *f* / luminaire terminal || ≗**mast** *m* / luminaire post, luminaire column || ≗**schale** *f* / luminaire bowl || ≗**schirm** *m* / lamp shade, shade *n* || ≗**wanne** *f* / luminaire trough || ≗**wirkungsgrad** *m* / (luminaire) light output ratio, luminaire efficiency

Leuchtfeld *n* / illuminated section || ≗ *n* (Mosaiktechnik, Kompaktwarte) / backlit tile, luminous tile

Leuchtfeuer *n* / beacon *n*, beacon light, lighthouse beacon, light signal || **Luftfahrt~** *n* / aeronautical beacon

Leuchtfläche *f* / illuminated screen

Leuchtfleck *m* (Osz.) / spot *n*, light spot || ≗**geschwindigkeit** *f* / spot speed, spot velocity || ≗**helligkeit** *f* / spot brightness || ≗**lage** *f* / spot position || ≗**verzerrung** *f* / spot distortion

Leucht·floß *n* / lighted float || ≗**fontaine** *f* / illuminated fountain || ≗**knebel** *m* / illuminated knob || ≗**kondensator** *m* (Elektrolumineszenzquelle) / electroluminescent source || ≗**körper** *m* / luminous element, filament *n* || ≗**körperabstand** *m* / filament centre length || ≗**kraft** *f* / luminosity *n* || ≗**meldeeinheit** *f* / illuminated indicator module, illuminated annunciator module

Leuchtmelder *m* VDE 0660,T.205 / indicator light IEC 337-2C, illuminated indicator, pilot light, signal lamp || ≗ **für direkten Anschluss** / full-voltage indicator light, full-voltage pilot light || ≗ **mit eingebauter Einrichtung zur Spannungsreduzierung** VDE 0660,T.205 / indicator light with built-in voltage-reducing device IEC 337-2C || ≗ **mit Lampenprüftaste** / push-to-test indicator light, push-to-test pilot light || ≗ **mit Transformator** / transformer-type indicator

light ‖ ≗**ausgabe** *f* / indicator lamp output
Leucht·mitte *f* / light centre ‖ ≗**pilz** *m* / luminous mushroom ‖ ≗**pilz** *m* / illuminated mushroom (button) ‖ ≗**pilztaster** *m* / luminous mushroom pushbutton, illuminated mushroom pushbutton ‖ ≗**platte** *f* / electroluminescent panel ‖ ≗**punkt-Suchvorrichtung** *f* (Osz.) / beam finder ‖ ≗**röhre** *f* / neon tube, tubular discharge lamp, fluorescent tube ‖ ≗**röhrenleitung** *f* / neon lighting cable, fluorescent tube cable ‖ ≗**röhrentransformator** *m* / transformer for tubular discharge lamps, neon transformer
Leucht·säule *f* / illuminated bollard, guard post ‖ ≗**schaltbild** *n* / illuminated mimic diagram ‖ ≗**schalter** *m* / illuminated switch, illuminated control switch, luminous switch ‖ ≗**schaltwarte** *f* / (illuminated) mimic-diagram control board ‖ ≗**schild** *n* / illuminated sign
Leuchtschirm *m* / luminescent screen, fluorescent screen, screen *n* ‖ ≗**betrachtung** *f* (RöA) / roentgenoscopy *n*, fluoroscopy *n*, fluoroscopic examination ‖ ≗**bild** *n* / fluorescent image, screen display ‖ ≗**fotografie** *f* (RöA) / photofluorography *n*, photoroentgenography *n* ‖ **Leuchtdichte des ≗-Hintergrundes** (Osz.) / background luminance
Leucht·schrifttafel *f* / luminous annunciator panel ‖ ≗**spur** *f* (Osz.) / trace *n* ‖ ≗**steuertaste** *f* / illuminated pushbutton IEC 337-2, luminous pushbutton IEC 117-7, lighted pushbutton switch
Leuchtstoff *m* / fluorescent material, luminescent material, phosphor *n* ‖ **Quecksilberdampf-Hochdrucklampe mit** ≗ / colour-corrected high-pressure mercury-vapour lamp ‖ **~beschichtete Lampe** / fluorescent-coated lamp ‖ ≗**beschichtung** *f* / fluorescent coating ‖ ≗**-Halbringlampe** *f* / circlarc fluorescent lamp
Leuchtstofflampe *f* (L-Lampe) / fluorescent lamp (FL) ‖ ≗ **für Fluoreszenzanregung** / indium-amalgam fluorescent lamp ‖ ≗ **für Starterbetrieb** / switch-start fluorescent lamp ‖ ≗ **in Stabform** / linear fluorescent lamp, tubular fluorescent lamp
Leuchtstofflampen·beleuchtung *f* / fluorescent lighting ‖ ≗**-Dimmer** *m* / dimmer for fluorescent lamps ‖ ≗**leuchte** *f* / fluorescent luminaire, fluorescent fitting, fluorescent fixture (US) ‖ ≗**licht** *n* / fluorescent light
Leuchtstoff·mischung *f* / phosphor blend ‖ ≗**röhre** *f* / fluorescent tube, tubular fluorescent lamp
Leucht·taste *f* / illuminated key ‖ ≗**taster** *m* VDE 0660,201 / lighted pushbutton switch ‖ ≗**taster** *m* (LT) VDE 0660,201 / illuminated pushbutton IEC 337-2, luminous pushbutton IEC 117-7, illuminated pushbutton unit, illuminated key ‖ ≗**tastschalter** *m* / illuminated pushbutton IEC 337-2, luminous pushbutton IEC 117-7, lighted pushbutton switch ‖ ≗**technik** *f* / lighting engineering, lighting technology ‖ ≗**tonne** *f* / lighted buoy ‖ ≗**turm** *m* / lighthouse *n*
Leucht·vorsatz *m* / lens assembly, indicator light, lens assemblies ‖ ≗**wanne** *f* / trough luminaire, trough fitting ‖ ≗**warte** *f* / (illuminated) mimic-diagram control board ‖ ≗**weitenregelung** *f* (Kfz) / headlamp beam adjustment ‖ ≗**zeit** *f* (reine Brennzeit) / lighted time ‖ ≗**zifferblatt** *n* / illuminated dial
Leuchtziffernanzeige *f* / illuminated digital display, electroluminescent digital display, LED digital display
LF (Lieferfreigabe) / delivery approval, release for general availability
LFG / pilot frequency generator
LG (logisches Gerät) / logical device
LGU / logical device - substation
LGZ (logisches Gerät - Zentrale) / logical device - master station
Licht *n* / light *n*, visible radiation ‖ ≗ **werfen** (auf) / shed light upon ‖ **irreführendes** ≗ / confusing light
Licht·abfall *m* / drop in light output ‖ ≗**abfallkurve** *f* / lumen maintenance curve ‖ ≗**ablenkung** *f* / deflection of light ‖ ≗**art** *f* / illuminant *n* ‖ ≗**aufnehmer** *m* / light sensor ‖ ≗**ausbeute** *f* / luminous efficacy, luminous efficiency ‖ ≗**ausbeute während der Lebensdauer** / efficiency during life (EDL) ‖ **Norm-Vergleichs-**≗**ausbeute** *f* / standard comparison efficiency (SCE) ‖ ≗**ausbreitung** *f* / light propagation, propagation of light ‖ ≗**ausstrahlung** *f* / light radiation, light output ‖ **spezifische** ≗**ausstrahlung** / luminous excitance, luminous emittance ‖ ≗**ausstrahlungswinkel** *m* / light radiation angle, angle of light emission ‖ ≗**austritt** *m* / light outlet ‖ ≗**austrittsfläche** *f* / effective reflex surface, light-exit surface ‖ **biegsame** ≗**austrittshülse** / flexible light outlet sheath
Lichtband *n* / continuous row of luminaires, line of fluorescent luminaires, long row of luminaires, lighting trunking ‖ ≗ *n* (in der Decke versenkt) / troffer *n* ‖ ≗ *n* (rings um die Raumdecke angeordnet) / perimeter lighting ‖ ≗**steuerung** *f* / strip lighting control
lichtbeständig *adj* / resistant to light, photostable *adj*, fast to light ‖ ≗**keit** *f* / light resistance, photostability *n*
Lichtblitzstroboskop *n* / discharge-tube stroboscope
Lichtbogen *m* / arc *n*, electric arc ‖ ≗**abfall** *m* / arc drop ‖ ≗**ansatzpunkt** *m* / root point of arc ‖ ≗**arbeit** *f* / arc energy ‖ ≗**aureole** *f* / arc flame ‖ ≗**ausblasraum** *m* / arcing space ‖ ≗**-Ausblasraum** *m* / arcing space ‖ ≗**barriere** *f* / arc barrier ‖ **~beständig** *adj* / arc-resistant *adj*, arcing-resistant *adj* ‖ ≗**beständigkeit** *f* / arc resistance ‖ ≗**bildung** *f* / arcing *n* ‖ **magnetische** ≗**blasung** / magnetic blowout ‖ ≗**blende** *f* / arc barrier ‖ **Plasma-**≗**brenner** *m* / plasma torch ‖ ≗**dauer** *f* / arcing time ‖ ≗**einsatz** *m* / initiation of arcing ‖ ≗**energie** *f* / arc power ‖ ≗**entladung** *f* / arc discharge, electric arc ‖ ≗**entwicklungszeit** *f* / pre-arcing time ‖ ≗**-Erdschluss** *m* / arc-over earth fault, arcing ground ‖ ≗**fenster** *n* / arc window ‖ **~fest** *adj* / arc-resistant *adj*, arcing-resistant *adj* ‖ ≗**festigkeit** *f* / arc resistance ‖ ≗**grenzkurve** *f* (Rel.) / limit curve for arc-free operation ‖ ≗**horn** *n* / arcing horn ‖ **federndes** ≗**horn** / spring-loaded arcing horn, floating arcing horn ‖ ≗**intervall** *n* / period of arcing ‖ ≗**kamin** *m* / arc flue
Lichtbogenkammer *f* / arc chute, arcing chamber, extinction chamber, arc control pot ‖ ≗**aufsatz** *m* / arc chute extension
Lichtbogen·kontakt *m* / arcing contact, moving arcing contact, spring-loaded arcing contact ‖ ≗**kurzschluss** *m* / short circuit through an arc ‖ ≗**länge** *f* / arc length ‖ ≗**leitblech** *n* / arc guide plate ‖ ≗**-Leitblech** *n* / arc runner, arc splitter ‖ ≗**-Leitfähigkeit** *f* / arc conductivity ‖ ≗**-Löschblech** *n*

/ arc splitter, deion plate || ≗**-Löschblechkammer** *f* / arc splitter chamber || ≗**-Löschdüse** *f* / arc quenching nozzle || ≗**-Löscheinrichtung** *f* / arc control device, arc quenching system, internal arc control device || ≗**löscher** *m* / arc quencher || ≗**-Löschmantel** *m* / arc-quenching sleeve || ≗**-Löschmittel** *n* / arc extinguishing medium, arc quenching medium || ≗**-Löschtopf** *m* / arc control pot || ≗**löschung** *f* / arc extinction, arc quenching || ≗**löschung durch Gasbeblasung** / gas-blast arc extinction || ≗**-Löschvermögen** *n* / arc control capability, arc quenching capability || ≗**-Löschzeit** *f* / arcing time, arc extinction time || ≗**messer** *n* / arcing blade

Lichtbogen·plasma *n* / arc plasma || ≗**prüfung** *f* / arcing test, arc test || ≗**reserve** *f* / arcing reserve || ≗**ring** *m* / arcing ring || ≗**-Rückzündung** *f* / arc-back *n* || ≗**schaltstück** *n* / arcing contact || ≗**-Schneidemaschine** *f* / arc cutting machine || ≗**schutz** *m* / arc barrier, flash barrier || ≗**-Schutzarmatur** *f* (Schutzring) / guard ring || ≗**-Schutzdecke** *f* / horizontal arc barrier || ≗**schweißen** *n* / arc welding || ≗**-Schweißgenerator** *m* / arc-welding generator || ≗**-Schweißtransformator** *m* / arc-welding transformer || ≗**-Schweißumformer** *m* / arc-welding set

Lichtbogenspannung *f* / arc voltage, arc-drop voltage, arc drop || ≗ *f* (Spitzenwert) / peak arc voltage

Lichtbogen·spur *f* / arc trace || ≗**-Stehzeit** *f* / arcing time || ≗**strecke** *f* / arc gap || ≗**strom** *m* / arc current, arcing current, current in arc || ≗**-Trennwand** *f* / arc barrier || ≗**überschlag** *m* / flashover *n*, arc flashover || ≗**umlauf** *m* / arc revolution || ≗**verluste** *m pl* / arc-drop losses || ≗**wächter** *m* / arc monitor (o. detector) || ≗**wärme** *f* / arc heat, heat due to arcing || ≗**widerstand** *m* / arc resistance || ≗**-Wiederzündung** *f* / arc restriking || ≗**zeit** *f* / arcing time || ≗**zündung** *f* / arc initiation, striking of an arc

lichtbrechend·e Fläche / refracting surface || **~er Körper** / refractor *n*

Licht·bündel *n* / light beam, beam of light || ≗**bus** *m* / fibre-optic bus, optical bus || ≗**decke** *f* / luminous ceiling, over-all luminous ceiling

lichtdicht *adj* / opaque *adj*, light-proof *adj*

Lichtdrücker *m* / light button

lichtdurchlässig *adj* / light-transmitting *adj*, transparent *adj*, translucent *adj* || **~e Abdeckung** (Leuchte) / translucent cover

Lichtdurchlässigkeitszahl *f* / light transmission value

lichte Breite / inside width, clear width || **~ Einbautiefe** (in Wand) / depth of wall recess || **~ Höhe** / clear height || **~ Höhe** (zum Anheben) / headroom *n* || **~ Höhe** (Innenhöhe) / inside height || **~ Weite** / inside width, clear width, inside diameter

lichtecht *adj* / fast to light

Lichteffektgenerator *m* / light effects generator

Lichteinfall *m* / light incidence, incidence of light || ≗**ebene** *f* / incident light plane || ≗**winkel** *m* / angle of light incidence || ≗**winkel** *m* (eines Rückstrahlers) / entrance angle

Licht·einheit *f* (Primärnormal) / primary standard of light || ≗**eintrittsfenster** *n* / window *n*, skylight *n* || ≗**eintrittsfläche** *f* / light-entry surface

lichtelektrisch·e Prüfung / photoelectric test, stroboscopic test || **~er Effekt** / photoelectric effect || **~er Empfänger** / photoreceiver *n*, photo-detector *n*, photoelectric detector || **~es Abtastgerät** / photoelectric scanner || **~es Fotometer** / photoelectric photometer

Lichtempfänger *m* / opto-receiver *n*

lichtempfindlich *adj* / light-sensitive *adj*, sensitive to light, photo-sensitive *adj*

Lichtempfindlichkeit *f* / sensitivity to light, luminous sensitivity, photosensitivity *n*

lichter Abstand / clearance *n* || **~ Durchmesser** / inside diameter

Licht·ergiebigkeit *f* / emissivity *n* IEC 50(731) || ≗**farbe** *f* / luminous colour, luminous perceived colour, colour of light || ≗**feld** *n* / light field || ≗**fleck** *m* / light spot, spot of light, spot *n* || ≗**flimmern** *n* / light flicker, flicker *n* || ≗**fluter** *m* / floodlight *n* || ≗**fühler** *m* / photo-sensor *n*, photo-electric cell || ≗**geschwindigkeit** *f* / velocity of light, light velocity, speed of light

lichtgesteuert *adj* / light-activated *adj*, light-controlled

Lichtgitter *n* / light array

Lichtgriffel *m* / light pen, stylus input device || ≗**ablage** *f* / lightpen holder || ≗**eingabe** *f* / light-pen hit, light-pen detection || ≗**erkennung** *f* / light-pen detection

Licht·hof *m* / halation *n*, halo *n* || ≗**hupe** *f* / flash light || ≗**kante** *f* / light edge || ≗**kegel** *m* / light cone, cone of light || **asymmetrischer** ≗**kegel** (Kfz) / asymmetrical beam || ≗**kette** *m* / lighting chain || **integriertes** ≗**-Klima-System** / integrated light-air system || ≗**kreis** *m* / circle of light || ≗**leiste** *f* / batten luminaire

Lichtleistung *f* / luminous efficacy, luminous efficiency, light output (ratio), optical output || ≗ *f* (LWL) / emissivity *n* || **installierte** ≗ / installed lighting load, installed lamp watts (o. kW)

Lichtleitbündel *n* / fibre optic, optical fibre

Lichtleiter *m* / fiber-optic conductor || ≗**bus** *m* / fibre-optic bus || ≗**-Fernbus** *m* / fibre-optic data highway

Licht·leitkabel *n* / optical-fibre cable, fibre-optics cable, optical cable || ≗**leitstab** *m* / rigid optical fibre rod || ≗**leitung** *f* / lighting circuit, lighting subcircuit

lichtlenkend·e Umkleidung / optical controller || **~es System** / optical system

Lichtlenkung *f* / light directing

Lichtmarke *f* (Osz.) / light spot, spot *n* || ≗ *f* / cursor *n*

Lichtmarken·-Galvanometer *n* / optical-index galvanometer, optical-pointer galvanometer || ≗**-Messgerät** *n* / instrument with optical index IEC 50(302), light-spot instrument

Licht·maschine *f* (Kfz) / generator *n*, electric generator || ≗**maschine** *f* (Bahn) / lighting dynamo, train lighting generator || ≗**maß** *n* / inside dimension, clear dimension || ≗**mast** *m* / lighting column, lamp pole, lighting pole || ≗**mastempfänger** *m* (RSA) VDE 0420 / street lighting receiver || ≗**menge** *f* / quantity of light || ≗**messtechnik** *f* / photometry and colorimetry || ≗**messung** *f* / photometry *n*, photometric measurement, light measurement || ≗**netz** *n* / lighting system (o. mains)

Licht·pause *f* / photocopy *n*, blueprint *n*, blueprinting lamp, copying lamp || ≗**pauslampe** *f* / photocopying lamp

Lichtpunkt *m* / spot *n*, light spot || **≈abtaströhre** *f* / flying-spot scanner tube || **≈höhe** *f* (Montagehöhe f. Leuchten) / mounting height (of luminaire), suspension height

Licht·quant *n* / photon *n*, light quantum || **≈quelle** *f* / light source

Lichtraum *m* (Bahn) / structure gauge || **≈profil** *n* / obstruction gauge || **≈profil für Oberleitung** / overhead system gauge || **≈profil für Stromabnehmer** / pantograph clearance gauge || **≈profil für Stromschienen** / conductor rail gauge

Licht·reflex *m* / reflected glare || **≈reflexionsgrad** *m* / luminous reflectance || **≈regie** *f* / lighting control || **≈regieplatte** *f* / lighting control tableau || **≈regiepult** *n* / lighting control console, stage lighter's console || **≈reiz** *m* / light stimulus || **≈relais** *n* / photoelectric relay || **≈richtung** *f* / direction of light, direction of lighting || **≈rohrsystem** *n* / tubetrack system || **≈rufanlage** *f* / luminous call system, visual call system

Licht·schacht *m* / lighting well || **≈schalter** *m* / light switch || **≈schiene** *f* / luminaire track, supply track system for luminaires, lighting busway, lighting trunking

Lichtschnitt-Verfahren *n* / split-beam method, light-intersection procedure

Licht·schranke *f* / photoelectric barrier, light barrier, opto-electronic machine guard, light-beam curtain, photoelectric light barrier || **≈schreiber** *m* / light-spot recorder || **≈schutzfilter** *n* / safelight filter || **≈schwerpunkt** *m* / light centre || **≈schwerpunktabstand** *m* (LCL) / light centre length (LCL) || **≈sender** *m* / opto-transmitter *n* || **≈signal** *n* / light signal, illuminated indicator, pilot light, indicator light IEC 337-2C || **≈signal** *n* (Meldeleuchte) / signal lamp, pilot lamp || **≈spur** *f* (Lichtschreiber) / light-spot trace || **≈schrankenüberwachung** *f* / monitoring of photoelectric light barriers

lichtstark *adj* / high-intensity *adj*

Lichtstärke *f* / luminous intensity, light intensity, intensity *n* || **≈** *f* (in Candela) / candlepower *n* (CP) || **≈** *f* (LWL) / emissivity *n* || **Kurve gleicher ≈** / isointensity curve, isocandela curve || **≈normal** *n* / intensity standard, standard lamp for luminous intensity || **≈regelung** *f* / (light) intensity control || **Natriumlampe mit ≈steuerung** / dimmable sodium lamp, sodium lamp with intensity control || **≈verteilung** *f* / luminous (o. light) intensity distribution || **≈verteilungsdiagramm** *n* / polar diagram of light distribution || **≈verteilungsfläche** *f* / surface of luminous intensity distribution || **≈verteilungskörper** *m* / surface of luminous intensity distribution || **≈verteilungskurve** *f* / luminous intensity distribution curve

Licht·stellanlage *f* / lighting control system || **≈steller** *m* / dimmer *n*, fader *n* || **≈stellwarte** *f* / lighting console || **≈steueranlage** *f* / lighting control system || **≈steuergerät** *n* / dimmer *n*, fader *n*, light control circuit device || **≈stift** *m* / light pen, stylus input device || **≈stimmung** *f* / lighting scene, lighting cue

Lichtstrahl *m* / light beam, beam of light || **≈** *m* (a. LWL) / light ray || **≈-Galvanometerschreiber** *m* / light-beam galvanometric recorder || **≈-Oszillograph** *m* / light-beam oscillograph

lichtstreuend·e Leuchte / diffuser luminaire, diffusing fitting || **~er Reflektor** / dispersive reflector || **~er Überzug** / diffusing coating || **~es Medium** / diffuser *n*

Lichtstreuung *f* / diffusion of light, light scatter

Lichtstrom *m* / luminous flux, light flux, lumens *n pl* || **Lampen~** *m* / lumens per lamp || **≈abfallkurve** *f* / lumen maintenance curve || **≈abnahme** *f* / light depreciation, degradation *n* || **≈anteil** *m* / luminous flux fraction || **angegebener ≈faktor** / declared light output || **≈gewinn** *m* / luminous flux gain, lumen gain || **≈kreis** *m* / lighting circuit, lighting sub-circuit || **≈lenkung** *f* / concentration of luminous flux, luminous flux focussing || **≈messer** *m* / integrating photometer || **≈verfahren** *n* / luminous-flux method, lumen method || **≈verhältnis** *n* / lumen maintenance, luminous flux ratio

Licht·system *n* / supply track system for luminaires, lighting busway, lighting trunking system || **≈szenario** *n* / lighting effect

Licht·tarif *m* / lighting tariff || **≈taster** *m* / light pushbutton || **≈technik** *f* / lighting engineering, lighting technology

lichttechnische Anfangswerte / initial luminous characteristics || **~ Eigenschaften** / luminous characteristics || **~ Größe** / photometric quantity

Lichttransformator *m* / lighting transformer

lichtunempfindlich *adj* / insensitive to light

Licht·vektor *m* / illuminance vector || **≈verhalten** *n* / lumen maintenance, luminous flux ratio || **≈verhalten** *n* (einer Lampe während der Lebensdauer) / lumen maintenance, lumen output || **≈verhältnis** *n* / lumen maintenance, luminous flux ratio || **≈verhältnisse** *n pl* / lighting conditions || **≈verlust** *m* / light depreciation, degradation *n* || **≈verstärkung** *f* / light amplification || **≈verteiler** *m* / lighting distribution board, lighting panelboard (US) || **≈verteilerkasten** *m* / lighting distribution box, lighting distribution unit

Lichtverteilung *f* / light distribution || **≈** *f* (Installationssystem) / lighting distribution system || **≈** *f* (Tafel) / lighting distribution board, lighting panelboard || **bündelnde ≈** / concentrating light distribution

Lichtverteilungs·kurve *f* (LVK) / light distribution curve (LDC), polar curve (p.c.) || **≈messgerät** *n* / goniophotometer *n*

Licht·verzögerung *f* (Kfz-Innenbeleuchtung) / courtesy light delay || **≈vorhang** *m* / light curtain

Lichtwellenleiter *m* (LWL) / optical fibre, optical waveguide, fiber-optic cable, optical fibre, fiber optic conductor (FO conductor), optical waveguide || **Schutzsystem mit ≈** / optical-link pilot wire system || **≈bus** *m* / fibre-optic bus, optical bus || **≈-Fernsprechkabel** *n* (LWL-Fernsprechkabel) / optical fibre telephone cable || **≈kabel** *n* (LWL-Kabel) / optical-fibre cable, fibre-optics cable, optical cable || **≈kabel** *n* (LWL) / optical fiber cable, fiber-optic cable, fiber optic cable || **≈-LAN** *n* / fibre-optic LAN || **≈strecke** *f* / fibre-optic transmission system || **≈system** *n* / optical waveguide system || **≈-Übertragungssystem** *n* / fibre-optic transmission system (FOTS)

Lichtwellenleitung *f* / optical-fibre cable, fibre-optics cable, optical cable

Licht·welligkeit *f* / luminous ripple, fluctuation of luminous intensity || **≈wertschalter** *m* / light value switch || **≈würfel** *m* / light cube, light box ||

²wurflampe *f* / projector lamp, projection lamp || **²zeichenmaschine** *f* / photoplotter *n*, (graphic) film recorder || **²zeiger** *m* / light pointer || **²zeiger** *m* (Osz., Schreibstrahl) / recording beam || **²zündung** *f* (Thyr) / light pulse firing

Lidschlussreflex *m* / lid closing reflex

Lieferadresse *f* / delivery address

Lieferant *m* / supplier *n*

Lieferanten·beurteilung *f* (Qualitätsfähigkeit des Lieferanten vor Auftragserteilung) DIN 55350,T.11 / vendor appraisal || **²beurteilung** *f* (durch Prüfung durch den Abnehmer im Herstellerwerk) DIN 55350,T.11 / vendor inspection || **²beurteilung** *f* (laufende Bewertung der Qualitätsfähigkeit des Lieferanten) DIN 55350,T.11 / vendor rating || **²nummer** *f* / supplier number || **Überwachung der ²qualitätssicherung** / quality control surveillance || **²risiko** *n* DIN 55350,T.31 / producer's risk || **²tabelle** *f* / table of suppliers

lieferbar *adj* / available *adj* || **eingebaut ~** / available factory-fitted

Liefer·bedingungen *f pl* / terms of supply || **²druck** *m* (Pumpe) / delivery pressure, discharge pressure || **²druck** *m* (Trafo) / as supplied pressure, pressure in transformer as supplied || **²eingangsdatum** *n* / delivery arrival date || **²einsatz** *m* / start of delivery || **²einsatz: ...** / delivery as of ... || **²form** *f* / type of delivery || **²freigabe** *f* (LF) / delivery approval, release for general availability || **²frist** *f* / delivery time, delivery period || **²grad** *m* (Pumpe) / volumetric efficiency

lieferlos *n* / delivery batch

Liefer·management *n* / supply management || **²menge** *f* (Pumpe) / delivery rate || **²menge** *f* (Gas, Öl) / total quantity supplied || **²ort** *m* / order address || **²programm** *n* / versions available || **²qualität** *f* / delivery quality || **²rückstand** *m* / delivery backlog || **²schein** *m* / delivery note || **²solltermin** *m* / specified delivery date || **²spektrum** *n* / delivery spectrum || **²termin** *m* / delivery date || **²termine** *m pl* / dates of delivery || **²treue** *f* / delivery dependability, supplier's reliability, delivery reliability || **²umfang** *m* / scope of supply, scope of delivery

Lieferung *f* / delivery *n* || **²** *f* (von Strom) / supply (o. export) of power || **²** *f* (QS) / consignment *n* || **getrennte ² der Baugruppen aus dem Baugruppenträger** / boards supplied separately from the subrack

Lieferungsbeurteilung *f* (QS) / consignment appraisal

Liefer·variante *f* / delivered version || **²verzeichnis** *n* / supply list || **²vorschrift** *f* / delivery specification || **²weg** *m* / delivery method || **²werk** *n* / supplying factory

Lieferzeichnung *f* / delivery drawing, as-delivered drawing, as-made drawing

Liefer·zeit *f* / delivery time || **²zustand** *m* / as-supplied state

liegende Maschine / horizontal machine, horizontal-shaft machine

Liegezeit *f* (ablaufbedingte o. störungsbedingte Unterbrechung beim Verändern u. Prüfen von Arbeitsgegenständen) / idle time

life-Kontakt *m* / sign-of-life contact

LIFO (Letzter-Rein-Erster-Raus-Prioritätssteuerung) / LIFO (last-in-first-out) || **²-Liste** *f* / push-down list || **²-Speicher** *m* / last-in-first-out memory || **²-Stapel** *m* / LIFO stack

Ligatur *f* / ligature *n*

Lineal *n* / work blade || **²** *n* (Richtlatte) / straight-edge *n* || **²** *n* (Maßstab) / rule *n*, ruler *n*

linear *adj* / linear *adj* || **~ abnehmende Steigung** (Gewinde) / linearly degressive lead || **~ ansteigende Steigung** (Gewinde) / linearly progressive lead || **~ einstellen** / set to be linear || **~ polarisierte Mode** (LP-Mode) / linearly polarized mode (LP mode)

Linear·achse *f* / linear axis || **²antrieb** *m* / linear-motion drive, linear drive || **²bewegung** *f* (WZM) / linear motion, straight motion

linear·e Ankerbelastung / electric loading, average ampere conductors per unit length, average ampere conductors per cm of air-gap periphery, effective kiloampere conductors, specific loading || **~e elektrische Maschine** / linear-motion electrical machine (LEM) || **~e Mehrphasengröße** / polyphase linear quantity || **~e Messung** (NC) / linear measurement, direct measurement || **~e Schwebemaschine** / linear levitation machine (LLM) || **~e Schwebemaschine nach dem Prinzip der magnetischen Abstoßung** / repulsion-type linear levitation machine || **~e Schwebemaschine nach dem Prinzip der magnetischen Anziehung** / attraction-type linear levitation machine || **~e Schwingung** / rectilinear vibration, linear vibration || **~e Wärmedehnzahl** / coefficient of linear thermal expansion || **~er Anstiegsvorgang** / unit ramp || **~er Asynchronmotor** / linear induction motor (LIM) || **~er Funktionsdrehmelder** (induktiver Steller) / inductive potentiometer (IPOT) || **~er Interpolator** (NC) / linear interpolator || **~es Schaubild** / rectilinear graph || **~es Stromkreiselement** / linear circuit element || **~es System** / linear system

Linear·führung *f* / linear guide || **²-Inductosyn** *n* / linear Inductosyn || **²interpolation** *f* / linear interpolation (The computation of intermediate points of a straight line by the interpolator of the NC system)

linearisieren *v* / linearize *v*

Linearisierungstoleranz *f* (NC, a. CLDATA-Wort) / linearization tolerance

Linearität *f* / linearity *n* || **² bei Festpunkteinstellung** (MG) / terminal-based linearity (the closeness to which the calibration curve of a device can be adjusted to approximate the specified straight line so that the upper and the lower range values of both input and output curves coincide) || **² bei Nullpunkteinstellung** (MG) / zero-based linearity || **² bei Toleranzbandeinstellung** (MG) / independent linearity (the closeness to which the calibration curve of a device can be adjusted so that the maximum deviation is minimized) || **² der Verstärkung** / gain linearity, gain constancy || **Ablenk~** *f* (Osz.) DIN IEC 151, T.14 / deflection uniformity factor IEC 151-14 || **endpunktbezogene ²** / terminal-based linearity

Linearitäts·fehler *m* / linearity error, non-linearity *n*, error of linearity || **²fehler bezogen auf eine beste Gerade** / best-straight-line linearity error || **²reserve** *f* (Überlastfaktor) IEC 50(902) / overload factor

Linear·kern *m* / linearized core, linear-characteristic core || ²**kette** *f* / linear sequencer || ²-**Induktionsmotor** *m* / linear induction motor (LIM) || ²-**Magnetschwebemaschine** *f* / linear levitation machine (LLM) || ²**maschine** *f* / linear-motion machine, linear machine || ²**maßstab** *m* / linear scale, measuring scale, horizontal scale || ²**messsystem** *n* (NC) / linear measuring system || ²**messsystem** *n* / linear measurement system, digital linear measuring system || ²**motor** *m* / linear motor || ²**programm** *n* / linear program || ²**programm mit Wiederholung** / linear program with rerun || ²**regler** *m* / linear controller || ²-**Reluktanzmotor** *m* / linear reluctance motor (LRM) || ²-**Schrittmotor** *m* / linear stepper motor || ²**spektrometer** *n* / linear spectrometer || ²**strahlröhre** *f* / linear-beam tube, O-type tube || ²-**Synchron-Homopolarmotor** *m* / linear synchronous homopolar motor (LSHM) || ²**umsteller** *m* / linear-motion tap changer || ²**umsteller** *m* (Trafo) / linear-motion tapping switch

Linie *f* / connection line, connecting line, connection cables, connecting lead, interconnecting cable || ² *f* (In sich selbständiger Abschnitt eines Netzes. Physikalisch und/oder funktionell von anderen Abschnitten durch Linienkoppler abgegrenzt) / line *n*

linienadressierbarer Speicher mit wahlfreiem Zugriff (LARAM) / line-addressable random-access memory (LARAM)

Linien·artauswahl *f* / line style selection || ²**aufdruck** *m* (Registrierpapier) / chart lines || ²-**/Bereichskoppler** *m* / line/backbone coupler || ²**bezifferung** *f* (Registrierpapier) / chart numbering || ²**breite** *f* (CAD) / line weight || ²**breite** *f* (spektrale Breite des abgestrahlten Lichts) / line width || ²**dichte** *f* (CAD) / wire density || ²**einschub** *m* (Feuermeldeanl.) / (withdrawable) zone module || ²**element** *n* (GKS) / line primitive

linienförmiger Leuchtkörper / line filament

Linien·formtoleranz *f* DIN 7184,T.1 / profile tolerance || ²**geber** *m* (GKS) / stroke device || ²**grafik** *f* / line graphics, coordinate graphics || ²**integral** *n* / line integral || ²**kamera** *f* / line scan(ning) camera, line camera, linear-array camera || ²**konfiguration** *f* (FWT) / multipoint partyline network, partyline network || ²**koppler** *m* (Installationsbus, Brandschutzanl.) / line coupling unit, line coupler, coupling unit || ²-**Lasttrenner** *m* / in-line switch-disconnector || ²**messung** *f* (RöA) / line measurement || ²**modell** *n* / wire-frame representation || ²**netz** *n* / multipoint partyline network, partyline network || ²**rasterendflechter** *m* / line-search router, line-probe router || ²**schreiber** *m* / continuous-line recorder, continuous-line recording instrument IEC 258 || ²**speicher** *m* (RöA) / line store || ²**spektrum** *n* / line spectrum || ²**stärke** *f* (CAD) / line weight

Linienstrom *m* (Peripheriegeräte) / current loop || ²-**Schnittstelle** *f* / current-loop interface

Linienstruktur *f* / bus topology, linear bus structure, linear bus topology, linear topology || ² *f* (PROFIBUS) / line structure

Linien·trenner *m* / in-line disconnector, linear-action disconnector (o. sectionalizer) || ²**trennschalter** *m* / in-line disconnector, linear-action disconnector (o. sectionalizer) || ²**überlagerung** *f* (RöA) / overlapping of lines || ²-**Untergrund-Verhältnis** *n* (RöA) / line-to-background ratio || ²**verbindung** *f* (FWT) / partyline link || ²**verbindungen mit Gemeinschaftsverkehr** (FWT) / partyline system with multi-point traffic || ²**verkehr** *m* (FWT) / partyline traffic || ²**verstärker** *m* (Installationsbus) / repeater *n* || ²**verteiler** *m* / busbar trunking (system), overhead busbar trunking, busway (system), bus duct (system)

Linienzug *m* (GKS) / polyline *n* || **Zwei-Parameter-**² *m* / two-parameter reference line || ²**bündeltabelle** *f* (GKS) / polyline bundle table

Link-Achse *f* / link axis

Linke-Hand-Regel *f* / left-hand rule, Fleming's left-hand rule

Link-Interface *n* / link interface

links schieben (Befehl) / shift left (SL) || **nach ~** (Bewegung) / to the left

Links·anbieb *m* / left-hand drive || ²**anschlag** *m* / hinged left || ²**ausführung** *f* / left-orientated execution

linksbündig *adj* / left-justified *adj* || **~ ausrichten** / left-justify *v* || **~ machen** / justify to the left margin

Linksbündigkeit *f* / left justification

linksdrehend *adj* / rotating anti-clockwise, counter-clockwise *adj* || **~es Feld** / anti-clockwise rotating field, anti-clockwise phase sequence

Linksdrehfeld *n* / counter-clockwise phase sequence (ccw phase sequence)

Linksdrehung *f* / left-hand rotation, anti-clockwise rotation, counterclockwise rotation (CCW rotation)

linksgängig *adj* / left-handed *adj*, anti-clockwise *adj*, counter-clockwise *adj* || **~e Wicklung** / left-handed winding || **~es Gewinde** / left-hand thread

Links·gewinde *n* / left-hand thread || ²**koordinatensystem** *n* / left-handed coordinate system || ²**kreisbewegung** *f* / left-hand circular movement || ²**kurvenbewegung** *f* / left-hand movement in a curve || ²**lauf** *m* / anti-clockwise rotation, counter-clockwise rotation (CCW rotation) || ²**lenker** *m* / left-hand drive || ²**punktzahl** *f* / fractional number || ²**schlag** *m* (S-Schlag-Kabelverseilung) / left-hand lay || ²**schraubbewegung** *f* / left-hand screw motion || ²**system** *n* / anti-clockwise rotating system || ²**system** *n* (NC) / left-handed system

linksumlaufende Wicklung / left-hand winding

linkswendiges System / left-handed system

Linkswicklung *f* / left-hand winding

Linse *f* (Leuchtmelder) / lens *n*

Linsen *f pl* / lenses *n pl* || ²**fräsen** *n* / lens milling || ²**halterung** *f* (Leuchtmelder) VDE 0660,T.205 / lens bezel, bezel *n* IEC 337-2C || ²**scheinwerfer** *m* / lens spotlight || ²**schraube** *f* / lens screw, oval head

Lippendichtung *f* / lip seal

Liste *f* / list *n*, listing *n* || ² *f* (DV, Verarbeitungsergebnisse) / report *n* || ² **NC** / list AC

Listen·art *f* / report type || ²**bild** *n* / report layout || ²**box** *f* / list box || ²**daten** *plt* / standard data || ²**editor** *m* / list editor || ²**generator** *m* / list generator || ²**generator** *m* (DV) / report generator

listenmäßig verfügbar / available from lists || **~es Erzeugnis** / standard product || **~es Gerät** z.B. in DIN EN 61131-1 / catalogued device

Listen·parametrierung *f* / list-based parameterization || ²**preis** *m* / list price, L price ||

²**protokoll** *n* / listing *n* ‖ ²**ventil** *n* / listed valve
Literal *n* (Programmiersprache) / literal *n* ‖ **ganzzahliges** ² / integer literal (A literal which directly represents a value of type SINT, INT, DINT, LINT, BOOL, BYTE, WORD, DWORD, or LWORD)
literale Sprache / literal language
Literatur *f* / references *n pl*
Lithium·batterie *f* / lithium battery ‖ ²**chlorid-Feuchteaufnehmer** *m* / lithium-chloride humidity detector ‖ **~verseiftes Fett** / lithium-soap grease
Litze *f* / litz wire, flexible lead, flexible *n* ‖ ² *f* (Bürste) / shunt *n*, pigtail lead, flexible lead ‖ **Faser~** / fibre bundle
Litzenleiter *m* / litz wire, stranded conductor
Live-Kontakt *m* / sign-of-life contact
Live-Zero-Überwachung *f* / live-zero monitoring
Lizensierungsdatei *f* / licensing file
Lizenz, einfache ² / single-user license, single license ‖ ²**etikett** *n* / license label ‖ ²**fertigung** *f* / manufacture under license ‖ ²**geber** *m* / licenser *n* ‖ ²**nehmer** *m* / licensee *n pl* ‖ ²**software** *f* / licensed software
LK (Längenkorrektur) / tool length compensation, tool length offset (A displacement of the tool in the Z axis to compensate for differences between programmed and actual tool lengths), TLC (tool length compensation) ‖ ² (Leitstellenkopplung) / network control centre coupling module, control centre coupling, CM
L-Kasten *m* (IK) / horizontal right-angle bend, horizontal bend, horizontal angle (unit)
LKW-Plane *f* / truck tarpaulin
LLC / LLC
L-Leiter *m* / L-conductor *n*
LLI / LLI (lower layer interface)
LMS / LMS (Linear Motor Systems) ‖ ² (Lagemesssystem) / PMS (position measuring system)
LNR (laufende Nr.) / SER (serial number)
LOC / localizer *n* (LOC)
Local Area Network (LAN) / local area network (LAN), bus-type network, bus-type local area network, multidrop network, multipoint LAN, bus *n*
Loch *n* (HL) / hole *n* ‖ ²**abstand** *m* / distance between hole centres, fixing centres, hole spacing, hole pitch ‖ ²**band** *n* / paper tape, tape *n* ‖ ²**barkeit** *f* / punching quality ‖ ²**bild** *n* / hole pattern ‖ ²**blech** *n* / perforated sheet, perforated plate ‖ ²**blende** *f* (LT) / aperture plate ‖ ²**blendenkammer** *f* / pinhole camera, apertured-diaphragm camera ‖ ²**boden** *m* (Kühler) / tube plate, tube sheet ‖ ²**drosselkörper** *m* / multi-orifice restriction plate, perforated restriction plate ‖ ²**durchmesser** *m* / diameter of hole ‖ ²**eisen** *n* / hollow punch
lochen *v* / perforate *v*, punch *v* ‖ ~ *v* (stanzen) / pierce *v*
lochendes Maximumwerk / punching maximum-demand mechanism
Locher *m* / hole punch, punch *n*
Löcher·halbleiter *m* / hole semiconductor, P-type semiconductor ‖ ²**leitfähigkeit** *f* (HL) / hole-type conductivity, P-type conductivity ‖ ²**leitung** *f* / hole conduction, P-type conduction
Loch·folge *f* / hole pattern ‖ ²**fraß** *m* / pitting *n* ‖ ²**fraßpotential** *n* / pitting potential ‖ ²**gitter** *n* / grid of holes, hole matrix, hole spacing ‖ ²**grund** *m* / base of hole
Lochkarte *f* / punched card, punchcard *n*
Loch·kartenleser *m* / card reader (CR) ‖ ²**korrosion** *f* / pitting corrosion
Lochkreis *m* / bolt pitch circle, hole circle, bolt hole circle (A point pattern with equally spaced holes on a circle), hole pattern, drilling pattern, circle of holes, drill pattern ‖ ²**bogen** *m* / arc of holes, hole circle drilling ‖ ²**durchmesser** *m* / hole-circle diameter
Loch·leibung *f* / bearing stress ‖ ²**leibungsdruck** *m* / bearing pressure, bolt bearing pressure, bearing stress ‖ ²**leiste** *f* / punched strap ‖ ²**maske** *f* / shadow mask ‖ ²**muster** *n* / pattern of holes ‖ ²**prägung** *f* / hole mark ‖ ²**profil** *n* / perforated section ‖ ²**prüfer** *m* (Lochkartenp.) / (card) verifier
Loch·rahmen *m* / hole frame ‖ ²**raster** *n* / hole matrix, grid of holes, hole spacing ‖ ²**reihe** *f* / line of holes, row of holes ‖ ²**schablone** *f* / hole template ‖ ²**scheibe** *f* / perforated disk, scanning disk ‖ ²**scheibe** *f* (Kuppl.) / holed coupling half, hole half ‖ ²**scheibenpacket** *n* / assembly of perforated disks ‖ ²**schnitt** *m* / piercing tool ‖ ²**stanzer** *m* / hollow punch ‖ ²**stein** *m* (EZ) / bearing jewel, jewel *n*
Lochstreifen *m* (gestanzt) / punched paper tape, punched tape (A storage medium consisting of paper or plastic tape into which information is recorded by means of a pattern of punched holes) ‖ ² *m* (Datenträger in Form eines Papier- oder Kunststoffstreifens, auf dem Daten durch Lochkombinationen dargestellt werden) / perforated tape, tape *n* ‖ ² *m* (ungestanzt) / paper tape ‖ ²**ausgabe** *f* (NC) / tape output ‖ ²**code** *m* / punched-tape code ‖ ²**eingabe** *f* (NC) / tape input ‖ ²**ende** *n* (a. NC-Zusatzfunktion nach DIN 66025) / end of tape ‖ ²**-Fallschacht** *m* / tape tumble box
lochstreifengesteuert *adj* / tape-controlled *adj*
Lochstreifen·länge *f* / tape length ‖ ²**leser** *m* (Gerät, das die in Form von Lochkombinationen in einem Papier- oder Kunststoffstreifen gestanzten Informationen abtastet und an die Steuerung überträgt) / paper tape reader (PTA) (A device which senses information punched in paper or plastic tape as a series of holes and which transmits this information to the control unit), punched-tape reader, tape reader ‖ ²**leser-/-stanzereinheit** *f* / tape reader/punch unit ‖ ²**lesereinheit** *f* / tape reader unit ‖ ²**locher** *m* / paper tape punch, tape punch, keyboard perforator
lochstreifenlose numerische Steuerung / tapeless numerical control
Lochstreifen·rolle *f* / roll of unpunched tape ‖ ²**rücklauf** *m* / tape rewind
Lochstreifen·stanzer *m* / paper tape punch, tape punch, keyboard perforator ‖ ²**stanzereinheit** *f* / tape punch unit ‖ ²**steuerung** *f* / tape control ‖ ²**wickler** *m* / tape winder ‖ ²**zeichen** *n* / tape character
Loch·teilung *f* / hole spacing, hole pitch ‖ ²**teilungsmaß** *n* / hole spacing, hole pitch ‖ ²**wandreinigung** *f* (gS) / hole cleaning
locker werden / work loose, become slack
lockern *v* (Passung, Sitz) / ease *v* ‖ ~ *v* (Schraube) / slacken *v*, loosen *v* ‖ **sich** ~ / work loose, become slack

Lockerungsschutz, Anschlussklemme mit ≗ / locked terminal, self-locking terminal
Logarithmierer *m* (Baugruppe) / logarithmation module, log module
logarithmisch·e Normalverteilung DIN 55350,T.22 / log-normal distribution || **~e Spirale** / logarithmic spiral || **~e Teilung** / logarithmic scale || **~er Digital-Analog-Umsetzer** (LOGDAC) / logarithmic digital-to-analog converter (LOGDAC) || **~es Amplitudenverhältnis** / logarithmic gain
Logbuch *n* / log book, logbook *n*, logbook evaluation
LOGDAC / logarithmic digital-to-analog converter (LOGDAC)
Logdaten, alte ≗ / old log data
Logik *f* / logic *n*, logics *n*, logic circuit (o. circuity) || ≗ **mit hoher Störschwelle** / high-threshold logic (HTL) || ≗ **mit Stromsteuerung** / current-mode logic (CML) || ≗ **mit variabler Schwelle** / variable-threshold logic (VTL) || **Algebra der** ≗ / logical algebra || **Boolsche** ≗ / boolean logic || **pneumatische** ≗ (Fluidik) / fluidic logic, fluidics *pl* || **sichere programmierbare** ≗ (SPL) / safe programmable logic (SPL) || ≗**ablaufplan** *m* / logic sequence diagram, logic flow chart || ≗**analysator** *m* (LA) / logic analyzer (LA) || ≗**baugruppe** *f* / logic module || ≗**baustein** *m* / logic module || ≗**bedienungstafel** *f* / logic control panel || ≗**-Bedienungstafel** *f* (NC) / logic control panel || ≗**funktion** *f* / logic function || ≗**gatter** *n* / logic gate || ≗**glied** *n* / logic element, logic operator || ≗**komponente** *f* / logic component, logic section || ≗**konverter** *m* / logic converter || ≗**modul** *n* / logic module, logic submodule || ≗**polarität** *f* / logic polarity || ≗**raster** *m* / logic grid || ≗**schaltung** *f* / logic circuit, logic array || ≗**wandler** *m* / logic converter || ≗**werk** *n* / logic module, logic unit, arithmetic and logic unit, arithmetic logic unit, arithmetic unit, ALU (arithmetic logic unit) || ≗**werk** *n* (Decodierer) / logic decoder
logisch *adj* / logical *adj* || **~ eins** / logical one || **~ verknüpft** / logically combined || **~e Grundfunktion** *f* / basic logic function || **~e Kette** (Operationspfad) / operation path || **~e Masse** (Erde) / logic earth, logic ground IEC 625 || **~e Masse-Rückleitung** / logic earth return, logic ground return || **~e Prüfung** / logic test, logical test || **~e Rückwirkungsfreiheit** / absence of logic interaction (or of feedback) || **~e Schaltung** / logic circuit, logic array || **unspezifische ~e Schaltung** / uncommitted logic array || **~e Schnittstelle** (CP-Schnittstelle) / CP interface || **~e Schnittstellennummer** / logical interface number || **~e Steuerung** / logic control || **~e Verbindung** / logical link || **~e Verknüpfung** / logic operation, logic combination || **~e Verknüpfungskette** / sequence of logic operations, logic operations sequence || **~er Schaltplan** / logic diagram || **~er Zustand** / logic state, signal logic state || **~es Eingabegerät** / logical input device || **~es System** / logic system || **~es Zweigende** / logic branch end
Logistik, integrierte ≗ / integrated logistics || ≗**betriebsmittel** *n pl* / logistical resources || ≗**leistung** *f* / logistical output (o. performance)
logistische Kette (CIM) / integrated logistic services
Lognormalverteilung *f* DIN 55350,T.22 / lognormal distribution
Lohn·empfänger *m* / wage earner || ≗**fertiger** *m* (Unternehmen, das im Auftrag eines anderen Unternehmens fertigt/produziert) / job shop
lokal *adj* / local *adj*, at machine level, machine-related, direct at the machine || **~ operierendes Netz** (LON) / locally operating network (LON)
Lokalbus *m* (L-Bus) / local bus || ≗**segment** *n* / local bus segment
Lokaldaten *plt* / local data || **dynamische** ≗ / dynamic local data || ≗**bedarf** *m* / local data requirement || ≗**netz** *n* / local area network (LAN)
lokale Bezeichnung (Kommunikationsnetz) DIN ISO 7498 / local title || **~ Probe** / spot sample
Lokalelement *n* (Korrosionselement) / local cell
lokal·er Anwendungsprozess EN 50090-2-1 / local application process || **~er Geltungsbereich** (SPS-Programm) / local scope || **~er Wert** (Welle) / local value (of a wave) || **~es Bedienen und Beobachten** / local operator control and process monitoring (O&M) || **~es Datennetz** (LAN) / local area network (LAN) || **~es Industrie-Datennetz** / industrial local area network (ILAN) || **~es Netz** / local area network (LAN) || **~es Niveau** / local level
Lokalfeld *n* / local field
Lokalisierer *m* (GKS-Eingabeelement) / locator device
Lokalisierung *f* / localization *n*
Lokalisierungs-Digitaleingang/-ausgang *m* / locating digital input/output
Lokomotiv·leuchte *f* / locomotive headlight || ≗**transformator** *m* / locomotive transformer
LON / locally operating network (LON)
longitudinale Last (Freiltg.) / longitudinal load || **~ Welle** / longitudinal wave
Lorentz·-Konstante *f* / Lorentz number || ≗**-Kraft** *f* / Lorentz force, electrodynamic force || ≗**sches Lokalfeld** / Lorentz local field
Los *n* / lot *n*, batch *n*
lösbar *adj* (abnehmbar) / detachable *adj*, removable *adj* || **~e Flachsteckverbindung** / flat quick-connect termination || **~e Kupplung** / clutch *n* || **~e Verbindung** / disconnectable connection, detachable assembly
Losbrechdrehmoment / breakaway torque, friction torque at standstill
Losbrechen *n* (el. Masch.) / breakaway *n*
Losbrech·impuls *m* / breakaway pulse || ≗**moment** *n* / breakaway torque, friction torque at standstill || ≗**reibung** *f* / break-away friction || ≗**spannung** *f* / breakaway voltage
Lösch·anlage *f* (Feuerlöschanl.) / extinguishing system || ≗**anweisung** *f* / clear file (CLF), CLF (clear file)
löschbar·er programmierbarer Festwertspeicher (EPROM) / erasable programmable read-only memory (EPROM) || **~er Speicher** / erasable memory, UV-erasable store || **~er Thyristor** / turn-off thyristor || **~es PROM** (EPROM) / erasable PROM (EPROM)
Löschbeschaltung *f* / quenching circuit, suppressor circuit
Löschblech *n* / quenching plate || **Lichtbogen-**≗ *n* / arc splitter, deign plate || **Lichtbogen-**≗**kammer** *f* / arc splitter chamber
Lösch·block *m* / delete block || ≗**dauer** *f* / erasing rate, time rate of erasing || ≗**diode** *f* / suppressor diode, anti-surge diode, arc suppression diode || ≗**drossel** *f* (LE, Kommutierungsdrossel) /

commutating reactor || **Lichtbogen-≗düse** *f* / arc quenching nozzle

Lösch·eigenschaften *f pl* (Lichtbogenlöschung) / arc-extinguishing properties, arc control characteristics || **≗eingang** *m* / resetting input, reset input, it-input *n*, clear input || **≗einheit** *f* / erasing facility || **≗einrichtung** *f* (Speicher) / erasing facility || **UV-≗einrichtung** *f* / UV eraser || **≗einsatzsteuerung** *f* (LE) / turn-off phase control, termination phase control

Löschen *n* / backspace *n* || ≗ *n* (Strom) / extinction *n* (of current) || ≗ *n* (Thyr, LE) / turning off *n*, turn-off *n* || ≗ *v* / annul *v* || ~ *v* (Lichtbogen) / extinguish *v*, quench *v* || ~ *v* (CAD-Befehl) / undefine *v* || ~ *v* (Anzeige) / cancel *v*, acknowledge *v* || ~ *v* (Text) / delete *v* || ~ *v* (Bildschirmanzeige) / clear *v* || ~ *v* (Daten auf Datenträger) / erase *v* || ~ *v* (Zähler, rückstellen) / reset *v* || ~ *v* (Impuls) / suppress *v* || ≗ **Basis-NPV** / delete base ZO || ≗ **Umsetzung** / delete mapping || **den Speicherinhalt ~** / delete the store contents, erase the store contents || **Eingabe ~** / clear entry (CE) || **Kurve ~** (CAD) / decurve *v*

löschendes Lesen / destructive readout (DRO)

Lösch·farbe *f* / erase color || **≗funkenstrecke** *f* / spark gap, quench gap, series gap || **≗gas** *n* / quenching gas, arc extinguishing gas || **≗generator** *m* / erase generator || **≗geschwindigkeit** *f* (Speicher) / erasing speed || **≗gleichrichter** *m* / quench-circuit rectifier || **≗glied** *n* (Sicherung) / fuse *n* || **≗grenze** *f* / extinction limit || **≗grenze für den Fehlerstrom** / self-extinguishing current limit || **≗hub** *m* (LS) / extinction stroke || **≗impuls** *m* (LE) / turn-off pulse || **≗-I²t-Wert** *m* / clearing I²t

Löschkammer *f* / interrupter chamber || ≗ *f* (LS) / arcing chamber, arc-chute *n*, extinction chamber, arc control pot || **≗blech** *n* / de-ion plate || **≗einsatz** *m* / arc-splitter assembly

Lösch·kondensator *m* (f. Spannungsspitzen) / surge absorbing capacitor || **≗kondensator** *m* (LE) / turn-off capacitor || **≗kopf** *m* (Magnetkopf) / erasing head || **≗kreis** *m* / quenching circuit || **≗kriterium** *n* / cancel criterion || **Lichtbogen-≗mantel** *m* / arc-quenching sleeve || **≗mittel** *n* (Sich.) / arc extinguishing medium, fuse filler || **≗papier** *n* / blotting paper || **≗phase** *f* (Lichtbogen) / arc-quenching phase || **≗rohrableiter** *m* / expulsion-type arrester, expulsion-tube arrester || **≗rohrsicherung** *f* / expulsion fuse || **≗routine** *f* / clear routine

Lösch·satz *m* (DV) / deletion block || **≗schieber** *m* (LS) / (sliding) contact separator, arc interrupting slide || **≗signal** *n* (Speicher) / erase signal, delete (o. deleting) signal || **≗spannung** *f* / extinction voltage || **≗spannung** *f* (Abl.) / rated voltage, reseal voltage || **≗spitze des Schalters** / arc-quenching peak of breaker

Löschspule *f* / arc suppression coil, arc extinction coil, earth-(o. ground-)fault neutralizer || **Netz mit über ≗ geerdetem Sternpunkt** / earth-fault-neutralizer-grounded system, ground-fault-neutralizer-grounded system, system earthed through an arc-suppression coil, resonant-earthed system || **Erdschluss~** *f* (ESP) VDE 0532, T.20 / arc suppression coil IEC 289, earth-fault neutralizer, ground-fault neutralizer (US), arc extinction coil

Lösch·stellung *f* / standard position, basic position, initial position, initial setting, initial state || **≗stellung** *f* (NC) / reset position, reset state || **≗steuerung** *f* (LE) / turn-off phase control, termination phase control || **≗strom** *m* / extinction current

Lösch·taste *f* / cancelling button, cancelling key, cancel key, clear key, delete key || **≗thyristor** *m* / turn-off thrysitor || **Lichtbogen-≗topf** *m* / arc control pot || **≗transformator** *m* / neutral autotransformer, neutral earthing transformer

Löschvermögen, Lichtbogen-≗ *n* / arc control capability, arc quenching capability

Lösch·verzögerung *f* (elST, Ablaufglieder) / resetting delay || **≗winkel** *m* (LE) / extinction angle, margin angle, margin of commutation || **≗winkelregelung** *f* (LE) / extinction-angle control || **≗zeichen** *n* (NC) E DIN 66257 / delete character (NC) ISO 2806-1980 || **≗zeit** *f* (Speicher, Löschgeschwindigkeit) / erasing rate, time rate of erasing || **≗zeit** *f* (Lichtbogen, Sich.) / arcing time, arc extinction time || **≗zeit** *f* (Abschaltthyristor) DIN 41786 / gate-controlled turn-off time || **≗zweig** *m* (LE) / turn-off arm

Lose *f* (Die relative Bewegung von ineinandergreifenden mechanischen Teilen, die durch unerwünschtes Spiel hervorgerufen wird) / backlash *n*, internal clearance, clearance *n* || ≗ *f* / windup *n* (relative movement due to deflection under load)

lose beiliegend / supplied separately packed

Loseausgleich *m* (NC) / blacklash compensation, reversal error compensation

Lösehebel *m* / release lever

Losekompensation *f* / backlash compensation, reversal error compensation

Löse·kraft *f* DIN 7182, T.3 / releasing force || **≗kraft** *f* (Steckverbinderkontakte) / extraction force || **≗moment** *n* DIN 7182, T.3 / release torque

lösen *v* / unplug *v*, invalidate *v* || ~ *v* (abnehmen) / detach *v*, undo *v* || ~ *v* (el. Verbindg.) / disconnect *v* || ~ *v* (Bremse) / release *v* || ~ *v* (Schraube, Befestigung) / slacken *v*, loosen *v*, undo *v*, untie *v* || ≗ *n* (NC, Zusatzfunktion) DIN 66025, T.2 / unclamp (NC miscellaneous function) ISO 1056

loser Schmierring / oil-ring *n*, ring oiler

Löse·verzögerung *f* / opentime *n* || **≗werkzeug** *n* / extraction tool, extractor *n*

Losflansch *m* / loose flange

Losgröße *f* / lot size, batch size

Loslager *n* / loose bearing || ≗ *n* (axial nicht geführt) / floating bearing, non-locating bearing, guide bearing || ≗ *n* (Einstellager) / self-aligning bearing

loslassen *v* / release *v*

Loslassschwelle *f* (Körperstrom) / releasing current, let-go current

Losmenge *f* / batch quantity

Lospunkt *m* (Auflager) / sliding support

Losring *m* (Schmierring) / oil-ring *n*, ring oiler

Losringschmierung *f* / oil-ring lubrication, ring oiling, ring lubrication

Losscheibe *f* / idler pulley

Losumfang *m* / lot size

Lösungsmittel *n* / solvent *n* || **≗beständigkeit** *f* / solvent resistance || **≗dampf** *m* / solvent fumes

lösungsmittelfrei *adj* / solventless *adj*, solvent-free *adj*

losweise Prüfung / lot-by-lot inspection

Lot *n* / brazing filler metal || ≗ *n* (Lötung) / solder *n* ||

≗ *n* (Senklot) / plumb bob, plummet *n*, bob *n* || **schmelzflüssiges** ≗ / molten filler metal

Löt·abdecklack *m* / solder resist || ≗**abweichung** *f* / plumb-line deviation, deviation from the vertical || ≗**anschluss** *m* / solder termination IEC 603-1, soldered connection || ≗**anschluss** *m* (Klemme) / solder terminal, solder lug terminal || ≗**anschluss für gedruckte Schaltungen** / printed-circuit pin terminal || **Ausgleich des** ≗**auftrags** (gS) / solder levelling || ≗**auge** *n* / soldering eyelet

lötaugenloses Loch (gS) / landless hole

Lötbad *n* / solder bath

lötbar *adj* / solderable *adj*, suitable for soldering

Löt·barkeit *f* / solderability *n*, suitability for soldering || ≗**barkeitsprüfung** *f* / soldering test || ≗**bein** *n* / soldering post || ≗**brücke** *f* / soldering jumper || ≗**brücken** *f pl* / soldering link

löten *v* / solder *v*, soft-solder *v* || ~ *v* (Sich.) / rewire *v*

Lötfahne *f* / soldering tag, solder lug

lötfrei·e Verbindung / solderless connection, wrapped connection, wire-wrap *n* || **~e Wickelverbindung** / solderless wrapped connection || **~er Verbinder** / solderless connector

Löt·hülse *f* / soldering sleeve || ≗**kegelhöhe** *f* / solder cone hight || ≗**kolben** *m* / soldering iron || ≗**kontakt** *m* / solder contact || ≗**kugel** *f* / soldering globule || ≗**länge** *f* / soldering length || ≗**lasche** *f* / soldering lug, soldering tag || ≗**leiste** *f* / solder tag strip, tag block, tag-end connector block || ≗**leistenplan** *m* / terminal diagram IEC 113-1, terminal connection diagram

lötlose Verbindung / solderless connection, wrapped connection, wire-wrap *n*

Löt·mittel *n* / soldering flux || ≗**muffe** *f* / wiping gland, wiping sleeve || ≗**öse** *f* / soldering tag, soldering tab, solder lug || ≗**ösenbaugruppe** *f* (Leiterplatte) / bare module board || ≗**ösenbrett** *n* / tagboard *n* || ≗**ösenleiste** *f* / solder tag strip, tag block, tag-end connector block || ≗**plombe** *f* (Verbindung Kabelmantel- Kabeleinführung) / wiped solder joint || ≗**prüfung** *f* / soldering test || ≗**punkt** *m* / soldering point || ≗**randbreite** *f* (gS) / annular width || ≗**randunterbrechung** *f* (gS) / hole breakout

lotrecht *adj* / truly vertical, perpendicular *adj* || ~ **ausrichten** / to align vertically, align perpendicularly

Lotrechte *f* / vertical *n* (line), plumb line

Lotrichtung *f* / plumb-line direction, perpendicular direction

Löt·scheibe *f* / soldering disc || ≗**schuh** *m* / soldering lug, sweating thimble || ≗**seite** *f* / solder side, soldering side || ≗**sicherung** *f* / rewirable fuse || ≗**sockel** *m* (Rel.) / soldering base, soldering socket || ≗**stelle** *f* / soldered joint, soldered connection, soldering point || ≗**stelle** *f* (Thermoelement) / soldered junction, junction *n*

Löt·stellenprüfung *f* / soldered joint inspection || ≗**stift** *m* / solder(ing) pin || ≗**stiftanschluss** *m* / solder pin adapter || ≗**stopplack** *m* / solder resist || ≗**streifen** *m* / solder tag strip, tag block, tag-end connector block || ≗**stützfahnen** *f pl* / soldering flags || ≗**stützpunkt** *m* / solder tag, soldering terminal, soldering tabs || ≗**teil mit Passsitz** / snugly fitting part || ≗**temperatur** *f* / brazing temperature

Lötung *f* / soldering *n* || ≗ **Ende Cu-Bänder** / soldering of end of Cu strips || ≗ **Lagerstück** / bearing piece soldering || **freie** ≗ (Verdrahtung) / point-to-point soldered wiring

Löt·verbinder *m* / solder connector || ≗**verbindung** *f* / soldered connection, solder(ing) joint, soldering terminal

Lotverfahren *n* (Chromatographie) / perpendicular method

Löt·verteiler *m* / tag block, solder tag distributor || ≗**verteilerplan** *m* / terminal diagram IEC 113-1, terminal connection diagram || ≗**wärmebeständigkeit** *f* / resistance to soldering heat || ≗**zinn** *m* / tin-lead solder, tinman's solder

Low Speed Version 2 (LSV2) / low speed version 2 (LSV2)

Low-Byte *n* / low byte

LP (Leitsystem-Prozessorbaugruppe) / PC board (printed circuit board) || ≗ (Leiterplatte) / PC board (printed circuit board), board *n*, pcb (printed circuit board), substation processor module

L-Pegel *m* (Signal) / low level, low state || **auf L-Pegel setzen** / drive to low level, drive low || ≗**-Ladung** *f* / low-level charge, fat zero

LPM / life test quantity (LTQ)

L-Potential *n* / low potential

LPP (Leitplastikpoti) / conductive plastic track poti

L-Preis *m* / list price, L price

LPT / LPT (line print terminal)

LQ / limiting quality level (LQL), rejectable quality level (RQL)

LQL / limiting quality level (LQL), rejectable quality level (RQL)

LR (Lageregelung) / position feedback control, position feedback loop, position control loop, position control || ≗ (Lageregelkreis) / position feedback control, position feedback loop, position control loop, position control

LRK (Lageregelkreis) / PCL (Position Control Loop)

LRV 92 (Schweizerische Luftreinhalteverordnung) / LRV 92 (Swiss Emission Control Law)

LS (Leistungsschalter) / CB (circuit-breaker), m.c.b. || ≗ (Leitspindel) / master spindle, screw spindle, LS (leading spindle)

L/S (Lesen/Schreiben) / R/W (Read/Write)

LS/DI-Schalter *m* / r.c.d.-operated circuit-breaker, residual-current-operated circuit-breaker

LSA (Leittechnik für Schaltanlagen) / substation control and protection, substation automation

LSB / least significant bit (LSB)

L-Schaltung, Zweitor in ≗ / L-network *n*

LS-Format *n* / tape format

L-Signalpegel *m* / low signal level

LSL / slow noise-proof logic, high-level logic (HLL)

L-Spannungsbereich *m* / low-state voltage range

LS-Schalter *m* / circuit-breaker *n*, miniature circuit-breaker, m.c.b.

LSV2 (Low Speed Version 2) / LSV2 (low speed version 2)

L-System *n* / busbar trunking (system), overhead busbar trunking, busway (system), bus duct (system)

LT / power transformer || ≗ (Leuchttaster) / illuminated pushbutton, illuminated pushbutton unit, illuminated key, luminous pushbutton || ≗ (Leistungsteil) / PS (power stack), PS (power section), power module, power handling section

LTR / power transistor

LT-Überlastwarnung *f* / inverter overload warning
LU (Langunterbrechung) / DAR (delayed auto-reclosure)
Lückbetrieb *m* (Gleichstrom) / intermittent flow, pulsating d.c. operation
Lücke *f* / interval *n*, spacing *n*, vacancy *n* || ≗ *f* (Energielücke) / gap *n*
Lückenbildung *f* / gap formation
lückender Gleichstrom *m* / pulsating d.c., intermittent d.c., rippled d.c.
lückenlos *adj* (ohne Trennung, DV-Speicher) / contiguous *adj* || **~er Nachweis** / full evidence, complete evidence
Lückenweite *f* / gap width
lückfreier Gleichstrom / ripple free d.c., filtered d.c.
Lückstrom *m* / pulsating current, intermittent current || ≗**anpassung** *f* (Verstärker) / discontinuous current gain adaptation || **Stromregler mit ≗anpassung** / pulsating-current-compensating current controller || ≗**prüfung** *f* (LE) / intermittent direct current test IEC 700
Lückverhalten *n* (SR) / pulsating characteristic
LUD / LUD (local user data)
Luft / duty cycle IEC 50(411), internal clearance, clearance *n*, backlash *n*, backflash *n* || **in ≗ angeordnet** / installed in free air, externally mounted, exposed *adj* || **in ≗ schaltend** / air-break *adj* || **Schaltstücke in ≗** / air-break contacts BS 4752, contacts in air IEC 129, contact pieces in air || ≗**abstand** *m* / clearance *n*, clearance in air || ≗**abzug** *m* / air extraction || ≗**abzugshaube** *f* / air extraction hood || ≗**-Ampèrewindungen** *f pl* / air-gap ampere turns || ≗**anschluss** *m* / connection in air || ≗**anschluss** *m* (luftisolierte Kabeleinführung einer Schalteinheit) / air-insulated termination || ≗**auftrieb** *m* / buoyancy of the air
Luftaustritt *m* / air outlet (An aperture in the housing through which air can escape), air discharge, discharged air || ≗**seite** *f* / air outlet end, exhaust side
Luftaustritts·öffnung *f* / air outlet opening, air outlet, air exhaust, air discharge, air outlet point || ≗**stutzen** *m* (el. Masch.) / air discharge adaptor
Luft·bedarf *m* (f. Kühlung) / air rate required || ≗**behälter** *m* / air reservoir || ≗**bohrungen** *f pl* / air holes
luftdicht *adj* / air-tight *adj*, hermetically sealed, hermetic *adj* || **~ abgeschlossener Transformator** / hermetically sealed transformer
Luftdichte *f* / air density || ≗ **in Meereshöhe** / sea level atmospheric density || ≗**-Korrekturfaktor** *m* / air-density correction factor
luftdichter Abschluss / hermetical seal
Luftdrosselspule *f* / air-core(d) reactor, air-core inductor
Luftdruck *m* / air pressure, atmospheric pressure || ≗ **in Meereshöhe** / sea level atmospheric pressure || ≗**bremse** *f* / air brake, pneumatic brake || ≗**minderer** *m* / air pressure reducer
Luft·durchflussmenge *f* / rate of air flow, air flow rate, air rate || ≗**durchsatz** *m* / rate of air flow, air flow rate, air rate || ≗**einlass** *f* / air inlet, air intake, air port || ≗**einschluss** *m* / air inclusion, air void, air pocket || ≗**eintritt** *m* / air inlet, air intake, air port
luftelektrisches Feld / electric field in air || **~ Potential** / electric potential in air
lüften *v* / vent *v*
Luftentfeuchter *m* / dehydrating breather, air drier, dessicant breather
Lüfter *m* / fan *n* || ≗**abdeckhaube** *f* / fan cowl, fan shroud, fan cover || ≗**aggregat** *n* / fan set (o. unit) || ≗**aufbau** *m* / top-mounted fan || ≗**baugruppe** *f* / fan unit, fan subassembly (PC hardware), fan module || ≗**charakteristik** *f* / square-law torque characteristic, square-law characteristic, fan characteristic || ≗**einschub** *m* / fan module, fan subassembly || ≗**flügel** *m* / fan blade, blower blade
Lüfter·gehäuse *n* / fan housing || ≗**geräusch** *n* / fan noise || ≗**haube** *f* / fan cowl, fan shroud || ≗**jalousie** *f* / fan louvre || ≗**kragen** *m* / fan shroud || ≗**kranz** *m* / fan impeller || ≗**leistung** *f* / ventilator power
lüfterlos *adj* / without fans
Lüfter·nachlauf *m* / fan run-on (time), fan delay time || ≗**rad** *n* / fan impeller || ≗**schaufel** *f* / fan blade || ≗**schrank** *m* / fan control cabinet || ≗**steuerung** *f* / fan control, fan control gear || ≗**stutzen** *m* / fan cowl, fan shroud || ≗**überwachung** *f* (Gerät) / fan monitor || ≗**vorlauf** *m* / fan pre-start (time) || ≗**-Vorlauf** *m* / fan lead time || ≗**wirkung** *f* (Läufer) / fanning action || ≗**zeile** *f* / fan module || ≗**zeile** *f* (ET, elST) / fan subassembly
Luftfahnenrelais *n* / air-vane relay
Luftfahrt·bodenfeuer *n* / aeronautical ground light || ≗**industrie** *f* / aircraft industry || ≗**leuchtfeuer** *n* / aeronautical beacon
Luftfahrzeug *n* / aircraft *n* || ≗**-Abstellplatz** *m* / aircraft parking position || ≗**-Standplatz** *m* / aircraft stand
Luft-Feststoff-Isolierung *f* / air-and-solid insulation
Luftfeuchte *f* / air humidity || **relative ≗** / relative humidity || ≗**-Korrekturfaktor** *m* / humidity correction factor
Luftfeuchtigkeit *f* / air humidity, atmospheric humidity || **relative ≗** / humidity range
Luft·feuchtigkeitsmesser *m* / hygrometer || ≗**filter** *n* / air filter || ≗**filter** *n* (Kfz) / air cleaner || ≗**förderleistung** *f* / air discharge rate || ≗**fördermenge** *f* / air discharge rate || ≗**fracht** *f* / air freight
luftfrei *adj* (Isol.) / free from air inclusions, air-free *adj* || **~ machen** / evacuate *v*, to suppress air voids
Luftführung *f* (Luftkreislauf) / air circuit, ventilation circuit || ≗ *f* (mech. Teil) / air guide
Luftführungs·blech *n* / air guide, air baffle, air baffle plate || ≗**haube** *f* (m. Kühler) / air inlet-outlet housing, heat-exchanger enclosure || ≗**mantel** *m* (el. Masch.) / air housing, air jacket, air-circuit enclosure || ≗**ring** *m* / air guide ring, air baffle ring || ≗**schild** *m* / air shield || ≗**wand** *f* / air guide wall
Luftfunkenstrecke *f* / spark gap in air
luftgefüllte Maschine / air-filled machine
luftgehärtet *adj* / air-hardened *adj*
luftgekühlt *adj* / air-cooled *adj*, ventilated *adj*
Luft·geräusch *n* / air noise, aerodynamic noise, windage noise, fan noise || ≗**geschwindigkeit** *f* / air velocity
luftgetrocknet *adj* / air-dried *adj*
Luft·gütesensorsystem *n* (Kfz) / air quality sensor system || ≗**hose** *f* (el. Masch.) / intake air shield, air shield || ≗**hose** *f* (Luftstutzen) / air-duct adaptor || ≗**induktion** *f* / air-gap induction, air-gap flux density
luftisoliert *adj* / air-insulated *adj* || **~e Schaltanlage mit Vakuum-Leistungsschaltern** / air-insulated

vacuum-breaker switchgear, air-insulated switchpanels with vacuum circuit-breakers || **~er Kondensator** / air capacitor || **~er Schalter** (LS) / air-insulated breaker
Luft·kabel *n* / aerial cable || **≗kalometrie** *f* / air calometry
luftkalorimetrisches Verfahren / air-calorimetric method
Luftkanal *m* / air duct, ventilating duct || **Maschine für ≗anschluss** / duct-ventilated machine
Luft·kasten *m* (Leuchte) / boot *n* || **≗kennlinie** *f* / air-gap characteristic || **≗kernspule** *f* / air-core(d) reactor, air-core inductor || **≗kissen** *n* / aircushion || **≗klappe** *f* / air damper || **≗klappenschalter** *m* / air-vane relay || **≗kondensator** *m* / air capacitor || **≗korrosion** *f* / atmospheric corrosion || **≗-Kraftstoff-Gemisch** *n* / air-fuel mixture, ventilation circuit || **≗kreislauf** *m* / air circuit || **≗kühler** *m* / air-to-air heat exchanger, air cooler, air-to-air cooler, radiator *n* || **≗kühlung** *f* / air cooling, ventilation *n*, air natural cooling
Luft·lager *n* / aircushion bearing, air-lubricated bearing || **≗-Lasttrenner** *m* / air-break switch-disconnector || **≗-Lasttrennschalter** *m* / air-break switch-disconnector || **≗leiste** *f* / air bar || **≗leistungsschalter** *m* / air circuit-breaker || **≗-Leistungsschalter** *m* / air circuit-breaker, air-break circuit-breaker || **≗leitblech** *n* / air guide, air baffle || **≗leitblech** *n* (Lüfter) / cowl *n*, shroud *n* || **≗leiter** *m* / aerial conductor, aerial *n* || **≗leitfläche** *f* / air guide || **≗leitung** *f* / air duct, air pipe || **≗linie** *f* / air line, bee line || **≗-Luft-Kühlung** *f* (el. Masch.) / air-to-air cooling || **≗-Luft-Wärmetauscher** *m* / air-to-air heat exchanger, air-to-air cooler
Luft·massensensor *m* (Kfz) / air-flow sensor || **≗menge** *f* / rate of air flow, air flow rate, air rate || **≗messnetz** *n* / air pollution monitoring system || **≗-Metall-Batterie** *f* / air-metal battery || **≗presser** *m* / air compressor, compressor *n* || **≗pressersatz** *m* / compressor unit || **≗querschnitt** *m* / air-gap area || **≗rauschen** *n* / windage noise, fan noise || **≗reibung** *f* / windage *n* || **≗reibungsverluste** *m pl* / windage loss || **≗reinhaltung** *f* / air pollution control || **≗richtung** *f* / direction of air flow || **≗ringkühlung** *f* / closed-circuit air cooling, closed-circuit ventilation || **≗rohr** *n* / air tube
Luftsack *m* (Kfz.) / airbag *n* || **≗steuergerät** *n* / airbag collision safety system
Luft·sammelkammer *f* / air collector || **≗säule** *f* / air column || **≗schacht** *m* / (vertical) air duct || **≗schall** *m* / air-borne noise || **≗schallemission** *f* / air-borne acoustic noise emission || **≗schalter** *m* (LS) / air-break circuit-breaker, air circuit-breaker, power air circuit-breaker || **≗schleuse** *f* / air lock || **≗schlitz** *m* (Blechp.) / ventilating duct, air duct
Luftschütz *n* / air-break contactor || **≗-Anlasser** *m* / contactor-type starter, contactor starter || **≗-Sterndreieckschalter** *m* / contactor type star-delta starter
Luft·schwingungen *f pl* / air fluctuations || **≗seite** *f* (WKW) / downstream side, tailwater side || **≗-Selbstkühlung** *f* / air natural cooling, natural air cooling, cooling by natural convection
Luftspalt *m* / ventilation space || **≗** *m* (el. Masch.) / air gap, gap *n* || **≗** *m* / radial clearance, crest clearance || **≗abstufung** *f* / air-gap grading || **≗breite** *f* / width of air gap, air-gap clearance || **≗drossel** *f* / air-gap reactor || **≗durchflutung** *f* / ampere turns across air gap, air-gap m.m.f. || **≗-Erregerspannung** *f* (el. Masch.) / air-gap field voltage || **≗-Erregerstrom** *m* (el. Masch.) / air-gap field current || **≗faktor** *m* / air-gap factor, fringing coefficient || **≗feld** *n* / air-gap field || **EMK des ≗felds** / Potier e.m.f.
Luftspaltfluss *m* / air-gap flux || **≗dichte** *f* / air-gap flux density, gap density
Luftspalt-Flussdichteverteilung *f* / air-gap flux-density distribution, gap density distribution
Luftspalt·gerade *f* / air-gap line || **≗induktion** *f* / air-gap induction, air-gap flux density || **mittlere ≗induktion** / magnetic loading || **≗kennlinie** *f* / air-gap characteristic || **≗kerndrossel** *f* / gapped-core inductor || **≗lehre** *f* / air-gap gauge || **≗leistung** *f* / air-gap power, rotor power input, secondary power input || **≗leitwert** *m* / air-gap permeance
luftspaltloser Magnetkreis / closed magnetic circuit
Luftspalt·magnetometer *n* / flux-gate magnetometer || **≗spaltmitte** *f* / middle of air gap || **≗querschnitt** *m* / air-gap area || **magnetische ≗spannung** / magnetic potential difference across air gap || **≗streufluss** *m* / air-gap leakage flux || **≗streuung** *f* / gap leakage, circumferential gap leakage, peripheral dispersion, main leakage || **≗widerstand** *m* / air-gap reluctance, gap reluctance
Luft·speicherkraftwerk *n* / compressed-air power station || **≗spule** *f* / air-core(d) reactor, air-core inductor || **≗stickstoff** *m* / atmospheric nitrogen
Luftstrecke *f* / clearance *n*, clearance in air, air gap || **≗ zur Erde** VDE 0660, T.101 / clearance to earth IEC 157-1 || **≗ zwischen den Polen** VDE 0660, T.101 / clearance between poles IEC 157-1 || **≗ zwischen offenen Schaltstücken** VDE 0660, T.101 / clearance between open contacts IEC 157, (contact) gap *n*
Luftstrom *m* / air flow, air stream, air flow rate
Luft·strömungsmelder *m* / air-flow indicator || **≗strömungswächter** *m* / air-flow indicator, airflow monitor, air-flow proving switch, air-flow monitor || **≗stutzen** *m* (IPR 44) / air-trunking adaptor, air-duct adaptor, air-pipe connector
Luft·transformator *m* / air-core transformer || **≗transformator** *m* (luftgekühlt) / air-cooled transformer || **≗trenner** *m* / air-break disconnector || **≗-Trennschalter** *m* / air-break disconnector || **≗trennwand** *f* / air guiding partition || **~trocknend** *adj* / air-drying *adj* || **≗trockner** *m* / air drier || **≗überwachung** *f* (Umweltschutz) / air pollution monitoring || **Messeinrichtungen zur ≗überwachung** / air pollution instrumentation, air quality monitoring || **≗umwälzung** *f* / forced air circulation, air circulation, forced air ventilation || **≗-Umwälz-Wasserkühlung** *f* (LUW) / closed-circuit air-water cooling, recirculating air-to-water cooling || **≗- und Lagerreibungsverluste** *f* / friction and windage loss
Lüftung *f* / ventilation *n*, air cooling
Lüftungs·dach *n* / venting roof || **≗freiraum** *m* / ventilation space || **≗gitter** *n* / ventilation grille || **≗kiemen** *f pl* / ventilation gills || **≗schlitz** *m* / ventilation slot, venting slot || **≗verluste** *m pl* / windage loss, internal windage loss || **≗zentrale** *f* / ventilation control centre
Luft·ventil *n* / air valve || **≗verdichter** *m* / air compressor, compressor *n* || **≗verkehr** *m* / air traffic, air transport || **≗verschmutzung** *f* / air

pollution || ²versorgungsanlage *f* / air supply equipment
luftverunreinigender Stoff / air pollutant, airpolluting substance
Luft·verunreinigung *f* / air pollution || ²**vorrat** *m* / stored air volume, air reserve || ²**wandler** *m* / air-core transformer, air-insulated transformer || ²-**Wasser-Kühlung** *f* (el. Masch.) / air-to-water cooling || ²-**Wasser-Wärmetauscher** *m* / air-to-water heat exchanger, air-to-water cooler || ²**wechsel pro Stunde** / air changes per hour || ²**weg** *m* (el. Masch.) / ventilating passage, ventilating path || ²**widerstand** *m* / air resistance || ²**widerstandsbeiwert** *m* (Kfz) / coefficient of drag
Luft·zerlegung *f* / air fractionation, air separation || ²**zuführung** *f* / air inlet || ²**zuführungskanal** *m* / air supply duct, air inlet duct || ²**zug** *m* / ventilation *n*, draft *n*
Lumen *n* / lumen *n* || ²**sekunde** *f* / lumen-second *n*
Lumineszenz *f* / luminescence *n* || ²**ausbeute** *f* / quantum efficiency, quantum yield, luminescence efficiency || ²**diode** *f* / luminescent diode, light emitting diode (LED) || ²-**Emissionsspektrum** *n* / luminescence emission spectrum || **~emittierende Diode** (LED) / light emitting diode (LED) || ²**leuchte** *f* / self-luminous sign
Luminiphor *m* (lumineszierendes Material) / luminiphor *n*, phosphor *n*, fluorophor *n*
Lünette *f* (WZM) / steady *n*, steadyrest *n*, end support
Lunker *m* / shrink hole, contraction cavity, shrinkage cavity, cavity *n*
lunkerfrei *adj* / free from shrink holes, free of shrink holes
Lupe *f* / magnifying glass, magnifying lens, detail function, zoom-in function, zoom in, zoom *n*
Lupen, die ² besser anordnen / improve the zoom arrangement
Lupen·anzeige *f* / zoom display, zoom-in *n* || ²-**Ausgabe** *f* / zoom output || ²**darstellung** *f* / zoom-in *n* || ²**darstellung** *f* (BSG) / zoom display, close-up *n*, detail representation || ²**funktion** *f* / magnifying glass, magnifying lens, zoom in, zoom *n* || ²**funktion** *f* (Grafikbildschirm) / detail function, zoom-in function || ²**inhalte** *m pl* / zoom contents || ²**sprache** *f* / zoom language || ²**sprachenparser** *m* / zoom language parser || ²**teil** *n* / zoom section || ²**wirkung** *f* / magnifying effect
Lüsterklemme *f* / lamp-wire connector, terminal block
LUW / closed-circuit air-water cooling, recirculating air-to-water cooling
Lux *n* (Lumen je Quadratmeter) / lux *n* || ²**meter** *n* / illumination photometer, illumination meter || ²**sekunde** *f* / lux-second *n*
LV (Leistungsverzeichnis) / tender specifications, LV
LVDT-Ferritkern *m* / linear variable differential transducer ferrite core (LVDT ferrite core) (LVDT ferrite core)
LVF / obscuring power factor (OPF)
LVK / light distribution curve (LDC), polar curve (p.c.)
LV-Teil (Leistungsverstärkerteil) / PA section (power amplifier section)
LWL (Lichtwellenleiter) / optical fibre, fiber optic cable, optical fiber cable, optical waveguide, fiber-optic cable || ² (Lichtwellenleiter) / FO conductor (fiber optic conductor) || ²-**Absorber** *m* / optical-fibre absorber || ²-**Datenbus** *m* / optical data bus || ²-**Kombinator** *m* / optical combiner || ²-**Koppler** *m* / optical-fibre coupler, optical coupler || ²-**Reflektometer** *n* / fibre-optic reflectometer || ²-**Schnittstelle** *f* / optical-fibre interface || ²-**Schweißverbindung** *f* / fused fibre splice || ²-**Spleiß** *m* / optical-fibre splice || **mechanischer ²-Spleiß** / mechanical splice || ²-**Spleißverbindung** *f* / fibre splice || ²-**Steckverbinder** *m* / optical-fibre connector || ²-**Übertragungseinrichtung** *f* / transmit fibre optic terminal device || ²-**Übertragungsleitung** *f* / optical fibre link IEC 50(731)
L-Wort *n* / low-order word
LWU-Kühlung *f* / closed-circuit air-water cooling (CAW)
Lydallmaschine *f* / Lydall machine, Siemens-Lydall machine
Lyra·abdeckung *f* / lyre-shaped cover || ²-**Kontakt** *m* / contact clip, lyre contact || ²**kontakte** *m pl* / lyre-shaped contacts
LZG (Leittechnik-Zentralgerät) / CC (central controller)

M

M / flag *n* (F), marker *n* || ² (Masse) / frame *n*, ground *n*, chassis *n*, chassis ground, 0V reference potential, M (mass) || ² (Markierungszeichen) / marker *n*, bit memory, F (flag) || ² (Merker) / marker *n*, bit memory, F (flag) || ² (Maschinennullpunkt) / machine zero (M) || **nach ² schaltend** / current-sinking *adj* (The act of receiving current) || **nach ² schaltende Logik** / current sinking logic
m aus n-Glied (korrekte Schreibweise: (m aus n)-Glied) / m and only m (correct notation: (m and only m))
M19 über mehrere Umdrehungen (M19ümU) / M19 through several revolutions (M19tsr)
M19ümU (M19 über mehrere Umdrehungen) / M19tsr (M19 through several revolutions)
M8-Schraube *f* / M8 screw
MA / master station (MA)
mäanderförmiger konzentrischer Aluminiumleiter / wave-form concentric aluminium conductor
MAC (Media Access Control) / MAC (media access control) || ²-**Adresse** *f* / mac address
Macht *f* (eines Tests, Statistik, QS) / power *n* || ²**funktion** *f* / power function
MAC-Übergangseinheit *f* / bridge *n*
Madenschraube *f* / setscrew *n*
MAG (Magazin) / tool-holding magazine, tool storage magazine, tool magazine, magazine *n*, MAG (A device in which tools are stored for automatic tool changing)
Magazin *n* (BGT) / mounting rack, rack *n* || ² *n* / tool holding magazine, tool storage magazine, tool magazine, magazine *n* (MAG) || ² **beladen** / load a magazine || **gekettetes** ² / chained magazine || **reales** ² / real magazine || **verkettetes** ² / chained magazine || ²**baustein** *m* / magazine module || ²**bausteindaten** *plt* / magazine module data || ²**bausteinparameter** *m* / magazine module

parameter || ²**belegung** *f* / magazine loading || ²**beschreibungsdaten** *plt* / magazine description data || ²**bezeichner** *m* / magazine identifier || ²**daten** *plt* / magazine data || ²**distanz zu Spindeln** / magazine distance to spindles
Magazine *n pl* / mounting rack
Magaziniersystem *n* / magazine system
Magazin·information *f* / magazine information || ²**liste** *f* / magazine list
Magazinplatz *m* (WZM) / magazine location || ²**anwenderdaten** *f pl* / magazine location user data || ²**definition** *f* / location definition, magazine location definition || ²**parameter** *m* / magazine location parameter
Magazin-Platzsperre *f* / magazine location inhibit
Magazinplatz·typenhierarchie *f* / magazine location type hierarchy || ²**typ-Hierarchiebeziehungen** *f pl* / magazine location type hierarchy structure
Magazinteller *m* / magazine revolver
Magen- und Darmerkrankungen *f pl* / diseases of the gastro-intestinal tract
mager *adj* / lean *adj* || ~**es Gemisch** (Kfz.) / lean mixture
magisches Auge / magic eye
Magnet *m* / magnet *n* || ² *m* (Betätigungsspule) / coil *n*, solenoid *n*, magnet *n* || ² *m* / electromagnet *n* || ²**abgriff** *m* / magnetic pickup || ²**abscheider** *m* / magnetic separator || ²**-Ampèrewindungszahl** *f* / number of exciting ampere turns || ²**anker** *m* / magnet armature, armature *n*, solenoid armature || ²**antrieb** *m* / solenoid operation || ²**antrieb** *m* (SG) / electromagnetically operated mechanism, solenoid-operated mechanism || ²**antrieb** *m* (Stellantrieb) / solenoid actuator
Magnetband *n* / magnetic tape || ²**aufzeichnung** *f* / tape recording || ²**auswerter** *m* / magnetic tape evaluator (o. analyzer) || ²**gerät** *n* / magnetic tape recorder, magnetic tape unit (MTU) || ²**kassette** *f* (MBK) / magnetic tape cassette, tape cartridge || ²**kassettenlaufwerk** *n* / cartridge-tape drive, magnetic tape cassette drive || ²**laufwerk** *n* / magnetic-tape drive
Magnet·betätigung, direkte ²**betätigung** / direct solenoid actuation || ²**blasenspeicher** *m* / magnetic bubble memory (MBM), bubble memory || ²**blasenspeichersteuerung** *f* / bubble memory controller (BMC) || ²**blasschalter** *m* / air magnetic circuit-breaker, magnetic blowout circuit-breaker, de-ion air circuit-breaker || ²**blech** *n* / magnetic sheet steel, magnetic steel sheet, electrical sheet steel, electrical steel || ²**bremslüfter** *m* / brake releasing magnet, magnetic brake thrustor || ²**durchflutung** *f* / ampere turns, magnetomotive force (m.m.f.), magnetic potential || ²**eisen** *n* (Kern) / magnet core || ²**eisen** *n* / magnetite *n* || ²**eisenstein** *m* / magnetite *n*
magnetelektrischer Generator / magneto-electric generator
Magnet·erregung *f* / electromagnetic excitation || ²**etalon** *m* / standard magnet
Magnetfeld *n* / magnetic field || ~**abhängiger Widerstand** / magnetoresistor *n* || ²**dichte** *f* / magnetic flux density, magnetic induction
magnetfeldfest *adj* / insensitive against magnetic fields
Magnetfeld·glühen *n* / magnetic annealing || ²**linie** *f* / magnetic line of force || ²**sonde** *f* / magnetic field probe, magnetic test coil || ²**stärke** *f* / magnetic field strength, magnetic field intensity, magnetizing force || ²**verlauf** *m* / magnetic field distribution || ²**verteilung** *f* / magnetic field distribution
Magnet·fluss *m* / magnetic flux || ²**flusszähler** *m* / fluxmeter *n* || ²**gestell** *n* (el. Masch.) / magnet frame, field frame, frame yoke || ²**griffel** *m* / magnetic pen || ²**halterung** *f* / magnetic mount || ²**induktor** *m* / magneto-inductor *n*
magnetisch *adj* / magnetic *adj* || ~ **angetriebenes Gerät** / magnetically driven appliance || ~ **anisotrope Substanz** / magnetically anisotropic substance || ~ **betätigt** / solenoid-operated *adj* || ~ **entlastetes Lager** / magnetically floated bearing || ~ **geschirmt** / screened against magnetic effects, astatic *adj* || ~ **harter Werkstoff** / magnetically hard material || ~ **isolierte Stelle** / magnetic discontinuity || ~ **isotrope Substanz** / magnetically isotropic substance || ~ **neutraler Zustand** / neutral state || ~ **weicher Werkstoff** / magnetically soft material || ~**e Ablenkung** / magnetic deflection || ~**e Abschirmung** / magnetic shielding, magnetic screen || ~**e Abstoßung** / magnetic repulsion || ~**e Abstoßungskraft** / force of magnetic repulsion || ~**e Achse** / magnetic axis || ~**e Alterung** / magnetic ageing || ~**e Anisotropie** / magnetic anisotropy || ~**e Anziehung** / magnetic attraction || ~**e Anziehungskraft** / force of magnetic attraction, magnetic pull || ~**e Arbeitsgerade** / magnetic load line || ~**e Aufhängung** (EZ) / magnetic suspension (assembly) || ~**e Aufnahmefähigkeit** / (magnetic) susceptibility *n*, magnetisability *n* || ~**e Auslösung** / magnetic tripping || ~**e Beanspruchung** / magnetic loading || ~**e Beblasung** / magnetic blow-out || ~**e Beeinflussung** / magnetic effects || ~**e Drehung** / magnetic rotation || ~**e Durchflutung** / ampere turns, magnetomotive force, magnetic potential || ~**e Durchlässigkeit** / permeability *n* || ~**e Eigenschaft** / magnetic property || ~**e Eigenschaften im Gleichfeld** / d.c. magnetic properties || ~**e Einschnürung** / magnetic pinch, magnetic contraction || ~**e Empfindlichkeit** (Halleffekt-Bauelement) DIN 41863 / magnetic sensitivity IEC 147-0C || ~**e Energie** / magnetic energy || ~**e Energiedichte** / density of magnetic energy || ~**e Entkopplung** / magnetic decoupling || ~**e Entlastung** (Lg.) / magnetic flotation || ~**e Feldenergie** / magnetic energy || ~**e Feldkonstante** / magnetic constant || ~**e Feldkraft** / magnetic force acting in a field || ~**e Feldlinie** / magnetic line of force, line of induction || ~**e Feldstärke** / magnetic field strength, magnetic field intensity, magnetic force, magnetic intensity, magnetizing force, H-vector *n* || ~**e Flächendichte** / magnetic surface density || ~**e Flächenladung** / magnetic surface charge || ~**e Flussdichte** / magnetic flux density, magnetic induction || ~**e Fokussierung** / magnetic focusing || ~**e Grundgesetze** / circuital laws || ~**e Güteziffer** / magnetic figure of merit || ~**e Haftung** / magnetic cohesion, magnetocohesion *n* || ~**e Haftung** (SG) / magnetic latching || ~**e Hysteresis** / magnetic hysteresis || ~**e Idealisierung** IEC 50(221) / magnetic conditioning || ~**e Induktion** / magnetic induction, magnetic flux density || ~**e Induktionslinie** / magnetic line of induction, line of induction || ~**e Klebekraft** / magnetic adhesion || ~**e Kompression** / pinch effect || ~**e**

Konditionierung / magnetic conditioning || **~e Kopplung** / magnetic coupling, inductive coupling || **~e Kraftlinien** / magnetic lines of force || **~e Kraftliniendichte** / magnetic flux density, magnetic induction || **~e Kraftröhre** / magnetic tube of force || **~e Kupplung** / magnetic clutch || **~e Ladung** / magnetic charge || **~e Lagerentlastung** / magnetic bearing flotation || **~e Leistung** / magnetic power || **~e Leitfähigkeit** / permeability *n* || **~e Lichtbogenblasung** / magnetic blowout || **~e Luftspaltspannung** / magnetic potential difference across air gap || **~e Menge** / magnetic mass || **~e Missweisung** / magnetic declination || **~e Mitnahme** / magnetic coupling || **~e Mitte** / magnetic centre || **~e Nachwirkung** / magnetic after-effect || **~e Polarisation** / magnetic polarization, polarization *n* || **~e Polspannung** (el. Masch.) / magnetic potential difference across poles and yoke || **~e Polstärke** / magnetic pole strength, magnetic mass || **~e Potentialdifferenz** / magnetic potential difference || **~e Prüfung** / magnetic testing, magnetic inspection, non-destructive magnetic testing || **~e Randspannung** / magnetic potential difference along a closed path, line integral of magnetic field strength along a closed path || **~e Raststellung** (Schrittmot.) / magnetic rest position || **~e Reibungskupplung** / magnetic friction clutch || **~e Relaxation** / magnetic relaxation || **~e Remanenz** / magnetic remanence || **~e Remanenzflussdichte** / remanent flux density, remanent magnetic polarization, remanent magnetization || **~e Remanenzpolarisation** / remanent magnetic polarization, remanent flux density, remanent magnetization || **~e Rückleitung** / magnetic keeper || **~e Sättigung** / magnetic saturation || **~e Sättigungspolarisation** / saturation magnetic polarization || **~e Scherung** / magnetic shearing, anisotropy of form || **~e Schirmung** / magnetic screen || **~e Schleppe** / magnetic drag || **~e Schubkraft** (Tangentialkraft) / magnetic tangential force || **~e Schwebung** / magnetic levitation, electrodynamic suspension || **~e Setzung** / core seasoning || **~e Spannung** / magnetic potential, magnetic potential difference || **~e Steifigkeit** / magnetic rigidity || **~e Störung** / magnetic interference || **~e Streuung** / magnetic leakage || **~e Suszeptibilität** / magnetic susceptibility || **~e Textur** / magnetic texture || **~e Trägheit** / magnetic viscosity, viscous hysteresis, magnetic creeping || **~e Umlaufspannung** / magnetic potential difference along a closed path, line integral of magnetic field strength along a closed path || **~e Variabilität** IEC 50(221) / magnetic variability || **~e Verkettung** / magnetic linkage || **~e Verklinkung** (SG) / electromagnetic latching || **~e Verluste** / magnetic losses || **~e Verlustziffer** / hysteresis loss coefficient || **~e Verschiebung** / magnetic displacement, magnetic bias || **~e Viskosität** / magnetic viscosity || **~e Vorzugsrichtung** / preferred direction of magnetization, easy axis of magnetization || **~e Zahnspannung** / magnetic potential difference along teeth || **~e Zugkraft** / magnetic tractive force, magnetic pulling force || **~e Zustandskurve** / magnetization curve, B-H curve || **~e Unterbrechung** / magnetic discontinuity

magnetisch·er Abschirmeffekt / magnetic screening effect || **~er Antrieb** / solenoid actuator || **~er Auslöser** / electromagnetic release (o. trip) || **~er Bandkern** / strip-wound magnetic core || **~er Dipol** / magnetic dipole, magnetic doublet, magnetic doublet radiator || **~er Drehschub** / magnetic tangential force || **~er Durchflussmessumformer** / magnetic flow transducer || **~er Durchgang** / magnetic continuity || **~er Einfluss** / magnetic influence, magnetic interference || **~er Einschnüreffekt** / pinch effect || **~er Fluss** / magnetic flux || **~er Gütefaktor** / magnetic quality factor || **~er Induktionsfluss** / magnetic flux, flux of magnetic induction || **~er Informationsträger** / magnetic information medium || **~er Isthmus** / magnetic isthmus || **~er Kern** / magnetic core || **~er Kraftfluss** / magnetic flux, induction flux || **~er Kreis** / magnetic circuit || **~er Leitwert** / permeance *n* || **~er Luftspaltwiderstand** / air-gap reluctance, gap reluctance || **~er Nebenschluss** / magnetic shunt || **~er Nordpol** / north magnetic pole, magnetic northpole || **~er Nutverschluss** / magnetic slot seal || **~er Nutverschlusskeil** / magnetic slot wedge || **~er Phasenschieber** / magnetic phase shifter || **~er Pol** / magnetic pole || **~er Pulverkern** / magnetic powder core || **~er Punktpol** / magnetic point pole || **~er Rückschluss** / magnetic return path, magnet yoke || **~er Rückschluss** (LM) / magnetic keeper || **~er Schirm** / magnetic screen || **~er Schub** / magnetic thrust, tangential thrust || **~er Schweif** / magnetic drag || **~er Schwund** / magnetic decay || **~er Speicher** / magnetic storage || **~er Stellantrieb** / solenoid actuator || **~er Streufaktor** / magnetic leakage factor || **~er Streuweg** / magnetic leakage path || **~er Streuwiderstand** / reluctance of magnetic path || **~er Südpol** / south magnetic pole || **~er Überlastauslöser** / magnetic overload release || **~er Verlust** / magnetic loss || **~er Verlustfaktor** / magnetic loss factor || **~er Verlustwiderstand** / magnetic loss resistance || **~er Verlustwinkel** / magnetic loss angle, hysteresis loss angle || **~er Weg** / magnetic path || **~er Werkstoff** / magnetic material, magnetic *n* || **~er Widerstand** / reluctance *n*, magnetic resistance || **~er Widerstand** (Feldplatte) / magnetoresistor *n* || **~er Zug** / magnetic pull, magnetic drag

magnetisch·es Blasfeld / magnetic blow(out) field || **~es Brummen** / magnetic hum || **~es Dipolmoment** / magnetic dipole moment || **~es Drehfeld** / rotating magnetic field || **~es Eigenmoment** / intrinsic magnetic moment || **~es Erdfeld** / geomagnetic field || **~es Feld** / magnetic field, electro-magnetic field || **~es Feldbild** / magnetic figure || **~es Flussquant** / fluxon *n* || **~es Fremdfeld** / external magnetic field, magnetic field of external origin, external magnetic induction || **~es Geräusch** / magnetic noise || **~es Gleichfeld** / direct-current magnetic field, constant magnetic field || **~es Haftrelais** / magnetically latched relay || **~es Moment** / magnetic moment, magnetic couple || **~es Moment** (Ampèresches) / magnetic area moment || **~es Moment** (Coulombsches) / magnetic dipole moment || **~es Moment pro Volumeneinheit** / magnetic moment per unit volume, magnetic moment density || **~es Rauschen** / magnetic noise || **~es Restfeld** / remanent magnetic field || **~es Spannungsgefälle** / magnetic

potential difference, magnetic field-strength || **~es Störfeld** / magnetic interference field, stray magnetic field || **~es Streufeld** / stray magnetic field || **~es Vektorpotential** / magnetic vector potential || **~es Zeitrelais** / magnetic time-delay relay
magnetisierbar *adj* / magnetizable *adj*
Magnetisierbarkeit *f* / magnetizability *n*, susceptibility *n*
magnetisieren *v* / magnetize *v*
magnetisierendes Feld / magnetizing field
Magnetisierstrom *m* / magnetising current
magnetisiert *adj* / magnetized *adj*
Magnetisierung *f* / magnetization *n*
Magnetisierungs·arbeit *f* / magnetization energy || **≈-Blindleistung** *f* / magnetizing reactive power, magnetizing VA (o. kVA) || **≈charakteristik** *f* / open-circuit characteristic (o.c.c.), no-load characteristic || **≈dichte** *f* / volume density of magnetization || **≈feld** *n* / magnetizing field, magnetization field || **≈feldstärke** *f* / magnetizing force || **≈fluss** *m* / magnetizing flux || **≈geräusch** *n* / magnetic noise || **≈kennlinie** *f* (el. Masch.) / magnetization characteristic || **≈kraft** *f* / magnetizing force
Magnetisierungskurve *f* / magnetization curve, magnetization characteristic || **ideale ≈** / anhysteretic curve, magnetization characteristic || **normale ≈** / commutation curve, normal magnetization curve
Magnetisierungs·leistung *f* / magnetizing power || **≈reaktanz** *f* / magnetizing reactance, mutual reactance, air-gap reactance || **≈richtung** *f* / direction of magnetization, direction of magnetizing || **≈schleife** *f* / hysteresis loop, B-H loop, magnetization loop || **≈stärke** *f* / magnetization intensity, intrinsic induction || **≈stoßstrom** *m* (Trafo) / magnetizing inrush current || **≈strom** *m* / magnetizing current, exciting current || **≈stromstoß** *m* / magnetizing inrush || **≈verlust** *m* / magnetic loss || **≈windungen** *f pl* / magnetizing ampere-turns || **≈zeit** *f* / magnetization time || **≈zustand** *m* / state of magnetic flux saturation
Magnetismus *m* / magnetism *n* || **≈** *m* (Lehre) / magnetics *plt*
Magnetit *m* / magnetite *n*
Magnetjoch *n* / magnet yoke
Magnetkarte *f* / magnetic card
Magnetkartenausweis *m* / magnetic stripe identity card || **≈leser** *m* / magnetic stripe ID card reader
Magnet·kern *m* / magnet core || **≈kern** *m* (Speicher) / magnetic core || **≈kissen** *n* / magnetic cushion || **≈kissenverfahren** *n* / electromagnetic levitation || **≈körper** *m* / magnet body, magnet *n*
Magnetkraft *f* / magnetic force, magnetic field strength || **~verriegelt** *adj* / solenoid-locked *adj* || **≈verriegelung** *f* / locking with electro-magnetic force
Magnet·kreis *m* / magnetic circuit || **≈kupplung** *f* / magnetic clutch, magnetic coupling || **≈lager** *n* (a. EZ) / magnetic suspension bearing, magnet bearing || **≈läufer-Synchronmotor** *m* / permanent-magnet synchronous motor || **≈legierung** *f* / magnetic alloy || **≈motorzähler** *m* / commutator motor meter || **≈nest** *n* / residual local magnetic field || **≈nockenschütz** *n* / cam-operated contactor, contactor with coil-operated cam mechanism || **≈oberlager** *n* (EZ) / top magnet bearing
magnetodynamisches Relais / magneto-electric relay
magnetohydrodynamisch·er Generator / magnetohydrodynamic generator (MHD generator) || **~es Kraftwerk** (MHD-Kraftwerk) / magnetohydrodynamic thermal power station (MHD thermal power station)
magnetomechanische Hysteresis / magnetomechanical hysteresis, magnetoelastic hysteresis
Magnetometer *n* / magnetometer *n*, magnetic tester
magnetomotorische Kraft (MMK) / magnetomotive force (m.m.f.)
magneto·optisch *adj* / magneto-optic *adj* || **~plasmadynamischer Generator** / magnetoplasmadynamic generator (m.p.d. generator)
Magnetostabilität *f* / magnetic stability, magnetostability *n*
magnetostatisch *adj* / magnetostatic *adj* || **~es Potential** / scalar magnetic potential
Magnetostriktion *f* / magnetostriction *n*
magnetostriktiv·e Verlängerung / magnetic elongation || **~er Effekt** / magnetostrictive effect || **~er Wandler** / magnetostrictive transducer
magnetothermische Stabilität / magneto-thermal stability
Magnetowiderstands·effekt *m* / magnetoresistive effect || **≈koeffizient** *m* / magnetoresistive coefficient
Magnet·periode *f* / magnetic period || **≈pfad** *m* / magnetic path || **≈platte** *f* / magnetic disc || **≈pol** *m* / magnet pole, main pole, pole of a magnet || **≈polfläche** *f* / magnet pole face, pole face of magnet coil
Magnetpulver *n* / magnetic powder, ferromagnetic powder, ferrous powder || **≈bremse** *f* / magnetic powder brake || **≈kupplung** *f* / magnetic-particle coupling || **≈prüfung** *f* / magnetic-particle test, magnetic-particle inspection, magnetic testing, magnetic inspection, electromagnetic testing
Magnet·rad *n* (Läufer, Polrad) / rotor *n*, magnet wheel, pole wheel || **≈relais** *n* / magnetic relay, electromagnetic relay
Magnetringanschlag *m* / magnet ring stamp || **Lager von ≈** / storage pin for magnet ring stamp
Magnetron *n* / magnetron *n* || **≈ mit Spannungsdurchstimmung** / voltage-tunable magnetron, injected-beam magnetron || **≈-Injektionsstrahlerzeuger** *m* / magnetron injection gun
Magnetrührer *m* / magnetic stirrer (o. agitator)
Magnetschalter *m* / electromagnetic switch, solenoid-operated switch, contactor *n*, magnetically operated switch || **≈** *m* (LS) / electromagnetic circuit-breaker, magnetic circuit-breaker || **≈** *m* (betätigt beim Vorbeiführen eines Magneten) / magnet-operated switch, magnet-operated proximity switch || **≈** *m* / magnetically operated position switch, proximity position switch
Magnet·scheibe *f* / magnet disc || **≈schenkel** *m* / pole piece, pole *n* || **≈schlussstück** *n* / keeper *n* || **≈schnellschalter** *m* (LS) / high-speed air magnetic breaker || **≈schütz** *n* / electro-magnetic contactor, magnetic contactor, solenoid contactor, contactor *n* || **≈schwebebahn** *f* / magnetic-levitation transport

system, MAGLEV transportation system || ≗**schwebefahrzeug** *n* / magnetically levitated vehicle, MAGLEV vehicle || ≗**schwebesystem** *n* / magnetic levitation system || ≗**speichertechnik** *f* / magnetic storage technology || ≗**spule** *f* / magnet coil, solenoid *n*, coil *n* || ≗**stab** *m* / magnetic bar, magnetic strip || ≗**stahl** *m* / magnet steel || ≗**ständer** *m* (f. Messuhr) / magnetic mounting adaptor, magnet bracket || ≗**ständer** *m* (Masch.) / magnet frame || ≗**stativ** *n* / magnetic mount || ≗**streufeld** *n* / stray magnetic field || ≗**system** *n* / magnetic system

Magnet·tauchsonde *f* / magnetic plunger probe || ≗**träger** *m* (EZ) / magnet holder || ≗**trommel** *f* / magnetic drum || ≗**umformung** *f* / magnetic forming || ≗**unterlager** *n* (EZ) / bottom magnet bearing, electromagnetic valve || ≗**ventil** *n* / solenoid valve || ≗**ventil, ohne Grundplatte** / solenoid valve, without baseplate || ≗**ventilgrundplatte** *f* / solenoid valve base plate || ≗**verschluss** *m* / magnetic catch || ≗**verstärker-Spannungsregler** *m* / magnetic-amplifier voltage regulator || ≗**wicklung** *f* / field winding, excitation winding || ≗**zünder** *m* / magneto *n*

Main Program (MP) / master routine

Mainssignalling (Übertragung von Informationen über das 230-V-Netz mittels Signalen, die typisch im 100-KHz-Bereich liegen) / Mains signalling

Majoritäts·glied *n* DIN 40700, T.14 / majority *n* IEC 117-15 || ≗**träger** *m* / majority carrier || ≗**wechsel** *m* / majority transition

Makro *n* / macro *n* || ≗ **auflösen** / dissolve macro || ≗**ätzung** *f* / macro-etching *n* || ≗**aufnahme** *f* / photo-macrograph *n*, macrograph *n* || ≗**baustein** *m* / macro block || ≗**befehl** *m* / macro-instruction *n*, programmed instruction || ≗**bibliothek** *f* / macro-library *n* || ≗**biegung** *f* / macro-bending *n* || ≗**element** *n* (Korrosionselement) / macrocell *n* || ≗**impuls** *m* / macropulse *n* || ≗**krümmung** *f* / macro-bending *n* || ≗**krümmungsverlust** *m* (LWL) / macrobend loss

Makrolon·abdeckung *f* / macrolon cover || ≗**scheibe** *f* / macrolon plate

makropräparative Chromatographie / macro-preparative chromatography

Makro·programmierung *f* / macroprogramming *n* || ≗**prüfung** *f* / macro-examination *n* || ≗**schliffbild** *n* / macrosection *n*, macrograph *n*

makroskopische Prüfung / macroscopic test

Makro·sprache *f* / macro language || ≗**struktur** *f* / macrostructure *n* || ≗**umgebung** *f* / macro-environment *n*

MAK-Wert *m* (maximale Arbeitsplatzkonzentration) / MAC value (maximum allowable concentration), TLV (threshold limit value at place of work)

Maltesergetriebe *n* / Geneva gearing

Managementebene *f* / enterprise resources planning level (ERP level)

Manchestercodierung *f* (Codierungsverfahren, bei dem die binären Informationen durch Spannungswechsel innerhalb der Bitzeit dargestellt werden) / Manchester encoding, ERP level (entreprise resources planning level)

Maneuvering / manoeuvre

Mangandioxid-Lithium-Batterie *f* / manganese dioxide lithium battery

Manganoxid-Magnesium-Batterie *f* / manganese dioxide-magnesium battery

Mangel *m* / energy shortfall, energy shortage || ≗ *m* (QS) DIN 55350, T.11 / deficiency *n*

Mängel beheben (QS) / to correct deficiencies || ≗**bericht** *m* (QS) / non-conformance report, defect report (o. note)

Mangelleitung *f* (HL) / hole conduction, P-type conduction

Mängel·meldung *f* / defect notification || ≗**rüge** *f* / notification of defects, notification of deficiencies, notification of non-conformance

Manilapapier *n* / manila paper

Manipulatorsteuerung *f* / manipulator control

männlicher Kontakt / male contact, pin contact

Mannloch *n* / manhole *n*, inspection opening || ≗**fahren** *n* / manhole positioning, inching *n*

Mannstunden, mittlere ≗ für Instandhaltung (Erwartungswert der Mannstunden für Instandhaltung) / mean maintenance man-hours (The expectation of the maintenance man-hours)

Manometer *n* / manometer *n*, pressure gauge || **McLeod-**≗ *m* / McLeod vacuum gauge || ≗**-Prüfpumpe** *f* / pressure-gauge test pump

Mano-Tachometer *m* / manometric tachometer

Manschette *f* / prefabricated V-rings || **Dichtungs**≗ / seal V-ring

Manschettendichtung *f* / cup packing, U packing ring || ≗ *f* (Lg.) / lip seal || ≗ **aus Gummimischung** / sealing with rubber preformed rings, sealing with rubber preformed V-rings

Manschettenstopfbuchse *f* / stuffing box with molded V-rings

Mantel *m* (Gehäuse) / housing *n*, enclosure *n* || ≗ *m* (Kabel) / sheath *n* (A uniform and continuous tubular covering, enclosing the insulated conductor and used to protect the cable against influences from the surroundings), jacket *n* (US) || ≗ *m* (LWL) / cladding || ≗ *m* (Einbaumot.) / shell *n* || ≗ *m* (StV-Fassung) / skirt *n*, lower shield || ≗ *m* (Zylinder) / envelope *n*, lateral surface || ≗ *m* (Batt.) / jacket *n* || ≗**bauform** *f* (Trafo) / shell form, shell type || ≗**blech** *n* (el. Masch.) / jacket plate, shell plate || ≗**drosselspule** *f* / shell-type reactor || ≗**druckkabel** *n* / self-contained pressure cable || ≗**durchmesser** *m* (LWL) / cladding diameter || ≗**elektrode** *f* (Lampe) / sheathed electrode || ≗**elektrode** *f* (Schweißelektrode) / coated electrode || ≗**fläche** *f* / lateral surface, peripheral surface, jacket surface || ≗**flächenbearbeitung** *f* (WZM) / peripheral surface machining || ≗**flächentransformation** *f* / peripheral surface transformation || ≗**gewinde** *n* / barrel thread || ≗**keilklemme** *f* / tapered mantle terminal || ≗**kern** *m* / sleeve core, M-core *n* || ≗**klemme** *f* / mantle terminal, sheath clamp || ≗**-Kreisabweichung** *f* (LWL) / non-circularity of cladding || ≗**kurventransformation** *f* / peripheral curve transformation

Mantelleitung *f* / light plastic-sheathed cable, non-metallic-sheathed cable || **leichte PVC-**≗ / light PVC-sheathed cable

Mantel·linie *f* (NC) / side line || ≗**magnet** *m* / shell-type magnet || ≗**mischung** *f* (f. Kabel) / sheathing compound || ≗**mitte** *f* (LWL) / cladding centre || ≗**mittelpunkt** *m* (LWL) / cladding centre || ≗**mode** *f* (LWL) / cladding mode || ≗**moden-Abstreifer** *m* (LWL) / cladding-mode stripper || ≗**polmaschine** *f* / cylindrical-rotor machine || ≗**prüfgerät** *n* / sheath testing unit || ≗**rohr** *n* (Rohrleiter) / enclosing tube, tubular jacket || ≈**schneidzange** *f* / sheath cutter

Mantelschutzhülle *f* / protective sheath, protective envelope, protective sheathing, plastic oversheath, extruded oversheath, oversheath *n* || **Maschine mit ≈kühlung** / ventilated totally enclosed machine, double-casing machine

Mantel·-Thermoelement *n* / sheathed thermocouple || ≈**transformator** *m* / shell-type transformer, shell-form transformer || ≈**verluste** *m pl* (el. Masch.) / can loss || ≈**verlustfaktor** *m* (Kabel) / sheath loss factor IEC 287, concentric winding || ≈**wicklung** *f* / cylindrical winding

Mantisse *f* (Logarithmusnotierung) / mantissa *n* || ≈ *f* (in Radixschreibweise dargestellte Zahl) / fixed-point part

Mantissenziffer *f* / mantissa digit

manuell programmierbar / manually programmable, keystroke-programmable *adj* || **~e Dateneingabe** / manual data input (MDI) || **~e Programmierung** / manual programming || **~er Betrieb** (NC) / manual mode of operation (NC) ISO 2806-1980 || **~er Eingriff** (NC) / manual override, override *n* || **~er Wiederanlauf bei geschützten Ausgängen** (SPS) DIN EN 61131-1 / manual restart with protected outputs || **~es Übersteuern der automatischen Funktionen** / manual overriding of automatic control function

Manufacturing Automation Protocol (MAP) / manufacturing automation protocol (MAP), MAP protocol

Manufacturing Message Format Standard (MMFS) / manufacturing message format standard (MMFS)

Manufacturing Message Specification (MMS) / manufacturing message specification (MMS)

MAP (Manufacturing Automation Protocol) / manufacturing automation protocol, MAP protocol, MAP (Manufacturing Automation Protocol) || **≈-Protokoll** *n* / manufacturing automation protocol (MAP), MAP protocol

Marke *f* / brand *n*, mark *n*, trademark *n* || ≈ *f* (Bürste) / type *n*, grade *n* || ≈ *f* (SPS-Programm) / label *n* EN 61131-3 || ≈ *f* (Bezeichner von Datenobjekten, die in Speichern abgelegt wurden) DIN 44300 / label *n*, tag *n* || ≈ *f* (Flp.) / marking *n* || ≈ *f* (GKS) / marker *n* || **Läufer~** *f* (EZ) / rotor mark, disc spot || ≈**setzen** / set a mark || **Zeit~** *f* (Osz.) / time mark

Marken·geber *m* (Schreiber) / marking generator || ≈**generator** *m* / marking generator || ≈**öl** *n* / trademarked oil, branded oil || ≈**persönlichkeit** *f* / trade-mark personality

Marker *m* (Flp.) / marker *n*

Markieranweisung *f* / flag setting instruction

markieren *v* / mark *v*, earmark *v*, highlight *v* || ≈ *n* / flag setting || **Alles ~** / select all

Markier·koppler *m* (Osz.) / marking coupler || ≈**motor** *m* (EZ) / prefix-printing motor || ≈**schritt** *m* / flag setting step || ≈**system** *n* (Schreiber) / marking system

Markierung *f* / marking *n*, mark *n* || ≈ *f* (FWT) / identification *n* || ≈ *f* (Datenidentifizierung) / label *n* || ≈ *f* (Merker) / flag *n* || ≈ *f* (mit Merkern) / flag setting || ≈ *f* (QS, v. Proben, z. B. Fünfermarkierung) / score *n*, tally *n* || **Tarif~** *f* / tariff identifier, tariff code

Markierungen *f pl* (Schreiber, Punktmarkierungen) / point impressions

Markierungs·bit *n* / flag bit || ≈**hilfe** *f* (Flp.) / marking aid || ≈**knopf** *m* (Straße) / road stud (GB), raised pavement marker || ≈**zeichen** *n* (M) / marker *n*, flag *n* (F), bit memory

Markt·anteil *m* / market share || ≈**anteilsziele** *n pl* / target market share || ≈**bearbeitung** *f* / marketing *n* || ≈**einführung** *f* / market introduction || ≈**einführungskonzept** *n* / market entry concept || ≈**einführungsmaßnahmen** *f pl* / market launch activities || ≈**einführungsphase** *f* / market introduction phase || ≈**präsenz** *f* / market presence || ≈**preis** *m* / market price || ≈**situation** *f* / market situation || ≈**strategie** *f* / market strategy || ≈**studie** *f* / market study || ≈**untersuchung** *f* / market study || ≈**vorbau** *m* / market profile

Martens, Wärmefestigkeit nach ≈ / Martens thermostability

Masche *f* (Netzwerk, CAD) / mesh *n*

Maschen·bild *n* / mesh structure || ≈**erder** *m* / grid-type earth electrode, mesh earth electrode || ≈**impedanzmatrix** *f* / mesh impedance matrix

Maschennetz *n* / meshed system, meshed network || ≈**auslöser** *m* (fc-Auslöser) / capacitor-delayed shunt release for network c.b., shunt release with capacitor unit || ≈**relais** *n* (Schutzrelais f. Maschennetzschalter) / network master relay ANSI C37.100 || ≈**schalter** *m* / circuit-breaker for mesh-connected systems, network c.b., network protector, circuit-breaker with time-delayed shunt release || ≈**transformator** *m* / network transformer

Maschen·regel *f* (v. Kirchhoff) / Kirchhoffs voltage law || ≈**schaltung** *f* / mesh connection || ≈**strom** *m* / mesh current || ≈**weite** *f* / mesh size

Maschine *f* / machine *n* || ≈ **Auto** / machine auto || ≈ **für eine Drehrichtung** / non-reversing machine || ≈ **für indirekten Antrieb** / indirect-drive machine || ≈ **für Luftkanalanschluss** / duct-ventilated machine || ≈ **für Rohranschluss** / pipe-ventilated machine || ≈ **für zwei Drehrichtungen** / reversible machine, reversing machine || ≈ **in senkrechter Anordnung** / vertical machine, vertical-shaft machine || ≈ **Manuell** / machine manual || ≈ **mit abgedichtetem Gehäuse** / canned machine || ≈ **mit abgedichteten Bauteilen** / canned machine || ≈ **mit abgestuftem Luftspalt** / graded-gap machine || ≈ **mit ausgeprägten Polen** / salient-pole machine || ≈ **mit belüftetem Rippengehäuse** / ventilated ribbed-surface machine || ≈ **mit belüftetem, abgedecktem Gehäuse** / ventilated totally enclosed machine, double-casing machine || ≈ **mit Berührungsschutz** / screen-protected machine || ≈ **mit direkter Wasserkühlung** / direct water-cooled machine || ≈ **mit Durchzugsbelüftung** (IPR 44) / duct-ventilated machine, pipe-ventilated machine || ≈ **mit Durchzugsbelüftung** (IP 23) / open-circuit air-cooled machine, enclosed ventilated machine || ≈ **mit Durchzugskühlung** (Ex p) / pressurized machine || ≈ **mit Eigen- und Fremdbelüftung** / machine with combined ventilation || ≈ **mit Eigenerregung** / machine with direct-coupled exciter, self-excited machine || ≈ **mit Eigenkühlung** / self-cooled machine || ≈ **mit Eigenkühlung durch Luft in geschlossenem Kreislauf** / closed air-circuit fan-ventilated air-cooled machine || ≈ **mit feldschwächender Verbunderregung** / differential-compounded machine || ≈ **mit Flüssigmetallkontakten** / liquid-metal machine || ≗ **mit Fremderregung** / separately excited machine || ≗ **mit Fremderregung und Selbstregelung** / compensated self-regulating machine, compensated regulated machine || ≗ **mit Fremdkühlung durch Luft in geschlossenem Kreislauf** / closed-air-circuit separately fan-ventilated air-cooled machine || ≗ **mit geschlossenem Luftkreislauf** / closed-air-circuit machine || ≗ **mit geschlossenem Luftkreislauf und Rückkühlung durch Wasser** / closed-air-circuit water-cooled machine ' || ≗ **mit innerem Überdruck** / pressurized machine || ≗ **mit konischem Läufer** / conical-rotor machine || ≗ **mit Luft-Luft-Kühlung** / air-to-air cooled machine || ≗ **mit Luft-Wasser-Kühlung** / air-to-water cooled machine || ≗ **mit Mantelkühlung** / ventilated totally enclosed machine, double-casing machine || ≗ **mit massiven Polschuhen** / solid pole shoe machine || ≗ **mit Nebenschlusserregung** / shunt-wound machine, shunt machine || ≗ **mit Permanentmagneterregung** / permanent magnet machine || ≗ **mit Plattenschutzkapselung** / flange-protected machine || ≗ **mit Reihenschlusserregung** / series-wound machine, series machine || ≗ **mit Rippengehäuse** / ribbed-surface machine, ribbed-frame machine || ≗ **mit Selbsterregung** / self-excited machine || ≗ **mit Selbstkühlung** / non-ventilated machine, machine with natural ventilation || ≗ **mit Selbstregelung** / self-regulated machine || ≗ **mit senkrechter Welle** / vertical-shaft machine, vertical machine || ≗ **mit Strahlwasserschutz** / hose-proof machine || ≗ **mit Umlaufkühlung** / closed air-circuit-cooled machine, machine with closed-circuit cooling || ≗ **mit Umlaufkühlung und Luft-Luft-Kühler** / closed air-circuit air-to-air-cooled machine, air-to-air-cooled machine || ≗ **mit Umlaufkühlung und Wasserkühler** / closed air-circuit water-cooled machine, water-air-cooled machine, air-to-water-cooled machine || ≗ **mit Verbunderregung** / compound-wound machine, compound machine || ≗ **mit vergossener Wicklung** / encapsulated machine || ≗ **mit Vollpolläufer** / cylindrical rotor machine || ≗ **mit zusammengesetzter Erregung** / compositely excited machine || ≗ **mit zwei Wellenenden** / double-ended machine || ≗ **mittlerer Leistung** / machine of medium-high rating || ≗ **ohne Wendepole** / non-commutating-pole machine || **dauermagneterregte** ≗ / permanent-field machine || **eigenbelüftete** ≗ / self-ventilated machine || **einzelgefertigte** ≗ / custom-built machine, non-standard machine || **gleitgelagerte** ≗ / sleeve-bearing machine || **läuferkritische** ≗ / machine with thermally critical rotor || **nichtspanabhebende** ≗ / non-cutting machine

maschinell bearbeiten / machine *v* || ~ **bearbeitete Fläche** / machined surface || ~ **fertigbearbeiten** / finish-machine *v* || ~ **vorbearbeiten** / premachine *v* || **~e Bearbeitbarkeit** / machinability *n* || **~e Bearbeitung** / machining *n* || **~e Programmierung** / computer programming || **~es Entfetten** / mechanical degreasing, machine-degreasing *n*

Maschinen in Kaskadenschaltung / machines in cascade, machines in tandem, machines in concatenation || ≗**abläufe** *m pl* / machine sequences || ≗**ableiter** *m* / machine arrester, lightning arrester, surge diverter || ≗**abnahme** *f* / machine acceptance || ≗**achsbezeichner** *m* / machine axis identifier || ≗**adresse** *f* / machine address, physical address, actual address, absolute address || ≗**alarm** *m* (NC) / machine alarm || ≗**anpassung** *f* / adaptation to the machine, machine adaptation || ≗**anwendung** *f* / machine application || ≗**auslastung** *f* / machine utilization || ≗**ausnutzung** *f* (WZM, NC) / machine utilization || ≗**ausrüstungen** *f pl* / equipment for machines

Maschinen·bau *m* / machine building industry, machine building, machine construction || ≗**bauer** *m* / machine manufacturer, machine OEM || ≗**baustahl** *m* / machine steel || ≗**beanspruchung** *f* / machine load || ≗**bedienfeld** *n* / machine control panel (MCP) || ≗**bedienpult** *n* / machine control panel (MCP) || ≗**bedientafel** *f* / machine control panel (MCP) || ≗**bedienung** *f* / machine operation || ≗**bedienungselemente** *n pl* / machine controls || ≗**bedienungspult** *n* / machine control panel (MCP) || ≗**bedienungstafel** *f* / machine control panel (MCP) || ≗**belastung** *f* / machine load, machine loading || ≗**bereich** *m* / machine area || ≗**beschickung** *f* / machine loading || ≗**beschreibung** *f* (NC) / machine description, machine specification || ≗**bett** *n* / machine base

maschinenbezogen *adj* / machine-related *adj* || **~er Istwert** / machine-related actual value || **~er Zyklus** / machine-related cycle, customized cycle

Maschinen·bezugspunkt *m* / machine reference point || ≗**buch** *n* / machine logbook || ≗**code** *m* (MC) / machine code (MC)

Maschinendaten *plt* / machine data || ≗ **& Assistent** / parameterization & wizard || ≗**baum** *m* / machine data tree || ≗**belegung** *f* / machine data (MD) || ≗**bit** *n* / machine data bit || ≗**erfassung** *f* (MDE) / machine data acquisition (MDA) || ≗**erfassungsstation** *f* (MDE Terminal) / machine data acquisition terminal (MDAT) || ≗**satz** *m* / machine data block, set of machine data, machine data record || ≗**speicher** *m* (NC) / machine data memory

Maschinen·datum *n* (MD) / machine data (MD) || ≗**ebene** *f* / machine level || ≗**einrichtedatum** *n* / machine data (MD) || ≗**element** *n* / machine element || ≗**erfassung** *f* / machine input || ≗**fabrikant** *m* / machine manufacturer || ≗**fähigkeitsuntersuchung** *f* / machinery capability test || ≗**file** *n* / machine file || ≗**führung** *f* / motor commutation, machine guideway || ≗**führung** *f* (SR) / machine commutation || ≗**führungbetriebsbereich** *m* / machine-commutated operating range || ≗**funktion** *f* / machine function || ≗**funktion** *f* (M-Funktion) / special function, M function (Instructions which primarily control on/off functions of the machine or NC system) || ≗**fußschraube** *f* / holding-down bolt || ≗**geber** *m* (Lagegeber, der nicht in den Motor eingebaut, sondern außen an die Arbeitsmaschine bzw. über ein mechanisches Zwischenglied angebaut ist. Der externe Geber wird zur direkten Lageerfassung (direkte Lageerfassung) verwendet) / externally mounted encoder, external encoder, mounted encoder, built-on encoder

maschinengeführter Stromrichter / machine-commutated converter, load-commutated converter, motor-commutated converter

Maschinengehäuse *n* / machine frame, machine housing
maschinengetakteter Stromrichter / machine-clocked converter, machine-commutated converter
Maschinen·-Glasthermometer *n* / industry-type liquid-in-glass thermometer, straight-stem mercury thermometer || **≗griff** *m* / machine-tool handle, ball handle, ball-lever handle || **≗halle** *f* / machine hall, machine room || **≗handgriff** *m* (Steuerschalter) / machine-tool handle, ball handle, ball-lever handle || **≗haube** *f* / machine jacket, machine cover || **≗haus** *n* (KW) / power house || **≗hersteller** *m* / machine manufacturer, machine OEM || **≗herstellerbetreuung** *f* / machine OEM support || **≗inbetriebnahme** *f* / installation and start-up || **≗konstante** *f* (el. Masch.) / output constant || **durchgängiges ≗konzept** / integrated machine concept || **≗koordinatensystem** *n* (MKS) / machine coordinate system (MCS) || **≗körper** *m* / machine frame || **≗laufzeit** *f* / machine run time, machine utilization time || **≗leistung** *f* / machine power
maschinenlesbare Fabrikatbezeichnung (MLFB) / machine-readable product code, machine-readable product designation, item number, order code, MLFB, order number (order no.)
Maschinenmoment *n* / machine torque
maschinennah *adj* / machine-related *adj*, at machine level, direct at the machine, local *adj* || **~er Bereich** (Fabrik) / plant-floor environment, industrial control environment || **~es B&B** / machine-level HMI || **~es Bedienen und Beobachten** / local operator control and (process) monitoring
Maschinen·nullpunkt *m* (M) / machine zero (M) || **≗-Nullpunkt** *m* (NC, CLDATA-Wort) / origin ISO 3592 || **≗-Nullpunkt** *m* (NC) / machine datum, machine origin, machine zero point, machine zero || **≗nummer** *f* (Fabrik-Nr.) / serial number, serial No.
maschinenorientiert *adj* (NC) / machine-oriented *adj* || **~e Programmiersprache** / computer-oriented language, machine-oriented language
Maschinenpendel *n* (Bedienpendel) / machine control pendant
Maschinenperipherie, dezentrale ≗ (DMP) / distributed machine I/O devices, distributed I/O devices, distributed I/Os, distributed I/O, DMP, dp
Maschinen·platz *m* / machine station || **≗programm** *n* / machine program, machine-code program, computer program || **≗-Referenzpunkt** *m* (NC) / machine reference point, machine home position || **≗reihe** *f* / machine series || **≗richtlinie** *f* / machinery directive || **≗richtlinie** *f* (MRL) / machine directive, machinery directive || **≗satz** *m* / machine set, machine unit, set *n*, unit *n*, composite machine || **Wasserkraft-≗satz** *m* / hydroelectric set || **≗schalttafel** *f* / machine control panel (MCP) || **≗schlitten** *m* / machine slide || **≗schlosser** *m* / machinery fitter
maschinenschonend *adj* / machine-friendly *adj* || **~e Gewindebearbeitung** / machine-friendly threading
Maschinen·schraube *f* / machine screw, machine bolt || **≗schutz** *m* / machine protection, generator-transformer protection || **≗schutz** *m* / generator protection package, protection against damage to the machine, generator protection || **≗schutzrichtlinie** *f* / machine protection guideline || **≗seite** *f* (A- oder B-Seite) / machine end
maschinenseitiger Stromrichter / load-side converter, output (o. motor) converter
Maschinen·-Sicherheitssignal *n* (NC) / machine safety signal || **≗sockel** *m* / machine base, machine pedestal || **≗sperre** *f* (NC) / machine lock, machine lockout
maschinenspezifische Funktion / machine-specific function
Maschinen·sprache *f* (MC-Sprache) / machine language, machine code (MC), computer language, object language || **≗ständer** *m* / machine tool table, milling machine column, stator *n* || **≗steifigkeit** *f* / machine stiffness
Maschinensteuertafel *f* / machine control panel || **≗** *f* (MSTT) / machine control panel (MCP) || **Elemente der ≗** / elements on machine control panel
Maschinen·stillstandszeit *f* / machine downtime || **≗straße** *f* / machine line || **≗teil** *n* / machine part, machine component, machine element || **≗telegraf** *m* (Schiff) / engine-room telegraph || **≗terminal** *n* / machine terminal || **≗thermometer mit Analogausgang** / machine thermometer with analog output || **≗transformator** *m* / generator transformer || **≗umformer** *m* / motor-generator set || **≗unterbau** *m* / machine base || **≗wort** *n* / computer word, machine word || **≗zeit** *f* (Rechnerzeit) / computer time, processing time || **≗zyklus** *m* / machine cycle (sequence of operations in a CPU)
Maser *m* / maser *n* (microwave amplification by stimulated emission of radiation)
Masern *n* (gS) / measling *n*
Maske *f* / mask *n*, screen *n*, screen display || **≗** *f* (Bildschirm) / (screen) form *n* || **≗** *f* (IC) / mask *n*, photomask *n* || **≗ zurück** / screenform back
Masken·dialogsystem *n* / interactive forms system || **≗element** *n* (BSG) / form element || **≗feld** *n* (BSG) / mask field || **≗führung** *f* / using interactive screen forms || **~geführt** *adj* / using interactive screen forms || **~programmierbar** *adj* / mask-programmable *adj* || **~programmierter Festwertspeicher** (MPROM) / mask-programmed read-only memory (MPROM) || **≗programmierung** *f* / mask programming || **≗- und Formulareditor** *m* / screen forms editor || **≗vorlage** *f* (IS) / mask pattern
maskieren *v* (DV) / mask *v*
Maß *n* / setting *n*, dim. || **≗** *n* (Maßgröße) / measure *n* || **≗** *n* (Abmessung) / dimension *n* || **≗** *n* (Lehre) / gauge *n* || **≗** *n* (Toleranzsystem, Größenangabe) DIN 7182,T.1 / size *n* || **≗abweichung** *f* / dimensional deviation, deviation *n*, measured error IEC 770 || **≗analyse** *f* / dimensional analysis
Maßangabe *f* / dimensions *n pl* || **≗** *f* (NC) / dimensional notation, size notation || **≗ in Winkelgraden** / angular dimension || **≗ Kugel** / dimensional detail, sphere || **≗ metrisch und inch** / dimensions in metric and inch systems || **≗ Seite x mm** / dimensional detail side || **inkrementale ≗** / incremental dimension, incremental dimensioning
Maßangaben *f pl* / dimensions *n pl*, dimensional details || **relative ≗** (NC-Wegbedingung) DIN 66025,T.2 / incremental dimensions ISO 1056, incremental program data || **aktueller ≗wert** (logischer Eingabewert) / current value of measure
Maß·-Befehl *m* (NC, Wort) / dimension word || **≗beständigkeit** *f* / dimensional stability, thermostability *n* || **≗bezeichnung** *f* / dimension

symbol || ²**bezugsfläche** *f* / reference surface || ²**bild** *n* / dimension drawing, dimensioned drawing, dimension diagram, outline drawing || ²**blatt** *n* / dimension drawing, dimensioned drawing, dimension diagram, outline drawing || ²**blätter** *n pl* / outline drawings || ²**differenz** *f* / dimensional difference

Maße *n pl* / dimensions *n pl*

Masse *f* (M) / mass *n* (M), ground *n*, frame *n*, chassis ground, chassis *n*, 0V reference potential, base *n*, earth *n* || ² *f* (Gerüst, Erdung) / frame *n* || ² *f* (Bezugspotenzial) / reference potential, zero potential || ² *f* (SPS-Geräte) / chassis ground, zero V reference potential || ² **bewegter Teile** / inertia or mass force || **an** ² **legen** / connect to frame, connect to ground || **mit** ² **vergießen** / fill with compound, seal with compound, seal *v* || **aktive** ² (Batt.) / active material || **bewegte** ² / dynamic mass || **Bezugs~** *f* / earth (o. ground) reference || **gegen** ² / relative to frame || **interne** ² (elST) / internal earth terminal, internal ground terminal, chassis terminal || **logische** ² (Erde) / logic earth, logic ground IEC 625 || **Mess~** *f* / signal ground

Masseanschluss *m* / (electrical) bonding, bonding to frame (o. chassis) || ² *m* (Klemme) / frame terminal, chassis terminal, frame earth terminal

massearme Isolierung / mass-impregnated and drained insulation

Masse·aufbereitung *f* / compound preparation || ²**band** *n* (Erdungsb.) / earthing (o. grounding) strip

massebezogen·e Messung / common-reference measurement || **~e Scheinleistungsdichte** / apparent power mass density || **~e Spannung** / voltage to ground, voltage to reference bus || **~er Analogeingang** / single-ended analog input

Masse·einheit *f* / unit of mass || ²**-Elektronik** *f* / electronics frame terminal || ²**-Elektronik-Klemme** *f* / electronics frame terminal || **~frei** *adj* (nicht geerdet) / floating-ground *adj*, floating *adj*, unearthed *adj* || **~getränktes papierisoliertes Kabel** / mass-impregnated paper-insulated cable || **~imprägnierte Papierisolierung** / mass-impregnated paper insulation

Maßeinheit *f* / unit *n*, unit of measurement

Masse·isolation *f* / mass-impregnated insulation || ²**isolation** *f* (Isolation gegen Masse) / ground insulation, main insulation || ²**isolierung** *f* (massegetränkt) / mass-impregnated insulation || ²**kabel** *n* / paper-insulated mass-impregnated cable || ²**kabel** *n* (Erdungsk.) / earthing (o. grounding) cable, chassis (o. frame) grounding cable

Massen·absorptionskoeffizient *m* (RöA) / mass absorption coefficient || ²**achse** *f* / mass axis, principal inertia axis, balance axis || ²**anschluss** *m* / ground connection || ²**anteil** *m* / mass fraction, mass by mass || ²**behang** *m* / mass per unit length || ²**belag** *m* / mass per unit area || ²**belag** *m* (el. Leiter) / mass per unit length || ²**daten** *plt* / mass data || ²**druck** *m* / inertial force || ²**durchfluss** *m* / mass rate of flow || ²**fertigung** *f* / mass production, quantity production, large-scale production || ²**fluss** *m* / mass flow || ²**gütertransport** *m* / bulk transport and handling || ²**konzentration** *f* / mass concentration, concentration by mass, mass abundance || ²**kraft** *f* / inertial force || ²**mittelpunkt** *m* / centre of mass, centre of gravity || ²**moment** *n* / moment of inertia, mass moment of inertia || ²**punkt** *m* / mass point, material point || ²**schluss** *m* / short-circuit to frame || ²**schwächungskoeffizient** *m* (RöA) / mass attenuation coefficient || ²**speicher** *m* / bulk storage (device), mass storage || ²**spektrometer** *m* / mass spectrometer || ²**spektrometrie** *f* / mass spectrometry || ²**streukoeffizient** *m* (RöA) / mass scattering coefficient || ²**strom** *m* / mass flow || ²**trägheit** *f* / mass inertia || ²**trägheitsmoment** *n* / moment of inertia, inertia *n* || ²**voltameter** *n* / weight voltameter || ²**zunahme** *f* / material increase

Masse·potential *n* / frame potential || ²**-Rückleitung** *f* (Erdrückleitung) / earth return, ground return || ²**schiene** *f* (Erdungssch.) / earthing (o. grounding) bar || ²**schluss** *m* / short circuit to ground, short circuit to chassis (o. to frame), fault to earth || ²**verbindung** *f* / earth connection || ²**verbindung** *f* (Chassis) / chassis earth connection, chassis ground

Masseverlust *m* / weight loss, material consumption (by corrosion) || ²**prüfung** *f* VDE 0281 / weight loss test || ²**rate** *f* (Korrosion) / material consumption rate

Massezunahme *f* / material increase

Maß·fertigung *f* / custom-made design, tailor-made model || ²**gedeck** *n* / place setting || ²**genauigkeit** *f* / dimensional accuracy, accuracy to size, accuracy *n*

maßgerecht / dimensionally stable, thermostable *adj*

Maßgröße *f* (Wahrscheinlichkeitsrechnung: Funktion oder Größe zur Beschreibung einer Zufallsvariablen oder eines Zufallsprozesses) / measure *n* (A function or a quantity used to describe a random variable or a random process) IEC 50(191)

maßhaltig *adj* / dimensionally correct, dimensionally true, true to size || ~ *adj* (formbeständig) / dimensionally stable, thermostable *adj* || **nicht** ~ / off gauge

Maß·haltigkeit *f* / dimensional stability, thermostability *n*, accuracy *n* || ²**haltigkeit** *f* (Maßgenauigkeit) / dimensional accuracy, accuracy to size, trueness *n* || ²**hilfslinie** *f* / projection line, witness line

massiv *adj* (stabil) / strong *adj*, rugged *adj* || ~ *adj* (volles Material) / solid *adj*

Massiv·brücke *f* / solid bridge || ²**bürste** *f* / solid brush

massiv·e Welle / solid shaft || **~er Stift** (Stecker) / solid pin || **~es Joch** / solid yoke, unlaminated yoke

Massiv·gehäuse *n* (el. Masch.) / solid frame || ²**holz** *n* / solid wood || ²**läufer** *m* / solid rotor, solid-iron rotor, unlaminated rotor, solid-rotor machine || ²**leiter** *m* / solid conductor || ²**pol** *m* / solid pole || ²**pol-Synchronmotor** *m* / solid-pole synchronous motor || ²**ringläufer** *m* / solid-rim rotor || ²**silberauflage** *f* (Kontakte) / solid-silver facing || ²**stab** *m* (Wickl.) / solid bar

Maß·kontrolle *f* / dimensional inspection, dimensional check || ²**linie** *f* / dimension line || ²**nahme** *f* / measure *n* || ²**nahmen** *f pl* (QS-Verfahrensanweisung) / actions *n pl* (QA procedure) || ²**nahmenplan** *m* / activity schedule || ²**ordnung** *f* / dimensional coordination || ²**pfeil** *m* / (dimension) arrowhead *n*, dimension-line arrow || ²**protokoll** *n* / dimension certificate || ²**prüfung** *f* / dimensional inspection, dimensional check || ²**reihe** *f* (Lg.) / dimension series

maßschlagen *v* (stanzen) / size *v*

Maß·skizze *f* / dimensioned sketch, dimension sketch || ≗**sprung** *m* / dimensional increment, dimensional unit

Maßstab *m* (Meterstab) / rule *n* || ≗ *m* (WZM, NC) / graduated scale, divided scale, scale *n* || ≗ *m* (einer Zeichnung) / scale *n* || **binärcodierter** ≗ / binary-coded scale || ≗**änderung** *f* (NC) / scaling *n* || ≗**faktor** *m* (MG) / scale factor

maßstabgerecht *adj* / true to scale || ~ **vergrößern** / scale up *v* || **~e Zeichnung** / drawing to scale, scale drawing || **~es Modell** / scale model

Maßstableiste *f* / bar scale

maßstäblich *adj* / to scale, true to scale || ~ **gezeichnet** / drawn to scale || **nicht** ~ / not to scale (n.t.s.), out of scale

Maßstabraster *m* (NC) / grating *n*

Maßstabs·änderung *f* / scale modification, scaling *n* || ≗**faktor** *m* / scale factor || ≗**faktor ist aktiv** / scaling factor is active || **~gerecht** *adj* / true-to-scale *adj* || **prozentuale** ≗**transformation** / percentage scale factor

Maßstab·teilung *f* (NC) / grating pitch, line structure of grating || ≗**umschaltung** *f* / translation and rotation || ≗**verhältnis** *n* / fractional scale || ≗**verzerrung** *f* / scale error

Maß·system *n* / system of units || ≗**systemraster** *n* (MSR) / dimension system grid (DSG) || ≗**tabelle** *f* / dimension table || ≗**teilung** *f* / graduation *n*, division *n* || ≗**toleranz** *f* / dimensional tolerance, size tolerance || ≗**- und Gewichtsprüfung** *f* / examination of dimensions and mass

Massung *f* / connection to frame

Maß·verkörperung *f* / material measure || ≗**wert** *m* (eines logischen Eingabegeräts) / measure

Maßzahl *f* / dimension *n* || **statistische** ≗ / statistic *n*

Maß·zeichnung *f* / dimensioned drawing, dimension drawing, drawing *n* || ≗**zugabe** *f* / dimensional allowance, size allowance || ≗**zuschnitt** *m* / tailor-made, customised, tailored

Mast *m* (Holz, Stahlrohr, Beton) / pole *n*, column *n*, post *n* || ≗ *m* (Lichtmast) / column *n* || ≗ *m* (Stahlgitterm.) / tower, steel tower, lattice(d) tower || **einstieliger** ≗ / pole *n* || ≗**anker** *m* / stay *n* (tower), pole || ≗**ansatzleuchte** *f* / side-entry luminaire, slip-fitter luminaire || ≗**aufsatzleuchte** *f* / post-top luminaire || ≗**aufsatz-Spiegelleuchte** *f* / post-top specular-reflector luminaire || ≗**aufsatzstück** *n* / column socket || ≗**austeilung** *f* (Auswählen der Standorte von Freileitungsmasten) / tower spotting

Master *m* (Funktionseinheit zur Einleitung von Datenübertragungen) / master *n* || ≗**achse** *f* / master axis, leading axis (LA) || ≗**-Adresse** *f* / master address || ≗**anforderung** *f* / master request || ≗**-Anschaltungsbaugruppe** *f* / interface module, master interface module || ≗**baugruppe** *f* / master module || ≗**kanal** *m* / master channel || ≗**lizenz** *f* (Programme) / master licence || ≗**-Sätze** *m pl* / master sets || ≗**schaftsübergabe** *f* (Bussystem) / master transfer || ≗**/Slave** / master/slave || ≗**-Slave-Betrieb** *m* / master-slave operation || ≗**-Slave-Kopplung** / master/slave link || ≗**-Slave-Verfahren** / master-slave mode || ≗**spindel** *f* / master spindle, leading spindle (LS), screw spindle || ≗**-Subsystem** *n* / master subsystem || ≗**system** *n* / master system

Mast·fundament *n* (Gittermast) / tower footing || ≗**fuß** *m* (Verbindung Eckstiel-Gründung) / stub *n* || ≗**fußstation** *f* / tower base station || ≗**hörnerschalter** *m* / pole-type horn-gap switch || ≗**kopf** *m* (Gittermast) / top hamper || ≗**licht** *n* / mast-head light || ≗**schaft** *m* (einstieliger Mast) / pole shaft, column shaft || ≗**schaft** *m* (Gittermast) / tower body || ≗**schalter** *m* / pole-mounted switch || ≗**station** *f* (m. Trafo) / pole-mounted transformer || ≗**transformator** *m* / pole-type transformer, tower-mounted transformer || ≗**verlängerung** *f* (Freileitungsmast) / (tower) body extension || ≗**zopf** *m* / column spigot

Material *n* / material *n* || ≗ **des Aufzeichnungsträgers** / recording medium || **technisch überholtes** ≗ / not up to date material || ≗**aufwendungen** *f pl* / cost of materials || ≗**bahn** *f* / web *n* || ≗**bedarfsplanung** *f* / materials requirements planning (MRP) || **Maximum-**≗**-Bedingung** *f* / maximum material condition || ≗**bestand** *m* / material inventory, stock *n* (of materials) || ≗**bestandssummenliste** *f* / complete material stock list || ≗**bewertung** *f* / material evaluation || ≗**bilanz** *f* / material input-output statements || ≗**dispersionsparameter** *m* / material dispersion parameter || ≗**eigenschaften** *f pl* / physical properties || ≗**eintrittskoordinate** *f* / material entering coordinate || ≗**eintrittspunkt** *m* / material entering point || ≗**ermüdung** *f* / fatigue *n*, fatigue phenomenon || ≗**erweichung** *f* / softening of material || ≗**fehler** *m* / defect of material

Materialfluss *m* / flow of material, material flow || ≗**- und Störungsüberwachungssystem (MAUS)** *n* / material flow and fault monitoring system || ≗**kette** *f* / supply chain || ≗**steuerung** *f* / material flow control || ≗**überwachung** *f* / material flow monitoring

Material·gemeinkosten *plt* / material overheads || ≗**gewährleistung** *f* / material warranty || ≗**gewährleistungszeit** *f* / material warranty time || ≗**kennzeichnung** *f* / material identification || ≗**konstante** *f* / matter constant || ≗**kosten** *plt* / materials costs, material costs || ≗**liste** *f* / list of material, bill of materials, material specification, material list || **Maximum-**≗**-Maß** *n* DIN 7182 / maximum material size || ≗**prüfanstalt** *f* / material testing institute || ≗**prüfung** *f* / testing of material, materials testing, materials inspection || ≗**stärke** *f* / material thickness || ≗**streuung** *f* (LWL) / material scattering || ≗**- und Teilewirtschaft** / materials and parts management || ≗**verdrängung** *f* (Stanzen) / crowding *n* || ≗**verspannung** *f* / material strain || ≗**wanderung** *f* / material transfer, material migration, creep *n* || ≗**wesen** *n* / materials management || ≗**wirtschaft** *f* / materials management || ≗**zerrung** *f* / strain on material

Matrix *f* / matrix *n*, matrix array, array *n* (sensor) || ≗ *f* (Punktm.) / dot matrix || **Sensor~** *f* / sensor array || **Zell~** *f* (Darstellungselement) / cell array || ≗**ausgabe** *f* (Gerät) / matrix output unit || ≗**baugruppe** *f* / matrix module || ≗**drucker** *m* / matrix printer, dot-matrix printer || ≗**-Drucker** *m* / matrix printer || ≗**einfluss** *m* (Matrix = Umgebung, in der sich eine zu analysierende Substanz während der Analyse befindet) / matrix effect || ≗**-Nadeldrucker** *m* / impact matrix printer || ≗**-Strahlungsbrenner** *m* / Matrix radiant burner || ≗**-Tintendrucker** *m* / ink-jet matrix printer || ≗**zeichen** *n* / matrix sign

Matrize *f* (Vervielfältigungsm.) / stencil *n* || ≗ *f*

(Stanzwerkz.) / die *n*, female die, bottom die
Matrizenrechnung *f* / matrix calculus
matt *adj* / dull *adj*, matt *adj*, lusterless *adj*, flat *adj*
Matte *f* (Isoliermaterial) / mat *n*
Matten·isolierung *f* / blanket-type insulation, insulation matting || ≗**tastatur** *f* / elastomer keyboard || ≗**-Tastatur** *f* / silicone elastomer keyboard, elastomer rubber keyboard, elastomer keyboard || ≗**verdrahtung** *f* / mat wiring
Mattglas *n* / frosted glass, depolished glass || ≗**scheibe** *f* / frosted-glass pane, frosted-glass window
mattiert *adj* / mat finished || **~e Lampe** / frosted lamp || **~e Oberfläche** (a. gS) / matt finish || **~er Kolben** (Lampe) / frosted bulb
Mattierung, körnige ≗ / grainy frost
Mauer·anker *m* / wall-anchor *n* || ≗**durchführung** *f* / wall penetration, wall bushing || ≗**einputzkasten** *m* / (wall-)recessed case, wall box
Maul·klemme *f* / claw-type terminal || ≗**kontakt** *m* / claw contact
Maulwurf-Motor *m* / mole motor
Maus *f* (Bildschirmeingabegerät zur Schreibzeigersteuerung) / mouse *n* || ≗**-orientierte Bedienung** / mouse operation
max. / max.
maximal mögliche Leistung (KW) / maximum capacity, maximum electric capacity || **~ zulässige Bestrahlung** (MZB) / maximum permissible exposure (MPE) || **~ zulässige Betriebsspannung** (Messkreis) / nominal circuit voltage || **~ zulässige Betriebsspannung** (Messwiderstand, Kondensator) / temperature-rise voltage || **~ zulässige Nenn-Ansprechtemperatur des Systems** (max. TFS) / maximum permissible rated system operating temperature (max. TFS) || **~ zulässige Umgebungstemperatur** / maximum ambient temperature || **~ zulässiger Stoßstrom** (ESR-Elektrode) / surge current
Maximal·ausbau *m* / maximum configuration || ≗**ausbau** *m* (elST) / maximum complement, ultimate configuration || ≗**ausschlag** *m* / maximum deflection || ≗**bedarf** *m* / maximum requirement
maximal·e Änderungsgeschwindigkeit (der Ausgangsspannung eines Stromreglers) / slewing rate || **~e Anlauffrequenz** (Schrittmot.) / maximum start-stop stepping rate (at no external load) || **~e Arbeitsplatzkonzentration** (MAK-Wert) / maximum allowable concentration (MAC), threshold limit value at place of work (TLV) || **~e Ausgangsfrequenz** (A-D-Umsetzer) / full-scale output frequency || **~e Ausgangsstrahlung** (Lasergerät) VDE 0837 / maximum output IEC 825 || **~e Bemessungs-Stufenspannung** (Trafo) HD 367 / maximum rated step voltage IEC 214 || **~e betrieblich zugelassene Gleichtakt-Störspannung** / maximum operating common-mode voltage || **~e Betriebsfrequenz** (Schrittmot.) / maximum slew rate (at no external load) || **~e Erregung** (el. Masch.) / maximum field || **~e Kurzschlussfestigkeit** (Sicherungshalter) / peak withstand current || **~e Oberflächentemperatur** (explosionsgeschützte Geräte) / maximum surface temperature || **~e Stromstärke in Abhängigkeit vom Leiterquerschnitt** / cross section/current relationship || **~e Übermittlungszeit** (FWT) / maximum transfer time || **~er Bemessungs-Dauerstrom** (LS) / rated maximum uninterrupted current || **~er Bemessungs-Durchgangsstrom** (Trafo-Stufenschalter) HD 367 / maximum rated through-current IEC 214 || **~er Betriebsdruck** / maximum operating pressure || **~er Durchschlupf** DIN 55350, T.31 / average outgoing quality limit (AOQL) || **~er Kurzzeitstrom für eine Halbwelle** (HL-Schütz) VDE 0660, T. 109 / maximum on-state current for one half cycle || **~er Pulsjitter** / peak-to-peak pulse jitter || **~er Speicherausbau** / maximum memory configuration, maximum memory capacity || **~er unbeeinflusster Stoßstrom** VDE 0670,T.2 / maximum prospective peak current IEC 129 || **~es Ausgangssignal** / maximum signal output IEC 147-1E || **~es Drehmoment bei Anschlag der Abstimmeinrichtung** / maximum tuner stop torque || **~es Pulszittern** / peak-to-peak pulse jitter
Maximal·leistung, generatorische ≗**leistung** / maximum regenerative power || ≗**melder** *m* (Brandmelder) EN 54 / static detector EN 54 || ≗**menge** *f* / maximum flow rate || ≗**-Minimalrelais** *n* / over-and-under...relay || ≗**permeabilität** *f* / maximum permeability || ≗**relais** *n* / over...relay || ≗**schalter** *m* / excess-current circuit-breaker || ≗**spannung** *f* / maximum voltage || ≗**stand** *m* / maximum *n*
Maximalstrom-Zeitrelais, unabhängiges ≗ (UMZ-Relais) / definite-time overcurrent-time relay, definite-time overcurrent relay, DMT overcurrent relay
Maximal-Verlustleistung *f* (EB) VDE 0160 / maximum power loss (EE)
maximieren *v* / maximize *v*
Maximum *n* (EZ, StT) / maximum demand (m.d.) || ≗**ausblendung** *f* / maximum-demand bypass || ≗**auslöser** *m* / maximum-demand trip || ≗**drucker** *m* / maximum-demand printer || ≗**einrichtung** *f* / maximum-demand element || ≗**erfassung** *f* / maximum-demand metering || ≗**konstante K** / constant K of maximum-demand indicator || ≗**kontakt** *m* / maximum-demand contact || ≗**-Laufwerk** *n* / maximum-demand timing element, maximum-demand timer || ≗**-Material-Bedingung** *f* / maximum material condition || ≗**-Material-Maß** *n* DIN 7182 / maximum material size || ≗**-Messperiode** *f* (EZ) / demand integration period || ≗**-Messrelais** *n* / maximum measuring relay || ≗**messung** *f* / maximum-demand measurement (o. metering) || ≗**rechner** *m* / maximum-demand calculator || ≗**register** *n* / maximum-demand register || ≗**relais** *n* / maximum-demand relay || ≗**relais** *n* (Messrelais f. Schutz) / maximum measuring relay || ≗**rolle** *f* / maximum-demand drum || ≗**-Rückstelleinrichtung** *f* / maximum-demand zero resetting device || ≗**-Rückstellung** *f* / maximum-demand zero resetting, maximum-demand resetter || ≗**schalter** *m* / maximum-demand resetting switch, maximum-demand switch (MD switch) || ≗**scheibe** *f* / maximum-demand dial || ≗**-Schleppzeiger** *m* / maximum indicator || ≗**skale** *f* / maximum-demand scale || ≗**speicher** *m* / maximum-demand memory || ≗**tarif** *m* / demand tariff || ≗**-Überwachungsanlage** *f* / maximum-demand monitoring system || ≗**-Umschaltkontakt** *m* / maximum-demand changeover contact || ≗**wächter** *m* / maximum-demand monitor,

maximum-demand indicator
Maximumwerk *n* / maximum-demand mechanism, maximum-demand element || ≗ *n* (elektron.) / maximum-demand module (o. unit), maximum-demand calculator (o. module)
Maximumzähler *m* / maximum-demand meter, demand meter, kilowatt maximum-demand meter || ≗ **mit Kumulativzählwerk** / cumulative demand meter || **schreibender** ≗ / recording maximum-demand meter, meter with maximum-demand recorder
Maximumzeiger *m* / maximum-demand pointer, friction pointer of demand meter (depr.)
Maxi-Termi-Point *m* / maxi-termi-point *n*
Maxwellsche Einflusszahl / influence coefficient || ≗ **Spannung** / Maxwell stress
MB (Merkerbyte) / flag byte (FB), MB (memory byte) || ≗ (Menüblock) / MB (menu block)
M-Befehl *m* / M function (Instructions which primarily control on/off functions of the machine or NC system), special function
MBK / magnetic tape cassette, tape cartridge
MC / microcomputer *n* (MC) || ≗ (Machinencode) / MC (machine code)
MC5-Code *m* / MC5 code
MCALL (modaler Unterprogrammaufruf Parameter) / MCALL (modal subroutine call)
MCB / microcomputer board (MCB)
MCC / Measurement Current Control (MCC), Motion Control Chart (MCC) || ≗**-Einschub** *m* / MCC withdrawable unit, MCC drawout unit
MCI / MCI (Motion Control Interface)
McLeod-Manometer *m* / McLeod vacuum gauge
MCO / meteorological ceilometer (MCO)
MC-Sprache *f* / machine language, machine code (MC), computer language, object language
MCU / Motion Control Unit (MCU)
MD / flag data (FD) || ≗ (Maschinendatum) / MD (machine data)
Md Regelung / Mconstant control
MDA (Manual Data Automatic: in der Betriebsart MDA können einzelne Programmsätze oder Satzfolgen ohne Bezug auf ein Haupt- oder Unterprogramm eingegeben und anschließend über die Taste NC-Start sofort ausgeführt werden) / Manual Data Automatic (MDA) || ≗**-Kanal** *m* / MDA channel
MD-Array / MD array
MDA-Speicher *m* / MDA memory
MDB / Marketing Database (MDB)
MDE (Maschinendatenerfassung) / MDA (machine data acquisition) || ≗**-Leitstation** *f* / MDA master terminal || ≗**-Terminal** / machine data acquisition terminal (MDAT)
MDEP (Mindestbohrtiefe Parameter) / MDEP (minimum drilling depth)
MDI (manuelle Dateneingabe Punkt-zu-Punkt Positionieren) / manual input, MDI (manual data input) || ≗**-Verfahrsatz** *m* / manual data input (MDI), manual input
MDS (mobiler Datenspeicher) / mobile transponder, mobile data memory || ≗ / MDS (Mobile Data Storage)
MDZ / cycle machine data (MDC)
ME / synchronization/signal conversion input
MEAS (Messen mit Restweglöschen) / MEAS (measure and delete distance-to-go)
Measling / measling *n*
Mechanik *f* (SG) / mechanical system || ≗ **mit Aufhebung des Auslösemechanismus** (DT) / cancelling release mechanical system || ≗ **mit Doppelbetätigungsauslösung** (DT) / double-pressure locking mechanical system || ≗ **mit gegenseitiger Auslösung** (DT) / inter-dependent mechanical system || ≗ **mit gegenseitiger Sperrung** (DT) / locking mechanical system || **blockierende** ≗ / blocked mechanical system || **blockierende** ≗ (SG) / blocking mechanical system || **Druckknopfschalter-**≗ *f* / mechanical system of a pushbutton switch || **Rast~** *f* (DT) / single-pressure maintained mechanical system IEC 50(581) || **Tast~** *f* / momentary mechanical system, single-pressure non-locking mechanical system || **unverriegelte** ≗ (DT) / independent mechanical system
Mechaniker *m* / fitter *n*
Mechanik·-Konstruktion *f* / mechanical design || ≗**presse** *f* / mechanical press
mechanisch austauschbar / intermountable *adj* || ~ **gekuppelt** (SG) / ganged *adj*, linked *adj* || ~ **verzögerter Auslöser** / mechanically delayed release || **~e Antriebsleistung** / mechanical input || **~e Arbeit** / mechanical work || **~e Aufbauten** (MSR-Geräte) / constructional hardware || **~e Bruchkraft** VDE 0446, T.1 / mechanical failing load IEC 383 || **~e Bürde** / mechanical burden || **~e Dauerfestigkeit** / mechanical endurance, time-load withstand strength || **~e Dauerprüfung** / mechanical endurance test || **~e Empfangseinrichtung** (EZ) / mechanical receiving device || **~e Endbegrenzung** (Trafo-Stufenschalter) / mechanical end stop IEC 214 || **~e Festigkeit** (Material) / mechanical strength || **~e Festigkeit** (Gerät) / mechanical stability || **~e Freiauslösung** / mechanical release-free mechanism, mechanical trip-free mechanism || **~e Funktionsprüfung** / mechanical operation test, verification of mechanical operation || **~e Lebensdauer** / mechanical endurance, mechanical life, mechanical durability || **~e Magnetbremsung** IEC 50(411) / electromagnetic braking || **~e Mindest-Bruchfestigkeit** / specified mechanical failing load || **~e Schwingungsprüfung** (el. Masch.) / vibration test || **~e Sperre** (SG) / mechanical lockout, mechanical latch || **~e Standfestigkeit** / mechanical endurance || **~e Trägheit** / mechanical inertia || **~e Verklinkung** / mechanical latch(ing) || **~e Verriegelung** / mechanical interlock || **~e Widerstandsfähigkeit** / robustness *n*, mechanical endurance || **~e Widerstandsfähigkeit der Anschlüsse** DIN IEC 68 / robustness of terminations || **~e Wiedereinschaltsperre** / mechanical reclosing lockout || **~e Winkelgeschwindigkeit** / angular velocity of rotation || **~e Wirkverbindungslinie** / mechanical linkage line || **~e Zeitkonstante** (a. Anzeigegerät) / mechanical time constant || **~e Zündsperre** EN 50018 / stopping box EN 50018 || **~e Zündsperre mit Vergussmasse** / stopping box with setting compound || **~er Abgleich** (MG) / mechanical balance || **~er Aufbau** / mechanical design, mechanical construction || **~er Drucker** / impact printer || **~er Durchstimmbereich** / mechanical tuning range || **~er Impulsgeber** (EZ) / mechanical impulse device, contact mechanism || **~er**

Kontaktschutz / shroud *n* IEC 50(581) || **~er Leitungsschutzschalter** / mechanical circuit-breaker || **~er LWL-Spleiß** / mechanical splice || **~er Nullpunkt** (MG) / mechanical zero || **~er Nullpunkteinsteller** (MG) / mechanical zero adjuster || **~er Schalter** / mechanical switch || **~er USV-Schalter** / mechanical UPS power switch (MPS) || **~es Druckverfahren** (Fernkopierer) / impact recording || **~es Hemmwerk** (Ausl.) / mechanical time-delay element || **~es Rückarbeitsverfahren** / mechanical back-to-back test, pump-back method || **~es Schaltgerät** / mechanical switching device || **~es Schaltgerät mit bedingter Auslösung** / fixed-trip mechanical switching device || **~es Schaltgerät mit Freiauslösung** / trip-free mechanical switching device || **~es Übertragungselement** (WZM) / mechanical transmission element || **~es Wärmeäquivalent** / mechanical equivalent of heat || **~es Zeitrelais** / mechanically timed relay

mechanisierte Prüfung / remote-controlled testing

Media Access Control (MAC) / media access control (MAC)

Median *m* (Statistik) DIN 55350, T.23 / median *n* || ≗ *m* (Bereich zwischen dem proximalen und distalen Bereich) DIN IEC 469, T.1 / mesial *n* || **≗linie** *f* DIN IEC 469, T.1 / mesial line || **≗punkt** *m* DIN IEC 469, T.1 / mesial point || **≗wert** *m* / median value, median *n* || **≗wert einer Stichprobe** (QS) / sample median

Medienmodul *n* / fiber optic module

Medium, dispergierendes ≗ / dispersive medium || **entferntes** ≗ (einer el. Masch.) / remote medium || **≗, in dem der Strom unterbrochen wird** / interrupting medium || **inkompressibles** ≗ / incompressible fluid || **lichtundurchlässiges** ≗ / opaque medium || **≗anschlusseinheit** *f* / medium attachment unit (MAU) || **≗-Anschlusseinheit** *f* (LAN) / medium attachment unit (MAW) || **≗anschlusspunkt** *m* / medium attachment point || **≗-Schnittstelle** *f* (LAN) / medium-dependent interface || **≗steckerverbindung** *m* / medium interface connector

Meeres·höhe *f* / altitude above sea level || **≗wärme-Kraftwerk** *n* / ocean (or sea) temperature gradient power station || **≗wellenenergie** *f* / wave energy

Mehrachsantrieb *m* (Bahn) / coupled axle drive, multiple-axle drive

Mehrachsen *f pl* / multiple axes || **≗-Bahnsteuerung** *f* (NC) / multi-axis continuous-path control, multi-axis contouring control || **Angaben für ≗bewegung** (NC) / multi-axis information set || **≗interpolation** *f* / multi-axis interpolation || **≗steuerung** *f* (NC) / multi-axis control || **≗-Streckensteuerung** *f* (NC) / multi-axis straight-line control

Mehrachs·leistungsteile *n pl* / power modules with multiple axes || **konsequentes ≗prinzip** / systematic multi-axis principle || **≗steuerung** *f* / multi-axis control

Mehraderkabel *n* / multi-strand cable

mehradriges Flachkabel / flat multi-core cable || **~ Kabel** / multi-strand cable

Mehr·ankermotor *m* / multi-armature motor || **≗anodenventil** *n* / multi-anode valve || **≗anoden-Ventilbauelement** *n* / multi-anode valve device || **~bahniges Schieberegister** / multi-channel shift register || **≗benutzersystem** *n* / multi-user system, shared-resources system || **≗bereich** *m* / multi-range *adj* || **≗bereichs-Messgerät** *n* / multi-range instrument || **≗bereichsöl** *n* / multigrade oil || **≗bereichsspannung** *f* / multi-range voltage

mehrdimensionale Bahnsteuerung (NC) / multidimensional continuous-path control, multi-motion contouring control || **~ Steuerung** (NC) / multi-dimensional control, 3D control

mehrdrähtig *adj* / stranded *adj* || **~er Leiter** / stranded conductor || **~er Rundleiter** / stranded circular conductor

Mehr·drahtnachricht *f* DIN IEC 625 / multiline message || **≗ebenen-Prozessführung** *f* / multilevel process control || **≗einheiten-Schalter** *m* (HSS) / multi-cell switch

mehrfach geschlossene Wicklung / multiplex winding || **~ gespeistes Netz** / multiply fed system, multi-end-fed system || **~ parallelgeschaltete Wicklung** / multiplex parallel winding || **~ programmierbarer Festwertspeicher** (REPROM) / reprogrammable read-only memory (REPROM) || **~ stabilisiertes Relais** / multi-restraint relay || **~ verseilter Leiter** / multiple stranded conductor || **~ wiedereintretende Wicklung** / multiply re-entrant winding

Mehrfach·anregung *f* / multiple excitation || **≗anschaltung** *f* / multiple interfacing, multi-channel interface, multiple-interface module || **≗anschlag** *m* (WZM) / multi-position stop || **≗anschluss** *m* / multiple connection || **≗anweisung** *f* / compound statement || **≗aufrufe** *m pl* / multiple calls || **≗aufspannung** *f* / multiple clamping || **≗ausfall** *m* / multiple failures || **≗auswahl** *f* / multiple selection || **≗auswahlknopf** *m* / multiple option button || **≗bearbeitung** *f* / multiple operation || **≗bearbeitungsmaschine** *f* / multiple-operation machine (woodworking) || **≗befehl** *m* / broadcast command || **≗belegung** *f* / multiple assignment || **≗bestimmung** *f* / multiple analysis || **≗betätigung** *f* (Eingabetastatur) / rollover *n* || **≗bild** *n* (gS) / multiple pattern || **≗blitz** *m* / multiple lightning stroke || **≗blitzentladung** *f* / multiple-stroke flash || **≗bürstenhalter** *m* / multi-brush holder || **≗dekadenwiderstand** *m* / multi-decade resistor || **≗drehwiderstand** *m* / multi-gang rotary resistor || **≗durchführung** *f* / multiple bushing

mehrfache Schleifenwicklung / multiplex lap winding || **~ Wellenwicklung** / multiplex wave winding || **~ Wiederzündung** (SG) / multiple restrikes

Mehrfach·einstiche *m pl* / multiple grooves || **≗-End-End-Konfiguration** *n* (FWT) / multiple point-to-point configuration || **≗erdschluss** *m* / multiple fault, cross-country fault || **≗erregung** *f* / multiple excitation

mehrfaches Messen DIN 41640 / repetition of measurements IEC 512

Mehrfach·-Faserverbinder *m* (LWL) / multifibre joint || **≗-Fehlzustand** *m* / cross-country fault (USA) IEC 50(448) || **≗fenstertechnik** *f* / multi-windowing feature || **≗getriebe** *n* / multi-stage gearing, multiple-start thread, multiple thread || **≗käfigläufermotor** *m* / multi-cage motor || **≗-Kastenbauform** *f* (SK) VDE 0660, T.500 / multi-box-type assembly IEC 439-1 || **≗kette** *f* (Isolatoren) / multiple (insulator) string || **≗kondensator** *m* / ganged capacitor || ≗-

Kondensatorbatterie *f* VDE 0670,T.3 / multiple capacitor bank IEC 265 ‖ **≗koppler** *m* / multiplexer *n* (MUX) ‖ **≗kopplung** *f* (FWT) / multilink *n* (module) ‖ **≗-Kurzunterbrechung** *f* / multiple-shot reclosing

Mehrfach·leuchte *f* / multiple light ‖ **≗leuchtmelder** *m* / multiple indicator light, multi-element indicator light, annunciator unit ‖ **≗-Leuchtmelder** *m* / multiple indicator lights ‖ **≗-Messgerät** *n* / multiple instrument ‖ **≗-Messumformer** *m* / multi-section transducer ‖ **≗motor** *m* (mehrere Anker) / multiple-armature motor ‖ **≗-Nebenwiderstand** *m* / universal shunt

Mehrfach·nutzen *m* (gS) / multiple printed panel ‖ **≗nutzen-Druckwerkzeug** *n* / multiple image production master ‖ **≗nutzung** *f* / multiple use ‖ **≗-Oszilloskop** *n* / multirace oscilloscope ‖ **≗-Paletten-Speicher** *m* (MPS) / multi-pallet storage (MPS) ‖ **≗potentiometer** *n* / ganged potentiometer ‖ **≗-Primärausfall** *m* / common-mode failure ‖ **≗programm** *n* / multiple program ‖ **≗-Programmiergerät** *n* / gang programmer ‖ **≗-Prozessrechnersystem** *n* / multiple-computer system ‖ **≗-Punkt-zu-Punkt-Netz** *n* (FWT) / multiple point-to-point configuration ‖ **≗rastergleichlauf** *m* / multiframe alignment ‖ **≗rechneranlage** *f* / multi-computer configuration (o. installation) ‖ **≗rechner-Überwachungssystem** *n* / multi-computer monitoring system ‖ **≗reflexionen** *f pl* / interreflection (GB, n.), interflection *n* (US), multiple reflections ‖ **≗regelung** *f* / multi-loop control, multiloop control system ‖ **≗regelung** *f* (Mehrgrößenr.) / multi-variable control

Mehrfach·sammelschiene *f* / multiple busbars ‖ **≗schalter** *m* (mech. gekuppelter Sch.) / ganged switch ‖ **≗schleifen** *n* / multiple grinding ‖ **≗-Schrankbauform** *f* VDE 0660, T.500 / multi-cubicle-type assembly, multi-cabinet type ‖ **≗schreiber** *m* / recording multiple-element instrument, multi-channel recorder, multicorder *n*, multi-record instrument ‖ **≗speisung** *f* / multiple-feeder system ‖ **≗spule** *f* / multi-section coil, multiple coil ‖ **≗steckdose** *f* / multiple socket-outlet, multiple receptacle ‖ **≗stecker** *m* / multiway adaptor, multiple plug, cube tap (US), plural tap (US) ‖ **≗steckverbinder** *m* / multiway connector, multiple connector ‖ **≗steuerung** *f* (Mehrplatzsystem) / cluster controller ‖ **≗stichprobenentnahme** *f* / multiple sampling ‖ **≗stichprobenprüfplan** *m* / multiple sampling plan ‖ **≗stichprobenprüfung** *f* / multiple sampling inspection ‖ **≗system** *n* (Schutz) / redundant system

Mehrfach·tarif *m* / multiple tariff ‖ **≗tarifzähler** *m* / multi-rate meter ‖ **≗-Triplett** *n* (NC) / multiple triplet ‖ **≗übertragung** *f* (DÜ) / multiple transmission ‖ **≗unterbrechung** *f* (SG) / multiple break (operation), multiple break feature ‖ **≗ventil** *n* (LE) / multiple valve unit IEC 633 ‖ **≗verbindung** *f* (Verbundnetz) / multiple transmission link, multiple link ‖ **≗verseilung** *f* / multiple stranding ‖ **≗-Wegeventil** *n* / multiple-way valve ‖ **≗werkzeug** *n* (MFW) / multiple tool ‖ **≗widerstand** *m* / multiple resistor ‖ **≗zeitglied** *n* (Monoflop) / multi-function monoflop ‖ **≗zugriffverfahren mit Trägerabfrage und Kollisionserkennung** (CSMA-CD) / carrier sense multiple-access/collision detect (CSMA/CD) ‖ **≗zuordnung** *f* / multiple assignment

Mehr·farbenscheinwerfer *m* / multi-colour floodlight ‖ **≗flächen-Gleitlager** *n* / sectionalized-surface sleeve bearing

mehrflutiger Kühler / multi-pass heat exchanger

mehrfrequent *adj* / multi-frequency add

Mehrfrequenz·verfahren *n* (MFV) / multifrequency dialing, tone dialing, dual tone multi-frequency (DTMF) ‖ **≗-Wahlverfahren** *n* / multifrequency dialing, tone dialing, dual tone multi-frequency (DTMF)

Mehr·funktion-Schaltgeräte - Steuer- und Schutzschaltgeräte / multiple functions equipment - Control and protective switching devices ‖ **≗funktionsschaltgerät** *n* / multi-function equipment EN 60950/A2 ‖ **≗ganggewinde** *n* / multiple thread, multiple-start thread

mehrgängig gewickelt / wound interleaved ‖ **~e Labyrinthdichtung** / multiple labyrinth seal ‖ **~e Parallelwicklung** / multiplex parallel winding, multiple parallel winding ‖ **~e Schleifenwicklung** / multiplex lap winding ‖ **~e Wellenwicklung** / multiplex wave winding, multiplex two-circuit winding ‖ **~e Wicklung** / multi-strand winding, interleaved winding, multiplex winding ‖ **~es Gewinde** / multiple thread, multiple-start thread, multi-thread *n*

Mehrgängigkeit *f* (Wickl.) / multiplicity *n*

mehrgipflige Verteilung / multimodal distribution

mehrgliedriger Tarif / multi-part tariff

Mehrgrößenregelung *f* / multi-variable control, multi-input/multi-output control, multivariable control system ‖ **entkoppelte ≗** / non-interacting control

Mehrheitsbewertung *f* (redundantes System) / voter function, voter-basis evaluation

Mehrkammerklystron *f* / multi-cavity klystron

Mehrkanal·anzeige *f* (MKA) / multi-channel display ‖ **≗betrieb** *m* / multi-channel mode (o. operation) ‖ **≗register** *n* / multiport register ‖ **≗rohr** *n* (IR) / multiple-duct conduit ‖ **≗-Röntgenanalysegerät** *n* / multi-channel X-ray analyzer, multi-stream X-ray analyzer ‖ **≗-Röntgenspektrometer** *m* (MRS) / multi-channel X-ray spectrometer

Mehrkant *n* / multi-edge *adj* ‖ **≗bearbeitung** *f* / multi-edge machining ‖ **≗drehen** *n* / multi-edge turning, polygon turning

Mehrkern-Stromwandler *m* / multi-core-type current transformer, multi-core current transformer

Mehrkomponeneten·-Dosierwaage *f* / multicomponent proportioning scale ‖ **≗-Gasanalysator** *m* / multi-component gas analyzer ‖ **≗regelung** *f* / multicomponent control

Mehrkosten *plt* / extra costs

Mehrlagen·-Leiterplatte *f* / multi-layer printed board, multi-layer board (MLB) ‖ **≗verdrahtung** *f* (IS) / multi-layer metallization

mehrlagige Spule / multiple-layer coil, multi-layer coil ‖ **~ Wicklung** / multiple-layer winding, multi-layer winding

mehrlampige Leuchte / multi-lamp luminaire

Mehrleiter·-Abzweigstromkreis *m* / multi-wire branch circuit ‖ **≗kabel** *n* / multi-conductor cable, multiple-conductor cable ‖ **≗stromkreis** *m* / multi-wire circuit, multi-wire branch circuit

mehrlösige Bremse / graduated brake

Mehrmodenfaser *f* / multi-mode fibre
Mehrmotoren·antrieb *m* / sectional drive, multi-motor drive || ≗**-Auslösegerät** *n* / multi-motor tripping unit, multi-motor control unit || ≗**-Schutzschalter** *m* (LS) / multi-motor circuit-breaker assembly || ≗**-Schutzschalter** *m* (Schütze) / multi-motor contactor assembly || ≗**-Steuertafel** *f* / multi-motor control centre, motor control centre (MCC)
Mehrphasen·knoten *m* / polyphase node || ≗**maschine** *f* / polyphase machine || ≗**schreiber** *m* / recording polyphase instrument || ≗**-Spannungsquelle** *f* / polyphase voltage source || ≗**-Stromkreis** *m* / polyphase circuit, m-phase circuit || ≗**system** *n* / polyphase system, m-phase system || ≗**tor** *n* / polyphase port
mehrphasig *adj* / polyphase *adj*, multi-phase *adj*, m-phase *adj* || **~es Messgerät** / polyphase instrument || **~es Messgerät für symmetrisches Netz** / balanced-load polyphase instrument || **~es Mitsystem** / positive-sequence polyphase system
Mehrplatzsystem *n* / shared-resources system, multi-user system, multiple node system || ≗ **mit Server-Diensten** / multi-user system with server utilities
Mehrplatzvariante *f* / multi-terminal version
Mehrpol *m* / n-terminal circuit
mehrpolig *adj* / multipole *adj*, multi-polar *adj*, multi-way *adj* || **~e Darstellung** / multi-line representation || **~er Leistungsschalter** / multipole circuit-breaker || **~er Schalter in gemeinsamem Gehäuse** / multipole single-enclosure switch || **~er Schalter mit getrennten Polen** / multi-enclosure switch || **~er Steckverbinder** / multipole (o. multiway o. multi-pin) connector || **~es Schaltgerät** / multipole switching device
Mehrpol-Netzwerk *n* / n-terminal network, n-port network
Mehrpreis *m* / additional price
Mehrprodukt-Batch-Anlage *f* / multi-product batch plant
Mehrprogrammbetrieb *m* / multiprogramming *n*, multi-job operation
Mehrprozessor *m* / multiprocessor *n*, multiple processor || ≗**betrieb** *m* / multiprocessor mode || ≗**-Datenübertragungszusatz** *m* / multiprocessor communications adapter (MCA)
mehrprozessorfähig / with multiprocessor capability
Mehrprozessor·steuerung *f* (MPST) / multiprocessor-based control || ≗**system** *n* / multiprocessor *n* (system)
Mehrpunktezug *m* (NC) / multi-point definition, multi-point cycle
Mehrpunkt, HGÜ-≗-Fernübertragung *f* / multi-terminal HVDC transmission system || ≗**melder** *m* / multi-point detector || ≗**messung** *f* / multi-point measurement || ≗**messung achsparallel** / paraxial multi-point measurement || ≗**regelung** *f* / multi-step control || ≗**regler** *m* / multi-position controller, multi-step controller || ≗**schnittstelle** *f* / multi-point interface (MPI) || ≗**schreiber** *m* / multi-point recorder || ≗**-U/f-Steuerung** *f* / multi-point V/f control
Mehrpunktverbindung *f* DIN ISO 7498 / multi-endpoint connection || ≗ *f* / multi-point connection || ≗ **mit zentraler Steuerung** DIN ISO 7498 / centralized multi-endpoint connection || ≗ **ohne zentrale Steuerung** DIN ISO 7498 / decentralized multi-endpoint connection
Mehrpunktverhalten *n* (Reg.) / step control action, multi-step action, multi-level action
Mehr·quadrantenantrieb *m* / multi-quadrant drive || ≗**quadrantenbetrieb** *m* (SR-Antrieb, NC) / multi-quadrant operation || ≗**rahmensystem** *n* / multi-crate system IEC 552 || ≗**rechnersystem** *n* / multicomputer system || ≗**rechner-Überwachungssystem** *n* / multicomputer monitoring system || ≗**röhren-Oszilloskop** *n* / multi-tube oscilloscope || ≗**scheibenkupplung** *f* / multiple-disc clutch, multi-plate clutch
Mehrschicht·-Isolierstoff *m* / combined insulating material || ≗**-Leiterplatte** *f* / multi-layer printed board, multi-layer board (MLB) || ≗**wicklung** *f* / multiple-layer winding, multi-layer winding
Mehr·schneiden-Dichtungsring *m* / multi-lip sealing ring || ≗**schneidenwerkzeug** *n* / multi-edge tool, multiple-edge tool || ≗**schneider** *m* / multiple cutter
mehrschneidiges Werkzeug / multiple-edge tool, multi-edge tool
Mehrseitenbearbeitung *f* / multiface machining
mehrseitig gespeistes Netz / multiply fed system, multi-end-fed system
Mehr·sichtfenstertechnik *f* / multi-window technique X (o. display) || ≗**signal-Messgerät** *n* / multiple-channel instrument
Mehrspannung·anschluss *m* / multi-voltage mains connection || ≗**netzgerät** *n* / multi-voltage power supply unit || ≗**trafo** *m* / multi-voltage transformer || ≗**transformator** *m* / multi-voltage transformer
mehrsprachig *adj* / multilingual *adj*
Mehrstellen·schalter *m* / multi-position switch, multiway switch || ≗**-TE-Eichung** *f* / multi-terminal PD calibration || ≗**-TE-Messung** *f* / multi-terminal PD measurement
mehrstellig *adj* (Ziffernanzeige) / multi-digit *adj*
mehrstieliger Mast (Freiltg.) / tower *n*
Mehr·stofflegierung *f* / multi-compound alloy || ≗**strahler** *m* / multi-beam oscilloscope, multi-trace oscilloscope || ≗**strahl-Oszilloskop** *n* / multi-beam oscilloscope, multi-trace oscilloscope
Mehrstrahlröhre *f* / multi-beam tube || ≗ *f* (mit einem Elektronenstrahlerzeuger) / split-beam cathoderay tube, double-beam CRT || ≗ *f* (mit getrennten Elektronenstrahlerzeugern) / multiple-gun CRT
mehrsträngig *adj* (mehrphasig) / multi-phase *adj*, polyphase *adj*
Mehr·strecken-Stabilisatorröhre *f* / multi-electrode voltage stabilizing tube || ≗**strom-Generator** *m* / multiple-current generator || ≗**stückläufer** *m* / built-up rotor, sectionalized flywheel || ≗**stückverpackung** *f* / multi-unit packaging
mehrstufig·e Probeentnahme / multi-stage sampling || **~e Stichprobenentnahme** / multi-stage sampling, nested sampling || **~es Relais** / multi-step relay
Mehrsystem·leitung *f* / multiple-circuit line || ≗**-Messumformer** *m* / multi-element transducer
Mehr·tarifzähler *m* / multi-rate meter, variable-tariff meter || ≗**tastenausblendung** *f* / n-key lockout || ≗**tastensperre** *f* (Eingabetastenverriegelung) / n-key lockout || ≗**tastentrennung** *f* / n-key rollover (NKRO)
mehrteilig *adj* / several parts || **~er Ständer** / sectionalized stator
Mehrtor *n* / n-port network
Mehrwege-Schieberventil *n* / multiway slide valve

Mehrweg·schalter *m* / multiway switch || ²**verpackung** *f* / recyclable packaging
Mehrwertdigitalsignal *n* / multivalue digital signal
mehrwertig *adj* / multi-valued *adj* || **~e Logik** / majority logic
Mehr·wicklungstransformator *m* / multi-winding transformer || ²**wortbefehl** *m* / multi-word instruction
mehrzeilig *adj* (ET, IV) / multi-tier *adj* || ~ *adj* / multi-line *adj*
mehrzügiger Kanal / multiple-duct conduit, multiple-compartment trunking
Mehrzweck·anlage *f* / multi-purpose system || ²**apparatur** *f* / multi-purpose equipment || ²**baustein** *m* (Chip) / multi-purpose chip || ²**-Lastschalter** *m* VDE 0670,T.3 / general-purpose switch IEC 265 || ²**leuchte** *f* / multi-purpose luminaire || ²**-Messgerät** *n* / multi-purpose instrument || ²**-Schnittstellenbus** *m* / general-purpose interface bus (GPIB)
M-Einstellung *f* / mixed regulation (m.r.)
Meißel *m* / lathe tool, turning tool || ² *m* (WZM, Schneidstahl) / cutting tool || ²**halter** *m* (WZM) / tool holder
Meister *m* (Werkstattmeister) / foreman *n* || ²**funktion** *f* (Bus) / master function || ²**schalter** *m* VDE 0660,T.201 / master controller || ²**schalter** *m* (mit mehr als zwei Betätigungsstellungen, die verschiedenen Betätigungsrichtungen zugeordnet sind) EN 60947-5-1 / joy-stick || ²**walze** *f* / drum-type master controller
Melamin *n* / melamine *n* || ²**-Glashartgewebe** *n* / melamin-glass-fibre laminated fabric
Meldeanlage *f* / signalling system, event signalling system, event signalling and annunciation system, alarm (annunciation) system
Melde·anreiz *m* (DÜ, SPS) / signal prompting || ²**anreiz** *m* (FWT) / change-of-state announcement || ²**art** *f* / message template || ²**ausgang** *m* / signaling output || ²**baugruppe** *f* / signalling module, alarm module, message module || ²**baustein** *m* / event (o. alarm) signalling block, alarming block, signalling module, alarm signaling block || ²**baustein** *m* (SPS) / annunciator block || ²**bereichsbild** *n* (Prozessmonitor) / event area display || ²**beschreibung** *f* / message description || **dynamisches** ²**bild** / dynamic mimic board || ²**bildausgabe** *f* / mimic diagram output || ²**bildserver** *m* / mimic board controller (MBC) || ²**bit** *n* / event bit || ²**block** *m* / message record || ²**box** *f* / signal box
Melde·daten *plt* / signaling data || ²**diode** *f* / signalling diode || ²**drucker** *m* / event recorder, fault recorder || ²**druckersystem** *n* / event recording system, sequential events recording system (SERS) || ²**ebene** *f* / basic display || ²**eingang** *m* / signal input, message input, indicator input || ²**einheit** *f* / signalling module, indicator module || ²**einrichtung** *f* / annuciator *n*, signalling equipment, signalling device || ²**entfernung** *f* / signalling distance
Meldefeld *n* / annunciator panel, indicator panel || ² *n* (Mosaiktechnik, Kompaktwarte) / signalling tile || ² *n* (Prozessmonitor) / alarm display field, event display field
Meldefenster *n* / message window || ²**-Vorlage** *f* / message window template
Meldefolge *f* / event sequence, alarm sequence || ²**protokoll** *n* / message sequence report || ²**speicher** *m* / sequence-of-events memory, wrap-around list (in which the most recent event replaces the oldest one)
Meldefunktion *f* / signaling function, message function
Melde-Funktionsbaustein *m* (SPS) / signalling function block
Melde·gerät *n* / signalling unit, signalling device || ²**getriebe** *n* / speed reducer || ²**getriebe** *n* (Stellantrieb, Untersetzungsgetriebe f. Meldeelement) / speed reducer for position signalling device || ²**gruppe** *f* (MG) / message group (MG) || ²**gruppenbild** *n* (Prozessmonitor) / event group display || ²**kabel** *n* / signalling cable, communications cable || ²**kanal** *m* / signaling channel || ²**kanalliste** *f* / signaling channel list || ²**kanalverwaltung** *f* / signaling channel management || ²**kennzeichen** *n* / alarm tag, event tag || ²**klassenkennzeichen** *n* / event class tag || ²**knopf** *m* (Sich.) / indicator button || ²**kombination** *f* / signalling combination, indicator unit || ²**kontakt** *m* / signalling contact, signal contact || ²**kontakt** *m* (Warnung) / alarm contact || ²**koppelempfangsbaustein** *m* / signal linking and receiver block || ²**koppelsendebaustein** *m* / signal linking and transmitter block || ²**kreis** *m* / signalling circuit || ²**lampe** *f* / signal lamp, pilot lamp
Meldeleitung, Netzausfall-² *f* (Treiber, MPSB) / a.c. fail driver
Melde·leuchte *f* / indicator light, pilot lamp, signalling light || ²**liste** *f* (Rundsteueranlage) / information list, signal list || ²**logik** *f* / signal logic, alarm logic || ²**maske** *f* / message screen form
melden *v* / report *v*, indicate *v*, flag *v* || ² *n* / signalling *n*, event signalling, alarming *n*
Melde·-Nahtstelle *f* / message interface || ²**nummer** *f* / signal number || ²**organ** *n* / indicating device, annunciator element
meldepflichtige Abweichung (QS) / reportable non-conformance
Melde·position *f* / signal position || ²**protokoll** *n* / event log, alarm log, event listing, message listing, report *n*, log *n*, printout *n*, listing *n* || ²**puffer** *m* (PLT) / message buffer, event (o. alarm) buffer
Melder *m* / signalling device || ² *m* (Brandmelder, automatisch) / detector *n* || ² *m* (Brandmelder, handbetätigt) / call point || **akustischer** ² / audible signal device (IEEE Dict.), audible indicator, sounder *n* || **Luftströmungs~** *m* / air-flow indicator || **Strömungs~** *m* / flow indicator || ²**austauscher** *m* (Brandmeldeanl.) / exchanger *n*
Melderelais *n* / pilot relay, signalling relay, annunciator relay, alarm relay || ² **220V AC Arbeitsstrom** / alarm relay 220 V AC operating current || ²**funktion** *f* / annunciator relay
Melde·richtung *f* (FWT) / monitoring direction || ²**kontrolle** *f* / signalling unit check || ²**linie** *f* (Brandmeldeanl.) / detector zone || ²**sockel** *m* (Brandmelder) / detector base || ²**system** *n* (Brandmeldeanl.) / detector system
Melde·schalter *m* / pilot switch || ²**schalter** *m* (Alarmsch.) / alarm switch || ²**schauer** *m* / burst of alarms, burst of messages || ²**signal** *n* / message signal || ²**spannung** *f* / signalling-circuit voltage, pilot voltage, signalling voltage, indicator power

supply || ²**status** *m* / signalling status, state of signalling contacts || ²**steuerung** *f* / signalling and annunciation system, signalling system || ²**stromkreis** *m* / signalling circuit IEC 439, IEC 204, indication (o. indicator) circuit, pilot circuit || ²**system** *n* (PLT, SPS) / signalling system, event signalling system || **druckendes** ²**system** / event recording system

Melde·tafel *f* / annunciator panel, annunciator *n* || ²**teil** *m* (ET) / signalling section || ²**telegramm** *n* / message *n* || ²**text** *m* / message text, information text, display function || ²**textadresse** *f* / message text address || ²**textausgabe** *f* / message text display || ²**- und Protokolliersystem** *n* / alarm annunciation and logging system || ²**- und Überwachungseinrichtungen** *f pl* / signaling and monitoring equipment || ²**vervielfachungsrelais** *n* (MV-Relais) / signal multiplication relay || ²**wort** *n* (SPS) / signal word || ²**zählwerk** *n* (Impulsz.) / impulsing register || ²**zeile** *f* (BSG) / message line || ²**zeilenformat** *n* / indication line format || ²**zentrale** *f* (Brandmeldungen) / (fire alarm) receiving station || ²**zustand** *m* / event status, alarm status, signalling state

Meldung *f* / status indication, status input, status data || ² *f* (Signal) / signal *n*, indication *n*, annunciation *n* || ² *f* (mit Textinhalt, Nachricht) / message *n* || ² *f* (FWT) / monitored information || ² *f* (FWT, Überwachungsinformation beim Fernanzeigen) / monitored binary information, information *n* || ² *f* (Alarm) / alarm *n*, alarm signal, alarm display || ² *f* (des Zustands o. der Zustandsänderung) DIN 19237 / status signal || ² *f* (Ereignis, a. Zustandsänderung) / event *n*, event signal, event display || ² *f* (DÜ) DIN ISO 3309 / response *n* || ² *f* (aus einem System o. Rechner an den Bediener) / message *n* || **voreilende** ² **'a' Auslösung** / leading signal of 'a' tripping || ² **ohne Folgenummer** (DÜ) DIN ISO 3309 / unnumbered response (U response) || **allgemeine** ² (Prozessleitsystem) / broadcast message || **asynchrone** ² / sporadic message || **gehende** ² / back-to-normal message || **Global~** *f* / global message || **quittierungspflichtige** ² *adj* / alarm requiring acknowledgement

Meldungen Alarme / messages alarms || **frei wählbare** ² / freely selectable signals

Meldungs·anzeige *f* (Prozessmonitor) / event display, alarm display || ²**art** *f* (FWT, Kennzeichnung der Behandlung einer Meldung im Fernwirksystem) / type of monitored binary information || ²**aufbau** *m* / message structure || ²**ausgabe** *f* / indication output || ²**ausgabe** *f* (FWT) / information output, information display || ²**ausgabe** *f* (zum Bildschirm u. Drucker) / event display and recording || ²**ausgabe** *f* (DÜ, SPS) / message output || ²**bearbeitung** *f* / indication processing || ²**block** *m* (DÜ) DIN ISO 3309 / response frame || ²**dauer** *f* (FWT) / duration of binary information || ²**eingabe** *f* / signal input || ²**erfassung** *f* / event-signal collection, event acquisition, alarm acquisition, indication acquisition || ²**erzeugung** *f* (PLT.) / alarm generation

Meldungs·folge *f* / event sequence, alarm sequence || ²**folgeanzeige** *f* / sequence-of-event display, sequential event display || ²**folgeprotokoll** *n* / sequence-of-events log, sequential event log, last-in first-out listing || ²**hysterese** *f* / differential gap || ²**inhalt** *m* (FWT) / meaning of binary information || ²**merker** *m* / event flag || ²**name** *m* / message name || ²**nummer** *f* / message number || ²**projektierung** *f* / message configuration || ²**protokoll** *n* / event log || ²**puffer** *m* / message buffer || ²**rangierung** *f* (Anzeigen) / indication routing || ²**schauer** *m* / burst of messages, event-signal burst

Meldungs·telegramm *n* / message *n* || ²**text** *m* (FWT) / information text || ²**textlänge** *f* / event information text length || ²**übersicht** *f* (SPS, PLT) / message overview || ²**überwachung** *f* / message monitoring || ²**unterdrückung** *f* / signal suppression || ²**verarbeitung** *f* / alarm processing, event processing, signal processing, status processing system || ²**verknüpfung** *f* / signal logic, event (o. alarm) logic, indication logic || ²**verzweigung** *f* (FWT) / information sorting || ²**vorverarbeitung** *f* / indication preprocessing, analog value preprocessing, measured value preprocessing, metered value preprocessing || ²**wort** *n* / message word || ²**zähler** *m* / signal counter

Meldungszustand *m* / event status, alarm status

Meldungszustands·anzeige *f* / event status display, alarm status display || ²**protokoll** *n* / event status log, alarm status log, non-acknowledged alarm log

Membran *f* / diaphragm || ²**antrieb** *m* / diaphragm actuator || **federbelasteter** ²**antrieb** / spring diaphragm actuator, spring-opposed diaphragm actuator, spring-loaded diaphragm actuator || ²**dichtung** *f* / diaphragm seal, diaphragm || ²**-DMS** *m* / diaphragm strain gauge || ²**filter** *n* / diaphragm filter || ²**gehäuse** *n* / diaphragm housing || ²**kolben** *m* / cylinder actuator || ²**manometer** *n* / diaphragm pressure gauge || ²**messwerk** *n* / diaphragm element || ²**motor** *m* / diaphragm motor || ²**pumpe** *f* / diaphragm pump || ²**schwingungsdämpfer** *m* / diaphragm vibration damper || ²**schwingungsdämpfer** *m* (Kfz) / diaphragm pressure damper || ²**stellventil** *n* / diaphragm operated valve || ²**teller** *m* / diaphragm plate || ²**ventil** *n* / diaphragm valve

Mendelsohnsches Schwammmodell / Mendelsohn sponge model

Menge *f* / quantity *n*, set *n* || ² *f* (Stoffmenge) / amount of substance || **Informations~** *f* / quantity of information, amount of information, information set || **magnetische** ² / magnetic mass || **Wert~** *f* / set of values

Mengen·durchfluss *m* / mass rate of flow || ²**durchsatz** *m* / mass rate of flow || ²**einheit** *f* / quantity unit || ²**einstellwerk** *n* / quantity preset counter || ²**fluss** *m* (Massenfluss) / mass flow || ²**fortschreibung** *f* / quantity update || ²**gerüst** *n* / quantity framework, project scope, capacity *n* || ²**gerüst** *n* (mengenmäßig detaillierter Planungsumfang) / quantified project specification(s), volume of project data

mengenmäßig bestimmen / quantify *v*

Mengen·messer *m* / flow meter, flow-rate meter, rate meter || ²**messung** *f* / flow measurement, flow-rate measurement || ²**rabatt** *m* / bulk discount || ²**register** *n* / totalized-delivery register, quantity register || ²**regler** *m* / rate regulator || ²**strom** *m* / mass flow || ²**stromdichte** *f* / mass velocity || ²**strommessung** *f* / flow-rate measurement || ²**verhältnisse** *n pl* / batch composition || ²**voreinsteller** *m* / volume preset register || ²**zähler**

m / volumetric meter || ≈**zählwerk** *n* / volume flow counter, totalizing register, summator *n*

Mensch-Maschine, Informationsaustausch ≈ / man-to-machine information exchange || ≈**-Dialog** *m* / man-machine dialog || ≈**-Kommunikation** *f* / man-machine communication (MMC) || ≈**-Schnittstelle** *f* / user interface (UI) || ≈**-Schnittstelle** *f* (MMS) / human-machine interface (HMI), man-machine interface (MMI)

Menü *n* / menu *n* || ≈ **Ausrichten** / align menu || ≈ **Bearbeiten** / edit menu || ≈**baum** *m* / menu tree || ≈**baumstruktur** *f* / menu tree structure || ≈**bild** *n* / menu image, menu display || ≈**block** *m* (MB) / menu block (MB) || ≈**datei** *f* / menue file || ≈**dateiabschnitt** *m* / menue file section || ≈**eintrag** *m* / menue item || ≈**feld** *n* (BSG) / menue field

menügeführt *adj* / menue-assisted *adj*, menu-driven *adj*, menu-prompted *adj*

menügesteuert *adj* / menu-assisted *adj*, menu-driven *adj*, menu-prompted *adj*

Menü·leiste *f* / menu bar || ≈**punkt** *m* / menu option || ≈**punkt Nebeneinander** / tile option || ≈**punkt Überlappend** / cascade option || ≈**punkt Verschieben** / move option || ≈**raster** *m* / menue lattice || ≈**technik** *f* / menu technique || ≈**verfahren** *n* / menue method || ≈**zeile** *f* / menu line

Meridionalstrahl *m* / meridional ray

Merkbaustein *m* (Mosaikb.) / marker tile

Merker *m* (M) / flag *n* (F), bit memory, marker *n* || ≈ *m* (M Steuerbit, Zustandsbit) / flag *n* (F), marker *n* || ≈ **Datum** (MD SPS) / flag data (FD) || **Fehler~** *m* (Register) / error flag register || **kippbarer** ≈ (SPS) / invertible flag || **remanenter** ≈ (SPS) / retentive flag, retentive latch (o. marker) || **speichernder** ≈ / retentive flag || ≈**abbild** *n* / flag image || ≈**abfrage** *f* (SPS) / flag scan(ning) || ≈**belegung** *m* (SPS) / flag assignment(s) || ≈**bereich** *m* / flag memory area, memory area || ≈**bereich** *m* (SPS) / flag area, flag address area || ≈**bit** *n* / flag bit, memory bit || ≈**byte** *n* (MB) / flag byte (FY), memory byte (MB) || ≈**-Byte** *n* (MB SPS) / flag byte (FB) || ≈**-Doppelwort** *n* (SPS) / flag double word || ≈**feld** *n* / flag field, indicator *n* || ≈**inhalt** *m* (SPS) / flag contents || ≈**kapazität** *f* (SPS) / number of flags || ≈**schmierbereich** *m* / scratch flag area || ≈**speicher** *m* (SPS) / flag memory || ≈**spur** *f* / bit track || ≈**wort** *n* (MW) / flag word (FW) || ≈**zelle** *f* / flag location

Merkmal *n* DIN 4000,T.1, DIN 55350,T.12 / characteristic *n*, property *n*, feature *n*, quality *n* || **Güte~** *n* / quality criterion || **kennzeichnendes** ≈ / characteristic feature, characteristic *n* || **qualitatives** ≈ / qualitative characteristic, attribute *n*

Merkmale unter Kurzschlussbedingungen / short-circuit characteristics

Merkmals·fehler *m* (QS) / defect *n* || ≈**wert** *m* (QS) / characteristic value

Merk·scheibe *f* / dial *n* || ≈**stein** *m* (Kabel) / (cable) marker *n*, marker block || ≈**zeichen** *n* / flag *n*, marker *n*

MES / microcomputer development system (MDS), microprocessor development system (MDS) || ≈ (Vertikale/horizontale Integration von der Produktionsebene bis hin zur betriebswirtschaftlich ausgerichteten Unternehmensleitebene (ERP)) / Manufacturing Execution System (MES)

Mesa-Technik *f* / mesa technique

Mesatransistor *m* / mesa transistor

MESFET (Metall-Halbleiter-Feldeffekttransistor o. Metallelektrode-Feldeffekttransistor) / MESFET (metal-semiconductor field-effect transistor o. metal-gate field-effect transistor)

MESG / maximum experimental safe gap (MESG)

Messabstand *m* / test distance

Messabweichung *f* (a. Statistik, QS) / error of measurement || ≈ **einer Waage** / error of a balance || **relative** ≈ / relative error of measurement || **systematische** ≈ / systematic error || **zufällige** ≈ / random error

Mess·achse *f* / measuring axis || ≈**achse** *f* (EZ) / metering shaft, metering spindle || ≈**anfang** *m* / initial value || ≈**anfang** *m* (Skalenanfang) / start of scale || ≈**anfang und -spanne** / zero and span || ≈**anlage** *f* / measuring system, measurement system (US) || ≈**anordnung** *f* / measuring set-up, measuring arrangement, measuring system || ≈**anordnung für die elektrische Messung nichtelektrischer Größen** / electrically operated measuring equipment || ≈**anschlussleitungen** *f pl* / measuring leads, test leads || ≈**anzapfung** *f* / measuring tap || ≈**apertur** *f* (Lasergerät) / aperture stop || ≈**art** *f* / measuring type || ≈**aufnehmer** *m* / measuring sensor || ≈**auftrag** *m* / measurement job || ≈**auslöser** *m* / sensor-operated release, measuring release

messbar *adj* / measurable *adj*, detectable *adj* || **~e Größe** / measurable quantity

Mess·batterie *f* / test battery || ≈**baustein** *m* / measuring module, metering module || ≈**bedingungen** *f pl* / measurement conditions || ≈**belag** *m* / tapping layer

Messbereich *m* (MG, Effektivbereich) / effective range IEC 51, 258 || ≈ *m* (allg., Messumformer) / measuring range IEC 688-1, instrument range || ≈ *m* (Bildschirm, Skale) / measuring area || ≈ *m* (EZ) VDE 0418 / specified measuring range IEC 1036 || ≈ *m* (Rel.) / effective range IEC 50(446) || **Bezugs~** *m* / reference range || **primärer** ≈ DIN IEC 651 / primary indicating range

Messbereichs-Anfangswert *m* DIN 43781,T.1 / lower limit of effective range IEC 51 || **kleinster** ≈ / upper range limit

Messbereichs-Endwert *m* DIN 43781,T.1 / upper limit of effective range IEC 51 || ≈ *m* (in Einheiten der Messgröße) DIN 43782 / rating *n* IEC 484 || **größter** ≈ / upper range limit

Messbereichs·grenzen *f pl* / limits of measuring range || ≈**modul** *n* / effective range module, range card || ≈**schalter** *m* / range selector switch, scale switch || ≈**umfang** *m* DIN 43782 / span *n*

Mess·betrieb *m* / metering mode || ≈**blättchen** *n* / feeler blade || ≈**blende** *f* / orifice *n*, orifice plate, aperture stop, metering orifice || ≈**brücke** *f* / measuring bridge || ≈**buchse** *f* / measuring socket, test socket, test jack, test connector || ≈**bürste** *f* / pickup brush

Mess·dauer *f* / measurement duration, measuring duration, measuring period || ≈**dauerhaftigkeit** *f* / long-term measuring (o. metering) accuracy, long-term accuracy || ≈**dose** *f* / measuring box || **Bodenwiderstands-**≈**dose** *f* / soil-box *n* || ≈**draht** *m* (Lehre) / gauging wire, measuring wire || ≈**draht** *m* (zu Instrument) / instrument wire (o. lead) || ≈**düse** *f* (Durchflussgeber) / flow nozzle

Messe *f* / trade fair, trade show, exhibition *n*
Mess·ebene *f* / measurement plane, measuring plane || **~ebene** *f* (LT) / reference surface || **~eingang** *m* / measurement input, measuring input || **~einheit** *f* / unit of measurement, unit *n* || **~einheit** *f* (ST) / metering unit, metering cubicle (o. cabinet), metering section
Messeinrichtung *f* / measuring device || **~** *f* (BV) EN 60 439-4 / metering unit || **elektrische ~ für nichtelektrische Größen** / electrically operated measuring equipment IEC 51
Messeinrichtungen für Garagen- und Tunnelüberwachung / monitoring equipment for garages and tunnels || **~ zur Luftüberwachung** / air pollution instrumentation || **~ zur Wasserüberwachung** / water pollution instrumentation
Mess·einsatzlänge *f* (Widerstandsthermometer) / (measuring) element length || **~elektrode** *f* / measuring electrode
messen *v* / measure *v* || ~ *v* (m. Lehre) / gauge *v* || **~** *n* / measuring *n*, measurement *n* || **~ in Prozessen** / process measurement || **~ während der Fertigung** / in-process measurement || **bereichsgenaues ~** / measurement area selection || **fliegendes ~** / in-process gauging || **mehrfaches ~** DIN 41640 / repetition of measurements IEC 512 || **prozessnahes ~** / in-process gauging || **schnelles ~** / high-speed measurement
Messende *n* / target *n* || **~** *n* (Skalenende) / full scale
Messeneuheiten *f pl* / trade fair firsts
Messentfernung *f* / test distance, measuring distance
Messer *n* (SG) / blade *n*, knife *n*
Mess·erdanschluss *m* / measuring earth terminal || **~ergebnis** *n* / result of a measurement, measurement result, test result
Messer·kontakt *m* / knife-blade contact, V-type contact || **~kontakt** *m* (a. an Steckverbinder) / blade contact || **~kontaktstück** *n* / blade contact, knife-blade contact || **~leiste** *f* / plug connector, male multipoint connector, male connector, multiple plug, push-on terminal strip, pin connector, pin contact strip || **~lineal** *n* / hairline gauge || **~schalter** *m* / knife switch || **~trennklemme** *f* / isolating blade terminal
Messfehler *m* / measuring error || **geringer ~** / slight measuring error || **~kompensation** *f* / measuring error compensation || **~kompensation der Achsen** (NC) / axis recalibration, axis calibration
Mess·feinheit *f* (NC) / resolution *n* || **~feld** *n* / metering panel, busbar metering panel, metering section || **~feld** *n* (Pyrometrie) / target *n*
Messfläche *f* (Akustik) / measuring surface, test hemisphere || **~** *f* (LT) / reference surface || **~** *f* (Oszilloskop) / measuring area IEC 351 || **~** *f* (auf Folienmaterial) / measuring face
messflächengleiche Halbkugelfläche / equivalent hemisphere
Messflächen·inhalt *m* (Akust.) / area of measuring surface, surface of test hemisphere, area of prescribed measuring surface || **~leuchte** *f* (Pyrometer) / target illuminator || **~maß** *n* (Akust.) / level of measuring surface, measuring-surface level || **~-Schalldruckpegel** *m* / measuring-surface sound-pressure level
Messfolge *f* / measurement sequence || **~** *f* (Messungen pro Zeiteinheit) / reading rate
Messfühler *m* / detecting element *n*, sensor *n*, detector *n*, probe *n* (A device used for obtaining measurement data on workpieces or tools automatically during the part program cycle), metering sensor, sensing probe, sensor probe, touch probe, touch trigger probe || **~ schaltet nicht** / probe is not responding || **schaltender ~** / sensor *n*, sensor probe, sensing probe, touch trigger probe, touch probe, detecting element, probe *n* (A device used for obtaining measurement data on workpieces or tools automatically during the part program cycle) || **~-Kollision** *f* / probe collision
Messfunkenstrecke *f* / measuring spark gap, measuring gap, standard gap
Messgas *n* / measuring gas, gas to be analyzed, sampled gas, measured gas || **~leitung** *f* / sample gas tube || **verriegelte ~pumpe** / sample gas pump with interlocking
Messgeber *m* / measuring transducer || **~** *m* / pickup *n*, transducer *n*, (electrical) measuring sensor, transmitter *m*, displacement measuring device, position measuring device, position encoder || **~** *m* (NC, Codierer) / encoder *n* || **~stecker** *m* / encoder connector
Mess·gefäß *n* / graduated vessel || **~gegenstand** *m* / measuring object || **~gelände** *n* / test site || **~genauigkeit** *f* / measuring accuracy, accuracy of measurements || **~generator** *m* (Signalgenerator) / signal generator || **Gleichstrom~generator** *m* / d.c. measuring generator
Messgerät *n* / measuring instrument, meter *n* || **~ für eine Messgröße** / single-function instrument IEC 51 || **~ für Schalttafelmontage** / panel-mounting measuring instrument || **~ mit Abgriff** / instrument with contacts IEC 51 || **~ mit Abschirmung** / instrument with magnetic screen, astatic instrument || **~ mit analoger Ausgabe** / analog measuring instrument || **~ mit beweglicher Skale** / moving-scale instrument || **~ mit elektrisch unterdrücktem Nullpunkt** / instrument with electrically suppressed zero IEC 51 || **~ mit elektrischem Nullabgleich** / electrical balance instrument || **~ mit elektromechanischer Rückführung** / mechanical feedback instrument || **~ mit elektrostatischer Schirmung** / instrument with electric screen || **~ mit magnetischer Schirmung** / instrument with magnetic screen, astatic instrument || **~ mit mechanisch unterdrücktem Nullpunkt** / instrument with mechanically suppressed zero IEC 51 || **~ mit mechanischem Nullabgleich** / mechanical balance instrument || **~ mit mehreren Skalen** / multi-scale, instrument || **~ mit Reihenwiderstand** / instrument used with series resistor || **~ mit Signalgeber** / measuring instrument with circuit control devices IEC 50(301) || **~ mit Spannungsteiler** / instrument used with voltage divider || **~ mit Totzeit** / measuring instrument with dead time || **~ mit unterdrücktem Nullpunkt** / suppressed-zero instrument || **~ mit Zeigerarretierung** / instrument with locking device || **~ mit Ziffernanzeige** / digital meter || **anzeigendes ~** / indicating instrument, indicator *n* || **elektrisches ~** / electrical measuring instrument IEC 51 || **elektronisches ~** / electronic measurement equipment || **Oberschwingungs-~** *n* / harmonic analyzer, wave analyzer || **programmierbares ~** DIN IEC 625 /

programmable measuring apparatus || **schreibendes ≈** / recording instrument, recorder *n* || **Temperatur~** *n* / temperature meter, thermometer *n* || **zählendes ≈** / metering instrument, integrating instrument, meter *n*

Messgeräte *n pl* / measuring instruments, instrumentation *n* || **≈feld** *n* / measuring instrument panel || **≈front** *f* / instrument front || **≈wagen** *m* / instrument trolley

Mess·geschwindigkeit *f* / measuring velocity || **≈getriebe** *n* / measuring gearbox || **Drehmelder-≈getriebe** *n* / resolver gearbox || **≈glied** *n* / measuring element || **≈gitter** *n* (DMS) / rosette *n*, element *n* || **≈glied** *n* (Messkette) VDI/VDE 2600 / measuring chain || **≈glied** *n* (Schutz) / discriminating element IEC 50(16)

Messgröße *f* / measured quantity, measured variable, measured values, measuring variable, size *n* || **Klassenzeichen der ≈** / measuring class index

Messgrößenaufzeichnung *f* / recorded measured quantity, measured quantity

Mess·gut *n* / measuring object, material to be analyzed, material under analysis || **≈impedanz** *f* / measuring impedance

Messing *n* / brass *n* || **verchromtes ≈** / chrome-plated brass

messinglöten *v* / braze *v*

Messingscheibe *f* / brass washer

Messinstrument *n* / measuring instrument, meter *n*

Mess·kammer *f* (Gasanalysegerät) / measuring cell, measuring chamber || **≈kanal** *m* / measuring channel, signal channel, measurement channel || **≈kern** *m* / measuring core, core *n* || **≈kette** *f* / measuring chain || **≈klemme** *f* / test terminal, measuring terminal || **≈koffer** *m* / portable testing set || **NF-≈koffer** *m* (Nachrichtenmessung) / AF portable telecommunications test set || **≈kolben** *m* / metering piston, metering plug || **≈komponente** *f* / measuring element || **≈kondensator** *m* / measuring capacitor || **≈konstante** *f* / constant of measuring instrument, measuring-instrument constant || **≈kontakter** *m* / measuring instrument with contacts, contacting instrument || **≈kopf** *m* / measuring head || **≈körper** *m* / measuring body

Messkreis *m* / measuring circuit, instrument circuit || **≈** *m* (MK) / measurement circuit, measuring circuit, feedback loop || **≈baugruppe** *f* / measuring circuit module || **≈belastung** *f* / circuit burden || **≈durchschaltung** *f* / measuring-circuit multiplexing || **≈gruppe** *f* / measuring circuit module || **≈hardware** *f* / measuring circuit hardware || **≈kabel** *n* / measuring circuit cable || **≈karte** *f* / measuring circuit board || **≈kurzschlussstecker** *m* / measuring circuit short-circuit connector || **≈modul** *n* / measuring circuit module || **≈prozessor** *m* (NC) / measuring-circuit processor || **≈schnittstelle** *f* / measuring circuit interface || **≈stecker** *m* / measuring circuit connector

Mess·krümmer *m* (Durchflussgeber) / flow elbow || **≈kugelfunkenstrecke** *f* / measuring sphere gap, standard sphere gap || **≈länge** *f* / measuring length, measured length || **≈länge** *f* (Lehre) / gauge length || **≈latte** *f* / surveyor's staff, surveyor's rod || **≈lehre** *f* / gauge *n* || **≈leistung** *f* (Eigenverbrauch) VDI/VDE 2600 / intrinsic consumption || **≈leitung** *f* / instrument (o. measuring) lead, measuring circuit || **≈marke** *f* / measuring mark

Messmaschine *f* / measuring machine, inspection machine || **Koordinaten-≈** *f* (NC) / coordinate inspection machine, coordinate gauging device, numerically controlled inspection machine

Mess·masse *f* / signal ground || **≈matrix** *f* / measuring matrix

Messmittel *n* / measuring device, measuring instrument || **Prüf- und ≈** *n* / measuring and test equipment

Mess·motor *m* / integrating motor *n*, messmotor *n* || **≈-Nebenwiderstand** *m* / measuring shunt || **≈netz** *n* / measuring network, monitoring network || **≈normale** *f* / standard measure || **≈objekt** *n* / device under test || **≈objekt** *n* (Pyrometrie) / target *n*, radiating surface || **≈ort** *m* / measuring point, measuring place, monitoring point, measuring location || **≈ort der Regelgröße** / point of measurement of controlled variable || **≈öse** *f* / hook gauge || **≈-Oszilloskop** *n* / measuring oscilloscope

Messperiode *f* (EZ) / integration period, demand integration period || **≈** *f* (NC, Drehmelder, Induktosyn) / cyclic pitch

Messperioden·steuerung *f* / measuring period control || **≈takt** *m* / demand interval clock signal || **≈zähler** *m* / integration period counter || **≈-Zeitlaufwerk** *n* / integration period timer (o. timing element)

Mess·pfad *m* (Akust.) / measuring path, prescribed path || **≈pistole** *f* / test gun || **≈platte** *f* (NS) / target *n* || **≈platte** *f* (EZ) / meter-element board || **≈platz** *m* / measuring station, measuring apparatus || **≈platz** *m* (Prüfplatz) / test stand, test bench || **≈preis** *m* (StT) / meter rent || **≈prinzip** *n* / measuring principle || **≈protokoll** *n* / test record, test certificate, measuring report || **≈punkt** *m* / measuring junction, measuring point || **≈rad** *n* / odometer *n* || **≈rahmen** *m* / measuring rack || **≈raumklima** *n* / laboratory environment || **≈reihe** *f* / series of measurements

Messrelais *n* / measuring relay || **≈ mit abhängiger Zeitkennlinie** / dependent-time measuring relay || **≈ mit einer Eingangsgröße** / single-input-energizing-quantity measuring relay || **≈ mit mehreren Eingangsgrößen** / measuring relay with more than one input energizing quantity || **≈ mit unabhängiger Zeitkennlinie** / independent-time measuring relay || **≈ zum Schutz gegen thermische Überlastung** / thermal electrical relay

Mess·richtung *f* / direction of measurement || **≈röhre** *f* / measuring tube || **≈säule** *f* / gauging column, measuring column || **≈schaltung** *f* / measuring circuit, measuring arrangement || **≈scheibe** *f* (Blende) / orifice plate || **≈schieber** *m* / caliper gauge, vernier caliper || **≈schleife** *f* / measuring loop || **≈schleifring** *m* / auxiliary slipring, slipring for measuring circuit || **≈schnur** *f* / instrument cord, instrument leads || **≈schrank** *m* / metering cubicle, metering cabinet || **≈schraube** *f* / micrometer (screw) || **≈schreiber** *m* / recording instrument *n* || **≈schritt** *m* / measuring step, measuring pitch || **≈segment** *n* / measuring segment || **≈sender** *m* (Signalgenerator) / signal generator || **≈sicherheit** *f* / measuring accuracy || **≈sonde** *f* / measuring probe

Mess·spanne *f* / measuring span, span *n* || **≈spannenfehler** *m* / span error || **≈spannenverschiebung** *f* / span shift || **≈spannung** *f* / measuring-circuit voltage || **≈-Spannungsteiler** *m* / measurement voltage divider, voltage ratio box (v.r.b.), volt box || ≗**-Spannungswandler** *m* / measuring voltage transformer, measuring potential transformer || ≗**-Sparwandler** *m* / instrument autotransformer || ≗**stange** *f* / measuring pole, measuring rod

Messstelle *f* / measuring point, metering point, monitoring point, gauging point || ≗ *f* (Fühler) / sensor *n*, detector *n* || ≗ *f* (Thermopaar) / measuring junction

Messstellen·schild *n* / measuring-point tag || ≗**-Steckbrief** *m* / measuring-point identifier (o. tag) || ≗**umschalter** *m* DIN 43782 / external measuring-circuit selector, measuring-point selector, multiplexer *n* || ≗**wähler** *m* / measuring-point selector (switch)

Mess-, Steuer- und Regelgeräte *n pl* (MSR-Geräte) / measuring and control equipment

Messsteuerung *f* (NC) / measurement control, size control, dimensional control

Mess-, Steuerungs- und Regelungstechnik *f* (MSR-Technik) / measuring and control technology, instrumentation and control engineering

Messstoff *m* / measured medium || **~berührt** *adj* / in contact with the measured substance

Messstrecke *f* / traverse length || ≗ *f* / measuring distance, measured distance || ≗ *f* (Probe) / gauge length || ≗ *f* (Durchflussmessung, Rohr m. Blende o. Düse) / metering pipe (with orifice plate or flow nozzle)

Mess·streifen *m* / strain gauge || ≗**-Streubreite** *f* / measuring scatterband || ≗**strom** *m* (gemessener Strom) / measured current || ≗**stromkreis** *m* / measuring circuit, instrument circuit || ≗**-Stromwandler** *m* / measuring current transformer || ≗**stück** *n* / gauge block, gauge rod || ≗**stutzen** *m* / instrument gland

Messsystem *n* (MS) / measuring system (MS), measurement system (US) || ≗ *n* (Messumformer) / measuring element || **digitales lineares** ≗ / linear measurement system, digital linear measuring system, linear measuring system || **digital-lineares** ≗ (Verfahren zur direkten Messung linearer Bewegungen mit Hilfe eines translatorisch arbeitenden Messgerätes, z.B. mit einem optischen Strichgitter, einem codierten Maßstab, einem Linear-Inductosyn usw.) / digital linear measuring system, linear measuring system, linear measurement system || **direktes** ≗ (DMS) / direct measuring system, direct measuring || **hochauflösendes** ≗ (HMS) / high-resolution measuring system (HMS) || **lineares** ≗ / digital linear measuring system, linear measuring system, linear measurement system || **marktreifes** ≗ / fully-developed measuring system || **rotatorisches** ≗ / rotary measuring system || **zyklisches absolutes** ≗ / cyclical absolute measuring system || ≗**auflösung** *f* / measuring system resolution || ≗**fehlerkompensation** *f* (MSFK) / measuring system error compensation (MSEC) || ≗**feinheit** *f* / resolution of measuring system, measuring system resolution || ≗**-Nullpunkt** *m* / zero point of measuring system || ≗**-Schnittstelle** *f* / measuring system interface

Messtafel *f* / instrument panel

Messtaste *f* / scanner *n*

Messtaster *m* (NC Gerät zum automatischen Erfassen von Messwerten an Werkstücken oder Werkzeugen während des NC-Programmablaufs) / (touch) probe *n* || ≗ *m* (NC) / tracer *n* || ≗ *m* (Gerät zum automatischen Erfassen von Messwerten an Werkstücken oder Werkzeugen während des NC-Programmablaufs) / sensing probe, sensor probe, probe *n* (A device used for obtaining measurement data on workpieces or tools automatically during the part program cycle), sensor *n*, touch trigger probe, detecting element || ≗**kugel** *f* / probe ball

Messtechnik *f* / measurement technique(s), metrology *n* || **Licht~** *f* / photometry and colorimetry

messtechnisch *adj* / by measurement || **~e Eigenschaften** / metrological characteristics || **~e Eigenschaften einer Waage** / metrological properties of a weighing machine

Mess·teiler *m* / measurement divider || ≗**tisch** *m* / plane table || ≗**transduktor** *m* / measuring transductor || ≗**trennklemme** *f* / disconnect test terminal, isolating measuring terminal, instrument isolating terminal || ≗**übertrager** *m* / measuring transformer || ≗**uhr** *f* / dial gauge, clock gauge, dial indicator || ≗**uhrständer** *m* / dial-gauge mounting adaptor, dial-gauge bracket

Messumformer *m* / measuring transducer, transducer *n*, transmitter *m*, measuring transmitter || ≗ **für Temperatur** / temperature transmitter || ≗ **mit fester Ausgangsbürde** / fixed-output-load transducer || ≗ **mit veränderlicher Ausgangsbürde** / variable-output-load transducer || ≗ **mit Verdrängerkörper** / displacer-type transducer || **Drehwinkel-**≗ *m* / angle resolver, angle-of-rotation transducer, shaft encoder, position sensing transducer || ≗**-Ausgang** *m* / transducer output

Messumformung *f* / measured-value conversion

Mess·umsetzer *m* / measuring converter || ≗**umwandler** *m* / transducer *n* || ≗**- und Prozesstechnik** *f* / instrumentation and process control engineering || ≗**- und Prüfeinrichtungen** *f pl* / measuring and test equipment || ≗**- und Registriergeräte** *n pl* / meters and recorders

Messung *f* / measurement *n*, measuring *n*, test *n* || ≗ *f* (angezeigter Wert) / reading *n* || ≗ *f* (umfassende M. im Sinne von Prüfung) / test *n* || ≗ **bei ausgebautem Läufer** / applied-voltage test with rotor removed || ≗ **bei gegenläufigem Drehfeld** / negative phase-sequence test || ≗ **der Entladungsenergie** / discharge energy test || ≗ **der Schadstoffanteile im Abgas** / determination of exhaust-gas pollutants, determination of harmful exhaust-gas emission || ≗ **der Wellenspannung** / shaft-voltage test || ≗ **des Geräuschpegels** / noise-level test || ≗ **des Isolationswiderstands** / insulation resistance test || ≗ **des Wicklungswiderstands mit Gleichstrom** / direct-current winding-resistance measurement || ≗ **durch gleichsinnige Speisung der Wicklungsstränge** / test by single-phase voltage applications to the three phases || ≗ **durch Nullabgleich** / null measurement IEC 50(301), null method of measurement || ≗ **mechanischer Schwingungen** / vibration test || ≗ **mit einstellbarem Läufer** / applied-voltage test with rotor in adjustable position || ≗ **mit nicht einstellbarem Läufer** / applied-voltage test with rotor locked || ≗ **während der Bearbeitung** (NC) / in-process measurement (o. gauging) || **indirekte** ≗

/ indirect measuring (A measuring system is called indirect if the position transducer is mounted on the leadscrew or drive element of the machine member to be positioned) || **orientierende** ≗ / rough measurement

Messunsicherheit *f* / measurement uncertainty (IEEE Dict.), uncertainty in measurement || ≗ **des Wägeergebnisses** / uncertainty of the result

Mess·valenzen *f pl* (LT) / matching stimuli, instrumental stimuli, primaries *n pl* || ≗**variante** *f* / measurement variant || ≗**vektor** *m* / measuring vector

Messverfahren *n* / method of measurement || ≗ **mit schmalem Spalt** / narrow-slit method || **indirektes** ≗ (Die Wegmessung wird als indirekt bezeichnet, wenn das Messsystem an die Vorschubspindel oder das Antriebssystem des zu positionierenden Maschinenschlittens angeschlossen ist) / indirect measuring (A measuring system is called indirect if the position transducer is mounted on the leadscrew or drive element of the machine member to be positioned)

Mess·verkörperung *f* / material measure || ≗**verstärker** *m* / instrument amplifier, measuring amplifier || ≗**verstärker-Einschub** *m* / instrument amplifier plug-in || ≗**vierpol** *m* / measuring four-terminal network || ≗**vorbereitungszeit** *f* / pre-conditioning time || ≗**vorgang** *m* / measuring process || ≗**vorsatz** *m* / measuring adapter || ≗**vorschub** *m* / measuring feedrate, measuring feed

Messwagen *m* (Fahrzeug) / test van, laboratory van || ≗ *m* (SA) / instrument-transformer truck || **Umweltschutz-**≗ *m* / laboratory van for pollution and radiation monitoring, mobile laboratory for pollution monitoring

Messwandler *m* / instrument transformer, measuring transformer || ≗ *m* / measuring transducer, transducer *n*, transmitter *m* || ≗ **in Sparschaltung** / instrument autotransformer || **Elektrizitätszähler für** ≗**anschluss** / transformer-operated electricity meter || ≗**zähler** *m* / transformer-operated electricity meter

Messwarte *f* / control panel || ≗ *f* (Raum) / control room, instrument room || ≗ *f* (Tafel) / instrument board

Mess·weg *m* / measurement path || ≗**wegzylinder** *m* / measuring cylinder || ≗**welle** *f* (EZ) / metering shaft, metering spindle || ≗**werk** *n* (MG) / measuring element, measurement mechanism (US) || ≗**werk** *n* (EZ) / energy element || ≗**werkträger** *m* (EZ) / meter frame || ≗**werkzeug** *n* / measuring tool, gauge *n*, measuring device

Messwert *m* (zu messender Wert) / measurand *n* || ≗ *m* (vom Messgerät angezeigter Wert) / indication *n* IEC 50(301) || ≗ *m* (gemessener Wert) / measured value, indicated value || ≗**anpassung** *f* / measured-value (signal) conditioning || ≗**aufbereitung** *f* / measured value signal conditioning || ≗**auflösung** *f* / measured-value resolution || ≗**aufnehmer** *m* / pickup *n*, (electrical) measuring sensor, feedback device (A generic term for any device which measures a physical quantity and converts the measured values into electrical signals usable for transmission and evaluation), sensor *n*, encoder *n*, transducer *n* || ≗**ausgabe** *f* / release *n* || ≗**bearbeitung** *f* / machining *n* || ≗**begrenzer** *m* / measured-value limiter || ≗**bezeichnung** *f* / measured-value designation || ≗**darstellung** *f* / measured-value representation, measured-value display || ≗**eingabebaugruppe** *f* / measured-value input module || ≗**eingang** *m* / measured-value input || ≗**erfassung** *f* / measured-value acquisition *n*, measured-data acquisition, analog value acquisition || ≗**erfassungsgerät** *n* / measured-value logger

Messwertgeber *m* / sensor *n*, detecting element, detector *n*, pick-up *n*, transmitter *m*, pickup *n*, measuring transducer, (electrical) measuring sensor, feedback device, scanner *n*, transducer *n*, measured-value transmitter, encoder *n*

Messwert·lesen *n* / measured value read function || ≗**linearisierer** *m* / measured-value linearizer || ≗**linien** *f pl* / chart scale lines || ≗**nummer** *f* / measured-value number || ≗**protokoll** *n* / measured-data log || ≗**rechner** *m* / measured value computer || ≗**schnappschuss** *m* / analog value snapshot, measured value snapshot || ≗**streuung** *f* / scattering of measured values || ≗**telegramm** *n* (FWT) / measured-value message, telemeter message || ≗**übergabe** *f* (an einen Bus) / measured-data transfer || ≗**umformer** *m* / measuring transducer, transducer *n*, transmitter *m*, feedback device (A generic term for any device which measures a physical quantity and converts the measured values into electrical signals usable for transmission and evaluation), measuring transmitter

Messwert·verarbeitung *f* / measured-value processing || ≗**-Verarbeitungstypen** *m pl* / measured-value processing types || ≗**-Vergleichsschutz** *m* / differential protection (scheme), differential relay system || ≗**verstärker** *m* / measuring amplifier || ≗**vorverarbeitung** *f* / measured value preprocessing, analog value preprocessing, metered value preprocessing, indication preprocessing || ≗**wandler** *m* (Umformer) / measuring transducer, transducer *n*

Mess·wicklung *f* / measuring winding || ≗**widerstand** *m* DIN IEC 477 / laboratory resistor || ≗**widerstand** *m* (Shunt) / measuring shunt, shunt *n* || ≗**zange** *f* / calipers *n* || ≗**zangensteuerung** *f* / calipers control || ≗**zeit** *f* / sample time || ≗**zeit** *f* (EZ, Messperiode) / integration period, demand integration period

Messzelle *f* / measuring cell || **elektrochemische** ≗ / electro-chemical measuring cell

Mess·zeug *n* / measuring tools and gauges || ≗**zusatz** *m* / measuring adaptor, measurement adapter || ≗**zustelltiefe** *f* / measurement infeed depth

Messzwecke *m pl* / measurement purposes || **Spannungswandler für** ≗ / measuring voltage transformer, measuring potential transformer

Messzyklen *m pl* / measuring cycles || ≗**: - Allgemein - Drehen - Fräsen** / measuring cycles: - general - turning - milling (Title of documentation)

Messzyklus *m* (Messzyklen sind allgemeine Unterprogramme zur Lösung bestimmter Messaufgaben, die über Parameter an das konkrete Problem angepasst werden können) / probing cycle, measuring cycle (MC), sensing cycle

Metadyne *n* / metadyne *n*

Metadyn·generator *m* / metadyne generator || ≗**maschine** *f* / metadyne machine, cross-field machine || ≗**umformer** *m* / metadyne converter, metadyne transformer

Metall·anlasser *m* / rheostatic starter, resistor starter || ≗**armatur** *f* (Isolator) / metal part || ≗**balgkupplung**

f / metal bellows coupling || **gewendeltes ≗band** / spiralled metal strip
metallbearbeitende Maschine / metal-working machine
Metall·bearbeitung *f* / metalworking *n* || **~beschichteter Leiter** / metal-coated conductor || **≗bewehrung** *f* (Beton) / metallic reinforcement || **≗bügel** *m* (Bürste) / metal top || **≗bürste** *f* / metal brush
Metalldampf *m* / metal vapour || **≗bogen** *m* / metal vapour arc || **≗bogenentladung** *f* / metal-vapour arc discharge || **≗lampe** *f* / metal-vapour lamp || **≗plasma** *n* / metal-vapour plasma, conductive metal vapour
Metall·dochtkohle *f* / metal-cored carbon || **≗drahtlampe** *f* / metal-filament lamp || **≗-Elektrode-Feldeffekttransistor** *m* (MES-FET) / metal-gate field-effect transistor (MES FET) || **≗faltenbelag** *m* / metal bellows || **≗filmwiderstand** *m* / metallic-film resistor || **≗folie** *f* / metal foil || **≗folienkondensator** *m* / metal foil capacitor || **≗geflecht** *n* / metal braiding || **≗gehäuse** *n* / metallic enclosure
metallgekapselt *adj* / metal-clad *adj*, metal-enclosed *adj*, metal-encased *adj*, with metal enclosure || **~e Betriebsmittel** DIN IEC 536 / metal-encased equipment || **~e gasisolierte Schaltanlage** / metal-enclosed gas-filled switchgear IEC 517, A2 || **~e Hochspannungs-Schaltanlage** VDE 0670,T.8 / h.v. metal-enclosed switchgear IEC 517 || **~e Schaltanlagen** VDE 0670,T.6 / metal-enclosed switchgear and controlgear IEC 298, metal-enclosed cubicle switchgear or controlgear BS 4727, G.06 || **~e Schaltwagenanlage** / metal-enclosed truck-type switchgear || **~e SF_6-isolierte Schaltanlage** / SF_6 metal-enclosed switchgear, SF_6 metal-clad substation || **~e SF_6-Kompaktschaltanlage** / integrated SF_6 metal-clad switchgear || **~es RS** / metal-encased control || **~es Schaltfeld** / metal-enclosed switchpanel
metallgeschottet *adj* / metal-clad *adj*
metallgespritzt *adj* / metal-sprayed *adj*
Metallgewebeeinlage, Bürste mit ≗ / metal-gauze-insert brush
Metall·graphit-Bürste *f* / metal-graphite brush, metallized brush || **≗gummischiene** *f* / metal-rubber rail || **≗-Halbleiter-FET** *m* / metal-semiconductor FET (MESFET)
metallhaltige Bürste / metallized brush, metal-graphite brush
Metall-Handsäge *f* / handsaw for metal
metallhinterlegter Schirm / metallized screen (o. Leuchtschirm)
metallimprägnierter Graphit / metal-impregnated graphite
Metall-Inertgas-Verfahren *n* (MIG-Verfahren) / metal-inert-gas method
metallisch blank / bright *adj* || **~e Umhüllung** (Kabel) / metal covering || **~er Kurzschluss** / dead short circuit, bolted short circuit
Metallisieren *n* (gS) / plating *n*, plating up
metallisiert *adj* / metalized *adj* || **~e Kohlefaserbürste** / metal-plated carbon-fibre brush || **~er Kondensator** IEC 50(436) / metallized capacitor || **~es Loch** (gS) / plated-through hole, plated hole
Metallisierung *f* / metallic coating, metallizing *n*
Metall·-Isolator-Halbleiter-FET *m* / metal-insulator-semiconductor FET (MISFET) || **≗kapsel** *f* (f. elST-Baugruppen) / metal casing, die-cast metal casing || **≗kapselung** *f* / metal enclosure || **~kaschiertes Basismaterial** / metal-clad base material || **≗keramik** *f* / powder metallurgy
Metallkern·-Basismaterial *n* (gS) / metal-core base material || **≗-Leiterplatte** *f* / metal-core printed board
Metall·kohlebürste *f* / compound brush || **≗kompensator** *m* / metal bellow-type compensator || **≗-Lichtbogen** *m* / metallic arc || **≗mantelkabel** *n* / metal-sheathed cable, metal-clad cable || **≗mast** *m* (Lichtmast) / metal column
Metall-Nichtmetall-Rohr, kombiniertes ≗ (IR) / composite conduit
Metall-Nitrid-Oxid-Halbleiterspeicher *m* (MNOS-Speicher) / metal-nitride-oxide semiconductor memory (MNOS memory)
Metalloxidableiter *m* (MO-Ableiter) / metal-oxide (surge arrester)
Metall-Oxid-Halbleiter *m* / metal-oxide semiconductor (MOS) || **komplementärer ≗** / complementary metal-oxide semiconductor (CMOS) || **≗-speicher mit schwebendem Gate und Lawineninjektion** (FAMOS-Speicher) / floating-gate avalanche-injection metal-oxide semiconductor memory (FAMOS memory)
Metalloxidschicht-Halbleiterschaltung *f* (MOS) / metal-oxide semiconductor circuit (MOS)
Metall-Oxid-Semiconductor *m* (MOS) / metal-oxide semiconductor (MOS)
Metalloxid-Varistor *m* (MOV) / metal-oxide varistor (MOV) || **≗-Ableiter** *m* / metal-oxide-varistor (surge arrester)
Metall·papier *n* / metallized paper || **≗papierdruckwerk** *n* / metallized-paper printer || **≗-Papier-Kondensator** *m* / metallized-paper capacitor || **≗raster** *m* (Leuchte) / metal louvre
Metallrohr *n* (IR) / metal conduit || **≗ mit beständigen elektrischen Leiteigenschaften** / conduit with electrical continuity || **≗ ohne beständige elektrische Leiteigenschaften** / conduit without electrical continuity || **≗-Federmanometer** *n* / metal-tube spring-type pressure gauge
Metall·-Rückwand *f* / metal back plate || **≗schichtwiderstand** *m* / metal film resistor, metal foil resistor || **≗schirm** *m* / metal screen || **≗schlauch** *m* / flexible metal tube (o. tubing), metal tube, metal tubing || **≗-Schnappscheiben** *f pl* / metal snap-action contacts || **≗schottung** *f* / metal-clad design
metallumhüllt·e zusammendrückbare Dichtung / metal-clad compressible sealing gasket || **~er Leiter** / metal-clad conductor || **~es Gerät** / metal-encased apparatus
metallumschlossenes Gerät / metal-encased apparatus || **~ Gerät der Schutzklasse II** / metal-encased Class II appliance
Metall·verarbeitung *f* / metalworking *n* || **≗wendel** *f* / helical metal spring || **≗widerstand** *m* / metallic resistor
Metallwinkel *m* (Bürste) / metal clip, metal top || **Bürste mit überstehendem ≗** / cantilever brush || **überstehender ≗** (Bürste) / cantilever top
Metamagnetismus *m* / metamagnetism *n*

metamere Farbreize / metameric colour stimuli, metamers *plt*
Meta-System *n* / expert system shell
meteorologisch optische Sichtweite / meteorological optical range || **~e Messwertaufnehmer** / meteorological sensors and gauges || **~es Wolkenhöhen-Messgerät** (MCO) / meteorological ceilometer (MCO)
Meterware *f* / sold by the meter, cut-to-length, cabling sold by the meter or reeled cable || **als ≗** / by the meter
Methode der Grenzkosten (StT) / marginal cost method
Methylalkohol *m* / methylated spirit
metrisch *adj* / metric *adj*
Metrisch-Zoll-Umschaltung *f* (NC) / metric-inch (input) changeover || **Metrisch/Zoll-Umschaltung** *f* / metric/inch changeover
Metrologie *f* / metrology *n*
MF / medium frequency (MF), medium-high frequency
µ-Faktor *m* (ESR) / voltage factor (EBT), mu factor
M-Fehler *m* / m error
M-Funktion *f* (Maschinenfunktion: Anweisungen, mit denen überwiegend Schaltfunktionen der Maschine oder Steuerung programmiert werden) / special function, M function (Instructions which primarily control on/off functions of the machine or NC system) || **schnelle ≗** (Funktion zum Lesen von schnellen NC-Eingängen und zum Ansteuern von schnellen NC-Ausgängen) / rapid M function (Function for reading rapid NC inputs and setting and resetting rapid NC outputs) || **vorbereitende ≗** / initial M function
MFV (Mehrfrequenzverfahren) / multifrequency dialing, tone dialing || ≗ (Mehrfrequenzverfahren) / DTMF (dual tone multi-frequency) || **≗-Handsender** *m* / DTMF pocket dialler
MFW (Mehrfachwerkzeug) / multiple tool
MG (Meldegruppe) / MG (message group)
MGÜ / MVDCT system
MHD-Kraftwerk *n* / magnetohydrodynamic thermal power station (MHD thermal power station)
M(H)-Kurve *f* / M(H) curve
MHO·-Kreis *m* / mho circle, conductance circle || **≗-Relais** *n* / mho relay, admittance relay || **≗-Schutz** *m* / mho protection
M(H)-Schleife *f* / M(H) loop || **≗ bei überlagertem Gleichfeld** / incremental M(H) loop
MIB / management information base (MIB)
MIC / microcomputer *n* (MC) || ≗ / minimum ignition current (MIC)
Microcontroller *m* / microcontroller *adj*
Micro-Drip-System *n* / micro-drip system
Midiwickeltechnik *f* / midi-wire-wrap technique
mieden *v* / sad *v*
Miet·anlageunterhaltung *f* / leased system maintenance || **≗gebühr** *f* / leasing charges || **≗leitung** *f* / leased line, private-wire circuit
Mig-Mag·-Schweißen *n* / MIG/MAG welding || **≗-Schweißgerät** *n* / MIG/MAG welding unit
Mignon·-Schraubfassung *f* / miniature screw holder || **≗sockel** *m* (E 14) / small cap
Migrationkonzept *n* / migration concept
MIG-Verfahren *n* / metal-inert-gas method
Mikafolium *n* / mica folium, mica foil
Mikanit *n* / micanite *n*, reconstituted mica, reconstructed mica, built-up mica || **≗ mit wärmehärtendem Bindemittel** / heat-bondable mica material || **≗gewebe** *n* / mica-backed fabric
Mikartit *n* / micarta *n*
Mikro·abschaltung *f* / micro-disconnection *n* || **≗ampèremeter** *n* / micro-ammeter || **≗analyse** *f* / microanalysis *n*, micro-chemical analysis || **≗aufnahme** *f* / photo-micrograph *n*, micrograph *n* || **≗baustein** *m* (Chip) / micro-chip *n* || **≗baustein** *m* / micro-assembly *n* || **≗befehl** *m* / micro-instruction *n* || **≗biegung** *f* / micro-bending *n* || **≗bogen** *m* / micro-arc *n*
Mikrocomputer *m* (MC) / microcomputer *n* (MC) || **≗-Entwicklungssystem** *n* (MES) / microcomputer development system (MDS) || **≗-Platine** *f* (MCB) / microcomputer board (MCB)
Mikro·elektronik *f* / micro-electronics *plt* || **≗härte** *f* / micro-hardness *n* || **≗krümmung** *f* (LWL) / micro-bending *n* || **≗legierungstechnik** *f* / micro-alloy technique || **≗legierungstransistor** *m* / micro-alloy transistor || **≗lunker** *m* / micro-shrinkhole *n*
Mikrometer *n* / micrometer *n*, micrometer calipers || **≗nachstellung** *f* / micrometer adjustment
Mikro·motor *m* / micromotor *n* || **≗phonie** *f* / microphony *n*, microphonic effect || **≗programm** *n* / microprogram *n* || **~programmgesteuert** *adj* / microprogrammed *adj*, micro-coded *adj* || **~programmierbare Steuerung** (MPS) / microprogrammable control (MPC) || **~programmiert** *adj* / microprogrammed *adj*, micro-coded *adj* || **≗programmspeicher** *m* / microprogram memory, control read only memory (CROM), control memory
Mikroprozessor *m* (MP) / microprocessor *n* (MP) || **≗bahnsteuerung** *f* / microprocessor path control || **≗-Betriebssystem** *n* / microprocessor operating system (MOS) || **≗einheit** *f* (MPU) / microprocessor unit (MPU) || **≗-Entwicklungssystem** *n* (MES) / microprocessor development system (MDS)
mikroprozessorgeführt *adj* / microprocessor-based *adj* || **~e Leittechnik** (f. Schaltanlagen) / microprocessor-based (integrated) protection and control
Mikroprozessor·-Messgerät *n* / microprocessor-based measuring instrument || **≗modul** *n* / microprocessor-module *adj* || **≗-Motorsteuerung** *f* (Kfz) / microprocessor-based electronic engine control || **≗-Programmiersprache** *f* (MPL) / microprocessor language (MPL) || **≗steuerung** *f* / microprocessor-based control, microprocessor control || **≗-Systembus** *m* (MPSB) / microprocessor system bus (MPSB)
Mikro·prüfung *f* / micro-examination *n* || **≗rechner** *m* / microcomputer *n* (MC) || **≗rille** *f* / microgroove *n* || **≗riss** *m* / microcrack *n* || **≗schalter** *m* / microswitch *n*, micro-gap switch, mini-gap switch, sensitive micro-switch, sensitive switch IEC 163, quick-make-quick-break switch
Mikroschaltung *f* DIN 41848 / microcircuit *n* || **zusammengesetzte ≗** DIN 41848 / micro-assembly *n*
Mikro·schliffbild *n* / microsection *n*, micrograph *n* || **≗-Schnappschalter** *m* / sensitive micro-switch
Mikroskop *n* / microscope *n*
mikroskopische Prüfung / microscopic inspection
Mikro·sonde *f* / microprobe *n* || **≗-SPS** / micro PLC || **≗streifenleitung** *f* / microstrip line ||

≗strömungsfühler *m* / microflow sensor || ≗struktur *f* / microstructure *n* || ≗taster *m* (Druckknopf, Taste) / micro pushbutton, micro key || ≗umgebung *f* / micro-environment *n* || ≗-Umschalter *m* / micro changeover switch || ≗-Unterbrechung *f* / micro-interruption *n*

Mikrovoltbereich, elektrischer Durchgang im ≗ / circuit continuity at microvolt level

Mikrowellen·erkennungssystem *n* / microwave reader system || ≗-**Gyrator** *m* / microwave gyrator || ≗-**Isolator** *m* / microwave isolator || ≗**laser** *m* / maser *n* (microwave amplification by stimulated emission of radiation) || ≗**röhre** *f* / microwave tube, microwave valve

MIK-Wert *m* / TLV (threshold limit value in the free environment) || ≗ *m* / MAC (maximum allowable concentration in the free environment)

Millimeter Quecksilbersäule / millimetres of mercury || ≗**papier** *n* / millimetre-square graph paper

Million *f* (Mio) / million (mill.), million (M)

Millivoltmethode *f* / millivolt level method, millivolt method

Millmotor *m* / mill motor, armoured motor

Mi-Max-Strommesser *m* / min.-max. ammeter

min. / min.

min^{-1} (Notierung für Umdrehungen pro Minute) / rev/min., r.p.m.

min. TSDR (Minimum Station Delay Remote) / min. TSDR (minimum station delay remote)

Minder·güte *f* / substandard grade || ≗**gutschriften** *f pl* / reduced credits

Minderungsfaktor *m* / reduction factor, aerating factor

Mindest·abnahmeklausel *f* (StT) / minimum payment clause || ≗**abschaltspannung** *f* (Thyr) DIN 41786 / gate turn-off voltage || ≗**abschaltstrom** *m* (Abschaltthyristor) DIN 41786 / gate turn-off current || ≗**abschirmwinkel** *m* / minimum cut-off angle

Mindestabstand gegen Erde (Außenleiter-Erde) / phase-to-earth clearance, phase-to-ground clearance || ≗ **in Luft** / minimum clearance in air || ≗ **von benachbarten Bauteilen** / minimum clearance from adjacent components

Mindest·-Anfangskraft *f* (HSS-Betätigung) EN 60947-5-1 / minimum starting force || ≗-**Anfangsmoment** *n* (HSS-Betätigung) EN 60947-5-1 / minimum starting moment || ≗-**Annahmewahrscheinlichkeit** *f* / minimum (value of) probability of acceptance || ≗-**Anschlussquerschnitt** *m* / minimum conductor cross-section || ≗**anteil** *n* / lower limiting proportion || ≗**ausschaltstrom** *m* / minimum operating current || ≗-**Ausschaltstrom** *m* / minimum breaking current || ≗-**Betätigungskraft** *f* (HSS) EN 60947-5-1 / minimum actuating force || ≗-**Betätigungsmoment** *n* (HSS) EN 60947-5-1 / minimum actuating moment || ≗-**Betriebsdichte des Isoliergases** / minimum operating density of insulating gas || ≗-**Betriebsdruck** *m* / minimum operating pressure || ≗-**Betriebsspannung** *f* (Starterprüfung) / stability voltage (starter)

Mindest·-Bruchfestigkeit, mechanische ≗-**Bruchfestigkeit** / specified mechanical failing load || ≗-**Bruchkraft** *f* / specified failing load || **Befehls~dauer** *f* / minimum command time

Mindestdruck *m* / minimum pressure || ≗**sperre** *f* / minimum-pressure lockout, power-on disable, closing lockout || ≗**verriegelung** *f* / minimum-pressure lockout

Mindesteinschaltdauer *f* / minimum on-time, minimum ON period

mindestens *adj* / at least

Mindest·forderungen *f pl* / minimum requirements || ≗**frequenz** *f* / minimum frequency || ≗**gebrauchsdauer** *f* / endurance *n* || ≗-**Haltewert** *m* / minimum withstand value || ≗**impulsdauer** *f* / minimum pulse time || ≗**impulszeit** *f* / minimum pulse time || ≗**kraftbedarf in Hubrichtung** / minimum force required along plunger axis

Mindestlast *f* / minimum load, minimum capacity || **Betrieb mit** ≗ (KW) / minimum stable operation || ≗**strom** *m* / minimum load current || ≗**strom** *m* (NS) / minimum operational current

Mindestleerspannung *f* (Lampe) / minimum open-circuit voltage

Mindestleistung *f* (StT) / minimum demand || **Betrieb eines Blocks mit** ≗ / minimum safe running of a unit || **technische** ≗ (KW) / minimum stable capacity, minimum stable generation

Mindest·pausendauer *f* / minimum break time || ≗**quantil** *n* (Statistik, QS) DIN 55350,T.12 / lower limiting quartile || ≗**querschnitt** *m* / minimum area || ≗**reparaturvolumen** *n* / minimum repair volume || ≗**schaltabstand** *m* (NS) / minimum operating distance || ≗**schaltdruck** *m* / minimum switching pressure || ≗**sicherheitshöhe** *f* EN 50017 / minimum safe height EN 50017 || ≗**signalzeit** *f* / minimum pulse time || ≗**spannung** *f* / minimum voltage || ≗**stromrelais** *n* / minimum-current relay || ≗-**Unterschreitungsanteil** *m* (Statistik, QS) DIN 55350, T.12 / lower limiting proportion || ≗**wert** *m* (QS) DIN 55350,T.12 / lower limiting value || ≗**zahlungsklausel** *f* (StT) / minimum payment clause || ≗**zündstrom** *m* (MIC) / minimum ignition current (MIC) || ≗**zykluszeit** *f* / minimum scan cycle time

Mineralfaser *f* / mineral fibre || ≗-**Matten** *f pl* / mat of fibrous minerals || ≗-**Schalen** *f pl* / formed sections of fibrous minerals || ≗-**Stopfisolierung** *f* / stuffed insulation of fibrous minerals

Mineralfett *n* / mineral fat, mineral grease

mineralisolierte Leitung / mineral-insulated cable

Mineral·isolierung *f* / mineral insulation || ≗**öl** *n* / mineral oil

Miniaturbild *f* (BSG) / thumbnail *n*

miniaturisieren *v* / miniaturize *v*

Miniaturisierung *f* / miniaturization *n*

Miniatur·-Leuchtstofflampe *f* / miniature fluorescent lamp || ≗**schalter** *m* / micro-switch *n*, miniature switch || ≗**sockel** *m* / miniature cap || ≗**stecker** *m* (D-Reihe) / (subminiature) cannon connector || ≗-**Stecker der D-Reihe** / subminiature D connector (sub D connector), sub D plug, male sub D connector

Mini·-BHG / mini HHU || ≗**blockrelais** *n* / miniblock relay || ≗**computer** *m* / minicomputer *n* || ≗**diskette** *f* / mini-diskette *n*, mini-floppy *n* (disk), mini floppy disk || ≗**floppy** *f* / mini-diskette *n*, mini-floppy *n* (disk) || ≗**kompaktgerät** *n* (MKG) / mini compact unit

minimal *adj* / minimal *adj* || ≗ **Frequenz** / min. frequency

minimal·e Anfangskraft / minimum starting force || **~e Erregung** (el. Masch.) / minimum field || **~e Größe** / minimized *adj* || **~e Motorfrequenz** / minimal motor frequency || **~er Abstand zu Objekten** (Freiltg.) IEC 50(466) / clearance to obstacles || **~er Abstand zwischen Teilen unter Spannung und geerdeten Teilen** (Freiltg.) / phase-to-earth clearance IEC 50(466) || **~er Bodenabstand** (Freiltg.) / ground clearance IEC 50(466) || **~er Frequenzschwellwert** / min. threshold for freq. setp. || **~er Laststrom** / minimum load current || **~er Schutzwinkel** (Freiltg.) IEC 50(466) / minimum angle of shade, minimum shielding angle || **~er statischer Biegeradius** (Kabel) EN 60966-1 / minimum static bending radius || **~es Anfangsmoment** / minimum starting moment
Minimal-/Maximal-Auswahl *f* (SPS) / minimum/maximum selection
Minimal·relais *n* / under...relay || **≗spannungsauslöser** *m* / undervoltage release IEC 157-1, undervoltage opening release, low-volt release || **≗steuerung** *f* / minimum control
Minimal- und Maximalwert *m* / minimum/maximum value
Minimalwert PID-Ausgang / PID output lower limit
minimieren *v* / minimize *v*
Minimierung *f* / minimization *n*
Minimotor *m* / miniature motor, minimotor *n*
Minimum Station Delay Remote (min. TSDR) / minimum station delay remote (min. TSDR)
Minimum·-Bedingung *f* DIN 7184,T.1 / minimum condition || **≗-Material-Maß** *n* DIN 7182,T.1 / minimum material size || **≗-Messrelais** *n* / minimum measuring relay || **≗phasen-Netzwerk** *n* / minimum-phase network
Mini·pattern / minipattern || **≗polrelais** *n* / subminiature polarized relay
Ministerialblatt, allgemeines ≗ / general ministerial gazette
Mini·technik *f* / mini-wire-wrap technique || **≗wickeltechnik** *f* / mini-wire-wrap technique || **≗zeitschaltuhr** *f* / miniature time switch
Minoritätsträger *m* / minority carrier
Minuend *m* / minuend *n* || **≗ L-Wort** / minuend low word
Minus·abweichung *f* / negative deviation || **≗anzapfung** *f* (Trafo) / minus tapping || **≗bereich** *m* / minus region || **≗nocken** *m* / minus cam || **≗pol** *m* / negative pole || **≗richtung** *f* / negative direction || **Bewegung in ≗richtung** (NC-Zusatzfunktion) DIN 66025,T.2 / motion - (NC miscellaneous function) ISO 1056 || **≗toleranz** *f* / negative tolerance || **≗zeichen** *n* / minus sign, negative sign
Minuten·reserve *f* / minutes reserve || **≗scheibe** *f* (Zeitschalter) / minute dial || **≗-Stehspannung** *f* / minute value of electric strength
Mio (Million) / mill. (million), M (million)
MIS / Management Information System (MIS)
Mischanlage *f* / mixing plant, mechanical mixture system, batch plant
mischbar *adj* / miscible *adj*
Misch·barkeit *f* / miscibility *n* || **≗baugruppe** *f* / hybrid module || **≗bestückung** *f* (Chips) / chip mix || **≗betrieb** *m* (PROFIBUS) / mixed operation || **≗betrieb** *m* (DÜ) / asynchronous balanced mode (ABM) || **≗bruch** *m* / mixed fracture || **≗bruch** *m* (Kerbschlag) / intermediate case of fracture || **≗dämpfung** *f* (Diode) DIN 41853 / conversion loss || **≗diode** *f* / mixer diode || **≗einfügungsdämpfung** *f* / conversion insertion loss || **≗eingangswandler** *m* / input summation current transformer, input mixing transformer
mischen *v* (gleichartig geordnete Datenobjekte in einer geordneten Menge vereinigen) DIN 44300 / merge *v* || ~ *v* (Daten, mit gleichzeitigem Trennen) DIN 66001 / collate *v*
Mischerwaage *f* / mixer weighing machine
Misch·fällung *f* / mixed precipitation || **≗farbe** *f* / secondary colour || **≗-Federleiste** *f* / hybrid socket connector || **SF_6-≗gasschalter** *m* / SF_6/N_2 circuit-breaker || **≗größe** *f* / pulsating quantity || **≗impedanz** *f* / modified impedance || **≗klappe** *f* (Kfz) / mixing valve || **≗konfiguration** *f* (FWT) / hybrid configuration || **≗kristall** *m* / mixed crystal || **≗last** *f* / mixed load
Mischleiste *f* / hybrid connector, mixed strip
Mischleisten·-Federleiste *f* / hybrid socket connector || **≗-Messerleiste** *f* / hybrid plug connector || **≗-Prüfadapter** *m* / hybrid adaptor || **≗-Steckverbinder** *m* / hybrid connector
Misch·leistungsrelais *n* / arbitrary phase-angle power relay || **≗lichtlampe** *f* / mixed-light lamp, blended lamp, self-ballasted mercury lamp, mercury-tungsten lamp, incandescent-arc lamp || **≗luftheizung** *f* / secondary-air heating system
Misch·modul *n* / hybrid module || **≗potential** *n* / mixed potential || **≗reibung** *f* / mixed friction, semi-fluid friction || **≗restdämpfung** *f* / conversion insertion loss || **≗röhre** *f* / mixer tube || **≗schaltung** *f* / hybrid circuit || **≗schaltung** *f* (LE) / non-uniform connection || **≗schmierung** *f* / mixed lubrication, semi-fluid lubrication || **≗spannung** *f* / pulsating voltage, undulating voltage || **≗steckerleiste** *f* / hybrid plug connector || **≗steilheit** *f* / conversion transconductance || **≗strahlung** *f* / complex radiation
Misch·strom *m* / pulsating current, undulating current, pulsating d.c., rippled d.c. || **≗strommotor** *m* / pulsating-current motor, undulating-current motor || **≗übertrager** *m* / summation current transformer, mixing transformer || **≗- und Oszillatorröhre** *f* / frequency-converter tube
Mischung *f* / sheathing compound
Mischungs·regelung *f* / blending control || **≗typ** *m* (Kabel) VDE 0281 / type of compound, class of compound
Misch·ventil *n* / mixing valve, valve for mixing service || **≗verdrahtung** *f* / combined wiring || **≗wandler** *m* / summation current transformer, mixing transformer || **≗widerstand** *m* / modified impedance || **≗zustand** *m* / mixed state
Missachtung *f* / non-compliance
Missbrauch *m* / unauthorized use
mißbrauchsicher *adj* / tamper-proof *adj*
Missweisung, magnetische ≗ / magnetic declination
Mitbewerber *m* / competitor *n*
Mitblindwiderstand *m* / positive phase-sequence reactance, positive-sequence reactance
Mitfahren *n* / coupled motion
Mitführachse *f* / coupled-motion axis
Mitführen *n* (WZM) / coupled motion || ~ *v* / hold *v*
Mitgang *m* (Kontakte) / contact follow, follow-through travel

mitgeführter Schutzleiter (i. Kabel) / protective conductor incorporated in cable, earth continuity conductor incorporated in cable(s)
mitgeltende Norm / reference standard
mitgerissener Staub / entrained dust
mitgeschleppt·e Achse (WZM) / coupled axis, axis under coupled motion || **~er Fehler** / inherited error, inherent error || **~es Gas** / entrained gas
mithören *v* / listen in
Mitimpedanz *f* / positive-phase-sequence impedance, positive-sequence impedance
Mitkomponente *f* (eines Dreiphasensystems) / positive-sequence component, positive component
mitkompoundierende Wicklung / cumulative compound winding
Mitkompoundierung *f* / cumulative compounding
Mitkopplung *f* (Reg.) / positive feedback, direct feedback || **äußere** ≗ (Transduktor) / separate self-excitation || **innere** ≗ (Transduktor) / auto-self-excitation *n* (transductor), self-saturation *n* || **kritische** ≗ (Transduktor) / critical self-excitation (transductor)
Mitlaufbetrieb *m* (Programm) / parallel program run, hot-standby mode
mitlaufend·e Reserve (KW) / spinning reserve || **~e Reserve mit langsamer Lastaufnahme** / slow-response spinning reserve || **~e Reserve mit schneller Lastaufnahme** / quick-response spinning reserve || **~e Triggerquelle** (Osz.) / tracked trigger source || **~es System** / positive phase-sequence system, positive-sequence system
Mitlauffilter *n* / tracking filter
mitläufige Bürste / trailing brush || **~ Bürstenverschiebung** / forward brush shift
Mitlauftransformator *m* / trailer transformer, follower transformer
Mit-Leistung *f* / positive-sequence power, power of positive-sequence system
Mitlesen *n* / passive monitoring
Mitnahme *f* / intertrip *n* || ≗ *f* (Schwingung) / harmonic excitation || **magnetische** ≗ / magnetic coupling || **Schalter~** *f* / breaker intertripping, transfer tripping || ≗**einrichtung** *f* / engaging (driving) device || ≗**gerät** *n* (Schutzauslösung) / intertripping unit, transfer trip device || ≗**geschäft** *n* / accompanying business, cash-and-carry service || ≗**relais** *n* / transfer trip relay, intertripping *n*, transfer tripping || ≗**schaltung mit HF** / intertripping carrier scheme
Mitnehmer *m* / driver *n*, driver pin, driver ring, dog *n*, catch *n*, driving feature, coupling *n*, pusher dog, pusher *n* || ≗ *m* (EZ) / driving element, driver *n* || ≗**bolzen** *m* / driver bolt || ≗**hebel** *m* / driver lever || ≗**nase** *f* / driver lug || ≗**-Rückstelleinrichtung** *f* (EZ) / driver restoring element, driver resetting mechanism || ≗**scheibe** *f* / driver disk || ≗**scheibe** *f* (EZ) / driver (o. driving) disc, follower disc || ≗**zeiger** *m* / drive pointer
Mitreaktanz *f* / positive phase-sequence reactance, positive-sequence reactance
Mitschleppachse *f* / coupled axis, axis under coupled motion
Mitschleppen *n* / coupled motion || ≗ *n* (WZM, NC) / coupled motion || ~ *v* / trail *v* || ≗ **und Leitwertkopplung** / coupled motion and master/slave couplings || ≗ **von Gas** / gas entrainment
Mitschlepp·kombination *f* / coupled-motion combination || ≗**verband** *m* / coupled axis combination, coupled axis grouping, coupled-axis grouping
Mitschreib·betrieb *m* / shadow mode || ≗**diskette** *f* / shadow diskette
Mitschreiben *n* (Protokollieren) / (real-time) logging *n*
Mitschreibschleife *f* (DÜ, SPS) / echo loop
mitschwingen *v* / resonate *v*
Mitsystem *n* / positive phase-sequence system, positive-sequence system, positive-sequence network || **mehrphasiges** ≗ / positive-sequence polyphase system || **~-Leistung** *f* / positive-sequence power, power of positive-sequence system || ≗**spannung** *f* / positive-sequence voltage
Mittagspause *f* / lunch break
mitte *adv* / in the centre
Mitte, über ≗ **schneiden** / cut across center
Mitteilung, technische ≗ / technical information sheet || **technische** ≗**en** / technical bulletins
Mittel *n* (QS) / mean *n*, mean value
Mittel.... / mean *n*, average *n*
Mittel·abgriff *m* / centre tap, mid-tap *n* || ≗**abschirmung** *f* (StV) / centre shield || ≗**abstand** *m* / centre spacing || ≗**anschluss** *m* (LE, eines Zweigpaares) / centre terminal || ≗**antrieb** *m* / center operating mechanism || ≗**anzapfung** *f* (Trafo) / centre tap, mid-tap *n* || **Drosselspule mit** ≗**anzapfung** / centre-tapped reactor
mittelbar gespeister Kommutatormotor / rotor-excited commutator motor || **~e Betriebserdung** VDE 0100, T.200 / indirect functional earthing || **~e Erdung** / indirect earthing || **~er Antrieb** (SG, Kraftspeicherantrieb) / stored-energy (operating) mechanism
Mittelbohrung *f* / middle hole
mittelbündig *adj* / centered *adj*
Mittelfeld *n* / intermediate panel
Mittelfrequenz *f* (MF) / medium-high frequency, medium frequency (MF) || ≗**generator** *m* / medium-frequency generator || ≗**umformer** *m* / medium-frequency motor-generator set, medium-frequency converter
mittelfristig *adj* / medium-term *adj*
Mittel·klasseanwendung *f* / mid-range application || ≗**kontakt** *m* (Fassung) / central contact (lampholder) || ≗**kontakt** *m* (Rel.) / mid-position contact || ≗**lage** *f* / mean position, medial layer || ≗**lager** *n* / centre bearing || ≗**länge** *f* (GKS) / halfline *n* || ≗**gang** *m* / normal speed
mittellanger Impuls / medium pulse
Mittellast-Generatorsatz *m* / controllable set IEC 50(603)
Mittelleistungs·feuer *n* / medium-intensity light || ≗**transformator** *m* / medium-power transformer
Mittelleiter *m* (Neutralleiter) / neutral conductor, neutral *n* || ≗ *m* (Gleichstrom) / middle conductor, M conductor, third wire, inner main || ≗ *m* (mit Schutzfunktion) / protective neutral conductor, PEN conductor, combined protective and neutral conductor || ≗ *m* (ohne Schutzfunktion) / neutral conductor, N conductor || ≗ *m* (SR-Schaltung) / mid-wire conductor || ≗**-Abgangsklemme** *f* / neutral branch terminal, secondary neutral terminal || ≗**kontakt** *m* / neutral contact || ≗**-Kontaktstift** *m* / neutral pin || ≗**schiene** *f* / neutral bar || ≗-

Trennklemme *f* / isolating neutral terminal
Mittellinie *f* (a. GKS-System) / centre line
Mittellinien·feuer *n* (Flp.) / centre-line light || ≗**führung** *f* (Flp.) / centre-line guidance || ≗-**Kurzbalken** *m* (Flp.) / centre-line barrette || ≗**marke** *f* (Flp.) / centre-line marking || ≗-**Unterflurbefeuerung** *f* / centre-line flush-marker lighting
Mittel·maschine *f* / machine of medium-high rating, medium-size machine || ≗**maß** *n* / mean size, mean dimension
mitteln *v* / average *v*
Mittel·oberfläche *f* / mean surface || ≗**position** *f* / center position, central position, neutral position, mid-position || ≗**potential** *n* / mid-potential *n* || ≗**profil** *n* / medium section
Mittelpunkt *m* (MP) / center point || ≗ *m* (Sternpunkt) / neutral point, star point, neutral *n* || ≗ *m* (geometr.) / centre point, midpoint *n* (CAD) || ≗**bahn** *f* (WZM-Werkzeug) / centre-point path || ≗-**Bohrung** *f* / center-point hole || ≗**leiter** *m* / neutral conductor, neutral *n*, return ground
Mittelpunktsbahn *f* / center-point path
Mittelpunktschaltung *f* (LE, mehrpulsig) / star connection || ≗ *f* (LE, ein- o. zweipulsig) / centre-tap connection
Mittelpunkts·farbart *f* / basic stimulus || ≗**valenz** *f* / basic stimulus
Mittelpunkt·-Transformator *m* / static balancer || ≗-**Verlagerungsdrossel** *f* / (earth current limiting) neutral displacement reactor, zero-sequence reactor
Mittel·rauhtiefe *f* / centre-line average (c.l.a.) || ≗**schenkel** *m* (Trafo-Kern) / centre limb, center leg || ≗**schnelläufer** *m* / medium-high-speed machine
mittelschnelle Informationsverarbeitung / medium-fast information processing
Mittelspannung *f* (el.) / medium-high voltage, (primary) distribution voltage || ≗ *f* (MS) / medium voltage (MV) || ≗ *f* (Spannungsteiler) / intermediate voltage || ≗ *f* (mech.) / mean stress || ≗ **einer Gruppenspannung** / volt centre
Mittelspannungs·abnehmer *m* / medium-voltage consumer || ≗**einspeisung** *f* / medium-voltage supply || ≗**kondensator** *m* (Spannungsteiler) / intermediate-voltage capacitor || ≗-**Leistungsschalter** *m* / distribution-voltage circuit-breaker, medium-voltage circuit-breaker || ≗**netz** *n* / primary distribution network, medium-voltage system (US, 1 - 72,5 kV), high-voltage system || ≗-**Schaltanlage** *f* / primary distribution switchgear, medium-voltage switchgear || ≗**seite** *f* (Trafo) / intermediate-voltage circuit || ≗**tarif** *m* / medium-voltage tariff || ≗**wicklung** *f* (MS-Wicklung Trafo) / intermediate-voltage winding
Mittelständler *m* / middle-class company
Mittelsteg *m* / middle plate
Mittelstellung *f* / center position, central position, mid-position || ≗ *f* (SG) / centre position, neutral position || ≗ *f* (Trafo-Stufenschalter) / centre tap, mid-tap *n*
Mittelstellungs·kontakt *m* / centre-position contact, centre contact, neutral contact || ≗**relais** *n* / centre-stable relay || ≗**spannung** *f* (Trafo) / mid-tap voltage
Mittelstellzylinder *m* / centering cylinder
Mittel·streifen *m* (Autobahn) / central reservation || ≗**stromschiene** *f* / centre conductor rail
Mittelstück *n* / middle piece, central piece
mittelträge Sicherung VDE 0820, T.1 / medium time-lag fuse IEC 127
Mitteltransformator *m* / medium-power transformer, medium-rating transformer
mitteltrübes Glas / opalescent glass
Mittel- und Niederspannungsanteile *m pl* / l.v. and m.v. components
Mittelung *f* / averaging *f*
Mittelungs·pegel *m* (des Schalldrucks) / time-average sound pressure level, equivalent continuous sound-pressure level || ≗**schaltung** *f* / averaging circuit || ≗**zeit** *f* / averaging time
mittelviskos *adj* / of medium-high viscosity
Mittelwert *m* / mean value, average *n*, mean *n*, arithmetic mean || ≗ *m* (MW) / average value, mean value || ≗ *m* (mech. Wechsellast) / mean stress || ≗ **der Abweichung** (Rel.) / mean error || ≗ **der Abweichung unter Bezugsbedingungen** (Rel.) VDE 0435, T.110 / reference mean error || ≗ **der Leistung** / mean value of power || ≗ **der Stichprobe** / sample mean || ≗ **des Eingangsruhestroms** / average bias current, mean input bias current || ≗ **des gleichgerichteten Eingangssignals** / rectified mean || ≗ **einer Zufallsgröße** DIN 55350,T.21 / mean value of a variate || **gewichteter** ≗ / weighted average || **leistungsmäßiger** ≗ / power-rated average value || **quadratischer** ≗ / root-mean-square value (r.m.s. value), virtual value || **zeitlicher** ≗ / time average
Mittelwert·abweichung *f* / mean value deviation, mean value tolerance || ≗**baustein** *m* / averaging block || ≗**bilder** *m* / averaging unit (o. device) || ≗**bildung** *f* / averaging *n*, mean-value generation || ≗**bildungs-Baustein** *m* (SPS) / averaging block
Mittelwert·detektor *m* IEC 50(161) / average detector || ≗**drucker** *m* / average-demand printer, printometer *n* || ≗-**Gleichrichterkreis** *m* / average detector || ≗**messer** *m* / ratemeter *n* || ≗**register** *n* / average register || ≗**speicher** *m* (MW-SP) / mean value memory || ≗**umformer** *m* (Messwertumformer) / mean-value transducer
mittelzugfest *adj* / of medium-high tensile strength *adj*
Mitten·abstand *m* DIN 43601 / centreline spacing, centre-to-centre distance, distance between centres || ≗**anriss** *m* / centre marking, centreline marking || ≗**ausrichtung** *f* / center alignment || ≗**bereich** *m* (statistische Tolerierung) / mean range || ≗**einspeisung** *f* / centre infeed || ≗**frequenz** *f* / centre frequency, mid-frequency *n* || ≗**inhalt** *m* (statistische Tolerierung) / mean population || ≗**kennmelder** *m* / centre indicator || ≗**maß** *n* DIN 7182,T.1 / mean size || ≗**positionierer** *m* / central positioner || ≗**rauhigkeit** *f* / centre-line average (c.l.a.) || ≗**rauhwert** *m* / mean roughness index, average roughness || ≗**schutzkontakt** *m* / centre earthing contact, (central) earthing pin || ≗**spannung** *f* / mean voltage || ≗**spiel** *n* DIN 7182,T.1 / mean clearance || ≗**übermaß** *n* DIN 7182,T.1 / mean interference || ≗**umsteller** *m* (Trafo) / bridge-type off-load tap changer, middle-of-line tapping switch, centre off-load tap changer || ≗**versatz** *m* / eccentricity *n*, centre offset, off-centre condition
mittig *adj* / centric *adj*, in centre, center *adj*, middle *adj*

Mittigkeit *f* / centricity *n*, concentricity *n*
Mittigkeitsabweichung *f* / eccentricity *n*
mittler·e Abweichung / mean deviation || **~e addierte Unklardauer** IEC 50(191) / mean accumulated down time (MADT) || **~e administrative Verzugsdauer** (Erwartungswert der Verteilung der administrativen Verzugsdauern) IEC 50(191) / mean administrative delay (MAD) || **~e Anzahl der Arbeitszyklen bis zum Ausfall** / mean cycles between failures (MCBF) || **~e Aufenthaltszeit** (QS) / mean abode time (MAT) || **~e Ausfalldauer** / mean down time (MDT) || **~e Ausfalldichte** IEC 50(191) / mean failure intensity || **~e Ausschaltdauer** / equivalent interruption duration, load-weighted equivalent interruption duration || **~e Außenabmessungen** (Leitungen) VDE 0281 / average overall dimensions || **~e Außenkette** (Flp.) / middle wing bar || **~e Bearbeitungszeit** (WZM, NC) / average machining time || **~e Bearbeitungszeit** (Programme) / average processing time || **~e Belastung** / average load, mean load, medium load || **~e Beleuchtungsstärke** / mean illuminance || **~e beobachtete Zeit zwischen zwei Ausfällen** / observed mean time between failures || **~e Betriebsdauer zwischen zwei Ausfällen** IEC 50(191) / mean operating time between failures (MOBF) || **~e Bezugsleistung** / mean power demand || **~e Dauer des ausgeschalteten Zustands** (Netz) / equivalent interruption duration, load-weighted equivalent interruption duration || **~e Dauerleistung** / mean continuous output || **~e Durchlassverlustleistung** (Diode) DIN 41781 / mean conducting-state power loss || **~e Durchlassverlustleitung** (Thyr) DIN 41786 / mean on-state power loss || **~e Entladespannung** (Batt.) / mean (o. average) discharge voltage || **~e Erregungsgeschwindigkeit** / excitation response ratio || **~e Erzeugung eines Kraftwerks** / mean energy production of a power station || **~e Fahrbahnleuchtdichte** / average maintained road-surface luminance || **~e fehlerfreie Betriebszeit** / mean time between failures (MTBF) || **~e Flankensteilheit der Ausgangsspannung** (Verstärker) / average rate of change of output voltage || **~e Grundabweichung** (Rel.) DIN IEC 255, T.100 / reference mean error (relay) || **~e Gummischlauchleitung** / ordinary tough-rubber-sheathed cable || **~e horizontale Lichtstärke** / mean horizontal intensity || **~e Instandsetzungsrate** (Mittelwert der momentanen Instandsetzungsrate während eines gegebenen Zeitintervalls (t1, t2)) / mean repair rate (The mean of the instantaneous repair rate over a given time interval (t1, t2)) || **~e Intaktzeit** (MTBF) / mean time between failures (MTBF) || **~e Jahrestemperatur** / mean temperature of the year, yearly mean temperature || **~e Klardauer** (Erwartungswert der Verteilung der Dauern der Klarzeitintervalle) IEC 50(191) / mean up time (MUT The expectation of the up time) || **~e Kraftlinienlänge** / mean length of magnetic path || **~e Kunststoff-Schlauchleitung** / ordinary plastic-sheathed flexible cord (o. cable) || **~e Ladespannung** (Batt.) / mean charging voltage || **~e Lebensdauer** DIN 40042 / mean life, average life IEC 64 || **~e Lebensdauer** / mean time between failures (MTBF) || **~e Leckstromdichte** / average leakage-current density || **~e Leerlaufspannung** (kapazitiver Spannungsteiler) IEC 50(436) / open-circuit intermediate voltage || **~e Leistung** / mean power, average output, average power || **~e logistische Verzugsdauer** (Erwartungswert der Verteilung der logistischen Verzugsdauern) IEC 50(191) / mean logistic delay (MLD) || **~e Luftspaltinduktion** / magnetic loading || **~e Positioniergenauigkeit** (NC) / normal positioning accuracy || **~e PVC-Schlauchleitung** (HO5VV) VDE 0281 / ordinary PVC-sheathed flexible cord || **~e quadratische Abweichung** / root-mean-square deviation (r.m.s.d.) || **~e Quadratwurzel** / root-mean-square value (r.m.s. value), virtual value || **~e Qualitätslage** DIN 55350, T.31 / process average || **~e Rauhtiefe** / centre-line average (c.l.a.) || **~e räumliche Lichtstärke** / mean spherical intensity, mean spherical candle power || **~e Rauschzahl** / average noise figure || **~e Reparaturdauer** / mean time to repair (MTTR) || **~e Rückwärtsverlustleistung** (Diode) DIN 41781 / mean reverse power dissipation || **~e Verzögerungszeit** (IS, elST) / propagation delay || **~e Segmentspannung** (Kommutatormasch.) / mean voltage between segments || **~e Spannung** (Batt.) / mean voltage || **~e Spannweite** (QS) / mean range || **~e sphärische Lichtstärke** / mean spherical luminous intensity || **~e Tagestemperatur** / mean temperature of the day, daily mean temperature, diurnal mean of temperature || **~e Tendenz** / central tendency || **~e Übermittlungszeit** / average transfer time || **~e Unklardauer** (Erwartungswert der Verteilung der Dauern der Unklarzeitintervalle) IEC 50(191) / mean down time (MDT) (The expectation of the down time) || **~e veranschlagte Zeit zwischen zwei Ausfällen** / assessed mean time between failures || **~e Verfügbarkeit** (Mittelwert der momentanen Verfügbarkeit während eines gegebenen Zeitintervalls (t1, t2)) / mean availability (The mean of the instantaneous availability over a given time interval (t1, t2)) || **~e Vorwärtsverlustleistung** (Diode) DIN 41781 / mean forward power loss || **~e Wartedauer** (auf einen Dienst) IEC 50(191) / mean service provisioning time || **~e Windungslänge** / mean length of turn || **~e Zeit bis zur Wiederherstellung** / mean time to restoration (MTTR), mean time to recovery (MTTR) || **~e Zeit zur Wiederherstellung des betriebsfähigen Zustands** / mean time to restore (MTTR) || **~e Zeit zwischen Wartungsarbeiten** / mean time between maintenance (MTBM) || **~e Zeit zwischen zwei Ausfällen** / mean time between failures (MTBF) || **~e Zeitspanne bis zum Ausfall** / mean time to failure (MTTF) || **~e Zeitspanne bis zum ersten Ausfall** / mean time to first failure (MTTFF)
mittler·er Absolutwert DIN IEC 469, T.1 / average absolute || **~er Abweichungsbetrag** (Statistik) DIN 55350, T.23 / mean deviation || **~er Ausfallabstand** (Erwartungswert der Verteilung der Ausfallabstände) DIN 40042 / mean time between failures (MTBF) (MTBF The expectation of the time between failures) || **~er Drehschub** / specific tangential force || **~er Fehleranteil der Fertigung** / process average defective || **~er Integrationsgrad** (IS) / medium-scale integration (MSI) || **~er**

Ladungsverschiebe-Wirkungsgrad / average charge-transfer efficiency || **~er Laufsitz** / medium clearance fit, medium fit || **~er Leistungsbereich** (elST-Geräte) / medium performance level || **~er Polkraftlinienweg** / mean length of magnetic path || **~er Prüfumfang** / average amount of inspection || **~er Rauschfaktor** / average noise factor || **~er Stichprobenumfang** DIN 55350, T.31 / average sample number || **~er Temperaturkoeffizient der Ausgangsspannung** (Halleffekt-Bauelement) DIN 41863 / mean temperature coefficient of output voltage IEC 147-0C || **~es Arbeitsvermögen** (KW) / mean energy capability || **~es Molekulargewicht in Meereshöhe** / sea level mean molecular weight

Mitverbunderregung *f* / cumulative compound excitation

mitverfolgen *v* / track *v* || ≈ *n* / tracking *n*

Mitvertriebsprodukt *n* / co-distributed product

Mitwiderstand *m* / positive phase-sequence resistance, positive-sequence resistance

Mitwindteil *m* (Flp.-Markierung) / downwind leg

mitzeichnen *v* / simultaneous recording

MIX I/O Baugruppe / mixed I/O module

MIX I/O Karte / mixed I/O module

MK (Messkreis) / measuring circuit, measurement circuit, feedback loop

MKA (Mehrkanalanzeige) / multi-channel display

MKG (Minikompaktgerät) / mini compact unit

MKL-Kondensator *m* (metallisierte Kunststofffolie u. Lackfolie) / metallized-plastic capacitor

MKS (Maschinenkoordinatensystem) / Machine Coordinate System (MCS)

MKS/WKS / MCS/WCS

MKS-Kopplung *f* / MCS coupling

MKT-RAD / MKT-RAD

MKV-Kondensator *m* (metallisiertes Papier, Kunststoffdielektrikum, verlustarm) / low-loss metallized-dielectric capacitor, metallized-dielectric capacitor

MKZ / tag number

M-Leiter *m* / reference conductor, reference bus

M-lesend *adj* / active low, source input

MLFB (Maschinenlesbare Fabrikationsbezeichnung) / machine-readable product designation, machine-readable product code, item number, order code, order no. (order number), MLFB

MMC / multi-microcomputer *n* (MMC), micro memory card (MMC) || **≈-Bereich** *m* / MMC area || **≈-Modul** *n* / MMC module || **≈-Rahmen** *m* / MMC rack

MMFS (Manufacturing Message Format Standard) / MMFS (manufacturing message format standard)

MMK / middle marker (MMK) || ≈ / magnetomotive force (m.m.f.)

MMS / human-machine interface (HMI), man-machine interface (MMI) || ≈ (Manufacturing Message Specification) / MMS (manufacturing message specification)

MMU / memory management unit (MMU)

M:N-Konfiguration *f* / M:N configuration

mnemotechnischer Code / mnemonic code || **~ Gerätenamen** / mnemonic device designation

MNOS-Speicher *m* (Metall-Nitrid-Oxid-Halbleiterspeicher) / MNOS memory (metal-nitride-oxide semiconductor memory)

MNS-FET (Feldeffekttransistor mit Metall-Nitrid-Halbleiter-Aufbau) / MNS FET (metal-nitride semiconductor field-effect transistor)

MO-Ableiter *m* / metal-oxide (surge) arrester

Möbelindustrie *f* / furniture-making industry

mobile Phase / moving phase, mobile phase

modal, nicht ~ (Eigenschaft eines Wortes oder einer Anweisung, die nur in dem Satz wirksam ist, in dem sie programmiert wurde.) / non-modal *adj* (The characteristic of a word or an instruction which is active only in the block in which it is programmed.) || **~e Anweisung** / modal instruction || **~e Regelung** / modal control || **~er Aufruf** / modal call

Modalwert *m* DIN 55350,T.21 / mode *n* (statistics)

Modell *n* (Muster) / model *n* || ≈ *n* (Gießmuster) / pattern *n*

modellabhängig *adj* / depending on variant

Modell·bau *m* / model making || **≈-Datei** *f* / model-file *n* || **≈einsatz** *m* (Sich.) / dummy fuse link || **≈leistung** *f* (Trafo) / frame rating || **≈netz** *n* / model network || **≈prüfung** *f* / prototype test || **≈schaltung** *f* / modelling circuit || **≈teilung** *f* / pattern partition || **≈theorie** *f* / theory of models || **≈zeichnung** *f* / pattern drawing

Modem *m* (Modulator/Demodulator: Kunstwort aus Modulator und Demodulator. Wird zur Übertragung von digitalen Daten z.B. über das Fernsprechwählnetz benutzt. Die Daten werden dabei z.B. durch unterschiedliche Frequenzen dargestellt. FSK) / modem *n* (modulator/demodulator), data set

Moden·abstreifer *m* / mode stripper || **≈-Dämpfungsunterschied** *m* (LWL) / differential mode attenuation || **≈dispersion** *f* (LWL) / multimode dispersion || **≈filter** *n* (LWL) / mode filter || **≈-Gleichgewichtsverteilung** *f* (LWL) / equilibrium mode distribution || **≈gleichverteilung** *f* (LWL) / fully filled mode distribution || **≈kopplung** *f* / mode coupling, mode locking || **≈mischer** *m* (LWL) / mode mixer, mode scrambler || **≈rauschen** *n* / modal noise || **≈-Scrambler** *m* / mode mixer, mode scrambler || **≈springen** *n* (LWL) / mode hopping, mode jumping || **≈verteilung** *f* / mode distribution || **≈verteilungsrauschen** *n* / mode partition noise

modernste *adj* / state-of-the-art *adj*

Modifikation *f* (adaptive Reg.) / modification *n*

Modifikator *m* / modifier *n*

Modifizierfaktor *m* / modifier *n*

modifizierte Konstantspannungsladung (Batt.) / modified constant-voltage charge || **~ Wickelverbindung** / modified wrapped connection

Mod-Instabilität *f* / moding *n*

Modmitte *f* / mode centre, mode tip

Modul *m* (Baugruppe) DIN 30798, T.1 / module *n* || ≈ (Funktionseinheit) / assembly *n*, board *n*, card *n*, PCB || ≈ (absoluter Wert einer komplexen Zahl) / modulus *n*, absolute value || ≈ (QS-Programm Funktionseinheit) / module *n* (Device such as an I/O board assembly which plugs into back plane or base) || ≈ *n* (z. B. EPROM Funktionseinheit) / submodule *n* || ≈ **für Erdschlusserkennung** / earth-fault detection module || ≈ **für Leiterplatte** / module for mounting on printed-circuit boards || ≈ **Zähler** / counter module || ≈ **ziehen** / remove module

modular aufgebaut / designed to modular principles || **~e Architektur** / modular architecture || **~er**

Aufbau / modular design || **~er Flächenraster** DIN 30798, T.1 / modular surface-area grid || **~er Raster** DIN 30798, T.1 / modular grid || **~er Raumraster** / modular space grid

Modularität *f* / modularity *n*

Modulation *f* (Veränderung einer Trägerschwingung gemäß der zu übertragenden Information) / Modulation *n* || ≗ **der Ausgangsspannung** (SR, periodische Spannungsabweichung) VDE 0558, T.2 / periodic output voltage modulation IEC 411-3

Modulations·dreieck *n* / modulation sawtooth voltage || ≗**grad** *m* / modulation depth || ≗**spannung** *f* / modulation voltage || ≗**spannung** *f* (ESR) / grid/cathode driving voltage, modulation voltage || ≗**übertragungsfunktion** *f* / modulation transfer function, square-wave response characteristic || ≗**verhalten** *n* (Reg.) / modulating action

Modulator *m* / modulator *n* || **Motor**≗ *m* (Pyrometer) / motor-driven modulator, motor-driven chopper, rotating modulator (o. chopper)

Modul·aufruf *m* / modul call || ≗**breite** *f* / module width || ≗**feld** *n* / module panel || ≗**fixierung** *f* / module fixing || ≗**gewinde** *n* / module thread, module pitch thread || ≗**handler** *m* (MH) / submodule handler || ≗**kennung** *f* / module coding, module ID || ≗**kupplung** *f* / module coupling || ≗**maß** *n* / module width, module size, module *n* || ≗**name** *m* / module name

Modulo·achse *f* / modulo axis || ≗**-N-Zähler** *m* / modulo-n counter

Modulordnung *f* DIN 30798, T.1 / modular coordination

Modulo·-Rundachse *f* / modulo rotary axis || ≗**wandlung** *f* / modulo conversion || ≗**wert** *m* / modulo value || ≗**zahl** *f* / modulo number

Modul·aster *n* / module grid || ≗**raum** *m* / module compartment || ≗**schacht** *m* / module receptacle, submodule socket, slot *n*, receptacle *n*

modulspezifisch *adj* / module-specific *adj*

Modul·stecker *m* / module connector || ≗**technik** *f* / modular construction, modular design || ≗**tür** *f* / module door || ≗**typ** *m* / module type || ≗**typanzeige** *f* / module type display

Modus *m* (a. LWL) / mode *n* || ≗ *m* (NC, CLDATA-Wort) / mode ISO 3592

möglich·e Gesamtbelastung (KW) / total capability for load || **~e Sonnenscheindauer** / possible sunshine duration || **~e Zündquelle** / potential ignition source || **Anzahl der ~en Stellungen** (Trafo-Stufenschalter) VDE 0532,T.30 / number of inherent tapping positions IEC 214 || **~er Erdungspunkt** VDE 0168, T.1 / earthable point IEC 71.4

Moiré *f* (Störungsmuster) / moiré *n* || ≗**-Muster** *n* / moiré fringes

Molekular·filter *n* / molecular filter || ≗**gewicht** *n* / molecular weight

Molybdändisulfid *n* (MoS_2) / molybdenite *n*

Molykotpaste *f* / MOLYKOTE grease

Moment *n* / moment of force, moment of torsion || ≗ *m* (zeitlich) / instant *n* || ≗ *n* / moment *n*, momentum *n* || ≗ *n* / torque *n*, angular momentum || ≗ **der Ordnung q** DIN 55350, T.23 / moment of order q || ≗ **der Ordnung q bezüglich a** DIN 55350, T.23 / moment of order q about an origin a || ≗ **der Ordnungen q_1 und q_2** DIN 55350, T.23 / joint moment of orders q_1 and q_2 || ≗ **der Ordnungen q_1 und q_2 bezüglich a, b** DIN 55350, T.23 / joint moment of orders q_1 and q_2 about an origin a, b || ≗ **der Unwuchtkraft** / unbalance moment || ≗ **einer Wahrscheinlichkeitsverteilung** DIN 55350,T.21 / moment of a probability distribution || **generatorisches** ≗ / generator torque, generator-mode torque || **motorisches** ≗ / motor torque

momentan *adj* (Bezeichnet einen Wert einer zeitabhängigen Größe zu einem gegebenen Zeitpunkt) / instantaneous *adj* (Qualifies the value, at a given instant of time, of a time dependent variable quantity) || **~e Nichtverfügbarkeit** (Wahrscheinlichkeit, eine Einheit zu einem gegebenen Zeitpunkt nicht in einem Zustand anzutreffen, in dem sie eine geforderte Funktion mit gegebenen Bedingungen erfüllen kann, vorausgesetzt, dass die erforderlichen äußeren Mittel bereitgestellt sind) IEC 50(191) / instantaneous unavailability (The probability that an item is not in a state to perform a required function under given conditions at a given instant or time, assuming that the required external resources are provided) || **~e Probe** / spot sample || **~e Verfügbarkeit** (Wahrscheinlichkeit, eine Einheit zu einem gegebenen Zeitpunkt in einem Zustand anzutreffen, in dem sie eine geforderte Funktion unter gegebenen Bedingungen erfüllen kann, vorausgesetzt, dass die erforderlichen äußeren Mittel bereitgestellt sind) IEC 50(191) / instantaneous availability (The probability that an item is in a state to perform a required function under given conditions at a given instant of time assuming that the required external resources are provided) || **~er Arbeitspunkt** / instantaneous operating point

Moment-Anregelzeit *f* / torque rise time

Momentanwert *m* / instantaneous value || ≗**erfassungsbaugruppe** *f* / system overview

Momentaufnahme *f* / momentary *n* || ≗ *f* (Osz.) / one-shot display

Momenten·ausgleichsregler *m* / torque compensatory controller || ≗**begrenzung** *f* / torque limit

momentenbildend *adj* / torque-producing *adj*, determining the torque

momentenfreie Pause *f* / zero-torque interval

Momenten·grenzwert *m* / torque limit || ≗**klasse** *f* / torque class, class *n* || ≗**kupplung** *f* / torque clutch || ≗**motor** *m* / torque motor || ≗**regelung** *f* / torque control || ≗**richtung** *f* (SR-Antrieb) / torque direction, driving direction || ≗**-Schleppregelung** *f* (Kfz) / anti-slip control || ≗**schlüssel** *m* / torque spanner, torque limiting wrench || ≗**sollwert** *m* / torque setpoint, torque speed value || ≗**umkehr** *f* / torque reversal, reversal of torque direction || ≗**unwucht** *f* / couple unbalance || ≗**verlauf** *m* / torque characteristic, speed-torque characteristic, torque curve || ≗**vorsteuerung** *f* / torque feedforward control || ≗**waage** *f* / dynamometer *n*, torque meter || ≗**welligkeit** *f* / torque ripple

momentgeschaltete Kupplung / limit-torque clutch, torque clutch

Moment·koeffizient *m* / torsional coefficient || ≗**kontakt** *m* / momentary contact || ≗**relais** *n* / instantaneous relay, non-delayed relay, high-speed relay

Monats·höchstleistung *f* (StT) / monthly maximum

demand || ²**kurzmeldung** *f* / monthly short notice || ²**maximum** *n* (StT) / monthly maximum demand || ²**menge** *f* / monthly quantity, monthly rate (o. delivery), total rate (o. delivery) per month || ²-**Rückstellschalter** *m* / monthly resetter || ²-**Rückstellzeitlaufwerk** *n* / monthly resetting timer

Monitor *m* (BSG Anzeigegerät) / monitor *n*, CRT unit || ² *m* (Funktionseinheit zur Überwachung von Abläufen) / monitor *n* || ²**anschaltbaugruppe** *f* / monitor interface module || ²**bedienfeld** *n* / monitor control panel || ²**lader** *m* / monitor loader

monochrom *adj* / monochrome *adj*

monochromatisch *adj* / monochromatic *adj* || **~e Strahlung** / monochromatic radiation

Monochromator *m* / monochromator *n*

Monochrom-Sichtgerät *n* / monochrome video display unit, monochrome CRT

Mono-Filament *n* / mono filament

Monoflopzeit *f* / monoflop time

monolithisch integrierte Schaltung / monolithic integrated circuit (MIC), integrated circuit || **~e integrierte Halbleiterschaltung** / semiconductor monolithic integrated circuit

Monomarke *f* / single trademark

Monomasterfähigkeit *f* / monomaster capability (o. facility)

Monomode-Faser *f* / monomode fibre, single-mode fibre

monomolekulare Schicht / monolayer *n*

monopolar·e Leitung / monopolar line || **~es HGÜ-System** / monopolar (o. unipolar) HVDC system

Mono·schaltung *f* (1 Trafo in Kraftwerksblock) / single-transformer circuit || ²**schicht** *f* / monolayer *n*, monomolecular layer || ²**skop** *n* / monoscope *n*

monostabil·e Speicherröhre / half-tone storage CRT, half-tone tube || **~er Multivibrator** / monostable multivibrator || **~es Kippglied** DIN 40700 / monostable element IEC 117, monoflop *n*, single shot || **~es Kippglied** (Multivibrator) / monostable multivibrator || **~es Kippglied mit Verzögerung** / delayed monostable element, delayed single shot || **~es Relais** / monostable relay

Monotaster *m* / mono probe

Monotonie *f* DIN 44472 / monoticity *n*, monotony *n*

Monotonität *f* / monotonicity *n*

Montage *f* / installation *n*, assembly *n*, erection *n*, mounting *n* || ² *f* (große Konstruktionen u. Maschinen) / erection *n* || ² *f* (IS) / assembly *n* (IC) || ² *f* (QS) / construction *n* || ² **am Einbauort** / field mounting, installation at site || ² **nebeneinander** / mounting side by side, butt mounting || ² **und Demontage** / assembling disassembling || ² **untereinander** / mounting one above the other, stacked arrangement || **teilversenkte** ² / partly-recessed mounting

Montage·abstand *m* / installation clearance, working clearance, safe working clearance || ²**abteilungsleiter** *m* / installation manager || ²**adapter** *m* / adapter *n*, adaptor *n*, adapter block, mounting adapter || ²**anleitung** *f* (für Aufbau) / installation instructions, erection instructions || ²**anleitung** *f* (für Zusammenbau) / assembly/mounting instructions || ²**arbeit** *f* (für Aufbau) / installation work, erection work || ²**arbeit** *f* (für Zusammenbau) / assembly work || ²**aufwand** *m* / installation costs || ²**ausschnitt** *m* (ST) / panel cutout || **Dichtung am** ²**ausschnitt** (ET, ST) / panel seal || ²**automat** *m* / automatic assembly machine

Montage·band *n* / assembly conveyor, assembly line || ²**bausatz** *m* / installation kit, assembly kit || ²**bedingungen** *f pl* / installation and erection conditions || ²**bericht** *m* / installation report || ²**betrieb** *m* / assembler *n* || ²**blech** *n* / mounting plate || ²**bock** *m* / assembly support, horse *n*, jackstay *n*, assembly stand, support *n* || ²**bühne** *f* / assembly platform || ²**deckel** *m* / assembly opening cover, hinged assembly cover, servicing cover || ²**ebene** *f* / installation level, mounting surface || ²**eisen** *n* / reinforcing bars

montagefertige Baugruppe / ready-to-fit assembly, preassembled unit

Montage·fläche *f* / mounting surface || ²**folge** *f* / assembly sequence, sequence of erection operations || ²**freiraum** *m* / working clearance || **~freundlich** *adj* / easy to install || ²**freundlichkeit** *f* / installation friendliness

Montage·gerüst *n* / scaffold *n*, temporary framework, installation scaffolding || **größtes** ²**gewicht** / heaviest part to be lifted, heaviest part to be assembled || ²**grube** *f* / assembly pit || ²**hilfe** *f* / assembly aid || ²**hilfsmittel** *n* / assembly aids, auxiliary devices || ²**hinweise** *m pl* / installation instructions, assembly instructions || ²**ingenieur** *m* / field engineer || ²**kit** *n* / installation kit, mounting set, kit *n*, assembly set, assembly

Montage·leistung *f* / installation service || ²**linie** *f* / assembly line || ²**maschine** *f* / assembly machine || ²**material** *n* / installation material, fitting accessories, erection material || ²**ort** *m* / site of installation, installation site, erection site, place of installation, site *n* || ²**paste** *f* / mounting paste || ²**plan** *m* / erection schedule, installation schedule || ²**platte** *f* / supporting plate, mounting plate || ²**platz** *m* / assembly area, assembly bay, place of installation || ²**protokoll** *n* / erection inspection certificate

Montage·raster *m* / mounting grid || ²**raster** *m* (f. Leiterplatten) / drilling plan (f. printed-circuit boards) || ²**revision** *f* (MRV) / assembly inspection, inspection of completed installation (o. erection) work || ²**roboter** *m* / assembly robot || ²**satz** *m* / installation kit, mounting set, kit *n*, assembly set, assembly

Montageschiene *f* / mounting rail, mounting rack (PC units), rack *n*, rail *n* || ² *f* (f. Leuchten) / mounting channel, trunking *n*

Montage·schrift *f* / installation instructions || ²**steg** *m* / mounting strap || ²**steuerung** *f* (in der Fabrik) / assembly control || **schwerstes** ²**stück** / heaviest part to be lifted, heaviest component to be assembled || ²**system** *n* (Einbausystem) / rack system, packaging system, assembly system, assembly and wiring system || ²**technik** *f* / assembly technology

montagetechnische Auswechselbarkeit / intermountability *n*

Montage- und Bedienungsanleitungen *f pl* / installation and operating instructions

Montage·verbrauchsmaterial *n* / expendable material, expendables *n pl* || ²**versicherung** *f* / mounting insurance || ²**vorrichtung** *f* / fitting device, assembly appliance, mounting device || ²**wagen** *m* / assembly trolley || ²**werkstatt** *f* /

assembly shop || ≗**werkzeug** *n* / assembly tool, mounting tool || ≗**werkzeug für Stecker** / assembly tools for connectors || ≗**zeichnung** *f* / assembly drawing, erection drawing
Monteur *m* / fitter *n*, mechanic *n*
montieren *v* / integrate in || ~ *v* (aufbauen) / install *v*, erect *v*, set up *v*, mount *v* || ~ *v* (zusammenbauen) / assemble *v*, fit *v* || ~ *v* (Text) / to cut and paste
montiert *adj* / assembled *adj*
Moorelichtlampe *f* / Moore lamp (o. tube)
Moosgummi *m* / cellular rubber || ≗**dichtung** *f* / cellular-rubber seal
MOP·-Reversierfunktion sperren / inhibit reverse direction of MOP || ≗**-Sollwertspeicher** *m* / setpoint memory of the MOP
MOS (Metall-Oxid-Semiconductor) / MOS (metal-oxide semiconductor) || ≗ **hoher Dichte** / high-density MOS (HMOS)
MoS_2 (Molybdändisulfid) / molybdenite *n*
Mosaik·baustein *m* / mosaic tile || ≗**-Befehlsgerät** *n* / mosaic-type pilot device, mosaic-type control switch || ≗**bild** *n* / mosaic(-type) mimic diagram || ≗**-Blindschaltbild** *n* / mosaic(-type) mimic diagram || ≗**druck** *m* / dot-matrix print || ≗**drucker** *m* / matrix printer, dot-matrix printer || ≗**-Kunststoffsystem** *n* / plastic mosaic tile system || ≗**-Leuchtschaltbild** *n* / mosaic-type illuminated mimic diagram || ≗**-Leuchtschaltwarte** *f* / mosaic-type mimic-diagram control board || ≗**-Meldetafel** *f* / mosaic annunciator board, mosaic display panel || ≗**-Rastereinheit** *f* / mosaic standard square || ≗**-Schaltwarte** *f* (Tafel) / mosaic control board || ≗**-Stecksystem** *n* / mosaic-tile system || ≗**stein** *m* / mosaic tile || ≗**steinbild** *n* / mosaic diagram, mosaic mimic diagram || ≗**steintechnik** *f* / mosaic tile (type of) construction, mosaic tile design || ≗**-Steuerquittierschalter** *m* / mosaic-panel control-discrepancy switch || ≗**-Steuertafel** *f* (groß) / mosaic control board || ≗**-Steuertafel** *f* (klein) / mosaic control panel
MOS·-FET (Feldeffekttransistor mit Metalloxid-Halbleiteraufbau) / MOS FET (metal-oxide semiconductor field-effect transistor) || ≗**-Kapazitätsdiode** *f* / MOS variable-capacitance diode || ≗**-Ladungsspeicher** *m* / MOS electrostatic memory || ≗**-Schaltkreis** *m* / MOS integrated circuit || **ionenimplantierte** ≗**-Schaltung** (IMOS) / ion-implanted MOS circuit (IMOS)
MOST / MOS transistor (MOST)
MOS-Transistor *m* (MOST) / MOS transistor (MOST)
Motiv / motif *n*, theme *n*
Motor (Verbrennungsmot.) / engine *n* || ≗ **für Achsaufhängung** / axle-hung motor || ≗ **für allgemeine Anwendungen** / general-purpose motor || ≗ **für bestimmte Anwendungen** / definite-purpose motor || ≗ **für eine Drehrichtung** / non-reversing motor || ≗ **für Luftkanalanschluss** / duct-ventilated motor || ≗ **für Spezialanwendungen** / special-purpose motor || ≗ **für zwei Drehrichtungen** / reversing motor, reversible motor || ≗ **mit angebautem Getriebe** / geared motor, gearmotor *n* || ≗ **mit Anlauf- und Betriebskondensator** / two-value capacitor motor || ≗ **mit Anlaufkondensator** / capacitor-start motor || ≗ **mit beiderseitigem Abtrieb** / motor for double-ended drive || ≗ **mit Betriebskondensator** IEC 50(411) / capacitor start and run motor || ≗ **mit Drehzahleinstellung** / adjustable-speed motor, variable-speed motor || ≗ **mit Drehzahleinstellung** (n etwa konstant) / adjustable-constant-speed motor || ≗ **mit Drehzahleinstellung** (n veränderlich) / multi-varying-speed motor || ≗ **mit Drehzahlregelung** / variable-speed motor, adjustable-speed motor || ≗ **mit Drosselanlasser** / reactor-start motor || ≗ **mit einseitigem Abtrieb** / motor for single-ended drive || ≗ **mit eisenloser Wicklung** / motor with ironless winding, moving-coil motor || ≗ **mit elektronischem Kommutator** / electronically commutated motor, electronic motor || ≗ **mit fast gleichbleibender Drehzahl** (Nebenschlussverhalten) / shunt-characteristic motor || ≗ **mit freitragender Wicklung** / motor with ironless winding, moving-coil motor || ≗ **mit geblechtem Gehäuse** / laminated-frame motor || ≗ **mit Gegennebenschlusserregung** / differential-shunt motor || ≗ **mit gleichbleibender Drehzahl** / constant-speed motor || ≗ **mit kapazitiver Hilfsphase** / capacitor-start motor || ≗ **mit Keramikisolation** / ceramic motor || ≗ **mit Kompensationswicklung** / compensated motor || ≗ **mit Kondensatoranlauf** / capacitor-start motor || ≗ **mit konstanter Drehzahl** / constant-speed motor || ≗ **mit konstanter Leistung** / constant-power motor, constant-horsepower motor || ≗ **mit mehreren Drehzahlen** / multi-speed motor || ≗ **mit mehreren Drehzahlstufen** / change-speed motor, multi-speed motor || ≗ **mit mehreren konstanten Drehzahlen** / multi-constant-speed motor || ≗ **mit mehreren Nenndrehzahlen** (n veränderlich, z.B. SL) / multi-varying-speed motor || ≗ **mit mehreren Nenndrehzahlen** (n etwa konstant) / multi-constant-speed motor || ≗ **mit mehreren veränderlichen Drehzahlen** / multi-varying-speed motor || ≗ **mit Nebenschlussverhalten** / shunt-characteristic motor || ≗ **mit Nebenschlusswicklung** / shunt-wound motor, shunt motor || ≗ **mit Polumschaltung** / pole-changing motor, change-pole motor, pole-changing multispeed motor, change-speed motor || ≗ **mit rechteckigem Gehäuse** / square-frame motor || ≗ **mit Reihenschlussverhalten** / series-characteristic motor, inverse-speed motor || ≗ **mit Reihenschlusswicklung** / series-wound motor, series motor || ≗ **mit schwacher Verbundwicklung** / light compound-wound motor || ≗ **mit Spindellagerung** / spindle-drive motor || ≗ **mit stark veränderlicher Drehzahl** (Reihenschlussverhalten) / varying-speed motor, series-characteristic motor || ≗ **mit stellbaren konstanten Drehzahlen** / adjustable-constant-speed motor || ≗ **mit stellbaren veränderlichen Drehzahlen** / adjustable-varying-speed motor || ≗ **mit stellbarer Drehzahl** / adjustable-speed motor || ≗ **mit Untersetzungsgetriebe** / back-geared motor || ≗ **mit veränderlicher Drehzahl** (Drehz. einstellbar) / adjustable-speed motor || ≗ **mit veränderlicher Drehzahl** (Drehz. regelbar) / variable-speed motor || ≗ **mit veränderlicher Drehzahl** (Reihenschlussverhalten) / varying-speed motor || ≗ **mit Verbundwicklung** / compound-wound motor, compound motor || ≗ **mit Vordertransformator** / motor with main-circuit transformer || ≗ **mit wenig veränderlicher Drehzahl** (Doppelschlussverhalten) / compound-

characteristic motor || ≗ **mit Widerstandsanlasser** / resistance-start motor || ≗ **mit Winkelgetriebe** / right-angle gear motor || ≗ **mit Zwischentransformator** / motor with rotor-circuit transformer

Motor, blockierter ≗ / locked-rotor motor, blocked motor || **gepanzerter** ≗ / armoured motor

Motorabgang *m* (Steuereinheit) / motor control unit, combination motor control unit || ≗ *m* / motor outgoing feeder || ≗ *m* (Stromkreis) / motor circuit, motor feeder

Motorabgangsschalter *m* / motor-circuit switch, disconnect switch

Motorabzweig *m* / motor feeder, motor branch circuit, motor circuit || **sicherungsloser** ≗ / fuseless motor branch || ≗**verteiler** *m* (Tafel) / motor control board, motor control centre || ≗**verteiler** *m* (Feld) / motor control panel

Motor·aktivteil *m* / active part of the motor || ≗**anker** *m* / motor armature || ≗**anlasser** *m* / motor starter || ≗**-Anlaufzeit** *f* / motor start-up time

Motoranschluss *m* / motor connection || ≗**kasten** *m* (f. Leitungsschutzrohr) / motor junction box || ≗**klemmen** *f pl* / motor terminals || ≗**- und Steuerkasten** *m* / motor control box || ≗**- und Steuerkastenkombination** *f* / motor control unit

Motoransteuergerät *n* / motor control unit

Motorantrieb *m* / motorized operating mechanism || ≗ *m* (el. Antrieb f. Arbeitsmaschine) / motor drive || ≗ *m* (Trafo-Stufenschalter) VDE 0532,T.30 / motor-drive mechanism IEC 214 || ≗ *m* (SG) / motor-operated mechanism || ≗ *m* (Verbrennungsmaschine) / engine drive, engine prime mover || **mit** ≗ / motor-driven *adj*, motorized *adj*, motor-operated *adj*, motor-actuated *adj*, powered *adj*

Motor·antriebsgehäuse *n* (Trafo) / motor-drive cubicle IEC 214 || ≗**aufhängung** *f* / motor suspension || **Antrieb mit** ≗**aufzug** (SG) / motor-loaded mechanism || ≗**auslastung** *f* / motor load, load on motor || ≗**auslaufverfahren** *n* / retardation method || ≗**belastung** *f* / loading on motor || ≗**beleuchtung** *f* (Kfz) / underhood light || ≗**bemessungsdaten** *plt* / motor rating data || ≗**berechnung** *f* / motor calculation || **~betätigter Steuerschalter** (Bahn) / motor-driven switchgroup || ≗**betrieb** *m* / motor operation, motoring *n* || **~betriebenes Gerät** / motor-driven apparatus || **Umschalter für** ≗**-/Bremsbetrieb** / power/brake changeover switch || ≗**bremse** *f* (Kfz, Auspuffb.) / exhaust brake, exhaust brake control || ≗**-Bremsgerät** *n* / motor braking unit

Motor·daten *plt* / motor data || ≗**datenerfassung** *f* / motor data identification || ≗**dauerstrom** *m* / continuous motor current || ≗**drehmoment** *n* / motor torque || ≗**drehzahl** *f* / motor speed || ≗**drücker** *m* (elektro-mechanischer Bremslüfter) / centrifugal brake operator || ≗**drücker** *m* (hydraulischer Bremslüfter) / centrifugal thrustor, thrustor *n* || ≗**einschaltstrom** *m* / motor starting current, motor inrush current || ≗**einschub** *m* / motor-operated withdrawable section || ≗**einstellung** *f* / motor setting || ≗**elektronik** *f* (Kfz) / engine electronics

Motoren, überdimensionierte ≗ / oversized motors

Motor·energiesparer *m* (elektron. Leistungsfaktorregler) / power-factor controller (p.f.c.) || ≗**entmagentisierung** *f* / motor demagnetizing || ≗**erregung** *f* / motor excitation

Motorette *f* / motorette *n*

Motor·-Freigabe / Motor Enable || ≗**frequenz** *f* / motor frequency || **maximale** ≗**frequenz** / maximal motor frequency || ≗**führung** *f* (SR) / motor commutation || ≗**fuß** *m* / motor foot || ≗**geber** *m* / motor encoder || ≗**geberleitung** *f* / motor encoder cable || ≗**gehäuse** *n* / motor housing, motor enclosure, motor frame, motor casing || ≗**-Generator** *m* / motor-generator set, m.-g. set, converter set || **synchroner** ≗**-Generator** / synchronous converter || ≗**geräusch** *n* / motor noise level || ≗**gestell** *n* / motor frame || ≗**-Getriebe-Management** *n* (Kfz) / engine-gearbox management || ≗**gewicht** *n* / Motor weight || ≗**haltebremse** *f* / motor holding brake || ≗**haube** *f* / motor jacket, motor cover || ≗**indiziereinrichtung** *f* (Kfz.) / engine indicator system

motorisch *adj* / motorized *adj* || **~ angetrieben** / motor-driven *adj*, motorized *adj*, motor-operated *adj*, motor-actuated *adj* || **~ angetriebenes Nockenschaltwerk** / motor-driven camshaft equipment || **~ angetriebenes Steuerschaltwerk** / motor-driven controller || **~e Antriebe** / motor actuators || **~er Antrieb** / engine drive, engine prime mover || **~er Sollwertgeber** (Potentiometer) / motorized potentiometer || **~er Stellantrieb** / control-motor actuator, motorized actuator || **~er Steuerschalter** / motor-driven switchgroup || **~er Verbraucher** / motivepower load || **~es Relais** / motor-driven relay, induction relay || **~es Sollwertpotentiometer** / motorized setpoint potentiometer || **~es Zeitrelais** / motor-driven time-delay relay, motor-driven time (o. timing) relay

Motoristdrehzahl *f* / actual motor speed

Motor·kabel *n* / motor wire || ≗**kennfeld** *n* (Kfz) / engine operating map, engine characteristic map || ≗**kippgrenze** *f* / motor stalling limit || ≗**klemme** *f* / motor terminal || ≗**klemmenkasten** *m* / motor terminal box || ≗**kondensator** *m* / motor capacitor, motor starting capacitor || ≗**kühlung** *f* / motor cooling || ≗**-Lastschalter** *m* VDE 0670,T.3 / motor switch IEC 265 || ≗**laufrichtung** *f* / motor running direction || ≗**leerlaufspannung** *f* / motor no-load voltage || ≗**leerlaufstrom** *m* / motor no-load current || ≗**leistung** *f* / motor output, motor rating, motor output rating, motor power || ≗**leistungsfaktor** *m* / motor power factor || **elektronische** ≗**leistungsregelung** (Kfz) / electronic engine management, electronic engine power control || ≗**leitung** *f* / motor wire || ≗**magnetisierungsstrom** *m* / motor magnetizing current || ≗**management** *n* / engine management || ≗**modell** *n* / motor model || ≗**modulator** *m* (Pyrometer) / motor-driven modulator, motor-driven chopper, rotating modulator (o. chopper) || ≗**moment** *n* / motor torque

motornah *adj* / close-coupled *adj*

Motor·nenndrehmoment *n* / rated motor torque || ≗**nenndrehzahl** *f* / rated motor speed || ≗**nennfrequenz** *f* / rated motor frequency || ≗**nenngeschwindigkeit** *f* / rated motor velocity || ≗**nennleistung** *f* / rated motor output, motor rating, rated motor power, rated motor || ≗**nennleistungsfaktor** *m* / rated motor cosΦ || ≗**nennmoment** *n* / rated motor torque ||

~nennschlupf *m* / rated motor slip || **~nennspannung** *f* / rated motor voltage || **~nennstrom** *m* / rated motor current || **~nennwirkungsgrad** *m* / rated motor efficiency || **~nutzdrehzahl** *f* / useful motor speed || **~nutzgeschwindigkeit** *f* / useful motor velocity

motor-operated potentiometer / motorized potentiometer, MOP (motor-operated potentiometer)

Motor·parameter *m* / motor parameter || **~polpaar** *n* / motor pole pair || **~polpaare** *n* / motor pole pairs || **~potentiometer** *n* / motor-actuated potentiometer, motorized potentiometer || **~potentiometer-Sollwert** / setpoint of the MOP, motor potentiometer setpoint || **~prüfstand** *m* (Kfz-Mot.) / engine test bed || **~raum** *m* (Kfz) / engine compartment || **~regelung** *f* / motor control || **~regelungsaufgabe** *f* / motor control application || **~relais** *n* / motor-driven relay, induction relay || **~reparatur** *f* / motor repair

Motor·satz *m* / motor set || **~-Schaltanlage** *f* (MCC) / motor control centre || **~schalter** *m* / starting circuit-breaker, motor protecting switch (CEE 19), motor circuit-breaker || **~schalter** *m* (f. Abschalten der Betriebsüberlast) / motor-circuit switch, on-load motor isolator || **~schalter** *m* (Steuerschalter) / motor control switch || **~schaltgeräte** *n pl* / motor control gear || **~schaltschrank** *m* / motor control centre (MCC) || **~schlupfbereich** *m* / motor slip range || **~schnellreparatur** *f* / fast motor repair || **~schutz** *m* / motor protection, motor overload protection || **~schutz** *m* (am Schalter) / integral overcurrent protection, integral short-circuit protection, motor protection feature || **~schütz** *n* / motor contactor, contactor-type starter || **Schütz mit ~schutz** / contactor with (integral motor overload protection), contactor with integral short-circuit protection || **~schutzrelais** *n* / motor protective relay || **~schutzschalter** *m* / starting circuit-breaker, motor protecting switch (CEE 19), motor circuit-breaker || **~schutz- und Steuergerät** *n* / motor protection and control device

Motorseite *f* (A- oder B-Seite) / motor end

motorseitig *adj* / on load side

Motor·-Speicherantrieb *m* / motor-charged stored-energy mechanism || **~speiseleitung** *f* / motor feeder || **~sperre** *f* / motor lockout, motor blocking circuit || **~sprungantrieb** *m* (SG) / motor-charged spring operating mechanism, motor-operated snap-action mechanism || **~stabilitätssensor** *m* (Kfz) / engine stability sensor

Motorstarter *m* VDE 0660,T.104 / starter *n* IEC 292-1, motor starter || **~ mit Druckluftantrieb** VDE 0660,T.104 / pneumatic starter IEC 292-1 || **~ mit elektrisch betätigtem Druckluftantrieb** / electro-pneumatic starter || **~ mit elektromagnetischem Antrieb** / electromagnetic starter || **~ mit Freiauslösung** / trip-free motor starter || **~ mit Handantrieb** / manual starter || **~ mit Lichtbogenlöschung in Luft** / air-break starter || **~ mit Lichtbogenlöschung in Öl** / oil-immersed-break starter || **~ mit Motorantrieb** / motor-operated starter || **~ zum direkten Einschalten** / direct-on-line starter, full-voltage starter || **~ zur Drehrichtungsumkehr** / reversing starter

Motor·steller *m* / motor controller, motorized rheostat, motor actuated rheostat || **~stellzeit** *f* / motor actuating time

Motorsteuer·gerät *n* / motor control device, motor control unit, combination motor control unit || **~karte** *f* / motor control card || **~kreis** *m* / motor control circuit || **~schalter** *m* / motor control switch || **~schrank** *m* / motor control centre (MCC) || **~- und Verteilertafel** *f* / motor control and distribution board, motor control and distribution centre, control centre

Motorsteuerung *f* (Kfz, elektron.) / engine management || **~** *f* / engine management system, engine control module (ECM), motor control, engine control || **~** *f* (Geräteeinheit) / motor control unit, motor starter combination || **drehmomentbasierte ~** / torque-based engine control structure || **Mikroprozessor-~** (Kfz) / microprocessor-based electronic engine control

Motor·steuerungen *f pl* (Geräte) / motor control gear || **~steuerungsgerät** *n* (Kfz) / control unit for engine management || **~stillstandsstrom ILRP** / prospective locked rotor current || **~strom** *m* / motor current || **~strom: Fangen** / Motor-current: Flying start || **~stromvorgabe** *f* / motor current input || **~synchronisieren** *n* / motor synchronizing || **~taktung** *f* (SR) / motor commutation || **~temperatur** *f* / motor temperature || **~-Temperaturfühler** *m* / motor temperature sensor || **~temperaturüberwachung** *f* / motor temperature monitoring || **~tester** *m* (Kfz-Mot.) / engine tester || **~topf** *m* / motor can || **~trägheitsmoment** *n* / motor moment of inertia || **~trägheitsmoment [kg*m^2]** / Motor inertia [kg*m^2] || **~trenner** *m* / motor disconnector, (motor) disconnect switch, on-load motor isolator || **~typ** *m* / motor type || **~typenschild** *n* / motor rating plate || **~überhitzungsschutz** *m* / motor thermal overload protection

Motorüberlast·faktor *m* / max. output current || **~faktor [%]** / motor overload factor [%] || **geforderter ~faktor** / overload factor required for motor torque || **~schutz** *m* / motor overload protection, integral short-circuit protection, integral overcurrent protection, motor protection feature

Motor·überlastung *f* / motor overload || **~übertemperatur** *f* / motor overtemperature || **~übertemperaturabschaltung** *f* / motor over-temperature trip || **~umschaltung** *f* / motor changeover || **~- und Antriebssteuerung** *f* / engine and powertrain control || **~verfahren** *n* / input-output test || **~verteiler** *m* (Tafel) / motor control board, motor control centre || **~verteiler** *m* (Feld) / motor control panel || **~vollschutz** *m* / full motor protection || **~-Vollschutz** *m* (m. Thermistoren) / thermistor type motor protection || **~wächter** *m* (Kfz) / engine monitor || **~wärmung** *f* / heating of the motor || **~warngrenzwert** *m* / motor warning level || **~welle** *f* / motor shaft || **~wicklung** *f* / motor winding || **~wippe** *f* / motor switch armature || **~wirkungsgrad** *m* / motor efficiency || **~zähler** *m* / motor meter

MOV / metal-oxide varistor (MOV)

MP / microprocessor *n* (MP) || **~** (Main Program) / master routine || **~** (Messpunkt) / measuring point, center point

MPBS / multiprocessor operating system (MPOS)

MPC (Multi-Port Controller) / MPC (multiport controller) || **~ Schnittstelle** / multi port controller (MPC) interface || **~-Kopfbaugruppe** *f* / MPC head

module || ≈-**Kopfmodul** *n* / MPC head module || ≈-**Teilstrang** *m* / MPC subline
Mp-Durchführung *f* / neutral bushing
MPF / main program file (MPF)
MPG / manual pulse generator (MPG), manual pulse encoder, hand pulse generator, electronic handwheel, handwheel *n*, hand wheel, MPG
m-Phasen·-Polygonschaltung *f* / polygon (-connected) m-phase winding || **~-Spannungsquelle** *f* / m-phase voltage source || **~-Sternschaltung** *f* / star-connected m-phase winding || **~stromkreis** *m* / m-phase circuit, polyphase circuit
MPI / multi-point interface (MPI) || ≈ **Adr.** (MPI Adresse) / MPI addr. (MPI address) || ≈ **Schnittstellenleitung** / MPI interface cable || ≈-**Adresse** (MPI Adr.) / MPI address (MPI addr.) || ≈-**Busleitung** *f* / MPI bus cable || ≈-**Karte** *f* / MPI card
MPIT (Gewindegröße/-wert Parameter) / MPIT (thread size/value)
MP-Kondensator *m* / metallized-paper capacitor
MPL / microprocessor language (MPL)
Mp-Leiter *m* / neutral conductor, neutral *n*
MPR (Multi-Port-RAM) / MPR (multipor RAM)
MPROM / mask-programmed read-only memory (MPROM)
MPS / microprogrammable control (MPC) || ≈ (Mehrfach-Paletten-Speicher) / MPS (multi-pallet storage)
MPSB / microprocessor system bus (MPSB)
MPS-Baugruppe *f* / Main Power Supply Module
Mp-Schiene *f* / neutral bar
MPST (Mehrprozessorsteuerung) / multiprocessor-based control
Mp-Trennklemme *f* / neutral isolating terminal
MPU / microprocessor unit (MPU)
MPXADR (Multiplexadresse) / MPXADR (multiplex address)
MRL (Maschinenrichtlinie) / machine directive, machinery directive
MRP / MRP (Manufacturing Resource Planning)
MRS / multi-channel X-ray spectrometer
M-rücklesend *adj* / source readback
MRV / assembly inspection, inspection of completed installation (o. erection) work
MS (Mittelspannung) / medium-high voltage, MV (medium voltage) || ≈ (Messsystem) / MS (measuring system)
MSC / MSC (Measurement Speed Control)
M·-schaltend *adj* / sink output, current sinking (The act of receiving current) || ≈-**Schiene** *f* / reference bus, ground bar || ≈-**Schluss** *m* / short circuit to ground, short circuit to chassis (o. to frame)
MS-Einheit *f* / measuring system unit
MSFK (Messsystemfehlerkompensation) / MSEC (Measuring System Error Compensation)
Msoll-Glätt. / M setpoint smoothing
MSR (Maßsystemraster) / DSG (dimension system grid) || ≈-**Geräte** *n pl* / measuring and control equipment || ≈-**Kennzeichnung** *f* (MKZ Prozessführung) VDI/VDE 3695 / tag number || ≈-**Stellen-Name** *m* (Prozessführung) VDI/VDE 3695 / tag identification || ≈-**Technik** *f* / measuring and control technology, instrumentation and control engineering, I&C technology || ≈-**Technik** *f* / control and instrumentation technology, instrumentation and control (I&C)
MSTT-Schnittstelle / MCP interface
MS-Wicklung *f* / intermediate-voltage winding
MT / MT (multitasking)
MTA / MTA (message transfer agent)
MTBF / mean time between failures (MTBF The expectation of the time between failures), MTBF (mean time between failures), mean failure rate (The mean of the instantaneous failure rate over a given time interval (t1, t2))
MTBM / MTBM (main time between maintenance)
MTO / MTO (Make-to-Order)
MTTF / MTTF (mean time to failure)
MTTR (mittlere Reparaturdauer) / MTTR (mean time to repair), MRT (mean repair time), MTTR (main time to restore)
M-Typ-Röhre *f* / M-type tube, crossed-field tube
Muffe *f* / sleeve *n*, shell *n*, bush *n* || ≈ *f* (Kabelverbindung) / joint *n*, junction box, splice box || ≈ *f* (IR) / coupler *n*, coupling *n*, bushing *n* || ≈ *f* (Steckverbinder) / boot *n* || ≈ *f* (Rohrverb.) / (pipe) coupling, union *n* || ≈ **mit Deckel** (IR) / inspection coupling || ≈ **mit Innengewinde** (IR) / internally screwed coupler || **geschlitzte** ≈ / slotted sleeve
Muffen·bunker *m* / cable pit, cable vault, cable jointing manhole || ≈**gehäuseisolierung** *f* (Kabelmuffe) / joint-sleeve insulation || ≈**kupplung** *f* / sleeve coupling || ≈**rohrverbindung** *f* / spigot joint || ≈**transformator** *m* / joint-box transformer || ≈**verbindung** (Rohr) / spigot joint
MUI / MUI (multi-language user interface)
Mulde *f* (Höhlung) / cavity *n*, depression *n*, hollow *n*, trough *n* || ≈ *f* (Lagerdefekt) / cavity *n* || ≈ *f* (Narbe) / crater *n*, pit *n* || **Potenzial~** *f* / potential well
Muldem / muldex *n*, muldem *n*
Mulden *f pl* DIN 4761 / pits *pl* || ≈**bildung** *f* (Komm.) / grooving *n* || ≈**reflektor** *m* / troffer *n*
Muldex (Multiplexer/Demultiplexer) / muldex *n*, muldem *n*
Müll·heizkraftwerk *n* / refuse incineration and heating power station || ≈**tourismus** *m* / waste disposal abroad || ≈**verbrennungsanlage** *f* / refuse incineration plant
Multi·cast / (LAN) multicast *n* || ≈**chip** *m* / multichip *n* || ≈**computing** *n* / multicomputing *n* || ≈**drop-Fähigkeit** *f* / multidrop capability || ≈**funktionseinheit** *f* / multifunction unit || ≈**funktionstastatur** *f* / multifunctional keyboard || ≈**funktions-Zeitschalter** *f* / multifunction timer || ≈-**Glühlampe** *f* / multi-incandescent lamp || ≈**instanz** *f* / multi-instance *n* || ≈**instanz-DB** / multi-instance DB || ≈**kanalstruktur** *f* / multi-channel structure
multimasterfähiger Bus / bus with multi-master capability
Multi·meter *n* / multimeter *n*, multi-function instrument, circuit analyzer || ≈**mikrocomputer** *m* (MMC) / multi-microcomputer *n* (MMC) || ≈**mikroprozessor** *m* / multi-microprocessor *n*
Multimode·-Faser *f* / multi-mode fibre || ≈**laser** *m* / multimode laser || ≈-**Lichtwellenleiter** *m* / multimode fibre
Multimoden-Laufzeitunterschied *m* (LWL) / multimode group delay, differential mode delay
Multimode-Wellenleiter *m* / multimode waveguide
Multi·modul *n* (MM) DIN 30798, T.1 / multimodule *n* (MM) || ≈**nomialverteilung** *f* DIN 55350,T.22 / multinomial distribution || ≈**partikelschicht** *f* /

multi-particle layer
Multiplex (Organisationsform, die es ermöglicht, z.B. auf einem Übertragungsmedium mehrere unabhängige Informationen gleichzeitig oder quasi gleichzeitig zu übertragen) / multiplex *n* || ²**adresse** *f* (MPXADR) / multiplex address (MPXADR) || ²**-Adressierung** *f* / multiplexed addressing || ²**betrieb** *m* / multiplex operation
Multiplexer *m* / multiplexer *n* (MUX)
Multiplexübertragung *f* / multiplex (o. multiplexed) transmission
Multiplikand *m* / multiplicand *n*
multiplikativer DAU / multiplying DAC
Multiplikator *m* / multiplier *n* || ²**aggregat** *m* / booster set
multiplizierender DAU / multiplying DAC
Multiplizierer *m* / multiplier *n*
Multi·-Port Controller (MPC) / multiport controller (MPC) || ²**-Port-RAM** *n* (MPR) / multiport RAM (MPR)
Multiprocessing *n* / multiprocessing *n*
Multiprogrammbetrieb *m* / multiprogramming *n*, multi-job operation
Multiprozessor *m* / multiprocessor *n* || ²**-Betriebssystem** *n* (MPBS) / multiprocessor operating system (MPOS) || **~fähig** *adj* / with multiprocessor capability
Multi·punkt *m* / multi-point *n* || ²**sensor** *m* / multisensor *n*
Multitasking-Betriebssystem *n* / multi-tasking operating system (MOS)
Multitaster *m* / multiprobe *n*
Multiturn / multiturn *n* || ²**geberauswertung** *f* / sensor board multiturn encoder, sensor board Multiturn (SBM)
multivariate diskrete Wahrscheinlichkeitsverteilung DIN 55350,T.22 / multivariate discrete probability distribution || **~ stetige Wahrscheinlichkeitsverteilung** DIN 55350,T.22 / multivariate steady probability distribution || **~ Wahrscheinlichkeitsverteilung** DIN 55350,T.21 / multivariate probability distribution
Multivibrator *m* / multivibrator *n* (MV)
MUMETALL *n* (Nickeleisen) / nickel iron
Muntzmetall *n* / Muntz metal
Münz·-Betätigungselement *n* / coin-slot actuator (o. operator) || ²**prägemaschine** *f* / minting machine || ²**zähler** *m* / prepayment meter, slot meter
Muskovit *n* (Aluminium-Kalium-Glimmer) / muscovite *n* (aluminium-potash mica)
Muss·-Anweisung *f* / mandatory instruction, MUST instruction || ²**feld** *n* / mandatory field || ²**parameter** *m* / mandatory parameter
Muster *n* (Modell) / pattern *n* || ² *n* (QS) / specimen *n* || ² **für die Projektierung** / planning example || **Moiré-**² *n* / moiré fringes || ²**antrieb** *m* / drive system for tests || ²**ausgabe** *f* / needle selection || ²**bau** *m* / prototype production || ²**entflechter** *m* (CAD, Schaltungsentwurf) / pattern router || ²**erkennung** *f* / pattern recognition || ²**feld** *n* / panel specimen || ²**fertigung** *f* / prototype *n*, pilot production, pilot series || ²**identifikation** *f* (Bildauswertesystem) / pattern identification || ²**los** *n* / pilot lot || ²**-Pressensteuerung** *f* / prototype press control || ²**rechner** *m* / pattern computer || ²**steuerung** *f* / prototype control || ²**treue** *f* / quality of manufacture || ²**vorbereitung** *f* / pattern preparation system || ²**vorgabe** *f* / pattern input || ²**vorlage** *f* / master document || ²**wiederholung** *f* (NC) / pattern repetition
Mutingsensor / muting sensor
Mutter *f* / nut *n* || ²**gewinde** *n* / nut thread || ²**maske** *f* (IS) / master mask || ²**rolle** *f* / parent reel, parent roll || ²**scheibe** *f* / washer *n*, plain washer || ²**schraube** *f* / bolt *n*, stud *n*, gudgeon *n* || ²**-Tochter-Leiterplatte** *f* / mother-daughter board || ²**uhr** *f* / master clock
m-von-n-Struktur *f* (redundantes System) / m-out-of-n configuration
MV-Relais *n* / signal multiplication relay
MW / flag word (FW) || ² (Mittelwert) / mean value, average value || ² (Merkerwort) / FW (flag word)
M/W / Service/maintenance
M-Wort *n* / M word
MW-SP (Mittelwertspeicher) / mean value memory
M-Wurzelung *f* / connected to common 0V potential
MZ (Messzyklus) / sensing cycle, probing cycle, MC (measuring cycle)

N

N / neutral conductor, neutral *n* || ² (Buchstabensymbol für natürliche Kühlmittelbewegung) / N (letter symbol for natural coolant circulation) || ² (Neutralleiter) / N (neutral conductor)
n / n (= speed)
NA (Netzanalyse) / NA (network analysis)
Nabe *f* / hub *n*, nave *n* || ² *f* (Läufer einer el. Masch.) / spider *n*
Nabel-Steckverbinder *m* / umbilical connector
Naben·arm *m* (Maschinenläufer) / spider arm, hub arm, spoke *n* || ²**diffuser** *m* / hub diffuser || ²**stern** *m* (Maschinenläufer) / hub spider, spider *n* || ²**zylinder** *m* / hub cylinder, shell *n*
N-Abgangsklemme *f* / neutral branch terminal, secondary neutral terminal
nach Bedarf gebaute Schaltgerätekombination für Niederspannung (CSK) VDE 0660, T.61 / custom-built assembly of l.v. switchgear and controlgear (CBA) IEC 431 || **~ hinten** (Bewegung) / backwards *adv* || **~ links** (Bewegung) / to the left || **~ M schaltend** / current-sinking *adj* (The act of receiving current) || **~ oben** (Bewegung) / upwards *adv* || **~ P schaltend** / current-sourcing *adj* (The act of supplying current) || **~ rechts** (Bewegung) / to the right || **~ UND verknüpfen** / AND *v* || **~ unten** (Bewegung) / downwards *adv* (movement) || **~ vorn** (Bewegung) / forwards *adv* (movement)
Nachahmung *f* (eines Fabrikats) / clone *n*
Nacharbeit *f* / re-working *n*, follow-up *n*, after treatment, remachining *n*, post-editing *n*
nacharbeiten *v* / re-work *v*, re-finish *v*, remachine *v*, correct *v*, dress *v*
Nacharbeits·daten *plt* / refinish data || ²**information** *f* / refinish information || ²**steuerung** *f* / rework control
Nach·arbeitungssteuerung *f* / rework control || ²**audit** *n* / re-audit *n*
Nachbar·diagramm, Zustands-²**diagramm** *n* /

adjacency table || ²platz *m* / adjacent location || ²roboter *m* / neighbour robot || ²schaftshilfe *f* / support for neighboring regions || ²-VReg/LG / neighboring VReg/LG
Nachbau *m* / replicate *n*, replication *n* || ²**maschine** *f* / duplicate machine || ²**partner** *m* / licensed manufacturer || ²**prüfungen** *f pl* / duplicate tests
nachbearbeitet *adj* / post-worked *adj*
Nachbearbeitung *f* / post-editing *n* || ² *f* / re-working *n*, follow-up *n*, remachining *n*
Nach·behandlung *f* / post-treatment *n*, after-treatment *n* || ²**behandlung** *f* (Prüfling) DIN IEC 68 / recovery *n* || ²**berechnungen** *f pl* / recalculation *n* || ²**beschleunigung** *f* (Osz.) / post-deflection acceleration (PDA) || ²**beschleunigungselektrode** *f* / post-deflection accelerator, intensifier electrode (US) || ²**beschleunigungsverhältnis** *n* (Osz.) / post-deflection acceleration ratio
Nachbestücken *n* / retrofitting *n* || ~ *v* / retro-fit *v*, expand *v*, upgrade *v*
nachbilden *v* / emulate *v* || ~ *v* (einen Zustand o. Fehler) / simulate *v*
Nachbildung *f* / simulation *n* || ² *f* (Ersatzschaltbild) / equivalent circuit || ² *f* (Netzwerk) / simulating network || ² *f* (f. Impedanzen) / impedance simulating network, balancing network || ² *f* (Emulation) / emulation *n* || **definierte ² der Belastungen** / defined simulation of the stresses || **Erwärmungsprüfung mit ² durch Widerstände** / temperature-rise test using heating resistors with an equivalent power loss || **² eines Fehlers** / fault simulation || **Hand~** *f* / artificial hand || **Last~** *f* (Lastkreis) / equivalent load circuit, load circuit || **Netz~** *f* / artificial mains network, line impedance stabilization network, standard artificial mains network || **Sammelschienen-²** *f* / analog of busbar || **Sammelschienen-Spannungs-²** *f* / bus voltage simulator, bus voltage replicator
Nachblaseeinrichtung *f* (CO_2 Feuerschutz) / delayed discharge equipment, follow-up device
nachbohren *v* / rebore *v*
Nachdosierung *f* / follow-up dosing
nachdrehen *v* (Komm.) / resurface by skimming, skim *v*
Nachdruck *m* / downstream pressure
nachdrücken, Öl ~ / to top up (oil by pumping)
nacheichen *v* / recalibrate *v*
Nacheichung *f* / subsequent verification
nacheilen *v* / to lag behind, lag *v* || **² der Phase** / lag of phase
nacheilend *adj* / lagging *adj*, inductive *adj*, reactive *adj* || **~ verschoben** / lag by angle || **~e Kontaktgabe** / late closing, lagging contact operation || **~er Hilfsschalter** / late (closing o. opening) auxiliary switch, lagging auxiliary switch || **~er Leistungsfaktor** / lagging power factor, lagging p.f., reactive power factor || **~er Öffner** / late opening NC contact (LONC contact)
Nacheilung *f* / lagging *n*, lag *n*
Nacheilwinkel *m* / angle of lag || **Phasen~** *m* / lagging phase angle, phase lag
nacheinander *adv* / in succession
Nach·entladestrom *m* / discharge current || ²**fertigung** *f* / post-manufacturing || ²**folgeprodukt** *n* / follow-on product
Nachfolger *m* / successor *n* || ²**schaden** *m* / damage further down the line || ²**schritt** *m* / successor step
Nachfolgetyp *m* / replacement type
Nachforderung *f* (FWT, Telegrammn.) / repeat command
Nachformfräsen *n* / copy milling
Nachformieren *n* (Kondensator, Gleichrichterplatte) / reforming *n* || ~ *v* / reform *v*
Nachformsteuerung *f* / copying control, tracer control, copying system
Nachfrage *f* / demand *n*, inquiry *n*, request *n* || ²**prognose** *f* / demand forecast, sales forecast
Nachführ·befehl *m* / correction command, substitution command || ²**betrieb** *m* / tracking mode || ²**betrieb** *m* (NC, SPS) / follow-up operation (o. mode), follow-up control || ²**eingang** *m* (SPS) / correcting input, follow-up input
Nachführen *n* / substitution *n*, follow-up *n* || ² *n* (graf. DV) / tracking *n* || ² *n* (WZM, Korrektur) / correction *n* || ~ *v* / control as a dependent variable || **~ und ausregeln** / control voltage as a dependent variable of the frequency || **auf den Sollwert ~** / correct to the setpoint || **den Sollwert ~** / correct the setpoint, match the setpoint || **geregeltes ²** / automatically controlled correction
Nachführ·geschwindigkeit *f* (Reg.) / slewing rate, rate of change (of output signal) || ²**grenze** *f* / tracking limit || ²**regelung** *f* / compensating control, follow-up control || ²**regler** *m* / compensating controller, follow-up controller || ²**schritt** *m* / substitution step || ²**/Speicherglieder** *n pl* / tracking/storage elements
Nachführung *f* / substitution *n* || ² *f* (Spannung, Frequenz) / correction *n*, adjustment *n*, compensation *n* || ² *f* (NC) / tracking *n* || ² *f* (Reg.) / compensator *n*, follow-up (control) || **Frequenz~** *f* / frequency adjustment, frequency correction || **Quelldaten~** *f* / source-data updating || **Stromregler-²** *f* / current-controller correcting circuit (o. module)
Nachführwert *m* (Reg.) / compensating value, follow-up value, correction value
nachfüllen *v* / top up *v*, refill *v*, make up *v* || **² von SF_6** / SF_6-filling
Nachfüllmenge *f* / make-up quantity
nachgeben *v* / yield *v* || **flexibles ²** (FLN) / flexible response (FLR)
nachgebend·e Rückführung / elastic feedback || **~e Störaufschaltung** / elastic feedforward compensation || **~es Verhalten** (Reg.) / derivative action, D action with delayed decay (derivative action with delayed decay)
nachgeforstet *adj* / sustainable *adj*
nachgeordnet *adj* / downstream *adj*
nachgerüstet *adj* / updated *adj*, retrofitted *adj*
nachgeschaltet *adj* (in Reihe) / connected in series, series-connected *adj* || ~ *adj* (nachgeordnet) / downstream *adj*
Nachgeschichte, Ereignis-² *f* / post-event history
nachgespannt *adj* / post-stressed *adj*
nachgiebig *adj* (Kuppl.) / flexible *adj*, compliant *adj* || **~er Rotor** / flexible rotor
Nachgiebigkeit *f* (Kehrwert der Steifigkeit) / compliance *n*, mobility *n*
Nach·glimmen *n* / after-glow *n* || ²**glühen** *n* / afterglow *n*
Nachhall *m* / reverberation *n*
nachhallend *adj* / reverberant *adj*

Nachhall·kurve *f* / echo characteristic || **²raum** *m* / reverberation chamber, reverberation room || **²zeit** *m* / reverberation time
nachhaltige Entwicklung / sustainable development
Nachhaltigkeit *f* / sustainability *n*
Nach·härtung *f* / after-curing *n*, post-hardening *n* || **²imprägnieren** *v* / re-impregnate *v* || **²impuls** *m* (Zählrohr, Impuls, der einen unerwünschten Zählimpuls erzeugt) / re-ignition *n* || **²installation** *f* (im Gebäude) / rewiring *n*, extension of (wiring) system || **~installieren** *v* / post-install *v* || **~justieren** *v* / re-adjust *v*, reset *v* || **~kalibrieren** *v* / recalibrate *v* || **~kalibrieren** *v* (mech., auf Maß bringen) / size *v*
Nachkalibrierung *f* / recalibration *n* || **²** *f* (MG) / readjustments *n pl*
Nachkalibrierungs·bereich *m* / recalibration range || **²wert** *m* (a. Messumformer) / recalibration value
Nach·kalkulation *f* / subsequent calculation || **²kommastelle** *f* / decimal position *n*, decimal place, number of places after the decimal point, number of decimal places, place after the decimal point || **²kühler** *m* / after-cooler *n* || **²ladeimpuls** *m* / re-charging pulse
Nachladen *n* / reloading *n* || ~ *v* (WZM) / reload *v*, delta-load *v*
Nachlade·puffer *m* / reload buffer || **²ladestrom** *m* / absorption current, capacitive charging current || **²ladeteil** *m* (Umlagern von Speicherinhalten) / swap file || **²ladezahl** *f* (Polarisationsindex) / polarization index
Nachlauf *m* (Mot.) / slowing down, coasting *n* || **²** *m* (HSS, Bedienteil, Schaltglied) EN 60947-5-1 / overtravel *n* || **²** *m* (Rel.) / overtravel *n* ANSI C37.90, overshoot *n* || **²** *m* (linear) / overriding *n*, overtravel *n* || **²** *m* (Dieselsatz) / running on *n*, dieseling *n*, after-run *n* || **²** *m* (Chem., Rückstandsfraktion) / tail fraction, tails *pl* || **²** *m* (v. Material beim Dosieren) / dribbling *n* || **² des Bedienteils** VDE 0660,T.201 / overtravel of actuator IEC 337-2 || **ohne ²** / direct *adj* || **²-ADU** *m* / tracking ADC || **²betrieb** *m* DIN 41745 / slave tracking operation
Nachlauf·gerät *n* (NC) / automatic curve follower, curve follower, line tracer || **²grenze** *f* (PS) / overtravel limit position || **²-Halte-Umsetzer** *m* / track-and-hold converter || **²-Halte-Verstärker** *m* / track-and-hold amplifier || **²regelung** *f* / servo-control *n* || **²rückführsystem** *n* / servo feedback system
Nachlauf·schalter *m* (Zeitrel. f. Diesel) / after-run timing relay, operating time relay || **²steuerung** *f* / follow-up control, servo control, slave control, cascade control || **²system** *n* (Netz) / automatic compensator || **²umsetzer** *m* / tracking converter || **²wandler** *m* / tracking converter
Nachlaufweg *m* / overtravel *n*, follow-on distance || **²** *m* (Schaltglied) / dribbling *n* || **²-Prüfgerät** *n* / slowing-down test apparatus
Nachlaufzähler *m* / follow-up counter
Nachlaufzeit *f* / follow-on time || **²** *f* (Rel., HSS) / overtravel time ANSI C37.90, overshoot time || **Sender-²** *f* (RSA) / transmitter reset time
Nach·leitfähigkeit *f* / post-are conductivity || **²leuchtdauer** *f* (Bildschirm, Osz.) / time of persistence, persistence *n* || **²leuchten** *n* (Bildschirm, Osz.) / persistence *n* || **²leuchten** *n* (LT, abklingende Lumineszenz) / after-glow *n* || **²leuchtkennlinie** *f* (Bildschirm, Osz.) / persistence characteristic, decay characteristic || **²leuchtzeit** *f* / time of persistence, persistence *n* || **²lieferung** *f* / subsequent supply
nachmessen *v* / check *v*, re-measure *v*
Nachname *m* / last name
Nach·pendeln *n* (el. Masch.) / back-swing *n*, oscillating after shutdown || **~pressen** *v* (Trafo-Kern) / re-clamp *v* || **²projektieren** *n* (PLT, automatischer Ablauf früher gespeicherter Eingaben) / auto-design *n* || **²projektieren** *n* (Neukonfigurieren) / reconfiguration *n*, reconfiguring *n* || **²prüfung** *f* / retest *n*, check test, verification *n*, inspection *n* || **~rechnen** *v* / re-calculate *v*, to check the calculation || **²rechner** *m* / back-end computer || **~regeln** *v* / re-adjust *v*, correct *v* || **~reiben** *v* (m. Reibahle) / re-ream *v*, finish-ream *v*
Nachricht *f* / message *n* (a. PROFIBUS) || **² an alle** *v* / broadcast || **² an sich selbst** / self-addressed message || **empfangbare ²** / receivable message || **sendbare ²** / transmittable message
nachrichten *v* / re-align *v*
Nachrichten·aufgeber *m* / originator *n* || **²beantworter** *m* / responder *n* (station transmitting a specific response to a message received over a data highway) || **²codierung** *f* (PMG) / message coding || **²einheit** *f* (PMG) / message unit || **²format** *n* / message format || **²gerätemechaniker** *m* / communication equipment electrical fitter || **²inhalt** *m* (PMG) / message content || **²leiter** *m* / initiator *n* (station which can nominate and ensure data transfer to a responder over a data highway) || **²messgerät** *n* / telecommunications test set, communications testing unit || **²operand** *m* / message operand || **²operator** *m* / message operator || **²rate** *f* (a. PROFIBUS) / message rate || **²satellit** *m* / communication satellite || **²system** *n* / communication system || **²technik** *f* / telecommunications engineering, communications engineering || **²übermittlung** *f* / telecommunication *n*, information transmission, message transmission
Nachrichtenübertragung *f* / telecommunication *n*, information transmission, message transmission || **bidirektionale ²** / bidirectional message transfer
Nachrichtenübertragungs·leitung *f* / telecommunication line || **²vorschriften** *f pl* / message transfer conventions || **²weg** *m* (PMG) DIN IEC 625 / message route
Nachrichten·umschaltung *f* / message switching || **²variable** *f* / message variable || **²verbindung** *f* / communication link || **²verschlüsselung** *f* / message coding || **²weg** *m* / message path, (tele)communication link || **²wege bei Fern-/Eigensteuerung** (PMG) / remote/local message paths || **²wiederholung** *f* (PROFIBUS) / retry *n* || **²ziel** *n* / destination *n* (station which is the data sink of a message) || **²zyklus** *m* (PROFIBUS) / message cycle (MC)
Nachrüsten *n* / retrofitting *n* || ~ *v* / retrofit *v*
Nach·rüstsatz *m* / add-on kit, retrofit assembly, retrofit kit || **²rüstung** *f* / updating *n*, retrofitting *n* || **²satz** *m* / trailer *n*
Nach·schaltanlage *f* / secondary switchgear, load-side switchgear, distribution switchgear || **~schalten** *v* / connect on load side, connect in

outgoing circuit, connect in series || ²schaltgerät *n* / series-connection switching device || ²schaltung *f* (Zeitschalter) / resetting *n* || ²schlagedaten *plt* / reference data || ²schleuszeit *f* (Verdichter) / repressurizing time

Nachschmiereinrichtung *f* (Lg.) / regreasing device, relubricating device || **Lager mit** ² / regreasable bearing || **Lager ohne** ² / prelubricated bearing, greased-for-life bearing

nachschmieren *v* (Lg.) / regrease *v*, relubricate *v*

Nachschmierfrist *f* / regreasing interval, relubrication interval

Nachschneiden *n* / recutting *n*, finishing *n*, shaving *n* || ² *n* (WZM) / re-cutting *n* || ² *n* (Gewinde) / (thread) finishing *n* || ~ *v* (stanzen) / shave *v*

Nach·schneidewerkzeug *n* / shaving die || ²**schnitt** *m* / shaving *n* || ²**schrumpfung** *f* / after-shrinkage *n* || ²**schwindung** *f* / after-shrinkage *n* || ²**schwingen** *n* (Impuls) / post-pulse oscillation || ²**schwingen** *n* (Schwingungsverzerrung) / ringing *n* (waveform distortion) || ²**schwingzeit** *f* (Schalldruckamplitude) / reverberation time || ²**setzen der Elektroden** / electrode slipping || ²**setzlüfter** *m* / make-up fan

Nachsetz- und Regulierbühne, Elektroden -² / electrode slipping and regulating floor

Nach·setzzeichen *n* / suffix *n* || ²**spann** *m* / trailer *n*

nachspannen *v* (Blechp.) / re-tighten *v*, re-clamp *v* || ~ *v* (Schrauben) / retighten *v* || ~ *v* (Feder eines SG-Antriebs) / re-wind *v*, re-charge *v*

Nachspann·schraube *f* (Trafo-Kern) / pressure adjusting screw, reclamping bolt || ²**spannvorrichtung** *f* (Trafo-Kern) / retightening (o. reclamping) device

Nachspeichern *n* / put into memory

nachstehend *adj* / below *adj*

nachstellbares Lager / adjustable bearing

Nachstell·bewegung *f* (WZM) DIN 6580 / corrective motion || ²**potentiometer** *n* / trimming potentiometer, resetting potentiometer || ²**zeit** *f* / integrator time, Tn || ²**zeit** *f* (Reg.) / reset time, integral-action time

Nach·strom *m* / material in flight || ²**strom** *m* (SG, nach Lichtbogen) / post-arc current || ²**strömeinrichtung** *f* / delayed-discharge device || ²**stromgebiet** *n* / period of post-arc current || ²**stromleitfähigkeit** *f* / post-arc conductivity

Nacht·belastung *f* / off-peak load || ²**blindheit** *f* / night blindness, hemeralopia *n* || ²**post** *f* / overnight delivery

nachträglich *adj* / subsequent *adj*, can be retrofitted || ~ **isolierte Verbindung** / post-insulated connection || ~**e Änderung** (am Einbauort) / field modification || ~**e Automatisierung** / retro-automation *n* || ~**er Einbau** / retro-fitting *n*, installation at site (o. by customer)

nachtriggern *v* / retrigger *v*, trigger again

Nach·triggerung *f* / retriggering *n*, post-trigger *n* || ²**triggerzeit** *f* / retrigger time || ²**trocknung** *f* / after-drying *n*, post-drying *n*

Nacht·sehen *n* / scotopic vision || ²**speicherheizung** *f* / off-peak storage heating, night storage heating || ²**strom** *m* / off-peak power || ²**tarif** *m* / night tariff || ²**tourendienst** *m* / overnight courier service || ²**tourenservice** *m* / overnight courier service || ²**verbrauch** *m* / night consumption || ²**warnbefeuerung** *f* / night warning light

Nachverbrennungsanlage *f* / afterburning plant

nachverfolgen *v* / track *v*

Nach·verfolgung *f* / tracking *n* || ²**verknüpfung** *f* / subsequent logic operation || ²**verstärkung** *f* / post-amplification *n*

Nachvollziehbarkeit der Eichung (o. Kalibrierung) / calibration traceability

Nachweis *m* / verification *n*, test *n*, detection *n*, proof *n*, evidence *n* || ² **der elektrischen Standfestigkeit** / electrical endurance test || ² **der Festigkeit gegen äußere elektrische Störgrößen** / verification of ability to withstand external electrical influences || ² **der Isolationsfestigkeit** / verification of dielectric properties, dielectric test || ² **des Schaltvermögens** (HSS) VDE 0660,200 / switching performance test || **Qualifikations~** *m* / qualification statement, qualification records

Nachweis·barkeit *f* (durch Analyse) / detectability *n* || ²**empfindlichkeit** *f* / detection sensitivity

nachweisen *v* / substantiate *v*, verify *v*, detect *v*, demonstrate *v* || **neu** ~ (QS) / re-prove *v*, re-test *v*

Nachweis·grenze *f* / verifiable limit, detection limit, detectability *n*, limit of detectability, minimum detectable quantity || ~**pflichtig** *adj* / requiring verification || ²**prüfung** *f* (Prüfung zur Feststellung, ob ein Merkmal oder eine Eigenschaft einer Einheit die festgelegte Forderung erfüllt oder nicht) IEC 50(191) / compliance test (A test used to show whether or not a characteristic or a property of an item complies with the stated requirements), verification inspection || ²**punkt** *m* (QS) / witness point || ²**wirkungsgrad** *m* / detection efficiency

Nachwirkung *f* / after-effect *n* || ² **der Permeabilität** / time decrease of permeability, magnetic disaccommodation || **dielektrische** ² / dielectric fatigue, dielectric absorption, dielectric remanence || **elastische** ² / creep recovery *v*, elastic hysteresis || **Jordansche** ² / Jordan lag, Jordan magnetic after-effect || **magnetische** ² / magnetic after-effect, magnetic creep, magnetic viscosity || **Richtersche** ² / Richter lag, Richter's residual induction

Nachwirkungs·beiwert *m* (der Restinduktion) / coefficient of residual induction || ²**permeabilität** *f* / remanent permeability

Nachwirkungsverlust *m* / remanence loss, residual-induction loss || **dielektrischer** ² / dielectric residual loss

Nachwirkungszeit *f* (Flicker) EN 61000-3-3 / impression time

nachwuchten *v* / re-balance *v*

Nachzieheffekt *m* (BSG) / smearing effect

nachziehen *v* (Schrauben) / re-tighten *v* || ² *n* / rounding *n* || ² *n* (BSG) / tracking *n*

Nadel *f* (Impulsabbild) / spike *n* || **Proben~** *f* / sample syringe || ²**ansteuerung** *f* / needle control || ²**auswahlsystem** *n* / piezo actuator, piezoceramic actuator, piezoceramic pending element || ²**bewegung** *f* / needle movement || ²**drucker** *m* / wire matrix printer, wire printer, needle printer, impact printer || ²**druckkopf** *m* / matrix print head, needle print head || ²**druck-Schreibkopf** *m* / matrix print head, needle print head || ²**druckwerk** *n* / wire matrix printing mechanism, needle printing element || ²**durchmesser** *m* / plug diameter, needle plug diameter || ²**flammenprüfung** *f* / needle-flame test || ²**impuls** *m* / needle pulse, spike *n* || ²**kranz** *m* (Lg.) / needle-roller assembly || ²**kristall** *n* /

whisker *n* || ≗**lager** *n* / needle bearing, needle-roller bearing || ≗**loch** *n* (HL, gS) / pinhole *n* || ≗**schreiber** *m* / stylus recorder || ≗**stichbildung** *f* / pinholing *n*, pitting *n* || ≗**zählrohr** *n* / needle counter tube || ≗**zylinder** *m* / needle cylinder

Nadir *m* / nadir *n*

Nagel·-Abzweigdose *f* / nail-fixing junction box || ≗-**Doppelschelle** *f* / nailing saddle || ≗**kopfbildung** *f* (gS) / nail heading || ≗-**Schalterdose** *f* / nail-fixing switch box || ≗**schelle** *f* / nailing clip, nailing cleat

Nahansicht *f* / close-up view

Nahbereich *m* / close range || ≗ *m* (SPS) / local range || ≗ *m* (Gerätebereich) / hardware environment, local environment

Nahbereichsnetz *n* (LAN) / local area network (LAN)

Nahbus *m* / local bus || ≗ *m* (20 - 100 m) / hardware bus, cabinet bus, panel bus, module bus || ≗**anschaltbaugruppe** *f* / local bus interface module, hardware bus interface module || ≗**anschaltung** *f* / local bus interface, hardware bus interface || ≗**kabel** *n* / drop cable || ≗**schnittstelle** *f* / local bus interface, hardware bus interface

Nähe *f* / vicinity *n*

Nah·einschlag *m* (Blitz) / close-up strike || ≗-**Entstörung** *f* / short-distance interference suppression

Näherung *f* VDE 0228, Anordnung Starkstromleitung/Fernmeldeleitung / exposure *n*, approach *n* || ≗ *f* (Math.) / approximation *n* || **parallele** ≗ (von Leitern, deren Abstand um nicht mehr als 5% schwankt) / parallelism *n* || **stufenweise** ≗ / successive approximation

Näherungs·abschnitt *m* VDE 0228 / elemental section of an exposure || ≗**abstand** *m* VDE 0228 / distance between lines, separation *n* (of lines) || ≗**effekt** *m* (Stromverdrängung durch benachbarte Leiter) / proximity effect || ≗**ende** *n* / extremity of exposure || ≗**folge** *f* VDE 0228 / series of exposures || ≗**fühler** *m* / proximity sensor || ≗**funktion** *f* / approximation function || ≗**geschwindigkeit** *f* / approach speed || ≗**initiator** *m* / proximity switch, proximity sensor || ≗**länge** *f* VDE 0228 / exposure section, length of exposed section || ≗**schalter** *m* / BERO || ≗**schalter** *m* / proximity switch || **photoelektrischer** ≗**schalter** / photoelectric proximity switch || ≗**sensor** *m* / proximity sensor

näherungsweise *adj* / approximately *adj*

Näherungswert *m* / approximate value

Nahewirkungstheorie *f* / proximity theory, Maxwell theory

Nahezu-Dauerstörung *f* / semi-continuous noise

Nahfeld *n* / near field || ≗-**Beugungsmuster** *n* / near-field diffraction pattern || ≗-**Brechungsmethode** *f* (LWL) / refracted near-field method || ≗**länge** *f* / near field length

Nah·kanalselektion *f* / adjacent channel selectivity || ≗**kopplung** *f* (Netzwerk) / local link || ≗**kurzschluss** *m* / short-line fault, close-up fault, short circuit close to generator terminals || ≗-**Modem** *m* / local modem, short-range modem || ≗**reflektor** *m* / proximity reflector

Nahrungsmittelkontrolle *f* / food inspection

Nahrungs- und Genußmittelindustrie *f* / food, beverages and tobacco industries

Nah·steuerbefehl *m* / local control command || ≗**steuereinrichtungen** *f pl* / centralized local control equipment || ≗**steuerung** *f* / centralized local control (system), local control, station control || ≗**steuerung** *f* (Stationsleitebene) / station control || ≗**steuerwarte** *f* / local control centre, local control room

Naht *f* / welded seam, weld *n*

nahtloses Diagonalschnittgewebe / seamless bias-cut fabric

Nahtstelle *f* / joint *n* || ≗ *f* (NC, FWT) / interface *n* (IS), control interface || ≗ **zur Anpasssteuerung** (NC) / NC interface, connections to interface control

Nahtstellen·beschreibung *f* (NC) / interface description, description of control interface || ≗**beschreibung Teil 1: Signale Teil 2: Anschlussbedingungen** / interface description part 1: signals part 2: connection conditions || ≗**diagnose** *f* (NC) / interface diagnosis || ≗**kanal** *m* / interface channel || ≗**modul** *n* / interface submodule, interface module || ≗**schwierigkeit** *f* / interface problem || ≗**signal** *n* (NST) / interface signal || **diverse** ≗**signale** / various interface signals || ≗**umsetzer** *m* (NSU NC) / interface converter

Nahtverfolgung *f* (Schweißrob.) / weld following, seam tracking

Nah·wirktechnik *f* / centralized local control || ≗**wirkungseffekt** *m* / proximity effect || ≗**zone** *f* / local zone

NAK (negatives Acknowledgement) / NAK (negative acknowledgement), NACK (negative acknowledgement)

N-Allstromautomat *m* / N-type universal current miniature circuit-breaker

Name *m* / name || ≗ **des Gültigkeitsbereichs einer Bezeichnung** DIN ISO 7498 / title domain name || ≗ **des Konturelements** (NC, CLDATA-Satz) / contour identifier

Namenskürzel *n* / name abbreviation

Namenzweig *m* (Hilfszweig, der einen leitenden Pfad bildet, in dem der Strom fließen kann, ohne dass ein Leistungsaustausch zwischen Quelle und Last stattfindet) / by-pass arm (An auxiliary arm providing a conductive path to circulate current wihout an interchange of power between source and load)

Nämlichkeitsreparatur *f* / repair and return of equipment, identified repair

NAMUR (Normenausschuss für Mess- und Regelungstechnik) / NAMUR || ≗-**Anbausatz** *m* / NAMUR mounting kit || ≗-**Verstärker** *m* (NAMUR = Normenausschuss für Mess- und Regelungstechnik) / NAMUR amplifier

NAND *n* / NAND *n*, non-conjunction *n* || ≗-**Glied** *n* / NAND element, NAND *n*, NAND gate || ≗-**Leistungselement** *n* / NAND buffer || ≗-**Tor** *n* / NAND gate || ≗-**Torschaltung** *f* / NAND gate || ≗-**Verknüpfung** *f* / NAND operation, NAND function, Sheffer function

NAP / network analysis program (NAP)

Narbe *f* / Dock mark, pinhole *n*

Narbenkorrosion *f* / tuberculation *n*, honeycombing

Nase *f* (Ansatz) / lug *n*, nose *n* || ≗ *f* (Wickl.) / end loop

Nasenkeil *m* / gib-head key

nass gewickelt / wet-taped *adj*, wet-wound *adj*

Nass·betrieb *m* / wet operation || ≗**dampf** *m* / wet steam || ≗**festigkeit** *f* / wet strength || ≗**filter** *n* / viscous filter, wet filter

nassgemahlener Glimmer / wet-ground mica, water-ground mica
Nass·läufermotor *m* / wet-rotor motor || **≈-Primärbatterie** *f* / wet primary battery || **≈prüfung** *f* / wet test
nasssandgestrahlt *adj* / wet sandblasted
Nass·schneewalze *f* (auf Freileitung) / wet-ice coating || **≈thermometer** *n* / wet-bulb thermometer || **≈überschlagsprüfung** *f* / wet flashover test || **≈warenlager** *n* / wet goods store || **≈ziehmaschine** *f* / wet-drawing machine
Natrium·dampf-Hochdrucklampe *f* / high-pressure sodium (-vapour) lamp || **≈dampflampe** *f* / sodium-vapour lamp, sodium lamp || **≈dampf-Niederdrucklampe** *f* / low-pressure sodium-vapour lamp, low-pressure sodium lamp || **≈-Entladungslampe** *f* / sodium discharge lamp || **≈karbonat** *n* / sodium carbonate || **≈lampe mit Lichtstärkesteuerung** / dimmable sodium lamp, sodium lamp with intensity control || **≈licht** *n* / sodium light || **≈phosphat** *n* / sodium phosphate || **≈-Schwefel-Batterie** *f* / sodium-sulphur battery, beta battery || **≈sulfat** *n* / sodium sulphate
natriumverseiftes Fett / sodium-soap grease
Natronseifenfett *n* / sodium-soap grease
naturgegebene Funkstörung / natural noise
Natur·glimmer *m* / natural mica, block mica || **≈graphitbürste** *f* / natural-graphite brush
natürlich bewegtes Kühlmittel / naturally circulated coolant || **~e Belüftung** / natural ventilation || **~e Beschleunigung** / inherent acceleration || **~e Bewegung** (Kühlmittel) / natural circulation || **~e dynamische Stabilität** / inherent transient stability || **~e Erregung** / natural excitation || **~e Kennlinie** (LE) / natural characteristic || **~e Kommutierung** (LE) / natural commutation, phase commutation || **~e Leistung** (Netz) / natural load || **~e Luftbewegung** / natural air circulation || **~e Luftkühlung** / natural air cooling || **~e Luftumwälzung** / natural air circulation || **~e Netzstabilität** / inherent stability of power system || **~e Ölströmung** / natural oil flow (o. circulation) || **~e Spannungsregelung** / inherent voltage regulation || **~e Stabilität** / natural stability || **~er aktinischer Effekt** / natural actinic effect || **~er Auslauf** (Mot.) / coasting *n*, unbraked deceleration || **~er Erder** VDE 0100, T.200 / fortuitous earth electrode, natural earth electrode, structural earth || **~er Logarithmus** / natural logarithm, Napierian logarithm || **~er Magnet** / natural magnet || **~er Nulldurchgang** / natural zero || **~er Ölumlauf** / natural oil circulation || **~es Rauschen** IEC 50(161) / natural noise
N-Aufreihklemme *f* / channel-mounting neutral terminal, neutral-bar-mounting terminal
n-Auslöser *m* (Siemens-Typ, nichtverzögerter Überstromauslöser o. festeingestellter unverzögerter Überstromauslöser) / n-release *n* (Siemens type, instantaneous overcurrent release o. non-adjustable overcurrent release)
n-Auslösung *f* / n-release *n*
N-Automat 16A 1pol Typ C / N-type MCB 16 A 1-pole type C
Navigations·system *n* / navigation system, travel control system || **≈zeichen** *n* / navigation mark
NB (nicht belegt) / not assigned, unassigned *adj*, not occupied, enabled *adj*, free *adj*
n-Bit·-Rate *f* / multiplet *n*, n-uplet *n* || **~-Bit-Zeichen** *n* / n-bit character, binary word
Nb_3Sn-Gasphasenband *n* / vapour-deposited Nb_3Sn tape
NBÜ / two-way mains signalling
NC / numerical control (NC) || **≈** (numerical control) / NC || **schneller ≈-Ausgang** (Ausgang, der die Anpasssteuerung umgeht) / rapid NC output (Output that by-passes the integrated PLC) || **≈-Bedienungstafel** *f* / operator panel (OP) || **≈-Bild** *n* / NC display || **≈-Daten** *plt* / NC data || **≈-Datenpuffer** *m* / NC data buffer || **≈-Funktion** *f* / NC function || **≈-geführt** / numerically controlled
NCK (NC-Kern) / NCK (numerical control kernel)
NC-Kanal *m* / NC channel
NCK-Bereich *m* / NCK area
NC·-Kern *m* / NC kernel || **≈-Kern** *m* (NCK) / NCK (numerical control kernel) || **≈-Komponente** *f* / NC component || **≈-Lebenszeichen** *n* / NC sign of life
NCM / NCM (Network and Communication Management)
NC·-Maschine *f* / numerically controlled machine, NC machine || **≈-Maschinendatum** *n* (NC-MD) / NC machine data (NC MD) || **≈-MD** (NC-Maschinendatum) / NC MD (NC machine data) || **≈-Meldung** *f* / NC message || **≈-Programm** *n* / NC program || **≈-Programmspeicher** *m* / part program memory, part program storage, parts memory, NC program memory || **≈-Prozessor** *m* (NC) DIN 66257 / general-purpose processor (NC) ISO 2806-1980 || **≈-Reset** / NC reset || **≈-Satz** *m* / NC block || **≈-seitiges Signal** / NC signal || **≈-Speicher** *m* / NC memory || **≈-Speicherkonstante** *f* / NC memory constant || **≈-Spindelsteuerung** *f* / NC spindle control || **≈-Sprache** *f* / NC programming language || **einheitliche ≈-Sprache** / standard NC language || **≈-Start** *m* / NC start || **≈-Steuerung** *f* / numerical control || **≈-Stop** *m* / NC stop || **≈-Teileprogramm** *n* / main program file (MPF)
NCU-Link *m* / NCU-link
NC-Zentralprozessor *m* / NC central processor
ND (Nenndruck) / nominal pressure, rated pressure
NDC-Modus *m* (NDC = normalized device coordinate - normierte Gerätekoordinate) / NDC mode
NDIR / non-dispersive infrared absorption (NDIR)
ND-Lampe *f* / low-pressure lamp, low-pressure discharge lamp
nd-Masse *f* / non-draining compound (nd compound)
n-Drahtsensor *m* / n-conduct sensor
NDUV / non-dispersive ultraviolet absorption (NDUV)
NE (Netzeinspeisung) / system supply, MS (mains supply)
Nebel·leuchtdichte *f* / fog luminance || **Durchführung aus ≈porzellan** / bushing with anti-fog sheds || **≈scheinwerfer** *m* / front fog light, fog headlight, adverse-weather lamp || **≈schlussleuchte** *f* / rear fog light || **≈schmierung** *f* / oil-mist lubrication || **≈sichtweite** *f* / visibility in fog
Neben·achse *f* (NC) / secondary axis || **≈anlage** *f* / ancillary system || **≈anschluss** *m* / secondary connection || **elektrischer ≈anschluss** / secondary electrical connection (SEC) || **≈anzeige** *f* / auxiliary indication || **≈ausfall** *m* / minor failure || **≈bandaussendung** *f* (EMB) / out-of-band emission || **≈bedienfeld** *n* / secondary control panel,

constraint *n* || ²**bedingung** *f* / secondary condition
nebeneinander *adv* / side by side, parallel *adj* || **~schalten** / connect in parallel, shunt *v* || **Montage ~** / mounting side by side, butt mounting
Neben·einflüsse *m pl* (Prüf.) / disturbances *n pl* || ²**einrichtungen** *f pl* / auxiliaries *n pl*, secondary equipment || ²**einspeisung** *f* / subfeeder *n* || ²**element** *n* (NC-Satz) / minor element || ²**fehler** *m* DIN 55350, T.31 / minor non-conformance || ²**fehlereinheit** *f* / minor defective || ²**gebäude** *n* / outbuilding *n* || ²**kopplung** *f* / stray coupling || ²**kosten** *plt* / secondary costs
nebenlaufende Verarbeitung / concurrent processing, multitasking *n*, multijob operation
Neben·läufigkeit *f* (DV) / concurrence *n* || ²**leitstand** *m* (Tafel, m. Pultvorbau) / auxiliary control board, auxiliary benchboard || ²**leitungssatz** *m* (Kfz) / secondary wiring harness || ²**leuchtkörper** *m* / auxiliary filament, minor filament || ²**licht** *n* (Umgebungslicht einer techn. Lichtquelle, z.B. optischer Näherungsschalter) / ambient light || ²**luft** *f* / draft *n*, secondary air || ²**melderzentrale** *f* (Brandmelderzentrale) / control and indicating equipment EN 54 || ²**platz** *m* / adjacent location || ²**reaktion** *f* (Batt.) / side reaction, secondary reaction || ²**reihe** *f* / parallel range, secondary series
nebensächlicher Fehler / incidental defect
Neben·satz *m* (DV, NC) / subordinate block, subblock *n* || ²**scheinwerfer** *m* (Kfz) / supplementary driving lamp || ²**schleife** *f* / minor loop
nebenschließen *v* / shunt *v*
Nebenschluss *m* / bypass *n* || ² *m* / shunt *n*, shunt circuit, parallel connection || **im ² liegen** / be connected in parallel, be shunt-connected, shunted *adj* || **im ² liegend** / shunt-connected *adj*, shunted *adj*, parallel *adj* || ²**-Bogenlampe** *f* / shunt arc lamp || ²**-Drosselspule** *f* / shunt reactor || ²**-Erregerwicklung** *f* / shunt field winding || ²**erregung** *f* / shunt excitation || **Maschine mit** ²**erregung** / shunt-wound machine, shunt machine || ²**feld** *n* / shunt field || ²**-Feldschwächung** *f* / field shunting
Nebenschlussgenerator *m* / shunt-wound generator, shunt generator || ² **mit Hilfs-Reihenschlusswicklung** / stabilized shunt-wound generator
Nebenschluss-Kommutatormotor *m* / a.c. commutator shunt motor || **läufergespeister** ² / rotor-fed shunt-characteristic motor, a.c. commutator shunt motor with double set of brushes, Schrage motor
Nebenschluss-Konduktionsmotor *m* / shunt conduction motor
Nebenschluss·kreis *m* / shunt circuit, parallel circuit || ²**leitung** *f* (Ölsystem) / bypass line || ²**maschine** *f* / shunt-wound machine, shunt machine || ²**maschine mit Stabilisierungswicklung** / stabilized shunt-wound machine
Nebenschlussmotor *m* / shunt-wound motor, shunt motor || ² **mit Hilfs-Reihenschlusswicklung** / stabilized shunt-wound motor || **reiner** ² / straight shunt-wound motor, plain shunt motor
Nebenschluss·regelung *f* / shunt control, shunt regulation || ²**regelwerk** *n* (BT) / shunt arc regulator || ²**relais** *n* / shunt relay || ²**schaltung** *f* / shunt circuit, parallel connection, parallel circuit, shunting *n* || ²**spule** *f* / shunt coil || ²**steller** *m* / field diverter rheostat, shunt-field rheostat || ²**-Übergangsschaltung** *f* / shunt transition || ²**umschaltung** *f* / shunt transition || ²**verhalten** *n* / shunt characteristic || **Motor mit** ²**verhalten** / shunt-characteristic motor || ²**verhältnis** *n* / shunt ratio, ratio of shunt to total ampere turns || ²**verlust** *m* / insertion loss
Nebenschlusswicklung *f* / shunt winding, parallel winding || **Motor mit** ² / shunt-wound motor, shunt motor
Nebenschlusswiderstand *m* / shunt resistor, diverter resistor, shunt *n*
Neben·schneide *f* / secondary cutting edge || ²**schnittfläche** *f* DIN 658 / secondary cut surface || ²**schwingung** *f* / spurious oscillation, parasitic oscillation || ²**speiseleitung** *f* / subfeeder *n* || ²**spindel** *f* / secondary spindle || ²**sprechen** *n* / crosstalk *n*, feedover *n* || ²**stelle** *f* / extension *n* || **elektronische** ²**stelle** (zur Fernbedienung eines elektron. Schalters) / electronic extension unit || ²**straße** *f* / minor road (GB), minor highway (US), local street || ²**stromkreis** *m* / auxiliary circuit, shunt circuit || ²**teil** *m* (NC-Satz) / minor element || ²**uhr** *f* / slave clock, secondary dial || ²**verluste** *m pl* / stray loss, stray load loss, additional loss, non-fundamental loss || ²**viererkopplung** *f* / quad-to-quad coupling
Nebenweg *m* (LE) / by-pass path, by-pass pair || ²**schalter** *m* / bypass switch || ²**schalter** *m* (LS) / bypass circuit-breaker || ²**ventil** *n* (LE) / by-pass valve || ²**zweig** *m* (LE) / by-pass arm
Neben·wendel *f* / auxiliary filament, minor filament || ²**wellenaussendung** *f* (Sender) / spurious emission
Nebenwiderstand *m* / shunt resistor, diverter resistor, shunt *n* || **Mehrfach-**² *m* / universal shunt || **Mess-**² *m* / measuring shunt
Neben·wirkung *f* / secondary effect || ²**wirkungen** *f pl* / side-effects *n pl* || ²**zeit** *f* (WZM, NC, Leerlaufzeit) / idle time, non-cutting time, non-productive time || ²**zeit** *f* / down time, non-productive time, mean time to repair (MTTR), MTTR (mean time to repair)
n-Eck *n* / n-corner *n* || **~-nut** *f* / groove n-corner, slot n-corner
Néel·-Punkt *m* / Néel point, Néel temperature || ²**-Temperatur** *f* / Néel point, Néel temperature || ²**-Wand** *f* / Néel wall
Negation *f* / negation *n* || ² *f* (logische N.) / logic negation
Negationsabhängigkeit *f* / negate dependency, N-dependency *n*
Negativ *n* / negative *n* || ²**bescheinigung** *f* / embargo-exempt certificate
negativ·e Ansprech-Schaltstoßspannung / negative let-through level || **~e Binomialverteilung** DIN 55350,T.22 / negative binomial distribution || **~e Flanke** (Impuls) / negative edge (pulse) || **~e Logik** / negative logic || **~e Platte** (Batt.) / negative plate || **~e Quittung** / negative acknowledgement (NAK) || **~e Rückkopplung** / negative feedback, degenerative feedback || **~e Scheitelsperrspannung** / peak working reverse voltage, crest working reverse voltage || **~e Signalflanke** / negative-going signal edge, trailing edge, falling signal edge || **~e Spannung** (Thyr, Diode) / reverse voltage || **~e Sperrspannung**

(Thyr) / reverse blocking voltage || **~e Spitzensperrspannung** / repetitive peak reverse voltage, maximum recurrent reverse voltage || **~e Stirn-Ansprech-Schaltstoßspannung** / negative 1.3 overvoltage sparkover voltage || **~e Stoßspitzenspannung** / non-repetitive peak reverse voltage || **~er Blindverbrauch** / lagging reactive-power consumption || **~er Pol** / negative pole || **~er Pol** (Batt.) / negative terminal || **~er Scheitel** / negative peak || **~er Sperrstrom** (Thyr) / negative off-state current || **~er Stoß** / negative impulse || **~er Strom** (Thyr, Diode) / reverse current || **~er Winkel der Kopfschräge** (Bürste) / negative top bevel angle || **~er Wolke-Erd-Blitz** / negative downward flash || **~es Bild** (gS) / negative pattern || **~es Skalenende** / negative full scale || **~es Vorzeichen** *n* / negative sign

Negativ·-Impedanz-Wandler *m* / negative impedance converter (NIC) || **²lack** *m* (gS) / negative resist || **²spannungsdauer** *f* / reverse blocking interval, inverse period

negierender Verstärker DIN 40700, T. 14 / amplifier with negation indicator IEC 117-15

Neigekonsole *f* (BSG) / tilting stand

Neigung *f* / inclination *n*, gradient *n*, slope *n* || **² des Eckstiels** (Gittermast) / leg slope

Neigungs·bereich *m* / range of self-indication || **²toleranz** *f* / angularity tolerance || **²winkel** *m* / angle of inclination, slope angle || **²winkel** *m* (Bürste) / contact bevel angle || **²winkel des Leuchtenanschlusses** (Lichtmast) / lantern fixing angle EN 40

nein *adv* / no *adv*

NE-Metall *n* / non-ferrous metal || **²** *n* (Netzeinspeisemodul) / mains supply module

NEMP / nuclear electromagnetic pulse (NEMP)

Nenn·abmaß *n* / nominal deviation, nominal allowance || **²antriebsleistung** *f* / rated drive power || **²antriebsstrom** *m* / rated drive current || **²arbeit** *f* (KW) / nominal generation, nominal production || **²ausgangsspannung** *f* (Trenntrafo, Sicherheitstrafo) EN 60742 / rated output voltage || **²ausgangsstrom** *m* (Trenntrafo, Sicherheitstrafo) EN 60742 / rated output current || **²ausschaltvermögen** *n* / rated breaking capacity || **²bedingungen** *f pl* (MG) / reference conditions || **²beginn** *m* (Stoßwelle) / virtual origin || **²beleuchtungsstärke** *f* / service illuminance, average working plane illuminance, nominal illuminance || **²bereich** *m* / nominal range || **²betrieb** *m* / operation at nominal value, nominal operation || **²betriebsbedingungen** *f pl* (a. EZ) VDE 0418 / rated operating conditions IEC 1036 || **²betriebsdauer** *f* (HG) VDE 0700, T.1 / nominal operating time || **²betriebsdruck** *m* / rated operating pressure || **²betriebsstrom** *m* / rated operational current, rated normal current || **²-Bohrzyklus** *m* DIN 66025 / standard drilling cycle || **²breite eines Leiters** (gS) / design width of conductor || **²daten** *plt* / rated data || **²dauerstrom** *m* / rated continuous current, continuous current rating || **²dauerstrom** *m* (LS) / rated uninterrupted current

Nenndrehzahl *f* / rated speed || **²** *f* (EZ) / basic speed || **²einstellung** *f* (EZ) / basic speed adjustment, full-load adjustment

Nenndruck *m* (PN) DIN 2401,T.1 / nominal pressure (PN) || **²** *m* (ND) / nominal pressure, rated pressure || **² der Druckgasversorgung für die Betätigung** / nominal pressure of compressed-gas supply for operation, nominal operating air pressure

Nenn·durchfluss *m* / rated flowrate, rated flow || **²durchmesser** *m* / nominal diameter, mounting diameter, nominal thread diameter || **²durchschlagfestigkeit** *f* / specified puncture voltage || **²eingangsspannung** *f* (Trenntrafo, Sicherheitstrafo) EN 60742 / rated supply voltage || **²eingangsspannungsbereich** *m* (Trenntrafo, Sicherheitstrafo) EN 60742 / rated supply voltage range || **²eingangsstrom** *m* / nominal input current || **²einspeiseleistung** *f* / nominal connected load

Nenner *m* / denominator *n* || **²bandbreite** *f* / denominator bandwidth

Nenn·erregergeschwindigkeit *f* / nominal exciter response, main exciter response ratio || **²fehlerstrom** *m* / rated fault current || **²festigkeit** *f* / nominal strength || **²frequenz** *f* / nominal frequency || **²frequenz** *f* (EZ) VDE 0418 / reference frequency IEC 1036 || **²frequenz** *f* (Kondensator IEC 50(436); Trenntrafo, Sicherheitstrafo, EN 60742) / rated frequency || **²gleichspannung** *f* / rated voltage (DC) || **²gleichspannung** *f* (LE) VDE 0558 / nominal direct voltage || **²gleichsperrspannung** *f* (GR) / nominal d.c. reverse voltage || **²gleichstrom** *m* / rated current (DC) || **²gleichstrom** *m* (LE) VDE 0558 / nominal direct current || **reduzierter ²-/Gleichstrom** / reduced rated or maximum current || **²grädigkeit** *f* (Wärmeaustauscher) / temperature difference rating

Nenngröße *f* / nominal quantity, nominal value, rated quantity || **²** *f* (NG mech. Teil) / nominal size

Nenn·-Handschweißbetrieb *m* / nominal intermittent duty || **²-HSB** / nominal intermittent duty || **²hub** *m* (Ventil) / nominal travel

Nennisolationsspannung *f* / insulation level, insulation voltage rating, isolation voltage rating || **²** *f* (MG) / nominal circuit voltage, circuit insulation voltage

Nennisolationswechselspannung *f* / AC insulation rating

Nenn·kapazität *f* / rated capacity || **²kapazität** *f* (Batt.) / nominal capacity || **²kapazität** *f* (Kondensator) IEC 50(436) / rated capacitance || **²kennlinie** *f* (MG) / specified characteristic curve, nominal characteristic

Nennlast *f* / rated load, rating *n* || **²** *f* (mech.) / nominal stress || **²ausschaltstrom** *m* VDE 0670, T.3 / rated mainly active load breaking capacity IEC 265 || **²betrieb** *m* (bei Beanspruchung in Zuverlässigkeitsprüf) / operation at nominal stress || **²-Ersatzwiderstand** *m* (Trafo) / normal-load equivalent resistance

Nenn·-Leerlauf-Zwischenspannung *f* (Trafo) / nominal open-circuit intermediate voltage || **²leerspannung** *f* (Trafo) / no-load rated output voltage

Nennleistung *f* DIN 40200 / nominal power, nominal output || **²** *f* (Kondensator, IEC 50(436); Trenntrafo, Sicherheitstrafo, EN 60742) / rated output || **²** *f* (KW, el. Anlage) / nominal capacity || **²** *f* (Lampe) / nominal wattage || **²** *f* (Rel., eines Erregungskreises) VDE 0435, T.110 / nominal power, nominal burden || **²** *f* / rated wattage

Nennleistungsfaktor *m* / nominal power factor,

nominal p.f., rated power factor || ≗ *m* (Leistungs-Messgerät) DIN 43782 / rated active power factor IEC 484
Nenn·lichtstrom *m* / nominal luminous flux, nominal flux, nominal lumens || **≗magnetisierungsstrom** *m* / rated magnetization current || **≗maß** *n* DIN 7182,T.1 / nominal size, basic size || **≗maß der Oszilloskop-Röhre** DIN IEC 351, T.1 / cathoderay tube size IEC 351-1 || **≗maßbereich** *m* DIN 7182,T.1 / range of nominal sizes || **≗moment** *n* / rated torque || **≗-Netzspannung** *f* / system nominal voltage || **≗-Netzspannung** *f* (Speisespannung) / nominal supply voltage || **≗-Nullwiderstand** *m* DIN 43783, T.1 / nominal residual resistance IEC 477 || **≗punkt** *m* / nominal working point || **≗querschnitt** *m* (el. Leiter) / nominal cross-sectional area, nominal cross section, nominal conductor area, nominal area
Nennquerschnitte, klemmbare ≗ / range of nominal cross-sections to be clamped, wire range
Nenn·-Querschnittsbereich *m* (Leiter) / range of nominal areas || **≗schaltweg** *m* / nominal travel || **≗schlupffrequenz** *f* / rated slip frequency || **≗sicherheitsstrom für Messgeräte** / rated instrument security current (Ips)
Nennspannung *f* (el.) / nominal voltage || ≗ *f* (Kondensator, IEC 50(436); Trenntrafo, Sicherheitstrafo, EN 60742) / rated voltage || ≗ *f* (EZ) / reference voltage || ≗ *f* (mech.) / nominal stress || ≗ **eines Netzes** VDE 0100, T.200 / system nominal voltage
Nennspeisespannung *f* / nominal supply voltage
Nennsperrspannung *f* (Diode) DIN 41781 / recommended crest working reverse voltage, recommended nominal crest working voltage || ≗ *f* (Thyr) / nominal crest working off-state voltage || ≗ *f* (GR) DIN 4176 / nominal reverse voltage
Nennstand des Elektrolyten / normal electrolyte level
Nenn·-Steh-Salzgehalt *m* / specified withstand salinity || **≗-Steh-Schichtleitfähigkeit** *f* / specified withstand layer conductivity || **≗steilheit der Wellenfront** / nominal steepness of wavefront || **≗stoßwert** *m* (Rel., einer Eingangsgröße) DIN IEC 255, T.100 / limiting dynamic value
Nennstrom *m* / nominal current || ≗ *m* (Kondensator, IEC 50(436); Trenntrafo, Sicherheitstrafo, EN 60742) / rated current || ≗ *m* (Diode) DIN 41781 / nominal value of mean forward current, nominal recommended value of mean forward current || ≗ *m* (GR) DIN 41760 / nominal forward current || ≗ *m* (EZ) / basic current || ≗ *m* (eines Stromkreises) IEC 50(826), Amend. 1 / design current || **≗stärke** *f* / design current
Nenn·temperatur *f* (EZ) / reference temperature || **≗temperatur** *f* / nominal temperature || **≗temperaturklasse** *f* (a. Kondensator) IEC 50(436) / rated temperature category || **≗tragweite** *f* (eines Feuers) / nominal range || **≗überdruck der Druckgasversorgung** (LS) / nominal pressure of compressed gas supply || **≗überstromziffer** *f* (Wandler) / rated accuracy limit factor, rated overcurrent factor, rated saturation factor || **≗unschärfebereich** *m* / nominal zone of indecision || **≗versorgungsspannung** *f* / nominal supply voltage || **≗volumenstrom** *m* / rated flowrate, rated flow || **≗weite** *f* (DN) DIN 2402 / nominal size (DN), nominal diameter (DN) || **≗weite** *f* (NW) / nominal diameter, nominal size, inside nominal diameter
Nennwert *m* DIN 40200, Okt.81 / nominal value, rated value || ≗ *m* (Bezugsgröße im per-Unit-System) / base value || ≗ *m* (Isolator) VDE 0446, T.1 / specified characteristic IEC 383 || ≗ **der Erregungsgeschwindigkeit des Erregersystems** (el. Masch.) / excitation system nominal response || ≗ **einer Erregungsgröße** (Rel.) VDE 0435,T.110 / nominal value of an energizing quantity || **≗-Prüfmenge** *f* (NPM) VDE 0715,2 / rating test quantity (RTQ) IEC 64 || **≗prüfung** *f* (Lampe) / rating test
Nenn·wirkleistung *f* / nominal active power, nominal power || **≗wirkungsgrad** *m* / nominal efficiency || **≗zeit** *f* (Summe aus Verfügbarkeits- und Nichtverfügbarkeitszeit) / reference period
Neonanzeigeröhre *f* / neon indicator tube
Nestnummer *f* / nest number
Netto·daten *plt* / net data || **≗erzeugung** *f* (KW) / net generation, electricity supplied || **≗fallhöhe** *f* / net head || **≗gewicht** *n* / net weight || **≗information** *f* / net information || **≗intensität** *f* (RöA) / net intensity || **≗intensität der Linie** (RöA) / net line intensity || **≗istwert** *m* / net present value (NPV) || **≗kapazität** *f* (Datenspeicher) / formatted capacity || **≗leistung** *f* / useful output power, load power || **≗leistung** *f* (KW, Netz, bei optimalen Betriebsbedingungen) / net capability, net output capacity || **≗leistung** *f* (KW, Netz, bei durchschnittlichen Betriebsbedingungen) / net dependable capability || **≗leistung** *f* (Generatorsatz) / net output || **≗wertzählung** *f* / net registering || **thermischer ≗wirkungsgrad** (KW) / net thermal efficiency (of a set)
Netz *n* / network *n* (A maximal interconnected group of graphical language elements, excluding the left and right hand power rails of ladder diagrams) || ≗ *n* (el.) / system *n*, network *n*, power system, grid *n*, line *n*, a.c. line || ≗ *n* (Gesamtheit der Einrichtungen zur Erzeugung, Übertragung und Verteilung el. Energie) / electrical power system, electricity supply system || ≗ *n* (Versorgungsnetz) / supply system, supply line, mains *n*, electrical power network, power mains || ≗ **mit Erde als Rückleitung** / earth return system, ground return system (US) || ≗ **mit Erdschlusskompensation** / resonant-earthed system, system earthed through an arc-suppression coil, ground-fault-neutralizer-grounded system || ≗ **mit geerdetem Sternpunkt** / earthed-neutral system, grounded-neutral system (US) || ≗ **mit isoliertem Sternpunkt** (o. Nullpunkt o. Mittelpunkt) / isolated-neutral system || ≗ **mit nicht wirksam geerdetem Sternpunkt** / system with non-effectively earthed neutral, non-effectively earthed neutral system || ≗ **mit niederohmiger Sternpunkterdung** / impedance-earthed system || ≗ **mit starrer Sternpunkterdung** / system with solidly earthed (o. grounded) neutral, solidly earthed (o. grounded) system || ≗ **mit über Löschspule geerdetem Sternpunkt** / earth-fault-neutralizer-grounded system, ground-fault-neutralizer-grounded system, system earthed through an arc-suppression coil, resonant-earthed system || ≗ **mit wirksam geerdetem Sternpunkt** / effectively earthed neutral system, system with effectively earthed neutral || **vom ≗ trennen** /

isolate from the supply, disconnect from the supply || **Speicher~** *n* (Osz.) / storage mesh

Netz·abbild *n* / PI table || **≗abschaltung** *f* (Abschaltung des Netzes) / line disconnection, network shutdown || **≗abschaltung** *f* (Abschaltung vom Netz) / disconnection from line, disconnection from supply || **≗abschluss** *m* / network termination || **≗adapter** *m* / line adapter, line adapter connector || **≗aderbildung** *f* / checking *n* || **≗analyse** *f* / network analysis || **≗analyse** *f* (NA) / network analysis (NA) || **≗anbindung** *f* / power link || **≗anomalie** *f* IEC 50(448) / power system abnormality || **≗anschaltung** *f* / mains supply interface

Netzanschluss *m* / supply connection, connection to supply system, connection to power supply, mains connection, system connection, network connection || **≗** *m* (Klemme) / mains terminal, line terminal || **direkter ≗** / direct line connection || **dreiphasiger ≗** / three-phase mains connection || **einphasiger ≗** / single-phase mains connection || **mit ≗** / mains-operated *adj* || **≗gerät** *n* / power pack, power supply unit || **≗klemme** *f* / mains terminal, line terminal || **≗klemme** *f* (HG) / terminal for external conductors || **≗leitung** *f* (z.B. f. Trenntrafo, Sicherheitstrafo) EN 60742 / power supply cord || **≗spannung** *f* / supply voltage, system voltage, mains voltage || **≗teil für batteriebetriebene Geräte** VDE 0860 / battery eliminator IEC 65

Netz·aufbau *m* / network topology, network configuration || **≗auftrennung** *f* / network splitting, islanding *n*

Netzausfall *m* / mains failure, power failure, supply failure, powerfail *n* (computer system), voltage failure, power outage || **≗-Meldeleitung** *f* (Treiber, MPSB) / a.c. fail driver || **≗prüfung** *f* (USV) / a.c. input failure test || **≗pufferung** *f* / mains buffering || **≗schutz** *m* / power failure protection || **~sicher** *adj* / powerfail-proof *adj* || **≗überbrückung** *f* / mains buffering

Netz·ausläufer *m* / dead-end feeder || **≗ausschaltablauf** *m* (MPSB) / power-down sequence || **≗-Ausschaltvermögen** *n* / mainly active load breaking capacity IEC 265 || **≗automatisierung** *f* / network automation

Netz·bedingungen *f pl* / system conditions || **≗beeinflussung** *f* / starting inrush || - **≗benutzungsgebühr** *f* / transit charge || **≗berechnung** *f* / network calculation || **≗betreiber** *m* (Kommunikationsnetz) / operating agency

netzbetrieben *adj* / mains-operated *adj*

Netz·betriebsführung *f* / power system management, network control || **≗bilddarstellung** *f* / network representation || **≗bremsung** *f* (el. Masch.) IEC 50(411) / dynamic braking || **≗brummen** *n* / system hum || **≗darstellung** *f* / network representation

Netzdrossel *f* / line reactor, compensating reactor, input reactor || **≗** *f* (LE) / line reactor, a.c. reactor || **≗ erforderlich** / chokes are required

Netz·durchführung *f* / line input loopthrough || **≗durchführungsbaugruppe** *f* / line input loopthrough board || **≗ebene** *f* / network level || **≗-Ein** / power up, power on switch || **≗einbruch** *m* / system voltage dip, supply voltage dip, system voltage depression || **≗-Ein-Modul** *n* / power on module || **≗einschaltablauf** *m* (MPSB) / power-up sequence || **≗-Ein-Schalter** *m* / power on switch, power up || **≗einschalttest** *m* / check on power up || **≗einschub** *m* / plug-in (o. withdrawable) power-supply module || **≗einspeisemodul** *n* (NE-Modul) / mains supply module || **≗einspeisung** *f* (ins Netz eingespeiste Leistung) / input to network || **≗einspeisung** *f* (NE) / system supply, mains supply (MS) || **≗einstellung** *f* / network setting || **≗elektrode** *f* / mesh electrode, field mesh || **≗entkopplungsfaktor** *m* / mains decoupling factor || **≗entkopplungsmaß** *n* / mains decoupling factor || **≗entstörung** *f* / interference suppression || **≗erdungspunkt** *m* / source earth, power system earthable point

netzerregtes Relais / mains-held relay

Netzersatzaggregat *n* / stand-by generating set, emergency generating unit

netzfähig *adj* / with networking capability || **nicht ~** / with no networking capability

Netzfehlzustand *m* IEC 50(448) / power system fault

Netzfilter *n* / line filter, mains filter, network filter || **≗baustein** *m* / system filter module, line filter module

Netz·flusstheorie *f* / network flow theory || **≗form** *f* / network configuration, system configuration

netzfrequent *adj* / at system frequency, power-frequency *adj*, line-frequency *adj* || **~e Einschaltdauer** / ON time at power frequency || **~e Komponente der Netzspannung** DIN IEC 22B(CO)40 / line-frequency line voltage || **~e Komponente des Netzstroms** DIN IEC 22B(CO)40 / line-frequency line current || **~e wiederkehrende Spannung** / power-frequency recovery voltage, normal-frequency recovery voltage || **~e Zusatzverluste** / fundamental-frequency stray-load loss || **~er Nennstrom** / nominal power-frequency current, nominal current at system frequency

Netzfrequenz *f* / system frequency, line frequency, power-line frequency, power frequency || **≗abhängigkeit** *f* (Rel.) / line-frequency sensitivity, frequency sensitivity || **≗abweichung** *f* (zul. Normenwert) / variation from rated system frequency || **≗schwankung** *f* / fluctuation of the frequency of the mains

Netzführung *f* / power system management, network control || **≗** *f* (LE) / line commutation, natural commutation

Netzführungsplanung *f* / management forecast of a system IEC 50(603)

Netzgebilde *n* / network configuration, system configuration

netzgebundene bidirektionale Übertragung (NBÜ) / two-way mains signalling

netzgeführt *adj* / line-commutated *adj* || **~er Stromrichter** / line-commutated converter, phase-commutated converter

Netz·gegenparallelschaltung (NGP) / line-side inverse-parallel connection || **≗-Geländeplan** *m* / network map

netzgelöschter elektronischer Schalter / line-commutated electronic switch (LCE)

Netzgerät *n* (NG) / power supply unit (PSU), power pack, power supply, load power supply unit || **geregeltes ≗** / stabilized power supply unit || **getaktetes ≗** / switched-mode power supply unit || **ungeregeltes ≗** / non-stabilized power supply || **≗komponente** *f* / power supply unit (PSU), power

pack, power supply, load power supply unit
netzgespeist *adj* / mains-operated *adj* || **~er statischer Erreger** / potential-source static exciter
Netz·gleichrichter *m* / power rectifier || **≗grundschwingungsleistungsfaktor** *m* / line-side fundamental power factor, system fundamental power factor || **≗gruppe** *f* (KN) / network cluster || **≗impedanz** *f* / system (o. network) impedance, supply impedance || **≗insel** *f* / network island
Netz·kabel *n* / power cable, line supply cable || **≗kapazität** *f* / system capacitance || **≗klemme** *f* / line terminal, supply terminal, power supply terminal || **≗knoten** *m* / network node, network junction, node *n* || **≗kommandostelle** *f* / system control centre || **≗kommutierung** *f* (LE) / line commutation, natural commutation || **≗kommutierungsdrossel** *f* / line commutating reactor || **≗kommutierungsdrossel** *f* (LE) / line-side commutation reactor || **≗konfiguration** *f* / network configuration, system configuration || **≗konfigurator** *m* / network topology, network status processor || **≗konstante** *f* / system constant || **≗koppler** *m* (zur Verbindung verschiedenartiger Systeme) / gateway *n* || **≗koppler** *m* / gateway *n* (GWY), network coupler || **≗kopplungsmaß** *n* / mains coupling factor || **≗kostenbeitrag** *m* (StT) / capital contribution to network costs
Netzkuppel·leitung *f* / tie-line *n*, interconnection line || **≗schalter** *m* (LS) / system-tie circuit-breaker, mains tie circuit-breaker, tie-point circuit-breaker || **≗transformator** *m* / system interconnecting transformer, network interconnecting transformer, line transformer, grid coupling transformer, grid coupler
Netz·kupplung *f* / system tie, network interconnection, system interconnection || **≗kupplungsstelle** *f* / tie point || **≗kupplungsumformer** *m* / system-tie frequency converter || **≗kurzschlussleistung** *f* / system fault level, network short-circuit power, fault level || **≗ladeleistung** *f* / line charging capacity || **≗lampe** *f* (f. eingeschaltetes Netz) / POWER-ON lamp
Netzlast *f* / network loading, network load, load in a system, system load || ≗ *f* (überwiegend Wirklast) VDE 0670,T.3 / mainly active load IEC 295 || **≗-Ausschaltvermögen** *n* VDE 0670, T.3 / mainly active load breaking capacity IEC 265
Netz·leistungszahl *f* / power rating number || **≗leiter** *m* (Anschlusskabel) / supply-cable conductor, phase conductor || **≗leitrechner** *m* / network control computer || **≗leitstelle** *f* / power system control centre, system (o. network) control centre, load dispatching centre, technical coordination center, system control centre || **≗leitsystem** *n* / power system control system || **≗leittechnik** *f* / power system management, power system control, network control technology || **≗leitung** *f* / mains cable, power cable, line supply cable || **≗leitungsfilter** *m* / interference suppression device || **≗leitwarte** *f* / load dispatch center, control center || **≗löschen** *n* / Power On Reset (PORESET), PORESET (Power On Reset) || **≗löschung** *f* (LE, Kommutierung) / line commutation || **≗mittel** *n* / wetting agent, spreading agent
Netzmodell *n* / network analyzer || **dynamisches ≗** / transient network analyzer (TNA), transient analyzer
Netz·modul *n* / mains module, power pack || **≗nachbildung** *f* / artificial mains network, line impedance stabilization network, standard artificial mains network || **≗nennspannung** *f* / mains/line rated voltage || **≗nummer** *f* / network number || **≗objekt** *n* / network object || **≗-Parallellauf** *m* / operation in parallel with system || **≗parameter** *m* / system parameter, network parameters || **≗pendeln** *n* / power swing
Netzplan *m* / network plan, network diagram || **topologischer ≗** / topological diagram of network || **≗technik** *f* (NPT) / network planning, network planning technique
Netz·planung *f* / power system planning || **≗protokoll** *n* / network protocol || **≗protokoll für Fertigungsautomatisierung** / manufacturing automation protocol (MAP) || **≗prüfer** *m* / mains tester (o. analyzer) || **≗rahmen** *m* / network frame || **≗rechner** *m* / network control computer || **externe ≗reduktion** / external network reduction || **≗regler** *m* / system regulator || **≗rückschalteinheit** *n* (NRE USV) / static bypass switch (SBS)
Netzrückspeisung *f* / power recovery (to system), energy regeneration, regeneration of energy, regenerative feedback, regeneration to the system, energy feedback to the power supply, regeneration *n*
Netzrückspeisungsunterwerk *n* / receptive substation
Netzrückwirkung *f* / system perturbation, reaction on system, mains pollution, phase effect, phase effects on the system || ≗ *f* (durch Mot.-Einschaltung) / starting inrush
Netzschalter *m* / mains switch, line switch, mains breaker, main switch || ≗ *m* (am Gerät) / power switch || **allpoliger ≗** VDE 0860 / all-pole mains switch IEC 65
Netz·schema *n* / system diagram || **Betriebs-≗schema** *n* / system operational diagram || **≗schnittstellensteuerung** *f* / network interface controller (NIC) || **≗schutz** *m* / power system protection, line protection, network protection || **≗schütz** *n* / line contactor, mains contactor || **≗schutzeinrichtung** *f* / mains-protection equipment || **≗schutzsignal** *n* / teleprotection signal || **≗segment** *n* (z.B. eines ESHG-Netzes) / network segment || **≗seite** *f* / line side, supply side, input end
netzseitig *adj* / line side, on line side || **~e Wicklung** (SR-Trafo) VDE 0558,T.1 / line winding IEC 146 || **~er Verschiebungsfaktor** (LE) / input displacement factor
Netzsicherheit *f* / system (o. grid o. network) security, supply continuity
Netzsicherheitsrechnung, dynamische ≗ / dynamic security analysis
Netz·sicherung *f* / line fuse || **≗simulation** *f* / power system simulation (PSS)
Netzspannung *f* / system voltage, line voltage, mains voltage, supply voltage || ≗ *f* (vorwiegend im Zusammenhang mit LE-Geräten) / line voltage, a.c. line voltage || **periodischer Spitzenwert der ≗** / repetitive peak line voltage (ULRM)
Netzspannungsabfall *m* / system voltage drop, line drop
netzspannungsabhängig·e Auslösung / tripping dependent on line voltage || **~er Fehlerstromschutzschalter** (DI-Schalter) / r.c.c.b.

functionally dependent on line voltage
Netzspannungs·abweichung *f* (zul. Normenwert) / variation from rated system voltage || ≗**ausfall** *m* / power failure, mains failure, line voltage dropout, line voltage failure || ≗**einbruch** *f* / voltage dip, power dip || ≗**konstanthalter** *m* / mains voltage stabilizer || ≗**schwankungen** *f pl* / line voltage fluctuations
netzspannungsunabhängig·e Auslösung / tripping independent of line voltage || **~er FI-Schutzschalter** / r.c.c.b. functionally independent on line voltage
Netz·-Speicher-Röhre *f* (Osz.) / mesh storage tube || ≗**stabilisiergerät** *n* / power system stabilizer || ≗**stabilität** *f* / power system stability || ≗**statik** *f* / droop of system
Netzstation *f* / substation *n*, unit substation || ≗ **mit niederspannungsseitiger Selektivität** / secondary selective substation || ≗ **mit oberspannungsseitiger Selektivität** / primary selective substation
Netz·steckdose *f* / mains socket-outlet, power receptacle || ≗**stecker** *m* / mains plug, power plug || ≗**sternpunkt** *m* / system neutral || ≗**steuersatz** *m* / line-side converter firing circuit || ≗**steuersatzsoftware** *f* / line trigger circuitry set || ≗**störfestigkeit** *f* / mains immunity || ≗**störfestigkeitsfaktor** *m* / mains-interference immunity factor, mains-interference ratio || ≗**störung** *f* / system disturbance, line fault, system trouble || ≗**störung** *f* (Störung, die zu einem totalen oder teilweisen Ausfall eines Netzes führt) / system incident
Netzstrom *m* (vorwiegend im Zusammenhang mit LE-Geräten) / line current || ≗**richter** *m* / line-side rectifier, power supply || ≗**richter, ungesteuert** (NSU) / uncontrolled line-side rectifier || **selbstgeführter** ≗**richter** / self-controlled power supply PWM || ≗**versorgung** *f* / connection *n* || ≗**wandler** *m* / line current transformer
Netzstruktur *f* / network configuration, system configuration, network topology || ≗ **ohne Leitungsabschluss** / network structure without line termination
Netz-Strukturelement *n* / system pattern
Netzteil *n* (Netzanschlussgerät) / power supply unit, power pack, power supply (PS), power supply module, power section, power supply module SV || ≗ **mit Datenentkopplung** / power pack unit with data decoupling circuit, power supply unit with data decoupling || **externes** ≗ / external power-supply unit, external power pack || **getaktetes** ≗ / switched-mode power supply unit || **Schalt~** *n* / switched-mode power supply (SMPS), chopper-type power supply unit
Netz·teilnehmer *m* / network station || ≗**topologie** *f* / network topology, topology of the network || ≗**transformator** *m* / transmission transformer mains transformer, power transformer, line transformer || ≗**transformator** *m* (Haupttransformator) / main transformer || ≗**transformator** *m* (Maschennetz) / network transformer || ≗**trennung** *f* / system decoupling || ≗**übergang** *m* / network transition, gateway *n* || ≗**übergangseinheit** *f* (LAN) / gateway *n* || ≗**übergangskomponente** *f* / gateway component || ≗**übersichtsbild** *n* / network overview map, system overview display || ≗**überspannung** *f* / high voltage rating, overvoltage *n* || ≗**überwachungsmodem** *n* / master modem || ≗**umschalter** *m* / system selector switch, load transfer switch (o. breaker) || ≗**umschaltgerät** *n* / transfer switching device, transfer switch || ≗**umschaltsteuergerät** *n* / transfer control device || ≗**umschaltung** *f* / system transfer || ≗**umwandlung** *f* / network conversion, network transformation || ≗**unterbrechung** *f* / mains break || ≗**unterspannung** *f* / low voltage supply, low voltage rating, undervoltage *n*
Netz·variable *f* / system state variable || ≗**verbund** *m* / network (o. system) interconnection, internetworking *n*, grid *n* || ≗**verhältnisse** *n pl* / power supply conditions || ≗**verluste** *m pl* / network losses, system losses, transmission and distribution losses || ≗**versorgung** *f* (USV) VDE 0558, T.5 / prime power || ≗**versuch** *m* (Hochspannungs-Lastschalter) / field test (high-voltage switches) || ≗**wächter** *m* / line monitor || ≗**warte** *f* / system (o. network) control centre || ≗**-Wechselspannung** *f* / a.c. supply voltage
netzweiter Dateizugriff / remote file access
Netzwerk *n* / network *n* || ≗ *n* (NW) / network *n* (A maximal interconnected group of graphical language elements, excluding the left and right hand power rails of ladder diagrams) || ≗ *n* (CAD) / mesh *n* || ≗ **mit vier Klemmen** / four-terminal network || **faseroptisches** ≗ / fibre-optic network || **induktiv-kapazitives** ≗ / inductance-capacitance network || **lokales** ≗ / local area network (LAN), bus-type local area network, bus-type network, multipoint LAN, multidrop network, bus *n*, LAN || ≗**analyse** *f* / network analysis || ≗**analyseprogramm** *n* (NAP) / network analysis program (NAP) || ≗**anschaltung** *f* / network connection, network interface connection || ≗**anschlusseinheit** *f* / network access unit (NAU) || ≗**-Entwicklungssystem** *n* / network development system (NDS)
netzwerkfähig *adj* / network-capable
Netzwerk·karte *f* / network card || ≗**komponente** *f* / network component, LAN component || ≗**nummer** *f* / network number || ≗**protokoll** *n* / network protocol || ≗**rahmen** *m* / network frame || ≗**rechner** *m* / network computer || ≗**synthese** *f* / network synthesis || ≗**technik** *f* / network technology, network engineering || ≗**theorie** *f* / network theory || ≗**umleitung** *f* / network redirection
Netz·wicklung *f* (Trafo) / line winding, power-system winding, primary winding || ≗**wiederkehr** *f* / resumption of power supply, system recovery, power restoration, restoration of supply (o. power), power recovery || ≗**wischer** *m* / transient system fault
Netz·zugangspunkt *m* / network access point, TAP (terminal access point) || ≗**zugangspunkt** *m* (LAN) / terminal access point (TAP) || ≗**zugangsverbindung** *f* DIN ISO 8208 / logical channel || ≗**zugriffseinheit** *f* (NZE) / network access unit (NAU) || ≗**zugriffspunkt** *m* / network access point || ≗**zuleitung** *f* / mains power input || ≗**zusammenbruch** *m* / system collapse, blackout *n* || ≗**zusammenschluss** *m* / network (o. system) interconnection || ≗**zuschaltung** *f* / power up || ≗**zweig** *m* / network branch, system branch
neu *adv* / new || ~ *adv* (Speicher) / warm boot || ~

ausgießen (Lg.) / re-line *v*, re-metal *v* || ~ **auswuchten** / re-balance *v* || ~ **belegen** (Komm.) / replace the segment assembly || ~ **eingeben** / re-enter *v* || ~ **laden** / reboot *n*, warm boot || ~ **laden** (Programm) / bootstrap *v* || ~ **nachweisen** (QS) / re-prove *v*, re-test *v* || ~ **nummerieren** / renumber *n* || ~ **schreiben** / re-write *v* || ~ **starten** / restart *n* || ~ **wickeln** / re-wind *v* || ~ **zeichnen** / redraw *v*

Neu·anlauf *m* (SPS) / cold restart (program restarts from the beginning) || ≗**aufbau** *m* / (screen) refresh || ≗**auflage** *f* / new edition || ≗**bescheinigung** *f* / re-certification *n*

neue Isolierflüssigkeit / unused insulating liquid

Neu·einschreiben *n* / re-write *n* || ≗**entflechtung** *f* / redesign *n* || ≗**erzeugung** *f* / new creation || ≗**grad** *m* / gon *n*, new degrees || ≗**heit** *f pl* / news *n pl* || ≗**inbetriebnahme** *f* / recommissioning *n* || ≗**initialisierung** *f* / re-initialization *n* || ≗**konstruktion** *f* / re-design *n* || ≗**kurve** *f* / initial magnetization curve, virgin curve || ≗**metall** *n* / virgin metal || ≗**öl** *n* / unused oil, new oil || ≗**parametrierung** *f* / new parameterization || ≗**positionierung** *f* / repositioning *n* || ≗**projektierung** *f* / re-engineering *n* || ≗**seite** *f* (Bildschirm) / new page || ≗**silber** *n* / German silver

Neustart *m* / restart *n* || ≗ *m* (NST von vorne beginnen) / cold restart (program restarts from the beginning) || **manueller** ≗ / manual cold restart || ≗**merker** *m* / cold start flag || ≗**zweig** *m* (NZ) / cold restart branch (CRB)

Neu·system *n* / new system || ≗**teilebezug** *m* / purchase of new parts || ≗**teilelager** *n* / new parts store

neutral *adj* / neutral *adj* || ~ *adj* / non-polarized || ~ **streuender Körper** / neutral diffuser, non-selective diffuser || **~e Faser** / neutral axis || **~e Raumladung** / neutral space charge, zero space charge || **~e Schicht** / neutral plane, neutral surface, neutral layer || **~e Stellung** (Bürsten) / neutral position || **~e Zone** (HL) / neutral region || **~e Zone** (a. Kommutatormasch.) / neutral zone, neutral plane

Neutralelektrolyt-Luft-Zink-Batterie *f* / neutral-electrolyte air-zinc battery

neutral·er Zustand / neutral state || **~es Relais** / non-polarized relay, neutral relay, non-directional relay

Neutralfilter *n* / neutral filter

Neutralisationszahl *f* / neutralization value, neutralization number

neutralisieren *v* / neutralize *v*

Neutralleiter *m* (N) / neutral conductor, neutral *n*, neutral conductor (N) || ≗ **mit Schutzfunktion** / protective neutral conductor || ≗**-Anschlussstelle** *f* / neutral conductor terminal || ≗**-Trennklemme** *f* / isolating neutral terminal

Neutral·linie *f* (Magnet) / neutral line IEC 50(221) || ≗**stellung** *f* / zero position

neutralweiß *adj* / intermediate white, intermediate *adj*

Neuwert *m* / value *n* || ≗**meldung** *f* / new-value message (o. signal)

neuzeichnen *v* / redraw *v*

Neu·ziel *n* / next address, target data || ≗**zündung** *f* / re-ignition *n* IEC 56-1 || ≗**zuordnung** *f* (DÜ) / reassignment *n*

Newtonsche Flüssigkeit / newtonian liquid

NF / low frequency || ≗ (Niederfrequenz) / AF (audio frequency), LF (low frequency), VF (voice frequency) || ≗**-Bereich** *m* (Tonfrequenzbereich) / AF range || ≗**-Generator** *m* / low-frequency generator

N-FID / nitrogen-selective flame ionization detector (N-FID)

NFI-Schalter *m* / monitoring circuit-breaker

NF·-Kanal *m* / audio-frequency channel || ≗**Leitung** *f* / VF line || ≗**-Messkoffer** *m* (Nachrichtenmessung) / AF portable telecommunications test set

n-for *n* / n-port network

NF·-PCM-Messgerät *n* / VF PCM test set || ≗**-Pegel** *m* / VF level || ≗**-Pegelmesser** *m* / AF level meter || ≗**-Pegelsender** *m* / AF level oscillator

NFS / network file system (NFS)

NF-Strom *m* / low-frequency current (LF current)

NFU-Schalter *m* / voltage-operated neutral-monitoring e.l.c.b., (voltage-operated) neutral ground fault circuit interrupter (US)

NG / nominal size || ≗ (Netzgerät) / power supply, power pack, load power supply unit, PSU (power supply unit)

NGH-Schaltung *f* (nach N.G. Hingorani) / NGH scheme

NGP (Netzgegenparallelschaltung) / line-side inverse-parallel connection

n-grädiger Kühler / heat exchanger for a temperature difference of n

NH / LV HRC

N-Halbleiter *m* / N-type semiconductor, electron semiconductor

NH·-Sicherung *f* (Niederspannungs-Hochleistungssicherung) / l.v. h.b.c. fuse (low-voltage high-breaking-capacity fuse), l.v. h.r.c. fuse (low-voltage high-rupturing-capacity fuse) || ≗**-Sicherung 35A** / LVHRC fuse 35A || ≗**-Sicherungseinsatz** *m* / l.v. h.b.c. fuse-link, l.v. h.r.c. fuse-unit || ≗**-Sicherungsgriffzange** *f* / LVHRC fuse grippers || ≗**-Sicherungs-Lasttrennleiste** *f* / lv hrc in-line fuse switch disconnector || ≗**-System** *n* (Niederspannungs-Hochleistungs-Sicherungssystem) / l.v. h.b.c. fuse system (low-voltage high-breaking-capacity fusegear system)

Nibbelmaschine / nibbling machine

Nibbeln / nibbling *n*

nicht abdruckbares Zeichen / non-printable (o. non-printing) character || ~ **abgestuft isolierte Wicklung** / non-graded-insulated winding, uniformly insulated winding || ~ **abgestufte Isolation** / non-graded insulation || ~ **abnehmbar** *adj* / nor-detachable *adj* || ~ **aktive Bedingungen** / non-active conditions || ~ **anlaufen** (Mot.) / fail to start || ~ **ausführbare Anweisung** / non-executable statement || ~ **austauschbares Zubehör** / non-interchangeable accessory || ~ **ausziehbarer Leistungsschalter** / non-withdrawable circuit-breaker BS 4777, non-drawout circuit-breaker

nicht begrenzter Stoßkurzschlussstrom / prospective symmetrical r.m.s. let-through current || ~ **begrenzter Strom** / prospective current (of a circuit) IEC 265, available current (US) || ~ **belegt** (KN) / idle *adj* || ~ **beschichteter Gewebeschlauch** / uncoated textile-fibre sleeving || ~ **brennbares Material** / non-combustible material || ~ **bündig einbaubarer Näherungsschalter** / non-embeddable proximity switch || ~ **decodierbarer Befehl** (SPS) / statement not decodable || ~

definierter Zustand (FWT-Meldung) / indeterminate state (telecontrol message) || ~ **einstellbarer Auslöser** / nonadjustable release || ~ **fabrikfertige Schaltgerätekombination** / custom-built assembly of l.v. switchgear and controlgear (CBA) IEC 431 || ~ **fabrikfertiger Verteiler** / custom-built distribution board || ~ **funkend** (Lüfter) / non-sparking *adj* || ~ **gelieferte Energie** (E., die das Elektrizitätsversorgungsunternehmen wegen und während des ausgeschalteten Zustands nicht liefern konnte) / energy not supplied || ~ **in Betrieb** IEC 50(191) / non-operating state || ~ **interpretierbarer Befehl** (SPS) / illegal operation || ~ **kippbarer Merkerzustand** (SPS) / non-invertible flag || ~ **kurzschlussfester Transformator** / non-short-circuit-proof transformer || ~ **leiterselektiver Schutz** IEC 50(448) / non-phase-segregated protection

nicht maßhaltig / off gauge || ~ **maßstäblich** / not to scale (n.t.s.), out of scale || ~ **normgerecht** / non-standard *adj*, not to standards || ~ **potentialbezogener Ausgang** (Mikroschaltung) DIN 41855 / output not referred to a potential || ~ **potentialbezogener Eingang** (Mikroschaltung) DIN 41855 / input not referred to a potential || ~ **schlußgeglühter, weichmagnetischer Stahl** IEC 50(221) / semi-processed electrical steel || ~ **selbsthaltendes Lager** / separable bearing || ~ **selbstmeldender Fehler** / not self-reporting fault, not self-signalling fault, latent fault || ~ **selbsttätig rückstellender Schutz-Temperaturbegrenzer** VDE 0700, T.1 / non-self-resetting thermal cutout IEC 335-1 || ~ **selbsttätig zurückstellender Temperaturbegrenzer** EN 60742 / non-self-resetting thermal cut-out || ~ **sinusförmig** / non-sinusoidal *adj* || ~ **stabilisiertes Differentialrelais** / unbiased differential relay, unrestrained differential relay || ~ **stabilisiertes Stromversorgungsgerät** / non-stabilized power supply unit || ~ **starre Sternpunkterdung** / non-solid earthing (GB), non-solid grounding (US) || ~ **steuerbarer Stromrichterzweig** / non-controllable converter arm

nicht temperaturkompensiertes Überlastrelais / overload relay not compensated for ambient temperature || ~ **umkehrbarer Motor** / non-reversible motor, non-reversing motor || ~ **verriegelbar** / non-interlocking *adj* || ~ **verstopfend** / non-clogging *adj* || ~ **verwendungsfähig** / unfit for use || ~ **wahrnehmbar** / unnoticeable *adj* || ~ **wertbarer Ausfall** / non-relevant failure || ~ **zerlegbares Lager** / non-separable bearing || ~ **zu wertender Ausfall** (Ausfall, der für die Bewertung von Prüf- oder Betriebsergebnissen oder für die Berechnung des Wertes der Überlebenswahrscheinlichkeit ausgeschlossen werden sollte) IEC 50(191) / non-relevant failure (A failure that should be excluded in interpreting test or operational results or in calculating the value of a reliability performance measure) || ~ **zulässiger Baustein** (SPS) / illegal block || ~ **zusammenhängendes Netzwerk** / unconnected network || ~ **zwangsläufiger Antrieb** / limited drive

nichtabklemmbarer Schnurschalter VDE 0630 / non-rewirable cord switch (CEE 24) || ~ **Stecker** / non-rewirable plug, attachment plug

nicht·abnehmbarer Melder (Brandmelder) / non-detachable detector || **~abschaltbare Steckdose** / unswitched socket-outlet || **≗abwurfspannung** *f* (Rel.) / non-reverse-operate voltage || **~agressive Flüssigkeit** / non-corrosive liquid || **~aktivierte Batterie** / unactivated battery || **≗anlauf** *m* / failure to start

Nichtansprech·erregung *f* (Rel.) / specified non-pickup value, non-pickup value || **≗-Prüfwert** *m* (Rel.) / must non-operate value, specified non-pickup value (US) || **≗-Schaltstoßspannung** *f* / switching impulse voltage sparkover withstand, minimum switching-impulse sparkover voltage || **Prüfung der ≗-Schaltstoßspannung** / minimum switching-impulse voltage sparkover test || **≗-Stoßspannung** *f* / minimum sparkover level || **≗-Wechselspannung** *f* / minimum power-frequency sparkover voltage || **≗wert** *m* (Rel.) / non-operate value, non-pickup value (US)

Nicht·antriebsseite *f* / non-drive end, N-end *n*, front *n* (US) || **~antriebsseitig** *adj* / non-drive-end *adj*, N-end *adj*, front-end *adj* || **≗anzugsspannung** *f* (Rel.) / non-pickup voltage, non-operate voltage || **≗arbeitswert** *m* / non-operate value, non-pickup value (US)

nichtatmend *adj* / non-breathing *adj*

Nichtauslöse·fehlerstrom *m* (FI-Schutzschalter) / residual non-operating current || **≗kennlinie** *f* / non-tripping characteristic || **≗spannung** *f* / non-tripping voltage, non-operating voltage || **≗strom** *m* VDE 0660,T.101 / non-tripping current, conventional non-tripping current IEC 157-1, non-operating current, conventional non-tripping current || **≗-Überstrom** *m* / non-operating overcurrent || **≗zeit** *f* / non-tripping (o. non-operating) time, non-actuating time

nichtaustauschbar *adj* / non-interchangeable *adj* || **≗keit** *f* / non-interchangeability *n*

nichtausziehbare Einheit / non-drawout unit, stationary-mounted assembly, fixed unit

nichtautomatisch·er Brandmelder / manual call point, manual alarm box || **~er Motorstarter** VDE 0660,T.104 / non-automatic starter IEC 292-1 || **~er Nebenmelder** / manual call point, manual alarm box || **~es Umschalten** VDE 0660,T.301 / non-automatic changeover IEC 292-3

Nichtbefolgen *n* / failure to follow

nicht·begrenzte Einwirkung (HSS, über eine Verbindung zwischen Bedienteil und Schaltglied) / positive drive || **~beherrschte Fertigung** / process out of control || **≗benetzen** *n* (Lötung) / non-wetting *n* || **≗bereitzustand der Senke** (PMG) DIN IEC 625 / acceptor not ready state (ANRS) || **~betätigt** *adj* / unoperated *adj*

Nichtbetriebs·dauer *f* IEC 50(191) / non-operating time || **≗zeit** *f* (Zeitintervall, während dessen eine Einheit nicht in Betrieb ist) / non-operating time (The time interval during which an item is in a non-operating state) || **≗zeitintervall** *n* / non-operating time (The time interval during which an item is in a non-operating state) || **≗zustand** *m* (Zustand, in dem eine Einheit keine geforderte Funktion ausführt) / non operating state (The state when an item is not performing a required function)

nicht·bewehrtes Kabel / non-armoured cable || **~busgekoppelt** *adj* / unbused *adj* || **~dämpfender Werkstoff** / non-damping material || **~dispersive**

Infrarotabsorption (NDIR) / non-dispersive infrared absorption (NDIR) || **~dispersive Ultraviolettabsorption** (NDUV) / non-dispersive ultraviolet absorption (NDUV) || **~eigensicher** *adj* / non-intrinsically safe || **~eindeutiger Fehlzustand** IEC 50(191) / indeterminate fault || **²einhalten** *n* / failure to comply

nichteinstellbar·e Verzögerung (Schaltglied) / fixed delay, nonadjustable delay || **~e Wicklung** (Trafo) / untapped winding || **~er Auslöser** / non-adjustable release (o. trip), fixed-setting release (o. trip)

Nichteisenmetall *n* (NE-Metall) / non-ferrous metal

nichtelastisch *adj* / non-elastic *adj* || **~e Verformung** / plastic deformation, permanent set

nichtelektrisch *adj* / non-electric *adj* (al) || **elektrische Messeinrichtung für ~e Größen** / electrically operated measuring equipment IEC 51 || **~es Kompensationsmessgerät** / indirect-acting instrument actuated by non-electrical energy

NICHT-Element *n* / negator *n*, inverter *n*

Nicht·erfüllung *f* (a. QS) DIN 55350,T.11 / non-compliance *n* || **~explosionsgefährdeter Bereich** / non-hazardous area || **~fasernd** *adj* / non-linting *adj* || **~fluchtend** *adj* / misaligned *adj*

nichtflüchtig·er Speicher / non-volatile memory (NVM) || **~es RAM** / non-volatile RAM (NVRAM)

Nicht-FSK / custom-built assembly of l.v. switchgear and controlgear (CBA) IEC 431

nicht·funkender Lüfter / non-sparking fan || **~funkengebendes Betriebsmittel** (Ex nA) / non-sparking apparatus || **~-funktionsbeteiligte Redundanz** / passive redundancy, non-functional redundancy, standby redundancy

Nichtfunktions·prüfung *f* / non-operating test || **²spannung** *f* / non-operate voltage

nicht·fusselnd *adj* / non-liming *adj* || **~gefährdeter Bereich** / non-hazardous area

nichtgeführt·e Drucktaste / free pushbutton IEC 337-2 || **~e Lagerstelle** / floating journal, non-located journal || **~er Druckknopf** VDE 0660,T.201 / free pushbutton IEC 337-2

nicht·geladener Baustein (SPS) / unprogrammed block || **~gepufferte Variable** / non-retentive variable

NICHT-Glied *n* / NOT element, NOT *n* IEC 117-15, NOT gate

nichtharmonisch *adj* / enharmonic *adj*

nichtharzend *adj* / non-resinifying *adj*, non-gumming *adj* || **~es Öl** / non-gumming oil

Nicht·hinein-Lehre *f* / NO-GO gauge || **~idealer Regler** / actual controller || **~inhibiertes Isolieröl** / uninhibited insulating oil || **~intelligent** *adj* (z.B. Datenendstation, Datensichtgerät) / dumb *n* || **~interpolierende Steuerung** (NC) / non-interpolation control (system) || **~interpretierbarer Befehl** (SPS) / illegal operation || **~invertierender Verstärker** / non-inverting amplifier || **~kornorientiertes Elektroblech** / non-oriented magnetic steel sheet

nichtkorrigierbarer Fehler / non-recoverable error, unrecoverable error

nichtleitend *adj* / non-conductive *adj*, non-conducting *adj* || **~er Raum** / non-conducting location || **~er Zustand** (HL-Ventil) / non-conducting state

Nichtleiter *m* / dielectric *n* || **²bild** *n* (gS) / non-conductive pattern

nichtlinear *adj* / nonlinear *adj* || **~e Funktionsbaugruppe** / non-linear (o. translinear) function module || **~e gedrängte Skale** / non-linear contracting scale || **~e Umsetzung** / non-linear conversion || **~e Verzerrung** / non-linear distortion, harmonic distortion

Nichtlinearität *f* / non-linearity *n* || **² der elektronischen Abstimmung** / electronic tuning non-linearity

nicht·listenmäßig *adj* / special *adj*, non-standard *adj* || **~-logische Verbindung** / non-logic connection || **~löschendes Lesen** / non-destructive read-out (NDRO) || **~lückender Betrieb** (Gleichstrom) / non-pulsating current operation, continuous flow || **~lückender Strom** / non-pulsating current, continuous current

nicht·magnetisch *adj* / non-magnetic *adj* || **~mechanischer Impulsgeber** (EZ) / non-mechanical impulse device || **~metallisch** *adj* / non-metallic *adj* || **²metall-Rohr** *n* (IR) / non-metallic conduit || **~monoton** *adj* / non-monotonic *adj* || **²monotonie** *f* / non-monoticity *n*, non-monotony *n* || **~motorischer Verbraucher** / non-motor load || **²negativitätsbedingung** *f* / non-negativity condition || **nicht·-netzfähig** *adj* (Bussystem) / without network(ing) capacity

nicht-netzfrequent·e Komponenten / non-line-frequency components || **~-er Anteil** / non-line-frequency content || **~-er Gehalt** / relative non-line-frequency content

nicht-normalisierte Mantisse mit Vorzeichen / signed non-normalized mantissa

NICHT-Operator *m* / NOT operator

nichtparametrisch *adj* / non-parametric *adj*, distribution-free *adj* || **~er Test** DIN 55350,T.24 / distribution-free test

nichtperiodisch *adj* / non-periodic *adj*, aperiodic *adj*, non-repetitive *adj* || **~e Rückwärts-Stoßspitzenspannung** / non-repetitive peak reverse voltage || **~e Sperrspannung** / non-repetitive peak off-state voltage || **~e Überspannung** / transient overvoltage || **~er Spitzenwert der Netzspannung** / non-repetitive peak line voltage || **~er Vorgang** / non-periodic phenomenon, transient *n*, transient phenomenon

nichtpolarisiert *adj* / non-polarized *adj*

nicht·rastend *adj* / non-latching *adj* || **~remanent** *adj* / non-latching *adj*, non-retentive *adj* || **~remanenter Merker** / non-retentive flag || **~reziproker Phasenschieber** / non-reciprocal phase shifter || **~reziproker Polarisationsrotator** / non-reciprocal polarization rotator, non-reciprocal wave rotator

nichtrostend *adj* / rustproof *adj*, non-rusting *adj*, stainless *adj* || **~er Stahl** / stainless steel

Nichtrücksetzzustand *m* (PMG, Systemsteuerung) / clear not active state IEC 625 || **² der Systemsteuerung** (PMG) DIN IEC 625 / system control interface clear not active state (SINS)

nichtrückstellbarer Melder EN 54 / non-resettable detector

nichtschaltbar *adj* (Geber) / non-deactivatable *adj*, fast coupling || **~e Kupplung** / permanent coupling, fast coupling || **~e Steckdose** / unswitched socket-outlet

nicht·schaltend *adj* / non-switching *adj* || **²schaltseite** *f* (el. Masch.) / back end, back *n* ||

~schäumend *adj* / non-foaming *adj* || **~schleifende Dichtung** / non-rubbing seal || **~schneidende Wellenanordnung** / non-intersecting shafting || **~selbstheilende Isolierung** VDE 0670, T.2 / non-self-restoring insulation IEC 129 || **~selbstheilender Kondensator** / non-self-healing capacitor || **~selbstmeldender Fehler** / non-self-revealing fault, latent fault

nichtselektiv absorbierender Körper / neutral absorber, non-selective absorber, neutral filter || **~ streuender Körper** / non-selective diffuser, neutral diffuser || **~er Strahler** / nonselective raditor

nicht·sinusförmig *adj* / non-sinusoidal || **~spanend** *adj* / non-cutting *adj*

nichtspeichernd *adj* / non-latching *adj* || ~ *adj* (nichtremanent) / non-retentive *adj* || **~er Befehl** / non-holding instruction, non-latching instruction

nichtstationär *adj* / non-steady *adj*, transient *adj*, varying with time || **~e Strömung** / unsteady flow, non-stationary flow || **~er Zustand** / transient condition

nicht·steuerbare Schaltung (LE) / non-controllable connection || **~störanfälliges Bauteil** / infallible component || **~strombegrenzender Schalter** / non-current-limiting switch || **~synchroner Betrieb** / non-synchronous operation || **~tangentialer Bahnübergang** (NC) / acute change of contour, atangent path transition

NICHT-Tor *n* / NOT gate

nicht·tragend *adj* / non-load-bearing *adj* || **~überlappender Kontakt** / non-shorting contact, break before make contact || **~überspannungsgefährdetes Netz** / non-exposed installation || **~umkehrbar** *adj* / non-reversible *adj* || **~umkehrbarer Phasenschieber** / non-reciprocal phase shifter

Nichtverfügbarkeit *f* / unavailability *n*, non-availability *n*, outage *n* || **geplante** ≗ / scheduled outage, planned outage || **mittlere** ≗ (Mittelwert der momentanen Nichtverfügbarkeit während eines gegebenen Zeitintervalls (t1, t2)) / mean unavailability (The mean of the instantaneous unavailability over a given time interval (t1, t2)) || **stationäre** ≗ (Mittelwert der momentanen Nichtverfügbarkeit unter stationären Bedingungen während eines gegebenen Zeitintervalls) / steady-state unavailability, unvailability *n* (The mean of the instantaneous unavailability under steady-state conditions over a given time interval) || **störungsbedingte** ≗ / forced outage

Nichtverfügbarkeits·dauer *f* / down duration, outage duration || **wartungsbedingte** **≗dauer** / maintenance duration || **≗rate** *f* / outage rate

Nichtverfügbarkeitszeit *f* / unavailability time, non-availability time, outage time, down time || ≗ *f* (Zeitintervall, während dessen eine Einheit im nicht verfügbaren Zustand ist) / disabled time (The time interval during which an item is in a disabled state) || **extern bedingte** ≗ (Zeitintervall, während dessen eine Einheit im nicht verfügbaren Zustand wegen externer Ursachen ist) / external loss time, external disabled time (The time interval during which an item is in an external disabled state) || **≗intervall** *n* / disabled time (The time interval during which an item is in a disabled state) || **extern bedingtes** **≗intervall** / external loss time, external disabled time (The time interval during which an item is in an external disabled state)

NICHT-Verknüpfung *f* / NOT function

nicht·verlagerter Kurzschluss / symmetrical short circuit || **~verzögert** *adj* / undelayed *adj*, non-delayed, instantaneous *adj* || **~vorberechtigter Aufruf** (SPS) / non-preemptive scheduling || **~wärmeabgebender Prüfling** / non-heat-dissipating specimen

nichtwässrige Elektrolytbatterie / non-aqueous battery || **~ Lithiumbatterie** / non-aqueous lithium battery

nichtwiederanschließbar·e Drehklemme / non-reusable t.o.c.d. || **~e Kupplungsdose** / non-rewirable portable socket-outlet || **~e Schneidklemme** / non-reusable i.p.c.d. || **~er Stecker** / non-rewirable plug, attachment plug

Nicht·wiederansprechwert *m* (Rel.) / non-revert-reverse value || **≗wiederrückfallwert** *m* (Rel.) / non-revert value || **≗wiederschließspannung** *f* (Lampe) / non-reclosure voltage (lamp)

nichtzerstreuendes Infrarot-Gasanalysegerät / non-dispersive infra-red gas analyzer (NDIR)

nichtzündend·e Spannung (Thyr) / non-trigger voltage || **~er Steuerstrom** (Thyr) / non-trigger current, gate non-trigger current

nicht·zundernd *adj* / non-scaling *adj* || **~-zündfähiges Bauteil** / non-incentive component || **~zwangsläufige Einwirkung** (HSS) EN 60947-5-1 / limited drive || **≗-Zwangsläufigkeit** *f* / limited drive

Nickel·-Cadmium-Akkumulator *m* / nickel-cadmium battery || **≗-Eisen-Akkumulator** *m* / nickel-iron battery || **≗-Eisen-Blech** *n* / nickel-iron sheet, nickel-alloyed sheet steel || **≗stahl** *m* / nickel-steel *n* || **≗-Zink-Akkumulator** *m* / nickel-zinc battery

Nicken *n* (Rob., Kfz) / pitching *n*, pitch *n*

Niederbrennen *n* (Kabelfehler) / burning out

Niederdruck·behälter *m* / low-pressure receiver, low-pressure tank || **≗-Einschraub-Widerstandsthermometer** *n* / low-pressure screw-in resistance thermometer || **≗-Entladungslampe** *f* / low-pressure discharge lamp || **≗lampe** *f* (ND-Lampe) / low-pressure lamp, low-pressure discharge lamp || **≗säule** *f* / low-pressure column || **≗-Wasserkraftwerk** *n* / low-head hydroelectric power station

Niederfeldmagnet *m* / low-field magnet

niederfrequent *adj* / low-frequency *adj*

Niederfrequenz *f* (NF) / low frequency (LF), voice frequency (VF), audio frequency (AF) || ≗ *f* (NF) / low frequency || **≗bereich** *m* (Audiofrequenz) / audio-frequency range, AF range || **≗generator** *m* (NF-Generator) / low-frequency generator || **≗kanal** *m* (NF-Kanal) / audio-frequency channel || **≗strom** *m* (NF-Strom) / low-frequency current (LF current) || **≗-Überschlagspannung** *f* / low-frequency flashover voltage

Niederhalter *m* / hold-down clamp, holding-down device, retainer *n*

Niederleistungs·befeuerung *f* / low-intensity lighting || **≗teil** *m* (BT) / low-intensity section

niederohmig *adj* / low-resistance *adj* || **~e Erdung** / impedance earthing, impedance grounding, low resistance earthing, low-resistance grounding, resonant earthing, resonance grounding, dead earth || **~e Kathode** / low-resistance cathode || **~e**

Sternerdung / low-resistance star-head earthing switch || **~er Differentialschutz** IEC 50(448) / low-impedance differential protection || **~er Widerstand** / low-value resistor

Niederpegel·schaltung *f* / low-level circuit || **²signal** *n* / low-level signal

niederrangiger Fehler / minor fault

Niederschlag *m* (Ablagerung) / deposit *n* || **²** *m* (elektrolytischer) / electrodeposit *n*, electroplated coating || **²** *m* (Kondensation) / condensate *n*, precipitate *n* || **²** *m* (Regen) / rain *n*, rainfall *n* || **²-Messgerät** *n* / rainfall gauge

Niederspannung *f* (NS) / low voltage (l.v.), low tension (l.t.), low potential, secondary voltage

Niederspannungs·abnehmer *m* / l.v. consumer || **²anlage** *f* / l.v. system, l.v. installation || **²anlage** *f* (SA) / l.v. switchboard, l.v. distribution switchboard || **²anschluss** *m* / l.v. terminal || **²anschlussklemme** *f* / l.v. terminal || **²anschlussraum** *m* / l.v. terminal compartment, l.v. compartment

Niederspannung-Schaltgerätekombination *f* / LV switchgear and controlgear assembly || **typgeprüfte ²** / type-tested low-voltage switchgear and controlgear assembly, type-tested LV switchgear and controlgear assembly, type-tested switchgear and controlgear assemblies (TTA) || **²-en - Typgeprüfte und partiell typgeprüfte Kombinationen** / low-voltage switchgear and controlgear assemblies - Type-tested and partially type-tested assemblies

Niederspannungs·-Hauptverteilung *f* (Tafel) / l.v. main distribution board, l.v. main distribution switchboard, l.v. distribution centre || **²-Hauptverteilungsleitung** *f* / l.v. distribution mains, secondary distribution mains

Niederspannungs-Hochleistungssicherung *f* (NH-Sicherung) / low-voltage high-breaking-capacity fuse (l.v. h.b.c. fuse), low-voltage high-rupturing-capacity fuse (l.v. h.r.c. fuse)

Niederspannungs·kreis *m* / l.v. circuit || **²lampe** *f* / low-volt lamp, l.v. lamp, l.t. lamp || **²-Leistungsschalter** *m* / l.v. circuit-breaker, l.v. power circuit-breaker || **²-Leistungsschalter mit angebauten Sicherungen** / l.v. integrally fused circuit-breaker || **²-Motorschaltschrank** *m* / low-voltage motor circuit cabinet || **²nische** *f* / low-voltage niche || **²raum** *m* (Schrank) / l.v. compartment, compartment for l.v. equipment || **²richtlinie** *f* (NSR) / low-voltage directive

Niederspannungs-Schaltanlage *f* / low-voltage switchgear, l.v. switching station, l.v. switchgear || **²** *f* (FSK) / l.v. switchgear assembly || **²** *f* (Tafel) / l.v. switchboard, l.v. distribution switchboard || **²** *f* / l.v. switchgear and controlgear, l.v. switchgear

Niederspannungs·-Schaltgeräte *n pl* / l.v. switchgear and controlgear, l.v. switchgear, l.v. controlgear || **²schaltgeräte - Allgemeine Festlegungen** / low-voltage switchgear and controlgear - General rules || **²-Schaltgeräte für Verbraucherabzweige** / low-voltage controlgear

Niederspannungs-Schaltgerätekombination *f* VDE 0660, T.500 / l.v. switchgear assembly, l.v. controlgear assembly || **partiell typgeprüfte ² xdPTSK** / partially type-tested LV switchgear and controlgear assembly xePTTA || **partiell typgeprüfte ²** / partially type-tested low-voltage switchgear and controlgear, partially type-tested low-voltage switchgear and controlgear assembly (PTTA) || **partielle typgeprüfte ²** (PTSK) / partially type-tested low-voltage switchgear and controlgear assembly (PTTA), partially type-tested low-voltage switchgear and controlgear || **typgeprüfte ²** (TSK) / type-tested low-voltage switchgear and controlgear assembly (type-tested LV switchgear and controlgear assembly)

Niederspannungs·-Schalttechnik *f* / low-voltage controlgear, switchgear and systems || **²schrankausrüstung** *f* / equipment of low voltage compartment || **²-Speiseleitung** *f* / l.v. feeder, secondary feeder || **²steckvorrichtung** *f* / low-voltage plug connector || **²-Steckvorrichtung** *f* / l.v. connector || **²-Steuerung** *f* / low-voltage controller || **Regeltransformator für ²steuerung** / l.v. regulating transformer || **²tarif** *m* / l.v. tariff || **²teil** *m* (ST) / l.v. section, l.v. cubicle

Niederspannungs·verdrahtung *f* / low-voltage wiring || **²-Versorgungsnetz** *n* / l.v. distribution network, l.v. distribution system, secondary distribution network || **²-Verteiler** *m* / low-voltage distribution board, low-voltage distributor, l.v. distribution board, l.v. distribution unit, l.v. distribution cabinet, secondary distribution board || **²-Verteiler** *m* (Installationsverteiler) / distribution board, consumer unit, panelboard *n* (US) || **²verteilerschrank** *m* / l.v. distribution cabinet, consumer unit, panelboard *n* || **²-Verteilersystem** *n* (IV, ST) / factory-built l.v. distribution boards, modular system of l.v. distribution boards || **²-Verteilertafel** *f* / l.v. distribution board

Niederspannungsverteilung *f* / l.v. distribution, distribution board, panelboard *n* (US), consumer unit, secondary distribution || **²** *f* (einer Netzstation) / outgoing unit, outgoing section || **²en** *f pl* / low-voltage distribution equipment

Niederspannungs·-Verteilungsleitung *f* / l.v. distribution line, secondary distribution mains || **²-Verteilungsnetz** *n* / l.v. distribution network, l.v. distribution system, secondary distribution network || **²wandler** *m* (A, V) / l.v. instrument transformer || **²-Wechselstrom-Motorstarter** *m* VDE 0660,T.106 / l.v. a.c. starter IEC 292-2 || **²wicklung** *f* / l.v. winding || **²zweig** *m* (z.B. Spannungsteiler) / l.v. arm

Niedertarif *m* (NT) / white tariff, low tariff, off-peak tariff || **²maximum** *n* / white-tariff maximum (demand), low-tariff maximum (demand) || **²zählwerk** *n* / white-tariff register || **²zeit** *f* / low-load hours

niedertourige Maschine / low-speed machine

niederviskos *adj* / low-viscosity *adj*, of low viscosity, low-bodied *adj*

Niedervolt·bogen *m* / l.v. arc || **²lampe** *f* (NV-Lampe) / low-volt lamp, l.v. lamp, l.t. lamp || **²-Linsenscheinwerfer** *m* / low-volt lens spotlight || **²-Schaltkreis** *m* (IS) / low-threshold circuit

niederwertig *adj* / low-order *adj*, least significant || **~e Dekade** / less significant decade, low(er)-order decade || **~e Ziffer** / low-order digit

niederwertigst·e Ziffer / least significant digit (LSD) || **~es Bit** / least significant bit (LSB)

niedrig *adj* / thin *adj* || **~auflösend** *adj* / low-resolution *adj* || **~e Hilfsgeschwindigkeit** / inching speed || **~er Integrationsgrad** (IS) / small-scale integration (SSI) || **Oberwellen ~er Ordnung** / low-order harmonics || **~siedend** *adj* / low-boiling *adj* || **~siliziertes Stahlblech** / low-silicon sheet steel

Niedrigstation *f* / compact substation

niedrigst·e Betriebsspannung eines Netzes / lowest voltage of a system || **~e Entspannungstemperatur** (Gras) / strain temperature || **~e Versorgungsspannung** / minimum power supply voltage || **~er Arbeitsdruck** (PAMIN) DIN 2401,T.1 / minimum operating pressure (PAMIN)

Niedrigst·frequenz *f* / very low frequency (v.l.f.), extremely low frequency (e.l.f.) || **~last** *f* (Grundlast) / base load

Niedrig-Zustand *m* (Signalpegel) / low state

Niet *m* / rivet *n* || **~bolzen** *m* / rivet pin || **~durchmesser** *m* / rivet diameter

Niete *f* / rivet *n*

nieten *v* / riveting *v*

Niet·gerät *n* / riveter *n* || **~hebel** *m* / rivetted lever || **~kontakt** *m* / stake contact || **~kontakt** *m* (Bürste) / riveted connection || **~kopf** *m* / rivet head || **~kragen** *m* / rivet collar || **~mutter** *f* / rivet nut || **~schaft** *f* / rivet shank || **~schild** *n* / rivetted label || **~stauchung** *f* / rivet compressiont || **~stift** *m* / rivet pin

Nietung *f* / riveting *n* || **~ Auskleidungsplatte** / lining plate riveting || **~ Löschbleche** / quenching plate riveting || **~ Seitenplatte** / side plate riveting

Niet·verbindung *f* / rivet connection || **~vorrichtung** *f* / riveting fixture

Niobium-Zinn-Gasphasenband *n* / vapour-deposited niobium-tin tape

Nippel *m* / nipple *n* || **~fassung** *f* / nipple lampholder || **~gewinde** *n* / nipple thread || **~mutter** *f* / female nipple

Nische *f* / recess *n*, niche *n*, wall recess, cavity *n*

Nischen·beleuchtung *f* / niches lighting || **~-Zählerverteiler** *m* / recessed meter distribution board

NIST / nIST / N / n actual value

NISTN - NSOLL / Nactual valueN - Nspeed value

Nitridpassivierung *f* / nitride passivation

Nitrierstahl *m* / nitrosteel *n*

nitriert *adj* / nitrided *adj*

Nitrophyl *n* / nitrophyl *n*

Nitrostahl *m* / stainless steel

Niveau *n* / level *n*

niveaugleicher Bahnübergang (Straße - Bahnlinie) / level crossing, grade crossing

Niveau·messung *f* / level measurement || **~regelung** *f* (Kfz) / ride-height control, levelling control (system), self-levelling suspension || **~regelung ohne Ausgleich** / no self-regulation level control || **~regler** *m* / level controller, liquid-level controller || **~regulierung** *f* / liquid-level control || **~schaltgerät** *n* (Kfz) / ride-height control unit || **~schema** *n* / energy level diagram || **~wächter** *m* / level switch, float switch, liquid-level switch

Nivellementfestpunkt *m* / bench mark

nivellieren *v* / level *v*

Nivellier·gerät *n* / levelling instrument, levelling device || **~laser** *m* / levelling laser product IEC 825 || **~latte** *f* / levelling staff, levelling rod || **~spindel** *f* / levelling spindle, levelling screw

NK / normalized device coordinate (NDC)

N·-Kanal-Feldeffekttransistor *m* / N-channel field-effect transistor, N-channel FET || **~-Klemme** *f* / neutral terminal

n-Klemmenpaar *n* / n-terminal-pair network

N·-Klingeltransformator *m* / N-type bell transformer || **~-Koaxialstecker** *m* / coaxial cable connector || **~-leitendes Silizium** / N-type silicon || **~-Leiter** *m* / N-conductor *n*, neutral conductor || **~-Leiterstromwandler** *m* / neutral current transformer || **~-Leitfähigkeit** *f* / n-type conductivity, electron conductivity || **~-Leitung** *f* (HL) / N-type conduction, electron conduction

NM / NM = torque

NMI (nicht maskierbarer Interrupt) / NMI (non-maskable interrupt)

n-Minuten-Leistung *f* (StT) / n-minute demand

NN (neuronales Netz / Netzwerk) / NN (neural network)

Nocken *m* / cam *n* || **sicherer ~** (SN) / safe cam || **~, Zähler** / cam, operations counter || **~antrieb** *m* / cam-operated mechanism, cam-operated control || **~bahn** *f* / cam track || **~bereich** *m* / cam range || **~-Endschalter** *m* / cam limit switch, rotating-cam limit switch, cam-operated limit switch || **~-Fahrschalter** *m* / cam controller, camshaft controller || **~-Fahr-Steuerschalter** *m* / cam-operated master controller || **~klemme** *f* / lug-type terminal || **~leiste** *f* / cam *n* || **~-Meisterschalter** *m* / cam-operated master controller || **~paar** *n* / cam pair || **~parameter** *m* / cam parameter || **~parameterblock** *m* / cam parameter block || **~schaltelement** *n* / cam-operated switching element, camshaft switch, cam switch (unit)

Nockenschalter *m* / cam switch, cam-operated switch || **~** *m* (Fahrschalter, Meisterschalter) / cam-operated controller, camshaft controller || **~** *m* (Schütz) / cam contactor, camshaft contactor

Nockenschaltwerk *n* / cam-operated switchgroup, camshaft controller, cam group, cam-contactor group || **~** *n* (schaltet digitale Ausgänge bei Erreichen von parametrierbaren Positionen ein und aus) / cam controller || **~** *n* (schaltet digitale Ausgänge bei Erreichen von parametrierbaren Positionen ein und aus) / camshaft gear

Nockenscheibe *f* / cam disc, cam plate, cam *n* || **geteilte ~** / split cam || **~, Kombination** / cam plate, combination

Nocken·schütz *n* / cam contactor, camshaft contactor || **~segment** *n* / cam segment || **~signal** *n* / cam signal || **~steuerschalter** *m* / cam controller, camshaft controller || **~steuerung mit Hilfsmotor** / motor-driven camshaft equipment || **~steuerwerk** *n* / cam control, camshaft gear, cam controller || **~synchronisation** *f* / cam synchronization || **~trieb** *m* (Kfz) / cam drive (assembly) || **~weg** *m* (Betätigungsweg) / dwell angle, cam angle, dwell *n* (cam)

Nockenwelle *f* / camshaft *n*

Nockenwellen·geber *m* (Kfz) / camshaft sensor || **~schütz** *n* / camshaft contactor || **~steller** *m* (K z) / camshaft actuator

nominaler Schrittmittenwert (ADU) / nominal midstep value || **~ Skalenendwert** / nominal fullscale value || **~ voller Skalenbereich** / nominal full scale range

Nominalgröße *f* / nominal size

Nominalmerkmal *n* (Statistik, QS) DIN 55350,T.12 /

nominal characteristic

Nomogramm *n* / nomogram *n*, chart diagram, alignment chart, straight-line chart

Nonius *m* / vernier *n*, vernier scale || **≗skale** *f* / vernier scale, vernier dial

NOP (Nulloperation) / NOP (null instruction) || **≗-Befehl** *m* / no-operation instruction (NOP instruction), skip instruction, blank instruction || **≗-Operation** *f* / null instruction (NOP), NOP

Nordpol *m* / north pole, north-seeking pole, marked pole || **magnetischer ≗** / north magnetic pole, magnetic north pole || **≗fläche** *f* / north pole face

NOR-Glied *n* / NOR element, NOR *n*, NOR gate || **≗ mit einem negierten Eingang** / NOR with one negated input

Norm *f* / standard *n*, standard specifications || **≗ für Prüfmaßnahmen** / test procedure standard || **basieren auf einer ≗** / comply with a standard, conform to a standard

Normal *n* / measurement standard, standard *n*

normal entflammbares Material / normally flammable material

Normal, amtliches ≗ / standard of authenticated accuracy, nationally recognized standard || **nationales ≗** / national standard

Normal·achse *f* / normal axis || **direkt ≗anlauf** / direct normal starting || **≗anstrich** *m* / normal paint finish || **≗arbeitszeit** *f* / regular working hours

Normalatmosphäre *f* (Bezugsatmosphäre, z.B. in) VDE 0432, T.1 / standard reference atmosphere || **≗** *f* (physikalische A.) / standard atmosphere, International Standard Atmosphere (ISA) || **internationale ≗** (INA) / international standard atmosphere (ISA)

Normalausführung *f* / standard type, standard version

Normalbedingungen *f pl* (Betriebsbedingungen) / normal service conditions, standard conditions of service, standard conditions || **atmosphärische ≗** / standard atmospheric conditions

Normal·belastung *f* / standard load, nominal loading || **≗beleuchtung** *f* / standard lighting || **fotometrischer ≗beobachter** / standard photometric observer || **≗beschleunigung** *f* / normal acceleration, centripedal acceleration

Normalbetrieb *m* / normal operation, normal service, normal duty, operation under normal conditions, normal mode || **Gerät für ≗** / standard-duty device

Normal·betriebsbedingungen *f pl* / normal conditions of use || **≗bild** *n* / normal operation || **≗bogen** *m* (IR) / normal bend || **≗druck und -temperatur** / normal temperature and pressure (n.p.t.)

Normale *f* (Math.) / normal *n*

normal·e atmosphärische Bedingungen / standard atmospheric conditions || **~e B(H)-Schleife** / normal B(H) loop || **für ~e Beanspruchung** / for normal use || **~e Betriebsbedingungen** / normal operating conditions, useful service conditions || **~e Betriebslast** / normal running load (n.r.l.) || **~e Gebrauchsbedingungen** / normal conditions of use || **~e Genauigkeitsklassen** / standard accuracy classes || **~e Hystereseschleife** / normal hysteresis loop || **~e Kontaktöffnungsweite** VDE 0630 / normal-gap construction (CEE 24) || **~e Magnetisierungskurve** / commutation curve, normal magnetization curve || **~e Prüfung** (QS) / normal inspection || **~e Schalthäufigkeit** VDE 0630 / infrequent operation (CEE 24) || **~e Speicher-Schreibgeschwindigkeit** (Osz.) / normal stored writing speed || **~e Summenverteilung** / cumulative normal distribution

Normal·einheitsvektor *m* / perpendicular unit vector || **≗element** *n* / standard cell, voltage reference cell || **≗-EMK** *f* / standard electromotive force, standard e.m.f.

Normalen·länge *f* (Kurve) / length of normal || **≗stellung** *f* / normal position

normal·er Bajonettsockel (B 22) / normal bayonet cap || **~er Betrieb** / normal operation, normal service, normal duty, operation under normal conditions || **~es Band** (HL) / normal band || **~es Belastungsspiel** / normal cyclic duty

Normal·fall *m* / normal condition || **≗-Fallbeschleunigung** *f* / gravity constant || **≗faltversuch** *m* / normal bend test, face bend test || **≗farbe** *f* / standard colour || **≗flusssystem** *n* (MSB) / normal-flux system || **≗format** *n* / standard format

normalgeglüht *adj* / normalized *adj*

Normal·gehäuse *n* / standard enclosure || **≗gerät** *n* (Eichgerät) / standard *n*

Normalien-Stelle *f* / standards laboratory, calibration facility

Normalinstrument *n* / standard instrument

normalisieren *v* / normalize *v*

normalisiert·e Größe (p.u.-System) / per-unit quantity || **~e Koordinate** / normalized device coordinate (NDC)

Normalisierungstransformation *f* / normalization transformation

Normal·klima *n* / standard atmospheric conditions, standard atmosphere || **≗kraft** *f* / normal force || **≗lampe** *f* / standard lamp

Normallast *f* / normal load, primary load (electric line), standard load || **≗- und Überlastmerkmale** *n pl* / normal load and overload characteristics

Normal·lehre *f* / standard gauge || **≗leistung** *f* (Refa) / normal performance || **~leitend** *adj* / normal-conducting *adj* || **≗leiter** *m* / normal conductor || **≗lichtarten** *f pl* / standard illuminants || **≗lichtquelle** *f* / standard light source || **≗lieferung** *f* / standard delivery || **≗modus** *m* / normal operation, normal mode || **≗netzeinspeisung** *f* / standard-network supply

Normalnull *n* (Seehöhe) / mean sea level, sea level || **≗** *n* (Bezugslinie) / datum line, reference line

Normal·pflicht-Zyklusprüfung *f* / standard operating duty cycle test || **≗probe** *f* / standard-size specimen, standard test specimen || **≗profil** *n* / standard section || **≗prüffinger** *m* / standard test finger || **Schwankungsspannung im ≗punkt** / gauge-point fluctuation voltage || **≗reihe** *f* / standard range || **≗schaltung** *f* / standard circuit (arrangement) || **≗scheibe** *f* / normal washer || **≗schließungen** *f pl* / standard locking arrangement || **≗schmieröle** *n pl* / standard-viscosity lubricants || **≗schrift** *f* / standard print || **≗schwingung** *f* / normal mode || **≗spannungswandler** *m* / standard voltage transformer || **≗spektralwerte** *m pl* (CIE) / CIE spectral tristimulus values || **≗stellung** *f* (Hauptkontakte eines Netzumschaltgerätes) / normal position || **≗störgrad** *m* / normal interference level || **≗strahler** *m* / standard radiator || **≗tarif** *m* (StT) / normal tariff, published tariff || ≗-

und Ex-Ausführung *f* / standard and ex models
Normal·valenzsystem *n* / standard colorimetric system || ²**vektor** *m* / normal vector || ²**verpackung** *f* / standard packing || ²**verteilung** *f* DIN 55350,T.22 / normal distribution || ²**werkzeug** *n* / normal tools || ²**werte der Fehlergrenzfaktoren** / standard accuracy limit factors || ²**widerstand** *m* / standard resistor, measurement standard resistor IEC 477
Normal·zähler *m* / standard meter, standard watthour meter, substandard meter, substandard *n* || ²**zähler** *m* (m. Ferrariswerk) / rotating substandard || ²**zeit** *f* / standard time, absolute time (The combination of time of day and date information)
Norm·antrieb *m* (PS) / standard actuator || ²**asynchronmotor** *m* / standard asynchronous motor || ²**ausschnitt** *m* / standard cutout || ²**baustein** *m* / standard module, standardized assembly, standard subassembly || ²**bedingungen** *f pl* / standard conditions, rated operating conditions || ²**beleuchtung** *f* / standard lighting || ²**-Betätigungsplatte** *f* / standard target || ²**-Bezugswert** *m* / standard reference value || ²**blende** *f* / standard orifice || ²**druck** *m* / standard pressure || ²**düse** *f* / standard flow nozzle
normen *v* / standardize *v* || ² **und Bestimmungen** / standards and specifications || ²**ausschuss für Mess- und Regelungstechnik** (NAMUR) / NAMUR || ²**büro** *n* / standards office
Normeneinhaltung, Prüfung auf ² / conformance test
Normentwurf *m* / draft standard
Normenvorschrift *m* / standard *n*, standard specification
Norm·-Farbwertanteile, CIE-² / CIE chromaticity coordinates || ²**farbwerte** *m pl* / tristimulus values
normgerecht *adj* / conforming to standards, in conformance with standards || **nicht ~** / non-standard *adj*, not to standards
Norm-Grenz·genauigkeitsfaktoren *m pl* / standard accuracy limit factors || ²**wert** *m* / standard limiting value
normieren *v* / normalize *v*, standardize *v*
normiert *adj* (Gebersignal) / scaled *adj*, normalized || **~e äquivalente Leitfähigkeit** / normalized equivalent conductance || **~e Bestückung** / standardized complement || **~e Busschnittstelle** / standard bus interface || **~e Darstellung** (BSG) / standardized display || **~e Detektivität** (Strahlungsempfänger) / normalized defectivity || **~e Frequenz** / normalized frequency || **~e Gleitpunktzahl** / normalized floating-point number || **~e Komponenten** / normalized components || **~e Koordinate** (NK GKS) / normalized device coordinate (NDC) || **~e Kraft** / normalized force || **~e Schnittstelle** / standardized interface || **~e Spannung** / standardized voltage, nominal voltage || **~e symmetrische Komponenten** / symmetrical normalized components || **~er Drehzahlistwert** / rated actual value || **~er Frequenzgang** / normalized frequency response || **~er Impuls** / standard pulse
Normierung *f* / normalizing *n*, normalization *n* || ² *f* (Analog-Digital-Umsetzung) / scaling *n* || ² *f* / standardization *n* || ² **DAU** / DAC standardization
Normierungs·faktor *m* / scale factor, standardizing factor || ²**-Faktor** *m* / normalization factor || ²**kärtchen** *n* / scaling card || ²**-Offset** *m* / normalization offset || ²**-Parameter** *m* / standardizing parameters || ²**prozedur** *f* (Kommunikationssystem) / reset procedure || ²**transformation** *f* / normalization transformation
Norm·-Kathodenkreis *m* / standard cathode circuit || ²**-Kugelfunkenstrecke** *f* / standard sphere gap || ²**lichtart** *f* / standard illuminant, colorimetric standard illuminant || ²**lichtquelle** *f* / standard source || ²**messplatte** *f* (fotoelektr. NS) / standard target
Normmeter, geopotentieller ² / standard geopotential metre
Normmotor *m* / standard-dimensioned motor, standard motor
Normprofilschiene *f* / standard mounting rail || ² *f* (Hutschiene) / top-hat rail, DIN rail
Norm·prüfung *f* / review for conformance with standards || ²**-Rauschtemperatur** *f* / standard noise temperature || ²**schnittstelle** *f* / standard interface || ²**schraubendreher** *m* / screw driver || ²**spaltweite** *f* IEC 50(426) / maximum experimental safe gap (MESG) || ²**spannungen** *f pl* / standard voltages || ²**spektralwertfunktionen** *f pl* (CIE) / CIE colour matching functions, standard component || ²**teil** *n* / standard part || ²**teile** *n pl* / standard parts || ²**toleranz** *f* / standard tolerance
Normung *f* / standardization *n*
Norm·valenz-System *n* / standard colorimetric system || ²**-Venturidüse** *f* / standard venturi tube || ²**-Vergleichs-Lichtausbeute** *f* / standard comparison efficiency (SCE) || ²**vorschrift** *f* / standard *n*, standard specification || ²**wert** *m* / standard value || ²**zahl** *f* (NZ) DIN 323,T.1 / preferred number || ²**zustand** *m* / standard state || ²**zustand** *m* (Normaltemperatur und -druck) / normal temperature and pressure (n.t.p.), standard temperature and pressure (s.t.p.)
NOR·-Stufe *f* / NOR gate || ²**-Tor** *n* / NOR gate || ²**-Torschaltung** *f* / NOR gate || ²**-Verknüpfung** *f* / NOR operation, NOR function, Peirce function
Not·abschaltsystem *n* / emergency shutdown system (ESD) || ²**abschaltung** *f* / emergency stop, emergency shutdown
Not-Aus / emergency stop
NOT-AUS / EMERGENCY OFF
Not-Aus·-Drucktaste *f* / emergency stop button || ²**-Einrichtung** *f* / emergency OFF device, emergency stopping device, emergency stop mechanism
NOT-AUS-Einrichtung *f* / EMERGENCY OFF facility
Notausgang *m* / emergency exit
NOT-AUS-Handhabe *f* / emergency stop handle
Not-Aus·-Kette *f* / emergency stop circuit || ²**-Knopf** *f* / emergency OFF button || ²**-Kreis** *m* VDE 0168,4 / emergency stop(ping) circuit
Notauslösung *f* (Trafo-Stufenschalter) / emergency tripping device
Not-Aus·-Rasttaster *m* / latched emergency stop button || ²**-Schalteinrichtungen** *f pl* VDE 0168,4 / emergency devices
Notausschalter *m* / emergency stop switch, emergency stop button
Not-Aus-Schalter *m* / emergency stop circuit-breaker
Not·ausschaltgerät *n* (f. SG) / emergency tripping device, emergency operating mechanism || ²**-Ausschaltung** *f* IEC 50(826), Amend. 1 /

emergency switching
Not-Aus·-Schleife *f* / emergency stop(ping) circuit || **≗-Signal** / emergency off signal || **≗-Taster** *m* (DT) / emergency stop button
Not·befeuerung *f* / emergency lighting || **≗beleuchtung** *f* / emergency lighting || **≗bestätigung** *f* / emergency procedure, emergency stop, emergency operation || **≗betrieb** *m* / emergency operation || **≗betrieb** *m* (Trafo) / emergency loading, emergency operation || **handbedienter ≗betrieb** / emergency manual operation || **≗bremsschalter** *m* / emergency braking switch || **≗bremsung** *f* / emergency braking || **≗-Druckknopfschalter** *m* / emergency pushbutton switch
Not·einschalten *n* / emergency closing, manual closing (under emergency conditions) || **≗endlage** *f* / emergency limit || **≗endschalter** *m* / emergency limit switch || **≗-Endschalter** *m* / emergency limit switch, emergency position switch || **≗fahreigenschaft** *f* (Kfz) / limp-home capability || **≗fahrprogramm** *n* (Kfz) / limp-home program, fail-soft mode || **≗generator** *m* / emergency generator, stand-by generator || **≗-Halt** *m* / emergency stop(ping)
NOT-HALT *m* / EMERGENCY STOP
Not·halt-Einrichtung *f* / emergency stop facility || **≗-Halt-Schalter** *m* / emergency stopping switch
Notierung *f* / quotation *n*
Notiz·blockspeicher *m* / scratchpad memory || **≗feld** *n* (Prozessmonitor) / memo field
Not·kühlung *f* / standby cooling, emergency cooling
Notlauf *m* (Masch.) / operation under emergency conditions, operation after failure of lubricant supply || **≗eigenschaft** *f* / properties on lubrication failure || **≗eigenschaften** *f pl* (Lg.) / anti-seizure performance, performance after failure of lubricant supply || **≗fähigkeit** *f* / limp-home capability || **≗schmierung** *f* / emergency lubrication (after oil supply failure)
Not·leistung *f* / emergency rating || **≗leuchte** *f* / emergency luminaire, danger lamp
Notlicht *n* / emergency light || **≗fassung** *f* / emergency lampholder || **≗leuchte** *f* / emergency luminaire, danger lamp
Not·melder *m* / emergency telephone || **≗netzeinspeisung** *f* / emergency-network supply
Notrückzug *m* / emergency retraction || **externer ≗** / external emergency retraction || **≗reaktion** *f* / emergency retraction reaction || **≗schwelle** *f* (WZM) / emergency retraction threshold || **≗überwachung** *f* / emergency retraction monitoring
Notruf *m* / emergency call || **≗anlage** *f* / emergency telephone
Not·-Schalteinrichtung *f* VDE 0100, T.46 / emergency switching device || **≗schalter** *m* / emergency switch || **≗schalter** *m* (DT) / emergency pushbutton || **≗schalthebel** *m* / emergency handle || **≗signal** *n* / alarm signal || **≗steuereinrichtung** *f* / stand-by control system
Notstrom·aggregat *n* / emergency generating set, stand-by generating set || **≗batterie** *f* / emergency battery || **≗erzeugung** *f* / emergency generation, stand-by generating duty || **≗generator** *m* / emergency generator, stand-by generator || **≗schiene** *f* / emergency supply bus, stand-by bus || **≗versorgung** *f* / emergency power supply, standby power supply
notwendiges Arbeiten (Schutz) / necessary operation
Notzugentriegelung, Steckverbinder mit ≗ / snatch-disconnect connector, break-away connector
Not-Zurück-Taste *f* / emergency return button
N/PE / N/PE
NPFK (niederpriorer Frequenzkanal) / LPFC (low-priority frequency channel)
n-polig *adj* / n-core *adj* || ~ *adj* (StV) / n-pole *adj*, n-way *adj*, n-pin *adj*
n-Pol-Netzwerk *n* / n-terminal network, n-port network
NPT / network planning technique
NPV (Nullpunktverschiebung) / reference offset, zero shift, offset shifting, datum offset, ZO (zero offset)
NQFK (neuronale Quadrantenfehlerkompensation) / NQEC (neural quadrant error compensation)
NRE / static bypass switch (SBS)
NREG / tacho *n*
n-Regler *m* / speed controller || **~ausgang** *m* / speed controller output
NRK / NRK (Numeric Robotic Kernel operating system of the NCK)
NRS (Neues Regel-System) / NRS (New Regulatory System)
NRZ (Non return to zero) / NRZ || **≗-code** *m* / NRZ code (NRZ = non-return to zero) || **≗-Schrift** *f* / change-on-ones recording non-return-to-zero recording (NRZ recording)
NS (Niederspannung) / low voltage (l.v.), low tension (l.t.), low potential, secondary voltage || ≗ (Nahtstelle) / joint *n*, IS (interface)
N·-Scheibenthyristor *m* / N-type flat-pack thyristor || **≗-Schiene** *f* / neutral bar, N-busbar *n* || **≗-Seite** *f* (Thyr) / N side, cathode side
NSR (Niederspannungsrichtlinie) / Low-Voltage Directive
NST (Nahtstellensignal) / interface signal || ≗ (Neustart) / cold restart (program restarts from the beginning) || ≗ (Nahtstelle) / joint *n*, IS (interface)
n-stellig *adj* / n-digit *adj*
n-strahlig *adj* / n beams
NSU / interface converter || ≗ (Netzstromrichter ungesteuert) / uncontrolled line-side rectifier
NT / white tariff, low tariff, off-peak tariff
NTC (negativer Temperaturkoeffizient) / NTC (negative temperature coefficient) || **≗-Halbleiterfühler** *m* (NTC = negative temperature coefficient) / NTC thermistor detector || **≗-Widerstand** *m* / NTC thermistor (NTC = negative temperature coefficient)
n-te Harmonische / nth harmonic
n-tes Oberschwingungsverhältnis / nth harmonic ratio
N·-Thyristor *m* / N-gate thyristor || **≗-Trennklemme** *f* / neutral isolating terminal
nuklearer elektromagnetischer Impuls (NEMP) / nuclear electromagnetic pulse (NEMP)
Nullabgleich *m* DIN 43782 / balance *n* || ≗ *m* (Kalibrierung) / zero calibration || **Messgerät mit elektrischem ≗** / electrical balance instrument || **Messung durch ≗** / null measurement IEC 50(301), null method of measurement || **≗methode** *f* / null method, zero method
Null·achse *f* / zero axis || **≗bereich** *m* / zero range || **≗bestand** *m* (z. B. im Ersatzteillager) / zero inventory || **≗bestandsauffüllung** *f* / zero inventory

stock-up, zero inventory replenishment, replenishment of zero stocks || **≗bestellungsauffüllung** *f* / refilling stock

Nulldurchgang *m* / zero passage, zero crossover || ≗ *m* (NC) / zero crossing || ≗ *m* (Strom) / zero crossing, passage through zero, current zero || ≗ **der Spannung** / voltage zero

Null·ebene *f* / datum level || **≗effekt** *m* (Zählrate bei Abwesenheit der Strahlung, für deren Messung ein Zählrohr ausgelegt ist) / background *n* || **≗einsteller** *f* / zero adjuster IEC 51 || **≗einstellung** *f* / zero setting

nullen *v* / reset to zero, zero, set to zero

Nullen, nachfolgende ≗ / trailing zeros

Null·feld-Restspannung *f* / zero-field residual voltage || **≗flusssystem** *n* / null-flux system || **≗gas** *n* (zum Justieren des Nullpunkts eines Gasanalysegeräts) / zero gas || **≗hypothese** *f* DIN 55350,T.24 / null hypothesis || **≗impedanz** *f* / zero phase-sequence impedance, zero-sequence impedance, zero-sequence field impedance || **≗impulse** *m pl* (Winkelschrittgeber) / index signal || **≗indikator** *m* / null indicator, null detector || **≗impuls** *m* / reset pulse

Null·kapazität *f* (GR) DIN 41760 / zero capacitance || **≗kapazität** *f* (Eigenk.) / self-capacitance *n* || **≗kennzeichnung** *f* (Rechenoperation) / zero flag || **≗komponente** *f* (Mehrphasenstromkreis) / zero component, homopolar component || **≗komponente** *f* (eines Dreiphasensystems) / zero-sequence component || **≗-Kontakt** *m* / zero contact || **≗kontrolle** *f* / zero control || **≗korrekturbereich** *m* (NC) / zero offset area || **≗kraftsockel** *m* / zero force socket

Null·-Ladung *f* (Ladungsverschiebeschaltung) / empty zero (CTD), real zero (CTD) || **≗lage** *f* / zero position || **≗lage** *f* (Schreibmarke) / home position || **≗lage** *f* (MG) / zero *n* || **≗lage** *f* (PS) / position of rest || **≗lastrelais** *n* / underpower relay || **≗leistung** *f* / zero power, homopolar power

Nullleiter *m* (PEN, direkt geerdeter Leiter) / PEN conductor, directly earthed conductor || ≗ *m* / neutral conductor, neutral *n* || **≗-Fehlerspannungsschutzschalter** *m* (NFU-Schalter) / voltage-operated neutral-monitoring e.l.c.b., (voltage-operated) neutral ground fault circuit interrupter (US || **≗-Fehlerstromschutzschalter** *m* (NFI-Schalter m) / monitoring circuit-breaker || **≗klemme** *f* / neutral terminal || **≗-Kontakthülse** *f* / neutral contact-tube || **≗überwachung** *f* / PEN conductor monitoring

Nulllinie *f* DIN 7182,T.1 / zero line || ≗ *f* (Bezugslinie) / datum line || ≗ *f* (neutrale L.) / neutral line, neutral axis, elastic axis

Nullmarke *f* / zero reference mark, zero mark, marker pulse, zero marker, zero scale mark, index pulse || ≗ *f* (Inkrementalgeber) / zero mark, marker pulse || ≗ **des Messsystems** / zero mark of measuring system || **interne** ≗ / internal zero marker

Nullmarken·erkennungsbandbreite *f* / zero mark bandwidth || **≗ersatz** *m* / equivalent zero mark || **≗überwachung** *f* / zero mark monitoring

Null·methode *f* / null method, zero method || **≗modem** *n* / null modem || **≗operation** *f* (NOP) DIN 19239 / no-operation *n* (NOP), do-nothing operation, null instruction (NOP) || **≗operationsbefehl** *m* (NOP-Befehl) / no-operation instruction (NOP instruction), skip instruction, blank instruction || **≗pegel** *m* / zero level || **≗periodenbeschleunigung** *f* / zero period acceleration (ZPA) || **≗phasenwinkel** *m* / zero phase angle || **≗potential** *n* / zero potential

Nullpunkt *m* / zero point, zero *n*, point of origin || ≗ *m* (Sternpunkt) / neutral point, star point, neutral *n*, zero point of star || ≗ *m* (QS) / origin *n* || ≗ *m* (NC, Koordinatensystem) / zero reference point, datum *n* || ≗ *m* (MG) / zero scale mark IEC 51, zero mark, instrument zero || ≗ *m* (Ausgangssignal bei Messwert Null) / zero output || ≗ **berechnen** / calculate zero pt. || **echter** ≗ / true zero || **elektrischer** ≗ (MG) / electrical zero || **Koordinaten-**≗ *m* (NC) / coordinate basic origin || **lebender** ≗ / live zero || **Maschinen-**≗ *m* (NC) / machine datum, machine origin, machine zero point, machine zero || **Maschinen-**≗ *m* (NC, CLDATA-Wort) / origin ISO 3592 || **mechanischer** ≗ (MG) / mechanical zero || **Programm~** *m* (NC) / program start || **Skalen~** *m* / zero scale mark || **Steuerungs-**≗ *m* / control zero

Nullpunktabgleich *m* / zero offset

Nullpunktabweichung *f* / zero error || ≗ *f* (IS, Offsetfehler) / offset error || ≗ *f* (MG) / residual deflection IEC 51 || **bleibende** ≗ (MG) DIN 43782 / residual deflection IEC 484

Nullpunkt·anhebung *f* / zero elevation || **≗anschluss** *m* / neutral terminal || **≗bestätigung** *f* / stability of zero || **≗bildner** *m* / neutral earthing transformer (GB), grounding transformer (US) || **≗dämpfung** *f* / zero attenuation || **≗drift** *f* / zero drift, zero shift || **≗durchführung** *f* / neutral bushing || **≗einsteller** *m* (MG) / zero adjuster IEC 51 || **≗einstellung** *f* / zero setting

Nullpunkt·fehler *m* / zero-point error || **≗fehler** *m* (MG) / zero error || **≗korrektur** *f* (NC) / zero offset

nullpunktlöschender Leistungsschalter / current-zero cut-off circuit-breaker

Nullpunkt·löscher *m* (SG) / zero-current interrupter || **≗prüfung** *f* / zero check || **≗spannung** *f* / neutral voltage || **≗stabilität** *f* / stability of zero || **≗synchronisierung** *f* (NC) / zero synchronization || **einstellbares ≗system** (ENS) / settable zero system (SZS) || **≗tangente** *f* / air-gap line || **≗unterdrückung** *f* / zero suppression, range suppression, zero point supression || **≗versatz** *m* / zero offset

Nullpunktverschiebung *f* (NC) / zero shift IEC 550, zero offset, datum offset || ≗ *f* (MG) / zero displacement, zero shift || ≗ *f* (NV) / zero shift, zero offset (ZO), offset shifting, reference offset, datum offset || ≗ *f* (NPV) / zero shift, zero offset (ZO), reference offset, offset shifting, datum offset || ≗ **wirksam** / zero offset active (ZOA) || **einstellbare** ≗ / settable zero offset || **externe** ≗ / zero offset external (ZOE) || **programmierbare** ≗ (Steuerfunktion, die es ermöglicht zusätzliche Nullpunktverschiebungen zu programmieren, die von der Steuerung zu den vorher abgespeicherten Werten der einstellbaren Nullpunktverschiebung aufaddiert werden) / programmable zero offset, programmable offset (A control function which allows zero offsets to be programmed in addition to setup offsets. The amount of shift is added by the control system to previously stored setup values)

Nullpunktwanderung *f* / zero shift IEC 351-1

Null·-Rad *n* (ohne Profilverschiebung) / gear with equal-addendum teeth, unmodified gear, standard gear || ²**raumladung** *f* / zero space charge, neutral space charge || ²**reaktanz** *f* / zero phase-sequence reactance, zero-sequence reactance || ²**referenzpunkt** *m* (NC) / zero reference point || ²**rückstellung** *f* (NC) / zero reset

Null·schicht *f* / neutral plane, neutral surface, neutral layer || ²**schiene** *f* / neutral bar || ²**schnitt** *m* / zero overlap || ²**schnittqualität** *f* / zero overlap quality || ²**serie** *f* DIN 55350,T.11 / pilot lot, prototype, pilot production, pilot series, experimental lot || ²**setzen** *n* / setting to zero, zeroing *n*, resetting *n*, zero setting || ²**setzen beim Einschalten der Stromversorgung** / power-on reset

Nullspannung *f* / zero voltage, zero potential || ² *f* (Spannung des Nullsystems) / zero-sequence voltage

Nullspannungs·auslöser *m* / no-volt release, undervoltage release || ²**auslösung** *f* / no-volt tripping, undervoltage tripping

nullspannungsgesichert *adj* (Speicher) / non-volatile *adj* || **~e Steuerung** / retentive-memory control, non-volatile control || **~er Merker** / retentive flag

Nullspannungs·pfad *m* (Schutzwandler) / residual-voltage circuit || ²**relais** *n* / zero-sequence voltage relay

nullspannungssicher *adj* / non-volatile *adj* || ~ *adj* (Zeitrel.) / non-resetting on voltage failure, holding on supply failure

Nullspannungssicherheit *f* / protection against voltage failure

Null·spindel *f* / zero spindle || ²**stellbereich** *m* / range of zero setting device

nullstellen *v* / set to zero || ² *n* / setting to zero, zeroing *n*, resetting *n* || ² **des Zählers** / resetting the counter, counter reset

Nullstellung *f* / zero position, neutral position, home position, OFF position || ² *f* (Bürsten) / dead neutral position

Nullstrom *m* / zero current || ² *m* (Strom des Nullsystems) / zero phase-sequence current, zero-sequence current || ² *m* (Wandler) / residual current || ² *m* (Differentialstrom) / zero residual current || ²-**Differentialschutz** *m* IEC 50(448) / restricted earth-fault protection, ground differential protection (USA) || **Stromwandler für** ²**erfassung** / residual current transformer || ²**pfad** *m* (Schutzwandler) / residual-current circuit || ²**schalten** *n* / zero current and voltage switching || ²**schutz** *m* / zero-current protection

Nullsystem *n* / zero phase-sequence system, zero-sequence network || ²**schutz** *m* / zero-sequence protection

Nullüberdeckung *f* / zero overlap || ² **in der Mittelstellung** / zero overlap in mid-position

Nullung *f* / TN system, protective multiple earthing, neutralization *n* || **schnelle** ² / fast TN scheme

Null·verschiebung *f* / zero shift IEC 550, zero offset, datum offset || ²**verstärker** *m* / null-balance amplifier

Nullwiderstand *m* DIN 43783,T.1 / residual resistance IEC 477 || ² *m* (Nullsystem) / zero phase-sequence resistance, zero-sequence resistance || **Nenn-**² *m* DIN 43783, T.1 / nominal residual resistance IEC 477

Null·wort *n* / zero word || ²**zelle** *f* (zur Parametrierung eines Eingangs mit Null) / zero cell || ²**zone** *f* / neutral zone || ²**zweig** *m* / idle circuit, dead branch

NUM (Anzahl der Bohrungen) / NUM (number of holes)

Numeral *n* / numeral *n*

numerieren *v* / allocate numbers

Numerierung *f* / numbering *n*

Numerik-Maschine *f* / numerically controlled machine (NC machine), NC machine

numerisch *adj* / numeric *adj*, numerical *adj* || ~ **gesteuerte Maschine** (NC-Maschine) / numerically controlled machine (NC machine), NC machine || ~ **gesteuerte Messmaschine** / numerically controlled inspection machine, NC gauging device, coordinate inspection machine || ~ **gesteuerte Prüfung** / numerically controlled inspection || ~ **gesteuerter Werkzeugwechsel** / numerically controlled tool change || ~ **gesteuertes Bearbeitungszentrum** / NC machining centre, numerically controlled machining center || **~e Apertur** (LWL) / numerical aperture || **~e Apertur der Einkopplung** (LWL) / launch numerical aperture || **~e Darstellung** / numerical representation (NR) || **~e Information** / numeric information, digital information || **~e Nummer** / numerical number || **~e Ortskennzeichnung** DIN 40719,T.2 / numeric location IEC 113-2 || **~e Steuerung** (NC) / numerical control || **~e Tastatur** / numerical keyboard || **~er Code** / numeric code, numerical code || **~er Schalter** / numeric switch || **~es Addierwerk** / numerical adder || **~es Messverfahren** / numerical measuring system || **~es Rechenwerk** / arithmetic unit, digital computer || **~es Tastenfeld** / numerical keypad, numerical pad

Nummer *f* / number *n*

nummerieren *v* / number *v*

Nummerierung *f* / numbering *n*

Nummern·bereich *m* DIN 6763,T.1 / range of numbers, number range || ²**kreis** *m* / range of numbers || ²**plan** *m* DIN 6763,T.1 / numbering plan || ²**protokoll** *n* / numerical printout (o. log) || ²**protokollgerät** *n* (Drucker) / numerical log printer || ²**schema** *n* DIN 6763,T.1 / numbering scheme || ²**schlüssel** *m* DIN 6763,Bl.1 / code *n* || ²**serie** *f* / range of numbers || ²**stelle** *f* DIN 6763,T.1 / number position || ²**system** *n* DIN 6763,T.1 / numbering system || ²**teil** *m* DIN 6763, T.1 / part of number || ²**vergabe** *f* / creation of serial numbers

Nummerung *f* DIN 6763,T.1 / numbering *n*

Nummerungs·objekt *n* DIN 6763,T.1 / numbering object || ²**technik** *f* DIN 6763,T.1 / numbering technique

nur hören (PMG) / listen only (ion) IEC 625

nur lesend / read-only *adj*

NURBS (nicht uniformer, rationaler Basis-Spline, Bezier-Spline) / NURBS (non-uniform, rational basis spline)

Nur·glas-Deckenleuchte *f* / all-glass ceiling luminaire || ²**-Lese-Parameter** *m* / read only parameter || ²**lesespeicher** *m* / read-only memory (ROM) || ²**-Lese-Speicher** *m* (ROM) / read-only memory (ROM), read-only storage (ROS) || **programmierbarer** ²**-Lese-Speicher** / programmable read-only memory

Nuss *f* / spanner socket || ²**isolator** *m* / strain insulator

Nut *f* (Blechp.) / slot *n*, groove *n* || ² *f* (Keil) / keyway *n* || ² **für Sicherungsring** / groove for retaining

ring || **Ölsammel~** *f* / oil collecting groove, oil collecting flute
Nutationswinkel *m* / nutation angle
Nut·ausgang *m* (Wickl.) / slot end || **≗auskleidung** *f* (Wickl.) / slot liner, slot lining, slot cell, trough *n* || **≗austritt** *m* / slot end || **≗beilage** *f* (Wickl.) / slot packing || **≗brücke** *f* (Wickl.) / slot bridge
nuten *v* / grooving *v*
Nuten pro Pol und Phase / slots per pole per phase
Nuten·anker *m* / slotted armature || **≗beilage** *f* / slot packing || **≗drehen** *n* / slot turning, keyway turning || **≗fenster** *n* / slot opening || **≗füllstück** *n* / slot packing || **≗grundzahl** *f* / fundamental number of slots || **≗harmonische** / slot harmonics, slot ripple || **≗keil** *m* / slot wedge
nutenloser Anker / unslotted armature (o. rotor)
Nuten·meißel *m* / keyseating chisel || **≗querfeld** *n* / slot cross field, slot quadrature field || **≗schritt** *m* / slot pitch || **≗schritt** *m* (Spulenweite in Nutteilungen) / coil pitch || **≗stein** *m* / sliding block, vee nut || **≗streufluss** *m* / slot leakage flux || **≗streuung** *f* / slot leakage || **≗thermometer** *n* / embedded thermometer, slot thermometer || **≗zahl pro Pol und Strang** / number of slots per pole and phase
Nut·feder *f* (f. Blechpaketnut) / resilient corrugated packing strip || **≗fräsen** *n* / groove milling || **≗frequenz** *f* / tooth pulsation frequency || **≗füllfaktor** *m* / slot space factor, coil space factor || **≗füllstreifen** *m* / slot packing strip || **≗füllung** *f* (Querschnittsbild) / slot cross section || **≗füllung** *f* / conductor assembly in slot || **≗grund** *m* / slot bottom, slot base, groove base || **≗grundstreifen** *m* / slot-bottom packing strip, bottom strip || **≗gruppe** *f* / slot group
Nut·hülse *f* / slot cell, slot armour, trough *n* || **≗kasten** *m* / slot cell, slot armour, trough *n* || **≗keil** *m* / slot wedge, retaining wedge
Nutkopf *m* / slot end, slot top || **≗einlage** *f* / slot-top packing || **≗feder** *f* / corrugated top locking strip
Nut·kreis *m* / radial slot, radial groove || **≗leitwert** *m* / slot permeance || **≗nachbildung** *f* / slot model, slot form || **≗oberschwingungen** *f pl* / slot harmonics, slot ripple || **≗oberwellen** *f pl* / slot harmonics, slot ripple || **≗öffnung** *f* / slot opening
Nutquerfeld *n* / slot cross field, slot quadrature field || **≗spannung** *f* / slot cross-field voltage, slot quadrature-field voltage
Nut·raumentladung *f* / slot discharge || **≗raumentladungsmesser** *m* / slot-discharge analyzer || **≗säge** *f* / slotting saw || **≗sägen** *n* / groove sawing || **≗schenkel** *m* / coil side || **≗schlitz** *m* / slot opening || **≗schlitzfaktor** *m* / slot factor, fringing coefficient || **≗schnitt** *m* / slot die || **≗schrägung** *f* / slot skewing || **≗schrägungsfaktor** *m* / slot skewing factor || **≗seite** *f* (Spule) / coil side, slot portion of coil || **≗streufluss** *m* / slot leakage flux || **≗streuinduktivität** *f* / slot leakage inductance || **≗streuleitfähigkeit** *f* / slot leakage conductance, slot leakance || **≗streuleitwert** *m* / slot leakage coefficient || **≗streuung** *f* / slot leakage || **Reaktanz der ≗streuung** / slot leakage reactance || **≗strombelag** *m* / ampere conductors per slot
Nut·teil *m* (Spule) / slot portion, coil side, slot section || **≗teilung** *f* / tooth pitch, slot pitch || **≗temperaturfühler** *m* / embedded temperature detector || **≗thermometer** *n* / embedded thermometer, slot thermometer || **≗tiefe** *f* (el. Masch.) / slot depth
Nutung *f* / slotting *n*
Nutungsfaktor *m* / fringing coefficient, contraction coefficient, Carter's coefficient
Nutverdrehung *f* / slot twist
Nutverschluss *m* / slot seal, slot wedge || **≗feder** *f* / preloading slot closing strip || **≗kappe** *f* / slot cap || **≗keil** *m* / slot wedge, retaining wedge || **≗stab** *m* / slot closing strip || **≗streifen** *m* / slot cap
Nut·voreilung *f* / slot skew factor || **≗wand** *f* / slot side || **≗wandbelastung** *f* / slot-side loading, magnetic loading of slot side || **≗wellen** *f pl* / slot harmonics, slot ripple || **≗wicklung** *f* / slot winding || **mit ≗wicklung** / slot-wound *adj* || **≗zahlverhältnis** *n* / stator/rotor slot number ratio
Nutz·arbeit *f* / useful work || **≗arbeitsraum** *m* (Roboter) / application working space
nutzbar *adj* / usable *adj* || **~e Feldhöhe** (MCC) / useful section height || **~e Leistung** (Verbrennungsmot.) / effective output || **~e Lesezeit** / usable reading time || **~e Schreibgeschwindigkeit** / usable writing speed || **~e Skale** / effective scale || **~e Überlastleistung** (Verbrennungsmot.) / overload effective output || **~er Bildschirmbereich** / effective screen area
Nutz·blindwiderstand *m* / magnetizing reactance, armature-reaction reactance, air-gap reactance || **≗bremse** *f* / regenerative brake || **≗bremsung** *f* / regenerative braking || **≗brenndauer** *f* / useful life (lamp) || **≗daten** *plt* / user data, useful data || **≗dauer** *f* / service life || **≗drehmoment** *n* / useful torque, working torque, net torque || **≗ebene** *f* (LT) / working plane, work plane
Nutzeffekt *m* / efficiency *n* || **optischer ≗** / optical efficiency
Nutzen *m* / benefit *n* || **≗** *m* (gS) / panel *n*
Nutzenergie *f* / useful energy, net energy
Nutzen·maßstab *m* / utility measure, measure of utility || **≗versprechen** *n* / promise of benefits
Nutzeridentität *f* (ZKS) / user identity
Nutz·fahrzeug *n* / commercial vehicle || **≗feldspannung** *f* / voltage due to net air-gap flux, virtual voltage, voltage behind leakage reactance
Nützfläche *f* / usable space
Nutz·fluss *m* / useful flux, working flux || **≗frequenz** *f* / fundamental frequency || **≗information** *f* / use information || **≗last** *f* (Statik) / useful load, live load || **≗last** *f* (Bahn, Zuladung) / payload *n* || **≗lebensdauer** *f* / economic life || **≗leistung** *f* (Ausgangsleistung, die an die Last abgegeben und von dieser nicht reflektiert wird) / useful output power, load power || **≗leistung** *f* (Antrieb) / effective output, useful power, useful horsepower, brake horsepower || **≗lichtstrom** *m* / utilized flux, effective luminous flux || **≗moment** *n* / useful torque, net torque, working torque
Nutz·pegel *m* (Signale) / useful signal level || **≗raum** *m* (Prüfkammer) DIN IEC 68 / working space IEC 68 || **≗raum eines Speichers** (Pumpspeicherwerk) / useful water capacity of a reservoir || **≗-/Rauschsignal-Verhältnis** *n* / signal-to-noise ratio || **≗reaktanz** *f* / magnetizing reactance, armature-reaction reactance, air-gap reactance || **≗schaltabstand** *m* (NS) / usable operation distance, usable sensing distance || **≗spannung** *f* / useful voltage || **≗-/Störsignal-Verhältnis** *n* / signal-to-

disturbance ratio || ≗**strombremsung** *f* / regenerative braking || ≗**tiefe** *f* / useful depth
Nutzung elektrischer Energie / utilization of electrical energy
Nutzungsdauer *f* / service life || **durchschnittliche** ≗ / average life || **technische** ≗ / physical life || **voraussichtliche** ≗ / expected life
nutzungsinvariant *adj* (Programm, Prozedur) / reusable *adj*
Nutzungs·rate *f* / utilization rate || ≗**zeit** *f* (Refa) / machine time
Nutzzone *f* (BT) / working section
Nutz- zu Rausch-Signal-Verhältnis *n* / signal-to-noise ratio (SNR), noise margin
NV (Nullpunktverschiebung) / zero shift, reference offset, offset shifting, datum offset, ZO (zero offset)
nv-Auslöser *m* (Siemens-Typ, nichtverzögerter Auslöser mit (mechanischer) Wiedereinschaltsperre) / nv-relase *n* (instantaneous release with (mechanical) reclosing lockout)
NV-Ermittlung *f* / ZO determination
NV-Lampe *f* / low-volt lamp, l.v. lamp, l.t. lamp
NV-RAM *n* / non-volatile RAM (NV RAM)
NW (Netzwerk) / network *n* (A maximal interconnected group of graphical language elements, excluding the left and right hand power rails of ladder diagrams) || ≗ (Nennweite) / nominal size, nominal diameter, inside nominal diameter
N-Wächter *m* (Netzw.) / line monitor
Nylosring *m* / NYLOS radial sealing ring
Nyquist·-Ortskurve *f* / Nyquist plot || ≗**-Theorem** *n* / Nyquist theorem
NZ (Neustartzweig) / CRB (cold restart branch)

O

O (Buchstabensymbol für Mineralöl) / O (letter symbol for mineral oil)
Ö (Öffner) / break-contact element, NC contact (normally closed contact), NC (normally-closed contact)
OA (OA cooling, Ölkühlung mit natürlicher Luftumwälzung) / OA (oil-air cooling) || ≗ (offene Architektur) / OA (Open Architecture)
OA/FA (OA/FA-cooling, natürliche Öl-Luftkühlung mit zusätzlicher erzwungener Luftkühlung) / OA/FA (oil-air/forced-air cooling)
OA/FA/FA (oil-air/forced-air/forced-air cooling, natürliche Öl-Luftkühlung mit zweistufiger erzwungener Luftkühlung, f. Transformatoren mit 3 Leistungsstufen) / OA/FA/FA (oil-air/forced-air/forced-air cooling)
OA/FA/FOA (oil-air/forced-air/forced-oil-air cooling, Öl-Luft-Selbstkühlung mit zusätzlicher zweistufiger erzwungener Luft- und Öl-Luft-Kühlung, f. Transformatoren mit 3 Leistungsstufen) / OA/FA/FOA (oil-air/forced-air/forced-oil-air cooling)
OA/FOA/FOA (oil-air/forced-oil-air/forced-oil-air cooling, ähnlich OA/FA/FOA, mit zweistufiger erzwungener Öl- und Luftkühlung, f. Transformatoren mit 3 Leistungsstufen) / OA/FOA/FOA (oil-air/forced-oil-air/forced-oil-air cooling)
O-Anordnung *f* (Lg., paarweiser Einbau) / back-to-back arrangement
OB / OB || ≗ (oil natural/air blast cooling, Kühlung durch natürlichen Ölumlauf mit zusätzlicher Anblasekühlung) / OB (oil natural/air-blast cooling) || ≗ / organization block
OBE (On-Board-Elektronik) / OBE (On-Board Electronics)
oben *adv* / at the top, at top || ~ *adv* (im Betrachtungssystem) / above *adv*, up *adv* || **nach ~** (Bewegung) / upwards *adv*
Obenprobe *f* / top sample
Ober·arm *m* (Rob.) / upper arm || ≗**baugruppe** *f* / upper-assembly || ≗**begriff** *m* / generic term || ≗**beleuchtung** *f* / overhead lighting || ≗**deckmotor** *m* / deckwater-proof motor
ober·e Bemessungs-Grenzfrequenz (Schreiber) / rated upper limit of frequency response || **~e Bereichsgrenze** (Signal) DIN IEC 381 / upper limit IEC 381 || **~e Entscheidungsgrenze** (QS) / upper control limit || **~e Explosionsgrenze** (OEG) VDE 0165, T.102 / upper explosive limit (UEL) || **~e Gefahrengrenze** (Leitt.) / upper alarm limit || **~e Grenzabweichung** (QS) DIN 55350,T.12 / upper limiting deviation || **~e Grenze des Vertrauensbereichs** / upper confidence limit || **~e Grenzfrequenz des Proportionalverhaltens** / high-frequency cut-off of proportional action || **~e Kriechdrehzahl** / high creep speed || **~e Lagerhälfte** / top half-bearing || **~e Lagerschalenhälfte** / top half-shell || **~e Toleranzgrenze** / upper tolerance limit || **~e Toleranzgrenze** (QS) / upper (o. maximum) limiting value, upper limit || **~e Warngrenze** (PLT) / upper warning limit || **~er Grenzwert** / upper (o. maximum) limiting value, upper limit || **~er Grenzwert des Nenn-Gebrauchsbereichs** / upper limit of nominal range of use || **~er halbräumlicher Lichtstrom** / upward flux, upper hemispherical luminous flux || **~er Leistungsbereich** (elST-Geräte) / high performance level || **~er Schaltpunkt** / upper limit (value) || **~er Schaltpunkt** (Reg.) / higher switching value || **~er Stoßpegel** / upper impulse insulation level, chopped-wave impulse insulation level, chopped-wave impulse level || **~er Totpunkt** (OT Kfz-Mot.) / top dead centre (TDC) || **~er Totpunktmarkensensor** (OT-Sensor) / TDC sensor || **~es Abmaß** / upper deviation || **~es Grenzmaß** / high limit of size, upper limit
Oberfeld *n* / harmonic field
Oberfläche *f* / surface *n* || **vollgraphische** ≗ / pixel graphics interface
Oberflächen·band *n* (HL) / surface band || ≗**-Bearbeitungszeichen** *n* / surface finish symbol, finish mark || ≗**behandlung** *f* / surface treatment, surface machining
oberflächenbelüftete Maschine / totally enclosed fan-cooled machine, t.e.f.c. machine, fan-cooled machine, frame-cooled machine, ventilated-frame machine
Oberflächen·belüftung *f* / surface ventilation || **Bauelement für** ≗**bestückung** / surface-mounting device (SMD) || ≗**-Blindwiderstand** *m* / surface reactance || ≗**dichte des Stroms** / surface current

density || ²einheit *f* / unit area, unit surface || ²entladung *f* / surface discharge || ²erder *m* / conductor earth electrode, strip electrode, conductor electrode || ²fehler *m* / surface imperfection || ²feldstärke *f* / surface field intensity || ²fühler *m* / surface sensor (o. probe)
oberflächengasdicht *adj* / gas-tight *adj*, sealed *adj*
oberflächengekühlte Maschine / frame surface cooled machine, ventilated-frame machine
Oberflächen·glanz *m* (auf Papier o. Pappe) / glaze *n* || ²**gleichheit** *f* / coplanarity *n* || ²**güte** *f* / surface quality, quality of surface finish, surface finish || ²-**Gütezeichen** *n* / surface quality symbol || ²-**Isolationswiderstand** *m* / surface insulation resistance
Oberflächen·kanal *m* (Ladungsverschiebeschaltung) / surface channel (CTD) || ²**koppelung** *f* (LWL) / surface coupling || ²**ladung** *f* / surface charge || ²**ladungsdichte** *f* / surface charge density || ²**ladungstransistor** *m* / surface-charged transistor (SCT) || ²**leckstrom** *m* / surface leakage current || ²**leitung** *f* / surface conduction || ²-**Leitwert** *m* / surface conductance || ²**marken** *f pl* (Flp.) / surface markings
oberflächenmontierbares Bauelement / surface-mounting device (SMD)
Oberflächen·niveau *n* (HL) / surface level || ²**passivierung** *f* / surface passivation || ²**qualität** *f* / surface quality, surface finish || ²**rauheit** *f* / surface roughness *n*, surface texture || ²**rauhigkeit** *f* / surface roughness || ²**rauhtiefe** *f* / peak-to-valley height, height of cusp || ²**reaktanz** *f* / surface reactance || ²**reibung** *f* / skin friction, surface friction || ²-**Reibungsverluste** *m pl* (el. Masch.) / windage loss || ²-**Rekombinationsgeschwindigkeit** *f* / surface recombination velocity || ²**riss** *m* / surface crack
Oberflächen·schicht *f* (Fremdschicht) / surface layer || ²-**Schlussbearbeitung** *f* / surface finishing, finishing *n* || ²**schnitt** *m* DIN 4760 / surface section || ²**schutz** *m* / surface protective coating || ²**segment** *n* (CAD) / surface patch || ²**spannung** *f* / surface tension || ²**spiegel** *m* / front-surface mirror, first-surface mirror || ²**strom** *m* / surface current || ²**temperatur** *f* / surface temperature || **maximale** ²**temperatur** / maximum safe temperature
oberflächentrocken *adj* (Anstrich) / surface-dry *adj*, print-free *adj*
Oberflächen·überschlag *m* / surface flashover || ²**überzug** *m* / surface coating, sealing coat || ²-**Vergleichsnormal** *n* / standard surface
oberflächenvergoldet *adj* / gold-plated *adj*
Oberflächen·verluste *m pl* (el. Masch.) / surface loss, loss due to slot harmonic fields, can loss || ²-**Wärmetauscher** *m* / surface-type heat exchanger || ²**welle** *f* / surface wave || ²**welligkeit** *f* / texture waviness, secondary texture waviness
Oberflächenwiderstand *m* / surface resistance, surface insulation resistance || **spezifischer** ° / surface resistivity, specific surface insulation resistance || **Prüfung des** ²**s** EN 50014 / insulation resistance test EN 50014
oberflächlich, Beständigkeit gegen ~e Beschädigungen / mar resistance || **~e Rissbildung** / checking *n*
Oberfräse *f* / routing cutter
Obergrenze *f* (OGR) / upper limit, upper limit value, high limit
oberirdische Leitung / overhead line, overhead power transmission line, open line
Oberkante *f* / top edge, upper edge || ² *f* (Bahnschiene) / top *n* (of rail)
Oberlager *n* (a. EZ) / top bearing, upper bearing
Oberlänge *f* (Buchstabe) / ascender *n*
Oberleitung *f* / overhead line (o. system) || ² *f* (Fahrleitung) / overhead contact line, overhead traction wire, overhead trolley wire
Oberlicht *n* / skylight *n*, rooflight *n*, overhead light || ² *n* (Bühne) / border light || ²**rampe** *f* / overhead lighting batten
Obermotor *m* (Walzwerk) / top-roll motor, upper motor
Oberrahmen *m* (Trafo) / top frame, upper end frame
Oberschale *f* (Lg.) / top bearing shell, top shell half, top shell
Oberschicht *f* (Wickl.) / top layer, outer layer
Oberschwingung *f* / harmonic *n*, harmonic component || **geradzahlige** ² / even-order harmonic
Oberschwingungs·analysator *m* / harmonics analyzer, wave analyzer, Fourier analyzer || ²**anteil** *m* / harmonic component, harmonic content || ²**anteile** *m pl* / harmonic content || ²**feld** *n* / harmonic field || ²**gehalt** *m* / harmonic content, harmonic distortion, relative harmonic content || ²**gehalt** *m* (Klirrfaktor) VDE 0838,T.1 / total harmonic distortion (THD) || **Ermittlung des** ²**gehalts** / harmonic test || ²**kompensation** *f* / harmonic compensation, harmonic suppression || ²**leistung** *f* / harmonic power, distortive power || ²-**Messgerät** *n* / harmonic analyzer, wave analyzer || ²**quarz** *n* / overtone-mode crystal || ²**spannung** *f* / voltage harmonic content, harmonic e.m.f., harmonic voltage || ²**spektrum** *n* / harmonic spectrum, harmonic components || ²**strom** *m* (OS-Strom) / harmonic current || ²**verhältnis** *n* VDE 0838, T.1 / harmonic ratio || ²-**Zusatzverluste** *m pl* / harmonic loss, higher-frequency stray-load loss
Oberspannung *f* (OS Trafo) / high voltage, higher voltage, high tension || ² *f* (mech.) / maximum stress || **Grenzlinie der** ² (mech.) / maximum stress limit
Oberspannungs·anschluss *m* / h.v. terminal || ²**anzapfung** *f* (OS-Anzapfung) / h.v. tap(ping) || ²**durchführung** *f* / h.v. bushing || ²**klemme** *f* / h.v. terminal || ²**kondensator** *m* (kapazitiver Spannungsteiler) / high-voltage capacitor || ²-**Kondensatordurchführung** *f* (OS-Kondensatordurchführung) / h.v. condenser bushing || ²**seite** *f* / h.v. side, high side, h.v. circuit
oberspannungsseitig *adj* / on high-voltage side, in high-voltage circuit, high-voltage *adj*
Oberspannungs·-Stammwicklung *f* / h.v. main winding || ²-**Sternpunktdurchführung** *f* (OS-Mp-Durchführung) / h.v. neutral bushing || ²-**Stufenwicklung** *f* / h.v tapped winding, h.v. regulating winding || ²**wicklung** *f* (OS-Wicklung) / h.v. winding, higher-voltage winding
Oberstab *m* (Wickl.) / top bar, outer bar
oberständiger Generator / overtype generator
oberste Ölschicht (Trafo) / top oil
Oberstrom *m* / harmonic current
Oberteil *n* (Ventil) / bonnet *n*
Oberwasser *n* (OW) / headwater *n*, head race || ²**pegel** *m* / forebay elevations

oberwasserseitig *adj* / on headwater side, upstream add

Oberwelle *f* / harmonic *n*, harmonic wave || ≗ *f* / harmonic *n*, harmonic component || ≗ **des Strombelags** / m.m.f. harmonic || ≗ **dritter Ordnung** / third harmonic, triplen *n*

Oberwellen höherer Ordnung / high-order harmonics, harmonics of higher order, higher harmonics || ≗ **niedriger Ordnung** / low-order harmonics || **Anteil an** ≗ / harmonic content || ≗**analysator** *m* / harmonics analyzer, wave analyzer, Fourier analyzer || ≗**anteil** *m* / harmonic component, harmonic content || ≗**-Ausgangsleistung** *f* / harmonic output power || ≗**-Drehmoment** *n* / harmonic torque, distortive torque, parasitic torque, stray-load torque || ≗**echo** *n* / harmonic echo || ≗**feld** *n* / harmonic field || ≗**filter** *n* / harmonic filter, harmonic absorber, ripple filter || **~frei** *adj* / harmonic-free *adj* || ≗**freiheit** *f* / freedom from harmonics || ≗**generator** *m* / harmonic generator || ≗**leistung** *f* / harmonic power, distortive power || ≗**moment** *n* / harmonic torque, distortive torque, parasitic torque, stray-load torque || ≗**sieb** *n* / harmonic filter, harmonic absorber, ripple filter || ≗**spannung** *f* / harmonic m.m.f., harmonic voltage, voltage harmonic content, ripple voltage || ≗**sperre** *f* / harmonic suppressor, harmonic absorber || ≗**stabilisierung** *f* (Schutz) / harmonic restraint || ≗**-Streufaktor** *m* / harmonic leakage factor || **Reaktanz der** ≗**streuung** / harmonic leakage reactance || ≗**strom** *m* / harmonic current || ≗**unterdrückung** *f* / harmonics suppression, harmonic control, harmonics neutralization, harmonic cancellation || ≗**verhältnis** *n* / harmonic ratio || ≗**verluste** *m pl* / harmonic loss || ≗**zerlegung** *f* / harmonic analysis || ≗**-Zusatzmoment** *n* / harmonic torque, distortive torque, parasitic torque, stray-load torque || ≗**-Zusatzverluste** *m pl* / harmonic loss, higher-frequency stray-load loss

Oberwelligkeit *f* / harmonic content, ripple content

Objekt *n* / object *n* || ≗ *n* (CAD, Zeichnungso.) / entity *n* || ≗ *n* DIN 4000,T.1 / article *n* || ≗ **ID** / object ID || ≗ **Linking and Embedding** (OLE) / object linking and embedding (OLE), OLE communications interface || ≗ **öffnen** / open object || **eingebettetes** ≗ / embedded object || **verwaistes** ≗ / orphaned object || ≗**beleuchtung** *f* / spotlighting system || ≗**-Boden-Potential** *n* (KKS) / structure-to-soil potential || ≗**codeprogramm** *n* / object code program, program in object code || ≗**eigenschaft** *f* / object property || ≗**erkennung** *f* / object detection || ≗**erzeugung** *f* (CAD) / entity generation || ≗**folgeabstand** *m* / distance between objects || ≗**geflecht** *n* / object web || ≗**geschäft** *n* / projects business || ≗**gruppe** *f* / object group

Objektiv *n* / objective *n*, lens system

Objekt·leuchtdichte *f* / luminance of object || ≗**leuchte** *f* / spotlight *n* || ≗**name** *m* / object name

objektorientiert *adj* / object-oriented *adj*

Objekt·schutz *m* / guarding *n* || ≗**typ** *m* / object type || ≗**verwaltungssystem** *n* (OVS) / object management system || ≗**verzeichnis** *n* (OV) / object dictionary (OD)

obligatorisch *adj* / mandatory *adj*

OC-Kurve *f* / operating characteristic curve (OC curve) || **50%-Punkt der** ≗ / point of control

OCL / obstacle clearance limit (OCL)

OCR / optical character recognition (OCR) || ≗**-Handleser** *m* / hand-held OCR scanner

OCS / Open Control System (OCS)

Octet (Einheit, bestehend aus 8 Bit) / Octet

ODA / open distributed automation (ODA)

ODER, nach ≗ **verknüpfen** / combine for logic OR, OR-gate *n*, OR || **verdrahtetes** ≗ / wired OR (A construction for achieving the Boolean OR function in the LD language by connecting together the right ends of horizontal connectives with vertical connectives) || ≗**-Abhängigkeit** *f* / OR dependency, V-dependency *n* || ≗**-Aufspaltung** *f* DIN 19237 / OR branch || ≗**-Baustein** *m* / OR function block, ORing block || ≗**-Eingang** *m* / OR input || ≗**-Eingangsstufe** *f* / OR input converter || ≗**-Funktion** *f* / OR function

ODER-Glied *n* / OR element, OR *n* || ≗ **mit negiertem Ausgang** / OR with negated output, NOR *n* || ≗ **mit negiertem Sperreingang** / OR with negated inhibiting input || ≗ **mit Sperreingang** / OR with inhibiting input

ODER·-Matrix *f* / OR matrix || ≗**-NICHT-Verknüpfung** *f* / NOR logic, negated OR operation, NOR gate || ≗**-Operator** *m* / OR operator || ≗**-Schaltung** *f* / OR element, OR gate || ≗**-verknüpfte Worterkennung** / OR'd word recognition || ≗**-Verknüpfung** *f* / OR operation, OR logic, ORing *n*, OR gate, OR logic operation || ≗**-Verknüpfungsfunktion** *f* / OR binary gating operation || ≗**-Vorsatz** *m* (elST, m. Diode) / diode OR input gate || ≗**-vor-UND-Verknüpfung** *f* / OR-before-AND logic, OR-before-AND logic operation

OE (Öffner) / break-contact element, NC contact (normally closed contact), NC (normally-closed contact)

OEE / overall equipment effectiveness (OEE)

OEM / OEM (Original Equipment Manufacturer)

OFAF (oil-forced, air-forced, erzwungene Öl- und Luftkühlung) / OFAF (oil-forced, air-forced cooling)

OFB (forced-oil/air-blast cooling, Öl-Zwangskühlung mit Anblasekühlung) / OFB (forced-oil/air-blast cooling)

Ofen·mantel *m* / furnace shell || ≗**temperatur** *f* / furnace temperature || ≗**transformator** *m* / furnace transformer, arc furnace transformer

offen·e Ankerwicklung / open-coil armature winding, open-circuit armature winding || **~e Ausführung** / open type, non-enclosed type, open-type of construction || **~e Bauform** (SK) VDE 0660, T.500 / open-type assembly IEC 439-1 || **~e Brückenschaltung** / open bridge connection || **~e Dämpferwicklung** / non-connected damper winding || **~e Drehstrom-Brückenschaltung** / open three-phase bridge connection || **~e Dreieckschaltung** / open delta connection, V-connection *n* || **~e Heizungsanlage** / open type heating system || **~e Installation** (Leitungsverlegung) / exposed wiring || **~e Leitungsverlegung** / exposed wiring || **~e Leitungsverlegung mit Schellenbefestigung** / cleat wiring || **~e Maschine** / open machine, open-type machine, non-protected machine || **~e Regelschleife** / open loop || **~e Schaltanlage** / open-type switchgear || **~e Schaltung** / open connection || **~e Sicherung** / open-wire fuse || **~e**

Spule / open-ended coil || **~e Stellung** / open position || **~e Steuerkette** / open-loop (control) system || **~e Wicklung** / open winding || **~e Wicklung** (abgeschaltete W.) / open-circuit winding || **~e Zelle** (Batt.) / open cell, open-type cell || **~er Ausgang** / open-circuit output || **~er Kreis** (Steuerkreis ohne Rückführung) / open loop || **~er Kreislauf** / open circuit, open cycle || **~er Kühlkreis** / open cooling circuit || **~er Sternpunkt** / open star point, open neutral point, open neutral || **~er Trockentransformator** / non-enclosed dry-type transformer || **~er Verstärker** / amplifier without feedback || **~er Wirkungsweg** (Steuerkreis) / open loop

Offener-Eingang-Effekt *m* / floating input effect

offenes Kommunikationssystem / open system ISO 7498 || **~ Licht** / naked light || **~ Schütz** / open-type contactor, non-enclosed contactor

Offenheit *f* / open system, open structure, open architecture

Offen-Stellung *f* / open position

öffentlich·e Beleuchtung / public lighting || **~e Straße** / all-purpose road || **~e Stromversorgung** / public electricity supply || **~e Versorgungsbetriebe** / public services, public utilities (US) || **~es Fernsprechnetz** / public (switched telephone network) || **~es Versorgungsunternehmen** / public supply undertaking, public utility company || **~es Wählnetz** / public switched system

Öffentlichkeitsarbeit *f* / public relations work

offenzelliger Schaumstoff / plastic sponge material, open-cell material

Off-line·-Betrieb *m* / off-line operation (o. mode) || **≗-Rechnersteuerung** *f* / off-line computer control

Öffne als Projekt / open as project

Öffnen *n* (mechanisches SG) / opening operation || ~ *v* / open *v*

Öffner *m* VDE 0660,T.200 / break contact, break contact element IEC 337-1, b-contact, normally closed contact, NC contact || ≗ *m* (Ö) / normally-closed contact (NC), normally closed contact (NC contact), break-contact element || ≗ **mit Doppelunterbrechung** / double-gap break contact (element) || ≗ **mit Einfachunterbrechung** / single-gap break contact (element) || ≗ **mit zeitverzögerter Schließung** / break contact delayed on closing || ≗**funktion** *f* (NS) / break function || ≗**verriegelung** *f* / NC contact interlock || ≗**-vor-Schließer** *m* / break-before-make contact

Öffnung *f* / flow area, net orifice, pening *n* || ≗ *f* (CAD) / aperture *n* || **wirksame** ≗ / effective net orifice, effective area, effective flow area, net orifice

Öffnungs·begrenzer *m* (WKW) / load limiter || ≗**bewegung** *f* (SG) / opening operation || **zwangsläufige** ≗**bewegung** VDE 0660, T.200 / positive opening operation, positive opening || ≗**characteristik** *f* / flow characteristic, area characteristic || ≗**druck** *m* / opening pressure || ≗**fehler** *m* (Fokussierungsfehler) / spherical aberration || ≗**grad** *m* / relative stroke || ≗**grad** *m* (Leerlaufsteller) / opening angle || ≗**hub** *m* / opening stroke || ≗**kegel** *m* (LWL) / acceptance cone || ≗**kennlinie** *f* / valve characteristic, flow characteristic, area characteristic || **lineare** ≗**kennlinie** / linear flow characteristic || ≗**kontakt** *m* / break contact, break contact element IEC 337-1, b-contact, normally closed contact, NC contact || ≗**querschnitt** *m* / flow area, net orifice || **wirksamer** ≗**querschnitt** / effective flow area, effective net orifice || ≗**schaltung** *f* (EZ) / break circuit, closed-circuit-to-reset arrangement || ≗**stellung** *f* / open position || ≗**temperatur** *f* / opening temperature || ≗**unsicherheit** *f* (IS) / aperture uncertainty, aperture jitter || ≗**verhältnis** *n* (Messblende) / orifice ratio || ≗**verzögerungszeit** *f* (IS) / aperture delay time || ≗**verzug** *m* (von Befehlsgabe bis zum Beginn des Öffnens der Schaltstücke) / time to contact parting, contact parting time || ≗**weg** *m* (Kontakte) / opening travel, parting travel || ≗**weite** *f* (Kontakthülse) / maximum opening (contact tube)

Öffnungswinkel *m* (LWL) / acceptance angle || ≗ *m* / angle of opening, aperture angle, aperture port angle, angle of aperture || ≗ **der Einkopplung** (LWL) / launch numerical angle || ≗ **des Strahls** (Ultraschall-NS) / total beam angle || ≗ **einer Nut** / angle of aperture of a groove || **Strahl~** *m* / beam angle || **Tür~** *m* / door opening angle, door swing

Öffnungs·zeit *f* (Auslösezeit) / tripping time || ≗**zeit** *f* (IS) / aperture time || ≗**zeit** *f* (LS, LSS) / opening time || ≗**zittern** *n* / aperture jitter

Offset *n* / stagger *n* || ≗ *n* (Versatz) DIN IEC 469, T.1 / offset *n* IEC 469-1 || ≗**-Fehler des Abtast-Halte-Verstärkers** / sample-to-hold offset error || ≗**maschine** *f* / offset machine || ≗**spannung** *f* / offset voltage || ≗**verhalten** *n* / drift *n*

OFWF (forced-oil/forced-water cooling, Kühlung durch erzwungenen Ölumlauf mit Öl-Wasserkühler) / OFWF (forced-oil/forced-water cooling)

OGR (Obergrenze) / upper limit, high limit, upper limit value || ≗ (oberer Grenzwert) / upper limit, high limit, upper limit value

Ohmmeter *n* / ohmmeter *n*

ohmsch *adj* / ohmic *adj*, resistive *adj* || **~e Beeinflussung** / resistive interference, conductive coupling || **~e Belastung** / resistive load, ohmic load, non-inductive load, non-reactive load, purely resistive load || **~e Erdschlusserfassung** / wattmetric earth-fault detection || **~e Gleichspannungsänderung** (LE) / resistive direct voltage regulation || **~e Komponente** / resistive component || **~e Kopplung** / resistive coupling || **~e Last** / resistive load, ohmic load, non-inductive load, non-reactive load, purely resistive load || **~e Verluste** / ohmic loss || **~er Kontakt** / ohmic contact || **~er Shunt** / shunt resistor, diverter resistor, shunt *n* || **~er Spannungsabfall** / ohmic voltage drop, IR drop, ohmic drop, resistance drop || **~er Spannungsfall** (Trafo) VDE 0532, T.1 / resistance voltage IEC 76-1 || **~er Spannungsteiler** / potentiometer-type resistor || **~er Streuspannungsabfall** / resistance voltage drop || **~er Stromkreis** / resistive circuit || **~er Teiler** / resistor divider, resistive volt ratio box || **~er Verlust** / I^2R loss, ohmic loss, resistance loss || **~er Widerstand** / ohmic resistance, resistance *n* || **~er Widerstand des Mitsystems** / positive phase-sequence resistance, positive-sequence resistance

Ohm-Wert *m* / Ohm-value *n*, ohmage *n*, resistance value

ohne / without || **~ Bewertung** (Bedingung, unter der das Eingangssignal auf einen Kanal für einen

bestimmten Zweck nicht berücksichtigt wird) / don't care (DC) || ~ **Unterbrechung schaltend** / bridging (contact operation) || ~ **Unterbrechung schaltende Kontakte** / bridging contacts
Oilostatic-Kabel *n* (Hochdruck-Ölkabel im Stahlrohr) / oilostatic cable
OIML (Internationale Organisation für Gesetzliches Messwesen) / OIML (International Organization of Legal Metrology) || ≗**-Empfehlungen für Messgeräte** / OIML Recommendation for measuring instruments
OK / OK
Ökokennziffer *f* / ecological characteristics code
ÖKO-Modus *m* / ECO mode
Oktal·zahl *f* / octal number || ≗**ziffer** *f* / octal digit
Oktav·mittenfrequenz *f* / octave mid frequency, midfrequency of octave band, octave centre frequency || ≗**-Schalldruckpegel** *m* / octave sound-pressure level
Oktett *n* / octet *n*, eight-bit byte || ≗**reihung** *f* / octet string
Oktode *f* / octode *n*
OL / free operand
Öl, in ≗ **schaltend** / oil-break *adj*, oil-immersed break
Ölabfluss *m* / oil discharge, oil outlet, oil drain
Ölablass *m* / oil drain, oil outlet || ≗**bohrung** *f* / oil discharge hole (o. port) || ≗**hahn** *m* / oil drain cock, oil drain valve || ≗**schraube** *f* / oil drain plug || ≗**schraubenbohrung** *f* / thread hole for the oil drain plug || ≗**ventil** *n* / oil drain valve || ≗**vorrichtung** *f* / oil drain device, oil drain
Öl·ablauf *m* / oil outlet || ≗**ablaufbohrung** *f* / oil drain hole || ≗**absaugvorrichtung** *f* / oil extraction device || ≗**abschluss** *m* (Trafo) / tank-and-conservator system, oil seal, (method of) oil preservation || ≗**abstreifer** *m* / oil wiper, oil retainer || ≗**anlasser** *m* / oil-cooled starter, oil-immersed starter || ≗**anlasswalze** *f* / oil-immersed drum starter
ölarmer Leistungsschalter / small-oil-volume circuit-breaker (s.o.v.c.b.), low-oil-content circuit-breaker, minimum-oil-content circuit breaker
Öl·aufbereitung *f* / oil treatment, oil conditioning || ≗**aufbereitungsanlage** *f* / oil treatment plant (o. unit), oil conditioning equipment || ≗**auffanggrube** *f* / oil sump || ≗**auffangkammer** *f* / oil trap || ≗**auffangwanne** *f* / oil sump, oil collecting trough || ≗**aufnahme** *f* / oil absorption, oil absorption value, oil absorption number || ≗**auge** *n* / oil gauge glass, gauge glass, oil sight glass || ≗**ausdehnungsgefäß** *n* / oil conservator, oil expansion vessel || **Stellmotor mit** ≗**ausgleich** / balanced-flow servomotor || ≗**auslass** *m* / oil outlet, oil drain || ≗**austausch** *m* / oil change || ≗**austritt** *m* / oil discharge, oil outlet || ≗**austritt** *m* (durch Leck) / oil leakage
Öl·bad-Luftfilter *n* / oil-bath air filter || ≗**badschmierung** *f* / oil-bath lubrication, bath lubrication || ≗**behälter** *m* / oil reservoir || ≗**belüfter** *m* / oil breather
ölbenetztes Filter / viscous filter, oil-wetted filter
Ölberieselung, Schmierung durch ≗ / flood lubrication, cascade lubrication
Öl·beruhigungswand *f* / oil distributor || **~beständig** *adj* / oil-resisting *adj*, resistant to oil || ≗**bremse** *f* / dashpot *n* || ≗**bremszylinder** *m* / oil brake cylinder || ≗**büchse** *f* / oil cup || **~dampf** *m* / oil vapour, oil fume
öldicht *adj* / oil-proof *adj*, oil-tight *adj* || **~er Drucktaster** VDE 0660,T.201 / oil-tight pushbutton IEC 337-2
Öl·dichtung *f* / oil seal || ≗**dichtungsring** *m* / oil sealing ring, oil retainer || ≗**drosselspule** *f* / oil-immersed reactor, oil-immersed type reactor IEC 50(421), oil-filled inductor
Öldruck *m* / oil pressure || ≗**-Ausgleichsgefäß** *n* (Kabel) / oil expansion tank, compensator *n* || ≗**kabel** *n* / oil pressure cable, pressure-assisted oil-filled cable || ≗**leitung** *f* / oil pressure line, oil pressure pipe || ≗**-Rohrkabel** *n* / oil-pressure pipe-type cable || ≗**wächter** *m* / oil-pressure switch
Öldunst *m* / oil vapour, oil fume || ≗**absaugung** *f* / oil vapour extraction, oil fume extraction
Öldurchflussmenge *f* / oil flow rate
OLE (Objekt Linking and Embedding) / OLE communications interface (object linking and embedding communications interface), OLE (object linking and embedding)
Öl·einfüllflansch *m* / oil filler flange || ≗**einfüllrohr** *n* / oil filler tube || ≗**einfüllschraube** *f* / oil-filler plug || ≗**einfüllstutzen** *m* / oil filler, oil-filling stub || ≗**einspritzschmierung** *f* / oil jet lubrication || ≗**entlüfter** *m* / oil breather
Öler *m* / oiler *n*, lubricator *n*, oil cup
Ölfang·kragen *m* / oil thrower, oil slinger, oil retaining collar || ≗**ring** *m* / oil retainer ring || ≗**schale** *f* / oil pan, oil tray, oil collecting tray || ≗**wanne** *f* / oil collecting trough
ölfest *adj* / oil-resisting *adj*, resistant to oil
Öl·film *m* / oil film || ≗**filter** *n* / oil filter || ≗**filterkühler** *m* / combined oil filter and cooler || ≗**förderbohrung** *f* / oil-pumping hole || ≗**förderpumpe** *f* / oil pump || ≗**förderscheibe** *f* / disc oiler, oiling disc
Ölführung, nichtgerichtete ≗ / non-directed oil circulation
ölgefüllt *adj* / oil-filled *adj*, oil-immersed *adj*
ölgehärtet *adj* / oil-hardened *adj*
ölgekühlt *adj* / oil-cooled *adj* || ~ *adj* (Trafo) / oil-immersed *adj* || **~er Motorstarter** *m* / oil-cooled starter, oil-immersed starter
öl·geschwängerte Luft / oil-laden air || **~gesteuerter Regler** / oil-relayed governor || **~getränkt** *adj* / oil-impregnated *adj*, oil-saturated *adj*
Öl·gewicht *n* (Trafo) / mass of (insulating oil) || ≗**-Hochdruck-Kabel** *n* / high-pressure oil-filled cable
Öligkeit *f* / oiliness *n*
Öl·inhalt *m* / oil content, oil volume, oil filling || **~isoliert** *adj* / oil-insulated *adj*, oil-immersed *adj*, oil-filled *adj* || ≗**kabel** *n* / oil-filled cable || ≗**kammer** *f* / oil-well *n* || ≗**kanal** *m* / oil duct, oil channel, oil flute || ≗**kanal** *m* (Kfz) / main gallery || ≗**kapselung** *f* / oil immersion || ≗**kesselschalter** *m* / dead-tank oil circuit-breaker, bulk-oil circuit-breaker || ≗**kochprobe** *f* / boiling-oil penetrant inspection, oil-and-whiting inspection, liquid-penetrant test || ≗**kohlebildung** *f* / carbonized-oil formation || ≗**kompressibilität** *f* / oil compressibility || ≗**kondensator** *m* / oil-impregnated capacitor || ≗**kühler** *m* / oil cooler || ≗**kühlung** *f* / oil cooling
Öl·lager *n* / oil-lubricated bearing || ≗**leckage** *f* / oil leak || ≗**-Leistungsschalter** *m* / oil circuit-breaker, oil power circuit-breaker, oil-break circuit-breaker, oil-immersed breaker || ≗**leitblech** *n* / oil baffle ||

≗**leitring** *m* / oil retainer || ≗**leitung** *f* / oil tubing, oil line || ≗**-Luft-Kühler** *m* / oil-to-air heat exchanger, oil-to-air cooler || ≗**-Luft-Wärmetauscher** *m* / oil-to-air heat exchanger

OLM (Optical Link Module) / OLM (optical link module)

Öl·mangel *m* / oil low level || ≗**menge** *f* (stehend) / oil quantity, oil volume || ≗**menge** *f* (Durchflussmenge) / rate of oil flow, oil flow rate, oil rate || ≗**mengen-Reduzierventil** *n* / oil-flow regulating valve || ≗**messstab** *m* / dipstick *n*

ölmodifiziert *adj* / oil-modified *adj*

Öl·nebel *m* / oil mist, oil spray || ≗**nebelschmierung** *f* / oil-mist lubrication || ≗**nut** *f* (Lg.) / oil groove, oil flute

OLP (Optical Link Plug) / OLP (optical link plug)

Öl·papier *n* / oil-impregnated paper || ≗**-Papier-Dielektrikum** *n* / oil-impregnated paper dielectric, oil-paper dielectric

ölpapierisoliert *adj* / oil-paper-insulated *adj*, insulated with oil-impregnated paper

Öl·presspumpe *f* (Lg.) / oil-lift pump, oil Jacking pump, Jacking pump || ≗**-Pressspan-Dielektrikum** *n* / oil-pressboard dielectric || ≗**pressverfahren** *n* / oil-injection expansion method, oil hydraulic fitting method || ≗**probe** *f* / oil sample, oil-and-whiting inspection, liquid-penetrant test, boiling-oil penetrant inspection || ≗**probenentnahme** *f* / oil sampling || ≗**probenentnahmeventil** *n* / oil sampling valve || ≗**probenventil** *n* / oil sampling valve || ≗**-Prüftransformator** *m* / oil-immersed testing transformer || ≗**pumpe** *f* / oil pump, lubricating-oil pump, lubricating pump

Öl·rauch *m* / oil smoke || ≗**raum** *m* (Lg.) / oil well, oil reservoir || ≗**reinigungsanlage** *f* / oil purifying equipment, oil purifier, oil conditioning plant

Ölringschmierung *f* / oil-ring lubrication, ring lubrication || **Lager mit** ≗ / oil-ring-lubricated bearing, ring-lubricated bearing

Öl·-Rohrdruckkabel *n* / oil-filled pipe-type cable || ≗**rückkühlaggregat** *n* / oil recooling unit || ≗**rückkühler** *m* / oil cooler || ≗**rückkühlung** *f* / oil cooling || ≗**rücklauf** *m* / oil return || ≗**rücklaufleitung** *f* / oil return line || ≗**rückstände** *m pl* / oil residues

Öl·sammelgrube *f* / oil collecting pit, oil sump || ≗**sammelnut** *f* / oil collecting groove, oil collecting flute || ≗**säule** *f* / oil column || ≗**schalter** *m* (LS) / oil circuit-breaker, oil power circuit-breaker, oil-break circuit-breaker, oil-immersed breaker || ≗**schauglas** *n* / oil sight glass, oil-level sight glass, oil-level gauge glass, oil gauge || ≗**schauglasbohrungen** *f pl* / thread holes for the oil level sight glass || **unterste** ≗**schicht** (Trafo) / bottom oil || ≗**schlamm** *m* / oil sludge, oily deposit || ≗**schleuderring** *m* / oil thrower, oil slinger, flinger *n* || ≗**-Schnell-Lastumschalter** *m* (Trafo) / oil-filled spring-operated diverter switch || ≗**schlitz** *m* / oil duct, oil port, oil-filled high-speed diverter switch || ≗**schmierung** *f* / oil lubrication || ≗**schutzwand** *f* / oil retaining wall || ≗**schwall** *m* / oil surge || ≗**schwenktaster** *m* / oil-immersed twist switch || ≗**schwingung** *f* / oil whip || ≗**senke** *f* (EZ) / oil cone || ≗**sichttopf** *m* / oil-leakage indicating pot, oil sight glass || ≗**sieb** *n* / oil strainer || ≗**sorte** *f* / oil grade || ≗**sperre** *f* / oil barrier || ≗**spiegel** *m* / oil level || ≗**spritzring** *m* / oil thrower || ≗**stand** *m* / oil level

Ölstands·anzeiger *m* / oil level indicator, oil level gauge, oil gauge || ≗**auge** *n* / oil-level lens || ≗**glas** *n* s. s.a. `Ölstandanzeiger` / oil gauge glass || ≗**marke** *f* / oil level mark || ≗**melder** *m* / oil level monitor

Öl·stand-Warnkontakt *m* / oil level alarm contact || ≗**steignut** *f* / oil feed groove || ≗**stein** *m* / oilstone *n* || ≗**strahler** *m* (Lg.) / oil injector || ≗**strahlschmierung** *f* / oil splash lubrication || ≗**strom** *m* (1/min) / oil flow rate || ≗**strom** *m* / oil flow

Ölströmung, natürliche ≗ / natural oil flow (o. circulation)

Ölströmungs·anzeiger *m* / oil flow indicator || ≗**melder** *m* / oil flow indicator || ≗**schalter** *m* / oil-blast circuit-breaker || ≗**wächter** *m* / oil-flow monitor (o. indicator)

Öl·stutzen *m* / oil filler || ≗**sumpf** *m* / oil sump || ≗**tasche** *f* (Lg.) / oil distribution groove, oil flute || ≗**tauchschmierung** *f* / oil splash lubrication || ≗**thermometer** *n* / oil thermometer || ≗**topf** *m* / oil pot, oil reservoir

Öltransformator *m* / oil-immersed transformer, oil immersed type transformer IEC 50(421), oil-filled transformer, oil-insulated transformer || ≗ **mit erzwungener Ölkühlung mit Öl-Luftkühler** (Kühlungsart FOA) / oil-immersed forced-oil-cooled transformer with forced-air cooler (Class FOA) || ≗ **mit erzwungener Ölkühlung und Wasser-Öl-Kühler** (Kühlungsart FOW) / oil-immersed forced-oil-cooled transformer with forced water cooler (Class FOW) || ≗ **mit natürlicher Luftkühlung** / oil-immersed self-cooled transformer (Class OA) || ≗ **mit natürlicher Öl-Luftkühlung und zweistufiger erzwungener Luftkühlung** (Kühlungsart OA/FA/FA, Transformator mit 3 Leistungsstufen) / oil-immersed self-cooled/forced-air cooled/forced-air-cooled transformer (Class OA/FA/FA) || ≗ **mit Selbstkühlung und zusätzlicher Zwangskühlung durch Luft** (Kühlungsart OA/FA) / oil-immersed self cooled/forced-air-cooled transformer (Class OA/FA) || ≗ **mit Selbstkühlung und zweistufiger erzwungener Öl- und Luftkühlung FOA/FOA/FOA** (Kühlungsart OA/FOA/FOA, Transformator mit 3 Leistungsstufen) / oil immersed self-cooled/forced-air,forced-oil cooled/forced-air,forced-oil-cooled transformer (Class OA/FOA/FOA), oil-immersed self cooled/forced-air-cooled/forced-oil-cooled transformer (Class OA/FA/FOA) || ≗ **mit Wasserkühlung** (Kühlungsart OW) / oil-immersed water-cooled transformer (Class OW) || ≗ **mit Wasserkühlung und Ölumlauf** (Kühlungsart FOW) / oil-immersed forced-oil-cooled transformer with forced-water cooler (Class FOW) || ≗ **mit Wasserkühlung und Selbstkühlung durch Luft** (Kühlungsart OW/A) / oil-immersed water-cooled/self-cooled transformer (Class OW/A) || **selbstgekühlter** ≗ (Kühlungsart OA) / oil immersed self-cooled transformer (Class OA)

Öl·trocknung *f* / oil drying || ≗**trocknungsanlage** *f* (OTA) / oil drying system || ≗**trocknungs- und Entgasungsanlage** *f* / oil drying and degassing system || ≗**tropfapparat** *m* / drip-feed oil lubricator, drop-feed oiler, drop-oiler *n*, gravity-feed oiler

Ölübertemperatur *f* / temperature rise of oil || ≗ **in der obersten Schicht** / top oil temperature rise

Ölumlauf *m* / oil circulation || **Wasserkühlung mit** ≗ / forced-oil water cooling || ≗**filter** *n* / circulating-oil filter || ≗**führung** *f* / oil circulation guide || ≗**pumpe** *f* / oil circulating pump, forced-oil pump || ≗**schmierung** *f* / circulating-oil lubrication, forced oil lubrication, forced-circulation oil lubrication, closed-circuit lubrication, circulatory lubrication || ≗**-Wasserkühlung** *f* (OUW-Kühlung) / closed-circuit oil-water cooling (COW)

Ölumwälzung *f* / oil circulation

Öl- und schneidflüssigkeitsdichter Drucktaster VDE 0660,T.201 / oil- and cutting-fluid-tight pushbutton IEC 337-2

Ölverbrennung, emissionsarme ≗ / low-emission oil firing

Öl·verdrängung *f* / oil displacement || ≗**verschmutzung** *f* / oil contamination || ≗**verteilernut** *f* / oil distributing flute, oil distributing groove || ≗**vorlage** *f* / head of oil, oil seal || ≗**vorlauf** *m* / oil supply (circuit) || ≗**walze** *f* / oil-immersed drum controller || ≗**wanne** *f* / oil tray, oil pan || ≗**wanne** *f* (Trafo) / oil sump || ≗**-Wasserkühler** *m* / oil-to-water cooler || ≗**-Wasser-Wärmetauscher** *m* / oil-to-water heat exchanger || ≗**wechsel** *m* / oil change || ≗**zahl** *f* / oil absorption value, oil absorption number || ≗**-Zellulose-Dielektrikum** *n* / oil-cellulose dielectric || ≗**zersetzung** *f* / oil decomposition || ≗**zufluss** *m* / oil inlet, oil supply tube || ≗**zuflusskanal** *m* / oil inlet duct, oil supply duct || ≗**zulauf** *m* / oil inlet, oil supply (connection) || ≗**zuleitung** *f* / oil supply line, oil supply tube (o. pipe) || ≗**-Zwangsumlauf** *m* / forced-oil circulation

OMK / outer marker (OMK)

Omnibus-Konfiguration *f* (FWT) / omnibus configuration

OMS / OMS (Order Management System)

ONAF (oil-natural, air-forced cooling, natürliche Ölkühlung mit erzwungener Luftkühlung) / ONAF (oil-natural, air-forced cooling)

ONAN (oil-natural, air-natural cooling, natürliche Öl- und Luftkühlung) / ONAN (oil-natural, air-natural cooling)

On-Board-Elektronik (OBE) / on-board electronics (OBE)

Onboard Silicon Disk (OSD) / onboard silicon disk (OSD)

Online·-Adaption *f* / on-line adaptation || ≗**-Auftrag** *m* / online job

On-line-Betrieb *m* / on-line operation (o. mode)

Online·-Betrieb *m* / on-line operation || ≗**-Datenbank-Administrationssystem** *n* / on-line data management system || ≗**Hilfe** *f* / online help

On-line-Messfunktion / on-line measuring function

On-line·-Prozessgaschromatograph *m* / on-line process gas chromatograph || ≗**-Rechnersteuerung** *f* / online computer control

OO (objektorientiert) / OO (object-oriented)

OP (Projektpfad) / OP (project path) || **projektiertes** ≗ / configured OP

Opal·folie / opal foil sheet || ≗**glas** *n* / opal glass || ≗**glaskolben** *m* / opal bulb || ≗**lampe** *f* / opal lamp

opalüberfangen *adj* / flashed-opal add

OPC / OPC

Opcode / Opcode

Open Systems Interconnection (OSI) / open systems interconnection (OSI)

Operand *m* / operand *n*, address *n* || ≗ *m* (Parameter) / parameter *n* || ≗ *m* / control instruction, control statement || **freier** ≗ (FO) / free operand

Operanden·adresse *f* / memory location || ≗**bereich** *m* / operand area, address area || ≗**feldbreite** *f* / address field width || ≗**kennzeichen** *n* / operand identifier || ≗**kennzeichen** *n* (OPKZ) / operand identifier, address identifier || ≗**kennzeichnung** *f* / address identification || ≗**kommentar** *m* / operand comment, address comment || ≗**stack** *m* / operand stack || ≗**teil** *m* DIN 19237 / operand field, operand part || ≗**typ** *m* / address type || ≗**überwachung** *f* / operand monitoring || ≗**vorrang** *m* / address priority

Operation *f* / operation *n*

Operations·ausführung *f* / operation execution || ≗**-Befehlswort** *n* / operation command word (OCW) || ≗**charakteristik** *f* DIN 55350, T.31 / operating characteristic curve

Operationscode *m* / operation code, opcode *n* || ≗**-Decoder** *m* / operations code decoder, opcode decoder

Operations·gruppe *f* / operation group || ≗**leuchte** *f* / surgical luminaire || ≗**liste** *f* / operation list || ≗**nummer** *f* / operation number || ≗**pfad** *m* DIN 40042 / operation path || ≗**teil** *m* / operation field || ≗**teil** *m* (Teil eines Befehlsworts o. einer Steuerungsanweisung) DIN 44300 u. 19237 / operation part || ≗**übersicht** *f* / operation overview || ≗**übersicht** *f* (SPS) / summary (o. overview) of operations

Operationsverstärker *m* (OPV) / operational amplifier (OPA) || ≗ **mit einstellbarer Vorwärtssteilheit** / operational transconductance amplifier (OTA)

Operations·vorrat *m* / operation set, operation repertoire, instruction set || ≗**zahl** *f* / operation number || ≗**zeit** *f* (DV, SPS) / operation execution time, statement (o. instruction) execution time || ≗**zeit** *f* (NC) / action time, processing time

Operator *m* (eine Operation beschreibendes Symbol) / operator *n* || ≗ *m* (Math.) / operator *n*, complexor *m*, phasor *m* || ≗ *m* / operator *n* || ≗ **Panel** (OP) / operator panel (OP)

Operatorenrechnung *f* / operator calculus

Operatorimpedanz *f* / operational impedance

OP-Kommunikation *f* / op communication

OPKZ (Operandenkennzeichen) / operand identifier, address identifier

OPT / OPT (options)

Optical Link Module (OLM) / optical link module (OLM) || ≗ **Plug** (OLP) / optical link plug (OLP)

Optik *f* / optics *plt* || ≗ *f* (Linsensystem) / optical system || **Rückstrahl~** *f* / retro-reflecting optical unit || ≗**maschine** *f* / optics machine

optimal·e Ausgangsleistung (ESR) / optimum output power || **~e Regelung und Steuerung** / optimal control || **~er Belastungswiderstand** (Halleffekt-Element) DIN 41863 / optimum load resistance IEC 147-0C

Optimalfarbe *f* / optimal colour stimulus

optimieren *v* / optimize *v*

Optimierung *f* / optimization *n* || ≗ **Wirkungsgrad** / efficiency optimization

Option *f* / option *n*, extension *n* || ≗ **MPC** *f* / option MPC

Options·baugruppe *f* / optional board || ≗**modul** *n* / optional module

optisch·e Abtastung / optical scanning || **~e Achse** / optical axis IEC 50(731) || **~e Dichte** / transmission density, transmission optical density || **~e Dichte bei Reflexion** / reflection optical density || **~e Gleitweganzeige** (VASIS) / visual approach slope indicator system (VASIS) || **~e Hervorhebung** / visual emphasizing || **~e Hilfen** / visual aids || **~e Kontrolle** / visual inspection, visual examination || **~e Leistung** / optical power || **~e Markierung** / visual marking || **~e Meldung** / visual indication || **~e Prüfung** / visual check || **~e Qualitätskontrolle** / optical quality control || **~e Spannungsmessung** / optical strain measurement || **~e Täuschung** / visual illusion, optical illusion || **~e Weglänge** / optical path length || **~e Zeichenerkennung** (OCR) / optical character recognition (OCR) || **~er Abgriff** / optical sensor, optical scanner || **~er Codierer** / optical encoder || **~er Eindruck** / visual impression || **~er Empfänger** / optical detector || **~er Impulsgeber** / optoelectronic impulsing transmitter || **~er Isolator** / optical isolator, opto-isolator *n*, opto-coupler *n* || **~er Koppler** / optical coupler, opto-coupler *n*, optical isolator || **~er Näherungsschalter** / photoelectric proximity switch || **~er Nutzeffekt** / optical efficiency || **~er Raster** / optical grating || **~er Rauchmelder** / optical smoke detector || **~er Sensor** / optical sensor, vision sensor, robot optical sensor (ROS) || **~er Wirkungsgrad** / optical light output ratio, optical efficiency || **~es Gitter** / optical grating || **~es Impulsreflektometer** / optical time-domain reflectometer || **~es Lokalbereichsnetz** / fibre-optic local-area network || **~es Pyrometer** / optical pyrometer, disappearing-filament pyrometer, brightness pyrometer || **~es Signal** / visual signal || **~es Vermessen** (NC) / optical gauging

Optoelektronik *f* / optoelectronics *plt*

optoelektronisch *adj* / optoelectronic *adj* || **~e Sicherungsüberwachung** / optoelectronic fuse monitor || **~es Koppelelement** / optocoupler *n*, optical coupler, optical isolator

Optokoppler *m* / optocoupler *n*, optical coupler, optical isolator || **bescheinigte** ≗ / certified optokoppler

OPV / operational amplifier (OPA)

OR / OR

Orangelinie *f* / orange boundary

ORD (Ordnungszahl) / ORD (ordinal number)

Ordinalmerkmal *n* (Statistik, QS) DIN 55350, T.12 / ordinal characteristic

Ordinate *f* / ordinate *n*, perpendicular axis

Ordinatenskala *f* / scale of ordinates

ordnen *v* (SPS, Programmbausteine) / sort *v*

Ordner *m* / file *n*

Ordnung *f* (a. DV) / order *n*, environment *n*

Ordnungs·begriff *m* / identifier *n* || ≗**nummer** *f* / classification number

Ordnungszahl *f* / ordinal number || ≗ *f* (Chem.) / atomic number || ≗ *f* (ORD) / ordinal number (ORD) || ≗ **der Oberschwingung** / harmonic number, order of harmonic component, harmonic order, mode number

Ordnungsziffer *f* EN 50005 / sequence number EN 50005, identification number, digit *n* || ≗ *f* (f. Kontakte) / contact designator

ORE / overrun edge lighting (ORE)

ORG / executive control program, executive program

Organisationsbaustein *m* / data handling block (DHB), OB || ≗ *m* (OB SPS) / organization(al) block (OB), executive block (EB) || ≗**-Aufruf** *m* (SPS) / organizational block call

Organisations·programm *n* (ORG) / executive control program, executive program || ≗**schritt** *m* / organization step

organisatorisch·e Ausfallrate / organizational failure rate || **~e Funktion** (SPS) / organizational function, executive function || **~e Operation** (SPS) / organizational operation, executive operation || **~e Sicherheitsmaßnahmen** VDE 0837 / administrative control IEC 825 || **~er Aufruf** / executive call routine

organisch·e Isolierstoffe / organic insulating materials || **~er Ester** / organic ester || **~es Chip** / big-chip *n*

Organometallverbindung *f* / organometallic compound, metallocene *n*, metalorganic compound

Orient. Ein / Orient. on

orientieren *v* / orient *v*

orientierende Messung / rough measurement

orientiert·e Gerade / oriented line || **~er Halt** (NC) / oriented stop || **~er Spindel-Halt** (NC) / oriented spindle stop (A miscellaneous function which causes the spindle to stop at a pre defined angular position) ISO 1056

Orientierung *f* (a. StV) / orientation *n* || ≗ **durch Verdrehen des Einsatzes** (StV) / orientation by alternative insert position

Orientierungs·beleuchtung *f* / pilot lighting || ≗**interpolation** *f* (NC, Roboter) / orientation interpolation || ≗**lampe** *f* / locating lamp, locator *n*, pilot light || ≗**lichteinsatz** *m* / orientation light fixed part || ≗**polarisation** *f* / molecular polarization, orientation polarization || ≗**system** *n* (Flp.) / guidance system

Origin / last address

Original *n* (Zeichnung) / original *n* (drawing) || **~breites Material** / full-width material || ≗**sprache** *f* / source language || **~verpackt** *adj* / in original packaging || ≗**verpackung** *f* / original packaging || ≗**zustand** *m* / original status, original condition

O-Ring *m* / O-ring *n*

Ornamentglas *n* (Leuchte) / decorative glass, figured glass

Ort *m* DIN 40719,T.2 / location *n* IEC 113-2, location of item || **geometrischer** ≗ / geometrical locus || **Prüf~** *m* (QS) / place of inspection || **Steuerung vor** ≗ / local control || **vor** ≗ / on site, local *adj*, locally *adj*, in-plant *adj*

Ortbeton *m* / in-situ concrete

Orten von Störungen / fault localization, fault tracing

Ort-Fern·-Umschalter *m* / local-remote selector (switch), local-remote switch || ≗**-Umschaltung** *f* / local-remote changeover (o. selection)

Orthikon *n* / orthicon *n*

Orthoferrit *n* / orthoferrite *n*

Orthogonalitätsfehler *m* (Osz.) / orthogonality error

örtlich *adj* / local *adj* || **~ abgeleitetes Synchronisationssignal** / locally derived synchronization signal || **~ rückstellbarer Melder** EN 54 / locally resettable detector || **~e Bedingungen** / local conditions, environmental conditions, environment || **~e Berechtigung** (ZKS) / location authorization, authorization to enter a particular location || **~e Betätigung** / local control || **~e Schwerpunktverlagerung** / local mass eccentricity || **~e Steuerung** / local control || **~e technische Belüftung** IEC 50(426) / local artificial ventilation || **~er Leitstand** / local control station || **~er Reserveschutz** (in der Station) / substation local back-up protection IEC 50(448), local back-up protection || **~er Reserveschutz** (im Feld) / circuit local back-up protection IEC 50(448), local back-up protection || **~er Wert** (Welle) / local value || **~es Niveau** (HL) / local level

Orts·auflösung *f* / resolution *n*, high-sensitivity resolution || **≗batterie** *f* / local battery (LB) || **≗berechtigung** *f* (ZKS) / location authorization, authorization to enter a particular location || **≗beton** *m* / insitu concrete

ortsbeweglich *adj* / transportable *adj*, portable *adj*, mobile *adj*

orts·empfindlicher Detektor / precision-sensitive detector (PSD) || **≗erde** *f* / building ground, station earth, chassis ground || **≗fahrbahn** *f* / service road (GB), frontage road (US)

ortsfest *adj* / stationary *adj*, permanently installed || **~e Batterie** / stationary battery || **~e Betriebsmittel** VDE 0100, T.200 / stationary equipment IEC 50(826) || **~e Büromaschine** / stationary office machine || **~e elektrische Betriebsmittel** / stationary electrical equipment || **~e elektrische Installation** / fixed electrical installation || **~e Leitung** VDE 0100, T.200 / fixed wiring, permanently installed wiring || **~e Leuchte** / fixed luminaire || **~e Schaltgerätekombination** VDE 0660, T.500 / stationary assembly IEC 439-1 || **~e Steckdose** / fixed socket-outlet, fixed receptacle || **~er Transformator** / stationary transformer || **~es Gerät** / stationary appliance, fixed apparatus

Ortskennzeichen *n* DIN 40719 / location designation (o. code), location code

Ortskennzeichnung, alphanumerische DIN 40719,T.2 / alphanumeric location IEC 113-2 || **numerische** ≗ DIN 40719,T.2 / numeric location IEC 113-2

Ortskreisüberwachung *f* (OÜ) / local circuit monitor(ing)

Ortskurve *f* / circle diagram, locus diagram || ≗ **des Frequenzganges** / frequency response locus, polar plot || **Nyquist-**≗ *f* / Nyquist plot

Orts·leuchte *f* (Grubenl.) / face luminaire || **≗netz** *n* / secondary distribution network, urban network || **≗netzstation** *f* / secondary (unit substation), h.v./l.v. transforming station || **≗netztransformator** *m* / distribution transformer || **≗parameter** *m* (SPS) / localization parameter || **≗steuergerät** *n* / local control station || **≗steuerschalter** *m* / local control switch || **≗steuerschrank** *m* / local control cabinet || **≗steuerstelle** *f* / local control station

Ort·-Stahlbeton *m* / in-situ reinforced concrete || **≗steuerung** *f* / local control

Ortsumgehungsstraße *f* / ring road (GB), belt highway (US)

ortsveränderbare Schaltgerätekombination VDE 0660, T.500 / movable assembly IEC 439-1, transportable FBA

ortsveränderlich *adj* / portable *adj*, mobile *adj* || **~e Betriebsmittel** VDE 0100, T.200 / portable equipment IEC 50(826) || **~e Büromaschine** / portable office machine || **~e Differenzstrom-Schutzeinrichtung** / portable residual-current device (PRCD) || **~e elektrische Betriebsmittel** / portable electrical equipment, movable electrical equipment || **~e Fehlerstrom-Schutzeinrichtung** / portable residual overcurrent device (PRCD) || **~e Verteilungsleitung** VDE 0168,T.1 / movable distribution cable IEC 71.4 || **~er Transformator** / transportable transformer (power transformer), portable transformer (small transformer) EN 60742 || **~es Gerät** VDE 0700, T.1 / portable appliance IEC 335-1 || **~es Unterwerk** / mobile substation

Ortung *f* (Fehler, Erdschluss) / localization *n*, locating *n*

Ortungs·gerät *n* / locator *n*, detector *n* || **≗hilfen** *f pl* / aids to location

OS / maximum stress || ≗ (Overflow speichernd) / overflow stored || **≗-Anzapfung** *f* / h.v. tap(ping) || **≗-Bereich** *m* / os area

OSD (Onboard Silicon Disk) / OSD (onboard silicon disk)

Öse *f* / eye *n*, ring *n*, loop *n*, lug *n*

Ösen·mutter *f* / lifting eye nut, eye nut || **≗schraube** *f* / eye-bolt *n*, ring-bolt *n*, eyelet bolt

OSF / OSF (open software foundation)

OSI (Open Systems Interconnection) / OSI (open systems interconnection) || **≗-Betriebsmittel** *n pl* / OSI resources || **≗-Umgebung** *f* (OSIU) / OSI environment (OSIE)

Osmiumlampe *f* / osmium lamp

OS-Mp-Durchführung *f* / h.v. neutral bushing

Ossannasches Kreisdiagramm / Ossanna's circle diagram

OS-Strom *m* / harmonic current

Ost-West-Verzerrung *f* (BSG) / horizontal distortion

OS-Wicklung *f* / h.v. winding, higher-voltage winding

Oszillation *f* / oscillation *n*, reciprocation *n*, oscillate *n*

Oszillator *m* / oscillator *n* || **≗röhre mit ausgedehnter Wechselwirkung** / extended-interaction oscillator tube

oszillieren *v* / oscillate *v* || ≗ *n* / oscillation *n*, reciprocation *n*

oszillierender Linearmotor / linear oscillating motor (LOM) || **~ Zähler** / oscillating meter

Oszillograf *m* / cathode oscilloscope, cathode-ray oscilloscope (CRO)

Oszillogramm *n* / oscillogram *n*

Oszillograph *m* / oscillograph *n*

Oszilloskop *n* / oscilloscope *n* || ≗ **mit radialer Ablenkung** / radial-deflector oscilloscope || **≗-Röhre** *f* / cathode-ray tube (CRT)

OT / top dead centre (TDC) || ≗ (oberer Totpunkt) / TDC (top dead center)

OTA / oil drying system

OTP / one time programmable (OTP)

OT-Sensor *m* / OT sensor

OTW-Kühlung *f* / closed-circuit oil-water cooling (COW)

O-Typ-Röhre *f* / O-type tube, linear-beam tube

OÜ (Ortskreisüberwachung) / local circuit monitor

OV (Overflow) / OV (overflow)

OVA / OVA

Ovalität *f* / ellipticity *n* || ≗ *f* (Unrundheit) / out-of-round *n*

Oval·leuchte *f* (Wandleuchte) / bulkhead luminaire, bulkhead unit || **≗rad-Durchflussmesser** *m* / ovalwheel flowmeter || ≗**relais** *n* / oval-core relay || ≗**rohr** *n* (IR) / oval conduit || ≗**spiegelleuchte** *f* / oval specular reflector luminaire || ≗**spule** *f* / oval coil

Overflow (OV) / overflow *n* (OV) || ≗ **speichernd** (OS) / overflow stored

Overhead-Folie *f* / overhead transparency, slide *n*

Override (Es gibt zwei Arten von Overrides: den Geschwindigkeits- und den Beschleunigungs-Override) / override *n* || ≗**-Regelung** *f* / override control, override *n*

OVS (Objektverwaltungssystem) / object management system || ≗ **mit erweitertem Schutzumfang und Sicherstellung der bestimmungsgemäßen Nutzbarkeit des Schutzleiters** / portable residual current protective device-safety (PRCD-S)

OV-Schiene *f* / 0 ground bar, 0 volts bar (zero volts bar), zero volts bar (0 volts bar)

OW / headwater *n*, head race || ≗ (oil-water cooling, Wasserkühlung mit natürlichem Ölumlauf) / OW (oil-water cooling, water cooling with natural circulation of oil)

OW/A (oil-water/air cooling, Wasserkühlung mit natürlichem Öl- und Luftumlauf) / OW/A (oil-water/air cooling, water cooling with natural circulation of oil and air)

OW-Verzerrung *f* / horizontal distortion

Oxidationsinhibitor *m* / oxydation inhibitor, antioxidant additive, anti-ageing dope, anti-oxidant *n*, antioxydant *n*, oxidation inhibitor, anti-oxidant additive

Oxidations·katalysator *m* (Kfz) / oxidation catalytic converter, oxidation catalyst || ≗**stabilität** *f* / oxidation stability

oxidiert *adj* / oxidized *adj*

Oxid·isolation *f* / oxide isolation || **~isolierte Schaltung** / oxide-isolated circuit || ≗**kathode** *f* / oxide cathode, oxide-coated cathode || ≗**maskierung** *f* / oxide masking || ≗**patina** *f* (Komm.) / oxide skin, oxide film, tan film || ≗**schicht** *f* / oxide film, oxide layer || ≗**schichtkathode** *f* / oxide-coated cathode, oxide cathode || **~verstärkter Verbundwerkstoff** / oxide-reinforced compound material

Oxygenschneiden *n* / oxygen cutting

Ozonbeständigkeit *f* / ozone resistance

O-Zustand *m* / O state

P

P, nach ≗ **schaltend** / current-sourcing *adj* (The act of supplying current), source output, switching to P potential || **nach** ≗ **schaltende Logik** / current-sourcing logic

P1 speichern / store P1

P-24 / parameter 24, positive 24 volts

PA (Prozessabbild) / PI (process image), PG (Programming Guide)

PAA / process output image (PIO), PIQ (process output image)

PA-Anschlussklemme *f* / terminal for potential equalizing circuit, bonding terminal

Paar *n* (StV) / mated set || ≗**bildung** *f* (HL) / pair production, pair generation

paarig verseilte Adern / twisted-pair wires || **~ verseiltes Kabel** / paired cable, non-quadded cable

Paarlaufzeit *f* (IS) / pair delay

Paarung *f* DIN 7182,T.1 / mating *n*, combination *n*

Paar-Ungleichheitscode *m* / paired disparity code

Paarungs·abmaß *n* / mating deviation, mating allowance || ≗**maß** *n* / mating size

paarverseiltes Kabel / paired cable, non-quadded cable

paarweise überlappt / overlapped in pairs || **~ verdrillt** / twisted-pair cable

P-Abweichung *f* / P offset, proportional offset

PACCO·-Schalter *m* / PACCO control switch, packet-type switch, rotary packet switch || ≗**-Umschalter** *m* / packet-type selector switch

Packdorn *m* (Blechp.) / building bar, stacking mandrel

packen *v* / pack *v*

Packgutpass *m* / packing materials certificate

Packung *f* / package *n*, packing *n*, standard packing

Packungs·dichte *f* / packing density, packaging density || ≗**dichte** *f* (LWL) / packing fraction || ≗**dichte** *f* (IS) / component density || ≗**dichte** *f* (Faserbündel) / packing fraction IEC 50(731) || ≗**einheit** *f* / packing unit || ≗**höhe** *f* / packing depth || **elastisches** ≗**material** / soft material for packing || ≗**stopfbuchse** *f* / stuffing box with packing of yarn || ≗**werkstoff** *m* / packing material

Packvorrichtung *f* (Blechp.) / building jig, core building frame, stacking frame

PAD (programmierbarer Adressdecoder) / PAD (programmable address decoder)

P-Ader *f* / P potential core

PAE (Prozessabbild der Eingänge) / PII (process input image)

PAF / PAF (pulse accumulator freeze)

PAFE (Parametrierfehler, Parameterfehler) / parameter error, parameterization error, parameter assignment error

Paging-Taste *f* / paging key

Pagodenspiegel *m* (Leuchte) / pagoda reflector

Paket *n* / package *n*, kit *n*, frame *n* || ≗ *n* (Kern, Blechp.) / packet *n*, pack *n*, stack *n*, laminated core || ≗ *n* (Daten u. Steuerbits) / packet *n* || **Ladungs~** *n* / charge packet || **Programm~** *n* / program package || **Schwingungs~** *n* (sinusförmig amplitudenmodulierte Sinusschwingung) / sine beat || ≗**aufrechnung** *f* (Datenpakete) / packet sequencing || ≗**betriebsart** *f* / packet mode

Paketier-Depaketierung(seinrichtung) *f* (Datenpakete) / packet assembly/disassembly (PAD)

paketieren *v* / pack *v*, stack *v*

Paketierung *f* (Datenpakete) / packet assembly

Paket·schalter *m* / packet-type switch, rotary packet switch, ganged control switch, gang switch || **Kern in** ≗**schichtung** / pack-stacked core || ≗**-Umschalter** *m* / packet-type selector switch || **~vermittelndes Datennetz** / packet switching data network || **~vermittelte Übertragung** / packet-switching transmission || ≗**vermittlung** *f* (Datenpakete) / packet switching || ≗**vermittlungsprotokoll** *n* DIN ISO 8208 / packet level protocol (PLP) || ≗**vermittlungssystem** *n* / packet switching system (PSS) || ≗**verteilanlage** *f* /

parcel sorting centre
PAL (Potenzialausgleichleiter) / equipotential bonding
Palette *f* / pallet *n*, workholder *n*, workpiece carrier (WPC), workholding pallet
Paletten·daten *plt* / pallet data || **≗fenster** *n* / pallet box || **≗lager** *n* (FFS) / pallet store, fixture store || **≗system** *n* / pallet system || **≗wechsel** *m* / pallet changing, pallet change || **≗wechsler** *m* (Einrichtung zum automatischen Beschicken von NC-Maschinen, d.h. zum Be- und Entladen von auf Paletten montierten Werkstücken nach im Programm vorgegebenen Steueranweisungen) / pallet changer, automatic pallet changer (A device which automatically loads/unloads pallet-mounted workpieces to/from NC machines according to program commands)
Palettieren *n* / palleting *n*, palletizing *n*
Palettierer *m* / palletizer *n*, palletizing machine
Palettiermaschine *f* / palletizer *n*, palletizing machine
PAM / pulse-amplitude modulation (PAM)
PAM-Schaltung *f* / PAM circuit (pulse amplitude modulation circuit)
Panchrongenerator *m* / panchronous generator
Paneelleuchte *f* / strip ceiling luminaire
Panel *n* / panel *n* || **≗ausführung** *f* / panel-mounted version
Panik-Druckknopf *m* / panic button
Panne *f* / breakdown *n*, fault *n*, disturbance *n*
Panoramierung *f* (Kamera) / panning *n*, traversing *n*
Pantal *n* / wrought aluminium-manganese-silicon alloy
P-Anteil *m* / proportional component, P component
Panzer·gewinde-Veschraubung *f* (Pg-Gewinde) / heavy-gauge threaded joint, Pg screwed cable gland || **≗muffe** *f* / heavy-gauge conduit coupler || **≗platte** *f* (Batt.) / iron-clad plate, tubular plate
Panzerrohr *n* / armored conduit || ≗ *n* (PVC) / hard PVC conduit || ≗ *n* (IR) / heavy-gauge conduit, high-strength conduit, conduit for heavy mechanical stresses || **Kunststoff-≗** *n* (IR) / heavy-gauge plastic conduit, high-strength plastic conduit || **Stahl-≗** *n* / heavy-gauge steel conduit || **≗gewinde** *n* (Pg) / heavy-gauge conduit thread, conduit thread || **≗muffe** *f* / heavy-gauge conduit coupler
Panzerrolle *f* / reinforced roller
Panzerung *f* / armouring *n*, armour *n*, cable armour, metallic armour
Papier *n* / paper *n* || ≗ *n* (f. Schreiber) / chart paper, chart *n* || **ölimprägniertes** ≗ / oil-impregnated paper || **≗ablage** *f* (Drucker) / (paper) stacker *n* || **≗ablagekorb** *m* (Drucker) / paper stacker || **≗antrieb** *m* (Schreiber) / chart driving mechanism || **≗auflage** *f* (Drucker) / paper support plate || **≗aufwickelwerk** *n* (Schreiber) / chart winding mechanism, chart take-up || **≗breite** *f* (Schreiber) / chart width || **≗chromatographie** *f* / paper chromatography || **≗decklage** *f* / paper top layer, paper facing || **≗einlage** *f* (IR) / paper liner || **≗geschwindigkeit** *f* (Schreiber) / chart speed || **≗-Haftmasseisolierung** *f* / mass-impregnated non-draining paper insulation || **≗-Harz-Laminat** *n* / resin-bonded paper
papierisoliert *adj* / paper-insulated *adj* || **~es Bleimantelkabel** / paper-insulated lead-sheathed cable, paper-insulated lead-covered cable (PILC cable)
papierkaschiert *adj* / paper-backed *adj* || **~er Kunststoff-Lochstreifen** / paper-backed plastic tape
Papier·klemmfeder *f* (Schreiber, EZ) / chart holding spring, chart clip || **≗kondensator** *m* / paper capacitor || **≗-Masse-Kabel** *n* / paper-insulated mass-impregnated cable || **≗pappe** *f* / paper board, board *n* || **≗pelz** *m* / paper fleece || **≗rolle** *f* (f. Drucker) / paper roll || **≗spannbügel** *m* (Schreiber, EZ) / chart tightening roll || **≗streifen** *m* / papertape *n*
Papiertransport *m* (Drucker) / paper transport, paper feed || **≗walze** *f* (Schreiber, EZ) / chart feed roll, chart advancing roll
Papier·tuch *n* / paper towel || **≗-Vorschubgeschwindigkeit** *f* (Schreiber) / chart speed || **≗wickel** *m* / paper wrapper
PAPI-System *n* / precision approach path indicator system (PAPI system)
Pappe *f* / paper board, board *n*
Papp·karton *m* / cardboard box || **≗umhüllung** *f* / jacket of pasteboard
PAR / PAR (pulse accumulator request)
Parabel *f* / parabola *n* || **≗abschnitt** *m* (NC) / parabolic span || **≗interpolation** *f* (NC) / parabolic interpolation (The computation of intermediate points of a parabola by the interpolator of a contouring control system. Usually a parabolic segment or span is defined by a group of three points, the last point of one span being the first point of the next span)
Parabol·kegel *m* / lathe turned plug, contoured plug || **≗oid** *m* / lathe turned plug || **≗reflektor** *m* / parabolic reflector || **≗rinnenspiegel** *m* (Leuchte) / parabolic fluted reflector || **≗spiegel** *m* (Leuchte) / parabolic specular reflector || **≗spiegelkörper** *m* / parabolic reflector body || **≗spiegellampe** *f* / parabolic specular reflector lamp
paraelektrisch *adj* / paraelectric *adj*
paraffinbasisches Isolieröl / paraffinic insulating oil
paraffiniert *adj* / paraffined *adj* || **~es Papier** / paraffin paper
Paraffinwachs *n* / paraffin wax
Paragraph *m* (Vorschrift) / clause *n*
paragraphbündig *adj* / paragraph-aligned *adj*
parallaxefreie Linse (o. Lupe) / anti-parallax lens
parallel *adj* (Ablauf von mehreren Prozessen) / parallel *adj* || **~ geschaltet** / switched parallel || **~ gewickelt** / parallel-wound *adj*
Parallelabfrage *f* (PMG) DIN IEC 625 / parallel poll (pp) || ≗ **abbauen** (PMG) DIN IEC 625 / parallel poll unconfigure (PPU) || ≗ **fordern** (PMG) DIN IEC 625 / request parallel poll (rpp) || ≗ **sperren** (PMG) DIN IEC 625 / parallel poll disable (PPD) || **≗-Antwort** *f* (PMG) / parallel poll response || **≗-Wartezustand der Steuerfunktion** (PMG) DIN IEC 625 / controller parallel poll wait state (CPWS) || **≗zustand der Steuerfunktion** (PMG) DIN IEC 625 / controller parallel poll state (CPPS)
Parallel·abtastung *f* (NC) / parallel scanning || **≗-ADU** *m* / parallel-type ADC, flash ADC || **≗ankopplung** *f* (RSA) / parallel coupling, parallel injection || **≗befehl** *m* / broadcast command || **≗befehlsschritt** *m* / broadcast command step || **≗betrieb** *m* (DV) / parallel operation || **≗betrieb** *m* (Netz, Masch.) / parallel operation, operation in

parallel, parallel running || ²**bogen** *m* / parallel edge || ²**darstellung** *f* / parallel representation || ²**drossel** *f* / shunt inductor
parallele Adressierung / parallel addressing || ~ **Bemaßung** (CAD) / parallel dimensioning || ~ **Näherung** (von Leitern, deren Abstand um nicht mehr als 5% schwankt) / parallelism *n*
Parallel·-E/A *m* / parallel input/output (PIO) || ²**eingabe** *f* / parallel input || ²**einspeisung** *f* (RSA) / parallel injection, parallel coupling || ²**elektrode** *f* / dynode *n* || ²**endmaß** *n* / parallel gauge block, gauge block, slip gauge, Johansson gauge || ²**epiped** *n* / parallelepiped, block *n*, frame *n* || ²**erder** *m* / parallel-contact earthing switch || ²-**Erdungsschalter** *f* / parallel-contact earthing switch || ²-**Ersatzkapazität** *f* / equivalent parallel capacitance || ²-**Ersatzwiderstand** *m* / equivalent parallel resistance || ²**flach** *n* / parallelepiped || ²-**Funkenstrecke** *f* (Funkenhorn) / arcing horn
parallelgeschaltet *adj* / connected in parallel, parallel *adj*, shunt connected *adj*, shunted *adj*, paralleled *adj*
Parallel·impedanz *f* / shunt impedance, leak impedance || ²**induktivitätskoeffizient** *m* / parallel reactance coefficient
Parallelität *f* / parallelism *n*
Parallelitäts·fehler *m* (a. Osz.) / parallelism error || ²**toleranz** *f* / parallelism tolerance
Parallel·kante *f* / parallel edge || ²**kapazität** *f* / parallel capacitance, shunt capacitance || ²-**Kinematik-Maschine** *f* (PKM) / parallel-kinematics machine (PKM) || ²**kode** *m* / parallel code || ²**kompensation** *f* (Leistungsfaktor) / parallel p.f. correction, shunt p.f. correction || ²**kompensation** *f* (Netz) / shunt compensation || ²-**Kompensation** *f* / parallel correction || ²**kondensator** *m* / shunt capacitor || ²-**Kondensatorbatterie** *f* VDE 0670,T.3 / parallel capacitor bank IEC 265 || ²**kopplung** *f* / parallel interface, parallel link || ²**kopplung** *f* (SPS) / parallel interface || ²**kreis** *m* / parallel circuit || ²**kreiskopplung** *f* (RSA) / parallel coupling, parallel injection
Parallellauf *m* / parallel operation || **Netz-**² *m* / operation in parallel with system || ²-**Drosselspule** *f* / load-sharing reactor IEC 289, paralleling reactor ANSI C37.12 || ²**einrichtung** *f* (Trafo-Stufenschalter) VDE 0530,T.30 / parallel control device IEC 214
Parallelläufer *m* (Trafo) / transformers operating in parallel, parallel transformer
Parallellauf·relais *n* / paralleling control relay || ²**steuerung** *f* / paralleling control, paralleling *n* || ²-**Überwachung** *f* DIN 41745 / parallel operation monitoring
Parallelleitungskompensation *f* / parallel cable compensation
Parallel-Manipulator *m* / master-slave manipulator || ²**muster** *n* (Staubsauger) / parallel pattern || ²**nahtstelle** *f* / parallel interface || ²-**Nummernsystem** *n* DIN 6763,T.1 / parallel numbering system
Parallelmodell *n* / parallel model
Parallelo·eder *m* / parallelohedron *n* || ²**top** *n* / parallelotope *n*
Parallel·profil *n* (Freiltg.) / offset profile IEC 50(466), side slope at X metres || ²**programmierung** *f* / parallel programming || ²**pult** *n* / parallel operator panel || ²**rechner** *m* / parallel computer
parallelredundante USV / parallel-redundant UPS
Parallel·register *n* / parallel register || ²**reißer** *m* / surface gauge || ²**resonanz** *f* / parallel resonance || ²**resonanzkreis** *m* / parallel resonant circuit
Parallelschalten *n* / paralleling *n*, shunting *n*, connection in parallel || ² *n* (Synchronisieren und Zusammenschalten) / synchronize and close, paralleling *n* || ~ *v* / parallel *v*, connect in parallel, shunt *v* || **angenähertes** ² / random paralleling
Parallelschalt·gerät *n* / automatic synchronizer, check synchronizer, automatic coupler, synchro-check relay, check synchronizing relay, paralleling device, synchronizer || ²**gestänge** *n* / shifting linkage for parallel switching || ²**relais** *n* / synchro check relay, check synchronizing relay || ²**sperre** *f* / paralleling lockout || ²**system** *n* / shunt (o. parallel) system of distribution
Parallelschaltung *f* / parallel connection, connection in parallel, shunt connection, shunting *n*
Parallel·schaltverbindung *f* / link for paralleling || ²**schlag** *m* (Kabel) / equal lay || ²**schnittgewebe** *f* / straight-cut fabric || ²**schnittstelle** *f* / parallel interface || ²-**Schutzwiderstand** *m* / protective shunt resistor || ²**schwingkreis** *m* / anti-resonant circuit, rejector *n* (depr.) || ²**schwingkreisumrichter** *m* / parallel tuned converter || ²-**Seriell-Umsetzer** *m* / parallel-to-serial converter, serializer *n* || ²-**Seriell-Umsetzung** *f* / parallel-serial conversion || ²-**Serien-Schaltung** *f* / parallel-series connection || ²**steuerung** *f* / paralleling control, paralleling *n* || ²**stromkreis** *m* / parallel circuit, shunt circuit || ²**stück** *n* / parallel block
Parallel·übergabe *f* (DÜ) DIN 44302 / parallel transmission || ²**übertrag** *m* / carry lookahead || ²**übertragung** *f* / parallel transmission || ²**übertragungssignal** *n* DIN 19237 / parallel transfer signal || ²**umsetzer** *m* / parallel-type converter, flash converter, deserializer || ²**umsetzung** *f* (ADU) / parallel conversion, flash conversion || ²-**USV** *f* / parallel UPS || ²**verarbeitung** *f* / parallel processing || ²**verbinder** *m* / parallel-conductor coupling || ²**verlagerung** *f* / parallel misalignment, non-parallelism *n*
parallelversetzt (Maschinenwellen) / in parallel misalignment
Parallel·wandler *m* / parallel-type converter, flash converter || ²**wicklung** *f* / parallel winding, shunt winding || ²**wicklung** *f* (Spartransformator) VDE 0532,T.1 / common winding IEC 76-1 || ²**widerstand** *m* (Gerät) / shunt resistor, shunt *n*, diverter resistor || ²**widerstandskoeffizient** *m* / parallel resistance coefficient || ²**zähler** *m* / parallel counter || ²**zweig** *m* / parallel circuit || ²**zweig** *m* (SPS) / parallel branch
paramagnetisch·es Sauerstoffanalysegerät / paramagnetic oxygen analyzer || **~er Werkstoff** / paramagnetic material
Paramagnetismus *m* / paramagnetism *n*
Parameter *m* / parameter *n* || ² *m* (einer Anweisung SPS) / operand *n* (of a statement) || ² **änderbar über** / parameter changeable via || ² **der Grundgesamtheit** (Statistik, QS) / population parameter || ² **der Kernhysteresis** / core hysteresis

parameter, core factor C_2 || ≗ **der Kerninduktion** / core inductance parameter, core factor C_1 || **Alle** ≗ / all parameters || **dynamische** ≗ / dynamic parameters || **formaler** ≗ / formal parameter, dummy parameter || **globaler** ≗ / global parameter || **lokaler** ≗ / local parameter || **veränderbarer** ≗ / adjustable parameter

parameter-adaptives Regelsystem / parameter-adaptive control system

Parameter·änderung *f* / parameter change || ≗**art** *f* / type of parameter || ≗**-Bedien-DB** / parameter entry DB, parameter control DB || ≗**bedienung** *f* / operators parameter input, parameter assignment (by operator) || ≗**bereich** *m* / parameter area || ≗**bezeichnung** *f* / parameter name || ≗**block** *m* / parameter block

Parameter·ebene *f* / parameters level || ≗**eingabe** *f* / parameter entry || ≗**-Eingabefeld** *n* / parameter input field || ≗**eingabefenster** *n* / parameter input window || ≗**einstellung** *f* / parameter setting || ≗**empfindlichkeit** *f* (Reg.) / parameter sensitivity || ≗**fehler** *m* / parameter assignment error, parametrization error || ≗**fehler** *m* (PAFE) / parameter error, parameterization error, parameter assignment error || ≗**feld** *n* / parameter field || ≗**filter** *m* / parameter filter

parameterfrei *adj* / non-parametric *adj*

Parameterhaltung *f* / parameter management

parameteriert als / parameterized for

Parameter·kennwert *m* (PKW) / parameter characteristics, parameter ID value || ≗**maske** *f* / parameterization screenform || ≗**name** *n* / parameter name || ≗**nummer** *f* / parameter number || ≗**rechnung** *f* / parameter calculation

Parameter, Art des ≗**s** / type of parameter

Parametersatz *m* (PS) / parameter set, set of parameters || ≗**umschaltung** *f* / parameter set changeover

Parameter·schlüssel für P0013 / key for user defined parameter || ≗**schreibweise** *f* / parameter notation || ≗**schreibweise** *f* (NC, Programmierung) / parametric programming, parameter programming || ≗**speicher** *m* / parameter storage || ≗**sperre für P0013** / lock for user defined parameter || ≗**steuerung** *f* / parameter control || ≗**substitution** *f* / substitution of parameters || ≗**tabelle** *f* / parameter table || ≗**technik** *f* / parameter technique || ≗**typ** *m* / parameter type, type of data

Parameter·übergabe *f* / parameter transfer || ≗**übersicht** *f* / parameter overview || ≗**verknüpfung** *f* / parameter linking || ≗**versorgung** *f* / parameterization, parameterizing, parameter initialization (Assignment of values to parameters), initialization *n*, parameter assignment, parameter setting, calibration *n* || ≗**voreinstellung** *f* / parameter setting || ≗**-Voreinstellwert** *m* / default parameter value

Parametervorgabe *f* / parameter setting || **adaptive** ≗ / adaptive parameter entry || **dynamische** ≗ / dynamic parameter definition

Parameter·wert *m* / parameter value || ≗**wertänderungsebene** *f* / parameter value changing level || ≗**wertebene** *f* / parameter value level || ≗**zugriff** *m* / access parameter || ≗**zuweisung** *f* (Versorgung von Parametern mit Werten) / parameterization, parameterizing, parameter initialization (Assignment of values to parameters), initialization *n*, parameter assignment, calibration *n*, parameter setting

Parametrieradresse *f* / parameter address

parametrierbar *adj* / parameterizable *adj*, configurable *adj* || ~ *adj* (programmierbar) / programmable *adj*

Parametrier·baugruppe *f* / parameterization module, parameter assignment (o. input) module || ≗**baustein** *m* (SPS) / parameter assignment block || ≗**bild** *n* / parameterization display || ≗**daten** *plt* / parameter assignment data || ≗**datenbaustein** *m* / parameter assignment data block || ≗**einheit** *f* (PMU) / parameterizing unit (PMU), master control || ≗**einrichtung** *f* / means for parameterizing

Parametrieren *n* / parameter assignment, parameterization *n*, parameter input || ~ *v* / parameterize, assign (o. input) parameters, set parameters

Parametrier·fehler *m* / parameter assignment error, parametrization error || ≗**fehler** *m* (PAFE) / parameterization error, parameter assignment error, parameter error || ≗**gerät** *n* / parameterization panel || ≗**liste** *f* / parameter list || ≗**maske** *f* / parameterization screenforms || ≗**methode** *f* / parameter assignment mode || ≗**oberfläche** *f* / parameterization interface || ≗**platz** *m* / parameterization terminal, parameterization station || ≗**software** *f* / parameterization software, parameter assignment software, calibration software || ≗**-Software** *f* / parameterization software, parameter assignment software || ≗**tool** *n* / parameterization tool

Parametrierung *f* / parametrization *n*, parameter assignment, parameter initialization (Assignment of values to parameters), parameterizing *n*, parameter setting, calibration *n*, initialization *n*

Parametrierungsdatenbaustein *m* / parameter assignment data block

Parametrierwerkzeug *n* / parameterizing tool

parametrischer Test DIN 55350, T.24 / parametric test || ~ **Verstärker** / parametric amplifier (PARAMP)

Parametron / parametric amplifier (PARAMP)

parasitäre Elemente / parasitics *plt* || ~ **Kopplung** / stray coupling || ~ **Schwingung** IEC 50(161) / parasitic oscillation

Parität *f* / parity *n*

Paritäts·baugruppe *f* / parity-check module || ≗**bit** *n* / parity bit || ≗**-Element** *n* / parity element, EVEN element || ≗**fehler** *m* / parity error (PE) || ≗**generator/-Prüfer** *m* / parity generator/checker || ≗**prüfung** *f* / parity check, odd-even check || ≗**ziffer** *f* / parity digit

Parity·-Bit *n* (Prüfbit, das am Ende einer Reihe von Bits angehängt wird, um die Quersumme der Bits immer gerade oder ungerade zu machen) / parity-bit *n*, parity check bit || ≗**kontrolle** *f* / parity check

Parkettversiegelungen *f pl* / parquet floor seals

Park·flächenbeleuchtung *f* / parking area lighting || ≗**haus** *n* / multi-storey car park || ≗**leitsystem** *n* / car-park routing system || ≗**leuchte** *f* / parking light (o. lamp) || ≗**platz** *m* / parking area, parking lot (GB), car park (US) || ≗**stellung** *f* / parking position

Park-Transformation *f* / Park transformation, synchronously rotating reference-frame transformation, d-q transformation

Parole *f* / password *n* || **mitarbeiterspezifische** ≗ /

specific password
Partial·druck *m* / partial pressure || ²**schwingung** *f* / harmonic *n*
Partiekontrolle durch Stichproben / batch inspection by samples
partiell typgeprüfte Niederspannungs-Schaltgerätekombination (PTSK) (PTSK) VDE 0660, T.500 / partially type-tested l.v. switchgear (or controlgear) assembly || **~er Fehlzustand** (Fehlzustand, der nicht alle Funktionen einer Einheit betrifft) IEC 50(191) / partial fault (A fault characterized by the inability of an item to perform some, but not all required functions)
partikeldurchschlagsichere Kapselung / flameproof enclosure EN 50018, explosion-proof enclosure
Partikelsperre *f* / particle barrier
partikelzünddurchschlagsicher *adj* / flameproof for safety from particle ignition, dust-ignitionproof *adj*
Partner *m* (PC-Gerät) / partner *n* || ² *m* (Kommunikationssystem) / peer *n* || ²**instanz** *f* DIN ISO 8348 / peer entity || ²**system** *n* / remote PLC system
Partyline *f* / party line || ²**-Bussystem** *n* / party-line bus system
Pass·bohrung *f* / locating hole || ²**bolzen** *m* / reamed bolt, fitted bolt, barrel bolt || ²**einsatz** *m* / sleeve *n* || ²**einsatz** *m* (Sich.) / gauge piece
Passfeder *f* / featherkey *n*, parallel key, fitted key, spline *n*, fitter key, key *n* || ²**nut** *f* / featherkey way, keyway *n*
Pass·fehler *m* / form error || ²**fläche** *f* / fit surface, fitting surface, mating surface
passiv *adj* / passive *adj* || **~ wahr senden** (PMG) / send passive true
Passivator *m* (zur Erhöhung der Alterungsbeständikeit) / passivator *n*
passiv·e Linienstromschnittstelle / passive current loop interface || **~e Redundanz** / passive redundancy || **~e Sicherheit** / passive safety || **~e Übertragung** (PMG) / passive transfer || **~er Basisableitwiderstand** (TTL-Schaltung) / passive pull-down || **~er Bereitschaftsbetrieb** (USV) / passive standby operation || **~er Fehler** / passive fault || **~er Knoten** (Netz) / passive bus || **~er Stromkreis** / passive circuit || **~er Teilnehmer** / passive node || **~er Teilnehmer** (PROFIBUS) / passive station, slave *n* || **~er Zustand** (System) / passive status || **~es Ersatznetz** / passive equivalent network || **~es Filter** / passive filter, multiple passive filter || **~es Netz** / passive network || **~es Stromkreiselement** / passive circuit element
passiviert *adj* / passivated *adj* || **~es Isolieröl** / passivated insulating oil
Passivierung *f* / passivation *n*
Passivierungsmittel *n* / passivator *n*
Passivzustand *m* / passive status
Pass·lehre *f* / setting gauge || ²**maß** *n* DIN 7182,T.1 / size of fit || ²**pfropfen** *m* (Sich.) / adaptor plug (fuse) || ²**ring** *m* / gauge ring || ²**ring** *m* (Sich.) / adaptor ring (fuse) || ²**schraube** *f* / fit bolt, reamed bolt, fitting screw, screw adapter || ²**schraube** *f* (Sich.) / adaptor screw (fuse) || ²**schraubenschlüssel** *m* (Sich.) / adaptor screw fitter || ²**sitz** *m* / snug fit, machined seat || ²**stift** *m* / dowel pin, alignment pin, locating pin, dowel *n*, fitted pin, prisoner *n*, set-pin *n* || ²**system** *n* / system of fits, fit system || ²**teil** *n* DIN 7182,T.1 / fit component || ²**toleranz** *f* / fit tolerance
Passung *f* / fit *n*
Passungs·grundmaß *n* / basic size || ²**klasse** *f* / class of fit || ²**länge** *f* / fitting length || ²**rost** *m* / fretting rust || ²**system** *n* / system of fits, fit system
Passwort *n* / password || ²**schutz** *m* / password protection
Pastenzelle *f* (Batt.) / paste-lined cell
PAT / PAT (pulse accumulator thaw)
Patch·feld *n* / patch field || ²**leitung** *f* / patch cable
Patenservicestelle *f* / standby service department
Patenterteilung *f* / patent grant
Paternoster *m* / paternoster *n* || ²**magazin** *n* / rotary-type magazine
Patina *f* (Komm.) / skin *n*, oxide film, tan film, film *n*
Patrone *f* (Sich.) / cartridge *n*
Patronen·anlasser *m* / cartridge starter || ²**sicherung** *f* / cartridge fuse
Pattern duplizieren / duplicate pattern || ²**bearbeitung** *f* / pattern machining || ²**befehl** *m* / pattern instruction || ²**programmierung** *f* / pattern programming || ²**teil** *m* / pattern part
Pauschal·genehmigung *f* / blanket authorization || ²**gutschrift** *f* / fixed-price credit || ²**tarif** *m* (StT) / fixed payment tariff
Pause *f* / interrupt *n*, interruption *n* (Temporary state of inability of a service to be provided, persisting for more than a given time duration, and characterized by a change beyond given limits in at least one parameter essential for the service), interval *n*, blueprint *n* || ² *f* (el. Masch.) VDE 0530, T.1 / machine at rest and de-energized || ² *f* (Verzögerung) / delay *n*, time delay || ² *f* (Lichtpause) / print *n* || ² *f* (Arbeitszeit) / break *n* || ² *f* (in einem Dienst) IEC 50(191) / break *n* || ² *f* (CAD) / delay *n* || **Impuls~** *f* / interpulse period || **spannungslose** ² / dead time, dead interval, idle period, reclosing interval
pausen *v* / blueprint *v*, copy *v* || **~** *v* (durchzeichnen) / trace *v* || ² *n* (Blaup.) / blueprinting *n* || ² *n* (m. Kohlepapier) / tracing *n*, copying *n* || ² *n* (NC) / tracing *n*
Pausen·betrieb *m* / break mode || ²**signal** *n* / break signal || ²**stellung** *f* / break position || ²**temperatur** *f* / break temperature
Pausenzeit *f* / time interval, rest period, dead time, idle time, off period, interval time || ² *f* (bei Kurzunterbrechung) / dead time || ² **zwischen Blitzentladungen** / inter-stroke interval || ²**glied** *n* / dead timer
PAZ / PAZ (pulse accumulator freeze and reset)
PB / maximum allowable working pressure || ² (Programmbaustein) / PB (program block)
P-Beiwert *m* / proportional gain
P-Bereich *m* / proportional band || ² *m* (Peripheriebereich) / I/O area
PBK (programmierbare Bausteinkommunikation) / PBC (programmable block communication)
PBL (Parameter-Basisliste) / PBL (Parameter Basic List)
PBM (pulsbreitenmoduliert) / PWM (pulse-width-modulated), PAM (pulse amplitude modulated)
PBT / process control keyboard
P-Bus *m* (Peripheriebus) / peripheral bus, I/O bus
PB-Vektorrechner *m* (Pulsbreiten-Vektorrechner) / pulse width vector calculator
PC / polycarbonate *n*, PLC (programmable logic

controller) || ≗ **Anschaltung** / PC interface module
PC/PG / PC/PG
PC-Applikation *f* / pc application
PCB / polychlorinated biphenyls (PCB)
PCF (Polymer-Cladded Fiber) / polymer-cladded silica fiber, PCF (polymer-cladded fiber)
PCI / PCI (Peripheral Component Interconnect)
PC·-Kommunikation *f* / PC communication || ≗-**Kommunikationskarte** *f* / pc communication card || ≗-**Leitplatz** *m* / PC control centre
PCM / pulse-code modulation (PCM) || ≗-**Bitfehlerquoten und Codeverletzungsmesser** / PCM bit error rate and code violation meter
PC-Messgerät *n* (PC hier: Personal Computer) / PC-based measuring instrument
PCM·-Impulsrahmen *m* / PCM frame || ≗-**Messplatz** *m* / PCM test set || ≗-**System-Analysator** *m* / PCM system analyzer || ≗-**Übertragungsstrecke** *f* / PCM transmission link, PCM link
PCP (Programmable Controller Program) / PCP (programmable controller program)
PCS / PCS (Process Control System) || ≗-**Faser** *f* / PCS fibre (PCS = plastic-coated silicon)
PCU / position and control unit (PCU), process control unit (PCU), panel control unit (PCU), PCU
PC·-unterstützte Funktionsblockbibliothek / library of function blocks based on a PC || ≗-**Zentraleinheit** *f* / PC central unit
PDE / personal data acquisition (PDA) || ≗ (Produktionsdatenerfassung) / PDA (production data acquisition) || ≗-**Terminal** / process data acquisition terminal (PDA terminal)
PD-Glied *n* / PD element, proportional-plus-derivative-action element
PDM / pulse-duration modulation (PDM), pulse-width modulation (depr.)
PDO / process data organization (PDO)
PD·-Regelung *f* / PD control, proportional-plus-derivative control, rate-action control || ≗-**Regler** *m* (proportional-differential wirkender Regler) / PD controller (proportional and derivative action controller) || ≗-**Regler** *m* / proportional-plus-derivative controller, rate-action controller
PDU (Protocol Data Unit) / PDU (protocol data unit)
PDUID (Protocol Data Unit Identifier) / PDUID (protocol data unit identifier)
PDUREF (Protocol Data Unit Reference) / PDUREF (protocol data unit reference)
PDV / process data processing (PDP)
PD-Verhalten *n* / PD action, proportional-plus-derivative action
PE / protective conductor, protective ground conductor, protective earth conductor, equipment grounding conductor, PE conductor || ≗ (Erdung mit Schutzfunktion, Schutzerde) / PE (protective earth) || ≗ / polyethylene *n* (PE)
Peak·erkennung *f* (Chromatographie) / peak detection || ≗**fenster** *n* (Chromatographie) / peak window || ≗**fläche** *f* / peak area || ≗**höhe** *f* / peak height, peak amplitude || ≗**trennung** *f* / peak separation, time of peak maxima
PE·-Aufreihklemme *f* / channel-mounting PE (o. earth) terminal || ≗-**Baustein** *m* / PE module
Pedalwertgeber *m* (Kfz) / pedal sensor
Pedestalisolator *m* / pedestal insulator
Peer-to-Peer-Funktionalität *f* (die Peer-to-Peer-Funktionalität mit SIMOLINK entspricht im Prinzip der Peer-to-Peer-Kopplung) / peer-to-peer functionality
Pegel *m* / level *n*, signal level || ≗**abnahme** *f* (Schalldruck) / decay rate || ≗**anpassstufe** *f* / level adaptor || ≗**arbeitsweise** *f* (Schaltnetz) / fundamental mode || ≗**bildgerät** *n* / level tracer || ≗**faktor** *m* VDE 0111,T.1 / protective ratio || ≗**funkenstrecke** *f* / coordinating spark gap, standard sphere gap || **gesamt-hörfrequenter** ≗ *m* / overall level
pegelgetriggert *adj* / level-triggered *adj*
Pegel·linearität *f* / level linearity || ≗**messer** *m* / level meter || ≗**messplatz** *m* / level measuring set, level meter || ≗**messung** *f* / level measurement || ≗**regelung** *f* / level control || ≗**schwankung** *f* / level fluctuation || ≗**sender** *m* / level oscillator || ≗**sicherheit** *f* / protective ratio || ≗**stand** *m* / level *n* || ≗-**Streckenmessung** *f* / end-to-end level measurement || ≗**überwachung** *f* (PÜ) / level monitor || ≗**umsetzer** *m* / (signal) level converter, level shifter
PEH (Position erreicht und Halt) / DRS (destination reached and stationary)
PE-HSA (permanent erregter Hauptspindelantrieb) / PE-MSD (permanently excited main spindle drive)
Peil·antenne *f* / direction-finding aerial || ≗**stelle** *f* (Flp.) / direction-finding station
Peirce-Funktion *f* / Peirce function, NOR operation
Peitschen·ausleger *m* / davit arm, upsweep arm || ≗**mast** *m* / davit arm column, whiplash column
PE·-Klemme *f* / PE terminal || ≗-**Kreis** *m* / PE circuit || ≗-**Leiter** *m* / protective conductor, protective ground conductor, equipment grounding conductor, protective earth conductor, PE conductor, PE || ≗-**Leiter** *m* (geerdeter Schutzleiter) / PE conductor (protective earth conductor)
Peltier-Effekt *m* / Peltier effect
Pelton-Turbine *f* / Pelton turbine
PELV / protective extra low voltage, protective extra-low voltage (PELV)
Pendel *n* (Leuchte) / pendant *n*, stem *n* || ≗ *n* (Hängebedieneinheit) / pendant control unit || ≗**achse** *f* (WZM) / reciprocating axis || ≗**aufhänger** *m* (Leuchte) / stem hanger || ≗**ausfeuerzeit** *f* / reciprocating sparking out time || ≗**ausschlag** *m* (SchwT) / width of weaving || ≗**betrieb** *m* (Eine Spindelbetriebsart, bei der die Spindel drehzahlgesteuert mit konstantem Motorsollwert dreht) / oscillation mode (A spindle mode in which the spindle turns under speed control with a constant motor setpoint) || ≗**bewegung** *f* / oscillating motion, reciprocating movement || ≗**bolzen** *m* / pendulum bolt, bolt *n* || ≗**bremse** *f* / governor generator, pendulum generator || ≗**dämpfer** *m* (Netz) / power system stabilizer (PSS), oscillation suppressor || ≗**dämpfung** *f* (Netz) / oscillation damping, power stabilization || ≗**drehzahl** *f* / oscillation speed || ≗-**EMK** *f* / e.m.f. of pulsation || ≗**erfassung** *f* / oscillation detection || ≗**frequenz** *f* / oscillation frequency || ≗**funktion** *f* / oscillation function
Pendel·generator *m* (Drehmomentmessung) / cradle dynamometer, swinging-frame dynamometer, swinging-stator dynamometer, dynamometric dynamo || ≗**generator** *m* (Turb.-Regler) / governor generator, pendulum generator || ≗**hemmung** *f* (Uhrwerk) / pendulum escapement || ≗**intervallzeit**

f / oscillation cycle time || ≗**kugellager** *n* / self-aligning ball bearing || ≗**lager** *n* / self-aligning bearing, pendulum bearing || ≗**lagersitz** *m* / self-aligning bearing seat || ≗**leuchte** *f* / pendant luminaire, pendant fitting, pendulum luminaire, suspended luminaire || ≗**moment** *n* (el. Masch.) / oscillating torque, pulsating torque || ≗**montage** *f* (Leuchte) / pendant mounting, stem mounting || ≗**montageschiene** *f* / pendant mounting channel (o. rail), pendant track || ≗**motor** *m* / governor motor, pendulum motor

Pendeln *n* (Netz) / power swing || ≗ *n* (Synchronmasch.) / hunting *n*, oscillation *n* || ≗ *n* (zur Überwindung der Anlaufreibung) / dithering *n* || ≗ *n* (Schleifscheibe) / oscillating *n* || ≗ *n* (Schweißgerät) / weaving *n* || ≗ *n* (Schweißroboter) / reciprocating *n*, reciprocation *n* || ≗ *n* (WZM, z.B. Spindel) / oscillation *n* || ~ *v* / oscillate *v* || ≗ **um die Nenndrehzahl** / phase swinging || **Spindel~** *n* (NC, zum Einrücken des Getriebes) / spindle-gear meshing (movement)

pendelnd aufgehängtes Gehäuse (Pendelmasch.) / swinging frame, cradle-mounted frame || **~e Freiauslösung** (SG) / cycling trip-free operation

Pendel·oszillator *m* / self-quenching oscillator, squegging oscillator, squegger *n* || ≗**reaktanz** *f* / reactance of pulsation, internal reactance || ≗**regler** *m* / centrifugal governor || ≗**rollenlager** *n* / self-aligning roller bearing, spherical roller bearing || ≗**rückzugsweg** *m* / reciprocation return path || ≗**schlaggerät** *n* / spring-operated impact test apparatus, impact tester, pendulum impact testing machine || ≗**schleifen** *n* / swing-frame grinding, reciprocation grinding, complete traverse grinding || ≗**schnur** *f* (Leuchte) / pendant cord, pendant *n* || ≗**schutz** *m* (Außertrittfallsch.) / out-of-step protection || ≗**schweißen** *n* / wash welding, weaving *n* || ≗**sollwert** *m* / oscillation setpoint, oscillating speed value || ≗**sperre** *f* / power swing blocking || ≗**sperre** *f* (Netz) / out-of-step blocking device, anti-hunt device || ≗**sperre** *f* (Spannungsreg.) / anti-hunt device || ≗**stütze** *f* / pendulum support

Pendelung *f* (Reg.) / hunting *n* || ≗ *f* / oscillation *n* || **freie** ≗ / free oscillation

Pendelungen, selbsterregte ≗ / hunting *n* || **Spannungs~** *f pl* / voltage oscillations

Pendelungskurve *f* / swing curve IEC 50(603)

Pendel·verpackung *f* / returnable packaging || ≗**weg** *m* / oscillation distance || ≗**werkzeug** *n* / floating tool || ≗**winkel** *m* / swing angle || ≗**zähler** *m* / pendulum meter || ≗**zusatz** *m* / anti-hunt device

Penetrieröl *n* / oil penetrant

Penetrometer *n* / penetrometer *n*

PEN·-Klemme *f* / PEN terminal || ≗**-Leiter** *m* VDE 0100, T.200, geerdeter Leiter, der die Funktionen des Schutzleiters und des Neutralleiters erfüllt / PEN conductor (conductor combining the functions of both protective and neutral conductor, protecting neutral), pen conductor bar || ≗**-Schiene** *f* / PEN bar, PE/N bar

Pensky-Martens, Flammpunktprüfgerät nach ≗ (geschlossener Tiegel) / Pensky-Martens closed flash tester

Pentode *f* / pentode *n*

PER (Peripherie) / I/O devices

Perchlorethylen *n* / perchlorethylene *n*, tetrachloroethylene *n*

perforiert *adj* / perforated *adj*, punched *adj*

Periode *f* / period *n* || ≗ *f* (Schwingungen) / cycle *n*, period *n* || ≗ **außerhalb der Spitzenzeit** / off-peak period || ≗ **der Eigenschwingung** / natural period of oscillation || ≗ **konstanter Ausfallrate** / constant failure-rate period

Periodendauer *f* / period *n*, period of oscillation || ≗ **der Netzspannung** / line period || ≗ **der Vielperiodensteuerung** / cyclic operating period || ≗ **des Taktsignals** / period of clock signal || ≗ **eines Pulsbursts** / pulse burst repetition period || ≗**messung** *f* / period duration measurement || ≗**zähleingang** *m* / period duration counter input

Periodenfrequenz *f* / frequency *n*

periodengenau *adj* / accurate within one cycle

Perioden·wandler *m* / frequency converter, frequency changer, frequency changer set || ≗**zahl** *f* / frequency *n* || ≗**zähler** *m* / cycle counter

periodisch *adj* IEC 50(101) / periodic *adj* || ~ **abgetastete Echtzeitdarstellung** (Impulsmessung) DIN IEC 469, T.2 / periodically sampled real-time format || ~ **zulässiger Einschaltstrom für RC-Entladung** (Thyr) / repetitive turn-on current with RC discharge || **~e Ausgangsspannungsmodulation** / periodic output voltage modulation || **~e Berechnungen** / periodic calculations || **~e Betätigung** (HSS) / cyclic actuation || **~e Dauerentladeprüfung** / periodic continuous service test || **~e Ein-Aus-Steuerung** VDE 0838, T.1 / cyclic on/off switching control || **~e EMK** / periodic e.m.f. || **~e Frequenzmodulation** / periodic frequency modulation, frequency modulation || **~e Größe** / periodic quantity || **~e Kontrollen** / periodic inspection || **~e Rückwärts-Spitzensperrpannung** (Thyr) DIN 41786 / repetitive peak reverse voltage, maximum recurrent reverse voltage || **~e Rückwärts-Spitzensperrspannung** / circuit crest peak off-stage voltage (The highest istantaneous value of the off-state voltage developed across a controllable valve device or an arm consisting of such devices, excluding all repetitive and non-repetitive transients) || **~e Rückwärts-Spitzensperrspannung** (am Zweig) / circuit repetitive peak reverse voltage || **~e Schwankung** / periodic variation || **~e Spitzen-Rückwärtsverlustleistung** (Lawinen-Gleichrichterdiode) DIN 41781 / repetitive peak reverse power dissipation || **~e Spitzenspannung** HD 625.1 S1 / recurring peak voltage (Peak value of a generated voltage whose characteristic is recurring at some specified period. Such recurring peak voltages are generally generated in switch-mode power supply circuits (a.c. or d.c. to d.c. converters)) IEC 664-1 || **~e Spitzenspannung in Rückwärtsrichtung** / repetitive peak reverse voltage, maximum recurrent reverse voltage || **~e Spitzensperrspannung** (Thyr) DIN 41786 / repetitive peak off-state voltage || **~e Spitzensperrspannung** (Diode) DIN 41781 / repetitive peak reverse voltage || **~e Spitzensperrspannung in Vorwärtsrichtung** / repetitive peak forward off-state voltage || **~e Steh-Spitzenspannung** HD 625.1, S1 / recurring peak withstand voltage IEC 664-1 || **~e und/oder regellose Abweichungen** / periodic and/or random deviations (PARD) || **~e Vorwärts-**

Scheitelsperrspannung / circuit repetitive peak off-stage voltage (The highest instantaneous value of the off-state voltage developed across a controllable valve device or an arm consisting of such devices, including all repetitive transient voltages but excluding all non-repetitive transient voltages) || **~e Vorwärts-Spitzenspannung des Stromkreises** / circuit repetitive peak off-state voltage || **~e Vorwärts-Spitzensperrspannung** (Thyr) DIN 41786 / repetitive peak forward off-state voltage || **~er Aussetzbetrieb** S3, EN 60034-1 / periodic duty IEC 34-1, intermittent periodic duty, intermittent duty || **~er Aussetzbetrieb mit Einfluss des Anlaufvorganges** S 4, EN 60034-1 / intermittent periodic duty with starting IEC 34-1 || **~er Aussetzbetrieb mit elektrischer Bremsung** S 5, EN 60034-1 / intermittent periodic duty with electric braking IEC 34-1 || **~er Betrieb** / periodic duty || **~er Spitzenstrom** (Thyr) DIN 41786 / repetitive peak on-state current || **~er Spitzenstrom** (Diode) DIN 41781 / repetitive peak forward current || **~er Spitzenwert der Netzspannung** / repetitive peak line voltage || **~es automatisches Umschalten** / commutation *n*

Periodizität *f* / periodicity *n*, periodic occurrence

peripher·e Einheit DIN 44300 / peripheral unit || **~e Einrichtungen** / peripheral equipment (o. devices), peripherals *plt* || **~er Schnittstellenadapter** / peripheral interface adapter (PIA) || **~er Speicher** / peripheral storage

Peripherie *f* (periphere Einheiten eines Rechnersystems) / peripherals *n pl* || ≗ *f* (PER) / I/O devices || ≗ *f* (E/A-Baugruppen) / I/O modules, I/Os || ≗ *f* (Schnittstellensystem, Prozessperipherie) / interface system || **dezentrale** ≗ (DP) / distributed I/O devices, distributed I/O, distributed I/Os, distributed machine I/O devices, DMP, dp || **erweiterte** ≗ / extended I/O area || **erweiterte** ≗ (SPS) / extended I/O memory area || **globale** ≗ / global I/O, GP || **intelligente** ≗ / intelligent I/Os || **zentrale** ≗ / centralized I/O || **zyklische** ≗ (ZP) / cyclic I/O

Peripherie·adapter *m* (Bus, LAN) / I/O adapter || ≗**adressierung** *f* / I/O addressing || ≗**anschaltung** *f* / I/O interface || ≗**baugruppe** *f* (E/A-B.) / I/O module || ≗**baugruppe** *f* (Schnittstellenb.) / interface module, I/O module || ≗**baugruppenträger** *m* / I/O rack || ≗**bearbeitung** *f* / peripheral interchange program (PIP)

Peripheriebereich *m* (E/A-B.) / I/O area || **erweiterter** ≗ / extended I/O memory area, extended I/O area

Peripherie·bus *m* / I/O bus, peripheral bus, interface bus || ≗**bus** *m* (P-Bus) / peripheral bus, I/O bus || ≗**byte** *n* / periphery byte, I/O byte || ≗**byte** *n* (PY) / peripheral byte (PY), I/O byte || ≗**-Datenaustauschprogramm** *n* / peripheral interchange program (PIP) || ≗**fehler** *m* / I/O error

Peripheriegerät *n* / peripheral device, I/O device, I/O station || ≗ *n* (SPS, E/A-Gerät) / peripheral I/0 rack || ≗ *n* (SPS) DIN EN 61131-1 / peripheral *n* IEC 1131-1 || **dezentrales** ≗ / distributed I/O device

Peripherie·geräte *n pl* / peripheral equipment (o. devices), peripherals *plt* || ≗**haltezeit** *f* / I/O retention time || ≗**kopplung** *f* (NC) / periphery (o. peripheral) link, I/O interface || ≗**-Kopplung** *f* / I/O interface || ≗**schnittstelle** *f* / periphery interface || ≗**signal** *n* / I/O signal

Peripheriespeicher *m* / peripheral storage, I/O memory, add-on memory || ≗**anschaltung** *f* / peripheral storage controller

Peripherie-Speicher-Umschaltung *f* / memory I/O select || ≗ *f* (PESP) / memory I/O select

Peripherie·stecker *m* (Rückwandkarte) / non-bus edge connector || ≗**steckplatz** *m* (SPS) / I/O slot (o. location)

Peripheriesystem *n* / I/O system || **dezentrales** ≗ / distributed I/O system

Peripherie·treiber *m* / peripheral driver, interface driver || ≗**wort** *n* (PW) / peripheral word (PW), I/O word || ≗**zugriff** *m* / I/O access || **direkter** ≗**zugriff** / direct I/O access || **schreibender** ≗**zugriff** / I/O write access || ≗**zugriffsfehler** *m* / I/O access error

Perlfeuer *n* (Bürsten) / brush sparking, slight sparking

perlgemustert *adj* / bead-patterned *adj*, beaded *adj*

Perl·glas *n* / pearl glass || ≗**wand** *f* / pearl screen, glass-beaded screen, beaded screen

permanent·er Fehlzustand / persistent (o. permanent o. solid) fault || **~erregte Maschine** / permanent-field machine, permanent-magnet machine

Permanent·magnet *m* / permanent magnet (PM) || ≗**magnetfluss** *m* / permanent magnetic flux || ≗**pol** *m* / permanent-magnet pole || ≗**pol-Maschine** *f* / permanent-magnet machine, permanent-field machine || ≗**strom** *m* (SuL) / persistent current

Permeabilität *f* / permeability *n* || ≗ **der rückläufigen Schleife** / recoil permeability || ≗ **des leeren Raums** / permeability of free space, space permeability, permeability of the vacuum || ≗ **des Vakuums** / permeability of free space, space permeability, permeability of the vacuum || **Kehrwert der** ≗ / reluctivity *n*

Permeabilitäts·abfall, zeitlicher ≗**abfall** / time decrease of permeability, disaccommodation of permeability || ≗**anstieg** *m* / permeability rise factor || ≗**konstante** *f* / electric constant, permittivity *n*, capacitivity of free space, permittivity of the vacuum || ≗**tensor** *m* / tensor permeability || ≗**tensor für ein magnetostatisch gesättigtes Medium** / tensor permeability for a magnetostatically saturated medium || ≗**zahl** *f* IEC 50(221) / relative permeability

Permeameter *n* / permeameter *n*

Permeanz *f* / permeance *n*

Permittivität *f* / permittivity *n*, absolute permittivity IEC 50(212)

Permittivitäts·-Verlustfaktor *m* IEC 50(212) / dielectric dissipation factor, loss tangent || ≗**zahl** *f* / relative permittivity

Personal, qualifiziertes ≗ / qualified personnel || ≗**bereitstellung** *f* / provision of personnel, personnel availability || ≗**-Computer** *m* / personal computer || ≗**daten** *plt* / personnel data, human-based data || ≗**datenerfassung** *f* / personnel data recording || ≗**datenerfassungssystem** *n* (ZKS) / attendance and security access control system, human-based data acquisition system || ≗**datensatz** *m* / personnel data record || ≗**einsatz** *m* / manning *n* || ≗**entsendung** *f* / personnel assignment || ≗**kosten** *plt* / personnel costs || ≗**-Nr.** *f* / employee no. || ≗**nummer** *f* / employee number, personal number || ≗**stammdaten** *plt* / personnel master data ||

²**vorhaltung** *f* / maintaining personnel || ²**zeiterfassung** *f* (PZE) / time and attendance recording (PZE) || ²**zuordnung** *f* / personnel assignment

Personen·aufzug *m* / passenger lift, passenger elevator (US) || ²**-Ausweis-System** *n* (ZKS) / personnel badge system || ²**datenerfassung** *f* (PDE) / personal data acquisition (PDA) || ²**nummer** *f* DIN 6763,T.1 / personal identity number || ²**rufanlage** *f* / paging system || ²**schaden** *m* / personal injury || ²**schutz** *m* / protection against personal injury, operator protection || **praxisgerechter** ²**schutz und Maschinenschutz** / practical protective measures for operating personnel and machinery || ²**sicherheit** *f* (Betriebspersonal) / operator safety || ²**steuer** *f* / poll tax || ²**suchanlage** *f* / staff locating system || ²**wärme** *f* / heat loss from man, heat from occupants

persönlich *adj* / personal *adj* || **~e Bergmannsleuchte** / miner's personal lamp

perspektivische Ansicht / perspective view

Perveanz *f* / perveance *n*

Perzentile *f* / percentile *n*

Perzentilwert *m* / percentile *n*

PE·-Schiene *f* / PE bar || ²**-Spindel** *f* / PE spindle

PETP / polyethylene-terephthalate *n* (PETP)

Petri-Netz-Methode *f* / Petri's network method

Petrochemie·anlage *f* / petrochemical plant || ²**-Produkte** / petrochemical products

Petrolatbeständigkeit *f* / resistance to petrolatum

Petroleum *n* / kerosene *n*

PE-Verbindung *f* / protective earth (PE), PE (protective earth)

Pfad *m* / path *n* || ² *m* (Schaltplan) / circuit *n* || ² *m* (Wickl.) / circuit *n*, phase *n* || ² **löschen** / delete path || **Spannungs~** *m* (MG) / voltage circuit, shunt circuit || **Strom~** *m* / current path, current circuit, series circuit || ²**angabe** / path name || ²**datei** *f* / path file || ²**komponente** / path component || ²**leiste** / path bar || ²**name** / path name

Pfahl mit Birne (Bohrpfahl) / bulb pile, underreamed pile, expanded pile || ²**gründung** *f* / pile foundation

PFB (Programmfolgebetrieb) / program sequencing, OPS

Pfeifpunkt *m* / singing point

Pfeil *m* (Warnsymbol) / flash *n* || ² **nach links** / arrow pointing left || ²**rad** *n* / double helical gear, herringbone gear || **Ansicht in** ²**richtung** / view in direction of arrow || ²**schnitt** *m* / pointed mitre cut || ²**taste** *f* / arrow key || ²**verzahnung** *f* / double helical gearing, herringbone gearing

Pferdestärke *f* / horsepower *n* (h.p.) || ² *f* (PS) / metric horsepower

P-FID / phosphorus-selective flame ionization detector (P-FID)

Pflanzen·bestrahlungslampe *f* / plant-growth lamp || ²**schutz** *m* / plant protection

Pflegbarkeit *f* (Programme) / maintainability *n*

Pflege *f* / servicing *n*, updating *n* || ²**aufwand** *m* / update costs

pflegen *v* / service *v*, maintain *v*, tend *v* || **einen Programmbaustein ~** / update (o. maintain a program block)

Pflegeservice *m* / update service

Pflichtanforderung für die Implementierung (GKS) / implementation mandatory || **Arbeitsplatz-**² *f* / workstation mandatory

Pflicht-Arbeitszeit *f* / mandatory attendance

Pflichtenheft *n* (z.B. für Installationsbus) / performance specification || ²**e** *n pl* / (software) specifications

Pflichtfeld *n* / obligatory field

PFM (Puls-Frequenz-Modulation) / PFM (Pulse Frequency Modulation)

Pforte *f* / entrance gate

Pfropfen *m* (Probe) / trepanned plug, plug *n* || ²**entnahme** *f* (Probe) / trepanning *n* || ²**probe** *f* / trepanned plug test

PG / programmer *n*, programming unit (PU), programming terminal, program panel || ² (Programmiergerät) / programming device, programmer *n*, PG

Pg / heavy-gauge conduit thread, conduit thread

PG·-Abfüllung *f* / preinstalled software on programming device || ²**-Anschaltung** *f* (SPS, Baugruppe) / PU interface module

Pg·-Einführung *f* / screwed conduit entry || ²**-Gewinde** *n* (Panzergewinde-Veschraubung) / heavy-gauge threaded joint, Pg screwed cable gland

PG·-Kabel *n* / programmer cable || ²**-Kommunikation** *f* / pg communication

P-Glied *n* / P element, proportional-action element

PG-PC-Schnittstelle einstellen / set PG-PC interface

P-Grad *m* / statics *n pl*, stress analysis || ² **der Regelung** / offset coefficient || ² **gleich Null** / absence of offset, zero offset

PG·-Schnittstelle *f* (Programmiergeräteschnittstelle) / programming device port, programmer interface, programmer port || ²**-Steckdose** *f* / programmer connector, PG socket outlet

PGV (programmgesteuerter Verteiler) / program-controlled distribution board

Pg-Verprägung *f* / Pg knockout

PG-Verschraubung *f* / cable gland, heavy-gauge threaded joint, heavy-duty threaded joint, Pg screwed cable gland

PHA / pulse height analysis (PHA), (pulse) amplitude analysis

P-Halbleiter *m* / P-type semiconductor, hole semiconductor

Phänomen / phenomenon *n*

Phantom·echo *n* / phantom echo || ²**kreis** *m* (Kabel) VDE 0816 / phantom circuit (cable), superimposed circuit || ²**kreis mit Erdrückleitung** / earth phantom circuit, ground phantom circuit || ²**licht** *n* / sun phantom || ²**-ODER** *n* / wired OR, dot OR || ²**-ODER-Verknüpfung** *f* DIN 40700, T.14 / distributed OR connection IEC 117-15, dot OR, wired OR || ²**-Schaltung** *f* / distributed connection, phantom circuit || ²**-UND** *n* / wired AND, dot AND || ²**-UND-Verknüpfung** *f* DIN 40700, T.14 / distributed AND connection IEC 117-15, dot AND, wired AND || ²**-Verknüpfung** *f* / distributed connection, phantom circuit

Phase *f* / phase *n* || ² **fehlt** / phase dead, phase failure || ² **konstanter Ausfalldichte** (Phase in der Lebenszeit einer instandzusetzenden Einheit mit nahezu gleichbleibender Ausfalldichte) IEC 50(191) / constant failure intensity period (That period, if any, in the life of a repaired item during which the failure intensity is approximately constant) || ² **konstanter Ausfallrate** (Phase in der

Lebenszeit einer nicht instandzusetzenden Einheit mit nahezu gleichbleibender Ausfallrate) IEC 50(191) / constant failure rate period (That period, if any, in the life of a non-repaired item during which the failure rate is approximately constant) || **in ≗ sein** / be in phase, be in step || **außer ≗** / out of phase || **Nummer der identifizierten ≗** / No. of phase to be identified || **≗-Erde-Ableiter** *m* / phase-to-earth arrester || **≗-Isolation** *f* / phase-to-earth insulation || **≗-Mittelleiter-Schleife** *f* / phase-neutral loop

Phasen R, S, T / phases L1, L2, L3, phases R (red), Y (yellow), B (blue)

Phasenabgleich *m* (EZ) / quadrature adjustment, quadrature compensation, quadrature correction, inductive-load adjustment, phase-angle adjustment || **≗** *m* (Leistungsfaktoreinstellung) / power-factor adjustment || **≗klasse** *f* (EZ) / quadrature compensation class || **≗spule** *f* (EZ) / quadrature coil

Phasen·abgleichung auf 90° (EZ) / quadrature adjustment, quadrature compensation || **≗abschnittsteuerung** *f* / generalized phase control || **≗abstand** *m* / clearance between phases, phase spacing || **≗abweichung** *f* / phase displacement, phase difference || **≗analyse** *f* (Verfahren der Röntgendiffraktometrie) / phase analysis || **≗anordnung** *f* / phase grouping || **≗anpassung** *f* (Relaiseinstellung) / phase-angle adjustment || **≗anschnittsteuerung** *f* / generalized phase control IEC 555-1, phase control, phase-fired control

Phasenausfall *m* / phase failure || **≗relais** *n* / open-phase relay, phase-failure relay || **≗schutz** *m* / phase-failure protection, open-phase protection || **≗überwachung** *f* / phase-failure monitoring

Phasen·ausgleich *m* (Leistungsfaktorverbesserung) / power-factor correction, phase compensation || **≗auswahlrelais** *n* / phase selection relay || **≗baustein** *m* (LE) / phase module || **≗beziehung** *f* / phase relationship || **≗bruch** *m* / phase open-circuit, phase failure || **≗bruchrelais** *n* / open-phase relay, phase-failure relay

Phasendefokussierung *f* / debunching *n* || **≗ durch Raumladung** / space-charge debunching

Phasen·dehnung *f* / phase stretching || **≗differenz** *f* / phase difference || **~drehendes Glied** / phase displacing (o. shifting) element || **≗dreher** *m* / phase shifter || **≗drehung** *f* / phase rotation, phase displacement || **≗durchgang** *m* / phase crossover (The frequency at which the phase angle reaches plus or minus 180 degrees) || **≗ebene** *f* / phase plane || **≗einstellung** *f* / phasing *n* || **≗-Erde-Kapazität** *f* / phase-to-earth capacitance || **≗faktor** *m* (Trafo) VDE 0532, T.1 / phase factor IEC 76-1 || **≗fehlerkorrektur** *f* / phase error compensation || **≗festpunkt** *m* / phase fixed point || **≗fokussierung** *f* / bunching *n*

Phasenfolge *f* / phase sequence, sequential order of phases, phase consequence || **Einfluss vertauschter ≗** / influence of reversed phase sequence || **Prüfung der ≗** / phase-sequence test || **≗anzeiger** *m* / phase-sequence indicator, phase-rotation indicator || **≗-Kommutierung** *f* (Verfahren der Kondensator-Kommutierung, bei dem derjenige Hauptzweig, der in der Reihenfolge als nächster leiten soll, beim Einschalten den die Kommutierungsspannung liefernden Kondensator mit dem vorhergehenden Hauptzweig verbindet) / auto-sequential commutation (A method of capacitor commutation where the next principal arm to conduct in sequence when turned on connects the capacitor supplying the commutating voltage to the foregoing arm) || **≗löschung** *f* / autosequential commutation || **≗löschung** *f* (LE) / interphase commutation || **≗relais** *n* / phase-sequence relay, phase rotation relay || **≗überwachung** *f* / phase-sequence monitoring || **≗-Umkehrschutz** *m* / phase-sequence reversal protection

Phasen·-Frequenzgang *m* / phase-frequency response || **≗gang** *m* / phase response, phase-frequency characteristic, phase frequency curve || **≗geschwindigkeit** *f* / phase velocity

phasen·getrennt *adj* / phase-separated *adj*, phase-segregated *adj* || **~gleich** *adj* / cophasal *adj*, in phase

Phasengleichheit *f* / in-phase condition, phase coincidence, be in-phase, phase balance || **≗** *f* (Klemme-Phasenleiter) / correct terminal-phase association, correct terminal-phase connections || **Prüfung auf ≗** (Anschlüsse) / verification of terminal connections

Phasen·grenze *f* / interface *n* || **≗größe** *f* / phase quantity || **≗gruppierung** *f* / phase grouping, phase-coil grouping || **≗hub** *m* / (maximum) phase-angle deviation || **≗isolation** *f* (Wickl.) / interphase insulation, phase-coil insulation || **Klemmenkasten mit ≗isolation** / phase-insulated terminal box || **≗jitter** *m* / phase jitter || **≗klemme** *f* / line terminal || **≗kompensation** *f* / phase compensation || **≗kompensator** *m* / synchronous condenser, synchronous compensator

phasenkompensierter Asynchronmotor / all-Watt motor

Phasen·konstante *f* / phase-change coefficient, phase constant, phase coefficient || **≗kopf** *m* (Rezeptverarbeitung) / phase header || **≗kurve** *f* / phase-plane diagram, state-phase diagram || **≗kurzschluss** *m* / phase-to-phase short circuit, line-to-line fault

Phasen·lage *f* / phase angle, phase relation || **≗lampe** *f* (Synchronisierlampe) / synchronizing lamp || **≗laufzeit** *f* / phase delay time || **≗leiter** *m* / phase conductor, outer conductor, L conductor, external line || **≗manager** *m* / phase manager || **≗maß** *n* / phase difference || **≗maß** *n* (LWL) IEC 50(731) / phase coefficient || **≗messgerät** *n* / phasemeter *n* || **≗mitte** *f* / phase centre || **≗modulation** *f* (PM) / phase modulation (PM) || **≗nacheilung** *f* / phase lag, lagging phase angle, lag *n* || **≗nacheilwinkel** *m* / lagging phase angle, phase lag || **≗opposition** *f* / phase opposition || **≗prüfer** *m* / phasing tester || **≗rand** *m* / phase margin || **≗raum** *m* / phase space || **≗regelkreis** *m* / phase-locking loop || **automatische ≗regelung** / automatic phase control (APC) || **≗regler** *m* (Phasenschieber) / phase shifter || **≗regler** *m* (EZ) / quadrature correction device, inductive-load adjustment device, phase-angle adjustment device || **~reiner Widerstand** / ohmic resistance || **≗reserve** *f* (Reg.) / phase margin

phasenrichtig *adj* / in-phase *adj*, in correct phase relation, in correct phase sequence || **~ anschließen** / connect in correct phase sequence (o. phase relation)

Phasenschieben *n* / phase shifting, phase advancing, power-factor correction
Phasenschieber *m* / synchronous compensator IEC 50(411), phase advancer, phase modifier || ≈ *m* (asynchrone Blindleistungsmasch.) / asynchronous condenser, asynchronous compensator, asynchronous phase modifier || ≈ *m* (synchrone Blindleistungsmasch) / synchronous condenser, synchronous compensator || **Kappscher** ≈ / Kapp vibrator || **Leblancscher** ≈ / Leblanc phase advancer, Leblanc exciter, recuperator *n* || ≈**-Drehtransformator** *m* / rotatable phase-shifting transformer || ≈**kondensator** *m* / power-factor correction capacitor || ≈**röhre** *f* / phase shifter tube || ≈**transformator** *m* / phase-shifting transformer, quadrature transformer || ≈**umrichter** *m* (PHU) / phase-shifting converter || ≈**wicklung** *f* / phaseshifting winding || ≈**-Zirkulator** *m* / phase-shift circulator
Phasen·schluss *m* / inter-phase short circuit, phase-to-phase short circuit, phase-to-frame short circuit || ≈**schnittkreisfrequenz** *f* (Reg.) / phase crossover frequency || ≈**schnittpunkt** *m* / phase intersection point || ≈**schottung** *f* / phase segregation, phase-separating partition, phase barrier || ≈**schreiber** *m* / recording phasemeter || ≈**schwankung** *f* / phase shifting, phase change || ≈**sicherheit** *f* / phase margin
Phasenspannung *f* / line-to-line voltage, phase-to-phase voltage, voltage between phases, phase-to-neutral voltage || ≈ *f* (Strangspannung) / phase voltage || ≈ **gegen Erde** / line-to-earth voltage, line-to-ground voltage (US), phase-to-earth voltage
Phasenspektrum *n* / phase spectrum, Fourier phase spectrum
Phasensprung *m* / sudden phase change, sudden phase shift, phase shift || ≈ *m* (el. Masch., Wickl.) / belt pitch, phase-coil interface
phasenstarrer Oszillator / phase-locked oscillator
Phasen·störung *f* / jitter *n* || ≈**strom** *m* / phase current
phasensynchronisiert·e Regelschleife / phase-locked control loop (PLCL) || **~e Schleife** (PLL-Schaltung) / phase-locked loop (PLL)
Phasen·teiler *m* / phase splitter || ≈**trenner** *m* (Wickl.) / phase separator
Phasentrennung *f* (Klemmenkasten, SS) / phase separation, phase segregation || ≈ *f* (Wickl.) / phase separator, inter-phase insulation || ≈ *f* / phase segregation, phase-separating partition, phase barrier
Phasentrennwand *f* / phase barrier, interphase barrier
Phasenüberwachung *f* / open-phase protection, phase-failure protection || ≈ **beim Anlauf** / starting open-phase protection
Phasenüberwachungsrelais *n* / phase monitoring relay, phase-failure relay
Phasen·umformer *m* / phase converter, phase splitter, phase transformer, phase modifier || ≈**umkehr** *f* / phase reversal, phase inversion || ≈**umkehrschutz** *m* / phase reversal protection || ≈**umrichter** *m* / phase converter || ≈**umwandlung** *f* (Chem.) / phase transformation || ≈**ungleichheit** *f* / phase unbalance, difference of phase || ≈**ungleichheit** *f* (Phasenwinkelverschiebung) / phase-angle displacement || ≈**unsymmetrie** *f* / phase unbalance || ≈**unsymmetrierelais** *n* / phase unbalance relay || ≈**unterschied** *m* / phase difference, difference of phase || ≈**unterspannungsschutz** *m* / phase undervoltage protection
Phasen·vergleich *m* / phase comparison || ≈**vergleichs-Distanzschutz** *m* / phase-comparison distance protection || ≈**vergleichsgerät** *n* / phase comparator device || ≈**vergleichsmessgerät** *n* / phase comparator meter || ≈**vergleichsrelais** *n* / phase comparator relay
Phasenvergleichsschutz *m* / phase comparison protection || ≈ **mit Messung in jeder Halbwelle** IEC 50(448) / full-wave phase comparison protection, dual-comparer phase comparison protection (USA) || ≈ **mit Messung in jeder zweiten Halbwelle** IEC 50(448) / half-wave phase comparison protection, single comparator phase comparison protection (USA)
Phasen·verhältnis *n* / phase relationship || ≈**verlauf** *m* / phase response, phase angle
phasenverriegelt *adj* / phase-locked *adj*
Phasenverschiebung *f* / phase displacement, phase shift(ing), phase angle || ≈ **um 180°** / phase opposition || ≈ **um 90°** / phase quadrature || **dielektrische** ≈ / dielectric phase angle || **Einstellung der** ≈ (Relaisabgleichung) / phase angle adjustment
Phasenverschiebungs·differenz (eines nichtreziproken Phasenschiebers) IEC 50(221) / differential phase shift || ≈**faktor** *m* / phase differential factor, phase displacement factor, phase factor || ≈**winkel** *m* / phase difference IEC 50(101), phase displacement angle, phase angle, power factor angle
phasenverschoben *adj* / out of phase || **um 180°** ~ / in phase opposition || **um 90°** ~ / in quadrature, by 90° out of phase || **~er Impuls** / phase-displaced pulse
Phasen·vertauschung *f* / phase transposition || ≈**verzerrung** *f* / phase distortion || ≈**verzögerung** *f* / phase lag, lagging phase angle || ≈**voreilung** *f* / phase lead, leading phase angle, lead *n* || ≈**voreilwinkel** *m* / phase-angle lead, phase lead *n* || ≈**wandler** *m* / phase converter, phase transformer || ≈**wechsel** *m* / phase reversal, phase change || ≈**wicklung** *f* / phase winding
Phasenwinkel *m* / phase angle, phase *n* IEC 50(101), phase displacement angle, power-factor angle, electrical angle || ≈ **der Last** / load power-factor angle || ≈ **der Last** (Wechselstromsteller) / characteristic angle of output load || ≈**messer** *m* / phase-angle meter || ≈**messumformer** *m* / phase-angle transducer || ≈**spektrum** *n* / Fourier phase spectrum, phase spectrum || ≈**stabilisierung** *f* DIN 41745 / phase-angle stabilization || ≈**vergleichsschutz** *m* / phase comparison protection
Phasen·zahl *f* / number of phases || ≈**zahlumrichter** *m* / phase converter || ≈**zittern** *n* / phase jitter || ≈**zuordnung** *f* / phase assignment || ≈**zyklus** *m* (Prozessführung) VDI/VDE 3695 / number of phase cycles
Phase-Phase-Ableiter *m* / phase-to-phase arrester
phasig, 2-~ *adj* / 2-phase *adj*
pH·-Durchlaufarmatur *f* / flow-type pH electrode assembly || **~-Elektrodenbaugruppe** *f* / pH electrode assembly
Phenol·aldehydharz *n* / phenol-aldehyde resin || ≈**formaldehyd** *n* / phenol-formaldehyde *n* || ≈**-Furfurol-Harz** *n* / phenol-furfural resin || ≈**harz** *n* /

phenolic resin, phenol-aldehyde resin || ≗harzkleber *m* / phenolic cement
PHG / programmable manipulator (PM), programmable robot || ≗ / hand-held programmer || ≗ (Programmierhadgerät) / handheld programmer, handheld *n*, HPU (handheld programming unit) || ≗ **Anschluss** / HPU interface
Phlogopit *n* (Aluminium-Magnesium-Kalium-Glimmer) / phlogopite *n* (aluminium-magnesium-potash mica)
pH-Messgerät *n* / pH meter
Phonzahl *f* / noise level in phons
phosphatieren *v* / phosphatize *v*, phosphor-treat *v* || ~ *v* (bondern) / bonderize *v*
Phosphor·bronze *f* / phosphor-bronze *n* || ≗**eszenz** *f* / phosphorescence *n* || ≗**säure** *f* / phosphoric acid
phosphorselektiver Flammenionisationsdetektor (P-FID) / phosphorus-selective flame ionization detector (P-FID)
Photon *n* / photon *n*
Photonen·bestrahlung *f* / photon exposure || **spezifische** ≗**ausstrahlung** / photon excitance || ≗**strahlstärke** *f* / photon intensity || ≗**strom** *m* / photon flux || ≗**zähler** *m* / photon counter
Phthalat-Ester *m* / phthalic ester
PHU / phase-shifting converter
physikalisch aktive Schnittstelle / physically active interface || ~ **passive Schnittstelle** / physically passive interface || **~e Adresse** / physical address || **~e Atmosphäre** / standard atmosphere, International Standard Atmosphere (ISA) || **~e Einheit** (der Größe einer MSR-Stelle) VDI/VDE 3695 / engineering unit || **~e Rückwirkungsfreiheit** / absence of physical interaction (or of feedback) || **~e Schicht** / physical layer || **~e Schnittstelle** / physical interface || **~er Empfänger** / physical receptor
physiologische Blendung / disability glare
PI / polyimide *n* (PI) || ≗ (proportional-integral) / PI (proportional and integral) || ≗ (Programm-Instanz) / PI (program invocation) || ≗**-Ausgang** / PI output
Picker *m* (logisches GKS-Eingabegerät) / pick device || ≗**kennzeichnung** *f* / pick identifier
Pick-Vorschub *m* (WZM, NC) / peck feed, Woodpecker feed
PID (proportional-integral-differential) / PID (proportional-integral differential) || ≗ **Autotuning Offset** / PID tuning offset || ≗ **Autotuning Überwachungszeit** / PID tuning timeout length || ≗**-Algorithmus** *m* / PID algorithm || **Maximalwert** ≗**-Ausgang** / PID output upper limit || ≗**-Differenzierzeitkonstante** / PID derivative time || ≗**-Festsollwert 1** / Fixed PID setpoint 1 || ≗**-Festsollwert-Modus - Bit 0** / Fixed PID setpoint mode - Bit 0 || ≗**-Gebertyp** *m* / PID tranducer type || ≗**-Geschwindigkeitsalgorithmus** *m* / PID velocity algorithm, PID control velocity algorithm
PI-Dienst *m* / PI service
PID-Integrationszeit / PID integral time
PID-Istwert, maximaler ≗ / max. value for PID feedback || **maximaler** ≗ / min. value for PID feedback || ≗**-Filterzeitkonstante** / PID feedback filter timeconstant || ≗**-Funktionswahl** / PID feedback function selector
PID·-Parameter *m* / pid parameters || ≗**-Proportionalverstärkung** / PID proportional gain || ≗**-Regelalgorithmus** *m* (PID = Proportional-Integral-Differentialverhalten) / PID control(ler) algorithm || ≗**-Regelung** *f* / PID closed-loop control, proportional-plus-integral-plus-derivative-action control || ≗**-Regler** *m* / PID controller, proportional-plus-integral-plus-derivative controller || ≗**-Regler** *m* / proportional-plus-integral-plus-derivative-action controller, PID controller || ≗**-Reglertyp** *m* / PID controller type || ≗**-Schrittregler** *m* / PID step controller || ≗**-Sollwert Verstärkung** / PID setpoint gain factor || ≗**-Verhalten** *n* / PID action, proportional-plus-integral-plus-derivative action || ≗**-Zus.sollwert-Verstärkung** / PID trim gain factor
Pierce-Strahlerzeuger *m* / Pierce gun
Piezoaktor *m* / ceramic actuator
piezoelektrisch *adj* / piezoelectric *adj* || **~e Drucktaste** / piezoelectric switch, piezoelectric control, piezoelectric pushbutton || **~e Ruftaste** / piezoelectric call button || **~er Aufnehmer** / piezoelectric pickup || **~er Druckwandler** / piezoelectric pressure transducer (o. Druckaufnehmer) || **~er Effekt** / piezoelectric effect || **~er Taster** / piezoelectric switch, piezoelectric control, piezoelectric pushbutton || **~er Wandler** / piezoelectric transducer
Piezokeramik *f* / piezoceramic
piezokeramisch *adj* / piezoceramic *adj* || **~er Schwinger** / piezoceramic oscillator
Piezo·-Ruftaste *f* / piezoelectric call button || ≗**taster** *m* / piezoelectric switch, piezoelectric control, piezoelectric pushbutton || ≗**ventil** *n* / piezovalve || ≗**widerstandseffekt** *m* / piezoresistive effect
PI·-Fehler *m* / PI error || ≗**-Festsollwert** *m* / fixed PI setpoint || ≗**-Frequenz** *f* / PI frequency
PIGFET / P-channel isolated-gate field-effect transistor (PIGFET)
Piktogramm *n* / icon *n*
Pilgerschrittschweißen *n* / step-back welding
Pilot *m* (Pilotsignal) / pilot signal || ≗**auftrag** *m* / pilot order || **automatischer Hilfsstromschalter mit** ≗**funktion (PS-Schalter)** (PS-Schalter) VDE 0660,T.200 / pilot switch IEC 337-1 || ≗**generator** *m* / pilot generator, pilot signal generator || ≗**kontakt** *m* / pilot contact, pilot *n* || ≗**leitung** *f* / pilot *n* || ≗**signal** *n* / pilot signal || ≗**stand** *m* / pilot version || ≗**ton** *m* / (audible) pilot signal || ≗**zelle** *f* (Batt.) / pilot cell
Pilz *m* (DT) / mushroom button IEC 337-2 || ≗**befall** *m* / attack by fungi
Pilzdruckknopf *m* VDE 0660, T.201 / mushroom button IEC 337-2 || ≗ **mit Rastung** / latched mushroom button, mushroom button with latch || ≗ **mit Schloss** / locking-type mushroom button || **großer** ≗ / palm-type pushbutton, jumbo mushroom button || ≗**druckknopfschalter** *m* / mushroom-head pushbutton switch
Pilz·drucktaster *m* / mushroom-head pushbutton switch, mushroom pushbutton, mushroom-head pushbutton, mushroom-shaped pushbutton unit || ≗**formlampe** *f* / mushroom-shaped lamp || ≗**gründung** *f* (Freileitungsmast) IEC 50(466) / spread footing with pier, pad-and-chimney foundation || ≗**-Notdrucktaster** *m* / mushroom-head emergency pushbutton || ≗**-Schlagtaster** *m* / mushroom-head emergency pushbutton, mushroom-head slam button || ≗**taste** *f* / mushroom button IEC 337-2 || ≗**taster** *m* / mushroom button IEC 337-2

PIMS / PIMS (plant information management system)
Pin / pin *n* || ²**belegung** *f* / pin assignment
Pinch-Effekt *m* / pinch effect
PIN-Diode *f* / PIN diode (PIN = positive-intrinsic-negative)
pinkompatibel *adj* / pin-compatible *adj*
Pinole *f* / sleeve *n* || ² *f* (WZM) / quill *n*
Pinsel *m* / brush *n* || ²**patrone** *f* / brush cartridge
PIP / programmable integrated processor (PIP)
Pipelineregister *n* / pipeline register
Pirani-Druckmesser *m* / Pirani vacuum gauge
PI-Regelfunktion (Proportional-Integral-Regelfunktion) / PI control loop function (proportional, integral control loop function)
PI·-Regelung *f* (PI = Proportional-Integralverhalten) / PI control, proportional-plus-integral control, reset-action control || ²**-Regler** *m* / PI controller, proportional-plus-integral controller || ²**-Regler** *m* (proportional-integral wirkender Regler) / PI controller (proportional-plus-integral-action controller) || ²**-Rückführung** *f* / PI feedback || ²**-Rückführungssignal** *n* / PI feedback signal || ²**-Sättigung** *f* / PI saturation || ²**-Sollwert** *m* / PI setpoint
Piste *f* (Flp.) / runway *n*
Pisten·befeuerung *f* / runway lighting || ²**bezeichnungsmarke** *f* / runway designation marking || ²**endbefeuerung** *f* / runway end lighting || ²**ende** *n* (RWE) / runway end (RWE) || ²**feuer** *n* / runway light || ²**grundlänge** *f* / runway basic length || ²**-Hochleistungsfeuer** *n* / high-intensity runway light || ²**-Mittelleistungs-Randbefeuerung** *f* (REM) / runway edge lighting medium-intensity (REM) || ²**mittellinie** *f* (RCL) / runway centre line (RCL) || ²**mittellinienbefeuerung** *f* / runway centre-line lighting || ²**mittellinienmarke** *f* / runway centreline marking
Pistenrand *m* / runway edge || ²**feuer** *n* / runway edge light(s) || ²**-Hochleistungsbefeuerung** *f* (REH) / high-intensity runway edge lighting || ²**markierung** *f* / runway edge markings || ²**-Niederleistungsbefeuerung** *f* (REL) / low-intensity runway edge lighting (REL)
Pisten·richtungsanzeiger *m* / runway alignment indicator || ²**schulter** *f* / runway shoulder || ²**seitenlinienmarke** *f* / runway side stripe marking || ²**sichtweite** *f* (RVR) / runway visual range (RVR) || ²**streifen** *m* / runway strip
Pitot-Rohr *n* / Pitot tube
PI-Verhalten *n* / PI action, PI behaviour, proportional-plus-integral action
PIWS / internal program queue
Pixel *n* / pixel *n*
PJ (Projektierungsanleitung) / planning guide, configuring guide, PJ
P-Kanal·-Feldeffekttransistor *m* / P-channel field effect transistor, P-channel FET || ²**-Feldeffekt-Transistor** *m* (PIGFET) / P-channel isolated-gate field-effect transistor (PIGFET) || ²**-MOS** *m* (P-MOS) / P-channel MOS (P-MOS) || ²**-Transistor mit niedriger Schwelle** / low-threshold P-channel transistor
PKM (Parallel-Kinematik-Maschine, parallelkinematische Maschine) / PKM (parallel-kinematics machine)
PKW (Parameterkennwert) / parameter characteristics, parameter ID value || ²**-Auftrag** *m* / PKW task
PL / PL (power line)
Plakatschrift *f* / large-character print
Plan *m* (Anordnung) / layout *n* || ² *m* (Entwurf) / plan *n*, design *n* || ² *m* (Planung) / plan *n*, scheme *n*, schedule *n* || ² *m* (Projekt) / project *n*, scheme *n* || ² *m* (Zeichnung) / drawing *n* || ² *m* (Zeitplan) / schedule *n*, time table
plan *adj* / plane *adj*, even *adj*, flat *adj*, planar *adj*
Plan·achse *f* / transverse axis, traverse axis, facing axis || ²**anteil der Nichtverfügbarkeitszeit** / scheduled outage time, planned outage time, planned unavailability time
planarer Graph / planar graph
Planar·struktur *f* (HL) / planar structure || ²**technik** *f* (HL) / planar technique || ²**transistor** *m* / planar transistor
Plan-Außenbearbeitung *f* / transverse external machining
planbearbeiten *v* / face *v*, surface *v*
Planbewegung *f* (WZM) / cross travel, transverse motion
Planck·scher Kurvenzug / Planckian locus || ²**scher Strahler** / Planckian radiator || ²**sches Gesetz** / Planck's law
Plandrehen *n* / facing *n*, face turning
Plan·drehmeißel *m* / facing tool || ²**eckfräser** *m* / face milling cutter || ²**einstich** *m* / face groove
Planen *n* / planning *n*
Planeten·getriebe *n* (PLG) / planetary gearing, epicyclic gearing, planetary gear || ²**rad** *n* / star-wheel idler, planet pinion
Plan·fläche *f* / plane surface, end face, face *n* || ²**fräsen** *n* / face milling || ²**fräser** *m* / facing tool || ²**generator** *m* / diagram generator || ²**gewinde** *n* / transversal thread, face thread || ²**heit** *f* / planeness *n*, flatness *n*
planieren *v* (stanzen) / planish *v*
planiert *adj* / smoothed *adj*
Planimeter *m* / planimeter *n*
Plan-Innen-Bearbeitung *f* / transverse internal machining
Planlauf *m* / linear movement || ²**abweichung** *f* (Maschinenwelle) / axial eccentricity, axial runout
planmäßige Instandhaltung (Wartung, die nach einem festgelegten Zeitplan durchgeführt wird) / scheduled maintenance (The preventive maintenance carried out in accordance with an established time schedule)
planparallel *adj* / plane-parallel *adj*
Planrad *n* / contrate gear, face gear
planrichten *v* / straighten *v*
Plan·scheibe *f* / face plate, facing wheel || ²**schieber** *m* (WZM) / cross slide, facing slide || ²**schieberachse** *f* / cross slide axis, facing slide axis || ²**schlag** *m* / axial eccentricity, axial runout || ²**schleifen** *n* / face grinding || ²**schleifmaschine** *f* / surface grinding machine || ²**schleifscheibe** *f* / face grinding wheel || ²**schlichten** *n* / face finishing || ²**schlitten** *m* (WZM) / cross slide, facing slide || ²**schnitt** *m* (WZM) / facing cut, transverse cut || ²**schruppen** *n* / rough facing, transverse roughing, face roughing || ²**senken** *n* / spot facing, counterbore *n*, counterboring *n* || ²**senker** *m* / counterbore *n* || ²**spiegel** *m* / plane mirror || ²**tafel** *f* / planning board

Planté-Platte *f* / Planté plate
Planum *n* / finished grade, subgrade *n*
Planung *f* / planning *n*
Planungs·büro *n* / planning department || **≗ebene** *f* / plant management level || **≗faktor** *m* (BT) / depreciation factor || **≗qualität** *f* DIN 55350 / quality of planning || **≗runde** *f* / forecast staff || **≗theorie** *f* / planning theory || **≗- und Dispositionsebene** *f* / planning level || **≗- und Dispositionsrechner** *m* / planning computer || **≗wert der Beleuchtungsstärke** / design illuminance || **≗zeitraum** *m* / design period
Plan·vorschub *m* (WZM) / transverse feed, cross feed || **≗zahlen** *f pl* / figures forecasted || **≗zug** *m* / cross-feed *n* || **≗zugmotor** *m* / cross-feed motor
Plasma·ätzung *f* / plasma etching || **≗bildschirm** *m* / gas plasma panel, plasma panel || **~dynamischer Generator** / magnetoplasmadynamic generator (m.p.d. generator) || **≗-Flachbildschirm** *m* / plasma flat-screen
plasmageschweißt *adj* / plasma-arc-welded *adj*
Plasma·-Lichtbogenbrenner *m* / plasma torch || **≗schneiden** *n* / plasma arc cutting || **≗schweißen** *n* / plasma-arc welding || **≗strahl** *m* / plasma jet, plasma beam || **≗strömung** *f* / plasma flow || **≗-Wanderfeldröhre** *f* / extended-interaction plasma tube
Plast *m* (Kunststoff) / plastic *n*, plastic material
Plastic Optical Fibre (POF) / plastic optical fibre (POF)
Plastik·gehäuse *n* (IS) / plastic case, plastic encapsulation || **≗-LWL** / all-plastic optical fibre, plastic fiber optic cable || **≗mantel-Glasfaser** *f* / plastic-clad silica fibre (PCS fibre)
plastisch·e Formgebung / plastic shaping, reforming *n* || **~e Verformung** / plastic deformation, permanent set || **~-elastische Verformung** / plasto-elastic deformation
Plastmanschette *f* / sealing from plastics, V-ring from plastik
Plateau·-Schwellenspannung *f* / plateau threshold voltage || **≗steilheit** *f* (Zählrate/Volt) / plateau slope
Platine *f* / printed circuit board (pcb), substation processor module, PC board || **≗** *f* (Leiterplatte) / board *n*, printed circuit board, card *n* || **≗** *f* (Vielfachschalter) / wafer *n* || **≗** *f* (EZ) / platen *n* || **Bus~** *f* / bus p.c.b., wiring backplane
platinieren *v* / platinize *v*
Platin·-Messwiderstand *m* / platinum resistance element || **≗-Rhodium-Thermoelement** *n* (PtRh-Thermopaar) / platinum-rhodium thermocouple || **≗-Widerstandsthermometer** *n* (Pt-Widerstandsthermometer) / platinum resistance thermometer
Platte *f* (Kunststoff) / board *n*, sheet *n* || **≗** *f* (Die (Schneid-) Platte wird vom Werkzeughalter gehalten und bildet mit ihm zusammen das Werkzeug) / plate *n*, slide damper, insert *n*, cutting tip || **≗** *f* (Speicher) / disc *n* || **≗** *f* (Batt.) / plate *n* || **feldhohe ≗** / cubicle-height plate || **Schutz~** *f* (f. Monteur) / barrier *n*
Platten·abstand *m* / distance of disks || **≗anode** *f* / plate anode || **≗aufteilsäge** *f* / panel divider, board sectionizing saw || **≗bandförderer** *m* / apron conveyor (o. feeder) || **≗bearbeitung** *f* / board working, board machining || **≗betriebssystem** *n* / disk operating system (DOS) || **≗block** *m* (Batt.) / plate pack || **≗dicke** *f* (gS) / board thickness || **≗elektrode** *f* / plate electrode || **≗erder** *m* / earth plate, ground plate || **≗fahne** *f* (Batt.) / current-carrying lug
Plattenfeder·antrieb *m* / diaphragm actuator || **≗manometer** *n* / diaphragm pressure gauge || **≗messwerk** *n* / diaphragm element || **≗-Stellantrieb** *m* / spring diaphragm actuator
Platten·funkenstrecke *f* / plate-type series gap || **≗füßchen** *n* (Batt.) / bottom lug || **≗gitter** *n* (Batt.) / plate grid || **≗glimmer** *m* / mica slab, mica laminate || **≗-Grundbetriebssystem** *n* / basic disk operating system (BDOS) || **≗heizkörper** *m* / panel-type radiator || **≗hochregallager** *n* / high-bay pallet warehouse
Platten·läufer *m* / disc-type rotor, disc rotor || **≗paar** *n* (Batt.) / plate pair, plate couple || **≗rahmen** *m* (Batt.) / plate frame || **≗satz** *m* (Batt.) / plate group || **≗schieber** *m* / sliding ports valve, gate valve || **≗schluss** *m* (Batt.) / short-circuit between plates
Plattenschutzkapselung, Maschine mit ≗ / flange-protected machine
Plattenspeicher *m* / disk storage, magnetic disk storage || **≗laufwerk** *n* / disk memory drive || **≗steuerung** *f* / disk storage controller
Platten·temperatur *f* (GR) / plate temperature || **≗welle** *f* / Lamb wave || **≗formwaage** *f* / weighbridge, platform weighing machine
plattiert *adj* / cladded *adj*
Platz *m* (auf Leiterplatte) / location *n* || **≗** *m* (Baugruppenträger) / position *n* || **fester ≗** / permanent location || **≗art** *f* / location type, type of location || **≗artindex** *m* / location kind index || **≗bedarf** *m* / space requirements, space required, floor area required
Platzbelegung *f* / assignment of locations || **feste ≗** / fixed location assignment || **flexible ≗** / flexible assignment of locations
Platz·beleuchtung *f* / local lighting, localized lighting || **≗berechnung** *f* / location calculation || **≗codierschalter** *m* / location encoding switch
Platzcodierung *f* (WZM, NC) / total location coding, location coding (Tool identification by coding the tool location in the magazine) || **≗** *f* (Kennzeichnung der Position der Werkzeugplätze im Magazin zur Werkzeugkennung.) / tool location coding || **flexible ≗** / flexible location coding
Platzdefinition *f* / magazine location definition, location definition
Platzhalter *m* / dummy *n*, place holder || **≗** *m* (DV) / wildcard *n* || **≗baugruppe** *f* / dummy module || **≗-Tabelle** *f* / wildcard table
Platzkodierung *f* / location coding (Tool identification by coding the tool location in the magazine), tool location coding || **variable ≗** / variable location coding
platzkompatibel *adj* (elektron. Geräte, MG-Einheiten) / interchangeable *adj*
Platz·nummer *f* (Bildschirmaufteilung) / tag number, location number || **≗runden-Führungsfeuer** *n* / circling guidance lights || **~sparend** *adj* / space saving, compact *adj*, with minimum space requirement || **≗sperre** *f* / location disable || **≗zustand** *m* / location state
Plausibilität *f* / plausibility *n*
Plausibilitäts·kontrolle *f* / validity check || **≗prüfung** *f* / plausibility check, validity check ||

≗untersuchung *f* / plausibility analysis (o. check)
PLC·-Adresse *f* / PLC address ‖ **≗-Anwenderalarm** *m* / PLC user alarm ‖ **≗-Anwendermeldung** *f* / PLC user message ‖ **≗-Anwenderprogramm** *n* / PLC user program ‖ **≗-Ausgangssignal** *n* / PLC output signal ‖ **≗-Ausgangssignale an NC** / PLC output signals to NC ‖ **≗-Bilder** *n pl* / PLC displays ‖ **≗-Displaykoordinierung** *f* / PLC display coordination ‖ **≗-Eingangssignal** *n* / PLC input signal ‖ **≗-Eingangssignale von NC** / PLC input signals from NC ‖ **≗-Grundprogramm** *n* / basic PLC program ‖ **schneller ≗-Kanal** / high-speed PLC channel ‖ **≗-Machinendatum** *n* (PLC-MD) / PLC machine data (PLC MD) ‖ **≗-Maschinendatenwort** *n* / PLC machine data word ‖ **≗-MD** (PLC-Machinendatum) / PLC MD (PLC machine data) ‖ **≗-MD-Bit** *n* / PLC MD bit ‖ **≗-Meldung** *f* / PLC message ‖ **≗-Quittung** *f* / PLC acknowledgement ‖ **≗-Speicher** *m* / PLC memory ‖ **≗-Urlöschen** *n* / general PLC reset ‖ **≗-Zustand** *m* / PLC state ‖ **≗-Zykluszeit** *f* / PLC cycle time
P·-Leitfähigkeit *f* / P-type conduction, hole-type conduction ‖ **≗-Leitung** *f* / P potential core ‖ **≗-Leitung** *f* (HL) / P-type conduction, hole conduction ‖ **≗-lesend** *adj* / active high, sink input
plesiochron *adj* / plesiochronous *adj* ‖ **~es Netzwerk** / plesiochronous network
Pleuelstange *f* / connecting rod
Plexiaufsteller *m* / plexiglass display
Plexiglas *n* / plexiglass *n*, perspex *n* ‖ **≗abdeckung** *f* / plexiglass cover ‖ **≗scheibe** *f* / plexiglass panel ‖ **≗wanne** *f* (Leuchte) / plexiglass diffuser
PLG (Planetengetriebe) / planetary gear, PLG (planetary gearing)
PLL-Schaltung *f* / phase-locked loop (PLL)
PLM / pulse position modulation (PPM) ‖ ≗ (Impulslagenmodulation) / PLM (pulse-length modulation), PPM (pulse-position modulation) ‖ ≗ / pulse length modulation (PLM)
Plombe *f* / lead seal, seal *n* ‖ **Zähler~** *f* / meter seal
Plombendraht *m* / seal wire
plombierbar *adj* / sealed *adj*
Plombiereinrichtung *f* / sealing device
plombieren *v* / seal *v*
Plombier·kappe *f* / sealing cap ‖ **≗lasche** *f* / sealing tag ‖ **≗möglichkeit** *f* / sealable *adj* ‖ **≗schraube** *f* / sealing screw ‖ **≗schraube** *f* (EZ) / sealed terminal cover screw
plombiert *adj* / sealed with lead
Plotspuler *m* / plot spooler
Plotter *m* / plotter *n* ‖ **≗ mit Reibungsantrieb** / friction-drive plotter ‖ **Foto~** *m* / film recorder, photoplotter *n*, graphic film recorder
plötzlich·e Änderung / sudden change, step change ‖ **~er Lastabwurf** / sudden load rejection
PLS (Prozessleitsystem) / process control system
PLT / computer-integrated process control, computerbased process control
Plus·-Anzapfung *f* / plus tapping ‖ **≗bereich** *m* / plus region ‖ **≗-Minus-Anzeige** *f* / display with sign, bidirectional readout ‖ **≗-/Minuszeichen** *n* / plus/minus sign, sign *n* (SG) ‖ **≗nocken** *m* / plus cam ‖ **≗pol** *m* / positive pole ‖ **≗richtung** *f* / positive direction ‖ **Bewegung in ≗richtung** (NC-Zusatzfunktion) DIN 66025,T.2 / motion + (NC miscellaneous function) ISO 1056 ‖ **≗sammelschiene** *f* / positive busbar ‖ **≗toleranz** *f* / positive tolerance ‖ **≗-und-Minus-Programmierung** *f* (NC) / plus-and-minus programming, four-quadrant programming ‖ **≗wechselrichter** *m* / plus inverter ‖ **≗zeichen** *n* / plus sign, positive sign
PM / phase modulation (PM)
PMC-Modul *n* / PMC module
PM·-HPS (ProduktionsMaschinen HighPerformanceServo) / PM-HPS ‖ **≗-HPV** (ProduktionsMaschinen HighPerformanceVector) / PM-HPV
PMM / PMM (Power Management Module)
PMMS (System zur Planung und Koordinierung von Instandhaltungsaktivitäten (ursprüngl. Ivara-Produkte)) / PMMS (Plant Maintenance Management System)
P-MOS / P-channel MOS (P-MOS)
PMU (Parametriereinheit) / master control, PMU (parameterizing unit) ‖ **≗ Parametriereinheit** / PMU parameterizing unit
Pneumatik·modul *n* / pneumatic module ‖ **≗schlauch** *m* / pneumatic hose ‖ **≗ventil** *n* / pneumatic valve
pneumatisch *adj* / pneumatic *adj* ‖ **~e Bürde** / pneumatic burden ‖ **~e Logik** (Fluidik) / fluidic logic, fluidics *pl* ‖ **~e Steuerung** / pneumatic control ‖ **~er Empfänger** / pneumatic receptor ‖ **~er Kolbenantrieb** / pneumatic piston actuator ‖ **~er Repetierantrieb** (MG) / pneumatic repeater drive ‖ **~er Rückmelder** / pneumatic indicator ‖ **~er Speicher** (Druckgefäß) / gas receiver ‖ **~er Stellantrieb** / pneumatic actuator, piston actuator ‖ **~er Stellungsregler** / pneumatic positioner ‖ **~es Zeitrelais** / pneumatic time-delay relay ‖ **~-hydraulischer Antrieb** (LS) / pneumohydraulic operating mechanism
PN·-FET (Feldeffekttransistor mit PN-Übergang, Sperrschicht-Feldeffekttransistor) / PN FET (junction-gate field-effect transistor) ‖ **≗-Grenzfläche** *f* (HL) / PN boundary
PNO (PROFIBUS Nutzerorganisation) / PROFIBUS user organization, PI (PROFIBUS International)
PNP / NPN Digitaleingänge / PNP / NPN digital inputs
PN-Übergang *m* / PN junction ‖ **Feldeffekttransistor mit ≗** (PN-FET) / junction-gate field-effect transistor (PN FET)
PO / polyolefin oil
Pöckchen *n* / pock mark, pinhole *n*
Pockels-Effekt *m* / Pockels effect
Podest *n* / platform *n*
POF (Plastic Optical Fibre) / plastic optical fibre
Poisson·sche Konstante / Poisson's ratio ‖ **≗verteilung** *f* / Poisson distribution
Pol *m* (el. Masch.) / pole *n*, field pole ‖ ≗ *m* (SG) / pole *n*, pole unit ‖ ≗ *m* (Netzwerk) / terminal *n*, port *n* ‖ ≗ *m* (Batt. u. Anschlusspunkt eines Stromkreises) / terminal *n* ‖ **≗ eines Schaltgerätes** / pole of a switching device ‖ **Transformator~** *m* (einpolige Trafoeinheit) / single-phase transformer
Pol·abstand *m* / phase spacing ANSI C37.100, distance between pole centres, pole centres ‖ **≗achse** *f* / polar axis ‖ **≗amplitudenmodulation** *f* / pole-amplitude modulation (p.a.m.) ‖ **~amplituden-modulierte Wicklung** / poleamplitude-modulated winding, PAM winding
polar *adj* / polar *adj*
Polarisation *f* / polarization *n*

Polarisations·dispersion *f* (LWL) / polarization dispersion || **~erhaltende Faser** (LWL) / polarization-maintaining fibre || **²filter** *m* / polarization filter || **²grad** *m* / polarization factor || **²ladung** *f* / polarisation charge || **²rotator** *m* / polarization rotator, wave rotator || **²scheinwerfer** *m* / polarized headlight || **²strom** *m* / polarization current || **²widerstand** *m* / polarization resistance || **²zahl** *f* / polarization index || **Bestimmung der ²zahl** / polarization index test
Polarisator *m* / polarizer *n*
Polarisierbarkeit *f* / polarisability *n*
polarisiert *adj* / polarized *adj* || **~e Strahlung** / polarized radiation || **~er Kondensator** / polarized capacitor || **~es Relais** / polarized relay, polar relay (US)
Polarität *f* / polarity *n*
Polaritäts·anzeiger *m* / polarity indicator || **~behaftet** *adj* / with polarity || **²indikator** *m* / polarity indicator || **²umkehr** *f* / polarity reversal, changing polarity || **²umschaltung** *f* / polarity switchover || **²wechsel** *m* / polarity reversal || **Fehler durch ²wechsel** (ADU) / roll-over error
Polar·koordinate *f* / polar coordinate || **²koordination** *f pl* (Koordinatensystem, das die Lage eimes Punktes in einer Ebene durch seinen Abstand vom Nullpunkt (Radiusvektor) und den Winkel festlegt, den der Radiusvektor mit einer festelegten Achse bildet) / polar coordinates (A coordinate system which defines the position of a point in a plane by the length of its radius vector (distance from the origin) and the angle this vector makes with a fixed axis)
Pol·ausgleichblech *n* / pole shim || **²bedeckungsfaktor** *m* / pole-pitch factor || **²bedeckungsverhältnis** *n* / pole arc/pole pitch ratio || **²blech** *n* (el. Masch.) / pole lamination, pole punching, pole stamping || **²bogen** *m* / pole arc, pole span, polar arc, pole-pitch percentage || **²breite** *f* (Polbogen) / width of pole-face arc || **²brücke** *f* (Batt.) / strap *n*, jumper *n* || **²dehnung** *f* / pole stretching
Polderscher Permeabilitätstensor / Polder's tensor permeability
Poldichte, Steckverbinder hoher ² / high-density connector
Pole, gleichnamige ² / poles of same polarity, like poles
Poleisen *n* / pole core
polen *v* / polarize *v*, pole *v*
Pol·ende *n* / pole tip || **²endplatte** *f* / pole end plate || **²faktor** *m* VDE 0670, T.101 / first-pole-to-clear factor IEC 56-1 || **²fläche** *f* / pole face || **²flächenabschrägung** *f* / pole-face bevel || **²flächenaufweitung** *f* / pole-face shaping || **²gehäuse** *n* / field frame
polgeschützt *adj* / with pole protection, pole protection
Pol·gestell *n* / yoke frame || **²gitter** *n* / pole damping grid || **²gruppierung** *f* / pole grouping, pole-coil grouping || **²höhe** *f* (Viskositätsindex) / pole height || **²horn** *n* / pole horn, pole tip
polieren *v* / polishing *v*
Poliermaschine *f* / polishing machine, polisher *n*
poliert *adj* / polished *adj*
Polierwerkzeug *n* / polishing tool
Poliflex-Hammer, Durchmesser 32 mm / poliflex hammer, diameter 32 mm
polig *adj* / pole *adj*, -way, -pin, -core || **4-polig** *adj* / fourpole *adj* || **n-~** *adj* (StV) / n-pole *adj*, n-way *adj*, n-pin *adj*
Pol·kern *m* / pole core, pole body || **²kinematik** *f* / pole operating linkage || **²kopf** *m* / pole head || **²körper** *m* / pole body
Polkraftlinienweg, mittlerer ² / mean length of magnetic path
Pol·lageidentifikation *f* / identification of pole position || **²leistung** *f* / power per pole
Poller *m* (zum Anheben) / lifting post
Polling *n* (Periodische Abfrage aller Teilnehmer mittels zentraler Steuerung) / polling *n*
Pollücke *f* / pole gap, magnet gap || **Achse der ²** / quadrature axis, q-axis *n*, interpolar axis
Pol·lückenmagnet *m* / pole-space magnet || **²magnet** *m* / pole magnet, direct-axis magnet || **²mittenabstand** *m* (SG) / phase spacing ANSI C37.100, distance between pole centres || **²modulation** *f* / pole modulation || **²-Nullstellung** *f* (Schallpegelmesser) / pole zero
Polpaar *n* / pair of poles, pole pair || **²anzahl** *f* / pole pair number || **²teilung** *f* / pole pair pitch || **²verhältnis** *n* / pole-pair ratio, pole ratio || **²versetzung** *f* / pole-pair staggering || **²zahl** *f* / number of pole pairs, pole pair number || **Produkt aus Drehzahl und ²zahl** / speed-frequency *n*
Pol·programmierung *f* / pole programming || **²prüfer** *m* / pole indicator
Polrad *n* / rotor *n*, magnet wheel, inductor *n* || **²-EMK** *f* / field e.m.f. || **²fluss** *m* / field-linked direct-axis flux || **²kranz** *m* / rotor rim || **²lagegeber** *m* / rotor position encoder, rotor position sensor (o. transducer) || **²nabe** *f* / rotor hub, magnet-wheel hub || **²pendelung** *f* / phase swinging || **²scheibe** *f* / rotor disk || **²spannung** *f* / synchronous generated voltage, synchronous internal voltage, internal voltage, field e.m.f. || **²stern** *m* / rotor spider, field spider, magnet-wheel spider || **²wicklung** *f* / field winding
Polradwinkel *m* (Synchrongen.) / angular displacement IEC 50(411) || **Gesamt~ zwischen zwei Spannungsquellen** / angle of deviation between two e.m.f's IEC 50(603) || **innerer ²** (Gen.) / internal angle || **²änderung** *f* / angular variation, angular pulsation || **²begrenzer** *m* / load-angle limiter || **²-Kennlinie** *f* / load-angle characteristic || **²-Messeinrichtung** *f* / rotor angle detection system || **²pendelung** *f* / angular pulsation, swing *n*, oscillatory component of rotor angle
Pol·regelung *f* (HGÜ) / pole control || **²relais** *n* / polarized relay, polar relay (US) || **²säule** *f* / pole column, pole turret, pole pillar || **²schaft** *m* / pole shaft, pole body, pole shank || **²schaftisolierung** *f* / pole body insulation || **²schale** *f* / pole shell || **²scheitelpunkt** *m* / pole-face vertex, pole tip || **²schenkel** *m* / pole shank, pole core || **²schlüpfen** *n* / pole slipping || **²schlussring** *m* / pole keeper ring || **²schrägung** *f* / pole-face bevel || **²schraube und Polmutter** (Batt.) / connection screw || **²schritt** *m* / pole pitch
Polschuh *m* / pole shoe || **²faktor** *m* / pole-face factor || **²fläche** *f* / pole face || **²linse** *f* / pole-piece lens || **²schrägung** *f* / pole-face bevel, pole-shoe skewing || **²streuung** *f* / peripheral air-gap leakage

Polschutz *m* (Batt.) / terminal protector
Polspannung *f* (SG) / pole voltage, voltage across a pole || **magnetische** ≗ (el. Masch.) / magnetic potential difference across poles and yoke || **wiederkehrende** ≗ (SG) / recovery voltage across a pole, phase recovery voltage
Polspannungsfaktor *m* (SG) / first-pole-to-clear factor IEC 56-1
Pol·spitze *f* / pole tip, pole horn || ≗**spule** *f* / field coil || ≗**spulen-Isolierrahmen** *m* / field-coil flange || ≗**spulenträger** *m* / field spool || ≗**stärke** *f* / pole strength, quantity of magnetism, magnetic mass || ≗**stärkeeinheit** *f* / unit magnetic mass
Polster *n* (Kabel) / bedding *n* || **Stickstoff~** *n* / nitrogen blanket, nitrogen cushion
Pol·stern *m* / field spider || ≗**streuung** *f* / peripheral air-gap leakage || ≗**stück** *n* (Polunterlegblech) / pole piece || ≗**stück** *n* (Feldpol) / field pole
Polteilung *f* (el. Masch.) / pole pitch || ≗ *f* (SG) / phase spacing ANSI C37.100, distance between pole centres, pole centres
Polter *m* / log deck
Pol·träger *m* (SG) / pole support, pole base || ≗**überdeckungsverhältnis** *n* / pole arc/pole pitch ratio || ≗**umgruppierung** *f* / pole regrouping, pole-coil grouping || ≗**umkehr** *f* / polarity reversal
polumschaltbar *adj* / pole-changing *adj* || **~e Wicklung** / pole-changing winding, change-pole winding, change-speed winding || **~er Dreiphasenmotor nach Auinger** / Auinger three-phase single-winding multispeed motor || **~er Motor** / pole-changing motor, change-pole motor, pole-changing multispeed motor, change-speed motor || **~er Motor mit einer Wicklung** / single-winding multi-speed motor, single-winding dual-speed motor || **dreifach ~er Motor** / three-speed pole-changing motor || **~er Spaltpolmotor** / pole-changing shaded-pole motor
Polumschalter *m* / pole changing switch, change-pole switch, pole changer || ≗ **für drei Drehzahlen** / three-speed pole-changing switch || ≗ **für zwei Drehzahlen** / two-speed pole-changing switch
Polumschaltschütz *n* / pole-changing contactor, contactor-type pole changer (o. pole-changing starter) || ≗**kombination** *f* / pole-changing contactor combination, contact-type pole-changing starter
Polumschaltung *f* / pole-changing *n*, pole-changing control, pole reconnection, polarity changing || **Motor mit** ≗ / pole-changing motor, change-pole motor, pole-changing multispeed motor, change-speed motor
Polung *f* / polarization *n*, poling *n*, polarity *n*
polungeschützt *adj* / without pole protection, pole not protected
Pol·unterlegblech *n* / pole shim, pole piece || **~unverwechselbar** *adj* / non-reversible *adj*, polarized *adj* || ≗**verhältnis** *n* / pole-number ratio, speed ratio || ≗**verstellwinkel** *m* / angular displacement IEC 50(411)
Pol·wahlschalter *m* / pole changing switch, change-pole switch, pole changer || ≗**wechsel** *m* (Polzahl) / pole changing || ≗**wechsler** *m* (Polzahl) / pole changer, pole-changing switch, change-pole controller || ≗**wechsler** *m* (Umpolung) / polarity reverser || ≗**wender** *m* / polarity reverser || ≗**wicklung** *f* (einzelner Pol) / pole winding || ≗**wicklung** *f* (Erregerwickl.) / field winding || ≗**wicklungsstütze** *f* / field coil support, field winding brace || ≗**windungszahl** *f* / number of field turns
Polyamidharz *n* / polyamide resin
Polycarbonat *n* (PC) / polycarbonate *n*
polychlorierte Benzole / polychlorinated benzenes || **~ Biphenyle** (PCB) / polychlorinated biphenyls (PCB)
Polyeder *m* / polyhedron *n* || ≗**ecke** *f* / polyhedral angle
Polyester *m* / polyester *n* || ≗**band** *n* / polyester film tape (PETP) || ≗**glas** *n* / glass-fibre-reinforced polyester || ≗**-Glasfaser** *f* / glass-fibre reinforced polyester || **~harzgetränkt** *adj* / polyester-resin-impregnated *adj* || ≗**harz** *n* / polyester resin || ≗**harzmatte** *f* / polyester-resin-impregnated prepreg || **glasmattenverstärkte** ≗**-Pressmasse** / glass-fibre-mat-reinforced polyester moulding material || ≗**urethan** *n* / polyester urethane || ≗**vlies** *n* / polyester fleece
Polyethylen *n* (PE) / polyethylene *n* (PE) || ≗**folie** *f* / polyethylene sheet(ing) || ≗**terephtalat** *n* (PETP) / polyethylene-terephthalate *n* (PETP)
polygonale Auslösecharakteristik / polygonal tripping characteristic, quadrilateral characteristic, quadrilateral polar characteristic || **~ Auslösefläche** / polygonal tripping area, quadrilateral tripping area
Polygon·baustein *m* (SPS) / polygon-curve block, polyline function block || ≗**charakteristik** *f* (Schutz) / quadrilateral characteristic || ≗**charakteristik** *f* (SPS) / polygon characteristic || ≗**drehen** *n* / polygon turning, multi-edge turning || ≗**masche** *f* (CAD) / polygon mesh || ≗**netz** *n* / polygon mesh || ≗**schaltung** *f* / polygon connection, mesh connection || **m-Phasen-**≗**schaltung** *f* / polygon(-connected) m-phase winding || ≗**schutz** *m* / transverse differential protecion
Polygonzug *m* / polygon definition, polygon function || ≗ *m* (graft DV) / polygon *n*, polyline *n* || ≗**baustein** *m* / (polygon-based) interpolation block
Polyhydantoin *n* / polyhydantoin *n*, polyimidazoledione *n*
Polyimid *n* (PI) / polyimide *n* (PI)
Polylinie *f* / polyline *n*
Polymarke *f* (graph. Darstellungselement) / polymarker *n*
Polymarkenbündeltabelle *f* / polymarker bundle table
Polymer-Cladded Fiber (PCF) / polymer-cladded silica fiber, polymer-cladded fiber (PCF)
Polymerisations·anlage *f* / polymerization plant || ≗**grad** *m* / degree of polymerization
Polymethacrylat *n* / polymethacrylate *n*
Polynom *n* / polynomial *n* || ≗**code** *m* / polynominal code || ≗**-Interpolation** *f* / polynomial interpolation || ≗**sicherung** *f* / cyclic redundancy check (CRC)
Poly·olefin *n* (PO) / polyolefin oil || ≗**propylen** *n* (PP) / polypropylene *n* (PP) || ≗**silizium-Sicherung** *f* / polysilicon fuse || ≗**solenoidmotor** *m* / round-rod linear motor
Polystyrol *n* / polystyrene *n* || ≗**harz** *n* / polystyrene resin
Poly·terephthalat *n* / polyterephthalate *n* || ≗**tetrafluoräthylen** *n* / polytetrafluoroethylene *n*
Polyurethan *n* / polyurethane *n*
Polyurethan-Hartintegralschaum *m* / polyurethane ebonite

Polyvinyl·acetal *n* / polyvinyl acetal || ²**acetat** *n* / polyvinyl acetate || ²**chlorid** *n* (PVC) / polyvinyl chloride (PVC)
Pol·zacke *f* / pole tip, pole horn || ²**zahl** *f* / number of poles, pole number || ²**zwickel** *m* / interpolar gap
Ponymotor *m* / pony motor, starting motor
Poolverwaltungssystem *n* / pool management system
porenfrei *adj* / free of pores
PORESET / PORESET (Power On Reset)
Poroloy *n* / poroloy *n*
Porositätsprüfung *f* / porosity test
Port *m* / port *n* || ² *m* (MPU) / duct *n*
Portabilität *f* (Programme) / portability *n*
Portal *n* / portal *n*, gantry *n* || ²**fahrwerk** *n* / gantry traversing gear || ²**fräsmaschine** *f* / gantry-type milling machine || ²**kran** *m* / gantry crane || ²**lader** *f* / loading gantry, gantry loader || ²**maschine** *f* / two-column machine || ²**roboter** *m* / gantry robot || ²**scheinwerfer** *m* (Bühnen-BT) / proscenium bridge spotlight || ²**stützpunkt** *m* (Freiltg.) / portal support, H frame, H support
portieren *v* / port *v*
Porzellan *n* / porcelain *n* || ²**durchführung** *f* / porcelain bushing || ²**halter** *m* / porcelain support
Position *f* / position *n* || ² **berechnen** / calculate position || ² **erreicht und Halt** (PEH) / destination reached and stationary (DRS) || ² **noch nicht erreicht** / axes not in position || **sichere** ² / safe position || ² **mit gleichem Abstand** / positions spaced at the same distance || ² **wiederh.** / repeat positions
Positioner *m* / positioner *n*
Positionier·achse *f* / positioning axis || **konkurrierende** ²**achsen** / concurrent positioning axes || ²**auftrag** *m* / positioning job || ²**baugruppe** *f* / position control module, positioning module || ²**bereich** *m* / positioning range || ²**betrieb** *m* (Eine Spindelbetriebsart, bei der die Spindel auf eine vorgegebene Position positioniert wird. Siehe auch: orientierter Spindelhalt) / positioning mode (A spindle mode in which the spindle is positioned at defined position. See also: oriented spindle stop) || **hat** ²**eigenschaft** / operates as positioner
Positionieren *n* / positioning *n* || ² *n* (Läufer einer el. Masch.) / inching *n* || ~ *v* / position *v* || ² **aus einer Richtung** (NC) / unidirectional positioning || **relatives** ² / relative positioning
Positionierer *m* / positioner *n*
Positionier·fehler *m* / positioning error || ²**genauigkeit** *f* (NC) / positioning accuracy || ²**geschwindigkeit** *f* / positioning speed || ²**motor** *m* / positioning motor || ²**satz** *m* / positioning block || ²**steuerung** *f* / positioning control, point-to-point control || ²**taste** *f* / cursor control key || ²**stück** *n* (Crimpwerkzeug) / positioner *n* || ²**taste** *f* (f. Positionier- o. Schreibmarke) / cursor key || **Zeiger-**²**taste** *f* / cursor control key || ²**tisch** *m* / positioning table || ²**toleranz** *f* / positioning tolerance, positioning accuracy
Positionierung *f* / positioning *n*, position *n* || ² *f* (Speicherlaufwerk) / seek *n* || **relative** ² / incremental positioning
Positionier·vorgang *m* / positioning operation || ²**vorschub** *m* / positioning feedrate, positioning feed || ²**zeit** *f* (NC u. Schreib- o. Leseeinrichtung eines Speichers) / positioning time
Positions·abweichung *f* / position deviation, positional deviation || ²**angabe** *f* / position data, positional data, dimensional data (The information, consisting of dimension words, which defines the relative motion between tool and workpiece in one or more axes) || ²**anwahl** *f* / position selection || ²**anzeige** *f* / position display || ²**anzeiger** *m* / cursor *n*, cursor fine || ²**bestimmung** *f* / definition of position || ²**endschalter** *m* / position limit switch || ²**erfassung** *f* / position detection, position sensing, position measuring, detection of the position
Positions·fehler *m* (NC) / position error, position deviation || ²**geber** *m* / displacement measuring device, position measuring device, position encoder, locator *n* || ²**genauigkeit** *f* / positioning accuracy || ²**istwert** *m* / actual position value || ²-**Istwert** *m* (NC) / actual position (value)
Positions·korrektur *f* / position correction || ²**laterne** *f* (Schiff) / navigation light || ²**licht** *n* (Schiff, Flugzeug) / navigation light || ²**logik** *f* / position logic || ²**marke** *f* (Bildschirm) / cursor *n* || ²**meldeschalter** *m* / position signalling switch || ²**muster** *n* / position pattern || ²**papier** *n* / profile *n* || ²**satz** *m* / position block
Positionsschalter *m* VDE 0660,T.200 / position switch IEC 337-1 || ² **mit Schutzrohrkontakt** / sealed-contact position switch || ² **mit Zuhaltung** / position switch with tumbler || ² **mit Zwangsöffnung** / position switch with positive opening operation || ²**einheit** *f* / position switch unit
Positions-Sollwert *m* (Die im Programm vorgegebene Position, die von einem beweglichen Maschinenelement erreicht werden soll) / setpoint position, position setpoint || **programmierter** ² (NC) / programmed position
Positions·speicher *m* / position memory || ²**steuerung** *f* / positioning control, point-to-point control || ²**streubreite** *f* / position dispersion range || ²**toleranz** *f* DIN 7184,T.1 / positional tolerance, tolerance of position || ²**überwachung** *f* (Rob.) / position alarm || ²**verschiebung** *f* / positional shift || ²**vorschub** *m* / position feedrate, positioning feedrate, position feed, positioning feed || ²**zeiger** *m* (Cursor) / cursor *n* || ²**zyklus** *m* / position cycle
Positiv-Impedanz-Wandler *m* / positive impedance converter (PIC)
Positiv *n* (a. gS) / positive *n* || **~e Ansprech-Schaltstoßspannung** / positive let-through level || **~e Flanke** (Impuls) / positive edge || **~e ganze Zahl** / positive integer || **~e Logik** / positive logic || **~e Platte** (Batt.) / positive plate || **~e Rückkopplung** / positive feedback, direct feedback || **~e Spannung** (Thyr, Diode) / forward voltage || **~e Sperrspannung** (Thyr) DIN 41786 / positive off-state voltage || **~e Sperrspannung** / off-state forward voltage, off-state voltage || **~e Spitzensperrspannung** / repetitive peak forward off-state voltage || **~e Stirn-Ansprech-Schaltstoßspannung** / positive 1.3 overvoltage sparkover || **~e Stoßspitzenspannung** / non-repetitive peak forward off-state voltage, non-repetitive peak forward voltage || **~er Blindleistungsverbrauch** / leading reactive-power consumption || **~er Flankenwechsel** / positive-going edge (of signal) || **~er Pol** (Batt.) / positive terminal || **~er Scheitel** / positive peak, positive crest || **~er Sperrstrom** / off-state forward current,

off-state current || **~er Winkel der Kopfschräge** (Bürste) / positive top bevel angle || **~er Wolke-Erde-Blitz** / positive downward flash || **~es Bild** (gS) / positive pattern || **~es Kriechen** (HL, des Sperrstroms) / positive creep || **~es Vorzeichen** / positive sign
Positivlack *m* (gS) / positive resist
Positiv-Negativ·-Dreipunktverhalten *n* (Reg.) / positive-negative three-step action || **≗-Verhalten** *n* (Reg.) / positive-negative action
POSS (Spindelposition (Parameter)) / POSS (spindle position)
Post·anschlusskasten *m* / telephone service box || **≗anschrift** *f* / postal address
Posten *m* (Fertigungslos) / lot *n*, batch *n*
Post·leitung *f* / post office line || **≗leitzahl** *f* / postcode *n* || **≗optimalitätsanalyse** *f* / postoptimality analysis
Postprozessor *m* / postprocessor *n* || **generalisierter ≗** / generalized postprocessor || **≗-Anweisung** *f* (NC) / postprocessor instruction || **≗-Ausdruck** *m* (NC, a. CLDATA-Wort) / postprocessor print || **≗-Zeichnung** *f* (NC, a. CLDATA-Wort) / postprocessor plot ISO 3592
POT (Übertragung PLC-Bedientafel) / PLC-operator panel transfer (POT)
Potential (s. Potenzial) *n*
Potentiometer *n* / potentiometer *n* || **internes ≗ zur Drehzahlregelung** / internal speed control potentiometer || **≗-Messgerät** *n* / potentiometric instrument || **≗regler** *m* / potentiometer-type rheostat || **≗schleifer** *m* / potentiometer slider, wiper *n*
Potenzial *n* / potential *n* || **elektrisches ≗** / electric potential || **≗anschluss** *m* / potential connection, potential tap || **≗anschluss** *m* (Letter f. Potenzialausgleich) / bonding lead
Potenzialausgleich *m* (PA) VDE 0100, T.200 / equipotential bonding || **≗ ohne Erdungsanschluss** / non-earthed equipotential bonding, earth-free equipotential bonding || **erdfreier ≗** / earth-free (o. non-earthed) equipotential bonding || **Erdung mit ≗** / equipotential earthing (o. grounding) || **≗leiter** *m* (PAL) / equipotential bonding
Potenzialausgleichs·leiter *m* / bonding jumper || **≗leiter** *m* (PL) VDE 0100, T.200 / equipotential bonding conductor, bonding conductor || **≗leitung** *f* / equipotential bonding conductor, earth equalizing cable || **≗prüfung** *f* / bonding-conductor test || **≗schiene** *f* / equipotential bonding strip, bonding jumper, earth-circuit connector || **≗verbindung** *f* / equipotential bonding (o. connection), bonding *n* || **≗vorrichtung** *f* / potentializer *n*, equalizer *n* || **≗zone** *f* / equipotential zone
Potenzialbarriere *f* / potential barrier
potenzialbezogener Ausgang DIN 41855 / output referred to a potential, input referred to a potential
Potenzial·bindungsmodul *n* / non-isolating submodule || **≗ebene** *f* / ground plane || **≗federring** *m* / grading ring || **≗fläche** *f* / potential surface, equipotential surface
potenzialfrei *adj* / floating *adj*, potential-free *adj*, voltageless *adj*, isolated *adj*, floating potential || **~ messen** / measure in an isolated circuit || **Element zur ~en Übertragung der Steuerimpulse** / element to isolate the firing-pulse circuit || **~er Ausgang** / isolated output, floating output || **~er Eingang** / isolated input, floating input || **~er Kontakt** / floating contact
Potenzialfreiheit des Signals DIN IEC 381,T.2 / signal isolation
potenzial·gebunden *adj* / non-floating *adj*, non-isolated *adj* || **≗gefälle** *n* / potential gradient || **~getrennt** *adj* / isolated *adj*, electrically isolated, floating *adj* || **≗gleichheit** *f* / potential equality, equalized potential || **≗gradient** *m* / potential gradient
Potenzial·knoten *m* (Netz) / slack bus || **≗kraft** *f* / potential force, conservative force || **≗kurve** *f* / potential curve, potential-energy curve || **Teilstromdichte-≗kurve** *f* / partial current density/potential curve || **≗leitung** *f* (Leiter) / potential lead || **≗mulde** *f* / potential well || **≗ring** *m* (potenzialsteuernd) / grading ring
Potenzial·sattel *m* / potential saddle || **≗schiene** *f* (ET) / voltage bus || **≗schritt** *m* (Wickl.) / equipotential pitch || **≗schwelle** *f* / potential threshold, minimum potential || **≗schwelle** *f* (HL) / potential barrier || **≗steuerring** *m* / grading ring, static ring
Potenzialsteuerung *f* / voltage grading, potential grading, potential control || **≗** *f* (Glimmschutz) IEC 50(411) / corona shielding || **≗ mit hohem Widerstand** / resistance grading || **Schirm zur ≗** / grading screen
Potenzialtrenner *m* / buffer *n*, isolator *n*, buffer amplifier
Potenzialtrennspannung *f* / isolating voltage
Potenzialtrennung *f* / electrical isolation (no electrical connection between two things (potentials)), isolation *n* (no electrical connection between two things (potentials)), control-to-load isolation, galvanic isolation (no electrical connection between two things (potentials)) || **≗ der Steuerkreise** / control-to-load isolation || **Eingang mit ≗** / isolated input, floating input || **elektrische ≗** / electrical isolation, galvanic isolation, isolation *n* || **gruppenweise ≗** / grouping isolation
Potenzialtrennungs·baugruppe *f* / isolating module, galvanic isolation module || **≗modul** *n* / isolating submodule
Potenzial·verbindung *f* / equipotential bonding (o. connection), bonding *n*, equipotential bonding connection || **≗verlauf** *m* / potential profile || **≗verschleppung** *f* / potential transfer, accidental energization, formation of vagabond (o. parasitic) voltages || **≗wall** *m* (HL) / potential barrier
potenziell *adj* / potentially *adj* || **~e Energie** *n* / potential energy
potenzieren *v* / raise to a higher power
Potenzierung *f* / exponentiation *n*, involution *n*, raising (A quantity to a power)
Potenzprofil *n* (LWL) / power-law index profile
Poti, freiverschaltetes ≗ / multi-purpose potentiometer
Potier, Umrechnungsfaktor nach ≗ / Potier's coefficient of equivalence || **≗-Dreieck** *n* / Potier reactance triangle, Potier diagram || **≗-EMK** *f* / Potier e.m.f. || **≗-Reaktanz** *f* / Potier reactance
Pourpoint *m* IEC 50(212) / pour point || **≗-Erniedriger** *m* IEC 50(212) / pour point depressor
Powerstack·-Information *f* / powerstack information || **≗-Störung** *f* / powerstack fault
Poyntingscher Vektor / Poynting vector
PP / polypropylene *n* (PP), passivate program (PP) || **≗** / system test pressure (design pressure)

PPC (Pick and Place Control) / PPC
PPI / PPI (point-to-point interface)
PPM / PPM (parts per million)
PPP / parts program processing (PPP), parts program execution
PPS (Produktionsplanung und -steuerung) / PPC (production planning and control)
PPU-MF / PPU-MF (protected power unit multifunctional)
PQ-Knoten *m* (Netz) / PQ bus
PR / design pressure || ≗ / process computer, process control computer, host computer
PR-AA (Prüf-Analogausgabe) / CH-AQ (check analog output module)
Präambel *f* / preamble *n*
Präfix *n* / prefix *n*
Prägeform *f* / stamping mold, matrix *n*
prägen *v* / stamp *v* || ~ *v* (stanzen) / emboss *v*
Prägepolieren *n* / roll finish
prägepoliert *adj* / burnished *adj*
Prägevorgang *m* / punching *n*
praktisch sinusförmig / substantially sinusoidal, practically sinusoidal || **~e elektrische Einheiten** / practical electrical units || **~e Lebensdauer** / useful life || **~er Referenzimpuls** DIN IEC 469,T.2 / practical reference pulse waveform || **~es Einheitensystem** / practical system of units
PRAL (Prozessalarm) / PRAL (process alarm)
Prall·blech *n* / baffle plate || **≗platte** *f* / barrier *n*, baffle *n*, partition *n*, partition plate, phase barrier, cable separator, outside wall of insulation || **≗plattensystem** *n* / plate baffle relay || **≗plattenverstärker** *m* / plate baffle amplifier || **≗sack** *m* / airbag *n*
Präparateträger *m* / specimen holder
Präparation *f* / preparation *n*
Präparationschromatograph *m* / preparative chromatograph
präparative Chromatographie / preparative chromatography, fraction collecting chromatography
Prasseln *n* (Rauschen) / noise *n*
Pratze *f* / clamping shoe, bracket *n* || ≗ *f* (el. Masch., Bauform IM B 30) / pad *n* || ≗ *f* (WZM-Spannvorrichtung) / clamp *n*
Pratzen·anbau *m* (el. Masch., Bauform IM B 30) / pad-mounting *n* || **≗ausweichbewegung** *f* (WZM) / clamp avoidance movement
Pratzenschutz *m* / clamp protection || **werkzeugabhängiger** ≗ / tool-specific clamp protection || **≗bereich** *m* (PSB) / clamp protection area
Pratzenumfahren *n* / clamp avoidance
Praxis, die ≗ **zeigt** / experience has shown || **≗tauglichkeit** *f* / suitability for application
praxisüblich *adj* / commonly used
Präzessionskammer *f* / precession camera
Präzision *f* (a. QS) DIN 55350,T.13 / precision *n*
Präzisionsanflug *m* / precision approach || **≗befeuerung** *f* / precision approach lighting || **≗piste** *f* / precision approach runway || **≗radar** *m* (APR) / precision approach radar (APR) || **≗winkelsystem** *n* (PAPI-System) / precision approach path indicator system (PAPI system)
Präzisions·schaltuhr, digitale ≗schaltuhr / precision-type digital time switch || **≗-Spulkopf** *m* / precision bobbin head || **≗zähler** *m* / precision meter, precision-grade meter
PRC / PRC (Primary Responsible Company)
PR-DA (Prüf-Digitalausgabe) / CH-DQ (check digital output module)
PRE (preparation) / PRE (preparation)
Precompiler / precompiler *n*
Prefocus·-Lampe *f* / prefocus lamp || **≗-Sockel** *m* / prefocus cap, prefocus base
P-Regelung *f* / proportional control, proportional-action control
P-Regler *m* (Proportionalregler) / P controller, proportional-action controller
Preis *m* (StT) / rate *n*, price *n* || ≗ **für Reserveleistung** (StT) / standby charge || **≗änderungsklausel** *f* / price adjustment clause || **≗anpassungsklausel** *f* (a. StT) / price adjustment clause || **≗art** *f* / price type || **≗band** *n* / price line || **≗basis** *f* / price basis || **≗begriff** *m* / price term || **≗behandlung** *f* / price treatment || **≗bildung** *f* / price calculation || **≗bildungsblatt** *n* / pricing sheet || **≗blätter** *n pl* / price sheets || **≗datum** *n* / price date || **≗einheit** *f* / price unit || **≗findung** *f* / pricing *n* || **≗gestaltung** *f* / pricing *n* || **≗-/Leistungsverhältnis** *n* / price/performance ratio || **≗liste Inland** / domestic German price list
Preisregelung *f* (StT) / tariff *n*, tariff for electricity || ≗ **für die Industrie** (StT) / industrial tariff || ≗ **für die Spitzenzeit** (StT) / peak-load tariff, on-peak tariff || ≗ **für Hochspannung** (StT) / h.v. tariff || ≗ **für hohe Benutzungsdauer** (StT) / high-loadfactor tariff || ≗ **für Mittelspannung** (StT) / medium-voltage tariff || ≗ **für Niederspannung** (StT) / l.v. tariff || ≗ **für niedrige Benutzungsdauer** (StT) / low-load-factor tariff || ≗ **für Reserveversorgung** (StT) / standby tariff || ≗ **für Sonderzwecke** (StT) / catering tariff || ≗ **für Zusatzversorgung** (StT) / supplementary tariff
Preis·reserve *f* / price reserve || **≗rückrechnung** *f* / price reverse calculation || **≗stellung** *f* / pricing *n* || **≗übersicht** *f* / price summary || **≗verfall** *m* / price decay
preiswert *adj* / economic *adj*
P-Rel-DA (Prüf-Relaisausgabe) / CH Rel DQ (check relay output module)
Prell·bock *m* / buffer stop, bumper *n* || **≗dauer** *f* / bounce time, chatter time (relay), bouncing time
Prellen *n* (Kontakte) / bouncing *n*, bounce *n*, chatter *n* (relay) || ≗ *n* (Relaisanker) / rebound *n*
prellfrei *adj* / bounce-free *adj*
Prell·prüfung *f* / bounce test || **≗schwingung** *f* / chatter vibration || **≗unterdrückung** *f* / bounce suppression || **≗zeit** *f* / bounce time, chatter time (relay), bouncing time
Premix *n* (Isolierung) / premix *n*
Prepreg *n* (gS) / prepreg *n*, preimpregrated material
PRESET / preset actual value memory, PRESET
Preset-Verschiebung *f* / preset offset
pressblanke Oberfläche (gS) / plate finish
Press·bolzen *m* / clamping bolt, tie-bolt *n* || **≗duktor** *m* / pressductor *n*
Presse *f* / press *n*
Press·einrichtung *f* / clamping structure, constructional framework, supporting and clamping structure, (bracing and) clamping frame || **≗maßnahme** *f* / press activity
Pressen·ausrüstung *f* / press equipment || **≗automatisierungssystem** *n* / press automation

system || ≗**sicherheitssteuerung** *f* / press safety control || ≗**steuergerät** *n* / press control device, press control unit || ≗**steuerung** *f* / press control || ≗**zufuhr** *f* / press supply

Presse·referat *n* / press office || ≗**referent** *m* / press officer

Pressfuge *f* / interference interface

pressgeschweißt *adj* / pressure-welded

Pressgestell *n* (Trafo) / clamping frame, end frame, constructional framework

Pressglas·-Autoscheinwerferlampe *f* / sealed-beam headlamp || ≗**reflektor** *m* / pressed-glass reflector || ≗**-Scheinwerferlampe mit Reflektorkolben** / sealed beam lamp

Press·-Härtetechnik *f* / pressure-hardening technique || ≗**hülsen-Verbindungstechnik** *f* / fermi-point wiring (technique) || ≗**kabelschuh** *m* / compression-type socket, crimping cable lug || ≗**kapseln** *n* / moulding *n*, molding *n* || ≗**konstruktion** *f* (Trafo) / clamping structure, constructional framework, supporting and clamping structure, (bracing and) clamping frame || ≗**kraft** *f* / press force || ≗**kraftkontrolle** *f* / press force control || ≗**kupplung** *f* / compression clutch || ≗**linie** *f* / press line || ≗**loch** *n* (Trafo-Presskonstruktion) / clamping hole, tie-bolt hole || ≗**masse** *f* / moulding material, moulding, compound || ≗**passung** *f* / interference fit || ≗**passung** *f* (enger Treibsitz) / tight fit, driving fit || ≗**platte** *f* (Trafo-Kern) / clamping plate, end plate, thrust plate || ≗**rahmen** *m* (Trafo) / clamping frame, end frame, constructional framework || ≗**schweißeffekt** *m* / press-seize effekt

Pressspan *m* / pressboard *n*, presspan *n* || ≗**platte** *f* / pressboard *n*, presspan board, strawboard *n*, Fuller board

Pressstoff *m* / moulded material, moulded plastic || ≗**lager** *n* / moulded-plastic bearing, plastic bearing

Pressung *f* (Trafokern) / clamping *n*, compression *n*, compaction *n*, degree of compression || **Amplituden~** *f* / amplitude compression

Press·verband *m* DIN 7182 / interference fit || ≗**verbinder** *m* / pressure connector, pressure wire connector || ≗**verbindung** *f* (Leiterverb.) / compression connection || ≗**werkzeug** *n* / molding tool, compression mold || ≗**werkzeugbau** *m* / die manufacture

primär *adj* / primary *adj* || ~ **getaktetes Netzgerät** / primary switched-mode power supply unit

Primär·abdichtung *f* / primary sealing || ≗**-Amperewindungen** *f pl* / primary ampere-turns, primary turns

Primäranschluss *m* / primary terminal, line terminal, input terminal || ≗**spannung** *f* / primary terminal voltage, primary voltage, supply voltage

Primär·aufbau *m* / primary installation || ≗**ausfall** *m* (Ausfall einer Einheit, der weder direkt noch indirekt durch einen Ausfall oder Fehlzustand einer anderen Einheit verursacht wird) / primary failure (A failure of an item, not caused either directly or indirectly by a failure or a fault of another item) || ≗**auslöser** *m* VDE 0670, T.101 / direct overcurrent release IEC 561, direct release || ≗**batterie** *f* / primary battery || ≗**batterie mit schmelzflüssigen Elektrolyten** / molten salt primary battery || ≗**befehlsgruppe** *f* (PMG) DIN IEC 625 / primary command group (PCG) || ≗**druck** *m* / inlet pressure

primäre Bemessungs-Fehlergrenzstromstärke (Schutzwandler) / rated accuracy limit primary current || ~ **Bemessungsspannung** / rated primary voltage || ~ **Bemessungsstromstärke** (Wandler) / rated primary current || ~ **Last** / standard load || ~ **Last** (Freiltg.) / primary load, normal load

Primär·elektronenemission *f* / primary electron emission || ≗**element** *n* / primary cell || ≗**energie** *f* / primary energy

primär·er Bemessungsstrom / rated primary current || **~er Fehlergrenzstrom** / accuracy limit primary current || **~er Genauigkeitsgrenzstrom** / accuracy limit primary current || **~er Messbereich** DIN IEC 651 / primary indicating range || **~es Kriechen** / initial creep, primary creep || **~es Kühlmittel** *n* (el. Masch.) VDE 0530, T.1 / primary coolant IEC 34-1

Primär·frequenz *f* / primary frequency, input frequency || ≗**gruppenverbindung** *f* / group link IEC 50(704) || ≗**gruppenverteiler** *m* / group distribution frame IEC 50(704) || ≗**klemme** *f* / primary terminal, input terminal, main terminal || ≗**kreis** *m* / primary circuit || ≗**kühlmittel** *n* / primary coolant IEC 34-1 || ≗**last** *f* / primary load, normal load || ≗**leiter** *m* / primary conductor, primary *n* || ≗**lichtquelle** *f* / primary light source, primary source || ≗**-Nennstrom** *m* / rated primary current || ≗**normal** *n* / primary standard

Primärprüfung *f* (Schutz) / primary test || ≗ **durch Fremdeinspeisung** (Schutz) / primary injection test

Primär·regelung *f* (der Drehzahl v. Generatorsätzen) / primary control || ≗**relais** *n* VDE 0435,T.110 / primary relay || ≗**schalter** *m* / primary switching device || ≗**schaltregler** *m* / primary switched-mode regulator || ≗**seite** *f* / primary side, primary circuit, input side, primary *n* || **~seitig** *adj* / primary *adj*, in primary circuit, input-end *adj*, line-side *adj* || ≗**sicherung** *f* / primary fuse || ≗**spannung** *f* / primary voltage, input voltage || ≗**strahler** *m* / primary radiator

Primärstrom *m* / primary current, input current || ≗**auslöser** *m* / direct overcurrent release IEC 56-1, direct release || ≗**relais** *n* / direct overcurrent relay

Primär·target *n* (RöA) / primary target || ≗**teil** *m* / primary part || ≗**teilbearbeitung** *f* / primary part processing || ≗**-Ummantelung** *f* (LWL) / primary coating || ≗**valenzachsen** *f pl* / colour axes || ≗**valenzen** *f pl* / reference (colour stimuli) || ≗**versuch** *m* (Schutz) / primary test, primary-injection test, staged-fault test || ≗**wandler** *m* / primary current transformer || ≗**wicklung** *f* / primary winding || ≗**zelle** *f* / primary cell

Primzahl *f* / prime number

Print / pluggable printed-board assembly, plug-in p.c.b. || ≗ / printed board, printed-circuit board (PCB), board *n*, card *n* || ≗**platte** *f* / printed board, printed-circuit board (PCB), board *n*, card *n* || **Print-Recorder** *m* / printing recorder

Prinzip des gefahrlosen Ausfalls / fail safe || ≗**darstellung** *f* / schematic representation || ≗**fehler** *m* (Schutzsystem) IEC 50(448) / principle failure || ≗**schaltbild** *n* / block diagram, survey diagram (Rev.) IEC 113-1, circuit diagram || ≗**schaltbild** *n* (Blockdiagramm) / block diagram || ≗**schaltplan** *m* (einpolig) / single-line diagram || ≗**schaltung** *f* / principal outlay || ≗**skizze** *f* / schematic sketch

Priorität, die nächst niedrige ≗ / the next priority

down
Prioritätensteuerung *f* / priority control
Prioritäts·anzeige *f* / priority display || **≗auflösung** *f* / priority resolution || **≗baustein** *m* (programmierbare Unterbrechungssteuerung) / programmable interrupt controller || **≗ebene** *f* / level of priority, priority level || **≗entschlüssler** *m* / priority resolver || **~gesteuerte Unterbrechung** / priority interrupt control (PIC) || **≗kette** *f* (Buszuteilung) / daisy chain || **≗klasse** *f* / priority class || **≗staffelung** *f* / priority grading || **≗steuerung** *f* / priority control || **≗verarbeitung** *f* / priority processing, priority scheduling || **≗verkettung** *f* / daisy chaining || **≗verschlüssler** *m* / priority encoder || **≗verwalter** *m* (MPSB) / priority arbiter || **≗zuordnung** *f* / priority assignment, priority scheduling
prioritieren *v* / prioritize *v*, assign priorities
Prioritierung *f* / prioritization *n*, priority assignment, priority scheduling
Prioritierungslogik *f* / prioritization logic
Prisma *n* (Batt.) / mudribs *n pl*
Prismen·bock *m* / V-support *n* || **≗brilliantwanne** *f* (Leuchte) / prismatic decorative diffuser || **≗glasleuchte** *f* / dispersive fitting || **≗klemme** *f* / prism terminal || **≗scheibe** *f* (Leuchte) / prismatic panel diffuser || **≗wanne** *f* (Leuchte) / prismatic diffuser
Pritsche *f* (f. Kabel) / rack *n*
Privatleitung *f* / private line
probabilistisches Modell / probability model
Probe *f* (Materialprobe) / sample *n*, test specimen, test unit, specimen *n*, coupon *n* || ≗ *f* (Prüfung) / test *n*, trial *n* || **eine ≗ entnehmen** / take a sample || **≗belastung** *f* / load test, test loading || **≗betrieb** *m* / test run, trial run, trial operation, trial mode, test running || **≗druck** *m* / component test pressure || **≗entnahme** *f* / sampling *n* || **≗entnehmer** *m* / sampler *n*, sampling device || **≗fahrt** *f* / running test || **≗installation** *f* / installation test || **≗körper** *m* / test specimen, specimen *n*
Probelauf *m* / trial run, trial operation, test run, run-in test || ≗ *m* (NC) / dry run, trial operation, dry run feed, dry run feedrate, DRY || **≗-Vorschub** *m* (NC) / dry run feed (rate)
Probe·montage *f* / installation test || **≗muster** *n* / sample *n*, test specimen, test unit, specimen *n*, coupon *n* || **≗nahme** *f* / sampling *n*
Proben·aufbereitung *f* / sample conditioning, sample preparation || **≗aufbereitungseinrichtung** *f* / sample conditioner || **≗aufgabe** *f* (Chromatograph) / sample injection
Probenentnahme *f* / sampling *n* || **≗ mit Rückstellung** / sampling with replacement || **≗öffnung** *f* / sampling port
Proben·entnehmer *m* / sampler *n*, sampling device || **≗heber** *m* / thief *n* || **≗magazin** *n* (RöA) / sample (o. specimen) magazine || **≗messhahn** *m* (Entnahme v. Flüssigkeitsproben u. Zählung der Entnahmemenge) / volumetric sampler || **≗nadel** *f* / sample syringe || **≗stecher** *m* / thief *n* || **≗strom** *m* / sample flow || **≗teilung** *f* / sample division || **≗verkleinerung** *f* (QS) / sample reduction || **≗vorbereitung** *f* / sample preparation || **≗wechsler** *m* (RöA) / sample (o. specimen) changer || **≗-Zwischenbehälter** *m* / intermediate sampling cylinder
Probe·schalten *n* / trial operation, test operation || **≗schweißung** *f* / test weld, trial weld || **≗spule** *f* / test coil || **≗stab** *m* / test bar || **≗stück** *n* / test workpiece, specimen || **≗teil** *n* / test workpiece, specimen || **≗werkstück** *n* / test workpiece, test component, specimen
Problem·behebung *f* / problem recovery || **≗lösung** *f* / problem solution || **≗meldung** *f* / problem report || **≗report** *m* / problem report || **≗vorklärung** *f* / preliminary problem clarification
Produkt *n* / product *n* || **≗ aus Drehzahl und Polpaarzahl** / speed-frequency *n* || **≗ lizenziert für** / Product licensed for || **≗ zuführen** / filling *n* || **fertiges ≗** / finished product || **≗abkündigung** *f* / discontinued product || **≗änderungsmitteilung** *f* / product change info || **≗angebot** *n* / product offer || **≗ankündigung** *f* / product announcement || **≗anleitung** *f* / product guide || **≗anzeige** *f* / product brochure || **≗auslauf** *m* / product phase-out || **≗automatisierung & Automatisierungssysteme** / Product Automation & Automation Systems || **≗beobachtung** *f* / product observation || **≗beobachtung** *f* (nach Ablieferung) / product monitoring || **≗beschreibung** *f* / product brief || **≗betreuung** *f* / product support, product management || **≗daten** *plt* / product data
Produkte, eingeführte ≗ / established products
Produkt·eigenschaften *f pl* / product features || **≗entwicklung** *f* / product development || **≗-Entwicklungs-Zyklus** *m* / product development cycle || **≗generation** *f* / product generation || **≗geschäft** *n* / products business || **≗gruppe** *f* / product group, factory group || **≗gruppen und Bereiche** / range of products and fields of application || **≗haftung** *f* / product liability || **≗information** *f* / product information
Produktion auf Abruf / just-in-time production (JIT) || **≗ ohne Zwischenlager** / stockless production || **lagerfreie ≗** / stockless production
Produktions·ablauf *m* / production sequence || **chemischer ≗ablauf** / chemical production process || **≗ausfall** *m* / production outage || **≗automat** *m* / automatic production machine || **≗automatisierung** *f* / production management automation, factory automation || **≗bedarfsplanung** *f* / manufacturing resource planning (MRP) || **≗datenerfassung** *f* (PDE) / production data acquisition (PDA) || **≗denken** *n* / production mentality || **≗kapazität** *f* / production capacity || **≗leistung** *f* (Menge/Zeit) / production rate
Produktionsleit·ebene *f* / plant and process supervision level, production management level, plant management level, CIM centre level, coordinating and process control level || **≗system** *n* / production management system || **≗technik** *f* / production management, production control system, production control systems, factory automation || **≗technik** *f* (CIM) / computer-integrated manufacturing (CIM)
Produktions·lenkung *f* / production planning and control (PPC) || **≗maschine** *f* / production machine || **≗planung** *f* / production planning || **≗-Planung und -Steuerung** (PPS) / manufacturing (o. materials) requirements planning (MRP) || **≗planung und -steuerung** (PPS) / production planning and control (PPC) || **≗planungsebene** *f* / production planning level || **≗planungssystem** *n*

(PPS) / production planning and control (PPC) || ²**straße** *f* / production line, series production line || ²**umbau** *m* / factory rebuilding || ² **- und Prozessleitebene** *f* / plant and process supervision level, plant management level || ²**zelle** *f* / production cell, manufacturing cell || ²**zellensteuerung** *f* (PZS) / production cell control (PCC)

Produktivitätsprogramm *n* / productivity program

Produktivsetzung *f* / start of production

Produkt·kurve B x H / B-H curve || ²**lastenheft** *n* / product order specification || ²**lebenszyklus** *m* / product life cycle || ²**leistung** *f* / product performance || ²**leistungszentrum** *n* / production performance center || ²**lücke** *f* / product gap || ²**palette** *f* / product range || ²**pflichtenheft** *n* / product response specification || ²**planung** *f* / product planning || ²**programm** *n* / product range || ²**relais** *n* / product relay, product measuring relay || ²**schein** *m* / product form, product certificate || ²**schlüssel** *m* / product code

Produkt·sicherheit *f* / product safety || ²**sicherheitsmangel** *m* / product safety defect || ²**sicherheitsmeldung** *f* / product safety report, product safety memo || ²**sicherung** *f* / product assurance || ²**sicherungsmaßnahme** *f* / product assurance measure || ²**spektrum** *n* / product range, product spectrum || ²**standsdatei** *f* / product status file

Produktsteuerung *f* / product control, production control, computer aided manufacturing (CAM)

Produktvereinbarung - Durchführung (PVD) / product agreement - implementation || ² **- Fertigung** (PVF) / product agreement - manufacture || ² **- Voruntersuchung** / product agreement - preliminary study

Produkt·verpackungsetikett *n* / product packaging label || ²**vertrieb** *m* / product sales/marketing || ²**vorlauf** *m* / product input buffer || ²**zielkosten** *plt* / target product costs

Produzentenhaftung *f* / manufacturer's liability

professionelles Gerät EN 61000-3-2 / professional equipment

Profibus *m* (PROFIBUS) / fieldbus *n*, process fieldbus

PROFIBUS (process fieldbus) / PROFIBUS (process fieldbus), profibus *n*, fieldbus *n*

PROFIBUS Nutzerorganisation (PNO) / PROFIBUS user organization, PROFIBUS International (PI) || ² **Schnittstellencenter** / PROFIBUS Integration Center || ²**-Adresse** *f* / CB bus address

Profibusanleitung *f* / profibus instruction

PROFIBUS·-Anschaltung *f* / PROFIBUS controller || ²**-Baugruppe** *f* / PROFIBUS module

Profibus·diagnose *f* / profibus diagnostics || ²**diagnosedaten** *plt* / profibus diagnostics data || ²**kommunikationsbaugruppe** *f* / profibus communications module

PROFIBUS·-Netz *n* / profibus network || ²**-Profil** *n* / profibus profile || ²**-Teilnehmer** *m* / profibus node

Profil *n* / profile *n*, section *n*, shape *n*, loading gauge || ² *n* (Stahl) / section *n*, shape *n* || **parabolisches** ² (LWL) / parabolic profile, quadratic profile || ²**band** *n* / clamping ring || ²**bandflansch** *m* / flange for a clamping ring || ²**beleuchtung** *f* / outline lighting || ²**bohrung** *f* / formed hole || ²**darstellung** *f* (BSG) / profile display, profile view (CAD) || ²**dichtung** *f* / formed gasket || ²**dispersion** *f* (LWL) / profile dispersion || ²**draht** *m* / section wire, shaped wire || ²**drahtwicklung** *f* / section-wire winding, shaped-wire winding || ²**einschränkung** *f* (Ladeprofil) / loading gauge restriction, gauge limitation || ²**eisen** *n* / sectional steel, structural steel, structural shapes || ²**erder** *m* / section-rod (earth electrode) || ²**extrusion** *f* / profile extrusion || ²**faktor** *m* (PF Isolator) / profile factor (PF) || **~gängig** *adj* / meeting the railway clearances || ²**glas** *n* / figured glass || ²**halbzylinder** *m* / profile half cylinder

Profilieren *n* / form-truing *n* || ² *n* (Schleifscheibe) / form-trueing *n*

Profiliermaschine *f* / profiling machine

profiliert *adj* / trapezoidal-section

Profilierung *f* / shaping *n*

Profil·instrument *n* / straight-scale instrument, edgewise instrument || ²**leiste** *f* / profile strip || ²**leiter** *m* / shaped conductor || ²**leitung** *f* / trapezoidal-section cable, shaped cable || ²**name** *m* / profile name || ²**nut** *f* / profile slot || ²**parameter** *m* (LWL) / index profile parameter || ²**projektor** *m* / profilometer *n*

Profil·raster *m* (Leuchte) / profiled louvre, figured louvre || ²**sammelschiene** *f* / rigid busbar || ²**scheinwerfer** *m* / profile spotlight, profile spot || ²**schiene** *f* / DIN rail || ²**schiene** *f* (Tragschiene) / mounting channel, channel *n* || ²**schnitt** *m* / profile section, section *n* || ²**schnitt außerhalb der Ansicht** / removed section || ²**schnitt innerhalb der Ansicht** / revolved section || ²**skale** *f* / straight scale, horizontal straight scale || ²**staberder** *m* / section-rod (earth electrode) || ²**stahl** *m* / sectional steel, steel sections, steel shapes, structural steel, structural shapes || ²**stahlkonstruktion** *f* / sectional steel design

Profil·träger *m* / (sectional) girder *n*, beam *n* || ²**übergangskasten** *m* (IK) / change-face unit || ²**verfahren** *n* (CAD) / sweep operation || **Rad ohne** ²**verschiebung** / gear with equal-addendum teeth, unmodified gear, standard gear

Prognose *f* / forecast *n*

prognosegestütztes Lastführungssystem / forecast-based load control (o. management) system

Programm *n* / program *n* || ² **abbrechen** / abort program || ² **ändern** (NC) / program edit || **ein** ² **ändern** / edit a program || ² **einer Steuerung** / controller program || ² **einfahren** / execute a trial program run || ² **laden** EN 61131-1 / downloading *n* IEC 1131-4 || ² **läuft** / program running || ² **Manager** / program manager || ² **speichern** / save program || **ein** ² **spiegeln** / mirror a program || **aufrufendes** ² / calling program || **ereignisgesteuertes** ² / event-driven program || **fest abgespeichertes** ² / permanently stored program || **festverdrahtetes** ² / hard-wired program, wired program || **globales** ² / global program || **ins** ² / program *n* || **lokales** ² / local program || ²**abbruch** *m* / program abort, discontinuation of program, cancel *n*, abort *n* (The interruption of a running program by the operator), abnormal termination

Programmablauf *m* / program run || ² *m* DIN 44300 / program flow || ² *m* / program processing || ² *m* / program execution, computer run, program execution || ²**fehler** *m* / program execution error ||

≗plan *m* / program flowchart
Programmable Controller Program (PCP) / programmable controller program (PCP)
Programm·abschluss *m* / finish program || **≗abschnitt** *m* / program section, program part || **≗änderung** *f* / program editing, program modification, program change, edit program || **≗anfang** *m* / program start || **≗anfang-Zeichen** *n* / program start character || **≗ansicht** *f* / program view || **≗anwahl** *f* / program selection || **≗anweisung** *f* / statement *n* || **≗anweisung** *f* (NC, CLDATA) / source statement ISO 3592 || **≗archiv** *n* / program library, function block library || **≗archivierung** *f* / program archiving, storing in program library, program filing || **≗aufbau** *m* / program structure || **≗aufbau mit variabler Satzlänge** (NC) / variable-block format || **≗aufbau mit variabler Satzlänge auf Lochstreifen** (NC) / punched-tape variable-block format || **≗aufrufverwaltung** *f* / program invocation management || **≗ausführung** *f* / program execution || **≗ausgabe** *f* / program output, program listing || **≗ausrüstung** *f* / software *n* (SW) || **≗auszug** *m* / program excerpt
Programmbaustein *m* DIN 44300 / program module || ≗ *m* (PB PLT, SPS) / program block (PB) || ≗ *m* (PB) / program block (PB)
Programmbearbeitung *f* / program processing, program execution, program scanning || **alarmgesteuerte** ≗ / interrupt-driven program execution || **interruptgesteuerte** ≗ / system-interrupt-driven program processing || **uhrzeitgesteuerte** ≗ / clock-controlled program execution, clock-controlled program scanning || **zeitgesteuerte** ≗ / time-controlled program processing, time-controlled program execution, time-controlled program scanning || **zyklische** ≗ / cyclic program scanning
Programmbearbeitungsebene *f* / program execution level
programmbedingter Fehlzustand IEC 50(191) / program-sensitive fault
Programm·beeinflussung *f* / program control || **≗befehl** *m* / program command || **≗befehl** *m* (FWT) / function command || **≗betrieb** *m* / scheduled operation || **≗betrieb** *m* (NC) / program operation, program control || **≗bezeichner** *m* / program identifier, program identification || **≗bibliothek** *f* / program library || **≗container** *m* / program container || **≗datei** *f* / program file || **≗datei** *f* (Textverarb.) / non-document file || **≗dokumentation** *f* / program documentation || **≗durchlauf** *m* / program run, computer run || **≗ebene** *f* / program level
Programmeingabe *f* / program input, program loading, program entry || **dialoggestützte** ≗ / interactive programming, interactive program input
Programm·eingriff *m* (Unterbrechung) / program interruption || **≗einschub** *m* / program patch || **≗element** *n* / program element || **≗ende** *n* / end of program || **≗ende-Meldung** *f* / end-of-program signal || **≗entwicklung** *f* / program development || **≗entwicklungswerkzeug** *n* / program development tool || **≗erprobung** *f* / program testing, program test (PRT) || **≗erstellung** *f* / program generation (o. preparation o. development), program development
Programmfolge *f* / program sequence || **≗betrieb** *m* (PFB) / program sequencing, OPS
Programm·fortsetzung *f* / continue program || **≗gang** *m* / program cycle || **≗geber** *m* / program generator || **≗geber** *m* (f. Analysengeräte) / programmer *n* || **≗geber** *m* (Zeitplangeber) / program set station (PSS)
programmgesteuert·e E/A / program-controlled I/O (PCI/O) || **~er Verteiler** (PGV) / program-controlled distribution board
Programm·gliederung *f* / program organization || **≗halt** *m* / program stop || **≗haltepunkt** *m* / breakpoint *n*
Programmier·adapter *m* (SPS) / programming adapter || **≗anleitung** *f* / programming instructions || **≗anleitung** *f* (PA) / programming guide (PG) || **≗arbeitsplatz** *m* / NC programming workstation, programming console || **≗aufwand** *m* / programming overhead
Programmierb. U/f Freq. Koord. 1 / programmable V/f freq. coord. 1
programmierbar *adj* / programmable *adj* || **einmalig** ~ / one time programmable (OTP) || **~e Anpasssteuerung** (PLC) / programmable logic controller || **~e Datenstation** / intelligent station || **~e E/A** / programmable I/O (PIO) || **~e Intervalluhr** / programmable interval timer (PLT) || **~e logische Kette** (PLA) / programmable logic array (PLA) || **~e Mehrfachanschaltung** (PROMEA) / programmable multiple interface (module) || **~e parallele E/A-Einheit** / programmable parallel I/O device (PIO) || **~e Schnittstelleneinheit** / programmable interface unit (PIU) || **~e Tastatur** / programmable keyboard, user-defined keyboard, softkey pad || **~e Verfahrbereichsbegrenzung** (WZM, NC) / programmable traversing limit, soft-wired feed limit || **~e Verknüpfungssteuerung** / programmable logic controller (PLC) || **~er Adressdecoder** (PAD) / programmable address decoder (PAD) || **~er Adressengenerator** / programmable address generator || **~er Festwertspeicher** (PROM) / programmable read-only memory (PROM) || **~er integrierter Prozessor** (PIP) / programmable integrated processor (PIP) || **~er Regler** / programmable controller || **~er Textautomat** / programmable word processing equipment || **~er Unterbrechungs-Steuerbaustein** / programmable interrupt controller (PIC) || **~er Verstärker** / programmable-gain amplifier (PGA) || **~er Zähler** / programmable counter || **~er Zeitgeber** / programmable timer (PPM) || **~es Handhabungsgerät** (PHG) / programmable manipulator (PM), programmable robot || **~es logisches Feld** (PLA) / programmable logic array (PLA) || **~es Messgerät** DIN IEC 625 / programmable measuring apparatus || **~es Steuergerät** DIN 19237 / programmable controller, stored-program controller || **~es Zeitintervallglied** / programmable interval timer (PLT)
Programmier·barkeit *f* / programmability *n* || **≗beispiel** *n* / programming example, programming area || **≗diode** *f* / matrix diode || **≗einrichtung** *f* / programming unit, programming facility
Programmieren *n* / programming *n* || ~ *v* / program *n* || ≗ **PLC** / PLC programming
Programmierer *m* / programmer *n*
Programmierfehler *m* / programming error (o. fault) || ≗ **beseitigen** / debug a program

Programmierfibel *f* / programming primer
Programmiergerät *n* (PG) / programmer *n*, programming unit (PU), programming terminal, program panel, programming device, PG
Programmiergeräte·-Anschaltung *f* (Baugruppe) / programmer interface module, PU interface module || **≗schnittstelle** *f* (PG-Schnittstelle) / programmer port, programmer interface, programming device port
Programmier·grafik *f* / programming graphics || **≗handbuch** *n* / programming manual || **≗handgerät** *n* (PHG) / handheld programmer, handheld programming unit (HPU), handheld *n*, hand-held programmer || **≗hilfe** *f* / programming aid || **≗interpreter** *m* / program interpreter || **≗komfort** *m* / ease of programming || **steckbare ≗module** / plug-in type programming modules || **≗nummer** *f* / program number, submodule identification number, submodule ID || **≗oberfläche** *f* / programming interface
Programmierplatz *m* / programmer *n*, programming unit (PU), programming terminal, programming console, program panel, NC programming workstation || **rechnergestützter ≗** (NC) / computer-aided part programmer
Programmierschnittstelle *f* / application programmer interface, programming interface
Programmiersprache *f* / programming language || **höhere ≗** / HLL (high-level language) || **problemorientierte ≗** / problem-oriented language
Programmiersystem *n* / programming system
programmierter Halt (NC) / programmed stop, program stop ISO 1056 || **~ Positions-Sollwert** (NC) / programmed position || **~ wahlweiser Halt** (NC) / programmed optional stop
Programmier·- und Diagnosegerät *n* / programming and debugging tool (PADT) || **≗- und Servicegerät** *n* / programming and service unit || **≗- und Testeinrichtung** *f* (PuTE) / programming and diagnostic unit (PDU), programming and testing facility
Programmierung *f* / programming *n* || **≗ durch Definition des Zwecks** / goal-directed programming || **ganzjährige ≗** / twelve-month programming || **werkstattorientierte ≗** (WOP) / workshop-oriented programming (WOP), shopfloor programming (The preparation of an NC program at the machine site by the machine tool operator with the aid of interactive graphics and integrated conversational programming techniques)
Programmierunterstützung *f* / programming support, provision of programming aids
Programm·inbetriebnahme *f* / program startup || **≗-Instanz** *f* (PI) / program invocation (PI) || **≗instanzdienst** *m* / program invocation service
programminterne Warteschlange (PIWS) / internal program queue
Programm·kennung *f* / program identification, program identifier || **≗kennzeichnung** *f* / program identifier || **≗kopf** *m* / program header || **≗kopf parametrieren** / set program header parameters
Programmkorrektur *f* / program patching, program debugging, program correction, program editing, correct program || **≗speicher** *m* / program editing memory
Programm·laufzähler *m* / logical program counter || **≗laufzeit** *f* / program execution time, task execution time || **≗modul** *n* (QS) / program module || **≗name** *m* / program name || **≗neustart** *m* / program restart || **≗-Nr. P** / program no. P || **≗nullpunkt** *m* (NC) / program start || **≗nummer** *f* (EOR) / program number (EOR) || **≗nummernvorgabe** *f* / default program number
Programm·oberfläche *f* / program environment || **≗organisationseinheit** *f* / program organization unit (A function, function block or program. NOTE - This term may refer to either a type or an instance) || **≗paket** *n* / program package || **≗parität** *f* / program parity || **≗pfad** *m* / program path || **≗probelauf** *m* / dry run || **≗prüfen** *n* / program testing, program checking || **≗quelltext** *m* / program source text || **≗-Rangierliste** *f* (SPS) / program assignment list || **≗regelung** *f* / programmed control || **≗rumpf** *m* / program body
Programm·satz *m* / program block || **≗satz mit SRK/FRK** / program block with TNRC/CRC || **verkettete ≗sätze** / chained program blocks || **≗schalter** *m* / programmer *n* || **≗schalter** *m* (Wähler) / program selector || **≗schaltwerk** *n* / program controller, program clock, microcontroller *n* || **≗schleife** *f* / program loop, loop *n* || **≗schlüssel** *m* / program key || **≗schritt** *m* / program step || **≗schutzstecker** *m* / coding plug, polarization plug, dongle *n* || **≗sicherung** *f* / program security, program saving
Programmspeicher *m* / program memory || **≗erweiterung** *f* / program memory expansion || **≗steuerung** *f* / program memory control
Programmsprung *m* / program jump, program branch || **≗adresse** *f* / program jump address, program branch address
Programm·start *m* / program start || **≗status** *m* / program status || **≗stecker** *m* / coded plug, program plug || **≗steuern** *n* DIN 41745 / control by sequential program
Programmsteuerung *f* / sequence control system (SCS), sequential control, sequencing control, sequential control system IEC 1131.1, program control, programmed control
Programm·stop *m* / program stop || **≗struktur** *f* / program structure || **≗strukturierung** *f* / program configuration
programmtechnische Ausstattung / software complement
Programm·teil *m* / program section, program part || **≗test** *m* (PRT) / program test (PRT), program testing, program debugging || **≗träger** *m* / program medium || **≗übersicht** *f* / program overview, product overview || **≗umsetzer** *m* / program converter || **≗umwandler** *m* (NC) / autocoder *n*
Programmunterbrechung *f* / program interruption, program stop || **vorzeitige ≗** (Die Unterbrechung eines laufenden Programmes durch den Bediener) / abnormal termination, program abort, abort *n* (The interruption of a running program by the operator), cancel *n*
Programm·variable *f* / program variable || **≗verarbeitung** *f* / program execution, program scanning || **≗verbund** *m* / program-to-program communication || **≗verdrahtung** *f* / program wiring || **≗verfolgung** *f* / program trace || **≗verkettung** *f* / program chaining, instruction sequence || **≗verwaltung** *f* / program management || **≗verwirklichung** *f* / program implementation

Programmverzweigung *f* / program branching, program branch, branching ‖ **unbedingte ≈** / unconditional program branch, unconditional branching

Programm·vorlauf *m* / program advance ‖ **≈wiederholung** *f* / program repetition ‖ **≈wiederstart nach Unterbrechung** / mid-program restart, mid-tape restart, block search with calculation, block search ‖ **≈wort** *n* / program word, word *n* (In NC, a word is a basic element in a program block and usually consists of an address character followed by a number) ‖ **≈zähler** *m* / program counter ‖ **≈zeiger** *m* / program pointer ‖ **≈zustand** *m* / program status ‖ **≈zustandswort** *n* / program status word (PSW) ‖ **≈zyklus** *m* / program cycle, program scan cycle

Progressionskennfeld *n* / progression characteristic

Projekt *n* / project *n* ‖ **≈ kopieren** / copy project ‖ **ganzes ≈ kopieren** / copy whole project ‖ **≈ öffnen** / open project ‖ **≈abschluss** *m* / project completion ‖ **≈abwicklung** *f* / project management ‖ **≈abwicklung** *f* / project handling

Projektant *m* / planning engineer

Projekt·assistent *m* (Hilfsprogramm) / project wizard ‖ **≈betreuung** *f* / technical support ‖ **≈bezug** *m* / project reference ‖ **≈buch** *n* / project manual

Projekte, belieferte und eingeleitete ≈ / supplied and initiated projects

Projekteigenschaften *f pl* / project properties

Projekteur *m* / planner *n*

Projekt·fenster *n* / project window, action window ‖ **≈funktionen** *f pl* / project functions ‖ **≈geschäft** *n* / projects business ‖ **≈handbuch** *n* / project manual

Projektierarbeit *f* / configuring work

projektierbar *adj* / configurable *adj*, programmable *adj* ‖ **~** *adj* (vom Anwender konfigurierbar) / user-configurable *adj*

Projektier·barkeit *f* / configurability *n* ‖ **≈bereich** *m* / configuring range ‖ **≈daten** *plt* / planning data

projektieren *v* / project *v*, plan *v*, design *v*, configure *v* ‖ **~** *v* (SPS-System) / design *v* (at the planning stage), configure *v* ‖ **≈** *n* (Konfigurieren von Hardware) / configuring *n* ‖ **≈ des elektrischen Aufbaus** / electrical configuration ‖ **≈ des mechanischen Aufbaus** / mechanical configuration

Projektier·fehler *m* / configuring error ‖ **≈modus** *m* / configuration mode ‖ **≈paket** *n* / configuring package ‖ **≈platz** *m* / configuring station, NC workstation ‖ **≈platz** *m* (Programmieren, Konfigurieren) / programming terminal (o. workstation), configuration terminal ‖ **≈software** *f* / configuring software, system configuring software ‖ **≈station** *f* (SPS, PLT) / configuring station ‖ **≈syntax** *f* / configuring syntax

projektiert *adj* / configured *adj*

Projektiertool *n* / configuration tool, configuring tool

Projektierung *f* / project planning, project engineering, planning and design, configuring *n*, planning *n*, configuration *n*

Projektierungs·anleitung *f* (PJ) / planning guide, configuring guide ‖ **≈art-Erfassung** *f* / project status selection ‖ **≈assistent** *m* / PC Station Wizard ‖ **≈aufgaben** *f pl* / engineering/configuring ‖ **≈blatt** *n* / planning sheet ‖ **≈daten** *plt* / configuration data ‖ **≈ergebnis** *n* / configuration result ‖ **≈fehler** *m* (Konfigurierung) / configuration error, configuration form ‖ **≈gerät** *n* (PLT, Bussystem) / configuration device ‖ **≈handbuch** *n* / project planning guide ‖ **≈hilfe** *f* / configuring aid (o. tool), project planning aids, configuring form ‖ **≈hilfen** *f pl* (SPS) / configuring aids, design aids ‖ **≈hinweis** *m* / configuring form, project planning aids, configuring aid ‖ **≈hinweise** *m pl* / planning guide ‖ **≈hinweise** *m pl* (SPS) / configuring aids ‖ **≈ingenieur** *m* / project engineer ‖ **≈liste** *f* / configuration list ‖ **≈logik** *f* / configuration logic ‖ **≈menü** *n* / configuration menu ‖ **≈paket** *n* / configuration kit ‖ **≈platz** *m* / planning terminal ‖ **≈programm** *n* (SPS) / configuration program

Projektierungs·schema *n* (SPS) / configuration schematic, system configuration diagram ‖ **≈service** *m* (PS) / configuration service ‖ **≈software** *f* / system configuring software ‖ **≈software** *f* (SPS, PLT) / configuring software ‖ **≈software ETS** / ETS project design software ‖ **≈sprache** *f* / configuration language ‖ **≈tool** *n* / configuring tool, configuration tool ‖ **≈- und Montageanleitung** *f* / configuring and installation guide ‖ **≈werkzeug** *n* / configuring tool, configuration tool ‖ **≈zeichnung** *f* / configuration drawing

Projektions·abstand *m* / projection distance ‖ **≈belichtung** *f* (gS) / projection printing ‖ **≈lampe** *f* / projector lamp, projection lamp ‖ **≈röhre** *f* / projection tube ‖ **≈schirm** *m* / screen *n* ‖ **≈winkel** *m* / angle of projection

Projektleiter *m* / project manager

Projektpfad *m* / project path ‖ **physikal. ≈** / physical project path ‖ **≈\\nS5D Datei** / project path\\nS5D file

projektspezifisch *adj* / project-specific *adj*

Projekt·übersicht *f* / project summary ‖ **≈umfeld** *n* / peripheral area of project ‖ **≈vereinbarung** *f* / project declaration ‖ **≈verfolgung** *f* / project tracing ‖ **≈verwaltung** *f* / project management ‖ **≈vollzug** *m* / implementation

projektweit *adj* / for entire project ‖ **~e Gültigkeit** / project-wide validity

Projektwirtschaft *f* E DIN 69902 / project controlling

projizieren *v* / project *v*

projizierter Gipfelpunkt (o. Höckerpunkt) (Diode) DIN 41856 / projected peak point

Pro-Kopf-Verbrauch *m* / per capita consumption

PROM / programmable read-only memory (PROM)

PROMEA / programmable multiple interface (module)

Promille-Schritte, in ≈n *m pl* / in steps of one tenth of a percentage

prommen *v* / prom *v*

Promotionsleistung *f* / promotional ability

Pronyscher Zaum / Prony brake, brake dynamometer

Propellermotor *m* (Schiff) / propeller motor, propulsion motor

Proportional·abweichung *f* (Reg.) / proportional offset, P offset ‖ **≈anteil** *m* (Reg.) / proportional component, P component ‖ **≈beiwert** *m* (Verstärkung) / proportional gain ‖ **≈beiwert** *m* (Reg.) / proportional-action coefficient, proportional coefficient, proportional constant ‖ **≈bereich** *m* (Reg.) DIN 19226 / proportional band ‖ **≈bereich** *m* (Elektronenröhre) / proportional region (electron tube) ‖ **≈-Differential-Verhalten** *n* (Reg.)

/ proportional-plus-derivative action, PD action
proportional-differential-wirkender Regler / proportional-plus-derivative controller, PD controller, rate-action controller
Proportionaldifferenz *f* / offset *n*
proportional·e Rückführung / proportional feedback || **~es Verhalten** / proportional action, P-action *n*
proportionalgesteuerter Gleichstrommotor / d.c. servomotor
Proportionalglied *n* / proportional element, proportional-action element
proportional-integral *adj* (PI) / proportional and integral (PI) || **~-differential** *n* (PID) / proportional-integral-differential (PID) || **≗-Differential-Verhalten** *n* (Reg.) / proportional-plus-integral-plus-derivative action, PID action || **~-differential-wirkender Regler** / proportional-plus-integral-plus-derivative controller, PID controller || **≗-Regelung** *f* / proportional-plus-integral control, PI control, reset-action control || **≗-Verhalten** *n* / proportional-plus-integral action, PI action || **~-wirkender Regler** / proportional-plus-integral controller, PI controller
Proportionalitätsglied *n* / proportional element, proportional-action element
Proportional·regelung *f* / proportional control, proportional-action control || **≗regler** *m* / proportional controller, proportional-action controller || **≗regler** *m* (P-Regler) / proportional-action controller (P controller) || **≗rückführung** *f* / proportional feedback || **≗schrift** *f* / proportional type || **≗sprung** *m* / proportional step change, P step change || **≗-Temperaturregler** *m* / proportional temperature controller || **≗verfahren** *n* / proportional weighing method || **≗verhalten** *n* (Reg.) / proportional action, P-action *n* || **≗verstärkung** *f* / proportional gain, proportional coefficient
proportionalwirkend *adj* / with proportional action || **~er Regler** / proportional-action controller, P controller
Proportional-Zählrohr *n* / proportional counter tube
prospektiver Kurzschlussstrom / prospective short-circuit current || **~ Strom** / prospective current || **~ Stromscheitelwert** / prospective peak current
Prospektmappe *f* / folder *n*
PROTID (Protocol Identifier) / PROTID (protocol identifier)
Protocol Data Unit (PDU) / protocol data unit (PDU) || **≗ Data Unit Identifier** (PDUID) / protocol data unit identifier (PDUID) || **≗ Data Unit Reference** (PDUREF) / protocol data unit reference (PDUREF) || **≗ Identifier** (PROTID) / protocol identifier (PROTID)
Protokoll *n* / printout *n*, alarm log || ≗ *n* (Ausdruck) / log *n*, listing *n*, report *n*, protocol || ≗ *n* (QS) / report *n* || **E/A-Bus-≗** *n* / I/O bus protocol || **≗ablaufsteuerung** *f* / logging control || **≗abwickler** *m* / protocol handler || **≗abwicklung** *f* / protocol handling || **≗aufbau** *m* (Generierung) / log generation || **≗aufbereitung** *f* / log data conditioning || **≗ausgabe** *f* (Druck) / log printout || **≗ausgabe** *f* / report generation || **≗ausgabebaustein** *m* / log output block || **≗bild** *n* / report display || **≗buchführung** *f* / logging records
Protokoll·datei *f* / log file || **≗datenaufbereitung** *f* / log data conditioning || **≗dateneinheit** *f* / protocol data unit || **≗drucker** *m* / logging printer, report printer, logger *n* || **≗eintrag** *m* / report entry || **≗element** *n* / protocol element || **≗funktionen** / report functions || **≗generator** *m* / report generator || **≗handler** *m* / protocol handler
Protokollieren *n* / logging *n*, listing *n*, printing out, recording *n*, report generation, reporting *n* || ~ *v* / log *v*, list *v*, print out
Protokolliergerät *n* / listing device (o. unit) || ≗ *n* (Blattschreiber) / pageprinter *n*
Protokollierung *f* / reporting *n*, report generation, logging *n* || ≗ *f* (QS) / recording *n* (of results), certification *n* || ≗ *f* (DV, elST) / logging *n*, (data) listing
Protokoll·initiierbaustein *m* / log initiating block || **≗kennung** *f* / protocol identifier, report ID || **≗kopf** *m* / report header || **≗kopfbaustein** *m* / log-heading block || **≗lage** *f* / protocol layer || **≗maske** *f* / report screen form || **≗profi** *n* / protocol profile || **≗rahmen** *m* / report frame || **≗rumpf** *m* / report body || **≗schicht** *f* DIN ISO 7498 / protocol layer || **≗textausgabebaustein** *m* / log text output block || **≗übersetzer** *m* / protocol converter, gateway *n* || **≗umsetzer** *m* / gateway *n*, protocol converter || **≗wandler** *m* / protocol converter, gateway *n*
Protonen·strahl *m* / proton beam || **≗synchrotron** *n* / proton synchrotron
PROVIS / PROVIS (software program for ordering)
Provision *f* / commission *n*
provisorisch *adj* / makeshift *adj* || **~e Erdung** / temporary earth || **~es Unterwerk** (transportables U.) / transportable substation
PROWAY / process data highway (PROWAY)
proximaler Bereich DIN IEC 469, T.1 / proximal region
Proximallinie *f* / proximal line
Proximity-Effekt *m* / proximity effect
Prozedur *f* / procedure *n* || **≗anweisung** *f* / procedure statement || **≗fehler** *m* / procedure error || **~-orientierte Sprache** / procedure-oriented language
Prozent·anteil *m* / percentage *n* || **≗-Differentialrelais** *n* / percentage differential relay, percentage-bias differential relay, biased differential relay || **≗quadratminute** *f* / percent squared minute || **≗relais** *n* / percentage relay, percentage-bias relay, biased relay || **≗satz fehlerhafter Einheiten** / percent defective
prozentual·e Impulsverzerrung / percent pulse waveform distortion || **~e Verzerrung einer Impulseinzelheit** / percent pulse waveform feature distortion || **~er Fehler** / percentage error || **~er Referenzgrößenwert** / percent reference magnitude || **~es Rückfallverhältnis** (Rel.) VDE 0435,T.110 / resetting percentage, returning percentage (depr.) || **~es Verhältnis der Schaltwerte** (beim Rückfallen) / resetting percentage, returning percentage (depr.)
Prozent·vergleichsschutz *m* / biased differential protection, percentage differential protection || **≗wert** *m* / percent *n*
Prozess *m* / process *n* || ≗ *m* (Grafik) / process diagram || **kontinuierlicher** ≗ / continuous process
Prozessabbild *n* / process image, process I/O image || ≗ **der Ausgänge** (PAA) / process output image (PIO) || ≗ **der Eingänge** (PAE) / process input image (PII) || ≗ **lesen** / read process image ||

ˆ**eingang** *m* (PAE) / process input image (PII)
prozessabhängig *adj* / process dependent
Prozessabschaltsystem *n* / process shutdown system (PSD)
Prozessalarm *m* / process alarm || ˆ *m* (Unterbrechung) / process interrupt || ˆ**generierung** *f* / hardware interrupt generation || **~gesteuerte Programmbearbeitung** / process-interrupt-driven program processing || ˆ**-OB** / hardware interrupt ob
Prozess·analysengerät *n* / process analyzer || ˆ**analytik** *f* / process analysis || ˆ**anbindung** *f* / process interfacing || ˆ**ankopplung** *f* / process interfacing || ˆ**anschlussmodul** *n* (Klemmenbrett) / process signal terminal module || ˆ**ausgabesperre** *f* / control output inhibit || ˆ**automatisierung** *f* (PA) / process automation (PA)
Prozess·bedienebene *f* / process control level || ˆ**bedienfehler** *f* / operator input error, operator control error || ˆ**bedientastatur** *f* / process keyboard || ˆ**bedientastatur** *f* (PBT) / process control keyboard || ˆ**bedienung** *f* / operator-process communication || ˆ**bedienung** *f* / operator process control, operator control of the process || ˆ**bedienungsprotokoll** *n* / operator activity log, operator input listing || ˆ**beobachtung** *f* / process monitoring, process visualization || ˆ**beobachtung und -bedienung** *f* / operator-process monitoring and control || ˆ**bild** *n* / process schematic, mimic diagram, mimic *n* || ˆ**bild** *n* (am Bildschirm) / process display, plant display, process mimic || ˆ**bus** *m* / process data highway (PROWAY) || ˆ**busschnittstelle** *f* / process data highway interface || ˆ**chromatograph** *m* / process chromatograph
Prozessdaten *plt* / process data || ˆ**bus** *m* (PROWAY) / process data highway (PROWAY) || ˆ**-Erfassungsstation** *f* (PDE-Terminal) / process data acquisition terminal (PDA terminal) || ˆ**organisation** *f* (PDO) / process data organization (PDO) || ˆ**steuerung** *f* / process data control || ˆ**verarbeitung** *f* (PDV) / process data processing (PDP) || ˆ**word** *n* / process data word
Prozess·diagnose *f* / process diagnostics || ˆ**diagnose-Operanden PDIAG** / process diagnostic addresses pdiag || ˆ**-E/A** *m* / process I/O || ˆ**ebene** *f* / plant-floor level, process level, components || ˆ**einheit** *f* (periphere Einheit mit der Steuerung des Datenverkehrs und Prozesssignalformern zur Ein- und Ausgabe von Prozesssignalen) / process I/O unit || ˆ**element** *n* (E/A-Element) / I/O element || **Rundsteuer-**ˆ**element** *n* / ripple-control process interface module
prozessfähige Produktgestaltung / producible product design
Prozessfähigkeit *f* (QS-Begrif) / process capability
Prozessfehler *m* / process fault || ˆ**erkennung** *f* / process malfunction (o. fault) detection, process fault recovery
prozessführend *adj* / process controlling (PC)
Prozessführung *f* / process management, process control, process monitoring and control || ˆ *f* (durch den Leitstandfahrer) / operator control, process manipulation, operator-process communication
Prozess·führungsebene *f* / process management level, process control level || ˆ**gas** *n* / process gas || ˆ**gaschromatograph** *m* / process gas chromatograph
prozessgeführt *adj* / process-controlled *adj* || **~e Ablaufsteuerung** / process-oriented sequential control
Prozess·gerät *n* / process device, process instrument, process instrumentation, process measurement and control device || ˆ**gerätekennung** *f* / process device ID || ˆ**geschehen** *n* / processing || **~gesteuert** *adj* / process-interrupt-driven || ˆ**größe** *f* / process variable || ˆ**industrie** *f* / process industry || ˆ**informationssystem** *n* / process information system || ˆ**kette** *f* / process chain || ˆ**kopplung** *f* / process interfacing || ˆ**kriterium** *n* / step enabling condition, stepping condition, progression condition
Prozessleit·anlage *f* / process control system, process control and instrumentation system || ˆ**ebene** *f* / process control level, process management level, process supervision level || ˆ**stand** *m* / process engineer's console || ˆ**system** *n* / process control system, process control and instrumentation system, process instrumentation and control system || ˆ**system** *n* (PLS) / process control system || ˆ**tastatur** *f* / process control terminal || ˆ**technik** *f* (PLT) / process control engineering, process control and instrumentation technology, process instrumentation and control engineering, process instrumentation and control (process I&C), industrial process measurement and control || ˆ**technik** *f* / process control || ˆ**technik** *f* (rechnergeführte Anlage) / computer-integrated process control, computer-based process control
Prozess·meldung *f* / process signal, process event signal, process alarm, process message || ˆ**messgerät** *n* / process measuring equipment || ˆ**modell** *n* / process model || **gegenständliches** ˆ**modell** / physical process model || ˆ**monitor** *m* / process monitor
prozessnah *adj* / process-oriented *adj*, in-process *adj*, on the factory floor, on the plant floor, in the immediate vicinity of the process || **~e Bedienung** / local operator control, local operator communication || **~e Peripherie** (z.B. Sensoren, Stellglieder) / field devices || **~e Peripherie** (Feldgeräte) / field devices || **~e Regelkreise** / control loops in process environment, plant-floor control loops || **~er Bereich** / process environment, plant-floor environment || **~er Bereich** (auf Regelgeräte bezogen) / industrial control environment || **~es Messen** (NC) / direct measurement || **~es Messen** / in-process measurement
Prozessor *m* / processor *n* || **Digital-Signal-**ˆ *m* (DSP) / digital signal processor (DSP) || ˆ**auslastung** *f* / processor utilization || ˆ**baugruppe** *f* / processor unit, processor board || ˆ**baugruppe** *f* (CPU) / central processor unit, CPU || ˆ**-Cache-Modul** *n* / second-level cache || ˆ**-E/A** *m* / processor I/O (PIO) || ˆ**falle** *f* / processor trap
prozessorientierte Baugruppe / process-oriented module (o. PCB)
Prozessor·-Statuswort *n* / processor status word (PSW) || ˆ**störung** *f* / processor failure
Prozess·parameter *m* / process parameter || ˆ**peripherie** *f* / process peripherals, process interface system, process computer peripherals || ˆ**peripherie** *f* (E/A) / process I/O || ˆ**prüfung** *f* DIN 55350,T.11 / process inspection, in-process inspection, in-process inspection and testing,

manufacturing inspection, line inspection, intermediate inspection and testing, interim review

Prozessrechner *m* / digital control computer || ≗ *m* (PR) / process computer, process control computer, host computer || ≗ **für direkte Prozessführung** / process control computer || **~gestützte Automatisierung** / process-computer-aided automation || ≗**-Kommandogerät** *n* / process-computer-based command unit || ≗**system** *n* / process computer system

Prozessregelung *f* / closed-loop process control, process control, on-line process control || **rechnergeführte** ≗ / computer-based process control

Prozessregler *m* / process controller || **kontinuierlicher** ≗ / continuous-action controller || ≗**familie** *f* / process controller family

Prozess·schema *n* / process schematic, process flow chart (o. mimic diagram) || ≗**schnittstelle** *f* / process interface || ≗**schreiber** *m* / process-variable recorder, process-variable recorders || **~sichere Fertigungsverfahren** / controlled production methods || ≗**signal** *n* / process signal || ≗**signalformer** *m* / process interface module, I/O module, receiver element || ≗**steuerung** *f* / process control || ≗**störung** *f* / process disturbance, process alarm, process malfunction, process fault || ≗**störungsmeldung** *f* / process alarm || ≗**toleranz** *f* DIN 55350,T.12 / process tolerance || ≗**überwachung** *f* / process supervision || ≗**visualisierung** *f* / process visualization || ≗**visualisierungssystem** *n* / SCADA system || ≗**warte** *f* (Raum) / process control room || ≗**warte** *f* (Pult) / process operator's console || ≗**wiederherstellung** *f* / process recovery || ≗**zustandsprotokoll** *n* / process status log (o. listing), process status listing

PRT (Programmtest) / program testing, PRT (program test)

P-Rückführung *f* / proportional feedback

P-rücklesend *adj* / sink readback

Prüf·ablauf *m* / inspection and test sequence, inspection and test plan (ITP), inspection schedule || ≗**abschnitt** *m* / testing section || ≗**abschnitt** *m* (gS) / test coupon, coupon *n* || ≗**abstand** *m* / test distance || ≗**adapter** *m* / test adaptor, testing adapter for printed circuit boards || ≗**ader** *f* / pilot wire || ≗**-Analogausgabe** *f* (PR-AA) / check analog output module (CH-AQ) || ≗**anlage** *f* / testing station, test bay || ≗**anordnung** *f* / test set-up, test arrangement || ≗**anschluss** *m* (Isolator, Durchführung) / test tapping || ≗**anschlüsse** *m pl* / test connections || ≗**-Ansprechwert** *m* (Rel.) / must-operate value, pickup value || ≗**anstalt** *f* / testing institute, testing laboratories || ≗**antrag** *m* / test application || ≗**-Antwortspektrum** *n* / test response spectrum (TRS) || ≗**anweisung** *f* DIN 55350,T.11 / inspection instruction, test instruction || ≗**anzeige** *f* / diagnostic indication || ≗**anzeige** *f* (SPS) / diagnostic display, diagnostic lamp (o. light) || ≗**anzeigeeinrichtung** *f* (NC) / check indicator || ≗**aufbau** *m* / mounting arrangement for tests, test setup, test-bed assembly, test arrangement || ≗**aufkleber** *m* / inspection sticker, test sticker || ≗**aufzeichnung** *f* / inspection and test records || ≗**automat** *m* / automatic inspection and test unit, automatic tester, automatic testing machine, automatic test unit

Prüf·bahn *f* (Weg des Prüfkopfes) / scanning path || ≗**baustein** *m* / test block || ≗**bedingung** *f* / test condition || **allgemeine** ≗**bedingungen** DIN 41640 / standard conditions for testing IEC 512-1 || ≗**befehl** *m* (FWT) / check command || ≗**belastung** *f* / test load || ≗**bericht** *m* / test report, inspection record, record of performance || ≗**bescheinigung** *f* / test certificate, inspection certificate || ≗**bestätigung** *f* / test certificate, inspection certificate || ≗**betrieb** *m* / test(ing) operation, test duty || ≗**-Biegekraft** *f* (Isolator, Durchführung) / cantilever test load || ≗**bild** *n* (gS) / test pattern || ≗**bit** *n* / check bit, parity bit, parity check bit || ≗**-Blitzstoßspannung** *f* / lightning impulse test voltage || ≗**bohrung** *f* / inspection hole || ≗**box** *f* / test box || ≗**buch** *n* / inspect and test log book || ≗**buchse** *f* / test socket, test connector, test jack || ≗**bürde** *f* / test burden || ≗**bürste** *f* / pilot brush || ≗**byte** *n* / frame check sequence

Prüf·-Checkliste *f* / inspection checklist || ≗**daten** *plt* (Während einer Prüfung festgestellte Daten) / test data (Observed data obtained during tests) || ≗**dauer** *f* / duration of test || ≗**-Digitalausgabe** *f* (PR-DA) / check digital output module (CH-DQ) || ≗**draht** *m* / pilot wire || ≗**druck** *m* DIN 43691 / system test pressure (design pressure), test pressure || ≗**druck** *m* (PP) DIN 2401, T.1 / test pressure || ≗**druckfaktor** *m* / standard test pressure factor IEC 517 A2 || ≗**einrichtungen** *f pl* / testing equipment, inspection and test equipment || **systemeigener** ≗**emulator** / in-circuit emulator (ICE)

prüfen *v* / test *v*, check *v*, inspect *v*, examine *v*, verify *v*, review *v*, investigate *v* || ~ *v* (mit Lehre) / gauge *v* || ~ *v* (nachprüfen) / check *v*, verify *v*, prove *v* || ~ *v* (überprüfen) / review *v*, verify *v* || ~ *v* (untersuchen) / investigate *v*, examine *v*, scrutinize *v* || ~ *v* (visuell) / inspect *v*

Prüfer *m* / inspector *n*, test engineer

Prüfergebnis *n* / test result

Prüffeld *n* / test bay, testing station, test floor, testing laboratory, test berth || ≗**aufbau** *m* / test-bay assembly, machine assembled for test || ≗**stärke** *f* / testing level

Prüf·fläche *f* / testing surface, testing area, test surface at top || ≗**flüssigkeit** *f* / test liquid || ≗**folge** *f* / test sequence || ≗**gas** *n* / calibration gas || ≗**gebühr** *f* / test fee || ≗**gegenstand** *m* / test item || ≗**gemisch** *n* / test mixture || ≗**gerät** *n* / test unit || **graphisches und interaktives** ≗**gerät** / graphical interactive test device || ≗**geräte-Entwicklungsprogramm** *n* / inspection and test equipment development program || ≗**geschwindigkeit** *f* / testing rate || ≗**gleichspannung** *f* / d.c. test voltage || ≗**gleichstrom** *m* / test d.c. current || ≗**größe** *f* DIN 55350, T.24 / test statistic || ≗**hilfsmittel** *n* / auxiliary measuring and test equipment || ≗**zylinder** *m* / test cylinder || ≗**information** *f* (FWT) / check information || ≗**intervall** *n* / inspection interval || ≗**jahr** *n* / test year

Prüf·kabine *f* / test cell || ≗**kennung** *f* / inspection mark, test code, test symbol || ≗**kennzeichen** *n* / inspection mark, test mark, test symbol, test code || ≗**kette** *f* / test chain || ≗**klasse** *f* DIN 41650 / category *n* IEC 603-1 || **klimatische** ≗**klasse** / climatic category || ≗**klemme** *f* / test terminal || ≗**klima** *n* / conditioned test atmosphere, test environment || ≗**koffer** *m* / portable test set || ≗**kopf**

m (elektroakust. Wandler) / probe *n* || **angepasster ²kopf** / shaped probe || **²kopfschuh** *m* / probe shoe || **²körper** *m* / test block, test piece || **²kreis** *m* / test circuit

Prüf·laboratorium *n* / testing laboratory || **²länge** *f* (Oberflächenrauhheit) / sampling length || **²last** *f* / test load, dummy load

Prüflehre *f* (f. Lehren) / check gauge || ² *f* (f. fertige Teile) / inspection gauge || ² **für Schalttafel** / gauge for switchboard || ² **Leistungsschalter 3WR.** / gauge for circuit-breaker 3WR. || ² **Lichtbogenkontakte** / test pin for arcing contacts

Prüf·lehrenmaß 220 mm / test gauge dimension 220 mm || **²leistung** *f* (Prüflinge/Zeiteinheit) / testing capacity, number of units tested per unit time || **²leistung** *f* (el.) / testing power || **²lesen** *n* / verification *n* || **²leser** *m* / verifier

Prüfling *m* / test specimen, test piece, test object, part (o. machine o. transformer) under test || ² *m* (EMV-Terminologie) / equipment under test (EUT)

Prüflingshandling *n* / handling of test samples

Prüf·liste *f* / check list, inspection checklist || **²loch** *n* / inspection hole || **²los** *n* / inspection lot || **²marke** *f* / test label, test mark || **²markendatum** *n* / test label date, test mark date || **²maschine** *f* / testing machine, tester *n* || **²maschine** *f* (f. HSS) / operating machine || **²masse** *f* / test mass, weight *n* || **²meldung** *f* / check message || **²menge** *f* / test quantity || **Lebensdauer-²menge** *f* (LPM) / life test quantity (LTQ) || **²merkmal** *n* (QS) DIN 55350,T.12 / inspection characteristic

Prüfmittel *f* / inspection, measuring and test equipment, testing apparatus and instruments || **²überwachung** *f* (QS) E DIN 55360, T.16 / control of inspection, measuring and test equipment

Prüf·monat *m* / test month || **²muster** *n* / sample *n*, test specimen, test unit, specimen *n*, coupon *n* || **²niveau** *n* (QS) / inspection level || **²ort** *m* (QS) / place of inspection || **²packung** *f* / test packing || **²pegel** *m* / test level, impulse test level || **²pflichten** *f pl* / test requirements || **~pflichtig** *adj* / requiring (official) approval || **²plakette** *f* / inspection sticker

Prüfplan *m* / test plan || ² *m* (QS) / inspection schedule, inspection and test plan (ITP) || ² **für kontinuierliche Stichprobenentnahme** / continuous sampling plan || **Stichproben~** *m* / sampling inspection plan

Prüf·planung *f* DIN 55350,T.11 / inspection planning, inspection and test planning || **²platte** *f* (gS) / test board || **²platz** *m* / test bench, testing station, inspection station || **²probe** *f* / test sample || **²programm** *n* / inspection and test program, test program || **²protokoll** *n* / test report, inspection record, record of performance, test certificate || **²protokoll** *n* (EZ) / calibration report || **²punkt** *m* / test point || **²raum** *m* / test room, view room, test location || **²raumprüfung** *f* / view-room inspection || **²reihe** *f* / test series || **²reihenfolge** *f* / test sequence || **²-Relaisausgabe** *f* (P-Rel-DA) / check relay output module (CH Rel DQ) || **²-Relaisausgabebaustein** *m* (SPS) / check relay output module || **²robotertechnik** *f* / test robotics || **²rotor** *m* / proving rotor, test rotor || **²routine** *f* / test routine || **selbsttätige ²routine** / self-checking routine

Prüf·-Sachverständiger *m* / authorized inspector || **²schalter** *m* / test switch || **²schaltfolge** *f* / test duty || **²-Schaltstoßspannung** *f* / switching impulse test voltage || **²schaltung** *f* / test circuit, synthetic circuit || **²schaltungen** *f pl* (Trafo) VDE 0532,T.30 / simulated test circuits IEC 214

Prüfschärfe *f* / severity of test, test level, degree of inspection || **Auswahl der ²** / applicability of normal, tightened or reduced inspection, procedure for normal, tightened and reduced inspection

Prüf·schein *m* / test certificate, inspection certificate || **²schiene** *f* / test bus || **²schienen-Trenner** *m* / test bus disconnector, test bus isolator || **²schild** *n* / test label || **²schleife** *f* (DÜ) / loopback *n*, test loop || **nahe ²schleife** (DÜ) / local loopback || **²serie** *f* / test series || **²sicherheitsfaktor** *m* / test safety factor || **²-Sicherungsunterteil** *n* / test rig (test fuse base) || **²sockel** *m* (Lampenfassung) DIN IEC 238 / test cap || **²sockel** *m* (Sich.) VDE 0820 / test fuse-base || **²sonde** *f* / probe *n*, test probe || **²spaltweite** *f* / test gap || **²spannung** *f* (f. Isolationsprüf. eines MG) / insulation test voltage || **²spannung** *f* / test voltage || **²spannung** *f* (Isolierstoff) IEC 50(212) / proof voltage, withstand voltage || **²spezifikation** *f* / test specification, inspection specification || **²spitze** *f* / test prod, test probe || **²spitzensicherung** *f* / test-probe proof || **²spule** *f* / magnetic test coil, search coil, exploring coil || **²stab** *m* VDE 0281 / dumb-bell test piece

Prüfstand *m* / test stand, test bay, test bench || **Kraftfahrzeug~** *m* / chassis dynamometer, automobile performance tester, road-test simulator

Prüf·status *m* (QS) / inspection and test status || **²stecker** *m* / test plug || **²steckhülse** *f* / test socket, test jack (o. receptacle) || **²stelle** *f* / testing agency, testing laboratory, test point || **A-²stelle** *f* / A-level calibration facility || **²stellung** *f* (SG-Einschub) VDE 0660, T.500 / test position IEC 439-1 || **²stempel** *m* / inspection stamp || **²stift** *m* / test probe || **²stift Auslöseklinkenüberdeckung** / pin gauge for tripping latch overhang || **²stift Einschalthebel** / test pin for closing lever checking dimension 1 to 3mm || **²stoß** *m* / test impulse || **²-Stoßpegel** *m* / impulse test level, test level || **²-Stoßspannung** *f* / impulse test voltage || **²stoßspannungsmesser** *m* / impulse test voltmeter || **²-Stoßstrom** *m* / impulse test current || **²strecke** *f* VDE 0278 / test section

Prüfstrom *m* / test current, injected current || **großer ²** (LSS) VDE 0641 / conventional tripping current (CEE 19) || **großer ²** (Sich.) / conventional fusing current || **kleiner ²** (LSS) VDE 0641 / conventional non-tripping current (CEE 19) || **kleiner ²** (Sich.) / conventional non-fusing current

Prüf·stück *n* / test specimen, part under test || **²stufe** *f* / inspection level || **²summe** *f* / checksum *n* || **²summer** *m* / growler *n*, test buzzer || **²system** *n* / test system

Prüf·taktfrequenz *f* / testing clock frequency || **²taktsignal** *n* / test clock signal || **²taste** *f* / test key || **Lampen~taste** *f* (DT) / push-to-test button (for lamp), test button || **²technik** *f* / test engineering, test techniques || **²telegramm** *n* / test message || **Standard-²temperatur** *f* / standard temperature for testing IEC 70 || **²tisch** *m* / test bench || **²transformator** *m* / testing transformer || **²transformator** *m* (geprüfter T.) / transformer under test, transformer tested || **²trennklemme** *f* / test disconnect terminal || **²trennschalter** *m* / test disconnector, test isolator || ≗**turnus** *m* / inspection interval || ≗**umfang** *m* / scope of inspection, amount of inspection || ≗**umschalter** *m* / test selector switch

Prüf·- und Kalibriergasaufschaltung *f* / test/calibration gas injection || ≗**- und Kontrollpunkt** *m* (QS) / inspection and test point || ≗**- und Meldekombination** *f* / test and signalling combination || ≗**- und Messmittel** *n* / measuring and test equipment

Prüfung *f* (Feststellen, inwieweit eine Einheit eine Forderung erfüllt.//Experiment zum Messen, Quantifizieren oder Einordnen eines Merkmals oder einer Eigenschaft einer Einheit) / inspection *n* || ≗ *f* (QS) / inspection and testing || ≗ **auf elektromagnetische Verträglichkeit** / noise immunity test || **eine** ≗ **aushalten** / stand a test || ≗ **bei abgestufter Beanspruchung** (QS) / step stress test || ≗ **bei außermittiger Belastung** / test with eccentric load || ≗ **bei Erdschlussbetrieb** / testing under ground-fault conditions || ≗ **bei gestörtem Betrieb** / test under fault conditions || ≗ **bei Kälte und trockener Wärme** / cold and dry heat test || ≗ **bei Schwachlast** / light-load test || ≗ **der 100%-Ansprech-Blitzstoßspannung** / standard lightning impulse voltage sparkover test || ≗ **der Abmessungen** / verification of dimensions || ≗ **der Ansprech-Stoßspannung** / impulse sparkover test, let-through level test, let-through test || ≗ **der Ansprech-Wechselspannung** / power-frequency voltage sparkover test || ≗ **der Drehrichtung** / rotation test || ≗ **der Einschaltbedingungen** (Mot.) / preconditional check || ≗ **der Erweichungstemperatur** (Lackdraht) / cut-through test || ≗ **der Isolationsfestigkeit** / dielectric test, insulation test, voltage withstand insulation test, high-voltage test || ≗ **der Kurzschlussfestigkeit** / short-circuit test || ≗ **der mechanischen Bedienbarkeit** / mechanical operating test || ≗ **der mechanischen Festigkeit** / mechanical strength test || ≗ **der mechanischen Lebensdauer** / mechanical endurance test || ≗ **der Nichtansprech-Schaltstoßspannung** / minimum switching-impulse voltage sparkover test || ≗ **der Nichtansprech-Stoßspannung** / minimum sparkover level test || ≗ **der Nichtansprech-Wechselspannung** / minimum power-frequency sparkover test || ≗ **der Nichtzugänglichkeit** / non-accessibility test || ≗ **der Phasenfolge** / phase-sequence test || ≗ **der Polarität** / polarity test || ≗ **der Restspannung bei Schaltstoßspannung** / switching residual voltage test || ≗ **der Spannungsfestigkeit** / voltage proof test || ≗ **der Stirn-Ansprech-Stoßspannung** / front-of-wave voltage impulse sparkover test || ≗ **der Unverwechselbarkeit** (StV) / polarizing test || ≗ **der Wicklungen gegeneinander** / winding-to-winding test || ≗ **der Widerstandsfähigkeit gegen Chemikalien** / chemical resistance test || ≗ **des elektrischen Durchgangs und Durchgangswiderstands** / electrical continuity and contact resistance test || ≗ **des Isoliervermögens** / dielectric test, insulation test, voltage withstand insulation test, high-voltage test || ≗ **des Schaltvermögens** VDE 0531 / breaking capacity test IEC 214 || ≗ **des Wasserschutzes** / test for protection against the ingress of water || ≗ **des Wuchtzustands** (el. Masch.) / balance test || ≗ **durch den Lieferanten** / vendor inspection || ≗ **durch Gegenschaltung zweier gleichartiger Maschinen** / mechanical back-to-back test IEC 34-2 || ≗ **durch Strom-Spannungsmessung** / ammeter-voltmeter test || ≗ **im Beisein des Kundenvertreters** / witnessed test || ≗ **im magnetischen Störfeld** / magnetic interference test || ≗ **im Prüfraum** / view-room inspection || ≗ **in der Anlage** (EZ) / in-service test || ≗ **in Stufen** / step by step test || ≗ **mit abgeschnittener Steh-Blitzstoßspannung** / test with lightning impulse, chopped on the tail, chopped-wave impulse test || ≗ **mit abgeschnittener Stoßspannung** / chopped-wave impulse voltage withstand test || ≗ **mit angelegter Spannung** (Trafo) / separate-source voltage-withstand test, applied-voltage test, applied-potential test, applied-overvoltage withstand test || ≗ **mit angelegter Steh-Wechselspannung** / separate-source power-frequency voltage withstand test || ≗ **mit aufgehängtem Läufer** / suspended-rotor oscillation test || ≗ **mit dynamisch-mechanischer Beanspruchung** / dynamic stress test || ≗ **mit einer schlechten Verbindung** / bad connection test || ≗ **mit einstellbarer Überspannung** / controlled overvoltage test || ≗ **mit festgebremstem Läufer** / locked-rotor test || ≗ **mit Flammen** / flame test, flammability test || ≗ **mit Fremdspannung** / separate-source voltage-withstand test, applied-voltage test, applied-potential test, applied-overvoltage withstand test || ≗ **mit geeichter Hilfsmaschine** / calibrated driving machine test || ≗ **mit induzierter Steh-Wechselspannung** / induced overvoltage withstand test || ≗ **mit Leistungsfaktor Eins** / unity power-factor test || ≗ **mit Spannungsbeanspruchung** / voltage stress test || ≗ **mit stufenweiser Beanspruchung** / step stress test || ≗ **mit voller Steh-Blitzstoßspannung** / full-wave lightning impulse test || ≗ **mit voller Stoßspannung** / full-wave impulse-voltage withstand test, full-wave impulse test, full-wave test || ≗ **mit voller und abgeschnittener Stoßspannung** / full-wave and chopped-wave impulse voltage withstand test, impulse-voltage withstand test including chopped waves || ≗ **nach dem Belastungsverfahren** (el. Masch.) / dynamometer test, input-output test || ≗ **nach dem Bremsverfahren** / braking test || ≗ **nach dem Generatorverfahren** / dynamometric test || ≗ **unter künstlicher Verschmutzung** / artificial pollution test || ≗ **unter umgebungsbedingter Beanspruchung** / environmental testing || ≗ **zwischen Kommutatorstegen** / bar-to-bar test, segment-to-segment test || **fertigungsbegleitende** ≗ (VRV) / interim review, in-process inspection and testing, in-process inspection, manufacturing inspection, line inspection, intermediate inspection and testing || **indirekte** ≗ / indirect inspection and testing || **losweise** ≗ / lot-by-lot inspection || **messtechnische** ≗ / metrological examination || **prozessbegleitende** ≗ / interim review, in-process inspection and testing, in-process inspection, manufacturing inspection, line inspection, intermediate inspection and testing || **zerstörende** ≗ / destructive test || **zerstörungsfreie** ≗ / non-destructive test

Prüfungen am Aufstellungsort / site tests

Prüfungs·-Ableseverhältnis *n* / test-readings ratio ||

≗**abteilung** *f* / test department, inspection department || ≗**beamter** *m* / inspector *n*, inspecting officer || ≗**grad** *m* (QS) / degree of inspection || ≗**planung** *f* / inspection planning, inspection and test planning || ≗**urkunde** *f* / test certificate, inspection certificate
Prüfunterlagen *f pl* / inspection and test documents
Prüfverfahren *n* / test procedure, inspection and test procedure, test method, inspection procedure || ≗ **beim Eichen von Waagen** / verification test method for balances || ≗ **mit vorgeschriebenem Strom** / specified test current method
Prüf·volumen *n* / test volume, testing volume || ≗**vorbereitung** *f* / inspection planning, inspection and test planning || ≗**vorgang** *m* / inspection and test operation, test stipulation || ≗**vorrichtung Gelenkspiel** / joint play testing device || ≗**vorschrift** *f* / test code, test specifications || ≗**wechselspannung** *f* / power-frequency test voltage, power-frequency impulse voltage, a.c. test voltage || ≗**wert** *m* / test value || ≗**wert** *m* (Zahlenwert der Betriebs- o. Umwelteinflussgrößen) / test severity || ≗**wertgeber** *m* / test value generator || ≗**widerstand** *m* / testing resistor, proving resistor || ≗**zahl der Kriechwegbildung** VDE 0303, T.1 / proof tracking index (PTI)
Prüfzähler *m* (EZ) / substandard meter, reference meter, substandard *n*, rotating substandard, rotating standard || ≗ *m* (m. Ferrariswerk) / rotating substandard (r.s.s.) || ≗**verfahren** *n* (Prüfzähler m. Ferrariswerk) / rotating substandard method, reference-meter method, rotating substandard method || ≗**verfahren** *n* / substandard method
Prüfzeichen *n* / mark of conformity, inspection mark, approval symbol, test symbol, testing character || **VDE-**≗ *n* / VDE mark of conformity
Prüf·zeichnung *f* / inspection drawing || ≗**zertifikat** *n* / test certificate, inspection certificate || ≗**ziffer** *f* (PZ) / check digit (CD) || ≗**zubehör** *n* / test accessory || ≗**zustand** *m* (QS) / inspection and test status ISO 9001, inspection status (CSA Z 299) || ≗**zustand** *m* (SK) VDE 0660, T.500 / test situation IEC 439-1 || ≗**zuverlässigkeit** *f* DIN 40042 / test reliability
PS (Projektierungsservice) / configuration service, PS (parameter set)
PSB (Pratzenschutzbereich) / clamp protection area
P-schaltend *adj* / switching to P potential, current sourcing (The act of supplying current), source output
P-Schalter *m* / current-sourcing switch
P-Seite *f* (Thyr) / P side, anode side
Pseudo·adresse *f* / pseudo address || ≗**-Befehl** *m* / dummy command || ≗**code** *m* / pseudo-code *n*, mnemonic code || ≗**daten** *plt* / pseudo data, non telemetered data || ≗**dezimale** *f* / pseudo-decimal digit || ≗**parameter** *m* / dummy parameter || ≗**vektor** *m* / pseudo-vector *n*, axial vector
Psophometer *n* / psophometer *n*
P-Speicher *m* / P memory
P-Sprung *m* / P step change, proportional step change
PS-Schalter / pilot switch IEC 337-1
psychologische Blendung / discomfort glare
PT100-Auswertung *f* / PT100 evaluation unit
PT1-Technologiebaugruppe *f* / PT1 technology board
PT2M SW leeres EPROM-Modul / PT2M EPROM module without SW
PT2M-Baugruppe *f* / PT2M module
PTB (Physikalisch-Technische Bundesanstalt) / German Federal Testing Laboratory, PTB || ≗**-Bescheinigung** *f* / PTB certification || ≗**-Geschäftsnr.** / PTB File No.
PTC (Positive Temperature Coefficient) / positive temperature coefficient, PTC || ≗**-Auswertung** *f* / PTC evaluation (positive temperature coefficient) || ≗**-Halbleiterfühler** *m* / PTC thermistor detector || ≗**-Widerstand** *m* / PTC thermistor (PTC = positive temperature coefficient)
P-Thyristor *m* / P-gate thyristor
PTP / PTP (point-to-point) || **kartesisches** ≗**-Fahren** / cartesian PTP travel
PtRh-Thermopaar *n* / platinum-rhodium thermocouple
PTSK (partiell typgeprüfte Niederspannungs-Schaltgerätekombination) / PTTA (partially type-tested low-voltage switchgear and controlgear assembly)
Pt-Widerstandsthermometer *n* / platinum resistance thermometer
PÜ (Pegelüberwachung) / level monitor
PUD / program global user data (PUD)
Puffer *m* / buffer storage || ≗ *m* (DV) / buffer *n* || **Kondensator~** *m* / capacitor energy store, capacitor back-up unit
Pufferbatterie *f* (in Gleichstromversorgungskreis zur Verminderung der Schwankungen der Entnahme aus der Stromquelle) / buffer battery || ≗ *f* (Stromversorgung) / back-up battery || ≗ *f* / floating battery, floated battery
Puffer·baustein *m* (Batterie) / battery back-up module || ≗**bestand** *m* (Fabrik) / buffer inventory || ≗**betrieb** *m* (Batt.) / floating operation || ≗**datenbaustein** *m* / buffer data block || ≗**einheit** *f* (Batterie) / battery back-up unit, back-up battery unit || ≗**info** *f* / buffer info || ≗**inhalt** *m* / buffer content || ≗**kettenförderer** *m* / floating chain conveyor || ≗**kolben** *m* / passive piston acting as buffer || ≗**lager** *n* (Fabrik) / buffer store, buffer inventory || ≗**lösung** *f* / buffer solution || ≗**modul** *n* (Speicher) / buffer (memory) module, buffer submodule
puffern *v* / buffer *v*
Pufferregister *n* / buffer register
Pufferspannung *f* / back-up voltage || ≗ *f* (v. Batterie) / back-up (battery voltage), battery voltage, back-up supply
Pufferspeicher *m* / buffer storage (o. memory), buffer *n*, FIFO (first in, first out), buffer memory || **schneller** ≗ / cache *n*
Pufferüberlauf *m* / buffer overflow
Pufferung *f* (bei Netzausfall) / standby supply, backup supply || ≗ *f* (Ersatzstrom von Batterie) / battery standby supply, battery backup || ≗ *f* (m. Kondensatoren) / stored-energy standby supply || ≗ *f* (Batt.) / floating operation || **aussetzende** ≗ (Batt.) / intermittent re-charging || **batterielose** ≗ / non-volatile RAM (NV RAM) || **dauernde** ≗ (Batt.) / trickle charging || **kapazitive** ≗ / capacitor back-up (unit o. module)
Pufferungs·baugruppe *f* (Speicher) / buffer(-store) module, sequential memory || ≗**zeit** *f* / buffer time, stored-energy time || ≗**zeit** *f* (Batteriepufferung) /

back-up time, data support time
Puffer·verwaltung *f* (Speicher) / buffer management || ≈**zeit** *f* / back-up time, data support time, buffer time, stored-energy time
PU-Leiter *m* (nicht geerdeter Schutzleiter) / PU conductor
Pull-down·-Menü *n* / pull-down menu || ≈-**Widerstand** *m* / pull-down resistor
Pull-up-Widerstand *m* / pull-up resistor
Puls *m* (kontinuierlich sich wiederholende Folge von Impulsen) DIN IEC 469, T.1 / pulse train IEC 469-1 || ≈ *m* s. s.a. unter `Impuls` / pulse *n* || ≈**amplitudeneinsatzfrequenz** *f* / intervention point of pulse-amplitude modulation || ≈**amplitudenmodulation** *f* / pulse-amplitude modulation (PAM)
Pulsations·drossel *f* (Druckmesser) / pulsation dampener || ≈**verluste** *m pl* / pulsation loss
Pulsatorwaschmaschine *f* / pulsator-type washing machine
Puls·betrieb *m* (LE) / pulse control operation || ≈**bewertung** *m* / pulse weighting || ≈**bewertungskurve** *f* / pulse response characteristics || ≈**bewertungsmesser** *m* / quasi-peak detector || ≈**breite** *f* / pulse width, pulse duration || ≈**breitenmodulation** *f* / pulse-duration modulation (PDM), pulse-width modulation (depr. PWM) || ≈**breitenmodulationsverfahren** *n* / pulse-width modulation method
pulsbreitenmoduliert *adj* (PBM) / pulse-width-modulated *adj* (PWM), pulse amplitude modulated (PAM)
Pulsbreitensteuerung, modulierte ≈ (Pulssteuerung, bei der die Pulsbreite und/oder die Pulsfrequenz innerhalb jeder Grundschwingungsdauer so moduliert werden, dass sich am Ausgang eine bestimmte Schwingungsform ergibt) / pulse width modulation control (Pulse control in which the pulse width and/or frequency are modulated within each fundamental period to produce a certain output waveform), PWM control
Pulsbreiten-Vektorrechner *m* (PB-Vektorrechner) / pulse width vector calculator
Pulsburst *m* / pulse burst || ≈**abstand** *m* / pulse burst separation || ≈**dauer** *f* / pulse burst duration || ≈**frequenz** *f* / pulse burst repetition frequency
Puls·codemodulation *f* / pulse-code modulation (PCM) || ≈**coder** *m* / shaft encoder, pulse encoder, pulse generator (A digital-incremental displacement measuring system which uses a pulse type transducer for converting machine slide displacement into pulses. Each pulse represents an increment of displacement), pulse shaper, shaft-angle encoder || ≈**coder Monitoring** / pulse encoder monitoring
Puls·dauermodulation *f* / pulse-duration modulation (PDM), pulse-width modulation || ≈**dauersteuerung** *f* (Pulssteuerung mit fester Pulsfrequenz und veränderlicher Pulsdauer) / pulse duration control (Pulse control at variable pulse duration and fixed frequency) || ≈**dauer-Vektorrechner** *m* / pulse-duration vector calculator || ≈**diagramm** *n* / timing diagram (giving a complete set of signals which show the operation of each mode of a circuit) || ≈**drehrichter** *m* / pulse-controlled three-phase inverter || ≈**entladeprüfung** *f* / pulse discharge test
Pulse-Pause Ausgang / pulse duration modulation output (PDM output)
Puls·epoche *f* / pulse train epoch || ≈**folgesteuerung** *f* (LE) / pulse frequency control (Pulse control at variable frequency and fixed pulse duration) || ≈**former-Elektronik** *f* / pulse shaping electronics || ≈**frequenz** *f* / pulse rate || ≈**frequenzmodulation** *f* / pulse-frequency modulation (PFM) || ≈**frequenzsteuerung** *f* (Pulssteuerung mit fester Pulsdauer und veränderlicher Pulsfrequenz) / pulse frequency control (Pulse control at variable frequency and fixed pulse duration)
Pulsgeber *m* / impulse device, impulsing transmitter, pulse transmitter, pulse initiator, pulse shaper, pulse generator (A digital-incremental displacement measuring system which uses a pulse type transducer for converting machine slide displacement into pulses. Each pulse represents an increment of displacement), pulse encoder, shaft encoder, shaft-angle encoder || **konventioneller** ≈ / manual pulse generator (MPG), manual pulse encoder, hand pulse generator, handwheel *n*, hand wheel || ≈**weiche** *f* / pulse encoder separating filter
Pulsgruppenbetrieb *m* / pulse-group cycle
pulsierend *adj* / pulsating *adj*, oscillating *adj* || **~e Leistung** / fluctuating power || **~e Spannung** / pulsating voltage || **~er Gleichfehlerstrom** VDE 0664, T.1 / pulsating d.c. fault current, a.c. fault current with (pulsating d.c. component) || **~er Strom** / pulsating current || **~es Drehmoment** / pulsating torque, oscillating torque
pulsig *adj* / -pulse || **6-~** *adj* / 6-pulse *adj*
Pulsigkeit *f* (LE, Pulszahl) / pulse number
Puls·jitter *m* / pulse jitter || ≈**-Magnetron** *n* / pulsed magnetron || ≈**modulation** *f* / pulse modulation (PM) || ≈**pausenverhältnis** *n* / pulse-no-pulse ratio || ≈**signal** *n* / sampled signal || **Hüllkurve des** ≈**spektrums** / pulse spectrum envelope || ≈-**Spitzenausgangsleistung** *f* / peak pulse output power || ≈**spitzenleistung** *f* / pulse peak power || ≈**steuersatz** *m* (LE) / pulse control trigger set || ≈**steuerung** *f* (LE) / pulse control, chopper control || ≈**umrichter** *m* / pulse-controlled a.c. converter, sine-wave converter, pulse width modulation converter (PWM converter), pulse converter, PWM converter (pulse width modulation converter) || ≈**umwertung** *f* / pulse re-weighting || ≈**verbreiterung** *f* / pulse broadening, pulse spreading
Pulsverfahren *n* / pulsing regime || **Aussteuerung nach dem** ≈ (LE) / pulse control, chopper control
Puls·wärmewiderstand *m* (HL) DIN 41862 / thermal impedance under pulse conditions || ≈**wechselrichter** *m* / pulse-controlled inverter, pulse-width-modulation inverter, PWM inverter, PWM || ≈**weitenmodulation** *f* (PWM) / pulse width modulation (PWM) || ≈**wertigkeit** *f* / pulse value, pulse significance, pulse weight, increment per pulse || ≈**wertmesser** *m* / quasi-peak detector
Pulswiderstand *m* / pulsed resistance, pulse resistor || ≈ *m* (LE, gepulster W.) / pulsed resistor, chopper resistor || **Bremsung mittels** ≈ / pulsed resistance braking
Pulswiderstandsmodul *n* / chopper-resistor module
Puls·zahl *f* (Die Anzahl der nicht gleichzeitigen, symmetrischen, direkten oder indirekten Kommutierungen von einem Hauptzweig auf einen

anderen oder die Anzahl der Verlöschungen, die während einer Taktperiode auftreten) / pulse number || ≗**zählverfahren** *n* / pulse count system || ≗**zittern** *n* / pulse jitter || ≗**zusatz** *m* (PUZ) / pulse-width modulation supplement

Pult *n* / desk *n*, console *n*, control panel || ≗**aufsatz** *m* / raised rear section, instrument panel, vertical desk panel || ≗**ausführung** *f* / console-mounted version || ≗**bauform** *f* (SK) VDE 0660, T.500 / desk-type assembly IEC 439-1 || ≗**gerüst** *n* / desk frame || ≗**verkleidung** *f* / desk enclosure || ≗**vorbau** *m* / desk section

pulverbeschichtet *adj* / powder-coated *adj*

Pulverbeschichtung, Epoxidharz-≗ *f* / epoxy resin powder coating

Pulver·beugungskammer *f* / powder camera, X-ray powder camera || ≗**beugungsverfahren** *n* / powder diffraction method, Debye-Scherrer method || ≗**diffraktometer** *m* / powder diffractometer || ≗**kammer** *f* (Guinier-Kammer) / powder camera, X-ray powder camera || **magnetischer** ≗**kern** / magnetic powder core || ≗**lack** *m* / powdered paint || ≗**metallurgie** *f* / powder metallurgy || ≗**verfahren** *n* / powder diffraction method, Debye-Scherrer method

Pumpe *f* / pump *n*

Pumpen·drehzahl *f* / pump speed || ≗**hub** *m* / pump stroke || ≗**kennlinie** *f* / head capacity curve of pump || ≗**laterne** *f* / pump skirt || ≗**satz** *m* / pump set, pump unit || ≗**-Turbine** *f* / pump-turbine *n* || ≗**unterdrückung** *f* / pump by-pass || ≗**verschleiß** *m* / erosion of pump

Pump·maschine *f* / exhaust machine || ≗**rohr** *n* / exhaust tube || ≗**speicherkraftwerk** *n* / pumped-storage power station, pumping power station || ≗**speicherung** *f* / pumped storage || ≗**spitze** *f* (ESR-Kolben) / tip *n* (EBT), pip *n* (EBT) || ≗**stengel** *m* / exhaust tube || ≗**verhinderung** *f* / anti-pumping device, lockout device, closing lockout

Punkt *m* / point *n* || ≗ *m* (Leuchtfleck) / spot *n* || **50%-**≗ **der OC-Kurve** / point of control || **ungünstiger** ≗ **des Arbeitsbereiches** / operating point that claims the highest Cv-coefficient || ≗ **des energiegleichen Spektrums** / equal energy point || ≗ **des unendlichen Schlupfs** / point of infinite speed || ≗ **im Stichprobenraum** / sample point || ≗**abweichung** *f* (ESR) / spot displacement, spot misalignment || **~artige Strahlungsquelle** / point source

Punkt·bearbeitung *f* / point processing || ≗**bild** *n* / point pattern (A sequence of points (usually equally spaced) on a straight line or a circle. Point patterns can be defined to facilitate programming of repetitive operations) || ≗**box** *f* / point box || ≗**diagramm** *n* / dot diagram || ≗**diagrammschreiber** *m* (Chromatogramm) / peak picker || ≗**drucker** *m* / dot matrix printer

Punktegitter *n* / hole matrix, grid of holes, hole spacing

Punktfolge *f* / time per point, dot sequence || ≗**zeit** *f* (Schreiber) / time per point

punktförmig verteilte Leitungskonstante / lumped constant || **~er Melder** EN 54 / point detector

punktgenaues Orten / pin-point locating, precise location

punktgesteuerte Maschine (NC) / point-to-point machine

Punkt·gewicht *n* / point weight || ≗**gleichrichter** *m* / point-contact rectifier || ≗**gruppe** *f* / point group || ≗**helle** *f* / point brilliance || ≗**helligkeit** *f* (Osz.) / spot brightness

punktieren *v* / dot-line *v*

punktierte Linie / dotted line

Punktierzeit *f* / dotting time

Punkt·kontakt *m* (HL) / point contact || ≗**kreis** *m* / circle of points || ≗**kurve** *f* / dotted curve || ≗**lage** *f* (Osz.) / spot position || ≗**lagenverschiebung** *f* (Osz.) / spot displacement || ≗**last** *f* / concentrated load, stationary load || ≗**lichtlampe** *f* / point-source lamp, dot-lit lamp || ≗**linie** *f* / row of points

Punkt·matrix *f* / dot matrix || ≗**matrixanzeige** *f* / dot matrix display || ≗**muster** *n* (NC Folge von Punkten (in der Regel mit gleichbleibendem Abstand untereinander) auf einer Geraden oder einem Kreis. Sie erleichtern das Programmieren von sich wiederholenden Bearbeitungsoperationen) / point pattern (A sequence of points (usually equally spaced) on a straight line or a circle. Point patterns can be defined to facilitate programming of repetitive operations) || ≗**paar** *n* (CAD) / dotted pair || ≗**pol** *m* / point pole || ≗**produkt** *n* / dot product, scalar product || ≗**raster** *m* / dot matrix || ≗**rasterverfahren** *n* / dot scanning method || ≗**rauschen** *n* / spot noise || ≗**rauschfaktor** *m* / spot noise factor || ≗**reihe** *f* / row of points

Punkt·schreiber *m* / dotted-line recorder, dotted-line recording instrument IEC 258, dotted-line recorders || ≗**schweißen** *n* / spot welding || ≗**schweißgerät** *n* / spot-welding machine || ≗**schweißmaschine** *f* / spot-welding machine || ≗**sehen** *n* / point vision

Punktsteuerung *f* (NC) / point-to-point positioning control, coordinate positioning control || ≗ *f* / positioning control, point-to-point control (PTP) || ≗ *f* (NC-Wegbedingung) DIN 66025,T.2 / point-to-point positioning ISO 1056

Punkt·strahler *m* / spotlight *n* || ≗**struktur** *f* / point structure || **~symmetrisch** *adj* / centrosymmetric *adj*

Punkt- und Streckensteuerung *f* (NC) / combined point-to-point and straight-cut control || ≗ *f* / point-to-point control with straight line machining, point-to-point and straight-cut control

Punkt·verfahren *n* / point-by-point method || ≗**-vor-Strich-Regel** / rule whereby multiplication and division are performed before addition and subtraction || ≗**wolke** *f* / bi-variate point distribution, scatter *n* || ≗**zeichengenerator** *m* / dot matrix character generator || ≗**-Zeit-Folge** *f* / time per point

Punkt-zu-Punkt·-Kopplung *f* / point-to-point link(-up), peer-to-peer link || ≗**-Prüfung** *f* / point-to-point test || ≗**-Schnittstelle** *f* / point-to-point interface (PPI) || ≗**-Steuerung** *f* / point-to-point control (PTP), point-to-point path control, point-to-point positioning control, positioning control || ≗**-Verbindung** *f* / point-to-point configuration, point-to-point link || ≗**-Verbindung** *f* (DÜ) DIN 44302 / point-to-point connection || ≗**-Verbindung** *f* (Verdrahtung) / point-to-point connections || ≗**-Verkehr** *m* (FWT) / point-to-point traffic || ≗**-Verkehr** *m* (KN) / point-to-point traffic, traffic parcel IEC 50(715)

Punktzykluszeit *f* (Schreiber) / duration of cycle

Punze *f* (Werkzeug) / embossing tool, chasing tool
Punzhammer *m* / boss hammer
punzieren *v* (bossieren) / emboss *v* ‖ ~ *v* (ziselieren) / chase *v*, engrave *v*
punziert *adj* / chased *adj*
pupinisierte Leitung / coil-loaded line
Pupinspule *f* / loading coil, Pupin coil
Purpur·farbe *f* / purple stimulus ‖ ≈**gerade** *f* / purple boundary ‖ ≈**linie** *f* / purple boundary
Push-pull·-Kupplung *f* / push-pull coupling ‖ ≈-**Steckverbinder** *m* / push-pull connector
Putz, im ≈ verlegt / semi-flush-mounted *adj* ‖ **unter ≈** (UP) / flush-mounted *adj*, flush-mounting *n* ‖ **Verlegung auf ≈** / surface mounting (o. installation), surface wiring, exposed wiring ‖ **Verlegung unter ≈** / concealed installation, installation under the surface, installation under plaster ‖ ≈**ausgleich** *m* / adjustment to plaster surface ‖ **großer ≈ausgleich** / large range of adjustment for flush mounting ‖ ≈**holz** *n* (a.f. EZ) / burnishing stick ‖ ≈**kante** *f* / plaster ground, plaster edge ‖ ≈**stein** *m* / abrasive stone ‖ ≈**tuch** *n* / cleaning cloth
PUZ (Pulszusatz) / pulse-width modulation supplement
PVC (Polyvinylchlorid) / polyvinyl chloride ‖ ≈ **Schlauchleitung** / PVC hose lead, PVC hose ‖ ≈-**Aderleitung** *f* VDE 0281 / PVC-insulated single-core non-sheathed cable ‖ ≈-**Flachleitung** *f* VDE 0281 / flat PVC-sheathed flexible cable ‖ ≈-**isolierte Starkstromleitungen** VDE 0281 / PVC-insulated cables and flexible cords ‖ ≈-**Mantelleitung** *f* VDE 0281 / light PVC-sheathed cable (HD 21) ‖ ≈-**Mischung** *f* / PVC compound ‖ ≈-**Rohr** *n* (IR) / PVC conduit ‖ ≈-**Schlauchleitung** *f* VDE 0281 / PVC-sheathed flexible cord ‖ ≈-**Schlauchleitung für leichte mechanische Beanspruchungen** / light PVC-sheathed flexible cord (round, HO3VV-F) ‖ ≈-**Schlauchleitung für mittlere mechanische Beanspruchungen** / ordinary PVC-sheathed flexible cord (H05VV) ‖ ≈-**Verdrahtungsleitung** *f* VDE 0281 / PVC non-sheathed cables for internal wiring
PVD (Produktvereinbarung - Durchführung) / product agreement - implementation
P-Verhalten *n* (Reg.) / P action, proportional action
P-Verstärkung *f* / P gain, proportional gain
PVF (Produktvereinbarung - Fertigung) / product agreement - manufacture
PV-Knoten *m* (Netz) / voltage-controlled bus IEC 50(603)
PW (Peripheriewort) / I/O word, PW (peripheral word)
PWM (Pulsweitenmodulation) / PWM (pulse width modulation) ‖ ≈-**Steuerung** *f* / pulse width modulation control (PWM control; Pulse control in which the pulse width and/or frequency are modulated within each fundamental period to produce a certain output waveform), PWM control (pulse width modulation control)
P-Wurzelung *f* / connected to common P potential
PY (Peripheribyte) / I/O byte, PY (peripheral byte)
Pylon *m* / pylon *n* ‖ ≈ *m* (Vekehrsmarkierung) / traffic cone
pyroelektrischer Empfänger / pyroelectric detector
Pyrolysator *m* / pyrolizer oven
Pyrolysechromatographie *f* / pyrolysis chromatography
PZ (Prüfziffer) / CD (check digit)
PZD-Bereich *m* (Abk. für ProZessDaten) / process data area ‖ **Anzeige ≈-Signale** / PZD signals ‖ ≈-**Steuerung** *f* / PZD control
PZE (Persönliche Zeiterfassung) / personnel data recording
PZS / production cell control (PCC)

Q

Q-Bereich *m* (Quellebereich) / extended I/O memory area, extended I/O area
QDS (Qualitätsdatensicherung) / QDS (quality data save)
QE / quality element
QFK / quadrant error compensation, QEC
Q-H-Kennlinie *f* / pressure-volume curve
QIL / quad-in-line package (QIL)
QL-Paket *n* / XRF package
qmm / sqmm
QMS (Qualitätsmanagement-System) / QMS (Quality Management System)
QS (Qualitätssicherung) / quality control, QA (quality assurance) ‖ ≈-**Beschaffung** *f* / QA procurement ‖ ≈-**Dokumentation** *f* / quality documentation ‖ **produktspezifische ≈-Dokumentation** / product-specific quality documentation ‖ ≈-**Handbuch** *n* / QA manual ‖ ≈-**Programm-Abschnitt** *m* / QA program section (CSA Z 299) ‖ ≈-**Programm-Modul** *n* / QA program module (CSA Z 299)
QSS-Bewertung *f* / quality system review
QSV / quality assurance agreement, QAA
QS·-Verfahrensanweisungen *f pl* / quality procedures ‖ ≈-**Verfahrens-Handbuch** *n* / QA procedures manual (CSA Z 299) ‖ ≈-**Zuständigkeit** *f* / quality management responsibility
Quader *m* / cuboid *n*, rectangular parallelepiped, block *n*, frame *n*, parallelepiped *n* ‖ ≈ *m* (CAD-Befehl) / box
quaderförmig *adj* / cuboidal *adj*
Quaderumgebung *f* / parallelepipedal neighbourhood
Quad-In-Line-Gehäuse *n* (QIL) / quad-in-line package (QIL)
Quadrant *m* / quadrant *n*
Quadranten·-Elektrometer *n* / quadrant electrometer ‖ ≈**fehlerkompensation** *f* / quadrant error compensation, QEC ‖ **neuronale ≈fehlerkompensation** (NQFK) / neural quadrant error compensation (NQEC) ‖ ≈**programmierung** *f* (NC) / quadrant programming
Quadrantskale *f* / quadrant scale
Quadrat *n* / square *n*
quadratisch degressive Zustellung (NC) / squared degressive infeed ‖ **~ zunehmendes Lastmoment** / square-law load torque ‖ **~e Keilverzahnung** / square splines ‖ **~e Regelabweichung** / r.m.s. deviation ‖ **~er Drehmomentverlauf** / square-law torque characteristic ‖ **~er Mittelwert** / root-mean-square value (r.m.s. value), virtual value ‖ **~es Gegenmoment** / square-law load torque ‖ **~es Profil** / parabolic profile, quadratic profile

Quadrat·mittel *n* / root-mean-square value (r.m.s. value), virtual value || **²werkzeug** *n* / quadrangular tool || **²wurzel** *f* / square root
Quadrierstufe *f* / squaring element, squaring circuit
quadrithermisch *adj* / quadrithermal *adj*
Quad-slope-Wandler *m* / quad slope converter
Qualifikation *f* / qualification *n* || **nachzuweisende ²** / verifiable qualification
Qualifikations·forderung *f* / qualification requirement || **²lebensdauer** *f* / qualified life || **²nachweis** *m* / qualification statement, qualification records || **²norm** *f* / qualification standard || **²prüfung** *f* / qualification test
qualifiziert *adj* / qualified *adj*
Qualimetrie *f* / qualimetry *n*
Qualität *f* / quality *n* || **²** *f* (Blech, Bürste) / grade *n*
qualitativ·e Bestimmung / qualitative determination || **~es Merkmal** / qualitative characteristic, attribute *n*
Qualitäts·anforderungen *f pl* / quality requirements || **²audit** *n* DIN 55350,T.11 / quality audit || **²aufzeichnungen** *f pl* / quality records || **²beanstandung** *f* / non-conformance report (CSA Z 299), defect report (o. note) || **²bericht** *m* / quality report || **²berichterstattung** *f* / quality reporting || **²bewusstsein** *n* / quality awareness || **²datensicherung** *f* (QDS) / quality data save (QDS) || **²dokumentation** *f* / quality documentation || **²einbuße** *f* / impairment of quality || **²element** *n* (QE) / quality element || **²fähigkeit** *f* DIN 55350, T.11 / quality capability || **²fähigkeitsbestätigung** *f* / quality verification || **²förderung** *f* DIN 55350, T.11 / quality improvement
Qualitätsgrenzlage, rückzuweisende ² DIN 55350, T.31 / limiting quality level (LQL), rejectable quality level (RQL)
Qualitätsingenieur *m* / quality assurance engineer
Qualitätskontrolle *f* / quality control, quality inspection (Q inspection), quality inspection and testing || **rechnerunterstützte ²** / computer aided quality assurance (CAQ)
Qualitäts·kontrollstelle *f* (in Fertigungsbetrieben) / quality control department (in manufacturing plants) || **²kosten** *plt* DIN 55350, T.11 / quality-related costs || **²kreis** *m* DIN 55350, T.11 / quality loop, quality spiral || **²lage** *f* / quality level
Qualitätslenkung *f* DIN ISO 9000 / quality control || **² bei mehreren Merkmalen** / multi-variate quality control || **² in der Fertigung** / in-process quality control, process control
Qualitäts·management *n* DIN ISO 9000 / quality management || **²managementsystem** *n* / quality management system || **²mangel** *m* / quality defect || **²merkmal** *n* / quality characteristic
Qualitätsmerkmal, werkstofftechnisches ² / material quality feature
Qualitäts·minderung *f* / impairment of quality || **²-Nachweisführung** *f* / quality assurance || **²ordnung** *f* / quality principles || **²planung** *f* (Q-Planung) DIN 55350, T.11 / quality planning (Q-planning) || **²politik** *f* / quality policy || **²prüfstelle** *f* / quality inspection and test facility || **²prüfung** *f* (Q-Prüfung) DIN 55350, T.11 / quality inspection (Q inspection), quality inspection and testing || **²regelung** *f* / quality control || **²revision** *f* / quality audit
Qualitätssicherung *f* (QS) DIN ISO 9000 / quality assurance (QA), quality control || **schritthaltende ² durch Rechnerunterstützung** (CAQA) / computer-aided quality assurance (CAQA) || **² in Entwurf und Konstruktion** / design assurance (CSA Z 299) || **rechnerunterstützte ²** / computer aided quality assurance (CAQ)
Qualitätssicherungs·abteilung *f* / quality assurance department || **²auflagen** *f pl* / quality assurance requirements || **²beauftragter** *m* / quality assurance representative, QA representative (QAR), quality assurance officer || **²dokumentation** *f* (QS-Dokumentation) / quality documentation || **²-Handbuch** *n* (QS-Handbuch) / quality manual || **²-Nachweisforderung** *f* DIN 55350, T.11 / quality assurance requirements || **²-Nachweisführung** *f* DIN 55350, T.11 / quality assurance || **²plan** *m* / quality plan || **²stelle** *f* / quality assurance department || **²system** *n* (QSS) DIN ISO 9000 / quality system || **²vereinbarung** *f* / quality assurance agreement, QAA
Qualitäts·stand *m* / quality status || **²standard** *m* / quality level || **²steuerung** *f* / quality control || **²technik** *f* DIN 55350, T.11 / quality engineering || **²überwachung** *f* / quality surveillance || **²ziele** *n pl* / quality objectives
Quant *n* / quantum *n*
Quanten·ausbeute *f* / quantum efficiency, quantum yield || **~begrenzter Betrieb** (LWL) / quantum-limited operation IEC 50(731) || **²rauschen** *n* / quantum noise || **~rauschenbegrenzter Betrieb** (LWL) / quantum-noise-limited operation IEC 50(731) || **²wirkungsgrad** *m* / quantum efficiency
quantifizieren *v* / quantify *v*
Quantifizierung *f* / quantification *n*
Quantil *n* DIN 55350,T.21 / quantile *n*, fractile of a probability distribution || **²** *n* (Verteilung v. Zufallsgrößen) IEC 50(191) / p-fractile *n* || **² der Instandhaltungsdauer** / p-fractile repair time || **² einer Verteilung** DIN 55350,T.21 / quantile of a probability distribution
quantisieren *v* / quantize *v* || ~ *v* (digitales Messgerät) / digitize *v*
Quantisierer *m* / quantizer *n*
Quantisierung *f* / quantization *n*, quantizing *n*
Quantisierungs·-Eigenfehler *m* / inherent quantization error || **²fehler** *m* / quantizing error, quantization uncertainty || **²rauschen** *n* / quantization noise, quantizing noise || **²stufe** *f* / quantizing level || **²verzerrung** *f* / quantizing distortion
quantitativ·e Bestimmung / quantitative determination || **~es Merkmal** (QS) DIN 55350, T.11 / quantitative characteristic
Quantum *n* / quantum *n*
Quartal *n* / quarter *n*
quartäre Digitalgruppe / quartenary digital group
Quartärgruppe *f* IEC 50(704) / supermastergroup *n*
Quartik *f* / quartic curve
Quartile *f* / quartile *n*
Quartilwert / quartile *n*
Quarz *m* / quarz *n* || **geschmolzenes ²** / fused quartz || **²generator** *m* / quartz oscillator, crystal oscillator || **~gesteuert** *adj* / quartz-controlled *adj*, quartz-crystal-controlled *adj*, crystal-controlled *adj* (CC) || **²glas** *n* / silica glass, fused silica, transparent quartz || **²glas-Halogenglühlampe** *f* / quartz-tungsten-

halogen lamp || **≗-Jodglühlampe** *f* / quartz-iodine lamp, iodine lamp || **≗kristall-Druckaufnehmer** *m* / quartz pressure pickup || **~mehlgefülltes Epoxidharz** / quartz-powder-filled epoxy resin || **≗oszillator** *m* / quartz oscillator, crystal oscillator || **≗schwinger** *m* / quartz oscillator, crystal oscillator || **≗taktgeber** *m* / quartz clock, crystal clock || **≗uhr** *f* / crystal-controlled clock, quartz clock
quasi-eindimensionale Theorie / quasi-one-dimensional theory
Quasi·-Impulsrauschen *n* / quasi-impulsive noise || **≗-Impulsstörung** *f* / quasi-impulsive disturbance
quasi·-kontinuierlicher Regler / quasi-continuous controller || **~-periodische Änderung** / pseudo-periodic change
Quasi·-Scheitelpunkt *m* / quasi-peak *n* || **≗-Scheitelwert** *m* / quasi peak value
quasi-stationär·e Spannung / quasi-steady voltage || **~er Zustand** / quasi-static state
quasi-statisch·e Unwucht / quasi-static unbalance || **~er Druck** / quasi-static pressure || **~es Rauschsignal** / pseudo-random noise signal
quasi·-stetiges Stellgerät / quasi-continuous-action final controlling device || **~-unabhängige Handbetätigung** VDE 0660,107 / quasi-independent operation
Quasi-Zufallsfolge *f* / pseudo-random sequence
quecksilberbenetzter Kontakt / mercury-wetted contact
Quecksilberbogen *m* / mercury arc
Quecksilberdampf·-Entladungsröhre *f* / mercury-vapour tube || **≗gleichrichter** *m* / mercury-arc rectifier || **≗-Hochdrucklampe** *f* / high-pressure mercury-vapour lamp, high-pressure mercury lamp || **≗-Hochdrucklampe mit Leuchtstoff** / colour-corrected high-pressure mercury-vapour lamp || **≗-Höchstdrucklampe** *f* / extra-high-pressure mercury-vapour lamp, super-pressure MVL || **≗lampe** *f* / mercury-vapour lamp (MVL) || **≗lampe mit Leuchtstoff** / mercury-vapour lamp with fluorescent coating || **≗-Mischlichtlampe** *f* / mercury-vapour mixed-light lamp || **≗-Niederdruck-Entladungslampe** *f* / low-pressure mercury discharge lamp || **≗-Niederdrucklampe** *f* / low-pressure mercury-vapour lamp, low-pressure mercury lamp || **≗stromrichter** *m* (Hg-Stromrichter) / mercury-arc converter || **≗ventil** *n* / mercury-arc valve || **≗-Ventilelement** *n* / mercury-arc valve device
Quecksilber·-Federthermometer *n* / mercury pressure-spring thermometer || **≗filmkontakt** *m* / mercury-wetted contact || **≗filmrelais** *n* / mercury-wetted relay || **≗-Glasthermometer** *n* / mercury-in-glass thermometer || **Gleichrichterröhre mit ≗kathode** / pool rectifier tube || **≗-Kippröhre** *f* / mercury tilt(ing) switch || **≗-Kontaktthermometer** *n* / mercury contact-making thermometer, mercury contact thermometer || **≗-Niederdrucklampe** *f* / low-pressure mercury lamp, low-pressure mercury-vapour lamp || **≗-Niederdruck-Leuchtstofflampe** *f* / low-pressure mercury fluorescent lamp || **≗oxid-Zink-Batterie** *f* / mercuric oxide-zinc battery || **≗röhre** *f* / mercury tube, mercury switch
Quecksilbersäule *f* / barometric column, mercury column || **Millimeter ≗** / millimetres of mercury
Quecksilber·schalter *m* / mercury switch, mercury tilt switch || **≗-Schaltröhre** *f* / mercury contact tube, mercury switch || **≗zähler** *m* / mercury motor meter
Quell·adresse *f* / source address || **≗anweisung** *f* / source statement || **≗laufwerk** *n* / source drive || **≗baustein** *m* / source block || **≗bereich** *m* / source range || **≗code** *m* / source code || **≗datei** *f* / source file
Quelldatenbaustein *m* (Quell-DB) / source data block (source DB)
Quelldaten·bereich *m* / source data range || **≗block** *m* / source frame || **≗nachführung** *f* / source-data updating
Quell·datum *n* / source data || **≗-DB** (Quell-Datenbaustein) / source DB (source data block) || **≗-Dienstzugangspunkt** *m* / source service access point (SSAP)
Quelle *f* / source *n* || **≗ Statik** / droop input source
Quellen·datenbaustein *m* / source data block (source DB) || **≗dichte** *f* / density of source distribution || **≗energie** *f* / source energy || **≗erde** *f* / source earth
quellenfreies Feld / zero-divergence field
Quellen·freigabe *f* / source enable || **Handshake-≗funktion** *f* (PMG) DIN IEC 625 / source handshake (function) || **≗impedanz** *f* / source impedance || **≗kraft** *f* / source force || **≗programm** *n* / source program || **≗spannung** *f* / source e.m.f., source voltage || **≗sprache** *f* / source language || **≗stärke** *f* / source strength || **≗steuer** *f* / withholding tax || **≗widerstand** *m* / source resistance
Quelle-zu-Senke-Fehlerprüfung *f* / source-to-sink error check
Quell·impendanz *f* / source impedance || **≗-NC** / source NC || **≗programm** *n* / source program || **≗projekt** *n* / source project || **≗register** *n* / source register || **≗schwamm** *m* / expandable sponge || **≗speicher** *m* / source memory || **≗sprache** *f* / source language, source code || **≗station** *f* (Prozessleitsystem) / originator *n* || **≗symbol** *n* / source symbol || **≗-/Ziel-Datenblock** *m* / source/destination data block
Quer·achse *f* (el.) / quadrature axis, q-axis *n*, interpolar axis || **≗achse** *f* (mech.) / transverse axis || **≗achsenreaktanz** *f* / quadrature-axis reactance || **≗admittanz** *f* / shunt admittance || **≗-Amperewindungen** *f pl* / cross ampere-turns || **≗anteil** *m* (Querfeldkomponente) / quadrature-axis component || **≗balken** *m* (Flp.) / cross bar
Querbeanspruchung *f* / transverse stress, transverse load, lateral stress || **Festigkeit bei ≗** / transverse strength
Querbeeinflussung *f* (Relaisprüf.) / transversal mode
querbeheizt *adj* / transversely heated
Quer·belastung *f* / lateral load, transverse load || **≗beschleunigung** *f* (Kfz) / transverse acceleration, side acceleration || **≗beschriftung** *f* / horizontal inscription || **≗bewegung** *f* (WZM) / transverse travel, transverse motion, cross traverse (o. motion) || **≗binder** *m* / crosspiece *n*
querbohren *v* / cross drill
Quer·bohrung *f* / cross hole || **≗bürste** *f* (el. Masch.) / quadrature-axis brush
Querdämpferwicklung, Kurzschluss-Zeitkonstante der ≗ / quadrature-axis short-circuit damper-winding time constant || **Leerlauf-Zeitkonstante der ≗** / quadrature-axis open-circuit damper-winding time constant || **Streufeld-Zeitkonstante der ≗** / quadrature-axis damper leakage time constant || **Streureaktanz der ≗** /

quadrature-axis damper leakage reactance || **Widerstand der** ≗ / quadrature-axis damper resistance

Quer·datenverkehr *m* / cross-data exchange || ≗**dehnung** *f* / lateral expansion || ≗**differentialschutz** *m* / transverse differential protection || ≗**drosselspule** *f* / reactor *n* || ≗**durchflutung** *f* / quadrature-axis component of magnetomotive force, cross ampere-turns || ≗**ebene** *f* / transverse plane || ≗**einbau** *m* / horizontal mounting || ≗**-EMK** *f* / quadrature-axis e.m.f. || ≗**empfindlichkeit** *f* (Gasanalysegerät) / cross sensitivity, selectivity ratio || ≗**fahrt** *f* / transverse travel || ≗**faltversuch** *m* / side bend test || ≗**faser** *f* / transverse fiber

Querfeld *n* / quadrature-axis field, quadrature field, cross field || ≗**achse** *f* / quadrature axis, q-axis *n*, interpolar axis || ≗**-Amperewindungen** *f pl* / cross ampere-turns || ≗**dämpfung** *f* / quadrature-axis field damping || ≗**durchflutung** *f* / quadrature-axis m.m.f. || ≗**erregung** *f* / quadrature excitation || ≗**generator** *m* / cross-field generator, metadyne generator || ≗**induktivität** *f* / quadrature-axis inductance || ≗**komponente** *f* / quadrature-axis component || ≗**maschine** *f* / cross-field machine, cross-flux machine, armature-reaction-excited machine || ≗**motor** *m* / cross-field motor || ≗**reaktanz** *f* / quadrature-axis reactance || ≗**spannung** *f* / quadrature-axis voltage || ≗**spule** *f* (Flussmessung) / magnetic test coil, search coil, exploring coil || ≗**umformer** *m* / metadyne *n* || ≗**-Verstärkermaschine** *f* / amplidyne *n* || ≗**wicklung** *f* / cross-field winding, auxiliary field winding

Querfluss *m* / quadrature-axis magnetic flux, quadrature-axis flux, cross flux, transverse flux || ≗**bildung** *f* / cross fluxing || ≗**-Linear-Induktionsmotor** *m* / transverse-flux linear induction motor (TFLIM)

Quer·förderer *m* / cross conveyor || ≗**format** *n* / horizontal *n* || ≗**format-Skale** *f* / straight horizontal scale || ≗**gleichförmigkeit** *f* (BT) / transverse uniformity ratio, transverse uniformity || ≗**größe** *f* / quadrature-axis quantity || ≗**holm** *m* / cross member || ≗**hub** *m* (WZM) / transverse travel || ≗**impedanz** *f* / quadrature-axis impedance || ≗**joch** *n* / transverse yoke (member), side yoke || ≗**kapazität** *f* (HL) DIN 41856 / case capacitance || ≗**keil** *m* / cotter *n* || ≗**keilkupplung** *f* / radially keyed coupling || ≗**keilverbindung** *f* / cottered joint || ≗**kommunikation** *f* / internetwork traffic, internode communication, lateral communication, direct slave-to-slave traffic, direct data transmission between substations || ≗**kompensation** *f* / shunt compensation || ≗**komponente** *f* / quadrature-axis component || ≗**kondensator** *m* / parallel capacitor || ≗**kontraktion** *f* / transverse contraction || ≗**kontraktionszahl** *f* (Poisson-Zahl) / Poisson's ratio || ≗**kopplung** *f* / cross coupling

Querkraft *f* / lateral force, shearing force, transverse force || ≗ *f* (Riemen) / cantilever force, overhung belt load || ≗**-Diagram** *n* / cantilever-force curve || ≗**linie** *f* / shear line || ≗**mittelpunkt** *m* / shear centre, flexural centre

Querkuppel·feld *n* (IRA) / bus coupler panel BS 4727, G.06, bus-tie cubicle || ≗**feld** *n* (FLA) / bus coupler bay, bus tie bay || ≗**schalter** *m* (TS) / bus coupling disconnector, bus-tie disconnector, bus coupler || ≗**schalter** *m* (LS) / bus coupling breaker, bus-tie breaker || ≗**schiene** *f* (SS) / tie bus

Querkupplung *f* / transverse coupling || **Sammelschienen-**≗ *f* / bus coupling || **Sammelschienen-**≗ *f* (Einheit) / bus coupler unit, bus-tie cubicle

Quer·lager *n* / radial bearing, guide bearing || ≗**lamellenraster** *m* (Leuchte) / cross louvre || ≗**-Längslager** *n* / combined thrust and radial bearing, radial-thrust bearing || ≗**last** *f* / cross-load *n*, transverse load || ≗**leitfähigkeit** *f* / transverse conductivity || ≗**leitwert** *m* / transverse conductance || ≗**lenker** *m* / lateral arm || **~liegend** *adj* / transverse *adj* || ≗**loch** *n* / cross hole || ≗**lochwandler** *m* / window-type current transformer

quer·magnetisieren *v* / cross-magnetize *v* || ≗**magnetisierung** *f* (Blech) / lamellar magnetization || ≗**magnetisierung** *f* (el. Masch.) / cross magnetization, quadrature-axis magnetization || ≗**maß** *n* / cross dimension || **~nachgiebige Kupplung** / flexible coupling, coupling compensating parallel misalignments || ≗**neigung** *f* / transverse slope || ≗**parität** *f* / vertical parity, character parity || ≗**paritätsprüfung** *f* / vertical redundancy check (VRC) || ≗**presspassung** *f* / transverse interference fit || ≗**profil** *n* / transverse section, cross-member *n* || ≗**profil** *n* (Freiltg.) / transverse profile (GB), section profile (US)

Quer·reaktanz *f* / quadrature-axis reactance || ≗**regelung** *f* (Spannungsregelung mittels einer zusätzlichen und um n/2 phasenverschobenen Spannungskomponente) / quadrature control, quadrature voltage control, quadrature boosting || ≗**regler** *m* / quadrature regulator, transformer with regulation in quadrature, quadrature booster || ≗**riegel** *m* (Freileitungsmast) / cross block || **~schicken** *v* / cross-check *v* || ≗**schieber** *m* (WZM) / cross slide, facing slide || ≗**schliff** *m* (Schliffbild) / micrograph *n* || ≗**schlitten** *m* (WZM) / cross slide, facing slide || ≗**schlupf** *m* (Kfz) / transverse slip

Querschluss *m* / cross-circuit *n*, crossover *n* || **~sicher** *adj* / cross-circuit proof, able to withstand crossover

Quer·schneidanlage *f* / cross cutting line || ≗**brücke** *f* / cross cutter gantry || ≗**schneider** *m* / cross cutter, flying shears

Querschnitt *m* / cross section, section *n*, profile *n* || **Durchfluss~** *m* / flow area || **engster** ≗ / net orifice || **Leiter~** *m* / conductor cross section, cross-sectional area of conductor, conductor area || **rechteckiger** ≗ / rectangular cross section || **wirksamer** ≗ (Zählrohr) / useful area

Querschnitts·änderung *f* / change of flow area || ≗**bereich** *m* (Anschlussklemmen) / wire range || **Nenn-**≗**bereich** *m* (Letter) / range of nominal areas || ≗**erweiterung** *f* / increase of flow area || **stetige** ≗**erweiterung** / diverging flow area || ≗**fläche** *f* / cross-sectional area, area *n* || ≗**schwächung** *f* / reduction of cross section || ≗**verengung** *f* / cross sectional constriction || ≗**verminderung** *f* / reduction of area

Querschottung *f* / transverse partition || **Sammelschienen-**≗ *f* / bus transverse (o. end) barriers

Quer·schub *m* / transverse shear || ≗**schwingung** *f* / lateral vibration, flexural oscillation || **~schwingungskritische Drehzahl** / lateral critical

speed || ≗**siegelstation** *f* / cross-sealing station || ≗**signal** *n* / inverted signal || ≗**skale** *f* / straight horizontal scale
Querspannung *f* / quadrature voltage (V_q) || ≗ *f* (el. Masch.) / quadrature-axis component of voltage, cross voltage, perpendicular voltage || ≗ *f* (Schutz) / transverse voltage
Quer·straße *f* / cross-road *n* || ≗**streifen** *m* (Flp.) / transverse stripe || ≗**streufeld** *n* / quadrature-axis stray field, quadrature-axis leakage field || ≗**streufluss** *m* / quadrature-axis leakage flux, cross leakage flux
Querstrich, Signalname mit ≗ / overlined signal name
Querstrom *m* / q-axis current || ≗ *m* (el. Masch.) / quadrature-axis component of current, cross current || ≗ *m* (KL) / cross current, interbar current || ≗ *m* (Schutz) / transverse current, crossover current || ≗**lüfter** *m* / radial-flow fan, cross-flow fan, centrifugal fan
Quer·summe *f* / cross-check sum, checksum *n* || ≗**summenprüfung** *f* / checksum test || **~symmetrischer Vierpol** / balanced two-terminal-pair network
Quer·teiler *m* / cut-to-length line || ≗**thyristor** *m* / shunt-arm thyristor, shunt thyristor || ≗**träger** *m* / transverse rack || ≗**träger** *m* (a. Freileitungsmast) / crossarm *n* || ≗**transformator** *m* / quadrature booster, quadrature transformer, quadrature regulator || ≗**trennklemme** *f* / cross-connect/disconnect terminal || ≗**übersetzung** *f* (DV) / cross compiling || ≗**verband** *m* (Gittermast) / plan bracing, diaphragm *n* || ≗**verbinder** *m* / crosspiece *n* || ≗**verbinder** *m* (Reihenklemme) / cross connection link || ≗**verdrahtung** *f* / cross wiring || ≗**verfahrwagen** *m* / traversing carriage || ≗**vergleichsschutz** *m* / transverse differential protection
Querverkehr *m* / direct slave-to-slave traffic, direct data transmission between substations || ≗ *m* (Bussystem) / lateral communication, internode communication || ≗ *m* (Netze) / internetwork traffic
Quer·verschiebung *f* (der Wellen) / parallel offset || ≗**verstellung** *f* (WZM, Schlitten, Querverschiebung) / transverse displacement, transverse adjustment, cross adjustment
Querverweis *m* (QV) / cross reference (CR), cross-reference *n* || ≗**liste** *f* / cross-reference list (XRF-list) || ≗**tabelle** *f* / cross-reference table
Quer·vorschub *m* (WZM) / transverse feed, cross feed || ≗**wasserdichtigkeit** *f* (Kabel) / lateral watertightness || ≗**welle** *f* / transverse wave || ≗**wicklung** *f* / transverse winding, quadrature-axis winding
Querwiderstand *m* / shunt resistor, diverter resistor, shunt *n* || ≗ *m* (KL) / inter-bar resistance, cross resistance, bar-to-bar resistance
Query-Dialog *m* / interactive query
Querzweig *m* / shunt arm
Quetsch·faltprüfung *f* / flattening test || ≗**grenze** *f* / yield point || ≗**hülse** *f* / ferrule *n* || ≗**kabelschuh** *m* / crimping cable lug || ≗**marke** *f* / crimp mark || ≗**schraube** *f* / pinching screw
Quetschung *f* (Lampe) / pinch *n*
Quetschungstemperatur *f* (Lampe) / pinch temperature
Quetsch·verbinder *m* / crimp connector, pressure connector || ≗**verbindung** *f* / crimped connection, crimp connection, crimp *n* || ≗**versuch** *m* / flattening test || ≗**vorrichtung** *f* / pinch clamp device
Quibinärcode *m* / quibinary code
quietschen *v* / squeal *v*, screech *v*
quinquethermisch *adj* / quinquethermal *adj*
Quirlwinkel *m* (Rob.) / twist angle, roll angle
Quitt im Bild / quit on display
Quittierbefehl *m* / acknowledgement command
Quittieren *n* / acknowledgement *n* || ~ *v* / accept *v*, acknowledge *v*
Quittier·gruppe *f* / acknowledgement group || ≗**meldung** *f* / acknowledging signal, acknowledgement *n*, acknowledging message (o. indication) || ≗**merker** *m* / acknowledgement flag
quittierpflichtig *adj* / requires acknowledgement
Quittier·philosophie *f* / type of acknowledgement || ≗**schalter** *m* / discrepancy switch, accept switch
quittiert *adj* / acknowledged *adj*
Quittierungs·art *f* / type of acknowledgement || ≗**merker** *m* (SPS) / acknowledgement flag
quittierungspflichtig *adj* / requires acknowledgement || **~e Meldung** *adj* / alarm requiring acknowledgement
Quittierzeit *f* / acknowledgement time
Quittung *f* (DÜ, FWT) / acknowledgement *n* || **ohne** ≗ / without handshake || **schnelle** ≗ / high-speed acknowledgement
Quittungs·abfrage *f* / acknowledgement query, acknowledgement scan || ≗**anforderung** *f* / acknowledgement request || ≗**anforderungsfeld** *n* (BSG) / acknowledgement request field || ≗**austausch** *m* / handshaking *n* || ≗**betrieb** *m* / handshaking *n*, handshake procedure || ≗**ende** *n* / end of acknowledgement || ≗**schalter** *m* / accept switch || ≗**signal** *n* / acknowledgement signal || ≗**status** *m* / acknowledgement status || ≗**verkehr** *m* / handshake procedure, handshaking *n* || ≗**verzug** *m* (VZ) / acknowledgement delay, no acknowledgement (NAK), time-out, timeout *n* || ≗**verzugszeit** *f* / acknowledgement time || ≗**wartezeit** *f* / time response (TIME-RESP)
Quotient *m* / quotient *n*
Quotienten·anregung *f* (Schutz) / ratio starting || ≗**geber** *m* (Schutz) / quotient element, ratio element || ≗**messer** *m* / quotientmeter *n* || ≗**-Messgerät** *n* / quotientmeter *n* || ≗**relais** *n* / quotient relay, quotient measuring relay
QV (Querverweis) / cross-reference *n*, CR (cross reference)
QVZ (Quittungsverzug) / acknowledgement delay, no acknowledgement (NAK), time-out, timeout *n*

R

R (Reset) / reset *n*, R (Reset) || ≗ (rücksetzen) / reset *n*, R (Reset) || ≗ (Rüstprogramm) / setup program
Rabatt·leitlinie *f* / discount policy || ≗**staffel** *f* / discount table
R-Abhängigkeit *f* / reset dependency, R-dependency *n*
Rachenlehre *f* / external gauge, snap gauge

Rad *n* / wheel
RAD (Radius) / RAD (radius)
Rad ohne Profilverschiebung / gear with equal-addendum teeth, unmodified gear, standard gear || **erzeugendes** ≗ / generating gear || **geradverzahntes** ≗ / straight-tooth gear wheel, straight gear, spur gear
Radar-Abstandswarnsystem *n* (Kfz) / anti-collision radar
Raddrehzahlsensor *m* (Kfz) / wheel speed sensor
Räder·kasten *m* (WZM) / gearbox *n* || ≗**paar** *n* (a. EZ) / gear pair
radial *adj* / radial *adj* || ≗**abstand** *m* / radial clearance || ≗**-Axiallager** *n* / combined radial and thrust bearing, combined journal and thrust bearing || ≗**belüftung** *f* / radial ventilation || ≗**bürste** *f* / radial brush || ≗**bürstenhalter** *m* / radial brush holder || ≗**dichtring** *m* / sealing ring, shaft packing, rotary shaft seal || ≗**dichtung** *f* / radial seal || ≗**dichtung auf AS** / radial sealing ring at drive end A
radial·e Blechpakettiefe / depth of core || **~e Interferometrie** / transverse interferometry || **~e magnetische Feldstärke** / radial magnetic field || **~er Kühlmittelkanal** (el. Masch.) / radial core duct || **~er Wellenvergang** / radial play, radial clearance, crest clearance
Radial·feldkontakt *m* (V-Schalter) / radial-field contact || ≗**feldstärke** *f* / radial field strength || ≗**gleitlager** *n* / radial sleeve bearing, sleeve guide bearing || ≗**-Kegelrollenlager** *n* / radial tapered-roller bearing, tapered roller bearing || ≗**-Kugellager** *n* / radial ball bearing, annular ball bearing || ≗**lager** *n* / radial bearing, guide bearing, non-locating bearing || ≗**luft** *f* / radial play, radial internal clearance || ≗**lüfter** *m* / radial-flow fan, centrifugal fan || ≗**maß** *n* / radial dimension || ≗**feldkabel** *n* / radial-field cable || ≗**netz** *n* / star network, star topology network || ≗**nut** *f* / radial slot || ≗**-Pendelkugellager** *n* / self-aligning radial ball bearing || ≗**-Pendelrollenlager** *n* / radial self-aligning roller bearing, spherical-roller bearing, radial spherical-roller bearing, barrel bearing || ≗**-Rillenkugellager** *n* / radial deep groove ball bearing
Radial·schlag *m* / radial eccentricity, radial runout || ≗**-Schrägkugellager** *n* / radial angular-contact ball bearing || ≗**spiel** *n* / radial play, radial clearance, crest clearance || ≗**steg** *m* (Polrad, zwischen Nabe u. Kranz) / spider web || ≗**straße** *f* / radial road (GB), radial highway (US) || ≗**ventilator** *m* / radial-flow fan || ≗**verkeilung** *f* / radial keying || ≗**versatz** *m* / radial eccentricity, radial runout || ≗**versatzdämpfung** *f* (LWL) / lateral offset loss || ≗**wälzlager** *n* / radial rolling-contact bearing, floating anti-friction bearing || ≗**wellendichtring** *m* / rotary shaft seal || ≗**wellendichtung** *f* / rotary shaft seal || ≗**wicklungsschema** *n* / radial winding diagram || ≗**zylinderrollenlager** *n* / radial cylindrical-roller bearing, parallel-roller bearing, straight-roller bearing
Radianzgesetz *n* / conservation of radiance
Radiator *m* / radiator *n* || ≗**batterie** *f* / radiator bank, radiator assembly || ≗**kessel** *m* / tank with radiators
Radien·bearbeitung *f* / radii machining || ≗**bemaßung** *f* (CAD) / radial dimensioning || ≗**drehen** *n* / radius turning || ≗**übergänge ineinander verlaufend** / continuous radii transitions
radieren *v* / erase *v*
Radier·grafik *f* / animated graphics || ≗**maschine** *f* / eraser *n*
Radikand *m* / radicand *n*
Radio·-Button *m* / radio button, option button || ≗**lumineszenz** *f* / radioluminescence *n* || ≗**meter** *n* / radiometer *n* || ≗**metrie** *f* / radiometry *n* || ≗**skalenlampe** *f* / radio panel lamp
Radium-Parabollampe *f* / parabolic radium lamp
Radius *m* / radius *n* || ≗ **Auto** / radius auto || ≗ **berechnen** / calculate radius || ≗ **Manuell** / radius manual || ≗ **messen** / measure radius || **eingefügter** ≗ (NC) / inserted radius || ≗**korrektur** *f* / radius compensation || ≗**korrekturspeicher** *m* / radius compensation memory || ≗**lehre** *f* / radius gauge || ≗**maßeingabe** *f* (NC) / radius input || ≗**programmierung** *f* / radius programming, circle radius programming, arc radius programming (A facility to simplify arc programming. Instead of using the interpolation parameters I, J and K, the arc is programmed directly by its radius and endpoints) || ≗**übergang** *m* / radius transition
Radix·punkt *m* / radix point || **implizierter** ≗**punkt** / implicit radix point || ≗**schreibweise** *f* / radix notation
Radizierbaustein *m* / square-root extractor block
radizieren *v* / extract the root (of) || ≗ *n* / root extraction, square-root extraction
Radizierer *m* / root extractor, square-root element, binary root extractor
Radizierglied *n* / square-root law transfer element
Rad·körper *m* (Rohling) / gear blank, blank *n* || ≗**körper** *m* (Tragkörper) / wheel hub || ≗**kranz** *m* / wheel rim, shroud *n* || ≗**mittenabstand** *m* / wheel centre distance || ≗**nabe** *f* / wheel hub, hub *n*, nave *n* || ≗**platte** *f* / wheel supporting plate, wheel carrier || ≗**reifen** *m* / tyre *n* || ≗**satz** *m* / wheel set || ≗**schutzkasten** *m* / gear case || ≗**weg** *m* / cycle track (GB), bicycle path (US)
Raffinerieabwasser *n* / refinery waste water
Raffungsfaktor *m* / acceleration factor, time acceleration factor
Rahmen *m* / frame *n*, framework *n*, skeleton *n*, border *n*, module frame, module carrier, mounting rack || ≗ *m* (Einbaurahmen) / mounting frame || ≗ *m* (Gerüst) / rack *n* || ≗ *m* (Skelett) / skeleton *n*, framework *n* || ≗ *m* (Wissensdarstellung) / frame *n* || ≗ *m* (Geräteträger) / rack *n*, subrack *n* || **zweizeiliger** ≗ / double subrack || ≗**auftrag** *m* / blanket order || ≗**bedingung** *f* / boundary condition, restrictions *n pl*, supplementary condition, secondary condition || ≗**belegung** *f* / subrack assignment || ≗**belegung** *f* (Steckplätze im Geräteträger) / slot assignment || ≗**bescheinigung** *f* / master certificate || ≗**einsatz** *m* / inner frame || ≗**farbe** *f* / shadow color || ≗**fertigung** *f* / frame production || ≗**formatfehler** *m* / frame size error || ≗**garnitur** *f* / frame *n* || ≗**gestell** *n* / rack *n* || ≗**holz** *n* / frame timber
Rahmen·kern *m* (Trafo) / shell-form core, frame-type core || ≗**klemme** *f* / box terminal || ≗**klemmenbausatz** *m* / framing terminal block, box terminal block || ≗**klemmenblock** *m* / framing terminal block, box terminal block || ≗**konstruktion** *f* / frame structure || ≗**kopplung** *f* (a. FWT) / frame linking, subframe connection, frame (o. subframe connection module) || ≗**methode** *f*

(Bildauswertung) / frame grabbing || ²**norm** *f* DIN 41640 / generic specification IEC 512-1 || ²**pflichtenheft** *n* / outline development response specification || ²**profil** *n* / frame *n* || ²**steuerung** *f* (CAMAC) / crate controller || ²**struktur** *f* (DV, elST) / frame structure || ²**synchronisation** *f* / frame synchronization || ²**synchronisationsfehler** *m* / frame synchronization error || ²**system** *n* (CAMAC) / crate system IEC 552 || ²**-Verteiler** *m* / frame-type distribution board, skeleton-type distribution board || ²**vertrag** *m* (siehe auch: Einzelauftrag) / general contract, master contract

Rahmungsfehler *m* / framing error

RALU / register arithmetic logic unit (RALU)

RAM / random-access memory (RAM), read-write memory, R/W memory, RAM to ROM after transfer, RAM (random-access memory) || **16-Bit breiter** ² / word-oriented RAM || **8-Bit breiter** ² / byte-oriented RAM || **gepuffertes** ² / buffered RAM, RAM failure

Rammpfahl *m* / driven pile

Rampe *f* (Kennlinie, DAU) / ramp *n*, slope *n* || ² *f* DIN IEC 469, T.1 / ramp *n* IEC 469-1

Rampen·betrieb *m* / ramp operation || ²**bildner** *m* / ramp generator, ramp function generator, ramp-function generator (RFG) || ²**einschwingzeit** *f* / settling time to steady-state ramp delay || ²**einstellung** *f* / ramp setting || ²**funktion** *f* / ramp function || ²**generator** *m* / ramp generator || ²**hochlauf** *m* / ramp up || ²**hochlauf-Anfangsverrundung** *f* (Bestimmt die Anfangs-Glättungszeit in Sekunden) / initial rounding time for ramp-up || ²**hochlauf-Endverrundung** *f* (Bestimmt die Glättungszeit am Ende des Rampenhochlaufs) / final rounding time for ramp-up || ²**hochlaufzeit** *f* (Die Zeit, die der Motor zum Beschleunigung vom Stillstand bis zur höchsten Motorfrequenz benötigt, wenn keine Verrundung verwendet wird) / ramp-up time || ²**licht** *n* / footlight *n* || ²**rücklauf-Endverrundung** *f* (Bestimmt die Glättungszeit am Ende des Rampenrücklaufs) / final rounding time for ramp-down || ²**rücklaufs-Anfangsverrundung** *f* (Bestimmt die Glättungszeit am Anfang des Rampenrücklaufs) / initial rounding time for ramp-down || ²**rücklaufzeit** *f* (Die Zeit, die der Motor für das Verzögern von maximaler Motorfrequenz bis zum Stillstand benötigt, wenn keine Verrundung verwendet wird) / ramp-down time || ²**rückzeit** *f* / ramp-down rate || ²**verrundungsfunktion** *f* / ramp-smoothing *n* || ²**verzögerung** *f* / ramp delay, steady-state ramp delay || ²**weg** *m* / ramp path || ²**zeit** *f* / ramp time

RAM·-Pufferung *f* / RAM backup, RAM submodule, RAM memory module

Rand·abstand *m* (a. gS) / edge distance || ²**ausgleich** *m* (Text) / margin justification || ²**ausrichtung** *f* / edge alignment || ²**bedingung** *f* / boundary condition, restrictions *n pl*, supplementary condition, secondary condition || ²**befeuerung für Hubschrauber-Landeplatz** (HEL) / heliport edge lighting (HEL) || ²**effekt** *m* / edge effect || ²**effektwelle** *f* / end-effect wave

Rändel·bund *m* / knurled collar || ²**knopf** *m* / knurled knob || ²**mutter** *f* / knurled nut

rändeln *v* / knurl *v*

Rändel·ring *m* / knurled ring || ²**schalter** *m* / thumbwheel switch, edgewheel switch || ²**werkzeug** *n* / knurling tool

Rand·entschichtung *f* / removal of edge coating || ²**feld** *n* / fringing field, edge field, marginal field || ²**feldstärke** *f* / marginal field intensity || ²**feuer** *n* / boundary lights

randgelocht *adj* / margin-perforated *adj*, edge-perforated *adj*

Rand·kapazität *f* / fringing capacitance || ²**knoten** *m* / marginal node || **gedruckte** ²**kontakte** / edge board contacts || ²**leiste** *f* / margin bar || ²**leistenobjekt** *n* / margin bar object || ²**lochung** *f* / margin perforation, edge perforation || ²**marker** *m* (Flp.) / edge marker || ²**satz** *m* / border block || ²**schicht** *f* (LWL) / barrier layer

Randspannung, magnetische ² / magnetic potential difference along a closed path, line integral of magnetic field strength along a closed path

Rand·strahl *m* / marginal ray || ²**strahl** *m* (Schallstrahl) / edge ray || ²**strahlen** *m pl* (LWL) / skew rays || ²**streifen** *m* (Batt.) / edge insulator IEC 50(486) || ²**transporteinheit** *f* / edge transport unit || ²**verteilung** *f* DIN 55350,T.21 / marginal distribution

Randwert *m* / boundary value, limiting value || ²**prüfung** *f* / marginal check (MC)

Rand·wulst *m* / bead *n* || ²**zeile** *f* (ET, BGT) / bezel panel, spacer panel || ²**zeit** *f* / fringe time

Ranggröße *f* (Statistik) DIN 55350, T.23 / order statistic

rangierbar *adj* (umklemmbar) / reconnectable *adj* || ~ *adj* (programmierbar) / (software-)programmable || **der Ausgang ist** ~ (mit Strombrücken) / the output can be jumpered

Rangierbaugruppe *f* / matrix module, jumper module, jumpering module || ² *f* (Signalrangierer) / (signal) routing (o. allocation) module

Rangier·baustein *m* (Signalzuweisung) / signal allocation (o. routing) block || ²**befehl** *m* / assignment (o. routing) command, routing command, marshalling command || ²**brücke** *f* / soldering jumper || ²**datenbaustein** *m* (SPS) / interface data block || ²**draht** *m* / jumper wire, strapping wire

Rangieren *n* / allocating *n*, marshalling *n*, jumpering *n*, assignment *n* || ² *n* (Signale) / allocation *n*, routing *n* || ² *n* (m. Strombrücken) / jumpering *n*, strapping *n* || ~ *v* / move *v*

Rangierer *m* (Funktionsbaustein) / allocation block, routing block, router *n*

Rangier·fahrschalter *m* (Bahn) / manoeuvring controller || ²**feld** *n* / jumpering panel, strapping panel || ²**feld** *n* (Schaltbrett) / patchboard *n*, patch panel, patch bay || **Rangier·kanal** *m* / marshalling duct || ²**karte** *f* / jumpering card || ²**kasten** *m* / marshalling box || ²**klemmenleiste** *f* / terminal block with strapping options

Rangierliste *f* / terminal diagram IEC 113-1, terminal connection diagram, allocation table, assignment list, interface list || **E/A-**² *f* / I/O allocation table (controls input and output data relative to channel number and address index position), traffic cop || **Programm-**² (SPS) / program assignment list

Rangier·plan *m* / terminal diagram IEC 113-1, terminal connection diagram || ²**raum** *m* (in ST) / jumpering (o. strapping) compartment, wiring compartment || ²**sockel** *m* / marshalling pedestal ||

²stecker *m* / jumper connectors, jumpers *n pl* || ²tabelle *f* / terminal diagram IEC 113-1, terminal connection diagram
Rangierung *f* / allocating *n*, routing *n*, marshalling *n*, assignment *n* || ² *f* (Verdrahtungselement) / wiring block, cabinet wiring block || ² *f* (Brückenanordnung) / jumpering *n*, strapping *n* || ² **der Bedienungstasten** / allocating the operator keys || **Adress~** *f* / address decoding || **Signal~** *f* / signal allocation (o. routing)
Rangierverdrahtung *f* / distribution wiring, jumper wiring
Rangierverteiler *m* / signal routing cubicles, marshalling rack || ² *m* (Schaltbrett) / terminal board (with strapping options) || ² *m* (Klemmenblock) / terminal block || ²**plan** *m* / terminal diagram IEC 113-1, terminal connection diagram
Rang·reihenfolge für Unterbrechungen / interrupt priority system || ²**wert** *m* / rated value || ²**wert** *m* (Statistik) DIN 55350,T.23 / value of order statistic || ²**zahl** *f* (Statistik) DIN 55350, T.23 / rank *n*
Rapidstart·lampe *f* / rapid-start lamp, instant-start lamp || ²**schaltung** *f* / rapid-start circuit, instant-start circuit
RAS / RAS (Remote Access Server)
Rasier·apparat *m* / shaver *n* || ²**steckdose** *f* / shaver socket-outlet || ²**steckdosen-Transformator** *m* / shaver transformer
rasseln *v* (Bürsten) / clatter *v*, chatter *v*
Rastbügel *m* / latching hook
Raste *f* (Steuer- o. Fahrschalterstellung) / notch *n*
Rast·-Einbaufassung *f* / self-locking lampholder || ²**einrichtung** *f* (Steuerschalter, Stellungsrasterung) / notch(ing) mechanism || ²**einrichtung** *f* (SG) / latching mechanism
Rasten *n* (Dauerkontaktgabe) / maintained-contact control
rastend *adj* / latching *adj* || **~er Schlagtaster** / latching emergency pushbutton, stayput slam button
Rasten·feder *f* / latching spring, notching spring, locating spring || ²**hebel** *m* / latching lever, notching lever, detent lever || ²**klinke** *f* (EZ) / notching latch || ²**kupplung** *f* (EZ) / spiral-jaw clutch || ²**scheibe** *f* / latching disc, notching disc, detent disc, star wheel
Raster *n* / grid *n*, grid system, mounting grid, raster *n*, grid pattern || ² *n* (Leuchte) / louvre *n*, spill shield || ² *n* (Bildschirm) / grid *n*, raster *n* || ² *n* (NC, Zoll-Inkrement) / increment *n* || ² *n* (Einbauplätze je Baugruppe) / slots per module (SPM) || ² *n* (Osz.) / graticule *n* (oscilloscope) || **am** ² **ausrichten** / snap to grid || **Amplituden~** *m* / amplitude grid || **Bit-**² *m* (Wort) / bit word || **Decodier~** *m* / decoder matrix || **Fang~** *m* (CAD) / snap setting || **grobes** ² / coarse grid || **Impuls~** *m* / pulse code, ripple control code (sequence of a number of pulse positions in a ripple control system) || **Logik~** *m* / logic grid || **Menü~** *n* / menue lattice || **modularer** ² DIN 30798, T. 1 / modular grid || **optischer** ² / optical grating || **Punkt~** *m* / dot matrix || **Verdrahtungs~** *m* / wiring grid || **Zeichnungs~** *m* / coordinate system || **Zeit~** *n* / time base (TB) || **Zeit~** *n* / time reference, timing code || ²**abstand** *m* (siehe SSFK) DIN 66233,T.1 / grid element spacing || ²**aufbau** *m* / grid pattern || ²**aufdruck** *m* / printed grid pattern || ²**bezugspunkt** *m* / raster reference point || ²**bild** *n* (CAD) / raster image || ²**bildschirm** *m* / raster screen || ²**blende** *f* (Leuchte) / louvre-type shield
Raster·decke *f* / louvered ceiling, louverall ceiling, grid ceiling || ²**deckenleuchte** *f* / luminaire for louvered (o. grid ceiling) || ²**dehnung** *f* (Leuchtschirm) / raster expansion, expanded raster || ²**-Einbauleuchte** *f* / louvered recessed luminaire || ²**einheit** *f* (Graphikbildschirm) / raster unit || ²**einheit** *f* / grid spacing, standard square || **Mosaik-**²**einheit** *f* / mosaic standard square || ²**elektronenmikroskop** *n* (REM) / scanning electron microscope (SEM) || ²**element** *n* (Leuchte) / louvre cell || ²**feld** / grid coordinate system || ²**feld** *n* (gS) / matrix board
rasterfreie Einbauten / equipment without grid coordinate system
rastergebundenes Einbausystem / grid-oriented packaging system
Rastergleichlauf *m* IEC 50(704) / frame alignment || ²**-Auszeit** *f* / out-of-frame alignment time || ²**wiedergewinnungszeit** *f* / frame alignment recovery time
Raster·grafik *f* / raster graphics || ²**koordinate** *f* / grid coordinate || ²**koordinate** *f* (Grafikgerät) / raster coordinate (RC) || ²**koordinatensystem** *n* / grid coordinate system || ²**leuchtdecke** *f* / louvered luminous ceiling || ²**leuchte** *f* / louvered luminaire || ²**linie** *f* (Osz.) / graticule line || ²**loch** *n* / raster hole || ²**lochung** *f* / hole pitch || ²**maß** *n* / grid dimension || ²**maß** *n* / grid dimensions || ²**maß** *n* (Steckverbinder, Kontaktabstand) / contact spacing || ²**maße** *n pl* (En) / grid dimensions || ²**modus** *m* / snap mode
rastern *v* / rasterize *v*
Raster·plotter *m* / raster plotter || ²**punkt** *m* (siehe SSFK) / grid point || ²**richtung** *f* / grid direction || ²**schalter** *m* (Fernkopierer) / resolution selector (facsimile unit) || ²**stecker** *m* / pitch connector || ²**system** *n* (ET) / grid system || ²**technik 72** *f* / 72 x 72 mm modular (o. mosaic) system, 72 x 72 mm standard-square system || ²**teilung** *f* (RT) / basic grid dimension (BGD) || **Anschlüsse in 2,5 mm** ²**teilung** (Rel.) / contact-pin arrangement in a 2.5 mm grid || ²**tiefstrahler** *m* / concentrating louvered high-bay luminaire (o. down-lighter)
Rasterung *f* / incrementing *n* || ² *f* (Modulbreite) / module width, module *n* || ² *f* (Schrittmot.) / positional memory
Rasterungsfaktor *m* (Plotter) / grid factor
Rast·feder *f* / locating spring, latch *n* (spring) || ²**haken** *m* / locking hook, locating hook, locking latch || ²**hebel** *m* / detent lever || ²**hebel-Lagerbolzen** *m* / bearing bolt of detent lever || ²**mechanik** *f* (DT) / single-pressure maintained mechanical system IEC 50(581)
Rastmechanismus *m* / latching mechanism || ² *m* (HSS) VDE 0660, T.202 / locating mechanism IEC 337-2A, indexing mechanism || ² **mit Fremdauslösung** (DT) / accumulative latching mechanical system
Rast·schalter *m* / maintained-contact switch, latched switch || ²**scheibe** *f* / detent disk, detent cam || ²**schieber** *f* / latched slide || ²**sockel** *m* / socket *n*, receptacle *n* || ²**position** *f pl* / latching *n pl*
Raststellung *f* / detent position || ² *f* (HSS) EN 60947-5-1 / position of rest, maintained position,

stayput *n* (position) || ≗ *f* (Steuerschalter, Fahrschalter, Betätigungselement) / notched position || ≗ *f* (Lampenfassung) / locked position || ≗ *f* (LS, Schütz) / latched position || **magnetische** ≗ (Schrittmot.) / magnetic rest position
Rasttaster *m* / latched pushbutton IEC 337-2, pushlock button
Rastung *f* / latching *n*, locating *n*, detent *n*, latch *n* || ≗ *f* (in einer Stellung eines Drehschalters) / indexing *n*, notching *n*
Rastwerk *n* / locating mechanism IEC 337-2A, indexing mechanism || ≗ *n* (Drehmelder) / indexing mechanism
Ratiofaktor *m* / ratio factor
rationell *adj* / efficient *adj*
Ratiopotential *n* / rationalization potential
Ratsche *f* / ratchet spanner
Ratschenhandgriff *m* / ratchet handle
Rattermarke *f* (Bürste) / chatter mark
rattern *v* (Bürsten, Schütz) / chatter *v*, rattle *v*
Ratterschwingung *f* / chatter vibration, rattling *n*, chattering *n*
Rauchdichte-Messgerät *n* / smoke density meter
Rauchgas *n* / flue gas || ≗**analyse** *f* / flue gas analysis || ≗**kamin** *m* / flue gas stack || ≗**kanal** *m* / flue gas duct || ≗**reinigung** *f* / flue gas cleaning system || ≗**-Widerstandsthermometer** *n* / flue-gas resistance thermometer
Rauch·glas *n* / smoked glass || ≗**melder** *m* / smoke detector
rauh·e Betriebsbedingungen / rough service conditions || **~e Industrieumgebung** / hostile industrial environment || **~er Betrieb** / rough service, rough usage || **~es Klima** / inclement climate
Rauhigkeit *f* / roughness *n*, surface roughness, rugosity *n* || ≗ *f* (Kontakte) / asperity *n*
Rauhigkeitshöhe *f* / peak-to-valley height, height of cusp
Rauhmaschine *f* / raising machine
rauhplanieren *v* (stanzen) / diamond-planish *v*
Rauh·planierstanze *f* / diamond-planishing die || ≗**reif** *m* / hoar frost || ≗**reifauflage** *f* / hoar-frost layer || ≗**tiefe** *f* / peak-to-valley height, height of cusp, roughness height, surface roughness
Raum, nachhallfreier ≗ / anechoic room || ≗**ausdehnung** *f* / volumetric expansion, cubic dilatation || ≗**ausnutzungsfaktor** *m* / space factor || ≗**bedarf** *m* / overall space required, space required, space requirements || ≗**bedarf** *m* (HW) / footprint *n* || ≗**beleuchtung** *f* / interior lighting, lighting of interiors || ≗**beständigkeit** *f* / volume constancy || ≗**bestrahlung** *f* (in einem Punkt für eine gegebene Zeitdauer) / radiant spherical exposure || ≗**bestrahlungsstärke** *f* / spherical irradiance, radiant fluence rate
Räumdrehzahl *f* / ploughing speed
Räume, feuchte ≗ / damp rooms || **medizinisch genutzte** ≗ / medical premises
Raumecke *f* / corner *n*
räumen *v* / broaching *v*
Raumfaktor *m* (BT) / utilance *n*, room utilization factor (depr.)
räumfest *adj* (Zentrifugenmot.) / suitable for ploughing duty
Raum·feuchteaufnehmer *m* / room humidity sensor || ≗**frequenz** *f* / spatial frequency || ≗**frequenzmethode** *f* DIN IEC 151, T.14 / spatial frequency response method || ≗**geometrie** *f* / solid geometry, space geometry, stereometry *n* || ≗**gewicht** *n* / weight by volume || ≗**harmonische** *f* / space harmonic, spatial harmonic || ≗**harmonische der Durchflutungswelle** / m.m.f. space harmonic || ≗**heizgerät** *n* / space heater || ≗**höhe** *f* / room height || ≗**index** *m* (BT) / room index, installation index || ≗**inhalt** *m* / volume *n*, capacity *n*, cubage *n* || ≗**integral** *n* / space integral, volume integral || ≗**klima** *n* / indoor environment (o. atmosphere) || ≗**klimagerät** *n* / room air conditioner || ≗**kurve** *f* / three-dimensional curve, space curve, non-planar curve || ≗**ladung** *f* / space charge
raumladungs·begrenzter Transistor (SCLT) / space-charge-limited transistor (SCLT) || ≗**dichte** *f* / volume density of charge, (electrical) space charge density || ≗**gebiet** *n* / space charge region || **~gesteuerte Röhre** / space-charge-controlled tube || ≗**wellenröhre** *f* / space-charge-wave tube || ≗**zone** *f* / space charge region || ≗**zustand** *m* / space-charge limited state
räumliche Lichtstärkeverteilung / spatial distribution of luminous intensity || **~ Orientierung** / three-dimensional orientation || **~ Verteilung** / spatial distribution
Raum·licht *n* / ambient light || ≗**luft** *f* / ambient air || ≗**luft** *f* (KT) / conditioned air, room air || ≗**management** *n* / room management || ≗**maß** *n* / cubic measure, solid measure
Räummoment *n* (Zentrifugenmot.) / ploughing torque
Raum·punkt *m* / tool centre point (TCP) || **modularer** ≗**raster** / modular space grid || ≗**rückwirkung** *f* (Akust.) / effect of environment, influence of test room || ≗**schirm** *m* / room shield
raumsparend *adj* / space-saving *adj*, compact *adj*
Raum·sparschrift *f* / condensed minitype || ≗**teiler** *m* / room divider || ≗**temperatur** *f* / ambient temperature, room temperature || ≗**temperatur-Ausgleichsstreifen** *m* / temperature compensating strip || ≗**temperaturregler** *m* / (room) thermostat
Raum·vektor *m* / space vector, representative sinor || ≗**welle** *f* / spatial wave || ≗**widerstand** *m* / volume resistance || **spezifischer** ≗**widerstand** / volume resistivity || ≗**winkel** *m* / solid angle || ≗**winkeleinheit** *f* (Steradian) / steradian *n* || ≗**wirkungsgrad** *m* (BT) / utilance *n*, room utilization factor (depr.) || ≗**zeiger** *m* / space vector, representative sinor || ≗**zeigerdiagramm** *n* / sinor diagram || **~zentriert** *adj* / body-centered *adj*
rauschäquivalente Eingangsgröße / noise-equivalent input || **~ Leistung** / noise-equivalent power || **~ Strahlung** / equivalent noise irradiation
rauscharm *adj* / low-noise *adj*
Rausch·diode *f* / noise-generator diode || ≗**empfindlichkeit** *f* / detectivity *n* IEC 50(731)
Rauschen *n* / noise *n* || ≗ **in der Impulspause** / interpulse noise || ≗ **während des Impulses** / intrapulse noise || **ergodisches** ≗ / ergodic noise || **HF-**≗ *n* / parasitic RF noise || **Luft~** *n* / windage noise, fan noise
Rausch·faktor *m* / noise factor || ≗**faktoränderung** *f* / noise factor degradation || ≗**fenster** *n* / noise window
rauschfrei *adj* / noiseless *adj*, clean *adj*
Rausch·impuls *m* / burst *n* || ≗**kennwerte** *m pl* / noise

characteristics || ≗**normal** *n* / noise standard || ≗**pegel** *m* / noise level, background noise level, background level || ≗**röhre** *f* / noise generator (plasma tube) || ≗**spannung** *f* / noise voltage || ≗**temperatur** *f* / noise temperature || ≗**temperaturverhältnis** *n* / noise temperature ratio || ≗**unterdrückungsfaktor** *m* / noise rejection ratio || ≗**widerstand** *m* / noise resistance || ≗**zahl** *f* / noise figure (NF), noise factor

r-Auslöser *m* (Siemens-Typ, Unterspannungsauslöser) / r-release *n* (Siemens type, undervoltage release)

Raute *f* / lozenge *n*, rhombus *n*

Rautiefe *f* / surface roughness, roughness height

Rawcliffe-Wicklung *f* / Rawcliffe winding, pole-amplitude-modulated winding, p.a.m. winding

Rayleigh·-Abstand *m* (LWL) / Rayleigh distance || ≗**-Bereich** *m* / Rayleigh region

RC / RC (robot control)

rc-Auslöser *m* (Siemens-Typ, Unterspannungsauslöser mit Verzögerung) / rc-release *n* (Siemens type, delayed unvervoltage release)

RC-Beschaltung *f* / RC circuit, RC elements

RC-Entstörglied *n* / R-C suppressor

RC-Glied *n* / RC element, RC snubber circuit

RC-Glieder *n pl* / RC elements

RC-Kopplung *f* / RC coupling, resistance-capacitance coupling

RCL / runway centre line (RCL)

RCL-Messbrücke *f* / RCL measuring bridge, resistance-capacitance-inductance measuring bridge

RCL-Netzwerk *n* / RCL network, resistance-capacitance-inductance network

RCM (Robot Control Microprocessor) / RCM (robot control microprocessor)

RC-Messgerät *n* / RC meter, resistance-capacitance meter

RC-Modus *m* (RC = raster coordinate) / RC mode

RC-Netzwerk *n* / RC network

RCTL / resistor-capacitor-transistor logic (RCTL)

R-DE (Rücklese-Digitaleingabe) / readback digital input module, RB-DI

RDL / resistor-diode logic (RDL)

REA / REA

Ready-Verzugszeit *f* / ready delay time

Reagens *n* / reagent *n*

Reaktanz *f* / reactance *n* || ≗ **der Nutstreuung** / slot leakage reactance || ≗ **der Oberwellenstreuung** / harmonic leakage reactance || ≗ **der zweiten Harmonischen** / second-harmonic reactance, reluctive reactance || ≗ **des Bohrungsfelds** / reactance due to flux over armature active surface (with rotor removed) || ≗ **in Querstellung** / quadrature-axis reactance || ≗**belag** *m* / reactance per unit length || ≗**relais** *n* / reactance relay || ≗**-Richtungsschutz** *m* / directional reactance protection (system o. scheme) || ≗**schutz** *m* / reactance protection || ≗**spannung der Kommutierung** / reactance voltage of commutation || ≗**transduktor** *m* / transductor reactor

Reaktion *f* / reaction *n*

reaktionsbezogene Meldelogik / operator-reaction-dependent alarm logic

Reaktions·bit *n* / response bit || ≗**bürstenhalter** *m* / reaction brush-holder || ≗**gefäß** *n* / reaction vessel, reactor *n* || ≗**generator** *m* / reaction generator || ≗**harzmasse** *f* / solventless polymerisable resinous compound || ≗**kraft** *f* / recoil *n* || ≗**leistung** *f* (el. Masch.) / reluctance power || ≗**maschine** *f* / reaction machine || ≗**meldung** *f* (SPS) / response message || ≗**moment** *n* (el. Masch.) / reluctance torque, reaction torque, torque reaction || ≗**polarisation** *f* (Batt.) / reaction polarization || ≗**schicht** *f* / reaction film || ≗**schiene** *f* (LM) / reaction rail || ≗**teil** *m* (LM) / reaction rail, reaction plate, secondary *n* || ≗**teil** *m* (SPS) / response part || ≗**telegramm** *n* / response frame, response message || ≗**turbine** *f* / reaction-type turbine || ≗**verhalten** *n* (Isoliergas) / compatibility *n* || ≗**verhältnis** *n* / ratio of reaction || ≗**wirkleistung** *f* / reluctance power

Reaktionszeit *f* (Rel.) / response time || ≗ *f* (Reg., SPS Die Zeit, die zwischen der Befehlseingabe und der Ausführung des Befehls vergeht) / response time, reaction time (The time between fault notification and start of remote support (telephone consultancy of the customer on troubleshooting, start of Teleservice if technically possible) or dispatch of a service specialist to the customer) || ≗ **bei azyklischer Bearbeitung** / interrupt reaction time

Reaktorgefäß *n* / reactor vessel || ≗**mantel** *m* / reactor shell

realer Schaltabstand / effective operating distance

Realgasfaktor *m* / compressibility factor

realisierbar *adj* / can be implemented

Realisierbarkeit *f* / feasibility *n*

Realisierbarkeitsprüfung *f* / feasibility review, feasibility check

realisieren *v* / realize *v*, put into effect, achieve *v*, implement *v*

Realisierungsprofil *n* (R) / reference point (RP)

Real·schaltabstand *m* (NS) / effective operating distance || ≗**teil** *m* / real part || ≗**teil des spezifischen Standwerts** / specific acoustic resistance, unit-area acoustic resistance || ≗**zeituhr** *f* / real-time clock (RTC) || ≗**zeitverarbeitung** *f* / real-time processing

Rechen·anlage *f* DIN 44300 / computer *n* || ≗**baugruppe** *f* / arithmetic module, calculation card || ≗**baustein** *m* / arithmetic (function) block || ≗**daten** *plt* / arithmetic data

Recheneinheit *f* / arithmetic logic unit (ALU), arithmetic unit, arithmetic and logic unit, ALU || **zentrale** ≗ / central processing unit (CPU) || **zentrale** ≗ (Prozessor) / central processor (CP)

Rechenergebnis *n* / result of an arithmetic operation

Rechenfeinheit *f* / computational resolution, calculation accuracy || **interne** ≗ / internal precision

Rechen·funktion *f* (SPS) / arithmetic function, mathematical function || ≗**gerät** *n* / computing element, arithmetic unit || ≗**gerät** *n* (Hardware) / computing hardware || ≗**größe** *f* (Operand) / operand *n* || ≗**kapazität** *f* / arithmetic capability || ≗**lauf** *m* / calculation run || ≗**leistung** *f* / computing power, computing capacity || ≗**maschine** *f* / calculating machine, calculator *n* || ≗**operation** *f* / arithmetic operation, computer operation, math operation || ≗**parameter** *m* / arithmetic parameters || ≗**satz** *m* / arithmetic block, calculation block || ≗**schema** *n* / computing process || ≗**system** *n* DIN 44300 / computer system || ≗**- und Steuereinheit** *f* / arithmetic and control unit || ≗**verstärker** *m* (Operationsv.) / operational amplifier || ≗**werk** *n* /

arithmetic unit (AU), arithmetic and logic unit, ALU (arithmetic logic unit) || ²**zentrum** *n* / computer centre, computer center

Recherche *f* / investigation *n*, find function

Rechnen *n* / computing *n*, calculating *n*

Rechner *m* / computer *n* || ² *m* (Baugruppe, Rechengerät) / computing element, arithmetic unit, calculator *n* || **dispositiver** ² / planning computer || ²**anschaltung** *f* / computer interface (o. interfacing), computer link (CL) || ²**anschluss** *m* / computer link, computer interface || ²**betrieb** *m* / computer operation

rechnergeführte numerische Steuerung (CNC) / computerized numerical control (CNC), softwired numerical control || ~ **Prozessregelung** / computer-based process control || ~ **Steuerung** / computer-based control system

rechnergesteuert *adj* / computer-controlled *adj*, computerized *adj*

rechnergestützt *adj* / computer-aided *adj*, computer-assisted *adj* || **~e Fertigungs- und Prüfplanung** (CAP) / computer-aided planning (CAP) || **~e Fertigungssteuerung** (CAM) / computer-aided manufacturing (CAM) || **~e Programmierung** / computer-aided programming || **~er Programmierplatz** (NC) / computer-aided part programmer || **~er Reparaturdienst** / computer-aided repair (CAR) || **~es Engineering** (CAE) / computer-aided engineering (CAE) || **~es Konstruieren** (CAD) / computer-aided design (CAD) || **~es Konstruieren und technisches Zeichnen** (CADD) / computer-aided design and drafting (CADD) || **~es Programm** / computer-assisted program || **~es Prüfen** (CAT) / computer-aided testing (CAT) || **~es Software-Engineering** / computer-aided software engineering (CASE)

rechnerisch *adj* / calculated *adj* || **~e Kontrolle** / computational check

Rechner·koppeleinheit *f* / computer interfacing unit, computer communication unit || ²**kopplung** *f* (RK) / computer link (CL), computer interface, computer interfacing || ²**leistung** *f* / computer capacity || ²**schnittstelle** *f* / computer link (CL), computer interface || ²**telegramm** *n* / computer message

rechnerunterstützt *adj* / computer-aided *adj*

Rechnerzeit *f* / computer time

Rechnungs·empfänger *m* (REMPF) / invoice address (INVOI) || ²**größe** *f* / operand quantity

Rechteck·ausschnitt *m* / rectangular cutout || ²**geber** *m* / rectangular signal encoder || ²**generator** *m* / square-wave generator (o. oscillator), square-wave rate generator, step-voltage pulse generator

rechteckig *adj* / rectangular *adj* || **Motor mit ~em Gehäuse** / square-frame motor || **~er Steckverbinder** / rectangular connector

Rechteck·impuls *m* / square-wave pulse || ²**instrument** *n* / edgewise instrument || ²**kern** *m* / rectangular core || ²**modulation** *f* / square-wave modulation, rectangular-wave modulation || ²**modulationsgrad** *m* / square-wave response || ²-**Modulationsübertragungsfunktion** *f* / square-wave response characteristic, modulation transfer function || ²**nut** *f* / rectangular groove, rectangular slot || ²**pol** *m* / rectangular pole || ²**raumfrequenz** *f* / square-wave spatial frequency || ²**schwingung** *f* / square wave || ²**signal** *n* / rectangular(-pulse) signal, square wave signal || ²**spannung** *f* / square-wave voltage || ²**spule** *f* / rectangular coil || ²**ständer** *m* / box-type stator, rectangular stator

Rechteckstoß *m* / rectangular impulse || ²**antwort** *f* / square-wave step response || ²**strom** *m* / rectangular impulse current

Rechteckstrom *m* / rectangular current, rectangular impulse current || **elektronisches** ²-**Vorschaltgerät** (Vorschaltgerät, das der Lampe Rechteckstrom liefert und so für flackerfreies Licht sorgt) / square-wave ballast

Rechteck·tasche *f* / rectangular pocket || ²**welle** *f* / square wave || ²**wellen-Wiedergabebereich** *m* (Schreiber) / square-wave response || ²**werkzeug** *n* / rectangular tools || ²**zapfen** *m* / rectangular spigot

Rechte-Hand-Regel *f* / right-hand rule, Fleming's right-hand rule

rechtes Byte / low-order byte, right-hand byte

rechts rotieren (Befehl) / rotate right || ~ **schieben** (Befehl) / shift right (SR) || **nach** ~ (Bewegung) / to the right

Rechts·anschlag *m* / hinged right || ²**ausführung** *f* / right-orientated execution

rechtsbündig *adj* / right-justified *adj*, right *adj* || ~ **ausrichten** / right-justify *v* || ~ **machen** / justify to the right margin

Rechtsbündigkeit *f* / right justification

rechtsdrehend *adj* / rotating clockwise, clockwise *adj* || **~es Feld** / clockwise rotating field, clockwise phase sequence || **~es Koordinatensystem** / right-handed coordinate system

Rechts·drehfeld *n* / clockwise rotating field, clockwise phase sequence || **phasenrichtige Zuordnung für** ²**drehfeld** / correct phase relation for clockwise rotating field || ²**drehung** *f* / clockwise rotation, CW rotation, right-hand rotation, run right

rechtsgängig·e Phasenfolge / clockwise phase sequence || **~e Wicklung** / right-handed winding || **~es Gewinde** / right-hand screw thread, right-hand thread

Rechts·gewinde *n* / right-hand screw thread, right-hand thread || **~gewunden** *adj* / right-wounded *adj* || ²**kreisbewegung** *f* / right-hand circular movement || ²**kurvenbewegung** *f* / right-hand movement in a curve || ²**lauf** *m* / clockwise rotation, CW rotation, run right || **~läufige Wicklung** / right-handed winding || ²**lenker** *m* / right-hand drive || **~/links anschlagbar** / can be hinged right or left || ²-**Links-Schieberegister** *n* / bidirectional shift register, right-left shift register

Rechts·schlag *m* (Z-Schlag-Kabelverseilung) / right-hand lay || ²**schraubbewegung** *f* / right-hand screw motion || ²**sinn** *m* / clockwise direction || ²**system** *n* (a. NC) / right-handed system

rechtsverbindliche Norm / mandatory standard

Rechtswicklung *f* / right-handed winding

rechtwinkelig *adj* / rectangular *adj*, right-angled *adj*, perpendicular *adj* || **~e Wellenanordnung** / right-angle shafting

Rechtwinkeligkeit *f* / rectangularity *n*, perpendicularly *n* || ²**stoleranz** *f* / perpendicularity tolerance

rechtwinklig *adj* / rectangular *adj*, orthogonal *adj*

Rechtwinkligkeit *f* / perpendicularity *n*

Reckalterung *f* / strain ageing

recken *v* / stretch *v*, elongate *v*

recyclebar *adj* / recyclable *adj*

Recycling *n* / re-cycle *n*
Redoxelektrodenbaugruppe *f* / redox electrode assembly
Redoxpotential *n* / oxidation-reduction potential (ORP), redox potential || **≗-Messgerät** *n* / ORP meter, redox potential meter
Reduktions·faktor *m* / reduction factor, derating factor || **≗faktor** *m* (Leitungsbeeinflussung, kompensierender Einfluss von benachbarten Stromkreisen) / screening factor || **≗faktoren** *m pl* / reduction factors || **≗getriebe** *n* / speed reducer, gear reducer, reduction gearing, step-down gearing || **≗katalysator** *m* (Kfz) / reduction catalytic converter || **Heizungs-≗schema** *n* DIN IEC 235, T.1 / heater schedule
redundant *adj* / redundant *adj* || **~e USV** / redundant UPS || **~e USV in Bereitschaftsbetrieb** / standby redundant UPS
Redundanz *f* (Vorhandensein von mehr als einem Mittel in einer Einheit zur Ausführung einer geforderten Funktion) / redundancy *n* (In an item, the existence of more than one means for performing a required function) || **≗ einer Nachricht** (FWT) / message redundancy || **diversitäre ≗** / diversity *n* || **heiße ≗** / hot stand-by, functional redundancy, active redundancy (That redundancy wherein all means for performing a required function are intended to operate simultaneously) || **kalte ≗** / standby redundancy || **nicht funktionsbeteiligte ≗** (Redundanz, bei der nur der Teil der Mittel, der zur Erfüllung der geforderten Funktion erforderlich ist, für den Betrieb vorgesehen ist, während die übrigen Mittel solange nicht in Betrieb sind, bis sie benötigt werden) / standby redundancy (That redundancy wherein a part of the means for performing a required function is intended to operate, while the remaining part(s) of the means are inoperative until needed) || **passive ≗** / standby redundancy (That redundancy wherein a part of the means for performing a required function is intended to operate, while the remaining part(s) of the means are inoperative until needed) || **≗faktor** *m* / redundancy factor || **≗gruppe** *f* / redundancy group || **≗schalteinheit** *f* / redundancy switch
Reduzierbeschleunigung *f* / creep acceleration
reduzieren *v* / reduce *v*
reduzierender Leiter (störungsreduzierender L.) / shielding conductor, interference reducing conductor
Reduzier·geschwindigkeit *f* / creep velocity || **≗hülse** *f* / adapter sleeve, reducer *n* || **thermischer ≗koeffizient** (HL) DIN 41858 / thermal aerating factor || **≗kupplung** *f* / reducer coupling || **≗muffe** *f* / reducing coupling, adapter *n* || **≗nocken** *m* / reduction cam || **≗punkt** *m* (NC, Drehzahlverminderungspunkt) / speed reducing point || **≗stück** *n* / reduction piece || **≗stück** *n* (IR) / reducer *n*, adaptor *n*
reduziert·e Prüfung / reduced inspection || **~er Betrieb** / reduced service
Reduzierung *f* / reduction *n*
Reduzier·ventil *n* / pressure reducing valve, reducing valve || **ausgeführte ≗ventile** / available reducing values || **druckgeführte ≗ventile** / pressure-guided reduction valves || **≗verschraubung** *f* / reducing coupling, adaptor coupling, reducer *n*

Reed·-Kontakt *m* / reed contact, dry-reed contact || **≗-Relais** *n* / reed relay || **≗-Schalter** *m* / dry-reed switch, reed switch
reell·e Zahl / real number (A number with a decimal point) || **~er Sternpunkt** / real neutral point || **~er Widerstand** / ohmic resistance, resistance *n* || **~es Literal** / real literal
re-entrant / reentrant *adj*
Reexportgenehmigung *f* / re-export authorization
REF (Funktion Referenzpunkt anfahren) / REF (reference point approach function)
Referenz *f* / reference *n* || **≗anlage** *f* / reference system || **≗aufbereitung** *f* / reference point edit || **≗baum** *m* / reference tree || **≗bedingungen** *f pl* (MG) / reference conditions || **≗bedingungen der Einflussgrößen** / reference conditions of influencing quantities (o. factors) || **≗bereich** *m* (MG) / reference range || **≗bohrung** *f* / reference hole || **≗daten** *plt* / reference data || **≗datenspeicher** *m* / reference data memory || **≗diode** *f* / reference diode, voltage reference diode || **≗dreieck** *n* / triangular reference voltage || **≗ebene** *f* / reference plane || **≗ebene falsch definiert** / reference plane incorrectly defined || **≗fahrt** *f* / reference point approach, homing *n* || **≗gewicht** *n* / reference weight || **prozentualer ≗größenwert** / percent reference magnitude || **≗handbuch** *n* / reference manual || **≗impuls** *m* / reference pulse, reference pulse waveform IEC 469-2
Referenz·kanalfehler *m* / reference channel error || **≗knoten** *m* / reference node || **≗kontur** *f* / reference contour || **≗kurvenform** *f* / reference waveform || **≗lage** *f* (MG) / reference position || **≗linie** *f* DIN 44472 / reference line || **≗manual** *n* / reference manual || **ISO-≗modell** *n* (f. Kommunikation offener Systeme) / ISO reference model || **≗nut** *f* / reference groove || **≗platz** *m* (NC Bezeichnet den mechanischen Platz im Magazin, dient als Bezugspunkt für Angabe der Werkzeuggröße und wird für die Berechnung der Magazinbelegung benötigt.) / reference location || **≗position** *f* / reference position
Referenzpunkt *m* (NC) / reference point (RP), home position, reference position || **≗ anfahren** / reference point approach, homing procedure, search-for-reference *n* || **≗abfahrgeschwindigkeit** *f* / reference point retraction speed || **≗abfrage** *f* (NC) / reference point interrogation (o. check) || **≗abschaltgeschwindigkeit** *f* / reference point creep speed, reference point creep velocity || **≗anfahren** *n* (NC) / approach to reference point, go to home position || **≗erfassung** *f* / reference point detection || **Anfahren des ≗es** / reference point approach, homing procedure, search-for-reference *n*
Referenzpunktfahren *n* (WZM, NC) / machine referencing, approach to reference point || **≗** *n* / reference point approach, homing procedure || **≗** *n* (SPS) / search for reference
Referenzpunkt·fahrt *f* (Nullung des Lagemesssystems bei Verwendung eines inkrementellen Gebers) / reference point approach, homing procedure, search-for-reference *n* || **≗-Koordinaten** *f pl* (NC) / reference point coordinates || **≗schalter** *m* (NC) / reference point switch, home position switch || **≗verschiebung** *f* / reference point offset || **≗verschiebung** *f* (NC) / reference point shift, zero offset || **≗zeiger** *m* /

reference point pointer
Referenz·quelle *f* / reference source || **≗schalter** *m* / basic position switch || **≗schrift** *f* / reference brochure || **Kurvenform der ≗schwingung** DIN IEC 351, T.1 / reference waveform || **sinusförmige ≗schwingung** / reference sine-wave || **≗spannung** *f* / reference voltage, reference potential || **≗speicher** *m* / reference data memory || **≗speicher** *m* / reference memory || **≗tafel** *f* (f. MG) / reference panel || **≗temperatur** *f* / reference temperature || **≗-Testmethode** *f* / reference test method (RTM) || **≗-Vorschaltgerät** *n* / reference ballast || **≗wert** *m* / reference value
referiert *adj* / referenced *adj*
reflektierende Ebene / reflecting plane, reflecting surface
reflektiert·e Welle / reflected wave || **~er Lichtstrom** / reflected flux
Reflektions·faktor *m* / reflection factor, reflectance factor, reflection coefficient, mismatch factor || **≗oberwellen** *f pl* / reflected harmonics
Reflektometer *n* / reflectometer *n*
Reflektometrie, Zeitbereich-≗ *f* / time-domain reflectometry (TDR)
Reflektor *m* / reflector *n* || **≗glühlampe** *f* / incandescent reflector lamp || **≗lampe** *f* / reflector lamp, mirrored lamp || **≗leuchte** *f* / reflector luminaire || **≗wanne** *f* / reflector trough
Reflex *m* / reflex *n* || **~armes Glas** / anti-glare glass || **≗blendung** *f* / reflected glare || **~freie Beleuchtung** / anti-glare illumination
Reflexion *f* / reflection *n*
reflexionsarmer Raum (Akust.) / dead room
Reflexionsbedingungen, Braggsche ≗ / Bragg's reflection conditions, Bragg's law
Reflexions·dämpfung *f* / return loss || **≗faktor** *m* / reflection factor, reflectance factor, reflection coefficient, mismatch factor
reflexionsfreier Abschluss (Koaxialkabel) / matching *n* || **~ Raum** / free-field room, anechoic room
Reflexionsgrad *m* / reflectance *n*, reflection factor || **≗ der Decke** / ceiling reflectance || **≗ des Fußbodens** / floor reflectance
Reflexions·koeffizient *m* (Transistor, s-Parameter) / s-parameter *n* || **≗lichthof** *m* / halation *n*, halo *n* || **≗-Lichtschranke** *f* / reflex sensor || **≗-Lichttaster** *m* / diffuse sensor || **≗messtechnik** *f* / reflectometry *n* || **≗ordnung** *f* / order of reflection, reflection order || **≗topographie** *f* / reflection topography || **≗vermögen** *n* / reflectivity *n*, reflecting power || **≗winkel** *m* / reflecting angle, angle of reflection
Reflex·klystron *n* / reflex klystron || **≗lichtschalter** *m* / light barrier || **≗-Lichtschranke** *f* / reflex sensor || **≗schicht** *f* / reflector layer || **≗schichtlampe** *f* / reflector-fluorescent lamp, lamp with reflector layer || **≗stoff** *m* / retro-reflecting material (o. medium) || **≗-Taster** *m* / diffuse sensor
Reflow-Löttechnik *f* / reflow solder technique
REFPOS / INT approach reference point, REFPO
Refraktion *f* / refraction *n*
Refraktor *m* / refractor *n*
REG (Reiheneinbaugruppe: Einheiten, die konstruktiv so ausgebildet sind, dass sie auf die Hutschiene passen) / DIN rail-mounted device
Regal·bediengerät *n* (RBG) / rack serving unit, stacker crane || **≗bediengeräte** *n pl* / storage and retrieval machines || **≗lager** *n* / high-bay racking, high-density store
Regel *f* / rule *n* || **≗abschaltung** *f* / normal shut-down
Regelabweichung *f* / system deviation IEC 50(351), deviation *n* ANSI C85.1 || **bleibende ≗** / steady-state deviation, offset *n* || **Gefahrmeldung bei unzulässiger ≗** / deviation alarm
Regel·algorithmus *m* / control algorithm, controller algorithm, PID algorithm || **≗amplitude** *f* / amplitude of control, amplitude of controlled variable, margin of manipulated variable || **≗anlage** *f* / control system || **stetige ≗anlagen** / continuous acting control system || **≗anlasser** *m* / automatic starter, controller *n* || **≗antrieb** *m* / variable-speed drive, servo-drive *n* || **≗armatur** *f* / control valve
regelbar *adj* (einstellbar) / adjustable *adj* || **~** *adj* (steuerbar) / controllable *adj*, variable *adj*, regulable *adj* || **~er Antrieb** / variable-speed drive || **~er Generator** / variable-voltage generator || **~er Verbraucher** / load-controlled consumer || **~er Widerstand** / rheostat *n* || **~er Zusatztransformator** / induction voltage regulator
Regelbefehl *m* / control command, regulation instruction
Regelbereich *m* / control range, control band, range of control, rangeability *n* || **≗** *m* (Drehzahl) / speed control range, speed range || **Wirkleistungs-≗** *m* (Generatorsatz) / control range IEC 50(603), active-power control band
Regel·betrieb *m* / closed-loop control || **≗bewegung** *f* / control motion
Regeldifferenz *f* / system deviation, negative deviation, control deviation, system error || **≗** *f* (Signal) / error signal IEC 50(351) || **bleibende ≗** / steady-state error, steady-state system deviation
Regel·drossel *f* / regulating inductor || **≗dynamik** *f* / dynamic response of control system || **≗eigenschaft** *f* / rangeability *n*
Regeleinheit *f* / automatic control unit || **Kondensator-≗** *f* / capacitor control unit, VAr control unit, automatic p.f. correction unit
Regeleinrichtung *f* / control system equipment || **≗** *f* DIN 19226 / controlling system, controlling equipment, control equipment, control system || **≗** *f* (SR) / system control equipment EN 60146-1-1 || **gesamte ≗** / whole control system
Regel·elektronik *f* / control electronics || **≗ergebnis** *n* / control result, control-action result, control accuracy, quality of control || **≗erzeugung eines Kraftwerks** / mean energy production of a power station || **≗feinheit** *f* / controller resolution || **≗fläche** *f* / control area, integral of error || **≗fläche** *f* (CAD) / ruled surface || **lineare ≗fläche** / linear integral of error || **Proportional-Integral-≗funktion** *f* (PI-Regelfunktion) / proportional, integral control loop function (PI control loop function) || **≗genauigkeit** *f* / control precision, control accuracy || **elektronisches ≗gerät** / electronic regulation equipment || **≗geräte** *n pl* / automatic control equipment || **≗geschwindigkeit** *f* / control rate, correction rate || **≗getriebe** *n* / variable-speed gearing || **≗gewinde** *n* / regular thread || **≗glied** *n* / controlling element || **≗glieder an Vorwärtszweig** / forward controlling elements || **≗größe** *f* / controlled variable, directly controlled variable, controlled condition || **≗güte** *f* / control quality, controlled quality || **≗kaskade** *f* / cascaded speed-

regulating set || ≗**klappe** *f* / butterfly valve || ≗**konzept** *n* / control concept, controlling process, controlling procedure

Regelkreis *m* / control loop, closed-loop control circuit, feedback control circuit, servo loop, closed-loop circuit, closed-loop system, feedback loop || ≗ *m* (Trafo, Stellwicklung) / regulating circuit, tapping circuit (o. arrangement) || **einschleifiger** ≗ / single control loop || **operativer** ≗ (logistischer R.) / logistic control loop

regelkreisorientierter Datenbaustein (SPS) / loop-oriented data block

Regel·leistung *f* (KW) / controlling power range || ≗**lichtraum** *m* / standard loading gauge, structure gauge

regellos verteilt / randomly distributed || **~e Abweichungen** / random deviations || **~e Schwingung** / random vibration || **~e Verteilung** / random distribution

Regelmagnetventil *n* / graduable magnet valve

regelmäßige Prüfung / periodic inspection

Regel·mäßigkeit *f* / regularity *n* || ≗**motor** *m* (regelnd) / servo-motor *n*, pilot motor, motor operator, compensating motor || ≗**motor** *m* (regelbar) / variable-speed motor

Regeln *n* / closed-loop control || ≗ *f pl* (Vorschriften) / regulations *n pl*, rules *n pl* || ≗ *n* / closed-loop control, feedback control, automatic control

regeln *v* / control *v*, control automatically, regulate *v*, vary *v*, govern *v*, adjust *v*

Regeln und Steuern von Prozessen / process control

Regel·parameter *m* / control parameter, controller parameter || ≗**potentiometer** *n* / control potentiometer || ≗**relais** *n* / regulating relay || ≗**reserve** *f* / control reserve, control margin || ≗**röhre** *f* (raumladungsgesteuerte R. zur Änderung der Leerlaufverstärkung o. Steilheit) / variable-μ tube, remote cut-off tube

Regel·satz *m* (Frequenzumformer) / variable-frequency converter || ≗**satz** *m* (Kaskade) / speed regulating set || ≗**schalter** *m* (Trafo) / regulating switch (CEE 24), regulating wheel || ≗**scheibe** *f* (Lg.) / grease slinger || ≗**schleife** *f* / closed loop, loop *n* || ≗**schleifringläufer** *m* / variable-speed slipring motor || ≗**schrank** *m* / automatic control cubicle (o. cabinet), control cabinet || ≗**sinn** *m* / control direction, direction of corrective action, correction direction, regulating spindle

Regelstrecke *f* / controlled system IEC 50(351), directly controlled member IEC 27-2A, plant, process *n*, system *n* || ≗ **mit Ausgleich** / self-regulating process || ≗ **ohne Ausgleich** / controlled system without inherent regulation || **verfahrenstechnische** ≗ / process control line, plant *n* || **Zeitkonstante der** ≗ / system time constant, plant time constant

Regelstreckenwert *m* / constant of controlled system

Regelsystem mit geschlossenem Kreis / closed loop system, feedback system || **automatisches** ≗ **mit Rückführung** / automatic feedback control system

Regel-System, neues ≗ (NRS) / new regulatory system (NRS)

Regelsystemerde *f* / control system earth (o. ground)

Regeltransformator *m* (allg., Stelltransformator) / regulating transformer, variable transformer, variable-voltage transformer || ≗ *m* (mit Stufenschalter) / tap-changing transformer, variable-ratio transformer, regulating transformer, variable-voltage transformer, voltage regulating transformer || ≗ **für Hochspannungssteuerung** / h.v. regulating transformer || ≗ **für Niederspannungssteuerung** / l.v. regulating transformer || ≗ **für Umstellung im spannungslosen Zustand** / off-circuit tap-changing transformer, off-voltage tap-changing transformer || ≗ **für Umstellung unter Last** / on-load tap-changing transformer, under-load tap-changing transformer, load ratio control transformer || ≗ **in Sparschaltung** / regulating autotransformer, auto-connected regulating transformer

Regel- und Steuergerät *n* (RS HG) / automatic electrical control (AEC)

Regelung *f* / feedback control IEC 50(351), control system IEC 50(351), closed-loop control, automatic control, servo-control *n*, control *n*, feedback control system, closed-loop control system, controlling system || ≗ **durch Änderung der Frequenz** / frequency control, frequency regulation || ≗ **durch Änderung der Spannung** / variable-voltage control || ≗ **durch Polumschaltung** / pole changing control || ≗ **im Zustandsraum** / state control || ≗ **mit äquidistanten Steuerimpulsen** / equidistant firing control || ≗ **mit Beobachtung** / observer-based control || ≗ **mit Bereichsaufspaltung** / split-range control || ≗ **mit gleichem Steuerwinkel** / equal delay angle control || ≗ **mit Gleichstromsteller** / chopper control || ≗ **mit Hilfsenergie** / power-assisted control || ≗ **mit Hilfstransformator** / auxiliary transformer control || ≗ **mit P-Grad gleich Null** / astatic control || ≗ **mit Rückführung** / closed loop control || ≗ **mit Sollwerteingriff** / set-point control (SPC) || ≗ **mit Störgrößenaufschaltung** / feedforward control || ≗ **mit Überwachungseingriff** / supervisory control || ≗ **mit Unempfindlichkeitsbereich** / neutral zone control || ≗ **mit verteilten Rückführungen** / distributed feedback control || ≗ **mit Zusatztransformator** / auxiliary transformer control || ≗ **ohne Hilfsenergie** / self-operated control || **komplexe** ≗ / multicontroller configuration || **mehrschleifige** ≗ / multi-loop feedback control, multiloop control system, multiloop control || **temperaturabhängige** ≗ / temperature dependent control

Regelungs·algorithmus *m* / control algorithm || ≗**art** *f* / control mode || ≗**ausgangsgröße** *f* / controller output || ≗**baugruppe** *f* / control module, control unit, closed-loop control module, controller module || ≗**baugruppen-Test** *m* / control board test || ≗**baustein** *m* (SPS) / control-loop block || ≗**einschub** *m* / closed-loop control module, control unit || ≗**funktion** *f* / closed-loop control function, control function || ≗**genauigkeit** *f* / control precision || ≗**matrix** *f* / control matrix || ≗**prozessor** *m* (R-Prozessor) / loop processor, R processor || ≗**system** *n* / feedback control system, closed-loop control system, control system IEC 50(351), controlling system || ≗**technik** *f* / automatic control engineering, control engineering, closed-loop control, closed loop control engineering || ≗**teil** *m* (LE) / trigger and control section || ≗**- und Steuerungstechnik** / automatic control science and

technology ‖ ²**verfahren** *n* (LE) / control mode
Regel·ventil *n* / control valve, positioning valve, servo-valve *n*, servo solenoid valve ‖ ²**verhalten** *n* / control response ‖ ²**verhalten** *n* (Gen.) / dynamic performance, transient behaviour ‖ ²**verstärker** *m* / control amplifier ‖ ²**verstärkermaschine** *f* / control exciter ‖ ²**verstärkung** *f* / controller gain ‖ ²**vorgang** *m* / control process ‖ ²**weg** *m* (FWT) / standard route ‖ ²**wicklung** *f* / regulating winding, tapped winding ‖ ²**widerstand** *m* / regulating resistor, rheostat *n* ‖ ²**zeit** *f* / (controller) acting time, correction time, recovery time, correcting time
Regen *m* / rainfall *n*
Regenerationsverstärker *m* / regenerative repeater
regenerative Energie / renewable energy
Regenerativ·kammer *f* / regenerative chamber ‖ ²-**Vorwärmung** *f* / regenerative feed heating
Regenerator *m* / regenerator *n*, reconditioner *n* ‖ ² *m* (LAN) / repeater *n*
regenerierbare Energie / renewable energy
Regenerierung *f* (Isolierflüssigk.) / reclaiming *n* IEC 50(212) ‖ ² *f* (Lampe) / recovery *n*
regengeschützte Leuchte / rainproof luminaire
Regen·haube *f* / canopy *n* ‖ ²**menge** *f* / precipitation rate ‖ ²**messer** *m* / rainfall gauge ‖ ²**prüfung** *f* / wet test ‖ ²**wassersammelanlage** *f* / rainwater retention basin ‖ ²-**Wechselspannungsprüfung** *f* / wet power-frequency test IEC 383, wet power-frequency withstand voltage test, power-frequency voltage wet test
Regie *f* (übergeordnete Regelung) / master control ‖ ²**initialisierung** *f* / master control initialization ‖ ²**leiter** *m* / coordinator *n*, crisis manager
Regierungsorganisation *f* / government organization
regional *adj* / regional *adj* ‖ **~e Leitstelle** / district control centre ‖ **~es Zertifizierungssystem** / regional certification system
Register *n* / tab *n*, tab sheet, index card ‖ ² *n* (DV, MPU) / register *n* ‖ ² *n* (Inhaltsverzeichnis) / index *n* ‖ ² **mit Datenauswahlschaltung** DIN 40700, T.14 / register with an array of gated D bistable elements IEC 117-15 ‖ ²**anzahl** *f* / number of registers ‖ ²-**Arithmetik-Logik-Einheit** *f* (RALU) / register arithmetic logic unit (RALU) ‖ ²**block** *m* (MPU) / register set ‖ ²**inhalt** *m* / register contents ‖ ²**karte** *f* / tab *n*, tab sheet, register *n*, index card ‖ ²**länge** *f* / register length ‖ ²**platz** *m* / register location ‖ ²**regelung** *f* / register control ‖ ²**seite** *f* / tab *n*, tab sheet, register *n*, index card
Registrier·baustein *m* / recording module ‖ ²**einrichtung** *f* / recording system
Registrieren *n* (Protokollieren) / logging *n*, printing out ‖ ² *n* (m. Schreiber) / recording *n* ‖ ² *n* (EZ) / registering *n*
registrieren *v* / register *v*, record *v*, log *v*
registrierendes Maximumwerk / recording maximum-demand mechanism
Registrier·gerät *n* (Schreiber) / recording instrument, recorder *n* ‖ ²**grenze** *f* DIN 54119 / registration level ‖ ²**kasse** *f* / cash register ‖ ²**nummer** *f* / registration number ‖ ²-**Oszillograph** *m* / oscillographic recorder, recording oscillograph ‖ ²**papier** *n* / recorder chart paper, chart paper, recording paper ‖ ²**periode** *f* (EZ, StT) / demand integration period
Registrierung *f* (EZ) / registering *n* ‖ ² *f* (m. Schreiber) / recording *n* ‖ ² *f* (Protokollierung) / logging *n*, printing out ‖ ² **der Messdaten** / recording of the measured data
Registrierungsgebühr *f* / registration fees
Registriervorrichtung *f* (Schreiber) / marking device IEC 258, recording device
Regler *m* / regulator *n*, controlling means, automatic control switch, monitor *n*, pilot switch ‖ ² *m* (el.) / controller *n*, loop controller ‖ ² *m* (mech. Drehzahlregler) / governor *n*, speed governor ‖ ² **mit direkter Wirkungsrichtung** / direct-acting controller ‖ ² **mit I-Anteil** / controller with integral action component ‖ ² **mit kontinuierlichem Ausgang** / controller with continuous output ‖ ² **mit regeldifferenzabhängiger Stellgeschwindigkeit** / floating controller ‖ ² **mit schritthaltendem Ausgang** / step controller ‖ ² **mit stufenweiser regeldifferenzabhängiger Stellgeschwindigkeit** / multiple-speed floating controller ‖ ² **mit umgekehrter Wirkungsrichtung** / inverse-acting controller ‖ ² **ohne Hilfsenergie** / self-operated controller, regulator *n* ‖ **freibestückbarer** ² / multi-purpose controller ‖ **integralwirkender** ² / integral-action controller ‖ **proportional-differentiell wirkender** ² (PD-Regler) / proportional and derivative action controller (PD controller) ‖ **proportional wirkender** ² / proportional-action controller, P controller ‖ **proportional-integral wirkender** ² (PI-Regler) / proportional-plus-integral-action controller, PI controller ‖ **quasistetiger** ² / quasi-continuous-action controller ‖ **überlagerter** ² / primary controller
Regler·alarm *m* / system interrupt ‖ ²**anfang** *f* (SPS-Funktion) / controller start ‖ ²**auflösung** *f* / controller resolution ‖ ²**ausgang** *m* / controller output ‖ ²**baugruppe** *f* / controller module, closed-loop control module, control module ‖ ²**baustein** *m* / controller block, closed-loop control block
Reglerbegrenzung, obere ² (BGOG) / upper limiting value ‖ **untere** ² / lower limiting value
Regler·daten *plt* / controller data ‖ ²**einstellung** *f* / controller adjustment ‖ ²**feld** *n* (Mosaiktechnik, Kompaktwarte) / controller tile ‖ ²**freigabe** *f* (RFG) / servo enable, controller enable ‖ ²**freigabe-Kontakt** *m* / servo enable contact ‖ ²**freigabestation** *f* / control release station ‖ ²**optimierung** *f* / control optimization ‖ ²**parameter** *m* / controller parameter ‖ ²**pendelmotor** *m* / governor pendulum motor, governor motor ‖ **integrierte** ²**schaltung** / integrated-circuit regulator, IC regulator ‖ ²**scheibe** *f* (Lg.) / grease slinger ‖ ²**selbsteinstellung** *f* / controller self tuning, controller optimization ‖ ²**sperrbefehl** *m* / controller inhibit command ‖ ²**sperre** *f* / controller inhibit, servo disable, servo interlocking ‖ ²**störung** *f* / controller fault ‖ ²**stromversorgung** *f* / controller power supply ‖ ²**struktur** *f* (SPS) / closed-loop control structure ‖ ²**struktur** *f* (PI, PD, PID) / controller type ‖ ²**takt** *m* / controller cycle ‖ ²**verhalten** *n* / controller response ‖ ²**verzögerungszeit** *f* / controller lag
Regressions·fläche *f* DIN 55350, T.23 / regression surface ‖ ²**funktion** *f* / regression equation ‖ ²**gleichung** *f* / regression equation ‖ ²**kurve** *f* DIN 55350, T.23 / regression curve
REGSPER / servo interlock

Regulier·anlasser *m* / controller *n* || ²**bühne** *f* / regulating platform || ²**drehzahl** *f* / governed overspeed, speed rise on load rejection || ²**flügel** *m* (EZ) / low-load wing || ²**geschwindigkeit** *f* / correction rate, response *n* || ²**hebel** *m* / adjusting lever || ²**kurve** *f* / regulation curve || ²**-Schleifringläufermotor** *m* / slip-regulator slipring motor || ²**-Schwungmoment** *n* / balancing moment of inertia

REI / REI

Reib·ahle *f* / reamer *n* || ²**antrieb** *m* / friction drive || ²**belag** *m* / friction lining

Reiben *n* / ream *n* || ² *n* (Kontakt) / wiping *n*, wipe *n* || ² *n* (WZM) / reaming *n*

Reib·federanker *m* (Rel.) / friction spring armature || ²**fläche** *f* / friction face || ²**kegel-Sicherheitskupplung** *f* / conical friction clutch, slip coupling || ²**kompensation** *f* / friction torque compensation || ²**korrosion** *f* / fretting corrosion, chafing fatigue || ²**kupplung** *f* / friction clutch || ²**momentkompensation** *f* / friction torque compensation

Reibrad·getriebe *n* / friction wheel drive, friction gearing, friction drive || ²**tacho** *m* / friction, wheel tachogenerator

Reib·rost *m* / friction rust || ²**schluss** *m* / friction locking, frictional locking || ²**schweißen** *n* / friction welding || ²**schwingung** *f* / stick-slip *n* || ²**trieb** *m* / friction drive, friction-wheel drive

Reibung *f* / friction *n* || **flüssige** ² / fluid friction, liquid friction, hydrodynamic friction, viscous friction || **Konstante der inneren** ² / coefficient of viscosity, dynamic viscosity

Reibungs·arbeit *f* / friction energy, work of friction, frictional work || ²**aufschaltung** *f* / friction injection || ²**ausgleich** *m* / friction compensation || ²**beiwert** *m* / coefficient of friction || ²**bremse** *f* / friction brake || ²**elektrizität** *f* / triboelectricity *n*, frictional electricity || ²**koeffizient** *m* / coefficient of friction || **innerer** ²**koeffizient** / dynamic viscosity, coefficient of viscosity || ²**kraft** *f* / friction force, frictional force || ²**kräfte der Bewegung** / friction forces due to sliding, friction forces due to moving || ²**kupplung** *f* / friction clutch || ²**leistung** *f* / friction power, friction h.p. || ²**moment** *n* / friction moment || ²**moment** *n* (Drehmoment) / friction torque, frictional torque || ²**plotter** *m* / friction-drive plotter || ²**schluss** *m* / frictional locking || ²**verluste** *m pl* / friction loss || ²**wärme** *f* / frictional heat, friction heat || ²**winkel** *m* / friction angle || ²**zahl** *f* / coefficient of friction, friction factor || ²**zugkraft** *f* / tractive effort in relation to adhesion

Reib·verschleiß *m* / frictional wear || ²**versuch** *m* / wipe test || ²**wert** *m* / coefficient of friction, friction factor

Reichweite *f* / transmission range, sensing range || ² *f* (Rob.) / reachable space || ² **des Schutzes** IEC 50(448) / reach of protection

Reifbildung *f* / hoar frost

Reifenaufbaumaschine *f* / tire assembly machine

Reihe *f* / row *n* || ² *f* (Folge) / sequence *n* || ² *f* (Math.) / series *n*, progression *n* || ² *f* (Serie, Baureihe) / series *n*, range *n* || ² *f* (Isolationspegel) / insulation level, basic insulation level (BIL) || **in** ² **schalten** / connect in series || **in** ² (el.) / in series || **Schaltstrecke in** ² (LS) / series break || **in** ²**geschaltet** / connected in series, series-connected *adj*

Reihen·abstand *m* / clearance between rows || ²**abstand** *m* (BGT, Verteiler) / tier spacing || ²**-Anschlussplatte** *f* / series connection plate || ²**aufstellung** *f* (Schränke, Gehäuse) / en-suite mounting, multiple-cubicle arrangement, side-by-side mounting, assembly in switchboard form || ²**betrieb** *m* / series operation, slave series operation || ²**drosselspule** *f* / series reactor, series inductor || ²**einbaugerät** *n* / modular device || ²**einbaugerät** *n* (Installationsbus) / DIN rail mounted device, device for DIN rail mounting || ²**einbaugeräte** *n pl* (REG) / DIN rail-mounted device || ²**endschild** *n* (Klemmenleiste) / terminal block marker || ²**entwicklung** *f* (einer Gleichung) / series expansion || ²**-Ersatzinduktivität** *f* / equivalent series inductance || ²**-Ersatzwiderstand** *m* / equivalent series resistance

Reihenfolge *f* / sequence *n* || ² *f* (Montage) / sequence *n* (of operations), order *n* (of assembly) || ² **der Leiter** / sequence of conductors

Reihen·funkenstrecke *f* / series gap || ²**-Grenztaster** *m* / multi-position switch || ²**induktivität** *f* / series inductor || ²**kapazität** *f* (Kondensator) / series capacitor || ²**klemme** *f* / terminal block, modular terminal block || ²**klemme** *f* (Einzelklemme einer Reihe) / modular terminal || ²**klemmen** *f pl* / terminals *n pl* || ²**klemmenträger** *m* / terminal block strip || ²**kompensation** *f* (Leuchte) / series p.f. correction || ²**kompensation** *f* (Netz) / series compensation || ²**kondensator** *m* / series capacitor || ²**motor** *m* / series-wound motor, series motor

Reihen-Parallel·-Anlasser *m* / series-parallel starter || ²**anlauf** *m* / series-parallel starting || ²**schaltung** *f* / series-parallel connection (o. circuit) || ²**steuerung** *f* / series-parallel control || ²**wicklung** *f* / series-parallel winding

Reihen·-Positionsschalter *m* / multi-position switch || ²**resonanzkreis** *m* / series resonant circuit || ²**schaltschrank** *m* / modular distribution board, modular switchgear cubicle || ²**schaltsystem** *n* (Netz) / series system of distribution

Reihenschaltung *f* / series connection, connection in series, series circuit || ² *f* (Kaskadierung) / cascade connection, cascading *n*

Reihen·schaltzahl *f* / series operating cycles || ²**scheinwiderstand** *m* / series impedance || ²**schelle** *f* (IR) / multiple saddle, multi-conduit saddle, line-up saddle (o. cleat)

Reihenschluss·-Erregerwicklung *f* / series field winding || ²**erregung** *f* / series excitation || **Maschine mit** ²**erregung** / series-wound machine, series machine || ²**feld** *n* / series field || ²**-Kommutatormotor** *m* / a.c. commutator series motor || ²**-Konduktionsmotor** *m* / series conduction motor || ²**lampe** *f* / series lamp || ²**maschine** *f* / series-wound machine, series machine || ²**motor** *m* / series-wound motor, series motor || ²**motor mit geteiltem Feld** / split-field series motor, split series motor || ²**spule** *f* / series coil || ²**verhalten** *n* / series characteristic || **Motor mit** ²**verhalten** / series-characteristic motor, inverse-speed motor || ²**wicklung** *f* / series winding || **Motor mit** ²**wicklung** / series-wound motor, series motor

Reihen·schwingkreis *m* / series resonant circuit ||

²spannung *f* / rated insulation voltage || ²spulenwicklung *f* / series-connected coil winding, crossover coil winding, bobbin winding || ²stichprobenprüfplan *m* / sequential sampling plan || ²stichprobenprüfung *f* / sequential sampling inspection || ²stromkreis *m* / series circuit || ²transformator *m* / series transformer || ²wicklung *f* / series winding || ²zündung *f* (Lampen) / series triggering

Reihung *f* (Menge mit einer Reihenfolge) / sequence *n* || ² *f* (Bit, Zeichen) / string *n*

rein *adj* / mere *adj*

Reinabsorptionsgrad *m* / internal absorptance, internal absorption factor

rein·e Flüssigkeitsreibung / true fluid friction, complete lubrication || **~e induktive Belastung** / pure inductive load, straight inductive load || **~e ohmsche Belastung** / pure resistive load, straight resistive load || **~e positive Ansaughöhe** / net positive suction head (n.p.s.h.) || **~e Wechselstromgröße** / sinusoidal periodic quantity, balanced periodic quantity || **~e Widerstandsbelastung** / pure resistive load, straight resistive load || **~er Binärcode** / straight binary code || **~er Gleichstrom** / pure d.c., ripple-free d.c. || **~er logischer Schaltplan** / pure logic diagram || **~er Nebenschlussmotor** / straight shunt-wound motor, plain shunt motor || **~es Schweißgut** / all-weld-metal *n*

R-Eingang *m* / R input, forcing static R input IEC 117-15, resetting input

Reingas *n* / pure gas || **²kanal** *m* / clean gas duct

Reinheits·faktor *m* (Sinuswelle) / deviation factor || **²grad** *m* / percentage purity

reinigen *v* / clean *v* || ² *n* (HL, Zonenreinigen) / refining *n*

Reinigungs·anlage *f* (Öl) / purifying equipment, purifier *n* || **Abwasser-²anlagen** *f* / waste-water purification plants || **²flüssigkeit** *f* / cleaning fluid || **²lösung** *f* / cleansing solution || **²mittel** *f* / cleaning agent || **²mittel Rivolta B.W.R. 210** / cleaning solvent Rivolta B.M.R. 210 || **²öffnung** *f* / cleaning opening, servicing opening || **²zusatz** *m* (Schmierst.) / detergent *n*

Rein·kohlebogenlampe *f* / carbon arc lamp || **²luft** *f* / filtered air || **²raum** *m* / clean room || **²raumbedingungen** *f pl* / clean room condition

Reinst·aluminium *n* / ultra-pure aluminium, super-purity aluminium || **²kupfer** *n* / ultra-pure copper, high-purity copper || **²wasser** *n* / high-purity water || **²wasserstoff** *m* / ultra-high purity hydrogen

Rein·transmissionsgrad *m* / internal transmittance, internal transmission factor || **²transmissionsmodul** *m* / transmissivity *n* || **²wasser** *n* / purified water, high-purity water, treated water || **²zeichnung** *f* / fair drawing

Reiß·brett *n* / drawing board || **²dehnung** *f* / elongation at tear || **²feder** *f* / drawing pen || **~fest** *adj* / tear-resistant *adj* || **²festigkeit** *f* / tearing strength, tear resistance, tenacity *n* || **²länge** *f* (Papier) / breaking length || **²lehre** *f* / marking gauge, scribing block || **²leine** *f* / pull-wire *n* || **²leinenschalter** *m* / pull-wire switch, pull-wire stop control || **²maß** *n* / marking gauge || **²nadel** *f* / scribing iron || **²naht** *f* / rupture joint, pressure-relief joint || **²schiene** *f* / T-square *n*

Reiter *m* / rider *n*, jockey *n* || ² *m* (Inductosyn) / cursor *n*

Re-Iteration *f* / reiteration *n*

Reiter·klemme *f* / bus-mounting terminal, bar-mounting terminal (block), channel-mounting terminal || **²klemmen** *f pl* (Klemmenblock) / channel-mounting terminal block || **²sicherungssockel** *m* / bus-mounting fuse base, bar-mounting fuse base || **²sicherungssockel SR** / SR bus mounting fuse base || **²sicherungsunterteil** *n* / bus-mounting fuse base, bar-mounting fuse base

Reit·keil *m* / rider key, top key || **²stock** *m* (WZM) / tailstock *n* || **²stockpinole** *f* / tailstock quill, tailstock spindle sleeve || **²stockspitze** *f* / tailstock center

Reizschwelle *f* / threshold of feeling, threshold of tickle

Reklamation *f* / complaint *n*, claim *n*, objection *n*, protest *n*

Reklamebeleuchtung *f* / sign lighting, advertizing lighting

reklamieren *v* / to raise a claim, complain about *v*, object *v*, protest *v*

Rekombinations·geschwindigkeit *f* (HL) / recombination velocity || **²koeffizient** *m* (HL) / recombination rate

Rekonditionierzeit *f* (Chromatograph) / reconditioning period

Rekonfiguration *f* (Neustrukturierung) / reconfiguration *n*

Rekursion *f* (mehrfache Wiederholung (comp.sc)) / recursion *n*

rekursiv *adj* (Programm) / recursive *adj*

rekursives System (Impulsantwort) / infinite impulse response (IIR)

REL / low-intensity runway edge lighting (REL)

Relafaktor *m* / compressibility factor

Relais *n* / relay *n*, electrical relay || ² **für Spannungsüberwachung** / relay for voltage monitoring || ² **mit Abfall- und Anzugsverzögerung** / relay with pickup and dropout delay, slow-operating and slow-releasing relay (SA relay) || ² **mit Abfallverzögerung** / dropout-delay relay, OFF-delay relay, relay with dropout delay, slow-releasing relay (SR relay) || ² **mit Anzugsverzögerung** / on-delay relay, time-delay-after-energization relay (TDE), slow-operating relay (SO relay) || ² **mit Einschaltstromstabilisierung** / harmonic restraint relay || ² **mit festgelegtem Zeitverhalten** / timer *n*, time relay, specified-time relay, time-delay relay || ² **mit Gedächtnisfunktion** / memory-action relay || ² **mit gestaffelter Laufzeit** / graded-time relay || ² **mit Haltewirkung** / latching relay, biased relay || ² **mit Selbstsperrung** / hand-reset relay || ² **mit teilweiser Gedächtnisfunktion** / relay with partial memory function || ² **mit voller Gedächtnisfunktion** / relay with total memory function, memory-action relay || ² **mit Vormagnetisierung** / biased relay || ² **mit Zusatz-Wechselerregung** / vibrating relay || ² **ohne festgelegtes Zeitverhalten** DIN IEC 255, T.100 / non-specified-time relay || ² **ohne Selbstsperrung** / self-reset relay, auto-reset relay || **phasenausfallempfindliches** ² / phase-loss sensitive relay || **unverzögertes elektrisches** ² / instantaneous electrical relay

Relais-Anlagenbildsteuerung *f* / relay-type mimic-

diagram control
Relais·-Anpasssteuerung *f* (NC) / relay-type interface control || **≗ansprechwert** *m* / relay operating point || **≗ansteuerschwelle** *f* / relay operating point || **≗ausgang** *m* / relay output || **≗baugruppe** *f* / relay module, relay board || **≗-Blinkeinheit** *f* / relay flashing module || **≗einbauort** *m* (Schutzsystem) / relaying point || **≗einschub** *m* / relay plug-in || **wählbare ≗funktion** / selectable relay function || **≗-Grenzwertmelder** *m* / comparator with relay output || **≗gruppe** *f* / relay group || **≗haus** *n* / relay kiosk, substation relay building (o. kiosk) || **≗häuschen** *n* / relay kiosk, relay building || **≗haustechnik** *f* / relay kiosks
Relais·kombination *f* / relay set || **≗kontakt** *m* DIN IEC 255 / contact assembly IEC 255-0-20 || **≗-Kontakt** *m* / relay contact || **≗-Kontaktplan** *m* (R-KOP) / relay ladder diagram (R-LAD) || **≗-Koppelfeld** *n* (Platine) / relay connector board || **≗koppler** *m* / relay connector || **≗nahtstelle** *f* / relay interface || **≗ort** *m* (Schutzsystem) / relaying point || **≗platte** *f* / relay submodule
Relais·raum einer Station / substation relay room || **≗röhre** *f* / trigger tube || **≗satz** *m* / relay group || **≗sicherheitskombination** *f* / relay safety combination || **≗steuerung** *f* / relay control, relaying *n* || **≗symbolik** *f* / relay symbology || **≗tafel** *f* / relay board || **≗treiber** *m* / relay driver || **≗-Umkehrsteller** *m* / relay-type reversing controller || **≗zeit** *f* / relay time
Relationsmerkmal *n* DIN 4000,T.1 / relation characteristic
relativ *adj* / relative *adj*, incremental *adj*
Relativ·bewegung *f* / relative motion || **≗bewegung des Werkzeugs gegenüber dem Werkstück** / tool movement relative to the workpiece || **≗dehnung** *f* / relative expansion || **≗druckaufnehmer** *m* / relative pressure pickup
relativ·e Auslastung / utilization factor || **~e Außenleiter-Erde-Überspannung** / phase-to-earth overvoltage per unit, phase-to-earth per-unit overvoltage || **~e Außenleiter-Überspannung** / phase-to-phase overvoltage per unit, phase-to-phase per-unit overvoltage || **~e Dämpfung** / damping ratio || **~e Dämpfungsziffer** (el. Masch.) / per-unit damping-torque coefficient || **~e Dielektrizitätskonstante** / relative dielectric constant, relative capacitivity, relative permittivity || **~e Einschaltdauer** / pulse duty factor, mark-space ratio, duty factor || **~e Einschaltdauer** (ED el. Masch.) VDE 0530, T.1 / cyclic duration factor (c.d.f.) IEC 34-1 || **~e Einschaltdauer** (Rel.) / operating factor || **~e Einschaltdauer** (Trafo) / duty ratio IEC 50(15) || **~e Einschaltdauer** (Schütz) VDE 0660, T.102 / on-load factor (OLF) IEC 158-1 || **~e Empfindlichkeit** (Strahlungsempfänger) / relative responsivity || **~e Farbreizfunktion** / relative colour stimulus function || **~e Feuchte** / relative humidity || **~e Größe** (per-unit-System) / per-unit quantity || **~e Häufigkeit** DIN 55350,T.23 / relative frequency || **~e Häufigkeitssumme** DIN 55350,T.23 / cumulative relative frequency || **~e Kontrastempfindlichkeit** / relative contrast sensitivity (RCS) || **~e Kurzschlussspannung** / relative short-circuit voltage || **~e Leiter-Erde-Überspannung** / phase-to-earth overvoltage per unit, phase-to-earth per-unit overvoltage || **~e Leiter-Leiter-Überspannung** / phase-to-phase overvoltage per unit, phase-to-phase per-unit overvoltage || **~e Luftfeuchtigkeit** / relative air humidity || **~e Maßangaben** (NC-Wegbedingung) DIN 66025,T.2 / incremental dimensions ISO 1056, incremental program data || **~e Neigung der Annahmekennlinie** / relative slope of operating-characteristic curve || **~e Permeabilität** / relative permeability || **~e Reaktanz** (per-unit-System) / per-unit reactance || **~e resultierende Schwankungsspannung** / relative resultant gauge-point fluctuation voltage || **~e Schwankungsspannung im Normalpunkt** / relative gauge-point fluctuation voltage || **~e Schwingungsweite** (Welligkeitsanteil) / relative peak-to-peak ripple factor IEC 411-3 || **~e Spannungsänderung** / relative voltage change || **~e Spannungssteilheit** / relative rate of rise of voltage (RRRV) || **~e spektrale Empfindlichkeit** / relative spectral responsivity (o. sensitivity) || **~e spektrale Strahldichteverteilung** / relative spectral energy (o. power) distribution || **~e spektrale Verteilung** / relative spectral distribution || **~e Sprungadresse** (SPS) / relative jump address || **~e Standardabweichung** / coefficient of variation, variation coefficient || **~e Stärke der Teilentladungen** / relative intensity of partial discharge(s) || **~e Trägheitskonstante** / inertia constant || **~e Unwucht** / specific unbalance || **~e Viskosität** / relative viscosity, viscosity ratio || **~er Ablenkkoeffizient** (Osz., bei Nachbeschleunigung) / post-deflection acceleration factor || **~er Bestand** (QS) DIN 40042 / relative survivals || **~er Fehler** / relative error || **~er Gleichlauf** / controlled speed relationship || **~er Hub** (Ventil) / relative travel || **~er Lebensdauerverbrauch** / relative rate of using life || **~er Temperaturindex** (RTI) / relative temperature index (RTI) || **~er Wicklungsschritt** / winding pitch IEC 50(411) || **~es Kippmoment** (el. Masch.) / breakdown factor || **~es Maß** (NC) / incrementral dimension, incremental coordinate
Relativmaß *n* (Maßangabe, die sich auf den unmittelbar vorher bemaßten Punkt bezieht) / incremental dimension (INC) || **≗eingabe** *f* (NC) / incremental dimension data input, incremental data input || **≗-Programmierung** *f* / incremental programming
Relativmessverfahren *n* (NC, Inkrementverfahren) / incremental measuring method
Relaxation, magnetische ≗ / magnetic relaxation
Relaxationsschwingung *f* / relaxation oscillation
Reluktanz *f* / reluctance *n*, magnetic reluctance || **≗drehmoment** *n* / reluctance torque || **≗generator** *m* / reluctance generator || **≗-Linearmotor** *m* / linear reluctance motor (LRM) || **≗moment** *n* / reluctance torque || **≗motor** *m* / reluctance motor || **≗synchronisieren** *n* / reluctance synchronizing
REM / scanning electron microscope (SEM) || ≗ / runway edge lighting medium-intensity (REM)
remanent *adj* (DV) / non-volatile *adj*, retentive *adj* || **~e Erregung** / residual excitation, residual field || **~e Flussdichte** / remanent flux density || **~e magnetische Polarisation** / residual magnetic polarization || **~e Magnetisierung** / remanent magnetization, residual magnetization || **~er Merker** / retentive flag
Remanenz *f* / retentivity *n*, retentive memory,

retentive feature || ≗ *f* (magn.) / remanence *n* || ≗ *f* (Merker) / retention *n* || **scheinbare** ≗ / magnetic retentivity, retentivity *n* || **wahre** ≗ / retentiveness *n* || ≗**bereich** *m* / retentive area || ≗**flussdichte** *f* / remanent flux density, remanent magnetization || ≗**frequenz** *f* / residual-voltage frequency || ≗**-Hilfsschütz** *n* / remanence contactor relay || ≗**induktion** *f* / remanent induction, remanent flux density || ≗**magnetisierung** *f* / remanent magnetization, remanent flux density, remanent magnetic polarization || ≗**polarisation** *f* / remanent polarization, remanent flux density || ≗**relais** *n* / remanence relay, retentive-type relay || ≗**schütz** *n* / remanence contactor, magnetically held-in contactor. magnetically latched contactor || ≗**spannung** *f* / remanent voltage, residual voltage || ≗**tacho** *m* / residual tacho || ≗**verhalten** *n* (SG) / magnetic latching

Remissionsgrad *m* / luminance factor

Remittanz *f* (Transistor) / reverse transfer admittance || ≗ **bei kleiner Aussteuerung** / small-signal short-circuit reverse transfer admittance

Remontage *f* / re-installation *n*, re-fitting *n*

Remote Operating Service Control (ROSCTR) / Remote Operating Service Control (ROSCTR)

REMPF (Rechnungsempfänger) / INVOI (invoice address)

Rendite *f* / yield *n*

Renk·fassung *f* / bayonet holder || ≗**kappe** *f* (Sich.) / bayonet fuse carrier || ≗**ring** *m* / bayonet ring || ≗**verschluss** *m* / bayonet lock, bayonet catch, bayonet joint

Rentabilität *f* / profitability *n*

reorganisieren *v* / reorganize *v*

Reparatur *f* (Teil der Instandsetzung, in dem manuelle Tätigkeiten an der Einheit ausgeführt werden) / repair *n* (That part of corrective maintenance in which manual actions are performed on the item) || ≗**aufwendung** *f* / repair cost || ≗**befund** *m* / repair report || ≗**bericht** *m* / repair report || ≗**dauer** *f* (Teil der aktiven Instandsetzungszeit, während dessen Reparaturen an einer Einheit durchgeführt werden) / repair time (That part of active corrective maintenance time during which repair actions are performed on an item)

Reparaturdauer, mittlere ≗ / mean time to repair (MTTR), mean repair time (MRT; The expectation of the repair time), mean time to restore (MTTR) || ≗**quantil** *n* (Quantil der Verteilung der Reparaturdauern) / p-fractile repair time (The p-fractile value of the repair time)

Reparatur·dienst *m* / repair service || ≗**einheit** *f* / refill unit || ≗**erleichterung** *f* / serviceability || ≗**fähigkeit** *f* / reparability || ≗**hinweis** *m* / repair note || ≗**kennung** *f* / repair code, return code, returned product code, returned goods classification, repair ID || ≗**kennzeichen** *n* / repair code, returned product code, return code, returned goods classification, repair ID, repair code || ≗**kreislauf** *m* / repair loop || **System mit** ≗**möglichkeit** / repairable system || ≗**pauschale** *f* / gross payment for repair || ≗**preis** *m* / repair price || ≗**qualität** *f* / repair quality || ≗**satz** *m* (Sich.) / refill unit

Reparaturservice *m* / repair service || ≗**vertrag** *m* (RSV) / repair service contract (RSC) || ≗**vertragsleistung** *f* / repair service contract service

Reparatur·sicherung *f* / renewable fuse || ≗**spirale** *f* (Freiltg.) / patch rods || ≗**stelle** *f* / repair center, repair department || **Dauer der** ≗**tätigkeit** / active repair time || ≗**verbinder** *m* (Freiltg.) / repair sleeve || ≗**werkstatt** *f* / repair shop, repair center || ≗**zeit** *f* / repair time || ≗**zeit** *f* (KW, geplante Nichtverfügbarkeitszeit) / planned unavailability time, planned outage time || ≗**zentrum** *n* / repair center

reparierbarer Fehleranteil IEC 50(191) / repair coverage

reparieren *v* / repair *v*, overhaul *v*, remedy *v*, recondition *v* || ~ (Farbanstrich) / touch up *v*

Repeater *m* (Einheit, die die Signalpegel auffrischt) / repeater *n*

REPEAT-Schleife *f* / loop REPEAT

Repetenz *f* / repetency *n*, wave number

Repetierantrieb, pneumatischer ≗ (MG) / pneumatic repeater drive

Repetier·barkeit *f* / repeatability *n* || ≗**steuerung** *f* (NC, Playback-Verfahren) / playback method

Repetitions-Stoßgenerator *m* / recurrent-surge generator (RSG)

Replikation *f* / replication *n*

Repositionieren *n* (Repos) / repositioning (repos), reapproach contour, return to contour

Repos-Verschiebung *f* / repositioning offset, repos offset

repräsentativ·e Prüfung / representative test || ≗**probe** *f* / representative sample || ≗**sinor** *m* / representative sinor

Reproduzierbarkeit *f* / reproduceability *n* || ≗ *f* (NS) / repeat accuracy, consistency *n*, repetition accuracy || ≗ *f* (QS) / reproducibility *n*

Reproduzierbarkeitsfehler *m* / reproducibility error || ≗ *f* (Messungen) / repeatability error

Repulsions·anlauf *m* / repulsion start || **Induktionsmotor mit** ≗**anlauf** / repulsion-start induction motor || ≗**-Induktionsmotor** *m* / repulsion induction motor

Repulsionsmotor *m* / repulsion motor || ≗ **mit Doppelbürstensatz** / repulsion motor with double set of brushes, Déri motor || **kompensierter** ≗ **mit feststehendem Doppelbürstensatz** / compensated repulsion motor with fixed double set of brushes, Latour motor || **kompensierter** ≗ **mit feststehendem Einfachbürstensatz** / compensated repulsion motor with fixed single set of brushes, Eichberg motor || **einfach gespeister** ≗ / singly fed repulsion motor, single-phase commutator motor

Reserve *f* / reserve *n*, standby *n* (SB), not used || **in** ≗ **stehen** / stand by *v* || **einsatzbereite** ≗ / hot standby || **mitlaufende** ≗ (KW) / spinning reserve

Reserve·abgang *m* (IV) / spare way || ≗**aggregat** *n* (Motor-Generator) / stand-by generating set || ≗**batterie** *f* / reserve battery || ≗**einbauplatz** *m* (SPS-Geräte) / spare module location, spare slot || ≗**einbauplatz** *m* (I) / future point || ≗**feld** *n* / spare panel || ≗**generator** *m* / stand-by generator, emergency generator || ≗**-Handsteuerschalter** *m* / standby hand control switch || ≗**kanal** *m* (DÜ) / spare channel || ≗**kühlergruppe** *f* / stand-by radiator assembly

Reserveleistung *f* (Netz) / reserve power || ≗ *f* (KW) / reserve capacity || **Preis für** ≗ (StT) / standby charge

Reserveleitstelle *f* / backup control center
Reserven *f pl* (SK) EN 60439-1 A1 / spare spaces
Reserve·regler *m* / back-up controller, stand-by controller || ≈**sammelschienen** *f pl* / reserve busbars
Reserveschutz *m* / back-up protection || **stationszugeordneter** ≈ / substation local backup protection, local back-up protection || **stromkreiszugeordneter** ≈ / circuit local back-up protection, local back-up protection || ≈**zone** *f* / back-up protection zone
Reserve·system *n* / back-up system, stand-by system || ≈**teil** *n* / spare part, spare *n*, replacement part || ≈**umrichter** *m* / standby converter || ≈**versorgung** *f* / back-up supply, standby supply || **Preisregelung für** ≈**versorgung** (StT) / standby tariff || **Kosten für** ≈**vorhaltung** (StT) / standby charge || ≈**zeit** *f* (Schutz) / back-up time, second (3rd-, 4th-)zone time || ≈**zustand** *m* (Teilsystem) / stand-by status
reservieren *v* / reserve *v*
reserviert *adj* (RV) / reserved *adj* (RV) || ~ **für Werkzeug im Zwischenspeicher** / reserved for tool in buffer || ~ **für zu beladendes Werkzeug** / reserved for tool to be loaded || ~ **im linken/rechten/oberen/unteren Halbplatz** / reserved in left/right/top/bottom half-location || ~**e Sätze** (NC) / proprietary records || ~**er Bereich** (Speicher) / dedicated area
Reservierungsprovision *f* / commission for allocation
Reservoirinhalt *m* / reservoir contents
Reset (R Rücksetzen) / reset *n* (R) || ≈ **Extern** / external reset || ≈**-Set-Toggle** (RST) / reset-set-toggle (RST) || ≈**-Stellung** *f* / reset position || ≈**-Taste** *f* / reset key, reset button
Resistanz *f* / resistance *n*, equivalent resistance || ≈**relais** *n* / resistance relay || ≈**schutz** *m* / resistance protection
resistente Datenspeicherung / non-volatile data storage
resistive Last / resistive load, resistance load, ohmic load
Resistivität *f* / resistivity *n*
Resolver *m* / resolver *n* (A rotary analog position feedback device comprising a rotor and a stator with two windings spaced at 90° to each other. The resolver converts mechanical input signals (motion) into electrical output signals (voltage) which are proportional to the angular) || **mehrpoliger** ≈ / multi-pole resolver || **zweipoliger** ≈ / two-pole resolver || ≈**verbaugruppe** *f* / sensor board resolver (SBR)
Resonanz, auf ≈ **abstimmen** / tune to resonance || **in** ≈ **sein** / be in resonance, resonate *v* || ≈**anordnung** *f* / resonant structure || ≈**anregung** *f* / resonance excitation || ≈**auswuchtmaschine** *f* / resonance balancing machine || ≈**bremswächter** *m* / zero-speed resonance plugging switch || ≈**dämpfung Verstärkung U/f** / resonance damping gain V/f || ≈**drehzahl** *f* / resonance speed, critical speed || ≈**drossel** *f* / resonance reactor || ≈**erscheinung** *f* / resonance phenomenon || ≈**faktor** *m* / resonance factor, magnification factor || ≈**form** *f* / resonance mode || ≈**frequenz** *f* / resonant frequency || ≈**frequenzbereich** *m* / resonant frequency range || ≈**isolator** *m* / resonance absorption isolator, resonance isolator || ≈**kreis** *m* / resonant circuit || ≈**lage** *f* / resonant range || ≈**linie** *f* / resonance line || ≈**messverfahren** *n* / resonance method (of measurement) || ≈**nebenschluss** *m* / resonant shunt || ≈**raum** *m* IEC 50(731) / resonant cavity, optical cavity || ≈**-Richtungsleitung** *f* / resonance absorption isolator, resonance isolator || ≈**schärfe** *f* / resonance sharpness, frequency selectivity || ≈**schwingungen** *f pl* / sympathetic oscillations || ≈**-Shunt** / resonant shunt || ≈**sperre** *f* / resonance filter || ≈**stelle** *f* / point of resonance || ≈**suche** *f* / resonance search || ≈**suchprüfung** *f* / resonance search test || ≈**überhöhung** *f* / resonance sharpness, magnification factor || ≈**überhöhung der Amplitude** / peak value of magnification, resonance ratio || ≈**überspannung** *f* / resonant overvoltage, overvoltage due to resonance || ≈**umrichter** *m* (Stromrichter mit einem Resonanzkreis) / resonant convertor (A convertor using a resonant link) || ≈**untersuchung** *f* / resonance search
Resopalschild *n* / resopal plate
Ressourcenschonung *f* / sparing use of resources
Rest *m* / remainder *n* || ≈ **gleich Null** / remainder equals zero || ≈**aktivmasse** *f* (Batt.) / residual active mass
Restaurieren *n* / restoring *n*
Rest·belegungen *f pl* (Chromatographie) / tailing *n*, tails *n pl* || ≈**beschleunigungskraft** *f* / residual acceleration || ≈**bestand** *m* / remaining stock, remaining inventory || ≈**bild** *n* (Osz.) / residual display || ≈**blattauflösung** *f* / resolving of residual plates || ≈**bohrtiefe** *f* / residual drilling depth || ≈**bruch** *m* / residual fracture || ≈**durchflutung** *f* / residual ampere-turns || ≈**durchlässigkeit** *f* / off-peak transmission || ≈**-Durchlassquerschnitt** *m* / clearance flow area || ≈**durchlaufzahl** *f* (NC) / number of remaining passes || ≈**ecke** *f* / residual corner || ≈**federweg** *m* / residual spring excursion
Restfehler, statischer ≈ (Reg.) / offset *n* || ≈**rate** *f* (DÜ, FWT) / residual (o. undetected) error rate || ≈**wahrscheinlichkeit** *f* / residual error probability
Restfeld *n* / residual magnetic field, residual field, spare panel || ≈**stärke** *f* / residual intensity of magnetic field || ≈**umschaltung** *f* / reversal against a residual field
Restfläche, induktive ≈ (Hallstromkreis) / effective induction area
Rest·gas *n* / residual gas || ≈**gas-Strom** *m* (Vakuumröhre) / gas current (vacuum tube) || ≈**induktivität** *f* / residual inductance || ≈**informationsverlustrate** *f* (FWT) / rate of residual information loss || ≈**ionisation** *f* / residual ionisation || ≈**kapazität** *f* (Batt.) / residual capacity || ≈**komponente des Fernsprech-Störfaktors** / residual-component telephone-influence factor || ≈**kontur** *f* / remaining contour, residual contour || ≈**länge** *f* (Restlänge = Restweg) / distance to go || ≈**leitfähigkeit** *f* / post-are conductivity || ≈**lichtstrom** *m* / lumen maintenance figure, lumen maintenance value || ≈**magnetismus** *m* / residual magnetism, remanent magnetism, remanence *n* || ≈**material** *n* / residual material || ≈**materialbearbeitung** *f* / residual material removal || ≈**menge** *f* / rest set || ≈**moment** *n* (Schrittmot.) / detent torque, positional memory || ≈**-Querkapazität** *f* (HL) DIN 41856 / case capacitance || ≈**querschnitt** *m* / clearance area || ≈**reaktanz** *f* / saturation reactance || ≈**seitenband** *n*

(RSB) / vestigial sideband
Restspannung *f* (el.) / residual voltage, remanent voltage || ≗ *f* (Abl.) / discharge voltage || ≗ *f* (mech.) / locked-up stress, residual stress || ≗ *f* (Transistor) / saturation voltage (transistor) || ≗ **bei Blitzstoß** / residual lightning voltage || ≗ **bei Magnetfeld Null** (Halleffekt-Bauelement) DIN 41863 / zero-field residual voltage IEC 147-0C, residual voltage for zero magnetic field || ≗ **bei Schaltstoßspannungen** / switching residual voltage || ≗ **bei Steuerstrom Null** (Halleffekt-Bauelement) DIN 4 1 863 / zero-control-current residual voltage IEC 147-0C, residual voltage for zero control current || **äußere remanente** ≗ (Hallgenerator) DIN 41863 / external remanent residual voltage IEC 147-0C
Restspannungs-/Ableitstoßstrom-Kennlinie *f* / lightning residual-voltage/discharge-current curve || ≗**kennlinie** *f* / residual-voltage/discharge-current curve, discharge voltage-current characteristic || ≗**prüfung** *f* / residual voltage test || ≗**wandler** *m* / residual voltage transformer || ≗**wicklung** *f* / residual voltage winding
Reststrom *m* / residual current || ≗ *m* (Transistor) / cutoff current || ≗ *m* (NS) / off-state current || ≗ **ir** / off-state current || **Ausgangs-**≗ *m* (Leitungstreiber) / output leakage current || **Eingangs-**≗ *m* (Treiber) / input leakage current || **Emitter-**≗ *m* / emitter-base cut-off current, cut-off current (transistor) || **Kollektor-Emitter-**≗ *m* / collector-emitter cut-off current || ≗**wandler** *m* / residual current transformer
Rest·stückzahl *f* (vgl. Werkzeugüberwachung) / remaining quantity || ≗**tasche** *f* / pocket enlargement || ≗**unwucht** *f* / residual unbalance, residual imbalance || ≗**verfahrweg** *m* / distance to go || ≗**verluste** *m pl* / residual losses, secondary losses || ≗**wägung** *f* / residue weighing || ≗**wärmefaktor** *m* / residual heat factor || ≗**weg** *m* (WZM, NC) / residual distance, distance to go, residual path || ≗**löschen** (RWL) / delete distance-to-go (DDTG) || ≗**weganzeige** *f* / distance-to-go display || ≗**welligkeit** *f* / residual ripple, remaining ripple || ≗**wert** *m* / residual value || ≗**widerstand** *m* (Transistor) / saturation resistance
Resynchronisierung *f* (Synchronmasch.) / synchronism restoration IEC 50(603), resynchronization *n*, resynchronizing *n*
retardierter Ausgang / postponed output
Retentionszeit *f* / retention time
Retikel *n* (gS) / reticle *n*
Retortenkohle *f* / homogeneous carbon, plain carbon
Retoure *f* / return *n*, returned goods
Retouren *f pl* / returns *n pl*, returned goods || ≗**abwicklung** *f* / rejects handling, returned products administration || ≗**begleitschein** *m* / return delivery note, return note, return form, returned goods form, cover note for return deliveries, returned product note, returning permit || ≗**drehscheibe** *f* / returned goods center || ≗**kennung** *f* / return code, returned product code, returned goods classification, repair code, repair ID || ≗**kreislauf** *m* / returned products loop
Retro·fit *m* (Modernisierung und Erneuerung bestehender Anlagen (Retrofit)) / retrofitting *n* || ≗**reflektor** *m* / retro-reflector *n* || ≗**reflexion** *f* / retro-reflection *n*, reflex reflection
Rettdatei *f* / save file, retrieval file
retten *v* / protect *v*, save *v* || ~ *v* (z.B. CAD-Zeichnung) / recover *v* || ≗ *n* (SPS-Funktion) / save *n*, back up, secure *v*, dump *v*
Rett·programm *n* / save routine, data save program || ≗**routine** *f* / save routine, data save program
Rettung *f* / save *v*
Rettungs·leuchte *f* (f. Grubenwehrmannschaften) / mine rescue luminaire || ≗**weg** *m* / escape route || ≗**wegbeleuchtung** *f* / escape lighting
Rettzeit *f* / archiving cycle
Returnwert *m* / return value
reversibel *adj* / reversible *adj*
Reversier·anlasser *m* / reversing starter, starter-reverser || ≗**betrieb** *m* / reversing duty
Reversieren *n* / reversing *n*, plugging *n*, reverse current braking || ≗ *n* (Gegenstrombremsen) / plugging *n* || ≗ **PID-MOP sperren** / inhibit rev. direct. of PID-MOP
Reversier·motor *m* / reversing motor, reversible motor || ≗**vorgang** *m* / reversing procedure
Revision *f* / update/upgrade || ≗ *f* (Wartung) / inspection *n* || ≗ *f* (QS) / inspection and testing updating
Revisions·mitteilung *f* / upgrade memo || ≗**öffnung** *f* / inspection opening || ≗**prüfung** *f* / service test || ≗**stand** *m* / revision status, revision version || ≗**zeichnung** *f* / inspection drawing || ≗**zeit** *f* / inspection interval, maintenance interval
Revisor *m* / inspector *n*
Revolver *m* / revolver *n*, turret *n*, tool turret, tool capstan || ≗**drehmaschine** *f* / turret lathe
Revolverkopf *m* / revolver *n*, tool capstan || ≗ *m* (WZM) / tool turret, turret head, turret *n* || ≗ *m* (NC, CLDATA-Wort) / turret ISO 3592
Revolver·magazin *n* / circular magazine (cf.THYER 1988, pp 39.) || ≗**-Werkzeugwechsel** *m* / turret tool change
Reynoldszahl *f* / Reynolds number
Rezept *n* / recipe *n* || **halbautomatisierter** ≗**ablauf** / semi-automatic recipe process || ≗**abschnitt** *m* / recipe phase || ≗**anpassung** *f* / recipe modification || ≗**datei** *f* / recipe file || ≗**erstellung** *f* / creating recipes || **in** ≗**fahrweise** / recipe-driven *adj*
rezeptgenau *adj* / true to recipe
Rezept·kopf *m* / recipe header || ≗**steuerungssystem** *n* / recipe control system || ≗**verarbeitung** *f* / recipe processing || ≗**verwaltung** *f* / recipe handling, batch recipe handling, recipe management
reziprok abhängiges Zeitrelais / inverse time-delay relay, inverse time-lag relay || **~es Zweitor** / reciprocal two-port network
RFA / X-ray fluorescence analysis
rf-Auslöser *m pl* (Siemens-Typ, Unterspannungsauslöser und Arbeitsstromauslöser) / rf-releases *pl* (Siemens type, undervoltage release and shunt release)
RFC / RFC
RFF (Rückzugsvorschub (Parameter)) / RFF (retraction feedrate)
RFG (Reglerfreigabe) / controller enable, servo enable
RFP (Referenzebene) / RFP (reference plane)
RGB (rot-grün-blau) / RGB (red green blue) || ≗**-Farbmonitor** *m* (RGB = Rot, Grün, Blau) / RGB colour monitor
RG-Erregermaschine *f* (RG = rotierender Gleichrichter) / brushless exciter, rotating-rectifier exciter

RG-Erregung *f* / brushless excitation system, rotating-rectifier excitation
R-Glied *n* / resistor *n* (element)
rhodiniert / rhodanized
RI / RI (ring indicator) ‖ ² (Richtimpuls) / IP (initializing pulse)
Richt·bake *f* / leading mark ‖ **²betrieb** *m* (Netz) / ring operation ‖ **²charakteristik** *f* (Mikrophon) / directional characteristic ‖ **²charakteristik** *f* (Schallgeber) / directivity *n*, directivity pattern ‖ **²draht** *m* / alignment wire ‖ **²drehzahl** *f* / basic speed
richten *v* (geraderichten) / straighten *v*
Richtersche Nachwirkung / Richter lag, Richter's residual induction
Richt·feuer *n* / leading light, directing light ‖ **²funknetz** *n* / radio relay system ‖ **Schutzsystem mit ²funkverbindung** / micro-wave protection system
richtgeprägt *adj* / dressed by stamping
richtig *adj* / correct *adj* ‖ **~er Wert** (Statistik, QS) / conventional true value ‖ **~er Wert von Maßverkörperungen** / true value of material measures ‖ **~es Arbeiten** / correct operation
Richtigkeit *f* / freedom from bias ‖ ² *f* (QS) DIN 55350,T.13 / trueness *n*, accuracy of the mean
Richtigkeitsprüfung *f* (Verifizierung) / verification *n* ‖ ² *f* / accuracy test, test for accuracy
Richt·impuls *m* (RI) DIN 19237 / initializing pulse (IP) ‖ **²impulsgeber** *m* / initializing pulse generator ‖ **²koppler** *m* (LAN) / directional coupler ‖ **²kraft** *f* (magn.) / directive force, versorial force, verticity *n* ‖ **²latte** *f* / straightedge *n* ‖ **²lebensdauer** *f* / objective life, design life ‖ **²leistungswirkungsgrad** *m* / detector power efficiency IEC 147-1 ‖ **²linie** *f* / directive *n*
Richtlinien *f pl* / guidelines *n pl* ‖ **maßgebliche** ² / authoritative guidance
Richt·magnet *m* / control magnet ‖ **²maschine** *f* / straightening machine ‖ **²maschinenpult** *n* / levelling machine console ‖ **²maß** *n* / guide dimension, recommended dimension ‖ **²moment** *n* / restoring torque ‖ **²platte** *f* / levelling plate, aligning plate, surface plate, marking table ‖ **²schnur** *f* / guide string ‖ **²strahlfeuer** *n* / directional light ‖ **²symbol** *n* (auf Darstellungsfläche) / aiming symbol, aiming circle, aiming field ‖ **²- und Stanzmaschine** *f* / leveller and stamp
Richtung *f* / direction *n* ‖ ² *f* (DÜ) / route *n*, route destination
richtungsabhängig *adj* / direction-dependent *adj* ‖ **~e Endzeitstufe** / directional back-up time stage ‖ **~er Erdschlussschutz** / directional earth-fault protection ‖ **~er Schutz** / directional protection ‖ **~er Überstromschutz** / directional overcurrent protection ‖ **~es Arbeiten** (Schutz) / directional operation ‖ **~es Relais** / directional relay, directionalized relay
Richtungs·anwahl *f* / selection of direction ‖ **²anzeiger** *m* (Flp.) / alignment indicator ‖ **²auswahl** *f* / selection of direction ‖ **²auswertung** *f* / direction evaluation ‖ **²bestimmung** *f* / direction detection ‖ **²betrieb** *m* (DÜ) / simplex transmission ‖ **²betrieb** *m* (Netz) / ring operation ‖ **²blinker** *m* (Kfz) / flashing indicator, direction indicator flasher ‖ **²charakteristik** *f* / directional characteristic ‖ **²empfindlichkeit** *f* / directional sensitivity ‖ **²entscheid** *m* (Schutz) / direction decision, directional control ‖ **²führung** *f* (Flp.) / alignment guidance ‖ **²gabel** *f* / circulator *n* ‖ **²geber** *m* / directional unit, directional element, direction sensing element
Richtungsglied *n* (Rel.) / directional unit, directional element, direction sensing element ‖ ² **für die Rückwärtsrichtung** / reverse-looking directional element (o. unit) ‖ ² **für die Vorwärtsrichtung** / forward-looking directional element (o. unit)
Richtungs·isolator *m* / wave rotation isolator, rotation isolator ‖ **²kontakt** *m* / direction contact ‖ **²koppler** *m* (LWL) / directional coupler ‖ **²kriterium** *n* (DÜ) / route criterion
Richtungsleitung *f* / one-way attenuator, isolator *n* ‖ ² **aus diskreten Elementen** IEC 50(221) / lumped-element isolator ‖ **aus konzentrierten Elementen aufgebaute** ² / lumped-element isolator
Richtungs·meldung *f* / direction signal ‖ **²merker** *m* / direction flag ‖ **²messbrücke** *f* / direction sensing bridge ‖ **²messung** *f* (Schutz) / determination of direction, direction detection (o. sensing) ‖ **²optimierung** *f* / direction optimization ‖ **²pegel** *m* / direction of rotation ‖ **²pfeil** *m* / direction arrow, directional arrow ‖ **²relais** *n* / directional relay, directionalized relay ‖ **²schalter** *m* / reverser *n*, forward-reverse selector
richtungsscharf *adj* / highly directional
Richtungs·schild *n* / direction sign ‖ **²schrift** *f* (binäres Schreibverfahren) / non-return to-zero recording ‖ **²schutz** *m* / directional protection IEC 50(448) ‖ **²signal** *n* / directional signal ‖ **²sinn** *m* / transfer direction ‖ **²taktschrift** *f* (binäres Schreibverfahren) / phase encoding ‖ **²taste** *f* (NC) / direction key, jog direction key ‖ **²taster** *m* / direction key
Richtungsumkehr *f* (WZM, NC) / reversal of direction of movement, reversal *n* ‖ **Abfrage mit** ² (MPU) / line reversal technique (MPU)
richtungsunabhängig·e Endzeitstufe / non-directional back-up time stage ‖ **~er Erdschlussschutz** / non-directional earth-fault protection ‖ **~er Überstromschutz** / non-directional overcurrent protection
richtungsveränderliche Laserstrahlung VDE 0837 / scanning laser radiation IEC 825
Richtungsvergleich *m* / direction comparison ‖ **²-Schutzsystem** *n* IEC 50(448) / directional comparison protection
Richtungs·verkehr *m* (DÜ) / simplex transmission ‖ **²vorgabe** *f* / direction select (DS) ‖ **²wahl** *f* (DO) / route selection ‖ **²walze** *f* / reversing drum ‖ **²wechsel** *m* (Modem) / turnaround *n* ‖ **²weiche** *f* / directional gate (switch) ‖ **~weisender Pfeil** (Bildzeichen) / directional information arrow ‖ **²wender-Trennschalter** *m* / disconnecting switch reverser ‖ **²zeichen** *n* (DÜ) / route signal ‖ **²zeiger** *m* / direction pointer ‖ **²zusatz** *m* / direction relay, directional relay ‖ **²zusatz** *m* (Schutzeinr.) / directional element
Richt·verhältnis *n* / detector voltage efficiency ‖ **²vorrichtung** *f* / aligning fixture ‖ **²vorrichtung Einschalthebel** / aligning fixture for closing lever ‖ **²vorschub** *m* / straightening feed
Richtwert *m* / guidance value, guide value, recommended value, approximate value, rule of

thumb data || ≈ *m* (QS) DIN 55350,T.12 / standard value || ≈ *m* (Herstellungswert) / objective value || **Lebensdauer-**≈ *m* DIN IEC 434 / objective life, design life

Richtwirkungsgrad *m* (Diode) DIN 41853 / detector efficiency IEC 147-1

Riefe *f* (Vertiefung, Furche) / groove *n*, channel *n*, furrow *n*

Riefen, Bearbeitungs~ *f pl* / machining marks, tool marks

Riefenbildung *f* (Lg.) / brinelling *n*, scoring *n* || ≈ *f* (Komm., schwache) / ribbing *n* || ≈ *f* (Komm., starke) / threading *n*

riefig *adj* / threaded *adj*, scored *adj*, ribbed *adj*

Riegel *m* / lock *n* || ≈ *m* (Bolzen) / bolt *n*, locking bar || ≈ *m* (Falle) / catch *n*, latch *n* || ≈ *m* (eines Einsystemmastes) IEC 50(466) / beam gantry, bridge *n*, girder *n* || ≈**schloss** *n* / bolt lock, deadlock *n*

Riemen·antrieb *m* / belt drive, belt transmission || **mit** ≈**antrieb** / belt-driven *adj* || ≈**ausrücker** *m* / belt shifter, belt striker || ≈**ausschleuser** *m* / belt ejector || ≈**fett** *n* / belt grease || ≈**gabel** *f* / belt guide, belt fork || ≈**getriebe** *n* / belt drive || ≈**haftung** *f* / belt grip || ≈**kralle** *f* / claw-type belt fastener, belt claw, belt fastener || ≈**leitrolle** *f* / idler pulley, idler *n*, jockey pulley || ≈**schalter** *m* / belt shifter, belt striker || ≈**scheibe** *f* / belt pulley *n*, sheave *n*, pulley *n* || ≈**scheibenkranz** *m* / pulley rim, sheave rim || ≈**schloss** *n* / belt fastener, belt joint || ≈**schlupf** *m* / belt creep, belt slipping || ≈**schutz** *m* / belt guard || ≈**spannrolle** *f* / belt tightener, belt adjuster, jockey pulley || ≈**trieb** *m* / belt drive, belt transmission || ≈**verbinder** *m* / belt fastener, belt joint || ≈**wachs** *n* / belt dressing || ≈**zug** *m* (die Welle beanspruchend) / overhung belt load, cantilever load

Riffel·bildung *f* / washboard formation || ≈**bildung** *f* (Kontakte) / corrugation *n* || ≈**blech** *n* / chequer plate || ≈**faktor** *m* / ripple factor, peak-to-average ripple factor

riffelplaniert *adj* / corrugated *adj*

Riffelung *f* / corrugation *n*

Rille *f* DIN 4761 / groove *n*

Rillenabstand *m* (Rauheit) DIN 4762, T.1 / roughness width

Rillenbildung *f* (Komm., über Bürstenbreite) / brush-track grooving || ≈ *f* (Komm., feine Rillen in Bändern) / grammophoning *n*, chording *n* || ≈ *f* (Komm., einzelne Rillen) / threading *n*

Rillen·blende *f* (Leuchte) / fluted shield || ≈**kugellager** *n* / deep-groove ball bearing, Conrad bearing || ≈**läufer** *m* / grooved rotor || ≈**muffe** *f* (IR.) / corrugated coupler || ≈**pol** *m* / grooved pole || ≈**profil** *n* DIN 4761 / groove profile || ≈**verlauf** *m* DIN 4761 / groove track || ≈**welle** *f* / splined shaft, grooved shaft

rillig *adj* / grooved *adj*, threaded *adj*, scored *adj*, notched *adj*

Ring *m* / ring *n* || ≈ *m* (in einem Netz) / ring feeder || ≈ *m* (Armstern) / rim *n*, spider rim || ≈ *m* (CAD, ausgefüllter Ring o. Kreis) / doughnut *n*, donut *n*

Ring·anker *m* / ring armature, Gramme ring, Pacinotti ring || ≈**auftrennung** *f* (Netz) / ring opening || ≈**-Ausschaltstrom** *m* VDE 0670,T.3 / closed-loop breaking current IEC 265 || ≈**-Ausschaltvermögen** *n* VDE 0670,T.3 / closed-loop breaking capacity IEC 265 || ≈**betrieb** *m* (Netz) / ring operation || ≈**bildung** *f* (Netz) / ring closing || ≈**bus** *m* / ring bus || ≈**dichtung** *f* / ring seal, sealing ring || ≈**einspeisung** *f* / incoming ring-feeder unit || **Prüfung der** ≈**-Ein und -Ausschaltlast** / closed-loop breaking-capacity test || ≈**erder** *m* / ring earth electrode, conductor (earth electrode around building) || ≈**fläche** *f* / annular area, ring surface

ringförmig betriebenes Netz / ring-operated network || **~er Näherungsschalter** / ring proximity switch, ring-form proximity switch || **~es Netz** (LAN) / ring network

Ringgebläse *n* / centrifugal blower, ring-type blower

Ringkabel *n* / ring cable, ring-main cable || ≈**abzweig** *m* / ring-cable feeder, ring-main feeder || ≈**feld** *n* / ring-main panel || ≈**schuh** *m* / ring terminal end || ≈**station** *f* / ring-main unit

Ring·kammer *f* (Messblende) / annular slot || ≈**kathode** *f* / annular cathode

Ringkern *m* / toroidal core, annular core || ≈**permeabilität** *f* / toroidal permeability || ≈**-Stromwandler** *m* / toroidal-core current transformer, ring-core current transformer

Ring·kolbenzähler *m* / cylindrical-piston meter || ≈**konfiguration** *n* (FWT) / multipoint-ring configuration || ≈**kopplung** *f* / ring coupling, ring link || ≈**kugellager** *n* / radial ball bearing || ≈**lager** *n* / sleeve bearing, journal bearing || ≈**lampe** *f* / ring lamp, circular lamp, toroidal lamp || ≈**lampenfassung** *f* / circline lampholder || ≈**last** *f* VDE 0670,T.3 / closed-loop load || ≈**lehre** *f* / ring gauge, female gauge

Ringleitung *f* / bus wire || ≈ *f* (Netz) / ring feeder, ring main, loop feeder, loop service feeder || ≈ *f* (I) / ring circuit, ring final circuit || ≈ *f* (Wickl.) / phase connector, ring circuit || ≈ *f* (Rohr) / ring main, ring header || ≈ *f* (Ölsystem) / ring line

Ringleitungs·abzweig *m* (I) / spur *n* (GB), branch circuit || ≈**-Abzweigdose** *f* / spur box (GB), individual branch-circuit box, branch-circuit box || ≈**verteiler** *m* (zum sternförmigen Anschluss von Stationen eines Kommunikationsnetzes) / wiring concentrator

Ringler *m* / striper *n* || ≈**ansteuerung** *f* / striper control

Ring·leuchtstofflampe *f* / annular fluorescent lamp || ≈**magazin** *n* / ring-type magazine || ≈**-Montageplatz** *m* / ring fitting station

Ringmutter *f* / ring nut, lifting eye nut || ≈**schlüssel** *m* / ring nut wrench (o. spanner), ring nut spanner

Ringnetz *n* / ringed network, ring system, ring topology network || ≈ *n* (LAN) / ring network || ≈ *n* / multipoint-ring configuration || ≈ **für Zeitschlitzverfahren** / slotted ring network || ≈ **mit Sendeberechtigungsmarkierung** (LAN) / token ring || ≈**station** *f* / ring-main unit, distributed-network-type substation

Ring·nut *f* / annular slot, ring groove, annular groove, radial groove, snap ring groove || ≈**öffnung** *f* (Netz) / ring opening || ≈**-Parallelwicklung** *f* / parallel ring winding || ≈**puffer** *m* / ring buffer store, circulating buffer, circular buffer, ring buffer || ≈**pufferspeicher** *m* / ring buffer store

Ring·raster *m* (Leuchte) / spill ring, ring louvre, concentric louvre || ≈**-Reihenwicklung** *f* / series ring winding || ≈**-Rillenlager** *n* / single-row deep-groove ball bearing || ≈**rohrleitung** *f* / ring main, ring header || ≈**sammelschiene** *f* / ring bus, meshed bus || ≗**sammelschiene mit Längstrennern** / sectionalized ring-busbar (system) || ≗**sammelschienen-Station** *f* / ring substation || ≗**sammelschienen-Station mit Leistungsschaltern** / mesh substation

Ringschaltung *f* (Wickl.) / ring connection, mesh connection || ≗ *f* (SR) / polygon connection || **Betriebsmittel in** ≗ / mesh-connected device

Ring·schiene *f* / ring bus, meshed bus || ≗**schluss** *m* / ring closing || ≗**schlüssel** *m* / ring spanner || ≗**schmierlager** *n* / oil-ring lubricated bearing, ring-lubricated bearing, oilring bearing || ≗**schmierung** *f* / oil-ring lubrication, ring oiling, ring lubrication || ≗**schräglager** *n* / angular-contact ball bearing || ≗**schraube** *f* / eye-bolt *n*, lifting eye-bolt || ≗**segmentkontakt** *m* / ring segment contact

Ringspalt *m* / annular clearance, annular gap, annular slit gap, annular slit || ≗**armatur** *f* / annular space type valve || ≗**-Löschkammer** *f* / annular-gap arcing chamber

Ring·spannfeder *f* / annular spring || ≗**spannung** *f* (mech., Tangentialspannung) / tangential stress, hoop stress || ≗**speicher** *m* / circulating memory, circulating buffer, circulating stack, circular buffer || ≗**speicherverwaltung** *f* / circular buffer management || ≗**speiseleitung** *f* / ring feeder, ring main, loop feeder, loop service feeder || ≗**-Splint** *m* / ring split pin || ≗**spule** *f* / ring coil || ≗**station** *f* / ring substation || ≗**statortype** *f* (el. Mot.) / ring-stator type || ≗**stelltransformator** *m* / rotary variable transformer, toroidal-core variable-voltage transformer || ≗**stellwiderstand** *m* / toroidal rheostat, ring-type rheostat || ≗**stempel** *m* / ring stamp || ≗**straße** *f* / ring road (GB), belt highway (US) || ≗**struktur** *f* (Bus) / ring topology || ≗**streureaktanz** *f* / endring leakage reactance || ≗**stromkreis** *m* / ring final circuit (IEE WR), ring circuit || ≗**stromwandler** *m* / ring-type current transformer || ≗**stütze** *f* / support ring || ≗**system** *n* (Wickl.) / ring-connected system

Ring·-Tonnenlager *n* / radial spherical-roller bearing, spherical-roller bearing, barrel bearing || ≗**-Trennschalter** *m* / mesh opening disconnector || ≗**-Umlaufzeit** *f* (LAN) / ring latency || ≗**verdichter** *m* / side-channel compressor || ≗**versuch** *m* / pooled test || ≗**verteiler** *m* (LE, Impulsverteiler) / pulse distributor || ≗**waage** *f* (Manometer) / ring-balance manometer, ring balance || ≗**wandler** *m* / ring-type transformer, toroidal-core transformer || ≗**wicklung** *f* / ring winding, solid-conductor helical winding, Gramme winding || ≗**zähler** *m* / ring counter || ≗**zählersignal** *n* / ring counter signal || ≗**-Zylinderlager** *n* / cylindrical-roller bearing, parallel-roller bearing, straight-roller bearing, plain-roller bearing

Rinnen·reflektor *m* / trough reflector || ≗**spiegel** *m* (Leuchte) / fluted reflector, channelled reflector

Rippe *f* / rib *n*, fin *n*, gill *n*, vane *n* || ≗ *f* (Keilwelle) / spline *n*, integral key

Rippenelement *n* / element with fins

Rippengehäuse *n* (el. Masch.) / ribbed frame, ribbed housing || **Maschine mit** ≗ / ribbed-surface machine, ribbed-frame machine

Rippen·glas *n* / ribbed glass || ≗**isolator** *m* / ribbed insulator || ≗**rohr** *n* / finned tube, gilled tube, ribbed tube || ≗**rohrkühler** *m* / finned-tube cooler || ≗**schwinge** *f* (Isolator) / ribbed-insulator rocker || ≗**stützer** *m* / ribbed insulator || ≗**welle** *f* / spider shaft

Ripple-Zähler *m* / ripple counter

Risiko des Fehlers erster Art DIN 55350,T.24 / type I risk || ≗ **des Fehlers zweiter Art** DIN 55350,T.24 / type II risk

Riss *m* / crack *n*, fissure *n*, flaw *n* || ≗**bildung** *f* / cracking *n*, fissuring *n* || **interkristalline** ≗**bildung** / intercrystalline cracking || **oberflächliche** ≗**bildung** / checking *n* || ≗**detektor** *m* / flaw detector, crack detector || ≗**fortpflanzungsgeschwindigkeit** *f* / crack propagation rate, crack growth rate

rissfrei *adj* / free of cracks

Riss·geschwindigkeit *f* / crack propagation rate, crack growth rate || **vorkritisches** ≗**wachstum** / subcritical crack growth || ≗**zähigkeit** *f* / fracture toughness, stress intensity factor || ≗**zone** *f* / cracked zone

Ritzel *n* / pinion *n* || ≗**antrieb** *m* / pinion drive || ≗**welle** *f* / pinion shaft

Ritzen *n* (IS) / scribing *n* (IC)

Ritz·härte *f* / scratch hardness, scoring hardness || ≗**härteprüfung** *f* / scratch hardness test || ≗**härteskala** *f* / Mohs' scale || ≗**prüfung** *f* / scratch test || ≗**säge** *f* / scratch saw

RK (Rechnerkopplung) / computer interface, CL (computer link)

R-Karte *f* / range chart

RKG / ripple-control command unit

R-KOP / relay ladder diagram (R-LAD)

RKZ (Reparaturkennzeichen) / repair code, RKZ

RLC-Schaltung *f* / RLC circuit, resistance-inductance-capacitance circuit (o. network)

RLG (Rotorlagegeber) / rotor position encoder, rotor position transmitter/encoder, shaft position encoder, shaft-angle encoder || ≗**-Leitung** *f* / RPE line || ≗**-Stecker** *f* / RPE connector

R-Lichtbogenkammer *f* / rectangular arc chute

RL-Schaltung *f* / RL circuit, resistance-inductance circuit (o. network)

RLT / reverse conducting thyristor, asymmetric silicon-controlled rectifier (ASCR)

RM / RM

RND (Rundung (als Radius angegeben)) / RND (rounding given as radius)

RNDM (modales Verrunden) / RNDM (modal rounding)

ROB / aerodrome rotation beacon (ROB)

Röbel·stab *m* / Roebel bar, transposed conductor || ≗**-Stabverdrillung** *f* / Roebel transposition

Röbelung *f* / Roebel transposition

Robot Control Microprocessor (RCM) / robot control microprocessor (RCM)

Roboter *m* / robot *n* || ≗ **u. Handhabungsgeräte** *n pl* / robots and manipulators/handling devices || ≗**ansteuerung** *f* / robot control || ≗**anwahl** *f* / robot selection || ≗**arbeitsplatz** *m* / robotic workcell || ≗**ausgang** *m* / robot output || ≗**bahn** *f* / robot path || ≗**baustein** *m* / robot block || ≗**einsatz** *m* / robot application || ≗**folge** *f* / robot sequence || ≗**information** *f* / robot data || ≗**kollisionsbereich** *m* / robot collision area || ≗**kollisionsschutz** *m* / robot collision protection || ≗**steuerung** *f* / robot control (RC) || ≗**system** *n* / robot system || ≗**technik** *f* / robotics *plt* || ≗**übersichtsbild** *n* / robot synopsis || ≗**verriegelung** *f* / robot interlock || ≗**verriegelungsbereich** *m* / robot interlock area ||

²**zange** *f* / robot tongs
Robotik *f* / robotics *n pl*
robust *adj* / sturdy
Robust·bauform *f* / ruggedized model, A-version *n* (SPS) || ²**heit** *f* / rugged construction
Rockwell·-Härte *f* / Rockwell hardness || ²-**Härtenummer** *f* / Rockwell hardness number || ²**versuch** *m* / Rockwell hardness test
Roebelstab *m* / Roebel bar, transposed conductor
roh *adj* (unbearbeitet) / unfinished *adj*, unmachined *adj* || ~ *adj* (unbehandelt) / untreated *adj*
Rohbau *m* / body in white
Rohdaten *plt* / raw data || ²**variable** *f* / raw data tag
Roh·datum *n* (SPS) / raw data || ²**decke** *f* / unfinished ceiling, unfinished floor (slab) || ²**dichte** *f* / bulk density || ²**energie** *f* / crude energy || ²**gas** *n* / crude gas || ²**holzlager Wald** / raw timber forest store || ²**karosse** *f* / raw body || ²**kontur** *f* (WZM) / unmachined contour
Rohling *m* / raw part, unmachined part || ² *m* (z.B. Zahnrad) / blank *n*
Roh·material *n* / blank material || ²**materialbestand** *m* / raw material inventory || ²**mauerwerk** *n* / unfinished masonry walls
Rohr *n* / pipe *n*, tubing *n*, barrel *n* || ² *n* (hochwertiges Stahlrohr, Nichteisenmetall, Kunststoff) / tube *n* || ² **auf Putz** (IR) / surface-mounted conduit, exposed conduit || ² **unter Putz** (IR) / embedded conduit || **zurückgewinnendes** ² (IR) / self-recovering conduit || **gewindeloses** ² (IR) VDE 0605,1 / non-threadable conduit IEC 23A-16, unscrewed conduit || **Kabel~** *n* / cable conduit, cable duct || ²**ableiter** *m* / expulsion-type arrester, expulsion-tube arrester || ²**adapter** *m* (IR) / conduit adaptor || **Maschine für** ²**anschluss** / pipe-ventilated machine || ²**anschlussstutzen** *m* (IPR 44-Masch.) / duct adapter, pipe adapter || ²**armaturen** *f pl* / pipe fittings, tube fittings, valves and fittings || ²**armaturen** *f pl* (IR) / conduit fittings, conduit accessories || ²**biegeanlage** *f* / pipe-bending system || ²**biegegerät** *n* (IR) / conduit bender, hickey *n*
rohrbiegen *v* / pipe bending
Rohrboden *m* / tube plate, tube sheet, tube bottom
Rohrbogen *m* / pipe bend, bend *n*, elbow *n* || ² *m* (IR) / conduit bend || ² **mit Außengewinde** (IR) / externally screwed conduit bend || ² **mit Deckel** (IR) / inspection bend || ² **mit Gewinde** (IR) / screwed conduit bend
Rohrbündel *n* / tube bundle, tube nest, nest of pipes
Röhrchenplatte *f* (Batt.) / tubular plate
Rohr·dose *f* (I) / conduit box || ²**draht** *m* / hardmetal-sheathed cable, metal-clad wiring cable, armoured wire || **umhüllter** ²**draht** / sheathed metal-clad wiring cable, sheathed armoured cable || ²**druckkabel** *n* / pipe-type cable
Röhre *f* (elektron.) / electronic valve, tube *n* || ² *f* (Wickl.) / cylinder *n*, tube *n*, column *n* || ² **mit Gitterabschaltung** / aligned-grid tube || ² **ohne Regelkennlinie** / sharp cut-off tube || **nichtgezündete** ² / unfired tube
Rohreinführung *f* (IR) / conduit entry
Röhren·beschichtung *f* (BSG) / tube coating || ²**fassung** *f* (elektron. Röhre) / tube holder
röhrenförmige Entladungslampe / tubular discharge lamp || ~ **Lampe** / tubular lamp || ~ **Leuchtstofflampe** / tubular fluorescent lamp
Röhren·fuß *m* / tube base || ²**gehäuse** *n* (Schaltröhre) / interrupter tube housing (o. enclosure), interrupter housing || ~**gekühlter Motor** / tube-cooled motor, tube-type motor || ²**kapazität** *f* / interelectrode capacitance || ²**kessel** *m* / tubular tank || ²**kühler** *m* / tubular radiator, tubular cooler || ²**kühlung** *f* / tube cooling || ²**lampe** *f* / tubular lamp || ²**rauschen** *n* / tube noise || ²**spule** *f* / cylindrical coil, concentric coil || ²**wicklung** *f* / cylindrical winding, multi-layer winding || ²**wirkungsgrad** *m* / tube efficiency
Rohrerder *m* / earth pipe
Rohrfeder *f* / Bourdon spring, Bourdon tube || ²-**Druckaufnehmer** *m* / Bourdon pressure sensor || ²-**Druckmesser** *m* / Bourdon pressure gauge || ²-**Messwerk** *n* / Bourdon-tube element, Bourdon-spring element
Rohr·führung *f* / pipe support || ²**gasschiene** *f* / gas-insulated bar
rohrgeführter Kühlkreis (el. Masch.) / piped circuit of cooling system
Rohr·generator *m* / bulb-type generator, bulb generator || ²**gewinde** *n* / pipe thread (p.t.) || ²**haken** *m* / crampet *n*, pipe hook || ²**hängeschelle** *f* (IR) / conduit hanger || ²**harfe** *f* (Kühler) / tubular radiator, tubular cooler || ²**harfenkessel** *m* / tubular tank || ²**heizkörper** *m* / tubular heater, tubular heating element || ²**hülse** *f* / pipe jointing sleeve, tube sleeve
Rohrkabel *n* / pipe-type cable || ²**schuh** *m* / tubular cable socket, barrel lug, tubular cable lug
Rohr·kerbzugversuch *m* / notched-tube tensile test || ²**klemmleiste** *f* / pipe block || ²**krümmer** *m* / pipe bend, elbow *n* || ²**kühler** *m* / tubular radiator, tubular cooler || ²**leiter** *m* / tubular conductor, transmission line
Rohrleitung *f* / pipeline *n*, tubing *n*, piping *n*, pipes *n* || **warmgehende** ² / pipe line operating at high temperature
Rohrleitungen *f pl* / piping *n* || ² *f pl* (f. Luft) / ducting *n*
Rohrleitungs·abschnitt *m* / part of pipe line || ²**anlage** *f* / piping *n* || ²**bau** *m* / piping construction || ²**einführung** *f* (IR) / conduit entry || ²**element** *n* / piping element || **Ebene der** ²**führung** / plane determined by both pipes || ²**kennlinie** *f* / system head capacity curve || ²**plan** *m* (schematisch) / piping diagram, pipe diagram, tube diagram || ²**plan** *m* (gegenständlich) / piping drawing, pipework drawing || ²**systeme** *n pl* / pipelines *n pl* || ²**widerstand** *m* / resistance of pipe line
Rohr·mast *m* / tubular pole, tubular column || ²**muffe** *f* / pipe coupling, union *n* || ²**muffe** *f* (IR) / conduit coupling, coupler *n*, bushing *n* || ²**niet** *n* / tubular rivet || ²**nippel** *m* (IR) / conduit nipple, externally screwed conduit coupler || ²**postanlage** *f* / tube conveyor system, pneumatic tube conveyor system || ²**post-Weichenanlage** *f* / full-intercommunication (pneumatic tube conveyor system)
Rohrrauhheit, Einfluß der ² / roughness criterion
Rohr·register *n* / tube set, tube bundle || ²**sammelschiene** *f* / tubular busbar
Rohrschelle *f* / pipe clamp, tube clip || ² *f* (IR) / conduit saddle, conduit cleat, conduit clip || ² *f* (f. Kabel) IEC 50(826), Amend. 2 / clamp *n*
Rohrschenkel *m* / parts of pipeline
Rohr·schiene *f* / tubular busbar || ²**schiene** *f* (Sammelschienenkanal) / tubular bus duct || **SF_6-**

isolierte ²schiene / SF_6-insulated tubular bus duct, SF_6-insulated metal-clad tubular bus || **²schienenkanal** *m* / tubular bus duct || **²stromschiene** *f* / tubular busbar || **²stutzen** *m* (Anschlussstück) / pipe socket, connecting sleeve, tube connector || **²stutzen** *m* (Rohrende) / pipe stub, tube stub || **²system** *n* (Lichtrohrs.) / tubetrack system

Rohr·turbine *f* / tube turbine || **²turbinensatz** *m* / bulb-type unit || **²umsteller** *m* (Trafo) / tube-type off-load tap changer, linear-motion tapping switch, barrel-type tap changer || **²verbinder** *m* / pipe coupling (o. union), tube coupling, pipe connection || **²verschraubung** *f* / pipe union, pipe coupling || **²verschraubung** *f* (IR) / conduit union, conduit coupling || **kältere ²wandung** / inside of wall of pipe at lower temperature || **²zubehör** *n* (IR) / conduit fittings, conduit accessories

Rohschaltfolge *f* / parameterized operating sequence || **parametrierte ²** / parameterized operating sequence

Rohsignal *n* / unconditioned signal || **²geber** *m* / raw signal generator

Rohstoff, nachwachsender ² / sustainable (vegetable) product || **²bestand** *m* / raw material inventory || **²verbrauch** *m* / raw material consumption, basic material surcharge

Rohstromversorgung *f* / MPS

Rohteil *n* / raw part, rough part *n*, unmachined part, blank *n* || **²abmessungen** *f pl* / blank part dimensions, blank dimensions || **²bereich** *m* / blank area || **²beschreibung** *f* (NC) / rough-part description, description of blank || **²daten** *plt* / data for blank || **²erfassung** *f* / blank measurement

Rohwasser *n* / raw water

Rohwert *m* / raw value, unconditioned value || **²** *m* (nicht linearisierter W.) / non-linearized value

Rollaktion *f* / recall action

Rollbahn *f* (Lg.) / track *n*, race *n* || **²** *f* (Flp.) / taxiway *n* || **²befeuerung** *f* / taxiway lighting || **²feuer** *n* / taxiway light || **²marke** *f* / taxiway marking || **²mittellinie** *f* (TXC) / taxiway centre line (TXC) || **²mittellinienbefeuerung** *f* / taxiway centre line lighting || **²mittellinienfeuer** *n* / taxiway centre line lights || **²mittellinienmarke** *f* / taxiway centre line marking || **²orientierungssystem** *n* (TGS) / taxiing guidance system (TGS) || **²rand** *m* / taxiway edge || **²randbefeuerung** *f* (TXE) / taxiway edge lighting (TXE) || **²randfeuer** *n* / taxiway edge light || **²vorfeldbefeuerung** *f* (TXA) / taxiway apron lighting (TXA)

Rollbalken *m* (BSG) / scroll bar

Rollband·-Bürstenhalter *m* / coil-spring brush holder || **²feder** *f* / coiled-strip spring, coil spring

Roll·betrieb *m* (BSG) / rolling-map operation || **²bildspeicher** *m* / rolling-map memory

Rolle *f* (Fahrrolle) / roller *n*, castor *n*, wheel *n* || **²** *f* (Rollenzählwerk) / drum *n*, roller *n* || **²** *f* / belt pulley *n*, sheave *n*, pulley *n* || **² für zwei Fahrtrichtungen** / bidirectional wheel

rollen *v* (Bildschirmanzeige) / roll *v*, roll up *v*, roll down *v* || ~ *v* (stanzen) / curl *v* || **²** *n* (Kontakt) / roll *n*, rolling *n* || **zeilenweises ²** (BSG) / racking up

Rollen·ausweichgetriebe *n* / intermittent roller gear(ing) || **²bahn** *f* / roller path || **²biegemaschine** *f* / roller bending machine || **²bock** *m* / roller-mounted support || **²bohrung** *f* / roller hole || **²brechstange** *f* / roller crowbar || **²breite** *f* / roller width

rollendes Bild / rolling map

Rollen·förderer *m* / roller conveyor || **²hebel** *m* (PS) / roller lever actuator, roller lever || **²hochdruckmaschine** *f* / roller letterpress printing machine || **²käfig** *m* (Lg.) / roller cage || **²kette** *f* / roller chain || **²kontakt** *m* / roller-type contact || **²körper** *m* / roller body || **²kugellager** *n* / roller bearing || **²kühlofen** *m* / annealing lear || **²kupplung** *f* / roller coupling

Rollen·lager *n* / roller bearing || **²laufring** *m* (Lg.) / roller race || **²offsetmaschine** *f* / web offset machine || **²papier** *n* (Drucker) / continuous rollpaper || **²pressspan** *m* / presspaper *n* || **²prüfstand** *m* (Kfz.) / chassis dynamometer || **²schaltwerk** *n* (m. Zählwerk f. Stellantriebe) / roller-type counting and switching mechanism || **²schneider** *m* / roll slitters, slitter winder || **²stößel** *m* (PS) / roller plunger actuator, roller plunger, plunger with roller || **²-Stößel** *m* / roller plunger || **²träger** *m* / reel stand || **²zählwerk** *n* (EZ) / drum-type register, roller register, roller cyclometer, cyclometer register, cyclometer index, cyclometer *n* || **fünfstelliges ²zählwerk** / five-digit roller cyclometer

Roll·feder-Bürstenhalter *m* / coil-spring brush holder || **²feld** *n* (Flp.) / manoeuvring area || **²funktion** *f* / scrolling function

rollgebogen *adj* / roll-formed *adj*

Rollhalte·marke *f* (Flp.) / taxi-holding position marking || **²ort** *m* (Flp.) / taxi-holding position || **²zeichen** *n* (Flp.) / taxi-holding position sign

rolliert *adj* / rolled *adj*

Roll·kolbenverdichter *m* / rotary piston compressor || **²kontakt** *m* / roller-type contact || **²körper** *m* (Wälzlg.) / rolling element || **²kugel** *f* / control ball, tracker ball || **²kugel** *f* (Positioniergerät f. Schreibmarke) / roller ball, track ball || **²leitsystem** / taxiing guidance system (TGS) || **²maß** *n* / tape measure || **²membran** *f* / roller diaphragm, convolution (rolling) diaphragm (Bellofram) || **²moment** *n* / rolling momentum, roll moment

rollnahtgeschweißt *adj* / roller-seam-welded *adj*

Roll·reibung *f* / rolling friction, elastic rolling friction || **²scheinwerfer** *m* (Flp.) / taxiing light || **²speicher** *m* / rolling-map memory || **²speicherbaugruppe** *f* / rolling map memory module || **²stanze** *f* / curling die || **²tor** *n* / rolling shutter gate || **²treppe** *f* / escalator *n*, electric stairway || **²widerstand** *m* / rolling resistance

ROM *n* (Read Only Memory) / ROM (read-only memory)

Ronde *f* (Blechp.) / circular lamination, ring punching, integral lamination

röntgen *v* / X-ray *v*, radiograph by X-rays, radiograph *v*

Röntgen·analyse *f* / X-ray analysis || **²analysegerät** *n* / X-ray analyzer || **²analytik** *f* / X-ray analyzers || **²beugung** *f* / X-ray diffraction || **²beugungsanalyse** *f* / X-ray diffraction analysis || **²bild** *n* / X-ray radiograph, X-ray image, exograph *n* || **²diffraktion** *f* / X-ray diffraction || **²diffraktometer** *n* / X-ray diffraction analyzer || **²diffraktometrie** *f* / x-ray diffractometry || **²durchstrahlung** *f* / X-ray examination, X-ray test, radiographing *n* || **²feinstrukturuntersuchung** *f* /

micro-structure X-ray examination || **≈fluoreszenzanalyse** *f* (RFA) / X-ray fluorescence analysis || **≈-Fluoreszenzanalysegerät** *n* / X-ray fluorescence analyzer || **≈generator** *m* / X-ray generator || **≈goniometer** *n* / X-ray goniometer, Weissenberg camera || **≈grobstrukturuntersuchung** *f* / macro structure X-ray test || **≈leuchtschirm** *m* / fluorescent X-ray screen || **≈quant** *m* / X-ray quantum || **≈röhre** *f* / X-ray tube || **≈spektrometer** *n* / X-ray spectrometer || **≈spektrometrie** *f* / X-ray spectrometry || **≈strahlabschirmung** *f* / X-ray shielding

Röntgenstrahlen *m pl* / X-rays *n pl* || **≈brechung** *f* / X-ray diffraction

Röntgen·strahler *m* / X-ray tube, X-ray source || **≈topographie** *f* / X-ray topography || **≈-Weitwinkelmessung** *f* / X-ray wide-angle measurement

ROR-Anforderer *m* / ROR requester

rosa *adj* (rs) / pink *adj* (pnk) || ~ **Rauschen** / pink noise, 1/f noise

ROSCTR (Remote Operating Service Control) / ROSCTR (Remote Operating Service Control)

Rosenberg-Generator *m* / Rosenberg generator, Rosenberg variable-speed generator

Rosette *f* / rosette *n*, rose *n* || ≈ *f* (Taster) / collar *n*, bezel *n*

Rost *m* (Eisenoxyd) / rust *n* || ≈ *m* (Gitter) / grate *n*, grating *n*

rostbeständig *adj* / rustproof *adj*, rust-resisting *adj*, non-rusting *adj*

Rost·bildung *f* / rusting *n*, rust formation || **≈entfernungsmittel** *n* / rust remover

rostfrei *adj* / rustfree *adj*, rustless *adj*, non-rusting *adj*, stainless *adj* || ~ *adj* (Stahl) / stainless *adj*

rostgeschützt *adj* / protected against rust, rust-proofed *adj*

Rost·grad *m* / rustiness *n* || **≈narben** *f pl* / pitting *n*

Rostschutz *m* / rustproofing *n*, rust control, rust prevention || **≈anstrich** *m* / rust-inhibitive coating || **≈farbe** *f* / rust-preventive paint, anti-corrosion paint || **≈fett** *n* / rust preventing grease || **≈grundierung** *f* / anti-corrosion priming coat

rostsicher / stainless *adj*

Rostumwandler *m* / wash-primer *n*, etch primer

rot *adj* (rt) / red *adj*

Rotameter *n* / rotameter *n*

Rotanteil *m* (LT) / red ratio

Rotation *f* / rotation *n* || **vektorielle** ≈ / vector rotation, curl *n*

Rotations·achse *f* / rotary axis, axis of rotation, rotary axis of motion, shaft *n* || **≈-EMK** *f* / rotational e.m.f. || **≈energie** *f* / kinetic energy of rotation || **≈fläche** *f* / surface of revolution, revolved surface

rotationsfreies Feld / non-rotational field

Rotations·frequenz *f* / rotational frequency, speed frequency || **≈hysterese** *f* / rotational hysteresis || **≈hystereseverluste** *m pl* / rotational hysteresis losses || **≈-Inductosyn** *n* / rotary Inductosyn || **≈kompressor** *m* / rotary compressor || **≈körper** *m* / solid of revolution || **≈körper** *m* (Rotameter) / float *n*, plummet *n*, metering float

rotationsparabolischer Spiegel / axially parabolic reflector

Rotations-Schwingungsenergie *f* / vibration-rotation energy

rotationssymmetrisch *adj* / dynamically balanced || ~ *adj* / rotationally symmetric, on the rotational symmetry principle || **~e Ausstrahlung** / rotational-symmetry (light distribution), axially symmetrical distribution || **~e Lichtstärkeverteilung** / rotational-symmetry luminous intensity distribution, symmetrical (luminous intensity distribution)

Rotations·trägheit *f* / rotational inertia || **≈verdichter** *m* / rotary compressor || **≈winkel** *m* / angle of rotation

rotatorisch *adj* / rotary *adj* || **~e Werkstückverschiebung** (a. NC-Zusatzfunktion) DIN 66025,T.2 / angular workpiece shift ISO 1056 || **~er Wegmessgeber** / rotary position encoder, rotary encoder || **~es Lagemesssystem** (NC) / rotary position measuring system || **~es Wegmessgerät** (Messwertumformer) / rotary position transducer || **~es Wegmesssystem** (NC) / rotary position measuring system

roter Bereich (LT) / red band

Rot·filter *n* / red filter || **≈gehalt** *m* (LT) / red content || **~glühend** *adj* / red hot || **≈glut** *f* / red heat

rot-grün-blau *adj* (RGB) / red green blue *adj* (RGB)

rotierend *adj* / rotating *adj* || **~e Aushärtung** / rotating curing process || **~e Auswuchtmaschine** / rotational balancing machine, centrifugal balancing machine || **~e Reserve** (KW) / spinning reserve || **~e Wirbelstrombremse** / rotating eddy-current retarder || **~er Stellantrieb** / rotary actuator || **~er Umformer** / motor-generator set, m.-g. set, rotary converter || **~es Feld** / rotating field, revolving field, rotary field

Rotieroperation *f* (SPS) / rotate instruction

Rotlicht, sichtbares ≈ / visible red light || **≈-Reflextaster** *m* / red-indicator light barrier

Rotlinie *f* / red boundary

Rotor *m* (el. Masch.) / rotor *n*, inductor *n* || ≈ *m* (Vektorfeld) / curl *n*

Rot-Orange-Bereich *m* / red-orange region

Rotorblockierung *f* / locked rotor

rotorgespeiste Maschine / inverted machine, rotor-fed machine

Rotorlagegeber *m* (RLG) / rotor position encoder, rotor position sensor (o. transducer), rotor position encoder, rotor position transmitter/encoder, shaft position encoder, shaft-angle encoder || **≈anschlag** *m* / rotor position encoder limit, shaft encoder limit || **≈stecker** *m* / connector for the rotor position encoder, shaft encoder || **≈system** *n* / rotor position encoder system, shaft encoder system || **eigensicherer** ≈ / intrinsically safe rotor position encoder

Rotorlage·identifikation *f* / rotor position identification || **≈signal** *n* / rotor position signal || **≈taktung** *f* / rotor-position clocking method

Rotosyn-System *n* / rotosyn system

Rotwarmbiegeprobe *f* / hot bend test

Router *m* / router *n*

Routine *f* (a. QS) / routine *n*

ROV / rapid override (ROV), rapid traverse override

Roving *n* / roving *n*

RP / retraction plane (RP), return plane (RP)

RPA / RPA (R parameter active), RPA (retraction path in abscissa of the active plane)

RPAP (Rückzugsweg in der Applikate der aktiven Ebene (Parameter)) / RPAP (retraction path in applicate of the active path)

R-Parameter *m* / R parameter || ²**text** *m* / R parameter text
RPC / RPC (remote procedure call)
RPO (Rückzugsweg in der Ordinate der aktiven Ebene (Parameter)) / RPO (retraction path in ordinate of the active plane)
R-Prozessor *m* / loop processor || ² *m* (Regelungsprozessor) / loop processor, R processor
RPS / RPS (reference point switch) || ²**-Baugruppe** *f* / rack power supply module || ²**-Justage** *f* / RPS alignment
RPY (Drehungsart eines Koordinatensystems) / RPY (Roll Pitch Yaw)
RRC (Regional Repair Center) / RRC (regional repair center) || ² / report RTU configuration (RRC)
RS / automatic electrical control (AEC) || ² (Rundschreiben) / memo
rs *adj* (rosa) / pnk *adj* (pink)
RS 485 (Bezeichnung einer genormten, seriellen Stromschnittstelle) / RS 485 || ² **der Schutzklasse I** / class I control
RSB / vestigial sideband
RS-Flipflop *n* / RS flipflop, set-reset flipflop
RS-Kippglied *n* / RS bistable element || ² **mit Zustandssteuerung** / RS bistable element with input affecting two outputs || ² **mit Zweizustandssteuerung** / RS master-slave bistable element
RS-Schaltung *f* / rapid-start circuit, instant-start circuit
RS-Speicher *m* / RS flipflop || ²**glied** *n* (Flipflop) / RS flipflop || ²**glied mit Grundstellung** / RS flipflop with preferred state
RST (Reset-Set-Toggle) / RST (reset-set-toggle)
RS-Taste *f* / reset key, reset button
RSV (Reparaturservicevertrag) / RSC (repair service contract) || ²**-Verlängerung** *f* / RSC extension
RT / basic grid dimension (BGD)
rt *adj* (rot) / red *adj*
RTCP / RTCP (remote tool center point)
R-Teil *m* / R component/part
RTI / runway threshold identification light (RTI) || ² / relative temperature index (RTI)
RTLI (lineare Interpolation bei Eilgangbewegung) / RTLI (rapid traverse linear interpolation)
RTM-Baugruppe *f* / rectifier trigger module
RTP (Rückzugsebene (Parameter)) / RTP (retraction plane)
RTS / RTS (Request To Send)
RTS/CTS / RTS/CTS
RTU / RTU (remote terminal unit)
Rubin *m* / ruby *n*
Rubrik anzeigen / show heading
Rubriken / headings *n pl*
Ruck / jerk *n*
Rück·ansicht *f* / rear view || ²**arbeit** *f* / reverse energy || ²**arbeitsbremsung** *f* / regenerative braking || ²**arbeitsdiode** *f* / regenerating(-circuit) diode
Rückarbeitsverfahren *n* (el. Masch.) VDE 0530, T.2 / mechanical back-to-back test IEC 34-2 || ² **parallel am Netz** (el. Masch.) VDE 0530, T.2 / electrical back-to-back test IEC 34-2 || **mechanisches** ² / mechanical back-to-back test, pump-back method
ruckartig *adj* / jerky *adj*, by jerks, intermittent *adj*, sudden *adj*
Rückätzen *n* / etch-back *n*
Ruckbegrenzung *f* / rate-of-change limiting, torque dampening || ² *f* (WZM) / jerk limitation || ²**sfaktor** *m* / jerk limitation factor
Rück·blatt *n* / reverse side, rear side || ²**dokumentation** *f* / documentation updating || ²**dokumentation** *f* (PLT) / feedback documentation, documentation updating, uploaded configuration display (o. logging) || ²**drehmoment** *n* / counter-torque *n*, retrotorque *n*, reaction torque || ²**drehsperre** *f* / reversal preventing device, reverse running stop, escapement mechanism || ²**drehsperre** *f* (HSS) / reversing block || ²**druckfeder** *f* / return spring, restoring spring
ruckeln *v* / buck *v*
Rücken *m* (Blechp.) / outside diameter, back *n* || ² *m* (Stoßspannungswelle) / tail *n* || **im** ² **abgeschnittene Stoßspannung** / impulse chopped on the tail || **Schalttafel für** ²**-an-Rücken-Aufstellung** / dual switchboard, back-to-back switchboard, double-fronted switchboard || ²**bildung** *f* (Komm.) / ridging *n* || ²**blech** *n* (Schrank) / rear panel
ruckendes Gleiten / stick-slip *n*
Rücken·einschubblatt *n* / spine insert || ²**halbwertdauer** *f* / time to half-value (on wave tail), virtual time to half-value on tail || ²**halbwertzeit** *f* / time to half-value (on wave tail), virtual time to half-value on tail || ²**kegel** *m* / back cone || ²**-Rücken-Aufstellung** *f* / back-to-back arrangement || ²**zeitkonstante** *f* (Stoßwelle) / tail time constant
Rückfahrbewegung *f* (NC) / return motion (o. movement)
rückfahren *v* / retrace *v* || ² *n* / retrace mode
Rückfahrscheinwerfer *m* (Kfz.) / reversing light (GB), back-up light (US)
Ruckfaktor *m* / jerk factor
Rückfalleigenzeit *f* / release time
rückfallen *v* (Rel.) VDE0435,T.110 / release *v*
Rückfall·erregung *f* (Rel.) / specified release value || ²**-Istwert** *m* (Rel.) / just release value, measured dropout value (US) || ²**-Sollwert** *m* (Rel.) / must release value, specified dropout value (US) || ²**verhältnis** *n* (Rel.) VDE 0435, T.110 / resetting ratio || **prozentuales** ²**verhältnis** (Rel.) VDE 0435,T.110 / resetting percentage, returning percentage (depr.)
rückfallverzögert *adj* / OFF-delay *adj*, with OFF-delay || **~es additives Zeitrelais** VDE 0435, T.110 / cumulative delay-on-release time-delay relay || **~es Zeitrelais** / delay-release time-delay relay, off-delay relay, time-delay-after-deenergization relay (TDD)
Rückfall·verzögerung *f* / returning time IEC 255-1-00 || ²**verzögerungs-Zeitschalter** *m* / delay-off timer || ²**wert** *m* (Rel., Schaltwert beim Rückfallen) VDE 0435,T.110 / disengaging value || ²**wert** *m* (Rel., Wert der Erregungsgröße bei dem das Relais rückfällt) VDE 0435,T.110 / release value || ²**wert** *m* (HSS) EN 60947-5-1 / return value
Rückfallzeit *f* (Rel.) VDE 0435, T.110 / release time || ² *f* (Rel., für einen bestimmten Kontakt) / time to stable open condition || ² **eines Öffners** (Rel.) VDE 0435, T.110 / closing time of a break contact || ² **eines Schließers** (Rel.) VDE 0435, T.110 / opening time of a make contact || **effektive** ² / time to stable open condition

Rück·federung *f* / resilience *n*, elastic recovery || **≈feld-Doppelfront** / rear cubicle double front || **≈filter** *m* / jerk filter || **≈flussdämpfung** *f* (Verstärker) / return loss || **≈flussdämpfung** *f* (Verstärkerröhre) / operating loss || **≈fragebetrieb** *m* (FWT) / transmission method with negative acknowledgement information

rückführbare Änderung DIN 40042 / restorable change

Rückführbeschaltung *f* / feedback network

rückführen *v* / return *v*

rückführend selbsttätig / self-retracting *adj*

Rückführ·feder *f* (pneumat. Stellungsregler) / feedback spring || **≈größe** *f* / feedback variable || **≈größe** *f* (Signal) / feedback signal || **≈pfad** *m* (Reg.) / feedback path || **≈signal** *n* / feedback signal

Rückführung *f* (Rückkopplung) / feedback *n*, recovery *n*, feedback loop, checkback signal || ≈ *f* (Pfad) / return path || ≈ *f* (Wälzkörper im Lg.) / recirculation *n* || ≈ *f* (Rückführzweig) / feedback path || **gewichtete** ≈ / weighted feedback element

Rückführungs·eingang *m* (SPS) / checkback input || **≈filter** *m* / feedback filter || **≈kreis** *m* / feedback loop || **≈schleife** *f* (Rückkopplung) / feedback loop || **≈verstärkung** *f* / feedback gain || **≈zweig** *m* / return branch, feedback branch

Rückführ·wert *m* / feedback value || **≈zeit** *f* (EZ) / resetting time || **≈zweig** *m* (Reg.) / feedback path || **Glieder im ≈zweig** / feedback elements

Rückgabe·parameter *m* / return parameter || **≈wert** *m* / return value, returned value

Rückgang *m* / decline *n* || ≈ *m* (Rel.) / return *n* || **Frequenz~** *m* / frequency reduction || **Spannungs~** *m* (relativ geringes Absinken der Betriebsspannung) / voltage reduction

rückgängig machen / undo *v*

Rückgangsrelais *n* / under...relay

rückgehen *v* (Rel.) / reset *v*

Rück·gewinnung *f* (v. Energie) / recovery *n* || **≈grat-Ring** *m* (zur Verbindung heterogener Datennetze) / backbone ring

Rückhalte·system *n* (Kfz.) / restraining system || **≈zeit** *f* / retention time

Rückheilungseffekt *m* (Speicherchip, bei zu schwachem Programmimpuls) / grow-back *n*

Rückhol·einrichtung *f* / restoring device, return device || **≈feder** *f* / restoring spring, return spring, resetting spring

Rückhub *m* / return stroke || **≈weg** *m* / return travel path || **≈wert** *m* / return travel value

Rückinfo *f* / information feedback, feedback information, feedback *n*

Rück·kanal *m* (LAN) / reverse LAN channel || **≈kauf** *m* / credit *n*, GUT || **≈kauf-BZ** / return purchase order form || **≈kaufpreis** *m* / credit *n*, GUT

Rückkehr *f* / return *n* (A language construction within a program organization unit designating an end to the execution sequences in the unit), return jump || ≈ **nach Null-Schreibverfahren** / return-to-zero recording (RZ recording), polarized return-to-zero recording || ≈ **vom Referenzpunkt** (NC) / departure from reference point (o. from home position) || ≈ **zur Grundmagnetisierung** (binäres Schreibverfahren) / return to bias (RB), return to reference recording || **≈adresse** *f* / return address || **≈bedingungen** *f* / return condition

rückkehren *v* (Rel.) VDE 0435, T.110 / reset *v*

Rückkehr·wert *m* (Rel.) VDE 0435,T.110 / resetting value || **≈zeit** *f* (Spannung nach Netzausfall) / recovery time || **≈zeit** *f* (Rel.) / resetting time

Rück·kippen *n* (a. Verstärker) / reset *n* || **≈kipppunkt** *m* (NS) / release point, reset point || **≈kippwert** *m* (Verstärker) / reset value, negative threshold || **≈kippzeit** *f* / reset time

Rückkopplung *f* / checkback signal, recovery *n* || ≈ *f* (Transduktor) / self-excitation *n* || ≈ *f* (Reg.) / feedback *n* (In closed-loop control systems, the return of a signal which is proportional to the actual value for comparison input so as to control the output, e.g. for comparison between the actual position (or velocity) of a machine member and its commanded position), feedback loop

Rückkopplungs·-Fühlspannung *f* (IC-Regler) / feedback sense voltage || **≈kreis** *m* / feedback loop || **≈pfad** *m* / feedback path || **≈schleife** *f* / feedback loop || **≈system** *n* / feedback system || **geschlossenes ≈system** / closed loop system, feedback system || **≈verstärker** *m* / broad-band feedback amplifier || **≈wandler** *m* / feedback transducer || **≈wert** *m* / feedback value || **≈wicklung** *f* (Transduktor) / self-excitation winding

Rückkunftpreis *m* / returned product price

Rücklade·diode *f* / charge reversal diode || **≈diodenmodul** *n* / charge reversal diode module || **≈n nach Netzausfall** / reload after power failure || **≈widerstand** *m* / reloading resistor || **≈widerstand** *m* (LE) / charge reversal resistor

Rücklagerung *f* / restorage *n*, return to storage

Rücklauf *m* / return movement || ≈ *m* (WZM) / return motion, reverse movement, return *n* || ≈ *m* (Masch., umgekehrte Drehricht.) / reverse running || ≈ *m* (Masch., Verzögerung) / deceleration *n*, slowing down || ≈ *m* (Band, Rückspulen) / rewind *n* || ≈ *m* (Flüssigk.) / return flow, recirculation *n* || ≈ *m* (Rückhub) / return stroke || ≈ *m* (BSG, Bildr., Zeilenr.) / flyback *n* || ≈ **zum Programmanfang** (NC) / rewind to program start || **Lochstreifen~** *m* / tape rewind || **Schaltpunkt bei** ≈ (PS) / reset contact position (PS) || **≈abstand** *m* / return distance || **≈diode** *f* / freewheeling diode, regenerative diode

rücklaufen *v* (Zeitrel., Übergang von Wirkstellung in Ausgangsstellung) DIN IEC 255-1-00 / return *v*

Rücklauf·geschwindigkeit *f* (Hochlaufgeber) / ramp-down rate || **≈geschwindigkeit** *f* (Rückspulen) / rewind speed || **≈geschwindigkeit** *f* (WZM) / return speed || **≈haltezeit Haltebremse** / holding time after ramp down

rückläufig, Kurve der ~en Schleife / recoil curve, recoil line (o. loop) || **~e Kennlinie** / fold-back characteristic

Rücklauf·leitung *f* (Rohrl.) / return line, return pipe || **≈öl** *n* / returned oil, recirculated oil || **≈rampe** *f* / deceleration ramp

Rücklaufsperre *f* / backstop *n*, non-reverse ratchet, rollback lock || ≈ *f* (EZ) / reversal preventing device, reverse running stop, escapement mechanism || **Kupplung mit** ≈ / backstopping clutch

Rücklauf·stopp *m* / rewind stop || **≈strom** *m* / return current || **Wagen~taste** *f* / (carriage) return key || **≈weg** *m* (Betätigungselement, Steuerschalter) / release travel

Rücklaufzeit *f* (Mot.) / deceleration time || ≈ *f* (z.B.

Poti) / resetting time || ≗ *f* (Hochlaufgeber) / ramp-down time || ≗ *f* (Rel.) DIN IEC 255-1-00 / returning time IEC 255-1-00 || ≗ **für PID-Sollwert** / ramp-down time for PID setpoint
Rück·laufzweig *m* (LE) / regenerative arm || ≗**leistungsschutz** *m* / reverse-power protection
Rückleiter *m* (DÜ-Systeme) DIN 66020, T.1 / common return || ≗ *m* VDE 0168, T.1 / return conductor IEC 71.4, return wire, return line || **gemeinsamer** ≗ / common return || ≗**feld** *n* / return-line panel || ≗**kabel** *n* / return-line cable
Rückleitung *f* / return circuit, return line, return system, return conductor IEC 71.4, return wire || **Netz mit Erde als** ≗ / earth return system, ground return system (US)
Rückleitungs·kabel *n* / return cable || ≗**schiene** *f* / return conductor rail
Rücklese·-Digitaleingabe *f* (R-DE) / readback digital input module, RB-DI || ≗**eingang** *m* / readback input || ≗**fehler** *m* / readback error
rücklesen *v* / read back
Rückliefer·frist *f* / time limit for return of goods || ≗**schein** *m* / return delivery note, return note, return form, returned product note, returned goods form, returning permit, cover note for return deliveries
Rücklieferung *f* / returns *n pl*, returned goods
Rückmagnetisierung *f* / remagnetization *n*, reverse magnetization
Rückmelde·eingang *m* / checkback input || ≗**einheit** *f* / check-back module || ≗**einrichtung** *f* / position-repeating means || ≗**geber** *m* / check-back signal transmitter, status signal transmitter || ≗**gruppe** *f* / position-repeating section || ≗**information** *f* / feedback *n* || ≗**kreis** *m* / retransmitting circuit, indicating circuit, checkback circuit || ≗**luft** *f* / indicator operating air
Rückmelden *n* / acknowledgement *n*, acknowledgement signal, checkback signal, consultation *n*
Rückmelder *m* / indicator unit, indicator *n*, checkback signalling unit || ≗ *m* (f. Schalterstellungen) / repeater *n*
Rückmelde·signal *n* / check-back signal || ≗**tafel** *f* / indicator board || ≗**überwachungszeit in Sekunden** / feedback monitoring time in seconds || ≗**ventil** *n* / indicator valve
Rückmeldung *f* / check-back signal, feedback *n*, check-back indication, indication *n*, acknowledging signal, acknowledgement *n*, acknowledging message (o. indication) || ≗ *f* (FWT) / return information || ≗ *f* (PLT, Zustandssignal) / status signal, status signal display || ≗ *f* (Quittierinformation) / acknowledgement *n* || ≗ *f* (Information) / feedback *n* || **Auflösung der** ≗ (In einem Lageregelkreis das kleinste Weginkrement, das vom Messkreis der numerischen Steuerung klar erkennbar ist) / feedback resolution (In a position feedback loop, the smallest increment of distance that is distinctly recognizable by the position transducer of a numerical control system), position control resolution, positioning resolution || **Istdaten-**≗ *f* / actual data feedback || **negative** ≗ / negative acknowledgement (NAK), negative acknowledgement (NACK) || **positive** ≗ / positive acknowledgement, ACK
Rückmeldungs·telegramm *n* / response frame || ≗**verarbeitung** *f* (Zustandssignale) / status signal processing
Ruckminderung *f* / jerk reduction
Rücknahme·befehl *m* (FWT) / cancel command || ≗**verpflichtung** *f* / responsibility for accepting returned products
Rück·platte *f* / backplane *n* || **~positionieren** *v* / reposition *v* || ≗**positionieren** *n* (WZM) / repositioning *n*, retract *n* || ≗**positionierung** *f* / repositioning *n*, return to contour, reapproach contour, REPOS (repositioning) || ≗**rufaktion** *f* / recall action
rückschalten *v* / switch back
Rückschalter *m* / resetting switch, resetter *n*
Rückschalt·hysterese *f* / reset hysteresis || ≗**kraft** *f* / release force || ≗**punkt** *m* / release position || ≗**temperatur** *f* (Wärmefühler) / reset temperature || ≗**verzögerung** *f* / reset delay || ≗**zeit** *f* (Netzumschaltgerät) / return transfer time
Rückschlag·klappe *f* / non-return valve, swing valve, clapper valve || ≗**ventil** *n* / non-return valve, stop valve, check valve
Rückschluss *m* (magn. Fluss) / magnetic return, return *n*, return path || **magnetischer** ≗ / magnet yoke, magnetic return path || **magnetischer** ≗ (LM) / magnetic keeper || ≗**bügel** *m* (EZ) / tongue piece || ≗**schenkel** *m* / return limb, yoke *n*
rückschreiben *v* / re-write *v* || **Lesen mit modifiziertem** ≗ / read-modify-write mode
Rück·schwingthyristor *m* / ring-back thyristor || ≗**schwingzweig** *m* (LE) / ring-back arm || ≗**seite** *f* / rear side, reverse side
rückseitig befestigt / back-mounted *adj*, rear-mounted *adj* || **~ entriegelbarer Kontakt** / rear-release contact || **~e Leitungseinführung** / rear cable entry, rear connection || **~e Verdrahtungsplatte** / backplane p.c.b. || **~er Anschluss** / back connection, connection at the rear, rear connection, rear cable entry || **~er Antrieb** (SG) / rear operating mechanism, rear-operated mechanism
Rück·sendung *f* / return *n*, returned goods || ≗**sendungsanfrage** *f* / return request || ≗**sendungsankündigung** *f* / returned goods notification || ≗**sendungslieferschein** *m* / returned goods delivery note
Rücksetz·-Abhängigkeit *f* / reset dependency, R-dependency *n* || ≗**auslöser** *m* (EZ) / resetting trip
rücksetzbar *adj* / resettable *adj*
Rücksetzbefehl *m* / reset command || ≗ **senden** (PMG) DIN IEC 625 / to send interface clear (sic)
Rücksetzeingang *m* / resetting input, reset input, it-input *n*, clear input
Rücksetzen *n* DIN 19237 / reset *n*, disengagement *n* || ≗ *n* (Magnetband) / backspace *n* || ~ *v* / reset *v*, unlatch *v* || ~ *v* (R) / reset *v* (R) || ≗ **der Werkseinstellung** / factory reset || **Ausgang ~** (SPS) / unlatch output || **Gerät ~** (PMG) / device clear(ing) || **konditioniertes** ≗ / conditional reset (CR) || **Schnittstelle ~** (PMG) / interface clear(ing) || **speichernd ~** / unlatch *v* || **vorrangiges** ≗ / reset dominant
Rücksetz·funktion *f* (PMG) DIN IEC 625 / device-clear function || ≗**impuls** *m* / reset(ting) pulse || ≗**mechanismus** *m* / return mechanism IEC 50(581) || ≗**merker** *m* / reset flag || ≗**-Ruhezustand der Systemsteuerung** (PMG) DIN IEC 625 / system control interface clear idle state (SIIS) || ≗**stellung** *f*

/ reset position || ²**taste** *f* (RS-Taste) / reset key, reset button
Rücksetzung *f* / resetting *n*
Rücksetzwert *m* / reset value || ² *m* (Rel.) / release value IEC 50(446)
Rück·spannung *f* / reverse voltage || ²**spannung** *f* (Rückkopplung) / feedback voltage || ²**spannungserkennung** *f* / reverse voltage detection || ²**spannungsschutz** *m* / reverse voltage protection
rückspeisefähig *adj* / regenerative *adj*
Rück·speisefähigkeit *f* / capable of energy regeneration || ²**speiseleistung** *f* / energy regeneration || ²**speisetransformator** *m* / energy recovery transformer, feedback transformer || ²**speiseumformer** *m* / converter for slip-power recovery, energy recovering m.-g. set || ²**speisung** *f* / feedback *n* (In closed-loop control systems, the return of a signal which is proportional to the actual value for comparison input so as to control the output, e.g. for comparison between the actual position (or velocity) of a machine member and its commanded position), feedback loops, checkback signal, recovery *n* || ²**speisung der Schlupfleistung** / slip-power recovery || ²**speisung von Energie** / energy recovery, energy reclamation || ²**speisungsunterwerk** *n* / receptive substation
Rücksprung *m* / return jump || ² *m* (z. Programmanfang o. in einen Baustein) / return *n* (A language construction within a program organization unit designating an end to the execution sequences in the unit) || ²**adresse** *f* / return address || ²**taste** *f* / backspace key
Rückspulen *n* / rewinding *n*, rewind *n* || ² *n* (NC, CLDATA-Wort) / rewind ISO 3592 || ~ *v* / rewind *v*
Rückspülen *n* (Chromatograph) / backflushing *n*
Rückspulen zum Programmanfang (NC) / rewind to program start
Rückspul·geschwindigkeit *f* / rewind speed || ²**stop** *m* / rewind stop
Rückstand *m* / outstanding delivery || ² *m* (Aufträge, Arbeit) / backlog *n*
Rückstandsfraktion *f* / tail fraction, tails *pl*
Rückstau *m* / back-pressure *n*
Rückstellabfrage, Sägezahn-² *f* (LE) / saw-tooth voltage reset detector
rückstellbar *adj* / resettable *adj* || **~er Melder** EN 54 / resettable detector || **~er Temperaturbegrenzer** / non-self-resetting thermal cutout
Rückstell·drehfeder *f* / resetting torsion spring (o. bar), restoring torsion spring || ²**druckknopf** *m* / reset push-button
Rückstelleinrichtung *f* (EZ, Maximum-R.) / zero resetting device, resetter *n* || ² *f* (SG) / reset (o. resetting) device || ² *f* (EZ) VDE 0418,1 / restoring element IEC 211 || **Feder~** *f* / spring return device || **Mitnehmer-**² *f* (EZ) / driver restoring element, driver resetting mechanism
rückstellen *v* (a. Rel.) / reset *v*
Rücksteller *m* / reset *n*
Rückstell·feder *f* / resetting spring, restoring spring, return spring, reacting spring, reset spring || ²**hebel** *m* / resetting lever || ²**impuls** *m* / reset(ting) pulse || ²**knopf** *m* / reset button, resetting button || ²**kraft** *f* (Rel., Schnappsch.) / reset force || ²**kraft** *f* (a. HSS) VDE 0660, T.200 / restoring force || ²**moment** *n* (Feder) / restoring torque || ²**moment** *n* (Synchronmasch.) / synchronizing torque || ²**moment** *n* (SG) VDE 0660, T.200 / restoring moment IEC 337-1 || ²**periode** *f* (EZ) / resetting period || ²**schalter** *m* / resetting switch, resetter *n* || ²**temperatur** *f* / restoring temperature, reset temperature
Rückstellung *f* / resetting *n*, reset *n*, return *n* || **Drucktaster mit verzögerter** ² VDE 0660, T.201 / time-delay pushbutton IEC 337-2 || **Maximum-**² *f* / maximum-demand zero resetting, maximum-demand resetter || **Probenentnahme mit** ² / sampling with replacement || **selbsttätige** ² (PS) / automatic return
Rückstell·-Vorlaufweg *m* / resetting overtravel || ²**vorrichtung** *f* / resetting device || ²**weg** *m* (WZM-Werkzeug, Teilweg zwischen zwei Schnitten) / retract distance || ²**zählwerk** *n* / resettable register || ²**zeit** *f* / resetting time, reset time || **Monats-**²**zeitlaufwerk** *n* / monthly resetting timer || ²**ziffer** *f* (el. Masch., f. synchronisierendes Moment) / synchronizing torque coefficient
Rückstrahl·aufnahme *f* (RöA) / back-reflection photogram, back-reflection photograph, back-reflection pattern || ²**charakteristik** *f* / echo characteristic || ²**diagramm** *n* / back-reflection pattern || ²**dichte** *f* (LWL) / reflectance density
Rückstrahler *m* (Oberfläche o. Körper mit Retroreflexion) / retro-reflector *n* || ² *m* (Kfz) / rear red reflex reflector, reflex reflector
Rückstrahl·optik *f* / retro-reflecting optical unit || ²**verfahren** *n* (RöA) / back-reflection method, back-reflection photography || ²**wert** *m* / coefficient of retroflective luminous intensity || **spezifischer** ²**wert** / coefficient of retroreflection
Rück·streudämpfung *f* / backscatter attenuation || ²**streumessplatz** *m* / optical time-domain reflectometer || ²**streuung** *f* (LT, LWL) / backscattering *n*
Rückstrom *m* (a. Thyr) / reverse current || ²**auslöser** *m* VDE 0660,T.101 / reverse-current release IEC 157-1 || ²**relais** *n* / reverse-current relay || ²**schutz** *m* / reverse-current protection || ²**spitze** *f* (Thyr, Diode) / peak reverse recovery current
Rück·taste *f* / backspace key || ²**tausch** *m* / replacement *n* || ²**transformation** *f* / inverse transformation
rücktreibendes Moment (el. Masch.) / restoring torque, synchronizing torque
Rücktrieb *m* (EZ) / backward creep
rückübersetzbar *adj* / recompilable *adj*
Rückübersetzbarkeit *f* / recompilability *n*
rückübersetzen *v* / recompile *v*, retranslate *v*, decompile *v*, disassemble *v*
Rück·übersetzung *f* / recompilation *n* || ²**übertragung** *f* / upload *n* || ²**umformer** *m* / converter for slip-power recovery, energy recovering m.-g. set || **~umsetzen** *v* / reconvert *v* || ²**umsetzung** *f* / reconversion *n* || ²**- und Hochlauframpe** *f* / ramp function || ²**verfolgbarkeit** *f* (QS) / traceability *n* || ²**verfolgung** *f* / tracing *n* || ²**wägung** *f* / return weighing
Rückwand *f* / rear wall || ² *f* (ST) / rear panel || ²**anschluss** *m* / backplane connection || ²**bus** *m* / rear panel bus, backplane bus, bus backplane || ²**-Bussystem** *n* / backplane bus system || ²**wandbus-Versorgung** *f* / backplane bus supply || ²**echo** *n* /

back-wall echo, back echo
rückwandeln *v* / reconvert *v*
Rückwanderecho *n* / vibrations reflected from edge, reflected beam, back reflection
Rückwand·karte *f* / backplane *n* || **≗karten-Verbindungssystem** *n* / backplane interconnect system
Rückwandlung *f* / reconversion *n*
Rückwand·platine *f* / backplane *n* || **≗verdrahtung** *f* / backplane wiring assembly, rear board wiring || **≗verdrahtungsplatte** *f* / wiring backplane
Rückware *f* / returned product
Rückwaren *f pl* / returns *n pl*, returned goods || **≗abwicklung** *f* / return scheme, return procedure || **≗begleitschein** *m* / returned goods note || **≗eingang** *f* / incoming returned goods || **≗kennung** *f* / return code, returned goods classification, returned product code, repair code, repair ID || **≗klassifizierung** *f* / returned goods classification, return code, returned product code, repair code, repair ID || **≗stelle** *f* / returned goods department
rückwärtiger Abstandskurzschluss / source-side short-line fault || **~ Überschlag** / back flashover
rückwärts *adj* / backward *adj* || **~ leitend** (HL) / reverse conducting || **~ leitender Thyristor** (RLT) / reverse conducting thyristor, asymmetric silicon-controlled rectifier (ASCR) || **~ rollen** (Bildschirm) / roll down *v* || **~ sperrend** (HL) / reverse blocking, inverse blocking || **~ takten** (Zähler) / down counting || **~ zählen** / count down
Rückwärtsband *m* / reverse band
rückwärtsblättern *v* (am Bildschirm) / page up *v* || **≗** *n* / backpaging *n*
Rückwärts·diode *f* / backward diode, unitunnel diode || **≗-Durchlasskennlinie** *f* (Thyr) / reverse conducting-state characteristic || **≗-Durchlassspannung** *f* (Thyr) / reverse conducting voltage || **≗-Durchlassstrom** *m* (Thyr) / reverse conducting current || **≗-Durchlasswiderstand** *m* (Thyr) DIN 41786 / reverse conducting resistance || **≗-Durchlasszustand** *m* (Thyr) / reverse conducting state || **≗durchschlag** *m* (HL) / reverse breakdown || **≗-Erholzeit** *f* (Schaltdiode) / reverse recovery time || **≗führung** *f* (Reg.) / feedback control || **≗-Gleichspannung** *f* (Diode) DIN 41781 / continuous direct reverse voltage, continuous reverse voltage || **≗-Gleichsperrspannung** *f* / direct reverse voltage, direct off-state voltage || **≗impuls** *m* / down pulse || **≗kanal** *m* IEC 50(794) / return channel || **≗kanal** *m* / backward channel, receive channel || **≗kennlinie** *f* (HL) DIN 41853 / reverse voltage-current characteristic
rückwärtskompatibel *adj* / downward compatible
Rückwärtslauf *m* / run-back *n* || **≗** *m* (WZM) / flyback *n* || **≗** *m* (Lochstreifenleser) / rewind *n*
rückwärtslaufend *adj* / backward running
Rückwärts·programmierung *f* (NC) / return programming, reverse programming || **≗richtung** *f* (Schutz) / inoperative direction || **≗richtung** *f* (a. HL) / reverse direction || **≗-Richtungsglied** *n* / reverse-looking directional element (o. unit)
Rückwärts-Scheitelsperrspannung *f* (Thyr) DIN 41786 / peak working reverse voltage, crest working reverse voltage || **≗** *f* (am Zweig) / circuit crest working reverse voltage
Rückwärts-Schiebeeingang *m* / right-to-left shifting input, bottom-to-top shifting input
rückwärtsschreitender Wicklungsteil / retrogressive winding element
Rückwärts·schritt *m* (Formatsteuerfunktion, NC) / backspace *n* || **≗schritt** *m* (Wickl.) / backward pitch || **≗senken** *n* (WZM) / reverse countersinking || **≗spannung** *f* (Thyr, Diode) / reverse voltage || **≗-Sperrfähigkeit** *f* (Thyr, Diode) / reverse blocking ability || **≗-Sperrkennlinie** *f* (Thyr) / reverse blocking-state characteristic || **≗-Sperrspannung** *f* (Thyr) / reverse blocking voltage || **≗-Sperrstrom** *m* (Thyr) / reverse blocking current || **≗-Sperrwiderstand** *m* (Thyr) / reverse blocking resistance || **≗-Sperrzeit** *f* / reverse blocking interval, inverse period || **≗-Sperrzeit des Stromkreises** / circuit reverse blocking interval || **≗-Sperrzustand** *m* / reverse blocking state
Rückwärts-Spitzensperrspannung, schaltungsbedingte nichtperiodische ≗ / circuit non-repetitive peak reverse voltage (The highest instantaneous value of any non-repetitive transient reverse voltages developed across a reverse blocking valve device or an arm consisting of such devices) || **schaltungsbedingte periodische ≗** / circuit crest peak off-stage voltage (The highest instantaneous value of the off-state voltage developed across a controllable valve device or an arm consisting of such devices, excluding all repetitive and non-repetitive transients) || **nichtperiodische ≗** / circuit non-repetitive peak reverse voltage (The highest instantaneous value of any non-repetitive transient reverse voltages developed across a reverse blocking valve device or an arm consisting of such devices) || **periodische ≗** (Thyr) DIN 41786 / repetitive peak reverse voltage, maximum recurrent reverse voltage
Rückwärts·-Spitzensteuerspannung *f* (Thyr) / peak reverse gate voltage || **≗steilheit** *f* (HL) / reverse transfer admittance || **≗-Steuerspannung** *f* (Thyr) / reverse gate voltage || **≗-Steuerstrom** *m* (Thyr) / reverse gate current || **≗steuerung** *f* (DÜ) DIN 44302 / backward supervision || **≗-Stoßspitzenspannung** *f* (Thyr) DIN 41786 / non-repetitive peak reverse voltage || **≗-Stoßspitzenspannung des Stromkreises** / circuit non-repetitive peak reverse voltage || **≗strich** *m* (Staubsauger) / return stroke || **≗strom** *m* (Thyr, Diode) / reverse current || **≗-Stromverstärkung** *f* / reverse current transfer ratio, inverse current transfer ratio || **≗stufe** *f* / backward step || **≗-Suchlauf** *m* / backward search || **≗-Teilstromrichter** *m* / reverse (converter) section IEC 1136-1
Rückwärts·-Übertragungskennwerte *m pl* DIN IEC 147, T.1E / reverse transfer characteristics || **≗-Übertragungskoeffizient** *m* (Transistor) DIN 41854,T.10 / reverse s-parameter || **≗verkettung** *f* / backward linking || **≗verkettung** *f* (vom Ziel ausgehende V.) / backward chaining || **≗verlust** *m* (Diode) / reverse power dissipation, reverse power loss || **≗verlustleistung** *f* (Diode) / reverse power dissipation, reverse power loss || **≗welle** *f* / backward wave
Rückwärtswellen·oszillator *m* / backward-wave oscillator (BWO) || **≗-Oszillatorröhre** *f* / backward-wave oscillator tube || **≗-Oszillatorröhre vom M-Typ** / M-type backward-wave oscillator tube (M-type BWO) || **≗röhre** *f* / backward-wave

tube (BWT) || ≗**verstärker** *m* / backward-wave amplifier (BWA) || ≗**-Verstärkerröhre** *f* / backward-wave amplifier tube || ≗**-Verstärkerröhre vom M-Typ** / M-type backward-wave amplifier tube (M-type BWA)

Rückwärts-Zähleingang *m* / counting-down input, decreasing counting input

Rückwärtszählen *n* / countdown *n*, counting down || ~ *v* / count down *v*

Rückwärts·zähler *m* / down counter, decrementer *n* || ≗**zählimpuls** *m* / down-counting pulse || ≗**zeiger** *m* / backpointer *n* || ≗**zeit** *f* / decrementing timer || ≗**-Zeitglied** *n* / decrementing timer || ≗**zweig** *m* / feedback branch, return branch

Rückwattschutz *m* / reverse-power protection

ruckweise *adj* / intermittently *adj*, by jerks

Rückweise·wahrscheinlichkeit *f* (QS) DIN 55350,T.31 / probability of rejection || ≗**wert** *m* / rejection number || ≗**zahl** *f* (QS) / rejection number

Rückweis-Grenzqualität *f* / limiting quality level (LQL), rejectable quality level (RQL)

Rückweisung *f* (QS, DIN 5350, T.31) / rejection *n*

Rückweisungsdatenpaket *n* / reject packet

Rückwerfwert *m* (Rel.) VDE 0435,T.110 / release value

Ruckwert *m* / jerk rate, rate of rate-of-change

Rückwickelvorrichtung *f* (Lochstreifenleser) / pay-off reel

Rückwirkung *f* (allg.) / effect *n*, reaction *n* || ≗ *f* (Netz) / disturbances *n pl*, perturbation *n*, reaction *n* (on system), phase effect || ≗ *f* (mech., Last, Moment) / reaction *n* || ≗ *f* (leitungsgebundene Störung) / conducted interference || **Netz~** *f* / system perturbation, reaction on system, mains pollution, phase effect || **Netz~** *f* (durch Mot.-Einschaltung) / starting inrush || **Spannungs~** *f* (Transistor) DIN 41854 / reverse voltage transfer ratio

Rückwirkungen *f pl* / disturbances *n pl* || ≗ **in Stromversorgungsnetzen** / disturbances in electricity supply networks

Rückwirkungsadmittanz *f* / reverse transfer admittance

rückwirkungsfrei *adj* / non-reacting *adj*, low-disturbance *adj*, reaction-free *adj* || ~ *adj* (entkoppelt) / isolated *adj*, decoupled *adj* || ~ *adj* (geringer Oberwellenanteil) / low-harmonic *adj* || ~ *adj* (Reg.) DIN 19226 / non-interacting *adj*

Rückwirkungsfreiheit *f* / absence of interaction, absence of feedback

Rückwirkungskapazität, Kurzschluss≗ *f* / short-circuit feedback capacitance (FET)

Rückwirkungs-Zeitkonstante *f* (Transistor) / transfer time factor

Rückwurf *m* (Reflexion) / reflection *n*

rückzählen *v* / count down

Rückziehen *n* / retraction *n*, return *n*

rückziehende Kennlinie / fold-back characteristic

Rückzug *m* (durch Feder) / spring return || ≗ *m* (Taster) / resetting *n* (feature) || ≗ *m* (WZM) / return *n*, return motion, retraction *n* || ≗ *m* (NC, CLDATA-Wort) / retract ISO 3592 || **Werkzeug~** *m* (NC) / tool withdrawal, tool retract(ing) *n*, backing out of tool || ≗**feder** *f* / restoring spring, return spring, resetting spring

Rückzugs·abstand *m* / retraction distance, retraction path || ≗**bewegung** *f* / retraction motion || ≗**ebene** *f* / return plane (RP), retraction plane (RP) || ≗**geschwindigkeit** *f* / return velocity || ≗**weg** *m* / retraction path, return path || ≗**wicklung** *f* (Rel.) / resetting coil || ≗**winkel** *m* / retraction angle || ≗**zyklus** *m* / retract cycle, return cycle

Rückzug·weg *m* (WZM-Werkzeug) / retract distance || ≗**weg** *m* (WZM, NC) / return travel, retract travel (o. distance) || ≗**zyklus** *m* (WZM, NC) / return cycle, retract cycle

Rückzündung *f* VDE 0670,T.3 / restrike *n* IEC 265, reignition *n* || ≗ *f* (LE-Ventil o. -Zweig) / backfire *n* || ≗ *f* (Ionenventil) / arc-back *n* || ≗ *f* (Schweißbrenner) / sustained backfire, backfire *n* || **Lichtbogen-**≗ *f* / arc-back *n*

rückzündungsfreier Leistungsschalter / restrike-free circuit-breaker

Ruf·abweisung *f* (DÜ) DIN 44302 / call not accepted || ≗**anlage** *f* / call system || ≗**annahme** *f* (DÜ) DIN 44302 / call accepted || ≗**anweisung** *f* / call statement || ≗**funktion** *f* (PMG) / service request function || **rufloser Zustand der** ≗**funktion** (PMG) DIN IEC 625 / negative poll response state (NPRS) || ≗**lampe** *f* / call lamp, calling lamp || ≗**melder** *m* / call button unit || ≗**nummer** *f* (DÜ, Datennetz) / address signal

rufpflichtiger Punkt (QS) / call point

Ruf·taste *f* / call button (o. key) || ≗**umleitung** *f* / call redirection || ≗**verzichtswahrscheinlichkeit** *f* (Wahrscheinlichkeit, dass ein Benutzer auf den Versuch verzichtet, ein Telekommunikationsnetz zu belegen) / call abandonment probability (The probability that a user abandons the call attempt to a telecommunication network) || ≗**zusammenstoß** *m* / call collision || ≗**zustand der Ruffunktion** (PMG) DIN IEC 625 / service request state (SRQS)

Ruhe·bereich *m* (Schutz) / region of non-operation || ≗**geräusch** *n* / background noise || ≗**kontakt** *m* / break contact, break contact element IEC 3371, b-contact, normally closed contact, NC contact

Ruhelage *f* / rest position || ≗ *f* (PS, Betätigungselement) / free position || ≗ *f* (Rel.) / normal position || ≗ *f* (PS, Kontakte) / normal contact position || ≗ *f* (Schutz) / quiescent state

Ruhe·last *f* / permanent load, deadweight load || ≗**lichtmeldung** *f* / steady-light indication

ruhend·e Belastung / steady load || **~e Dichtung** / static seal || **~e elektrische Maschine** / static electrical machine || **~e Größe** / quiescent value || **~er Anker** / stationary armature, fixed armature || **~es Feld** / stationary field, fixed field, steady-state field

Ruhe·pause *f* / rest period || ≗**penetration** *f* / unworked penetration || ≗**potenzial** *n* (freies Korrosionspotenzial) / open-circuit potential || ≗**punkt** *m* (HL, Verstärker) / quiescent point || ≗**reibung** *f* / static friction, friction of rest, stiction *n* || ≗**spannung** *f* (Leerlaufspannung) / open-circuit voltage || ≗**spannung** *f* (mech.) / stress at rest || ≗**spannungssystem** *n* / closed-circuit system

Ruhestellung *f* (PS) / free position || ≗ *f* (Nullstellung) / neutral position, home position, zero position || ≗ *f* (Rel.) / normal position, normal condition (relay), de-energized position || ≗ *f* (Schütz) / position of rest || ≗ *f* / disconnected position IEC 439-1, isolated position || **Wechsler mit mittlerer** ≗ / changeover contact with neutral position

Ruhestrom *m* / closed-circuit current, bias current

(IC), quiescent current (electron tube), zero-signal current, standby current || **Eingangs-**≗ *m* (HL, IS) / input bias current || ≗**-Alarmgerät** *n* / closed-circuit alarm device || ≗**-Auslösekreis** *m* / closed-circuit trip circuit || ≗**auslöser** *m* / no-volt release IEC 157-1 || ≗**auslöser** *m* / closed-circuit shunt release, undervoltage release || ≗**betrieb** *m* (FWT) / closed-circuit working || ≗**bremse** *f* / fail-safe brake || ≗**haltebremse** *f* / fail-safe holding brake || ≗**kreis** *m* / closed circuit, break circuit || ≗**prinzip** *n* / closed-circuit principle || ≗**schaltung** *f* / closed-circuit connection (o. arrangement), circuit opening connection, idling-current connection, circuit closed in standby position, circuit on standby || ≗**schaltung** *f* (EZ) / break circuit, closed-circuit-to-reset arrangement || ≗**schleife** *f* / closed current loop || ≗**system** *n* / closed-circuit system || ≗**überwachung** *f* / closed-circuit protection, fail-safe circuit

Ruhe·verlustleistung *f* (IS) / quiescent dissipation power || ≗**wartezustand** *m* (PMG) / idle wait state || ≗**wartezustand der Quelle** (PMG) DIN IEC 625 / source idle wait state (SIWS) || ≗**wert** *m* (Einschwingvorgang eines Verstärkers) / quiescent value

Ruhezustand *m* (Datennetz) DIN ISO 8348 / idle state || ≗ *m* (Rel.) / release condition, release state (US) || ≗ *m* (HL) / quiescent point || ≗ **der Auslösefunktion** (PMG) DIN IEC 625 / device trigger idle state (DTIS) || ≗ **der Parallelabfrage** (PMG) DIN IEC 625 / parallel poll idle state (PPIS) || ≗ **der Quelle** (PMG) DIN IEC 625 / idle state of source, source idle state (SIDS) || ≗ **der Rücksetzfunktion** (PMG) DIN IEC 625 / device clear idle state (DCIS) || ≗ **der Senke** (PMG) DIN IEC 625 / acceptor idle state (AIDS) || ≗ **der Steuerfunktion** (PMG) DIN IEC 625 / controller idle state (CIDS) || ≗ **des erweiterten Hörers** (PMG) DIN IEC 625 / listener primary idle state (LPIS) || ≗ **des erweiterten Sprechers** (PMG) DIN IEC 625 / talker primary idle state (TPIS) || ≗ **des Hörers** (PMG) DIN IEC 625 / listener idle state (LIDS) || ≗ **des Sprechers** (PMG) DIN IEC 625 / talker idle state (TIDS)

Ruhezustandszeit *f* (PROFIBUS) / idle time EN 50170-2-2

ruhig·er Lauf (leise) / silent running, quiet running || **~er Lauf** (rund laufend) / smooth running, concentric running || **~er Lichtbogen** / silent arc || **~es Brennen** / smooth burning, even burning

Ruhiglicht *n* / steady light || ≗**-Meldeeinheit** *f* (RL-Meldeeinheit) / steady-light indicator module

Ruhmkorff-Spule *f* / Ruhmkorff coil, induction coil

Rühren *n* / stirring *n*

Rühr·kessel *m* / stirring vats || ≗**werk** *n* / agitator *n* || ≗**werkreaktor** *m* / agitator reactor

Rumpf *m* / stem *n* || ≗ *m* (SPS-Baustein) / body *n* (That portion of a program organization unit which specifies the operations to be performed on the declared operands of the program orgnanization unit when its execution is invoked) || ≗**-MLFB** / root-MLFB || **Auflistung der** ≗**-MLFBs** / list of body MRPD's || ≗**Text** *m* / body text

Rund·achse *f* / axis of rotation, rotary axis of motion, shaft *n* || ≗**achse** *f* (WZM, Drehachse) / rotary axis || ≗**aluminium** *n* / round-bar aluminium || ≗**anschlussklemme** *f* / stud terminal || ≗**ausschnitt** *m* / circular cutout || ≗**befehl** *m* (FWT) / broadcast command || ≗**dichtung** *f* (O-Ring) / O-ring *n* || ≗**dose** *f* (I) / circular box

Runddraht·armierung *f* / round-wire armour(ing) || ≗**bewehrung** *f* (Kabel) / round-wire armour(ing) || ≗**-Spulenwicklung** *f* / wire-wound coil winding || ≗**wicklung** *f* / round-wire winding, mush winding

Runddrücken *n* (Blechp.) / concentricity correction

Runddrückwerkzeug *n* (f. Kabel) / compression tool

runde Klammer / parenthesis *n*, round bracket

Rundeck *n* / round corner, rounded corner

Rundefehler *m* / rounding error

runden *v* (Zahl) / round *v* || **~ und abschneiden** / truncate *v*

runder Steckverbinder / circular connector

Rundfeuer *n* (Bürsten-Kommutator) / flashover *n* || ≗**-Löscheinrichtung** *f* / flash suppressor

Rundförder·einheit *f* / rotary conveyor || ≗**einrichtung** *f* / rotary conveyor

Rundfunk·entstörung *f* / radio interference suppression || ≗**störspannung** *f* / radio interference voltage (RIV), radio noise voltage || ≗**störstelle** *f* / source of radio interference

Rundgewinde *n* / knuckle thread

Rundheit *f* / roundness *n*, circularity *n*, concentricity

Rundheitstoleranz *f* / circularity tolerance

Rundholz·platz *m* / round timber station || ≗**verarbeitung** *f* / log lumber processing

Rund·-Induktosyn *n* / rotary Inductosyn || ≗**kabel** *n* / round cable, circular cable || ≗**keil** *m* / round key || ≗**kerbe** *f* / semi-circular notch, U-notch *n* || ≗**kern** *m* (Trafo) / circular core || ≗**kupfer** *n* / round-bar copper

Rundlauf *m* / true running, smooth running, concentricity *n* || ≗ *m* (hakfrei, nicht klebend) / non-cogging operation || ≗**abweichung** *f* / radial eccentricity, radial runout

rundlaufen *v* / to run true, to rotate concentrically

rundlaufend *adj* / running true, concentric *adj*

Rundlauf·fehler *m* / radial eccentricity, radial runout || ≗**fehlerkompensation** *f* / eccentricity compensation || ≗**genauigkeit** *f* / rotational accuracy, truth of rotation, concentricity *n*, trueness *n* || **hohe** ≗**güte** / minimal torque oscillations || ≗**prüfung** *f* / balance test, out-of-true test || ≗**toleranz** *f* / radial eccentricity tolerance || ≗**überwachung** *f* / rotational accuracy monitor

Rund·leiter *m* / circular conductor, round cable || **lagenverseilter** ≗**leiter** / concentrically stranded circular conductor || ≗**leitung** *f* / round cable || ≗**loch** *n* / round hole || ≗**magazin** *n* / circular magazine (cf.THYER 1988, pp 39.) || ≗**material** *n* / round stock || ≗**nut** *f* (geschlitzt) / partly closed round slot, half-closed round slot, semi-closed round slot || ≗**nut** *f* (geschlossen) / round slot || ≗**passung** *f* / cylindrical fit || ≗**pol** *m* / round pole || ≗**rechteck** *n* / rounded rectangle || ≗**relais** *n* / round relay, circular relay || ≗**ruf** *m* / broadcast *n*

Rund·schaltachse *f* / rotary switching axis || ≗**schleifen** *n* / cylindrical grinding || ≗**schleifmaschine** *f* / cylindrical grinding machine, cylindrical grinder || ≗**schnitt** *m* (Stanzwerkzeug) / circular blanking die || ≗**schnurdichtung** *f* / cord packing || ≗**schnurring** *m* / O-ring *n* || ≗**schreiben** *n* (RS) / memo *n* || ≗**seil** *n* / stranded circular conductor || ≗**sicherung** *f* (Schmelzsich.) / cylindrical fuse || ≗**sicherung** *f* (Spannring) / circlip *n*

Rundsichtradar, Flughafen-≗ *m* (ASR) / airport surveillance radar (ASR)

Rund·stab *m* / round bar, rod *n* || **≗stahl** *m* / round steel bar(s), bar stock, steel bars, rounds *n pl* || **≗stahldrahtbewehrung** *f* / round steel-wire armour || **≗stecker** *m* / circular plug, circular connector || **≗stecker** *m* (Bürste) / pin terminal || **≗steckverbinder** *m* / circular connector

Rundsteuer·anlage *f* / ripple control system, centralized telecontrol system, centralized ripple control system || **netzlastgeführte ≗anlage** / system-load-sensitive ripple control || **≗befehl** *m* / ripple-control signal, centralized telecontrol signal || **≗einkopplung** *f* (Signal) / ripple-control signal injection, centralized telecontrol signal injection || **≗einkopplung** *f* (System, Gerät) / ripple-control injection system (o. unit), ripple-control coupling || **≗empfänger** *m* / ripple-control receiver || **≗-Kommandogerät** *n* (RKG) / ripple-control command unit || **≗-Prozesselement** *n* / ripple-control process interface module || **≗-Prozessrechner** *m* / ripple-control process computer || **≗-Resonanzshunt** *m* / resonant shunt for ripple control || **≗sender** *m* / ripple-control transmitter || **≗sendung** *f* / ripple-control transmission || **≗signal** *m* / ripple-control signal, centralized telecontrol signal || **≗signaleinspeisung** *f* / ripple-control signal injection, centralized telecontrol signal injection

Rundsteuerung *f* / ripple control, centralized ripple control, centralized telecontrol, ripple control system

Rund·stift *m* (Stecker) / round pin || **≗strahlfeuer** *n* / omni-directional light (o. beacon) || **≗strahlrefraktor** *m* / omni-directional refractor || **~stricken** *v* / circular knitting || **≗strickmaschine** *f* / circular knitting machine || **≗taktmaschine** *f* / rotary indexing machine || **≗tisch** *m* (WZM) / rotary table, rotating table, circular table

Rundum·isolation *f* / all-round insulation || **≗schaltung** *f* (HSS) / round-the-clock actuation || **≗verstärkung** *f* / closed-loop gain, operational gain || **≗warnleuchte** *f* / warning beacon

Rundung *f* / rounding *n*, corner *n*, fillet *n*

Rundungs·achse *f* / rounding axis || **≗fehler** *m* (Zahlen) / rounding error

Rund·welle *f* / round spindle || **≗werkzeug** *n* / circular tool || **≗wert** *m* / round value, rounded number || **≗zapfen** *m* / round pin || **≗zelle** *f* (Batt.) / round cell, cylindrical cell || **≗zugprobe** *f* / circular tensile test specimen

Runtime·-Modus / RUNTIME mode || **≗paket** *n* / runtime package

RUN-Zustand *m* / operation *n* (The combination of all technical and administrative actions intended to enable an item to perform a required function, recognizing necessary adaptation to changes in external conditions), RUN mode, RUN

Rush·-Stabilisierung *f* / rush stabilization, inrush compensation || **≗-Stabilisierung** *f* (Rel.) / harmonic restraint (function), current restraint (function) || **≗-Stabilisierungsrelais** *n* / harmonic restraint relay || **≗-Stöme-Scheitelwert** *m* / inrush peak value || **≗strom** *m* / inrush current || **≗-Strom** *m* / rush current, starting inrush current || **≗-Unterdrückung** *f* / inrush restraint (feature), harmonic restraint

Ruß *m* (f. Kunstst.) / carbon black, channel black || **≗gehalt** *m* (PE-Kabelmantel) / carbon-black content || **≗koks** *m* / lampblack coke

Rüst·daten *plt* / setup data || **≗daten sichern** / save setup data || **≗dialog** *m* / setup dialog

Rüsten *n* / setup *n*

Rüst·funktion *f* / setup function || **≗platz** *m* / loading/unloading || **≗programm** *n* (R) / setup program || **≗zeit** *f* / setup time || **≗zeit** *f* (WZM) / setting-up time

rutschen *v* (Riemen) / slip *v*, creep *v*

Rutsch·kraft *f* / slip force || **≗kupplung** *f* / slipping clutch, slip clutch, slip coupling, torque clutch, friction clutch || **≗moment** *n* / slip torque, torque causing slip || **≗reibung** *f* / slip friction, sliding friction || **≗streifen** *m* (Wickl.) / drive strip, chafing strip

Rüttelbeanspruchung *f* / vibration stress, vibratory load

rüttelfest *adj* / vibration-resistant *adj*, vibrostable *adj*, immune to vibrations

Rüttel·festigkeit *f* / resistance to vibration, vibration resistance, vibrostability *n*, immunity to vibration, vibration strength || **≗kraft** *f* / vibratory force, vibromotive force, oscillating force

rütteln *v* / vibrate *v*, rock *v*, jolt *v*, knock *v*

Rüttel·prüfung *f* / vibration test, bump test || **≗schwingung** *f* / vibration *n* || **~sicher** / vibration-resistant *adj*, vibrostable *adj*, immune to vibrations || **≗sicherheit** *f* / resistance to vibration, vibration resistance, vibrostability *n*, immunity to vibration, vibration test || **≗tisch** *m* / vibration table

RV (reserviert) / RV (reserved)

RVR / runway visual range (RVR)

RWD-Anforderer *m* / RWD requester

RWE / runway end (RWE)

RWL (Restweg löschen) / DDTG (delete distance-to-go)

RxD / RxD (a data transmission control signal)

RZ·-Code *m* / RZ code (RZ = return to zero) || **≗-Verfahren** *n* / return-to-zero recording (RZ recording), polarized return-to-zero recording

S

S (Schließer) / make contact, make-contact element, normally-open contact, NO contact, NO || ≗ (Schlüsselschließer) / make contact, make-contact element, normally-open contact, NO contact, NO || ≗ (Standardtelegramm) / standard message frame || ≗ (Setzen) / S (set) || ≗ (Buchstabensymbol für feste Isolierstoffe) / S (letter symbol for solid insulants)

S2 (Schalter 2) / Schalter 2

S5 Programm / S5 program || **≗-CPU** *f* / S5-CPU || **≗D Datei** / S5D file

S7 / S7 || ≗ **Progr. Pfad** / S7 progr. path || ≗ **Projektpfad** / S7 project path || **≗-Basis-Kommunikation** *f* / S7 standard communication || **≗-Kommunikation** *f* / S7 communication || **≗-MPI Verbindung anzeigen** / display S7-MPI link

SA (Synchronaktion) / SA (synchronized action) || ≗ (Schleppabstand) / position lag, time deviation,

servo lag, following error || ≗ (Serviceanleitung Service-Taschenbuch) / servicing instructions (Type of documentation), service pocket guide, service guide || ≗ (Schnittstellenadapter) / interface adapter
Saal·beleuchtung *f* / hall lighting || ≗-**Lichtsteuergerät** *n* / hall lighting control unit || ≗**verdunkler** *m* / hall dimmer
S-Abhängigkeit *f* / set dependency, S-dependency
Sabotageschutz *m* (ZKS) / tamper protection EN 50133-1
Sachbereich *m* / group of articles, category *n*
Sache *f* / article *n*
Sachgebiet *n* / field *n*
sachgemäß *adj* / correct *adj*
Sachgruppe *f* / classification group
Sachmerkmal *n* DIN 4000,T.1 / article characteristic || ≗-**Ausprägung** *f* DIN 4000, T.1 / article characteristic value || ≗-**Benennung** *f* DIN 4000,T.1 / designation of article characteristic || ≗-**Daten** *plt* DIN 4000,T.1 / data of subject characteristics || ≗-**Kennbuchstabe** *m* DIN 4000,T.1 / code letter of article characteristic || ≗-**Leiste** *f* DIN 4000,T.1 / line of subject characteristic, tabular layout of article characteristics || ≗-**Schlüssel** *m* DIN 4000,T.1 / key of subject characteristics || ≗-**Verzeichnis** *n* / article characteristic list || ≗**wert** *m* / article characteristic value
Sach·nummer *f* DIN 6763,T.1 / object number, item number, part number, material number || ≗**schaden** *m* / material damage
Sachverständigenabnahme *f* / acceptance by an authorized inspector
Sachverständiger *m* / expert *n* || ≗ **des Werkes** (Prüfsachverständiger) / factory-authorized inspector || **amtlicher** ≗ / official referee, officially appointed expert || **Prüf-**≗ *m* / authorized inspector
Sachverzeichnis *n* / subject index, index *n*
Sack·bohrung *f* / blind hole || ≗**filter** *n* / bag filter
Sackloch *n* / blind hole || ≗ **einfach** / blind hole, simple || ≗ **mit Anbohrung** / blind hole with preboring || ≗ **mit Gewinde** / tapped blind hole, closed tapped bore
Sackrohr *n* / siphon *n*
SAE (Schirmauflageelement) / shield connecting element || ≗-**Element** *n* / cabinet wiring block, cabinet terminal block
Safing-Sensor *m* / safing sensor, safety shutdown switch, safety switch
Säge, fliegende ≗ / flying saw
Sägen *n* / sawing *n*
Sägezahn·bildung *f* / saw-tooth (pulse) generation || **~förmig** *adj* / saw-tooth *adj* || ≗**generator** *m* / saw-tooth voltage generator || ≗**kurve** *f* / saw-tooth curve, saw-tooth waveshape (o. waveform) || ≗-**Rückstellabfrage** *f* (LE) / saw-tooth voltage reset detector || ≗**spannung** *f* / saw-tooth voltage
Saisontarif *m* / seasonal tariff || ≗ **mit Zeitzonen** / seasonal time-of-day tariff
Saiten-Galvanometer *n* / string galvanometer
Saldierung *f* (EZ) / balancing *n*, import-export balancing
Saldo *m* (GLAZ) / credit/debit balance (working time), (time) balance || **Zähler~** *m* / counter (o. meter) balance || ≗**anzeige** *f* (GLAZ) / credit/debit readout || ≗**auskunft** *f* (GLAZ) / time credit/debit information, credit/debit information || ≗**auskunftsterminal** *n* (GLAZ) / credit/debit information terminal
Salpetersäure *f* / nitric acid
Salzgehalt *m* / salt content, salinity *n* || **Vorzugs-**≗ *m* (Isolationsprüf.) / reference salinity
salzhaltige Luft / salt-laden atmosphere
Salz·menge, äquivalente ≗**menge** (Fremdschichtprüfung) / equivalent salt deposit density (ESDD) IEC 507 || ≗**nebelprüfung** *f* / saline fog test || ≗**nebel-Prüfverfahren** *n* / saline fog test method, salt-fog method || ≗**säure** *f* / hydrochloric acid || ≗**sprühprüfung** *f* / salt spray test
SAM (Schlichtaufmaß) / finishing allowance, final machining allowance
Sammel·alarm *m* / group interrupt || ≗**angebot** *n* / general quote || ≗**anzeige** *f* / common-status display, group display, central(ized) indication || ≗**aufrechner** *m* / common account || ≗**aufruf** *m* (LAN) / (LAN) broadcast *n* || ≗**auftrag** *m* (SPS, Anforderung) / group request || ≗**ausfuhrgenehmigung** *f* / group export authorization
Sammelbefehl *m* / group command || ≗ *m* (FWT) / broadcast command || ≗**e** *m pl* / group control, command sequences
Sammel·blatt *n* / group sheet || ≗**daten** *plt* / group data || ≗**diagnose** *f* / group diagnosis || ≗**erder** *m* / earthing bus, ground bus || ≗**fehler** *m* / group fault, group error || ≗**information MW** / group information mw || ≗**interrupt** *m* / group interrupt, general interrupt || ≗**kabel** *n* / bus cable, trunk cable || ≗**katalog** *m* / group catalog || ≗**leiter** *m* (Erd-Sammelleiter) / earth continuity conductor || ≗**leitung** *f* / bus cable, header tube, bus line, manifold *n* || ≗**leitungssystem** *n* (Signalleitungen) / group signal line || ≗**linse** *f* / focusing lens
Sammelmeldung *f* / centralized alarm, group signal, group alarm, group message, group indication, aggregate signal || ≗ *f* (FWT) / group information
Sammel·meldungslampe *f* / group message lamp || ≗**merker** *m* / group flag || ≗**packmaschine** *f* / parceling machine || ≗**probe** *f* DIN 51750 / composite sample || ≗**probenentnahme** *f* / bulk sampling
sammelrelevant *adj* / relevant to group
Sammel·ring *m* (Wickl.) / bus-ring *n* || ≗**rohr** *n* / manifold *n*, header tube || ≗**schaltung** *f* / omnibus circuit
Sammelschiene *f* / busbar *n*, omnibus bus, bus *n*, port *n* || ≗ **mit Längskupplung** / switchable busbar || ≗ **mit Längstrennung** / disconnectable busbar, sectionalized busbar || **Daten~** *f* / data bus, data highway || **im Zuge der** ≗ / in run of busbar || **Zug~** *f* (Heizleitung) / heating train line
Sammelschienen auftrennen / to split the busbars || ≗**abdeckung** *f* / busbar cover || ≗**abgriff** *m* / busbar connection || ≗**abschnitt** *m* / busbar section, bus section || ≗**abstand** *m* / busbar distance || ≗**abzweig** *m* / busbar branch || ≗-**Adapter** *m* / busbar adapter || ≗**anbau** *m* / busbar fitting || ≗**anlage** *f* / busbar system, bus system || ≗**anschluss** *m* / busbar connection || ≗**anschlussfeld** *n* / busbar connection panel || ≗-**Anschlussraum** *m* / bus terminal compartment || ≗**ausschaltvermögen** *n* / busbar charging breaking capacity IEC 265-2 || ≗**behälter** *m* (SF_6-isolierte Anlage) / bus(bar) chamber ||

²binder *m* / busbar bracing element, bus brace, busbar spacing piece || ²-**Differentialschutz** *m* / busbar differential protection, balanced busbar protection || ²**erder** *m* / busbar earthing switch, bus grounding switch || ²-**Erdungsschalter** *m* / busbar earthing switch, bus grounding switch

Sammelschienen·fehler *m* / busbar fault || ²**führung** *f* / busbar arrangement || ²**gehäuse** *n* / busbar housing || ²**halter** *m* / busbar support, busbar holder || ²-**Hochführung** *f* / busbar riser, bus riser || ²**kanal** *m* / busbar trunking, bus duct, metal-enclosed bus || ²**kontakt** *m* / busbar contact || ²-**Kraftwerk** *n* / range-type power station, common-header power plant || ²-**Kuppelfeld** *n* / bus coupler panel || ²-**Kuppelschalter** *m* (LS) / bus coupler circuit-breaker, bus-tie breaker, bus coupler (breaker) || ²**kupplung** *f* / bus tie, bus coupling || ²-**Längskuppelfeld** *n* / bus section panel BS 4727, G.06

Sammelschienen-Längskuppelschalter *m* (TS) / bussection disconnector, bus sectionalizing switch, bus sectionalizer, bus-tie disconnector || ² *m* (LS) / bus-section circuit-breaker, bus sectionalizing circuit-breaker, bus-tie circuit-breaker

Sammelschienen·-Längskupplung *f* / bus tie || ²-**Längskupplung** *f* (Einheit) / bus section panel, bus tie unit || ²-**Längsschalter** *m* / switched busbar circuit-breaker || ²-**Längsschottung** *f* / busbar (phase barriers), busbar phase separators || ²-**Längstrenner** *m* / busbar section disconnector, bus sectionalizer, bus sectionalizing switch, bus-tie disconnector, bus section switch || ²-**Längstrennschalter** *m* / busbar section disconnector, bus sectionalizer, bus sectionalizing switch, bus-tie disconnector, bus section switch

Sammelschienen-Längstrennung *f* / bus sectionalizing, bus tie || ² *f* (Einheit) / bus-section panel, bus sectionalizing unit (o. cubicle), bus-tie unit || ² **ohne Feldverlust** / top mounted busbar sectionalizer

Sammelschienen·leiter *m* / busbar *n*, bus(bar) conductor || ²**leitungszug** *m* / busbar run, bus run || ²-**Lichtbogenbarriere** *f* / busbar arc barrier, arc barrier in busbar compartment || ²-**Messaufsatz** *m* / (top-mounted) busbar metering compartment || ²-**Messfeld** *n* / busbar metering panel || ²-**Messraum** *m* / busbar metering compartment || ²**mittenabstand** *m* / busbar centre-line spacing, busbar center-line spacing || ²**modul** *n* / busbar module || ²**montage** *f* / mounting onto busbar system || ²-**Nachbildung** *f* / analog of busbar || ²-**Nachbildung** *f* (v. Spannung) / bus voltage replicator || ²-**Parallellauf** *m* / operation in parallel with bus

Sammelschienen·-Querkupplung *f* / bus coupling || ²-**Querkupplung** *f* (Einheit) / bus coupler unit, bus-tie cubicle || ²-**Querschottung** *f* / bus transverse (o. end) barriers, busbar transverse partition || ²-**Quertrenner** *m* / bus-tie disconnector, bus coupler || ²-**Quertrennung** *f* / bus coupling || ²-**Quertrennung** *f* (Einheit) / bus coupler panel, bus coupler unit (o. cubicle) || ²**raum** *m* / busbar compartment

Sammelschienen·schaltung *f* (Schutztechnik) / direct generator-line (o. -bus) connection || ²**schottung** *f* / busbar segregation, busbar barriers (o. partitions) || ²-**Spannungsdifferentialschutz** *m* / voltage-biased bus differential protection || ²**spannungsnachbildung** *f* / bus voltage replicator, bus voltage simulator || ²-**Spannungsnachbildung** *f* / busbar voltage simulation || ²-**Spannungs-Nachbildung** *f* / bus voltage simulator, bus voltage replicator || ²-**Spannungswandler** *m* / busbar voltage transformer || ²**stärke** *f* / busbar thickness || ²-**Stromwandler** *m* / busbar current transformer || ²**system** *n* / busbar system, bus system

Sammelschienen·teil *m* / busbar component || ²-**Teilstück** *n* / busbar unit || ²**trenner** *m* / bus selector switch-disconnector || ²-**Trennschalter** *m* / bus disconnector, bus isolator (depr.) || ²-**Trennschalter** *m* (bei Mehrfachsammelschienen) / bus selector switch-disconnector || ²**überbrückungsbügel** *m* / busbar linking bracket || ²-**Überführung** *f* / busbar crossover || ²-**Überleitung** *f* / busbar interconnection || ²-**Umschalter** *m* / busbar selector switch || ²-**Umschalttrenner** *m* / busbar selector disconnector || ²**umschaltung** *f* / busbar selection, bus transfer || ²**umschaltung im abgeschaltetem Zustand** / off-load busbar selection || ²-**Unterführung** *f* / busbar crossunder || ²**verbinder** *m* / busbar link || ²**verbinderträger** *m* / busbar link support || ²**verbindung** *f* / busbar joint || ²**verbindungssatz** *m* / busbar connecting set || ²**zug** *m* / busbar run, bus run

Sammelsignal *n* / aggregate signal, group message, group indication || ² *n* (Einzelmeldungen zu einem Gruppensignal zusammengefasst) / group signal, group alarm, centralized alarm || ²**speicher** *m* (Flip-Flop) / group signal flip-flop

Sammel·status *m* (Prozessleitt.) / common status || ²**steuerung** *f* (Aufzug) / collective control, bank control, group fault alarm || ²**störmeldung** *f* / centralized fault indication, centralized alarm || ²**störung** *f* / group errors || ²**störungsanzeige** *f* / group alarm indication (o. display), centralized fault indication || ²**straße** *f* / collector road, distributor road, collector *n* || ²**zeichnung** *f* / collective drawing || ²**zustand** *m* (Prozessleitt.) / common status || ²**zustandsanzeige** *f* (PLT) / common-status display

Sammenschienhalter, freistehender ² / detached busbar support

Sammler-Prozess *m* / collector process

Sammlung *f* (Programmablaufplan) / join *n*

Sample- and Hold-Verstärker *m* / sample-and-hold amplifier, S/H amplifier

Sampling-Oszilloskop *n* / sampling oscilloscope

sandgestrahlt *adj* / sand blasted

Sand·gusslegierung, Aluminium-²gusslegierung *f* / sand-cast aluminium alloy || ²**kapselung** *f* / powder filling

Sanftanlasser *m* / soft starter

Sanftanlauf *m* / soft start, reduced-voltage starting, cushioned start, smooth start || ²**einrichtung** *f* / controlled-torque starting circuit, cushioned-start device, acceleration-rate controller || ²**einschalter** *m* (LS) / inrush suppressor circuit-breaker, soft starting circuit breaker || ²**einschalterrelais** *n* / inrush suppressor relay, soft starting relay || ²**kupplung** *f* / centrifugal clutch, dry-fluid coupling || ²-**Motor-Steuergerät** *n* / soft-start motor controller

sanftes Anlaufen / smooth start(ing)

Sanft·start *m* / soft start || ²**starter** *m* / soft starter
SAP / service access point (SAP)
satt anliegend / tight-fitting *adj*, resting snugly (against), snug
Sattdampf *m* / saturated steam
Sattel *m* (Klemme) / saddle *n* || ² **mit Drehgelenk** (Montagevorrichtung) / platform pivot attachment || ²**gleitlager** *n* / cradle-type sleeve bearing, bracket-mounted sleeve bearing || ²**keil** *m* / saddle key || ²**klemme** *f* / saddle terminal || ²**moment** *n* (Mot.) VDE 0530, T.1 / pull-up torque IEC 34-1 || ²**motor** *m* (fliegend angeordnet) / overhung motor || ²**punkt** *m* / dip *n*
satter dreipoliger Kurzschluss / dead three-phase fault, three-phase bolted fault || ~ **Erdschluss** / dead short circuit to earth, dead fault to ground, dead earth (o. ground) fault || ~ **Körperschluss** / dead short circuit to exposed conductive part, dead fault to exposed conductive part || ~ **Kurzschluss** / dead short circuit, dead short, bolted short-circuit
sättigbare Drossel / saturable reactor, saturable-core reactor
Sättigung *f* / saturation *n* || **Koerzitivfeldstärke bei** ² / coercivity *n*
Sättigungs·-Ausgangssignal *n* / saturation output signal || ²**bereich** *m* / saturation region || ²**-B(H)-Schleife** *f* / saturation B(H) loop || ²**dampfdruck** *m* / saturated vapour pressure || ²**detektor** *m* / saturation detector || ²**drossel** *f* / saturable reactor, saturable-core reactor || ²**druck** *m* / saturated pressure || ²**-Eingangssignal** *n* / saturation input signal || ²**faktor** *m* / saturation factor
sättigungsfrei *adj* / non-saturated *adj*
Sättigungs·gebiet *n* / saturation region || ²**gleichrichter** *m* / auto-self-excitation valve || ²**hystereseschleife** *f* / saturation hysteresis loop || ²**induktion** *f* / saturation induction || ²**induktivität** *f* / saturation inductance || ²**-J(H)-Schleife** *f* / saturation J(H) loop || ²**kennlinie** *f* / saturation characteristic, saturation curve || ²**ladung** *f* (Ladungsverschiebeschaltung) / full-well capacity (CTD) || ²**leistung** *f* / saturation power || ²**leitwert** *m* (der Fremdschicht auf einem Isolator) VDE 0448, T.1 / reference layer conductivity || ²**-M(H)-Schleife** *f* / saturation M(H) loop *m* || ²**magnetisierung** *f* / saturation magnetization || ²**polarisation** *f* / saturation polarization || ²**reaktanz** *f* / saturation reactance || ²**spannung** *f* (Transistor) / saturation voltage (transistor) || ²**steuerung** *f* (Asynchronmasch.) / saturistor control || ²**stromwandler** *m* / saturable current transformer || ²**temperatur** *f* / saturation temperature || ²**verstärkung** *f* / saturation gain || ²**wert** *m* / saturated value || ²**widerstand** *m* (Transistor) DIN 41854 / saturation resistance || ²**zustand** *m* (Rel.) / relay soak || ²**zustand** *m* (ESR) / saturation state, temperature-limited state
Satz *m* (DÜ, FWT) / sentence *n* || ² *m* (NC) / record *n* || ² *m* (NC Eine Gruppe von Wörtern, die als Einheit behandelt wird und alle Anweisungen zur Ausführung eines Arbeitsvorganges enthält. In der NC-Programmierung wird ein Satz vom darauffolgenden durch ein Satzendezeichen abgegrenzt) / block *n* (software = part of a program) || ² *m* (NC, CLDATA-System) / logical record ISO 3592 || ² *m* (Datensatz, digitale Daten, PMG) / record *n* || ² *m* (LE-Ventilelemente) / assembly *n* || ²**anwählen** / select block || ² **fahren** (NC) / block mode || ² **fester Länge** / fixed-length record || ² **veränderlicher Länge** / variable-length block || **ausblendbarer** ² / skip block (See: block skip) || **Dokumentier~** *m* / documentation package || **Ventilbauelement-**² *m* (LE) / valve device assembly
Satz·abbruch *m* / block abort || ²**adresse** *f* (NC) / block address, record address || **Eingabeformat in** ²**adressschreibweise** / (input in) fixed block format || ²**anfang** *m* (NC) / block start || ²**anfangspunkt** *m* / start of block || ²**anfangssignal** *n* (NC) / block start signal, start-of-block signal
Satzanzeige *f* / block display || ² *f* (NC) / block number display, record number display, sequence number display
Satz·art *f* (Daten-Bauart) / record type || ²**aufbau** *m* (NC) / block format || ²**aufruf** *m* (NC) / block call || ²**ausblendebene** *f* / block skip level
Satzausblenden *n* / block skip (A function which enables leaving out or skipping certain blocks by the control program), block delete function, SKP || **gefächertes** ² (Siehe: Satzausblenden) / differential block skip (See: block skip)
Satz·ausblendung *f* / block skip, block delete function || ²**ausführung** *f* / block execution
Satzende *n* (NC) / block end, end of block (EOB), end of record || ²**-Einzelsatz** *m* / end of block - single block || ²**zeichen** *n* (PMG) / record delimiter || ²**zeichen** *n* (NC) / end-of-block character, end-of-record character
Satzend·punkt *m* / block end, end of block (EOB) || ²**punktkoordination** *f* / block end point coordination || ²**wert** *m* / final block value || ²**zeichen** *n* / end-of-block character
Satzfolge *f* / block sequence || **konstante** ² (NC) / fixed sequential, constant block sequence || ²**betrieb** *m* (NC) DIN 66257 / automatic mode (NC) ISO 2806-1980 || ²**kennung** *f* (SFK) / block sequence number, record sequence number (NC) ISO 3592, sequence number || ²**nummer** *f* (NC) / block sequence number, record sequence number (NC) ISO 3592, sequence number
Satzformat *n* (NC) / block format, record format || **festes** ² (NC) / fixed-block format ISO 2806-1980 || **variables** ² (NC) / variable block format || ²**kennung** *f* / record format identifier
Satz·grenze *f* / block boundary, block limit || ²**gruppe** *f* DIN 44300 / record set || ²**information** *f* / block information || ²**inhalt** *f* / block contents || ²**koinzidenz** *f* (NC) / block coincidence || ²**länge** *f* (NC) / block length, record length || ²**leser** *m* (NC) / block reader
Satznummer *f* (NC) / sequence number, block number, record number
Satznummern·anzeige *f* (NC) / block number display, record number display, sequence number display || ²**suche** *f* (NC) / block number search
Satz·parameter *m* (NC) / block parameter || ²**parität** *f* / block parity || **feste** ²**schreibweise** / fixed-block format ISO 2806-1980 || ²**splitting** *n* / block splitting || ²**suche** *f* / block search
Satzsuchlauf *n* (NC) / block search || ² **mit Berechnung** / block search, block search with calculation || ² **mit Berechnung ab dem letzten Hauptsatz** / automatic block search || ² **ohne Berechnung** / block search without calculation || ²-

Element *n* / block search element
Satz·typ *m* (NC, CLDATA-System) / record type ISO 3592 || **≗übergang** *m* (NC) / block transition || **~übergreifend** *adj* (NC-Programm) / modal *adj* (The characteristic of a word or an instruction which remains active until it is replaced by another word of the same type.) || **≗überlesen** *n* / optional block skip, block skip, block delete || **≗unterdrückung** *f* (NC) / block delete, optional block skip (A function which enables leaving out or skipping certain blocks by the control program) || **≗unterdrückung** *f* / block delete function, SKP (= skip)
Satz-Untertyp *m* (NC, CLDATA) / record subtype
Satzvorlauf *m* / block search, block search with calculation || ≗ **auf beliebigen Satz** / block search, block search with calculation
Satzwechsel *m* / block change || **fliegender** ≗ / flying record change || **≗punkt** *m* (NC) / block change position || **≗zeit** *f* / block change time
satzweise Programmeingabe / block-by-block program input, block-serial (program input) || **~ Verarbeitung** / block-by-block processing, block-serial processing || **~wirksam** / non-modal *adj* (The characteristic of a word or an instruction which is active only in the block in which it is programmed.) || **vorwärts ~** (NC) / forward block by block || **~s Einlesen** / block-by-block input
Satzweiterschaltung *f* / block continuation, block advance, block step enable || ≗ *f* (NC) / block relaying
Satz·zähler *m* (NC) / block counter, record counter || **≗zeichen** *n* / punctuation mark || **≗zeichnung** *f* / set drawing
sauber *adj* / neatly *adj*
Sauberkeit *f* / cleanliness *n*
Sauerstoff *m* / oxygen *n* || **gelöster** ≗ / dissolved oxygen || **≗analysator** *m* / oxygen analyzer
Sauerstoffanalyse *f* / oxygen analysis || **≗gerät** *n* / oxygen analyzer
Sauerstoffmesstechnik *f* / oxygen measurement
sauerstofffreies Kupfer hoher Leitfähigkeit / oxygen-free high-conductivity copper (OFHCC)
Sauerstoff-Wasserstoff-Brennstoffzelle *f* / oxygen-hydrogen fuel cell
Saug·drossel *f* / interphase transformer, balance coil || **≗drosselchassis** *n* / interphase transformer chassis || **≗drosselschaltung** *f* / interphase transformer connection || **≗druck** *m* / inlet pressure, intake pressure
Saugertransferpresse *f* / suction transfer press
Saug·fähigkeit *f* / absorptive capacity, absorptivity *n* || **≗fähigkeit** *f* (keramischer Isolierstoff) / porosity *n* || **≗kreis** *m* / series resonant circuit || **≗kreis** *m* (Oberwellensperre) / harmonic absorber, acceptor circuit || **≗leistung** *f* (Pumpe) / intake capacity || **≗leitung** *f* / suction line (o. pipe), intake line || **≗lüfter** *m* / suction fan, induced-draft fan || **≗luftfilter** *n* / suction air filter, intake air filter || **≗rohr** *n* (WKW) / draft tube || **≗rohreinspritzung** *f* (Kfz) / intake manifold injection || **≗rohrunterdruck** *m* (Kfz) / induction manifold pressure || **≗schlitz** *m* / intake port || **≗schrubber** *m* / water suction cleaning appliance || **≗seite** *f* (Pumpe) / inlet side, suction side || **≗transformator** *m* / booster transformer, draining transformer || **≗ventil** *n* / suction valve, intake valve || **≗zug** *m* / induced draft || **≗zugbrenner** *m* / induced-draft burner || **≗zuglüfter** *m* / induced-draft fan
Säule *f* / upright *n* || ≗ *f* (GR) / stack *n* || ≗ *f* (Chromatograph) / column *n* || **Pol~** *f* / pole column, pole turret, pole pillar || **Steuer~** *f* / control pedestal || **thermoelektrische** ≗ / thermoelectric pile, thermopile *n*
Säulen·beleuchtung *f* / colonnade lighting || **≗diagramm** *n* / bar diagram, bar chart, bar graph || **≗füllung** *f* (Chromatograph) / column packing || **≗konsole** *f* (BSG) / supporting column || **≗ofen** *m* (Chromatograph) / column oven || **≗-Stelltransformator** *m* / pillar-type variable-voltage transformer || **≗transformator** *m* / pillar-type transformer, feeder-pillar transformer || **≗verteiler** *m* / distribution pillar
Säure *f* / acid *n* || **≗behandlung** *f* / acid treatment || **~beständig** *adj* / acid-resisting *adj*, acid-proof *adj*, acid-resistant *adj* || **≗dämpfe** *m pl* / acid fumes || **~fest** *adj* / acid-proof *adj* || **~frei** *adj* / acid-free *adj*, acidless *adj*, non-corrosive *adj* || **≗gehalt** *m* / acidity *n* || **≗grad** *m* / acidity *n* || **~haltige Luft** / acid-laden atmosphere
saurer Regen / acid rain
Säurezahl *f* / acid number
S-Automat *m* / miniature circuit-breaker (m.c.b.), automatic circuit-breaker
SAZ (STEP-Adresszähler) / step address counter, SAC (STEP address counter)
sb / stilb *n* (sb)
SB / sideband *n* (SB) || ≗ (Schrittbaustein) / SB (sequence block)
SBB (Siemens-Breitbandnetz) / Siemens broadband LAN
SBH (sicherer Betriebshalt) / safety operation lockout, safe operation stop, safe operational stop, SBH
SBL (Einzelsatzbetrieb: Betriebsart, bei der das Teileprogramm Satz für Satz abgearbeitet wird. Jeder einzelne Satz muss durch den Bediener eingeleitet werden) / SBL (single block mode: A mode of operation in which a part progam is executed only one block at a time, and in which each block must be initiated by the operator)
SBM (sicheres Bremsenmanagement) / SBM (Safe Brake Management)
SBP / SBP (sensor board pulse)
SBR (sichere Bremsrampe) / SBR (safe braking ramp)
SBS (Systembeschreibung) / system overview
SC / safety clearance (SC), safety distance, clearance distance (The distance between tool and workpiece when changing from rapid appraoch to feed movement to avoid collision), SC
SCADA / SCADA (supervisory control and data acquisition)
SCAN Raster / scan interval
Scanning-Oszillator-Technik *f* (SOT) / scanning oscillator technique (SOT)
Scan-Schlitten *m* (Diffraktometer) / scan slide
SCARA / SCARA (Selectively Compliant Articulated Robot Arm)
Scart-Buchse *f* / Scart-jack
Scavenger *m* (Additiv f. Isolierflüssigk.) IEC 50(212) / scavenger *n*
Schabeschnitt *m* / scratch cut
Schablone *f* (Form) / template *n* || ≗ *f* (Schrift) /

stencil *n* || ≗ *f* (Wickl.) / former *n* || **Tastatur~** *f* / keyboard overlay || **Text~** *f* / matrix document, matrix *n*, invoking document

Schablonen·datei *f* (CAD) / template file || ≗**spule** *f* / former-wound coil, preformed coil, diamond coil || ≗**wicklung** *f* / former winding, preformed winding

Schacht *m* (senkrechter Leitungskanal) / vertical raceway, vertical trunking || ≗ *m* / board slot, slot *n* || **Aufzug~** *m* / lift well, lift shaft, hoistway *n* || **Licht~** *m* / lighting well || **Steigleitungs~** *m* / riser duct

schachtelbar *adj* / nestable *adj* || **zweifach ~** (Programm) / nestable to a depth of two

Schachtelbrücker *m* / nested link

Schachteln *n* / nesting *n* || ≗ *n* (Blechp.) / interleaved stacking || ~ *v* (Programm) / nest *v* || ~ *v* (Wickl.) / interleave *v*, imbricate *v*

Schachteltiefe *f* / nesting depth

Schachtelung *f* (Programm) / nesting *n* || **zweifache** ≗ (Programm) / nesting to a depth of two

Schachtelungs·ebene *f* / nesting level || ≗**konflikt** *m* / invalid nesting || ≗**tiefe** *f* / nesting depth

Schacht·ring *m* (WKW) / shaft-top supporting ring || ≗**-Signalkabel** *n* / shaft signal cable

Schaden *m* / damage *n*, defect *n*, fault *n*, breakdown *n* || **Fehler mit** ≗**folge** / damage fault || **Fehler ohne** ≗**folge** / undamage fault

Schadens·ersatzsummen *f pl* / sums of money awarded as compensation by the courts when manufacturers cannot prove that they exercized due care and attention || ≗**protokoll** *n* / certificate of damage

schadhaft *adj* / defective *adj*

Schädigung *f* / damage *n*

Schadstoff *m* / pollutant *n*, noxious substance, contaminant *n*

schadstoffarm *adj* (Kfz) / low-emission *adj*

Schadstoff·ausstoß *m* / emission of noxious substances || ≗**emission** *f* / pollutant emission, pollutant emissions, noxious substances || ≗**konzentration** *f* / pollutant (o. contaminant) concentration

Schaft *m* / shank *n* (upper guiding part of plug), stem *n* || ≗ *m* (Mastgründung) / chimney *n* IEC 50(466), pier *n* || ≗ *m* (einteiliger Mast) / shaft *n* || ≗ *m* (Gittermast) / body *n* || ≗**, kurz** / shaft, short || ≗**, lang** / shaft, long || ≗**achse** *f* (Welle) / shaft axis || ≗**fräser** *m* / end mill, end milling cutter || ≗**fräser mit Eckenverrundung** / end mill with corner rounding || ≗**länge ohne Kopf** (Schraube) / length of screw under the head || ≗**maß** *n* / shank dimension || ≗**schraube** *f* / shank screw

Schale *f* (Wickl.) / shell *n*

Schalen·gehäuse *n* / shell-type casing, shell *n* || ≗**kern** *m* (Magnetkern) / pot-type core || ≗**kupplung** *f* / muff coupling, box coupling, ribbed-clamp coupling, clamp coupling || ≗**magnet** *m* / shell-type magnet || ≗**modell** *n* (MCC-Geräte) / shell diagram

Schalfläche *f* (im Dialogfeld) / button *n*

Schall *m* / sound *n* || ≗ **empfangen** / receive sound, receive an ultrasonic signal || ≗ **senden** / transmit sound, emit an ultrasonic signal || **nullter** ≗ / zeroth sound

schall·absorbierender Werkstoff / sound absorbing material || ≗**absorption** *f* / acoustical absorption, sound absorption || ≗**abstrahlungsvermögen** *n* / sound radiating power, ability to radiate sound (o. noise) || ≗**aufnehmer** *m* / sound probe, sound receiver || ≗**ausbreitung** *f* / sound propagation || ≗**ausschlag** *m* / particle displacement || ≗**austrittspunkt** *m* (Ultraschall-Prüfkopf) DIN 54119 / probe index || ≗**beugung** *f* / sound diffraction || ≗**bündel** *n* / sound beam

schall·dämmend *adj* / sound absorbing, sound deadening || ≗**dämmhaube** *f* / noise insulating cover, noise reducing cover, sound-damping hood || ≗**dämm-Maß** *n* / sound reduction index || ≗**dämmung** *f* / sound insulation, sound deadening, soundproofing *n*, sound attenuation || ≗**dämmwand** *f* / sound absorbing wall

schalldämpfend *adj* / sound deadening, sound insulating, sound absorbing, noise damping, silencing *n* || **~er Werkstoff** / sound-reflecting material

Schall·dämpfer *m* / silencer *n*, muffler *n*, sound absorber, exhaust silencer, acoustic damper || ≗**dämpfung** *f* / sound dampening, sound attenuation, sound reduction || ≗**dämpfungskonstante** *f* / sound absorption coefficient || **~dicht** *adj* / sound-proof *adj* || ≗**diffusor** *m* (Schallpegelmesser) / random-incidence corrector || ≗**dissipationsgrad** *m* / acoustic dissipation factor || ≗**druck-Bandpegel** *m* / band sound-pressure level || ≗**druckpegel** *m* / sound pressure level || ≗**eintrittspunkt** *m* DIN 54119 / beam index

Schall·leistung *f* / sound power, acoustic power || ≗**leistungspegel** *m* / sound power level, acoustic power level || ≗**empfindung** *f* / sound sensation || ≗**energie** *f* / sound energy || ≗**erzeugung** *f* / sound generation || ≗**feld** *n* / sound field, sonic field || **helixförmige** ≗**führung** / helix-shaped ultrasonic signals || ≗**gemisch** *n* / complex sound || ≗**geschwindigkeit** *f* / sound velocity, speed of sound || ≗**impedanz** *f* / acoustic impedance || ≗**impuls** *m* / acoustic pulse, sound pulse, sonic pulse || ≗**intensität** *f* / sound intensity || ≗**isolationsmaß** *n* / sound reduction index || ≗**isolierung** *f* / sound-proofing *n*, sound insulation || ≗**keule** *f* / sound cone || ≗**laufweg** *m* / sound path || ≗**laufzeit** *f* / sound propagation time, sound power level || ≗**messraum** *m* / anechoic room, free-field room

Schall·pegel *m* / sound level || ≗**pegelmesser** *m* / sound level meter || ≗**prüfung** *f* / stethoscopic test, sound test || ≗**reaktanz** *f* / acoustic reactance || ≗**reflexionsgrad** *m* / sound reflection coefficient || ≗**resistanz** *f* / acoustic resistance || ≗**rückstrahlung** *f* / reverberation *n* || ≗**schatten** *m* / acoustic shadow || **~schluckend** *adj* / sound absorbing, sound deadening || ≗**schluckgrad** *m* / acoustical absorption coefficient, sound absorptivity || ≗**schluckhaube** *f* / noise absorbing cover, sound deadening cover || ≗**schluckraum** *m* / anechoic chamber, free-field environment || ≗**schnelle** *f* / particle velocity || ≗**schwächung** *f* / sound attenuation || ≗**schwächungskoeffizient** *m* / sound attenuation coefficient || ≗**schwingung** *f* / acoustic oscillation, sonic vibration || ≗**spektrum** *n* / sound spectrum || ≗**stärke** *f* / sound intensity || ≗**strahl** *m* / sound ray || ≗**strahler** *m* / acoustic radiator || ≗**strahlung** *f* / acoustic (o. sound) radiation || ≗**strahlungsdruck** *m* / acoustic radiation pressure ||

²**strahlungsimpedanz** *f* / acoustic (o. sound) radiation impedance || ²**streuung** *f* / sound scattering || ²**tiefe** *f* (Ultraschallprüf.) / ultrasonic penetration

schall·toter Raum / anechoic chamber (o. room) || ²**transmissionsgrad** *m* / acoustical transmission factor || ²**übertragung** *f* / sound transmission, noise transmission || ²**wand** *f* / noise baffle || ²**wandler** *m* / sonic converter, acoustic signal transformer, sound transducer || ²**weg** *m* / sonic distance || ²**wellenwiderstand** *m* / characteristic impedance (acoustics) || ²**widerstand** *m* / acoustic resistance

Schalt·ablauf *m* / operating sequence IEC 337-1, IEC 56-1 || ²**ablauf** *m* (Trafo-Stufenschalter) / tap-changing cycle, tapping sequence || ²**abstand** *m* / switching distance || ²**abstand** *m* (NS) / operating distance, sensing distance || ²**abstand** *m* (Schaltuhr) / switching interval || **gesicherter** ²**abstand sa** / assured operating distance || ²**abstandsbereich** *m* (NS) / range of operating distances || ²**abwicklung** *f* / contact arrangement, operating sequence, contact configuration || ²**achse, hinten** / switch shaft, rear || ²**achse, vorn** / switch shaft, front || ²**aktor** *m* / actuator *n*, switching actuator, sensor *n*, servo-drive *n*, positioner *n* || ²**algebra** *f* / logic algebra, boolean algebra

Schaltanlage *f* / terminal *n*, switching device, station *n*, extension *n*, expansion *n*, outdoor substation || ² *f* (Freiluft) / (outdoor) switching station || ² *f* (Geräte) / switchgear *n*, switchyard *n*, substation *n*, (outdoor) switchplant, (outdoor) switchgear || ² *f* (FSK) / switchgear assembly || ² *f* (Schaltgerätekombination, Schalteinheit) / switchgear assembly, switchgear unit || ² *f* (Station) / switching station, substation *n*, switchgear *n*, switching centre, switchplant *n* || ² *f* (Tafel) / switchboard *n* || ² **für Energieverteilung** / siehe Schaltanlage || ² **in Einschubbauweise** / withdrawable switchgear BS 4727, G.06, switchboard with drawout units || ² **mit abhängiger Handbetätigung** / dependent manually operated switchgear (DMOS), dependent manual initiation, DMOS || ² **mit ausziehbaren Geräten** / withdrawable switchgear BS 4727, G.06, switchboard with drawout units || ² **mit festeingebauten Geräten** / non-withdrawable switchgear BS 4727, G.06, switchgear with non-withdrawable units, switchgear with stationary-mounted equipment || ² **mit SF_6-isolierten Geräten** / SF_6 metal-enclosed switchgear, SF_6 metal-clad substation || **gekapselte** ² / enclosed switchgear || **Motor-**² *f* (MCC) / motor control centre

Schaltanlagen *f pl* / medium-voltage switchgear || ² *f pl* (Sammelbegriff f. Gerätearten) / switchgear and controlgear || ² **für Energieverbrauch** IEC 50(441) / controlgear *n* || ² **für Energieverteilung** IEC 50(441) / switchgear *n* || ² **für primäre Verteilungsnetze** / primary distribution switchgear || ² **für sekundäre Verteilungsnetze** / secondary distribution switchgear || **metallgeschottete** ² VDE 0670,T.6 / metal-clad switchgear and controlgear IEC 298 || ²**bau** *m* / switchgear manufacturing || ²**bauer** *m* / maker of switchgear and controlgear || ²**behälter** *m* / switchgear container || ²**-Endverschluss** *m* / switchgear termination || ²**feld** *n* (FLA) / switchgear bay, switchbay *n*, bay *n* || ²**feld** *n* (einer Schalttafel) / panel *n*, vertical section, switchpanel *n*, switchgear panel || ²**front** *f* / switchgear front || ²**leitsystem** *n* / substation control system, substation control and protection system, station control system || ²**leittechnik** *f* / substation automation, substation control and protection || ²**raum** *m* / switchgear room || ²**schlüssel** *f* / switchgear assembly key

Schalt·anordnung *f* / wiring arrangement || ²**antrieb** *m* / operating mechanism, switch mechanism || ²**antrieb** *m* (WZM) / indexing mechanism || ²**anzeige** *f* (Kfz) / shift indication || ²**art** *f* (Trafo-Stufenschalter) / tapping arrangement, tap-changing method || ²**art-Kennzahl** *f* (Trafo) / characteristic connections number, tap-changer code || ²**aufgabe** *f* / switching duty || ²**augenblick** *m* / switching instant, operating instant || ²**ausgang** *m* / switching output || ²**ausrüstung** *f* / switchgear *n*, controlgear *n*, switchgear and controlgear || ²**automat** *m* / m.c.b.

Schaltautomatik *f* (Schutzsystem) / automatic switching equipment IEC 50(448), automatic control equipment (USA) || ² *f* (Gerät) / automatic switching unit, automatic control unit || ² *f* (zur Steuerung eines Schaltprogramms in einer Schaltanlage) / automatic switching control equipment

schaltbar *adj* / switchable *adj*, switched *adj*, deactivatable *adj* || **~e Klemme** / isolating terminal || **~e Steckdose** / switch socket-outlet, switched receptacle || **~e Steckvorrichtung** / switched connector (o. coupler) || **~er neutraler Pol** / switched neutral pole || **~er Neutralleiter** / switched neutral, separating neutral || **~es Drehmoment** (Kupplung) / engagement torque

Schalt·bedingung *f* / switching condition || ²**befehl** *m* / switching function command, on/off function command || ²**befehl** *m* (FWT) / switching command || ²**bemessungsspannung** *f* / rated breaking voltage || ²**bereich** *m* / operating range || ²**bereich** *m* (NS) / range of operating distances || **Transistor im** ²**betrieb** / switched-mode transistor || ²**-Betätigungskraft** *f* / actuating force IEC 337-1, operating force IEC 512 || ²**betriebsdruck** *m* / switchgear operating pressure, operating pressure

Schaltbild *n* / wiring diagram IEC 113-1, circuit diagram, schematic *n*, connection diagram (US), block diagram, survey diagram (Rev.) IEC 113-1 || ² *n* (vereinfachte Darstellung einer Anordnung mit Schaltzeichen) / diagram *n*

Schalt·blitzstoßprüfung *f* / switching and lightning impulse test || ²**blitzstoßspannung** *f* / switching lighting impulse voltage, lighting impulse voltage switched || ²**block** *m* (HSS) / contact unit, contact element || ²**brett** *n* / patchboard *n*, plug board || ²**brief** *m* / switching report || ²**brücke** *f* / jumper *n* || ²**buch** *n* / wiring manual, circuit manual, circuit documentation, book of circuit diagrams || ²**bügel** *m* (Strombrücke) / terminal link, link *n*, jumper *n*

Schalt·diagramm *n* EN 60947-5-1 / operating diagram || ²**diagramm** *n* (f. Schaltbrett- o. Steckfeldsteuerung) / plugging chart || ²**differenz** *f* (Differenz zw. oberem und unterem Umschaltwert) / differential travel || ²**differenz** *f* (Rel., Hysterese) / differential *n*, hysteresis *n* || ²**differenz** *f* (Reg., Differenz zwischen dem oberen und unteren Umschaltwert) / differential gap || ²**-/Dimmaktor**

m / switching-/dimming actuator || ≗**diode** *f* / switching diode || ≗**dorn** *m* / operating spindle || ≗**draht** *m* / interconnecting wire, equipment wire, hook-up wire, jumper wire || ≗**drehzahl** *f* / operating speed || ≗**druck** *m* / switching pressure || ≗**druckbereich** *m* / pressure range

Schalteinheit *f* / switchgear unit || ≗ *f* / contact unit, switchgear assembly || ≗ *f* (HSS) VDE 0660, T.202 / contact unit IEC 337-2A, contact block, switch element || ≗ *f* (DT) / basic cell || ≗ *f* (Schaltereinheit einer dreipol. Kombination) / circuit-breaker pole unit, breaker unit

Schalt·einrichtung *f* / switching equipment || ≗**einsatz** *f* / contact unit || ≗**elektrode** *f* (FET) / source/drain electrode

Schaltelement *n* / switch *n*, contact element, operating element || ≗ *n* (LS) VDE 0670, T.101 / making/breaking unit IEC 56-1, unit *n* || ≗ *n* / basic breaker || ≗ *n* (HSS) / contact unit IEC 337-2A, switching element IEC 17B(CO)138, contact block, switch element || ≗ **1S** / contact element 1 NO || ≗ **in Tandemanordnung** / tandem contact block || **binäres** ≗ / binary-logic element || ≗**funktion** *f* / switching element function

schalten *v* / switch *v*, clear *v* || ≗ *n* (Betätigen eines Schaltgerätes) / operation *n* || ≗ *n* (WZM) / indexing *n*, dividing *n* || ~ *v* (verdrahten, anschließen) / wire *v*, wire up *v*, connect *v* || ≗ *n* (betätigen) / operate *v*, actuate *v*, control *v* || ~ *v* (Rel., beim Rückfallvorgang) / disengage *v* || ~ *v* (Rel., beim Ansprechvorgang) / switch *v* || ~ *v* (Kupplung) / clutch *v*, engage *v*, disengage *v* || ~ *v* (Getriebe) / shift *v*, change gear || ≗ **ohmscher Last** / switching of resistive loads IEC 512, making and breaking of non-inductive loads IEC 158 || ≗ **unter Last** / switching under load, load switching || ≗ **unter Spannung** / hot switching || ≗ **von Kondensatoren** / capacitor switching || **auf Eigensteuerung** ~ (PMG) / go to local || **betriebsmäßiges** ≗ VDE 0100, T.46 / functional switching, normal switching duty || **gegeneinander** ~ / to connect back to back || **gemeinsam** ~ / operate in unison || **hintereinander** ~ (Kaskade) / cascade *v* || **hintereinander** ~ (in Reihe) / connect in series || **leistungselektronisches** ≗ / electronic power switching || **nebeneinander** ~ / connect in parallel, shunt *v* || **netzsicherheitskontolliertes** ≗ / security-checked switching (SCS), SCS (Security Checked Switching) || **rückzündfreies** ≗ / switching (o. circuit interruption) without restriking

schaltend, in Luft ~ / air-break *adj* || **nach M** ~ / sink output

Schaltende *n* (Wickl.) / free end, winding termination

schaltend·er Messfühler (Drehmasch.) / touch trigger probe || **~er Wärmefühler** / switching-type thermal detector || **~es Stellgerät** / discontinuous-action final controlling device

Schalter *m* / switch *n*, isolator *n*, disconnecting switch, disconnector *n*, mechanical switching device, maintained-contact switch || ≗ *m* VDE 0660,T.107 / mechanical switching device IEC 408 || ≗ *m* (LS) / circuit-breaker *n* (c.b.) IEC 157-1, power circuit-breaker (US), power breaker || ≗ **für Hausinstallationen** / switch for domestic installations (o. purposes) || ≗ **für manuellen Eingriff** (NC) / manual override switch || ≗ **für Normalbetrieb** / standard-duty-type switch || ≗ **für Schalttafeln** / panel-type switch || ≗ **für zweiseitigen Anschluss** / front-and-back-connected switch || ≗ **mit Freiauslösung** / trip-free mechanical switching device, release-free mechanical switching device || ≗ **mit Freiauslösung** (LS) / trip-free circuit-breaker IEC 157-1, release-free circuit-breaker || ≗ **mit magnetischer Blasung** (LS) / magnetic blow-out circuit-breaker || ≗ **mit magnetischer Fernsteuerung** VDE 0632 / magnetic remote control switch (CEE 14) || ≗ **mit normaler Kontaktöffnung** / switch of normal gap construction || ≗ **mit Platte** (I-Schalter) / plateswitch *n* || ≗ **mit Schutzgaskontakt** / dry-reed switch, reed switch || ≗ **mit Wiedereinschaltvorrichtung** (LS) / automatic reclosing circuit-breaker || ≗ **ohne Gehäuse** / unenclosed switch || ≗ **ohne Sicherungen** / non-fusible switch || **elektronischer** ≗ / electronic power switch, electronic switch, solid-state switch || **elektronischer USV-**≗ / electronic UPS power switch (EPS) || **ölloser** ≗ / oilless switch || **Thermo~** *m* (Thermostat) / thermostat *n* || **Thermo~** *m* / thermostatic switch || **wegabhängige** ≗ / travel dependent switches

Schalter·abdeckplatte *f* (I-Schalter) / switch-plate *n* || ≗**abdeckung** *f* / switch cover || ≗**achse** *f* / switch shaft || ≗**antrieb** *m* / operating mechanism, switch mechanism, breaker mechanism || ≗**ausfallschutz** *m* (LS) / circuit-breaker failure protection || ≗**baugröße** *f* (LS) / breaker size || ≗**-Baum** *m* / switch tree || ≗**baustein** *m* (Mosaikbaustein) / control tile || ≗**bemessungsbetriebsdruck** *m* / circuit-breaker rated operating pressure, switchgear rated operating pressure || ≗**betrieb** *m* (Wechselstromsteller) / switching mode || ≗**betriebsdruck** *m* / switchgear operating pressure || ≗**dose** *f* (I) / switch box || ≗**dosenempfänger** *m* (IR-Fernbedienung) / switch unit with integrated receiver, receiver switch

Schalter·ebene *f* (Vielfachsch.) / wafer *n* || ≗**eigenschaften** *f pl* / switch characteristics || ≗**einbaudose** *f* / switch box || ≗**einheit** *f* (LS) / circuit-breaker unit, breaker unit || ≗**einsatz** *m* (HSS) / basic switch, switch module, basic unit, basic cell, contact block || ≗**einsatz** *m* (LS) / basic breaker

Schalterfall *m* (LS) / breaker tripping || ≗ *m* (Trafo-Lastumschalter) / switch opening, switch operation || ≗**meldung** *f* / trip indication

Schalter·fassung *f* (Lampenf.) / switch lamp-holder, switch lamp-socket || ≗**gehäuse** *n* (LS) / breaker enclosure, breaker chamber || ≗**gerüst** *n* (LS) / breaker frame || ≗**-Grundschaltung** *f* (LE) / basic switch connection || ≗**meldung** *m* / proximity switch bracket || ≗**-Hauptzweig** *m* (LE) / switch arm || ≗**kammer** *f* (Trafo-Lastumschalter) / diverter-switch compartment || ≗**kasten** *m* / switch box || ≗**kessel** *m* (LS) / breaker tank || ≗**kessel** *m* (Trafo) / diverter-switch tank, diverter-switch container || ≗**klemme** *f* / breaker terminal || ≗**kombination** *f* (Bahn, zur Herstellung verschiedener Verbindungen) / switchgroup *n* || ≗**kopf** *m* (PS) / actuator *n* || ≗**mechanik** *f* / breaker mechanism || ≗**mechanismus** *m* / switch mechanism, operating mechanism

Schaltermitnahme *f* / breaker intertripping, transfer

tripping || ≗ **mit HF** / intertripping carrier scheme || **direkte** ≗ / intertripping *n*

Schalter·öl *n* / switchgear oil, breaker oil || ≗**öl** *n* (f. Trafo-Stufenschalter) / tap-changer oil || ≗**platte** *f* (I-Schalter) / switch-plate *n* || ≗**pol** *m* (LS) / circuit-breaker pole, breaker pole || ≗**raum** *m* / switch compartment || ≗**rückzündung** *f* / breaker arc-back, breaker restrike (o. restriking) || ≗**-Schaltung** *f* (LE) / switch connection || ≗**-Sicherungs-Einheit** *f* VDE 0660,T.107 / fuse combination unit IEC 408 || ≗**steckdose** *f* / switched socket-outlet, switch socket-outlet || ≗**-Steckdosenkombination** *f* / switch-socket *n* (unit o. block) || ≗**-Steckdosen-Programm** *n* / family of switches and sockets

Schalterstellung *f* / position *n*, switch position, breaker position, key position || ≗ *f* (Fahrschalter) / notch *n*, controller notch

Schalterstellungs·anzeiger *m* / switch position indicator || ≗**meldung** *f* / switch position indication, breaker position indication

Schalter- und Tastereinsatz *m* / contact block

Schalterversager *m* / breaker failure || ≗**schutz** *m* / breaker failure protection || ≗**schutzsystem** *n* / circuit-breaker failure protection system || ≗**-Selektivschutz** *m* / circuit-breaker failure protection IEC 50(448), breaker failure protection (USA)

Schalter·wagen *m* / switch(gear) truck || ≗**wagen** *m* (m. Leistungsschalter) / breaker truck || ≗**wagen** *m* (m. Lastschalter) / switch truck || ≗**welle** *f* / switch shaft || ≗**wippe** *f* / switch rocker || ≗**zeit** *f* (LS) / breaker operating time || ≗**zweig** *m* (LE) / switch arm

Schaltfehler *m* (WZM, Teilfehler) / indexing error || ≗**schutz** *m* (SFS) / switchgear interlocking (SI), interlocks to prevent maloperation, switchgear interlocking system || ≗**schutzeinrichtung** *f* / switchgear interlocking equipment || ≗**schutzgerät** *n* / switchgear interlock unit || ≗**schutzsystem** *n* / switchgear interlock system

Schaltfeld *n* (einer Schalttafel) / panel *n*, vertical section *n*, switchgear panel, switchpanel || ≗ *n* (FLA) / switchgear bay *n*, bay *n*, switchbay || ≗ *n* (Funktionseinheit einer Schaltanlage, metallgekapselte HS-Schaltanlage nach) VDE 0670,T.6 / functional unit IEC 298 || ≗ *n* (MCC) / section *n* || ≗ *n* (Schrank) / switchgear cubicle, section *n* || ≗**front** *f* / panel front || ≗**pol** *m* / switchpanel pole || ≗**fläche** *f* / pushbutton *n*, button *n*

Schaltflächenassistent *m* (Hilfsprogramm) / control wizard

Schaltfolge *f* VDE 0660, T.200, VDE 0670, T.101 / operating sequence (of a mechanical switching device: a succession of specified operations with specified time intervals) IEC 337-1, IEC 56-1, sequence of operations EN 609340 || **feste** ≗ / constant operating sequence || **parametrierte** ≗ / parameterized operating sequence || **Prüf~** *f* / test duty || **Prüfung der** ≗ (Trafo) / sequence test IEC 214 || **variable** ≗ / variable operating sequence || ≗**aufrufschritt** *m* / operating sequence call step || ≗**diagramm** *n* DIN 40719,T.11 / switching sequence chart, operation sequence chart || ≗**erstellschritt** *m* / operating sequence creation step || ≗**tabelle** *f* E DIN 19266, T.3 / state transition table || ≗**tafel** *f* / sequence table (o. chart)

Schaltfrequenz *f* EN 50032, DIN IEC 147-1D / operating frequency, frequency of operation, switching rate || ≗ **f** / frequency of operating cycles

Schalt·funkenstrecke *f* / switching spark gap, relief gap || ≗**funktion** *f* DIN 43300 / switching function || ≗**funktion** *f* (logische F.) / logic function || ≗**gas** *n* / arcing gas || ≗**genauigkeit** *f* (Parallelschaltgerät) / accuracy *n* (of operation) || ≗**genauigkeit** *f* (PS, NS, Wiederholgenauigkeit) / repeat accuracy, consistency *n*

Schaltgerät *n* VDE 0660,T.101 / switching device IEC 157-1, mechanical switching device || ≗ **+ Nennstrom** / switching device + rated current || ≗ **für Energieverbrauch** / siehe Schaltgerät || ≗ **für Energieverteiler** / switchgear *n* || ≗ **für Verbraucherabzeige** / controlgear *n* || **mechanisches** ≗ **mit Freiauslösung** / trip-free mechanical switching device

Schaltgeräte *n pl* / switchgear *n*, controlgear *n* || ≗ **für Energieverbrauch** / controlgear *n* || ≗ **für Energieverteilung** / switchgear *n* || **kommunikationsfähige** ≗ / communication-interfaced switchgear || ≗**kasten** *m* / switchbox *n*, control box

Schaltgerätekombination *f* / switchgear and controlgear assembly || ≗ *f* (SK f. Energieverteilung) / switchgear assembly, power switchgear assembly (SK US) || ≗ *f* (f.Energieverbrauch, z.B.) VDE 0113 / controlgear assembly || ≗ **für Freiluftaufstellung** VDE 0660, T.500 / assembly for outdoor installation IEC 439-1 || ≗ **für Innenraumaufstellung** VDE 0660, T.500 / assembly for indoor installation IEC 439-1 || **fabrikfertige** ≗ (SFK) / factory-built assembly (of l.v. switchgear and controlgear FBA) || **partiell typgeprüfte** ≗ / partially type-tested switchgear and controlgear assembly || **typgeprüfte** ≗ / type-tested switchgear and controlgear assembly, type-tested l.v. switchgear and controlgear assembly

Schaltgeräteschutz·-Sicherung *f* / switchgear fuse || ≗**-Sicherungseinsatz** *m* / switchgear fuse-link

Schalt·gerätgehäuse *n* / switchgear enclosure || ≗**gerätmontage** *f* / switchgear installation || ≗**geräusch** *n* / operating noise || ≗**gerüst** *n* / switch rack, switching structure, switchgear rack || ≗**geschwindigkeit** *f* / changeover speed || ≗**geschwindigkeit** *f* (elST) / speed of operation, response time || ≗**gestänge** *n* / operating linkage || ≗**getriebe** *n* / change-speed gearbox || ≗**getriebe** *n* (WZM) / indexing mechanism

Schaltglied *n* / contact element || ≗ *n* (in zusammengesetzten Termini, z.B. Hilfsschaltglied) / contact *n* || ≗ *n* (im Sinne von Schaltgerät) / switching device || ≗ *n* (Logikschaltung) / logic element, gate *n* || ≗ **mit Doppelunterbrechung** VDE 0660,T.200 / double-gap contact element, double-break contact element || ≗ **mit Einfachunterbrechung** VDE 0660,T.200 / single-gap contact element || **betätigungsabhängiges** ≗ / dependent-action contact element || ≗**ausführung** *f* (S, Ö) / contact type, contact arrangement

Schaltgliederzeit *f* / contact time

Schaltgliedöffnungsweg *m* / contact parting travel

Schalt·griff *m* / (operating) handle, setting knob || ≗**größe** *f* (Reg.) / switching variable || ≗**gruppe** *f* / vector arrangement || ≗**gruppe** *f* (Trafo) / connection symbol IEC 50(421), vector group ||

²handlung *f* / switching action
Schalthäufigkeit *f* / operating frequency, frequency of operating, switching rate, number of switching operations, switching frequency, frequency of operation || ² *f* (Rel.) / duty rating (ASA C37.1) || ² *f* (Mot.) / permissible number of operations per hour, starting frequency, frequency of operations || ² **unter Last** (HSS) VDE 0660, T.200 / frequency of on-load operating cycles IEC 337-1, number of on-load operating cycles per hour || **große** ² VDE 0630 / frequent operation (CEE 24) || **normale** ² VDE 0630 / infrequent operation (CEE 24)
Schalthaus *n* / switchgear house, switchgear building
Schalthebel *m* / handle *n*, operating lever, actuating lever, extracting lever, extraction grip || ² *m* (Kfz) / shift lever || ² **mit Zahnsegment** / operating lever with gear segment
Schalt·hoheit *f* / switching authority || ²**hub** *m* (Kontakthub) / contact travel || ²**hysterese** *f* / hysteresis, differential hysteresis, switching hysteresis, differential travel || ²**ingenieur** *m* / control engineer, dispatcher *n* || ²**jahr** *n* / leap year || ²**kabel** *n* (f. Schaltanlagen) / switchboard cable, switchboard cord
Schaltkammer *f* (Lichtbogenkammer) / arcing chamber || ² *f* (Unterbrecherkammer) / interrupter chamber, interrupting chamber || **Vakuum-**² *f* / vacuum interrupter chamber || ²**-Leistungsschalter** *m* / live-tank circuit-breaker || ²**schalter** *m* / live-tank circuit-breaker
Schalt·kante *f* / intermittent edge || ²**kanten** *f pl* / switching edges || ²**kasten** *m* / switchbox *n*, control box || ²**kasten** *m* (f. Kabel, m. Laschenverbindern) / link box || ²**kenngrößen** *f pl* (Schalttransistor) / switching characteristics || ²**klinke** *f* (EZ) / advancing pawl, pusher *n* || ²**kombination** *f* (Schalter-Sicherungs-Einheit) / fuse combination unit || ²**kombination** *f* (Schaltgerätekombination) / switchgear assembly, circuit-breaker unit || ²**kondensatorfilter** / switched-capacitor filter || ²**konstante** *f* / switching constant || ²**kontakt** *m* / switching contact, switch contact || ²**kontakt** *m* (Trafo-Stufenschalter) / main switching contact IEC 214 || ²**kontakt** *m* (Hauptkontaktstück) / main contact || ²**kontakt** *m* (bewegl. Schaltstück) / moving contact || ²**kontakte** *m pl* (Trafo) VDE 0532,T.30 / main switching contacts IEC 214 || ²**kopf** *m* / interrupter head, breaker head, operating head || ²**kraft** *f* / actuating force IEC 337-1, operating force IEC 512
Schaltkreis *m* / electric circuit, switching circuit, circuit *n* || ² *m* (IC) / integrated circuit (IC) || **MOS-**² / MOS integrated circuit || ²**-Leistungsfaktor** *m* / circuit power factor || **elektronisches** ²**system** / electronic switching system, solid-state switching system, static switching system || ²**technik** *f* / circuit technology, circuit logic, logic *n*
Schalt·kulisse *f* / switching gate || ²**kupplung** *f* / clutch *n* || ²**kurbel** *f* / operating crank || ²**kurzzeichen** *n* / graphical symbol, graphic symbol (US) || ²**last** *f* / load switched || ²**last** *f* (Auslegungswert f. Relaiskontakte) / contact rating || ²**leiste** *f* / switching strip, switch strip
Schaltleistung *f* / switching capacity, making and breaking capacity, making/breaking capacity || ² *f* (Ausschalten) / breaking capacity, rupturing capacity, interrupting capacity || ² *f* (Sich., StV) / breaking capacity, rupturing capacity || ² *f* (Einschalten) / making capacity || ² **der Kontakte** / contact rating
Schaltleistungsprüfung *f* (Trafo) VDE 0532,T.20 / switching test IEC 214
Schalt·leitung *f* (Kommandostelle im Verbundnetz) / system control centre || ²**lichtbogen** *m* / arc *n* || ²**litze** *f* / (stranded) interconnecting wire || ²**magnet** *m* / actuating magnet, operating coil, solenoid *n*, switching magnet || ²**matrix** *f* / switching matrix || ²**mechanismus** *m* (WZM, Teilapparat) / indexing mechanism || ²**messer** *n* / contact blade, switch blade || ²**messerpaar** *n* / knife-contact pair || ²**modell** *n* / patchboard *n* || ²**modul** *n* / switching module || ²**moment** *n* (el. Masch., Drehmoment beim Schaltvorgang) / switching torque
Schalt·netz *n* DIN 44300 / combinational circuit || ²**netzteil** *n* / switched-mode power supply (SMPS), chopper-type power supply unit || ²**nocken** *m* / operating cam, cam *n* || ²**pilot** *m* / switching control pilot, switching pilot
Schaltplan *m* DIN 40719,T.2 / diagram IEC 113-2, circuit diagram, wiring diagram, schematic circuit diagram || ² *m* (CAD-Verfahren) / schematic *n* || ²**aufnahme** *f* (CAD) / schematic capture || ²**dokumentation** *f* / electrical documentation || ²**entflechtung** *f* / artwork design, artworking || ²**erfassung** *f* (CAD) / schematic capture || ²**tasche** *f* / circuit-diagram pocket
Schalt·platine *f* (Vielfachschalter) / contact wafer || ²**platte** *f* / switching plate || ²**platte** *f* (Schaltbrett) / plugboard *n*, patchboard *n* || ²**programm** *n* / control program, switching sequence, contact arrangement, operating sequence program || ²**programm** *n* (Kfz) / shift program, operating program || ²**prüfung unter Asynchronbedingungen** / out-of-phase switching test || ²**pult** *n* / control desk *n* (control console)
Schaltpunkt *m* / operating point, switching point, instant of snap-over, trigger point, triggering point, set point || ² *m* (Temperatur) / operating temperature || ² *m* (Zeit) / switching instant, operating instant || ² *m* (Reg.) / switching value || ² **bei Rücklauf** (PS) / reset contact position (PS) || **Nenn-**² *f* / nominal set point || **oberer** ² / upper limit (value) || **wegabhängiger** ² (NC) / slow-down point || ²**abwanderung** *f* EN 50047 / drift of operating point (EN50047), repeat accuracy deviation (US) || ²**abweichung** *f* (NS) / repeat accuracy deviation || ²**bestimmungs-Baugruppe** *f* (Parallelschaltgerät) / synchronism check module, synchro-checkmodule || ²**genauigkeit** *f* (Wiederholgenauigkeit) / repeat accuracy, consistency *n*, repeatability *n* (US)
Schalt·rad *n* / ratchet wheel || ²**rad** *n* (EZ) / switch-actuating wheel (o. gear) || ²**raum** *m* / switchroom *n*, control room || ²**regler** *m* / switching controller, on-off controller || ²**regler** *m* (m. Zerhacker) / chopper-type regulator, chopper regulator, switched-mode regulator || ²**reihe** *f* (Folge von festgelegten Schaltungen u. Pausenzeiten) / operating sequence, sequence of operation || ²**reiter** *m* / control rider, rider *n*
Schaltrelais *n* / relay *n*, all-or-nothing relay || ² **mit beabsichtigter Verzögerung** / specified-time relay
Schalt·richtung *f* / actuating direction, direction of actuation, direction of motion of operating device ||

²**richtung** *f* (Thyr) / triggered direction || ²**richtungskontrolle** *f* / switching direction check || ²**ring** *m* (Wickl.) / connector ring || ²**rohr** *n* (VS) / tapped cylindrical winding, tap-changing winding || ²**rohr** *n* (Schaltstückrohr) / contact tube

Schaltröhre *f* / switching tube || ² *f* (VS, Unterbrecher) / vacuum interrupter, interrupter *n* || ² *f* (Trafo) / tapped cylindrical winding, tap-changing winding || **Elektronenstrahl-**² *f* / beam deflection tube || **Quecksilber-**² *f* / mercury contact tube, mercury switch

Schaltröhren·gehäuse *n* (VS) / interrupter tube housing (o. enclosure), interrupter housing || ²**träger** *m* (VS) / interrupter support

Schalt·säule *f* / control pillar (o. pedestal) *n* || ²**scheibe** *f* / disk *n*, indexing plate, poppet *n* || ²**schema** *n* / wiring diagram IEC 113-1, connection diagram (US), survey diagram (Rev.) IEC 113-1, block diagram

Schaltschloss *n* / breaker latching mechanism || ² *n* (LS) / latching mechanism, breaker mechanism || ²**seite** *f* / breaker latching mechanism side

Schaltschlüssel *m* / operating key

Schaltschrank *m* / switchgear cubicle, switchgear cabinet, switching cabinet, cubicle *n* || ² *m* (Steuerschrank) / control cubicle, control cabinet || ² **mit ausfahrbaren Schaltgeräten** / withdrawable-switchgear cubicle, truck-type switchgear cubicle || ² **mit festeingebauten Schaltgeräten** / non withdrawable switchgear cubicle || ²**bau** *m* / switchgear cabinet manufacture

Schaltschrankeinbau *m* / cubicle mounting || **für** ² / for mounting in cubicle, for enclosed mounting, cubicle-mounting (type), enclosed-mounting (type)

Schaltschrank·fläche *f* / space requirements in the switching cabinet || ²**gruppe** *f* / multi-cubicle arrangement (o. switchboard), group of (switchgear) cubicles, switchboard, control cabinet group || ²**türe** *f* / control cabinet door || ²**- und Verdrahtungsprüfung** *f* / testing of cubicles and wiring || ²**-Verdrahtung** *f* / switchgear cabinet wiring

Schaltschritt *m* (Wickl.) / front span || **kleinster** ² / minimum movement, minimum movement step

Schalt·schütz *n* / contactor *n* || ²**schütz** *n* / contactor relay IEC 337-1, power contactor (H/4.008), control relay (depr.) || ²**schutzpegel** *m* / switching protective level || ²**schwelle** *f* / operating point, switching threshold || ²**schwimmer** *m* / control float, float *n*, liquid level switch || ²**schwinge** *f* / rocker *n*, rocker arm || ²**segment** *n* / switching segment || ²**seite** *f* (el. Masch., Wickl.) / connection end, front end, front *n* || ²**skizze** *f* / sketched circuit diagram

Schaltspannung *f* / switching voltage, voltage switched, switching impulse voltage, operational voltage || **Eingangs-**² *f* (IS) / input threshold voltage

Schaltspannungs·festigkeit *f* / switching impulse strength, switching surge strength || ²**prüfung** *f* / switching impulse voltage test || ²**prüfung** *f* / switching impulse test || ²**stoß** *m* / switching impulse, switching surge

Schaltsperre *f* / lockout device, lockout *n* || ² *f* (Anti-Pump-Vorrichtung) / anti-pump device

Schaltspiel *n* / operating cycle, switching cycle, make-break operation, on-off operation || ² *n* (RSA-Empfänger) VDE 0420 / operation *n* || ² *n* (eines Schaltglieds) VDE 0660, T.200 / switching cycle IEC 337-1 || ² *n* (Bedienteil, HSS) / actuating cycle IEC 337 || **ein** ² **ausführen** (Rel.) DIN IEC 255, T.100 / cycle *v* (relay) || ²**anzahl** *f* / number of operating cycles || ²**dauer** *f* / cycle time || **Schaltvermögen bei** ²**en** (Rel.) / limiting cycling capacity || ²**zahl** *f* / (permissible) number of make-break operations, (permissible) number of operating cycles, operating frequency || ²**zähler** *m* / operations counter, make-break operations counter

Schalt·spule *f* (Trafo) / tapping coil, tapped coil || ²**stab** *m* (Wickl.) / connector bar, connector *n*, inversion bar

Schaltstange *f* / switchstick, hand pole, hand stick, switch hook, operating rod || ² *f* (Betätigungshebel am Schalter) / drive rod, operating lever

schaltstangen·betätigt *adj* / stick-operated *adj* || ²**hebel** *m* / switch stick lever

Schalt·station *f* / switching substation || ²**stecker** *m* / load-break connector, switched plug || ²**stecker** *m* (zum Kurzschließen) / short-circuiting plug || ²**steckverbinder** *m* (zum Schalten und Unterbrechen stromführender Kreise) / load-break connector || ²**stelle** *f* / control point, switching point || ²**stelle** *f* (Wickl.) / connection point

Schaltstellung *f* / position *n* || **die** ² **ändern** (Rel.) / change over || **gekreuzte** ² / crossed position

schaltstellungs·abhängig *adj* / contact position-driven || ²**anzeige** *f* / ON-OFF indicator || ²**anzeiger** *m* / position indicating device IEC 129, contact position indicator ANSI C37.13, position indicator, ON-OFF indicator || ²**anzeiger** *m* (Balkenanzeiger) / semaphore *n* || ²**anzeiger** *m* / position indicating device || **Ausschnitt** ²**anzeiger** / position indicating device cutout || ²**folge** *f* / switching sequence || ²**geber** *m* VDE 0670,T.2 / position signalling device IEC 129 || ²**melder** *m* / switch (o. breaker) position signalling device || ²**wechsel** *m* / changeover *n*

Schaltsteuerung, Ein-Aus-² *f* / on-off switching control

Schaltstift *m* (Schaltstück) / moving contact, contact finger, contact pin, contact rod || ² *m* (Betätigungselement) / operating pin, actuating stud || ²**gehäuse** *n* / contact-pin housing, contact-pin tube || ²**kopf** *m* / moving-contact tip, contact-pin tip

Schaltstoßprüfung *f* / switching impulse test

Schaltstoßspannung *f* / switching impulse voltage, switching impulse || ² **unter Regen** / wet switching impulse voltage || **Ansprechkennlinie der** ² / switching-impulse sparkover-voltage/time curve, switching voltage/time curve || **Ansprechpegel der** ² / switching(-impulse) voltage sparkover level || **schwingende** ² / oscillatory switching impulse (voltage)

Schaltstoßspannungs·festigkeit *f* / switching impulse strength, switching surge strength || ²**prüfung** *f* / switching impulse voltage test, switching impulse test, switching impulse voltage test || ²**prüfung unter Regen** / wet switching impulse withstand voltage test || ²**prüfung, trocken** / switching impulse voltage dry test IEC 517, dry swishing impulse withstand voltage test IEC 168

Schaltstrecke *f* VDE 0670,T.3 / clearance between

open contacts IEC 265, breaker gap, arc gap, gap *n*, break *n* || ≗ *f* (HSS, PS) VDE 0660,T.200 / contact gap IEC 337-1, break distance (ICS 2-225) || ≗ *f* (Unterbrechereinheit eines LS) / interrupter *n*, interrupter assembly || ≗ **in Reihe** (LS) / series break

Schaltstrom *m* / current switched, switched current, breaking current, interrupting current, switching current, switching impulse current || ≗ *m* (Trafo) VDE 0532,T.30 / switched current IEC 214 || ≗**kontrolle** *f* / switching current check || ≗**kreis** *m* / switching circuit || ≗**spitzenwert** *m* / peakswitching current

Schaltstück *n* / contact piece, contact member (US), contact || ≗**abbrand** *m* / contact erosion, contact pitting || ≗**abstand** *m* / contact gap, clearance between open contacts || ≗**anfressung** *f* / contact pitting, contact corrosion, crevice corrosion || ≗**auflage** *f* / contact facing || ≗**-Durchdruck** *m* / contact spring action, contact resilience

Schaltstücke in Luft / air-break contacts BS 4752, contacts in air IEC 129, contact pieces in air || ≗ **in Öl** / oil-break contacts, contacts in oil

Schaltstück·einstellung *f* / contact gauging || ≗**lage nach Betätigung** / operated contact position || ≗**lebensdauer** *f* / contact life, contact endurance || ≗**material** *n* / contact material || ≗**prellen** *n* / contact bounce, contact chatter || ≗**träger** *m* / contact carrier || ≗**weg** *m* / contact travel || ≗**werkstoff** *m* / contact material

Schalt·stufe *f* / switching step, extension interval || ≗**summenstrom** *m* / total switching current || ≗**symbol** *n* / graphical symbol, graphic symbol (US) || **binäres** ≗**system** / binary-logic system || ≗**tabelle** *f* / sequence table (o. chart) || ≗**tabelle** *f* (Reg.) / state table

Schalttafel *f* / switchboard *n*, control board, switching device, operator panel (OP) || ≗ *f* (klein) / panel *n*, control panel || ≗ *f* (Steuertafel) / control board, control panel || ≗ **für Doppelfrontbedienung** / dual switchboard, back-to-back switchboard, double-fronted switchboard || ≗ **für Einfrontbedienung** / single fronted switchboard, front-of-board design, vertical switchboard || ≗ **für Rücken-an-Rückenaufstellung** / dual switchboard, double-fronted switchboard, back-to back switchboard || ≗ **mit Pult** / benchboard *n*

Schalttafelaufbau *m* / surface mounting || **für** ≗ / for surface-mounting on dead-front type, for panel surface mounting || **für** ≗ / panel-mounting *adj*

Schalttafelausschnitt *m* / panel cutout

Schalttafeleinbau *m* / flush-mounting of a switchboard, flush-mounting in switchboards, panel mounting || ≗**öffnung** *f* / panel output

Schalttafel·gerät *n* / switch panel unit, electrical control board || ≗**-Messinstrument** *n* / switchboard measuring instrument, panel-mounting measuring instrument || ≗**schalter** *m* / panel-type switch || ≗**-Steckdose** *f* / panel-type socket-outlet || ≗**version** *f* / switch panel version

Schalt·teller *m* / indexing plate, disk *n*, poppet *n* || ≗**temperatur** *f* (Temperatursicherung) / functioning temperature || ≗**tisch** *m* (WZM) / indexing table || ≗**transistor** *m* / switching transistor || ≗**trieb** *m* (EZ) / switch drive || ≗**überspannung** *f* / switching overvoltage, switching surge, switching transient || ≗**überspannungs-Schutzfaktor** *m* / protection ratio against switching impulses || ≗**überspannungs-Schutzpegel** *m* / switching impulse protective level || ≗**uhr** *f* / time switch, clock timer, clock relay, time switch || ≗**umkehrspanne** *f* (NS) / differential travel

Schalt·- und Installationsgeräte *n pl* / switchgear and installation equipment || ≗**- und Steuergeräte** *n pl* VDE 0100, T.200 / switchgear and controlgear || ≗**- und Wendegetriebe** *n* / gear-change and reversing gearbox

Schaltung *f* (Stromkreis) / circuit *n*, circuit arrangement, circuitry *n* || ≗ *f* / arrangement *n* || ≗ *f* (eines Geräts, LE) / connection *n* || ≗ *f* (Schalthandlung, Betätigung) / switching operation *n*, switching *n*, operation *n* || ≗ *f* (Verdrahtung) / wiring *n*, wiring and cabling || ≗ *f* (Verbindung) / connection *n*, wiring *n* || ≗ *f* (Kontaktbewegung von einer Schaltstellung zu einer anderen) / operation *n*, switching operation || ≗ **aus konzentrierten idealen Elementen** / lumped circuit || ≗ **aus örtlich verteilten (idealen) Elementen** / distributed circuit || ≗ **der Brücken** / arrangement of links (o. jumpers) || ≗ **der Wicklung** / winding connections || ≗ **mit diskreten Bauteilen** / discrete circuit || **3-Leiter-**≗ *f* / 3-wire circuit || **Erweiterungs~** *f* (IS) / expander *n* (IC), extender *n* (IC) || **gedruckte** ≗ / printed circuit board (pcb), printed circuit board (PC board), substation processor module, PC board (printed circuit board), board, pcb || **grundsätzliche** ≗ / basic circuit, single-line diagram || **halbgesteuerte** ≗ (LE) / half-controlled (o. half-controllable) connection || **halbkundenspezifische** ≗ / semicustom IC || **integrierte** ≗ / IC (integrated circuit) || **kombinatorische** ≗ / combinatorial circuit, combinatorial logic circuit || **logische** ≗ / logic circuit, logic array || **nichtgesteuerte** ≗ (LE) / non-controllable connection, uncontrolled connection || **vermaschte** ≗ / meshed circuit || **vollkundenspezifische** ≗ / fullcustom IC

Schaltungen, Anzahl der ≗ / number of operations

Schaltungs·algebra *f* / circuit algebra, switching algebra, Boolean algebra || ≗**anordnung** *f* / circuit configuration, circuit arrangement || ≗**art** *f* / method of connection IEC 117-1, circuit type || ≗**aufbau** *m* / circuit design, circuit arrangement

schaltungsbedingte periodische Rückwärts-Spitzensperrspannung / circuit repetitive peak reverse voltage

Schaltungs·beispiel *n* / typical circuit || ≗**beispiel** *n* / typical circuit diagram || ≗**buch** *n* / wiring manual, circuit manual, circuit documentation, book of circuit diagrams || ≗**element** *n* / circuit element || ≗**entwicklung** *f* (gS) / circuit design || ≗**entwurf** *m* / circuit design || ≗**faktor** *m* / duty factor || ≗**glied** *n* / circuit element || ≗**lehre** *f* / circuit theory || **stromliefernde** ≗**logik** / current sourcing logic || ≗**nummer** *f* (I-Schalter) / pattern number || ≗**programmierer** *m* / circuit programmer

Schaltungstechnik *f* / circuit engineering || ≗ *f* (Logik) / circuit logic, logic *n* || **stromliefernde** ≗ / current sourcing logic || **stromziehende** ≗ / current sinking logic

Schaltungs·teile *f* / circuitry parts || ≗**topologie** *f* / circuit topology || ≗**- und Schaltgruppenbezeichnung** (Trafo) / vector-group symbol || ≗**unterlagen** *f pl* / circuit documentation, diagrams, charts and tables, schematic diagrams || **≗winkel** *m* / circuit angle

Schaltvariable *f* / switching variable

Schaltverbindung *f* (Stromkreis, Gerät) / circuit connection, connection *n*, connector *n*, link *n* || ≗ *f* (Wickl.) / coil connector, connector *n* || **≗en** *f pl* (Verdrahtung) / wiring *n*

Schalt·verhalten *n* / switching performance || **≗verluste** *m pl* (Diode, Thyr.) / switching losses, switchingpower loss || **≗verlustleistung** *f* (Diode, Thyr.) / switching losses, switchingpower loss

Schaltvermögen *n* / switching capacity, breaking capacity, making and breaking capacity, interrupting capacity, making capacity, making/breaking capacity || ≗ *n* (Ausschaltleistung) / breaking capacity || ≗ *n* (Ein-Ausschaltleistung) / make-break capacity || ≗ *n* (Kontakte) / contact rating || ≗ *n* (elST-Geräte) / switching capacity || **≗ bei Schaltspielen** (Rel.) / limiting cycling capacity || **≗ der Kontakte** / contact rating || **Kurzschluss-≗** *n* / short-circuit capacity, short-circuit breaking (o. interrupting) capacity || **Nachweis des ≗s** (HSS) VDE 0660,200 / switching performance test || **Prüfung des ≗s** VDE 0531 / breaking capacity test IEC 214

Schalt·verriegelung *f* / interlock *n*, interlocking *n*, lock *n* || **≗verstärker** *m* / switching amplifier || **≗verzögerung** *f* / operating delay, switch-on delay, delay *n*, ON delay || **≗vorgang** *m* / switching operation

Schaltvorrichtung *f* (Betätigungsvorrichtung) / operating device *n*, actuator || ≗ *f* (WZM) / indexing mechanism, dividing head || **elektromechanische ≗** / electromechanically operated contact mechanism

Schaltwagen *m* / switch(gear) truck || **≗anlage** *f* / truck-type switchgear, truck-type switchboard || **≗einheit** *f* / truck-type switchgear unit, truck-mounted breaker unit || **≗feld** *n* / switch truck panel, breaker truck cubicle || **≗raum** *m* / truck-compartment || **≗verriegelung** *f* / truck interlock

Schalt·walze *f* / drum controller, drum starter || **≗warte** *f* / control room, control centre || **≗wärter** *m* / shift engineer, switching engineer || **≗weg** *m* (Kontakte) / contact travel || **≗weg** *m* (PS, Betätigungselement) / (actuator) travel, total travel || **≗wegdifferenz** *f* / travel difference || **≗welle** *f* / actuating shaft, operating shaft, drive shaft, breaker shaft

Schaltwellen·isolierung *f* / breaker shaft insulation || **≗mitte** *f* / breaker shaft center, breaker shaft angle || **≗winkelmesser** *m* / breaker shaft angle gauge || **≗zapfen** *m* / breaker shaft stud

Schaltwerk *n* (Bahn-Steuerschalter) / switchgroup *n* || ≗ *n* (I-Schalter) / switch mechanism, contact mechanism || ≗ *n* (Trafo) / tap-changer mechanism || ≗ *n* (Zeitschalter) / commutation mechanism || ≗ *n* DIN 44300, Funktionseinheit zum Verarbeiten von Schaltvariablen / sequential circuit || ≗ *n* (Prozessor) / processor *n* || ≗ *n* (Geräteschalter) VDE 0630 / contact mechanism, (switch mechanism) || ≗ *n* / switching substation || **Ablauf~** *n* DIN 19237 / sequence processor || **Brems~** *n* (Bahn) / braking switchgroup, braking controller || **handbetätigtes ≗** (Bahn) / manual switchgroup || **Nocken~** *n* / cam-operated switchgroup, cam group, cam-contactor group || **Programm~** *n* / program controller, program clock, microcontroller *n* || **Sprung~** *n* (LS) / independent manual operating mechanism, spring-operated mechanism, release-operated mechanism || **Sprung~** *n* (HSS) / snap-action (operating) mechanism || **Stufen~** *n* (Trafo) / tap-changing gear, tap changer || **synchrones ≗** (Rechner) / synchronous sequential circuit || **Tages~** *n* / twenty-four-hour commutation mechanism || **Verriegelungs~** *n* (Bahn) / interlocking switchgroup || **Walzen~** *n* / drum controller || **Wochen~** *n* / seven-day switch, week commutating mechanism || **Zeit~** *n* (Schaltuhr) / timing element, commutating mechanism || **Zeit~** *n* (Reg.) / timer *n*, sequence timer

Schaltwert *m* (a. Rel., beim Ansprechen) / switching value || ≗ *m* (Rel., beim Rückfallen) / disengaging value || **≗verhältnis** *n* (Rel., beim Rückfallen) / disengaging ratio

Schalt·widerstand *m* (f. LS) / switching resistor || **≗winkel** *m* / switching angle, angle of operation || **≗winkel** *m* (PS, Betätigungselement) / actuating angle, operating angle || **≗winkel** *m* (WZM, NC) / indexing angle || **≗wippe** *f* / operating rocker, rocker *n*

Schalt·zahl *f* / number of operations (per unit time), operating frequency, permissible number of operations (per unit time), (permissible) number of make-break operations, (permissible) number of operating cycles || **≗zählwerk** *n* / operations counter || **≗zeichen** *n* / graphic symbol (US) || **≗zeichen** *n* (Figur, Zeichen, Ziffer, Buchstabe oder deren Kombination zum Anwenden in der Dokumentation, um Funktionseinheiten oder Baueinheiten darzustellen) / graphical symbol, block *n* || **≗zeichen für Binärschaltungen** / logic symbol || **≗zeichenkombination** *f* / array of elements (graphical symbol) || **≗zeichnung** *f* / schematic *n*

Schaltzeit *f* / opening time, clearing time || ≗ *f* (SG) / operating time, total operating time || ≗ *f* (elST) / switching time || ≗ *f* (Verzögerung durch Anstiegs- und Abfallzeiten der Signale) / delay time, propagation delay || ≗ *f* (NC, Transistor) / switching time || **≗punkt** *m* / switching instant, operating instant

Schalt·zelle *f* / (switchgear) cell *n*, switchgear cubicle || **≗zentrale** *f* (Netz) / system (o. network) control centre, load dispatching centre || **≗zustand** *m* / circuit state, control state, switching status || **≗zustand** *m* (NS) / output state || **≗zustandsanzeiger** *m* (NS) / output indicator || **≗zustandsgeber** *m* (Sich.) / fuse monitor || **≗zyklus** *m* (Trafo) VDE 0532,T.30 / cycle of operation IEC 214

Schälung *f* (Lagerdefekt) / flaking *n*

Schälwerkzeug *n* (f. Kabel) / skiver *n*, skiving tool

Schar *f* (Kurven) / family *n*, set *n*

scharf *adj* (Stromkreis) / alert *adj* || **~ begrenzter Übergang** / sharp transition

Schärfe *f* / severity *n* || ≗ *f* (Statistik, QS) DIN 55350, T.24 / power *n*

scharfe Anforderungen / exacting requirements, stringent demands

Schärfe der Prüfung / severity of inspection (o. test)

scharfe Kante / sharp edge, sharp corner || **~ Messbedingungen** / tightened test conditions

Schärfe, Schwing≗ *f* / vibrational severity, vibration severity

Schärfegrad *m* / degree of severity || ≗ *m* (Prüf.) / severity *n*
Scharfeinstellung *f* / fine focussing
Schärfen·einstellung *f* / fine focussing || ≗**tiefe** *f* (Optik) / depth of focus
scharf·gängiges Gewinde / triangular thread, V-thread *n*, Vee-thread || **~kantig** *adj* / sharp-edged *adj* || ≗**kerbe** *f* / acute-V notch
scharfzeichnend *adj* (Bildröhre) / high-definition *adj*
Schärmaschine *f* / warping frame
Scharnier *n* / hinge *n* || ≗**zapfen** *m* / hinge pin
Schatten werfen / to cast shadows || ≗**bild** *n* / shadow image, shadow pattern, radiographic shadow, radiographic image || ≗**gitter** *n* / shadow grid || ≗**grenze** *f* / shadow border
schattenlose Beleuchtung / shadowfree lighting
Schattenwirkung *f* / shadow effect
Schattierung *f* (a. CAD) / shading *n*
Schattierungsmodell *n* (CAD) / shading model
Schattigkeit *f* (Ausdehnung, Anzahl u. Dunkelheit von Schatten, durch die Lichtrichtung bestimmt) / modelling *n*
Schätz·fehlervektor *m* (Reg.) / vector of estimation errors || ≗**funktion** *f* DIN 55350, T.24 / estimator *n* (statistics) || **erwartungstreue** ≗**funktion** DIN 55350, T.24 / unbiased estimator || ≗**preis** *m* / estimated price
Schätzung *f* (a. Statistik) DIN 55350, T.24 / estimation *n* || ≗ **des Parameters** / parameter estimate
Schätzwert *m* DIN 55350, T.24 / estimate *n* (statistics) || ≗**e** *m pl* / estimated values
Schau·auge *n* / inspection lens, window *n* || ≗**bild** *n* / graph *n*, chart *n*
Schauer·entladung *f* / showering arc, shower discharge || ≗**zeit** *f* (Meldungsschauer) / burst time
Schaufel *f* / blade *n*
Schaufensterbeleuchtung *f* / shop window lighting, display window lighting
Schauglas *n* / inspection window, sight-glass *n*, inspection glass, gauge glass, glass *n* || ≗ *n* (Relaiskappe) / glass front || ≗**-Ölstandsanzeiger** *m* / oil-level sight glass
Schau·kasten *m* / showcase *n*, shopcase || ≗**loch** *n* / eye *n*, inspection hole
schaumbildend *adj* / foaming *adj*
Schaumdämpfungsmittel *n* / anti-foam additive || **~frei** *adj* / foamless *adj*, non-foaming *adj* || ≗**gummi** *n* / foam rubber || ≗**neigung** *f* (Öl) / foaming property || ≗**stoff** *m* / cellular plastic, foam plastic, expanded plastic
Schaumstoff, gemischtzelliger ≗ / mixed-cell foam (material), expanded material
Schauscheibe *f* / window *n*
Sch-Ausführung *f* (Bergwerksausrüstung) / mine type, hazardous-duty type
Schautafel *f* / visual aid chart, chart *n*
Schauzeichen *n* / flag indicator, target indicator, indicator *n*, indicating target, target *n*, flag *n* || ≗ *n* (EZ) / target *n* || ≗**relais** *n* / flag relay
Scheckkartenformat *n* / cheque card format
Scheibe *f* / disk *n*, plain washer, washer *n*, backing plate, grinding wheel || ≗ *f* (HL) / wafer *n* || ≗ *f* (EZ-Läufer) / disc *n*, rotor *n* || ≗ *f* (Riementrieb) / pulley *n*, sheave *n* || ≗ *f* (Nocken) / cam *n* || ≗ **mit Außennase** / washer with external tap || **Isolator~** *f* / insulator shed, insulator disc

Scheiben·anker *m* / disc-type armature || ≗**bremse** *f* / disc brake, disk brake || ≗**-Drosselklappe** *f* / butterfly valve with disk vane (damper blade) || ≗**feder** *f* / curved washer || ≗**fräser** *m* / side milling cutter, side mill || ≗**heizung** *f* (Kfz) / defroster *n*, demister *n* || ≗**interferometrie** *f* / slab interferometry || ≗**isolator** *m* / disc insulator || ≗**kommutator** *m* / disc commutator, radial commutator || ≗**kupplung** *f* (starr) / flanged-face coupling, flange coupling, compression coupling || ≗**kupplung** *f* (schaltbar) / disc clutch || ≗**läufer** *m* / disc-type rotor, disc rotor || ≗**läufermaschine** *f* / disc-type machine || ≗**magazin** *n* / circular tool magazine, rotary-plate magazine || ≗**magnetläufer** *m* / permanent-magnet disc-type rotor || ≗**motor** *m* / pancake motor, disc-type motor, disk motor || ≗**passfeder** *f* (Woodruff-Keil) / Woodruff key, Whitney key || ≗**prüfung** *f* (HL) / wafer probing || ≗**radgenerator** *m* / disc-type generator, disc alternator || ≗**revolver** *m* / disk turret || ≗**revolverkopf** *m* / rotary-plate turret, disk turret head || ≗**röhre** *f* / disc-seal tube || ≗**rollenlager** *n* / axial roller bearing
Scheiben·schwingmühle *f* / vibrating-disc mill || ≗**spule** *f* / disc coil, pancake coil || ≗**spulenwicklung** *f* / disc winding, sandwich winding, pancake winding, slab winding || ≗**stapel** *m* (Trafo) / disc stack || ≗**strom** *m* (EZ) / rotor eddy current || ≗**thyristor** *m* / disc-type thyristor, flat-pack thyristor || ≗**thyristoren in Bausteinweise** / blocks of disc-type thyristors || ≗**thyristoren in Satzbauweise** / sets of disc-type thyristors || ≗**umfangsgeschwindigkeit** *f* (SUG) / grinding wheel peripheral speed (GWPS), peripheral speed, grinding wheel surface speed || ≗**welle** *f* / disc-type shaft || ≗**wicklung** *f* / disc winding, sandwich winding, pancake winding, slab winding || ≗**wicklungsanordnung** *f* (Trafo) / sandwich windings IEC 50(421) || ≗**wischermotor** *m* / windscreen wiper motor || ≗**zelle** *f* (Thyr) / disc-type thyristor, flat-pack thyristor
Scheider *m* (a. Batt.) / separator *n*
Scheinarbeit *f* / apparent energy, apparent work || ≗ *f* (Vah) / apparent power demand, volt-ampere per unit time, volt-ampere per hour, kVAh || **elektrische** ≗ / apparent amount of electric energy
scheinbar·e Ankereisenweite / apparent core width || **~e Größe** / apparent magnitude || **~e Helligkeit** / apparent brightness, luminosity *n* || **~e Kapazität** / apparent capacitance || **~e Ladung** / apparent charge, nominal apparent PD charge || **~e Masse** / apparent mass, effective mass || **~e Permeabilität** / apparent permeability || **~e Remanenz** / magnetic retentivity, retentivity *n* || **~er Innenwiderstand** (Batt.) / apparent internal resistance || **~es Bild** / virtual image
Schein·kostenfaktor *m* / shadow cost factor || ≗**leistung** *f* / apparent power, complex power
Scheinleistungs·dichte *f* / apparent power density || ≗**faktor** *m* / apparent power factor || ≗**-Messgerät** *n* / volt-ampere meter, VA meter, apparent-power meter || ≗**verlust** *m* / apparent power loss
Schein·leitfähigkeit *f* / apparent conductivity || ≗**leitwert** *m* / admittance *n* || ≗**permeabilität** *f* / apparent permeability || ≗**phasenwinkel** *m* / apparent phase angle || ≗**strom** *m* / apparent current || ≗**verbrauchszähler** *m* / volt-ampere-hour meter,

VAh meter, apparent-energy meter
Scheinwerfer *m* / projector *n*, searchlight *n*, spotlight *n* || ≗ *m* (Kfz) / headlight *n*, headlamp *n* || ≗ **für Schienenfahrzeuge** / railcar headlight || **Dreh~** *m* / rotating beacon, revolving beacon || ≗**lampe** *f* / projector lamp || ≗**reinigung** *f* (Kfz) / headlamp cleaning || ≗**wischer** *m* (Kfz) / headlamp wiper
Scheinwiderstand *m* / impedance *n*
Scheitel *m* / crest *n*, peak *n* || ≗**dauer** *f* / time above 90 % || ≗**dauer eines Rechteckstoßstromes** / virtual duration of peak of a rectangular impulse current || ≗**faktor** *m* / peak factor || ≗**punkt** *m* (eines Winkels) / vertex *n* || ≗**spannung** *f* / peak voltage, crest voltage || ≗**spannungsabweichung** *f* / peak voltage variation || ≗**spannungsmesser** *m* / peak voltmeter || ≗**spannungs-Schaltrelais** *n* / peak switching relay
Scheitelsperrspannung *f* (Diode) DIN 41781 / crest working reverse voltage, peak working reverse voltage || ≗ *f* (Thyr) DIN 41786 / crest working off-state voltage, peak working off-state voltage || ≗ **in Rückwärtsrichtung** (Thyr) / peak working reverse voltage, crest working reverse voltage || ≗ **in Vorwärtsrichtung** / peak working off-state forward voltage, crest working forward voltage
Scheitel·spiel *n* / diametral clearance || ≗**-Stoßspannung** *f* / impulse crest voltage || ≗**strom** *m* / peak current || ≗**welligkeit** *f* DIN 19230 / ripple content IEC 381, peak ripple || ≗**welligkeit** *f* (Riffelfaktor) / ripple factor
Scheitelwert *m* / peak value, crest value || ≗ **der Netzspannung** / crest working line voltage || ≗ **der Überlagerung** (überlagerte Wechselspannung) / ripple amplitude || ≗ **des Einschaltstroms** / peak making current || ≗ **des unbeeinflussten Stroms** / prospective peak current IEC 129 || **wirklicher** ≗ / virtual peak value || ≗**messer** *m* / peak voltmeter
Scheitelzeit *f* / time to crest
Scheitel-zu-Scheitel / peak-to-peak
Schellack·-Mikafolium *n* / shellaced micafolium || ≗**papier** *n* / shellac-impregnated paper
Schelle *f* (IR, m. 1 Befestigungspunkt oder Lappen) / cleat *n*, clip *n* || ≗ *f* (IR, geschlossen o. m. 2 Lappen) / saddle *n* || **Anschluss~** *f* (f. Rohrleiter) / terminal clamp, connection clamp || **Rohr~** *f* / pipe clamp, tube clip
Schellen·band *n* / cable tie || **offene Leitungsverlegung mit** ≗**befestigung** / cleat wiring || ≗**klemme** *f* / clamp-type terminal, saddle terminal
Schema *n* / scheme *n*, schematic *n*, diagrammatic representation
schematisch·e Ansicht / diagrammatic view || **~e Darstellung** / schematic representation, diagrammatic representation, chart *n*, schematic layout || **~e Zeichnung** / schematic drawing, diagrammatic drawing || **~er Grundriss** / schematic plan view || **~es Schaltbild** / schematic diagram, schematic wiring diagram
Schema-Zeichnung *f* / schematic drawing
Schenkel *m* (Trafo-Kern) / limb *n*, leg *n* || ≗ *m* (Spule) / side *n* || ≗ *m* (Pol) / shank *n* || ≗**blech** *n* (Trafo-Kern) / core-limb lamination || ≗**bürstenhalter** *m* / cantilever-type brush holder, arm-type brush holder || ≗**feder** *f* / leg spring, torsion spring, spiral spring
Schenkeligkeit *f* (Schenkelpolmaschine) / saliency *n*
Schenkel·kern *m* (Trafo) / limb-type core || ≗**pol** *m* / salient pole || ≗**polmaschine** *f* / salient-pole machine || ≗**polwicklung** *f* / salient-pole winding, salient-field winding || ≗**säule** *f* (Trafo) / limb assembly || ≗**wicklung** *f* (el. Masch.) / pole-piece winding || ≗**wicklung** *f* (Trafo) / limb winding, leg winding
Scherbe *f* / refuse glass
Scherben·entsorgungsanlage *f* / broken glass disposal || ≗**mahlanlage** *f* / system for crushing broken glass || ≗**recyclinganlage** *f* / broken glass recycling plant
Scherbius·-Hintermaschine *f* / Scherbius phase advancer || ≗**-Kaskade** *f* / Scherbius system, Scherbius drive, Scherbius motor control system || **über- und untersynchrone** ≗**-Kaskade** / double-range Scherbius system || **untersynchrone** ≗**-Kaskade** / single-range Scherbius system, subsynchronous Scherbius system || ≗**-Maschine** *f* / Scherbius machine || ≗**-Phasenschieber** *m* / Scherbius phase advancer
Scher·bolzen *m* / shear pin, breaker bolt, safety bolt || ≗**buchse** *f* / shear bushing
Schere *f* (Greifertrenner) / pantograph *n* || **fliegende** ≗ / cross cutter, flying shears
Scheren·arm-Wandleuchte *f* / extending wall luminaire || ≗**bürstenhalter** *m* / scissors-type brush holder || ≗**stromabnehmer** *m* / pantograph *n* || ≗**trenner** *m* / pantograph disconnector, pantograph isolator, vertical-reach isolator
Scher·festigkeit *f* / shear strength, shearing strength || ≗**kraft** *f* / shear force, lateral force, transverse force || ≗**kupplung** *f* / shear-pin coupling || ≗**modul** *m* / shear modulus, modulus of rigidity || ≗**schwinger** *m* / shear-mode transducer || ≗**schwingung** *f* / shear vibration || ≗**spannung** *f* / shear stress, shearing stress || ≗**stab** *m* / shear rod, shear beam || ≗**stabilität** *f* / shear stability
Scherung *f* (magn. u. mech.) / shear *n* || ≗ *f* (Drehimpuls) / angular momentum || ≗ *f* (Kern) / gapping *n*
Scherungsgerade *f* (magn.) / load line
Scherversuch *m* / shearing test, shear test
scheuern *v* (reiben) / chafe *v*, gall *v*
Scheuerstelle *f* / abrasion by chattering
Schibildung *f* (Walzw.) / formation of turn-ups
Schicht *f* (Lage) / layer *n*, ply *n* || ≗ *f* ISO-OSI-Referenzmodell / layer || ≗ *f* (Wickl.) / layer *n* || ≗ *f* (Arbeitsschicht) / shift *n* || **transparente** ≗ (graf. DV, eines Bildes) / transparent overlay || ≗**arbeiter** *m* / shift worker || ≗**beginn** *m* / begin of shift || ≗**bock** *m* (f. Blechp.) / building stand, stacking stand || ≗**bürste** *f* / sandwich brush, laminated brush || ≗**bürste aus zwei Qualitäten** / dual-grade sandwich brush, dual-grade laminated brush || ≗**dicke** *f* / layer thickness || ≗**dicke** *f* (Plattierung) / plate thickness || ≗**dorn** *m* (f. Blechp.) / building bar, stacking mandrel || ≗**-Drehwiderstand** *m* / non-wire-wound potentiometer
schichten *v* (Blechp.) / stack *v*, build *v*, pack *v*
Schichtende *n* / end of shift
Schichten·management *n* DIN ISO 7498 / layer management || ≗**modell** *n* DIN ISO 7498 / layer model || ≗**modell** *n* (ISO/OSI) / layer model, seven-layer model || ≗**strömung** *f* / laminar flow
Schicht·feder *f* / laminated spring || ≗**fehlerbit** *n* / shift error bit || ≗**festigkeit** *f* / interlaminar strength, delamination resistance || ≗**folie** *f* / laminated sheet

|| ²**führer** *m* (Netzwarte) / senior shift engineer || ²**höhe** *f* (Blechp., Stapelhöhe) / stack height || ²**isolierung** *f* (el. Masch.) / lamination insulation
Schicht·kern *m* / laminated core, corestack || ²**kondensator** *m* / film capacitor || ²**läufer** *m* / segmental-rim rotor, laminated-core rotor || ²**leiter** *m* (Leitsystem) / shift engineer || ²**leiterplatz** *m* / shift engineers console || ²**leitfähigkeit** *f* / layer conductivity || ²**leitwert** *m* / layer conductance
Schichtler *m* / shift worker
Schicht·meldung *f* / shift report || ²**nummer** *f* / shift number || ²**plan** *m* / shift schedule || ²**plan** *m* (Blechp.) / lamination scheme, building scheme || ²**polrad** *n* / segmental-rim rotor, laminated-core rotor || ²**potentiometer** *n* / film potentiometer || ²**pressholz** *n* / compregnated laminated wood, compreg *n* || ²**pressstoff** *m* / laminate *n* || ²**protokoll** *n* / shift log
Schichtschaltung *f* / film circuit, film integrated circuit || **integrierte** ² / film integrated circuit, integrated film circuit
Schichtspaltung *f* / delamination *n*, cleavage *n*
schichtspezifischer Parameter DIN ISO 8471 / layer parameter
Schicht·-Stehspannung *f* / layer withstand voltage, withstand layer voltage || ²**stoff** *m* / laminate *n* || ²**stoffbahn** *f* / laminated sheet
Schichtung *f* (Statistik, QS, Unterteilung einer Gesamtheit) / stratification *n* (statistics, QA)
Schicht·vereinbarung *f* (Arbeitszeit) / shift agreement || ²**widerstand** *m* (IS) / sheet resistance || ²**zähler** *m* / shift counter
Schiebe·balken *m* (BSG) / rollbar *n*, scrollbar *n* || ²**betrieb** *m* (Kfz) / overrun(ning) *n* || ²**dach** *n* (Kfz) / sliding roof, sunroof || ²**dachantrieb** *m* (Kfz) / sliding-roof actuator
Schiebeeingang *m* / shifting input || ², **rückwärts** / shifting input, right to left (o. bottom to top) || ², **vorwärts** / shifting input, left to right (o. top to bottom)
Schiebe·flansch *m* / sliding flange || ²**frequenz** *f* / shift frequency || ²**kontakt** *m* / sliding contact, slide contact, transfer contact || ²**lager** *n* (a· EZ) / sliding bearing || ²**leiter** *f* / extending ladder || ²**modul** *m* / shear modulus, modulus of rigidity
Schieben *n* (Impulse) DIN IEC 469, T.1 / shifting *n*, panning *n* || ~ *v* / slip *v*
schiebende Fertigung / push production
Schiebe·operation *f* / shift operation, shift instruction || ²**prinzip** *n* (Fertigung) / push principle
Schieber *m* / spool valve, spool *n*, slide *n* || ² *m* (Ventil) / slide valve, gate valve, valve *n* || ² *m* (Widerstand, Poti) / slide *n* || ²**ast** *m* / push latch
Schiebe·register *n* / shift register (SR) || ²**registerzähler** *m* / shift register counter || ²**regler** *m* / linear-gate regulator, linear regulator, sliding-dolly regulator
Schieber·führung *f* (Bürste) / guide clip || ²**hülse** *f* / spool sleeve || ²**konstruktion** *f* / slide construction || ²**pumpe** *f* / rotary vane pump || ²**steuerung** *f* / slide control || ²**weg** *m* / spool travel
Schiebe·schalter *m* / slide switch, sliding-dolly switch || ²**sitz** *m* / sliding fit || **enger** ²**sitz** / close sliding fit, wringing fit || ²**tür** *f* / sliding door, sliding gate || ²**widerstand** *m* / slide resistor, variable resistor
Schiebung *f* (Scherungswinkel) / angle of shear
Schieds·klima *n* / referee atmosphere || ²**messung** *f* DIN IEC 68 / referee test || ²**prüfung** *f* / referee test
schief *adj* / skew *adj*
Schiefe *f* (Statistik) DIN 55350, T.21 / skewness *n*
schief·e Ebene / inclined plane || **~e Verteilung** (Statistik, QS) / skewed distribution || **~er Strahl** (LWL) / skew ray
Schief·hang *m* (EZ) / oblique suspension || ²**lage** *f* / slope *n*, misalignment *n* || ²**lage** *f* (Werkstück) / skew *n* || ²**lagenausgleich** *m* / slope compensation
Schieflast *f* / load unbalance, unbalanced load, unsymmetrical load || ²**belastbarkeit** *f* / load unbalance capacity, maximum permissible unbalance || ²**faktor** *m* / unbalance factor, asymmetry factor || ²**grad** *m* / unbalance factor, asymmetry factor || ²**relais** *n* / phase unbalance relay, unbalance relay, negative-sequence relay || ²**schutz** *m* / load unbalance protection, phase unbalance protection, unbalance protection
Schief·lauf *m* (Fernkopierer) / skew *n*, skewing *n* || **~laufen** *v* (Förderband) / go askew, go off line, run unevenly || ²**laufschalter** *m* (Förderband) / true-run switch, belt skewing switch || ²**laufwächter** *m* (Förderband) / belt skewing monitor || ²**stellung** *f* (Welle) / misalignment *n*
Schielwinkel *m* DIN 54119 / squint angle
Schiene *f* (allg., Bahn) / rail *n* || ² *f* (SS) / busbar *n*, bus *n* || ² *f* (Montagegerüst) / section *n*, rail *n* || ² **in Luft** / air-insulated bar || **Software-**² *f* / software pool || **vertikale** ² (ET) / vertical member, upright *n* || ²**-Kabelschuhlasche** *f* / bar-cable lug
Schienen·ableitung *f* (Gen.) / bar-type generator connections || ²**abstand** *m* / busbar spacing
Schienenanschluss *m* / flat-bar terminal, bus connection, bar connection, busbar connection || ² **M10** / busbar connection M10 || ²**stück** *n* / busbar connection piece, bar connection
Schienen·bremse *f* / track brake, rail brake, shoe brake || ²**bremsschalter** *m* / track brake switch(group), rail brake switch || ²**dicke** *f* / busbar thickness || ²**dicke 5 mm** / bar thickness 5 mm || ²**-Drehtrenner** *m* / rotary bar-type disconnector, rotary bus isolator || ²**führung** *f* / busbar layout || ²**führung** *f* (SS) / busbar arrangement
Schienen·halter *m* (SS) / busbar support, busbar grip, bar holder || ²**kanal** *m* / bus duct, busbar trunking, busway *n* || ²**kanal** *m* (f. Generatorableitung) / generator-lead trunking o. duct
Schienenkasten *m* (IK) / trunking unit, busway section, bus-duct housing || **gerader** ² / straight busway section, straight length (of busbar trunking) || ²**verbinder** *m* / busway connector
Schienen·leuchte *f* / track-mounted luminaire, track-suspended luminaire, channel mounting luminaire, trunking luminaire || ²**mittenabstand** *m* / busbar centre-to-centre clearance, busbar center-to-center clearance || ²**oberkante** *f* (SO) / top of rail, uppersurface of rail || ²**platte** *f* (MSB) / sheet track, slab track || ²**rückleitung** *f* / track return system || ²**schalter** *m* / track switch || ²**stromwandler** *m* / bar-primary current transformer, bar primary type current transformer || ²**transport** *m* / transport by rail, rail(way) transport || ²**verbinder** *m* (Bahn) / rail joint bond, rail bond || ²**versteifung** *f* / bar reinforcement
Schienenverteiler *m* VDE 0660, T.500 / busbar trunking system IEC 439-2, busway system (US),

busway *n* || ≗ **mit fahrbarem Stromabnehmer** / trolley busway, busbar trunking system with trolley-type tap-off facilities IEC 439-2 || ≗ **mit N-Leiter halben Querschnitts** / half-neutral busduct || ≗ **mit N-Leiter vollen Querschnitts** / full-neutral busduct || ≗ **mit Stromabnehmerwagen** VDE 0660,T.502 / trolley busway, busbar trunking system with trolley-type tap-off facilities IEC 439-2 || ≗ **mit veränderbaren Abgängen** VDE 0660,T.502 / plug-in busbar trunking (system) IEC 439-2, plug-in busway (system)

schießen *v* (z.B. EPROM) / blow *v*

Schifffahrtszeichen *n* / marine navigational aid

Schiffs·bauzulassung *f* / marine approval || ≗**fernmeldekabel** *n* / shipboard telecommunication cable, ship communications cable || ≗**kabel** *n* / shipboard cable, ship wiring cable || ≗**klassifikationsgesellschaft** *f* / classification society || ≗**positionslaterne** *f* / ship's navigation light || ≗**propeller** *m* / marine propeller || ≗**schaltanlage** *f* / marine switchgear, marine switchboard || ≗**schalter** *m* (LS) / circuit-breaker for marine applications, circuit-breaker for use on ships || ≗**scheinwerfer** *m* / naval searchlight || ≗**transport** *m* / sea transport, transport by ship || ≗**zulassung** *f* / marine approval

Schild *n* / identification plate || ≗ *n* (Maschinengehäuse, ohne Lg.) / fender *n*, guard plate || ≗ *m* (Schutzschild) / shield *n*, barrier *n*, guard plate || ≗ *n* (Bezeichnungssch.) / label *n*, marker *n* || ≗ *n* (Anschlussbezeichnung, Reihenklemme) / tag *n*, label *n*, marker *n* || ≗ *n* (Typensch., Firmensch.) / plate *n* || **übergeordnetes** ≗ / primary name plate || ≗**bürstenträger** *m* / shield-mounted brushgear

Schilder·nagel *m* / plate nail || ≗**satz** *m* / label set

Schild·kröte *f* (Straßenleuchte) / button light || ≗**lager** *n* / end-shield bearing, plug-in-type bearing, bracket bearing || ≗**träger** *m* / plate carrier, tag holder, label holder, legend plate

Schimmel *m* / fungus *n*, mould *n*, fungoid growth, mildew *n* || ≗**befall** *m* / fungi attack, fouling by fungi || ≗**beständigkeit** *f* / mould resistance, resistance to mildew, mildew-proofness *n*, fungus resistance, mould-proffness *n* || ≗**wachstum** *n* / mould growth

Schimmer *m* / loom *n* (of light)

Schirm *m* / shielding *n*, metal shield, metallic shield, cable shield, cable shielding, braided shield, screening *n*, metallic screen, static screen || ≗ *m* (Kabel) / shield *n* || ≗ *m* (Bildschirm) / screen *n*, display screen, cathoderay tube (CRT), display device (GKS) || ≗ *m* (ESR, f. Steuergitter) / shield grid || ≗ *m* (mech.) / shield *n*, skirt *n*, weather shield || ≗ *m* (Leuchte) / reflector *n*, shade *n* || ≗ *m* (Isolator) / shed *n* || ≗ *m* (EB) VDE 0160 / shield *n* || ≗ *m* (Schutz gegen Störbeeinflussung) / screen *n* IEC50(161) || ≗ **zur Potenzialsteuerung** / grading screen || **elektromagnetischer** ≗ / electromagnetic screen || **magnetischer** ≗ / magnetic screen || **statischer** ≗ / static screen, metallic screen, metallic shield, metal shield, shield *n*

Schirmanschluss *m* / shield connection || ≗**element** *n* / shielding terminal || ≗**klemme** *f* / terminal element || ≗**verteilung** *f* / screen connector block

Schirmauflage *f* / shield connection || ≗**element** *n* (SAE) / shield connecting element

Schirm·ausladung *f* (Isolator) / shed overhang || ≗**befestigung** *f* / shield fixing || ≗**bild** *n* / screen image, display image, screen display || ≗**blende** *f* / visor *n* || ≗**dämpfung** *f* (Kabel) / screening attenuation || ≗**durchverbindung** *f* (StV.) / screen continuity || ≗**einbrand** *m* / screen burn

schirmen *v* / screen *v*

Schirm·endstück *n* / shield end || ≗**faktor** *m* VDE 0228 / screening factor, electrostatic shielding factor || ≗**folie** *f* / foil screen

Schirmgeflecht *n* / cable shield, braided shield, braided screen, cable shielding, shielding *n*, shield *n*, screening *n*, screen *n*

Schirm·generator *m* / umbrella-type generator || ≗**gitter** *n* / screen grid || ≗**kabel** *n* / shield cable || ≗**klemme** *f* / shield clamp || ≗**kondensator** *m* / shielding capacitor || ≗**kragen** *m* / screened backshell || ≗**leiste** *f* / shield bar, shield track || ≗**leitblech** *n* / screen guide plate || ≗**leitung** *f* / cable shield || ≗**leuchte** *f* / reflector luminaire, shade(d) luminaire || ≗**raum** *m* (EMV) / shielded enclosure, screened room || ≗**reflektor** *m* / visor *n* || ≗**ring** *m* (zur Potenzialsteuerung) / grading ring, static ring || ≗**schelle** *f* / shield clip || ≗**schiene** *f* / screen bus, shielding bus || ≗**schiene** *f* (zum Anschließen v. Kabelschirmen) / shield bus || ≗**spannung** *f* (Kabel) / shield standing voltage || ≗**spannungsbegrenzer** *m* (Kabel) / shield voltage limiter || ≗**-Speicher-Röhre** *f* / screen storage cathode-ray tube, screen storage tube || ≗**trägerring** *m* (Leuchte) / shade holder ring

Schirmung *f* (Leitende Schutzummantelung, die z.B. das Übertragungsmedium umgibt. Die Schirmung reduziert EMV-Probleme) / screening *n*, shielding *n*, screen *n*, shield *n*, braided shield, cable shield, cable shielding || ≗ *f* (gegen Korona) / corona shield || **elektrostatische** ≗ / electrostatic screening (o. shielding) || **magnetische** ≗ / magnetic screen

Schirmungsschiene *f* / shield bus, shielding bus

Schirmverbindung *f* (Kabel) / shield bonding || **feste** ≗ (Kabel) / solid bond

Schirm·verbindungsleitung *f* (Kabel) / shield bonding lead || ≗**wicklung** *f* / shielding winding || ≗**wirkung** *f* / screening effect, screening effectiveness, shielding effectiveness || ≗**wirkung** *f* (Kabel) / screening effectiveness IEC 966-1

Schlackenwolle *f* / slag wool, cinder wool, mineral wool

Schlag *m* / shock *n* || ≗ *m* (Kabel) / lay *n*, twist *n* || ≗ *m* (unrunder Lauf) / runout *n*, eccentricity *n*, out-of-round *n* || **elektrischer** ≗ / electric shock

schlagartiges Durchzünden (LE) / crowbar firing

Schlag·beanspruchung *f* / impact load, impact stress || ≗**beständigkeitsprüfung** *f* VDE 0281 / impact test || ≗**betätigung** *f* / if actuated abruptly || ≗**biegefestigkeit** *f* / impact bending strength || ≗**bohrmaschine** *f* / hammer drill || ≗**bolzen** *m* / hammer *n*, striker *n* || ≗**bolzenkopf** *m* / hammer head || ≗**buchstaben** *m pl* / letter stamp, letter embossing tool || ≗**druckknopf** *m* / emergency button, palm button

schlagen *v* (Riemen) / whip *v*, flap *v* || ~ *v* (Welle) / wobble *v*

Schlagenergie *f* / impact energy

schlag·fest *adj* / impact-resistant *adj*, high-impact *adj*, unbreakable *adj* || ≗**festigkeit** *f* / impact strength, impact resistance, shockproofness *n*,

resistance to shock || ≗**festigkeitsprüfung** *f* / blow-impact test, falling-weight test
schlagfrei *adj* (Rundlauf) / free from radial runout, true *adj*, concentric *adj* || ~ **laufen** / run true, run concentrically, run smoothly || ~**er Lauf** / true running, concentric running, smoothrunning
Schlag·freiheit *f* / freedom from runout, concentricity *n*, trueness *n* || ≗**gewicht** *n* / striking weight, impact drift || ≗**hammerprüfung** / striking-hammer test, high-impact shock test || ≗**kappe** *f* (Lg.) / mounting dolly || ≗**-Knickversuch** *m* / impact buckling test
Schlag·länge *f* (Kabel) / length of lay || ≗**länge der verseilten Ader** / pitch of laid-up core || ≗**längenverhältnis** *n* (verseilter Leiter) / lay ratio, lay factor || ≗**lot** *n* / brazing speller || ≗**marke** *f* (Lagerdefekt) / dent *n* || ≗**messuhr** *f* / eccentricity dial gauge, runout gauge || ≗**pilz** *m* / palm button || ≗**pressen** *n* / impact moulding || ≗**prüfmaschine** *f* / impact testing machine || ≗**prüfung** *f* / impact test || ≗**richtung** *f* (verseilter Leiter) / direction of lay || ≗**schatten** *m* / umbra shadow || ≗**schelle** *f* / hammering clip (o. cleat) || ≗**schlüssel** *m* / hammering spanner, wrench hammer, impact wrench || ≗**schrauber** *m* / hammering screwdriver, impact screwdriver || ≗**stift** *m* / hammer *n* || ≗**stift** *m* (Sich.) / striker pin, striker *n* || ≗**taster** *m* / emergency pushbutton, emergency button, slam button, panic button || ≗**taster** *m* (m. Pilzdruckknopf) / mushroom-head emergency button, palm button switch || ≗**taster mit Drehentriegelung** / emergency stop button with turn-to-reset feature || ≗**trenner** *m* / vertical-break disconnector || ≗**vorrichtung** *f* (Sich.) / striker *n*, fuse-link striker || ≗**vorrichtungs-Sicherung** *f* / striker fuse
Schlagweite *f* / clearance *n*, flashover distance, arcing distance, flashover path, striking distance, arc length || ≗ **zur Erde** / clearance to earth IEC 157-1 || ≗ **zwischen den Polen** / clearance between poles IEC 157-1 || ≗ **zwischen offenen Schaltstücken** VDE 0670,T.2 / clearance between open contacts IEC 129
Schlagwetter *n* / firedamp *n* || ~**gefährdete Atmosphäre** / firedamp atmosphere || ~**gefährdete Grubenbaue** EN 50014 / mines susceptible to firedamp || ~**geschützt** *adj* / flameproof *adj* (GB), explosion-proof *adj* (US), firedamp-proof *adj*, mine-type *adj* || ~**geschützte Grubenleuchte** / permissible luminaire || ~**geschützte Maschine** / flameproof machine (GB), explosion-proof machine (US), firedamp-proof machine || ≗**schutz** *m* / protection against firedamp, flameproofing *n*, flameproofness *n*, mine-type construction || ≗**schutzkapselung** *f* / flameproof enclosure (GB), explosion-proof enclosure (US)
Schlagwort *n* / descriptor *n*, indexing term || ~**artig** *adj* / slogan-like *adj*
schlagzäh *adj* / impact-resistant *adj*
Schlag·zähigkeit *f* / impact strength || ≗**zugversuch** *m* / notched-bar test, notched-bar tensile test, Charpy test
Schlamm *m* (Isolierflüssigk., Öl) / sludge *n* || ≗**abscheider** *m* / sediment separator || ≗**bildung** *f* / sludge formation, sludging *n* || ≗**gehalt** *m* (Öl) / total sludge || ≗**prüfung** *f* / check on sludge
Schlangenfederkupplung *f* / steel-grid coupling, grid-spring coupling, Bibby coupling
schlank *adj* / slimline *adj* || ~**e Ausführung** / slimline type (o. construction), narrow style || ~**e Produktion** / lean production
Schlappseilschalter *m* / slack-rope switch
Schlauch *m* (IR) / tube *n*, tubing *n* || ≗ *m* (flexibles Isolierrohr) / sleeving *n* || ≗ *m* (Wasserschl.) / hose *n* || ≗**beutelmaschine** *f* / tubular bag machine || ≗**fassung** *f* / tube holder || ≗**klemme** *f* / tube clip
Schlauchleitung *f* / flexible sheathed cable, sheathed cable, flexible cord || ≗ **mit Polyurethanmantel** / polyurethane-sheathed flexible cable || **Kunststoff-**≗ *f* / plastic-sheathed flexible cord, PVC-sheathed flexible cord || **leichte PVC-**≗ (rund, HO3VV-F) VDE 0281 / light PVC-sheathed flexible cord (round, HO3VV-F) || **PVC-**≗ *f* VDE 0281 / PVC-sheathed flexible cord
Schlauch/Rohr-Verbinder *m* / flexible-tube/conduit coupler, flexible-rigid-tube connector
Schlauch·schelle *f* (Wasserschl.) / hose clip || ≗**schelle** *f* (IR) / tube clip, tube cleat || ≗**steckverbinder** *m* / hose (plug-in) connector || ≗**tülle** *f* / cable grommet, hose bushing || ≗**ventil** *n* / pinch valve || ≗**verschraubung** *f* (IR) / tube coupler, tube union || ≗**waage** *f* / hydrostatic level || ≗**wasserwaage** *f* / hydrostatic level
Schlaufe *f* / loop *n*, sling *n*
Schlaufen·grube *f* / loop pit || ≗**verdrahtung** *f* / loop wiring
schlechte Ausrichtung / misalignment *n* || ~ **Sicht** / poor visibility || ~ **Verbindung** / bad connection, poor connection
Schlecht·grenze *f* (QS) / limiting quality || ≗**ziel** *n* / reject address, reject *n*
Schleichdrehmoment *n* / crawling torque
schleichen *v* (Mot.) / crawl *v*, run at crawl speed, creep *v* || ≗ *n* (Asynchronmot.) / crawling *n* || ≗ *n* (GM) / creeping *n*
schleichend·e Wicklung / creeping winding || ~**er Erdschluss** / earth leakage, ground leakage
Schleich·funktion *f* (PS) EN 50047 / slow make and break function || ≗**gang** *m* (WZM) / creep feed, creep feedrate, creep speed || ≗**kontakt** *m* / slow-action contact, slow-motion contact
Schleichschaltglied *n* / slow-action contact, slow-motion contact, slow-action contact || **abhängiges** ≗ (Geschwindigkeit der Kontaktbewegung von der Betätigungsgeschwindigkeit abhängig) / dependent-action contact element || **betätigungsabhängiges** ≗ / dependent action contact element
Schleier·blendung *f* / veiling glare || ≗**leuchtdichte** *f* / veiling luminance
Schleifbahn *f* / slideway *n* || ≗ *n* / grinding belt
Schleife *f* / loop *n* || ≗ *f* (Netzwerk u. Programmablaufplan) / loop *n* || **rückläufige** ≗ (Hystereseschleife) / recoil loop, recoil line, recoil curve
Schleifen *n* / grind *n* || **Kommutator** ~ / grind a commutator, resurface a commutator (by grinding)
Schleifenanweisung *f* / do statement
schleifende Dichtung / rubbing seal
Schleifen·durchlauf *m* / executed loop || ≗**-Durchlaufzeit** *f* / iteration time || ≗**koppler** *m* / decoupler || ≗**impedanz** *f* VDE 0100, T.200 / loop impedance, earth-loop impedance, earth-fault loop impedance, faulted-circuit impedance || ≗**index** *m* / loop index || ≗**leitung** *f* / loop lead, bus wire ||

~**leitung** *f* (LAN) / lobe *n* || ~**leitungsüberbrückung** *f* (LAN) / lobe bypass || ~**oszillogramm** *n* / loop vibrator oscillogram || ~**test** *m* / loop test || ~**variable** *f* / loop variable
Schleifenwicklung *f* / lap winding, multi-circuit winding, multiple winding
Schleifenwiderstand *m* / loop resistance, loop impedance, earth-loop impedance, earth-fault loop impedance, faulted-circuit impedance
Schleifenwiderstands·-Messgerät *n* / loop resistance measuring set, loop impedance measuring instrument || **Prüfung durch** ~**messung** / earth-loop impedance test || ~**prüfer** *m* / earth-loop impedance tester
Schleifenzähler *m* / loop counter
Schleifer *m* / grinder *n*, grinding machine || ~ *m* (Poti) / slider *n*, wiper *n*
Schleif·funktion *f* / grinding function || ~**geschwindigkeit** *f* / grinding velocity || ~**kanal** *m* / machining channel || ~**kontakt** *m* / sliding-action contact, sliding contact || ~**kontakt** *m* (Poti, Widerstand) / wiper *n* || ~**kopf** *m* / grinding spindle || ~**körper** *m* / abrasive product, abrasive wheel || ~**leiter** *m* / contact conductor || ~**leitung** *f* / collector wire (US), overhead collector wire, contact conductor || ~**maschine** *f* / grinder *n*, grinding machine
Schleifring *m* / slipring *n*, collector ring || ~**abdeckung** *f* / slipring cover || ~**anlasser** *m* / slipring starter, rotor starter || ~**bolzen** *m* / slipring terminal stud || ~**bürste** *f* / slipring brush, collector-ring brush || ~**-Induktionsmotor** *m* / slipring induction motor || ~**kapsel** *f* / slipring enclosure, collector-ring cover || ~**körper** *m* / slipring assembly, collector *n* || ~**kupplung** *f* / slipring clutch
Schleifringläufer *m* / slipringmotor, wound-rotor motor || ~ *m* (SL Rotor) / slipring rotor (GB), wound rotor (US) || ~**motor** *m* (SL) / slipringmotor, wound-rotor motor
Schleifringleitung *f* / slipring lead(s), field lead(s), collector-ring lead(s)
schleifringlos *adj* / without slip ring || **~e Lamellenkupplung** / slipringless multi-disc clutch || **~e Lamellenkupplung** / stationary-field electromagnetic multiple-disc clutch || **~e Maschine** / brushless machine || **~er Drehmelder** / brushless resolver
Schleifring·motor *m* / slipring motor, wound-rotor motor || ~**motor mit Anlaufkondensator** / slipring capacitor-start motor || ~**nabe** *f* / slipring bush, collector-ring bush, slipring hub || ~**raum** *m* / slipring compartment || ~**sockel** *m* / slipring platform || ~**-Tragkörper** *m* / slipring body, collector-ring hub || ~**übertrager** *m* / slipring joint || ~**zuleitung** *f* / slip-ring lead(s), field lead(s), collector-ring lead(s)
Schleifriss *m* / grinding crack
Schleifscheibe *f* / grinding wheel, grindstone *n*, abrasive wheel, abrasive disc, grinding wheel, disk *n*, washer *n* || **schräge** ~ / angle grinding wheel, inclined grinding wheel || **schrägstehende** ~ / angle grinding wheel, inclined grinding wheel
Schleifscheiben·antrieb *m* / grinding wheel drive || ~**radiuskorrektur** *f* (SRK) / grinding wheel radius compensation (GRC) || ~**spindel** *f* / grinding wheel spindle || ~**umfangsgeschwindigkeit** *f* (SUG) / grinding wheel peripheral speed (GWPS), grinding wheel surface speed, peripheral speed
Schleif·schlamm *m* / grinding sludge, swarf *n* || ~**schnecke** *f* / grinding worm || ~**schuh** *m* (Stromabnehmer) / contact slipper || ~**spindel** *f* / grinding spindle || ~**staub** *m* / abrasive dust, grinding dust, grit *n*, swarf *n* || ~**stein** *m* / grindstone *n*, abrasive stone || ~**steuerung** *f* / grinding control || ~**stift** *m* / grinding point || ~**teil** *n* / workpiece *n* || ~**vorrichtung** *f* (f. SL u. Komm.) / grinding rig || ~**zyklus** *m* / grinding cycle
Schleppabstand *m* (NC) / following error || ~ *m* (SA) / position lag, servo lag, time deviation, following error
Schleppabstands·kompensation *f* / following error compensation || ~**überwachung** *f* (Fehlermeldung: Die Steuerung gibt Sollpositionen vor, die nicht von der Maschine erreicht werden können) / following error monitoring system
Schleppe, magnetische ~ / magnetic drag
Schleppfehler *m* / position lag, time deviation || ~ *m* (NC) / following error, servo lag || ~**korrektur** *f* / carried-forward error
Schlepp·kabel *n* / drum cable, trailing cable || ~**kette** *f* / ground cable || ~**kettenbetrieb** *m* / festooned cables || ~**leistung** *f* / motoring reverse power, motoring power || ~**leitung** *f* / trailing cable, trailing cable, drum cable || ~**lötung** *f* / drag soldering || ~**regelung** *f* / anti-slip control || ~**schalter** *m* / ganged control switch || ~**zeiger** *m* / slave pointer, non-return pointer, maximum pointer || ~**zeigerfunktion** *f* / non-return pointer function
Sch-Leuchte *f* (druckfest) / flameproof lighting fitting, explosion-proof luminaire
Schleuder·bunker *m* / overspeed test tunnel || ~**drehzahl** *f* / overspeed test speed, spin speed || ~**drehzahl** *f* (Zentrifugenmot.) / spinning speed || ~**grube** *f* / overspeed testing pit, balancing pit || ~**gussbronze** *f* / centrifugally cast bronze || ~**halle** *f* / overspeed testing tunnel, balancing tunnel || ~**kraft** *f* / centrifugal force
schleudern *v* (Schleuderprüf.) / overspeed-test *v*
Schleuder·prüfung *f* / overspeed test || ~**rad** *n* / impeller *n* || ~**scheibe** *f* (Lg.) / grease slinger, oil slinger || ~**schutz** *m* / overspeed protection || ~**schutzbremse** *f* (Bahn) / anti-slip brake || ~**schutzeinrichtung** *f* (Bahn) / anti-slip device || ~**wirkung** *f* / centrifugal action
Schleuse *f* / lock *n*, air lock
Schleusen *n* / locks *n pl*, threshold voltage
Schlichtaufmaß *n* / finishing allowance, final machining allowance || ~ *n* (SAM) / final machining allowance, finishing allowance || ~ **Boden** / finishing allowance on base || ~ **Rand** / finishing allowance on edge
Schlichtdurchgang *m* / finishing cut, finishing *n*, finish cut, finish *n*, finish cutting
Schlichten *n* / finish cut, finishing *n* || ~ *n* (WZM) / finish-machining *n*, finish-cutting *n*, finish-turning *n*, finishing cut || ~ *v* / finish *v*, dress || ~ **am Grund** / finishing the pocket base
Schlichter *m* / finishing tool
Schlichtgang *m* / finishing *n*, finish cut, finish cutting, finish *n* || ~ *m* (WZM) / finishing cut
Schlicht·maß *n* / finishing allowance, final machining allowance || ~**meißel** *m* / finishing tool || ~**platte** *f* / finishing insert || ~**schnitt** *m* / finishing *n*,

finish *n*, finishing cut, finish cut, finish cutting || **≈span** *m* / finishing cut || **≈stahl** *m* / finishing tool
Schlieren *f pl* / striae *pl*, schlieren *pl* || **≈aufnahme** *f* / schlieren photograph
schlierenfrei *adj* / free of streaks
Schließ·achse *f* / closing axis || **≈anlage** *f* / master-key system, pass-key system || **≈band** *n* / hasp *n* || **≈druck** *m* / closing pressure
Schließen *n* / close *n*, closing operation || ≈ *n* (SG) VDE 0660,T.101 / closing operation IEC 157-1, closing *n* || ~ *v* (Bremse) / apply *v* || ≈ **durch abhängigen Kraftantrieb** / dependent power closing || ≈ **durch unabhängige Handbetätigung** / independent manual closing || ≈ **mit abhängiger Kraftbetätigung** / dependent power closing || ≈ **mit Kraftspeicherbetätigung** / stored-energy closing, spring closing || ≈ **mit verzögertem Öffnen** / close-time delay-open operation (CTO)
Schließer *m* VDE 0660,T.200 / make contact, make contact element IEC 337-1, a-contact, normally open contact, NO contact || ≈ *m* (S) / make-contact element, normally open contact, normally-open contact, make contact, NO contact, NO || ≈ **mit Doppelunterbrechung** / double-gap make contact (element) || ≈ **mit Einfachunterbrechung** / single-gap make contact (element) || ≈ **mit zeitverzögerter Schließung** / make contact delayed on closing || **≈funktion** *f* (NS) / make function || **≈-Öffner-Funktion** *f* / make-break function, changeover function
Schließerverzug *m* / closing delay
Schließer-vor-Öffner *m* / make before break contact
Schließ·feld *n* / close button || **≈kontakt** *m* / make contact, make contact element IEC 337-1, a-contact, normally open contact, NO contact || **≈kopf** *m* / closing head || **≈kraft** *f* (Ventil, Schubkraft) / seating thrust || **≈-Öffnungszeit** *f* / close-open time || **≈spannung** *f* (magnetisch betätigtes Gerät) / seal voltage || **≈stellung** *f* (SG) / closed position || **≈system** *n* / locking system
Schließung *f* / locking devices || ≈ *f* (Schloss, Schlüsselsch.) / tumbler arrangement
Schließ·verhältnis *n* (Kfz) / dwell ratio || **≈verzug** *m* / closed time || **≈vorgang** *m* / closing operation || **≈vorrichtung** *f* (DT) / locking attachment || **≈winkel** *m* (Nocken) / dwell angle, cam angle, dwell *n* (cam)
Schließzeit *f* (SG) / closing time, closing operating time || ≈ *f* (Einschaltzeit) VDE 0712,101 / closed time || **Gesamt~** *f* VDE 0660 / total make-time || **≈steuerung** *f* (Kfz-Mot.) / dwell-time control
Schließzylinder *m* / lock barrel || **elektronischer** ≈ / electronic locking cylinder
Schliff·bild *n* / micrograph *n* || **≈verbindung** *f* / ground joint
Schlinger·bewegung *f* / rolling motion || **~fest** *adj* / resistant to rolling (motion), unaffected by rolling || **≈festigkeit** *f* / resistance to rolling
Schlingfederkupplung *f* / grid-spring coupling, overrunning spring clutch
Schlitten *m* (WZM) / slide *n* || ≈ *m* (Bettschlitten, Drehmaschine) / saddle *n*, carriage *n* || ≈ *m* (Schleifmasch.) / saddle *n* || **≈bezugspunkt** *m* / slide reference point, saddle reference point || **≈bezugspunkt** *m* (WZM, NC) / slide (o. saddle) reference point || **≈gewicht** *n* / slide weight
Schlitz *m* / slot *n* || ≈ *m* (f. Installationsleitungen) / chase *n* || ≈ **für Handhebel** / slot for hand lever || ≈- **und Rundkerbprüfung** *f* / keyhole impact test || ≈, **Einstellschraube** / slot, adjusting bolt || **profilierter** ≈ / V-port || **≈bandeisen** *n* / slotted steel strip || **≈blende** *f* / slotted diaphragm || **Schlagen von ≈en** (f. Installationsleitungen) / chasing *n* || **≈gehäuse** *n* / V-port body || **≈initiator** *m* (NS) / slot-type initiator, slot proximity switch || **≈kerbe** *f* / U-notch *n* || **≈klemme** *f* / slotterminal, slotted-post terminal || **Außengewinde-≈klemme** *f* / tubular screw terminal || **Innengewinde-≈klemme** *f* / female screw terminal || **≈leitung** *f* / slotline *n* || **≈leser** *m* / slot reader || **≈maskenröhre** *f* / slotted shadow mask tube || **≈mutter** *f* / slotted round nut || **≈-Näherungsschalter** *m* / slot proximity switch, slot-form proximity switch, slot initiator || **≈scheibe** *f* / slotted washer || **Flachkopf-≈schraube** *f* / slotted pan head screws || **≈weite** *f* / slit width || **≈zahl** *f* (Impulsgeber) / pulse count, pulse number per revolution, number of increments per revolution || **≈zeit** *f* (LAN) / slot time
Schloss *n* / lock *n* || ≈ **mit Zuhaltungen** / tumbler-type lock, tumbler lock || **CES-≈** *n* / CES lock || **Schalt~** *n* (LS) / latching mechanism, breaker mechanism
schlossen *v* / das *v*
Schloss·loch *n* / lock hole || **≈mutter** *f* / power pack, snap nut, pact electro-hydraulic power source || **≈riegel** *m* / lock bolt, bolt *n*, fastener *n* || **≈schalter** *m* (schlüsselbetätigter Hilfs- o. Steuerschalter) / key-operated control switch, key-operated maintained-contact switch, locking-type control switch || **≈schalter** *m* (Schalter m. Schaltschloss) / automatic switching device, mechanically latched switching device, release-free circuit-breaker || **≈taster** *m* (DT) / locking-type pushbutton (switch) || **≈taster** *m* (schlüsselbetätigter Drehschalter) / key-operated momentary-contact switch, key-operated rotary (o. control) switch || **≈unterfütterung** *f* / lock packing
Schluck·grad *m* / absorption coefficient || **≈widerstand** *m* / absorption resistance
Schlupf *m* (Asynchronmasch.) / slip *n* || ≈ *m* (Riemen) / creep *n*, slip *n* || ≈ *m* (Drift) / drift *n* || **~arm** *adj* / low-slip *adj* || **≈drehzahl** *f* / slip speed, asynchronous speed
schlüpfen *v* / slip *v*
Schlupffehler *m* (SPS) / sync slip error
schlupffest *adj* / slip-free *adj*
schlupffrei *adj* / non-slip *adj*
Schlupf·frequenz *f* / slip frequency || **≈gerade** *f* / slip line || **≈grenze** *f* / slip limit || **≈kompensation** *f* (Passt die Ausgangsfrequenz des Umrichters dynamisch so an, dass die Motordrehzahl unabhängig von der Motorbelastung konstant gehalten wird) / slip compensation circuit, slip compensation || **≈kupplung** *f* / slipping clutch, slip clutch || **≈läufer** *m* / high-resistance rotor || **≈leistung** *f* / slip power || **≈leistungsrückgewinnung** *f* / slip-power recovery, slip-power reclamation || **≈maßstab** *m* / scale of slip || **≈moment** *n* / slip torque, torque causing slipping || **Antriebs~regelung** *f* (Kfz) / traction control || **≈regler** *m* / slip regulator || **≈reibung** *f* / slip friction || **≈relais** *n* / slip relay
Schlüpfrigkeit *f* / oiliness *n*, lubricity *n*
Schlupf, Punkt des unendlichen ≈s / point of infinite

speed
Schlupf·spannung *f* / slip-frequency voltage || ²**spule** *f* / cranked coil, bent coil || ²**stabilisator** *m* (zur Dämpfung von Wirkleistungspendelungen im Netz) / power system stabilizer (PSS) || ²**steller** *m* / slip regulator || ²**variable** *f* (Reg.) / slack variable || ²**verluste** *m pl* / slip loss || ²**wächter** *m* / slip monitor || ²**widerstand** *m* / slip resistor || ²**zeit** *f* (Reg., Netzwerk) / slack time
Schluppe *f* (Hebezeug) / lifting sling
Schluss *m* (Kurzschluss) / short *n*, short circuit || ²**ausschaltvermögen** *n* / circuit breaking capacity
Schlüssel *m* / wrench *n* || ² *m* (Code) / code *n* || ² *m* (Bezeichner v. digitalen Daten) / key *n* || ² *m* (StV, Führungsnase) / key *n* || ²**antrieb** *m* / key actuator || ²**antrieb mit Zylinderschloss** / cylinder-lock actuator (o. operator) || ²**aufbau** *m* / key structure || ²**befestigung** *f* / keyhole fixing || ²**begriff** *m* / key expression || ²**diskette** *f* / code diskette || ²**drehschalter** *m* / key-operated rotary switch || ²**-Drehschalter** *m* VDE 0660,T.202 / key-operated rotary switch IEC 337-2A || ²**entriegelung** *f* / interlock deactivating key, defeater key || ²**entriegelung** *f* (SG) / interlock deactivation by means of key, key defeating || ²**kennung** *f* / code number || ²**länge** *f* (Datensatzschlüssel) / key length || ²**lochbefestiger** *f* / keyhole mounting || ²**parameter** *m* / code parameter || ²**parameter setzen** / set main/key parameters || ²**plan** *m* / master reference plan
Schlüsselschalter *m* / key-operated switch, lockswitch *n*, keylock switch, keyswitch *n* || ² **für Eingabesperre** / keyswitch for locking data entry || **getrennt verriegelbarer** ² / keyswitch with interlocks || ²**stellung** *f* / keyswitch setting
Schlüssel·sender *m* (IR-Schließsystem) / coded transmitter || ²**sperre** *f* / key interlock || ²**stück** *n* (StV) / polarization piece || ²**symbol** *n* / key symbol || ²**taster** *m* (Drucktaster) VDE 0660,T.201 / key-operated pushbutton IEC 337-2 || ²**-Wahlschalter** *m* / key-operated selector switch, keyselector || ²**weite** *f* (SW) / across-flats dimensions, diameter across flats, width across flats, width A/F (width across flats), A/F || ²**wort** *n* / keyword *n*, code word, vocabulary word || ²**zahl** *f* (Code) / code number || ²**zahl für Vorschubgeschwindigkeiten** / feedrate number (FRN)
Schluss·folgerung *f* / conclusion *n* || ²**information** *f* (PROFIBUS) / trailer *n* || ²**leuchte** *f* (Kfz) / taillight *n*, tail lamp, rear light (o. lamp) || ²**licht** *n* / taillight *n*, tail lamp, rear light (o. lamp) || ²**resonanzuntersuchung** *f* / final resonance search
schmal *adj* / narrow *adj*
Schmalband *n* / narrow band (NB) || ²**-Antwortspektrum** *n* / narrow-band response spectrum || ²**-Betriebsmittel** *n* / narrow-band device || ²**filter** *n* / narrow-band pass filter || ²**geräusch** *n* / narrow-band noise
schmalbandig *adj* / narrow-band *adj* || **~e Aussendung** / narrow-band emission
Schmalband-Rauschzahl *f* / spot noise figure
Schmal·keilriemen *m* / V-rope *n* || ²**profilskale** *f* / narrow straight scale || ²**schrank** *m* / narrow-type cubicle (o. cabinet) || ²**schrift** *f* / compressed print || ²**seite** *f* / narrow side, narrow edge
schmelzbar *adj* / fusible *adj*
Schmelz·charakteristik *f* (Sich.) / prearcing time/current characteristic || ²**dauer** *f* / melting time, pre-arcing time || ²**draht** *m* (Sich.) / fusible wire, fusible element, fusible link
Schmelzeinsatz *m* / fuse-link *n*, fusible element, fuse-element *n*, cartridge fuse-link, fuse-unit *n* || ² **mit zylindrischen Kontaktflächen** / cylindrical-contact fuse-link
Schmelz·faktor *m* (Sich.) / fusing factor || **~flüssiges Elektrolyt** / molten salt electrolyte || ²**-I²t-Wert** *m* (Sich.) / pre-arcing I²t || ²**index** *m* / melt-flow index || ²**käse** *m* / cheese spread || ²**kernprozess** *m* / lost-core process || ²**körper** *m* (Sich., Anzeigevorrichtung) / fusible indicator || ²**körper** *m pl* (f. Wärmeprüfungen) / melting particles || ²**leiter** *m* / fuse element || ²**leiter** *m* (Sich.) / fuse-element *n*, fusible element || ²**lotglied** *n* / fusible link, fusible element || ²**perle** *f* / bead of molten metal || ²**punkt** *m* / melting point || ²**schweißen** *n* / fusion welding || ²**sicherung** *f* / fuse *n*, fusible link, fusible cutout || **Barriere mit** ²**sicherungsschutz** / fuse-protected barrier || ²**spannung** *f* / melting voltage || ²**spleiß** *m* (LWL) / fusion splice || ²**strom** *m* (Sich.) / fusing current || ²**unterbrecher** *m* / fusible interrupter, fusible shunt || ²**wanne** *f* / melter *n* || ²**wannensoftware** *f* / melting trough software || ²**wärme** *f* / heat of fusion
Schmelzzeit *f* / operating time || ² *f* (Sich.) / melting time, pre-arcing time || ²**-Kennlinie** *f* / melting characteristic, minimum melting curve
Schmerz·mittel *n* / painkiller *n* || ²**schwelle** *f* / threshold of pain
Schmidt-Lorentz-Generator *m* / Schmidt-Lorentz heteropolar generator
Schmiede·fehler *m* / forging defect || ²**gesenke** *n* / forging die || ²**stahl** *m* / forging steel || ²**stück** *n* / forging *n*
Schmiegungs·ebene *f* / osculating plane || ²**kreis** *m* / osculating circle
Schmier·bereich *m* / scratch area || ²**bereich** *m* (Speicher) / scratchpad area, scratch region || ²**büchse** *f* (Staufferbüchse) / screw pressure lubricator, Stauffer lubricator || ²**büchse** *f* (Öler) / oil cup, oiler *n*, grease cup || ²**bund** *m* / collar oiler || ²**emulsion** *f* / lubricating emulsion
Schmieren *n* (Lagerdefekt) / wiping *n* || ~ *v* / lubricate *v*, grease *v*, oil *v*
Schmier·fähigkeit *f* / lubricating property, lubricity *n* || **mangelnde** ²**fähigkeit** / lacking lubricity || ²**fähigkeitsverbesserer** *m* / oiliness additive, lubricity additive || ²**fett** *n* / lubricating grease, grease *n* || ²**film** *m* / lubricant film, oil film || ²**filmbildung** *f* / formation of lubricating film || ²**frist** *f* / relubrication interval || ²**keil** *m* / wedge-shaped oil film || ²**kopf** *m* / lubricating nipple, grease nipple, oiler *n* || ²**loch** *n* / lubrication hole || ²**lötverbindung** *f* / wiped joint || ²**merker** *m* / scratch flag || ²**merkerbereich** *m* / scratch flag area
Schmiermittel *n* / lubricant *n* || ² *n* (Komm.) / dressing agent, commutator dressing || ² **Valvoline Rostschutz 6** / lubricant Valvoline rust preventative 6 || ²**-Ausschwitzen** *n* / lubricant exudation || ²**dichtung** *f* / lubricant seal
Schmier·nippel *m* / greasing nipple, grease nipple, lubricator *n* || ²**nut** *f* / oil groove, oil flute, oilway *n*, lubricating groove
Schmieröl *n* / lubricating oil, lube oil || ²**filter** *n* / lubricating-oil filter || ²**rückstände** *m pl* / gum *n*,

carbon deposits, oil residues || ≗-**Spaltfilter** *n* / plate-type lubricating-oil filter || ≗**zähler** *m* / lubricating oil meter
Schmier·plan *m* / lubrication schedule, lubrication chart || ≗**plombe** *f* / wiped joint || ≗**polster** *n* / oil film || ≗**presse** *f* / grease gun || ≗**pumpe** *f* / lubricating pump, lubricating oil pump, oil pump || ≗**reibung** *f* / friction of lubricated parts
Schmierring *m* / oil-ring *n*, lubricating ring, ring oiler || **fester** ≗ / disc-and-wiper lubricator, collar oiler || **loser** ≗ / oil-ring *n*, ring oiler || ≗**führung** *f* / oil-ring retainer || ≗**lager** *n* / oil ring lubricated bearing || ≗**schloss** *n* / oil-ring lock, ring-oiler joint
Schmier·schicht *f* / lubricant film, oil film || ≗**schild** *n* / lubrication instruction plate || ≗**spalt** *m* / clearance filled by oil film || ≗**stelle** *f* / lubricating point, grease nipple || ≗**stoff** *m* / lubricant *n* || ≗**stoffverbesserer** *m* / lubricant improver || ≗**takt** *m* / lubrication cycle || ≗**tasche** *f* (Lg.) / oil distribution groove, lubricating recess
Schmierung *f* / lubrication *n* || ≗ **durch Ölberieselung** / flood lubrication, cascade lubrication
Schmier·vorrichtung *f* / lubricator *n* || ≗**vorschrift** *f* / lubricating instructions || ≗**wirkdauer** *f* / grease service life, relubrication interval || ≗**wort** *n* / scratch word
Schmirgelleinen *n* / emery cloth
Schmitt-Trigger *m* / Schmitt trigger, threshold detector || ≗ **mit binärem Ausgangssignal** / threshold detector IEC 117-15, Schmitt trigger
Schmorperle *f* / bead of molten metal
Schmutz *m* / dirt *n* || ≗**ablagerung** *f* / dirt deposit, sedimentation *n*, fouling *n* || ≗**anhaftungsbeständigkeit** *f* / dirt collection resistance || ≗**fänger** *m* / dirt trap, strainer *n*, filter || ≗**fängernetz** *n* / strainer *n*, debris collecting net || ≗**filter** *n* / filter *n* || ≗**schicht** *f* / dirt deposit
Schnabel *m* (am Schnabelwagen) / cantilever *n* (section), gooseneck *n* || ≗**klemme** *f* / cantilever terminal || ≗**wagen** *m* / Schnabel (rail car), cantilever-type two-bogie car
Schnapp·befestigung *f* / snap-on mounting (o. fixing), clip-on mounting, snap-on fitting, snap-on feature || ≗-**Drehriegel** *m* / spring-loaded espagnolette (lock) || ≗**feder** *f* / catch spring || ≗**gerät** *n* / snap-on device, snap-fit device, clip-on device || ≗**kontakt** *m* / snap-action contact (element) IEC 337-1, quick-make quick-break contact || ≗**schalter** *m* DIN 42111 / sensitive switch IEC 163, sensitive micro-switch, quick-make-quick-break switch || ≗-**Schaltkontakt** *m* / snap-action electrical contact || ≗**schiene** *f* / snap-on rail, clip-on rail || ≗**schloss** *n* / catch lock, snap lock, spring lock || ≗**schuss** *m* / snapshot *n* || ≗**taster** *m* / sensitive switch IEC 163, sensitive micro-switch, quick-make-quick-break switch || ≗-**Tragschiene** *f* / snap-on rail, clip-on rail || ≗**verbindung** *f* / snap connector || ≗**verschluss** *m* / catch lock, snap lock, spring lock
Schnecke *f* / worm *n*, screw *n*
Schnecken·antrieb *m* / worm drive, worm gear || ≗**feder** *f* / spiral spring || ≗**getriebe** *n* / worm gear, worm drive || ≗**getriebe** *n* (SG) / worm gearing, worm gear, helical gear || ≗**rad** *n* / worm wheel, screw gear || ≗**radgetriebe** *n* / worm gear, screw gearing, worm drive || ≗**trieb** *m* / worm drive || ≗**welle** *f* / worm shaft
Schneid·anlage *f* / cutting installation || ≗**barkeit** *f* / cutting capability || ≗**brenner** *m* / flame cutter, cutting torch, oxygen cutter || ≗**brenner** *m* (NC, CLDATA-Wort) / pierce ISO 3592
Schneide *f* / cutting edge, tool nose || ≗ *f* (Dichtung) / lip *n*, edge *n* || ≗ *f* (WZM-Werkzeug) / (tool) edge || ≗ **1/2** / tool edge 1/2
Schneideisen *n* (Stanzwerkzeug) / cutting die
schneiden *v* / cut *v* || ~ *v* (kreuzen) / intersect *v*
Schneiden·abrundung *f* / chamfered tool nose || ≗**anwahl** *f* / cutting edge selection || ≗**daten** *plt* / cutting edge data || ≗**dialogdaten** *plt* / cutting edge dialog data || ≗**ebene** *f* DIN 6581 / cutting edge plane || ≗**ecke** *f* DIN 6581 / cutting edge corner || ≗**ecke** *f* (WZM-Werkzeug) / tool nose || ≗**einstellgerät** *n* / tool setting station || ≗**einstellgerät** *n* (SEG) / tool setting station (TSS) || ≗**gelenk** *n* / knife-edge pivot || ≗**geometrie** *f* (WZM) / cutting edge geometry, tool geometry || ≗**lagerrelais** *n* / knife-edge relay || ≗**lagerung** *f* / knife-edge bearing || ≗**linie** *f* / knife edge line || ≗**mittelpunkt** *m* (WZM) / tool nose centre, cutting edge centre
Schneidenradius *m* / tool nose radius, cutter radius || ≗**bahnkorrektur** *f* / cutter radius compensation, tool tip radius compensation, tool nose radius compensation (TNRC), TNR compensation || ≗**kompensation** *f* (SRK) / cutter radius compensation, tool tip radius compensation, tool nose radius compensation (TNRC), TNR compensation || ≗**kompensation** *f* (NC) / cutter radius compensation (miller), tool nose radius compensation (lathe) || ≗**korrektur** *f* (SRK) / cutter radius compensation, tool nose radius compensation (TNRC), tool tip radius compensation, TNR compensation || ≗**mittelpunkt** *m* / cutter radius center, cutting edge center, tool nose center || ≗**mittelpunktsbahn** *f* / tool nose radius center path
Schneiden·überwachung *f* / cutting edge monitoring || ≗**winkel** *m* DIN 6581 / side cutting edge angle, facet angle || ≗**winkel** *m* (WZM) / cutting edge angle, cutting tool angle
Schneid·flüssigkeit *f* / cutting fluid || ~**flüssigkeitsdichter Drucktaster** VDE 0660,T.201 / cutting-fluid-tight pushbutton IEC 337-2, coolant-proof pushbutton || ≗**kante** *f* / tool cutting edge, tool edge || ≗**klemme** *f* / insulation piercing connecting device (i.p.c.d.) || ≗**klemmsteckverbinder** *m* / insulation displacement connector, i.d.c. || ≗-**Klemm-Steckverbinder** *m* / insulation displacement connector (i.d.c.) || ≗**klemmtechnik** *f* / insulation displacement || ≗**klemmverbinder** *m* / insulation displacement connector || ≗**kopf** *m* / cutting head || ≗**kraft** *f* / cutting force || ≗**linie** *f* / cutting line
Schneidöl *n* / cutting oil || ~**fest** *adj* / resistant to coolants and lubricants, oil-resisting *adj*
Schneid·plan *m* / cutting plan || ≗**platte** *f* / plate *n*, cutting tip, slide damper, insert *n* || ≗**platte** *f* (WZM-Werkzeug) / tool tip || ≗**rad** *n* / cutting wheel || ≗**ring** *m* / cutting ring || ≗**schraube** *f* / self-tapping screw || ≗**stanze** *f* / cutting die || ≗**stoff** *m* / cutter material, tool-grade material, cutting tool grade material || ≗**tisch** *m* / cutting table || ≗**werkstoff** *m* / cutter material, tool-grade material,

tool grade material, cutting tool grade material || ≗**werkzeug** *n* / cutting tool, cutting tool for plastic fibers

schnell ansprechender Spannungsregler / high-response-rate voltage regulator || ~ **fließende Elektrode** / fast consuming electrode, fast running electrode || ≗**abheben** *n* / rapid lift, fast retraction || ≗**abrollbahn** *f* (Flp.) / high-speed exit taxiway

Schnellabschaltung *f* / quick breaking, instantaneous tripping, emergency trip(ping), rapid shutdown || ≗ *f* (Mot.) / quick stopping, overspeed tripping || ≗ *f* (Turbine) / turbine trip

Schnell·abwurf *m* / rapid load shedding, fast throw-off || ≗**angebot** *n* / quick offer || ≗**anlauf** *m* / fast start, quick start, rapid start || ≗**anschluss** *m* (Klemme) / quick-connect terminal || ≗**antrieb** *m* / high-speed drive

Schnell-Aus-Knopf *m* / emergency-stop button

Schnell·auslöser *m* / instantaneous release IEC 157-1 || ≗**auslöserelais** *n* / instantaneous tripping relay || ≗**auslösung** *f* / instantaneous tripping || ≗**ausschalter** *m* / quick-break switch || ≗**ausschaltung** *f* / quick-break *n* (operation), snap-action opening || ≗**ausschaltung** *f* (Fehlerabschaltung) / high-speed fault clearing || ≗**befehl** *m* (FWT) / priority command

Schnellbefestigung *f* / quick fastening, clip-on mounting, snap-on fixing, rail mounting

Schnellbefestigungs·-Blech *n* / quick-fitting retaining plate || ≗**platte** *f* / quick fitting retaining plate, rapid mounting-plate

Schnell·bereitschaftsanlage *f* / quick-starting standby generating set || ≗**blinklicht** *n* / quick flashing light, fast flashing

schnellbremsen *v* / decelerate rapidly

Schnellbremsung *f* / emergency braking, quick stopping, rapid deceleration

Schnelldienst *m* / speed service || ≗**zuschlag** *m* / express courier surcharge, express service surcharge, courier service surcharge

Schnell·distanzrelais *n* / high-speed distance relay || ≗**drucker** *m* / high-speed printer (HSP)

Schnelle *f* / velocity *n*

schnelle Nullung / fast TN scheme || ~ **Speicher-Schreibgeschwindigkeit** (Osz.) / fast stored writing speed || ~ **Strecke** (Regelstrecke) / fast-response (controlled system) || ~ **transiente Störgröße** IEC 50(161) / burst *n*

Schnelle, Trieb ins ≗ / speed-increasing transmission, step-up gearing || **Übersetzung ins** ≗ / gearing up

Schnell·einschaltung *f* / quick make (operation), high-speed closing, snap-action closing, high speed closing feature || **Steckverbinder mit** ≗**entkupplung** / quick disconnect connector || ≗**entladewiderstand** *m* / quick-discharge resistor || ≗**entregung** *f* / high-speed de-excitation, high-speed field suppression, field forcing

schneller Pufferspeicher / cache *n* || ~ **Schutz** / high-speed protection (system) || ~ **Übertrag** / high-speed carry, ripple-through carry

Schnell·erder *m* / fault initiating switch, make-proof earthing switch, high-speed grounding switch || ≗**erregung** *f* / fast-response excitation, high-speed excitation, field forcing

schnelles Ansprechen / fast response, high-speed response, fast operation || ~ **Blinklicht** / quick flashing light, fast flashing || ~ **Relais** / high-speed relay, fast relay

Schnellfahrt *f* / fast speed

Schnellgang *m* / rapid speed || ≗ *m* (Mot.) / high-speed step || ≗ *m* (Der programmierte Weg wird mit größtmöglicher Geschwindigkeit auf einer Gerade zurücklegt) / rapid traverse || ≗**taste** *f* (Bedienungstastatur) / high-speed key

Schnellhalt *m* / rapid stop, fast stop (for ramp function generator), emergency stop || ≗ *m* (NC) / quick stop, fast positioning || ≗ *m* (NC-Wegbedingung) DIN 66025,T.2 / positioning fast (NC preparatory function) ISO 1056 || ≗ *m* (Mot.) / quick stopping

Schnelligkeit *f* (a. Reg.) / velocity *n*

Schnell·inbetriebnahme *f* / quick commissioning || ≗**inbetriebnahme beenden** / end quick commissioning || ≗**inbetriebnahme starten** / start quick commissioning || ≗**inbetriebsetzung** *f* / quick start-up || ≗**ladeeinrichtung** *f* / high-speed recharge facility || ≗**ladestufe** *f* / boost level || ≗**ladung** *f* (Batt.) / boost charge, quick charge, high-rate charging || ≗**-Lastabwurf** *m* / rapid load shedding, fast throw-off || ≗**-Lastumschalter** *m* (Trafo) / high-speed diverter switch, spring-operated diverter switch || **Widerstands-**≗**lastumschalter** *m* (Trafo) / high-speed resistor diverter switch

schnelllaufend *adj* / high-speed *adj*

Schnellläufer *m* / high-speed machine || ≗**motor** *m* / high-speed motor

schnelllebig *adj* / volatile *adj*

Schnell·meldung *f* (FWT) / priority state information || ≗**montage-Bausatz** *m* (SMB) / rapid mounting kit (RMK) || ≗**montage-Schienenleuchte** *f* / snap-on track-mounting luminaire || ≗**montage-Schienensystem** *n* / snap-on track system, clip-on mounting-channel system || ≗**parametrierung** *f* / quick parameterization

Schnell·regler *m* / quick-acting regulator, fast-response regulator, fast regulator || ≗**reinigungsausführung** *f* (MG) / quick-cleaning model || ≗**reparatur** *f* / fast repair, emergency repair || ≗**rückhub** *m* (WZM) / rapid return travel || ≗**rückmeldung** *f* (FWT) / priority return information || ≗**rückzug** *m* / rapid retraction || ≗**schalteinrichtung** *f* / quick-motion mechanism, spring-operated mechanism

schnellschaltender Leistungsschalter / high-speed circuit-breaker

Schnell·schalter *m* (LS) / high-speed circuit-breaker || ≗**schaltglied** *n* / instantaneous element || ≗**schaltschütz** *n* / high-speed contactor

Schnellschluss *m* (Turbine) / emergency trip(ping) || ≗**auslösung** *f* (Turbine) / turbine trip || ≗**bremse** *f* / quick-acting brake || ≗**deckel** *m* / quick-release cover || ≗**einrichtung** *f* (Turbine) / turbine trip gear || ≗**ventil** *n* / quick-acting gate valve, quick-action stop valve || ≗**verstellung** *f* / quick locking motion

Schnellschrauber-Vorsatz *m* / rapid screwdriver element

schnellschreibendes Messgerät / high-speed recording instrument

Schnellschütz *n* / high-speed contactor

Schnell·spanneinrichtung *f* (WZM) / quick-change clamping device, quick-action chuck || ≗**spannverbinder** *m* / fast-action connector || ≗**start** *m* / fast start, quick start, rapidstart || ≗**start** *m* (Zeitrel.) / rapid start, instantaneous start ||

≈**starter** *m* / rapid starter ‖ ≈**startschaltung** *f* / rapid-start circuit, instant-start circuit ‖ ≈**start-Vorschaltgerät** *n* / rapid-start ballast ‖ ≈**stopp** *m* / rapid stop, fast stop (for ramp function generator), emergency stop ‖ ≈**straße** *f* / motor highway, express road ‖ ≈**stufe** *f* (Relaiselement, Ausl.) / instantaneous trip (or release) ‖ ≈**stufe** *f* (Schutz, Zone) / instantaneous zone ‖ ≈**stufung** *f* / fast tap change ‖ ≈**synchronisierung** *f* / high-speed synchronizing

Schnell·trennkupplung *f* / quick-release clutch ‖ ≈**umschaltgerät** *n* / high-speed transfer unit ‖ ≈**umschaltung** *f* / rapid transfer ‖ ≈**umschaltung** *f* (Lastumschaltung) / rapid (load transfer) ‖ ≈**verbinder** *m* / quick-disconnect connector ‖ ≈**verdrahtung** *f* / quick wiring, prefabricated-wiring system ‖ ≈**verkehr** *m* / fast traffic ‖ ≈**verkehrsstraße** *f* / express road, expressway *n* ‖ ≈**verschluss** *m* / quick-release lock ‖ ≈**vorschub** *m* (WZM, NC) / rapid feed ‖ ≈**wechselfutter** *n* (WZM) / quick-change chuck ‖ ≈**wiedereinschaltung** *f* (KU) / high-speed reclosing, rapid reclosure

Schnellzeit *f* (Schnellstufe) / instantaneous zone, high-speed zone ‖ **Abschaltung in** ≈ (Distanzschutzrelais) / undelayed tripping, instantaneous tripping, first-zone tripping ‖ ≈**bereich** *m* / instantaneous zone, high-speed zone ‖ ≈**stufe** *f* (Ausl.) / instantaneous trip ‖ ≈**stufe** *f* (Zone) / instantaneous zone

Schnellzone *f* (Schutz) / instantaneous zone

Schnitt *m* / cut *n*, profile *n* ‖ ≈ *m* (Kreuzung) / intersection *n* ‖ ≈ *m* (Querschnitt) / section *n* ‖ ≈ *m* (Stanzwerkz.) / punch and die set ‖ ≈ **A-B** / cross-section A-B, cut A-B ‖ **45°-**≈ (Kernbleche) / 45° corner cut, 45° mitre

Schnitt·aufteilung *f* (NC) / cut segmentation, cut sectionalization ‖ ≈**bahn** *f* (WZM) / cutting path ‖ ≈**bandkern** *m* / cut strip-wound core ‖ ≈**baustein** *m* / sequence word ‖ ≈**ansicht** *f* / sectional view ‖ ≈**bild** *n* / sectional view, cutaway view ‖ ≈**breite** *f* / width of cut, cutting width ‖ ≈**darstellung** *f* / sectional view ‖ ≈**datenermittlung** *f* / automatic determination of cutting data ‖ ≈**diagramm** *n* / cutaway diagram ‖ ≈**druck** *m* / shearing pressure

Schnitt·ebene *f* (CAD) / cutting plane ‖ ≈**ebenen verschieben** / shift cutting planes ‖ ≈**element** *n* (CAD) / intersected entity ‖ ≈**fläche** *f* / cutting plane ‖ ≈**fläche** *f* DIN 6580 / cut surface ‖ ≈**fläche** *f* (Zeichnung) / sectioned area ‖ ≈**fugenbreite** *f* DIN 2310,T.1 / kerf width ‖ ≈**genauigkeit** *f* / cutting precision ‖ ≈**generierung** *f* (CAD) / cut generation

Schnittgeschwindigkeit *f* (NC-Wegbedingung) DIN 66025,T.2 / constant cutting speed (NC preparatory function) ISO 1056, constant surface speed ISO 1056 ‖ ≈ *f* / cutting velocity ‖ ≈ *f* (WZM) / cutting speed, surface speed, cutting rate ‖ **konstante** ≈ / constant cutting rate

Schnitt·größe *f* DIN 6580 / cutting variable ‖ ≈**holzverarbeitung** *f* / sawn timber processing ‖ ≈**kante** *f* / cutting edge ‖ ≈**kraft** *f* / cutting force ‖ ≈**linie** *f* / line of intersection, intersection line ‖ ≈**linienabweichung** *f* / deviation from shearing line ‖ ≈**menge** *f* DIN IEC 50, T.131 / cut-set *n* ‖ ≈**muster** *n* / cutting pattern ‖ ≈**parameter** *m* / cutting parameter ‖ ≈**presse** *f* / cutting press

Schnittpunkt *m* / point of intersection, intersection *n* ‖ ≈**bahnkorrektur** *f* / path correction, path override ‖ ≈**berechnung** *f* / calculation of intersection ‖ ≈**-Fräserradius-Bahnkorrektur** *f* (NC) / intersection cutter radius compensation ‖ ≈**strom** *m* / transfer current

Schnittrichtung *f* (WZM) / cutting direction, direction of cut

Schnittstelle *f* (SST) / interface *n* ‖ ≈ *f* / terminal point IEC 50(715) ‖ ≈ *f* (Port) EN 61131-1 / port *n* IEC 1131.4 ‖ ≈ **rücksetzen** (PMG) / interface clear(ing) ‖ ≈ **zu Mensch u. Maschine** / operator interface ‖ **mehrpunktfähige** ≈ / interface with multi-point capability, multi-point interface (MPI) ‖ **serielle** ≈ / serial port, serial interface

Schnittstellen·abgleich *m* / interface update ‖ ≈**stellenadapter** *m* (SA) / interface adapter ‖ ≈**baugruppe** *f* / interface module ‖ ≈**baugruppe** *f* (Leiterplatte) / interface board ‖ ≈**baustein** *m* / interface microprocessor, interface microcontroller ‖ ≈**baustein** *m* (Chip) / interface chip ‖ ≈**bedienung** *f* / interface operation ‖ ≈**belegung** *f* / interface assignments, interface allocation ‖ ≈**belegung der Busplatine** (SPS) / pin assignment(s) of wiring backplane ‖ ≈**belegungszeit** *f* / interface runtime, interface operating time ‖ ≈**bus** *m* / interface bus (IB)

Schnittstellen·daten *plt* / interface data ‖ ≈**deklarationsliste** *f* / interface declaration list ‖ **Kommunikations-**≈**dienst** *m* / communication interface service ‖ ≈**-Fbg.** (Schnittstellen-Flachbaugruppe) / interface PCB ‖ ≈**-Flachbaugruppe** *f* (Schnittstellen-Fbg.) / interface PCB ‖ ≈**funktion rücksetzen** (PMG) DIN IEC 625 / interface clear (IFC) ‖ ≈**handler** *m* / interface handler ‖ **serielles** ≈**-Interface** (SSI) / serial interface, serial synchronous interface (SSI) ‖ ≈**kabel** *n* / interface link cable

Schnittstellen·leitung *f* (DÜ) DIN 44302 / interchange circuit ‖ ≈**merker** *m* (SPS) / interface flag ‖ ≈**modul** *n* / interface module, interface submodule ‖ ≈**modul-Schacht** *m* / interface module receptacle ‖ ≈**nachricht** *f* (PMG) / interface message ‖ ≈**operation** *f* (SPS) / interface operation ‖ ≈**parameter** / Interface parameters ‖ ≈**protokoll** *n* / interface protocol *n* ‖ ≈**signal** *n* / interface signal ‖ ≈**-Signalleitung** *f* / interface signal line ‖ ≈**stecker** *m* / interface plug ‖ ≈**-Steuerbus** *m* / interface management bus ‖ ≈**system** *n* DIN IEC 625 / interface system ‖ ≈**umschalter** *m* / interface switchover ‖ ≈**vervielfacher** *m* / multi-transceiver *n*, fan-out module (o. unit), fan-out unit ‖ ≈**verwalter** *m* / interface handler, interface converter

Schnittteil *n* / raw part, blank *n*, unmachined part ‖ ≈**anordnung** *f* / blanking layout

Schnitt·tiefe *f* (WZM) / cutting depth, depth of cut ‖ ≈**unterteilung** *f* / cut segmentation ‖ ≈**vektor** *m* (NC) / cut vector ‖ ≈**verlauf** *m* (WZM, NC) / cutting sequence, sequence of cutting movements ‖ ≈**vorschub** *m* (WZM) / cutting feed ‖ ≈**weg** *m* (WZM) / cutting travel, cutting distance ‖ ≈**werte** *m pl* (NC) / cutting parameters ‖ ≈**zeichnung** *f* / sectional drawing ‖ ≈**zeit** *f* (WZM) / cutting time ‖ ≈**zeitüberwachung** *f* (siehe Standzeitüberwachung) / tool time monitoring (A function which continuously accumulates and records the cutting time of an active tool and compares the accumulated cutting time with the limit values for that tool stored in the control system), tool life monitoring || ²**zerlegung** *f* (NC) / cut segmentation, cut sectionalization || ²**zustellung** *f* (WZM, NC) / infeed *n* (of cutting tool), machining infeed || ²**wert** *m* / cutting value

Schnur *f* / string *n*, cord *n* || ² *f* (Anschlusskabel) / cord *n*, flex *n* (US) || **talggetränkte** ² / yarn impregnated with tallow || ²**bandage** *f* / cord lashing || ²**gerüst** *n* / batter boards

schnurlos *adj* (ohne Anschlusskabel) / cordless *adj*

Schnürnadel *f* / tying needle, winder's needle

Schnurpendel *n* (Leuchte) / pendant cord, pendant *n*

Schnur·schalter *m* VDE 0630 / flexible cord switch (CEE 24), cord switch || ²**strahl** *m* (Kfz-Einspritzventil) / pencil stream

Schock, elektrischer² / electric shock || ²**ausgleichsgewicht** *n* / weight for shock compensating || ²**beanspruchung** *f* / shock load

Schocken *n* DIN IEC 68 / shock test *n*, shock

Schock·festigkeit *f* / shock resistance, impact resistance || ²**prüfung** *f* / shock test || ²**sicherung** *f* / shock locking mechanism || ²**strom** *m* (physiologisch gefährlicher Körperstrom) VDE 0168, T.1 / shock current

Schonbuchse *f* / wearing sleeve, wearing bush

Schönheitsfehler *m* / appearance flaw

Schönschrift *f* / letter-quality print || ²**drucker** *m* / letter quality printer

Schonzeit *f* / hold-off time || ² *f* (LE) / hold-off interval

Schopfschere *f* / cropping shear

Schott·blech *n* / barrier *n* (plate), partition *n*, partition plate, phase barrier, baffle *n*, cable separator, outside wall of insulation || ²**durchführung** *f* / bulkhead bushing || ²**fach** *n* / compartment *n*

Schottky·-Barriere *f* / Schottky barrier || ²**-Diode** *f* / Schottky barrier diode, Schottky diode || ²**-Effekt** *m* / Schottky effect || ²**-Transistor** *m* / Schottky clamped transistor

Schott·platte *f* / barrier *n*, partition *n* || ²**raum** *m* VDE 0670,T.6 / compartment *n* IEC 298

Schottung *f* (SA, Unterteilung in Teilräume) / compartmentalization *n*, division into compartments IEC 517 || ² *f* (von Leitern) / separation *n* || ² *f* (SS) / phase segregation, (busbar) barriers o. partitions || ² *f* (Trennwand, Schottplatte) / partition(s) *n (pl)*, barrier(s) *n (pl)* || **Phasen~** *f* / phase segregation, phase-separating partition, phase barrier || **Trenn~** *f* (von Leitern) VDE 0670, T.6 / segregation *n* IEC 298

Schottungsblech *n* / partition *n*

Schott·verschraubung *f* / bulkhead gland || ²**wand** *f* / partition plate, partition *n*, barrier *n* (plate), baffle *n*, cable separator, phase barrier, outside wall of insulation

schraffieren *v* / hatch *v*

Schraffur *f* / hatching *n*, hatched area, crosshatch *n* || ²**muster** *n* (CAD) / hatch pattern

schräg *adj* / conical *adj* || ~ *adj* (abfallend) / sloping *adj* || ~ *adj* (abgeschrägt) / bevelled *adj*, tapered *adj* || ~ *adj* (schief) / skew *adj*, canted *adj* || ~ *adj* (geneigt) / inclined *adj*, tilted *adj* || ~ *adj* (abgefast) / chamfered *adj*, bevelled

Schräg·achsmaschine *f* / inclined axis machine || ²**aufzug** *m* / inclined lift, inclined elevator || ²**bearbeitung** *f* / inclined machining || ²**belastung** *f* / angular load, unbalanced load || ²**bett** *n* / inclined bed || ²**bettmaschine** *f* / inclined-bed machine || ²**bohren** *n* / oblique drilling || ²**bürstenhalter** *m* (Bürsten in Drehrichtung geneigt) / trailing brush holder || ²**bürstenhalter** *m* (Bürsten entgegen der Drehrichtung geneigt) / reaction brush holder

Schräge *f* / slope *n*, oblique line || ² *f* (Fase) / chamfer *n*, bevel *n* || ² *f* (Impulsdach) / tilt (pulse top) || ² **an einer Körperkante** / chamber *n*

schräge Ebene / inclined plane, oblique plane || ~ **Lauffäche** (Bürste) / bevelled contact surface, bevelled contact face || ~ **Näherung** (Anordnung Starkstromleitung - Fernmeldeleitungen) / oblique exposure || ~ **Nut** / skewed slot || ~ **Welle** / inclined shaft, tilted shaft

Schräg·einbau *m* / inclined mounting || ²**einfall** *m* / oblique incidence || ²**einstechschleifen** *n* / oblique plunge-cut grinding || ²**einstellung der Spannung** / phase-angle adjustment of voltage

schrägen *v* (Nuten) / skew *v*

Schrägen·bearbeitung *f* / inclined surface machining || ²**winkel** *m* / taper angle

schräger Lichteinfall / oblique light incidence, obliquely incident light

Schräg·fußverlängerung *f* (Freileitungsmast) / hill-side extension, leg extension || **~geschnittenes Kernblech** / mitred core lamination, laminations with a 45° corner cut || **~gestellte Polkante** / skewed pole tip || ²**kugellager** *n* / angular-contact ball bearing || ²**lagenkompensation** *f* (Schleifscheibe) / inclined wheel compensation || ²**lamelle** *f* (Leuchte) / inclined louvre blade || ²**laufprobe** *f* / inclined-position test

Schräg·rad *m* / helical gear, skew bevel gear || ²**raster** *m* (Leuchte) / cut-off louvre, angle louvre || ²**regelung** *f* (Trafo) / phase-angle regulation || ²**rohrmanometer** *n* / inclined-tube manometer || ²**schnitt** *m* / oblique section || ²**schnitt** *m* (Trafo-Blech, an den Stoßstellen) / mitred cut, 45° cut || ²**schrift** *f* / italic type, italics *n pl*

schrägstellen *v* (kippen) / tilt *v* || ~ *v* (neigen) / incline *v*

Schräg·stellprüfung *f* / out of level test, tilt test || ²**stollen** *m* / inclined tunnel || ²**strahler** *m* / angle luminaire || ²**strahlung** *f* (LT) / asymmetric distribution || ²**strich** *m* / slash

Schrägung *f* (Nut, Polschuh) / skewing *n* || **Streureaktanz der** ² / skew leakage reactance

Schrägungs·faktor *m* (Wickl.) / skew factor || ²**verlust** *m* (Wickl.) / skew leakage loss || ²**winkel** *m* / angle of inclination, bevel *n*, angle of inclined axis || ²**winkel** *m* (Wickl.) / angle of skew

Schrägverzahnung *f* / helical teeth, skew bevel gearing

Schrägzahn·-Kegelrad *n* / skew bevel gear, spiral bevel gear || ²**rad** *n* / helical gear, skew bevel gear || ²**-Stirnrad** *n* / single-helical gear, helical gear, spiral gear, screw spur gear

Schrämstation *f* / cutter chain station

Schrank *m* / switchgear cabinet, switching cabinet, switchgear cubicle, control cabinet, control cubicle || ² *m* (f. Starkstromgeräte, ST) / cubicle *n* || ² *m* (Baustromverteiler) / cabinet *n*, housing *n* || ² *m* (Elektronikgeräte) / cabinet *n* || ² **mit Bodenblech** / cubicle with baseplate || ² **und Montageplanung** / cabinet and installation tools || ²**abnahme** *f* / cabinet acceptance test || ²**anschlusselement** *n*

(SAE-Element) / cabinet wiring block, cabinet terminal block || **²aufteilung** *f* / board compartmentalization || **²bauform** *f* (SK) VDE 0660, T.500 / cubicle-type assembly IEC 439-1 || **²bauform** *f* (FBV) / cabinet type IEC 439-3 || **²bauteil** *n* / board component

Schranke *f* (f. Zugangskontrolle) / turnstile *n*, barrier *n* || **Licht~** *f* / photoelectric barrier, light barrier, opto-electronic machineguard, light beam curtain

Schrankeinbau *m* / cabinet mounting || **für ²** / (for) cubicle mounting, (for) cabinet mounting

Schrank·einspeisungseinheit *f* (SES) / cabinet power supply unit || **²einzelteile** *n pl* / individual board components

schränken *v* (Wicklungsstäbe) / transpose *v*

Schrankensteuerung *f* / barrier control

Schrank·form *f* (FBV) / cabinet type IEC 439-3 || **²gerät** *n* / cabinet unit || **²gerüst** *n* / cubicle frame (work), cabinet frame, skeleton *n* || **²gruppe** *f* / cabinet group

schrankhoch *adj* / board-high

Schrank·-Kleinverteiler *m* / cabinet-type consumer unit, cabinet-type distribution board (o. panelboard) || **²reihe** *f* / cubicle suite, multi-cubicle arrangement || **²reihe** *f* / multi-cubicle-type assembly, multi-cabinet type, cubicle row || **²schaltanlage** *f* / cubicle switchgear || **²schalttafel** *f* / multi-cubicle switchboard, cubicle-type switchboard

Schränkstab *m* / transposed bar, Roebel bar, transposed conductor

Schranksystem *n* / cabinet system || **²** *n* (SA) / modular enclosure system, cubicle system, packaging system

Schränktechnik *f* (el. Anschlüsse) / twist-lock technique

Schranktür *f* / compartment door

Schränkung *f* (Röbelstab) / transposition *n*

Schrank·ventilatorbaugruppe *f* / cabinet (o. cubicle) fan unit || **²verkleidung** *f* / cubicle covers, cabinet covers, cubicle cladding || **²verteiler** *m* / cabinet-type distribution board

Schraub-Abschlusseinsatz *f* / screw-type end insert

Schraub·-Abstandsschelle *f* / screw hanger || **²anschluss** *m* / screw-type terminal, screw terminal || **²anschluss** *m* / screw contact, screw connection, screw-type contact || **²anschlussleiste** *f* / screw-terminal connector || **²automat** *m* / screw-in miniature circuit-breaker, screw-in m.c.b. || **²automat** *m* / automatic screwdriver || **²befestigung** *f* / screw fixing, bolt-on fixing || **²bewegung** *f* / screw motion || **²bolzen** *m* / threaded bolt || **²buchse** *f* / threaded bush, screwed bush || **²deckel** *m* / screw-down cover || **²deckel** *m* (StV) / screwed cap || **²durchführung** *f* / screw-type bushing

Schraube *f* (Durchsteckschraube mit Mutter) / bolt *n* || **²** *f* (ohne Mutter) / screw *n* || **gewindeformende ²** / thread-forming tapping screw || **gewindefurchende ²** / self-tapping screw || **gewindeschneidende ²** / thread-cutting tapping screw

Schraubeinsatz *m* / screw insert

schrauben *v* / screw *v*

Schrauben über Kreuz anziehen / tighten bolts in diagonally opposite sequence || **²anschluss** *m* / screw-type terminal, screw terminal, screw connection || **²befestigung** *f* / screw fixing || **²bolzen** *m* / screw bolt, male screw, stud *n*, threaded stud, stud bolt || **²buchse** *f* / screw bush

Schraubendreher *m* / screw driver, screwdriver *n*, nut runner || **² für Schrauben mit Schlitz** / screwdriver for slotted head screws || **²scheide** *f* / screw driver separator

Schrauben·druckfeder *f* / helical compression spring || **²feder** *f* / helical spring, spiral spring || **~förmig** *adj* / helical *adj*, spiral *adj* || **²gleichheit** *f* / screw compatibility || **²klemme** *f* / screw-type terminal, screw terminal, screw connection || **²kopf** *m* / bolt head, screw head || **²kopfklemme** *f* / screw terminal || **²linie** *f* / helix *n*, spiral *n*, helical curve || **²linieninterpolation** *f* (NC) / helical interpolation (The combination of circular and linear interpolation to generate a helical path. Circular interpolation is carried out in a selected plane (2 axes) with simultaneous linear interpolation in a third axis perpendicular to the selected plane), spiral interpolation || **²linienkompensation** *f* / helical compensation || **²lochkreis** *m* / bolt circle

schraubenlose Befestigung / screwless fixing || **~ Klemme** / screwless terminal || **~ Klemme mit Betätigungselement** / screwless terminal with actuating element || **~ Klemme mit Druckstück** / indirect-pressure screwless terminal, screwless terminal with pressure piece || **~ Klemme ohne Druckstück** / direct-pressure screwless terminal, screwless terminal without pressure piece

Schrauben·lüfter *m* / propeller fan || **²rad** *n* / spiral gear, helical gear, single-helical gear || **²sicherung** *f* / screw locking element, lock washer || **²sicherungslack** *m* / screw locking varnish || **²wicklung** *f* / spiral winding || **²zieher** *m* / screw driver, screwdriver *n*, nut runner || **²zugfeder** *f* / helical tension spring

Schrauber *m* / screw driver, screwdriver *n*, nut runner || **²aufhängung** *f* / power-wrench hanger || **²start rechts** / screwing start right

Schraub·fassung *f* (Lampe) / screwed lamp-holder, screwed lamp-socket || **²frontstecker** *m* / front screw connector || **²gerät** *n* / screwing device || **²kappe** *f* / screw cap, screwed cap || **Bürstenhalter-²kappe** *f* / screw-type brush cap || **²-Kegelrad** *n* / hypoid gear || **²kern** *m* / screw core || **²klemmblock** *m* / screw-type terminal block || **²klemme** *f* / screw contact, screw-type contact, screw-type terminal, screw terminal || **steckbare ²klemme** / plug-in screw terminal || **²klemmenanschluss** *m* / screw contact, screw-type contact, screw-type terminal || **Anschlussklemme mit ²klemmung** / screw-clamping terminal || **²kontakt** *m* / screw contact, screw-type contact, screw-type terminal || **²konus** *m* / screw-type cone || **²kupplung** *f* / threaded coupling, bolted coupling || **²-Kupplungseinsatz** *m* / screw-type coupling insert

Schraub·lehre *f* / micrometer gauge || **²linse** *f* / screw-in lens, screwed lens || **²material** *n* / screws *n pl* || **²nippel** *m* / screwed nipple || **²-Passeinsatz** *m* (Sich.) / screw-in gaugering || **²pol** *m* / bolt-on pole || **²ring** *m* / threaded retaining ring, ring nut || **²ring** *m* (StV) / screwed union ring || **²sicherung** *f* / D-type fuse-link, screw-in fuse-link || **²sockel** *m* / screw cap, screw base || **²steckklemme** *f* / pluggable screw terminal || **²stelle** *f* / bolted joint ||

≗steuerung *f* / screwing control || **≗-Stirnrad** *n* / crossed helical gear, spiral gear || **≗stock** *m* / vise *n* || **≗stopfbuchse** *f* / screwed gland || **≗stopfen** *m* / screw plug || **≗stutzen** *m* / screwed gland || **≗thyristor** *m* / stud-type thyristor, stud-mounting thyristor, stud-casing thyristor || **≗- und Schnappverbindung** *f* / screw and snap connector

Schraubverbindung *f* / screwed connection, bolted joint, screwed joint, screw connection, screw-type connector, screw-type terminal, screw terminal || **kraftschlüssige ≗** / interference fit bolted joint

Schraub·verriegelung *f* / screw-locking || **≗verschluss** *m* / screwed lock || **≗zwingen** *f pl* / screw clamps

Schreib·arm *m* (Schreiber) / stylus carrier, pen carrier || **≗breite** *f* (Registrierpapier) / recording width, chart scale length || **≗breite** *f* (Drucker) / print width || **≗dichte** *f* / type density || **≗einrichtung** *f* / recording system || **≗elektrode** *f* / recording electrode

Schreiben *n* (DV) / writing *n*, write mode || **~** *v* (a.DV) / write *v* || **≗** *n* (m. Schreiber) / recording *n* || **frühes ≗** / early write mode

schreibend·er Impulszähler / pulse recorder || **~er Maximumzähler** / recording maximum-demand meter, meter with maximum-demand recorder || **~es Messgerät** / recording instrument, recorder *n*

Schreiber *m* / recorder *n*, recording instrument || **druckender ≗** / printing recorder || **≗holzeit** *f* / write recovery time || **≗streifen** *m* / papertape *n* || **≗tafel** *f* / recorder panel, recorder board

Schreib·feder *f* (Schreiber) / recording pen, pen *n* || **≗flüssigkeit** *f* / recording fluid || **≗freigabe** *f* / write enable (WE) || **≗gerät** *n* / recorder *n*

schreibgeschützt *adj* / write-protected *adj*

Schreibgeschwindigkeit *f* / printing speed, print speed || **≗** *f* (a. Osz.) / writing speed, recording speed

Schreib·geschwindigkeitsverhältnis *n* (Osz.) / ratio of writing speeds || **≗impulsbreite** *f* / write pulse width || **≗kopf** *m* / write head, writing head || **≗kopf** *m* (Plotter) / plotting head || **≗lese-Gerät** *n* / write/read device, read-write device

Schreib-/Lese·gerät *n* (SLG) / write/read device, read-write device || **≗register** *n* / read/write register || **≗speicher** *m* (RWM) / read/write memory (RWM)

Schreib-Lesespeicher *m* / random-access memory (RAM), read-write memory, R/W memory, RAM (random-access memory)

Schreib-/Lesezyklus *m* / write/read cycle, read-modify-write (cycle)

Schreib·marke *f* (BSG) / cursor *n* || **≗marke** *f* / cursor fine || **≗markensteuerung** *f* / cursor control || **≗rad** *n* / type-wheel *n*, print-wheel *n*, daisywheel *n* || **≗recht** *n* / write access || **≗richtung** *f* / character path, text orientation, character attitude || **≗richtung** *f* (GKS) / text path || **≗schritteinstellung** *f* / pitch control || **≗schutz** *m* / write protection, read-only feature

Schreibspur *f* / recorded trace, record *n* || **≗abstand** *m* / recordspacing

Schreib·station *f* (SPS) / keyboard printer terminal || **≗stelle** *f* / character position, number position, digit position || **≗stellenzahl** *f* / number of character (o. digit) positions

Schreibstift *m* (Schreiber) / stylus *n*, pen *n* || **≗anhebung** *f* (Plotter) / pen lift

Schreibstrahl *m* (Flüssigkeitsstrahl) / recording jet, fluid jet || **≗** *m* (Osz.) / writing beam || **≗erzeuger** *m* (Osz.) / writing gun

Schreib·streifen *m* / strip chart || **≗strom** *m* / write current || **≗strom** *m* (magn. Datenträger) / recording current || **≗system** *n* (Osz.) / writing gun

Schreibtischleuchte *f* / desk luminaire, desk fitting

Schreibung *f* / recording *n*

Schreib·verfahren *n* (magn. Datenträger) / recording mode || **≗walze** *f* / feed platen, platen *n*

Schreibweise *f* / representation *n* || **≗** *f* (z.B. Dezimalschreibweise) / notation *n* || **≗** *f* (NC-Programm, Format) / format *n* || **≗ mit implizitem Dezimalpunkt** (NC) / implicit decimal sign format mode || **klammerfreie ≗** / parenthesis-free notation || **Parameter~** *f* (NC, Programmierung) / parametric programming, parameter programming

Schreib·zeiger *m* / cursor *n*, cursor fine || **≗zeiger** *m* (Osz.) / recording beam || **≗zeiger** *m* (im Programm) / write pointer || **≗zeile** *f* (Fernkopierer) / recording line || **≗zeit** *f* (a. Osz.) / writing time || **≗zugriff** *m* / write access || **≗zyklus** *m* / write cycle

Schrieb *m* (Ausdruck) / printout *n*, listing *n*, record *n*

Schrift *f* / font *n* || **≗ im Bauteil erhaben** / font in constructional part raised || **≗art** *f* / font *n*, character font, type style || **≗art Formatvorlage** / format template font || **≗einlage** *f* (DT) / insertable legend plate || **≗feld** *n* (Zeichn.) / title block || **≗felddaten** *plt* / title block data || **≗felder** *n pl* / labeling fields || **≗form** *f* / letter type, character *n* || **≗fuß** *m* / title block || **≗größe** *f* / type size, font size || **≗grundlinie** *f* / base line || **≗höhe** *f* / font size, character size

schriftliche Freigabe (zur Ausführung v. Arbeiten) / permit to work

Schrift·linie *f* (GKS) / baseline *n* || **≗qualität** *f* (Bildschirmdarstellung) / text precision || **≗schnitt** *m* / font style || **≗stil** *m* / font style || **≗verkehr** *m* / correspondence *n* || **≗zeichen** *n* / graphic character || **≗zyklen** *m pl* / lettering cycles || **≗zyklus** *m* / lettering cycle

Schritt *m* (Nuten, Wickl.) / pitch *n*, sequence step, sequencer step || **≗** *m* DIN 19237, Ablaufschritt u. Schrittmot. / step *n* || **≗** *m* (SPS-Programm) / step EN 61131-3 || **≗** *m* (Inkrement, modulare Teilung) / increment *n* || **≗** *m* (DÜ) DIN 44302 / signal element || **≗ ändern** / edit step || **≗ auflösen** / dissolve step || **≗ löschen** / delete step || **≗ suchen** / find step || **resultierender ≗** (Wickl.) / resultant pitch, total pitch || **Ziffern~** *m* (Skale) / numerical increment || **Ziffern~** *m* (kleinste Zu- oder Abnahme zwischen zwei aufeinanderfolgenden Ausgangswerten) DIN 44472 / representation unit

Schritt·antrieb *m* / step switching mechanism, stepper drive || **≗anzeigestufe** *f* (elST) / step display module || **≗baugruppe** *f* (SPS) / sequence module, sequencer *n*, stepping module || **≗baustein** *m* (SB) / sequence block (SB) || **≗betrieb** *m* / step mode

Schritte/360° / steps per 360°

Schritt·einstellung *f* / pitch control || **≗element** *n* (Signale) / signal element || **≗element** *n* (Telegraphic) / unit element || **in mehreren ≗en** / in several steps

Schritte/Umdrehung / steps/revolutions

Schritt·fehler *m* (Wickl., Teilungsfehler) / pitch error || **≗fehler** *m* (Schrittmot.) / stepping error || **≗fehler** *m* (DÜ, FWT) / signal element error || **≗folge** *f* (NC)

/ step sequence || ≈**fortschaltung** *f* (SPS) / step sequencing, progression to next step || ≈**frequenz** *f* / frequency *n* (V/5.002) || ≈**frequenz** *f* (Schrittmot.) / stepping rate, stepping frequency, slew rate
Schritt-für-Schritt-Verfahren *n* / step-by step method
Schrittgenauigkeit *f* (Schrittmot.) / step integrity
Schrittgeschwindigkeit *f* / frequency *n* (V/5.002) || ≈ *f* (Schrittmot.) / stepping rate || ≈ *f* (DÜ) DIN 44302 / modulation rate
Schritt·größe *f* / increment size, incremental dimension || ≈**höhe** *f* (DA) / step height || ≈**kette** *f* (SPS, Grafikstation) / sequencer *n* || ≈**kette** *f* (SK) / step sequence, drum sequencer, sequencer *n* || ≈**länge** *f* (Telegraphie) / significant interval || ≈**länge** *f* (Signalelement, DÜ) / signal element length || ≈**laufzeit** *f* (PLT) / step running time
Schrittmaß *n* / incremental feed, INC (incremental dimension) || ≈ *n* (NC, Kettenmaß INC) / incremental dimension || ≈ **fahren** / incremental mode || **sicher begrenztes** ≈ / safely limited increment || ≈**geschwindigkeit** *f* / incremental velocity || ≈**verfahren** *n* / incremental feed mode || ≈**weite** *f* / increment size
Schritt·merker *m* / step flag || ≈**mittenwert** *m* (ADU) / midstep value || ≈**motor** *m* / stepping motor, stepper motor, stepper *n*, pulse motor || ≈**motor** *m* (SM) / stepper motor (SM) || ≈**motor** *m* (Schreiber) / impulse-driven motor || ≈**optimierungsverfahren** *n* / hill-climbing method *n* || ≈**programm** *n* / step-by-step program || ≈**puls** *m* DIN 44302 / clock (pulse)
Schritt·regler *m* (S-Regler) / step-action controller, step controller, multi-step controller, switching controller || ≈**regler** *m* (Schaltregler) / switching controller || ≈**relais** *n* / stepping relay || ≈**schaltbefehl** *m* / incremental command || ≈**schaltbefehl** *m* (FWT) / regulating step command || ≈**schaltbetrieb** *m* (NC) / incremental jog control, step scan(ning) || ≈**schalter** *m* / stepping switch, uniselector *n* || ≈**schaltröhre** *f* / stepping tube, hot-cathode stepping tube || ≈**schaltung** *f* (Tippbetrieb) / jog control *n*, jogging *n*, inching || ≈**schaltwerk** *n* / sequence processor || ≈**setzen** *n* DIN 19237 / step setting
Schritt·spannung *f* / step voltage, pace voltage || ≈**steuern** *n* / step control, step-by-step control || ≈**steuern vorwärts** (SPS) / step forward, activate step forward || ≈**steuerung** *f* / step-by-step control, step control || ≈**stufe** *f* / sequence module, sequencer *n*, stepping module || ≈**synchronisierung** *f* (FWT) / pulse synchronization
Schritt·takt *m* (DÜ) DIN 44302 / signal element timing || ≈**vektor** *m* (graf. DV) / incremental vector || ≈**verlust** *m* (Schrittmotor) / loss of step || ≈**vorschub** *m* (NC) / incremental feed
schrittweise *adj* / step by step, successive *adj* || ~ **Annäherung** / successive approximation || ~ **schalten** / switch step-by-step || **~r Vorschub** (NC) / pick feed || **~s Durchschalten** (SPS-Funktionen) / stepping through (the functions) || **~s Verfahren** / step-by-step method
Schritt·weite *f* / increment *n*, step size || ≈**weite** *f* (DAU) / step width || ≈**weiten vorgeben** / preset increments || ≈**wert** *m* (DAU) / step value || ≈**winkel** *m* (Schrittmot.) / step angle || ≈**winkelteiler** *m* (Schrittmot.) / gear head || ≈**zähler** *m* / step counter || ≈**zähler** *m* (DÜ) / signal element counter
Schrot·effekt *m* / shot effect || ≈**rauschen** *n* / shot noise
Schrottwert *m* / salvage value
Schrumpf *m* (Sitz) / shrink fit, shrinking dimension || ≈**beilage** *f* / shrinkage pad, shrinking shim
schrumpfen *v* / shrink wrapping || ~ *v* (aufschrumpfen) / shrink on *v* || ~ *v* (einschrumpfen) / shrink *v*, wrinkle *v*
schrumpflackiert *adj* / wrinkle-lacquered *adj*
Schrumpfmaß *n* / degree of shrinkage, shrink rule, degree of contraction, shrinkage allowance || ≈ *n* (in der Form) / mould shrinkage
Schrumpf·passung *f* / shrink fit || ≈**raster-Verfahren** *n* DIN IEC 151, T.14 / shrinking raster method || ≈**ring** *m* / shrink ring, shrunk-on ring || ≈**ringkommutator** *m* / shrink-ring commutator || ≈**riss** *m* / shrinkage crack, contraction crack, check crack, cooling crack || ≈**schlauch** *m* / shrinkdown plastic tubing, contraction strain || ≈**verbindung** *f* / shrink fit, shrink joint, contraction connection || ≈**versuch** *m* / shrinkage test, volume change test || ≈**zugabe** *f* / shrinkage allowance || ≈**spannung** *f* / shrinkage stress
Schruppen *n* (WZM) / roughing *n*, rough-cutting *n*, rough-machining *n*
Schrupp·meißel *m* / roughing tool || ≈**platte** *f* / roughing insert || ≈**schnitt** *m* / roughing cut || ≈**schnittverlauf** *m* / roughing cut path || ≈**spantiefe** *f* / depth of roughing cut || ≈**stahl** *m* / roughing tool || ≈**werkzeug** *n* / roughing tool || ≈**zyklus** *m* / stock removal cycle, rough turning cycle, roughing cycle
Schub *m* (quer) / shear *n*, transverse force || ≈ *m* (axial) / thrust *n* || **Vertikal~** *m* (LM) / vertical force || ≈**abschaltung** *f* (Kfz) / overrun fuel cutoff, fuel cutoff on deceleration (o. on overrun) || ≈**antrieb** *m* / linear actuator, linear-motion actuator, thrustor *n*, linear drive || ≈**beanspruchung** *f* (quer) / shear stress || ≈**beanspruchung** *f* (axial) / thrust load || ≈**bewegung einer Spindel oder eines Kolbens** / stem stroke or piston stroke || ≈**festigkeit** *f* / shear strength, transverse strength || ≈**gelenk** *n* / toggle link mechanism, thrust linkage, prismatic joint || ≈**getriebe** *f* / sliding gear || ≈**kasten** *m* / drawer *n* || ≈**kondensator** *m* / booster capacitor, adjustable capacitor
Schubkraft *f* / thrust force || ≈ *f* (magn., Tangentialkraft) / tangential force || ≈ *f* (Quer- o. Scherkraft) / shear force, transverse force || ≈ *f* (axial) / thrust *n* || **magnetische** ≈ (Tangentialkraft) / magnetic tangential force
Schub·kreis *m* (Schutz) / offset circle characteristic || ≈**kurbelgetriebe** *f* / crank gear || ≈**lade** *f* / receptacle *n* || ≈**ladeschrank** *m* / drawer cabinet || ≈-**Lasttrenner** *m* / in-line switch disconnector || ≈-**Lasttrennschalter** *m* / in-line switch disconnector || ≈**lehre** *f* / sliding gauge || ≈**mittelpunkt** *m* / shear centre, flexural centre || ≈**modul** *m* / shear modulus, modulus of rigidity || ≈**sitz** *m* / push fit || ≈**spannung** *f* / shear stress, tangential stress || ≈**spannungshypothese** *f* / maximum shear stress theory || ≈**stange** *f* / pump rod, push rod, push-on rod || ≈**traktor** *m* (Drucker) / tractor feed || ≈**transformator** *m* / moving-coil regulator || ≈**trenner** *m* / linear-travel disconnector, in-line disconnector, linear-action disconnector, sliding-type disconnector || ≈**trennschalter** *m* / linear-

travel disconnector, in-line disconnector, linear-action disconnector, sliding-type disconnector || ≗**vorrichtung** *f* (SA, zur Verriegelung) / lock-and-release device || ≗**wicklung** *f* / leakage suppression winding

SCHUKO·-Steckdose *f* / socket outlet with earthing contact, two-pole-and-earth socket-outlet, grounding-type receptacle (US), grounding outlet (US) || ≗**-Stecker** *m* / earthing pin plug, two-pole and earthing-pin plug, grounding-type plug, grounding plug

Schulter *f* / shoulder *n*, collar *n* || ≗ *f* (Flp.) / shoulder *n* || ≗**gelenk** *n* (Rob.) / shoulder joint || ≗**kugellager** *n* / separable ball bearing || ≗**lage** *f* / shoulder position || ≗**ring** *m* / thrust collar

schulterschleifen *v* / shoulder grinding

Schulung *f* / training *n*

Schulungs·aufwand *m* / training expenses || ≗**kosten** *plt* / training costs

Schuppenglimmer *m* / mica splittings

Schüssel *f* (CAD) / dish *n*

Schütt·dichte *f* / bulk density, apparent density, loose bulk density || ≗**drossel** *f* / scrap-core reactor

Schüttel·festigkeit *f* / resistance to vibration, vibration strength, vibration resistance, vibrostability *n*, immunity to vibration || ≗**prüfung** *f* / shake test, bump test || ≗**resonanz** *f* / vibration resonance || ≗**- und Stoßprüfung** / vibration and shocktest

Schütt·gutkatalysator *m* (Kfz) / pellet catalytic converter || ≗**volumen** *n* / apparent volume || ≗**vorgänge** *m pl* / addition of materials

Schutz *m* / protection *n* || ≗ *m* (System) / protection system, protective system, protective relaying (system)

Schütz *n* / contactor *n*, magnetic switch || ≗ *n* (mechanisch) VDE 0660,T.102 / contactor *n* (mechanical) IEC 158-1

Schutz bei indirektem Berühren VDE 0100, T.200 / protection against indirect contact, protection against shock in the case of fault || ≗ **bei indirekter Berührung** / protection against indirect contact || ≗ **bei Überflutung** / protection against conditions on ships' deck || ≗ **beim Eintauchen** / protection against the effects ofimmersion || ≗ **beim Untertauchen** / protection against the effects of continuous submersion || ≗ **des Verbrauchers** DIN 41745 / protection of load || ≗ **durch Abstand** / protection by placing out of reach, protection by provision of adequate clearances IEC 439 || ≗ **durch Anbringen von Hindernissen** / protection by the provision of obstacles || ≗ **durch automatische Abschaltung** / protection by automatic disconnection of supply || ≗ **durch Begrenzung der Entladungsenergie** / protection by limitation of discharge energy || ≗ **durch Begrenzung der Spannung** / protection by limitation of voltage || ≗ **durch Begrenzung des Beharrungsstroms und der Entladungsenergie** IEC 50(826), Amend. 2 / protective limitation of steady-state current and charge || ≗ **durch selbsttätiges Abschalten der Spannung** / protection by automatic disconnection of supply || ≗ **durch Vorsicherungen** / back-up protection

Schütz für Walzwerkbetrieb / mill-duty contactor

Schutz gegen Annäherung an unter Spannung stehende Teile / protection against approach to live parts || ≗ **gegen das Eindringen von Fremdkörpern** / protection against ingress of solid foreign bodies || ≗ **gegen direktes Berühren** VDE 0100, T.200 / protection against direct contact || ≗ **gegen direktes Berühren im normalen Betrieb** / protection against shock in normal service || ≗ **gegen elektrischen Schlag** / protection against electric shock || ≗ **gegen elektrischen Schlag bei normaler Tätigkeit** VDE 0168, T.1 / protection against shock in normal service || ≗ **gegen elektrischen Schlag im Fehlerfalle** VDE 0168, T.1 / protection against shock in case of a fault IEC 439 || ≗ **gegen gefährliche elektrische Schläge** / protection against accidental electric shock || ≗ **gegen gefährliche Körperströme** DIN IEC 536 / protection against electric shock || ≗ **gegen große Fremdkörper** / protection against solid bodies greater than 50 mm || ≗ **gegen innere Fehler** / internal fault protection || ≗ **gegen kornförmige Fremdkörper** / protection against solid bodies greater than 1 mm || ≗ **gegen mittelgroße Fremdkörper** / protection against solid bodies greater than 12 mm || ≗ **gegen schräg fallendes Tropfwasser** / protection against water drops falling up to 15° from the vertical || ≗ **gegen senkrecht fallendes Tropfwasser** / protection against dripping water falling vertically || ≗ **gegen Spritzwasser** / protection against splashing water || ≗ **gegen Sprühwasser** / protection against spraying water || ≗ **gegen Staubablagerung** / protection against dust || ≗ **gegen Strahlwasser** / protection against water jets || ≗ **gegen Überfahren** (Bearbeitungsmaschine) / travel limitation || ≗ **gegen unbeabsichtigten Wiederanlauf** (nach Netzausfall) / protection against automatic restart (after supply interruption) || ≗ **gegen zu hohe Berührungsspannung** / protection against electric shock, shock-hazard protection, shock protection || ≗ **gegen zu hohe Berührungsspannung im Fehlerfall** / protection against shock in case of a fault IEC 439 || ≗ **gegen zu hohe Erwärmung** / protection against undue temperature rise || ≗ **mit Drahtverbindung** / pilot-wire protection, pilot protection

Schütz mit Druckluftantrieb VDE 0660,T.102 / pneumatic contactor IEC 158-1 || ≗ **mit elektrisch betätigtem Druckluftantrieb** VDE 0660,T.102 / electro-pneumatic contactor IEC 158-1 || ≗ **mit elektromagnetischem Antrieb** VDE 0660,T.102 / electromagnetic contactor IEC 158-1 || ≗ **mit Freiauslösung** / release-free contactor, trip-free contactor

Schutz mit Funkverbindung / radio-link protection || ≗ **mit Hilfsader** / pilot-wire protection, pilot protection

Schütz mit Kurzschlussschutz / contactor with integral short-circuit protection || ≗ **mit Motorschutz** / contactor with (integral) motor overload protection, contactor with integral short-circuit protection || ≗ **mit Relais** / automatic tripping contactor

Schutz mit Trägerfrequenzverbindung / carrier-current protection

Schütz ohne Motorschutz / contactor without motor overload protection

Schutz über Signalverbindungen / communication-aided protection (system), protection through communication link || ≗ **vor Umpolen der Versorgungsspannung** / reverse supply voltage protection || **entfernungsabhängiger** ≗ / zoned distance protection || **grundlegender** ≗ / protection against shock in normal service || **leiterselektiver** ≗ IEC 50(448) / phase-segregated protection, segregated-phase protection

Schütz, mechanisches ≗ / mechanical contactor

Schutzabdeckung *f* (SK) VDE 0660, T.50 / barrier *n* IEC 439

Schützabgang *m* (Einheit) / outgoing contactor unit, contactor unit || ≗ *m* (Stromkreis) / contactor-controlled feeder, contactor feeder

Schutzabstand *m* VDE 0105, T.1 / safe clearance, clearance to barrier || ≗ *m* (f. Arbeiten in der Nähe spannungsführender Teile) / working clearance IEC 50(605) || ≗ *m* (EMV) IEC 50(161) / protection ratio || **Arbeiten mit** ≗ / safe-clearance working, hot-stick working (US)

Schutzader *f* / pilot wire || ≗**überwachung** *f* / pilot supervision, pilot supervisory module, pilot circuit supervision, pilot-wire supervisory arrangement

Schütz·anbau *m* / for mounting onto contactors || ≗**anlasser** *m* / contactor starter, magnetic motor starter

Schutz·anregung *f* / response of protective device || ≗**anstrich** *m* / protective coating || ≗**anzug** *m* / protective suit || ≗**armatur** *f* (Freiltg.) / insulator protective fitting, protective fitting || **Lichtbogen-**≗**armatur** *f* (Schutzring) / guard ring

Schutzart *f* / degree of protection IEC 50(426), type of protection || ≗ **des Gehäuses** IEC 50(426) / degree of protection provided by enclosure || **höhere** ≗ / higher degree of protection

Schützausgang *m* / contactor output

Schutz·auslösung *f* / tripping on faults || ≗**automat** *m* / miniature circuit-breaker (m.c.b.) || ≗**band** *n* (Fequenzband) / guard band

Schützbaugruppe *f* / contactor assembly

Schutz·beauftragter *m* / safety officer || ≗**befehl** *m* / protection command || ≗**bekleidung** *f* / protective clothing

Schutzbereich *m* / zone of protection, protection zone, protected zone, area of protection, clearance to barrier, protection area || ≗ *m* (NC) / protected range

Schutzbeschaltung *f* / protective circuit, protective network, connection *n*, allocation *n*, configuration *n*, wiring *n* || ≗ *f* (LE, TSE-Beschaltung) / suppressor circuit (o. network), RC circuit, suppressor *n*, snubber (circuit)

Schützbeschaltung *f* / contactor suppressor circuit

Schutz·blech *n* / guard *n*, shield *n*, protective screen. protective sheet, protective plate || ≗**brille** *f* / protective goggles, goggles *pl*, protective glasses, safety goggles || ≗**charakteristik** *f* / protection characteristic || ≗**dach** *n* (el. Masch.) / canopy *n* || ≗**dach** *n* (FSK) / protective roof(ing) || ≗**daten-Zentralgerät** *n* / protection master unit || **Erdstrom~drossel** *f* / earthing reactor

Schutzeinrichtung *f* / protective device, barrier *n*, guard *n* || ≗ *f* (Gerätegruppe) / protection equipment, protective equipment || ≗ *f* (el., kleines Gerät) / protective device || ≗ *f* (mech.) DIN 31001 / safety device || **nicht trennende** ≗ / non-isolating protective equipment || **trennende** ≗ / isolating protective equipment

Schutzeinrichtungen, ortsfeste ≗ / fixed-location protective devices

Schütz·einschub *m* / withdrawable contactor unit || ≗-**Einschubanlage** *f* / withdrawable contactor assembly

Schutzelektrode *f* / protective electrode

schützen *v* / protect *v*

Schutz·erde *f* / protective earth (PE), protective ground (US), safety earth, PE (protective earth) || ≗**erdung** *f* / protective earthing (o. grounding), TT protective system, equipment earth, frame earth

Schutzfaktor *m* / protection factor || **Schaltüberspannungs-**≗ *m* / protection ratio against switching impulses

Schutz·fassung *f* (Lampe) / protected lampholder || ≗**feld** *n* / protective field || ≗**filmverfahren** *n* (gS) / tenting *n* || **Licht~filter** *n* / safelight filter || ≗**folie** *f* / cover foil || ≗**funkenstrecke** *f* / protective spark gap, protective gap

Schützfunktion *f* / contactor function

Schutzgas *n* / protective gas, inert gas || ≗ *n* (Ex-Masch.) / pressurizing gas, pressurizing medium || ≗**atmosphäre** *f* / inert-gasatmosphere, inert atmosphere || ≗**kontakt** *m* (Reed-Kontakt) / reed contact, sealed contact || ≗**kontaktrelais** *n* / reed relay || ≗**kontaktschalter** *m* / dry-reed switch, reed switch || ≗**relais** *n* / reed relay || ≗**schweißen** *n* / inert-gas-shielded welding, gas shielded welding

Schutz·gebühr *f* / token fee || ≗**gehäuse** *n* / protective housing, protective casing || ≗**geländer** *n* / guard rail || ≗**gerät** *n* / protective equipment, protection unit, protective gear || ≗**geräte** *n pl* / protective gear, protection equipment || ≗**gitter** *n* / protective screen, safety screen, guard *n* || ≗**gitter** *n* (Leuchte) / guard *n* || ≗**gitterbearbeitung** *f* / guard processing || ≗**grad** *m* / degree of protection || ≗**gradertüchtigung** *f* / upgrading of degree of protection

Schützgruppe *f* / contactor group

Schutz·güte *f* / protective quality, protective and safety quality || ≗**haube** *f* / protective cover, protective hood, protective shell, cover *n* || ≗**haube** *f* (Lüfter) / fan hood || ≗**helm** *m* / safety helmet || ≗**hochlaufgeber** *m* / protective ramp-function generator || ≗**höhe** *f* EN 50017 / protective height

Schutzhülle *f* / jacket *n* || ≗ *f* (nichmetallen extrudierte Hülle, zum Schutz eines Metallmantels, die die äußere Hülle des Kabels bildet) / extruded oversheath, protective sheath, protective sheathing, plastic oversheath, protective envelope || ≗ *f* (Kabel) / oversheath *n*, outer sheath || ≗ *f* (a. EZ) / protective wrapping || **thermoplastische** ≗ / protective sheath, protective sheathing, plastic oversheath, extruded oversheath, oversheath *n*, protective envelope

Schutzhülse *f* / protective sleeve || ≗ *f* (f. Kabel) / fair-lead *n* || ≗ *f* (Wickl.) / protective wrapper, insulating cell

Schutz·impedanz *f* DIN IEC 536 / safety impedance, protective impedance || ≗**isolation** *f* / total insulation, protection by use of Class II equipment

schutzisoliert *adj* / totally insulated, all-insulated *adj*, with total insulation || **~es Gerät** / Class II appliance (o. equipment), totally insulated equipment (o. appliance)

Schutz·isolierung *f* VDE 0100, T.200 / total insulation, protection by use of Class II equipment || ≗**kappe** *f* / protective cap, protecting cap, covering cap, protective cover || ²**kegel** *m* (Blitzschutz) / cone of protection, zone of protection || ²**kennlinie** *f* / protective characteristic, selectivity characteristic || ²**kern** *m* / protection core || ²**klasse** *f* / class of protection *n*, class *n*, safety class || **Transformator der** ²**klasse I** / class I transformer || ²**kleidung** *f* / protective clothing

Schutzkleinspannung *f* VDE 0100, T.200 / safety extra-low voltage (SELV), protective extra-low voltage (PELV)

Schutz·kleinspannungssystem *n* / separated extra low-voltage system || ²**-Kleinverteiler** *m* (m. Leitungsschutzschaltern) / m.c.b. distribution board

Schützkombination *f* / contactor combination, contactor group, contactor assembly || ² *f* (Anlassschütz m. handbetätigtem Hauptschalter) / combination starter || ² **zum Reversieren** / reversing contactor combination

Schutzkondensator *m* / protective (o. protection) capacitor

Schutzkontakt *m* (Erdungskontakt) / earthing contact, ground contact (US), earth contact || ² *m* (gekapselter K.) / sealed contact

Schützkontakt *m* / contactor *n*

Schutzkontakt, gleitender ² (StV) / scraping earth || ²**buchse** *f* / earthing contact tube, earthing socket || ²**bügel** *m* / earthing-contact bow || ²**prüfer** *m* / earthing-contact tester || ²**-Steckdose** *f* / socket outlet with earthing contact, two-pole-and-earth socket-outlet, grounding-type receptacle (US), grounding outlet (US) || ²**-Stecker** *m* / earthing pin plug, two-pole and earthing-pin plug, grounding-type plug, grounding plug || ²**-Stecker für 2 Schutzkontaktsysteme** / two-pole plug with dual earthing contacts || ²**-Steckverbinder** *f* / earthing connector, grounding connector || ²**stift** *m* / earthing pin, grounding pin || ²**stück** *n* / earthing contact, ground contact (US), earth contact

Schutz·korb *m* (Leuchte) / basket guard || ²**kragen** *m* / protective shroud, shroud *n*, protective collar || ²**kreis** *m* / protective circuit || ²**leiste** *f* / barrier rail

Schutzleiter *m* (SL VDE 0100, T.200 ein Leiter, der für einige Schutzmaßnahmen gegen gefährliche Körperströme erforderlich ist, um die elektrische Verbindung zu einem der nachfolgenden Teile herzustellen: Körper der elektrischen Betriebsmittel, fremde leitfähige Teile) / protective conductor, equipment ground(ing) conductor (US) || ² *m* (PE) / PE conductor (protective earth conductor), safety earth conductor, earth continuity conductor, protective earth conductor (PE conductor) || ² *m* (PE-Bus) / PE bus || ² **PE** / ground PE || **mitgeführter** ² (i. Kabel) / protective conductor incorporated in cable, earth continuity conductor incorporated in cable(s) || ²**anschluss** *m* / protective-conductor terminal || ²**anschluss** *m* (Erdungsanschluss) / safety earth terminal, PE terminal, earth terminal, ground terminal || ²**-Anschlussklemme** *f* (EZ) VDE 0418 / protective earth terminal IEC 1036 || ²**klemme** *f* / protective-conductor terminal, PE terminal, safety earth terminal IEC 65, earth terminal, ground terminal || ²**schiene** *f* (SL Schiene) / protective conductor bar, PE bar || ²**-Stromkreis** *m* / protective-conductor circuit, PE circuit, earthing circuit || ²**system** *n* VDE 0113 / protective circuit IEC 204 || ²**überwachung** *f* / protective conductor supervision, earth continuity monitoring

Schutz·leitschiene *f* / protective conductor bar || ²**leitungssystem** *n* / protective-conductor system, IT system || ²**maßnahme** *f* / protective measure, protective arrangement, precaution *n*, safety measure

Schutzmaßnahmen *f pl* (QS) / protective action, preservation action || ² *f pl* (VDE 0100, T.470) / protective measures for safety IEC 364, protective measures, protective provisions || ² **gegen elektrischen Schlag** / protective measures with regard to electric shock

Schutz·meldeanlage *f* / protection signalling system || ²**meldeliste** *f* / protection indication list || ²**meldung** *f* / protection signal || ²**meldungen/-anzeigen** *f pl* / protection indications/displays || ²**merkmal** *n* / protection characteristic || ²**muffe** *f* (Kabelmuffe) / protective sleeve || ²**organ** *n* / protective device || ²**pegel** *m* / protection level, protective level || **Blitz~pegel** *m* / lightning protective level || **Schalt~pegel** *m* / switching protective level || ²**platte** *f* / protective barrier || ²**platte** *f* (f. Monteur) / barrier *n*

Schütz-Polumschalter *m* / contactor-type pole changer, pole-changing contactor

Schutz·potenzial *n* DIN 50900 / protection potential || ²**protokoll** *n* / protection log

Schutzraum *m* / protection area, protection zone || **kartesischer** ² / cartesian protected zone || ²**abgrenzung** *f* / protection zone delimitation

Schutz·relais *n* / protective relay, protection relay || ²**relay** *n* / protection relay

Schutzring *m* / spring guard || ² *m* (Isolator, Lichtbogenschutz) / arcing ring, guard ring || ²**-Schottky-Diode** *f* / guard-ring Schottky diode

Schutzrohr *n* (IR) / conduit *n* || ² *n* (f. Kabel) / cable conduit, conduit *n* || ² *n* (Thermometer) / protective tube, protecting sheath, sheath *n*, protecting well || ²**kontakt** *m* / sealed contact || ²**kontaktrelais** *n* / sealed-contact relay

Schützrückmeldung *f* / contactor checkback signal

Schutzschalter *m* (LS) / circuit-breaker *n*, protective circuit-breaker, current-limiting circuit-breaker, excess-current circuit-breaker || ² *m* / contactor *n* (with overload protection) || ² *m* (FI, FU) / earth-leakage circuit-breaker (e.l.c.b.), ground-fault circuit interrupter (g.f.c.i.) || ² *m* (Kleinselbstschalter) / miniature circuit-breaker (m.c.b.), circuit-breaker *n* || ² *m* (Kompaktschalter) / moulded-case circuit-breaker (m.c.c.b.) || ² **mit hohem Schaltvermögen** / heavy-duty circuit-breaker, high-capacity circuit-breaker || ² **mit Strombegrenzung** / current-limiting circuit-breaker || **einschraubbarer** ² / screw-in miniature circuit-breaker, screw-in m.c.b. || ²**baugruppe** *f* (m. Kleinselbstschaltern) / m.c.b.assembly || ²**kombination** *f* / miniature-circuit-breaker assembly, m.c.b. assembly

Schützschaltwerk *n* / contactor combination

Schutzschicht *f* / protective film, protective coating || **Kriechstrecke unter der** ² / creepage distance under the coating

Schutz·schiene *f* (Barriere) / barrier rail || ²**schirm** *m* / protective screen, baffle *n* || ²**schirm** *m* (Metallschirm) / metal screen || ²**schirm** *m* (gegen Störbeeinflussungen) / guard *n* || ²**schirm** *m* (Gesichtsschutz) / face shield || ²**schlauch** *m* (f. el.

Leitungen) / flexible tube, flexible tubing, tube *n*, tubing *n* || ²**schuhe** *m pl* / safety shoes || ²**sicherheitkombination** *f* / contactor safety combination
Schütz-Sicherheitskombination *f* / contactor combination, back-up combination units
Schutzsignal *n* / teleprotection signal || ²**übertragung** *f* / protection signalling || ²**verarbeitung** *f* / protection signal processing || ²**weg** *m* / teleprotection signal path
Schützsockel *m* / contactor base
Schutz·spannung *f* / protection potential || ²**spannungswandler** *m* / protective voltage transformer || ²**spirale** *f* (Freiltg.) / armour rods
Schützspule *f* / contactor coil
Schutzstaffelung *f* / protective grading, grading of protective devices
Schütz·-Stern-Dreieckkombination *f* / contactor-type star-delta starter || ²**-Sterndreieckschalter** *m* / contactor-type star-delta starter || ²**-Steuerstromkreis** *m* / contactor control circuit || ²**steuerung** *f* (Geräte) / contactor equipment || ²**steuerung** *f* / contactor control
Schutz·stiefel *m pl* / safety boots || ²**stoff** *m* (Öl, Fett) / inhibitor *n* || ²**strecke** *f* / clearance *n* || ²**strecke** *f* (Abschnitt einer Oberleitung, der beiderseitig mit einer Trennstelle versehen ist) / neutral section || ²**stromkreis** *m* / protective circuit || ²**-Stromwandler** *m* / protective current transformer || ²**stufe** *f* / protection level, level of protection || ²**stufenbereich** *m* / protection level range
Schutzsystem *n* / protection system, protective system || ² **mit absoluter Selektivität und Informationsübertragung** IEC 50(448) / unit protection using telecommunication || ² **mit Freigabeverfahren** / permissive protection || ² **mit Hilfsadern** / pilot wire protection, pilot protection || ² **mit Informationsübertragung** IEC 50(448) / protection using telecommunication, pilot protection (USA) || ² **mit Kabelverbindung** / pilot-wire protection system || ² **mit Lichtwellenleiter** IEC 50(448) / optical link protection || ² **mit relativer Selektivität und Informationsübertragung** IEC 50(448) / non-unit protection using telecommunication || ² **mit Richtfunk** / microwave pilot protection system IEC 50(448) || ² **mit Sperrverfahren** / blocking protection || ² **mit TFH** IEC 50(448) / power line carrier protection, carrier-pilot protection (USA) || ²**-Fehlerereignis** *n* / protection system failure event
Schutz·technik *f* (Netzschutz, Maschinenschutz) / protective relaying, protection practice || ²**-Temperaturbegrenzer** *m* VDE 0700, T.1 / thermal cut-out IEC 335-1
Schützträger *m* / contactor support, contactor frame
Schutz·transformator *m* (Trenntrafo) / isolating transformer || ²**trennschalter** *m* / (protective) disconnector *n*, (protective) isolator *n*
Schutztrennung *f* VDE 0100, T.200 / protective separation, safety separation (of circuits), protection by electrical separation, electrical separation || **Stromkreis mit** ² / safety-separated circuit
Schutz·tülle *f* / protective sheath || ²**tür** *f* / guard door, protective door || ²**überzug** *m* / protective coating
Schutzumfang, Erdschlussschutz mit 100% ² / one-hundred-percent earth-fault protection, unrestricted earth-fault protection
Schütz-Umkehrsteller *m* / contactor-type reversing controller, contactor(-type) reverser
Schutz - und Überwachungsbeleuchtung / safety lighting
Schutz·verbindung *f* (el. Verbindung von Körpern zum Anschluss an den äußeren Schutzleiter) / protective bonding || ²**verkleidung** *f* / protective covering, guard *n* || ²**verriegelung** *f* / protective interlocking, protective logic || ²**versager** *m* / failure to operate || ²**verteiler** *m* (Steckdosen m. FI-Schalter) / e.l.c.b.-protected socket-outlet unit || ²**vertrag** *m* (SV) / service contract (SC)
Schutzvorrichtung *f* (mech. Barriere) / guard *n*, barrier *n* || ² *f* (el.) / protective device || **isolierende** ² / protective cover, shroud *n*
Schutzvorrichtungsabstand *m* / clearance to barrier
Schutzwandler *m* / protection transformer
Schütz·wendekombination *f* / contactor reversing combination || ²**-Wendeschalter** *m* / contactor-type reverser, contactor reverser || ²**-Wendeschalter mit Motorschutz** / contactor reverser with integral short-circuit protection (o. overcurrent protection)
Schutzwerte, Ableiter-² *m pl* / protective characteristics of arrester
Schutzwicklung *f* / protection winding, protective-circuit winding || ² *f* (Trafo) / wire screen
Schutzwiderstand *m* / protective resistor, non-linear bypass resistor || **Parallel-**² *m* / protective shunt resistor || **spannungsabhängiger** ² / non-linear protective resistor
Schutz·winkel *m* / protection bracket || ²**winkel** *m* (zwischen Erdseil und Leiter einer Freileitung) / angle of shade, shielding angle || ²**zaun** *m* / safety gate || ²**zeichen** *n* (Warenz.) / trade mark || ²**zeichen** *n* (Erdungszeichen) / earth symbol || ²**zeit** *f* / protection time || ²**ziele** *n pl* / safety-related requirements
Schutzzone *f* / zone of protection, protection zone, protected zone || ² *f* / area of protection, cone of protection (lightning protection), protection area || ² *f* (NC) / protected range || ² *f* (NC, um ein Werkzeug) / forbidden area
Schutzzündbaugruppe *f* (LE) / protective firing module (o. assembly)
Schutzzwecke *m pl* / protective purposes || **Stromwandler für** ² / protective current transformer
Schutz-Zwischenisolierung *f* / double insulation IEC 335-1
schwabbeln *v* / buffing *v*
schwach brennen / burn low || **~ führende Faser** (LWL) / weakly guiding fibre || **~ induktive Last** / slightly inductive load || **~e Verbundwicklung** / light compound winding || **~es Feld** / weak field, feeble field || **~es Netz** / low-power system, weak system, compliant supply
Schwachholz *n* / small-sized timber
Schwachlast *f* / light load || ²**periode** *f* / light-load period, off-peak period, low-load period || ²**tarif** *m* / off-peak tariff, low-load tariff || ²**zeit** *f* / low-load period, off-peak period
schwach·leitendes Polymer / low-conductivity polymer || **~motorig** *adj* / low-powered *adj*, under-powered *adj*
Schwachnetz *n* / low-power system, weak system,

compliant supply
Schwachstelle *f* / weak point, weakest point || ≗ **ausbrennen** / burn out the weakest point
Schwachstellenanalyse *f* / weak-point analysis
schwachstellenbedingter Ausfall (Ausfall aufgrund einer Schwachstelle der Einheit selbst bei Beanspruchungen, welche die festgelegten Leistungsfähigkeiten der Einheit nicht überfordern) / weakness failure (A failure due to a weakness in the item itself when subjected to stresses within the stated capabilities of the item) || ~ **Fehlzustand** (Fehlzustand aufgrund einer Schwachstelle der Einheit selbst bei Beanspruchungen, welche die festgelegten Leistungsfähigkeiten der Einheit einhalten) / weakness fault (A fault due to a weakness in the item itself when subjected to stresses within the stated capabilities of the item)
Schwachstellenprüfung *f* / weakest-point test
Schwachstrom *m* / light current, weak current || ≗**kontakt** *m* / light-duty contact, low-level contact, dry contact || ≗**kreis** *m* / light-current circuit, weak-current circuit, communications circuit || ≗**relais** *n* / light-duty relay, communications-type relay || ≗-**Steuerkopfkombination** *f* / light-current m.c.b. assembly || ≗**steuerung** *f* / light-current control, weak-current control, pilot-wire control || ≗**technik** *f* / light-current engineering, weak-current engineering, communications engineering, low current technology
Schwächungs·grad *m* (Feld einer el. Masch.) / field weakening ratio || ≗**koeffizient** *m* (LT) / linear attenuation coefficient, linear extinction coefficient || **spektraler** ≗**koeffizient** / spectral linear attenuation coefficient
Schwaden *f pl* / steam-laden emissions, mists *n pl*, fumes *n pl*
schwadensichere Kapselung / restricted breathing enclosure
schwalbenschwanz·förmig *adj* / dovetailed *adj* || ≗**keil** *m* / dovetail key || ≗**kommutator** *m* / archbound commutator || ≗**pol** *m* / dovetail pole || ≗**ring** *m* (Komm.) / (commutator) V-ring
Schwall *m* / surge *n*, wave *n*
schwallgelötet *adj* / flow-soldered *adj*
Schwall·lötkontakt *m* / dip-solder contact, flow-solder contact || ≗**lötung** *f* / flow soldering, dip soldering || ≗**seite** *f* / flow-soldered side
schwallwassergeschützt *adj* / deckwater-tight *adj*
Schwammfett *n* / sponge grease
Schwammmodell, Mendelsohnsches ≗ / Mendelsohn sponge model
schwankend *adj* / fluctuating *adj*, varying *adj*
Schwankung *f* (Spannung) / fluctuation *n* || ≗ *f* (Schwingungsbreite) / peak-to-valley value, peak-to-peak displacement, double amplitude || **Größenfaktor der** ≗ (Netzspannung) / fluctuation severity factor || **periodische** ≗ / periodic variation || **Signallaufzeit-**~ *f* (Fotovervielfacher) / transit-time jitter (photomultiplier) || **systematische** ≗ (Statistik) / systematic variation (statistics)
Schwankungs·breite *f* / fluctuation range || ≗**erkennung** *f* / fluctuation recognition || ≗**spannung** *f* / fluctuation voltage || ≗**spannung im Normalpunkt** / gauge-point fluctuation voltage || ≗**welligkeit** *f* (einer Mischspannung oder eines Mischstroms) / peak ripple factor, peak distortion factor
Schwappschutz *m* (Batt.) / baffle *n*
schwarz *adj* (sw) / black *adj* (blk) || ~**e Temperatur** / radiance temperature, luminance temperature || ~**er Halo** / black halo || ~**er Kasten** / black box || ~**er Strahler** / blackbody radiator, full radiator, Planckian radiator || ~**er Temperaturstrahler** / blackbody radiator, Planckian radiator, full radiator || ~**es Rauschen** / black noise || ~**gebeizt** *adj* / black pickled || ~**gebrannt** *adj* / oil-blackened *adj*
Schwarz·glaslampe *f* / black light lamp, Wood's lamp || ≗**lichtlampe** *f* / black light lamp
Schwärzung *f* / blackening *n*, darkening *n*, optical density || ≗ *f* (LT) / transmission density, transmission optical density || ≗ **bei Reflexion** / reflection optical density
Schwärzungs·dichteumfang *m* / tonal range || ≗**messer** *m* / opacimeter *n*, densitometer *n* || ≗**wert** *m* / density value
schwarzweiß *adj* / monochrome *adj*
Schwarz-Weiß·-Bildröhre *f* / black-and-white picture tube, monochrome CRT || ≗**-Fernsehen** *n* / black-and-white TV, monochrome TV || ≗**-Monitor** *m* (SW-Monitor) / black-and-white monitor, monochrome monitor || ≗**-Sichtgerät** *n* / black-and-white *v* (DÜ), monochrome monitor, monochrome CRT unit
Schwebe·-Drehstrommotor *m* / amplitude-modulated three-phase synchronous induction motor || ≗**fahrzeug** *n* (MSB) / magnetically levitated vehicle, levitation vehicle, MAGLEV vehicle || ≗**höhe** *f* (MSB) / levitation height, clearance *n*
Schwebekörper *m* (Rotameter) / float *n*, plummet *n*, metering float || ≗**-Durchflussmesser** *m* / variable-area flowmeter || ≗**-Durchflussmesser** *m* (Rotameter) / rotameter *n*
Schwebemaschine *f* / levitation machine
schwebend·e Spannung / floating voltage || ~**es Bezugspotential** / floating ground || ~**es Diffusionsgebiet** / floating region
Schwebespannung *f* (HL) / floating voltage
Schwebstoffe *m pl* / suspended matter
Schwebung *f* (Schwingungen) / beat *n* || ≗ *f* (MSB) / levitation *n*, electrodynamic suspension
Schwebungs·bauch *m* / beat antinode || ≗**frequenz** *f* / beat frequency (BF) || ≗**gütefaktor** *m* (MSB) / levitation goodness factor || ≗**kurve** *f* / beat curve || ≗**null** *f* / zero beat || ≗**periode** *f* / beet cycle
Schwedendiagramm *n* / Swedish phasor diagram, Swedish diagram
Schwefel *m* / sulphur *n* || ≗**dioxid** *n* / sulfur dioxide || ≗**dioxid-Messeinrichtung** *f* / sulphur dioxide measuring equipment || ≗**falle** *f* / sulfer trap || ≗**säure** *f* / sulphuric acid || **konzentrierte** ≗**säure** / concentrated sulfuric acid || ≗**wasserstoff** *m* / hydrogen sulfide || ≗**wasserstoffdampf** *m* / hydrogen-sulphide vapour
Schweif, magnetischer ≗ / magnetic drag
Schweiß·applikation *f* / welding application || ≗**barkeit** *f* / weldability *n* || ≗**biegeversuch** *m* / root bend test || ≗**bogen** *m* / welding arc || ≗**brenner** *m* / welding torch || ≗**buckel** *m* / welded hump || ≗**daten** *plt* / welding data || ≗**draht** *m* / welding wire, fillerwire, filler rod, welding rod || ≗**drossel** *f* / welding regulator, welding reactor || ≗**dynamo** *m* / d.c. welding generator || ≗**eisen** *n* / wrought iron, weld iron || ≗**elektrode** *f* / welding electrode

schweißen *v* / weld *v* || ≗ **in Zwangslagen** / positional welding
Schweißende *n* (Ventil) / welded end
Schweißerei *f* / welding shop, welding department
Schweißerhammer *m* / chipping hammer, slag hammer
Schweiß·fahne *f* / welding lug || ≗**fehler** *m* / welding fault
schweißfest *adj* / non-welding *adj*, weld-free *adj*, resistant to electromagnetic fields || **~es Schaltstück** / non-welding contact
Schweißfestigkeit *f* / resistance to welding
Schweiß·gas *n* / welding gas, oxy-acetylene gas *n*, oxy-gas || ≗**generator** *m* / welding generator || ≗**grat** *m* / flash *n* || ≗**grenzstromstärke** *f* / critical welding current || ≗**gruppe** *f* / welding group || ≗**gruppen-Zeichnung** *f* / welded assembly drawing
Schweißgut *n* / deposited metal, filler metal || **reines** ≗ / all weld-metal *n* || ≗**probe** *f* / all-weld-metal test specimen
Schweiß·kolben *m* / electrode holder || ≗**konstruktion** *f* / fabricated construction, welded construction || ≗**kopf** *m* / welding head || ≗**kraft** *f* (a. Kontakte) / welding force || ≗**lehre** *f* / welding jig || ≗**leitung** *f* / welding cable, welding electrode cable || ≗**linie** *f* / welded seam, weld *n* || ≗**löten** *n* / braze welding || ≗**mutter** *f* / welding nut
Schweißnaht *f* / welded seam, weld *n*, weld seam || ≗**festigkeit** *f* / weld strength || ≗**riss** *m* / weld-metal crack || ≗**wertigkeit** *f* / weld efficiency, ratio of weld strength to parent-metal strength
Schweiß·perlen *f pl* / spatter *n*, splatter *n*, spitting *n* || ≗**pistole** *f* / welding gun || ≗**plan** *m* / welding procedure sheet (WPS) || ≗**plattieren** *n* / cladding *n* || ≗**poren** *f pl* / gas pores, gas pockets || ≗**position** *f* / welding position || ≗**pressdruck** *m* / welding pressure || ≗**presskraft** *f* / welding force || ≗**profil** *n* / weld cross section || ≗**prüfeinrichtung** *f* / weld tester || ≗**prüfung** *f* / weld test || ≗**pulver** *n* / flux powder, granulated flux
Schweißpunkt *m* / welding spot, spot *n*, spot weld || ≗**daten** *plt* / welding spot data || **~gesichert** *adj* / secured by welding point || ≗**verwaltung** *f* / welding spot management
Schweiß·raupe *f* / bead *n*, pass *n*, run || ≗**riss** *m* / weld crack, fusion-zone crack || ≗**rissigkeit** *f* / weld cracking, fusion-zone cracking || ≗**rissigkeitsprüfung** *f* / weld cracking test || ≗**schlagprüfung** *f* / repeated-blow impact test, vertically dropping tup impact test || ≗**spritzer** *m* / welding splash || ≗**stab** *m* / welding joint, welded joint || ≗**stab** *m* / electrode *n*, filler rod || ≗**stahl** *m* / wrought iron, weld iron || ≗**station** *f* / welding station || ≗**stelle** *f* / weld *n*, welding point, junction *n* || ≗**stelle** *f* (Thermoelement) / welded junction || ≗**steuerung** *f* / welding control
Schweißstrom *m* / welding current || ≗**generator** *m* / welding generator
Schweiß·stutzen *m* / welding stub, welded pipe adaptor || ≗**takt** *m* / welding cycle || ≗**taktgeber** *m* / welding timer || ≗**technik** *f* / welding engineering || ≗**transformator** *m* / welding transformer || ≗**tropfen** *m* / penetration bead || ≗**umformer** *m* / motor-generator welding set, m.g. welding set
Schweißung *f* / weld *n*, welding *n* || ≗ **mit Spalt** / open joint || ≗ **ohne Spalt** / closed joint
Schweißverbindung *f* / welded connection (conductor) IEC 50(581), welded joint || **tragende** ≗ / connection by welding only || **LWL-**≗ *f* / fused fibre splice
Schweiß·vorgang *m* / welding operation || ≗**wurzel** *f* / root of weld || ≗**zange** *f* / electrode holder || ≗**zangen** *f pl* / sealing tongs || ≗**zustand** *m* / welding status || ≗**zyklus** *m* / welding cycle
Schweizerische Luftreinhalteverordnung (LRV 92) / Swiss Emission Control Law (LRV 92)
schwelen *v* / smoulder *v*
schwelende Änderung / gradual change || **~ Belastung** / cyclic load
Schwell·belastung *f* / pulsating load || **Biegedauerfestigkeit im** ≗**bereich** / fatigue strength under repeated bending stresses, pulsating bending strength
Schwelle *f* / threshold *n*
Schwellen·anzeige *f* (Flp.) / threshold indication || ≗**befeuerung** *f* (Flp.) / (runway) threshold lighting || ≗**beleuchtungsstärke** *f* (beim Punktsehen) / threshold for illuminance, visual threshold || ≗**blitzfeuer** *n* (RTI) / runway threshold identification light (RTI) || ≗**feld** *n* / threshold field || ≗**feuer** *n* (Flp.) / (runway) threshold light(s) || ≗**fundament** *n* / grillage foundation || ≗**gründung** *f* / grillage foundation || ≗**höhe** *f* / threshold elevation || ≗**kennfeuer** *n* / runway threshold identification lights || ≗**kontrast** *m* / visual contrast threshold || ≗**kontrastbalken** *m* / threshold contrast bar || ≗**kraft** *f* / threshold force || ≗**länder** *n pl* / newly industrializing countries || ≗**leuchtdichte** *f* / threshold luminance || ≗**marke** *f* (Flp.) / threshold marking || ≗**moment** *n* / threshold torque || ≗**spannung** *f* (a. Hl) / threshold voltage || ≗**strom** *m* (a. Laserdiode) / threshold current
Schwellenwert *m* / threshold value, threshold *n* || ≗ *m* DIN 55350,T.24 / critical value || ≗ **des Lichtstroms** / threshold luminous flux
Schwell·feldmaschine *f* / heteropolar machine || ≗**festigkeit** *f* / endurance limit at repeated stress, natural strength, fatigue strength under pulsating stress, pulsating fatigue strength || ≗**geschwindigkeit** *f* / threshold velocity || ≗**kraftwerk** *n* / pondage power station || ≗**spannung** *f* / threshold voltage || ≗**versuch** *m* / pulsating fatigue test
Schwellwert *m* / threshold value, threshold *n* || ≗ **des Feldes** / threshold field || ≗**bereich** *m* / threshold range || ≗**bildung** *f* / thresholding *n* (binary image) || ≗**detektor** *m* (binäres Schaltelement) / bi-threshold detector, Schmitt-Trigger *n* || ≗**element** *n* (binäres Schaltelement) / logic threshold element || **Eingang mit zwei** ≗**en** / bi-threshold input || ≗**erhöhung** *f* (LT) / threshold increment (TI) || ≗**fehler** *m* / threshold error || ≗**glied** *n* / logic threshold *n* IEC 117-15, trigger *n*, threshold element || ≗**logik** *f* / threshold logic || ≗**operation** *f* / thresholding *n* (binary image) || ≗**schalter** *m* / trigger *n*, threshold switch || ≗**überwachung** *f* / threshold monitoring
Schwenk·abstand *m* / clearance for... || ≗**achse** *f* / swivel axis || ≗**achse** *f* (WZM-Werkzeug) / (tool) swivel axis || ≗**achse des Werkzeugs** (WZM) / tool swivel axis || ≗**anker** *m* / pivoted armature, hinged armature || ≗**antrieb** *m* / slewing-motion actuator, part-turn actuator, rotary actuator || ≗**antrieb** *m* (Kran) / slewing drive || ≗**ausleger** *m* / hinged cantilever

schwenkbar *adj* / twistable *adj*, swivel-mounted *adj*, hinged *adj* || **~e Einheit** / swing-out unit, hinged unit || **~e Rolle** / omnidirectional castor, castor *n*, bidirectional wheel || **~e Tafel** / swing panel, swing-out panel || **~er Ausleger** (f. Leitungsmontage) / swivel boom || **~er Deckel** / hinged cover || **~er Leuchtenkopf** / rotatable lamp head
Schwenk·bewegung *f* (Schwenkantrieb) / slewing motion, turning motion, rotating motion || **≗bügel** *m* / twist clip
Schwenken *n* (Kamera, Scheinwerfer, Bildverschiebung am Graphikbildschirm) / panning *n*, traversing *n* || ~ *v* / swivel *v*
Schwenkfuß *m* (BSG) / swivel base
Schwenkhebel *m* / twist lever, lock-and-release lever, swivel lever || ≗ *m* (Steuerschalter) / wing handle, twist handle, knob handle || ≗ *m* (PS, Rollenhebel) / roller lever, roller-lever actuator || ≗ *m* (zur Verriegelung ausfahrbarer Einheiten) / lock-and-release lever
Schwenk·kopf *m* (Fräser) / inclinable head || **≗rahmen** *m* DIN 43350 / hinged bay, swing frame, hinged frame || **≗rolle** *f* / castor *n* || **≗schalter** *m* / maintained-contact rotary control switch, maintained-contact twist switch, twist switch, control switch || **≗taster** *m* / momentary-contact rotary control switch, momentary-contact twist switch, twist switch, control switch || **≗tisch** *m* / tilting table || **≗transformator** *m* / phase-displacement transformer
Schwenkung der Phasenlage / phase shifting
Schwenk·wicklung *f* / phase-shifting winding || **≗winkel** *m* (Tür) / opening angle, swing *n* || **≗winkel** *m* (Schwenkantrieb) / slewing angle, angular travel || **≗winkel** *m* (el.) / displacement angle, angle of rotation || **≗zyklus** *m* / swivel cycle || **≗zylinder** *m* / swing cylinder
schwer entflammbar / flame-retardant *adj*, slow-burning *adj*, flame-inhibiting *adj*, non-flame-propagating *adj*
Schweranlauf *m* / heavy starting, high starting duty, high-inertia starting, starting against high-inertia load || **Direkt~** / direct heavy start || **Überstromrelais für** ≗ / overcurrent relay for heavy starting, restrained overcurrent relay
schweranlaufend *adj* / heavy-starting *adj* || **~e Maschine** / high-inertia machine, flywheel load
Schwerbrennbarkeit *f* / flame retardant property, slow-burning (o. flame-inhibiting) property
Schwere *f* / gravity *n*, force of gravity
schwere Belastung / heavy load, high-inertia load || **~ Betriebsbedingungen** / heavy-duty operation || **~ Gummischlauchleitung** / heavy tough rubber sheathed flexible cable || **~ Gummischlauchleitung** (m. Polychloroprenmantel) / heavy polychloroprene-sheathed flexible cable || **~ Hochspannungs-Gummischlauchleitung** / heavy-duty high-voltage tough-rubber-sheathed (t.r.s. flexible cable) || **gegen ~ See geschützte Maschine** / machine protected against heavy seas
Schwere·achse *f* / axis of gravity, centroid axis || **≗faktor** *m* / severity factor || **≗feld** *n* / field of gravity
Schwer·entflammbarkeit *f* / flame retardant property, slow-burning (o. flame-inhibiting property) || **~gängig** *adj* / sluggish *adj*, tight *adj* || **≗gängigkeit** *f* / sluggishness *n*, failure to move freely || **≗gas** *n* / heavy gas || **≗gewichtsmauer** *f* / gravity dam
Schwerkraft *f* / gravitational force, force of gravity || **≗belag** *m* / gravitational force density per unit length || **≗rollenbahn** *f* / gravity-type roller conveyor
Schwerlast·anlauf *m* / heavy starting, high-inertia starting, starting against high-inertia load || **≗betrieb** *m* / heavy-duty service, heavy-duty operation || **≗wagen** *m* / heavy load carrier
Schwermetalle *n pl* / heavy metals
Schwerpunkt *m* / centre of gravity, centre of mass || **Last~** *m* / load centre, centre of distribution || **verlagerter** ≗ / centre of gravity offset from centre line || **≗achse** *f* / axis of gravity, centroid axis || **≗exzentrizität** *f* / mass eccentricity || **≗fehler** *m* / centre-of-gravity displacement, static unbalance || **≗station** *f* / load-centre substation, unit substation || **≗thema** *n* / crucial subject || **≗verlagerung** *f* / mass eccentricity, asymmetrical centre of gravity
schwersiedend *adj* / high-boiling *adj*
schwerst·e Betriebsbedingungen / severest operating conditions, stringent operating conditions, exacting service conditions || **~es Montagestück** / heaviest part to be lifted, heaviest component to be assembled
schwerwiegend *adj* / fatal *adj*
Schwester·verwaltung *f* / tool management || **≗werkzeug** *n* / sister tool, replacement tool, spare tool
Schwimmbagger *m* / floating dredge
schwimmend befestigter Steckverbinder / float-mounting connector || **~e Lagerstelle** / floating journal || **~er Kontakt** / floating contact
Schwimmer *m* / float *n* || **≗-Niveaumessgerät** *n* / float level measuring device || **≗-Niveaumessgerät mit Seilzug** / float-and-cable level measuring device || **≗schalter** *m* / float switch, liquid-level switch || **≗ventil** *n* / float valve || **≗wächter** *m* / float switch, liquid-level switch
Schwimm·körper *m* / float *n* || **≗reibung** *f* / fluid friction, liquid friction, hydrodynamic friction, viscous friction || **≗vermögen** *n* / buoyancy *n*
schwinden *v* / shrink *v*
Schwind·maß *n* / degree of shrinkage, mould shrinkage, shrinkage dimension || **≗maßstab** *m* / shrink rule || **≗riss** *m* / shrinkage crack, contraction crack, check crack, cooling crack
Schwindung *f* / shrinkage *n*, curing shrinkage
Schwing·amplitude *f* / amplitude *n* || **≗beanspruchung** *f* / vibratory load || **≗beschleunigung** *f* / vibration acceleration, acceleration *n* || **≗bewegung** *f* / oscillatory motion
Schwinge *f* (Hängeisolator) / dropper *n*, swinging bracket || ≗ *f* (Wippe) / rocker *n* || **Schalt~** *f* / rocker *n*, rocker arm
schwingen *v* (el.) / oscillate *v*, pulsate *v*, swing || ~ *v* (mech.) / vibrate *v*, oscillate *v*, rock *v*, swing *v* || ~ *v* (pendeln) / hunt *v*, pulsate *v*, oscillate
Schwingen, rauschförmiges ≗ / random vibration
schwingend·e Leitung / resonant line || **~e Schaltstoßspannung** / oscillatory switching impulse (voltage) || **~e Stoßwelle** / oscillatory impulse, oscillatory surge || **~er Linearmotor** / linear oscillating motor (LOM) || **~es Feld** / oscillating field

Schwinger *m* / oscillator *n*, vibrator *n*, ultrasonic generator || ≈ *m* (elektroakustischer Wandler) / (electro-acoustic) transducer *n*

Schwingerreger *m* / vibration generator, vibration exciter

schwingfähiger Kreis / resonant circuit, oscillatory circuit

Schwing·feldmaschine *f* / heteropolar machine || ≈**festigkeit** *f* / vibrostability *n*, vibration performance || ≈**frequenz** *f* / oscillation frequency || ≈**frequenz** *f* (Transistor) / frequency of oscillation || ≈**güte** *f* (rotierende Masch.) / balance quality, vibrational Q || ≈**güte S** / quality of vibration S || ≈**hebel** *m* / rocker arm, rocker *n* || ≈**kondensatorverstärker** *m* / vibrating-capacitor amplifier || ≈**kraft** *f* / vibratory force, vibromotive force, oscillating force || ≈**kreis** *m* / oscillating circuit, resonant circuit, tuned circuit || ≈**kreis-Wechselrichter** *m* / parallel-tuned inverter || ≈**kurve** *f* (Kurve der Netzvariablen über der Zeit nach Eintritt der Störung) / swing curve IEC 50(603) || ≈**leistung** *f* / oscillatory power

Schwingmetall *n* / rubber-metal anti-vibration mounting, rubber-metal vibration damper || ≈**aufhängung** *f* / metal-elastic mounting, anti-vibration mounting

Schwing·motor *m* / motor with reciprocating movement || ≈**neigung** *f* / hunting tendency || ≈**schärfe** *f* / vibrational severity, vibration severity || ≈**spannung** *f* / cyclic stress

Schwingstärke *f* / vibrational severity, vibration severity || ≈**-Diagramm** *n* / vibrational severity curve || ≈**stufe** *f* / vibration severity grade, vibrational severity grade, level of vibration

Schwingung *f* / oscillation *n*, shock *n* || ≈ *f* (mech.) / vibration *n*, rocking motion, oscillation *n* || ≈ *f* (Impuls) / wave *n* || ≈ *f* (LE, bei der Kommutierung) / repetitive transient || ≈ **erster Art** / oscillation of the first kind || **quellenerregte** ≈ / forced oscillation

Schwingungen, kleine ≈ / small variations, incremental variations || **Messung mechanischer** ≈ / vibration test

Schwingungs·abbild *n* DIN IEC 469,T.1 / waveform *n* || ≈**achse** *f* / axis of oscillation || ≈**alterung** *f* / vibration ageing || ≈**analysator** *m* (Voltmeter zur Messung v. Signalamplituden in einem einstellbaren Frequenzband) / wave analyzer || ≈**analyse** *f* / wave analysis, modal analysis || ≈**anregung** *f* / excitation of vibrations, excitation of oscillations || **~armer Motor** / precision-balanced motor || ≈**art** *f* / mode of vibration, mode of motion, mode *n* || ≈**aufnehmer** *m* / vibration pick-up, vibration sensor || ≈**ausschlag** *m* / amplitude of vibration || ≈**bauch** *m* / antipode *n*, loop of oscillation, vibration loop || ≈**beanspruchung** *f* / vibration strain, oscillating load, vibratory load, vibration load || ≈**bewegung** *f* / oscillatory motion || ≈**breite** *f* / peak-to-valley value, peak-to-peak displacement, double amplitude || ≈**breite der Brummspannung** / peak-to-peak ripple voltage || ≈**bruch** *m* / fatigue failure

schwingungs·dämpfend *adj* / vibration-damping *adj*, vibration-absorbing *adj* || ≈**dämpfer** *m* / vibration damper, antivibration mounting, vibration absorber || ≈**dämpfer** *m* (Freiltg.) / anti-vibration jumper, vibration damper || ≈**dauer** *f* / period of oscillation || ≈**einsatz** *m* / self-excitation *n* || ≈**einsatzpunkt** *m* / singing point

schwingungselastisch gelagert / installed on antivibration mountings

Schwingungs·energie *f* / vibrational energy || ≈**entkopplung** *f* / vibration isolation || ≈**entregung** *f* / oscillatory de-excitation, under-damped high speed demagnetization || **~erregend** *adj* / vibromotive *adj* || ≈**erreger** *m* (mech.) / vibration generator, vibration exciter || ≈**erreger** *m* (el.) / exciter of oscillations, oscillator *n* || ≈**erregung** *f* / excitation of vibrations, excitation of oscillations

schwingungsfähiges Gebilde / oscillator *n* || **~ System** / oscillating system

schwingungs·fest *adj* / vibration-resistant *adj*, vibrostable *adj*, immune to vibrations || ≈**festigkeit** *f* / resistance to vibration, vibration strength, vibration resistance, vibrostability *n*, immunity to vibration

schwingungsfrei *adj* / free from vibrations, non-vibrating *adj*, non-oscillating *adj* || **~e Befestigung** / anti-vibration mounting || **~er Transformator** (gegen Stoßwellen geschützt) / non-resonating transformer || **~er Vorgang** / non-oscillatory phenomenon, aperiodic phenomenon

Schwingungsgehalt *m* / harmonic content || ≈ *m* (Mischspannung) / pulsation factor || **bewerteter** ≈ (Telephonformfaktor) / telephone harmonic factor (t.h.f.)

Schwingungs·geschwindigkeit *f* / vibration velocity, velocity *n* || ≈**gleichung** *f* / oscillation equation || ≈**größe** *f* / oscillating quantity || ≈**-Grundtyp** *m* / fundamental mode, fundamental oscillation || ≈**isolator** *m* / vibration isolator

schwingungsisoliert aufgebaut / installed on antivibration mountings

Schwingungs·isolierung *f* / vibration isolation || ≈**knoten** *m* / node *n*, nodal point

schwingungsmechanische Entkopplung / vibration isolation

Schwingungs·messer *m* / vibration meter, vibrometer *n* || ≈**modell** *n* / transient network analyzer (TNA), transient analyzer

Schwingungspaket *n* (sinusförmig amplitudenmodulierte Sinusschwingung) / sine beat || ≈**steuerung** *f* / burst firing control, multi-cycle control, multicycle control

Schwingungsprüfung, 1-MHz-≈ *f* / damped oscillatory wave test

Schwingungs·schreiber *m* / vibrograph *n*, vibration recorder || ≈**streifen** *m* / striations *n pl*, stria *n* || ≈**system** *n* / oscillatory system

Schwingungstyp *m* / mode of vibration, mode of motion, mode *n* || **vorherrschender** ≈ / dominant mode

Schwingungs·verhalten *n* / vibration response, oscillatory characteristics || ≈**wächter** *m* / vibroguard *n* || ≈**weite** *f* / vibration amplitude, amplitude *n* || **halbe relative** ≈**weite** / d.c. form factor || **relative** ≈**weite** (Welligkeitsanteil) / relative peak-to-peak ripple factor IEC 411-3 || ≈**weitenverhältnis** *n* (Mischstrom) / d.c. ripple factor || ≈**widerstand** *m* / surge impedance, oscillation impedance || ≈**zahl** *f* / oscillating frequency, frequency of vibration, vibration frequency || ≈**zeichner** *m* / vibrograph *n*, vibration recorder

Schwingweg *m* / vibration displacement, (vibration)

excursion (o. deflection || 2**amplitude** *f* / vibration displacement amplitude, excursion (o. deflection) amplitude
Schwingweite, halbe relative 2 (Gleichstrom-Formfaktor) / d.c. form factor IEC 50(551)
Schwitzwasser *n* / condensation water, condensate *n* || 2**heizung** *f* / space heater, anti-condensation heater || 2**korrosion** *f* / corrosion by condensed water
Schwund *m* / shrinkage *n* || **magnetischer** 2 / magnetic decay
schwundfrei *adj* / non-shrinking *adj*
Schwund·maß *n* / shrinkage *n* || 2 *n* / shrinkage allowance || 2**meldeeinrichtung** *f* (CO_2-Anlage) / leakage warning device
Schwung *m* / swing *n* || 2 *m* (Moment) / momentum *n* || 2**ausnutzung** *f* / momentum utilization, exploitation of momentum || 2**energie** *f* / kinetic energy || 2**kraft** *f* / centrifugal force || 2**kraftreserve** *f* (im Schwungrad) / flywheel energy storage || 2**masse** *f* / centrifugal mass, rotating mass, electrical inertia || 2**masse** *f* (Schwungrad) / flywheel *n* || 2**massenantrieb** *m* / drive for high-inertia load, centrifugal-load drive || 2**massenlast** *f* / flywheel load, high-inertia load, centrifugal load
Schwungmoment *n* / rotative moment || 2 *n* (GD*2*) / flywheel effect || **äußeres** 2 / load flywheel effect, load Wk^2
Schwungrad *n* / flywheel *n* || 2**abdeckung** *f* / flywheel guard || 2**anlasser** *m* / inertia starter || 2**antrieb** *m* / flywheel drive || 2**generator** *m* / flywheel generator || 2**kranz** *m* / flywheel rim || 2**läufer** *m* / flywheel rotor || 2**umformer** *m* / flywheel motor-generator set, flywheel m.-g. set
Schwung·ring *m* / flywheel *n* || 2**scheibe** *f* / flywheel *n* || 2**scheibe** *f* (EZ) / centrifugal disc
SCL / SCL (structured control language)
SCLT / space-charge-limited transistor (SCLT)
Scott-Schaltung *f* / Scott connection || **Transformatorgruppe in** 2 / Scott-connected transformer assembly
Scott-Transformator *m* / Scott transformer, Scott-connected transformer, Scott-connected transformer assembly
SCP (SINEC Communication Processor) / SCP (SINEC communication processor)
SC-Papiermaschine *f* / SC paper machine
SCPD / SCPD (short-circuit protective device)
Scrollbar *f* / scroll bar
SCS / SCS (Security Checked Switching)
SCSI-Adapter *m* / SCSI adapter
SD / system data (SD) || 2 (Systemdatenwort) / SD (system data word) || 2 (Settingdatum) / SD (setting data)
SDA / SDA
SDAC (Drehrichtung nach Zyklusende (Parameter)) / SDAC (direction of rotation after end of cycle)
SDB (Systemdatenbaustein) / SDB (system data block)
SDIR (Drehrichtung (Parameter)) / SDIR (direction of rotation)
SDIS (Sicherheitsabstand) / SDIS (safety distance)
SDN / SDN
SDP (Status Display Panel) / display *n*
SDR (Drehrichtung für Rückzug) / SDR (direction of rotation for retraction)
SDS / serial digital interface (SDI)
SDV-Baugruppe *f* / SINEC L1/DUST6/V24 Processing Unit
SDZ / cycle setting data, SDC
SE (sichere Endlage) / safe limit position, SE
SEA / SEA (setting data active)
Sealed-Beam·-Lampe *f* / sealed-beam lamp || 2-**Scheinwerfer** *m* / sealed-beam headlamp
SEC / servo control (SEC), servo system (A closed-loop control system in which the controlled variable is mechanical motion. Servo-mechanisms are used in NC machines for position and velocity feedback control), servo-mechanism *n*
Sechsfach·-Bürstenschaltung mit einfachem Bürstensatz / six-phase connection with single set of brushes || 2**schreiber** *m* / six-channel recorder
Sechskant *m* / hexagon *n* || 2**fräsen** *n* / hexagonal milling || 2**kopf** *m* / hexagon head || 2**mutter** *f* / hexagon nut || 2**schlüssel** *m* / wrench *n*, machinist's wrench || 2**schraube** *f* / hexagon head screw, hexagonal head screw, hexagon head-cap screw, hexagon bolt || 2**schraube mit Gewinde bis Kopf** / hexagon head screw
Sechs·phasenschaltung *f* / six-phase circuit || **~phasig** *adj* / six-phase *adj*, hexaphase *adj* || 2**pol** *m* / six-terminal network
sechspolig *adj* / six-pole *adj*, six-way *adj* || **~e Klinke** / six-way jack
Sechs·puls-Brückenschaltung *f* / six-pulse bridge connection || **~pulsiger Stromrichter** / six-pulse converter || **~stelliges Zählwerk** / six-digit register
Sedezimal / hexadecimal number || ~ *adj* / sexadecimal *adj* || 2**system** *n* / hexadecimal number system, hexadecimal numeration system || 2**zahl** *f* / hexadecimal number || 2**ziffer** *f* / sexadecimal digit, hexadecimal digit
Seebeck-Effekt *m* / Seebeck effect
See·kabel *n* / submarine cable || 2**kiste** *f* / seaworthy crate || **~klimafest** *adj* / resistant to maritime climate
Seele *f* (Kabel, Verbundleiter) / core *n*
Seelenelektrode *f* / flux-cored electrode
seeluftfest *adj* / resistant to maritime climate
seemäßig verpackt / packed seaworthy, packed for export
seewasserbeständig *adj* / seawater-resistant *adj* || 2**keit** *f* / resistance to seawater
Seezeichen *n* / sea mark, navigational aid || 2**beleuchtung** *f* / sea marks lighting || 2**lampe** *f* / beacon lamp
S-Effekt *m* (ESR) / S effect *n*, surface-charge effect
SEG (Schneideneinstellgerät) / TSS (tool setting station)
Seger-Kegel *m* / Seger cone, tempo stick
Segment *n* / current circuit (A circuit of a measuring instrument through which flows the current of the circuit to which the measuring instrument is connected), current path, conducting path, ladder diagram line || 2 *n* (Drucklg.) / pad *n*, shoe *n* || 2 *n* (Teilbereich des Werkstücks, der mit einer bestimmten Abtaststrategie digitalisiert wird) / segment *n* || 2 *n* (LAN) / segment *n* || 2 *n* (CAD) / patch *n* || 2 *n* (Kontaktplan, Darstellungselemente) / segment *n*, rung *n* (A network in a ladder diagram program with its attached left power rail and optionally attached right power rail) || 2 *n* (Komm.) / segment *n*, bar *n* || 2 *n* (Programmteil) / segment *n* ISO 2382 || 2 **Sequence Number** (SGSQNR) /

segment sequence number (SGSQNR) || ≗**adresse** *f* / segment address || ≗**anzeige** *f* / segment display, stick display || **7-≗anzeige** *f* / seven-segment display || ≗**attribut** *n* (GKS) / segment attribute || ≗**blende** *f* / segmental orifice plate || ≗**-DAU** *m* / segment DAC *n* || ≗**drosselklappe** *f* / butterfly valve with fixed segments in the body || ≗**-Drucklager** *n* / segmental thrust bearing, pad-type bearing, Michell bearing, Kingsbury thrust bearing || ≗**-Generator** *m* / segment generator || ≗**-Gleitlager** *n* / pad-type bearing

segmentiertes ZG / segmented CR

Segment·koppler *m* / segment transceiver || ≗**koppler** *m* (PROFIBUS) / segment coupler || ≗**leiter** *m* / Milliken conductor, segmental conductor || ≗**priorität** *f* (GKS) / segment priority || ≗**spannung** *f* (Kommutatormasch.) / voltage between segments, bar-to-bar voltage || ≗**transformation** *f* (Darstellungselemente) / segment transformation

Seh·abstand *m* / viewing distance || ≗**arbeit** *f* / visual task || ≗**aufgabe** *f* / visual task

Sehen *n* / vision *n*, seeing *n*, sight *n* || **fotopisches** ≗ / photopic vision || **mesopisches** ≗ / mesopic vision

Seh·geschwindigkeit *f* / speed of seeing || ≗**komfort** *m* / visual comfort || ≗**leistung** *f* / visual performance, visual power

Sehne *f* / chord *n*, chord line || ≗ *f* (Netzwerk) / link *n*

Sehnen·länge *f* (a. CAD) / length of chord || ≗**satz** *m* / chordal law || ≗**spule** *f* / short-pitch coil, coil of chorded winding || ≗**wicklung** *f* / short-pitch winding, chorded winding, fractional-pitch winding

Sehnung *f* (Wickl.) / short-pitching *n*, chording *n*

Sehnungsfaktor *m* (Wickl.) / pitch factor, pitch differential factor, chording factor

Seh·objekt *n* / visual object || ≗**organ** *n* / organ of vision, visual organ || ≗**schärfe** *f* / visual acuity, visual resolution, sharpness of vision || ≗**strahl** *m* / collimator ray || ≗**vermögen** *n* / vision *n* || ≗**winkel** *m* (a. BSG) / angle of vision

Seiden·glimmer *m* / sericite *n* || **~matt** *adj* (Leuchtenglas) / satin-frosted *adj* || ≗**papier** *n* / wrapping tissue paper

Seigerung *f* / segregation defect

Seil *n* / rope *n* || ≗ *n* (Leiterseil) / cable *n*, stranded conductor || ≗**aufhänger** *m* (f. Oberleitung) / catenary hanger, span-wire suspension fitting || ≗**aufhängung** *f* / catenary suspension || ≗**bremse** *f* / rope brake || ≗**durchhang** *m* (Freiltg.) / conductor sag || ≗**einziehvorrichtung** *f* / rope webbing device || ≗**erder** *m* / conductor earthing electrode || ≗**fensterheber** *m* (Kfz) / cable window lifter, cable lifter || ≗**riss** *m* (Freiltg.) / conductor failure || ≗**rolle** *f* / rope pulley, rope sheave || ≗**sammelschiene** *f* / flexible busbar, cable-type bus || ≗**scheibe** *f* / rope pulley, rope sheave || ≗**schlagmaschine** *f* / strander *n* || ≗**schlaufe** *f* (Kabel) / cable loop || ≗**schwingungen** *f pl* (Freiltg.) / conductor vibration || ≗**spreize** *f* / rope spreader || ≗**strang** *m* / rope strand || ≗**trieb** *m* / rope drive || ≗**winde** *f* / cable winch, rope winch

Seilzug *m* / Bowden wire || ≗ *m* (Freiltg.) / cable pull, conductor pull || ≗ *m* (Bowdenzug) / Bowden wire, Bowden control || ≗ *m* / rope block, block and tackle, differential pulley block || ≗**antrieb** *m* / cable-operated mechanism || ≗**katze** *f* / rope-drawn trolley || ≗**kraft** *f* / conductor tensile force || ≗**-Notschalter** *m* / cable-operated emergency switch, conveyor trip switch || ≗**schalter** *m* / cable-operated switch, trip-wire switch, rope-operated switch

S-Eingang *m* / S input, forcing static S input IEC 117-15, set input

seismisch·e Beanspruchung / seismic stress || **~e Beanspruchung** (f. Prüfung) / seismic conditioning || **~e Beanspruchungsklasse** / seismic stress class || **~e Einflüsse** / earthquake vibrations and shocks || **~e Einwirkungen** / seismic effects || **~er Schwingungsaufnehmer** / seismic vibration pick-up

Seite *f* (el. Masch., A- oder B-Seite) / end *n* || ≗ *f* (a. Block von digitalen Daten, Speicherseite) / page *n*

Seiten·adressierung *f* / page addressing, mapping *n* || ≗**airbag** *m* (Kfz) / side air bag || ≗**ansicht** *f* / side view, side elevation, print preview || ≗**anzeige** *f* (Textverarb.) / page-break display || ≗**aufprall** *m* (Kfz) / side collision (o. impact) || ≗**aufprallschutz** *m* (Kfz) / side impact protection system (SIPS) || ≗**auslenkung** *f* / lateral deflection || ≗**band** *n* (SB) / sideband *n* (SB) || ≗**band-Ionenrauschen** *n* / sideband ion noise || ≗**besäumung** *f* / side trimming || ≗**binder** *m* (Schrank) / sheet-steel side wall || ≗**blech** *n* / side plate || ≗**blech mit Bolzen** / side plate with bolt || ≗**blende** *f* (Schrank) / side shutter || ≗**fensterverstellung** *f* (Kfz) / quarter vent adjustment

Seitenfläche *f* / side surface || ≗**, Aussparung** / side surface, cutout || **zugewandte** ≗ (Bürste) / inner side, winding side || ≗**n** *f pl* (Bürste) / sides *n pl*

Seiten·fräsen *n* / side milling || ≗**führungskraft** *f* (Kfz) / lateral traction || ≗**füllstreifen** *m* (Wickl.) / side packing strip || ≗**-Hebelschneider** *m* / end cutting nippers || ≗**holm** *m* (Schrank) / lateral upright || ≗**kanalkompressoren** *m* / side channel compressor || ≗**kanalverdichter** *m* / side channel compressor || ≗**kontakt** *m* (Lampenfassung) / side contact

Seitenkraft *f* / lateral force, transverse force || ≗ *f* (MSB, Führungskraft) / guidance force || ≗ **durch den transversalen Randeffekt** / transverse edge-effect force

Seiten·licht *n* (Positionslicht) / sidelight *n* || ≗**linie** *f* / secondary line || ≗**linienmarke** *f* (Flp.) / side stripe marking || ≗**nummerierung** *f* (Textverarb.) / page numbering, pagination *n* || ≗**nummerierung** *f* / page numbering || ≗**platte** *f* / side plate || ≗**rahmen** *m* (ST) / side frame, end frame || ≗**reihe** *f* (Flp.) / side row || ≗**reihenfolge** *f* / page sequence || ≗**riss** *m* / side elevation || ≗**schlag** *m* (Lg.) / radial runout, lateral runout || ≗**schneider** *m* / diagonal cutter, end cutting nipper || ≗**segment** *n* (LAN) / side segment || ≗**spiegel** *m* (Leuchte) / side reflector || ≗**spiel** *n* / lateral clearance, float *n* || ≗**stiel** *m* / side pillar || ≗**streben** *f* / side support || ≗**streifen** *m* (Straße) / road shoulder, shoulder *n*

seitensymmetrisch *adj* / concentric *adj*, centric *adj*

Seiten·teil *n* / side section || ≗**teil** *n* (Baugruppenträger, Leuchte) / side panel || ≗**umbruch** *m* / pagination *n*, page make up || ≗**verhältnis** *n* (a. CAD) / aspect ratio || ≗**versatzdämpfung** *f* (LWL) / lateral offset loss

Seitenwand *f* / side wall, side panel || ≗ **links** / side wall left || ≗ **rechts** / side wall right || ≗**effekt** *m* / sidewall effect

Seitenwange *f* / side flange

seitenweise·r Betrieb / page mode || **~s Lesen** / page

read mode || **~s Schreiben** / page write mode
seitig, A-~ *adj* / A end || **A-~ anormal** / drive end A non-standard
seitlich *adj* / lateral *adj* || **~ aneinanderreihbar** / buttable side to side || **~ angebaut** / laterally attached || **~ klappbar** / with side hinges || **~e Annäherung** (NS) / lateral approach, slide-by mode
Seitwärtswinkel *m* / side angle
Sektionsbauweise *f* / sectional(ized) construction
Sektor *m* / sector *n* || **≗feuer** *n* / sector light || **≗feuerleiter** *m* / sectorshaped conductor || **≗leiter** *m* / sector-shaped conductor
sektorlose Influenzmaschine / Bonetti machine
Sektor·motor *m* / bow-stator motor, arc-stator motor, sector motor || **≗skale** *f* / sector scale
sekundär *adj* / secondary *adj* || **~ geregelter Betrieb** (Generatorsatz) / secondary power control operation IEC 50(603) || **~ getaktetes Netzgerät** / secondary switched-mode power supply unit, secondary chopper-type power supply unit
Sekundär·anschluss(klemme) *f* / secondary terminal, output terminal || **≗ausfall** *m* (Ausfall einer Einheit, der entweder direkt oder indirekt durch einen Ausfall oder Fehlzustand einer anderen Einheit verursacht wird) IEC 50(191) / secondary failure (A failure of an item, caused either directly or indirectly by a failure or a fault of another item) || **≗auslöser** *m* VDE 0670, T.101 / indirect overcurrent release IEC 56-1, indirect release (o. trip), secondary release || **≗auslösung** *f* / indirect tripping, transformer-operated tripping || **≗batterie** *f* / secondary battery, rechargeable battery, storage battery || **≗block** *m* (Schutzsystem) / secondary package, sub-block *n* || **≗druck** *m* / secondary pressure
sekundäre Bemessungsspannung / rated secondary voltage || **~ Bemessungsstromstärke** (Wandler) / rated secondary current || **~ thermische Grenzstromstärke** / secondary limiting thermal current
Sekundär·ebene *f* / secondary plane || **≗einrichtung** *f* / secondary equipment
Sekundärelektronen·emission *f* / secondary electron emission || **≗elektronenstrom** *m* / secondary electron emission current || **≗elektronenvervielfacher** *m* / secondary-emission multiplier, secondary-emission-tube, multiplier phototube
Sekundärelement, galvanisches ≗ / electric storage battery
Sekundäremission *f* / secondary emission
Sekundäremissions·faktor *m* / secondary electron emission factor || **≗emissions-Fotozelle** *f* / secondary emission photocell || **≗emissionsvervielfacher** *m* (SEV) / secondary-emission multiplier, secondary-emission-tube, multiplier phototube
Sekundärenergie *f* / secondary energy, derived energy
sekundär·er Bemessungsstrom / rated secondary current || **~er Erregerstrom** (Wandler) / exciting current IEC 50(321) || **~er Genauigkeitsgrenzstrom** / accuracy limit secondary current || **~es Kriechen** / secondary creep, second-state creep || **~es Kühlmittel** (el. Masch.) VDE 0530, T.1 / secondary coolant IEC 34-1
Sekundär·fachwerk *n* (Gittermast) / redundant bracings, secondary bracings || **≗geräteliste** *f* / list of secondary equipment || **≗-Grenz-EMK** *f* / secondary limiting e.m.f. || **≗gruppe** *f* IEC 50(704) / supergroup *n* || **≗klemme** *f* / secondary terminal, output terminal || **≗klemmenkasten** *m* / secondary terminal box || **≗kontur** *f* / secondary contour || **≗kreis** *m* / secondary circuit || **≗leerlaufspannung** *f* (SL) / secondary open-circuit voltage, secondary voltage || **≗leistung** *f* / output *n* || **≗leitung** *f* / secondary circuit, sub-circuit *n*, secondary wire || **≗lichtquelle** *f* / secondary light source, secondary source || **≗-Nennkurzschlussstrom** *m* / secondary short-circuit current rating || **≗-Nennspannung** *f* / rated secondary voltage || **≗-Nennstrom** *m* / rated secondary current || **≗normal** *n* / secondary standard, substandard *n* || **≗normallampe** *f* / substandard lamp
Sekundär·platte *f* / secondary sheet, sheet secondary || **≗prüfung** *f* (Schutz) / secondary test || **≗prüfung durch Fremdeinspeisung** / secondary injection test || **≗regelung** *f* (der Wirkleistung in einem Netz) / secondary control || **≗relais** *n* VDE 0435,T.110 / secondary relay || **≗-Restspannung** *f* / secondary residual voltage || **≗schrank** *m* / secondary cabinet || **≗seite** *f* / secondary side, secondary circuit
sekundärseitig *adj* / secondary *adj*, in secondary circuit
Sekundärspannung *f* / secondary voltage, output voltage || **≗ bei Belastung** (Wandler) / output voltage under load
Sekundär·standard *m* / substandard *n* || **≗strom** *m* / secondary current, output current || **≗stromauslöser** *m* / indirect overcurrent release, indirect release (o. trip) || **≗stromrelais** *n* / indirect overcurrent relay || **≗target** *n* (RöA) / secondary target || **≗technik** *f* / control and protection system || **≗teil** *m* / secondary part || **≗teilbearbeitung** *f* / secondary part processing || **≗-Ummantelung** *f* (LWL) / secondary coating || **≗verdrahtung** *f* / secondary wiring
Sekundärwicklung *f* / secondary winding, secondary *n* || **Wandler mit einer** ≗ / single-secondary transformer || **Wandler mit zwei ≗en** / double-secondary transformer
Sekundärzählwerk *n* / secondary register
Sekunden·messer *m* / seconds counter || **≗reserve** *f* / seconds reserve
selbstabgleichendes elektrisches Kompensations-Messgerät / indirect-acting electrical measuring instrument || **~, nichtelektrisches Kompensations-Messgerät** / indirect-acting measuring instrument actuated by non-electrical energy
selbstabstimmend *adj* / self-tuning *adj*, self-balancing *adj*
selbstadaptiver Regler / self-adapting controller
selbständig weiterbrennende Flamme / self-sustaining flame || **~ zurückstellender Temperaturbegrenzer** / self-resetting thermal cut-out, self-resetting thermal release || **~e Baugruppe** / self-contained component || **~e Entladung** / self-maintained discharge || **~e Leitung in Gas** / self-maintained gas conduction || **~er Betrieb** (Automatisierungssystem einer dezentralen Anlage) / stand-alone operation || **~er Lichtbogen** / self-sustained arc
selbstanhebende Scheibe / self-releasing washer,

spring-loaded washer

Selbst·anlasser *m* / automatic starter, auto-starter *n* || **≗anlauf** *m* / self-starting *n*, automatic start

selbstanlaufend *adj* / self-starting *adj* || **~er Synchronmotor** / self-starting synchronous motor, auto-synchronous motor, synaut motor

Selbst·anregung *f* / self-excitation *n* || **~auslösender Drehmomentschlüssel** / self-releasing torque spanner

selbstausrichtend *adj* / self-aligning *adj*

selbstbelüftet *adj* / self-cooled *adj*, self-ventilated *adj*, naturally cooled || **~e Maschine** / non-ventilated machine

Selbst·belüftung *f* / natural air cooling || **≗diagnose** *f* / self-diagnostics *n pl* || **≗diagnoseprogramm** *n* / self-diagnostics program

selbstdichtend *adj* / self-sealing *adj* || **~er Würgenippel** / self-sealing grommet

Selbsteinspielbereich *m* / range of self-indication

selbsteinstellender Regler / self-tuning controller

Selbst·einstellung *f* / self-tuning *n*, self-optimization *n* || **≗entladung** *f* / spontaneous discharge || **≗entladung** *f* (Batt.) / self-discharge *n*, local action || **≗entmagnetisierung** *f* / self-demagnetization *n* || **≗entmagnetisierungsfeldstärke** *f* / self-demagnetization field strength || **≗entregung** *f* / self-deexcitation *n* || **~entzündbar** *adj* / self-igniting *adj* || **≗entzündung** *f* / self-ignition *n*, spontaneous ignition, auto-ignition *n* || **≗entzündungstemperatur** *f* / auto-ignition temperature || **≗erhitzung** *f* / spontaneous heating

selbsterklärend *adj* / self-explanatory *adj*, intuitive *adj*

Selbsterregerwicklung *f* / self-excitation winding

selbsterregte Maschine / self-excited machine || **~ Pendelungen** / hunting *n*

Selbsterregung *f* / self-excitation *n* || **Aufbau der ≗** / build-up of self-excited field || **direkte ≗** (Transduktor) / auto-self-excitation *n* (transductor), self-saturation *n* || **kritische Drehzahl für die ≗** / critical build-up speed || **Maschine mit ≗** / self-excited machine || **Transduktor mit direkter ≗** / auto-self-excited transductor

Selbsterregungs·drehzahl *f* / build-up speed || **≗-Starthilfe** *f* / field flashing (device) || **≗widerstand** *m* / build-up resistance

Selbstführung *f* (LE) / self-commutation *n*

selbstgeführter Stromrichter / self-commutated converter

selbstgekühlt *adj* / self-ventilated *adj*, self-cooled *adj*, naturally cooled || **~e Maschine** (unbelüftete M.) / non-ventilated machine || **~e Maschine mit Rippengehäuse** / non-ventilated ribbed-surface machine || **~er Öltransformator** (Kühlungsart OA) / oil-immersed self-cooled transformer (Class OA) || **~er Transformator** / self-cooled transformer || **~er, geschlossener Trockentransformator** (Kühlungsart GA) / self-cooled sealed dry-type transformer (Class GA)

selbstgelöschter elektronischer Schalter / self-commutated electronic switch (SCE)

selbstgeregelt·e Maschine / self-regulated machine || **~er Stromrichter** / self-clocked converter

selbsthaftend *adj* / self-adherent *adj*, pressure-sensitive *adj*, self-stick *adj*

Selbsthalte·funktion *f* (NC-Programm) / modal function || **≗kontakt** *m* / self-holding contact, seal-in contact || **≗moment** *n* / detent torque

selbsthaltend *adj* (NC-Programm) / modal *adj* || **~es Lager** / non-separable bearing || **nicht ~es Lager** / separable bearing

Selbsthalte·relais *n* (mech. Verklinkt) / latching relay || **≗relais** *n* (m. Dauermagnet) / lock-up relay || **≗schaltung** *f* / latch circuit, latching feature, seal-in circuit, latching *n*, incremental mode, locking *n*

Selbsthaltung *f* / latch circuit, latching feature, incremental mode || **≗** *f* (SG) / locking *n* || **≗** *f* (Signale) / latching *n*, sealing in, sealing home || **in ≗ gehen** / remain locked in, be sealed home || **Aufheben der ≗** / de-sealing *n* || **Befehl mit ≗** (FWT) / maintained command

selbstheilend·e Isolierung / self-restoring insulation || **~er Kondensator** / self-healing capacitor, self-sealing capacitor

Selbstheilprüfung *f* / self-healing test

selbsthemmend *adj* / self-locking *adj*, irreversible *adj* || **~es Gelenk** / self-locking hinge, self-arresting pivot

Selbstinbetriebnahme *f* (SI) / self-installation *n* (SI), signal *n*

Selbstinduktion *f* / self-induction *n*, self-inductance *n* || **≗ des Erregerfelds** / field self-inductance

Selbstinduktions·koeffizient *m* / coefficient of self-induction || **≗reaktanz** *f* / self-reactance *n* || **≗spannung** *f* / self-induction e.m.f., self-induced e.m.f., reactance voltage of commutation

Selbst·induktivität *f* / self-inductance *n*, coefficient of self-induction || **≗justage** *f* / automatic adjustment

selbstjustierend *adj* (IS) / self-aligning *adj*

selbstkalibrierend *adj* / self-calibrating *adj*

selbstklebend *adj* / self-adherent *adj*, pressure-sensitive *adj*, self-stick *adj*, self-adhesive *adj* || **~es Isolierband** / pressure-sensitive adhesive tape

selbstkodierend *adj* / self-coding *adj*

Selbst·kommutierung *f* (LE) / self-commutation *n* || **Stromwandler mit ≗kompensation** / auto-compound current transformer || **≗kontrolle** *f* (QS) / operator control

selbstkonvergierend *adj* (BSG) / self-converging add

Selbstkosten *plt* / production cost

Selbstkühlung *f* (el. Masch.) / natural cooling, natural ventilation || **≗** *f* (Trafo) / natural cooling, self-cooling *n* || **Leistung bei ≗** (Trafo) / self-cooled rating || **Maschine mit ≗** / non-ventilated machine, machine with natural ventilation

Selbstlernmedium *n* / self-paced instruction medium

selbst·leuchtend *adj* / self-luminous *adj*, luminescent *adj* || **≗leuchter** *m* / primary radiator, primary light source || **≗leuchterfarbe** *f* / self-luminous colour

Selbstlockern *n* / accidental loosening, working loose || **gegen ≗ sichern** / lock (to prevent accidental loosening)

selbstlöschend *adj* / self-clearing *adj* || **~er Fehler** / self-extinguishing fault || **~er Kurzschluss** / self-extinguishing fault || **~es Zählrohr** / self-quenched counter tube

Selbst·löschgrenze *f* / self-extinction limit || **≗löschung** *f* (Lichtbogen) / self-extinguishing *n* || **≗löschung** *f* (LE) / self-commutation *n* || **Grenzstrom der ≗löschung** (größter Fehlerstrom, bei dem eine Selbstlöschung des Lichtbogens noch möglich ist) / limiting self-extinguishing current

Selbstmagnetisierung *f* / spontaneous magnetization, intrinsic magnetization
selbst·meldender Fehler *m* / self-reporting fault, self-revealing fault, self-signalling fault, obvious fault || **Fehler ohne ≗meldung** / non-self-revealing fault || **≗mordschaltung** *f* / suicide control || **~nachstellende Kupplung** / self-adjusting clutch || **~nachziehende Schraube** / self-tightening screw || **≗neutralisierungsfrequenz** *f* / self-neutralization frequency
Selbstölung, Lager mit ≗ / self-oiling bearing, ring-lubricated bearing
selbst·optimierend *adj* / self-optimizing *adj* || **~prüfend** *adj* / self-checking *adj* || **≗prüfschaltung** *f* / auto-control device || **≗prüfung** *f* / workshop inspection, self-test *n* || **≗prüfung** *f* (QS) / operator control
selbstregelnd *adj* / self-regulating *adj*, self-adjusting *adj* || **~er Generator** / self-regulating generator || **~er Transformator** / regulating transformer, automatic variable-voltage transformer
selbstreinigender Kontakt / self-cleaning contact
Selbst·sättigung *f* / self-saturation *n* || **≗sättigungsgleichrichter** *m* / auto-self-excitation valve
Selbstschalter *m* / automatic circuit-breaker, circuit-breaker *n* || ≗ *m* (Kleinselbstsch.) / miniature circuit-breaker (m.c.b.) || **≗abgang** *m* / outgoing circuit-breaker unit, m.c.b. way
selbst·schmierendes Lager / self-lubricating bearing || **~schneidende Schraube** / (self-)tapping screw
selbstsperrendes Schneckengetriebe / self-locking worm gear(ing)
Selbstsperrung *f* / self-locking action || ≗ *f* (Rel., Handrückstelleinrichtung) / hand-reset (feature), manual reset(ting device) || **Relais mit ≗** / hand-reset relay || **Relais ohne ≗** / self-reset relay, auto-reset relay
Selbststarterlampe *f* / self-starting lamp
Selbststeuerung *f* / automatic control || **Fahrstuhl mit ≗** / automatic self-service lift (o. elevator) || **Maschine mit ≗** / self-regulated machine || **Maschine mit Fremderregung und ≗** / compensated self-regulating machine, compensated regulated machine
Selbst·strukturierung *f* / self-configuration *n* || **~synchronisierend** *adj* (Eigentaktung) / self-locking *adj* || **≗synchronisierung** *f* / self-synchronization *n* || **~taktend** *adj* / self-clocking *adj*, self-timing *adj*
selbsttätig *adj* / automatic *adj* || **~ abgleichende Regelung** / self-adaptive control || **~ arbeitende Vorrichtung** / automatic device || **~ einstellend** / sets (parameters) automatically || **~ geregelt** / automatically controlled, automatically regulated || **~ rückstellender Melder** EN 54 / self-resetting detector || **~ rückstellender Schutz-Temperaturbegrenzer** VDE 0700, T.1 / self-resetting thermal cut-out IEC 335-1 || **~ zurückstellender Temperaturbegrenzer** EN 60742 / self-resetting thermal cut-out || **~e Ausschaltung** (LE-Gerät) / automatic switching off || **~e Einschaltung** (LE-Gerät) / automatic switching on || **~e Feldschwächung** / automatic field weakening || **~e Prüfroutine** / self-checking routine || **~e Regelung** / automatic control, closed-loop control, feedback control || **~e Rückstellung** (PS) / automatic return || **~er Berührungsschutz** (Klappenverschluss einer Schaltwageneinheit) / automatic shutter || **~er Feldregler** / automatic field rheostat, automatic rheostat || **~er Wiederanlauf** / automatic restart || **~es Regelungssystem** / automatic control system || **~es Rückstellen (o. Rücksetzen)** / self-resetting *n* || **~es Steuerungssystem** / automatic control system || **~es Wiederschließen** (LS) VDE 0670, T.101 / auto-reclosing *n*, automatic reclosing, rapid auto-reclosure
Selbsttest *m* / self-test *n*, confidence test, workshop inspection || **≗programm** *n* / self testing routine
selbsttragend *adj* / self-supporting *adj* || **~er Stützpunkt** (Freiltg.) / self-supporting support || **~es Fernmelde-Luftkabel** / self-supporting telecommunication aerial cable || **~es Luftkabel** / self-supporting aerial cable
selbstüberprüfend *adj* / self-checking *adj*
selbst·überwachend *adj* / self-monitoring *adj*, self-supervisory *adj*, fail-safe *adj*, failing to safety || **≗überwachung** *f* / self-monitoring *n*, self-supervision *n* || **≗überwachung** *f* (rechnergesteuerte Anlage) / self-diagnosis *n*, self-diagnostics *plt* || **~unterhaltende Flamme** / self-sustaining flame
selbst·verlöschend *adj* / self-extinguishing *adj* || **~verschweißendes Band** / self-bonding tape || **~verzehrende Elektrode** / consumable electrode || **~ wiedereinschaltender thermischer Unterbrecher** VDE 0806 / self-resetting thermal cutout IEC 380 || **~zentrierend** *adj* / self-centering *adj* || **~zündende Lampe** / self-starting lamp || **≗zündung** *f* / self-ignition *n*, spontaneous ignition
Selbstzusammenbau *m* / customer assembly
selbstzuteilender Bus / self-arbitrating bus
selektieren *v* / select *v*
Selektion *f* / selection *n* || **gemeinsame ≗** / shared selection
Selektions·kurve *f* / selectivity curve || **≗tor** *n* / select gate
selektiv·e Erdschlussmessung / selective earth-fault measurement || **~e Kommutierung** / selective commutation || **~e Prüfung** / screening test || **~e Staffelung** (Schutz) / selective grading || **~er Angriff** (Korrosion) / selective attack || **~er Empfänger** (f. optische Strahlung) / selective detector || **~er Pegelmesser** / selective level meter (SLM) || **~er Strahler** / selective radiator || **~es Erdschlussrelais** / discriminating earth-fault relay || **~es Löschen** (von gespeicherten Informationen) / selective erasing
Selektivität *f* / selectivity *n* (protection system), discrimination *n* || ≗ *f* (Sich.) / overcurrent discrimination
Selektivitätsgrenzstrom *m* (SG) / selectivity limit current (SG)
Selektivitätssteuerung *f* / selective interlocking || **zeitverkürzte ≗** (ZSS) / zone-selective interlocking, short-time grading control || **zeitverzögerte ≗** (ZSS) / zone-selective interlocking, short-time grading control
Selektivitätsverhältnis *n* / discrimination ratio
Selektivschalter *m* / non-current-limiting switch
Selektivschutz *m* VDE 0435, T.110 / protection *n*, selective protection, discriminative protection || ≗ **mit absoluter Selektivität** IEC 50(448) / unit protection || ≗ **mit Freigabe** IEC 50(448) /

permissive protection || ² **mit relativer Selektivität** IEC 50(448) / non-unit protection || ² **mit Sperrung** IEC 50(448) / blocking protection || ² **mit Überreichweite und Entsperrverfahren** / unblocking overreach protection (UOP), unblocking directional comparison protection (USA) || ² **mit Überreichweite und Freigabe** IEC 50(448) / permissive overreach protection (POP), permissive overreaching transfer trip protection (POTT) || ² **mit Überreichweite und Sperrung** / blocking overreach protection (BOP), blocking directional comparison protection (USA) || ² **mit Unterreichweite und Staffelzeitverkürzung** IEC 50(448) / accelerated underreach protection || ² **mit Unterreichweite und unmittelbarer Fernauslösung** IEC 50(448) / intertripping underreach protection (IUP), direct underreaching trasfer trip protection (DUTT) || ² **mit Unterreichweite und Freigabe** IEC 50(448) / permissive underreach protection (PUP), permissive underreaching transfer trip protction (PUTT) || ²**schalter** *m* / selective circuit-breaker, discriminative breaker, fault discriminating circuit-breaker || ²**-Sicherheit** *f* IEC 50(448) / security of protection || ²**überlappung** *f* IEC 50(448) / overlap of protection || ²**-Zuverlässigkeit** *f* IEC 50(448) / dependability of protection

Selektor *m* (Datenobjekte) / selector *n*

Selen·ableiter *m* / selenium arrester, selenium diverter || ²**-Überspannungsableiter** *m* / selenium overvoltage protector

seltene Erde / rare-earth element

SELV (Schutzkleinspannung) / protective extra-low voltage || ² (Sicherheitskleinspannung) / SELV (safety extra-low voltage)

SELV-E / separated extra low voltage system, earthed (SELV-E)

SELV-Stromkreis *m* (SELV = safety extra-low voltage - Sicherheitskleinspannung) / SELV circuit

Semantik *f* / semantics *plt*

Semaphor *n* / semaphore *n*

Semaphorentechnik *f* / semaphore technique

Semi·additiv-Verfahren *n* (gS) / semi-additive process || ²**grafik** *f* / semi-graphics *n*, character graphics

semigrafisch *adj* / semi-graphic *adj* || **~e Darstellung** / semi-graphic display, character-graphics display, semigraphic representation

Semi·graphik *f* / character graphics, semi graphics || **~-horizontale Anordnung** (der Leiter einer Freiltg.) IEC 50(466) / semi-horizontal configuration || ²**-Leuchte** *f* / semi-luminaire *n*

Senatschließung *f* / senat tumbler arrangement

Sende·abruf *m* / polling *n*, poll *n* || ²**anforderung** *f* / request *n* || ²**anstoss** *m* / send trigger command || ²**antenne** *f* / sending aerial || ²**anzeige** *f* / transfer signal || ²**aufforderung** *f* / transmission request, request to send (RTS), polling *n*, poll *n*, enquiry *n* (ENQ) || ²**aufruf** *m* (DÜ) DIN 44302 / polling *n*, poll *n* || ²**aufruf ohne Folgenummer** / unnumbered poll (UP) || ²**auftrag** *m* / send job

Sende·berechtigung *f* / permission to send, permission to transmit || ²**berechtigungsmarke** *f* / send token || **~bereit** *adj* / clear to send (CTS), ready to send || ²**bereitschaft** *f* / clear to send (CTS), ready for sending || ²**bereitschaft Verzögerung** / send accept delay || ²**daten** *plt* DIN 66020, T.1 / transmitted data, TxD (Transmitted Data) || ²**dauerüberwachung** *f* / jabber control, transmission time monitoring || **universelle synchrone asynchrone** ²**-/Empfangsschaltung** (USART) / universal synchronous/asynchronous receiver/transmitter (USART)

Sende·-Empfänger-Prüfkopf *m* (SE-Prüfkopf) / transceiver probe (TR probe) || ²**erlaubnis** *f* / permission to transmit, permission to send || ²**fach** *n* / send mailbox, sending mailbox (SMB) || ²**fenster** *n* (DÜ) / transmit window || ²**frequenz** *f* / transmit frequency || ²**frequenzlage** *f* (DÜ) DIN 66020 / transmit frequency || ²**gerät** *n* / transmitter *n* || ²**-IM** / send IM || ²**impuls** *m* (elektrischer Impuls, der in einem Schwinger in einen akustischen Impuls umgewandelt wird) DIN 54119 / initial pulse || ²**impulsbreite** *f* / sending pulse width || ²**kabel** *n* / transmit cable || ²**leistung** *f* / transmitter power, output power || ²**mailbox** *f* (SMB) / sending mailbox (SMB), send mailbox

senden *v* / send *v*, transmit *v* || **~ an alle** / broadcast *v* || **falsch ~** (PMG) / send false || **Schall ~** / transmit sound, emit an ultrasonic signal || **wahr ~** (PMG) / send true

sendende Station (FWT) / transmitting station, initiating station

Sende·pegel *m* / transmission level || ²**pegel** *m* (Messplatz) / output level || ²**programm** *n* (FWT) / transmit program

Sender *m* / source *n*, noise source || ² *m* / transmitter *n*, encoder *n*, transducer *n*, feedback device (A generic term for any device which measures a physical quantity and converts the measured values into electrical signals usable for transmission and evaluation), sensor *n*, measuring sensor, pickup *n* || ² *m* (a. Installationsbus) / sender *n* || ² *m* (NS) / emitter *n*

Senderaster, zyklisches ² / transmission cycle time

Sender·eingang *m* / transmitter input || ²**-Empfänger** *m* / transceiver *n*, transmitter-receiver *n* || ²**lauflampe** *f* / transmitter running lamp || ²**-Nachlaufzeit** *f* (RSA) / transmitter reset time || ²**sperrröhre** *f* / anti-transmit/receive tube (AT/R tube) || ²**-Vorlaufzeit** *f* (RSA) / transmitter setup time || ²**schritttakt** *f* / transmitter signal element timing

Sende·schritt-Takt *m* / transmitted signal element timing, transmitter clock (TC) || ²**schwinger** *m* / transmitting probe || ²**station** *f* (DÜ) / master station || ²**stromschleife** *f* / current loop transmit || ²**teil einschalten** / request to send, RTS (Request To Send) || ²**telegramm** *n* / transmission message, message transmitted || ²**telegramm** *n* (PROFIBUS) / send frame || ²**totzeit** *f* / sending dead time || ²**verstärker** *m* / amplifier *n* || ²**weg** *m* / send path || ²**wunsch** *m* / line bid, request to transmit || ²**wunsch haben** / contend for bus, contend for channel || ²**zähler** *m* / impulsing meter, impulse meter || ²**zeitüberwachung** *f* (LAN) / jabber control || ²**zeitüberwachung** *f* / transmission time monitoring

Sendungsvermittlung *f* (KN) / message switching

Sendzimir-verzinkt *adj* / sendzimir coating, sendzimir-galvanized *adj*, corrosion-protective coating, galvanized in a Sendzimir process

Senk·bremse *f* / dynamic lowering brake, lowering brake || ²**bremsschaltung** *f* / dynamic lowering

circuit
Senke *f* (PMG) / acceptor *n* || ≗ *f* / potentially susceptible equipment (o. device) || **Daten~** *f* / data sink || **Öl~** *f* (EZ) / oil cone || **Strom~** *f* / current sink
Senken *n* (WZM) / countersink *n* || ≗ *n* (Nachbearbeiten von Bohrungen) / counterboring *n* || ~ *v* / lower *v* || **elektrochemisches** ≗ / electro-chemical machining (e.c.m.), electro-forming *n*, electro-erosion machining
Senker *m* / countersink *n*, core drill, counterbore *n*
Senk·kopfschraube *f* / countersunk-head screw || ≗**kraftschaltung** *f* / power lowering circuit || ≗**lot** *n* / plumb bob, plummet *n*, bob *n*, lead *n* || ≗**prägung** *f* / countersunk stamping
senkrecht *adj* / vertical *adj*
Senkrechtbewegung *f* (WZM) / vertical motion, vertical travel
Senkrechte *f* / vertical *adj* || ~ **Bauform** (el. Masch.) / vertical-shaft type, vertical type || ~ **Stütze** (BGT) / vertical supporting member, vertical *n*
Senkrechteinfall *m* / perpendicular incidence
senkrechter, Maschine mit ~ Welle / vertical-shaft machine, vertical machine
Senkrecht·prüfkopf *m* / straight-beam probe || ≗**schnitt** *m* DIN 4760 / normal section
Senkschraube *f* / flat head || ≗ **mit Schlitz** / slotted countersunk head screw
Sensibilisierung *f* / sensitization *n*
sensible Kühllast / sensible heat load
Sensor *m* / sensor *n*, encoder *n*, transducer *n*, feedback device, measuring sensor, sensor technology, pickup *n* || **sterilisierbarer** ≗ / sterilizable sensor || ≗**ansteuerung** *f* / sensor activation || ≗**-Baugruppe** *f* / sensor board || ≗**-Bildschirm** *m* / touch-sensitive screen, touch-sensitive CRT, touch screen || ≗**dimmer** *m* / touch dimmer || ≗**ebene** *f* / process level, process *n* || ≗**eingang** *m* / sensor input || ≗**-Element** *n* / sensor element
sensorgeführt *adj* / sensor-driven *adj*
Sensorik *f* / sensor *n* || ≗ *f* (Sensortechnologie) / sensor technology
Sensor·-Interface *n* / sensor interface || ≗**leiste** *f* / sensor strip || ≗**leitungsüberwachung** *f* / monitoring the sensor leads || ≗**matrix** *f* / sensor array || ≗**schnittstelle** *f* / sensor interface || ≗**-Taste** *f* / touch control, sensor control || ≗**typ** *m* / sensor type || ≗**verteiler** *m* / sensor manifold
SEP (Standardeinbauplatz) / SPS (SPS standard plug-in station), standard mounting station, standard slot
SE-Prüfkopf *m* / transceiver probe (TR probe)
sequentiell *adj* / sequential *adj* || **~e Stichprobenprüfung** DIN 55350, T.31 / sequential sampling inspection || **~e Triggerung** / sequential triggering
Sequenzer *m* / sequencer *n*
Sequenz·-Röntgenspektrometer *m* (SRS) / sequential X-ray spectrometer || ≗**-Spektrometer** *m* / sequential spectrometer
SER / SER
Serialisierer *m* / serializer *n*, parallel-to-serial converter
Serie *f* / series *n pl*
seriell *adj* / serial *adj* || **frei ~** / free serial transfer || **~e Addressierung** / serial addressing || **~e Anschaltung** / serial interface, serial port || **~e Datenschnittstelle** / serial data interface || **~e digitale Schnittstelle** (SDS) / serial digital interface (SDI) || **~e Eingabe** / serial input || **~e Kopplung** / serial link, serial interface, serial interface module, serial interface module SK-A, serial interface module SK-G || **~e Meldeanlage** / serial signalling system || **~e Nahtstelle** / serial interface, serial port || **~e Netzschnittstelle** / serial network interface (SNI) || **~e Schnittstelle** / serial interface, serial port || **~e Übertragung** / serial transmission || **~e Verbindung** / serial link || **~er Addierer** / serial adder, ripple-carry adder || **~er Betrieb** / serial operation || **~es Taktsignal** / serial clock (SERCLK)
Seriell-Parallel·-Adressierung *f* / serial-parallel addressing || ≗**-Konverter** *m* / serial-to-parallel converter, deserializer *n*
Seriellumsetzer *m* / serializer *n*
Serienabfrage *f* (PMG) / serial poll || ≗ **freigeben** (PMG) DIN IEC 625 / serial poll enable (SPE) || ≗ **sperren** (PMG) DIN IEC 625 / serial poll disenable (SPD) || ≗**-Ruhezustand** *m* (des Sprechers PMG) DIN IEC 625 / serial poll idle state (SPMS) || ≗**-Vorbereitungszustand** *m* (des Sprechers PMG) DIN IEC 625 / serial poll mode state (SPMS) || ≗**zustand** *m* (PMG) / serial poll state
Serien·abtastung *f* / serial scanning, serial reading || ≗**ankopplung** *f* (RSA) / series coupling, series injection || ≗**ausführung** *f* / standard design || ≗**betrieb** *m* (v. Stromversorgungsgeräten, deren Ausgänge in Reihe geschaltet sind) / series operation, slave series operation || ≗**brief** *m* / customized form letter || ≗**eingabe** *f* / serial input || ≗**einspeisung** *f* (RSA) / series injection, series coupling || ≗**fabrikat** *n* / standard product || ≗**fertigung** *f* / series production, batch production, mass production, batch production
Serien·geräte *n pl* / standard equipment, standard units || ≗**heizung einer Kathode** / series cathode heating (o. preheating) || ≗**inbetriebnahme** *f* / series installation and startup, series machine start-up || ≗**inbetriebnahme** *f* (NC) / standard system start-up || ≗**induktivität** *f* (a. Diode) DIN 41856 / series inductance || ≗**kreiskopplung** *f* / series coupling, series injection || ≗**lampe** *f* / series lamp || ≗**-Leiterplatte** *f* / production board || ≗**lieferumfang** *m* / standard delivery || ≗**maschine** *f* / series machine
serienmäßig *adj* / standard *adj*, as standard
Serien·motor *m* / series-wound motor, series motor || ≗**nummer** *f* / serial number
Serien-Parallel·-Schalter *m* / series-parallel switch || ≗**-Schaltung** *f* / series-parallel connection || ≗**-Umschaltung** *f* / series-parallel switching || ≗**-Umsetzer** *m* / serial-to-parallel converter, deserializer *n* || ≗**-Umsetzung** *f* / serial-parallel conversion
Serien·programmierung *f* / serial programming || ≗**prüfung** *f* / batch testing || ≗**rechner** *m* / serial computer || ≗**register** *n* (SR) / serial register (SR) || ≗**reife** *f* / series production || ≗**schalter** *m* (I-Schalter) / two-circuit single-interruption switch, two-circuit switch, two-circuit switch with common incoming line || ≗**schaltsystem** *n* / series system of distribution || ≗**schaltung** *f* / series connection, connection in series, series circuit || ≗**schaltung von zwei L-Toren** / ladder network || ≗**schrank** *m* / series cabinet || ≗**schwingkreis** *m* /

resonant circuit, acceptor *n* (depr.) || ≗**stand** *m* / series version || ≗**-Störspannung** *f* / series-mode parasitic (o. interference voltage)

Serientakt·spannung *f* / series-mode voltage || ≗**-Störsignaleinfluss** *m* / series-mode interference || ≗**-Störspannung** *f* / series-mode parasitic (o. interference voltage) || ≗**-Störspannung im Ausgangskreis** / output series-mode interference voltage || ≗**unterdrückungsmaß** *n* / series-mode rejection ratio (SMRR)

Serien·übergabe *f* (DÜ) DIN 44302 / serial transmission || ≗**übertragssignal** *n* DIN 19237 / serial transfer signal || ≗**übertragung** *f* / serial transmission || ≗**umrichter** *m* / standard PWMs || ≗**widerstand** *m* / series resistor, series resistance, external resistance, starting resistor || ≗**wippe** *f* / multiple rocker

serpentinenförmige Aufzeichnung / serpentine recording

SERUPRO (Suchlauf via Programmtest) / SERUPRO (SEarch RUn via PROgram test)

Server *m* / server *n* || **externen** ≗ **verwenden** / use external server || ≗**-Dienst** *m* / server utility || ≗**leiste** *f* / server bar || ≗**rechner** *m* / server *n*

Service·abteilung *f* / service department || ≗**abwicklung** *f* / service administration || ≗**anforderung** *f* / service request || ≗**anleitung** *f* (SA) / service guide, service pocket guide, servicing instructions (Type of documentation) || ≗**aufrechner** *m* / service account || ≗**ausrüstung** *f* / set of equipment for service, service equipment || ≗**beauftragte** *f* / service representative || ≗**beauftragter** *m* / service contact || ≗**beratung** *f* / service support || ≗**bereich** *m* / service area || ≗**bezirk** *m* / service area || ≗**daten** *plt* / service data || ≗**dokumentation** *f* / service documentation || ≗**durchführung** *f* / service procedure || ≗**einheit** *f* / service unit || ≗**einrichtung** *f pl* / facilities *n pl*

Serviceeinsatz *m* / service case, service job, service call || ≗**leiter** *m* / service-call coordinator || ≗**leitung** *m* / service-call manager

Service·-Fachleitstelle *f* / service coordinating location || ≗**fachtagung** *f* / service conference || ≗**fall** *m* / service case, service job, service call || ≗**feld** *n* (SPS) / service panel

servicefreundlich *adj* / easy to service || ≗**keit** *f* / service friendliness

Service·gerät *n* (elST) / service unit || ≗**geschäft** *n* / service business || ≗**-Ingenieur** *m* / field engineer

Serviceleistung *f* / service *n*, maintenance *n*, repair *n* || **nicht-vertragliche** ≗ / non-contract service work, non-contract services

Serviceleistungen ≗ *f pl* / services *n pl* || **Erbringung von** ≗ / provision of services

Service·-Leistungserbringer *m* / service provider || ≗**messungen** *f* / service measurements || ≗**mitarbeiter** *m* / service employee, service engineer || ≗**mitteilungen** *f* / service memo || ≗**mittel** *n pl* / service resources, service resource || ≗**nummer** *f* / service number || ≗**-PC** *m* / service PC || ≗**-Personal** *n* / service engineers || ≗**protokoll** *n* / service log || ≗**prüfmarke** *f* / service test mark, service test label || ≗**reaktion** *f* / service response || ≗**-Regler** *m* (Haupt-Druckregler in der Druckluftversorgung für eine Gruppe von pneumatischen Geräten) / service regulator || ≗**richtlinie** *f* / service guideline

Service·stelle *f* / service location, service department || ≗**stellen** *f pl* / service centers || ≗**stufe** *f* / service level || ≗**stützpunkt** *m* / service base, service support center || ≗**-Taschenbuch** *n* / service guide, service pocket guide, servicing instructions (Type of documentation) || ≗**telefon** *n* / service telephone || ≗**-Umsatz** *m* / service turnover || ≗**unterstützungsvertrag** *m* / service support contract || ≗**verbundvereinbarung** *f* / inter-group service agreement, service agreement || ≗**verrechnungssatz** *m* / service invoice rate || ≗**vertrag** *m* (SV) / service contract (SC) || ≗**vertragspartner** *m* / service contract partner || ≗**wagen** *m* / service truck

Servo·-Abtastzeit *f* / servo sampling time || ≗**antrieb** *m* / actuator *n* IEC 50(351), servo feed drive, electric actuator, actuator *n*, servo-drive *n*, servo drive, positioner *n*, pilot motor || ≗**-Bereich** *m* / servo area || **~betätigter Stellantrieb** / servo-actuator *n* || ≗**gerät** *n* / servo mechanism, servo *n* || **~geregelter Antrieb** / servo-controlled drive || ≗**kreis** *m* / servo loop

Servolenkung *f* (Kfz) / power-assisted steering, variable-assistance power steering || **geschwindigkeitsabhängige** ≗ (Kfz) / speed-dependent power-assisted steering, variable-assistance power steering

servo·mechanischer Impulsgeber (EZ) / servo-mechanical impulse device || ≗**mechanismus** *m* / servo-mechanism *n*, servo-system *n*, servo control (SEC) || ≗**motor** *m* / servomotor *n*, pilot motor, servo motor

Servo·regelung *f* / servo-control *n* || ≗**stabilität** *f* / servo-stability *n* || ≗**steller** *m* / servo-actuator *n*, servo-controller *n* || ≗**steuerung** *f* / servo-control *n* (SEC), servo-mechanism *n* || ≗**system** *n* / servo-system *n* || ≗**-Umrichter** *m* / servo-converter *n* || ≗**ventil** *n* / servo-valve *n* || ≗**-Zykluszeit** *f* / servo cycle time || ≗**zylinder** *m* / servo cylinder

SES / cabinet power supply unit, SES (Siemens Edifact Standard)

Setting·datenbit *n* / setting data bit || ≗**datenwort** *n* / setting data word || ≗**datum** *n* (SD) / setting data (SD)

Setup-Datei *f* / setup file

Setz·-Abhängigkeit *f* / set dependency, S-dependency || ≗**anlage** *f* / placing equipment || ≗**ausgang** *m* / setting output

setzbar *adj* / settable *adj* || **~er Ausgang** (SPS, vom PG aus steuerbar) / forcible output

Setzeingang *m* / set input, S input

Setzen *n* / forcing *n* (S) || ~ *v* (von Parametern) / set *v*, input *v* || ≗ *n* (S SPS) / set (S) || ~ **speichernd** / latch *v* || **auf L-Pegel** ~ / drive to low level, drive low || **Ausgang** ~ (SPS) / latch output, set output || **ein Signal hoch** ~ / initialize a signal to high || **konditioniertes** ≗ / conditional set (CS) || **speichernd** ~ / latch *v* || **unter Spannung** ~ / energize *v*

Setz·funktion *f* (SPS) / setting function, forcing function || ≗**impulsdauer** *f* / set pulse duration || ≗**kopf** *m* / die head || ≗**muster** *n* / placing pattern || ≗**mutter** *f* / setnut *n* || ≗**operation** *f* / setting operation, latching operation, forcing operation, set instruction || ≗**-Rücksetzoperation** *f* / setting/resetting operation || ≗**stock** *m* (WZM) / steady *n* || ≗**taste** *f* / setting (push)button, setting

key || ²zeit *f* (Vorbereitungszeit) / set-up time
SEV / secondary-emission multiplier, secondary-emission-tube, multiplier phototube
Sextett *n* (NC) / sextet *n*
SF / shift factor
SF_6 (Schwefelhexafluorid) / SF_6 (sulphur hexafluoride) || **²-Anschluss** *m* / SF_6 connection system || **²-Blaskolben-Druckgas-Schnellschalter** *m* / SF_6 high-speed puffer circuit-breaker || **²-Blaskolbenschalter** *m* / SF_6 puffer circuit-breaker, SF_6 single-pressure circuit-breaker || **²-Druckgasschalter** *m* / SF_6 compressed-gas circuit-breaker || **²-Durchführung** *f* / SF_6-insulated bushing || **²-Eindruckschalter** *m* / SF_6 single-pressure circuit-breaker, SF_6 puffer circuit-breaker || **²-gasisolierte Schaltanlagen** / SF_6 gas-insulated switchgear || **²-Hochspannungsschalter** *m* / SF_6 high-voltage circuit-breaker, SF_6 h.v. breaker || **²-Höchstspannungs-Leistungsschalter** *m* / SF_6 extra-high-voltage circuit-breaker, SF_6 e.h.v. breaker
SF_6-isoliert·e Rohrschiene / SF_6-insulated tubular bus duct, SF_6-insulated metal-clad tubular bus || **²e, metallgekapselte Schaltanlagen** / SF_6-insulated metal-enclosed switchgear || **²er Überspannungsableiter** / SF_6-insulated surge diverter
SF_6, metallgekapselte ²-Kompaktschaltanlage / integrated SF_6 metal-clad switchgear || **²-Lecksuchgerät** *n* / SF_6 leakage detector || **²-Leistungsschalter** *m* / SF_6 circuit-breaker || **²/N_2-Mischgasschalter** *m* / SF_6/N2 circuit-breaker || **²-Plasma** *n* / SF_6 plasma || **²-Rohrschiene** *f* / SF_6-insulated tubular bus duct || **²-Schalter** *m* (LS) / SF_6 circuit-breaker || **²-Überwachungseinheit** *f* / SF_6 pressure monitoring unit || **²-Unterbrecher** *m* / SF_6 interrupter || **²-Unterbrechereinheit** *f* / SF_6 interrupter unit (o. module) || **²-Zweidruckschalter** *m* / SF_6 dual-pressure breaker
SFB (Systemfunktionsbaustein) / SFB (system function block)
SFC / SFC (Sequential Function Chart), sfc || ² / system function
SFL / sequenced flashlight (SFL)
SFS (Schalterfehlerschutz) / switchgear interlocking system, interlocks to prevent maloperation, SI (switchgear interlocking)
SG (Sichtgerät) / monitor *n* || ² (Schneckengetriebe) / worm gear, helical gear, worm gearing || ² (sichere Geschwindigkeit) / safe speed, safe velocity, SG
SGA (sicherheitsgerichtete Ausgänge) / safety-relevant output, SGA || ² (sicherheitsgerichtetes Ausgangssignal) / safety-relevant output signal, SGA
SGE (sicherheitsgerichtete Eingänge) / safety-relevant input signal, SGE || **²-Maske** *f* / SGE screen, SGE, safety-relevant input
SGSQNR (Segment Sequence Number) / SGSQNR (segment sequence number)
SH (sicherer Halt) / safe stop, safe standstill, SH || ² (Systemhandbuch) / system manual, manual *n*, SH
Shannon·abtastfrequenz *f* / Shannon sampling frequency, Shannon frequency
Sheffer-Funktion *f* / Sheffer function, NAND operation
Sherardisierung *f* / sherardizing *n*, diffusion zinc plating
Shore-Härte *f* / Shore hardness
ShowForceWert / show force value
SH-Schnittstellenfunktion *f* (Handshake-Quellenfunktion) DIN IEC 625 / SH interface function (source handshake function) IEC 625
S/H-Verstärker *m* / sample-and-hold amplifier, S/H amplifier
Shunt *m* (Messwiderstand) / shunt *n*, shunt resistor || **²faktor** *m* (MG) / shunt factor || **²schalter** *m* (LS) / shunt circuit-breaker || **²wandler** *m* / d.c./d.c. converter (o. transducer), shunt converter || **²widerstand** *m* / shunt resistor, shunt *n*
SHU-Schalter *m* / selective main line m.c.b., SHU switch
Shutter *m* / restrictor *n*, orifice *n*, masking frame || **Steckdose mit** ² / shuttered socket-outlet
SH-Zustandsdiagramm *n* / SH function state diagram
SI / SI (Safety Integrated), safety integrated, integrated safety functions, integrated safety systems || ² (Selbstinbetriebnahme) / signal *n*, SI (self-installation)
SIA (TIA übertragen auf Microsysteme (LOGO! und S7-200)) / SIA (Small Integrated Automation)
Si-Alox-Spiegel *m* / Si-Alox specular reflector
SI-Basiseinheit *f* / SI base unit
SiC-Ableiter *m* / silicon carbide (surge arrester)
Sicalis / Siemens Components for Automation Logistic and Information Systems
sich ausweitender Kurzschluss / evolving fault IEC 50(448)
Sichel *f* (Bürstenträger) / (sickle-shaped) brush-stud carrier || ² *f* (Wickl.) / end loop, sickle-shaped connector || **²verbinder** *m* / sickle-shaped connector
sicher *adj* / safe *adj* || **~e Betätigung** (der Kontakte) / positive operation || **~e elektrische Trennung** / protective separation, safety separation (of circuits), protection by electrical separation, electrical separation || **~e Entfernung** / safe distance || **~er Ausfall** / safe failure || **~er Bereich** / safe area
SICHERES AUS / Safe OFF
Sicherheit *f* / safety *n*, security *n* || **metrologische ² eines Messgerätes** / metrological integrity of a measuring instrument || **Kontakt~** *f* / contact stability IEC 257, safe current transfer, good contact making || **Versorgungs~** *f* / security of supply, service security || **Verstärkungs~** *f* / gain margin
Sicherheits·abfrage *f* / safety query, confirmation enquiry || **²-Abgreifklemmen** *n* / safety clips || **²abschaltung** *f* / safety shutdown, emergency OFF
Sicherheitsabstand *m* / safety distance, protection ratio, SC (safety clearance) || ² *m* (v. Laserstrahlungsquelle) VDE 0837 / nominal ocular hazard distance (NOHD) IEC 825 || ² *m* (NC) / clearance distance (The distance between tool and workpiece when changing from rapid appraoch to feed movement to avoid collision) || ² *m* (SC) / safety clearance || ² *m* (EMV) IEC 50(161) / protection ratio
Sicherheits·anforderung *f* / safety requirement || **²anlage** *f* / security system, security and surveillance system || **²ausgang** *m* / safety output || **²ausrüstung** *f* / protective equipment || **²barriere** *f* / safety barrier, intrinsic safety barrier || **²barriere** *f*

(f. Messumformer in explosionsgefährdeten Räumen) / safety barrier, Zener barrier, series-shunt limiting device || ²**barriere mit Dioden** / diode safety barrier || ²**baustein** *m* / safety module || ²**bedienphilosophie** *f* / safety-oriented operating philosophy

Sicherheitsbeleuchtung *f* / emergency lighting, emergency lighting system || ² *f* (für die Überwachung von Industrieanlagen) / protective lighting || ² *f* (Flp.) / security lighting || ² *f* (f. Arbeitsplätze) / safety lighting || ² **für Rettungswege** / escape lighting || ² **in Dauerschaltung** / maintained emergency lighting

Sicherheits·bereich *m* / restricted area, security area || ²**bestimmung** *f* / safety regulation || ²**bestimmungen** *f pl* VDE / safety requirements, requirements for safety || ²**betrag** *m* / safety margin || ²**betrieb** *m* / safety mode, safety operation || ²**bremse** *f* / fail-safe brake || ²**dichtung** *f* / safety sealing || ²**dienst** *m* (LAN) / security service || ²**drehzahl** *f* (NC, Drehzahlgrenze) / speed limit || ²**druckleiste** *f* / safety pads || ²**ebene** *f* / safety plane || ²**ebene** *f* (NC) DIN 66215,T.1 / clearance plane ISO 3592 || ²**eingang** *m* / safety input || ²**einrichtung** *f* / safety device, safety equipment || ²**einschaltventil** *n* / safe starting valve || ²**erdbeben** *n* / safe shutdown earthquake (SSE) || ²**erdung** *f* / protective earthing, safety grounding || ²**-Fahrschaltung** *f* (SIFA) / dead man's circuit

Sicherheitsfaktor *m* / safety factor, security factor, reserve factor || ² *m* (Expertensystem) / certainty factor || ²**für Messinstrumente** / instrument security factor

Sicherheits·farbe *f* / safety colour || ²**fläche** *f* (NC) DIN 66215,T.1 / clearance surface ISO 3592 || ²**fläche** *f* (Flp.) / safety area || ²**fläche am Pistenende** / runway end safety area || ²**-Funkfernsteuerung** *f* / safety radio control system || ²**funktion** *f* / safety function || ²**fußschalter** *m* / safety foot-operated switch

sicherheitsgerechtes Errichten von elektrischen Anlagen / installation of electrical systems and equipment to satisfy safety requirements

sicherheitsgerichtet *adj* / safety-related *adj*, safety-oriented *adj*, failsafe *adj* || **~e Steuerung** / fail-safe control (system), safety-oriented (o. safety-related control) *adj*

Sicherheits·glas *n* (Leuchte) / safety glass cover || ²**-Grenztaster** *m* / position switch for safety purposes || ²**gurt** *m* (Kfz) / seatbelt *n* || ²**gurt** *m* (f. Monteure) / safety belt, body belt || ²**halterung** *f* / fastening bracket || ²**-Handlauf** *m* / safety rail || ²**hinweise** *m pl* / safety instructions || ²**höhe** *f* / safe height || ²**ingenieur** *m* / safety engineer, safety supervisor, safety coordinator || ²**kleinspannung** *f* (SELV) / safety extra-low voltage (SELV), protective extra-low voltage || ²**-Kleinspannung** *f* / safety extra-low voltage (SELV), protective exta-low voltage (PELV) || ²**-Klemmenkasten** *m* (m. Druckentlastung) / pressure-relief terminal box || ²**kombination** *f* / safety combination || **~kontrolliertes Schalten** / security-checked switching (SCS) || ²**konzept** *n* / advanced diagnostics concept || ²**kreis** *m* VDE 0168, T.1 / safety circuit IEC 71.4 || **~kritisch** *adj* / critical with regard to safety

Sicherheitskupplung *f* / safety clutch, friction clutch, torque clutch, centrifugal clutch, slip clutch, slipping clutch, slip coupling, torque limiting clutch, dry-fluid drive, dry-fluid coupling || ² **mit Reibkegel** / conical friction clutch, slip clutch

Sicherheits·lampe, Davysche ²**lampe** / Davy lamp || ²**lasttrennleiste 160A** / in-line fuse switch 160 A || ²**leittechnik** *f* (KW) / (reactor) safety instrumentation and control, safety I&C || ²**leuchte** *f* / emergency lighting luminaire, emergency luminaire || ²**leuchte in Dauerschaltung** / sustained luminaire || ²**leuchte mit Einzelbatterie** / battery-operated emergency luminaire || ²**licht** *n* / emergency light || ²**lichtschranke** *f* / safety photoelectric light barrier || ²**licht-Versorgungsgerät** *n* / emergency light supply unit

Sicherheits·mangel *m* / safety defect || **organisatorische** ²**maßnahmen** VDE 0837 / administrative control IEC 825 || ²**-Messanschlussleitung** *f* / safety test leads || ²**- oder Panikbeleuchtung** *f* / security system or emergency lighting

sicherheitsorientierte Steuerung / fail-safe control (system), safety-oriented (o. safety-related) control *adj*

Sicherheits·paket *n* / safety package || ²**position** *f* (NC, a. CLDATA-Wort) / safe position ISO 3592 || ²**-Positionsschalter** *m* / position switch for safety purposes || ²**programm** *n* (SPS) / safety program || ²**-Prüfspitzen** *f pl* / safety test probes || ²**prüfung** *f* / safety test, test for safety || ²**prüfwert** *m* / safety test value || ²**rechnung** *f* / security analysis || ²**relais** *n* / safety relay

sicherheitsrelevant *adj* / safety-related *adj*, safety-oriented *adj*, failsafe *adj* || **nicht ~** / nonsafety-related *adj*

Sicherheits·routine *f* / safety routine || ²**schalter** *m* / safety switch, safety shutdown switch, safing sensor || ²**schaltung** *f* / protective circuit, fail-safe circuit, interlocking circuit, safety circuit || ²**schleuse** *f* / safety lock, air lock || ²**schloss** *n* / safety lock, lock *n* || ²**shunt** *m* / safety shunt || ²**signal** *n* (NC) / safety signal || ²**-Spannungswandler** *m* / isolating voltage transformer, safety isolating transformer || ²**starter** *m* (Leuchte) / safety starter (switch) || ²**-Steckdose** *f* (m. FI-Schalter) / e.l.c.b.-protected socket-outlet || ²**stecker** *m* (m. FI-Schalter) / e.l.c.b.-protected plug || ²**stellglied** *n* / safety actuator, safe actuator || ²**steuerung** *f* / fail-safe control (system), safety-oriented (o. safety-related) control, safety control || ²**stoffbuchse** *f* / safety stuffing box

Sicherheitsstrom *m* / security current || **Nenn-**² **für Messgeräte** / rated instrument security current || ² **für Messinstrumente** / instrument security current || ²**kreis** *m* / safety circuit, circuit for safety purposes || ²**quelle** *f* / safety power source, safety source || ²**versorgungsanlage** *f* IEC 50(826), Amend. 1 / supply system for safety services

Sicherheitsstufe *f* / security level

Sicherheitstechnik *f* / safety technology, safety engineering, safety systems, integrated safety functions || **integrierte** ² / integrated safety systems, integrated safety functions, safety integrated (SI)

sicherheitstechnisch·e Anforderungen / safety requirements || **~e Geräte** (MSR-Geräte) / safety hardware || **~e Hinweise** / safety-related guidelines

|| **~e Hinweise für den Benutzer** / safety-related guidelines for the User || **~e Maßnahmen** / safe practice measures || **~es Gestalten** / design satisfying safety requirements

Sicherheits·technologie *f* / safety technology, safety engineering, safety systems, integrated safety functions || **≗temperaturbegrenzer** *m* / safety temperature cutout (o. limiter) || **≗trafo** *m* / safety isolating transformer, safety transformer || **≗transformator** *m* / safety isolating transformer || **≗trenner** *m* / safety isolator || **≗trenner** *m* VDE 0860 / safety switch IEC 65, 348 || **~überwachter Bereich** (ZKS) / security-controlled area || **≗umhüllende** *f* (NC) / clearance envelope || **≗- und Unfallverhütungsvorschrift** *f* / safety and accident prevention regulation

Sicherheits·ventil *n* / safety valve, pressure relief valve, relief valve || **≗ventil** *n* (Überlaufventil) / overflow valve, bypass valve || **≗vermerk** *m* / safety instruction || **≗verriegelung** *f* (mech. o. el.) VDE 0806 / safety interlock || **ausfallsichere ≗verriegelung** VDE 0837 / fail-safe interlock IEC 825 || **≗vorkehrung** *f* / safety precaution || **≗vorrichtung** *f* / safety device, safety equipment || **≗vorrichtung** *f* (Überdruck) / pressure relief device || **≗vorschrift** *f* / safety regulation || **≗vorschriften** *f pl* / safety rules, safety code, regulations for the prevention of accidents || **≗vorschriften** *f pl* (f. Bauteile u. Systeme) / product safety standards || **≗zeit** *f* / safety time || **≗zeit** *f* (Staffelzeit) / grading margin || **≗zentrale Home Assistant** / home assistant security centre || **≗zuschlag** *m* / safety allowance, safety margin, safety addition

sichern *v* / secure *v*, save *v*, protect *v*, back up, dump *v* || ~ *v* (Schrauben) / lock *v* || **gegen Wiedereinschalten ~** / immobilize in the open position, provide a safeguard to prevent unintentional reclosing

sicherstellen *v* (Daten, Programm) / save *v*

Sicherung *f* / back-up *n* || **≗ einer Qualität je Los** / lot quality protection || ≗ *f* (Schmelzsicherung) / fuse *n*, fusible link, fusible cutout || **≗ mit Unterbrechungsmelder** / indicating fuse || **≗ zum Gebrauch durch ermächtigte Personen** / fuse for use by authorized persons || **≗ zum Gebrauch von Laien** / fuse for use by unskilled persons || **Informations~** *f* / information securing || **nachgeordnete ≗** / downstream fuse || **Programm~** *f* / program security, program saving || **sandgefüllte ≗** / sand-filled fuse || **superflinke ≗** / superfast fuse || **≗ der mittleren Qualität** / average quality protection

Sicherungen, mit ≗ / fused *adj*, fusible *adj*

Sicherungs·abgang *m* / fused outgoing circuit, fuseway *n* || **≗abzweig** *m* / fused branch circuit, fused outgoing circuit, fused circuit || **≗anbau** *m* (Wandler) / fuse assembly, integral fuse gear || **≗anschluss** *m* / fuse monitoring connection || **≗-Aufsteckgriff** *m* / (detachable) fuse handle, fuse puller || **≗ausfall** *m* (Durchbrennen der Sicherung) / blowing of fuse(s) || **≗ausfallrelais** *n* / fuse failure relay || **≗auslöser** *m* (LS) / open fuse trip device ANSI C37.13 || **≗automat** *m* / miniature circuit-breaker (m.c.b.), automatic circuit-breaker, safety cutout || **≗automatenverteiler** *m* / miniature circuit-breaker board, m.c.b. board BS 5486 || **≗baugruppe** *f* (m. Schmelzsicherungen) / fuse module

sicherungs·behaftet *adj* / fused *adj* || **≗behälter** *m* / fuse box || **≗blech** *n* / safety plate || **≗byte** *n* / security byte || **≗clip** *m* (Schmelzsich.) / fuse clip || **≗datei** *f* / back-up file || **≗dienst** *m* DIN ISO 7498 / data link service || **≗dienst-Dateneinheit** *f* EN 50090-2-1 / data-link service data unit || **≗draht** *m* / locking wire || **≗draht** *m* (Schmelzsich.) / fuse wire || **≗-Einbauautomat** *m* / flush-mounting m.c.b., panel-mounting m.c.b. || **≗einrichtung** *f* (m. Schmelzsicherung) / fusing device

Sicherungseinsatz *m* / fuse-link *n*, cartridge fuse link, fuse-unit *n* || **≗ 4A E27** / fuse link 4A E27 || **≗ mit zylindrischen Kontaktflächen** / cylindrical-contact fuse-link || **≗ unter Öl** / oil-immersed fuse-link, oil-filled fuse-link, oil fuse-link || **Kontaktstück eines ≗es** / fuse-link contact || **≗halter** *m* / fuse-carrier *n* || **≗halter-Kontakt** *m* / fuse carrier contact || **≗-Kontakt** *m* / fuse-link contact || **≗träger** *m* / fuse-carrier *n* || **Sicherungsunterteil mit ≗träger** IEC 50(441), 1974 / fuse-holder *n*

Sicherungs·-Einschraubautomat *m* / screw-in miniature circuit-breaker, screw-in m.c.b. || **≗element** *n* / fuse-element *n*, fusible element || **≗fall** *m* / fuse rupture || **≗fall** *m* (Meldung) / fuse blown, fuse tripped || **≗feld** *n* (Telegramm) / security field || **≗feld** *n* (m. Schmelzsich.) / fuse panel || **≗folie** *f* / screening foil || **≗geräte** *n pl* (Schmelzsich.) / fusegear *n* || **≗griffzange** *f* / safety pliers || **≗halter** *m* (Kombination Sicherungsunterteil-Sicherungseinsatzträger) / fuse holder || **≗information** *f* / error detection and correction information || **≗kammer** *f* / fuse box || **≗kasten** *m* / fuse box || **≗kennung** *f* (Datenträger) / protection code || **≗klemme** *f* / fuse terminal, fuse contact || **≗kontaktstück** *n* / fuse contact, fuse clip, fuse terminal || **≗kopie** *f* / back-up copy

Sicherungs·lastschalter *m* / fuse switch || **≗-Lastschalter** *m* VDE 0660,T.107 / fuse-switch *n* IEC 408 || **≗-Lasttrenner** *m* / fuse switch-disconnector, fused interrupter || **≗-Lasttrennerabgang** *m* / outgoing fuse switch disconnector unit (o. circuit) || **≗-Lasttrennleiste** *f* / in-line fuse switch-disconnector, strip-type fuse switch-disconnector, in-line fuse switch || **≗lasttrennleisten** *f pl* / in-line fuse switch disconnector || **≗-Lasttrennschalter** *m* / fuse switch-disconnector, fused interrupter || **≗-Leertrenner** *m* / low-capacity fuse-disconnector, no-load fuse-disconnector || **≗-Leertrennschalter** *m* / low-capacity fuse-disconnector, no-load fuse-disconnector || **≗leiste** *f* / fuse block, three-pole fuse-base assembly, triple-pole fuse base || **≗-Leistungsschalterkombination** *f* / fuse-circuit-breaker combination || **≗-Leistungstrenner** *m* / power service protector || **~los** *adj* / fuseless *adj*, non-fused *adj*

Sicherungs·modul *n* / fuse module || **≗-Motortrenner** *m* / motor fuse-disconnector || **≗mutter** *f* / lock nut, check nut, jam nut, prevailing-torque-type lock nut || **≗-Nennstrom** *m* / rated fuse current || **≗patrone** *f* / cartridge fuse-link || **≗pfad** *m* / back-up path || **≗plan** *m* (Schrauben) / bolt locking scheme (o. plan) || **≗platte** *f* / locking plate || **≗programm** *n* / data save program, save routine || **≗protokoll** *n* DIN ISO 7498 / data link protocol ||

≗**raum** *m* / fuse compartment ‖ ≗**ring** *m* / retaining ring, guard-ring *n*, spring ring, snap ring, shaft circlip, circlip *n* ‖ ≗**ring für Wellen** / retaining ring for shafts

Sicherungs·schalter *m* (Trenner) / fuse-disconnector *n*, fuse-isolator *n* ‖ ≗**schalter** *m* (Lastschalter) / fuse-switch *n* ‖ ≗**-Schalterkombination** *f* / fuse combination unit IEC 408 ‖ ≗**schaltung** *f* (f. Speicherinhalt) / save *n* ‖ ≗**scheibe** *f* / lock washer ‖ ≗**schicht** *f* / link layer control ‖ ≗**schicht** *f* (Kommunikationsnetz) DIN ISO 7498 / data link layer ‖ ≗**schlitten** *m* / fuse slide ‖ ≗**schraube** *f* / locking bolt ‖ ≗**sockel** *m* / fuse-base *n*, fuse-mount *n*, socket *n*, base *n* ‖ ≗**-Spannungswandler** *m* / fused potential transformer, fuse-type voltage transformer ‖ ≗**starter** *m* (Leuchte) / fused starter ‖ ≗**steckdose** *f* / fused socket-outlet, fused receptacle ‖ ≗**stecker** *m* / fused plug ‖ ≗**stempel** *m* / sealing mark ‖ ≗**stift** *m* / locking pin, locating dowel, safety pin ‖ ≗**streifen** *m* (Schmelzsich.) / fuse-element strip, fuse strip ‖ ≗**stromkreis** *m* (Verteiler) / fuseway *n*

Sicherungs·tafel *f* (m. Schmelzsich.) / fuse-board *n* ‖ ≗**technik** *f* / safety and security system(s), fuse protection system ‖ ≗**teil** *n* (Schmelzsich.) / fuse component ‖ ≗**träger** *m* / fuse-carrier *n*, fuse holder ‖ ≗**trenner** *m* / fuse-disconnector *n* IEC 408, fuse-isolator *n* (depr.), fuse disconnecting switch (US) ‖ ≗**-Trennleiste** *f* / fuse-disconnector block ‖ ≗**-Trennschalter** *m* VDE 0660, T.107 / fuse-disconnector *n* IEC 408, fuse-isolator *n* (depr.), fuse disconnecting switch (US) ‖ ≗**überwachung** *f* / fuse monitoring, fuse monitor, fuse monitoring circuit, fuse monitoring system ‖ ≗**überwachungsrelais** *n* / fuse failure relay ‖ ≗**- und Automatenverteiler** / fuse and m.c.b. distribution unit (o. panel o. board)

Sicherungsunterteil *n* / fuse-base *n*, fuse-mount *n* ‖ ≗ **mit Sicherungseinsatzträger** IEC 50(441), 1974 / fuse-holder *n* ‖ ≗**-Kontakt** *m* / fuse-base contact, fuse-mount contact

Sicherungs·verteiler *m* / distribution fuse-board, section fuse-board ‖ ≗**verteilung** *f* (Tafel) / distribution fuse-board, section fuse-board ‖ ≗**wächter** *m* / fuse monitor ‖ ≗**wagen** *m* / fuse truck ‖ ≗**widerstand** *m* / fusing resistor ‖ ≗**zange** *f* / fuse tongs ‖ **nach** ≗**zeitpunkten** / by time of backing up

Sicht *f* / view *n*, sight *n*, visibility *n* ‖ ≗ **bearbeiten** / edit view ‖ **die** ≗ **trüben** / dim the sight ‖ **schlechte** ≗ / poor visibility ‖ ≗**abnahme** *f* / visual inspection ‖ ≗**abstand** *m* / visibility distance ‖ ≗**anflugfläche** *f* / non-instrument approach area ‖ ≗**anflugpiste** *f* / non-instrument runway ‖ ≗**anzeige** *f* / display *n*, read-out *n* ‖ ≗**ausgeber** *m* VDI/VDE 2600 / sight receiver

sichtbar *adj* / visible *adj* ‖ ~ *adj* (freiliegend) / exposed *adj* ‖ **rundum** ~ / visible from any angle ‖ **~e Signalverzögerung** (Osz.) / apparent signal delay ‖ **~e Strahlung** / visible radiation, light *n* ‖ **~e Trennstrecke** / visible break, visible isolating distance ‖ **~es Spektrum** / visible spectrum

Sicht·barkeit *f* / visibility *n* ‖ ≗**barkeitsgrad** *m* / visibility factor ‖ ≗**blende** *f* / masking plate, trimming plate, masking frame ‖ ≗**bohrung** *f* / inspection hole ‖ ≗**deckel** *m* / transparent cover

Sichten verwalten / manage views ‖ ≗**anzeige** *f* / view display ‖ ≗**attribut** *n* / view attribute

Sicht·fenster *n* / inspection window ‖ ≗**fläche** *f* / visible surface ‖ ≗**fläche** *f* (Bildschirm) / view surface

Sichtgerät *n* / display device, monitor *n*, CRT monitor (o. unit), visual display unit (VDU), display console, video terminal ‖ ≗ *n* (SG) / monitor *n* ‖ **einfarbiges** ≗ / monochrome CRT unit ‖ **mehrfarbiges** ≗ / colour monitor, color CRT unit ‖ ≗**arbeitsplatz** *m* / display workstation, VDU-based workstation

Sichtgeräte·anschaltung *f* (SPS-Baugruppe) / CRT interface module ‖ ≗**geräteemulator** *m* / VDU emulator ‖ ≗**operation** *f* (SPS) / CRT operation ‖ ≗**steuerung** *f* / CRT controller (CRTC)

Sicht·kontrolle *f* / visual inspection, visual examination ‖ ≗**melder** *m* / visual signal device (IEEE Dict.), visual indicator ‖ ≗**meldung** *f* / visual indication ‖ ≗**-Prüfmenge** *f* (SPM) / inspection test quantity (ITQ) ‖ ≗**prüfung** *f* / visual inspection, visual examination ‖ ≗**scheibe** *f* / viewing window, window *n*, transparent plate

Sichtsensor *m* (Rob.) / vision sensor ‖ **~geführt** *adj* (Rob.) / vision-guided *adj* ‖ ≗**- und Abstandmesssystem** *n* (Rob.) / vision and ranging system

Sicht·speicherröhre *f* / viewing storage tube, display storage tube ‖ ≗**system** *n* (Robotersystem) / vision system, visual system ‖ ≗**verhältnisse** *n pl* / visibility *n*

Sichtweite *f* / visibility distance, range of visibility ‖ ≗ *f* (bezogen auf ein Objekt) / visual range ‖ ≗ **im Nebel** / visibility in fog ‖ **geographische** ≗ / geographic(al) range

Sichtwert *m* (atmosphärischer Durchlassgrad) / atmospheric transmissivity

Sichtwetterbedingungen *f pl* (VCM) / visual meteorological conditions (VCM)

Sicke *f* (Randwulst) / bead *n*

Sicken·rand *m* (Tropfrand) / drip rim ‖ ≗**werkzeug** *n* / beading die

Sickerstelle *f* / seepage *n*, leak *n*

SICLIMAT / building automation system

SIDA (Sonderuntersuchungs-Informations-Datenbank) / SIDA (Special Investigations Information Database)

SID-Hybrid / SID-Hybrid

Sieb *n* / sieve *n*, strainer *n*, filter *n* ‖ ≗ **in der Papierindustrie** / filter in the paper industry ‖ ≗**breite** *f* / wire width ‖ ≗**drossel** *f* / filter reactor ‖ ≗**druck** *m* / screen printing

sieben *v* (Oberwellen) / filter *v*, suppress *v*

Sieben-Schichten-Modell *n* (OSI) / seven-layer model

Sieben-Segmentanzeige *f* / seven-segment display, seven-bar segmented display

Sieb·glied *n* / filter *n* ‖ ≗**kondensator** *m* / filter capacitor ‖ ≗**kreis** *m* / filter circuit, filter network

Siebung *f* (Filtern v. Oberwellen) / filtering *n*

Siede·bereich *m* / boiling range ‖ ≗**rohr** *n* / boiler tube, seamless steel tube

Siegel·station *f* / sealing station ‖ ≗**verschließmaschine** *f* / sealing machine

siehe / see

SI-Einheit *f* / SI unit

Si-Einschraubautomat *m* / screw-in miniature circuit-breaker, screw-in m.c.b.

Siemens Logistik-Lexikon *n* / Siemens Logistics

Lexicon || ≗ **Motion Link** (SIMOLINK) / SIMOLINK || ≗ **Network Architecture** (SINEC) / Siemens network architecture (SINEC) || ≗-**Breitbandnetz** *n* (SBB) / Siemens broadband LAN || ≗-**Bussystem** *n* / Siemens local-area network || ≗-**Doppel-T-Anker** *m* / Siemens H-armature || ≗**leser** *m* / Siemens reader || ≗-**Logo** *n* / Siemens logo || ≗-**Mikrocomputer-Entwicklungssystem** *n* (SME) / Siemens microcomputer development system || ≗-**Normensammlung** *f* / Siemens series of standards || ≗-**Qualitätsdaten- und Informationssystem** *n* (SIQUIS) / Siemens Quality Data and Information System (SIQUIS) || ≗-**Service** *m* / Siemens service || ≗**unterlage** *f* / Siemens handbook || ≗-**Vertriebsbüro** *n* / Siemens sales office

SIFA / dead man's circuit || ≗-**Knopf** *m* / dead man's button

SIFLA-Leitung *f* / SIFLA flat webbed cable

SIGLI / symbol list

Sigli-Anschluss *m* / symbol list connection

Signal *n* / signal *n* || ≗ **anpassen** / calibrate signal || **ein** ≗ **hochsetzen** / drive (o. initialize) a signal to high || ≗ **legen** / assign a signal || ≗ **Module** (SM) / signal module (SM) || **akustisches** ≗ / audible signal, audible alarm || **0-Signal, bei** ≗ / at 0 signal || **pulsbreitenmoduliertes** ≗ / pulse width modulated signal (=PWM) || **quantisiertes** ≗ / quantized signal || **von der Stellung abgenommenes** ≗ / taken off position, signal *n* || ≗**abfrage** *f* / signal scan, signal scanner || ≗**abstand** *m* / signal distance || ≗**abstrahlung** *f* / signal radiation

signaladaptives Regelsystem / signal-adaptive control system

Signal·ader *f* / signal core, pilot core || ≗**anpassung** *f* / signal matching, signal conditioning || ≗**anpassungsbaustein** *m* / signal matching module || ≗**anschluss** *m* / signal connection || ≗**art** *f* / type of signal || ≗**aufbereitung** *f* / signal conditioning || ≗**auflösung** *f* / signal resolution || ≗**ausfall** *m* / (signal) drop-out *n*, missing pulse || ≗**ausgabe** *f* / signal output || ≗**ausgang** *m* / signal output || ≗-**Ausgangswandler** *m* VDE 0860 / load transducer IEC 65 || ≗**austausch** *m* / signal exchange, signal transfer || ≗**auswahl-Baugruppe** *f* / signal selector || ≗**auswertung** *f* / signal evaluation

Signal·baugruppe *f* / signal module || ≗**begrenzung** *f* / signal contraction || ≗**bildung** *f* / signal generation, signal formation || ≗**bündelung** *f* / signal clustering || ≗**deckel** *m* / inspection cover || ≗**diode** *f* DIN 41853 / signal diode || ≗**diode kleiner Leistung** / low-power signal diode

Signale hinterlegen / store (o. deposit) signals || **ausgelegte** ≗ (Flp.) / signal panels

Signal·eingabe *f* / signal input || ≗**eingang** *m* / signal input || ≗-**Eingangswandler** *m* VDE 0860 / source transducer IEC 65 || ≗**elektrode** *f* / signal electrode || ≗**element** *n* / signal element, signalling element, signaling element || ≗**empfänger** *m* / sensor *n*, actuator *n*, servo-drive *n*, positioner *n* || ≗**entkopplung** *f* / signal isolation || ≗**erde** *f* / signal earth, signal ground || ≗**erfassung** *f* / signal acquisition, signal collection

Signalerkennung, hardwaregesteuerte ≗ / hardware-triggered strobe || **softwaregesteuerte** ≗ / software-triggered strobe

Signal·farbe *f* / signal colour || ≗**feld** *n* / signal area || ≗**feldbeleuchtung** *f* (GSP Flp.) / ground signal panel (GSP)

Signalflanke *f* / signal edge || **negative** ≗ / negative-going edge, falling edge, negative edge, trailing signal edge || **positive** ≗ / positive-going edge, rising edge (The change from 0 to 1 of a Boolean variable), rising signal edge, leading edge

Signalflankenauswertung *f* / pulse-edge evaluation

Signalfluss *m* / signal flow, information flow IEC 117-15, power flow (The symbolic flow of electrical power in a ladder diagram, used to denote the progression of a logic solving algorithm) || ≗ *m* (Kontaktplan) / power flow || ≗**anzeige** *f* (f. durchgeschaltetes System) / power-flow indication || ≗**anzeige** *f* / powerflow readout || ≗**linie** *f* / signal flow line || ≗**plan** *m* DIN 19221 / functional block diagram IEC 27-2A, signal flow diagram, block diagram

Signalfolge *f* / signal sequence

signalformender Wiederholer / regenerative repeater

Signal·former *m* / signal conditioner, process signal converter, signal interface module, process signal I/O device || ≗**former** *m* (E/A-Baugruppe) / I/O module || ≗**former** *m* (SPS, Schnittstellenbaugruppe) / process interface module || ≗**formqualität** *f* / signal waveshape quality || ≗**formung** *f* / signal shaping, signal forming || ≗**formung** *f* (Aufbereitung) / signal conditioning

Signalgeber *m* / signal transmitter || ≗ *m* (erstes Element eines Messkreises) / primary detector ANSI C37.100, initial element, sensing element, transducing sensor, sensor-switch *n* || ≗ *m* (Messumformer) DIN 19237 / transducer *n* || ≗ *m* (Sensor) / sensor *n* || **Messgerät mit** ≗ / measuring instrument with circuit control devices IEC 50(301)

Signalgenerator *m* (f. Messzwecke) / signal generator || **digitaler** ≗ (Synthesizer) / frequency synthesizer

Signal·geräte *n pl* (Flp.) / signalling devices || ≗**horn** *n* / alarm horn, horn *n*

Signalisierung *f* / signalling *n*

Signal·kennzeichen *n* / signal ID || ≗**konditionierung** *f* / signal conditioning || ≗**kontakt** *m* / signalling contact, sensor contact || ≗**ladung** *f* / signal charge || ≗**lampe** *f* / signal lamp, pilot lamp

Signallaufzeit *f* / signal propagation delay, propagation delay, signal propagation time, signal transit time || ≗ *f* (ESR) / signal transit time || **Streuung der** ≗ (ESR) / transit-time spread || ≗**laufzeitschwankung** *f* (Fotovervielfacher) / transit-time jitter

Signal·leitung *f* / signal line, signalling circuit, signal cable || ≗**leitung** *f* (Leiter) / signal lead || ≗**leuchte** *f* / signal light, signal lamp || ≗**liste** *f* / flag list, signal list || ≗**logik** *f* / signal logic || ≗**masse** *f* (Erde) / signal ground || ≗**merker** *m* / signal flag || ≗**name mit Querstrich** / overlined signal name || ≗**parameter** *m* DIN 44300 / signal parameter || ≗**pegel** *m* / signal level || ≗**pegelumsetzer** *m* / signal level converter || ≗**position** *f* / signal position || **digitaler** ≗**prozessor** (DSP) / digital signal processor (DSP) || ≗**qualität** *f* / signal quality || ≗**quelle** *f* / signal source, signal generator || ≗**rahmen** *m* (FWT) / alarm signalling frame, group alarm frame || ≗**rangierung** *f* / signal allocation (o. routing) || ≗-**Rausch-Verhältnis** *n* / signal-to-noise ratio (SNR), noise margin || ²**reflexionen** *f pl* / signal reflections || ²**regenerierung** *f* / signal regeneration || ²**relaisausgang** *m* / signal relay output || **~rot** *adj* / aviation red

Signal·säule *f* / signaling column || ²**scheinwerfer** *m* / light gun, signalling lamp || ²**sequenz** *f* / signal sequence || ²**spannung** *f* / signal voltage || ²**speicher** *m* / signal latch || ²**speicherröhre** *f* / signal storage tube || ²**spiel** *n* / signal interplay || ²**sprache** *f* / signal convention || ²**stecker** *m* / signal socket connection, signal connector || ²-**Störabstand** *m* / signal-to-noise ratio (SNR), noise margin || ²**strom** *m* / signal current || ²**stromkreis** *m* / signal circuit || ²**tafel** *f* / annunciator *n*

Signal·übergang *m* / signal transition || ²**übergangsbereich** *m* / signal transfer range || ²**übergangszeit** *f* (Schnappsch.) / transit time || **störsichere** ²**übertragung** / noise-free signal transmission || ²**übertragungssystem** *n* (LE) / pulse transmission system || ²**überwachung** *f* (SÜ) / signal monitor || ²**umformer** *m* / signal converter, signal conditioner, signal transducer || ²**umformerbaugruppe** *f* / transducer module || ²**umformung** *f* / signal conversion, signal conditioning || ²**umsetzer** *m* / signal transducer, code converter, signal converter || ²**umsetzung** *f* / signal conversion || ²-**Untergrundverhältnis** *n* / signal-to-background ratio, peak-to-background ratio || ²**unterteilung** *f* / signal subdivision

signalverarbeitendes Glied / signal processing element (o. module)

Signal·verarbeitung *f* / signal processing || **Distanzschutzsystem mit** ²**verbindungen** / communication-aided distance protection system, distance protection system with communication link || ²**vergleich** *m* / signal comparison || ²**vergleicher** *m* / signal comparator || ²**vergleichslogik** *f* / teleprotection *n* || ²**verknüpfungsbaustein** *m* / signal logic module || ²**verlängerung** *f* / signal stretching || ²**verlauf** *m* / signal characteristic, signal chart || ²**verlust** *m* / signal breakdown || ²**verschiebe-Wirkungsgrad** *m* / signal transfer efficiency || ²**versorgung** *f* / signal supply || ²**verstärker** *m* / signal amplifier || ²**verstärker** *m* (Kommunikationsnetz) EN 50090-2-1 / repeater *n* || ²**verstärkerelektronik** *f* (SVE) / signal amplifier electronics || ²**verstärkung** *f* / signal amplification || ²**verteiler** *m* / signal distributor || ²**verteilung** *f* / signal distribution, signal routing || ²**vervielfachung** *f* (Ausgangsfächerung) / fan-out *n* || ²**verzerrung** *f* / signal distortion || ²**verzögerung** *f* / signal delay, transit delay || **sichtbare** ²**verzögerung** (Osz.) / apparent signal delay || ²**verzögerungsbereich** *m* / signal delay range || ²**verzweigung** *f* (Ausgangsfächerung) / fan-out *n*

signalvorverarbeitende Baugruppe (SPS, E/A-Baugruppe) / intelligent I/O module, smart card

Signal·vorverarbeitung *f* / signal preprocessing, preprocessing of signals || ²**wandler** *m* / signal converter, signal transducer (depr.) || ²**wechsel** *m* / signal change, output change || ²**wert** *m* / signal value || ²**zeitschlitz** *m* / signal time slot || ²**zustand** *m* / signal status, signal state (o. status), signal level, logic state

Signalzustandsanzeige *f* / signal status display || **programmabhängige** ² / program-dependent signal status display

Signaturanalysator *m* / signature analyzer

Signet des Bereiches / group colophon

Signierung *f* / signing *n*

signifikant·e Stelle (Zahlen) / significant digit || **~es Testergebnis** DIN 55350,T.24 / significant test result

Signifikanz *f* (QS) / significance *n* || ²**niveau** *n* DIN 55350, T.24 / significance level || ²**test** *m* DIN 55350,T.24 / test of significance

Signum *n* IEC 50(101) / signum *n*

Silber·auflage *f* / silver facing || ²-**Cadmium-Akkumulator** *m* / silver-cadmium battery || ²**chlorid-Magnesium-Batterie** *f* / silver chloride-magnesium battery || ²**graphit-Bürste** *f* / silver-graphite brush || **~löten** *v* / silver-solder *v* || ²**oxid-Zink-Batterie** *f* / silver oxide-zinc battery || **~plattiert** *adj* / silver-plated *adj* || ²**ring** *m* / silver ring || ²-**Sintermaterial** *n* / silver-sponge material || ²**streifenmethode** *f* / silver strip method || ²-**Zink-Akkumulator** *m* / silver-zinc battery || ²-**Zuschlag** *m* / silver surcharge

Silicontransformator *m* / silicone-liquid-filled transformer, silicone transformer, silicone-fluid-immersed transformer

Si-Li-Detektor *m* / silicon-lithium detector (Si-Li detector)

Silikagel·-Luftentfeuchter *m* / silicagel dehydrator || ²-**Lufttrockner** *m* / silicagel breather

Silikatglas *n* / silica glass

Silikon·-Aderleitung *f* / silicon(e)-rubber-insulated non sheathed cable || ²-**Aderschnur** *f* / silicon(e)-rubber-insulated flexible cord || ²**dichtung** *f* / silicon(e) gasket || ²**fett** *n* / silicon(e) grease || ²**flüssigkeit** *f* / silicon(e) liquid

silikonfrei *adj* / silicon(e)-free *adj*

silikongefüllter Transformator / silicon(e)-liquid-filled transformer, silicon(e) transformer, silicon(e)-fluid-immersed transformer

Silikon·-Gummiaderleitung *f* / silicon(e)-rubber-insulated flexible cable (o. cord) || ²**kautschuk** *m* / silicon(e) rubber || ²**lack** *m* / silicon(e) varnish || ²-**Matten-Tastatur** *f* / silicon(e) elastomer keyboard, elastomer rubber keyboard, elastomer keyboard || ²**muffe** *f* / silicon(e) sleeve || ²**öl** *n* / silicon(e) oil, silicon(e) liquid || ²**paste** *f* / silicon(e) paste, silicon(e) lubricant || ²-**Schlauchleitung** *f* / silicon(e)-rubber-insulated flexible cable || ²-**Trennmittel** *n* / silicon(e) stripping agent

Silit *n* / silit *n*

silizieren *v* / siliconize *v*, silicon(e)-coat *v*

siliziertes Eisen / siliconized steel

Silizium auf Saphir (SOS) / silicon(e) on sapphire (SOS) || ²-**Bildwandler** *m* / silicon(e) imaging device || ²**gleichrichter** *m* / silicon(e) rectifier, SCR || ²**karbid** *n* / silicon(e) carbide || ²**karbidableiter** *m* (SiC-Ableiter) / silicon(e) carbide (surge arrester) || ²**karbid-Varistor** *m* / silicon(e)-carbide varistor || ²**kupfer** *n* / silicon(e)-alloyed copper || ²-**Leistungs-FET** *n* / power silicon(e) FET (PSIFET) || ²-**Lithium-Detektor** *m* (Si-Li-Detektor) / silicon(e)-lithium detector (Si-Li detector) || ²-**Planar-Thyristor** *m* / silicon(e) planar thyristor || ²**stahl** *m* / silicon(e)-alloy steel, silicon(e) steel || ²-**Steuerelektrode** *f* / silicon(e) gate (SG)

Silo *m* / silo *n* || ²**speicher** *m* / pushup storage || ²**waage** *f* / silo scale

Silumin *n* / silumin *n*, aluminium-silicon alloy, alpax *n*, Wilmin *n* || **~guss** *m* / cast silumin, cast aluminium silicon alloy
SIM (Serial Interface Moby-M) / SIM (serial interface Moby-M)
SIMATIC· Aktuell / SIMATIC Update || **~-Zeit** *f* / simatic time
Simmerring *m* / sealing ring
SIMOLINK (Siemens Motion Link) / SIMOLINK || **~-Baugruppe** *f* (SLB) / SIMOLINK board (SLB) || **~-Dispatcher** *m* (Dispatcher im SIMOLINK ring initiiert den Telegrammverkehr gemäß task table. Kann Daten auslesen und überschreiben) / SIMOLINK dispatcher || **~-Master** *m* (Anschaltung für übergeordnete Automatisierungssysteme, z.B. SIMATIC M oder SIMADYN. Master ist ein aktiver Teilnehmer am SIMOLINK) / SIMOLINK master || **~-Ring** *m* / SIMOLINK ring || **~-Switch** *m* / SIMOLINK switch || **~-Transceiver** *m* / SIMOLINK transceiver
Simplex·betrieb *m* / simplex operation || **~/Duplex-Modem** *m* / simplex/duplex modem
Simulation *f* / simulation *n* || **~ eines Fehlers** / fault simulation || **hauptzeitparallele ~** / simulation in parallel with machining time
Simulations·bereich *m* / simulation area || **~fenster** *n* / simulation window || **~grundbild** *n* / basic simulation display || **~schrittweite** *f* / simulation step width || **dreidimensionale ~- und Fertigteildarstellung** / three-dimensional simulation and machined part representation || **~werkzeug** *n* / simulation tool || **~werkzeugdatensatz** *m* (SWD) / simulation tool record
Simulator *m* / simulator *n*, simulation device
Simulierer *m* (Programm) / simulator program
Simultan·betrieb *m* / simultaneous mode || **~bewegung** *f* (WZM) / simultaneous movement (o. motion), concurrent motion || **~kette** *f* (SPS) / simultaneous sequencer || **~programmierung** *f* / simultaneous programming || **~steuerung** *f* / simultaneous control || **~steuerung** *f* (Diesel-Gen.) / simultaneous control of fuel injection and generator field || **~verzweigung** *f* / simultaneous branch, divergence *n*
SINEC (Siemens Network Communication System, ein Bussystem) / lokales Datennetz || **~-Verbund** *m* / SINEC local area network
SI-Netzwerkanschlusseinheit *f* / SI network access unit
singender Lichtbogen / singing arc
Single-Slope-Wandler *m* / single-slope converter
Single-Turn-Geber *m* / single-turn encoder
Sinnbild *n* (Schaltzeichen) / graphical symbol || **ausführliches ~** / detailed symbol || **vereinfachtes ~** / simplified symbol
sinnvoll *adj* / advisable *adj*
SINT (SINUMERIK-Testsoftware) / SINT (SINUMERIK test software)
Sinter·bronzelager *n* / porous-bronze bearing || **~buchse** *f* (Lg.) / porous bearing bushing || **~elektrode** *f* / sintered electrode, self-baking electrode || **~filter** *n* / sintered filter || **~folienplatte** *f* (Batt.) / sintered foil plate || **~kontaktwerkstoff** *m* / powdered-metal contact material || **~korund** *m* / sintered alumina || **~lager** *n* / porous bearing || **~metallurgie** *f* / powder metallurgy || **~platte** *f* (Batt.) / sintered plate
SINUMERIK-Testsoftware *f* (SINT) / SINUMERIK test software (SINT)
Sinusantwort *f* (Reg.) / sinusoidal response, sine-forced response
sinus·bewertet *adj* / sine-weighted *adj* || **~feldlamelle** *f* / pole piece, flux corrector || **~filter** *m* / sinusoidal filter, sine-wave (correcting) filter
Sinusform *f* / sine-wave form, sinusoidal shape, sinusoid *n* || **Abweichung von der ~** / departure from sine-wave, deviation from sinoid, deviation factor || **prozentuale Abweichung von der ~** / deviation factor
sinusförmig *adj* / sinusoidal *adj*, sine-wave *adj* || **praktisch ~** / substantially sinusoidal, practically sinusoidal || **~e Größe** / sinusoid *n*, sinusoidal quantity, simple harmonic quantity || **~e Referenzschwingung** / reference sine-wave || **~e Schwingung** / sinusoidal oscillation, simple harmonic motion || **~e Schwingung** (Klirrfaktor kleiner als 5 %) / substantially sinusoidal waveform || **~e Spannung** / sinusoidal voltage, sine-wave voltage || **~e Spannungsschwankung** / sinusoidal voltage fluctuation || **~er Halbschwingungsstrom** / sinusoidal half-wave current || **~er Strom** / sinusoidal current, simple harmonic current
Sinus·funktion *f* / sine function, sinusoidal function || **~generator** *m* / sine-wave generator || **~gesetz** *n* / sine law, sinusoidal law || **~größe** *f* / sinusoid *n*, sinusoidal quantity, simple harmonic quantity || **~halbwelle** *f* / sinusoidal half-wave || **~kurve** *f* / sine curve
Sinus·modulation *f* / sine-wave modulation || **~schwebung** *f* / sine beats || **~schwingung** *f* / sinusoidal oscillation, simple harmonic motion || **~signal** *n* / sinusoidal signal || **~spannung** *f* / sinusoidal voltage, sine-wave voltage || **~stoß** *m* / sine pulse || **~strom** *m* / sinusoidal current, simple harmonic current || **~umrichter** *m* / sine-wave converter, a.c. inverter
sinusverwandte Schwingung / quasi-sinusoidal oscillation
Sinuswelle *f* / sinusoidal wave, sine wave
Sinuswellengenerator *m* / sine-wave generator
SIPASS (Siemens-Personen-Ausweissystem) / SIPASS (Siemens personnel badge system)
SIPMOS (Siemens-Leistungs-MOS) / SIPMOS (Siemens power MOS)
SIPMOSFET (Siemens-Leistungs-MOS-FET) / SIPMOSFET (Siemens power MOS FET)
SIPS / SIPS (Siemens Industrial Publishing System)
Sirenenelement *n* / siren element
SIRIUS Installationsverteiler / SIKUS floor-mounting distribution system
SIT / SIT (system integration test)
SITOR·-Baustein *m* / thyristor module || **~-Blockverspannung** *f* / SITOR block clamping bolts || **~-Doppelbaustein** *m* / SITOR double module || **~-Einzelbaustein** *m* / SITOR single module || **~-Satz** *m* / SITOR assembly
Situationskarte *f* / planimetric map
Sitz *m* / port *n* || **~** *m* (Passung) / fit *n* || **~** *m* (Sitzfläche) / seat *n*, seating *n* || **~belegungserkennung** *f* (SBE Kfz) / occupant detection (SBE) || **~durchmesser** *m* / seat diameter, port diameter
Sitzer, 4-~ *adj* / four-seater *adj*

Sitz·fläche *f* / seat area ‖ ≗**leckage** *f* (Ventil) / seat leakage ‖ ≗**pult** *n* / desk for seated operation, console *n* ‖ ≗**querschnitt** *m* / seat area ‖ **maximaler** ≗**querschnitt** / maximal port area
Sitzring *m* / seat ring ‖ **Führung in** ≗ / port guided, skirt guided ‖ **zylindrischer Teil des** ≗**es** / cylindrical length of seat ring
Sitz·schaltpult *n* / control desk, console for seated operation ‖ ≗**steuergerät** *n* (Kfz) / seat adjustment control unit ‖ ≗**- und Stehpult** *m* / desk for seated or standing operation
Sitzung *f* DIN ISO 7498 / session *n*, session connection
Sitzungssynchronisation *f* DIN ISO 7498 / session connection synchronization
Sitz·ventil *n* / seat valve, metal-to-metal valve ‖ ≗**verstellmotor** *m* (Kfz) / seat adjusting motor
SIVACON-Standardstückliste / SIVACON standard parts list
SK / controlgear assembly ‖ ≗ (Softkey) / SK (softkey) ‖ ≗ (Schrittkette) / sequencer *n*, step sequence, drum sequencer
SK-A / serial interface module SK-A
Skala *f* / scale *n*
skalar·e Größe / scalar quantity ‖ **~e Permeabilität für zirkular polarisierte Felder** / scalar permeability for circularly polarized fields ‖ **~es Linienintegral** / scalar line integral ‖ **~es magnetisches Potential** / scalar magnetic potential ‖ **~es Produkt** / scalar product
Skale *f* / scale *n*, dial *n*
Skalen·abdeckung *f* / scale cover ‖ ≗**anfangswert** *m* / lower limit of scale ‖ ≗**band** *n* / graduated scale strip ‖ **voller** ≗**bereich** / full scale range ‖ ≗**bezifferung** *f* / scale numbers ‖ ≗**blech** *n* / scale plate, scale *n* ‖ ≗**einteilung** *f* / scale marks ‖ ≗**ende** *n* (a. ADU, DAU) / full scale ‖ ≗**ende-Unsymmetrie** *f* (DAU) / full-scale asymmetry ‖ ≗**endwert** *m* / full-scale value, upper limit of scale ‖ ≗**faktor** *m* / scale factor ‖ ≗**form** *f* / scale design ‖ ≗**grundlinie** *f* / line-scale base ‖ ≗**intervall** *n* / scale interval ‖ ≗**konstante** *f* DIN 1319, T.2 / scale factor ‖ ≗**lampe** *f* / dial lamp ‖ ≗**länge** *f* / scale length, total scale length ‖ ≗**lehre** *f* / dial gauge, clock gauge
Skalenmitte, Drift bei ≗ / midscale drift
Skalen·null *n* / zero scale ‖ ≗**nullpunkt** *m* / zero scale mark ‖ ≗**platine** *f* / scale board ‖ ≗**platte** *f* / dial *n* ‖ ≗**scheibe** *f* / dial *n* ‖ ≗**teil** *m* (Skt) / scale division, graduation (grad.), scale division ‖ **Anzahl der** ≗**teile** / number of scale divisions ‖ ≗**teilstrich** *m* / scale marking ‖ ≗**teilstrichabstand** *m* / length of a scale division ‖ ≗**teilung** *f* / scale marks ‖ ≗**träger** *m* / scale plate ‖ ≗**wert** *m* / scale interval
skalierbar *adj* / scalable *adj*, flexible *adj*
Skalieren *n* / scaling *n* ‖ ~ *v* / scale *v* ‖ ≗ (graft DV) / zooming *n*
skaliert *adj* / scaled *adj*
Skalierung *f* / scaling *n* ‖ ≗ **nicht zugelassen** / invalid scaling
Skalierungsfaktor *m* / scaling factor
S-Kanal *m* / sheet-steel duct, steel trunking
Skelett *n* / skeleton *n*, framework *n*, frame *n*, supporting structure, structural framework ‖ ≗ **und Umhüllung** (FSK) / frame and covers (FBA)
SK-G / serial interface module SK-G
Skineffekt *m* / skin effect, Heaviside effect, Kelvin effect
Skizzentechnik *f* (CAD) / sketching *n*
skotopisches Sehen / scotopic vision
SKP (Satz ausblenden) / SKP (skip block)
Skt / scale division ‖ ≗ (Skalenteil) / scale division, grad. (graduation)
S-Kurve *f* / S-curve *n*
SKW (Systemkanalwähler) / system and channel selector
SL / slipringmotor, wound-rotor motor, slave station (SL) ‖ ≗ / PE bus
Slack *m* (Netz) / slack bus
Slave *m* (MPSB) / slave *n* ‖ ≗**achse** *f* / slave axis, following axis (FA) ‖ ≗**aufbau** *m* / slave configuration ‖ ≗**diagnosedaten** *plt* / slave diagnostics data ‖ ≗**-Eigenschaft** *f* / slave property ‖ ≗**parameter** *m pl* / slave parameters ‖ ≗**-Steuerung** *f* / slave control ‖ ≗**-Subsystem** *n* / slave subsystem
SLB (SIMOLINK-Baugruppe) / SLB (SIMOLINK board)
SL-Baustein *m* (PE) / PE module
SLCT / SLCT (select from printer)
SLG (Schreib-/Lesegerät) / write/read device, read-write device
SLH (Systemlastenheft) / system order specification
Slivering *n* DIN IEC 469, T.1 / slivering *n*
SLM (Synchron-Linear-Motor) / SLM (synchronous linear motor)
SL/Mp-Leiter *m* / PEN conductor (conductor combining the functions of both protective and neutral conductor, protecting neutral)
SL-Schiene *f* / protective conductor bar, PE bar
SLVC (Verstärkung Drehzahlregl.) / SLVC (Gain speed controller)
SM (Signal Module) / SM (signal module) ‖ ≗ (Schrittmotor) / SM (stepper motor)
Small Integrated Automation (SIA) / Small Integrated Automation (SIA)
SMART / Support Management Report Tracking System
SMB (Sendemailbox) / send mailbox, SMB (sending mailbox) ‖ ≗ (Schnellmontage-Bausatz) / RMK (rapid mounting kit)
SMD / SMD (surface-mounted device)
SME / Siemens microcomputer development system
Smearing-Effekt *m* / smearing effect
SME·-Editierprogramm *n* / SME editor program ‖ ≗**-Platz** *m* / SME terminal (o. station)
S-Merker *m* / S flag
SMR / static measuring relay, solid-state measuring relay
SN (Sicherer Nocken) / safe cam
SNC / programmable NC, stored-program NC (SNC)
SNT (Schaltnetzteil) / internal switch-mode power supply
SNV / metal enclosed l.v. distribution board
SO / top of rail, upper surface of rail
Sockel *m* / fuse base ‖ ≗ *m* (LS-Schalter, Steckdose) / base *n* ‖ ≗ *m* (Lampe) / cap *n* (GB), base *n* (US) ‖ ≗ *m* (Lampenfassung) / backplate *n* ‖ ≗ *m* (Rel., Stecksockel) / socket *n*, pin base, receptacle *n* ‖ ≗ *m* (Isolator) / pedestal *n*, base *n* ‖ ≗ *m* (Rel., Befestigungs- u. Trägerteil) / frame *n* ‖ ≗ *m* (f. el. Masch.) / base *n*, substructure *n*, platform *n* ‖ ≗ *m* DIN IEC 23F.3 / base *n* ‖ ≗ *m* (dynamischer Versetzungsfehler infolge eines Umschaltvorgangs eines ADU) / pedestal *n* ‖ ≗ *m* (Holzmast) / stub *n* ‖ ≗ *m* (IS) / header *n* ‖ **in** ≗ **einsetzen** / insert into

socket || ≗ **für Soffittenlampe** / festoon cap || ≗ **mit hochgezogenem Glasstein** / alas-lined cap || ≗ **mit niedrigem Sockelstein** / unlined cap || ≗ **mit vertieft eingelassenen Kontakten** / recessed-contact cap || ≗**automat** *m* (Kleinselbstschalter) / base-mounting m.c.b. || ≗**fassung** *f* (Lampe) / backplate lampholder || ≗**-/Fassungssystem mit vollem Berührungsschutz** / fully safe cap/holder fit || ≗**hülse** *f* (Lampe) /·cap shell, base shell || ≗**isolator** *m* / pedestal insulator || ≗**kanal** *m* (IK) / dado trunking || ≗**kitt** *m* (Lampe) / capping cement || ≗**lehre** *f* (f. Lampensockel) / cap gauge || ≗**leiste** *f* / skirting *n* || ≗**leiste** *f* (Schrank) / kickplate *n*, plinth *n* || ≗**leistenkanal** *m* / skirting trunking, skirting duct

sockellose Lampe / capless lamp || ~ **Lampe** (m. heraushängenden Stromzuführungen) / wire terminal lamp

Sockel·rahmen *m* / base frame || ≗**rand** *m* (Lampe) / cap edge (GB), base rim (US) || ≗**raum** *m* / base space || ≗**schalter** *m* / socket switch || ≗**stein** *m* (Lampensockel) / base insulator || ≗**stift** *m* (Lampe) / base pin, cap pin, contact pin || ≗**temperatur an frei brennenden Lampen** / free air cap temperature || ≗**wulst** *m* (Lampe) / cap skirt

SOE / SOE (sequence of events)

Soffitten·kappe *f* / shell cap, festoon cap || ≗**lampe** *f* / tubular lamp, double-capped tubular lamp, tubular filament lamp, festoon lamp

sofort schaltender Ausgang / instantaneous output

Sofortausdruck *m* / instant printout

Sofortauslösestrom *m* / instantaneous tripping current || ≗**bereitschaftsaggregat** *n* / no-break stand-by generating set, uninterruptible power set || ≗**bereitschaftsaggregat mit Kurzzeitunterbrechung** / short-break standby generating set, short-break power set

sofortiger Eingriff / prompt action

Sofort·kontakt *m* / instantaneous contact || ≗-**Nichtauslösestrom** *m* / instantaneous non-tripping current || ≗**protokollierung** *f* / instant printout || ≗**revision** *f* / immediate update || ≗**startlampe** *f* / instant-start lamp || ≗**start-Vorschaltgerät** *n* / instant start ballast || ≗**wechsler** *m* / instantaneous change-over contact || ≗**-Wiederzündung** *f* (Lampe) / instantaneous restart, instant restart

Softkey *m* (SK) / softkey (SK) *n* (A key on a keyboard to which multiple functions can be assigned by software. The software-defined functions are displayed on menus. Depending on the menu being selected, the function of the key changes) || ≗ **anwählen** / select softkey || **horizontaler** ≗ (HSK) / horizontal softkey (HSK) || **vertikaler** ≗ (VSK) / vertical softkey (VSK) || ≗**beschriftung** *f* / softkey designation || ≗**funktion** *f* / softkey function || ≗**funktionssignal** *n* / softkey function signal || ≗**leiste** *f* / softkey menu || **horizontale** ≗**leiste** / horizontal softkey bar || ≗**menü** *n* / softkey menu

Soft-Sectoring *m* / soft sectoring

Software *f* (SW) DIN 44300 / software *n* (SW) || ≗ **Stack** (vollständiges Softwarepaket) / software stack || **DriveMonitor-**≗ *f* / drivemonitor software || ≗**ausgabezustand** *m* / software status, output status || ≗**-Baustein** *m* / software module, software block || ≗**bus** *m* / software bus || ≗**dokumentation** *f* / software documentation || ≗**endlage** *f* / software end position

Software-Endschalter *m* (SW-Endschalter) / software limit switch, software travel limit, soft-wired feed limit || **sicherer** ≗ / safe software limit switch || **sicherer** ≗ / SE, safe limit position

Software·-Entwicklungsarbeitsplatz *m* / software development workstation || ≗**erstellung** *f* / software generation || ≗**-Erstellungsumgebung** *f* / software engineering environment || ≗**fehler** *m* / software error || ≗**-Freigabezeitsteuerung** *f* / software enable time control

softwaregesteuerte Signalerkennung / software-triggered strobe

Software·haus *n* / software firm || ≗**-Kompatibilität** *f* / software compatibility || ≗**konzept** *n* / software concept || ≗**-Koppler** *m* / software interface unit || ≗**leistung** *f* / software service || ≗**mängel** *m pl* / software deficiences || ≗**modul** *n* / software module || ≗**nahtstelle** *f* / software interface || ≗**nocken** *m* / software cam || **sichere** ≗**-Nocken** / safe cam || **sicherer** ≗**nocken** / safe software cam || ≗**paket** *n* / software package || ≗**-Pflegeservice** *m* / software maintenance service, software update service || ≗**pflegevertrag** *m* / software update service contract || ≗**projektierung** *f* / software configuring || ≗**schalter** *m* / software switch || ≗**schiene** *f* / applications program interface (API), API (applications program interface) || ≗**-Schiene** *f* / software pool || ≗**schlüssel** *m* / access code || ≗-**Servicemitteilung** *f* / software service memo || ≗**stand** *m* (SW-Stand) / software version || ≗**standardisierung** *f* / software standardization || ≗**struktur** *f* / software structure || ≗-**Strukturschalter** *m* / software structure switch || ≗**tausch** *m* / software exchange || ≗**umrüstung** *f* / software updating || ≗**-Weiche** *f* / software switch || ≗**-Werkbank** *f* / software engineering tool (SET) || ≗**-Zähler** *m* / software counter

Sohle, emittierende ≗ (ESR) / emitting sole

Sohlenwinkel *m* / set-square *n*, square *n*

Sohlplatte *f* (Maschinenfundament) / rail *n*, soleplate *n*

Solar·konstante *f* / solar constant || ≗**zelle** *f* / solar cell

Sole / brine *n*, salt solution

Solenoid·bremse *f* / solenoid brake || ≗-**Einspritzventil** *n* / solenoid injector

Soll·arbeitszeit *f* (pro Tag) / required (daily working hours) || ≗**ausbau** *m* / preset configuration || ≗**bewegung** *f* / setpoint movement || ≗**blinken** *n* / setpoint blinking || ≗**bruchstelle** *f* / rupture joint, pressure-relief joint || ≗**daten** *plt* / scheduled data || ≗**drehzahl** *f* / setpoint speed || ≗**-Endwert** *m* (Bildschirmfläche, Skale) / rated scale

Sollerspalt *m* (Kollimator) / soller slit

Soll·form *f* / design form || ≗**-Ist-Differenz** *f* (WZM) / distance to go || ≗**-/Ist-Überwachung** *f* / differential signal monitor || ≗**-/Ist-Vergleich** *m* / setpoint/actual-value comparison || ≗**/Istwert** / setpoint/actual value || ≗**-Istwert-Vergleich** *m* / setpoint/actual-value comparison || ≗**konfiguration** *f* / desired configuration || ≗**kontour** *f* (programmierte K.) / programmed contour || ≗-**Leistung** *f* / setpoint power, desired power, design power, required power || ≗**-Leistungsteil Codenummer** / power stack code number || ≗-**Lichtverteilung** *f* / specified light distribution

Soll·maß *n* DIN 7182,T.1 / desired size, design size, specified dimension || **Lehren-**≗**maß** *n* / nominal gauge size || ≗**oberfläche** *f* / design surface, design form of surface || ≗**position** *f* / position setpoint, setpoint position || ≗**position** *f* (NC) / set position || ≗**schmelzstelle** *f* / pseudo-fuse *n* || ≗**stückzahl** *f* / expected amount of pieces || ≗**stunden** *f pl* / budgeted hours || ≗**stundenfaktoren** *m pl* / budgeted hour factors || ≗**temperatur** *f* / setpoint temperature || ≗**termin** *m* / specified date || ≗**tiefe** *f* / programmed depth || ≗**-Token-Umlaufzeit** *f* / target rotation time || ≗**-Umlaufzeit** *f* (Token) / target rotation time

Sollwert *m* / reference value, default *n*, setting value, set point control, analog output, desired value, target position || ≗ *m* (QS) DIN 55350,T.12 / desired value || ≗ *m* (Relaisprüf.) / must value, test value, specified value || ≗ *m* (eingestellter Wert der Führungsgröße) / setpoint *n*, setpoint value || ≗ *m* (vorgeschriebener Wert) / specified value || ≗ **bipolar vorgeben** / apply setpoint as bipolar signal || ≗ **der Ablenkung** (Osz.) / rated deflection || **den** ≗ **nachführen** / correct the setpoint, match the setpoint || ≗ **PID-MOP** / setpoint of PID-MOP || **externer** ≗ / external setpoint

Sollwert·abweichung *f* / deviation from setpoint (o. desired value), deviation *n* || ≗**änderung** *f* / setpoint change || ≗**anpassung** *f* (Signal) / setpoint (signal matching) || ≗**aufbereitung** *f* / setpoint preparation || ≗**auflösung** *f* / setpoint resolution || ≗**aufschaltung** *f* / setpoint feedforward, setpoint injection, fixed setpoint injection || **Funktionsbildner für** ≗**aufschaltung** / set-point compensator || ≗**aufschaltungsglied** *n* / set-point compensator || ≗**ausblendung** *f* / setpoint frequency skipping || ≗**ausblendung** *f* (Baugruppe) / setpoint suppressor || ≗**ausgabe** *f* / setpoint output || ≗**-Ausgabebaustein** *m* (SPS) / setpoint output block || ≗**ausgang** *m* / setpoint output

Sollwert·begrenzung *f* / setpoint limitation || ≗**belegung** *f* / setpoint assignment || ≗**bereich** *m* / setpoint range, program band || ≗**bildung** *f* / setpoint generation || ≗**einsteller** *m* / setpoint adjuster, setpoint setter, schedule setter, setpoint device, potentiometer || ≗**einsteller** *m* (Pot) / setpoint potentiometer, speed setting potentiometer || ≗**freigabe** *f* / setpoint (signal enabling) || ≗**führung** *f* / setpoint control (SPC), setpoint driven master axis || ≗**führungsbaugruppe** *f* / setpoint control module, supervisory setpoint module || ≗**geber** *m* / setpoint generator, setpoint encoder, schedule setter, setpoint device

sollwertgekoppelt *adj* / setpoint-linked

Sollwert·hochlauf *m* (Anfahrrampe) / ramp-up *n* || ≗**-Istwert-Überwachung** *f* / error-signal device || ≗**-Istwert-Vergleich** *m* / setpoint/actual-value comparison || ≗**kanal** *m* / setpoint channel || ≗**kaskade** *f* / setpoint cascade, cascaded setpoint modules, cascaded setpoint potentiometers || **Regelung mit** ≗**eingriff** / set-point control (SPC) || ≗**kästchen** *n* / setpoint box || ≗**kette** *f* / setpoint cascade, cascaded setpoint modules, cascaded setpoint potentiometers || ≗**-Kopplung** *f* / setpoint linkage, setpoint value linkage || ≗**modul** *n* / setpoint submodule || ≗**normierung** *f* / speed value standardization || ≗**obergrenze** *f* / upper setpoint limit || ≗**polarität** *f* / setpoint polarity || ≗**potentiometer** *m* / setpoint potentiometer || ≗**reglerbaugruppe** *f* (SR) / setpoint control module

Sollwert·richtung *f* / setpoint direction || ≗**signal** *n* / setpoint signal || ≗**speicher** *m* / setpoint memory || ≗**speicher PID-MOP** / setpoint memory of PID-MOP || ≗**sprung** *m* / setpoint step-change || ≗**sprungvorgabe** *f* / speed command step || ≗**stecker** *m* / setpoint connector || ≗**steckmodul** *n* / setpoint submodule || ≗**-Stellbefehl** *m* (FWT) / setpoint command || ≗**steller** *m* (SPS, Generator) / setpoint generator || ≗**steller** *m* / setpoint potentiometer, speed setting potentiometer, setpoint setter || ≗**steller-Baustein** *m* / setpoint generator module, setpoint adjustment module || ≗**stoß** *m* / setpoint step-change || ≗**symmetrierung** *f* / setpoint balancing || ≗**überlagerung** *f* / setpoint overlay || ≗**umschaltung** *f* / setpoint exchange || ≗**untergrenze** *f* / lower setpoint limit || ≗**verringerung** *f* / setpoint reduction || ≗**verschleifung** *f* / setpoint rounding || ≗**verzögerung** *f* (Baugruppe) / S-line function generator || ≗**vorgabe** *f* / setpoint input, setpoint entry, setpoint assignments, command value, speed command || ≗**vorgabe** *f* (Anwahl) / setpoint selection || ≗**wahl** *f* / setpoint selection

Sollzeit *f* / budgeted time, nominal budgeted time

Soll-Zustand *m* / specified condition

Sonar-Näherungsschalter *m* / ultrasonic proximity switch

Sonde *f* / probe *n*

Sonder·abnehmer *m* (Stromkunde) / special-tariff customer || ≗**anstrich** *m* / special paint || ≗**armatur** *f* / special valve || ≗**attribut** *n* / special attribute || ≗**ausführung** *f* / special version, special design, special model, custom-made model || **in** ≗**ausführung** / of special design, non-standard *adj* || ≗**betätigungsspannung** *f* / special operating voltage || **Transformator für** ≗**betrieb** / specialty transformer || ≗**bit** *n* / special bit || ≗**druck** *m* / special publication || ≗**erregung** *f* / separate excitation, external excitation || ≗**fall** *m* / special case || ≗**farbe** / special color || ≗**fett** *n* / special grease || ≗**flansch** *m* / special flange

Sonderfreigabe *f* (QS, f. geprüfte Einheiten) DIN 55350,T.11 / concession *n* || ≗ *f* (QS, vor der Realisierung von Einheiten) DIN 55350, T.11 / production permit, deviation permit

Sonder·funktion *f* / special function || ≗**funktionseinheit** *f* / special function unit || ≗**-Gummiaderleitung** *f* / special rubber-insulated cable || ≗**-Gummischlauchleitung** *f* / special-duty tough-rubber-sheathed (t.r.s.) flexible cord || ≗**kontur** *f* / special contour || ≗**lackierung** *f* / special painting || ≗**lackierung des Schrankes** / special cubicle paint finish || ≗**lampe** *f* / special-service lamp || ≗**last** *f* (Freiltg.) / special load || ≗**maschine** *f* / special machine (SM), custom-built machine, special-purpose machine, special machine || ≗**maschinenbau** *m* / special-purpose machine manufacturing || ≗**nachlass** *m* / special discount || ≗**position** *f* / special position || ≗**positionierfunktion** *f* / special positioning function || ≗**positionierung** *f* / special positioning || ≗**prüfung** *f* / sample test (HD 21), special test, special testing || ≗**schaltung** *f* / special circuit (arrangement) || ≗**schließung** *f* / special closure || ≗**schütz** *n* / special contactor || ≗**schutzart** *f* / special type of protection, special enclosure || ≗**spule** *f* / special design coil || ≗**steuerung** *f* /

special control system || ²**technologie** *f* / special technologies || ²**text** *m* / special text
Sonderuntersuchungs-Informations-Datenbank *f* (SIDA) / Special Investigations Information Database (SIDA)
Sonder·vermerk *m* / special note || ²**verschluss** *m* EN 50014 / special fastener || ²**verschluss** *f* (f. explosionsgefährdete Geräte) IEC 50(426) / click *n*
Sonderwerkzeug *n* / special tool || ²**werkzeug Einschlaghilfe** / special tool, insertion aid || ²**werkzeug Federeinsatz** / special tool, spring insert || ²**werkzeug Voreinrichtung Hilfsschalterachsen** / special tool, prefitting of auxiliary switch axes || ²**werkzeug Zapfen** / special tool, stud
Sonder·wicklung *f* / special winding || ²**zeichen** *n* DIN 44300 / special character, special markings
Sonderzwecke, Motor für ² / special-purpose motor || **Transformator für** ² / special-purpose transformer, specialty transformer
Sonnen·batterie *f* / solar cell || ²**bestrahlung** *f* / solar irradiation, exposure to solar radiation || ²**blumenrad** *n* / sunflower wheel || ²**einstrahlung** *f* / solar radiation || ²**energie** *f* / solar energy || ²**faktor** *m* / solar factor || ²**fühler** *m* (Kfz) / solar sensor || ²**kraftwerk** *n* / solar power station || ²**licht** *n* / sunlight *n* || ²**rad** *n* / sun wheel || ²**scheindauer** *f* / sunshine duration || ²**schutzsystem** *n* / blind control system || ²**strahlung** *f* / solar radiation
Sorbens *n* / sorbent *n*
sorgfältig *adj* / careful *adj*
Sorptionsmittel *n* / sorbing agent, sorbent *n*, sorptive material
Sorteneinteilung *f* / grade classification
sortenrein *adj* / uniform *adj*
Sortenzeichnung *f* / variant drawing
Sortieranlage *f* / sorting plant
sortieren *v* (a. DV) / sort *v* || ² *n* VDI/VDE 2600 / assorting *n* || ~ **Magazin** / sort magazine || ~ **nach Gewicht** / weight grading || ~ **nach Magazin** / sort according to magazine
Sortier·funktion *f* / sorting function || ²**prüfung** *f* / screening test (o. inspection) (A test or a set of tests intended to remove or detect defective items or those likely to exhibit early failures), 100% inspection
sortiert, alphabetisch ~ / in alphabetical order
Sortierung *f* / sort *n* || ² **speichern** / save sort
Sortiment *n* / assortment *n*, complement *n*
SOS / silicon on sapphire (SOS)
SOT / scanning oscillator technique (SOT)
SO-Transistor *m* / SOT (small-outline transistor)
Source *f* (Transistor) DIN 41858 / source *n* || ²**-Anschluss** *m* (Transistor) / source terminal || ²**-Datei** *f* / source file || ²**-Elektrode** *f* (Transistor) / source electrode || ²**-Schaltung** *f* (Transistor) DIN 41858 / common source || ²**-Strom** *m* (Transistor) / source current || ²**-Texter** *m* / source texter || ²**-Zone** *f* (FET) / source region
Sozialabgaben *f pl* / social security contributions
SP / SP (Select Program)
Spacestick / spacestick *n*
Spachtel *f* / spatula *n*
Spalt *m* / slit *n* || ² *m* EN 50018 / joint *n* || ² *m* (bis 1 cm^2) / mica flakes || ² *m* (über 1 cm^2) / mica splittings || ² **ohne Gewinde** EN 50018 / non-threaded joint || **Schweißung mit** ² / open joint || **Schweißung ohne** ² / closed joint || **zünddurchschlagsicherer** ² / flameproof joint || ²**breite** *f* / gap *n* (of flameproof joint), gap length, width of gap, length of flameproof joint, width of flameproof joint, length of flame path
Spalte *f* (Leiterplatte u.) DIN 44300 / column *n* || **sichtbare** ² / visible column
Spalten·adressauswahl *f* / column address select (CAS) || ²**adresse** *f* / column address || ²**adresse-Übernahmesignal** *n* (MPU) / column address strobe (CAS) || ²**beschriftung** *f* / column title || ²**breite** *f* / column width || ²**kopf** *m* / column header, column heading || ²**leitung** *f* (MPU) / column circuit || ²**vektor** *m* / column vector
Spalt·festigkeit *f* / interlaminar strength, bond strength, ply adhesion || ²**filter** *n* / plate-type filter || ²**fläche** *f* / gap surface || ²**fläche** *f* (Ex-, Sch-Geräte) EN 50018 / surface of joint EN 50018 || ²**glimmer** *n* / mica laminae || ²**glimmererzeugnis** *n* IEC 50 (212) / built-up mica
Spalt·kern *m* / split core || ²**kontrolle** *f* / split monitoring || ²**kraft** *f* / delamination force || ²**länge** *f* / gap length || ²**länge** *f* (zünddurchschlagsicherer Spalt) / length of flameproof joint, length of flame path, width of flameproof joint || ²**last** *f* / maximum bond strength, stress load || ²**leiterschutz** *m* / divided-conductor protection, split-pilot protection || ²**löten** *n* / close-joint soldering, brazed open joints || ²**phasenmotor** *m* / split-phase motor
Spaltpol *m* / split pole, shaded pole, shielded pole || ²**motor** *m* / split-pole motor, shaded-pole motor || ²**umformer** *m* / split-pole rotary converter
Spalt·ring *m* / split ring || ²**rohr** *n* (Kollimator) / collimator tube, collimator *n* || ²**rohrmotor** *m* / split-cage motor || ²**strahl-Oszilloskop** *n* / split-beam oscilloscope || ²**streuung** *f* / gap leakage, circumferential gap leakage, peripheral dispersion, main leakage || ²**strömung** *f* / clearance flow || ²**versuch** *m* / delamination test || ²**weite** *f* IEC 50(426) / gap *n* (of flameproof joint) || **konstruktive** ²**weite** (Ex-, Sch-Geräte) / constructional gap
Span *m* / chip *n*, sliver *n*, swarf *n* (fine metallic filings or shavings removed by a cutting tool) || ²**abfluss** *m* / chip clearance
spanabhebende Bearbeitung / cutting *n*, machining *n*, cutting operation
Span·abhebung *f* / metal cutting, cutting *n* || ²**beginn** *m* / start of cutting || ²**brechbereich** *m* / chip breakage area || ²**bruch** *m* / chip break, chip breakage, chip breaking
Späne *m pl* / chips *n pl*, shavings *n pl*, swarf *n* || ² **brechen** (WZM) / chip breaking || ²**abfuhr** *f* / chip conveyance || ²**brechen** *n* / chip break, chip breakage, chip breaking || ²**förderer** *m* / chip conveyor
spanende Bearbeitung / cutting *n*, machining *n*, cutting operation, stock removal
Spanerlinie *f* / chipping machine line
Span·fläche *f* DIN 6581 / face *n* || ²**leistung** *f* / chip production
spanlose Bearbeitung / non-cutting shaping, working *n*, processing *n*, non-cutting machining
Spann·anker *m* / clamp *n* || ²**backe** *f* / clamping jaw
Spannband *n* / bandage *n* || ²**instrument** *n* / taut-band instrument || ²**lagerung** *f* (MG) / taut-band suspension

Spann·block *m* / clamping block || ≗**bolzen** *m* / clamping bolt, building bolt, tension bolt || ≗**bolzenkommutator** *m* / tension-bolt commutator || ≗**bügel** *m* / latch fastener || ≗**dorn** *m* / tensioning spindle || ≗**breite** *f* / stentering width

Spanndraht *m* (Abspannd.) / guy wire || ≗ *m* (f. Fahrleitung) / span wire || ≗**-Hängeleuchte** *f* / catenary-wire luminaire, catenary-suspended luminaire

Spann·druck *m* / clamping pressure || ≗**durchmesser** *m* (WZM) / chuck diameter

Spanne *f* (algebraische Differenz zwischen dem oberen und unteren Grenzwert eines Bereichs) / span *n*

Spanneinrichtung *f* / workholder *n* (WKH)

Spannen *n* (WZM, Aufspannen) / chucking *n* || ~ *v* (deformierend) / strain *v* || ~ *v* (Feder) / wind *v*, load, charge *v* || ~ *v* (dehnen) / tension *v* || ~ *v* (z.B. Riemen) / tighten *v* || ~ *v* (strecken) / stretch *v* || ~ *v* (elastisch) / stress *v*

Spannenmitte *f* (Statistik, QS) DIN 55350, T.23 / mid-range *n*

Spanner *m* / tension jack

Spann·feder *f* / tension spring || ≗**feld** *n* (Freileitung) / span *n* || ≗**feldmitte** *f* / mid-span *n* || ≗**fläche** *f* / tensioning surface || ≗**futter** *n* (WZM) / chuck *n* || ≗**getriebe** *n* / (spring) charging mechanism, winding gear || ≗**hülse** *f* / clamp sleeve, clamp collar, spring dowel || ≗**hülse** *f* (Lg.) / adapter sleeve || ≗**kappe** *f* / spherical cap || ≗**kette** *f* / tension chain || ≗**kopf** *m* (Federhammer) / cocking knob || ≗**kreuz** *n* / diagonal bracing, clamping spider || ≗**kurbel** *f* (SG) / (spring) charging crank, hand crank || ≗**lasche** *f* / clamping strap, clamping clip || ≗**leiste** *f* / clamping bar, strap *n*

Spannmittel *n* (WZM) / chucking device || ≗ *n* (NC, CLDATA-Wort) / chuck || ≗ *n* (SPM) / workholder *n* (WKH) || ≗**daten** *plt* / chucking data

Spann·motor *m* / charging motor || ≗**mutter** *f* / clamping nut || ≗**mutter** *f* (Lg.) / adapter nut, lock nut || ≗**patrone** *f* (WZM) / collet *n* || ≗**plan** *m* (WZM) / clamping plan, fixture configuration || ≗**platte** *f* / clamping plate, end plate || ≗**platz** *m* (FFS) / load-unload station || ≗**pratze** *f* / bracket *n*, clamping shoe || ≗**pratze** *f* (WZM) / clamp || ≗**pratzenausweichbewegung** *f* / clamp avoidance movement || ≗**pratzenumfahren** *n* (WZM) / clamp avoidance

Spann·rad *n* (Uhr) / click wheel || ≗**rahmen** *m* / stenter *n* || ≗**ring** *m* / clamping ring, clamping collar, expanding collar || ≗**ring** *m* (Komm.) / V-ring *n*, clamp ring || ≗**rolle** *f* (Riementrieb) / idler pulley, belt tightener, idler *n*, jockey pulley || ≗**scheibe** *f* / strain washer, conical spring washer, dished washer || ≗**schiene** *f* (el. Masch.) / slide rail || ≗**schloss** *n* / turnbuckle *n* || ≗**schraube** *f* / clamping bolt, clamping screw, building bolt || ≗**schraube** *f* (f. Spannschiene) / tightening bolt, tensioning bolt || ≗**stift** *m* / dowel pin, spring-type straight pin || ≗**stück** *n* / clamping piece || ≗**szene** *f* / chuck scene, chucking scene, chucking scenario || ≗**teil** *n* / clamping part

Spannung *f* (el.) / voltage *n*, electromotive force, e.m.f., tension *n*, potential *n*, potential difference || ≗ *f* (U) / voltage *n* (V), voltage *n* (U) || ≗ *f* (magn.) / potential difference || ≗ *f* (mech., elastisch) / stress *n* || ≗ *f* (mech., dehnend) / tension *n* || ≗ *f* (mech., deformierend) / strain *n* || ≗ **am projizierten Gipfelpunkt** (Diode) DIN 41856 / projected peak point voltage || ≗ **anlegen an** / apply voltage to, impress a voltage to || ≗ **bei Belastung** / on-load voltage || ≗ **bei Leerlauf** (Gen.) / open-circuit voltage, no-load voltage || ≗ **bei Leerlauf** (Mot.) / no-load voltage || **an** ≗ **bleiben** / remain on voltage || ≗ **erhöhen** / raise (o. increase the voltage), boost the voltage, boost *v*

Spannung, gefährliche ≗ **führen** / remain at dangerous potential || ≗ **gegen den Sternpunkt** / voltage to neutral || ≗ **gegen Erde** / voltage to earth (GB), voltage to ground (US) || ≗ **im Abschneidezeitpunkt** / voltage at instant of chopping || ≗ **im Kipppunkt** / upper response threshold voltage || ≗ **in Flussrichtung** / forward voltage || **die** ≗ **kehrt wieder** / the voltage recovers, the supply is restored || ≗ **Sanftanlauf** / voltage soft start || **unter** ≗ **setzen** / energize *v* || ≗ **Spitze-Spitze** (USS) / voltage peak-to-peak (VPP) || **unter** ≗ **stehen** / to be live, be alive, to be under tension, be energized || **Aufbau der** ≗ / build-up of voltage || **bezogene** ≗ (mech.) / unit stress || **freie** ≗ / transient voltage || **influenzierte** ≗ / influence voltage || **Maxwellsche** ≗ / Maxwell stress || **reibungselektrische** ≗ / triboelectric e.m.f. || **spezifische** ≗ (mech.) / unit stress || **unter** ≗ / live *adj*, energized *adj*, unter || ≗ **bei Ausgleichsvorgängen** / transient voltage || ≗**-Dehnung-Schaubild** *n* / stress-strain diagram || **an** ≗**legen** / energize *v*, connect to the supply

Spannungsabfall *m* / voltage drop || ≗ *m* (Änderung der Sekundärsp. in % Nennwert) / regulation *n* || ≗ *m* (Leerlauf-Vollast) / voltage drop, voltage variation for a specified load condition || ≗ *m* (Leitung) / line voltage drop || ≗ **in der Bürste** / internal brush drop || ≗ **über Schuh und Litze** / lead drop || ≗ **zwischen Litze und Bürste** / connection drop || **durchgeschalteter** ≗ / conductive voltage drop || **innerer** ≗ / impedance drop, internal impedance drop || **ohmscher** ≗ / ohmic voltage drop, IR drop, ohmic drop, resistance drop || ≗ **am Widerstand** / voltage drop across resistor || ≗ **für zwei Bürsten in Reihe** / total brush drop per brush pair || ≗**messungen** *f pl* / voltage drop measurements

Spannungs·abgleich *m* / voltage adjustment, voltage balancing || ≗**abgleicher** *m* / voltage balancer, voltage adjuster || ≗**abgriff** *m* / voltage tap

spannungsabhängig *adj* / voltage-dependent *adj*, as a function of voltage, voltage-controlled *adj*, voltage-sensitive *adj* || ~ *adj* (Widerstand) / non-linear *adj* || **~er Schutzwiderstand** / non-linear protective resistor || **~er tan δ-Anstiegswert** / tan δ-tip-up value per voltage increment, tan δ increase as a function of voltage || **~er Widerstand** / non-linear resistor, non-linear series resistor

Spannungs·abhängigkeit *f* / voltage influence ANSI C39.1, voltage effect, effect of voltage variation, inaccuracy due to voltage variation || ≗**abhängigkeit** *f* (MG, EZ) / effect of voltage variation, inaccuracy due to voltage variations || ≗**absenkung** *f* / voltage depression, voltage reduction

Spannungsabweichung *f* z.B. in EN 6000-3-3 / voltage change || ≗ *f* / voltage deviation || ≗ *f* (Abweichung vom Normenwert) / variation from rated voltage || **Effektivwert-≈** *f* VDE 0558,5 / r.m.s. voltage variation || **zulässige ≈** (Rel.) / allowable variation from rated voltage (ASA C37.1)

Spannungsänderung *f* / voltage variation, regulation *n* || ≈ *f* IEC 50(411) / regulation *n* (of a generator), voltage change || ≈ *f* (Änderung der Sekundärsp. in % Nennwert) / regulation *n* || ≈ *f* (ΔU_n) / rated voltage regulation || ≈ *f* (Trafo, bei einer bestimmten Belastung) IEC 50(421) / voltage drop or rise (for a specified load condition), voltage regulation (for a specified load condition), regulation *n* || ≈ **bei Belastung** (Trafo) / voltage drop, voltage variation for a specified load condition || ≈ **bei Entlastung** (Trafo) / voltage rise, voltage regulation || ≈ **bei gleichbleibender Drehzahl** / inherent regulation || **Amplitude einer** ≈ EN 50006 / magnitude of a voltage change || **statische** ≈ / steady-state regulation || **zyklische** ≈ (langsame, quasi-periodische Änderungen in einem Netzpunkt im Tages-, Wochen- oder Jahresrhythmus) / cyclic voltage variation IEC 50(604) || ≈ **bei Lastwechsel** / voltage regulation *n*, regulation *n*

Spannungsänderungen je Minute / number of voltage changes per minute

Spannungsänderungs·bereich *m* / voltage variation range || ≈**geschwindigkeit** *f* / rate of voltage variation, voltage response, voltage-time response || ≈**intervall** *n* (EMV) IEC 50(161) / voltage change interval || ≈**relais** *n* / voltage rate-of-change relay || ≈**verlauf** *m* EN 61000-3-3 / voltage change characteristic || ≈**zeit** *f* / voltage change interval, duration of a voltage change

Spannungsanhebung, konstante ≈ / continuous boost

Spannungsanstieg *m* (Volllastleerlauf) / voltage rise, voltage regulation || ≈ *m* (u_A) / voltage rise, voltage regulation || ≈ *m* (d_u/d_t) / rate of voltage rise

Spannungs·anzapfung *f* / voltage tapping || ≈**anzeige** *f* / voltage indication || ≈**anzeiger** *m* / voltmeter *n*, voltameter *n* || **~arm** *adj* (mech.) / with minimum stress, stress-relieved *adj* || ≈**art** *f* / type of voltage wave || ≈**aufteilung** *f* / voltage sharing

Spannungsausfall *m* / power failure, voltage failure, mains failure, supply failure, loss of voltage, power outage || ≈**relais** *n* / loss-of-voltage relay || ≈**schutz** *m* IEC 50(448) / loss-of-voltage protection, no-voltage protection || ≈**sicher** *adj* (z.B. EPROM) / non-volatile *adj* || ≈**wächter** *m* / no-volt monitor, supply failure monitor

Spannungs·ausgleich *m* (mech.) / stress relief || ≈**auslöser** *m* / shunt release, shunt trip, open-circuit shunt release || ≈**auslösung** *f* / shunt tripping || ≈**band** *n* / voltage band, voltage range

Spannungsbeanspruchung *f* / voltage stress, electrical stress || **Prüfung mit** ≈ / voltage stress test

Spannungs·begrenzer *m* / voltage limiter || ≈**begrenzer** *m* (Klemmschaltung) / voltage clamping device || ≈**begrenzung** *f* / voltage limit, voltage limitation || ≈**begrenzung** *f* (Klemmschaltung) / voltage clamping || ≈**begrenzungsbaugruppe** *f* / voltage limitation module, voltage limit module || ≈**begrenzungsregler** *m* / voltage controller || ≈**bereich** *m* / voltage range, voltage spread || ≈**bereich** *m* (DAU) / voltage compliance || ≈**bereich mit Messkennlinie** / tracking voltage range || ≈**betrag** *m* / voltage modulus || ≈**bild** *n* / voltage diagram || ≈**-Blindleistungsoptimierung** *f* / voltage/VAr scheduling || ≈**-Blindleistungs-Regelung** *f* / reactive-power voltage control || ≈**brücke** *f* / voltage bridge

Spannungs·-Dauerfestigkeit *f* / voltage endurance, voltage life || ≈**-Dauerstandprüfung** *f* / voltage endurance test, voltage life test || ≈**-Dehnungs-Diagramm** *n* / stress-strain diagram || ≈**-Dehnungs-Kurve** *f* / stress-strain curve

Spannungsdifferential·relais *n* / voltage balance relay, voltage differential relay || ≈**schutz** *m* / voltage balance protection, balanced-voltage protection

Spannungs·differenzsperre *f* / differential voltage blocking unit (o. device) || ≈**dreieck** *n* / voltage triangle || ≈**durchschlagsicherung** *f* / overvoltage protector

Spannungsdurchstimmung *f* / voltage tuning || **Magnetron mit** ≈ / voltage-tunable magnetron, injected-beam magnetron

Spannungs·dynamik des Erregers / exciter voltage-time response || ≈**ebene** *f* / voltage level || ≈**effektivwert** *m* / r.m.s. voltage || ≈**effektivwertverlauf** *m* EN 61000-3-3 / r.m.s. voltage shape || ≈**einbruch** *m* / voltage dip, power dip || ≈**einfluss** *m* (MG) / voltage influence ANSI C39.1, voltage effect, effect of voltage variation, inaccuracy due to voltage variation || ≈**einstellung im Zwischenkreis** (Trafo) / tap changing in intermediate circuit, intermediate circuit adjustment, regulation in intermediate circuit || ≈**eisen** *n* (EZ) / volt magnet, voltage electromagnet, potential magnet || ≈**entlastung** *f* (mech.) / stress relief || ≈**erfassungshybrid** / voltage detection hybrid || **zeitweilige** ≈**erhöhung** VDE 0109 / temporary overvoltage IEC 664A || ≈**erregergrad** *m* / field voltage ratio || ≈**fahrt** *f* / gradual increase of voltage || ≈**einstellung** *f* (Trafo) / voltage adjustment (by tap changing)

Spannungsfall *m* / voltage drop || ≈ *m* (Leitung) / line voltage drop || **ohmscher** ≈ (Trafo) VDE 0532, T.1 / resistance voltage IEC 76-1

Spannungs·fehler *m* (Spannungswandler) / voltage error || ≈**feld** *n* (mech.) / stress field

spannungsfest *adj* / of high electric strength, surge-proof add, surge-proof *adj*

Spannungsfestigkeit *f* / electric strength, dielectric strength, voltage endurance, voltage proof || ≈ *f* (Isolierstoff) IEC 50(212) / withstand voltage, proof voltage || ≈ **der Schaltstrecke** / dielectric strength of break || **betriebsfrequente** ≈ / power-frequency withstand voltage || **Nachweis der** ≈ / verification of dielectric properties || **Prüfung der** ≈ / voltage proof test

Spannungs·flicker *f* / voltage fluctuation (flicker range) || ≈**folger** *m* / isolation amplifier, buffer *n* || ≈**form** *f* / voltage waveform, voltage waveshape

spannungsfrei *adj* (el.) / voltage-free *adj*, zero potential, off-circuit *adj*, de-energized *adj*, dead *adj*, off circuit, off load || ~ *adj* (mech.) / free of stress, free from strain || **~ geglüht** / stress-relief-annealed *adj*, stress-relieved *adj* || **~ machen** / isolate *v*, disconnect from the supply, de-energize *v*, make dead

Spannungsfreiglühen *n* / stress relieving, stressrelief

annealing
Spannungsfreiheit *f* / zero potential, absence of power, safe isolation from supply || ≈ **feststellen** VDE 0105 / verify the (safe) isolation from supply, check (safe) isolation from supply || **Feststellen der** ≈ / verification of safe isolation from supply
Spannungs·-/Frequenzbegrenzung *f* (zur Vermeidung der Übermagnetisierung von Synchronmasch. und Transformatoren) / volts per hertz limiter || ≈**-/Frequenzfunktion** *f* (SR) / voltage/frequency function IEC 411-1 || ≈**-Frequenz-Umsetzer** *m* / voltage-frequency converter (VFC), voltage-to-frequency converter
spannungsführend *adj* / live *adj*, alive *adj*, energized *adj*, under tension, in circuit || **~er Leiter** / live conductor
Spannungs·geber *m* / sensor with voltage signal || ≈**geber** *m* (Sensor) / voltage sensor || ≈**geber-Baugruppe** *f* / voltage-sensor module || ≈**gefälle** *n* / potential gradient || ≈**-Gegensystem** *n* / negative-sequence voltage system
Spannungsgenauigkeit *f* / voltage tolerance, permissible voltage variation || **statische** ≈ / steady-state regulation
spannungsgeregelt·e Steuerung / variable-voltage control || **~er Motor** / variable-voltage motor
spannungsgesteuert·e Stromanregung (Schutz) / voltage-restrained current starting || **~e Stromquelle** / voltage-controlled current source (VCCS) || **~er Oszillator** / voltage-controlled oscillator (VCO)
Spannungs·gleichhalter / voltage stabilizer || ≈**haltung** *f* / voltage stability, relative voltage stability || ≈**harmonische** / voltage harmonics || ≈**hochfahren** *n* / gradual increase of voltage || ≈**hochlauf** *m* / Power On switch || ≈**hochlauf** *m* (elST) / power up || ≈**hub** *m* / voltage step || ≈**hub** *m* (Bereich) / voltage range || ≈**hub** *m* (Prüf., Abweichung) / voltage excursion || ≈**impuls** *m* / voltage pulse, voltage impulse || ≈**kennlinie** *f* / voltage characteristic || ≈**kennziffer** *f* / voltage distinctive number || ≈**klemme** *f* / voltage terminal, potential terminal || ≈**klemmschaltung** *f* / voltage clamp || ≈**komparator** *m* / voltage comparator || ≈**konstante** *f* / voltage constant || ≈**-Konstanthalter** *m* (Netz) / voltage regulator, IR drop compensator || ≈**-Konstanthalter** *m* (f. elektron. Geräte) / voltage stabilizer || ≈**konstanz** *f* / voltage stability || ≈**-Kontrollrelais** *n* / voltage monitoring relay, voltage and phase-sequence monitoring relay || ≈**konzentration** *f* (mech.) / stress concentration
Spannungskorrektur, schnelle ≈ / reactive remedial action
Spannungs·korrosion *f* / stress corrosion || ≈**kreis** *m* / voltage circuit, potential circuit || ≈**kurve** *f* (Wellenform) / voltage waveform, waveshape *n* || **Aufnahme der** ≈**kurve** / waveform test || ≈**kurvenform** *f* / voltage waveform, waveshape *n* || ≈**-Lastspiel-Schaubild** *n* / stress-number diagram (s.-n. diagram), stress-cycle diagram || ≈**leerbetrieb** *m* (EZ) / creep (on no-load)
spannungslos *adj* / de-energized *adj*, dead *adj*, off circuit, off load || ~ **bedienen** / to operate under off-circuit conditions, to operate with the equipment disconnected || ~ **machen** / isolate *v*, to disconnect from the supply, de-energize *v*, to make dead || ~ **umklemmbar** (Trafo) / reconnectable on de-energized transformer || **~er Ruhezustand** (el. Masch.) IEC 50(411) / (at) rest and de-energized
Spannungs·losigkeit *f* / loss of voltage || ≈**lupe** *f* / expanded-scale section (of voltmeter), expanded-scale voltmeter || ≈**-Magnetisierungsstrom-Kennlinie** *f* / saturation characteristic || ≈**maßstabfaktor** *m* / voltage scale factor || ≈**messbereich** *m* / voltage measuring range || ≈**messdiffraktometer** *n* / stress measuring diffractometer
Spannungsmesser *m* (mech.) / strain gauge, extensometer *n* || ≈ *m* (el.) / voltmeter *n*, voltameter *n* || ≈**-Umschalter** *m* / voltmeter selector switch, voltmeter-phase selector
Spannungs·messgoniometer *n* / strain goniometer || ≈**messumformer** *m* / voltage transducer || ≈**messung** *f* / voltage measurement || ≈**messung** *f* (mech.) / strain measurement || **optische** ≈**messung** / optical strain measurement || ≈**messwerk** *n* / voltage measuring element || ≈**-Mitsystem** *n* / positive-sequence voltage system || ≈**modell** *n* / voltage model || ≈**nachführung** *f* / voltage correction, voltage control || ≈**normierung** *f* / voltage scaling || ≈**-Nulldurchgang** *m* / voltage zero, zero crossing of voltage wave || ≈**oberschwingungen** *f pl* / voltage harmonics || ≈**optik** *f* / photoelasticity *n*
spannungsoptisch·e Untersuchung / photoelastic investigation || **~es Streifenbild** / photoelastic fringe pattern
Spannungs·pegel *m* / voltage level || ≈**pendelungen** *f pl* / voltage oscillations || ≈**pfad** *m* (MG) / voltage circuit, shunt circuit || ≈**plan** *m* (Darstellung der Spannungen an den Hauptknoten eines Netzes) / voltage map || ≈**polung** *f* / voltage polarization || ≈**profileinstellung** *f* / voltage/VAr dispatch || ≈**prüfer** *m* / no-voltage detector, voltage detector, voltage disappearance indicator, liveline tester, voltage tester || ≈**prüfsystem** *n* / voltage detection system
Spannungsprüfung *f* / separate-source voltage-withstand test, applied-voltage test, applied-potential test, applied-overvoltage withstand test, voltage test, high-voltage test, dielectric test || ≈ *f* (el. Masch.) / dielectric test IEC 50(411) || ≈ *f* (Trafo) VDE 0532,T.30 / dielectric test IEC 214 || ≈ *f* VDE 0730 / electric strength test || ≈ **bei niedriger Frequenz** (el. Masch.) / low frequency dielectric test IEC 50(411) || ≈ **mit Netzfrequenz** / power-frequency voltage test
Spannungs·quelle *f* / voltage source, power supply unit || ≈**rampe** *f* / voltage ramp || ≈**referenzdiode** *f* / voltage reference diode || ≈**regelung** *f* / voltage control IEC 50(603), closed-loop voltage control || **natürliche** ≈**regelung** / inherent voltage regulation
Spannungsregler *m* / voltage regulator (VR) || ≈ *m* (als Transformator) / voltage regulating transformer || ≈ *m* (f. Netzspannungsabfall) / line drop compensator || ≈ *m* (f. ohmschen Spannungsabfall) / IR drop compensation transformer
Spannungsreihe *f* (Isol.) / insulation rating, circuit voltage class (IEEE Std. 32-172) || **galvanische** ≈ / electro-chemical series of metals, electromotive series || **thermoelektrische** ≈ / thermoelectric series
Spannungs·relais *n* / voltage relay || **dynamische** ≈**-Reserve** / dynamic voltage headroom || ≈**richtverhältnis** *n* (Diode) DIN 41353 / detector

voltage efficiency
Spannungsriss *m* / stress crack, crack due to internal stress || **≗bildung** *f* / stress cracking || **≗e** *m pl* / season cracking || **≗korrosion** *f* / stress corrosion cracking, stress-crack corrosion || **≗potential** *n* / stress corrosion cracking potential
Spannungs·rückführung *f* / voltage feedback, shunt feedback || **≗rückgang** *m* / voltage drop || **≗rückgang** *m* (relativ geringes Absinken der Betriebsspannung) / voltage reduction
Spannungsrückgangs·auslöser *m* / undervoltage release IEC 157-1, undervoltage opening release, low-volt release || **≗geber** *m* / undervoltage sensor (o. module) || **≗relais** *n* / undervoltage relay, no-volt relay || **≗schutz** *m* / undervoltage protection || **frequenzabhängiger ≗schutz** / frequency-dependent undervoltage protection || **≗-Zeitrelais** *n* / undervoltage-time relay || **≗-Zeitschutz** *m* / undervoltage-time protection (system o. relay), definite-time undervoltage relay
Spannungs·rückkehr *f* / voltage recovery, resumption of power supply, restoration of supply || **≗rückkopplung** *f* / voltage feedback, shunt feedback || **≗rückwirkung** *f* (Transistor) DIN 41854 / reverse voltage transfer ratio || **Leerlauf~rückwirkung** *f* (Transistor) DIN 41854 / open-circuit reverse voltage transfer ratio
Spannungs·sack *m* (Batt.) / transient voltage drop, coup de fouet IEC 50(486) || **≗-Sättigungsstrom** *m* / voltage saturation current || **≗schaltung** *f* / voltage circuit, potential circuit || **≗schleife** *f* / voltage loop, voltage element || **≗schreiber** *m* / recording voltmeter || **≗schritt ΔU** / voltage interval ΔU || **≗schutz** *m* / voltage protection
Spannungsschwankung *f* / voltage fluctuation || ≗ *f* / cyclic voltage variation IEC 50(604) || ≗ *f* (Veränderung o. Abfallen der Spannung im normalen Versorgungsnetz) / voltage supply deviation || **flickeräquivalente** ≗ / equivalent flicker-voltage fluctuation || **flickerverursachende** ≗ / flicker voltage range IEC 50(604) || **Kurvenform der** ≗ VDE 0838, T.1 / voltage fluctuation waveform || **sinusförmige** ≗ / sinusoidal voltage fluctuation
Spannungs·schwellenschalter *m* / voltage-sensitive trigger, trigger *n* || **≗schwingbreite** *f* (mech.) / range of stress || **≗sicherung** *f* / overvoltage protector || **≗-Spannungs-Umsetzer** *m* / voltage-to-voltage converter (VVC)
Spannungsspitze *f* (el.) / voltage peak, peak voltage || ≗ *f* (Glitchimpuls) / glitch *n* || ≗ *f* (mech.) / peak stress, peak strain || **Einschalt~** *f* (Schaltdiode) / forward transient voltage IEC 147-1 || **mechanische** ≗ / mechanical tension peak
Spannungsspitzen bei Abschaltung induktiver Lasten / inductive kickback
Spannungssprung *m* / sudden voltage change, voltage jump || ≗ *m* (plötzliche Änderung des Spannungsabfalls einer Glimmentladungsröhre) / voltage jump || **≗relais** *n* / sudden-voltage-change relay
Spannungsspule *f* (EZ) / voltage coil, shunt coil
Spannungsstabilisator *m* / voltage stabilizer, voltage corrector || **≗diode** *f* / voltage regulator diode || **≗röhre** *f* / voltage stabilizing tube, voltage regulator tube (US), stabilizing tube
Spannungsstabilisierung *f* (Schutz) / voltage restraint, voltage bias
Spannungs·staffelung *f* / voltage grading || **≗statik** *m* / droop *n* (machine set), network || **≗statikeinrichtung** *f* / reactive-current compensator, quadrature-droop circuit, crosscurrent compensator || **≗-Stehwellenverhältnis** *n* / voltage standing-wave ratio (VSWR), standing-wave ratio || **≗steigerungsgeber** *m* / rise-in-voltage sensor, voltage rise module || **≗steigerungsrelais** *n* / rise-in-voltage relay, overvoltage relay || **≗steigerungsschutz** *m* / rise-in-voltage protection || **≗steigungsschutz** *m* / rise-in-voltage protection
Spannungssteilheit *f* / rate of rise of voltage (RRV) || **kritische** ≗ (Thyr) DIN 41786 / critical rate of rise of off-state voltage
Spannungs·steuerkennlinie *f* / voltage control characteristic || **~steuernder Transduktor** / voltage controlling transductor || **≗steuerung** *f* (zur Änderung der Motordrehzahl) / variable-voltage control || **≗steuerung** *f* (Isol.) / potential grading || **≗stoß** *m* / voltage impulse, voltage surge, surge *n* || **≗stoß** *m* (elST) / line surge || **≗-Strommessverfahren** *n* / voltmeter-ammeter method || **≗stufe** *f* / voltage step, voltage level || **≗stufenregler** *m* / step-voltage regulator || **≗stützung** *f* / voltage back-up, voltage buffering || **≗stützung** *f* (Gerät) / voltage stabilizer, back-up supply unit || **≗symmetrie** *f* / voltage symmetry, voltage balance
Spannungssystem *n* / voltage system, voltage set || **mitlaufendes** ≗ / positive phase-sequence voltage system, positive-sequence system
Spannungs·taktung *f* / voltage pulsing || **≗tastteiler** *m* / voltage divider probe || **≗teil** *m* (Wandler) / voltage-transformer section, potential-transformer section, voltage-circuit assembly
Spannungsteiler *m* / voltage divider, potential divider, volt box, static balancer || **Mess-**≗ *m* / measurement voltage divider, voltage ratio box (v.r.b.), volt box || **ohmscher** ≗ / potentiometer-type resistor || **≗kondensator** *m* / capacitor voltage divider || **≗kreis** *m* (LE) / voltage grading circuit
Spannungs·transformator *m* / voltage transformer, potential transformer || **≗transformator** *m* (f. Erregung) / excitation voltage transformer || **≗trichter** *m* (Erdung) / resistance area, potential gradient area || **≗typ** *m* / type of voltage wave
Spannungs·überhöhung *f* / voltage rise, voltage overshoot || **≗überlagerung** *f* (synthet. Prüfung) / voltage injection (synthetic testing) || **≗überschwingweite** *f* / voltage overshoot || **≗übersetzung** *f* / voltage transformation, voltage transformation ratio || **≗übersetzungsverhältnis** *n* / voltage ratio
Spannungsübertritt, fehlerbedingter ≗ / accidental voltage transfer
Spannungsüberwachung *f* / voltage monitoring || ≗ *f* (Gerät) / voltage monitor
spannungsumschaltbarer Motor / multi-voltage motor, dual-voltage motor, two-voltage motor || **~Transformator** (2 Spannungen) / dual-voltage transformer
Spannungs·umschalter *m* / voltage selector switch, dual-voltage switch, voltage changeover switch || **≗umschalter** *m* (Trafo-Stufenwähler) / tap selector || **≗umschaltung im spannungsfreien Zustand**

(Trafo) / off-circuit tap changing || ~**umschaltung unter Last** (Trafo) / on-load tap changing || ~**umsetzer** *m* / voltage converter || ~**umsteller** *m* / regulating switch (CEE 24)

spannungsunabhängiger Merker / retentive flag

Spannungs- und Strommessermethode *f* / voltmeter-ammeter method

Spannungsunsymmetrie *f* / voltage unbalance

Spannungs·verdopplerschaltung *f* / voltage doubler connection || ~**verfolgung** *f* / voltage monitoring || ~**vergleicherschaltung** *f* / voltage comparator connection || ~**vergleichsrelais** *n* / voltage balance relay, voltage differential relay || ~**verhalten** *n* / voltage response || ~**verhältnis** *n* / voltage ratio || ~**verlagerung** *f* / voltage displacement || ~**verlauf** *m* / voltage shape, voltage waveshape, voltage characteristic || ~**verlust** *m* / loss of voltage, voltage failure || ~**verschleppung** *f* / accidental energization, formation of vagabond (o. parasitic voltages), vagabond voltages || ~**versorgung** *f* / power supply unit || ~**verstärkung** *f* / voltage amplification, voltage gain || ~**verteilung** *f* / voltage distribution, potential grading || ~**verteilung** *f* (mech.) / strain distribution || ~**vervielfacherschaltung** *f* / voltage multiplier connection || ~**verzerrung** *f* / voltage distortion, distortion of voltage waveshape || ~**vortrieb** *m* (EZ) / forward creep || ~**wähler** *m* Geräte nach VDE 0860 / voltage setting device || ~**wahlschalter** *m* / voltage selector (switch)

Spannungswandler *m* / voltage transformer, potential transformer || ~ **für Mess- und Schutzzwecke** / dual-purpose voltage transformer || ~ **für Messzwecke** / measuring voltage transformer, measuring potential transformer || ~ **für Schutzzwecke** / protective voltage transformer || ~ **mit Sicherungen** / fused potential transformer, fuse-type voltage transformer || ~ **mit zwei Sekundärwicklungen** / double-secondary voltage transformer || ~ **zur Erfassung der Verlagerungsspannung** IEC 50(321) / residual voltage transformer || ~**-Schutzschalter** *m* / circuit breaker for voltage transformers, miniature circuit-breaker || ~**teil** *n* / voltage-transformer section, potential-transformer section || ~**verbindung** *f* / voltage transformer connection

Spannungswelligkeit *f* / voltage ripple || ~ **der Gleichspannungs-Stromversorgung** / d.c. power voltage ripple

Spannungs·wicklung *f* / voltage winding, potential winding || ~**widerstandseffekt** *m* / tensoresistive effect || ~**wiederkehr** *f* / voltage recovery, resumption of power supply, restoration of supply, power restoration, power recovery, system recovery || ~**wischer** *m* / transient earth fault, transient voltage || ~**zeiger** *m* / voltage phasor

Spannungs-Zeit·-Charakteristik *f* (mech.) / stress-life characteristic || ~**-Fläche** *f* / voltage-time area, time integral || ~**flächen-Änderung** *f* (z.B. in) VDE 0558, T.5 / voltage-time integral variation || ~**standsprüfung** *f* / voltage endurance test || ~**-Umformung** *f* (elST) / dual-slope method || **Erreger-**~**verhalten** *n* / exciter voltage-time response

Spannungszuführung *f* / power supply (circuit), voltage circuit

Spannungszusammenbruch *m* / voltage collapse, voltage depression || **Zeitdauer des** ~**s einer abgeschnittenen Stoßspannung** / virtual time of voltage collapse during chopping

Spannungszustand, einachsiger ~ / single-axial stress, mono-axial stress

Spannungszwischenkreis, variabler ~ (LE) / variable-voltage link || ~**-Stromrichter** *m* / voltage-source converter, voltage-link a.c. converter, voltage-controlled converter || ~**-Wechselstromumrichter** (Wechselstrom-Umrichter mit Konstantspannungs-Gleichstromzwischenkreis) / indirect voltage link a.c. convertor (An a.c. convertor with a voltage stiff d.c. link)

Spannverschluss *m* / toggle-type fastener

Spannvorrichtung *f* / clamping device, clamping fixture, holding device || ~ *f* (WZM) / chucking device || ~ *f* (f. Feder) / (spring) charging device, winding device

Spann·weite *f* (Statistik, QS) / range *n* || ~**weite** *f* (Freileitung) / span length || ~**weiten-Kontrollkarte** *f* (R-Karte QS) / range chart || ~**weitenmitte** *f* (Statistik, QS) / mid-range *n* || ~**welle** *f* (f. Feder) / (spring) charging shaft, winding shaft || ~**würfel** *m* / clamp cube || ~**zange** *f* (WZM) / collet *n* || ~**zeit** *f* (Feder, Speicherantrieb) / charging time, winding time || ~**zeuge** *m* / clamping devices || ~**zylinder** *m* / clamping cylinder, tensioning cylinder

Span·platte *f* / chip board, pressboard *n* || ~**querschnitt** *m* / cross-sectional area of cut, cross-section of cut, cutting cross-section || ~**tiefe** *f* / depth of cut

Spanungs·breite *f* / width of cut || ~**dicke** *f* DIN 6580 / chip thickness || ~**größe** *f* / machining variable || ~**querschnitt** *m* DIN 6580 / cross-sectional area of cut, cross-section of cut, cutting cross-section

Spanwinkel *m* DIN 6581 / rake angle, cutting edge side rake

SPAR (Sub-Parameter) / SPAR (subparameter)

Sparbetrieb *m* / throttled operation, economy operation || ~**düse** *f* / economizer nozzle || ~**regeltransformator** *m* / regulating autotransformer, auto-connected regulating transformer || ~**schalter** *m* / economy switch

Sparschaltung *f* / economy connection, economy circuit || ~ *f* (BT) / dimmer switching || **Messwandler in** ~ / instrument autotransformer || **Regeltransformator in** ~ / regulating autotransformer, auto-connected regulating transformer || **Transduktor in** ~ / autotransductor *n*

Spartransduktor *m* / autotransductor *n*

Spartransformator *m* (SpT) / autotransformer *n*, compensator transformer, compensator *n*, variac *n* || **Anlasser mit** ~ (SpT) / autotransformer starter || **Anlauf mit** ~ (SpT) / autotransformer starting

Spar·wicklung *f* (Trafo) / autotransformer winding, auto-connected winding || ~**widerstand** *m* / economy resistor, auto-resistor *n*

spät, nach ~ verstellen (Kfz-Mot.) / retard *v*

Spät·ausfall *m* / wear-out failure || ~**ausfallphase** *f* / wear-out failure period || ~**dienst** *m* / late working time, late duty || ~**wendung** *f* / under-commutation *n*

SPB (relativer Sprung) / relative jump || ~ (bedingter Sprung) / conditional branch, JC (conditional jump)

SPC (Speed and Position Controller) / SPC (speed

and position controller) || ² (Stored Program Control) / SPC (stored program control)
SPCA (Abszisse eines Bezugspunktes auf der Geraden) / SPCA (abscissa of a reference point on the straight line)
SPC-Betrieb *m* (SPC = setpoint control - Regelung mit Sollwerteingriff) / SPC operation
SPCO (Ordinate eines Bezugspunktes auf der Geraden) / SPCO (ordinate of a reference point on the straight line)
Speiche *f* / spoke *n*, arm *n*
Speichenradläufer *m* / spider-type rotor
Speicher *m* (Druckl., Hydraulik) / receiver *n*, storage cylinder || ² *m* (DV) / storage *n*, memory *n*, storage device || ² *m* (Chromatograph) / trap *n* || ² **einer Steuerung** / controller memory || ² **mit indexsequentiellem Zugriff** / index-sequential storage || ² **mit sequentiellem Zugriff** / sequential access storage || ² **mit seriellem Zugriff** / serial-access memory || ² **mit wahlfreiem Zugriff** (RAM) / random-access memory (RAM) || **Ausgangs~** *m* / output latch || **gepufferter** ² / buffered memory || **hydraulischer** ² / hydraulic accumulator || **hydropneumatischer** ² / hydropneumatic accumulator || **inhaltsadressierbarer** ² (CAM) / contents-addressable memory (CAM) || **pneumatischer** ² (Druckgefäß) / gas receiver
Speicher·abbild *n* / memory map || ²**abrufmagnet** *m* / closing solenoid
Speicherabzug *m* / memory dump || ² **nach Störungen** / post-mortem dump
Speicher·adresse *f* / memory address || ²**anordnung** *f* (ESR) / storage assembly || ²**antrieb** *m* / operating mechanism with stored-energy feature || ²**antrieb** *m* (SG) / stored-energy mechanism || ²**aufteilung** *f* / memory mapping, memory paging, memory page allocation || ²**ausbau** *m* / memory capacity, memory configuration || ²**ausnutzung** *f* / memory utilization
speicherbar *adj* / storable *adj*
Speicher·baugruppe *f* / memory module, memory submodule || ²**baustein** *m* (Chip) / memory chip || ²**bedarf** *m* / memory requirement, memory space requirement || ²**bedarf pro Baustein** / memory requirement per block || ²**belegung** *f* / memory allocation, storage (o. memory) area allocation || ²**belegung** *f* (Plan) / memory map || ²**belegungsfaktor** *m* / memory allocation factor, memory availability factor || ²**belegungsplan** *m* / memory map, memory allocation
Speicherbereich *m* / memory area, storage area, system data memory area || **remanenter** ² / retentive memory area
Speicherbereichs·abbild *n* / memory map || **~orientierte E/A** / memory-mapped I/O
Speicher·bereiniger *m* / garbage collector || ²**betrieb** *m* (SPS, NC) / memory mode || ²**bild** *n* (Osz.) / stored display, stored trace || ²**-Bildaufnahmeröhre** *f* / storage camera tube || ²**-Bildröhre** *f* (Osz.) / storage tube, storage CRT, direct-view storage tube (DVST) || ²**bildschirm** *m* / storage display screen || ²**block** *m* / memory array, memory frame || ²**breite** *f* / memory width || ²**chip** *m* / memory chip
Speicher·datei *f* / file *n* || ²**dauer** *f* (Osz.) / holding time || ²**dichte** *f* / packing density, storage density, storage intensity || ²**dosierung** *f* / trapping and injection apparatus || ²**druck** *m* (Druckluft) / storage pressure, receiver pressure || ²**druckanlage** *f* / receiver-type compressed-air system || ²**einheit** *f* / memory unit (MU) || ²**einrichtung** *f* (Roboter) / memorizing device || ²**elektrode** *f* (Osz.) / storage target || ²**element** *n* / storage element, memory cell, memory element, memory chip || ²**element** *n* (ESR) / storage element, target element || ²**-Entflechter** *m* (CAD) / memory router || ²**erweiterung** *f* / memory extension, memory expansion || ²**erweiterungsbaugruppe** *f* / memory expansion module
Speicher·fähigkeit *f* (a. Osz.) / storage capability || ²**fehler** *m* / storage error, memory error || ²**fenster** *n* / save window || ²**-Flipflop** *n* / latching flipflop, latch *n* || ²**füllungsgrad** *m* (Pumpspeicherwerk) / reservoir fullness factor || ²**funktion** *f* / memory function, latching/unlatching function (L/U function), set/reset function (S/R function) || ²**funktionen** *f pl* (SPS, Signalspeicherung- u. Rücksetzung) / latching/unlatching functions
Speicher·-Gateelektrode *f* / storage gate electrode || ²**gerät** *n* / storage element || ²**glied** *n* / storage element, flipflop *n*, memory cell, latch *n* || ²**glied** *n* (Flipflop) / flipflop *n* || **RS-**²**glied** *n* (Flipflop) / RS flipflop || ²**-Halteplatte** *f* (Osz.) / storage target || ²**heizung** *f* / storage heating || ²**inhalt** *m* (DV) / memory contents, storage contents || **Ausgabe des** ²**inhalts** / memory dump || ²**inhaltverlust** *m* / loss of memory contents || **~intensiv** *adj* / memory-intensive *adj*
Speicher·kapazität *f* / memory capacity, storage capacity || ²**karte** *f* / memory card || **kompakte** ²**karte** / micro memory card (MMC) || ²**kassette** *f* / memory cassette || ²**kassette** *f* (f. Lochstreifen) / tape magazine || ²**katalysator** *m* / storage catalyst, storage catalyzer || ²**kennung** *f* / memory identifier || ²**kondensator** *m* / storage capacitor || ²**konfiguration** *f* / memory configuration, memory capacity
Speicherlaufwerk *n* / diskette drive, floppy-disk drive || ² *n* (Plattenspeicher) / disk storage drive, disk drive || ²**anschaltung** *f* / disk drive controller
Speicher·matrix *f* (MPU) / memory cell matrix || ²**medium** *n* / storage medium, memory medium
Speichermodul *m* / memory submodule, memory module || **E²PROM-**² *n* / EEPROM submodule || **steckbares** ² / memory submodule, memory module || ²**-Schnittstelle** *f* / memory submodule interface
speichern *v* / save *v* || ~ *v* (DV) / store *v* || ² **unter** / save as
speichernd *adj* (elST, SPS) / holding *adj*, latching *adj* || **~ rücksetzen** / unlatch *v* || **~ setzen** / latch *v* || **~e Dosiereinrichtung** (Chromatograph) / trapping and injection apparatus || **~e Einschaltverzögerung** (SPS) / latching ON delay || **~e Funktion** (SPS) / latching/unlatching function (L/U function), set/reset function (S/R function) || **~e Überlaufanzeige** (SPS) / latching overflow condition-code bit
Speicher·netz *n* (Osz.) / storage mesh || ²**nutzinhalt** *m* (Pumpspeicherwerk) / useful water reserve of a reservoir || ²**ofen** *m* / storage heater || ²**operation** *f* / memory operation, setting/resetting operation || ²**operation** *f* / set/reset operation || **~orientierte**

E/A / memory-mapped I/O || ≗**ort** *m* / storage location || ≗**ort** *m* / memory location, location *n* || ≗-**Oszillograph** *m* / storage oscillograph || ≗**oszilloskop** *n* / storage oscilloscope || ≗-**Oszilloskop** *n* / storage oscilloscope
Speicher·paar *n* / pair of memories || ≗**platte** *f* (ESR) / storage target, target *n*
Speicherplatz *m* / main memory location, memory location, memory unit, memory *n* || **logischer** ≗ / logical location (The location of a hierarchically structured variable in a schema which may or may not bear any relation to the physical structure of the programmable controller's inputs, outputs, and memory) || ≗**bedarf** *m* / memory space requirement, memory requirement || ≗**zuteilung** *f* / memory allocation
speicherprogrammierbar·e Anpasssteuerung (PLC) / programmable logic controller || **~e NC** (SNC) / programmable NC, stored-program NC (SNC) || **~e Steuerung** (SPS) / programmable controller (SPS), programmable control system || **~es Automatisierungsgerät** / programmable controller, programmable logic controller, stored-program controller (SPC) || **~es Steuergerät** / programmable controller, stored-program controller (SPC) || **~es Steuerungssystem** (SPS-System) DIN EN 61131-1 / programmable control system
speicherprogrammiert *adj* / stored-program *adj*, programmable *adj*, programmed *adj*
Speicher·pufferung *f* / memory backup || ≗**pufferzeit** *f* (durch Batterie) / memory back-up time || ≗**relais** *n* (f. Speicherheizung) / storage heating relay, control relay for storage heating systems || **~resident** *adj* / memory-resident *adj*
Speicherröhre *f* (Osz.) / storage tube, storage CRT, direct-view storage tube (DVST) || ≗ **mit Schreibstrahl** / cathode-ray storage tube
Speichers, Beschreiben des ≗ / memory write
Speicher·säule *f* (Chromatograph) / trapping column, trap *n* || ≗**schaltdiode** *f* / snap-off diode || ≗**schalter** *m* (f. Speicherheizung) / storage heating control switch, control switch for storage heating || **integrierte** ≗**schaltung** / memory integrated circuit, integrated-circuit memory, IC memory || ≗**schicht** *f* (ESR) / target coating, storage surface || ≗**schieben-Abbruch** *m* / memory shift abort || ≗-**Schreibgeschwindigkeit** *f* (Osz.) / stored writing speed || ≗**schreibmaschine** *f* / memory typewriter || ≗**schutz** *m* / storage protection, memory protection || ≗**scope** / storage oscilloscope || ≗**seite** *f* / memory page
Speicherseiten·abbild *n* / memory map || **~orientierte E/A** / memory-mapped I/O || ≗**verfahren** *n* / memory-mapped method, memory-mapped I/O
Speicher·sicherung *f* / memory protection, storage protection || ≗**tiefe** *f* / memory depth || ≗**transferbefehl** *m* / memory transfer instruction || ≗**treiber** *m* / memory driver || ≗**typ** *m* / storage type || ≗**überlauf** *m* / storage overflow
Speicherung *f* (DV, SPS, NC) / storage *n* || ≗ *f* (Chromatograph) / trapping *n* || ≗ **mit Haftverhalten** DIN 19237 / permanent storage, non-volatile storage
Speicher·verhalten *n* DIN 19237 / storage properties, latching properties || ≗**verwaltung** *f* / memory management || ≗**verwaltungseinheit** *f* (MMU) / memory management unit (MMU) || ≗**volumen** *n* (Druckluft) / storage capacity || ≗**werk** *n* (Register, interner Speicher eines MPU) / register array || ≗**wert** *m* / contents of a data register || ≗**wirkung** *f* / memory effect || ≗**wort** *n* / memory word
Speicherzeit *f* / storage time, holding time || ≗ *f* (Transistor) / carrier storage time || ≗ *f* (Speicherröhre) / retention time || ≗ *f* (Chromatograph) / trapping time, retention time
Speicher·zelle *f* DIN 44300 / storage location, memory location || ≗**zone** *f* / storage zone || ≗**zugriff** *m* / memory access || ≗**zugriffsfreigabe** *f* (Signal) / memory select (MEMSEL) || ≗**zugriffssteuerung** *f* / memory access controller || ≗**zustandsanzeige** *f* / spring charged indication || ≗**zykluszeit** *f* / memory cycle time
Speise·aufgabe *f* / infeed duty || ≗**freileitung für Fahrleitungen** VDE 0168, T.1 / overhead traction distribution line IEC 714 || ≗**leistung** *f* / supply-system power, line kVA || ≗**leitung** *f* / supply line, feeder *n*
speisen *v* / supply *v*, feed *v*
Speisenetz *n* / supply system, supply mains, power supply system
Speisepunkt *m* / feed point, feeding point, distributing point, origin *n* || ≗ **einer elektrischen Anlage** VDE 0100, T.200 / origin of an electrical installation, service entrance (US)
Speise·quelle *f* / power source || ≗**spannung** *f* / supply voltage || ≗**spannung** *f* (elST) DIN 19237 / input terminal voltage
Speisespannungs·überwachung *f* (elST, Bussystem) / power monitor || ≗**unterdrückung** *f* / supply voltage rejection ratio || ≗**versorgung über die Hutschiene** / voltage supply through the rail
Speisestromkreis *m* / supply circuit
Speisewasser·leitung *f* / feedwater line || ≗**stellarmatur** *f* / feedwater control valve || ≗**stellventil** *n* / feedwater control valve || ≗**strang** *m* / feedwater line
Speisung mit Kalibrierstrom (Messwertumformer) / calibration current excitation || ≗ **mit Konstantstrom** (Messwertumformer) / constant-current excitation
Spektralbereich *m* / spectral range, spectral region || ≗**breite** *f* / spectral width
spektral·e Absorptivität / spectral absorptivity || **~e Bestrahlung** / spectral irradiance || **~e Dichte** / spectral concentration || **~e Empfindlichkeit** / spectral responsivity, spectral sensitivity || **~e Empfindlichkeitskurve** / spectral response curve, spectral sensitivity curve || **~e Farbdichte** / colorimetric purity || **~e Hellempfindlichkeitskurve** / spectral luminous efficiency curve || **~e Leistungsdichte** / power spectral density (PSD) || **~e Linienbreite** / spectral line width || **~e optische Dicke** / spectral optical thickness || **~e optische Tiefe** / spectral optical depth || **~e spezifische Ausstrahlung** / spectral radiant emittance || **~e Strahldichteverteilung** / spectral radiated energy distribution, spectral power distribution, spectral energy distribution || **~e Strahlung** / spectral radiance || **~e Strahlungsmesstechnik** / spectrometry *n*, spectro-radiometry *n* || **~e Strahlungstemperatur** /

radiance temperature, luminance temperature || **~e Transmissivität** / spectral transmissivity || **~e Verteilung** / spectral distribution || **~er Absorptionsgrad** / spectral absorption factor (GB), spectral absorptance (US) || **~er Absorptionsindex** / spectral absorption index || **~er Absorptionskoeffizient** / spectral linear absorption coefficient || **~er Durchlassgrad** / spectral transmission factor, spectral transmittance || **~er Emissionsgrad** / spectral emissivity || **~er Farbanteil** / excitation purity || **~er Farbreiz** / spectral stimulus, monochromatic stimulus || **~er Hellempfindlichkeitsgrad** / spectral luminous efficiency || **~er Leuchtdichteanteil** / colorimetric purity || **~er Massenschwächungskoeffizient** / spectral mass attenuation coefficient || **~er natürlicher Absorptionskoeffizient** / Naperian spectral absorption coefficient || **~er Reflexionsgrad** / spectral reflection factor (GB), spectral reflectance (US) || **~er Reintransmissionsgrad** / spectral internal transmittance || **~er Remissionsgrad** / spectral luminance factor || **~er Schwächungskoeffizient** / spectral linear attenuation coefficient || **~er Streukoeffizient** / spectral linear scattering coefficient || **~es dekadisches Absorptionsmaß** / spectral internal transmittance density, spectral absorbance || **~es Fenster** (LWL) / spectral window || **~es natürliches Absorptionsmaß** / Naperian spectral internal transmittance density, Naperian absorbance

Spektral·farbenzug *m* / spectrum locus || **≗filter** *m* / dichroic filter || **≗fotometer** *n* / spectrophotometer *n*, spectral photometer || **~fotometrisch** *adj* / spectrophotometric *adj*

Spektral·gebiet *n* / spectral range, spectral region || **≗lampe** *f* / spectroscopic lamp, spectral lamp || **≗linie** *f* / spectrum line, spectral line || **≗maskenverfahren** *n* / dispersion and mask method || **≗spiegel** *m* / dichroic mirror || **≗verteilung** *f* / spectral distribution || **≗werte** *m pl* / spectral tristimulus values, distribution coefficients || **≗wertfunktion** *f* / colour-matching function || **≗wertkurve** *f* / colour-matching curve

Spektro·fetometer *n* / spectrophotometer *n*, spectral photometer || **≗meter** *m* / spectrometer *n* || **≗meterwinkel** *m* (Abtastwinkel) / scanning angle || **≗metrie** *f* / spectrometry *n*, spectro-radiometry *n* || **≗radiometer** *n* / spectro-radiometer *n* || **≗skop** *n* / spectroscope *n*

Spektrum *n* / spectrum *n*, product range || **energiegleiches ≗** / equi-energy spectrum || **≗analysator** *m* / spectrum analyzer || **Punkt des energiegleichen ≗s** / equal energy point

spekulativer Bestand / hedge inventory

Sperr·adresse *f* (DÜ) / no-station address || **≗band** *n* / stop band || **≗bedingungen** *f pl* (elST, LE) / inhibiting (o. blocking) criteria || **≗bereich** *m* (Schutz, Nichtauslösebereich) / non-operating zone, non-trip zone, blocking zone, restraint region || **≗bereich** *m* (HL) / blocking-state region, off-state region || **≗bereich** *m* / prohibited area || **≗bolzen** *m* (Codierstift) / coding pin || **≗dämpfung** *f* (Rel.) / reverse attenuation || **≗datei** *f* / lock(ed) file || **≗dauer** *f* (Schutzsystem, bei Wiedereinschaltung) IEC 50(448) / reclaim time, reset time (USA) || **≗differential** *n* (Kfz) / limited-slip differential || **≗diode** *f* / blocking diode || **≗druck** *m* / blocking pressure

Sperre *f* / disable *n* || **≗** *f* (LS, KU) / lock-out device, lock-out *n* || **≗** *f* (SG) / lock-out *n* (element), blocking device, latch *n* (assembly) || **≗** *f* (Osz.) / hold-off *n* || **≗ in beiden Richtungen** (SG) / bidirectional lockout (o. blocking) device || **≗ in einer Richtung** (SG) / unidirectional lockout (o. blocking) device || **Ablenk~** *f* (Osz.) / sweep lockout || **Ausgabe~** *f* (elST) / output inhibit || **mechanische ≗** *f* (SG) / mechanical lockout, mechanical latch || **Trigger~** *f* (Osz.) / trigger hold-off || **Umlauf~** *f* / stop *n* (to prevent rotation)

Sperreingang *m* / disable input, inhibit input || **≗ mit Negation** / negated inhibiting input

Sperren *n* (HL, Stromfluss in Vorwärtsrichtung) / blocking *n*, reverse biasing || ~ *v* (el., Stromkreis) / block *v*, lock out *v*, inhibit *v*, disable *v* || ~ *v* (QS) / hold *v*, bar for further use || ~ *v* (LS) / lock out *v*, block *v* || ~ *v* (mech.) / block *v*, arrest *v*, lock *v* || ~ *v* (Ein- oder Ausgang) / disable *v* || **≗ der Stromrichtergruppe** / converter blocking || **≗ des Ventils** (LE) / valve blocking || **Alarm ~** (SPS) / disable interrupt

Sperr·fähigkeit *f* (Thyr, Diode) / blocking ability || **≗filter** *n* / stop filter, rejection filter, band elimination filter || **≗flüssigkeitsdichtung** *f* / liquid seal || **≗flüssigkeit** *f* / sealing liquid || **≗frequenz** *f* / blocking frequency || **≗frist** *f* (QS) / quarantine period || **≗getriebe** *n* / locking gear, blocking gear || **≗gewicht** *n* / locking weight || **≗gitter** *n* / barrier grid || **≗gleichspannung** *f* / direct reverse voltage (diode), direct off-state voltage (thyristor) || **≗glied** *n* / locking device || **≗glied** *n* (Schutz) / blocking element, blocking relay

sperrig *adj* / bulky *adj*, voluminous *adj*

Sperrkennlinie *f* (GR) DIN 41760 / reverse characteristic || **≗** *f* (Thyr) DIN 41786 / off-state characteristic, blocking-state characteristic || **≗** *f* (Diode) DIN 41781 / blocking-state voltage-current characteristic || **≗ für die Rückwärtsrichtung** (Thyr) / reverse blocking-state characteristic || **≗ für die Vorwärtsrichtung** (Thyr) / forward blocking-state characteristic

Sperr·kennwerte *m pl* (GR) DIN 41760 / characteristic reverse values || **≗klinke** *f* / retaining pawl, locking pawl, ratchet *n*, pawl *n*, catch *n*, detent pawl || **≗klinkensystem** *n* / click-and-pawl system || **≗kommando** *n* / lockout command || **≗lager** *n* / quarantined store, restricted store, hold store, salvage department, holding area, locked storage || **≗luft** *f* / sealing air || **≗luftdichtung** *f* (Lg.) / oil-fume barrier, sealing-air arrangement || **≗luftkammer** *f* / sealing-air compartment, sealing-air annulus || **≗luftring** *m* / sealing-air gland ring || **≗magnet** *m* / restraining magnet, lock-out coil, blocking magnet || **≗muffe** *f* (Kabel) / stop joint || **≗nocken** *m* / blocking cam

Sperrrad *n* (a. EZ) / ratchet wheel

Sperrrelais *n* / blocking relay || **≗** *n* (Differentialschutz) / restraining relay, biased relay

Sperrrichtung *f* (Thyr u. SR-Zweig) / non-conducting direction || **≗** *f* (Diode) / reverse direction || **≗** *f* (Schutz) / inoperative direction || **Elektrodenstrom in ≗** / reverse electrode current, inverse electrode current (US)

Sperrröhre *f* / blocking tube

Sperrschaltung *f* / lock-out circuit || ≗ *f* (Osz.) / hold-off circuit, blocking circuit, interlocking circuit, inhibit(ing) circuit

Sperrschicht *f* (HL) / barrier junction, depletion layer, junction *n* || **Durchlegieren der** ≗ / breakdown of barrier junction || ≗**-Berührungsspannung** *f* / punch-through voltage, reach-through voltage, penetration voltage || ≗**-Durchschlag** *m* / junction breakdown || ≗**-Feldeffekttransistor** *m* / junction-gate field-effect transistor (PN FET) || ≗**-Fotoeffekt** *m* / photovoltaic effect || ≗**kapazität** *f* / junction capacitance || ≗**temperatur** *f* (HL) / junction temperature || ≗**transistor** *m* / junction transistor

Sperr·schrittfehler *m* (DÜ) / frame error || ≗**schwinger** *m* / blocking oscillator

Sperrspannung *f* (Diode) DIN 41781 / reverse voltage || ≗ *f* (Thyr) DIN 41786 / off-state voltage, blocking voltage || ≗ *f* (ESR) / cut-off voltage IEC 151-14 || ≗ **in Rückwärtsrichtung** (Thyr) / reverse blocking voltage || **Rückwärts-** ≗ *f* (Thyr) / reverse blocking voltage

Sperr·spule *f* (SG) / lock-out coil || ≗**stift** *m* / locking bolt

Sperrstrom *m* (Diode) DIN 41781 / blocking-state current, reverse current || ≗ *m* (Thyr) DIN 41786 / off-state current || ≗ *m* (Strom bei Polung eines PN-Übergangs in Sperrrichtung) / leakage current || ≗ *m* (Schutz) / restraining current || ≗ **in Rückwärtsrichtung** (Thyr) / reverse blocking current || **stationärer** ≗ (Thyr, Diode) DIN 41786, DIN 41853 / resistive reverse current || ≗**in Vorwärtsrichtung** (Thyr) / off-state forward current, off-state current

Sperr·tabelle *f* (Chromatogramm-Auswertung) / inhibit table || ≗**taste** *f* / locking key || ≗**trägheit** *f* (Thyr) DIN 41786 / recovery effect || ≗**-UND-Glied** *n* / inhibiting AND gate

Sperrung *f* (QS) / quarantining *n*, holding *n*

Sperrungs·blitzfeuer *n* (Flp.) / flashing unserviceability light || ≗**feuer** *n* (Flp.) / unserviceability light || ≗**kegel** *m* (Flp.) / unserviceability cone || ≗**marke** *f* (Flp.) / closed marking || ≗**marker** *m* (Flp.) / unserviceability markers || ≗**markierungstafel** *f* (Flp.) / unserviceability marker board

Sperrventil *n* / non-return valve

Sperrverlust *m* (GR) DIN 41760 / reverse power loss || ≗ *m* (Thyr) / blocking-state power loss || ≗ *m* (Diode) / blocking-state power loss || ≗**leistung** *f* (Thyr) DIN 41786 / off-state power loss || ≗**leistung** *f* (Diode) DIN 41781 / blocking-state power loss

Sperrvermerk *m* (QS) / hold tag

Sperrverzögerungs·ladung *f* (Thyr, Diode) DIN 41786, DIN 41853 / recovery charge, recovered charge || ≗**strom** *m* (Thyr, Diode) DIN 41786, DIN 41781 / reverse recovery current || ≗**stromspitze** *f* (Thyr, Diode) DIN 41786, DIN 41853 / peak reverse recovery current || ≗**zeit** *f* (Thyr, Diode) DIN 41786, DIN 41781 / reverse recovery time

Sperrwandler *m* / isolating transformer || ≗ *m* (f. Schaltnetzteil) / flyback converter

Sperrwiderstand *m* (Diode) DIN 41853 / reverse d.c. resistance || ≗ *m* (Thyr) DIN 41786 / off-state resistance || ≗ **in Rückwärtsrichtung** (Thyr) / reverse blocking resistance || ≗ **in Vorwärtsrichtung** (Thyr) / forward blocking resistance

Sperrzahn·-Flachkopfschraube *f* / flat-headed self-locking screw || ≗**scheibe** *f* / tooth lock washer

Sperrzeit *f* (SG) / blocking time, lock-out time || ≗ *f* (Thyr, Diode) / blocking interval, off-state interval, idle interval || ≗ *f* (StT) / off-peak period || ≗ *f* (Gasentladungsröhre) / idle period, off period || ≗ *f* (ZKS) / lockout time || ≗ *f* (bei Wiedereinschaltung) / reclaim time, reset time (USA) || ≗**tarif** *m* / off-peak tariff

Sperrzustand *m* (Diode, DIN 41781) / blocking state, reverse blocking state || ≗ *m* (Thyr) DIN 41786 / off state || ≗ **in Rückwärtsrichtung** / reverse blocking state || ≗ **in Vorwärtsrichtung** / forward blocking state, off state

Spezial·einsatz *m* / special service call || ≗**fracht** *f* / special freight || ≗**funktion** *f* / special function || ≗**istenausbildung** *f* / specialist training || ≗**-Maulschlüssel** *m* / special open-end wrench || ≗**-Maulschlüssel x mm, gekröpft** / special engineer wrench, A/F x mm, offset || ≗**motor** *m* / special-purpose motor || ≗**-Schirmverbindung** *f* (Kabelanl.) IEC 50(461) / special bonding of shields || ≗**schlüssel zur Kalibrierung unverzögerter Überstromauslöser** / special wrench for calibration of instantaneous overcurrent release || ≗**verpackung** *f* / special packing || ≗**werkzeug für Lichtbogenkammer** / special tool for arc chute

speziell *adj* / special *adj* || **~er Farbwiedergabeindex** / special colour rendering index

Spezifikation *f* / specification *n*, requirement *n*, request *n*, regulation *n* || **entwurfsunterstützende, prozessorientierte** ≗ (EPOS) / design-supporting, process-oriented specification

spezifisch·e Ausstrahlung / radiant excitance, radiant emittance || **~e Belastung** / unit load || **~e Dämpfung** / attenuation constant || **~e Eisenverluste** / iron loss in W/kg, total losses in W/kg, W/kg loss figure || **~e Energie** (Batt.) / specific energy, massic energy IEC 50(481) || **~e Flächenbelastung** / load per unit area || **~e Formänderungsarbeit** / resilience per unit volume || **~e Gesamtverluste** (Ummagnetisierungsverluste) / specific total loss, total loss mass density || **~e Heizleistung** / specific heat output || **~e Kapazität** (Batt.) / specific capacity, massic capacity IEC 50(481) || **~e Kenngrößen** (a. Batt.) / specific characteristics || **~e Kriechweglänge** / specific creepage distance || **~e Leistung** / specific power || **~e Lichtausstrahlung** / luminous excitance, luminous emittance || **~e Nenn-Kriechweglänge** / nominal specific creepage distance || **~e Photonenausstrahlung** / photon excitance || **~e Sättigungsmagnetisierung** / specific saturation magnetization || **~e Schallimpedanz** / specific acoustic impedance, unit-area acoustic impedance || **~e Schallreaktanz** / specific acoustic reactance, unit-area acoustic reactance || **~e Schallresistanz** / specific acoustic resistance, unit-area acoustic resistance || **~e Scheinleistung** / specific apparent power || **~e Spannung** (mech.) / unit stress || **~e Strombelastung** (A/mm^2) / current per unit area || **~e Unwucht** / specific unbalance || **~e Verluste** (Blech) / iron loss in W/kg, total losses in W/kg, W/kg loss figure || **~e Viskositätszahl** / limiting viscosity, intrinsic viscosity, internal viscosity || **~e**

Wärme / specific heat, heat capacity per unit mass || **~e Wärmekapazität** / specific thermal capacity || **~er Beleuchtungswert** / specific lighting index || **~er Beleuchtungswirkungsgrad** / reduced utilization factor (lighting installation) || **~er Bodenwiderstand** / soil resistivity, earth resistivity || **~er Durchgangswiderstand** / volume resistivity, mass resistivity, specific internal insulation resistance || **~er Durchgangswiderstand bei Gleichstrom** / volume d.c. resistivity || **~er Erdbodenwiderstand** / soil resistivity, earth resistivity || **~er Erdwiderstand** VDE 0100, T.200 / soil resistivity, earth resistivity || **~er Fahrwiderstand** (Bahn) / specific train resistance || **~er Innen-Isolationswiderstand** / volume resistivity || **~er Isolationsstrom** / specific leakage current || **~er Isolationswiderstand** / insulativity *n*, dielectric resistivity || **~er Kraftstoffverbrauch** / specific fuel consumption || **~er Kurvenwiderstand** (Bahn) / specific train resistance due to curves || **~er Lebensdauerverbrauch** / specific use of life || **~er Leitwert** / conductivity *n* || **~er Lichtstrom der installierten Lampen** / installed lamp flux density, installation flux density || **~er magnetischer Leitwert** / absolute permeability || **~er magnetischer Widerstand** / reluctivity *n* || **~er Nenn-Kriechweg** / nominal specific creepage distance || **~er Oberflächenwiderstand** / surface resistivity, specific surface insulation resistance || **~er Raumwiderstand** / volume resistivity || **~er Raumwirkungsgrad** (BT) / reduced utilance || **~er Rückstrahlwert** / coefficient of retroreflection || **~er Standwert** / specific acoustic impedance, unit-area acoustic impedance || **~er Wärmewiderstand** / thermal resistivity || **~er Wärmewiderstand des Erdbodens** / thermal resistivity of soil || **~er Widerstand** / resistivity *n* || **~er Wirkstandwert** / specific acoustic resistance, unit-area acoustic resistance || **~es Gewicht** / specific gravity, density *n*, relative density

spezifizieren *v* / specify *v*, itemize *v*

SPH (Systempflichtenheft) / system response specification

sphärische Aberration / spherical aberration || **~ Lichtstärke** / spherical luminous intensity

Sphäroguss *m* / ductile cast iron

Spiegel *m* (Leuchte) / specular reflector, reflector *n*, mirror *n* || ≗ *m* (Gleitlg.) / bedding area || **eloxierter** ≗ / anodized-aluminium reflector, anodized mirror || ≗**achse** *f* (NC) / mirror axis || ≗**bearbeitung** *f* / mirrored machining

Spiegelbild *n* / mirror image, mirrored part || **~gleich** *adj* / mirror image

spiegelbildlich *adj* / mirror-image *adj*, mirrored *adj*, homologous *adj*, reflected *adj* || **~e Achssteuerung** (NC) / axis control in mirror-image mode || **~e Bearbeitung** (WZM, NC) / mirror-image machining

Spiegelbild·schalter *m* (NC) / mirror-image switch || ≗**schaltung** *f* (NC) / mirror-image switching, symmetrical switching

Spiegel·einsatz *m* (Leuchte) / specular insert || ≗**frequenz-Unterdrückungsfaktor** *m* / intermediate-frequency rejection ratio || ≗**gerade** *f* / mirror line || ≗**glas** *n* / mirror plate, mirror glass || ≗**glätte** *f* (Komm.) / glazing *n* || ≗**körper** *m* (Leuchte) / reflector body || ≗**leuchte** *f* / specular-reflector luminaire

Spiegeln *n* / mirroring *n*, symmetrical inversion, mirror-image machining, axis control in mirror-image mode || ≗ *n* (NC) / mirror image, mirror-image machining || ~ *v* (NC, CAD) / mirror *v* || ≗ **der Weginformationen** (NC) / mirror image of position data || **~ der X-Achse** (NC) / mirror image across X-axis || ≗ **von Prüfbefehlen** / retransmission of check commands || **ein Programm ~** / mirror a program

spiegelnde Reflexion / specular reflection

Spiegel·optik *f* / specular optics || ≗**optikleuchte** *f* / specular optics luminaire || ≗**raster** *m* (Leuchte) / specular louvre (unit) || ≗**reflektor** *m* / specular reflector || ≗**schale** *f* (Leuchte) / reflector bowl, reflector shell, reflector section || ≗**scheinwerfer** *m* / reflector spotlight, mirror spotlight || ≗**spindel** *f* / mirror spindle || ≗**symmetrie** *f* (NC) / mirror symmetry || ≗**system** *n* (Leuchte) / reflector system

Spiegelung *f* / mirroring *n* || ≗ *f* (NC) / mirror image || ≗ *f* (Reflex) / reflex *n* || ≗ **der Weginformation** / mirror image of position data || ≗ **von Punktmustern** (NC) / reflection of point patterns, inversion of point patterns || **Strom~** *f* / current balancing (circuit)

spiegelunterlegt *adj* (MG) / mirror-backed *adj*

Spiegel·verfahren *n* / mirror inversion method || ≗**verschiebung** *f* (WZM, NC) / mirror offset || ≗**verschiebung** *f* (SV) / mirroring offset (MO) || ≗**wellendämpfung** *f* / reflected-wave rejection, back-wave rejection

Spiel *n* / clearance *n*, internal clearance, backlash *n* || ≗ *n* (Zyklus) / cycle *n*, duty cycle || ≗ *n* (el. Masch.) / duty cycle IEC 50(411) || ≗ **in den Verbindungselementen** / play in the connecting elements || ≗ **von Hand wegdrücken** / push play away by hand || **Kontakt~** *n* / contact float

spielarm *adj* / without much play

Spiel·ausgleich *m* (NC, Loseausgleich) / backlash compensation, unidirectional positioning || **Kupplung mit axialer** ≗**begrenzung** / limited-end-float coupling, limited-end-play coupling || ≗**dauer** *f* / cycle duration, duty cycle time || ≗**flächenbeleuchtung** *f* (Theater) / acting-area lighting || ≗**flächenleuchte** *f* (Theater) / acting-area luminaire

spielfrei *adj* / without play, non-floating *adj*, close *adj*, free of clearance || ~ *adj* (frei von Lose) / backlash-free *adj*, free from backlash || **~ angestelltes Lager** / zero-end-float spring-loaded bearing || **~ einpassen** / fit without clearance, fit tightly

Spielpassung *f* / clearance fit || ≗ *f* (leichter Laufsitz) / free fit || ≗ *f* (mittlerer Laufsitz) / medium fit || ≗ *f* (weiter Laufsitz) / loose fit || ≗ *f* (enger Gleitsitz) / snug fit

Spiel·raum *m* / margin *n* || ≗**theorie** *f* / game theory || ≗**unterbrechungsschaltung** *f* / anti-repeat circuit || ≗**zeit** *f* / cycle time

Spielzeugtransformator *m* / transformer for use with toys, toy transformer

Spindel *f* / stem *n*, actuator stem, screw *n*, plug *n* || ≗ *f* (WZM) / spindle *n* || ≗ *f* (Bürstenträger) / brush-holder stud, brush spindle, brush-holder arm || ≗ *f* (WZM, Vorschubspindel) / feed screw || ≗ *f* (WZM, Leitspindel) / leadscrew *n* || ≗ *f* (Gewindespindel) /

screw spindle || ≗ **AUS** / spindle OFF || ≗ **Aus/Ein** / spindle OFF/ON || ≗ **EIN** / spindle ON || ≗ **Ein, mit Arbeitsvorschub** (NC-Wegbedingung) DIN 66025 / start spindle feed (NC preparatory function) ISO 1056 || ≗ **Halt** (NC-Zusatzfunktion) DIN 66025,T.2 / spindle stop ISO 1056 || ≗ **im Gegenuhrzeigersinn** (NC-Zusatzfunktion) DIN 66025,T.2 / spindle CCW (NC miscellaneous function) ISO 1056 || ≗ **im Uhrzeigersinn** (NC-Zusatzfunktion) DIN 66025,T.2 / spindle CW (NC miscellaneous function), ISO 1056 || ≗ **positionieren** (SPOS) / spindle positioning (SPOS) || **durchgehende** ≗ / top and bottom guided plug || **führende** ≗ / leading spindle || **permanent erregte** ≗ / permanently excited spindle

Spindelantrieb *m* / spindle drive, spindle mechanism, spindle motor || **Einschubführung mit** ≗ (LS, ST) / guide frame with contact engagement spindle

Spindel·betriebsart *f* (Zustand der Spindelsteuerung. Die Spindelbetriebsarten sind: Steuerbetrieb, Pendelbetrieb, Positionierbetrieb, C-Achsbetrieb, Synchronbetrieb) / spindle mode || ≗**bewegung** *f* / spindle motion, stem motion || ≗**drehrichtung** *f* / direction of spindle rotation (DOR) || ≗**drehrichtungsumkehr** *f* / spindle direction reversal || ≗**drehung** *f* / rotary motion of stem

Spindeldrehzahl *f* (WZM) / spindle speed || ≗ *f* (NC-Funktion) DIN 66257 / spindle speed function (NC) ISO 2806-1980 || ≗ **für Satzsuchlauf** (SSL) / block search || ≗**begrenzung** *f* / spindle speed limitation || ≗**bereich** *m* a. NC-Zusatzfunktion nach DIN 66025,T.2 / spindle speed range ISO 1056 || ≗**korrektur** *f* (von Hand) / spindle speed override, spindle override || ≗**korrektur** *f* (NC, automatisch) / spindle speed compensation || ≗**korrekturschalter** *m* / spindle speed override switch || ≗**-Korrekturstellung** *f* / spindle speed override position || ≗**sollwert** *m* / spindle speed setpoint || ≗**sollwertbegrenzung** *f* / set spindle speed limitation || ≗**speicher** *m* / spindle speed memory

Spindel·durchbiegung *f* (WZM, NC) / spindle deflection || ≗**freigabe** *f* / spindle enable || ≗**führung** *f* / stem guide, plug guide || ≗**futter** *n* / spindle chuck || ≗**geber** *m* / spindle mounted encoder || ≗**-Halt** / spindle stop || ≗**-Halt in bestimmter Winkellage** (NC) / oriented spindle stop ISO 1056 || ≗**halt mit definierter Endstellung** (Zusatzfunktion, die bewirkt, daß die Spindel in einer vorgegebenen Winkelstellung stehenbleibt) / oriented spindle stop (A miscellaneous function which causes the spindle to stop at a pre defined angular position) || ≗**-Halt mit definierter Endstellung** (NC-Zusatzfunktion) DIN 66025,T.2 / oriented spindle stop ISO 1056 || ≗**kasten** *m* / spindle head, headstock || ≗**kopf** *m* (WZM) / spindle head

Spindelkorrektur *f* / spindle override, spindle speed override || ≗**schalter** *m* / spindle speed override switch

Spindel·kraft *f* / stem force || ≗**kreis** *m* / spindle loop

Spindellagerung *f* / spindle bearing || **Motor mit** ≗ / spindle-drive motor

Spindel·modul *n* / spindle module || ≗**motor** *m* / spindle motor, spindle drive || **Hin- und Herpendeln des** ≗**motors** / to and fro motion of the spindle motor || ≗**mutter** *f* / spindle nut || ≗**nase** *f* / spindle nose || **Kegelscheitel bis** ≗**nase** / apex to spindle nose || ≗**nullpunkt** *m* / spindle zero || **Güte der** ≗**oberfläche** / quality of stem surface || ≗**override** *m* / spindle override, spindle speed override || ≗**-Overridebewertung** *f* / spindle override weighting

Spindelpendeln *n* (WZM) / spindle oscillation || ≗ *n* (NC, zum Einrücken des Getriebes) / spindle-gear meshing (movement) || ≗ **für Getriebeeinrücken** / spindle oscillation for engaging gears

Spindel·positionieren *n* / spindle positioning || ≗**positionierung** *f* / oriented spindle stop || ≗**potentiometer** *n* / spindle-operated potentiometer || ≗**querschnitt** *m* / stem area || ≗**reglerfreigabe** *f* / spindle servo enable || ≗**rücklauf** *m* (WZM) / spindle return motion || ≗**schutzrohr** *n* / protective tube of the spindle || ≗**-Start** *m* / spindle start || ≗**steigung** *f* (WZM, Leitspindel) / leadscrew pitch (o. lead)

Spindelsteigungsfehler *m* (WZM, NC, Leitspindel) / leadscrew error || ≗**kompensation** *f* (SSFK) / leadscrew error compensation (LEC) || ≗**-Kompensation** *f* (WZM NC, Leitspindel) / leadscrew error compensation

Spindel·stellung *f* / position of stem || ≗**steuerung** *f* / spindle control || ≗**stock** *m* / spindle head || ≗**stock** *m* (WZM) / headstock *n* || ≗**tausch** *m* / spindle replacement || ≗**überwachung** *f* / spindle monitoring || ≗**umdrehung** *f* / spindle revolution || ≗**vektor** *m* / spindle vector || ≗**verriegelungssystem** *n* / jack-screw system || ≗**zuordnung** *f* / spindle assignment

Spinne *f* (IS, Systemträger) / lead frame

Spinnfaden, Glasseiden-≗ *m* / glass-filament strand

Spinn·maschine *f* / spinning machine, spinning frame || ≗**motor** *m* / spinning-frame motor || ≗**pumpen** *f pl* / spinning pumps || **schwungmassenarmer** ≗**pumpenantrieb** / low-inertia viscose pump drive || ≗**-Streck-Spulmaschine** *f* / spinning/stretching bobbin winder || ≗**topfmotor** *m* / spinning-spindle motor, spinning-centrifuge motor, spinning-can motor || ≗**turbine** *f* / spinning rotor || ≗**- und Präparationspumpe** *f* / spinning and preparation pump || ≗**webverfahren** *n* / cocoonization *n*, cocooning *n*, cobwebbing *n*, spray webbing

Spion *m* / feeler gauge

Spiralbohrer *m* / twist drill, drill *n*

Spirale *f* / spiral *n*, volute *n*, helix *n*

Spiralen-Rillenlager *n* / spiral-groove bearing

Spiralfeder *f* / spiral spring, coiled spring, helical spring

spiralförmig *adj* / spiral *adj* || **~ genuteter Schleifring** / helically grooved slipring || **~e Nut** / spiral groove, helical groove

Spiral·gehäuse *n* / scroll casing, circular flow pattern || ≗**kabel** *n* / coiled cable || ≗**kegelrad** *n* / spiral bevel gear || ≗**nut** *f* / spiral groove, helical groove || ≗**wicklung** *f* / spiral winding, helical winding || ≗**zahnrad** *n* / helical gear

Spitzbogenfahrt *f* / short run

Spitze *f* (Achsende eines Meinstruments) / pivot *n* || ≗ *f* (Störgröße) / kick *n*

spitze Klammer / angle bracket

Spitzenausgangsleistung, Puls-≗ *f* / peak pulse output power

Spitzen·begrenzer *m* (Clipper) / clipper *n* ||

≗belastung *f* / peak load || **≗dämpfung** *f* / peak attenuation || **≗diode** *f* / point-contact diode || **≗drehmoment** *n* / peak torque || **≗drehmoment** *n* (Betriebsmoment) / maximum running torque || **≗energieerzeugung** *f* / peaking generation, peak-lopping generation || **≗faktor** *m* / crest factor || **≗kontakt** *m* (HL) / point contact || **≗kontaktdiode** *f* / point-contact diode || **≗kraftwerk** *n* / peak-load power station, peak-lopping station || **≗lager** *n* / toe bearing || **≗lagerung** *f* (MG) / pivot bearing(s), jewel hearing(s) || **≗länge** *f* / tip length

Spitzenlast *f* / peak load, maximum demand || **≗betrieb** *m* / peak-lopping operation, peak-load operation, peaking *n*, peak shaving || **≗deckung** *f* / peak-load supply || **≗generator** *m* / peak-load generator, peaking machine, peak-lopping generator, peak-shaving generator || **≗-Generatorsatz** *m* / peak-load set || **≗zeit** *f* / peak-load hours, peak hours || **Belastung außerhalb der ≗zeit** / off-peak load

Spitzenleistung *f* / maximum output, peak power, maximum capacity

spitzenlos *adj* / centerless *adj* || **≗-Rundschleifmaschine** *f* / centerless cylindrical grinding machine || **≗schleifen** *n* / centerless grinding

Spitzen·mikrometer *n* / micrometer with pointed noses || **≗moment** *n* / impulse torque, suddenly applied torque, transient torque, maximum running torque || **≗radius** *m* (WZM, Werkzeug) / tool nose radius, nose radius, tip radius || **≗-Rückwärtsspannung** *f* (Diode) / peak reverse voltage || **≗-Rückwärtsverlustleistung** *f* (Diode) / peak reverse power dissipation

Spitzen·spannung *f* / peak voltage, maximum voltage || **Eingangs~spannung** *f* (SR) / supply transient overvoltage IEC 411-3 || **≗spannungserzeuger** *m* / transient surge voltage generator, transient generator || **≗spannungsprüfung** *f* / surge voltage test || **≗speicher** *m* / peak memory || **≗sperrspannung** *f* (Diode) DIN 41781 / peak reverse voltage (PRV), peak inverse voltage (PIV) || **≗sperrspannung** *f* (Thyr) DIN 41786 / peak offstate voltage

Spitzen·spiel *n* / crest clearance || **Vorwärts-≗steuerspannung** *f* (Thyr) / peak forward gate voltage || **Vorwärts-≗steuerstrom** *m* (Thyr) / peak forward gate current || **≗strom** *m* / peak current || **periodischer ≗strom** (Thyr) DIN 41786 / repetitive peak on-state current || **periodischer ≗strom** (Diode) DIN 41781 / repetitive peak forward current || **≗ströme** *m pl* / peak currents || **≗tarifzeit** *f* / peak-load hours, on-peak period || **≗triggerung** *f* / peak triggering || **≗-Vorwärtsstrom** *m* (Diode) / peak forward current || **≗welligkeit** *f* DIN IEC 381 / ripple content IEC 381

Spitzenwert *m* / peak value || **≗ des Pegels** / peak level || **≗bildung** *f* / peaking *n* || **≗detektor** *m* / peak detector || **≗-Gleichrichter** *m* / peak detector || **≗-Messgerät** *n* / peak measuring instrument || **≗speicher** *m* (f. Strahlungspyrometer) / peak memory, peak follower

Spitzen·wicklung *f* / winding of coils with long and short sides || **≗winkel** *m* / tip angle, nose angle, point angle || **≗zähler** *m* / excess-energy meter. load-rate meter, load-rate credit meter

Spitzenzeit *f* / potential peak period, peak-load period || **außerhalb der ≗** / off-peak *adj* || **≗tarif** *m* / peak-load tariff, on-peak tariff

spitzer Winkel / acute angle

Spitze-Spitze / peak-to-peak || **≗-Funkenstrecke** *f* / rod-rod gap || **≗-Messung** *f* / peak-to-peak measurement

Spitze-zu-Spitze-Wert *m* / peak-to-peak value

Spitzgewinde *n* / triangular thread, V-thread *n*, Vee-thread *n*

Spitz·kerbprobe *f* / V-notch specimen || **≗kontakt** *m* / point contact

Spitzlicht *n* / spotlight *n* || **mit ≗ anstrahlen** / spotlight *v* || **≗lichtbeleuchtung** *f* / spot lighting, high-light illumination

Spitz·senker *m* / countersink *n* || **~winkelig** *adj* / acute-angled *adj* || **≗zange** *f* / pointed pliers

SPL (sichere programmierbare Logik) / SPL (safe programmable logic)

Spleiß·dämpfung *f* (LWL) / splice loss IEC 50 (731) || **≗komponente** *f* / splicing component || **≗stelle** *f* / splice *n* || **≗verbindung** *f* / spliced joint, splice *n* || **LWL-≗verbindung** *f* / fibre splice || **≗verlust** *m* / splice loss

Spline, kubischer natürlicher ≗ / cubic natural spline || **≗abschnitt** *m* / spline segment || **≗funktion** *f* (Ein mathemathisches Verfahren zur Approximation von Kurven. Splinekurven sind Kurven mit glattem, stetigem Kurvenverlauf, die gegebene Stützpunkte verbinden) / spline function (A mathematical method for the approximation of curves. Spline curves are smooth continuous curves passing through specified fixed points) || **≗-Interpolation** *f* / spline interpolation || **≗kontur** *f* / spline contour || **≗kurve** *f* (Splinekurven sind Kurven mit glattem, stetigem Kurvenverlauf, die gegebene Stützpunkte verbinden) / spline curve (Spline curves are smooth continuous curves passing through specified fixed points) || **≗modul** *n* (Verwendet mathemathisches Verfahren zur Approximation von Kurven. Splinekurven sind Kurven mit glattem, stetigem Kurvenverlauf, die gegebene Stützpunkte verbinden) / spline module

Splines, Abweichung des ≗ / spline deviation || **natürliche ≗** / natural splines

Splinesatz *m* / spline block

Splint *m* (gebogener, zweischenkliger Stift (zur Sicherung von Schraubenmuttern u. Bolzen)) / split pin, cotter pin, cotter *n* || **≗loch** *n* / split-pin hole || **≗treiber** *m* / splint pin drive

Split·-Dip-Gehäuse *n* / split DIP package || **≗-Gerät** *n* / split-type air conditioner || **≗-Klimagerät** *n* / split-type air conditioner || **≗-Range** *f* / split range || **≗technik** *f* / splitband technique

splittersichere Lampe / shatterproof lamp

SPM / inspection test quantity (ITQ) || **≗** (Spannmittel) / WKH (workholder) || **≗-Modul** *n* / SPM module (SPM = SIEMENS PROFIBUS Multiplexer)

SP-Netz *n* / SP network (SP = Sync Poll)

Spongiose *f* / graphitic corrosion

spontan *adj* / spontaneous *adj*

Spontan·ausfall *m* / sudden failure || **≗betrieb** *m* (FWT) / spontaneous transmission || **≗betrieb** *m* (DÜ) DIN 44302 / asynchronous response mode (ARM) || **Fernwirksystem mit ≗betrieb** / quiescent telecontrol system || **gleichberechtigter ≗betrieb** (DÜ) / asynchronous balanced mode

(ABM)
spontan·e Magnetisierung / spontaneous magnetization || **~e Übertragung** (FWT) / spontaneous transmission || **~es Fernwirksystem** / quiescent telecontrol system
Spontan·meldung *f* / parameter change report || **²meldung** *f* (FWT) / spontaneous message, spontaneous binary information || **²telegramm** *n* / spontaneous telegram
Sportstättenbeleuchtung *f* / sports lighting, stadium lighting
SPOS (Spindel positionieren) / SPOS (spindle positioning)
Sprach·antwort *f* (DÜ) / voice answer || **²ausgabe** *f* / voice output || **²befehl** *m* / NC command || **²datei** *f* / language file
Sprache *f* / language *n* || **an ... angelehnte ²** / language based on ... || **Signal²** *f* / signal convention
Sprach·ebene *f* / language layer || **²eingabe** *f* / voice data entry VDE || **²element** *n* / language element
Sprachenumschaltung *f* / change language
Sprach·erkennung *f* / voice recognition || **²frequenzkanal** *m* / voice frequency channel (VF channel) || **~gesteuert** *adj* / voice-controlled *adj*, voice-actuated *adj* || **²mittel** *n pl* / process language, language resources, language aids || **²raum** *m* / language subset || **²regelung** *f* / linguistic conventions || **²schale** *f* (GKS) / language binding || **²schicht** *f* / language layer || **²übertragung** *f* / voice transmission || **²umfang** *m* / scope of the language || **²umschaltung** *f* / change language || **²weg** *m* / speech path
Spratzer *m* / crackle *n*
Spratzprobe *f* / crackle test
Spraydose *f* / spray tin, aerosol can
Sprecher *m* (Funktionselement zum Informationsaustausch) DIN IEC 625 / talker *n* || **²adresse** *f* (PMG) / talk address
Sprech·frequenz *f* / voice frequency (VF) || **²funkschutz** *m* / radio interference protection || **²stelle** *f* / call station
Spreiz·bürste *f* / split brush || **²bürste mit Kopfstück** / split brush with wedge top || **²dübel** *m* / expansion plug, expansion bolt, straddling dowel
Spreize *f* / spreader *n*
spreizen *v* / spread *v* || **² der Kabeladern** / fanning out of the cable cores, spreading out of the cable cores
Spreiz·kontakt *m* / split contact || **²kopf** *m* (Kabel) / dividing head (or box) || **Ader~kopf** *m* / dividing box || **²krallenbefestigung** *f* / claw fixing || **²länge** *f* (Kabeladern) / spread length || **²niet** *n* / expansion rivet || **²ringkupplung** *f* / expanding clutch || **²schwingung** *f* / bending vibration || **²stift** *m* / split pin
Spreizung *f* (BT) / spread *n*, distribution *n* || **² der Rollen** / splaying of rollers
Spreizwelle *f* / split shaft
Spreng·ring *m* / snap ring, circlip *n*, spring ring || **²trenner** *m* / cartridge disconnector
springen *v* (SPS, NC) / jump *v*, branch *v*
Springerprinzip *n* (Redundanz) / one-out-of-n redundancy
Springstarter *m* (Lampe) / snap starter, snap-action starter (switch)
Spritzen *n* / die-casting *n*, pressure die-casting
Spritz·feuer *n* / sparking *n* || **²form** *f* / injection mold || **²gerät** *n* (Prüf.) / splash apparatus
Spritzgießen *n* (Kunststoff) / injection moulding, injection molding, injection mould *v* || **²** *n* (Metall) / die-casting *n*, pressure die-casting || **~** *v* (Metall) / die-cast, pressure die-cast *v*
Spritzgieß·maschine *f* / injection molding machine || **²teil** *n* / injection molded part || **²werkzeug** *n* / plastic injection mold
Spritzguss·form *f* / injection mold || **Aluminium-²legierung** *f* / die-cast aluminium alloy || **Kupfer-²legierung** *f* / die-cast copper-base alloy || **²maschine** *f* / injection molding machine || **²teil** *n* / injection-moulded part
spritz·lackiert *adj* / spray-lacquered *adj* || **²ring** *m* (Lg.) / oil retainer, oil thrower || **²verkupfern** *n* / copper spray plating || **~verzinken** *v* / spray-galvanize *v*
Spritzwasser *n* / splashing water, splashwater *n* || **~geschützt** *adj* / splash-proof *adj* || **~geschützte Maschine** / splash-proof machine
Spröd·bruch *m* / brittle failure, brittle fracture || **~brüchig** *adj* / liable to brittle failure, susceptible to brittle failure || **²bruchprüfung** *f* / brittle fracture test
spröde *adj* / brittle *adj*
Sprödigkeit *f* / brittleness *n*
Sprödigkeitspunkt *m* / brittle temperature
Sprosse *f* (Rahmenkonstruktion) / crossbar *n*
Sprüh·büschel *n* (Korona) / corona discharge, corona *n* || **²dose** *f* / spray can
Sprühen *n* (Teilentladung) / corona *n*
Sprüh·entladung *f* / corona discharge, partial discharge || **²gerät** *n* / spray apparatus || **²getter** *n* / spray getter || **²kugel** *f* / corona sphere || **²öl** *n* / spray oil || **²ölkühlung** *f* / spray-oil cooling || **²schirm** *m* / corona shield || **²schutz** *m* / corona shielding, corona protection || **²spannung** *f* / partial-discharge voltage || **²strom** *m* / corona discharge current, corona current || **²verlust** *m* / corona loss
Sprühwasser *n* / spray-water *n*, spraying water || **~geschützt** *adj* / spray-water-protected *adj*, rain-water-protected *adj*
Sprung *m* (plötzliche Änderung) / step change, sudden change || **²** *m* (Riss) / crack *n*, flaw *n*, crevice *n*, fissure *n* || **²** *m* (Wickl.) / throw *n* || **²** *m* (DV, SPS) / jump *n* (JP), branch *n*, transfer *n*, skip *n* || **², bedingt** *m* DIN 19239 / jump, conditional || **Last~** *m* / step change in load, sudden load variation, load step || **Phasen~** *m* / phase shift || **Phasen~** *m* (el. Masch., Wickl.) / belt pitch, phase-coil interface || **relativer ²** (SPB siehe Sprung) / relative jump, conditional jump (JC), conditional branch || **Strom~** *m* / current step || **², unbedingt** DIN 19239 / jump, current step change, unconditional, step change of current, sudden current variation || **Vorwärts~** *m* (Programm, NC, SPS) / forward skip || **Wicklungs~** *m* / winding throw || **Zonen~** *m* (Wickl.) / phase-belt pitch, belt pitch, phase-coil interface
Sprungabstand *m* / jump displacement || **²** *m* (Ultraschallprüfung) / full skip distance
Sprung·adresse *f* (NC, SPS) / jump address, branch address, transfer address || **²amplitude** *f* / step-input amplitude, amplitude of step-change signal || **²antrieb** *m* / independent manual operation (A stored energy operation where the energy originates

from manual power, stored and released in one continuous operation, such that the speed and force of the operation are independent of the action of the operator) || ≗**antrieb** *m* (SG) / snap-action (operating) mechanism, high-speed (operating) mechanism

Sprungantwort *f* DIN 19226 / step-response IEC 50(351), step-forced response ANSI C81.5 || **Einheits-**≗ *f* / unit step response, indicial response

Sprunganweisung *f* DIN 19237 / jump instruction, branch instruction, GO TO statement

sprungartig *adj* / abrupt *adj*, by snap action, sudden *adj* || **~e Änderung** / abrupt change, sudden variation

Sprung·ausfall *m* (Ausfall, der nicht durch Prüfung oder Überwachung vorhersehbar ist) / sudden failure (A failure that could not be anticipated by prior examination or monitoring) || ≗**bedingung** *f* / jump condition || ≗**befehl** *m* / jump instruction, branch instruction || ≗**betätigung** *f* / snap action || ≗**deckel** *m* / spring-action lid || ≗**distanz** *f* / jump displacement || ≗**einschaltung** *f* / closing by snap action || ≗**-Einschaltung** *f* / closing by snap action, spring closing || ≗**element** *n* / jump element || **~förmig** *adj* / stepped *adj*

Sprungfunktion *f* / step function, jump function, unit step function || **Einheits-**≗ *f* / unit step function, Heaviside unit step

Sprunggenerator *m* / step generator

sprunghafte Änderung / abrupt change, sudden variation

Sprung·höhe *f* / step height || ≗**kontakt** *m* / snap-action contact (element) IEC 337-1, quick-make quick-break contact, snap action || ≗**lastschalter** *m* (Trafo-Lastumschalter) / spring operated diverter switch || ≗**leiste** *f* / branch destination list || ≗**liste** *f* / jump destination list || ≗**marke** *f* / jump mark, branch label, label *n* || ≗**marke** *f* (SPS) / jump label || ≗**nocken** *m* / snap-action cam || ≗**operation** *f* / jump operation, branch operation, transfer operation, jump instruction || ≗**punkt** *m* (SuL) / transition point || **Stichprobenplan mit** ≗**regel** / skip lot sampling plan

Sprung·schalter *m* / quick-break switch ANSI C37.100, spring-operated switch, switch with independent manual operation || ≗**schalter** *m* (HSS) / snap-action switch, snap-acting switch || ≗**schaltglied** *n* VDE 0660,T.200 / snap-action contact (element) IEC 337-1, quick-make quick-break contact || **betätigungsunabhängiges** ≗**-Schaltglied** / independent snap action contact element || ≗**schaltung** *f* / independent manual operation, snap-action operation, spring operation || ≗**schaltwerk** *n* (LS) / independent manual operating mechanism, spring-operated mechanism, release-operated mechanism || ≗**schaltwerk** *n* (HSS) / snap-action (operating) mechanism

Sprungschritt *m* / jump step || **globaler** ≗ / global jump step || **lokaler** ≗ / local jump step || **unbedingter** ≗ / unconditional jump step

Sprung·spannung *f* / surge voltage, step voltage change, initial inverse voltage, transient reverse voltage || ≗**taste** *f* / skip key || ≗**taster** *m* / snap-action switch, snap-acting switch || ≗**temperatur** *f* / transition temperature, critical temperature

Sprung·verteiler *m* / branch distributor, jump list || ≗**verzweigung** *f* / branching *n* || ≗**vollausfall** *m* (Sprungausfall, der gleichzeitig ein Vollausfall ist) IEC 50(191) / catastrophic failure, cataleptic failure (A sudden failure which results in a complete inability to perform all required functions of an item) || ≗**vorschub** *m* (NC) / intermittent feed || ≗**weite** *f* / jump displacement || ≗**welle** *f* / steep-front wave, surge wave || ≗**wellenprüfung** *f* / interturn impulse test, surge test || ≗**werk** *n* / snap-action mechanism || ≗**wert** *m* (Reg.) / level-change value

Sprungziel *n* / jump destination, branch destination, jump target || ≗ *n* (Adresse) / jump address || ≗**liste** *f* / branch (o. jump) destination list

Sprungzustellung *f* (NC) / intermittent feed

SPS· kompatibel / PLC compatible || ≗**-Steuerungen** *f pl* / PLCs || ≗**-System** *n* / programmable controller system (A user-built configuration, consisting of a programmable controller and its associated peripherals, that is necessary for the intended automated systems) || ≗**-Zielcode** *m* / PLC destination code

SpT / autotransformer *n*, compensator transformer, compensator *n*, variac *n*

Spule *f* / coil *n* || ≗ *f* (Betätigungsspule) / coil *n*, solenoid || ≗ *f* (Drossel) / reactor *n*, inductor *n*, choke || ≗ *f* (Induktor) / inductor *n* || ≗ *f* (Lochstreifen, Magnetband) / reel *n* (tape) || ≗ **für Spannungsauslöse** / coil for shunt release || ≗ **für Verriegelungsmagnet** / coil for interlocking electromagnet || ≗ **mit einer Windung** / single-turn coil || ≗ **Seitenteilung** *f* / unit interval || **ideale** ≗ / ideal inductor || **kastenlose** ≗ / spoolless coil || ≗**, Magnetventil** / coil, solenoid valve

spulen *v* (Lochstreifen) / wind *v*, rewind *v*

spülen *v* / flush *v*, rinse *v*, scavenge *v*, purge *v*

Spulen·abschnitt *m* (el. Masch.) / coil section || ≗**abstand** *m* / coil spacing || ≗**abstützung** *f* / coil support || ≗**anfang** *m* / coil start || ≗**anker** *m* / coil armature || ≗**anschluss** *m* / coil terminal || ≗**draht** *m* / magnet wire || ≗**ende** *n* / coil end || ≗**-Nennspannung** *f* / rated coil voltage || ≗**fluss** *m* / flux linking a coil || ≗**gruppe** *f* / coil group, phase belt || ≗**gruppierung** *f* / coil grouping || ≗**hälfte** *f* / half-coil *n*, coil side || ≗**halter** *m* / coil holder || ≗**isolierung** *f* / coil insulation, intercoil insulation || ≗**isolierung am Phasensprung** / phase coil insulation

Spulen·kante *f* / coiledge, coil end || ≗**kasten** *m* / field spool, spool *n*, coil insulating frame || ≗**kern** *m* / coil core, core of a coil || ≗**klemme** *f* / coil terminal || ≗**kopf** *m* / coil end, end turn, end winding || ≗**körper** *m* / bobbin *n* || ≗**körper** *m* (Form) / coil form, coil former, former *n* || ≗**rahmen** *m* / coil former || ≗**satz** *m* (ESR, zur Erzeugung der Magnetfelder f. Fokussierung, Ausrichtung u. Ablenkung) / yoke assembly || ≗**schenkel** *m* / coil side || ≗**schwinger** *m* / loop vibrator, loop oscillator

Spulenseite *f* / coil side || **eingebettete** ≗ / embedded coil side, slot portion, core portion

Spulenseiten je Nut / coil sides per slot || ≗**-Zwischenlage** *f* / coilside separator

Spulen·spannung *f* / coil voltage || ≗**teilung** *f* / unit interval || ≗**tisch** *m* (Trafo) / coil platform || ≗**träger** *m* / field spool, coil insulating frame

Spulen·umschaltung *f* / coil reconnection || ≗**verband** *m* / coil assembly || ≗**verbindung** *f* / coil connection, coil connector, end connection || ≗**weite** *f* / coil pitch || ≗**wickelmaschine** *f* / coil winding

machine, coil winder || ≗**wickler** *m* / coil winder || ≗**wicklung** *f* / coil winding || ≗**zieher** *m* / coil puller || ≗**potentiometer** *m* / inductive potentiometer
Spül·gas *n* / purging gas || ≗**luft** *f* / purging air || ≗**mittel** *n* / rinsing agent
Spülöl *n* / flushing oil, flushing filling, spray oil || ≗**pumpe** *f* / oil circulating pump || ≗**schmierung** *f* / flood lubrication, gravity-feed oil lubrication, gravity lubrication || **Lager mit ≗schmierung** / flood-lubricated bearing
Spur *f* (Straße) / lane *n* || ≗ *f* (Osz.) / trace *n* || ≗ *f* (Datenträger) / track *n* || ≗**abfrage** *f* / track scan
Spürbarkeitsschwelle *f* / perception threshold
Spur·breite *f* (Staubsauger) / track width || ≗**dichte** *f* (magn. Datenträger) / track density || ≗**element** *n* (Datenträger) / track element
Spuren A / track A || ≗**elementanalyse** *f* / trace element analysis || ≗**sensor** *m* / trace element sensor || ≗**verunreinigungen** *f pl* / trace impurities
Spurführungseinrichtung *f* (MSB) / guidance system
Spürgerät *n* / cable sniffer
Spur·kennbit *n* / track identifier bit || ≗**kennbit** *n* (SPS) / track ID bit (ID = identifier) || ≗**kraft** *f* (MSB) / guidance force
Spurkranz *m* / wheel flange, rim *n* || ≗**rad** *n* / flanged wheel || ≗**rolle** *f* / flanged wheel
Spur·lage *f* / track position || ≗**lager** *n* / thrust bearing, locating bearing || ≗**platte** *f* (EZ) / track plate, guide plate || ≗**puls** *m* / track pulse || ≗**referenzbit** *n* / track identifier bit || ≗**ring** *m* / runner ring, thrust ring, runner *n* || ≗**versatz** *m* / track offset, track displacement || ≗**weite** *f* (Bahn) / track gauge, gauge *n*
Spurzapfen *m* (Welle) / located journal || **Kugel~** *m* / spherical spindle end
SR / serial register (SR) || ≗ (Sollwertreglerbaugruppe) / setpoint control module
SRAM / static RAM (SRAM) || ≗ (statischer Speicher (gepuffert)) / SRAM (static RAM battery-backed) || ≗**-Daten** *plt* / SRAM data
SRC / SRC (Secondary Responsible Company)
SRD / SRD
S-Regler *m* / switching controller || ≗ *m* (Schrittregler) / step controller, step-action controller, switching controller
SRK (Schneidenradiuskorrektur) / tool tip radius compensation, cutter radius compensation, TNR compensation, TNRC (tool nose radius compensation) || ≗ (Schneidenradiuskompensation) / tool tip radius compensation, cutter radius compensation, TNR compensation, TNRC (tool nose radius compensation) || ≗ (Schleifscheibenradiuskorrektur) / GRC (grinding wheel radius compensation)
SRM (Synchron-Rotationsmotor) / SRM (synchronous rotating motor)
SRS / sequential X-ray spectrometer
SS (Sammelschiene) / port *n*, busbar *n*
S-Schlag *m* / left-hand lay
SSFK (Spindelsteigungsfehlerkompensation) / LEC (leadscrew error compensation)
SSI (serielles Schnittstellen-Interface) / serial interface, SSI (serial synchronous interface) || ≗**-Absolut-Messsystem** / SSI absolute measuring system || ≗**-Geber** *m* / SSI encoder || ≗**-Schnittstelle** *f* / SSI interface
SSL (Spindeldrehzahl für Satzsuchlauf) / block search
SSP / SINUMERIK Solution Provider
SSR (selbstgeführter Stromrichter) / self-commutated converter
SST (Drehzahl) / synchronize system time (SST), SST (synchronize system time speed)
S-Station *f* / load-centre substation, unit substation
SSV (Schnittstellenvervielfacher) / fan-out unit
ST / system transfer data (ST) || ≗ (Structured Text) / ST (Structured Text)
ST_EN / start enable, ST_EN
STA (Startbefehl) / run command, STA (start command)
Stab *m* (Stabwickl.) / bar *n* || ≗ (Lampenfuß) / stud *n*, arbor *n*
STAB Installationsverteiler / STAB wall-mounting distribution system
Stab·bündel *n* (Stabwickl.) / bar bundle, composite bar conductor || ≗**diagramm** *n* / bar diagram, bar chart, bar graph || ≗**element** *n* (Wickl.) / half-coil *n* || ≗**erder** *m* / earth rod, ground rod, buried earth electrode || **Leuchtstofflampe in ≗form** / linear fluorescent lamp, tubular fluorescent lamp
stabförmig·e Glühlampe / linear incandescent lamp, tubular incandescent lamp || **~e Lampe** / linear lamp || **~e Leuchtstofflampe** / linear fluorescent lamp, tubular fluorescent lamp || **~er Leiter** / bar-type conductor
stabiler Arbeitspunkt / stable operating point || **~ Bereich** / stable region || **~ Betrieb** (el. Masch.) / stable operation, steady-state balanced operation
Stabilisator *m* (a. Isolierstoff) / stabilizer *n* || ≗**diode** *f* / regulator diode, voltage regulator diode || ≗**röhre** *f* / voltage stabilizing tube, voltage regulator tube (US), stabilizing tube
stabilisierende Rückführung / monitoring feedback || **~ Wirkung** (Differentialschutz) / restraining effect
stabilisiert·e Stromversorgung DIN 41745 / stabilized power supply || **~er Differentialschutz** / biased differential protection, percentage differential protection || **~er Längs-Differentialschutz** / biased longitudinal differential protection || **~er Nebenschluss** / stabilized shunt || **~er Stromdifferentialschutz** / biased current differential protection || **~er Zustand** (magnet.) / cyclic magnetic condition || **~es Differentialrelais** / biased differential relay, percentage differential relay, percentage-bias differential relay || **~es Relais** / biased relay, restrained relay || **~es Stromversorgungsgerät** / stabilized power supply unit
Stabilisierung *f* DIN 41745 / stabilization *n* || ≗ *f* (Schutz) / biasing *n* (feature), bias *n*, electrical restraint || ≗ **durch Regelung** DIN 41745 / closed-loop stabilization || ≗ **durch Steuerung** DIN 41745 / open-loop stabilization
Stabilisierungs·art *f* DIN 41745 / mode of stabilization || ≗**faktor** *m* DIN 41745 / stabilization factor || ≗**grad** *m* (Differentialrel., Verhältnis Differenzstrom/Stabilisierungsstrom) / restraint percentage || ≗**größe** *f* (Differentialschutz) / biasing quantity, restraining quantity || ≗**spannung** *f* (Differentialschutz) / biasing voltage, restraining voltage || ≗**spule** *f* (Differentialschutzrel.) / bias

coil, restraining coil || ≗**spule** *f* (f. Einschaltstromstabilisierung) / current restraint coil, restraining coil || ≗**strom** *m* (Differentialschutz) / restraint current, biasing current || ≗**wandler** *m* (Differentialschutz) / biasing transformer

Stabilisierungswicklung *f* / stabilizing winding, series stabilizing winding || ≗ *f* (Differentialschutzrel.) / bias winding, bias coil || **Nebenschlussmaschine mit** ≗ / stabilized shunt-wound machine

Stabilisierungs·widerstand *m* / stabilizing resistor || ≗**wirkung** *f* (Schutzrel.) / restraint *n*, bias *n* || ≗**zeit** *f* (Mikrowellenröhre) / warm-up time, starting time

Stabilität *f* (System) / stability *n* || ≗ **bei äußeren Fehlern** (Differentialschutz) / through-fault stability || ≗ **der Ausgangsleistung** (Verstärkerröhre) DIN 235, T.1 / power stability || ≗ **der Erregeranordnung** / excitation-system stability || ≗ **im stationären Betrieb** / steady-state stability || **dynamische** ≗ / transient stability, dynamic stability || **statische** ≗ / steady-state stability, stability on external faults || ≗ **bei dynamischen Vorgängen** / transient stability, dynamic stability || ≗ **bei Fehlanpassung** / mismatch stability

Stabilitäts·abweichung *f* / stability error IEC 359 || ≗**bedingung** *f* (Nyquist) / stability criterion (of Nyquist) || ≗**bereich** *m* (Netz) / stability zone || ≗**fehler** *m* / stability error IEC 359 || ≗**gebiet** *n* / stability region, Stabilitätsgrenze *f*, stability limit || **dynamische** ≗**grenze** / transient stability limit || ≗**karte** *f* / stability-limit plot || ≗**marge** *f* / stability margin || ≗**prüfung** *f* / stability *n* || ≗**rand** *m* / stability limit

Stab·isolierung *f* / bar insulation || ≗**kinematiken** *f pl* / parallel kinematics, delta kinematics || ≗**leiter** *m* / bar-type conductor || ≗**leuchtstofflampe** *f* / linear fluorescent lamp, tubular fluorescent lamp || ≗**magnet** *m* / magnetic bar, rod magnet || ≗**mechanik-Maschinen** *f pl* / parallel robotic systems || ≗**-Platte-Funkenstrecke** *f* / rod-plane gap || ≗**-Rohr-Methode** *f* (LWL-Herstellung) / rod-in-tube technique || ≗**-Schleifenwicklung** *f* / bar-type lap winding || ≗**sicherung** *f* / pin-type fuse || ≗**-Stab-Funkenstrecke** *f* / rod-rod gap

Stab·stromwandler *m* / bar-primary-type current transformer, bar primary current transformer || ≗**temperaturregler** *m* / stem-type thermostat, immersion-type thermostat || ≗**-Verteilung** *f* (Siemens-Typ) / STAB distribution board, metal-enclosed distribution board || ≗**wähler** *m* (Trafo) / rod selector || ≗**wandler** *m* / bar-primary transformer || ≗**welle** *f* / bar wave || ≗**wicklung** *f* / bar winding || **verschränkte** ≗**wicklung** / cable-and-bar winding || ≗**zahl** *f* (Stabwähler) / number of rods

Stack *m* / stack *n*, pushdown storage || ≗**ausgabe** *f* / stack output || ≗**bereich** *m* / stack sector || ≗**pointer** *m* / stack pointer || ≗**pointerregister** *n* / stack pointer register || ≗**pointerüberlauf** *m* / stack pointer overflow || ≗**überlauf** *m* / stack overflow

Stadiumbeleuchtung *f* / stadium illumination

Stadt·autobahn *f* / urban freeway || ≗**bereich** *m* / urban area || ≗**licht** *n* (Kfz) / dipped beam (GB), meeting beam (GB), lower beam (US), passing beam (US) || ≗**straße** *f* / street || ≗**werke** *plt* / municipal utilities company

Staffel *f* / discount *n* || ≗ *f* (v. Antrieben) / group *n*, sequence *n* || ≗**kennlinie** *f* (Schutz) / grading curve || ≗**läufer** *m* (versetztes Blechp.) / staggered splitcore cage rotor || ≗**läufer** *m* (versetzte Nuten) / staggered-slot rotor || ≗**linie** *f* / grading lines

staffeln *v* (Bürsten) / stagger *v*, fit in a staggered arrangement

Staffelplan *m* / time sequence chart || ≗ *m* (Schutz) / time grading schedule, selective tripping schedule || ≗ **des Netzes** / time grading schedule

Staffel·schalter *m* / local control and interlock bypass switch, sequence selector || ≗**stück** *n* (Bürstenhalter) / spacer *n* || ≗**tarif** *m* / step tariff

Staffelung *f* / coordination *n* || ≗ *f* (gestaffelte Anordnung, Staffelung von Bürsten) / stagger *n*, circumferential stagger, staggering *n* || ≗ *f* (zeitlich, Schutz) / grading *n*, time grading || ≗ **der Bremswirkung** / graduating of brake action || **Aufruf~** *f* (SPS) / call distribution, call grading || **Strom~** *f* / current grading || **Überstrom-Schutz-**≗ *f* / overcurrent protective coordination || **Vertikal~** *f* (Flp.) / vertical separation

Staffelungswinkel *m* (Bürsten) / stagger angle

Staffel·verfahren *n* / successive method || ≗**zeit** *f* (Schutz) / grading time, selective time interval

Stahl, nicht schlussgeglühter, weichmagnetischer ≗ IEC 50(221) / semi-processed electrical steel || **verzinker, passivierter** ≗ / zinc-passivated steel || **verzinkt-passivierter** ≗ / zinc-passivated steel

Stahl·-Aluminium-Leiter *m* / steel-cored aluminium conductor (SCA), aluminium cable, steel-reinforced (ACSR) || ≗**band** *n* / steel tape || ≗**bandarmierung** *f* / steel-tape armour || ≗**bandbewehrung** *f* (Kabel) / steel-tape armour || ≗**bauarbeiten** *f pl* / structural steel work || ≗**bauprofil** *n* / structural-steel section, structural shape || ≗**bearbeitung** *f* / steel machining || ≗**binder** *m* / steel frame, steel truss || ≗**binderbauweise** *f* (ST) / steel-frame(d) structure, skeleton-type structure

Stahlblech *n* / sheet-steel construction || ≗ *n* (click) / steel plate || ≗ *n* (dünn) / sheet steel, steel sheet || ≗**gehäuse** *n* / sheet-steel enclosure, sheet-steel cabinet, sheet-steel housing

stahlblechgekapselt *adj* / metal-enclosed *adj*, sheet-steel-enclosed *adj* || **~e Sammelschiene** / metal-enclosed bus || **~e Schalttafel** / metal-enclosed switchboard || **~e Steuertafel** / metal-enclosed control board || **~er Niederspannungsverteiler** (SNV) / metal enclosed l.v. distribution board || **~er Verteiler** / metal-enclosed distribution board

Stahlblech·kanal *m* (S-Kanal) / sheet-steel duct, steel trunking || ≗**kapselung** *f* / sheet-steel enclosure, metal enclosure || ≗**-Kleinstation** *f* / metal-enclosed packaged substation || ≗**-Leitstand** *m* (Tafel) / metal-enclosed control board || ≗**-Schalttafel** *f* / metal-enclosed switchboard || ≗**tür** *f* / sheet-steel door

Stahl·drahtbürste *f* / steel brush || ≗**drahteinlage** *f* / insert of steel wire || ≗**einlage** *f* (Sohlplatte) / rail *n* || ≗**federbalg** *m* / steel spring bellows || ≗**fundament** *n* / steel base || ≗**fundament** *n* (Stahltisch) / steel platform

stahlgestrahlt *adj* / shot-blasted *adj*

Stahlgitter·mast *m* / latticed steel tower, steel tower || ≗**widerstand** *m* / steel-grid resistor

Stahl·guss *m* / cast steel || **≗holmgerüst** *n* / steel stays || **≗hülse** *f* / steel sleeve || **≗mantel** *m* / steel jacket || **≗maß** *n* / measuring tape || **≗ortbeton** *m* / in-situ reinforced concrete
Stahlpanzer·rohr *n* / heavy-gauge steel conduit, high-strength steel conduit, steel conduit, steel armored conduit || **≗rohrgewinde** *n* / heavy-gauge steel conduit thread, steel conduit thread || **≗-Steckrohr** *n* / non-threadable heavy-gauge steel conduit, unscrewed high strength steel conduit
Stahlplatte *f* / steel plate
Stahlrohr *n* / steel tube, steel pipe, jet pipe nozzle, jet pipe || ≗ *n* (IR) / steel conduit || **Gasaußendruckkabel im** ≗ / pipeline compression cable
Stahl·rolle *f* / steel roller || **≗schiene** *f* / steel rail || **≗schiene** *f* (flach) / steel bar || **≗schiene** *f* (Profil) / steel rail || **≗schmiedestück** *n* / steel forging || **≗seil** *n* / steel-wire rope, steel cable || **≗sorte** *f* / steel grade || **≗spitze** *f* / tool tip || **≗-Stahl-Lager** *n* / steel-on-steel bearing || **≗tisch** *m* (Maschinenfundament) / steel platform || **≗unterlage** *f* (Fundament) / steel base, steel bedplate, steel baseplate || **≗verschleiß** *m* / erosion *n* || **≗wellmantel** *m* / corrugated steel sheath
Stalum-Draht *m* / aluminium-clad steel wire
Stammdaten *plt* / master data, base data || **≗blatt** *n* / general data sheet || **≗satz** *m* / general data record || **≗verwaltung** *f* / master data management
Stamm·haus *n* / head office, headquarters *n pl*, head office sales and marketing || **≗kabel** *n* / master cable || **≗leitung** *f* / trunk cable || **≗leitungsverstärker** *m* / trunk amplifier || **≗leitungsverteilung** *f* / trunk splitter || **≗netz** *n* / main grid || **≗werkzeug** *n* / master tool || **≗wicklung** *f* / main winding || **≗zeichnung** *f* / master drawing || **≗zelle** *f* (Batt.) / main cell
Stampfkontakt *m* (Bürste) / tamped connection
Stand *m* / release *n* || **auf den neuesten ≗ bringen** / update *v* || **≗-alone-Betrieb** *m* / standalone operation
Standard *m* / standard *n*, default *n*, Def. || ≗ *m* (Qualitätsniveau) / (factory-stipulated) quality level || ≗ **BCU** / standard EIB bus coupler, standard BCU || **≗abgangsrichtung nach BS** / standard line direction towards drive end B
Standardabweichung *f* / standard deviation, r.m.s. deviation || ≗ **der Ablesung** / standard deviation of reading || ≗ **einer Zufallsgröße** DIN 55350,T.21 / standard deviation of a variate || **relative** ≗ / coefficient of variation, variation coefficient
Standard·anwendung *f* / standard application || **≗-Baustein** *m* / standard block || **≗bauweise** *f* / standard version || **≗bedienfeld** *n* / basic operator panel (BOP) || **≗bedienung** *f* / standard operator routine || **≗befehl** *m* / standard instruction, standard statement || **≗belastung** *f* / standard load || **≗belegung** *f* (SPS) / standard assignment(s) || **≗bereich** *m* / standard range || **≗bestückung** *f* / standard complement || **≗-Betätigungsplatte** *f* (NS) / standard target || **≗betrieb** *m* / default operation || **≗bild** *n* / standard image || **≗bild** *n* (Bildschirm) / standard display || **≗buchung** *f* (ZKS) / standard terminal entry, normal entry || **≗bus** *m* / standard bus
Standard·drucker *m* / default printer || **≗einbauplatz** *m* (SEP) / standard slot, standard plug-in station (SPS), standard slot dimension || **≗-Einbauplatz** *f* / standard slot, standard slot dimension, SPS (standard plug-in station) || **≗eingang** *m* / standard input || **≗-Einbauplatz** *m* (SEP) / standard plug-in station (SPS), standard mounting station || **≗einstellung** *f* / default setting || **≗erweiterungen** *f pl* / versions *n pl* || **≗farbe** *f* (Lampe) / standard colour || **≗fehler** *m* (QS) / standard error || **≗feld** *n* (Verteiler, MCC) / standard section || **≗feld** *n* (ST) / standard panel section || **≗font** *m* / default font || **≗funktion** *f* / function *n* || **≗-Funktionsbaustein** *m* (SPS) / standard function block || **≗gehäuse** *n* / standard housing || **≗gesamtheit** *f* / standard population || **≗-Gesamt-Rauschzahl** *f* / standard overall average noise figure || **≗-Glühlampe** *f* (mech. Ausführung) / standard incandescent lamp || **≗grafikmakrodatei** *f* / standard graphics macro file || **≗hardware** *f* / standard hardware
standardisieren *v* / standardize *v*
standardisierte bivariate Normalverteilung DIN 55350,T.22 / standardized bivariate normal distribution || ~ **Normalverteilung** DIN 55350,T.22 / standardized normal distribution || ~ **Zufallsgröße** DIN 55350,T.21 / standardized variate
Standardisierung *f* / standardization *n*
Standardisierungsgrad *m* / standardization level
Standard·jobliste *f* / standard job list || **≗kombinationsglied** *n* DIN 19237 / standard multi-function unit || **≗lampe** *f* / secondary standard lamp, secondary standard of light, secondary standard || **≗länge** *f* / standard length || **≗last** *f* / standard load || **≗maschinenfile** *n* / standard machine file
standardmäßig *adj* / standard *adj*, default *adj*
Standard·modell *n* / standard model || **≗modell** *n* (Grafik) / graphics drawing primitive (GDP) || **≗modul** *n* / standard submodule || **≗motor** *m* / standard motor || **≗-Niederspannungs-Schaltanlage** *f* / standard l.v. switchgear || **≗objekt** *n* / standard object || **≗parameter** *m* / standard parameter || **≗peripherie** *f* / standard peripherals || **≗-PLC-MD** / standard PLC MD || **≗-Plotdatei** *f* / default plotfile || **≗-Profilleiste** *f* / standard profiled strip || **≗programm** *n* / standard program || **≗projekt** *n* / standard project || **≗prüfpackung** *n* / standard test package || **≗-Prüftemperatur** *f* / standard temperature for testing IEC 70
Standard·-Rauschfaktor *m* / standard noise factor || **≗-Rauschzahl** *f* / standard noise figure || **≗routine** *f* (STR) / standard routine (STR) || **≗satz** *m* / standard set || **≗schalter** *m* (Steuerschalter) / standard control switch || **≗schaltvermögen** *n* / standard switching capacity || **≗schnittstelle** *f* / standard interface || **≗schrift** *f* / standard (o. normal) print || **≗software** *f* / standard software || **≗sprache** *f* / standard language || **≗status** *m* / default status || **≗stückliste** *f* / standard parts list || **≗system der Gleitwinkelbefeuerung** / standard visual approach slope indicator system || **≗telegramm** *n* (S) / standard message frame || **≗textbefehl** *m* (FWT) / instruction command, standard command || **≗-Überwachungsprogramm** *n* (SPS) / standard monitoring program || **≗unschärfebereich** *m* / standard zone of indecision || **≗-Wasserstoffpotential** *n* / standard hydrogen potential || **≗wert** *m* / default value, default *n* || **≗zustand** *m* (Druck, Temperatur) / standard conditions, standard reference conditions, metric

standard conditions || ≗**zyklus** *m* / standard cycle
Standby-Redundanz *f* / standby redundancy
Standdruck *m* / static pressure
Ständer *m* (el. Masch., Stator) / stator *n* || ≗ *m* (Stativ, Gestell) / stand *n*, mount *n*, tripod *n* || **verschiebbarer** ≗ / end-shift frame || ≗**achse** *f* / stator axis || ≗**anker** *m* / stationary armature
Ständeranlasser *m* / primary starter, reduced-voltage starter, stator-circuit starter || ≗ *m* (mit Widerständen) / stator resistance starter, stator inductance starter || ≗ **mit Drossel** / primary reactance starter
Ständer·anschlüsse *m pl* / stator terminals, stator connecting leads, end leads of stator winding || ≗**anschnittsteuerung** *f* / stator(-circuit) phase-angle control
Ständerbemessungs·betriebsleistung *f* / rated stator operational power || ≗**betriebsspannung** U_{es} / rated stator operational voltage || ≗**betriebsstrom** I_{es} / rated stator operational current || ≗**isolationsspannung** U_{is} / rated stator insulation voltage
Ständerblech *n* / stator lamination, stator punching || ≗**paket** *n* / laminated stator core, stator core
Ständer·bohrung *f* / stator bore, inside diameter of stator core || ≗**durchflutungsvektor** *m* / stator flux vector || ≗**eisen** *n* / stator iron, stator core || ≗**erdschlussschutz** *m* / stator earth-fault protection (GB), stator ground-fault protection (US) || **~erregte Maschine** / stator-excited machine, stationary-field machine || ≗**gehäuse** *n* / stator housing, stator frame, frame *n*, carcase *n*
ständergespeist *adj* / stator-fed *adj* || **~er Drehstrom-Nebenschlussmotor** / stator-fed three-phase a.c. commutator shunt motor
Ständerhebevorrichtung *f* / stator lifting device
Ständerinduktivität, Ident. ≗ **1** / identified stator inductance 1
Ständer·joch *n* / stator yoke *n*, yoke || ≗**klemmenkasten** *m* / primary terminal box, stator-circuit terminal box || ≗**kreis** *m* / stator circuit, primary circuit || ≗**leuchte** *f* / standard lamp (GB), floor lamp (US), floor standard lamp || **Ident.** ≗**nenninduktivität** / ident. nom. stator inductance || ≗**paket** *n* / laminated stator core, stator core || ≗**rücken** *m* / stator back || ≗**rückwirkung** *f* / secondary armature reaction || ≗**schalter** *m* (LS) / stator circuit-breaker || ≗**schütz** *n* / stator contactor, stator-circuit contactor || ≗**sohlplatte** *f* / stator rail, stator soleplate || ≗**stab** *m* / stator winding bar || ≗**-Streublindwiderstand** *m* / stator leakage reactance, primary leakage reactance || ≗**streureaktanz** *f* / stator leakage reactance
Ständerstrom *m* / stator current || **konventioneller thermischer** ≗ I_{thr} / conventional stator thermal current || ≗**belag** *m* / m.m.f wave || ≗**einprägung** *f* / impression of stator current, stator current impression
Ständer·teilfuge *f* / stator joint || ≗**umschalter** *m* / primary reverser, stator-circuit reversing contactor || ≗**verschiebevorrichtung** *f* / stator shifting device || ≗**wicklung** *f* / stator winding || ≗**wicklungsstrom** *m* / stator winding current || **Identifizierter** ≗**widerst.** / identified stator resistance || ≗**widerstand** *m* / stator resistance || ≗**widerstand** *m* (Phase-Phase) / stator resistance (line-to-line) || ≗**-Widerstandsanlasser** *m* / primary resistor starter || ≗**widerstandsmessung** *f* / stator resistance measurement || ≗**-Windungsschluss-Schutz** *m* / stator interturn fault protection
Standfernkopierer *m* / free-standing facsimile unit
standfest *adj* / stable *adj*, firm *adj*
Standfestigkeit *f* (allg., mech.) / stability *n*, stability under load || **elektrische** ≗ / electrical endurance, voltage life, voltage endurance || **Nachweis der elektrischen** ≗ / electrical endurance test || **Nachweis der mechanischen** ≗ / mechanical endurance test || **Prüfung der** ≗ (SG) / test of mechanical and electrical endurance, endurance test
Stand·fläche *f* (v. Personen) / standing surface || ≗**fläche** *f* (Gerät) / base *n* || ≗**fuß** *m* / supporting foot || ≗**fuß** *m* (BSG) / stand *n* || ≗**gerät** *n* (elST) / upright unit
standhalten, einem Druck ~ / withstand pressure
ständig aktive Überwachung / permanently active monitoring function, permanently active checks || **~ besetzte Station** / permanently manned substation || **~ frei verfügbar** (Programmteile) / permanently unassigned || **~ wirksame Begrenzung** (NC) / continuously active limiting function
Ständig-1-Fehler *m* / permanent 1 error
ständige Adaption (adaptive Reg.) / perpetual adaptation || **~ Last** / permanent load, deadweight load
Stand·keil *m* / fixed key, base key || ≗**länge** *f* (Bohrmasch.) / holes per grind || ≗**leitung** *f* / dedicated line, leased line, dedicated telephone line || ≗**melder** *m* (Brandmelder) / pillar-type call point || ≗**menge** *f* (Schleifmasch.) / output (o. parts) per grind || ≗**menge** *f* (Stanzmasch.) / die life || ≗**messung** *f* / level measurement
Standort *m* / office location || ≗ **des Beobachters** / location of observer || ≗**-Isolationsmessung** *f* / standing-surface insulation testing || **~isoliert** *adj* / with insulated standing surface || ≗**isolierung** *f* / standing surface insulation, insulating standing surface, fitter's insulating mat || ≗**kriterien** *n pl* / site criteria
Standplatz, Luftfahrzeug-≗ *m* / aircraft stand
Stand·profil *n* / upright *n*, stand profile || ≗**prüfung** *f* / withstand test, proof test || ≗**prüfung** *f* (am stehenden Fahrzeug) / stationary test || ≗**regler** *m* / level controller, liquid-level controller || ≗**riefen** *f pl* / brinelling *n*, scoring *n* || ≗**rohr** *n* / standpipe *n* || ≗**rohr** *n* (Fangleiter) / elevation pipe, elevation rod || ≗**schrank** *m* / self-supporting cubicle, floor-mounting cabinet, free-standing cabinet || ≗**sicherheit** *f* / stability *n*, stability under load || ≗**spur** *f* (Autobahn) / emergency lane
Standverbindung *f* / point-to-point circuit, dedicated circuit || **Daten~** *f* DIN ISO 3309 / non-switched data circuit
Stand·versuch *m* (mech.) / time-rupture test || ≗**versuch** *m* (el.) / proof test, withstand test || ≗**verteiler** *m* / cubicle-type distribution unit, floor-mounted distribution board (o. unit), floor-mounting distribution board, floor-mounting distributor, free-standing distribution board
Standwert, spezifischer ≗ / specific acoustic impedance, unit-area acoustic impedance
Standzeit *f* / service life || ≗ *f* (Fett, Lagerung) / stability time || ≗ *f* (Nutzzeit) / useful life, life *n*, endurance *f* || ≗ *f* (Gebrauchsdauer, Kunststoff) / pot

life, spreadable life || ² *f* (Werkz.) / tool life || ² *f* (Trafo, nach Ölfüllung) / unenergized time || **Werkzeug-**² *f* / tool life || ²**erfassung** *f* / tool life monitoring, tool time monitoring (A function which continuously accumulates and records the cutting time of an active tool and compares the accumulated cutting time with the limit values for that tool stored in the control system) || ²**kontrolle** *f* / tool life monitoring, tool time monitoring (A function which continuously accumulates and records the cutting time of an active tool and compares the accumulated cutting time with the limit values for that tool stored in the control system) || ²**überwachung** *f* (Funktion, bei der die Schnittzeit eines im Eingriff stehenden Werkzeugs kontinuierlich aufsummiert und abgespeichert wird und die aufgelaufene Schnittzeit mit der für das betreffende Werkzeug abgespeicherten Standzeit verglichen wird) / tool life monitoring, tool time monitoring (A function which continuously accumulates and records the cutting time of an active tool and compares the accumulated cutting time with the limit values for that tool stored in the control system)

Stange *f* / rod *n*, bar *n*

Stangen·antrieb *m* (Mehrachsantrieb über einen aus Stangen und Kurbeln bestehenden Mechanismus) / rod drive || ²**antrieb** *m* (PS) / rod actuator || ²**bearbeitung** *f* / bar work || ²**hebel** *m* (PS) EN 50041 / roller lever arm EN 50041, rod actuator || ²**hebeltaster** *m* / wobble stick || ²**klemme** *f* (f. Isolatorketten) / pole clamp, stick clamp || ²**kopf** *m* / rod head || ²**lader** *m* / bar loader || ²**länge** *f* / length of connecting rod || ²**rohr** *n* (IR) / rigid conduit || ²**schloss** *n* (Drehriegel) / espagnolette lock || ²**stromabnehmer** *m* / trolley collector || ²**stromabnehmer-Kontaktrolle** *f* / trolley wheel || ²**verschluss** *m* / rod lock || ²**vorschub** *m* / bar feed || ²**zylinder** *m* / push rod type operator

Stanz·aufteilung *f* / punching segmentation, cut segmentation || ²**auslösung** *f* / punch initiation || ²**automat** *m* / automatic punching machine || ²**barkeit** *f* / punching quality || ²**zähler** *m* / punch counter

Stanze *f* / stamping press, punch press, stamping machine

Stanzen *n* / punching *n* || ~ *v* / punch *v*, stamp *v* || ~ (ausschneiden) / blank *v* || ~ (lochen) / pierce *v*, perforate *v*

Stanzer *m* (f. Lochstreifen) / punch *n* || ²-**Anschaltung** *f* (NC-Steuergerät) / tape punch connection

Stanzerei *f* / punching shop

Stanz·gerät *n* / punch *n* || ²**kopf** *m* / punch head || ²**maschine** *f* / punch press, stamping machine, stamping press || ²**matrize** *f* / punching die || ²**qualität** *f* / punching quality || ²**signal** *n* / punch signal || ²**stempel** *m* / punch *n*, die *n* || ²**steuerung** *f* / punch control || ²**teil** *n* / punching *n*, stamping *n* || **ausgeschnittenes** ²**teil** / blank *n* || ²**werkzeug** *n* / punching die, blanking die

STAP / incident review log (IRL), post-mortem review

Stapel *m* (Kern) / stack *n*

stapelbar *adj* / stackable add

Stapel·betrieb *m* (DV) / batch mode, batch processing || ²**datei** *f* / batch file || ²**dorn** *m* (Blechp.) / building mandrel, stacking bolt || ²**faktor** *m* (eines geblechten o. gewickelten Kerns) IEC 50(221) / lamination factor || ²**faser** *f* / staple fibre || ²**fernverarbeitung** *f* / remote batch processing || ²**gerät** *n* / stacker *n*

Stapeln *n* / stacking *n* || ~ *v* / stack *v*

Stapel·programmierung *f* / batch programming || ²**register** *n* / stack register || ²**speicher** *m* / stack *n*, pushdown storage || ²**verarbeitung** *f* / batch processing, batch mode || ²**verband** *m* / stacked assembly || ²**vorrichtung** *f* (Blechp.) / building jig, core building frame, stacking frame || ²**zeiger** *m* (Stapelspeicher) / stack pointer, stack indicator

Stapler *m* / stacker *n*

stark streuend (LT) / highly diffusing

Stärke *f* (Dicke) / thickness *n*, gauge *n* || ² *f* (Intensität) / intensity *n*, strength *n*, level *n*

stark·e Kompoundierung / heavy compounding || **~e Verschmutzung** / severe pollution || **~es Netz** / constant-voltage, constant-frequency system, high-power system, powerful supply system

Stark·holz *n* / large-sized timber || ²**ladung** *f* (Batt.) / boost charge || ²**lastzeit** *f* / potential peak period, peak-load period

starkleitendes Polymer / high-conductivity polymer

Starkstrom *m* / heavy current, power current, power *n*, high-voltage current || ²**abteil** *n* (IK) / power service duct (o. compartment) || ²**anlage** *f* VDE 0100, T.200 / electrical power installation, power installation, power system || ²**beeinflussung** *f* / exposure to power lines || ²-**Freileitung** *f* / overhead power line || ²**kabel** *n* / power cable || ²**kabelgarnituren** *f pl* / power cable accessories, power cable fittings || ²**kontakt** *m* / heavy-duty contact || ²**kreis** *m* / power circuit || ²**leitung** *f* / power line || ²**leitung** *f* (Kabel) / power cable || ²**leitungen** *f pl* / cables and flexible cords for power installations, power cables

starkstromnah *adj* / in the vicinity of power circuits, susceptible to interference || **~e Ausführung** (Industrieelektronik) / direct relay replacement, direct contactor replacement, design suitable for industrial environment, industrial-standard type

Starkstromnetz *n* / power system

Starkstrom·-Schaltanlagen *f pl* / power switchgear || ²-**Schaltgeräte** *n pl* / power switchgear, (mechanical) switching devices for power circuits || ²-**Steuerkopfkombination** *f* / m.c.b. assembly for power circuits, heavy-current m.c.b. assembly || ²**steuerung** *f* / power-level control, heavy-current control || ²**technik** *f* / power engineering, heavy-current engineering

starr *adj* / rigid *adj* || ~ **geerdet** / solidly earthed (GB), solidly grounded (US), directly earthed, effectively earthed (o. grounded) || ~ **gekuppelt** / solidly coupled, solid-coupled *adj* || ~ **werden** (Kuppl.) / to become solid || **~e Arbeitszeit** / fixed working time, fixed working hours || **~e Drehzahlregelung** / stiff speed control || **~e Erdung** / solid earthing (GB), solid grounding (US), direct earthing || **~e Leiterplatte** / rigid printed board || **~e Leiterplatte mit Leiterbild auf einer Seite** / rigid single-sided printed board || **~e Leiterplatte mit Leiterbildern auf beiden Seiten** / rigid double-sided printed board || **~e Rückführung** / rigid feedback, proportional feedback || **~e Zeitstaffelung** (Schutz) / definite time grading || **~er Frequenzumformer** / fixed-output frequency converter || **~er Generator** / constant-voltage, constant-frequency generator || **~er Knoten** (Netz) / infinite bus || **~er Rotor** / rigid rotor || **~es Getriebe** / solid gearing || **~es Kunststoffrohr** / rigid non-metallic conduit, rigid plastic conduit || **~es Lager** / rigid bearing, non-aligning bearing || **~es Netz** / stiff system, constant-voltage constant-frequency system, infinite bus || **~es Rohr** (IR) / rigid conduit || **~es Stahlrohr** (IR) / rigid steel conduit

starr-flexible Leiterplatte / flex-rigid printed board || **~ Leiterplatte mit Leiterbildern auf beiden Seiten** / flex-rigid double-sided printed board || **~ Mehrlagen-Leiterplatte** / flex-rigid multilayer printed board

Starrschmiere *f* / cup grease

Start *m* / start *n* || **≗ für Weiterverarbeitung** (NC) / continuation start || **≗abbruchstrecke** *f* / accelerate-stop distance || **≗anhebung** *f* / starting boost || **≗bahn** *f* / take-off runway, runway *n* || **≗befehl** *m* (a. FWT) / starting command || **≗befehl** *m* (STA) / start command (STA), run command || **≗-Befehl** *m* / run command, start command (STA) || **≗bild** *n* / start picture || **≗bildung** *f* / start preparation || **≗bit** *n* DIN 44302 / start element || **≗bit** *n* (SPS) / start bit || **≗datum** *n* / start date || **≗ebene** *f* / start plane

starten *v* (Rel., E) VDE 0435,T.110 / start *v* || **≗** *n* / starting *n* || **~ einer Zeit** (SPS) / start a timer

Starter *m* (Anlasser f. Elektromotor) / starter *n*, motor starter || **≗** *m* (Kfz) / starter *n*, starting motor || **≗** *m* (Lampe) / starter *n*, starter switch || **≗** *m* (Elektrode) / starting electrode, trigger electrode || **≗ für direktes Einschalten** / direct-on-line starter, full-voltage starter, across-the-line starter, line starter || **≗ mit Freiauslösung** / trip-free starter || **≗ mit n Einschaltstellungen** / n-step starter || **≗ zum direkten Einschalten** / direct-on-line starter || **≗ zum Reversieren eines Motors** / reversing starter

Starterbetrieb, Leuchtstofflampe für ≗ / switch-start fluorescent lamp

Starter·elektrode *f* / starting electrode, trigger electrode || **≗entladungsstrecke** *f* / starter gap || **≗fassung** *f* / starter holder, starter socket || **≗feld** *n* / starter panel, starter unit || **≗-Generator** *m* (Kfz) / starter-generator *n* || **≗hülse** *f* / starter canister

starterlos·e Leuchtstofflampe / starterless fluorescent lamp, cold-starting fluorescent lamp || **~es Vorschaltgerät** / starterless ballast

Starter·motor *m* / starting motor, starter motor || **≗schutzschalter** *m* / motor-circuit protector (MCP), starter circuit-breaker || **≗stellung** *f* / starter notch, starter position || **≗übernahmestrom** *m* / starter transfer current || **≗-Freigabe** *f* / start enable, ST_EN || **≗frequenz** *f* / start frequency || **≗frequenz der DC-Bremsung** / DC braking start frequency || **≗funktion** *f* / start function

Starthilfe *f* / starting aid || **Selbsterregungs-≗** *f* / field flashing (device)

Startimpuls *m* / start pulse

Startlauf *m* (Flugzeug) / take-off run || **≗abbruchstrecke** *f* / accelerate-stop distance || **≗strecke** *f* (Flp.) / take-off run distance

Start·leistung *f* (Batt.) / starting capability || **≗menü** *n* / start menu || **≗merker** *m* / start flag || **≗-Merker** *m* (SPS) / start flag || **≗position** *f* / starting position || **≗pult** *n* / start console

Startpunkt *m* / starting point (starting point of the contour to be machined), initial point (initial point for tool motion) || **Startpunkt** *m* (NC) / starting position || **Vorschub-≗** *m* / feed start position

Start·rampe *f* / start ramp || **≗regel** *f* / starting rule

Startschritt *m* / start step || **≗** *m* (DÜ) / start element, start bit || **≗** *m* (SPS, Bit) / start bit || **≗** *m* (Laufzeit o. Zeitspanne seit Start einer Steuerung) / operation time

Start·selektor *m* (Osz.) / start selector, trigger selector || **≗spannung** *f* / starting voltage || **≗sperre** *f* / start disable

Start-Stop·-Automatik *f* (Kfz.) / automatic start-stop control || **≗-Fernwirkübertragung** *f* / start-stop telecontrol transmission || **≗-Information** *f* / start-stop information || **≗-Übertragung** *f* / start-stop transmission

Start-/Stopfrequenz *f* / starting/stopping rate

Start·strecke *f* (Flp.) / take-off distance || **≗taste** *f* / start button (o. key) || **≗taster** *m* / start push button || **≗- und Abstellautomatik** *f* / automatic start-up and shutdown control, automatic start-stop control || **≗- und Landebahn** *f* / runway *n* || **≗- und Landebahnbefeuerung** *f* / runway lighting || **≗verhalten** *n* / starting performance, start *n* || **≗verriegelung** *f* / start interlock || **≗versatz** *m* / start offset || **≗versuch** *m* / starting attempt || **≗voraussetzung** *f* / start condition || **≗vorrichtung** *f* (Leuchte) / starting device (luminaire)

Start·wert *m* / start value || **≗wert** *m* (Rel.) / starting value || **≗wiederholung** *f* / repetition of start, repeated start || **≗winkel** *m* / starting angle, start angle, initial angle || **≗winkelversatz** *m* / starting angle offset || **≗zeichen** *n* / start character || **≗zeit** *f* (Steuerung) / starting time

Statik *f* (Maschinensatz, Netz) / droop *n*, droop function || **≗** *f* (Spannungsregler) / drooping characteristic, droop *n*, drooping-voltage/KVAr characteristic, quadrature droop || **≗** *f* (bleibende Drehzahlabweichung) / speed droop, offset *n*, load regulation || **≗** *f* (Bau, statische Berechnung) / statics *n pl*, stress analysis || **≗-Aufschaltung** *f* / droop (injection) || **≗ausgleich** *m* / reactive-current compensation, droop compensation || **≗ausgleicher** *m* / reactive-current compensator || **≗baustein** *m* / reactive-current compensator module, quadrature-droop module || **≗einrichtung** *f* / reactive-current compensator, quadrature-droop circuit, crosscurrent compensator || **≗wandler** *m* / current transformer for quadrature droop circuit || **≗widerstand** *m* / droop resistor

Station *f* (Unterwerk) / substation *n* || **≗** *f* (Schaltanlage) / switching station, substation *n* || **≗** *f* (Datenendgerät) / terminal *n* || **≗** *f* (Prozessleiteinrichtung) / station *n* || **≗ in metallgekapselter gasisolierter Bauweise** / gas-insulated metal-clad substation || **≗ in offener Bauweise** / open-type substation, double-circuit station || **≗ mit doppelter Einspeisung** / doubly fed station || **datenausgebende ≗** / master station (ensuring data transfer to one or more slave stations) || **datenempfangende ≗** / slave station (station receiving data from a master station) || **dezentrale ≗** / distributed station, requester *n* || **gerufene ≗** / called station || **HGÜ-≗** *f* / HVDC substation || **rufende ≗** / calling station || **unbesetzte ≗** / unmanned substation

stationär *adj* / stationary *adj*, steady state (Qualifies a value determined for conditions of an item when characteristic parameters of the item remain constant), in the settled state || **~e Lastkennlinie** / steady-state load characteristic || **~e Modenverteilung** / equilibrium mode distribution || **~e Phase** / stationary phase || **~e Schwingung** / steady-state vibration || **~e Stromversorgungsbedingungen** / steady-state power conditions || **~e Verfügbarkeit** (Mittelwert der momentanen Verfügbarkeit unter stationären Bedingungen während eines gegebenen Zeitintervalls) / steady-state availability || **unter ~en Bedingungen** / during steady-state conditions, under steady-load conditions || **Stabilität im ~en Betrieb** / steady-state stability || **~er Betrieb** (Betrieb mit konstanten Geschwindigkeiten) / steady-state operation, steady operation, steady-state balanced operation || **~er Endwert** (Reg.) / final steady-state value || **~er Kurzschlussstrom** / steady-state short-circuit current || **~er Primärversuch** (Schutz) / steady-state primary-injection test || **~er Sperrstrom** (Thyr, Diode) DIN 41786, DIN 41853 / resistive reverse current || **~er symmetrischer Betrieb** / steady-state balanced operation || **~er Zustand** / steady state || **~er Zustand des Reglers** / controller output balance || **~es Feld** / steady-state field, stationary field || **~es Geräusch** / stationary noise || **~es Rauschen** / stationary noise || **~es Verhalten** / steady-state behaviour, steady-state characteristics || **~es Zufallsrauschen** / stationary random noise

Stations·abbild *n* / substation image || **≗ableiter** *m* / station-type arrester || **≗abtragebefehl** *m* (FWT) / station interrogation command || **≗aufforderung** *f* DIN 44302 / interrogation *n* || **≗batterie** *f* / substation battery || **≗bedarf** *m* (Eigenbedarf einer Unterstation) / substation auxiliaries power (o. system)

stationsbezogen *adj* / station-specific *adj*, node-specific *adj*

Stations·diagnose *f* / station diagnostics || **≗ebene** *f* (Fertigungssteuerung, CAM-System) / station level || **≗eigenschaft** *f* / station property || **≗erde** *f* / station earth || **≗gerüst** *n* / substation structure || **≗kennung** *f* / station identification

Stationsleit·ebene *f* / station control level || **≗gerät** *n* / station control unit || **≗platz** *m* / operator station, station control centre, man-maschine-interface *n* || **≗system** *n* / station control system, substation control system, substation control and protection system || **≗technik** *f* / substation control and protection, substation automation

Stationsnummer *f* / station number || **vorläufige ≗** / provisional station number

Stations·pol *m* / substation pole || **HGÜ-≗regelung** *f* / HVDC substation control || **≗-Schaltanlage** *f* / station-type cubicle switchgear || **≗schalter** *m* (LS) / station circuit-breaker || **≗-Schaltschrankanlage** *f* / station-type cubicle switchgear || **≗schutz** *m* / busbar protection || **≗speicher** *m* / station memory || **≗stützer** *m* (Isolator) / station post insulator || **≗transformator** *m* / substation transformer, station-type transformer || **≗- und Systemabbild** *n* / substation and system image

statisch abmagnetisierter Zustand / statically demagnetized state, statically neutralized state || **~ neutralisierter Zustand** / statically neutralized state || **~e Abschirmung** / static screen(ing) || **~e Abweichung** / steady-state deviation, offset *n* || **~e Auswuchtmaschine** / static balancing machine || **~e B(H)-Schleife** / static B(H) loop || **~e Baugruppe** / static module || **~e Belastung** / static load || **~e Berechnung** (Bau) / stress analysis || **~e Charakteristik** (Transduktor) / static characteristic, transfer curve (transductor) || **~e Drehzahländerung** / steady-state speed regulation || **~e Druckhöhe** / pressure head, head *n*, static head || **~e Durchbiegung** / static deflection || **~e Eigenschaften** (MG) / static properties || **~e Elektrizität** / static electricity, frictional electricity || **~e Erregung** (el. Masch.) / static excitation, brushless excitation || **~e Festigkeit** / static strength || **~e Feuchte-Hitze-Prüfung** / static damp-heat test || **~e Hystereseschleife** / static hysteresis loop, static B-H loop || **~e Kennlinie** / static characteristic, transfer curve || **~e Kennlinie** (Rel.) VDE 0435, T.110 / steady-state characteristic || **~e Kippleistung** / steady-state pull-out power || **~e Kraft** / static force || **~e Last** / static load || **~e Magnetisierungskurve** / static magnetization curve || **~e Netzstabilität** / steady-state stability of power system, steady-state power system stability || **~e Prüfung** / static test || **~e Spannung** (mech.) / static stress || **~e Spannungsänderung** / steady-state regulation || **~e Spannungsgenauigkeit** / steadystate regulation || **~e Spannungstoleranz** / steady-state voltage tolerance || **~e Stabilität** / steady-state stability || **~e Überspannung** / static overvoltage || **~e Wellendurchbiegung** / static deflection of shaft || **~er Ausgang** / solid-state output, semiconductor output || **~er Biegeradius** (Kabel) / static bending radius || **~er Blindleistungskompensator** / static Var compensator (SVC), static reactive-power compensator, static compensator || **~er Druck** / static pressure || **~er Eingang** DIN 40700, T.14 / static input IEC 11715 || **~er Elektrizitätszähler** / solid-state electricity meter || **~er Erreger** / static exciter || **~er Kompensator** / static compensator || **~er Lastwinkel** (Schrittmot.) / angular displacement under static load || **~er Restfehler** (Reg.) / offset *n* || **~er Schreib-/Lese-Speicher** / static read/write memory || **~er Speicher** / static memory || **~er Speicherabzug** / post-mortem dump || **~er Wattstundenzähler** / static watthour meter || **~er Zähler** / static (electricity meter) || **~es Auswuchten** / static balancing, single-plane balancing || **~es Gerät** / static device, solid-state device, semiconductor device, electronic device || **~es Messrelais** (SMR) / static measuring relay, solid-state measuring relay || **~es RAM** (SRAM) / static RAM (SRAM) || **~es Relais** / static relay, solid-state relay (SSR) || **~es Schaltgerät** / solid-state switching device || **~es Überlastrelais** / static overload relay, solid-state overload relay || **~es Zeitrelais** / static time-delay relay, solid-state time delay relay, electronic timer

Statisierung *f* (Spannungsregler) / reactive-current compensation, quadrature-current compensation, cross-current compensation, quadrature droop compensation, droop adjustment

Statisierungseinrichtung *f* / reactive-current compensator, quadrature-droop circuit, crosscurrent compensator

Statistik *f* / statistics *n pl* || **schließende** ≗ DIN 55350,T.24 / analytical statistics || ≗**daten** *plt* / statistical data || ≗**rechner** *m* / statistics computer

statistisch *adj* / statistical *adj* || **~ verteilt** / randomly distributed || **~e Abweichungsgrenze** / limiting deviation || **~e Bewertung** / statistical assessment || **~e Blitzüberspannung** / statistical lightning overvoltage || **~e Kenngröße** / statistic *n* || **~e Maßzahl** / statistic *n* || **~e Pegelsicherheit** / statistical safety factor || **~e Qualitätslenkung** DIN 55350, T.11 / statistical quality control || **~e Qualitätsprüfung** DIN 55350,T.11 / statistical quality inspection || **~e Schaltüberspannung** / statistical switching overvoltage || **~e Schwankungen** / statistical variations || **~e Sicherheit** / confidence level, confidence coefficient || **~e Steh-Blitzstoßspannung** / statistical lightning impulse withstand voltage || **~e Steh-Schaltstoßspannung** / statistical switching impulse withstand voltage || **~e Steh-Stoßspannung** / statistical impulse withstand voltage || **~e Streubereichsgrenzen** / statistical tolerance limits || **~e Verteilung** / statistical distribution || **~er Anteilsbereich** DIN 55350,T.24 / statistical tolerance interval || **~er Fehler** / random error || **~er Kennwert** / statistic *n* || **~er Pegelfaktor** VDE 0111, T.1 A1 / statistical safety factor || **~er Test** DIN 55350,T.24 / statistical test, significance test || **~es Ausfallrisiko** / statistical failure risk || **~es Moment** / statistical moment || **~es Rauschen** / random noise

Stativ *n* / stand *n*, tripod *n*

Stator *m* / stator *n* || ≗**erdschlussschutz** *m* / stator earth-fault protection || ≗**feld** *n* / stator field

Status *m* / status *n*, state *n*

STATUS / program-dependent signal status display

Status Display Panel (SDP) / display *n*

Status Fangen Beobachter / status word: Flying start SVC

Status Variable / state variable

Status·abfrage *f* / status interrogation, status check, status enquiry || ≗**anforderung** *f* / status requirement || ≗**anzeige** *f* / status display, status indication || ≗**auswertung** *f* / status evaluation || ≗**baustein** *m* / status block || ≗**bearbeitung** *f* / status processing, force variables || ≗**bit** *n* / status bit || ≗**format** *n* / status format || ≗**information** *f* / state information || ≗**leiste** *f* / status bar

Statusmeldung *f* / status signal, status display, status input, status data, status indication, signal *n*, indication *n*

Status·quittierung *f* / status acknowledgement || ≗**register** *n* / status register || ≗**übergang** *m* / state transition

statusverknüpfte Leitfeld-Variable / status-linked control-field variable

Status·wechsel *m* / status change || ≗**wert** *m* / monitor value

Statuswort *n* / status word || ≗ **Motormodell** / status word of motor model || ≗**anzeigesegment** / status word display segment || ≗**register** *n* / status word register

Statuszeile *f* / status bar

Stau *m* (Straßenverkehr) / congestion *n*

Staub *m* / dust *n* || **explosionsfähiger** ≗ / explosive dust atmosphere || ≗**ablagerung** *f* / dust deposit, dust accumulation || **staub·abweisend** *adj* / dust-repellent *adj* || ≗**ansatz** *m* / dust deposit, dust accumulation || ≗**aufnahmevermögen** *n* (Staubsauger) / dust removal capacity || ≗**bekämpfung** *f* / dust control || ≗**belastung** *f* / exposure to dust

staubdicht *adj* / dust-tight *adj*, dust-proof *adj* || **~e Leuchte** / dust-tight luminaire || **~e Maschine** / dust-proof machine || **~e, wassergeschützte Kapselung** / dust-tight waterprotected enclosure (d.t.w.p.)

Staub·dichtigkeit *f* / dustproofness *n* || ≗**dichtung** *f* / dust seal

Staubero *m* / tailback bero

Staub·filter *n* / dust filter, dust collector || **~freier Raum** / clean room || **~geschützt** *adj* / dust-protected *adj*, dust-proof *adj*, dust-tight *adj* || ≗**konzentrations-Messeinrichtung** *f* / dust-concentration measuring equipment

Staublende *f* (Lg.) / restrictor plate, restrictor *n*

Staubmessgerät nach dem Betastrahlenabsorptionsverfahren / suspended-particle analyzer using the beta-radiation absorption method || ≗ **nach dem Streulichtverfahren** / dust monitor using the scattered-light method

Staubnut *f* / dust groove

Staubsauger *m* / vacuum cleaner || ≗ **für Tierpflege** / vacuum cleaner for animal grooming

Staubschutz *m* / protection against dust, dust protection || ≗**kappe** *f* / dust cover

Staubsicherheit *f* / dustproofness *n*

stauchen *v* / compress *v*, upset *v*

Stauch·festigkeit *f* / compressive offset strength || ≗**grenze** *f* / compressive yield point, upset limit || ≗**kraft** *f* / compressive force, pressure force, thrust *n* || ≗**motor** *m* (Walzwerk) / scale-breaker motor || ≗**spannung** *f* / compressive offset stress

Staudruck *m* / dynamic pressure, stagnation pressure || ≗ *m* (Gegendruck) / back-pressure *n* || ≗ *m* (am Pitot-Rohr) / impact pressure, head pressure || ≗**beiwert** *m* / velocity head coefficient, pressure head coefficient || ≗**messer** *m* / Pitot tube, impact pressure gauge

Stauffer·büchse *f* / grease cup, Stauffer lubricator, screw pressure lubricator || ≗**fett** *n* / cup grease

Stau·klappe *f* / baffle plate, damper *n* || ≗**punkt** *m* / stagnation point || ≗**regulierung** *f* / accumulation stop gate || ≗**rollenförderer** *m* / buffer roller conveyor || ≗**scheibe** *f* (Lg.) / splash plate || ≗**scheiben-Durchflussmesser** *m* / target flowmeter || ≗**scheiben-Durchflussmessumformer** *m* / target flow transducer || ≗**steg** *m* (Lg.) / retaining lip

Stauungsanzeiger *m* (f. Anzeige ausgetretener Messstoffmengen) / leakage volume meter, leakage meter (o. indicator)

Stau·vereinzelung *f* / back-up stopper || ≗**werk** *n* / dam *n* || ≗**ziel** *n* (WKW) / top level

STB / stop bar (STB)

Stck / unit *n*, units *n pl*, quantity *n*, qty.

Std. / default *n*, Def.

Steatit *n* / steatite *n*, soapstone *n*

Stechen *n* / plunge cutting || ~ *v* / groove *v*

Stecher *m* / recessing tool, plunge-cutter, grooving tool

Stech·heber *m* / thief *n* || ≗**meißel** *m* / grooving tool, recessing tool, plunge-cutter *n* || ≗**platte** *f* (vgl.

Platte, Werkzeughalter, Werkzeug) / grooving insert || ²**werkzeug** *n* / plunging tool

Steckanschluss *m* / connector *n* || ² *m* (Klemme) / clamp-type terminal, push-lock terminal || ² *m* (m. Stecker) / plug-and-socket connection, plug-in connection || ² *m* (Kabel) / plug-in termination, separable termination || ² **für Flachsteckverbindungen** DIN 42028 / tab-and-receptacle connector || ²**klemme** *f* / clamp-type terminal, push-lock terminal

steckbar *adj* / plug-in *adj* || ~ *adj* (Steckverbindung) / pluggable *adj* || **maximal ~** / max. pluggable || **~e Brücke** / plug-in jumper, push-on strap || **~e Durchführung** / plug-in bushing || **~e Einheit** / plug-in unit || **~e Leiterplatte** / plug-in p.c.b., plug-in board || **~er Abgangskasten** (IK) / plug-in tap-off unit || **~er Anschluss** / plug-and-socket connection, plug-in connection || **~er Fernschalter** / disconnectable remote-control switch || **~er Zeitschalter** / disconnectable t.d.s. || **~es Bauelement** / plug-in component

Steckbarkeit *f* / intermateability *n*

Steck·baugruppe *f* / plug-in module || ²**baugruppe** *f* (Leiterplatte) / plug-in board, plug-in card || ²**blende** *f* / detachable orifice plate, flange-mounting orifice plate || ²**block** *m* DIN 43350 / plug-in package, sub-unit *n* || ²**bogen** *m* (IR) / slip-type coupling bend, non-threadable bend, unscrewed bend || ²**brett** *n* / plugboard *n*

Steckbrief, Messstellen-² *m* / measuring-point identifier (o. tag)

Steck·brücke *f* / plug-in jumper, push-on jumper, jumper plug, jumper *n* || ²**buchse** *f* / socket *n*, socket-contact *n*, receptacle *n*, socket connector, female connector, sleeve *n*, liner *n*, shell *n*

Steckdose *f* / socket-outlet *n*, receptacle outlet (US), receptacle, convenience outlet, outlet *n* || ² *f* (an einem Elektroherd zum Anschluss von Küchengeräten) / appliance outlet (US) || ² **für Durchgangsverdrahtung** / socket-outlet for looped-in wiring || ² **mit Festhaltevorrichtung** / restrained socket-outlet || ² **mit Shutter** / shuttered socket-outlet || ² **mit Sicherung** / fused socket-outlet, fused receptacle || ² **ohne Schutzkontakt** / socket-outlet without earthing contact, non-grounding-type receptacle || ²**mit Schalter** / switched socket-outlet, switch socket-outlet

Steckdosen·-Abzweigleitung *f* / socket-outlet branch circuit, socket-outlet spur, receptacle branch circuit, outlet spur || ²**-Einbaudose** *f* / socket-outlet box, receptacle box || ²**einsatz** *m* / mains socket || ²**empfänger** *m* (IR-Fernbedienung) / plug-in socket receiver, plug-in switch || ²**leiste** *f* / multiple socket outlet, triple (socket outlet), multiple receptacle block (o. cube) || ²**leiste** *f* (IK) / multi-outlet assembly || ²**-Ringleitung** *f* / outlet ring circuit, receptacle ring circuit || ²**säule** *f* / outlet pillar || ²**-Stichleitung** *f* / socket-outlet spur, outlet spur

Steckdosenverteiler *m* / multi-outlet distribution unit || ² *m* (BV) EN 60439-4 / socket outlet ACS || ² *m* (m. FI-Schalter) / e.l.c.b.-protected socket-outlet unit || ²**kasten** *m* / multi-outlet distribution box

Steck·einheit *f* / plug-in unit || ²**einsatz** *m* (Steckschlüssel) / socket inset || ²**einsatz** *m* (Gerät) / plug-in unit

stecken *v* (Stecker, Baugruppe) / plug in *v*, insert *v* || ² **unter Spannung** / live plugging, hot insertion

Steckendverschluss *m* / plug-in termination

Stecker *m* / plug *n*, attachment plug, plug connector, plug cap, cap *n*, connector *n*, plug-in connector || ² *m* (Steckverbinder) / connector *n* || ² **für den Hausgebrauch** / plug for household purposes || ² **mit angeformter Zuleitung** / cord set || ² **mit Festhaltevorrichtung** / restrained plug || ² **mit seitlicher Einführung** / side-entry plug, angle-entry plug || ² **mit Verpolschutz** / polarized plug, non-interchangeable plug || ² **mit zentraler Einführung** / coaxial-entry plug || **Cannon-** ² *m* / Cannon connector || **gerader** ² / straight connector || **Schalt~** *m* / load-break connector

Stecker·abzugskraft *f* / plug withdrawal force || ²**ausgang** *m* / connector output (CO), CO (Connector Output) || ²**befestigungslemente** *n pl* / plug mounting elements || ²**befestigungsteile** *n pl* / plug mounting parts || ²**belegung** *f* / connector pin assignment || ²**belegung** *f* / pin assignment, pinout *n* || ²**bolzen** *m* (Verbindungsmuffe) / plug connector || ²**buchse** *f* / socket *n*, receptacle *n* || ²**eingang** *f* / connector input, source *n* || ²**einsatz** *f* / plug insert || ²**fassung** *f* / plug socket || ²**feld** *n* / plug panel

steckerfertiges Gerät / plug-in device, accessory with integral plug

Stecker·garnitur *f* / plug set || ²**gehäuse** *n* / connector housing, connector jacket || ²**größe** *f* / plug size || ²**-Haltebügel** *m* / cable latch || ²**haube** *f* / connector cover || ²**-Kabelzuführung** *f* / cable support || ²**kennung** *f* (SPS) / connector identifier || ²**kodierung** *f* / connector coding || ²**-kompatibel** / compatible connectors || ²**ladegerät** *n* / plug-in charger

Steckerleiste *f* / plug connector, male connector, pin connector, pin contact strip, push-on terminal strip || ² *f* (Klemmenleiste) / push-on terminal strip

Stecker·-Montageplatte *f* / cable mounting plate || ²**netzteil** *n* / plug-in power supply unit, plug-in power supply || ²**satz** *m* / connector set || ²**schaft** *m* / plug shaft || ²**seite** *f* (Leiterplatte) / rear edge || ²**sicherung** *f* / plug fuse || ²**stift** *m* / plug pin, contact pin || ²**träger** *m* / plug carrier || ²**typ** *m* / plug type

Steckerverbindung *f* / plug connection || ² **mit Bajonettarretierung** / bayonet nut connector (BNC)

Stecker·verbindungsplan *m* / terminal diagram IEC 113-1, terminal connection diagram || ²**vielfach** *n* / male connector block, programming panel

Steck·fassung *f* (Lampe) / plug-in lampholder || ²**feld** *n* / pinboard *n*, patchboard *n* || ²**finger** *m* / finger *n* || ²**garnitur** *f* (Kabel) / separable accessory, plug-in accessory || ²**gehäuse** *n* (DIP) / dual-in-line package (DIP) || ²**griff** *m* / attachable handle, detachable handle || ²**häufigkeit** *f* / frequency of insertions

Steckhebel *m* / detachable lever, plug-in handle || ²**antrieb** *m* / detachable lever mechanism, plug-in handle operating mechanism

Steckhülse *f* / plug-in sleeve || ² *f* (Kontaktbuchse) / receptacle *n*, jack *n*, terminal socket || ² *f* (Aufsteckkontakt) / push-on contact, quick-connect terminal || ² *f* (Aufsteckh.) / push-on sleeve || ² *f* (AMP) / receptacle *n* || ² **für seitlichen Leiteranschluss** / flag receptacle || ² **mit Flachstecker** / receptacle with tab || ² **mit Rastung**

/ snap-on contact

Steckkabel *n* / patchcord *n* || ² *n* / plug-in cable || ²**anschluss** *m* / plug-in connection || ²**schuh** *m* / plug-in cable lug

Steck·kappe *f* (Sich.) / fuse carrier || ²**karte** *f* / plug-in card, printed wiring card, pluggable printed-board assembly, plug-in p.c.b. || ²**klemme** *f* / clamp-type terminal, plug-in terminal, push-lock terminal || ²**klemmen** *f pl* / plug-in terminals, plug-type terminal, clamp-type terminal || ²**knebel** *m* / detachable knob, withdrawable knob || ²**kontakt** *m* / plug-in contact, plug contact || ²**kontaktleiste** *f* / multipole connector || ²**kraft** *f* / insertion force

steckkraftloses Bauelement / zero-insertion-force component

Steck·kupplung *f* / plug-in connector || ²**lager** *n* / plug-in bearing || ²**lampe** *f* / jack lamp, plug-in lamp || ²**leiste** *f* / push-on terminal strip

Steckleitung *f* / slip-on lead, slip-on jumper, patchcord *n*, connecting cable, drop cable, plug-in line || ² *f* (Verbindungsleitung) / connecting cable || ² *f* (Bussystem) / drop cable

Steckleitungs·anschluss *m* / cable connection || ²**ebene** *f* (LAN) / drop system

Steck·linie *f* (IK) / plug-in busway || ²**linse** *f* / plug-in lens, insertable lens || ²**matrix** *f* (Rangierverteiler) / patching matrix || ²**modul** *n* / plug-in submodule || ²**muffe** *f* (IR) / plain coupler, slip-type coupler, plain coupling || ²**part** *m* / plug-in package, sub-unit *n* || ²**platte** *f* DIN 43350 / pluggable printed-board assembly, plug-in p.c.b.

Steckplatz *m* / module location, slot *n*, receptacle *n* (for submodules), plug-in station, module slot, module position, rack position, mounting station, mounting location, plug-in pad, module plug-in location, connector location, submodule socket || ² *m* (Leiterplatte) / board slot, slot *n* || ²**adresse** *f* / slot address, module location address || ²**adressierung** *f* / slot addressing || ²**aufnahme** *f* / location *n*

steckplatzcodiert *adj* / slot-coded *adj*, location-coded *adj*

Steckplatz·diagnose *f* / slot diagnostics || ²**kennung** *f* / slot identifier, module location identifier || ²**kodierung** *f* / slot coding || ²**nummer** *f* / slot number, slot address || **~orientierte Adressvergabe** / slot-oriented address allocation || **~unabhängig** *adj* / for random module insertion *adj*, slot-independent add, slot-independent *adj*, random module insertion

Steck·rahmen *m* (BGT) / mounting rack, rack *n* || ²**rohr** *n* (IR) / non-threadable conduit IEC 23A-16, unscrewed conduit || ²**schiene** *f* (MCC) / vertical busbar, vertical plug-on bus, plug-on riser bus || ²**schienenkanal** *m* / plug-on bus duct

Steckschlüssel *m* / socket spanner, socket wrench, box spanner || ²**antrieb** *m* (SG) / key operator, key-operated actuator || **mit** ²**antrieb** / key-operated *adj* || ²**-Satz** *m* / socket wrench set

Steck·schnur *f* (f. Schaltungsänderungen auf Schaltbrett) / patchcord *n* || ²**-Schränktechnik** *f* / slip-on-and-twist-lock technique || ²**seite** *f* / mating side

Stecksockel *m* / socket *n*, receptacle *n* || ² *m* (Lampe) / plug-in cap || ² *m* (Rel.) / pin base || ²**montage** *f* / plug-in mounting || ²**relais** *n* / plug-in relay

Steck·stutzen *m* / push-in gland, plug-in gland || ²**system** *n* / connector system || ²**tafel** *f* / pinboard *n*, patchboard *n* || ²**teil** *f* / plug-in technology || ²**teil** *n* (eines steckbaren Kabelanschlusses) / male connector || ²**-T-Stück** *n* (IR) / slip-type Tee, unscrewed Tee, non-threadable Tee || ²**tür** *f* / detachable panel

Steck- und Ziehkraft *f* / insertion and withdrawal force

Steckverbinder *m* / connector *n*, plug-in connector, cable connection, cable connector, plug *n*, plug connector || ² *m pl* (Sammelbegriff) / plugs and sockets, connectors *n pl* || ² **für direktes Stecken** (Leiterplatte) / edge-socket connector, edge-board connector, edge connector || ² **für gedruckte Schaltung** / printed-board connector || ² **für Leiterplattenmontage** / board-mounted connector || ² **für Mutter-Tochter-Leiterplatte** / mother-daughter board connector || ² **hoher Kontaktdichte** / high-density connector || ² **hoher Poldichte** / high-density connector || ² **mit Drehkupplung** / twist-on connector || ² **mit Drehverriegelung** / twist-on connector || ² **mit Erdanschluss** / earthing connector, grounding connector || ² **mit männlichen Kontakten** / plug *n*, plug assembly || ² **mit Notzugentriegelung** / snatch-disconnect connector, break-away connector || ² **mit Schnellentkupplung** / quick disconnect connector || ² **mit versetzter Kontaktanordnung** / staggered-contact connector || ² **mit weiblichen Kontakten** / receptacle *n*, receptacle assembly || **kontaktgeschützter** ² / scoop-proof connector || **LWL-**² *m* / optical-fibre connector || **mehrreihiger** ² / multi-row connector

Steckverbinder·-Abschirmung *f* / connector shield || ²**-Ausführung** *f* DIN IEC 50, T.581 / connector variant || ²**-Bauart** *f* / connector type || ²**-Bauform** *f* / connector style || ²**buchse** *f* / connector jack || ²**dose** *f* / connector socket, (connector) receptacle || ²**-Einsatz** *m* / connector insert || ²**-Federleiste** *f* / socket connector || ²**feld** *n* / connector section || ²**gehäuse** *n* / connector housing, connector shell (depr.) || ²**-Gehäuse** *n* / connector housing || ²**körper** *m* / connector body || ² **mit Kabelzugentriegelung** / lanyard disconnect connector || ²**paar** *n* / mated set of connectors || ²**satz** *m* / connector mated set, connector pair (depr.) || ²**-Stirnflächen** *f pl* / connector interface || ²**system** *n* / connector system || ²**-Variante** *f* / connector variant || ²**-Vorderseite** *f* / connector front

Steckverbindung *f* / plug-and-socket connection, plug-in connection, connector *n*, cable connection, cable connector, plug connector

Steck·verteiler *m* / push-on plug distributor || ²**vorrichtung** *f* / plug-and-socket device, plug and socket-outlet, plug and connector || ²**vorrichtungen** *f pl* / plugs, socket-outlets and couplers || ²**winkel** *m* (IR) / plain elbow || **FASTON-**²**zunge** *f* / FASTON tab

Steg *m* / plate *n*, rib *n* || ² *m* (Komm.) / segment *n*, bar || ² *m* (Speichenläufer, Profilstahl) / web *n* || ² **zwischen Bohrung** / plate between holes || **Kolben~** *m* / piston land || ²**abstand** *m* (SchwT) / root gap, root spacing || ²**blech** *n* / web plate || ²**höhe** *f* (Schweißtechnik) / root-face height || ²**leitung** *f* / ribbon-type webbed building wire, flat webbed building wire, flat webbed cable || ²**naht** *f*

(Schweißnaht) / root-face joint || ≗**profil** *n* (I-Profil) / I-section *n* || ≗**profil** *n* (V-Profil) / channel *n* (section) || ≗**spannung** *f* (Komm.) / voltage between segments, voltage between bars || ≗**welle** *f* / spider shaft

Stehblitzstoßspannung *f* / lightning impulse withstand voltage

Steh-Blitzstoßspannung *f* / lightning impulse withstand voltage || ≗**, nass** / wet lightning impulse withstand voltage || ≗**, trocken** / dry lightning impulse withstand voltage

Stehbolzen *m* / stud *n*, stay-bolt *n* || ≗**anschluss** *m* / stud terminal

stehenbleiben *v* (Mot.) / stall *v*

stehend·e Brennstellung (Lampe) / base down position || **~e Luft** / quiet air || **~e Reserve** (KW) / standby reserve || **~e Schwingung** / standing vibration, stationary vibration || **~e Verdrahtung** / permanent (o. independent) wiring || **~e Welle** / standing wave || **~e Welle** (Masch.) / vertical shaft || **~er Kurzschluss** / permanent fault

Steh·festigkeit *f* / withstand strength || ≗**feuer** *n* / sustained arc, maintained arc, prolonged arc || ≗**-Gleichspannung** *f* / d.c. withstand voltage || ≗**-Gleitlager** *n* / pedestal-type sleeve bearing || ≗**-Kurzzeitstrom** *m* / short-time withstand current

Stehlager *n* / pedestal bearing, pillow-block bearing || ≗**deckel** *m* / bearing pedestal cap

Steh·lampe *f* / standard lamp (GB), floor lamp (US), floor standard lamp || ≗**leiter** *m* / step-ladder *n* || ≗**leuchte** *f* / standard lamp (GB), floor lamp (US), floor standard lamp

Stehlicht·bogen *m* / sustained arc, maintained arc, prolonged arc || ≗**projektor** *m* / slide projector, still projector

Steh·-Prüfspannung *f* / withstand test voltage || ≗**-Prüfwechselspannung** *f* / power frequency withstand voltage, power-frequency test voltage || ≗**pult** *n* / desk for standing operation || ≗**-Regenprüfung** *f* / wet withstand test || ≗**-Salzgehalt** *m* / withstand salinity || ≗**-Schaltstoßspannung** *f* / switching impulse withstand voltage || ≗**schaltstoßspannung, nass (o. unter Regen)** / wet switching impulse withstand voltage || ≗**schaltstoßspannung, trocken** / dry switching impulse withstand voltage || ≗**-Schaltstoßspannungspegel** *m* / basic switching impulse insulation level (BSL), switching impulse insulation level || ≗**-Schichtleitfähigkeit** *f* / withstand layer conductivity

Stehspannung *f* / withstand voltage || ≗ *f* (Effektivwert) / r.m.s. withstand voltage || ≗ **bei Netzfrequenz** / power-frequency withstand voltage, power-frequency test voltage || **Nenn-**≗ *f* / rated withstand voltage

Stehspannungsprüfung *f* / voltage withstand test || ≗ **mit Wechselspannung** VDE 0670,T.2 / power frequency voltage withstand test IEC 129

Steh·spitzenspannung *f* / peak withstand voltage || ≗**-Stoßspannung** *f* / impulse withstand voltage, impulse test voltage || ≗**-Stoßspannung bei abgeschnittener Welle** / chopped-wave withstand voltage, withstand chopped-wave impulse voltage || ≗**-Stoßstrom** *m* / peak withstand current IEC 265 || ≗**-Stoßstromprüfung** *f* / current impulse withstand test || ≗**strom** *m* / withstand current, withstand current surge

steht für / stands for

Steh·überspannung *f* / withstand overvoltage || ≗**vermögen** *n* / withstand capability || ≗**-Verschmutzungsgrad** *m* (Isolatoren) / severity withstand level || ≗**wahrscheinlichkeit** *f* / withstand probability

Steh-Wechselspannung *f* / power-frequency withstand voltage, power-frequency test voltage || ≗ *f* / power-frequency recovery voltage || ≗**, nass (o. unter Regen)** / wet power-frequency withstand voltage || ≗**, trocken** / dry power-frequency withstand voltage

Steh·welle *f* / standing wave, stationary wave || ≗**wellenverhältnis** *n* / standing wave ratio (SWR) || **Lichtbogen-**≗**zeit** *f* / arcing time

Steife *f* / rigidity *n*, spring constant

steifer Leiter / rigid conductor

Steifigkeit *f* / stiffness *n*, rigidity *n* || ≗ *f* (Feder) / rigidity *n*, spring constant || **Kehrwert der** ≗ / compliance *n*, mobility *n*

Steifigkeitsregelung *f* / rigidity control || **dynamische** ≗ (DSR) / dynamic stiffness control (DSC)

Steigbügel *m* / spade handle || ≗**antrieb** *m* / stirrup-operated mechanism, spade-handle operating mechanism || ≗**griff** *m* / stirrup handle

steigende Flanke / positive-going edge, rising edge (The change from 0 to 1 of a Boolean variable), leading edge, rising signal edge, positive-going edge || **~ Kennlinie** / rising characteristic, ascending curve

Steigerung % / growth %

Steigerungsfaktor *m* (BT) / enhancement factor, enhancement ratio

Steig·fähigkeit *f* (Bahn) / climbing ability || ≗**leitung** *f* (im Gebäude) / rising main(s), rising main busbar(s) || **Haupt-**≗**leitung** *f* / rising mains || ≗**leitungsschacht** *m* / riser duct || ≗**naht** *f* / vertical-up weld || ≗**nut** *f* (Lg.) / feed groove || ≗**rad** *n* / escapement wheel, ratchet wheel, balance wheel || ≗**radachse** *f* / escapement wheel shaft (o. spindle) || ≗**schacht** *m* / riser duct, riser-mains trunking

Steigung *f* / thread pitch || ≗ *f* (Gewinde, Ganghöhe) / lead *n*, pitch *n* || ≗ *f* (Neigung) / slope *n*, slope angle, inclination *n*, incline *n* || ≗ *f* (Math.) / divided difference || ≗ *f* (Kurve) / ascent *n*, slope *n*, gradient || ≗ *f* (Teilung, Feder) / pitch *n* || ≗ **der Spindel** / leadscrew pitch

Steigungs·abnahme *f* / pitch decrease || ≗**abnahme** *f* (Gewinde, WZM, NC) / lead decrease || ≗**änderung** *f* (Gewinde, WZM, NC) / lead change || ≗**ausgleicher** *m* (Trafo-Wickl.) / pitch equalizer || ≗**fehler** *m* (Gewinde, WZM, NC) / lead error, pitch error || ≗**verhältnis** *n* / tangent of lead angle, tangent of helix angle || ≗**winkel** *m* / angle of lead, helix angle, lead angle || ≗**zunahme** *f* / pitch increase || ≗**zunahme** *f* (Gewinde, WZM, NC) / lead increase

Steilgewinde *n* / steep-lead-angle thread, extra-coarse-pitch thread

Steilheit *f* / steepness *n*, slope *n*, steepness of a slope, rate of rise || ≗ *f* (FET u. ESR, reelle Komponente der Übertragungsadmittanz) / transconductance *n* || ≗ *f* (ESR, Übertragungswirkleitwert zwischen Ausgangselektrode und Steuerelektrode) / mutual conductance || ≗ *f* (Stoßwelle) / virtual steepness || ≗ *f* (ESR, Bezugselektrode) / transadmittance *n* || ≗ **der Abfallflanke** / falling edge rate || ≗ **der**

Anstiegsflanke / rising edge rate || ≗ **der Einschwingspannung** / rate of rise of TRV, transient recovery voltage rate || ≗ **der Keilstoßspannung** / steepness of ramp || ≗ **der Verstärkungsänderung** / gain slope || ≗ **der Wellenfront** / steepness of wave front || ≗ **der wiederkehrenden Spannung** / rate of rise of TRV, transient recovery voltage rate || ≗ **des Impulsanstieges** / pulse rate of rise || ≗ **des Kennlinienanstiegs** / steepness of ascending curve, slope of curve || ≗ **des Spannungsanstiegs** / rate of voltage rise || ≗ **des Spannungszusammenbruchs** / rate of voltage collapse || ≗ **einer OC** / slope of an operating characteristic curve || **Misch~** *f* / conversion transconductance

steilheitsgesteuerter Operationsverstärker / operational transconductance amplifier (OTA)

Steilheits·kennlinie *f* (ESR) / transfer characteristic, mutual characteristic || ≗**relais** *n* / rate-of-change relay, d/dt Relais

Steilwelle *f* / steep-fronted wave

Stein *m* / stone *n* || ≗ *m* (EZ, Lagerstein) / jewel *n* || ≗**anker** *m* / stone anchor, rag bolt || ≗**bearbeitung** *f* / stoneworking *n* || ≗**brecher** *m* / stone crusher || ≗**gut** *n* / stone *n* || ≗**lager** *n* (EZ) / jewel bearing || ≗**pfanne** *f* (EZ) / jewel cup, sapphire cup || ≗**schraube** *f* / rag bolt, stone bolt

Stellamplitude *f* / amplitude of flow, margin of manipulated variable

Stellantrieb *m* / actuator *n* IEC 50(351), electric actuator, servo-drive *n*, positioner *n*, pilot motor, sensor *n* || ≗ **für Stellglieder** / final control element operator || **digitaler** ≗ / digital actuator || **federbelasteter** ≗ / spring-loaded actuator || **magnetischer** ≗ / solenoid actuator, electric-solenoid actuator

Stellantriebe *m* / adjustment drives

Stellantriebs·familie *f* / generic actuator group || ≗**leistung** *f* / actuator load

Stell·armatur *f* / control valve || **verfahrenstechnische** ≗**aufgabe** / process control problem || ≗**ausgang** *m* / command output

stellbar *adj* / adjustable *adj*, variable *adj* || **~es Getriebe** / torque variator, speed variator

Stellbefehl *m* / control command, positioning command, actuating signal, correcting signal, actuator (operating) signal, output signal of controlling means, output of controlling means || ≗ *m* (FWT) / adjusting command || **Sollwert-**≗ *m* (FWT) / setpoint command || **Stufen~** *m* (FWT) / step-by-step adjusting command

Stellbereich *m* / rangeability *n*, range of control, flow range, required rangeability, range *n* || ≗ *m* (Reg.) / manipulating range, correcting range || ≗ *m* (des Stellglieds) / operating range || ≗ *m* (Drehzahl) / speed range

Stellbetrieb *m* / variable speed

Stell·bewegung *f* / positioning movement, actuating operating motion, actuating motion, plug motion || ≗**bolzen** *m* / adjusting bolt || ≗**charakteristik** *f* / position of characteristic

Stelle *f* / digit *n* || ≗ *f* (einer Zahl) / digit position || ≗ *f* (in Typenbez.) / place *n*, character *n* || ≗ *f* (innerhalb einer Zeichenfolge) / position *n* || ≗ *f* (im CLDATA-Wort) / character item ISO 3592 || **signifikante** ≗ (Zahlen) / significant digit || **Wort~** *f* / word location

Stell·eigenschaften *f pl* (Reg.) / final controlling device characteristics || ≗**eingriff** *m* / control action || ≗**einrichtung** *f* / final control element || **kompakte** ≗**einrichtung** / final control unit

Stellen *n* (Reg.) / actuating *n*, controlling *n*, varying *n*, correction *n*, actuator control, control (o. correction) by actuator || ≗ **der Drehzahl** / speed variation, speed control, speed adjustment || ≗ **durch elektronischen Widerstand** / electronic power resistor control || ≗**komplement** *n* (Numerale) DIN 44300 / diminished radix complement || ≗**name** *m* (Prozessmonitor) / tag *n* || ≗**schreibweise** *f* / positional notation, positional representation

Stellenwert *m* / positional weight, significance *n*, weight *n* || **Ziffer mit dem höchsten** ≗ / most significant digit (MSD) || **Ziffer mit dem niederwertigsten** ≗ / least significant digit (LSD) || ≗**system** *n* / positional representation numeration system

Steller *m* / sensor *n*, servo-drive *n* || ≗ *m* (Betätigungselement, Stellantrieb) / actuator *n* || ≗ *m* (Einsteller) / setter *n*, potentiometer *n* || ≗ *m* (Stellwiderstand) / rheostat *n*, rheostatic controller || ≗ *m* (Lichtsteller) / dimmer *n*, fader *n* || ≗ *m* (Stellglied) / actuator *n*, servomotor *n*, final control element || ≗ *m* (Stellungsregler) / positioner *n* || ≗ *m* (Steuerschalter) / controller *n* || ≗ *m* (Pot) / potentiometer *n* || ≗ *m* (el.) / controller || **Drehfeld~** *m* (el. Welle) / synchro motor || **Gleichstrom~** *m* / d.c. chopper controller, d.c. chopper, d.c. chopper converter, direct d.c. converter || **Leistungs~** *m* / power controller, power controller unit || **Licht~** *m* / dimmer *n*, fader *n* || **Überblend~** *m* / cross-fader *n* || **Wechselstrom~** *m* / a.c. power controller || ≗**betrieb** *m* (Wechselstromsteller) / control mode (a.c. power controller) || ≗**element** *n* (Wechselstromsteller) / basic control element (a.c. power controller)

stellergespeister Motor / a.c.-controller-fed motor

Stellersatz *m* (BT) / dimmer group, fader group

Stell·faktor *m* / rangeability *n* || ≗**fläche** *f* (HW) / footprint *n*

Stellgerät *n* / actuator *n*, positioner *n*, final controlling element, servo-drive *n*, sensor *n* || ≗ **mit Speicherverhalten** / final controlling device with storage (o. latching) properties || ≗ **ohne Speicherverhalten** / final controlling device without storage (o. latching) properties || **schaltendes** ≗ / discontinuous-action final controlling device || **stetiges** ≗ / continuous-action final controlling device

Stellgeschwindigkeit *f* / positioning rate, correcting rate, actuator speed, speed of shifting, speed of actuator stroke || ≗ *f* (Ventil) / stroking speed, positioning rate

Stellgewindezapfen *m* / setting threaded pin

Stellglied *n* / final controlling element IEC 50(351), actuator *n* IEC 50(151), electric actuator IEC 50(151), object *n*, actuating element || ≗ **mit Selbsthaltung** / latching actuator || **Kraft~** *n* / power actuator || **schaltendes** ≗ / discontinuous-action actuator || **stetiges** ≗ / continuous-action actuator || ≗**auslegung** *f* / valve sizing || **nichtlineare** ≗**bewegung** / nonlinear actuating

Stellgliederansteuerung *f* / actuator activation

Stellglied·hub *m* / stroke *n*, stroke of the valve ||

≗**laufzeit** *f* / actuating time, actuator operating time
Stell·größe *f* / controller output, output signal of actuator || ≗**größe** *f* (DIN 19226) / manipulated variable ANSI C85.1 || ≗**größenfilter** *m* / manipulated variable filter || ≗**größensperrzeit** *f* / manipulated variable enable delay || ≗**hub** *m* / stroke *n*
stellig, 5-~ *adj* / five-digit *adj*
Stell·impuls *m* / actuating pulse, control pulse || ≗**impulsbildung** *f* / setting pulse generation || ≗**inkrement** *n* / correction increment, positioning increment || ≗**inkrement** *n* (Signal) / incremental control signal || ≗**klappe** *f* / butterfly control valve, wafer butterfly valve, butterfly valve || ≗**kolben** *m* / piston *n*
Stellkraft *f* / positioning force, actuating force, force to operate, force delivery of the actuator, power delivery of the actuator || ≗ *f* (Schub) / thrust *n* || ≗**rechnung** *f* / calculation of forces to operate
Stell·leistung *f* / load torque || ≗**magnet** *m* / actuating solenoid || ≗**matrix** *f* (Reg.) / manipulating matrix || ≗**moment** *n* / actuating torque, positioning torque
Stellmotor *m* / positioning motor, motor actuator, servomotor *n*, pilot motor, motor operator, correcting motor, compensator motor, dynamic flow force, actuator *n* || ≗ *m* (stellbarer Mot.) / variable-speed motor, adjustable-speed motor || ≗ **mit Ölausgleich** / balanced-flow servomotor || **hydraulischer** ≗ / hydraulically operated actuator || **proportional übertragender** ≗ / proportional actioning motor || ≗**ausgang** *m* / motion of actuator, motion stroke of actuator || ≗**hub** *m* / stroke of actuator || ≗**kraft** *f* / force of actuator
Stell·mutter *f* / adjusting nut || ≗**organ** *n* / final control element || ≗**organ** *n* (z.B. Potentiometer) / regulating unit || ≗**ort** *m* (Reg.) / manipulation point || ≗**querschnitt** *m* / throttling area || ≗**ring** *m* / setting collar, set-collar *n*, setting ring, cursor *n* || ≗-**Rückstell-Flipflop** *n* / set-reset flipflop, RS flipflop
Stellschalter *m* / power controller, controller *n* || ≗ *m* (Widerstandssteller) / rheostatic controller || ≗ *m* (Schalter ohne Rückzugkraft) / maintained-contact switch, latching-type switch, stayput switch || **Gleichstrom-**≗ *m* / d.c. power controller || **Wechselstrom-**≗ *m* / a.c. power controller
Stell·schieber *m* / control gate valve || ≗**schraube** *f* / adjusting screw, setscrew *n*
Stellsignal *n* / actuating signal ANSI C81.5, output from the actuator, amplified error signal, control signal || ≗ **vom Stellantrieb** / output from the actuator, control signal, actuating signal, amplified error signal || ≗ **zum Stellantrieb** / actuating signal, control signal, amplified error signal, output from the actuator
Stellstrom *m* / controlled flow, manipulated variable, flow rate || **~abhängig** *adj* / depending on flow
Stell·system *n* / servo-system *n* || ≗**transformator** *m* / variable transformer, variable-ratio transformer variable voltage transformer, slide transformer, voltage regulating transformer
Stellung *f* (SG) / position *n* || ≗ *f* (Anlasser) / notch *n*, position *n* || ≗ *f* (Trafo-Stufenschalter) / tapping position || ≗ *f* (bistabiles Relais) / condition *n* || ≗ *f* (Rob.) / pose *n* || **geöffnete** ≗ (SG) / open position || **jeweilige** ≗ / operating position at the time of air failure
Stellungs·abgriff *m* / position pickoff || ≗**anzeige** *f* (Trafo-Stufenschalter) / tap position indication || ≗**anzeige** *f* (SG) / position indication, indication of position || ≗**anzeiger** *m* (Trafo-Stufenschalter) / tap position indicator, position indicator, tap indicator || ≗**anzeiger** *m* (SG) / position indicator, ON-OFF indicator || ≗**anzeiger** *m* (StV) / engagement indicator || ≗**begrenzung** *f* / position stop dog, faulty state information || ≗**fernanzeige** *f* / remote position indication || ≗**fernanzeiger** *m* (Trafo) / remote tap indicator || ≗**geber** *m* / position sensor, position transmitter (o. transducer), position indicator || ≗**lichter** *n pl* / position lights, aircraft navigation lights
Stellungsmelder *m* / position indicator, position transmitter, position transducer || ≗ **mit kapazitivem Ferngeber** / capacity resolver || **elektrischer** ≗ / electronic position indicator || **elektronischer** ≗ / electronic position transmitter
Stellungsmeldung *f* / positional output
Stellungs·regelung *f* / position control, position control loop, position feedback loop, position feedback control || ≗**regler** *m* / positioner *n*, actuator *n*, position controller, position controller in closed loop mode || **digital arbeitender elektro-pneumatischer** ≗**regler** / digital electropneumatic positioner
Stellungs·rückmelder *m* / repeater || ≗**rückmeldung** *f* / position checkback, position feedback || ≗**veränderung** *f* / change of position || ≗**vergleich** *m* (Trafo-Stufenschalter) / tap comparison || ≗**zahl** *f* (Trafo-Stufenschalter) / number of tapping positions IEC 214, number of taps
Stell·vektor *m* (Reg.) / manipulated vector || ≗**ventil** *n* / control valve, servo-valve *n*, globe type valve || ≗**ventilspindel** *f* / control valve stem, control valve stem plug || ≗**verhältnis** *n* (Ventil) / rangeability *n* || ≗**verlust** *m* (Motorsteuerung) / loss on speed variation, rheostat loss || ≗**vertreter** *m* / proxy *n* || ≗**vertreterzeichen** *n* / wildcard *n*
Stellwarte *f* / console *n* || **Licht~** *f* / stage lighting console, lighting console
Stellweg *m* / actuator travel *n*, positioning travel, opening travel, closing travel || ≗ *m* (Ventil) / travel *n*, stroke *n*, closing travel, opening travel
Stellwert *m* / manipulated variable, value of manipulated variable, manipulated value || ≗ *m* (Ausgangswert einer Prozessregelung) / output *n*, control output || ≗ *m* / manipulated variable ANSI C85.1 || ≗ *m* (z.B. Zähler) / setting *n* || ≗-**Nachführung** *f* / control output correction || ≗**obergrenze** *f* / upper output limit || ≗**untergrenze** *f* / lower output limit
Stellwicklung *f* (Mot.) / control winding, control field winding, regulating winding || ≗ *f* (Trafo) / regulating winding, tapped winding
Stellwiderstand *m* / rheostat *n*
Stellwinkel *m* / crank angle || ≗ *m* (Stellklappe) / disc angle, disc opening
Stellzeit *f* / actuating time, manipulating time, specified time, shifting time, recovery time, (controller) acting time, correction time
Stelzenboden *m* / false floor
Stemmabdruck *m* / caulking mark
Stempel *m* / stamp *n* || ≗**berechtigter** *m* (QS) / stamp holder || ≗**berechtigung** *f* (QS) / stamp authorization || ≗**einsatz** *m* / stamp insert

stempeln *v* / stamp *n*, show *n*
Stempelüberwachung *f* (QS) / stamp control
Stempelung, verschließende ≗ / seal *n*
STEP Plangenerator / STEP flowchart generator
Stepadresszähler *m* / step address counter, STEP address counter (SAC)
STEP-Adresszähler *m* (SAZ) / STEP address counter (SAC)
Steppnaht *f* / stitch weld
Stereo·grafie *f* / stereographics pit || ≗**paar** *n* (CAD) / stereo pair || ≗**-Röntgenaufnahme** *f* / X-ray stereogram || ≗**-Röntgentopographie** *f* / X-ray stereo topography
Stern *m* / star *n* || **in** ≗ **geschaltet** / connected in star, star-connected *adj*, wye-connected *adj* || ≗**brücke** *f* / star jumper || ≗**bus** *m* / star bus || ≗**busübertragung** *f* / star-bus transmission || ≗**-Doppelstern-Anlauf** *m* / star double-star starting
Stern-Dreieck *n* / star-delta *n* || ≗**-Anlassen** *n* / star-delta starting, wye-delta starting || ≗**-Anlasser** *m* / star-delta starter IEC 292-2, wye-delta starter || ≗**-Anlasser für direktes Einschalten** / direct-online star-delta starter, full-voltage star-delta starter || ≗**-Anlauf** *m* / star-delta starting, wye-delta starting || ≗**-Funktion** *f* / star-delta function || **umschaltbarer** ≗**-Motor** / motor with star-delta switching function || ≗**-Schaltautomat** *m* / automatic star-delta starter || ≗**-Schalter** *m* / star-delta switch, star-delta starter || ≗**-Schalter mit Bremsstellung** / star-delta starter with braking position || ≗**-Schaltung** *f* / star-delta connection, wye-delta connection, star-delta control, star-delta circuit || ≗**-Starter** *m* (VDE 0660, T.106) / star-delta starter IEC 292-2, wye-delta starter || ≗**-Starter für direktes Einschalten** / direct-on-line star-delta starter, full-voltage star-delta starter || ≗**steuerung** *f* / star-delta control || ≗**-Umschaltung** *f* / star-delta changeover || ≗**-Zeitrelais** *n* / star-delta time-delay relay
Stern·erder *m* / star-head earthing switch || ≗**erdungsschalter** *m* / star-head earthing switch
sternförmig *adj* / star *n* || **~e Kopplung** (Anschlüsse) / point-to-point connection || **~es Netz** / star topology || **~es Netz** (LAN) / star network
sterngeschaltet *adj* / star-connected *adj*, wye-connected *adj*
Stern·konfiguration *f* / star configuration || ≗**konfiguration** *n* (FWT) / multipoint-star configuration || ≗**koppler** *m* / star hub, hub *n* || ≗**koppler** *m* (Netzwerk) / star coupler || **aktiver** ≗**koppler** / active star coupler || ≗**kopplung** *f* / star topology || ≗**netz** *n* / star-type network, multipoint-star configuration || ≗**netz** *n* (LAN) / star network
Sternpunkt *m* / neutral point, star point, neutral *n* || **den** ≗ **auftrennen** / separate the neutral connections, open the star point || **echter** ≗ / true neutral point || **freier** ≗ / isolated neutral, floating neutral, unearthed neutral (o. star point) || **herausgeführter** ≗ / brought-out neutral (point), neutral brought out || **isolierter** ≗ / isolated neutral, insulated neutral || **künstlicher** ≗ / artificial neutral || **offener** ≗ / open star point, open neutral point, open neutral || ≗**anschluss** *m* (Trafo) / neutral terminal || ≗**anzapfung** *f* / neutral-point tapping || ≗**ausführung** *f* (Trafo-Stufenschalter) / neutral end type || ≗**behandlung** *f* / neutral-point connection, method of neutral-point connection || ≗**belastbarkeit** *f* / neutral loading capacity
Sternpunktbildner *m* (StB) VDE 0532,T.20 / neutral electromagnetic coupler, three-phase electromagnetic coupler and earthing transformer IEC 289, neutral earthing transformer, neutral grounding transformer (US), neutral autotransformer, neutral compensator || ≗**-Drosselspule** *f* / three-phase neutral reactor IEC 50(421) || ≗**-Transformator** *m* / three-phase earthing transformer IEC 50(421), grounding transformer
Sternpunkt·bildung *f* / star-point connection || ≗**brücke** *f* / neutral bridge || ≗**-Drosselspule** *f* / neutral earthing reactor, single-phase neutral earthing reactor IEC 289, neutral grounding reactor (US) || ≗**durchführung** *f* (Mp-Durchführung) / neutral bushing || ≗**erder** *m* / neutral earthing switch, neutral grounding switch || ≗**-Erde-Spannung** *f* / neutral-to-earth voltage, neutral-to-ground voltage
Sternpunkterdung *f* / neutral earthing || **nicht starre** ≗ / non-solid earthing (GB), non-solid grounding (US) || **starre** ≗ / solid earthing (GB), solid grounding (US)
Sternpunkt·-Erdungsdrosselspule *f* (Der) / neutral earthing reactor, single-phase neutral earthing reactor IEC 289, neutral grounding reactor (US) || ≗**-Erdungsschalter** *m* / neutral earthing switch, neutral grounding switch || ≗**kasten** *m* / star-point terminal box, neutral-point terminal box, neutral box || ≗**klemme** *f* / star-point terminal, neutral terminal || ≗**lasche** *f* / neutral link, star-point link || ≗**-Lastumschalter** *m* / neutral-point diverter switch || ≗**leiter** *m* / neutral conductor, neutral lead || ≗**schaltung** *f* / star connection, neutral-end tap changing || ≗**schiene** *f* / neutral busbar
sternpunktseitig *adj* / neutral-end *adj* || **~es Ende** / neutral end || **~es Wicklungsende** / neutral winding end
Sternpunkt·spannung *f* (Spannung zwischen dem reellen o. virtuellen Sternpunkt u. Erde) / neutral-point displacement voltage || ≗**-Stufenschalter** *m* / neutral-end tap changer || ≗**trenner** *m* / neutral disconnector || ≗**wähler** *m* (Trafo) / neutral-end selector || ≗**wandler** *m* (Strom) / star-point current transformer, neutral current transformer
Sternrevolver *m* / star turret, hexagon turret, cross-type turret
Sternschaltung *f* / star connection, wye connection, Y-connection *n* || **in** ≗ / star-connected *adj*, ...wye connected *adj*, Y-connected *adj*
Stern·schütz *n* / star contactor || ≗**schütz 230V AC** / star contactor 230 V AC || ≗**spannung** *f* / phase-to-neutral voltage, star voltage, line-to-neutral voltage, Y-voltage *n* || ≗**-Stern-Schaltung** *f* / double-star connection, double three-phase star connection, duplex star connection || ≗**struktur** *f* (LAN) / star topology || ≗**topologie** *f* / star topology || ≗**trenner** *m* / star-head disconnector (o. isolator)
Stern·verteiler *m* / splitter *n*, distribution board, mailing list || ≗**verteiler** *m* (Netzwerk) / star hub, hub *n* || ≗**verzweiger** *m* / star coupler || ≗**-Vieleck-Umwandlung** *f* / star-polygon conversion, star-polygon transformation || ≗**-Vierer** *m* / star-quad *n*, spiral quad || ≗**-Zickzack-Schaltung** *f* / star-interconnected star connection
stetig *adj* / steady *adj*, continuous *adj*, stepless *adj* || ~ **einstellbar** / infinitely variable, continuously

variable, steplessly adjustable || ~ **verteilter Entstörwiderstand** / distributed resistance

Stetigbahnsteuerung *f* / continuous-path control, continuous-path control system (A numerical control system in which the cutting path is continuously controlled by the coordinated simultaneous motion of the tool or the workpiece in two or more axes), path control || ≗ *f* (NC) / contouring control system, contouring control, continuous-path control (CP control)

stetig·e Auslösekennlinie / continuous-curve tripping characteristic || **~e Regelung** / continuous-(action) control || **~e Spannungsregelung** / stepless voltage variation, smooth voltage variation || **~e Zufallsgröße** DIN 55350, T.22 / continuous variate || **~er Regler** / continuous-action controller || **~er Servoantrieb** / continuous servo drive || **~er Spannungsregler** / continuously acting voltage regulator || **~er Übergang** (NC) / smooth transition || **~es Merkmal** (Statistik, QS) / continuous characteristic || **~es Stellgerät** / continuous-action final controlling device || **~es Verhalten** (Reg.) / continuous action IEC 50(351)

Stetigventil *n* / continuous valve, continuously operated valve

Steuer *f* / tax *n*

Steuer·-Abhängigkeit *f* / control dependency, C-dependency *n* || ≗**ader** *f* / pilot wire, control core, pilot core || ≗**adresse** *f* / internal control address (SPS) || ≗**anlage** *f* / control system || ≗**anschluss** *m* (Thyr) / gate electrode, gate *n* || ≗**anschlüsse** *m pl* / control terminals || ≗**anschlüsse** *m pl* (Hall-Generator) / control current terminals || ≗**anschlusssteuerung** *f* (Thyr) / gate control || ≗**anweisung** *f* / embedded command || ≗**ausgang** *m* / control output

steuerbar *adj* / controllable *adj* || **~e Reihenschaltung** (SR, LE) / boost and buck connection EN 60146-1-1 || **~er Halbleiter** / controlled-conductivity semiconductor || **~er Stromrichter** / controllable converter, controlled converter || **~er Zweig** (LE) / controllable arm || **~es Gleichrichter-Vorschaltgerät** / controlled-current rectifier ballast

Steuerbarkeit *f* / controllability *n*

Steuer·baugruppe *f* / open-loop control module || ≗**baugruppe** *f* (f. Schnittstellen) / (interface) control module || ≗**baustein** *m* / control module || ≗**baustein** *m* (SPS) / open-loop control block || ≗**baustein** *m* (SPS, f. Stellglied) / actuator driver || ≗**befehl** *m* / control command, control instruction, control signal || ≗**belag** *m* / grading layer, control layer

Steuerbereich *m* / control range, operating range || ≗ *m* (SR) / phase control range, control range || ≗ *m* (Drehzahl) / speed control range, speed range

Steuer·betrieb *m* / open-loop control, open-loop control mode (A spindle mode, in which the spindle turns at a constant speed of rotation or cutting speed under speed control) || ≗**bit** *n* / control bit || ≗**blindleistung** *f* (LE) / phase control reactive power || ≗**block** *m* DIN 40700, T.14 / common control block || **Ventil-**≗**block** *m* / valve block || ≗**bohrung** *f* / control bore

Steuerbus *m* / arbitration bus (AB) || ≗ *m* / control bus || **Schnittstellen-**≗ *m* / interface management bus

Steuerdaten *plt* / control data || ≗**baustein** *m* / control data block

Steuer·direktor *m* (NC) / director *n* || ≗**druck** *m* / control pressure || ≗**druck vom Regler** / signal air pressure || ≗**ebene** *f* / control level, control tier || ≗**eingang** *m* / control input

Steuereinheit *f* / control unit (CU), processor *n*, AC commutating logic || ≗ *f* (ein o. mehrere Hilfstromschalter in der gleichen Schalttafel o. in einem Gehäuse) / control station || ≗ *f* (PMG) DIN IEC 625 / controller *n* IEC 625 || ≗ *f* (LE, Steuersatz) / trigger unit, gate control unit, trigger set

Steuereinrichtung *f* (im Signalflussplan) DIN 19221 / forward controlling elements IEC 27-2A || ≗ *f* DIN 19226 / controlling system, controlling equipment || ≗ **für automatische Brandschutzeinrichtungen** / control for automatic fire protection equipment EN 54

Steuer·elektrode *f* (Thyr, FET) / gate electrode, gate *n* || ≗**elektrode** *f* (Erder) / control electrode || ≗**elektronik** *f* / control electronics || ≗**element** *n* / control element || ≗**elementname** *m* / name of control element || ≗**entfernung** *f* / distance to final control element || ≗**erder** *m* VDE 0100, T.200 / grading earth electrode, potential grading ground electrode || ≗**faktor** *m* (Elektronenröhre, Steilheit der Zündkennlinie in einem gegebenen Punkt) / control ratio || ≗**feld** *n* (Steuerbitstellen in einem Rahmen) / control field || ≗**feld** *n* (Mosaiktechnik, Kompaktwarte) / control tile || ≗**frequenz** *f* (Schrittmot.) / drive input pulse frequency

Steuerfunktion *f* / control function || ≗ *f* (SPS-Programmiergerät) / force function (o. facility), force-on (force off) function || ≗ *f* (PMG, C-Schnittstellenfunktion) / controller interface function (C function) || ≗ *f* (PMG) / controller function (PMG) IEC 625 || ≗ **im Einsatz** (PMG, die jeweils aktive Steuerfunktion) / controller in charge

Steuergenerator *m* (Leonard-Gen.) / Ward-Leonard generator, variable-voltage generator

Steuergerät *n* (Befehlsgerät) / control station || ≗ *n* VDE 0113 / control device IEC 204, controlgear *n* IEC 158 || ≗ *n* (Regler) / controller *n* || ≗ *n* (zur Steuerung, Signalausgabe, Verriegelung) VDE 0660, T.200 / control-circuit device || ≗ *n* (Steuereinheit, Leitgerät) / control unit || ≗ **mit Freiauslösung** / trip-free controller || **speicherprogrammierbares** ≗ / programmable controller, stored-program controller (SPC) || **Typ A-**≗ / mark A control unit || **verbindungsprogrammiertes** ≗ (VPS) / hardwired control system, wired-program controller

Steuergeräte *n pl* / controlgear *n* || ≗ **und Schaltelemente - Elektromechanische Steuergeräte** / control circuit devices and switching elements - Electromechanical control circuit devices || ≗ **und Schaltelemente - Näherungsschalter** / control circuit devices and switching elements - Proximity switches

Steuer·gitter *n* / control grid || ≗**glieder im Vorwärtszweig** / forward controlling elements || ≗**größe** *f* / controlled variable, controlled condition

Steuerimpuls *m* / control pulse || ≗ *m* (Thyr) / gate pulse IEC 633, (gate) trigger pulse, firing pulse || ≗ *m* (Schrittmot.) / drive input pulse || ≗ *m* (RSA-Empfänger) VDE 0420 / information pulse || ≗**folge** *f* / control pulse train || ≗**leitung** *f* (LE) / firing-

circuit cable
Steuer·kabel *n* (Lokomotive) / cab cable, control cable || ≗**kabelbaum** *m* / control cable harness || ≗**kanal** *m* / control channel || ≗**kante** *f* / control edge, valve control edge || ≗**kasten** *m* / control box || ≗**kasten** *m* (Befehlsgerät) / control station || ≗**kennlinie** *f* / control characteristic, performance characteristic
Steuerkette *f* / control chain || ≗ *f* DIN 19226 / open control loop *f* (Gesamtheit der Steuerelemente) / forward controlling elements || ≗ *f* (Folge v. Steuerungsvorgängen) / control sequence, cascade *n* || **offene** ≗ / control chain
Steuer·klemme *f* / control terminal || ≗**klemmenanschluss** *m* / control terminal connection || ≗**knüppel** *m* / joy-stick *n*, paddle *n* || ≗**kondensator** *m* / grading capacitor || ≗**konsole** *f* / control console || ≗**kontakt** *m* / control contact || ≗**kopf** *m* (Schutzschalterbaugruppe) / miniature-circuit-breaker assembly, m.c.b. assembly || ≗**kopfbaustein** *m* (Bedienbaustein f. Folgesteuerung) / operator communication block for sequence (o. cascade control)
Steuerkreis *m* / control circuit, servo loop || **innen erzeugte** ≗**spannung** / internal control circuit voltage
Steuerkugel *f* (Bildschirm-Eingabegerät) / control ball, track ball
Steuer·leistung *f* / control power, driving power (CRT) || **verfügbare** ≗**leistung** DIN IEC 235, T.1 / available driving power || ≗**leiter** *m* / control wire, pilot wire, pilot *n* || ≗**leiterklemme** *f* / control-circuit terminal, pilot-wire terminal || ≗**leitung** *f* / control wire, pilot wire, control lead, cab cable, control cable || ≗**leitung** *f* (Fahrschalter o. Steuerschalter verbindend) / control line || ≗**leitung absperren** / lock pressure lines || ≗**leitungshalter** *m* / control cable holder || ≗**leitungssicherung** *f* / control-circuit fuse || ≗**lochstreifen** *m* / control tape, punched tape || ≗**luft** *f* / control air (valve manufacture)
Steuermarke *f* / timing mark
steuern *v* / control *v*, modify *v*, manipulate *v*, force *v*, set *v* || ≗ *n* (SPS, Zwangssetzen) / forcing *n*, open-loop control || ≗ **und Regeln** / open and closed-loop control || ≗ **Variable** / modify variable, force variable || **betriebsmäßiges** ≗ VDE 0100, T.46 / functional control || ≗**, Regeln, Messen** / control and instrumentation
Steuer·pilot *m* / regulating pilot IEC 50(704), open-loop control p.c.b. || ≗**platte** *f* (Leiterplatte) / control p.c.b., open-loop control p.c.b. || ≗**polgenerator** *m* / controlled-pole generator || ≗**programm** *n* / control program, machine program, executive routine, control program || **E/A-**≗**programm** *n* / I/O handler || ≗**pult** *m* / control desk, (control) console *n*, control room, control post || ≗**register** *n* (SPS) / control register, system control register || ≗**ring** *m* / grading ring, static ring || ≗**-ROM** *m* (CROM) / control ROM (CROM) || ≗**quittierschalter** *m* / control-discrepancy switch
Steuersatz *m* / trigger circuitry, gating unit || ≗ *m* (LE) / trigger equipment IEC 146 || ≗**freigabe** *f* / parameter enable, drive circuit enable || ≗**software** *f* / trigger circuitry set software
Steuersäule *f* / control pedestal
Steuerschalter *m* (HSS) / control switch, pilot switch || ≗ *m* (Stellschalter, Fahrschalter) / controller *n* || ≗ *m* (Bahn) / control switchgroup, master controller || **Hauptstrom-**≗ *m* (Bahn) / power switchgroup
Steuer·schaltglied *n* / control contact || ≗**schaltung** *f* / control circuity || ≗**schaltwalze** *f* / drum-type controller, pilot controller || ≗**scheibe** *f* / cam disc, cam plate, cam *n* || ≗**schieber** *m* / control spool || **federzentrierter** ≗**schieber** / spring-centered control spool
Steuer·schiene *f* / control bus, control power bus || ≗**schrank** *m* / control cubicle, control cabinet || ≗**schutz** *n* / control contactor, contactor relay || ≗**sicherung** *f* / control-circuit fuse || ≗**signal** *n* / control signal (CS)
Steuerspannung *f* / control voltage, control-circuit voltage, control supply voltage || **gesicherte** ≗ / secure control power supply, independent control-power supply
Steuerspannungs·halter *m* / control voltage stabilizer || ≗**schiene** *f* / control bus, control power bus, control voltage bar || ≗**versorgung** *f* / control power supply
Steuer·speisespannung *f* / control supply voltage || ≗**spule** *f* / control coil, restoring coil || ≗**stelle** *f* / control station || ≗**strecke** *f* / controlled system IEC 50(351), directly controlled member IEC 27-2A, plant *n*, process *n*, system *n*
Steuerstrom *m* / control current || ≗ *m* (Ableiter) / grading current || ≗**bahn** *f* VDE 0660, T.101 / control circuit IEC 157-1 || ≗**empfindlichkeit** *f* (Halleffekt-Bauelement) DIN 41863 / control current sensitivity IEC 147-0C || ≗**kreis** *m* / control circuit IEC 157-1 || ≗**verriegelung** *f* / control circuit interlock
Steuersystem *n* / open-loop control system, controlling system, control system
Steuertafel *f* / control board BS 4727, control switchboard ANSI C37.100, front panel, operator control panel, operator panel, operator's panel || ≗ *f* (klein) / control panel || ≗ **mit Pultvorsatz** / benchboard *n*
Steuer·taktgenerator *m* / control-pulse clock, control-pulse generator || ≗**teil** *m* / control unit || ≗**teil** *m* (BLE) VDE 0160 / control section || ≗**trafo** *m* / control transformer || ≗**transformator** *m* / control-power transformer || ≗**umrichter** *m* / cycloconverter *n*
Steuer·- und Datenzentrale *f* / control and archiving centre || ≗**- und Rechenwerk** *n* / arithmetic-logic unit (ALU) || ≗**- und Regelelektronik** *f* / control electronics || ≗**- und Regelteil** *n* (LE) / control section (o. equipment) || ≗**- und Schutz-Einrichtung** *f* / control and protective switching equipment (CPS), CPS (control and protective switching device) || ≗**- und Schutzgerät** *n* / control and protective unit || ≗**- und Schutz-Schaltgerät** *n* / control and protective switching device (CPS), control and protective switching equipment (CPS) || ≗**- und Schutz-Schaltgerät** *n* (CPS) EN 60947-6-2 / control and protective switching device (CPS) || ≗**- und Schutz-Schaltgerät mit Trennfunktion** / CPS suitable for isolation || ≗**- und Schutz-Schaltgerät zum direkten Einschalten** / direct-on-line CPS || ≗**- und Schutz-Schaltgerät zum Reversieren** / reversing CPS || ≗**- und Überwachungszentrale** *f* / control centre
Steuerung *f* / open-loop control, PLC || ≗ *f*

(Funktionseinheit, Gerät) / controller *n* || ≈ *f* (logische S.) / logic control || ≈ *f* (Ableiter, Potentialsteuerung) / grading *n* || ≈ *f* (Steuerungsgerät) / governor *n*, speed governor || ≈ *f* / open-loop control system, controlling system, control system || ≈ **asynchron übernehmen** (PMG) DIN IEC 625 / to take control asynchronously (tca) || ≈ **durch Polumschaltung** / pole-changing control || ≈ **im offenen Regelkreis** (Steuerung ohne Rückführung von Signalen zum Ist-Sollwert-Vergleich) / control chain || ≈ **in beiden Richtungen** (LE, Stellerelement) / bidirectional control || ≈ **mit Gleichstromsteller** / chopper control || ≈ **synchron übernehmen** (PMG) DIN IEC 625 / to take control synchronously (tcs) || ≈ **übergeben** (PMG) DIN IEC 625 / to pass control || ≈ **übernehmen** (PMG) DIN IEC 625 / to receive control, to take control || ≈ **vor Ort** / local control || **feinstufige** ≈ (Entladung) / finely stepped potential grading || **Fertigungs~** *f* / production control || **halbautomatische** ≈ / semi-automatic control || **mengenproportionale** ≈ / flow ratio control || **nichtinterpolierende** ≈ (NC) / noninterpolation control (system) || **numerische** ≈ / NC (numerical control) || **rückführungslose** ≈ / open-loop control (system), control chain || **Stabilisierung durch** ≈ DIN 41745 / open-loop stabilization || **unterlagerte** ≈ / process control unit (PCU) || **Ventil~** *f* (Kfz) / valve timing gear || **verbindungsprogrammierte** ≈ (VPS) / wired-program controller, hardwired control system

Steuerungs·algorithmus *m* / control algorithm || ≈**anweisung** *f* (SPS) / control instruction, control statement || ≈**art** *f* / method of control, control type, type of control

Steuerungsaufbau *m* / control system architecture (The hardware and software of a numerical control system), control system structure, control design || ≈**system** *n* / control rack system, control packaging system

Steuerungs·aufgabe *f* / open loop control problem, control job || ≈**baugruppe** *f* / open-loop control module || ≈**befehl** *m* / command *n*, control command || ≈**bereich** *m* / integral of error, control area

Steuerungs·ebene *f* (Fertigung) / process measurement and control level, shopfloor control level, machine-oriented control level || ≈**elektronik** *f* / control electronics || ≈**grundstellung** *f* / standard position, basic position, initial position, initial setting, initial state || ≈**hoheit** *f* / master control

steuerungsintern *adj* / within the control

Steuerungs·kategorie *f* / control category || ≈**kennung** *f* / controller ID || ≈**name** *m* / PLC name || ≈**nullpunkt** *m* / machine zero (M) || ≈**nullpunkt** *m* (WZM, NC) / control zero, machine absolute zero, absolute zero (point) || ≈**-Nullpunkt** *m* / control zero || ≈**prozessor** *m* / control processor, boolean processor || ≈**rahmen** *m* / control frame || ≈**richtung** *f* (a. FWT) / control direction

Steuerungs·schrank *m* / control cubicle, control cabinet || ≈**schritt** *m* / control step || ≈**sprache** *f* / control language || ≈**stelle** *f* (FWT) / location with commanding master station(s) || ≈**struktur** *f* (Der Aufbau der Hardware und Software einer numerischen Steuerung) / control system architecture (The hardware and software of a numerical control system), control system structure, control design || ≈**-Subsystem** *n* (MPSB) / controller subsystem

Steuerungssystem, anpassungsfähiges ≈ / adaptive control optimization (ACO), adaptive control (AC) || **dezentrales** ≈ / distributed control system || **offenes** ≈ / Open Control System (OCS)

Steuerungs·technik *f* / control engineering, control technology, open-loop control technology, open-loop control || ≈**teil** *m* / control section || ≈**typ** *m* / type of control, method of control, control type || ≈**übergabe** *f* / control transfer

Steuerungs·- und Regelungsbaugruppe *f* / open-loop and closed-loop control module || ≈**- und Regelungsbaugruppe** *f* (LE, Leiterplatte) / control and trigger p.c.b.

Steuerungsverfahren *n* / control method || ≈ **für den Mediumzugriff** (LAN) / medium access control procedure (MAC procedure) || ≈ **für Übermittlungsabschnittsbündel** DIN ISO 7776 / multilink procedure (MLP) || ≈ **für Vielfachzugriff mit Aktivitätsüberwachung und Kollisionserkennung** (CSMA/CD) / carrier sense multiple access with collision detection procedure (CSMA/CD) || ≈ **im Übermittlungsabschnitt** (LAN) / logical link control (LLC) || ≈ **mit Sendeberechtigungsmarke** (LAN) / token passing procedure || **logisches** ≈ / LLC procedure

Steuerungs·verhalten *n* / control system response || ≈**verstärker** *m* / control amplifier || ≈**vorgang** *m* / control process

Steuer·ventil *n* / control valve, servo-valve *n* || ≈**verstärker** *m* / control amplifier || **übergeordneter** ≈**vorgang** / superordinated control action || ≈**wagen** *m* / driving trailer || ≈**warte** *f* / control room, control centre || ≈**welle** *f* / cam shaft

Steuerwerk *n* / AC commutating logic || ≈ *n* (Prozessor) / processor *n* || ≈ *n* (Folgeregler) / sequencer *n* || ≈ *n* (Rechner, FWT) / control unit, controller *n*

Steuer·wert *m* / modify value || ≈**wert** *m* (SPS) / forced value || ≈**wicklung** *f* (Mot.) / control winding, control field winding, regulating winding || ≈**wicklung** *f* (Transduktor) / control winding, control turns || ≈**wicklung** *f* (Trafo, f. Steuerkreise) / control-power winding || ≈**widerstand** *m* / control resistor || ≈**widerstand** *m* (Ableiter) / grading resistor || ≈**winkel** *m* (LE, Formelzeichen Beta) / trigger advance angle EN 60146-1-1 || ≈**winkel** *m* (LE) / trigger delay angle EN 60146-1-1 || ≈**winkelbildung** *f* (LE, Baugruppe) / delay angle generator, control angle generator, SIMV S || ≈**winkel-Vorlauf** *m* / trigger advance angle (The time expressed in angular measure by which the trigger pulse is advanced with respect to the reference instant)

Steuerwort *n* / control word || ≈ *n* (Byte) / command byte || ≈ **1** / control word 1 || ≈ **Motormodell** / control word of motor model || ≈ **Rs/Rr-Adaption** / control word of Rs/Rr-adaption

Steuer·zähler *m* / control pulse counter || ≈**zeichen** *n* / control character || ≈**zeichenfolge** *f* / control character string || ≈**zeit** *f* / operating time || ≈**zwischenrelais** *n* (FWT) / command interposing relay

Stich·anschluss *m* / radial-line connection, stub terminal, spur terminal || ≈**bahn** *f* / spur line, spur *n*

|| ≗**bahn** *f* (Fördereinrichtung) / direct conveyor || ≗**betrieb** *m* (eines Teilnetzes) / radial operation || ≗**feld** *n* / spur panel || ≗**kabel** *n* / radial cable, stub-feeder cable (US) || ≗**kanal** *m* / radial duct, branch duct

Stichleitung *f* (Netz) / spur line, spur *n*, single feeder, dead-end feeder, radial feeder, stub-end feeder, tap line, line tap || ≗ *f* (I, Ringleitungsabzweig) / spur *n* (GB), individual branch circuit (US), branch circuit || ≗ *f* (Messsystem) / individual line || ≗ *f* (PROFIBUS, zu einem Teilnehmer) / stub *n* EN 50170-2-2 || **über** ≗ **angeschlossenes Netz** / spur network

Stichleitungsdose *f* / spur box (GB), individual branch-circuit box, branch-circuit box

Stich·maß *n* (Innentaster) / inside calmer || ≗**probe** *f* / batch test, random sample, sample *n*, random test

Stichproben·abweichung *f* DIN 55350,T.24 / sampling error || ≗**anweisung** *f* / sampling plan || ≗**anweisung mit Überspringen von Losen** / skip lot sampling plan || ≗**einheit** *f* / sample unit

Stichprobenentnahme *f* / sampling *n* || ≗ **aus Massengütern** / bulk sampling || ≗ **für Abnahmeprüfung** / acceptance sampling, acceptance sampling inspection || **mehrstufige** ≗ / multi-stage sampling, nested sampling || ≗**abstand** *m* / sampling interval || ≗**anweisung** *f* / sampling instruction

Stichproben·erhebung *f* / sample survey || ≗**fehler** *m* / sampling error || ≗**-Kenngröße** *f* DIN 55350,T.23 / sample statistic, statistic *n* || ≗**-Kenngrößenverteilung** *f* / sampling distribution || ≗**-Kennwert** *m* DIN 55350,T.23 / (sample) statistic value || ≗**-Medianwert** *m* / sample median || ≗**-Mittelwert** *m* / sample mean || ≗**plan** *m* / sampling scheme || ≗**plan mit Sprungregel** / skip lot sampling plan || ≗**prüfplan** *m* / sampling inspection plan

Stichprobenprüfung *f* / sampling test, random test, random sample test, spot check || ≗ *f* DIN 43782 / batch test || **attributive** ≗ / sampling inspection by attributes || **messende** ≗ / sampling inspection by variables

Stichprobenraum *m* / sample space || **Punkt im** ≗ / sample point

Stichprobensystem *n* / sampling system || ≗ **nach einem quantitativen Merkmal für eine endliche Partie** / attribute sampling system for a finite batch || ≗ **nach einem qualitativen Merkmal** / variable sampling system

Stichprobenumfang *m* DIN 55350,T.23 / sample size || **Kurve für den mittleren** ≗ / average sample number curve (ASNC)

Stichproben·verteilung *f* / sampling distribution || ≗**-Zentralwert** *m* / sample median

Stichtag *m* / key date

Stichwort *n* / brief description || ≗**verzeichnis** *n* / glossary *n*

Stickoxidanalysator *m* / nitrogen oxide (o. dioxide) analyzer, NOx analyzer

Stickstoffflasche *f* / nitrogen cylinder, nitrogen bottle

Stickstofffüllung *f* / nitrogen filling, nitrogen charge || **Transformator mit** ≗ / nitrogen-filled transformer, inertair transformer

Stickstoff·lampe *f* / nitrogen lamp || ≗**monoxid** *n* / nitric oxide || ≗**-Nachfüllvorrichtung** *f* / nitrogen refilling device || ≗**oxid-Analysator** *m* / nitrogen oxide analyzer || ≗**polster** *n* / nitrogen blanket, nitrogen cushion

stickstoffselektiver Detektor (NSD) / nitrogen-selective detector (NSD) || ~ **Flammenionisationsdetektor** (N-FID) / nitrogen-selective flame ionization detector (N-FID)

Stickstoff-Vorfülldruck *m* / nitrogen priming pressure

Stiel *m* (Gerüstbauteil) / strut *n*, pillar *n*, upright *n*

Stift *m* (StV) / pin *n* || ≗ *m* (Lampensockel) / pin *n*, post *n* || ≗ *m* (zum Fixieren) / pin *n*, dowel *n*, alignment pin || ≗ *m* (Verdrahtungsstift) / post *n* || ≗ *m* / contact pin || ≗ *m* (f. Faserbündel) / ferrule *n* IEC 50(731) || ≗**abstand** *m* / pin spacing || ≗**anschluss** *m* / pin connection || ≗**belegung** *f* (Steckverbinder) / pin assignment || ≗**bolzen** *m* / stud bolt, stud *n* || ≗**dose** *f* / male connector, pin connector || ≗**etage** *f* / tier of pins, layer of pins || ≗**fußsockel** *m* (Lampe, Zweistifts.) / bipost cap (GB), bipost base (US) || ≗**kabelschuh** *m* / plug connector, terminal pin, pin-end connector, pin terminal || ≗**kontakt** *m* / pin contact, male contact

Stift·leiste *f* / plug connector, male connector, pin contact strip, pin connector, push-on terminal strip || ≗**öler** *m* / pin lubricator || ≗**plotter** *m* / pen plotter || ≗**schaltglied** *n* / pin contact || ≗**schlüssel** *m* / pin spanner || ≗**schlüsselspitze** *f* / tip of pin spanner || ≗**schraube** *f* / stud bolt, stud *n*, threaded stud || ≗**schreiber** *m* / stylus recorder || ≗**sockel** *m* / pin cap, pin base, prong cap || ≗**sockellampe** *f* / pin-type socket lamp || ≗**stecker** *m* / male connector || ≗**teile** *n pl* / pin accessories

Stil *m* (a. Text) / style *n*

Stilb *n* (sb) / stilb *n* (sb)

stiller Alarm / silent alarm, visual alarm

Stilleuchte *f* / styled luminaire

Stillsetzachse *f* / stop axis

Stillsetzen *n* / stop *n* || ~ *v* / shut down *v*, stop *v*, stop operation || **geführtes** ≗ / controlled deceleration || **geführtes** ≗ (SR-Antrieb) / controlled (o. synchronous) deceleration, ramp-down braking, stopping by set-point zeroing || **sicheres** ≗ / safe shutdown, safe stopping process

Stillsetz·position *f* / halt position || **sicherer** ≗**prozess** / safe shutdown, safe stopping process || ≗**steuerung** *f* / stop control

Stillsetzung *f* / shutdown *n*, stopping *n*, stoppage *n* || ≗ *f* (Anlage, erzwungene S.) / outage *n* || **erzwungene** ≗ / forced outage

Stillstand *m* / standstill *n*, rest *n*, stoppage *n*, downtime *n*, zero speed || **zum** ≗ **bringen** / shut down *v*, stop *v*, stall *v* || ≗ **einer Waage** / resting position || **zum** ≗ **kommen** / come to a rest, come to a standstill, coast to rest || **im** ≗ / at rest, at standstill

Stillstandheizung *f* / standstill heating

Stillstands·bereich *m* / standstill mode, zero speed range || ≗**drehmoment** *n* / stall torque || ≗**-Drehmoment** *n* / stall torque, static torque || ≗**heizung** *f* / space heater, anti-condensation heater, standstill heating || ≗**kette** *f* (SPS) / shutdown cascade || ≗**kleben** *n* (Mot.) / standstill locking || ≗**kraft** *f* / stall force || ≗**moment** *n* / static torque, stall torque, static stall torque

Stillstandspannung *f* / secondary open-circuit voltage, wound-rotor open-circuit voltage, secondary voltage, rotor standstill voltage, voltage at standstill, open-circuit voltage

Stillstands·strom *m* / stall current || **≗toleranz** *f* / standstill tolerance || **≗überwachung** *f* / zero-speed monitoring, zero-speed control, standstill monitoring || **≗verriegelung** *f* (LE) / idling interlock, standstill interlocking || **≗wächter** *m* / zero-speed relay, zero-speed switch || **≗zeit** *f* / period of rest || **≗zeit** *f* (WZM) / down-time *n*, idle time || **≗zeitüberwachung** *f* (NC) / down-time monitoring
Stillstandzeit *f* / downtime *n*, idle time
stillstehend *adj* / at rest, stationary *adj*
stimmungsbetonende Beleuchtung / mood creating lighting
Stirn *f* (Welle) / front *n*, wave front || **in der ≗ abgeschnittene Stoßspannung** / impulse chopped on the front
Stirn-Ansprech·-Schaltstoßspannung, negative ≗-Schaltstoßspannung / negative 1.3 overvoltage sparkover voltage || **positive ≗-Schaltstoßspannung** / positive 1.3 overvoltage sparkover || **≗spannung** *f* / front-of-wave impulse sparkover voltage || **≗-Stoßspannung** *f* / front-of-wave impulse sparkover voltage || **Prüfung der ≗-Stoßspannung** / front-of-wave voltage impulse sparkover test
Stirn·bearbeitung *f* / face machining || **≗bereich** *m* (Wickl.) / end section || **≗blech** *n* / end plate || **≗dauer** *f* (einer Stoßspannung) / front duration || **≗drehen** *n* / facing *n* || **≗drehmeißel** *m* / facing tool || **≗druckkontakt** *m* / end-pressure contact
Stirnfläche *f* / end face, face *n*, frontal area, forepart *n*, front face || ≗ *f* (Bürste) / face *n* || **hintere ≗** (Bürste) / back face, back *n* || **vordere ≗** (Bürste) / front face, front *n*
Stirnflächen, Steckverbinder-≗ *f pl* / connector interface || **≗abstand** *m* / air gap, opening *n* || **≗bearbeitung** *f* / face machining || **≗dichtung** *f* / interfacial seal, contact barrier seal (depr.) || **≗kopplung** *f* (LWL) / butt joint || **≗nut** *f* (Lg.) / face groove
Stirn·fräsen *n* / face milling || **≗fräser** *m* / face milling tool, face cutter, facing cutter || **≗gerade** *f* (Welle) / wave-front line || **≗kapschnitt** *m* / square cut of ends || **≗kehlnaht** *f* / transverse fillet weld || **≗kennmelder** *m* / end indicator || **≗lager** *n* / end-journal bearing || **≗lauffehler** *m* / face runout || **≗leuchte** *f* (Triebfahrzeug) / headlamp *n* || **≗magnet** *m* / face magnet || **≗mitnehmer** *m* / face driver || **≗naht** *f* / edge weld || **≗nut** *f* / face groove || **≗platte** *f* / front plate, end plate || **≗kontakt-Steckverbinder** *m* / butting connector
Stirnrad *n* / spur gear, spur wheel || **≗getriebe** *n* / spur gearing, spur-gear unit, parallel-axes gearing || **≗vorgelege** *n* / spur gearing, spur-gear speed reducer, reduction gear with spur wheels
Stirn·scherversuch *m* / transverse shear test || **≗schlag** *m* (Welle) / axial wobble, end float
Stirnseite *f* (Kessel) / end *n*, end face, small side || ≗ *f* / forepart *n*, front face, face *n* || ≗ *f* (Wickl.) / overhang *n*, end winding, coil ends
Stirnseitenauskeilung *f* / overhang packing, overhang wedge bracing
stirnseitig *adj* / on the face end || **~ aneinanderreihbar** / buttable end to end
Stirn·stehstoßspannung *f* / front-of-wave withstand voltage || **≗stehstoßspannungsprüfung** *f* / front-of-wave impulse test || **≗steilheit** *f* / front steepness, virtual steepness of front || **≗stoß** *m* / edge joint || **≗streuung** *f* (el. Masch.) / end leakage, overhang leakage, brow leakage, coil-end leakage || **≗verbinder** *m* (el. Masch.) / end connector || **≗- und Mantelflächenbearbeitung** *f* / end face and generated surface machining || **≗verbindung** *f* (el. Masch.) / end winding IEC 59(411), end connection || **≗verluste** *m pl* (el. Masch.) / end losses || **≗versteifung** *f* (Wickl.) / overhang packing block, coil-end bracing, end-turn bracing, end-turn wedging
stirnverzahnte Kupplung / toothed coupling, gear coupling
Stirn·wand *f* / end wall || **≗zahn** *m* / end tooth, face tooth || **≗zapfen** *m* (Welle) / thrust journal, journal for axial load || **≗zeit** *f* / front time, virtual duration of wavefront
STN-Display *n* / STN display
stochastisch definierte Grenze / probability limit || **~e zyklische Änderung** / random cyclic change || **~er Prozess** / stochastic process || **~es adaptives Regelsystem** / stochastic adaptive control system
Stocherblech *n* / prodproofing guard, prod guard
stochersicher *adj* / prodproof *adj*, poke-proof *adj*
stocken *v* / thicken *v*, liver *v*, feed *v*, body up
Stockpunkt *m* / pour point, solidification point || **≗bestimmung** *f* / pour-point test || **≗erniedriger** *m* / pour-point depressor || **≗verbesserer** *m* / pour-point depressor
Stockwerk *n* / floor *n*, storey *n* || ≗ *n* (Trafo-Wickl.) / tier *n* || **≗druckknopf** *m* (Fahrstuhl) / landing call button
Stockwerksverteilung *f* / storey distribution board (o. unit), floor panelboard
Stockwinde *f* / rack-and-pinion jack, ratchet jack
Stoff, hochgiftiger ≗ / highly toxic chemical
Stoffe, fließende ≗ / fluid materials
Stoff·menge *f* / amount of substance || **≗strom** *m* / flow *n*, mass flow || **≗trennung** *f* / separation of substances || **≗tuch** *n* / cloth *n*
Stollen *m* (Tunnel) / tunnel *n* || ≗ *m* (Verpackung) / batten *n* || **Einlauf~** *m* (WKW) / inlet tunnel || **Kabel~** *m* / cable tunnel
Stopfbuchse *f* / stuffing box, packing gland, packing box, compression gland || ≗ *f* (Kabeleinführung) EN 50014 / gland *n* || ≗ *f* (Ventil) / packing box || **≗ der Armatur** / stuffing box of the valve || **≗ mit Manschetten** / stuffing box using performed V-rings, stuffing box using molded V-rings
Stopfbuchsenbrille *f* / gland follower, gland *n* || ≗ *f* (Leitungseinführung) / clamp *n*
stopfbuchsenlos *adj* / glandless *adj*, packless *adj* || **~es Ventil** / packless valve
Stopfbuchsenverschraubung *f* / screwed glands
Stopfbuchs·innenoberfläche *f* / inside wall of the stuffing box || **≗packung** *f* / packing of the stuffing box || **≗reibung** *f* / friction of stuffing box || **≗verschraubung** *f* / compression gland, packed gland, bonding gland, screw gland, packing bolts
Stopfdichte *f* / bulk density, apparent density, loose bulk density
Stopfen *m* / plug *n*, stopper *n* || ≗ *n* (zur Erhöhung der Digitalrate) / stuffing, digital stuffing
Stopfschraube *f* / screw plug, pipe plug, stopper *n*
Stopp *m* / stop *n* || **≗ bei Adressengleichheit** (SPS) / stop with breakpoints || **≗ Gang WT** / stop turn CD || **≗ Reaktionswert** / stop reaction value || ≗-

Anweisung *f* (SPS) / stop statement || ²**auslöser** *m* / stop trip
Stoppbahn *f* (Flp.) / stopway *n* || ²**befeuerung** *f* / stopway lighting || ²**feuer** *n* / stopway light || ²**marker** *m* / stopway day markers || ²**rand** *m* / stopway edge || ²**randmarker** *m* / stopway edge marker
Stopp·balken *m* / stop bar || ²**balkenfeuer** *n* / stop bar light || ²**barren** *m* (STB) / stop bar (STB) || ²**befehl** *m* (a. FWT) / stop command || ²**bit** *n* (DÜ) DIN 44302 / stop bit, stop element || ²**bremse** *f* / quick-stopping brake
stoppen *v* / stop *v*
Stopper *m* / stopper *n* || ² **auf** / stopper open || ² **zu** / stopper closed
Stopp·ereignis *n* / stop event || ²**fläche** *f* / stopway *n* || ²**kategorie** *f* / stop category || ²**kennung** *f* (SPS) / stop identifier || ²**licht** *n* / brake light, stop light || ²**linie** *f* / stop line || ²**motor** *m* (Verschiebeankermot.) / sliding-rotor motor || ²**motor** *m* (m. eingebauter Bremse) / brake motor || ²**reaktion** *f* / stop response || ²**schleife** *f* / stop loop || ²**stelle** *f* / stop point || ²**taste** *f* / stop button || ²-**Telegramm** *n* / STOP message || ²**uhr** *f* / stopwatch *n*, seconds counter || ²**verhalten** *n* / stop *n*
Stoppzustand *m* / stop status, stop condition, stop mode || ² *m* (SPS) / stop status, stop condition || **weicher** ² / soft stop mode
Stöpsel *m* (Steckerelement) / (telephone) plug, bridging plug, plug *n* || **Telefon~** *m* / telephone plug
STÖR (Störstellung) / disturbance position, DBI state, INTER (intermediate position)
Stör·ablaufprotokoll *n* / incident review log (IRL), post-mortem review || ²**ablaufprotokollierung** *f* / post-mortem review || ²**abschaltung** *f* / shut-down on faults, disconnection on faults || ²**abstand** *m* / noise ratio, signal-to-noise ratio, noise margin || **dynamischer** ²**abstand** / dynamic noise immunity || ²**abstrahlung** *f* / noise radiation, noise emission || ²**abweichung** *f* (Änderung im Beharrungswert der stabilisierten Ausgangsgröße eines Stromversorgungsgeräts) / output effect || ²**abweichungsbereich** *m* DIN 41745 / output effect band IEC 478-1, effect band || ²**analyse** *f* / fault analysis, error log || **~anfällig** *adj* / vulnerable *adj*, susceptible to faults, fault-prone *adj*
Störanfälligkeit *f* / vulnerability *n*, susceptibility to faults || ² *f* (durch Fremdfelder, elektrostat. Entladungen, Überspannung zwischen Erdverbindungen) / susceptibility *n*, electromagnetic susceptibility, interference susceptibility
Störanregung *f* (PLT, KW-Leittechnik, Zustandsmeldung) / status discrepancy alarm
Störanregungs·frequenz *f* / spurious response frequency || ²**kraft** *f* (MSB) / deflecting force || ²-**Unterdrückungsfaktor** *m* / spurious response rejection ratio
Stör·anzeige *f* (Anzeige, die von Störungen außerhalb eines Prüfsystems hervorgerufen wird) / disturbance indication || ²**aufschaltung** *f* / feedforward control || ²**ausblendung** *f* / interference suppression
Störaussendung *f* (EMB) VDE 0870 / emitted interference || ² *f* / emitted interference, noise emission || **feld- und leitungsgebundene** ² / radiant and conducted interference emission
Stör·beeinflussung *f* (durch Fremdspannungen) / interference *n*, electrical interference, disturbing influence || ²**beobachtung** *f* (Reg.) / disturbance estimation || ²**bereich** *m* (Reg.) DIN 19226 / range of disturbance variable || ²**bereich** *m* (Reg., zulässiger Bereich der Störgrößen) / admissible range of disturbances || ²**betätigung** *f* / operation in case of fault || ²**bewertung** *f* / weighting factor of frequency, noise weighting, weighted harmonic content || ²**bildung** *f* / fault generation || ²**bit** *n* / fault bit || ²**blindwiderstand** *m* / spurious reactance, parasitic reactance
Stored Program Control (SPC) / stored program control (SPC)
Stör·einfluss *m* / disturbance *n* || **elektrischer** ²**einfluss** / electrical noise condition || ²**einflüsse** *m pl* / interferences *n pl* || ²**einkopplung** *f* / disturbance(-signal) injection, interference(-signal) injection || **feldgebundene** ²**einkopplung** / field-related interference || **leitungsgebundene** ²**einkopplung** / conducted interference || ²**einstrahlfläche** *f* / interference injection area || ²**einstrahlung** *f* / interference *n* || ²**einstreuung** *f* / coupling *n* (The mechanism by which an interference source produces interference in a signal circuit), interference *n* || ²**eintrag** *m* / fault entry || ²**empfindlichkeit** *f* / susceptibility *n*, electromagnetic susceptibility, interference susceptibility
störend·er Eindruck (Flicker) / visual discomfort || **~es Geräusch** / offending noise
Störendezeit *f* / fault end time
Störfall *m* / incident *n*, fault *n*, malfunction *n*, accident *n* || ²**daten** *plt* / fault-related data || ²**drucker** *m* / disturbance logger, event logger || ²**früherkennung** *f* / detection of incipient faults || ²**nummer** *f* / fault number || ²**protokoll** *n* / fault log, malfunction log (o. printout)
Störfeld *n* / disturbance field, interference field, noise field, contaminating field || **magnetisches** ² / magnetic interference field, stray magnetic field || **Prüfung im magnetischen** ² / magnetic interference test || ²**abstand** *m* / field-to-noise ratio || ²-**Messgerät** *n* / disturbance-field measuring set || ²**stärke** *f* / disturbance-field strength, interference-field strength, noise-field intensity, radiated electromagnetic field
Störfestigkeit *f* / noise immunity, immunity *n*, immunity to interference, interference immunity factor || ² *f* (Die Störfestigkeit einer Einrichtung ist ihre Fähigkeit, eine festgelegte Anforderung zu erfüllen, wenn sie Störsignalen mit festgelegten Pegeln ausgesetzt ist) / immunity to noise || ² **gegen elektromagnetische Störungen** / noise immunity || ² **gegen Entladung** / immunity to electrostatic discharge
Störfestigkeits·bereich *m* IEC 50(161) / immunity margin || ²**grenzwert** *m* IEC 50(161) / immunity limit || ²**pegel** *m* / immunity level || **elektrische** ²**prüfung** / electrical noise test || ²**verhältnis** *n* IEC 60050(161) / immunity margin
Störfleck *m* (ESR) / picture blemish, blemish *n*
Störfrequenz *f* / interference frequency, parasitic frequency || ²**gang** *m* / interference frequency response || ²**unterdrückung** *f* / interference frequency suppression
Stör·generator *m* / noise generator || ²**geräusch** *n* /

interference noise, disturbing noise || ²**gewicht** *n* VDE 0228 / weighting factor of frequency, noise weighting, weighted harmonic content || ²**gleichspannung** *f* / d.c. component of fault voltage || ²**grad** *m* / interference level || ²**grenze** *f* (Flicker) / limit of irritation

Störgröße *f* / disturbance variable || ² *f* (Reg.) DIN 19226 / disturbance *n* || ² *f* (Einflussgröße) / influencing quantity || ² *f* (Geräusch) / noise quantity || ² *f* (elektromagn. S., EMB) / interference *n* || **elektrische** ² (äußere Störung) / electrical transient || **leitungsgebundene** ² / noise immunity || **leitungsgeführte** ² IEC 60050(161) / conducted disturbance || **schnelle transiente** ² IEC 50(161) / burst *n*

Störgrößen·aufschaltung *f* / feedforward control, feedforward compensation, feedforward injection of disturbance variable || **starre** ²**aufschaltung** / rigid feedforward control, rigid feedforward compensation || ²**beobachter** *m* / disturbance observer || ²**bereich** *m* / disturbance range || ²**schreiber** *m* / disturbance recorder || ²**sprung** *m* DIN 41745 / (disturbance) step change

Störhalbleiter *m* / extrinsic semiconductor

Störimpuls *m* / disturbing pulse, interfering pulse, noise pulse, spurious pulse, interference pulse || ² *m* (Glitch) / glitch *n* || ²**erkennung** *f* (Glitch-Erkennung) / glitch recognition || ²**filter** *n* / glitch filter || ²**speicher** *m* (Glitch-Speicher) / glitch memory || ²**-Triggerung** *f* (Glitch-Triggerung) / glitch trigger

Störkarte *f* / fault module

Störladung, Teilentladungs-² *f* / partial-discharge charge, nominal apparent PD charge

Störlage *f* (SG) / intermediate position, intermediate state, off-end position

Störleistung *f* / disturbance power, noise power, interference power, disturbance power, radio interference power || ² *f* (HF-, RF-Störung) / RFD power || ² *f* (HL) / spurious output power

Stör·leuchtdichte *f* / unacceptable reflected luminance || ²**lichtblende** *f* / shield *n*

Störlichtbogen *m* / accidental arc, arcing fault, internal fault || **innerer** ² / internal arcing fault || ²**festigkeit** *f* / resistance to accidental arcs, resistance to internal faults, fault withstand capability, short-circuit strength, resistance to arc faults

störlichtbogengeprüft *adj* / tested for resistance to accidental arcing, tested for resistance to internal faults, arc-fault tested

Störlichtbogen·prüfung *f* / internal arc test IEC 157, accidental arc test, arc test, internal fault test || ²**schutz** *m* / protection against internal arcs

Störmelde·auswertung *f* (Baugruppe) / fault alarm evaluator, fault alarm evaluating module || ²**erfassung** *f* / error message detection || ²**liste** *f* / fault code list || ²**relais** *n* / alarm relay || ²**system** *n* / fault signalling system, fault annunciating system || ²**tableau** *n* / alarm annunciator || ²**übertragung** *f* / transfer of error messages

Störmeldung *f* / fault signal, fault indication, alarm indication (o. display), alarm, nuisance call, error message, nuisance alarm, alarm message || ² *f* (FWT) / malfunction information

Stör·merker *m* (SPS) / fault flag || ²**messgerät** *n* / noise measuring set, circuit-noise meter, noise level meter || ²**modenschwingungen** *f pl* / spurious-mode oscillations || ²**moment** *n* / disturbing torque, harmonic torque, parasitic torque

stornieren *v* (z.B. eine Funktion) / cancel *v*

Stör·niveau *n* / impurity level || ²**nummer** *f* / fault number || ²**ort** *m* DIN 19226 / point of disturbance

Störpegel *m* / background noise level, noise level, disturbance level, radio interference level || ²**alarm** *m* / S/N alarm || ²**messer** *m* / psophometer *n*

Störprotokoll *n* / fault log, malfunction log (o. printout)

Störprüfung *f* / interference test || **Hochfrequenz-**² *f* (Rel.) / high-frequency disturbance test, disturbance test IEC 255

Störquelle *f* (HF-, RF-Störung) / radio frequency disturbance source || ² *f* / noise source, source *n* || ² *f* (EMB) VDE 0870, T.1 / source of interference, disturbing source, interference source

Stör·reaktanz *f* / spurious reactance, parasitic reactance || ²**resonanz** *f* / parasitic resonance || ²**schreibung** *f* / fault recording || ²**schrieb** *m* / fault recording

Störschutz *m* / interference suppression (device) || **erhöhter** ² / increased interference suppression || ²**filter** *n* / interference suppressor filter || ²**kondensator** *m* / anti-interference capacitor, interference suppression capacitor || ²**transformator** *m* / noise protection transformer (NPT)

Störschwelle *f* (Lärm) / threshold of discomfort || ² *f* (Licht) / threshold of irritability || ² *f* (EMV) IEC 50(161) / limit of disturbance, interference threshold || **Logik mit hoher** ² / high-threshold logic (HTL)

Stör·schwingung *f* / parasitic oscillation || ²**schwingungen** *f pl* / parasitic oscillations, spurious oscillations || ²**senke** *f* / noise receiver, sink *n* || ²**senke** *f* (EMB) VDE 0870, T.1 / potentially susceptible equipment (o. device)

störsicher *adj* (störspannungsfrei, geräuschfrei) / noise-free || ~ / fail-safe *adj* || **~er Eingang** / noise-proof input, noise-immune input

Störsicherheit *f* / operational reliability, operational safety, immunity to noise || ² *f* (gegen el. Beeinflussung) / interference immunity || ² *f* (OS) / reliability *n* || ² *f* (Fremdspannung) / noise immunity, immunity *n*, immunity to interference, interference immunity factor

Störsignal *n* / fault (o. error) signal, fault message, unwanted signal, undesired signal, interference signal, parasitic signal, spurious signal, noise signal || ² *n* (Rauschen) / noise *n* (signal) || ² *n* (magn. Datenträger, Lesespannung) / drop-in *n*, extra pulse

Störspannung *f* (el., Fremdspannung) / interference voltage, psophometric interference voltage, noise voltage, parasitic voltage || ² *f* (Verlagerungsspannung) / displacement voltage || ² *f* (EMV, Schutz) / disturbance voltage || ² *f* (mech.) / discontinuity stress || ² *f* (HF-, RF-Störung) / RFD voltage || ² *f* / terminal interference voltage, terminal voltage || **Gleichtakt-**² *f* / common-mode parasitic voltage, common-mode interference voltage

Störspannungseinfluss, Gleichtakt-² *m* / common-mode interference

Störspannungs·faktor *m* / parasitic voltage interference factor || ²**festigkeit** *f* / noise immunity,

interference immunity, interference rejection
störspannungsfrei *adj* / noise-free *adj*, noiseless *adj*
Störspannungs·messer *m* / interference voltage meter || ²**prüfung** *f* / radio interference test || ²**prüfung** *f* VDE 0670, T.104 / radio interference voltage test (RIV test) IEC 56-4, radio interference test IEC 168, radio influence voltage test (NEMA SG 4), RIV test (radio interference voltage test) || **~sicher** *adj* / immune to interference || ²**unterdrückung** *f* / noise suppression, interference voltage suppression
Stör·speicher *m* / error memory, fault memory || ²**spektrum** *n* (Rauschspektrum) / noise spectrum || ²**sperre** *f* / interference suppressor || ²**spitze** *f* / spurious peak || ²**spitze** *f* (Glitchimpuls) / glitch *n* || ²**spitze** *f* (EMB) / spike *n*
Störstelle *f* (Kristallgitter) / imperfection *n* (crystal lattice) || ² *f* (HL) / impurity *n*
Störstellen·aktivierungsenergie *f* / impurity activation energy || ²**atom** *n* / impurity atom, impurity *n* || ²**band** *n* / impurity band || ²**dichte** *f* / impurity concentration || ²**-Haftstelle** *f* / impurity trap || ²**halbleiter** *m* / extrinsic semiconductor || ²**kompensation** *f* / impurity compensation || ²**leitung** *f* / extrinsic conduction || ²**niveau** *n* / impurity level || ²**übergang** *m* / junction *n*
Störstellung *f* (SG, Zwischenstellung) / intermediate position, intermediate state, off-end position || ² *f* (STÖR) / intermediate position (INTER), disturbance position, DBI state
Störstellungsunterdrückung *f* / faulty state information suppression, intermediate state information suppression, (switchgear) operating delay suppression
Stör·stoff *m* (HL) / impurity *n* || ²**strahlung** *f* / radiated noise, interfering radiation, perturbing radiation, spurious radiation, emitted noise || ²**strahlungsfestigkeit** *f* / immunity to radiated noise || ²**strom** *m* (HF-, RF-Störung) / RFD current || ²**strom** *m* (Fremdstrom) / interference current, parasitic current || ²**strom** *m* (Fehlerstrom, Wandlerfehlerstrom) / error current, current due to transformer error || ²**strom** *m* (Schutz, Strom infolge Fehlanpassung der Wandler) / spill current || ²**umgebung** *f* / noisy environment || **~- und zerstörfeste Logik** (SZL) / high-noise-immunity and surge-proof logic, high-level logic (HLL)
störunempfindlich *adj* / noise resistant, noise immune
Störung *f* / disturbance *n*, trouble *n*, fault *n*, malfunction *n*, failure *n*, breakdown *n* || ² *f* VDE 0228 / disturbance *n*, malfunction *n* || ² *f* (Rauschen) / noise *n*, interference *n* || ² **durch Zündfunken** / ignition interference || ² **in der Automatisierungsanlage** / failure (emergency) in the control system || ² **quittieren** / reset alarm, reset fault || **induktive oder kapazitive** ² / inductive and capacitive interference || **leitungsgebundene** ² / mains-borne disturbance, conducted interference, conducted noise || **leitungsgeführte** ² / mains-borne disturbance, conducted interference || **magnetische** ² / magnetic interference
STÖRUNG-Meldung / FAULT signal
Störungsablauf *m* / incident history || ²**protokoll** *n* (STAP) / incident review log (IRL), post-mortem review
Störungs·analyse *f* / fault analysis || ²**anfälligkeit** *f* / susceptibility *n*, electromagnetic susceptibility, interference susceptibility || ²**anlass** *m* / incident *n* IEC 50(604) || ²**annahme** *f* / fault registration || ²**anrufbeantwortung und -analyse** *f* / trouble call answering and analysis system
Störungsanzeige *f* / malfunction indication, fault indicator || ² *f* (FWT) / trouble indication || ² *f* (Automatisierungssystem) / malfunction indication (o. display), alarm indication (o. display) || ²**logik** *f* (Automatisierungssystem) / malfunction (o. alarm) display logic
Störungsanzeiger *m* / fault indicator
Störungsaufklärung *f* / fault diagnosis || ² **und -beseitigung** *f* / fault recovery
Störungs·aufzeichnungsgerät *n* / disturbance recorder, perturbograph *n* || ²**auswirkung** *f* (FWT) / effect of malfunction || ²**bearbeitung** *f* / fault handling
störungsbedingt·e Nichtverfügbarkeit / forced outage || **~e Nichtverfügbarkeitsdauer** / forced outage duration
Störungsbehebung *f* / noise cancellation, interference suppression, debugging *n*, fault correction, troubleshooting *n*, fault clearance
Störungsbeschreibung *f* / disturbance profile
Störungsbeseitigung *f* / correction of disturbances, trouble shooting, remedying faults, debugging *n*, troubleshooting *n*, fault correction || ² *f* (Netz) / fault clearance || ² *f* (Störspannung) / noise cancellation, interference suppression
Störungs·bildung *f* / fault generation || ²**bit** *n* / exception bit || ²**buch** *n* / fault log
Störungsdauer *f* (QS) DIN 40042 / malfunction time || ² *f* (Netz) / disturbance time || ² *f* (Netz, Zeitspanne zwischen Eintritt u. Beseitigung eines Fehlers) / fault clearance time
Störungs·einkopplung *f* / interference coupling || ²**eintrag** *m* / fault entry || ²**entgegennahme** *f* / receipt of fault reports || ²**erfassung** *f* / fault acquisition || ²**erkennung** *f* / fault identification || ²**fall** *m* / breakdown *n*
störungsfrei *adj* / trouble-free *adj*, faultless *adj*, healthy *adj* || ~ *adj* (störspannungsfrei) / noise-free *adj*, interference-free *adj*, clean *adj*
Störungs·gebiet *n* / disturbance region, interference field || ²**kontrolle** *f* (FVVT) / discontinuity check
Störungsmeldung *f* / malfunction information, alarm indication, nuisance call, nuisance alarm, alarm message, error message, notification of the fault, fault message
Störungs·muster *n* / interference pattern || ²**ort** *m* / error location || ²**protokoll** *n* / fault log, malfunction log (o. printout) || ²**quittierung** *f* / fault acknowledgement || ²**reset** *n* / fault reset || ²**rücksetzung** *f* / fault reset || ²**schreiber** *m* / fault recorder, disturbance recorder || ²**schwund** *m* / interference fading
störungssicher *adj* / noise-immune *adj* || ~ *adj* (ausfallsicher) / fail-safe *adj*
Störungs·signalisierung *f* (LAN) / jam signal || ²**speicher** *m* / fault memory, error memory || ²**suche** *f* / fault locating, trouble shooting || ²**sucher** *m* / troubleshooter *n*, trouble man || ²**tabelle** *f* / fault diagnosis chart, troubleshooting guide
störungs·unempfindlich *adj* (gegen Rauschen) / immune to noise, noise-immune *adj* || ²**unterdrückung** *f* / interference rejection,

interference suppression, noise rejection || ²ursache *f* (FWT) / cause of malfunction || ²verkettung *f* / fault chaining || ²vorgeschichte *f* / fault history || ²wert *m* / fault value || ²wesen *n* / fault management || ²zeit *f* (Netz) / disturbance time || ²zustand *m* / fault state

Stör·unterdrückung *f* / interference rejection, interference suppression, noise rejection || **²ursache behoben** / source of malfunction/ breakdown eliminated || **²verhalten** *n* / disturbance characteristic || **²welle** *f* / transient wave

Störwert *m* / fault value || **²drucker** *m* / alarm printer || **²erfassung** *f* / fault monitoring (o. detection), fault detection || **²schreibung** *f* / fault recording

Stör·zählimpuls *m* / spurious count || **²zeit** *f* / fault time

Stoß *m* (Stoßwelle) / impulse *n*, surge *n* || ² *m* (Fuge) / butt joint, joint *n* || ² *m* (Impuls) / pulse *n* || ² *m* (mech.) / shock *n*, impact *n*, jerk *n* || **Einheits~** *m* (Dirac-Funktion) / unit pulse, unit impulse (US) || **Schweiß~** *m* / welding joint, welded joint || **²amplitude** *f* / surge amplitude || **²antwort** *f* / step response

stoßartige Änderung / impulsive variation, abrupt change

Stoß·beanspruchung *f* (mech. Stoß) / impact load, sudden load change || **²beginn O_1** *m* / virtual origin, virtual zero, virtual time zero || **²belastbarkeit** *f* / impulse-load capacity, impact-load capacity, peak-load rating || **²belastung** *f* / impulse load, surge load, impact load, shock load, transient peak load, sudden loading || **²bewegung** *f* / shock motion || **²charakteristik** *f* / starting surge characteristic, surge characteristic

Stoßdämpfer *m* / shock absorber, dashpot *n*

Stoß·durchbruch *m* / impulse breakdown || **²durchschlag** *m* / impulse breakdown || **²durchschlagfestigkeit** *f* / impulse breakdown strength, impulse electric strength || **²durchschlagspannung** *f* / impulse breakdown voltage

Stößel *m* / tappet *n*, plunger *n*, punch *n*, ram *n* || ² *m* (PS) / plunger *n*, push rod || **²betätiger** *m* / plunger actuator || **²endschalter** *m* / plunger-operated position switch || **²grenztaster** *m* / plunger-operated position switch || **²-Positionsschalter** *m* / plunger-operated position switch || **²rohr** *m* / plunger tube || **²steuerung** *f* / control of the punch

stoßen *v* (prüfen m. Stoßspannung) / impulse-test *v*

Stoß·energie *f* (mech.) / impact energy || **²entladungsprüfung** *f* VDE 0560,4 / discharge test IEC 70

Stoßerregung *f* / superexcitation *n*, high-speed excitation, field forcing, fast-response excitation, field flashing || ² *f* (Schwingkreis) / impulse excitation, shock excitation

Stoßerregungs·begrenzer *m* / field-forcing limiter || **²faktor** *m* / field-forcing factor

Stoßerscheinung *f* / surge phenomenon

Stoßfaktor *m* / peak factor || ² *m* (Verhältnis Stoß-Wechselspannungsfestigkeit) / impulse-to-a.c.-strength ratio, withstand ratio || ² *m* (Festigkeitsanstieg mit Stoßsteilheit) / volt-time turn-up

stoßfest *adj* (el.) / surge-proof *adj* || ~ *adj* (mech.) / shockproof *adj*, impact-resistant *adj* || **~e Leuchte** / impact-resistant luminaire, vandal-proof luminaire

Stoßfestigkeit *f* (el.) / impulse strength, surge withstand capability (SWC), surge strength || ² *f* (mech.) / shock resistance, impact resistance

Stoßformen *f pl* (el. Stoßprüf.) / impulse waveshapes

stoßfrei *adj* / bumpless *adj* || **~e Umschaltung** / bumpless transfer (o. changeover), bumpless reversal

Stoß·frequenz *f* / impulse frequency, shock frequency, surge frequency || **²fuge** *f* / butt joint, joint *n* || **²funktion** *f* / impulse function || **²generator** *m* / impulse generator, surge generator, short-circuit generator, lightning generator || **Repetitions-²generator** *m* / recurrent-surge generator (RSG) || **²haltespannung** *f* / withstand impulse voltage || **²impuls** *m* / shock pulse || **²isolator** *m* / shock isolator || **²kapazität** *f* / surge capacitance, impulse capacitance || **²kennlinie** *f* / impulse voltage-time curve, impulse volt-time characteristic || **²klinke** *f* / driving pawl || **²kraft** *f* / impulsive force, impact force || **²kreis** *m* / surge circuit

Stoßkurzschluss *m* / sudden short circuit || **²-Drehmoment** *n* / peak transient torque, torque on sudden short circuit || **²-Gleichstrom** *m* / d.c. component of initial short-circuit current, d.c. component of sudden short-circuit current || **²prüfung** *f* / sudden short-circuit test || **²reaktanz** *f* / transient reactance || **²strom** *m* / peak short-circuit current, sudden short-circuit current, maximum asymmetric short-circuit current, impulse short-circuit current || **²strom** *m* (el. Masch.) IEC 50(411) / maximum aperiodic short-circuit current || **nicht begrenzter ²strom** / prospective symmetrical r.m.s. let-through current || **²verhältnis** *n* / short-circuit ratio (s.c.r.) || **²versuch** *m* / sudden short-circuit test || **²-Wechselstrom** *m* / initial symmetrical short-circuit current, subtransient short-circuit current || **²-Zeitkonstante** *f* / time constant of sudden short circuit

Stoßlängsreaktanz *f* / direct-axis subtransient reactance

Stoßlast *f* / impulse load, impact load, shock load, surge load

Stoßleistung *f* / surge power

Stoßleistungs·generator *m* / surge-power generator, impulse generator, short-circuit generator || **²transformator** *m* / short-circuit transformer || **²-Umformersatz** *m* / surge-power m.g. set

Stoß·linie *f* / line of impact || **²maschine** *f* / shock testing machine, shock machine || **²moment** *n* (plötzliche Momentenänderung) / impulse torque, suddenly applied torque, transient torque || **²moment** *n* (Höchstwert) / peak transient torque, short-circuit torque || **²oszilloskop** *n* / impulse oscilloscope || **²pegel** *m* / impulse test level, impulse level, impulse insulation level || **²platz** *m* / impulse testing station || **²prüfmaschine** *f* / shock testing machine, shock machine

Stoßprüfung *f* / impulse voltage test, impulse test, surge withstand capability test (SWC test) || ² *f* (el.) / impulse test, impulse voltage test || ² *f* (mech., Schockprüfung) / shock test || ² *f* (mech.) / impact test, test for resistance to impact

Stoß-Querreaktanz *f* / quadrature-axis subtransient reactance

Stoß·reaktanz *f* / subtransient reactance || **²relais** *n* / rate-of-change relay, d/dt Relais || ²-

Rückwärtsverlustleistung *f* (Lawinen-Gleichrichterdiode) DIN 41781 / surge reverse power dissipation, non-repetitive reverse power dissipation
stoßsicher *adj* / surge-proof *adj*
Stoßspannung *f* / impulse voltage, voltage impulse, surge voltage, transient voltage, impulse *n* || ≗ *f* (Prüfspannung) / impulse test voltage
Stoßspannungs·anlage *f* / impulse voltage testing station || ≗**beanspruchung** *f* / impulse voltage stress, impulse stress || ≗**charakteristik** *f* / impulse flashover voltage-time characteristic || **~fest** *adj* / surge-proof *adj* || ≗**festigkeit** *f* / impulse strength, surge withstand capability (SWC), surge strength, impulse withstand voltage || ≗**generator** *m* / impulse generator, surge generator, short-circuit generator, lightning generator || ≗**messer** *m* / impulse voltmeter, crest voltmeter
Stoßspannungs·pegel *m* / impulse test level, impulse level, impulse insulation level || ≗**prüfung** *f* / impulse voltage test, impulse test, surge withstand capability test (SWC test) || ≗**-Schutzpegel** *m* / impulse protective level || **~sicher** *adj* / surge-proof *adj* || ≗**übertragung** *f* / surge transfer || ≗**verlauf** *m* / impulse shape || ≗**verteilung** *f* / surge voltage distribution, impulse voltage distribution || ≗**welle** *f* / voltage surge, impulse wave
Stoßspitzenspannung *f* (Diode) DIN 41781 / non-repetitive peak reverse voltage || ≗ *f* (Thyr) DIN 41786 / non-repetitive peak off-state voltage || ≗ **in Rückwärtsrichtung** (Thyr) / non-repetitive peak reverse voltage || ≗ **in Vorwärtsrichtung** (Thyr) / non-repetitive peak forward off-state voltage, non-repetitive peak forward voltage
Stoßstelle *f* (mech.) / joint *n*, abutting surface || ≗ *f* (Wellenwiderstand) / transition point || ≗ **im magnetischen Kreis** / magnetic joint
stoßstellenfrei *adj* / jointless *adj*
Stoßstreuspannung *f* / transient leakage reactance, transient leakage reactance drop, transient reactance drop
Stoßstrom *m* / impulse current, peak current, peak withstand current IEC 157-1, surge current || ≗ *m* / (starting) inrush current, (transformer) magnetizing inrush current || ≗ *m* (Diode) / surge forward current, non-repetitive forward current || ≗ *m* (Thyr) / surge on-state current || ≗ *m* (Prüfstrom) / impulse test current || ≗ *m* (Scheitelwert der ersten großen Teilschwingung während des Ausgleichsvorgangs) / peak current || **Bemessungs-**≗ *m* (2,5 x Kurzzeitstrom) / rated peak withstand current IEC 265 || **max. unbeeinflusster** ≗ / maximum prospective peak current || **maximal zulässiger** ≗ (ESR-Elektrode) / surge current (EBT-electrode) || **maximaler unbeeinflusster** ≗ VDE 0670,T.2 / maximum prospective peak current IEC 129 || **unbeeinflusster** ≗ VDE 0670,T.2 / prospective peak current IEC 129 || ≗**begrenzer** *m* / impulse-current limiter || **~fest** *adj* / surge-proof *adj*
Stoßstromfestigkeit *f* / surge (withstand strength), impulse withstand strength, peak withstand current, surge strength || **Kontrolle der** ≗ (LE) / fault current capability check IEC 700
Stoßstrom·-Grenzwert *m* (Thyr) DIN 41786 / maximum rated surge on-state current || ≗**-Grenzwert** *m* (Diode) DIN 41781 / maximum rated surge forward current || ≗**kondensator** *m* / surge capacitor || ≗**prüfung** *f* / impulse test || ≗**prüfung** *f* (LE) / fault current test IEC 700 || ≗**schalter** *m* / remote-control switch
Stoß·transformator *m* / impulse testing transformer, short-circuit transformer, impulse transformer || ≗**überlastbarkeit** *f* / impulse strength, surge withstand capability (SWC), surge strength || ≗**überschlag** *m* / impulse flashover || ≗**überschlagsprüfung** *f* / impulse flashover test, impulse sparkover test || ≗**überschlagsspannung** *f* / impulse flashover voltage, impulse sparkover voltage || ≗**überschlagsverzögerung** *f* / time to impulse flashover || ≗**überspannung** *f* / transient overvoltage || ≗**- und Kurzzeitstromfestigkeit** *f* / short-time and peak withstand current
Stoß·verbinder *m* / connector *n* || ≗**voltmeter** *m* / impulse voltmeter, crest voltmeter || ≗**vorgang** *m* (Elektronen) / collision process || ≗**wechselstrom** *m* / impulse alternating current
Stoßwelle *f* / impulse wave, transient wave || **schwingende** ≗ / oscillatory impulse, oscillatory surge || **Kopplungsimpedanz für** ≗**n** / mutual surge impedance
Stoßwert *m* / impulse value || **Nenn-**≗ *m* (Rel., einer Eingangsgröße) DIN IEC 255, T. 100 / limiting dynamic value (of an energizing quantity)
Stoß·winkel *m* (Aufschlagwinkel) / angle of impact || ≗**zeit** *f* / impulse time, surge-wave duration
ST-Quelle *f* / ST source file
STR (Standardroutine) / STR (standard routine)
straff *adj* (Riemen) / tight *adj*
Strafpunkte *m pl* (QS) / penalty *n*
Strahl *m* (Licht) / beam *n*, ray *n* || ≗ *m* (Osz.) / trace *n*, beam *n* || ≗ *m* (Wasser) / jet *n* || ≗**abbildung** *f* (Osz.) / trace *n* || ≗**abschwächer** *m* / beam attenuator || ≗**aufweiter** *m* / beam expander || ≗**ausrichtung** *f* / beam alignment || ≗**austastung** *f* (Osz.) / trace unblanking
Strahldichte *f* / radiance *n* || **zeitliches Integral der** ≗ VDE 0837 / integrated radiance IEC 825 || ≗**faktor** *m* / radiance factor || ≗**koeffizient** *m* / radiance coefficient || **relative spektrale** ≗**verteilung** / relative spectral energy (o. power) distribution || **spektrale** ≗**verteilung** / spectral radiated energy distribution, spectral power distribution, spectral energy distribution
Strahl·divergenz *f* / beam divergence || ≗**drehung** *f* (Osz.) / beam rotation || ≗**düse** *f* / nozzle *n*
Strahlen·aufhellung *f* (Osz.) / trace bright-up || ≗**austritt** *m* / emission of radiation || ≗**belastung** *f* / radiation burden, radiation load, dose absorbed || ≗**belastung** *f* (rd/h) / dose rate, dose absorbed per hour || ≗**beständigkeit** *f* / radiation resistance || ≗**brechungsmethode** *f* (LWL) / refracted ray method || **Gaußsches** ≗**bündel** / gaussian beam || ≗**bündelung** *f* / beam focussing || ≗**büschel** *n* (Entladung) / aigrette *n* || ≗**erder** *m* / star-type earth electrode, radial counterpoise, crow-foot earth electrode
strahlenförmig betriebenes Netz / radially operated network || **~es Netz** / radial network, radial system
Strahlen·gang *m* / beam path, path of beams, optical path || ≗**netz** *n* / radial network, radial system || ≗**netzstation** *f* / radial-type substation
Strahler *m* / radiator *n* || ≗ *m* (Lampe) / reflector lamp, lamp *n* || ≗ *m* (Anstrahler) / spotlight *n*, spot *n* || ≗ *m* (IR-Gerät) / transmitter *n* || ≗ *m* (Reflektor) /

reflector *n* || **akustischer** ² / noise radiating body || **Lambert-**² / Lambertian source || ²**fläche** *f* (a. Pyrometer) / radiator area, target area || ²**lampe** *f* (Reflektorlampe) / reflector lamp || ²**leuchte** *f* DIN IEC 598 / spotlight *n* || ²**strom** *m* / radiation source current

Strahl·erzeuger *m* (ESR) / electron gun, gun *n* || ²**fänger** *m* (Lasergerät) / beam stop || ²**kegelwinkel** *m* / spray cone angle || ²**leistung** *f* / radiant power || ²**öffnungswinkel** *m* / beam angle || ²**optik** *f* (LWL) / ray optics || ²**orientierung** *f* / beam orientation || ²**pumpe** *f* / ejector pump || ²**richtung** *f* / beam direction || ²**rücklauf** *m* (Osz.) / flyback *n*, retrace *n* || ²**saugpumpe** *f* / ejector pump

Strahlspur *f* (Osz.) / trace *n* || **Leuchtdichte der gespeicherten** ² (Osz.) / stored luminance

Strahl·stärke *f* / radiant intensity || ²**strom** *m* / beam current || ²**sucher** *m* / beam finder || ²**teiler** *m* (LWL) / beam splitter || ²**tetrode** *f* / beam-power tube || ²**transmission** *f* / electron-beam transmission frequency || ²**umschaltung** *f* (Osz.) / beam switching

Strahlung *f* / radiation *n* || ² *f* (Strahlungsleistung in einer bestimmten Richtung) / radiance *n* IEC 50(731) || ² *f* (Lichtverteilung) / (light) distribution || **infrarote** ² / infrared radiation (IR) || **keimtötende** ² / germicidal radiation

Strahlungsäquivalent, fotometrisches ² / luminous efficacy of radiation

strahlungsarm *adj* / low radiation || **~er Bildschirm** / low-radiation screen

Strahlungs·ausbeute *f* / radiant efficiency, radiant yield || ²**bilanz** *f* / radiation balance || ²**bolometer** *n* / bolometer *n* || ²**diagramm** *n* / radiation pattern || ²**dichte** *f* / radiant energy density, radiation density || ²**druck** *m* / radiation pressure, pressure of radiation || ²**empfänger** *m* / radiation detector, radiation receptor || ²**empfindlichkeit** *f* / radiation sensitivity

Strahlungsenergie *f* / radiant energy || ²**-Thermometer** *n* / radiant-energy thermometer

strahlungsfeste integrierte Schaltung / radiation-hardened IC

Strahlungsfluss *m* / radiant flux, radiant power, energy flux || ²**dichte** *f* / radiant flux density

Strahlungs·funktion *f* / relative spectral distribution || ²**gefährdung** *f* / radiation hazards || ²**heizung** *f* / radiant heating || ²**leistung** *f* / radiant power, radiated power, radiant flux, energy flux || ²**leistung** *f* (EMV) IEC 50(161) / radiated power || ²**menge** *f* / radiant energy

Strahlungsmesstechnik, spektrale ² / spectrometry *n*, spectro-radiometry *n*

Strahlungs·messung *f* / radiometry *n* || ²**mode** *f* / radiation mode || ²**modulationsgrad** *m* / beam modulation percentage || ²**muster** *n* (optische Faser) / radiation pattern || ²**ofen** *m* / radiant heating oven || ²**pyrometer** *n* / radiation pyrometer || ²**quant** *n* / photon *n*, radiation quantum || ²**quelle** *f* / radiation source, source of radiation || ²**-Sättigungsstrom** *m* / irradiation saturation current || ²**schutzring** *m* (zur Potentialsteuerung) / grading ring, static ring || ²**sicherheit** *f* / radiation safety || ²**stärke** *f* / radiant intensity

Strahlungstemperatur, spektrale ² / radiance temperature, luminance temperature

Strahlungs·thermoelement *n* / radiation thermocouple || ²**thermometer** *n* / radiation thermometer, radiant-energy thermometer || ²**thermosäule** *f* / radiation thermopile || ²**träger** *m* (RöA) / radiation substrate || ²**wärme** *f* / radiant heat || ²**winkel** *m* (LWL) / radiation angle, output angle || ²**zählrohr** *n* / radiation counter tube

Strahl·ventilator *m* / jet ventilator || ²**verdichter** *m* / jet compressor || ²**verdichtungsfaktor** *m* (Osz.) / beam compression factor, electron gun convergence ratio (GB), electron gun density multiplication (US) || ²**verdunkelung** *f* (Osz.) / beam blanking || ²**verfolgung** *f* (CAD) / ray tracing || ²**wasser** *n* / hose-water *n*, jet-water *n*, water jets

strahlwassergeschützt *adj* / jet-proof *adj*, hose-proof *adj* || **~e Leuchte** / jet-proof luminaire || **~e Maschine** / hose-proof machine

Strahl·weg *m* / beam path || ²**weite** *f* / beam width || ²**winkel** *m* / jet angle || ²**zerleger** *m* / beam splitter

Strandsicherung *f* / phase fuse

Strang *m* / chain *n* || ² *m* (eines Mehrphasenstromkreises) / phase *n* || ² *m* (Wickl.) / phase *n*, winding phase || ² *m* (Vorgarn) / roving *n* || ² *m* (dezentrale Maschinenperipherie) / line *n*, DMP line (DMP = distributed machine peripherals) || ² **einer Isolatorkette** / insulator string || **gerader** ² / straight line || ²**achse** *f* / extruded material axis || ²**drossel** *f* (LE) / phase reactor, line reactor

Stränge, ineinandergewickelte ² / interleaved phase windings

Strang·größe *f* (Phase) / phase quantity || ²**gussprofil** *n* / continuously cast section, extruded section || ²**klemme** *f* / phase terminal, line terminal || ²**material** *n* / extruded material

strangpressen *v* / extrude *v*

Strang·pressprofil *n* / press-drawn section || ²**sicherung** *f* / phase fuse, line fuse, a.c.-side fuse || ²**spannung** *f* / phase voltage || ²**strom** *m* / phase current

strangverschachtelte Wicklung / imbricated winding

Strang·verteiler *m* / line distribution board || ²**wert** *m* / phase value || ²**wicklung** *f* / phase winding || ²**-Windungszahl** *f* / number of turns per phase || ²**zahl** *f* / number of phases

strapazieren *v* / strain *v*, stress *v*

strapazierfähig *adj* / heavy-duty *adj*, hard-wearing *adj*

Straße *f* / road *n*, street *n*

Straßen·abschnitt *m* / length of road || ²**achse** *f* / center hole || ²**bake** *f* / marker post || ²**beleuchtung** *f* / road lighting, street lighting, traffic lighting || ²**beleuchtung** *f* (Stadtstraße) / street lighting || ²**kreuzung** *f* / crossroads *plt* || ²**kuppe** *f* / hump *n* || ²**lage** *f* (Kfz) / road holding || ²**leuchte** *f* / street lighting luminaire, street lighting fixture, street luminaire || ²**markierung** *f* / road marking || ²**reflektometer** *n* / road-surface reflectometer || ²**transport** *m* / road transport || ²**verkehrs-Signalanlage** *f* (SVA) / road traffic signal system

Streamer-Laufwerk *n* / streamer drive

Strebbeleuchtung *f* / coal-face lighting

Strebe *f* / brace *n*, strut *n*

Streben·profil *n* / strut section || ²**verlängerung** *f* / extension strut

Strebstillsetzeinrichtung *f* / face shutdown device

streckbar *adj* (Metall) / ductile *adj*, malleable *adj*

Streckbarkeit *f* / ductility *n*

Strecke *f* / path *n*, length of a pipe line || ≗ *f* (Diagramm) / chord *n*, link *n* || ≗ *f* (FWT) / route *n* || ≗ *f* (FWT, Kanal) / channel *n* || ≗ *f* (DÜ, FWT, Verbindung) / link *n* || ≗ *f* (Regelstrecke) / (controlled) system, plant *n* || ≗ *f* (Bergwerk) / gallery *n*, gate *n*, heading *n* || ≗ *f* (graf. DV) / line *n*, line segment || ≗ **einer Straße** / stretch of road || **Förder~** *f* / conveyor section || **gerade** ≗ (NC) / linear path, linear span || **Kabel~** *f* / cable run || **Leitungs~** *f* / line section, line run || **Lichtbogen~** *f* / arc gap || **nichtminimalphasige** ≗ (Reg.) / non-minimum-phase (type of process)

strecken *v* / lengthen *v* || ~ *v* (CAD) / stretch *v*, flatten *v*

Strecken, gebildete ≗ / active sections || ≗**beleuchtung** *f* (Bergwerk) / gateway lighting || ≗**bild** *n* (FWT) / route diagram || ≗**dämpfung** *f* (LAN) / path attenuation || ≗**feld** *n* / section feeder panel || **~gesteuerte Maschine** (WZM) / straight-cut machine || ≗**kabel** *n* / section cable (feeder) || ≗**leuchte** *f* / locomotive headlight || ≗**leuchte** *f* (Grubenl.) / haulageway luminaire || ≗**messung** *f* / end-to-end line measurement || ≗**prüfeinrichtung** *f* / section testing device, line testing device || ≗**schalter** *m* / line sectionalizer, sectionalizer *n* || ≗**schalter** *m* (LS) / line circuit-breaker, section circuit-breaker

Streckenschutz *m* (Distanzschutz mit Drahtverbindung) / pilot-wire protection, wirepilot protection, pilot protection || ≗ **mit direktem Vergleich** / pilot protection with direct comparison || ≗ **mit indirektem Vergleich** / pilot protection with indirect comparison || ≗ **mit Hilfsleitung** / pilot-wire protection, pilot protection

Streckensteuerung *f* / path control, linear path control, straight line control || ≗ *f* (NC) / line motion control system ISO 2806-1980, straight-cut control, point-to-point control

Strecken·trenner *m* / section disconnector, section isolator, line disconnector, sectionalizer *n* || ≗**trennung** *f* (Fahrleitung, Trennstelle als Überlappung der Enden von angrenzenden Abschnitten) / insulated overlap || ≗**typ** *m* (Regelstrecke) / type of process (controlled) || ≗**verhalten** *n* / controlled system behavior || ≗**verstärkung** *f* / controlled system gain, system gain, loop gain, servo gain || ≗**zeitkonstante** *f* (Regelstrecke, Regelkreis) / system time constant, loop time constant || ≗**zug** *m* (Graphikdarstellung) / set of connected lines

Streck·festigkeit *f* / tensile strength, yield strength || ≗**formen** *n* (Kunststoff) / drape forming || ≗**formen** *n* (Metall) / stretch forming || ≗**grenze** *f* / yield point, tensile yield strength || ≗**last** *f* / proof stress || ≗**maschine** *f* / stretching machine || ≗**metall** *n* / expanded metal || ≗**spannung** *f* / tensile stress, stress by pulling

Streckung *f* / elongation *n*

Streckungsfaktor *m* / stretch factor

Strehlbacke *f* (WZM) / die stock chaser

strehlen *v* / chase thread

Strehler *m* / chaser *n*, thread chaser

Streifen *m* (Einbausystem, senkrechte Teilung) / vertical subdivision || **spannungsoptisches** ≗**bild** / photoelastic fringe pattern || ≗**bildung** *f* (Komm.) / lining *n*, streaking *n*

streifender Einfall (Schallwelle) / glancing incidence, grazing incidence

Streifen·drucker *m* / tape printer, strip printer || **~gesteuert** *adj* / tape-controlled *adj* || ≗**gitter** *n* / grating *n* || ≗**leiter** *m* / bus strip assembly || ≗**leiter** *m* (ET, elST, Sammelschienenleiter) / bus strip || ≗**leiterbereich** *m* (ET) / bus strip assembly area || ≗**leitung** *f* / strip transmission line, stripline *n* || ≗**locher** *m* / paper tape punch, tape punch || ≗**schreiber** *m* / strip chart recorder, strip chart recording instrument IEC 258, chart recorder

Streif·licht *n* / sided light || ≗**spuren** *f pl* / score marks, chafing marks

strenge Anforderungen / exacting requirements, stringent demands

Streuband *n* / spread *n*, scatter band, variation range

Streubereich *m* / spread *n*, scatter band, variation range || **Frequenz-**≗ *m* / frequency spread

Streubereichsgrenzen, statistische ≗ / statistical tolerance limits

Streu·bild *n* / scatter diagram || ≗**breite** *f* / spread *n*, scatter band, variation range || **Mess-**≗**breite** *f* / measuring scatterband || ≗**diagramm** *n* / scatter diagram || ≗**emission** *f* / stray emission || ≗**-EMK** *f* / spurious e.m.f., stray e.m.f.

streuend·e Lichtverteilung / diffusing light distribution || **~es Medium** / diffuser *n*

Streufaktor *m* / leakage factor, coefficient of dispersion, Hopkinson factor, circle coefficient

Streufeld *n* / stray field, leakage field || ≗**energie** *f* / stray-field energy || ≗**generator** *m* / diverter-pole generator, stray-field generator || ≗**stärke** *f* / leakage field intensity (o. strength) || ≗**transformator** *m* / high-reactance transformer, high-leakage-reactance transformer

Streufeld-Zeitkonstante *f* / leakage time constant || ≗ **der Dämpferwicklung** / damper leakage time constant || ≗ **der Dämpferwicklung in der Längsachse** / direct-axis damper leakage time constant || ≗ **der Dämpferwicklung in der Querachse** / quadrature-axis damper leakage time constant || ≗ **der Längsdämpferwicklung** / direct-axis damper leakage time constant || ≗ **der Querdämpferwicklung** / quadrature-axis damper leakage time constant

Streufluss *m* / leakage flux, stray flux, magnetic dispersion || ≗**dichte** *f* / leakage flux density

Streu·glas *n* (Leuchte) / diffusing glass cover || ≗**grad** *m* / leakage factor, leakage coefficient, coefficient of dispersion, Hopkinson coefficient || ≗**grenzen** *f pl* (QS) / limits of variation || ≗**impedanz** *f* / leakage impedance || ≗**indikatrix** *f* / indicatrix of diffusion, scattering indicatrix

Streuinduktivität *f* / leakage inductance || **Ident. dyn.** ≗ / identified dyn. leak. induct. || **Ident. Gesamt-**≗ / ident. total leakage inductance

Streukapazität *f* / stray capacitance, leakage capacitance, distribution capacitance

Streukoeffizient *m* (RöA) / scattering coefficient, mass scattering coefficient || ≗ *m* (LT) / diffusion coefficient || ≗ *m* (Transistor, s-Parameter) / s-parameter *n* || **spektraler** ≗ / spectral linear scattering coefficient

Streu·kopplung *f* / stray coupling || ≗**läufer** *m* / high-leakage rotor, stray conductance, leakance *n*, leakage conductance, leakage permeance

Streulicht *n* / scattered light, parasitic light || ≗ *n* (ESR) / stray illumination || ≗ *n* (eines

Scheinwerfers) / spill light || ≗**melder** *m* / scattered-light detector
Streu·linien *f pl* (magn.) / leakage flux lines || ≗**modul** *m* (LT) / diffusion coefficient || ≗**nut** *f* / leakage slot || ≗**optik** *f* / diffuser *n* || ≗**pfad** *m* / leakage path || ≗**polwicklung** *f* / diverter-pole winding, stray-field winding || ≗**probe** *f* (el. Masch.) / applied-voltage test with rotor removed, flux test
Streureaktanz *f* / leakage reactance || ≗ **der Querdämpferwicklung** / quadrature-axis damper leakage reactance || ≗ **der Dämpferwicklung** / damper leakage reactance || ≗ **der Erregerwicklung** / field leakage reactance || ≗ **der Längsdämpferwicklung** / direct-axis damper leakage reactance || ≗ **der Schrägung** / skew leakage reactance || ≗**spannung** *f* / leakage reactance voltage
Streu·resonanz *f* / leakage resonance || ≗**scheibe** *f* (BT) / diffusing panel, diffusing screen, diffuser *n* || ≗**scheibenreinigung** *f* (Kfz) / lens cleaning || ≗**schirm** *m* / diffusing screen, diffuser *n* || ≗**spannung** *f* / leakage reactance voltage, reactance voltage, reactance drop, percent reactance || ≗**spannung** *f* (Trafo) VDE 0532, T.1 / reactance voltage IEC 76-1 || ≗**spannungsabfall** *m* / leakage reactance drop, reactance voltage drop || **ohmscher** ≗**spannungsabfall** / resistance voltage drop || ≗**strahlung** *f* / scattered radiation, stray radiation || ≗**strom** *m* / stray current || ≗**strom** *m* (Fremdstrom) / interference current, parasitic current || ≗**transformator** *m* / high-reactance transformer
Streuung *f* (Diagramm) / scatter *n*, spread *n* || ≗ *f* (magn.) / leakage *n*, dispersion *n* || ≗ *f* (LT) / diffusion *n*, scattering || ≗ *f* (Schutz, Streuband) / scatter band || ≗ *f* (Impulsmessung) / dispersion *n* || ≗ **der Kommandozeit** / scatter band of operating time || ≗ **der Kontaktzeiten** (Rel.) / contact time difference || ≗ **der Signallaufzeit** (ESR) / transit-time spread || ≗ **der Verteilung** (Statistik, QS) / variance of distribution || ≗ **innerhalb einer Charge** / batch variation
streuungsarm *adj* / low-leakage *adj*
Streu·verluste *m pl* (LT) / scattering losses || ≗**vermögen** *n* (LT) / diffusion power, scattering power, diffusion factor || ≗**weg** *m* / leakage path || ≗**wert-Diagramm** *n* DIN IEC 319 / scattergram plot || ≗**widerstand** *m* / leakage reactance || **magnetischer** ≗**widerstand** / reluctance of magnetic path || ≗**winkel** *m* (LT) / angle of diffusion, angle of divergence, scattering angle
Streu·zahl *m* / leakage factor, leakage coefficient, coefficient of dispersion, Hopkinson coefficient || ≗**zeit** *f* (Schutz, Zeitfehler) / time error limits || ≗**zeit** *f* (Schutz, Streuband der Auslösezeit) / scatter band of operating time, error in operating time || ≗**ziffer** *f* (magn.) / leakage factor, leakage coefficient, coefficient of dispersion, Hopkinson coefficient
Strich *m* (Skale) / graduation mark, mark *n* || ≗**breite** *f* (Staubsauger) / stroke width
Strichcode *m* / bar code || ≗**-Durchzugleser** *m* / bar-code push-through reader || ≗**etikett** *n* / bar code label || ≗**leser** *m* / bar-code scanner, bar-code reader || ≗**-Lesestift** *m* / bar-code reading wand || ≗**schild** *n* / bar-code label
Strichdiagramm *n* / bar diagram
Striche pro Umdrehung / lines per revolution
Stricheingabegerät *n* (GKS) / stroke device
stricheln *v* / dash-line *v*
Strichendmaß *n* / hairline gauge block
Strichgitter *n* / grating *n*, diffraction grating, grid *n*, grid pattern || **fotoelektrisches** ≗ / optical grating || ≗**teilung** *f* / graduated index
Strich·grafik *f* / broken-line graphics, broken-line graphic || ≗**kurve** *f* / dotted-line curve || ≗**länge** *f* (Staubsauger) / stroke length || ≗**linie** *f* / dashed line || ≗**marke** *f* / line mark, hairline *n*, line marking || ≗**maß** *n* / line standard || ≗**maßstab** *m* / scale grating || ≗**muster** *n* (Staubsauger) / stroke pattern
strichpunktierte Linie / chain-dotted line, dot-and-dash line
Strich·punktlinie *f* / dash-point line || ≗**rasterverfahren** *n* / line scanning method || ≗**scheibe** *f* / rotary grating, circular disk || ≗**stärke** *f* / line thickness
Strichzahl *f* / encoder lines, increments *n*, no. of encoder marks, no. of encoder pulses, bar number, resolution *n*, pulses per revolution || ≗ *f* (Winkelschrittgeber) / pulse number per revolution, PPR count (PPR = pulses per revolution)
Strichzeichengenerator *m* / stroke character generator
Strick·maschine *f* / knitting machine || ≗**zylinder** *m* / knitting cylinder, needle cylinder
String / string *n*, character string (An aggregate that consists of an ordered sequence of characters) || ≗**länge** *f* / string length
Strippeinrichtung *f* / stripping device
STROBE / STROBE (data strobe to printer)
Strobe-Bit *n* / strobe bit
Strobe-Impuls *m* DIN IEC 469, T.1 / strobe pulse
Strobing *n* DIN IEC 469, T.1 / strobing *n* IEC 4691
Stroboskop *n* / stroboscope *n* || ≗**impuls** *m* / strobe pulse
stroboskopisch·e Läuferscheibe (EZ) / stroboscopic meter disc || **~e Prüfung** / stroboscopic test || **~er Drehzahlgeber** / stroboscopic speed pickup || **~er Effekt** / stroboscopic effect
Stroboskoplicht *n* / stroboscopic light
Strom *m* (el.) / current *n* || ≗ *m* (Fluss) / flow *n* || ≗ **bei festgebremstem Läufer** / locked-rotor current || ≗ **über Zeit** / current versus time || **frequenter** ≗ (pulsierender S.) / pulsating current || **konventioneller thermischer** ≗ / conventional thermal current || **momentenbildender** ≗ / torque-producing current || **thermischer** ≗ / conventional free air thermal current || **transienter** ≗ / transient current || ≗**abbau** *m* / current decay, current suppression || ≗**abführung** *f* (Gen.) / generator leads, generator bus, generator connections
Stromabgabe, Zähler für ≗ / meter for exported kWh
Strom·abgang *m* / outgoing current feeder || ≗**abgriff** *m* / current tap
stromabhängig *adj* / current-dependent *adj*, current-responsive *adj*, current-controlled *adj*, as a function of current, inverse-time *adj*, current-sensitive || ~ **verzögert** / inverse-time *adj*, with inverse time lag, inverse-time delay, inverse-time delayed || ~ **verzögerte Auslösung** VDE 0660, T. 101 / inverse time-delay operation IEC 157-1 || ~ **verzögerte und einstellbare unverzögerte Überstromauslöser** (an-Auslöser) / inverse-time and adjustable instantaneous overcurrent releases || ~ **verzögerte und festeingestellte unverzögerte**

Überstromauslöser (an-Auslöser) / inverse-time and non-adjustable instantaneous overcurrent releases || ~ **verzögerte und stromunabhängig verzögerte Überstromauslöser** (az-Auslöser) / inverse-time and definite-time overcurrent releases || ~ **verzögerte, stromunabhängig verzögerte und festeingestellte unverzögerte Überstromauslöser** (azn-Auslöser) / inverse-time, definite-time and non-adjustable overcurrent releases || ~ **verzögerter Überstromauslöser** / inverse time-delay overcurrent release IEC 157-1, inverse-time overcurrent release || **~e Auslösung** / inverse-time automatic tripping, inverse-time tripping, longtime-delay tripping || **~e Ausschaltung** / inverse-time tripping || **~e Kompensation** (f. Spannungsregler einer Synchronmasch.) / load-current compensator || **~e Staffelung** (Schutz) / inverse-time grading || **~e Verluste** / I^2R loss, ohmic loss, heat loss due to current, direct load loss || **~e Verzögerung** / inverse time lag || **~e Zusatzverluste** / additional I^2R losses, current-dependent stray-load losses || **~er Steuerkreis** / current-dependent control circuit || **~er Überstrom-Zeit-Schutz** / inverse-time overcurrent protection, inverse-time-lag overcurrent protection

Strom·abklingversuch *m* (Feldstrom einer el. Masch.) / field-current decay test || **≗ableitung** *f* (Wicklungsende) / main lead(s), end lead(s) || **≗ableitung** *f* (Gen.) / generator leads, generator bus, generator connections

Stromabnehmer *m* / current collector, collector *n* || ≗ *m* (Trafo-Stufenschalter) / moving contact || **≗arm** *m* (Trafo-Stufenschalter) / moving-contact arm || **≗bürste** *f* / current collecting brush || **≗schiene** *f* / contact rail || **≗wagen** *m* (Schienenverteiler) / trolley-type tap-off facility || **Schienenverteiler mit ≗wagen** VDE 0660,T.502 / trolley busway, busbar trunking system with trolley-type tap-off facilities IEC 439-2

Strom·abriss *m* / current chopping || **≗änderungsgeschwindigkeit** *f* / rate of current change

Stromanregung *f* (Rel.) / current starting (element) || **spannungsabhängige ≗** / voltage dependent current starting

Stromanstieg *m* / current rise, rate of current rise

Stromanstiegs·auslöser *m* / rate-of-rise-of-current release, rate-of-current-rise release, rise-in-current release || **≗geschwindigkeit** *f* / rate of current rise, rate of rise of current || **≗relais** *n* / rate-of-rise-of current relay, rate-of-rise relay

Strom·anzeiger *m* / ammeter *n* || **≗art** *f* / kind of current, type of current, nature of current || **≗artenumschalter** *m* (Bahn) / system changeover switch || **≗aufnahme** *f* / current input, power consumption, power input, current consumption, amps drawn || **≗ausfall** *m* / power failure, supply failure, power loss, interruption *n* (to a consumer), voltage failure || **≗ausfalldauer** *f* / interruption duration || **≗ausgleich** *m* / current compensation, current balancing

stromausgleichende Drosselspule / current-balancing reactor

Strom·auslöser *m* / current release || **≗austausch** *m* / energy exchange, exchange of electricity || **≗austrittszone** *f* (Streustrom) / anodic area

Strombahn *m* / current path, current circuit (A circuit of a measuring instrument through which flows the current of the circuit to which the measuring instrument is connected), ladder diagram line, rung *n* (A network in a ladder diagram program with its attached left power rail and optionally attached right power rail) || ≗ *f* (SG) / conducting path *n*, pole *n* (assembly) || ≗ **mit beweglichem Lichtbogenkontakt** / contact assembly with moving arcing contact || ≗ **mit federndem Lichtbogenkontakt** / contact assembly with spring-loaded arcing contact

Strom·band *n* / flexible connector, flexible strip, link *n*, terminal bracket, flexible strap || **≗beanspruchung** *f* / current stress || **≗bedarf** *m* / drive power required, required drive power

strombegrenzend *adj* / current-limiting *adj* || **~e Sicherung** / current-limiting fuse || **~er Kompaktschalter** / current-limiting m.c.c.b., repulsion-contact m.c.c.b. || **~er Leistungsschalter** / current-limiting circuit-breaker, excess-current circuit-breaker

Strombegrenzer *m* / current limiter, step-back relay || **Transduktor-≗** *m* / transductor fault limiting coupling

Strombegrenzung *f* / current limiting || **Hochlauf an der ≗** / current-limit acceleration || **rückläufige ≗** / fold-back current limiting || **schnelle ≗** / Fast Current Limitation (FCL) || **Schutzschalter mit ≗** / current-limiting circuit-breaker || **Stromkreis mit ≗** VDE 0806 / limited current circuit IEC 380

Strombegrenzungs·drossel *f* / current-limiting reactor || **≗-Drosselspule** *f* (f. Sammelschienen) / bus reactor || **≗-Drosselspule** *f* (f. Speiseleitungen) / feeder reactor

Strom-Begrenzungs-Funktion *f* / current-limit function

Strombegrenzungs·kennlinie *f* / current limiting characteristic || **≗-Kennlinien** *f pl* (Sich.) / peak let-through current chart, peak let-through current versus prospective symmetrical r.m.s. fault current characteristics || **≗klasse** *f* (FI/LS-Schalter) / current limiting class, discrimination class || **≗leistung** *f* / current limiting power, current limiting rating || **≗regler** *m* / current limiting controller, current limiter || **≗spannung** *f* / current limiting voltage || **≗widerstand** *m* / current limiting resistor

Strombelag *m* / electric loading, average ampere conductors per unit length, average ampere conductors per cm of air-gap periphery, effective kiloampere conductors, specific loading || **Amplitude des ≗s** / amplitude of m.m.f. wave || **Oberwelle des ≗s** / m.m.f. harmonic

Strombelagswelle *f* / m.m.f. wave

Strombelastbarkeit *f* / current carrying capacity, permissible current loading, ampacity *n*, load rating || ≗ *f* (Kabel) VDE 0298, T.2 / current carrying capacity, ampacity *n* || ≗ **bei zyklischem Betrieb** (Kabel) / cyclic current rating || ≗ **im Notbetrieb** (Kabel) / emergency current rating || **dauernde ≗** / continuous current carrying capacity

Strombelastbarkeitskurve *f* (zeigt Betriebsstromverminderung bei erhöhten Umgebungstemperaturen) / derating curve

Strombelastung *f* / current load || **Erwärmungsprüfung mit ≗ aller Bauteile** / temperature-rise test using current on all apparatus || **spezifische ≗** (A/mm^2) / current per unit area

Strom·bereich *m* / current range || ²**bereich** *m* (DAU) / current compliance || ²**betrag** *m* / absolute current value || ²**betragsistwert** *m* / actual absolute current || **Zähler für** ²**bezug** / meter for imported kWh || ²**bilanz** *f* / total current || ²**brücke** *f* (Schaltbrücke) / jumper *n*, link *n* || ²**brücke** *f* (Messbrücke) / current bridge
Stromdämpfungsläufer *m* / high-torque squirrel-cage rotor, high-resistance cage rotor || ²**motor** *m* / high-torque squirrel-cage motor, high-resistance cage motor
Stromdiagramm erster Art (el. Masch.) / loci of stator current at constant excitation and varying load angle
Stromdichte *f* / current density || ² **bei Dauerkurzschluss** / short-circuit current density || ²**feld** *n* / steady-state electric field || ²**modulation** *f* / current-density modulation
Stromdiebstahl *m* / unauthorized power tapping, energy theft
Stromdifferential·relais *n* / current differential relay, balanced current relay, current balance relay || ²**schutz** *m* / current differential protection, current balance protection, circulating-current protection
stromdurchflossener Leiter / current-carrying conductor
Strom·durchführung *f* (Wickl.) / end-lead bushing, bushing *n* || ²**durchgang** *m* / conductive continuity, continuity *n* || ²**einprägung** *f* (Prüf.) / current injection || ²**einspeisemodul** *n* / power supply connector || ²**einspeisungsbaugruppe** *f* / power supply connector || ²**einstellbereich** *m* / current setting range || ²**-Einstellbereich** *m* VDE 0660,T.101 / current setting range IEC 157-1 || ²**einstellwert** *m* / current setting || ²**-Einstellwert** *m* / current setting || ²**eisen** *n* (EZ) / current magnet, current electromagnet, current core || ²**eisenpaket** *n* (EZ) / current lamination pack || ²**element** *n* (für einen zylindrischen Leiter kleinen Querschnitts) / current element || ²**engegebiet** *n* / high-current-density region || ²**erregergrad** *m* / field current ratio || ²**erzeuger** *m* / electric generator, generator *n* || ²**erzeugung** *f* / generation of electrical energy, generation of electricity, power generation || ²**erzeugungsanlage** *f* / generating plant || ²**erzeugungsaggregat** *n* / generating set || ²**fahne** *f* (Batt.) / current-carrying lug || ²**fehler** *m* (Trafo, Wandler) / current error, ratio error || ²**festigkeit** *f* / current carrying capacity
Stromfluss *m* / current flow, flow of current || ² *m* (symbolischer Fluss des el. Stroms in einem Kontaktplan) / power flow EN 61131.3 || ²**dauer** *f* / duration of current flow || ²**dauer** *f* (LE) / conduction interval, conducting interval, on-state interval || ²**logik** *f* (CML) / current-mode logic (CML) || ²**melder** *m* (LE) / conduction monitor, on-state indicator || ²**richtung** *f* (LE) / conduction direction || ²**überwachung** *f* / conduction monitoring || ²**überwachung** *f* (LE, Baugruppe) / conduction monitor || ²**verhältnis** *n* (LE) / conduction ratio || ²**zeit** *f* (LE) / conduction interval, conducting interval, on-state interval
Stromform *f* / current waveform
stromführend *adj* / conducting *adj*, current-carrying *adj*, current-conducting *adj*
Stromführungs·bolzen *m* (Anschlussb.) / terminal stud || ²**rolle** *f* / contact roller || ²**zeit** *f* (LE) / conduction interval, conducting interval, on-state interval
Stromgeber *m* / current sensor, current detector, current comparator, sensor with current signal || ²**-Baugruppe** *f* / current-sensor module
stromgeregelt betrieben / operated by current control || ~ **unterlagert** / operate subordinately on, current-controlled basis
Strom·glättung *f* / current smoothing, current filtering || ²**grenze** *f* / current limit || ²**grenzenumschaltung** *f* / current limit switching || ²**grenzwert** *m* / current limit || ²**harmonische** / harmonic current || ²**impuls** *m* / current pulse || **Prüfung mit** ²**impulsen** / pulse current test
Stromistwert·anpassung *f* / (actual) current signal adapter || ²**erfassung** *f* / actual-current measuring circuit, detection of the actual value || ²**erfassung** *f* (Baugruppe) / actual-current sensing module (o. subassembly), current actual value calculator || ²**glättung** *f* / actual current smoothing
Strom·klemme *f* / current terminal || ²**kompensator** *m* / current transformer, current comparator || ²**kosten** *plt* / energy costs, power costs || ²**kraft** *f* / electrodynamic force, Lorentz force, electro-mechanical force
Stromkreis *m* / electric circuit, circuit *n* || ² **mit Schutztrennung** / safety-separated circuit || ² **mit Strombegrenzung** VDE 0806 / limited current circuit IEC 380 || ²**aufteilung** *f* / circuit-phase distribution, distribution of phase loads, circuit phasing, phase splitting || ²**element** *n* / circuit element || ²**kenngrößen** *f pl* / circuit characteristics || ²**konstante** *f* / circuit constant || ²**länge** *f* / circuit length || ²**parameter** *m* / circuit parameter || ²**rauschen** *n* / circuit noise || ²**verteiler** *m* / sub-circuit distribution board, branch-circuit panelboard
Stromkuppe *f* / current maximum value
Stromlaufplan *m* / schematic diagram, circuit diagram, elementary diagram, wiring diagram, schematic circuit diagram
stromleitende Wicklung / electrically continuous winding
Stromleitung *f* / current conduction || ² *f* (Leiter) / current lead || ² **in Gas** / gas conduction
Stromleitverfahren *n* (Drehzahlreg.) / current-controlled speed limiting system, closed-loop speed control with inner current control loop
stromliefernd *adj* / current sourcing || **~e austauschbare Logik** / compatible current-sourcing logic || **~e Schaltungstechnik** / current sourcing logic || **~er Ausgang** / source-mode output
Strom·lieferung *f* / electricity supply || ²**lieferungsvertrag** *m* / supply agreement || ²**linie** *f* (Kabelkanal) / plug-in cable bus
stromlos *adj* / de-energized *adj*, dead *adj*, at zero current || ~ **machen** / de-energize *v*, isolate *v*, make dead || **~e Pause** / dead (o. idle) interval, dead time || **~e Zeit** (LE) / idle interval, non-conducting interval || **~er Zustand** / de-energized state || **~es Schalten** / no-load switching, off-circuit switching || **~es Schalten, annähernd** ² / switching of negligible currents, making or breaking of negligible currents
Strom·lückbefehl *m* / current pulsation command || ²**lückbefehl** *m* (LE) / intermittent current command, pulsating current command || ²**lücken** *n*

/ pulsating current condition, intermittent current condition || ≗**marke** *f* (Verletzung durch el. Lichtbogen oder Stromfluss durch den Körper) / electric mark || ≗**menge** *f* / quantity of electricity, electric charge || ≗**mengenmessung** *f* / (electric) charge measurement || ≗**messer** *n* / ammeter *n*, amperemeter *n* || ≗**messer-Umschalter** *m* / ammeter selector switch, ammeter changeover switch || ≗**messgeber** *m* / current sensor || **geglätteter** ≗**messpunkt** / filtered current measuring point || **ungeglätterer** ≗**messpunkt** / unfiltered current measuring point || ≗**messumformer** *m* / current transducer || ≗**messung** *f* / current metering || ≗**messwandler** *m* / current transformer || ≗**messwerk** *n* / current measuring element || ≗**messwiderstand** *m* / shunt *n* || ≗**messzange** *f* / clip-on ammeter

Strom·netz *n* / network *n* || ≗**-Nulldurchgang** *m* / current zero, zero crossing of current wave || ≗**nullerfassung** *f* / current zero sensing, zero current detection || ≗**oberschwingung** *f* / current harmonic || ≗**pendelung** *f* / current pulsation

Strompfad *m* / current path, current circuit, series circuit, conducting path || ≗ *m* (Kontaktplan) / rung *n*, ladder diagram line || ≗ *m* (MG) / current circuit, series circuit || ≗ *m* (im Schaltplan) / circuit *n*, diagram section

Strompolung *f* / current polarization

Stromquelle *f* / power source, current source || ≗ **begrenzter Leistung** / restricted power source

Stromquellen·ausgang *m* / source-mode output || ≗**erde** *f* / source earth || **~seitiger Anschluss** (LE) / supply-side terminal

Strom·raumzeiger *m* / current space vector || ≗**rechnung** *f* / electricity bill || ≗**regelkreis** *m* / current control loop || ≗**regelröhre** *f* (Leuchte) / ballast tube, constant-current tube || ≗**regelung** *f* / current control || **unterlagerte** ≗**regelung** / secondary current control, inner current control loop

Stromregler *m* / current controller, current regulator || ≗ **mit Lückstromanpassung** / pulsating-current-compensating current controller || ≗ **steuert zu weit auf** / controller produces excessive values || ≗**ausgang** *m* / current controller output || ≗**einstellung** *f* / current controller adjustment || ≗**hybrid** *n* / current controller hybrid || ≗**-Nachführung** *f* / current-controller correcting circuit (o. module) || ≗**takt** *m* / current controller cycle

Strom·relais *n* / current relay || ≗**relay** *n* / current relay || ≗**richten** *n* (LE) / power conversion, electronic power conversion, conversion *n*

stromrichtendes Element / electronic controlling element for current IEC 50(351)

Stromrichter *m* / electronic power converter *n*, semiconductor converter, power converter, static converter, rectifier *n* || ≗ **mit natürlicher Kommutierung** / line-commutated converter, phase-commutated converter || **halbgesteuerter** ≗ / half-controllable converter, half-controlled converter || **halbsteuerbarer** ≗ / half-controllable converter, half-controlled converter || **mehrfach verbundener** ≗ (Stromrichter, der aus zwei oder mehr parallel und/oder in Reihe geschalteten Stromrichtereinheiten besteht, deren jede ein selbständiger betriebsfähiger Stromrichter ist) / multi-connected convertor (A convertor consisting of two or more parallel and/or series connected convertor units each of which is an operative convertor of its own) || **netzseitiger** ≗ / supply converter, line-side converter, input converter || **netzseitiger ungesteuerter** ≗ / uncontrolled line-side rectifier || **selbstgeführter** ≗ (SSR) / self-commutated converter || **selbstgetakteter** ≗ / self-clocked converter

Stromrichter·anlage *f* / converter installation || ≗**antrieb** *m* / converter drive, static converter drive, converter-fed drive, thyristor drive || ≗**brücke** *f* / converter bridge || ≗**brückenschaltung** *f* / bridge converter connection || ≗**erregung** *f* (Mot.) / static excitation || ≗**gerät** *n* / converter equipment, converter assembly, converter *n*, servo-amplifier unit || ≗**gerät** *n* (NC-System, Servo-Verstärker) / servo-amplifier *n*

stromrichtergespeister Antrieb / converter-fed drive, cycloconverter-fed drive

Stromrichter·-Grundschaltung *f* / basic converter connection || ≗**gruppe** *f* / converter unit IEC 633 || ≗**gruppen-Ablaufsteuerung** *f* / converter unit sequence control || ≗**gruppenregelung** *f* / converter unit control || ≗**-Hauptzweig** *m* / converter arm

Stromrichterkaskade *f* / static Kraemer system IEC 50(411), slip-power reclamation drive with static converter || **umschaltbare** ≗ / converter cascade with series-parallel inverter, static Kraemer drive with series-parallel converter || **untersynchrone** ≗ (USK) / subsynchronous converter cascade, slip-power reclamation drive with static converter, static Kraemer drive

Stromrichter·kreis *m* / converter circuit || ≗**motor** *m* / converter-fed motor, thyristor-controlled motor, inverter motor, cycloconverter-fed motor || ≗**satz** *m* / converter assembly || ≗**schalter** *m* (LS) / converter circuit-breaker || ≗**schaltung** *f* / converter connection || ≗**schrank** *m* / converter cubicle || ≗**transformator** *m* / converter transformer || ≗**zweig** *m* / converter arm

Stromricht·fehler *m* / converter fault || ≗**grad** *m* / conversion factor IEC 146

stromrichtungs·abhängiger Auslöser / directional current release || **~abhängiges Element** (asymmetrisches Zweipol-Stromkreis-Element) / asymmetric element, asymmetric-characteristic circuit element || ≗**umkehr** *f* / current reversal || **~unabhängiges Element** (symmetrisches Zweipol-Stromkreiselelement) / symmetric element, symmetric-characteristic circuit element

Strom·rolle *f* / current transfer roller, contact roller || ≗**rückgangsrelais** *n* / undercurrent relay || ≗**rückleitungskabel** *n* / return cable || ≗**rückleitungsschiene** *f* / return conductor rail || ≗**sammelring** *m* / collector ring || ≗**sammlung** *f* / current collection || **~schaltende Transistorlogik** / current-mode transistor logic (CMTL) || ≗**schalter** *m* / current switch || ≗**schaltung** *f* / current circuit || **prospektiver** ≗**scheitelwert** / prospective peak current || ≗**schicht** *f* / current sheet

Stromschiene *f* / conductor bar, conductor rail, busbar *n*, contact rail, power bus || ≗ *f* (SS) / busbar *n* || ≗ *f* (Anschlussschiene) / terminal bar, conductor bar || ≗ *f* (Stromabnehmerschiene) / conductor rail, live rail, contact rail || ≗ *f* (Kontaktplan) / power rail || ≗ **für Leuchten** / luminaire track, supply track

system for luminaires, lighting busway, lighting trunking
Stromschienen·aufhängung *f* VDE 0711,3 / track suspension device IEC 570, busway hanger || **≗paket** *n* / conductor bar package || **≗system für Leuchten** / supply track system for luminaires, lighting busway, lighting trunking system
Strom·schlaufe *f* / conductor loop || **≗schlaufe** *f* (Freiltg.) / jumper *n* || **≗schlaufenanschluss** *m* / jumper lug, jumper flag || **≗schleife** *f* / current loop, current element || **≗schreiber** *m* / recording ammeter
Stromschutz *m* / current protection || **nichtgerichteter** ≗ / non-directional current protection
Strom·-Schwankungsfaktor *m* (el. Masch.) VDE 0530, T.1 / current ripple factor IEC 34-1 || **≗schwelle Leerlauferkennung** / current limit for no load ident. || **≗schwellwert I_Schwell** / threshold current I_thresh || **≗schwingen** *n* / current oscillations
Stromschwingung, große letzte ≗ / major final loop || **kleine letzte** ≗ / minor final loop
Stromschwingungen *f pl* / current oscillations, current pulsations
Strom·selektivität *f* / current discrimination, current grading || **≗senke** *f* / current sink, current drain || **≗senkenausgang** *m* / sink-mode output || **≗sichel** *f* (Bürstenapparat) / sickle-shaped brush-arm carrier, brush-holder-stud carrier || **≗sicherung** *f* / fuse *n*, fusible link, fusible cutout
Stromsollwert *m* / current command value, current setpoint || **≗geber** *m* / current setpoint generator || **≗glättung** *f* / current speed value smoothing || **Aufschalten einer ≗vorsteuerung** / biasing of the current setpoint || **≗-Wegsperrzeit** *f* / current setpoint blocking time
Strom-Spannungs·-Kennlinie *f* / current-voltage characteristic, ampere-volt characteristic, I/U characteristic || **≗-Kennlinie** *f* (LE) / characteristic curve (of a converter) IEC 50(551) || **Prüfung durch ≗messung** *f* / ammeter-voltmeter test || **≗-Umformer** *m* / current-to-voltage converter (CVC)
Strom-/Spannungswandlerhybrid (I/U-Hybrid) / current/voltage converter hybrid (I/V hybrid)
Strom·spiegelung *f* / current balancing (circuit) || **≗spitze** *f* / current peak, crest *n* (of current wave) || **≗spitze** *f* (HL) / current spike || **≗sprung** *m* / current step, current step change, step change of current, sudden current variation || **≗spule** *f* / current coil, series coil || **≗stab** *m* (Lasttrenner) / main current-carrying tube, current-carrying rod, live rod || **≗stabilisierung** *f* (Schutz) / current restraint, current bias || **≗staffelung** *f* / current grading || **≗stärke** *f* / current intensity, amperage *n*, current *n* || **≗stecker** *m* / current connector || **≗steilheit** *f* / rate of current rise, rate of rise of current || **≗steuerkreis** *m* / current control circuit
stromsteuernder Transduktor / current controlling transductor
Stromsteuerung, Logik mit ≗ / current-mode logic (CML)
Stromstoß *m* / current impulse, current surge, current rush || ≗ *m* (beim Einschalten) / current inrush, current rush || **Überlastungs~** *m* (ESR-Elektrode) / fault current (EBT-electrode) || **≗prüfung** *f* / impulse test || **≗prüfung** *f* VDE 0670,T.3 / peak withstand current test IEC 295 || **≗relais** *n* / pulse relay, impulse relay || **≗schalter** *m* (Fernschalter) / remote-control switch || **≗test** *m* / impulse current test
Strom·stufe *f* / current step, current step change, step change of current, sudden current variation || **≗stützung** *f* (el. Masch.) / current forcing, current compounding || **≗summe** *f* / summated current, total current || **≗system** *n* / distribution system IEC || **≗tarif** *m* / tariff for electricity, electricity tariff || **≗teil** *m* (Wandler) / current transformer section, current-circuit assembly
Stromteiler *m* / current divider, current balancer || **≗drossel** *f* / current dividing reactor, transition coil
Stromtor *n* / thyratron *n* || **≗kommutator** *m* / thyratron commutator || **≗motor** *m* / thyratron motor
Strom·tragfähigkeit *f* / current carrying capacity, ampacity *n* || **≗transformator** *m* / current transformer || **≗transformator** *m* (f. Erregung) / excitation current transformer || **≗triebeisen** *n* (EZ) / current magnet, current electromagnet, current core
Strom·übergang *m* / current transfer || **≗übergangsverluste an den Bürsten** / brush contact loss, electrical losses in brushes
Strom·überlagerung *f* (synthet. Prüfung) / current injection || **≗übernahme** *f* / current transfer || **≗übernahme** *f* (LE u. Kommutieren bei einer Gasentladung) / commutation *n* || **≗übersetzung** *f* / current transformation, current transformation ratio || **≗übersetzungsverhältnis** *n* / current transformation ratio, current ratio || **≗übertragung** *f* / current transfer || **≗überwachungsrelais** *n* / current monitoring relay, current comparator relay || **≗umkehrung** *f* / current flow direction reversal || **≗umschlag** *m* / evolving fault, evolved fault
stromunabhängig *adj* / current-independent *adj* || **~ verzögerte Auslösung** VDE 0660, T.101 / definite-time-delay operation IEC 157-1 || **~ verzögerter Überstromauslöser** / definite-time-delay overcurrent release IEC 157-1 || **~e Auslösung** / definite-time tripping || **~e Strömung** / forced flow || **~e Verluste** / fixed loss, constant losses || **~e Verzögerung** / definite-time delay, definite-time lag || **~er Auslöser** / definite-time release (o. trip) || **~es Relais** / definite-time relay
Strom- und Spannungswandler-Übersetzung *f* / current and voltage transformation ratios
Strömung *f* / flow *n*, fluid motion, flow rate || ≗ *f* / flow rate || **reibungsbehaftete** ≗ / viscous flow
Strömungen bei Messgeräten mit elektronischer Einrichtung / disturbances of measuring instruments with electronic devices
Strömungs·anzeiger *m* / flow indicator || **≗beschänkung** *f pl* / constraints on flow rates || **≗element** *n* (Fluidikelement) / fluidic device
Strömungsführung *f* / design of duct || **günstige** ≗ / streamlined design
Strömungsgerät *n* (Fluidikgerät) / fluidic unit
Strömungsgeschwindigkeit *f* / flow velocity, rate of flow, velocity of flow || ≗ **der Luft** (Kühlluft aus einer el. Masch.) / exit velocity of air
Strömungsgleichrichter *m* / flow straightener, straightener *n*, straightening device
strömungsgünstig *adj* / streamlined *adj*
Strömungskräfte *f pl* / flow forces

strömungskraftkompensierter Hydraulikteil / flow-force compensated hydraulic section
Strömungs·kupplung *f* / fluid clutch, fluid coupling, hydraulic coupling, hydrokinetic coupling || **≗maschine** *f* / centrifugal pumps and water turbines || **≗maschinen** *f pl* / fans, pumps and compressors, coolant pump || **≗mechanik** *f* / fluid mechanics || **≗medium** *n* / contained fluid || **Feststoffe im ≗medium** / fluid with impurity of solids || **≗melder** *m* / flow indicator || **≗menge** *f* / flow rate || **≗mengenmesser** *m* / flow meter, flow indicator || **≗messer** *m* / flow meter, flow-rate meter, rate meter || **≗messung** *f* / flow measurement, flow-rate measurement
Strömungs·rauschen *n* / flow-generated noise || **≗relais** *n* / flow relay || **≗richtung** *f* / flow direction, direction of flow || **≗schutz** *m* (Relais) / flow relay || **≗umlenkung** *f* / deflection of flow || **≗- und Niveauüberwachungsgerät** *n* / flow and level monitoring equipment || **definierte ≗verhältnisse** / calculatable flow conditions || **≗verlust** *m* (in Leitungen) / system loss, friction loss || **≗versuch** *m* / flow test || **≗wächter** *m* / flow indicator, flow monitoring device, flow relay, flow monitor || **≗widerstand** *m* / flow resistance, resistance to flow, system resistance, resistance to flow
Stromunsymmetrie *f* / current unbalance
Stromunterbrechung, Anlauf über Spartransformator mit ≗ / open-transition autotransformer starting (GB), open-circuit transition autotransformer starting (US) || **Anlauf über Spartransformator ohne ≗** / closed-transition autotransformer starting (GB), closed-circuit transition autotransformer starting (US)
Strom·verbindung *f* / connector *n*, lead *n* || **≗verbrauchsmittel** *n pl* / current-using equipment, electrical utilization equipment, current consuming apparatus || **≗verdrängung** *f* / current displacement
Stromverdrängungs·effekt *m* / skin effect, Heaviside effect, proximity effect || **≗läufermotor** *m* / deep-bar squirrel-cage motor, high-torque cage motor, current-displacement motor, eddy-current cage motor || **≗verlust** *m* / current displacement loss, loss due to skin effect
Strom·vergleicher *m* / current comparator || **≗vergleichsrelais** *n* / current comparator relay, current balance relay || **≗vergleichsschutz** *m* / current differential protection, current balance protection, circulating-current protection, current comparison protection || **≗verhältnis** *n* / current ratio
Strömverhältnis, ungünstiges ≗ / unfavourable flow
Stromverrechnung *f* / electricity accounting
Stromversorgung *f* / power supply, electricity supply || **≗** *f* (SV) / power supply (PS), power supply module, power supply unit, power pack, power section, power supply module SV || **≗** *f* (Gerät) / power supply unit || **≗ mit Kurzzeitunterbrechung** / short-break power supply || **Gerät zur stabilisierten ≗** / stabilized power supply || **getaktete ≗** / switched-mode power supply || **kondensatorgestützte ≗** / capacitor back-up power supply || **längsgeregelte ≗** / in-phase power supply || **nichtstabilisierte ≗** / non-stabilized power supply || **unstabilisierte ≗** / non-stabilized power supply || **unterbrechungsfreie ≗** (USV) / uninterruptable power supply (UPS), uninterruptible power supply (UPS), uninterruptible power system (UPS) || **unterbrechungslose ≗** (USV) / uninterruptable power supply (UPS), uninterruptible power system (UPS)
Stromversorgungs·anlage *f* / power supply installation, power supply system, electricity supply system || **externer ≗anschluss** / external power supply connection
Stromversorgungsbaugruppe *f* / power supply (PS), power supply unit, power pack, power section, PS (power supply) || **≗** *f* (Leiterplatte) / power supply board || **≗** *f* (SV) / power supply module
Stromversorgungs·baustein *m* / power supply pcb/unit/module || **≗einheit** *f* (SVE) / power supply unit (PSU) || **≗einschub** *m* (Chassis) / power supply chassis || **≗fehler** *m* / power supply failure || **≗gerät** *n* / power supply unit (PSU) || **≗klemmen** *f pl* / power supply connectors || **≗netz** *n* / electricity supply system (o. network), power supply system, electrical power system (o. network) || **≗teil** *m* / power supply unit || **≗überwachung** *f* (SV-Überwachung SPS) / power supply watchdog || **≗vertrag** *m* / supply agreement
Strom·verstärkung *f* / current gain, current amplification || **≗verstärkungsfaktor** *m* / current amplification factor, current ratio || **≗verstärkungsfaktor** *m* (Transistor) / short-circuit forward current transfer ratio || **≗verstimmung** *f* (Änderung der Schwingfrequenz bei Änderung des Elektrodenstroms) / frequency pushing || **≗verstimmungsmaß** *n* / pushing figure || **≗verteiler** *m* (Tafel) / distribution board
Stromverteilung *f* / current distribution || **≗** *f* (Energieverteilung) / distribution of electrical energy, power distribution
Stromverteilungs·baugruppe *f* (zum Zuordnen von Geber-Ausgangssignalen auf verschiedene Kanäle) / current-signal routing (o. allocation) module || **≗einheit** *f* / power distribution unit || **≗rauschen** *n* / partition noise || **≗zeile** *f* (SV-Zeile) / power distribution tier || **≗zeile** *f* (BGT, Chassis) / power distribution subrack (o. chassis)
Stromverzögerungswinkel *m* (s. Strombelag) / delay angle || **spontaner ≗** (Stromverzögerungswinkel, der infolge von Mehrfachüberlappung bereits ohne Zündeinsatzsteuerung auftritt) / inherent delay angle (The current delay angle occuring even without phase control caused by multiple overlap)
Stromvolumen der Nut / ampere conductors per slot
Strom·waage *f* / current weigher || **≗waage** *f* (Differentialrel.) / residual-current relay, differential relay || **≗waage** *f* (elektrodynam. Waage) / electrodynamic balance || **≗wächter** *m* / current monitoring device
Stromwandler *m* / current transformer || **≗ für Messzwecke** / measuring current transformer || **≗ für Nullstromerfassung** / residual current transformer || **≗ für Schutzzwecke** / protective current transformer || **≗ mit erweitertem Messbereich** / extended-rating-type current transformer || **≗ mit Selbstkompensation** / auto-compound current transformer || **≗ mit stromproportionaler Zusatzmagnetisierung** / auto-compound current transformer || **≗ mit Verbundwicklung** / compound-wound current transformer || **≗ mit Zusatzmagnetisierung** / compound-wound current transformer || **≗ mit zwei**

Sekundärwicklungen / double-secondary current transformer || **≈-Anschlusskasten** *m* / current transformer terminal box || **≈kasten** *m* / current-transformer casing, current-transformer terminal box || **≈kern** *m* / current transformer core || **≈leitung** *f* / current transformer wire || **≈teil** *m* / current-transformer section || **≈tragblech** *n* / current transformer mounting plate

Stromwärme *f* / Joule heat, Joulean heat || **≈verluste** *m pl* / I^2R loss, ohmic loss, heat loss due to current, direct load loss || **≈verluste in der Erregerwicklung** VDE 0530, T.2 / excitation winding I^2R losses IEC 342

Strom·warngrenzwert *m* / warning current limit || **≈warnmeldung** *f* / current alarm || **≈weg** *m* / current path, conducting path, current circuit (A circuit of a measuring instrument through which flows the current of the circuit to which the measuring instrument is connected), ladder diagram line, rung *n* (A network in a ladder diagram program with its attached left power rail and optionally attached right power rail) || **≈welligkeit** *f* / current ripple || **≈wendermaschine** *f* / commutator machine || **≈wendespannung** *f* / reactance voltage of commutation || **≈wicklung** *f* (EZ) / current-coil winding, current coil

Strom·zähler *m* / electricity meter, integrating meter, meter *n*, supply meter || **≈zange** *f* IEC 50(161) / current probe || **≈-Zeit-Geber** *m* / current-time sensor || **≈-Zeit-Geber** *m* (Einsteller) / current-time setter || **≈-Zeit-Kennlinien** *f pl* / current-time characteristics || **≈-Zeit-Verhalten** *n* / current-time response

stromziehend *adj* / current sinking || **~e austauschbare Logik** / compatible current-sinking logic (CCSL) || **~e Logik** / current-sinking logic (CSL) || **~e Schaltung** / current sink || **~e Schaltungstechnik** / current sinking logic || **~er Ausgang** / sink-mode output

Stromzufuhr *f* / power supply || **die ≈ abschalten** / disconnect the power

Stromzuführung *f* / power supply, power supply circuit, supply leads, feeder *n* || ≈ *f* (zu einem Gerät) / lead-in wire, leading-in cable, leads *n pl* || ≈ *f* (VS-Schaltröhre) / contact terminal

Stromzweig *m* / branch circuit, sub-circuit *n*, final circuit

Stromzwischenkreis·-Stromrichter *m* / current-source DC-link converter, current-controlled converter || **≈-Umrichter** *m* / current-source DC-link converter (o. inverter), current-source inverter || **≈-Wechselstromumrichter** *m* (Wechselstrom-Umrichter mit Konstantstrom-Gleichstromzwischenkreis) / indirect current link a.c. convertor (An a.c. convertor with a current stiff d.c. link)

Strossen·kabel *n* / stope cable || ≈ **leitung** *f* / stope cable

Struktogramm *n* / structured chart, structogram *n* || **≈-Editor** *m* / structogram editor, structure chart editor || **≈generator** *m* / structogram generator

Struktur *f* (Aufbau, Gefüge) / structure *n*, configuration *n*, constitution *n* || ≈ *f* (Oberfläche) / texture *n* || **≈abbild** *n* / structure image || **~adaptives Regelsystem** / structure-adaptive control system || **≈bild** *n* / structure diagram, block diagram || **≈brücke** *f* / configuration jumper, configuring strap || **≈diagramm** *n* / structured chart, structogram *n* || **Netz-≈element** *n* / system pattern

strukturelles Licht / structured light

Struktur·erkennung *f* / structure recognition || **≈-FB** / structure FB

Strukturier·anweisung *f* / configuration instruction || **≈anweisung** *f* / configuring statement || **≈bedienung** *f* / operators configuration entry (o. input) || **≈bedienung und -beobachtung** *f* / operator configuration and monitoring || **≈brücke** *f* / configuration jumper, configuring strap || **≈daten** *plt* / configuration data || **≈ebene** *f* / configuring level

Strukturieren *n* (PLT, Parametrieren u. Verschalten von Funktionsbausteinen) / configuration *n*, configuring *n* || ~ *v* / configure *v*

Strukturierfehlanzeige *f* / configuration error display

strukturiert *adj* / textured *adj*, structured *adj*

Strukturiertastatur *f* / configuration keyboard

strukturierte Daten / structured data || **~ Programmierung** / structured programming

Strukturier- und Bedienfehleranzeige *f* (PLT) / configuration and operator-input error display

Strukturierung *f* (Programm, Daten) / structuring *n*

Struktur·oberfläche *f* / textured finish || **≈parameter** *m* / structural parameter || **≈plan** *m* (SPS) / structure diagram, configuration *n* || **≈prüfung** *f* (Daten) / structure check || **≈schalter** *m* / software structure switch, function switch || **≈schalter** *m* (Prozessregler) / tuning switch, function selector

strukturschwach *adj* / lacking in infrastructure

Struktur·stückliste *f* / structure bill of materials, indented bill of materials, indented explosion || **≈teil** *m* / structural part || **≈transformator** *m* (zur Erzeugung v. Struktogramm-Dateien) / structure transformer || **~umschaltender Regler** / variable-structure controller || **≈umschalter** *m* (SPS) / structure selector || **≈viskosität** *f* / intrinsic viscosity, structural viscosity

Strunk *m* (Isolator) / core *n*

STS (Systemstopp) / STS (system stop)

ST-Sprache *f* / ST language (See: Language 5)

ST-Stecker *m* / ST-connector *n* (straight-tip connector), straight-tip connector (ST-connector)

Stück *n* / unit *n*, units *n pl*, quantity *n*, qty.

Stückelung *f* / segmenting *n* || ≈ *f* (Programm) / segmentation *n*

Stück·fertigung *f* / one-off production, job production, discrete parts manufacture || **≈gewicht** *n* / particle mass

Stückigkeitsgrenzen *f pl* / limits of particle mass distribution

Stückliste *f* / bill of materials (BOM), list of components, typical *n*, list of components, parts list, BOM (bill of materials) || **hierzu gehört** ≈ / refers to parts list

Stücklisten·auflösung *f* / explosion of bill of materials || **≈information** *f* / parts list data

Stück·prüfprotokoll *n* / routine test report || **≈prüfung** *f* / routine test

Stückzahl *f* / quantity *n*, count *n*

Stückzahlen *f pl* / sales *n pl*

Stückzähler *m* / workpiece counter

Stückzahl·geschäft *n* / volume business || **≈hochlauf** *m* / sales build-up || **≈kontrolle** *f* / workpiece count || **≈lizenznehmer** *m* / royalty-per-unit licensee ||

≗**planung** *f* / sales quantity planning || ≗**segment** *n* / high-volume segment || ≗**träger** *m* / large customer || ≗**überwachung** *f* / workpiece count || ≗**zähler** *m* (Werkstücke) / workpiece counter || ≗**ziel** *n* / quantity goal

Studentsche t-Verteilung / Student's t-distribution

Studio·fluter *m* / studio floodlight || ≗**lampe** *f* / studio spotlight || ≗**leuchte** *f* / studio luminaire

STUEB (Bausteinstacküberlauf) / block stack overflow

Stufe *f* / zone *n*, protection zone || ≗ *f* (Wickl.) / plane *n*, tier *n*, range *n* || ≗ *f* (Schaltstellung) / position *n*, step *n*, notch *n* || ≗ *f* (LE, einer Reihenschaltung) / stage *n* || ≗ *f* (Überstromschutzorgan) / class *n* || ≗ *f* (Modul, Baugruppe) / module *n* || ≗ *f* (Verdichter) / stage *n*

Stufen des Selektivschutzes mit relativer Selektivität / zones of non-unit protection

Stufen, in ≗ einstellbar / adjustable in steps || **grobe ≗** (Trafo) / coarse taps || ≗**abschwächer** *m* / step attenuator || ≗**anlasser** *m* / step starter, multi-position starter, increment starter || **Transformator-≗anzeige** *f* / transformer tap position indication || ≗**äquivalenztabelle** *f* / tap equivalence table || ≗**bohren** *n* / step driling || ≗**-Distanzschutz** *m* / stepped-type distance protection, multi-zone distance protection || ≗**drehschalter** *m* / rotary wafer switch || ≗**drossel** *f* / tapped reactor || ≗**drosselbeschaltung** *f* / tapped reactor protective circuit || ≗**faser** *f* (LWL) / step-index optical waveguide

stufenförmig *adj* / in steps || **~er Impuls** / stair-step pulse

Stufen·indexfaser *f* (LWL) / step index fibre || ≗**indexprofil** *n* (LWL) / step index profile || ≗**kegel** *m* / plug with step grooves || ≗**kennlinie** *f* / stepped characteristic || **Distanzschutz mit ≗kennlinie** / distance protection with stepped distance-time curve, stepped-curve distance-time protection || ≗**leitstrahl** *m* (Blitz) / stepped leader || ≗**lichtleiter** *f* / step-index optical waveguide || ≗**linsenscheinwerfer** *m* / Fresnel spotlight, Fresnel spot

stufenlos *adj* / stepless *adj* || **~ einstellbar** / infinitely adjustable (o. variable), steplessly adjustable (o. variable) || **~ ineinander übergehende Schaltstellungen** / stepless-transition valve positions || **~ regelbar** / steplessly variable, infinitely variable, continuously controllable || **~e Drehzahleinstellung** / stepless speed variation || **~e Spannungsregelung** / stepless (o. smooth) voltage variation || **~es Getriebe** / infinitely variable speed transmission, fully adjustable speed drive, stepless drive

Stufen·motor *m* / two-speed motor, change-speed motor || ≗**potentiometer** *n* / stepping potentiometer, thumbwheel potentiometer || ≗**presse** *f* / transfer press || ≗**profil** *n* (LWL) / step index profile || ≗**prüfung** *f* (Prüfung anhand mehrerer sich erhöhender Beanspruchungsstufen, denen eine Einheit aufeinanderfolgend während Phasen gleicher Dauer ausgesetzt wird) / step stress test (A test consisting of several increasing stress levels applied sequentially for periods of equal time duration to an item) || ≗**räder** *n pl* / cone of gears, gear cone, cone *n* || ≗**reflektor** *m* / stepped reflector || ≗**regeltransformator** *m* / tap-changing transformer, variable-ratio transformer || ≗**regelung** *f* (Trafo) / tap-changing control, control by tap changing, step-by-step control || ≗**regler** *m* (Trafo) / regulating switch (CEE 24) || ≗**reichweite** *f* (Rel.) / reach *n*

Stufenschalter *m* / step switch, stepping switch, step switching mechanism, OLTC (on-load tap changer), multiple-contact switch || ≗ *m* (Trafo) IEC 50(421) / on-load tap changer (OLTC), load tap changer, tap changer, tapping switch || ≗ *m* (Zahleneinsteller) / thumbwheel switch || ≗ *m* (Bahn) / resistance cut-out switchgroup || ≗ *m* (Vielfachsch., Drehsch.) / wafer switch, rotary wafer switch || ≗ *m* VDE 0630 / regulating switch (CEE 24) || ≗ **für Betätigung unter Last** (Trafo) / on-load tap changer, load tap changer (LTC), under-load tap changer || ≗ **für Deckelbefestigung** (Trafo) / tap changer for cover mounting, cover-mounted tap changer || ≗ **in Öl** (Trafo) / oil-immersed tap changer || ≗ **mit Überbrückungs-Drosselspule** (Trafo) / inductor-transition tap changer || **Thyristor-≗** *m* (Trafo) / thyristor tap changer, electronically controlled tap changer || **Viertakt-≗** *m* VDE 0630 / four-position regulating switch (CEE 24) || ≗**-Antrieb** *m* (Trafo) / tap-changer driving mechanism || ≗**-Ausdehnungsgefäß** *n* (Trafo) / tap-changer oil conservator, LTC oil expansion tank || ≗**-Bemessungsstrom** *m* (Trafo) / rated through-current IEC 214 || ≗**in Dickfilmtechnik** / thick-film thumbwheel switch || ≗**kammer** *f* (Trafo, Teilkammer) / tap-changer compartment || ≗**kessel** *m* (Trafo) / tap-changer tank, tap-changer vessel || ≗**kopf** *m* (Trafo) / tap-changer top section, tap-changer top || ≗**regelung der Stromrichtergruppe** / converter unit tap changer control || ≗**säule** *f* (Trafo) / tap-changer pillar, tap-changer column || ≗**schrank** *m* (Trafo) / tap-changer cubicle, tap-changer control panel || ≗**stellung** *f* (Trafo) / tapping position || ≗**-Transformator** *m* / tap-changing transformer, variable-ratio transformer, regulating transformer, variable-voltage transformer, voltage regulating transformer

Stufenschaltung *f* (Trafo) / tap-change operation, tap changing

Stufenschaltwerk *n* / tap change mechanism || ≗ *n* (Trafo) / tap-changing gear, tap changer || **Widerstands-≗** *n* / resistance switchgroup

Stufen·scheibe *f* / cone pulley, speed cone || ≗**scheibentrieb** *m* / cone pulley drive || ≗**schmelzleiter** *m* / stepped fuse wire || ≗**schütz** *n* (Starter) / step contactor || ≗**schütz** *n* (Trafo) / tapping contactor

Stufenspannung *f* / step voltage || ≗ *f* (Stoßspannungsgenerator) / stage voltage (rating) || **höchste ≗** (Trafo) VDE 0532, T.30 / maximum rated step voltage IEC 214

Stufen·spannungsregler *m* / step-voltage regulator || ≗**spiegel** *m* (Leuchte) / stepped reflector || ≗**stellbefehl** *m* (FWT) / step-by-step adjusting command || ≗**transformator** *m* / tap-changing transformer, variable-ratio transformer, regulating transformer, variable-voltage transformer, voltage regulating transformer, tapped transformer || ≗**umstellung** *f* (Trafo) / tap changing || ≗**verstärker** *m* / step-by-step repeater || ≗**verstellung** *f* (Trafo) / tap changing || ≗**wähler** *m* (Trafo) / tap selector ||

²**wählerschalter** *m* (Trafo) / tap selector switch ‖ ²**wandler** *m* / staircase converter
stufenweise *adv* / in steps, stepwise *adj*, step by step, gradual *adj* ‖ ~ **Annäherung** / successive approximation ‖ ~ **Belastung** / stepwise loading, progressive loading ‖ ~ **einstellbar** / adjustable in steps ‖ ~ **Prüfung** / step by step test (s.s.t.)
Stufen·weite *f* / step width ‖ ²**welle** *f* / step shaft ‖ ²**welle** *f* (rotierende Masch.) / profiled shaft, stepped shaft, taper shaft, shouldered shaft ‖ ²**werkzeug** *n* / transfer press tool ‖ ²**wicklung** *f* / stepped winding, split-throw winding ‖ ²**wicklung** *f* (Trafo) / tapped winding ‖ ²**zahl** *f* (Trafo-Stufenschalter) / number of tapping positions ‖ ²**zeit** *f* (Schutz) / zone time ‖ ²**ziehen** *n* (HL) / rate growth
Stufigkeit *f* / steps *n pl*
Stufung *f* / tap change ‖ ² *f* (Relaisschutz) / grading *n*, stepping *n*
Stufungsbefehl *m* / tap change command
Stummel *m* (Welle) / shaft end, stub *n*, axle neck
Stumpf *m* (Welle) / shaft end *n*, stub *n*
stumpf aneinanderfügen / butt *v* ‖ **~e Verbindung** / butt joint ‖ **~er Winkel** / obtuse angle ‖ **~es Spitzgewinde** / stub V-thread ‖ **~es Trapezgewinde** / stub acme thread ‖ **~gestoßen** *adj* / butt-jointed *adj* ‖ ²**schweißen** *n* / butt welding ‖ **Verfahren der ~en Rohrverbindung** / butt-joint technique ‖ ²**schweißnaht** *f* / butt weld ‖ ²**stoß** *m* / butt joint ‖ **~winkelig** *adj* / obtuse-angled *adj* ‖ ²**zähne** *m pl* / stub teeth
Stunde *f* / hour *n*
Stunden·betrieb *m* / one-hour duty ‖ ²**leistung** *f* / one-hour rating ‖ ²**leistung** *f* (StT) / hourly demand ‖ ²**menge** *f* / hourly quantity, hourly rate (o. delivery), total hourly rate (o. delivery) ‖ ²**mittel** *n* / hourly average ‖ ²**reserve** *f* / hours reserve ‖ ²**scheibe** *f* / hours disc ‖ ²**schreibung** *f* / hour recording ‖ ²**übertrag** *m* / hours carried over, carry-over hours ‖ ²**verrechnungspreis** *m* / hourly price, hourly rate ‖ ²**zähler** *m* / hours meter, elapsed-hour meter ‖ ²**zeiger** *m* / hour hand
stündliche Erzeugungskosten / hourly cost of generation
Sturzwicklung *f* / continuous turned-over winding, continuous inverted winding
Stütz·abstand *m* / support spacing ‖ ²**batterie** *f* / back-up battery ‖ ²**bohrung** *f* / supporting hole
Stütze *f* / support *n*, brace *n*, bracket *n* ‖ **Isolator~** *f* / insulator spindle, insulator support
Stützeinrichtung *f* (Kondensator- o. Batteriepuffer) / back-up supply unit, back-up energy store
Stutzen *m* (Kabeleinführung) / gland *n* ‖ ² *m* (Abzweigdose) / spout *n* ‖ ² *m* (Rohrende) / stub *n* ‖ ² *m* (Rohranschlussstück) / pipe socket, connecting sleeve, tube connector ‖ ~ *v* (CAD, verkleinern) / trim *v*
stützen *v* (A, V) / boost *v*, force
Stützenisolator *m* VDE 0446, T.1 / pin insulator IEC 383
Stutzenverschraubung *f* / screw gland, gland locking nut, compression gland
Stützer *m* / support *n* ‖ ² *m* (Isolator) / post insulator, insulator *n* ‖ ² *m* (f. Stationen) / station post insulator ‖ ² *m* (f. Freiltg.) / line post insulator ‖ **Klemmen~** *m* / terminal post insulator ‖ ²**drehlager** *n* / insulator bearing ‖ ²**isolator** *m* / pin(-type) insulator ‖ ²**kopf** *m* / post insulator head
Stützerregung *f* (el. Masch.) / exciter boosting, field forcing
Stützersäule *f* / insulator column ‖ ²**stromwandler** *m* / support-type current transformer ‖ ²**wandler** *m* / insulator-type transformer
Stütz·fläche *f* / supporting surface ‖ ²**fläche für Anschlusswinkel** / supporting surface for connecting bracket ‖ ²**gehäuse** *n* / supporting housing ‖ ²**isolator** *m* / post insulator, support *n* ‖ ²**isolator** *m* (Glocke m. Stütze) / pin(-type) insulator ‖ ²**isolatorelement** *n* / post insulator unit ‖ ²**isolatorsäule** *f* / post-insulator assembly, complete post insulator ‖ ²**kamm** *m* (Wickelkopf einer el. Masch.) / comb *n* IEC 50(411) ‖ ²**kante** *f* / supporting edge ‖ ²**kondensator** *m* / backup capacitor, energy storage capacitor, back-up capacitor ‖ ²**lager** *n* / one-direction thrust bearing, single thrust bearing, FWT bearing ‖ ²**länge** *f* (Freiltg.) / span *n* ‖ ²**leiste** *f* / (horizontal) support bar, support *n*, supporting strip, supporting cam for clamp ‖ ²**platte** *f* / supporting plate ‖ ²**polygon** *n* / smallest convex polygon
Stützpunkt *m* / vertice *n* ‖ ² *m* (Freiltg.) / support *n*, supporting structure ‖ ² *m* (siehe Interpolation) / intermediate point ‖ ² *m* (am Interpolationspolygon) / interpolation point ‖ **Löt~** *m* / soldering tag, soldering terminal
Stützpunktepaar *n* (Interpolationspolygon) / pair of interpolation points
Stützpunkt·platte *f* / grouping block, wiring plate ‖ ²**stift** *m* / wiring post (o. pin) ‖ ²**verdrahtung** *f* / point-to-point wiring
Stütz·scheibe *f* / support disk ‖ ²**scheibe** *f* (Batt.) / supporting plate ‖ ²**schenkel** *m* / support shank, top ‖ ²**steg** *m* (f Kühlschlitz im Blechp.) / duct spacer, vent finger ‖ ²**stelle** *f* / intermediate point, interpolation point
Stutzstopfen *m* / protection button
Stütz·-Traglager *n* / combined thrust and radial bearing, radial-thrust bearing ‖ ²**traverse** *f* / supporting cross-arm
Stützung *f* (Stützpunkt eines Leiters) VDE 0103 / simple support IEC 865-1 ‖ ² **bei Netzspannungseinbrüchen** / line transient immunity
Stütz·wert *m* (Polygonzug) / interpolation point ‖ ²**zapfen** *m* (Welle) / thrust journal, journal for axial load ‖ ²**zapfenlager** *n* / pivot bearing
STX / STX (start of text)
Styroflex *n* / polystyrene *n*
Styrol *n* / styrene *n*
Styrolisierung *f* / styrenation *n*
Styropor *n* / expanded polystyrene ‖ ²**chips** *m pl* / polystyrene chips ‖ ²**platte** *f* / expanded polystyrene board
STZ (Systemtestzentrum) / system test center
SÜ (Signalüberwachung) / signal monitor
Sub-Bus *m* (Eigenständiger Bus, der durch die Integration in ein Bus-Netz zum Sub-Bus wird) / sub-bus *n*
SUB-D-Buchse *f* / SUB D socket
Sub-D-Stecker *m* / subminiature D connector, sub D connector, male sub D connector, sub D plug
subharmonisch *adj* / subharmonic *adj*
Subharmonische *f* / subharmonic *n*
subjektive Lautstärke / equivalent loudness

Subjunktion *f* / implication *n*, IF-THEN operation
Subkollektor *m* (Transistor) / buried layer (transistor)
Subminiatur *f* / subminiature *n* || ≗ **D** / D-sub connector || ≗**relais** *n* / subminiature relay
Subnetz *n* / subnetwork *n*, subnet *n* || ≗**maske** *f* / subnet screen form || ≗**-Name** / subnet name
Sub-Parameter *m* (SPAR) / subparameter *n* (SPAR)
Subroutine *f* / subroutine *n*, subprogram *n* ISO 2806-1080
Subset / subset *n*
Substitutions·anweisung *f* / substitution operation, substitution instruction || ≗**befehl** *m* / substitution instruction || ≗**befehl** *m* (SPS) / substitution operation || ≗**fehler** *m* / substitution error || ≗**messverfahren** *n* / substitution method of measurement, substitution measurement || ≗**operation** *f* / substitution operation, substitution instruction || ≗**prinzip** *n* / substitution principle || ≗**wägeverfahren** *n* / substitution weighing method
Substrat *n* / substrate *n* || ≗**strom** *m* (FET) DIN 41858 / substrate current
Subsystem *n* / subsystem *n*
Subtangente *f* / subtangent *n*
Subtrahierer *n* / subtractor *n*
Subtrahierwerk *n* / subtractor *n*
Subtraktions·rad *n* / subtraction wheel, subtraction gear || ≗**zählwerk** *n* / subtracting register
Subtraktiv-Verfahren *n* (gs) / subtractive process
subtransient·e Hauptfeldspannung / subtransient internal voltage, internal voltage behind subtransient impedance || **~e Längsspannung** / direct-axis subtransient voltage || **~e Reaktanz** / subtransient reactance || **~e Zeitkonstante** / subtransient time constant || **~er Kurzschluss-Wechselstrom** / initial symmetrical short-circuit current || **~er Vorgang** / subtransient condition, subtransient phenomenon
Subtransient-Kurzschluss-Zeitkonstante *f* / subtransient short-circuit time constant || ≗ **der Längsachse** / direct-axis subtransient short-circuit time constant || ≗ **der Querachse** / quadrature-axis subtransient short-circuit time constant
Subtransient·-Längs-EMK *f* / direct-axis subtransient e.m.f. || ≗**-Längsimpedanz** *f* / direct-axis subtransient impedance || ≗**-Längsreaktanz** *f* / direct-axis subtransient reactance || ≗**-Längsspannung** *f* / direct-axis subtransient voltage
Subtransient-Leerlauf-Zeitkonstante *f* / subtransient open-circuit time constant || ≗ **der Längsachse** / direct-axis subtransient open-circuit time constant || ≗ **der Querachse** / quadrature-axis subtransient open-circuit time constant
Subtransient·-Quer-EMK *f* / quadrature-axis subtransient e.m.f. || ≗**-Querimpedanz** *f* / quadrature-axis subtransient impedance || ≗**-Querreaktanz** *f* / quadrature-axis subtransient reactance || ≗**-Querspannung** *f* / quadrature-axis subtransient voltage
Subtransientreaktanz *f* / subtransient reactance || ≗ **der Längsachse** / direct-axis subtransient reactance || ≗ **der Querachse** / quadrature-axis subtransient reactance
subtransitorisch *adj* / subtransient *adj*
Subvention *f* / subsidy *n*
Such·begriff *m* / search word, search string, search key, search concept, descriptor *n* || ≗**bereich** *m* / search range || ≗**betrieb** *m* / search mode || ≗**drehzahl** *f* / search speed
Suchen *n* / search *n* || ~ *v* / find *v* || ≗ **in Verzeichnis** / search directory || ≗ **und Position** / search and position || **einen Fehler ~** / locate a fault, trace a fault
Such·gerät *n* (z.B. f. Kabel) / detecting device, locator *n* || ≗**geschwindigkeit** *f* (Lochstreifenleser) / slewing speed || ≗**geschwindigkeit: Fangen** / search rate: flying start || ≗**kette** *f* / search string
Suchlauf *m* / search function || ≗ *m* (NC, SPS) / search run, search *n*, browning *n* || ≗ **rückwärts** / backward search, search backwards || ≗ **vorwärts** / forward search
Such·prüfung *f* / search test || ≗**richtung** *f* / direction *n* || **Erdschluss~schalter** *m* / fault initiating switch, high-speed grounding switch, fault throwing switch || ≗**scheinwerfer** *m* / adjustable spot lamp (o. light) || ≗**spule** *f* / search coil, magnetic test coil, exploring coil || ≗**strom** *m* / detection current || ≗**text** *m* / search text || ≗**verfahren** *n* / search *n*, search function, search run || ≗**vorlage** *f* / search template || **Leuchtpunkt-≗vorrichtung** *f* (Osz.) / beam finder || ≗**zeiger** *m* / search pointer
Südpol *m* / south pole, unmarked pole || **magnetischer** ≗ / south magnetic pole || ≗**fläche** *f* / south pole face
Suezkanal-Scheinwerfer *m* / Suez canal searchlight
SUG (Schleifscheibenumfangsgeschwindigkeit) / grinding wheel surface speed, peripheral speed (Schleifscheibenumfangsgeschwindigkeit), GWPS (grinding wheel peripheral speed) || ≗ (Scheibenumfangsgeschwindigkeit) / grinding wheel surface speed, peripheral speed, GWPS (grinding wheel peripheral speed) || ≗**-Konflikt** *m* / GWPS conflict
SU-Kennlinie *f* DIN 41745 / foldback current limiting curve (FCL curve)
sukzessive Approximation / successive approximation
Summand *m* / addend *n*, summand *n*
Summandenwerk *n* / summator *n*, summation element, summation register, collating summator, channel register, circuit register, addend register
Summandenzählwerk *n* / collating summator, channel register, circuit register, addend register, summator *n*
Summation *f* / summation *n*, total *n*
Summationspunkt *m* (Reg.) / summing point
Summe aller Ausfälle / accumulated number of failures IEC 319 || ≗ **der gespeicherten Fehler** / total number of faults || ≗ **der Oberschwingungen** VDE 0838, T.1 / harmonic content || **geometrische** ≗ / root sum of squares
Summen·anzeige *f* / sum information, sum flag || ≗**bildung** *f* / summation *n*, total *n* || ≗**differenz** *f* / balance *n*, net value || ≗**differenzzählung** *f* / net registering, summation balance metering, net positive/net negative totalizing || ≗**drehmoment** *n* / total torque || ≗**fehler** *m* / sumcheck error, parity check error, summary error, sum error || ≗**fernzählgerät** *n* / duplicating summation meter || ≗**fernzählwerk** *n* / duplicating summator || ≗**getriebe** *n* / summation gear (train)
Summenhäufigkeit *f* / cumulative frequency || **grafische Darstellung der** ≗ DIN IEC 319 / probability paper plot
Summenhäufigkeits·linie *f* / cumulative frequency

polygon || ²**verteilung** *f* / cumulative frequency distribution

Summen·impulsausgang *m* / summated pulse output || ²**impulslöschung** *f* (LE) / common trigger-pulse suppression || ²**impulszähler** *m* / impulse summation meter || ²**information** *f* / sum information, sum flag || ²**kontaktgabewerk** *n* (EZ) / retransmitting contact mechanism || ²**kontrolle** *f* / sum check, checksum || ²**korrektur** *f* / total offset, sum offset, additive offset, resulting offset || ²**kraftverteilung** *f* / cumulative force-density distribution || ²**kurve** *f* / cumulative frequency curve || ²**kurzschlussstrom** *m* / total fault current || ²**ladespannung** *f* / total charging voltage, summated charging voltage || ²**linie** *f* / cumulative frequency polygon || ²**löschung** *f* (LE) / common turn-off || ²**maximum** *n* (EZ) / totalized maximum demand || ²**meldung** *f* / common alarm IEC 50(371)

Summenmessung, Messgerät zur ² organischer Stickstoffverbindungen / instrument for measuring the total content of organic nitrogen compounds

Summen·moment *n* / total torque || ²**prüfung** *f* / summation check || ²**relais** *n* / totalizing relay || ²**signal** *n* / group signal, group alarm, group message, aggregate signal, group indication || ²**spannung** *f* / summation voltage || ²**stange** *f* / cumulative bar || ²**steller** *m* (BT) / master fader || ²**steuergerät** *n* / summation control circuit device

Summenstörspeicher gesetzt / error message memory display is set

Summenstrom *m* / summation current, total current, net current, aggregate current, resultant current || ² *m* (Reststrom) / residual current || ²**relais** *n* / residual current relay || ²**stärke** *f* (Selektivschutz) / residual current IEC 50(448) || ²**wandler** *m* / summation current transformer, totalizing current transformer, internal summation current transformer, overall transformer || ²**wandler** *m* (Schutz) / core-balance transformer

Summen·toleranz *f* / cumulative tolerance || ²**toleranzfehler** *m* / tolerance buildup || ²**vektor** *m* / resulting vector || ²**verschiebung** *f* (Die Summe aller Verschiebungen) / total offset (The sum of all offsets) || ²**verteilung** *f* / cumulative distribution, cumulative frequency function || **normale** ²**verteilung** / cumulative normal distribution || ²**wahrscheinlichkeit** *f* / cumulative probability || ²**warnmeldung** *f* (FWT, alle Einzelmeldungen zusammengeführt anzeigend) / common alarm IEC 50(371) || ²**zähler** *m* / summator *n* || ²**zählgerät** *n* / summating meter, totalizing counter, summator *n* || ²**zählung** *f* / summation metering, totalizing *n* || ²**zählwerk** *n* / summating register, totalizing register, summator *n*

Summer *m* / buzzer *n* || ²**element** *n* / buzzer element

summierendes Messgerät / summation instrument *n*, totalizer

Summierer *m* / summer *n*, summing unit, totalizer *n*, summator *n* || ² **mit bewerteten Eingängen** / weighted summing unit

Summier·gerät *n* / summator *n*, totalizer *n*, summation instrument || ²**getriebe** *n* / summator gear train || ²**glied** *n* DIN 19226 / summing element, summator *n* || ²**relais** *n* / totalizing relay || ²**stelle** *f* (Reg.) / summing point

Summierung *f* / summation *n*, totalizing *n*, total *n*

Summier·verstärker *m* / summing amplifier, integrating amplifier || ²**wandler** *m* / summation transformer || ²**werk** *n* / summator *n*, summation element, summation register

Sumpf·kathode *f* / pool cathode || ²**schmierung** *f* / sump lubrication, bath lubrication

superflink *adj* / high-speed *adj* || **~e Sicherung** VDE 0820, T.1 / very quick acting fuse IEC 127, high-speed fuse

superhohe Frequenz / super-high frequency (SHF)

Super·ikonoskop *n* / image iconoscope || ²**kalender** *m* / super calender || ²**orthikon** *n* / image orthicon

superstrahlende LED / superluminescent diode, superradiant diode (SRD)

Superstrahlung *f* / superluminescence *n*, superradiance *n*

superträge Sicherung VDE 0820, T.1 / long time-lag fuse IEC 127

Supporter *m* / support unit staff

suprafluides Medium / superfluid *n*

Supra·flüssigkeit *f* / superfluid *n* || ²**isolation** *f* / superinsulation *n* || ²**leck** *n* / superleak *n*

supraleitend *adj* / superconducting *adj* || **~e Maschine** / superconducting machine, cryomachine *n* || **~e Spule** / superconducting coil, cryocoil *n* || **~e Wicklung** / superconducting winding, cryowinding *n* || **~er Magnet** / superconducting magnet, supermagnet *n*

Supraleiter *m* / superconductor *n*, hyperconductor *n* || ² **ohne Energielücke** / gapless superconductor || ²-**Quanteninterferometer** *n* / superconducting quantum interference device (SQUID)

supra·leitfähig *adj* / super-conductive *adj*, superconducting *adj* || ²**leitfähigkeit** *f* / superconductivity *n* || ²**leittechnik** *f* / superconductivity *n* || ²**leitung** *f* / superconductivity *n* || ²**leitungselektronen** *n pl* / super-electrons *n pl* || ²**schall** *m* / ultrasound *n*

Survolteur / booster *n*, positive booster

Suszeptanz *f* / susceptance *n*

Suszeptibilität *f* / susceptibility *n*, magnetizability *n*

SV / power supply board || ² (Spiegelverschiebung) / MO (mirroring offset) || ² (Servicevertrag) / SC (service contract) || ² (Schutzvertrag) / SC (service contract) || ² (Stromversorgung) / power supply unit, power pack, power supply module, power section, PS (power supply)

SVA / road traffic signal system

SVE / power supply unit (PSU) || ² (Signalverstärkerelektronik) / signal amplifier electronics

S-Verzeichnung *f* (ESR) / S distortion *n*

SV-Überwachung *f* / power supply watchdog

SVV (Schnittstellenvervielfacher) / fan-out unit

SV-Zeile *f* / power distribution subrack (o. chassis)

SW / SW (software (version) [z.B. SW 6.0 oder SW V6.0]) || ² (Schlüsselweite) / diameter across flats, across-flats dimensions, width across flats (width A/F), A/F

sw *adj* (schwarz) / blk *adj* (black)

Swagelock-Anschluss *m* / Swagelock joint (o. connection)

Swan-Sockel *m* / bayonet cap (B.C. lamp cap), bayonet base, B.C. lamp cap

SWD (Simulationswerkzeugdatensatz) / simulation tool record

SW-Endlage *f* / sw limit

SW-Endschalter *m* (Software-Endschalter) / software limit switch, software travel limit, soft-wired feed limit

SW-Monitor *m* / black-and-white monitor, monochrome monitor

S-Wort *n* / S value || ≗ *n* (S für Spindel) / S word (S for spindle)

SW-Stand *m* (Softwarestand) / software version

SY (Systemübersicht) / system overview

SYF (Systemdateien) / SYF (system files)

Sy-Matrixeinheit *f* / synchronizing matrix module

Symbol *n* DIN 44300 / symbol *n* || ≗ **für Drehung** / rotation symbol || ≗**adresse** *f* / symbolic address || ≗**auswahl** *f* / symbol selection || ≗**baustein** *m* (Mosaikb.) / symbol tile || ≗**datei Konfigurator** / symbol file configurator

Symbole, vorhandene ≗ / available symbols

Symbol·element *n* / symbol element || ≗**feld** *n* (BSG) / symbol field

Symbolik *f* / symbol *n*, symbols *n pl* || **Relais-**≗ *f* / relay symbology

Symbolinformation *f* / symbol information

symbolisch *adj* / symbolic *adj* || **~e Adresse** / symbolic address

Symbol·kommentar *m* / symbol comment || ≗**konstruktion** *f* / symbol building || ≗**leiste** *f* / toolbar *n* || ≗**liste** *f* / symbol list, symbol table || ≗**-Name** *m* / symbol name || ≗**operand** *m* / symbolic address || ≗**parameter** *m* / symbolic parameter || ≗**satz** *m* / symbol set || ≗**tabelle** *f* / symbol table || ≗**tafel** *f* (f. Bildkonstruktion am Bildschirm) / symbol chart

Symmetrier·filter *m* / balancing filter || ≗**glied** *n* IEC 50(161) / balun *n* || ≗**möglichkeit** *f* / balancing capability

Symmetrierung *f* (in einem Verteilernetz) / balancing *n*

Symmetrier·widerstand *m* / balancing resistor || ≗**zeitkonstante** *f* / symmetrizing time constant

Symmetrie·schalter *m* / mirror switch || ≗**widerstand** *m* / balancing resistor

symmetrisch *adj* / symmetrical *adj* || **~ betriebene Mehrphasenquelle** / balanced polyphase source || **~ gebaut und betriebenes Mehrphasensystem** / balanced polyphase system IEC 50(131A) || **~ gebauter Mehrphasenstromkreis** / symmetrical polyphase circuit || **~ gegen Erde** / balanced to earth, balanced to ground || **~ gepoltes Relais** / centre-stable relay || **~ strahlender Spiegel** (Leuchte) / symmetric specular reflector || **~e Belastung** / balanced load, symmetrical load || **~e Doppelstrom-Schnittstellenleitung** / balanced double-current interchange circuit || **~e Erdschlussprüfung** / balanced earth-fault test || **~e Funkstörspannung** / symmetrical terminal interference voltage || **~e Komponente k-ter Ordnung** / symmetrical component of order k || **~e Komponenten** / symmetrical components, Fortescue components || **~e Lichtstärkeverteilung** / symmetrical luminous intensity distribution || **~e Mehrphasen-Spannungsquelle** / symmetrical polyphase voltage source || **~e Nenn-Dreieckspannung** / rated three-phase line-to-line balanced voltage || **~e Schaltung** / balanced circuit, symmetrical circuit || **~e Spannung** (EMV) IEC 50(161) / symmetrical voltage, differential-mode voltage || **~e Steuerung** VDE 0838, T.1 / symmetrical control || **~e Wimpelschaltung** (Trafo) / symmetrical pennant cycle || **~e Zündeinsatzsteuerung** (LE) / symmetrical turn-on phase control || **~e, halbgesteuerte Brückenschaltung** (LE) / symmetric half-controlled bridge || **~er Ausgang** / symmetrical output || **~er Ausgang** (Gegentaktausg.) / push-pull output || **~er Ausschaltstrom** / symmetrical breaking current, symmetrical r.m.s. interrupting current || **~er Betrieb** / balanced operation || **~er Code** / balanced code || **~er Eingang** / symmetrical input || **~er Eingang** (Gegentakteing.) / push-pull input || **~er Erdschlussschutz** / balanced earth-fault protection || **~er Kurzschluss** / symmetrical fault || **~er Kurzschlussstrom** / symmetrical short-circuit current, prospective symmetrical r.m.s. short-circuit current || **~er Stromkreis** / balanced circuit, symmetrical circuit || **~er Vierpol** / symmetrical two-terminal-pair network || **~er Zustand** (eines mehrphasigen Netzes) / balanced state || **~es dreiphasiges Gerät** EN 61000-3-2 / balanced three-phase equipment || **~es Element** / symmetric element, symmetric-characteristic circuit element || **~es System** / balanced system, symmetrical system

SYNACT (Synchronaktion) / SYNACT (synchronized action)

SYNC-fähig *adj* / sync capability

Synchro·check *m* / synchrocheck *n* || ≗**checkrelais** *n* / synchrocheck relay || ≗**-Empfänger** *m* / synchro-receiver *n*, synchro-motor *n* || ≗**-Geber** *m* / synchro-transmitter *n*, synchro-generator *n*

Synchromat *m* / automatic synchronizer, check synchronizer, automatic coupler, synchro-check relay, check synchronizing relay, paralleling device

synchron *adj* / synchronous *adj* || **~ anlaufendes und anhaltendes astabiles Kippglied** / synchronously starting and stopping astable element || **~ laufen** / run in synchronism, operate in synchronism, run in step, be in synchronism

Synchron·abweichung *f* / synchronous deviation || ≗**achse** *f* / synchronized axis || ≗**admittanz** *f* / synchronous admittance || ≗**aktion** *f* (SA) / synchronized action (SA) || ≗**-Asynchron-Umformer** *m* / synchronous-induction motor-generator || ≗**betrieb** *m* (Synchronmasch., Netz) / synchronous operation || ≗**betrieb** *m* (Eine Spindelbetriebsart, bei der zwei Spindeln als Synchronspindelpaar synchron zueinander laufen) / synchronous mode (A spindle mode in which two spindles are moved synchronously as a pair of synchronous spindles) || ≗**draufschalter** *m* / timer-controlled make breaker, synchronized test breaker || ≗**drehzahl** *f* / synchronous speed

synchron·e Blindleistungsmaschine / synchronous compensator, synchronous condenser || **~e Datenübertragungssteuerung** / synchronous data link control (SDLC) || **~e Drehzahl** / synchronous speed || **~e EMK** / synchronous e.m.f. || **~e Längsfeldreaktanz** / direct-axis synchronous reactance || **~e Längsimpedanz** / direct-axis synchronous impedance || **~e Längsreaktanz** / direct-axis synchronous reactance || **~e periodische Überlagerungen** DIN 41745 / synchronous periodic deviations || **~e Querfeldreaktanz** / quadrature-axis synchronous reactance || **~e Querreaktanz** / quadrature-axis synchronous reactance || **~e Spannung** / synchronous voltage, in-phase voltage || **~e Steuerung** / clocked control || **~e Übertragung** / synchronous transmission || **≗einrichtung** *f* / synchronizing equipment || **~er Anlauf** / synchronous starting || **~er Betrieb** / synchronous operation || **~er Betrieb** (DV, MG) / synchronous mode || **~er Impulsgenerator** / synchronous pulse generator (SPG) || **~er Lauf** / synchronous operation || **~er Motor-Generator** / synchronous converter || **~er Phasenschieber** / synchronous condenser, synchronous compensator, synchronous capacitor, synchronous phase modifier || **~er Widerstand der Drehstromwicklung** / positive-sequence armature winding resistance || **~er Zähler** / parallel counter || **~es Drehmoment** / synchronous torque, synchronous harmonic torque || **~es Kippmoment** / pull-out torque || **~es Mitfahren** (WZM, NC) / coupled motion || **~es Schaltwerk** (Rechner) / synchronous sequential circuit || **~es Zusatzdrehmoment** / synchronous harmonic torque

Synchron·-Frequenzumformer *m* / synchronous frequency converter || **≗generator** *m* / synchronous generator, alternator *n* || **≗geschwindigkeit** *f* / synchronous velocity || **≗geschwindigkeit** *f* (LM) / synchronous speed || **≗-Hauptuhr** *f* / synchronous master clock || **≗-Homopolar-Linearmotor** *m* / linear synchronous homopolar motor (LSHM) || **≗impedanz** *f* / synchronous impedance || **≗-Induktionsmotor** *m* / synchronous induction motor, synduct motor

Synchronisation *f* / synchronization *n*, convergence *n*

Synchronisations·art *f* / type of synchronization || **≗dialog** *m* / synchronization dialog || **≗erkennung** *f* (MPU) / synchronization detect (SYNDET) || **≗fehler** *m* / synchronization error || **≗fehler der Uhr** / clock synchronization error || **≗muster** *n* / synchronization (o. sync) pattern || **≗position** *f* / synchronization position || **≗punkt** *m* / synchronization point

Synchronisator *m* / synchronizer *n*

Synchronisier·-Ansprechschwelle *f* (Osz.) / synchronization threshold || **≗ausgang** *m* / synchronization output || **≗baugruppe** *f* / synchronizing (o. synchronization) module, synchronization module || **≗bereich** *m* / synchronization frequency range || **≗bereich** *m* (IMPATT-Diode) / injection locking range || **≗-Drosselspule** *f* / synchronizing reactor || **≗-Dunkelschaltung** *f* / synchronizing-dark method, dark-lamp synchronizing || **≗einheit** *f* (DÜ) DIN 44302 / timing generator || **≗einrichtung** *f* / synchronizer *n*, synchronizing gear

Synchronisieren *n* / synchronizing *n*, synchronization *n*, phasing in *n* || ~ *v* / synchronize *v* || ≗ **als Motor** / motor synchronizing || ≗ **der Achsen** / reference point approach, homing procedure, search-for-reference *n* || **fliegendes** ≗ / on-the-fly synchronization

synchronisierend·e Leistung / synchronizing power || **~er Strom** / synchronizing current || **~es Moment** / synchronizing torque, pull-in torque

Synchronisier·-Frequenzbereich *m* (Osz.) / synchronization frequency range || **≗-Hellschaltung** *f* / synchronizing-bright method || **≗-Impulsgeber** *m* / parallelling pulse generator, parallelling unit || **≗lampen** *f pl* / lamp synchroscope, synchronizing lamps || **≗marke** *f* / synchronizing mark || **≗-Matrixeinheit** *f* (Sy-Matrixeinheit) / synchronizing matrix module || **≗-Nullspannungsabfrage** *f* (LE) / synchronizing zero-voltage detector || **≗pflicht** *f* / synchronization specification || **~pflichtiger Abzweig** / feeder requiring synchronizing || **≗-Relaiseinheit** *f* (Sy-Relaiseinheit) / synchronizing relay module || **≗schalter** *m* / synchronizing switch, paralleling switch || **≗sender** *m* / synchronizing transmitter || **≗speicher** *m* (Flipflop) / synchronizing flipflop

synchronisiert *adj* / synchronized *adj*, in synchronism *adj*, synchronous *adj*, in step *adj* || **~e Schwingungspaketsteuerung** / synchronous multicycle control || **~e Vielperiodensteuerung** / synchronous multicycle control || **~e Zeitablenkung** (Osz.) / synchronized sweep, locked sweep || **~er Induktionsmotor** / synchronous induction motor

Synchronisierung *f* / synchronization *n* || **schlupffeste** ≗ / shift insusceptibility

Synchronisierungsschiene *f* / synchronizing busbar, paralleling bus

Synchronisier·vorrichtung *f* / synchronizer *n*, synchronizing device || **≗wandarm** *m* / synchronizer bracket || **≗wandler** *m* / synchronizing transformer || **≗-Wartezustand der Steuerfunktion** (PMG) DIN IEC 625 / controller synchronous wait state (CSWS)

Synchronisierziffer *f* / synchronizing coefficient || **drehmomentbezogene** ≗ / synchronizing torque coefficient, per-unit synchronizing torque coefficient || **komplexe** ≗ / complex synchronizing torque coefficient || **leistungsbezogene** ≗ / synchronizing power coefficient, per-unit synchronizing power coefficient

Synchronismus *m* / synchronism *n* || **aus dem** ≗ **fallen** / pull out of synchronism, fall out of step, lose synchronism, pull out *v* || **in den** ≗ **kommen** / pull into step, lock into step, fall into step, pull in *v* || **im** ≗ **laufen** / run in synchronism, operate in synchronism, run in step || **im** ≗ **sein** / be in synchronism, be in step

Synchronität *f* / synchronism *n*, synchronous operation

Synchron·-Kippmoment *n* / synchronous pull-out torque (GB), pull-out torque (US) || **≗kupplung** *f* / synchronous coupling || **≗lage** *f* / synchronized position || **≗-Längsimpedanz** *f* / direct-axis synchronous impedance || **≗-Längsreaktanz** *f* / direct-axis synchronous reactance || **≗lauffehler** *m* / synchronism error || **≗lauffenster fein** / synchronism fine window || **≗lauffenster grob** / synchronism coarse window || **≗laufschranke** *f* / synchronism barrier || **≗laufwerk** *n* / synchronous timer || **≗-Linearmotor** *m* / linear synchronous motor (LSM) || **≗-Linear-Motor** *m* (SLM) / synchronous linear motor (SLM) || **≗linie** *f* / synchronous line

Synchronmaschine *f* / synchronous machine || **permanent erregte** ≗ / permanently excited synchronous machine

Synchronmotor *m* / synchronous motor || ≗ **mit asynchronem Anlauf** / self-starting synchronous motor, induction-type synchronous motor || ≗ **mit Käfigwicklung** / cage synchronous motor || **erregungsloser** ≗ / reluctance motor ||

selbstanlaufender ≗ / self-starting synchronous motor, auto-synchronous motor, synaut motor
Synchronoskop *n* / synchroscope *n*, synchronism indicator
Synchron·-Phasenschieber *m* / synchronous condenser, synchronous compensator, synchronous capacitor, synchronous phase modifier || ≗**position** *f* / synchronized position || ≗**prüfverfahren** *n* (Zählerprüf.) / synchronous method, run-off method, rotating substandard method || ≗**punkt** *m* / synchronous point || ≗**-Querimpedanz** *f* / quadrature-axis synchronous impedance || ≗**-Querreaktanz** *f* / quadrature-axis synchronous reactance
Synchronreaktanz *f* / synchronous reactance || ≗ **der Längsachse** / direct-axis synchronous reactance
Synchron·riemenantrieb *m* / synchronous belt drive || ≗**-Rotationsmotor** *m* (SRM) / synchronous rotating motor (SRM) || ≗**schaltuhr** *f* / synchronous time switch || ≗**schlusskontrolle** *f* (FWT) / pulse number check || ≗**signal** *n* / synchronism signal || ≗**spannung** *f* / synchronous voltage, in-phase voltage || ≗**spindel** *f* / synchronous spindle || ≗**spindelpaar** *n* (Siehe: Synchronbetrieb) / pair of synchronous spindles (See: synchronous mode) || ≗**-Tarifschaltuhr** *f* / synchronous multi-rate time switch, synchronous multi-rate tariff switch || ≗**überwachung** *f* / synchro-check *n* || ≗**uhr** *f* / synchronous clock, synchronous motor clock || ≗**uhrmotor** *m* / synchronous time motor || ≗**umformer** *m* / synchronous converter, synchronous-synchronous motor-generator || ≗**umschaltung** *f* (USV) / synchronous transfer || ≗**verfahren** *n* (Zählerprüf.) / synchronous method, run-off method, rotating substandard method || ≗**verstärkung** *f* / synchronous gain || ≗**widerstand** *m* / primary-winding resistance, armature resistance || ≗**zeit** *f* / synchronous time || ≗**zeitabweichung** *f* / deviation of synchronous time
Synchrotron-Strahlung *f* / synchrotron radiation
SYNC-Telegramm *n* / SYNC telegram
Synoptik *f* / synoptic *f*
Syntax *f* (Daten) / (data) syntax *n* || **darstellungsabhängige** ≗ / concrete syntax || **darstellungsunabhängige** ≗ / abstract syntax
syntaxbestimmend *adj* / syntax governing
Syntax·graph *m* / syntax diagram || ≗**prüfung** *f* / syntax check
synthetische Prüfmethode (Serien-Parallel-Methode) / series-parallel method of testing || ~ **Prüfschaltung** / synthetic test circuit || ~ **Prüfung** / synthetic test || ~ **Schaltung** / synthetic circuit
Sy-Relaiseinheit *f* / synchronizing relay module
SYSPAR (Systemparameter) / SYSPAR (system parameter)
System *n* / system *n* || ≗ **der bezogenen Größen** (el. Masch.) / per-unit system || ≗ **der Einheitsbohrung** / basic-hole system, unit-bore system, standard-hole system, hole-basis system of fits || ≗ **der Einheitswelle** / basic shaft system, standard shaft system, shaft basis system of fits || ≗ **mit einem Freiheitsgrad** / single-degree-of-freedom system || ≗ **mit mehreren Freiheitsgraden** / multi-degree-of-freedom system || ≗ **mit Reparaturmöglichkeit** / repairable system || ≗ **mit zwei stabilen Zuständen** / bistable system, two-state system || ≗ **ohne Reparaturmöglichkeit** / non-repairable system || ≗ **zweiter Ordnung** (Reg.) / system with second-order lag || **Aufbau~** *n* / rack system, packaging system, assembly system, assembly and wiring system || **existierendes** ≗ / legacy system || **haustechnisches** ≗ / technical system in buildings || **laufendes** ≗ / current system || **lernfähiges** ≗ / adaptive system || **offenes** ≗ / open system || **rechtswendiges** ≗ / right-handed system || **rückgekoppeltes** ≗ / feedback system || **schlüsselfertiges** ≗ / turnkey system || **spurführungseinrichtunggebundenes** ≗ / wheel-rail system, track-bound system, tracked system || **zentrales** ≗ (Ein System, in dem der gesamte Informationsfluss durch eine Zentrale gesteuert wird) / centralized system
System·absturz *m* (Rechneranlage) / system crash || ≗**alarm** *m* / system interrupt
systemanalytischer Ansatz / systems approach
System·anlauf *m* / system start-up || ≗**architektur** *f* / system architecture
systematisch·e Abweichung der Schätzfunktion DIN 55350, T.24 / bias of estimator || **~e Ergebnisabweichung** (Statistik, QS) / systematic error of result, bias of result || **~e Schwankung** (Statistik) / systematic variation (statistics) || **~e Stichprobe** / systematic sample || **~e Stichprobenentnahme** / systematic sampling || **~er Ausfall** (Ausfall, bei dem eindeutig auf eine Ursache geschlossen werden kann, die nur durch eine Veränderung des Entwurfs oder des Fertigungsprozesses, der Art und Weise des Betreibens, der Bedienungsanleitung oder anderer Einflussfaktoren beseitigt werden kann) IEC 50(191) / systematic failure (A failure related in a deterministic way to a certain cause, which can only be eliminated by a modification of the design or the manufacturing process, operational procedures, documentation or other relevant factors), reproducible failure || **~er Fehler** / systematic error
System·aufbau *m* / system design, system structure || ≗**auslastung** *f* / system utilization || ≗**aussprung** *m* / exiting the system || ≗**baukasten** *m* (modulares System) / modular system || ≗**baustein** *m* / system module, hardware module, system block || ≗**bearbeitungszeit** *f* / system execution time || ≗**bedienung** *f* / operator-system communication, operator control (of system)
systembedingt *adj* / system dependent
System·beeinflussung *f* / system interference || **externe** ≗**beeinflussung** (EMV) / inter-system interference || **interne** ≗**beeinflussung** (EMV) IEC 50(161) / intra-system interference || ≗**befehl** *m* / system command || ≗**befehl** *m* (SPS-Programm) / system operation || ≗**belastung** *f* / system load || ≗**bereich** *m* / system data area || ≗**beschreibung** *f* (SBS) / system overview || ≗**bus** *m* / system bus || ≗**datei** *f* / system file, system files
Systemdaten *plt* (SD SPS) / system data (SD) || ≗**baustein** *m* (SDB) / system data block (SDB) || ≗**bereich** *m* (SPS) / system data area || ≗**speicher** *m* / system data memory, system data storage || ≗**wort** *n* (SD) / system data word (SD)
System·diagnose *f* / system diagnostics || ≗**diskette** *f* / system diskette, system disk, system floppy || ≗**durchsatz** *m* / system throughput
Systeme, vernetzte ≗ **in Wohn- und Nutzgebäuden**

/ networked systems in residential and utility buildings || **haustechnische Geräte und** ² / technical in-home equipment and systems || **haustechnische Produkte und** ² / technical products and systems for the household
Systemebene *f* / cell *n* || ² *f* (CIM) / area control level, process supervision level
systemeigener Prüfemulator / in-circuit emulator (ICE)
System·element *n* (FWT) / system element || ²**entwurf** *m* / system engineering || ²**erfassungsstromkreis** *m* / supply detection circuit
systemfähig *adj* / system-compatible *adj*
Systemfehler *m* / system error || ²**behandlung** *f* / system error handling || ²**ebene** *f* / system error level || ²**meldung** *f* / system fault signal, system alarm, system alarm display
System·funktion *f* / system function, sequential function chart, SFC (Sequential Function Chart), sfc || ²**funktionsbaustein** *m* (SFB) / system function block (SFB)
systemgeeignetes Messgerät / system-compatible measuring apparatus (o. instrument)
System·gehäuse *n* / modular housing, housing of unitized system || ²**generator** *m* / system generator || ²**geräte** *n pl* (Installationsbus) / system components
systemgerecht *adj* / system-compatible *adj*, compatible *adj*
System·geschäft *n* / systems business || ²**grundtakt** *m* / stystem clock cycle || ²**-Grundtakt** *m* (SPS) / basic system clock frequency || ²**handbuch** *n* (SH) / system manual, manual *n*, SH || ²**hilfsmittel** *n* / system resources || ²**identifikationsbaustein** *m* (SPS) / system ID block
systeminternes Signal / in-system signal
System·kanalwähler *m* (SKW) / system and channel selector || ²**kategorie** *f* / system category || ²**kennung** *f* / system identification || ²**kennwerte** *m pl* (FWT) / system characteristics || ²**kern** *m* (SW) / system kernel || ²**kontrollpunkt** *m* / system checkpoint || ²**lastenheft** *n* (SLH) / system order specification || ²**laufzeit** *f* / system execution time || ²**lösung** *f* / systems solution || ²**management** *n* DIN ISO 7498 / systems management || ²**masse** *f* (Erde) / system ground || ²**meldeblock** *m* / system message block || ²**meldung** *f* (SPS) / system message || ²**meldungs-Baustein** *m* (SPS) / system message block || ²**meldungs-Warteschlange** *f* / system message queue || ²**menü** *n* / system menu || ²**offenheit** *f* / system openness || ²**operation** *f* (SPS) / system operation, system command || ²**organisation** *f* / system organization || ²**parameter** *m* (SYSPAR) / system parameter (SYSPAR) || ²**pflege** *f* / system update, system maintenance || ²**pflichtenheft** *n* (SPH) / system response specification
Systemprogramm *n* / system program, executive program, system software || **CNC-**² *n* / CNC executive program || ²**speicher** *m* / system program memory
System·prüfung *f* (elST, SPS) / system checkout || ²**prüfung** *f* (Emulation) / emulation *n* || ²**rahmen** *m* / system environment, system scope || ²**reaktionszeit** *f* / system response time || **HGÜ-**²**regelung** *f* / HVDC system control
System·schaltplan *m* / system diagram || ²**schnittstelle** *f* / system interface || ²**schrank** *m* / standard cubicle || ²**software** *f* / system software || ²**software** *f* (Betriebssystem) / operating system software || ²**software** *f* (Konfigurierprogramme) / system configuration software || ²**speicher** *m* (SPS) / system memory || ²**speicherdaten** *plt* / system memory data || ²**stabilität** *f* DIN 40042 / system dependability || ²**stecker** *m* / system connector
Systemsteuerung fordern (PMG) DIN IEC 625 / request system control (rsc) || **Zustand der** ² (PMG) DIN IEC 625 / system control state
System·stopp *m* (STS) / system stop (STS) || ²**störung** *f* / system failure || ²**struktur** *f* / system structure || ²**takt** *m* / system clock, internal clock || ²**taste** *f* / system key
Systemtechnik, elektrische ² **für Heim und Gebäude** / electrical system technology for the home and buildings
system·technische Entwicklung / systems engineering development || ²**testphase** *f* / system test phase || ²**testzentrum** *n* (STZ) / system test center || ²**träger** *m* (IS) / lead frame || **Zähler-**²**träger** *m* / meter frame || ²**transferdaten** *plt* (ST SPS) / system transfer data (ST) || ²**transferdatenbereich** *m* (SPS) / system transfer data area || ²**transferdatenspeicher** *m* / system transfer data memory || ²**übersicht** *f* / system overview || ²**umgebung** *f* / system environment
systemunverwechselbar *adj* (StV) / polarized *adj*, non-reversible *adj*
System·verantwortung *f* / system responsibility || ²**verbindungskanal** *m* / system connection duct || ²**verhalten** *n* / system performance, system reaction || ²**verkabelung** *f* / system cables || ²**verteiler-Klemmen** *f pl* / distribution board terminals || ²**verträglichkeit** *f* DIN IEC 625 / compatibility *n* || ²**verträglichkeitsprüfung** *f* / system compatibility test || ²**vorgabe** *f* / system selection || ²**wandler** *m* / system transformer || ²**wirksamkeit** *f* DIN 40042 / system effectiveness || ²**zeit** *f* / system time || ²**zelle** *f* / system memory location || ²**zugriff** *m* / system access || ²**zustand** *m* / system state || ²**zustandsliste** *f* (SZL) / system state list (SSL)
Szene *f* / light setting
Szenenbaustein *m* / scene module
szenische Beleuchtung / scenic lighting
Szintillation *f* / scintillation *n*
Szintillationszähler *m* / scintillation counter
SZL / high-noise-immunity and surge-proof logic, high-level logic (HLL) || ² (Systemzustandsliste) / SSL (system status list), SSL (system state list)

T

T / timer *n* (T) || ² (Tool) / tool *n*, tools *n pl*
Tabelle *f* / table *n* || ² **über die Verteilung von Häufigkeitsgruppen** DIN IEC 319 / grouped frequency distribution table || ² **Werkzeugverschleiß** / tool wear table
Tabellen·-Arbeitsblatt *n* / spreadsheet || ²**bereich** *m* / table range || ²**buch** *n* / reference guide || ²**gleichlauf** *m* / electronic cam || ²**heft** *n* (TH) /

quick reference, pocket reference, reference guide, pocket guide, TH ‖ ≗**kalkulation** *f* / spreadsheet *n* ‖ ≗**kalkulationsprogramm** *n* / spreadsheet *n* ‖ ≗**verzeichnis** *n* / list of tables ‖ ≗**zeile** *f* / table line

TAB-Funktion *f* / tabulator function (TAB function)

Tablarlager *n* / tray warehouse

Tableau *n* (Anzeiget.) / annunciator *n* ‖ ≗ *n* (Verteiler) / distribution board, panelboard *n*

Tablett *m* (Eingabegerät) / gain point, digitizer tablet ‖ ≗ *n* (Tastenfeld) / tablet *n*, keypad *n*, keyboard *n*

Tablette *f* (HL) / wafer *n*, pellet *n*

Tablettenpresse *f* (f. Materialproben) / pelleting press, specimen (o. sample) press

Tabulator·funktion *f* (TAB-Funktion) / tabulator function (TAB function) ‖ ≗**schreibweise** *f* (NC) / tab sequential format ‖ ≗**zeichen** *n* / tabulating character, TAB character

T-Abzweigklemme *f* / branch terminal

Tacho *m* / tacho *n*, tacho-generator *n*, tachometer generator, pilot generator, tachometer *n* ‖ ≗**abgleich** *m* / tacho compensation, tachogenerator matching circuit, tachogenerator compensation ‖ ≗**anpassung** *f* / tachogenerator matching, tacho adjustment ‖ ≗**duktor** *m* / tachoductor *n* ‖ ≗**dynamo** *m* / tachometer generator, tacho-generator *n*, pilot generator ‖ ≗**feinabgleich** *m* / fine tacho balancing ‖ ≗**generator** *m* / tachometer generator, tacho-generator *n*, pilot generator, tacho *n* ‖ ≗**kompensation** *f* / tacho compensation, tachogenerator compensation, tachogenerator matching circuit ‖ ≗**läufer** *m* / tacho rotor

Tachometer *m* / tachometer *n* ‖ ≗**abgleich** *m* / tacho compensation, tachogenerator compensation, tachogenerator matching circuit ‖ ≗**maschine** *f* / tachometer generator, tacho-generator *n*, pilot generator

Tacho·nachbildung *f* / tacho simulating circuitry ‖ ≗**signal** *n* / tacho signal ‖ ≗**spannung** *f* / tacho voltage *n*, tachovoltage *n* ‖ ≗**ständer** *m* / tacho stator ‖ ≗**verbindungsstecker** *m* / tacho connector

TÄD (Technischer Änderungsdienst) / Technical Change Service

Tafel *f* (ST) / board *n*, panel *n* ‖ ≗ *f* (Hartpapier, Pressspan) / panel *n* ‖ ≗ *f* (Kunststoff-Bahnmaterial) / sheet *n*, sheeting *n* ‖ **Diagonalschnittgewebe in** ≗ / panel-form bias-cut fabric ‖ ≗**ausschnitt** *m* / panel cutout ‖ ≗**bauform** *f* (SK, FSK) VDE 0660, T.500 / dead-front assembly IEC 439-1 ‖ ≗**blech** *n* / single rolled sheet ‖ ≗**einbaugerät** *n* / electrical control board ‖ ≗**feld** *n* (ST) / panel *n*, section *n*, vertical section ‖ ≗**front** *f* / panel front, fascia *n* ‖ ≗**pressspan** *m* / pressboard *n*

Tagebau *m* / open-cut mine, open-cast mine

Tagebuch *n* (Tagesprotokoll) / daily log

Tages·höchstleistung *f* (StT) / daily maximum demand ‖ ≗**-Istarbeitszeit** *f* / actual daily working hours ‖ ≗**kennziffer** *f* / day code ‖ ≗**lastspiel** *n* (Kabel) / 24-hour load cycle, 24-hour cyclic load (o. load-current cycle)

Tageslicht *n* / daylight *n*, natural daylight ‖ ≗ **im Innenraum** / interior daylight ‖ ≗**anteil** *m* / daylight component ‖ ≗**art** *f* / daylight illuminant ‖ ≗**beleuchtung** *f* / daylighting *n*, natural lighting ‖ ≗**-Ergänzungsbeleuchtung** *f* / permanent supplementary artificial lighting (PSAL) ‖ ≗**fluoreszenzfarbe** *f* / daylight fluorescent colour ‖ ≗**kassette** *f* / daylight-loading cassette ‖ ≗**kurvenzug** *m* / daylight plot ‖ ≗**lampe** *f* / daylight lamp ‖ ≗**öffnung** *f* / daylight opening ‖ ≗**projektor** *m* / daylight projector ‖ ≗**quotient** *m* / daylight factor ‖ **~tauglich** *adj* / for natural-light viewing ‖ **~weiß** *adj* / cool white ‖ ≗**wirkung** *f* / effectiveness in daylight ‖ ≗**-Zusatzbeleuchtung** *f* / permanent supplementary artificial lighting (PSAL)

Tages·markierung *f* (Flp.) / day marking (aid) ‖ ≗**maximum** *n* / daily maximum demand ‖ ≗**menge** *f* / daily quantity, daily rate (o. delivery), total daily rate (o. delivery) ‖ ≗**preis** *m* / daily price ‖ ≗**protokoll** *n* / daily log ‖ ≗**satz** *m* / daily rate ‖ ≗**schalter** *m* / twenty-four-hour switch ‖ ≗**schaltwerk** *n* / twenty-four-hour commutation mechanism ‖ ≗**scheibe** *f* / 24-hour dial, day disc ‖ ≗**schnittplan** *n* / daily cutting schedule ‖ ≗**sehen** *n* / photopic vision ‖ ≗**-Sollarbeitszeit** *f* / required daily working hours ‖ ≗**stückzahl** *f* / daily workpiece count ‖ **mittlere** ≗**temperatur** / mean temperature of the day, daily mean temperature, diurnal mean of temperature ‖ ≗**verbrauch** *m* (SIT) / normal-rate consumption ‖ ≗**zähler** *m* / day counter ‖ ≗**zeit** *f* / time of day ‖ ≗**zeitschaltuhr** *f* / one-day time switch

Taille *f* (Gittermast) / waist *n*

Takt *m* / clock *n*, clock pulse, pulse frequency, intake stroke ‖ ≗ *m* (Fertigung, Mot.) / cycle *n*, phase *n*, step *n* ‖ ≗ **schnell** / fast frequency ‖ **außer** ≗ / out of step, out of time ‖ **Schritt~** *m* (DÜ) / signal element timing ‖ **Schweiß~** *m* / welding cycle ‖ **zentraler** ≗ / central clocking pulse

taktabhängiges Speicherglied / triggered flipflop

Takt·büschel *n* / clock pulse train, pulse train ‖ ≗**büschelpause** *f* / pause of clocks ‖ ≗**diagramm** *n* / clock pulse diagramm ‖ ≗**diagramm** *n* (SPS) / timing diagram ‖ ≗**eingang** *m* / clock input, C input ‖ ≗**eingang mit Flankensteuerung** / edge-triggered clock input ‖ ≗**einrichtung** *f* / clock system

Takten *n* / pulsing *n* ‖ ~ *v* / clock *v*, time *v*, cycle *v*, operate in the switching mode ‖ **vorwärts ~** (Zähler) / up counting

taktend *adj* / clock-pulse *adj*

Takt·ende *n* / end of cycle ‖ ≗**feuer** *n* / rhythmic light ‖ **Wechselfarben-**≗**feuer** *n* / alternating light ‖ ≗**flanke** *f* / clock-pulse edge, clock edge ‖ ≗**flanken** *f pl* / clock signal edges ‖ **~flankengesteuertes Flipflop** / edge-triggered flipflop ‖ ≗**flankensteuerung** *f* / edge triggering, transition control

Taktfrequenz *f* / clock-pulse rate, timing frequency, modulation frequency ‖ ≗ *f* (LE) / elementary frequency IEC 50(551), pulse frequency ‖ ≗ *f* (elST) DIN 19237 / clock frequency

Taktgeber *m* / clock generator (CG), clock-pulse generator (CPG), clock ‖ **freilaufender** ≗ / self-clocking timer ‖ **Schweiß~** *m* / welding timer

Taktgebung, feste ≗ (LE, SR-Antrieb) / fixed-frequency clocking ‖ **rückgekoppelte** ≗ / closed-loop controlled clocking

Takt·generator *m* / clock generator (CG), clock-pulse generator (CPG), clock ‖ **~gesteuert** *adj* / clocked *adj* ‖ ≗**gewinnung** *f* / clock-pulse generation, timing extraction

taktil·e Berührungserkennung / tactile perception ‖ **~er Sensor** / tactile sensor

Taktimpuls *m* / clock pulse (CP) ‖ ≗**dauer** *f* / clock

pulse duration || ²**generator** *m* / clock pulse generator (CPG), clock generator
Takt·kennzeichen *n* / clock qualifier || ²**leitung** *f* / clockline *n* || ²**leitung** *f* (DÜ) / timing circuit, signal element timing circuit || ²**marke** *f* / timing mark || ²**merker** *m* / clock bit memory, clock flag || ²**pause** *f* / clock-pulse space || ²**periode** *f* (LE) / elementary period IEC 50(551) || ²**puls** *m* / clock pulse (CP) || ²**raster** *m* / clock grid || ²**rate** *f* / clock-pulse rate
Taktsignal *n* / clock signal, clock pulse, clock *n* || **serielles** ² / serial clock (SERCLK) || ²**verzögerung** *f* (zum Ausgleich von Laufzeiten) / clock skew
Taktsteuerung *f* / sequence control system (SCS), sequential control, sequencing control, sequential control system IEC 1131.1
taktsynchron *adj* / clocked *adj*, synchronous *adj*, clock-synchronized *adj* || **~e Steuerung** / clocked control || **~er Zähler** / clocked counter
Takt·system *n* (elST) / clock (pulse system), timing system || ²**treiber** *m* / clock driver
Taktung *f* / clocking *n*
Takt·untersetzung *f* / (clock-)pulse scaling || ²**versorgung** *f* / clock-pulse supply || ²**versorgung** *f* (IS) / clockline *n* || ²**verstärker** *m* / clock pulse amplifier
Taktzeit *f* / clock time, cycle duration, scan time, runtime *n* || ² *f* (NC, Zykluszeit, Fertigung) / cycle time, machining period || ²**erfassung** *f* / cycle time acquisition
taktzustandgesteuertes Flipflop / pulse-triggered flipflop, DC flipflop
talkumiert *adj* / talc-powdered *adj*
Tal·punkt *m* (Diode) DIN 41856 / valley point || ²**spannung** *f* (Diode) DIN 41856 / valley point voltage || ²**strom** *m* (Diode) DIN 41856 / valley point current
TA-Luft *f* / German Air Pollution Control Code
Talwert *m* (Schwingung) / valley value
tan δ / dielectric dissipation factor, loss tangent
tan δ·-Anfangswert *m* / tan δ initial value || **~-Anstiegswert** *m* / tan δ value per voltage increment, tan δ angle-time increment, tan δ tip-up value, Δ tan per step of U_n
Tandem·anordnung *f* / tandem arrangement, tandem contact arrangement || ²**bürste** *f* / tandem brush, paired brushes || ²**bürste in V-Stellung** / V-tandem brush || ²**bürstenhalter** *m* / tandem brush holder || ²**impulsgeber** *m* / tandem shaft angle encoder || ²**motor** *m* / tandem motor || ²**-Rollfeder-Bürstenhalter** *m* / tandem coiled-spring brush holder || ²**technik** *f* (Prüf.) / tandem technique || ²**-Van-de-Graaff-Generator** *m* / tandem electrostatic generator
Tangens des Verlustwinkels (tan δ) / tangent of loss angle (tan δ), loss tangent || ²**funktion** *f* / tangent function
Tangentenverfahren *n* (Chromatographie) / tangent method
Tangential·achse *f* / tangential axis || ²**beschleunigung** *f* / tangential acceleration || ²**bewegung** *f* / tangential movement || ²**druckdiagramm** *n* / indicator diagram
tangentialer Übergang (NC) / tangential transition
Tangential·kraft *f* / tangential force || ²**maß** *n* / tangential dimension || ²**schnitt** *m* / tangential section || ²**schnittlinie** *f* / line of tangential section || ²**schub** *m* / tangential thrust, magnetic tangential force || ²**schubkraft** *f* / tangential force, tangential couple || ²**spannung** *f* / tangential stress, hoop stress || ²**steuerung** *f* / tangential control || ²**versteifung** *f* / tangential bracing
Tangentkeilnut *f* / tangential keyway
Tank *m* / tank *n* || ²**anschluss** *m* / tank port || ²**entlüftungssystem** *n* (Kfz) / fuel-tank venting system || ²**klappe** *f* (Kfz) / filler flap || ²**lager** *n* / tank farm || ²**lagerbetreiber** *m* / tank farm operator || ²**management** *n* / tank management || ²**stelle** *f* / filling station, service station, gas station
Tannenbaumprofil *n* / fir tree profile
tan-Prüfung *f* / loss-tangent test, dissipation-factor test
tan-Spannungscharakteristik *f* / tan δ voltage characteristic
Tantal·-Elektrolytkondensator *m* / tantalum electrolytic capacitor || ²**kondensator** *m* / tantalum capacitor
tan-Verlauf *m* / tan δ curve
tan-Verlustwinkel *m* / tan δ of loss angle, tangent of complement of power factor angle
tanzen *v* (Leiter einer Freileitung) / gallop *v*
Tänzerwalze *f* / dancer roll(er)
Tara·gewicht *n* / tare weight || ²**höchstlast** *f* / maximum tare load
tarieren *v* / tare *v* || ~ *v* (auswuchten) / balance *v*
Tarier·gewicht *n* / balancing weight || ²**maschine** *f* (Auswuchtmaschine) / balancing machine || ²**nut** *f* / groove for balancing weights || ²**scheibe** *f* / balancing disc || ²**vorrichtung** *f* / balancing device
Tarif *m* (SIT) / tariff *n*, tariff rate, rate *n*, price *n* || ²**angestellter** *m* / scale-paid employee || ²**auslöser** *m* / tariff relay, rate changing trip || ²**gebiet** *n* / wage area || ²**gestaltung** *f* / tariff structures || ²**kreis** *m* (Angestellte) / scale-paid employees || ²**markierung** *f* / tariff identifier, tariff code || ²**programm** *n* / tariff rate program || ²**relais** *n* / tariff relay, rate changeover relay, price changeover relay || ²**schaltkreis** *m* / rate changeover circuit || ²**schaltuhr** *f* / multi-rate tariff switch, price changing time switch || ²**umschaltung** *f* / rate changing (device), price changing (device) || ²**wächterfunktion** *f* / tariff monitoring function || ²**zähler** *m* / rate meter || **monatliche** ²**zeitumschaltung** / monthly maximum-demand resetting
Tasche *f* (Vgl.: Kreistasche und Rechtecktasche) / pocket *n* (Cf.: circular pocket and rectangular pocket)
Taschen·bürstenhalter *m* / box-type brush holder || ²**filter** *n* / bag filter || ²**fräsbewegung** *f* / pocket milling motion || ²**fräsen** *n* / pocket milling, pocketing *n* || ²**lampe** *f* / battery lamp, pocket lamp, hand lantern || ²**messgerät** *n* / pocket measuring instrument || ²**platte** *f* (Batt.) / pocket-type plate || ²**rechner** *m* / pocket computer, briefcase computer || ²**rechner-Funktion** *m* / pocket calculator function
Tastatur *f* / keyboard *n*, keypad *n*, conventional keyboard || ² **mit Folienschaltern** (E DIN 42115) / keyboard with membrane-switch arrays || **multifunktionale** ² / multifunctional keyboard || ²**bedienung** *f* / keyboard action, keyboard layout || ²**belegung** *f* / keybaord assignment || ²**block** *m* / keypad *n* || ²**eingabe** *f* / keyboard entry, key entry,

typed entry || ≗**feld** *n* / keypad *n* || ≗**folie** *f* / keyboard overlay, keytop overlay || ≗**schablone** *f* / keyboard overlay || ≗**sollwert** *m* / keypad setpoint || ≗**tabelle** *f* / keyboard table || ≗**verwaltung** *f* / keyboard management

Tast·betrieb *m* (Mot., Vorrücken) / inching duty, inching *n*, jogging || ≗**-Bildschirm** *m* / touch-sensitive screen, touch-sensitive CRT, touch screen || ≗**-Dimmer** *m* / touch dimmer, pushbutton dimmer

Taste *f* / pushbutton *n* || ≗ *f* (Druckknopf) / button *n* || ≗ *f* (einer Tastatur) / key *n* || ≗ *f* / rocker *n*, rocker dolly, dolly *n*, rocker button || **freibeschriftbare** ≗ / key can be user-labeled || **mechanische** ≗ / hard key || **rastbare** ≗ / latch-down key || **repetierende** ≗ / auto-repeat key

Tasteingabe *f* (Bildschirm) / touch input

Tasten *n* (Betätigung eines Geräts mittels Tastschalter) / momentary-contact control, pushbutton control

Tasten·abbild *n* / keyboard image || ≗**abdeckung** *f* / key cap || ≗**abdeckungssatz** *m* / substitute key set || ≗**belegung** *f* / key assignment (o. allocation), keyboard layout || ≗**beschreibung** *f* / button *n* || ≗**beschriftung** *f* / key labelling || ≗**block** *m* / keypad *n* || ≗**code** *n* / key code || ≗**feld** *n* / keypad *n*, keyboard *n*, conventional keyboard || ≗**feldsender** *m* / keyboard transmitter || ≗**folge** *f* / key(-stroke) sequence || ≗**gruppe** *f* / key group || ≗**kappe** *f* / key top || ≗**kappe** *f* (DT) / cap *n*, lens cap || ≗**knopf** *m* / keytop *n* || ≗**kombination** *f* / key combination || ≗**matrix** *f* / key matrix || ≗**reihe** *f* / key row || ≗**satz** *m* / keyset *n* || ≗**satzwechsel** *m* / keyset change || ≗**sperre** *f* / key lock || ≗**werk** *n* / keyboard *n*, keypad *n*

Taster *m* / button *n*, sensor *n*, keys *n* || ≗ *m* (Druckknopf) / pushbutton *n*, momentary-contact pushbutton || ≗ *m* (Tastzirkel) / calmer compasses, calmer *n* || ≗ *m* (Drehschalter) / momentary-contact control switch, contol switch || ≗ *m* (NC, Kopierfühler) / tracer *n*, touch probe || ≗ *m* (mech. Abtaster f. Prüfstücke) / stylus *n* || ≗ *m* (Fühler) / feeler *n*, probe *n* || ≗ *m* (Betätigungsglied) / momentary-contact actuator || ≗ *m* (Tastschalter) / momentary-contact (control switch) || ≗ **mit Stangenhebel** / wobble stick || **elektronischer** ≗ / electronic momentary-contact switch || **energetischer** ≗ / energetic sensor || **schaltender** ≗ / sensor *n*, probe *n* (A device used for obtaining measurement data on workpieces or tools automatically during the part program cycle), sensor probe, sensing probe, touch probe, touch trigger probe, detecting element

Taster·bedienung *f* / pushbutton operation || ≗**belegung** *f* / key assignment (o. allocation), keyboard layout || ≗**betätigung** *f* / momentary-contact operation || ≗**betätigung** *f* (Betätigung eines Geräts mittels Tastschalter) / momentary-contact control, pushbutton control || ≗**block** *m* / pushbutton block || ≗**einsatz** *m* (I-Schalter) / contact block (with mounting plate) || ≗**feld** *n* / keypad *n*, keyboard *n* || ≗**kombination** *f* / pushbutton combination || ≗**oberfläche** *f* / button surface || ≗**schnittstelle** *f* / push-button interface || ≗**steuerung** *f* (NC) / tracer control

Tast·feld *n* (BSG) / touch panel || ≗**finger** *m* / test finger || ≗**fläche** *f* (auf dem Tastenknopf) / keytop touch area || ≗**grad** *m* (Verhältnis Impulsdauer/Pulsperiodendauer) / duty factor IEC 469-1 || ≗**gut** *n* / target *n* || ≗**hebel** *m* / spring-return lever || ≗**hebel** *m* (PS) / wobble stick || ≗**hebel** *m* (DT) / push rod || ≗**kopf** *m* / probe *n* || ≗**mechanik** *f* / momentary mechanical system, single-pressure non-locking mechanical system || ≗**relais** *n* (tasterbetätigtes Rel.) / pushbutton-controlled relay || ≗**schalter** *m* / momentary-contact switch || ≗**sensor** *m* / tactile sensor || ≗**signal** *n* / momentary-contact signal || ≗**spitze** *f* / prod *n* || ≗**stift** *m* / feeler *n* || ≗**teiler** *m* / (voltage) divider probe

Tastung *f* (Bildung von Signalen durch Schalten eines Gleichstroms o. einer Schwingung) / keying *n* || **Amplituden~** *f* / amplitude change signalling || **Hell~** *f* (Osz.) / spot unblanking, trace unblanking, spot bright-up

Tastverhältnis *n* (Pulsgeber) / mark-to-space ratio (pulse encoder), pulse/pause ratio, pulse duty factor, mark-space ratio || ≗ *n* (Verhältnis zwischen der Summe der Impulsdauern zur Pulsperiode o. Integrationszeit) / duty factor || ≗ **bei Pulsbreitensteuerung** / pulse control factor || ≗ **bei Vielperiodensteuerung** (LE) / multicycle control factor

Tast·weite *f* / sensing range, transmission range || ≗**zirkel** *m* / calmer compasses, calmer *n*

Tatbestandsaufnahme *f* / damage report document

Tätigkeit *f* (QS) / activity *n*

Tätigkeits·beschreibung *f* / job description || ≗**kategorie** *f* / activity category || ≗**kennziffer** *f* / job code (number) || ≗**nachweis** *m* (QS) / proof of action || ≗**- und Fehlerbericht** *m* (QS) / status report

Tatsache *f* / fact *n*

tatsächlich·e Dauer / virtual duration || **~e Leerlauf-Gleichspannung** (LE) / real no-load direct voltage || **~e Leistung in Prozent der Sollleistung** / efficiency rate || **~er Bedarf** / effective demand || **~er Luftspalt** / actual air gap || **~er Polbogen** / real pole arc || **~er Wert** / actual value, virtual value || **~es Übersetzungsverhältnis** (Trafo) / actual transformation ratio, true transformation ratio, true ratio

Tatzen·abzweigklemme *f* / claw-type branch terminal || ≗**lager** *n* / nose bearing

Tatzlager *n* / nose bearing || ≗**motor** *m* / axle-hung motor, nose-suspended motor

Tau *m* / dew *n*, moisture condensation

tauchen *v* / immerse *v*, dip *v* || ≗ **bei Unterdruck** / immersion at low air pressure

Tauch·entfettung *f* / immersion degreasing, dip degreasing || **~fähig** *adj* / immersible *adj*, submersible *adj* || **~fester Steckverbinder** / submersible connector || ≗**fräsen** *n* / plunge cutting || **~gehärtet** *adj* / immersion-hardened *adj*, dip-soldered *adj* || ≗**isolierung** *f* / dip encapsulation || ≗**kern** *m* / plunger core || **~lackiert** *adj* / immersion-lacquered *adj* || **~löten** *v* / dip-solder *v* || ≗**lötkontakt** *m* / dip-solder contact || ≗**motor** *m* / submersible motor, wet-rotor motor || ≗**pol** *m* / plunger pole || ≗**pumpenmotor** *m* / submersible-pump motor || ≗**rohr** *n* / immersion tube || ≗**schmierung** *f* / splash lubrication, splash-feed lubrication, pickup lubrication || ≗**spule** *f* / plunger coil, plunger electromagnet, sucking coil || **Fesselung der** ≗**spule** / mooling of the sucking coil || ≗**technik** *f* (Prüf.) / immersion technique ||

≗**verkupferung** *f* / copper plating by immersion || ≗**verzinken** *n* / hot galvanizing, hot-dip galvanizing, hot dipping || ≗**zählrohr** *n* / liquid-flow counter tube
tauen *v* (a. CAD) / thaw *v*
Tauglichkeit *f* / suitability *n*
Tauglichkeitsanerkennung *f* / capability approval
Taumel·fehler *m* / couple unbalance || ≗**kreis** *m* / circle of throwout
taumeln *v* / wobble *v*, stagger *v*
Taumel·scheibenzähler *m* / nutating-disc (flow meter), wobble meter || ≗**schwingung** *f* / wobbling *n*, wobble *n* || ≗**stabschalter** *m* / wobble stick
Taupunkt *m* / dew point || ≗**korrosion** *f* / dew point corrosion || ≗**temperatur** *f* / dew-point temperature || ≗**unterschreitung** *f* / cooling below dew point
Tausch in / exchange for
tauschfähige Teile / replaceable parts
Tausch·liste *f* / exchange list || ≗**operation** *f* / interchange instruction || ≗**text** *m* / replacement text || ≗**werkzeug** *n* / replacement tool, spare tool, sister tool
Tauwasser *n* / condensate *n* (from dew)
TB / maximum allowable working temperature
TBD-Baugruppe *f* / transistor base drive module
TBS / time-sharing operating system (TSOS)
T-Bus *m* / T bus
TCP / TCP (tool center point)
TCP/IP / TCP/IP (transmission control protocol/internet protocol)
TD (Textdisplay) / display device, indicating equipment
T-Dose *f* / Tee box, three-way box
TDZ / touchdown zone (TDZ)
TE / ionization *n* || ≗ (Teilungseinheit) / modular width (MW) || ≗ (Testeinheit) / testing module, diagnostic unit (o. module), module *n*, pitch *n*, modular spacing
TEA / TEA
Teach Eilgang / teach rapid traverse || ≗ **Vorschub** / teach feed, teach feedrate, continue teach
Teachen, kein ≗ / no teach-in
TEAn (Testing Data Active) / TEAn (testing data active)
TEBIS-Produkte, kommunizierende ≗ / TEBIS communicating products
Technik *f* / design *n* || ≗ *f* (angewandt) / engineering *n* || ≗ *f* (Verfahren, Praxis) / engineering practice, practice *n*, technique *n*, art *n*, method *n* || ≗ *f* (Wissenschaft) / technology *n*, technical science || **der gegenwärtige Stand der** ≗ / the present state of the art
Techniker *m* / engineer *n*
Technikgruppe *f* / technology group
technisch *adj* / technical *adj* || ~ **beherrschtes Fertigungsverfahren** / technically controlled production process || **~e Änderung** (Fertigung) / engineering change || **~e Angaben** / technical details, specifications *pl* || **~e Anlage** DIN 66201 / plant *n*
Technische Anleitung zur Reinhaltung der Luft / Technical Instruction for Clean Air
technisch·e Ausfallrate / technical failure rate || **~e Belüftung** (Explosionsschutz) / artificial ventilation || **~e Betriebsführung** / engineering management || **~e Daten** / technical data, specifications *pl* || **~e Frequenz** / industrial frequency || **~e Funkstörung** / manmade noise || **~e Mindestleistung** (KW) / minimum stable capacity, minimum stable generation || **~e Nutzungsdauer** / physical life || **~e Vorschrift** / technical regulation || **~er Prozess** / technical process
Technischer Überwachungsverein (TÜV) / (German) Technical Inspectorate
technisches Erzeugnis / technical product
Technologie *f* / technology *n*, process engineering || ≗ **des Europäischen Installationsbussystems** / technology of the European Installation Bus system || ≗**baugruppe** *f* / technology board, technology module, process-oriented module (o. PCB), intelligent I/O module || ≗**bearbeitung** *f* / technology editing || ≗**bild** *n* / technology figure || ≗**daten** *plt* / technological information, technological data, process information || ≗**ebene** *f* / technological level || ≗**funktion** *f* / technology function (TF), technological function, process-related function || ≗**merkmal** *n* / technological characteristic || ≗**modul** *n* / technology module, technology board, intelligent I/O module || ≗**plan** *m* / function chart, technology-oriented diagram, process flow chart || ≗**rechner** *m* / technology calculator || ≗**-Regler** *m* / technology regulator, technology controller, process-oriented controller || ≗**satz** *m* / technology block || ≗**schema** *n* / process schematic, process flow chart (o. mimic diagram) || ≗**schema** *n* (Prozess) / process mimic || ≗**simulator** *m* / process simulator || ≗**- und Systemanwendung** *f* / technology and system application || ≗**vorschlag** *m* / suggest technology || ≗**wert** *m* / technological value || ≗**zyklus** *m* / technology cycle
technologische Daten (Prozesssteuerung) / process data || ~ **Funktion** / technological function, process function, process-related function
Teichkathode *f* / pool cathode
Teil *m* / part *n*, workpiece *n* || **ganzzahliger** ≗ / integer component || **gefährdendes** ≗ VDE 0660,T.102 / accidentally dangerous part IEC 158-1 || **genehmigungspflichtiges** ≗ / component requiring approval || **herausnehmbares** ≗ / removable part
Teil·ableiter *m* / arrester section, pro-rated section (depr.) || ≗**abschnitt** *m* / segment *n*, bus segment || ≗**abschnitt** *m* (LAN) / segment *n* || ≗**anlage** *f* (Prozess) / plant section, subsystem || ≗**anlagen** *f pl* / subsystems *n pl* || ≗**ansicht** *f* / partial view || ≗**antrieb** *m* / section drive, section motor || ≗**apparat** *m* (WZM) / dividing unit, dividing attachment, dividing head || ≗**aufgabe** *f* / sub-task *n* || ≗**aufgabe** *f* (DV) / task *n* || ≗**auftrag** *m* / partial job
Teilausfall *m* DIN 40042 / partial failure || **driftend auftretender** ≗ / gradual failure (A failure due to a gradual change with time of given characteristics of an item), drift failure, degradation failure
Teil·ausrüstung einer Funktion (PMG) DIN IEC 625 / function subset || ≗**aussteuerung** *f* (LE) / reduced control-factor setting || ≗**automatik** *f* / semi-automation *n*
teilautomatisch *adj* / semi-automatic *adj*
teilbare Klemmenleiste / separable terminal block, sectionalizing terminal block || ~ **Längen** / multiple lengths
Teil·belastung *f* / partial load || ≗**bereich** *m* DIN ISO 8348 / subdomain *n*, sub-area *n*
Teilbereichs·batterie *f* / dedicated battery || ≗**schutz**

m / back-up protection || ≈**sicherung** *f* / back-up fuse
teilbestimmt *adj* / partially defined
teilbestückt *adj* / partially equipped || **~er Platz** (SK) / partially equipped space
Teil·bestückung *f* / partly assembled || ≈**betriebsdauer** *f* DIN 40 042 / partial operating time || ≈**bewegung** *f* / sub-movement *n* || ≈**bild** *n* / subfigure *n*, subimage *n*, subpicture *n* || ≈**bild** *n* (Graphik, Segment) / segment *n* || ≈**blitz** *m* / lightning stroke component || ≈**blitzintervall** *n* / time interval between strokes || ≈**block** *m* / subblock *n*
Teilchen·ausschlag *m* / particle displacement || ≈**erosion** *f* / particle erosion || ≈**geschwindigkeit** *f* / particle velocity || ≈**größe** *f* / particle size, grain size
Teildruck *m* / partial pressure
teildurchlässiger Spiegel / partially transmitting mirror, semi-transparent mirror
Teile·beschreibung *f* / part description || ≈**erkennung** *f* / parts recognition, parts identification || ≈**familie** *f* / parts family, family of parts || ≈**fertigung** *f* / parts production || ≈**geometrie** *f* / part geometry || ≈**gruppe** *f* / subassembly *n*
Teil·eichung *f* / partial verification || ≈**einheit** *f* / pitch *n*, modular spacing, module *n* || ≈**einsatz** *m* / cartridge *n*, cassette *n* || ≈**einschub** *f* / cartridge *n*, cassette *n*
Teilekontrolle *f* / workpiece control
Teilen *n* (WZM) / indexing *n*, dividing *n* || ~ *v* / split *v* || ~ *v* (a. CAD) / divide *v*
Teilentladung *f* (TE) / partial discharge (PD), corona || ≈ *f* (Ionisation) / ionization *n*, ionization discharge IEC 70
Teilentladungs·-Aussetzspannung *f* / partial-discharge extinction voltage || ≈**-Einsatzprüfung** *f* / partial-discharge inception test, corona inception test || ≈**-Einsetzfeldstärke** *f* / partial-discharge inception field strength, corona inception field strength || ≈**-Einsetzspannung** *f* / partial-discharge inception voltage || ≈**-Folgefrequenz** *f* / partial-discharge repetition rate || **~frei** *adj* / not producing partial discharges || ≈**freiheit** *f* / freedom from partial discharges || ≈**-Funkstörspannung** *f* / partial-discharge radio noise voltage || ≈**größe** *f* / partial-discharge magnitude || ≈**impuls** *m* / partial-discharge pulse || ≈**intensität** *f* / partial-discharge intensity || ≈**-Isolationsmessung** *f* / partial-discharge test || ≈**leistung** *f* / partial-discharge power || ≈**messung** *f* / partial-discharge measurement || ≈**pegel** *m* / partial-discharge inception level || ≈**prüfung** *f* / partial-discharge test, ionization test IEC 70 || ≈**spannung** *f* / partial-discharge voltage || ≈**stärke** *f* / partial-discharge intensity || ≈**-Störgröße** *f* / partial-discharge quantity || ≈**-Störladung** *f* / partial-discharge charge, nominal apparent PD charge || ≈**-Störstelle** *f* / partial-discharge location || ≈**-Stoßhäufigkeit** *f* / partial-discharge pulse rate || ≈**strom** *m* / partial-discharge current || ≈**wert** *m* / partial-discharge quantity
Teilentlastung *f* (Netz) / partial loss of load
Teileprogramm *n* (NC) / part(s) program || ≈**-Anweisung** *f* (NC, CLDATA) / part program instruction, original source statement || ≈**bearbeitung** *f* / parts program processing (PPP), parts program execution
Teileprogrammierer *m* (NC) / parts programmer
Teileprogrammierplatz *m* / programming console, NC programming workstation
Teileprogrammierungssprache *f* / parts programming language
Teileprogramm·satz *m* / parts program block || ≈**speicher** *m* / part program memory, part program storage, parts memory, NC program memory
Teiler *m* / sealer *n* || ≈ *m* (Dividierer, Spannungsteiler) / divider *n* || ≈ *m* (Impulsfrequenzt., Untersetzer) / scaler *n* || ≈ *m* (Math.) / divisor *n* || **Bit~** *m* / bit scaler || **Dekaden~** *m* / decade scaler || **dezimaler** ≈ / decimal scaler || **Schrittwinkel~** *m* (Schrittmot.) / gear head
Teilerechteck *n* / part rectangle
Teiler·kette *f* / scaler chain || ≈**verhältnis** *n* / divider ratio
Teile·satz *m* / set of parts || ≈**vielfalt** *f* / part variety || ≈**wirtschaft** *f* / parts handling || **Material- und** ≈**wirtschaft** / materials and parts management || ≈**zeichnung** *f* / part drawing
Teil·fehler *m* (WZM) / indexing error || ≈**fehlerstrom** *m* (Strom an einem bestimmten Netzpunkt infolge eines Kurzschlusses an einer anderen Stelle des Netzes) / fault current IEC 50(603) || ≈**feldschwingung** *f* (Freiltg.) / subspan oscillation || ≈**fläche** *f* (Blechp.) / joint surface, joint face || ≈**fläche** *f* (Grafikbildschirm, CAD) / patch *n* || ≈**flankenwinkel** *m* / flank angle || ≈**formspule** *f* / partly preformed coil || ≈**fuge** *f* (el. Masch.) / joint *n*, parting line, parting *n*
Teilfugen·beilage *f* / joint pad, joint shim || ≈**bolzen** *m* / joint bolt, flange bolt || ≈**dichtung** *f* / joint seal, joint packing || ≈**platte** *f* (Flansch) / joint flange || ≈**schraube** *f* / joint bolt, flange bolt || ≈**spule** *f* / stator-joint coil, joint coil || ≈**stab** *m* / stator-joint winding bar, joint bar
Teil·funkenstrecke *f* / gap section || ≈**funktion** *f* / subfunction *n*, individual function || ≈**genauigkeit** *f* (WZM, NC) / indexing accuracy || ≈**geometrie** *f* / part geometry || ≈**gerät** *n* (SPS) / subunit *n* || ≈**gesamtheit** *f* DIN 55350,T.23 / sub-population *n*
teilgeschlossen·e Maschine / guarded machine, partially enclosed machine, semi-guarded machine, semi-enclosed machine || **~e Nut** / partly closed slot, semi-closed slot || **~es Relais** / partially enclosed relay
teilgeschottet *adj* / cubicle-type *adj* || **~e Schaltanlagen** VDE 0670, T.6 / cubicle switchgear and controlgear IEC 298, metal-enclosed cubicle switchgear or controlgear BS 4727,G.06
teilgesteuerte Schaltung (LE) / non-uniform connection
Teil·getriebe *n* (WZM) / indexing gearing, indexing mechanism, dividing gear || ≈**härtung** *f* / flash hardening || ≈**induktivität** *f* / partial inductance || ≈**inkrement** *n* / partial increment || ≈**isolierung** *f* (Steckerstift) / insulating collar, insulating sleeve
Teilkäfig-Dämpferwicklung *f* / discontinuous damper winding, discontinuous amortisseur winding
Teil·kammer *f* (Trafo-Stufenschalter/Umsteller) / compartment *n*, tap-changer compartment || ≈**kapazität** *f* (Kondensator) / (capacitor) element *n*, element capacitance || ≈**kegelwinkel** *m* / pitch angle || ≈**knoten** *m* / partial node || ≈**kollektiv** *n* DIN 55350, T.23 / sub-population *n* || ≈**kopf** *m* (WZM) /

dividing head, indexing head
Teilkreis *m* (Kreisteilung) / graduated circle, divided circle || ≈ *m* (Zahnrad) / pitch circle, reference circle, rolling circle || ≈**durchmesser** *m* / pitch diameter || ≈**kegel** *m* / pitch cone || ≈**kegelwinkel** *m* / pitch-cone angle
Teilkurzschlussstrom *m* (Strom in einem bestimmten Netzpunkt, hervorgerufen durch einen Kurzschluss in einem anderen Punkt dieses Netzes) / transferred short-circuit current, short-circuit current IEC 50(603)
Teilladung *f* (Batt.) / boosting charge
Teillast *f* / partial load, part-load *n*, underload *n* || ≈**betrieb** *m* / part-load operation || ≈**betrieb** *f* (bei Beanspruchung in Zuverlässigkeitsprüfung) / operation at partial stress || ≈**optimierung** *f* / partial-load optimization || ≈**werte** *m pl* / data of partial load
Teilleiter *m* / sub-conductor *n*, strand *n*, conductor element, component conductor || ≈ *m* (eines Bündelleiters) / sub-conductor *n* || ≈**isolierung** *f* / strand insulation, lamination insulation || ≈**schluss** *m* / inter-strand short-circuit || ≈**verband** *m* / strand assembly, conductor assembly
Teil·lichtbogen *m* / partial arc || ≈**listwert** *m* (In einem Abtastintervall zurückgelegter und erfasster Weg oder Winkel) / partial actual value || ≈**lochwicklung** *f* / fractional-slot winding
Teilmagazin *n* / submagazine *n* || **~spezifisch** *adj* / submagazine-specific
Teil·menge *f* / subset *n* || ≈**montageplatte** *f* / partial mounting plate || **~montiert** *adj* / partly mounted || ≈**motor** *m* / section motor
Teilnehmer *m* (Bussystem, LAN) / station *n*, user *n* || ≈ *m* (LAN, Knoten) / node *n* || ≈ *m* (PROFIBUS) / station *n* || **erreichbare ≈ anzeigen** / display accessible nodes || **aktiver ≈** (Jeweils ein aktiver Teilnehmer (Master) erhält durch das Senderecht (Token) den Zugriff auf den Bus. Nach Ablauf einer vorgegebenen Zeit reicht er das Senderecht zum nächsten aktiven Teilnehmer am Bussystem weiter) / active node (In each case, one active node (master) is granted access to the bus with the right to send (token). After a given time, this node passes on the token to the next active node on the bus system), active bus node || **erreichbare ≈** / accessible nodes || **sendeberechtigter ≈** (Master in einem Bussystem) / master *n* || **Verkehrs~** *m* / road user || ≈**adresse** *f* / user address || ≈**adresse** *f* / transport address, node address || ≈**adresse** *f* (PROFIBUS) / station address || ≈**betriebssystem** *n* (TBS) / time-sharing operating system (TSOS) || ≈**gruppe mit gemeinsamer Adresse** DIN ISO 8208 / hunt group || ≈**liste** *f* / node list || ≈**name** *m* / node name || ≈**nummer** *f* / station number || ≈**verbindung** *f* DIN ISO 8072 / transport connection
Teilnetz *n* (DÜ, Kommunikationssystem) / subnetwork *n* || ≈**anschluss** *m* DIN ISO 8348 / subnetwork point of attachment (SNPA) || ≈**anschlussadresse** *f* DIN ISO 8348 / subnetwork point of attachment address || ≈**betrieb** *m* (Energieübertragungsnetz) / separate network operation || **~spezifisches Anpassungsprotokoll** DIN ISO 8473 / subnetwork-dependent convergence protocol (SNDCP) || **~übergreifendes Protokoll** DIN ISO 8648 / internetworking protocol || **~weise Anpassung** DIN ISO 8648 / hop-by-hop harmonization || ≈**-Zugangsprotokoll** *n* DIN ISO 8473 / subnetwork access protocol (SNAcP)
Teilnummer *f* / part of number
teilortsveränderliche FSK / semi-fixed FBAC
Teil·-PA / proc. image partition || ≈**paket** *n* (Blechp.) / core packet, core section, packet *n* || ≈**parallel-USV** *f* / partial-parallel UPS
Teilprogrammspeicher *m* / part program storage, part program memory, parts memory, NC program memory
Teilprojekt *n* / part project || ≈ **kopieren** / copy subproject
Teilprozess *m* / subprocess *n* || ≈**abbild** *n* / partial process image (PPI), process image partition
Teil·raster *m* / sub-frame *n* || ≈**raum** *m* (Schaltschrank) / compartment *n* || **~redundante USV** / partial-redundant UPS || ≈**redundanz** *f* / partial redundancy || ≈**rezept** *n* / subrecipe *n*
Teilsatz *m* / sub-block *n* || ≈ *m* (DV) / record segment || ≈ *m* (Kabelsatz) / harness module, loom module
Teil·schaltplan *m* / component circuit diagram || ≈**scheibe** *f* / dividing unit || ≈**schicht** *f* (Kommunikationsnetz) DIN ISO 7498 / sublayer *n* || ≈**schmierung** *f* / semifluid lubrication, boundary lubrication, mixed lubrication || ≈**schnitt-Zeichnung** *f* / part sectional drawing || ≈**schottung** *f* / cubicle-type *n* || ≈**schritt** *m* (Wickl.) / fractional pitch || ≈**schrittanlasser** *m* / increment starter || ≈**schwingung** *f* / half-wave *n*, loop *n*, harmonic component || **harmonische ≈schwingung** / harmonic component || ≈**selektivität** *f* (LS-Auslöser) / partial discrimination, partial selectivity || ≈**sollwert** *m* (TSW In einem Abtastintervall zurückzulegender Weg oder Winkel) / partial setpoint
Teilspannungs·anlasser *m* / reduced-voltage starter || ≈**anlauf** *m* / reduced-voltage starting || ≈**anlauf nach der Drei-Schalter-Methode** / reduced-voltage starting by Korndorfer method || ≈**starter** *m* / reduced-voltage starter
Teil·speicherheizung *f* / combined storage/direct heating || ≈**spule** *f* / coil section || ≈**stab** *m* (Stabwickl.) / strand *n* || ≈**standard-Schaltungsunterlage** *f* / partially standardized circuit documentation || ≈**steuerung** *f* / control subsystem || ≈**steuerung** *f* (PLT, der Einzelsteuerung überlagert, der Untergruppensteuerung unterlagert) / partial subgroup control, coordinating loop control || ≈**strahlungspyrometer** *n* (Schmalbandp.) / narrow-band pyrometer || ≈**strang** *m* / subline *n*
Teilstrecke *f* / path section, segment *n* || ≈ **einer Leitung** / section of a line
Teilstreckenprogrammierung *f* / segmentation programming
Teilstrich *f* / graduation line || ≈ *m* (Skale) / graduation mark, mark *n* || ≈**abstand** *m* (Skale) / scale spacing
Teilstring *m* / substring *n*
Teilstrom, anodischer ≈ / anodic partial current || ≈**stromdichte-Potentialkurve** *f* / partial current density/potential curve || ≈**stromfilter** *m* / partial flow filter || ≈**stromrichter** *m* (eines Doppelstromrichters) / half-converter *n*, converter section || ≈**stromrichter eines**

Doppelstromrichters / convertor section of a double convertor (That part of a double convertor in which the main direct current when viewed from the d.c. terminals always flows in the same direction)
Teil·struktur *f* / partial configuration || ²**stück** *n* / section *n* || ²**system** *n* / plant section || ²**system** *n* (Automatisierungssystem u. Kommunikationsnetz) / subsystem *n* || **firmenspezifische** ²**systeme** / company-specific subsystems || ²**tisch** *m* (WZM) / indexing table
Teilung *f* / scale *n*, indexing *n*, pitch *n* || ² *f* (Skale, Graduierung) / division *n*, graduation *n* || ² *f* (Nuten, Komm., Zahnrad) / pitch *n* || ² *f* (2.54 mm-Raster) / pitch *n* || ² *f* (in Abstände, Lochteilung) / spacing *n*, pitch *n* || ² *f* (Bausteinbreite) / module width, module *n*, modular width || **Gestellreihen~** *f* / pitch of rack structure || **lineare** ² / linear scale || **Raster~** *f* (RT) / basic grid dimension (BGD) || **vertikale** ² / vertical increment
Teilungs·abstand *m* / modular spacing || ²**achse** *f* / indexing axis || ²**bezugsmaß** *n* / division reference dimension || ²**einheit** *f* (TE) / pitch *n*, modular spacing, modular width (MW), module *n* || ²**einheit** *f* (Registrierpapier) / chart division || ²**fehler** *m* / pitch error || ²**intervall** *n* (Skale) / scale division || ²**linien** *f pl* (ET) / datum lines
Teilungsmaß *n* / division *n*, indexing function || ² *n* (Modulmaß) / module width (MW), module size, module *n* || ² *n* (Felder o. Schränke von HS-SA) / panel width, cubicle width || ² *n* (Reihenklemmen) / spacing *n*, pitch *n* || ²**verschiebung** *f* / division offset
Teilungs·periode *f* / scale division || ²**position** *f* / indexing position || ²**punkt** *m* / dividing point || ²**raster** *n* (WZM, NC) / indexing grid || ²**schritt** *m* / increment *n* || ²**sollposition** *f* (WZM, NC) / set indexing position || ²**verhältnis** *n* / division ratio, ratio of frequency division || ²**wert** *m* / scale interval
teilversenkt *adj* / partly recessed
Teilvorrichtung *f* (WZM) / indexing mechanism, dividing head
teilweise besetztes Band (HL) / partially occupied band || ~ **entlasten** / reduce the load || ~ **Gedächtnisfunktion** (Rel.) / partial memory function || ~ **geschrägte Kopffläche** (Bürste) / partly bevelled top || **~r Schutz** / partial protection
Teil·wicklungsanlasser *m* / part-winding starter || ²**wicklungsanlauf** *m* / part-winding starting || ²**wicklungsschritt** *m* / back and front pitch of winding || ²**windung** *f* / fractional turn || ²**zeichnung** *f* / part drawing || ²**zeichnung** *f* (Detail) / detail drawing, component drawing
Teilzeit·beschäftigter *m* / part-timer *n*, part-time employee, part-time worker || ²**beschäftigung** *f* / part-time work(ing) || ²**kräfte** *f pl* / part-time staff
Teil·zirkel *m* / dividers *n pl* || ²**zusammenbau** *m* / unit assembly, subassembly *n* || ²**zusammenstellungszeichnung** *f* / unit-assembly drawing || ²**zylinder** *m* / pitch cylinder
T-Eingang *m* DIN 40700,T.14 / T input IEC 117-15
Telecontrol-Gerät *n* / telecontrol unit
Telefon·anschlussdose *f* / telephone outlet (box), telephone cord outlet || ²**anschlusskasten** *m* / telephone service box || ² **-Formfaktor** *m* / telephone harmonic (form factor (t.h.f.)) || ²**lampe** *f* / call lamp, calling lamp || ²**stöpsel** *m* / telephone plug || ²**-Störfaktor** *m* / telephone influence factor (t.i.f.), telephone interference factor
Telegramm *n* / telegram *n*, message frame, data field, field *n* || ² *n* (FWT, Leitt.) / message *n* || ² *n* (PROFIBUS) / frame *n* (A complete set of bits conforming to the frame specification at the interface above this protocol layer. Frames are defined in terms of fields (bit positions) allocated to specific functions. (ISO/DIS 6548, 1982)) || ² **Ausfallzeit CB** / CB telegram off time || **projektierbares** ² / configurable message frame || ²**anforderung** *f* / message request || ²**anpassung** *f* / message adjustment || ²**aufbau** *m* / message format, message structure || ²**auftrag** *m* / message request || ²**ausfallzeit** *f* / telegram failure time || ²**-Ausfallzeit** *f* (Ansprechen der Telegramm-Zeitüberwachung) / telegram timeout || ²**auszeit** *f* / telegram off time || **integrierter** ²**-Editor** / implemented telegram editor || ²**erneuerung** *f* / message updating || ²**fehlermeldung** *f* (FWT) / transmission error alarm || ²**folgekennung** *f* (TFK) / telegram sequence ID
Telegramm·kennung *f* / message frame ID || ²**länge** *f* / message length, message frame length, transmission length || ²**-Laufzeit** *f* (PROFIBUS) / transmission delay time (TTD) || ²**normierung** *f* / message standardization || ²**puffer** *m* / message buffer || ²**-Rangierung** *f* / message assignment || ²**sicherung** *f* / message protection (block) || ²**speicher** *m* (Puffer) / message buffer || ²**struktur** *f* / message structure || ²**verkehr** *m* / telegrams *n*, message traffic || ²**verkehr** *m* (DÜ) / message interchange || ²**vermittlung** *f* / message switching || ²**wiederholungen** *f pl* / maximum retry limit || ²**wiederholungsspeicher** *m* / message repetition buffer
Telegraphenrelais *n* / telegraph relay
Telekopierer *m* / facsimile communication unit, facsimile unit, facsimile communication equipment
Teleservice *m* (TS) / teleservice *n* (TS)
Teleskop·presse *f* (Hebevorr.) / telescopic jack || ²**schiene** *f* / telescopic guide support
Teletype *n* (TTY) / teletype *n* (TTY) || ²**-Stanzer** *m* / teletype punch
Televerkehr *m* / teletraffic *n*
Telexanlage *f* / telex system
Teller *m* / disk *n*, poppet *n*, indexing plate || ²**anode** *f* / plate anode || ²**feder** *f* / cup spring, disc spring, disk spring, Belleville spring || ²**federpaket** *n* / cup-spring assembly (o. pack), laminated cup spring || ²**magazin** *n* (WZM) / disk-type magazine || ²**rohr** *n* (Lampenfuß) / stem tube || **Abstand** ²**unterkante bis Leuchtkörpermitte** / flange to light centre length || ²**ventil** *n* / mushroom valve, poppet valve
TEMEX (Telemetry Exchange) / telemetry exchange
Temex-Netzabschluss *m* (TNA) / TNA
Temperatur *f* / temperature *n* || ² **am heißesten Punkt** / hot-spot temperature || ² **der direkt umgebenden Luft** / fluid environment temperature || ² **in Meereshöhe** / sea level temperature || **gefahrbringende** ² / unsafe temperature
Temperaturabfall nach Strom Null / post-zero temperature decay
temperaturabhängig *adj* / temperature-dependent *adj*, temperature-controlled *adj*, as a function of temperature || **~er Widerstand** / thermistor *n*

Temperaturabhängigkeit *f* / temperature sensitivity, effect of temperature, temperature dependence, variation due to temperature changes, influence of ambient temperature, temperature effect, inaccuracy due to temperature variation

Temperatur·abstrahlung *f* / heat emission, heat radiation || **≈änderungsgeschwindigkeit** *f* / rate of temperature change || **≈anstieg** *m* / temperature rise || **≈anstiegsgeschwindigkeit** *f* / rate of temperature rise || **≈anstiegsgeschwindigkeit bei festgebremstem Läufer** / locked-rotor temperature-rise rate || **≈aufnehmer** *m* / temperature sensor, thermal detector || **≈ausgleichsblech** *n* (EZ) / temperature compensating piece || **≈ausgleichsstreifen** *m* / temperature compensating strip, stress by temperature

temperaturbedingte Änderung / temperature-caused change

Temperatur·begrenzer *m* / thermal cut-out, thermal relay, thermal release || **≈beiwert des Widerstands** / temperature coefficient of resistance || **≈bereich** *m* / temperature range || **zulässiger ≈bereich** / allowable temperature limits

temperaturbeständig *adj* / heat-resistant *adj*, heat-proof *adj*, heat-stable *adj*, stable under heat, thermostable *adj*, temperature-resistant *adj*

Temperaturbeständigkeit *f* (Material) / thermostability *n*, thermal stability, heat stability, resistance to heat || **≈** *f* (Gerät) / thermal endurance

Temperaturbestimmung nach dem Thermometerverfahren / thermometer method of temperature determination || **≈ nach dem Thermopaarverfahren** / thermocouple method of temperature determination || **≈ nach dem Widerstandsverfahren** / resistance method of temperature determination, self-resistance method (of temperature determination), rise-of-resistance method (of temperature determination)

Temperatur·-Bezugsbereich *m* / reference range of temperature || **≈blitz** *m* / thermal flash || **≈drift** *m* / temperature drift

Temperatureinfluss *m* (Rel.) / ambient temperature sensitivity || **≈** *m* (EZ) / influence of ambient temperature, temperature effect, inaccuracy due to temperature variation || **≈effekt** *m* / effect of temperature

Temperatur·einheit *f* / temperature unit || **~empfindlich** *adj* / temperature-sensitive *adj*, temperature-responsive *adj* || **≈empfindlichkeit** *f* / temperature sensitivity || **≈erhöhung** *f* / temperature increase || **≈erhöhung am Sockel** (Lampe) / cap temperature rise || **≈faktor** *m* (Hallspannung) / temperature coefficient || **≈faktor** *m* (Änderung der Reluktivität infolge einer Temperaturänderung) / temperature factor || **≈fehler** *m* (Drift) / temperature drift || **≈feld** *n* / temperature field || **≈-Fernmessung** *f* / remote temperature sensing || **~fest** *adj* / heat-resisting *adj*, thermostable *adj*

Temperaturfühler *m* / temperature detector, thermal detector, temperature sensor || **≈ für Warnung und Abschaltung** / temperature detectors for alarm and shutdown || **≈ mit Schalter** VDE 0660, T.302 / switching-type thermal detector || **≈ mit Sprungverhalten** VDE 0660, T.302 / abrupt-characteristic thermal detector || **≈ mit veränderlichem Verhalten** VDE 0660, T.302 / characteristic-variation thermal detector

Temperatur·gang *m* / response to temperature changes, temperature sensitivity, temperature coefficient || **≈geber** *m* / temperature transmitter, temperature sensor, thermometer *n* || **~geregelt** *adj* / thermostat-controlled *adj* || **~gesteuerter Zeitschalter** / thermal time-delay switch || **≈gleichgewicht** *n* / thermal equilibrium || **≈gradient** *m* / temperature gradient || **≈impulsbreite** *f* / temperature pulse width || **≈impulspausenzeit** *f* / temperature interpulse time || **≈index** *m* (TI) / temperature index (TI) || **≈kennzeichnung** *f* (Büromaschine) / T-marking *n* || **≈klasse** *f* / temperature class, temperature category

Temperaturkoeffizient *m* / temperature coefficient || **≈ der elektromotorischen Kraft** (Batt.) IEC 50(486) / temperature coefficient of open circuit voltage || **≈ der Kapazität** (Bat.) IEC 50(486) / temperature coefficient of capacity || **≈ des Verstärkungsfehlers** / gain temperature coefficient, gain tempco || **negativer ≈** (NTC) / negative temperature coefficient (NTC) || **positiver ≈** / positive temperature coefficient (PTC)

Temperatur·kompensation *f* (TK) / temperature compensation (TC) || **≈kompensationswert** *m* (TK-Wert) / temperature-compensation value (t.c. value) || **~kompensiertes Überlastrelais** / temperature-compensated overload relay, overload relay compensated for ambient temperature || **≈-Kopftransmitter** *m* / temperature head transmitter || **≈lauf** *m* / heat run, temperature-rise test || **≈-Leitfähigkeitsmesser** *m* / thermal-conductivity gauge || **≈leitzahl des Bodens** (thermische Diffusivität) / soil thermal diffusivity || **tragbare ≈messeinrichtung** / portable temperature measuring set || **≈messer** *m* / temperature meter, thermometer *n* || **≈messfarbe** *f* / temperature-sensitive paint || **≈messgerät** *n* / temperature meter, thermometer *n* || **≈messumformer** *m* / temperature transmitter

Temperatur·regler *m* / temperature controller, thermostat *n* || **≈schalter** *m* (Thermostat) / thermostat *n* || **≈schutz** *m* / thermal protection, overtemperature protection || **≈sicherung** *f* (TS) / thermal link (TL) || **öffnende ≈sicherung** / normally closed thermal link (NCTL) || **Internationale ≈skala** / international Practical Temperature Scale || **≈spannung** *f* (HL) DIN 41852 / voltage equivalent of thermal energy || **≈spiel** *n* / thermal-mechanical cycling || **≈sprung** *m* / temperature jump || **≈störung** *f* / disturbance of temperature

Temperaturstrahler *m* / thermal radiator || **schwarzer ≈** / blackbody radiator, Planckian radiator, full radiator

Temperatur·strahlung *f* / thermal radiation, heat radiation || **≈sturzprüfung** *f* VDE 0674,1 / thermal shock test IEC 168 || **≈-Tastkopf** *m* / temperature probe || **≈überwachung** *f* / temperature monitoring, thermal protection || **≈überwachung** *f* (Gerät) / temperature monitoring unit, thermostat *n* || **≈-/Unterdruckprüfung** *f* / temperature/low-air-pressure test || **≈unterschied** *m* (Thermoschalter) / offset temperature || **≈veränderungsstrom** *m* / thermal deviation current || **≈vergleichsstelle** *f* (Thermopaar) / reference junction || **≈verhalten** *n* / thermal characteristic || **≈-Verteilungsfaktor** *m*

VDE 0660, T.61 / temperature distribution factor IEC 439 || ≈**-Vollschutzeinrichtung** *f* (m. Thermistoren) / thermistor-type thermal protection || ≈**wächter** *m* / thermal release, thermal protector, temperature relay, temperature detector, thermostat *n*, temperature sensor

Temperaturwechsel *m* / change of temperature || ≈**beanspruchung** *f* / thermal cycling || **~beständiges Glas** / thermal glass || ≈**festigkeit** *f* / resistance to cyclic temperature stress || ≈**prüfung** *f* / temperature cycle test

Temperatur·zeichen *n* / temperature symbol, T symbol || ≈**-Zeitkonstante** *f* / thermal constant, thermal time constant

Temperguss *m* / malleable cast iron

Temperieren *n* / temperature adjustment

Temperiergerät *n* (RöA, Temperaturkonstanthalter) / temperature stabilizer

tempern *v* / anneal *v*, temper *v*, malleableize *v*

Tempomat *m* (Kfz) / cruise controller

temporär *adj* / temporary *adj* || **~e Ausfallhäufigkeit** DIN 40042 / temporary failure frequency || **~e Ausfallwahrscheinlichkeit** DIN 40042 / conditional probability of failure

TEM-Zelle *f* IEC 50(161) / TEM cell

Tennisschläger-Bespannung *f* / tennis racquet string

Tensid *n* / tenside *n*

TE-Prüfung *f* / partial discharge test

Teraohmmeter *n* / teraohmmeter *n*

Terephthalsäureester *m* / terephthalic acid ester

Termin *m* / deadline *n*, due date

Terminal *n* / data terminal equipment (DTE equipment consisting of digital devices and instruments that convert the user information into data signals for transmission, or reconvert the received data signals into user information), DTE (data terminal equipment) || ≈ *n* (Datenendstation) / terminal *n*, data terminal, terminal unit || ≈**block** *m* / terminal block || ≈**drucker** *m* / keyboard printer || ≈**emulation** *f* / terminal emulation || ≈**gruppe** *f* / terminal group || ≈**gruppenverletzung** *f* / terminal group violation || ≈**modul** *n* / terminal module

termingerecht *adj* / punctual *adj*

Terminierung *f* / scheduling *n*, deadline planning

Termin·kalender *m* / calendar *n* || ≈**plan** *m* / time schedule || ≈**planung** *f* / time scheduling, scheduling || ≈**überwachung** *f* (Produktion) / deadline monitoring, schedule supervision, progress control || ≈**verfolgungsliste** *f* / follow-up time schedule

termiten·abweisend *adj* / termite-repellent *adj* || **~fest** *adj* / termite-proof *adj*

Ternär·-Digitalrate *f* / ternary digit rate || ≈**-Digitalsignal** *n* / ternary digital signal

tertiäres Kriechen / tertiary creep

Tertiär·gruppe *f* IEC 50(704) / mastergroup *n* || ≈**wicklung** *f* / tertiary winding, tertiary *n*

Terz·band *n* / third-octave band, third band || ≈**filter** *n* / third-octave filter, one-third octave filter

Tesla-Transformator *m* / tesla transformer

Tesselationslinie *f* (CAD) / tesselation line

Test *m* / test *n* || **Emulations- und** ≈**adapter** *m* (ETA) / in-circuit emulator (ICE) || ≈**aufruf** *m* / test call || ≈**aufrufzähler** *m* / test call counter || ≈**baugruppe** *f* / test(ing) module, test module || ≈**baustein** *m* / test block || ≈**baustein** *m* (Leitt., SPS) / test block || ≈**betrieb** *m* (a. SPS) / testing mode, test mode, testing *n* || ≈**bild** *n* / test pattern || ≈**einrichtung** *f* (TE SPS) / testing module, diagnostic unit (o. module) || ≈**eintrag** *m* / test entry

testen *v* / test *v*, debug *v*

Testergebnis, signifikantes ≈ DIN 55350,T.24 / significant test result

Testfarbe *f* / test colour

Testfeld *n* / test(ing) panel || ≈**anschaltung** *f* (Baugruppe) / test panel interface module || ≈**anschaltung** *f* / test panel interface || ≈**-Bedien- und Anzeigevorrichtung** *f* / test panel control and display device

Test·größe *f* DIN 55350,T.24 / test statistic || ≈**hilfe** *f* (Rechnersystem, SPS) / testing aid, debugger *n* || ≈**hilfsmittel** *n* / debugger || ≈**körper** *m* / test block, test piece || ≈**lauf** *m* / dry run || ≈**laufeinrichtung** *f* (Fernkopierer) / selftest device || ≈**modul** *n* / test adapter || ≈**probe** *f* / test sample || ≈**punkttafel** *f* (LAN) / test point array || ≈**rotor** *m* / proving rotor, test rotor || ≈**routine** *f* / test routine || ≈**sperre** *f* (SPS) / test inhibit || ≈**- und Inbetriebnahmefunktion** *f* / test and startup function || ≈**vorgabe** *f* / test specifications || ≈**werkzeug** *n* / test tool || ≈**wert** *m* DIN 55350,T.24 / test value || ≈**zykluszeit** *f* / test cycle time

Tetrachlorkohlenstoff *m* / carbon tetrachloride

Tetrade *f* / tetrad *n*

Tetraeder *m* / tetrahedron *n*

Tetrode *f* / tetrode *n*

Text *m* (a. DÜ) / text *n* || ≈ *m* (Zeichenfolge) / (character) string *n* || ≈ *m* (NC, CLDATA-Wort) / letter ISO 3592 || **fester** ≈ / fixed texts || **strukturierter** ≈ / structured text (ST) || ≈**anfang** *m* / start of text (STX)

Textanzeige *f* / text display, display device, indicating equipment || ≈ **mit SIMATIC S5/7** / message display using SIMATIC S5/7 || ≈**gerät** *n* / display device, indicating equipment

Text·art *f* / text type || ≈**aufbereitung** *f* / text composing and editing || ≈**aufbereitungsprozessor** *m* / compose-edit processor || ≈**automat** *m* DIN 2140 / word processing equipment || ≈**baustein** *m* / standard text, text block || ≈**bearbeitung** *f* / text editing || ≈**bearbeitungsprogramm** *n* / text editor || ≈**befehl** *m* (FWT) / instruction command || ≈**bild** *n* / text display || ≈**block** *m* / block of text || ≈**block-Schaltplan** *m* / block text diagram || ≈**bündelindex** *m* / text bundle index || ≈**bündeltabelle** *f* (Text-Darstellungselemente) / text bundle table || ≈**-Darstellungselement** *n* / text primitive || ≈**datei** *f* / text file, document file || ≈**-Datei** *f* / text file || ≈**display** *n* (TD) / display device, indicating equipment

Texte, Alle ≈ **ersetzen** / replace all texts

Text·empfangsstation *f* / SL (slave station) || ≈**empfangsstation** *f* / slave station (SL) || ≈**ende** *n* / end of text (ETX) || ≈**feld** *n* (BSG) / text field || ≈**fenster** *n* / text window || ≈**funktion** *f* / text function || ≈**geber** *m* (GSK-Eingabegerät) / string device || ≈**gestaltung** *f* (Formatieren) / (text) formatting

Textil·beilauf *m* (Kabel) / textile filler || ≈**bewicklung** *f* (Kabel) / textile wrapping || ≈**beflechtung** *f* (Kabel) / textile braid || ≈**maschine** *f* / textile machine || ≈**riemen** *m* / fabric belt || ≈**-Zwickelfüllung** *f* (Kabel) / textile filler

Text·erkennung *f* / text identifier (text ID), text ID

(text identifier) || ²**länge** *f* / text length || ²**marke** *f* / cursor *n* || ²**prozessor** *m* / word processor || ²**schablone** *f* / matrix document, matrix *n*, invoking document || ²**sendestation** *f* / master station (MA) || ²**sprache** *f* / textual language (TL)
Texturblech *n* / textured sheet
Texturiermaschine *f* / texturing machine
Text·variable *f* / text variable || ²**verarbeitung** *f* / text processing, word processing || ²**zeichen** *n* / text character || ²**zeiger** *m* / text pointer
TF / voice frequency (VF) || ² / carrier frequency (CF) || ² (Technologie-Funktion) / technological function, process-related function, TF (technology function)
TF-FET / thin-film field-effect transistor (TF- FET), insulated-gate thin-film field-effect transistor
TFH·-Gerät *n* / power line carrier system || ²**-Kanal** *m* / powerline carrier channel (PLC) || ²**-Sperre** *f* / carrier-current line trap, line trap || ²**-Übertragung** *f* / power line carrier transmission (PLC transmission) || **Schutzsystem mit** ²**-Verbindung** / carrier protection system
TFK (Telegrammfolgekennung) / telegram sequence ID
TF-Kanal *m* / carrier channel
TF-Leistung *f* / AF power, VF power
T-Flipflop *n* / T-flipflop *n*, trigger flipflop, T-type flipflop
TF-Pegelmessplatz *m* / carrier-frequency level test set
TF-System *n* / carrier-frequency system, carrier system
TFT / thin film transistor (TFT)
TF-Teil *m* (Trägerfrequenz-Teil) / CF-Section (carrier-frequency section)
TFTP / TFTP (trivial file-transfer protocol)
TG / TG (tool grinding)
TGS / taxiing guidance system (TGS)
TH (Tabellenheft) / quick reference, reference guide, pocket guide, pocket reference, TH
Thema *n* / issue *n*
theoretischer logischer Schaltplan / theoretical logic diagram
Theorie der Zustandsgrößen / state-variable theory
thermionischer Detektor / thermionic detector || ~ **Lichtbogen** / thermionic arc
thermisch *adj* / thermal *adj* || ~ **abmagnetisierter Zustand** / thermally demagnetized state || ~ **ausgefallen** / thermal breakdown || ~ **gleichwertiger Kurzzeitstrom** / thermal equivalent short-time current || ~ **stabil** / thermostable *adj*, heat-resistant *adj* || ~ **stimulierte Lumineszenz** / thermally activated luminescence, thermoluminescence *n* || ~ **verzögerte und kurzverzögerte Überstromauslöser** / inverse-time and definite-time overcurrent releases || ~ **verzögerter Auslöser** / thermally delayed release, thermal release, inverse-time release || ~ **verzögerter Überstromauslöser** (a-Auslöser) / thermally delayed overcurrent release || ~ **verzögertes Überstromrelais** / thermally delayed overcurrent relay, thermal overcurrent relay || ~ **wirksamer Kurzzeitstrom** / harmful short-time current, detrimental short-time current || **~e Alterung** / thermal ageing, thermal deterioration || **~e Auslegung** / thermal rating || **~e Auslösung** / thermal tripping || **~e Beanspruchung** / thermal stress || **~e Belastbarkeit** / thermal loading capacity, thermal rating || **~e Belastung** / thermal stress || **~e Bemessungs-Kurzzeitstromstärke** (Wandler) / rated short-time thermal current || **~e Bemessungsstromstärke** (Wandler) / rated continuous thermal current || **~e Beständigkeit** (Gerät) / thermal endurance || **~e Beständigkeit** (Material) / thermostability *n*, thermal stability, heat stability, resistance to heat || **~e Beständigkeitseigenschaften** / thermal endurance properties || **~e Dauerbeanspruchung** / continuous thermal stress || **~e Dauerbelastbarkeit** (Rel., durch eine Erregungsgröße) VDE 0435, T.110 / limiting continuous thermal withstand value || **~e Elektronenemission** / thermionic emission || **~e Ersatzschaltung** (HL) DIN 41862 / equivalent thermal network || **~e Ersatzzeitkonstante** VDE 0530, T.1 / thermal equivalent time constant IEC 34-1 || **~e Grenzleistung** / thermal burden rating, thermal limit rating || **~e Instabilität** (Batt.) / thermal runaway || **~e Kurzschlussfestigkeit** / thermal short-circuit rating || **~e Kurzzeitbelastbarkeit** (Rel., durch eine Erregungsgröße) VDE 0435, T.110 / limiting short-time thermal withstand value || **~e Langzeiteigenschaften** / thermal endurance properties || **~e Nachwirkung** / Jordan lag || **~e Nullpunktverschiebung** / thermal zero shift || **~e Reserve** (KW) / thermal (plant reserve) || **~e Restspannung** (Halleffekt-Bauelement) DIN 41863 / thermal residual voltage IEC 147-0C, zero-field thermal residual voltage || **~e Rückkopplung** / thermal feedback || **~e Schockprüfung** / thermal shock test || **~e Überlastbarkeit** / thermal overload capacity || **~e Überlastung** / thermal overload, overheating *n* || **~e Wechselbeanspruchung** / thermal cycling || **~e Zeitkonstante** / thermal time constant || **~er Auslöser** / thermal release, thermal trip || **~er Beharrungszustand** / thermal equilibrium || **~er Bemessungs-Dauerstrom** / rated continuous thermal current, continuous thermal current rating || **~er Bemessungs-Kurzzeitstrom** / rated short-time thermal current, thermal short-time current rating || **~er Bemessungsstrom** / rated thermal current || **~er Bemessungsstrom im Gehäuse** / rated enclosed thermal current || **~er Brutto-Wirkungsgrad** / gross thermal efficiency (of a set) || **~er Dauerstrom** / continuous thermal current || **~er Durchbruch** (HL) / thermal breakdown, thermally initiated breakdown || **~er Durchschlag** / thermal breakdown, thermally initiated breakdown || **~er Empfänger** / thermal detector, thermal receptor || **~er Grenzflächenwiderstand** / thermal boundary resistance || **~er Grenzstrom** / thermal current limit EN 50019, limiting thermal burden current, thermal short-time current rating || **~er Grenzwert des Kurzzeitstroms** / limiting thermal value of shorttime current || **~er Kurzzeitstrom** / thermal short-time current rating || **~er Lichtbogen** / thermal arc || **~er Maschinensatz** / thermal generating set || **~er Nettowirkungsgrad** (KW) / net thermal efficiency || **~er Reduzierkoeffizient** (HL) DIN 41858 / thermal derating factor || **~er Runaway** / thermal runaway || **~er Schreiber** / thermal recorder || **~er Strahlungsempfänger** / thermal detector of radiation, thermal radiation

detector || **~er Überlastauslöser** VDE 0660, T.101 / thermal overload release IEC 157-1 || **~er Überstromauslöser** / thermally delayed overcurrent release || **~er Unterbrecher** VDE 0806 / thermal cutout IEC 380 || **~er Widerstand** / thermal resistance || **~er Zeitschalter** / thermal time-delay switch || **~es Abbild** / thermal replica, thermal image || **~es Abbild** (Trafo, Anzeigegerät) / winding temperature indicator || **~es Altern** / thermal ageing || **~es Beständigkeitsprofil** VDE 0304,T.21 / thermal endurance profile IEC 216-1 || **~es Gleichgewicht** / thermal equilibrium || **~es Kraftwerk** / thermal power station || **~es Langzeitverhalten** IEC 50(212) / thermal endurance || **~es Langzeitverhaltensdiagramm** / thermal endurance graph, Arrhenius graph || **~es Rauschen** / thermal noise, thermal electrical relay || **~es Überlastrelais** / thermal overload relay || **~-magnetische Auslösung** (TM) / thermal-magnetic tripping (TM) || **~-magnetischer Schutzschalter** / m.c.b. with combined thermal and electromagnetic release

Thermistor *m* / thermistor *n* || **≗auswertegerät** *n* / thermistor evaluator || **≗-Motorschutz** *m* / thermistor motor protection || **≗motorschutz für Abschaltung** / thermistor protection tripping relay || **≗-Motorschutz-Auslösegerät** *n* / thermistor motor protection tripping unit

Thermoanalysegerät, Differential-≗ *n* / differential thermo-analyzer

Thermo·-Auslöser *m* / thermal release, thermal trip || **≗batterie** *f* / thermopile *n*, thermoelectric pile, thermocouple pile || **≗bimetall** *n* / thermostatic bimetal || **≗blinkrelais** *n* / thermal flasher relay || **≗drucker** *m* / thermal printer, thermal matrix printer, electrothermal printer

thermoelektrisch *adj* / thermoelectric *adj* || **~e Kraft** / thermoelectric power || **~e Säule** / thermoelectric pile, thermopile *n* || **~e Spannung** / thermal e.m.f., thermoelectric e.m.f. || **~e Spannungsreihe** / thermoelectric series || **~e Verbindungsstelle** / thermo-junction *n* || **~er Effekt** / thermoelectric effect, Seebeck effect || **~er Generator** / thermoelectric generator

Thermo·elektrizität *f* / thermoelectricity *n* || **≗element** *n* (HL) / thermoelement *n* || **≗element** *n* (Thermopaar) / thermocouple *n*, thermocouple assembly || **≗element-Strahlungsempfänger** *m* / thermocouple-type radiation receiver || **≗festkopfschreiber, portabel** / high-speed recording instrument, portable || **≗formen** *n* / thermoforming *n* || **≗formmaschine** *f* / thermoforming machine || **≗form-Verpackungsmaschine** *f* / thermoform packaging machine || **≗fühler** *m* / temperature detector, temperature sensor, thermal sensor, temperature thermal sensor || **≗fühler** *m* (Thermistor) / thermistor *n* || **≗geber** *m* / temperature detector, thermal detector, temperature sensor

thermographisches Abbildungsverfahren / thermographic imaging || **~ Aufzeichnen** / thermal recording

Thermo·kette *f* / thermocouple pile, thermopile *n*, series-connected thermocouples || **≗kompensator** *m* (thermoelektr. Messgerät) / compensated thermoelectric meter || **≗kompressionskontaktierung** *f* (IS) / thermo-compression bonding || **≗kompressionsschweißen** *n* / thermo-compression welding || **≗kontakt** *m* (Bimetall) / bimetal contact || **≗kraft** *f* / thermoelectric power || **~lackieren** *v* / stove-enamel *v*, stove *v*, bake *v* || **≗lumineszenz** *f* / thermoluminescence *n*

Thermometer *n* / thermometer *n* || **≗bohrung** *f* / thermometer well, thermometer hole || **≗faden** *m* / thermometric column, mercury thread || **≗kugel** *f* / thermometer bulb || **≗tasche** *f* / thermometer well, thermometer pocket || **≗verfahren** *n* VDE 0530, T.1 / thermometer method

Thermo·paar *n* / thermocouple *n* || **≗papier** *n* (Schreiber) / temperature-sensitive paper, heat-sensitive paper

Thermoplast *m* / thermoplastic *n*

Thermo·relais *n* / thermal relay, thermo-electric relay || **≗säule** *f* / thermopile *n*, thermoelectric pile, thermocouple pile

Thermoschalter *m* / thermostatic switch, temperature switch || **≗** *m* (Thermostat) / thermostat *n* || **festeingestellter ≗** / non-adjustable thermostatic switch

Thermo·schockprüfung *f* / thermal shock test || **≗schreiber** *m* / thermal recorder || **≗set** *n* / thermoset *n*, thermosetting resin, thermohardening resin, heat-curing resin || **≗sicherung** *f* VDE 0860 / thermal release IEC 65 || **≗spannung** *f* / thermal e.m.f., thermoelectromotive force, thermoelectric e.m.f.

thermostabilisiert *adj* / thermostabilized *adj*

Thermo·stat *m* / thermostat *n* || **≗statventil** *n* / thermostat valve || **≗stift** *m* (Schreiber) / thermal stylus || **≗technik** *f* / heating technology || **≗transferdrucker** *m* / thermal transfer printer

Thermoumformer *m* / thermal converter || **≗** *m* / thermocouple instrument || **≗instrument** *n* / thermocouple instrument || **≗-Messgerät** *n* / thermocouple instrument

Thermo·waage *f* / thermo-balance *n*, thermo-gravity balance || **≗wächter** *m* / thermostat *n*, thermal cutout, thermal protector, temperature relay

Thionylchlorid-Lithium-Batterie *f* / thionyl chloride-lithium battery

Thomson·-Brücke *f* / Thomson bridge || **≗-Effekt** *m* / Thomson effect || **≗-Repulsionsmotor mit geteilten Bürsten** / Thomson's repulsion motor with divided brushes || **≗-Zähler** *m* / Thomson meter

thorierte Wolframkathode / thoriated-tungsten cathode

THR / threshold *n* (THR)

Thuryregler *m* / Thury regulator

Thyratron *n* / thyratron *n*

Thyristor *m* / thyristor *n*, silicon-controlled rectifier (SCR) || **≗antrieb** *m* / static-converter drive, thyristor drive || **≗baustein** *m* / thyristor module || **≗block** *m* / thyristor module || **≗diode** *f* / diode thyristor || **≗-Doppelbaustein** *m* / two-thyristor module, twin (o. double) thyristor module || **≗gerät** *n* / thyristor converter, thyristor power unit (TPU), thyristor unit, thyristor converter

thyristorgespeist *adj* / thyristor-fed *adj*, converter-fed *adj*

Thyristor·-Lastumschalter *m* / thyristor load transfer switch || **≗modul** *n* / thyristor module || **≗-Reihenschaltungszahl je Zweig** / number of thyristors in series per arm || ≗**satz** *m* / thyristor assembly, thyristor stack || ≗**säule** *f* / thyristor stack || ≗**schalter** *m* / thyristor switch || ≗**-Spannungsregler** *m* / thyristor voltage regulator, electronic voltage regulator || ≗**spannverband** *m* / clamped thyristor assembly || ≗**-Speisegerät** *n* / static power converter, thyristor power unit || ≗**speisung** *f* / static converter supply || ≗**starter** *m* / thyristor starter || ≗**steller** *m* / thyristor controller, thyristor power controller, thyristor converter || ≗**-Stromrichter** *m* / thyristor converter, thyristor power unit (TPU) || ≗**-Stufenschalter** *m* (Trafo) / thyristor tap changer, electronically controlled tap changer || ≗**tablette** *f* / thyristor wafer || ≗**tetrode** *f* / tetrode thyristor || ≗**triode** *f* / triode thyristor || ≗**-Umkehrsteller** *m* / thyristor reversing controller || ≗**ventil** *n* / thyristor valve || ≗**-Wechselstromsteller** *m* / thyristor a.c. power controller, a.c. thyristor controller || ≗**-Zeitstufe** *f* / thyristor timer || ≗**zündimpulsstecker** *m* / thyristor pulse gate connector || ≗**-Zündplatine** *f* / thyristor triggering

TI / temperature index (TI)

TIA (Totally Integrated Automation) / TIA (Totally Integrated Automation)

tief *adj* / deep *adj* || ~ **abgestimmt** (Resonanz) / set to below resonance || ~**abgestimmte Auswuchtmaschine** / below-resonance balancing machine

Tief·aufbohren *n* / deep-hole drilling || ≗**baubügel** *m* / extra-deep bracket || ≗**bauform** *f* / recessed type || ≗**baurahmen** *m* (I-Verteiler) / extra-deep frame (o. rack) || ≗**bauträger** *m* (I-Verteiler) / extra-deep rack || ≗**bohren** *n* / deep-hole drilling || ≗**bohrzyklus** *m* / deep hole drilling cycle || ≗**diffusion** *f* / sink diffusion || ≗**druck-Maschine** *f* / platen-printing machine, intaglio printing press

Tiefe *f* / depth *n* || ≗ **des Kellerspeichers** / depth of push-down store, stack depth || ≗ **Einlaufrillen** / depth of run-in grooves || ≗ **pro Umdrehung** / depth per revolution || **Fallregister mit variabler** ≗ / variable-depth FIFO register

Tiefen·ausbildung *f* / in-depth training || ≗**einheit** *f* / depth module || ≗**erder** *m* / earth rod, ground rod, buried earth electrode || ≗**maß** *n* / depth gauge, depth micrometer || ≗**messvorrichtung** *f* / depth gauge || ≗**mikrometer** *n* / depth micrometer

Tief·entladeanzeiger *m* / battery warning indicator || ~**entladene Batterie** / exhausted battery || ≗**entladeschutz** *m* (Batt.) / exhaustive discharge protection (o. monitoring), flat-battery monitor || ≗**entladung** *f* (Batt.) / exhaustive discharge

tiefenverstellbar *adj* / depth-adjustable *adj*

Tiefen·zuschlag *m* / depth allowance || ≗**zustellung** *f* / depth infeed || ≗**zuwachs** *m* (NC) / depth increase, depth inrement

Tiefgarage *f* / underground garage

tiefgekühlt *adj* / deep-frozen *adj* || ~**gekühlter elektrischer Leiter** / cryoconductor *n*, hyperconductor *n*

tiefgestelltes Zeichen / subscript character

tiefgezogen *adj* / deep-drawn *adj*

Tiefkühl·gerät *n* / frozen-food cabinet || ≗**konzentrierung** *f* / cryoconcentration *n* || ≗**technik** *f* / cyro-engineering *n* || ≗**truhe** *f* / food freezer, household food freezer

Tieflade·fahrzeug *n* / flat-bottomed vehicle, low loader || ≗**wagen** *m* / flat car, well wagon, depressed-platform car

Tiefloch *n* / deep hole || ≗**bohren** *n* / deep-hole drilling, deep-hole boring || ≗**bohrzyklus** *m* / deep hole drilling cycle

Tiefnutläufer *m* / deep-bar cage motor

Tiefpass *m* / low pass (LP) || ≗**filter** *n* / low-pass filter || ≗**verhalten 1. Ordnung** / 1st order low-pass characteristics

tiefschwarz *adj* / jet black

Tiefsetz·steller *m* / voltage reduction unit, chopper *n*, buck convertor || ≗**umrichter** *m* (f. Beleuchtungsanlagen) / step-down converter

Tiefstation *f* / underground substation

tiefste anwendbare Temperatur (TMIN) DIN 2401,T.1 / minimum allowable temperature (TMIN) || ~ **Arbeitstemperatur** (TAMIN) DIN 2401,T.1 / minimum operating temperature

Tiefstellen *n* (Text) / subscribing *n* || ≗ *n* (Formatsteuerfunktion) / partial line down

Tiefstlast *f* (Grundlast) / base load

tief·strahlend *adj* / downlighting *adj*, narrow-angle *adj* || ≗**strahler** *m* / narrow-angle luminaire, low-bay reflector, downlighter *n*, narrow-beam reflector || ≗**temperaturanlage** *f* / low temperature plant || ≗**temperatur-Leuchtstofflampe** *f* / low-temperature fluorescent lamp || ≗**temperaturtechnik** *f* / low temperature application

Tiefung *f* (Prüf. metallischer Werkstücke) / cup depth

Tiefungs·bruch *m* / cup fracture, cupping ductility || ≗**gerät nach Erichsen** / Erichsen tester, Erichsen film distensibility meter || ≗**mittelwert** *m* / average cupping value || ≗**versuch** *m* / cupping test, cup test, cup test for ductility || ≗**wert** *m* / cupping value

tiefziehen *v* / deep draw

Tiefzieh·maschine, Kunststoff-≗**maschine** / plastics thermoforming machine || ≗**prozess** *m* / deep-drawing *n* || ≗**-Verpackungsmaschine** *f* / deep-drawing packaging machine

Tiegel, geschlossener ≗ (Flammpunkt-Prüfgerät) / closed flash tester, closed cup

Tierpflege, Staubsauger für ≗ / vacuum cleaner for animal grooming

Tilgung *f* (von Fluoreszenz) / quenching *n*

Tilgungseffekt *m* / quench effect

Time out / scan time exceeded, time out

TIME-INST / time instruction (TIME-INST)

Timeout / timeout *n* (TO), TO (timeout) || ≗ **[s]** / Timeout [s]

Timer *m* / timer *n*, time generator, clock *n*

TIME-RESP / time response (TIME-RESP)

Time-sharing-Betriebssystem *n* / time-sharing operating system (TSOS)

Tinten·behälter *m* (Schreiber) / ink well || ≗**drucker** *m* / ink-jet printer || ≗**druckwerk** *n* / ink-jet printing element || ≗**griffel-Aufzeichnungsverfahren** *n* / ink-pen recording || ≗**papier** *n* / ink(able) paper || ≗**registrierung** *f* / ink recording || ≗**schreiber** *m* / pen recorder || ≗**strahldrucker** *m* / ink-jet printer || ≗**strahldruckkopf** *m* / ink-jet print head || ≗**strahldruckwerk** *n* / ink-jet printing element || ≗**strahlschreiber** *m* / ink-jet recorder, ink recorder, liquid-jet recorder

Tipp·betrieb *m* / inching mode, inching *n*, jog mode, jogging *n* || ≗**betrieb** *m* (Kommandogabe solange die Taste gedrückt wird) / non-maintained command mode || ≗**drehzahl** *f* / inching speed,

jogging speed
tippen *v* / jog *v* || ≗ *n* / jog mode || ≗ *f* (elektrisches Drehen) / inching, jogging *n* || ≗ **vorwärts** / inch (o. jog) forward
Tipp·funktion *f* / inching *n* || ≗**schalter größer/kleiner** / jog keys increase/decrease || ≗**schaltung** *f* / jog control, inching control || **sichere** ≗**schaltung** / safe jog control || ≗**steuerung** *f* / jog mode
Tipptaste *f* / jog key || ≗ *f* (NC) / jog key || **sichere** ≗ / safe pushbutton control
Tirrill-Spannungsregler *m* / Tirrill voltage regulator, vibrating-type voltage regulator, vibrating-magnet regulator
Tisch *m* / machine table || ≗ *m* (Trafo, Spulent.) / (coil) platform *n* || ≗ *m* (WZM) / table *n* || ≗**aufsatz** *m* (Prüftisch) / bench instrument panel, back upright || ≗**drehung** *f* (WZM) / table rotation || ≗**drehung** *f* (NC, CLDATA-Wort) / rotate table (CLDATA word) ISO 3592 || ≗**fernkopierer** *m* / desk-top facsimile unit || ≗**fundament** *n* (f. Masch.) / machine platform, steel platform || ≗**gehäuse** *n* (MC) / desk-top casing || ≗**gerät** *n* / table-top unit, desktop unit, bench unit (o. model), desktop model || ≗**klemmung** *f* (WZM) / table locking, table clamping (mechanism) || **tragbares** ≗**gerät** / portable table-top unit
Tischlereimaschine *f* / joinery machine
Tischlerplatte *f* / coreboard *n*
Tisch·leuchte *f* / table lamp, table standard lamp || ≗**plotter** *m* / desk plotter, desk-top plotter || ≗**plotter** *m* (Flachbettp.) / flat-bed plotter || ≗**rechner** *m* / desk computer, desk calculator || ≗**schalter** *m* / table-type switch || ≗**steckdose** *f* / table-type socket-outlet, bench-type receptacle || ≗**tastsystem** *n* / table contact system
Titanatkeramikmaterial *n* / titanate ceramic material
titanweiß *adj* / titanium white
Titel·einschub *m* / title insert || ≗**leiste** *f* / title bar || ≗**zeile** *f* / header line
TK (Temperaturkompensation) / TC (temperature compensation)
T-Kasten *m* (IK) / tee unit, tee *n*
T-Kennzeichnung *f* VDE 0700, T.1 / T-marking *n* IEC 335-1
T-Kippglied *n* / binary scaler, binary divider, T bistable element, bistable element, complementing element
T-Klemme *f* / T-clamp *n*, branch terminal
T-Koppler *m* (LWL) / tee coupler
TK-Wert *m* / temperature-compensation value (t.c. value)
TLW (Teillistwert) / partial actual value
TMA / TMA
T-Mast *m* / T-tower *n*
TML·-Anschlussbaustein *m* / TML adapter block || ≗**-Anweisung** *f* / TML instruction || ≗**-Befehl** *m* / TML instruction || ≗**-Befehlseingabe** *f* / TML instruction input
TMU / TMU (thyristor module unit)
T-Muffe *f* (Rohr) / T-coupler *n*, T-adaptor *n* || ≗ *f* (f. Kabel) / tee joint
TNA (Temex-Netzabschluss) / TNA
TN-C-Netz *n* VDE 0100, T.300 A1 / TN-C system
TN-C-S-Netz *n* VDE 0100, T.300 A1 / TN-C-S system
TN-Netz *n* / TN network, TN system
TN-S-Netz *n* VDE 0100, T.300 A1 / TN-S system
TNV-Stromkreis *m* (TNV = telecommunication network voltage) / telecommunication network voltage circuit
TOA / TOA (tool offset active) || ≗**-Bereich** *m* / TOA area
TO-Bereich *m* (vgl. TO) / TO area
Tochter·gesellschaft *f* / subsidiary *n* || ≗**uhr** *f* / secondary clock, outstation clock
TOD / TOD (time of day)
Tod *m* / death *n*
TODA / take-off distance available (TODA)
TO-Daten *plt* / TO data
tödlicher elektrischer Schlag / electrocution *n*
TO-Einheit *f* (vgl. TO) / TO units
Toggelfrequenz *f* / toggle frequency
Token / token *n* || ≗ **Passing** / token passing procedure || ≗**-Bus** / tokenpassing bus, token bus, token bus-type LAN, token-passing bus-type LAN || ≗**-Haltezeit** *f* / token holding time || ≗**-Ring** / token ring || **Neuaufbau eines** ≗**ringes** / reorganization token ring || ≗**-Sollumlaufzeit** *f* / target rotation time || ≗**-Umlauf** *m* (a. PROFIBUS) / token rotation || ≗**-Umlaufzeit** *f* / token rotation time, rotation time || ≗**weitergabe** *f* / token passing
Toleranz *f* / tolerance *n*, limit *n* || **exemplarbedingte** ≗ / manufacturing tolerance || **Inanspruchnahme der** ≗ / effective size gets by tolerance lower than nominal size || ≗**band** *n* / tolerance band || ≗**bereich** *m* DIN 41745, DIN 55350 / tolerance zone, tolerance band, tolerance field
Toleranzen, eingeengte ≗ / restricted tolerances
Toleranz·faktor *m* DIN 7182,T.1 / standard tolerance unit || ≗**feld** *n* DIN 7182,T.1, DIN 55350,T.11 / tolerance zone || ≗**fenster** *n* / tolerance window || ≗**grenzen** *f pl* (QS) / tolerance limits, limiting values || ≗**kurzzeichen** *n* / tolerance symbol || ≗**lage** *f* DIN 7182,T.1 / tolerance zone position || ≗**lehre** *f* / goand not-go gauge || ≗**messer** *m* / tolerance meter || ≗**mikrometer** *n* / limit micrometer || ≗**plan** *m* / tolerance plan || ≗**raum** *m* / tolerance space || ≗**reihe** *f* DIN 7182,T.1 / tolerance series || ≗**schlauch** *m* / tolerance field || ≗**schwankung** *f* / tolerance variation || ≗**stufe** *f* / tolerance grade || ≗**system** *n* DIN 7182,T.1 / tolerance system || ≗**zeit** *f* / tolerance time || ≗**zone** *f* / tolerance zone
tolerieren *v* / tolerance *v*
toleriertes Maß / toleranced size
Tolerierung *f* / tolerancing *n*
Ton *m* (Farbe) / hue *n*
tönender Funke / singing spark || ~ **Lichtbogen** / singing arc
Tonerde *f* / aluminium oxide, active alumina
Tonfolge *f* (Hörmelder) DIN 19235 / intermittent tone, normal (tone repetition rate)
tonfrequent *adj* / audio-frequency *adj* || **~e Einschaltdauer** / ON time at voice frequency || **~er Bemessungsstrom** / rated voice-frequency current, rated current at voice frequency
Tonfrequenz *f* (TF 15 - 20 000 Hz) / audio frequency (AF) || ≗ *f* (Sprechfrequenz, 200 - 3500 Hz) / voice frequency (VF) || ≗**bereich** *m* / audio-frequency range, AF range || ≗**-Drosselspule** *f* (AFR) / AF reactor (AFR) || ≗**generator** *m* / AF generator || ≗**leistung** *f* (TF-Leistung) / AF power, VF power || ≗**pegel** *m* / AF level, AF signal level, VF signal

level || ≗**pegelschreiber** *m* / AF level recorder || ≗-**Rundsteueranlage** *f* (TRA) / audio-frequency remote control system (AF remote control), audio-frequency ripple control system (AF ripple control system) || ≗-**Rundsteuerresonanzshunt** *m* / resonant shunt for AF ripple control || ≗**sender** *m* / AF transmitter, AF oscillator || ≗**signal** *n* / AF signal, VF signal || ≗**spannung** *f* / AF (o. VF) signal voltage || ≗**transformator** *m* (AFT) / audio-frequency transformer (AFT)
Ton·geber *m* / tone generator, audio oscillator || ≗**gemisch** *n* / complex sound || ≗**generator** *m* / tone generator, audio oscillator || ≗**impulsfolge** *f* / tone burst || ≗**motor** *m* / capstan motor
Tonne *f* / drum *n* || ≗ *f* (Boje, Schiffahrtszeichen) / buoy *n*
Tonnen·anordnung *f* (der Leiter einer Freiltg.) IEC 50(466) / semi-vertical configuration || ≗**anordnung einer Doppelleitung** IEC 50(466) / double-circuit semi-vertical configuration || ≗**erlös** *m* / revenue per tonne || ≗**rollenlager** *n* / spherical-roller bearing || ≗**verzeichnung** *f* / barrel distortion || ≗**wicklung** *f* / barrel winding
Tonsäule *f* / loudspeaker column
Tonwertkorrektur *f* / tonal value correction
Tool *n* (T) / tool *n* || ≗**box** *f* / tool box
Topf *m* / motorhousing *n* || ≗**gehäuse** *n* / size 27 frame || ≗**gehäuse** *n* (Messwandler) / pot-type casing || ≗**kern** *m* / cup-type core || ≗**kontakt** *m* (VS) / cup-shaped contact, hollow contact || ≗**magnetrelais** *n* / induction cup relay || ≗**motor** *m* / canned motor || ≗**prägung** *f* / cup stamping || ≗**rad** *n* / cup wheel || ≗**räder des Planetengetriebes** / cup-shaped wheels of planetary gearing || ≗**wandler** *m* / insulator-type transformer || ≗**zeit** *f* / pot life, working life, spreadable life
Topologie *f* (Prinzipielle Gestaltung des Netzes) / topology *n*
topologischer Netzplan / topological diagram of network
Topplicht *n* / mast-head light
Toproller *m* / top roller
Tor *n* (Netzwerk) / port *n*, terminal pair || ≗ *n* (Datennetz) / port *n* || ≗ *n* (Chromatographie) / peak window || ≗ *n* (Grenzwerte, zwischen denen die Kennwerte liegen müssen) / gate *n*
TORA / take-off run (distance available (TORA))
Toreingang *m* (z.B. Zähler) / gate input
Torindikator *m* / gate monitor
Torkeln *n* / staggering *n*, staggering motion || ≗ *n* (Darstellen der Rotation von Darstellungselementen um eine Achse) / tumbling *n*
Törnvorrichtung *f* / turning gear
Torschaltung *f* / gate circuit, gate *n*
Torsions·dynamometer *n* / torsion dynamometer, transmission dynamometer || ≗**feder** *f* / torsion spring, torsion bar || ≗**federrohr** *n* / torsion-spring tube || ≗**federung** *f* / torsional compliance || ≗**festigkeit** *f* / torsional strength, torsional shear strength, torsional resistance || ≗**kraft** *f* / torsional force
torsionskritische Drehzahl / critical torsional speed
Torsions·messer *m* / torsion meter || ≗**momentenmesser** *m* / torque meter, torsiometer *n* || ≗**schallschwingung** *f* / torsional sound vibration || ≗-**Scherversuch** *m* / torsion shear test, combined torsion and shear test || ≗**schwingung** *f* / torsional vibration, rotary oscillation || ≗-**Schwingungsdämpfer** *m* / torsional vibration isolator || ≗-**Schwingungsfestigkeit** *f* / torsional vibration resistance || ≗**spannung** *f* / torsional stress || ≗**spiel** *n* (WZM) / windup *n* (relative movement due to deflection under load)
torsionssteif *adj* / torsion-proof *adj*
Torsions·versuch *m* / torsion test || ≗**viskosimeter** *n* / torsion viscometer, torque viscometer, torsional viscometer || ≗**wechselprüfung** *f* / fatigue torsion test, torsion endurance test || ≗**welle** *f* / torsion wave
Torsteuerung *f* / gate control
Tortendiagramm *n* / pie diagram
Torzeit *f* (Chromatographie, Peakzeit) / peak time
TOS (TO-Speicher) / TO memory (tool offset memory)
TO-Speicher *m* (TOS) / tool offset memory (TO memory)
Totalausfall *m* / complete failure
totaler Leistungsfaktor / total power factor || ~ **Strahlöffnungswinkel** / total beam angle
totalisoliert *adj* / totally insulated, with total insulation
Totalisolierung *f* / total insulation
Totally Integrated Automation (TIA) / Totally Integrated Automation (TIA)
Totalreflexion *f* / total reflection
Tot·band *n* / dead band, dead zone || ≗**bereich** *m* / dead zone, dead band
tote Masse (Auswuchtmasch.) / parasitic mass || ~ **Windung** / dummy turn, idle turn || ~ **Zone** / dead band, neutral zone
Totem-Pole-Endstufe *f* / totem-pole output
toter Gang / lost motion, windup *n*, backlash *n* || ~ **Gang der Abstimmeinrichtung** / tuner backlash || ~ **Wicklungsraum** / unutilized winding space
Tot·last *f* / dead load, dead weight || ≗**mannknopf** *m* / dead man's button || ≗**mann-Pedalschalter** *m* / pedal-operated dead man's switch || ≗**mannschaltung** *f* / dead man's circuit
Totpunkt *m* / dead centre to operate || ≗ *m* (mech.) / dead centre || ≗ **des Gestänges** / dead centre of connection rods || **oberer** ≗ (OT Kfz-Mot.) / top dead centre (TDC) || **oberer** ≗ (OT) / top dead center (TDC) || **unterer** ≗ (UT) / bottom dead center (BDC) || ≗**lage** *f* / dead-centre position || **oberer** ≗**markensensor** (OT-Sensor) / TDC sensor
Totzeit *f* / dead time, delay *n* || ≗**glied** *n* DIN 19226 / lag element, dead-time element
Totzone *f* / dead band, neutral zone, dead zone || ≗ **des Stellgliedes** / final control element dead zone
Totzonenbreite *f* / dead band width
Touch-Screen *m* / touch-sensitive screen, touch-sensitive CRT, touch screen
Touren·dynamo *m* / tachometer generator, tacho-generator *n*, pilot generator || ≗ **zahl** *f* / number of revolutions || ≗**zahl pro Minute** / revolutions per minute || ≗**zähler** *m* / tachometer *n*, revolutions counter, r.p.m. counter, rev counter
Toxizität *f* / toxicity *n*
Toxizitäts·index *m* / toxicity index || ≗**verhältnis** *n* / toxicity ratio
TP (Teileprogramm) / parts program, part program || ≗ (twisted pair) / twisted pair
TPA / ppi
TPL / turn loop lighting (TLP)

TPM / TPM (Total Productive Maintenance)
TPS (Transportsteuerung) / transport control
TPV (Transportverbindung) / transport connection
TQT / output transfer time, TQT
TR / design temperature
TRA / audio-frequency remote control system (AF remote control), audio-frequency ripple control system (AF ripple control system)
Trabantenstation *f* (DÜ) DIN 44302 / tributary station
Trace-Funktion *f* / trace function
Track-and-Hold-Wandler *m* / track-and-hold converter
Tracking·-ADU / tracking ADC || **≗-Wandler** *m* / tracking converter
Trafo / transformer *n* || **≗ ab 4 kVA** / transformer as of 4 kVA || **≗ für Kabelumbau** / transformer for cable mounting || **≗abgang** *m* / transformer feeder || **≗abgangsfesteinbau** *m* / fixed-mounted transformer feeder || **≗abgangsfesteinbaufeld** *n* / fixed-mounted transformer feeder panel || **≗abgangsmodulfeld** *n* / transformer feeder module panel || **≗abzweig** *m* / transformer feeder || **≗-Differentialschutz** *m* / transformer differential protection || **≗regelung** *f* / tap voltage control || **≗schirmwicklung** *f* / transformer shielding winding || **≗stufe** *f* / transformer tap || **≗überbrückung** *f* / transformer bypass
Traganteil *m* / percentage bearing area, contact area ratio
tragbar·e Temperaturmesseinrichtung / portable temperature measuring set || **~er Transformator** / portable transformer || **~es Gerät** / portable applicance, portable apparatus || **~es Messgerät** / portable instrument || **~es Peripheriegerät** (SPS) / portable peripheral
Trag·bild *n* (Lg.) / appearance of bearing surface after bedding in || **≗blech** *n* / support plate, supporting plate, mounting plate, support(ing) plate || **vorgefertigtes ≗blech** / preassembled support plate || **≗block** *m* / supporting block || **≗bügel** *m* / bracket *n* || **≗bügel** *m* (Griff) / handle *n* || **≗draht** *m* (Luftkabel) / supporting messenger, bearer wire, catenary wire, messenger *n*
träge Sicherung / time-lag fuse, slow fuse, slow-blowing fuse (s.b. fuse), time-delay fuse, type T fuse || **chemisch ~** / chemically inert
Trage·gerüst *n* / support rack || **≗griff** *m* / handle *n*
Trag·eisen *n* / supporting section, steel support || **≗element** *n* / supporting element
Tragen, zum ≗ kommen / take effect
tragende Fläche / bearing surface || **~ Höhenlinie** / carrying contour
Träger *m* (Halterung) / support *n*, holder *n*, bracket *n*, carrier *n*, mount *n* || **≗** *m* (Unterzug) / girder *n* || **≗** *m* (Isolationsmat.) / carrier material, carrier *n* || **≗** *m* (HL, Ladungsträger) / carrier *n*, charge carrier || **≗** *m* (Trägerschwingung) / carrier *n* || **≗** *m* (der Strahlung, RöA) / substrate *n* (of radiation) || **≗** *m* (Balken) / beam *n*, girder *n*, joist || **≗ Abbrennstück** / erosion piece carrier || **≗ der Klebeschicht** / backing *n*, backing material, n., base material || **≗ der Schaltelemente** / switch support
träger Sicherungseinsatz / slow fuse-link, time-delay fuse-link, type T fuse-link
Träger, Batterie~ *m* / battery crate || **Informations~** *m* / information medium, information carrier || **≗, Lichtbogenkammer** / carrier for arc chute || **Skalen~** *m* / scale plate || **≗band** *n* / carrierband *n* || **≗baugruppe** *f* / subrack module, DMP terminal block (DMP TB) || **≗blech** *n* / supporting sheet || **≗board** *n* / carrier board || **≗bord** *n* / adaption board || **≗diffusion** *f* / carrier diffusion || **≗element** *n* / support element || **≗folie** *f* / carrier foil (o. sheet)
Trägerfrequenz *f* (TF) / carrier frequency (CF) || **≗kanal** *m* (TF-Kanal) / carrier channel || **≗kanal auf Hochspannungsleitungen** (TFH-Kanal) / powerline carrier channel (PLC) || **≗-Kopplungseinrichtung** *f* / carrier-frequency coupling device || **≗-LAN** *n* / carrierband LAN, broadband LAN || **≗sperre** *f* / carrier-current line trap, line trap || **≗system** *n* (TF-System) / carrier-frequency system, carrier system || **≗-Teil** *m* (TF-Teil) / carrier-frequency section (CF-Section) || **≗telegraphie** *f* / carrier telegraphy || **≗übertragung auf Hochspannungsleitungen** (TFH-Übertragung) / power line carrier transmission (PLC transmission) || **Schutz mit ≗verbindung** / carrier-current protection || **≗verschiebung** *f* / carrier-frequency shift || **≗verstärker** *m* / carrier amplifier
Träger·gas *n* / carrier gas || **≗gasdruck** *m* / carrier gas pressure || **≗gewebe** *n* / fabric carrier, textile carrier || **≗gruppenrahmen** *m* / rack assembly frame || **≗hohlschiene** *f* / support channel, mounting channel || **≗injektion** *f* / carrier injection || **≗leiterplatte** *f* / mother board
Trägermaterial *n* / carrier material, carrier *n*, base *n*, facing *n* || **≗** *n* (RöA) / substrate material
Träger·papier *n* / backed paper || **≗platte** *f* / frame plate, supporting plate || **≗platte** *f* (Osz.) / target *n* || **≗-Rausch-Abstand** *m* / carrier-to-noise ratio (CNR) || **≗rohr** *n* (JR) / rigid conduit (for large fixing-point spacings) || **≗schiene** *f* / mounting rail, mounting channel, supporting rail || **≗schwingung** *f* DIN 45021 / carrier *n*
Trägerspeichereffekt *m* (TSE LE) / hole storage effect || **≗-Beschaltung** *f* (TSE-Beschaltung) / surge suppressor (circuit o. network), anti-hole storage circuit, RC circuit, snubber *n*
Träger·staueffekt / hole storage effect || **≗welle** *f* / carrier wave (CW)
träges Gas / inert gas, rare gas
Tragfähigkeit *f* / maximum capacity || **≗** *f* (Lg.) / load rating, load carrying capacity || **≗** *f* (Rob.) / payload *n* || **≗** *f* (Kran, Seil) / carrying capacity, safe load, load capacity, handling capacity || **Kurzschlussstrom~** *f* / short-circuit current carrying capacity
Tragfähigkeitszahl *f* (LCN) / load classification number (LCN)
Tragfläche *f* / supporting surface, mounting surface
träg-flinker Sicherungseinsatz / discriminating fuse-link
Trag·fuß *m* / supporting foot, mounting foot, lug *n* || **≗gerüst** *n* / supporting structure, rack *n*, skeleton *n*, support rack || **≗gestell** *n* (f. Isolatorketten) / insulator cradle || **≗gestell** *n* (SK) VDE 0660, T.500 / mounting structure IEC 439-1
Trägheit *f* / inertia *n* || **≗** *f* (ESR, Verschmieren des Ausgangsstroms) / smearing *n*, lag *n* || **magnetische ≗** / magnetic viscosity, viscous hysteresis, magnetic creeping
trägheits·arm *adj* / low-inertia *adj* || **≗durchmesser** *m* / diameter of gyration || **≗faktor** *m* / inertia factor

|| **~frei** *adj* / inertialess *adj*, instantaneous *adj* || **≗grad** *m* (Auslöserkennlinie, Sich.) / time-lag class, standard time-current characteristic || **≗halbmesser** *m* / radius of gyration || **≗klasse** *f* / time lag class

Trägheitskonstante *f* (H) / stored-energy constant || ≗ *f* / inertia constant || ≗ **der angetriebenen Massen** / load stored-energy constant || ≗ **des Motors** / motor stored-energy constant

Trägheitskraft *f* / inertial force

trägheitslos *adj* / inertialess *adj*, instantaneous *adj* || ~ *adj* (ansprechend) / instantaneous *adj*

Trägheitsmittelpunkt *m* / centre of mass, centre of gravity

Trägheitsmoment *n* / moment of inertia (m.i.), mass moment of inertia, inertia torque, dynamic moment of inertia || ≗ **der Last** / load moment of inertia, load inertia || ≗ **J** / rotor inertia, J = rotor moment of inertia || **äquatoriales** ≗ / equatorial moment of inertia, axial moment of inertia || **äußeres** ≗ / load moment of inertia, external moment of inertia || **polares** ≗ / polar moment of inertia

Trägheits·radius *m* / radius of gyration || **≗verhältnis Gesamt/Motor** / Inertia ratio total/motor || **≗welle** *f* / inertial wave || **≗zeichen** *n* (Sich.) / time-lag symbol

Trag·holm *m* / transom *n*, supporting bar, supporting stay || **≗isolator** *m* (Hängeisolator) / suspension insulator || **≗klemme** *f* (Leiter-Hängeisolator) / suspension clamp || **≗klemme mit Gelenk** (Freiltg.) / pivot-type suspension clamp || **≗koffer** *m* / carrying case || **≗konsole** *f* / bracket *n*, support *n* || **≗konstruktion** *f* / supporting structure || **≗kopf** *m* (WKW) / thrust block

Tragkörper *m* (Turboläufer, massiv) / rotor body || ≗ *m* (Komm.) / commutator shell, hub *n*, spider *n*, core *n* || ≗ *m* (Generator-Speichenläufer) / spider *n*, field spider

Traglager *n* (Axiallg.) / thrust bearing || ≗ *n* / radial bearing, guide bearing, non-locating bearing || **≗laufring** *m* / thrust-bearing runner || **≗segment** *n* / thrust-bearing pad, segment *n*, shoe *n* || **≗stein** *m* / thrust-bearing pad, bearing shoe

Trag·last *f* / (mechanical) load. carrying load || **≗leiste** *f* / mounting bar, bracket *n* || **≗mast** *m* (Freil.) / straight-line tower, suspension tower || **≗organ** *n* (Luftkabel) / supporting messenger, bearer wire, catenary wire, messenger *n* || **≗öse** *f* / transport eyebolt, eye bolt || **≗platte** *f* / mounting plate, support(ing) plate || **≗platte** *f* (Lg.) / bearing plate || **≗profil** *n* (Montageschiene) / mounting rail, supporting channel || **≗rahmen** *m* (a. EZ) / support(ing) frame

Trägregler *m* (Thury-Spannungsregler) / Thury regulator

Trag·ring *m* (Läufer, Lg.) / retaining ring || **≗sattel** *m* (f. Leitungsmontage) / lift-type saddle || **≗säule** *f* (f. el. Masch.) / (supporting) pedestal *n* || **≗schiene** *f* EN 50022 / mounting rail, mounting channel, supporting rail || **≗schienenverbinder** *m* / (mounting) rail connector, channel connector || **≗schnabel** *m* (Schnabelwagen) / cantilever *n* (section), gooseneck *n* || **≗schnabelwagen** *m* / Schnabel (rail car), cantilever-type two-bogie car || **≗segment** *n* (Lg.) / thrust-bearing segment, pad *n*, shoe *n*

Tragseil *n* (Luftkabel) / supporting messenger, bearer wire, catenary wire, messenger *n* || **Leiterseil mit** ≗ / messenger-supported cable

Trag·sicherheit *f* (Lg.) / loading ratio || **≗spiegel** *m* (Lg.) / bedding area || **≗stern** *m* (WKW) / bearing bracket || **≗stiel** *m* / supporting pillar, upright *n* || **≗strebe** *f* / support strut || **≗stutzen** *m* (Mastleuchte) / spigot *n*, slip-fit spigot, slip-fitter *n* || **≗stützer** *m* / support insulator || **≗-Stützlager** *n* / combined thrust and radial bearing, radial-thrust bearing || **≗stützpunkt in gerader Linie** (Freiltg.) / intermediate support, tangent support || **≗teller** *m* / supporting pan || **≗vorrichtung** *f* / support *n*

Trag·weite *f* (Lichtsignal) / luminous range || **≗werk** *n* (Leitungsträger) / (conductor) support || **≗winkel** *m* / support bracket, mounting bracket || **≗zahl** *f* (Lg.) / basic load rating, load rating || **≗zapfen** *m* (Welle) / thrust journal, journal for axial load || **≗zylinder** *m* (Trafo-Kern) / supporting cylinder, barrel *n*

Trainings·platz *m* / training station || **≗simulator** *m* / operator training simulator (OTS), dispatcher training simulator

Traktionsleistung *f* / traction output

Traktorantrieb *m* (Drucker) / tractor drive

Tränk·anlage *f* / impregnating plant || **≗bad** *n* / impregnating bath

tränkbar *adj* / impregnable *adj*, saturable *adj*

tränken *v* / impregnate *v*, saturate *v*, soak *v*, steep

Tränk·flüssigkeit *f* / impregnating liquid, impregnant *n* || **≗form** *f* / impregnating mould || **≗harz** *n* / impregnating resin || **≗harzmasse** *f* / impregnating resin compound || **≗lack** *m* / impregnating varnish || **≗masse** *f* / impregnating compound, impregnant *n* || **≗mittel** *n* / impregnant *n*, impregnating material

Tränkung *f* / impregnation *n*, saturation *n*

Transaktion *f* / transaction *n*

Transceiver *m* / transceiver *n*, bus connector, bus link || **≗kabel** *n* / transceiver cable

Transduktor *m* / transductor *n* || ≗ **in Parallelschaltung** / parallel transductor || ≗ **in Reihenschaltung** / series transductor || ≗ **in Sparschaltung** / autotransductor *n* || ≗ **mit direkter Selbsterregung** / auto-self-excited transductor || **≗drossel** *f* / half-cycle transductor || **≗element** *n* / transductor element || **≗-Regler** *m* / transductor regulator, transductor controller || **≗-Spannungsregler** *m* / transductor voltage regulator || **≗-Strombegrenzer** *m* / transductor fault limiting coupling || **≗-Verstärker** *m* / transductor amplifier, magnetic amplifier || **≗-Wandler** *m* / measuring transductor

Transfer *m* / transfer *n* || **≗baustein** *m* / transfer block || **≗befehl** *m* / transfer command || **≗betrieb** *m* / transfer mode || **≗fehler** *m* / transfer error || **≗funktion** *f* / transfer function, move function, transfer instruction || **≗funktion** *f* (SPS-Operation) / transfer operation || **≗geschwindigkeit** *f* (DÜ) / transfer rate, data transfer rate || **≗-Impedanz** *f* (Schutzsystem) / transfer impedance IEC 50(448) || **≗kette** *f* / transfer conveyor || **≗leistung** *f* / ability to transfer || **≗linie** *f* / transfer line || **≗maschine** *f* / multi-station transfer machine || **≗operation** *f* / transfer operation, transfer instruction (PLC), move operation || **≗-Speicherröhre** *f* / transfer storage-cathode tube || **≗steuerung** *f* / transfer control || **≗straße** *f* / transfer line || **≗straßen** *f pl* / transfer lines || **≗straßensteuerung** *f* / transfer line control

Transformation *f* / transformation *n* || ≗ *f* (NC, CLDATA-Wort) / translate ISO 3592

Transformations·abwahl *f* / transformation deselection || ≗**datensatz** *m* / transformation record || ≗**-EMK** *f* / transformer e.m.f. || ≗**impedanz** *f* / transformation impedance || ≗**konstante** *f* / transformation constant

Transformationverband *m* / transformation grouping

Transformator *m* / transformer *n* || ≗ **der Schutzklasse I** / class I transformer || ≗ **für allgemeine Zwecke** / general-purpose transformer || ≗ **für Freiluftaufstellung** / outdoor transformer || ≗ **für Innenraumaufstellung** / indoor transformer || ≗ **für Sonderbetrieb** / specialty transformer || ≗ **für Sonderzwecke** / special-purpose transformer, specialty transformer || ≗ **für Unterputzmontage** / flush-type transformer || ≗ **mit Anblasekühlung** / air-blast transformer, forced-air-cooled transformer || ≗ **mit beweglicher Sekundärwicklung** / moving-coil regulator || ≗ **mit erzwungener Luftkühlung** / forced-air-cooled transformer, air-blast transformer || ≗ **mit geschachteltem Kern** / nested-core Transformer || ≗ **mit geschlossenem Kern** / closed-core transformer || ≗ **mit getrennten Wicklungen** / separate-winding transformer || ≗ **mit Gießharz-Vollverguss** / resin-encapsulated transformer, (resin-)potted transformer || ≗ **mit hohem Leistungsfaktor** / high-p.f. transformer || ≗ **mit Stickstofffüllung** / nitrogen-filled transformer, inertair transformer || ≗ **mit Stufenschalter** / tap-changing transformer || ≗ **mit veränderlichem Übersetzungsverhältnis** / variable-ratio transformer || **entflammungssicherer** ≗ / fail-safe transformer || **ölgefüllter** ≗ / oil-immersed transformer, oil immersed type transformer IEC 50(421), oil-filled transformer, oil-insulated transformer || **prüffertiger** ≗ / transformer ready for testing || **vorgeschalteter** ≗ / transformer switched in line

Transformator·abgang *m* / outgoing transformer unit, transformer feeder || ≗**abgang** *m* (IK) / transformer tap || ≗**abzweig** *m* / outgoing transformer feeder, outgoing transformer circuit, transformer feeder, transformer circuit || ≗**anzapfung** *f* / transformer tap || ≗**-Ausschaltstrom** *m* VDE 0670,T.3 / transformer off-load breaking current IEC 265 || ≗**-Ausschaltvermögen** *n* VDE 0670, T.3 / no-load transformer breaking capacity IEC 265-2, transformer off-load breaking capacity || ≗**bank** *f* / three-phase transformer bank || ≗**blech** *n* / transformer magnetic sheet steel, transformer lamination(s) || ≗**brücke** *f* / transformer bridge || ≗**einspeisung** *f* / transformer feeder (unit)

Transformatoren·aggregat *n* / transformer set, transformer combination || ≗**bühne** *f* / transformer platform, transformer floor || ≗**schalter** *m* (LS) / transformer circuit-breaker || ≗**schutz** *m* / transformer protection || ≗**station** *f* / transformer substation, substation *n* || ≗**-Unterlagen für die Bemessung** (TUB) / transformer sizing documentation, TUB

Transformator·-Erdschlussschutz *m* / transformer-tank earth-fault protection || ≗**feld** *n* (FLA) / transformer feeder bay, transformer bay || ≗**feld** *n* (IRA) / transformer feeder panel, transformer cubicle, transformer unit || ≗**gruppe** *f* / three-phase transformer bank || ≗**gruppe in Scott-Schaltung** / Scott-connected transformer assembly || ≗**haus** *n* / transformer house, substation building

transformatorisch induzierte Spannung / transformer e.m.f. || **~e EMK** / transformer e.m.f. || **~e Rückkopplung** / transformer feedback || **~e Spannung** / induced voltage

Transformator·kammer *f* / transformer cell, transformer compartment || ≗**kern** *m* / transformer core || ≗**kerze** *f* (Durchführung) / transformer bushing || ≗**kessel** *m* / transformer tank || ≗**kiosk** *m* / transformer kiosk || ≗**-Kleinstation** *f* / packaged transformer substation, unit substation, packaged substation || ≗**-Kompaktstation** *f* / kiosk (transformer) substation, packaged transformer substation, unit substation, integrated substation || ≗**kopplung** *f* / transformer coupling || ≗**-Lastschalter** *m* (Lastschalter für unbelastete Transformatoren) VDE 0670,T.3 / transformer off-load switch IEC 265 || ≗**-Netzstation** *f* / packaged transformer substation || ≗**pol** *m* (einpolige Trafoeinheit) / single-phase transformer

Transformator·regelung *f* / tap voltage control || ≗**rückkopplung** *f* / transformer feedback || ≗**-Sanfteinschalter** *m* (TSE) / transformer inrush suppressor, circuit-breaker, transformer soft energizing circuit breaker || ≗**-Sanfteinschaltrelais** *n* (TSER) / transformer inrush suppressor relay, transformer soft energizing relay || ≗**schalter** *m* / transformer circuit-breaker || ≗**schrank** *m* (BV) / transformer ACS || ≗**-Schwerpunktstation** *f* / transformer load-centre substation, secondary unit substation || ≗**-S-Station** *f* / transformer load-centre substation, secondary unit substation || ≗**stichfeld** *n* / radial transformer panel || ≗**stufe** *f* / transformer tap || ≗**-Stufenanzeige** *f* / transformer tap position indication || ≗**verstärker** *m* / transformer amplifier || ≗**wächter** *m* (gasbetätigtes Relais) / transformer protector, trafoscope *n* || ≗**zelle** *f* / transformer cell, transformer compartment || ≗**-Zündgerät** *n* (Leuchte) / transformer-type igniter || ≗**-Zusatzregler** *m* / transformer booster

Transformierte *f* / transform *n* || ≗ **der Ausgangsgröße** / output transform || ≗ **der Eingangsgröße** / input transform

transformiert·e Impedanz / reflected impedance || **~e Zufallsgröße** DIN 55350,T.21 / transformed variate || **~er Blindwiderstand** / transformed reactance || **~er Polradwiderstand** / transformed rotor resistance || **~es Netz** / network in terms of components || **~es Stromkreiselement** / circuit element in terms of components

Transformierung elektrischer Energie / transformation of electrical energy, transformation of electricity

Transiente *f* / transient *n*

transient·e Kurzschlusszeitkonstante / transient short-circuit time constant || **~e Längsfeldinduktivität** / direct-axis transient inductance || **~e Längsfeldreaktanz** / direct-axis transient reactance || **~e Längsimpedanz** / direct-axis transient impedance || **~e Lastkennlinie** / transient load characteristic || **~e Netzstabilität** / transient stability of power system || **~e Querfeldreaktanz** / quadrature-axis transient reactance || **~e Querimpedanz** / quadrature-axis transient impedance || **~e Querspannung** / quadrature-axis transient voltage || **~e Reaktanz** /

transient reactance || **~e Störungen der Stromversorgung** / transient power disturbances || **~e Überspannung** / transient overvoltage || **~e wiederkehrende Spannung** / transient recovery voltage (TRY)

Transienten·-Rekorder *m* / transient recorder || **≗-Startselektor** *m* / transient start selector

transienter Anfangs-Spannungsabfall / initial transient reactance drop || **~ Kurzschlusswechselstrom** / transient short-circuit current || **~ Wärmewiderstand** (Thyr) DIN 41786 / transient thermal impedance || **~ Zustand** (eines Netzes) / transient state

Transient·faktor *m* (Wandler) / transient factor || **≗-Induktivität** *f* / transient inductance || **≗-Kurzschluss-Zeitkonstante der Längsachse** / direct-axis transient short-circuit time constant || **≗-Kurzschluss-Zeitkonstante der Querachse** / quadrature-axis transient short-circuit time constant || **≗-Längs-EMK** *f* / direct-axis transient e.m.f. || **≗-Längsimpedanz** *f* / direct-axis transient impedance || **≗-Längsreaktanz** *f* / direct-axis transient reactance || **≗-Leerlauf-Zeitkonstante der Längsachse** / direct-axis transient open-circuit time constant || **≗-Leerlauf-Zeitkonstante der Querachse** / quadrature-axis transient open-circuit time constant || **≗-Quer-EMK** *f* / quadrature-axis transient e.m.f. || **≗-Querimpedanz** *f* / quadrature-axis transient impedance || **≗-Querreaktanz** *f* / quadrature-axis transient reactance || **≗-Querspannung** *f* / quadrature-axis transient voltage || **≗-Reaktanz** *f* / transient reactance

Transistor *m* / transistor *n* || **≗ im Schaltbetrieb** / switched-mode transistor || **≗diagnose-Parameter** *m* / transistor diagnostic parameter || **≗-Ersatzschaltung** *f* / transistor equivalent circuit || **≗gerät** *n* / transistor unit || **≗-Gleichstromsteller** *m* / DC drive controller, DC PWM || **≗-Hochleistungsschalter** *m* / high-power transistor switch

transistorisiert·e Steuerung / transistorized control || **~es Vorschaltgerät** (Leuchte) / transistorized ballast, transistor control gear

Transistor·-Pulsumrichter *m* / transistor PWM converter, PWM || **≗schalter** *m* / transistor switch || **≗steller** *m* / drive controller, PWM || **≗tetrode** *f* / tetrode transistor || **≗-Transistor-Logik** *f* (TTL) / transistor-transistor logic (TTL) || **≗triode** *f* / triode transistor || **≗umrichter** *m* / transistorized converter, transistorized frequency converter, PMW || **≗vorschaltgerät** *n* / transistorized ballast, transistor control gear (luminaire) || **≗-Wechselrichter-Vorschaltgerät** *n* / transistorized inverter ballast || **≗-Widerstands-Logik** *f* (TRL) / transistor-resistor logic (TRL) || **≗-Zeitrelais** *n* / transistorized time-delay relay

Transitfrequenz *f* (Transistor) / transition frequency

Transition *f* / step enabling condition || ≗ *f* (SPS-Programm) / transition *n* EN 61131-3 || **Umhängen einer ≗** / redirecting a transition

Transitionsbedingung *f* / step enabling condition || ≗ *f* (SPS) / transition condition, step enabling condition

Transitions·lupe *f* / transition zoom || **≗marke** *f* / transition label || **≗-Priorität** *f* / transition priority

transitorisch *adj* / transient *adj*

Transit·-Station *f* (FWT) / transit station || **≗system** *n* DIN ISO 7498 / intermediate system, relay system || **≗verkehr** *m* / transit traffic

transkristalline Korrosion / transcrystalline corrosion, transgranular corrosion

translatorisch *adj* / translatory *adj*, linear *adj* || **~e Bewegung** / translatory movement || **~e Bewegung** (geradlinige B.) / straight motion, linear motion, rectilinear motion || **~e Werkstückverschiebung** (a. NC-Zusatzfunktion nach DIN 66025, T.2) / linear workpiece shift ISO 1056 || **~e Werkzeugverschiebung** (a. NC-Zusatzfunktion nach DIN 66025, T.2) / linear tool shift ISO 1056

Translieren *n* / panning *n*

transliterieren *v* / transliterate *v*

Transmission *f* (Antriebstechnik) / transmission *n*, transmission gear(ing) || ≗ *f* (Längswelle) / line shaft, transmission shafting || ≗ *f* (BT) / transmission *n*

Transmissions·bereich *m* / transmission range || **≗faktor** *m* (atmosphärischer Durchlassgrad) / atmospheric transmissivity || **≗gatter** *n* / transmission gate || **≗grad** *m* / transmittance *n* || **≗topographie** *f* / transmission topography || **≗wärme** *f* / conducted heat || **≗wärmegewinn** *m* / transmission heat gain, heat gain by transmission || **≗wirkungsgrad des Elektronenstrahls** / electron beam transmission efficiency

Transmissivität *f* (LT) / transmissivity *n*

TRANSMIT / transform milling into turning (TRANSMIT) || **≗-Funktion** *f* / TRANSMIT function

Transmittanz *f* (Transistor) / forward transfer admittance || **≗ bei kleiner Aussteuerung** / small-signal short-circuit forward transfer admittance

Transmitverband *m* / transmit combination

Transmultiplexen *n* / transmultiplexing *n*

Transnormmotor *m* / trans-standard motor

transparente Schicht (graf. DV, eines Bildes) / transparent overlay

transpassive Korrosion / transpassive corrosion

Transport Inland / domestic transport

Transport Service Access Point (TSAP) / transport service access point (TSAP)

transportable Batterie / portable battery || **~ Emissionsmesseinrichtungen** / portable emission measuring instruments || **~r BV** / transportable ACS || **~s Peripheriegerät** (SPS) / transportable peripheral

Transport·abwickler *m* / transport handler || **≗band** *n* / conveyor belt || **≗-Beanspruchungsstufe** *f* / shipment stress class || **≗behälter** *m* / transport container, container *n* || **≗beilage** *f* (f. Welle) / shaft block || **≗dienst** *m* DIN ISO 8072 / transport service || **≗dienstbenutzer** *m* DIN ISO 8307 / transport service user || **≗dienstzugangspunkt** *m* DIN ISO 8072 / transport service access point (TSAP) || **≗ebene** *f* / transport layer || **≗einheit** *f* / transport unit IEC 439, transportable assembly IEC 298, transportable unit, shipping block || **≗einheit** *f* (QS) / consignment *n*

transportfest *adj* / handling-resistant *adj*, transportable *adj*

Transport·festigkeit *f* / handling resistance, transportability *n* || **≗fuge** *f* / shipping split || **≗gewicht** *n* / transportation mass, shipping weight || **≗griff** *m* / carrying handle, lifting handle || **≗gruppe** *f* / transport group || **≗hilfe** *f* / transport aid || **≗hilfen**

f pl / handling aids, transit facilities, mechanical aids for package handling ‖ ≗**hülle** *f* / transport cover ‖ ≗**instanz** *f* DIN ISO 8348 / transport entity, transport layer entity

Transport·käfig *m* / shipping crate, transport cage ‖ ≗**kiste** *f* / transport crate ‖ ≗**kiste Leistungsschalter 3WR.** / transport crate, 3WR. circuit-breaker ‖ ≗**klinke** *f* (EZ) / advancing pawl, pusher *n* ‖ ≗**koffer** *m* / carrying case ‖ ≗**kosten** *plt* / transport costs ‖ ≗**lagerschale** *f* / temporary bearing shell ‖ ≗**lasche** *f* / lifting lug, transport flag ‖ **Wärme~mittel** *n* / heat transfer medium, coolant *n* ‖ ≗**netz** *n* / transmission network (o. system) ‖ ≗**öse** *f* / transport eyebolt, eye bolt ‖ ≗**palette** *f* / transport pallet ‖ ≗**protokoll** *n* DIN ISO 7498 / transport protocol ‖ ≗**quittung** *f* / transport acknowledgement ‖ ≗**rad** *n* (EZ) / advancing wheel ‖ ≗**rolle** *f* / castor *n*, wheel *n*, roller *n*, transport roller

Transport·schaden *m* / transport damage, damage incurred during transit ‖ ≗**schäden** *m pl* / shipping damage ‖ ≗**schäkel** *m* / transport shackle ‖ ≗**schicht** *f* DIN ISO 7498 / transport layer ‖ ≗**schutz Magnetventil** / transport securing device for solenoid valve ‖ ≗**seil** *n* (Kran) / crane rope, lifting rope ‖ ≗**sicherung** *f* / shipping brace, shaft block, rotor locking arrangement, bearing block, transport block ‖ ≗**steuerung** *f* (TPS) / transport control ‖ ≗**strom** *m* / transport current ‖ **fahrerloses** ≗**system** / automated guided vehicle system (AGVS), automatic guided vehicle system (AGVS) ‖ **führerloses** ≗**system** / automatic guided vehicle system (AGVS)

Transport·verbindung *f* (TPV) / transport connection ‖ ≗**verbindungsverwalter** *m* / transport service handler ‖ ≗**verspannung** *f* (f. Maschinenläufer) / shipping brace, shaft block, rotor locking arrangement, bearing block ‖ ≗**versteifung** / shipping brace, shaft block, rotor locking arrangement, bearing block ‖ ≗**verzögerung** *f* (Signal) / transport delay ‖ ≗**vorrichtungen** *f pl* / handling facilities ‖ ≗**wagen** *m* / trolley *n* ‖ ≗**walze** *f* / drive sprocket ‖ ≗**temperatur** *f* DIN 41858 / storage temperature, transport temperature ‖ ≗**-Trennstelle** *f* / shipping split ‖ ≗**überwachung** *f* / transmission monitoring ‖ ≗**- und Lagertemperatur** *f* / transport and storage temperature, non-operating temperature ‖ ≗**- und Positionierrollgänge** *f* / transfer and positioning roller tables ‖ ≗**- und Verteilnetz** *n* / transmission and distribution network

transversal·e elektrische Mode (TE-Mode) / transverse electric mode (TE mode) ‖ **~e elektromagnetische Mode** (TEM-Mode) / transverse electromagnetic mode (TEM mode) ‖ **~e Last** (Freiltg.) / transverse load ‖ **~e Welle** / transverse wave ‖ **~er Randeffekt** / transverse edge effect

Transversalschwingung *f* / lateral vibration

Transversalwelle *f* / transverse wave

Trap (HL) / trap *n*, deathnium centre ‖ ≗ / trap *n*

Trapez·feldwicklung *f* / winding producing a trapezoidal field ‖ **~förmig** *adj* / trapezoidal *adj* ‖ ≗**gewinde** *n* / acme thread, tetragonal thread ‖ ≗**impuls** *m* / trapezoidal pulse ‖ ≗**kennlinie** *f* (Schutz) / trapezoidal impedance characteristic ‖ ≗**passfeder** *f* / Barth key ‖ ≗**pol** *m* / tapered-body pole, trapezoidal pole ‖ ≗**regel** *f* / trapezoid rule ‖ ≗**spule** *f* / trapezoidal coil ‖ ≗**verzeichnung** *f* (ESR) / trapezium distortion ‖ ≗**welle** *f* / trapezoidal wave ‖ ≗**wicklung** *f* / winding producing a trapezoidal field

Trasse *f* / route *n*, transmission route, right of way ‖ **Kabel~** *f* / cable route

Trassen·breite *f* / width of right of way ‖ ≗**länge** *f* / route length, transmission route length ‖ ≗**suchgerät** *n* / cable route locating unit

Traubenzucker *m* / glucose *n*

Träufel·harzmasse *f* / trickle resin ‖ ≗**imprägnierung** *f* / trickle impregnation ‖ ≗**lack** *m* / impregnating varnish

träufeln *v* (Wickl.) / feed in *v*, drop *v*

Träufel·spule *f* / mush-wound coil ‖ ≗**wicklung** *f* / fed-in winding, mush winding

Traverse *f* (Schrankbauteil) / cross-arm *n*, cross-rail *n*, cross-member *n* ‖ ≗ *f* (Kran) / lifting beam ‖ ≗ *f* (Trafo, Presskonstruktion) / tie bar, cross member ‖ ≗ *f* (Freileitungsmast) / cross-arm *n*

T-Reduzierverschraubung *f* / T reducer, T reducing coupling

Treffer *m* (Kuppl.) / driver *n*, wobbler *n* ‖ ≗ *m* (DV) / hit *n* ‖ ≗**liste** *f* / hit list

Treffgenauigkeit *f* (Statistik, QS) / accuracy of the mean

Treibachse *f* / drive axle, drive shaft

Treiben *n* / driving *n*

treibend·e Kupplungshälfte / driving coupling half ‖ **~e Riemenscheibe** / driving pulley ‖ **~e Spannung** / electromotive force, e.m.f., source voltage, driving voltage ‖ **~es Rad** / driving gear, driver gear, driver *n*

Treiber *m* / driver *n* ‖ ≗ **mit offenem Kollektor** / open-collector driver ‖ ≗**baustein** *m* / driver block ‖ ≗**entwicklungsbibliothek** *f* / driver development library ‖ ≗**schaltung** *f* / driver circuit, driver *n* ‖ ≗**stufe** *f* / driver (stage)

Treib·mittelpumpe *f* / fluid entrainement pump ‖ ≗**rad** *n* / driving wheel ‖ ≗**riemen** *m* / transmission belt, belt *n* ‖ ≗**scheibe** *f* (Riemenscheibe) / driving pulley ‖ ≗**schieberzähler** *m* / sliding-vane meter ‖ ≗**sitz** *m* / driving fit ‖ ≗**walze** *f* / drive roll

Treidelbürste *f* / trailing brush

Trend·anzeige *f* / trend display ‖ **grafische** ≗**anzeige** / graphical trend chart ‖ ≗**baustein** *m* / trend block ‖ ≗**schreiber** *m* / trend recorder ‖ ≗**schrieb** *m* / trend record

trennbar *adj* / disconnectable *adj*

Trenn·barkeit *f* (Chem., Chromatographie) / separability *n* ‖ ≗**bedingungen** *f pl* (el. Netz) / isolating requirements ‖ ≗**blech** *n* / partition *n*, barrier *n*, separator *n* ‖ ≗**bruch** *m* / brittle fracture, brittle failure, crystalline fracture ‖ ≗**brücke** *f* / disconnecting link BS 4727, isolating link ‖ ≗**buchse** *f* / splitting jack ‖ ≗**bündeln** *n* DIN IEC 50,T.131 / cut-set *n* ‖ ≗**einrichtung** *f* (SG) / disconnecting device ‖ ≗**einrichtung** *f* (LS) / interrupter *n* ‖ ≗**einschub** *m* / withdrawable part ‖ ≗**einschub** *m* / disconnector link

Trennen *n* (Fertigungstechnik, Chem.) / separating *n*, separation *n* ‖ ≗ *n* (m. SG, Unterbrechen der Stromzufuhr) / isolation *n*, disconnecting *n*, disconnection *n* ‖ ≗ *n* (StV) / disengagement *n* ‖ ≗ *n* (Kommunikationsnetz) DIN ISO 7498 / separation *n* ‖ ~ *v* (abschalten) / isolate *v*, disconnect *v*, interrupt *v* ‖ ~ *v* (Phasen) / segregate *v*, separate ‖ ~

v (stanzen) / part *v* ‖ ~ *v* (NC) DIN 66001 / extract *v* ‖ ~ *v* (StV) / disengage *v* ‖ **chromatographisches** ≗ / chromatographic separation ‖ **fliegendes** ≗ / on-the-fly parting ‖ **vom Netz** ~ / isolate from the supply, disconnect from the supply

Trenner *m* (Trennschalter) / disconnector *n*, isolator *n* (depr.), disconnect *n*, disconnecting switch ‖ ≗ *m* (Entkoppler) / isolator *n*, buffer *n*, isolating (o. buffer) amplifier ‖ ≗ **mit Sicherungen** VDE 0660,T.107 / disconnector-fuse *n* IEC 408 ‖ **Gleichspannungs~** *m* (Trennverstärker) / buffer amplifier, isolation amplifier ‖ **Sicherheits~** *m* VDE 0860 / safety switch IEC 65, 348 ‖ ≗**abbild** *n* / isolator replica ‖ ≗**abgang** *m* (Stromkreis) / disconnector-controlled feeder (o. outgoing circuit) ‖ ≗**abgang** *m* (Einheit) / outgoing disconnector unit ‖ ≗**antrieb** *m* / disconnector operating mechanism ‖ ≗**bedingungen** *f pl* / isolation conditions

Trenn-Erder *m* / combined disconnector and earthing switch, disconnector with grounding switch ‖ ≗**-Erdungsschalter** *m* / combined disconnector and earthing switch, disconnector with grounding switch

Trenner·einheit *f* / disconnector unit, disconnector cubicle ‖ ≗**getriebekopf** *m* / disconnector operating head ‖ ≗**kontakt** *m* / disconnector contact ‖ ≗**kupplung** *f* / disconnector tie ‖ ≗**fähigkeit** *f* (v. Leitungen) / separability *n* ‖ ≗**fasche** *f* / disconnecting link BS 4727, isolating link ‖ ≗**fläche** *f* (zwischen zwei Medien) / interface *n* ‖ ≗**funktion** *f* / isolating function ‖ ≗**gerät** *n* (LWL) / cleaving device

trenngeschnitten *adj* / parted off

Trenn·geschwindigkeit *f* (Chem., Chromatographie) / separation rate ‖ ≗**kammer** *f* (LS) / interrupter chamber, interrupting chamber ‖ ≗**klemme** *f* / disconnect terminal, isolating terminal

Trennkontakt *m* / isolating contact, disconnect contact ‖ ≗ *m* / break contact, break contact element IEC 337-1, b-contact, normally closed contact, NC contact ‖ **Zuleitungs-**≗ *m* / incoming isolating contact, stab connector ‖ ≗**leiste** *f* / isolating plug connector ‖ ≗**stift** *m* / isolating contact pin, isolating pin, disconnect contact pin ‖ ≗**vorrichtung** *f* / disconnecting device, primary disconnecting device

Trenn·kraft *f* / separating force ‖ ≗**kupplung** *f* (mech.) / disconnect-type clutch, clutch *n* ‖ ≗**kupplung** *f* (StV) / disconnector *n* ‖ ≗**lasche** *f* / disconnecting link, isolating link ‖ ≗**leiste** *f* / isolating unit ‖ ≗**leistung** *f* (Chromatograph) / separating capacity, separating power, column efficiency ‖ ≗**linie** *f* / dividing line

Trenn·membran *f* / separating diaphragm ‖ ≗**messer** *n* / disconnecting blade, isolating blade ‖ ≗**mittel** *n* / release agent ‖ ≗**mittel** *n pl* (IK) / separators *n pl*, barriers *n pl* ‖ **Silikon**≗**mittel** *n* / silicon(e) stripping agent ‖ ≗**modul** *n* / disconnecting module ‖ ≗**modulfeld** *n* / disonnecting module panel ‖ ≗**möglichkeit** *f* / disconnecting facility ‖ ≗**organ** *n* (SG) / disconnecting means, disconnect *n* ‖ ≗**platte** *f* / partition *n*

Trenn·relais *n* / isolating relay, air-gap relay, cut-off relay ‖ ≗**säge** *f* / separating saw ‖ ≗**säule** *f* (Chromatograph) / separating column, subtractor column ‖ ≗**säulen-Umschaltung** *f* (Chromatograph) / column switching

Trennschalter *m* (TS) VDE 0670, T.2 / disconnector *n* IEC 129, isolator *n* (depr.), isolating switch (depr.), disconnecting switch, disconnect switch, disconnect ‖ ≗ **in Luft** / airbreak disconnector ‖ ≗ **mit Sicherungen** / disconnector-fuse *n* IEC 408 ‖ **geteilter** ≗ VDE 0670,T.2 / divided-support disconnector IEC 129 ‖ **Richtungswender-** ≗ *m* / disconnecting switch reverser ‖ ≗**einheit** *f* / disconnector unit, disconnector cubicle ‖ ≗**feld** *n* / disconnector panel

Trenn·schalthebel *m* / disconnector handle ‖ ≗**schaltstück** *n* / isolating contact, disconnect contact ‖ ≗**schärfe** *f* (QS) / power *n* ‖ ≗**schärfe** *f* (Empfänger) / selectivity *n* ‖ ≗**scheibe** *f* / insulating plate, insulation plate ‖ ≗**scheibe** *f* (Reihenklemme) / insulation plate (terminal block) ‖ ≗**schicht** *f* (LWL) / barrier layer ‖ ≗**schicht** *f* (Kabel) / separator *n* ‖ ≗**schichtmessung** *f* / interface detection ‖ ≗**schieber-Löschkammer** *f* / contact-separator-type arcing (o. quenching) chamber ‖ ≗**schottung** *f* (von Leitern) VDE 0670, T.6 / segregation *n* IEC 298 ‖ ≗**schütz** *n* / contactor disconnector, air-gap contactor ‖ ≗**schutzschalter** *m* (Fehlerstrom-Schutzschalter) / earth-leakage circuit-breaker, ground-fault circuit-interrupter ‖ ≗**sicherung** *f* / fusible cutout, dropout fuse ‖ ≗**spannung** *f* / isolating voltage ‖ ≗**stab** *m* (Batt.) / separating rod ‖ ≗**steg** *m* / isolating piece, separator *n*

Trennstelle *f* / disconnection point, isolation position, dividing point, parting point ‖ ≗ *f* (el.) / isolating point, safe clearance, disconnect *n*, gap *n*, break *n* ‖ ≗ *f* (Fahrleitung) / sectioning point ‖ ≗ *f* (mech., Schnittstelle) / joint *n*, cut *n* ‖ ≗ *f* (Blitzschutzleiter) / inspection joint, test joint ‖ **Transport-**≗ / shipping split

Trenn·stellung *f* (SA, eines Trenneinschubs) VDE 0660, T.500 / disconnected position IEC 439-1, isolated position ‖ ≗**strecke** *f* (Schalterpol, Sich.) / isolating distance ‖ ≗**strecke** *f* (Elektronenstrahl) / circuit sever ‖ ≗**stufe** *f* (Trenntrafo) / isolating transformer ‖ ≗**stufe** *f* (zur rückwirkungsfreien Verbindung zweier Schaltkreise) / buffer stage *n*, buffer *n*, isolating amplifier ‖ ≗**symbol** *n* / separator *n*

Trenn·teil *m* (herausnehmbarer Teil einer Schaltanlage) VDE 0670, T.6 / withdrawable part IEC 298 ‖ ≗**trafo** *m* / isolating transformer ‖ ≗**transformator** *m* / isolating transformer ‖ ≗**transformer** *m* / isolation transformer ‖ ≗**übertrager** *m* / isolating transformer ‖ ≗**- und Erdungsschalter** *m* / disconnecting and earthing switch ‖ ≗**- und Schaltgeräte** *n pl* / devices for isolation and switching

Trennung *f* (kürzester Abstand, durch festes Isoliermaterial gemessen, zwischen zwei spannungsführenden Teilen) / separation *n* ‖ ≗ *f* VDE 0100, T.46 / isolation *n* IEC 64(CO)80 ‖ ≗ *f* / separator *n* ‖ ≗ **auf Grünablauf** / separation of green syrup ‖ ≗ **auf Weißablauf** / separation of white syrup ‖ ≗ **der Netzstromversorgung** / supply isolation ‖ ≗ **vom Netz** / disconnection from supply, isolation from supply ‖ ≗ **zwischen den Anschlussteilen** / separation of connection facilities ‖ **Block~** *f* (KW) / disconnection of generating unit ‖ **elektrische** ≗ (Schutztrennung) VDE 0100 / electrical separation ‖ **galvanische** ≗ /

electrical isolation, metallic isolation, isolation *n* || **galvanische** ≗ (Kontakte) / contact separation || **Mehrtasten~** *f* / n-key rollover (NKRO) || **Phasen~** *f* / phase segregation, phase-separating partition, phase barrier || **Potenzial~** *f* / electrical isolation, isolation *n*, control-to-load isolation, galvanic isolation || **Schutz~** *f* VDE 0100, T.200 / protective separation, safety separation (of circuits), protection by electrical separation, electrical separation || **sichere** ≗ / safe isolation || **Zweitasten~** *f* / two-key rollover

Trennungs·muster *n* (SPS) / boundary pattern || ≗**weiche** *f* / separating filter || ≗**zeichen** *n* / separation sign

Trenn·vermögen *n* (Bildschirm) / resolution *n* || ≗**verstärker** *m* / isolation amplifier, buffer amplifier || ≗**vorlage** *f* (außenliegender Aufnehmer f. Messumformer) / filter-type sensor (o. pickup), trap-type sensor (o. pickup) || ≗**vorrichtung** *f* / cutting tool, separating tool || ≗**vorrichtung** *f* (SG) / disconnecting device || ≗**wagen** *m* / disconnector truck, isolating truck

Trennwand *f* / baffle *n*, outside wall of insulation || ≗ *f* (SK) VDE 0660, T.500 / partition *n* IEC 439-1 || ≗ *f* (SS, Sich.) / barrier *n*, phase barrier || ≗ *f* (IK, f. Kabel) / cable separator, separator *n*, barrier *n* || ≗ *f* (Gebäude) / partition wall, partition *n* || ≗ *f* (Reihenklemme) / partition plate

Trennwandler *m* / isolating transformer

Trennwand·markierung *f* (IK) / separator marking || ≗**-System** *n* / partition system

Trenn·werkzeug *n* / cutting tool, separating tool || ≗**zeichen** *n* / grouping mark || ≗**zeichen** *n* (Informationsverarbeitung) / separator *n* || ≗**zustand** *m* (Schaltanlageneinheit) / disconnected situation

Treppe *f* (Impulse, Folge von Sprüngen) DIN IEC 469, T.1 / staircase *n*

Treppenabsatz *m* / landing *n*

treppenförmige Ablenkung (Osz.) / stair-step sweep

Treppenhaus·lichtautomat *m* / staircase lighting time(-delay) switch, staircase lighting timer || ≗**schalter** *m* / landing switch

Treppen·impuls *m* / stair-step pulse || ≗**kurve** *f* / staircase graph

Treppenlicht *n* / staircase lighting, stairwell lighting || ≗**schalter** *m* / staircase lighting timer || ≗**-Zeitschalter** *m* / staircase lighting time(-delay) switch, staircase lighting timer, timer for stairwell lighting, staircase lighting timer

Treppen·muster *n* (Impulse) / staircase *n* (pulses) || ≗**signal** *n* / staircase signal || ≗**spannungsumsetzer** *m* / staircase converter || ≗**wicklung** *f* / split-throw winding, split winding || ≗**zug** *m* / stepped characteristic

Tresorschloss *n* / vault-type lock

Tret·kontakt *m* / foot contact, pedal *n* || ≗**schutz** *m* / tread guard

Triac *m* / Triac *n*, bidirectional triode thyristor

Triangulation, Laser-≗ *f* / laser-based triangulation

Triaxialkabel *n* / triaxial cable

Tribo·elektrizität *f* / triboelectricity *n*, frictional electricity || ≗**lumineszenz** *f* / triboluminescence *n*

trichromatisches System / trichromatic system, colorimetric system

Trichter *m* / funnel *n* || **~förmig** *adj* / funnel-shaped *adj* || ≗**modell** *n* / funnel model

Trieb *m* / transmission *n*, drive *n* || ≗ **ins Langsame** / speed reducing transmission, gear-down drive || ≗ **ins Schnelle** / speed-increasing transmission, step-up gearing || ≗**achse** *f* / driving axle || ≗**achse** *f* (EZ) / drive shaft || ≗**drehgestell** *n* (Bahn) / motor bogie || ≗**fahrzeug** *n* / motor vehicle, traction vehicle || ≗**feder** *f* / clockwork spring || ≗**gestell** *n* (Lokomotive) / bogie *n* || ≗**kopf** *m* (SG-Antrieb) / operating head

Triebrad *n* / driving gear, driver *n*, pinion *n*

Trieb·scheibe *f* (Riemenscheibe) / driving pulley || ≗**strang** *m* / power train, drive train || ≗**system** *n* (EZ) / (meter) driving element || ≗**system** *n* (Rel., Schütz) / operating element, coil *n* (circuit)

Triebwerk *n* / driving gear, propulsion unit || ≗ *n* (EZ) / drive mechanism || ≗ *n* (Kran) / driving unit, travelling gear

Triebzapfen *m* / driving axle

Trigger / starting electrode, trigger electrode || ≗**-Ansprechschwelle** *f* (Osz.) / triggering threshold || ≗**bedingung** *f* / trigger condition || ≗**elektrode** *f* / triggering electrode || ≗**entladungsstrecke** *f* / trigger gap || ≗**ereignis** *n* / trigger event || ≗**fenster** *n* / trigger window || ≗**-Flipflop** *n* / trigger flipflop, T-flipflop *n* || ≗**flanke** *f* / trigger pulse edge || ≗**freigabe** *f* / trigger enable || ≗**-Frequenzbereich** *m* (Osz.) / triggering frequency range || ≗**funkenstrecke** *f* / triggering spark gap || ≗**-Kennzeichner** *m* / trigger qualifier

Triggern *n* DIN IEC 469, T.1 / triggering *n* IEC 469-1

Trigger·niveau *n* (Osz.) / trigger level || ≗**punkt** *m* / trigger point, triggering point, switching point, set point || ≗**quelle** *f* (Osz.) / trigger source || ≗**signalauskopplung** *f* (Entnahme der Signalleistung aus dem Leistungskreis) / tapping of trigger-signal power, trigger-signal supply tapping || ≗**sperre** *f* (Osz.) / trigger hold-off || ≗**sperre** *f* (digitales Messgerät) / arming *n* || ≗**zange** *f* (Kfz-Prüf.) / clip-on trigger sensor

trigonometrische Funktion / trigonometric function

Trimm·potentiometer *n* / trimpot *n* || ≗**schaltung** *f* (NC) / trimming circuit, coordinate trimming system || ≗**widerstand** *m* / trimming resistance

Trinkwasser *n* / drinking water || ≗**aufbereitungsanlage** *f* / water treatment plant

Triode *f* / triode *n*

TRIO-PLC / triple PLC

Tripelspiegel *n* / 3-way mirror

trip-free *adj* / trip-free *adj*

Triplett *n* (NC) / triplet *n* || **einzelnes** ≗ (NC) / single triplet

Tristate·-Logik *f* (TSL) / tristate logic (TSL) || ≗**-Treiber** *m* / tristate driver, three-state driver || ≗**-Verhalten** *n* / tristate characteristic, three-state action

Tritt, außer ≗ **fallen** / pull out of synchronism, fall out of step, pull out *v*, loose synchronism || **in** ≗ **fallen** / pull into step, lock into step, fall in step, pull into synchronism, pull in *v* || ≗**brett** *n* / running board || **Wechselrichter-**≗**grenze** *f* / limit of inverter stability, inverter stability limit || ≗**matte** *f* / safety mat || ≗**schall** *m* / impact sound || ≗**schallpegel** *m* / impact sound level || ≗**schallpegelniveau** *n* / impact sound level

TRL / traffic light (TRL) || ≗ / transistor-resistor logic (TRL)

Trockenbeutel *m* / desiccant bag, dehydrating bag
Trockendrosselspule *f* / dry-type reactor ‖ ² **ohne Gießharzisolierung** / non-encapsulated-winding dry-type reactor IEC 50(421)
trockene Bewicklungsart / dry method of taping ‖ **~ Lötstelle** / dry joint ‖ **~ Räume** VDE 0100, T.200 / dry locations, dry situations ‖ **~ Reibung** / dry friction, solid friction ‖ **~ Wärme** / dry heat ‖ **~, geladene Batterie** / dry ‖ **~, entladene Batterie** / dry discharged battery, charged battery
Trocken·eis *n* / solid CO_2 ‖ **²filter** *n* / dry filter ‖ **²gehalt** *m* / dry content ‖ **²gewicht** *n* / dry weight ‖ **²gleichrichter** *m* / metal rectifier ‖ **²kondensator** *m* / dry(-type) capacitor ‖ **²lampe** *f* / drying lamp, heat ray lamp
trockenlaufen *v* / to run dry
Trocken·laufschutz *m* / dry-running protection ‖ **²mittel** *n* / desiccant agent ‖ **²ofen** *m* / drying oven, baking oven ‖ **²patrone** *f* / desiccant cartridge ‖ **²-Primärbatterie** *f* / dry primary battery ‖ **²prüfung** *f* / dry test ‖ **~schaltender Kontakt** / dry-circuit contact ‖ **²schichtfilter** *n* / dry laminated filter ‖ **²schmiermittel** *n* / dry-film lubricant, solid lubricant ‖ **²schreiber** *m* / dry-stylus recorder ‖ **²thermometer** *n* / dry-bulb thermometer
Trockentransformator *m* / dry-type transformer ‖ ² **mit erzwungener Luftkühlung** (Kühlungsart AFA) / dry-type forced-air-cooled transformer (Class AFA) ‖ ² **mit natürlicher Luftkühlung** (Kühlungsart AA) / dry-type self-cooled transformer (Class AA) ‖ ² **mit offener Wicklung** / open-winding dry-type transformer ‖ ² **mit Selbstkühlung durch Luft und zusätzlicher erzwungener Luftkühlung (o. Anblasekühlung)** (Kühlart AA/FA) / dry-type self-cooled/forced-air-cooled transformer (Class AA/FA) ‖ ² **mit vergossener Wicklung** / encapsulated-winding dry-type transformer ‖ ² **ohne Gießharzisolierung** / non-encapsulated-winding dry-type transformer IEC 50(421) ‖ **unbelüfteter** ² **mit Selbstkühlung** (Kühlungsart ANV) / dry-type non-ventilated self-cooled transformer (Class ANV)
Trockenwandler *m* / dry-type (instrument transformer)
Trocken-Wechselspannungsprüfung *f* / dry power-frequency test IEC 383, dry power-frequency withstand voltage test, power-frequency voltage dry test, short-duration power-frequency voltage dry test IEC 466
Trockenziehmaschine *f* / dry-drawing machine
trocknen *v* / dry *v*, cure *v*
Trockner *m* / drier *n* ‖ **²straße** *f* / drying line
Trocknungs·lampe *f* / drying lamp, heat ray lamp ‖ **²mittel** *n* / desiccant *n*, siccative *n*
Trog *m* / trough *n*, tub *n*, tank *n* ‖ **Batterie~** *m* / battery tray ‖ **elektrolytischer** ² / electrolytic tank
trogförmiger Reflektor (Leuchte) / trough reflector
Trommel·anker *m* / drum-type armature, cylindrical armature ‖ **²bahnanlasser** *m* / drum starter, drum controller ‖ **²kabel** *n* / drum cable ‖ **Fernkopierer-²gerät** *n* / drum-type facsimile unit, trailing cable ‖ **²kamera** *f* / drum camera ‖ **²läufer** *m* / drumtype rotor, cylindrical rotor, non-salient-pole rotor ‖ **²läufermaschine** *f* / cylindrical-rotor machine ‖ **²leitung** *f* / drum cable ‖ **²motor** *m* (in Antriebstrommel integriert) / drum-integrated motor ‖ **²motor** *m* (Außenläufer) / friction-drum motor, external-rotor motor ‖ **²plotter** *m* / drum plotter ‖ **²-Reihenwicklung** *f* / series drum winding ‖ **²revolver** *m* (WZM) / drum turret ‖ **²schreiber** *m* / drum recording instrument IEC 258, drum recorder ‖ **²speicher** *m* / magnetic drum storage, drum storage ‖ **²triebwerk** *n* / drum drive ‖ **²waschmaschine** *f* / drum-type washing machine ‖ **²wicklung** *f* / drum winding ‖ **²zähler** *m* / drum-type meter, drum meter
Trompeteneinführung *f* / flared gland, bell-type gland, flared bushing
Tropen·ausführung *f* / tropicalized type, tropical finish ‖ **~fest** *adj* / tropicalized *adj*, tropic-proof *adj* ‖ **²festigkeitsprüfung** *f* / tropicalization test, tropic-proofing test ‖ **²isolation** *f* / tropical insulation ‖ **mit ²isolation** / tropically insulated, tropicalized *adj*
Tropfdach *n* / canopy *n*
Tropfen·ausführung *f* / drop-proof *adj* ‖ **²größe** *f* / size of drops ‖ **²lampe** *f* / round bulb lamp, drop-shaped lamp ‖ **²schlag** *m* / impingement of drops
tropfenweise Imprägnierung / trickle impregnation
Tropf·öler *m* / drip-feed oil lubricator, drop-feed oiler, drop-oiler *n*, gravity-feed oiler ‖ **²punkt** *m* / dropping point ‖ **²punkt** *m* (Fett) / melting point ‖ **²rand** *m* / drip rim ‖ **²röhrchen** *n* / drain *n* ‖ **²schale** *f* (f. Öl) / oil pan, oil tray, oil collecting tray
Tropfwasser *n* / dripping water ‖ **gegen** ² **und Berührung geschützte Maschine** / drip-proof, screen-protected machine ‖ **Schutz gegen schräg fallendes** ² / protection against water drops falling up to 15° from the vertical ‖ **Schutz gegen senkrecht fallendes** ² / protection against dripping water falling vertically ‖ **²bildung** *f* / dripping moisture
tropfwassergeschützt *adj* / drip-proof *adj*
Tropfwasser·prüfung *f* / drip-water test ‖ **²schutz** *m* / protection against dripping water, drip-water protection
Trosse *f* / trailing cable
trüben, die Sicht ~ / dim the sight
Trübglas *n* / opal glass ‖ **²kolben** *m* / opal bulb
Trübung *f* / cloudiness *n*, turbidity *n*
Trübungs·faktor *m* (LT) / turbidity *n* ‖ **²messgerät** *n* / turbidimeter *n*, turbidity meter, nephelometer *n* ‖ **²messgerät** *n* (f. Messung des Tyndall-Effekts in Lösungen) / nephelometer *n* ‖ **²punkt** *m* / cloud point ‖ **²versuch** *m* (Öl) / cloud test ‖ **²zahl** *f* / turbidity number
Trum *n* (Riementrieb) / strand *n*, side ‖ **²kraft** *f* / strand force, strand pull
TS / teleservice *n* (TS) ‖ ² (Trennschalter) / isolator *n*, disconnector, disconnecting switch
TSAP (Transport Service Access Point) / TSAP (transport service access point)
T-Schaltung, Wicklung in ² / T-connected winding ‖ **Zweitor in** ² / T-network *n*
TSE / hole storage effect ‖ **²-Beschaltung** *f* / surge suppressor (circuit o. network), anti-hole storage circuit, RC circuit, snubber *n*, snubber circuitry, snubber circuit ‖ **²-Kondensator** *m* / (surge) suppression capacitor, snubber capacitor, capacitor of suppressor circuit
TSER / transformer inrush suppressor relay, transformer soft energizing relay
TSE-Widerstand *m* / snubber resistor
TSK (typgeprüfte Niederspannungs-

Schaltgerätekombination) / TTA (type-tested switchgear and controlgear assemblies)
TSL / tristate logic (TSL)
T.S.-Note *f* / thermal severity number (t.s.n.)
T-Stahl *m* / T-sections *n pl*, Tees *n pl*
T-Stecker *m* / T-plug *n*
T-Stoß-Biegeversuch *m* / T-bend test, tee-bend test
T-Stück *n* / tee fitting || ≗ *n* (IK) / tee unit, tee *n* || ≗ *n* (Rohr) / tee *n* || ≗ **mit Deckel** (IR) / inspection tee
TSW (Teilsollwert) / partial setpoint
TTL (Transistor-Transistor-Logik) / TTL (transistor-transistor logic) || ≗**-Pegel** *m* / TTL level
TT-Netz *n* / TT system
TTY / teletype *n* (TTY) || ≗**-Blattschreiber** *m* / TTY keyboard printer || ≗**-Koppelstrecke** *f* / TTY link || ≗**-Schnittstelle** *f* / current-loop interface, TTY interface
TU (Technische Unterlage) / technical documentation
TUB (Transformatoren-Unterlagen für die Bemessung) / transformer sizing documentation, TUB
Tuchelbuchse *f* / Tuchel socket
Tülle *f* (Kabeltülle) / support sleeve, sleeve *n* || ≗ *f* (Leitungseinführung) / bush *n*, grommet *n*
Tüllenmutter *f* / grommet nut
Tulpenschaltstück *n* / tulip contact, contact cluster
Tunnel *m* (HL) / tunnel *n* || ≗**diode** *f* / tunnel diode || ≗**durchbruch** *m* (HL) / tunnel breakdown || ≗**effekt** *m* (HL) / tunnel effect || **Giaever-≗effekt** *m* / Giaever tunneling, Giaever normal electron tunneling || ≗**lager** *n* / tunnel bearing || ≗**leuchte** *f* / tunnel luminaire
Tunnelüberwachung, Messeinrichtungen für Garagen- und ≗ / monitoring equipment for garages and tunnels
Tunnelung *f* / tunnel action
Tunnel·vorgang *m* (HL) / tunnel action || ≗**wahrscheinlichkeit** *f* / tunneling probability
Tür *f* (a. SK) VDE 0660, T.500 / door *n* || **bei geschlossener** ≗ / with closed door || ≗**anschlag** *m* (Scharnier) / door hinge || ≗**antrieb** *m* / door-coupling operating mechanism || ≗**antrieb** *m* (SG) / door-mounted (operating) mechanism
Turas *m* / tumbler *n*
Türausschnitt *m* / door cutout, door opening
Turbine *f* / turbine *n*
Turbinen·anzapfung *f* / extraction of steam from turbine || ≗**-Durchflussgeber** *m* / turbine flowmeter transmitter || ≗**-Durchflussmesser** *m* / turbine flowmeter || ≗**-Durchflussmessumformer** *m* / turbine flow transducer || ≗**-Mengengeber** *m* / turbine flowmeter transmitter || ≗**schacht** *m* / turbine pit || ≗**seite** *f* (Gen.) / turbine end, drive end
turbo-elektrischer Antrieb / turbo-electric drive, steam turbine-electric drive
Turbo·-Fräser *m* / turbo-miller *n* || ≗**-Generator** *m* (nach Antrieb) / turbine-driven generator, turbo-alternator *n* || ≗**-Generator** *m* (nach Läuferart) / cylindrical-rotor generator || ≗**-Generatorsatz** *m* / turbine-generator unit || ≗**-Läufer** *m* / turbine-type rotor, cylindrical rotor, round rotor || ≗**maschine** *f* / turbine-type machine || ≗**-Umformer** *m* / turbine-driven converter, turbo-converter *n* || ≗**lator** *m* / turbulator *n*
turbulente Strömung / turbulent flow
Tür·dichtrahmen *m* / door sealing frame || ≗**dichtungsrahmen** *m* / door sealing frame || ≗**drehantrieb** *m* / door rotary mechanism || ≗**entriegler** *m* / door release || ≗**gong** *m* / door chime || ≗**kontaktschalter** *m* / door contact switch || ≗**kupplungs-Drehantrieb** *m* / door-coupling rotary operating mechanism || ≗**kupplungs-Drehantrieb** *m* (ST) / door-coupling rotary mechanism || ≗**-Montageset** *n* / door mounting kit
Turm·produktion *f* / tower production || ≗**scheinwerfer** *m* / tower spotlight || ≗**station** *f* / masonry-enclosed rural substation
Turnhallenleuchte *f* / gymnasium-type luminaire
turnusmäßig *adj* / at regular intervals, periodically *adj*
Tür·öffner *m* / door opener || ≗**öffnungswinkel** *m* / door opening angle, door swing || ≗**rahmenkanal** *m* / architrave trunking || ≗**rahmenschalter** *m* / architrave-type switch || ≗**rahmensteckdose** *f* / architrave-type socket-outlet || ≗**riegel** *m* / door knob || ≗**schalter** *m* / door switch, door-operated switch, door interlock switch || ≗**verriegelung** *f* / door interlocking || ≗**verriegelungsschalter** *m* / door interlock switch || ≗**zargenbearbeitung** *f* / door frame machining, door case machining
Tusche *f* / drawing ink || ≗**-Zeichnung** *f* / ink drawing
Tuschierabdruck *m* (Passflächenkontrolle) / blueing mark(s)
tuschieren *v* (Passflächenkontrolle) / blue *v*, ink *v*, make rubbings || ≗ *n* / blueing *n*, inking *n*, marking *n*
Tuschier·paste *f* / blueing paste, inking paste || ≗**platte** *f* / gauge plate, surface plate
tuschiert *adj* / tuched-up *adj*
Tüte *f* (Lunker) / shrinkage cavity, pinhole *n*
TÜV / (German) Technical Inspectorate || ≗**-geprüft** *adj* / approved by the German Technical Inspectorate
TV / derivative-action time, derivative time, rate time, TV *n*
T-VASIS (VASIS = visual approach slope indicator system - optische Gleitwinkelanzeige) / T-VASIS
T-Verbinder *m* / tee connector
T-Verbindung *f* / tee coupling
t-Verteilung *f* DIN 55350,T.22 / t-distribution *n*
TW / time value, time *n*
Twin-Antrieb *m* / twin drive, dual drive
Twisted pair (TP Verdrilltes Adernpaar) / twisted pair
Twistlänge *f* / twist pitch
T-Wort *n* / tool function, T word (An instruction which identifies a tool in an NC program, calls for its selection either manually or by tool changer, and activates the tool data table)
TXA / taxiway apron lighting (TXA)
TXC / taxiway centre line (TXC)
TxD / transmitted data (TxD)
TXE / taxiway edge lighting (TXE)
Typ *m* / type *n* || ≗ **A-Fühler** (PTC-Halbleiterfühler) / mark A detector || ≗ **A-Steuergerät** / mark A control unit || ≗**auswahl der neuen CP-Komponente** / Select the new CP component type || ≗**bezeichnung** *f* / type designation, marking *n* IEC 204 || ≗**datei** *f* / type file
Typen·bereinigung *f* / standardization *n* || ≗**beschränkung** *f* / type restriction, standardization *n* || ≗**bezeichnung** *f* / type designation, marking *n* IEC 204 || ≗**gleichstrom** *m* / rated direct current || ≗**-Gleichstrom** *m* / rated d.c. current

Typenleistung *f* / unit rating, kVA rating, type rating, nominal power rating || ≗ *f* (Trafo, dem Zweiwicklungstrafo entsprechende halbe Summe der Leistungen der verschiedenen Wicklungen) / equivalent two-winding kVA rating
Typen·prüfung *f* / type test, type verification and test || ≗**prüfungszertifikat** *n* / type examination certificate
Typenrad *n* / type-wheel *n*, print-wheel *n*, daisywheel *n* || ≗**drucker** *m* / daisy-wheel printer, petal printer
Typen·reihe *f* / standard range, type series || ≗**schild** *n* / rating plate, nameplate *n* || ≗**schildausgabe** *f* / nameplate specification || ≗**schilddaten** *plt* / rating plate data || ≗**schildnennleistung** *f* / nominal rating plate power || ≗**schlüssel** *m* / type number key, type code || ≗**spektrum** *n* / range of products
typenunabhängig überladen / overloaded *adj* (With respect to an operation or function, capable of operating on data of different types)
Typen·wert *m* (SR) / rated value || ≗**zulassungsverfahren** *n* / type approval procedure
typgeprüft *adj* / type-tested *adj*, sample tested || **~e Niederspannungs -Schaltgerätekombination (TSK)** (TSK) VDE 0660, T.500 / type-tested l.v. switchgear and controlgear assembly (TTA) IEC 439-1
typgestrichen *adj* / discontinued *adj*
Typical·kennzeichen *n* / typical designation || ≗ **übersicht** *f* / typical table
typisch *adj* / typical *adj*
typisiert *adj* / type-coded *adj*, standardized *adj*
Typprüf·bericht *m* / type test report || ≗**bescheinigung** *f* / type test certificate || ≗**menge** *f* (TPM) / type test quantity || ≗**muster** *n* / type test sample
Typprüfung *f* / type test, type verification and test || **begleitende** ≗ / development type test || **entwicklungsbegleitende** ≗ / development type test
Typ·prüfungs-Nachweis *m* / evidence of type tests || ≗**prüfungsprotokoll** *n* / type test report || ≗**streichung** *f* / canceled type, discontinuation of type, discontinuation of the product type, discontinuation *n* || ≗**unverträglichkeit** *f* / type incompatibility || ≗**wert** *m* (Stromrichtersatz) / rated value

U

U / rotation *n*, rev, revolution *n*, r || ≗ (Spannung) / U (voltage), V (voltage)
Ü (Überlauf) / OV (overflow)
UART / UART (universal asynchronous receiver-transmitter) || **quadratische** ≗**-Steuerung** / quadratic V/f control
UB / transfer area
ÜB (Übersicht) / overview *n*
Ubbelohde-Tropfpunkt *m* / Ubbelohde melting point
über / over *adv*, via || **~ Kopf zündender Thyristor** / break-over thyristor
Über·...relais *n* / over...relay || ≗**- und Unter...relais** / over-and-under...relay || ≗**- und Unterspannungsrelais** *n* / over- and undervoltage relay || ≗**- und Unterstromrelais** *n* / over- and undercurrent relay || **~- und untersynchrone Scherbius-Kaskade** / double-range Scherbius system
Überaltern *n* / over-ageing *n*
über·altert *adj* / superannuated *adj* || **~arbeiten** *v* / rework *v*, revise *v* || **~arbeitet** *adj* / modified *adj*
Überbau *m* / shielding *n* || ≗**bügel** *m* / built over bracket
Überbeanspruchung *f* / overstressing *n*, overloading *n*
Überbegriff *m* / acronym *n*
Überbelastbarkeit *f* / overload capability, overload capacity
Überbemessung *f* / overrating *n*, oversizing *n*
Überbereich *m* (Schutz) / overreach *n*, overreaching *n*, transient overreach
Überbereichsschutz *m* / overreaching protection
Überbestand *m* / excessive number
über·bestimmt *adj* / over-defined *adj* || **~blenden** *v* / overlay *v*
Überblenden *n* (BT) / cross-fading *n*
Überblender *m* / cross-fader *n*
Überblendsteller *m* / cross-fader *n*
überbrücken *v* (el.) / short-circuit *v*, short *v*, shunt out *v*, jumper *v*, to connect by a link, link *v*
Überbrücken *n* (eines Teils o. Geräts f. Erdung o. Potentialausgleich) / jumpering *n*, bonding *n* || ≗ **der Isolation** (bei Fehlern) / short-circuit across insulation
überbrückt *adj* (durch Strombrücke) / jumpered *adj*, short-circuited *adj*, shunted out *adj*
Überbrückung *f* / bridging *n*, jumper *n*, platform *n* || ≗ *f* (durch Strombrücke) / bonding *n*, jumpering *n* || ≗ *f* (Kurzschließen) / short-circuiting *n*, shunting *n* (out) || ≗ *f* (Umgehung) / bypass *n*, overriding *n* || **kurzzeitige** ≗ / short-time bridging
Überbrückungs·adapter *m* (f. Direktdurchschaltung von Signalen ohne Zwischenwandler) / direct-transmission adapter || ≗**baustein** *m* (IR-Fernbedienung) / link module || ≗**-Drosselspule** *f* / transition reactor IEC 214, transition inductor, bridging inductor, bridging reactor, centre-tapped reactor || **Stufenschalter mit** ≗**-Drosselspule** (Trafo) / inductor-transition tap changer || ≗**gabel** *f* / shunting fork || ≗**impedanz** *f* / bridging impedance, transition impedance || ≗**kabel** *n* / jumper cable || ≗**kamm** *m* (Reihenklemme) / comb-shaped link || ≗**lasche** *f* (Reihenklemme) / plain link || ≗**leiter** *m* / by-pass jumper, jumper *n*, link *n* || ≗**leiter mit Sicherungen** / fused by-pass jumper || ≗**logik** *f* / overriding logic || ≗**schiene** *f* / bonding bar, shorting link || ≗**schiene** *f* (LS) / by-pass link || ≗**schütz** *n* / bypass contactor (converter link), short-circuiting contactor (UPS) || ≗**taste** *f* / jump key || ≗**trennschalter** *m* / bypass disconnector || ≗**widerstand** *m* / bridging resistance, transition resistor, bridging impedance, transition impedance || ≗**zeit** *f* / buffer time || ≗**zeit** *f* (UVS, bei Netzausfall) / stored energy time
überdacht·e Anlage / sheltered installation || **~er Raum** / sheltered area
Überdachung *f* / roofing *n*
Überdämpfung *f* / overdamping *n*, super-critical damping
Überdeckung *f* (Kontakte) / coverage *n*, degree of coverage || ≗ *f* (Schraubverbindung) / engagement *n* || ≗ *f* (Kontakte) / contention *n* || ≗ *f* (von WZM-

Bahnen) / overlap *n*
Überdeckungs·grad *m* (Zahnrad) / engagement factor, contact ratio || **≗sperre** *f* (BSG) / overlay inhibit
überdimensionieren *v* / overdimension *v*, overrate *v*, oversize *v*
überdrehen *v* (Komm.) / skim *v*, resurface by skimming || ~ (Mot.) / overspeed *v*, overrev *v*
Überdrehzahl *f* / overspeed *n* || **≗auslöser** *m* / overspeed trip, overspeed relay || **≗begrenzer** *m* / overspeed limiter || **≗probe** *f* / overspeed test
Überdruck *m* (über d. atmosphärischen Druck) / gauge pressure, pressure above atmospheric || ≗ *m* (übermäßiger D.) / excess pressure, overpressure *n* || ≗ *m* (Überdruckkapselung) / overpressure *n* || **innerer** ≗ / pressurization level || **unter inneren** ≗ **setzen** / pressurize *v* || **≗abschalter** *m* (Kondensator) IEC 50(436) / overpressure disconnector || **≗belüftung** *f* / pressurization *n*, pressurized cooling
überdrucken *v* / overprint *v*
überdruckgekapselt *adj* / pressurized *adj*
Überdruckhaltung *f* / pressurization *n*
Überdruckkapselung *f* (Ex p) EN 50016 / pressurized enclosure || ≗ **mit Ausgleich der Leckverluste** / pressurization with leakage compensation || ≗ **mit dauernder Durchspülung** / open-circuit pressurized enclosure || ≗ **mit ständiger Durchspülung von Zündschutzgas** / pressurization with continuous circulation of the protective gas
Überdruck·-Klimaanlage *f* / plenum system || **≗membran** *f* / relief diaphragm, pressure relief diaphragm, rupture diaphragm || **≗messgerät** *n* / pressure gauge || **≗prüfung** *f* EN 50018 / overpressure test || **≗schutz** *m* (Trafo) / gas- and oil-pressure protection, pressure relief device, overpressure relief device || **≗schutz** *m* (Ableiter) / pressure relief device || **≗sicherung** *f* / pressure relief device, pressure relief diaphragm, explosion vent || **≗sicherung** *f* (Sicherheitsventil f. Druckmesser) / safety valve, cut-off valve || **≗-Überwachungsgerät** *n* (SG) / high-pressure interlocking device || **≗ventil** *n* / pressure relief valve
übereinander·liegend *adj* / coincident *adj* || ~ **wickeln** / wind one (turn over another)
Übereinstimmung *f* / accordance *n* || ≗ *f* (DÜ) / conformance *n* ISO 3309
übererregt *adj* / overexcited *adj*
Übererregung *f* / overexcitation *n*
Übererregungs·begrenzer *m* / overexcitation limiter || **≗prüfung mit Leistungsfaktor Null** / zero power-factor test || **≗schutz** *m* (Trafo) / overfluxing protection || **≗schutz** *m* (Gen.) / overexcitation protection, maximum-excitation protection
Übererwärmung *f* / excessive temperature rise, overheating *n*
überfahren *v* / overtravel *v*, tripping *v*
Überfahren *n* / overtravelling *n*, last runnings, after running, retardation *n*, residual rotation of motor || ≗ *n* (PS) / actuation *n* || ≗ *n* (WZM) / overrun *n*, overtravel *n*, overshoot, n., dynamic overshoot || **die Endstellung ~** / override the end position || **Schutz gegen ~** (Bearbeitungsmaschine) / travel limitation || ≗ **der Achsenendlage** (NC) / axis overtravel || ≗ **der Endstellung** / overrunning (o. overriding) of end position
Überfahr·geschwindigkeit *f* (PS) / actuating speed || **≗geschwindigkeit** *f* (NS) / target speed || **≗schutz** *m* (WZM, NC) / overrun limit protection IEC 550
Überfall·schloss *n* / staple-and-hasp lock, hasp lock, clasp lock || **≗wehr** *n* / weir-type flowmeter
Überfangglas *n* / flashed glass || **≗glocke (o. -kugel)** *f* / flashed glass globe
Überflur·-Anflugfeuer *n* / elevated approach light || **≗belüftung** *f* / above-floor ventilation || **≗feuer** *n* / elevated light
überflutbare Maschine / deckwater-tight machine, submersible machine
Überflutung, Schutz bei ≗ / protection against conditions on ships' deck
überflutungssichere Maschine / deckwater-tight machine, submersible machine
Überfräsen *n* / surface milling (840C), end milling
Überfrequenz·relais *n* / overfrequency relay || **≗schutz** *m* / overfrequency protection
Überführung, Sammelschienen-≗ *f* / busbar crossover
Überführungs·elektrode *f* / guide electrode, transfer electrode || **≗funktion** *f* / transition function, transfer function
Überfüllsicherung *f* / overflow protection, overfill safety system
Überfunktion *f* (Schutzeinrichtung) / unwanted operation
Übergabe *f* / transfer *n* || ≗ **der Steuerung** (PMG) / control passing || **≗art** *f* / transfer mode || **≗baugruppe** *f* (MC-System) / termination panel || **≗bereich** *m* (UB SPS) / transfer area || **≗blindleistung** *f* / interchange reactive power || **≗elektrode** *f* (ESB) / carry electrode || **≗element** *n* (ET) / interface element, periphery element || **≗fahrplanerstellung** *f* / interchange scheduling || **≗feld** *n* / transfer panel || **≗feld** *n* (Längskuppelfeld für Sammelschiene mit doppelter Einspeisung) / bus sectionalizer panel (o. cubicle), bus tie breaker panel (o. cubicle) || **≗leistung** *f* / interchange power || **≗leistungsschalter** *m* / tie circuit-breaker || **≗leistungsregelung** *f* / interchange power control, tie breaker, (bus) coupler circuit-breaker || **≗merker** *m* / transfer flag || **≗modul** *n* (SPS) / transfer module
Übergabe·parameter *m* / transfer parameter || **≗platz** *m* (vgl. Zwischenspeicher) / transfer location || **≗protokoll** *n* / transfer protocol || **≗puffer** *m* / transfer buffer || **≗punkt** *m* / handover point, transfer point || **≗schnittstelle** *f* / transfer interface || **≗speicher** *m* / transfer memory || **≗station** *f* / utilities substation, supply company's substation, main substation || **≗stecker** *m* / adapter connector, interface connector, periphery connector || **≗-Steckverbinder** *m* (Peripherieelement) / periphery connector, interface connector || **≗stelle** *f* / tie line || **≗stelle** *f* (DÜ) / interchange point || **≗stelle** *f* (Netzpunkt, für den die Kenndaten der an den Kunden zu übergebenden Energie festgelegt sind) / point of supply, supply terminals || **≗steuerbus** *m* DIN IEC 625 / transfer control bus || **≗tabelle** *f* / transfer table || **≗verteiler** *m* (ET) / interface terminal block || **≗zeit** *f* / supply transfer time || **≗zustand der Steuerfunktion** DIN IEC 625 / controller transfer state (CTRS) || **≗zyklus** *m* / transfer cycle

Übergang *m* (HL, Zonenübergang) / junction *n* || ≗ *m* (Kennlinie) / crossover *n* || ≗ *m* (Reg., Impuls) / transition *n* || **erster** ≗ (Impulsabbild) / first transition || **fliegender** ≗ / on-the-fly transition || **Konturen~** *m* / contour transition || **PN-**≗ *m* / PN junction || ≗ **an Klemme R** / transition to terminal R || ≗ **eines Blockes in Inselbetrieb** / isolation of a unit || ≗ **von Konstantspannungs- zu Konstantstrombetrieb** / constant voltage/constant current crossover || ≗ **zwischen Gerade und Kreisbogen** (NC) / transition between line and arc || ≗ **zwischen logischen Zuständen** / transition between logic states

Übergänge, stetige ≗ / smooth-path transitions || **verschliffene** ≗ / transition rounding

Übergangs·abbild *n* (Impulsmessung) / transition waveform || ≗**bedingung** *f* (Reg.) / transition condition || ≗**bereich** *m* DIN 41745 / cross-over area IEC 478-1 || ≗**dauer** *f* (Impulse) / transition duration || ≗**dose** *f* (I) / junction box || ≗**drehzahl** *f* / transition speed || ≗**einheit** *f* / gateway *n* || ≗**einheit** *f* DIN ISO 8348 / interworking unit (IWU) || ≗**einheit** *f* (MAC, LAN) / bridge *n* || ≗**element** *n* (Anpasselement, ET) / adapter element, interface element, input adapter || ≗**element** *n* (Chem.) / transition element, transition metal || ≗**-EMK** *f* / transient e.m.f. || ≗**erscheinung** *f* (transiente E.) / transient phenomenon, transient reaction, transient *n*, initial response, response *n* || ≗**federleiste** *f* / adapter socket connector || ≗**fläche** *f* (Flp.) / transition surface, transition level || ≗**fläche** *f* (CAD) / surface fillet || ≗**form** *f* (Impulse) / transition shape || ≗**frequenz** *f* / transition frequency || ≗**funktion** *f* / transfer function, transition function, transient function, unit step response || ≗**glied** *n* / transition element, transfer element, interface modules

Übergangs·kasten *m* (f. Kabel) / cable junction box, junction box || ≗**kasten** *m* (IK) / adapter unit, busway adapter, change-face unit || ≗**kopf** *m* (Leitungseinführung) / lead-in bell, weatherhead *n* || ≗**kreis** *m* (WZM, NC) / transition circle || ≗**kriechen** *n* / transient creep || ≗**kurve** *f* (Komm.) / commutation curve || ≗**-Kurzschlusswechselstrom** *m* / transient short circuit current || ≗**metall** *n* / transition metal, transition element || ≗**muffe** *f* (f. Kabel) / transition joint, transition sleeve || ≗**passung** *f* / transition fit || ≗**radius** *m* / transition radius || ≗**reaktanz** *f* / transient reactance

Übergangs·schalter *m* (Bahn) / transition switchgroup || ≗**schaltung** *f* / transition control || **Nebenschluss-**≗**schaltung** *f* / shunt transition || ≗**schütz** *m* / transition contactor || ≗**schwingung** *f* / transient vibration || ≗**sehen** *n* / mesopic vision || ≗**sektor** *m* (Flp.) / transition sector || ≗**spannung** *f* (Bürste) / contact voltage || ≗**stecker** *m* / adapter plug, socket adapter, plug adapter, intermediate accessory || ≗**steckvorrichtung** *f* / conversion adapter, adapter *n* || ≗**stelle** *f* (Ablaufplan) DIN 66001 / connector *n* || ≗**stellung** *f* (HSS) EN 60947-5-1 / transit position || ≗**strom** *m* / transient current || ≗**stück** *n* / transition piece || ≗**stutzen** *m* / adapter *n*, union nut || ≗**tabelle** *f* / transition table || ≗**tafel** *f* (Schaltnetz) / transition table, transition matrix || **antiferromagnetische** ≗**temperatur** / antiferromagnetic Curie point, Neel temperature || ≗**typ** *m* (Impulse) / transition type || ≗**variable** *f* (Schaltnetz) / next-state variable || ≗**vektor** *m* (Schaltnetz) / next-state vector || ≗**-Verbindungsmuffe** *f* / transition joint, transition sleeve || ≗**verhalten** *n* / transient response, dynamic performance, transient *n* || ≗**verluste** *m pl* / contact loss || ≗**verschleifen** *n* / transition rounding || ≗**vorgang** *m* / transient *n* || **kurzzeitiger** ≗**vorgang** / transient *n*

Übergangswiderstand *m* / transfer resistance || ≗ *m* (Kontakte, Bürsten) / contact resistance || ≗ *m* (Trafo, Überschaltwiderstand) / transfer resistor || **Erd~** *m* IEC 364-4-41 / earth contact resistance IEC 364-4-41, earth-leakage resistance || **Kurzschluss mit** ≗ / high-resistance fault, high-impedance fault

Übergangs·zeit *f* (Signale, Schaltdiode) / transition time || ≗**-Zeitkonstante** *f* / transient short-circuit time constant || ≗**zone** *f* (HL) / transition region || ≗**zone der Störstellendichte** / impurity concentration transition zone || ≗**zustand** *m* / transient condition

übergeben *v* / transfer *v*, pass *v* || **Steuerung ~** (PMG) DIN IEC 625 / to pass control

übergehen in einen Zustand ~ (PMG-Funktion) / enter a state

übergeordnet *adj* / superimposed *adj*, at a higher level, higher-level *adj*, primary *adj* || **~er Baustein** / primary module, calling block (The block containing the call statement for another block) || **~e Regelung** / master control || **~e Richtlinie** / authoritative guideline || **~er Parameter** / higher-order parameter || **~er Rechner** / higher-level computer || **~er Schutz** / general protection || **~es System** / higher-level system || **~e Schutzeinrichtung** / upstream protective device || **~e Steuerung** / primary control || **~e Zuordnung** DIN 40719,T.2 / higher-level assignment IEC 113-2

Übergeschwindigkeitsbegrenzer / overspeed limiter

übergreifen *v* / reach over || ≗ *n* (Schutz) / overreach *n*, overreaching *n*, transient overreach || **Distanzschutzsystem mit** ≗ / overreach distance protection system

übergreifend *adj* / general *adj* || **~e Spulen** / crossed coils

Übergreif·schaltung *f* (Schutz) / overreaching connection, zone extension, extension of zone reach || ≗**schutz** *m* / overreaching protection, overreach protection || ≗**staffelung** *f* (Schutz) / overreach grading, extended zone grading || ≗**zonen** *f pl* / overreach zone

übergroß *adj* / oversize *adj*

Überhandschuhe *m pl* / insulating glove covers

Überhang *m* (gS) / overhang *n*

Überhitzung *f* / overheating *n*, excessive heating

Überhitzungsschutz *m* / protection against over-temperature

überhöhte Eingangsgröße / excessive input

Überhöhung *f* / overshoot *n*, overshooting *n*, excursion *n* || **Druck~** *f* / pressure piling || **Resonanz~** *f* / resonance sharpness, magnification factor || **Spannungs~** *f* / voltage rise, voltage overshoot || **Verstärkungs~** *f* / peaking *n* (amplifier)

Überhöhungsfaktor *m* (Resonanz) / magnification factor, resonance factor

überholen *v* (instandsetzen) / overhaul *v*

Überhol·getriebe *n* (EZ) / overrun gears, ratchet-and-pawl unit || ≗**kupplung** *f* / overrunning clutch || ≗**sichtweite** *f* (Kfz-Verkehr) / passing sight distance
Überholung *f* (Revision) / overhaul *n*
Überholungskupplung *f* / overrunning clutch
Überhörfrequenz *f* / ultrasonic frequency
Überhub *m* (Ventil) / overtravel *n* || **Kontakt~** *m* (Abbrandzugabe) / extra way of contact
überkippen *v* / topple *v*
Überkommutierung *f* / over-commutation *n*
Überkompensation *f* / over-compensation *n*
überkompoundiert *adj* / over-compounded *adj*
Überkompoundierung *f* / over-compounding *n*, over-compound excitation
Überkopf *m* / tool inverse
Überkreuzung *f* (v. 2 Leitern u. IS) / crossover *n* || ≗ *f* (Wickl., Röbelstab) / transposition *n*, crossover *n*
überkritische Drehzahl / speed above critical || ~ **fehlerhafte Einheit** / critical defective
überladen *v* (SPS-Programm) / overload *v* EN 61131-3
Überladung *f* (Batt.) / overcharge *n*
überlagern *v* / superimpose *v*, superpose *v*, overlay *v*
Überlagern *n* / override *n* (A manual function which enables the operator to modify programmed fedrates or spindle speeds to adapt them to the particular workpiece or material being machined), overstore *n*, message collision, collision *n*
überlagert *adj* / overlaid *adj*, superimposed *adj*, at a higher level, higher-level *adj*, primary *adj* || **~e Bewegung** / overlaying movement || **~e Bewegung** (WZM) / overlaid movement || **~e Bremsung** (Bahn) / blended braking || **~e Gleichspannung** / superimposed d.c. voltage || **~er Regelkreis** / higher-level control loop, outer control loop || **~er Schutz** / back-up protection || **~er Zyklus** (FWT) / superimposed cycle || **~es Automatisierungssystem** / higher-level automation system || **~e Schwingungen** / superimposed oscillations || **~e Steuerung** / primary control || **~es Feld** / superposed field, harmonic field || **~e Wechselspannung** / ripple voltage || **~e Welligkeit** (%) / ripple percentage, ripple content
Überlagerung *f* / superimposition *n*, superposition *n*, overstore *n*, override *n* (A manual function which enables the operator to modify programmed fedrates or spindle speeds to adapt them to the particular workpiece or material being machined), message collision || ≗ *f* (LAN-Kollision) / collision *n* || ≗ *f* (Programm) / overlay *n* || **elektromagnetische** ≗ / electromagnetic interference || **Scheitelwert der** ≗ (überlagerte Wechselspannung) / ripple amplitude || **Zeichnungs~** *f* (NC, a. CLDATA-Wort) / overplot *n* ISO 3592 || ≗ **Motor Schnellauf** / override motor high speed
Überlagerungen *f pl* DIN 41745 / periodic and/or random deviations (PARD) || ≗ *f pl* (Welligkeit, Oberschwingungen) / ripple *n*, harmonics *n pl* || **synchrone periodische** ≗ DIN 41745 / synchronous periodic deviations || ≗ **auf einer Gleichspannung** DIN 41745 / PARD on d.c. || ≗ **auf einer Wechselspannung** DIN 41745 / PARD on a.c.
Überlagerungs·erkennung *f* / collision detect (CD) || ≗**faktor** *m* DIN 41745 / relative harmonic amplitude || ≗**faktor** *m* (Welligkeitsfaktor) / ripple factor || ≗**frequenz** *f* / heterodyne frequency, beat frequency || ≗**frequenzmesser** *m* / heterodyne frequency meter || ≗**immunität** *f* / immunity to noise || ≗**kanal** *m* / super-audio channel || ≗**komponentenschutz** *m* IEC 50(448) / superimposed component protection || ≗**permeabilität** *f* / incremental permeability || ≗**prinzip** *n* / superposition principle || ≗**prinzip** *n* (synthet. Prüfung) / injection method || ≗**satz** *m* / superposition theorem, Laplace transformation || ≗**schwingung** *f* / superposed oscillation, harmonic oscillation || ≗**-Starter-Zündgerät** *n* / superimposed-pulse igniter || **Gleichstrom-**≗**steuerung** *f* / d.c. bias control || ≗**störung** *f* / heterodyne interference || ≗**telegraphie** *f* / super-audio telegraphy || ≗**verfahren** *n* (zur Messung der Übertemperatur von Wechselstromwicklungen) VDE 0530, T.1 / superposition method IEC 34-1 || ≗**-Zündgerät** *n* / superimposed-pulse ignitor
überlappen *v* / overlap *v*, lap *v*
überlappend *adj* / cascade *adj* || **dachziegelartig ~** / imbricated *adj*, interleaved *adj* || **~e Elektrode** (Gate) / overlapping gate || **~er Vorwähler** (Trafo) / change-over selector || **~e Schaltglieder** / overlapping contacts || **~e Schaltglieder** (Öffnen vor Schließen) / open-before-close contact elements || **~e Schaltglieder** (Schließen vor Öffnen) / close-before-open contacts || **~e Verarbeitung** / concurrent processing, multitasking *n*, multijob operation
Überlappstoß *m* / overlapping joint
überlappt, doppelt ~ / double-lapped *adj*, with double overlap || **einfach ~** / single-lapped *adj* || **halb ~** / with a lap of one half, half-lapped *adj* || **~e Spule** / lap coil || **~ geschichtet** / lapped-stacked *adj*, stacked with an overlap || **~ geschichtete Bleche** / overlapping laminations
Überlappung *f* / overlap *n*, overlapping *n*, lapping *n*, lap *n*, scale *n* || ≗ *f* (Kontakte) / overlap *n*, overlapping *n* || ≗ *f* (Kontakte, Öffner-vor-Schließer) / break-before-make arrangement (o. feature) || ≗ *f* (Kontakte, Schließer-vor-Öffner) / make-before-break arrangement (o. feature) || ≗ *f* (beim Versuch mehrerer Datenstationen, über einen gemeinsamen Kanal zu senden) / contention *n* || **Wechsler mit** ≗ / make-before-break changeover contact (element) || **Wechsler ohne** ≗ / break-before-make changeover contact (element)
Überlappungs·grad *m* / degree of overlapping || ≗**punkt** *m* (Akust.) / crossover point || ≗**schweißen** *n* / lap-welding *n* || ≗**verzerrung** *f* / aliasing *n*, foldover distortion || ≗**winkel** *m* (a. LE) / angle of overlap, overlap angle, commutation angle || ≗**zeit** *f* (Wechsler eines Relais) / bridging time || ≗**zeit** *f* (LE) VDE 0558 / overlap interval IEC 146
Überlast *f* (el.) / overload *n*
Überlastauslöser *m* VDE 0660, T.101 / overload release IEC 157-1, thermal overload release, overload relay || ≗ **mit Phasenausfallschutz** / phase-failure-sensitive overload release || **thermischer** ≗ **mit Phasenausfallschutz** / phase-loss sensitive thermal overload release || **phasenausfallempfindlicher** ≗ VDE 0660, T.104 / phase failure sensitive overload release IEC 292-1 || **stromabhängig verzögerter** ≗ / inverse-time delayed overload release || **stromabhängiger verzögerter** ≗ / inverse-time delayed overload

release
Überlast·auslösung *f* / overload tripping, overload tripping operation || **≈barkeit** *f* / overload capability, overload capacity || **≈bereich** *m* (MG, Zustand, bei dem der Wert des Eingangsignals außerhalb des Messbereich liegt) / overrange *n* || **≈betrieb** *m* (bei Beanspruchung in Zuverlässigkeitsprüf) / operation at overstress
überlasten *v* / overload *v*
überlastet *adj* / overloaded *adj*
Überlast·fähigkeit *f* / overload capability || **≈faktor** *m* / overload factor || **≈faktor** *m* (el. Masch.) / service factor
überlastfester Ausgang / overload-proof output
Überlast·festigkeit *f* / overload withstand capability, ability to withstand overload currents || **≈festigkeit beim Schalten von Motoren** / ability to withstand motor switching overload currents || **Nachweis der ≈festigkeit** / verification of ability to withstand overload currents || **≈gerät** *n* / overload device || **≈grenze** *f* (MG, max. Eingangsgröße, die noch keine Zerstörung o. bleibende Veränderung hervorruft) / overrange limit || **≈kennlinie** *f* / overload characteristic, overload curve || **schnelle ≈korrektur** / active-power remedial action || **≈leistung** *f* (KW) / overload capacity || **nutzbare ≈leistung** (Verbrennungsmot.) / overload effective output || **≈-Leistungsschalter** *m* / overload circuit-breaker || **≈moment** *n* / peak-load torque || **≈prüfung** *f* / overload test
Überlastrelais *n* / overload relay, thermal electrical relay || **magnetisches ≈** / magnetic overload relay || **phasenausfallempfindliches ≈** VDE 0660,T.104 / phase failure sensitive thermal overload relay IEC 292-1 || **≈ mit Phasenausfallschutz** / phase-failure-sensitive thermal overload relay || **thermisches ≈ mit Phasenausfallschutz** / phase-loss sensitive thermal overload relay || **≈ mit teilweiser Gedächtnisfunktion** / thermal electrical relay with partial memory function || **≈ mit vollständiger Gedächtnisfunktion** / thermal electrical relay with total memory
Überlast·schalter *m* / cutout *n* || **≈schaltvermögen** *n* / overload performance || **Nachweis des ≈schaltvermögens** / verification of overload performance || **≈schutz** *m* / overload protection || **≈schutz** *m* (Trafo) VDE 0532,T.30 / overcurrent blocking device IEC 214 || **≈schutz** *m* (Relaiseinheit) / overload relay || **≈schutz** *m* (MG) / overrange protection || **≈-Schutzeinrichtung** *f* / overload protective device || **≈-Schutzorgan** *n* / overload protective device || **Leitungs-≈schutzsystem** *f* / feeder overload protection system || **≈störung** *f* / overload fault || **≈strom** *m* / overload current || **≈strom-Profil** *n* / overload current profile || **≈- und Kurzschlussschutz** *m* (Gerät) / overload and short-circuit protection unit
Überlastung *f* / overloading *n*
Überlastungsfaktor *m* (z.B. eines Messempfängers) IEC 50(161) / overload factor || **≈schutz** *m* / overrange protection || **≈stromstoß** *m* (ESR-Elektrode) / fault current
Überlastwarnung *f* / overload alarm
Überlauf *m* (Ü) / overflow *n* (OV) || **≈** *m* (DV, Zeichenfolge) / overflow *n* || **≈** *m* (WKW) / spillway *n* || **≈** *m* (WZM, Überfahren) / overshoot *n*, overtravel *n* || **≈anzeige** *f* (SPS) / overflow condition code, overflow bit || **≈anzeige** *f* (MG) / overrange indication, off-scale indication || **speichernde ≈anzeige** / latching overflow bit || **≈bit** *n* / overrange bit || **≈-Durchflussmesser** *m* / weir-type flowmeter
überlaufen *v* (Programmteil) / skip *v*
Überlauf·fehler *m* (MPU) / overrun error (OK) || **≈kammer** *f* / overflow compartment || **≈kanal** *m* (WKW) / spillway *n* || **≈kante** *f* (Lg.) / oil retainer || **≈kessel** *m* / overflow tank, spill tank || **≈rohr** *n* / overflow pipe || **≈sperre** *f* (Trafo-Stufenschalter) / (timed) overrun block || **≈ventil** *n* / overflow valve, bypass valve || **≈verarbeitung** *f* / overflow processing || **≈warnung** *f* / overrun warning || **≈weg** *m* / overshoot *n*, overshooting *n*, excursion *n*
Überlebens·wahrscheinlichkeit *f* IEC 50(191) / reliability *n* || **≈wahrscheinlichkeit** *f* DIN 40042 / probability of survival, survival probability || **≈wahrscheinlichkeitsverteilung** *f* / survival probability distribution
Überleistung *f* (Verbrennungsmot.) / marginal output
überlesen *v* (Satz, Wort) / skip *v*
Überlesen, wahlloses ≈ (NC, a. CLDATA-Wort) / optional skip ISO 3592 || **Satz~** *n* / optional block skip, block skip, block delete
überlistbar *adj* / can be defeated
Übermaß / amount of oversize || **≈** *n* (Bearbeitung) / oversize *n* || **≈** *n* (Passung) DIN 7182, T.1 / interference *n* || **bezogenes ≈** / specific interference || **Lagerschalen-≈** *n* / crush *n*, crush height
übermäßig *adj* / excessive *adj*
Übermaßpassung *f* / interference fit
Übermetallisierung *f* DIN 40804 / overplate *n*
Übermitteln von Daten / communication of data
Übermittlung *f* (FWT) / transfer *n*
Übermittlungs·abschnitt *m* (DÜ) DIN 44302 / data link || **≈abschnitt mit gleichberechtigter Steuerung** DIN ISO 3309 / balanced data link || **≈abschnitt mit zentraler Steuerung** DIN ISO 3309 / unbalanced data link || **≈abschnittsbündel** *n* / multilink *n* || **≈einheit** *f* (Modem) / modem *n*, data set || **≈fehlerwahrscheinlichkeit** *f* (FWT) / residual error probability (telecontrol) || **≈rate** *f* (FWT) / transfer rate || **≈system** *n* / communication system || **≈vorschrift** *f* (DÜ) DIN 44302 / link protocol || **≈zeit** *f* (FWT) / transfer time (telecontrol)
Übernahme *f* / accept *n* || **Strom~** *f* (LE u. Kommutieren bei einer Gasentladung) / commutation *n* || **≈ der Information** / acceptance of information, transfer of information || **≈ durch den Kunden** / taking over by customer, acceptance by customer || **≈ Element** / accept element || **≈ in Editor** / transfer to editor || **≈relais** *n* / transfer relais || **≈strom** *m* VDE 0660,T.101 / take-over current IEC 157-1 || **≈strom** *m* (Gasentladungsröhre) / transfer current || **≈taste** *f* / INSERT key, enter key || **≈zeit** *f* (Gasentladung) / transfer time
übernehmen *v* / accept *v*, apply *v* || **Daten ~** / accept data || **Steuerung ~** (PMG) DIN IEC 625 / receive control, take control
Überordnung *f* / superordination *n*
überprüfbare Angaben / auditable data
Überprüfung *f* / check test, review *n*, check *n*, inspection *n*, examination *n* || **endgültige ≈** (einer Anlage) / precommissioning checks || **≈ der Komplettierung** / check for completeness || **≈ der**

Konstruktion / design review || **≈durch die Unternehmungsführung** / management audit
Überprüfungen vor der Inbetriebnahme / precommissioning checks
Überprüfungsfunktion *f* / check function
Überrahmen *m* (ET) / bin *n* || ≈ *m* (BGT) / mounting rack, rack *n*
überregional *adj* / supra-regional *adj* || **~es Netz** / supraregional network
Überreichweite *f* (Schutz) / overreach *n*, overreaching *n*, transient overreach
Überrollstrecken-Randbefeuerung *f* / overrun edge lighting (ORE)
Überschall *m* / ultrasound *n* || **≈-Durchflussmesser** *m* / ultrasonic flow meter
Überschalt·-Drosselspule *f* (Trafo) / transition reactor IEC 214, transition inductor, bridging inductor, bridging reactor, centre-tapped reactor
Überschalten *n* (Trafo) / transfer *n*, load transfer || ≈ *n* (Bahn) / transition control
Überschleifsatz *m* / approximate positioning block
Überschalt·~impedanz *f* (Trafo) / transition impedance IEC 76-3, bridging impedance || **≈schütz** *n* / transition contactor || **≈transformator** *m* / preventative autotransformer
Überschaltung *f* / transfer *n*, load transfer
Überschalt·widerstand *m* / transition resistance, transition resistor, transfer resistor, bridging impedance || **≈zeit** *f* / transition time, transition period, transfer time
überschaubare Anordnung / clear layout, easily traceable arrangement
Überschießen *n* / overshoot *n*
Überschlag *m* (ESR) / flash-arc *n*, Rocky-Point effect || ≈ *m* (in gasförmigen oder flüssigen Dielektrika) / sparkover *n* || ≈ *m* (an der Oberfläche eines Dielektrikums in gasförmigen oder flüssigen Medien) / flashover *n* || **rückwärtiger** ≈ / back flashover || **≈-Blitzstoßspannung** *f* / lightning-impulse flashover voltage || **50%-≈-Blitzstoßspannung, trocken** / 50% dry lightning impulse flashover voltage
Überschläge *m pl* (Mikrowellenröhre) / arcing *n*
Überschlag·feldstärke *f* / dielectric strength, electric strength || **≈festigkeit** *f* / dielectric strength, electric strength || **≈prüfung** *f* / flashover test || **≈-Schaltstoßspannung** *f* / switching impulse flashover voltage || **50%-≈-Schaltstoßspannung unter Regen** / 50% wet switching impulse flashover voltage || **50%-≈-Schaltstoßspannung, trocken** / 50% dry switching impulse flashover voltage || **≈spannung** *f* / flashover voltage, sparkover voltage, arc-over voltage || **50%-≈spannung** *f* / 50% flashover voltage || **≈strom** *m* / flashover current || **≈wahrscheinlichkeit** *f* / flashover probability || **≈-Wechselspannung** *f* / power-frequency flashover voltage || **≈-Wechselspannung, trocken** / dry power-frequency flashover voltage || **≈-Wechselspannung unter Regen** / wet power-frequency flashover voltage
Überschleif·abstand *m* / rounding clearance, approximate distance || **≈bereich** *m* / rounding area
überschleifen *v* (Komm., SL) / resurface by grinding, true by grinding, true *v*
Überschleifen *n* / smoothing *n*, approximate positioning, corner rounding || **weiches** ≈ / soft approximate positioning
überschneiden *v* / overlap *v*
überschneidende Kontaktgabe (Schließer-vor-Öffner) / make-before-break contacting (o. feature)
Überschneider *m* / make-before-break contact
Überschneidung *f* / make-before-break *n* || ≈ *f* (Kontakte) / contention *n*
überschreiben *v* / overwrite *v* || ≈ *n* / overwriting *n*
Überschreib·modus *m* (Textverarb.) / write-over mode || **≈-Modus** *m* / overwrite mode
Überschreibung *f* / overwriting *n*, overwrite *n*
Überschreibungsaufnahme *f* / overwritten exposure
überschreiten *v* / overshoot *v*, exceed *v* || ≈ *n* / overshooting *n*, excursion *n*
Überschreitung *f* / overshooting *n*, overshoot *n*, excursion *n* || ≈ *f* (des Messbereichs) / overrange *n* || ≈ **der Überwachungszeit** / monitoring time overrange
Überschrift *f* / title *n*, headline *n* || ≈ *f* (Netzwerk) / header *n*
Überschuss·elektron *n* / excess electron || **≈energie** *f* / excess energy || **≈ladungsträger** *m* / excess carrier || **≈leistung** *f* / excess power || **≈leitung** *f* (HL, Elektronenleitung) / electron conduction || **≈rauschleistung** *f* / excess noise power || **≈rauschverhältnis** *n* / excess noise ratio || **≈träger** *m* / excess carrier
Überschwingen *n* / overshoot *n*, overswing *n*
Überschwinger *m* / overshoot *n*
Überschwing·faktor *m* (Schwingung) / amplitude factor || **≈faktor** *m* (Verstärker) / overshoot factor
überschwingfrei *adj* / overshoot-free *adj* || **~es Einfahren** / approach movement without overshoot
Überschwing·spannung *f* / voltage overswing || **≈sperre** *f* / anti-overshoot device
Überschwingung *f* / overshoot *n*
überschwingungs·frei *adj* (MG) / dead-beat *adj*
Überschwing·weite *f* / overshoot *n*, overshoot amplitude || **≈winkel** *m* (Schrittmot.) / overshoot angle || **≈zeit** *f* / overshoot time
Übersee *f* / overseas *n*
übersetzen *v* / compile *v* (To translate a program organization unit or data type specification into its machine language equivalent or an intermediate form) || ~ *v* (a.DV) / translate *v*
Übersetzer *m* / translator *n* || ≈ *m* (Rechnersystem) / compiler *n*
Übersetzung *f* / compilation *n*, ratio *n* || ≈ *f* (Strom- u. Spannungswandler) / actual transformation ratio IEC 50(321) || ≈ *f* (Getriebe) / speed-transforming gear, speed-transforming transmission || ≈ *f* (Verhältnis, Getriebe) / mechanical advantage || ≈ *f* (Verhältnis, Trafo) / mechanical advantage || ≈ **auf den Anzapfungen** / voltage ratio corresponding to lappings || ≈ **ins Langsame** / speed reduction, gearing down || ≈ **ins Schnelle** / gearing up || **Anzapfungs~** *f* (Trafo) / tapping voltage ratio
Übersetzungs·anteil Nenner / speed ratio component denominator || **≈anteil Zähler** / speed ratio component numerator || **≈anweisung** *f* / directive *n* || **≈faktor** *m* (Gleichstromumrichter) / transfer factor || **≈fehler** *m* (Trafo, Wandler) / ratio error || **≈getriebe** *n* / speed-transforming gear, speed-transforming transmission || **≈getriebe ins Langsame** / speed reducer, step-down gearing || **≈getriebe ins Schnelle** / speed-increasing gear unit, step-up gearing || **≈korrekturfaktor** *m* (Trafo) / ratio correction factor (RCF) || **≈liste** *f* (SPS) /

compiler list || ≗**messer** *m* / ratiometer *n* || ≗**parameter** *n* / speed ratio parameter || ≗**programm** *n* / compiler *n* || ≗**rad** *n* / gear wheel || ≗**stufe** *f* (Kfz-Getriebe) / gear step, transmission step || ≗**tafel** *f* (f. Adressenseiten) / address paging table, address mapping table || ≗**verhältnis** *n* (Trafo) / transformation ratio, ratio *n* || ≗**verhältnis** *n* (kapazitiver Spannungsteiler) / voltage ratio || ≗**verhältnis** *n* (Getriebe) / transmission ratio, gear ratio, speed ratio, ratio *n* || ≗**verhältnis** *n* (Kraftgewinn) / mechanical advantage || ≗**verhältnis Eins** (Trafo) / one-to-one ratio

Übersicht *f* / overview *n*, survey *n*, summary *n* || ≗ *f* (ÜB) / overview *n* || ≗ *f* (UEB) / overview *n* || ≗ *f* / block diagram, survey diagram (Rev.) IEC 113-1 || **allgemeine** ≗ / general overview

übersichtliche Anordnung / straightforward arrangement, easily traceable arrangement

Übersichts·bild *n* / network overview map, system overview display || ≗**bild** *n* (Prozessmonitor) / overview display || ≗**darstellung** *f* / overview representation || ≗**diagnose** *f* / summary diagnostics || ≗**feld** *n* (Programmiergerät) / graphics field || ≗**feld** *n* (Prozessmonitor) / overview field || ≗**karte** *f* / general map || ≗**plan** *m* / layout plan, general plan, block diagram, outline diagram, survey diagram (Rev.) IEC 113-1 || ≗**schaltbild** *n* (einpolige Darstellung) / one-line diagram, single-line diagram || ≗**schaltbild** *n* (Blockschaltbild) / block diagram || ≗**schaltplan** *m* / block diagram, survey diagram (Rev.) IEC 113-1, single line diagram

Überspannung *f* / overvoltage *n*, overpotential *n*, surge *n*, external overvoltage || ≗ **einer Kondensatorbatterie** VDE 0670,T.3 / capacitor bank overvoltage IEC 265 || ≗ **zum Sternpunkt einer Kondensatorbatterie** VDE 0670,T.3 / capacitor bank overvoltage to neutral point IEC 265 || ≗ **zwischen den Leitern einer Kondensatorbatterie** VDE 0670,T.3 / capacitor bank overvoltage between lines IEC 265

Überspannungs·ableiter *m* / lightning arrester, surge voltage protector (SVP), surge diverter, surge arrester, overvoltage arrestor || ≗**auslöser** *m* / overvoltage release || ≗**begrenzer** *m* / overvoltage limiter, surge limiter, surge voltage protector (SVP), surge absorber, surge diverter, surge suppressor || ≗**begrenzung** *f* / surge suppression || ≗**beschaltung** *f* / suppressor circuit || **Eingangs~energie** *f* (SR) / supply transient energy IEC 411-3 || ≗**faktor** *m* / overvoltage factor || ≗**grenzwert** *m* / V_{dc}-max controller active || ≗**kategorie** *f* / overvoltage category || ≗**relais** *n* / overvoltage relay || ≗**rücksteuerung** *f* / high voltage reversal || ≗**schutz** *m* / overvoltage protection, surge arrester || ≗**schutz** *m* (Vorrichtung) / surge suppressor, overvoltage protector || ≗**schutzbeschaltung** *f* / suppressor circuit, surge suppressor, snubber *n* (circuit), surge suppressor || ≗**schutzgleichrichter** *m* / semiconductor overvoltage protector || ≗**schutzkondensator** *m* / surge capacitor || ≗**schutzmodul** *n* / overvoltage protection module || ≗**schutzvorrichtung** *f* (Kondensator) / overvoltage protector || ≗**sicherheit** *f* / impulse strength, surge strength || ≗**sicherung** *f* / breakdown fuse || ≗**sperre** *f* / overvoltage blocking device (o. unit) || ≗**-Wanderwelle** *f* / travelling surge

überspeichern *v* / overstore *v*, override *v*

Überspeichern *n* / overstoring *n*, superimposition *n* (of functions), message collision, collision *n* || **erweitertes** ≗ / extended overstore || ≗ **der Drehzahl** / spindle override, spindle speed override

Überspeicherung *f* / overstoring *n*

überspielen *v* (auf Datenträger) / transcribe *v*

Überspinnung *f* / braiding *n*

Übersprechen *n* / crosstalk *n*

Übersprech-Güteziffer *f* / crosstalk figure of merit

Überspringbefehl *m* / skip instruction, blank instruction

überspringen *v* (Programmteil, Befehl) / skip *v*

Überspringen der Funken / sparking over

Übersprung, Kolonnen~ *m* / column skip

Überstaffelung *f* (Schutz) / overreach grading, extended zone grading

Überstand *m* / projection *n* || ≗ *m* (Maßhilfslinie, CAD) / overshoot *n*

überstehender Glimmer (Komm.) / proud mica, high mica || ~ **Metallwinkel** (Bürste) / cantilever top

Übersteiger *m* (Spule) / cranked strand, cranked coil

Übersteuerbereich *m* / overrange *n*

übersteuern *v* / override *v* || ~ *v* (Verstärker) / overdrive *v*

Übersteuern, manuelles ≗ **der automatischen Funktionen** / manual overriding of automatic control function

Übersteuerschutz *m* / overdrive protection

Übersteuerung *f* / overload *n* || ≗ *f* (Überlastbarkeit) / overload capability

Übersteuerungs·anzeige *f* (MG) / overload detector || ≗**bereich** *m* (MG) / overrange *n* || ≗**sollwert** *m* / bias *n* || ≗**verzerrung** *f* (bei Quantisierung) / overload distortion

überstreichen *v* (Text) / overscore *v*

Überstrom *m* / overcurrent *n*, excess current || ≗ *m* (Thyr) DIN 41786 / overload on-state current, overload current || ≗ *m* (Diode) DIN 41781 / overload forward current, overload current || **Einschalt~** *m* (Kondensator) / inrush transient current || ≗**ableiter** *m* / overcurrent diverter, current arrester (US) || ≗**abschaltung** *f* / overcurrent switch off || ≗**anregerelais** *n* / overcurrent starting relay || ≗**anregung** *f* / overcurrent starting || ≗**auslöser** *m* VDE 0660,T.101 / overcurrent release, overcurrent trip || ≗**auslöser, unabhängig verzögert, mit Einschaltverriegelung, Pol x/x** / definite time-delay overcurrent release with lock-out device preventing closing, pole x/x || ≗**auslösung** *f* / opening by overcurrent release, overcurrent tripping || ≗**belastbarkeit** *f* / overcurrent capability, overload capability || ≗**erfassung** *f* / overcurrent detection || **Koordination von** ≗**schutzeinrichtungen** / overcurrent protective coordination of overcurrent protective devices || ≗**faktor** *f* / overcurrent factor, rated accuracy limit factor, saturation factor

Überströmkanal *m* / overflow passage

Überstrom·-Kennziffer *f* / overcurrent factor, rated accuracy limit factor, saturation factor || ≗**klasse** *f* / overcurrent class || ≗**relais** *n* / overcurrent relay, excess-current relay || ≗**relais für Schweranlauf** / overcurrent relay for heavy starting, restrained overcurrent relay || ≗**relais mit Phasenausfallschutz** / overcurrent and phase-failure protection relay, overcurrent relay with phase-failure protection || ≗-**Richtungsrelais** *n* / directional overcurrent relay || **kombinierter ≗-Rückleistungsschutz** / combined overcurrent and reverse-power protection (unit o. equipment) || ≗**schalter** *m* (LS, Hauptschalter zum Trennen von Bahnmotoren bei Überstrom) / line circuit breaker, line breaker || ≗**schnellauslöser** *m* / high-speed overcurrent trip, instantaneous overcurrent release || ≗-**Schnellauslösung** *f* / instantaneous overcurrent tripping || **unverzögerter** ≗**auslöser mit Einschaltverriegelung** / instantaneous overcurrent release with lock-out device preventing closing || ≗-**Schnellrelais** *n* / instantaneous overcurrent relay, non-delayed overcurrent relay || ≗**schutz im Neutral** IEC 50(448) / neutral current protection, ground overcurrent protection (USA) || ≗-**Schutzeinrichtung** *f* / overcurrent protective device || ≗**schutzgerät** *n* / overcurrent protective device || ≗**schutzkoordination** *f* / overcurrent protective coordination || ≗-**Schutzkoordination** *f* / overcurrent protective coordination || ≗-**Schutzorgan** *n* / overcurrent protective device || ≗-**Schutzschalter** *m* / excess-current circuit-breaker || ≗-**Sekundärrelais** *n* / overcurrent secondary relay, secondary-type overcurrent relay || ≗**selektivität** *f* / overcurrent discrimination || ≗**sperre** *f* / overcurrent lock-out || ≗**sperre** *f* (Trafo-Stufenschalter) HD 367 / overcurrent blocking device IEC 214 || ≗**überwachung** *f* VDE 0100, T.200 / overcurrent detection

Überströmventil *n* / relief valve, overflow regulator

Überstrom·verhalten *n* / overcurrent characteristics, overload performance, behaviour under overcurrents || ≗-**Zeitrelais** *n* / time-overcurrent relay, overcurrent-time-lag relay || ≗-**Zeitschutz** *m* / time-overcurrent protection, overcurrent-time protection || ≗**ziffer** *f* (Wandler) / overcurrent factor, rated accuracy limit factor, saturation factor

Überstunden-Übertrag *m* / overtime hours carryover

übersynchron *adj* / oversynchronous *adj*, supersynchronous *adj*, hypersynchronous *adj* || **~e Bremsung** / oversynchronous braking || **~e Stromrichterkaskade** / oversynchronous static converter cascade, supersynchronous thyristor Scherbius system

Überteilung *f* / scale divisions in excess of maximum capacity

Übertemperatur *f* (Erwärmung) / temperature rise || ≗ *f* (übermäßige T.) / overtemperature *n*, excess temperature, overheating *n* || ≗ **des Gehäuses** (Kondensator) VDE 0560,4 / container temperature rise IEC 70 || ≗**schutz** *m* / overtemperature protection, thermal protection

Übertrag *m* (Zähler) / carry *n* (CY) || **Parallel~** *m* / carry lookahead || **Überstunden-**≗ *m* / overtime hours carry-over || ≗ **rückwärts** / carry down || ≗ **vorwärts** / carry up

übertragbar·e Leistung / transmittable power, power capacity || **~e Leistung** (Kabel) EN 60966-1 / power rating IEC 966-1 || **~e Zeit** (GLAZ) / carry-over hours || **~es Drehmoment** / transmittable torque, torque capacity

Übertragbarkeit *f* (Drehmoment) / transmissibility *n* || ≗ *f* (Programme) / portability *n*

übertragen *v* / transfer *v* || **Wärme ~** / transfer heat, transmit heat || **~es Drehmoment** / transmitted torque, running torque

Übertragen von Daten / transmission of data

Übertrager *m* / transformer *n* || ≗ *m* (Übersetzungsverhältnis Eins) / one-to-one transformer || ≗ *m* (Telefon) / repeating coil || ≗**baugruppe** *f* (LE, Impulsübertrágerb.) / gate (o. trigger) pulse transformer subassembly || ≗**brücke** *f* / transformer bridge || ≗**drossel** *f* (Erdungsd.) / earthing reactor, grounding reactor || ≗**kern** *m* / transformer core || ≗**kopplung** *f* / transformer coupling

Übertrags·ausgang *m* / carry-out output, ripple-carry output || ≗**eingang** *m* / carry-in input || ≗**generator** *m* (binäres Schaltelement) / lookahead carry generator

Übertragung *f* / transmission *n*, download *n*, transfer *n* || **aktive** ≗ DIN IEC 625 / active transfer || **gesicherte** ≗ / secured transmission, safe data exchange, transmission with error detection and correction || **parallele** ≗ / parallel transmission || **stoßweise** ≗ / burst transmission || **ungesicherte** ≗ / unsecured transmission || ≗ **auf Abfrage** (FWT) / transmission on demand || ≗ **elektrischer Energie** / transmission of electrical energy, transmission of electricity || ≗ **mit Empfangsbestätigung** (FWT) / transmission with decision feedback || ≗ **mit Schnittstelle** / transfer with interface || ≗ **PLC-Bedientafel** / PLC-operator panel transfer (POT)

Übertragungs·admittanz *f* / transfer admittance, transadmittance *n* || ≗**admittanz rückwärts** / reverse transfer admittance || ≗**admittanz vorwärts** / forward transfer admittance || **Kurzschluss-**≗**admittanz** *f* / short-circuit transfer admittance || ≗**art** *f* / transmission mode, transmission method || ≗**beiwert** *m* (Messtechnik) / transfer coefficient || ≗**bereich** *m* (Verstärker) / output range (amplifier) || ≗**bereitschaft** *f* (DÜ) / ready for data || ≗**block** *m* (LAN) / transmission frame || ≗**dämpfung** *f* (LWL-Verbindung) / transmission loss || ≗**diagramm** *n* / transfer diagram || ≗**dichte** *f* (LWL-Verbindung) / transmittance density || ≗**distanz** *f* / transmission distance || ≗**eigenschaft** *f* / characteristic of linkage || ≗**eigenschaften** *f pl* / quality of transmission || ≗**eigenschaften** *f pl* (Trafo) / transformation characteristics || ≗**eigenschaften** *f pl* (MG) / transfer characteristics || ≗**einrichtung für Störungsmeldungen** EN 54 / fault warning routing equipment || ≗**einrichtungen für Brandmelder** / fire alarm routing equipment || ≗**element** *n* / transmission element || ≗**ende** *n* / end of transmission (EOT) || ≗**endezeichen** *n* / end of transmission character

Übertragungs·fähigkeit *f* (einer Netzverbindung) / transmission capacity (of a link) || ≗**faktor** *m* / gain factor || ≗**faktor** *m* (Übertragungsfunktion mit 2 dimensionsgleichen Signalen) / transfer ratio IEC 50(131) || ≗**faktor** *m* (Wellenleiter) / transmission coefficient || ≗**faktor** *m* (Übertragungsmaß, Verhältnis Eingangsspannung/Ausgangsspannung o. -strom) / gain *n* || ≗**faktor im diffusen Feld** DIN IEC 651 / diffuse-field sensitivity || ≗**fehler** *m* / transmission error || ≗**fehler** *m* (Wandler) / transformation error (s. Übersetzungsfehler) || ≗**format** *n* / (data) transfer format || ≗**fortschritt** *m* / progress of transfer || ≗-**Freileitung** *f* / overhead power transmission line || ≗-**Frequenzgang** *m* / frequency response || ≗**funktion** *f* / transfer function, transition function || ²**funktion des offenen Regelkreises** / open-loop transfer function || ²**geschwindigkeit** *f* / data signalling rate, transmission speed, transmission rate, signalling rate, line speed || ²**geschwindigkeit** *f* (in Bit, Baud) / bit rate, baud rate || **Daten-²geschwindigkeit** *f* / data rate, data signalling rate || ²**geschwindigkeitsgeber** *m* / rate generator || ²**gestänge** *n* / transmission linkage || ²**glied** *n* / transfer element, transmission element || ²**glied mit Verzögerungsverhalten** (VZ-Glied) / PT element || **mechanisches ²glied** / transmission elements

Übertragungs·immittanz *f* / transfer immittance || ²**impedanz** *f* / transfer impedance || ²**kanal** *m* / transmission channel, channel *n* || ²**kennlinie** *f* / transfer characteristic, mutual characteristic || ²**kennlinie** *f* (Beleuchtungsstärke/Signalstrom) / light signal transfer characteristic || ²**kennwert** *m* (Verstärker) / transfer characteristic || ²**koeffizient** *m* (Transistor, s-Parameter) / s-parameter *n* || ²**konstante** *f* / proportional gain, proportional coefficient || ²**länge** *f* / transmission length || ²-**Leistungsverstärkung** *f* / transducer gain || ²**leitung** *f* / pressure line || ²**leitung** *f* (DÜ) / transmission line, data line, data transmission line || ²**leitung** *f* (Energieübertragung) / transmission line || **gasisolierte ²leitung** / gas-insulated line (GIL) || ²**maß** *n* DIN IEC 651 / transfer constant || ²**maß** *n* / gain *n*, transmission factor || ²**maß** *n* (Frequenzgang) / frequency response || ²**medium** *n* DIN ISO 7498 / physical medium || ²**medium** *n* / transmission medium, medium *n* || ²**mittel** *n* / transmission medium || **mechanisches ²element** (WZM) / mechanical transmission element

Übertragungs·netz *n* / transmission network, transmission system || ²**netz** *n* (Kommunikationsnetz) / communications network || ²**physik** *f* / physical characteristics || ²**protokoll** *n* / transmission protocol, line protocol, communication protocol || ²**prozedur** *f* / line procedure || ²**qualität** *f* (Kontakte) / transfer quality || ²**qualität** *f* (Kommunikationsnetz) / transmission performance || ²**rate** *f* / transfer rate || ²**rate** *f* (in Baud, Bit) / baud rate, bit rate || **HGÜ-²regelung** *f* / HVDC transmission control || ²**schicht** *f* / physical link layer || ²**sicherheit** *f* / transmission security, transmission reliability, transmission integrity || ²**signal** *n* DIN 19237 / transfer signal || ²**spannung** *f* / transmission voltage || ²**speicher** *m* / transmission memory || ²**steilheit** *f* / transconductance *n* || ²**steuerung** *f* (DÜ) / communications controller || ²**steuerzeichen** *n* / transmission control character || ²**steuerzeichenfolge** *f* (ÜSt-Zeichenfolge DÜ) DIN 44302 / supervisory sequence || ²**strecke** *f* / transmission path IEC 50(704), transmission link, transmission length (bus system), data transmission link, physical link || **PCM-²strecke** *f* / PCM transmission link, PCM link

Übertragungs·technik *f* / transmission technology || **Hochspannungs-Gleichstrom-²transformator** *m* (HGÜ-Transformator) / h.v.d.c. transmission transformer (HVDCT transformer) || ²**überwachung** *f* / transmission monitoring || ²-**und Verteilungsverluste** *m pl* (Netz) / transmission and distribution losses || ²**verhalten** *n* (Ansprech- o. Einstellverhalten) / response characteristic, response *n* || ²**verhalten** *n* (Messeinrichtung) / response *n* || ²**verhältnis** *n* / characteristic of linkage || ²**verhältnis** *n* (LWL) / transmittance *n* IEC 50(731) || ²**verluste** *m pl* (Netz) / transmission losses, transmission and distribution losses, system losses || ²**vorlage** *f* (Fernkopierer) / document *n* (to be transmitted) || ²**vorschriften** *f pl* (f. Nachrichten) / (message) transfer conventions || ²**weg** *m* / transmission path || ²**weg** *m* (PMG) / communication path IEC 625, message route || ²**weg** *m* (FWT) / transmission route || ²**wirkleitwert** *m* / transconductance *n* || ²**zeichenfolge** *f* (DÜ) DIN 44302 / information message || ²**zeit** *f* / response transmit time, send transmit time || ²**zeit** *f* (DÜ, Kommunikationssystem) / transfer time interval, transit delay ISO 8208, transmit delay || ²**zustand der Quelle** (PMG) DIN IEC 625 / source transfer state (STRS)

Übertrittspannung *f* / overspill *n* (voltage)

Überverbrauchs·tarif *m* / load-rate tariff || ²**werk** *n* / load-rate meter element || ²**zähler** *m* / excess-energy meter, load-rate meter, load-rate credit meter

Überverbunderregung *f* / over-compounding *n*, over-compound excitation || **Generator mit ²** / overcompounded generator

überwachen *v* / monitor *v* || ² *n* / monitoring *n*, supervision *n*, surveillance *n*, controlling *n*

überwacht·e Station (FWT) / remote station || **~e Versorgungsschwankung** / monitored supply deviation || **~es Regelsystem** / monitored control system

Überwachung *f* (Steuer- u. Überwachungsfunktionen, einschl. Maßnahmen, die Zuverlässigkeit u. Betriebssicherheit gewährleisten. Manuell oder automatisch ausgeführte Tätigkeit zur Beobachtung des Zustands einer Einheit) / monitoring *n* || ² *f* (Manuell oder automatisch ausgeführte Tätigkeit zur Beobachtung des Zustands einer Einheit) / watchdog *n*, supervision *n* || ² *f* (Beaufsichtigung) / surveillance *n*, supervision *n* || **Ansprechen einer ²** / fault trip || **eichamtliche ²** / metrological surveillance || **Fehler~** *f* (DÜ) DIN 44302 / error control procedure || **Positions~** *f* (Rob.) / position alarm || **schriftlich belegte ²** / documented control || **Überstrom²** *f* VDE 0100, T.200 / overcurrent detection || ²**/Absteuerung** *f* / command monitoring and termination, monitoring/termination || ² **der Qualitätssicherung des Lieferanten** / quality assurance surveillance || ² **der Sicherheit** / supervision of safety || ² **der Signalqualität** / signal quality detection || ² **der Systemleistungsfähigkeit** / performance monitoring || ² **der Wasserpegel und der Gewässerströmung** / lake level monitoring and flow calculations || ² **und Absteuerung** / command monitoring and termination, monitoring/termination

Überwachungs·anlage *f* / supervisory equipment || ²**art** *f* / monitoring type || ²**baugruppe** *f* / watchdog module || **Schutz- und ²beleuchtung** / safety lighting || ²**bereich** *m* / monitoring area || **Laser-²bereich** *m* / laser controlled area || **Regelung mit ²eingriff** / supervisory control || ²**einrichtung** *f* /

monitoring equipment, monitoring device || **Isolations-≗einrichtung** *f* VDE 0615, T.4 / insulation monitoring device || **≗funktion** *f* / monitoring function || **≗gang** *m* / inspection gangway, inspection aisle || **≗gerät** *n* / monitoring hardware, monitoring device || **elektronisches ≗gerät** / electronic monitoring equipment || **Überdruck-≗gerät** *n* (SG) / high-pressure interlocking device || **≗komponente** *f* / performance monitor || **≗kreis** *m* / monitoring circuit, protective circuit || **≗leiter** *m* (Schutz) / pilot wire || **≗logik** *f* / monitoring logic || **≗lupe** *f* / monitoring zoom || **≗meldung** *f* (FWT) / monitoring information, monitored information || **≗modul** *n* / monitoring module || **≗nachweis** *m* (QS) / evidence of control || **≗ort** *m* / monitoring point, measuring point

Überwachungs·programm *n* / quick-alert monitoring program || **≗prozessor** *m* / supervisory processor || **≗rechner** *m* / supervisory computer || **≗relais** *n* / monitoring relay || **≗richtung** *f* (FWT) / monitoring direction || **≗schiene** *f* / monitoring bus || **≗schleife** *f* / monitoring loop || **≗signal** *n* / monitoring signal, supervisory signal || **≗stelle** *f* (QS) / inspection agency || **≗stelle** *f* (FWT) / location with monitoring master || **≗stufe** *f* (Schaltkreiselement) / monitoring element, monitor *n* || **≗system** *n* (a. FWT) / monitoring system || **≗system** *n* (Reg., QS) / supervisory system || **≗takt** *m* / monitoring cycle || **≗- und Steuerprogramm** *n* / monitoring and control software || **≗verfahren** *n* (QS) / control system, monitoring procedure || **≗zeichen** *n* / supervision symbol || **≗zeit** *f* (nach der eine nicht ausgeführte Anweisung eines Prozessführungssystems gemeldet wird) VDI/VDE 3695 / check time || **≗zeit** *f* (elST) DIN 19237 / monitoring time, check time || **≗zeitgeber** *m* / watchdog timer

Überwachung von Prüf- und Messmitteln / control of inspection, measuring and test equipment

Überwärmung *f* / excessive temperature rise, overheating *n*

Überwuchs *m* (gS) / outgrowth *n*

Überwurf *m* (Schloss) / hasp *n* || **≗flansch** *m* / union flange

Überwurfmutter *f* / union nut, screwed cap, female union, box nut, cap nut, spigot nut, screwed nut, screw cap, screwed nut gland || **Kabelausgangs-≗** *f* (StV) / outlet nut

überzähliger Stab (Stabwickl.) / odd bar

Überziehen, galvanisches ≗ / electro-plating *n*, plating *n*

Überziehmuffe *f* / ferrule *n*

Überzug *m* (Anstrich) / coating *n*, topcoat *n*, finishing coat || **≗** *m* (galvan.) / plating *n*, plate *n*, electrodeposit *n* || **≗lack** *m* / varnish *n*, finishing varnish

U-Bügel *m* / U-bolt *n*

Übungs- bzw. Prüfungsbetrieb *m* / practice or testing mode

UCS-Farbtafel *f* (uniform-chromaticity-scale diagram - gleichförmige Farbtafel) / UCS diagram, uniform-chromaticity-scale diagram

U_d / direct voltage, V_d

UDE / UDE (Universal Development Environment)

UDP / UDP (user datagram protocol)

UDT (anwenderdefinierte Datentypen) / UDT (user-defined data type)

UE (ungeregeltes Einspeisemodul) / OI (open-loop control infeed module)

Ue / make-before-break contact

UEB (Übersicht) / overview *n*

U·-Eisen *n* / U-profile *n* || **≗-Element** *n* (ET) / U interface element, U input connector

UE-Modul *n* (ungeregeltes Einspeisemodul) / OI module (open-loop control infeed module)

U/f·-Begrenzung *f* (zur Vermeidung der Übermagnetisierung von Synchronmasch. u. Transformatoren) / volts per hertz limiter || **≗-Betrieb** *m* / U/f operation || **≗-gesteuerter Betrieb** / V/Hz-controlled operation

U-f-Kennlinie *f* / V/F characteristic

U/f·-Kennlinie *f* / V/f curve || **≗-Kurve** *f* / V/f curve

UFR (User Frame: Nullpunktverschiebung) / UFR (User Frame: Zero offset)

U/f·-Schutz *m* / U/f protection, overfluxing protection || **lineare ≗-Steuerung** / linear V/f control || **parabolische ≗-Steuerung** / parabolic V/f control

U-f-Wandler *m* / V/F converter

UGR (Untergrenze, untere Grenze) / lower limit, low limit

UGS / subgroup control (SGC)

Uhr *f* / time-keeping instrument, clock *n*, watch *n*, real-time clock || **nachgehende ≗** / slow clock || **netzsynchrone ≗** / synchronous clock, synchronous motor clock

Uhren·anlage *f* / clock system || **≗gehäuse** *n* / clock case || **≗getriebe** *n* / clock gears, clockwork *n* || **≗linie** *f* / dial circuit, time circuit || **≗motor** *m* / time motor || **≗tafel** *f* / clock board

Uhrwerk *n* / clockwork *n* || **≗ mit elektrischem Aufzug** / electrically wound clockwork || **≗ mit Handaufzug** / hand-wound clockwork || **≗ mit Pendelhemmung** / clockwork with pendulum escapement

Uhrzeigersinn *m* / clockwise direction, clockwise *n*, CW (clockwise) || **entgegen dem ≗** / anti-clockwise *adj*, counter-clockwise *adj* || **gegen den ≗** / counter-clockwise *n* || **im ≗** / clockwise *adv* (CW), in the clockwise direction of rotation || **Kreisinterpolation im ≗** (NC-Wegbedingung) DIN 66025,T.2 / circular interpolation arc CW ISO 1056

Uhrzeigerstellung *f* (StV) / clock-hour position

Uhrzeit *f* / time *n*, time of day (The time within a 24-hour day, represented according to ISO 8601)

uhrzeitabhängiges Zwangsabschalten / automatic time-dependent switch off

Uhrzeit·abweichung *f* / deviation of synchronous time || **≗alarm** *m* (SPS) / real-time interrupt, time-of-day interrupt

uhrzeitalarmgesteuert *adj* / timed-interrupt-driven

Uhrzeit·anzeige *f* / time-of-day display || **≗bildung** *f* / time-of-day generation || **≗einstellung** *f* / clock setting || **≗fahrung** *f* / clock control || **≗fehler** *m* / deviation of synchronous time || **≗format** *f* / time-of-day format || **≗führung** *f* / clock control || **≗geber** *m* / clock *n*

uhrzeitgesteuert *adj* / real-time-controlled

Uhrzeit·master *m* / time-of-day master || **≗sender** *m* / time-of-day transmitter || **≗sender** *m* (Echtzeitübertragung) / real-time transmitter || **≗stempelung** *f* / time-of-day stamp || **≗synchronisation** *f* / time-of-day synchronization, clock synchronization || **≗synchronisierung** *f* / time synchronization, time-of-day synchronization,

clock synchronization || ~**zelle** *f* / time-of-day location
U/I-Anregung *f* / voltage dependent current starting
UI-Netzwerkanschlusseinheit *f* / UI network access unit
UK / bottom edge, lower edge
UKW / ultra-short wave (USW), VHF (very high frequency) || ~**-Bereich** *m* / VHF range || ~**-Drehfunkfeuer** *n* (VOR) / VHF omnidirectional radio range (VOR) || ~**-Peilstelle** *f* (VDF) / VHF direction finding station (VDF)
ULA / uncommitted logic array (ULA)
U-Lampenfassung *f* / lampholder for U-shaped fluorescent lamps
UL-Ausführung *f* (UL = Underwriters Laboratories) / design to UL requirements
Ulbrichtsche Kugel / Ulbricht sphere, integrating sphere
Ultra·feinfilter *m* / ultra-fine filter || ~**hochfrequenz** *f* (UHF) / ultra-high frequency (UHF) || ~**hochspannung** *f* / extra-high voltage (e.h.v.), ultra-high voltage (u.h.v), very high voltage (v.h.v.) || ~**hochvakuum** *n* / ultra-high vacuum || ~**kurzwelle** *f* (UKW) / ultra-short wave (USW), VHF (very high frequency)
Ultraschall *m* (US) / ultrasound *n* || ~**-Durchflussmessgerät** *n* / ultrasonic flowmeter
ultraschalleingebettet *adj* / ultrasonic-embedded *adj*
Ultraschallfrequenz *f* / ultrasonic frequency
ultraschall·geprüft *adj* / ultrasonic-tested *adj* || **~gereinigt** *adj* / ultrasonic-cleaned *adj* || **~geschweißt** *adj* / ultrasonic-welded *adj*
Ultraschall·impuls *m* / pulse of ultrasonic energy || ~**kontaktierung** *f* (US-Kontaktierung IS) / ultrasonic bonding (IC) || ~**-Maßstab** *m* / ultrasonic sensor || ~**messumformer** *m* / ultrasonic transmitter || ~**-Näherungsschalter** *m* / ultrasonic proximity switch || ~**prüfung** *f* / ultrasonic test, ultrasonic inspection || ~**reinigung** *f* / ultrasonic cleaning, ultrasound cleaning || ~**-Schweißtechnik** *f* / ultra-sound-welding technique || ~**sensor** *m* / ultrasonic sensor, ultrasonic proximity switch || ~**wandler** *m* / ultrasonic transducer
Ultraviolett-Dunkelstrahler *m* / black light lamp, black light non-illuminant lamp
ultraviolette Strahlung (UV-Strahlung) / ultraviolet radiation (UR)
Ultraviolett-Lampe *f* / ultraviolet lamp
umbandeln *v* / tape *v*
Umbandelung *f* (Wickl.) / tape serving, taping *n*
Umbandelungsmaschine *f* / taping machine
Umbau *m* / modification *n*
umbauen *v* / modify *v*, convert *v*, rebuild *v*
Umbausatz *m* / update pack, conversion package, conversion set
umbauter Raum / enclosed space
umbenennen *v* / rename *v*
umbenummern *v* / change numbers
Umbiegeversuch *m* / reverse bend test, flexure test
Umbruchfestigkeit *f* / cantilever strength
Umbruchkraft *f* / cantilever force
Umbuchung *f* / transfer *n*
Umbügelung *f* (Isol.) / hot-ironed sleeving
umcodieren *v* / transcode *v*, convert *v* (into another code), recode *v* || ~ (umnummern) / change numbers
Umcodierung *f* / transcoding *n*, code conversion, conversion *n*
Umdrehung *f* / revolution *n*, rotation *n*, rev, r || ~**en pro Arbeitseinheit** (EZ) / revolutions per energy unit (r.p.u.) || ~**en pro Minute** (U/min) / revolutions per minute (r.p.m.), rev/min
Umdrehungs·frequenz *f* / rotational frequency, speed frequency || ~**geber** *m* / counter for revolutions || ~**vorschub** *m* (WZM, NC) / feedrate per revolution, revolutional feedrate, feedrate in mm/rev || ~**zahl** *f* / revolutions per unit time, number of revolutions (per unit time), speed || ~**zähler** *m* / tachometer *n*, revolutions counter, r.p.m. counter, rev counter || ~**zeit** *f* / rotation period, period of one revolution
UM-Erfassung *f* / VM sensing
umfahren *v* / bypass *v*, contour *v*, travel around, traverse *v*
Umfahren *n* / clamp avoidance
Umfahrungs·kreis *m* / bypass circle || ~**strategie** *f* / bypass strategy
Umfallen *n* (Mast) / overturning *n*
Umfang *m* / circumference *n* || ~ *m* (Größe) / extent *n*, size *n*, scope *n* || ~ *m* (Körper) / periphery *n*, perimeter *n* || ~ *m* (Kreis) / circumference *n* || ~ **der Charge** / batch size || ~ **der Grundgesamtheit** DIN 55350,T.23 / population size || ~**fräsen** *n* / plain milling, circumferential milling || ~**geschwindigkeit** *f* / grinding wheel peripheral speed (GWPS), grinding wheel surface speed, peripheral speed || ~**lösekraft** *f* DIN 7182 / circumferential releasing force
umfangreich *adj* / comprehensive *adj*
Umfangs·auflage *f* (Lg.) / peripheral contact area || ~**dichtung** *f* / peripheral seal || ~**fräsen** *n* / circumferential milling || ~**geschwindigkeit** *f* / peripheral speed, grinding wheel surface speed, circumferential velocity, circumferential speed, grinding wheel peripheral speed (GWPS) || ~**geschwindigkeit** *f* (Lüfter) / tip speed || ~**kraft** *f* / peripheral force, circumferential force || ~**last** *f* / rotating load || ~**schleifmaschine** *f* / surface grinding machine || ~**schleifscheibe** *f* / surface grinding wheel || ~**spannung** *f* (mech.) / peripheral stress || ~**spiel** *n* / circumferential play
umfassend *adj* / comprehensive *adj*
Umfeld *n* / environment *n* || ~ *n* (LT) / surround of a comparison field || ~**beleuchtung** *f* / ambient lighting, ambient illumination || ~**blendung** *f* / indirect glare
Umflechtung *f* (Kabel) / braid *n*, braiding *n*
umflochten·e Elektrode / braided electrode || **~er Leiter** / braided conductor
Umformbarkeit *f* / reforming capability
Umformen *n* (el.) / conversion *n*, converting *n* || ~ *n* (Met., plastische Formgebung) / reforming *n* || **spanloses** ~ / non-cutting shaping, forming *v* || ~ **von Druck** / conversion of pressure || ~ **von Durchfluss** / conversion of flow rate || ~ **von Füllstand** / conversion of fill level || ~ **von Temperatur** / conversion of temperature
umformend *adj* / remodeling *adj*
Umformer *m* / transformer *n*, static frequency changer, inverter unit, inverter *n* || ~ *m* (rotierend) / rotary converter, motorgenerator set || ~ *m* (Messumformer) / transducer *n* || ~ *m* (SR, Signalumformer) / converter *n* || **Phasen~** *m* / phase converter, phase splitter, phase transformer, phase modifier || ~ **mit fester Frequenz** / fixed-frequency

converter || ≗**gruppe** *f* / motor-generator set, converter set, composite machine || ≗**-Metadyne** *n* / metadyne converter || ≗**satz** *m* / motor-generator set, converter set, composite machine || ≗**station** *f* / converter substation || ≗**werk** *n* (f. Gleichrichtung) / rectifier substation

Umformung *f* / conversion *n*, converting *n*, reforming *n* || ≗ **elektrischer Energie** / conversion of electrical energy, conversion of electricity

Umgang *m* / handling *n* || ≗ *m* (Wickl.) / convolution *n*

umgebendes Medium (el. Masch.) / surrounding medium, ambient medium

Umgebung *f* / environment *n* || **saubere** ≗ / clean situation

umgebungsbedingte Beanspruchung DIN 40042 / environmental stress

Umgebungsbedingung *f* / environmental conditions, ambient conditions, environment-related requirements, physical environmental conditions || ≗ **für den Betrieb** / ambient operating condition

Umgebungsbedingungen *f pl* / environmental conditions, local conditions, ambient conditions, environment-related requirements, physical environmental conditions || ≗ *f pl* (Betriebsbedingungen) / environmental operating conditions, service environment || **klimatische** ≗ / climatic environmental conditions || **kontrollierte** ≗ / controlled environment || **mechanische** ≗ / mechanical environmental conditions || **unmittelbare** ≗ VDE 0109 / micro-environment *n* IEC 664A || **widrige** ≗ / harsh environmental conditions || ≗ **bei feuchter Verschmutzung** / wet-dirty situation || ≗ **bei üblicher Verunreinigung** / normal pollution situation || ≗ **bei Verschmutzung** / dirty situation

Umgebungsbeleuchtung *f* / environmental lighting

umgebungsbezogen *adj* (Bemessung von Bauelementen) / ambient-rated *adj*

Umgebungs·druck *m* / ambient pressure || ≗**einfluss** *m* / environmental effect || **Fehler durch** ≗**einflüsse** / environmental error || ≗**helligkeit** *f* / ambient luminosity || ≗**licht** *n* / ambient lighting, ambient illumination || ≗**luft** *f* / ambient air, surrounding air, ambient atmosphere

Umgebungstemperatur *f* / ambient temperature, ambient air temperature, operating temperature || **zulässige** ≗ / permissible ambient air temperature || **zulässige** ≗ (SG) / ambient temperature rating, (extreme values of) ambient temperature || **zulässige** ≗ (Bereich) / ambient temperature range, ambient temperature rating || ≗**abhängigkeit** *f* / variation with ambient temperature, ambient-temperature dependence, temperature coefficient || ≗ **der Luft** / ambient air temperature || ≗ **Motor** / ambient motor temperature

umgebungstemperatur·gesteuerter Thermoschalter / ambient thermostatic switch || **~kompensiertes Überlastrelais** / temperature-compensated overload relay, overload relay compensated for ambient temperature || **~unabhängiger, temperaturgesteuerter Zeitschalter** / temperature-compensated thermal time-delay switch

Umgebungs·variable *f* (CAD) / environment variable || ≗**werte** *m pl* (logisch verknüpfte Werte) / logically linked values

Umgehen einer Verriegelung / bypassing (o. overriding o. defeating an interlock)

Umgehung *f* / solution *n*, remedy *n* || ≗ *f* (a. USV) / bypass *n*

Umgehungs·-Drehschalter *m* / rotary bypass switch || ≗**-/Hilfssammelschiene** *f* / transfer/bypass busbar || ≗**rohr** *n* / bypass tube || ≗**sammelschiene** *f* / transfer busbar, transfer bus || ≗**schalter** *m* / bypass switch || ≗**schalter** *m* (LS) / bypass circuit-breaker || ≗**schiene** *f* / transfer busbar, transfer bus || ≗**schienentrenner** *m* / bypass bus disconnector || ≗**spannung** *f* (USV) / bypass voltage || ≗**trennschalter** *m* / bypass disconnector || ≗**versorgung** *f* (USV) VDE 0558, T.5 / bypass power

umgekehrt *adj* / reverse *adj* || **~e Drehrichtung** / reverse direction of rotation || **~e Maschine** / inverted machine || **~e Wirkungsrichtung** (Reg.) / reverse action || **~er Schrägstrich** / back-slash *n* || **~ proportional** / inversely proportional

umgerissene Isolation (Trafo) / flanged insulation

umgesetzte Leistung (Trafo) / through-rating *n*

Umgießen *n* (Isolierstoff) / encapsulating *n*

umgossen *adj* / moulded in

Umgreifschutz *m* / reach-round protection, grip protection

Umgrenzungs·feuer *n* (Flp.) / boundary lights || ≗**marker** *m* (Flp.) / boundary marker || ≗**markierung** *f* (Flp.) / boundary marking || ≗**schnitt** *m* / blanking cut || ≗**tagesmarkierung** *f* (Flp.) / boundary day marking

Umgruppierung *f* / pole regrouping, pole-coil grouping

Umhängegurt *m* / shoulder carrying strap

umhängen *v* / transfer *v*

Umhüllende *f* / envelope *n*, envelope curve

umhüllt·e Elektrode / coated electrode, covered electrode || **~er Rohrdraht** / sheathed metal-clad wiring cable, sheathed armoured cable

Umhüllung *f* VDE 0100, T.200, a. Gehäuse einer SK / enclosure *n* || ≗ *f* (Wickl.) / wrapping *n*, tape serving || ≗ *f* (Kabel) / serving *n*, covering *n* || ≗ *f* (gS) / conformal coating || ≗ *f* (isolierende o. schützende Beschichtung auf einer Metalloberfläche) / protective coating || ≗ *f* (Schweißelektrode) / coating *n* || ≗ *f* (zum Schutz gegen direktes Berühren) / barrier *n* IEC 50(826), Amend. 1 || ≗ *f* (optische Faser) / jacket *n* || **äußere** ≗ (Kabel) / serving *n* || **äußere** ≗ **einer Verpackung** / overwrap *n* || **metallische** ≗ (Kabel) / metal covering || **Skelett und** ≗ (FSK) / frame and covers (FBA) || ≗ **gegen elektrische Gefahren** EN 60950 / electrical enclosure || ≗ **gegen mechanische Gefahren** EN 60950 / mechanical enclosure

Umhüllungs·teil *m* / enclosure part || ≗**widerstand** *m* / envelope resistance

U/min / revolutions per minute (r.p.m.), rev/min, r.p.m., rpm

Umkehr *f* (Drehrichtung) / reversal *n* || ≗ *f* (WZM, NC) / movement reversal || ≗**addierer** *m* / adder-subtracter *n* || ≗**anlasser** *m* / reversing starter, starter-reverser || ≗**antrieb** *m* / reversing drive, reversible drive || ≗**auslöser** *m* / reversible release, reversible tripping device

umkehrbar *adj* / reversible *adj* || **~e Änderung** DIN 40042 / reversible change || **~er Ausgangsstrom** / reversible output current || **~er Motor** / reversible

motor
Umkehrbetrieb *m* / reversing duty
umkehren *v* / reverse *v*
Umkehr·funktion *f* / inverse function || ≗**getriebe** *n* / reversing gearbox || ≗**gruppe** *f* (Pump-Turbine) / reversible pump-turbine || ≗**-HGÜ** *f* / reversible HVDC system || ≗**kupplung** *f* / reversing clutch || ≗**lose** *f* (WZM) / backlash on reversal || ≗**lose** *f* / hysteresis error, hysteresis *n*, reversal error, range of inversion || ≗**motor** *m* / reversing motor, reversible motor || ≗**-Negativ-Impedanzwandler** *m* / inverting negative impedance converter (INIC) || ≗**nocken** *m* / reversing cam || ≗**punkt** *m* (Bewegung) / reversal point, inversion point || ≗**schalter** *m* / reversing switch, reversing controller, reverser *n* || ≗**schaltung** *f* (LE) / reversible connection, reversing connection || ≗**schütz** *n* / reversing contactor || ≗**spanne** *f* / hysteresis *n*, hysteresis error, range of inversion || ≗**spanne** *f* (NC, Lose bei Umkehr) / backlash on reversal || ≗**spanne** *f* (MG) / reversal error (A relative movement between interacting mechanical parts resulting from looseness) || ≗**spanne** *f* (Hysterese) / range of inversion || ≗**spiegeln** *n* / reverse mirroring || ≗**spiel** *n* / hysteresis *n*, hysteresis error, backlash on reversal, reversal error (A relative movement between interacting mechanical parts resulting from looseness), range of inversion || ≗**stab** *m* / inversion bar || ≗**starter** *m* / reversing starter, starter-reverser || ≗**stellantrieb** *m* / reversible actuator || **Schütz-**≗**steller** *m* / reversing contactor-type controller || **Thyristor-**≗**steller** *m* / reversing thyristor controller || ≗**steuerung** *f* / reversing control || ≗**stromrichter** *m* / reversible converter || **dreipulsiger** ≗**stromrichter** / triple-pulse reversible converter || ≗**stufe** *f* / inverter *n* || ≗**-Trennschalter** *m* / reverser-disconnector *n*, disconnecting switch reverser
Umkehrung *f* (Drehricht.) / reversal *n*, reversal of motion || ≗ *f* (der Ein-/Ausgabe) / redirection *n*, redirecting *n* || **Leitungs~** *f* (Informationsübertragung) / line turnaround || ≗ **von Punktmustern** (NC) / inversion of point patterns
Umkehr·verstärker *m* / inverting amplifier, sign-reversing amplifier || ≗**walze** *f* / reversing drum || ≗**-Walzmotor** *m* / reversing mill motor || ≗**zähler** *m* / reversible counter, up/down counter
Umkettung *f* / re-linking *n*
Umklappen der Membran / drop down of diaphragm
umklemmbar *adj* / reconnectable *adj*
umklemmen *v* / reconnect *v*, reverse the terminal connections
umkodieren *v* / recode *v*
Umkodierung *f* / code conversion, conversion *n*
Umkonfiguration *f* / reconfiguration *n*
Umkonstruktion *f* / re-design *n*
Umkreis *m* / circumcircle *n*, circumscribed polygon
Umkreisradius *m* / circumradius *n*
Umladen *n* / reloading *n*, relocation *n*, transfer *n*
Umladestrom *m* / charge-reversal current
Umlastung *f* / load redistribution, feeder reconfiguration
Umlauf *m* / cycle *n* || ≗ *m* (Flüssigkeit, Kühlmittel) / circulation *n* || ≗ *m* (Schirmbild) / wraparound *n* || ≗ *m* (Netzwerk) / loop *n* || ≗ *m* (Umgehung) / bypass *n* || ≗ *m* (Wickl.) / convolution *n* || ≗**archiv** *n* / short-term archive || ≗**aufzug** *m* / paternoster *n* || ≗**bestand** *m* (Fabrik) / work-in-progress *n* (WIP) || ≗**biegeversuch** *m* / rotating bending fatigue test
umlaufen *v* / rotate *v*, revolve *v*, circulate *v*
Umlaufen *n* (Darstellung v. Elementen auf dem Graphikbildschirm) / wraparound *n* || **ruckartiges** ≗ / discontinuous rotation
umlaufend *adj* (rotierend) / rotating *adj*, rotary *adj* || **~e elektrische Maschine** / electrical rotating machine || **~e Maschine** / rotating machine, rotary machine || **~e Naht** / continuous welded seam || **~e Nut** (Lg.) / circumferential groove || **~er Erreger** / rotating exciter || **~er Vektor** / rotating vector, phasor *n* || **~er Zähler** / ring counter || **~es Feld** / rotating field, revolving field
Umlauf·frequenz *f* / rotational frequency, speed frequency || ≗**geschwindigkeit** *f* / speed of rotation, speed *n* || ≗**getriebe** *n* / planetary gearing, epicyclic gearing || ≗**integral** *n* / circulation *n* || ≗**kennung** *f* / error DB overflow identifier
Umlaufkühlung *f* / closed-circuit cooling, closed-circuit ventilation || **Maschine mit** ≗ / closed air-circuit-cooled machine, machine with closed-circuit cooling || **Maschine mit** ≗ **und Luft-Luft-Kühler** / closed air-circuit air-to-air-cooled machine, air-to-air-cooled machine || **Maschine mit** ≗ **und Wasserkühler** / closed air-circuit water-cooled machine, water-air-cooled machine, air-to-water-cooled machine
Umlauf·liste *f* (Bussystem, LAN) / polling list || ≗**öl** *n* / circulating oil, oil circulated || ≗**puffer** *m* / cyclic buffer (memory), circulating buffer, ring buffer || ≗**rad** *n* / ring gear || ≗**rad** *n* (Planetenrad) / planet wheel || ≗**rädergetriebe** *n* / planetary gearing || ≗**regal** *n* / carousel-type shelf || ≗**schaltung** *f* (Synchronisierlampen) / three-lamp circuit || ≗**schmierung** *f* / circulating-oil lubrication, forced-circulation oil lubrication, forced oil lubrication, closed-circuit lubrication, circulatory lubrication || ≗**spannung** *f* / rotational voltage, potential difference along a closed path, line integral of electric field strength along a closed path || **magnetische** ≗**spannung** / magnetic potential difference along a closed path, line integral of magnetic field strength along a closed path || ≗**speicher** *m* / cyclic storage, circulating storage, circulating memory, circulating stack, circulating buffer, circular buffer || ≗**sperre** *f* / stop *n* (to prevent rotation) || ≗**weg** *m* (Integration) / integration path || ≗**wicklung** *f* / wave winding, two-circuit winding || ≗**zahl** *f* / speed *n*, rotational speed, revolutions per unit time
Umlaufzeit *f* / circulation time, cycle time, polling time, token rotation time || ≗ *f* (NC) / rotation time || ≗ *f* (Bus-Token) / rotation time || ≗ *f* (Buszykluszeit) / (bus) cycle time || **Ring-**≗ *f* (LAN) / ring latency
umlegen *v* (falzen) / fold *v*, bead *v*
Umlegen der Windungen (verstürzte Wickl.) / re-arranging the turns, tucking up the turns
Umleitung *f* / deflection *n* || ≗ *f* (el. Masch., Wickl.) / connector *n* || ≗ *f* (Trafowickl.) / back-to-front connection, external connection || ≗ *f* (Bypass) / bypass *n* || **Ruf~** *f* / call redirection
Umleitungssystem *n* / diversion system
Umlenkantrieb *m* (SG) / articulated-shaft mechanism, ball-jointed-shaft mechanism

Umlenker *m* / diverter *n*
Umlenk·getriebe *n* / corner gears || **≗hebel** *m* / steering lever, pivot arm || **≗reflektor** *m* / reflector *n*, diverting reflector, passive reflector, deflector *n*, passive deflector || **≗rolle** *f* (Riementrieb) / idler pulley, guide pulley || **≗rolle** *f* (Fahrrolle) / guide roller, guide pulley || **≗spiegel** *m* / reflecting mirror
Umlenkung *f* / bypass *n*, deflection *n* || ≗ *f* (Umlenkantrieb) / offset *n* (drive)
Umlenkwelle *f* / guide shaft
Umluft *f* (a. KT) DIN 1946 / circulating air, return air || **≗-Wasserkühlung** *f* (LWU-Kühlung) / closed-circuit air-water cooling (CAW)
Ummagnetisierung *f* / reversal of magnetization, magnetic reversal
Ummagnetisierungs·frequenz *f* / remagnetizing frequency || **≗verlust** *m* IEC 50(221) / total loss mass density, specific total loss || **≗verluste** *m pl* (Hysteresev.) / hysteresis loss, hysteresis and eddy-current loss
ummantelte Elektrode / sheathed electrode
Ummantelung *f* (optische Faser) / coating *n*
umnum(m)erieren / change numbers
umnummern *v* / change numbers
umpolbar *adj* / reversible *adj*
Umpolen *n* / polarity reversal || ~ *v* / reverse the polarity, reverse *v* || ≗ *n* (Mot., Kontern) / plugging *n*, (straight) reversing *n* || ≗ **der Versorgungsspannung** / supply reversal || **Schutz vor** ≗ **der Versorgungsspannung** / reverse supply voltage protection
Umpoler *m* / plugging switch, polarity reverser
Umpol·fehler *m* / polarity reversal error || **≗spannung** *f* / polarity reversal voltage
Umpolung *f* / polarity reversal, reversion *n*, reversal *n*, plugging *n* || ≗ *f* (Batt.) / reversal *n*
Umpressung *f* DIN 7732,T.1 / laminated moulded section || ≗ *f* (Wicklungsisolation) / pressed-on sleeving, ironed-on sleeving
Umpressungsmaterial *n* (Wickl.) / sleeving material
umprogrammierbar *adj* / reprogrammable *adj* || **~es Steuergerät (o. Automatisierungsgerät)** / reprogrammable controller
Umrangierung *f* (DV, SPS) / relocation *n*
Umrechnung *f* / conversion *n*
Umrechnungsfaktor *m* / conversion factor || ≗ **nach Potier** / Potier's coefficient of equivalence
Umreifen *n* / strapping *n*
Umrichten *n* (el. Leistung) / conversion *n*, converting *n*
Umrichter *m* / converter *n*, inverter unit, inverter *n*, static frequency changer || ≗ *m* (Gleichstrom) / d.c. converter || ≗ *m* (Wechselstrom) / a.c. converter || **einzeln einspeisender** ≗ / individual converter || **netzseitig gesteuerter** ≗ / controlled line-side converter || **netzseitiger ungesteuerter** ≗ / uncontrolled line-side converter || **≗antrieb** *m* / converter drive, inverter-fed drive, thyristor drive || **≗antrieb** *m* (m. Hüllkurven- o. Frequenzumrichter) / cycloconverter drive || **≗ausgang** *m* / inverter output || **≗ausgangsfrequenz** *f* / PWM (converter output frequency voltage) || **≗baureihe** *f* / range *n* || **≗betrieb** *m* / PWM/ converter operation || **≗betriebsverhalten** *n* / inverter performance || **≗eingangsspannung** *f* / inverter input voltage || **≗einheit** *f* / converter *n*, inverter *n*, inverter unit, static frequency changer || **≗frequenz** *f* / inverter frequency || **≗gerät** *n* / converter *n*, inverter *n*, inverter unit, static frequency changer || **Gleichstrom-≗gerät** *n* / d.c. converter equipment, d.c. converter
umrichtergespeister Motor / converter-fed motor, inverter-fed motor || ~ **Motor** (m. Hüllkurven-o. Frequenzumrichter) / cycloconverter-fed motor
Umrichter·kühlkörpertemperatur *f* / inverter heat-sink temperature || **≗lastspiel** *n* / inverter duty cycle || **≗leistung** *f* / converter rating, converter output, inverter power
Umrichter·nenneingangsspannung *f* / nominal inverter input voltage || **≗nennstrom** *m* / inverter rated current || **≗relais** *n* / inverter relay || **≗scheinstrom IU** / converter apparent current IU || **≗serie** *f* / inverter series || **≗speisung** *f* / static converter supply, converter feed
Umrichter·störung *f* / inverter fault || **≗typ** *m* / inverter type || **≗überlastung** *f* / inverter overload || **≗übertemperatur** *f* / inverter overtemperature || **≗warnung** *f* / inverter warning || **≗wirkungsgrad** *m* / inverter efficiency
Umrichtgrad *m* (LE) / conversion factor
Umriss *m* / outline *n*, contour *n*, profile *n*, design *n* || **≗beleuchtung** *f* / outline lighting || **≗drehen** *n* / contour turning || **≗fräsen** *n* / contour milling, profile milling || **≗linie** *f* / contour *n*, demarcation line || **≗zeichnung** *f* / outline drawing
umrollen *v* (Papier) / rewind *v*
Umroller *m* / re-winder *n*
Umrüstachse *f* / setup axis
umrüsten *v* / convert *v*, modify *v*, retrofit *v*, revise *v*, upgrade *v* || ~ *v* (WZM) / reset *v* || ≗ *n* / resetting *n*
Umrüst·satz *m* / conversion kit, conversion package, update kit, update pack || **≗teile** *n pl* / conversion parts, retrofitting parts
Umrüstung *f* / upgrade *n*, revise *n*, retrofit *n*
Umrüst·zeit *f* / setup time, changeover period || **≗zeit** *f* (WZM) / resetting time, setting-up time
Umsatz *m* / turnover *n* || **≗einbuße** *f* / sales loss || **≗schwankung** *f* / turnover fluctuation || **≗steuerart** *f* (US) / turnover tax type || **≗übertrag** *m* / turnover transfer
Umschaltautomatik *f* / automatic transfer gear, automatic reverser
umschaltbar *adj* / selectable *adj*, jumper-selectable *adj* || ~ *adj* (Mot.) / reversible *adj* || ~ *adj* (Trafo) / reconnectable *adj*, with ratio selection (feature) || ~ *adj* (MG) / multi-range *adj* || ~ *adj* (m. Schalter wählbar) / switch-selectable *adj* || **~er Motor** (Drehricht.) / reversible motor || **~er Motor** (2 Spannungen) / dual-voltage motor || **~er Transformator** (m. Stufenschalter) / tap-changing transformer, variable-ratio transformer, regulating transformer, variable-voltage transformer, voltage regulating transformer || **~e Stromrichterkaskade** / converter cascade with series-parallel inverter, static Kraemer drive with series-parallel converter || **~es Vorschaltgerät** / reconnectable ballast
Umschalt·barkeit *f* / multiratio *n* || **≗befehl** *m* / switching command || **≗betrieb** *m* (Batt.) / changeover operation, switch operation (battery) || **≗betrieb** *m* (Sicherheitsbeleuchtung) / maintained changeover system
Umschaltekontakt *m* / changeover contact, double-throw contact, transfer contact, reversing contact
umschalten *v* / change over *v*, switch over *v*, throw

over *v*, fail over to || ~ *v* (Trafo) / tap-change *v* || ~ *v* (Drehrichtung) / reverse *v* || ~ *v* (kommutieren) / commutate *v* || ~ *v* (Last) / transfer *v* || ~ *v* (Getriebe) / shift *v*, change gears

Umschalten *n* (Ein-Aus) / changeover *n*, transfer *n* (US), switchover *n* || ≗ *n* (Drehrichtungsumkehr) / reversing *n*, reversal *n* || ≗ *n* (Kommutieren) / commutation *n* || ≗ *n* (Last) / transfer *n* || ≗ *n* (Trafo) / tap changing || ≗ *v* (umklemmen) / reconnect *v* || ≗ *n* (Umklemmen) / reconnection *n*, reversal of terminal connections, reverse the (terminal connections) || **periodisches automatisches** ≗ / commutation *n*

Umschalter *m* / changeover switch, transfer switch, double-throw switch, throw-over switch, changeover *n*, changeover contact || ≗ *m* (Bahn) / transfer controller, transfer switchgroup || ≗ *m* (Schalter m. 2 Stellungen, Hebelsch.) / double-throw switch || ≗ *m* (Lastumschalter) / load transfer switch, transfer circuit-breaker || ≗ *m* (Wahlschalter) / selector switch, selector *n* || ≗ *m* (Wender, Drehrichtungsu.) / reverser *n*, reversing switch || ≗ *m* (LS, Sammelschienenanlage, Lastumschalter) / transfer circuit-breaker || ≗ *m* (f. Einphasenmot.) / transfer switch || **einpoliger** ≗ / single-pole double-throw switch (SPDT) || **End~** *m* / travel-reversing switch, reversing position switch || **Hand-Automatik-**≗ *m* / manual-automatic selector switch || **Pol~** *m* / pole changing switch, change-pole switch, pole changer || **Sammelschienen-**≗ *m* / busbar selector switch || **Spannungs~** *m* / voltage selector switch, dual-voltage switch || **Spannungs~** *m* (Trafo-Stufenwähler) / tap selector || **USV-**≗ *m* / transfer switch || ≗ **für Analoggrößen** / selector for analog values || ≗ **für Binärgrößen** / selector for digital values || ≗ **für Motor-/Bremsbetrieb** / power/brake changeover switch || ≗ **mit Nullstellung** / changeover switch with zero position || ≗ **ohne Nullstellung** / changeover switch without zero position || ≗**antrieb** *m* / changeover operating mechanism

Umschalt·frequenz *f* (Mehrfachoszilloskop) / switching rate || ≗**-Gleichtaktspannung** *f* / common-mode triggering voltage || ≗**glied** *n* / changeover contact, changeover contact element IEC 337-1, two-way contact (depr.) || ≗**hahn** *m* / multiway cock (o. valve) || ≗**häufigkeit** *f* (Mot.) / reversing frequency || ≗**kontakt** *m* / changeover contact, double-throw contact, transfer contact, reversing contact || ≗**kontakt mit neutraler Stellung** / changeover contact with neutral position || ≗**kontrolle** *f* / switch-over check || ≗**lasche** *f* / (reconnecting) link *n* || ≗**logik** *f* / switching logic || ≗**logik** *f* (Motor-SR) / reversing logic || ≗**pause** *f* / dead interval on reversing || ≗**prüfung** *f* (USV) / transfer test || ≗**punkt** *m* / switching point || ≗**regelung** *f* / switch control || ≗**schieber** *m* / changeover valve || ≗**schütz** *n* / reversing contactor || **Pol~schütz** *n* / pole-changing contactor, contactor-type pole changer (o. polechanging starter) || **Eingangs~spannung** *f* / input triggering voltage || ≗**-Spannungseinbruch** *m* (SR-Kommutierung) / commutation notch || ≗**speicher** *m* (Flipflop) / changeover flipflop, transfer flipflop || ≗**stellung** *f* (Hauptkontakte eines Netzumschaltgerätes) / off position || ≗**stromverhältnis bei Sättigung (o. bei Übersteuerung, Transistor)** / transient current ratio in saturation || ≗**taste** *f* (Tastatur) / shift key || ≗**trenner** *m* / transfer disconnector, selector disconnector || ≗**überwachungseinrichtung** *f* / changeover supervising unit

Umschaltung *f* / switchover *n*, switch-over *n* || ≗ *f* (Netz) / (system) transfer *n* || ≗ *f* / reconnection *n*, reversal of terminal connections, tap-changing operation || ≗ *f* (Betrieb-Reserve) / (automatic) failover, (automatic) transfer || **Datenübertragungs~** *f* / data link escape (DLE) || **Getriebe~** *f* / gear speed change, gear change || **Hand-Automatik-**≗ *f* / manual-automatic transfer, HAND-AUTO changeover || **Nachrichten~** *f* / message switching || **Nebenschluss~** *f* / shunt transition || **Paket~** *f* (Datenpakete) / packet switching || **Pol~** *f* / pole-changing *n*, pole-changing control, pole reconnection || **Synchron~** *f* (USV) / synchronous transfer || **Trennsäulen-**≗ *f* (Chromatograph) / column switching (chromatograph) || **Widerstands-Schnell~** *f* (Trafo) / high-speed resistor transition || ≗ **auf Stromregelung** / switching to current control || ≗ **der Getriebestufe** / gear stage change (GSC), gear change, gear stage changeover || **Spannungs~ im spannungsfreien Zustand** (Trafo) / off-circuit tap changing || ≗ **mit Unterbrechung** / open-circuit reversing (control)

Umschalt·vorgang *m* / load transfer || ≗**vorgang** *m* (Umschaltung von einer Motorgruppe auf eine andere ohne vollständige Unterbrechung der Motorströme) / transition || ≗**vorgang** *m* (Trafo) / tap-changing operation || ≗**wert** *m* / switching value || ≗**zeit** *f* / switch-over time, reversing time, transfer time, switching time, changeover time || ≗**zeit** *f* (USV) / transfer time || **Kontakt~zeit** *f* (Netzumschaltgerät) / contact transfer time

Umschlag *m* / reversal *n* || ≗ *m* (Lager) / turnover *n* || ≗**bedingung** *f* / transshipment condition

umschlagen *v* (Rel., Kippstufe) / change over *v*, snap over *v*, transfer *v*

Umschlag·faktor *m* (Lager) / turnover factor || ≗**maschine** *f* / folding machine || ≗**prüfung** *f* (el. Masch., Läufer) / check by re-positioning, check by reversal || ≗**seite** *f* / back cover || ≗**störung** *f* / evolving fault, evolved fault || ≗**temperatur** *f* (Thermo-Farbe) / reaction temperature, critical temperature || ≗**zeit** *f* (Lager) / turnaround time || ≗**zeit** *f* (Umschalter, Rel.) / transit time

Umschlingungswinkel *m* (Riementrieb) / angle of grip, angle of wrap, arc of contact, angle of contact

umschlossener Sicherheitstransformator / enclosed safety isolating transformer

umschlüsseln *v* / convert *v* (into another code), transliterate *v* || ~ *v* (umnummern) / change numbers

Umschlüsselung *f* / code conversion

Umschnürung *f* / cord lashing

umschreiben *v* / re-write *v*

umschriebenes Polygon / circumscribed polygon, circumcircle *n*

Umschwing·drossel *f* (LE) / ring-around reactor || ≗ **Kondensatorbaustein** / ring-around capacitor module || ≗**kreis** *m* (LE) / ring-around circuit || ≗**thyristor** *m* / ring-around thyristor || ≗**zweig** *m* (LE) / ring-around arm

Umschwingen *n* (Polarität) / polarity reversal || ≗ *n* (Thyr.) / ring-around *n*
Umsetzachse *f* / converted axis
umsetzbar *adj* (Rollen, f. 2 Fahrrichtungen) / bi-directional *adj*
Umsetzeinrichtung *f* (Nachrichtenübertragung) / translating equipment
Umsetzen *n* / transfer *n*, relocation *n*, relocate *n*, reloading *n* || ≗ *n* (Übertragungsleitungen) / rerouting *n*
umsetzen *v* (umstellen) / re-position *v*, re-arrange *v*, reverse *v* || ~ *v* (el.) / convert *v* || ~ *v* (Fahrrollen) / re-position *v* || ~ *v* (Datensätze) / transpose *n*
Umsetzer *m* (el. Wandler) / converter *n*, conversion unit, changer *n* || ≗ *m* (HES) / gateway *n* EN 50090 || ≗ *m* (NC, Direktor) / director *n* || ≗ *m* (Daten, Signale) DIN 44300 / converter *n* || ≗ *m* (TV) / transposer *n* || **Pegel~** *m* / level converter, level shifter
Umsetz·fehler *m* / conversion error || ≗**funktion** *f* / transfer function || ≗**prinzip** *n* / conversion principle || ≗**schaltung** *f* / conversion circuit (o. circuitry)
Umsetzung *f* / conversion *n*, changeover *n* || ≗ **von Impuls in Impulsabbild** / pulse-to-pulse waveform conversion
Umsetzungs·code *m* (ADU, DAU) / conversion code || ≗**-Ende-Ausgang** *m* / end-of-conversion output (EOC output), status output || ≗**fehler** *m* DIN 44472 / digitization error, digitalization error || ≗**geschwindigkeit** *f* / conversion rate || ≗**koeffizient** *m* DIN 44472 / conversion factor || ≗**rate** *f* / conversion rate
Umsetz·vorschrift *m* / conversion specification || ≗**zeit** *f* (A-D-, D-A-Umsetzer) / conversion time
Umspann·anlage *f* / transforming station, substation *n*
Umspannen *n* / rechucking *n*
Umspanner *m* / transformer *n*
Umspannstation *f* / transformer substation, substation *n*
Umspannung elektrischer Energie / transformation of electrical energy, transformation of electricity
Umspannwerk *n* / transformer substation, substation *n* || ≗**-Bezirk** *m* / transformer substation district
Umspeicherintervall *n* / transfer interval
umspeichern *v* / re-store *v*, relocate *v* || ≗ *n* / transfer *n*, relocation *n*, reloading *n*
Umspeicher·puls *m* / re-storing pulse, transfer pulse || ≗**routine** *f* / relocation routine
Umspinnung *f* (Kabel) / braiding *n*
umspritzte Leitung / extruded-insulation cable (o. wire)
umspulen *v* / rewind *v*
umsteckbar *adj* / repositionable *adj* || ~ *adj* (Rollen) / bidirectional *adj*, re-arrangeable *adj* || **~er Schwenkhebel** (PS) / adjustable roller lever
Umstecken der Schaltglieder / conversion (o. rearrangement) of contacts
Umsteckrad *n* / change gear, interchangeable wheel, pick-off gear
umstellen *v* (Achsen u. Rollen) / re-position *v* || **Anzapfungen** ~ *n* / tap-change *v*
Umsteller *m* (Trafo) / off-circuit tap changer, off-load tap changer, tap changer for de-energized operation (TCDO), off-voltage tap changer, off-circuit ratio adjuster, tapping switch || ≗**antrieb** *m* (Trafo) / tap-changer driving mechanism || ≗**kessel** *m* / tap-changer tank, tap-changer container || ≗**-Teilkammer** *f* / tap-changer compartment
Umstellung *f* / changeover *n*, conversion *n* || ≗ *f* (Trafo-Anzapfungen) / tap changing || ≗ **auf** / changeover to || ≗ **von rastend auf tastend** / conversion from maintained-contact to momentary contact (operation)
Umsternen *n* / interchange the star-point and winding-end connections
umsteuerbarer Motor / reversing motor
Umsteuer·punkt *m* / reversal point || ≗**signal** *n* / reversal signal
Umsteuerung *f* / reversal *n* (H/6.001) || ≗ *f* (WZM, NC) / movement reversal
Umsteuer·vorgang *m* / control operation || ≗**zeit** *f* / reversal time
Umstieg *m* / migration *n*
Umstrahlung *f* / halation *n*
Umströmung *f* / flowing or circulating around, flow direction
Umsturzprüfung *f* / push-over test
Umtastung *f* (Frequenz, Amplitude) / shift keying
umverdrahten *v* / rewire *v*
Umverdrahten *n* / rewiring *n*, reassignment *n*
Umverdrahtung *f* / rewiring *n*, reassignment *n*
Umverteilung *f* (Last) / redistribution *n*
Umwälzpumpe *f* / circulating pump
Umwälzung *f* (Flüssigkeit, Kühlmittel) / circulation *n*
Umwälzventilator *m* / ventilating fan
Umwandeln von Festpunkt- in Gleitpunktzahl / fixed-point/floating-point conversion
Umwandler *m* / autocoder *n* || ≗ *m* / transducer *n*
Umwandlung *f* / conversion *n* || **alphanumerische** ≗ / alphanumeric conversion || ≗ **von Energie** / energy conversion
Umwandlungs·funktion *f* / conversion function || ≗**operation** *f* / conversion operation, conversion instruction || ≗**rate** *f* / conversion rate || ≗**temperatur** *f* / transformation temperature || ≗**verhältnis** *n* / conversion ratio
Umwehrung *f* DIN 31001 / safety fencing
Umwelt *f* / environment *n* || ≗**-** / environmental *adj* || ≗**beanspruchung** *f* (Prüfling) DIN IEC 68 / environmental conditioning || ≗**bedingungen** *f pl* / environmental conditions || ≗**beeinflussung** *f* / environmental influence, impact on environment || ≗**belastung** *f* / environmental pollution || **~beständig** *adj* / environment-resistant *adj* || ≗**beständigkeit** *f* / environmental resistance || ≗**-Chromatograph** *m* / chromatograph for pollution monitoring, environmental chromatograph || ≗**einfluss** *m* DIN IEC 721, T.1 / environmental factor, environmental influence || ≗**einflüsse** *m pl* / environmental conditions || ≗**einflussgröße** *f* / environmental parameter || ≗**erprobung** *f* / environmental test
umweltfreundlich *adj* / environmentally compatible, environmentally acceptable, non-polluting *adj*, ecologically beneficial
Umwelt·freundlichkeit *f* / environmental compatibility, environmental acceptability || ≗**größe** *f* / environmental parameter || ≗**prüfung** *f* / environmental test || ≗**schutzauflagen** *f pl* / environmental protection regulations || ≗**schutz-Messwagen** *m* / laboratory van for pollution and radiation monitoring, mobile laboratory for

pollution monitoring || ²schutzrichtlinien *f pl* / environmental protection guidelines || ²**überwachungsnetz** *n* / environmental pollution monitoring system || ²**unabhängigkeit** *f* / environmental independence || ²**verträglichkeit** *f* / environmental compatibility

Umwerter *m* / weight converter, scaler *n*

umwickeln *v* (mit Band) / tape *v*, wrap with tape, provide with a tape serving || ~ *v* (neu wickeln) / rewind *v*

umwickelt *adj* / wrapped *adj*

Umwicklung *f* / wrapping *n*, tape serving

UMZ / definite-time overcurrent protection || ²-**Relais** *n* (unabhängiges Maximalstrom-Zeitrelais) / definite-time overcurrent relay, definite-time overcurrent-time relay, DMT overcurrent relay || ²-**Schutz** *m* / definite-time overcurent-time protection

unabgeglichener Stromkreis / unbalanced circuit

unabhängig *adj* / independent *adj* || ~ **verzögert** / definite time-delay || ~ **verzögerter Überstromauslöser** VDE 0660,T.101 / definite-time-delay overcurrent release IEC 157-1 || ~**e Auslösung** / definite-time tripping || ~**e Beheizung** (temperaturgesteuerter Zeitschalter) / independent heating || ~**e Handbetätigung** (SG) VDE 0660, T.101 / independent manual operation IEC 157-1 || ~**e Kraftbetätigung** / independent power operation || ~**e Kühlvorrichtung** / independent circulating-circuit component || ~**e Stromquelle** / independent current (o. power) source || ~**e Verzögerung** / definite-time delay, definite-time lag || ~**e Wicklung** / separate winding, independent winding || ~**er Antwortbetrieb** (DÜ) / set asynchronous response mode (SARM) || ~**er Ausfall** / primary failure || ~**er Betrieb** (SPS) / stand-alone operation || ~**er Kraftantrieb** / independent power-operated mechanism || ~**er Transformator** / independent transformer || ~**er Überstrom-Zeitschutz** / definite-time overcurrent-time protection (system o. relay) || ~**er Wartebetrieb** (DÜ) / asynchronous disconnected mode (ADM) || ~**es Bussignal** / broadcast bus signal || ~**es Gerät** / self-contained unit (o. component) || ~**es Maximalstrom-Zeitrelais** (UMZ-Relais) / definite-time overcurrent-time relay || ~**es Schaltglied** / independent contact element || ~**es Sprungverhalten** (NS) EN 60947-5-2 / independent snap action || ~**es Überstromrelais** / definite-time overcurrent relay, independent-time overcurrent relay || ~**es Überstrom-Zeitrelais** / definite-time overcurrent-time relay, independent-time overcurrent-time relay || ~**es Vorschaltgerät** / independent ballast || ~**es Zeitrelais** / independent time-delay relay, independent time-lag relay

Unabhängigkeitsprinzip *n* DIN 7182,T.1 / principle of independence

unadressierter Zustand (PMG) / unaddressed state, unaddressed to configure state || ~ **Zustand der Parallelabfrage** (PMG) DIN IEC 625 / parallel poll unaddressed to configurate state (PUCS)

unangepasster Steckverbinder / unmatched connector

unaufgefüllte Impulskette / non-interleaved pulse train

unaufgelöste Wicklung / closed-circuit winding, winding without subdivision

unaufgeschnittene Wicklung / closed-circuit winding, winding without subdivision

Unauslöschbarkeit *f* / indelibility *n*

unbeabsichtigt·e Betätigung / accidental operation || ~**er Wiederanlauf** / unintentional restart, automatic restart || ~**es Einschalten** VDE 0100, T.46 / unintentional energizing

unbearbeitet *adj* / unfinished *adj*, unmachined *adj*

unbedient *adj* / unattended *adj*, unmanned *adj* || ~**es Empfangen** / unattended receiving (o. reception) || ~**es Senden** / unattended transmission

unbedingt *adj* / unconditional *adj* || ~**er Aufruf** / unconditional call || ~**er Maschinenhalt** (NC) / absolute machine stop || ~**er Sprung** / unconditional jump (o. branch) || ~ **kurzschlussfester Transformator** / inherently short-circuit-proof transformer

unbeeinflusst·e Einschwingspannung / prospective transient recovery voltage, prospective TRV || ~**er Ausschaltstrom** / prospective breaking current || ~**er Bemessungs-Kurzschlussstrom** / rated prospective shortcircuit current || ~**er Einschaltstrom** / prospective making current || ~**er Erder** / separated earth electrode, separated ground electrode || ~**er Fehlerstrom** / prospective fault current, available fault current (US) || ~**er Kurzschlussstrom** VDE 0100, T.200 / solid short-circuit current || ~**er Stoßstrom** VDE 0670,T.2 / prospective peak current IEC 129 || ~**er Strom** (eines Stromkreises) VDE 0670,T.3 / prospective current IEC 265, available current (US) || ~**er symmetrischer Strom** / prospective symmetrical current

unbefestigte Startbahn / unpaved runway, unsurfaced runway

unbefugt, gegen ~e Eingriffe gesichert / tamperproof *adj*

Unbefugter *m* / unauthorized person

unbegrenzt, für ~e Dauereinschaltung / continuously rated

Unbehaglichkeitsschwelle *f* / threshold of discomfort

unbekannt *adj* / unknown *adj*

unbelastet *adj* / unloaded *adj*, off-load *adj*, idling *adj*

unbelegte Klemme / unassigned terminal

unbeleuchtet *adj* / non-illuminated *adj*

unbelüftet *adj* / non-ventilated *adj* || ~**e Maschine** / non-ventilated machine || ~**er Trockentransformator mit Selbstkühlung** (Kühlungsart ANV) / dry-type non-ventilated self-cooled transformer (Class ANV)

unbemannte Fabrik / unmanned factory

unbemaßt *adj* / not dimensioned

unbeschaltet *adj* / unwired *adj* || ~**er Eingang** / unused input, open-circuited input

unbesetzt *adj* / unattended *adj*, unmanned *adj*, unattended substation, unmanned substation

unbestimmt, geometrisch ~ / geometrically indeterminate

unbestückt *adj* (gS) / bare *adj* || ~**er Platz** (SK) / unequipped space

unbeweglich *adj* / rigid *adj*

unbewehrtes Kabel / unarmoured cable

unbewertet *adj* / unweighted *adj*

unbezogene Farbe / unrelated colour

Unbrauchbarkeit *f* IEC 50(191) / disabled state, outage *n* || ² **wegen externer Ursachen** IEC 50(191) / external disabled state || ² **wegen**

interner Ursachen IEC 50(191) / internal disabled state, down state
Unbrauchbarkeitsdauer *f* IEC 50(191) / disabled time
unbrennbar *adj* / non-inflammable *adj*, non-flammable *adj*, incombustible *adj*
unbunt *adj* / achromatic *adj* || **≗-Bereich** *m* / achromatic locus || **~e Farbe** / achromatic colour, perceived achromatic colour || **~e Farbvalenz** / psychophysical achromatic colour, achromatic colour || **~er Farbreiz** / achromatic stimulus || **~es Licht** / achromatic light stimulus
UNC / UNC (Universal Naming Convention) || **≗-Gewinde** *n* / unified coarse thread, UNC thread || **≗-Grobgewinde** / UNC thread (Unified National Coarse screw thread)
UND / AND || **nach ≗ verknüpfen** / AND *v*, combine for logic AND || **≗-verknüpft** / ANDed *adj*, AND-gated *adj*, combined for logic AND || **≗-Abhängigkeit** *f* / AND dependency *n*, G-dependency || **≗-Aufspaltung** *f* DIN 19237 / AND branch || **≗-Baustein** *m* / AND-function block, ANDing block
undefiniert *adj* / undefined *adj*
UND·-Eingangsstufe *f* / AND input converter || **≗-Funktion** *f* / AND operation || **durch ≗-Gatter logisch verknüpft sein** / be ANDED with || **mit ≗-Gatter verknüpft sein** / be ANDED with || **≗-Glied** *n* / AND element, AND *n* || **≗-Glied mit negiertem Ausgang** / AND with negated output, NAND *n*
undicht *adj* / uptight *adj*, leaky *adj* || **~e Stelle** / leak *n*
Undichtheit *f* / leak *n*, leakage *n*, permeability *n*, clearence *n*, leakiness *n*
UND·-NICHT-Verknüpfung *f* / NAND logic, negated AND operation, NAND gate || **≗-/ODER-Weiterschaltmatrix** *f* / AND/OR progression matrix || **≗-Operator** *m* / AND operator || **≗-Tor** *n* / AND gate || **≗-Torschaltung** *f* / AND gate
undurchlässig *adj* / impermeable *adj*, impervious *adj*, tight *adj*
undurchsichtig *adj* / opaque *adj*, non-transparent *adj*
UND·-Verknüpfung *f* / AND operation, AND relation, ANDing *n*, AND logic operation || **≗-Verknüpfungsfunktion** *f* / AND binary gating operation || **≗-Verzweigung** *f* / AND branch || **≗-vor-ODER-Verknüpfung** *f* / AND-before-OR logic, AND-before-OR operation
uneben *adj* / uneven *adj*, not even, not flat
Unebenheit *f* / out-of-flatness *n*, unevenness *n*, irregularity *n* || **≗** *f* (Kontakte, Rauhheit) / asperity *n*
unechter Nullpunkt / untrue zero || **~ Wellengenerator** / generator coupled to prime-mover front
Unedelmetall *n* / non-precious metal
unelastischer Stoß / inelastic impact
unempfindlich *adj* / insensitive *adj* || **~er gemacht** / made less sensitive
Unempfindlichkeit *f* / insensitivity *n*, immunity *n* || **≗ der Ventilsteuerung** (LE) / control insensitivity
Unempfindlichkeits·bereich *m* / dead band, neutral zone || **Regelung mit ≗bereich** / neutral zone control || **≗bereich-Spannung** *f* / deadband voltage || **≗fehler** *m* (MG) / dead-band error
unendlich große Verstärkung / infinite gain || **~ kleine Schwingung** / infinitesimal vibration
unerkannt verlorene Nachricht (FWT) / undetected lost message
unerlässlich *adj* / essential *adj*
unerlaubte Operation / illegal operation
unerregt *adj* (el. Masch.) / non-excited, unexcited *adj* || **~er Zustand** (Rel.) / unenergized condition
unerwartet *adj* / unexpectedly *adj*
unerwünscht *adj* / nuisance *n* || **~e Schwingungen** / unwanted oscillations || **~es Ansprechen** / spurious response
UNETO (Verband der Installationsunternehmen) / UNETO (association of installation companies)
Unfallverhütung *f* / prevention of accidents
Unfallverhütungs·vorschrift *f* / accident prevention regulation || **≗vorschriften** *f pl* / accident prevention regulations, rules for the prevention of accidents
UNF·-Feingewinde *n* / UNF thread (Unified National Fine screw thread) || **≗-Gewinde** *n* / unified fine thread, UNF thread
unformiert *adj* (Batt.) / unformed *adj*
ungeblecht *adj* / unlaminated *adj*, solid *adj*
ungebundene Mode / unbound mode
ungeburnt *adj* / unburned *adj*
ungedämpft·e Schwingung / free oscillation, sustained oscillation || **~er Magnetmotorzähler** / undamped commutator-motor meter
ungeerdet *adj* / unearthed *adj*, ungrounded *adj*, non-earthed *adj*, non-grounded *adj*, not earthed || **~er Sternpunkt** / unearthed star point, isolated neutral, unearthed neutral || **~es Netz** / non-earthed system, unearthed system
ungefährlich *adj* / harmless *adj* || **~er Fehler** / non-fatal fault, harmless fault
Ungefährmaß *n* / approximate size, approximate dimension
ungefiltert *adj* / unfiltered *adj*
ungefüllt *adj* / unfilled *adj*
ungekapselt *adj* / unenclosed *adj*, open type
ungekoppelte Schwingung / uncoupled mode
ungekreuzte Wicklung / progressive winding
ungelernter Arbeiter / unskilled worker
ungelocht *adj* / not perforated || **~er Lochstreifen** / blank tape
ungelöschtes Netz / non-earthed system, unearthed system
Ungenauigkeit *f* (MG) / inaccuracy *n*
ungenutzte Energie (KW) / unavoidable energy || **~ Verfügbarkeitszeit** / free time
ungepackt *adj* / unpacked *adj*
ungepolt *adj* / non-polarized || **~es Relais** / non-polarized relay
ungeprüft *adj* / unchecked *adj*
ungepuffert *adj* / unbuffered (o. non-buffered) *adj*
ungerade Parität / uneven parity, odd parity || **~ Zahl** / odd number
Ungerade-Glied *n* DIN 40700,T.14 / odd element IEC 117-15, imparity element, odd *n*
ungeradzahlig *adj* / odd-numbered *adj*, odd *adj* || **~e Oberwelle** / odd-order harmonic
ungerahmte Flachbaugruppe / unframed printed-board unit, unframed p.c.b. || **~ Steckplatte** / unframed printed-board unit, unframed p.c.b.
ungeregelt·e Stromversorgung / non-stabilized power supply, unregulated power supply || **~er Antrieb** / uncontrolled drive, fixed-speed drive || **~es Netzgerät** / non-stabilized power supply unit
ungerichtet *adj* (Schutzeinrichtung) / non-directional

adj || **~e distanzunabhängige Endzeit** / non-directional distance-independent back-up time
ungesättigt *adj* / unsaturated *adj*, non-saturated *adj*
ungeschichtete Zufallsstichprobe / simple random sample
ungeschirmt *adj* / non-shielded *adj*
ungeschirmtes Kabel / unshielded cable
ungeschottet *adj* / non-compartmented *adj*, non-segregated *adj*, without partitions
ungeschützt·e Anlage im Freien VDE 0100, T.200 / unsheltered outdoor installation, unprotected outdoor installation || **~e Maschine** / non-protected machine || **~e Verlegung** / exposed installation || **~er Pol** / unprotected pole || **~es Rohr** (IR) / unprotected conduit
ungesehnte Wicklung / full-pitch winding
ungesichert *adj* / unprotected *adj* || **~e Systemverbindung** DIN ISO 7498 / physical connection || **~er Eigenbedarf** / non-essential auxiliary circuits
ungespannte Federlänge / unloaded spring length
ungesteuert *adj* / uncontrolled *adj* || **~e Schaltung** (LE) / non-controllable connection, uncontrolled connection || **~er Zustand** (Halbleiterschütz) / inactive state
ungestört *adj* / uninterrupted *adj* || **~es Netz** / healthy system || **~es Schallfeld** / undisturbed sound field
ungeteilt *adj* / unsplit *adj*, non-sectionalized *adj*, solid *adj* || **~e Nockenscheibe** / solid cam || **~es Ringlager** / sleeve bearing
UN-Gewinde *n* / unified screw thread, unified thread
ungewöhnlich *adj* / singular *adj*
ungewollt *adj* / unintentional *adj* || **~e Funktion** / unwanted operation || **~e Funktion des Selektivschutzes** IEC 50(448) / unwanted operation of protection || **~e netzfehlerzustandsabhängige Ausschaltung** (Schutzsystem) IEC 50(448) / non-power-system fault tripping || **~es Auslösen** / nuisance tripping, spurious tripping || **~es Schalten** / unintended operation, accidental operation
ungewurzelt *adj* / not connected to common potential
Ungeziefer, gegen ≗ geschützte Maschine / vermin-proof machine
ungiftig *adj* / non-toxic *adj* || **~es Gas** / non-toxic gas
ungleich·artige Spulen / dissimilar coils || **~e Belastung** / unbalanced load || **~e Eislast** (Freiltg.) / non-uniform ice loading || **~förmige Drehbewegung** / rotational irregularity
Ungleich·förmigkeit *f* (Steuerschalter) / notching ratio || **≗förmigkeit** *f* (der Rotation) / cyclic irregularity || **≗förmigkeitsgrad** *m* (rotierende Masch.) / cyclic irregularity || **≗heit** *f* / inequality *n* || **≗heit** *f* (Digitalsumme) / disparity *n* IEC 50(704)
ungleichnamige Elektrizität / electricity of opposite sign
Ungleichung *f* / inequality *n*
Ungleichwinkligkeit *f* / unequal angularity
ungültig *adj* / invalid *adj* || **~ setzen** / invalidate *v* || **~er Empfang** (DÜ) DIN 44302 / invalid reception || **~ere Zahl** (DV, SPS) / illegal number
Ungültigkeitsmeldung *f* / notification of invalidity
ungünstigst, Auslegung für den ~en Betriebsfall / worst-case design
unhörbar tiefe Frequenz / infrasonic frequency, ultralow frequency
unidirektionaler Bus DIN IEC 625 / unidirectional bus
Unijunction-Transistor *m* / unijunction transistor (UJT)
unimodale Verteilung / unimodal distribution
unipolar *adj* / unipolar *adj*, homopolar *adj* || **~e Baugruppe** / unipolar module || **~e Induktion** / unipolar induction || **~er Binärcode** / straight binary code || **~er DAU** / unipolar ADC || **~es Signal** / unipolar signal
Unipolar·maschine *f* / acyclic machine || **≗transistor** *m* / unipolar transistor
unisoliert *adj* / uninsulated *adj*
unithermisch *adj* / unithermal *adj*
Unitunnel diode *f* / unitunnel diode, backward diode
univariate Wahrscheinlichkeitsverteilung DIN55350,T.21 / univariate probability distribution
universal *adj* / universal *adj*
Universal·anzeige *f* / universal display || **≗baugruppe** *f* (Mehrfunktionsb.) / multifunction module || **≗befehl** *m* (PMG) / universal command || **≗-C-tan δ-Messbrücke** *f* / universal C-tan-δ measuring bridge || **≗drehmaschine** *f* / universal turning machine || **≗eingang** *f* / universal input || **≗-Entwicklungsschnittstelle** *f* / universal development interface (UDI)
universaler Schnittstellenbus / general-purpose interface bus (GPIB)
Universal·-Experimentiermaschinensatz *m* / universal experimental machine set || **≗-Feldausbau** *m* / universal cubicle expansion || **≗feldschiene** *f* / universal cubicle busbar || **≗gelenk** *n* / cardan joint, Hooke's coupling, Hooke's joint, universal joint || **≗gerät** *n* (SR) / universal unit, multipurpose unit || **≗messer** *m* / multi-function instrument, multimeter *n*, circuit analyzer || **≗motor** *m* / universal motor, a.c.-d.c. motor || **≗-Nahtstellen-Umsetzer** *m* / universal interface converter || **≗presse** *f* / universal press || **≗-Prüfbild** *n* (Leiterplatte) / composite test pattern || **≗register** *n* / general-purpose register ISO 2382 || **≗regler** *m* / multifunction controller || **≗schnittstelle** *f* / universal interface || **≗verstärker** *m* / multipurpose amplifier || **≗ Serial Bus** (USB) / Universal Serial Bus (USB)
universell einsetzbar / universal *adj* || **~e Beleuchtung** / universal lighting, versatile lighting || **~e Gaskonstante** / universal gas constant || **~e Schnittstelle** / universal interface (UI) || **~er synchroner/asynchroner Empfänger/Sender (USART)** / universal synchronous/asynchronous receiver/transmiter (USART) || **~es Feldkommunikationssystem** EN 50170/2 / general-purpose field communication system
unkenntlich gemacht / erased *adj*
Unklardauer *f* IEC 50(191) / down time || **akkumulierte ≗** (Akkumulierte Dauer innerhalb eines gegebenen Zeitintervalls, während der eine Einheit im nicht verfügbaren Zustand wegen interner Ursachen ist) / accumulated down time (The accumulated time during which an item is in a down state over a given time interval) || **mittlere ≗** (Erwartungswert der Verteilung der Dauern der Unklarzeitintervalle) / MDT (mean down time) || **mittlere akkumulierte ≗** (Erwartungswert der Verteilung der Dauer der akkumulierten Unklardauern während eines gegebenen Zeitintervalls) / mean accumulated down time (The

expectation of the accumulated down time over a given time interval.), MADT (mean accumulated down time)
Unklarzeit *f* (Zeitintervall, während dessen eine Einheit im nicht verfügbaren Zustand wegen interner Ursachen ist) / down time (The time interval during which an item is in a down state) || **≗intervall** *n* / down time (The time interval during which an item is in a down state)
Unklarzustand *m* IEC 50(191) / down state (A state of an item characterized either by a fault, or by a possible inability to perform a required function during preventive maintenance), internal disabled state
unkompensiert *adj* / uncorrected *adj* || **~e Konstantstrommaschine** / metadyne *n* || **~e Leuchte** / low-power-factor luminaire (LPF luminaire), uncorrected luminaire, p.f. uncorrected luminaire
unkonfektioniert *adj* / non-assembled *adj*
Unkontrollierbarkeit *f* / noncontrollability *n*
unkontrolliert *adj* / uncontrolled *adj* || **~e Bewegung** / uncontrolled movement
unkritischer Ausfall / non-critical failure (A failure which is assessed as not likely to result in injury to persons, significant materiel damage or other unacceptable consequences) || **~ Fehler** / non-critical fault || **~ Fehlzustand** IEC 50(191) / non-critical fault (A fault which is assessed as not likely to result in injury to persons, significant material damage, or other unacceptable consequences)
unlegiert *adj* / unalloyed *adj*, plain *adj* || **~er Kohlenstoffstahl** / plain carbon steel
unlösbar verbundener Stecker VDE 0625 / non-rewirable plug IEC 320 || **~e Ganzmetallrohrverbindung** / permanent metal-to-metal joint || **~e Verbindung** / permanent connection, permanent joint
unmagnetisch *adj* / non-magnetic
unmittelbar gespeister Kommutatormotor / stator-excited commutator motor || **~ gesteuerter Kontakt** (Rel.) / armature contact || **~ mit dem Netz verbundenes Teil** / part directly connected to supply mains || **~e Auslösung** / direct tripping || **~e Betriebserdung** VDE 0100, T.200 / direct functional (o. operational earthing) || **~e Erdung** / direct connection to earth, direct earthing, solid connection to earth || **~er Anschluss** (EZ) / whole-current connection, direct connection || **~er Blitzeinschlag** / direct lightning strike || **~er Blitzschlag** / direct stroke || **~er Druckluftantrieb** (SG) / direct-acting pneumatic operating mechanism || **~er Handantrieb** (SG) / direct-acting manual operating mechanism || **~er Nichtauslösestrom** / instantaneous non-tripping current || **~e Umgebung** EN 60742 / micro-environment *n* || **~e Umgebungsbedingungen** VDE 0109 / micro-environment *n* IEC 664A
unnötiges Arbeiten (Schutz) / unnecessary operation
Unparallelität *f* / non-parallelism *n*
unplanmäßige Instandhaltung / unscheduled maintenance (The maintenance carried out, not in accordance with an established time schedule, but after reception of an indication regarding the state of an item)
unqualifiziert *adj* / unqualified *adj*
unrichtiges Arbeiten (Schutz) / incorrect operation, false operation
Unruh *f* (Uhr) / balance *n*, balance wheel || **≗hemmung** *f* / balance escapement
unruhiger Lauf / irregular running, uneven running
unrund laufen / run out of true, run out of round || **~ werden** / get out of true, become eccentric
Unrunddrehen *n* / non-circular turning
unrund·er Lauf / untrue running || **~es Drehfeld** / displaced rotating field, distorted rotating field
Unrund·heit *f* (Maschinenwelle o. -läufer) / out-of-roundness *n*, out-of-round *n*, eccentricity *n*, ovality *n* || **≗heit** (LWL-Mantel) / non-circularity *n* || **≗schleifen** *n* / non-circular grinding
unsachgemäß *adj* / not correct || **~e Handhabung** / improper handling
unscharf *adj* (Bild) / blurred *adj* || **~** *adj* (ungenau fokussiert) / out of focus || **~e Logik** / fuzzy logic
Unschärfe der Spektrallinien / unsharpness of lines, line unsharpness, diffuseness of lines || **≗bereich** *m* / zone of indecision || **zusätzlicher ≗bereich** / additional zone of indecision
unsegmentierter Werkzeugweg / unsegmented tool path
unselbständige Entladung / non-self-maintained discharge || **~ Leitung in Gas** / non-self-maintained gas conduction
unsicherer Ausfall / unsafe failure
Unsicherheit *f* (Messung) / uncertainty *n* || **Öffnungs~** *f* (IS) / aperture uncertainty, aperture jitter
Unsicherheitsfaktor *m* / factor of uncertainty
unsichtbar machen (graf. DV) / blank *v*
unspezifische logische Schaltung (ULA) / uncommitted logic array (ULA)
unstabilisiertes Stromversorgungsgerät / non-stabilized power supply unit
unstetig *adj* / unsteady *adj*, discontinuous *adj* || **~e Beeinflussung** / discontinuous interference || **~er Regler** / discontinuous-action controller || **~er Satz** / discontinuous block || **~er Übergang** (NC) / irregular transition, acute transition
Unstetigkeit *f* / discontinuity *n*
Unsymmetrie *f* / asymmetry *n*, dissymmetry *n*, unbalance *n* || **≗ der Kippspannung** (HL) / breakover voltage asymmetry || **≗ der Last** / load unbalance || **≗faktor** *m* / unbalance factor || **≗grad** *m* (SR) / unbalance ratio IEC 411-3 || **≗grad** *n* (Drehstromnetz) / unbalance factor || **≗relais** *n* / phase balance relay || **≗schutz** *m* / load unbalance protection, phase unbalance protection, unbalance protection || **≗strom** *m* / unbalance current || **≗verhältnis** *n* / unbalance factor
unsymmetrisch *adj* / asymmetric *adj*, asymmetrical *adj*, unsymmetric *adj*, unbalanced || **~e Anschnittsteuerung** / asymmetrical phase control || **~e Belastung** / unbalanced load, asymmetrical load || **~e Funkstörspannung** (V-Netznachbildung) / V-terminal voltage || **~e Lichtstärkeverteilung** / asymmetrical intensity distribution || **~er Ausgang** / asymmetrical output || **~er Ausschaltstrom** / unsymmetrical breaking current || **~er Eingang** / asymmetrical input || **~er Kurzschlussstrom** / asymmetric short-circuit current || **~er Strom** / unbalanced current || **~er Zustand** (eines mehrphasigen Netzes) / unbalanced state || **~e Schnittstellenleitung** (DÜ) / unsymmetrical interchange circuit || **~e Steuerung** VDE 0838, T.1 /

asymmetrical control || **~e Störspannung** / V-terminal voltage || **~e Wicklung** / asymmetrical winding || **~e Wimpelschaltung** / asymmetrical pennant cycle IEC 214 || **~e Zündeinsetzsteuerung** / asymmetrical phase control
unten *adv* / at bottom *adv* || ~ *adv* (im Betrachtungssystem) / below *adv*, down *adv* || **nach** ~ (Bewegung) / downwards *adv* (movement)
unter / below *adv* || **~ Druck setzen** / put under pressure, pressurize *v* || **~ Federvorspannung** / spring-biased *adj* || **~ Last** / on load, under load || **~ Last anlassen** / start under load || **~ Last ausschalten** / disconnection under load, load breaking || **~ Last schalten** / switching under load, load switching || **~ Spannung** / live *adj*, energized *adj* || **~ Spannung schalten** / hot switching || **~ Spannung setzen** / energize *v* || **~ Spannung stehen** / be live, be alive, be under tension, be energized || **~ stationären Bedingungen** / during steady-state conditions, under steady-load conditions
Unter·ablauf *m* (NC) DIN 66001 / predefined process || **≗abschnitt** *m* / subsection *n* || **≗abtastung** *f* / sub-sampling *n* || **≗adresse** *f* / sub-address *n* || **≗ansicht** *f* / bottom view || **≗arm** *m* (Rob.) / forearm *n*
unterätzen *v* / undercut *v*
Unter·auftragsnehmer *m* / subcontractor *n* || **≗bau** *m* / substructure *n*, supporting structure, base *n* || **Wicklungs~bau** *m* (Trafo) / winding support(s), winding base
unterbauen *v* (aufbocken) / jack *v*, support
Unter·baufilter *m* / footprint filter || **≗baugruppe** *f* / subassembly *n*
unterbelasten *v* / operate at low load || **≗...relais** *n* / under...relay
Unterbelastung *f* / underloading *n*, underload
unterbemessen *adj* / underrated *adj*
Unter·bereich *m* / sub-range *n*, sub-band *n* || **≗betriebsart** *f* / sub-mode *n*, secondary mode || **≗bildtechnik** *f* / inset technique
unterbinden *v* / prevent *v*
Unterbrechung, mit ≗ schaltende Kontakte / non-bridging contacts
unterbliebenes Arbeiten (Schutz) / missing operation, failure to operate
Unterboden·-Installationsleiste *f* / underfloor strip-type trunking (o. ducting) || **≗kanal** *m* / underfloor trunking, underfloor duct(ing), underfloor raceway || **≗-Kanalsystem** *n* / underfloor trunking system, underfloor ducting (system), underfloor raceway system
unterbrechbare Last / interruptible load
unterbrechen *v* (el.) / interrupt *v*, isolate *v*, disconnect *v*
Unterbrecher *m* (steuert Unterbrechungsanforderungen, z.B. in einem Bussystem) / interrupter *n* || ≗ *m* (LS) / interrupter *n* || ≗ *m* (Kfz) / contact breaker || **thermischer ≗** VDE 0806 / thermal cutout IEC 380 || **≗ mit zwei Schaltstrecken** / double-break interrupter || **≗einheit** *f* (LS) / interrupter unit, interrupter assembly, interrupter module, interrupter *n* || **≗kammer** *f* (LS) / interrupter chamber, interrupting chamber || **≗kontakte** *m pl* (Kfz) / contact-breaker points, distributor contact points, breaker points || **≗schalter** *m* / cut-out switch, interrupter *n*

Unterbrechung *f* (SG) / interruption *n* || ≗ *f* (eines Dienstes) IEC 50(191) / interruption *n*, break *n* || ≗ *f* (NC, Lochstreifen, CLDATA-Wort) / break *n* ISO 3592, interrupt *n* || ≗ *f* (einer Phase) / phase failure, open phase || ≗ *f* (el. Leiter) / open circuit, break *n* || **mit ≗** / break-before-make-feature || **ohne ≗** / make-before-break-feature || **prioritätsgesteuerte ≗** / priority interrupt control (PIC) || **Programm~** *f* / program interruption, program stop || **Wechsler mit ≗** / changeover break-before-make contact, break-before-make changeover contact, non-bridging contact (depr.) || **Wechsler ohne ≗** / changeover make-before-break contact, make-before-break changeover contact, bridging contact (depr.) || **≗ bei Umschaltung** / interruption on changeover, break before make || **mit ≗ schaltend** / non-bridging (contact) operation || **ohne ≗ schaltend** / bridging (contact operation) || **ohne ≗ schaltende Kontakte** / bridging contacts
Unterbrechungs·abstand *m* IEC 50(191) / time between interruptions (The time duration between the end of one interruption and the beginning of the next) || **mittlerer ≗abstand** (Erwartungswert der Verteilung der Unterbrechungsabstände) / mean time between interruptions (The expectation of the time between interruptions) || **≗adressenspeicher** *m* / interrupt base (INTBASE MPU register) || **≗analyse** *f* / interrupt analysis || **≗anforderung** *f* / interrupt request (IRQ) || **≗anzeige** *f* (SPS) / interrupt condition code || **≗anzeigemaske** *f* (SPS) / interrupt condition-code mask || **≗anzeigewort** *n* / interrupt condition-code word || **≗baustein** *m* (SPS) / interrupt block || **≗bereich** *m* (MG) / gap range
Unterbrechungs·dauer *f* (Schutzsystem, bei Wiedereinschaltung) IEC 50(448) / auto-reclose open time || **≗dauer** *f* (Netz, a. eines Dienstes nach Dauer einer Unterbrechung) IEC 50(191) / interruption duration (The time duration of an interruption) || **mittlere ≗dauer** (Erwartungswert der Verteilung der Unterbrechungsdauern) / mean interruption duration (The expectation of the interruption duration) || **resultierende ≗dauer** (Schutzsystem, bei Wiedereinschaltung) / dead time IEC 50(448) || **≗ebene** *f* (DV) / interrupt level || **≗ereignis** *n* / interrupt event || **≗feuer** *n* / occulting light
unterbrechungsfrei·e Spannungseinstellung (Trafo) / no-break voltage adjustment, on-load tap changing || **~e Stromversorgung** (USV) VDE 0558, T.5 / uninterruptible power system (UPS), no-break power supply || **~er Betrieb** / uninterrupted duty
Unterbrechungs·freigabe *f* (rechnergesteuerte Anlage, MPU) / interrupt enable (INTE) || **≗freiheit** *f* (der Verbraucherspannung) / continuity of load power || **≗lichtbogen** *m* / cut-off arc || **≗maske** *f* / interrupt mask || **Sicherung mit ≗melder** / indicating fuse || **≗programm** *n* (MPU) / interrupt routine || **≗punkt** *m* / interruption point, point of interruption || **≗punkt** *m* (NC) / interruption position || **≗punkt** *m* (Programm) / breakpoint *n* || **≗quittung** *f* / interrupt acknowledge (JACK) || **≗sammlerbaugruppe** *f* / interrupt collector module || **≗satz** *m* (NC) / interruption block || **≗schalter** *m* / cut-out switch, interrupter *n* || **≗schalter** *m* (elST) / interrupt initiation switch || **≗-Serviceprogramm** *n* / interrupt service routine (ISR) || **≗stack** *n* (U-

STACK) / interrupt stack (I-stack) || ≗**stelle** *f* / interruption point, point of interruption || ≗**stelle** *f* (Programm) / breakpoint *n* || ≗**steuerung** *f* / interrupt controller || ≗**system** *n* (DV, FWT) / interrupt system, interrupt handling system || ≗**überlauf** *m* (U-Überlauf) / interrupt overflow || ≗**verwalter** *m* (MPSB) / interrupt handler || ≗**zeit** *f* (Stromkreis) / open-circuit time, circuit interruption time, break time, dead time || ≗**zeit** *f* (USV) / interrupting time || ≗**zeit** *f* (LS, bei selbsttätigem Wiederschließen) / dead time, dead interval || ≗**zeitglied** *n* (KU) / dead timer || ≗**zielsteuerung** *f* / interrupt vectoring

unterbrochen·e Kehlnaht / intermittent fillet weld || **~e Wendel** / space winding || **~er Arbeitsablauf** (NC, intermittierender Zyklus) / intermittent cycle || **~er Arbeitsvorschub** (NC-Wegbedingung) DIN 66025 / intermittent feed ISO 1056 || **~es Feuer** / occulting light

untercompoundiert *adj* / under-compounded *adj*

Unter·dämpfung *f* / underdamping *n*, sub-critical damping || ≗**drehzahl** *f* / underspeed *n*

Unterdruck *m* / low air pressure, (partial) vaccuum, low pressure || **Tauchen bei** ≗ / immersion at low air pressure

unterdrücken *v* / suppress *v* || ≗ *n* (der Darstellung v. Elementen o. Teilbildern) / blanking *n*

Unterdruck·manometer *n* / vacuum gauge, vacuometer *n* || ≗**prüfung** *f* DIN IEC 68 / low air pressure test

unterdrückt·e Zündung (Kfz) / shorted ignition (circuit) || **Messgerät mit ~em Nullpunkt** / suppressed-zero instrument || **~er Nullpunkt** (MG) / suppressed zero

Unterdruck-Überwachungsgerät *n* (SG) / low-pressure interlocking device

Unterdrückung der Nullpunktverschiebung (NC) / suppression of zero offset || ≗ **der Wirkung von Versorgungsspannungsänderungen** / supply voltage rejection ratio || ≗ **Ergebnisausgabe** / result output rejection || ≗ **von Funkstörungen** / radio interference suppression || **Satz~** *f* (NC) / optional block skip, block skip, block delete

Unterdrückungs·bereich *m* (MG) / suppression range || **Störanregungs-**≗**faktor** *m* / spurious response rejection ratio || ≗**verhältnis** *n* (MG) / suppression ratio

Unterdruckversteller *m* (Kfz) / vacuum advance mechanism

untere Bereichsgrenze (Signal) DIN IEC 381 / lower limit IEC 381 || **~ Explosionsgrenze** (UEG) VDE 0165, T.102 / lower explosive limit (LEL) || **~ Gefahrengrenze** (Prozessführung) / lower alarm limit || **~ Grenzabweichung** (QS) DIN 55350,T.12 / lower limiting deviation || **~ Grenze des Vertrauensbereichs** / lower confidence limit || **~ Kontrollgrenze** (QS) / lower control limit || **~ Lagerhälfte** / bottom half-bearing || **~ Lagerschalenhälfte** / bottom halfshell || **~ Toleranzgrenze** (QS) / minimum limiting value, lower limiting value || **~ Warngrenze** (Prozessführung) / lower warning limit

untereinander / one below the other || **Montage ~** / mounting one above the other, stacked arrangement

Untereinheit *f* / sub-unit *n*

unterer Betriebswirkungsgrad (Leuchte) / downward light output ratio || **~ Grenzwert** (QS) DIN 55350,T.12 / minimum limiting value, lower limiting value || **~ halbräumlicher Lichtstrom** / downward flux, lower hemispherical luminous flux || **~ halbräumlicher Lichtstromanteil** / downward flux fraction || **~ Leistungsbereich** (elST) / lower-end performance level || **~ Schaltpunkt** (Reg.) / lower switching value, lower limit (value) || **~ Stoßpegel** / basic impulse insulation level (BIL), basic lightning impulse insulation level, basic impulse level, full-wave impulse level || **~ Zonenlichtstromanteil** / cumulated downward flux proportion

untererregt *adj* / underexcited *adj*

Untererregung *f* / underexcitation *n*

Untererregungs·begrenzer *m* / underexcitation limiter || ≗**schutz** *m* / underexcitation protection

unteres Abmaß / lower deviation, minus allowance || **~ Grenzmaß** / lower limit of size, lower limit

Unter·familie *f* DIN 41640, T.1 / sub-family *n* IEC 512 || ≗**fenster** *n* / sub-window *n*, sub-form *n*

Unterflur·belüftung *f* / underfloor ventilation || ≗**feuer** *n* (Flp.) / flush light, flush-marker light || ≗**-Hochleistungsfeuer** *n* (Flp.) / high-intensity flush-marker light || ≗**-Installationskanal** *m* / underfloor trunking, underfloor duct(ing), underfloor raceway || ≗**kanal** *m* / underfloor trunking, underfloor duct(ing), underfloor raceway || ≗**-Mittelleistungsfeuer** *n* (Flp.) / medium-intensity flush-marker light || ≗**motor** *m* (am Fahrzeugrahmen befestigt) / underframe-mounted motor || ≗**station** *f* / underground substation, underfloor substation || ≗**system** *n* (IK) / underfloor trunking system, underfloor ducting (system), underfloor raceway system || ≗**transformator** *m* / underground transformer

Unterfolge *f* (DÜ) / subsequence *n*

Unterfrequenz·relais *n* / underfrequency relay || ≗**schutz** *m* / underfrequency protection

Unter·führung *f* (Straße, Weg) / underpass *n* || ≗**funktion des Selektivschutzes** IEC 50(448) / failure to operate of protection, failure to trip (USA) || **~füttern** *v* / pack *v*, shim *v* || **~geordnete Einheit** / sub-unit *n*

Untergestell *n* / supporting structure, support(ing) frame, base *n* || ≗ *n* (B3/D5, Rahmen ohne Lagerhalterung) / baseframe *n*, subframe *n* || ≗ *n* (B3/D5, m. Lagerhalterung) / cradle base

Untergrenze *f* (UGR) / low limit, lower limit

Untergrund *m* (Fußbodenbelag) / sub-floor *n* || ≗**kennzahl** *f* (RöA) / background coefficient, background characteristic || ≗**rauschen** *n* / background noise || ≗**strahlung** *f* / background radiation, natural background radiation

Untergruppe *f* / subgroup *n* || **sachlich ausgewählte** ≗ / rational sub-group, rational subgroup

Untergruppen·steuerung *f* (UGS) / subgroup control (SGC) || ≗**steuerungsbaustein** *m* / subgroup (open-loop) control block

Untergurt *m* / girder *n*

unterhalb des Standes K / earlier than version K

Unterhaltbarkeit *f* DIN 40042 / maintainability *n*

Unterhaltung *f* / maintenance *n*, servicing *n*, upkeep *n*

Unterhaltungselektronik *f* / consumer electronics

unterharmonisch *adj* / subharmonic *adj*

Unterharmonische *f* / subharmonic *n*

Unterimpedanz·-Anregerelais *n* / underimpedance

starting relay, underimpedance starter || ²**anregung** *f* / underimpedance starting, impedance starting
unterirdische Leitung / underground line
Unter·kante *f* (UK) / bottom edge, lower edge || ²**kante Kopfraum** / top space lower edge || ²**kette** *f* (SPS) / secondary sequencer || ²**klemmen** *n* / clamp *n* || ²**kommutierung** *f* / under-commutation *n* || ²**kompensation** *f* / under-compensation *n*
unterkritische Dämpfung / sub-critical damping, underdamping *n*
Unterlage *f* / document *n*, pad *n* || ² *f* (Auflage) / base *n*, support *n* || **technische** ² (TU) / technical documentation
Unterlagen *f pl* (schriftliche) / documentation *n*, documents *n pl*, (technical) data, specifications and drawings, source material || ² *f pl* (gS) / artwork *n* || ²**art** *f* / type of document || ²**generierung** *f* / document generation || ²**inhalt** *m* / contents of document || ²**nummer** *f* DIN 6763,T.1 / document number || ²**verwaltung** *f* / document management || ²**verzeichnis** *n* (a. SPS) / document register
Unterlager *n* (a. EZ) / lower bearing
unterlagert *adj* / subimposed *adj*, subordinate *adj* || ~ *adj* (Programm) / lower-level *adj* || **~e Ankerstromregelung** / secondary armature-current control, inner armature-current control loop || **~e Regelung** E DIN 19266, T.4 / underlayed control || **~e Stromregelung** / secondary current control, inner current control loop || **~er Baustein** (SPS) / subordinate block, secondary block || **~er Handbetrieb** / subordinate manual control, secondary manual control || **~er Regler** / secondary controller || **~er Zyklus** / subordinate cycle
Unterlagerungs·kanal *m* / sub-audio channel || ²**telegraphie** *f* / sub-audio telegraphy
Unterlänge *f* (Buchstabe) / descender *n*
Unterlast *f* / underload *n*, low load
Unter-Last-Betrieb *m* / on-load operation
Unterlastrelais *n* / underpower relay
Unter-Last-Schaltung *f* / switching under load, on-load tap changing (transformer)
Unterlastung *f* (QS) DIN 40042 / derating *n*
Unterlastungsgrad *m* (QS) / derating factor
Unterlauf *m* / underflow *n*
Unterleg·blech *n* / shim *n* || ²**bleche** *n pl* / shims *n pl* || ²**eisen** *n* (Masch.-Fundament) / levelling plate, packing plate || ²**scheibe** *f* / backing plate || ²**scheibe** *f* (f. Schraube) / washer *n*, plain washer || ²**scheibe** *f* (z. Ausrichten) / shim *n* || ²**schild** *n* / nameplate *n*, support-plate *n* || ²**schild** *n* (HSS, f. Schaltstellungsanzeige) / (clamped) legend plate, dial plate
Unter·maß *n* / undersize *n* || ²**menge** *f* / subset *n* || ²**menue** *n* / submenu *n* || ²**modell** *n* (CAD) / submodel *n*
Untermotor *m* (Walzw.) / bottom-roll motor, lower motor || ² **vorn, Obermotor hinten angeordnet** / bottom front, top rear arrangement
untermotorisiert *adj* / under-powered *adj*
Unternehmen *n* / company *n* || ² **mit Strom-Gas-Querverbund** / integrated enterprise that pools supplies of gas and electricity
Unternehmens·forschung *f* / operations research (OR) || ²**leitebene** *f* / corporate management level, plant management, ERP level, factory *n* || ²**planung** *f* / corporate planning
unter-netzfrequente Komponenten / sub-line-frequency components
Unter-Öl-Gerät *n* / oil-immersed apparatus || ²**-Öl-Motor** *m* / oil-immersed motor
Unterprogramm *n* (UP) / sub-program *n* ISO 2806-1980, subroutine *n* || ² *n* (UP Anwendung: Programmierung oft benötigter Bewegungsabläufe, die aus verschiedenen Hauptprogrammen aufgerufen werden können) / subprogam *n*, subroutine *n* (SR), subprogram file (SPF) || **asynchrones** ² (ASUP) / asynchronous subprogram (ASUB), asynchronous subroutine (ASUB) || ²**aufruf** *m* / subroutine call || ²**bibliothek** *f* / subroutine library || ²**-Durchlaufzahl** *f* (NC) / subroutine-controlled number of passes, number of subroutine repetitions || ²**ebene** *f* / subroutine level || ²**kennung** *f* / subroutine identifier, subroutine designation || ²**sprung** *m* / subroutine jump || ²**technik** *f* / subroutine technique
Unter-Pulver-Schweißen *n* / submerged-arc welding
Unterputz *m* / flush-mounting *n* || ²**dose** *f* / flush-type box || ²**einbau** *m* / flush mounting || ²**einbaudose** *f* (für Schalter) / flush-mounting box || ²**installation** *f* / concealed wiring, underplaster wiring, embedded wiring, wiring under the surface || ²**montage** *f* / flush mounting || ²**schalter** *m* (UP-Schalter) / flush-type switch, flush-mounting switch || ²**steckdose** *f* / flush-type socket-outlet, sunk socket-outlet || ²**transformator** *m* / flush-type transformer || ²**-Verbindungsdose** *f* / flush-type joint box, flush-mounting junction box
Unter·rahmen *m* / baseframe *n*, subframe *n*, underframe *n* || ²**raster** *m* / sub-frame *n* || ²**reichweite** *f* (Schutzsystem) IEC 50(448) / underreach *n*, underreaching protection (USA)
Unterrichtsraum *m* / classroom *n*
Unterschale *f* (Lg.) / bottom bearing shell, lower half-shell, bottom shell
Unterscheidungsvermögen, zeitliches ² (FWT) / separating capability, discrimination *n* (telecontrol)
Unter·schere *f* (Scherentrenner) / lower pantograph || ²**schicht** *f* (Wickl.) / bottom layer, inner layer || ²**schichtprobe** *f* DIN 51750,T.1 / lower sample
unterschiedlich *adj* / different *adj* || ~ **geführt** / differently configured
Unterschieds·empfindlichkeit *f* / contrast sensitivity || ²**empfindungsgeschwindigkeit** *f* / speed of contrast perception || ²**schwelle** *f* (LT) / difference threshold, differential threshold || ²**schwelle für Leuchtdichten** / luminance difference threshold
Unterschneidung *f* (Fundamentgrube) / undercut *n*, bell *n*
unterschnitten *adj* / undercut *adj*, underreamed *adj* || **~er Pfahl** (Bohrpfahl) / underreamed pile, expanded pile, bulb pile
Unterschrank *m* / cabinet *n*
unterschreiten *v* / fall below, be less than, undershoot *v*, go lower than
Unterschreitung / (range) underflow *n*
Unterschritt *m* / substep *n*
unterschritten *adj* / underrange
Unter·schwingen *n* / undershoot *n* || ²**schwinger** *m* / undershoot *n* || ²**schwingung** *f* / subharmonic *n* || ²**schwingweite** *f* / undershoot amplitude
Unterseite *f* / lower side || ², **Horizontaleinschub** / lower side of horizontal withdrawable unit || ², **Vertikaleinschub** / lower side of vertical

withdrawable unit
untersetzen *v* (Getriebe) / gear down *v*, step down *v* || ~ *v* (Impulse) / scale *v*
Untersetzung *f* / down-scaling *n* || ≗ *f* (Getriebe, Verhältnis) / reduction ratio || ≗ *f* / speed reducer, gear reducer, reduction gearing, step-down gearing || ≗ *f* (Skalierung) / down-scaling *n* || ≗ *f* (WZM, Vorschubuntersetzung) / feedrate reduction || **Takt~** *f* / (clock-)pulse scaling
Untersetzungsfaktor *m* / reducing factor, reduction ratio, scan rate
Untersetzungsgetriebe *n* / speed reducer, gear reducer, reduction gearing, step-down gearing, reduction gear || **Motor mit** ≗ / back-geared motor
Untersetzungs·verhältnis *n* / reduction ratio, speed reduction ratio || ≗**werk** *n* (MG, Getriebe) / reduction gearing
Untersicht *f* / bottom view
Unterspannung *f* (zu niedrige Spannung) / undervoltage *n* || ≗ *f* (US; Trafo, Spannung auf der US-Seite) / low voltage, lower voltage, low voltage rating || **Grenzlinie der** ≗ (mech.) / minimum stress limit
Unterspannungs·abschaltgrenze *f* / undervoltage failure limit || ≗**abschaltung** *f* (Fehlerabschaltung aufgrund unzulässiger kleiner Spannung) / undervoltage trip || ≗**anschluss** *m* / low-voltage terminal || ≗**anschlussklemme** *f* (kapazitiver Spannungsteiler) / intermediate-voltage terminal
Unterspannungsauslöser *m* / undervoltage release IEC 157-1, undervoltage opening release, low-volt release, undervoltage trip || ≗ *m* (Ansprechspannung 35 - 10 % der Netzspannung) / no-volt release IEC 157-1 || ≗ **mit Verzögerung** (rc-Auslöser) / time-lag undervoltage release IEC 157-1, capacitor-delayed undervoltage release, time-delay undervoltage release
Unterspannungs·auslösung *f* / undervoltage tripping, opening by undervoltage release || ≗**durchführung** *f* (US-Durchführung) / low-voltage bushing || ≗**grenze** *m* / undervoltage limit || ≗**klemme** *f* / low-voltage terminal || ≗**kondensator** *m* (kapazitiver Spannungsteiler) / intermediate-voltage capacitor || ≗**-Kondensatordurchführung** *f* / low voltage condenser bushing || ≗**relais** *n* / undervoltage relay, no-volt relay || ≗**relais mit Asymmetrieerkennung** / undervoltage relay with assymetric recognition || ≗**relay** *n* / undervoltage relay, under voltage relay || ≗**schutz** *m* / undervoltage protection || ≗**seite** *f* / low-voltage side, low side, low-voltage circuit || **~seitig** *adj* / on low-voltage side, in low-voltage circuit, low-voltage *adj* || ≗**sperre** *f* / undervoltage blocking device (o. unit) || ≗**warnung** *f* / undervoltage warning || ≗**wicklung** *f* (US-Wicklung Trafo) / low-voltage winding, lower-voltage winding
Unterstab *m* (Stabwickl.) / bottom bar, inner bar, bottom conductor
unterständiger Generator / undertype generator, inverted generator
Unterstation *f* (SPS) / tributary station || ≗ *f* (Prozessleitsystem, wird zum Datenempfang von Hauptstation angewählt) / slave station || ≗ *f* (von einer Leitstation aus fernbediente Station) / satellite substation || ≗ *f* (UST FWT) / outstation *n* || ≗ *f* (UST Energieversorgungsnetz) / substation *n* || ≗ *f* (UST) / remote station, tributary station
unterste Ölschicht (Trafo) / bottom oil
Unterstelle *f* (FWT) / location with outstation(s)
unterstreichen *v* (Text) / underscore *v*, underline
Unterstrichzeichen *f* / underline character
Unterstrom *m* / undercurrent *n* || ≗**auslöser** *m* / undercurrent release || ≗**relais** *n* / undercurrent relay || ≗**schutz** *m* / undercurrent protection
Unterstufe *f* / sublevel *n*
unterstützen *v* / help *v*
Unterstützung *f* (techn. U.f. den Programmierer) / support *n* || ≗ *f* / supporting *n*, user guidance display
Unterstützungs·leistung *f* / support *n* || ≗**-Service** *m* / support service
Untersuchung *f* / investigation *n*, examination *n*, inspection *n*, test *n* || ≗ **der Kurvenform** (Wellenform) / waveform analysis
Untersuchungs·befund *m* / findings *n pl* || ≗**-Zeichnung** *f* / study drawing
untersynchron *adj* / subsynchronous *adj*, hyposynchronous *adj* || **~e Drehstrom-Konterhubschaltung** / subsynchronous three-phase counter-torque hoisting control || **~e Resonanz** / subsynchronous resonance || **~e Scherbius-Kaskade** / single-range Scherbius system, subsynchronous Scherbius system || **~e Stromrichterkaskade** (USK) / subsynchronous converter cascade, slip-power reclamation drive with static converter, static Kraemer drive || ≗**-Reluktanzmotor** *m* / subsynchronous reluctance motor
Untersystem *n* / subsystem *n* || ≗ *n* (Master-Slave-Anordnung) / slave system
Untertauchen, Schutz beim ≗ / protection against the effects of continuous submersion
Unterteil *n* / fuse base || ≗ *n* (Sich.) / holder *n*
unterteilen *v* / subdivide *v*, sectionalize *v*, split *v*, classify *v*
unterteilt·e Spule / multi-section coil, multiple coil || **~e Tafel** (ST) / sectionalized board || **~e Wicklung** / split winding, subdivided winding || **~er Leiter** / stranded conductor || **~es Auskreuzen** (Kabelschirmverbindungen) / sectionalized cross-bonding
Unterteilung *f* / separation *n*, subdivision *n* || ≗ **in Teilräume** (metallgekapselte Schaltanlage) / division into compartments IEC 517, compartmentalization *n*
Unter·tischgehäuse *n* / housing for underbench mounting || ≗**tonanregung** *f* / harmonic excitation || ≗**träger** *m* / subcarrier *n* || **Satz-**≗**typ** *m* (NC, CLDATA) / record subtype
Unterverbunderregung *f* / under-compounding *n* || **Generator mit** ≗ / undercompounded generator
Unter·verteiler *m* / sub-distribution board, submain distribution board, branch-circuit distribution board, subdistributor *n* || ≗**verteilung** *f* / sub-distribution *n*, sub-main distribution || ≗**verteilung** *f* (Tafel) / sub-distribution board, submain distribution board, branch-circuit distribution board || ≗**verzeichnis** *n* / subdirectory *n*
Unterwasser *n* (WKW) / tailwater *n*, tailrace *n* || ≗**beleuchtung** *f* / underwater lighting, underwater floodlighting || ≗**leitung** *f* / submarine line || ≗**leuchte** *f* / underwater luminaire || ≗**motor** *m* / submersible motor || ≗**pegel** *m* / tailbay elevations || ≗**scheinwerfer** *m* / underwater floodlight || ≗**seite** *f* (WKW) / downstream side, tailwater side

unterwasserseitig *adv* (WKW) / on tailwater side, downstream ad *v*
Unter·welle *f* / subharmonic *n* || ²**werk** *n* / substation *n*, transformer substation
unterwiesene Person / instructed person
Unter·windgebläse *n* / forced-draft fan || ²**zug** *m* / girder *n*
ununterbrochen·er Betrieb (el. Masch.) / continuous-operation duty || **~er Betrieb** (SG) / uninterrupted duty || **~er Betrieb mit Aussetzbelastung** (S6) EN 60034-1 / continuous-operation periodic duty S6, IEC 341 || **~er Betrieb mit nicht periodischer Last- und Drehzahländerung** (S 9) VDE 0530, T.1 / duty with non-periodic load and speed variations (S 9) IEC 34-1 || **~er periodischer Betrieb mit Aussetzbelastung** (S 6) IEC 50(411) / continous-operation periodic duty || **~er periodischer Betrieb mit Aussetzbelastung und Drehzahländerung** (S 8) IEC 50(411) / continous-operation peridic duty with related load-speed changes || **~er periodischer Betrieb mit elektrischer Bremsung** (S 7) VDE 0530, T.1 / continuous-operation periodic duty with electric braking (S 7) IEC 341
unverbindlich, die Maße sind ~ / the dimensions are subject to change
unverbrauchte Energie / undissipated energy
unverdrehbar *adj* / locked *adj* (to prevent turning)
Unverdrehbarkeitsnase *f* / locating boss
unverdrosselt *adj* / non-choked *adj*
Unverfügbarkeit *f* / non-availability *n*
unvergossene Wicklung / non-encapsulated winding, open winding
unverkettet·e Zweiphasenwicklung / open two-phase winding || **~er Fluss** / unlinked flux || **~es symmetrisches Zweiphasensystem** / open symmetrical two-phase system
unverklinkt *adj* / unlatched *adj*
unverlierbar *adj* / captive *adj* || ~ *adj* (Speicherinhalt) / non-volatile add, non-erasable *adj* || **~e Schraube** / captive screw
unverriegelt *adj* / not interlocked || **~e Mechanik** (DT) / independent mechanical system
unverschachtelt *adj* (Wickl.) / non-interleaved *adj*
Unversehrtheit *f* (Daten) / integrity *n*
unverseifbar *adj* / unsaponifiable *adj*
unverstellbar *adj* (Trafo) / fixed-ratio *adj*
unverträglich *adj* / incompatible *adj*
Unverträglichkeit, geometrische ² / geometric incompatibility
unverwechselbar *adj* (StV) / non-interchangeable *adj*, non-reversible *adj*, polarized *adj* || **~e Schlüsselsperre** / non-interchangeable key interlock || **~e Sicherung** / non-interchangeable fuse
Unverwechselbarkeit *f* / non-interchangeability *n* || ² *f* (Steckverbinder) DIN 41650,1 / polarization *n*, polarization method IEC 603-1 || **Prüfung der** ² (StV) / polarizing test
Unverwechselbarkeits-Nut *f* / polarizing slot
unverwischbar *adj* / indelible *adj*
Unverwischbarkeit *f* / indelibility *n*
unverzinnt *adj* / untinned *adj*
unverzögert *adj* / undelayed *adj*, non-delayed, instantaneous *adj* || **~er Auslöser** / instantaneous release IEC 157-1 || **~er Auslöser mit Wiedereinschaltsperre** (nv-Auslöser) / instantaneous release with reclosing lockout || **~er elektromagnetischer Überstromauslöser** / instantaneous electromagnetic overcurrent release || **~er Selektivschutz** IEC 50(448) / instantaneous protection || **~er Überstromauslöser** (n-Auslöser) / instantaneous overcurrent release, high-speed overcurrent trip || **~es Hilfsschütz** VDE 0660, T.200 / instantaneous contactor relay IEC 337-1 || **~es Kurzschlussauslöserelais** / instantaneous short-circuit relay || **~es Relais** / instantaneous relay, non-delayed relay, high-speed relay
unvollkommener Erdschluss / high-resistance fault to earth, high-impedance fault to ground || **~ Körperschluss** / high-resistance fault to exposed conductive part, high-impedance fault to exposed conductive part || **~ Kurzschluss** / high-resistance fault, high-impedance fault
unvollständige Brückenschaltung / incomplete bridge connection
unvorbereiteter Leiter / unprepared conductor
unvorhersehbares *adj* / unpredictable event
unwesentliche Abweichung (QS) / insignificant nonconformance
unwichtiger Verbraucher / interruptible load, nonvital load, non-essential load, secondary load
unwirksam *adj* / ineffective *adj* || **~ setzen** / deactivate *v*
Unwucht *f* / unbalance *n*, out-of-balance *n* || ² *f* (als Vektor) / unbalance vector || ²**betrag** *m* / amount of unbalance, unbalance *n*
unwuchtfrei *adj* / balanced *adj*, free from unbalance, true *adj*
unwuchtig *adj* / out of balance, unbalanced *adj*
Unwucht·kraft *f* / unbalance force, out-of-balance force, out-of balance pull || **Moment der** ²**kraft** / unbalance moment || ²**kräftepaar** *n* / unbalance couple || ²**masse** *f* / unbalance mass || ²**paar** *n* / couple unbalance || ²**-Reduktionsverhältnis** *n* / unbalance reduction ratio || ²**winkel** *m* / angle of unbalance
unzerbrechlich *adj* / unbreakable *adj*
unzureichend / inadequate *adj*
unzulässig *adj* / unpermissible *adj*, non-permissible *adj*, unacceptable || ~ (Eingabe) / illegal *adj* || **~e Funktionswahl** (SPS) / invalid (o. illegal) function selection || **~e Gebrauchsbedingungen** DIN 41745 / non-permissible conditions of operation
UP / sub-program *n* ISO 2806- 1980, subroutine *n* || ² (unter Putz) / flush-mounted *n*, flush-mounting *n* || ² (Unterprogramm) / subprogam *n*, SR (subroutine), SPF (subprogram file)
Update *n* / update *n*
Upm / revolutions per minute (r.p.m.)
UPnP / UPnP (Universal Plug'n Play)
UPPS / UPPS
UP-Schalter *m* / flush-type switch, flush-mounting switch
U_q / V_q (quadrature voltage)
UR (Universal Rack) / UR (universal rack)
Urbild *n* / original display
Urdaten *plt* / source data, original data
U-Reihe *f* / U range
Ureingabe, durch ² **laden** / bootstrap *v*
Urfarbe *f* / unitary (o. unique) hue
Urformen *n* DIN 8580 / creative forming
Urheber *m* (DÜ) / originator *n*
Urkunde *f* (Prüfungsu.) / certificate *n*

Urladen *n* / booting *n*, bootstrapping *n*, bootstrap loading, initial program loading, loading to the IPL || ~ *v* / bootstrap *v*, boot *v*, initial program loading, load to the IPL
Urladeprogramm *n* / bootstrap (loader) program
Urlader *m* / initial program loader (IPL)
Urladewert *m* / initial loading value
Urlehre *f* / master gauge, standard gauge
Urlöschen *n* / overall reset, general reset, general PLC reset || ~ *v* / clear (o. reset)
Urlöschmodus *m* / initial clear mode
Urmodell *n* / master model
U-Rohr *n* / U-tube *n*, syphon *n* || ≗**-Manometer** *n* / U-tube manometer
Urrücksetzen *n* / overall reset, general reset
ursachenbezogene Untergruppe (QS) / rational sub-group
Urspannung *f* / electromotive force, e.m.f.A
Ursprung *m* / point of origin, zero point, zero *n* || ≗ *m* (CAD, QS) / origin *n* || **Koordinaten~** *m* (KU) / coordinate origin, coordinate datum || **zum** ≗ / return to original, to origin
ursprünglich *adj* / original *adj* || **~es Feld** / parent field
Ursprungsdaten *plt* / raw data, source data
Ursprungs·erzeugnisse *n pl* / original manufacturer's equipment (OME) || ≗**festigkeit** *f* / endurance limit at repeated stress, natural strength, fatigue strength under pulsating stress, pulsating fatigue strength || ≗**kennzeichen** *n* / mark of origin || ≗**lieferschein** *m* / original delivery note || ≗**lieferung** *f* / original supply || ≗**pfad** *m* / original path || ≗**programm** *n* / source program, original program || ≗**wert** *m* / original value || ≗**zeichen** *n* / mark of origin, maker's name, trademark *n*
Urtyp *m* / prototype *n*
Urunwucht *f* / initial unbalance
Urwaldklima *n* / damp tropical climate
Urzeichnung *f* / original *n* (drawing)
US / ultrasound *n* || ≗ (Umsatzsteuerart) / turnover tax type || ≗ (Unterspannung) / low voltage, lower voltage, low voltage rating
USART (universelle synchrone asynchrone Sende-/Empfangsschaltung) / USART (universal synchronous/asynchronous receiver/transmitter)
USB (Universal Serial Bus) / USB (Universal Serial Bus)
User-Parameterliste *f* / user defined parameter
USK / subsynchronous converter cascade, slip-power reclamation drive with static converter, static Kraemer drive
U-Spule *f* / hairpin coil (universal serial interface)
U_{ss} (Spannung Spitze-Spitze) / voltage peak-to-peak (V_{pp}), V_{pp}
USS (universelle serielle Schnittstelle) / USI (universal serial interface) || ≗ **abgelehnte Telegramme** / USS rejected telegrams || ≗ **fehlerfreie Telegramme** / USS error-free telegrams || ≗**-Adresse** / USS address || ≗**-Baudrate** / USS baudrate || ≗**-BCC-Fehler** / USS BCC error || ≗**-Framefehler** / USS character frame error || ≗**-Längenfehler** / USS length error || ≗**-Normierung** / USS normalization || ≗**-Paritätsfehler** / USS parity error || ≗**-PKW-Länge** / USS PKW length || ≗**-PZD-Länge** / USS PZD length || ≗**-Telegr. Start nicht erkannt** / USS start not identified || ≗**-Telegramm Ausfallzeit** / USS telegram off time || ≗**-Überlauffehler** / USS overrun error
UST (Unterstation) / substation *n*, remote station, outstation *n*, tributary station
USTACK (Unterbrechungsstack, U-STACK, U-Stack) / ISTACK (interrupt stack), interrupt stack, i stack
USV (A. f. unterbrechungsfreie Stromversorgung) VDE 0558, T.5 / UPS (A. f. uninterruptible power system) || ≗ (unterbrechungsfreie Stromversorgung) / UPS (uninterruptible power supply), UPS (uninterruptible power system) || ≗**-Block** *m* / UPS unit || ≗**-Komponente** *f* / UPS functional unit || ≗**-Lastschalter** *m* / UPS interrupter || ≗**-Leistungsschalter** *m* / UPS interrupter || ≗**-Schalter** *m* / UPS switch || ≗**-Umschalter** *m* / transfer switch
US-Wicklung *f* / low-voltage winding, lower-voltage winding
UT (unterer Totpunkt) / bottom dead center (BDC)
U-Tragschiene *f* / U-mounting rail
U-Übergabeelement *n* / U interface element, U input connector
U-Überlauf *m* / interrupt overflow
UV-beständig *adj* / resistant to ultraviolet rays
U-Verteiler *m* / cast-iron multi-box distribution board, cast-iron box-type distribution board, cast-iron box-type FBA
UV·-Lichtschreiber *m* / UV light-spot recorder || ≗**-löschbar** *adj* / UV-erasable *adj* || ≗**-Löscheinrichtung** *f* / UV eraser, UV erasing facility || ≗**-Papier** *n* / UV-sensitive paper
UZK (Zwischenkreisspannung) / dc link voltage

V

V / velocity *n*
V~ / V AC
V.24 / RS-232-C (An accepted industry standard for serial communications connections. The letter C denotes that the current version of the standard is the third in a series) || ≗**-Schnittstelle** / RS-232 interface || ≗**/TTY-Umschaltung** / RS-232-C/TTY selector
V_ / V DC
V·-Abhängigkeit *f* / OR dependency, V-dependency *n* || ≗**-Abtastung** *f* (a. NC) / V-scanning *n*
vagabundierender Strom / stray current
Vakuum-Ableiter *m* / vacuum arrester
vakuumbedampft *adj* / vacuum-deposited *adj*
Vakuum·bedampfung *f* / vacuum deposition || ≗**behandlung** *f* / vacuum treatment || **elektrisch gesteuerte** ≗**bremse** / electro-vacuum brake
vakuumdicht *adj* / vacuum-tight *adj*, hermetically sealed || **~dichte Einschmelzung** / vacuum-tight seal
Vakuum·dichtung *f* / vacuum seal || ≗**-Diffusionspumpe** *f* / vacuum diffusion pump, diffusion pump || ≗**-Druck-Imprägnierung** *f* / vacuum pressure impregnation || ≗**durchführung** *f* / vacuum penetration || ≗**einschmelzung** *f* / vacuum seal || ≗**-Entgasungskessel** *m* / vacuum degassing tank || ≗**faktor** *m* (Ionen-Gitterstrom/Elektronenstrom) / vacuum factor, gas-

content factor
vakuumfest *adj* / vacuum-proof *adj*, vacuum-tight *adj*
Vakuum·festigkeit *f* / vacuum withstand IEC 76-1 || **≗fluoreszenzanzeige** *f* / vacuum fluorescent display || **≗-Fotozelle** *f* / vacuum photoelectric cell
vakuum·gegossen *adj* / vacuum-casted *adj* || **~gelötet** *adj* / vacuum-brazed *adj*
Vakuum·goniometer *n* / vacuum goniometer || **≗halter** *m* / vacuum support || **≗-Hochspannungsschütz** *n* / h.v. vacuum contactor || **≗kessel** *m* / vacuum tank || **≗lampe** *f* / vacuum lamp || **≗-Lastschalter** *m* / vacuum switch, vacuum interrupter || **≗-Lastschalter** *m* (Trafo, Lastumschalter) / vacuum diverter switch || **≗-Leistungsschalter** *m* / vacuum circuit-breaker || **≗-Messgerät** *n* / vacuum gauge, vacuum tester || **≗metallisierung** *f* / vacuum plating, vapour depositing || **≗permeabilität** *f* / permeability of free space, space permeability, permeability of the vacuum || **≗-Prüfgerät** *n* / vacuum tester || **≗prüfung** *f* / vacuum test || **≗pumpe** *f* / vacuum exhauster, exhauster *n* || **≗röhre** *f* / vacuum interrupter, vacuum tube || **≗schalter** *m* / vacuum switch, vacuum diverter switch, vacuum circuit-breaker || **≗schalter** *m* (LS) / vacuum circuit-breaker || **≗schalter** *m* (f. Vakuumüberwachung) / vacuum-operated switch || **≗-Schaltkammer** *f* / vacuum interrupter chamber || **≗-Schaltröhre** *f* / vacuum interrupter || **≗schalttechnik** *f* / vacuum-switching technique || **≗schutz** *m* / loss-of-vacuum protection, low vacuum protection || **≗schütz** *n* / vacuum contactor || **≗schütz-Schaltanlage** *f* / vacuum-contactor controlgear, vacuum-contactor panel(s), vacuum-contactor board || **≗starter** *m* / vacuum starter || **≗-Thermoelement** *n* / vacuum thermocouple || **≗-Thermosäule** *f* / vacuum thermopile || **≗tränkung** *f* / vacuum impregnation, impregnation under a vacuum || **≗trocknung** *f* / drying under vacuum || **≗verguss** *m* / vacuum moulding, potting under vacuum, vacuum casting || **≗zelle** *f* / vacuum photoelectric cell
Valenz·band *n* (HL) / valence band || **≗elektron** *n* / valence electron
Validierungsverfahren *n* / validation procedures
van-de-Graaff-Generator *m* / van de Graaff generator
Vaporphase·-Trocknung *f* / vapour-phase drying || **≗-Verfahren** *n* / vapour-phase method (o. process)
Vaportherm-Verfahren *n* / vapourtherm method (o. process)
VARI (Bearbeitungsart Parameter) / VARI (machining mode)
variabel *adj* / variable *adj*, adjustable *adj*
Variabilität *f* (QS) / variability *n* || **magnetische ≗** IEC 50(221) / magnetic variability
Variable *f* / variable *n* || **nicht gepufferte ≗** / non-retentive variable || **symbolische ≗** / symbolic variable
variable Impulsbewertung / variable pulse weighting
Variable registrieren / register a tag
Variablen·abfrage *f* / variable inquiry || **≗dienst** *m* / variables service, variable service, variable (access) service || **≗protokoll** *n* / variable log || **≗prüfung** *f* / inspection by variables || **≗-Selektion** *f* / selecting tags || **≗-Statusfenster** *n* / variable status window || **≗tabelle** *f* / variable table || **≗übertragung** *f* / transfer of variables || **≗zählung** *f* / tag counting
Variante *f* / variant *n*, version *n*, design *n*, execution *n*
Variantenstückliste *f* / version BOM
Varianz *f* (Statistik) DIN 55350, T.23 / variance *n* || **≗ einer Wahrscheinlichkeitsverteilung** / variance of a variate || **≗ einer Zufallsgröße** DIN 55350,T.21 / variance of a variate
Variationskoeffizient *m* DIN 55350,T.21 / coefficient of variation, variation coefficient
Vario-Spiegelsystem *n* / variable reflector system
Varistor *m* / varistor *n* || **≗beschaltung** *f* / varistor circuit
Varley-Schleifenprüfung *f* / Varley loop test
Varstundenzähler *m* / varhour meter, VArh meter, reactive volt-ampere meter
Vaseline, säurefrei / vaseline, acid-free
VAT (Variablentabelle) / VAT (variable table)
Vater-und-Sohn-Anlage *f* / man-and-lad system, father-and-son plant
VC / video computer (VC)
VCM / visual meteorological conditions (VCM)
V_{dc}-max.-Regler / V_{dc}-max controller
V_{dc}-min.-Regler / V_{dc}-min controller
V_{dc}-Regler / V_{dc}-controller output limitation
VDE (verallgemeinerndes Darstellungselement) / generalized drawing primitive (GDP) || **≗-Prüfzeichen** *n* VDE =Verband Deutscher Elektrotechniker / VDE mark of conformity
VDEW-Protokoll *n* / VDEW protocol
VDEW/ZWEI-Profil / VDEW/ZWEI profile
VDF / VHF direction finding station (VDF)
VDI (Verein Deutscher Ingenieure) / VDI (Association of German Engineers) || **≗-Nahtstelle** *f* / VDI interface || **≗-Schnittstelle** *f* / VDI interface
VDK / viscosity-gravity constant
V-Durchschallung *f* / V transmission
Vektor *m* / vector *n*, phasor *n*, complexor *n*, sinor *n* || **≗adresse** *f* / vector address || **≗bahnsteuerung** *f* (NC) / contouring system with velocity vector control, velocity vector control contouring system || **≗bildschirm** *m* / stroke-writing screen || **≗diagramm** *n* / phasor diagram, vector diagram || **≗dreher** *m* / vector rotator || **≗drehung** *f* / vector rotation, vector circulation, vector circuitation || **≗feld** *n* / vector field, vectorial field
vektoriell *adj* / vectorial *adj* || **~e Größe** / phasor quantity, vector quantity || **~e Rotation** / vector rotation, curl *n* || **~es Produkt** / vector product
vektororientierter Wiederholbildschirm / stroke-writing refreshed-display screen
Vektor·potential *n* / vector potential || **≗raum der Farben** / colour space || **≗rechner** *m* / vector computer, array computer || **≗regelung** *f* / vector control, closed-loop vector control || **≗register** *n* / vector register || **≗schreibweise** *f* / vector notation || **≗skop** *n* / vectorscope *n* || **≗summe** *f* / vector sum, phasor sum || **≗zerleger** *m* / (vector) resolver *n*
Ventil *n* / valve *n* || **≗ mit Entlastungskolben** / self-balanced valve || **≗ mit flüssigkeitsgefülltem Fühler** / valve with a liquid-filled sensor || **schaltendes ≗** / switching valve || **vorgesteuertes ≗** / pilot-controlled valve, pilot-actuated valve || **≗ableiter** *m* / valve-type arrester, autovalve arrester, non-linear-resistor-type arrester || **≗ableiter** *m* (f. ein HL-Ventil) / valve arrester || **≗ansteuerung** *f* / valve control ||

≈**ansteuerungsbaugruppe** *f* / valve control module || ≈**antrieb** *m* / valve actuator || **elastischer** ≈**antrieb** / spring type actuator
Ventilationsverluste *m pl* / windage loss
Ventilator *m* / fan *n*, ventilator *n* || ≈**baugruppe** *f* / fan unit, fan subassembly (PC hardware) || ≈**flügel** *m* / fan blade || ≈**rad** *n* / fan impeller, fan wheel
Ventil·ausgang *m* / valve output || ≈**auslegung** *f* / sizing of the valve || ≈**aussteuerung** *f* / valve modulation || ≈**basis** *f* / valve base
Ventilbauelement *n* / controllable valve device || ≈ *n* (LE) / valve device, electronic valve device || **einrastendes** ≈ / latching valve device || **gasgefülltes** ≈ / gas-filled valve device, ionic valve device || **nicht rückwärts sperrendes** ≈ / non-reverse blocking valve device || **nicht steuerbares** ≈ / non controllable valve device, rectifier diode || **rückwärts sperrendes** ≈ / non controllable valve device, reverse blocking valve device || **steuerbares** ≈ / controllable valve device, switched valve device || ≈**-Baugruppe** *f* (Säule) / valve device stack || ≈**-Kommutierung** *f* / valve device commutation, device commutation EN 60146-1-1 || **nichtleitende Richtung eines elektronischen** ≈**s oder eines Zweiges** / non-conducting direction of an electronic valve device or an arm || ≈**-Satz** *m* (LE) / valve device assembly || ≈**-Verlöschen** *f* / valve device quenching || ≈**-Verlöschung** *f* (LE) / device quenching EN 60146-1-1
Ventil·-Beschaltung *f* (zur Dämpfung hochfrequenter transienter Spannungen, die während des Stromrichterbetriebs auftreten) / valve damping circuit IEC 633, valve voltage damper || ≈**beschaltungskondensator** *m* (LE) / valve snubber capacitor, snubber capacitor || ≈**block** *m* / valve block || ≈**drossel** *f* / valve reactor || ≈**durchschlag** *m* / valve breakdown
Ventile, direkt gesteuerte ≈ / directly actuated valves
Ventil·element *n* / valve device, electronic valve device || ≈**element-Satz** *m* / valve device assembly || ≈**funktion** *f* / valve function || ≈**gehäuse** *n* / valve body, valve housing || ≈**größe** *f* / valve size || **Bestimmung der** ≈**größe** / sizing of the valve || ≈**hersteller** *m* / manufacturer of valves || ≈**hub** *m* / valve lift
ventilierte Maschine / ventilated machine
Ventil·-Innengarnitur *f* / valve trim || ≈**insel** *f* / valve terminal, valve island || ≈**kegel** *m* / valve plug, plug *n*, plunger *n* || **angefressene** ≈**kegel** / eroded plugs || ≈**kennlinie** *f* / valve characteristic || ≈**-Knickpunkt-Spannung** / knee-point voltage of valve || ≈**koeffizient** *m* (kv-Wert) / valve flow coefficient || ≈**-Koeffizient** *m* / valve coefficient || ≈**kopf** *m* / valve head || ≈**körper** *m* / valve body, control valve body || ≈**kugel** *f* / valve sphere, valve ball || ≈**-Mittelstellung** *f* / valve mid-position || ≈**-Nenndruckabfall** / rated pressure drop of valve || **freier** ≈**querschnitt** / effective cross-sectional area of valve || **wirksamer** ≈**querschnitt** / effective net orifice || ≈**satz** *m* / valve block || ≈**schieber** *m* / valve spool || ≈**schieber-Rückmeldung** *f* / valve spool checkback
ventilseitige Leerlaufspannung (LE) / valve-side no-load voltage || ~ **Wicklung** (SR-Trafo) VDE 0558,T.1 / cell winding IEC 146, valve-side winding
Ventil·sitz *m* / valve seat port, seat *n*, port *n* || **Flüssigkeit im** ≈**sitz verdampft** / flashing *n* || ≈**spannungsteiler** *m* / valve voltage divider || ≈**sperrung** *f* / valve blocking || ≈**spindel** *f* / plug *n*, stem *n* || ≈**spindeldurchführung** *f* / stem sealing || **packungslose** ≈**spindel-Durchführung** / bellows seal || ≈**spule** *f* / valve solenoid, valve coil || ≈**stange** *f* / valve stem || ≈**-Stellantrieb** *m* / valve actuator, valve positioner, valve operator || ≈**stellung** *f* / stroke of the valve || ≈**stellungsregler** *m* / valve positioner || ≈**-Steuerblock** *m* / valve block || ≈**steuereinrichtung** *f* (LE) VDE 0558, T.1 / trigger equipment IEC 146 || ≈**steuerkante** *f* / valve control edge || ≈**steuerung** *f* / valve control module || ≈**steuerung** *f* (Kfz) / valve timing gear || ≈**steuerungsbaustein** *m* / valve control block || ≈**teller** *m* / valve disc || ≈**toleranz** *f* / tolerance of valves || ≈**verstärker** *m* / valve amplifier || ≈**-Volumenstromverhältnis A zu B-Seite** / rated flow rate ratio between A and B ends of valve || ≈**wicklung** *f* / cell winding IEC 146, valve-side winding || ≈**widerstand** *m* / resistance of valve || ≈**zweig** *m* (SR) / valve arm, valve leg
Venturi·düse *f* / venturi nozzle || ≈**rohr** *n* / venturi tube
verallgemeinertes Darstellungselement VDE / generalized drawing primitive (GDP)
veränderbares Nachleuchten (Osz.) / variable persistence
Veränderbarkeit der magnetischen Eigenschaften / magnetic variability
veränderlich weiß / variable white || **~e Steigung** (Gewinde) / variable lead, variable pitch || **Betrieb mit ~er Belastung** / intermittent duty || **~er Betrieb** / varying duty || **Motor mit ~er Drehzahl** (Drehz. einstellbar) / adjustable-speed motor, variable-speed motor || **Versuch mit ~er Kühlgasdichte** / variable cooling gas density test
Veränderlichkeit *f* / variability *n*
verändern *v* / modify *v*, change *v*, alter *v*, edit *v*
Veränderung *f* IEC 50(191) / modification *n*, change *n*, changing *n* || ≈ **der Antriebsparameter** / changing the (drive system) parameters
verankern *v* / anchor *v*, fix to foundation, stay *v*
Verankerung *f* / fixing point, anchoring arrangement, stay *n*, holding-down point on foundation, fastening anchor || ≈ *f* (Flusslinien) / pinning *n*
Veranstaltung *f* / event *n*
verantwortlich *adj* (QS, rechenschaftspflichtig) / accountable *adj* || ~ (QS, zuständig) / responsible *adj* || ~ (QS, weisungsbefugt) / authorized *adj* || ~ **und zuständig sein** / to have the authority and responsibility (for)
Verantwortlicher *m* / responsible person
Verarbeitbarkeit *f* / working properties, processibility *n*
verarbeiten *v* (Programm) / process *v* || ~ (Eingangssignale) / condition *v*
Verarbeitung berechneter Werte / calculated value processing || ≈ **nach Prioritäten** / priority processing, priority scheduling || ≈ **von Qualitätsindikatoren** / quality code processing numeric input
Verarbeitungs·anleitung *f* / instructions for processing || ≈**baugruppe** *f* / processing module || ≈**baustein** *m* / processing block || ≈**breite** *f* / processing width, processing range || ≈**einheit** *f* (MC) / processing module || ≈**geschwindigkeit** *f* /

processing speed, throughput *n* || ²leistung *f* / processing capacity, processor capacity || ²**maschine** *f* / processing machine, production machine || ²**operation** *f* / processing operation || ²**programm** *n* / processing program || ²**protokoll** *n* / application protocol || **übertragungsorientiertes** ²**protokoll** (MAP) / transaction-oriented processing protocol || ²**rechner** *m* / host computer || ²**routine** *f* / processing routine || ²**schicht** *f* / application layer || ²**temperatur** *f* / processing temperature || ²**tiefe** *f* DIN 19237 / processing depth || ²**zeit** *f* (Kunststoff) / application time, spreading time, pot life
Verarmungs·betrieb *m* (HL) / depletion mode || ²**-IG-FET** / depletion-type field-effect transistor, depletion-type IG FET || ²**-Isolierschicht-Feldeffekttransistor** *m* / depletion-type field-effect transistor, depletion-type IG FET || ²**typ-Transistor** *m* / depletion mode transistor
verbacken *v* / bake *v*, bake into a solid mass
Verband *m* / group *n*, grouping *n*, network *n*, intergroup *n*, interconnection *n*, interconnected system, internal clients || ² *m* (Passungen) / fit *n* || ² *m* (Math.) / lattice *n* || **boolescher** ² / Boolean lattice || ² **der Elektrogroßhändler VEG** / association of electrical wholesalers VEG || ² **der Installationsunternehmen** (UNETO) / association of installation companies (UNETO)
Verbaudatum *n* / date of installation
Verbauung *f* (LT) / obstruction *n*
verbergen *v* / hide *v*
verbessert *adj* / improved *adj*
Verbesserungsvorschlag *m* / suggestion for improvement
Verbiegung *f* / deformation *n*
verbinden *v* (anschließen) / connect *v*, link *v* || ~ *v* (koppeln) / couple *v* || ~ *v* (zusammenfügen) / join *v*, assemble *v* || ~ *v* (CAD) / join *v*
Verbinden *n* / bonding *n*
Verbinder *m* (el.) / connector *n* || ² *m* (Stromschienensystem) VDE 0711,3 / coupler *n* || ² *m* (mech.) / coupler *n*, coupling *n*, connector *n* || ² **für Vorort-Installation** / field wiring connector
verbindlich *adj* / binding *adj* || ~ *adj* (QS) / mandatory *adj* || **~es Maßbild** / certified dimension drawing || **~es Zertifizierungssystem** / mandatory certification system || **~e Werte** / mandatory values || **~e Zeichnung** / certified drawing
Verbindung *f* / interfacing *n*, line *n* || ² *f* (el., Leiterverbindung) / connection *n* || ² *f* (zwischen Funktionseinheiten für Datenübertragung) / connection *n* || ² *f* (mech., Fuge) / joint *n* || ² *f* (Kommunikationsnetz) E DIN ISO 7498 / connection *n* || ² *f* (Netz, Fernwirk-V., DÜ) / link *n* || **eine** ² **abbauen** (DÜ) / release (o. clear) a connection, disconnect *v* || **eine** ² **aufbauen** (DÜ) / establish a connection || ² **mit der Spindel** / actuator stem connection || ² **trennen** (SPS) DIN EN 6113-1 / disconnect *v* IEC 1131-1 || ² **über AS511** / connection via AG511 || ² **über H1** / connection via H1 || ² **zum AG** / connection to the AG || **durchgehende elektrische** ² / electrical continuity, continuity *n*, electrical bonding || **elektrisch leitende** ² / electrically conductive connection, bond *n*, bonding *n* || **halbleitende** ² / compound semiconductor || **horizontale** ² / horizontal link element || **innendruckdichtende** ² / pressure sealing joint, self-sealing connection || **Schirm~** *f* (Kabel) / shield bonding || **stecklose** ² / plugless (o. pinless) connection || **stoffschlüssige** ² / material-formed joint || **ungültige** ² / invalid connection || **vertikale** ² / vertical link element
Verbindungs·abbau *m* (DÜ) / connection release, connection clearance || ²**abbauanforderung** *f* (DÜ) / disconnect request || ²**abhängigkeit** *f* / interconnection dependency IEC 617-12, Z-dependency || ²**abschnitt** *m* (KN) / link *n* || ²**anforderung** *f* (Datennetz) / connection request
Verbindungsaufbau *m* / connection setup, connection buildup, establishing a connection || ² *m* (DÜ) / establishment of a connection || ²**anforderung** *f* (Datennetz) / connect request || ²**antwort** *f* / connect response || ²**verzug** *m* (Anrufer) / access delay || **mittlerer** ²**verzug** / mean access delay || **Quantil des** ²**verzugs** / p-fractile access delay (The p-fractile value of the duration between the first call attempt made by the user of a telecommunication network to reach another user or a service and the instant of time the user reaches the wanted other user or service)
Verbindungs·aufspaltung *f* (Kommunikationsnetz) / splitting *n* || ²**baugruppe** *f* / link module || ²**bausatz** *m* / connection assembly kit || ²**baustein** *m* / link module, connecting module, communication module || ²**bestätigung der DEE** / call accepted || ²**bestätigung der DÜE** / call connected || ²**bezeichner** *m* / connection descriptor || ²**dose** *f* (I) / joint box, junction box, conduit box || ²**element** *n* (SPS) / link element || ²**endpunkt** *m* (Kommunikationsnetz) / connection endpoint || ²**endpunkt-Kennung** *f* DIN ISO 7498-1 / service connection endpoint identifier || ²**fahne** *f* (Komm.) / riser *n*, lug *n* || ²**gestänge** *n* / connecting rods || ²**glied** *n* / connecting link || ²**halbleiter** *m* / compound semiconductor || ²**hebel** *m* / connection lever
Verbindungs·kabel *n* / connecting cable, interconnecting cable, cable connector || ²**kamm** *m* / connection comb, power connector || ²**kanal** *m* / connection duct, duct connector, adaptor section || ²**kappe** *f* / twist-on connecting device (t.o.c.d.) || ²**keil** *m* / link wedge, wedge-type connector, connection key, joining key || ²**kennung** *f* DIN ISO 7498 / service connection endpoint identifier || ²**klemme** *f* (VDE 613) / connecting terminal unit IEC 23F.3, connector *n*, connecting terminal || ²**klips** *m pl* / connecting clip
Verbindungslasche *f* / connection lug || ² *f* (Brücke) / link *n*, connecting plate, jumper *n* || ² *f* (IK) / connector *n*, duct connector || ² *f* (f. Schienen) / fishplate *n*, strap *n*
Verbindungsleitung *f* / connection line, connection cables || ² *f* (zwischen Kraftwerken o. Kraftwerk u. Unterstation) / trunk feeder || ² *f* VDE 0806 / interconnecting cable IEC 380, interconnecting cord || ² *f* (Rohr) / connecting tube, connecting line || ² *f* (Schaltdraht) / connecting lead(s), interconnecting wire, connecting line || ² *f* (Strombrücke) / jumper *n*, link *n* || **Schirm~** *f* (Kabel) / shield bonding lead || ² **mit Dose und Stecker** / connecting cable with connector and coupler connector
Verbindungs·linie *f* / connecting line || ²**linie** *f* (CAD) / air line, interconnect *n* || **Verbiegen der**

≗**linie** / bend the connecting line || ≗**liste** *f* (CAD) / net list || ≗**loch** *n* (Leiterplatte) / via *n*, via hole
verbindungslos *adj* (Kommunikationssystem) / connectionless *adj*, connectionless-mode || **~e Kommunikation** / connectionless-mode communication || **~er Betrieb** / connectionless mode
Verbindungs·material *n* VDE 0613 / connecting devices IEC 23F.3, terminal accessories || ≗**muffe** *f* (Kabel) / straight joint, junction sleeve, joint box || ≗**muffe** *f* (IR) / coupler *n*, coupling *n*, bushing *n* || ≗**netz** *n* / interconnecting network
verbindungsorientiert *adj* / connection-oriented *adj* ISO 8602, connection-mode *adj* (150 8348) || **~e Kommunikation** / connection-mode communication || **~er Vermittlungsdienst** DIN ISO 8473 / connection-mode network service (CONS)
Verbindungsplan *m* DIN 40719 / interconnection diagram IEC 113-1, external connection diagram
Verbindungsplatte *f* / connection plate
verbindungsprogrammiert *adj* / wired-program *adj*, hard-wired *adj* || **~es Steuergerät** (VPS) / hard-wired programmed controller, wired-program controller
Verbindungs·punkt *m* (SR-Zweige) / interconnection point || ≗**punkt** *m* (Verdrahtung) / tie point || ≗**raum** *m* / connecting compartment || ≗**-Ressource** *f* / connection resource || ≗**rückweisung** *f* (Datennetz) / connection refusal || ≗**sackloch** *n* (Leiterplatte) / blind hole, semiburied via || ≗**satz** *m* / connecting set || ≗**schicht** *f* / data link layer || ≗**schiene** *f* / connecting bar, horizontal cross-member, cross-member *n* || ≗**schlauch** *m* / connecting tube || ≗**schnur** *f* / cord *n*, flexible cord || ≗**schraube** *f* / locking screw || ≗**schweißung** *f* / joint welding || ≗**status** *m* / connection status || ≗**stelle** *f* (el. Leiter, I) / junction *n*, joint *n* || ≗**stelle** *f* (Anschlussstelle) / connecting point, terminal connection || ≗**stelle** *f* (Thermometer) / thermojunction *n* || ≗**stelle** *f* (Naht, Klebestelle) / join *n* || ≗**steuerung** *f* (DÜ) / end-to-end controller || ≗**steuerungsverfahren** *n* (DÜ) / call control procedure || ≗**straße** *f* / collector road, distributor road, collector *n* || ≗**stück** *n* / connector *n*, link *n*, adaptor *n*, connecting element, coupling *n*, coupling element, fitting *n*, coaxial cable tap, tapping mechanism, connecting piece || **elektrische und elektronische** ≗**systeme und Komponenten** / electrical and electronic systems and components || ≗**technik** *f* / cables & connections || **nach** ≗**typ** / by link type || ≗**überwachung** *f* (PROFIBUS) / connection monitoring || ≗**weg** *m* / connection path || ≗**welle** *f* / dumb-bell shaft, spacer shaft || ≗**zeichen** *n* / grouping mark || ≗**zustand** *m* / connection status || ≗**zweig** *m* (Netzwerk) / link *n*
verbleibende Beschleunigungskraft / residual acceleration
verbleit *adj* / lead-plated *adj*
Verblitzung *f* (Entzündung des Auges durch UV-Strahlung eines Lichtbogens) / electro-ophthalmia
Verblock·einrichtung *f* / locking equipment, lock-up equipment || ≗**relais** *n* / blocking relay, interlocking relay || ≗**ventil** *n* / blocking valve, lock-up valve, interlocking valve
verborgen·e Kühllast / latent heat load || **~er Fehler** / latent fault || **~er Mangel** / hidden defect, latent defect
verbotenes Band (HL) / forbidden band, energy gap
Verbots·schild *n* / prohibitive sign, prohibition sign || ≗**zeichen** *n* / prohibitive sign, prohibition sign
Verbrauch *m* / usage *n*, consumption *n* || ≗ **außerhalb der Spitzenzeit** / off-peak consumption || ≗ **während der Spitzenzeit** / on-peak consumption
Verbraucher *m* / load *n* || ≗ *m* (Anwender von Gebrauchsenergie) / consumer *n*, ultimate consumer || **motorischer** ≗ / motive-power load, motor-driven load, motor loads || **regelbarer** ≗ / load-controlled consumer || **unwichtiger** ≗ / interruptible load, non-vital load, non-essential load, secondary load || **wichtiger** ≗ / non-interruptible load, essential load, vital load, critical load || ≗**-Abgangsleitung** *f* / load feeder || ≗**abzweig** *m* / load feeder, load branch || ≗**abzweigmodul** *n* / load feeder module || ≗**anlage** *f* / consumer's installation || ≗**art** *f* / load type || ≗**feld** *n* / load feeder panel, feeder cubicle || ≗**klemme** *f* / consumer's terminal, load terminal || ≗**kreis** *m* / load circuit || ≗**netz** *n* / secondary distribution system || **Schutz des** ≗**s** DIN 41745 / protection of load || ≗**schwerpunkt** *m* / load centre, centre of distribution || ≗**spannung** *f* / utilization voltage, load voltage || ≗**steuerung** *f* / load control, consumer load control || ≗**strom** *m* / load current || ≗**stromkreis** *m* / spur *n*, general-purpose branch circuit, load circuit, individual branch circuit, branch, branch circuit, final subcircuit, spur *n*, utilization circuit || ≗**verteiler** *m* / consumer distribution board, consumer unit, consumer panelboard || ≗**-Zählpfeilsystem** *n* / load reference arrow system
Verbrauchs·anzeige *f* (Kfz) / (fuel) consumption indication || ≗**faktor** *m* / demand factor || ≗**material** *n* / expendable material, expendables *n pl*, consumable material, consumables *n pl* || ≗**meldung** *f* / withdrawal form || ≗**messung** *f* (Kfz) / (fuel) consumption measurement || **elektrische** ≗**mittel** VDE 0100, T.200 / current-using equipment, electrical utilization equipment, current consuming apparatus || ≗**nivellierung** *f* / consumption levelling || ≗**spitze** *f* / demand peak, peak consumption
verbrauchte Leistung / power consumed
Verbreiterung 500 auf 600 mm / width expansion 500 to 600 mm
Verbreitung *f* / installed base
Verbrennung, elektrische ≗ / electric burn || **katalytische** ≗ / catalytic combustion, surface combustion
Verbrennungs·aussetzer *m* (Kfz) / misfire *n* || ≗**gas** *n* / combustion gas || ≗**kraftmaschine** *f* / internal-combustion engine (i.c. engine) || ≗**kraftwerk** *n* / fossil-fuelled power station || ≗**linie** *f* / incineration line || ≗**maschinensatz** *m* / internal-combustion set || ≗**motor** *m* / internal combustion engine || ≗**produkt** *n* / combustion product || ≗**wärme** *f* / burning heat
Verbringung *f* / internal EC shipment
Verbund *m* / group *n*, grouping *n*, network *n*, interconnected system, inter-group *n*, internal clients || ≗ *m* (Übertragungsnetze) / interconnection *n* (of power systems) || ≗**betrieb** *m* / compound operation, interconnected operation || ≗**blech** *m* /

connection plate
verbunden *adj* / involved *adj*
verbunderregt *adj* / compound excited
Verbunderregung *f* / compound excitation || **Maschine mit** ≗ / compound-wound machine, compound machine || ≗ **für gleichbleibende Spannung** / flat-compound excitation, level-compound excitation
Verbund·gehäuse *n* / laminated casing || ≗**glimmer** *m* / reconstituted mica, reconstructed mica, micanite *n* || ≗**gruppen-Zeichnung** *f* / composite assembly drawing || **zweischalige** ≗**heizfläche aus Guss und Stahl** / two-part cast steel heater || ≗**lampe** *f* / mixed-light lamp, blended lamp, self-ballasted mercury lamp, mercury-tungsten lamp, incandescent-arc lamp || ≗**leiste** *f* / connecting link || ≗**leiter** *m* / reinforced conductor || ≗**leitung** *f* / interconnection line || ≗**maschine** *f* / compound-wound machine, compound machine || ≗**material** *n* / composite material, laminate material, sandwich material || ≗**metall** *n* / sintered metal || ≗**netz** *n* / interconnected system, interconnected network grid *n* || ≗**netz** *n* (Nachrichtenvermittlung) DIN 44331 / mixed network || ≗**-Nummernsystem** *n* DIN 6763,T.1 / compound numbering system || ≗**partner** *m* / group partner || ≗**preis** *m* / Siemens group price || ≗**röhre** *f* / multiple tube || ≗**seil** *n* / reinforced conductor || ≗**span** *m* / combined flexible insulating material || ≗**spule** *f* / compound coil || ≗**system** *n* (Licht-Klima-Deckensystem) / integrated light-air system || ≗**technik** *f* (Licht-Klima-Deckensystem) / integrated (light-air) design || ≗**werkstoff** *m* / composite material, laminate material, sandwich material || ≗**werkzeug** *n* (Stanzen) / compound die
Verbundwicklung *f* / compound winding || **Motor mit** ≗ / compound-wound motor, compound motor || **Motor mit schwacher** ≗ / light compound-wound motor
verchromt *adj* / chrome-plated *adj*, chromium-plated *adj*
verdampfen *v* / evaporate *v*
Verdampfereinsatz *m* (Chromatograph) / vaporizer block
Verdampfung der Flüssigkeit / flashing *n*
Verdampfungsverlust *m* / evaporation loss, loss by evaporation
verdeckt *adj* / covered *adj*, concealed *adj* || **~e Linie** (Graphik) / hidden line || **~es Lichtband** / cornice lighting
Verdeckung *f* DIN 31001 / guard *n* || ≗ *f* (Akust.) / masking *n*
verdichten *v* (Daten, Datei) / condense *v*, compress *v*
Verdichter *m* / compressor *n* || ≗**leistung** *f* / compressor rating, delivery rate of compressor || ≗**satz** *m* / compressor unit || ≗**station** *f* / compressor station
verdichteter Leiter / compacted conductor
Verdichtung *f* (Kfz) / compression *n*, compression ratio
Verdichtungs·archiv *n* / compressed archive || ≗**archiv** *n* / compression archive || ≗**optionen** *f pl* / compression options || ≗**stoß** *m* / compression shock || ≗**variable** *f* / compressed tag || ≗**verhältnis** *n* / compression ratio || ≗**welle** *f* / compressional wave || ≗**zeitraum** *m* / compression time period
Verdickung *f* / thickening *n*, thick spot
Verdickungsmittel *n* / thickening agent, thickener *n*
Verdoppelungsfunktion *f* / duplicating function
Verdoppler *m* / doubler *n* || ≗**getriebe** *n* / duplex gearbox || ≗**schaltung** *f* (LE) / doubler connection, voltage doubler connection
Verdopplung *f* / doubling *n*
verdrahten *v* / wire *v*, wire up *v*, hard-wire *v*
verdrahtet *adj* / wired *adj* || **~e Elektroniksteuerung** / hard-wired electronic control || **~es Program** *m* / hard-wired program, wired program
Verdrahtung *f* / wiring *n*, wiring and cabling, circuitry *n* || ≗ *f* (IS) / interconnection *n* || **festverlegte** ≗ / fixed wiring, permanent wiring
Verdrahtungs·aufwand *m* / wiring overheads, wiring complexity || ≗**baustein** *m* / wiring module || ≗**einsatz** *m* (vorverdrahtete Platine f. Flachbaugruppen zum Einbau in einen Baugruppenträger) / backplane *n* || ≗**fehler** *m* / wiring error || ≗**feld** *n* (Rückwandverdrahtungsplatte) / wiring backplane, backplane *n* || ≗**kanal** *m* / wiring duct, wireway *n*, wire trough || ≗**leitung** *f* / wiring cable (non-sheathed cable for internal wiring) || **Kunststoff-**≗**leitung** *f* (HO5V) / thermoplastic non-sheathed cable for internal wiring, PVC (single-core non-sheathed cables for internal wiring) || ≗**maske** *f* (IS) / interconnection mask || ≗**öffnung** *f* / wiring port || ≗**plan** *m* DIN 40719 / wiring diagram IEC 113-1, connection diagram (US)
verdrahtungsprogrammiertes Steuergerät (o. Automatisierungsgerät) / hard-wired programmed controller, wired-program controller
Verdrahtungs·prüfautomat *m* / automatic wiring test unit || ≗**prüfung** *f* / wiring test(ing) || ≗**raster** *m* / wiring grid || ≗**raum** *m* / wiring compartment || ≗**raum** *m* (Verteiler) / wiring space || ≗**richtlinie** *f* / wiring guideline || ≗**rinne** *f* / wiring gutter || ≗**schema** *n* / wiring diagram || ≗**seite** *f* / wiring plane || ≗**sicherheit** *f* / wiring safety || ≗**tabelle** *f* / wiring table || ≗**tester** *m* / wiring tester, circuit analyzer || ≗**zubehör** *n* / wiring accessories
Verdränger·körper *m* / displacer *n*, float *n*, piston *n*, plummer *n* || ≗**-Messwerk** *n* / displacer element, displacer measuring element || ≗**pumpe** *f* / pump *n*
Verdrängung *f* / displacement *n*
Verdrängungs·-Durchflussmesser *m* / positive-displacement flowmeter || ≗**kühlung** *f* / cooling by relative displacement || ≗**zähler** *m* / positive-displacement meter
verdrehen *v* / twist *v* || **gegen** ≗ **gesichert** / locked against rotation
Verdreh·festigkeit *f* / torsional strength, torsion resistance, torque strength || ≗**kraft** *f* / torsional force, torque force || ≗**schutz** *m* / anti-rotation element || ≗**schutzring** *m* / anti-twist ring || ≗**schwingung** *f* / torsional vibration, rotary oscillation
verdrehsicher *adj* / twistproof *adj*, locked *adj* || **~e Scheibe** / locked washer
Verdrehsicherung *f* / anti-rotation element, locking element, grip *n* || ≗ *f* (Lg., schneidenförmig) / shell locking lip, locating lip || ≗ *f* (Lg., laschenförmig) / shell locking strip, locating strap
Verdrehspiel *n* / torque play, circumferential backlash
verdrehspielfrei *adj* / without torque play
verdreht *adj* / distorted *adj*

Verdrehung *f* / torsion *n*, twist *n*, rotation *n*
Verdrehungs·beanspruchung *f* / torsional stress || **Festigkeit bei ≗beanspruchung** / torsional strength || **≗festigkeit** *f* / torsional strength, torsion resistance, torque strength || **≗messer** *m* / torsion meter || **≗moment** *n* / torsional moment, moment of torsion, torsion torque, torque moment || **≗prüfung** *f* / torsion test, torque test || **≗prüfung** *f* (Kabel) / non-twisting test || **≗sicherung** *f* / shell locking strip, locating strap || **≗spannung** *f* / torsional stress || **≗steifigkeit** *f* / torsional stiffness, torsional rigidity || **≗welle** *f* / torsional wave || **≗winkel** *m* / torsion angle, angle of twist, torque-angle of twist || **≗winkel** *m* (Rotationswinkel) / rotation angle
Verdreh·versuch *m* / torsion test || **≗welle** *f* / torque shaft || **≗winkel** *m* (des Rotors) / angle of rotation
verdrillen *v* / twist *v*, transpose *v*
verdrillt *adj* / twisted *adj*, twisted together || **~e Doppelleitung** / twisted pair cable || **~e Leitung** (Freiltg.) / bundle-assembled aerial cable || **~er Leiter** (ausgekreuzter o. geschränkter L.) / transposed conductor || **~es Kabel** / twisted-conductor cable || **~es Leiterpaar** / twisted-pair wires
Verdrillung *f* (Auskreuzen o. Schränken v. Leitern) / transposition *n*
Verdrillungs·abschnitt *m* (Leiter) / transposition interval || **≗stützpunkt** *m* (Freiltg.) / transposition support
verdrosselt *adj* / inductor-type *adj* || **~ 5,67%** / choked, 5.67% || **~er Kondensator** / inductor-capacitor unit
Verdrosselung *f* / choking *n*
Verdrückung *f* / deformation *n*
verdunkeln *v* / darken *v*, black out *v*
Verdunklung *f* (von Lichtquellen) / obscuration *n*
Verdünnungsmittel *n* / thinner *n*, diluent *n*, reducer *n*
Verdunstungs·geschwindigkeit *f* / evaporation rate || **≗zahl** *f* / evaporation value, volatility number
Verein Deutscher Ingenieure (VDI) / Association of German Engineers (VDI)
vereinbaren *v* / agree *v*
Vereinbarkeit *f* (z.B. Programme) / compatibility *n*
vereinbart·e Ersatzgröße DIN ISO 8208 / non-standard default size || **~e Grenze der Berührungsspannung** VDE 0100, T.200 / conventional touch voltage limit || **~e Prozessschnittstelle** / specified process interface || **~er Ansprechstrom** (einer Schutzeinrichtung) VDE 0100, T.200 / conventional operating current || **~er wahrer Wert** / conventionally true value || **~e Stirndauer** (Stoßspannung) / virtual front duration IEC 50(604) || **~es Toleranzband** / specified tolerance band
Vereinbarung *f* (DV) / declaration *n*
vereinfachen *v* / simplify *v*
vereinfacht·e T-VASIS *n* (AT-VASIS) / abbreviated T-VASIS *n* (AT-VASIS) || **~es Wicklungsschema** / reduced (o. simplified) winding diagram
vereinheitlichen *v* / standardize *v*, unificate *v*, unify *v*
Vereinheitlichung *f* / standardization *n*, unification *n*
Vereinigen *n* (Kommunikationsnetz) DIN ISO 7498 / recombining *n*
vereinigte Phasen- und Käfigwicklung / combined phase and cage winding || **~ Stern-Dreieck-Schaltung** / combined star-delta connection
Vereinigung *f* (Boolesche Operation) / union *n*
Vereinzeler *m* / stop gate
Vereisen *n* / freezing *n*, covering with ice
Vereisung *f* / icing *n*, freezing *n*, covering with ice
Vereisungsprüfung *f* / ice test
verengen *v* / narrow *v*, reduce *v*, contract *v*, restrict *v*
verengter Kontakteingang (StV) / restricted entry
Verengung *f* / constriction *n*, necking *n*, narrowing *n*, throat *n* || ≗ *f* (LWL-Faser) / taper *n*
Ver-/Entriegelbefehle *m pl* / interlocking commands
vererben *v* / pass on to
Verfahr·anweisung *f* (NC) / traversing instruction, positioning (o. motion statement) || **≗befehl** *m* / travel command, motion command || **≗befehl** *m* (Positionierbefehl) / positioning command || **≗bereich** *m* / traversing range, travel range || **≗bereich** *m* (WZM) / traversing range, travelling range, positioning range || **≗bereichsbegrenzung** *f* / travel limitation, traversing range limits (A function of the NC system which allows limit values to be set for all axes of motion to prevent overshoot of the machine's travel range. The limit values for each axis are stored in the machine setup data) || **≗bereichsbegrenzung** *f* (WZM) / traversing range limitation, travel limitation || **≗bereichsgrenze** *f* / traversing limit, limit of travel IEC 550 || **≗bewegung** *f* / traverse movement, travel movement, traversing motion || **≗bewegung** *f* (WZM) / travel *n*, traversing movement || **kontrollierte ≗bewegung** / controlled travel movement || **≗bewegungen in der Zustellrichtung** / travel motions in the infeed direction
verfahren *v* (vorgehen) / proceed *v*, traverse *v* || ~ *v* (WZM, Werkzeug) / move *v*
Verfahren *n* / traversal *n* || ≗ *n* (Verfahrensgang, Prozess, Methode, Praxis) / procedure *n*, process *n*, method *n*, practice *n* || ≗ *n* (WZM) / traversing *n*, positioning *n*, motion *n*, travel(ling) *n* || **festgelegtes** ≗ (QS) / routine *n* || **konventionelles** ≗ / jog mode || ≗ **der Maschinenachsen** / traversing the machine axes || ≗ **der stumpfen Rohrverbindung** / butt-joint technique || ≗ **des kritischen Wegs** (Netzplantechnik) / critical-path method (CPM) || ≗ **in Schrittmaßen** (NC) / incremental feed || ≗ **mit Eilgang** / rapid traverse || ≗ **mit fließender Fremdschicht** / saline fog test method, salt-fog method || ≗ **mit geeichter Hilfsmaschine** VDE 0530, T.2 / calibrated driving machine test IEC 34-2 || ≗ **mit haftender Fremdschicht** / solid-pollutant method || ≗ **von Hand** (Manuelle Betriebsart, die es dem Bediener ermöglicht, die Verfahrbewegungen der Achse im Vorschub (low jog) oder im Eilgang (high jog) mittels Richtungstasten von Hand zu steuern) / jog mode || ≗ **zur Ermittlung der Wahrscheinlichkeitsverteilung** / multiple-level method || ≗ **zur Konformitätszertifizierung** / conformity certification
Verfahrens·anlage *f* / process plant || **≗anweisung** *f* / documented procedure || **QS- ≗anweisungen** *f pl* / quality procedures || **≗betreuung** *f* / program support || **≗handbuch** *n* (QS) / procedures manual
Verfahrenskette *f* (CAD - CAM) / integrated system || **durchgehende** ≗ / computer-integrated system, computer-integrated manufacturing system (CIM), integrated system
Verfahrens·landschaft *f* / information and communication infrastructure || **≗leittechnik** *f* /

process control technology || ²**prüfung** *f* (QS) / process inspection and testing || ²**technik** *f* / process engineering

verfahrenstechnisch *adj* / industrial *adj* || ~**er Prozess** / industrial process, process *n*

Verfahr·fehler *m* / traversing error || ²**geschwindigkeit** *f* / traversing velocity, traversing speed, traversing rate || ²**inkrement** *n* / traversing increment || ²**länge** *f* / traversing distance || ²**-Logik** *f* (NC) / traversing logic || ²**maß** *n* / traversing dimension || ²**profil** *n* / travel profile, velocity profile || ²**programm** *n* / motion program, traversing program || ²**programm** *n* (NC, SPS) / traversing program || ²**richtung** *f* / traversing direction, travel direction || ²**richtungstaster** *m* / traversing direction key || ²**satz** *m* (Siehe Satz) / motion block, positioning record, traversing block || ²**strecke** *f* / travel path || ²**taste** *f* / traversing key || ²**weg** *m* / travel path || ²**weg** *m* (WZM) / distance traversed, traversed distance, traverse path, distance to be traversed (or travelled), distance to go, travel || **überlagernder** ²**weg** / overlay traverse path

Verfahr·weggrenze (o. -begrenzung) *f* / limit of travel IEC 550, travel limit || ²**zylinder** *m* / travel cylinder

verfälschen *v* / invalidate *v*, corrupt *v* (data), distort *v*

Verfärbung *f* / discoloration *n*

verfestigen *v* / solidify *v*, set *v*

Verfestigung *f* (der Schaltstrecke)) / strength recovery

Verfestigungs·maß *n* / solidified dimension || ²**mittel** *n* / reinforcing agent, reinforcing filler

Verflüssiger *m* (KT) / condenser *n*

Verfolgeeigenschaften *f pl* (BT) / follow-spot characteristic

verfolgen *v* / follow up *v*, track *v*

Verfolger *m* / tracer *n*

Verfolgescheinwerfer *m* / follow spot(light)

Verfolgung *f* (Rob., Kante, Naht) / (edge, weld) following *n*, tracking *n*

verformbar *adj* (Kunststoff) / mouldable *adj*, plastic *adj* || ~ *adj* (Metall) / workable *adj*, deformable *adj*

Verformbarkeit *f* / workability *n*, deformability *n*, plasticity *n* || ² *f* (Streckbarkeit, Geschmeidigkeit) / ductility *n*

verformen *v* (bearbeiten) / shape *v*, work *v* || ~ *v* (deformieren) / deform *v*

Verformung *f* / deformation *n* || ² *f* (spanende) / machining *n* || ² *f* (spanlose) / shaping *n*, forming *n*

Verformungs·prüfung *f* / ductility test, deformation test || ²**rest** *m* / permanent set || ²**vermögen** *n* / deformability *n*, plasticity *n*, ductility *n*

verfügbar *adj* / available *adj* || **frei ~** (Anschlussklemmen, Kontakte) / unassigned *adj* || **hoch ~** / high-availability *n* || ~**e Landestrecke** (LDA) / landing distance available (LDA) || ~**e Leistung** (KW) / available capacity, available power || ~**e Leistungsverstärkung** / available power gain || ~**e Startlaufabbruchstrecke** (ASDA) / accelerate-stop distance available (ASDA) || ~**e Startlaufstrecke** (TORA) / take-off run (distance available (TORA)) || ~**e Startstrecke** (TODA) / take-off distance available (TODA) || ~**e Steuerleistung** DIN IEC 235, T.1 / available driving power

Verfügbarkeit *f* / availability *n* (The ability of an item to be in a state to perform a required function under given conditions at a given instant of time or over a given time interval, assuming that the required external resources are provided), availability performance || **stationäre** ² (Mittelwert der momentanen Verfügbarkeit unter stationären Bedingungen während eines gegebenen Zeitintervalls) / availability *n* (The mean of the instantaneous availability under steady-state conditions over a given time interval)

Verfügbarkeits·analyse *f* / availability analysis || ²**dauer** *f* / up time, up duration || ²**faktor** *m* / availability factor || ²**grad** *m* / availability factor || ²**konzept** *n* / availability concept || ²**unterstützung** *f* / support for machine availability || ²**zeit** *f* (QS) / up time || ²**zeit** *f* (KW) / availability time

verfügte Leistung / power produced, ultilized capacity, operating capacity

Verfügung *f* (QS) / disposition *n* || **zur** ² **gehaltene Leistungsreserve** / power reserve held available

Verfügungsfrequenz *f* / assigned frequency

Verfüllung *f* (einer Gründung) / backfill *n*

Vergabe *f* / distribution *n* || ²**datum** *n* / placing date || ² **von Sachnummern** / part number allocation

Vergang *m* / clearance *n*, backlash *n*, play *n*

Vergangenheitswert *m* / previous value

Vergangenheitswerte *m pl* / historical values, previous values || ² *m pl* (Prozess) / historical process data

vergießbarer Kabelstutzen / cable gland for compound filling

vergießen *v* / embed *v*, pot || **mit Beton ~** / grout with concrete, pack with concrete || **mit Masse ~** / fill with compound, seal with compound, seal *v*

Vergießen *n* / moulding *n*, molding *n* || ² *n* (Isolierstoff) / encapsulating *n* || ² *n* (Einbetten) / embedding *n* || ² **in verlorener Form** / potting *n* || ² **mit Beton** / concrete grouting

Vergießmasse *f* / setting compound, sealing compound, filling compound, flooding compound

Vergilbung *f* / yellowing *n*

vergilbungsfrei *adj* / non-yellowing *adj*

Vergleich auf gleich / compare for equal to || ² **auf größer-gleich** / compare for greater than or equal to || ² **auf kleiner** / compare for less than || ² **auf kleiner-gleich** / compare for less than or equal to || ² **auf ungleich** / compare for not equal to || **letzter** ² / last comparison

Vergleichbarkeit *f* DIN 55350,T.13 / reproducibility *n*

Vergleich - Ergebnisliste / comparison - results list

vergleichen *v* / compare *v* || ~**de Methode** / comparative method

Vergleicher *m* DIN 19237 / comparator *n*, comparing element || ² *m* (Schmitt-Trigger) / Schmitt trigger || **sicherer** ² / safe comparator || ²**baugruppe** *f* / comparator module || ²**glied** *n* / comparator *n* || ²**routine** *f* / comparison routine

Vergleichküvette, beströmte ² / flow-type reference cell

Vergleichs·ausdruck *m* / relational expression || ²**ausgang** *m* / compare output || ²**bedingungen** *f pl* (Statistik, QS) / reproducibility conditions || ²**betrieb** *m* / compare mode || ²**differenzbetrag** *m* (QS) / reproducibility difference || ²**feld** *n* (LT) / comparison surface || ²**frequenz** *f* / comparison frequency || ²**funktion** *f* (SPS) / comparison operation, relational operation || ²**funktion** *f* (Vergleichsfunktion: der Istwert wird mit zwei von Master vorgegebenen Vergleichswerten verglichen, die Vergleichsergebnisse an der Schnittstelle zum Master indiziert) / comparison function (Comparison function: the actual value is compared with two comparison values specified by the master and the comparison results are indexed at the interface to the master) || ²**gas** *n* / reference gas || ²**gerät** *n* (EZ) / reference standard, reference substandard, substandard *n* || ²**glied** *n* / comparing element, comparator *n*, error detector || ²**grenze** *f* (Statistik, QS) / reproducibility limit || ²**kammer** *f* (Gasanalysegerät) / reference cell || ²**körper** *m* / reference block || ²**lampe** *f* / comparison lamp || **Amplituden~linie** *f* (Osz.) / amplitude reference line || ²**maßstab** *m* / equivalent scale, scale of comparison, yardstick *n* || ²**messung** *f* / comparison measurement, calibration *n* || ²**normal** *n* / comparison standard, reference standard || ²**normalzähler** *m* / reference standard watthour meter

Vergleichs·oberfläche *f* / reference surface || ²**operation** *f* / comparison operation, relational operation, comparison *n*, comparing operation || ²**operator** *m* / relational operator || ²**präzision** *f* (Statistik, QS) / reproducibility *n* || ²**probe** *f* / reference specimen || ²**prüfung** *f* / comparability test || ²**relais** *n* / comparator relay || ²**schaltung** *f* / differential connection || ²**schutz** *m* (Phasenvergleichsschutz) / phase comparison protection || ²**schutz** *m* (Differentialschutz) / differential protection || ²**spannungsröhre** *f* / voltage reference tube || ²**standardabweichung** *f* / reproducibility standard deviation || ²**stelle** *f* / comparison point || ²**stelle** *f* (MG) / reference point || ²**stelle** *f* (Thermoelement) / reference junction || ²**stellenkorrektur** *f* (MG) / reference point correction || ²**stellenthermostat** *m* / reference junction thermostat || ²**stoß** *m* / comparative impulse || ²**strom** *m* / reference current, error current || ²**takt** *m* / cross-check cycle || **kreuzweiser** ²**takt** / cross-check cycle || ²**wert** *m* (MG) / comparison value || ²**wertfreigabe** *f* / enable comparison value || ²**zahl** *f* / comparative value || ²**zahl der Kriechwegbildung** *f* VDE 0303, T.1 / comparative tracking index (CTI) || ²**zähler** *m* / reference meter, reference standard watthour meter, substandard meter || ²**zählerverfahren** *n* / reference meter method, substandard meter method || **nach** ²**zeitpunkten** / by time of comparison

verglimmern *v* / coat with mica, mica-coat *v*

Verglimmerung, elektrophoretische ² / electrophoretic mica deposition

Vergnügungsstätte *f* / place of public entertainment

vergoldet *adj* / gold-plated *adj*

vergossen·e Wicklung / encapsulated winding || **~er Baustein** / potted module, encapsulated module || **~er Stromkreis** / encapsulated circuit || **~er Transformator** / encapsulated transformer, moulded transformer || **Maschine mit ~er Wicklung** / encapsulated machine

vergraben·e Schicht (Kollektorleitschicht) / buried layer || **~er Kanal** (IS) / buried channel

vergrößern *v* (durch Lupe) / magnify *v*, zoom *v* || **maßstabgerecht ~** / scale up *v*

Vergrößerungs·funktion *f* / magnification function || ²**lampe** *f* / enlarger lamp || ²**vorsatz** *m* / magnifier *n*

Verguss *m* / encapsulation *n*, potting *n*, casting compound || **Abstand im** ² / distance through casting compound || ²**beton** *m* / grouting concrete || ²**form** *f* / potting mould, potting form (depr.) || ²**kapselung** *f* (Ex m) EN 50028 / encapsulation *n* || ²**masse** *f* / casting compound EN 50020, potting compound || ²**masse** *f* (f. Kabelgarnituren) / setting compound, sealing compound, filling compound, flooding compound

vergütet *adj* / hardened and tempered

Vergütung *f* / reimbursement *n*

Vergütungszähler *m* / rebate meter

Verhaken *n* / mechanical sticking

verhaken, sich ~ / become caught

Verhalten *n* / performance *n*, behaviour *n*, performance characteristics, characteristics *n pl*, response *n* || ² **am Satzwechsel** / block change behavior || ² **bei Überlast** / overload performance || ² **mit fester Stellgeschwindigkeit** / single-speed floating action || ² **mit mehreren Stellgeschwindigkeitswerten** / multiple-speed floating action || **differenzierendes** ² **zweiter Ordnung** / second derivative action, D_2 action || **differenzierendes** ² (Reg.) / derivative action, D-action *n* || **direktes** ² (Reg.) / direct action || **nachgebendes** ² / direvative action with delayed decay (D action with delayed decay) || **quasistetiges** ² / quasi-continuous action || **Schalt~** *n* / switching performance || **wirkungsmäßiges** ² (Reg.) / control action, type of action || **zusammengesetztes** ² (Reg.) / composite action

Verhaltens·funktion *f* (Wahrscheinlichkeitsverteilung) / probability distribution function || ²**grenzwert** *m* / performance limit || ²**kenndaten** *plt* / performance characteristic || ²**kennwert** *m* / performance characteristic

Verhältnis *n* (Verhältniszahl, Übersetzungsverhältnis) / ratio *n* || ² *n* (Beziehung) / relationship *n*, relation *n* || ² *n* (Bedingung) / condition *n* || ² *n* (Proportion) / proportion *n* || ² **der Schaltwerte** (Rel.) / disengaging ratio || ² **der Schreibgeschwindigkeit** (Osz.) / ratio of writing speeds || ² **der Zeitkonstante** / ratio of the time constant || ² **des Nutzsignals zum Rauschsignal** / signal-to-noise ratio || ² **des Nutzsignals zum Störsignal** / signal-to-disturbance ratio || ²**baustein** *m* / ratio block

verhältnisbildendes Messgerät / ratiometer *n*

Verhältnis·mengen *f pl* / ratio set || ²**pyrometer** *n* / ratio pyrometer || ²**regelung** *f* / ratio control, feedback ratio control || ²**regler** *m* / ratio controller

Verhältnisse am Aufstellungsort / field service conditions, operating conditions

Verhältniszahl *f* / ratio *n*

Verhandlungsspanne *f* / negotiation margin

verharzen *v* / resinify *v*, gum

Verharzen *n* (Schmieröl) / gumming *n*, gum formation

Verharzungsprobe *f* / gum test

verhindern *v* / prevent *v*

Verhütung von Vogelschäden / bird hazard reduction

Verifikation *f* / verification *n*, acceptance *n*, acceptance test, acceptance inspection

Verkabelung *f* / cabling *n*, installation of cable system

verkadmet *adj* / cadmium-plated *adj*
verkanten *v* / cant *v*, fit askew || **sich ~** / become skewed, become canted
Verkanten *n* / canting *n*
Verkäufermarkt *m* / seller market
Verkaufs·förderer *m* / sales expediter || **≗förderungsaktionen** *f pl* / promotion campaigns || **offene ≗stelle** / direct selling to the public
Verkaufstisch-Beleuchtung *f* / counter downlighting
Verkehr *m* (Straßenv.) / traffic *n* || **Daten~** *m* / data communication, data traffic || **Ein-/Ausgabe-≗** *m* / input/output operation, I/O operation || **Telegramm~** *m* (DÜ) / message interchange
verkehren *v* (DV, DÜ) / communicate *v*
Verkehrs·ampel *f* / traffic light(s), traffic signal || **≗art** *f* (FWT) / traffic mode || **≗artensteuerung** *f* (FWT) / traffic mode control (o. selection) || **≗aufkommen** *n* / traffic volume || **≗bake** *f* / traffic bollard || **≗beleuchtung** *f* / traffic lighting || **≗dichte** *f* / traffic intensity || **≗fähigkeit** *f* (Eignung einer Einheit, bei gegebenen internen Bedingungen einer Verkehrsnachfrage gegebener Größe und anderen gegebenen Eigenschaften zu entsprechen) IEC 50(191) / trafficability performance (The ability of an item to meet a traffic demand with a given size and other characteristics, under given internal conditions) || **≗fehlergrenzen** *f pl* / maximum permissible errors in service || **≗last** *f* DIN 1055,T.4 / live load || **≗-Leitsystem** *n* / traffic guidance system || **≗leit- und Informationssystem** *n* / traffic management system || **≗lichtzeichen** *n* / traffic light, traffic signal || **≗netz** *n* / transport network || **≗säule** *f* / traffic bollard || **≗schild** *n* / traffic sign || **≗signal** *n* / traffic light, traffic signal || **≗signal für Fußgänger** / pedestrian crossing lights || **≗steuerungsanlage** *f* / traffic control system || **≗steuerzentrale** *f* / centralized traffic control room, traffic control room || **≗technik** *f* / traffic engineering, transport systems || **≗technik** *f* (Unternehmensbereich) / transportation systems || **≗teilnehmer** *m* / road user || **≗wege** *m pl* / traffic ways || **≗zeichen** *n* / traffic sign || **≗zeichen** *n* (TRL Flp.) / traffic light (TRL)
verkeilen *v* / key, wedge *v*, chock *v*
verkeilt *adj* / keyed *adj*
verkeilter Kommutator / wedge-bound commutator
Verkeilung *f* / wedging *n*, chocking *n*, keying *n* || **≗** *f* (Keilverbindung) / keyed connection, keyed joint, keying *n*
Verketten *n* (Kommunikationsnetz) DIN ISO 7498 / concatenation *n*
verketten *v* / concatenate *v*, link *v*
verkettet *adj* / line-to-line voltage || **~** *adj* (magn.) / interlinked *adj*, linked *adj* || **~e Maschinen** / machines in integrated system || **~e Produktionsautomaten** / linked automatic production machines || **~er Fluss** / interlinked flux, linkage flux || **~er Stichprobenplan** / chain sampling plan || **~er Streufluss** / interlinked leakage flux, linkage stray-flux || **~e Spannung** / line-to-line voltage, phase-to-phase voltage, voltage between phases || **größte ~e Spannung** / diametric voltage || **kleinste ~e Spannung** / mesh voltage
Verkettung *f* / linking *n*, daisy chaining || **≗** *f* (magn.) / interlinking *n*, linkage *n* || **Programm~** *f* / program. chaining
Verkettungs·faktor *m* (LWL) / concatenation factor || **≗vorschrift** *f* / chain rule || **≗zahl** *f* (magn.) / interlinking factor, number of line linkages
verkitten *v* / cement *v*, seal *v*, lute *v*
verkleben *v* / cement *v*, bond *v*
verklebter Spalt / cemented joint
Verklebung, Länge der ≗ (Spalt) EN 50018 / width of cemented joint
Verklebungsschicht *f* (getränkte Wickl.) / impregnant bonding coat
Verkleidung *f* / covering *n*, fairing *n*, enclosure *n*, masking *n* || **≗** *f* (SK, ET) DIN 43350, VDE 0660, T.500 u. / cover *n* IEC 439-1 || **≗** *f* DIN 31001 / safety enclosure || **Pult~** *f* / desk enclosure
Verkleidungsblech *n* / cover sheet
verkleinern *v* / reduce *v*
verkleinert·er Maßstab / reduced scale || **~es Modell** / scale model
Verkleinerungs·faktor *m* / derating factor, reduction factor || **≗maßstab** *m* / reduction scale
verklinken *v* / latch *v*, lock *v*, catch *v*, engage *v* || **~** *v* (SG) / latch *v*
verklinkt·e Stellung EN 60947-5-1 / latched position || **~er Drucktaster** VDE 0660,T.201 / latched pushbutton IEC 337-2 || **~es Schütz** VDE 0660,T.102 / latched contactor IEC 158-1
Verklinkung *f* / latching *n*, latch *n* || **≗** *f* / latched position
Verklinkungseinrichtung *f* / latching device, latching mechanism
verknotet *adj* / knotted *adj*
verknüpfen *v* (Signale) / combine *v* || **~** *v* / connect *v*, gate *v*, link *v*, operate on || **~** (Logik) / gate *v*, combine *v* || **nach UND ~** / AND *v*
Verknüpfung *f* / operation *n*, gating operation, logic operation, logic gating || **≗** *f* (NC, geometrische Elemente) / linking *n*, link *n* || **≗** *f* (von Zuständen) DIN IEC 625 / linkage *n* || **binäre ≗** / binary logic operation, binary logic || **Bit~** *f* / bit combination || **bit-breite ≗** / bit-wide operation || **boolesche ≗** / boolean operation || **Digital~** *f* / digital logic operation || **Grund~** *f* / fundamental combination, fundamental connective || **Kontakt~** *f* (SPS) / relay logic || **logische ≗** / logic operation || **NAND-≗** *f* / NAND function || **NOR-≗** *f* / NOR operation, NOR function, Peirce function || **ODER-≗** *f* / OR function, ORing *n*, OR relation || **Parameter~** *f* / parameter linking || **Phantom-≗** *f* / distributed connection, phantom circuit || **UND-≗** *f* / AND relation, ANDing *n*, AND function || **wortweise ≗** / word operation || **≗ mit Klammerung** / bracketed logic operation || **≗ mit Schritten** / association with steps EN 61131-3 || **≗ von Aktionen** (SPS) / association of actions EN 61131-3
Verknüpfungs·anweisung *f* / logic instruction || **≗baugruppe** *f* (Logikbaugruppe) / logic module || **≗baustein** *m* / logic operations block, logic operations module || **≗bedingung** *f* / logic condition || **≗befehl** *m* / logic instruction || **≗element** *n* / logic element, logic operator, gate *n* || **≗ergebnis** *n* (VKE) / result of logic operation (RLO), boolean result, logic result, result of the previous logic operation, result of logic operation (RLO) || **≗feld** *n* / gating section, logic unit || **≗funktion** *f* / logic function, binary gating function, binary logic function, binary logic operation, binary function || **≗funktion** *f* (Boolesche V.) / boolean function ||

digitale ²funktion / digital logic function || **²gerät** *n* VDI/VDE 2600 / computing element for several quantities || **²gleichung** *f* / logic equation || **²glied** *n* / logic element, combinative element, logic module, logic gate, gate *n* || **binäres ²glied** / binary-logic element
verknüpfungsintensiv *adj* / logic-intensive *adj*, involving high logic overhead
Verknüpfungs·kette, logische ²kette / sequence of logic gating operations, logic operations sequence || **²logik** *f* / gating logic, combinational logic || **²operation** *f* / logic operation, binary logic function, boolean logic operation, binary function, logic function, binary logic operation, logic operation || **²punkt** *m* (von zwei oder mehr Lasten im Versorgungsnetz) / point of common coupling (PCC) || **²punkt** *m* (Knoten v. Strompfaden) / node *n* || **²schaltung** *f* / logic circuit, combinational logic system || **²schaltung** *f* (Reaktorschutz) / safety logic assembly || **²steuerung** *f* / logic control (system), logic controller || **programmierbare ²steuerung** / programmable logic controller (PLC) || **boolesche ²tafel** / boolean operation table, truth table || **²tiefe** *f* / logic nesting depth || **²- und Ablaufsteuerungen** *f pl* / logic and sequence controls
verkohlen *v* / carbonize *v*, char *v*
Verkohlung *f* (Isolation) / charring *n*
Verkörperung *f* / material measure
Verkrustungsgefahr *f* / danger of incrustation, danger of gumming, danger of dopping up
verkupfern *v* / copper-plate *v*
verkupfert *adj* / copper-plated *adj*
verkürzen *v* (Zeichnung) / foreshorten *v*
verkürzt·e Ansicht / foreshortened view || **Wicklung mit ~em Schritt** / short-pitch winding, fractional-pitch winding || **~er Wicklungsschritt** / shortened winding pitch
Verkürzungs·faktor *m* / contraction factor || **²faktor** *m* (Kabel) / velocity factor || **²glied** *n* DIN 19237 / pulse-contracting element, pulse-contracting monoflop
Verlade·bereich im Tanklager / loading area to tank farm || **²breite** *f* / loading width, shipping width || **²schild** *n* / shipping plate, handling instruction plate
verlagerbar, zeitlich ~e Last / deferrable load
verlagern *v* / displace *v*, shift *v*, relocate *v*, dislocate *v*
verlagerter Kurzschluss / asymmetrical short circuit, offset short circuit || **~ Kurzschlussstrom** / asymmetrical short-circuit current
Verlagerung *f* / displacement *n*, shifting *n*, relocation *n* || **²** *f* (Ausrichtungsfehler) / misalignment *n* || **Last~** *f* / load transfer
Verlagerungs·drossel, Mittelpunkt-²drossel *f* / (earth current limiting) neutral displacement reactor, zero-sequence reactor || **²faktor** *m* (Wandler) / transient factor || **Induktions~faktor** *m* / induction transient factor || **²spannung** *f* / displacement voltage, neutral displacement voltage || **²spannung** *f* (Selektivschutz) / residual voltage IEC 50(448) || **²spannung** *f* (Wandler) / residual voltage IEC 50(321) || **²spannungsschutz** *m* IEC 50(448) / neutral displacement protection, neutral overvoltage protection (USA)
verlängert·e Werkbank (zugekaufte Kapazität(en), Produktionsauslagerung an Zulieferanten) / purchased capacity, integrated sub-contracting || **Wicklung mit ~em Schritt** / long-pitch winding || **~er Impuls** / expanded pulse, extended pulse || **~er Lichtbogen** / prolonged arc
Verlängerung *f* / extension cable
Verlängerungs·glied *n* DIN 19237 / pulse-stretching element, pulse-stretching monoflop || **²kabel** *n* / extension cable || **²klemme** *f* / extension terminal || **²kralle** *f* / extension claw || **²leitung** *f* / extension cord, extension cable || **²leitung mit Stecker und Kupplung** / extension cord set || **²rohr** *n* / extension tube || **²schnur** *f* / extension cord, extension flex || **²stößel** *m* / extension plunger || **²welle** *f* / extension shaft || **²welle** *f* (Zwischenwelle) / jack shaft || **²welle** *f* (Hilfswelle f. Montage) / extension shaft || **²zeit für Nutsignal** / extension time for groove signal
verlangsamen *v* / decelerate *v*, slow down *v*
verlassen *v* (Ein Programm) / quit *v*, exit *v* || **beim ²** / on exiting || **einen Zustand ~** / leave a state, exit a state
Verlauf *m* (Kurve) / shape *n*, form *n*, waveform *n*, characteristic *n* || **²** *m* (Vorgang) / characteristic *n*, response *n*, variation *n* || **Phasen~** *m* / phase response, phase angle || **Potential~** *m* / potential profile || **prinzipieller ²** / schematic *adj*
verlegen *v* (Kabel) / install *v*, run, lay *v* || **~** *v* (versetzen) / relocate *v*, transfer *v*, move *v*, shift
Verlegesystem *n* / ducting system
Verlegung *f* (Kabel) / (cable) installation *n*, (cable) laying *n* || **² auf Putz** / surface mounting (o. installation), surface wiring, exposed wiring || **² in Erde** / underground laying, direct burial, burying in the ground || **² in Luft** / installation in free air || **² unter Putz** / concealed installation, installation under the surface, installation under plaster
Verleimautomat *m* / gluing machine
Verletzbarkeit *f* / vulnerability *n*
verletzen *v* (z. B. Code) / violate *v*
Verletzung *f* / violation *n* || **mechanische ²** / scratch *n*
Verletzungsgefahr *f* / risk of injury
Verlöschen *n* (LE, Aufhören der Stromleitung ohne Kommutierung) / quenching *n*
Verlöschspannung *f* (LE) / quenching voltage
verlöten *v* (hart) / hard-solder *v*, braze *v* || **~** *v* (weich) / solder *v*
Verlust *m* / loss *n*, losses *pl* || **² in Rückwärtsrichtung** / reverse loss || **² in Vorwärtsrichtung** / forward loss || **²anisotropie** *f* / loss anisotropy || **²arbeit** *f* / kW/h loss, heat loss, loss due to heat
verlust·arm *adj* / low-loss *adj* || **~behaftetes Dielektrikum** / imperfect dielectric
Verlustbremsung *f* / non-regenerative braking, rheostatic braking
Verluste *m pl* IEC 50(411) / power losses (of a machine), total loss || **² durch gyromagnetische Resonanz** / gyromagnetic resonance loss || **² im Dielektrikum** / dielectric loss || **² im Erregerkreis** / excitation losses, excision-circuit loss || **² im Kühlsystem** / ventilating and cooling loss || **² im Stellwiderstand** / rheostat loss || **² im Stellwiderstand des Haupterregerkreises** / main rheostat loss || **² in der Erregermaschine** / exciter losses
Verlust·energie *f* / energy loss, energy dissipation, heat loss || **Ausschalt-²energie** *f* (Thyr) DIN 41786

/ energy dissipation during turn-off time || **Einschalt-≗energie** *f* (Thyr) / energy dissipation during turn-on time
Verlustfaktor *m* / dissipation factor, loss factor, loss tangent || ≗ *m* (SR) / power loss factor EN 60146-1-1 || **dielektrischer** ≗ (tan δ) / dielectric dissipation factor, loss tangent || ≗**kennlinie** *f* / power-factor-voltage characteristic || ≗**messung** *f* / loss-tangent measurement (GB), dissipation-factor test (US) || ≗ **tan δ** VDE 0560, T.4 / tangent of loss angle IEC 70
verlustfrei *adj* / lossless *adj*, loss-free *adj*, no-loss *adj*, non-dissipative *adj*
Verlust·funktion *f* / loss function || ≗**grad** *m* / loss factor || ≗**konstante** *f* (Dämpfung) / attenuation constant || ≗**kosten** *plt* / cost of losses || ≗**leistung** *f* / heat dissipation
Verlustleistung *f* / power loss, power dissipation, watts loss || ≗ *f* (dch. Streuung) / leakage loss, leakage power || ≗ *f* (Wärmeverlust) / heat loss, loss due to heat || ≗ *f* (Kondensator) VDE 0560, T.4 / capacitor losses IEC 70 || ≗ *f* (durch Ableitströme) / leakage power || **abzuführende** ≗ (Wärme) / (amount of) heat to be dissipated || **Ausschalt-**≗ *f* (Diode, Thyr.) / turn-off loss, turn-off dissipation || **Elektroden~** *f* / electrode dissipation
Verlustleistungsspitze, Ausschalt-≗ *f* (Thyr) / peak turn-off dissipation
verlustlos *adj* / no-loss *adj*, non-dissipative *adj* || **~e Induktivität** / pure inductance || **~e Kapazität** / pure capacitance || **~e Prüfung** / wattless test || **~es Dielektrikum** / no-loss dielectric, perfect dielectric
Verlust·maßstab *m* / loss measure || ≗**strom** *m* / residual current || ≗**strom** *m* (Leckstrom) / leakage current || ≗**stundenzahl** *f* (Quotient aus Arbeitsverlusten und dem Spitzenwert der Leistungsverluste innerhalb einer betrachteten Zeitspanne) / utilization time of power losses IEC 50(603) || ≗**trennungsverfahren** *n* / segregated-loss method || ≗**verhältnis** *n* / loss ratio || ≗**wärme** *f* / heat loss, thermal losses || **magnetischer** ≗**widerstand** / magnetic loss resistance || ≗**winkel** *m* / loss angle || **dielektrische** ≗**zahl** / dielectric loss index || ≗**zähler** *m* / loss meter || ≗**zeit** *f* / lost time || ≗**ziffer** *f* (Blech) / loss coefficient, loss index, figure of loss, specific iron loss, specific core loss || **magnetische** ≗**ziffer** / hysteresis loss coefficient
vermascht betriebenes Netz / mesh-operated network || **~es Netz** / meshed network, mesh-connected system, star topology
Vermaschung *f* (Netz) / meshing *n*, system meshing || ≗ *f* (QS) DIN 40042 / intermeshing *n* || ≗ **der Leiterbahnen** / interconnection of conductors
Vermaßung *f* / dimensioning *n*, dimensions *n pl*
Vermaßungs·nullpunkt *m* / datum point || ≗**parameter** *m* / dimensioning parameter
vermeidbare Kosten (SIT) / avoidable costs
Vermerk *m* / note *n*
Vermessen *n* / gauging *n* || ≗ *n* (der Maschinenachsen) / setting out *n* || ~ *v* / measure *v* || **optisches** ≗ (NC) / optical gauging
vermessingen *v* / brass-plate *v*, brass *v*
vermessingt *adj* / brass-plated *adj*
Vermessung *f* (Rob., 3-dimensionale Objekte) / scanning *n*, scanning and ranging || **Werkzeug~** *f* / tool gauging || **Werkzeugkorrektur~** *f* / measurement (o. determination) of tool offset
Vermessungs·laser *m* VDE 0837 / alignment laser, surveying laser, alignment laser product IEC 825 || **Laser-**≗**system** *n* (Rob.) / laser-based scanning and ranging system
Vermietungsgeschäft *n* / leasing business
Verminderungsfaktor *m* / reduction factor, derating factor || ≗ *m* (BT) / light loss factor, maintenance factor || **Kehrwert des** ≗**s** (BT) / depreciation factor
vermischt ≗**e Vernetzung** / hybrid network(ing)
Vermittlung *f* (Kommunikationsnetz) / switching *n*
Vermittlungs·adresse *f* (Kommunikationsnetz) / network address || ≗**dienst** *m* (Kommunikationssystem) / network service || ≗**dienstbenutzer** *m* (Kommunikationssystem) / network service user (NS user) || ≗**dienst-Dateneinheit** *f* (N-SDU) EN 50090-2-1 / network service data unit (N-SDU) || ≗**dienstelement** *n* / network service primitive || ≗**dienst-Vorrangdateneinheit** *f* DIN ISO 8348 / expedited network service data unit || ≗**dienstzugangspunkt** *m* / network service access point (NSAP) || ≗**instanz** *f* / network entity ISO 8348, network layer entity ISO 8888 || ≗**instanzenverbindung** *f* DIN ISO 7498 / subnetwork connection || **~orientierte Übertragung** / switching-mode transmission || ≗**protokoll** *n* (offenes Kommunikationssystem) / network protocol || ≗**protokollkennung** *f* / network layer identifier || ≗**schicht** *f* (Kommunikationsnetz) DIN ISO 7498 / network layer
vernachlässigbarer Strom VDE 0670, T.2 / negligible current IEC 129
vernetzbar *adj* (z. B. durch ein LAN) / suitable for networking, linkable *adj*, interconnectable *adj*
Vernetzbarkeit *f* / network capability
vernetzen *v* (z. B. durch ein LAN) / network *v*
vernetzt *adj* / interconnected *adj* || **~es Polyäthylen** (VPE) / cross-linked polyethylene (XLPE)
Vernetzung *f* / networking *n*, network *n*, linking *n*, linking in network || ≗ *f* (Kunstst.) / cross-linking *n* || ≗ *f* (v. mehreren Datennetzen) / internetworking *n*
Vernetzungs·mittel *n* / cross-linking agent || ≗**software** *f* / network(ing) software || ≗**system** *n* / networking system
vernichten, Energie ~ / dissipate energy
vernickelt *adj* / nickel-plated *adj*
veröffentlicht *adj* / published *adj*
Veröffentlichung *f* / publication *n*
verölen *v* / become fouled with oil
Verölung *f* / fouling by oil
Verpackung *f* / packaging *n*, packing *n* || ≗ **für Landtransport** / packing for land transport, packing for shipment by road or rail || ≗ **für Überseetransport** / packing for shipment overseas
Verpackungs·anlage *f* / packaging system || ≗**boden** *m* / packing base || ≗**einheit** *f* / unit pack || ≗**etikett** *n* / packaging label || ≗**gewicht** *n* / packed weight, packing weight || ≗**mangel** *m* / packing defect || ≗**maschine** *f* / packaging machine || ≗**maß** *n* / packing dimension || ≗**technik** *f* / packaging technology || ≗**- und Versandschutz** *m* / packaging and shipping preservation || ≗**-Zeichnung** *f* / packing drawing
Verpflichtung *f* / obligation *n*
Verpolschutz *m* / polarity reversal protection, noninterchangeability *n*, polarization *n*, keying *n*, reverse polarity protection, reverse voltage protection || **mit** ≗ / polarized *adj*, keyed *adj*, non-interchangeable *adj*, non-reversible *adj* || **Stecker**

mit ≗ / polarized plug, non-interchangeable plug
verpolsicher *adj* / polarized *adj*, keyed *adj*, non-interchangeable, protected against polarity reversal, protected against switching poles
Verpolung *f* / polarity reversal, false polarity, reversed polarity, incorrect connection
verpolungs·fest *adj* / protected against polarity reversal, protected against switching poles, polarized *adj* || **~geschützt** *adj* / protected against polarity reversal, protected against switching poles, polarized *adj*
Verpolungsschutz *m* DIN 41745 / reverse voltage protection, reverse polarity protection, polarity reversal protection || ≗**diode** *f* / reverse voltage protection diode
verpolungs·sicher *adj* / polarized *adj*, keyed *adj*, protected against polarity reversal, non-interchangeable, protected against switching poles, protected against polarity reversal
verpresster Bohrpfahl / pressure-injected pile
Verpuffung *f* / deflagration *n*, flash *n*
Verpuffungsgeschwindigkeit *f* / deflagration rate
verquellen *v* (verschalten v. Funktionsbausteinen) / interconnect *v*, link *v*
verrastbarer Drucktaster / latching pushhutton
verrasten *v* (SG) / latch *v*
verrastender Druckknopf / latching(-type) button || **~ Drucktaster** / latched pushbutton IEC 337-2, pushlock button
Verrastung *f* / latching *n*
verrauschtes Signal / noisy signal
verrechnen *v* / clear *v*
Verrechnung *f* / sales *n* || **zur ≗ zugelassen** (Wandler) / approved for electricity accounting
Verrechnungs·daten *plt* / billing data || ≗**leistung** *f* / chargeable demand || ≗**messung** *f* / billing measuring || ≗**periode** *f* (StT) / billing period || ≗**preis** *m* / invoicing price || ≗**schwelle** *f* / invoicing threshold || ≗**stelle** *f* (Zählstelle für Stromlieferung) / billing point || ≗**tarif** *m* / tariff *n*, rate *n* || ≗**zähler** *m* / demand billing meter, billing meter || ≗**zählsatz** *m* / supply company's billing meter || ≗**zählung** *f* / utility billing metering, metering for invoicing, billing metering || ≗**zeitrahmen** *m* / invoicing period || ≗**zeitraum** *m* (SIT) / demand assessment period
verriegelbar *adj* / interlocking *adj*, lockable *adj*
Verriegelbefehl *m* / interlocking command
verriegeln *v* / interlock *v*, lock *n*, disable *v*, inhibit *v*, block *v* || ~ *v* (feststellen) / lock *v*, locate *v*, restrain *v*, retain, arrest *v* || ~ *v* (verklinken) / latch *v*
verriegelnder Fernschalter / latching remote-control switch
verriegelt *adj* / interlocked, latched in || **~e Steckdose** DIN40717 / socket outlet with interlocking switch IEC 117-8, interlocked socket outlet, receptacle outlet with interlocking switch || **~e Stellung** VDE 0660,T.202 / locked position IEC 337-2A || **~er Drucktaster** VDE 0660,T.201 / locked pushbutton IEC 337-2
Verriegelung *f* / lock *n* || ≗ *f* (el.) / interlock *n*, lock-out *n* || ≗ *f* (Sicherheitsverriegelung) / safety interlock || ≗ *f* (mech.) / locking *n*, bolting (device) *n*, barring (device) *n* || ≗ *f* (kontaktlose Steuerung, Sperrfunktion) / inhibiting *n*, interlocking *n* || **eine ≗ aufheben** / defeat an interlock, cancel an interlock || **1-Punkt-≗** *f* / 1-point locking || **3-Punkt-≗** *f* / 3-point locking || **rückwärtige ≗** / reverse interlocking
Verriegelungs·abfrage *f* / interlocking check || ≗**baustein** *m* / interlocking module || ≗**bauteil** *n* / interlocking module || ≗**bedingung** *f* / locking condition || ≗**bolzen** *m* / interlock bolt || ≗**einrichtung** *f* (SG) VDE 0660,T.101 / interlocking device IEC 157-1, interlocking facility, interlock *n* || ≗**einrichtungen** *f pl* / locking facilities || ≗**fehler** *m* / interlock error || ≗**hebel** *m* / locking lever || ≗**klemme** *f* / connector receptacle || ≗**konzept** *n* / interlocking system || ≗**kreis** *m* / interlocking circuit || ≗**logik** *f* / interlock logic || ≗**magnet** *m* / interlocking electromagnet || ≗**melder** *m* / lockout indicator || ≗**plan** *m* / interlocking scheme || ≗**position** *f* / interlock position
Verriegelungs·schalter *m* / interlocking switch || ≗**schaltwerk** *n* (Bahn) / interlocking switchgroup || ≗**schieber** *m* / locking slide || ≗**schiene** *f* / locking bar || ≗**signal** *n* / interlock signal, inhibiting signal || ≗**steuerung** *f* / interlocking control, interlocking logic control, interlock control || ≗**stromkreis** *m* / interlock(ing) circuit || ≗**system** *n* / latching system || ≗**verlängerung** *f* / locking extension || ≗**vorrichtung** *f* (SG) / interlocking device IEC 157-1, interlocking facility, interlock *n* || ≗**vorrichtung** *f* (Festhaltevorr.) / locking device || ≗**vorrichtung** *f* (mech., f. DT) / locking attachment
verrippt *adj* / ribbed *adj*, ribbed-surface *adj*
verrunden *v* / round *v*, round off
verrundet *adj* / rounded off
Verrundung *f* / rounding *n* || ≗ *f* (CAD) / fillet *n*
Verrundungs·fläche *f* (CAD) / fillet surface || ≗**grad** *m* / degree of ramp rounding || ≗**typ** *m* / rounding type
Verrußung *f* / sooting *n*
versagen *v* / fail *v*, break down *v*, malfunction *v* || ≗ **der Isolation unter elektrischer Beanspruchung** / electrical breakdown of insulation
Versagen, menschliches ≗ (Handlung eines Menschen, die zu einem unerwünschten Ergebnis führt) / human failure, human error IEC 50(191), malfunction *n*, mistake *n* (A human action that produces an unintended result), errors *n*
Versagenslast *f* (a. Freiltg.) / failure load
Versalhöhe *f* (Schrift) / capline *n*
Versand *m* / dispatch *n* || ≗**angaben** *f pl* / shipping data || ≗**anschrift** *f* / forwarding address || ≗**art** *f* / shipping type || ≗**einheit** *f* / transport unit || ≗**gewicht** *n* / shipping weight || **größtes** ≗**gewicht** / heaviest part to be shipped, heaviest part shipped || ≗**hafen** *m* / port of shipment || ≗**kontrolle** *f* / shipping inspection || ≗**kosten** *plt* / shipping costs || ≗**packung** *f* / package *n* || ≗**probe** *f* / shipping sample || ≗**revision** *f* / shipping inspection || **Verpackungs- und** ≗**schutz** *m* / packaging and shipping preservation || ≗**verpackungsetikett** *n* / dispatch packaging label || ≗**zeichnung** *f* / despatch drawing
Versatz *m* / misalignment *n*, offset *n*, stagger *n* || ≗ *m* (zwischen Signalen o. Bits) / skew *n* || ≗ *m* (NC) / offset *n*, shift *n* || ≗ *m* (LWL) / lateral offset, lateral displacement || ≗**koppler** *m* / lateral-offset-type coupler, four-port coupler, lateral-displacement-type branching element || ≗**vektor** *m* / offset vector || ≗**wert** *m* / offset value || ≗**winkel** *m* / offset angle
verschachteln *v* / interleave *v*, imbricate *v* || ≗ *n* /

nesting *n*
verschachtelt *adj* / interleaved *adj*, imbricated *adj*, interwound *adj*
Verschachtelungstiefe *f* / nesting depth
verschaltbar *adj* / configurable *adj*, freely configurable
verschalten *v* / wire up *v*, connect up *v*, wire *v*, interconnect *v* || ≗ **von Bausteinen** (SPS) / interconnection of blocks
Verschaltung *f* / interconnection *n*
Verschaltungs·angaben *f pl* (Automatisierungsbausteine) / interconnection data, configuration data || ≗**struktur** *f* / interconnecting structure
Verschalung *f* (f. Beton) / shuttering *n*, forming *n*, boarding *n* || ≗ *f* (Verkleidung) / fairing *n*, covering *n*
verschärft·e Prüfung (QS) / tightened inspection || **~er AQL-Wert** / reduced AQL value
verschiebbar·er Code / relocatable code || **~es Gehäuse** (el. Masch.) / end-shift frame
Verschiebe·ankermotor *m* / sliding-rotor motor || ≗**anschlag** *m* / slide stop || ≗**balken** *m* / scroll bar || ≗**elektrode** *f* / transfer gate electrode, transfer electrode, transfer gate || ≗**-Gate** *n* / transfer gate electrode, transfer electrode, transfer gate || ≗**kanal** *m* (Ladungsverschiebeschaltung) / transfer channel || ≗**kraft** *f* / displacement force, thrust *n*
verschieben *v* / shift *v*, displace *v*, relocate *v*, reposition *v*, move *v* || **nachträglich ~** / moving at a later point
Verschieben *n* (von Bildausschnitten) / panning *n* || ≗ *n* (Scheinwerfer) / panning *n*, traversing *n* || ≗ *n* (CAD, Änderung der Lage von Geometrieelementen) / translation *n* || ≗ *n* (GKS-Funktion) / shift *n* || ≗ **von Bildausschnitten** / panning *v* || ≗ **von Programmteilen** / relocation of program sections
Verschiebe·schutz-Klemmensatz *m* / anti-displacement terminal set || ≗**wagen** *m* / traversing track
Verschiebung *f* (NC-Wegbedingung) DIN 66025,T.2 / linear shift ISO 1056 || ≗ *f* (NC, Nullpunkt, Bahn) / shift *n*, offset *n* || **dielektrische** ≗ / dielectric displacement, electrostatic induction || **interkristalline** ≗ / intercrystalline slip || **zeitliche** ≗ / delay *n*
Verschiebungs·amplitude *f* / displacement amplitude || ≗**bereich** *m* (NC) / offset range, shift range || **dielektrische** ≗**dichte** / dielectric displacement density, dielectric flux density || ≗**faktor** *m* / displacement factor, displacement power factor || **lastseitiger** ≗**faktor** (SR) / output displacement factor, load displacement factor || **netzseitiger** ≗**faktor** (LE) / input displacement factor || ≗**fluss** *m* / displacement flux, dielectric flux || ≗**konstante** *f* / absolute dielectric constant, absolute capacitivity || **dielektrische** ≗**polarisation** / dielectric displacement, electrostatic induction || ≗**satz** *m* / displacement law || ≗**strom** *m* / displacement current || ≗**stromdichte** *f* / displacement current density || **Phasen~winkel** *m* / phase difference IEC 50(101), phase displacement angle, phase angle, power factor angle || ≗**zahl** *f* / absolute dielectric constant, absolute capacitivity
verschieden *adj* / various *adj* || **~ lange Stifte** (Bajonettsockel) / odd pins
verschiedenes *adv* / miscellaneous, misc.
verschiedenfarbig *adj* / heterochromatic *adj* || **~e Farbreize** / heterochromatic stimuli
Verschiedenheitsfaktor *m* / diversity factor IEC 50(691)
Verschlag *m* (Verpackung) / crate *n*, crating *n*
Verschlauchung *f* / cabling *n*
Verschleierung, äquivalente ≗ / equivalent veiling luminance
verschleifen *v* / smooth *v*, round *v* || ≗ *n* / smoothing *n*, corner rounding, approximate positioning || ≗ **des Impulses** / pulse rounding
Verschleiß *m* / wear *n*, wear and tear, rate of wear, erosion *n*, pitting *n*, corrosion *n* || ≗ **Federkraft** / wear, spring force || **dem** ≗ **unterworfene Teile** / parts subject to wear || ≗ **Windungsende** / wear, turn end
verschleißarm *adj* / with low rate of wear
Verschleiß·ausfall *m* DIN 40042 / wear-out failure || ≗**ausfallperiode** *f* / wear-out failure period || ≗**ausfallphase** *f* / wear-out failure period || ≗**ausgleich** *m* / wear compensation || ≗**betrag** *m* / amount of wear
verschleißen *v* / wear *v*, wear out *v*
Verschleißerscheinung *f* / wear *n*
verschleißfest *adj* / wear-resistant *adj*, resistant to wear, resistant to erosion
Verschleiß·festigkeit *f* / resistance to wear, wear resistance || ≗**geschwindigkeit** *f* / wear rate || ≗**grenze** *f* / wear limit || ≗**kontrolle** *f* / wear control || ≗**korrektur** *f* (NC) / wear compensation || ≗**maß** *n* / wear dimension || ≗**teil** *n* / wearing part, part subject to wear || ≗**tiefe** *f* / wearing depth, working parts || ≗**überwachung** *f* / wear monitoring || ≗**überwachungskontakt** *m* / limit-wear contact || ≗**verhalten** *n* / wear performance || ≗**wert** *m* / wear data, wear values || **Werkzeuglängen-**≗**wert** *m* / tool length wear value *n*
Verschleppung *f* / potential transfer, accidental energization, formation of vagabond (o. parasitic voltages) || ≗ *f* / pulse distortion
Verschließmaschine *f* / sealing machine
verschlissen *adj* / worn *adj*
Verschluss *m* / plug *n* || ≗ *m* (einfache Verriegelung) / fastener *n* || **unter** ≗ **gehaltenes Lager** / bonded storage || **unverlierbarer** ≗ / captive lock
verschlüsselte Kennzeichnung eines Isoliersystems VDE 0302, T.1 / insulation system code IEC 505
Verschlüsselung *f* / coding *n*, encoding *n*, code *n*
Verschlüsselungszeit *f* / coding time, encoding time
Verschluss·flansch *m* / cover flange plate || ≗**kappe** *f* / cap plug, screw cap, cover *n* || ≗**klappe** *f* / hinged cover, shutter *n*
Verschlüssler *m* / encoder *n*
Verschluss·platte *f* / blanking plate || ≗**plombe** *f* / lead seal, seal *n* || ≗**schieber** *m* (SK) VDE 0660, T.500 / shutter *n* IEC 439-1 || ≗**schraube** *f* / screw plug || ≗**spange** *f* / locking clip || ≗**stopfen** *m* / plug *n*, sealing plug, stopper *n*
Verschmelzungs·energie *f* / fusion energy || ≗**frequenz** *f* (LT) / fusion frequency, critical flicker frequency
Verschmieren des Ausgangsstroms (ESR) / smearing (o. lag) of output current
Verschmierung *f* / smear *n*
verschmutzen *v* / contaminate *v*, pollute *v*, foul *v*, become fouled

Verschmutzung *f* / pollution *n*, contamination *n*, sedimentation *n*, dirt *n*, fouling *n* || **Beständigkeit gegen** ≗ (Wickl.) / dirt collection resistance
verschmutzungsanfällig *adj* / liable to get dirty
Verschmutzungs·grad *m* / pollution severity || ≗**grad** *m* (der Umgebung) / pollution degree || ≗**grad** *m* (KT) / fouling factor || **Steh-**≗**grad** *m* (Isolatoren) / severity withstand level || **zugeordneter** ≗**grad** (Isolatoren) / reference severity || ≗**prüfung** *f* / pollution test || ≗**signal** *n* / contamination signal
Verschnitt *m* (Stanzabfall) / blanking waste
Verschnürung *f* / cording *n*, tying *n*, lashing *n*, lacing *n*
verschoben, um 90° ~ / by 90° out of phase, in quadrature || **um 120° zueinander** ~ / displaced by 120° with respect to one another
verschränkt·e Stabwicklung / cable-and-bar winding || **~er Stab** (Wickl.) / transposed bar, Roebel bar
Verschränkung *f* (Röbelstab) / transposition *n*
verschrauben *v* (mit Mutter) / bolt *v* || ~ (ohne Mutter) / screw *v*
Verschraubung *f* / cable glands, cable gland, screwed cable glands, screw fitting || ≗ *f* (Gewindeverbindung) / threaded joint || ≗ *f* (mit Schraube und Mutter) / bolted joint || ≗ *f* (mit Schraube ohne Mutter) / screwed joint || ≗ *f* (Kabel, PG-Rohr) / screwed gland, compression gland, union *n* || ≗ *f* (Rohrkupplung) / coupling *n*, union *n* || **Aufschraub-**≗ / female coupling || ≗ **für das Netzkabel** / line input gland || ≗ **für Leitung** / screwed gland for cable
verschrotten *v* / scrap *v*
Verschrottungsbeleg *m* (QS) / repudiate voucher
Verschwächungsgrad *m* / degree of weakening (o. of contraction)
Verschweißbarkeit *f* (Metall) / weldability *n* || ≗ *f* (Elektrode) / usability *n*
Verschweißen *n* (Kontakte) / welding *n*, contact welding || ≗ *n* (Verschleiß) / fusion welding
verschweißfest *adj* (Kontakte) / weld-resistant *adj*
Verschweißung *f* / welded joint
verschwelen *v* / carbonize *v*
verseifbar *adj* / saponifiable *adj*
verseifen *v* / saponify *v*
Verseifung *f* / saponification *n*
Verseifungs·basis *f* / soap base || ≗**grad** *m* / saponification factor || ≗**zahl** *f* / saponification number, saponification value
Verseil·element *n* / stranded element, stranding element || ≗**faktor** *m* (Kabel) / lay ratio || ≗**maschine** *f* / strander *n*
verseilt *adj* / stranded *adj* || **~e Ader** / laid-up core || **~er Leiter** / stranded conductor
Verseilung *f* (Kabel) / stranding *n*, laying up *n*, cabling *n*
versenkbar *adj* / shroudable *adj*, recessable *adj*
versenkt angeordneter Griff / countersunk handle, shrouded handle (o. knob), recessed handle || ~ **angeordneter Knebel** (m. Schutzkragen) / shrouded knob || **~e Schraube** / countersunk screw || **~e Taste** / recessed button IEC 337-2 || **~er Druckknopf** VDE 0660,T.201 / recessed button IEC 337-2 || **~er Einbau** / sunk installation, recess(ed) mounting, cavity mounting || **~er Keil** / sunk key || **~er Leiter** (gS) / flush conductor
versetzt anordnen / stagger *v* || **~e Bürsten** / staggered brushes || **~e Kontur** (NC) / offset contour || **~e Schwelle** (Flp.) / displaced threshold || **~e Stifte** (Lampensockel) / offset pins || **~er Nullpunkt** / offset zero, live zero || **~es Schwingungsabbild** DIN IEC 469, T.1 / offset waveform IEC 469- 1
Versetzung *f* (Bürsten) / axial stagger, stagger *n* || ≗ *f* (Fluchtfehler) / offset *n*, misalignment *n* || ≗ *f* (CAD, ADU) / offset *n* || ≗ *f* (Kristallfehler) / dislocation *n*
Versetzungs·abgleich *m* (ADU, DAU) / offset adjustment || ≗**fehler** *m* (ADU, DAU) / offset error || ≗**punkt** *m* (ADU, DAU) / offset point
Versicherung *f* / insurance *n*
versiegelt *adj* / sealed *adj* || **~e Batterie** / sealed battery || **~es Modul** DIN IEC 44.43 / sealed module
versilbert *adj* / silver-plated *adj*, silvered *adj*
Version *f* (SW) / version *n* || ≗ *f* / revision level || ≗ **speichern** / save version || **gesicherte** ≗ / backed-up version || **verglichene** ≗ / compared version || ≗**en des Projekts** / project versions
Versions·führung *f* / version management || ≗**name** *m* / version name || ≗**nummer** *f* / version number || ≗**stand** *m* / version release || ≗**stände anzeigen** / show versions
versorgen *v* / supply *v* (with), feed *v*, initialize *v*, write data into mailbox, set up manually || **mit Parametern** ~ / initialize with parameters
Versorgung *f* / parameterization *n*, parameter setting, parameterizing *n*, parameter initialization (Assignment of values to parameters), initialization *n*, parameter assignment, calibration *n*, feeding *n*, incoming supply, incoming unit, power supply || ≗ *f* (Elektrizitätsv.) / supply *n* (of electrical energy) || ≗ **mit Parametern** (SPS) / parameter assignment, initialization *n* || ≗ **von HSA-VSA** / power supply for MSD-FDS
Versorgungs·anlagen in Gebäuden / building services || ≗**anschluss** *m* / supply connection || ≗**ausbausystem** *n* / supply expansion system || ≗**ausfall** *m* / supply failure, interruption *n* (to a consumer) || ≗**ausfalldauer** *f* / interruption duration || ≗**bereich** *m* / region supplied || **öffentliche** ≗**betriebe** / public services, public utilities (US) || ≗**bild** *n* / assignment display || ≗**einheit** *f* / supply unit || ≗**freileitung** *f* VDE 0168, T.1 / overhead distribution line, overhead feeder || ≗**gerät** *n* / power supply unit, supply apparatus, power pack || ≗**größe** *f* / auxiliary energizing quantity || ≗**kanal** *m* / service duct(ing) || ≗**kontinuität** *f* / continuity of supply || ≗**kreis** *m* / supply circuit || ≗**leitung** *f* / supply line, feeder *n* || ≗**nennspannung** *f* / rated supply voltage || ≗**nennwechselspannung** *f* / nominal AC supply voltage || ≗**netz** *n* / supply system, supply network || ≗**parameter** *m* / defining parameter || ≗**qualität** *f* / quality of supply, service quality
Versorgungs·schacht *m* / service riser duet, vertical service duet || ≗**schnittstelle** *f* (SPS) / supply interface, supply terminals || ≗**schwankung** *f* / supply deviation || ≗**sicherheit** *f* / security of supply, service security || ≗**spannung** *f* / supply voltage, power supply voltage || ≗**spannungsbereich** *m* / power supply range || ≗**spannungsüberwachung** *f* (DV, elST) / power fail circuit || ≗**spannungsunterdrückung** *f* / supply

voltage rejection ratio || ≗**- und Hilfsleitungen** *f pl* (Bussystem) / utilities *n pl* || ≗**unterbrechung** *f* / interruption of supply, supply interruption, interruption to a consumer || ≗**unterbrechungskosten** *plt* / supply interruption costs || ≗**unternehmen** *n* / supply undertaking, utility company, utility *n* || ≗**zuverlässigkeit** *f* / service reliability

verspannen *v* (beanspruchen) / strain *v* || ~ *v* (verstreben) / brace *v* || ~ *v* (mit einer Spannung) / bias *v*, displace *v* || **gegenseitiges** ≗ (Lg.) / cross-location *n*

verspannt *adj* / under tension

Verspannung *f* / distortion *n*, clamping arrangement || ≗ *f* (Getriebe, dch. Drehmoment im Stillstand) / torque bias || ≗ *f* (Versteifung) / bracing *n*, lock *n*

verspannungsfrei *adj* / free from distortion

Verspannungsschaubild *n* / load-extension diagram

verspiegeln *v* / metallize *v*, metal-coat *v*, mirror *v* || ~ *v* (m. Aluminium) / aluminize *v* || ~ *v* (m. Platin) / platinize *v*

verspiegelte Lampe / metallized lamp, metal-coated lamp, mirrored lamp, mirror-coated lamp

verspratzen *v* / spatter *v*

Versprödung *f* / embrittlement *n*, embrittling effect

Versprödungs·bruch *m* / brittle fracture, fracture due to brittleness || ≗**temperatur** *f* / brittle temperature

Verständigung *f* (Dialog, Kommunikation) / dialog *n*, communication *n*

Verständigungsdatei *f* / communications file

verständlich *adj* / understandable *adj*

verstärken *v* (el.) / amplify *v* || ~ *v* (mech.) / reinforce *v*, strengthen *v* || ~ *v* (Druck) / boost *v*, increase *v*

Verstärker *m* (el.) / amplifier *n* || ≗ *m* (hydraul., pneumat.) / booster *n* || **hochempfindlicher** ≗ / high-sensitivity amplifier || ≗**maschine** *f* / rotary amplifier, amplifying exciter || **Konstantspannungs-**≗**maschine** *f* / amplidyne *n* || **Konstantstrom-**≗**maschine** *f* / metadyne *n* || ≗**motor** *m* / amplifier motor, servo-motor *n*, booster motor || ≗**redundanzmodul** *n* (LAN) / active fail-safe amplifier for back-up || ≗**röhre** *f* / amplifier tube || ≗**röhre** *f* (Bildverstärker) / intensifier tube || ≗**überwachungsmodul** *n* / status monitoring transponder (SMT) || ≗**ventil** *n* (f. Stellantrieb) / booster *n*, booster relay, amplifying air relay || ≗**verteiler** *m* (VVT; Nachrichtenübertragung) / repeater distribution frame (RDF) || ≗**wicklung** *f* / amplifying winding

verstärkt *adj* / reinforced *adj* || ~ **isolierte Eingangsspule** / line-end coil with reinforced insulation || **~e Alterung** / forced ageing || **~e Durchzugsbelüftung durch Fremdlüfter** (Schrank) / forced through-ventilation by fans || **~e Isolierung** VDE 0700, T.1 / reinforced insulation IEC 335-1 || **~e Luftkühlung** / forced-air cooling, air-blast cooling || **~e NOR-Stufe** / highpower NOR gate || **~e Spülölschmierung** / forced oil lubrication, forced lubrication || **~e Zirkulation** (Kühlung) / forced circulation || **~er Kunststoff** / reinforced plastic || **~er Signalausgang** / amplified signal output || **~es Feld** / forced field

Verstärkung *f* (Verstärker) / gain *n* || ≗ *f* (Netz) / reinforcement *n* || ≗ **der Rückkopplungsschleife** / loop gain || ≗ **des geschlossenen Regelkreises** / closed-loop gain, operational gain || ≗ **des offenen Regelkreises** / open-loop gain || ≗ **Drehzahlregler** (SLVC) / gain speed controller (SLVC) || ≗ **PID-Istwert** / gain applied to PID feedback || ≗ **Schwingungsdämpfung** / gain for oscillation damping || **zweistufige** ≗ / two-stage amplification

Verstärkungs·abgleich *m* / gain adjustment || **Steilheit der** ≗**änderung** / gain slope || ≗**-Bandbreite-Produkt** *n* / gain-bandwidth product || ≗**-DAU** *m* / gain DAC (G-DAC) || ≗**differenz in einem Frequenzbereich** / gain flatness || ≗**drift** *f* / gain droop || ≗**einstellung** *f* / gain adjustment || ≗**faktor** *m* / amplification factor, gain factor || ≗**faktor** *m* (ESR) / amplification factor || ≗**faktor** *m* (Leuchte) / magnification ratio, amplitude factor || ≗**faktor** *m* (Verstärker) / gain *n* || ≗**faktor** *m* (Schwingungen) / magnification factor, resonance sharpness || **Geschwindigkeits~faktor** *m* (Faktor Kv) / servo gain factor (Kv), multgain factor || ≗**fehler** *m* / gain error, scale factor error || ≗**feld** *n* (Verstärkerröhre) / gain box || ≗**grad** *m* (Verstärker) / gain *n* || ≗**-Kalibrierungssteller** *m* / gain calibration adjuster || ≗**kennlinie** *f* / gain characteristic || ≗**kennlinie des offenen Regelkreises** / open-loop gain characteristic || ≗**leitung** *f* (Freileitung parallel zu einer Oberleitung zur Erhöhung des Querschnitts) / line feeder || ≗**-Linearitätsfehler (o. -Nichtlinearität)** *m* / gain non-linearity || ≗**sicherheit** *f* / gain margin || ≗**überhöhung** *f* / peaking *n* || ≗**zahl** *f* (Leuchte) / magnification ratio (luminaire)

verstarren *v* (Kuppl.) / become solid

verstauen *v* / stow away

Verstell·geschwindigkeit *f* / adjustment speed || ≗**motor** *m* (f. Bürsten) / brush-shifting motor, pilot motor || ≗**motor** *m* / actuating motor, servomotor *n*, positioning motor || ≗**schiene** *f* / setting rail || ≗**schraube** *f* / setting screw, adjusting screw || ≗**spindel** *f* / adjusting spindle, positioning spindle || ≗**weg** *m* / displacement path || ≗**zylinder** *m* / adjustment cylinder

verstecken *v* (eines BSG-Fensters, Datei) / hide *v*

versteifen *v* / brace *v*, stiffen *v*, strut

Versteifung *f* / bracing *n*, stiffening element, reinforcement *n* || ≗ *f* (Wickl.) / bracing *n*, packing element, packing *n*

Versteifungs·klotz *m* (Wickl.) / packing block, bracing block || ≗**lasche** *f* (Wickl.) / bracing clamp || ≗**ring** *m* (Ständer) / frame ring || ≗**ring** *m* (Wickelkopf) / overhang support ring || ≗**rippe** *f* / reinforcing rib, bracing rib || ≗**strebe** *f* / brace *n* || ≗**winkel** *m* / reinforcing angle

Verstell·achse *f* / positioning axis, retooling axis || ≗**antrieb** *m* / positioning drive

verstellbar *adj* / adjustable *adj*, variable *adj*

Verstell·barkeit *f* / adjustability *n*, variability *n* || ≗**bereich** *m* (a. EZ) / range of adjustment || ≗**einrichtung** *f* (f. Bürstenträgerring) / rocker gear

verstellen *v* (neu einstellen) / reset *v*, re-adjust *v*

Versteller *m* / actuator *n*, adjusting mechanism

verstemmen *v* / caulk *v* || **durch** ≗ **sichern** / lock by caulking

verstemmt *adj* / caulked *adj*

verstiften *v* / pin *v*, locate by dowels, cotter-pin *v*

verstiftet *adj* / pinned *adj*

Verstiftungselement *n* / pinning element

Verstimmung *f* / detuning *n* || ≗ *f* (Synchronmasch.) / unbalance *n* || ≗ *f* (Resonanzeinstellung) / off-resonance setting (o. adjustment) || **Last~** *f*

(Änderung der Schwingfrequenz durch Änderung der Lastimpedanz, Frequenzziehen) / frequency pulling || **Strom~** *f* (Änderung der Schwingfrequenz bei Änderung des Elektrodenstroms) / frequency pushing
verstopfen *v* / clog *v*, choke *v*, block up *v*
verstreben *v* / brace *v*, strut *v*, stay *v*
Verstreckwerk *n* / drawframe *n*
verstürzen *v* (Trafo-Wickl.) / turn over *v*, tuck up *v*, invert *v*, re-arrange
verstürzte Spule / continuously wound turned-over coil || **~ Wicklung** / continuous turned-over winding, continuous inverted winding
Versuch *m* (Experiment) / experiment *n* || ≗ *m* (Prüf.) / test *n* || ≗ **abbrechen** / cancel *v*, abort *v*, back off and abandon || ≗ **abbrechen** (beim Buszugangsversuch) / back off || **einen ≗ fahren** / conduct a test, carry out a test || ≗ **mit Leistungsfaktor eins** / unity power-factor test || ≗ **mit symmetrischem Dauerkurzschluss** (allpolig) / sustained three-phase short-circuit test || ≗ **mit unsymmetrischem zweipoligem Dauerkurzschluss** / line-to-line sustained shortcircuit test || ≗ **mit veränderlicher Kühlgasdichte** / variable cooling gas density test
Versuchs·anordnung *f* / test set-up, test arrangement, experimental set-up || ≗**anstalt** *f* / laboratory *n* || ≗**aufbau** *m* / experimental set-up, test set-up || ≗**bohrung** *f* / trial bore || ≗**ergebnis** *n* / test result || ≗**feld** *n* / test laboratory || ≗**felderprobung** *f* / test bay trials, test rig trials || ≗**gelände** *n* / testing ground, test site || ≗**länge** *f* (Zugversuch) / gauge length || ≗**lauf** *m* / trial run, test run || ≗**maschine** *f* / experimental machine || ≗**mitteilung** *f* / test information || ≗**modell** *n* VDE 0302,T.1 / test model IEC 505 || ≗**planung** *f* (QS) / experimental design || ≗**probe** *f* / specimen *n* || ≗**reihe** *f* / series of experiments, test series || ≗**schweißung** *f* / test weld || ≗**serie** *f* / pilot lot, experimental lot || **Beleuchtungs-≗straße** *f* / experimental lighting road || ≗**teil** *n* / specimen *n*, test workpiece
vertauschen *v* (Phasen) / interchange *v*, reverse || **~** *v* (Klemmenanschlüsse) / reverse *v*
vertauscht *adj* (elektromagnetische Funktionen des feststehenden und rotierenden Teils einer el. Masch.) / inverted *adj* IEC 50(411)
Vertauschungswägungsverfahren *n* / interchange weighing method
Verteerungszahl *f* / tarring value, tarring number
Verteildämpfung *f* / attenuation at outputs
Verteiler *m* / mailing list, hub *n*, splitter *n* || ≗ *m* (Tafel) / distribution board, panelboard *n*, distribution switchboard || ≗ *m* (auf Schriftstücken) / distribution list, recipients *n pl* || ≗ *m* (Schrank) / distribution cabinet, panelboard *n*, distribution *n* || ≗ *m* (Nachrichtenübertragung) / distribution frame || ≗ *m* (Klemmenleiste) / terminal block || **8-Wege-≗** *m* / 8-port splitter/combiner || **Informations~** *m* (Multiplexer) / information multiplexer || **zentraler** ≗ / mailing list, distribution board, hub *n*, splitter *n* || ≗**anlage** *f* (Tafel) / distribution board, distribution centre || ≗**anlage** *f* (Gerätekombination) / distribution assembly || ≗**anlage** *f* (System) / distribution system || ≗**box** *f* / distributor box || ≗**dose** *f* / splitting box || ≗**einsatz** *m* / distribution board kit || ≗**feld** *n* / distribution board panel, distribution section || ≗ **für ortsveränderliche Stromverbraucher** / distribution cabinet for temporary sites || ≗**gehäuse** *n* / distribution-board housing (o. enclosure), cabinet (of distribution unit) *n* || ≗**kanal** *m* / header duct || ≗**kasten** *m* / distribution box || ≗**kasten** *m* (PROFIBUS) / field multiplexer || ≗**kasten** *m* (f. Kabel) / distributor box || ≗**kasten** *m* (VTK) / distribution board, distribution box || ≗**koffer** *m* / portable distribution unit || ≗**kreis** *m* / addressees *n pl*
Verteiler·leitung *f* / distribution mains || ≗**leitung** *f* / distribution line, distribution trunk line || ≗**modul** *n* / sorting module || ≗**netz** *n* / distribution system, distribution network || ≗**plan** *m* / terminal diagram IEC 113-1, terminal connection diagram || ≗**punkt** *m* / distributing point || ≗**punkt für die Versorgung logischer Schaltkreise** VDE 0806 / logic power distribution point IEC 380 || ≗**rahmen** *m* / distribution frame || ≗**raum** *m* (in ST) / distribution compartment || ≗**sammelschiene** *f* / distribution bus || ≗**säule** *f* / distribution pillar || ≗**schalter** *m* (LS) / distribution circuit-breaker || ≗**schalttafel** *f* / distribution switchboard || ≗**schiene** *f* (FIV) / multi-terminal busbar || ≗**schrank** *m* / distribution cabinet, distribution board || ≗**schrank** *m* (BV) / distribution ACS || ≗**schutzschalter** *m* (m. a- u. n-Auslöser) / distribution circuit-breaker, distribution breaker || ≗**station** *f* / distribution substation || ≗**system** *n* (ST) / modular distribution switchgear system, distribution switchgear system || ≗**system** *n* (Netz) / distribution system || ≗**tafel** *f* / distribution board, distribution switchboard, panelboard *n* (US) || ≗**tafel für Beleuchtungs-und Gerätestromkreise** / lighting and appliance branch-circuit distribution board (o. panelboard) || ≗**tafel mit aufgeteilten Sammelschienen** / split-bus panelboard (US) || ≗**überwachung** *f* / monitoring of the distribution system || ≗**unternehmen** *n* / distribution undertaking
Verteil·kabine *f* (Kiosk) / kiosk *n* || ≗**kasten** *m* (f. Kabel, m. Laschenverbindern) / link box || ≗**netz** *n* / distribution network || ≗**schiene** *f* / multi-terminal busbar, distribution busbar || ≗**schienen** *f pl* / distribution buses
verteilt, räumlich ~ / geographically separated, geographically distributed || **~e Datenverarbeitung** / distributed data processing || **~e Wicklung** / distributed winding || **~es System** / distributed system
Verteilung *f* / distribution *n*, distribution board || ≗ *f* (Statistik) / distribution *n*, probability distribution || ≗ **der leistungsabhängigen Kosten nach Abnehmergruppen** / non-coincident peak method || ≗ **elektrischer Energie** / distribution of electrical energy, distribution of electricity, power distribution || **Erlangsche** ≗ / Erlang distribution || **hypergeometrische** ≗ DIN 55350,T.22 / hypergeometric distribution || **Kosten~** *f* (StT) / cost allocation || **Magnetfeld~** *f* / magnetic field distribution || **multimodale** ≗ (QS) / multimodal distribution || **Quantil einer** ≗ DIN 55350,T.21 / quantile of a probability distribution (EOQC)
Verteilungs·anlage *f* / distribution system || ≗**chromatographie** *f* / partition chromatography || ≗**dosenempfänger** *m* (IR-Fernbedienung) / junction-box receiver || ≗**druck** *m* / distribution pressure
verteilungsfrei *adj* (Statistik, QS) / distribution-free

adj, non-parametric *adj* || **~er Test** DIN 55350,T.24 / distribution-free test
Verteilungsfunktion *f* (Statistik) / distribution function, cumulative distribution || ≗ **der Normalverteilung** / cumulative normal distribution || **empirische** ≗ DIN 55350,T.23 / empirical distribution function
verteilungsgebundener Test DIN 55350,T.24 / parametric test
Verteilungs·koeffizient *m* (Chromatographie) / distribution coefficient, partition coefficient || ≗**kurve** *f* (Statistik, QS) / distribution curve
Verteilungsleitung *f* / distribution line || **Haupt-**≗ *f* / distribution mains, distribution trunk line, primary distribution trunk line || **Niederspannungs-**≗ *f* / l.v. distribution line, secondary distribution mains || **ortsveränderliche** ≗ VDE 0168, T.1 / movable distribution cable IEC 71.4
Verteilungs·maß *n* (Impulsmessung) / measure of dispersion || ≗**netz** *n* / distribution system, distribution network || ≗**netzstation** *f* / distribution substation, primary unit substation || ≗**parameter** *n* DIN 55350,T.21 / parameter *n* || ≗**raum** *m* / distribution compartment || ≗**schiene** *f* / multi-terminal busbar || ≗**schwerpunkt** *m* / centre of distribution || ≗**stromkreis** *m* VDE 0100, T.200 / distribution circuit || ≗**system** *n* / distribution system, distribution network || ≗**temperatur** *f* (LT) / distribution temperature || ≗**transformator** *m* / distribution transformer || ≗**unternehmen** *n* / distribution undertaking || ≗**verluste** *m pl* (Netz) / distribution losses
Verteil·ventil *n* (Dreiwegeventil) / three-way valve || ≗**wagen** *m* / shuttle car || ≗**zeit** *f* (Refa) / unproductive time || ≗**zeitzuschlag** *m* (Refa) / allowance *n*
vertieft *adj* / deepened *adj*, recessed *adj* || **~e Isolation** (Komm.) / undercut mica
Vertiefung *f* / depression *n*, impression *n*, indentation *n*, pocket *n*, recess clearance, port *n*, notch *n*, cutout *n*, recess *n* || ≗ *f* (gS) / indentation *n*
vertikal *adj* / vertical *adj*
Vertikal·ablenkung *f* (Osz.) / vertical deflection || ≗**beleuchtung** *f* / vertical illumination || ≗**bohren** *n* / vertical boring
vertikal·e Anordnung (der Leiter einer Freiltg.) / vertical configuration || **~e Beleuchtungsstärke** / vertical-plane illuminance, vertical illuminance || **~e Last** (Freiltg.) / vertical load || **~e Lichtstärkeverteilung** / vertical light intensity distribution, vertical intensity distribution || **~e Lichtverteilung** / vertical light distribution || **~e Schiene** (ET) / vertical member, upright *n* || **~e Teilung** / vertical increment || **~er Bilddurchlauf** / rolling *n*, scrolling *n* || **~es Synchronsignal** (VSYNC) / vertical synchro signal (VSYNC)
Vertikal·frequenz *f* (BSG) / vertical frequency, field frequency || ≗**hebelantrieb** *m* (SG) / vertical-throw (handle mechanism) || ≗**krümmer** *m* (IK) / vertical bend || ≗**schub** *m* (LM) / vertical force || ≗**staffelung** *f* (Flp.) / vertical separation || ≗**tabulator** *m* (VT) / vertical tabulator (VT), vertical tab || ≗**umsteller** *m* (Trafo) / vertical tapping switch
vertraglich geregelter Energieaustausch / contractual energy exchange
verträglich *adj* / compatible *adj*
Verträglichkeit *f* / compatibility *n* || **elektromagnetische** ≗ (EMV) / electromagnetic compatibility (EMC)
Verträglichkeitspegel *m* (EMI) / compatibility level || **elektromagnetischer** ≗ / electromagnetic compatibility level, electromagnetic compatibility margin
Vertrags·basis *f* / contractual basis || ≗**kennung** *f* (VK) / contract ID || ≗**leistung** *f* (Stromlieferung) / subscribed demand || ≗**partner** *m* / contract partner || ≗**preis** *m* (StT) / contract price || ≗**wesen** *n* / contract administration, contracts *n pl*
Vertrauensbereich *m* DIN 55350,T.24 / confidence interval, safe area (The area in which measurements can be performed in complete safety) || ≗ **der Abweichung** (Rel.) VDE 0435, T.110 / consistency *n* || ≗ **der Abweichung unter Bezugsbedingungen** (Rel.) VDE 0435, T.110 / reference consistency || ≗ **überschritten** / safe area exceeded || **obere Grenze des** ≗**s** / upper confidence limit || **untere Grenze des** ≗**s** / lower confidence limit
Vertrauensgrenze *f* DIN 55350,T.24 / confidence limit || ≗ **der Ausfallrate** / assessed failure rate || ≗ **der Erfolgswahrscheinlichkeit** / assessed reliability || ≗ **der mittleren Lebensdauer** / assessed mean life || ≗ **der mittleren Zeit bis zum Ausfall** / assessed mean time to failure || ≗ **des mittleren Ausfallabstandes** / assessed mean time between failures || ≗ **eines Lebensdauer-Perzentils Q** / assessed Q-percentile life
Vertrauens·intervall *n* / confidence interval || ≗**niveau** *n* DIN 55350,T.24 / confidence level, confidence coefficient
vertreiben *v* / sell *v*
vertretbar *adj* / allowable *adj*, reasonable *adj*
Vertrieb *m* / sales *n pl* || **regionaler** ≗ / regional sales and marketing
Vertriebs·abteilung *f* / sales/marketing department || ≗**ankündigung** *f* / distribution announcement || ≗**beauftragter** *m* / sales representative || ≗**büro** *n* / sales office || ≗**einstellung** *f* / discontinuation of sales || ≗**ergebnis** *n* / sales result || ≗**freigabe** *f* / sales release, distribution release || ≗**gemeinkosten** *plt* / sales overheads || ≗**handbuch** *n* (VH) / sales guide || ≗**kanal** *m* / marketing channel || **kundenorientierte** ≗**organisation** / customer-oriented sales organization || **flächendeckende** ≗**organisation** / blanket coverage sales organization || ≗**region** *f* / sales and marketing region || ≗**spanne** *f* (VSP) / sales margin || ≗**tätigkeit** *f* / sales/marketing activities || ≗**training** *n* / sales training || ≗**unterstützung** *f* / sales/marketing support || ≗**wegeaufbaumaßnahmen** *f pl* / activities to establish sales channels || ≗**zuständigkeit** *f* / sales competence
verunreinigen *v* / contaminate *v*, pollute *v*, foul *v* || **~der Stoff** / pollutant *n*, contaminant *n*
Verunreinigung *f* / impurity *n* || ≗ *f* (in Isolierflüssigk.) / contaminant *n* IEC 50(212) || **ionisierende** ≗ / ionizing impurity || **Luft~** *f* / air pollution
Verunreinigungen *f pl* (HL) / impurities *n pl*
Verunreinigungsatom *n* / impurity atom, impurity *n*
verursachen *v* / cause *v*
Verursacherprinzip *n* / polluter-pays principle,

principle of causation
Verursachungskennung *f* / cause-of-error code
vervielfachen, Zeit ~ (SPS-Funktion) / repetitive timer function
Vervielfacher *m* (Ausgänge) / fan-out module (o. unit) ‖ ≗ *m* (Eingänge) / fan-in module (o. unit) ‖ ≗ *m* (ET, SPS) / grouping block ‖ ≗ *m* (Oberwellengenerator) / harmonic generator ‖ **Kontakt~** *m* / contact multiplier ‖ **Schnittstellen~** *m* / multi-transceiver *n*, fan-out module (o. unit) ‖ ≗**element** *n* (VFE Multiplexer) / multiplexer *n* (MPX) ‖ ≗**leiste** *f* / multiplier connector, connector block ‖ ≗**schaltung** *f* (LE) / multiplier connection, voltage multiplier connection
Vervielfachung *f* / multiplication factor ‖ **interne** ≗ (INTV) / internal multiplication (INTM)
Vervielfältigung *f* / reproduction *n*
Vervielfältigungsmaschine *f* / duplicator *n*, copier *n* ‖ **lithographische** ≗ / lithographic duplicator
Vervierfachung *f* / quadruplication *n*
verwalten *v* / manage *v*, organize *v* ‖ ~ *v* (SPS, Funktion eines Programmbausteins) / organize *v*
Verwalter *m* / administrator *n*, arbiter ‖ ≗**recht** *n* / administration right
verwaltet *adj* / managed *adj*
Verwaltung *f* (DV, DÜ) / management *n* ‖ ≗ **von Studienfällen** / case management
Verwaltungs·aufgabe *f* / administrative task ‖ ≗**daten** *plt* / housekeeping data ‖ ≗**datenbaustein** *m* / administrative data block ‖ ≗**gemeinkosten** *plt* / administration overheads ‖ ≗**liste** *f* / management list ‖ ≗**tätigkeit** *f* / administrative activities ‖ ≗**verfahren** *n* (QS) / administrative procedure ‖ ≗**zeit** *f* / time instruction (TIME-INST)
verwechslungsfrei *adj* / unambiguously marked
Verwechslungsschutz *m* / mechanical coding
verwechslungssicher *adj* / with mechanical key coding, protected against polarity reversal ‖ ~ *adj* (elektron. Baugruppen) / mechanically coded, polarized *adj*, with mechanical coding
Verweigerung *f* / refusal *n*
Verweil·dauer *f* / hold time ‖ ≗**zeit** *f* / dwell time, retention time, hold time ‖ ≗**zeit** *f* (NC) / dwell time, dwell *n* ‖ ≗**zyklus** *m* (NC) / dwell cycle
Verweis *m* (in einem Datenobjekt ein Bezeichner für ein anderes Objekt) / reference *n*
Verwendbarkeitsmerkmal *n* DIN 4000,T.1 / application characteristic
verwenden *v* / use *v* ‖ **nicht ~** / not available
Verwendung, eingeschränkte ≗ / restricted application ‖ **uneingeschränkte** ≗ / universal application ‖ ≗ **elektrischer Energie** / utilization of electrical energy
Verwendungs·bereich *m* / range of uses ‖ ≗**nachweis** *m* / evidence of use ‖ ≗**ort** *m* / site of installation, installation site, erection site, place of installation, site *n*, utilization location ‖ ≗**prüfung** *f* / check of use ‖ ≗**stelle** *f* / location *n* ‖ ≗**zweck** *m* / application *n*, purpose *n*, duty
verwerfen *v* / abandon *v*, cancel *v*, reject *v* ‖ ≗ *n* (Zurückweisung) / final rejection
Verwerfung *f* (Verformung) / warping *n*, warpage *n*, deformation *n*, buckling ‖ **Frequenz~** *f* / shift in frequency
verwiegen *v* / weigh *v*
Verwindezahl *f* / number of twists
Verwindung *f* (gS) / twist *n*
verwindungssteif *adj* / torsionally rigid, distortion-resistant *adj*
Verwirbelung *f* / turbulence *n*
Verwirklichung des Programms / implementation of program, program implementation
verwölben, sich ~ / become warped
Verwurf *m* (QS) / refusal *n*
verwürgt *adj* / randomly twisted ‖ **~er Leiter** / bunched conductor
verzahnt *adj* / toothed *adj*
Verzahnung *f* (Getriebe) / gear teeth, gearing *n*
verzapft geschichtete Bleche / overlapping laminations ‖ **~e Stoßstelle** (Trafokern) / interleaved joint, overlapping joint
Verzeichnis *n* (DV) / directory *n* ‖ **Programm-**≗ *n* / program schedule ‖ **Sachmerkmal-**≗ *n* / article characteristic list
Verzeichnung *f* (BSG, ESR) / distortion *n*
verzeigern *v* / point to
Verzeigerung *f* / pointer *n*
verzerren *v* / distort *v*, skew *v*
verzerrte Prüfung / biased test ‖ **~ Stichprobe** / biased sample ‖ **~ Welle** / distorted wave
Verzerrung *f* (Wellenform, Signal) / distortion *n* ‖ ≗ *f* (QS) / bias *n* ‖ ≗ **der Schätzfunktion** / bias of estimator ‖ ≗ **einer Impulseinzelheit** / pulse waveform feature distortion ‖ **Farb~** *f* / illuminant colour shift ‖ **farbmetrische** ≗ / illuminant colorimetric shift, colorimetric shift ‖ **Spannungs~** *f* / voltage distortion, distortion of voltage waveshape
verzerrungsbegrenzter Betrieb (LWL) / distortion-limited operation IEC 50(731)
Verzerrungsfaktor *m* (LE) / deformation factor EN 60146-1-1 ‖ ≗ *m* (Oberschwingungen) / distortion factor, harmonic distortion factor
verzerrungsfrei *adj* / distortion-free *adj*, non-distorting *adj* ‖ **~e Schätzfunktion** DIN 55350,T.24 / unbiased estimator
Verzerrungs·leistung *f* / distortive power, harmonic power ‖ ≗**messplatz** *m* / distortion measurement set, distortion analyzer ‖ ≗**strom** *m* / distortion current ‖ ≗**zeit** *f* / distortion time
Verzichts·dauer *f* (LAN) / backoff *n* ‖ ≗**wahrscheinlichkeit** *f* (auf eine Belegung) IEC 50(191) / call abandonment probability ‖ ≗**wahrscheinlichkeit** *f* (Dienstbenutzer) IEC 50(191) / service user abandonment probability ‖ **ermittelte** ≗**zeit** (LAN) / backoff *n*
verziehen, sich ~ / to become distorted, warp *v*, shrink *v*, buckle
verzinken *v* / zinc-plate *v*, zinc-coat *v*, galvanize *v*
verzinkt *adj* / zinc-plated *adj*, zinc-coated *adj*, galvanized *adj* ‖ **~es Blech** / galvanized sheet metal, galvanized sheet
Verzinkung *f* / zinc coating
Verzinkungsprüfung *f* / galvanizing test
verzinnen *v* / tin-plate *v*, tin-coat *v*, tin *v*
verzinnt *adj* / tin-coated *adj*, tinned *adj* ‖ **~er Leiter** / tinned conductor
Verzitterung *f* (Fernkopierer) / judder *n*
Verzögerer *m* / time-delay block, delay block, delay device
Verzögern *n* / decelerate *n*
verzögern *v* / delay *v* ‖ ~ *v* (Mot.) / decelerate *v*, slowdown
verzögert *adj* / delayed *adj* ‖ **~ abfahren** / traverse

after delay || ~ **öffnender Öffner** / break contact delayed when operating, delayed-break NC contact || ~ **öffnender Schließer** / make contact delayed when releasing, delayed-break make contact || ~ **schließender Öffner** / break contact delayed when releasing, delayed-make break contact || ~ **schließender Schließer** / make contact delayed when operating, delayed-make make contact || **elektronisch** ~ / with solid-state time delay || **~e Kommutierung** / under-commutation *n* || **~e Verdrängung** / delayed displacement || **~e Wiedereinschaltung** / delayed (automatic reclosing), low-speed reclosing || **~e Zeitablenkung** (Osz.) / delayed sweep || **~er Ausgleichswert** / delayed compensation || **~er Selektivschutz** IEC 50(448) / delayed protection, time-delayed protection (USA) || **~er Unterspannungsauslöser** (rc-Auslöser) / time-lag undervoltage release IEC 157-1, capacitor-delayed undervoltage release, time-delay undervoltage release || **~er Wechsler** / delayed changeover contact, lagging changeover contact || **~es Hilfsschaltglied** / time-delayed auxiliary contact element || **~es Hilfsschütz** VDE 0660, T.200 / time-delay contactor relay IEC 337-1 || **~es magnetisches Überlastrelais** / time-delay magnetic overload relay || **~es monostabiles Kippglied** / delayed monostable element, delayed single shot || **~es Relais** / delayed relay, time-delay relay, time-lag relay || **~es Schaltglied** / delayed operating contact, time-delayed contact || **~es Schaltrelais** / time-lag all-or-nothing relay BS 142 || **~es Schreiben** / delayed write mode

Verzögerung *f* VDE 0660, T.203 / time delay IEC 337-2B, delay *n*, lag *n* || ≗ *f* (Mot., WZM) / deceleration *n*, retardation *n*, slowdown *n* || ≗ *f* (Zeitschalter) / delay time || ≗ *f* (Rel., Zeitverhalten) / specified time || ≗ *f* (Rel.) / specified time || ≗ **ADC-Signalverlust** / delay for loss of signal action || ≗ **durch dynamisches Bremsen** / dynamic slowdown || ≗ **erster Ordnung** (Reg.) / first-order time delay, first-order lag, linear lag || ≗ **höherer Ordnung** (Reg.) / higher-order time delay, higher-order lag || ≗ **Lüfterabschaltung** / inverter fan off delay time || ≗ **zweiter Ordnung** (Reg.) / second-order time delay, second-order lag, quadratic lag || **feste** ≗ / fixed delay || **Taktsignal~** *f* (zum Ausgleich von Laufzeiten) / clock skew

Verzögerungs·alarm *m* / time-delay interrupt || ≗**anweisung** *f* (NC) / deceleration instruction || ≗**ausgang** *m* / delay(ed) output || ≗**baustein** *m* / time-delay block, delay block || **pneumatischer** ≗**block** / pneumatic delay block || ≗**dauer** *f* (Impuls) / delay interval || ≗**einrichtung** *f* / time-delay devices || ≗**einrichtung** *f* (Zeitschalter) / delay device || ≗**-Flipflop** *n* / delay flipflop, latch flipflop || ≗**gerät** *n* / time-delay device (o. element) || ≗**geschwindigkeit** *f* (Mot., WZM) / deceleration rate

Verzögerungsglied *n* / time-delay element, delay element, delay monoflop || ≗ **erster Ordnung** (P-T_1-Glied) / first-order time-delay element, first-order lag element || ≗ **höherer Ordnung** / higher-order delay element || ≗ **mit Abgriffen** / tapped delay element || ≗ **mit Ausschaltverzögerung** / delay monoflop with switch-off delay || ≗ **mit Einschalt- und Ausschaltverzögerung** / delay monoflop with switch-on and switch-off delay || ≗ **mit Einschaltverzögerung** / delay monoflop with switch-on delay || ≗ **mit einstellbarer Einschaltverzögerung** / delay monoflop with adjustable switch-on delay || ≗ **zweiter Ordnung** (P-T_2-Glied) / second-order delay element, delay element of second order

Verzögerungs·kennlinie *f* / ramp-down characteristic || ≗**kondensator** *m* / time-delay capacitor || ≗**kraft** *f* (rotierende Masch.) / deceleration force, retardation force || ≗**kreis** *m* / monoflop *n*, one-shot multivibrator || ≗**leitung** *f* / delay line (DL) || ≗**leitung** *f* (zur Leitung elektromagnetischer Wellen) DIN IEC 235, T.1 / slow-wave structure || **geschlossene** ≗**leitung** DIN IEC 235, T.1 / re-entrant slow-wave structure || ≗**moment** *n* / retardation torque, deceleration torque || ≗**relais** *n* (NC) / dwell timer, time-delay relay || ≗**schaltung** *f* / time-delay circuit || ≗**schaltung** *f* (Monoflop) / monoflop *n*, one-shot multivibrator || ≗**stufe** *f* / time-delay module (o. stage), timer *n* || ≗**stufe** *f* (Relais) / time delay relay, timing relay || ≗**ventil** *n* / delay valve || ≗**verhalten** *n* (z.B. Übergangsglied) / lag characteristic

Verzögerungszeit *f* / time delay, time lag, delay *n* || ≗ *f* (beabsichtigte bzw. programmierte Verzögerung) / delay time || ≗ *f* DIN 41745 / transient delay time IEC 478-1 || ≗ *f* (Reg., Totzeit) / dead time || ≗ **der Ausgangsbeschaltung** / output circuit delay || ≗ **Drehmom.schwellwert** / delay time for torque threshold || ≗ **Freq.schwelle f_1** / delay time of threshold freq f_1 || ≗ **Hochlauf beendet** / delay time ramp up completed || ≗ **Lastdrehmomentüberw.** / time delay for belt failure || ≗ **Leerlauferkennung** / delay time for no load ident. || ≗ **Motor blockiert** / delay time for motor is blocked || ≗ **Motor gekippt** / delay time for motor is stalled || ≗ **Stromschwellw.** / delay time current || ≗ **T_aus** / delay time T_off || ≗ V_{dc} / delay time DC-link voltage || ≗ **zulässige Abweichung** / delay time permitted deviation || **Durchlass~** *f* (HL) DIN 41781 / forward recovery time || **mittlere** ≗ (IS, elST) / propagation delay || **Sperr~** *f* (Thyr, Diode) DIN 41786, DIN 41781 / reverse recovery time || ≗**konstante** *f* (Reg.) / time constant of time delay

Verzögerungs·-Zeitschalter *m* / delay timer || ≗**zustand der Quelle** (PMG) DIN IEC 625 / source delay state (SDYS) || ≗**zyklus** *m* (Zeitschalter) / delay-time cycle

Verzug *m* (Verzögerung) / delay *n*, delay time, operating time || ≗ *m* (Formänderung) / distortion *n* || **Ausschalt~** *m* / aperture time || **Eingabe~** *m* / input time-out || **Zünd~** *m* (Lampe) / starting delay

Verzugsdauer *f* / delay *n* || **logistische** ≗ (Akkumulierte Dauer, während der eine Instandhaltung wegen der notwendigen Beschaffung von Instandhaltungsmitteln nicht durchgeführt werden kann, ohne Berücksichtigung von administrativen Verzugsdauern) / logistic delay (That accumulated time during which a maintenance action cannot be performed due to the necessity to acquire maintenance resources, excluding any administrative delay) || **mittlere administrative** ≗ (Erwartungswert der Verteilung der administrativen Verzugsdauern) / MAD (mean administrative delay) || **mittlere logistische** ≗

(Erwartungswert der Verteilung der logistischen Verzugsdauern) / MLD (mean logistic delay) || **Quantil der administrativen** ≗ (Quantil der Verteilung der administrativen Verzugsdauern) / p-fractile administrative delay (The p-fractile value of the administrative delay) || **Quantil der logistischen** ≗ (Quantil der Verteilung der logistischen Verzugsdauern) / p-fractile logistic delay (The p-fractile value of the logistic delay) || **technische** ≗ (Akkumulierte Dauer, die für die Durchführung technischer Hilfstätigkeiten benötigt wird, die mit der Instandhaltung selbst zusammenhängen) / technical delay (The accumulated time necessary to perform auxiliary technical actions associated with the maintenance action itself)

verzugsfrei *adj* / non-distorting *adj*, warp-free *adj* || **~er Stahl** / shrink-free steel

Verzugszeit *f* / delay time, transient delay time IEC 478-1

Verzunderung *f* / scaling *n*

verzurren *v* / lash *v*, tie *v*

verzweigen *v* / branch *v*

Verzweiger *m* (LAN) / splitter *n* || ≗ *m* / fork *n* IEC 50(466), K frame || ≗ *m* (LWL-Verbindung) / branching device IEC 50(731) || **Stern~** *m* / star coupler

verzweigtes Netz (Strahlennetz mit Abzweigleitungen an den Stichleitungen) / tree'd system

Verzweigung *f* / divergence *n* || ≗ *f* (von Leitern) / junction *n* || ≗ *f* (Programmablaufplan) / branch *n* || ≗ *f* (NC-Sinnbild) / decision *n* || ≗ **nach** (MPU) / branch go to (BRA) || **Endpunkt der** ≗ / leaf *n* || **Meldungs~** *f* (FWT) / information sorting || **Signal~** *f* (Ausgangsfächerung) / fan-out *n* || **UND-**≗ *f* / AND branch

Verzweigungs·befehl *m* (Sprungbefehl) / branch instruction, jump instruction || ≗**technik** *f* / branching technique || ≗**ventil** *n* / valve for flow diversion, valve for proportioning service || ≗**zirkulator** *m* / junction circulator, Y-circulator *n*, T-circulator

V-F / V-F

VFD / VFD (Virtual Field Bus Device)

VFE / multiplexer *n* (MPX)

VF-Einstellung *f* (Einstellung bei veränderlichem Fluss) / VFVV (variable-flux voltage variation)

V-Frequenz *f* / vertical frequency, field frequency

VGA (Video Graphics Adapter) / VGA (video graphics adapter)

VH (Vertriebshandbuch) / sales guide

Vh-Zähler *m* / Vh meter

Vibration sinusförmig / sine-wave vibration

vibrationsfest *adj* / resistant to vibrations

Vibrations·festigkeit *f* / resistance to vibration, vibration strength, vibration resistance, vibrostability *n*, immunity to vibration || ≗**-Galvanometer** *n* / vibration galvanometer || ≗**instrument** *n* / vibrating-reed instrument || ≗**messwerk** *n* / vibrating-reed measuring element, vibration measuring element || ≗**regler** *m* / vibrating-type voltage regulator, Tirrill voltage regulator, vibrating-magnet regulator || ≗**relais** *n* / vibrating relay

Vibrieren *n* / vibrating *n*

Vicat, Wärmefestigkeit nach ≗ / Vicat thermostability

Vickershärte *f* / Vickers pyramid hardness, diamond pyramid hardness, Vickers hardness

Video·computer *m* (VC) / video computer (VC) || ≗**-Encoder** *m* / video encoder || ≗**erde** *f* / video earth (o. ground) || ≗ **Graphics Adapter** (VGA) / video graphics adapter (VGA) || ≗**schnittstelle** *f* / video interface, video port || **digitale** ≗**schnittstelle** / Digital Video Interface (DVI) || ≗**-Sichtgerät** *n* / video display unit (VDU), CRT unit (o. monitor) || ≗**text** *m* / broadcast videotex, teletext *n*

Vidikon *n* / vidicon *n*

Vielachsensteuerung *f* (NC) / multi-axis control

vieladriges Kabel / multi-core cable

Vielbereichs·schreiber *m* / multi-range recorder, multi-channel recorder || ≗**-Zeitrelais** *n* / multi-range time-delay relay

Viel-Ebenen-Auswuchten *n* / multi-plane balancing

Vieleck *n* / n-corner *n* || ≗**schutz** *m* / transverse differential protecion

Vielfach·dichtung *f* / grommet *n* || ≗**erdung** *f* / multiple earthing

Vielfaches, ganzzahliges ≗ / integral multiple

Vielfach·messer *m* / multi-function instrument, multimeter *n*, circuit analyzer || ≗**-Messgerät** *n* / multi-function instrument, multimeter *n*, circuit analyzer || ≗**-Messinstrument** *n* / multi-function instrument, multimeter *n*, circuit analyzer || ≗**-Sammelschiene** *f* / multiple bus (system) || ≗**schalter** *m* / maintained-contact multi-circuit switch, multi-circuit switch, multi-unit switch, pilot switch, ganged control switch || ≗**schaltung** *f* (LE) / multiple connection (of commutating groups) || ≗**schreiber** *m* / recording multiple-element instrument, multi-channel recorder, multicorder *n*, multi-record instrument || ≗**steuerung** *f* / multicontrol *n* || ≗**steuerung** *f* (Bahn) / multiple-unit control || ≗**taster** *m* / momentary-contact multi-circuit switch, multi-circuit switch, (momentary-contact) pilot switch || ≗**zugriff mit Aktivitätsüberwachung** (LAN) / carrier sense multiple access with collision detection

Vielfaserkabel *n* / multifibre cable

Vielkanalanalysator *m* / multi-channel analyzer, multi-stream analyzer

Vielkeil·verzahnung *f* / splining *n* || ≗**welle** *f* / multiple-spline shaft

Vielkernleiter *m* / multi-filament conductor, composite conductor

Vielkontaktrelais *n* / multi-contact relay

Vielkristallhalbleiter-Gleichrichter *m* / polycristalline semiconductor rectifier, semiconductor rectifier

Vielperiodensteuerung *f* (LE) / multi-cycle control || **Frequenz der** ≗ / cyclic operating frequency

vielpolig *adj* / multi-pole *adj*, multiway *adj* || **~e Reihenklemmen** DIN IEC 23F.3 / multiway terminal block IEC 23F.3

Vielpunkt-Verbindung *f* / multi-point connection

Vielschichtkondensator *m* / multi-layer capacitor

Vielschirmisolator *m* / multi-shed insulator

Vielschwingungssteuerung *f* / multi-cycle control

vielseitig *adj* / versatile *adj*

Vieltyp·-Lichtwellenleiter *m* / multimode fibre || ≗**-Wellenleiter** *m* / multimode waveguide

Vielzahl *f* / variety *n*

Vierbündelleiter *m* / four-bundle conductor

vierdekadischer Zähler / four-decade counter
Vierdraht·anschluss *m* / four-wire connection || **≗leitung** *f* / four-wire line || **≗leitung** *f* (Kabel) / four-conductor cable, four-core cable
viereckig *adj* / quadrangular *adj*
Vierer *m* (Adervierer) / quad *n* || **≗baum** *m* / quadtree *n* || **≗block** *m* (Steckverbinder) / four-connector block || **≗bündel** *n* / quad bundle, four-conductor bundle, quadruple conductor || **≗messung** *f* / four-point measurement, four-point alignment || **einfache ≗verdrillung** / twist system
vierfach / four-fold || **~ parallelgeschaltete Wellenwicklung** / four-circuit wave winding || **~ polumschaltbarer Motor** / four-speed pole-changing motor
Vierfach·baustein *m* / four-thyristor module || **~e Schachtelungstiefe** / nesting to a depth of four || **~es Untersetzungsgetriebe** / quadruple-reduction gear unit
Vierfach·kennlinienwähler *m* / quadruple characteristic selector || **≗-Multiplexer** *m* / quad multiplexer || **≗-Operationsverstärker** *m* / quad operational amplifier || **≗-Sammelschiene** *f* / quadruple bus || **≗schreiber** *m* / four-channel recorder
Vierfenster·ansicht *f* / four-window view || **≗ausgabe** *f* / four-window output
Vierflankenumsetzer *m* / quad slope converter
viergängiges Gewinde / quadruple thread
Vier·gelenkarm *m* / four-bar linkage member (o. arm) || **≗gelenkgetriebe** *n* / four-bar linkage, four-bar equivalent mechanism
viergliedriges Kurbelgetriebe / four-bar linkage, link quadrangle
Vierkanalverstärker *m* / four-channel amplifier
Vierkant *n* / square *n* || **≗holz** *n* / squared timber || **≗material** *n* / square stock || **≗revolverkopf** *m* / square turret, four-way toolholder || **≗verschluss** *m* / square-socket-key lock || **≗welle** *f* / square shaft (end), square-ended shaft || **≗zapfen** *m* / square *n*, square pin
Vierkreis·-Brechungsindexmethode *f* / four concentric circle refractive index template || **≗-Gleichstrommotor** *m* / four-circuit d.c. motor || **≗-Methode** *f* / four concentric circle near-field template
Vierleiter·anlage *f* / four-wire system || **≗anschluss** *m* / four-wire connection || **≗-Betrieb** *m* / four-wire operation || **≗-Drehstrom-Blindverbrauchszähler** *m* / three-phase four-wire reactive volt-ampere meter, four-wire polyphase VArh meter || **≗-Drehstrom-Wirkverbrauchszähler** *m* / three-phase four-wire watthour meter || **≗-Drehstromzähler** *m* / three-phase four-wire meter || **≗kabel** *n* / four-conductor cable, four-core cable || **≗netz** *n* / four-wire system || **≗-Sammelschiene** *f* / quadruple bus
Vier·lochwicklung *f* / four-slots-per-phase winding || **≗phasen-Spannungsquelle** *f* / four-phase voltage source
vierphasig *adj* / four-phase *adj*
Vierpol *m* / quadripole *n*, four-terminal network || **≗-Ersatzschaltung** *f* / four-pole equivalent circuit || **längssymmetrischer ≗** / symmetrical two-terminal-pair network
vierpolig *adj* / four-pole *adj*, quadrupole *adj* || **~e Klinke** / four-way jack || **~er Leistungsschalter** / four-pole circuit-breaker
Vierpol-Netzwerk *n* / four-terminal network, four-terminal-pair network, four-port network
Vier-Punkt-Verriegelung *f* / 4-point locking mechanism
Vierquadranten·antrieb *m* / four-quadrant drive, reversing/regenerating drive || **≗betrieb** *m* / four-quadrant operation || **≗betrieb** *m* (SR-Antrieb) / four-quadrant operation, reversing/regenerating duty || **≗programmierung** *f* (NC) / four-quadrant programming, plus-and-minus programming
Vier-Quadrant-Stromrichter *m* / four-quadrant converter
vierreihiger Verteiler / four-tier distribution board
Vier·-Schalter-Ringsammelschienen-Station *f* / four-switch mesh substation || **≗-Schalter-Ringsammelschienen-Station mit Ring-Trennschaltern** / four-switch mesh substation with mesh opening disconnectors || **≗schenkeltransformator** *m* / four-limb transformer, four-leg transformer || **≗schichtmaterial** *n* / quadruplex material
vier·seitige Belüftung / combined axial and radial ventilation || **~stellig** *adj* / four-digit *adj*
Vier·stufenkennlinie *f* / four-step characteristic || **≗stufenkern** *m* / four-stepped core
vierstufiger binärer Vorwärts-Rückwärts-Zähler / four-stage bidirectional counter (with parallel loading and common reset)
Viertakt-Stufenschalter *m* VDE 0630 / four-position regulating switch (CEE 24)
Vier·tarif *m* / four-rate tariff || **≗tarifzählwerk** *n* / four-rate register || **≗teilkreisprogrammierung** *f* (NC) / quadrant programming
Viertel·einschub *m* / quarter-width chassis || **≗jahreshöchstleistung** *f* / quarterly maximum demand || **≗kreis** *m* / quadrant *n* || **tangentieller ≗kreis** / tangential quarter circle || **≗stundenleistung** *f* / quarter-hourly demand || **≗ter Schall** / fourth sound
viertel·überlappte Umbandelung / quarter-lapped taping || **≗wellen-Sperrfilter** *n* / quarter-wave stop filter
Viertor-Koppler *m* / four-port coupler
Vierwegeschalter *m* / four-way switch
vierzeiliger Aufbau (ET, elST) / four-tier configuration
Villari-Umkehrpunkt *m* / Villari reversal
vio *adj* / violet *adj*, vio *adj*
violett *adj* / violet *adj*, vio *adj*
virtuell *adj* / virtual *adj* || **~e Ausschaltzeit** (Sich.) / virtual operating time || **allgemeine Dienste für ~e Geräte** / VMD support services || **~e Geräteschnittstelle** / virtual device interface VDI || **~er Sternpunkt** / virtual neutral point || **~es Bild** / virtual image || **~e Schmelzzeit** (Sich.) / virtual prearcing time || **~es Feldgerät** *n* / virtual field device (VFD) || **~e Zeit** (Sich.) / virtual time
Virtuelles Privates Netzwerk (VPN) / virtual private network (VPN)
Visier *n* / sight *n*
Visieren *n* / sighting *n*
Visier·gerüst *n* / sight rail || **≗kimme** *f* / V-aim *n* || **≗korn** *n* / front sight || **≗optik** *f* (Pyrometer) / eyepiece and sighting lens system, sighting lens system || **≗rohr** *n* (Pyrometer) / sighting tube, target tube

Visitierstation *f* / inspection station
viskoelastische Deformation / viscoelastic deformation
viskos·e Dämpfung / viscous damping || **~e Hysteresis** / viscous hysteresis, magnetic creep || **~e Strömung** / viscous flow || **~er Verlust** / viscous loss
Viskosimeter *n* / viscometer *n*
Viskosität nach dem Auslaufbecher-Verfahren / viscosity by cup, flow cup viscosity, efflux cup consistency
Viskositäts·-Dichte-Konstante *f* (VDK) / viscosity-gravity constant || **≗indexverbesserer** *m* (VI-Verbesserer) / viscosity index improver (VI improver) || **≗koeffizient** *m* / coefficient of viscosity, dynamic viscosity || **≗polhöhe** *f* / viscosity pole height || **≗verhältnis** *n* / viscosity ratio, relative viscosity || **≗zahl** *f* / viscosity index, viscosity number, reduced viscosity || **spezifische ≗zahl** / limiting viscosity, intrinsic viscosity, internal viscosity
Visualisierung *f* / visualization *n*
Visualisierungs·daten *plt* / visualization data || **≗einheiten** *f pl* / visual display units || **≗gerät** *n* / visual display device || **≗prozessor** *m* / visualization processor || **≗prozessor** *m* (VP) / visualization processor (VP) || **≗schnittstelle** *f* / visu interface || **passive ≗software** / passive visualization software || **≗system** *n* / visualization system || **≗system** *n* (Anzeigen) / visual display system, sighting aid || **≗- und Steuerungssoftware** *f* / monitoring and control software
visuell·e Fotometrie / visual photometry || **~e Führung** / visual guidance || **~er Nutzeffekt** / luminous efficiency, visual efficiency || **~er Sensor** / vision sensor || **~es Fotometer** / visual photometer || **~es Sensor- und Abstandmesssystem** (Rob.) / vision and ranging system || **~es Signal** / visual signal
VI-Verbesserer *m* / viscosity index improver (VI improver)
VK (Vertragskennung) / contract ID
VKE (Verknüpfungsergebnis) / result of logic operation (RLO), boolean result, result of the previous logic operation, logic result || **≗-beeinflussende Operation** / instruction directly affecting the RLO
V·-Kerb-Probe *f* / V-notch test || **≗-konst. Bereich** / constant speed range || **≗-Kurven-Kennlinie** *f* / V-curve characteristic || **≗-Lichtbogenkammer** *f* / V-shaped arc chute
Vlies *n* / fleece *n* || **≗band** *n* / fleece tape || **≗-Glimmerband** *n* / mica fleece tape || **≗stoff** *m* / fleece material, non-woven material || **≗-Verbundmaterial** *n* / composite fleece material
VLSI / VLSI (Very Large Scale Integration)
VME·bus *m* / VME bus || **≗-Subsystem** *n* (VMS) / VME subbus system (VMS) || **≗-Subsystembus** *m* (VSB) / VME-subsystem bus (VSB)
VMS / VME subbus system (VMS)
V·-Naht *f* / V-weld *n*, single-V butt joint || **≗-Netznachbildung** *f* / V-network *n*
Vogel, Verhütung von ≗schäden / bird hazard reduction || **≗schlaggefahr** *f* / bird hazard || **≗schutzgitter** *n* / bird screen
voll *adj* / full *adj* || **~ dialogfähig** / capable of full interactive communication || **~ erregt** / fully energized
Voll·addierer *m* / full adder || **≗ader** *f* / tight buffered fiber, full core || **≗ausbau** *m* / maximum configuration
Vollausfall *m* / blackout *n* || **≗** *m* (Ausfall der alle Funktionen einer Einheit betrifft) / complete failure (A failure which results in the complete inability of an item to perform all required functions) || **sprunghaft auftretender ≗** / catastrophic failure, cataleptic failure
vollausgesteuert *adj* / FULL-ON *adj*
Vollausschlag *m* (MG) / full-scale deflection (f.s.d.)
Vollaussteuerung *f* (LE) / unity control-factor setting, zero delay-angle setting || **≗** *f* (elektroakust. Übertragungsglied) / maximum volume || **Ausgangsleistung bei ≗** (LE) / zero-delay output || **ideelle Gleichspannung bei ≗** (LE) / ideal no-load direct voltage || **≗ des Bandes** / maximum recording level of tape
Vollautomat *m* / fully automatic machine
vollautomatischer Betrieb / fully automatic operation
Voll·bereich *m* / full-scale *n* || **≗bereich-Einstellwert** *m* / full-scale frequency setting || **≗bereichsicherung** *f* / general-purpose fuse || **≗bereichssignal** *n* / full-scale output (FSO)
vollbestückter Platz (SK) / fully equipped space
Voll·betriebszeit *f* DIN 40042 / full operating time || **≗bild** *n* / full-frame display, full frame, frame *n* || **≗bild** *n* (Grafikbildschirm, CAD) / non-interlaced display || **≗blechtechnik** *f* (Blechp.) / fully laminated construction || **≗blechtür** *f* / sheet-steel door, solid door
vollbohren *v* / bore *v*
Voll·bohrer *m* / drill *n* || **≗distanzschutz** *m* IEC 50(448) / full distance protection || **≗drehzahl** *f* / full speed, full-load speed, maximum speed || **≗duplex** *n* (FDX) / full duplex (FDX) || **≗duplexbetrieb** *m* / full-duplex mode, duplex mode || **≗duplex-Nahtstelle** *f* / full-duplex interface
volle Abschaltung / full disconnection || **~ Blitzstoßspannung** / full lightning impulse, full-wave lightning impulse (voltage) || **~ Erregung** (el. Masch.) / full field || **~ Selektivität** (LS-Auslöser) / total selectivity, total discrimination || **~ Stoßspannung** / full-wave impulse || **~ Welle** / solid shaft
Voll·einsatz *m* (BGT) / mounting rack, rack *n* || **≗einschub** *m* / full-size withdrawable unit || **≗leiter** *m* / solid conductor || **≗emitter** *m* / washed emitter
Vollen, Abspanen aus dem ≗ / cutting from solid stock || **auf ~ Touren laufen** / run at full speed
Vollentlastung *f* (Netz) / total loss of load
voller Eingangsbereich (IS, D-A-Umsetzer) / full-scale range (FSR), span *n* || **~ Skalenbereich** / full scale range
vollgeblecht·e Maschine / machine with a laminated magnetic circuit || **~er magnetischer Kreis** / fully laminated magnetic circuit, fully laminated field
voll·geschottet / fully compartmented || **~gesteuerte Schaltung** (LE) / fully controllable connection, uniform connection EN 60146-1-1
Vollgrafik *f* / pixel graphics, full graphics || **≗-Rastersystem** *n* / full-graphics raster system
vollgrafische Darstellung / full graphics display, pixel-graphics display, vector-graphics display
Voll·graphik *f* / pixel graphics || **≗gummistecker** *m* /

solid rubber plug, all-rubber plug || **≗hubventil** *n* / full-stroke valve
völlig geschlossene Maschine / totally-enclosed machine || **~ geschlossene Maschine mit äußerer Eigenbelüftung** / totally enclosed fan-cooled machine, t.e.f.c. machine, ventilated-frame machine || **~ geschlossene Maschine mit Eigenkühlung durch Luft** / totally-enclosed fan-ventilated air-cooled machine || **~ geschlossene Maschine mit Eigenlüftung** / totally-enclosed fan-ventilated machine || **~ geschlossene Maschine mit Fremdbelüftung** / totally-enclosed separately fan-ventilated machine || **~ geschlossene Maschine mit Fremdkühlung durch Luft** / totally-enclosed separately fan-ventilated air-cooled machine || **~ geschlossene Maschine mit Luft-Wasser-Kühlung** / totally enclosed air-to-water-cooled machine || **~ geschlossene Maschine mit Rohranschluss** / totally enclosed pipe-ventilated machine || **~ geschlossene, oberflächengekühlte Maschine** / totally enclosed fan-cooled machine, t.e.f.c. machine, ventilated-frame machine || **~ geschlossene, selbstgekühlte Maschine** / totally enclosed non-ventilated machine (t.e.n.v. machine) || **~ geschlossener Motor** / totally enclosed motor
vollimprägnierte Isolierung / fully impregnated insulation
Voll·imprägnierung *f* / impregnation by complete immersion, post-impregnation *n* || **≗linie** *f* / continuous line
vollisoliert *adj* / all-insulated *adj*, totally insulated, fully insulated, solid-insulated *adj* || **~** *adj* / totally insulated, all-insulated *adj* || **~e Schaltanlage** / totally insulated switchgear, all-insulated switchgear || **~er Stromwandler** / fully insulated current transformer
Voll·keilwuchtung *f* / full-key balancing || **≗kern** *m* / unsplit core || **≗kohlebürste** *f* / single-carbon brush
vollkommen *adj* / complete *adj* || **~ ausgewuchtet** / perfectly balanced || **~ diffuse Reflexion** / uniform diffuse reflection || **~ geschlossene Bauart** (Trafo) / sealed-tank type || **~ gestreute Reflexion** / uniform diffuse reflection || **~ gestreute Transmission** / uniform diffuse transmission || **~ matte Fläche** (Lambert-Fläche) / Lambertian surface || **~ mattweiße Fläche** / perfect diffuser || **~ mattweißes Medium bei Reflexion** / perfect reflecting diffuser || **~ streuender Körper** / uniform diffuser || **~ verschweißte Ausführung** (Trafo) / sealed-tank type || **~e Streuung** (LT) / perfect diffusion || **~er dreiphasiger Kurzschluss** / dead three-phase fault, three-phase bolted fault || **~er Erdschluss** VDE 0100, T.200 / dead short circuit to earth, dead fault to ground, dead earth (o. ground) fault || **~er Körperschluss** VDE 0100, T.200 / dead short circuit to exposed conductive part, dead fault to exposed conductive part || **~er Kurzschluss** / dead short circuit, dead short, bolted short-circuit || **~er Kurzschlussstrom** VDE 0100, T.200 / solid short-circuit current
vollkompensiert *adj* / fully compensated
Voll·komplement *n* DIN 44300 / radix complement || **≗kreis** *m* / full circle || **≗kreisbauweise** *f* (el. Mot.) / ring-stator type || **≗kreisprogrammierung** *f* (NC) / full circle programming
vollkugelig *adj* (Lg.) / cageless *adj*, crowded *adj*
Voll·ladezustand *m* (Batt.) / fully charged state || **≗ladung** *f* (Batt.) / full charge
Volllast *f* / full load, 100% load || **≗** *f* (el. Masch.) VDE 0530, T.1 / full load IEC 34-1 || **≗abschaltung** *f* / full-load rejection, full-load shedding || **≗anlauf** *m* / full-load starting || **≗betrieb** *m* / full-load operation, operation under full-load conditions || **≗-Erregerstrom** *m* / full-load field current || **≗leistung** *f* / full-load power, full-load output || **≗leistung** *f* (el. Masch.) VDE 0530, T.1 / full-load value IEC 34-1 || **≗spannung** *f* / full-load voltage || **≗strom** *m* / full-load current
Volllochwicklung *f* / integral-slot winding, integer-slot winding || **≗PE** (PE=Erdung mit Schutzfunktion) / solid PE
Voll·macht *f* (QS) / authority *n* || **≗material** *n* / solid stock, solid material
vollmodular *adj* / fully modular
Voll-PE (PE = Erdung mit Schutzfunktion) / solid PE
Vollpol *m* / non-salient pole || **≗läufer** *m* / cylindrical rotor, drum-type rotor, non-salient-pole rotor, round rotor
Vollprüfung *f* / one-hundred-percent inspection, 100% inspection
vollrollig *adj* (Lg.) / cageless *adj*, crowded *adj*
Voll·rotor *m* / cylindrical rotor, drum-type rotor, non-salient-pole rotor, round rotor || **≗schmierung** *f* / fluid lubrication, hydrodynamic lubrication, complete lubrication || **≗schnitt** *m* (WZM, NC) / full cut || **≗schottung** *f* / complete compartmentalization (o. segregation), full compartmentalization || **≗schutzeinrichtung** *f* (Temperaturschutz m. Thermistoren) / thermistor-type protective system || **≗schwingung** *f* / full wave || **≗schwingungssteuerung** *f* / multi-cycle control || **≗service** *m* / standard maintenance service || **≗servicevertrag** *m* / full-service contract || **≗spannungsmotor** *m* / full-voltage motor || **≗spule** *f* / former-wound coil
vollständig *adj* / complete *adj* || **~ eingetauchte Durchführung** / completely immersed bushing || **~ geschlossener Trockentransformator** / totally enclosed dry-type transformer || **~ staubfreier Raum** / white room || **~e Brückenschaltung** / complete bridge connection || **~e Dämpferwicklung** / damper cage, interconnected damper winding, amortisseur cage || **~e Gedächtnisfunktion** (Rel.) / total memory function || **~er Abschluss** (durch Gehäuse) / complete enclosure || **~er Code** / perfect code || **~er Fehlzustand** (Fehlzustand, der alle Funktionen einer Einheit betrifft) IEC 50(191) / complete fault (A fault characterized by the complete inability of an item to perform all required functions), function-preventing fault || **~er Schutz** / complete protection
Vollständigkeits·bedingung *f* / completeness condition || **≗überprüfung** *f* / check for completeness
vollstatisch *adj* (elektronisch) / all-electronic *adj*, solid-state *adj*
Vollstechen *n* / cut off, parting *n*
vollsteuerbare Schaltung (LE) VDE 0558 / full controllable connection
Vollstoß *m* (Stoßwelle) / full-wave impulse
Vollstreckung eines Befehls / execution of a command
Voll·stromfilter *m* / full-flow filter || **≗subtrahierer** *m* / full subtractor || **≗tastatur** *f* / full keyboard ||

≗**tränkung** *f* / impregnation by complete immersion, post-impregnation *n* || ≗**transformator** *m* / separate-winding transformer || ≗**trommelmaschine** *f* / cylindrical-rotor machine || ≗**verguss-Blockstromwandler** *m* / encapsulated block-type current transformer, potted block-type current transformer
vollverlagerter Kurzschluss / fully asymmetrical short circuit, fully offset fault || ~ **Kurzschlussstrom** / fully asymmetrical short-circuit current
Voll·verlagerung *f* (Kurzschluss) / complete asymmetry (of fault) || ≗**verzahnung** *f* / full-depth tooth system || ≗**wandtechnik** *f* / solid-wall design || ≗**weggleichrichter** *m* / full-wave rectifier
Vollwelle *f* / full wave || ≗ *f* (mech.) / solid shaft || **1/40 µs** ≗ / 1 by 40 µs full wave, 1/40 µs full wave
Vollwellen·-Prüfspannung *f* / full-wave test voltage || ≗**steuerung** *f* (LE) / full-wave control || ≗**stoß** *m* / full-wave impulse || ≗**-Stoßpegel** *m* / full-wave impulse test level || ≗**-Stoßspannung** *f* / full-wave impulse voltage, full-wave impulse
Vollzugsmeldung *f* / confirmation (o. acknowledgement) of operation
vollzyklischer Betrieb (FWT) / completely cyclic mode
Vollzylinder *m* / solid cylinder
Voltameter *n* / voltameter *n*, voltmeter *n*
Volt-Ampère·-Messgerät *n* / volt-ampere meter, VA meter || ≗**-Stundenzähler** *m* / volt-ampere-hour meter, VAh meter, apparent-energy meter
Volta-Spannung *f* / contact potential
Volt·lupe *f* / expanded-scale voltmeter || ≗**meter** *n* / voltmeter *n*, voltameter *n* || ≗**quadrat-Stundenzähler** *m* / volt-square-hour meter || ≗**stundenzähler** *m* / volt-hour meter, Vh meter
Volumen *n* / volume *n*, sales *n* || **spezifisches** ≗ **nach der Entspannung** / downstream specific volume || **bereinigtes** ≗ / adjusted sales || **komprimiertes** ≗ / compression volume || **spezifisches** ≗ / specific volume || **verdrängtes** ≗ / displacement volume || ≗**änderung** *f* / change of volume || ≗**ausdehnung** *f* / volumetric expansion
volumenbezogene elektromagnetische Energie / volume density of electromagnetic energy || ~ **Gesamtverlustdichte** (gleichförmig magnetisiertes Material) / total loss volume density || ~ **Ladung** / volume charge density || ~ **Scheinleistungsdichte** / apparent power volume density || ~ **Wärmekapazität** / heat capacity per unit volume
Volumen·durchfluss *m* / volume rate of flow, volume flow rate || ≗**durchflussmesser** *m* / volumetric flowmeter || ≗**faktor** *m* / bulk volume factor, bulk factor || ≗**fluss** *m* / bulk current || ≗**fräsen** *n* / solid milling || ≗**gewicht** *n* / weight by volume || ≗**integral** *n* / volume integral || ≗**konzentration** *f* / volumetric concentration, volume concentration, concentration by volume, bulk concentration || ≗**lebensdauer** *f* (HL) / bulk lifetime || ≗**leitfähigkeit** *f* / volume conductivity, bulk conductivity || ≗**messgerät** *n* / flow meter, flow-rate meter, rate meter || ≗**modell** *n* (CAD) / volume model || ≗**modeller** *m* / volume modeller || ≗**prozent** *n* / percent by volume, volume percentage || ≗**schnelle** *f* / volume velocity || ≗**strahler** *m* / whole volume radiator, volume radiator, volume radiating source || ≗**strom** *m* / volume rate of flow, volumetric flow, flow *n* || ≗**strom** *m* (el.) / bulk current
Volumenstrom, hydraulischer ≗ / hydraulic flow || **verdrängter** ≗ / displaced flow || **zufließender** ≗ / incoming flow
Volumen·stromkennlinie *f* / flow characteristic || ≗**stromverhältnis** *n* / flow ratio || ≗**teil** *m* / part by volume || ≗**voltameter** *n* / volume voltameter || ≗**zähler** *m* / volumetric meter, volumetric meter
von außen bedienbar / externally operated || ~ **Hand** / by hand, manual *adj* || ~ **vorn entriegelbarer Kontakt** / front-release contact
VOR / VHF omnidirectional radio range (VOR)
Vorab·beurteilung *f* (QS) / initial evaluation (CSA Z 299) || ≗**einlesen** *n* / pre-reading in *n* || **~- und nacheilend** / leading and lagging
Vorabfertigung *f* / manufacturing in advance
Vorabfühlung *f* / pre-sensing *n*
Vorabgleich *m* / preliminary adjustment
Vorab·information *f* / preliminary information, advance information || ≗**-Produktinformation** *f* / advance product information
Vor·abstand *m* / advance version || ≗**alarm** *m* / pre-alarm *n*
voraltern *v* / season *v*
Vor·alterung, zeitraffende ≗**alterung** (durch Einbrennen) / burn-in *n* || ≗**anpassung** *f* / coarse adjustment || ≗**arbeit** *f* / preparatory work || ≗**arbeiter** *m* / foreman *n*
vorausberechnet·e Ausfallrate / predicted failure rate || **~e mittlere Instandhaltungsdauer** (einer komplexen Betrachtungseinheit) / assessed mean active maintenance time || **~es Lebensdauer-Perzentil Q** / predicted Q-percentile life
Voraus·berechnung *f* / advance calculation || ≗**fertigung** *f* / manufacturing in advance || ≗**schau** *f* / looking ahead || ≗**schau** *f* (Prognose) / forecast *n*
vorausschauend *adj* / looking ahead || **~er Übertrag** / look-ahead carry
Voraus·setzung *f* (Math.) / premise *n*, supposition *n* || ≗**setzungen zum Einschalten** / closing preconditions
voraussichtlich *adj* / presumably *adj* || **~e Aufteilung der Ausfälle auf die Parameter** DIN IEC 319 / failure distribution parameter estimate || **~e Berührungsspannung** / prospective touch voltage || **~e Erfolgswahrscheinlichkeit** (Statistik, QS) / predicted reliability || **~e Lebensdauer** (Isoliersystem) VDE 0302, T.1 / estimated performance IEC 505 || **~e mittlere Instandhaltungsdauer** / predicted mean active maintenance time || **~e Nutzungsdauer** / expected life || **~es Ausfallperzentil** / predicted Q-percentile life
Vor·auswertung *f* / pre-evaluation *n* || ≗**beanspruchung** *f* / prestressing *n*
Vorbearbeiten *n* (WZM) / roughing *n*, rough-machining *n*, premachining *n*, rough-cutting *n*
vorbearbeitet *adj* / pre-worked *adj*
Vorbearbeitungs·maß *n* / pre-work dimension || ≗**-Zeichnung** *f* / pre-machining drawing, pre-operation drawing
Vorbedingung *f* / prerequisite *n*, precondition *n*
Vorbefehl *m* (DÜ, FWT) / preselect command
vorbehandelte Ölprobe / dried and filtered oil sample
Vorbehandlung *f* / pretreatment *n*, preparatory

treatment, preliminary treatment || ≗ *f* (Prüfling) DIN IEC 68 / preconditioning *n*, burn-in *n*
Vorbeiführen *n* / by-passing *n* || ~ *v* / by-pass *v*
Vorbelastung *f* / preloading *n*, prestressing *n*, initial load, base load, bias *n* || ≗ *f* (LS, Ausl.) / previous load, bias *n* || ≗ *f* (Umweltbelastung) / initial level of pollution
Vorbelastungsspannung *f* / pre-stress voltage
vorbelegen *v* / preset *v* || ~ *v* (zuweisen) / pre-assign *v*
vorbelegt *adj* / pre-assigned *adj*
Vorbelegung *f* / default selection, default input, default *n*, pre-assigning *n*, preassignment *n*, presetting *n* || ≗ **einer neuen Komponente** / default selection of a new component
Vorbelegungswert *m* / default value, default *n*
Vorbemerkung *f* / preliminary remarks
vorberechtigter Aufruf (SPS) / preemptive scheduling
vorberegnen *v* / pre-wet *v*
vorbereiten *v* / initialize *v*, supply *v*, set up manually, write data into mailbox, feed *v*
vorbereiteter Leiter / prepared conductor
Vorbereitung *f* (Speicherröhre, Aufladen von Speicherelementen) / priming *n* || ≗ *f* (DV, Programm) / initialization *n* || **in** ≗ / available soon (A note indicating that a feature is not available at the time of printing) || ≗ **des Motors** / preparation *n*
Vorbereitungs·betrieb *m* (DÜ) / initialization mode (IM) || ≗**eingang** *m* (logische Schaltung) / set-up input || ≗**funktion** *f* / preparatory function || ≗**geschwindigkeit** *f* (Speicherröhre) / priming speed || ≗**satz** *m* (NC, CLDATA) / preparation block (o. record)
Vorbereitungszeit *f* / preparatory time, preparation time || ≗ *f* (NC, Zeit von der Ausgabe der Zeichnung bis zum Beginn der Bearbeitung) / lead time || ≗ *f* (Speicherröhre) / priming rate || ≗ *f* (Zeitdifferenz zwischen bestimmten Signalpegeln) / set-up time IEC 147 || **Adress-**≗ *f* / address setup time || **Mess~** *f* / preconditioning time
Vorbereitungs·zustand *m* (PMG) DIN IEC 625 / mode state || **Serienabfrage-**≗**zustand** *m* (des Sprechers PMG) DIN IEC 625 / serial poll mode state (SPMS)
vorbesetzt *adj* / preoccupied *adj*, preset *adj*, default *adj*, specified *adj*
Vorbesetzung *f* / presetting *n*, preassignment *n*, pre-assigning *n*, default *n* || ≗ *f* (m. Standardwerten) / default selection, default input || ≗ **der Kanäle** / presetting of channels, channel presets
Vorbesetzungs·abbruch *m* / preset abort || ≗**baustein** *m* (SPS) / presetting block
Vorbetriebsprüfung *f* / precommissioning checks
vorbeugende Instandhaltung / preventive maintenance (The maintenance carried out at predetermined intervals or according to prescribed criteria and intended to reduce the probability of failure or the degradation of the functioning of an item) IEC 50(191) || ~ **Prüfung** / preventive inspection || ~ **Wartung** / preventive maintenance
Vorblatt *n* / form *n*, form overlay
vorbohren *v* / rough-drilling *v* || ~ *v* (m. Bohrstahl) / rough-bore *v*, prebore *v* || ~ *v* (m. Spiralbohrer) / rough-drill *v*, predrill *v*
Vorbohrpunkt *m* / pre-drill point, pre-drilling point
Vorbühnenbeleuchtung *f* / proscenium lighting, front-of-house lighting

Vordecodierung *f* / predecoding *n*
Vorderansicht *f* / front view
vorder·e Außenkette (Flp.) / downwind wing bar || **~e Begrenzungsleuchte** (Kfz) / sidelight *n* (GB), side-marker *n* (US), front position light || **~e Feuereinheit** (Flp.) / downwind light unit || **~e Stirnfläche** (Bürste) / front face, front *n* || **~er Standort** (Flp.) / downwind position
Vorderfläche *f* / front face, face *n*
Vorderflanke *f* (Impuls) / leading edge
Vordergrund *m* / foreground *n* || ≗**bild** *n* / foreground image || ≗**farbe** *f* / foreground color || ≗**speicher** *m* / foreground memory, primary storage, primary memory || ≗**sprache** *f* / foreground language
Vorderkante *f* / front edge || ≗ *f* (NS, Bürste) / leading edge
Vordermotor *m* (Walzw.) / front motor
Vorderrad·antrieb *m* (Kfz) / front-wheel drive || ≗**kupplung** *f* (Kfz) / front-wheel clutch
Vorderseite *f* / front *n*, front end, front face, front side || ≗ *f* (Bauteilseite einer Leiterplatte) / front *n*, component side || **Steckverbinder-**≗ *f* / connector front
vorderseitig·e Montage / front mounting || **~e Tür** (ST) / front door, hinged front panel || **~er Anschluss** / front connection
Vordertransformator *m* / series transformer || ≗ *m* (f. Mot.) / main-circuit transformer
Vordrehen *n* / rough turning
Vordruck *m* / form *n*, standard form || ≗**-Zeichnung** *f* / preprinted drawing, drawing form
Vordurchschlag *m* / pre-breakdown *n*
Voreildauer *f* (Impuls) / advance interval
Voreilen der Phase / lead of phase
voreilend *adj* / leading *adj*, capacitive *adj* || **~e Phase** / leading phase || **~er Hilfsschalter** / leading auxiliary switch || **~er Schließer** / leading make contact, early closing NO contact (ECNO)
Voreilwinkel *m* / lead angle || ≗ *m* (LE) / advance angle EN 60146-1-1, angle of advance || **Phasen~** *m* / phase-angle lead, phase lead *n*
Voreinflugzeichen *n* (OMK) / outer marker (OMK)
voreingestellt *adj* / preoccupied *adj*, preset *adj*, default *adj*, specified *adj*
Voreinstellung *f* / presetting *n*, preset *n*, preset option, default *n*, default selection, default input
Vorelektrode *f* / pilot electrode
Vorendschalter *m* / prelimit switch
Vorentladung *f* / pre-discharge *n*, minor discharge, leader (stroke)
Vorentladungsstrom *m* / pre-discharge current
Vorentwurf *m* / design study, preliminary design
Vorentzerrer *m* / distortion compensation stage
Vorerregung *f* (el. Masch., aus einer Batterie) / pre-excitation *n*
vorfahren *v* / advance *v*
Vorfeld *n* (Flp.) / apron *n* || ≗**beleuchtung (o. -befeuerung)** *f* (ALI) / apron lighting (ALI)
vorfertigen *v* / prepare *v*
Vorfertigung *f* / parts production, preproduction *n*, pre-production department
Vorfertigungsrevision *f* / parts inspection, in-process inspection and testing, in-process inspection, manufacturing inspection, line inspection, interim review, intermediate inspection and testing
Vorfilter *n* / coarse filter, ante-filter *n*
Vorfluten *n* (Thyristor-SR) / (current) biasing

Vorform *f* (LWL-Herstellung) / preform *n*
vorfräsen *v* / rough mill
Vorführpult *m* / demonstration console
Vorfülldruck *m* / priming pressure
Vorfunktion *f* / function flag
Vorgabe *f* / default *n* ‖ ≗ *f* (QS) / handicap *n*, entry *n* ‖ ≗ *f* (Forderung) / stipulation *n*, requirement *n* ‖ ≗ *f* (v. Sollwerten, Wahl, Eingabe) / (setpoint) selection *n*, (setpoint) entry (o. input) ‖ ≗ *f* (Eingabe) / input *n* ‖ **fliegende** ≗ / on-the-fly input ‖ **sequentielle** ≗ / sequential connection ‖ **Zeit~** *f* (Zeitbasis) / time base ‖ **nach Siemens-≗n** / according to Siemens specifications ‖ ≗ **der Position** / selection of the position ‖ ≗**antwort** *f* / step answer ‖ ≗**daten** *plt* / default data ‖ ≗**maß** *n* / specified dimension ‖ ≗**wert** *m* (DV) / default value ‖ ≗**winkel** *m* (Parallelschalten) / advance angle ‖ ≗**zeit** *f* (geplante Zeit) / budgeted time, target time ‖ ≗**zeit** *f* (Fertigung) / standard time, time standard ‖ ≗**zeit** *f* (Schalter, beim Parallelschalten) / advance time, handicap *n* ‖ ≗**zeit** *f* (NC, geplante Bearbeitungszeit) / (planned) machining cycle time
Vorgang *m* (QS) / function *n*
Vorgänger·bild *n* / previous display ‖ ≗**formular** *n* / previous mask ‖ ≗**magazin** *n* / previous magazine ‖ ≗**satz** *m* / previous block ‖ ≗**schritt** *m* / predecessor step
Vorgangsbuchführung *f* / process management
Vorgarn *n* / roving *n*
vorgeben *v* / specify *v*, select *v*
vorgebohrt *adj* / pre-drilled *adj*, predrilled *adj*
vorgedreht *adj* / pre-turned *adj*
vorgefertigt *adj* / pre-assembled *adj*, premanufactured *adj*, premachined *adj* ‖ **~er Kabelsatz** / (preassembled) cable set, cable harness
vorgeformt *adj* / premolded *adj*
vorgegeben *adj* / default *adj*, preset *adj*, preoccupied *adj*, specified *adj* ‖ **~er Referenzimpuls** / defined reference pulse ‖ **~er Sollwert** / preset setpoint, selected setpoint, available setpoint
vorgeheizte Kathode / preheated cathode
Vorgehen *n* / procedure *n* ‖ ≗ **im Wartungs- oder Instandhaltungsfall** / procedures for maintenance and repair
vorgehende Uhr / fast clock
Vorgehensweise *f* / procedure *n*
vorgekerbte Biegeprobe / nick-bend specimen, notch-break specimen
vorgelagert *adj* / upstream *adj*
Vorgelege *n* / transmission gear(ing), back gear, gear train
vorgeordneter Schutz / back-up protection
vorgeprägte Öffnung / knockout *n* (k.o.)
vorgeschaltet *adj* / series-connected *adj*, line-side *adj*, in incoming circuit, incoming *adj*, upstream *adj* ‖ **~e Sicherung** / line-side fuse, back-up fuse, upstream fuse ‖ **~er Funktionsbaustein** (SPS) / upstream function block ‖ **~er Widerstand** / series resistor
Vorgeschichte *f* / history *n*, pre-event history ‖ **Ereignis-**≗ *f* / pre-event history
vorgeschrieben *adj* / specified *adj*, stipulated *adj* ‖ **verbindlich ~** / must be used! ‖ **~er Haltepunkt** (QS) / mandatory hold point (QA, CSA Z 299) ‖ **~er Prüfstrom** / specified test current
vorgesehen *adj* / available *adj* ‖ **~e Gebrauchsbedingungen** / intended conditions of use
vorgespannt *adj* / prestressed *adj*, preloaded *adj* ‖ **~e Feder** / preloaded spring ‖ **~es Glas** / toughened glass
vorgestaltete Darstellung (BSG) / preformated display
vorgesteuert *adj* / precontrolled *adj*, pilot-actuated *adj* ‖ **~es Magnetventil** / servo-assisted solenoid valve
vorgezogenes Befehlsholen / pre-fetching *n*
Vorglühen *n* (Diesel) / warming up *n*, preheating *n*
Vorgriff *m* (auf Speicher) / look-ahead *n*, fetch-ahead *n*
Vorhalt *m* (Reg.) / derivative action, rate action ‖ **kapazitiver** ≗ **1. Ordnung** / first-order capacitive lead ‖ ≗**-/Verzögerungsbaugruppe** *f* / lead/lag module
Vorhalte·-Baugruppe *f* (f. kapazitiven Vorhalt 1. Ordnung) / lead module ‖ ≗**punkt** *m* / limit point (Some point-to-point systems require a signal at one or more points to reduce the traverse rate of the machine slide during positioning before the command point is reached, in order to provide greater accuracy of final positioning) ‖ ≗**punkt** *m* (WZM, NC, an dem die Einfahrgeschwindigkeit zur höheren Genauigkeit der Positionierung des Maschinenschlittens verlangsamt wird) / deceleration point ‖ ≗**punkt** *m* (NC) / anticipation point ‖ ≗**punkt-Steuerung** *f* (NC) / command point anticipation ‖ ≗**zeit** *f* / derivative time, TV ‖ ≗**zeit** *f* (Vorlaufzeit) / lead time ‖ ≗**zeit** *f* (LS, beim Parallelschalten) / lead time ‖ ≗**zeit** *f* (Signalverarbeitung) / set-up time ‖ ≗**zeit** *f* (Reg.) / rate time, derivative action time
Vorhalt·glied *n* / derivative action element ‖ ≗**regler** *m* / rate-action controller, rate controller, differential-action controller ‖ ≗**steuerung** *f* (NC) / command point anticipation
Vorhaltung *f* / maintenance *n* (The combination of all technical and administrative actions, including supervision actions, intended to retain an item in, or restore it to, a state in which it can perform a required function), preventative maintenance (The maintenance carried out at predetermined intervals or according to prescribed criteria and intended to reduce the probability of failure or the degradation of the functioning of an item), servicing *n* ‖ ≗ **von Ersatzteilen** / stocking *n*
Vorhalt·verhalten *n* / derivative action, rate action ‖ ≗**verstärkung** *f* / derivative-action gain
vorhanden *adj* / existing *adj* ‖ **~er Lagerbestand** / stock-on-hand *n*
Vorhängeschloss *n* / padlock *n* ‖ **mit einem** ≗ **verschließen** / padlock *v*
Vorhangleistenbeleuchtung *f* / valance lighting, pelmet lighting
Vorhärten *n* / precuring *n*
Vorheiz·strom *m* (a. Lampe) / preheating current ‖ ≗**stromkreis** *m* (a. Lampe) / preheating circuit ‖ ≗**zeit** *f* / preheating time, warm-up period
vorhergesagt *adj* / predicted *adj*
vorherrschender Schwingungstyp / dominant mode
Vorhersage *f* (Berechnungsvorgang zur Ermittlung der (des) vorhergesagten Werte(s) einer Größe) / prediction *n* (The process of computation used to obtain the predicted value of a quantity)
Vorhub *m* / forward stroke ‖ ≗**kegel** *m* / pilot-

operating plug
Vorimpedanz *f* / series impedance, source impedance, external impedance
vorimprägnieren *v* / preimpregnate *v*
vorimprägnierter Werkstoff / pre-impregnated material, prepreg *n*
Vorimpuls *m* / pilot pulse
Vorionisator *m* (ESR) / primer electrode, keep-alive electrode, primer *n*, ignitor *n* || **~strom** *m* / primer (or ignitor) current
Vorionisierung *f* (ESR) / primer ignition
Vorionisierungs·rauschen *n* / primer noise, ignitor noise || **~wechselwirkung** *f* / primer (or ignitor) interaction || **~zeit** *f* / primer (o. ignitor) ignition period
vorisolieren *v* / pre-insulate *v*
Vorkammer *f* (Lg.) / sealing grease compartment
Vorkommastelle *f* / integer position, integer digit position, digits to the left of the decimal point || **~n** *f pl* / integer places
Vorkommissionierung *f* / prepicking *n*
Vorkommissionierungswaagen *f pl* / pre-picking scales
Vorkompilierer *m* / precompiler *n*
Vorkondensator *m* / series capacitor
vorkonfektioniert·e Leitungen / prefabricated wiring, cable assembly, cable harness || **~er Funktionsbaustein** / standard function block
Vorkontakt *m* / preliminary contact, early contact, leader contact || **~** *m* (Abbrennschaltstück) / arcing contact || **~** *m* (Pilotk.) / pilot contact || **~** *m* (z.B. f. Wegerfassung) / external initiating contact
Vorkontrolle *f* / preliminary check
VOR-Kontrollpunktmarke *f* (Flp.) / VOR checkpoint marking
Vorkopf *m* (DV, SPS) / pre-header *n*
vorkritisch·es Risswachstum / subcritical crack growth
vorladen *v* / precharge *v*, pre-charge *v* || **~** *n* / precharging *n*
Vorlade·phase *f* / precharge phase || **~schütz** *n* / precharging contactor || **~widerstand** *m* / precharging resistor
Vorladung *f* / precharging *n*
Vorladungswiderstand *m* / precharging resistor
Vorladungswiderstände, Kondensatorschütz mit ~n / capacitor switching contactor with precharging resistors (o. contacts)
Vorlage *f* / template *n* || **~** *f* (IS-Maske) / pattern *n* || **~** *f* (zur Trennung der Prozessflüssigkeit vom Messumformergehäuse) / interface *n* || **Öl~** *f* / head of oil, oil seal
Vorlast *f* / previous load, initial load || **Auslösekennlinie mit ~** (Überlastrelais) DIN IEC 255, T.8 / hot curve || **Auslösekennlinie ohne ~** (Überlastrelais) DIN IEC 255, T.8 / cold curve || **~erfassung** *f* / preceding load feature || **~faktor** *m* (Überlastrel.) DIN IEC 255, T.17 / previous load ratio || **~strom** *m* (Überlastrel.) / previous load current, previous current
Vorlauf *m* / preprocessing *n*, run-in *n*, run in || **~** *m* (HSS, Bedienteil, Schaltglied) EN 60947-5-1 / pre-travel *n* || **~** *m* (WZM, Werkzeug) / advance *n*, forward stroke, approach *n* || **~** *m* (NC, CLDATA-Wort, Vorspannlänge des Lochstreifens) / leader ISO 3592 || **~** *m* (WZM) / forward motion, forward travel || **~** *m* (EZ) / no-load creep || **Band~** *m* (Lochstreifen) / forward tape wind, tape wind || **Programm~** *m* (NC) / program advance || **~ auf einen Satz** (NC) / block search
Vorläufer *m* (Puls) / overshoot *n*
Vorlauffaser *f* (LWL) / launching fibre
vorlauffreier Antrieb (HSS) / direct drive
Vorlauf·geschwindigkeit *f* (WZM) / forward speed, speed of forward stroke || **~puffer** *m* / preprocessing memory || **~satz** *m* (Siehe: Satzvorlauf) / selected block (See: block search with calculation) || **~speicher** *m* / preprocessing memory || **~station** *f* / preprocessing station || **~stopp** *m* / preprocessing stop, stop preprocessor || **~strecke** *f* (Schallweg zur Prüfstrecke) / delay path || **~telegramm** *n* / leading telegram || **~temperatur** *f* / inlet temperature, cooling-water inlet temperature || **~weg** *m* (Schaltglied) / leader ISO 3592 || **~zeiger** *m* / cursor *n* || **~zeit** *f* / set-up time (Einstellzeit) || **~zeit** *f* (Zeit zwischen Produktentwurf und Fertigung) / lead time || **Impuls~zeit** *f* / set-up time IEC 147 || **Sender-~zeit** *f* (RSA) / transmitter setup time
Vorleistungen *f pl* / up-front investments
Vorlichtbogen·bildung *f* / pre-arcing *n* || **~dauer** *f* / pre-arcing time IEC 291, melting time ANSI C37.100
vorliegend *adj* / present *adj*, pending *adj*, queued *adj*
vorlochen *v* / pre-punch *v*
Vorlochung *f* / pre-punching *n*
vormagnetisierte Drossel / biased reactor || **~ Regeldrossel** (Transduktor) / transductor *n*
Vormagnetisierung *f* / premagnetization *n*, magnetic bias, bias *n*
Vormagnetisierungs·feld *n* / polarizing field || **~strom** *m* / magnetic biasing current, biasing current || **~wicklung** *f* (Transduktor) / bias winding
Vormesszeit *f* / pre-measurement time
Vormontage *f* / preassembly *n*, preassembling *n*
vormontieren *v* / preassemble *v*, prepare *v*
vorn *adv* / front || **~** *adv* (im Betrachtungssystem) / in front (viewing system) || **von ~ entriegelbarer Kontakt** / front-release contact || **nach ~** (Bewegung) / forwards *adv* (movement)
Vorname *m* / first name
Vornorm *f* / draft standard, tentative standard
Vor-Ort·-Auslösung *f* / hand tripping, local tripping || **~-Bedienstelle** *f* / local control || **~-Steuerstelle** *f* / local control point
Vorortsteuerung *f* / local control
Vor-Ort-Steuerung *f* / local control system (LCS), local control
Vorortung, Fehler- ~ *f* / approximate fault locating
Vor·pfad *m* / data path || **~position** *f* / pre-position *n*
vorpositionieren *v* / preposition *v*
vorprägen *v* / pre-cut *v*, pre-mould *v*
Vorprägung *f* / knockout *n* (k.o.)
Vorpresse *f* / rough press
Vorpresskraft *f* (Trafo-Kern) / initial clamping force
Vorpressung *f* (ausbrechbare Öffnung) / pre-moulded knockout, knock-out *n* || **~** *f* (Trafo-Kern) / initial clamping
vorprogrammiert *adj* / preprogrammed *adj*
Vorprojekt *n* / pre-project *n*
vorprojektieren *v* (Bildschirmdarst.) / preformat *v*, predefine *v*
vorprojektiert *adj* / preconfigured *adj*
Vorprüfung *f* / pre-acceptance inspection,

preliminary test, pre-inspection *f*, prechecking *f*
Vorprüfungsprotokoll *n* / pre-acceptance inspection report
Vorpuffer *m* (Ausgabep.) / output buffer
Vorpumpe *f* / roughing pump, backing pump
Vorrang *m* / priority *n*
Vorrangdaten *plt* / expedited data || **≈anzeige** *f* DIN ISO 8208 / interrupt *n* || **≈bestätigung** *f* DIN ISO 8208 / interrupt confirmation || **≈paket** *n* DIN ISO 8208 / interrupt packet || **≈übertragung** *f* / expedited-data transmission
Vorrang·-Dienstdateneinheit *f* DIN ISO 7498 / expedited service data unit || **≈ebene** *f* / level of priority, priority level
vorrangig ausgeschaltet (SPS) / switched off dominant || **~es Setzen** (SPS) / set dominant
Vorrang·schalter *m* (I) / priority switch || **≈schaltung** *f* / priority circuit || **≈steuerung** *f* / priority control || **≈transportdienst** *m* / expedited transport service || **≈unterbrechung** *f* (DV) / preemption *n* || **≈verarbeitung** *f* / priority processing, priority scheduling || **≈zuordnung** *f* / priority assignment, priority scheduling
Vorrat *m* / supply *n* || ≈ *m* (Zeichenv., Befehlsv.) / set *n*, repertoire *n*
Vorrats·behälter *m* / storage tank || **≈kathode** *f* / dispenser cathode || **≈lager** *n* / storage silo || **Kabel~schleife** *f* / (cable) compensating loop || **≈wasserheizer** *m* / storage water heater
Vorreaktanz *f* / series reactance, external reactance
Vorrechner *m* / back-up computer
Vorreiber *m* / fastener *n* || **≈verschluss** *m* / fastener lock
vorrichten *v* (ausrichten) / prealign *v*
Vorrichtung *f* / device *n*, facility *n*, jig *n*, mechanism *n*, tackle *n*, fixture *n*, equipment *n*, machine *n*, unit *n*, station *n*, stand *n* || ≈ *f* (zur Bearbeitung ohne Werkzeugführung) / fixture *n* || ≈ *f* (zur Bearbeitung mit Werkzeugführung) / jig *n* || **Montage~** *f* / fitting device, assembly appliance, mounting device || ≈ **freigeben** / release machine
Vorrichtungs·bau *m* / jig-and-fixture manufacture || **≈nummer** *f* / machine no.
Vorrücken *n* (el. Drehen) / inching *n*, jogging *n*
Vor-/Rückwärtszähler *m* / up/down counter
Vorsatz *m* / assembly *n*
Vorsatzlinse *f* / auxiliary lens, front lens
Vorsäule *f* (Chromatograph) / pre-column *n*
Vorschalt·anlage *f* / primary switchgear, line-side switchgear || **≈drossel** *f* / series reactor, series inductor || **Anlauf über ≈drossel** / reactor starting, reactance starting || **≈element** *n* / series element
vorschalten *v* / connect in incoming circuit, connect on line side, connect in series
Vorschalter *m* / back-up switch
Vorschaltgerät *n* (Leuchte) / ballast *n*, control gear || ≈ **für einen kapazitiven und einen induktiven Zweig** / lead-lag ballast || ≈ **für Instant-Start-Lampen** / instant start ballast || ≈ **für Leuchtstofflampen mit Starterbetrieb** / preheat ballast || ≈ **für Rapidstartlampen** / rapid-start ballast || **elektronisches** ≈ (EVG) / electronic control gear (ECG), electronic ballast || **mit** ≈ / ballasted *adj*, self-ballasted *adj*
Vorschaltgeräteraum *m* / ballast compartment, control-gear compartment
Vorschalt·glied *n* / series element, voltage reducing element || **≈glied** *n* (Leuchte) / ballast element || **≈induktivität** *f* / series inductance || **≈kondensator** *m* / series capacitor || **≈sicherung** *f* / line-side fuse, line fuse, back-up fuse || **≈transformator** *m* / series transformer || **≈widerstand** *m* / series resistor || **≈widerstand** *m* (Leuchte) / ballast resistor
Vorschau *f* / preview *n*
Vorschlag *m* / suggestion *n*
Vorschlags·liste *f* / proposal list || **≈parameter** *m* / default parameter
Vorschleifen *n* / pregrinding *n*
Vorschnitt *m* / rough cutting
vorschreiben *v* / stipulate *v*
Vorschrift *f* / regulation *n*, specification *n*, requirement *n*, request *n* || **Vorschrift** *f* (Norm) / standard *n*, standard specification || **Prüf~** *f* / test code, test specifications || **technische** ≈ / technical regulation || **unternehmensinterne** ≈ / company specification(s)
Vorschub *m* (NC) / feed *n*, feed function ISO 2806-1980 || ≈ *m* (Geschwindigkeit, Rate) / feedrate *n* || ≈ **für Rückzug** / retraction feedrate || ≈ **Halt** (NC) / feed hold IEC 550 || ≈ **in Schrittmaßen** (NC) / incremental feed || ≈ **pro Zahn** / feed per tooth || ≈ **Start** / feed start || **Hand~** *m* (Manipulator) / wrist extension || **konventioneller** ≈ / manual feedrate, manual feed || **schrittweiser** ≈ / pick feedrate || **zeitreziproker** ≈ / inverse-time feedrate, inverse-time feed || **≈/Eilgangkorrekturschalter** *m* / feedrate/rapid traverse override || **≈-/Eilgangoverride** *m* / feedrate/rapid traverse override || **≈änderung** *f* / feedrate change || **≈angabe** *f* / feed function, F function, F word || **≈antrieb** *m* / feed drive || **≈-Antrieb** *m* (VSA) / feed drive system (FDS), feed drive (FDD), feed drive (FD) || **≈beeinflussung** *f* / feed control || **≈bereich** *m* (a. NC-Zusatzfunktion nach DIN 66025, T.2) / feed range ISO 1056 || **≈betrag** *m* / feed increment, path increment || **≈bewegung** *f* (WZM, NC) / feed motion (o. movement), feed movement || **≈bewertung** *f* / feedrate factor, feedrate weighting || **≈faktor** *m* / feedrate factor (FRF) || **≈-Freigabe** *f* / feedrate enable || **≈geschwindigkeit** *f* (WZM, NC) / feedrate *n*, rate of feed || **Papier-≈geschwindigkeit** *f* (Schreiber) / chart speed || **≈getriebe** *n* / feed gear mechanism || **≈-Halt** *m* / feed stop (FST) || **≈interpolation** *f* / feed interpolation
Vorschub·korrektur *f* (NC) / feedrate override (A manual function which enables the operator to modify the programmed feedrate by a selector switch or a potentiometer) ISO 2806, feedrate bypass || **≈-Korrekturschalter** *m* / feedrate override switch, feed override switch || **≈motor** *m* / feed motor || **≈override** *m* (Manuelle Eingriffsmöglichkeit, die es dem Bediener gestattet, die programmierten Vorschübe über Wahlschalter oder Potentiometer zu verändern) / feedrate override (A manual function which enables the operator to modify the programmed feedrate by a selector switch or a potentiometer) || **≈programmierung** *f* / feedrate programming, feedrate data input || **≈pult** *m* / feeder console || **≈regelung** *f* / feedrate control || **≈regelung für C-Achse** / C-axis feed control || **≈regler** *m* / feed axis controller, feedrate controller || **≈richtungswinkel** *m* / angle of feed direction || **≈satz** *m* / feed block || **≈sperre** *f* (VSP) / feed disable (FDDIS) || **≈spindel** *f*

(WZM) / feed screw || ≗-**Startpunkt** *m* / feed start position || ≗**steuerung** *f* / feed control || ≗**stufe** *f* / feed step || ≗**system** *n* / feed drive system || ≗**untersetzung** *f* / feed reduction, feed reduction ratio || ≗**untersetzung** *f* (NC) / feedrate reduction ratio || ≗**verschlüsselung** *f* / feedrate coding || **zeitreziproke** ≗-**Verschlüsselung** / inverse time feedrate coding || ≗**vervielfachung** *f* / feedrate multiplication || ≗**walze** *f* / feed drum || ≗**weg** *m* DIN 6580 / feed travel || ≗**wert** *m* / feedrate value || ≗**winkel** *m* / feed angle || ≗**zahl** *f* / feedrate number (FRN)
Vorschweißflansch *m* / blanking flange, weld-on flange, forged steel welding neck flange
Vorschwingen *n* (Impulse) / preshoot *n*
Vorserie *f* / pre-production batch, pilot series
Vorsicherung *f* / back-up fuse
Vorsicht *f* / caution *n*
Vorsichtsmaßnahme *f* / safety precaution, precaution *n*
Vorspann *m* (Programm) / leader *n* || ≗ *m* / preamble *n* || ≗**spanndrehmoment** *n* / pretension torque
Vorspannung *f* / pretension *n* || ≗ *f* (el.) / bias *n* || ≗ *f* (mech.) / initial stress, prestressing *n* || ≗ **in Sperrrichtung** / reverse bias (RB)
Vorspannwerk *n* / infeed unit
Vorsperrröhre *f* / pre-transmit/receive tube, pre-T/R tube
Vorspülung *f* (eines überdruckgekapselten Gehäuses mit Schutzgas) / purging *n*
Vorstabilisierungszeit *f* / previous stabilization time
Vorstandsvorsitzender *m* / CEO
Vorstechen *n* / rough grooving
vorstehend·e Lamelle (Komm.) / high segment, high bar || **~er Glimmer** (Komm.) / high mica, proud mica, high insulation
Vorstell·blech *n* / protective plate, barrier plate || ≗**tür** *f* / cover door
Vorstellung *f* / presentation *n*
Vorsteuer·druck *m* / pilot pressure || ≗**faktor** *m* / feedforward control factor || ≗**filter** *m* / pilot filter || ≗**kopf** *m* / pilot mcb || ≗**stuktur** *f* / feedforward control structure
Vorsteuerung *f* / pilot control, precontrol *n*, feedforward control, pilot operation, pre-control *n* || ≗ *f* / forward supervision || **dynamische** ≗ / dynamic feedforward control || **Skal. Beschleunig.** ≗ / scaling accel. Precontrol
Vorsteuerungsfaktor *m* / feedforward control factor
Vorsteuer·ventil *n* / pilot valve || ≗**verstärkung** *f* / feedforward control gain
Vorstreichfarbe *f* / priming paint, primer *n*, ground-coat paint
Vorstrom *m* (Thyristor-SR) / biasing current || ≗**wicklung** *f* (Transduktor) / bias winding
Vorstufe *f* / pilot valve assembly
Vortaste *f* (Funktionstaste) / function select key, shift key
Vortäuschung eines Fehlers / fault simulation
Vorteiler *m* (Frequenzteiler) / prescaler *n*
Vortelegramm *n* / leading telegram
Vortrag *m* / presentation *n*
vortränken *v* / pre-impregnate *v*
Vortrieb *m* (EZ, Leerlauf) / forward creep
Vortriebs·kraft *f* (Kfz) / tractive power, drive traction
Vortriebsystem *n* (Kfz-Triebstrang) / power-train system
Vortrigger *m* (Osz.) / pretrigger *n*
Vortritt *m* / protrusion *n*
vorübergehend *adj* / temporary *adj* || ~ *adj* (transient) / transient *adj*, transitory *adj* || ~ **fest montierter BV** / semi-fixed ACS || **~e Abweichung** / transient deviation, transient *n* || **~e Änderung** (zwischen zwei Beharrungszuständen) / transient *n* || **~e Sollwertabweichung** / transient deviation from setpoint || **~e Überschwingspannung am Ausgang** (IC-Regler) / output transient overshoot voltage || **~e Überspannung** / transient overvoltage, transitory overvoltage (US) || **~er Betrieb** / temporary operation || **~er Erdschluss** / transient earth fault, temporary ground fault || **~er Fehler** / transient fault, non-persisting fault, temporary fault || **~er Kurzschluss** / transient short-circuit, transient fault, non-persisting fault
Vorüberschlag *m* (SG) / prearcing *n*
Vorumschaltung *f* (NC, zum Schutz gegen Überfahren) / anticipation control
vorverarbeiten *v* / preprocess *v*, condition *v*
Vorverarbeitung *f* / indication preprocessing, measured value preprocessing, metered value preprocessing, analog value preprocessing || ≗ *f* (Daten) / preprocessing *n*
Vorverdichtung *f* / precompression *n*
vorverdrahten *v* / prewire *v*
vorverdrahtet *adj* / factory-wired *adj*
Vorverknüpfung *f* / preceding logic operation
Vorverstärker *m* / pre-amplifier *n*, head amplifier
Vorwägung *f* / preweighing *n*
Vorwahl *f* / preselection *n*
vorwählen *v* / preselect *v*, select *v*
Vorwähler *m* / selector *n*, presetter *n*, selector switch || ≗ *m* (Trafo) / change-over selector || ≗ **für die Grob-Feinstufenschaltung** (Trafo) HD 367 / coarse change-over selector IEC 214 || ≗ **für die Zu- und Gegenschaltung** (Trafo) HD 367 / reversing change-over selector IEC 214
Vorwählgetriebe *n* (Trafo) / change-over selector gearing, selector gear unit
Vorwahl·scheibe *f* / selector *n* || ≗**schieber** *m* / preselecting slide || ≗**schlüssel** *m* / selector key || ≗**speicher** *m* / preselection store || ≗**zähler** *m* / presetting counter
Vorwahlzähler, elektronischer ≗ / solid-state presetting counter
vorwärmen *v* / preheat *v*
Vorwarngrenze *f* / prewarning limit || ≗ **erreicht** / warning limit reached
Vorwarnschwelle *f* / prewarning threshold
Vorwarnsignal *n* / prewarning signal, early warning alarm
Vorwarnung *f* / prewarning *n*
Vorwarnzeitschalter *m* / early-warning time switch
vorwärts *adv* / forward *adv* || ~ **kontinuierlich** (NC) / forward, continuous || ~ **rollen** (BSG) / rollup *v* || ~ **satzweise** (NC) / forward block by block, forward in block mode
Vorwärtsband *n* / forward band
vorwärtsblättern *v* (am Bildschirm) / page down *v*, page forward
Vorwärts·dokumentation *f* / forward documentation, feedforward documentation || ≗**drehung** *f* / forward rotation || ≗**drehung mit Arbeitsvorschub** (NC) DIN 66025 / forward spindle feed ISO 1056 || ≗-**Durchlasskennlinie** *f* (Thyr) / forward on-state

characteristic || ≗-**Durchlassspannung** *f* (Thyr) / forward on-state voltage || ≗-**Durchlassstrom** *m* (Thyr) / forward on-state current || ≗-**Durchlasszustand** *m* (Thyr) / forward conducting state, on-state *n* || ≗**durchschlag** *m* (HL) / forward breakdown || ≗-**Ersatzwiderstand** *m* (Diode) DIN 41781 / forward slope resistance || ≗**führung** *f* (Reg.) / feedforward control || ≗-**Gleichsperrspannung** *f* (Thyr) DIN 41786 / continuous direct forward off-state voltage || ≗**impuls** *m* / up pulse || ≗**kanal** *m* IEC 50(704) / go channel, transmit channel, forward channel || ≗**kennlinie** *f* (HL) DIN 41853 / forward voltage-current characteristic, forward characteristic || ≗**kopplung** *f* (Reg.) / feedforward *n* || ≗**lauf** *m* (WZM) / forward motion, forward movement

vorwärtslaufend *adj* / forward running

Vorwärts·leistungsüberwachung *f* / forward power protection || ≗**optimierung** *f* / feedforward optimization || ≗**pfad** *m* (Reg.) / forward path || ≗**regelung** *f* / feedforward control || ≗**richtung** *f* (Schutz, Auslöser) / operative direction || ≗**richtung** *f* (a. HL) / forward direction || ≗-**Richtungsglied** *n* / forward-looking directional element (o. unit) || ≗-**Rückwärts-Auswerter** *m* / forward-reverse evaluator, up-down interpreter || ≗-**Rückwärts-Modulo-5-Zähler** *m* / up/down modulo-5 counter || ≗-**Rückwärts-Schieberegister** *n* / bidirectional shift register || ≗-**Rückwärtszähler** *m* (V-R-Zähler) / up-down counter, reversible counter, bidirectional counter || ≗-**Scheitelsperrschaltung** *f* / circuit crest peak off-stage voltage (The highest instantaneous value of the off-state voltage developed across a controllable valve device or an arm consisting of such devices, excluding all repetitive and non-repetitive transients) || ≗-**Scheitelsperrspannung** *f* (Thyr) DIN 41786 / peak working off-state forward voltage, crest working forward voltage || ≗-**Scheitelsperrspannung am Zweig** / circuit crest working off-state voltage

Vorwärts-Scheitelsperrspannung, nichtperiodische ≗ / circuit non-repetitive peak off-state voltage || **schaltungsbedingte** ≗ / circuit crest working off-state voltage, circuit crest peak off-stage voltage || **schaltungsbedingte nichtperiodische** ≗ / circuit non-repetitive peak off-state voltage || **schaltungsbedingte periodische** ≗ / circuit repetitive peak off-state voltage

Vorwärts-Schiebeeingang *m* / left-to-right shifting input, top-to-bottom shifting input

vorwärtsschreitender Wicklungsteil / progressive winding element

Vorwärts·spannung *f* (Thyr, Diode) / forward voltage || ≗-**Sperrdauer** *f* (Thyr., Diode) / forward blocking interval, forward off-state interval || ≗-**Sperrfähigkeit** *f* (Thyr, Diode) / forward blocking ability || ≗-**Sperrkennlinie** *f* (Thyr) / forward blocking-state characteristic || ≗-**Sperrspannung** *f* (Thyr) / off-state forward voltage, off-state voltage || ≗-**Sperrstrom** *m* (Thyr) / off-state forward current, off-state current || ≗-**Sperrwiderstand** *m* (Thyr) / forward blocking resistance || ≗-**Sperrzeit** *f* / off-state interval, circuit off-state interval || ≗-**Sperrzustand** *m* (Thyr) / forward blocking state, off state || ≗-**Spitzenspannung am Zweig** / circuit non-repetitive peak off-state voltage || ≗-**Spitzensperrspannung** *f* (Thyr) / peak forward off-state voltage || ≗-**Spitzensteuerspannung** *f* (Thyr) / peak forward gate voltage || ≗-**Spitzensteuerstrom** *m* (Thyr) / peak forward gate current || ≗**sprung** *m* / forward jump || ≗**sprung** *m* (Programm, NC, SPS) / forward skip || ≗-**Steuerspannung** *f* (Thyr) / forward gate voltage || ≗-**Steuerstrom** *m* (Thyr) / forward gate current || ≗**steuerung** *f* (LE) / unidirectional control || ≗**steuerung** *f* (DÜ) / forward supervision || ≗-**Stoßspitzenspannung** *f* (Thyr) DIN 41786 / non-repetitive peak forward off-state voltage, non-repetitive peak forward voltage || ≗**strich** *m* (Staubsauger) / forward stroke || ≗**strom** *m* (Thyr, Diode) / forward current || ≗**strom-Effektivwert** *m* (Diode) DIN 41781 / r.m.s. forward current || ≗**strom-Mittelwert** *m* (Diode) DIN 41781 / mean forward current || ≗-**Suchlauf** *m* / forward search

vorwärtstakten *v* (Zähler) / up counting

Vorwärts·-Teilstromrichter *m* / forward (converter) section IEC 1136-1 || ≗-**Übertragungskennwerte** *m pl* DIN IEC 147,T.1 E / forward transfer characteristics || ≗-**Übertragungskoeffizient** *m* (Transistor) DIN 41854,T.10 / forward s-parameter || ≗**verkettung** *f* (Anfangssituation - Endsituation) / forward chaining || ≗**verlust** *m* (Diode) / forward power loss || ≗-**Verlustleistung** *f* (Diode) DIN 41781 / forward power loss || ≗**welle** *f* / forward wave

Vorwärtswellen·röhre *f* / forward-wave tube || ≗-**Verstärkerröhre** *f* / forward-wave amplifier tube (FWA) || ≗-**Verstärkerröhre vom M-Typ** / M-type forward-wave amplifier tube (M-type FWA)

Vorwärts-Zähleingang *m* / counting-up input

vorwärtszählen *v* / count up *v*

Vorwärts·zähler *m* / up counter, non-reversible counter, up-counter *n*, incrementer *n* || ≗**zählimpuls** *m* / up-counting pulse || ≗**zeit** *f* / incrementing timer || ≗-**Zeitglied** *n* / incrementing timer || ≗**zweig** *m* / feedforward signal line, forward branch || ≗**zweig** *m* (Reg.) / forward path || **Regelglieder im** ≗**zweig** / forward controlling elements

Vorwiderstand *m* / series resistor, series resistance, external resistance, starting resistor || ≗ *m* (MG) / series resistor, series impedance

vorwiegend direkte Beleuchtung / semi-direct lighting || ~ **direkte Leuchte** / semi-direct luminaire || ~ **indirekte Beleuchtung** / semi-indirect lighting

Vorwort *n* / foreword *n*

Vorzählerwert *m* / intermediate counter value

Vorzeichen *n* (VZ) / sign *n* (SG), plus/minus sign || ≗ *n* (Math.) / sign *n* || ≗ *n* (Bezeichnungssystem) DIN 40719,T.2 / qualifying symbol IEC 113-2 || **Darstellung mit** ≗ / signed representation || **Darstellung ohne** ≗ / unsigned representation || **Zahl mit** ≗ / signed number

vorzeichenabhängig *adj* / depending on sign

Vorzeichen·änderung *f* / change of sign, sign inversion || ≗**auswertung** *f* / sign evaluation

vorzeichen·behaftet *adj* / signed *adj*, sign-dependent *adj* || ~**behaftete Größe** / quantity with a sign || ~**los** *adj* / unsigned *adj* || ~**lose Zahl** / unsigned number || ~**richtige Anzeige** / value display with sign

Vorzeichen·umkehr *f* / sign inversion, sign reversal || ≗**umschaltung** *f* / sign reversal, sign reverser ||

≗**wechsel** *m* / sign reversal, change of sign, polarity reversal, sign inversion ‖ ≗**ziffer** *f* / sign digit
vorziehen *v* / prefer *v*
Vorziffer *f* / preceding number
Vorzugs·... / preferred *adj* ‖ ≗**·abmessungen** *f pl* / preferred dimensions ‖ ≗**-AQL-Werte** *m pl* / preferred acceptable quality levels ‖ ≗**bereich** *m* / priority area ‖ ≗**-Blitzstoßspannung** *f* VDE 0432, T.2 / standard lightning impulse IEC 60-2
vorzugsgerichtet *adj* (Magnetwerkstoff) / oriented *adj*, grain-oriented *adj*
Vorzugs·konzept *n* / feed concept ‖ ≗**lage** *f* (IS) / preferred state ‖ ≗**leistung** *f* / preferred rating ‖ ≗**liste** *f* (f. bevorzugte Lieferanten) / select list ‖ ≗**-Nennmaße** *n pl* / preferred nominal dimensions ‖ ≗**passung** *f* / preferred fit ‖ ≗**reihe** *f* / preferred range ‖ **magnetische** ≗**richtung** / preferred direction of magnetization, easy axis of magnetization ‖ ≗**-Salzgehalt** *m* (Isolationsprüf.) / reference salinity ‖ ≗**-Schaltstoßspannung** *f* VDE 0432, T.2 / standard switching impulse IEC 60-2 ‖ ≗**-Stoßstrom** *m* VDE 0432, T.2 / standard impulse current IEC 60-2 ‖ ≗**typ** *m* / preferred type ‖ ≗**variante** *f* / preferred version ‖ ≗**walze** *f* / transport roller ‖ ≗**wert** *m* / preferred value
Vorzünden *n* (Lichtbogen) / pre-arcing *n*
Vorzündung *f* / pre-arcing *f*
Vorzündzeit *f* / pre-arcing time IEC 291, melting time ANSI C37.100
Voter-Funktion *f* / voter function, voter-basis evaluation
Voutenbeleuchtung *f* / cove lighting, cornice lighting
VP (Visualisierungsprozessor) / VP (visualization processor)
V-Parameter *m* (LWL) / fibre characteristic term
VPE / cross-linked polyethylene (XLPE)
VPM / VPM (voltage protection module)
VPN (Virtuelles Privates Netzwerk) / VPN (virtual private network)
V-Preis *m* / V price
VPS / hard-wired programmed controller, wired-program controller ‖ ≗ (verbindungsprogrammierte Steuerung) / hardwired control system, wired-program controller ‖ ≗ (verbindungsprogrammiertes Steuergerät) / wired-program controller, hardwired control system
VReg/LG / VReg/LG ‖ ≗**-Bereich** *m* / VReg/LG region
VRT (variabler Rückzugsbetrag Parameter) / VRT (variable retraction value)
VRV (fertigungsbegleitende Prüfung) / manufacturing inspection, line inspection, in-process inspection and testing, in-process inspection, intermediate inspection and testing, interim review
V-R-Zähler *m* / up-down counter, reversible counter, bidirectional counter
VS Messkreisbaugruppe / FD measuring circuit submodule
VSA (Vorschubantrieb) / FD (feed drive), FDD (feed drive), FDS (feed drive system)
VSB / VME-subsystem bus (VSB)
V-Schaltung *f* / V-connection *n*, Vee connection, open-delta connection ‖ **Wicklung in** ≗ / V-connected winding
VSK (vertikaler Softkey) / VSK (vertical softkey)
VSP (Vertriebsspanne) / sales margin, FDDIS (feed disable)
VSYNC / vertical synchro signal (VSYNC)
VT / vertical tabulator (VT), vertical tab ‖ ≗**-Anlage** *f* / process engineering system
VTK (Verteilerkasten) / distribution box, distribution board
Vulkanfiber *f* / vulcanized fibre ‖ ≗**platte** *f* / vulcanized-fibre board
Vulkanisat *n* / vulcanized rubber, vulcanizate *n*
vulkanisieren *v* / vulcanize *v*, cure *v*
vulkanisiert *adj* / vulcanized *adj*
VZ (Vorzeichen) / sign *n* (SG), plus/minus sign ‖ ≗**-Glied** *n* (Übertragungsglied mit Verzögerungsverhalten REG) / PT element

W

W (Werkstücknullpunkt Abkürzung für Werkstücknullpunkt) / part program zero, part zero (The origin of the workpiece coordinate system. It is established by the part programmer as a reference point from which all part coordinate dimensions are referenced), workpiece zero ‖ ≗ (Buchstabensymbol für Wasser) / W (letter symbol for water) ‖ ≗ (Wechsler) / ATC (automatic tool changer)
WA (Wartungsanleitung) / maintenance guide, WA
Waage *f* / balance *n*, scales *pl*, weigh machine ‖ **Druck~** *f* / deadweight tester, manometric balance ‖ **Einspielen der** ≗ / balancing of a balance ‖ **in** ≗ / level *adj*, truly horizontal ‖ ≗**balken** *m* / balance beam ‖ ≗**balken** *m* (Hebez.) / lifting yoke ‖ ≗**balkenrelais** *n* / balanced-beam relay
waagerecht *adj* / horizontal *adj*
waagrecht·e Bauform (el. Masch.) / horizontal type, horizontal-shaft type ‖ **~e Maschine** / horizontal machine, horizontal-shaft machine
WAB (weiches An- und Abfahren) / SAR (smooth approach and retraction)
wabenförmig *adj* / honeycomb shaped
Waben·kühler *m* / honeycomb radiator ‖ ≗**raster** *n* / honeycomb grid ‖ ≗**spule** *f* / honeycomb coil, lattice-wound coil
Wachsamkeitseinrichtung *f* (Triebfahrzeug) / vigilance device
Wachsbeschichtung *f* / wax coating
wachsen *v* (sich ausdehnen) / expand *v*, creep *v*
Wachstumsmarkt *m* / growing market
Wächter *m* / monitor *n*, monitoring device, watchdog *n*, detector *n*, protective device, indicator *n*, controlling means, controller *n*, regulator *n*, loop controller, automatic control switch ‖ ≗ *m* (Person) / watchman *n* ‖ ≗ *m* (PS-Schalter) / pilot switch IEC 337-1 ‖ **Drehzahl~** *m* (el.) / tachometric relay, speed monitor, tacho-switch *n* ‖ **Drehzahl~** *m* (mech., Turbine) / overspeed trip, overspeed governor, emergency governor ‖ **Flammen~** *m* / flame detector ‖ **Strömungs~** *m* / flow indicator, flow monitoring device, flow relay ‖ **Temperatur~** *m* / thermal release, thermal protector, temperature relay, temperature detector, thermostat *n* ‖ **Thermo~** *m* / thermostat *n*, thermal cutout, thermal protector, temperature relay ‖ **Wasser~** *m* / water

detector || ≗-**Kontrollanlage** *f* / watchman's reporting system || ≗-**Kontrolluhr** *f* / time recorder for watchman's rounds
Wackelkontakt *m* / intermittent electrical contact, loose contact, poor terminal connection
wackeln *v* / shake *v*, rock *v*
Wackelschwingung *f* / shaking *n*, rocking *n*
Wäge·baugruppe *f* / weighing module || ≗**behälter** *m* / weigh-bin *n* || ≗**behälterzelle** *f* / load cell || ≗**bereich** *m* / weighing range || ≗**dauer** *f* / weighing time, weighing duration || ≗**elektronik** *f* / electronic weighing system || ≗**ergebnis** *n* / weighing result || ≗**gut** *n* / product to be weighed || ≗**methode** *f* (ADU, schrittweise Näherung) / successive approximation method || ≗**modul** *n* / weighing module
Wägen *n* / weighing *n*
Wagen *m* (Schalterwagen) / truck *n* || ≗**anlage** *f* / truck-type switchgear, truck-type switchboard || **Leistungsschalter-≗anlage** *f* (Gerätekombination, Einzelfeld) / truck-type circuit-breaker assembly (o. cubicle o. unit) || ≗**beleuchtung** *f* (Bahn) / coach lighting || ≗**rücklauf** *m* / carriage return (CR) || ≗**rücklauftaste** *f* / (carriage) return key || ≗**stellung** *f* (Schalterwagen) / truck position
Wägeobjekt *n* / weighing object
Wäger *m* / weigher *n*, operator *n* || **öffentlich bestellter** ≗ / officially appointed operator
Wäge·station *f* / weighing station || ≗**strecke** *f* / weighing length || ≗**system** *n* / weighing system || ≗**technik** *f* / weighing system || ≗**- und Dosiersystem** *n* / weighing and proportioning system, weighing and proportioning technology, load and dosing system || ≗**verfahren** *n* / weighing method || **Bordasches** ≗**verfahren** / Borda weighing method || **Gaußsches** ≗**verfahren** / Gauss weighing method || ≗**wert einer Last** / value of a load || **konventioneller** ≗**wert** / conventional mass || ≗**zeit** *f* / weighing time, weighing duration || ≗**zelle** *f* / load cell, force transducer || ≗**zyklus** *m* / weighing cycle
Wahl·aufforderung *f* (DÜ) DIN 44302 / proceed to select || ≗**ausgang** *m* / selectable output, unassigned output || **Blech erster** ≗ / first-grade sheet (o. plate) || ≗ **des Aufstellungsorts** / siting *n*
wählbar *adj* / selectable *adj*
Wahlbaustein *m* / optional component
wählen *v* / select *v*, dial *v*
Wahlendezeichen *n* (DÜ) DIN 44302 / end of selection signal
Wähler *m* / selector *n*, selector switch || ≗ *m* (f. Trafo-Anzapfungen) / tap selector
wahlfrei *adj* (DÜ, Datenleitung) / optional *adj* || **~e Adresse** / random address || **~e Funktion** (Kommunikationssystem) / option *n*
Wahl·funktion *f* / user-assignable function || ≗**kanal** *m* / dialing channel || ≗**klemme** *f* / assignable-function terminal
Wählleitung *f* (DÜ) / switched line, dial line, dialup line
wahlloses Überlesen (NC, a. CLDATA-Wort) / optional skip ISO 3592
Wahl·meldung *f* / user-assignable signal, selectable message || ≗**meldungen** *f pl* / selectable messages
Wähl·netz, öffentliches ≗**netz** / public switched system || ≗**relais** *n* / selector relay
Wahlschalter *m* / selector switch || ≗ *m* (Drehknopf) / selector knob || ≗ **für Motor-/Bremsbetrieb** / power/brake changeover switch
Wähl·scheibe *f* / dial *n* || ≗**scheibeneingabe** *f* / dialled input
Wahltaste *f* / selector button, selector key
wahlweise *adj* / alternatively *adj* || **~r Halt** (NC) / optional stop
Wählzeichenfolge *f* (DÜ) / selection signal sequence
wahr *adj* (a. in) IEC 50(191) / true *adj* || **~e durchschnittliche Herstellqualität** / true process average || **~e Ladung** / free charge || **~e Remanenz** / retentiveness *n* || **~er mittlerer Fehleranteil der Fertigung** / true process average || **~er Wert** / true value || **~e Triggerung** / true trigger
Wahrheits·tabelle *f* / truth table || ≗**wert** *m* / grade of membership, Boolean value || ≗**wertetafel** *f* / truth table
wahrnehmbar *adj* / perceptible *adj*, noticeable *adj*, evident *adj* || **~er Frequenzbereich** / audio frequency band
Wahrnehmbarkeit *f* / perceptibility *n*
Wahrnehmbarkeitsschwelle *f* (kleinster Strom, der bei Stromfluss durch den Körper noch fühlbar ist) / threshold current || **Flicker-**≗ *f* / threshold of flicker perceptibility
Wahrnehmung *f* / perception *n*
Wahrnehmungs·abstand *m* / perceptibility distance || ≗**geschwindigkeit** *f* / speed of perception || ≗**schwelle** *f* / perception threshold || ≗**schwelle** *f* (LT) / luminance threshold || **absolute** ≗**schwelle** (LT) / absolute threshold of luminance
wahrscheinliche Lebensdauer / probable life
Wahrscheinlichkeit *f* / probability *n* || ≗ **des Fehlers erster Art** DIN 55350, T.24 / type I risk || ≗ **des Fehlers zweiter Art** DIN 55350, T.24 / type II risk || ≗ **des Informationsverlustes** (FWT) / probability of information loss || ≗ **des Restinformationsverlustes** (FWT) / probability of residual information loss || ≗ **für fehlerhafte Gebührenabrechnung** IEC 50(191) / billing error probability
Wahrscheinlichkeits·berechnung *f* / probability analysis || ≗**dichte** *f* / probability density || ≗**dichteverteilung** *f* / probability density distribution || ≗**funktion** *f* / probability function || ≗**grenzen** *f pl* / probability limits || ≗**grenzen für einen Verteilungsanteil** / statistical tolerance limits || ≗**modell** *n* / probability model || ≗**theorie** *f* / theory of probability, cumulative distribution || ≗**verteilung** *f* DIN 55350,T.21 / probability distribution || ≗**verteilung des Bestands** / survival probability distribution || **Varianz einer** ≗**verteilung** / variance of a variate || **Verfahren zur Ermittlung der** ≗**verteilung** / multiple-level method
wahr senden (PMG) / send true
Währungs·bezeichnung *f* / currency name || ≗**faktor** *m* / currency factor || ≗**kennzeichen** *n* / currency code || ≗**kürzel** *n* / currency abbreviation || ≗**tabelle** *f* / currency table || ≗**umrechnungsfaktor** *m* / currency calculation code
Waisenkind *n* / orphan *n*
Waldbestand *m* / forest *n*
Walk·arbeit *f* (Schmierfett) / churning work, churning *n* || ≗**arbeitsverlust** *m* / churning loss || ≗**penetration** *f* / worked penetration
Walzdraht *m* / wire rod

Walzen·anlasser *m* / drum-type starter, drum controller || **²fräsen** *n* / plain milling, roller guide || **²läufer** *m* / cylindrical rotor, drum-type rotor, non-salient-pole rotor, round rotor || **²lüfter** *m* (Fliehkraftlüfter) / centrifugal fan || **²schalter** *m* / drum controller || **²schaltwerk** *n* / drum controller || **²stirnfräser** *m* / shell end mill || **²vorschub** *m* / roll feedrate, roll feed, drum feedrate, drum feed || **²vorschubsteuerung** *f* / roll feed control

Wälz·fläche *f* / pitch surface || **²folge** *f* / stock headway || **²fräsen** *n* / plain milling, hobbing *n*, gear hobbing || **²fräser** *m* / plain milling cutter, hobbing cutter, hob *n* || **²führung** *f* (WZM) / roller slideway || **²gerüst** *n* / roll stand || **²getriebe** *n* / non-crossed gears, rolling-contact gears, parallel gears, parallel-axes gearing

Walzhaut *f* / mill scale

Wälz·kegelrad *n* / bevel gear || **²kontakt** *m* / rolling contact, rolling-motion contact || **²körper** *m* (Wälzlg.) / rolling element

Walzkraft *f* / roll separating force, rolling load

Wälzkreis *m* / pitch circle, reference circle, rolling circle

Wälzlager *n* / rolling-contact bearing, anti-friction bearing, rolling bearing, rolling-element bearing || **²fett** *n* / rolling-contact bearing grease, anti-friction bearing grease || **²kopf** *m* / cartridge-type bearing || **²maschine** *f* / machine with rolling-contact bearings, machine with antifriction bearings

Walzmotor *m* / rolling-mill motor, mill motor

Wälz·rad *n* / non-crossed gear, rolling-contact gear || **²regler** *m* / rocking-contact voltage regulator, Brown-Boveri voltage regulator || **²reibung** *f* / rolling friction

Walzrichtung *f* / rolling direction, grain of the metal, direction of rolling

Wälzschleifen *n* / generating grinding

Walzstahl *m* / rolled steel

Wälz, schrägverzahntes ²-Stirnrad / parallel helical gear, twisted spur gear, helical gear || **²stoßen** *n* / gear shaping || **²wagen** *m* / roller pad

Walzwerk·betrieb, Schütz für ²betrieb / mill-duty contactor || **²motor** *m* / rolling-mill motor, mill motor

Wälz·werkzeug *n* / gear cutting tool || **²zahnrad** *n* / non-crossed gear, rolling-contact gear

WAN / WAN (Wide area network)

Wand *f* / wall *n* || **²abstand** *m* / distance to walls, wall distance || **²anbau** *m* / wall mounting || **für ²anbau** / for placing against a wall, wall-mounting *adj* || **²arm** *m* / wall bracket || **für ²aufbau** / for surface-mounting (on walls) || **²aufladung** *f* / wall charge || **²aufstellung** *f* / wall-standing arrangement || **für ²aufstellung** / for placing against a wall || **²ausleger** *m* / bracket *n* || **²befestigungslasche** *f* / wall fixing lug || **²dicke der Isolierhülle** (Kabel) / thickness of insulation, insulation thickness || **²dose** *f* / wall box || **²durchbruch** *m* / wall cutout, wall opening || **für ²einbau** / for flush-mounting in walls, for wall recess mounting, adj., cavity-mounting *adj*

wandelbarer Aufbau / flexible arrangement

wandeln *v* / convert *v*

Wandelung *f* / conversion *n*

Wanderecho *n* / migrant echo

wanderfähig *adj* / transportable *adj*, mobile *adj*

Wander·feld *n* / travelling magnetic field, moving field || **²feldklystron** *f* / extended-interaction klystron || **²feldmotor** *m* / travelling-field motor, linear motor || **²kontrolle** *f* / patrol inspection

Wandern *n* (digitale Nachrichtenübertragung) / wander *n* IEC 50(704)

wandern *v* (Lg.) / creep *v*, expand *v*, become dislocated

wandernd·e Eins / walking one || **~es Feld** / travelling magnetic field, moving field

Wander·prüfung *f* / patrol inspection || **²prüfungschnecke** *f* / sliding (o. travelling) worm gear || **²prüfungtransformator** *m* / mobile transformer

Wanderungsgeschwindigkeit *f* / migration rate || **² *f*** (Drift) / drift velocity

Wanderwelle *f* / travelling wave || **Überspannungs-²** *f* / travelling surge

Wanderwellen·schutz *m* IEC 50(448) / travelling wave protection || **²strom** *m* / travelling-wave current, surge current || **²verstärker** *m* / travelling-wave amplifier (TWA)

Wand·-Ferndimmer *m* / remote control wall dimmer || **²fluter** *m* / wall floodlight || **²friestafel** *f* / wall-frieze board || **²gehäuse** *n* / wall box, wall-mounting case || **²halter** *m* / wall mounting || **²halterung** *f* / wall-mounting holder || **²konsole** *f* / wall bracket || **²ladung** *f* / wall charge

Wandler *m* (Trafo) / instrument transformer, transformer *n* || **²** *m* (Messwandler) / measuring transformer, instrument transformer || **²** *m* (Messumformer) / transducer *n* || **²** *m* (Spannung) / voltage transformer, potential transformer || **²** *m* (Strom) / current transformer || **²** *m* (Umsetzer) / converter *n* || **² mit doppelter Isolierung** / double-insulated transformer || **² mit einem Übersetzungsverhältnis** / single-ratio transformer || **² mit einer Sekundärwicklung** / single-secondary transformer || **² mit mehreren Übersetzungsverhältnissen** / multi-ratio transformer || **² mit zwei Sekundärwicklungen** / double-secondary transformer || **Drehzahl~** *m* / speed variator || **elektroakustischer ²** / electro-acoustical transducer || **elektroakustischer ²** / electro-acoustical transducer || **elektro-optischer ²** / electro-optical transducer || **elektro-optischer ²** (Emitter einer GaAs-Siode) / emitter *n* || **optoelektrischer ²** / optoelectric receiver || **Transduktor-²** *m* / measuring transductor || **²befestigung** *f* / transformer fixing || **²daten** *plt* / tranformer data

wandlerfest *adj* / transformer-proof *adj*

Wandler·kupplung *f* (Kfz) / converter clutch || **²leitung** *f* / transformer lead

Wandlerstrom·auslöser *m* / indirect release, transformer-operated trip, series release || **²auslösung** *f* / series tripping, indirect tripping || **²versorgung** *f* / current transformer supply

Wandler·verlustausgleich *m* / transformer-loss compensation || **²verlustkompensator** *m* / transformer-loss compensator

Wandleuchte *f* / wall luminaire, wall-mounting luminaire, wall bracket, wall fitting, bulkhead unit

Wandlung *f* / conversion *n*

Wandlungs·fehler *m* / conversion error || **²rate** *f* / conversion rate || **²zeit** *f* / conversion time

Wand·reflexionsgrad *m* / wall reflectance, wall reflection factor || **²reibung** *f* / friction to walls ||

²**schalter** *m* / wall switch, wall-mounted controller || ²**sender** *m* (IR-Fernbedienung) / wall-mounted transmitter || ²**sockelkanal** *m* / dado trunking || ²**stativ** *n* / wall bracket || ²**steckdose** *f* / wall-mounting socket-outlet, fixed socket-outlet (o. receptacle) || ²**tafel** *f* / wall panel || ²**tafelmodell** *n* / blackboard model || ²**uhr** *f* / wall clock
Wandung *f* / wall *n*
Wandverteiler *m* / wall-mounting distribution board
Wange *f* (Durchladeträgerwagen) / side girder
Wangen·fundament *n* / string foundation, raised foundation || ²**wagen** *m* / high-girder wagon
Wanne *f* / trough *n*, tub *n*, tank *n* || ² *f* (Leuchte) / troffer *n*, bowl *n*, trough *n*, diffuser *n*, coffer *n* || ² **Schweißbaugruppe** / trough welding assembly
Wannen·-Einbauleuchte *f* / recessed diffuser luminaire || **Einbau-**²**leuchte** *f* / troffer luminaire || ²**reflektor** *m* / trough reflector
WA-Prüfung *f* (Warenannahmeprüfung) / incoming goods inspection, incoming inspection, goods-in inspection, goods-inwards inspection, receiving inspection, receiving inspection and testing
Ward-Leonard·-Steuerung *f* / Ward-Leonard system || ²**-Umformersatz** *m* / Ward-Leonard generator set
Waren·abzug *m* / fabric take-off || ²**annahmeprüfung** *f* (WA-Prüfung) / incoming goods inspection, incoming inspection, goods-inwards inspection, goods-in inspection, receiving inspection and testing, receiving inspection || ²**aufzug** *m* / goods lift, freight elevator || ²**begleitschein** *m* / delivery note || ²**eingang** *m* / incoming inspection, incoming goods, goods received || ²**eingangs...** (WE-...) / incoming *adj* || ²**eingangsbescheinigung** *f* / delivery verification certificate || ²**eingangsfehler** *m* / fault/error in goods received || ²**eingangsinspektion und -prüfung** *f* / incoming goods inspection, incoming inspection, goods-in inspection, goods-inwards inspection, receiving inspection and testing, receiving inspection || ²**eingangskontrolle** *f* / inspection of incoming shipments || ²**eingangsprüfung** *f* / incoming goods inspection, incoming inspection, goods-in inspection, goods-inwards inspection, receiving inspection and testing, receiving inspection || ²**eingangsrevision** *f* / incoming goods inspection, incoming inspection, goods-in inspection, goods-inwards inspection, receiving inspection and testing, receiving inspection || **statistische** ²**nummner** / national trade statistics number || ²**wirtschaftssystem** *n* / merchandise management system || ²**zeichen** *n* / trade mark
warm aufziehen / shrink on *v*, shrink *v* || ~ **aushärtend** (Kunststoff) / thermosetting *adj* || ~ **behandeln** / heat-treat *v*
Warmauslagern *n* / elevated-temperature age hardening
Warm·beständigkeit *f* / thermal endurance || ²**biegeversuch** *m* / hot bend test || ²**bruch** *m* / hot crack, solidification shrinkage crack || ²**brüchigkeit** *f* / hot-shortness *n*, red-shortness *n*
Wärme abgeben / give off heat, dissipate heat || ² **aufnehmen** / absorb heat || ² **leiten** / conduct heat || ² **übertragen** / transfer heat, transmit heat || **abzuführende** ² / heat to be dissipated || ²**abbild** *n* / winding temperature indicator || ²**abfuhr** *f* / heat dissipation || ²**abführgeschwindigkeit** *f* / heat dissipation rate || ²**abführleistung** *f* / heat removal capacity || ²**abführung** *f* / heat dissipation, removal of heat, heat abduction || ²**abführvermögen** *n* / heat transfer capability, heat removal property, heat dissipation capability, heat dissipation capacity || ²**abgabe** *f* / heat transfer, heat dissipation || ²**abgabefähigkeit** *f* / heat transfer capability, heat removal property, heat dissipation capability
wärmeabgebend *adj* / heat-dissipating *adj* || **~er Prüfling** / heat-dissipating specimen
Wärme·ableitung *f* / heat discharge, heat dissipation, heat removal, heat abduction || **angemessene** ²**ableitungsbedingungen** VDE 0700, T.1 / conditions of adequate heat discharge IEC 3351 || ²**abschirmung** *f* / heat shield || ²**abstrahlung** *f* / heat emission, heat radiation, heat dissipation || ²**alterung** *f* / thermal ageing || ²**äquivalent** *n* / equivalent of heat || ²**aufnahme** *f* / heat absorption || ²**aufnahmefähigkeit** *f* / heat absorptivity, heat capacity || ²**ausbreitung** *f* / heat propagation || ²**ausdehnung** *f* / thermal expansion || ²**ausdehnungskoeffizient** *m* / coefficient of thermal expansion || ²**ausgleicher** *m* / compensator *n* || ²**auskopplung** *f* (f. Fernheizung) / heat supply from cogeneration || ²**austausch** *m* / heat exchange || ²**austauscher** *m* / heat exchanger || ²**austauschgrad** *m* / heat-exchanger efficiency, cooler rating
Wärme·beanspruchung *f* / thermal stress || ²**behandlung** *f* / heat treatment, annealing *n* || ²**behandlungsbild** *n* / heat-treatment diagram || ²**belastung** *f* / thermal load || ²**belastung** *f* (durch Abwärme) / thermal pollution
wärmebeständig *adj* / heat-resistant *adj*, heat-proof *adj*, heat-stable *adj*, stable under heat, thermostable *adj* || **~e Aderleitung** / heat-resistant non-sheathed cable, heat-resistant insulated wire || **~e Anschlussleitung** (AVMH) / heat-resistant wiring cable || **~e Schlauchleitung** / heat-resistant sheathed flexible cable (o. cord)
Wärme·beständigkeit *f* (Gerät) / thermal endurance || ²**beständigkeit** *f* (Material) / thermostability *n*, thermal stability, heat stability, resistance to heat || ²**bilanz** *f* / heat balance, balance of heat || ²**bindung** *f* / heat absorption
wärmedämmend *adj* / heat-insulating *adj*
Wärme·dämmung *f* / thermal insulation, heat insulation || ²**dehnung** *f* / thermal expansion || ²**dehnungszahl** *f* / coefficient of thermal expansion || ²**dichte** *f* / heat density || ²**differentialmelder** *m* / rate-of-rise detector || ²**-Druckprüfung** *f* VDE 0281 / hot pressure test || ²**durchgang** *m* / heat transmission, heat transfer || ²**durchgangswiderstand** *m* / heat transfer resistance, reciprocal of heat transfer coefficient || ²**durchgangszahl** *f* / heat transfer coefficient || ²**durchgangszahl** *f* (k-Zahl) / coefficient of heat transmission
wärmedurchlässig *adj* / diathermal *adj*, heat-transmitting *adj*
Wärme·durchlasszahl *f* / coefficient of heat transmission || ²**durchlauf** *m* / continuous heat-run test || ²**durchschlag** *m* / thermal breakdown, series tansformer (US)
Wärme·einflusszone *f* / heat-affected zone || ²**einheit** *f* / thermal unit, heat unit || ²**einleitungsverlust** *m* / heat transfer loss || ²**einwirkung** *f* / action of heat,

thermal effect, effect of heat
wärme·elastisch *adj* / thermoelastic *adj* || **~elektrisch** *adj* / thermo-electric *adj*
Wärme·entbindung *f* / heat release, heat generation || **≗entwicklung** *f* / heat generation, development of heat
Wärmefestigkeit *f* / thermal stability, thermostability *n* || **≗ bei der Glühdornprobe** / hot-needle thermostability || **≗ nach Martens** / Martens thermostability || **≗ nach Vicat** / Vicat thermostability
Wärme·fluss *m* / heat flow, heat flow rate || **≗formänderung** *f* / deformation under heat, thermal deformation || **≗fortleitung** *f* / heat conduction, thermal conduction || **≗fühler** *m* / temperature detector, thermal detector, temperature sensor || **≗gefälle** *n* / thermal gradient || **Prüfung auf ≗gleichgewicht** / thermal stability test || **≗gerät** *n* / heating appliance || **≗gewinn** *m* / heat gain || **≗gleichgewicht** *n* / thermal equilibrium
wärmehärtbar *adj* / thermo-setting *adj*
Wärme·härtung *f* / hot hardening, hot curing || **≗haushalt** *m* / heat balance || **≗isolierung** *f* / thermal insulation || **≗isolierung** *f* (Rohre) / lagging *n*
Wärme·kapazität *f* / thermal capacity, heat capacity, heat storage capacity, thermal absorptivity || **≗kapazität** *f* (HL) DIN 41862 / thermal capacitance || **≗kegel** *m* / thermal cone || **≗klasse** *f* / temperature class || **≗-Kraft-Kopplung** *f* / combined heat and power (c.h.p.), cogeneration *n* (of power and heat) || **≗kraftmaschine** *f* / heat engine, steam engine || **≗kraftmaschinensatz** *m* / thermo-electric generating set || **≗kraftwerk** *n* / thermal power station || **≗kreislauf** *m* / thermal circuit, heat cycle || **≗kriechen** *n* / thermal creep || **≗lagerung** *f* / heat ageing || **≗last** *f* (KT) / heat load, cooling load || **≗leistung** *f* / heat output (thermal)
wärmeleitend *adj* / heat-conducting
Wärme·leiter, schlechte ≗leiter / materials with low heat conductivity || **≗leitfähigkeit** *f* / thermal conductivity
Wärmeleitfähigkeits·detektor *m* (WLD) / thermal-conductivity detector (TCD) || **≗-Gasanalyse** *f* / thermal-conductivity gas analysis || **≗-Gasanalysegerät** *n* / thermal-conductivity gas analyzer
Wärmeleit·haube *f* / thermally conductive cover || **≗mittel** *n* / heat-conducting compound || **≗paste** *f* / heat transfer compound, thermo-lubricant n. thermolube *n*
Wärmeleitung *f* / heat conduction, thermal conduction
Wärmeleit·vermögen *n* / thermal conductivity || **≗weg** *m* / heat conducting path, heat path || **≗wert** *m* / coefficient of thermal conductivity, thermal conductance || **≗zahl** *f* / coefficient of thermal conductivity, thermal conductance
Wärme·melder *m* / heat-sensitive detector || **≗melder mit hoher Ansprechtemperatur** / high-temperature heat detector || **≗menge** *f* / quantity of heat || **≗mengenzähler** *m* / heat meter, calorimetric meter || **≗messer** *m* / calorimeter *n* || **≗messung** *f* / temperature measurement, calorimetry *n*
Wärme·nest *n* / heat concentration, hot spot || **≗niveau** *n* / thermal level || **≗prüflampe** *f* / heat test source lamp (H.T.S. lamp) || **≗prüfung** *f* / temperature-rise test, heat run (el. machine) || **≗pumpe** *f* / heat pump || **≗quellennetzwerk** *n* / heat-source plot || **≗rad** *n* / heat wheel || **≗rauschen** *n* / thermal noise, thermal agitation noise || **≗relais** *n* / thermal relay, thermo-electric relay || **≗riss** *m* / heat crack, thermal check || **≗rissbildung** *f* / heat cracking || **≗scheinwiderstand** *m* / thermal impedance || **≗schockprüfung** *f* / heat shock test || **Prüfung des ≗schockverhaltens** VDE 0281 / heat shock test || **≗schrank** *m* / heating cabinet || **≗schrumpfung** *f* / thermal contraction
Wärmeschutz *m* (Gebäude) / thermal insulation || **≗** *m* (el. Masch.) / thermal protection (TP) || **≗gefäß** *n* (Lampe) / vacuum jacket, vacuum flask || **≗gerät** *n* / thermal protector || **≗gerät mit automatischer Rückstellung** / automatic-reset thermal protector || **≗gerät mit Handrückstellung** / manual-reset thermal protector || **≗glas** *n* / heat absorbing glass, vacuum jacket || **≗isolierung** *f* / heat insulation
Wärme·senke *f* / heat sink || **≗speichervermögen** *n* / heat storage capacity || **≗spiel** *n* / thermal cycle
wärmestabilisiert *adj* / thermally stabilized
Wärme·stabilität *f* / thermostability *n*, thermal endurance || **≗standfestigkeit** *f* / thermal endurance || **≗stau** *m* / heat concentration, heat accumulation || **≗staustelle** *f* / heat concentration, hot spot || **≗strahler** *m* / thermal radiator || **≗strahler** *m* (Lampe) / radiant heat lamp || **≗strahlgerät** *n* / electric radiator || **≗strahlung** *f* / thermal radiation, heat radiation || **≗strom** *m* / heat flow, heat flux, heat flow rate || **≗stromdichte** *f* / heat flow density || **≗strömung** *f* / heat flow
Wärme·tarif *m* / heating tariff || **≗tauscher** *m* / heat exchanger || **≗tauschersystem** *n* / heat exchange system || **≗tönung** *f* (Gasanalysegerät) / catalytic combustion, catalytic effect || **≗tönungsverfahren** *n* / heat-tone method || **≗träger** *m* / heat transfer agent, heat carrier, heat transfer medium, coolant *n* || **≗trägheit** *f* / thermal inertia, thermal lag || **≗transport** *m* / heat transfer || **≗transportmittel** *n* / heat transfer medium, coolant *n* || **≗übergang** *m* / heat transfer, convection *n* || **≗übergangsverlust** *m* / heat transfer loss || **≗übergangswiderstand** *m* / heat transfer resistance || **≗übergangszahl** *f* / heat transfer coefficient || **≗übertragung** *f* / heat transfer, heat transmission || **≗übertragungsflüssigkeit** *f* / heat transfer liquid || **≗übertragungsmittel** *n* / heat exchanging medium, heat transfer medium, cooling medium, coolant *n* || **≗unbeständigkeit** *f* / thermal instability
wärmeundurchlässig *adj* / heat-tight *adj*, adiathermic *adj*
Wärme·verbrauchszähler *m* / heat meter, calorimetric meter || **≗verhalten** *n* / behaviour under exposure to heat, thermal stability || **≗verluste** *m pl* / heat loss, energy lost as heat, dissipation *n* || **≗wächter** *m* / thermal release, thermal protector, temperature relay, temperature detector, thermostat *n* || **≗wächter** *m* (in Wickl.) / embedded temperature detector, thermal protector, thermostatic overload protector || **≗wächter** *m* (Relais) / thermal relay || **spezifischer ≗wert** / specific heat
Wärmewiderstand *m* (a. HL) / thermal resistance || **≗** *m* (spezifischer W.) / thermal resistivity || **≗** *m* / thermal impedance || **≗ zwischen Sperrschicht und Gehäuse** (HL) / junction-to-case thermal resistance

|| **spezifischer** ≗ **des Erdbodens** / thermal resistivity of soil || **transienter** ≗ (Thyr) DIN 41786 / transient thermal impedance
Wärme·zeitkonstante *f* / heating time constant, time constant of heat transfer || ≗**-Zeitstandsverhalten** *n* / thermal endurance, heat endurance, thermal life || ≗**ziffer** *f* / heat transfer factor || ≗**zufuhr** *f* / heat input
Warmfaltversuch *m* / hot bend test
warmfest *adj* / heat-resistant *adj*, thermostable *adj* || **~er Stahl** / high-temperature steel, steel for high temperature service
Warmfestigkeit *f* / thermal stability, resistance to heat, thermostability *n*, temperature resistance
warm·genietet *adj* / hot-riveted *adj* || ≗**geräte-Steckvorrichtung** *f* / appliance coupler for hot conditions || **~gestaucht** *adj* / warm-upset *adj* || **~gewalzt** *adj* / hot-rolled *adj* || ≗**härtbarkeit** *f* / thermosetting ability || **~härtend** *adj* / thermo-setting, heat-setting *adj*, heat-curing *adj*
Warm·lauf *m* (Kfz-Mot.) / warm-up *n*, warming-up *n* || ≗**luft** *f* / hot air, warmed air || ≗**luftabzug** *m* / hot-air outlet, warmed-air discharge || ≗**luftofen** *m* / hot-air oven || ≗**pressen** *n* (Kunststoff) / compression moulding || ≗**pressen** *n* (Metall) / hot pressing || ≗**-Pressteil** *n* / hot-pressed part || ≗**riss** *m* / hot crack, solidification shrinkage crack || ≗**rissprobe** *f* / hot cracking test || ≗**rundlaufprobe** *f* / hot out-of-true test || ≗**schrumpfschlauch** *m* / heat-shrinkable sleeving IEC 684 || ≗**start** *m* (thermischer Maschinensatz) / hot start || ≗**start** *m* (SPS) / warm restart || ≗**startlampe** *f* / preheat lamp, hot-start lamp || ≗**streckgrenze** *f* / elevated-temperature yield point || ≗**verpressen** *n* / hot pressing || ≗**walzdraht** *m* / hot-rolled rod
warmweiß *adj* / warm white *adj* || ≗**-Leuchtstofflampe** *f* / warm white fluorescent lamp
Warm·wert *m* / value of the warm machine || ≗**zeitstands-Bruchfestigkeit** *f* / creep rupture strength at elevated temperature || ≗**zugversuch** *m* / elevated-temperature tensile test
Warn·befeuerung *f* / warning lighting, obstruction and hazard lighting || ≗**blinklicht** *n* (Kfz) / hazard warning light || ≗**fackel** *f* / flare pot || ≗**grenze** *f* (Leitt., QS) / warning limit || ≗**kontakt** *m* / alarm contact || ≗**licht** *n* / warning light || ≗**meldeliste** *f* / alarm list || ≗**meldung** *f* / alarm indication, warning signal, alarm signal, alarm signalling, message *n* || ≗**nummer** *f* / warning number || ≗**schild** *n* / warning notice || ≗**schild** *n* (auf Gehäusen, Geräten) / warning label, warning sign || ≗**schilder** *n pl* / warning notices || ≗**schwelle** *f* / alarm threshold, warning threshold || ≗**schwelle Motorübertemperatur** / threshold motor temperature || ≗**schwimmer** *m* / alarm float || ≗**signal** *n* / warning signal, alarm signal || ≗**stufe** *f* / alarm level || ≗**temperatur** *f* / alarm (initiating temperature) || ≗**ton** *n* / warning bleep
Warnung *f* / warning *n*
Warnungs·folgespeicher *m* / alarm sequence memory || ≗**information** *f* / warning information || ≗**pfeil** *m* / danger arrow || ≗**vorgeschichte** *f* / warning number
Warnzeichen *n* / warning symbol
wartbar *adj* / maintainable *adj*, serviceable *adj*
Wartbarkeit *f* DIN 40042 / maintainability *n*
Warte *f* / control desk, control post || ≗ *f* (Raum) / control room || ≗**-auf-Empfang-Zeit** *f* (PROFIBUS) / slot time EN 50170-2-2 || ≗**betrieb** *m* (DÜ) / disconnected mode (DM) || ≗**box** *f* / wait box || ≗**dauer** *f* (KN) / waiting time, queuing time || ≗**dauer** *f* (auf einen Dienst) IEC 50(191) / service provisioning time || ≗**marke** *f* / wait marker
warten *v* (instandhalten) / maintain *v*, service *v*, service and maintain, attend *v*
Warten·ausrüstung *f* / control-room equipment || ≗**ausstattung** *f* / control room equipment || ≗**peripherie** *f* / control-room interface equipment, control-room peripherals || ≗**pult** *n* / control-room console, control desk || ≗**raum** *m* / control room || ≗**raum einer Station** / substation control room || ≗**tafel** *f* / control board, control-room board
Wärter *m* / attendant *n*
Warte·schlange *f* (WS) / queue *n* || ≗**schlangenbearbeitung** *f* / queue processing || ≗**schlangentheorie** *f* / queueing theory || ≗**schritt** *m* / delay step || ≗**-Signal** *n* / wait signal || ≗**station** *f* (DÜ) / passive station || ≗**stelle** *f* / protocol message queue || ≗**steuerung** *f* / wait control || ≗**zeit** *f* DIN 19237 / waiting time || ≗**zeit** *f* (Verzögerung) / delay *n* || ≗**zeit** *f* (NC) / delay *n*, waiting time || ≗**zeit berücksichtigen** / take account of wait time || ≗**zustand** *m* / disconnected mode (DM) || ≗**zustand der Quelle** (PMG) DIN IEC 625 / source wait for new cycle state (SWNS) || ≗**zustand der Senke** (PMG) DIN IEC 625 / acceptor wait for new cycle state (AWNS)
Wartung *f* / maintenance *n*, servicing *n*, upkeep *n* || ≗ *f* (vorbeugende Instandhaltung) IEC 50(191) / preventive maintenance || **vorausschauende** ≗ / preventive maintenance
Wartungs·abteilungsleiter *m* / maintenance manager || ≗**anleitung** *f* / maintenance instructions, maintenance manual, maintenance instruction book || ≗**anleitung** *f* (WA) / maintenance guide, WA || ≗**anschluss** *m* / service connection || ≗**anschluss** *m* (Flansch) / service flange || ≗**arbeit** *f* / maintenance work
wartungsarm *adj* / minimum-maintenance *adj*, low-maintenance, requiring little maintenance
Wartungs·aufrechner *m* / service account || ≗**aufwand** *m* / expenditure of maintenance || ≗**bedarf** *m* / demand of maintenance || **~bedingte Nichtverfügbarkeitsdauer** / maintenance duration
Wartungs·bericht *m* / maintenance report, service report, action report, assignment report || ≗**bezirk** *m* (WBez.) / service area || ≗**dauer** *f* / maintenance time, preventive maintenance time IEC 50(191) || ≗**diskette** *f* / maintenance diskette
Wartungs·faktor *m* / maintenance factor || ≗**faktor** *m* (Lg.) / relubrication factor || ≗**feld** *n* / maintenance panel, engineering test panel, engineer's panel || ≗**feld** *n* (NC, Baugruppe) / service module || ≗**folge** *f* / maintenance sequence || **~frei** *adj* / maintenance-free *adj*, requiring no maintenance, minimum-maintenance *adj*
Wartungsfreiheit *f* / freedom from maintenance
wartungsfreundlich *adj* / easy to maintain, easy to service, simple to maintain, without maintenance problems, with minimum maintenance requirements
Wartungs·freundlichkeit *f* / maintainability *n* || ≗**frist** *f* / maintenance interval || ≗**gang** *m* VDE 0660, T.500 / maintenance gangway IEC 439-1,

maintenance aisle || ²**gerät** *n* / service unit
wartungsgerecht / easy to maintain, easy to service, simple to maintain, without maintenance problems, with minimum maintenance requirements
Wartungs·gruppe *f* / service group || ²**handbuch** *n* / maintenance manual || ²**hilfe** *f* / maintenance aid(s) || ²**hinweise** *m pl* / recommendations for maintenance, maintenance instructions || ²**intervall** *n* / maintenance interval, mean time between maintenance (MTBM), maintenance period || ²**intervall nach Schalthäufigkeit bestimmt** / maintenance period in terms of number of operations || ²**intervall nach Zeit bestimmt** / maintenance period in terms of time || ²**intervallzeit** *f* / mean time between maintenance (MTBM) || ²**intervallzeit** *f* / MTBM (main time between maintenance)
Wartungs·karteikarte *f* / maintenance record card || ²**komfort** *m* / comfort of maintenance || ²**mappe** *f* / maintenance file || ²**nahtstelle** *f* (SPS) / maintenance interface || ²**öffnung** *f* / servicing opening || ²**-PC** *m* / service PC || ²**personal** *n* / maintenance personnel, maintenance staff || ²**plan** *m* / maintenance schedule, servicing diagram (Rev.) IEC 113-1 || ²**position** *f* / maintenance position || ²**rückmeldung** *f* (SPS) / maintenance check-back signal || ²**schalter** *m* / maintenance switch || ²**stellung** *f* / maintenance position || ²**- und Revisionsplan** *m* / maintenance and inspection schedule || ²**vorschrift** *f* / maintenance instructions || ²**warnung** *f* / maintenance alarm || ²**zeit** *f* / maintenance time, servicing time || ²**zeit** *f* (Teil der Instandhaltungszeit, während dessen eine Wartung an einer Einheit durchgeführt wird, eingeschlossen zugehörige technische Verzugsdauern und logistischen Verzugsdauern) / preventive maintenance time (That part of the maintenance time during which preventive maintenance is performed on an item, including technical delays and logistic delays inherent in preventive maintenance) || **aktive** ²**zeit** (Teil der aktiven Instandhaltungszeit, während dessen eine Wartung an einer Einheit durchgeführt wird) / active preventive maintenance time (That part of the active maintenance time, during which actions of preventive maintenance are performed on an item) || ²**zeitraum** *m* / maintenance interval, mean time between maintenance (MTBM), maintenance periode
Warze *f* / projection *n*, boss *n*, lug *n*
Warzen·blech *n* / ribbed sheet metal button plate || ²**schweißung** *f* / projection welding
Waschbeton *m* / exposed-aggregate concrete
waschdichtes Relais / washable relay
Wascherpumpe *f* (Kfz) / washer pump
Wäscheschleuder *f* / spin extractor
Wasch·flasche *f* (f. Messgas) / washing bottle (o. cylinder) || ²**maschine** *f* / washing machine || ²**maschinenpult** *n* / washer console || ²**mittelpumpe** *f* / detergent pump
Wasser *n* / water *n* || ²**ablass** *m* / water outlet, water drain || ²**ablassventil** *n* / water drain valve, drain valve || ²**abscheider** *m* / water separator
wasser·abweisend *adj* / water-repellent *adj* || **~anziehend** *adj* / hygroscopic *adj*
Wasser·aufnahme *f* / water absorption || ²**aufnahmefähigkeit** *f* / water absorption capacity || ²**austritt** *m* / water outlet, water leakage || ²**bäumchen** *n* (im Kabel) / water tree
wasserbeständig *adj* / resistant to water, water-resisting *adj*
Wasser·dampf *m* / steam *n*, water vapour || ²**dampfalterung** *f* / steam ageing || ²**dampfdurchlässigkeit** *f* (Isolierstoffprobe) / water vapour permeability || ²**dampftafel** *f* / steam table || ²**darbietung** *f* / water resources
wasserdicht *adj* / waterproof *adj*, watertight *adj*, impermeable *adj*, submersible *adj* || **~e Maschine** / watertight machine, impervious machine || **~e Steckdose** / watertight socket-outlet, watertight receptacle
Wasser·dichtheit, Prüfung auf ²**dichtheit** / test for watertightness || ²**druckprüfung** *f* / water pressure test, hydrostatic test || ²**druckversuch** *m* / water pressure test, hydrostatic test || ²**durchlässigkeit** *f* / water penetration || ²**einlass** *m* / water inlet || ²**einspritzung** *f* / water spray, water injection || ²**entsorgung** *f* / sewage disposal || ²**falldiagramm** *n* / cascade diagram, three-dimensional map
wasserfest *adj* / resistant to water, water-resisting *adj*
Wasserfühler *m* / water sensor, water monitor
wasser·gefüllte Maschine / water-filled machine || **~gekühlt** *adj* / water-cooled *adj* || **~gestrahlt** *adj* / water-blasted *adj*
wässerige Phase / aqueous phase, water phase
Wasserkalorimetrie *f* / water calorimetry
wasserkalorimetrisches Verfahren / water-calorimetric method
Wasserkammer *f* (Kühler) / water box
Wasserkraft *f* / hydraulic energy || ²**anlage** *f* / hydro-electric installation || ²**generator** *m* / waterwheel generator, hydro-electric generator, hydro-generator *n*, hydro-alternator *m* || ²**-Generatorsatz** *m* / hydro-electric generating set || ²**-Maschinensatz** *m* / hydro-electric set || ²**werk** *n* / hydro-electric power plant
Wasser·kühler *m* (Wasser-Wasser) / water-to-water heat exchanger, water cooler || ²**kühler** *m* (Luft-Wasser) / air-to-water heat exchanger, air-to-water cooler || **Leistung bei** ²**kühlung** / water-cooled rating || ²**kühlung mit Ölumlauf** / forced-oil water cooling || ²**landebahnfeuer** *n* / channel light || ²**laufanzeiger** *m* / water flow indicator
wasserlöslich *adj* / water-soluble *adj*
Wasser·mangelsicherung *f* / water-failure safety device, water shortage switch || ²**mantel** *m* / water jacket || ²**mengenanzeiger** *m* / water flow rate indicator, water flow indicator || ²**-Öl-Wärmetauscher** *m* / water-to-oil heat exchanger || ²**penetration** *f* / water penetration || ²**pumpenzange** *f* / multiple slip joint pliers
Wasser·rad *n* / waterwheel *n* || ²**rohrnetz** *n* / water pipe system, water service || ²**rollbahnfeuer** *n* / taxi-channel lights || ²**rückkühler** *m* / water-cooled heat exchanger || ²**sackrohr** *n* / siphon *n* || ²**sammeltasche** *f* / water well || ²**sauger** *m* / water suction cleaning appliance || ²**säule** *f* (WS) / water gauge (w.g.), water column || ²**schalter** *m* (LS) / water circuit-breaker, expansion circuit-breaker || ²**schloss** *n* / surge tank, surge shaft || ²**schub** *m* / hydraulic thrust || ²**schutz** *m* / protection against water, protection against the ingress of water || **Prüfung des** ²**schutzes** / test for protection against the ingress of water || ²**schutzgebiet** *n* / protected

water catchment area || **≈seite** *f* / water side, water circuit || **≈spardüse** *f* / economizer nozzle

Wasserstand *m* / water level || **≈schalter** *m* / water-level switch || **VdTÜV ≈ 100 und 100/1** / VdTÜV water level 100 and 100/1

Wasserstoff *m* / hydrogen *n* || **≈brüchigkeit** *f* / hydrogen embrittlement

wasserstoff·dicht *adj* / hydrogen-proof *adj* || **~gekühlte Maschine** / hydrogen-cooled machine

Wasserstoff·generator *m* / hydrogen generator || **≈peroxid** *n* / hydrogen peroxide || **Standard-≈potenzial (o. -potential)** *n* / standard hydrogen potential || **≈sprödigkeit** *f* / hydrogen embrittlement || **≈-Synthesegasanlage** *f* / hydrogen-synthetic gas plant

Wasser·strahlschneiden *n* / water jet cutting || **≈strom** *m* / water flow || **≈strömungsmelder** *m* / water flow indicator || **≈tropfen** *m pl* / water drops || **≈turbine** *f* / hydraulic turbine, water turbine, water wheel || **≈überwachung** *f* (Umweltschutz) / water pollution monitoring || **Messeinrichtungen zur ≈überwachung** / water pollution instrumentation || **≈umlauf-Wasserkühlung** *f* (WUW-Kühlung) / closed-circuit water-water cooling (CWW) || **≈ventil** *n* / water valve || **≈ventilansteuerung** *f* / water valve control || **≈verbrauchs- und Energiemessgerät** *n* / water consumption and power measurement equipment || **im ≈ verlegte Leitung** / submarine line || **≈versorgung** *f* / water supply || **≈waage** *f* / water level, spirit level || **≈wächter** *m* / water detector || **≈-Wasser-Wärmeaustauscher** *m* / water-to-water heat exchanger, water-to-water cooler || **≈wert** *m* / equivalent water flow of the same thermal (heat) capacity || **≈widerstand** *m* / liquid resistor, water rheostat, water resistor || **≈wirbelbremse** *f* / fluid-friction dynamometer, Froude brake, water-brake *n*, hydraulic dynamometer || **≈zuflussprognose** *f* / inflow forecast

wässrig·e Lösung / aqueous solution || **~er filmbildender Schaum** / aqueous film forming foam (AFFF)

Watchdog-Test *m* / watchdog test

wattmetrisch *adj* / wattmetric *adj* || **~e Erdschlusserfassung** / wattmetric earth-fault detection || **~es Relais** / wattmetrical relay

Watt·reststrom *m* / residual resistive (o. ohmic) current || **≈stundenverbrauch** *m* / watthour consumption, Wh consumption || **≈stundenzähler** *m* / watthour meter, Wh meter, active-energy meter || **≈stundenzählwerk** *n* / watthour registering mechanism, Wh register || **≈zahl** *f* / wattage *n*

WBez. (Wartungsbezirk) / service area

WDI / wind direction indicator (WDI), wind indicator

WDM / wavelength division multiplexing (WDM)

W-Durchschallung *f* / W transmission

WE (Wiedereinschaltautomatik) / automatic restart, automatic warm restart, automatic reclosing, ARC (automatic recloser) || **≈-...** (Wareneingangs...) / incoming *adj*

WEA (Wiedereinschaltautomatik) / automatic restart, automatic warm restart, automatic reclosing, ARC (automatic recloser)

Webmaschine *f* / weaving machine

Webstuhl·motor *m* / loom motor || **≈schalter** *m* / loom control switch

Wechsel *m* / change *n* || **fliegender ≈** / on-the-fly change || **im ≈** / being changed

Wechselanteil *m* / alternating component, ripple content || **≈ der Spannung** / ripple voltage

Wechsel·arm *m* / gripper *n* || **≈armaturen** *f pl* / replacement valves || **≈art** *f* / change type || **≈beanspruchung** *f* / alternating stress, cyclic load, reversed stress, alternating tension and compression || **thermische ≈beanspruchung** / thermal cycling || **≈belastung** *f* / alternating load, alternating stress, reversed stress, alternating tension and compression || **≈betrieb** *m* (DÜ) / half duplex transmission || **≈biegebeanspruchung** *f* / alternating bending stress || **≈blinklicht** *n* / reciprocating lights || **≈datenträger** *m* / removable disk || **≈durchflutung** *f* / alternating m.m.f. || **≈einrichtung** *f* / automatic tool changer (ATC) || **≈-EMK** *f* / alternating e.m.f. || **≈ende** *n* / end of change || **≈farben-Taktfeuer** *n* / alternating light || **≈fehler** *m* / changing fault, relocated fault || **≈fehlerstrom** *m* (VD E 0664, T.1) / (pure) a.c. fault current

Wechselfeld *n* / alternating field, pulsating field || **≈-Koerzitivfeldstärke** *f* IEC 50(221) / cyclic coercivity || **≈maschine** *f* / alternating-flux machine

Wechsel·festigkeit *f* / endurance limit at complete stress reversal || **Temperatur~festigkeit** *f* / resistance to cyclic temperature stress || **≈feuer** *n* / alternating light, changing light || **≈fluss** *m* / alternating flux || **≈funktion** *f* / alternating function || **≈funktion** *f* (NC, Werkzeugwechsel) / interchange function

Wechsel·getriebe *n* / speed-change gearbox, change-speed gearing, gear change || **≈grad** *m* (Beim Wechselrichten das Verhältnis der Grundschwingungsleistung zu Gleichstromleistung) / inversion factor (For inversion, the ratio between the fundamental power and the d.c. power)

Wechselgröße *f* / periodic quantity, alternating change || **sinusförmige ≈** / sinusoidal quantity

Wechsel·induktion *f* / a.c. component of flux, sinusoidal component of flux || **≈kassette** *f* (Plattenspeicher) / exchangeable cartridge || **≈klappe** *f* / butterfly valve || **≈kolbenpumpe** *f* / reciprocating pump || **≈kontakt** *m* / two-way switch || **≈-Kontrollschalter** *m* / two-way switch with pilot lamp || **≈kursrisiko** *n* / exchange risk || **≈lager** *n* / two-direction thrust bearing

Wechsellast *f* (el. Masch.) / varying load, alternating load, cyclic load, fluctuating load || **≈** *f* (mech.) / alternating load, alternating stress, reversed stress, alternating tension and compression || **≈betrieb** *m* (WLB) VDE 0160 / varying load duty || **≈festigkeit** *f* / stability under alternating load || **≈grenze** *f* / limit of alternating load || **≈verhalten** *n* / behaviour under alternating load

Wechsel·lichtschranke *f* / pulsating-light unit || **≈magnetisierung** *f* / alternating magnetization || **≈moment** *n* / pulsating torque, oscillating torque

wechseln *v* / change *v*

wechselnd·e Betauung / varying conditions of condensation || **~e Drehzahl** / varying speed || **~e Last** / alternating load, alternating stress, reversed stress, alternating tension and compression || **~e Zweiwegkommunikation** / two-way alternate communication || **~er Einsatzort** / changeable site

Wechsel·nutung *f* / staggered slotting || **≈objektiv** *n* /

interchangeable lens || ≗**paar** *n* (Zwei Zweige, die mit entgegengesetzten Leitungsrichtungen parallel geschaltet sind) / pair of antiparallel arms (Two arms in parallel with opposite conducting direction) || ≗**pflicht** *f* / obligatory change || ≗**platte** *f* (Speicher) / exchangeable disk, cartridge disk || ≗**plattenlaufwerk** *n* / removable disk drive || ≗**plattenspeicher** *m* / exchangeable disk storage (EDS), moving-head disk unit

Wechselpol·-Feldmagnet *m* / heteropolar field magnet || ≗**induktion** *f* / heteropolar induction || ≗**maschine** *f* / heteropolar machine

Wechsel·prüfspannung *f* / power-frequency test voltage, power-frequency impulse voltage, a.c. test voltage || ≗**pufferbetrieb** *m* / alternating buffer mode || ≗**quittung** *f* / change acknowledgement || ≗**rad** *n* / change gear, change wheel, interchangeable gear, pick-off gear || ≗**relais** *n* / centre-zero relay || ≗**richten** *n* / inverting *n*, inversion *n*

Wechselrichter *m* / inverter (o. invertor) *n*, power inverter || ≗**-Abschnittssteuerung** *f* (LE) / inverter termination control || ≗**anlage** *f* / inverter station || ≗**anwendung** *f* / inverter application || ≗**ausgangsfrequenz** *f* / inverter output frequency || ≗**betrieb** *m* / inverter operation, inverting *n*, inverter duty, regenerative mode || **in** ≗**betrieb ausgesteuert** / controlled for inverter operation || ≗**gerät** *n* / inverter equipment, inverter unit, inverter *n* || ≗**kippen** *n* / conduction-through *n*, shoot-through *n*, commutation failure || ≗**-Kippgrenze** *f* / limit of inverter stability, inverter stability limit || ≗**-Minus-Baustein** *m* / inverter negative module || ≗**nennleistung kW/hp** / rated inverter power [kW] / [hp] || ≗**nennspannung** *f* / rated inverter voltage || ≗**nennstrom** *m* / rated inverter current || ≗**phase** *f* / inverter phase || ≗**-Plus-Baustein** *m* / inverter positive module || ≗**sperre** *f* / inverter lockout || ≗**-Steuersatz** *m* (WRS) / inverter trigger set, inverter drive circuit || **maximaler** ≗**strom** / maximum inverter current || ≗**-Trittgrenze** *f* / limit of inverter stability, inverter stability limit || ≗**typ** *m* / act. inverter type || ≗**-Überlastreaktion** / inverter overload reaction

Wechsel·richtgrad *m* / inversion factor || ≗**satz** *m* / change block || ≗**schalter** *m* (Umschalter) / changeover switch || ≗**schalter** *m* (Schalter 6) VDE 0632 / two-way switch || ≗**schalter** *m* (Umkehrschalter) / reversing switch || ≗**schaltung** *f* (I) / two-way circuit || ≗**schrift** *f* / change-on-ones recording, non-return-to-zero recording (NRZ recording)

wechselseitige Datenübermittlung DIN 44302 / two-way alternate communication, either-way communication || ~ **Erregung** / reciprocal excitation

Wechselspannung *f* (WS el.) / alternating voltage, a.c. voltage, power-frequency voltage || ≗ *f* (Einphasen-W.) / single-phase a.c. || ≗ *f* (mech.) / alternating stress || **Effektivwert der** ≗ / r.m.s. power-frequency voltage || **Prüfung mit** ≗ / power-frequency test IEC 185, a.c. test IEC 70, power-frequency voltage test, power-frequency withstand voltage test

Wechselspannungs·anteil *m* / a.c. component, ripple content || ≗**anteil der Stromversorgung** / power supply ripple || ≗**-Durchschlagprüfung** *f* / power-frequency puncture voltage test || ≗**festigkeit** *f* / power-frequency voltage strength, power-frequency electric strength, a.c. voltage endurance || ≗**-Isolationsprüfung** *f* / power-frequency dielectric test, high-voltage power-frequency withstand test || ≗**kaskade** *f* / power-frequency cascade || ≗**komponente** *f* / a.c. component, ripple content || ≗**kondensator** *m* / a.c. capacitor || ≗**-Prüfanlage** *f* / power-frequency testing station || ≗**prüfung** *f* / power-frequency test IEC 185, a.c. test IEC 70, power-frequency voltage test, power-frequency withstand voltage test || ≗**prüfung unter Regen** / wet power-frequency test IEC 383, wet power-frequency withstand voltage test, power-frequency voltage wet test || ≗**prüfung, nass** / wet power-frequency test IEC 383, wet power-frequency withstand voltage test, power-frequency voltage wet test || ≗**prüfung, trocken** / dry power-frequency test IEC 383, dry power-frequency withstand voltage test, power-frequency voltage dry test, short-duration power-frequency voltage dry test IEC 466 || ≗**stabilisierung** *f* DIN 41745 / alternating voltage stabilization || ≗**übersprechen** *n* / a.c. crosstalk || ≗**umrichter** *m* / a.c. voltage converter

Wechsel·sprechsystem *n* / intercom system || ≗**spulinstrument** *n* / change-coil instrument || ≗**stabläufer** *m* / staggered-slot rotor || ≗**stelle** *f* / change position || ≗**stellungsvergleich** *m* / alternate position comparison || ≗**störungsenergie** *f* / glitch energy || ≗**störungsfläche** *f* / glitch area || ≗**stoß** *m* / doublet *n*

Wechselstrom *m* / alternating current, a.c. || ≗ *m* (WS) / alternating current (AC) || ≗ *m* (Einphasen-Wechselstrom) / single-phase a.c. || ≗**anlage** *f* / a.c. system || ≗**anschluss** *m* (a. LE) / a.c. terminal || ≗**anteil** *m* / a.c. component || ≗**anteil** *m* (Gleichstrom) / ripple content, ripple effect || ≗**ausführung** *f* / AC model

wechselstrombetätigt *adj* / a.c.-operated *adj*, a.c.-powered *adj*, with a.c. coil

Wechselstrom·betätigung *f* / a.c. operation || ≗**bogen** *m* / a.c. arc || ≗**-Direktumrichter** *m* / direct a.c. (power converter) || ≗**-Elektrolytkondensator** *m* / a.c. electrolytic capacitor || ≗**-Erdungsschalter** *m* VDE 0670,T.2 / a.c. earthing switch IEC 129 || ≗**erreger** *m* / a.c. exciter || ≗**erreger mit rotierenden Gleichrichtern** / a.c. exciter with rotating rectifiers || ≗**erreger mit ruhenden Gleichrichtern** / a.c exciter with stationary rectifiers || ≗**-Ersatzwiderstand** *m* / equivalent a.c. resistance || ≗**feld** *n* / alternating field, pulsating field || ≗**generator** *m* / a.c. generator, alternator *n* || ≗**generator** *m* (Hauptgenerator eines dieselelektrischen Antriebs) / main generator || ≗**gerät** *n* (Einphaseng.) / single-phase appliance

Wechselstrom-Gleichstrom·-Direktumrichter *m* (Wechselstrom-Glechstrom-Umrichter ohne Gleichstrom- oder Wechselstrom-Zwischenkreis) / direct a.c./d.c. convertor (An a.c./d.c. convertor without an intermediate d.c. or a.c. link) || ≗**-Einankerumformer** *m* / rotary converter, synchronous converter, genemotor *n* || ≗**-Leistungs-Umrichten** *n* / power a.c./d.c. conversion, electronic power a.c./d.c. conversion (Electronic conversion from a.c. to d.c. or vice versa.) || **elektronisches** ≗**-Leistungs-Umrichten**

(Elektronisches Umrichten von Wechselstrom in Gleichstrom oder umgekehrt) / power a.c./d.c. conversion, electronic power a.c./d.c. conversion (Electronic conversion from a.c. to d.c. or vice versa.) || ≗**-Umformer** *m* (rotierend) / inverted rotary converter, rotary converter || ≗**-Umformer** *m* (statisch) / a.c.-d.c. converter || ≗**-Umrichter** *m* / a.c./d.c. convertor || ≗**-Umrichter mit eingeprägtem Strom** (Wechselstrom-Gleichstrom-Umrichter mit nahezu reinem Gleichstrom auf der Gleichstromseite) / current stiff a.c./d.c. convertor (An a.c./d.c. convertor having an essentially smooth current on the d.c. side), voltage stiff a.c./d.c. convertor (An a.c./d.c. convertor having an essentially smooth voltage at the d.c. side) || ≗**-Umrichter mit eingeprägter Spannung** (Wechselstrom-Gleichstrom-Umrichter mit nahezu reiner Gleichspannung auf der Gleichstromseite) / voltage stiff a.c./d.c. convertor (An a.c./d.c. convertor having an essentially smooth voltage at the d.c. side) || ≗**-Zwischenkreisumrichter** (Wechselstrom-Glechstrom-Umrichter mit Gleichstrom- oder Wechselstrom-Zwischenkreis) / indirect a.c./d.c. convertor (An a.c./d.c. convertor with an intermediate d.c. or a.c. link)

Wechselstrom·glied *n* / a.c. component, periodic component, ripple component, harmonic component || ≗**größe** *f* / a.c. electrical quantity, periodic quantity || ≗**-Hochspannungs-Leistungsschalter** *m* / a.c. high-voltage circuit-breaker || ≗**-Kollektormaschine** *f* / a.c. commutator machine || ≗**-Kommutatormaschine** *f* / a.c. commutator machine || ≗**-Kondensatmotor** *m* / alternating-current condenser motor || ≗**kreis** *m* / a.c. circuit || ≗**kreis** *m* (Einphasenkreis) / single-phase a.c. circuit || ≗**kurve** *f* / AC waveform || ≗**lehre** *f* / theory of alternating currents || **Anfangs-Kurzschluss-**≗**leistung** *f* / initial symmetrical short-circuit power || ≗**leitung** *f* / a.c. line || ≗**lichtbogen** *m* / a.c. arc || ≗**magnet** *m* (Spule) / a.c. coil, a.c. solenoid || ≗**maschine** *f* (Einphasenmasch.) / single-phase machine, single-phase a.c. machine, a.c. machine || **kommutierende** ≗**maschine** / a.c. commutator machine || ≗**-Messwiderstand** *m* DIN IEC 477,T.2 / laboratory a.c. resistor

Wechselstrommotor *m* / a.c. motor || ≗ *m* (Einphasenmot.) / single-phase motor, single-phase a.c. motor || ≗ **mit abschaltbarer Drosselspule in der Hilfsphase** / reactor-start motor || ≗ **mit Hilfswicklung** / split-phase motor || ≗ **mit Widerstandshilfsphase** / resistance-start motor

Wechselstrom·-Motorstarter *m* VDE 0660,T.106 / a.c. motor starter IEC 29c-2 || ≗**netz** *n* / a.c. system || ≗**permeabilität** *f* / a.c. permeability, incremental permeability || ≗**prüfung** *f* / a.c. test, power-frequency test || ≗**quelle** *f* / AC supply || ≗**schalter** *m* (LS) / a.c. circuit-breaker, single-phase (a.c. breaker) || **leistungselektronischer** ≗**schalter** / electronic a.c. power switch || ≗**-Schaltgeräte** *n pl* VDE 0670,T.2 / a.c. switchgear IEC 129 || ≗**schütz** *n* / a.c. contactor || ≗**-Spannungsabfall** *m* / impedance drop || ≗**spule** *f* / a.c. coil, a.c. solenoid || ≗**stabilisierung** *f* DIN 41745 / a.c. stabilization || ≗**-Stehspannung** *f* / power-frequency withstand voltage, power-frequency test voltage

Wechselstromsteller *m* / a.c. power controller || ≗**gerät** *n* / controller equipment || ≗**satz** *m* / controller assembly || ≗**strom** *m* / controller current || ≗**strom im ausgeschalteten Zustand** / off-state controller current

Wechselstrom·-Stellschalter *m* / a.c. power controller || ≗**tastung** *f* / a.c. keying || ≗**-Telegraphie** *f* / voice-frequency telegraphy (VFT), voice-frequency multi-channel telegraphy || ≗**-Telegraphiegerät** *n* (WT-Gerät) / voice-frequency telegraphy unit (VFT unit) || ≗**-Telegraphiekanal** *m* (WT-Kanal) / voice-frequency telegraphy channel (VFT channel) || ≗**-Trennschalter** *m* VDE 0670,T.2 / a.c. disconnector IEC 129, a.c. isolator (depr.)

Wechselstrom·umrichten *n* / a.c. conversion, a.c. power conversion, electronic a.c. conversion || ≗**umrichter** *m* / a.c. converter, a.c. power converter, electronic a.c. converter || ≗**umrichter** *m* (m. Zwischenkreis) / indirect a.c. converter, d.c.-link a.c. converter || ≗**umrichter** *m* (ohne Zwischenkreis) / direct a.c. converter || ≗**-Umrichtgrad** *m* / a.c. conversion factor || ≗**versorgung** *f* (USV) / a.c. input, AC power supply || ≗**-Vorschaltgerät** *n* / a.c. ballast, a.c. control gear || ≗**widerstand** *m* / a.c. resistance, impedance *n* || ≗**widerstand** *m* (Gerät) / a.c. resistor || ≗**zähler** *m* / a.c. meter, a.c. kWh meter || ≗**zähler** *m* (Einphasenz.) / single-phase meter || ≗**-Zwischenkreis** *m* (LE) / a.c.link

Wechsel·taktschrift *f* / two-frequency recording || ≗**teil** *n* / replacement part, interchangeable part || ≗**tisch** *m* / changeover table || ≗**übertragung** *f* (DÜ) / half-duplex transmission || ≗**vorbereitung** *f* / prepare change

Wechselweg·kommunikation *f* / either-way communication || ≗**paar** *n* (LE) / pair of antiparallel arms || ≗**schaltung** *f* (LE) / bidirectional control element, bidirectional connection

wechselweise synchronisiertes Netzwerk / mutually synchronized network

Wechselwirksamkeit *f* / associativity *n*

Wechselwirkung *f* / interaction *n*, reciprocal action, reciprocal effect || ≗ **mit der Gerätefunktion** (PMG) / device function interaction || **Vorionisierungs~** *f* / primer (or ignitor) interaction

Wechselwirkungs·raum *m* (ESR) / interaction region || ≗**spalt** *m* (ESR) / interaction gap

Wechsler *m* (W) / automatic tool changer (ATC) || ≗ *m* (Schaltglied) / changeover contact, changeover contact element IEC 337-1, two-way contact (depr.) || ≗ *m* (I-Schalter, Wechselschalter) / two-way switch || ≗**funktion** *f* / make-break function || ≗**funktion** *f* (NS) / changeover function || ≗ **mit Doppelunterbrechung und vier Anschlüssen** / double-gap make-break four-terminal changeover contact (element) || ≗ **mit Einfachunterbrechung und drei Anschlüssen** / single-gap make-break three-terminal changeover contact (element) || ≗ **mit mittlerer Ruhestellung** / changeover contact with neutral position || ≗ **mit Überlappung** / make-before-break changeover contact (element) || ≗ **mit Unterbrechung** / changeover break-before-make contact, break-before-make changeover contact, non-bridging contact (depr.) || ≗ **ohne Überlappung** / break-before-make changeover contact (element) || ≗ **ohne Unterbrechung** / changeover make-before-break contact, make-before-break changeover contact, bridging contact

(depr.)
Weck·alarm *m* / time interrupt, cyclic interrupt || ²**alarm** *m* (SPS) / time interrupt, watchdog interrupt || ²**alarmbearbeitung** *f* (SPS) / time interrupt processing || ²**alarm OB** / time interrupt OB || ²**alarmzeit** *m* / cyclic interrupt time || ²**baustein** *m* (SPS) / time interrupt block || ²**bearbeitungsfehler** *m* (SPS) / prompt error
Wecker *m* / alarm bell, bell *n* || ² *m* (elektron. Systeme) / prompter *n*, interval timer || ² *m* (Unterbrechungen) / interrupt timer || **Zeit~** *m* / time interrupt || ²**alarm** *m* / time interrupt, watchdog interrupt || ²**fehler** *m* / time interrupt error, interrupt collision, collision of two time interrupts || ²**funktion** *f* / time interrupt function || ²**zeit** *f* / clock prompt, prompter interval
Wedeln *n* (Hin- und Herdrehen des Prüfkopfes) DIN 54119 / swivelling *n*
Weg *m* / route *n*, distance *n* || ² *m* (SG, Betätigungselement) VDE 0660,T.200 / travel *n* IEC 337-1, traverse *n*, travel *n*, path *n*, displacement *n* || **kürzester** ² / shortest path || **Nachrichten~** *m* (PMG) / message path IEC 625 || **Schall~** *m* / sonic distance || **Vorschub~** *m* DIN 6580 / feed travel || **induktiver** ²**abgriff** / inductive displacement pick-off, inductive position sensor
wegabhängig *adj* / travel-dependent *adj* || **~er Schalter** / position switch, limit switch || **~er Schaltpunkt** (NC) / slow-down point
Weg·adresse *f* (NC) / path address || ²**amplitude** *f* / displacement *n* || ²**angabe** *f* / position data, positional data, dimensional data (The information, consisting of dimension words, which defines the relative motion between tool and workpiece in one or more axes.) || ²**aufnehmer** *m* / position pickup, position encoder, displacement sensor || ²**aufteilung** *f* / path segmentation || ²**bedingung** *f* (NC) DIN 66025, T.2 / preparatory function (NC) ISO 1056 || ²**befehl** *m* / travel command, motion command || ²**einheit** *f* (PROWAY) / path unit || ²**element** *n* (NC) / path increment || ²**endschalter** *m* / limit switch || ²**endtaster** *m* / (momentary-contact) limit switch
Wegerecht *n* / right of way
Weg·erfassung *f* / position detection (o. sensing), displacement measurement, position sensing, position measuring, detection of the position, position decoder || ²**erfassungsbaugruppe** *f* (SPS) / position decoder module
Wege·schalter *m* / position switch || ²**ventil** *n* / directional control valve || **2/2-**²**ventil** *n* / two/two-way valve || ²**wahl** *f* (DÜ) / routing *n* || ²**wahlentscheidung** *f* / routing decision
Wegfahren *n* (WZM-Werkzeug) / withdrawal *n*, backing out || ² **von der Kontur** / retract tool from contour || ² **von der Kontur** (NC) / departure from contour
Wegfahrsperre *f* (Kfz) / immobilizer *n*
Wegfall *m* / elimination *n* || **Last~** *m* / loss of load || ² **des Feldes** / field failure
Weg·fühler *m* / position sensor, displacement sensor, displacement pick-up, displacement sensor || ²**geber** *m* / position pickup, position encoder, displacement measuring device, position measuring device || ²**geber** *m* (NC) / position encoder || **inkrementaler** ²**geber** / incremental transmitter, incremental encoder
weggesteuert *adj* / path-controlled *adj*
Weg·information, Spiegeln der ²**information** / mirroring of position data || ²**informationen** *f pl* (NC) / position(al) data, dimensional data, position information || ²**inkrement** *n* / path increment, increment *n* || ²**istwert** *m* / actual position value || ²**-Istwert** *m* (NC) / actual position
wegkippen *v* (Mot.) / pull out *v*
Weglänge, optische / optical path length
weglaufen *v* (Spannung) / drift *v*
Weg·maß *n* (NC) / displacement *n*, path dimension || ²**maßvorgabe** *f* / path dimension input || ²**messgeber** *m* / position (o. displacement) encoder, position (o. displacement) resolver
Wegmessgerät *n* / position measuring device, position encoder, displacement transducer, position transducer, position (o. displacement) measuring device, displacement measuring device, position sensor, position (o. displacement) transducer || **inkrementales** ² (Wegmessgerät, das den zurückgelegten Weg eines Maschinenschlittens oder Maschinenelements als Zuwachs gegenüber der zuletzt angefahrenen Position angibt) / incremental position encoder || **rotatorisches** ² (Messwertumformer) / rotary position transducer, rotary position inducer, rotary inducer, rotary transmitter, shaft encoder
Weg·messsystem *n* / position measuring system || ²**messumformer** *m* / displacement transducer, position transducer || ²**messung** *f* (NC) / displacement measurement, position measurement || **direkte** ²**messung** / direct measuring system (A measuring system is called direct, if the position transducer is directly coupled to the machine slide or table to be positioned, i.e. if it is independent of the leadscrew or drive element), direct measuring || **indirekte** ²**messung** (Die Wegmessung wird als indirekt bezeichnet, wenn das Messsystem an die Vorschubspindel oder das Antriebssystem des zu positionierenden Maschinenschlittens angeschlossen ist) / indirect measuring (A measuring system is called indirect if the position transducer is mounted on the leadscrew or drive element of the machine member to be positioned) || ²**nahme** *f* / cancelation *n*
wegnehmen *v* / withdraw *v*, cancel *v*
Weg·nocke *f* / position-based cam || ²**parameter** *m pl* / distance-defining parameters || ²**plansteuerung** *f* / position-scheduled control || ²**protokoll** *n* (PROWAY) / path protocol || ²**rahmen** *m* (PROWAY) / path frame || ²**regelung** *f* / position feedback control, position feedback loop, position control loop, position control
wegschalten *v* (Kurzschluss, Fehler) / clear *v*
Wegschalter *m* / limit switch || ²**schnittstelle** *f* (PROWAY) / path interface (PROWAY) || ²**signalgeber** *m* / displacement transducer. position transducer
Weg·schaltsignal *n* / position switching signal, limit switching signal || ²**signalgeber** *m* / position measuring device, position encoder, displacement measuring device || ²**strecke** *f* / route *n*, path *n*, distance *n*, travel *n*
wegsynchrone Aufzeichnung (Osz., messwertsynchrone A.) / synchronous recording
Weg·vergleichsverfahren *n* / motion-balance method || ²**vorgabe** *f* / positional data || ²**vorgabe** *f* (NC) /

path default || ≗**weiser** *m* / signpost *n*
Wegwerfteil *n* / throw-away part, disposable part, single-use part
Wegzuwachs *m* / increment *n*, path increment
weiblicher Kontakt / female contact, socket contact (depr.)
Weibull-Verteilung, Typ III DIN 55350,T.22 / Weibull distribution, type III, extreme value distribution
weich *adj* / soft *adj*, smooth *adj*
Weichdichtung *f* / compressible seal, compressible packing, soft gasket
Weiche *f* / switch *n* || ≗ *f* (Impulsw.) / separating filter
weiche Aufhängung / flexible suspension || ~ **Kupplung** / high-flexibility coupling, compliant coupling || ~ **Software** *f* / software switch
Weich·eisen *n* / soft iron, mild steel || ≗**eisendraht** *m* / soft-iron wire || ~**elastisch** *adj* / highly flexible
Weichenfunktion *f* / shunting function
weich·er Kunststoff / non-rigid plastic || ~**er Motor** / motor with compliant speed characteristic, series-characteristic motor || ~**er Stahl** / mild steel || ~**er Supraleiter** / soft superconductor, type 1 superconductor || ~**es Anlaufen** / smooth starting || ~**es Stillsetzen** / smooth stopping (o. shutdown), cushioned stop || ~**federnd** *adj* / highly flexible, compliant *adj*
Weich·folie *f* / flexible sheet, non-rigid sheeting || ~**geglühtes Kupfer** / soft-annealed copper || ~**gelagerte Auswuchtmaschine** / soft-bearing balancing machine || ~**gelötet** *adj* / soldered *adj* || ~**gezogener Draht** / softdrawn wire
Weich·haltungsmittel *n* / plasticizer *n* || ≗**heitszahl** *f* / softness index || ≗**kupfer** *n* / soft copper || ≗**lot** *n* / soft solder, wiping solder, plumber's solder
weich·löten *v* / soft-solder *v*, solder *v* || ≗**macher** *m* / plasticizer *n* || ≗**macherwanderung** *f* / plasticizer migration || ~**magnetischer Stahl** / electrical steel IEC 50(221) || ~**magnetischer Werkstoff** / magnetically soft material || ≗**metall** *n* / soft metal || ~**nitriert** *adj* / soft nitrided
Weich·packung *f* / packing of impregnated yarn || ≗**papier** *n* / soft paper, non-metallized paper || ≗**sektorierung** *f* / soft sectoring || ≗**stoffpackung** *f* / compressible packing || ≗**strahler** *m* / umbrella-type reflector
weichzeichnend *adj* / soft-focussing *adj*, soft-contouring *adj* || ~**er Lichtkreis** / soft-contoured circle of light
Weichzeichner *m* (Vergrößerungsgerät) / diffusion screen || ≗ *m* (Scheinwerfer) / soft-focus spotlight, softlight *n*, soft-focus lens
Weihnachtskette *f* / lighting set for Christmas trees, Christmas tree candle chain
weiß *adj* (ws) / white (wht) *adj* || ~ **durchscheinend** / white translucent || ≗**anteil** *m* / whiteness *n*
Weiße *f* / whiteness *n*
weißemalliert *adj* / white-stoved *adj*
Weissenberg-Kammer *f* / Weissenberg camera
weiß·erstarrend *adj* / solidifying to white (cast iron) || ~**es Licht** / achromatic light stimulus || ~**es Rauschen** / white noise, gaussian noise
Weißglühen *n* / incandescence *n*
weißglühend *adj* / incandescent *adj*
Weiß·licht *n* / incandescent light || ≗**linie** *f* / white boundary || ≗**metall** *n* / white metal. babbitt metal, babbitt *n*, bearing metal, antifriction metal || ≗**metallausguss** *m* / white-metal lining, Babbit lining
Weißscher Bereich / Weiss' domain
Weiß·standard *m* / white reference standard, white reflectance standard
weit *adj* / large *adj*
Weitbereichs·netzteil *n* / wide-range power supply unit || ≗**-Prüfzähler** *m* / long-range substandard meter || ≗**wicklung** *f* / varying-voltage winding || ≗**zähler** *m* / long-range meter, extended-range meter
Weite des zünddurchschlagsicheren Spalts / gap of flameproof joint
Weitenfaktor *m* (CAD) / width factor
weiter *adv* / continue *v* || ~ **Laufsitz** / loose clearance fit, loose fit || ~ **Sitz** / loose fit || **selbständig** ~**brennende Flamme** / self-sustaining flame
Weiter·gabe *f* / transmission *n* || ≗**laufen beim Abstimmen** / tuner over-run
weiterleiten *v* (Signale) / route *v*, relay *v*
Weiterleitung *f* / retransmission *n* || ≗**svermerk** *m* / forwarding note
weiterpositionieren *v* / index *v*
Weiterschalt·bedingung *f* DIN 19237 / step enabling condition, stepping condition, progression condition || ≗**befehl** *m* (nach Bedienanforderung) / continue command
weiterschalten *v* / advance *v*, step enable || ~ *v* (Trafo-Stufen) / select (the next tap) || ~ *v* (kommutieren) / commutate *v* || ≗ *n* (elST) / step enabling, stepping *n*, progression *n* || ≗ **der Anzeige** (NC-Gerät) / advancing (o. paging) of display || ≗ **des Programms** / automatic switching of program, program processing
Weiterschalt·matrix *f* / progression matrix || ≗**winkel** *m* / advance angle
weiter·schleifen *v* / loop through || ≗**suchen** *n* / find next || **Start für** ≗**verarbeitung** (NC) / continuation start || ≗**verrechnung** *f* / invoicing *n*
weitester Sitz / loosest fit
weitläufige Bewicklungsart / spaced method of taping
Weitverkehrsnetz *n* / wide-area network (WAN)
Weitwinkelmessung, Röntgen-≗ *f* / X-ray wide-angle measurement
Wellblech *n* / corrugated sheet steel, corrugated sheet iron || ≗**kasten** *m* / corrugated steel case || ≗**kessel** *m* (Trafo) / corrugated tank
Welle *f* (mech.) / shaft *n* || ≗ *f* DIN 7182,T.1 / cylindrical shaft, shaft *n* || ≗ *f* (Schwingung) / wave *n* || **1/50 µs** ≗ *f* / 1 by 50 µs wave, 1/50 µs wave || **elektrische** ≗ / synchro system, synchro-tie *n*, self-synchronous system, selsyn system, selsyn *n* || **fliegende** ≗ / overhung shaft || **gebeugte** ≗ / diffracted wave || **rücklaufende** ≗ / reflected wave || **vierkantige** ≗ / square shaft
Wellen, schneidende ≗ / intersecting shafting || ≗**abspaltung** *f* / wave splitting || ≗**achse** *f* / shaft axis || ≗**anteil** *m* / wave component || ≗**antrieb** *m* (SG) / shaft-operated mechanism || ≗**antrieb** *m* (Schiff) / propulsion drive || ≗**art** *f* / type of wave, wave mode || ≗**ausschlag** *m* (mech.) / shaft displacement || **kinetische** ≗**bahn** / shaft orbit || ≗**bauch** *m* / antipode *n* || ≗**berechnung** *f* (Maschinenwelle) / calculation of shaft dimensions, stress analysis of shaft || ≗**berg** *m* / wave crest || ≗**bewegung** *f* (mech.) / shaft motion ||

²**bohrungsisolation** *f* / up-shaft insulation (GB), bore-hole, lead insulation (US) || ²**bund** *m* / shaft shoulder, thrust collar || ²**dämpfer** *m* / attenuator *n*, vibration absorber || ²**dämpfung** *f* / wave attenuation, attenuation per unit length || ²**dauer** *f* / virtual duration of peak || ²**dichte** *f* / wave number, repetency *n* || ²**dichtung** *f* / shaft seal, shaft packing || ²**durchbiegung** *f* / shaft deflection || ²**durchführung** *f* / shaft gland, shaft sealing

Wellenende *n* / shaft end, shaft extension || **überhängendes** ² / overhanging shaft extension || **am** ² **angebaute Erregermaschine** / shaft-endmounted exciter || **Maschine mit zwei** ²**n** / double-ended machine

Wellenform *f* / waveform *n*, wave shape || ²**verzerrung** *f* / waveform distortion

Wellenfront *f* / wave front || ²**geschwindigkeit** *f* / wave-front velocity || ²**winkel** *m* / wave tilt

Wellenführung *f* (Wellenanordnung) / shaft arrangement, shafting *n* || **axiale** ² / axial restraint of shaft, axial location of shaft

Wellengenerator *m* (Schiff) / shaft generator || ² *m* (f. Erregung) / main-shaft-mounted auxiliary generator || **unechter** ² / generator coupled to prime-mover front

Wellen·-Gleitlagersitz *m* / journal *n* || ²**hebevorrichtung** *f* / shaft lifting device || ²**höhe** *f* (mech.) / shaft height || ²**höhe** *f* (Schwingung) / wave height || ²**höhe** *f* (Elektroblech) / height of wave || ²**kamm** *m* / wave crest || ²**keil** *m* / shaft key, taper key, spline *n* || ²**knoten** *m* / node *n* || ²**kopf** *m* / wave front || ²**kupplung** *f* / shaft coupling, coupling *n* || ²**lagegeber** *m* / shaft position encoder || ²**lager** *n* / shaft bearing

Wellenlänge *f* (Schwingung) / wavelength *n* || ² *f* (Elektroblech) DIN 50642 / length of wave || **farbtongleiche** ² / dominant wavelength

wellenlängendispersiv *adj* / wave-length-dispersive *adj*

Wellenlängenmultiplexen *n* (WDM) / wavelength division multiplexing (WDM)

Wellenleistung *f* / shaft output, shaft horsepower || ² **des Motors** / motor shaft output

Wellen·leiter *m* / waveguide *n* || ²**leiterdispersion** *f* / waveguide dispersion || ²**leitmaschine** *f* / master synchro, master selsyn || ²**lüfter** *m* / shaft-mounted fan || ²**maschine** *f* / synchro *n*, selsyn machine

wellenmechanisch *adj* / wave-mechanical *adj*

Wellen·mittellinie *f* / shaft axis || ²**mutter** *f* / shaft nut || ²**natur des Lichts** / wave characteristic of light || ²**nut** *f* / keyway *n*, keyseat *n* || ²**optik** *f* / wave optics || ²**pferdestärke** *f* / shaft horsepower || ²**profil** *n* / waveshape *n*, waveform *n* || ²**-PS** *f* (WPS) / shaft h.p. (s.h.p.) || ²**pumpe** *f* / main-shaft-driven pump, shaft pump || ²**rücken** *m* / wave tail || ²**scheitel** *m* / wave crest || ²**schema** *n* / harmonic spectrum || ²**schlag** *m* / shaft eccentricity, shaft runout || ²**schlucker** *m* / surge absorber || ²**schulter** *f* / shaft shoulder || ²**schutzkappe** *f* / shaft-end guard || ²**schwanz** *m* / wave tail || ²**schwingung** *f* / shaft vibration

Wellen·seele *f* / shaft core || ²**sieb** *n* / wave filter || ²**spannung** *f* (Welligkeit) / ripple voltage || ²**spannung** *f* (in d. Maschinenwelle) / shaft voltage || ²**sperre** *f* / wave trap || ²**spiegel** *m* / shaft end face || ²**steilheit** *f* / wave steepness, steepness of wave front || ²**stirn** *f* / wave front || **steile** ²**stirn** / steep wave front || ²**stopfbüchse** *f* / shaft gland || ²**strang** *m* (Maschinensatz) / shaft assembly, shafting *n* || ²**strang** *m* (Transmission) / line shaft, transmission shafting || ²**strom** *m* / shaft current || ²**stummel** *m* / shaft end, shaft extension, shaft stub || ²**stumpf** *m* / shaft butt, shaft stub, shaft end || ²**theorie** *f* / wave theory

Wellentyp *m* / type of wave, wave mode || ²**umwandlung** *f* / mode conversion

Wellen·umdrehungen *f pl* / shaft revolutions || ²**umwandlung** *f* / mode conversion || ²**verband** *m* / shaft assembly

Wellenvergang, axialer ² / end float, axial play, end play, axial internal clearance || **radialer** ² / radial play, radial clearance, crest clearance

Wellen·verlagerung *f* (Fluchtfehler) / shaft misalignment, shaft displacement || ²**verlängerung** *f* / shaft extension || ²**versatz** *m* (winklig) / angular shaft misalignment || ²**versatz** *m* (parallel) / parallel shaft misalignment

Wellenwicklung *f* / wave winding || **rücklaufende** ² / retrogressive wave winding

Wellen·widerstand *m* / surge impedance, self-surge impedance, characteristic (wave impedance) || ²**widerstand** *m* (Vierpol) / image impedance || ²**zahl** *f* / wave number, repetency *n* || ²**zapfen** *m* (überstehendes Wellenende) / shaft extension

Wellenzapfen *m* (Lagerstelle) / journal *n* || ²**, Ausschaltfederseite** / shaft stud, tripping tension spring side

Wellen·zentrierung *f* (Zentrierbohrung) / tapped centre hole, lathe centre || ²**zwischenstück** *n* / shaft coupling

wellige Gleichspannung / pulsating d.c. voltage

Welligkeit *f* (el.) / ripple *n*, ripple content, ripple factor || ² *f* (LT) / amplitude of fluctuation of luminous intensity || ² *f* (Oberfläche) / waviness *n*, texture waviness, secondary texture waviness || ² *f* / standing wave ratio (SWR) || **Anteil der** ² / ripple content, ripple percentage || **effektive** ² / r.m.s. ripple factor, ripple content || ² **der Verstärkung** / gain ripple || ² **des Gleichstroms** / ripple content of d.c.

Welligkeits·faktor *m* / ripple factor, r.m.s. ripple factor, pulsation factor || ²**faktor** *m* (Stehwellenverhältnis) / (voltage) standing wave ratio || **Kalt-**²**faktor** *m* DIN IEC 235, T.1 / cold reflection coefficient || ²**grad** *m* / ripple percentage, percent ripple

Well·mantel *m* (Kabel) / corrugated sheath || ²**mantelrohr** *n* (IR) / corrugated conduit || **korrosionsfestes** ²**rohr** / corrosion resistant bellow || ²**schlauch** *m* / corrugated tube

Wellung *f* / waviness *n* || ² *f* (Riffelung) / corrugation *n*

Wellwandkessel *m* / corrugated tank

Welt·klasse *f* / world-class *n* || ²**klimagipfel** *m* / world climate summit || ²**koordinate** *f* / world coordinate

weltumspannend *adj* / global *adj*, spanning the globe

weltweit *adj* / world-wide *adj* || **~es Steckvorrichtungssystem** / world-wide plug and socket-outlet system || **~ tätiges Unternehmen** / global player

wendbar *adj* / reversible *adj*

Wende·-Amperewindungen *f pl* / commutating ampere-turns, starter-reverser || ²**anlasser** *m* / reversing starter || ²**baustein** *m* / reversing control module || ≈**betrieb** *m* / reversing mode, reversing duty || ≈**einheit** *f* (LE) / reversing unit || ≈-**Einphasen-Anlassschalter** *m* / single-phase reversing starter || ≈**feld** *n* / commutating field, reversing field, commutating-pole field, compole field, interpole field || ≈**feldspannung** *f* / compole voltage || ≈**feldwicklung** *f* / commutating winding, interpole winding, commutating-field winding, compole winding || ≈**getriebe** *n* / reversing gearbox

Wendel *f* (Spirale) / helix *n*, spiral *n* || ≈ *f* (Lampe) / filament *n*, single-coil filament, coil *n* || ≈ *f* (Poti) / turn *n* || ≈ **für Leuchtstofflampen** / fluorescent coil || ≈**ende** *n* (Lampe) / filament tail, coil leg || ≈**feder** *f* / cylindrical helical spring, helical spring

wendeln *v* / spiral *v*, wind helically

Wendelwicklung *f* / spiral winding, helical winding

Wende·motor *m* / reversible motor || ≈**platte** *f* / tool insert, throw-away insert

Wendepol *m* / commutating pole, interpole *n*, compole *n*, auxiliary pole || ≈**beschaltung** *f* (m. Nebenwiderstand) / auxiliary pole shunting || ≈**durchflutung** *f* / commutating-pole ampere turns || **Maschine ohne** ≈**e** / non-commutating-pole machine || ≈**feld** *n* / commutating-pole field, compole field, commutating field || ≈**nebenschluss** *m* / auxiliary pole shunt || ≈**shunt** *m* / auxiliary pole shunt

Wende-Polumschalter *m* / reversing pole-changing switch

Wendepol·wicklung *f* / commutating winding, interpole winding, commutating-field winding, compole winding || ≈**widerstand** *m* / commutating coil resistor

Wender *m* (Wendeschalter) / reverser *n*, reversing switch || ≈**maschine** *f* / commutator machine

Wende·schalter *m* / reversing switch, reversing controller, reverser *n* || ≈**schaltung** *f* / reversing circuit || ≈**schleifenbefeuerung** *f* (TPL Flp.) / turn loop lighting (TLP) || ≈**schneidplatte** *f* / tool insert, throw-away insert || ≈**schütz** *n* / reversing contactor || ≈**schützeinheit** *f* / reversing contactor unit || ≈**schütz-Kombination** *f* / contactor-type reversing starter combination, contactor-type reverser || ≈**schützschaltung** *f* / reversing contactor switch || ≈**starter** *m* / reversing starter, starter-reverser, contactor-type reversing starter || ≈**station** *f* / return station || ≈**sterndreieckschalter** *m* / reversing star-delta switch || ≈-**Sterndreieckschalter** *m* / reversing star-delta switch || ≈**tangente** *f* / inflectional tangent || ≈**turm** *m* / pylon *n* || ≈**vorrichtung** *f* / turning tackle || ≈**zahn** *m* / commutating tooth || ≈**zone** *f* (Kommutierung) / commutating zone

WENN·-Anweisung *f* / if statement || ≈-**DANN-Verknüpfung** *f* / if-then operation, conditional implication operation

Werbe·broschüre *f* / brochure *n* || ≈**maßnahmen** *f pl* / advertising efforts || ≈**mittel** *m pl* / promotion gifts || ≈**schrift** *f* (WS) / brochure *n*, sales brochure (SB), pamphlet *n*

Werfen *n* (Verziehen) / warping *n*, warpage *n*, buckling *n*

werfen, Licht ~ (auf) / shed light upon || **Schatten ~** / to cast shadows

Werk *n* / factory *n* || ≈ *n* (Unterstation) / substation *n* || ≈ *n* (Fabrik) / manufacturing plant, works *plt* || **ab** ≈ **versichert** / insured ex works || ≈**bank** *f* / workbench *n* || ≈**mittel** *n pl* / tools and material || ≈**mittelverwaltung** *f* (WMV) / tools and material management || ≈**nummer** *f* / job number, works order number, works number || ≈**platz-Gelenkleuchte** *f* / bench-type adjustable luminaire || ≈**prüfung** *f* / manufacturer's inspection, works test, workshop test, bench test, factory test

Werks·bescheinigung *f* / certificate of compliance with order || ≈**bestückung** *f* / fitted by the manufacturer

werkseitig verdrahtet / factory-wired *adj*

Werks·fertigung *f* / in-plant production || ≈**garantie** *f* / manufacturer's warranty || ≈**gelände** *n* / works area, factory premises || **~interne Vorschrift** / works specification || ≈**kontrolle** *f* / manufacturer's quality control || ≈**lieferung** *f* / factory shipment || ≈**norm** *f* / company standard || ≈**nummer** *f* / shop order number, works order number, job number || ≈**planung** *f* / factory (o. plant) layouting || ≈**prüfprotokoll** *n* / works test report || ≈**prüfung** *f* / factory test || ≈**prüfzeugnis** *n* / manufacturer's test certificate, works test certificate || ≈-**Rückstellung** *f* / factory reset || ≈**sachverständiger** *m* (Prüfsachverständiger) / factory-authorized inspector || ≈**schnittstelle** *f* / works interface || ≈**seriennummer** *f* / factory serial number, serial number

Werkstatt *f* / workshop *n*, shopfloor *adj*, shop *n* || ≈ *f* (Kfz) / service garage, service centre || ≈**auftrag** *m* / shop order || ≈**ausrüstung** *f* / workshop equipment || ≈**bedienung** *f* / shopfloor operation

Werkstattbestand *m* / shop inventory, floor inventory || **auftragsbezogener** ≈ / work-in-progress *n* (WIP), in-process inventory

Werkstatt·blatt *n* / shopfloor sheet || ≈**feilensatz** *m* / engineers files set || ≈**fertigung** *f* / shopfloor manufacturing

werkstatt·gerecht / shopfloor-oriented *adj* || ≈**leiter** *m* / shopfloor manager || ≈**meister** *m* / shop foreman || ≈**muster** *n* / shop sample || **~nah** *adj* / shopfloor-oriented *adj* || ≈**nummer** *f* / shop order number

werkstattorientierte Produktionsunterstützung (WOP) / workshop-oriented production support (WOP) || **~ Programmierung** (WOP) / workshop-oriented programming (WOP)

Werkstatt·programmierer *m* / shopfloor programmer || ≈**programmierung** *f* / shopfloor programmig (The preparation of an NC program at the machine site by the machine tool operator with the aid of interactive graphics and integrated conversational programming techniques), workshop-oriented programming (WOP) || **interaktive grafische** ≈**programmierung** (IGW) / interactive graphic shopfloor Programming (IGSP) || ≈**prüfung** *f* / workshop test, shop test || ≈**steuerung** *f* / shopfloor control || ≈**zeichnung** *f* / workshop drawing, shop drawing, working drawing, assembly drawing

Werkstoff *m* / material *n*, stock *n* || **dämpfender** ≈ / damping material || **diamagnetischer** ≈ / diamagnetic material, diamagnetic *n* || **hochwertiger** ≈ / heavy duty materials || **schallreflektierender** ≈ / sound reflecting material || ≈**abnahme** *f* / stock removal || ≈**abschälung** *f* / peeling-off of material || ≈**anfressung** *f* / erosion of material || ≈**beanspruchung** *f* / material stress || ≈**beschreibung** *f* (NC) / material description ||

~**dämpfung** *f* / damping capacity of materials || ~**e** *m pl* / materials *n pl* || **elementbildende** ~**e** / materials forming electrolytic element couples between components || ~**eigenschaften** *f pl* / material properties || ~**festigkeit** *f* / strength of materials || ~**härte** *f* / hardness of materials || ~**kombination** *f* / coupling of materials || ~**kunde** *f* / material technology || ~**legierung** *f* / alloy *n* || ~**nummer** *f* / material number || ~**paarung** *f* / material pairs, coupling of materials, combination of material properties, combination of property of materials || ~**panzerung** *f* / covering with stronger material || ~**prüfprotokoll** *n* / materials test certificate || ~**prüfung** *f* / testing of materials, materials testing || ~**technik** *f* / materials application technology

Werkstück *n* / workpiece *n*, work *n*, part *n* || **fertigbearbeitetes** ~ / finished part, machined part || ~**abtransport** *m* / workpiece unloading || ~**antransport** *m* / workpiece loading || ~**aufnahme** *f* (WZM) / workholder *n*, workpiece fixture, workholding device || ~**aufspannfläche** *f* / workpiece clamping surface || ~**aufspanntoleranz** *f* / workpiece clamping tolerance || ~**aufspannung** *f* / workpiece clamping, workpiece setup || ~**beladung** *f* / workpiece loading || ~**beschreibung** *f* / workpiece description, part description

werkstückbezogen *adj* / part-oriented *adj* || ~**e Korrektur** (NC) / part-oriented compensation

Werkstück·-Bezugspunkt *m* (NC) / workpiece reference point, workpiece datum || ~**daten** *plt* / workpiece data || ~**einspannung** *f* / workpiece clamping || ~**geometrie** *f* / workpiece geometry, part geometry || ~**halter** *m* (WZM) / workholder *n*, workpiece fixture, workholding device || ~**istmaß** *n* / actual workpiece dimension || ~**kontur** *f* / workpiece contour || ~**konturbeschreibung** *f* (NC) / workpiece contour description || ~**-Koordinatensystem** *n* / workpiece coordinate system || ~**laden** *n* / workpiece loading || ~**messeinrichtung** *f* / workpiece gauging device || ~**messfühler** *m* (Gerät zum automatischen Erfassen von Messwerten an Werkstücken oder Werkzeugen während des NC-Programmablaufs) / surface sensing probe, part sensing probe, workpiece probe, surface probe, part sensor (A device used for obtaining measurement data on workpieces or tools automatically during the part program cycle) || ~**messsteuerung** *f* (NC) / in-process measurement (o. gauging) || ~**messtaster** *m* / surface sensing probe, part sensing probe, workpiece probe, surface probe, part sensor (A device used for obtaining measurement data on workpieces or tools automatically during the part program cycle)

werkstücknah·er Istwert / workpiece-related actual value || ~**es Istwertsystem** / actual-value system for workpiece (Actual value system allowing for tool and zero offsets)

Werkstück·nullpunkt *m* (W) / part zero (The origin of the workpiece coordinate system. It is established by the part programmer as a reference point from which all part coordinate dimensions are referenced), workpiece zero, part program zero || ~**-Nullpunkt** *m* (NC) / workpiece zero, workpiece datum || ~**oberfläche** *f* / workpiece surface

werkstückortsabhängig *adj* / workpiece-location-dependent *adj*

Werkstück·palette *f* / workholder *n*, workholding pallet (A movable clamping fixture which allows workpieces to be mounted outside the machine to reduce downtime), workpiece carrier (WPC), pallet *n* || ~**programm** *n* / workpiece program || ~**-Referenzpunkt** *m* / workpiece reference point, workpiece datum

Werkstückskontur *f* / workpiece contour

Werkstück·sollmaß *n* / set workpiece dimension || **transportabler** ~**spanntisch** (Transportable Spannvorrichtung, die das Aufspannen von Werkstücken außerhalb der Maschine ermöglicht, um Stillstandzeiten zu reduzieren) / workholder *n*, workholding pallet (A movable clamping fixture which allows workpieces to be mounted outside the machine to reduce downtime), workpiece carrier (WPC), pallet *n*

Werkstückszählung *f* / workpiece counter

Werkstück·träger *m* (WT) / workholder *n*, workpiece carrier (WPC), workholding pallet (A movable clamping fixture which allows workpieces to be mounted outside the machine to reduce downtime), pallet *n* || **fliegende** ~**übergabe** / on-the-fly workpiece transfer || ~**übergabe** *f* / workpiece transfer || ~**umriss** *m* / workpiece contour || ~**vermessung** *f* / workpiece measurement, workpiece measuring || ~**verschiebung** *f* / workpiece shift || ~**verzeichnis** *n* / workpiece directory (WPD) || ~**wechsel** *m* / automatic workpiece change (The automatic loading/unloading of workpieces to/from NC machines with the aid of a pallet changer) || ~**wechsel** *m* (a. Wegbedingung nach) DIN 66025, T.2 / workpiece change || ~**-Wechseleinrichtung** *f* / automatic work changer || ~**zeichnung** *f* / workpiece drawing, part drawing

werks·überholt *adj* / factory-rebuilt *adj* || ~**zeugnis** *n* / works test certificate, quality-control report, works test report

Werkteil *n* / workpiece *n*

Werkzeug *n* / tool *n*, tools *n pl* || ~ *n* (WKZ) / tool *n*, tools *n pl* || ~ *n* (spanabhebend) / cutting tool, cutter *n* || ~ *n* (nicht spanabhebend) / non-cutting tool || ~ *n* (Stanzmasch., Schmiede) / die *n* || ~ *n* (Programmentwicklung) / tool *n*, toolkit *n* || **angetriebenes** ~ / rotating tool || **durchdrehendes** ~ / tool with rotational range greater than 360° || **stehendes** ~ / non-rotating tool || **vergleichbares** ~ / comparable tool

werkzeugabhängig *adj* / tool-dependent

Werkzeug·abhebebewegung *f* / tool retract(ing) movement, tool withdrawal movement || ~**abnutzung** *f* / tool wear || ~**abnützung** *f* / tool wear || ~**achse** *f* / tool axis || ~**achsenvektor** *m* / tool axis vector || ~**aggregategrafik** *f* / tool-unit graphics || ~**angaben** *f pl* (CLDATA) / cutter information || ~**ansteuerung** *f* / tool selection || ~**anwahl** *f* / tool selection || ~**anzeige** *f* (NC) / tool number read-out || ~**arbeitspunkt** *m* / tool centre point (TCP) || ~**aufnahme** *f* / tool support, tool adapter, tool carrier, tool holder (Tlh) || ~**aufruf** *m* (NC Anweisung, die das in einem NC-Programm zum Einsatz kommende Werkzeug bestimmt, den Werkzeugwechsel manuell oder über den Werkzeugwechsler aufruft und den Werkzeugdatenspeicher anwählt) E DIN 66257 / tool function (NC) ISO 2806-1980 || ~**aufruf** *m*

(Anweisung, die das in einem NC-Programm zum Einsatz kommende Werkzeug bestimmt, den Werkzeugwechsel manuell oder über den Werkzeugwechsler aufruft und den Werkzeugdatenspeicher anwählt) / T word (An instruction which identifies a tool in an NC program, calls for its selection either manually or by tool changer, and activates the tool data table) || ~**ausrichtung** *f* / tool orientation || ~**auswahl** *f* (NC, CLDATA-Wort) / select tool (NC, CLDATA word) ISO 3592 || ~**auswahl** *f* / tool selection

Werkzeug·bahn *f* / tool path, cutter path, cutter travel || ~**bahngeschwindigkeit** *f* / tool path velocity, tool path feedrate, path velocity (The velocity, relative to the workpiece, of the tool reference point along the cutter path), rate of travel in contouring, vector feedrate || ~**bahnkorrektur** *f* (NC) / tool (o. cutter) path compensation || ~**-Basisfunktion** *f* (WZBF) / tool management base function (TMBF) || ~**basismaß** *n* / tool base dimension || ~**bau** *m* / tool making || ~**bedarf** *m* / tool demand || ~**bedarfermittlung** *f* / tool data information system, tool demand analysis, tool information || ~**bedarfsermittlung** *f* / tool data information system, tool demand analysis, tool information || ~**beschreibung** *f* (NC) / tool description || ~**besteck** *n* / tool kit || ~**bestückung** *f* (WZM) / tooling *n*

werkzeugbezogene Korrektur (NC) / tool-oriented compensation

Werkzeug·bezugspunkt *m* (NC) / tool reference point, tool control point || ~**bruch** *m* / tool breakage, tool failure || ~**bruchüberwachung** *f* / tool breakage monitor || ~**daten** *plt* / tool data || ~**datensatz** *m* / tool data record || ~**datenverwaltung** *f* / tool data management (TDM) || ~**dialog** *m* / tool dialog || ~**dialogdaten** *plt* (Die Beschreibungsdatei enthält Konvertierungsvorschrift, die es der Werkzeugverwaltung ermöglicht, Datenstrom vom Codeträger zu lesen. Sie besteht aus Dialogdaten (Werkzeugdialogdaten und Schneidendialogdaten)) / tool dialog data || ~**disposition** *f* / tool planning || ~**durchbiegung** *f* / tool deflection || ~**durchmesserkorrektur** *f* / tool (o. cutter) diameter compensation || ~**durchmesserkorrektur** *f* (NC, Korrekturwert) / tool diameter offset

Werkzeuge *n pl* / tools *n pl* || ~ **Nullpunkt** / tools zero

Werkzeug·eingriff *m* / tooling *n*, tool operation || ~**einsatz** *m* / use of tools || ~**einsatzdaten** *plt* (Die Werkmittelverwaltung beinhaltet den Werkzeugkatalog, der einerseits die Stammdaten und andererseits die Einsatzdaten enthält) / tool operating data || ~**einspannung** *f* / tool clamping || ~**einstellgerät** *n* (WZEG) / tool setting device, tool setting station || ~**fehlbestand** *m* / tool deficiency || ~**fehltabelle** *f* / missing tool table || ~**flachbaugruppe** *f* (WF-Baugruppe) / tool module, WF module || ~**-Flache D-Nummer** (WZFD) / tool management flat D number (TMFD) || ~ **freifahren** / retract tool || ~**freigabe** *f* / tool enabling

Werkzeug·gang *m* (Abnutzung) / tool wear || ~**geometrie** *f* / tool geometry || ~**geometriedaten** *plt* / tool geometry data || ~**geometriemakro** *n* / tool geometry macro || ~**geometriewerte** *m pl* (NC) / tool geometry values, tool geometrical data || ~**greifer** *m* / tool gripper || ~**-Grundfunktion** *f* / tool management base function (TMBF) || ~**halter** *m* (Der Werkzeughalter hält die Platte und bildet mit ihr zusammen das Werkzeug) / tool holder (Tlh), tool support, tool carrier, tool adapter || ~**identifikationssystem** *n* / tool identification system || ~**-Identnummer** *f* (NC, CLDATA-Wort) / tool number (NC, CLDATA word) ISO 3592 || ~ **in die Liste eintragen** / enter tool in the tool list || ~ **ist im Wechsel** (WZ ist im Wechsel) / tool is being changed || ~**kartei** *f* / tool file || ~**kassette** *f* / tool cartridge || ~**kasten** *m* / tool box, tool kit || ~**katalog** *m* / tool catalog || ~**kennung** *f* / tool status || ~**klasse** *f* / tool class || ~**kompensation** *f* (NC, a. CLDATA-Wort) / cutter compensation ISO 3592, tool compensation || ~**kopf-Radfaktor** *m* / tool head/wheel factor

Werkzeugkorrektur *f* (WZK WK NC) / tool compensation (TC), cutter compensation (TC) || ~ *f* (WZK WK NC, Korrekturbetrag, Wegbedingung nach DIN 66025, T.2) / tool offset (TO), cutter offset || ~ **wirksam** / tool offset active (TOA), TOA (tool offset active) || ~**, negativ** (NC-Wegbedingung) DIN 66025,T.2 / tool offset, negative ISO 1056 || ~**, positiv** (NC-Wegbedingung) DIN 66025,T.2 / tool offset, tool offset, positive ISO 1056 || ~**block** *m* / tool compensation block || ~**block** *m* (NC) / tool compensation (data) block || ~**daten** *plt* / tool offset data || ~**verschleiß** *m* / tool offset wear || ~**geometrie** *f* / tool offset geometry || ~**nummer** *f* (NC) / number of tool compensation || ~**paar** *n* (NC) / tool compensation pair || ~**satz** *m* / tool offset block || ~**satz für Schneide 1/2** / create tool offset block for tool edge 1/2 || ~**schalter** *m* / tool correction switch, tool offset switch || ~**speicher** *m* / tool offset memory (TO memory), TO memory (tool offset memory) || ~**speicher** *m* (NC-Adresse) DIN 66025,T.1 / second tool function (NC address) ISO/DIS 6983/1 || ~**vermessung** *f* / measurement (o. determination) of tool offset || ~**wert** *m* / tool offset, tool offset value || ~**zuordnung** *f* / tool offset assignment

Werkzeug·laden *n* (WZM) / tool loading || ~**laden** *m* (NC, CLDATA-Wort) / load tool ISO 3592 || ~**lageanzeiger** *m* / tool position indicator || ~**lagenkorrektur** *f* (NC) / tool position compensation || ~**längenermittlung** *f* / tool length determination || ~**längenkorrektur** *f* (WLK) / tool length compensation (TLC), tool length offset (A displacement of the tool in the Z axis to compensate for differences between programmed and actual tool lengths) || ~**längenkorrektur** *f* (NC) / tool length compensation || ~**längenkorrektur** *f* (NC, Korrekturwert) / tool length offset || ~**längenmessung** *f* / tool inspection || ~**längen-Verschleißwert** *m* / tool length wear value || ~**liste** *f* / tool list || ~ **löschen** / delete tool || ~**lücke** *f* / tool gap || ~**magazin** *n* / tool holding magazine || ~**magazin** *n* (Einrichtung, in der Werkzeuge für den automatischen Werkzeugwechsel bereitgestellt werden) / tool storage magazine, tool magazine, tool-holding magazine, magazine *n* (MAG) || ~**-Magazinverwaltung** *f* (WZMG) / tool management magazines (TMMG) || ~**maschine** *f* / machine tool || ~**maschine** *f* (WZM) / machine tool || ~**maschinenbau** *m* / machine tool manufacture

werkzeugmaschinennah *adj* / machine tool-related

Werkzeug·maschinensteuerung *f* / machine tool control || ~**maschinensteuerungen** *f pl* / machine tool controllers || ~**material** *n* / cutting tool grade material, tool grade material, cutter material || ~**messeinrichtung** *f* / tool gauging device || ~**messfühler** *m* / tool probe || ~**messtaster** *m* / tool probe || **mechanischer** ~**messtaster** / mechanical tool probe || ~**messung** *f* / tool measuring, tool gauging || ~**-Mittelpunkt** *m* / tool center point (TCP) || ~**mittelpunktbahn** *f* / tool counter-point path || ~**mittelpunktsbahn** *f* / tool center point path || **äquidistante** ~**mittelpunktsbahn** / equidistant tool center path || ~**-Monitor** *m* (WZMO) / tool management tool monitoring (TMMO) || ~**name** *m* / tool name || ~**nummer** *f* / tool number || ~**nummernanzeige** *f* / tool number read-out || ~**orientierung** *f* / tool orientation || ~**platz** *m* / tool location, tool pocket location || **variabler** ~**platz** / random tool selection || ~**platzkodierung** *f* / tool location coding || ~**position** *f* / tool position, relative tool position || ~**positionsdaten** *plt* / cutter location data (CLDATA) || ~**positionsdaten** *plt* (CLDATA) / cutter location data (CLDATA)

Werkzeug·radiuskorrektur *f* (NC) / tool radius compensation || ~**radiuskorrektur** *f* (NC, Korrekturwert) / tool radius offset || ~**radiuskorrektur** *f* (WRK) / tool radius compensation (TRC) || ~**referenzwert** *m* / tool reference value || ~**revolver** *m* / tool turret, turret *n*, tool capstan, revolver *n* || ~**revolverkopf** *m* / tool turret, turret *n*, tool capstan, revolver *n* || ~**rückzug** *m* (NC) / tool withdrawal, tool retract(ing), backing out of tool || ~**satz** *m* / tool kit || ~**schleifen** *n* / tool grinding (TG) || ~**schleifmaschine** *f* / tool grinding machine || ~**schlitten** *m* / saddle *n*, carriage *n* || ~**schneide** *f* / tool edge, tool cutting edge || ~**schneidendaten** *plt* / cutting edge data || ~**schneidenradius** *m* / tool tip radius || ~**schneidenradius-Korrektur** *f* / tool tip radius compensation || ~**schneidenradius-Korrektur** *f* (Korrekturwert) / tool tip radius offset || ~**schneidenwinkel** *m* / cutter edge angle, tool cutting edge angle || ~**schrank** *m* / tool cabinet || ~**-Schutzbereich** *m* (NC) / forbidden area || ~**sicherung** *f* / tool position safety || ~**sortierlauf** *m* / tool sort || ~**spannen** *n* / tool clamping || ~**speicher** *m* / tool storage, tool magazine || ~**spitze** *f* (WZM) / tool tip || ~**stammdaten** *plt* / tool master data || ~**standmenge** *f* / no. of workpieces produced || ~**-Standzeit** *f* / tool life, service life || ~**standzeitüberwachung** *f* / tool time monitoring (A function which continuously accumulates and records the cutting time of an active tool and compares the accumulated cutting time with the limit values for that tool stored in the control system), tool life monitoring || ~**system** *n* (WS) / tool system

Werkzeug·teller *m* / tool revolver || ~**träger** *m* (WZT) / toolholder (Tlh), tool carrier, tool adapter, tool support || ~**trägerbezugspunkt** *m* / tool carrier reference point || ~**transfer** *m* / tool transfer || ~**typ** *m* / tool type || ~ **übergroß** / oversized tool || ~**-Überwachungsfunktion** *f* / tool management tool monitoring (TMMO) || ~**umgebung** *f* / tool environment || ~**vermessung** *f* / tool gauging, tool measuring || ~**versatz** *m* / tool offset, tool shift || ~**verschiebung** *f* (WZM, NC) / tool offset, tool shift || ~**verschleiß** *m* / tool wear || ~**verschleißkontrolle** *f* / tool wear monitoring || ~**verschleißkorrektur** *f* / tool wear compensation || ~**verwaltung** *f* (WZV) / tool management (TOOLMAN) || ~**verwaltungspaket** *n* / tool management package || ~ **vom Typ 3D-Taster** / 3D probe type tool || ~**vorbereitung** *f* / tool preparation || ~**voreinstellgerät** *n* / tool presetting station || ~**-Voreinstellgerät** *n* / tool presetting device || ~**voreinstellung** *f* / tool presetting || ~**vorwahl** *f* / tool preselection

Werkzeug·wechsel *m* (WZW) / tool change (TC), tool changing || ~**wechselautomat** *m* / automatic tool changer (ATC) || ~**wechseleinrichtung** *f* / tool changer, automatic tool changer (ATC) || ~**wechselposition** *f* / tool change position || ~**wechselpunkt** *m* (WWP) / tool change point (TCP) || ~**wechselvorbereitung** *f* / tool change preparation || ~**wechselzeit** *f* / tool changing time || ~**wechselzyklus** *m* / tool-changing cycle || ~**wechsler** *m* / tool changer || ~**wechsler** *m* (Einrichtung mit Werkzeugmagazin und Wechselmechanismus zum automatischen Austausch von Werkzeugen nach den im NC-Programm vorgegebenen Anweisungen) / automatic tool changer (ATC) || ~**weg** *m* / tool path, cutter path, cutter travel || ~**zubringer** *m* / tool feeder || ~**zustand** *m* / tool status || ~**zwischenspeicher** *m* / tool buffer

Werkzyklus *m* / work cycle

Wert *m* / value *n* || ~ **einer Größe** / value of a quantity || **endlicher** ~ / value different from zero || **gespeicherter** ~ / stored value || **häufigster** ~ DIN 55350, T.23 / mode *n* || ~ **Löschen** / delete value || **momentaner** ~ / actual value, instantaneous value || **Skalen~** *m* / scale interval || **typischer** ~ / representative value || **verbindlicher** ~ / obliging value || **vorbesetzter** ~ (DV) / default value || **voreingestellter** ~ (DV) / default value || **voreingestellter** ~ / default *n* || ~**analyse** *f* / value analysis

wertanalysiert *adj* / value-analysed *adj*

wertbar, nicht ~er Ausfall / non-relevant failure

Wertbereich *m* / value range

Werte *m pl* / values *n pl*, data *n pl* || **gerechnete** ~ / calculated analog and status data || ~**- und Sollstundenermittlung** *f* / determining actual and budgeted times || ~ **vom RAM ins EEPROM laden** / transfer data from RAM to EEPROM || ~**bereich** *m* / range of values || ~**bereich** *m* (Betriebs- o. Umwelteinflussgrößen) / severity class || **mittlere** ~**dauer** / means service provisioning time

wertend, zu ~er Ausfall (Ausfall, der in die Bewertung von Prüf- und Betriebsergebnissen oder in die Berechnung des Wertes einer Maßgröße der Funktionsfähigkeit einbezogen werden sollte) IEC 50(191) / relevant failure (A failure that should be included in interpreting test or operational results or in calculating the value of a reliability performance measure)

Werte·paar *n* / pair of values || ~**referenzlinie** *f* / magnitude reference(d) line || ~**speicher** *m* (SPS) / time and data register || ~**tabelle** *f* / value table || ~**tabelle geordnet nach der Häufigkeitsverteilung** DIN IEC 319 / table of frequency distribution || ~**versorgung** *f* / parameter assignment, initialization *n* || **adaptive ≗vorgabe** (SPS) / adaptive parameter entry || **≗zuweisung** *f* (NC) / value assignment

Wertgeber *m* (Eingabegerät für reelle Zahlen) / valuator device

Wertigkeit *f* / significance *n*, weight *n*, positional weight || ≗ *f* (chem.) / valency *n*, valence *n* || ≗ *f* / pulse value, pulse significance, pulse weight, increment per pulse

Wert·kontinuum *n* / continuum of values || **≗menge** *f* / set of values || **≗schöpfung** *f* / value added || **≗schöpfungskette** *f* / value chain || **≗schöpfungsprozess** *m* / added-value process || **≗steigerung** *f* / value creation || **≗übernahme** *f* / value acceptance || **≗umrechnung** *f* / value conversion || **≗zuweisung** *f* / value assignment

wesentlich·e Abweichung (QS) / significant nonconformance || **~er Fehlzustand** (Fehlzustand, der eine als sehr wichtig angesehene Funktion betrifft) IEC 50(191) / major fault (A fault which affects a function considered to be of major importance)

Westentaschenformat *n* / pocket-size *n*

Weston-Normalelement *n* (Batt.) / Weston standard cell

Wettbewerb *m* / competition *n* || **≗ersystem** *n* / contention system

wettbewerbsfähig *adj* / competitive *adj*

Wettbewerbs·fähigkeit *f* / competing capability || **≗system** *n* (LAN) / contention system || **≗vergleich** *m* / competitor comparison

wetter·beständig *adj* / weather-resistant *adj*, weather-proof *adj* || **~beständiger Anstrich** / weather-resisting coating, weatherproofing coat || **~feste Kunststoffleitung** / thermoplastic-insulated weather-resistant cable || **~geschützt** *adj* / weather-protected *adj* || **~geschützte Maschine** / weather-protected machine || **~geschützter Einsatzort** / sheltered location IEC 654-1

Wetter·lampe *f* / safety lamp || **≗schutz** *m* (Abdeckung) / weather shield, canopy *n* || **≗schutzanstrich** *m* / weather-resisting coating, weatherproofing coat

WF (Wiederholungsfaktor) / repetition factor, repeat factor, iteration factor || **≗-Baugruppe** *f* (Werkzeugflachbaugruppe) / tool module, WF module

WG3-Technologiegruppe *f* / WG3 Technology

Wheatstone-Brücke *f* / Wheatstone bridge

Whisker *m* / whisker *n*

Whitworth-Gewinde *n* / Whitworth thread

wichtig·e Rollbahnbefeuerung / essential taxiway lights || **~er Verbraucher** / non-interruptible load, essential load, vital load, critical load

Wichtungsfaktor *m* / weighting factor

Wickel *m* (Spule, Wicklung) / coil *n*, roll *n* || ≗ *m* (Bandumwicklung) / tape serving || ≗ *m* (Umhüllung) / wrapper *n*, wrapping *n*, sleeving *n*, serving *n* || ≗ *m* (Windung) / turn *n* || **Isolier~** *m* / insulating serving, winding specifications || **≗angaben** *f pl* / winding data || **≗automat** *m* / automatic winding machine

Wickelei *f* / winding shop, winding department

Wickel·einsatz *m* (Wickelverb.) / bit *n* || **≗form** *f* / former *n*, winding form || **≗haken** *m* / taping needle || **≗kasten** *m* / former *n* || **≗kern** *m* / winding core || **≗kerntransformator** *m* / wound-core transformer || **≗keule** *f* / stress cone || **≗kontakt** *m* / wrap contact

Wickelkopf *m* (el. Masch.) / winding overhang, end turns, end winding, overhang winding || **≗abdeckung** *f* / end-winding cover, overhang cover || **≗abstützung** *f* / winding overhang support || **≗ausladung** *f* / overhang *n*, end-turn projection, end-winding overhang, winding overhang || **≗bandage** *f* / end-turn banding || **≗-Bandagenisolierung** *f* IEC 50(411) / banding insulation || **≗-Distanzstück** *n* / overhang packing || **≗-Distanzstücke in Umfangsrichtung** / belt insulation || **≗-Haltering** *m* / overhang supporting ring || **≗isolation** *f* / overhang insulation, end-turn insulation, end-winding insulation || **≗kappe** *f* / overhang shield, end bell || **≗konsole** *f* / overhang bracket, overhang support || **≗-Korrekturfaktor** *m* / overhang correction factor || **≗kreuzung** *f* / overhang crossover || **≗packung** *f* / overhang packing, end-winding wedging block || **≗raum** *m* / overhang space, end-winding cavity || **≗schutz** *m* / overhang cover, end-winding cover || **≗-Streuleitwert** *m* / end-winding leakage permeance || **≗streuung** *f* / coil-end leakage, overhang leakage || **≗stütze** *f* / overhang bracket, overhang support || **≗verdrillung** *f* / end-turn transposition || **≗verschalung** *f* / end-winding cover || **≗verschnürung** *f* / coil-end tying, overhang lashing || **≗verstärkung** *f* / overhang bracing, end-turn bracing || **≗versteifung** *f* / overhang packing block, coil-end bracing, end-turn bracing, end-turn wedging

Wickel·lage *f* / winding layer, serving *n* || **≗länge** *f* (Wickelverb.) / wrapping length || **≗maschine** *f* / winding machine, coil winder, wrapping machine, coiler *n*

wickeln *v* / wind *v* || **neu** ~ / re-wind *v* || **übereinander** ~ / wind one (turn) over another

Wickel·plan *m* / winding diagram || **≗prüfung** *f* (Kabel) / bending test || **≗prüfung** *f* (Draht) / wrapping test || **≗raum** *m* / winding space || **≗richtung** *f* / winding direction || **≗schablone** *f* / former *n* || **≗schema** *n* / winding diagram || **≗sinn** *m* / winding direction, winding sense || **≗stiftlänge** *f* / post length (wire-wrap termination) || **≗stromwandler** *m* / wound-primary(-type) current transformer || **≗technik** *f* / wire-wrapping technique || **≗träger** *m* / winding support || **≗wandler** *m* / wound instrument transformer, wound-primary transformer, wound-primary type current transformer || **≗zentrum** *n* / winding center || **≗zettel** *m* / winding details || **≗zylinder** *m* / insulating cylinder, winding barrel, coil supporting cylinder

Wickler *m* / winder *n* || **≗wandler** *m* / wound-type transformer

Wicklung *f* / winding *n*, coil *n* || ≗ *f* (Isolation innerhalb einer Kabelgarnitur) / lapping *n* || ≗ **aus Formspulen** / preformed winding || ≗ **aus Teilformspulen** / partly preformed winding || ≗ **für Erdschlusserfassung** / earth-leakage current measuring winding || ≗ **in Einzelspulenschaltung** / winding with crossover coils || ≗ **in geschlossenen Nuten** / threaded-in winding, tunnel winding || ≗ **in T-Schaltung** / T-connected winding || ≗ **in V-Schaltung** / V-connected winding || ≗ **mit dachziegelartig überlappendem Wickelkopf** / imbricated winding || ≗ **mit einer Spule je Pol** /

whole-coiled winding || ~ **mit einer Windung je Phase und Polpaar** / half-coiled winding || ~ **mit eingeschobenen Halbformspulen** / push-through winding || ~ **mit Formspulen** / preformed winding || ~ **mit freien Enden** / open-circuit winding || ~ **mit gleichen Spulen** / diamond winding || ~ **mit konzentrischen Spulen** / concentric winding || ~ **mit parallelen Zweigen** / divided winding || ~ **mit Spulen gleicher Weite** / diamond winding || ~ **mit Umleitungen** / externally connected winding || ~ **mit verkürzter Schrittweite** / short-pitch winding, fractional-pitch winding || ~ **mit verlängerter Schrittweite** / long-pitch winding || ~ **ohne Anzapfungen** / untapped winding || ~ **zur Erfassung der Verlagerungsspannung** (Wandler) IEC 50(321) / residual voltage winding || **eingefädelte** ~ / threaded-in winding, pin winding || **eingegossene** ~ / encapsulated winding || **gesehnte** ~ / chorded winding, fractional-pitch winding || **gespaltene** ~ / split winding || **gestürzte** ~ / continuous turned-over winding, continuous inverted winding || **geträufelte** ~ / fed-in winding, mush winding || **getrennte** ~ / separate winding || **getreppte** ~ / split-throw winding, split winding || **halbsymmetrische** ~ / semi-symmetrical winding || **hemitropische** ~ / hemitropic winding, half-coiled winding || **reguläre** ~ (el. Masch.) / regular winding || **schrittverkürzte** ~ / short-pitch winding, chorded winding, fractional-pitch winding || **schuppenförmige** ~ / mesh winding, imbricated winding || **übersehnte** ~ / long-chord winding, long-pitch winding

Wicklungs·abdeckung *f* / winding cover, winding shield, end-winding cover || ~**abschnitt** *m* / winding section || ~**abstützung** *f* / winding support, coil support, winding bracing || ~**anfang** *m* / line end of winding, start of winding, lead of winding || ~**anordnung** *f* / winding arrangement || ~**anordnung für Linearschaltung** (Trafo) / linear-tapping winding arrangement || ~**anordnung für Zu- und Gegenschaltung** (Trafo) / reverse tapping winding arrangement, buck-and-boost winding arrangement || ~**anschluss** *m* / winding termination || ~**anschlussleiter** *m* (Primärwickl.-Klemme) / main lead || ~**aufbau** *m* / winding construction, winding arrangement || ~**bandage** *f* / winding bandage || ~**bild** *n* / winding diagram || ~**block** *m* / winding assembly || ~**durchschlag** *m* / winding breakdown, winding puncture || ~**element** *n* / coil section, coil *n*, winding element || ~**ende** *n* / end of winding || **freie** ~**enden** / loose leads || ~**erwärmung** *f* / winding temperature rise || ~**faktor** *m* / winding factor || ~**gesetz** *n* / winding rule || ~**gruppe** *f* / winding group || ~-**Heißpunkttemperatur** *f* / winding hot-spot temperature || ~-**Heißpunktübertemperatur** *f* / temperature rise at winding hot spot || ~**induktivität** *f* / winding inductivity || ~**isolierung** *f* / winding insulation, coil insulation || ~**kapazität** *f* / winding capacitance || ~**kappe** *f* / winding shield || ~**kopf** *m* / winding overhang, end turns, end winding, overhang winding || ~**körper** *m* / winding assembly || ~**kraft** *f* / force acting on winding || ~**kurzschluss** *m* / interwinding fault || ~**leiter** *m* / winding conductor

wicklungsloser Läufer / unwound rotor

Wicklungs·mitte *f* / winding centre || ~**paar** *n* / pair of windings || ~**pfad** *m* / winding circuit || ~**plan** *m* / winding diagram || ~**pressung** *f* / winding clamping, degree of winding compression, winding compaction || ~**prüfung** *f* / high-voltage test, high-potential test, overvoltage test || ~**prüfung** *f* (mit Fremdspannung) / separate-source voltage-withstand test, applied-voltage test, applied-potential test, applied-overvoltage withstand test || ~**prüfung bei niedriger Frequenz** / low-frequency high-voltage test || ~**querschnitt** *m* / cross-sectional area of winding || ~**raum** *m* / winding space || ~**richtung** *f* / winding direction, winding sense || ~**röhre** *f* / winding cylinder || ~**schablone** *f* / coil form, winding form || ~**schale** *f* / winding shell || ~**schaltbild** *n* / winding connection diagram || ~**schaltung** *f* / winding connections || ~**schema** *n* / winding diagram || ~**schild** *m* (el. Masch.) / winding shield, end-winding cover || ~**schluss** *m* (Kurzschluss zwischen Leitern verschiedener Wicklungen) / interwinding fault || ~**schluss** *m* (Kurzschluss Wicklung-Gehäuse) / winding-to-frame short circuit

Wicklungsschritt *m* (Spulenweite) / coil span, coil pitch || ~ *m* (Gegen-Schaltseite) / back span || ~ *m* (Schaltseite) / front span || ~ *m* (Spulenweite) / coil span (GB), coil pitch (US) || **relativer** ~ / winding pitch IEC 50(411)

Wicklungs·schutz *m* / winding shield, winding cover || ~**sinn** *m* / winding sense || ~**sprung** *m* / winding throw || ~**stab** *m* / bar *n* (of winding), half-coil *n* || ~**strang** *m* (Trafo) VDE 0532, T.1 / phase winding IEC 76-1, winding phase || ~**strom** *m* / current per winding || ~**stütze** *f* / winding brace

Wicklungs·tabelle *f* / winding table || ~**tafel** *f* / winding table || ~**teil** *n* / winding section || ~**teilung** *f* / winding pitch || ~**thermometer** *n* / embedded thermometer || ~**träger** *m* / winding support, winding carrier || ~**übertemperatur** *f* / winding temperature rise, winding overheating || ~**unterbau** *m* (Trafo) / winding support(s), winding base || ~**verluste** *m pl* / I^2R loss, winding losses || ~**verteilung** *f* / winding distribution, polecoil distribution || ~**widerstand** *m* / winding resistance || ~**zug** *m* / winding path || ~**zweig** *m* / winding branch (circuit), winding path

Wid. R200 / resistor R200

widerrufen *v* / undo *v*

Widerspruchsfreiheit *f* (QS) / consistency *n*

Widerstand *m* (Wirkwiderstand) / resistance *n* || ~ *m* (Scheinwiderstand) / impedance *n* || ~ *m* (Gerät) / resistor *n*, rheostat *n* || ~ **der Erregerwicklung** / field resistance || ~ **der Längsdämpferwicklung** / direct-axis damper resistance || ~ **der Querdämpferwicklung** / quadrature-axis damper resistance || ~ **der Steuerleitung** / resistance to flow in pressure line || **externer** ~ / external resistor || **impulsgesteuerter** ~ / pulse-controlled resistance || **induktiver** ~ / inductive reactance, reactance *n* || **magnetischer** ~ / reluctance *n*, magnetic resistance || **magnetischer** ~ (Feldplatte) / magnetoresistor *n* || **ohmscher** ~ / ohmic resistance, resistance *n* || **phasenreiner** ~ / ohmic resistance || **pulsgesteuerter** ~ / pulse resistor, pulsed resistor, pulsed resistance, chopper resistor || **reeller** ~ / ohmic resistance, resistance *n*

Widerstands·abgleich *m* / tuning of resistors || ~**abgriff** *m* / by potentiometer || ~**ableiter** *m* /

resistance-type arrester || ²**abschluss** *m* (a. PMG) / resistive termination || ²**anlasser** *m* / rheostatic starter IEC 292-3, resistor starter, impedance starter || ²**anpassung** *f* / resistor adaption, resistor optimization

widerstandsarm *adj* / low-resistance *adj* || **~e Erdung** / impedance earthing, impedance grounding, low-resistance earthing, low-resistance grounding, resonant earthing, resonance grounding, dead earth

Widerstandsaufbau *m* / resistor mounting

widerstandsbehafteter Fehler / resistive fault

Widerstands·belag *m* / resistance per unit length || ²**belastung** *f* / resistive load || **reine** ²**belastung** / pure resistive load, straight resistive load || ²**beschaltung** *f* / fixed current limitation || ²**bestückung** *f* / built-in resistors || ²**box** *f* / resistor box || ²**bremse** *f* / dynamic brake || ²**bremsregler** *m* / rheostatic braking controller || ²**bremsung** *f* / rheostatic braking, dynamic braking || ²**dekade** *f* DIN 43783,T.1 / decade resistor, resistance decade || ²**-Dioden-Logik** *f* (RDL) / resistor-diode logic (RDL) || ²**dreieck** *n* / impedance diagram || ²**einschaltautomatik** *f* / automatic resistance connection || ²**element** *n* / resistor element || ²**erdung** *f* / resistive earthing (GB), resistive grounding (US)

widerstandsfähig *adj* / resistant *adj*, resisting *adj*

Widerstandsfähigkeit *f* / resistance *n*, robustness *n*, toughness *n* || ² **gegen außergewöhnliche Wärme** VDE 0711, 3 / resistance to ignition IEC 507 || ² **gegen Chemikalien** / resistance to chemicals, chemical resistance || **mechanische** ² / robustness *n*, mechanical endurance

Widerstands·-Fernthermometer *n* / resistance telethermometer || ²**geber** *m* / resistance-type sensor, decade resistor, resistance-type transmitter || ²**gefälle** *n* / resistance gradient || ²**gerade** *f* / resistance line, load line (electron tube) || ²**gerade** *f* (el. Masch.) / field resistance line, field resistance characteristic || ²**gerät** *n* / resistor unit, resistor bank, resistor block, resistor box || **~geschweißt** *adj* / resistance-welded *adj* || ²**gruppe** *f* / resistor bank || ²**-Hilfsphase** *f* / auxiliary starting winding, high-resistance auxiliary phase || **Einphasenmotor mit** ²**-Hilfsphase** / resistance-start motor || ²**-Hilfswicklung** *f* / auxiliary starting winding || ²**-Induktivitäts-Kapazitäts-Schaltung** *f* / resistance-inductance-capacitance circuit (o. network), RLC circuit || ²**-Induktivitäts-Schaltung** *f* / resistance-inductance circuit (o. network), RL circuit (o. network) || ²**-Kapazitäts-Schaltung** *f* / resistance-capacitance circuit, RC circuit (o. network) || ²**kasten** *m* / resistor box (o. case) || ²**kette** *f* / resistance sequence || ²**koeffizient einer Feldplatte** / magnetoresistive coefficient || ²**kommutator** *m* / resistance commutator || ²**kommutierung** *f* / resistance commutation || ²**-Kondensator-Transistor-Logik** *f* (RCTL) / resistor-capacitor-transistor logic (RCTL) || ²**kontakte** *m pl* (Trafo) VDE 0532,T.30 / transition contacts IEC 214 || ²**kopplung** *f* / resistive coupling, impedance coupling

Widerstands·last *f* / resistive load || ²**-Lastumschalter** *m* (Trafo) / resistor diverter switch || ²**läufer** *m* / high-resistance squirrel-cage rotor, high-resistance cage motor, high-torque cage motor, high-reactance rotor || ²**-Läuferanlasser** *m* VDE 0660,T.301 / rheostatic rotor starter IEC 292-3 || ²**leiter** *f* / resistor ladder || ²**leiter-Netzwerk** *n* / resistor ladder network, ladder resistor network

widerstandslos·e Erdung / direct connection to earth, direct earthing, solid connection to earth || **~er Kurzschluss** / dead short circuit, dead short, bolted short-circuit

Widerstands·messbrücke *f* / resistance measuring bridge || ²**messer** *m* / ohmmeter *n*, resistance meter || ²**-Messgerät** *n* / ohmmeter *n*, resistance meter || ²**-Messgerät mit linearer Skale** / linear-scale ohmmeter || ²**messung** *f* / resistance measurement || ²**messung** *f* (el. Masch.) / resistance test || ²**methode** *f* / rise-of-resistance method, resistance method || ²**moment** *n* / load torque || ²**moment** *n* (gegen Biegung, Verdrehung) / section modulus, elastic modulus, moment of resistance || ²**netzwerk** *n* / resistor network || ²**normal** *n* / standard resistance || ²**ofen** *m* / resistance furnace || ²**operator** *m* / resistance operator, complex impedance || ²**-Potentialsteuerung** *f* / resistance grading (of corona shielding) || ²**rahmen** *m* / resistor frame || ²**rauschen** *n* / thermal noise, circuit noise || ²**regelung** *f* / rheostatic control || ²**regler** *m* / rheostatic voltage regulator || ²**regler** *m* (Stellwiderstand) / rheostatic controller, rheostat *n* || ²**relais** *n* / resistance relay, impedance relay || ²**-Restspannung** *f* (Halleffekt-Bauelement) DIN 41863 / zero-field resistive residual voltage IEC 147-0C || ²**rohr** *n* / resistance tube || ²**satz** *m* / resistor set || ²**schalten** *n* / resistance switching || ²**schalter** *m* / resistor interrupter || ²**-Schnelllastumschalter** *m* (Trafo) / high-speed resistor diverter switch || ²**-Schnellschalter** *m* / high-speed resistor diverter switch || ²**-Schnellumschaltung** *f* (Trafo) / high-speed resistor transition || ²**schreiber** *m* / recording ohmmeter || **Barriere mit** ²**schutz** / resistorprotected barrier || ²**schweißen** *n* / resistance welding || ²**-Spannungsregler** *m* / rheostatic voltage regulator || ²**stabilisierung** *f* (Schutz) / resistance restraint, impedance bias || ²**stapel** *m* / resistor stack || ²**starter** *m* / rheostatic starter, resistor starter, rheostatic surfer IEC 292-3 || ²**steller** *m* / rheostatic controller || ²**steuerung** *f* / rheostatic control || ²**-Stufenschaltwerk** *n* / resistance switchgroup

Widerstands·-Temperaturaufnehmer *m* / resistance temperature sensor || ²**-Temperaturfühler** *m* / resistance temperature detector (r.t.d.), thermistor *n* || ²**thermometer** *n* / resistance thermometer, resistance-type thermometer || ²**-Transistor-Logik** *f* (RTL) / resistor-transistor logic (RTL) || ²**umschalter** *m* (Trafo) / resistor-type tap changer || ²**-Unterbrechereinheit** *f* / resistor interrupter || **Temperaturbestimmung nach dem** ²**verfahren** / resistance method of temperature determination, self-resistance method (of temperature determination), rise-of-resistance method (of temperature determination) || ²**verhältnis einer Feldplatte** / magnetoresistive ratio || ²**verlauf einer Feldplatte** / magnetoresistive characteristic curve || ²**verluste** *m pl* / rheostatic loss || **~-zeitabhängiger Schutz** / impedance-time-dependent protection (system) || ²**-Zündkerze** *f* / suppressed spark plug || ²**zylinder** *m* / resistor core, resistor cylinder

wieder einsetzen / replace *v* || **≗anfahren** *n* / repositioning *n*

Wiederanfahren an die Kontur / reapproach contour, REPOS (repositioning) || ≗ **an die Kontur** (NC) / repositioning *n* (REPOS), return to contour, re-approach to contour

Wiederanfahrverschiebung *f* (NC) / repositioning offset

Wiederanlauf *m* / restart *n* || ≗ **automatisch** / automatic restart || ≗ *m* (von vorne beginneb) / cold restart (program restarts from the beginning), automatic warm restart, automatic reclosing, automatic recloser (ARC) || ≗ **manuell** / manual restart, manual warm restart || **manueller** ≗ / manual restart, manual warm restart || ≗ **nach Netzspannungsausfall** / restart on supply restoration, warm restart after power recovery, restart on resumption of (power) supply || **≗eigenschaften** *f pl* / restart capabilities

wiederanlaufen *v* / re-start *v*, re-accelerate *v*

Wiederanlauf·merker *m* / restart flag || **≗programm** *n* / warm restart routine || **≗sperre** *f* / restart lockout || **≗sperre** *f* (elST) / restart inhibit || **Anzahl der ≗versuche** / number of restart attempts || **≗verzögerung** *f* / stop time at restart || **≗zeit** *f* / starting time || **≗zeit** *f* (FWT) / restart time

wiederanschließbar·e Drehklemme / reusable t.o.c.d. || **~e Kupplungsdose** / rewirable portable socket-outlet, rewirable connector || **~e Schneidklemme** / reusable i.p.c.d. || **~er Stecker** / rewirable plug

wieder·anschließen *v* / reconnect *v* || **~ansprechen** *v* / re-operate *v* || **~ansprechen** *v* (Rel., durch Übererregung) VDE 0435,T.110 / revert reverse

Wieder·ansprech-Istwert *m* (Rel.) / just revert-reverse value || **≗ansprechwert** *m* (Rel.) / revert-reverse value || **~auffinden** *v* (Daten) / retrieve *v* || **~aufladbar** *adj* / rechargeable *adj* || **≗aufladezeit** *f* (Batt.) / recharging time, restored energy time || **≗aufladung** *f* / re-charging *n*, re-charge *n*

wiederaufsetzen *v* / continue machining, retrace support || ≗ *n* (Datennetz) / resynchronization *n*

Wieder·aufsetzpunkt *m* / program continuation point || **≗bereitschaftszeit** *f* (Rel.) VDE 0435,T.110 / recovery time || **≗beschaffungszeit** *f* / procurement time || **~beschreibbar** *adj* / erasable *adj* || **~betätigen** *v* / re-operate *v* || **≗einbau** *m* / re-installation *n*, re-fitting *n* || **~einlagern** *v* / restore *v* || **≗einrüsten** *n* (WZM) / resetting *n*

Wiedereinschaltautomatik *f* IEC 50(448) / automatic reclosing equipment, automatic reclosing relay (USA) || ≗ *f* (WE) / automatic restart, automatic warm restart, automatic reclosing, automatic recloser (ARC) || ≗ *f* (WEA) / automatic restart, automatic warm restart, automatic reclosing, automatic recloser (ARC) || **ein- oder dreipolige** ≗ / single or three-pole automatic reclosing || **zweipolige** ≗ / two-pole automatic reclosing

wiedereinschalten *v* / reactivate *v* || ~ *v* (SG, KU) / reclose *v* || ~ *v* (Mot.) / re-start *v* || ≗ *n* (SG) / reclosing *n*, resetting *n* || **automatisches** ≗ (KU) / automatic reclosing, auto-reclosing *n*, rapid auto-reclosure || **automatisches** ≗ (Rücksetzen) / self-resetting *n* || **Einbruchalarm** ~ / reactivate the burglar alarm || **einen Verbraucher** ~ / reconnect a load, restore a load || **gegen** ≗ **sichern** / to immobilize in the open position, to provide a safeguard to prevent unintentional reclosing

wiedereinschaltender Temperaturbegrenzer / self-resetting thermal cut-out, self-resetting thermal release

Wiedereinschalt·freigabe *f* (LS) / reclosing lockout defeater (o. resetter), (reclosing lockout) resetting device || **≗spannung** *f* / reclosure voltage IEC 158

Wiedereinschaltsperre *f* / closing lockout, lockout device || **Wiedereinschaltsperre** *f* (SG) / reclosing lockout || ≗ *f* (KU) / auto-reclosure lockout, reclosing lockout || ≗ *f* (Anti-Pump-Einrichtung) / anti-pumping device, pump-free device || ≗ *f* (Mot.) / restart lockout, safeguard preventing unintentional restarting || ≗ *f* (elST) / restart inhibit || ≗ *f* (Handrückstelleinrichtung am Relais) / handreset device (o. feature) || **mechanische** ≗ / mechanical closing lockout

Wiedereinschaltung *f* / reclosing *n*, reclosure *n*, ..automatic reclosing *n*, automatic reclosing || ≗ *f* (Mot.) / re-start *n*, re-starting *n* || **automatisch verzögerte** ≗ (Netz) / delayed automatic reclosing || **erfolglose** ≗ / unsuccessful reclosure || **erfolgreiche** ≗ / successful reclosure || **mehrmalige** ≗ (Schutzsystem) IEC 50(448) / multiple-shot reclosing

Wiedereinschalt·-Unterbrechungsdauer *f* IEC 50(448) / auto-reclose interruption time || **≗versuch** *m* / reclosure attempt || **≗verzögerungszeit** *f* / on-delay time || **≗zeit** *f* (bei einem Aus-Ein-Schaltspiel, vgl. Wiedereinschalt-Eigenzeit) / re-make time

Wiedereinstell·barkeit *f* / resettability *n* || **≗genauigkeit** *f* / resettability *n*

wiedereintretende Wicklung / re-entrant winding || **einfach ~ Wicklung** / singly re-entrant winding

Wiedereintritt *m* / re-entry *n* || ≗ **der Wicklung** / re-entry of winding || **≗sgrad** *m* / degree of re-entrancy

Wiedergabe *f* (BT) / rendition *n*, rendering *n* || ≗ *f* (CAD, Pull-down-Menü) / replay *n* || **Rechteckwellen-≗bereich** *m* (Schreiber) / square-wave response || **≗datei** *f* (CAD) / rendering file || **≗einrichtung** *f* (f. Inf.-Daten auf Bandkassette) / playback equipment || **≗faktor** *m* (BT) / rendition factor || **≗kopf** *m* / reproducing head, magnetic reproducing head || **≗taste** *f* / playback key || **≗treiber** *m* (CAD) / rendering hardcopy driver || **≗verhalten** *n* (Osz.) / response *n*

wiederherstellen *v* / recover *v*

Wiederherstellung *f* (DÜ) / recovery procedure, redisplay *n* || ≗ *f* IEC 50(191) / restoration *n* || ≗ *f* (von Netzverbindungen) / restoration *n* (protection equipment), recovery *n* || **Bild~** *f* / display regeneration || ≗ **mit Hilfe der Zeitüberwachung** DIN ISO 3309 / time-out recovery || ≗ **nach Fehlern** (Rechnersystem, Datennetz) / error recovery

Wiederhochlauf *m* / re-acceleration *n*

Wiederhol·antrieb *m* (SG) / adaptor mechanism, duplicate mechanism, duplex drive || **≗antrieb** *m* (SG, Türkupplung) / door coupling (of mechanism) || **≗anweisung** *f* / repeat statement

wiederholbar *adj* / repeatable *adj* || **~er Versuch** / repetitive experiment

Wiederhol·barkeit *f* / repeatability *n* || **statistische ≗barkeit** (Rel.) DIN IEC 255, T.100 / consistency *n* (relay) || **≗bedingung** *f* / repetition condition || **≗bedingungen** *f pl* (Statistik, QS) / repeatability

conditions || ²**bedingungen** *f pl* (a. MG) / repetition conditions || ²**bildröhre** *f* / refreshed-raster CRT || ²**bildschirm** *m* / refreshed-display screen || ²**differenzbetrag** *m* (QS) / repeatability difference || ²**durchlauf** *m* (WZM) / repeat pass
wiederholen *v* / repeat *v*, retry *v* || ² *n* (DÜ, Kommunikationssystem) / replay *n*
Wiederholer *m* / repeater *n*
Wiederhol·faktor *m* / repetition factor || ²**faktor** *m* (Rechenoperation Programmteil) / iteration factor, repeat factor || ²**fertigung** *f* / repeat jobs || ²**frequenz** *f* / repetition rate, repetition frequency, refresh rate || ²**genauigkeit** *f* / precision accuracy || ²**genauigkeit** *f* (QS) / precision *n* || ²**genauigkeit** *f* (NS) / repeat accuracy, repeatability *n* (US) || ²**genauigkeit** *f* (Messung, Reg.) / repeatability *n*, repeat accuracy || ²**genauigkeitsabweichung** *f* / repeat accuracy deviation || ²**grenze** *f* (Statistik, QS) / repeatability limit
Wiederhol·häufigkeit *f* / repetitiveness *n* || ²**präzision** *f* (Statistik, QS) / repeatability *n* || ²**rate** *f* / repetition rate || ²**schleife** *f* / endless loop, repetitive loop || ²**speicher** *m* / rerun memory, refresh memory (o. storage) || ²-**Standardabweichung** *f* / repeatability standard deviation || ²**start** *m* (NC) / repeat start, hot restart || ²**stößel** *m* / repeat plunger
wiederholt programmierbarer Festwertspeicher / reprogrammable read-only memory (REPROM)
Wiederholtaktzeit *f* / cycle time
wiederholte Adresse / revisit address
Wiederhol·teil *m* / common part || ²**teilliste** *f* / common parts bill
Wiederholung *f* / retry *n*, replication *n*, iteration *n* || ² **der Übertragung** / retransmission *n* || ² **von Datenpaketen** / packet retransmission || **Linearprogramm mit** ² / linear program with rerun
Wiederholungs·anweisung *f* / iteration statement, repeat statement || ²**bedingung** *f* / repetition condition || ²**druckknopf** *m* / repeat pushbutton, duplicate pushbutton || ²**faktor** *m* (WF) / repetition factor, repeat factor, iteration factor || ²**fehler** *m* / repeatability error || ²**genauigkeit** *f* / precision accuracy, repeatability *n*, repeat accuracy || ²**lauf** *m* (WZM, NC) / rerun *n* || ²**messung** *f* / repetitive measurement || ²**probe** *f* / retest specimen || ²**prüfung** *f* / repeat test, retest *n*, requalification test || **einer** ²**prüfung unterziehen** / re-prove *v*, re-test *v* || ²**qualifikation** *f* / requalification *n* || ²**rate** *f* / repetition rate || ²**schleife** *f* / endless loop, repetitive loop, repeat loop || ²**sperre** *f* / anti-repeat circuit || ²**zahl** *f* / repeat number || ²**zähler** *m* / repeating counter
Wiederhol·zahl *f* (NC, Anzahl der Durchgänge) / number of passes (repeated) || ²**zeit** *f* (BSG) / refresh time
Wiederinbetriebnahme *f* / recommissioning *n*, restart *n*
Wiederkehr *f* / return *n* || ² **der Spannung** / voltage recovery, restoration of supply
wiederkehren *v* / be restored
wiederkehrend *adj* / repetitive *adj* || **~e Dauergleichspannung** / d.c. steady-state recovery voltage || **~e Polspannung** (SG) / recovery voltage across a pole, phase recovery voltage || **~e Spannung** / recovery voltage, restored voltage || **Steilheit der ~en Spannung** / rate of rise of TRV, transient recovery voltage rate
Wiederkehr·frequenz *f* (Rückzündung) / frequency of restrike || ²**spannung** *f* / recovery voltage, restored voltage
wiederladen *v* (Programm) / reload *v*
wiederprogrammierbarer Festwertspeicher (REPROM) / reprogrammable read-only memory (REPROM)
wiederrückfallen *v* (Rel., durch Übererregung) VDE 0435,T.110 / revert *v*
Wiederrückfallwert *m* (Rel.) / revert value
Wiederschließen *n* / reclosing *n* || **selbsttätiges** ² (LS) VDE 0670, T.101 / auto-reclosing *n*, automatic reclosing, rapid auto-reclosure
Wiederschließspannung *f* VDE 0712,101 / reclosure voltage IEC 158
Wiederstart *m* / restart *n*, warm restart || ² **nach Netzausfall** (Rechnersystem, elST) / power-fail restart (PFR) || ²**fähigkeit** *f* (Magnetron) / restarting ability
wiedersynchronisieren *v* / re-synchronize *v*
Wieder·vereinigung *f* DIN ISO 8073 / reassembling *n* || ²**verfestigung** *f* (der Schaltstrecke)) / dielectric recovery || ²**verfestigung** *f* (mech.) / strength recovery || ²**verfügbarkeit** *f* / re-availability *n* || ²**verfüllung** *f* (Fundamentgrube) / backfill *n*
wiederverklinken *v* / relatch *v*
Wiederversorgung *f* / service restoration, restoration of supply
wieder·verwendbar *adj* / re-usable *adj* || **~verwenden** *v* / re-use *v* || ²**verwendungswert** *m* / re-utilization value || **~verwertbar** *adj* / reusable *adj*
Wieder·vorlage *f* / re-submission *n* || ²**vorstellen** *n* (QS, Prüflos) / resubmission *n* (of inspection lot)
Wiederzünden *n* / restriking *n*
wiederzünden *v* (Lichtbogen) / re-ignite *v*, restrike *v* || ~ (Lampe) / restart *v*, restrike *v*
Wiederzündung *f* (SG) VDE 0670, T.3 / re-ignition *n* IEC 265 || ² *f* (Lampe) / restart *n*, restriking *n* || **multiple** ² / multiple restrikes
Wiegedynamometer *n* / cradle dynamometer
wild·e Schwingung / spurious oscillation, parasitic oscillation || **~gewickelte Wicklung** / random-wound winding
Wild·verdrahtung *f* / point-to-point wiring || ²**wicklung** *f* / random winding
willkürlich *adj* / deliberate *adj* || **~ verteilt** (Messergebnisse) / scattered at random || **~e Betätigung** / manual control, override control, operator control || **~e Einheit** / arbitrary unit
Wimpelschaltung *f* (Trafo) VDE 0532,T.30 / pennant cycle IEC 214
Winchesterplatte *f* / Winchester disc
Winddruck *m* / wind pressure
Winde *f* / lifting jack
Windenergie *f* / wind energy
winderregte Schwingung / aeolian vibration
Wind·fahnenrelais *n* / air-vane relay || ²**geschwindigkeit** *f* / wind speed, wind velocity || ²**kessel** *m* / expansion chamber || ²**kraftanlage** *f* / wind generator || ²**kraftgenerator** *m* / wind-driven generator, wind-energy generator (WEG) || ²**kraftwerk** *n* / wind power station, wind farm, wind park || ²**last** *f* / wind load || ²**park** *m* / wind park || ²**richtungsanzeiger** *m* (WDI) / wind

direction indicator (WDI), wind indicator || ≗**spannweite** *f* (Freiltg.) / wind span

Windung *f* / winding *n* || ≗ *f* (Wickl.) / turn *n*

Windungs·abgleich *m* / turns correction || ≗**anzahl** *f* / number of turns || **Ampère-≗belag** *m* / ampere-turns per metre, ampere-turns per unit length || ≗**dichte** *f* / number of turns per unit length, number of turns per centimetre || ≗**durchschlagprüfung** *f* / interturn breakdown test || ≗**durchschlagspannung** *f* / interturn breakdown voltage || ≗**ebene** *f* / plane of turn || **Schliff ≗ende** / grinding, winding end || ≗**faktor** *m* / turns factor || ≗**fläche** *f* / area turns || ≗**fluss** *m* / flux linking a turn || ≗**isolierung** *f* / interturn insulation, turn insulation || ≗**korrektur** *f* / turns correction || ≗**länge** *f* / length of turn || ≗**prüfung** *f* / interturn test (GB), turn-to-turn test (US) || ≗**prüfung** *f* (mit induzierter Spannung) / induced overvoltage withstand test, induced-voltage test || ≗**querschnitt** *m* / winding, cross-section || ≗**richtung** *f* / coiling direction

Windungsschluss *m* / interturn fault, turn-to-turn fault, fault between turns || ≗**prüfung** *f* / induced overvoltage withstand test, induced-voltage test || ≗**schutz** *m* / interturn short-circuit protection, turn-to-turn fault protection, interturn protection, interturn fault protection || ≗**schutz** *m* (durch Mittelanzapfung) / mid-point protection

Windungs·spannung *f* / turn-to-turn voltage, voltage per turn || ≗**spannungsfestigkeit** *f* / interturn dielectric strength || ≗**verhältnis** *n* / turn ratio || ≗**zahl** *f* / number of turns per unit length, number of turns per centimetre || ≗**zwischenlage** *f* / turn separator

Winkel *m* / angle section || ≗ *m* (Befestigungswinkel) / fixing angle || ≗ *m* (Tragkonsole) / bracket *n* || ≗ **90°** / bracket 90° || ≗ **der Kopfschräge** (Bürste) / top bevel angle || ≗ **der Schrägachse** (WZM) / angle of inclined axis || ≗ **in elektrischen Graden** / electrical angle || ≗ **mit Vorzeichen** (NC) / signed angle || ≗ **zum Vorgängerelement** / angle to preceding element || **im** ≗ / square *adj*, at correct angles, in true angularity || ≗**abbild** *n* (Schutz, Parallelschaltgerät) / phase-angle replica module

winkelabhängige Impedanzanregung / (phase-) angle-dependent impedance starting

Winkel·-Abspannmast *m* / dead-end angle tower || ≗**abstand** *m* / angular distance || ≗**abweichung** *f* / angular displacement, angular variation, phase displacement || **größte dynamische ≗abweichung** (Schrittmot.) / maximum stepping error || ≗**-Abzweigdose** *f* / angle tapping box || ≗**-Abzweigdose mit Tangentialeinführung** / tangent-entry angle box || ≗**adapter** *m* / elbow adapter || ≗**anlage** *f* / angular plant || ≗**auflösung** *f* / angular resolution || ≗**bereich** *m* (a. Diffraktometer) / angular range, angular dimension || ≗**beschleunigung** *f* / angular acceleration || ≗**blech** *n* / angle plate || ≗**codierer** *m* / absolute shaft-angle encoder, angle encoder || ≗**codierer** *m* (Absolutwertgeber) / absolute shaft encoder || ≗**dispersion** *f* / angular dispersion

winkeldispersive Diffraktometrie / angular-dispersion diffractometry

Winkel·dose *f* / angle outlet || ≗**dose** *f* (IK) / angle box, right-angle unit || ≗**drehpunkt** *m* / angle pivot || ≗**-Einschraubverschraubung** *f* / male elbow coupling || ≗**eisen** *n* / angle iron, corner iron, angle section, L-section *n* || ≗**erder** *m* / right-angle earthing switch || ≗**erdungsschalter** *m* / right-angle earthing switch || ≗**fehler** *m* (Phasenwinkel) / phase-angle error, phase displacement

winkelförmiges Thermoelement / angled-stem thermocouple

Winkel·fräser *m* / angle cutter || ≗**frequenz** *f* / angular frequency, radian frequency, pulsatance *n* || ≗**funktion** *f* / trigonometric function || ≗**geber** *m* (Parallelschaltgerät) / phase-angle sensor, phase-angle checking module || ≗**geschwindigkeit** *f* / angular velocity

winkelgetreuer Gleichlauf / accurate synchronism, operation in perfect synchronism

Winkel·getriebe *n* / bevel gears, mitre gears, right-angle gear || **Antrieb mit ≗getriebe** / right-angle drive || ≗**gleichlauf** *m* / angular synchronism || ≗**grad** *m* / angular degree || ≗**größe** *f* / angular size || ≗**halbierende** *f* / bisector *n*, bisectrix *n*, bisecting line || ≗**hebel** *m* / angle lever, rectangular lever, toggle lever, crank lever || ≗**hebel** *m* (BK-Schalter) / bell-crank lever || ≗**kabeldose** *f* / angular cable socket, cable with right-angle connector || ≗**kabelschuh** *m* / angle socket || ≗**kabelstecker** *m* / right-angle coupler connector || ≗**-Kabelstecker** *m* / angle cable plug, angle plug || ≗**kasten** *m* (IK) / angle unit, elbow *n*, right-angle unit || ≗**kodierer** *m* / absolute shaft-angle encoder, absolute shaft encoder, angle encoder || ≗**koordinate** *f* / angular coordinate || ≗**kopffräser** *m* / angle head cutter, angular milling cutter || ≗**kopffräser mit Eckenverrundung** / angle head cutter with corner rounding || ≗**korrektur** *f* / phase angle correction || ≗**kupplungsstecker** *m* / free right-angle coupler connector, angular coupler plug || ≗**lage** *f* / angular position || ≗**lehre** *f* / angle gauge

Winkel·maß *n* (a. NC) / angular dimension || ≗**maß** *n* (mit Anschlag) / back square || ≗**mast** *m* (Freileitung) / angle tower, angle support || ≗**messer** *m* / angulometer *n*, protractor *n* || ≗**messgerät** *n* (WZM, Winkelstellungsgeber) / angular position transducer (o. encoder) || ≗**messsystem** *n* (NC) / angular position measuring system || ≗**messung** *f* / angle measurement || ≗**minute** *f* / angular minute || ≗**muffe** *f* / angle connector, elbow *n*

winkelnachgiebige Kupplung / flexible coupling

Winkel·optik *f* / angular optical system || ≗**pendelung** *f* / angular pulsation, angular variation || ≗**position** *f* / angular position || ≗**profil** *n* / angle section, corner section, L-section *n*

winkelproportionales Signal / angle-proportional signal, phase-angle signal

Winkelprüfkopf *m* / angle-beam probe, angle probe

winkelrecht *adj* / square *adj*, at correct angles, in true angularity

Winkel·reflektor *m* / corner reflector || ≗**ring** *m* (Trafo-Wicklungsisol.) / flange ring || ≗**rollenhebel** *m* (PS) / roller crank || ≗**rollenhebel** *m* / angular roller lever || ≗**schiene** *f* / set-square *n*, angle rail || ≗**schräghand** *f* (WSH) / beveled hand with elbow || ≗**schraubendreher** *m* / angular screwdriver || ≗**schritt** *m* / angular increment

Winkelschrittgeber *m* / incremental shaft encoder, shaft-angle encoder, shaft-angle digitizer || ≗ *m* (WSG) / incremental shaft-angle encoder, shaft-angle encoder, incremental encoder, angular encoder || **inkrementeller** ≗ / incremental shaft-angle encoder, incremental encoder, shaft-angle encoder, angular encoder

Winkel·sekunde *f* / angular second || ≗**sperre** *f* (Schutzrel.) / phase-angle block || ≗**sperrventil** *n* / angle-type valve, angle valve || ≗**spiegel** *m* / corner reflector || ≗**spiegeleffekt** *m* / corner effect || ≗**stahl** *m* / angle steel, angle section(s), L-bars *n*, angles *n pl* || ≗**steckanschluss** *m* / right-angle connector, elbow connector, angle connector || ≗**stecker** *m* / right-angle plug, elbow plug, angle-entry plug || ≗**steckverbinder** *m* / right-angle connector, elbow connector, angle connector || ≗**stellung** *f* / angle *n* || ≗**stellungsgeber** *m* / angular position transducer, absolute shaft encoder || ≗**stück** *n* (Rohr) / elbow *n*, bend *n*, ell *n* || ≗**stück** *n* (IK) / angle unit, right-angle unit, L-member *n*, L-box *n* || ≗**stück** *n* (IR) / elbow section, elbow *n* || ≗**stück mit Deckel** (IR) / inspection elbow || ≗**stutzen** *m* / angle support || ≗**stützpunkt** *m* (Freiltg.) / angle support || ≗**tragstützpunkt** *m* (Freiltg.) / flying angle support, running angle support || ≗**trenner** *m* / right-angle disconnector, right-angle isolator (depr.) || ≗**trennerder** *m* / combined right-angle disconnector and earthing switch || ≗**trennschalter** *m* / right-angle disconnector, right-angle isolator (depr.)

winkeltreu *adj* (Phasenwinkel) / in correct phase relationship || **~er Gleichlauf** / operation in perfect synchronism

Winkel·trieb *m* / angular drive, right-angle drive || ≗**verlagerung** *f* (der Wellen) / angular misalignment || ≗**versatz** *m* / angular offset || ≗**versatzdämpfung** *f* (LWL) / angular misalignment loss || ≗**verschraubung** *f* / elbow coupling

Winkligkeit *f* / angularity *n*

Winkligkeitskompensation *f* / angularity compensation

Winterschmieröl *n* / low-temperature lubricating oil, winter oil

Wippbewegung *f* / seesaw movement

Wippe *f* (I-Schalter) / rocker *n*, rocker dolly, dolly *n*, rocker button

Wippen·antrieb *m* / rocker operating mechanism || ≗**schalter** *m* (VDE 0632) / rocker switch (CEE 24), rocker-dolly switch

Wippschalter *m* / rocker switch (CEE 24), rocker-dolly switch

Wirbel *m* / eddy *n*, whirl *n* (arc), vortex *n*, turbulence *n* || **vom ≗ mitgenommen** / driving form turbulence || ≗**bildung** *f* / generating of vortexes || ≗**durchflussmesser** *m* / vortex velocity flowmeter, vortex shedding flowmeter || ≗**feld** *n* / circuital vector field || ≗**feld** *n* / curl field

wirbelfreies Feld / irrotational field, non-rotational field, lamellar field

wirbelgesintert *adj* / whirl-sintered *adj*

wirbelnde Strömung / turbulent flow

Wirbel·schichtisolation *f* / fluidized-bed insulation || ≗**sinterbeschichten** *n* / fluidized-bed coating || ≗**sinterisolation** *f* / fluidized-bed insulation || ≗**stabilisierung** *f* (Lichtbogen) / whirl stabilization (arc)

Wirbelstrom *m* / eddy current, Fourcault current || ≗**auslöser** *m* / eddy-current release || ≗**bremse** *f* / eddy-current brake (o. retarder) || ≗**dämpfung** *f* / eddy-current damping || ≗**feld** *n* / circuital vector field || ≗**kupplung** *f* / eddy-current coupling || ≗**läufer** *m* / deep-bar squirrel-cage rotor, deep-bar cage motor || ≗**scheibe** *f* (Arago-Scheibe) / Arago's disc || ≗**verlust** *m* / eddy-current loss || ≗**verluste** *m pl* / eddy-current loss

Wirbelzähler *m* / vortex counter

Wirk·abfall *m* / resistive loss || ≗**anteil** *m* / effective component, active component, watt component, power component, co-phase component, energy component || ≗**arbeit** *f* / active energy || ≗**arbeit** *f* (Wh) / active power demand, kWh || ≗**arbeitszählwerk** *n* / watthour registering mechanism, kWh register || ≗**bereich** *m* (Rel.) / effective range || ≗**bewegung** *f* DIN 6580 / effective motion || ≗**-Bezugsebene** *f* DIN 6581 / effective reference plane || ≗**druck** *m* / differential pressure, pressure differential || ≗**druck-Durchflussmesser** *m* / head flowmeter, differential-pressure flowmeter || ≗**druckgeber** *m* / differential pressure transducer || ≗**druckleitung** *f* / pressure pipe (o. tube), differential-pressure tube || ≗**druckverfahren** *n* / differential-pressure method || ≗**energie** *f* / active energy || ≗**faktor** *m* / power factor || ≗**fläche** *f* / effective area || ≗**fuge** *f* DIN 8580 / action interface

Wirk·komponente *f* / effective component, active component, watt component, power component, co-phase component, energy component || ≗**last** *f* / active-power load, resistive load, active load || ≗**leistung** *f* / real power, true power, effective power, watt output || ≗**leistung** *f* (Parameter P74, Simovert A) / active power

Wirkleistungs·abgabe *f* / active-power output || ≗**anzeiger** *m* / wattmeter *n* || ≗**aufnahme** *f* / active-power input || ≗**faktor** *m* / active power factor || ≗**fluss** *m* / active-power flow || ≗**messer** *m* / wattmeter *n*, kW meter || ≗**messumformer** *m* / active-power transducer || ≗**-Regelbereich** *m* (Generatorsatz) / control range IEC 50(603), active-power control band || ≗**relais** *n* / active-power relay || ≗**schreiber** *m* / recording wattmeter || ≗**verstärkung** *f* / power gain || ≗**zähler** *m* / active-energy meter, watthour meter, Wh meter, kWh meter

Wirkleitwert *m* / conductance *n*, equivalent conductance

wirklicher Scheitelwert / virtual peak value

Wirk·maschine *f* / knitting machine || ≗**medium** *n* DIN 8580 / action medium || ≗**-Nebenschlussdämpfung** *f* / rated insertion loss || ≗**paar** *n* DIN 8580 / action pair || ≗**richtung** *f* DIN 6580 / effective direction || ≗**richtungswinkel** *m* DIN 6580 / angle of effective direction

wirksam *adj* / effective *adj*, active *adj* || **~ abgeschirmte Anlage** / effectively shielded installation || **~ geerdet** / effectively earthed (o. grounded) || **~ setzen** / activate *v* || **~e Begrenzung** (NC) / active limiting function || **~e Dosis** / effective dose || **~e Drahtlänge** (Lampenwendel) / exposed filament length || **~e Kesselkühlfläche** / effective tank cooling surface || **~e Kühlfläche** / effective cooling surface || **~e Länge der Gewindeverbindung** / effective length of screw engagement || **~e Lichtstärke** / effective intensity || **~e Masse** / active material || **~e Permeabilität** / effective permeability || **~e Zeitkonstante** / virtual time constant || **~er Eisenquerschnitt** / active cross section of core || **~er Luftspalt** / effective air gap ||

~er Massefaktor / effective mass factor || **~er Querschnitt** (Zählrohr) / useful area || **~es Eisen** / active iron || **~es Volumen** (Zählrohr) / sensitive volume

Wirksamkeit *f* (Fähigkeit einer Einheit, eine in quantitativen Kenngrößen formulierte Forderung an eine Dienstleistung zu erfüllen) IEC 50(191) / effectiveness *n* (The ability of an item to meet a service demand of given quantitative characteristics), effectivity *n*, efficacy *n*, performance *n*

wirksam werden *v* / get operative || **≗werden** *n* / activation *n*

Wirkschema *n* / block diagram

Wirksinn *m* (Reg.) / direction of control action || **≗umkehr** *f* / reversal of direction of action

Wirkspalt *m* DIN 8580 / action interstice

Wirkspannung *f* / active voltage, in-phase voltage

Wirkspanungs·breite *f* DIN 6580 / effective width of cut || **≗dicke** *f* DIN 6580 / effective chip thickness || **≗querschnitt** *m* DIN 6580 / effective cross-sectional area of cut

Wirkstandwert, spezifischer ≗ / specific acoustic resistance, unit-area acoustic resistance

Wirkstellung *f* (Rel.) DIN IEC 255-1-00 / operated condition

Wirkstoff *m* (Schmierst.) / agent *n*, inhibitor n. improver *n* || **pharmazeutischer ≗betrieb** / pharmaceutical industry || **≗e** *m pl* / active ingredients || **≗gewinnung** *f* / production of active ingredients || **≗öl** *n* / inhibited oil, doped oil

Wirkstrom *m* / active current. in-phase current, energy component of current, watt component of current, wattful current || **≗last** *f* / active-power load, resistive load || **≗rechner** *m* / active-current calculator || **≗verbraucher** *m* / active-power load, resistive load || **≗verluste** *m pl* / I^2R loss

Wirkung *f* / effect *n*

Wirkungs·bereich *m* / scope *n*, metal-free zone || **aktinische ≗funktion** / actinic action spectrum

Wirkungsgrad *m* / efficiency *n* || ≗ *m* (abgegebene optische Leistung/aufgenommene elektrische Leistung) / power efficiency || ≗ *m* (BT) / utilization factor, coefficient of utilization || ≗ **der Kraftübertragung** / transmission efficiency || ≗ **der thermischen Emission** / thermionic-emission efficiency || ≗ **der USV** / UPS efficiency || ≗ **für hinzugefügte Leistung** / power-added efficiency || **Leuchten~** *m* / (luminaire) light output ratio, luminaire efficiency || **energetischer** ≗ / energy efficiency || **volumetrischer** ≗ / volumetric efficiency || **Zonen~** *m* (LT) / zonal-cavity coefficient || **≗bestimmung** *f* / determination of efficiency, efficiency measurement || **≗bestimmung aus den Gesamtverlusten** / (determination of) efficiency from total loss || **≗bestimmung aus den Einzelverlusten** / (determination of) efficiency from summation of losses, conventional efficiency measurement || **≗verbesserung** *f* / increase of efficiency

Wirkungs·größe *f* (HSS-Betätigung) VDE 0660, T.204 / actuating quantity IEC 137-2B, characteristic quantity || **≗kette** *f* (Reg.) / functional chain || **≗kontrolle** *f* / impact control || **≗linie** *f* / line of action, action line || **≗linie** *f* (Signalblock) VDI/VDE 2600 / signal flow path || **≗linie** *f* (Funktionsplan) / flow line

wirkungsmäßiges Verhalten (Reg.) / control action, type of action

Wirkungsplan *m* (Signalflussplan, Schema der funktionellen Beziehungen eines Systems, dargestellt durch Funktionsblöcke) / block diagramm

Wirkungsrichtung *f* VDI/VDE 2600 / line of action, power direction, direction of signal flow, direction of information flow || ≗ *f* (Reg.) / direction of control action || ≗ *f* (Funktionsplan) / signal flow direction || **direkte** ≗ (Reg.) / direct action || **umgekehrte** ≗ (Reg.) / reverse action

Wirkungs·schema *n* / function diagram || **≗weg** *m* (Reg.) / control loop, path of action || **offener ≗weg** (Steuerkreis) / open loop || **≗weise** *f* / method of operation, mode of functioning, operating principle || **≗weise** *f* (Reg.) / type of action, action *n*

Wirk·verbindungslinie, mechanische ≗verbindungslinie / mechanical linkage line || **≗verbrauch** *m* / active-power consumption, active-power input || **≗verbrauch** *m* (EZStT) / watthour consumption, Wh consumption || **≗verbrauchszähler** *m* / active-energy meter, watthour meter, Wh meter, kWh meter || **≗verbrauchszähler für eine Energierichtung** / kWh meter for one direction of power flow || **≗verbrauchszähler für zwei Energierichtungen** / kWh meter for two directions of power flow || **≗verlust** *m* / active-power loss || **≗vorschub** *m* DIN 6580 / effective feed || **≗weg** *m* (WZM) DIN 6580 / effective travel || **≗widerstand** *m* / resistance *n*, equivalent resistance || **≗widerstandsbelag** *m* / resistance per unit length || **≗zeit** *f* (KU) / operative time

Wirr·fasermatte *f* / chopped-strands mat || **≗mattenfilter** *n* / chopped-strands mat filter

wirtschaftlich *adj* / attractively priced || **~e Auslastung** (Netz) / economic loading schedule IEC 50(603) || **~e Belastung** (Netz) / optimum load || **~e Lebensdauer** / economic life || **~e Losmenge** / economic batch quantity (EBQ) || **~e Qualität** / economic quality

Wirtschaftlichkeit *f* / economic efficiency, cost effectiveness

Wirtschaftlichkeitsbetrachtung *f* / profitability analysis

Wirtschafts·aufzug *m* / kitchen lift (o. elevator) || **≗gemeinschaft** *f* / economic community || **≗klausel** *f* (StT) / revision clause || **≗neubau** *m* / new industrial buildings

Wischen *n* / wiping *n*

wischend *adj* / passing contact

Wischer *m* / changeover contact, fleeting contact element || ≗ *m* (Kontakt) VDE 0660,T.200 / pulse contact element, fleeting contact (element), passing contact || ≗ *m* (vorübergehender Kurzschluss) / transient fault || ≗ *m* (Impuls) / spurious pulse || ≗ *m* (Kfz) / wiper *n*, windscreen wiper || ≗ *m* (kurzzeitige Entladung) / snap-over *n* || **Erdschluss~** *m* / transient earth fault, transient ground || **Kurzschluss~** *m* / self-extinguishing fault || **≗-Intervallschaltung** *f* (Kfz) / intermittent wiper control || **≗meldung** *f* / fleeting indication, transient indication || **≗meldung** *f* (DÜ, FWT) / transient information || **≗motor** *m* / wiper motor || **≗-Wascher-Intervallschaltung** *f* (Kfz) / intermittent wiper-washer control

wischfest *adj* / wiping resistant
Wisch·festigkeit *f* / wipe resistance || ≗**impuls** *m* / momentary impulse, single-current pulse, unidirectional pulse || ≗**kontakt** *m* / passing contact, fleeting contact || ≗**kontaktröhre** *f* / impulsing mercury tube || ≗**kontaktverhalten** *n* (elST) / impulse relay function || ≗**relais** *n* / interval time-delay relay, interval time relay, transitional pulse relay, impulse relay || **flankengetriggertes ≗relais** / edge-triggered interval time-delay relay || ≗-**Wasch-Automatik** *f* (Kfz) / automatic wash/wipe control || ≗**zeit** *f* / impulse time, wiping time || ≗-**Zeitschalter** *m* / wiper timer
wissensbasiertes Expertensystem / knowledge-based expert system
Wissensbasis *f* / information base
witterungsbeständig *adj* / weather-resistant *adj*, weather-proof *adj*
WK (Werkzeugkorrektur) / TC (tool compensation), TO (tool offset), tool offset, cutter offset
WKS (Werkstückkoordinatensystem) / WCS (workpiece coordinate system)
WKW / TOV
WKZ (Werkzeug) / tool *n* (T), tools *n pl*
WKZVW (Werkzeugverwaltung) / TOOLMAN (tool management)
WLB / varying load duty
WLD / thermal-conductivity detector (TCD) || ≗-**Betrieb** *m* (Chromatograph) / TCD operation (TDC = thermal-conductivity detector), operation with TCD || ≗-**Verstärker** *m* / TCD amplifier
WLK (Werkzeuglängenkorrektur) / tool length compensation, tool length offset (A displacement of the tool in the Z axis to compensate for differences between programmed and actual tool lengths), TLC (tool length compensation)
WMV (Werkmittelverwaltung) / tools and material management
Wobbel·amplitude *f* / sweep amplitude || ≗**bandbreite** *f* / sweep width || ≗**frequenz** *f* / sweep frequency, wobbler frequency || ≗**generator** *m* / sweep frequency generator, sweep generator, swept-frequency signal generator || ≗**hub** *m* / sweep width || ≗**messgerät** *n* / swept-frequency measuring set || ≗**messplatz** *m* / sweep generator, sweep oscillator, sweeper *n* || ≗**periode** *f* / sweep time || ≗**sender** *m* / sweep signal transmitter || ≗**ton** *m* / warble tone
Wobbelung *f* / wobble generator
Wobbler *m* / sweep frequency generator, sweep generator, swept-frequency signal generator
Wochen·höchstleistung *f* / weekly maximum demand || ≗**protokoll** *n* / weekly log || ≗**schaltuhr** *f* / seven-day timer, week-commutating timer, weekly timer switch || ≗**schaltwerk** *n* / seven-day switch, week commutating mechanism || ≗**scheibe** *f* / seven-day dial, week dial, week disc
Wochentagsblockbildung, freie ≗ / facility to create weekday blocks
Wöhler-Kurve *f* / stress-number diagram (s.-n. diagram), stress-cycle diagram
Wohnbau *m* / residential buildings || ≗**beispiele** *n pl* / model dwellings
Wohn·bereich *m* / residential area || ≗**block** *m* / block of flats || ≗**einheit** *f* / dwelling unit || ≗**gebäude** *n* / residential building || ≗**gebiet** *n* / residential area || ≗**siedlung** *f* / housing estate || ≗**straße** *f* / residential street
Wohnungs·verteilung *f* / consumer control unit, tenant's distribution board, apartment panelboard || ≗**vorsicherung** *f* / consumer's main fuse
Wölbung *f* / camber *n*, crowning *n*, curvature *n* || ≗ *f* (Riemenscheibe) / crowning *n* || ≗ *f* (gS) / bow *n* || ≗ *f* (Statistik, Wahrscheinlichkeitsverteilung, Kurtosis) / kurtosis *n*
Wolframat *n* / tungstate *n*
Wolfram·bandlampe *f* / tungsten-ribbon lamp || ≗**bogenlampe** *f* / tungsten-arc lamp || ≗**karbid** *n* / tungsten carbide || ≗**röhre** *f* / tungsten tube, tungsten source || ≗**wendel** *f* / tungsten filament
Wolke-Erde-Blitz *m* / downward flash
Wolkenhöhen-Messgerät, meteorologisches ≗ (MCO) / meteorological ceilometer (MCO)
Wommelsdorf-Maschine *f* / Wommelsdorf machine
Woodruffkeil *m* / Woodruff key, Whitney key
WOP (werkstattorientierte Programmierung) / shopfloor programming (The preparation of an NC program at the machine site by the machine tool operator with the aid of interactive graphics and integrated conversational programming techniques), WOP (workshop-oriented programming) || ≗ / workshop-oriented production support (WOP)
Work·datei *f* / work file || ≗**station** *f* (WS) / workplace *n*, workstation *n* (WS)
Wort *n* (In der NC-Technik ist ein Wort ein Grundelement eines Satzes und besteht in der Regel aus einem Adresszeichen und einer Zahl) / word *n* (In NC, a word is a basic element in a program block and usually consists of an address character followed by a number), program word || ≗ *n* (NC, CLDATA-System) / logical word ISO 3592, word *n* || ≗ **ändern** / edit word || **ein ≗ ändern** (NC-Funktion) / edit a word || ≗**anzeige** *f* (SPS) / word condition code || ≗**befehl** *m* / word operation || ≗**betrieb** *m* / word mode || ≗**eingabespeicher** *m* / word input memory || ≗**erkenner** *m* / word recognizer || ≗**erkennung** *f* / word recognition || **Eingabeformat in fester ≗folgeschreibweise** (NC) / (input in) fixed sequential format || ≗**länge** *f* / word length || ≗**laut** *m* / in words || ≗**operation** *f* / word operation
wort·organisierter Speicher / word-organized storage || **~orientiert** *adj* / word-oriented *adj* || **~orientierte Organisation** / word-oriented organization
Wort·prozessor *m* / word processor || ≗**prozessor** *m* (Byteprozessor) / byte processor || ≗**prozessorbaugruppe** *f* (Platine) / word (o. byte) processor board || ≗**prozessorbus** *m* (WP-Bus SPS) / byte P bus || ≗**register** *n* / word register || ≗**stelle** *f* / word location || ≗**umbruch** *m* / word wrap || ≗**verarbeitung** *f* / word processing
wortweise *adv* / (in) word mode, word by word, word-oriented
WP-Bus / byte P bus
WPD (Werkstückverzeichnis) / WPD (workpiece directory)
WPS / shaft h.p. (s.h.p.)
Wrap-Kontakt *m* / wrap contact
Wrapverdrahtung *f* / wire-wrap connections
Wringen *n* / wringing *n*
WRK (Werkzeugradiuskorrektur) / TRC (tool radius compensation)

WRS / inverter trigger set
ws *adj* (weiß) / wht *adj* (white)
WS / water gauge (w.g.), water column || ≗ (Wechselstrom) / alterning current, AC (alternating current) || ≗ (Werbeschrift) / SB (Sales Brochure), brochure *n*, pamphlet *n* || ≗ (Werkzeugsystem) / tool system || ≗ (Warteschlange) / queue *n*, alternating stress || ≗ (Workstation) / workplace *n*, WS (workstation) || ≗ **30-Ring** / WS 30 token pass ring || ≗**-Austrag** *m* / queue entry removal (o. cancel) || ≗**-Eintrag** *m* / queue entry || ≗**-Element** *n* / queue element
WSG (Winkelschrittgeber) / incremental shaft-angle encoder, shaft-angle encoder, incremental encoder, angular encoder
WSH (Winkelschräghand) / beveled hand with elbow
WS-Kopf *m* / queue header
WT (Werkstückträger) / workholder *n*, workholding pallet (A movable clamping fixture which allows workpieces to be mounted outside the machine to reduce downtime), pallet *n*, WPC (workpiece carrier) || ≗**-Gerät** *n* / voice-frequency telegraphy unit (VFT unit) || ≗**-Kanal** *m* / voice-frequency telegraphy channel (VFT channel)
Wuchskonstante *f* / build-up constant
Wucht·bank *f* / balancing table, balancing platform || ≗**ebene** *f* / correction plane, balancing plane
wuchten *v* / balance *v*
Wucht·fehler *m* / unbalance *n* || ≗**gewicht** *n* / balancing weight || ≗**güte** *f* / balance quality || ≗**lauf** *m* / balancing run || ≗**nocken** *m* / balancing lug || ≗**nut** *f* / balancing groove || ≗**prüfung** *f* / balance test || ≗**qualität** *f* / balance quality, grade of balance
Wuchtung *f* / balancing *n*
Wuchtzustand *m* / balance *n*
WU-Kennlinie *f* (Stromversorgungsgerät) DIN 41745 / automatic current limiting curve (ACL curve)
Wulst *m* / bulge *n*, bead *n* || ≗**naht** *f* / convex weld || ≗**randkondensator** *m* / rim capacitor
Wunsch, nach ≗ / customized *adj*
wünschen *v* / desire *v*
Würfel *m* / cube *n* || ≗**flächenorientierung** *f* / cubic orientation, cubex orientation || **Form eines** ≗**s** / cube-shaped *adj*
Wurf·erder *m* / line killer || ≗**erdung** *f* / line killing
Würge·klemme *f* DIN IEC 23F.6 / terminal with twisted joint || ≗**litze** *f* / bunched conductor || ≗**nippel** *m* / self-sealing grommet || ≗**sitz** *m* / wringing fit || ≗**stutzen** *m* / self-sealing gland, (push-in) sealing bush
Wurmschraube *f* / headless setscrew, grub screw, setscrew *n*
Würze für Brauereien / wort for breweries
Wurzel *f* (Math.) / root *n* || ≗**-3-Schaltung** *f* / inside delta circuit, inside delta connection || ≗**-3-Sparschaltung** *f* / root 3 economy mode || ≗ **aus** / square root of || ≗ **aus x** / square root of x || ≗**biegeprobe** *f* / root bend test || ≗**kennlinie** *f* / root characteristic || ≗**ort** *m* / root locus
Wurzelung *f* (Anschließen an gemeinsames Potential) / connection to common potential, connecting to common potential in groups || ≗ *f* (8-fache W.) / one power supply per byte || ≗ *f* (16-fache W.) / one power supply per word || ≗ *f* (Gruppierung von Ein- und Ausgängen) / grouping *n* || **16er** ≗ / one power supply per word || **16fache** ≗ / one power supply per word
WUW-Kühlung *f* / closed-circuit water-water cooling (CWW)
WWP (Werkzeugwechselpunkt) / TCP (tool change point)
WZ (Werkzeug) / tool *n*, tools *n pl*, T (Tool) || ≗ **ist im Wechsel** (Werkzeug ist im Wechsel) / tool is being changed || ≗ **war im Einsatz** / tool was in use || ≗**-Aufruf** *m* / tool call
WZBF (Werkzeug-Basisfunktion) / TMBF (Tool Management Base Function)
WZEG (Werkzeugeinstellgerät) / tool setting device, tool setting station
WZFD (Werkzeug-Flache D-Nummer) / TMFD (Tool Management Flat D Number)
WZK (Werkzeugkorrektur) / TC (tool compensation), TO (tool offset)
WZM (Werkzeugmaschine) / machine tool
WZMG (Werkzeug-Magazinverwaltung) / TMMG (Tool Management Magazines)
WZM·-HP (WerkZeugMaschinen HighPerformance) / WZM-HP || ≗**-HV** (WerkZeugMaschinen HighVolume) / WZM-HV || ≗**-Konfiguration Zählrichtung im Uhrzeigersinn mit Blick auf die Welle steigend** / machine tool configuration counting direction clockwise viewed when facing shaft...increasing
WZMO (Werkzeug-Monitor) / TMMO (Tool Management Tool Monitoring)
WZ-Radius *m* / tool radius
WZT (Werkzeugträger) / tool support, tool carrier, tool adapter, Tlh (toolholder)
WZV (Werkzeugverwaltung) / TOOLMAN (tool management)
WZW (Werkzeugwechsel) / tool changing, TC (tool change)

X

X·-Ablenkung *f* / x-deflection *n* || ≗**-Anordnung** *f* (Lg., paarweiser Einbau) / face-to-face arrangement
x-%-Durchschlagspannung *f* / x% disruptive discharge voltage
Xenon·-Hochdrucklampe *f* / high-pressure xenon lamp || ≗**-Hochdruck-Langbogenlampe** *f* / high-pressure long-arc xenon lamp || ≗**-Kurzbogenlampe** *f* / xenon short-arc lamp || ≗**lampe** *f* / xenon lamp
X-Kern *m* / X core, cross core
Xm-Adaption, Ausgabe ≗ / output of Xm-adaption
XMP / X/open management protocol
X-Naht *f* / double-V butt joint
X-Nut *f* / double-V groove
XOR / exclusive OR (EOR), non-equivalence *n* || ≗**-Glied** *n* / XOR element
XRF / exception report full (XRF), XRF (exception report full)
X-t-Schreiber *m* / X t recorder
X-Verdrahtung *f* / point-to-point wiring
X-Wachs *n* / X-wax *n*
X-Wert des Kreismittelpunkts / X coordinate of centre of circle
x1-Wert ADC-Skalierung [V / mA] / Value x1 of

ADC scaling [V / mA] || ≗ **DAC-Skalierung** / Value x1 of DAC scaling
Xy (Steckerbezeichnung (y ist Laufindex)) / Xy (connector identifier (y is the index))
X-Y-Schreiber *m* / XY recorder

Y

Y-Achsenbegrenzung *f* / y axis limit
YAG / yttrium aluminium garnet (YAG)
Y-Aufhängung *f* (Fahrleitung) / stitched catenary suspension
Y-Kondensator *m* / Y cap
Y-Kupplungsstecker *m* / Y-shaped coupler plug
Y-Muffe *f* (f. Kabel) / Y joint, breeches joint
Y-Punktlage *f* (Osz.) / y spot position
Y-Seil *n* / stitch wire
Yttrium·-Aluminium-Granat *m* (YAG) / yttrium aluminium garnet (YAG) || ≗**-Eisen-Granat-Schaltung** *f* / yttrium-iron-garnet device (YIG device)
Y-Verstärker *m* / vertical amplifier
y1-Wert ADC-Skalierung / value y1 of ADC scaling, value y1 of DAC scaling

Z

Z (Ziel) / D (destination memory-unit) || ≗ (Zielspeicher) / D (destination memory-unit)
Zackenrandläufer *m* / toothed-rim rotor, rotor with polar projections
zäh *adj* (viskos) / viscous *adj*, thick *adj*, of high viscosity || ~ *adj* (Metall) / tough *adj*, ductile, adj., tenacious *adj*
Zähbruch *m* / ductile fracture, ductile failure
zähe Reibung / viscous friction || ~ **Strömung** / viscous flow
zähelastisch *adj* / tough *adj*
zäh·fest *adj* / tenacious *adj*, tough *adj* || ≗**festigkeit** *f* / tenacity *n*, toughness *n* || ~**flüssig** *adj* / viscous *adj*, thick *adj*, of high viscosity || ~**gepoltes Elektrolytkupfer** / electrolytic tough-pitch copper (e.t.p. copper) || ~**gepoltes Kupfer** / tough-pitch copper
Zähigkeit *f* (Metall) / toughness *n*, ductility *n*, tenacity *n* || ≗ *f* (Viskosität) / viscosity *n*
Zähigkeits·beiwert *m* / coefficient of viscosity, dynamic viscosity || ≗**messer** *m* / viscometer *n* || ≗**-Temperaturkurve** *f* (Metall) / toughness-temperature curve || ≗**verhalten** *n* (Metall) / ductility *n* || ≗**verlust** *m* / viscous loss || ≗**widerstand** *m* (Flüssigk.) / viscous resistance
Zahl *f* / number *n*, figure *n* || ≗ **mit Vorzeichen** / signed number || ≗ **ohne Vorzeichen** / unsigned number || **einstellige** ≗ / digit *n* || **ganze** ≗ / integer *n* || **gerade** ≗ / even number
Zähl·ablauf *m* / counter operation || ≗**ader** *f* / meter wire, M-wire *n* || ≗**auswertsystem** *n* / counter evaluation system || ≗**baugruppe** *f* / meter module || ≗**baugruppe** *f* (SPS) / counter module || ≗**bereich** *m* / counting range, counter capacity || ≗**bereich** *m* (EZ) / register range || ≗**dekade** *f* / decade counter || ≗**eingang** *m* / counting input, counter input || ≗**eingang, rückwärts** / counting-down input, decreasing counting input || ≗**eingang, vorwärts** / counting-up input || ≗**einrichtung** *f* (integrierendes Messgerät) / register *n*
Zahlen, ausgewiesene ≗ / reported figures || **ermittelte u. gespeicherte** ≗ / computed & stored figures
Zählen *n* (integrierend) / metering *n* || ≗ *n* (nicht integrierend) / counting *n* || **vorwärts** ~ / count up
Zahlen·code *m* / numerical code, numeric code || ≗**darstellung** *f* / number notation, numerical representation, number representation
zählendes Messgerät / metering instrument, integrating instrument, meter *n*
Zahlen·einsteller *m* / thumbwheel setter, edge-wheel switch, numerical setter, multi-switch *n* || ≗**format** *n* / numerical format || ≗**komparator** *m* / magnitude comparator || ≗**maßstab** *m* / numerical scale || ≗**reihe** *f* / series of numbers || ≗**rolle** *f* (EZ) / number drum, digit drum || ≗**rollensteller** *m* / digital thumbwheel switch, thumbwheel setter || ≗**speicher** *m* / numerical memory || ≗**steller** *m* / numerical setter, thumbwheel switch || ≗**system** *n* / numeration system, number system || ≗**taste** *f* / numerical key || ≗**überlauf** *m* / counter overflow || ≗**wert** *m* / numerical value, value *n* || ≗**wertgleichung** *f* / numerical value equation, measure equation, equation in numerical values
zahlenwertrichtige Anpassung / weighting *n*
Zähler *m* (EZ, integrierend) / meter *n*, electricity meter || ≗ *m* / metering instrument, integrating instrument, meter *n* || ≗ *m* (nicht integrierend) / counter *n*, meter *n* || ≗ *m* (Math.) / numerator *n* || ≗ *m* (f. Schaltungen) / operations counter || ≗ **für direkten Anschluss** / whole-current meter, meter for direct connection, transformeter *n* || ≗ **für Messwandleranschluss** / transformer-operated (electricity) meter || ≗ **für Stromabgabe** / meter for exported kWh || ≗ **für Strombezug** / meter for imported kWh || ≗ **für unmittelbaren Anschluss** / whole-current meter || ≗ **mit Maximumzeiger** / meter with demand indicator || **asynchroner** ≗ / asynchronous counter, ripple counter || **plombierbarer** ≗ / sealable (o. sealed) meter || ≗**, Schutz- und Leittechnik** / energy meters, protection and power systems control || **sechsdekadischer** ≗ / six-decade meter || **synchroner** ≗ / parallel counter || **voreinstellbarer** ≗ / presetting counter || **taktsynchroner** ≗ / clocked counter
Zähler·ableser *m* / meter reader || ≗**ablesung** *f* / meter reading, meter reading || ≗**anzeige** *f* (EZ) / meter registration || ≗**bandbreite** *f* / numerator bandwidth || ≗**baugruppe** *f* / counter module, meter module || ≗**-Baustein** *m* (SPS) / counter function block || ≗**block** *m* / counter module
Zählereignis *n* / counting event
Zähler·einbaugehäuse *n* / meter mounting box, meter wrapper || ≗**einbauteil** *m* (EZ) / meter mounting unit, meter support, meter wrapper || ≗**fehler in Prozent** / percentage error (of meter) || ≗**feld** *n* / meter section, meter panel || ≗**fortschaltung** *f* / counter advance, meter advance

Zähler·gehäuse *n* / meter case || ²**grundplatte** *f* / meter base || ²**justierung** *f* / meter adjustment || ²**kappe** *f* / meter cover || ²**kasten** *m* / meter box || ²**kennwert** *m* / counter characteristic value || ²**konstante** *f* / meter constant || ²**konstante** *f* (Wh pro Umdrehung) / watthour constant || ²**kreuz** *n* / cross bar for meter mounting, meter cross support || ²**läufer** *m* / meter rotor, meter disc || ²**leerlauf** *m* / meter creep || ²**löschung** *f* / counter reset || ²**management** *n* / meter management || ²**modul** *n* / counter module, meter module || ²**platz** *m* / meter mounting board || ²**plombe** *f* / meter seal || ²**plombierung** *f* / meter sealing || ²**prüfeinrichtung** *f* (Prüfbank) / meter test bench, meter testing array || ²**prüfeinrichtung** *f* (tragbar) / (portable) meter testing unit || ²**prüfplatz** *m* / meter test bench, meter bench

Zähler·raum *m* (im Verteiler) / meter compartment || ²**rückstellung** *f* / counter reset || ²**saldo** *m* / counter (o. meter) balance || ²**schaltuhr** *f* / meter time switch, meter changeover clock || ²**scheibe** *f* / meter disc, meter rotor || ²**schleife** *f* / meter loop || ²**schrank** *m* / meter cabinet || ²**-Spannungspfad** *m* / meter voltage circuit

Zählerstand *m* / counter content, count *n*, running accumulation || ² *m* (EZ) / meter registration, meter reading || **Adress~** *m* / address counter status

Zähler·steckklemme *f* / meter clamp-type terminal || ²**strom** *m* / meter current, current through meter || ²**-Strompfad** *m* / meter current circuit || ²**synchronisierung** *f* (Baugruppe) / counter synchronising module || ²**-Systemträger** *m* / meter frame

Zähler·tafel *f* / meter board, meter panel || ²**tafelschrank** *m* / meter board cabinet || ²**tarif** *m* / all-in tariff || ²**technik** *f* / meter systems || ²**tragplatte** *f* / meter support plate, meter base || ²**tragrahmen** *m* / meter frame || ²**triebsystem** *n* / meter driving element || ²**überlauf** *m* / counter overflow || ²**-Verteilungsschrank** *m* / meter (and) distribution cabinet || ²**vorlauf** *m* / meter no-load creep, accumulation with reset || ²**vorsicherung** *f* / (line-side) meter fuse || ²**vortrieb** *m* / meter creep || ²**wandler** *m* / metering transformer || ²**wert** *m* / meter reading || ²**wert** *m* (ZW SPS) / count *n* || ²**zelle** *f* / counter location

Zähl·frequenz *f* / counting (o. counter) frequency, counting rate || ²**funktion** *f* / counter function || ²**geschwindigkeit** *f* / counting rate || ²**glied** *n* / counter *n*

Zählimpuls *m* / counting pulse, meter pulse, integrating pulse, totalizing pulse, count pulse || ² *m* (registrierter Ausgangsimpuls) / count *n* || ²**geber** *m* / shaft-angle encoder, pulse encoder, pulse generator (A digital-incremental displacement measuring system which uses a pulse type transducer for converting machine slide displacement into pulses. Each pulse represents an increment of displacement.), pulse shaper, shaft encoder

Zähl·index *m* / counting index || ²**kern** *m* / metering core || ²**kette** *f* / counting chain, counting decade || ²**konstante** *f* / count constant || ²**modus** *m* / count mode || ²**-Nr.** *f* / index *n* || ²**nummer** *f* DIN 6763,T.1 / serial number || ²**nummer** *f* DIN 40719,T.2 / number *n* (of item) || ²**nummer einer Störung** / consecutive number || ²**pfeil** *m* / reference arrow

Zählpfeilsystem, Erzeuger-² *n* / generator reference-arrow system || **Verbraucher-**² *n* / load reference arrow system

Zähl·rate *f* / counting rate, pass count || ²**ratenmesser** *m* / counting ratemeter || ²**reihe** *f* (Zählgeschwindigkeit) / counting rate || ²**relais** *n* / counter relay || ²**rohr** *n* / counter tube || ²**rohr mit Fremdlöschung** / externally quenched counter tube || ²**rohr mit organischen Dämpfen** / organic-vapour-quenched counter tube || ²**satz** *m* / metering unit || ²**schauzeichen** *n* / counting indicator, counting operation indicator || ²**signal** *n* / counting signal || ²**speicher** *m* / integrated-demand memory, pulse count store, memorizing meter (o. counter), memorizing counter || ²**takt** *m* / counting pulse || ²**-und Wegerfassungsbaugruppe** *f* / counter/position decoder

Zahlung *f* / payment *n*

Zählung *f* (integrierend) / metering *n* || ² *f* (nicht integrierend) / counting *n* || ² *f* (Ergebnis des Zählens) / count *n*

Zahlungsbedingungen *f pl* / payment terms

Zähl·verfahren *n* (Pulszählverfahren) / pulse-count method (o. system) || ²**wandler** *m* / metering transformer

Zählwerk *n* (EZ) / register *n*, registering mechanism, counting mechanism || ² *n* (Trafo-Stufenschalter) / operation counter IEC 214 || **siebenstelliges** ² / seven-digit register || ²**ansteuerung** *f* (EZ) / register selection (o. selector) || ²**baugruppe** *f* / register module || ²**konstante** *f* / register constant || ²**stand** *m* / register reading, register count || ²**übersetzung** *f* / register ratio || ²**umschalteinrichtung** *f* / register changeover device

Zählwert *m* / count *n*, count value, metered value || ² *m* (DÜ) / counted measurand, metered measurand || ² *m* (Verbrauch je Messperiode) / meter reading (per integrating period), count *n* || **einen** ² **laden** (SPS) / load a counter || ²**ausgabe** *f* / release *n* || ²**bearbeitung** *f* / machining *n* || ²**erfassung** *f* / metered value acquisition, detection *n*, acquisition *n* || ²**-Protokoll** *n* / meter-reading log || ²**-Protokollanlage** *f* / meter-registration logging system || ²**vorverarbeitung** *f* / measured value preprocessing, metered value preprocessing, indication preprocessing, analog value preprocessing

Zähl·wicklung *f* / metering winding || ²**wirkungsgrad** *m* / counting efficiency || ²**wort** *n* / counter word || ²**-Wort** *n* (SPS) / counter word || ²**zelle** *f* (SPS) / counter location

Zahn *m* (Blechp.) / tooth *n* || ²**bandriemen** *m* / flat-tooth broad belt || ²**breite** *f* (Blechp.) / tooth width || ²**breite** *f* (Zahnrad) / face width || ²**eingriff** *m* / meshing *n* || ²**eingriffsfrequenz** *f* / meshing frequency || ²**flanke** *f* / tooth flank, tooth surface, gear tooth flank || ²**flankenlinie** *f* / tooth trace || ²**flussdichte** *f* / tooth flux density, tooth density || ²**form** *f* / tooth shape, tooth profile || ²**fuß** *m* / tooth root || ²**fußhöhe** *f* (Zahnrad) / dedendum *n* || ²**grund** *m* (Zahnrad) / bottom land, tooth gullet || ²**höhe** *f* (Blechp.) / tooth height, depth of tooth || ²**höhe** *f* (Zahnrad) / whole depth of tooth, tooth depth || ²**kette** *f* / inverted-tooth chain

Zahnkopf *m* (Blechp.) / tooth tip || ²**breite** *f* (Blechp.)

/ width of tooth tip || ²**fläche** *f* (Blechp.) / tooth crest, tooth face || ²**fläche** *f* (Zahnrad) / top land || ²**höhe** *f* (Zahnrad) / addendum *n* || ²**streuung** *f* / differential leakage, double-linkage leakage, unequal-linkage leakage, bolt leakage, belt leakage, zig-zag leakage

Zahn·kranz *m* / ring gear, girth gear, annular gear || ²**kupplung** *f* / gear clutch, tooth(ed) clutch, gear coupling || ²**länge** *f* (Blechp.) / depth of tooth || ²**lücke** *f* / tooth space, slot *n*, gash *n*, tooth gap || ²**lückenmitte** *f* / centre of the tooth gap || ²**profil** *n* / tooth profile, tooth shape, tooth contour || ²**pulsation** *f* / tooth ripple, tooth pulsation

Zahnrad *n* / gear wheel *n*, gear *n*, wheel *n*, toothed wheel, cogwheel *n* || ²**antrieb** *m* / gear drive || ²**bearbeitung** *f* / gear cutting || ²**getriebe** *n* / gear train, gearbox *n*, gearing *n*, gears *n pl*, gear transmission || ²**getriebe mit Zwischenrad** / intermediate-wheel gearing || ²**kasten** *m* / gearbox *n*, gear case || ²**paar** *n* / gear pair || ²**pumpe** *f* / gear pump || ²**segment** *n* / gear segment || ²**vorgelege** *n* / transmission gear(ing), back gear, gear train

Zahn·riemen *m* / toothed belt || ²**scheibe** *f* / toothed lock washer, serrated lock washer, toothed lock washer || ²**scheibe** *f* (Drehzahlgeber) / toothed disc || ²**schrägungswinkel** *m* / angle of skew of teeth || ²**segment** *n* / gear segment || ²**seite** *f* / tooth sides || **magnetische** ²**spannung** / magnetic potential difference along teeth || ²**spitze** *f* / tooth tip || ²**spule** *f* / tooth-wound coil || ²**stange** *f* / gear rack, rack *n*, spur *n*

Zahnstangen·antrieb *m* / rack-and-pinion drive, rack drive || ²**betrieb** *m* / rack & pinion drive || ²**gewinde** *n* / rack-type winch || ²**winde** *f* / rack-and-pinion jack, rack jack, ratchet jack

Zahn·teilung *f* / tooth pitch || ²**tiefe** *f* / depth of tooth

Zamak (Zinklegierung mit Aluminium) / kirksite

Zange *f* (Rob.) / piece *n*, hand *n* || ² **für Sicherungsringe für Wellen** / pliers for retaining rings for shafts, pliers for retaining rings for shafts with angled jaw

Zangen·messgerät *n* / clip-on measuring instrument || ²**strommesser** *m* / clip-on ammeter || ²**stromwandler** *m* / split-core-type current transformer, split-core current transformer || ²**überwachung** *f* / tongs monitoring

Zapfen *m* / stud *n*, spigot *n* || ² *m* (Achsende eines Messinstruments) / pivot *n* || ² *m* (Bolzen) / gudgeon *n*, pin *n*, bolt *n* || ² *m* (Welle) / journal *n* || ²**bohrung** *f* (Kuppl.) / coupling-pin hole || ²**getriebe** *n* / trunnion-mounted gear || ²**kontur** *f* / spigot contour || ²**kupplung** *f* / pin coupling, pin-and-bushing coupling, stud coupling || ²**lager** *n* / chock *n* || ²**mitte** *f* / spigot center || ²**schlüssel** *m* / pin spanner || ²**schraube** *f* / shoulder screw, headless shoulder screw || ²**senker** *m* / counterbore *n*

Zapfsäule *f* (IK) / floor service box, outlet box || ² *f* (Tankstelle) / petrol pump, gas pump

Zapfschienenverteiler *m* / plug-in busway system

zaponiert *adj* / clearly varnished

Zaponlack *m* / cellulose lacquer

Zarge *f* / frame *n*, groove *n*

ZAS / main connector block

z-Auslöser *m* (Siemens-Typ, stromabhängig verzögerter o. kurzverzögerter Überstromauslöser) / z-release *n* (Siemens type, inverse-time or short-time-delay overcurrent release)

ZB / central processing unit (CPU)

Z-Diode *f* / Zener diode

ZE / central processing unit (CPU), central processor || ² / controller expansion unit (CEU) || **ZE** (Zeitzeichenempfängerbaugruppe) / time signal input module, ZE

Zebramuster *n* / streaking *n*

ZEH (Zentralhand) / central hand

Zehner·block *m* (Klemmen) / ten-terminal block, block of ten || ²**logarithmus** *m* / common logarithm || ²**system** *n* / decimal system || ²**tastatur** *f* / numeric keyboard (o. keypad), numeric keypad

Zehngangpotentiometer *n* / ten-turn potentiometer

Zehntelstreuwinkel *m* / one-tenth peak divergence (GB), one-tenth peak spread (US)

Zehnwendelpotentiometer *n* / ten-turn potentiometer

Zeichen *n* (Prüfzeichen, Kennzeichnung) / mark *n* || ² *n* (Zusammenfassung mehrerer Bits zu einer systemverständlichen Einheit, z.B. 11 Bit: 8 Datenbits, Paritybit, Stopbit) / sign *n*, symbol *n*, data format || ² *n* (DV u. Bildschirmdarstellung Zusammenfassung mehrerer Bits zu einer systemverständlichen Einheit, z.B. 11 Bit: 8 Datenbits, Paritybit, Stopbit) / character *n* || ² **pro Sekunde** / characters per second (CPS) || **Matrix~** *n* / matrix sign || **Navigations~** *n* / navigation mark || **Prüf~** *n* / mark of conformity, approval symbol || **Schiffahrts~** *n* / marine navigational aid || **See~** *n* / sea mark, navigational aid || **Zwischenraum~** *n* (NC, CLDATA-Wort) / blank *n* ISO 3592 || **Verkehrs~** *n* / traffic sign, traffic light (TRL) || ²**abstand** *m* / character spacing, character distance, data density || ²**antrag** *m* / marks application || ²**anzeigeröhre** *f* / character indicator tube || ²**aufwärtsrichtung** *f* / character up vector || ²**ausgabebaustein** *m* / character output block || ²**ausrichtung** *f* / character (o. text) alignment || ²**begrenzung** *f* (Bildelement) / character boundary || ²**betrieb** *m* / character mode || ²**-Bildschirmeinheit** *f* / alphanumeric display unit || ²**breite** *f* / character width || ²**breitenfaktor** *m* (GKS) / character expansion factor || ²**code** *m* / character code || ²**dichte** *f* / character density, recording density || ²**dichte** *f* (magn. Datenträger) / data density || ²**ebene** *f* / drawing plane || ²**ende** *n* / end of character (EOC) || ²**erkennung** *f* / character recognition || ²**erklärung** *f* (Legende) / legend *n*

zeichenfähig *adj* / allowed to bear the test mark

Zeichen·folge *f* / character string (An aggregate that consists of an ordered sequence of characters), string *n* || ²**gabe** *f* (Signalisierung) / signalling *n*

zeichengenauer Stop / stop with character accuracy

Zeichen·genehmigung *f* / marks licence || ²**generator** *m* / character generator || **ladbarer** ²**generator** / loadable character generator || ²**geschwindigkeit** *f* (Plotter) / plotting rate (o. speed) || ²**grafik** *f* / character graphics || ²**größe** *f* / character size, font size || ²**hervorhebung** *f* / character highlighting || ²**kette** *f* / character string, string *n*, string of digits || ²**kontrast** *m* (BSG) / (character) contrast to background || ²**kopf** *m* (Plotter) / plotting head || ²**körper** *m* / character body || ²**länge** *f* (im Telegramm) / signal element length || ²**-Macro-Datei** *f* / visualization macro file || ²**makrodatei** *f* / visualization macro file

zeichenmarkierte Meldung / character-tagged alarm
Zeichen·maschine *f* / drawing machine, drafting machine, plotter *n* || **≗maßstab** *m* / plotting scale || **≗mittenabstand** *m* / character spacing
Zeichen·parität *f* / character parity, vertical parity || **≗paritätsfehler** *m* / character parity error || **≗paritätsprüfung** *f* / character parity check || **≗parityfehler** *m* / character parity error || **≗-Parity-Prüfung** *f* / character parity check || **≗prüfung** *f* / marks licence test || **≗rahmen** *m* / character frame || **≗rahmenfehler** *m* / framing error, character frame error || **≗registrierung** *f* / marks registration || **≗reihung** *f* / character string || **≗satz** *m* / character set || **≗spitze** *f* (Plotter) / plotting stylus, drawing stylus || **≗stelle** *f* / character position
Zeichenstift *m* / pen *n* || **≗ heben** (NC, CLDATA-Wort) / pen up ISO 3592 || **≗ senken** (NC, CLDATA-Wort) / pen down ISO 3592 || **elektronischer ≗** / light pen, stylus input device || **≗plotter** *m* / pen plotter
Zeichen·string *m* / character string || **≗takt** *m* (DÜ) / byte timing || **≗vergrößerungsfaktor** *m* / character expansion factor || **≗verzug** *m* / character delay time, character delay || **≗verzugszeit** *f* (ZVZ) / character delay time, character delay, character (o. digit) delay time || **≗vorrat** *m* / character set, character repertoire || **≗vorrat der Steuerung** / character set of control || **≗zahl** *f* / number of characters || **≗zeiger** *m* / character pointer || **≗zwischenraum** *m* / character distance
Zeichnen *n* (NC, CLDATA-Wort) / draft ISO 3592 || **rechnerunterstütztes ≗** / computer-aided design (CAD)
Zeichnung *f* / drawing *n* || **≗** *f* (v. Plotter) / plot *n* || **bemaßte ≗** / outline drawing, dimension drawing || **pausfähige ≗** / reproducible drawing, transparent drawing || **Postprozessor-≗** *f* (NC, a. CLDATA-Wort) / postprocessor plot ISO 3592 || **technische ≗** / technical drawing
Zeichnungs·anordnung *f* / layout *n* || **≗ausschnitt** *m* / window *n* || **≗datei** *f* (CAD) / drawing file, plotfile *n* || **≗element** *n* (CAD) / drawing entity || **≗erläuterung** *f* / legend *n* || **≗erstellung** *f* / preparation of drawings || **rechnerunterstützte ≗erstellung** / computer-aided design (CAD) || **≗format** *n* (Plotter) / plotting format || **≗kopf** *m* / title block || **≗messmaschine** *f* / drawing measuring machine || **≗objekt** *n* (CAD) / drawing entity || **CAD-≗programm** *n* / CAD plotting program || **≗rahmen** *m* / drawing frame || **≗raster** *m* / coordinate system || **≗satz** *m* / set of drawings || **≗überlagerung** *f* (NC, a. CLDATA-Wort) / overplot *n* ISO 3592 || **≗verzeichnis** *n* / list of drawings || **≗vordruck** *m* / drawing form
Zeige·balken *m* (CAD) / slide bar || **≗gerät** *n* / pointing device
Zeiger *m* (MG) / index *n*, pointer *n*, needle *n* || **≗** *m* (Uhr) / hand *n*, pointer *n* || **≗** *m* (komplexe Größe) / phasor *n* || **≗** *m* (DV-Speicher) / pointer *n* || **≗** *m* (Bildschirmanzeige, Vorlaufzeiger) / cursor *n* || **≗** *m* (SPS, Datenbaustein) / pointer *n* || **≗achse** *f* / point axis || **≗anschlag** *m* / pointer stop || **Messgerät mit ≗arretierung** / instrument with locking device || **≗bearbeitung** *f* / pointer processing || **≗bild** *n* / phasor diagram || **≗diagramm** *n* / phasor diagram || **≗fernthermometer** *n* / dial telethermometer || **≗festhaltevorrichtung** *f* / pointer locking device || **≗frequenzmesser** *m* / pointer-type frequency meter || **≗-Frequenz-Messgerät** *n* / pointer-type frequency meter || **≗galvanometer** *n* / pointer galvanometer
zeigergesteuert *adj* / vectored *adj* (interrupt control)
Zeiger·information *f* / vector information || **≗instrument** *n* / pointer instrument, pointer-type instrument || **≗melder** *m* (Balkenanzeiger) / semaphore *n* || **≗register** *n* (MPU) / pointer register || **≗rückführung** *f* / pointer return || **≗spitze** *f* / indicator point || **≗thermometer** *n* / dial-type thermometer, dial thermometer, thermometer indicator || **≗umlauf** *m* / revolution of a pointer || **≗zählwerk** *n* / pointer-type register, dial-type register
Zeile *f* (Druckzeile, DV, Bildelemente) / line *n* || **≗** *f* (BGT, Verteiler) / tier *n* || **≗** *f* (Leiterplatte) / row *n* || **Einschub~** *f* (MCC) / row of withdrawable units, tier *n*
Zeilen pro Minute / lines per minute (LPM)
Zeilen·abstand *m* (BGT, Verteiler) / tier spacing, line spacing || **≗abstand** *m* / tier distance || **≗abtasten** *n* / line scanning, row scanning || **≗abtastverfahren** *n* / line scanning method || **≗abtastzeit** *f* / line scanning period || **≗adressauswahl** *f* / row address select (RAS) || **≗adresse** *f* / row address || **≗adresse-Übernahmesignal** *n* (MPU) / row address strobe (RAS) || **≗anwahl** *f* (Anzeige) / display line selection, line selection || **≗anzahl** *f* / no. of lines || **≗beschriftung** *f* / line title || **≗dichte** *f* (Fernkopierer) / scanning density || **≗drucker** *m* / line printer (LP) || **≗ende** *n* / end of line || **≗ende-Zeichen** *n* (NC) / end-of-line character || **≗endsignal** *n* / end-of-line signal (o. indicator), line end signal || **≗format** *n* / line format || **≗format** *n* (Drucker) / characters per line || **≗fräsen** *n* / line-by-line milling, picture frame contour || **≗frequenz** *f* (BSG) / line frequency, horizontal frequency
Zeilen·gehäuse *n* (ET) / single-tier subrack, single-height wrapper, single-height subrack || **≗höhe** *f* / line height || **≗information** *f* / line information || **≗kamera** *f* / line scan(ning) camera, line camera, linear-array camera || **≗kommentar** *m* / comment line || **≗leitung** *f* (MPU) / row circuit || **≗nummer** *f* / row number || **≗rücklauf** *m* (BSG) / line flyback, horizontal flyback || **≗schalttaste** *f* / line space key || **≗schritt** *m* (Formatsteuerfunktion) / line feed
zeilensequentiell *adj* / line-sequential *adj*
Zeilen·sprungverfahren *n* (graft DV) / interlacing method || **≗stil** *m* / row stile || **≗umbruch** *m* / justification *n* (of ragged lines), line break, wrap *n* || **≗vektor** *m* / row vector || **≗vorschub** *m* / line feed (LF) || **≗vorschub mit Wagenrücklauf** (NC) DIN 66025,T.1 / new line (NC) ISO/DIS 6983/1 || **≗wechsel** *m* / line change
zeilenweises Rollen (BSG) / racking up
Zeit *f* / time *n*, time of day, timing element || **≗ bis zum Abschneiden** (Stoßwelle) / time to chopping || **≗ bis zum Ausfall** / time to failure || **≗ bis zum ersten Ausfall** / time to first failure (TTFF) || **≗ bis zur Kriechwegbildung** IEC 50(212) / time-to-track *n* || **≗ bis zur Wiederherstellung** (Zeitintervall, in dem eine Einheit aufgrund eines Ausfalls im nicht verfügbaren Zustand wegen interner Ursachen ist) / time to recovery, time to restoration (The time interval during which an item is in a down state due to a failure) || **≗ des**

Bereitschaftszustands (Zeitintervall, während dessen eine Einheit in Bereitschaft ist) / standby time (The time interval during which an item is in a standby state) || ≗ **des betriebsfreien betriebsfähigen Zustands** (Zeitintervall, während dessen eine Einheit im betriebsfreien betriebsfähigen Zustand ist) / idle time (The time interval during which an item is in a free state), free time || ≗ **des betriebsfreien Klarzustands** / idle time (The time interval during which an item is in a free state), free time || ≗ **für Leistungsmittelung** / demand integration period || ≗ **geringer Belastung** / light-load period || **eine** ≗ **rücksetzen** (SPS) / reset a timer || **eine** ≗ **starten** (SPS) / start a timer || ≗ t_E / time t_E, safe locked-rotor time || ≗ **vervielfachen** (SPS-Funktion) / repetitive timer function || **über die** ≗ / over time

Zeitabbruch *m* / time-out *n*

zeitabhängig *adj* / time-dependent *adj*, as a function of time, time-variant *adj* || ~ **verzögert** (Auslöser, Schutz) / inverse-time *adj* || **~e Ablaufsteuerung** / time-oriented sequential control || **~e Größe** / time-dependent quantity IEC 27-1

Zeitablauf *m* / time rundown || ≗ *m* (Steuerung) / timing *n* || ≗ *m* (Überschreitung) / time-out *n* || ≗ *m* (Zeitrel.) / timing period (o. interval) || ≗ *m* (Ablauf des Zeitglieds) / timer operation || ≗**anzeige** *f* / time rundown indication, indication of remaining time || ≗**diagramm** *n* / time sequence chart || ≗**glied** *n* / sequence timer || ≗**plan** *m* / time sequence chart || ≗**tabelle** *f* / time sequence table

Zeitablenk·einrichtung *f* (Osz.) / time base || ≗**geschwindigkeit** *f* / sweep speed

Zeitablenkung *f* / time-base sweep, line *n* || ≗ *f* / time base || **einmalige** ≗ (Osz.) / single sweep, one shot || **selbstschwingende** ≗ (Osz.) / free-running time base || **verzögernde** ≗ (Osz.) / delaying sweep

Zeit·abschaltung *f* (SPS) / time-out *n* || ≗**abschnitt** *m* / time interval (The part of a time scale between, and described by, two given instants of time) || ≗**abstand** *m* / interval *n* || ≗**abstandzähler** *m* / interval counter || ≗**achse** *f* / time axis, time base || ≗**addition** *f* / time addition || ≗**alarm** *m* / time alarm || ≗**alarm** *m* (SPS) / time interrupt

zeitalarmgesteuert *adj* / timed-interrupt-driven *adj* || **~e Programmbearbeitung** / time(d)-interrupt-driven program execution (o. processing), timed-interrupt-driven program execution

Zeit·analysator *m* / timing analyzer || ≗**anstoß** *m* / time trigger || ≗**auflösung** *f* / time resolution || ≗**auftrag** *m* / time job || ≗**aufzeichnung** *f* (Schreiber) / time-keeping *n* || ≗**auslösung** *f* (eingestelltes Intervall, nach dem ein Signal erzeugt wird, wenn bis dahin noch keine Triggerung erfolgt ist) / time-out *n* || ≗**automatik** *f* / automatic timing

Zeitbasis *f* / time base (TB) || ≗**geber** *m* / time-base generator || ≗**schalter** *m* / time base (selector switch)

Zeit·baugruppe *f* / timer module, time module || ≗**baugruppe** *f* (elST) / timer module || ≗**baugruppenblock** *m* (SPS) / timer module block || ≗**baustein** *m* / timer module, time module || ≗**bearbeitung** *f* / real-time processing || ≗**beanspruchung** *f* / time-for-rupture tension, time-for-rupture stress || ≗**bearbeitung** *f* (Führung v. Datum u. Uhrzeit, Ausgabe der Informationen an den Anwender) / real-time management || ≗**bedarf** *m* (DV) / time overhead || ≗**begrenzung** *f* (Begrenzung der Verfügbarkeit o. Aufrufbarkeit eines Geräts o. einer Funktion) / time-out *n* || ≗**beiwert** *m* / time coefficient || ≗**berechtigung** *f* (ZKS) / authorized access time

Zeitbereich *m* / time range, delay range relay, time setting range || ≗ *m* (Zeitrel.) / delay range, time(d) interval || ≗**-Reflektometrie** *f* / time-domain reflectometry (TDR)

Zeitbereichsschalter *m* / time range selector

Zeitbewertung *f* / time weighting, time weighting characteristic

zeitbezogen·e Aufzeichnung / synchronous recording, recording as a function of time || **~er quadratischer Wert** / quadratic rate

Zeit·bildung *f* (Zeitgeberfunktion) / timer function, timing *n* || ≗**bildung** *f* / timing generation || ≗**bruch** *m* / fatigue fracture || ≗**charakteristik** *f* / time response, characteristic with respect to time || ≗**darstellung** *f* (Impulsmessung) / time format

Zeitdauer *f* / virtual time || ≗ **des Spannungszusammenbruchs einer abgeschnittenen Stoßspannung** / virtual time of voltage collapse during chopping || ≗ **des thermischen Ausgleichs** DIN 41745 / settling time IEC 478-1

Zeit·dehngrenze *f* / creep limit || ≗**diagramm** *n* (MPSB) / timing diagram || ≗**dienstanlage** *f* / time distribution system IEC 50(35) || **~diskret** *adj* / time-discrete *adj*, discrete-time *adj* || ≗**eichung** *f* / time calibration, timing *n*, time base || ≗**eingangsstufe** *f* / delay input converter *n* || ≗**einstellbarkeit** *f* (Zeitrel.) / delay adjustability || ≗**einstellbereich** *m* / time setting range, timing range || ≗**einstellung** *f* / time setting *n*, timing *n*, tripping time setting || ≗**einstellung** *f* (Zeitrel.) / delay adjustment || ≗**einstellwert** *m* / time setting

Zeiten *f pl* (einstellbare Zeiten) / timing *n* || ≗ **des Einverzugs** / closing delay || ≗ **und Zähler** / timers and counters

Zeiterfassung *f* / attendance recording, time and attendance recording, time acquisition || ≗ **mit zentral geführter Absolutzeit** (FWT) / centralized absolute chronology IEC 50(371)

Zeit·fehler *m* / timing error || ≗**fehler** *m* (Überschreitung) / time-out *n* || ≗**fenster** *n* (ZKS) / time slot EN 50133-1 || ≗**festigkeit** *f* / endurance limit, fatigue limit

zeitfolgerichtige Verarbeitung / processing in correct time order, chronological processing

Zeit·funktion *f* / timing function || ≗**funktion** *f* (Funktion des Zeitglieds) / timer function || ≗**funktionsbaugruppe** *f* / time(r) function module || ≗**gang** *m* / trend *n*

Zeitgeber *m* (T) / time generator *n*, timer *n*, timing element, timing module, clock *n*, real-time clock (RTC) || ≗ **für Bestätigungswiederholung** (Datennetz) E DIN 66324, T.3 / window timer || ≗ **für die Aus-Zeit** (PROFIBUS) / time-out timer || **triggerbarer** ≗ (programmierbarer Z.) / programmable one-shot || ≗**baugruppe** *f* / timer module

zeit·geführt *adj* / timed *adj*, timer-controlled *adj*, time-oriented *adj*, as a function of time || **~geführte Ablaufsteuerung** / time-dependent sequential control || **~genau** *adj* / accurately timed, accurate-timing *adj* || ≗**genauigkeit** *f* (Zeitrel.) / timing accuracy || **~geraffte Prüfung** / accelerated test || **≗gerät** *n* VDI/VDE 2600 / time function element || **~gesteuert** *adj* / time-controlled *adj*, time-driven *adj*, timed *adj*, initiated by timed interrupts || **~gesteuerte Bearbeitung** (elST) / time-controlled processing, time-driven processing || **~gesteuerte Bearbeitung** (NC) / timed machining

zeitgestufte Prüfung mit stufenweise erhöhter Spannung / graded-time step-voltage test

Zeit·glied *n* / timer *n* (1) Off-delay timer - A function block delaying a Boolean input for a specified duration when changing from one to zero. 2) On-delay timer - A function block delaying a Boolean input signal for a specified duration when changing from zero to one), (timer) monoflop *n*, timing element || **selbsttaktendes ≗glied** / self-clocking timer || **≗guthaben** *n* (GLAZ) / time credit || **≗gutschrift** *n* (GLAZ) / time credit || **≗haftstelle** *f* (HL) / trap *n* || **≗impulsgeber** *m* / timer *n*, clock *n* || **≗integral** *n* / time integral || **≗interruptsteuerung** *f* / time-interrupt control

Zeitintervall *n* (Teil einer Zeitskala, abgegrenzt durch zwei gegebene Zeitpunkte auf dieser Skala) / time interval (The part of a time scale between, and described by, two given instants of time) || **≗ bis zur Wiederherstellung** / time to restoration (The time interval during which an item is in a down state due to a failure), time to recovery || **≗ des Bereitschaftszustands** / standby time (The time interval during which an item is in a standby state) || **≗ des betriebsfreien betriebsfähigen Zustands** / idle time (The time interval during which an item is in a free state), free time || **≗ des betriebsfreien Klarzustands** / idle time (The time interval during which an item is in a free state), free time || **≗ eines unentdeckten Fehlzustands** (Zeitintervall zwischen einem Ausfall und Erkennung des daraus resultierenden Fehlzustands) / undetected fault time (The time interval between failure and recognition of the resulting fault)

Zeit·intervallgeber *m* / interval timer || **≗kenngrößen** *f pl* / time parameters || **≗kennung** *f* / time code || **≗koeffizient** *m* / time coefficient || **≗kondensator** *m* / time-delay capacitor

Zeitkonstante *f* / time constant, time factor || **≗ der Regelschleife** / loop time constant || **≗ der Regelstrecke** / system time constant, plant time constant || **≗ des Gleichstromgliedes** / armature time constant, short-circuit time constant of armature winding, primary short-circuit time constant || **≗ Drehzahlfilter** / time-constant speed filter || **≗ PID Sollwertfilter** / PID setpoint filter timeconstant

zeitkontinuierliche Regelung / continuous control

Zeit·konto *n* (GLAZ) / time account || **≗kontoführung** *f* / time account updating || **≗kontostand** *m* / time balance || **≗kontrolle** *f* (NC) / time check, timing check || **≗koordinate** *f* (Osz.) / time coordinate, z coordinate

zeitkritisch *adj* / time-critical *adj*, critical with respect to time

Zeit·lastprüfung *f* / time-loading test || **≗laufwerk** *n* / timing mechanism, timing gear, clock *n* || **≗-Leistungs-Läuferverfahren** *n* (EZ) / wattmeter-and-stopwatch method

zeitlich diskontinuierliches Signal / discretely timed signal || **~e Auflösung** (a. FWT) / time resolution, limit of accuracy of chronology || **~e Kohärenz** / time coherence, temporal coherence || **~e Verschiebung um 90°** / time quadrature || **~er Abstand** / interval *n* || **~er Mittelwert** / time average || **~er Permeabilitätsabfall** / time decrease of permeability, disaccommodation of permeability || **~er Verlauf** / time characteristic, characteristics as a function of time, time lapse || **~er Verlauf** (Trend) / trend *n* || **~es Ausfallverhalten** / failure-rate-versus-time characteristic || **~es Integral der Strahldichte** VDE 0837 / integrated radiance IEC 825 || **~es Unterscheidungsvermögen** (FWT) / separating capability IEC 50(371), discrimination *n* || **~es Verhalten** / trend *n* || **~es Zittern** / time jitter || **~ verlagerbare Last** / deferrable load || **~ verzögert** / time-delayed *adj*, delayed *adj*

Zeit·linien *f pl* / chart time lines || **≗literal** *n* / time literal (A literal representing data of type TIME, DATE, TIME_OF_DAY, or DATE_AND_TIME) || **≗lizenz** *f* (Software) / follow-up licence

zeitlos *adj* / timeless *adj*

Zeitmarke *f* / timing mark, time mark

Zeitmarken·geber *m* (Osz., Schreiber) / time marker, time marker generator || **≗generator** *m* / time marker generator || **≗schreiber** *m* / chart recorder

zeitmarkierte Meldung / time-tagged alarm

Zeitmaßstab *m* / time scale || **≗faktor** *m* / time scale factor || **≗rückgewinnung** *f* / timing recovery IEC 50(704) || **≗wiederherstelllung** *f* / retiming IEC 50(704)

Zeit·messer *m* / time piece, timer *n* || **Anstoßen einer ≗messung** / trigger/initiate a time measurement || **≗messverfahren** *n* (EZ) / stopwatch method || **≗modell** *n* / time pattern

Zeitmultiplex *n* (ZMX Zeitlich gestaffelte serielle Übertragung unabhängiger Informationen auf einem Übertragungsmedium) / time-division multiplex (TDM) || **≗-Abtastregelung** *f* / time-shared control

zeitmultiplexe Übertragung / time-division multiplex transmission, transmission by time-division multiplex

Zeitmultiplex·kanal *m* / time-derived channel || **≗system** *n* / time-division multiplex system

Zeit·nichtverfügbarkeit *f* / unavailability factor, unavailability time ratio || **≗nocke** *f* / time-based cam || **≗normal** *n* / time standard, horological standard || **≗normale** *f* / standard time, absolute time (The combination of time of day and date information) || **≗-OB** / timed interrupt OB || **≗operation** *f* / timer (o. timing) operation, timing operation

Zeitplan *m* (Reg.) / time program IEC 50(351), time schedule || **≗** *m* (Terminplan) / schedule *n* || **≗geber** *m* / (time) scheduler, schedule generator, programmer *n* || **≗regelung** *f* / time-scheduled closed-loop control, time-program control, programmed control || **≗steuerung** *f* / time-scheduled open-loop control, time-program control

Zeit·programm *n* (a. Zeitrelais) / time program, timing mode || **≗programmierstufe** *f* / time programmer || **≗prozessor** *m* / timing processor. timing control processor || **≗punkt** *m* / instant *n* || **≗punkt** *m* (Bestimmter Punkt auf einer Zeitskala) / instant of time (A single point on a time scale)

zeitraffende Prüfung / accelerated test (A test in which the applied stress level is chosen to exceed

that stated in the reference conditions in order to shorten the time duration required to observe the stress response of the item, or to magnify the response in a given time duration) || ~ **Voralterung** (durch Einbrennen) / burn-in *n*
Zeitraffung *f* / acceleration *n*
Zeitraffungsfaktor *m* / time acceleration factor || ≗ **für die Ausfallrate** / failure-rate acceleration factor
Zeit·rahmen *m* / time setting range, delay range relay || ≗**rampe** *f* / time slope || ≗**raster** *m* / time frame || ≗**raster** *m* (Zeitmultiplex) / frame *n* IEC 50(704) || ≗**raster** *n* / time base (TB) || ≗**raster** *n* (ZKS) / time grid || ≗**raster** *n* (Zeitschlitzmuster) / time-slot pattern || ≗**rasterfolge** *f* (MPSB) / round robin sequence (RRS) || **~raubend** *adj* / time-consuming *adj* || ≗**raum** *m* / period *n* || ≗**realisierung** *f* / time realization, time realisation || ≗**referenzlinie** *f* DIN IEC 469, T.1 / time reference line || ≗**referenzpunkt** *m* DIN IEC 469, T.1 / time referenced point || ≗**relais** *n* / time-delay relay (TDR), timing relay, time relay, specified-time relay, timer *n* || **ansprechverzögertes** ≗**relais** / ON-delay relay || **motorisches** ≗**relais** / motor-driven time relay || **rückfallverzögertes** ≗**relais** / OFF-delay relay || **elektronischer** ≗**relaisblock** / solid-state time-delay block
zeitreziproke Vorschub-Verschlüsselung (NC) DIN 66025, T.2 / inverse-time feed rate ISO 1056
Zeitsaldierung, gleitende Arbeitszeit mit ~ / flexible working hours with carry-over of debits and credits
Zeit·saldo *m* / time balance, current time balance || ≗**schalter** *m* / time-delay switch (t.d.s.) IEC 512-2, time switch, clock-controlled switch, time-lag relay switch (CEE 14), timer *n* || ≗**schalter für EVG Dynamik** / timer for dynamical ECG || ≗**schaltprogramm** *n* / time switch program || ≗**schaltuhr** *f* / time switch || **digitale** ≗**schaltuhr** / digital time switch || **mechanische** ≗**schaltuhr** / mechanical time switch || ≗**schaltwerk** *n* (Schaltuhr) / timing element, commutating mechanism || ≗**schaltwerk** *n* (Reg.) / timer *n*, sequence timer || ≗**scheibe** *f* / time dial, time slot || ≗**scheibe** *f* (DV) / time slice || ≗**scheibenüberlauf** *m* / time slot overflow || ≗**schlitz** *m* (ZS) / time slot (TS) || **füllbarer digitaler** ≗**schlitz** / stuffable digit time slot || ≗**schranke** *f* / slot time || ≗**schuld** *f* / time debit || ≗**schwingfestigkeit** *f* / fatigue life
zeitselektiv *adj* / time-discriminating *adj*, time grading *adj*
Zeit·selektivität *f* / time-based discriminating, time discrimination, time grading || ≗**sollwert** *m* / time setpoint || ≗**spalt** *m* / reclaim time, reset time (USA)
Zeitspanne *f* / time interval, time *n*, period *n* || ≗ *f* (SPS) DIN EN 61131-1 / duration *n* IEC 1131-1 || ≗ **bis zum Ausfall** IEC 50(191) / time to failure || ≗ **bis zum ersten Ausfall** IEC 50(191) / time to first failure (TTFF) || ≗ **bis zur Wiederherstellung** IEC 50(191) / time to restoration (o. recovery)
zeitsparend *adj* / time-saving *adj*
Zeit·speicher *m* (Register) / time register || ≗**sperre** *f* (SPS) / time-out *n* || ≗**staffelbetrieb** *m* (FWT) / time-graded transmission || ≗**staffelschutz** *m* / time-graded protection (system o. scheme), non-unit protection, overcurrent and distance relays || ≗**staffelung** *f* / time grading || ≗**standfestigkeit** *f* / endurance strength, creep rupture strength, stress rupture strength || ≗**standprüfung** *f* / endurance test, long-duration test, long-time test, time-for-rupture tension test, creep rupture test || ≗**standprüfung mit Zugbelastung** / tensile creep test || ≗**start** *m* / timer start || ≗**steller** *m* / timer *n* || ≗**stempel** *m* / time stamp || ≗**stempelung** *f* / time stamp
Zeit-Strom·-Abhängigkeit *f* / time-current characteristic || ≗**-Auslösekennlinie** *f* / time/current operating (o. tripping) characteristic || ≗**-Bereich** *m* (Sich.) / time-current zone || ≗**-Bereichsgrenzen** *f pl* (Sich.) / time-current zone limits || ≗**-Kennlinie** *f* / time-current characteristic
Zeit/Strom-Kennlinie *f* / time-current characteristic
Zeit-Strom-Kennlinienbereich *m* / time-current zone
Zeit·studie *f* / time study, time-and-motion study || ≗**stufe** *f* (Bauelement) / timer *n*, timer module || ≗**stufe** *f* (Multivibrator) / monostable multivibrator || ≗**stufe** *f* (Monoflop) / monoflop *n* || ≗**synchronisation** *f* / time synchronization || ≗**system** *n* / time system || ≗**takt** *m* / interval *n* || ≗**taktabfrage** *f* / clock scan || ≗**taktsteuerung** *f* / clocked control, time cycle control || ≗**taktverteiler** *m* / clock distributor || ≗**taktverteiler** *m* (ZTV) / clock distributor (CD), time slice distributor || ≗**teiler** *m* / timekeeping mechanism || ≗**überbrückung zwischen DÜ-Blöcken** / inter-frame time fill || ≗**überlauf** *m* / timeout *n* (TO), time out, scan time exceeded, TO (timeout) || ≗**überschreitung** *f* / time-out *n*, timeout *n* (TO), scan time exceeded, TO (timeout) || ≗**übertrag** *m* (GLAZ) / carry-over of (time) credits and debits || ≗**überwachung** *f* / time monitoring, time monitor, time watchdog || ≗**überwachungsbaugruppe** *f* / watchdog (timer), time-out module || ≗**überwachungseinrichtung** *f* (SPS) / watchdog *n* || ≗**überwachungsstufe** *f* / time watchdog, watchdog timer || ≗**überwachungszeit** *f* / time monitoring value
zeitunabhängig *adj* / time-independent *adj*, time-invariant *adj*, non-timing *adj*
Zeit- und Zähloperationen *f pl* / timer and counter operations
zeitunkritisch *adj* / non-time-critical *adj*, not critical with respect to time
Zeit·ursprungslinie *f* DIN IEC 469, T.1 / time origin line || ≗**variable** *f* / time variable
zeitvariant *adj* / time-variant *adj*, varying with time
Zeit·verarbeitung *f* / time processing || ≗**verfahren** *n* (EZ) / stopwatch method || ≗**verfügbarkeit** *f* (Verhältnis Verfügbarkeitsdauer/Betrachtungsdauer) / availability time ratio, availability factor
Zeitverhalten *n* / time response, dynamic behaviour (o. response), transient response, time properties, dynamic response || ≗ *n* (Rel., bei einer gegebenen Funktion) DIN IEC 255, T.100 / specified time || ≗ *n* (Trend) / trend *n* || ≗ **bei abtastenden Messverfahren** VDI/VDE 2600 / time response when sampling || **Relais ohne festgelegtes** ≗ DIN IEC 255, T.100 / non-specified-time relay
Zeit·verlauf *m* / time characteristic, characteristics as a function of time, time lapse || ≗**verlauf** *m* (Schwingungen, Erdbeben) / time history || ≗**versatz** *m* (Signale, Impulse) / skew *n* ||

²verteilung *f* / time-slice distributor || ²verzögerer *m* / time-delay block, delay block
zeitverzögert·e Fehlerstromschutzeinrichtung / time-delay residual-current device || **~er Schalter** VDE 0632 / time-lag relay switch (CEE 14) || **~er Überstromauslöser** (spricht an nach einer Stromflussdauer, die umgekehrt proportional zum Überstrom ist) / inverse time-delay overcurrent release || **~es Hilfsschaltglied** / time-delayed auxiliary contact element
Zeitverzögerung *f* / time delay, delay *n* || ² *f* (Rel., festgelegtes Zeitverhalten) / specified time || ² *f* (eingestelltes Zeitintervall, in dem ein Signal nicht erkannt wird) / time-in *n*
Zeit·vielfach *n* / time-division multiplex (TDM) || ²**vorgabe** *f* (Reg.) / rate setting || ²**vorgabe** *f* (Zeitbasis) / time base || ²**waage** *f* / timing machine || ²**wächter** *m* / timer *n*, time-delay relay || ²**wecker** *m* / time interrupt
zeitweilige Spannungserhöhung VDE 0109 / temporary overvoltage IEC 664A || ~ **Steh-Überspannung** / temporary withstand overvoltage || ~ **Überspannung** / temporary overvoltage
zeitweise besetzte Station / attended substation
Zeitwert *m* / time value, time *n* || ² *m* (TW SPS, Parametername) / time || **Löschen der** ²**e** (SPS) / resetting the times (o. timers) || **einen** ² **laden** (SPS) / load a time (o. timer) || ²**speicher** *m* / time register (TR)
Zeit·-Wort *n* (SPS) / timer word || ²**zähler** *m* / time meter, hours meter || ²**zähler** *m* (DÜ, RSA) / time counter
Zeit-/Zählerbaugruppe *f* / timer/counter module
Zeit·zählung *f* / time count || ²**zeichenempfänger** *m* / time-receiver module || ²**zeichenempfängerbaugruppe** *f* (ZE) / time signal input module, ZE || ²**zeichensignal** *n* / time signal || ²**zeiger** *m* (Vektor) / time vector || ²**zelle** *f* / timer location, time-of-day location || ²**zentrale** *f* / central time unit || ²**zone** *f* (ZKS) / time zone || **Saisontarif mit** ²**zonen** / seasonal time-of-day tariff || ²**zonentarif** *m* / time-of-day tariff, multiple tariff || ²**zuordnerstufe** *f* / time coordinator || ²**zuordnung** *f* / time scheduling
Zellbus *m* / cell bus
Zelle *f* / storage location, location *n* || ² *f* (Batt.) / cell *n* || ² **beschreiben** (SPS) / to write into location || ² *f* (Schaltzelle) / cubicle *n* || **Datum**~ *f* / data location || **kippsichere** ² (Batt.) / unspillable cell || **papiergefütterte** ² (Batt.) / paper-lined cell || **prismatische** ² / prismatic cell || **Speicher**~ *f* DIN 44300 / storage location || **Transformator**~ *f* / transformer cell, transformer compartment || **verschlossene** ² (Batt.) IEC 50(486) / gas-tight sealed cell
Zellebene *f* / cubicle level
Zellen verbinden / connect cells
Zellen·deckel *m* (Batt.) / (cell) lid *n* || ²**ebene** *f* (PROFIBUS) / cell level || ²**gefäß** *n* (Batt.) / cell container || ²**gerüst** *n* (Schaltzelle) / cubicle frame (work) || ²**katalog** *m* / cell library || ²**konzeptbaustein** *m* / cell-based IC || ²**netzwerk** *n* / cell network || ²**rechner** *m* / cell computer, cell controller || ²**rechner** *m* (einer Fertigungszelle) / cell computer || ²**ventil** *n* (Batt.) / vent valve || ²**verbinder** *m* (Batt.) / intercell connector
Zell·horn *n* / celluloid *n* || ²**kautschuk** *m* / cellular caoutchouc, expanded rubber || ²**matrix** *f* (Darstellungselement) / cell array || ²**stoff** *m pl* / cellulose *n*
Zelluloid *n* / celluloid *n*
Zellulose·acetat *n* (CA) / cellulose acetate (CA) || ²**-Öl-Dielektrikum** *n* / cellulose-oil dielectric || ²**papier** *n* / cellulosic paper || ²**triacetat** *n* (CTA) / cellulose triacetate (CTA)
Zementation *f* (Stahloberfläche) / case hardening
Zement·mantel *m* / jacket of concrete || ²**mühle** *f* / cement mill
Zener·-Barriere *f* / Zener barrier || ²**-Diode** *f* / Zener diode || ²**-Durchbruch** *m* (HL) / Zener breakdown || ²**-Durchschlag** *m* / Zener breakdown || ²**-Spannung** *f* / Zener voltage || ²**-Widerstand** *m* / Zener resistance
zentral *adj* / central *adj*
Zentral·abschirmung *f* (StV) / centre shield || ²**anschlusskasten** *m* (IK) / centre feed unit || ²**antrieb** *m* (Motorantrieb) / centre drive, axial drive || ²**antrieb** *m* (SG) / direct-operated mechanism || **mit** ²**antrieb** (SG) / direct-operated *adj* || ²**batterie** *f* / central battery (CB), common battery || ²**baugruppe** *f* / central processing unit (CPU), central controller module, central module || ²**baugruppe** *f* (ZB elST, CPU) / central processing unit (CPU) || ²**baugruppe** *f* (Regler) / CPU (central controller module) || ²**-Baugruppenträger** *m* / CR (controller rack) || ²**-Baugruppenträger** *m* (SPS) / controller rack (CR) || ²**bus** *m* / central bus, main bus || ²**differential** *n* (Kfz) / main differential || ²**druckersystem** *n* (Textsystem) / shared-printer system
Zentrale *f* (Kraftwerk) / power station || ² *f* (Einheit, die in einem System Informationen erhält, überwacht, sortiert und den Informationsfluss abhandelt) / controller *n* || ² *f* (Abstand zwischen zwei parallelen Achsen) / gear centre distance || ² *f* (Leitstelle, Schaltzentrale) / control centre, supervisory control centre, load dispatching centre, control room || ² *f* (FWT-Station) / master station || ² *f* (FWT-Leitstelle) / supervisory control centre || **Brandmelder**~ *f* / control and indicating equipment EN 54 || **Hausleit**~ *f* / central building-services control station, building automation control centre, energy management centre || **Schalt**~ *f* (Netz) / system (o. network) control centre, load dispatching centre
zentrale Anschlussstelle (ZAS ET) / main connector block || ~ **Baugruppe** / central processing unit (CPU) || ~ **Buszuteilung** (Master-Slave-Verfahren) / fixed-master method, master-slave method || ~ **Hauptträgheitsachse** / central principal inertia axis || ~ **Laststeuerung** / centralized telecontrol of loads || ~ **Lebensdauer** DIN 40042 / median life || ~ **Leittechnik** (ZLT) / centralized instrumentation and control || ~ **Recheneinheit** (Prozessor) / central processor (CP) || ~ **Steuerung** (a. DÜ) / centralized control, central control (CC)
Zentral·ebene *f* (Fertigungssteuerung, CAM-System) / central level || ²**einheit** *f* / central processing unit (CPU) || ²**einheit** *f* (CPU) / central processing unit (CPU), central processor || ²**einspeisung** *f* (IK) / centre feed unit || ²**einspritzung** *f* (Kfz) / single-point injection, central fuel injection || ²**element** *n* (MPU) / central processing element (CPE)
zentraler Aufbau (PLT, SPS) / centralized

configuration || ~ **Taktgeber** / central clock generator (CCG)
Zentralerweiterungsgerät *n* / CEU, controller expansion unit (CEU)
zentrales Bedienen und Beobachten / central operator control and monitoring || ~ **Hauptträgheitsmoment** / central principal moment of inertia || ~ **Laden** / downloading *n* || ~ **Meldesystem** / central (event signalling system) || ~ **Moment der Ordnung q** DIN 55350, T.23 / central moment of order q
Zentral·gerät *n* (ZG) / central controller (CC) || ≗**gerät** *n* (ZG elST, Steuergerät) / central controller (CC) || ≗**geräteanschaltung** *f* / connection unit (CU) || ≗**hand** *f* (ZEH) / central hand || ≗**kompensation** *f* / central(ized) p.f. correction || ≗-**Prozesselement** *n* (CPE) / central processing element (CPE) || ≗**prozessor** *m* (CP) / central processing unit (CPU), central processor (CP) || ≗**schmierung** *f* / central lubrication system, central lubrication || ≗**schrank** *m* / master cubicle || ≗**speicher** *m* DIN 44300 / central storage || ≗**station** *f* (FWT) / master station, control centre || ≗**stelle** *f* (FWT) / location with master station(s) || ≗**steuergerät mit eingebauten Sensoren** / centrally controlled appliances with integrated sensors || ≗**steuertafel** *f* / main control board, control-room board, control centre || ≗**steuerung** *f* / centralized control, central control (CC)
zentralsymmetrisch *adj* / centrosymmetric *adj*
Zentraluhrenanlage *f* / electrical time-distribution system IEC 50(35)
Zentralverband Elektrotechnik- und Elektronikindustrie e.V. (ZVEI) / German Electrical and Electronic Manufacturers Association, German electrical industry, ZVEI
Zentral·verriegelung *f* / master interlock || ≗**verriegelung** *f* (Kfz) / central locking system || ≗**verstärker** *m* / central amplifier || ≗**verteilung** *f* / distribution switchboard, motor control centre, multi-compartment switchboard || ≗**wagen** *m* / central service truck || ≗**wert** *m* / central value *n*, median *n* || ≗**wert einer Stichprobe** / sample median
Zentrier·ansatz *m* (Motorgehäuse) / spigot *n* || ≗**bohren** *v* / centre-drill *v*, centre *v* || ≗**bohrer** *m* / centre drill || ≗**bohrung** *f* / hole *n* || ≗**bohrung** *f* (Welle) / centre hole, tapped centre hole, lathe centre || ≗**bund** *m* / centring collar, bell *n* || ≗**eindrehung** *f* / centring recess, spigot recess
Zentrieren *n* / centering *n*
zentrieren *v* / centre *v*, true *v*, adjust concentrically
Zentrier·er *m* / centering tool || ≗**lager** *n* / locating bearing || ≗**maschine** *f* / centering machine || ≗**nase** *f* / key *n* || ≗**nut** *f* / keyway *n* || ≗**rand** *m* / centering flange || ≗**ring** *m* / centring ring || ≗**senkung** *f* / centring counterbore || ≗**stift** *m* / centering pin || ≗**stück** *n* (Crimpwerkzeug) / positioner *n*
zentriert *adj* / centred *adj* || ≗ *adj* (DV, Text) / centre-justified *adj* || **~e Zufallsgröße** DIN 55350,T.21 / centred variate || **~er Beobachtungswert** DIN 55350,T.23 / modified observed value
Zentrierung *f* / centering *n*, centring *n*, centring fit, centring recess, centring spigot, centring face || ≗ *f* (Ring) / centring ring || ≗ *f* (Bohrung) / centre hole, tapped centre hole || **Lagerschild~** *f* / endshield spigot
Zentrierungsterm *m* / anti-drift term
Zentrier·vorrichtung *f* (f. Montage) / pilot fit, spigot fit || ≗**winkel** *m* / centre square || ≗**zapfen** *m* / spigot *n*
Zentrifugal·anlasser *m* / centrifugal starter || ≗**kraft** *f* / centrifugal force || **zusammengesetzte** ≗**kraft** / compound centrifugal force, Coriolis force || ≗**kupplung** *f* / centrifugal clutch || ≗**moment** *n* / product of inertia || ≗**mühle** *f* / centrifugal mill
Zentripetal·beschleunigung *f* / centripetal acceleration || ≗**kraft** *f* / centripetal force
zentrisch *adj* / centric *adj*, centrical *adj*, concentric *adj* || ~ **ausrichten** / align centrically, align concentrically || **~e Symmetrie** / centrosymmetry *n*
Zentrum für die Entwicklung der Elektroindustrie und Weiterbildung (EUU) / Electrical Industry Development and Training Center (EUU)
Zerbrechlichkeit *f* / fragility *n*
Zerfallsrate *f* / decay rate
Zerhacken *n* / chopping *n*
Zerhacker *m* / chopper *n* || ≗**verstärker** *m* / chopper amplifier
zerlegbar *adj* / demountable *adj*, capable of being dismantled, separable *adj* || **~e Leuchte** / demountable luminaire (o. fitting) || **~es Lager** / separable bearing || **nicht ~es Lager** / non-separable bearing
zerlegen *v* / dismantle *v*, disassemble *v*, to take apart, separate *v*, demount || ~ *v* (Math.) / split up *v*, analyze *v* || ~ **in** / break down into
Zerleger *m* / beam splitter
Zerlegung in Teilschwingungen / harmonic analysis || **Bahn~** *f* (NC) / contour segmentation || **Schnitt~** *f* (NC) / cut segmentation, cut sectionalization
Zero Pulse Monitoring / zero pulse monitoring
Zerreiß·festigkeit *f* / tearing strength, tear resistance, tenacity *n* || ≗**maschine** *f* (Zugprüfmasch.) / tensile testing machine || ≗**prüfung** *f* / tension test, tensile test, rupture test, breaking test
Zerrung *f* / strain *n*, distortion *n*
Zersetzung *f* / decomposition *n*
Zersetzungsprodukte *n pl* / dissociation products, products of decomposition, decomposition products
zerspanbar *adj* / machinable *adj*
Zerspanbarkeit *f* / machinability *n*
Zerspanen *n* / cutting *n*, machining *n*, stock removal || ~ *v* / cut by stock removal, machine-cut *v*, shape by cutting
Zerspanung *f* / cutting *n*, machining *n*, stock removal
Zerspanungs·eigenschaft *f* / cutting property || ≗**geschwindigkeit** *f* / cutting speed || ≗**leistung** *f* / cutting efficiency || ≗**vorgang** *m* / cutting operation, cutting process
Zerstäuben *n* (Leuchtkörper) / spattering off
Zerstäubung *f* (Elektroden) / sputter *n*, sputtering *n* || ≗ *f* (Kfz-Kraftstoff) / atomization *n*
Zerstäubungsniederschlag *m* (Lampen) / age coating
zerstörend·e Prüfung / destructive test || ≗**es Auslesen** / destructive readout (DRO)
Zerstörfestigkeit *f* (el.) / surge immunity, immunity to surges || **dielektrische** ≗ / dielectric withstand capability
Zerstör·grenze *f* / destruction limit || ≗**messer** *n* (f. Lichtbogenunterbrechung) / rupturing knife
zerstörsicher *adj* (el.) / surge-proof *adj* || ~ *adj*

(bruchfest) / vandal-proof *adj*, unbreakable *adj* || **~e Leuchte** / vandal-proof luminaire || **~e Logik** / surge-proof logic || **~e Telephonzelle** / vandal-proof telephone cabin (o. booth)
Zerstörstellung *f* (PS) / overtravel limit position
Zerstörung *f* / damage *n*
Zerstörungsbereich *m* / destruction range
zerstörungsfrei·e Prüfung / non-destructive test || **~es Auslesen** / non-destructive read-out (NDRO)
Zerstörungs·grenze *f* / destruction limit || **≗prüfung** *f* / destruction test
zerstreuendes Infrarot-Gasanlysegerät / dispersive infra-red gas analyzer
zerstreutes Licht / spread light
Zerteilen *n* DIN 8580, Trennen eines Werkstücks / dividing *n* || ~ *v* / part *v*
Zertifikat *n* / certificate *n*
zertifiziert *adj* / certified *adj*
Zertifizierung *f* / certification *n*
Zertifizierungs·programm für Einzelprodukte / certification scheme (GB), certification program (US) || **≗stelle** *f* / certification body
ZF / intermediate frequency (IF) || **≗-Anschlussimpedanz** *f* (Diode) DIN 41853 / IF terminal impedance || **≗ Getriebe** / ZF gearing || **≗-Verstärker** *m* / IF amplifier || **≗ Zweigang-Schaltgetriebe** / ZF 2-step gearing
ZG (Zustandsgraph) / state transition diagram, state graph, SD (state diagram) || ≗ (Zentralgerät) / CC (central controller) || **≗-Anschaltung** *f* / central controller interface module (cc interface module) || **≗-Anschaltung** *f* (SPS) / CC interface module (central controller interface module), I/O rack
Zickzack·linie *f* / zigzag line || **≗muster** *n* / zigzag pattern || **≗schaltung** *f* / zigzag connection, interconnected star connection || **≗wendel** *f* / zigzag filament, bunch filament, vee filament || **≗wicklung** *f* / zigzag winding, interconnected star winding
Ziegeleiautomatisierung *f* / brickyard automation
Zieh·bügel *m* (Einschubgerät, Chassis) / pulling hoop || **≗draht** *m* (f. Leiter) / fishing wire, fish tape, snake *n*
Ziehen *n* (DV) / dragging *n*
ziehen *v* (Stecker) / unplug *v*, withdraw *v* || ~ (stanzen) / draw *v* || **einen Funken** ~ / strike a spark || **Frequenz~** *n* / frequency pulling || **≗ der Baugruppe** / withdrawing the module || **≗ und Strecken unter Spannung** / hot swapping || **≗ unter Spannung** (Stecker) / hot unplugging, live removal || **≗ von Kristallen** / growing of crystals
ziehend·e Fertigung / pull production || **~es Trum** (Riementrieb) / tight strand, tight side
Zieh·keil *m* / driving key, sliding key, plunger *n* || **≗kissen** *n* / die cushion || **≗kraft** *f* (StV) / withdrawal force || **≗prinzip** *n* (Fertigung) / pull principle || **≗punkt** *m* (Eines von verschiedenen kleinen Quadraten, das um ein grafisches Objekt in einem Grafikprogramm angezeigt wird. Der Benutzer kann das Objekt verschieben oder umformen, indem auf den Handle geklickt und dieser anschließend gezogen wird) / handle *n* || **≗richtung** *f* / drawing direction || **≗schleife** *f* / pull loop || **≗strumpf** *m* (f. Kabel) / cable grip || **≗trommel** *f* / wire-drawing cylinder, drawing roller || **≗werkzeug** *n* / extraction tool, extractor *n* || **≗werkzeug** *n* (Blechbearbeitung) / drawing die
Ziel *n* (a. CAD u. QS) / target *n* || ≗ *n* (Z) / destination memory-unit (D) || ≗ *n* / object *n* || ≗ *n* (eines Sprungs) / destination (o. address) *n* || **Nachrichten~** *n* / destination *n* (station which is the data sink of a message), called address || **≗adresse** *f* (Die Adresse des Teilnehmers, der die Information empfängt) DIN ISO 8208 / destination address || **≗anwahl** *f* / target selection || **≗anweisung** *f* DIN 44300 / object statement || **≗-AS** / destination PLC || **≗-AS-Charakteristika** *n pl* / destination PLC properties || **≗baustein** *m* / target block || **≗bereich** *m* / target range || **≗bereichserkennungsbandbreite** *f* / target position recognition bandwidth || **≗bremsung** *f* / spot braking || **≗code** *m* / destination code || **≗datenbaustein** *m* / destination data block || **≗-Datenbaustein** *m* (SPS) / destination data block, destination DB || **≗datenbereich** *m* / destination data range, destination frame || **≗-Dienstzugangspunkt** *m* / destination service access point (DSAP)
Ziel·endlage *f* / target limit switch || **≗-Entwicklungskosten** *plt* / target development costs || **≗graph** *m* / target diagram || **≗hardware** *f* / target hardware || **≗-Herstellkosten** *plt* / target production costs || **≗kontrolle** *f* / destination check || **≗koordinate** *f* (NC) / target coordinate || **≗laufwerk** *n* / destination drive || **≗marke** *f* / collimator mark || **≗markt** *m* / target market || **≗marktaufteilung** *f* / breakdown of the target market
zielmaschinenabhängig *adj* / destination-machine-dependent
Zielnetz *n* (Netzmodell zur Deckung eines langfristig vorhersehbaren Energiebedarfs) / target system
zielorientiert *adj* / target-oriented *adj*
Ziel·ort *m* DIN 40719 / destination *n* || **≗position** *f* (NC) / target position || **≗programm** *n* DIN 44300 / object program || **≗projekt** *n* / destination project || **≗projekt suchen** / find target project || **≗-/Quell-Datenblock** *m* / destination/source data block || **≗rechner** *m* / target computer
Ziel·satz *m* / target block || **≗schritt** *m* / target step || **≗-Slave** *m* / destination slave || **≗speicher** *m* (Z) / destination memory-unit (D) || **≗sprache** *f* (DV) DIN 44300 / object language || **≗sprache** *f* (Übersetzungen) / target language || **≗sprachen-Erzeugung** *f* / destination language generation || **≗station** *f* / destination station || **≗steuerung** *f* / target control || **≗strahl** *m* / collimator ray || **≗symbol** *n* (auf Darstellungsfläche) / aiming symbol, aiming circle, aiming field || **≗system** *n* / target system || **≗umsatz** *m* / target turnover || **≗vorgabe** *f* / target preset || **≗wert** *m* (NC) / target position || **≗zeichen** *n* DIN 40719 / destination symbol, target code, target state
Zier·bekleidung *f* / decorative trim || **≗blende** *f* / trim section, moulding *n*, trim strip || **≗lampe** *f* / decorative lamp
Ziffer *f* (Zahl) / figure *n*, digit *n* || ≗ *f* (Zahlenzeichen) / numeral *n*, figure || ≗ *f* (Zahlenwertzeichen, DV) / digit *n* || **nächstwertige ≗** / next significant digit (NSD) || **≗ mit dem höchsten Stellenwert** / most significant digit (MSD) || **≗ mit dem niederwertigsten Stellenwert** / least significant digit (LSD) || **≗blatt** *n* / dial *n*, dial plate
Ziffern·anzeige *f* / digital display (DD) || **Messgerät mit ≗anzeige** / digital meter || **≗code** *m* / numeric code, numerical code || **≗eingabe** *f* / numerical input

(o. entry) || ²einsteller *m* / numerical setter, thumbwheel switch || ²element *n* (Anzeigeeinheit) / figure element || ²erkennung *f* (Code) / code number recognition || ²folge *f* / string of digits, digit sequence, digit string, digit combination || ²gruppierung *f* / digital grouping || ²röhre *f* / digit tube, number tube || ²rolle *f* (EZ) / number drum, digit drum || ²rollenzählwerk *n* / drum-type register, roller register, roller cyclometer, cyclometer register, cyclometer index, cyclometer *n* || ²scheibe *f* / dial *n* || ²scheibeneingabe *f* / dialled input || ²schritt *m* (kleinste Zu- oder Abnahme zwischen zwei aufeinanderfolgenden Ausgangswerten) DIN 44472 / representation unit || ²schritt *m* (Skale) / numerical increment || ²skale *f* / number scale || ²summe *f* / sum of digits || ²tastatur *f* / digital keyboard || ²taste *f* / numeric key || ²tasten *f pl* / numeric keyboard, numeric keypad

Zink·auflage *f* / zinc coating || **²chlorid-Batterie** *f* / zinc chloride battery || **²druckguss** *m* / zinc die-casting || **²oxid-Varistor-Ableiter** *m* / zinc-oxide varistor (surge arrester)

Zinnbad *n* / tin bath, tinning bath

Zinnen *n* / castellation *n*, castellated front ring

Zinnlot *n* / tin solder

Zirkoniumdioxid-Messzelle *f* / zirconium dioxide measuring cell

Zirkonlampe *f* / circonium lamp

zirkulare Interpolation (NC) / circular interpolation

Zirkular·interpolation *f* (Die Berechnung von Zwischenpunkten eines Kreisbogens in einer Ebene durch den Interpolator der Bahnsteuerung) / circular interpolation (The computation of intermediate points of a circular arc in a plane by the interpolator of a contouring control system) || **²interpolator** *m* / circular interpolator || **~ polarisiert** / circularly polarized

Zirkulator *m* / circulator *n* || **² aus diskreten Elementen** / lumped-element circulator || **² mit Faraday-Rotator** IEC 50(221) / wave rotation circulator, rotation circulator

Zirpen *n* (Laser) / chirping *n*

Zischen *n* (Rauschen) / hiss *n*

Zitronen·lager *n* / oval-clearance bearing || **²spiel** *n* / oval clearance

Zittern *n* (Impuls) / jitter *n* || ² *n* (Fernkopierer) / judder *n* || **² aufeinanderfolgender Impulse** / pulse-to-pulse jitter || **² der Impulsdauer** / duration jitter

zivilisationsbedingte Ursachen (v. Fehlerereignissen) / man-made causes

ZK (Zuordnungskennziffer) / assignment ID || **ZK** (Zustandsklasse) / SC (Status Clas)

ZK2-Meldung *f* / SC2 message

Z-Koordinate *f* (Osz.) / z coordinate, time coordinate

ZKS-Meldung *f* / DC link message

ZK-Verschienung *f* / DC-link bus module

Z-Lager *n* / deep-groove ball bearing with sideplate

ZLT / centralized instrumentation and control

ZMD-Speicher *m* (ZMD = zylindrische magnetische Domäne) / magnetic bubble memory (MBM)

Z-Modulation *f* (Osz.) / z-modulation *n*

ZMS (Zweimassenschwinger) / two-mass vibrational system

ZMX / time-division multiplex (TDM)

zn-Auslöser *m* (Siemens-Typ, stromabhängig verzögerter und festeingestellter unverzögerter Überstromauslöser o. kurzverzögerter und einstellbarer unverzögerter Überstromauslöser) / zn-release (Siemens type, inverse-time and non-adjustable instantaneous overcurrent releases o. short-time-delay and adjustable instantaneous overcurrent release)

ZnO-Scheiben *f pl* / ZnO disks

ZOA / ZOA (zero offset active)

ZOE / ZOE (zero offset external)

ZOF / zero offset (ZO), reference offset, datum offset, offset shifting, zero shift

Zoll *m* / inch *n* || **²abwicklung** *f* / customs formalities || **²durchlaufzeit** *f* / customs processing time || **19-²-Gerüst** *n* / 19 inch rack || **²gewinde** *n* (Whitworth) / Whitworth thread

zöllig *adj* / (19) in.

Zoll·-Maßsystem *n* (es ist das Maßsystem Zoll-Metrisch entsprechend dem Maschinendatum für die Grundeinstellung aktiv) / inch system of measurement || **²system** *n* / inch system || **²-System** *n* / inch system, British system of measures, Imperial system || **unter ²verschluss gehaltenes Lager** / bonded storage

Zone *f* (Wickl.) / phase belt, phase band || ² *f* (HL) / region *n*, zone *n* || **Speicher~** *f* / storage zone || **² 0** (dauerndes Vorhandensein einer explosionsfähigen Gasatmosphäre) IEC 50(426) / zone 0

Zonen·änderung *f* (Wickl.) / interspersing *n* || **²breite** *f* (Wickl.) / belt spread, phase spread, phase belt || **²einteilung** *f* / zonal classification, distribution factor || **²folge** *f* (HL) / sequence of regions || **²lichtstrom** *m* / cumulated (luminous flux), zonal flux || **unterer ²lichtstromanteil** / cumulated downward flux proportion || **²lichtstromverfahren** *n* / zonal-cavity method, zonal method || **²nivellieren** *n* (HL) / zone levelling || **²reinigen** *n* (HL) / zone refining || **²schmelzen** *n* (HL) / zone melting || **²sprung** *m* (Wickl.) / phase-belt pitch, belt pitch, phase-coil interface || **²streufluss** *m* (Wickl.) / belt leakage flux || **²streuung** *f* (Wickl.) / belt leakage, bolt leakage, double-linkage leakage || **²tarif** *m* / block tariff || **²übergang** *m* (HL) / junction *n* || **²verfahren** *n* (LT) / zonal method, zonal-cavity method || **²wirkungsgrad** *m* (LT) / zonal-cavity coefficient || **²ziehen** *n* (HL) / zone refining

Zoomen, sprungfreies ² / smooth zooming

Zoom·faktor *m* / zoom factor || **²zentrum** *n* / center of the zoomed area

Zopf·durchmesser *m* (Mastleuchte) / spigot diameter || **²packung** *f* / cord packing

ZP (zyklische Peripherie) / cyclic I/O

Z-Profil *n* / Z-section *n*, Z-bar *n*, Zee *n*

ZRG-Rundschreiben *n* / ZRG memo

ZSB / double sideband (DSB)

Z-Schlag *m* / right-hand lay

ZSP (Zyklensperre) / cycle disable, cycle inhibit || ² (Zyklussperre) / cycle disable, cycle inhibit

ZSS (zeitverkürzte Selektivitätssteuerung) / zone-selective interlocking, short-time grading control || ² (zeitverzögerte Selektivitätssteuerung) / zone-selective interlocking, short-time grading control || **²-Verletzung** *f* / APAS violation

Z·-Ständer *m* / Z stator || **²-Tiefe** *f* (Digitalisieroperation) / Z depth || **²-Transformation** *f* / Z-transform *n*

ZTV / clock distributor (CD), time slice distributor
ZU / CLOSE
zu erwartende Berührungsspannung VDE 0100, T.200 / prospective touch voltage || ~ **erwartender Strom** / prospective current (of a circuit) IEC 265, available current (US) || ~ **öffnender Elektro-Installationskanal** / cable trunking system IEC 50(826), Amend. 2
Zubefehl *m* / output command
Zubehör *n* / accessories *n pl*, appurtenances *n pl*, accessory *n* || ² *n* (für IR) / fittings *n pl*, accessories *n pl* || ² *n* (Aufbauzubehör einer Röhre) DIN IEC 235, T.1 / mount *n* || **anbaubares** ² / mountable accessories || **steckbares** ² / plug-on accessories || ² **mit begrenzter Austauschbarkeit** / accessory of limited interchangeability || ²**transformator** *m* EN 60742 / transformer for specific use
Zubringer *m* (Oberbegriff: Zwischenspeicher) / feeder *n* || ²**bus** *m* (Feldbus) / field bus || ²**schiene** *f* / connection bar
Züchtung durch Ziehen (Einkristall) / growing by pulling
zufällig *adj* / random *adj* || **gegen ~e Berührung geschützt** / protected against accidental contact, screened *adj* || **~e Ergebnisabweichung** (Statistik, QS) / random error of result || **~er Anfangszeitpunkt** (Wechselstromsteller) / random starting instant || **~er Fehler** / random error || **~es Berühren** / accidental contact, inadvertent contact (with live parts) || ~ **verteilt** / randomly distributed || **~e Ursachen** / chance causes || **~e Verteilung** / random distribution || **~e Zuordnung** / randomization *n*
Zufälligkeit der Stichproben / sample randomness
Zufalls·ausfall *m* DIN 40042 / random failure || ²**ereignis** *n* / random phenomenon || ²**fehler** *m* / random error || ²**fehler** *m* (NC, SPS) / accidental error || ²**folge** *f* / random sequence || ²**generator** *m* / random generator, random-check generator || ²**größe** *f* DIN 55350,T.21 / random variable, variate *n* || **Herstellen einer** ²**ordnung** / randomization *n* || ²**prozess** *m* / random process, stochastic process || ²**rauschen** *n* / random noise || ²**stichprobe** *f* DIN 55350,T.23 / random sample || ²**stichprobenuntersuchung** *f* / random sampling, accidental sampling || ²**streuung** *f* / chance variation || ²**ursachen** *f pl* / chance causes || ²**variable** *f* DIN 55350,T.21 / random variable variate *n* || ²**variation** *f* / chance variation || ²**vektor** *m* DIN 55350,T.21 / random vector || ²**zahl** *f* / random number
Zuflussprognose *f* / inflow forecast
zuförderndes Band / feeding conveyor
Zufuhr *f* / source *n* || ²**bahn** *f* / infeed path
Zuführband *n* / infeed belt
zuführen *v* / supply *v*, feed *v*
Zuführsysteme *n pl* / feeding systems
Zuführung *f* (el. Leiter) / lead wire || ² *f* (Vorschub) / feed *n*
Zug *m* / way *n*, duct *n*, definition *n* || ² *m* (Beanspruchung) / tension *n*, tensile force || ² *m* (Kraft) / pull *n*, tensile force, pulling force || ² *m* (magn.) / (magnetic) pull, (magnetic) drag || ² *m* (nach oben, Fundamentbelastung) / upward pull || **magnetischer** ² / magnetic pull, magnetic drag
Zugabe *f* / allowance *n*
Zugang *m* / entry *n*
zugänglich *adj* / accessible *adj* || **~es leitendes Teil** / accessible conductive part || ~ **schwer** / hard to reach
Zugänglichkeit *f* / accessibility *n*, serviceability *n*
Zugangs·berechtigung *f* / access authorization, authorized access, authorized entry, access rights || ²**berechtigungszeitraum** *m* / period of authorized access, authorized-access period || ²**bereich** *m* / access zone || ²**ebene** *f* VDE 113 / servicing level IEC 204 || ²**klemme** *f* / line terminal, input terminal, incoming-circuit terminal, incoming terminal || ²**kontrolle** *f* / access control, security access control || ²**kontrollvereinbarung** *f* / access control agreement || ²**loch** *n* (gS) / access hole || **Vermittlungsdienst~punkt** *m* / network service access point (NSAP) || ²**weg** *m* / access route
Zug·anker *m* / tie-bolt, tensioner *n*, tie-rod *n* || ²**anker** *m* (Thyr) / tie-rod *n* || ²**beanspruchung** *f* / tensile stress, tensile strain || ²**belastung** *f* / tensile load || ²**beleuchtung** *f* / train lighting (system) || ²**beleuchtungsdynamo** *m* / train lighting dynamo, train lighting generator || ²**beleuchtungslampe** *f* / traction lamp || ²**bewegung** *f* / tensile motion || ²**bügel** *m* (Klemme) / strain-relief clamp || ²**deckplatte** *f* / tensioning cover plate || ²**dehnung** *f* / tensile deformation, tensile strain || ²**-Dehnungs-Diagramm** *n* / tensile stress-strain curve || ²**dose** *f* / draw-box *n*, pulling box
Zug-/Druck / universal cell
Zug-Druck·-Dauerfestigkeit *f* / tension-compression fatigue strength, endurance tension-compression strength || ²**-Lastwechselversuch** *m* / reversed-bending fatigue test || ²**-Wechselfestigkeit** *f* / reversed-bending fatigue strength
Zugdynamometer *n* / traction dynamometer
zugeführt·e Leistung / input *n*, power input, power supplied || **~e Spannung** / applied voltage, voltage supplied, injected voltage || **~es Drehmoment** / impressed torque, applied torque || **~es Verfüllmaterial** (Fundamentgrube) / imported backfill
zugehörig *adj* / associated *adj* || **~es elektrisches Betriebsmittel** EN 50020 / associated electrical apparatus
Zugehörigkeits·funktion *f* / association function, matching function || ²**kennzeichnung** *f* / match-marking *n*
zugelassen *adj* / authorized *adj* || **~e Belastungen** (el. Gerät) / approved ratings || **~er Ausweis** (ZKS) / accepted badge
Zugelastizität *f* / tensile elasticity
zugentlasteter Kerneinlauf (Kabel) / strain-bearing centre
Zugentlastung *f* / strain relief, strain relief device, cord grip, cable grip, cable strain relief, strain relief assembly
Zugentlastungs·baugruppe *f* / strain relief module, strain relief cleat || ²**bausatz** *m* / strain relief assembly kit || ²**klemme** *f* / cable clamp, cord grip, flex grip, strain relief clamp || ²**-Prüfgerät** *n* / strain-relief test apparatus || ²**schelle** *f* (Kabel) / cord grip, flex grip || ²**vorrichtung** *f* (Kabel) / cord anchorage, strain relief device, cord grip
zugeordnet *adj* / is assigned to || **~er Verschmutzungsgrad** (Isolatoren) / reference severity
zugeschaltet *adj* (Kfz-Antrieb) / engaged *adj*

zugeteilte Frequenz / assigned frequency
zugewandte Seitenfläche (Bürste) / inner side, winding side
zugewiesene Übertragungsleitung / dedicated transmission line
Zug·faser *f* / fibre in tension || **äußerste ²faser** / extreme edge of tension side || **²feder** *f* / tension spring, extension spring, driving spring || **²federwaage** *f* / spring scale
zugfestes Kabel / cable for high tensile stresses
Zugfestigkeit *f* / tensile strength, resistance to tensile stress
Zugfestigkeits·grenze *f* / ultimate tensile strength || **Leiter-²kraft** *f* DIN 41639 / conductor tensile force, conductor pull-out force || **²prüfung** *f* / tensile test, tension test, pull test || **²prüfung** *f* (Anschlussklemme) / pull test
Zugförderung, elektrische ² / electric traction || ² **mit Industriefrequenz** / industrial-frequency traction
zugfrei *adj* (Luftzug) / free from air draught
Zug·gelenk *n* / articulated joint || **²gurtrahmen** *m* / tension beam frame || **²haken** *m* / tow-hook *n* || **²haken** *m* (Lokomotive) / draw-bar *n*, coupling hook || **²heizgenerator** *m* / train heating generator || **²hub** *m* / hoisting tackle, tackle block
zügiges Schalten / speedy operation, uninterrupted operation, operation in one swift action
Zug·kilometer *plt* / train-kilometres *m pl*, kilometres travelled || **²kraft** *f* / tensile force, pull *n*, tractive force || **²kraft** *f* (Bahn) / tractive effort || **²kraft** *f* (magn.) / pulling force || **²kraftmesser** *m* / tension transducer, tension dynamometer, tractive-force meter || **²lasche** *f* / hauling lug, towing eye || **²leuchte** *f* (Deckenl.) / rise-and-fall pendant || **²lichtmaschine** *f* / train lighting dynamo, train lighting generator || **²messer** *m* / tension transducer, tension dynamometer, tractive-force meter || **²messer** *m* (Federwaage) / spring balance || **²mittelgetriebe** *n* / flexible drive || **²modus** *m* (CAD) / drag mode || **²öse** *f* / pulling eyebolt, pulling lug, hoisting lug || **²pressplatte** *f* / clamp(ing) plate, self-locked clamping plate || **eingehängte ²pressplatte** (Trafo) / self-locking clamping plate || **²prüfmaschine** *f* / tensile test machine || **²prüfung** *f* / tensile test, tension test
zugreifen *v* / access *v*, address *v*, pick up *v*, appear *v*, be activated *v*, respond *v*, reference *v*
Zugriff *m* / access *n*
Zugriffs·anforderung *f* / access request (ACRQ) || **²art** *f* / access type || **²berechtigung** *f* / access right, right to use the channel || **²berechtigung** *f* (Kanäle) / right to access a channel, to be assigned access to (o. control of) channel || **²berechtigung** *f* (Bussystem, LAN) / right to access, assignment of access (to control of bus o. network)
zugriffsfähig *adj* / accessible *adj*
Zugriffs·fehler *m* / access error || **²freigabe** *f* / access enable (ACEN) || **²freigabe** *f* (LAN) / token passing || **²konflikt** *m* / access contention (o. conflict) || **²level - erweitert** / access level extended || **²level - Fachkraft** / access level expert || **²level - Service** / access level service || **²level - Standard** / access level standard || **²pfad** *m* (SPS-Programm) / access path || **²recht** *n* / access authorization || **²rechte** *n pl* / access rights || **Wechseln des ²rechts** / changing the access authorization || **²schutz** *m* (Teleservice) / access enable program || **²stufe** *f* / access level, user access level
Zugriffs·verfahren *n* (Bus-Zugriff//Das Zugriffsverfahren unterscheidet zwischen aktiven Busteilnehmern (Master) und passiven Busteilnehmern (Slave)) / access control, access method (The access method distinguishes between active bus nodes (masters) and passive bus nodes (slaves). In each case, one active node (master) is granted access to the bus with the right to send (token).) || **²zeit** *f* / access time
Zug·sammelschiene *f* (Heizleitung) / heating train line || **²sammelschienenkupplung** *f* (Heizleitung) / heating jumper || **²schalter** *m* VDE 0632 / cord-operated switch (CEE 24), pull switch || **²schalter** *m* (Taster) VDE 0660,T.201 / pull-button *n* IEC 337-2 || **²scherfestigkeit** *f* / combined tensile and shear strength || **²schlussleuchte** *f* / paddy lamp, tail (o. rear light) || **²schwellfestigkeit** *f* / tensile strength under alternating load || **²seite** *f* (mech. Prüf.) / tension side, side in tension || **²spannung** *f* / tensile stress || **²spindel** *f* / tension rod, draw-bar *n*, connecting link || **²spule** *f* / take-up reel || **²stab** *m* / tension rod, tie-rod, bar in tension || **²stange** *f* / tension rod, draw-bar *n*, connecting link || **²stange** *f* (Bau) / tension bar, tie-rod, tension member || **²stange** *f* (SG-Betätigungselement) / pull rod || **²taster** *m* VDE 0660,T.201 / pull-button *n* IEC 337-2 || **²versuch** *m* / tensile test, tension test, pull test || **²zone** *f* / tension side
Zuhaltekraft *f* / locking force
Zuhaltung *f* (Schloss) / tumbler *n*
Zukaufteile *n pl* / bought-out parts
zukunftsichere Installation / installation with provision for extension
zukunftweisend *adj* / advanced *adj*
zulassen *v* / authorize *v*
zulässig *adj* (erlaubt) / permissible *adj*, admissible *adj* || ~ (sicher) / safe *adj* || **maximal ~** / maximum permissible || **~e Abweichung** (Toleranz) / tolerance *n* || **~e Aussteuerung** (max. Ausgangsspannung) / maximum continuous output (voltage) || **~e Aussteuerung** (Dauerbelastbarkeit des Eingangs) / maximum continuous input || **~e Belastung** (Kran) / safe load || **~e Bereichsüberschreitung der Messgröße** DIN IEC 688, T.1 / overrange of measured quantity || **~e Betriebstemperatur** (TB) DIN 2401,T.1 / maximum allowable working temperature (TB) || **~e Dauer des Kurzschlussstroms** / permissible duration of short-circuit current || **~e Folgeanläufe** / permissible number of starts in succession || **~e Formabweichung** / form tolerance || **~e Grenzen der Einflusseffekte** / permissible limits of variations || **~e Lageabweichung** / positional tolerance || **~er Abstand zwischen Metallteilen unter Spannung und geerdeten Teilen** / live-metal-to-earth clearance || **~er Betriebsüberdruck** (PB) DIN 2401,T.1 / maximum allowable working pressure || **~er Betriebsüberdruck der Kapselung** (gasisolierte SA) / design pressure of enclosure || **~er Dauertemperaturbereich** VDE 0605, T.1 / permanent application temperature range IEC 614-1 || **~er Druckbereich** / allowable pressure limits || **~er Temperaturbereich** / allowable temperature limits || **~e Spannung** (el.) / permissible voltage,

maximum permissible voltage || ~e **Spannung** (mech.) / permissible stress, safe stress || ~e **Spannungsabweichung** (Rel.) / allowable variation from rated voltage (ASA C37.1) || ~e **Steckhäufigkeit** / permissible frequency of insertions || ~e **Überlast** / maximum permissible overload, overload capacity || ~e **Umgebungstemperatur** (Bereich) / ambient temperature range, ambient temperature rating || ~e **Umgebungstemperatur** (SG) / ambient temperature rating, extreme values of ambient temperature

Zulässigkeit *f* / validity *n*

Zulässigkeits·grenze *f* (QS) / acceptance level, acceptability limit || **≗überprüfung** *f* / validity check

Zulassung *f* / approval *n*, certification *n*, licence *n* || ≗ **vorausgesetzt** / license assumed, licence assumed || ≗ **zur Eichung** / pattern approval

Zulassungs·behörde *f* / approving authority || **≗behörden** *f pl* / relevant authorities || **≗bescheinigung** *f* / approval (o. conformity) certificate || **≗status** *m* / approval status || **≗zeichen** *n* / certification mark, conformity symbol, certification reference, pattern approval sign, approval symbol

Zulauftemperatur *f* / upstream temperature

Zuleitung *f* / supply cable, supply *n*, phase *n*, protective earth, neutral *n* || ≗ *f* (Leiter) / supply conductor, supply lead, lead wire || ≗ *f* (Speiseleitung) / feeder *n*, incoming line, incoming cable || **ein- u. mehrdrähtige** ≗ / solid and stranded feeder conductor || **eindrähtige** ≗ / solid feeder conductor || **mehrdrähtige** ≗ / stranded feeder conductor

Zuleitungen *f pl* (MG) / instrument leads || ≗ *f pl* (Leiter) / supply conductors

Zuleitungskabel *n* / incoming cable, feeder cable

zuleitungsseitig *adj* / in incoming circuit, incoming *adj*, on the incoming side

Zuleitungs-Trennkontakt *m* / incoming isolating contact, stab connector

ZULI (Zuordnungsliste) / assignment list (A list showing the correspondences between absolute or logical addresses and the symbolic addresses assigned to them)

Zulieferindustrie *f* / suppliers *n pl*

Zuluft *f* / intake air, supply air, fresh air || **≗kanal** *m* / inlet air duct, air intake duct, fresh-air duct || **≗leistung** *f* / supply air (flow rate), air supply rate || **≗öffnung** *f* / inlet air opening, air intake opening || **≗raum** *m* / air-inlet space || **≗temperatur** *f* / air intake temperature || **≗verteiler** *m* / air supply diffuser

zumessen *v* / proportion *v*, dose *v*

Zumessschnecke *f* / proportioning feed screw, feed screw

Zünd·ansteuerung *f* (Steuerfunktion, die bei einem einrastenden Ventilbauelement oder einem aus solchen bestehenden Zweig das Zünden auslösen soll) / triggering *n* (The control action to achieve firing of a lathing valve device or an arm consisting of such devices) || **gurtbetätigtes ≗abschaltsystem** (Kfz) / seatbelt-operated ignition cutout system || **≗aussetzer** *m* (Kfz) / misfiring *n*, misfire *n* || **≗aussetzer** *m* (LE) / firing failure || **≗bus** *m* / squib bus

zünddichte Kapselung / flameproof enclosure EN 50018, explosion-proof enclosure

Zünddraht *m* (Lampe) / igniter wire, igniter filament || **≗drehmoment** *m* (Verbrennungsmot.) / firing torque || **≗drehzahl** *f* (Verbrennungsmot.) / firing speed, (starting-air) cutoff speed (diesel) || **≗durchschlag** *m* / transmission of internal ignition, transmission of igniting flame, spark ignition

zünddurchschlagfähigstes Gemisch / most incentive mixture

Zünddurchschlagprüfung *f* / test for non-transmission of internal ignition

zünddurchschlagsicher·e Maschine / flameproof machine, dust-ignitionproof machine || **~er Spalt** / flameproof joint

Zünd·eigenschaften *f pl* (Lampe) / starting characteristics || **≗einsatzsteuerung** *f* (LE) VDE 0838, T.1 / phase control IEC 555-1 || **≗elektrode** *f* / starting electrode

Zünden *n* (HL-Ventil) / firing *n*, triggering *n*, ignition *n* || ~ *v* (Thyr) / fire *v*, trigger *v*, strike *v* || ~ *v* (Lampe) / start *v*, ignite *v*

Zünd·endstufe *f* (Kfz) / ignition power module || **≗energie** *f* / ignition power

Zunder *m* / scale *n* || **≗bildung** *f* / scaling *n*

zunder·fest *adj* / non-scaling *adj* || **~frei** *adj* / free of scale, non-scaling *adj*

Zünd·faden *m* (Lampe) / igniter wire, igniter filament || **~fähiges Gasgemisch** / explosive gas-air mixture || **≗fehler** *m* (LE) / false firing, firing failure || **≗folie** *f* (Lampe) / ignition foil || **≗funkenstörung** *f* / ignition interference

Zünd·gerät *n* (Lampe) / starting device, ignition device, starter *n*, igniter *n* || **≗gitter** *n* (Sich.) / priming grid || **≗grenzen** *f pl* (Gas) / flammability limits, explosion limits || **≗grenzkurve** *f* / minimum ignition curve || **≗gruppe** *f* / temperature class, temperature category || **≗hilfe** *f* (Lampe) / starting aid (lamp) || **≗hilfselektrode** *f* / auxiliary ignition electrode || **≗impuls** *m* (LE) / firing pulse, (gate) trigger pulse, gating pulse || **Korona~impuls** *m* / initial corona pulse || **verkümmerter ≗impuls** / mutilated firing pulse || **≗impulse** *m pl* / firing pulses || **≗impulsstecker** *m* / gate pulse connector || **≗impulsströme** *m pl* / firing pulse currents || **≗impulsverlängerung** *f* (LE, Baugruppe) / firing pulse stretching module || **≗kennfeld** *n* (Kfz) / ignition map, three-dimensional ignition map, engine characteristics map || **≗kennlinie** *f* (Gasentladungsröhre) / control characteristic (electron tube) || **≗kerze** *f* (Kfz) / spark plug, sparking plug || **≗kreis** *m* / ignition circuit || **≗kreis** *m* (Luftsack) / triggering circuit || **≗kreisprüfer** *m* / ignition circuit tester

Zünd·leistung *f* / firing power || **≗maschine** *f* / ignition magneto, magneto *n* || **mögliche ≗quelle** / potential ignition source || **≗pille** *f* (Luftsack) / ignitor *n* || **≗platine** *f* / thyristor triggering || **≗prüfung** *f* (Lampe) / starting test (lamp) || **≗punkt** *m* (Gas) / ignition point || **≗schaltgerät** *n* (Kfz) / ignition trigger, ignition trigger box || **≗schaltung** *f* (BT) / starter circuit, ignition circuit

Zündschutzart *f* EN 50014 / type of protection || ≗ **druckfeste Kapselung** / flameproof type of protection, explosion-proof type of protection, flameproof enclosure, explosion-proof enclosure || ≗ **erhöhte Sicherheit** / increased-safety type of

protection, increased-safety enclosure
Zünd·schutzgas *n* / protective gas || **²schwingungen** *f pl* / starting oscillations || **²sicherung** *f* / ignition fuse
Zündspannung *f* / igniting voltage || ² *f* (Thyr) / gate trigger voltage || ² *f* (Lampe) / starting voltage
Zündspannungsstoß *m* / striking surge
Zünd·sperrbaugruppe *f* (LE) / firing-pulse blocking module || **mechanische ²sperre** EN 50018 / stopping box EN 50018 || **²sperrung** *f* (LE, Ventilsperrung) / valve blocking || **²spitze** *f* / ignition peak || **²spitze des Schalters** / re-ignition peak of breaker || **²spule** *f* (Lampe) / starter coil, ignition coil || **²spule** *f* (Luftsack) / ignitor capsule || **²spule** *f* (Kfz) / ignition coil || **²spulenzündung** *f* / coil ignition || **²startschalter** *m* (Kfz) / ignition switch || **²stegschmelzleiter** *m* / priming-grid fuse element || **²steuergerät** *n* (Kfz) / ignition control unit || **²steuerung** *f* (LE) VDE 0558, T.1 / trigger phase control, trigger control || **²steuerung** *f* (Kfz) / ignition control, ignition management || **²stift** *m* (ESR) / igniter *n* || **²stoß** *m* (Lampe) / starting kick || **²streifen** *m* / starting strip, ignition strip, conductive strip || **²strich** *m* (Lampe) / starting strip, ignition strip, conductive strip || **²strom** *m* / igniting current || **²strom** *m* (Thyr) / gate trigger current || **²strom** *m* (Lampe) / starting current || **²temperatur** *f* EN 50014 / ignition temperature || **²transformator** *m* / ignition transformer
Zündung *f* (HL-Ventil) / firing *n*, triggering *n*, ignition *n* || ² *f* (in einem gasförmigen Medium) / ignition *n* || ² *f* (Lichtbogen) / striking *n* (of an arc) || ² *f* (Thyr) / firing *n*, (gate) triggering *n* || ² *f* (Lampe) / starting *n*, ignition || ² *f* (Elektronenröhre) / firing *n* || ² *f* (Kfz) / ignition *n*, firing *n*, ignition system || **Reihen~** *f* (Lampen) / series triggering (lamps)
Zündungstester *m* (Kfz) / ignition tester
Zünd·unterbrecher *m* (Kfz) / contact breaker || **²versager** *f* (LE) / firing failure || **²verstellung** *f* (Kfz) / firing-point advance/retard adjustment, ignition timing adjustment, spark advance || **²verteiler** *m* (Kfz) / ignition distributor, distributor *n* || **²verzögerungswinkel** *m* (LE) / delay angle || **²verzug** *m* (ESR) / statistical delay of ignition || **²verzug** *m* (Gasentladungsröhre) / firing time || **²verzug** *m* (Thyr) DIN 41786 / gate-controlled delay time || **²verzug** *m* (Lampe) / starting delay || **²vorrichtung** *f* (Lampe) / starting device, ignition device, starter *n*, igniter *n* || **²widerstand** *m* (Lampe) / starting resistor
zündwilligstes Gemisch IEC 50(426) / most easily ignitable mixture
Zündwinkel *m* (Kfz) / ignition angle, firing angle, timing angle || **²-Kennfeldzündung** *f* (Kfz) / ignition map control || **²messung** *f* (Kfz) / ignition angle measurement || **²steuerung** *f* / ignition angle control
Zündzeit *f* (Thyr) DIN 41786 / gate-controlled turn-on time || ² *f* (Gasentladungsröhre) / ignition time || ² *f* (Lampe) / warm-up time || **²punkt** *m* (Kfz) / ignition point, firing point || **²punkt** *m* (Thyr.) / firing instant, triggering instant || **²punktverstellung** *f* (Kfz) / ignition timing adjustment, firing-point advance/retard adjustment, spark advance
Zunge *f* (MG) / reed *n* || **FASTON-²** *f* / FASTON tab
Zungen·frequenzmesser *m* / vibrating-reed frequency meter, reed-type frequency meter || **²-Frequenz-Messgerät** *n* / vibrating-reed frequency meter, reed-type frequency meter || **²kamm** *m* (Zungenfrequenzmesser) / row of reeds
zuordenbare Ursache / assignable cause
zuordnen *v* / use *v*
Zuordner *m* (elST) / coordinator *n*, allocator *n* || ² *m* / coordinator *n*, crisis manager
Zuordnung *f* / assignment *n*, allocation *n*, association *n*, coordination, assigning *n* || ² *f* (DÜ, Datenleitung) / assignment *n* || ² *f* (v. Speicherplätzen) / allocation *n* || **Adressen~** *f* / address assignment || **empfohlene ²** / recommended assignment || **farbliche ²** / color correlation || **freie ²** / free assignment || **selektive ²** (Sich.) / selective coordination || **textuelle ²** / textual association || **² von Betragswerten** / correlation of amounts || **² von Kurzschlussschutzeinrichtungen** / coordination with short-circuit protective devices
Zuordnungs·art *f* / type of co-ordination || **²datenbaustein** *m* / assignment data block || **²kennziffer** *f* (ZK) / assignment ID || **²liste** *f* / assignment list || **²liste** *f* (Querverweisl.) / cross-reference list || **²liste** *f* (ZULI) / assignment list (A list showing the correspondences between absolute or logical addresses and the symbolic addresses assigned to them) || **²tabelle** *f* / assignment table || **²tabelle** *f* (Wahrheitstafel) / truth table
Zurröse *f* / lashing lug
zurück *adv* / back *adv* || **~arbeiten** *v* (ins Netz) / regenerate *v*, to recover energy || **~bleibende Induktion** / residual induction, residual flux density || **~bleibende Magnetisierung** / remanent magnetization || **~fahren** *v* / return *v* || **~federn** *v* / spring back *v*
Zurückkoppeln *n* (Kommunikationssystem) / loopback *n*
zurück·laden *v* / reload *v* || **~laden** *v* (zum Rechner) / upload *v* || **~nehmen** *v* / remove *v* || **~nehmen** *v* (Befehl, Anweisung) / cancel *v*, remove *v* || **²nehmen der Betriebsart** (SPS) / resetting the operating mode || **²pendeln** *n* (Synchronmasch.) / back swing, angular back swing || **~positionieren** *v* / retrace *v* || **~rüsten** *v* / downgrade *v* || **~schalten** *v* / switch back *v*, return *v* || **~schreiben** *v* / write back
Zurücksetzen *n* / resetting *n* || ~ *v* / reset *v*
Zurückspringen *n* / return *n* (A language construction within a program organization unit designating an end to the execution sequences in the unit), return jump *n* || ~ *v* (Programm) / jump back (to)
zurück·stehende Lamelle (Komm.) / low segment, low bar || **~stehender Glimmer** / low mica || **~stellen** *v* / reset *v*
Zurück·stellung *f* (LAN) / deference *n* || **~weisen** *v* / reject *v* || **²weisung** *f* / rejection *n* || **²weisungswahrscheinlichkeit** *f* / probability of rejection || **²ziehen** *n* / withdrawal *n*, backing out
Zusammenarbeit *f* / cooperation *n*
zusammenbauen *v* / assemble *v*
Zusammenbau-Zeichnung *f* / assembling drawing
zusammenbrechen *v* / break down *v*, collapse *v*
Zusammenbruch der Spannung / voltage collapse, voltage failure || **² des Feldes** / collapse of field, field failure || **Netz~** *m* / system collapse, blackout *n* || **steiler ²** / rapid collapse

Zusammen·drehen der Leiter / twisting of conductors || **~drückbare Dichtung** / compressible gasket || **~fassen** *v* / combine *v*, sum up || **²fassung** *f* / overview *n* || **²fügemaschine** *f* / joining machine || **~fügen** *v* / join *v* || **²fügen** *n* (Kommunikationsnetz) DIN ISO 7498 / reassembling *n*, assemble || **~fügen** *v* (v.Texten u. Daten) / merge *v*
Zusammenführung *f* (DÜ, NC) / junction *n*, OR junction || **²** *f* (DV) / convergence *n*, OR junction
Zusammenbau *m* / assembling *n*, assembly *n*, installation *n*, mounting *n* || **²anleitung** *f* / assembly instructions
zusammengefasste Darstellung / assembled representation
zusammengesetzt *adj* / combined *adj* || **~e Beanspruchung** / combined stress, combined load || **~e Durchführung** / composite bushing || **~e Erregung** / composite excitation || **~e Größe** / multi-variable *n* || **~e Hypothese** DIN 55350,T.24 / composite hypothesis || **~e Isolation** / composite insulation || **~e Kennlinie** / composite characteristic || **~e Konfiguration** (FWT) / composite configuration || **~e Mikroschaltung** DIN 41848 / micro-assembly *n* || **~e Prüfung** DIN IEC 68 / composite test || **~e Schwingung** / complex oscillation || **~e Strahlung** / complex radiation || **~e Zentrifugalkraft** / compound centrifugal force, Coriolis force || **~er Datentyp** / structured data type || **~er Läufer** / fabricated rotor, assembled rotor || **~er Leiter** / composite conductor || **~er Multichip** / multichip assembly, multichip micro-assembly || **~er Spalt** EN 50018 / spigot joint || **~es Schwingungsabbild** DIN IEC 469, T.1 / composite waveform || **~es Verhalten** (Reg.) / composite action
Zusammenhang *m* / correlation *n* || **in ² stehen** / be related
zusammen·hängende Darstellung (Stromlaufplan) DIN 40719,T.3 / assembled representation || **~hängendes Netzwerk** / connected network || **~klappbar** *adj* / collapsable *adj* || **~kuppeln** *v* / couple *v* || **²legen** *n* DIN 8580 / assembling *n* || **~passend** *adj* / compatible *adj* || **²pressung der Manschetten** / loading of preformed rings || **~schalten** *v* / connect together, interconnect *v*, couple *v* || **²schaltung** *f* / interconnector *n*, unit *n* || **~schrauben** *v* / bolt together, screw together || **²setzen** *n* / assembling *n*, assembly *n* || **~setzen** *v* / assemble *v*
Zusammensetzung, stöchiometrische ² / stochiometric composition
Zusammen·spiel *n* / interaction *n* || **~steckbarer Verbinder** / intermateable connector || **²stellung** *f* (Montage) / assembly *n* || **²stellungszeichnung** *f* / assembly drawing || **²stoßwarnlicht** *n* / anti-collision light || **²treffen von Nachrichten** (PMG) / concurrence of messages
zusammenziehen *v* (schrumpfen) / contract *v*, shrink *v* || **~** *v* (verengen) / constrict *v*
Zusatz *m* (Beimengung) / admixture *n*, additive *n* || **²** *m* / supplementary board || **²achse** *f* / special axis || **²aggregat** *n* / booster set || **²angabe** *f* / short code || **²anleitung** *f* / supplementary instructions || **²antrieb** *m* (Schiff) / accessing drive || **²ausrüstung** *f* / additional equipment || **²baugruppe** *f* / supplementary module (or unit), supplementary (sub)assembly, option module, extension assembly || **²baugruppe** *f* (Leiterplatte) / supplementary board || **²baustein** *m* / supplementary module, expansion module || **²beleuchtung** *f* / additional lighting || **²-Baustein** *m* / additional component, supplementary lighting || **²beleuchtung, Tageslicht-** *f* / permanent supplementary artificial lighting (PSAL) || **²bescheinigung** *f* / supplementary certificate || **²bestimmungen** *f pl* / supplementary specifications, particular requirements || **²bestückung** *f* / additional equipment || **²betätiger** *m* / auxiliary actuator || **Lage~betrag** *m* (NC) / position allowance
Zusatz·daten *plt* / additional data || **²drehmoment** *n* / harmonic torque, parasitic torque, stray-load torque, stray torque || **asynchrones ²drehmoment** / harmonic induction torque
Zusatz·einheit *f* / additional unit || **²einrichtung** *f* / supplementary device, complementary device, additional feature, auxiliary device || **²feld** *n* / harmonic field || **²funktion** *f* (Anweisungen, mit denen überwiegend Schaltfunktionen der Maschine oder Steuerung programmiert werden) / supplementary function || **²funktion** *f* (NC) DIN 66025, T.2 / miscellaneous function || **²funktion** *f* (SPS Anweisungen, mit denen überwiegend Schaltfunktionen der Maschine oder Steuerung programmiert werden) / special function || **²gerät** *n* / option *n* || **²-HF-Rauschleistung** *f* / excess RF noise power || **²isolierung** *f* / supplementary insulation IEC 34-1, IEC 335-1 || **²karte** *f* / additional module, additional pcb || **²kompensation** *f* / additional compensation || **²kompensation** *f* (NC) / supplementary compensation || **²kreis** *m* (EZ) / auxiliary circuit || **²kühlsystem** *n* (el. Masch.) / standby cooling system || **²länge** *f* (NC, Werkzeugkorrektur) / additive tool length compensation || **²leiterplatte** *f* / daughter board
zusätzlich·e Ampèrewindungen / additional ampere turns, excess ampere turns || **~e Isolierung** VDE 0530, T.1, VDE 0700, T.1 / supplementary insulation IEC 34-1, IEC 335-1 || **~e Kurzschlussverluste** / stray load loss(es), additional load loss(es) || **~e Trocknung** DIN IEC 68 / assisted drying || **~er Erdschlussschutz** / stand-by earth-fault protection, back-up earth-fault protection || **~er Potentialausgleich** / supplementary equipotential bonding || **~es Drehmoment** / harmonic torque, parasitic torque, stray-load torque, stray torque || **~es Trägheitsmoment** (äußeres Trägheitsmoment) / load moment of inertia
Zusatz·magnetisierung, Stromwandler mit stromproportionaler ²magnetisierung / auto-compound current transformer || **²maschine** *f* / booster *n*, positive booster || **²maschine mit Differentialerregung** / differential booster || **²moment** *n* / harmonic torque, parasitic torque, stray-load torque, stray torque || **²permeabilität** *f* / incremental permeability || **²prüfung** *f* / additional test || **²prüfung** *f* (QS) / penalty test || **²raum** *m* / additional compartment || **Transformator-²regler** *m* / transformer booster || **²schaltung** *f* / supplementary circuit, booster circuit || **²schaltung X** / supplementary X || **²schaltungspendelsollwert** *m* / oscillating speed value of the supplementary

module || **⸛schild** *n* (zum Typenschild) / supplementary data plate, special data plate, lubrication instruction plate || **⸛schwungmasse** *f* (Schwungmasse der Last) / load flywheel || **⸛sockel** *m* (B 3/D 5) / exciter platform, slipring platform || **⸛sollwert** *m* / additional setpoint, correcting setpoint, supplementary setpoint || **⸛spannung** *f* (des einstellbaren Transformators) / additional voltage || **⸛stellung** *f* (Trafo) / boost position, positive boost position || **⸛strom** *m* / boosting current, regulating current, correcting current, field forcing current

Zusatz·transformator *m* / booster transformer, series transformer (US) || **⸛verbraucherbaustein** *m* / additional load module || **⸛verluste** *m pl* / stray loss, stray load loss, additional loss, non-fundamental loss, stray losses || **⸛verluste** *m pl* (Trafo) / supplementary load loss IEC 50(421) || **⸛verlustmoment** *n* / stray loss torque || **Preisregelung für ⸛versorgung** (StT) / supplementary tariff || **⸛verstärker** *m* / booster amplifier, booster *n* || **⸛wicklung** *f* / booster winding, auxiliary winding || **⸛zelle** *f* (Batt.) / end cell

zuschaltbar *adj* / reversible *adj*

Zuschalt·betrieb *m* DIN 41745 / add-on operation || **⸛drehzahl** *f* / switch-in speed

zuschalten *v* (Gen.) / connect (to the system), bring onto load, parallel *v* || ~ *v* (Gerät) / cut in *v*, connect *v*, switch in *v*, bring into circuit || ~ *v* (Last) / connect *v*, throw on *v* || ~ *v* (Mot.) / start *v*, connect to the system || ~ *v* (Rel., Erreichen der Wirkstellung) DIN IEC 255-1-00 / switch *v* IEC 255-1-00 || ~ *v* (Trafo) / connect *v*, connect to the system, connect to the supply || ~ *v* (Ausgang) / enable *v* || ~ *v* (Kfz-Antrieb) / engage *v*

Zuschaltkommando *n* / connecting command

Zuschaltung *f* / switch-on *n* || **gruppenweise ⸛** / switching on group by group

Zuschlag *m* / surcharge *n* || ⸛ *m* (Zugabe) / allowance *n* || ⸛ *m* (Auftrag) / award *n* (of contract) || ⸛ *m* (Zuschlagstoff, Schotter) / aggregate *n* || **⸛mittel** *n* (Schweißmittel) / filler metal, flux *n*

Zuschnitt *m* / pre-cut part || **⸛optimierung** *f* / cut optimization || **⸛säge** *f* / frame saw

Zusetz·- und Absetzmaschine *f* / reversible booster, boost-and-buck machine || **⸛regelung** *f* / boost control

zusichern *v* / assure *v*

Zustand *m* / status *n*, state *n* || **der ⸛ belegt** / the full state || **⸛ der rückläufigen Schleife** IEC 50(221) / recoil state || **⸛ der Schnittstellenfunktion** (PMG) / interface function state || **⸛ der Systemsteuerung** (PMG) DIN IEC 625 / system control state || **in einem ⸛ erwachen** / activate/come to life in a state || **der ⸛ frei** / the spaces state || **in einen ⸛ übergehen** (PMG-Funktion) / enter a state || **einen ⸛ verlassen** / leave a state, exit a state || **nicht verfügbarer ⸛ wegen externer Ursachen** (Teil des nicht verfügbaren Zustandes einer im betriebsfähigen Zustand befindlichen Einheit, welcher durch einen Mangel an erforderlichen externen Mitteln oder durch geplante Handlungen mit Ausnahme der Instandhaltung verursacht ist) / external disabled state (That subset of the disabled state when the item is in an up state, but lacks required external resources or is disabled due to other planned actions than maintenance) || **nicht verfügbarer ⸛ wegen interner Ursachen** (Fehlzustand einer Einheit oder Funktionsunfähigkeit einer Einheit während der Wartung) / internal disabled state, down state (A state of an item characterized either by a fault, or by a possible inability to perform a required function during preventive maintenance) || **durchgeschalteter ⸛** / with conducting output || **eingeschwungener ⸛** (stationärer Z.) / steady-state condition, steady state || **geschlossener ⸛** / closed position || **idealisierter ⸛** (magnet.) / anhysteretic state || **im spannungslosen ⸛** / with the power turned off || **nicht verfügbarer ⸛** (Zustand der Funktionsunfähigkeit einer Einheit aus beliebigem Grund) / disabled state (A state of an item characterized by its inability to perform a required function, for any reason), outage *n* || **zusammengebauter ⸛** / assembled state

zuständig *adj* (QS, maßgebend) / appropriate *adj* || ~ *adj* (QS, befugt) / competent *adj* || ~ *adj* (QS, verantwortlich) / responsible *adj* || **~ und verantwortlich sein** / have the authority and responsibility (for), be competent and responsible (for)

Zuständigkeit *f* / responsibility *n*, area of responsibility || **QS-⸛** *f* / quality management responsibility

Zuständigkeitsbereich *m* / area of responsibility, responsibility *n*

Zustands·abbild *n* / status image || **⸛analysator** *m* / state analyzer || **⸛änderung** *f* / changeover *n*, state change || **⸛änderung** *f* (a. FWT) / change of state, state change || **⸛anzeige** *f* / status display, state indication, status indication || **⸛anzeigetafel** *f* / status display panel (SDP) || **⸛beobachter** *m* / state observer || **⸛bild** *n* / status image || **⸛bit** *n* / status bit, flag *n* || **⸛byte** *n* / status byte || **⸛daten** *plt* / status data || **⸛diagramm** *n* / state diagram, function state diagram || **⸛-Eigenschaften** *f pl* / state properties || **⸛estimation** *f* / state estimator

zustandsgesteuerter Eingang / level-operated input

Zustands·graph *m* (ZG) / state diagram (SD), state transition diagram || **⸛graph** *m* (ZG Reg., eines Schaltwerks) / state graph || **⸛größe** *f* DIN 19229 / internal state variable, state variable || **Theorie der ⸛größen** / state-variable theory || **Auswahl der ⸛gruppe** / status group select (SOS) || **magnetische ⸛kurve** / magnetization curve, B-H curve || **⸛meldung** *f* (PLT) / status signal, status display || **⸛meldung** *f* (a. FWT) / state information || **⸛menü** *n* / state menue || **⸛-Nachbardiagramm** *n* / adjacency table || **SH-⸛diagramm** *n* / SH function state diagram

Zustands·raum *m* / state space || **⸛register** *n* (MPU) / state register || **⸛rückführung** *f* / state feedback || **⸛schaltwerk** *n* / sequential circuit || **⸛schätzung** *f* (Reg., Netz) / state estimation || **RS-Kippglied mit ⸛steuerung** / RS bistable element with input affecting two outputs || **⸛übergang** *m* / state transition || **⸛übergangsbedingung** *f* / state transition condition || **⸛übergangsdiagramm** *n* (Diagramm, das die möglichen Zustände einer Einheit und die zwischen ihnen möglichen einstufigen Übergänge zeigt) / state-transition diagram (A diagram showing the set of possible states of an item and the possible one step transitions between these states) || ²**übergangszeit** *f* (PMG) / state transition time || ²**verknüpfung** *f* (a. PMG) / state linkage, state interlinkage || ²**verwaltung** *f* / status administration || ²**wechsel** *m* (Kippglied) / changeover *n*, state change || ²**wort** *n* / status byte, status word, state byte

Zustell·achse *f* (WZM) / feed axis, infeed axis || **schrägstehende** ²**achse** / inclined infeed axis || ²**betrag** *m* (WZM, Inkrement) / infeed increment || ²**bewegung** *f* (WZM) DIN 6580 / infeed motion || ²**bewegung** *f* (Zylinderschleifmaschine) / plunge-feed motion

zustellen *v* / infeed *v*

Zustell·geschwindigkeit *f* / infeed speed || ²**maß** *n* / amount of infeed || ²**richtung** *f* / infeed direction || ²**schräge** *f* / infeed slope, incline of infeed || ²**tiefe** *f* / infeed depth || ²**tiefe** *f* (Schleifmaschine) / plunge-grind feed, plunge-feed per pass || ²**tiefe** *f* (Vorschub pro Schnitt) / infeed per cut

Zustellung *f* (WZM) / infeed *n*, infeed per cut, feed *n* || ² *f* (WZM, Einstellung) / infeed adjustment, feed setting, adjustment *n*

Zustellwinkel *m* / angle of infeed

Zustimm·schalter *m* / enabling button, enabling switch, enable key, dead monkey key || ²**taste** *f* / enabling button, enabling switch, enable key, dead monkey key

Zustimmungsschalter *m* / enabling button, enabling switch, enable key, dead monkey key

Zuteiler *m* (Bussystem) / arbiter

Zuteilungs·bus *m* / arbitration bus (AB) || ²**prioritätskette** *f* (Bussystem) / grant daisy-chain line || ²**stelle** *f* DIN ISO 8348 / authority *n* || ²**system** *n* / allocation system || ²**system** *n* (LAN) / arbitration system, token-passing system

Zuteilungsverfahren *n* / arbitration system, allocation system || ² *n* (Bussystem) / arbitration *n* || ² *n* (Token-Verfahren) / token passing system

Zuteilungszeit *f* (Bus) / arbitration time

Zutritt *m* / access *n*

Zutritts·anforderung *f* / access request || ²**berechtigung** *f* / access authorization, access level EN 50133-1 || ²**freigabe** *f* / access permission || ²**gruppe** *f* (ZKS) / access group || ²**kontrolle** *f* / access control, security access control || ²**kontrolleinheit** *f* (ZKS) / access control unit || ²**kontrollsystem** *n* / access control system || ²**punkt** *m* (ZKS) / access point || ²**punktleser** *m* / access point reader || ²**punktschnittstelle** *f* / access point interface || ²**punkt-Stellglied und Sensor** (ZSS) / access point actuator and sensor (APAS) || ²**raster** *m* (ZKS) / access grid || ²**versuch** *m* / attempted entry

Zu-· und Absetzschaltung *f* / boost and buck circuit, reversible booster circuit || ²**und Gegenschaltung** *f* / boost and buck connection, reversing connection

zuverlässig *adj* / reliable *adj* || ~ *adj* (fehlertolerant) / fault-tolerant *adj*

Zuverlässigkeit *f* / reliability *n*, dependability *n*

Zuverlässigkeits·abschätzung *f* / reliability estimation || ²**angaben** *f pl* / reliability data || ²-**Audit** *n* IEC 50(191) / reliability and maintainability audit || ²**aufteilung** *f* / reliability apportionment || ²**bestimmungsprüfung** *f* / reliability determination test || ²**bewertung** *f* / reliability assessment, reliability analysis || ²**blockdiagramm** *n* (Blockdiagramm, das für eine oder mehrere Funktionsarten einer komplexen Einheit zeigt, wie Fehlzustände der durch Blöcke dargestellten Untereinheiten oder Kombinationen daraus zu einem Fehlzustand der Einheit führen) / reliability block diagram (Block diagram showing, for one or more functional modes of a complex item, how faults of the subitems represented by the blocks, or combinations thereof, result in a fault of the item) || ²**funktion** *f* DIN 40042 / reliability function || ²**grad** *m* / reliability level || ²**kenngrößen** *f pl* DIN 40042 / reliability characteristics || ²**lenkung** *f* IEC 50(191) / reliability and maintainability control || ²**management** *n* IEC 50(191) / reliability and maintainability management || ²**merkmal** *n* DIN 55350,T.11 / reliability characteristic || ²**modell** *n* IEC 50(191) / reliability model || ²**nachweisprüfung** *f* / reliability compliance test || ²**programm** *n* IEC 50(191) / reliability and maintainability program || ²**prüfung unter Einsatzbedingungen** / field reliability test || ²**prüfung unter Laborbedingungen** / laboratory reliability test || ²**sicherung** *f* IEC 50(191) / reliability and maintainability assurance || ²**sicherungsplan** *m* IEC 50(191) / reliability and maintainability plan || ²**überwachung** *f* IEC 50(191) / reliability and maintainability surveillance || ²**verbesserung** *f* / reliability improvement || ²**wachstum** *n* / reliability growth

Zuwachs *m* (Inkrement) / increment *n* || ²**bemaßung** *f* / incremental dimensioning || ²**kosten** *plt* (KW) / incremental cost (of generation), marginal cost || **gleiche** ²**kosten** / equal incremental costs || ²**kostenverfahren** *n* (SIT) / marginal cost method || ²**permeabilität** *f* / incremental permeability || ²**verfahren** *n* (NC, Pulszählverfahren) / pulse count system || ²**verluste** *m pl* / incremental losses

zuweisen *v* / assign *v*, allocate *v*

Zuweisung *f* / assigning *n* || ² *f* (SPS-Programm) / assignment *n*

Zuweisungs·-Anfangadresse *f* (SPS) / assignment starting address || ²**befehl** *m* / assignment statement || ²**liste** *f* (SPS) / assignment list || **E/A-²liste** *f* / I/O allocation table (controls input and output data relative to channel number and address index position), traffic cop || ²**operator** *m* (SPS-Programm) / assignment operator || ²**parameter** *m* / assignment parameters || ²**zeiger** *m* (SPS) / assignment pointer

ZVEI (Zentralverband Elektrotechnik- und Elektronikindustrie e.V.) / German Electrical and Electronic Manufacturers Association, German electrical industry, ZVEI

Z·-Verstärker *m* (Osz.) / z amplifier, horizontal amplifier || ²-**Verteiler** / plug-in busway system

ZVZ (Zeichenverzugszeit) / character delay time, character delay, digit delay time

ZW / count *n*

Zw. / DC link voltage limit

Zwanglauf *m* / positive movement

Zwangs·auslösung *f* / positive tripping || ²**bedingung** *f* / constraint *n*

zwangs·belüftet *adj* / forced-ventilated *adj*, forced-air-cooled *adj* || ²**belüftung** *f* / forced ventilation, forced-air cooling || ~**betätigt** *adj* / positively driven

Zwangs·dynamisierung *f* / forced dormant error

detection, forced checking procedure || ²folge *f* / forced sequence || ²führung *f* / forced guidance operation || ²führung *f* (SPS, des Bedieners) / operator prompting || ²führung *f* (Kontakte) / positively driven operation

zwangsgeführt·er Öffner / positively driven NC contact || **~es Schaltglied** / positively driven contact, positive-action contact

Zwangs·gleichlauf *m* (LS-Betätigung) / synchronized pole-unit operation || **²kommutierung** *f* (LE) / self-commutation *n* || **²kühlung** *f* (Mittels eines Kühlgebläses mit eigenem Antrieb) / force-cooling *n* || **Schweißen in ²lagen** / positional welding

zwangsläufig·e Betätigung (Kontakte) / positive operation, positive opening (operation) || **~e Einwirkung** (HSS) EN 60947-5-1 / positive drive || **~e Öffnungsbewegung** VDE 0660, T.200 / positive opening operation, positive opening || **~er Antrieb** (Motorantrieb) / positive drive, geared drive, non-slip drive, positive no-slip drive || **~er Antrieb** (HSS) / positive drive || **~es Öffnen** (HSS) / positive opening || **~es Trennen** (vom Netz) / automatic disconnection, disconnection through interlock circuit

Zwangsläufigkeit *f* / positive drive

zwangsöffnender Positionsschalter VDE 0660, T.206 / position switch with positive opening operation

Zwangs·öffnung *f* (Hauptkontakte eines LS) / positive opening operation || **²öffnungskraft** *f* (HSS) / positive opening force || **²öffnungsmoment** *n* / positive opening moment || **²öffnungsweg** *m* (HSS) / positive opening travel || **²schaltung** *f* / positive operation, positive opening operation || **²schmierung** *f* (Lg.) / forced lubrication || **²setzen** *n* (SPS, manuelles Setzen von Ein- o. Ausgängen unabhängig vom Prozesszustand) / forcing *n* || **~setzen** *v* / force *v*, control *v*, set *v*, manipulate *v*, modify *v*

Zwangs·signal *n* / compulsory signal || **²steuern** *n* / sustained force on, sustained force off || **²steuern** *n* (SPS) / permanent forcing, sustained forcing || **²steuern beenden** / force disable || **²steuerung beenden** / force release, force disable || **²synchronisation** *f* (NC) / controlled synchronization || **²trennung** *f* / automatic disconnection || **²trennung** *f* / positive opening, disconnection through interlock circuit || **²umlauf** *m* / forced circulation || **²umwälzung** *f* / forced circulation

Zweck *m* / purpose *n* || **²bau** *m* / utility building, functional buildings

zweckgebunden *adj* / committed *adj*, dedicated *adj*

Zweiachsen·-Bahnsteuerung *f* / two-axis continuous-path control || **²-Bahnsteuerung** *f* (NC) / two-axis contouring control, two-axis continuous-path control || **²theorie** *f* (el. Masch.) / two-reaction theory, direct- and quadrature-axis theory, twoaxis theory, double-reactance theory

zwei·achsige Prüfung (Erdbebenprüf.) / biaxial testing || **~adrig** *adj* / two-core *adj*, 2-wire *adj*

Zweiankermotor *m* / double-armature motor

zweibahniger Wähler (Trafo) / two-way selector, double-system selector

Zwei·bahnkommutator *m* / two-track commutator || **²beinschaltung** *f* (Leitungsschutz) / two-end pilot-wire scheme || **²bereichsrelais** *n* / double-range relay || **²bereichs-Stromwandler** *m* / dual-range current transformer || **²bettkatalysator** *m* / dual-bed catalytic converter || **²bildschirmsystem** *n* / dual-screen configuration

zwei Bürsten in Reihe / brush pair

Zwei-Dekaden-Wurzel *f* / two-decade root

zweidimensionale Bahnsteuerung (NC) / two-dimensional contouring control, two-dimensional continuous-path control || **~ Häufigkeitsverteilung** / scatter *n*, bi-variate point distribution || **~ Kontur** (NC) / two-dimensional contour

Zwei·drahtanschluss *m* / two-wire connection || **²drahtausführung** *f* / two-wire design || **geschirmte und verdrillte ²drahtleitung** / screened and twisted 2-core cable || **verdrillte ²drahtleitung** / twisted pair cable || **²draht-Näherungsschalter** *m* / two-wire proximity switch || **²-Druck-Schalter** *m* (LS) / dual-pressure circuit-breaker, two-pressure breaker || **²-Druck-System** *n* / dual-pressure system, two-pressure gas system || **²ebenenauswuchten** *n* / two-plane-balancing *n*, dynamic balancing || **²ebenenwicklung** *f* / two-plane winding, two-tier winding, two-range winding

zweiebeniger Leuchtkörper / biplane filament

Zwei·einhalbachsensteuerung *f* (NC) / two-and-a-half axis control || **²-Elektroden-Ventil** *n* / two-electrode valve, diode *n* || **²-Energierichtung-Stromrichter** *m* / reversible converter, double-way converter

Zweier·bündel *n* / twin bundle, two-conductor bundle || **²-Komplement** *n* / two's complement, complement on two || **²-Komplement-Darstellung** *f* / two's-complement representation || **²system** *n* / binary (number) system, pure (o. straight) binary numeration system

Zweietagenwicklung *f* / two-tier winding, two-range winding || **² mit gleichen Spulen** / skew-coil winding

zweifach drehzahlumschaltbarer Motor / two-speed motor || **~ eingespeiste Station** / doubly fed station, double-circuit station || **~ gelagerter Läufer** / two-bearing rotor, rotor running in two bearings || **~ geschirmt** / double-shielded *adj* || **~ geschlossene Wicklung** / duplex winding || **~ gespeister Motor** / doubly fed motor || **~ parallelgeschaltete Wicklung** / duplex winding || **~ polumschaltbarer Motor** / two-speed pole-changing motor || **~ schachtelbar** (Programm) / nestable to a depth of two || **~ schachteln** (Programm) / to nest to the depth of two || **~ unterbrechender Leistungsschalter** / double-interruption breaker, two-break circuit-breaker, double-break circuit-breaker || **~ wiedereintretende Wicklung** / doubly re-entrant winding

Zweifach·baustein *m* / two-thyristor module || **²-Befehlsgerät** *n* / dual control station, two-unit control station, twin control station || **²-Bürstenhalter** *m* / twin brush holder, double-box brush holder || **²-Durchgangsdose** *f* / twin through-way box

zweifache Leiterteilung / double conductor splitting || **~ Schachtelung** (Programm) / nesting to a depth of two || **~ Schleifenwicklung** / duplex lap winding, double-lap winding || **~ Wellenwicklung** / duplex wave winding

Zweifach-Einspeisung *f* / double infeed
zweifach·er Wickelkopf / two-plane overhang, two-tier overhang || **~es Untersetzungsgetriebe** / double-reduction gear unit
Zweifach-Flachstecker *m* / twin flat-pin connector, duplex tag connector
zweifachredundant *adj* / double-redundancy *adj*
Zweifach·röhre *f* / double tube || **≗-Rollfederbürstenhalter** *m* / tandem coiled-spring brush holder || **≗sammelschiene** *f* / duplicate busbar(s), double busbar, duplicate bus
Zweifach·tarif *m* (SIT) / two-rate time-of-day tariff, day-night tariff || **≗tarifzähler** *m* / two-rate meter || **≗trenner** *m* / double-break disconnector || **≗-Trennschalter** *m* / double-break disconnector
Zweifach·unterbrechung *f* (Kontakte) / double break (DB) || **≗untersetzung** *f* / double reduction || **≗versorgung** *f* (Einspeisung über 2 Verbindungen) / duplicate supply
Zweifachzähler *m* / dual counter
zweifeldriger Kommutator / two-part commutator
zweifelhaftes Arbeiten (Schutz) / doubtful operation
Zweiflächenbremse *f* / double-disc brake, twin-disc brake
Zweiflanken-ADU *m* / dual-slope ADC
zweiflanken·gesteuertes Flipflop / clock-skewed flipflop || **~gesteuertes JK-bistabiles Element** / data lockout JK bistable element || **JK-Kippglied mit ≗steuerung** / bistable element of master-slave type, master-slave bistable element
Zwei-Flüssigkeiten-Modell *n* / two-fluid model
zweiflutig *adj* / double ported || **~er Kühler** / double-pass heat exchanger
Zwei·frontschalttafel *f* / dual switchboard, back-to-back switchboard, double-fronted switchboard
Zweig *m* (LE, Spannungsteiler) / arm *n* || **≗** *m* (Kontaktplan) / rung *n*, ladder diagram line || **≗** *m* (Stromkreis, Netzwerk) / branch *n* || **≗** *m* (Wickl.) / path *n*, branch *n* || **Parallel~** *m* / parallel circuit || **Verbindungs~** *m* (Netzwerk) / link *n* || **≗ des externen Netzes** / branch of external model || **≗ für die Zustandsestimation** / branch for state estimator
zweigängig *adj* / two-start *adj* || **~e Schleifenwicklung** / duplex lap winding, double-lap winding || **~es Gewinde** / double thread || **~e Wellenwicklung** / duplex wave winding || **~e Wicklung** / two-strand winding, duplex winding
Zweigdrossel *f* (LE) / arm reactor
Zweigebersystem *n* / 2-encoder system
Zweig·element *n* (SR) / circuit valve EN 60146-1-1 || **logisches ≗ende** / logic branch end || **stromlose Dauer eines ≗es** (Teil der Taktperiodendauer, während dem der Zweig keinen Strom führt) / idle interval of an arm (That part of an elementary period in which the arm does not conduct)
zweigipflige Wahrscheinlichkeitsverteilung / bimodal probability distribution
Zweig·leitung *f* / branch line, branch feeder, feeder cable || **≗leitungsabzweigverstärker** *m* / bridger amplifier || **≗leitungsverteiler** *m* (LAN) / feeder splitter
zweigliedriger Tarif / two-part tariff
Zweig·niederlassung *f* / branch *n*, regional office || **≗paar** *n* (LE Zwei mit gleicher Leitungsrichtung geschaltete Hauptzweige) / pair of arms (Two series connected principal arms with the same sense of conduction)
zweigpaar-halbgesteuerte Zweipuls-Brückenschaltung / single-pair controllable two-pulse bridge connection
Zweig·sicherung *f* / arm-circuit fuse, branch fuse, arm fuse || **≗strom** *m* / branch-circuit current || **≗strom** *m* (SR) / current of an arm
Zweihand·-Bedienpult *m* / two-hand operation console || **≗bedienung** *f* / two-hand operation || **≗-Befehlsgerät** *n* / two-hand control device || **≗einrückung** *f* / two-handed engaging || **≗griff** *m* / handle for two-hand operation || **≗schaltung** *f* / two-hand control || **≗-Steuergerät** *n* / two-hand control unit
Zweikanal·anlage *f* (KT) / dual-conduit system || **≗auswahl** *f* / one-of-two channel selection (o. selector) || **≗einschub** *m* (LAN-Komponente) / two-channel module
zweikanalig *adj* / two-channel *adj*, dual-port *adj* || **~er Aufbau** (SPS, zweifachredundanter A.) / double-redundancy combination || **~er Regler** / two-loop controller || **~ querschlusssicher** / with two ducts to prevent crossover
Zweikanaligkeit *f* / dual-channel redundancy, redundancy *n*
Zweikanal·-Oszilloskop *n* / dual-trace oscilloscope || **≗regler** *m* / two-channel controller || **≗-Relaissteuerung** *f* / two-channel relay control || **≗-Speicheroszilloskop** *n* / dual-trace storage oscilloscope
Zweikomponenten·-Beleuchtung *f* / two-component lighting, two-component illumination || **≗gerät** *n* / two-element device || **≗kleber Araldit** / 2-component Araldit adhesive || **≗-Messeinrichtung** *f* / two-component measuring system
Zwei-Koordinaten-Instrument *n* / XY instrument
zweikränziger Tachogenerator / two-system tacho-generator
Zweikreisgoniometer *n* / two-circle goniometer, theodolite goniometer
zweikreisiges LC-Filter / double-tuned-circuit LC filter
Zweilagenverdrahtung *f* (IS) / two-layer metallization
Zweilampen-Vorschaltgerät *n* / twin-lamp ballast, twin-tube ballast
zwei·lampige Leuchte / twin-lamp luminaire || **~lappige Rohrschelle** / conduit saddle, saddle *n*
Zwei·laufcompiler *m* / two-pass compiler || **≗-Leistungsschalter-Anordnung** *f* / two-breaker arrangement
Zweileiter·anschluss *m* / two-wire connection || **≗-Gleichstromkreis** *m* / two-conductor d.c. circuit, two-wire d.c. circuit || **≗-Gleichstromzähler** *m* / d.c. two-wire meter || **≗netz** *n* / two-wire system || **≗-Prinzip** *n* / two-wire principle || **≗schaltung** *f* / two-wire connection, two-wire circuit || **≗-Signal** *n* / two-wire signal || **≗steuerung** *f* / 2 wire control || **≗zähler** *m* / two-wire meter
Zweilochwicklung *f* / two-slots-per-phase winding
zweimalige Kurzunterbrechung / double-shot reclosing
Zwei·mantelkabel *n* / two-layer-sheath cable || **≗massenschwinger** *m* (ZMS) / two-mass vibrational system || **≗metallkontakt** *m* / bimetal contact || **≗motorenantrieb** *m* / dual-motor drive, twin motor drive || **≗motoren-Stellantrieb** *m* / dual-

motor actuator
zweiohriges Hören / binaural sensation
Zwei·-Parameter-Hüllkurve *f* / two-parameter envelope || **≗-Parameter-Linienzug** *m* / two-parameter reference line || **≗periodenschalter** *m* / two-cycle breaker
Zweiphasen·-Dreileiternetz *n* / two-phase three-wire system || **≗-Dreileiterwicklung** *f* / two-phase three-wire winding || **≗induktionsmotor** *m* / two-phase induction motor || **≗maschine** *f* / two-phase machine, double-phase machine || **≗schaltung** *f* / two-phase circuit || **außen verkettete ≗schaltung** / externally linked two-phase three-wire connection || **innen verkettete ≗schaltung** / internally linked two-phase four-wire connection || **≗-Spannungsquelle** *f* / two-phase voltage source || **≗-Spannungsquelle mit π/2 Phasenverschiebungswinkel** / quarter-phase voltage source || **≗-Vierleiternetz** *n* / two-phase four-wire system || **≗-Vierleiterwicklung** *f* / two-phase four-wire winding || **≗-Wechselstrom-Wirkverbrauchszähler** *m* / two-phase kWh meter
zweiphasig *adj* / two-phase *adj*, double-phase *adj* || **~e Bahnsteuerung** (NC) / contouring system with velocity vector control || **~er Erdschluss** / double-phase-to-earth fault, two-line-to-ground fault, double-line-to-earth fault, phase-earth-phase fault, double fault || **~er Fehler** / phase-to-phase fault, line-to-line fault, double-phase fault || **~er Kurzschluss** / phase-to-phase fault, line-to-line fault, double-phase fault || **~er Kurzschluss mit Erdberührung** / two-phase-to-earth fault, line-to-line-grounded fault, phase-to-phase fault with earth, double-phase fault with earth || **~er Kurzschluss ohne Erdberührung** / phase-to-phase fault clear of earth, line-to-line ungrounded fault || **~er Stoßkurzschlussstrom** / maximum asymmetric two-phase short-circuit current
Zweiplatzsystem *m* / two-user system || **koordiniertes ≗** / coordinated two-user system
Zweipol *m* / two-terminal network, two-port *n* (network) || **elementarer ≗** / two-terminal circuit element || **elementarer linearer ≗** / linear two-terminal circuit element || **≗element** *n* / two-terminal component
zweipolig *adj* / two-pole *adj*, double-pole *adj* (DP), bipolar *adj* || **~e HGÜ** / bipolar HVDC system || **~e HGÜ-Verbindung** / bipolar HVDC link, bipolar d.c. link || **~e Leitung** / bipolar line || **~er Ausschalter** (Schalter 1/2) VDE 0630 / double-pole one-way switch (CEE 24) || **~er Kurzschluss** / double-phase-to-earth fault, two-line-to-ground fault, double-line-to-earth fault, phase-earth-phase fault, phase-to-phase fault, line-to-line fault, double-phase fault, double fault || **~er Kurzschluss mit Erdberührung** / two-phase-to-earth fault, double-line-to-ground fault, line-to-line grounded fault || **~er Kurzschluss ohne Erdberührung** / phase-to-phase fault clear of earth, line-to-line ungrounded fault || **~er Leistungsschalter** / two-pole circuit-breaker || **~er Leitungsschutzschalter** / two-pole circuit-breaker, double-pole m.c.b. || **~er Stecker mit Schutzkontakt** / two-pole-and-earthing-pin plug || **~er Umschalter** / double-pole double-throw switch (DPDT) || **~er Wechselschalter** (Schalter 6/2) VDE 0632 / double-pole two-way switch (CEE 24), two-way double-pole switch || **~er Wechselstrom-Wirkverbrauchszähler** / two-phase kWh meter || **~es HGÜ-System** / bipolar HVDC system || **~e Steckdose mit Schutzkontakt** / two-pole-and-earth socket-outlet || **~ isolierter Spannungswandler** / unearthed voltage transformer IEC 50(321), ungrounded potential transformer
Zweipol·kondensator *m* / two-terminal capacitor || **≗maschine** *f* / two-pole machine, bipolar machine || **≗netzwerk** *n* / two-terminal network || **≗-Stufenschalter** *m* (Trafo) / two-pole tap changer
Zweipuls·-Brückenschaltung *f* (LE) / two-pulse bridge connection || **≗-Mittelpunktschaltung** *f* (LE) / double-pulse centre-tap connection || **≗-Verdopplerschaltung** *f* VDE 0556 / two-pulse voltage doubler connection IEC 119 || **≗-Vervielfacherschaltung** *f* VDE 0556 / two-pulse voltage multiplier connection IEC 119
Zwei-Punkte-Zug *m* (NC) / two-point cycle (o. definition)
Zweipunkt·-Fernübertragung, HGÜ-≗ *f* / two-terminal HVDC transmission system || **≗linie** *f* / two-point line || **≗regelung** *f* / two-step control, two-level control, bang-bang control, on-off control, high-low control || **≗regler** *m* / two-position controller, two-state (o. two-step) controller, bang-bang controller, on-off controller || **≗signal** *n* / binary signal || **≗verhalten** *n* / two-step action IEC 50(351), two-level action
Zwei·quadrantenantrieb *m* / two-quadrant drive, driving and braking drive || **≗-Quadrant-Stromrichter** *m* / two-quadrant converter || **≗rampen-ADU** *m* / dual-slope ADC
zweireihig·e Anordnung (ET) / two-tier arrangement || **~er Steckverbinder** / two-row connector, double-row connector || **~es Lager** / double-row bearing
Zweirichtungs·anzeige *f* (NC) / bidirectional readout || **≗befehl** *m* / bidirectional command || **≗bus** *m* / bidirectional bus || **≗-CPS** *n* EN 60947-6-2 / two-direction CPS || **≗-HGÜ-System** *n* / reversible HVDC system || **≗starter** *m* / two-direction starter || **≗thyristor** *m* / bidirectional thyristor || **≗-Thyristordiode** *f* / bidirectional diode thyristor, Diac *n* || **≗-Thyristortriode** *f* / bidirectional triode thyristor, Triac *n* || **≗transistor** *m* / bidirectional transistor
Zwei-Richtung-Stromrichter *m* / reversible converter, double-way converter
Zweirichtungs·ventil *n* (LE) / bidirectional valve, bidirectional electronic valve || **≗verkehr** *m* (FWT) / bidirectional traffic || **≗zähler** *m* / reversible counter, bidirectional counter
Zwei·säulen-Trennschalter *m* VDE 0670,T.2 / two-column disconnector IEC 129 || **≗schenkelkern** *m* (Trafo) / two-limb core, two-leg core
Zweischicht-Fassspulenwicklung *f* / double-layer barrel winding || **≗material** *n* / duplex material || **≗wicklung** *f* / double-layer winding, two-layer winding, two-coil-side-per-slot winding
Zweischlittendrehmaschine *f* / double-slide turning machine
zweischneidig *adj* / double-edged *adj*
Zwei·schrittladung *f* (Batt.) / two-step charge, two-rate charge || **≗schrittverfahren** *n* (A/D-Wandler) / dual slope method || **≗schwimmer-Buchholzrelais** *n* / two-float Buchholz relay, double-float Buchholz

protector || ~seitenband *n* (ZSB) / double sideband (DSB) || ~seitenbandübertragung *f* / double sideband transmission
zweiseitig beaufschlagt / mutually admitted || **~e Belüftung** / double-ended ventilation || **~e Einspeisung** / dual feeder, two-way supply, dual service || **~e Steuerung** / bilateral control || **~er Antrieb** / bilateral drive (o. transmission) || **~er Linear-Induktionsmotor** / double-sided linear induction motor (DSLIM) || **~er Linearmotor** / double-sided linear motor || **~es Abmaß** / bilateral tolerance || **~es Getriebe** / bilateral gear(ing) || **~ gesockelte Lampe** / double-ended lamp || **~ gesockelte Soffittenlampe** / double-capped tubular lamp || **~ gespeiste Leitung** / doubly fed line, dual-feeder mains || **~ gespeister Fehler** / fault fed from both ends || **~ symmetrischer Kühlkreislauf** / double-ended symmetrical cooling circuit || **~ wirkendes Lager** / two-direction thrust bearing
Zwei·stabwicklung *f* / double-layer bar winding || **~stiftsockel** *m* / two-pin cap, bi-pin cap, bipost cap
zweistöckiger Lüfter / two-tier fan
Zweistofflegierung *f* / two-element alloy
Zweistrahl *m* (Kfz-Einspritzventil) / split stream
Zweistrahler *m* / two-beam oscilloscope, dual-trace oscilloscope
zweistrahliges Feuer / bi-directional light
Zweistrahl·-Oszilloskop *n* / two-beam oscilloscope, dual-trace oscilloscope || **~röhre** *f* (mit getrennten Elektronenstrahlerzeugern) / double-gun CRT
zweisträngig *adj* (zweiphasig) / two-phase *adj*, double-phase *adj* || **~e Wicklung** / two-phase winding
Zweistufen·anlasser *m* / two-step starter || **~-Druckölverfahren** *n* / stepped-seat oil-injection expansion method || **~kupplung** *f* / two-speed clutch || **~relais** *n* / two-step relay || **~sitz** *m* / two-step seating || **~-Stromwandler** *m* / dual-range current transformer || **~wicklung** *f* / two-range winding, double-tier winding
zweistufig·e Kurzunterbrechung / double-shot reclosing || **~e Pumpe** / two-stage pump || **~er Erdschlussschutz** / two-step earth-fault protection || **~es Untersetzungsgetriebe** / double-reduction gear unit
Zwei·stützer-Drehtrenner *m* / two-column disconnector, centre-break rotary disconnector || **~systemleitung** *f* / double-circuit line
Zweitadresse *f* (PMG) / secondary address
Zwei·tarifauslöser *m* / two-rate price-changing trip, two-rate trip || **~tarifeinrichtung** *f* / two-rate price-changing device || **~tarif-Summenzählwerk** *n* / two-rate summator || **~tarifzähler** *m* / two-rate meter || **~tastentrennung** *f* / two-key rollover
zweite Bewegung parallel zur X-Achse (NC-Adresse) DIN 66025,T.1 / secondary dimension parallel to X (NC) ISO/DIS 6983/1 || **~ Wahl** (Blech) / second grade
zweiteilig *adj* / two-part *adj*, split *adj*, made in two parts || **~er Kommutator** / two-part commutator || **~er Ständer** / split stator, split frame || **~er Steckverbinder** / two-part connector || **~es Gehäuse** / split housing, split frame
zweiter Durchbruch (HL) / second breakdown || **~ Schall** / second sound || **~ Vorschub** (NC) DIN 66025,T.1 / second feed function (NC) ISO/DIS 6983/1
Zweit·fehlereintrittszeit *f* / time of occurrence of second fault (o. error) || **~impulsbildung** *f* (LE) / second-pulse generation || **~impulslöschung** *f* (LE) / second-pulse suppression (o. inhibition) || **~luft** *f* / secondary air
Zweitor *n* / two-port network || **~ in Kreuzschaltung** / lattice network || **~ in L-Schaltung** / L-network *n* || **~ in T-Schaltung** / T-network *n* || **~ in überbrückter T-Schaltung** / bridged-T network
Zweitraffination *f* (Isolierflüssigk.) / re-refining *n*
Zweitwicklung *f* / secondary winding
Zweiwattmeterschaltung *f* / two-wattmeter circuit
Zweiweg·kommunikation *f* / two-way communication || **~-RAM** *n* / dual-port RAM || **~schaltung** *f* (SR) / double-way connection (converter), two-way connection || **~schließer** *m* / two-way make contact || **~-Stromrichter** *m* / reversible converter, double-way converter || **~tafel** *f* DIN 55350,T.23 / two-way table || **~übertragung** *f* / duplex transmission
Zwei·wickler-Trafo *m* / two-winding transformer || **~wicklungs-Synchrongenerator** *m* / double wound synchronous generator || **~wicklungstransformator** *m* / two-winding transformer || **~zeiler** *m* / double subrack || **~zeiler-Variante** *f* / two-tier version
zweizeilig *adj* / 2-line *adj* || ~ *adj* (a. LCD-Anzeigefeld) / two-line *adj* || ~ *adj* (BGT, IV) / two-tier *adj* || **~er Geräteaufbau** / two-tier configuration
Zweizonen-Transistor *m* / unijunction transistor (UJT)
zwei·zügiger Kanal / two-duct trunking, twin-compartment duct(ing) || **~zustandsgesteuertes Element** / pulse-triggered element || **Kippglied mit ~zustandssteuerung** / master-slave bistable element
zweizweigige Wicklung / two-circuit winding
Zweizyklenauswertung *f* / two-cycle evaluation
Zwerg·lampe *f* / pygmy lamp, miniature lamp || **~polrelais** *n* / sub-miniature polarized relay
Zwickel *m* / interpolar gap || **~abstand** *m* / interpolar distance || **~-Endenabschluss** *m* / spreader-head sealing end || **~füllung** *f* (Kabel) / filler *n* || **~ölkabel** *n* / ductless oil-filled cable
Z-Widerstand *m* / zener resistance
Zwielichtsehen *n* / mesopic vision
Zwillings·aggregat *n* / twin set || **~antrieb** *m* / twin drive, dual drive, two-motor drive || **~betrieb** *m* / master-slave operation || **~bürste** *f* / split brush || **~bürste aus zwei Qualitäten** / dual-grade split brush || **~bürste mit Metallwinkel** / split brush with metal clip || **~-Doppelantrieb** *m* / double twin drive || **~ebene** *f* (Kristall) / twin plane || **~kabel** *n* / twin cable BS 4727, Group 08 || **~kontakt** *m* / twin contact || **~leiter** *m* / twin conductor || **~leitung** *f* / twin cord, twin tinsel cord || **~leitung** *f* (HO3HV-H) VDE 0281 / flat twin flexible cord || **leichte ~leitung** (HO3VH-Y) VDE 0281 / flat twin tinsel cord || **~öffner** *m* DIN 40713 / contact with two breaks IEC || **~schließer** *m* DIN 40713 / contact with two makes IEC 117-3 || **~stiftverbindung** *f* / twin-post connection || **~-Umkehrwalzmotor** *m* / twin reversing mill motor
Zwinge *f* (el. Verbinder) / ferrule *n*, clamp *n*
zwingend notwendige Information / mandatory information

Zwirnmaschine *f* / twisting frame
Zwischen·abdeckstreifen *m* / intermediate covering strip, intermediate covering strips || **≗ablage** *f* / clipboard *n* || **≗abschirmung** *f* / interposing screen || **≗anschluss** *m* (LE) / intermediary terminal || **≗anstrich** *m* / intermediate coat || **≗band** *n* / intermediate belt || **≗baugruppe** *f* / intermediate assembly || **≗behälter** *m* (Druckluftanlage) / receiver *n* || **≗bericht** *m* / progress report || **≗bestand** *m* (QS) DIN 40042 / intermediate survivals || **auf einen ≗bestand bezogene Ausfallgrößen** DIN 40042 / failure characteristics with regard to intermediate survivals || **≗blech** *n* / adapter plate
Zwischenbürsten·generator *m* / cross-field generator, amplidyne generator || **≗maschine** *f* / cross-field machine, metadyne *n*, amplidyne *n* || **≗umformer** *m* / metadyne transformer || **≗-Verstärkermaschine** *f* / amplidyne *n*
Zwischen·code *m* / pseudo-code *n* || **interne ≗darstellung** / internal intermediate representation || **≗decke** *f* / false ceiling || **≗dose** *f* / through-way box, through-box *n* || **≗echo** *n* / intermediate echo || **≗elektrode** *f* / intermediate electrode || **≗fassung** *f* / lamp-cap adaptor || **≗flansch** *m* / adapter flange || **≗form** *f* (Werkstück) / intermediate form
Zwischenfrequenz *f* (ZF) / intermediate frequency (IF) || **≗-Unterdrückungsfaktor** *m* / intermediate-frequency rejection ratio || **≗verstärker** *m* / intermediate-frequency amplifier (IFA)
Zwischen·geschoss *n* / mezzanine floor, semi-basement floor || **≗getriebe** *n* / interposed gearing, intermediate gears || **≗getriebe** *n* (BK-Schalter) / bell-crank mechanism || **≗größe** *f* / internal state variable || **≗größe** *f* / intermediate size, state variable || **≗halter** *m* / intermediate holder, intermediate holders || **≗harmonische** *f* / sub-harmonic *n* || **≗hochlaufzeit** *f* / inter-cycle re-acceleration time || **≗holm** *m* / intermediate stay || **≗joch** *n* / intermediate yoke, magnetic shunt yoke || **≗klemme** *f* / intermediate terminal, distribution terminal (block) || **≗klemmenkasten** *m* / auxiliary terminal box
Zwischenkreis *m* (Trafo) / intermediate circuit || **≗** *m* (SR, LE) / DC link || **geregelter 300 V ≗** / controlled 300 V constant DC link || **≗anschluss** *m* / DC link terminal || **≗batterie** *f* (SR, Kondensatoren) / DC-link capacitors || **≗brückengleichrichter** *m* / rectifier bridge || **≗drossel** *f* (LE, i. Gleichstromzwischenkreis) / d.c.-link reactor || **≗-Drossel** *f* / link reactor || **≗einstellung** *f* (Trafo) / tap changing in intermediate circuit, intermediate circuit adjustment, regulation in intermediate circuit || **≗erfassung** *f* / DC link sensing || **≗führung** *f* (LE) / (converter) link commutation || **≗-Gleichrichter** *m* / indirect rectifier || **≗-Gleichspannung** *f* / DC-link voltage || **≗-Gleichstromumrichter** *m* / indirect d.c. converter, a.c.-link d.c. converter || **≗leistung** *f* / intermediate current power, DC link power || **≗lösung** *f* / DC link solution || **≗regelung** *f* (LE, Gleichstromzwischenkreis) / (closed-loop) d.c. link control
Zwischenkreis·schiene *f* / DC link busbar || **≗schnellentladung** *f* / DC link rapid discharge option || **≗sicherung** *f* / DC link fuse || **≗-Spannungsbegrenzung** *f* / DC-link voltage limiter || **≗spannungsschwellwert** *m* / threshold DC-link voltage || **≗strom** *m* / intermediate circuit current, DC link current || **≗stromrichter** *m* / link converter
Zwischenkreis-Stromrichter *m* (m. Gleichstromzwischenkreis) / d.c. link converter, indirect converter || **≗** *m* (m. Wechselstromzwischenkreis) / a.c. link converter || **≗ mit eingeprägtem Strom** / current-source DC-link converter, current-controlled converter || **≗ mit eingeprägter Spannung** / voltage-source converter, voltage-link a.c. converter, voltage-controlled converter
Zwischenkreis·taktung *f* / d.c. link pulsing module || **≗taktung** *f* (LE, Gleichstromzwischenkreis) / d.c. link pulsing, d.c. link control || **≗überspannung** *f* / DC link overvoltage || **≗umrichter** *m* / indirect converter, d.c. link converter, a.c. link converter || **≗verschienung** *f* / DC link bus module || **≗-Wechselrichter** *m* (Wechselrichter mit Gleichstrom-Zwischenkreis) / indirect inverter (An inverter with an intermediate d.c. link) || **≗-Wechselstrom-Umrichter** *m* / indirect a.c. (power) converter, d.c. link converter
Zwischen·kühler *m* / inter-cooler *n*, intermediate cooler || **≗kühlkreis** *m* / intermediate cooling circuit || **≗lage** *f* / intermediate layer, interlayer *n*, separating layer || **≗lage** *f* (Wickl., Zwischenschieber) / separator *n* || **≗lage** *f* (Abstandhalter) / spacing layer, spacer *n* || **≗lager** *n* / intermediate bearing || **≗magazin** *n* / buffer magazine, intermediate-result flag || **≗merker** *m* (SPS) / intermediate flag || **≗messung** *f* (a. QA) / intermediate measurement || **≗modulation** *f* / intermodulation *n*
Zwischen·phase *f* / interphase *n* || **≗platte** *f* / adaptor plate || **≗platte** *f* (Steckdose) / intermediate plate || **≗platte** *f* (Trennstück) / separator *n*, barrier *n* || **≗platte** *f* (Reihenklemmen) / barrier *n* || **≗plattenventil** *n* / sandwich-plate valve || **≗position** *f* / intermediate position || **≗positionierung** *f* / intermediate position || **≗prüfung** *f* / interim test, intermediate test || **≗prüfung** *f* (Qualitätsprüfung während der Realisierung einer Einheit) / intermediate inspection and testing, manufacturing inspection, interim review || **≗prüfung** *f* (in der Fertigung Qualitätsprüfung während der Realisierung einer Einheit) / in-process inspection, in-process inspection and testing, line inspection || **≗punkt** *m* (siehe Interpolation) / intermediate point, interpolation point || **≗punkt** *m* (NC) / intermediate point || **≗rad** *n* / idler gear, idler *n*, intermediate gear || **Zahnradgetriebe mit ≗rad** / intermediate-wheel gearing || **≗rahmen** *m* / coupling frame || **≗raum** *m* / clearance *n*, interspace *n*, spacing *n*, gap *n*, distance *n*, interval *n* || **Ausfüllen der ≗räume** / filling the spaces
Zwischenraumzeichen *n* (NC, CLDATA-Wort) / blank *n* ISO 3592 || **eingefügtes ≗** / embedded space || **≗ innerhalb eines Felds** / embedded space
Zwischen·revision *f* / intermediate inspection and testing, in-process inspection and testing, in-process inspection, manufacturing inspection, intermediate inspection, interim review, line inspection || **≗ring** *m* / spacing ring, intermediate ring, lubricant ring, lantern ring || **≗rohr** *n* (Kuppl.) / spacer tube
Zwischen·satz *m* / intermediate block || **≗schale** *f* /

intermediate shell piece || ≗**schaltung** *f* / using *n* || ≗**schaltverstärkung** *f* / insertion gain || ≗**schicht** *f* (Isol.) / interlayer insulation, interlayer *n* || ≗**schicht** *f* (Kabel, Polster) / bedding *n* || ≗**schicht** *f* (ESR-Kathode) / interface layer, cathode interface layer || ≗**schicht** *f* (Anstrich) / intermediate coat || ≗**schieber** *m* (Wickl.) / separator *n* || ≗**sicherung** *f* / intermediate save || ≗**spann** *m* (DV) / spacer *n*

Zwischenspannung *f* / intermediate voltage || ≗ **bei offenem Stromkreis** (Wandler) / open-circuit intermediate voltage

Zwischenspannungs·anschluss *m* (a. Wandler) / intermediate-voltage terminal || ≗**kondensator** *m* (kapazitiver Spannungswandler) / intermediate-voltage capacitor || ≗**wandler** *m* / voltage matching transformer

Zwischenspeicher *m* (ZWSP) / buffer storage, buffer memory, buffer *n*, temporary storage, buffer location || ≗ *n* (Signalspeicher, Speicher-Flipflop) / latch *n* || ≗**magazin** *n* (vgl. Zwischenspeiche) / buffer magazine

zwischenspeichern *v* / buffer *v*, store temporarily

Zwischen·speicherplatz *m* (ZWSP) / temporary storage, buffer location || ≗**speicherung** *f* (SPS, NC) / temporary storage, storage in buffer || ≗**status** *m* / intermediate status || ≗**stecker** *m* / adaptor *n*, mounting adapter || ≗**stecker** *m* / adapter plug, socket adapter, plug adapter, intermediate accessory, adapter *n*, adapter block || ≗**stellung** *f* (Schalter, Störstellung) / intermediate position, off-end position, intermediate state information || ≗**stiel** *m* / intermediate stay || ≗**streifen** *m* (Wickl.) / separator *n* || ≗**stromwandler** *m* / current matching transformer || ≗**stück** *n* / adapter *n*, shaft coupling, intermediate unit, flexible unit, plain bonnet extension || ≗**stück** *n* (Wickl., Abstandsstück) / packing element, spacer *n* || ≗**stutzen** *m* / intermediate supports, intermediate gland || ≗**summe** *f* / sub-total *n* || ≗**system** *n* / intermediate system, relay system

Zwischen·ton *m* (Farbton) / binary hue || ≗**träger** *m* / subcarrier *n* || ≗**träger-Frequenzmodulation** *f* / subcarrier frequency modulation || ≗**transformator** *m* / matching transformer, adapter transformer, interposing transformer, interstage transformer || ≗**transformator** *m* (f. Mot.) / rotor-circuit transformer || **Kondensationssatz mit ≗überhitzung** / condensing set with reheat || ≗**überhitzungsdampfmenge** *f* / reheat steam flow || ≗**verstärker** *m* (LWL-Verbindung) / regenerative repeater || ≗**verstärker** *m* (Übertragungsstrecke) / repeater *n* || ≗**wand** *f* / intermediate wall || ≗**wand** *f* (FSK) / partition *n* || ≗**wandler** *m* / matching transformer, interposing transformer || ≗**weg** *m* / intermediate path || ≗**welle** *f* / jack shaft || ≗**welle** *f* (Bahn) / quill shaft || ≗**welle** *f* (m. eigenem Lg.) / jack shaft || ≗**welle** *f* (SG) / intermediate shaft || ≗**wert** *m* / intermediate value || ≗**wert** *m pl* / intermediate values || ≗**winkel** *m* / incremental angle (840C), indexing angle || ≗**zähler** *m* / section meter, submeter *n* || ≗**zahlung** *f* / intermediate payment || ≗**zählung** *f* (EZ) / submetering *n* || ≗**zeile** *f* (ET, BGT) / spacer panel || ≗**zustand** *m* / intermediate state

Zwitter·-Kontakt *m* / hermaphroditic contact || ≗**-Steckverbinder** *m* / hermaphroditic connector

Zwölfpulsigkeit *f* / 12-pulse operation

Zwölfpunktschreiber *m* / twelve-channel dotted-line recorder

ZWSP (Zwischenspeicherplatz) / buffer temporary storage, buffer location || ≗ (Zwischenspeicher) / temporary storage, buffer memory, buffer storage, buffer, buffer location

Zyklen·anwahl *f* / cycle select || ≗**compiler** *m* / cycle compiler

zyklengesteuert *adj* / cycle-controlled *adj*

Zyklen·kette *f* / cycle chain || ≗**maschinendatenspeicher** *m* / cycle machine data memory || ≗**maschinendatum** *n* / cycle machine data (MDC) || ≗**programm** *n* / cycle program || ≗**programmiersprache** *f* / cycle language (CL) || ≗**reihe** *f* / cycle series || ≗**settingdatenspeicher** *m* / cycle setting data memory || ≗**settingdatum** *n* / cycle setting data, SDC || ≗**signal** *n* / cycle signal || ≗**speicher** *m* / cycle memory || ≗**sperre** *f* (ZSP) / cycle disable, cycle inhibit || ≗**sprache** *f* / cycle language (CL) || ≗**sprache CL 800** / CL 800 cycle language || ≗**zeit** *f* / cycle time, cycle duration, scan time

zyklisch *adj* / cyclic *adj* || **~/absolutes Messverfahren** / cyclic/absolute measuring system

Zyklisch-Absolutverfahren *n* / cyclic-absolute procedure

zyklisch·e Bevorzugung (Schutzauslösung) / cyclic priority || **~e Blockprüfung** / cyclic redundancy check (CRC) || **~e Programmbearbeitung** / cyclic program processing || **~e Spannungsänderung** (langsame, quasi-periodische Änderungen in einem Netzpunkt im Tages- Wochen- oder Jahresrhythmus) / cyclic voltage variation IEC 50(604) || **~e Übertragung** (FWT) / cyclic transmission || **~er Betrieb** (FWT) / cyclic transmission || **~er Code** / cyclic code || **~er Datenverkehr** / cyclic data transfer, cyclic data communication || **~er Umsetzer** / cyclic converter, stage-by-stage converter || **~es Abtasten** / scanning *n*, cyclic sampling || **~ freilaufende Abfrage** / cyclic asynchronous scan

Zykloidenverzahnung *f* / cycloidal gearing, cycloidal gear teeth, cycloidal teeth

Zyklus *m* / clock *n*, clock pulse, pulse frequency, intake stroke || ≗ *m* (a.in) IEC 50(101) / cycle *n* || ≗ *m* (Ein festgelegtes Programm für sich wiederholende Bearbeitungsvorgänge, das durch eine einzige Anweisung aufgerufen werden kann) / scan cycle || **freier** ≗ (FZ) / user assignable cycle, free cycle (FC) || **handbedienter** ≗ (NC) / manual cycle || ≗**anfang** *m* / start of cycle || ≗**dauer** *f* / cycle time, cycle duration, scan time || ≗ **für Lesen mit modifiziertem Rückschreiben** / read-modify-write cycle || ≗ **für seitenweisen Betrieb** / page mode cycle || ≗**kontrollgerät** *n* (MSR-Systeme) / cycle watchdog || ≗**kontrollpunkt** *m* / cycle control point, cycle checkpoint, scan cycle check point || ≗**programmierung** *f* / cycle programming || **Normalpflicht-≗prüfung** *f* / standard operating duty cycle test || ≗**raster** *m* / cycle grid || ≗**sperre** *f* (ZSP) / cycle disable, cycle inhibit || ≗**steuerung** *f* / scan cycle control

zyklussynchron / cycle-synchronous *adj*, in cyclic synchronism

Zyklus·trigger *m* / cycle trigger || ≗**überlastung** *f* / cycle overload || ≗**überwachung** *f* (SPS, Abfrageüberwachung) / scan monitor ||

≗**überwachungszeit** *f* / scan cycle monitoring time
Zykluszeit *f* / cycle time, cycle duration || ≗ *f* (zykl. Abtasten) / scan time || ≗**belastung** *f* / scan time on-load || ≗**messung** *f* / cycle time measurement || ≗**triggerung** *f* / cycle time triggering || ≗**überschreitung** *f* / time-out *n* (TO), scan time exceeded, scan time exceeded, TO (time-out) || ≗**überwachung** *f* / watchdog *n*, scan time monitoring || ≗**überwachung** *f* (SPS) / cycle time monitoring, scan time monitor
Zylinder *m* / casing *n*, element *n* || ≗ *m* (Tragzylinder f. Trafo-Wickl.) / barrel *n*, cylinder *n* || ≗**antrieb** *m* / drive *n* || ≗**bahn** *f* / cylinder path || ≗**bahninterpolation** *f* (Geradeninterpolation und Kreisinterpolation zwischen einer linearen Achse und einer Rundachse) / cylindrical interpolation (The combination of linear interpolation in one axis and circular interpolation in a rotary axis) || ≗**dichtung** *f* / cylinder seal || ≗**form** *f* / cylindricity || ≗**formtoleranz** *f* / cylindricity tolerance || ≗**füllungssteller** *m* (Kfz) / cylinder charge actuator || ≗**füllungssteuerung** *f* (Kfz) / cyclinder charge control, charging system control || ≗**funktion** *f* / Bessel function || ≗**geschwindigkeit** *f* / cylinder speed || ≗**gewinde** *n* / cylindrical thread || ≗**inhalt** *m* / swept volume, displacement *n* || ≗-**Innenmantelfläche** *f* / cylinder internal jacket surface || ≗**interpolation** *f* / cylindrical interpolation (The combination of linear interpolation in one axis and circular interpolation in a rotary axis) || ≗**kammer** *f* (Debye-Scherrer-Kammer) / powder camera, Debye-Scherrer camera || ≗**kern** *m* / cylinder core || ≗ **Kolbenstangendurchmesser** / cylinder piston rod diameter || ≗**koordinate** *f* / cylindrical coordinate || ≗**kopfschraube** *f* / cylinder head screw || ≗**kraft** *f* / cylinder force
Zylinder·lager *n* / cylindrical-roller bearing, parallel-roller bearing, straight-roller bearing, plain-roller bearing || ≗**läufer** *m* / cylindrical rotor, drum-type rotor, non-salient-pole rotor, round rotor || ≗**leitung** *f* / cylinder pipe || ≗-**Linear-Induktionsmotor** *m* / tubular linear induction motor (TLIM) || ≗**mantel** *m* / cylinder jacket, cylinder surface, cylinder envelope, lateral cylinder surface || ≗**manteltransformation** *f* / cylinder surface transformation || ≗-**Rollenlager** *n* / cylindrical-roller bearing, parallel-roller bearing, straight-roller bearing, plain-roller bearing || ≗**schloss** *n* / cylinder lock, barrel lock, safety lock || ≗-**Schneckengetriebe** *n* / cylindrical worm gears || ≗**schraube** *f* / pan head screw, cheese head screw || ≗**schraube mit Innensechskant** / hexagon socket head cap screw || ≗**schraube mit Schlitz** / slotted cheese head screw || ≗**sicherheitsschloss** *n* / safety lock || ≗**spule** *f* / cylindrical coil, concentric coil || ≗**stift** *m* / cylindrical pin || ≗**stift Anschlag** / straight pin stop || ≗**stift Rasthebel** / straight pin, detent lever
zylindersymmetrisch *adj* / cylindrically symmetric
Zylinder·totvolumen *n* / cylinder dead volume || ≗**wicklung** *f* / concentric winding, cylindrical winding, helical winding
zylindrisch *adj* / cylindrical *adj* || **~e Bauform** (el. Masch.) / cylindrical-frame type, round-frame type || **~e Beleuchtungsstärke** / cylindrical illuminance, mean cylindrical illuminance || **~e Bestrahlung** / radiant cylindrical exposure || **~e Bestrahlungsstärke** / cylindrical irradiance || **~e Schraubenfeder** / cylindrical helical spring, helical spring || **~er Gewindespalt** EN 50018 / cylindrical threaded joint || **~er Kopfansatz** (Bürste) / cylindrical head || **~er Lagersitz** / straight bearing seat || **~er Spalt** EN 50018 / cylindrical joint EN 50018 || **~er Stützisolator** / cylindrical post insulator || **~es Gewinde** / straight thread, cylindrical thread

Join the Translation Network

Dieses Wörterbuch hat seinen Ursprung in der langjährigen und kontinuierlichen Terminologiearbeit des Siemens Sprachendienstes A&D PT 6. Als siemensinterner Dienstleister sind wir intensiv eingebunden in die Prozesse unserer Kunden in Entwicklung, Redaktion, Marketing und Vertrieb.

> Wir liefern perfekte Übersetzungen von Software-Applikationen und Online-Hilfen, Entwicklungs- und Serviceunterlagen, technischen Beschreibungen, Gebrauchsanleitungen, Verträgen, Ausschreibungen, Vorträgen und Werbeschriften aller Art – in jeder gewünschten Sprache und perfekt auf die Anforderungen des Zielmarktes abgestimmt. Zum Nutzen unserer Kunden leisten wir projektbezogene und kontinuierliche Terminologiearbeit. Auch das gesprochene Wort kommt nicht zu kurz: Wir bieten Dolmetschdienste für Konferenzen und Verhandlungen in allen gewünschten Sprachen.

Unser Ziel sind kostengünstige und wiederverwendbare Übersetzungen, die nicht nur korrekt sind, sondern auch landesspezifisch und zeitgemäß, so dass ihre Botschaften im Zielmarkt exakt verstanden werden.

> Wir beraten unsere Kunden, wie der Übersetzungsprozess optimal in deren Abläufe eingebunden werden kann, welche Art von Übersetzung für welchen Zweck geeignet ist und wie die richtige Wahl der Terminologie gewährleistet werden kann. Durch unsere Kompetenz und Flexibilität sowie unsere Fähigkeit Komplettlösungen zu liefern, sparen unsere Kunden eigene Ressourcen, gewinnen wertvolle Zeit und können sich auf ihre Kernkompetenzen konzentrieren.

Wir arbeiten für alle Bereiche der Siemens AG insbesondere in den Themenfeldern Automatisierung und Antriebstechnik, Verkehrstechnik, Medizintechnik, Energieübertragung und -verteilung, Logistik, Automobiltechnik, Anlagenbau und Gebäudetechnik.

> Für diese anspruchsvollen Aufgaben nutzen wir ein globales, ständig wachsendes Netzwerk muttersprachlicher Fachübersetzer und Experten für Softwarelokalisierung. Intensiver Informations- und Erfahrungsaustausch gewährleistet kompetente Zusammenarbeit auf hohem Niveau.

Um die zukünftigen Herausforderungen ideal erfüllen zu können, arbeiten wir permanent an der Erweiterung und Optimierung dieses globalen Netzwerks.

Haben wir Ihr Interesse geweckt?

Diese Wege führen zu uns:

Siemens AG
A&D Translation Services
Postfach 3240
91050 Erlangen

translation@erlm.siemens.de
www.siemens.de/automation/translationservices

We help you go global!